中国科学院科学出版基金资助出版

现代化学专著系列·典藏版　17

聚 酰 亚 胺

——单体合成、聚合方法及材料制备

丁孟贤　编著

科 学 出 版 社

北 京

内 容 简 介

本书是继《聚酰亚胺——化学、结构与性能的关系及材料》之后，介绍聚酰亚胺相关单体合成、聚合方法和材料制备的着重于方法论的专著，是上一本书的姊妹篇。本书分 3 编，共 13 章：第 I 编为单体合成，包括酐类化合物、胺类化合物、马来酰亚胺类化合物及其他化合物的合成等 4 章；第 II 编为聚合方法，包括在过程中形成酰亚胺环的聚合、由带酰亚胺环的单体的聚合、双马来酰亚胺的聚合和大分子反应等 4 章。第 III 编为材料制备，包括膜状材料、粒状材料、纤维、泡沫材料及杂化材料等 5 章。

本书取材自国内外原始文献，凡是本书作者已经实际检验过的过程和方法都尽可能表达在其中。

本书可供从事高分子合成、性能、加工及应用的研究人员和研究生阅读，也是从事与高分子材料相关工作的工程技术人员的参考书。

图书在版编目（CIP）数据

现代化学专著系列：典藏版 / 江明，李静海，沈家骢，等编著. —北京：科学出版社，2017.1

ISBN 978-7-03-051504-9

Ⅰ.①现… Ⅱ.①江… ②李… ③沈… Ⅲ.①化学 Ⅳ.①O6

中国版本图书馆 CIP 数据核字（2017）第 013428 号

责任编辑：杨　震　黄　海 / 责任校对：林青梅　邹慧卿
责任印制：张　伟 / 封面设计：铭轩堂

科学出版社 出版

北京东黄城根北街 16 号
邮政编码：100717
http://www.sciencep.com

北京厚诚则铭印刷科技有限公司印刷

科学出版社编务公司排版制作

科学出版社发行　各地新华书店经销

*

2017 年 1 月第　一　版　　开本：720×1000　B5
2017 年 1 月第一次印刷　　印张：63
印数：1—1 800　　　　字数：1 460 000

定价：7980.00 元（全 45 册）
（如有印装质量问题，我社负责调换）

本书由

长春高琦聚酰亚胺材料有限公司

资助出版

序

　　本书是《聚酰亚胺——化学、结构与性能的关系及材料》的姊妹篇，着重介绍聚酰亚胺相关单体的合成、聚合方法及材料制备。

　　本书分 3 编，共 13 章：第 I 编为单体合成，包括酐类化合物、胺类化合物、双马来酰亚胺(BMI)类化合物及其他化合物的合成等 4 章。第 II 编为聚合方法，包括在过程中形成酰亚胺环的聚合、由带酰亚胺环的单体的聚合、马来酰亚胺的聚合和大分子反应等 4 章。第 III 编为材料制备，包括膜状材料、粒状材料、纤维、泡沫材料及杂化材料等 5 章。

　　本书的内容是方法论，取材自国内外原始文献。凡是本书作者已经实际检验过的过程和方法都尽可能表达在其中。但个人的实践经验毕竟有限，所以文献中原来存在的不尽合理之处也不可能完全给以纠正。众所周知，由于聚酰亚胺相关技术的价值较高，而且目前在商业上仍然非常活跃，文献中有关过程的叙述往往语焉不详，因此有些方法，尤其是材料制备，可能因为过于简略而不能简单地重复，但是原则上应该是可行的，这是本人提醒读者所必须注意的。

　　为了节省篇幅，也考虑到读者应该已经具备必要的专业知识，本书各章节介绍的内容都比较简略，例如略去了合成仪器的介绍，除非必要时给以注明，对于"水"应该理解为"蒸馏水"或"去离子水"，干燥剂也不注明"无水"等等。另外，如当量等行业中经常使用的名词，本书也予保留。

　　本章所列入的单体都是已见诸文献，被用于聚酰亚胺合成的化合物。酐类化合物以单元酐、二元酐及多元酐排序；胺类化合物也按照此原则排列。在每类化合物中又按照结构分类。考虑到要将所有的化合物都尽量列出，一些已经商品化的化合物只列出其结构和熔点，在合成方法中则特别注意到一些比较重要的化合物和典型的合成方法。对于复杂的化合物除反应式中采用编号外，名称直接采用英文。化合物的中文名称以简明为原则，并不一定采用规定的命名方法。每个化合物如果有通用的缩写代号也择要列出其中一个，以利查阅。个别化合物的合成方法未能查到，只能暂时告缺，待以后有机会补充。

　　聚酰亚胺是一个非常庞大的家族，本书共收集了 400 余个酐类化合物和千余个胺类化合物，所以已经报道的聚酰亚胺结构应该达到数千个，这是其他高分子品种所难以做到的。因此聚酰亚胺也为高分子的结构与性能的关系数据库积累了宝贵的资料，这就是本书决定逐个列出酐类和胺类化合物的原因。

　　为了明晰起见，本书第 I 编中的每个化合物都有编号，而且根据不同的种类在编号上都加以不同形式的括号，例如酐类化合物用【　】，胺类化合物用〚　〛，马来酰亚胺类化合物用<>，其他化合物则用『　』。

　　由于聚酰亚胺相关文献的数量十分巨大，虽然在编写过程中尽量追求完备，但实际上是难以完全做到的，更何况聚酰亚胺的研究，尤其在材料领域仍然十分活跃，所以遗漏也就难以避免。本书对一些常用的化合物采用了通用的英文字母缩写，在附录中列有缩写对照表。由于本书牵涉面很广，限于本人水平，难免存在错误，这里留下了我的电子邮箱，供读者联系，欢迎提出宝贵意见。

　　本书的出版得到中国科学院科学出版基金的资助，编著者在此表示最诚挚的感谢。

丁孟贤

中国科学院长春应用化学研究所

mxding@ciac.jl.cn

目 录

第 II 编　聚 合 方 法

第 III 编　材 料 制 备

第 I 编　单 体 合 成

第1章 酐类化合物的合成

1.1 通 论

1.1.1 酐类化合物的合成方法

酐类化合物的合成方法大致可以归纳为如下 7 类：

方法 1. 由多烷基化合物氧化得到二酐。

由本方法合成的酐类化合物，除了少数原料为分子量较低的多烷基化合物，同时得到的酐又具有较高的热稳定性，例如由四烷基苯可以用气相空气氧化方法直接得到二酐(【57】)外，其余都只能用液相氧化方法合成。工业上大多采用在溴化锰、溴化钴等催化剂存在下，以乙酸为溶剂的液相空气氧化方法(【13】,【89】②)。也可用硝酸(【59】)或重铬酸盐(【354】)为氧化剂，但开始时反应可能十分剧烈，必须小心控制反应条件。用硝酸为氧化剂还容易产生少量硝化产物。实验室大多采用高锰酸钾氧化(【80】,【94】)。由于多烷基芳香化合物在水中的溶解度较低，通常采用吡啶/水混合物为介质。该法一般分为两步，第一步可用大致一半的高锰酸钾氧化得到均相的溶液后将二氧化锰滤出，用热水洗涤数次，将洗涤液与滤液合并蒸馏，去尽吡啶，或者蒸发至干。第二步是将去尽吡啶的溶液或残留的固体溶于 NaOH 水溶液中，再用剩余的高锰酸钾氧化。这里要注意的是二氧化锰中可能吸附大量产物，必须用热水充分洗涤；其次是第一步氧化后，必须将吡啶全部去除，如去除不尽，第二步氧化经常不能彻底。

方法 2. 由带活性基团的苯酐衍生物经醚化反应得到二酐(【174】,【223】)。

该反应以亲核取代反应为基础，如由 N-取代的卤代酞酰亚胺或 N-取代的硝基酞酰亚胺出发合成二苯醚二酐，二苯硫醚二酐或一系列二醚二酐和二硫醚二酐。

二醚二酐在聚酰亚胺合成中的应用十分广泛，因此这类二酐的数量也十分庞大。反应通式见式 1-1，最普通的方法是由 N-取代的卤代酞酰亚胺或 N-取代的硝基酞酰亚胺与二元醇或二元酚的二钠盐在非质子极性溶剂中进行亲核取代反应，得到双酞酰亚胺，然后经碱性水解、酸化、脱水得到二醚二酐。在工业上更合理的方法是以双酞酰亚胺与苯酐或其取代物，如氯代苯酐之间的交换反应得到二酐(式 1-2)。

醚化反应的影响因素另见 1.1.2 节。

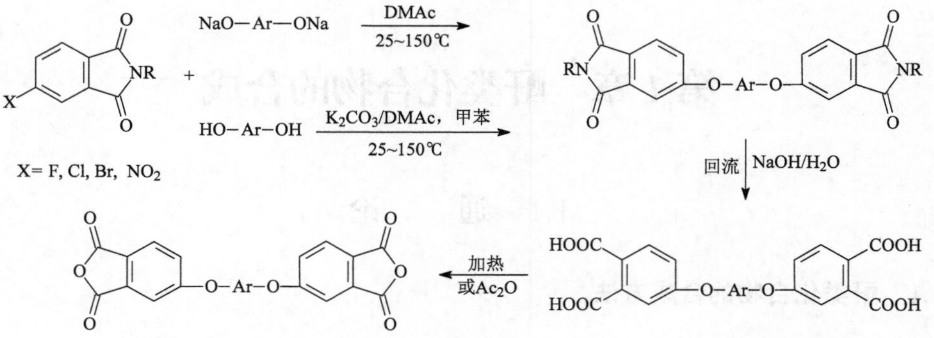

式 1-1　由带活性基团的苯酐衍生物合成二醚二酐

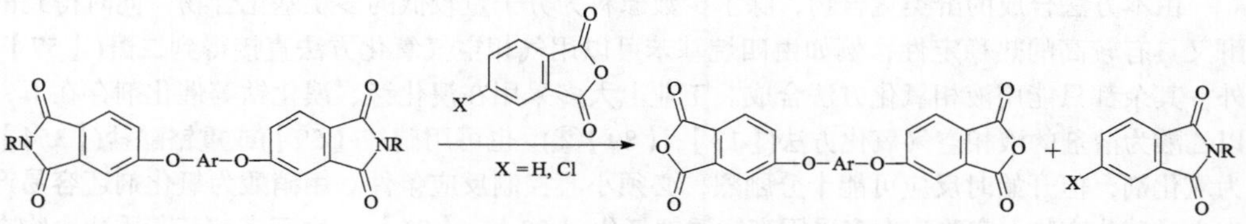

式 1-2　双酞酰亚胺与苯酐之间的交换反应得到二酐

由于缩合反应所用的极性溶剂很难完全无水,而取代反应的温度又往往需要在 100℃以上进行,酐基不可避免要被水解,从而难以直接采用取代苯酐参与反应。因此通常情况下要对酐以 N-取代基的酰亚胺的形式进行保护。常用的 N-取代基为烷基,如果采用碱性水解方法得到四酸,以苯基保护更可取,因为在水解反应中很容易将苯胺回收。采用酯化保护是比较吸引人的方法,因为得到的四酯可以采用酸性水解,容易分离,也减少了酸碱处理时的原料消耗及繁复的操作,但遗憾的是因为酯在碱性介质中容易水解,所以没有取得好的效果。不过用氟代苯酐与芳香二元酚的二钠或钾盐在二苯砜中反应则可以无需保护,直接合成二醚二酐[1]。此外,以双硫酚为原料合成二硫醚二酐时,也可以直接采用卤代苯酐参加反应,无需进行保护,此时有机碱如三乙胺就足够使巯基解离成为亲核试剂 R—S⁻。这是因为巯基负离子是最强的亲核试剂。

方法 3. 由硝基邻苯二腈与二元醇或二元酚缩合后得到四氰基化合物,再经水解,脱水得到二酐(式 1-3)(【167】)。

由该方法合成的二酐实际上大都可以用方法 2 来合成,只有当与其连接的基团,如二元酚具有较大位阻[2],不能用方法 2 合成时,则采用此法往往可以得到好的结果。作为离去基团的硝基由于氰基的强拉电子作用而具有很高的活性,反应可以在室温进行,因此在缩合反应中如果反应物对温度特别敏感时本方法的优点更显得突出,例如合成旋光性二酐(见【215】)。

用方法 2 难以与硝基酞酰亚胺进行亲核取代反应的二元酚有[2]:

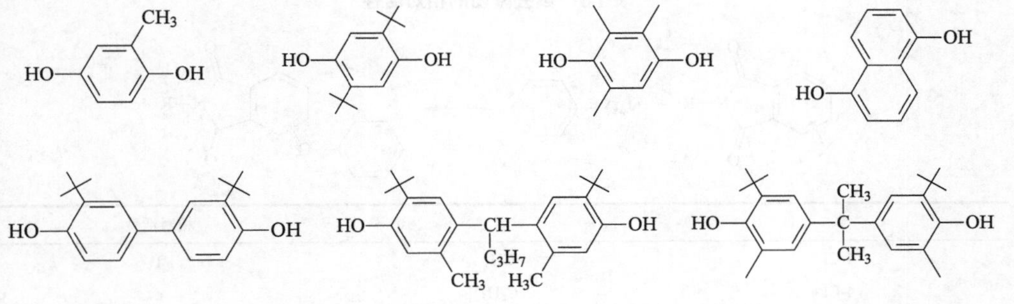

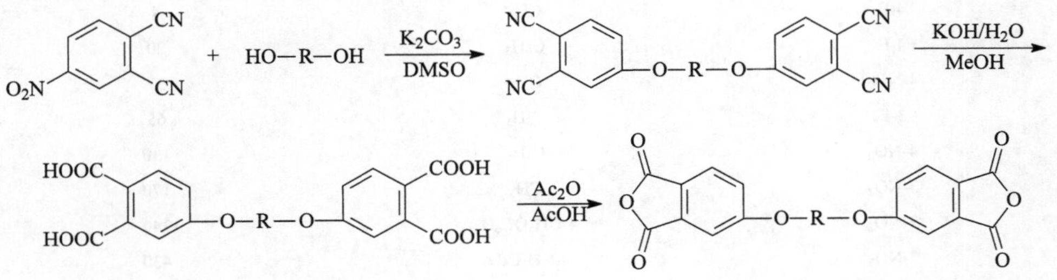

式 1-3　由硝基邻苯二腈与二元醇或二元酚反应得到二醚二酐

但是该反应也不适合在酚羟基邻位有特别大位阻的双酚，如：

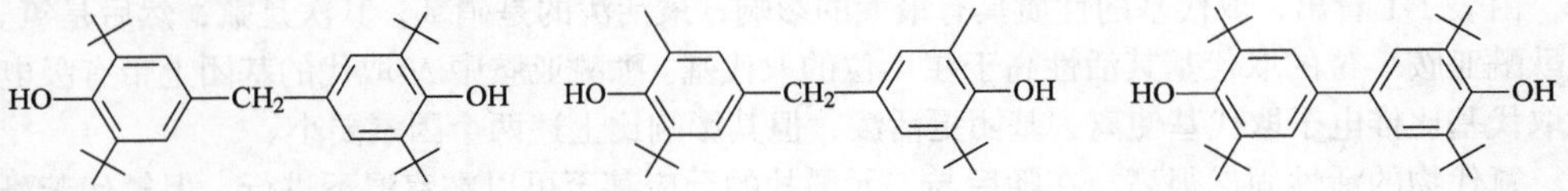

　　方法 4. 由偏苯三酸酐与二元酚、二元醇或二胺反应得到二酐。
　　这类二酐是由偏苯三酸酐多以酰氯形式与二元酚、二元醇或二胺按通常的酯化或酰胺化反应得到。
　　方法 5. 由一种结构的二酐得到另一种结构的二酐(【165】，【352】)。
　　方法 6. 由二双烯与马来酸酐经 Diels-Alder 加成反应得到脂肪二酐(【381】)。
　　方法 7. 由其他方法合成的二酐。除了上述 6 种方法以外的合成方法。

1.1.2　带活性基团的苯酐衍生物醚化反应的影响因素

1. 离去基团的相对活性

　　作为亲核取代反应的离去基团有卤素和硝基，根据 Williams 等的研究，这些离去基团及其在酞酰亚胺中的位置对反应活性的影响见表 1-1[3]。

表 1-1　离去基团的相对活性

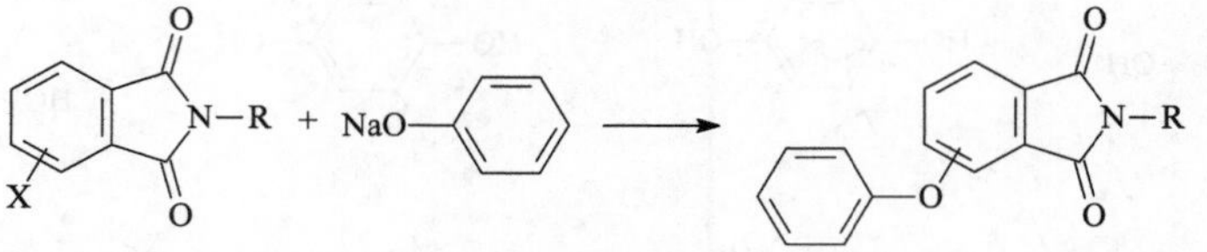

X	R	相对活性
4-Cl	CH$_3$	1
4-Cl	C$_6$H$_5$	a
3-Cl	C$_6$H$_5$	a
4-F	CH$_3$	4
4-F	C$_6$H$_5$	20
4-NO$_2$	CH$_3$	37
3-F	C$_6$H$_5$	65
4-NO$_2$	C$_6$H$_5$	130
3-NO$_2$	CH$_3$	170
3-NO$_2$	4-CH$_3$OC$_6$H$_5$	340
3-NO$_2$	4-CH$_3$C$_6$H$_5$	430
3-NO$_2$	C$_6$H$_5$	520
3-NO$_2$	4-ClC$_6$H$_5$	670

　　a：虽然由于副反应，不能准确测定其相对活性，但其排序应该是正确的。

　　由表 1-1 看出，取代基的性质具有最大的影响，最活泼的是硝基，其次是氟，然后是氯。在酞酰亚胺 3-位的取代基其活性高于在 4-位的取代基。酞酰亚胺中 N-取代的基团上带有吸电子取代基比推电子取代基使离去基团更活泼，但其影响比上述两个因素要小。

　　氟代物的活性固然很高，在随后与二元酚盐的反应甚至可以在室温下进行，但氟代苯酐较难得到。如果在较高温度下反应，氯代酞酰亚胺的活性也足够满足要求。由于氯代苯酐的成本低，自然就成为最主要的原料。因为硝基苯酐不易得到，由 N-取代酞酰亚胺硝化其产物绝大部分为 4-硝基酞酰亚胺。硝基作为离去基团虽然比氯的活性要高，但如上所述，氯的活性完全可以满足反应的要求，再由于异构二酐价值的体现，由邻二甲苯路线得到 3-和 4-氯代苯酐的优点更为突出，因此以氯代苯酐代替硝基酞酰亚胺的优势是十分明显的[4]。

　　2. 亲核基团的相对活性

　　亲核基团是一个负离子，Z$^-$，在本反应中相关的是酚氧离子和巯基离子，显然后者的活性要明显大于前者。酚或硫酚苯环上的取代基对于取代反应也有影响，即具有推电子基团的负离子要比拉电子基团的更活泼(表 1-2)[3]。

表 1-2　亲核基团的相对活性

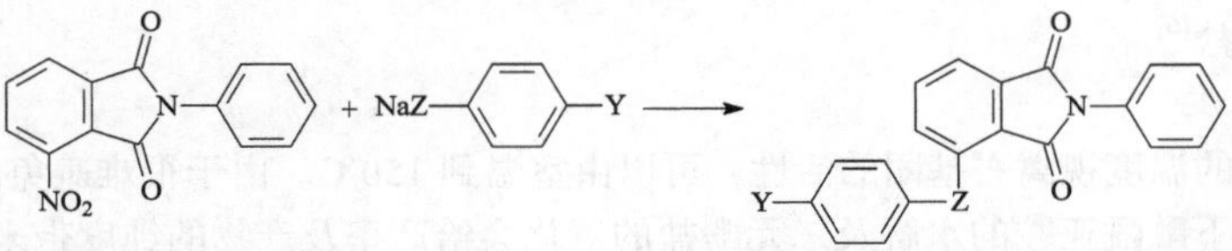

Y	Z⁻	相对活性
NO₂	O	<0.01
Cl	O	0.4
H	O	1
CH₃	O	3.5
CH₃O	O	7.7
CH₃	S	>350

3. 二元酚盐

在比较了以双酚二钠盐和双酚加无水碳酸钾在亲核取代反应中的效果后，发现前者要比后者更有利于反应。因为酰酰亚胺在后面情况下会发生部分水解。但生成二钠盐需要较长的除水过程，而且许多二钠盐是不溶的，在成盐的过程中会形成沉淀附在器壁上，妨碍了进一步的脱水，所以也经常采用无水碳酸钾与双酚在反应中现场生成盐的方法参加反应。

①由 NaOH 与二元酚反应得到二钠盐的一般方法是 [5]：

在 DMSO/甲苯体系中由二元酚和 2 当量的 NaOH 水溶液反应，水分由与甲苯的共沸物带出，等到馏出的液体不再分层后，将馏出物导到装有 CaH₂ 的分水器中，使馏出物中的水分与 CaH₂ 作用，直到不再有氢气产生，说明体系中的水分已经除尽，可以进行下一步亲核取代反应。DMSO 的优点是对碱稳定，缺点是在 160℃以上分解显著，放出的含硫产物具有强烈的臭味。不用 DMSO，只用甲苯共沸去水，会得到酚盐的水合物，使水分很难彻底去除。

②获得二元酚的二钠盐另一个方法是采用醇钠，可以避免水分的存在：将金属钠缓慢加到无水甲醇中，加入二元酚，在 90~100℃减压除去甲醇，得到干的二元酚二钠盐。这些酚盐往往会粘在反应器的壁上，但可以在该反应器中进行下一步的亲核取代反应。如果要得到较疏松的酚盐，可以加入一些沸点较高的惰性溶剂，如甲苯，在甲醇除尽后可以得到多孔的酚盐。

③还可以采用甲亚磺酰钠作为碱，甲亚磺酰钠是由 DMSO 和 NaH 反应得到。该方法既无水也没有甲醇。当采用三苯甲烷为指示剂，可以滴定到产生粉红色终点，即表明所有二元酚都已经转化为二价盐。该方法简单而迅速，因为甲亚磺酰钠溶液可以短时间储存。缺点是甲亚磺酰钠的大量制备不方便而且 NaH 价格昂贵。

④也可用三苯基甲烷钠与二元酚反应得到二钠盐：

$$Na + Ph_3CH \xrightarrow{\ DMF\ } Ph_3CNa + 1/2\ H_2$$

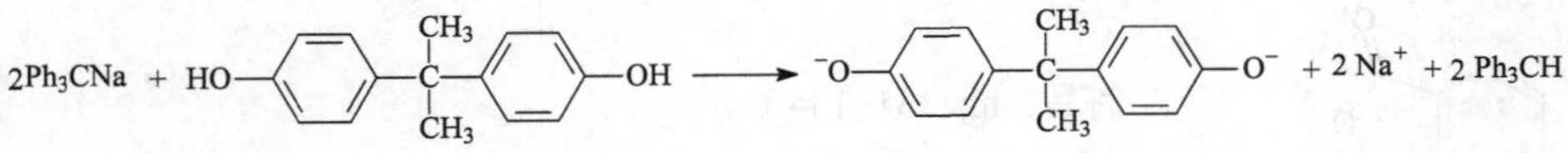

三苯甲烷既是催化剂又是指示剂。

除了苯二酚，其他二元酚在空气中都比较稳定，但是要高收率、高纯度地得到双酚二钠盐并没有现成的方法。以异丙醇为溶剂，由 NaOH 与双酚可以高收率地得到能够满足反应要求的双酚二钠盐[6]。

4. 反应温度

缩合反应的温度视离去基团的活性，可以由室温到 150℃。由于很难避免体系完全无水，在较高的温度下酞酰亚胺的水解及二元酚盐的氧化会给产率及产物的纯度带来影响，因此在可能的条件下，以采用较低的反应温度和较长的反应时间更为适宜。

5. 溶剂

通常使用 DMF、DMAc、NMP 及 DMSO 为醚化的溶剂，但当采用 NaOH 与二元酚在这些溶剂中以回流带水制得酚盐时，过高的温度会使酰胺类溶剂在强碱性介质中水解。这时采用 DMSO 为溶剂更为有利，但需注意在反应和后续的处理过程中避免高温引起 DMSO 的分解。

6. 氟化铯的作用[7]

在氟化铯参与下可以直接采用二元酚参与反应，不需要将二元酚转变为不稳定的二钠盐。在反应中引入碳酸盐可在比较温和的条件下得到高的产率。虽然氟化铯是昂贵的，但是反应中生成的氟氢化铯或氟氯氢铯可以从反应介质中回收使用。

7. 水分的影响[5]

体系存在水分，将会使形成酚盐的反应建立起平衡而使体系中存在 HO⁻，HO⁻离子很快攻击酰亚胺环，发生开环，得到酰胺酸，从而破坏了反应的化学计量。酰胺酸 **I** 中的离去基团对于取代反应是不够活泼的，**II** 中的—OH 不再起亲核试剂的作用，因此水分的存在对亲核取代反应是有害的(式 1-4)。

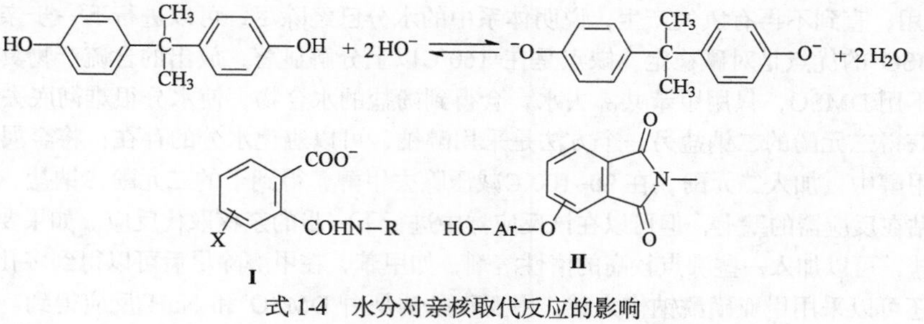

式 1-4　水分对亲核取代反应的影响

1.2　单元酐类化合物

1.2.1　苯酐

【1】苯酐 Phthalic anhydride(PA)

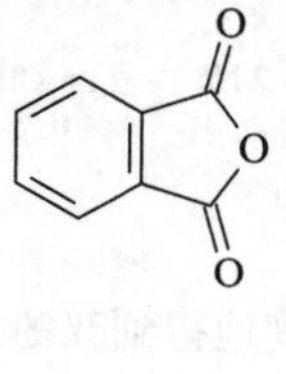

商品，mp 131~134℃。

1.2.2　硝基苯酐

【2】4-硝基苯酐 4-Nitrophthalic anhydride[8]

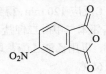

由 N-取代酞酰亚胺经混酸硝化，得到 N-取代-4-硝基酞酰亚胺，经碱性水解后再酸化，得到 4-硝基邻苯二甲酸，mp 116~120℃。

【3】3-硝基苯酐 3-Nitrophthalic anhydride[8]

根据 3-/4-硝基邻苯二甲酸对水的溶解度的不同，经过多次重结晶，得到 3-硝基邻苯二甲酸，收率约为 30%。mp 163~165℃。

3-/4-硝基邻苯二甲酸的分离[9]

由苯酐直接硝化可以得到硝基苯酐的混合物，其中 3-/4-硝基邻苯二甲酸 = 48/52。将湿的 395 g 粗硝化产物与 1215 g 丁酮混合，加入 90 g 水，加热到 40℃，得到澄清的溶液，剧烈搅拌下用 30%NaOH 调节 pH 为 1.2，滤出结晶。将滤液再加热到 40℃，分批加入 58.8 g (0.7 mol) 碳酸氢钠，剧烈搅拌到 CO_2 停止放出，pH 为 2.8。冷却到 5℃，滤出 3-硝基苯二甲酸单钠盐，在 80℃ 干燥后得到 154.1g(44.1%，以苯酐为基)。将母液再加热到 40℃，分批加入 67.2 g (0.8 mol) 碳酸氢钠，待到 CO_2 停止放出后，pH 达到 4.5。冷却到 5℃，滤出 4-硝基邻苯二甲酸单钠盐，在 80℃ 干燥，得 176.6 g(54.5%)。

将 3-硝基邻苯二甲酸单钠盐用 1000 g 25%盐酸处理，得到 131.2 g 粗 3-硝基苯二甲酸。为去掉无机盐，将 130 g 粗产物与 400 mL 丙酮加热回流，趁热过滤，再除去溶剂，得到 123 g (39%)纯 3-硝基苯二甲酸，mp 213~214℃(dec)。用类似方法，将得到的粗 4-邻苯二甲酸单钠盐用 560 g 25%盐酸处理，得到 157.6 g 粗 4-邻苯二甲酸，用丙酮处理如前，得到纯 4-硝基邻苯二甲酸，mp 172~173℃(dec)。将两种异构二酸分别加热熔融，得到相应的硝基苯酐。

1.2.3　卤代苯酐

【4】4-氟代苯酐 4-Fluorophthalic anhydride (4-FPA)

①由 4-硝基苯酐得到

(1) 以 3 当量 KF 参加反应[10]

将 9.944 g (0.052 mol)4-硝基苯酐和 6.618 g (0.114 mol)无水氟化钾氮气下混合后 2℃/min 加热到 235~240℃反应 60 min，然后减压蒸出 4-氟代苯酐 5.101 g (59.6%)，bp 205~206℃/160mmHg (非法定单位，1mmHg=1.333 22×10² Pa，下同)，馏出物冷却固化，mp 74~76℃。

(2) 以 1 当量 KF 参加反应[11]

将 34.954 g (0.181 mol) 4-硝基苯酐和 21.611 g (0.372 mol) KF 在 220℃反应 120 min，得到 4-氟代苯酐，收率 58%。淡褐色的蒸馏残留物由 ¹³C-NMR 证明为 4-硝基邻苯二甲酸二钾盐。将该残留物溶于 100 mL 水中，用乙酸乙酯萃取后用盐酸酸化到 pH 为 1，再用乙酸乙酯萃取 5 次，乙醚萃取 2 次，得到 4-硝基邻苯二甲酸 14.190 g (37%)，mp 163~165℃。

(3) 在 DMSO 中反应[11]

氮气下将 3.351 g (17.4 mmol) 4-硝基苯酐和 2.083 g (35.9 mmol)无水氟化钾在 8 mL 无水 DMSO 中 142℃反应 35min。冷却到室温后倒入稀盐酸中，用乙酸乙酯萃取，得到 3.188 g 淡黄色固体。根据 ¹³C-NMR，该物质含有 48% 4-氟代邻苯二甲酸，9% 4-氟代苯酐及 43% 4-硝基邻苯二甲酸。将该物质蒸馏，得到 4-氟代苯酐 1.007 g (35%)，bp 200~208℃/160mmHg。

②由 4-氯代苯酐得到[12]

在高压釜中加入 40 g (0.219 mol)4-氯代苯酐(见【6】)，19.1g (3.29 mol)粒状干燥氟化钾及 100 g 氰基苯。用氮气置换后在 250℃搅拌 27 h，冷却，滤出氯化钾和未反应的氟化钾，将氰基苯溶液通过柱层析，得 4-氟代苯酐，收率 69.3%，从苯重结晶，mp 77~79℃。

【5】3-氟代苯酐 3-Fluorophthalic anhydride(3-FPA)[13]

可按【4】①方法，由 3-硝基代苯酐与无水氟化钾反应得到。也可按照【4】②的方法由 3-氯代苯酐得到，收率 67.5%。还可将 3-氯代苯酐与氯化亚砜在 100℃反应 30 min，减压蒸出氯化亚砜，再与 KF 在 205℃反应 3 h，得 3-氟代苯酐，mp 158~161℃。

【6】4-氯代苯酐 4-Chlorophthalic anhydride(4-ClPA)[14]

①由苯酐或邻苯二甲酸在碱液中氯化[15]

将 148.0 g(1 mol)苯酐，125 g(2.2 mol)KOH 在 1000 mL 水中室温下以 9 mL/min 速度通入 156.0 g(2.2 mol) 氯气，需时约 80 h。反应由 pH 控制，开始时为 12，5 h 后达到 6.2，保持该值，必要时用碱液调节。反应终止后将反应液加热，排出未反应的游离氯。煮沸，加盐酸至 pH 为 3.5 后冷却，过滤，得到氯代邻苯二甲酸的酸式盐 138 g。加 28 g 浓硫酸蒸馏，取 288~293℃

馏分 89.2 g(49%)，mp 91~94.3℃。再减压蒸馏，取 164℃/18 mmHg，得 79.5 g。用氯仿重结晶，mp 94~96.7℃。

说明：也可以采用 NaOH。反应转化率约为 80%，主要产物为 4-氯代苯酐，仅含少量 3-氯代苯酐。

②由 4-硝基苯酐在 230℃与氯反应[16]

将 4-硝基苯酐熔融，加热到 230~250℃，通入氯气，置换出二氧化氮，到不再有棕色 NO₂ 放出，停止通氯。

③由邻二甲苯氯代为单氯代邻二甲苯再氧化

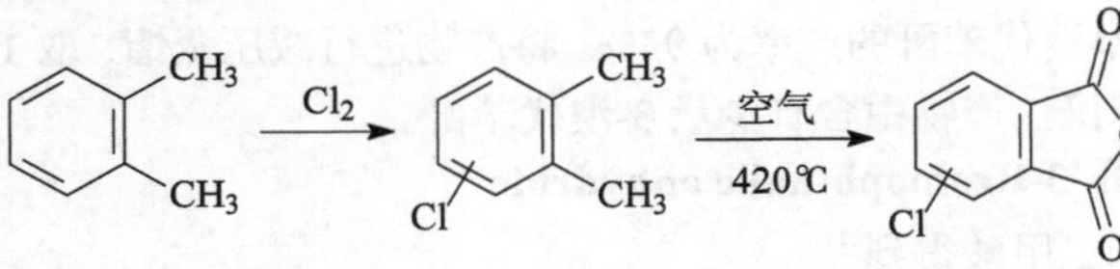

由邻二甲苯出发，经氯代得到单氯代邻二甲苯异构体的混合物，3-和 4-取代的异构体的比例大致为 45:55，由于两者的沸点太过接近，难以用蒸馏方法分离，所以直接以混合物经空气气相氧化，得到氯代苯酐，再经分馏得到高纯度的 3-氯代苯酐和 4-氯代苯酐。mp 98 ℃。

【7】3-氯代苯酐 3-Chlorophthalic anhydride (3-ClPA)[17]

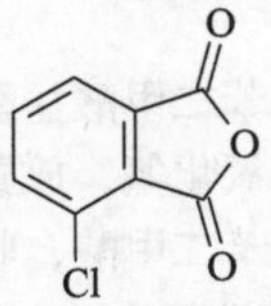

见【6】③，由邻二甲苯经氯代、氧化、分馏得到 3-氯代苯酐。这是目前最具有工业价值的合成方法。mp 126 ℃。

也可以用【6】②的方法由 3-硝基苯酐在 230~250℃通氯得到。

【8】4-溴代苯酐 4-Bromophthalic anhydride

① 由 β-萘酚得到[18]

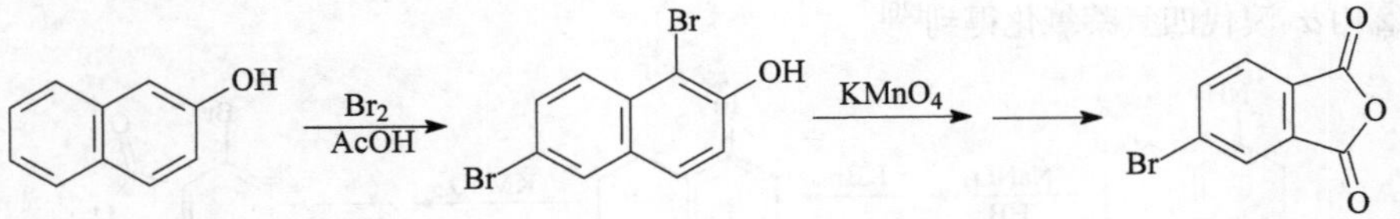

将 100 g β-萘酚溶于 500 mL 冰乙酸中，加入 223 g 溴和 100mL 乙酸的混合物，放置过夜，滤出结晶，用水洗涤，在 70℃真空干燥 1h。可由母液中回收产物。从 80%乙酸重结晶，二溴萘酚收率 90%，mp 106℃。

将 60 g 二溴萘酚溶于 1200 mL 含有 20 g KOH 的水中，用 160 g KMnO₄ 在低温氧化。放置 3~4 h 后将溶液在水浴中加热，加 KMnO₄ 到紫色不退，用硫酸亚铁退去紫色，过滤，蒸发到 400 mL，酸化后用乙醚萃取。产物用含有数滴硫酸的水重结晶，mp 170.5℃(47%)。蒸馏得到 4-溴苯酐，mp 104~106℃。

②由苯酐直接溴代[19]

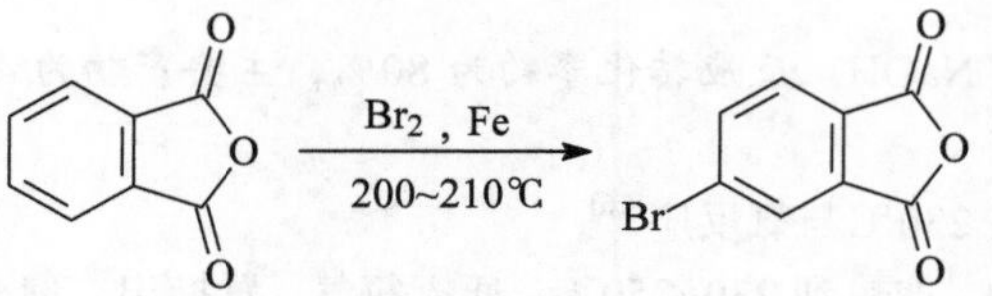

将222 g (1.5 mol)苯酐,11.1 g 60目铁粉加热到200~210℃,在7.5 h内滴加入320 g(2.0 mol)液溴,加溴的速度可由溴的回流量来控制。加完后再在200~210℃搅拌2 h。加入7 g 60目铜粉,再搅拌30min,单溴代苯酐的产率为93%。将产物进行减压蒸馏,取175~220℃/20 mmHg馏分,得到4-溴代苯酐。产物中含有少量3-溴代苯酐。

【9】3-溴代苯酐 3-Bromophthalic anhydride

①由3-氨基邻苯二甲酸得到[18]

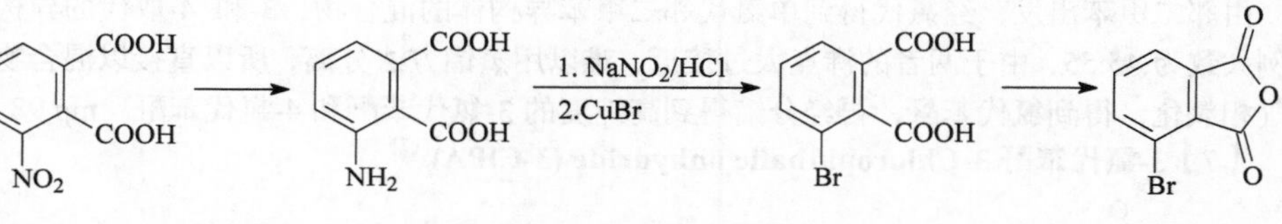

将25 g 3-硝基邻苯二甲酸还原为4-氨基邻苯二甲酸。将得到的4-氨基邻苯二甲酸盐酸在200 mL 18%盐酸中重氮化后与150 mL 10%溴化亚铜溶液反应,逐渐加热去氧化氮,放置数小时,滤出沉淀的邻溴苯甲酸和间溴苯甲酸,用乙醚萃取滤液,得到3-溴邻苯二甲酸,收率为28%,mp 177~178℃(参考【10】)。该反应经常得到红色油状物,可以将其溶解在KOH溶液中用高锰酸钾氧化提纯。将3-溴邻苯二甲酸蒸馏后从冰乙酸重结晶,得3-溴苯酐,mp 130~131℃。

②由α-溴代四氢萘氧化得到[20]

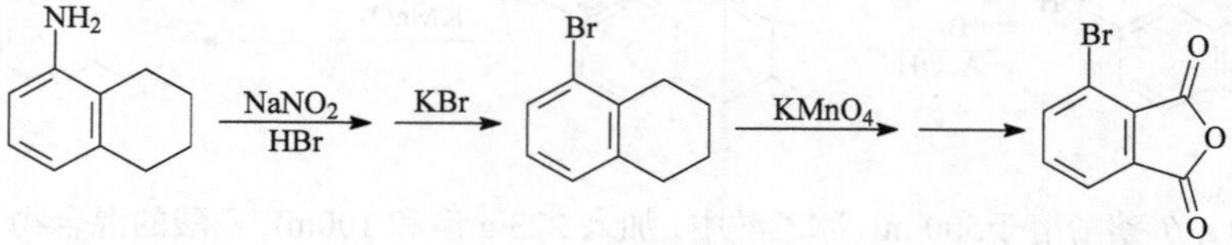

将22.4 g(0.15 mol)1-氨基-5,6,7,8-四氢萘和70 mL(0.48 mol)40%氢溴酸在1L水中冷到0℃,很快加入11 g NaNO₂在70 mL冷水中的溶液进行重氮化,加入35 g溴化钾和65 g溴化汞在110 mL水中的溶液。搅拌结晶,过滤,用250 mL乙醚洗涤,干燥。将得到的固体与100 g溴化钾粉末混合,逐渐加热,使络合物分解。冷却后加入水,溶解后用苯萃取。苯层用水、浓硫酸(洗至无色)、10%碳酸钠及水洗涤。在硫酸镁上干燥,减压去溶剂后蒸馏,取95.5~97℃/2.5 mmHg馏分24.5 g(76.4%)。

将1-溴-5,6,7,8-四氢萘氧化、脱水得到3-溴代苯酐。

【10】4-碘代苯酐　4-Iodophthalic anhydride[21]

将 121 g (1.0 mol)3,4-二甲基苯胺加到 1.5 L 水和 215 mL 浓盐酸的混合物中，冷却到 0℃。快速加入 69 g (1.0 mol)NaNO₂ 在 100 mL 水中的溶液，在 5℃反应 30 min 后加入 500 mL 水和 170g (1.02 mol) KI，混合物在室温搅拌 18 h，分出水层，用 CH₂Cl₂ 萃取，有机层合并，用水洗涤，在硫酸镁上干燥。浓缩，蒸馏，取 60℃/0.1 mmHg 185 g(80%)红色油状物 3,4-二甲基碘苯。

将 185 g (0.73 mol) 3,4-二甲基碘苯加到 450 mL 吡啶和 1.2 L 水的混合物中，加热到 80~90℃，3h 内分批加入 280 g (1.8 mol)KMnO₄，加完后再反应 1 h。过量的 KMnO₄用乙醇破坏后过滤，蒸出吡啶，水层用浓盐酸酸化，冷却过滤，水洗后干燥，得 4-碘苯二甲酸 220 g (94%)。

将 220 g (0.75 mol) 4-碘苯二甲酸在 30 min 内加入冷却到 50℃的 750 g 乙酰氯中，加热回流。待 4-碘苯二甲酸溶解后(必要时过滤)，将滤液浓缩，冷却，滤出固体，用乙醚和石油醚洗涤，得 4-碘苯酐 125 g (61%)，mp 123~125℃。

1.2.4　羟基苯酐

【11】4-羟基苯酐　4-Hydroxyphthalic anhydride[22]

将 50 g KOH 在不锈钢反应罐中加热熔融，升温到 170~180℃，剧烈搅拌下分批加入 10 g 4-氯代苯酐，反应 2 h 后倒入冰水中，用浓盐酸酸化后浓缩，用乙醚萃取，将萃取液挥发，得到 4-羟基邻苯二甲酸，从水中重结晶，100℃真空干燥后，加热熔融到停止发泡，再将粗酐用冰乙酸重结晶，收率 55%，mp 170~172℃。

【12】4-氯磺酰基苯酐 4-Chlorosulfonylphthlic anhydride[23]

将苯酐在 20%发烟硫酸中磺化，得到 77% 4-磺酸基邻苯二甲酸单钠盐。将 100 g 4-磺酸基邻苯二甲酸单钠盐单水化合物与 400 mL 氯化亚砜及 10 mL DMF 在 95℃搅拌 1 h，冷却后加入 200 mL 乙醚，滤出氯化钠，减压去除过量的氯化亚砜及乙醚。残留物用 200 mL 二氯甲烷稀释，用 40 mL 水洗涤，浓缩后加入大量己烷，在冰箱中过夜，过滤，真空干燥，从己烷/氯仿重结晶，得到 4-氯磺酰基苯酐 35 g (40%)，mp 89.5~90.5℃。

磺酸基邻苯二甲酸还可以由 2-萘磺酸氧化得到：

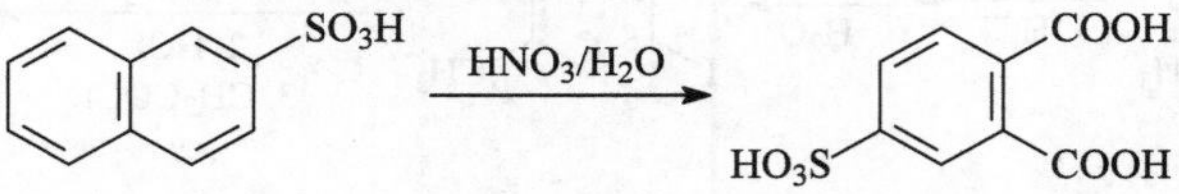

以 200 mL 65% 的硝酸和 300 mL 水在 145℃对 2-萘磺酸进行氧化，得到 4-磺酸基邻苯二甲酸。

1.2.5　三酸酐及其酰氯

【13】偏苯三酸酐 Trimellitic anhydride(TMA)[24]

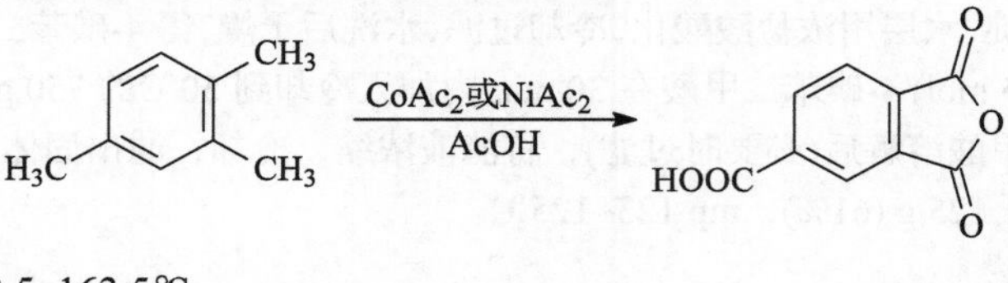

商品，mp 162.5~163.5℃。

以偏三甲苯为原料，溴化钴、溴化镍为催化剂，在乙酸中液相氧化得到。也可以用硝酸氧化偏三甲苯得到。

【14】偏苯三酸酐酰氯 Trimellitic anhydride chloride (TMACl)[25]

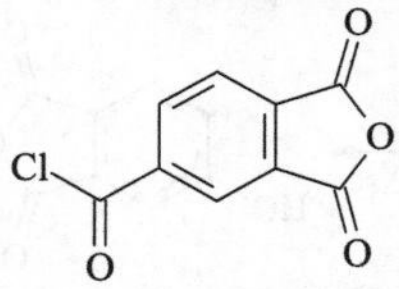

将 384 g 偏苯三酸酐和 357 g SOCl₂ 回流搅拌 12 h，去除过量 SOCl₂ 后减压蒸馏，取 125~133℃/0.1~0.5 mmHg，得 339 g(80.5%)，从苯/石油醚重结晶，得白色产物，mp 69.5~70.0℃。

【15】5,6-二苯基偏苯三酸酐酰氯 5,6- Diphenyltrimellitic anhydride chloride[26]

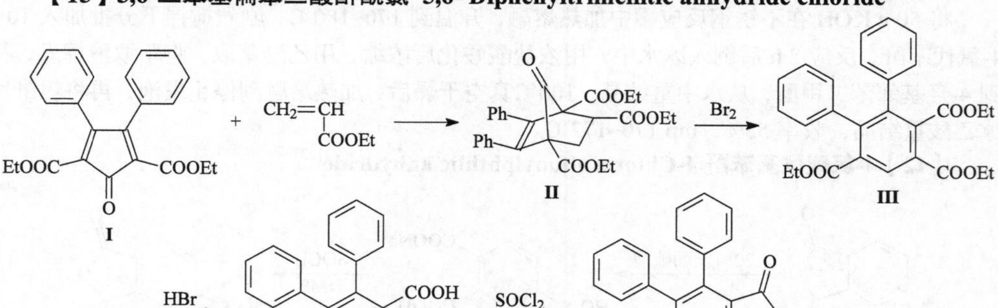

将 10.0 g (26.6 mmol)I 溶于 13 mL 甲苯中，加入 3.1 mL(28.3 mmol)丙烯酸乙酯，加热回流 5 h。减压除去甲苯，用乙醚洗涤，得到 11.4 g(90%)三酯 II, mp 153~154℃。

将 15.0 g (31.6 mmol)**II** 溶于 75 mL 邻二氯苯中，加热回流。缓慢加入 2.6 mL(50 mmol) 溴，加完后，反应继续 50 min。冷却到 150℃，再反应 50 min。减压除去邻二氯苯，得到黏稠产物 **III**。将 **III** 与 20 mL 冰乙酸及 20 mL 48%氢溴酸回流 72 h 后冷却到室温，用 40 mL 水稀释，滤出白色沉淀，从乙酸和水(2:5)重结晶，得三酸 **IV** 5.16 g (45%)。

将 2.0 g (5.5 mmol)**IV** 在 26 mL 氯化亚砜中回流 6 h，减压除去氯化亚砜，用环己烷洗涤，得到黄色固体 **V** 1.72 g (86%)。将产物溶于氯仿，再在己烷中重沉淀进行提纯，mp 195~196℃。

I 可参考下面方法合成[27]：

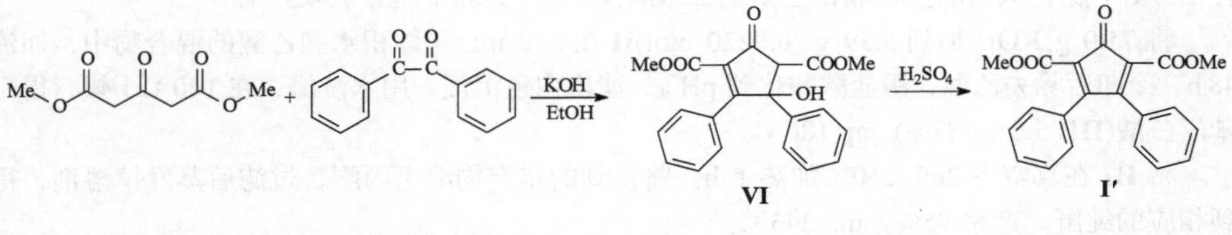

氮气下将 21.0 g (0.1 mol)二苯基乙二酮, 17.4 g (0.1 mol)丙酮二酸二甲酯和 1.0 g KOH 在 250 mL 乙醇中 25℃搅拌 20 h 后倒入水中，滤出固体，真空干燥得 **VI** 26.0 g (71%)。由苯中重结晶，mp 136~140℃。

将 22 g (0.06 mol)**VI** 在 25℃ 加到 40 mL 含有 3 滴浓硫酸的乙酐中，加热搅拌溶解，放置 30 min 后倒入 450 mL 水中，滤出结晶，用水洗涤后在 50℃真空干燥，得到 **I′** 橙色结晶 20 g (98%)，从乙酐重结晶，mp 162~164℃。

【16】4-(4-羧基苯氧基)苯酐 4-(4-Carboxyphenyl)phthalic anhydride[28]

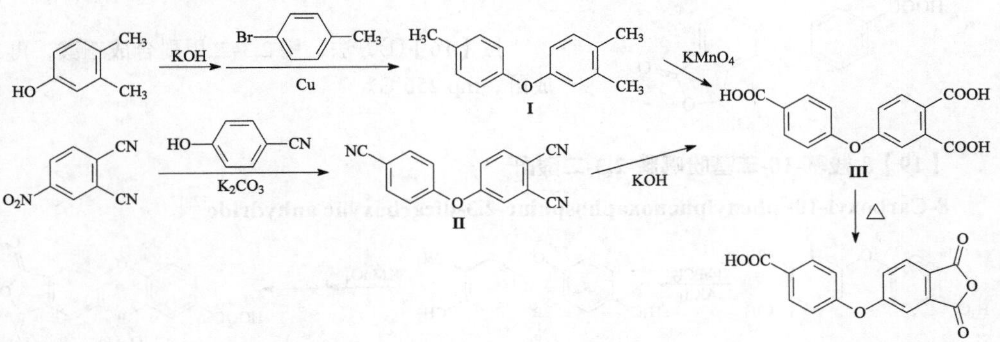

①由 3,4-二甲酚和 4-溴甲苯合成

将 24.4 g (0.200 mol)3,4-二甲酚和 12.3 g (0.220 mol)KOH 在 40 mL 甲苯中回流除水，蒸去溶剂后加入 32.4 g (0.200 mol)4-溴甲苯，1.0 g 铜粉，1.0 g 氯化亚铜及 60 mL DMF。将混合物加热回流 11 h。冷却后过滤，除去 DMF。将得到的褐色液体进行减压蒸馏，取 95℃/10mmHg 馏分，得三甲基二苯醚(**I**)33.0 g(78%)。

将 19.8 g (0.125 mol)KMnO₄ 分批加入到 16.1 g (0.078 mol)**I** 在 1.15 L 吡啶:水(2:1)的混合溶液中，回流 1.5 h。再将 60.0 g (0.38 mol)KMnO₄ 分 3 份在 1.5h 内加入，加完后再回流 1 h。

用乙醇破坏未反应的 KMnO₄，趁热过滤，蒸去吡啶，冷却后用盐酸酸化，搅拌过夜，滤出白色沉淀，反复用水洗涤，在 140℃干燥得三酸(**III**) 2.45 g(10%)。

说明：该反应收率低得不正常，建议：将 KMnO₄ 分成两份，第一份加完后，过滤处理如常，然后将滤液中的吡啶蒸尽(或蒸干)，再加水用第二份 KMnO₄ 氧化。

②由 4-硝基邻苯二腈和 4-氰基苯酚合成

将 7.1 g (0.060 mol)4-氰基苯酚和 16.5 g K₂CO₃ 在 DMF/甲苯 (4:1)中在 150℃回流除水后除去甲苯，加入 4-硝基邻苯二腈，在 100℃反应 6 h。蒸去 DMF，将残留物粉碎，用水洗涤，在 120℃干燥，从丙酮重结晶得三氰基二苯醚(**II**) 13.5 g(82%), mp 154.3 ℃。

将 75.0 g KOH 加到 5.39 g (0.0220 mol)**II** 在 270 mL 等体积水和乙醇的混合物中，回流 48 h，冷却后除去乙醇，用盐酸酸化到 pH 1，滤出白色沉淀，用水洗涤，在 140℃干燥，得二苯醚三酸(**III**) 5.61 g(83%), mp 180℃。

将 **III** 在真空下 200~210℃加热 1 h。将得到的粗产物溶于丙酮，过滤后蒸发掉溶剂，得到相应的纯酐，产率 95%, mp 243℃。

【17】4-(3-羧基苯氧基)苯酐　4-(3-Carboxyphenyl)phthalic anhydride[28]

按【16】方法，用间溴甲苯或间羟基苯腈合成三酸，再加热成酐，mp 185℃。

【18】3-(4-羧基苯氧基)苯酐　3-(4-Carboxyphenyl)phthalic anhydride[28]

按【16】①方法，用 2,3-二甲酚合成三酸，再成酐，mp 256℃。

【19】8-羧基-10-苯基吩噁膦-2,3-二酸酐

8-Carboxyl-10- phenylphenoxaphosphine-2,3-dicarboxylic anhydride[29]

将 84.9 g (0.40 mol)三甲基二苯醚(见【16】), 171.8g (0.96 mol)苯基二氯化膦和 68.0 g (0.51mol)AlCl₃ 回流 6 h 后倒入碎冰中，过滤，水洗后溶于 500 mL 苯和 500 mL 20% NaOH 中。分出苯层，水层用苯萃取，合并苯层，用水洗至中性。将苯溶液浓缩得到结晶。从苯中重结晶，收率 48%, mp 139.5~140.5℃。

将三甲基物在吡啶和水的混合物中用高锰酸钾氧化，得到三酸，收率 72%，从乙酸重结晶，没有明显熔点。然后从乙酸和乙酐混合物中重结晶，得到酐，收率 59%, mp 374℃。

将酸酐在氯化亚砜中回流，然后除去过量的氯化亚砜，用苯洗涤，真空干燥，酐酰氯收

率 90%，mp 248~250℃。

1.2.6　芳炔基苯酐

【20】4-苯乙炔基苯酐 4-Phenylethynylphthalic anhydride(4-PEPA)

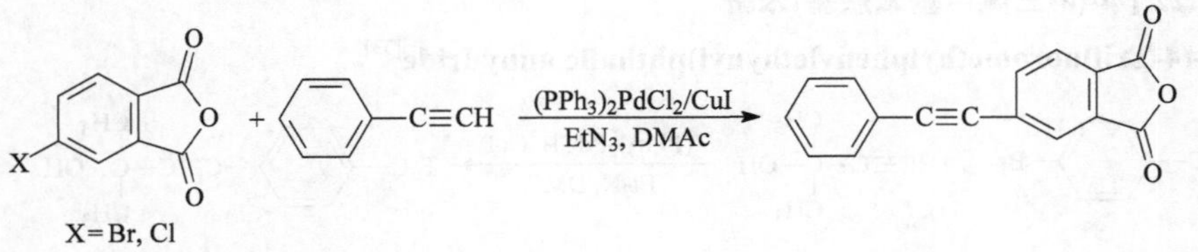

X= Br, Cl

①由溴代苯酐得到[30]

在氮气下将 5.0 g (22 mmol)4-溴代苯酐和 0.0465 g (0.177 mmol)三苯膦加入含有 2.25 g (22 mmol)苯乙炔的 10 mL DMAc 中，再加入 0.0233 g (0.0332 mmol) (PPh₃)₂PdCl₂ 和 10 mL 三乙胺，加热到 60℃，再加入 0.00925 g (0.0486 mmol)碘化亚铜及 15 mL 三乙胺，在 80℃反应 12 h。滤去无机盐，减压蒸出三乙胺。将溶液加到用盐酸调节成 pH 为 4 的水中，淡黄色的固体用醚萃取出来，萃取液用活性炭脱色，在硫酸镁上干燥，过滤后除去乙醚，得到粗 PEPA，在 85℃干燥 24 h 后在 160℃升华，得黄白色固体 4.59 g(84%)。在乙酐中重结晶，mp 146~148℃。升华产物 mp 为 151℃。

②由氯代苯酐得到[31]

将 182.56 g (1.0 mol)4-氯代苯酐，102.13 g (1.0 mol)苯乙炔，0.018 g (0.1 mmol)二氯化钯，0.1 g (0.4 mmol)三苯基膦和 0.02 g (0.2 mmol)氯化亚铜加到 1800 mL DMAc 和 1000 mL 三乙胺的混合物中，氮气下 80℃反应 6 h，过滤后倒入大量水中，滤出沉淀，用水洗涤，干燥后真空升华，得淡黄色 4-苯乙炔基苯酐 174 g(70%)。

【21】3-苯乙炔基苯酐 3-Phenylethynylphthalic anhydride(3-PEPA)[32]

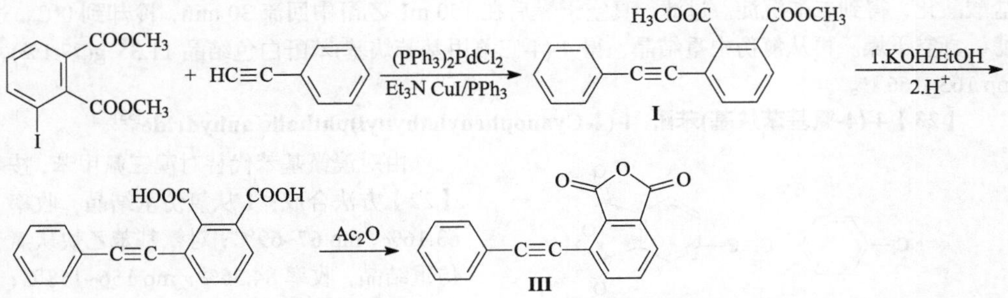

将 32.0080 g (0.1 mol)3-碘代邻苯二甲酯，11.2343 g (0.11 mol)苯乙炔，0.1634 g (0.86 mmol)碘化亚铜，0.5200 g (2 mmol)三苯膦和 0.2100 g (0.3 mmol) (PPh₃)₂PdCl₂ 加到 170 mL 三乙胺中，氮气下加热到 80℃，反应 6 h，冷却到室温，倒入乙酸乙酯及稀盐酸的混合物中，分出有机层，用水洗涤至中性，在硫酸镁上干燥，除去溶剂后得黄色固体，用柱色层(乙酸乙酯/石油醚，

1∶10)提纯，得 3-苯乙炔基邻苯二甲酯(**I**)27.5 g(94%)。

　　将 5.8860 g (0.02 mol)**I** 和 1.2000 g (0.2 mol)KOH 加到 150 mL 乙醇中，回流 2 h 后冷至室温，用浓盐酸酸化，滤出白色沉淀，用水洗涤，干燥后得 3-苯乙炔基邻苯二酸(**II**)5.0519 g (95%)。

　　将 **II** 在乙酐中回流 4 h，冷却到室温，过滤，用己烷洗涤，真空干燥，3-苯乙炔基苯酐收率 90%，mp 141℃。

【22】4-(4-三氟甲基苯炔基)苯酐

4-(4-Trifluoromethylphenylethynyl)phthalic anhydride[33]

$$\text{F}_3\text{C}\text{—}\bigcirc\text{—Br} + \text{HC}\!\equiv\!\text{C—}\overset{\text{CH}_3}{\underset{\text{CH}_3}{\text{C}}}\!\text{—OH} \xrightarrow[\text{Et}_3\text{N, DMF}]{(\text{PPh}_3)_2\text{PdCl}_2,\ \text{CuI}} \text{F}_3\text{C—}\bigcirc\text{—C}\!\equiv\!\text{C—}\overset{\text{CH}_3}{\underset{\text{CH}_3}{\text{C}}}\!\text{—OH}\quad \textbf{I}$$

$$\xrightarrow{t\text{-BuOK}} \text{F}_3\text{C—}\bigcirc\text{—C}\!\equiv\!\text{CH} \xrightarrow[\text{Et}_3\text{N}]{(\text{PPh}_3)_2\text{PdCl}_2,\ \text{CuI}} \text{F}_3\text{C—}\bigcirc\text{—C}\!\equiv\!\text{C—}\bigcirc$$

　　将 14.45 g (142.4 mmol)三乙胺，21.47 g (95.4 mmol)对溴三氟甲苯和 9.63 g (114.5 mmol)2-甲基-3-丁炔醇溶于 120 mL DMF 中，氮气下加入 0.67 g (0.95 mmol) (PPh₃)₂PdCl₂ 和 0.36 g (1.91 mmol)碘化亚铜。混合物在 80℃反应 3 h，冷却后用己烷萃取。萃取液减压蒸干，残留物减压蒸馏，得白色固体 **I** 19.76 g (90.74%)，mp 52~53℃，bp 125℃。

　　将 16.0 g (70 mmol) **I**，1.28 g (11.44 mmol)特丁醇钾在 160 mL 苯中加热，蒸出丙酮和苯后再减压蒸馏，得到对乙炔基三氟甲苯透明液体 8.3 g (69.7%)，bp 134~136℃。

　　将 7.92 g (46.6 mmol) 对乙炔基三氟甲苯，12.76 g (46.6 mmol)4-碘苯酐溶于 50mL 三乙胺，在氮气下加入 0.109 g (0.155 mmol) (PPh₃)₂PdCl₂，0.059 g (0.31 mmol)碘化亚铜。混合物加热到 100℃反应 1 h 后冷却，加入 125 mL 1 N NaOH，搅拌 2h，用 3×100 mL 甲苯萃取。水层用盐酸酸化，得到二酸沉淀。过滤，真空干燥后在 150 mL 乙酐中回流 30 min，冷却到 0℃，过滤，真空干燥。再从氯仿中重结晶，得 4-(4-三氟甲基苯炔基)苯酐白色结晶 11.35 g(77.1%)，mp 163~166℃。

【23】4-(4-氰基苯炔基)苯酐　4-(4-Cyanophenylethynyl)phthalic anhydride[33]

$$\text{NC—}\bigcirc\text{—C}\!\equiv\!\text{C—}\bigcirc$$

由对溴氰基苯代替对溴三氟甲苯，按【22】方法合成：I 从氯仿重结晶，收率 63.16%，mp 67~69℃；对氰基苯乙炔从氯仿重结晶，收率 84.36%，mp 156~158℃；4-(4-氰基苯炔基)苯酐从氯仿重结晶，收率 91%，mp 221~223℃。

【24】4-五氟苯炔基苯酐 4-Pentafluorophenylethynyl)phthalic anhydride[33]

由五氟苯乙炔与 4-碘苯酐按【22】方法得到。4-五氟苯炔基苯酐升华后再从氯仿重结晶，收率 48.7%，mp 173~174℃。

【25】4-(4-二苯酮炔基)苯酐 4-(4-Benzoylphenylethynyl)phthalic anhydride[33]

由 4-溴二苯酮代替对溴三氟甲苯，按【22】方法合成：I 从氯仿/己烷重结晶，收率 86.8%，mp 113~115℃；4-乙炔基二苯酮真空升华提纯，收率 27.23%，mp 46~48℃；4-(4-二苯酮炔基)苯酐从氯仿重结晶，收率 43.03%，mp 212~213℃。

【26】4-[(4-苯炔基)-4-苯氧基]苯酐 4-(4-Phenylethynylphenoxy) phthalic anhydride[34]

将 21.70 g (0.125 mol)对溴苯酚，22.90 g (0.13 mol)4-碘苯酐和 11.10 g (0.19 mol)氟化钾加到 142 g 环丁砜中，氮气下在 165~170℃反应 10.5 h。冷却后倒入水中，滤出沉淀，用水洗涤，在 75℃真空干燥，得到浅橙色粉末产物 I 35.1g(88%)，mp 106℃。

按【20】的方法得到 4-[(4-苯炔基)-4-苯氧基]苯酐，从甲苯/己烷(1∶1)重结晶，在 105℃真空干燥，收率 29%，mp 202℃。

【27】4-(1-萘乙炔基)苯酐 4-(1-Naphthylethynyl)phthalic anhydride[35]

由 4-溴苯酐与, 520 mg (2.0 mmol)三苯基膦, 190 mg (1.0 mmol)碘化亚铜和 280 mg (0.4 mmol)二(三苯膦)二氯化钯加入 75mL 三乙胺/苯(2:1)混合溶剂中，再加入 4.94 g (32.5mmol)1-乙炔萘在 25 mL 苯中的溶液，加热回流 2 h，冷却过滤，将沉淀用 150 mL 水处理后过滤，用 3×5 mL 水洗涤，褐色产物用甲苯重结晶，冷却过滤，用 3 ×5 mL 己烷洗涤，产物加入到 0.15 mol/L NaHCO₃ 水溶液中搅拌 1 h 后过滤，减压干燥得黄色固体 4-(1-萘炔基)苯酐 2.16 g (36.2%)，mp 220~222℃。

【28】4-[1-(4-甲氧基萘乙炔基)]苯酐

4-[1-(4-Methoxynaphthylethynyl)]phthalic anhydride[36]

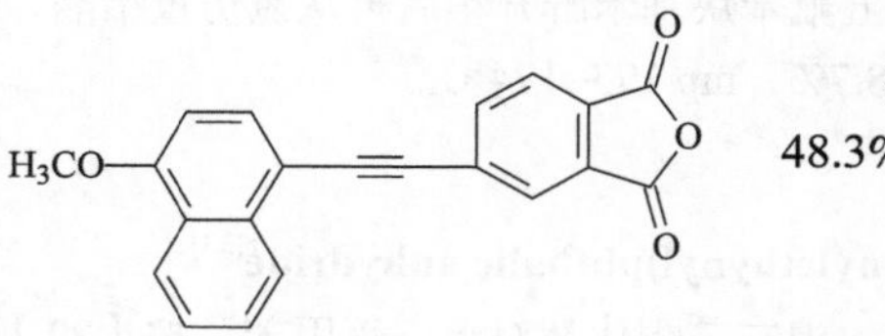

由 4-甲氧基-1-乙炔基萘按【27】方法合成，收率 48.3%。

【29】4-(9-蒽基乙炔基)苯酐　4-(9-Anthracenylethynyl)phthalic anhydride[37]

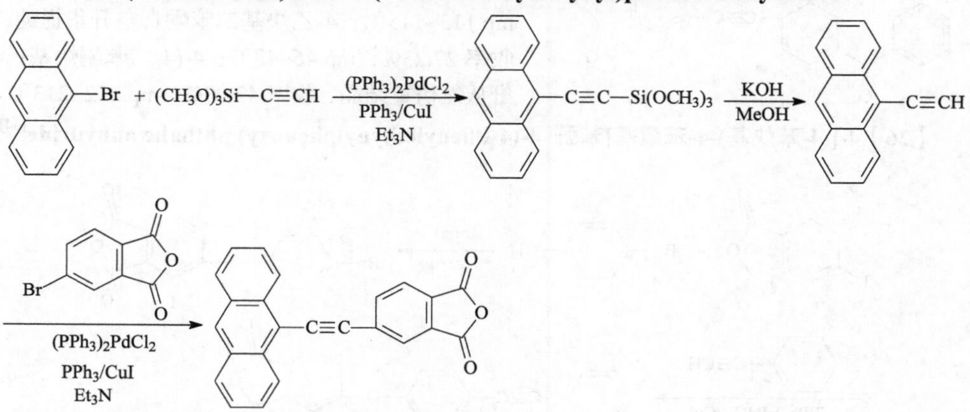

　　将 1.35 g (5.25mmol)9-溴蒽, 138 mg (0.53 mmol)三苯膦, 50 mg (0.26 mmol)碘化亚铜及 74 mg (0.11 mmol)二(三苯膦)二氯化钯加入 35 mL 苯/三乙胺(1:1)中。再加入 1.11 mL (7.85mmol)三甲氧基硅基乙炔, 回流 1 h, 冷却后用 100 mL 乙醚稀释, 过滤, 有机层用 3×100 mL 水洗涤, 在无水硫酸钠上干燥, 过滤后减压除去溶剂, 得到粗 9-蒽基三甲氧基硅基乙炔。将油状物产物溶于 150 mL 甲醇中, 加入 2 mL 3.5 mol/L KOH, 搅拌 1h, 加入 150 mL 水, 用 3 ×100 mL 己烷萃取, 有机层合并, 用无水硫酸钠干燥, 过滤后减压除去溶剂, 得到 9-蒽基乙炔。将油状物溶于 10 mL 苯中, 加入到含有 0.908 g (4.0 mmol) 4-溴苯酐, 105 mg (0.40 mmol)三苯膦,　39 mg (0.20 mmol)碘化铜及 56 mg (0.08 mmol)二(三苯膦)二氯化钯的 30 mL 三乙胺/苯(2:1)中, 回流 1 h, 冷却过滤。将沉淀在 10 mL 0.5 mol/L 碳酸氢钠溶液中搅拌 1 h, 用 50 mL 丙酮稀释, 粗产物从甲苯中重结晶, 减压干燥, 得 4-(9-蒽基乙炔基)苯酐橙色产物 1.03 g (73.8%), mp 254~257℃。

1.2.7　芳炔基-1,8-萘二酸酐

【30】4-苯乙炔基-1,8-萘二酸酐　4-(1-Phenylethynyl)-1,8-naphthalic anhydride[38]

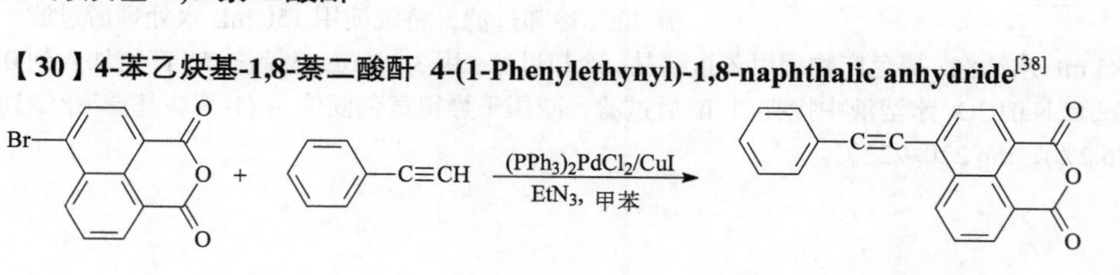

将 10.0 g (0.0360 mol)4-溴-1,8-萘二酸酐, 6 mL (5.5 g, 0.0540 mol)苯乙炔, 0.1956 g (0.75 mmol)三苯膦, 0.0657 g (0.35 mmol)碘化亚铜和 0.0322 g (0.046 mmol)二(三苯膦)二氯化钯加入到 50 mL 三乙胺和 100 mL 甲苯中, 混合物加热回流 6.5 h, 冷却后滤出黄色固体, 用水洗涤, 在 120℃干燥 1.5 h, 得粗产物 8.6 g (80%)。从甲苯重结晶, 得 7.5 g (69%) 褐色针状物, mp 225℃。

【31】4-萘乙炔基-1,8-萘二酸酐 4-(1-Naphthylethynyl)-1,8-naphthalic anhydride[38]

在 2.5541 g (0.0092 mol)4-溴-1,8-萘酐, 0.2860 g (0.0011 mol)三苯膦, 0.0854 g (0.45 mmol)碘化亚铜, 0.0922 g (0.13 mmol)二(三苯膦)二氯化钯和 50 mL 三乙胺的混合物中加入 2.5 mL (2.6 g, 0.97 mol) 1-乙炔基萘和 100 mL 甲苯, 混合物回流 14 h 后冷却过滤, 滤饼用甲苯洗涤后在 120℃干燥 1.5 h。将固体产物在 150 mL 水中搅拌后滤出, 在 120℃干燥 1.5 h, 得到黄色粉末 2.93 g (92%)。从二甲苯中重结晶, 得到黄色针状产物, mp 224℃。

1.2.8　其他芳香单元酐

【32】降冰片烯并苯酐 Benzonorbornadiene-6,7-dicarboxylic anhydride[39]

①由 6,7-二溴苯并降冰片二烯出发

将 50 g (0.127 mol)1,2,4,5-四溴苯溶于 2.25 L 干燥甲苯中, 冷却至–78℃。在 45 min 内加入 87 mL (140 mmol)1.6 mol/L BuLi 在己烷中的溶液, 25 min 后加入新裂解的 14.7 g (222 mmol)环戊二烯, 反应在–78℃进行 1.5 h, 然后自然升温到室温过夜。加入甲醇 10 mL 终止反应, 用水洗涤甲苯溶液。水层用 2×200 mL 乙醚萃取, 合并有机相, 在硫酸镁上干燥后浓缩, 得到黄色油状物, 柱色层提纯, 得到 22.1 g(58%)蜡状白色固体 6,7-二溴苯并降冰片二烯(I)。

将 15.5 g (51.6 mmol) I 溶于 155 mL 干燥 DMF 中, 加入 11.5 g (129 mmol)CuCN, 加热回流 16 h, 冷却后倒入 200 mL 浓的氨水中, 再加入 600 mL 水。水溶液用 2×400 mL 乙醚萃取, 乙醚萃取液用 3×500 mL 1:3 的 NH₄OH/水洗涤到水层中的蓝色消失。有机层在硫酸镁上干燥, 除去溶剂, 将绿色残留物经柱色层 (1:3 EtOAc/己烷)提纯, 得到 3.4 g(34%)6,7-二氰基苯并降冰片二烯白色结晶(II), mp 111~113℃。

将 332 mg (1.73 mmol) II 在 4 mL 6N KOH 水溶液中回流 8h, 冷却到室温, 用 20%盐酸酸

化到 pH 1，用二氯甲烷连续萃取 8 h。二氯甲烷层用硫酸镁干燥后除去溶剂得到几乎定量的 6,7-二羧基苯并降冰片二烯**(III)**，mp 170℃。

　　将 3.8 g (16.5 mmol) **III** 在 75 mL 乙酐中回流 2 h，冷却后减压除去乙酐和乙酸，通过硅胶柱(氯仿)得二酐白色结晶 2.874 g(82%)，mp 120~121℃。

　　②通过 6,7-二(甲酯基)苯并降冰片二烯

　　将 1 g (8.47 mmol)5,6-二甲叉[2.2.1]庚烯-2**(I)**，2.4 g(16.94 mmol)乙炔二甲酯及 40 mg 氢醌在厚壁试管中 80℃加热 3 天(注意安全！)。所得到的产物溶于 15 mL 苯中，滴加到冰浴冷却下的 18.93 g (8.47 mmol)2,3-二氯-5,6-二氰基-1,4-苯醌中，搅拌 2h，室温反应过夜，滤出沉淀，用 100 mL 苯洗涤，合并有机相，浓缩后进行柱色层(15 cm×5 cm，铝胶，苯为淋洗剂)提纯。将淋洗液浓缩，再用柱色层(硅胶，乙酸乙酯在庚烷中的 20%溶液)提纯，得到 6,7-二(甲酯基)苯并降冰片二烯。将二甲酯水解为二酸，再在乙酐中脱水成酐。

1.2.9　脂肪单元酐

【33】马来酸酐 Maleic anhydride (MA)

商品，mp 51~56℃, bp 200℃。

【34】衣康酸酐 Itaconic anhydride

商品，mp 66~68℃，bp 114~115℃/ 12mmHg。将 91.1g (0.7 mol)衣康酸，79.5 g (0.56 mol) P_2O_5 在 750 mL 氯仿中搅拌回流 24 h。将氯仿从褐色黏稠物上倾泻出来，减压蒸馏后冷却，得到衣康酸酐结晶，收率 80%，mp 69℃。

【35】柠康酸酐　Citaconic anhydride

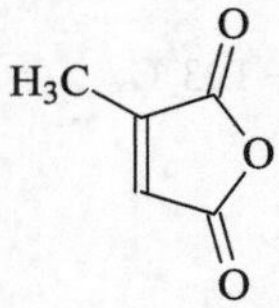

商品。Mp 6~10℃; bp 213~214℃。

【36】苯基马来酸酐　Phenylmaleic anhydride

由苯乙炔和 CO_2 电解合成[40]

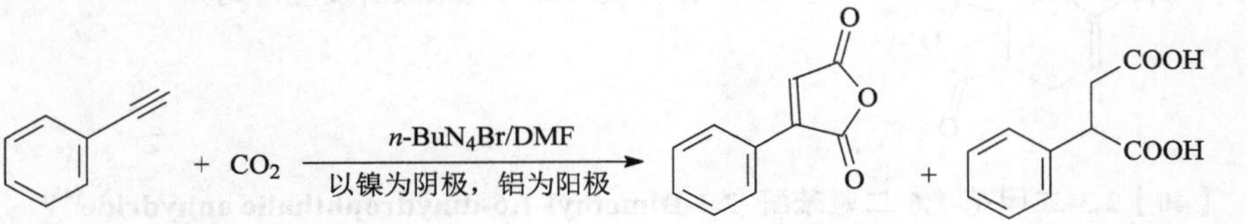

以镍(或铜、铂、银等)为阴极,铝或镁为阳极,在加压电解池中向 5 mmol 苯乙炔和 1.75 mmol n-BuN$_4$Br 在 35mL 干燥 DMF 的溶液中通入 CO_2,收率93%,酐与酸的比例为 95∶5。

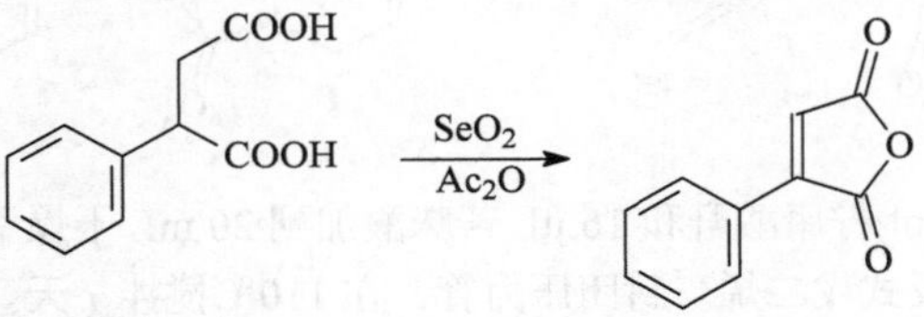

将 10.028 g (51.64mmol)苯基丁二酸和 6.761 g (60.93mmol)氧化硒在 16 mL 乙酐中回流 9 h。趁热过滤,除去生成的硒盐,蒸去大部分乙酐,溶液在冰箱中放置过夜后倒入水中,滤出暗黄色固体,60℃真空干燥 12 h。粗产物在 100℃真空升华得到淡黄色固体 8.27 g(92%), mp 119~120℃。

【37】二氯代马来酸酐　Dichloromaleic anhydride[41]

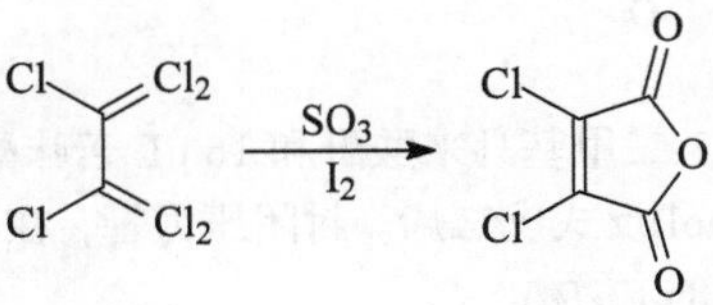

将 168 g (0.644 mol)六氯丁二烯和 0.8 g 碘加热到 45℃,通入 154 g (1.93 mol)三氧化硫。将反应物进行蒸馏,除去 138℃以下的馏分。将残留物冷却到 0℃,滤出结晶,用 0℃的四氯乙烯洗涤,干燥到恒重,得二氯马来酸酐 71.5 g (91.5%), mp 120~121℃。六氯丁二烯的转化率为 70%。

【38】1,2,3,6-四氢苯酐 1,2,3,6-Tetrahydrophthalic anhydride

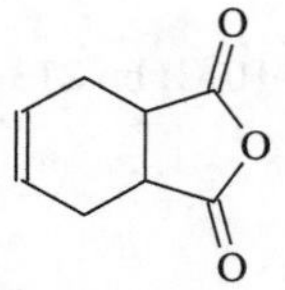

商品，mp 97~103℃。

【39】4-甲基-*cis*-1,2,3,6-四氢苯酐 4-Methyl-*cis*-1,2,3,6-tetrahydrophthalic anhydride[42]

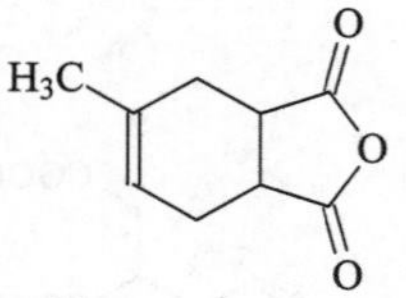

由异戊二烯与马来酸酐反应得到。

【40】2,3-二甲基-1,6-二氢苯酐 2,3-Dimethyl-1,6-dihydrophthalic anhydride[43]

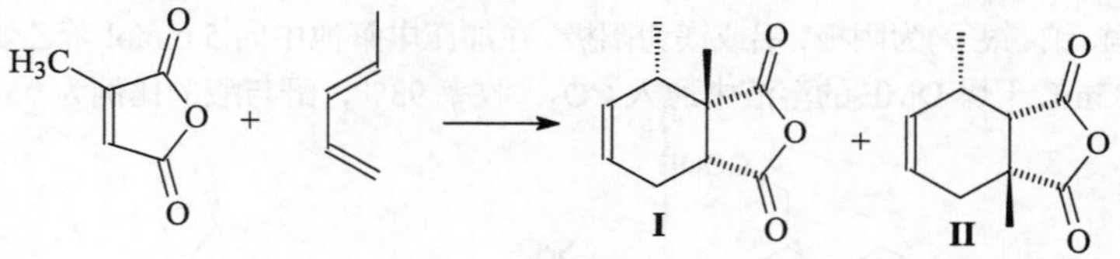

将 4.11 g (0.037 mol) 柠康酸酐和 16 μL 苦味酸加到 20 mL 干燥甲苯中，通氩数分钟，加入 5.00 g (0.0730 mol) 反式戊二烯。封闭压力管，在 110℃搅拌 7 天。冷却后除去挥发物，得到 6.60 g (50%) 黄色粗产物，**I/II**=7/3。**I** 的 mp 48~50℃。

【41】1,2,3-三甲基-6-氢苯酐 1,2,3-Trimethyl-6-monohydrophthalic anhydride[43]

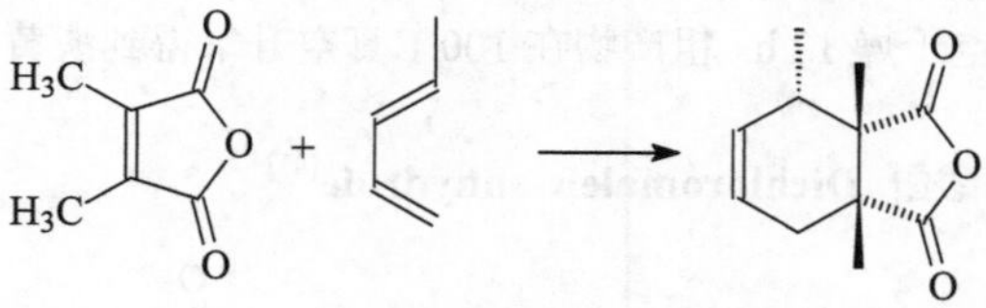

将 4.63 g (0.03672 mol) 2,3-二甲基马来酸酐和 16 μL 苦味酸加到 50mL 干燥甲苯中，通氩数分钟后加入 5.00 g (0.0730 mol) 反式戊二烯。封闭压力管，在 120℃搅拌 16 周。除去挥发物后从热乙醚重结晶，得产物 6.8g (72%)。

【42】3,3-二甲基-1,2,6-三氢苯酐 3,3-Dimethyl-1,2,6-trihydrophthalic anhydride[43]

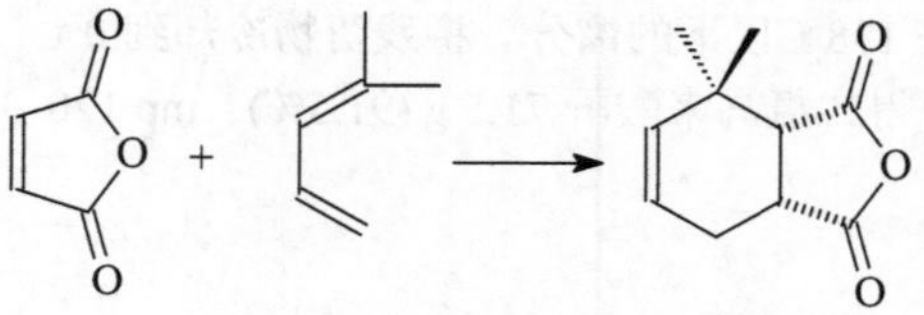

将 8.57 g (0.087 mol)马来酸酐和 0.24 g 氢醌溶于 25 mL 干燥 THF 中，通氩数分钟，加入 1.795 g (0.022 mol)4-甲基 1-1,3-戊二烯，反应物在 100℃搅拌 24h。除去挥发物后，真空蒸馏除去过量的马来酸酐(50~55℃/0.05 mmHg)。残留黄色油状物溶于氯仿，滤去不溶的氢醌。减压除去溶剂，粗产物减压蒸馏，取得 65~70℃/0.05 mmHg 馏分 2.38 g (60%)，mp 66~68℃。

【43】3-羟基-cis-1,2,3,6-四氢苯酐

3-Hydroxy-cis-1,2,3,6-tetrahydrophthalic anhydride[42]

由 1-羟基-1,3-丁二烯与马来酸酐反应得到。

【44】3-甲氧基-cis-1,2,3,6-四氢苯酐

3-Methoxy-cis-1,2,3,6-tetrahydrophthalic anhydride[42]

将等摩尔的 5.0 g(59 mmol) trans-1-甲氧基-1,3-丁二烯与 5.8 g(59 mmol)马来酸酐溶于 100 mL 乙腈中，氮气下室温搅拌 24 h，蒸发后得到淡黄色液体 10.6 g (98%)，放置中固化。将产物溶于热的乙醚中，将所得到的溶液浓缩到 150 mL，得到结晶 9.0 g(83%)，mp 96.0~97.5℃。

【45】3-三甲硅氧基-cis-1,2,3,6-四氢苯酐

3-Trimethylsilyloxy-cis-1,2,3,6- tetrahydrophthalic anhydride[42]

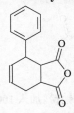

将 8.54 g(60 mmol) 1-三甲硅氧基-1,3-丁二烯 (顺、反异构体的混合物)和 5.88 g (60 mmol)马来酐溶于 100 mL 乙腈中，氮气下室温搅拌 24 h，蒸发后得到淡黄色液体 14 g (97%)，由 NMR 确定顺式和反式的比例大致为 95∶5。

【46】3-苯基-cis-1,2,3,6-四氢苯酐

3-Phenyl-cis-1,2,3,6-tetrahydrophthalic anhydride[42]

将 10.9 g (84 mmol)trans-1-苯基-1,3-丁二烯与 8.2 g (84 mmol)马来酸酐在 225 mL 甲苯中氮气下回流 16 h 后冷冻过夜，得到黄褐色沉淀，过滤，空气干燥得淡黄色粉末 14.8 g (77%)，mp 119.2~120.8℃。将母液蒸发后残留物在乙醚中重结晶，再得到 2 g，总收率为 87%，mp 116.8~117.8℃。在乙酸乙酯/己烷中重结晶(脱色)得无色产物 13 g (68%)，mp 121.5~122.5℃。

【47】3,6-二苯基-*cis*-1,2,3,6-四氢苯酐

3,6-Diphenyl-*cis*-1,2,3,6-tetrahydrophthalic anhydride[42]

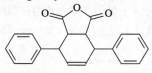

将 8.25 g (40 mmol) *trans,trans*-1,4-二苯基-1,3-丁二烯和 4 g (40 mmol)马来酸酐在 100 mL 对二甲苯中氮气下回流 48 h，冷却后滤出白色结晶，用乙醚洗涤，从氯仿重结晶得 8.2 g (67%)，mp 215~217℃。

【48】顺式-5-降冰片烯-内型-2,3-二酸酐

cis-5-Norbornene-*endo*-2,3- dicarboxylic anhydride

商品，mp 165~167℃。

【49】顺式-5-降冰片烯-外型-2,3-二酸酐

cis-5-Norbornene-*exo*-2,3- dicarboxylic anhydride

商品，mp 140~145℃。

将 15g *endo*-异构体加热到(190±2)℃，保持 1.5 h (没有质量损失)。将熔点为 105℃的产物从苯中重结晶，得 *exo*-异构体 5.3 g, mp 140~142 ℃。合并母液，将苯蒸出，残留物加热到 190℃保持 30 min，再将产物从苯中重结晶，回收 *exo*-异构体 2.8 g。该过程重复进行，依次再得到 1.64 g, 1.14 g 和 0.63 g, *exo* 异构体的总收率达 77%。最后的残留物 3.1 g (20%), mp 80~90 ℃。将该残留物真空蒸馏，得到含 *endo*-异构体和 *exo*-异构体的蒸馏液，还有少量不能蒸馏的物质。

【50】甲基-5-降冰片烯二酸酐 Methyl-5-norbornene-2,3-dicarboxylic anhydride

商品。

【51】烯丙基降冰片烯二酸酐 7-Allynadic anhydride[45,46]

将 230 g 金属钠在 1750 g 二甲苯中加热熔融,剧烈搅拌下冷却到 35℃得到钠粉。加入 100 g 特丁醇，搅拌下滴加 792 g 环戊二烯，反应温度保持在 40℃。当不再放出氢气后加入 840 g

烯丙基氯。用水洗去产生的氯化钠。在 30~40℃下分批加入马来酸酐。然后在 80℃反应 2 h。减压蒸馏，取 130~138℃/0.3 mmHg 黄色液体 1296 g (64.5%)。

【52】甲酯基降冰片烯二酸酐

1-(Methoxycarbonyl)bicyclo[2.2.l]hept-5-ene-*endo*, *endo*-2,3-dicarboxylic anhydride[47,48]

将 33.0 g (0.50 mol) 新裂解的环戊二烯溶于 600 mL 无水 THF 中，冷却到–78℃，缓慢加入 342 mL (0.50 mol) 1.46 mol/L *n*-BuLi 在己烷中的溶液。加完后逐渐回暖到 25℃，搅拌 1 h 后再冷到–78℃，维持–50℃下加入 47.3 g (38.6 mL, 0.50 mol) 氯乙酸甲酯。加完后回暖到 25℃，搅拌 10 min。将该红色的溶液倒入 1 L 水中，水层用 2×200 mL 乙醚萃取，有机相合并，用 5×500 mL 水和饱和氯化钠溶液洗涤，0℃下在硫酸镁上干燥 1 h。减压除去溶剂，红色油状物通过短柱蒸馏，得油状液体 **I** 20.60 g(33%), bp 60~62℃。

将 24.50 g (0.250 mol)马来酸酐溶于乙醚，加入 26.72 g (0.216 mol) **I**，混合物在室温搅拌 10 min 后放置过夜。将得到的结晶用乙酸乙酯重结晶，得白色固体 18.49 g(39%)，mp 149~150℃。

【53】5-(五甲基二硅氧基)-2,3-降冰片烷二酸酐

5-(Pentamethyldisiloxanyl)-2,3-norbornanedicarboxylic anhydride[49]

将六甲基二硅氧烷和四甲基二硅氧烷与三氟甲磺酸以 3 : 1 摩尔比在室温反应过夜。取样用 MgO 猝灭后色谱分析，测得四甲基二硅氧烷 : 五甲基二硅氧烷 : 六甲基二硅氧烷 = 1 : 6 : 9，并达到恒定后，加过量的 MgO 进行蒸馏，取 84℃馏分，得五甲基二硅氧烷，收率 90%，纯度 99.9%。

将降冰片烯二酸酐与 1.1 mol 的五甲基二硅氧烷用氯铂酸为催化剂,使达到铂含量为 30 ppm，反应在 70℃进行 30 min，在 MgO 上蒸馏，取 136~137℃/0.2 mmHg，收率 99%，mp49~50℃。

【54】松香-马来酸酐加成物　Rosin–maleic anhydride adduct (RMA)

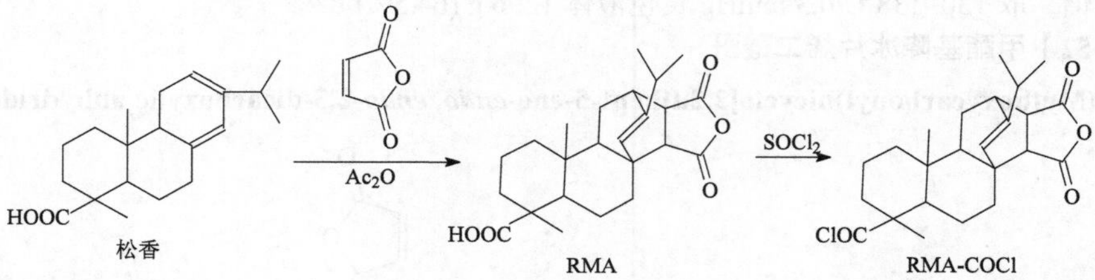

①在乙酸中反应[50]

将 60.40 g (200 mmol) 松香在氮气下加热到 180℃，冷却到 130℃，加入 240 mL 乙酐，搅拌形成均相溶液，冷却到 70℃，加入 17.65 g (180 mmol) 马来酸酐及 0.76 g (4.4 mmol) 对甲苯磺酸回流搅拌 12 h，冷却后得到白色沉淀，过滤，从乙酸重结晶，得 28 g(35%)。

②无溶剂反应[51]

氮气下将 100 g 松香和 30 g 马来酸酐在 150℃熔融，搅拌 2 h 后冷却至室温，粉碎，溶于乙醚。在石油醚中沉淀，真空干燥，收率 63%，mp 205℃。

③酰氯化[52]

将 RMA 溶于过量的 SOCl$_2$ 中，加入数滴 DMF，回流 6 h。过量的 SOCl$_2$ 由苯形成共沸物蒸出。粗产物从氯仿重结晶，酰氯收率 92%。

【55】3,6-环氧-1,2,3,6-四氢苯酐　3,6-Epoxy-1,2,3,6-tetrahydrophthalic anhydride

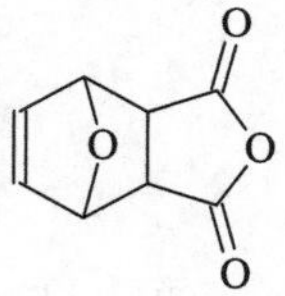

商品。由呋喃与马来酸酐合成。Mp 118℃(dec)。

【56】2-(4-羧基酞酰亚胺基)谷氨酸酐　2-(4-Carboxyphthalimido)glutaric anhydride[53]

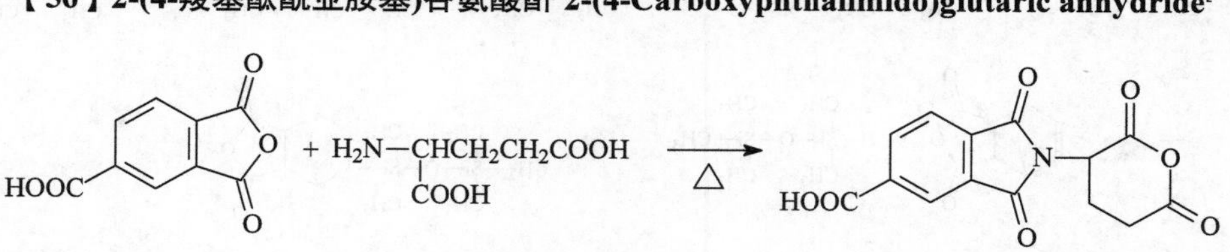

将 138 g (0.72 mol) TMA 和 88 g (0.6 mol)L-谷氨酸加热到 180℃，减压除去产生的水分。混合物全部熔融后冷却到 130~140℃，加入 130 mL 乙酐搅拌到完全溶解，再加入 360 mL 二甲苯，搅拌冷却到室温。滤出沉淀，干燥后从乙酐/二甲苯(1∶3)重结晶，以除去未反应的谷氨酸，再从乙酐/乙酸(1∶10)重结晶，以除去未反应的 TMA。收率 87%，mp 235℃。

1.3　苯二酐类化合物

1.3.1　均苯二酐和连苯二酐

【57】均苯二酐 Pyromellitic dianhydride(PMDA)[54]

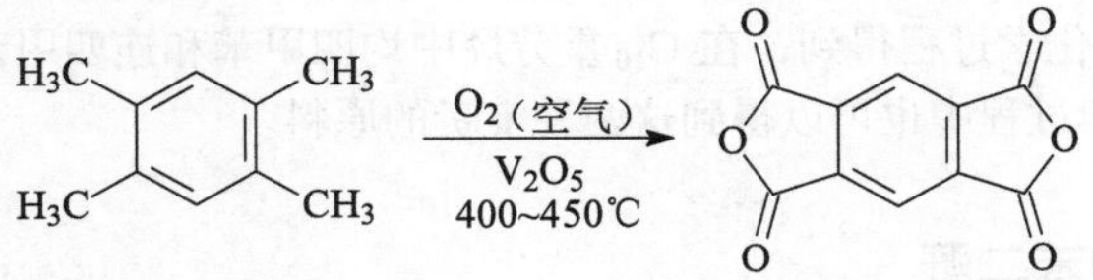

商品，mp 283~286℃。由均四甲苯或其他 1,2,4,5-四烷基苯，如三甲基异丙苯等气相催化氧化得到。适用的催化剂是载于氧化铝或碳化硅上的五氧化二钒，单一组分往往有副反应，所以大都采用钛、铬、钼等的氧化物为助催化剂。PMDA 曝露空气中容易水解，使用前可用真空升华或在 250℃左右烘数小时，使其完全脱水成酐。

【58】连苯二酐 Mellophanic dianhydride (MPDA)[55]

①由环己二烯和马来酸酐合成

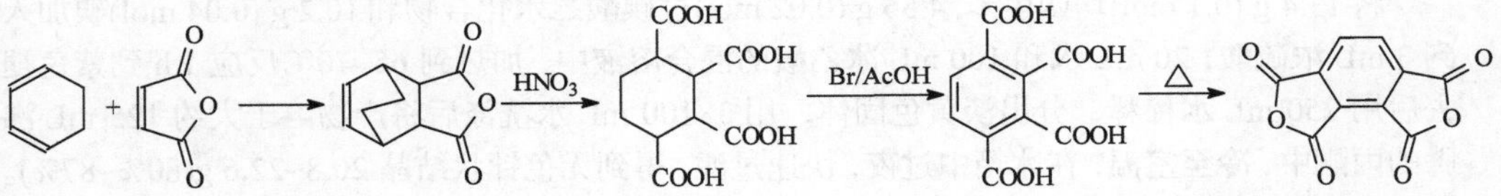

将 53 g 1,3-环己二烯和 60 g 马来酸酐在 150 mL 苯中用 40℃水浴加热。反应放热，所以一旦开始反应，即移去加热水浴，并不断用冷水冷却反应瓶，待温度下降后在室温搅拌 12 h，过滤，得到一部分粗产物，滤液浓缩后又得到一部分粗产物，合并两次粗产物，用热水煮洗两次，过滤，得到的滤饼用石油醚重结晶，得双环[2,2,2]-5-辛烯-2,3-二酸酐白色针状晶 100.2 g(85%)。

将 30 mg 偏钒酸铵和 10 mg 钼酸铵加入 40 mL 60%浓硝酸中，加热控制反应瓶内温度为 60℃，在 2 h 内逐渐加入 10 g 双环[2,2,2]-5-辛烯-2,3-二酸酐，并同时滴加 15 mL 发烟硝酸(90%)。加完后再反应 2 h，冷却过滤，滤饼分别用冰乙酸洗两次，用乙酸乙酯洗两次。用水重结晶，真空干燥后得到 cis-1,2,3,4-环己烷四酸白色固体 12.8 g(90%)。

10 g cis-1,2,3,4-环己烷四酸和 120 mL 冰乙酸搅拌加热回流，将溶有 16 g 液溴的 35 mL 冰乙酸慢慢滴加入反应瓶中，滴加完毕后再回流反应 3 h，冷却过滤，用冰乙酸洗两次，用水重结晶，得到 1,2,3,4-连苯四酸 5.8 g(60%)，mp 224~226℃。

将连苯四酸在乙酐中煮沸后冷却，或进行真空升华，得到连苯二酐，mp 198~200℃。无论用加热方法或用乙酐脱水，在成酐的过程中还没有发现中间两个羧基单独成酐的情况。

② 由连四甲苯氧化得到

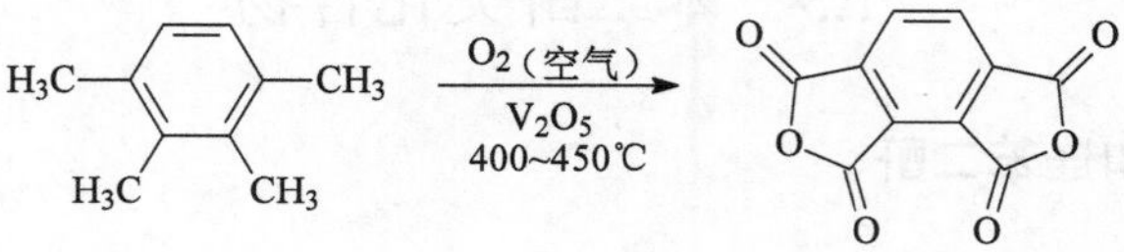

连苯二酐最有实际意义的合成方法，是类似均苯二酐，由连四甲苯空气氧化制得。因为，连四甲苯可以由石油化学过程得到，在 C_{10} 重芳烃中均四甲苯和连四甲苯的含量相应为 8.0% 和 5.3%[56]。在煤化学过程中也可以得到这两种宝贵的原料。

1.3.2　单取代的均苯二酐

【59】3-三氟甲基均苯二酐 3-Trifluoromethylpyromellitic dianhydirde[57]

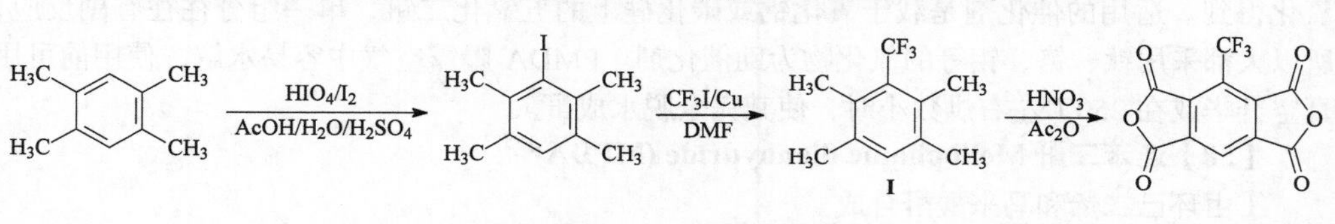

将 13.4 g (0.1 mol)均四甲苯, 4.56 g (0.02 mol)过碘酸二水化合物和 10.2 g (0.04 mol)碘加入到 3 mL 浓硫酸, 20 mL 水和 100 mL 冰乙酸的混合溶液中，加热到 65~70℃反应 1 h 到紫色褪去后用 250 mL 水稀释，分出淡黄色固体，用 3×100 mL 水洗涤后将产物溶于大约 125 mL 沸腾的丙酮中，冷至室温，在冰箱中过夜，快速过滤，得到无色针状结晶 20.8~22.6 g(80%~87%)。产物用硅胶柱层析，用石油醚淋洗除去均四甲苯，产物 3-碘代均四甲苯从乙醇重结晶数次，mp 78~80℃[58]。

将 92 g (0.47mol)碘代三氟甲烷加到冷却的 DMF 中，再加入活性铜和 70 g (0.36 mol) 1-碘代均四甲苯,在高压釜中充氮到 50 atm(非法定单位,1 atm=1.01325×10⁵ Pa,下同),在 150℃, 80 atm 下搅拌 50h。冷却后卸压，滤出铜粉，将滤液倒入水中，滤出沉淀，用水洗涤，干燥，产物在减压下升华，得到 3-三氟甲基均四甲基苯(I)白色固体 37 g (80%), mp 37.1~37.4℃。

将 16.4 g (0.0812 mol)I 加入到 325mL 25%硝酸中，在高压釜中加热到 170℃搅拌 17 h, 冷却后滤出沉淀，再溶于热水，加入盐酸使之再沉淀，滤出白色固体，干燥得 3-三氟甲基均苯四酸 17 g(73%)。

将 16.1 g (0.05 mol) 四酸在 40 g (0.39 mol)乙酐中回流 3 h，冷却后过滤，用乙醇洗涤，在 50℃干燥 2 h，减压升华得二酐 8.1g(57%), mp 189~190℃。

【60】3-溴均苯二酐 3-Bromopyromellitic dianhydride[59]

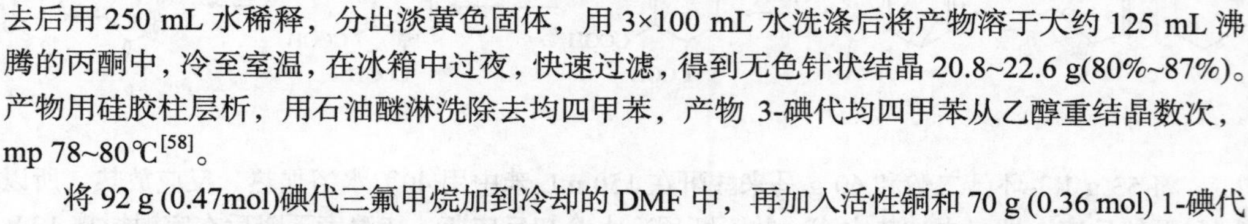

将 50 g 均四甲苯溶于 100 g 四氯化碳中，加入一粒碘的晶体，冰浴冷却下在 1~1.5 h 内缓慢加入含 62.7 g 溴(过量 5%)的 60 mL 四氯化碳溶液，反应避免光照。加完后再在室温搅拌 1 h。产物用 200 mL 5%NaOH 洗涤后再用水洗涤，蒸出四氯化碳，残留物与溶有 4 g 钠的 100 mL 乙醇共沸 30 min，然后放置过夜。加入 900 mL 水，滤出沉淀，干燥得 77.5 g(94%)。再经水蒸气蒸馏 5 h，以去除少量二溴代物。单溴代物从蒸馏液中滤出，从 95% 乙醇中重结晶，得溴代均四甲苯白色晶体 62.8 g(79.1%)，mp 60.5℃[60]。

将 3-溴均四甲苯用高锰酸钾在吡啶/水混合物中氧化，粗产物从 1% 盐酸重结晶，收率 47%。将 10 g 溴代苯四酸在 90 mL 乙酐中回流 6 h，冷却到室温，得到白色结晶，过滤，用乙醚洗涤，在 100℃真空干燥，收率 82%。

【61】3-苯基均苯二酐　3-Phenylpyromellitic dianhydride[61,62]

合成方法参考【63】。

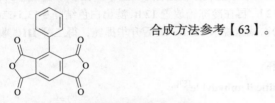

【62】3-(4-三氟甲基苯基)均苯二酐

3-(4-Trifluoromethylphenyl)pyromellitic dianhydride[61]

合成方法见【63】，收率 49%，mp 211.0~211.8℃。

【63】3-[3,5-双(三氟甲基)苯基]均苯二酐

3-(3,5-Bis(trifluoromethyl)phenyl)pyromellitic dianhydride[61]

F₃C—⬡—CF₃ →(Mg/THF, 5℃/12h)→ F₃C—⬡—CF₃ →(B(OCH₃)₃, −70℃/12h)→ F₃C—⬡—CF₃ →(20%HCl, −50℃/12h)→ F₃C—⬡—CF₃
（Br）　　　　　　　　　　　（MgBr）　　　　　　　　　　　（B(OCH₃)₂）　　　　　　　　　　　（B(OH)₂）

氮气下将 9.30 g (382.7 mmol)镁屑加入到 220 mL THF 中，冷却到 0~5℃后在 1 h 内缓慢滴加入 44.0 mL (255.1 mmol)3,5-二(三氟甲基)溴苯。让混合物回暖到室温，反应过夜，得到黏稠暗褐色溶液。再将该溶液冷却到−70℃，剧烈搅拌下(减少副产物如苯、苯酚及联苯化合物的产生)在 3~4 h 内滴加 28.97 g (255.1 mmol)硼酸三甲酯。反应物的温度回复到室温后再反应 12 h，得到浑浊的红褐色溶液。冷却到−5℃，加入 20% 盐酸，使 pH 为 1。再加入 500 mL 乙醚，分出水层，有机层用水洗涤数次后浓缩。将黏稠产物在水中重结晶得到 3,5-二(三氟甲基)苯基硼酸白色产物，收率 79%，mp 218.6~220.0℃[63]。

将 27.54 g (129.234 mmol)1-溴-2,3,5,6-四甲基苯(见【60】)溶于 330 mL 甲苯中，加入 40.00 g (155.08 mmol) 3,5-二(三氟甲基)苯基硼酸，1.4934 g (1.2923 mmol)四(三苯膦)钯，164 mL 2 N 碳酸钠水溶液及 67 mL 乙醇，回流 7 天，冷却分层，有机层除去溶剂，残留物在乙酸乙酯中重结晶，得到 I，收率 85%，mp 117.5~118.4℃[64]。

将 44.73 g (129 mmol) I 和 230 mL 30%的硝酸加到不锈钢高压釜中，在 170℃反应 24 h。趁热过滤得到淡黄色溶液，在室温放置 12 h，再在冷冻箱放置 12 h，滤出白色结晶 3-[3,5-二(三氟甲基)苯基]均苯四酸(II)。将 II 在 250℃减压脱水 12 h，最后升华提纯，得二酐 III，收率 56%，mp 209.3~210.1℃。

【64】3-(4-正己氧基苯氧基) 均苯二酐

3-[4-(*n*-Hexyloxy)phenyloxy]pyromelliticdi anhydride[59]

将 3.72 g (0.04 mol)苯胺溶于 150 mL 甲苯和 60 mL NMP 的混合物中，冰浴冷却。加入 6.0 g (0.02 mol) 3-溴代均苯二酐【60】，在 160℃搅拌 12 h 后冷却到室温，倒入甲醇中，过滤，用甲醇洗涤，真空干燥，双酰亚胺(II)的收率 85%，mp >300℃。

将 10 mL 无水甲醇，0.2 g (8.7 mmol)钠和 1.69 g (8.7 mmol) 4-正己氧基苯酚在室温搅拌 30 min 后除去甲醇。在残留物中加入 50 mL 无水 DMF 和 3.96 g (8.7 mmol)II。加热到 70℃反应 12 h，冷却到室温，倒入 500 mL 0.5 mol/L HCl 中得到白色沉淀。滤出固体，用水洗涤，从氯仿/甲醇(1：1)中重结晶，得到 IV，收率 71%，mp 267℃。

将 2.0 g IV 在 50 mL 10% NaOH 和 50 mL 乙醇的混合物中回流 12 h，冷却到室温，用盐酸酸化，得到白色沉淀，过滤。将得到的四酸钠盐溶于 50 mL DMSO 和 12 mL 浓盐酸的混合物中，在 80℃搅拌 4 h，冷却到室温，用 50 mL 浓盐酸稀释，乙醚萃取，醚液用水洗涤后在硫酸镁上干燥，除去乙醚，从 5%盐酸重结晶，四酸收率 42%。

将 0.8 g 四酸和 10 mL 乙酐回流 6 h，冷却后蒸出液体，残留物从氯仿/环己烷(1 : 1)重结晶，收率 72%，mp 184 ℃。

【65】3-(4-正辛氧基苯氧基) 均苯二酐

3-[4-(*n*-Octyloxy)phenyloxy]pyromellitic dianhydride[59]

用 4-辛氧基苯酚按【64】方法合成。IV 收率 55%，mp 259 ℃；四酸收率 53%；二酐收率 77%，mp 172 ℃。

1.3.3　二取代的均苯二酐

【66】3,6-二溴均苯二酐 3,6-Bromopyromellitic dianhydride[66]

将 75 g (0.559 mol)均四甲苯和 30 g(0.023 mol)碘加到 250 mL 二氯甲烷中，室温下避光滴加 72 mL(1.401 mol)溴在 100 mL 二氯甲烷中的溶液。混合物回流 1h 后加入 5 mol/L NaOH 破坏过量的溴。分出水层，有机层用水洗涤，硫酸镁干燥，溶液在冰浴中冷却结晶，过滤，干燥，得 3,6-二溴均四甲苯 130 g (80%)，mp 210 ℃[67]。

将 0.171 mol 3,6-二溴均四甲苯加到 2.1 mL 吡啶和 280 mL 水的混合物中，加热回流，以小份加入 0.859 mol KMnO₄，反应 5h 后滤出二氧化锰，减压除去溶剂，在残留物中加入 280 mL 水和 112 g NaOH，再加热回流，同样以小份加入 0.859 mol KMnO₄，反应 5h。过量的高锰酸钾小心用乙醇破坏。趁热滤去二氧化锰。滤液用 5 mol/L 盐酸酸化。将溶剂蒸发后残留物用丙酮洗涤，干燥，得 3,6-二溴均苯四酸 46 g (66%)。

将 24 mmol 二溴均苯四酸，2.50 mol 乙酸和 49 mmol 乙酐加热回流 3 h，冷却后滤出淡黄色二酐结晶，用乙酸洗涤后干燥，得二酐 5.45 g (60%)，mp 399 ℃。

【67】3,6-二(三氟甲基)-均苯四酸二酐

3,6-Bis(trifluoromethyl)-pyromellitic dianhydride[57]

将 4.47 g 均四甲苯溶于 20 mL 乙酸中，加入 6.8 g 碘和 3.04 g 过碘酸二水化合物，加热到 70 ℃，搅拌到碘的紫色基本消失(约需 1.5 h)。将反应物倒入稀的亚硫酸氢钠溶液中，以除去未反应的碘。滤出沉淀，3,6-二碘代均四甲苯易溶于苯，几乎不溶于石油醚，mp 140~141℃[68]。

将 80 g (0.408 mol)碘代三氟甲烷加入 280 mL 冷却的 DMF 中，再加入 60 g 活性铜和 60 g (0.156 mol) 3,6-二碘代均四甲苯。混合物在高压釜中充氮到 50 atm，加热到 150℃，压力达到 80 atm，搅拌 50 h 后冷却卸压，滤出铜粉，将滤液倒入水中，滤出沉淀，用水洗涤，干燥，产物在减压下升华，得 3,6-二(三氟甲基)-均四甲苯(I)白色固体 36 g(85%)，mp 62.3~62.5℃。

将 20 g (0.075 mol)I 加入到 300 mL 25%硝酸中，在高压釜中加热到 170℃搅拌 17 h，冷却后滤出沉淀，再溶于热水，加入盐酸使之再沉淀，滤出白色固体，干燥得 3,6-二(三氟甲基)-均苯四酸 22 g (75%)。

将 20 g (0.05 mol) 四酸在 40 g (0.39 mol)乙酐中加热回流 3 h，冷却，过滤，用乙醇洗涤，在 50℃干燥 2 h，减压升华得二酐 12 g(60%)，mp 239~240℃。

说明：为避免可能发生的酯化，最好改用乙醚或甲苯洗涤。

【68】3,6-二苯基均苯二酐　3,6-Diphenylpyromellitic dianhydride[62,69,70]

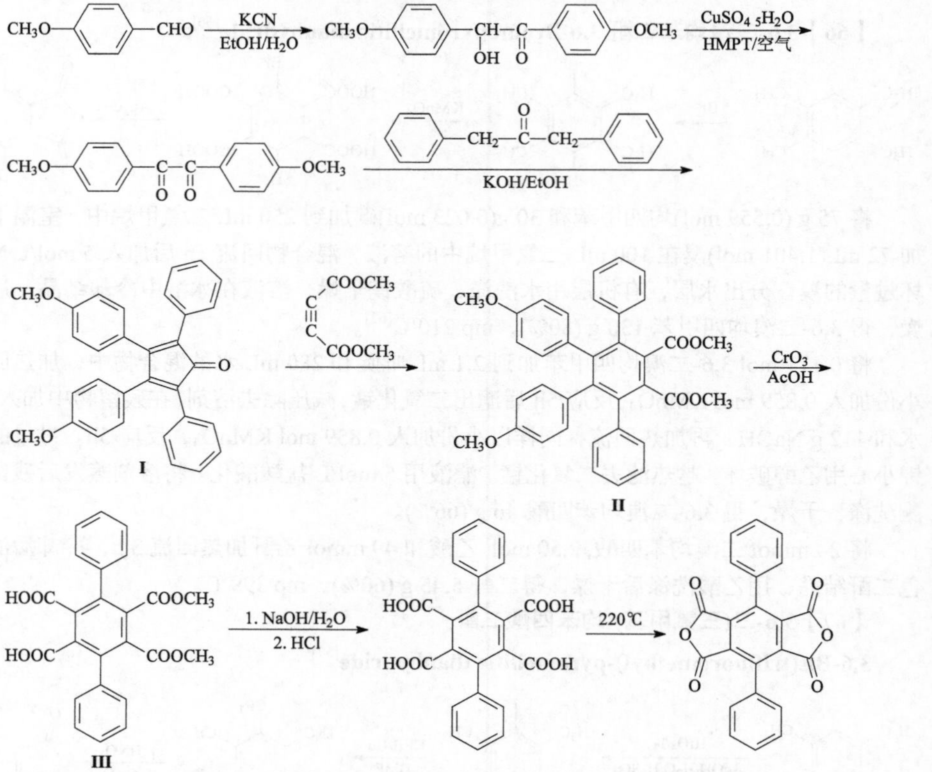

①由 2,5-二苯基-3,4-双(4-甲氧基苯基)环戊二烯酮和乙炔二酸二甲酯合成[69]

由对甲氧基苯甲醛与氰化钾在乙醇水溶液中反应得到苯偶姻，再在硫酸铜催化下空气氧化为二酮，收率 76%，mp 133~135℃。二酮与二苄基酮在碱作用下得到 2,5-二苯基-3,4-双(4-甲氧基苯基)环戊二烯酮(I)，mp 227~228℃[71]。

将 10.0 g (22.5 mmol) **I** 和 4.25 g (29.9 mmol) 乙炔二酸二甲酯在 50 mL 邻二氯苯中搅拌回流 3 h。冷却到 100℃，加入 75 mL 95% 乙醇。冷却到室温，滤出固体，从二氯甲烷/乙醇(1∶3)中重结晶，得 3,6-二苯基-4,5-双(4-甲氧基苯基)邻苯二甲酯**(II)** 10.7 g (85%)，mp 231~234℃。

将 10.0 g (17.9 mmol) **II** 溶于 120 mL 乙酸中，搅拌加热到 80~90℃。在 6h 内滴加入 38.5 g (385 mmol) 铬酸酐在 35 mL 水和 30 mL 乙酸中的溶液。冷却到室温后将其加到 2 L 2 N 碳酸钠溶液中。将得到的混合物加热回流，然后冷却，滤出沉淀。将黄色的滤液用浓盐酸酸化。滤出沉淀，合并后用浓盐酸和水洗涤，在 60℃真空干燥。从甲苯重结晶，得到 4,5-二羧基二苯基邻苯二甲酯**(III)** 2.5 g(31%)，mp 196~198℃。

将 3.0 g (6.9 mmol) **III** 和 3.0 g (75 mmol) NaOH 在 30 mL 水中回流 24 h。用 10 mL 水稀释后冷却到室温。缓慢加到 10 mL 浓盐酸中，滤出沉淀，用水洗涤，在 100℃真空干燥，得 3,6-二苯基四酸 2.7 g (96%) 白色粉末，mp 300℃ (升华)。

将 3.00 g (7.4 mmol) 四酸减压下加热到 210℃，保持 4 h。产物从甲苯重结晶，得二酐黄色粉末 1.89 g (68%)，mp 320℃ (升华)。

②按【69】方法由 3,6-二溴代均四甲苯和溴苯合成[62]

四甲基三联苯收率 50%，从甲苯重结晶，mp 223~225℃；四酸收率 65%；二酐收率 89%，300℃以上分解。

【69】 3,6-双(4-三甲硅基苯基)均苯二酐

3,6-Bis(4-trimethylsilylphenyl)pyromellitic dianhydride[67]

将 117.96 g (0.5 mol)对二溴苯溶于 300 mL 乙醚中，在–5℃下缓慢滴加入 200 mL 2.5 mol/L 的正丁基锂溶液，加完后在 0℃搅拌 2 h，再滴加入 65.18 g (0.6 mol)三甲基氯化硅，在室温搅拌 12 h，加入 2 mol/L 盐酸中止反应，用乙醚萃取，在 96~100℃/10 mmHg 下蒸出对三甲硅基溴苯 92 g(80%)。

在 THF 中加入 60 g (0.26 mol)对三甲硅基溴苯和 6.83 g (0.26 mol)镁屑，回流 2 h，冷却到 –70℃，加入 27.28 g (0.26 mol)硼酸三甲酯，在室温搅拌 8 h 后用稀盐酸中止反应，粗产物在己烷中重结晶，得到对三甲硅苯基硼酸 38.3 g (76%)，mp 179℃。

在 60 mL 甲苯和 10 mL 水中加入 7.25 g (22 mmol)对三甲硅苯基硼酸，2.92 g (10 mmol) 二溴均四甲苯，1.6 g (40 mmol)NaOH 及 0.25 g (0.22 mmol)Pd(Ph₃P)₄，加热回流 24 h，冷却到

室温，用氯仿萃取，粗产物用甲苯重结晶，得 3,6-双(4-三甲硅基苯基)均四甲苯 2.9 g(70%)，mp 313℃。

在 214 mL 吡啶和 28 mL 水中加入 5 g (11 mmol)3,6-双(4-三甲硅基苯基)均四甲苯，加热到 90℃，分批加入 15.46 g (98 mol) KMnO₄，搅拌 12 h，滤出 MnO₂，用热水洗涤，滤液用盐酸酸化到 pH 2，滤出白色固体，用水充分洗涤，得 3,6-双(4-三甲硅基苯基)均苯四酸 4.68 g (80%)。

说明：可能需要二次氧化。

将 2.5 g 四酸在 50 mL 乙酸和 50 mL 乙酐中回流 3 h，冷却得到黄色结晶，滤出，用乙酸洗涤数次，烘干得二酐 1.34 g(60%)。

【70】3,6-双(4-特丁基苯基)均苯二酐
3,6-Bis(4-*t*-butylphenyl)pyromellitic dianhydride[67]

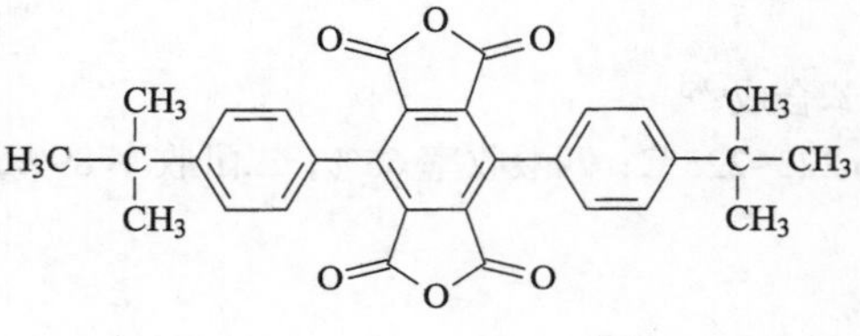

由对特丁基溴苯按【69】方法合成。特丁基苯基硼酸从己烷重结晶，收率80%，mp 210℃；3,6-双(4-*t*-丁基苯基)均四甲苯从甲苯重结晶，收率 76%，mp 313℃；3,6-二(4-*t*-丁基苯基)均苯四酸收率 82%；3,6-二(4-*t*-丁基苯基) 均苯二酐收率61%。

【71】3,6-双(3-三氟甲基苯基)均苯二酐
3,6-Bis(3-trifluoromethylphenyl)pyromellitic dianhydride[72]

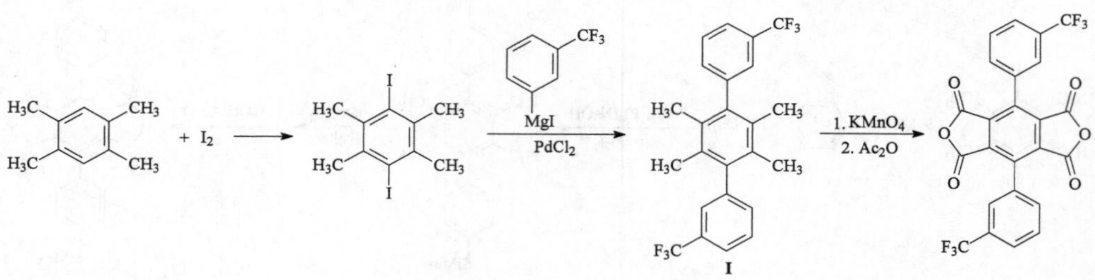

将 0.5 mL 1,2-二溴乙烷加入含有 2.0 g (0.083 mol)镁屑的 10 mL 无水乙醚中，立刻发生剧烈反应，1 h 内滴加 10.0 g (0.037 mol) 3-三氟甲基碘苯在 5 mL 甲苯和 15 mL 无水乙醚中的溶液，室温反应 30 min，回流 15 min，得到格氏试剂。

将格氏试剂在 1 h 内滴加到 10.0 g (0.026 mol)1,4-二碘均四甲苯(【67】)和0.2 g 氯化钯在 150 mL 无水 THF 的溶液中，室温反应后从乙醇重结晶，得到 **I**。

I 的氧化，脱水同【69】。

【72】3,6-双(4-三氟甲基苯基)均苯二酐

3,6-Bis(4-trifluoromethylphenyl)pyromellitic dianhydride[72]

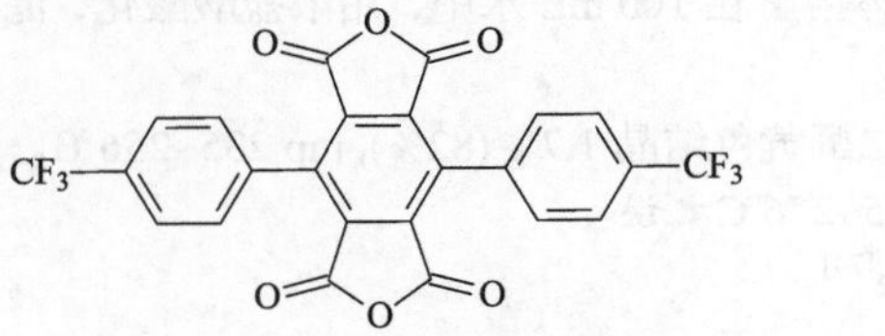

由 4-三氟甲基苯基碘化镁按【71】方法
合成。

【73】3, 6-二[3′, 5′-双(三氟甲基苯基)]均苯二酐

3, 6-Di[3′, 5′-bis(trifluoromethyl) phenyl]pyromellitic dianhydride[63]

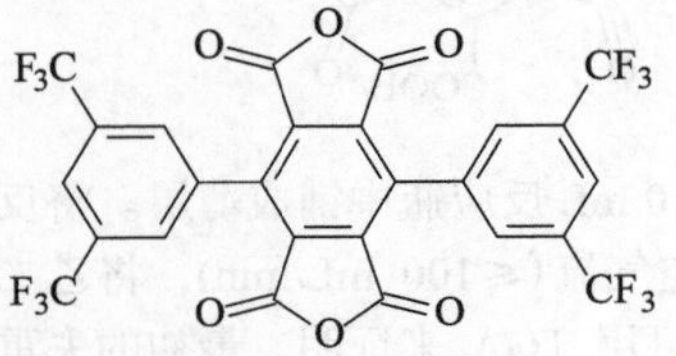

以 3,5-二(三氟甲基)苯硼酸与二溴均四
甲苯按【63】方法合成。二取代均四甲苯：
产率 85%，mp 246.6~246.9℃；二取代均苯
二酐：产率 43%，mp 339.0~340℃。

【74】二苯基连苯四酸二酐 Diphenylmellophanic dianhydride[73]

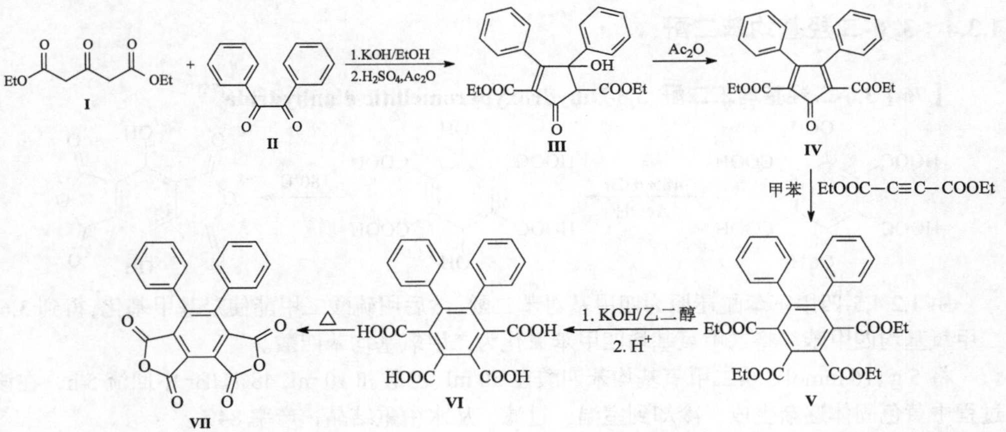

在氮气下将 21.0 g (0.1 mol)二苯基乙二酮，17.4 g (0.1 mol)丙酮二酸二甲酯和 1.0 g KOH
加到 250 mL 乙醇中，在 25℃搅拌 20 h 后倒入水中，滤出结晶，用水洗涤，干燥得到 **III** 26.0 g
(71%)，从苯中重结晶，mp 136~140℃。

将 22 g (0.06 mol) **III** 在 25℃下加到含有 3 滴浓硫酸的 40 mL 乙酐中，加热搅拌到固体
溶解，停止加热 30 min 后倒入 450 mL 水中，滤出结晶，用水洗涤，在 50℃/10 mmHg 下干
燥，得到橙色结晶 **IV** 20 g (98%)，从乙酸重结晶，mp 162~164℃。

将 18.4 g (10.8 mmol)乙炔二酸二乙酯加到溶有 33.9 g (90.2 mmol) **IV** 的 120 mL 甲苯中，
回流过夜，除去甲苯得到产物，用乙醚洗涤，从环己烷重结晶得四乙酯 **V** 44.4 g(95%), mp

143~144℃。

　　将 3.5 g **V** 和 5.6 g KOH 在 80 mL 乙二醇和 20 mL 水的混合物中加热回流过夜,冷却后倒入 100 mL 丙酮中滤出白色沉淀。将滤出的固体溶解在 100 mL 水中,用浓盐酸酸化,滤出白色四酸,干燥后得四酸 **VI** 2.3 g (86%)。

　　将四酸 **VI** 在 0.25 mmHg, 200℃升华得到二酐黄色结晶 1.7 g (82%), mp 235~256℃。

　　说明:二酐的熔点可能是 235~236℃或 255~256℃之误。

【75】苯六甲酸二酐 Mellitic dianhydride[74]

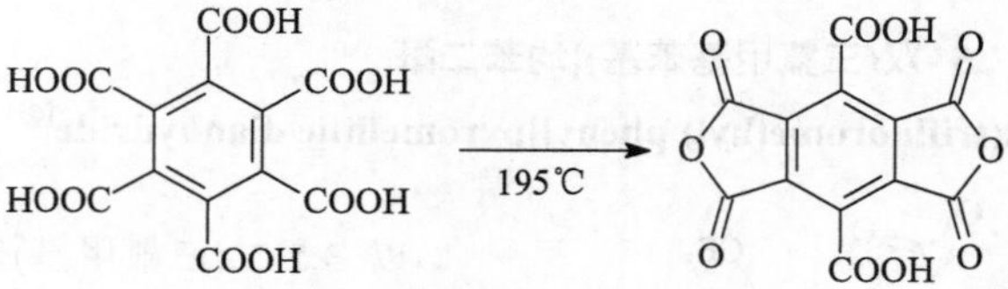

　　将 2.5 g (7.3 mmol)苯六甲酸研细装入水平放置的 10 mL 反应瓶中铺成薄层。将反应瓶放入干燥枪中,以乙二醇为加热介质。缓慢导入干燥的空气流(≤100 mL/min),将乙二醇加热回流,在 195℃恒温。持续加热 2~4 天。产物的纯度可用 TGA 来证明。最初的失重出现在 150~300℃,第二个失重相应为样品的 5.9%。该产物与二胺反应可以得到高分子量的聚合物。

1.3.4　3, 6-二羟基均苯二酐

【76】3,6-二羟基均苯二酐 3,6-Dihydroxypyromellitic dianhydride[75]

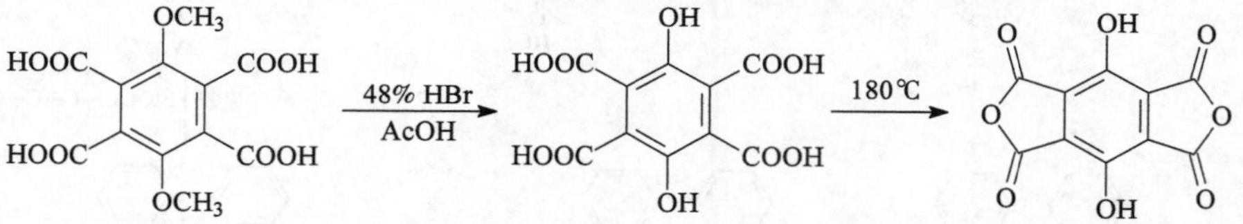

　　由 1,2,4,5-四甲基苯醌还原为四甲基对苯二酚,然后用硫酸二甲酯使羟基甲基化,得到 3,6-二甲氧基均四甲苯。将二甲氧基均四甲苯氧化为二甲氧基均苯四酸。

　　将 5 g (16 mmol)3,6-二甲氧基均苯四酸在 50 mL 乙酸和 10 mL 48%HBr 中回流 5 h,在该过程中黄色固体逐渐生成,冷却到室温,过滤,从水中重结晶,产率84%。

　　将四酸在 180℃真空中加热 6 h,得二羟基苯二酐,产率 90%,mp >300℃。

1.3.5　3,6-烷氧基均苯二酐

【77】3,6-二(甲氧基)均苯二酐 3,6-Dimethoxypyromellitic dianhydride[75]

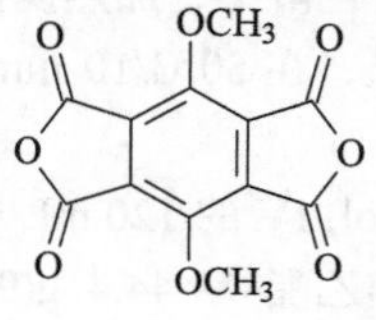

由二甲氧基苯四酸脱水得到(见【76】)。也可由二溴均四甲苯(【66】)与甲醇钠反应得到 3,6-二(甲氧基)均四甲苯,然后氧化,脱水得到二酐。

【78】3,6-二(n-辛氧基)均苯二酐　3,6-Di(n-octoxy)pyromellitic dianhydride[75]

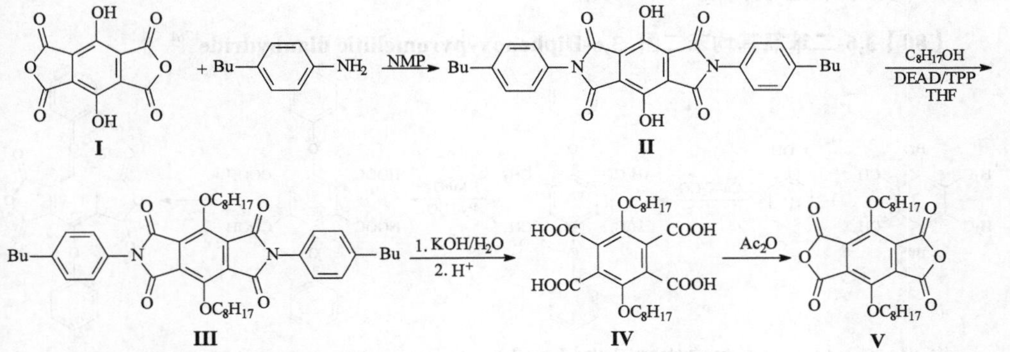

将 2.14 g (8.6 mmol)3,6-二羟基均苯二酐【76】和 3.08 g (20.6mmol)4-正丁基苯胺在 50 mL NMP 中室温搅拌溶解后加热到 170℃反应 12 h，冷却至室温，倒入甲醇，滤出黄色沉淀，用甲醇洗涤，粗产物从 THF/甲醇中重结晶，II 的收率为 92%，mp >300℃。

将 0.77 g (1.5 mmol)II 和 1.97 g (7.5 mmol)三苯膦加入新蒸的 50 mL THF 中，室温下 10 min 内滴加用 10 mLTHF 稀释的偶氮二乙酯(1.18 mL, 7.5 mmol)，搅拌 1 h，加入 0.31 g (2.4 mmol) 正辛醇，再搅拌 3 天后倒入甲醇中，滤出沉淀，用甲醇洗涤，从 THF/庚醇混合物重结晶，III 的收率 83%，mp 163℃。

将 3 g (4.1 mmol)III，50 mL 异丙醇，70 mL 乙醇，30 mL 水和 10 g KOH 的混合物加热回流 12 h，冷却到室温，用浓盐酸酸化，滤出白色沉淀。将固体加入到 30 mL 浓盐酸和 100 mL DMSO 的混合物中，80℃搅拌 3~4 天，冷却到室温，倒入水中，滤出粗产物，从乙醇和水的混合物中重结晶，四酸的收率 67%。

将 1 g (2 mmol) IV 在 20mL 乙酐中回流 6 h，蒸去溶剂后粗产物从环己烷重结晶，收率 84%，mp 218℃。

说明：也可以用二溴均四甲苯(【66】)与辛醇钠反应得到 3,6-二辛氧基均四甲苯，然后氧化，脱水得到二酐。

【79】3,6-二(n-十二烷氧基)均苯二酐　3,6-Di(n-dodecoxy)pyromellitic dianhydride[75]

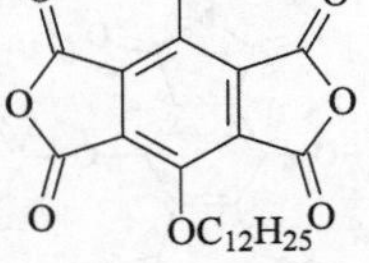

以十二烷醇代替辛醇，按【78】方法合成。

III：收率 88%，mp 139℃；

IV：收率 52%；

V：收率 86%，mp 193℃。

1.3.6　(联)苯氧基取代的均苯二酐

【80】3,6-二苯氧基均苯二酐　3,6-Diphenoxypyromellitic dianhydride[76]

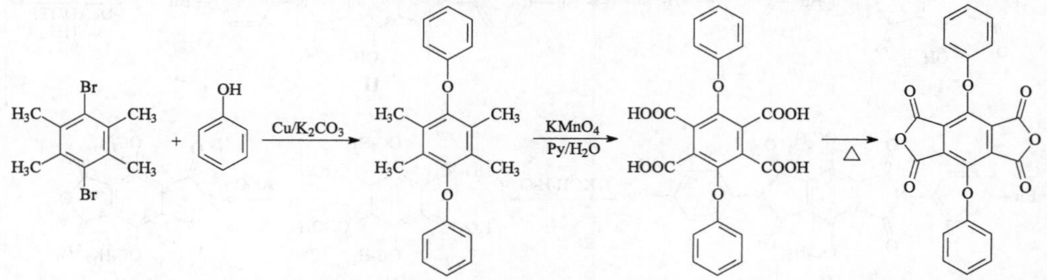

　　将 11.6 g (40 mmol)二溴均四甲苯(【66】), 79.89 g (850 mmol)苯酚, 11.04 g (80 mmol) K₂CO₃ 和铜粉在 160℃反应 12 h。小心将反应物倒入溶有 34 g NaOH 的 500 mL 水中, 过滤, 从乙醇重结晶, 除去铜粉, 得 3,6-二苯氧基均四甲苯 5.6 g(44%), mp 180~181℃。

　　将 4.33 g (13.2 mmol)3,6-二苯氧基均四甲苯加到 120 mL 吡啶和 45 mL 水的混合物中, 加热到 100℃, 分批加入 10.74 g (68 mmol)KMnO₄, 加完后回流 3 h, 趁热滤出二氧化锰, 用热水洗涤后合并水溶液, 加入 145 mL 含 8 g NaOH 的水溶液, 加热到 100℃, 分批加入 12.91 g (81.7 mmol)KMnO₄, 加完后再回流 1.5 h, 用乙醇破坏未反应的 KMnO₄, 趁热滤出二氧化锰, 用热水洗涤后合并水溶液, 浓缩后用盐酸酸化, 得四酸 4.79 g(80%), mp 180℃(dec)。将四酸在 190~200℃真空处理 2 h, 得二酐 3.23 g(69%), mp 200℃(升华)。

【81】3,6-二(甲氧基苯氧基)均苯二酐

3,6-Bis(4-methoxyphenyloxy)pyromellitic dianhydride[77]

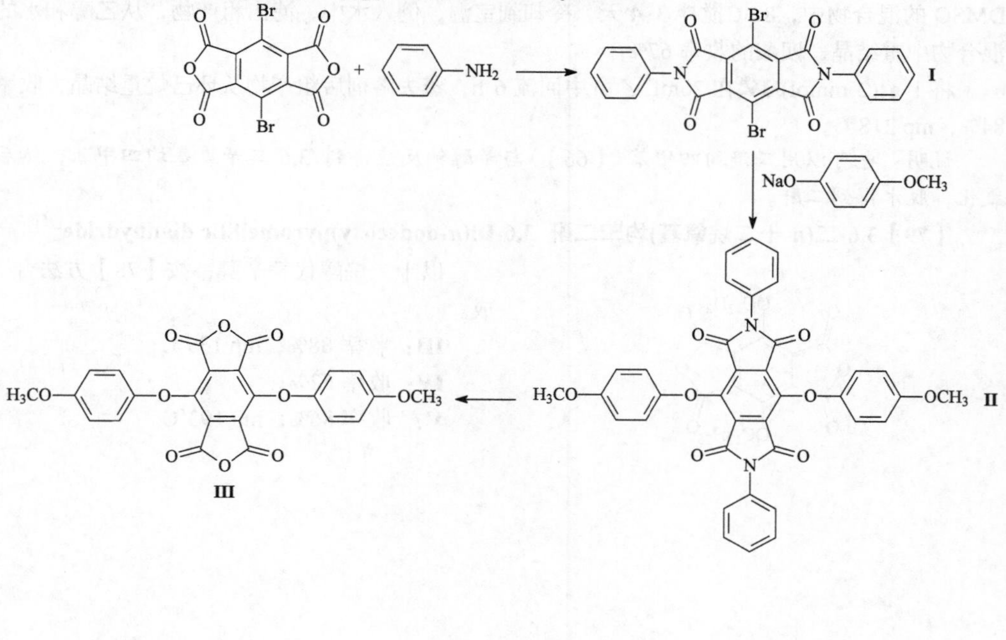

以 3,6-二溴均苯二酐(【66】)与苯胺在 NMP 中用甲苯共沸带水后得到 I，收率 82%，mp >450℃ (dec)。

氮气下将 0.46 g (19.9 mmol)金属钠溶于 20 mL 无水甲醇中，加入 2.47 g (19.9 mmol) 对甲氧基苯酚，室温搅拌 30 min。将甲醇和产生的水完全蒸出，加入 70mL 无水吡啶，冷却到 0℃。快速搅拌，在 20min 内加入 5.26 g (10 mmol)3,6-二溴-N,N'-苯基均苯四酰亚胺在 20 mL 吡啶中的溶液，混合物在 0℃搅拌 12 h 后倒入大量冷水中，滤出沉淀，用水洗涤后真空干燥，II 的收率 94.2%，mp 381℃。

将 2~3 g II 溶于 10% NaOH 溶液(乙醇和水的混合物)中，回流 12 h，冷至室温，用浓盐酸酸化，滤出沉淀，再加到 40 mL 浓盐酸和 150 mL DMSO 中，在 80℃搅拌 2~6 天，冷至室温，倒入冷水中，用乙醚萃取得到粗产物，从 EtOH/水或己烷/乙酸乙酯重结晶，收率 55%~67%。

将四酸在乙酐中回流 6 h，蒸去乙酐，残留物用甲苯重结晶，二酐的收率 85%，mp 294~296 ℃。

【82】3,6-二(4-正丁氧基苯氧基)均苯二酐

3,6-Bis(4-*n*-butoxyphenyloxy)pyromellitic dianhydride[77]

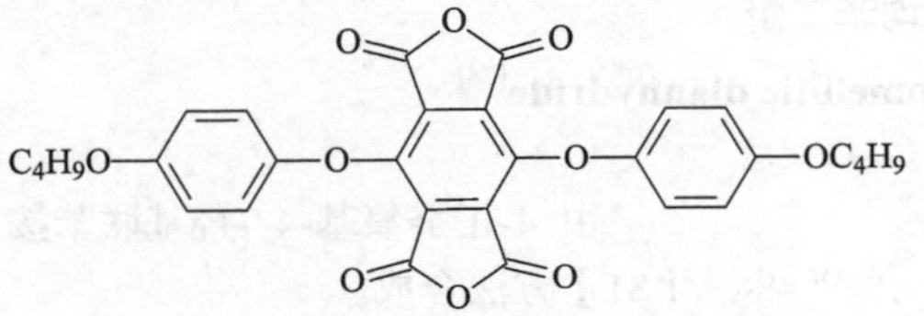

由对丁氧基苯酚按【81】方法合成。
II：收率 91.3%，mp 332~334℃；
III：收率 88%，mp 262~264℃。

【83】3,6-二(4-正辛氧基苯氧基)均苯二酐

3,6-Bis(4-*n*-octoxyphenyloxy)pyromellitic dianhydride[77]

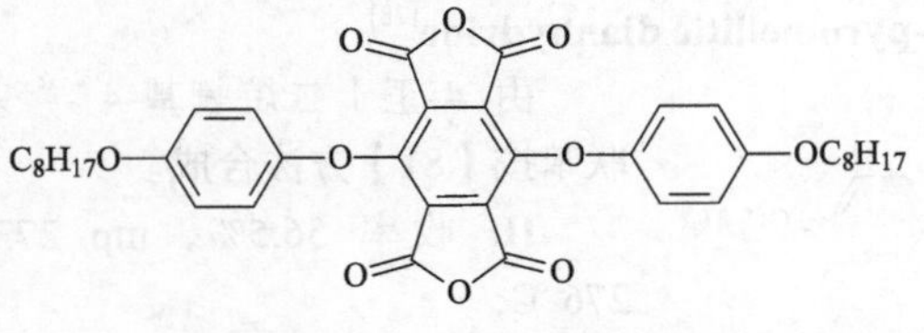

由对辛氧基苯酚按【81】方法合成。
II：收率 98%，mp 262~263℃；
III：收率 87%，mp 233~235℃。

【84】3,6-二(4-正十二烷氧基苯氧基)均苯二酐

3,6-Bis(4-*n*-dodecoxyphenyloxy)pyromellitic dianhydride[77]

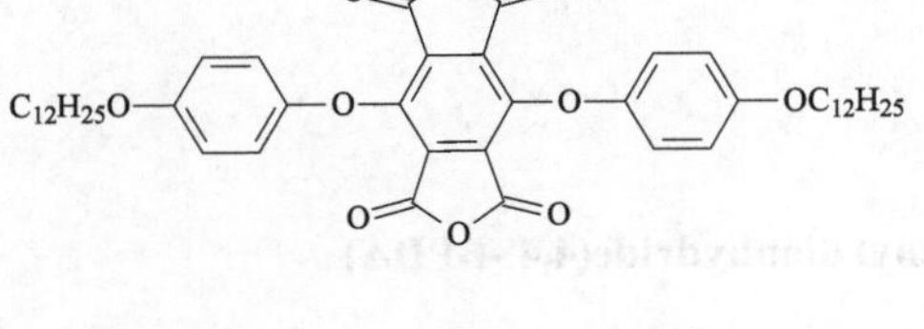

由对十二烷氧基苯酚按【81】方法合成。
II：收率 97.5%，mp 236~238℃；
III：收率 89%，mp 218~220℃。

【85】3,6-双(4′-正己氧基联苯-4-氧基)均苯二酐

3,6-Bis[4′-(n-hexoxy)biphenyl-4-oxy]-pyromellitic dianhydride[78]

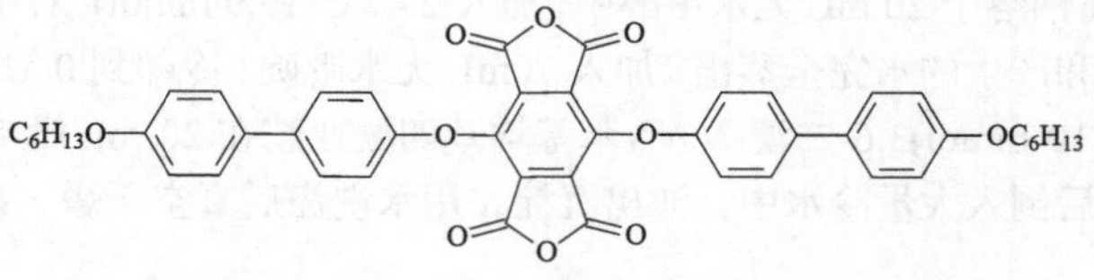

由 4-正己氧基-4′-羟基联苯按【81】方法合成。**II**：从氯仿/甲醇(1∶1)混合物重结晶，收率 56.2%，mp >300℃；**III**：收率 70%。

【86】3,6-二(4′-正辛氧基联苯基-4-氧基)均苯二酐

3,6-Bis[4′-(n-octoxy)biphenyl-4-oxy]-pyromellitic dianhydride[78]

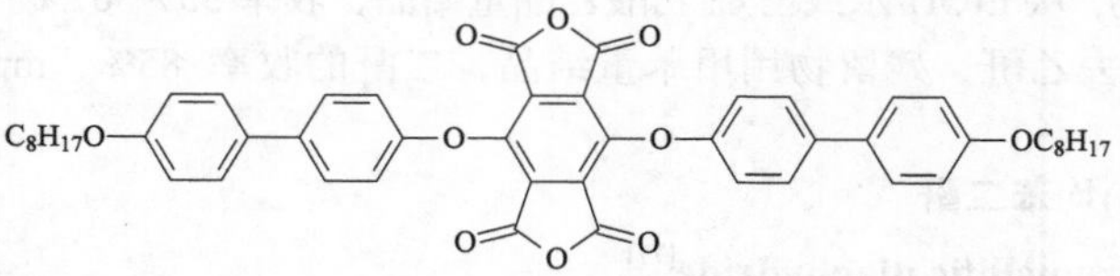

由 4-正辛氧基-4′-羟基联苯按【81】方法合成。

II：收率 77.3%，mp >300℃；
III：收率 75%。

【87】3,6-二(4′-正癸氧基联苯基-4-氧基)均苯二酐

3,6-Bis[4′-(n-decoxy)biphenyl-4-oxy]-pyromellitic dianhydride[78]

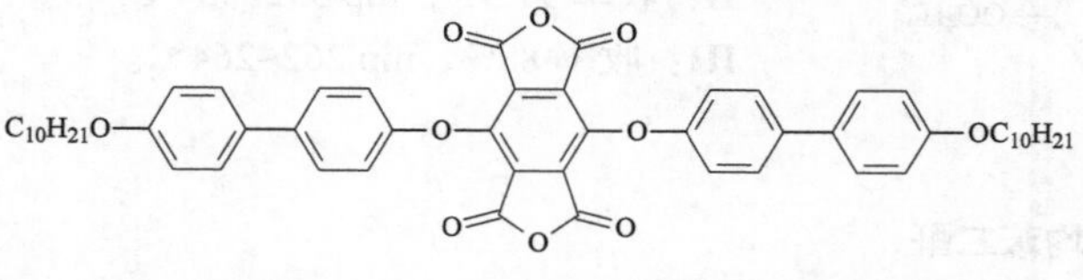

由 4-正癸氧基-4′-羟基联苯按【81】方法合成。

II：收率 61%，mp 286~289℃；
III：收率 76%。

【88】3,6-二(4′-正十二烷氧基联苯基-4-氧基)均苯二酐

3,6-Bis[4′-(n-dodecoxy)biphenyl-4-oxy]-pyromellitic dianhydride[78]

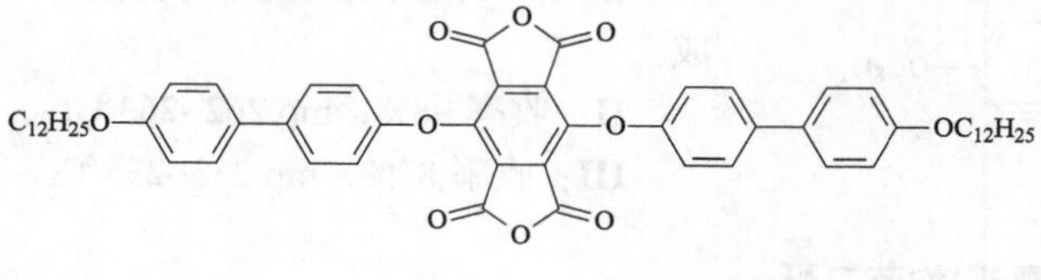

由 4-正十二烷氧基-4′-羟基联苯按【81】方法合成。

II：收率 56.5%，mp 273~276℃；

III：收率 69%。

1.4　联苯二酐类化合物

1.4.1　联苯二酐

【89】3,3′,4,4′-联苯二酐　3,3′,4,4′-Biphenyl dianhydride(4,4′-BPDA)
①由在镍催化下的还原偶联反应得到[79]

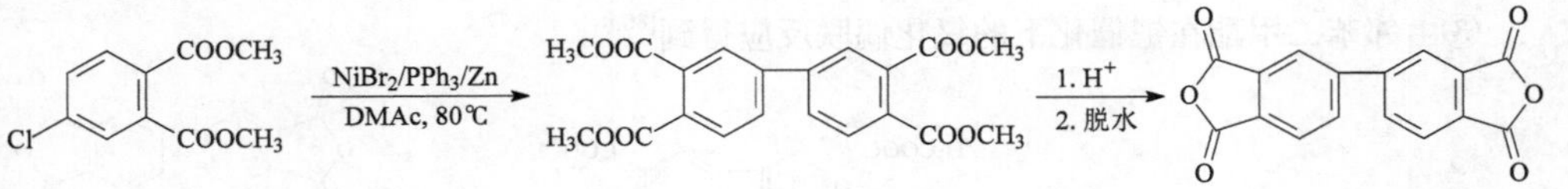

将 80 g (mmol) 4-氯代苯酐与 320mL 甲醇加热回流，搅拌下缓慢通入干燥 HCl，反应 6 h，停止通 HCl，蒸出大部分甲醇后加入 500 mL 水，用氯仿萃取，有机层用饱和 Na₂CO₃ 溶液洗涤 2 次，再用饱和 NaCl 洗涤后在无水硫酸镁上干燥，除去氯仿，减压蒸馏，取 110~120℃/10 mmHg 馏分，得 4-氯代邻苯二甲酯 95.07 g(95%)，mp 30~31℃。

将 4-氯代邻苯二甲酯 4.50 g(20 mmol)，5.2 g(20 mmol)溴化钠, 2.68 g(40 mmol)锌粉, 0.52 g(0.8 mmol) (PPh₃)₂PdCl₂ 在氮气下加入干燥的 30 mL DMAc 中，在 80℃加热搅拌 1 h，混合物的颜色在 30 min 内由蓝绿转化为褐色，反应 4 h 后冷却到室温，过滤，加入 50 mL 氯仿，再过滤，滤液用饱和 NaCl 洗涤，除去氯仿后从乙醇重结晶，得联苯四甲酯，mp 105~106℃。

在 20%NaOH(50 mL)中加热回流 4 h，过滤，滤液用浓盐酸酸化，滤出白色沉淀，用水洗涤数次，在 100℃真空干燥，得到 3,3′,4,4′-联苯四酸 3.2 g (97%)，将该四酸在 210~220℃脱水，得到 4,4′-联苯二酐，mp 299~302℃。

二(三苯基膦)二氯化钯可以由下面方法制备：

将 5.25 g(20 mmol)三苯膦和 25 mL 冰乙酸在氮气下加热溶解后冷至室温，加入溶于 2 mL 水中的 2.37 g (10 mmol) NiCl₂ 六水化合物，再加入冰乙酸 50 mL，形成大量橄榄绿色沉淀，继续搅拌过夜，晶体变为暗蓝色，过滤，用冰乙酸洗涤 2 次，真空干燥，得催化剂 5.5 g (84%)。

该反应也可以采用 NiBr₂ 和三苯膦现场生成催化剂，这时无需加入溴化钠。

②由邻二甲苯在钯催化下的氧化偶联反应得到四甲基联苯，再氧化得到联苯四酸[80]

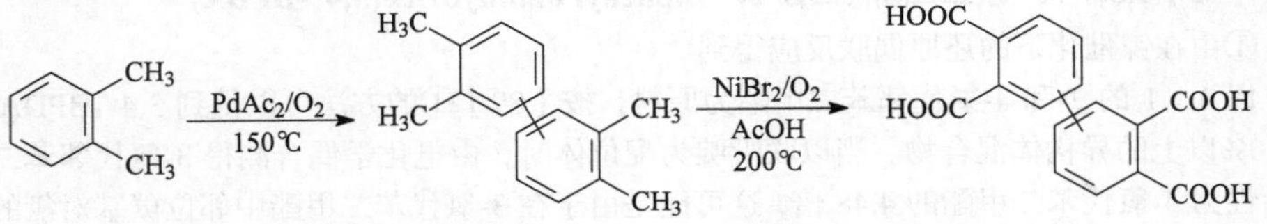

2,3,2′,3′- : 2,3,3′,4′- : 3,4,3′,4′- = 1 : 25 : 74

在高压釜中加入 0.672 g(3 mmol)乙酸钯和 300 mL(2.44 mol)邻二甲苯，通入 1∶1 的氮和氧的混合物，使压力达到 50 kg/cm²，搅拌下升温到 150℃经 5 h，得到邻二甲苯的氧化偶联产物，三种四甲基联苯异构体的混合物。产物中未出现金属钯沉淀。将反应物冷却至室温，导入氮气，置换掉氧气，再用氢气置换掉氮气，并使压力达到 50 kg/cm²，放置过夜，钯盐被还原。卸去氢压后，将产物过滤，回收钯黑 0.31 g。滤液在减压下除去未反应的邻二甲苯，再在 4 mmHg 下得到 148~167℃馏分 32.8 g (0.154 mol) (12.7%)。色谱分析其组成为：2,3,2′,3′-四甲基联苯：1%；2,3,3′,4′-四甲基联苯：25%；3,4,3′,4′-四甲基联苯：74%。

将 22.7 g (107 mmol)四甲基联苯混合物在 0.45 g (2.0 mmol)乙酸钯, 0.20 g (2.0 mmol)乙酰基丙酮, 0.26 g (2.0 mmol)乙酸钴及 0.29 g (3.0 mmol)溴化铵存在下在 80 mL 乙酸中 200℃下以 50L/h 的速度通入空气，此时压力为 40 kg/cm²。反应进行 4 h，冷却后过滤，得到的沉淀用水洗涤，从甲醇中重结晶，得到 20.3 g 联苯四甲酸异构体的混合物，收率 57.1%。

③由邻苯二甲酯在钯催化下的氧化偶联反应得到[80,81]

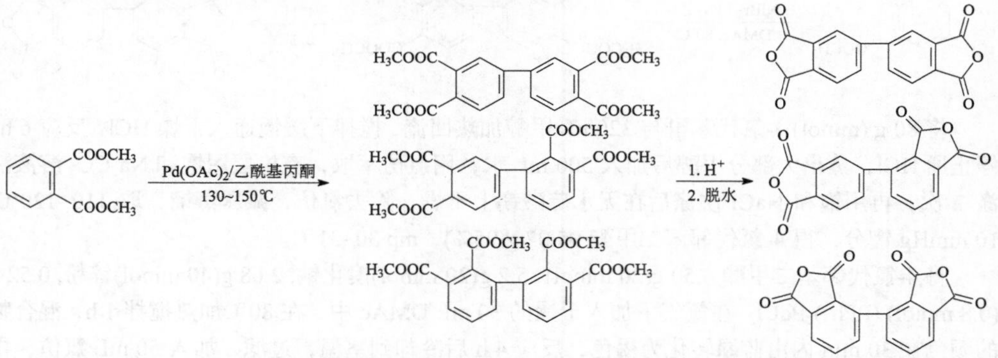

将 2980 g (15.35 mol)邻苯二甲酯和 3.36 g (15 mmol)乙酸钯在高压釜中通入氮∶氧 = 1∶1 的气体使压力达到 50 kg/cm^2，加热到 130~140℃反应 1 h，然后在 150℃反应 12 h，冷至室温，用氢气取代氧气，并使压力达到 50 kg/cm^2，加热到 60℃经 1 h，然后放置过夜，滤出 1.5 g 钯黑。产物 2755 g 在 3 mmHg 下进行蒸馏，除去 40 g 水，回收 2110 g 未反应的邻苯二甲酯后得到四甲酯的异构体混合物，产率为 30%，3,3′-，3,4′-和 4,4′-联苯四甲酯的比例为：3∶57∶40。3,3′-，3,4′-和 4,4′-联苯四甲酯的 mp 相应为 163~164℃，109~111℃和 105~106℃。

将 100 g 四甲酯在 250 mL 水，250 mL 乙酸和 50 mL 98%硫酸中加热回流 8 h，冷却，过滤，干燥得到联苯四酸 44 g 白色结晶，由丙酮重结晶得到纯度为 99%的 4,4′-联苯四酸。将水解的母液浓缩，得到 3,4′-联苯四酸 40 g 白色结晶，纯度为 90%以上。

将联苯四酸用乙酐处理，得到相应的联苯二酐。

【90】2,3,3′,4′-联苯二酐 2,3,3′,4′-Biphenyl dianhydride(3,4′-BPDA)

①由在镍催化下的还原偶联反应得到[82]

以 1∶1 的 3-和 4-氯代邻苯二甲酯为原料，按【89】①的方法可以得到 3,4′-BPDA 含量在 80%以上的异构体混合物。当以联吡啶为配位体时，由电化学偶合测得 3-氯代邻苯二甲酯的活性为 4-氯代苯二甲酯的 4.48 倍，这可能是由于在 3-氯代邻苯二甲酯中邻位羰基对氯的活化程度高于 4-氯代邻苯二甲酯中对位羰基对氯的活化。3,4′-联苯四甲酸由于比其他两个异构体在水或醇中有更大的溶解度，因而可以用重结晶的方法分离，得到纯度在 95%以上的 3,4′-联苯四酸。

②由邻苯二甲酯在钯催化下的氧化偶联反应得到[81]

见【89】②，③。

【91】2,3,2′,3′-联苯二酐 2,3,2′,3′-Biphenyl dianhydride(3,3′-BPDA)

①由在镍催化下的还原偶联反应得到[83]

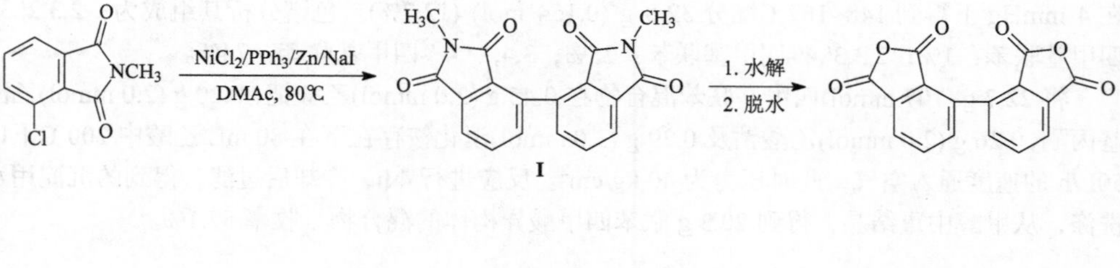

将 182.6 g (1.00 mol)3-氯代苯酐和 30.0 g (0.20 mol)碘化钠加到 750 mL DMAc 中，在氮气下完全溶解后冷却到 10℃，加入 115 mL (1.5 mol) 40%甲胺，搅拌 20 min，再加入 300 mL 甲苯，继续在氮气下 155℃搅拌 6 h，将水分除净，再除去大部分甲苯后冷至 80℃。加入无水 3.89 g (0.03 mol)NiCl₂ 和 52.5 g (0.20 mmol)三苯膦，搅拌 10 min，再加入 98.5 g (1.50 mol)锌粉立即出现放热反应，5 min 内反应完成，将上面的液体倒入 3 L 甲醇中，搅拌 20 min。过滤，用甲醇和己烷洗涤，粗产物与 1.5 L 二氯甲烷搅拌到有机固体溶解，滤出锌粉，除去溶剂，得到淡黄色双亚胺 I 粉末 112.5 g(70%)。从乙酸乙酯重结晶，mp 258~298℃。

将 102.0 g (0.32 mol) I 加入溶有 150 g (3.75 mol)NaOH 的 0.5 L 水中，加热回流至完全溶解后再反应 1 h，所得到的橙黄色溶液用浓盐酸酸化到 pH 7~8，加入活性炭，沸腾 10 min，过滤，滤液加热至沸，用浓盐酸酸化至 pH 1，冷却过夜，滤出沉淀，用 200 mL 水洗涤，干燥，得四酸 105.3g(95%)。

将 69.0 g 四酸在 1400 mL 二甲苯和 150 mL DMSO 中回流 5 h，除净水分，转移到 5 L 烧杯中，用 700 mL 二甲苯稀释，在冰浴中冷却 2 h，滤出沉淀，用二甲苯、己烷洗涤，真空干燥，得无色二酐 48.0g(80%)，mp 272~273℃。

②由邻苯二甲酯在钯催化下的氧化偶联反应得到[81]

见【89】②，③。

③由 3-碘代邻苯二甲酯在铜参与下的 Ullmann 缩合反应得到[83]

将 3-碘代邻苯二甲酯加热到 240℃，搅拌下分批加入等质量的活性铜，加完后再升温到 260℃搅拌 1h 后冷却，用氯仿萃取，过滤，浓缩，从苯中重结晶，mp 165℃。所得到的四酯在含 KOH 的乙醇水溶液中回流 30 min，蒸出乙醇，浓缩，酸化，冷却，过滤得四酸，加热成酐后升华提纯，mp 268~269℃。

1.4.2　2,2′-取代联苯二酐

【92】2,2′-二硝基-4,4′,5,5′-联苯二酐

2,2′-Dinitro-4,4′,5,5′-biphenyltetracarboxylic dianhydride[85]

将 14.7 g (50.0 mmol)BPDA 和 20 mL 98% H₂SO₄ 在 120℃加热搅拌，使 BPDA 溶解，加入 10 mL 发烟硝酸，加完后再 120℃反应 2 h，冷却后倒入 100 g 冰和 100 mL 冷水中，滤出黄色沉淀，用水洗涤后干燥，再从乙酐重结晶，收率 62%，mp >300℃。

【93】2,2′-二溴-4,4′,5,5′-联苯二酐 2,2′-Dibromo-4,4′,5,5′-biphenyl dianhydride[87]

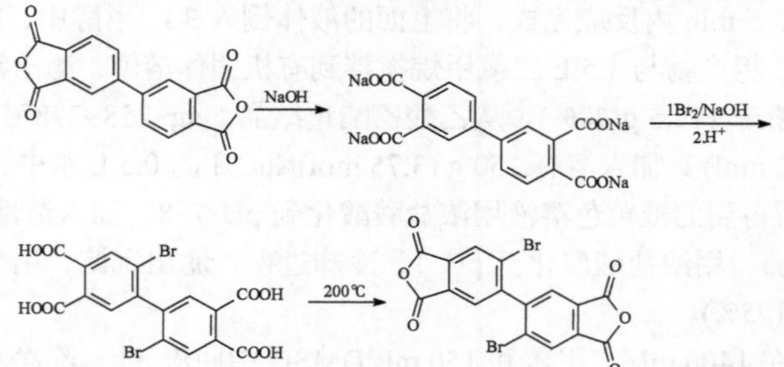

将 20.00 g (67.98 mmol)BPDA 溶于 10.88 g (272.0 mmol)NaOH 的 150 mL 水溶液中。将 1.50 mL 溴在 50℃缓慢加入上述溶液中，加完后升温至 90℃，使大部分溴反应，冷却到室温，用 NaOH 水溶液中和到 pH 7.0。再分别以 2.00 mL 溴如上方法重复处理 3 次，最后在 50℃以 2.50 mL 溴处理反应溶液后，在 90℃反应过夜。冷却到室温，滤出白色沉淀。将固体悬浮在水中，用浓盐酸酸化到 pH 2.0，滤出白色沉淀，在 200℃减压干燥过夜。在 240℃减压升华，从甲苯和二氧六环重结晶得到 6.08 g(20%)白色粉末，mp 249~251℃。

【94】2,2′-二(三氟甲基)-4,4′,5,5′-联苯二酐

2,2′-Bis(trifluoromethyl)- 4,4′,5,5′- biphenyltetracarboxylic dianhydride[86]

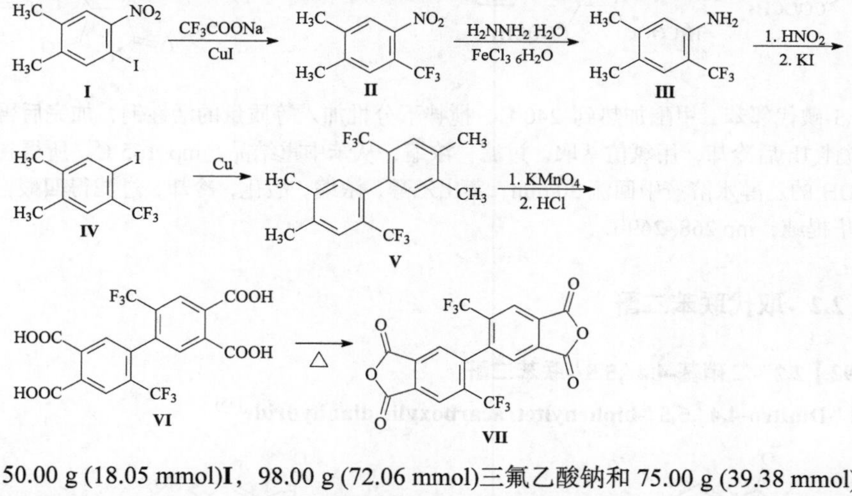

将 50.00 g (18.05 mmol)I，98.00 g (72.06 mmol)三氟乙酸钠和 75.00 g (39.38 mmol)碘化亚铜加到 400 mL DMF 和 80 mL 甲苯的混合物中，在氮气下回流，除去 75 mL 甲苯后，升温到 170℃反应 6 h。冷却到室温，倒入水中，滤出沉淀，滤液用乙醚萃取，减压去除溶剂，得 1,2-甲基-4-硝基-5-(三氟甲基)苯(II)35.02 g(94.5%)暗褐色液体，该产物中含有 4-硝基邻二甲苯，不经提纯可直接用于下步反应。

将 35.02 g 粗 **II**，4.50 g 活性炭和 0.20 g 六水三氯化铁在 100 mL 甲醇中加热回流 15 min。1 h 内滴加 11.7 mL (241 mmol)水合肼。混合物回流过夜，冷到室温，滤出活性炭，除去溶剂，将残留物蒸馏，取 75~80℃/3 mmHg，得 1-氨基-4,5-二甲基-2-三氟甲苯(**III**)17.26 g(53.4%)无色液体。

将 34.02 g (0.1798 mol)**III** 溶于热的 100 mL 浓盐酸和 100 mL 水的混合物中，冷到 0℃，滴加 12.74 g (0.1846 mol)亚硝酸钠在 30 mL 水中的溶液，反应温度保持在 10℃以下，滤出不溶物，得到重氮盐的透明溶液。在 10℃下将该溶液滴加到 40.00 g(0.2409 mol) KI 在 400 mL 水的溶液中，搅拌 30 min 后使反应物回暖到室温，滤出沉淀，用亚硫酸氢钠溶液洗涤后溶于热的乙醇中，然后以加水达到浑浊的方法进行重结晶，得 1-碘-4,5-二甲基-2-(三氟甲基)苯(**IV**)白色晶体 37.80 g(70%)，mp 51~53℃。

将 30.00 g (100 mmol)**IV** 和 25 g 活性铜在 85 mL DMF 中加热回流 36 h，冷却至室温，滤出铜，将滤液倒入水中，滤出沉淀，从乙醇中重结晶，得 4,4′,5,5′-四甲基-2,2′-二(三氟甲基)联苯(**V**)淡黄色结晶 12.61 g(73%)，mp 114~116℃。

将 6.92 g (20.0 mmol)**V** 在 240 mL 吡啶和 40 mL 水的混合物中加热到 90℃，分批加入 28.44 g (180.0 mmol)KMnO₄，混合物在 90℃搅拌 6h，趁热过滤，MnO₂用热水洗数次，合并滤液，减压蒸发至干，将得到的白色固体溶于 8.00 g NaOH 和 200 mL 水的溶液中，在 90℃分批加入 13.60 g (86.05 mmol)KMnO₄，反应继续 8 h，过量的 KMnO₄用乙醇破坏，趁热过滤，滤饼用热水洗涤，合并滤液，浓缩到 80 mL，用浓盐酸酸化到 pH 2.0，滤出白色沉淀，空气干燥得到 **VI**。四酸在减压下加热到 200℃过夜，然后在 240℃真空升华，得二酐 5.80g(67%)，从甲苯重结晶，mp 209~211℃。

【95】2,2′-二苯基-4,4′,5,5′-联苯二酐

2,2′-Diphenyl-4,4′,5,5′- biphenyltetracarboxylic dianhydride[87]

将 13.83 g (30.60 mmol)2,2′-二溴-4,4′,5,5′-联苯二酐(【93】)和 80 mL 正丁醇在含有 1.5 mL 浓硫酸的 70 mL 甲苯中回流过夜，冷却后用水洗涤，减压除去溶剂得二溴联苯四正丁酯(**I**)21.70 g (99%)无色黏液。

将 3.56 g (5.00 mmol) **I** 在 40 mL 甲苯中与 10 mL (20 mmol) 2 mol/L 碳酸钠和 0.35 g (0.30 mmol) Pd (PPh₃)₄在氮气下搅拌 20 min，加入 1.82 g (15.0 mmol)苯基硼酸在乙醇中的溶液。混合物在氮气下回流 24 h，冷却到室温，小心加入 2.5 mL 30%过氧化氢，搅拌 1h，过滤除去不溶物，分出有机层，用水洗涤数次，减压下除去溶剂，得二苯基联苯四正丁酯(**II**)褐色黏液 3.07g(87%)。

将 **II** 溶于 45 mL 乙醇中，加入 3.40 g KOH，将溶液加热回流 3 h，滤出白色沉淀，再溶于水中，用浓盐酸酸化到 pH 1。滤出白色沉淀，在 200℃干燥过夜，得四酸 **III** 淡黄色粉末 1.74 g (90%)。**III** 在乙酸/乙酐(1∶1)中重结晶，得二苯基联苯二酐无色晶体，mp 274~276℃。

【96】2,2′-二(p-取代苯基)-4,4′,5,5′-联苯二酐

2,2′-Bis(4″-tert-butylphenyl)-4,4′,5,5′-biphenyl tetracarboxylic dianhydride[88]

将 0.68 g (0.05 mol)NiCl$_2$, 0.84 g (0.05 mol)2,2′-联吡啶, 5.38 g (0.19 mol)三苯膦和 16.24 g (0.248 mol)锌粉加到 100 mL DMF 中，在 60℃加热 1h。加入 20 g (0.108 mol)4-溴邻二甲苯。混合物在 90℃反应 24 h，冷却到室温后倒入 500 mL 2 mol/L HCl 中。有机层用 2×200 mL 乙醚萃取，醚液用 NaHCO$_3$ 水溶液洗涤 2 次，用 MgSO$_4$ 干燥后过滤，除去滤液中的溶剂，将产物从甲醇重结晶，得四甲基联苯(**I**) 18 g (80%)，mp 75℃。

将 50 g (0.237 mol)**I** 和 0.58 g (15.3 mmol) FeCl$_3$ 在 300 mL 二氯甲烷中冷至－5℃，剧烈搅拌下 3~4 h 内滴加入 79.41 g (0.495 mol)溴，反应过夜。将混合物倒入冷的 2 N NaOH 中，有机层用 2×200 mL 乙醚萃取，合并有机层，用水洗涤 2 次，在 MgSO$_4$ 上干燥，蒸去溶剂，产物从己烷重结晶，得二溴四甲基联苯(**II**) 65.7 g (75%)，mp 115℃。

将 6.72 g (0.28 mol)镁屑和一颗碘晶体加入 500 mL 干 THF 中，46.9 g (0.22 mol) 特丁基溴苯以保持反应物沸腾的速度加入，加完后再回流 4~5 h 直至镁屑基本消耗尽。将反应物冷却到－78℃，再滴加 34.29 g(0.33 mol)硼酸三甲酯，加完后搅拌过夜，自然回暖到室温。然后加入 2 mol/L HCl (300 mL)，分出有机层，水层用 2×200 mL 乙醚萃取，合并有机层，用水洗涤 2 次，MgSO$_4$ 干燥，蒸去溶剂，白色硼酸衍生物用己烷洗涤数次以去除杂质，得特丁基苯基硼酸(**III**) 31 g(80%)，mp 209.8℃。

将 21.3 g (0.15 mol)**III**, 18.4 g (0.05 mol)**II** 和 1 g (0.87 mmol) (PPh$_3$)$_4$Pd 溶于 300 mL 干甲苯中，加入 75 mL 2 mol/L Na$_2$CO$_3$，混合物在氮气氛下回流搅拌 24 h，冷却后分出有机层，水层用 2×200 mL 氯仿萃取，合并有机层，用 NaHCO$_3$ 溶液洗涤 2 次，MgSO$_4$ 干燥，蒸去溶剂，产物用甲醇重结晶，得二(特丁基苯基)四甲基联苯(**IV**)17 g (73%)，mp 161℃。

将 5 g (10.5 mmol)**IV** 在 240 mL 吡啶和 40 mL 水的混合物中用 16.59 g (0.105 mol) KMnO$_4$氧化，回流 24 h，过滤。洗涤后将滤液蒸干，将产物溶于 8 g (0.2 mol) NaOH 的 200 mL 水溶液中，再用

8.29 g (0.053 mol) KMnO$_4$氧化。处理后得到白色产物在 90℃干燥 24 h 得四酸 5 g (80%)，mp 214℃。

　　将四酸(12 mmol) 加到 35 mL 乙酸和 35 mL 乙酐的混合物中，回流 4 h，冷却过滤，重结晶后用甲苯洗涤后 120℃真空干燥，得二酐 4.5 g (67%)，mp 310℃。

【97】2,2′-二(2″-三氟甲基苯基)-4,4′,5,5′-联苯四甲酸二酐

2,2′-Bis(2″-trifluoromethylphenyl)-4,4′,5,5′-biphenyltetracarboxylic dianhydride[89]

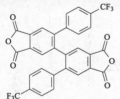

　　由邻三氟甲基苯基硼酸按【96】方法合成。

【98】2,2′-二(3″-三氟甲基苯基)-4,4′,5,5′-联苯四甲酸二酐

2,2′-Bis(3″-trifluoromethylphenyl)-4,4′,5,5′-biphenyltetracarboxylic dianhydride[89]

　　由间三氟甲基苯基硼酸按【96】方法合成。

【99】2,2′-二(4″-三氟甲基苯基)-4,4′,5,5′-联苯四甲酸二酐

2,2′-Bis(4″-trifluoromethylphenyl)-4,4′,5,5′-biphenyltetracarboxylic dianhydride[89]

　　由对三氟甲基苯基硼酸按【96】方法合成。

【100】2,2′-二[3″,5″-二(三氟甲基)苯基]-4,4′,5,5′-联苯四甲酸二酐

2,2′-Bis[3″,5″-di(trifluoromethyl)phenyl]-4,4′,5,5′-biphenyltetracarboxylic dianhydride[89]

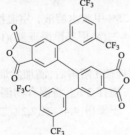

　　由 3,5-二(三氟甲基)苯基硼酸按【96】方法合成。

【101】2,2′-二甲氧基-4,4′,5,5′-联苯二酐

2,2′-Dimethoxy-4,4′, 5,5′-biphenyltetracarboxylic dianhydride[90]

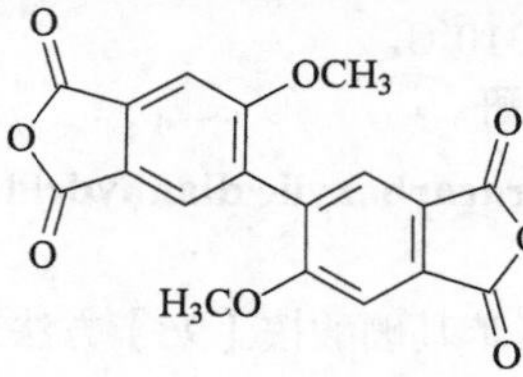

由甲醇钠与 4,4′-二(2,2′-二硝基-N-甲基酰亚胺)按【103】方法合成，收率 85%，mp 299~300℃。

【102】2,2′-二(4″-三甲硅基苯基)-4,4′,5,5′-联苯四甲酸二酐

2,2′-Bis(4″-trimethylsilylphenyl) -4,4′,5,5′-biphenyltetracarboxylic dianhydride[91]

由对三甲硅基苯基硼酸按【96】方法合成，
IV：收率 72%，mp 160℃；
V：收率 72%，mp 210℃；
VI：收率 73%，mp 300℃。

【103】2,2′-二苯氧基-4,4′,5,5′-联苯二酐

2,2′-Diphenoxy-4,4′, 5,5′-biphenyltetracarboxylic dianhydride[90,92]

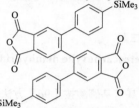

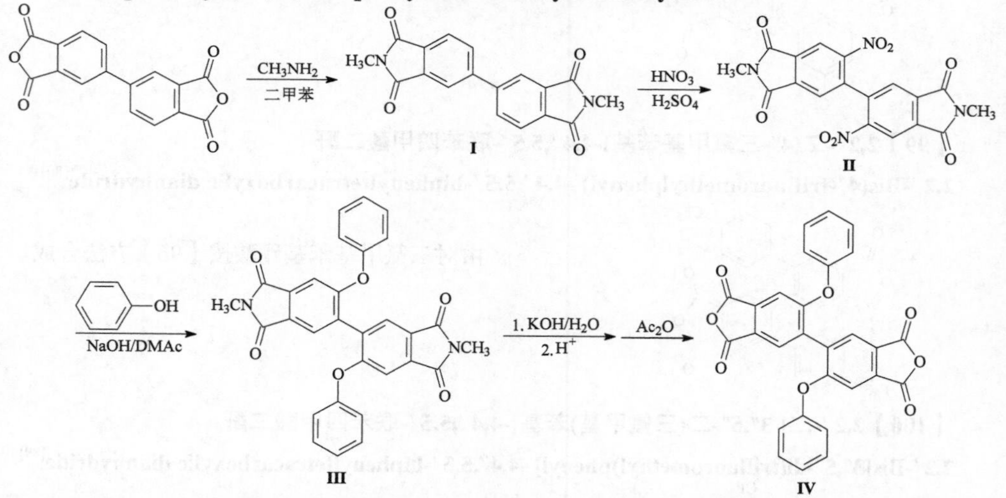

将 29.4 g (100 mmol)BPDA 加到 100 mL 二甲苯中，滴加 25%甲胺水溶液，室温搅拌 1 h，回流带水后冷却到室温，过滤，100℃真空干燥过夜，得 4,4′-二(N-甲基酰酰亚胺)(**I**) 31.7 g (99%)。

将 20 g (62.5 mmol)**I** 在 30 mL 98%硫酸中加热到 70℃，搅拌使 **I** 溶解后，滴加发烟硝酸(约 16 mL)，其速度应使温度保持在 80~90℃。加完后，再在 80℃搅拌 2 h。将混合物倒入 100 g 冰中，再加入 100 mL 冷水，滤出黄色沉淀，用水充分洗涤，干燥得 4,4′-二(2,2′-二硝基-N-甲基酰亚胺)(**II**) 23.4 g(91%)。

将 5.2 g (55 mmol)苯酚溶于 50 mL DMAc 中,加入 2.3 g (57.5 mmol) NaOH 和 20 mL 甲苯,通氮 1 h, 加热回流除水 3 h, 除去甲苯, 冷至 80℃, 加入 10.3 g (25 mmol) **II**, 反应在 80℃ 进行 2 h 后倒入 200 mL 水中, 过滤, 用水洗涤, 100℃真空干燥, 得 4,4′-二(2,2′-二苯氧基-*N*-甲基酞酰亚胺)(**III**) 10.6 g(96%), mp 258~260℃。

将 12.6 g (25 mmol)**III** 在 50 mL 水中, 缓慢加入 8.4 g (150 mmol) KOH, 回流 24 h, 用 6.5 mol/L 盐酸酸化到 pH 为 1, 滤出沉淀, 100℃真空干燥。将得到的四酸溶于 20 mL 乙酐, 回流 4 h, 冷至室温, 过滤, 用甲苯洗涤, 100℃真空干燥, 得二酐 10.4 g(87%), mp 223~224 ℃。

【104】2,2′-二(对甲苯氧基)-4,4′,5,5′-联苯二酐

2,2′-Di(*p*-toloxy)-4,4′,5,5′- biphenyltetracarboxylic dianhydride[90]

由对甲苯酚按【103】方法合成, 收率 89%, mp 149~150℃。

【105】2,2′-二(对特丁基苯氧基)-4,4′,5,5′-联苯二酐

2,2′-Di(*p*-*t*-butylphenoxy)-4,4′, 5,5′-biphenyltetracarboxylic dianhydride[90]

由对特丁基苯酚按【103】方法合成, 收率 82%, mp 210~212℃。

1.5　含有多联苯的二酐

【106】3,3′,4,4′-对三联苯二酐　3,3′,4,4′-*p*-Terphenyltetracarboxylic dianhydride

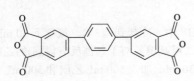

可以参考【107】方法由 3-碘邻苯二乙酯与 **II** 合成。也可以参考【108】方法由对二溴苯与 3,4-二甲基苯基硼酸合成。

【107】2,2′,3,3′-对三联苯二酐 2,2′,3,3′-*p*-Terphenyltetracarboxylic dianhydride[93]

将 5.00 g (14.39 mmol) 3-碘邻苯二乙酯，2.5 g (7.67 mmol)碳酸铯和 1.0 g 10% Pd/C 加到 50 mL 95%乙醇中，再加入 1.437g (6.9 mmol, 0.48 equiv)1,4-苯基二硼酸酯(**II**)，回流过夜，再加入 1.5 g 碳酸铯，搅拌 2 h，冷到室温，过滤，除去催化剂，滤液在冰中冷却，调节到中性，加入 20 mL 乙醚和 20 mL 水，分出有机层，在硫酸钠上干燥，除去溶剂得到粗产物，经硅胶柱层析(乙酸乙酯/己烷)，得三联苯四乙酯(**III**) 2.84 g(79%)，mp 107.5~108℃。

将 1.46 g (2.816 mmol)**III** 溶于 25 mL 乙醇中，加入 1.58 g KOH 水溶液，加热回流 1 h，减压除去溶剂。减压下加热 15 min，冷却到室温，再加热 15 min，反复进行直到无定形的产物完全干燥并固化，将固体溶于水，冰浴冷却，用浓盐酸酸化，滤出沉淀，用水洗涤，干燥，得 2,3′,3,3′-*p*-三联苯四酸(**IV**)61.1g(96%)，mp >350℃。

将 1.18g **IV** 在 25mL 乙酐中回流 30min(固体并不溶解)，冷到室温，过滤，用干乙醚洗涤，干燥得二酐白色针状结晶 **V**，mp>350℃。

【108】3,4,3″,4″-间三联苯二酐 3,4,3″,4″-*m*-Terphenyl tetracarboxylic dianhydride[94]

将 58.4 g(0.4 mol)硼酸三乙酯溶于 20 mL 无水 THF 中，冷却到-78℃，氮气下 30 min 内滴加入 16.8 g(0.20 mol) 3,4-二甲基苯基锂试剂(由 3,4-二甲基溴苯与丁基锂反应得到)的乙醚或 THF 溶液。在-78℃反应 15 min 后回暖到室温，再搅拌 30 min。加入 500 mL 乙醚和 500 mL 10% 盐酸。水层用 50 mL 乙醚萃取 2 次。有机相合并，用水洗涤，在硫酸镁上干燥，过滤后减压去溶剂，粗产物用己烷洗涤，3,4-二甲苯基硼酸收率 92%，直接用于偶联反应。粗产物从己烷/氯仿重结晶，收率 77%，mp 232℃。

氮气下在 35.4 g (0.15 mol) 间二溴苯 和 1.7 g(1.5 mmol) 四(三苯基膦钯)在 600 mL 甲苯的溶液中加入 375 mL 2.5 M 碳酸钠溶液和 56.2 g(0.375 mol) 3,4-二甲基苯基硼酸在 150 mL 甲醇中的溶液。在 105℃剧烈搅拌 36 h 后冷却，加入 1.5L 二氯甲烷和含有 50 mL 浓氨水的 500 mL 2 mol/L 碳酸钠溶液。有机层在硫酸镁上干燥后过滤，减压浓缩至干，用硅胶柱层析(己烷/氯仿，2∶1)得到四甲基物，收率 92%，mp 72℃。

将四甲基物用 KMnO₄ 在吡啶水溶液(1∶1)中回流 20h 后冷却，滤出二氧化锰，减压除去溶剂。将粗产物溶在水中，用 2 mol/L 盐酸酸化，过滤，用水洗涤后在 P₂O₅ 上干燥，四酸收率 78%。将四酸加热脱水为二酐。或将四酸在乙酐中回流 6 h，冷却后滤出针状二酐结晶，用干燥苯洗涤，真空干燥，收率 82%，mp 303℃。

【109】3,4,3″,4″-(5′-特丁基-*m*-三联苯) 二酐

3,4,3″,4″-(5′-*tert*-Butyl-*m*-terphenyl)tetracarboxylic dianhydride[95]

0℃下将 18 mL 乙酰氯滴加到 23 g (160 mmol)4-特丁基苯胺和 13 mL 吡啶在 150 mL 氯仿的溶液中，搅拌下让其回暖到室温(15 min)，再回流 2 h，除去溶剂，残留物用水洗涤，干燥，得到 30 g 4-特丁基乙酰苯胺 **(II)**，收率 95%，mp 173℃。

将 12 mL 溴在 1h 内加到 14.9 g(78 mmol)II 在 125 mL 乙酸和 5 mL 水的混合溶剂中，在 100℃搅拌 12 h，滤出橙色固体，用乙酸洗涤，真空干燥得 4-特丁基-2,6-二溴苯胺(III) 白色固体 19.5 g(80%)，bp 136~140℃/2 mmHg。

在 60℃下将 17.6 g(50 mmol)III 在干 DMF 中的溶液滴加到 14 mL 亚硝酸异戊酯在 80 mL 干燥 DMF 的溶液中，搅拌 30 min，冷却到室温，加入 100 mL 10% 盐酸和 100 mL 乙醚。有机层用水洗涤，在硫酸钠上干燥，除去乙醚，得到褐色油状产物，真空蒸馏取 bp 80℃/0.01 mmHg，得 5-特丁基间二溴苯(IV) 12 g(70%)。

氮气下将 10.2 g(68 mmol)3,4-二甲基苯基硼酸(见【108】)，7.88 g(27 mmol)IV 和 0.58 g (0.5 mmol)四(三苯膦)钯在 120 mL 甲苯中剧烈搅拌，加入 2.5 mol/L 碳酸钠溶液，在 100℃搅拌 12 h，冷却到室温，加入 100 mL 2.0 mol/L 碳酸钠，10 mL 氢氧化铵浓溶液和 100 mL 二氯甲烷，有机层用水洗涤后在硫酸镁上干燥，浓缩至干，固体从乙醇重结晶，得四甲基物(VI)10 g (95%)，mp 90℃。

四甲基物在吡啶和水的混合物中用高锰酸钾氧化，得到四酸，从水重结晶，产率 74%，mp 296℃。

将四酸在乙酐和少量吡啶的混合物中回流 3 h，冷却后滤出结晶，用己烷洗涤，在 150℃真空干燥，产率 98%，mp 304℃。

【110】3,4,5,6-四苯基-1,2-二(3-二苯酐)苯

1,2-Di-(3-phthalic anhydride)-3,4,5,6-tetraphenylbenzene[93]

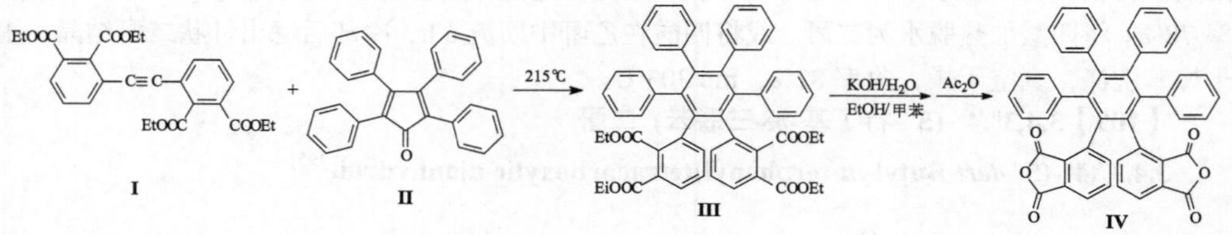

将 10g **I**(见【134】)，1.10 N 四环酮(**II**)，5 滴环己基苯在安瓿中冷冻脱气数次，在真空中封管，加热到 215℃反应 24 h。冷却后开管(可能有压力！)，将固体溶于二氯甲烷，在硅胶上进行柱层析(乙酸乙酯/己烷)得 **III** 1.55 g(60%)，mp 156~158℃。

将 **III** 在 KOH 水溶液和乙醇混合物中水解，得到四酸，收率 65%，mp >350℃。

将四酸在乙酐中回流，冷却后得到二酐，收率 95%。

【111】1,4-二(3,5,6-三苯基苯酐)苯　1,4-Di(3,5,6-triphenylphthalic anhydride)benzene[96]

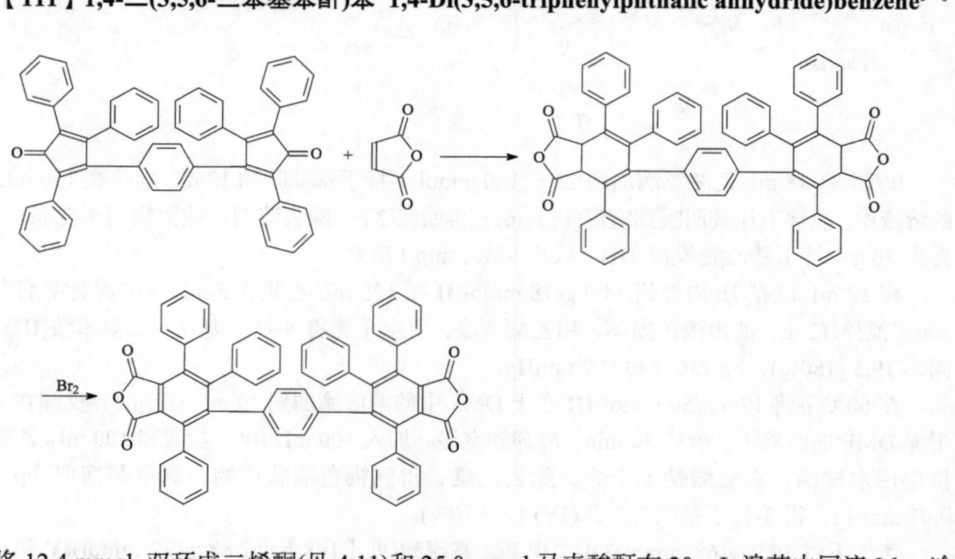

将 12.4 mmol 双环戊二烯酮(见 4.11)和 25.0 mmol 马来酸酐在 30 mL 溴苯中回流 3 h，冷却后缓慢加入 2.2 mL 溴在 3.5 mL 溴苯中的溶液，停止放热后再加热回流 3 h。冷却，缓慢加到 500 mL 石油醚中，滤出沉淀，空气干燥，从氯仿重结晶，收率 85%，mp 335~337℃。

【112】4,4′-双(3,5,6-三苯基苯酐)二苯醚

4,4′-Bis(3,5,6-triphenylphthalic anhydride) diphenyl ether[96]

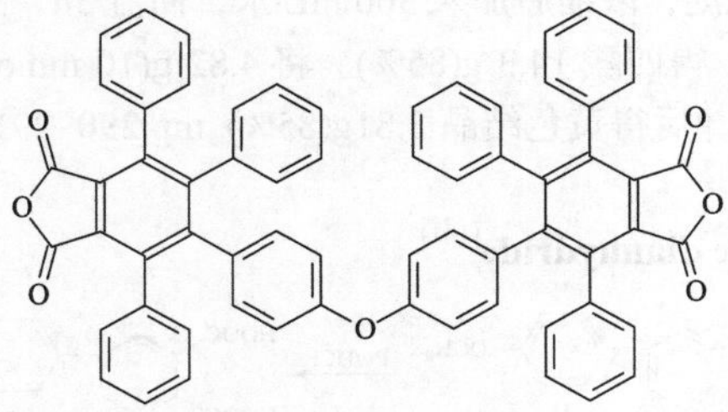

由相应的双环戊二烯酮与马来酸酐按【111】方法合成。产物从甲苯重结晶，收率 75%，mp 250~255℃。

【113】4,4′-双(3,5,6-三苯基苯酐)二苯酮

4,4′-Bis(3,5,6-triphenylphthalic anhydride) benzophenone[97]

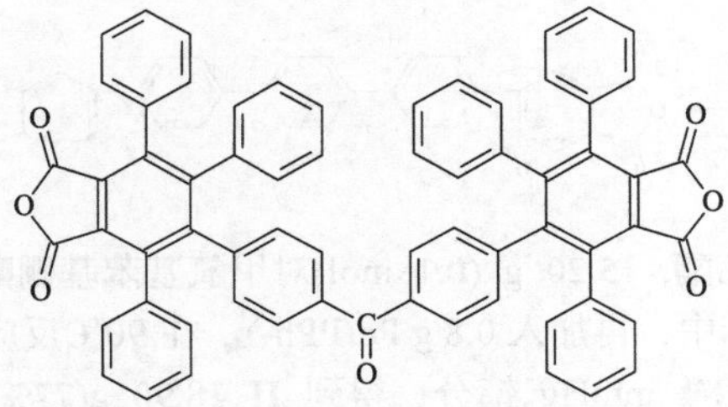

由相应的双环戊二烯酮与马来酸酐按【111】方法合成。产物从甲苯重结晶，收率 87%，mp 361~362℃。

【114】3,3‴,4,4‴-对位四联苯二酐

3,3‴,4,4‴-p-Quarterphenyltetracarboxylic dianhydride[98~100]

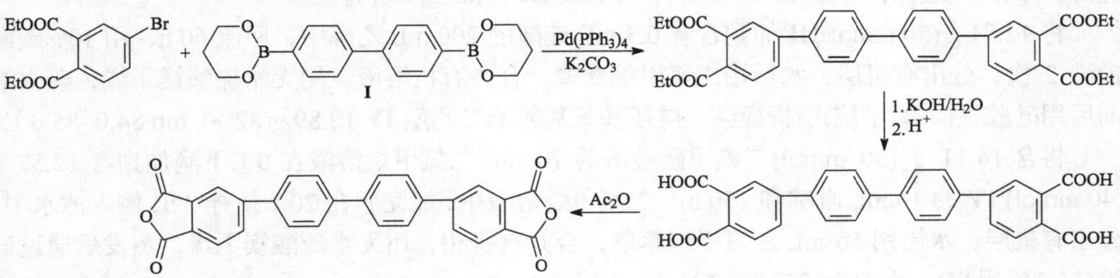

将 45.4 g (0.20 mol)4-溴苯酐和 0.3 g 对甲苯磺酸单水化合物在 40 mL 无水乙醇和 40 mL 甲苯的混合物中加热至 95~105℃，反应 2 h，除去水分。当蒸出温度下降时(表明在严格温度控制下水已经蒸尽)再加入无水乙醇 80 mL，回流 12 h，用 10% Na₂CO₃ 洗涤 2 次，分出有机层，水层用 50 mL 二氯甲烷洗涤 2 次，在无水硫酸镁上干燥，蒸去溶剂，减压蒸馏，取 bp 138~141℃/1 mmHg 馏分，得 4-溴邻苯二乙酯 51.4g (85%)。

将 15.46 g (48 mmol)联苯二硼酸酯(I)，36.1 g (120 mmol)4-溴邻苯二乙酯和 16.58 g (120 mmol)K₂CO₃ 加到 100 mL 脱氧的 DMF 中，氮气下加入 1.5 gPd(PPh₃)₄，在 90℃反应 8 h，滤出无机盐，蒸除溶剂，残留物用甲醇洗涤，从甲苯中重结晶 2 次，得四联苯四乙酯 21.2 g(74%)，

mp 188~189℃。

将 20.8 g (35 mmol)四乙酯溶于 350 mL 二乙二醇单甲醚中,加入溶于 50 mL 水中的 15.71 g (0.28 mol)KOH, 在 140℃反应 2 h, 得到白色沉淀。浓缩后加入 300 mL 水, 回流 5h, 冷却到室温, 用 6 mol/L 盐酸酸化, 过滤, 真空干燥, 得四酸 14.3 g(85%)。将 4.82 g(10 mmol)四酸在 400 mL 乙酐中回流 2 h, 得到均相溶液, 冷却后得黄色结晶 3.81g(85%), mp 290~291℃。

【115】3,3'''',4,4''''- 对位五联苯二酐

3,3'''',4,4''''-*p*-Quinquephenyltetracarboxylic dianhydride[101]

氮气下将 22.58 g (75 mmol)4-溴邻苯二乙酯, 15.20 g (0.1 mol)对甲氧基苯基硼酸**(I)**和 13.80 g (0.1 mol)K$_2$CO$_3$ 加到 150 mL 脱氧的甲苯中, 再加入 0.8 g Pd(PPh$_3$)$_4$, 在 90℃反应 8h, 滤出无机盐, 蒸除溶剂, 蒸馏取 bp 235~240℃/1 mmHg 馏分, 得到 **II** 18.90 g(77%), mp 45~46℃。

将 18.06 g (55 mmol)**II** 与 70 g 吡啶盐酸盐回流 30 min, 得到均相溶液后倒入 1 L 水中, 过滤, 水洗, 真空干燥得羟基苯基邻苯二甲酸 **III** 13.63 g(96%)。

将 12.91 g (50 mmol)**III** 加到含有 0.3 mL 硫酸的 200 mL 乙醇中, 回流 60 h, 用 10%碳酸钠洗 2 次, 分出有机层, 水层用二氯甲烷萃取, 合并有机溶液, 用无水硫酸镁干燥, 蒸去溶剂后用硅胶柱(二氯甲烷)层析提纯, 得羟基苯基邻苯二乙酯 **IV** 12.89 g(82%), mp 84.0~85.0℃。

将含 14.11 g (50 mmol)三氟甲磺酸酐的 70 mL 二氯甲烷溶液在 0℃下滴加到含 12.57 g (40 mmol) **IV** 的 10 mL 吡啶和 150 mL 二氯甲烷溶液中, 加完后在 20℃搅拌 2 h, 倒入冰水中, 分出有机层, 水层用 50 mL 二氯甲烷萃取, 合并有机相, 用无水硫酸镁干燥, 蒸发后通过硅胶柱(二氯甲烷), 得 **V** 16.25 g(91%), mp 80.0~81.0℃。

将 11.82 g (26.6 mmol)**V**, 2.0 g (12.1 mmol)对苯二硼酸和 3.837 g (27.8 mmol)K$_2$CO$_3$ 加到 60 mL 脱氧的 DMF 中, 氮气下加入 1.3 g Pd(PPh$_3$)$_4$, 混合物在 90℃反应 8 h, 滤出无机盐, 减压除去溶剂, 残留物用甲醇洗涤, 由 DMF 重结晶, 得四乙酯, 收率 63%, mp 273~275℃。

将 2.66 g (3.966 mmol)四乙酯溶于 200 mL 二乙二醇单甲醚中, 加热到 140℃, 加入 10 mL 含 1.78 g(31.72 mmol) KOH 的水溶液, 反应 2 h, 得白色沉淀, 减压浓缩后加入 350 mL 水, 回流 4 h, 冷至室温, 用 6 mol/L 盐酸酸化, 滤出四酸, 真空干燥, 得四酸 2.0 g(92%)。

将 1 g 四酸在 150 mL 二苯醚中回流 2 h, 得均相溶液, 冷却得二酐黄色结晶 0.78 g(84%), mp 322~324℃。

【116】3,3'''',4,4''''- 对位六联苯二酐

3,3'''',4,4''''-*p*-Sexiphenyl tetracarboxylic dianhydride[98,102]

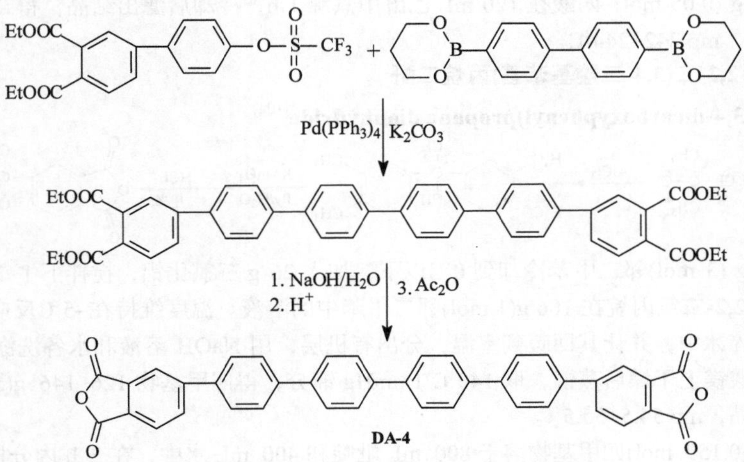

DA-4

将 5.15 g (16 mmol)联苯二硼酸酯, 15.62 g (35 mmol)三氟甲磺酸酯(见【115】)和 4.83 g (35 mmol) K_2CO_3 加到 100 mL 脱氧的 DMF 中，氮气下加入 1.0 g Pd (PPh$_3$)$_4$，在 90℃反应 8 h，冷至室温，过滤，用水洗涤，真空干燥，从 NMP 中重结晶 2 次，得四乙酯 8.48 g(71%)，mp 331~332℃。

将 2.24 g (3 mmol)四乙酯溶于 800 mL 二乙二醇单甲醚中，加入 0.96 g (24 mmol) NaOH 在 10 mL 水中的溶液，混合物在 190℃反应 2 h，得到白色沉淀，浓缩后再加入 0.96 g (24 mmol) NaOH 和 2 L 水，回流 2 h，冷却到室温，用 6 mol/L 盐酸酸化，过滤，真空干燥，得四酸 1.68 g (88%)。

将 2.22 g (3.5 mmol)四酸在 350 mL 二苯醚中回流 1 h,得到均相溶液,冷却后得黄色晶体，从二苯醚中重结晶，得 1.89 g (90%)，mp 336.0~337.0℃。

1.6　二苯甲烷二酐类化合物

二苯甲烷二酐是指在两个苯酐之间由一个碳原子连接的一类二酐。真正的二苯甲烷二酐少见报道。这里列出的是在中心碳原子上取代有不同的基团，如，甲基、三氟甲基及苯基等的二酐。

【117】2,2-二(3,4-二羧基苯基)甲烷二酐

2,2-Bis(3,4-dicarboxyphenyl)methane dianhydride[103]

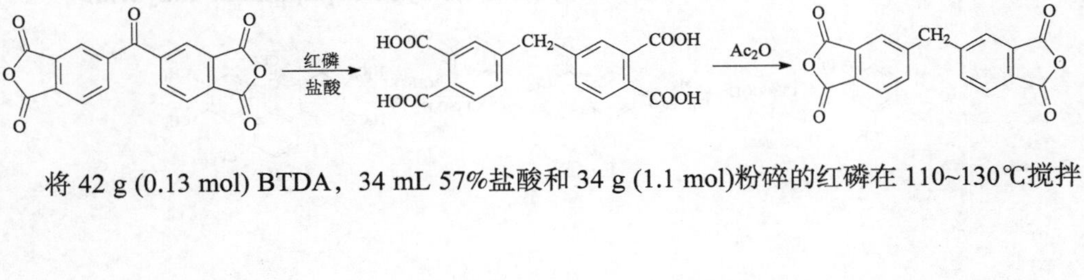

将 42 g (0.13 mol) BTDA，34 mL 57%盐酸和 34 g (1.1 mol)粉碎的红磷在 110~130℃搅拌

90 h 后用 20%NaOH 中和到 pH 8。过滤，滤液用浓盐酸酸化到 pH 4。滤出沉淀，将溶剂挥发，得到二苯甲烷四酸 25 g(55%)，从 DMF 重结晶，mp 286~289℃。

将 16.7 g (0.05 mol) 四酸在 120 mL 乙酐中煮沸 1 h，冷却后滤出结晶，得二苯甲烷二酐 11.1 g (70%)，mp 242~244℃。

【118】2,2-二(3,4-二羧基苯基)丙烷二酐

2,2-Bis(3,4-dicarboxyphenyl)propane dianhydride[104]

将 318 g (3 mol)邻二甲苯冷却到 0℃以下，加入 26 g 三氯化铝，搅拌下 1~2 h 内加入由 113 g(1 mol)2,2-二氯丙烷在 106 g (1 mol)邻二甲苯中的溶液。温度维持在-5℃反应 2~4 h 后将反应物倒入碎冰中，并让其回暖到室温，分出有机层，用 NaOH 溶液和水各洗涤数次，有机层在无水硫酸镁上干燥后蒸馏，取 140℃/1mmHg 馏分，得四甲基物 126~146 g(50%~58%)。从甲醇重结晶，mp 54.5~55.5℃。

将 40g (0.159 mol)四甲基物溶于 800 mL 吡啶和 400 mL 水中，在 2 h 内分批加入 100 g (0.633 mol)高锰酸钾，加完后再回流 2 h，趁热滤出二氧化锰，用吡啶和水洗涤，滤液减压蒸发至干，残留物溶于 1 L 7% NaOH 中，加热至沸，分批再加入 150 g (0.95 mol)高锰酸钾，加完后再回流 1 h，过量的高锰酸钾用乙醇破坏，滤出二氧化锰，用热水洗涤，滤液合并，用盐酸酸化，蒸发至干，固体用丙酮萃取出来，将丙酮挥发后，残留物在二甲苯中回流，趁热过滤，冷却后将沉淀滤出，得二酐，收率53%。从丙酮重结晶 3 次，四氯化碳重结晶 1 次，mp 187~188℃。

【119】六氟二酐 **2,2-Bis(3,4-dicarboxyphenyl)hexafluoropropane dianhydride**[105]

将邻二甲苯和六氟丙酮在氟化氢中 110℃反应 16 h，冷却后倒入水中，过滤，得到四甲基物。

将 100 g 四甲基物在 700 g 35%硝酸中 180℃反应 2 h(注意过于剧烈的反应，应该逐渐加热回流后，再加压反应)，得到 111.5 g 四酸。四甲基物也可以用高锰酸钾氧化得到四酸。

四酸可以在二甲苯中回流脱水，或在 160~170℃真空加热 16~18 h 脱水成酐，再在乙酐和乙酸中重结晶，mp 252~253℃。

【120】4,4′-[2,2,2-三氟-1-(3-三氟甲基苯基)乙叉]二邻苯二甲酸酐

4,4′-[2,2,2-Trifluoro-1-(3-trifluoromethylphenyl)ethylidene]diphthalic anhydride[106]

将 156.0 g (1.3 mol)无水三氟乙酸锂，27.6 g (1.15mmol)镁屑和 0.5 g 碘加入到新蒸的 500 mL THF 中，搅拌下加入 22.5 g (0.1 mol)间溴三氟甲苯在 300 mL 无水乙醚中的溶液。混合物缓慢加热到 60℃。当反应开始后，在 8 h 内滴加 202.5 g (0.9 mol)间溴三氟甲苯在 500 mL 无水 THF 中的溶液。反应完成后冷却到室温，搅拌下加入 230 mL 浓盐酸在 230 mL 水中的溶液。分出水相，有机相用 5%碳酸氢钠和水洗涤后在硫酸镁上干燥，除去溶剂后粗产物进行减压蒸馏，得 3-三氟甲基三氟苯乙酮(I)无色液体 172.1 g(71%)，bp 154~156℃。

将 242.0 g (1.0 mol)I 溶于 424.0 g (4.0 mol)邻二甲苯中，室温下滴加 165.0 g (1.1mol)三氟甲磺酸，搅拌 72 h 后倒入冰水中，分出水相，有机相用 5%碳酸钠溶液和水洗涤后进行水蒸气蒸馏，去除过量的邻二甲苯，得到的粗产物，从乙醚重结晶，得四甲基物(II)370.2 g (85%)，mp 78~80℃。

将 43.6 g (0.1 mol)II 加到 100 mL 吡啶和 200 mL 水中，回流下 4 h 内分批加入 189.5 g (1.2 mol) KMnO₄，加完后再搅拌 2 h。滤出二氧化锰(用热水洗涤)，滤液浓缩到 200 mL，再加入 36 g NaOH 和 500 mL 水，加热回流，4 h 内分批加入 94.74 g (0.6 mol)KMnO₄，加完后再搅拌 2h，然后冷却到 70℃，滴加 20 mL 乙醇，破坏未反应的 KMnO₄，回流 1 h，趁热滤出二氧化锰，得到无色溶液，用盐酸酸化到 pH 1~2，滤出四酸，用稀盐酸和水洗涤，在 120℃真空干燥，得白色固体，从水重结晶，得四酸 49.5 g (89%)，mp 163~165℃。

将 20.0 g (36.0 mmol)四酸在 175~185℃减压加热 6 h，冷却后得二酐 17.8 g(89%)，mp 109~113℃。

【121】4,4′-[2,2,2-三氟-1-(3,5-二三氟甲基苯基)乙叉]二邻苯二甲酸酐

4,4′-[2,2,2-Trifluoro-1-(3,5-ditrifluoromethyl phenyl)ethylidene]diphthalic anhydride[107]

以 3,5-二(三氟甲基)溴苯代替间溴三氟甲苯，按【120】方法合成，二(三氟甲基)三氟苯乙酮收率 44%；四甲基物收率 72%，mp 113℃；二酐收率 87%，mp 227.1℃。

1.7 两个苯酐由脂肪链隔开的二酐

这里的"脂肪链"是指多于一个碳的脂肪链。

【122】2,7-双-(3,4-二羧基苯基)-2,7-二甲基辛烷二酐

2,7-Bis-(3,4-dicarboxyphenyl)-2,7-dimethyloctane dianhydride[108]

将 78.38 g(0.45 mol)己二酸二甲酯溶于 500 mL 乙醚或 THF 中，保持 0℃下在 1h 内加入 2.0 mol 甲基锂，搅拌 30 min 后转移到碎冰中，用稀盐酸调节至 pH 8.0，过滤，得到的二醇粗产物从石油醚(bp 63~75℃)重结晶，2,7-二甲基-2,7-辛二醇(**I**)收率 90%，mp 89~90℃。

在 0℃下 30 min 内将 200 g FeCl₃ 加到 300 mL 邻二甲苯中，保持 0℃在 2 h 内加入 30 g **I** 在 50 mL 邻二甲苯中的溶液，搅拌 4 h，其间温度升至室温。将反应物倒入碎冰中，有机层用水洗涤，除去溶剂后减压至 0.04 mmHg 取 150℃馏分，再从 95%乙醇重结晶，得 2,7-双-(3,4-二甲基苯基)-2,7-二甲基辛烷(**II**)(70%)，mp 68~69℃。

将 **II** 在 400 mL 吡啶，110 mL 水中用 190g KMnO₄ 氧化得四酸 35 g。将四酸在乙酐中回流脱水，得二酐 mp 166~167℃。

【123】2,7-双-(3,4-二羧基苯基)-2,7-二甲基十二烷二酐

2,7-Bis-(3,4-dicarboxyphenyl)-2,7-dimethyldodecane dianhydride[108]

由癸二酸二甲酯得到的二醇收率 85%，mp 55~56℃；四甲基物收率 30%，mp 61~61.5℃；二酐 mp 121~126℃。

【124】4,4′-(1,3-六氟丙撑)二苯酐

1,3-Bis(3,4-dicarboxyphenyl)hexafluoropropane dianhydride[109]

将 621 g (1.94 mol)4-碘代邻苯二甲酯，157 g (0.388 mol)1,3-二碘代六氟丙烷和 148 g (2.33 mol)活性铜在 1120 mL DMF 中氮气下 127~130℃搅拌 10 h。冷却过滤，浓缩至 400 mL，加入 250 mL 二氯甲烷，并将溶液倒入 1 L 水中，分出有机层，用硫酸镁干燥，在 120~214℃/0.2 mmHg 蒸馏出原料 323.1 g，得产物四甲酯 136.5 g(66%)，mp 60~62℃，bp 193~220℃/0.001 mmHg，用乙醇重结晶，mp 62.5~63℃。

将 90.0 g (168 mmol)四甲酯溶于 900 mL 无水乙醇中，加入 900mL 含 4%KOH 的乙醇溶液，回流水解，滤出四酸的钾盐，溶于 1 L 水中。将该溶液缓慢加入 2 L 18 mol/L 盐酸中，从水中重结晶 2 次，在 55~65℃真空干燥 48 h 得到四酸 64.2 g(85%)，mp 201~202℃。将 64.2 g (134 mmol)四酸在 27.3 g 乙酐中回流 1 h，冷却过滤得二酐 54.3 g。从乙酐重结晶 2 次，得二酐 45.5 g(76%)，升华(180℃/6×10⁻⁴ mmHg)后在三氟甲苯中重结晶，得无色针状晶体，mp 171~172 ℃。

【125】4,4′-(1,4-八氟丁撑)二苯酐

1,4-Bis(3,4-dicarboxyphenyl)octafluorobutane dianhydride[109]

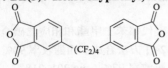

由 4-碘代邻苯二甲酯和 1,4-二碘八氟丁烷按【124】方法合成。四酯：以 2,2′-联吡啶为催化剂，收率 65%，mp 131~132℃；二酐收率 82%，mp 225~226℃。

【126】4,4′-(1,5-十氟戊撑)二苯酐

1,5-Bis(3,4-dicarboxyphenyl)decafluoropentane dianhydride[110]

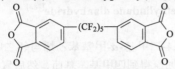

可以由 4-碘代邻苯二甲酯和 1,5-二碘十氟戊烷按【124】方法合成。

【127】4,4′-(1,6-十二氟己撑)二苯酐

1,6-Bis(3,4-dicarboxyphenyl)dodecafluorohexane dianhydride[109]

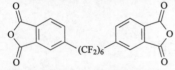

由 4-碘代邻苯二甲酯和 1,6-二碘十二氟己烷按【124】方法合成。四酯收率 96%，mp 92~93℃；二酐收率 100%，mp 182~183℃。

【128】4,4′-(1,7-十四氟庚撑)二苯酐

1,7-Bis(3,4-dicarboxyphenyl)tetradecafluoroheptane dianhydride[109]

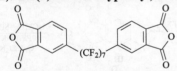

由 4-碘代邻苯二甲酯和 1,7-二碘十四氟庚烷按【124】方法合成。四酯收率 93%，mp 102~103℃；二酐收率 90%，mp 185~187℃。

【129】4,4′-(1,8-十六氟辛撑)二苯酐

1,8-Bis(3,4-dicarboxyphenyl)hexadecafluorooctane dianhydride[109]

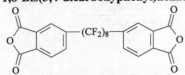

由 4-碘代邻苯二甲酯和 1,8-二碘十六氟辛烷按【124】方法合成。四酯收率 78%，mp 94~95℃；二酐收率 100%，mp 182~183℃。

【130】4,4′-(全氟烷撑)二苯酐

α,ω-Bis(3,4-dicarboxyphenyl)perfluoroalkane dianhydride[109]

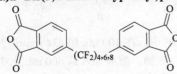

可以由 4-碘代邻苯二甲酯和相应二碘全氟烃的混合物(以 2,2′-联吡啶为催化物，由四氧乙烯的调聚反应得到)按【124】方法合成。四酯收率 75%；二酐收率 96%。

【131】4,4′-(全氟烷撑)二苯酐

α,ω–Bis(3,4-dicarboxyphenyl)perfluoroalkane dianhydride[109]

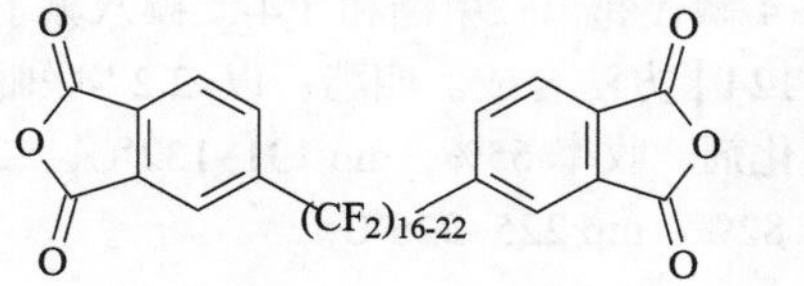

可以由 4-碘代邻苯二甲酯和相应二碘全氟烃的混合物按【124】方法合成。四酯收率90%，mp 195~210℃。二酐收率97%，mp 201~218℃。

【132】5,6-二羧基-1-(3,4-二羧基苯基)-1,3,3-三甲基茚二酐

5,6-Dicarboxy-1-(3,4- dicarboxy phenyl)-1,3,3-trimethylindane dianhydride[285]

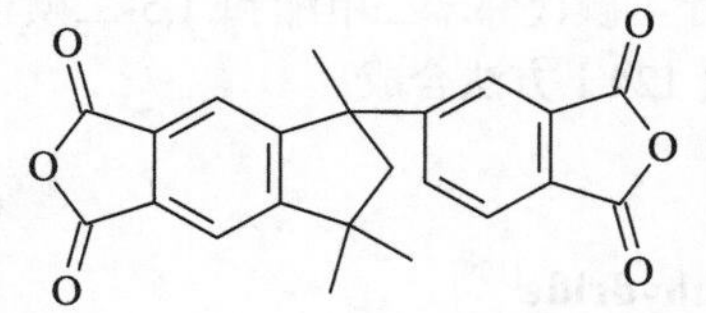

可以由 3,4-二甲基-α-甲基苯乙烯与邻二甲苯在含水硫酸中回流得到四甲基苯基茚，然后氧化，脱水得到二酐。

1.8　含炔基的二酐

【133】1,2-双(4-苯酐)乙炔　4,4′-(1,2-Ethynediyl) bis(phthalic anhydride)[111]

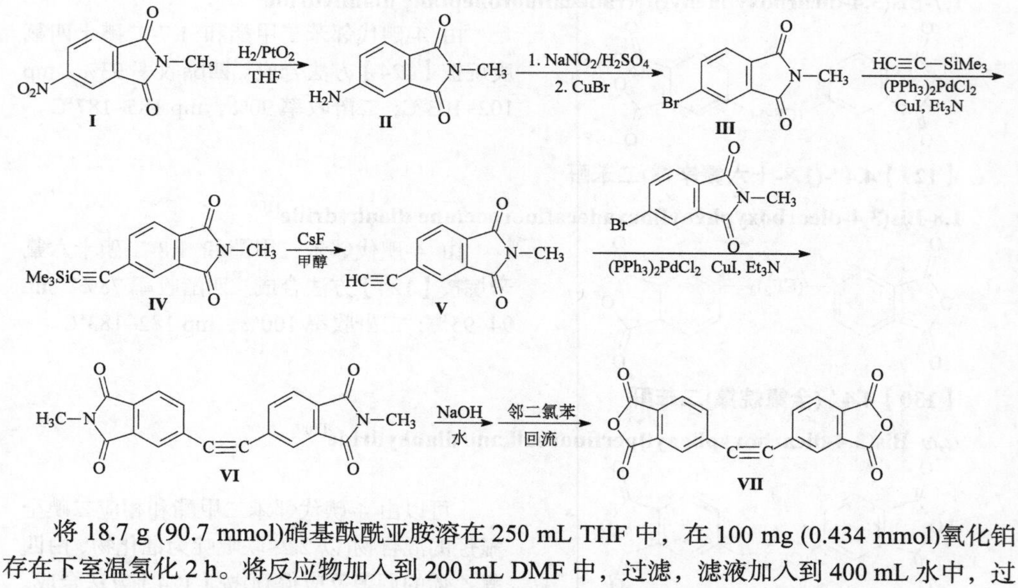

将 18.7 g (90.7 mmol)硝基酞酰亚胺溶在 250 mL THF 中，在 100 mg (0.434 mmol)氧化铂存在下室温氢化 2 h。将反应物加入到 200 mL DMF 中，过滤，滤液加入到 400 mL 水中，过滤，得 N-甲基-4-氨基酞酰亚胺(II)14.31 g(90%)。从甲苯重结晶，mp 244.5~246℃。

将 8.6 g (125 mmol) NaNO₂ 缓慢地加入到 100 mL H₂SO₄ 中，放热使温度上升至 55℃，冷

到 5℃后加到 20 g (114mmol)**II** 在 420 mL 冰乙酸的溶液中，加入的速度使温度维持在 40℃以下。加完后在 38℃搅拌 1.5 h，缓慢加入到含有 12.1 g(152 mmol)溴的 230 mL 47%氢溴酸中，在 80℃搅拌 1 h。冷却，倒入 1 L 水中，用冰浴冷却后滤出固体，真空干燥 18 h，得 N-甲基-4-溴酞酰亚胺(**III**)22.58 g(82%)，从热乙醇中重结晶，得淡黄色产物，mp 149℃。

说明：N-甲基-4-溴酞酰亚胺可以直接从溴代苯酐与甲胺反应得到。

将 6.5 mL (45.9 mmol)三甲硅基乙炔加入到含有 10.0 g (41.66 mmol)溴代酞酰亚胺，50 mg (0.07 mmol) (PPh₃)₂PdCl₂, 40 mg (0.21 mmol)CuI 和 50 mg (0.07 mmol)三苯膦的 100 mL 三乙胺中，回流 3 h，冷却，加入 300 mL 乙醚，滤出三乙胺盐，将滤液蒸发，得固体 **IV** 10.53 g (98%)。从己烷/乙酸乙酯重结晶，mp 129~130℃。将 10.53 g (40.9 mmol)**IV** 与 7.0 g (46 mmol)CsF 在 100 mL 甲醇中室温搅拌 1.5 h 后倒入 300 mL 冷水中，用 3 × 100 mL 乙醚萃取，萃取液用硫酸钠干燥，过滤，浓缩得 N-甲基-4-乙炔基酞酰亚胺(**V**)6.49 g(85%)，由异丙醇重结晶，mp 144~145℃。

将 4.00 g (21.6 mmol) **V**、5.18 g (21.6 mmol) **III**, 30 mg (0.04 mmol) (PPh₃)₂PdCl₂, 25 mg (0.13 mmol) CuI 和 40 mg (0.153 mmol)三苯膦加到 200 mL 三乙胺中，氮气下回流 18 h，冷却后倒入水中，滤出沉淀，真空干燥 18 h，得双酰亚胺 **VI** 7.00 g(94%)，从乙酸重结晶，mp 338~340 ℃。

将 7.00 g(20.3 mmol) **VI** 与 9.12 g(114 mmol)NaOH 在 10 mL 水中回流 48 h，蒸出甲胺和水，再添加水，继续回流 17 h，至蒸出物为中性后冷却，倒入 80 mL 2.4 mol/L(91 mmol)盐酸中搅拌 1 h，过滤，用 3 × 25 mL 水洗涤，真空干燥，得四酸 5.8 g(80%)。将四酸在邻二氯苯中回流脱水，冷却后得到二酐白色沉淀，真空干燥 77 h，从氯苯重结晶，mp 327~329℃。

【134】1,2-双(3-苯酐)乙炔　3,3′-(1,2-Ethynediyl) bis(phthalic anhydride)[93]

将 5.0 g (14.367 mmol)3-碘代邻苯二乙酯(**I**), 2 % (摩尔分数) CuI 及 3 (摩尔分数)% Pd(PPh₃)₄加到 50 mL 无水二异丙胺中，室温搅拌，向液面下鼓泡通入乙炔气体 10 min，搅拌 30 min 后再通入乙炔 10 min，再反应 30 min。该过程反复进行直到由 TLC 证明反应已经完全。将反应混合物过滤，减压除去滤液中的溶剂，残留物用中性氧化铝进行柱层析(乙酸乙酯/己烷)得到 1,2-双(3-邻苯二乙酯)乙炔(**II**) 5.35 g (79%), mp 130~132℃。

将 **II** 溶于乙醇和 KOH 水溶液中，加热回流 1 h，由 FTIR 分析已经水解完全，减压除去溶剂。减压加热 15 min，冷却到室温，再加热 15 min，反复进行直到无定形的产物完全干燥并固化，将固体溶于水，冰浴冷却，用浓盐酸酸化，滤出沉淀，用水洗涤，干燥，1,2-双(3-邻苯二甲酸)乙炔收率 65%，mp 328~330℃。将四酸在乙酐中脱水，定量得到二酐 **IV**, mp >350℃。

【135】2,5-二辛氧基-1,4-苯撑二乙炔基-4,4′-双(邻苯二甲酸酐)

2,5-Dioctyloxy-1,4-phenylendiethynylene-4,4′-bis(phthalic anhydride)

将 24.05 g (0.22 mol)对苯二酚, 127.10 g (0.66 mol)1-溴辛烷和 121.00 g (0.88 mol)碳酸钾在 500 mL 丁酮中加热回流 48h(由 TLC 检测反应终点)。化合物冷却后过滤, 减压除去溶剂, 产物从乙醇重结晶, 得 1,4-二辛氧基苯(I) 61.29 g (84%), mp 56~57℃。

氮气下将 61.30 g (0.18 mol)I 在 400 mL 氯仿中加热回流, 搅拌下滴加 73.20 g (0.46 mol)溴。回流反应过夜, 冷却后依次用水、饱和焦亚硫酸钠溶液及水洗涤, 氯仿层用硫酸镁干燥, 减压除去溶剂, 粗产物从乙醇重结晶, 得 1,4-二溴-2,5-二辛氧基苯(II) 72.25 g (80%), mp 84~86 ℃[112]。

将 14.7 g (30 mmol) II, 0.55 g (0.48 mmol) Pd(PPh₃)₄ 和 0.18 g (0.96 mmol) CuI 加到干燥的 300 mL Et₃N 中, 氮气中室温搅拌 30 min, 在 15 min 内滴加 10.86 mL (150 mmol) 3-甲基丁炔醇, 将混合物加热到 90℃反应 24 h。冷却到室温, 过滤, 除去 CuI, 滤液蒸发得到淡褐色固体 III, 从 95%乙醇/水(9/1)重结晶, 收率 89%, mp 105℃[113]。

氮气下将 4.98 g (10 mmol)III, 0.825 g (30 mmol) NaH 在 80 mL 干燥甲苯中 120℃反应 18 h。冷却到室温, 过滤, 蒸发至干, 从 95%乙醇重结晶, 得黄色晶体 IV, 收率 89%, mp 63 ℃。

氮气下将 2.72 g (12.0 mmol)4-溴苯酐, 0.092 g (0.11 mmol) Pd(PPh₃)₄, 0.03 g (0.16 mmol) CuI, 2.8 mL (20 mmol) Et₃N 和 1.91 g (5 mmol)IV 在 60 mL THF 中室温搅拌 30 min。然后加热到 80℃搅拌 24 h,冷却到室温。将反应物加到 50 mL 1 mol/L NaOH 中溶解三乙胺的氢溴酸盐, 过滤, 除去催化剂, 滤液用稀盐酸酸化, 滤出黄色沉淀, 用冷水洗涤, 减压干燥得四酸。将四酸在 15 mL 乙酐中回流脱水 4 h, 冷却, 过滤, 从甲苯/己烷(8/2)重结晶, 得到二酐黄色晶体, 收率 35%, mp 217℃。

1.9　含酮基的二酐

【136】3,3′-4,4′-二苯酮四酸二酐

3,3′,4,4′-Benzophenone tetracarboxylic dianhydride(4,4′-BTDA)

商品。

①由邻二甲苯与甲醛反应

将邻二甲苯与甲醛在酸催化下反应得到四甲基物。四甲基物的 bp 113~115℃/2mmHg，mp 32~35℃。

②由邻二甲苯与乙醛反应

将邻二甲苯与乙醛在酸催化下反应得到四甲基物。

将 238 g(1mol)四甲基物在 2960 g 30%硝酸中加热到 200℃，再在 3 h 内加热到 210℃，保持 1 h，以间歇释放的方法使压力维持在 1.8 MPa。冷却到 25℃，卸压，放置过夜，滤出沉淀，滤液蒸发至 1/5，冷却回收产物，共得四酸 279 g。提纯后 mp 225~226.5℃[114]。

说明：工业上多将四甲基二苯酮用空气液相氧化得到二苯酮四酸。

【137】2,3′,3,4′-二苯酮四酸二酐

2,3′,3,4′-Benzophenone tetracarboxylic dianhydride(3,4′-BTDA)

当用甲醛与邻二甲苯缩合合成 BTDA 时，由于甲醛的空间位阻很小，位置选择性较低，在生成 3,3′,4,4′-四甲基物的同时也生成了相当比例的 2,3′,3,4′-四甲基物，氧化后由于在水中溶解度的不同，可以将两个异构体分离，得到 3,4′-BTDA，mp 213~214℃。

【138】2,2′,3,3′-二苯酮四酸二酐

2,3′,2,3′-Benzophenone tetracarboxylic dianhydride(3,3′-BTDA)[115]

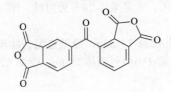

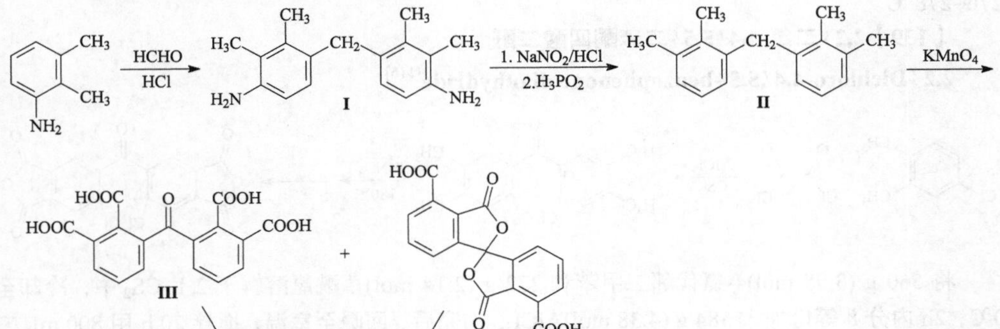

将 19 mL (0.15 mol)2,3-二甲基苯胺，12.5 mL (0.15 mol)浓盐酸和 50 mL 水混合，搅拌下加热到 60℃，逐渐加入 6 mL(0.075 mol)甲醛溶液，反应 4 h 后再升温至 90℃反应 4 h。冷却

后用 20%的氢氧化钠溶液调节至弱碱性，过滤，滤饼用蒸馏水洗 3 次，在 95%乙醇中重结晶得到 4,4′-二氨基双(2,3-二甲基)二苯甲烷(I)22 g，收率 93%，mp 134~135℃。

将 5 mL 浓盐酸在 50 mL 水中加热至 90℃左右，加入 5.08 g(0.02 mol)I，搅拌下完全溶解后冷至室温，再加入 5 mL 浓盐酸，冷却到 0℃左右，滴加 3.10 g(0.045 mol)亚硝酸钠在 10 mL 水中溶液，至淀粉-碘化钾试纸刚变蓝为止，将得到的橙红色重氮盐溶液倒入冰冷的 60mL 30% 次磷酸溶液中，放置冰箱中 24 h，再在室温放置 24 h，用 80 mL 甲苯分四次萃取，合并萃取液，除去甲苯后减压蒸出产物。用石油醚重结晶得到 2,2′,3,3′-二苯甲烷(II)2.26g(52%)，mp 72~73℃。

将 30 g(0.134 mol)II 在 1000 mL 吡啶和 400 mL 水中加热至微沸，分批加入 130 g 高锰酸钾，至紫色褪去后趁热滤去二氧化锰，滤液浓缩至 200 mL，加入氢氧化钾 12 g，水 1800 mL，再分批加入 130 g，氧化至高锰酸钾的颜色在 4 h 内不褪色，小心滴加乙醇，破坏未反应的高锰酸钾，趁热滤去二氧化锰，并用 800 mL 热水分两次洗二氧化锰，合并滤液浓缩至 600 mL。慢慢用浓盐酸酸化至 pH 1，并始终保持溶液温度不超过 50℃，室温搅拌 24 h 后过滤，即可得到 2,2′,3,3′-二苯甲烷四酸(III)白色固体 33 g。

将 II 的氧化浓缩液加入到 300 mL 50%的硫酸中，加热沸腾 15 min，冷至室温，滤出固体，用水洗至中性，在 120℃烘干，得 3,3′-螺双苯酞-4,4′-二酸(IV)白色固体 22.6 g，收率 67%，mp 292~293℃。

将 10 g III 在 260℃真空升华得到 3,3′-BTDA 白色固体，收率 18%，mp 276~278℃。

将 30 g(0.088 mol)IV 在 400 mL 乙酸酐中加热回流 18 h，冷至室温，滤出固体，并用乙酸酐和甲苯(1∶1)的混合液洗两次，在 120℃真空干燥，得 3,3′-BTDA 18.6g(65%)，mp 276~278℃。

【139】2,2′-二氯-4,4′,5,5′-二苯酮四酸二酐

2,2′-Dichloro-4,4′,5,5′-benzophenone dianhydride[116]

将 560 g (3.98 mol)4-氯代邻二甲苯和 272 g (2.14 mol)草酰氯溶解于 2 L CS$_2$ 中，冷却至 0℃，2h 内分 8 等份加入 584 g (4.38 mol)AlCl$_3$，加完后，回暖至室温，搅拌 20 h 用 800 mL 二氯甲烷稀释后倒入碎冰中，滤出 AlCl$_3$ 络合物，分出有机层，水层用 4×400mL 二氯甲烷萃取，合并有机层，用 3×500 mL 水和 500 mL 饱和 NaCl 洗涤，硫酸镁干燥，减压浓缩，粗产物用异丙醚重结晶(100 g 产物用 2250 mL 异丙醚)，得到四甲基物 459 g(75%)，mp 148~149℃。

将 20.4 g (66.4 mmol)四甲基物在 500 mL 20%硝酸中加热至 180℃ 反应 24 h，冷却后滤出沉淀，用冰水洗涤，得四酸 17.3 g(85%)。

将 222 g (0.519 mol)四酸在 1330 mL 二苯醚(73.5%)和联苯(26.5%)的混合物中在 230℃加热 8 h，得到暗褐色溶液，冷至室温，产物沉淀过滤，用氯仿洗涤，从 1500 mL 乙酐重结晶，得二酐 183 g (90%)。

【140】2,2′-二溴-4,4′,5,5′-二苯酮二酐

2,2′-Dibromo-4,4′,5,5′-benzophenone dianhydride[117]

由 4-溴邻二甲苯按【139】方法合成。四甲基物的收率为 80%，mp 130~132℃；氧化采用高锰酸钾方法，四酸收率 88%；二酐收率 90%。

【141】2,2′- 二羟基二苯酮二酐

2,2′-Dihydroxybenzophenone-3,3′,4,4′-tetracarboxylic dianhydride[118]

将 36.6 g (0.30 mol)2,3-二甲基苯酚和 4.5 g (0.15 mol)多聚甲醛在 32 mL 二甲苯中回流 10 h，冷却，减压蒸发至干，得到二(2-羟基-3,4-二甲基苯基)甲烷(I)，从苯中重结晶，收率 90.0%，mp 150℃。

氮气下将 6 g (23 mmol) I 和 3.28 g (58 mmol) KOH 在含有 8.3 g (58 mmol)碘甲烷的 80 mL DMSO 中 80℃搅拌 48 h。冷却后倒入水中，得到褐色沉淀，过滤，真空干燥，二(2-甲氧基-3,4-二甲基苯基)甲烷(II)收率 90.0%，mp 42℃。

将 20 g (70 mmol)II 在 200 mL 吡啶和 100 mL 水的混合物中加热到 110℃，分批加入 55 g (0.35 mol) KMnO₄。回流 3 h 后趁热过滤，去除 MnO₂。将滤液蒸发得到的固体溶于含有 NaOH (0.35 mol,14 g) 的 150 mL H₂O 中，加热到 100℃，分批加入 55 g (0.35 mol) KMnO₄，回流 6 h。过量的 KMnO₄ 用乙醇破坏，趁热过滤，滤液浓缩后用盐酸酸化得到 2,2′-二甲氧基二苯酮-3,3′,4,4′-四甲酸(III)粗产物，从水中重结晶，收率 88%。

氮气下将 6 g (14 mmol)III 在 20 mL 乙酸和 9.7 mL 48% 氢溴酸的混合物中回流 5 h，冷到室温，滤出沉淀，用石油醚洗涤，从水中重结晶，2,2′-二羟基二苯酮-3,3′,4,4′-四甲酸收率 73%。将四酸在真空中逐渐加热到 140℃经 24 h,粗产物从乙腈中重结晶，二酐收率 95%。mp 257 ℃。

【142】1,3-二(3,4-二羧基苯酰基)苯二酐

1,3-Bis(3,4-dicarboxybenzoyl)benzene dianhydride[119,120]

由间苯二酰氯按【144】方法合成。

四甲基物的收率 95%，mp 138℃；四酸收率 60%，mp 205℃；二酐从甲苯/乙酐(9/1) 中重结晶，收率 87%，mp 221℃。

【143】1,3-二(3,4-二羧基苯酰基)-5-特丁基苯二酐

1,3-Bis(3,4-dicarboxybenzoyl)-5-*tert*-butylbenzene dianhydride[119]

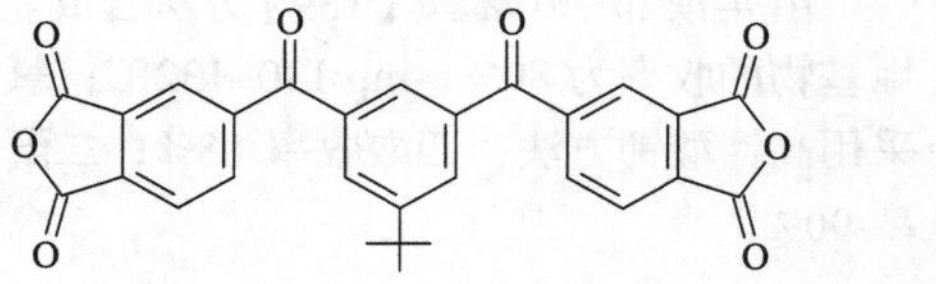

由 5-特丁基间苯二酰氯按【144】方法合成。

5-特丁基间苯二酰氯收率 96%，mp 42℃；四甲基物的收率 95%，mp 177℃；四酸收率 43%，mp 227℃；二酐从乙酐/乙酸 (2/1)中重结晶，收率 96%，mp 212℃。

【144】1,3-二(3,4-二羧基苯酰基)-5-溴苯二酐

1,3-Bis(3,4-dicarboxybenzoyl)-5-bromobenzene dianhydride[121]

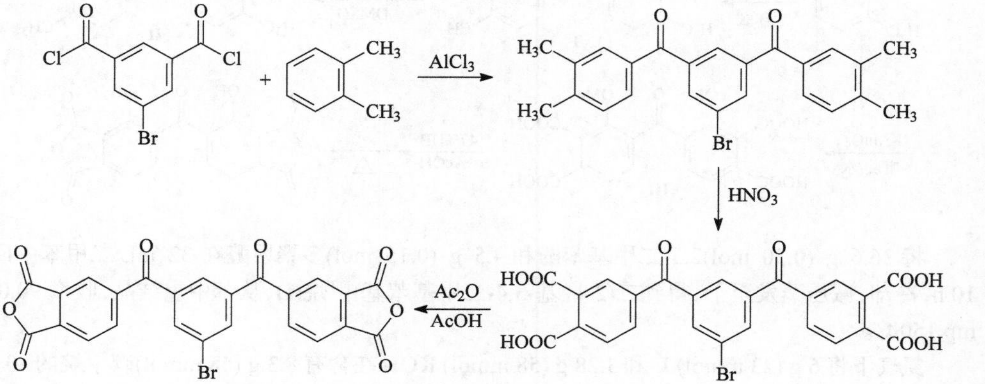

将 20.36 g (0.11 mol) 3,5-二甲基溴苯溶于 300 mL 吡啶/水(1∶1)的混合物中，加热到回流，分批加入 139 g (0.88 mol) $KMnO_4$，回流 12 h 后冷却，滤出 MnO_2，减压蒸馏除去溶剂，残留物再溶于水，以 35%HCl 中和，滤出白色沉淀，用热水洗涤，在乙酸中重结晶，5-溴间苯二甲酸收率 78%，mp 277℃。

将 29.4 g(0.12 mol)5-溴间苯二甲酸在加有 0.1 mL DMF 的 100 mL 氯化亚砜中回流 2 h，蒸除过量的氯化亚砜，减压蒸馏，得 5-溴间苯二酰氯，收率 84%，bp 95℃/ 1 mmHg。

将 31.0 g(0.11 mol)5-溴间苯二酰氯在 70 g(0.66 mol)邻二甲苯中冰浴冷却，分批加入 40 g (0.30 mol)$AlCl_3$，加完后在室温搅拌 1 h，倒入 1 L 乙醇中，白色沉淀用庚烷萃取，冷却后析出四甲基物白色结晶，收率 82%，mp 136℃。

将 6.32 g(0.015 mol)四甲基化合物在 48 mL (0.42 mol) 40% 硝酸中加热到 150℃反应 3h，冷却后卸压，将亮黄色溶液剧烈搅拌，当沉淀出黄色固体时有大量橙色气体逸出，过滤，用冷水洗涤，从水中重结晶得到四酸，收率 60%，mp 205℃。

将 5.41g(10 mmol)四酸在 108 mL 乙酸和 18 mL 乙酐混合物中回流 3 h，冷却过滤后从乙酐/乙酸(4/1)中重结晶，二酐收率 88%，mp 233℃。

【145】3,5-二(3,4-二羧基苯基)联苯二酐

3,5-Bis(3,4-dicarboxybenzoyl)-biphenyl dianhydride[119,122]

①由 1,3-二(3,4-二羧基苯酰基)-5-溴苯合成

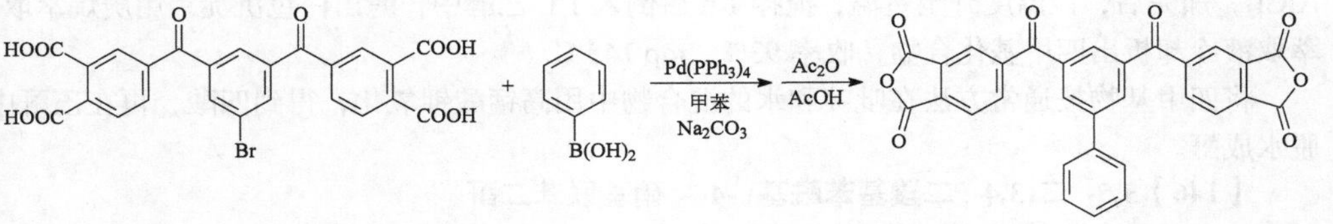

将 70.45 g(25 mmol)1,3-二(3,4-二羧基苯酰基)-5-溴苯(见【144】), 1.41 g(1.22 mmol)Pd(PPh₃)₄加入到 80 mL 甲苯, 3.66 g(30 mmol)苯基硼酸和 100 mL 2.5 mol/L 碳酸钠的混合物中, 回流 18 h, 冷却后, 分出水层, 滤出钯催化剂, 用 35%盐酸中和, 滤出褐色沉淀, 用热氯仿洗涤以除去过量的苯基硼酸, 在提取器中用丙酮萃取, 得 3,5-二(3,4-二羧基苯酰基) 联苯, 收率 46%, mp 260℃。

将四酸在乙酐/乙酸(2∶1)中加热回流 4 h, 冷却过滤, 在甲苯/乙酐(2∶1)中重结晶, 二酐的收率 93%, mp 267℃。

②由 3,5-二甲基溴苯出发[122]

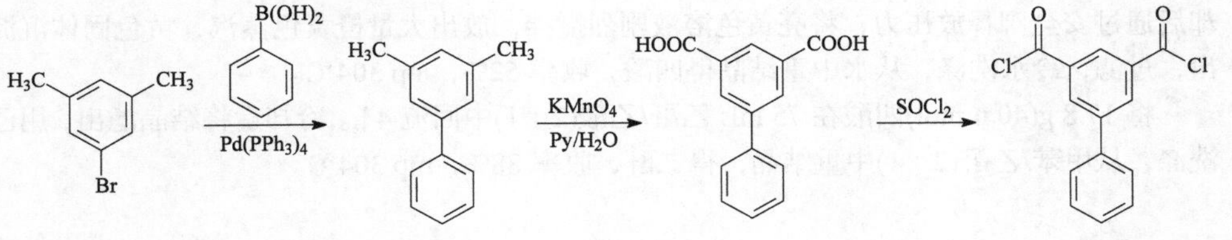

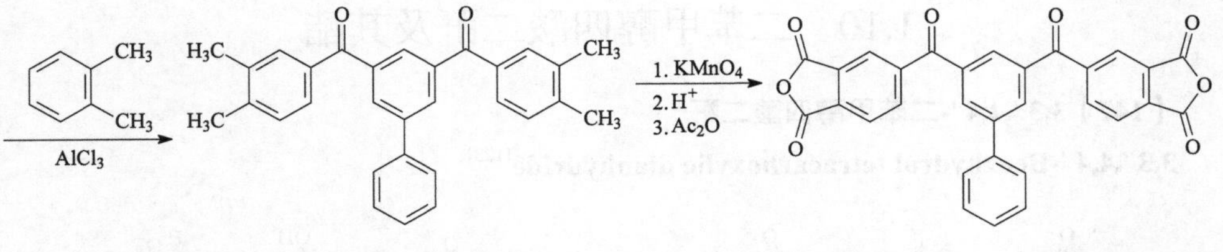

将 37g (200 mmol)3,5-二甲基溴苯, 300 mL 甲苯, 300 mL 2.5 mol/L 碳酸钠溶液及 30.5 g(250 mmol)苯基硼酸在氮气下搅拌 10 min,加入 57.8 g(0.50 mmol)四(三苯膦)钯,加热回流 3 h。冷却到室温, 溶液倒入 600 mL 二氯甲烷/2.5 mol/L 碳酸钠(1/1)的混合溶液中, 水相用 100 mL份的二氯甲烷萃取 3 次, 有机相用硫酸镁干燥, 通过硅胶过滤以除去硫酸镁和催化剂, 再进行柱色层纯化(硅胶, 己烷), 得 3,5-二甲基联苯, 收率 98%, bp 40℃/0.1 mmHg。

将 140 mmol 3,5-二甲基联苯溶于 300 mL 等量的吡啶与水的溶液中, 加热回流, 5 h 内以小份加入 1.12 mmol KMnO₄, 混合物回流 12 h, 冷却后过滤, 减压蒸去溶剂, 将粗产物溶于水, 以盐酸中和, 得白色产物, 过滤, 用热水洗涤, 由乙酸中重结晶, 得 5-苯基间苯二甲酸, 收率 80%, mp 346℃。

将 31.5 g (130 mmol)5-苯基间苯二酸在含 0.1 mL DMF 的 100 mL 氯化亚砜中回流 2 h,除去过量的氯化亚砜,二酰氯从干燥的己烷中重结晶,收率 83%,mp 120℃。

将 36.3 g(130 mmol)二酰氯在 780 mL 邻二甲苯中冰浴冷却,以小份加入 46.7 g (350 mmol) AlCl₃,加完后,让温度升至室温,搅拌 1 h 后倒入 1 L 乙醇中,滤出白色沉淀,用庚烷萃取,萃取液冷却析出四甲基化合物,收率 93%,mp 145℃。

将四甲基物按通常方法在吡啶和水的混合物中用高锰酸钾氧化,得到四酸,再在乙酐中脱水成酐。

【146】3,5- 二(3,4- 二羧基苯酰基) -4′- 硝基联苯二酐

3,5-Bis(3,4-dicarboxybenzoyl)-4′-nitrobiphenyl Dianhydride[122]

将 41.9 g(15 mmol)3,5-二(3,4-二甲基苯酰基)联苯(见【145】②)和 48 mL 40%的硝酸水溶液加入 250 mL 的玻璃管中,再将玻璃管放入密封的金属反应器中,加热到 150℃经 3 h。冷却后通过安全阀释放压力,将亮黄色溶液剧烈搅拌,放出大量橙黄色蒸汽,黄色固体沉淀析出,过滤,冷水洗涤,从水中重结晶得四酸,收率 52%,mp 304℃。

将 17.8 g(40 mmol)四酸在 75 mL 乙酐/乙酸(2∶1)中回流 4 h。冷却后将结晶滤出,用己烷洗涤,从甲苯/乙酐(2∶1)中重结晶,得二酐,收率 88%,mp 304℃。

1.10　二苯甲醇四酸二酐及其酯

【147】3,3′,4,4′-二苯甲醇四酸二酐

3,3′,4,4′-Benzhydrol tetracarboxylic dianhydride[123]

将 8 g (24.8 mmol)BTDA 在 25℃下溶于 20 mL 20% NaOH 溶液中,加入 0.45 g (12 mmol)硼氢化钠在 3 mL 水中的溶液,搅拌 1.5 h 后加入 6.5 mol/L HCl 进行酸化,浓缩到溶液变得浑浊,加入 100 mL 乙酸乙酯,析出盐。该均相的溶液用活性炭处理,过滤。滤液用乙酸乙酯洗涤数次,有机层在硫酸镁上干燥后减压浓缩,得到二苯甲醇四酸沉淀,过滤,产物在 50℃真空干燥得到 6 g 四酸,然后在 25℃下在 800 mL 乙酐中搅拌 4~5 天,减压除去乙酐,得到二酐沉淀,过滤,在二氧六环中冻干,用戊烷洗涤,在 50℃真空干燥 16 h,得 3g 白色产物,mp 180~181℃。

【148】3,3′,4,4′-二苯甲醇四酸二酐的丙烯酸酯

Acryloyloxymethylene ester dianhydride[124]

以丙烯酸代替肉桂酸按【150】方法合成。

【149】3,3′,4,4′-二苯甲醇四酸二酐的甲基丙烯酸酯

Methacryloyloxymethylene ester dianhydride[124]

以甲基丙烯酸代替肉桂酸按【149】方法合成。

【150】3,3′,4,4′-二苯甲醇四酸二酐的肉桂酸酯

Cinnamoyloxymethylene ester dianhydride[124]

将 2 g (13 mmol)肉桂酸溶于 10 mL 二氯甲烷中，0℃下加入 3 g (14 mmol)DCC 在 10 mL 二氯甲烷中的溶液。搅拌 30 min，加入 4.18 g (14 mmol) I 和 1 g(8 mmol)催化剂 DMAP。混合物在 0℃搅拌 1 h，在室温搅拌数小时。滤出 DCU，反应物用 20 mL 0.5 mol/L 盐酸和 25 mL 水萃取，有机相在硫酸镁上干燥。室温下除去溶剂。将黄色固体溶于乙酐中，24 h 后减压除去乙酐，产物以二氯甲烷溶液在石油醚中重沉淀数次来提纯，然后在 40℃真空干燥，得白色粉末 4.9 g (80%)。

【151】3,3′,4,4′-二苯甲醇四酸二酐的呋喃基丙烯酸酯

Furylacryloyloxymethylene ester dianhydride[124]

以呋喃基丙烯酸代替肉桂酸按【150】方法合成。

1.11　含苯胺结构的二酐

1.11.1　含仲胺基团的二酐

【152】4,4′-对苯二胺二苯酐

N,N′-**Bis(3,4-dicarboxyphenyl)-1,4-phenylenediamine dianhydride**[125]

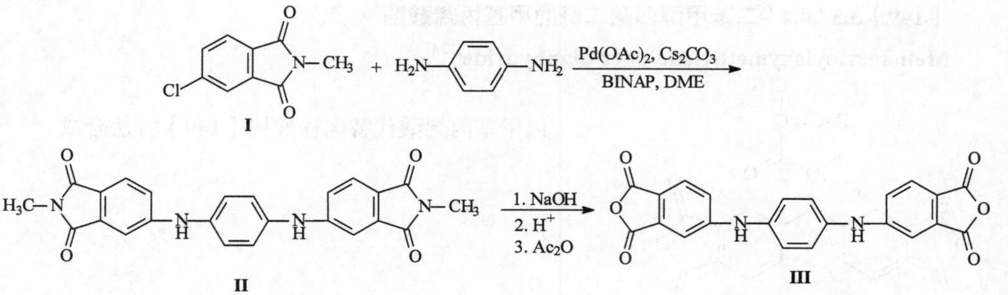

将 18.6 g (95.0 mmol) **I**, 5.40 g (50.0 mmol)对苯二胺, 0.225 g (1.00 mmol)Pd(OAc)$_2$, 0.623 g (1.00 mmol)*rac*-BINAP 和 35.8 g (110 mmol)Cs$_2$CO$_3$ 在氮气下加到 70 mL 乙二醇二甲醚中, 加热到 100℃反应 6 h, 冷却到室温, 倒入乙醇和水的混合物中, 滤出沉淀, 用热水和乙醇洗涤, 得 **II** 收率88%。

在 60 mL 15% NaOH 溶液中加入 17 g(40.0 mmol) **II**, 氮气下回流 24 h, 冷却到室温, 用 6 mol/L 盐酸酸化到 pH 1, 滤出绿色沉淀, 在 100℃真空干燥, 将得到的四酸在 50 mL 乙酐中回流 6 h, 趁热过滤, 用石油醚洗涤, 100℃真空干燥, 得 10.2 g 褐色产物, 收率66%。

说明：为避免在回流温度下乙酐将会使仲胺基团酰化, 最好采用减压下加热的方法使四酸脱水成酐。

【153】4,4′-间苯二胺二苯酐

N,N′-**Bis(3,4-dicarboxyphenyl)-1,3-phenylenediamine dianhydride**[125]

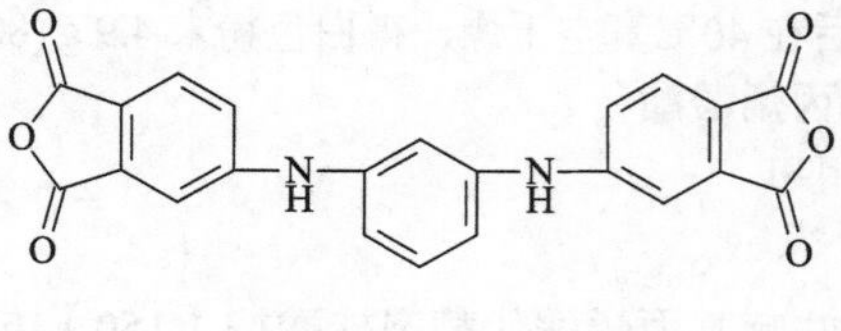

以间苯二胺代替对苯二胺, 按【152】方法合成。双亚胺收率 87%；二酐收率 64%。

【154】4,4′-(4,4′-二苯醚二胺)二苯酐

N,N′-Bis(3,4-dicarboxyphenyl)-1,4-diphenylene ether diamine dianhydride[126]

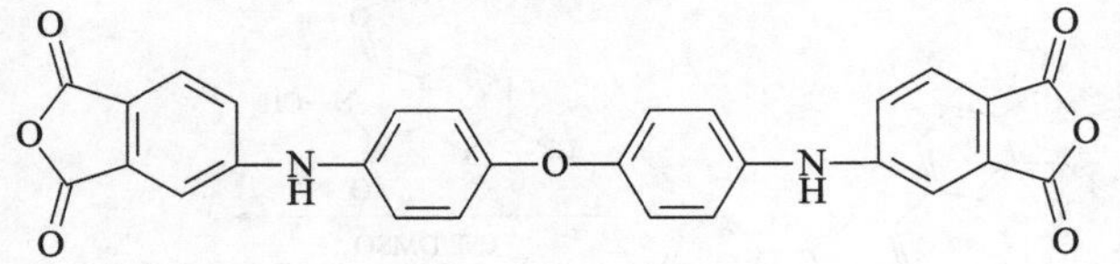

用 N-甲基-4-氟代酞酰亚胺与 ODA 在 DMSO 中由 CsF 催化，160℃反应得到双酰亚胺，收率 85%。然后水解，酸化，脱水得到二酐。

1.11.2 三苯胺二酐

【155】N,N-二(3,4-二羧基苯基)苯胺二酐

N,N-Bis(3,4-dicarboxyphenyl)aniline dianhydride[127]

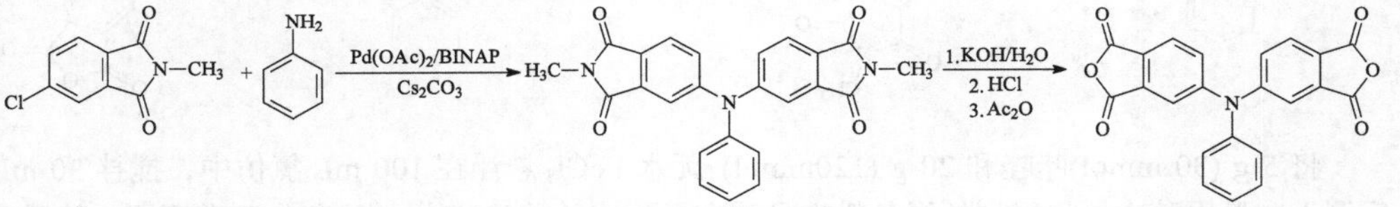

将 18.26 g (100.0 mmol)**I**, 3.88 g (41.67 mmol)苯胺, 0.23 g (1 mmol)Pd(OAc)$_2$, 0.79 g (1.25 mmol) *rac*-BINAP 和 32.55 g (100 mmol)Cs$_2$CO$_3$ 加到 60 mL 1,2-二甲氧基乙烷中，氮气下加热到 100℃，搅拌 36 h。冷却到室温后倒入 200 mL 甲醇中，滤出沉淀，用热水洗涤，从甲醇/DMAc(2∶1)重结晶，得双酰亚胺(**II**) 14.4 g(84%), mp 264~266℃。

将 14.03 g (30 mmol)**II** 加到 50 mL 水中再缓慢加入由 8.4 g KOH 得到的 20%水溶液，回流 24 h，冷却后用 6 mol/L 盐酸酸化到 pH 1.0。滤出黄色沉淀，在 100℃真空干燥。将四酸在 20 mL 乙酐中回流 4 h，冷却到室温后滤出黄色沉淀，用甲苯洗涤，100℃真空干燥，得二酐 9.26 g (70%), mp 242~244℃。

【156】N,N-双(3,4-二羧基苯基)-*p*-特丁基苯胺二酐

N,N-Bis(3,4-dicarboxyphenyl)- *p-tert*-butylaniline dianhydride[127]

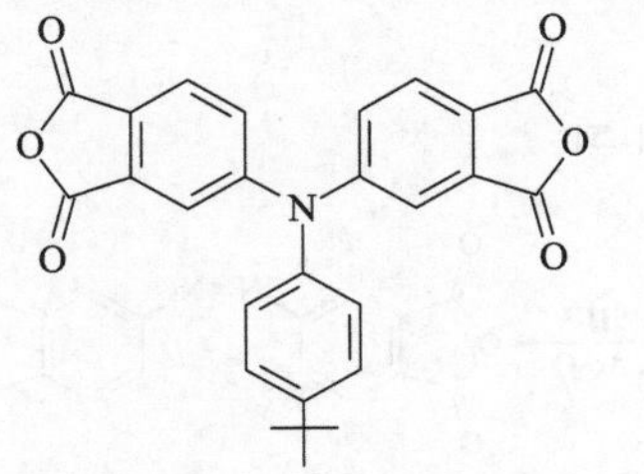

以 4-特丁基苯胺代替苯胺，按【155】方法合成。双酰亚胺收率 92%，mp 219~220℃；二酐收率，62%，mp 230~231℃。

【157】3,3′-联咔唑-N,N'-双(4-邻苯二甲酸酐)

N,N'-Bis(4-phthalic anhydride) -3,3′-bicarbazole[126]

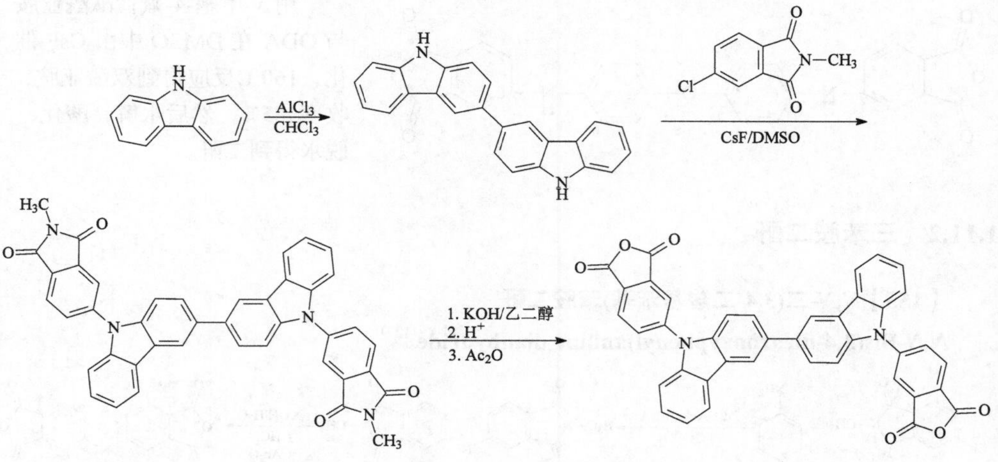

将 5 g (30 mmol)咔唑和 20 g (120mmol) 无水 FeCl$_3$悬浮在 100 mL 氯仿中，搅拌 30 min 后倒入大量甲醇中。将得到的绿色粉末悬浮在丙酮或乙酸乙酯中，用锌粉/乙酸还原，然后升华提纯[128]。

将 6.65 g(20 mmol)3,3′-联咔唑和 15.24 g(42 mmol)N-甲基-4-氯代酞酰亚胺加到 60 mL DMSO 中，加入干燥的 9.57 g(63 mmol)CsF，室温搅拌 30 min，在 190℃反应 16 h 后冷却，倒入 400 mL 水中，滤出黄色固体，用水和乙醇洗涤，干燥，得到双酰亚胺 16.7 g(84%)，mp >300 ℃。

将 26.1 g(40 mmol)双酰亚胺在 100 mL15%KOH/乙二醇溶液中回流 24 h，冷却，过滤，用盐酸酸化到 pH 1，析出绿色固体，再煮沸 30 min，冷却，过滤，用水洗涤后干燥得到四酸绿色固体。将四酸在 60 mL 乙酐中回流 6 h，趁热过滤，冷却，滤出沉淀，用甲苯洗涤，得棕色固体，在 80℃真空干燥，收率 88%，mp >300℃。

1.12　偶氮二苯酐

【158】4,4′-偶氮二苯酐　4,4′-Azodiphthalic anhydride[129]

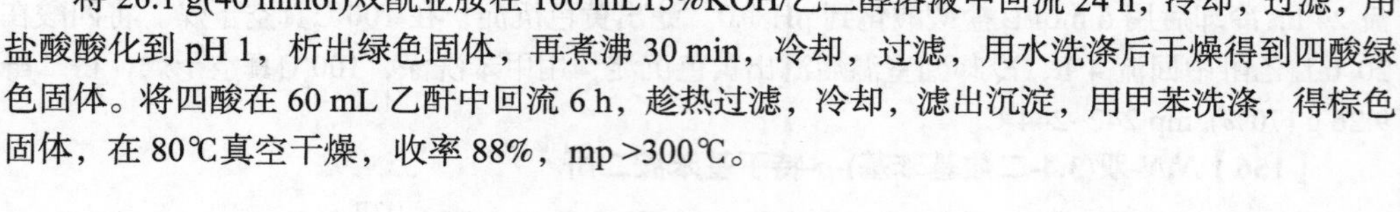

将 16 g (75 mmol)4-硝基邻苯二甲酸和 50 g (1.25 mol)NaOH 溶于 225 mL 水中，加热至 50 ℃，缓慢加入 100 g 葡萄糖在 100 mL 水中的溶液，搅拌 4~5 h，通入空气数小时，放置过夜后酸化，滤出沉淀，用 20 mL 水洗涤，真空干燥，得 4,4′-偶氮二酞酸，收率 52%，mp 360 ℃。

将得到的四酸与乙酐共沸 4~5 h 后冷却，过滤，干燥，得二酐，mp 315~316℃。

1.13 二苯醚二酐

【159】3,4,3′,4′-二苯醚二酐 3,4,3′,4′-Oxydiphthalic dianhydride (4,4′-ODPA)

①4-氯代苯酐在碳酸钾作用下以聚乙二醇和四苯基溴化鏻为催化剂缩合[130]

将 60.0 g 4-氯代苯酐, 22.8 g 碳酸钾, 1.2 份甲基封端的聚乙二醇(分子量为 2000)和 0.6 g 四苯基溴化鏻在 180.0 g 1,2,4-三氯苯中加热至 200℃反应 24 h，由气相色谱分析 4,4′-ODPA 的产率为 81.1%。

说明：该反应也可使用氟代苯酐、溴代苯酐或碘代苯酐为原料[131]。

②4-氯代苯酐在碳酸钾作用下以六乙基氯化胍为催化剂缩合[132]

将 16 g(87.7 mmol) 4-氯代苯酐溶于 100 mL 无水邻二氯苯中，氮气下回流 30 min，蒸除大约 80 mL 邻二氯苯。在另一反应瓶中由 6.06 g(43.8 mmol)碳酸钾和 50 mL 干燥邻二氯苯回流 30 min，蒸除大约 40 mL 邻二氯苯，然后转移到 4-氯代苯酐的邻二氯苯溶液中，搅拌，再加入 468 mg (1.77 mmol)六乙基氯化胍在邻二氯苯中的 18%溶液,这时溶液变黄，继续回流 3 h后得到 93% 4,4′-ODPA。使用同样物质的量的四苯基溴化鏻为催化剂，则需要 13 h 反应才能够得到相同的产率。

③以邻二氯苯为溶剂，4-氯代苯酐在碳酸氢钾和碳酸钾作用下缩合[133]

将 4800 g(26.3 mol) 4-氯代苯酐在 7836 g 邻二氯苯中氮气下回流 30 min，蒸除 1020 g 邻二氯苯，搅拌下加入 120 g(0.29 mol)四苯基溴化鏻，混合后加入 6.6 g(66 mmol)碳酸氢钾，再分 7 份加入 1650 g(11.95 mol)碳酸钾，加完后将混合物回流 27 h，转化率达到 60%，再加入 50 g(119 mmol) 四苯基溴化鏻，回流过夜，转化率达到 90%。再加入邻二氯苯 39500 g，温度控制在 165℃，趁热过滤，滤液冷却到室温，得到纯度为 95%的 4,4′-ODPA(80%)，从邻二氯苯重结晶得纯 4,4′-ODPA，mp 225~226℃。

④以硝基苯酐为原料在亚硝酸钠作用下合成

将 N-甲基-4-硝基酞酰亚胺与碳酸钾,亚硝酸钠在 DMAc 中加热反应,得到双酰亚胺,然后水解、酸化、脱水，得到 ODPA。

⑤以 N-甲基-4-硝基酞酰亚胺在乙酸钾和六丙基氯化胍存在下合成[134]

将 260.8 g(1.265 mol)N-甲基-4-硝基酞酰亚胺溶于 473 mL 邻二氯苯中，加入 25 g 六正丙基氯化胍。氮气下加热回流，蒸出 100 mL 溶剂。另将 124g(1.265 mol)乙酸钾加到 293 mL 邻二氯苯中，回流蒸出 100 mL 溶剂。在 10 min 内将 N-甲基-4-硝基酞酰亚胺溶液加到回流下的乙酸钾溶液中。有无色氮的氧化物放出，接触空气立即变为棕色。反应 6 h 后冷却，过滤，用水洗涤后在 140℃真空干燥，双酰亚胺的收率为 71%。

【160】2,3,2′,3′-二苯醚二酐 2,3,2′,3′-Oxydiphthalic dianhydride (3,3′-ODPA)

①以四苯基溴化磷为催化剂[130]

将 105.3 g (576.7 mmol)3-氯代苯酐加热到 180℃，加入 0.327 g 四苯基溴化磷，在 53 min 内加入 17.8 g (128.8 mmol)碳酸钾，在 180℃反应 8.25 h，由色谱分析 3,3′-ODPA 的产率为 39.1%。

②由 3-氯代苯酐与 2,3-二甲基苯酚合成[135]

将 13.72 g 2,3-二甲基苯酚，21.64 g N-甲基-3-氯代酞酰亚胺和 8.60 g 无水碳酸钾加入 120 mL DMAc 中，氮气保护下加热至 135℃，搅拌 12 h，冷却后倒入乙醇/水(1∶1)溶液中，得到白色沉淀。将沉淀滤出，用乙醇水溶液(1:1)洗涤，90℃干燥，得 N-甲基-3-(2,3-二甲基苯氧基)酞酰亚胺(I)27.35 g，收率 88%。从甲苯重结晶，收率 67%，mp 197~198℃。

将 129.6 g I 和 165 g KOH 在 200 mL 乙醇和 800 mL 水中加热搅拌至回流，溶液澄清后蒸出乙醇，补加等量水，保持回流 40 h，冷却后得浅黄色澄清透明溶液，过滤后用浓盐酸酸化至 pH 为 1，静置冷却后过滤，干燥得 3-(2,3-二甲基苯氧基)邻苯二甲酸(II) 111.1 g(84%)，用 36%乙酸水溶液重结晶得白色晶体。

将 32.90 g II，10.4 g KOH 和 1000 mL 蒸馏水加热至 80℃后，分数次缓慢加入 KMnO₄ 并保持回流，直至半小时内溶液紫色不褪，共加 KMnO₄ 固体约 116 g。过量的 KMnO₄ 用少量乙醇除去，然后热滤，用沸水洗涤滤饼，合并无色滤液，浓缩至约 200 mL，冷却后用盐酸酸化至 pH 为 1，得白色沉淀，静置一夜，过滤，蒸馏水洗涤三到四次，90℃烘箱烘干后得四酸 III。将 III 进行真空升华，得 3,3′-ODPA 31.35 g(88%)白色晶体，熔点 243~244℃。

【161】 2,3,3′,4′-二苯醚二酐 2,3,3′,4′- Oxydiphthalic dianhydride (3,4′-ODPA)[135]

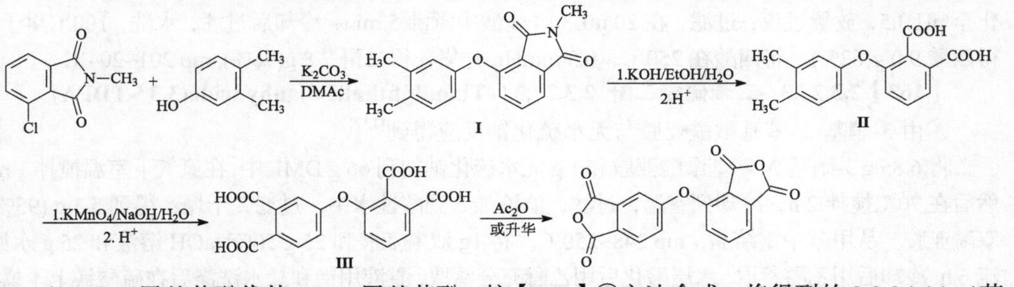

以 3,4-二甲基苯酚代替 2,3-二甲基苯酚，按【160】②方法合成。将得到的 2,3,3′,4′-二苯醚四酸在乙酸酐和甲苯的混合物中回流得二酐，总收率 34%，熔点 177~178℃。

3,4′-ODPA 还可以按 4,4′-ODPA 的方法以 3-氯代苯酐和 4-氯代苯酐的 1∶1 混合物为原料合成，所得到的四酸异构体混合物可以根据各异构体溶解度的不同而分离。

1.14 二苯硫醚二酐

【162】 3,4,3′,4′-二苯硫醚二酐 3,4,3′,4′-Thiodiphthalic dianhydride (4,4′-TDPA)[136]

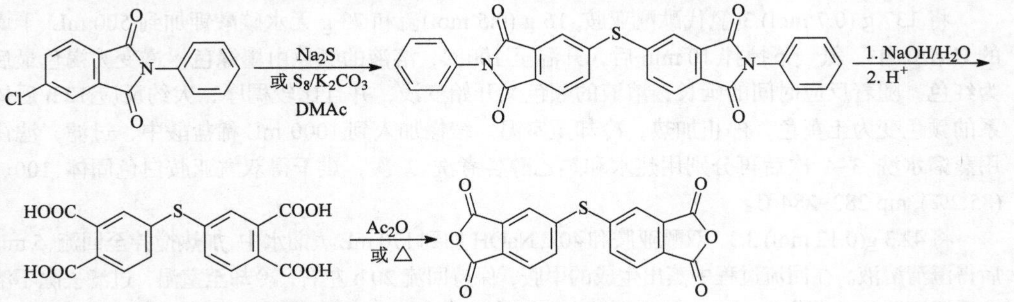

①由 4-硝基-N-苯基酞酰亚胺与无水硫化钠反应得到[137]

将 6.85 g 4-硝基-N-苯基酞酰亚胺和 1 g 无水硫化钠加到 66 g DMF 中，氮气下 70℃搅拌 4.5 h，冷却到室温，过滤，用 DMF 和水洗涤后干燥，得双酰亚胺 3.5 g(56%)。从邻二氯苯重结晶，mp 293~295℃。将 1 g 双酰亚胺和 1 份 50%NaOH 溶液在 176℃加热 3.5 h，冷却后用乙醚萃取，水层倒入 20 份盐酸溶液，滤出得到的沉淀，用水洗涤后干燥得四酸 0.54 g。将该四酸与 35 g 冰乙酸和 1 g 乙酐回流 4 h，除去 30 g 乙酸，冷却到室温，滤出沉淀，干燥得 0.5 g 二酐(75%)，mp 202~203℃。

②由 4-氯-N-苯基酞酰亚胺与无水硫化钠反应得到[138]

用 4-氯-N-苯基酞酰亚胺为原料，按①的方法得到 4,4′-TDPA。由于氯的活性比硝基低，反应温度为 120~130℃。

③N-苯基-4-氯代酞酰亚胺与硫及碳酸钾反应得到[139]

将 15.64 g 4-氯-N-甲基酞酰亚胺，1.80 g 单质硫和 8.28 g 无水碳酸钾在 80 mLDMSO 中氮气下 175℃搅拌 5 h，冷却后倒入 400 mL 水中，滤出沉淀，用水洗涤，100℃烘干，得双酰亚胺 9.7 g (69%), mp 240~244℃。将所得产物在 40 mL 25%NaOH 中回流 5 h，过滤，用盐酸酸化至 pH 3.5，放置过夜，过滤，在 20 mL30%硫酸中煮沸 5 min，冷却后过滤，水洗，100℃烘干，得四酸 9.0 g(62%)。将四酸在 250℃，0.3 mmHg 升华，得二酐 7.8 g(96%)，mp 201~204℃。

【163】2,3,2′,3′-二苯硫醚二酐 2,3,2′,3′- Thiodiphthalic dianhydride(3,3′-TDPA)

①由 3-硝基-N-苯基酞酰亚胺与无水硫化钠反应得到[137]

将 6.85 g 3-硝基-N-苯基酞酰亚胺和 1 g 无水硫化钠加到 66 g DMF 中，在氮气下室温搅拌 1 h，然后在 70℃搅拌 2 h，冷却到室温，过滤，滤液加入到酸性水中，过滤，干燥，得到 5.3 g (95%)双酰亚胺。从甲苯中重结晶，mp 248~250℃。将 1g 双酰亚胺和 25 g 50%NaOH 溶液和 25 g 水回流 6 h 冷却后用乙醚萃取，水层酸化后用乙醚充分萃取，醚液用饱和盐水洗涤后在硫酸镁上干燥，滤出干燥剂，浓缩后得到固体，从甲苯重结晶，得 3,3′-TDPA，mp231~234℃。

②由 N-苯基-3-氯代酞酰亚胺与无水硫化钠反应得到

方法同①，反应温度为 100℃。

③由 3-氯代酞酰亚胺在碳酸钾存在下与硫反应得到[140]

将 137 g (0.7 mol) 3-氯代酞酰亚胺，16 g (0.5 mol)硫和 73 g 无水碳酸钾加到 500 mL 干燥的 DMAc 中，氮气下搅拌 10 min 后，升温至 100℃，溶液的颜色由墨绿色慢慢变为褐色最后为红色，随着反应时间的延长，溶液的颜色又开始变浅，并且比较稠厚，大约反应 12 h 后体系的颜色变为土黄色，停止加热，冷却至室温，缓慢加入到 1000 mL 稀盐酸中，过滤，滤饼用蒸馏水洗 3~4 次后再分别用热水和热乙醇各煮洗 3 次，烘干得双酰亚胺白色固体 100 g (85.2%)，mp 282~284℃。

将 42.3 g(0.12 mol) 3,3′-双酰亚胺和 40 g NaOH 加到 170 mL 蒸馏水中，加热搅拌至回流，5 min 后得澄清溶液。在回流过程中蒸出生成的甲胺，保持回流 20 h 左右，冷却至室温，过滤去除不溶杂质后用浓盐酸酸化至 pH 1，析出大量白色沉淀，煮沸 20 min 使之酸化完全，静置冷却，过滤，蒸馏水洗涤至弱酸性，烘干得白色四酸 40 g，将该四酸在乙酸酐中回流脱水，冷却后析出浅黄色晶体，过滤，160℃真空干燥得到 3,3′-二苯硫醚四酸二酐 32.7 g(83.5%)，mp 246~247℃。

【164】2,3,3′,4′-二苯硫醚二酐 2,3,3′,4′- Thiodiphthalic dianhydride(3,4′-TDPA)[141]

将 39.12 g(0.2 mol) N-甲基-4-氯代酞酰亚胺，14.63 g(0.106 mol)无水碳酸钾和 17.46 g 硫氢化钠加入 120 mL DMAc 中，氮气下搅拌，升温至 80℃反应 40 min，冷却至室温后，将其慢慢倒入 400 mL 20%的盐酸中，滤出固体，再把粗产品溶解到 650 mL 5%碳酸钾溶液中，过滤除去不溶物，将滤液用盐酸酸化至 pH 1，析出白色沉淀，过滤，滤饼用水洗三次，80℃真空干燥得 N-甲基-4-巯基邻苯二甲酰亚胺 35.53 g，收率 92%，mp 136~138℃。

将 19.31 g(0.1 mol) N-甲基-4-巯基酞酰亚胺，20.54 g(0.105 mol) N-甲基-3-氯代酞酰亚胺和 11.04 g(0.08 mol)无水碳酸钾加入 135 mL DMAc 中，氮气下搅拌，加热至 120℃，反应 7 h 后冷却至室温，倒入 400 mL 水中，滤出沉淀，并且用 3×100 mL 水及 2×80 mL 乙醇洗涤，在 100℃烘干得 N,N'-二甲基-2,3',3,4'-二苯硫醚四酰亚胺 30.26 g，收率 93%。

将 30.26 g N,N'-二甲基-2,3',3,4'-二苯硫醚四酰亚胺在 110 mL 20%氢氧化钠水溶液中加热回流 20 h，水溶液用盐酸酸化至 pH 1，浓缩后，加入 200 mL 甲苯，加热回流分出水分，趁热过滤，滤液冷却后析出淡黄色晶体，过滤，烘干得 3,4'-二苯硫醚四酸二酐 29.13 g(96%)，mp 207~209℃。

1.15　二苯砜二酐

【165】3,4,3',4'-二苯砜二酐

3,4,3',4'-Diphenyl sulfone tetracarboxylic dianhydride (4,4'-SDPA)[136,142]

将 15 g 二苯硫醚四酸溶解于 50 mL 水中，加入 12 g 20%过氧化氢溶液，加热回流 1 h，将水减压蒸发，残留物在 0.01mmHg 下升华，得 13 g(87.8%)二苯砜二酐，mp 292~294℃。

【166】2,3,2',3'-二苯砜二酐

2,3,2',3'-Diphenyl sulfone tetracarboxylic dianhydride (3,3'-SDPA)

按【165】的方法，由相应的二苯硫醚二酐在过氧化氢中回流氧化得到。

1.16　二　醚　二　酐

这是指由两个苯酐单元各通过一个醚基团与另外一个基团连接所得到的二酐。

1.16.1 中间为聚乙二醇链的二醚二酐[143]

【167】由-OCH₂CH₂O-连接的双(邻苯二甲酸酐)[143]

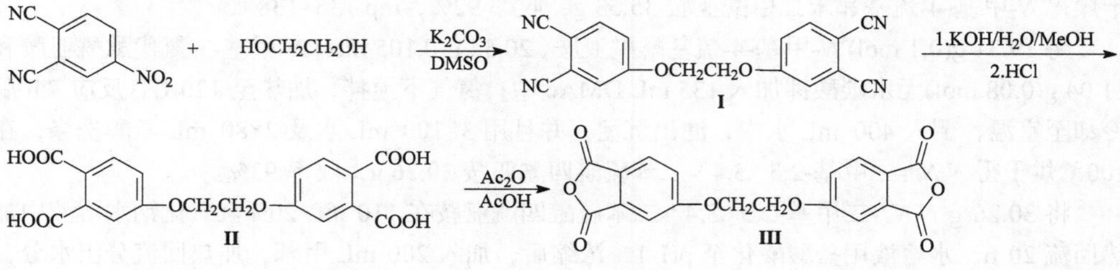

将 2N 4-硝基邻苯二腈溶于 DMSO 中，加入 1N 乙二醇和无水碳酸钾，氮气下室温反应过夜，然后再加入 10%的乙二醇和无水碳酸钾，反应继续 6 h。将反应物倒入大量冰水中，洗涤后进行重结晶(同时用活性炭脱色)得四腈 I，收率 40%，mp 230~231℃。

四腈的另一种合成方法是，将 0.84 g (20 mmol)氢化钠用己烷洗涤后在氮气下加到 20 mL 六甲基磷酰三胺中，再加入 0.62 g (10 mmol)乙二醇，在 40℃搅拌 40 min 后冷却到 4℃。混合物在低温下固化。加入 3.6 g (20 mmol)4-硝基邻苯二腈，混合物在 4℃搅拌 5 h 后倒入 150 mL 水中，过滤，用水洗涤，干燥，得四腈 3.0 g(95.5%)。

将四腈悬浮在等体积的 50%KOH 水溶液和甲醇的混合物中，加热回流到不再有氨放出，用水稀释后以浓盐酸酸化到 pH 1.5~2，滤出四酸，用水洗涤到滤液呈中性，干燥后在等体积的乙酐和乙酸混合物中回流 30 min，冷却后滤出二酐结晶，收率 86%，mp 215~216℃。

【168】由-(OCH₂CH₂)₂O-连接的双(邻苯二甲酸酐)[143]

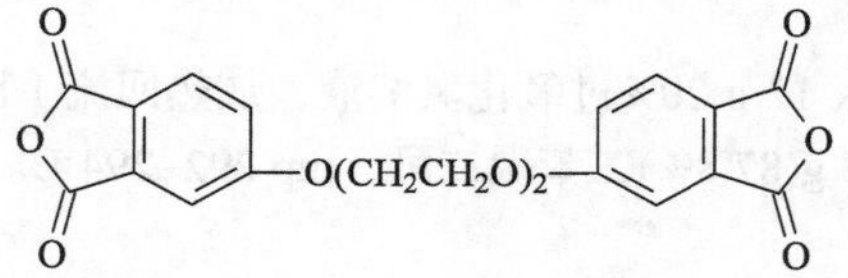

用二乙二醇按【167】方法合成。
四腈收率 61%，mp 147~148℃；
二酐收率 97%，mp 156~157℃。

【169】由-(OCH₂CH₂)₃O-连接的双(邻苯二甲酸酐)[143]

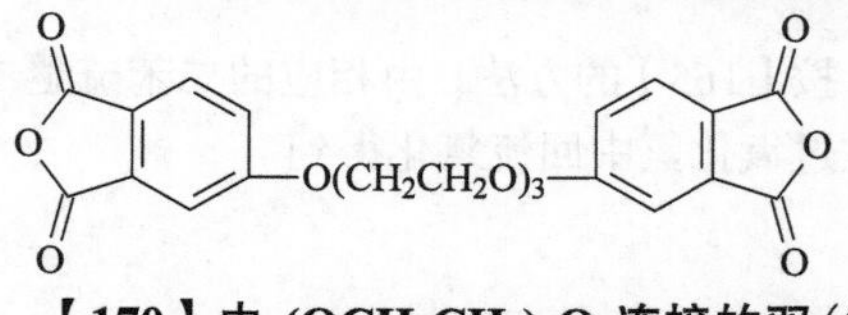

用三乙二醇按【167】方法合成。
四腈收率 13%，mp 167~169℃；
二酐收率 86%，mp 126~127℃。

【170】由-(OCH₂CH₂)₄O-连接的双(邻苯二甲酸酐)[143]

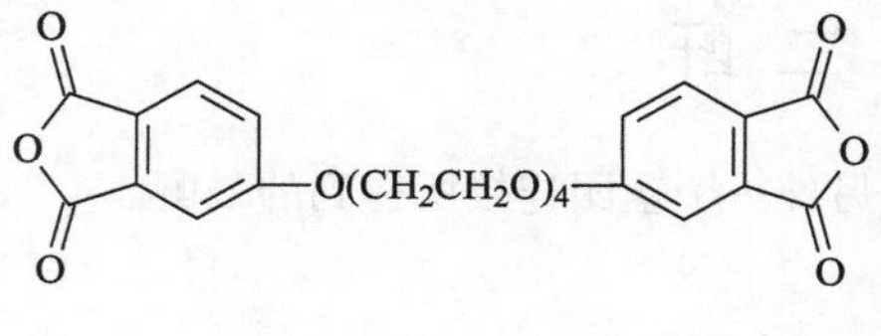

用四乙二醇按【167】方法合成。
四腈 mp 110~115℃；
二酐收率 70%，mp97~99℃。

【171】由-(OCH₂CH₂)₅O-连接的双(邻苯二甲酸酐)[143]

【171】由-(OCH$_2$CH$_2$)$_5$O-连接的双(邻苯二甲酸酐)[143]

用五乙二醇按【167】方法合成。
四腈收率56%，mp 105~109℃；
二酐收率100%，mp 84~85℃。

【172】由-(OCH₂CH₂)₆O-连接的双(邻苯二甲酸酐)[143]

【172】由-(OCH$_2$CH$_2$)$_6$O-连接的双(邻苯二甲酸酐)[143]

用六乙二醇按【167】方法合成。
四腈收率42%，油状物；
二酐收率100%，油状物。

1.16.2　由二乙基胺连接的二醚二酐

【173】4-双[(3,4-二羧基苯氧基)乙基]氨基-4′-硝基二苯乙烯二酐

4-Bis[(3,4- dicarboxyphenoxy)ethyl]amino-4′-nitrostilbene dianhydride[144]

冰浴冷却下在 2.00 g (6.09 mmol)**I** 和 1.74 g (15.23 mmol)甲磺酰氯在 80 mL 二氯甲烷的溶液中滴加入 1.67 g (16.44 mmol)三乙胺。加完后在室温搅拌 3 h，加入水，分层，有机层用水洗涤数次后在无水硫酸镁上干燥，减压浓缩。红色粗产物从二氯甲烷中重结晶，得 **II** 亮红色固体。过滤，在保干器中干燥。收率 2.60 g(88.0%), mp 157℃。

　　将 2.00 g (4.13 mmol)**II** 和 1.74 g (8.26 mmol)4-羟基邻苯二甲酸二甲酯(由【11】酯化得到)溶于 100 mL DMF 中，加入 1.43 g (10.33 mmol)碳酸钾，在 70℃搅拌过夜后冷至室温，加入水，用二氯甲烷萃取，减压蒸发得到暗红色液体。将得到的液体滴加到冷水中，得到亮红色固体，滤出，用水洗涤数次，在 40℃真空干燥 4 h，得到 **III** 2.79 g(95.0%)产物，mp 73℃。

　　将 2.00 g (2.81 mmol)**III** 溶于 100 mL 丙酮中，加入 0.67 g (16.86 mmol)NaOH 在 50 mL 水中的溶液，在 60℃水解过夜，冷却到室温后滴加到盐酸中得到亮红色固体，从乙酸乙酯中重结晶得四酸 66 g(90.1%)，mp 139℃。

　　将 2.00 g (3.05 mmol)四酸溶于 30 mL 乙酸中，加入 30 mL 乙酐，在 125℃回流 6 h 后冷至室温，滤出褐色沉淀，用热甲醇洗涤除去杂质，过滤，真空干燥，得二酐 1.40 g(74.1%)，mp 177℃。

1.16.3　三苯二醚二酐

一般的合成方法见 1.1.2。

【174】4,4′-(对苯)二醚二酐

4,4′-(1,4-Phenylenedioxy)diphthalic anhydride (4,4′-HQDPA)[136]

　　将 44.0 g(0.40 mol)对苯二酚, 32.0 g (0.80 mol)氢氧化钠加到 320 mL DMSO 和 120 mL 二甲苯的混合物中，氮气下搅拌加热至回流带水，反应 3~4 h 后基本无水蒸出，可见瓶中出现灰绿色对苯二酚钠盐固体。继续蒸出大约 90 mL 的二甲苯后降至 60℃以下，保持通氮，加入 172 g (0.88 mol) N-甲基-4-氯代酞酰亚胺，在 110~120℃反应搅拌 20 h 后冷却至室温，过滤，滤饼用 3×500 mL 乙醇洗涤，滤液合并回收，再用 2×500 mL 的水洗涤，100℃干燥后得双酰亚胺 156 g，收率为 91%，mp 363~364℃。

　　将 156 g(0.36 mol)双酰亚胺和 86.4 g(2.2 mol)氢氧化钠在 500 mL 水中加热回流，至不再有甲胺放出，再回流 6 h 后冷却到室温，用乙酸酸化至 pH 1。过滤，将滤饼在 200 mL15%盐酸中煮沸 30 min，冷却过滤，用水洗涤 6 次，在 100℃以下烘干，得四酸 133 g(92%)。

　　将四酸在乙酐中回流 30 min，或加热熔融得到二酐，mp 264~265℃。

　　说明：可以采用 N-苯基-4-氯代酞酰亚胺，水解时得到的苯胺更容易回收。

【175】3,3′-(对苯)二醚二酐

3,3′-(1,4-Phenylenedioxy)diphthalic anhydride (3,3′-HQDPA)[136]

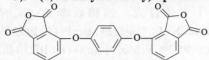

由 N-甲基-3-氯代酞酰亚胺按【174】方法合成，双酰亚胺收率 85.9%，mp 311~312℃；二酐收率 98.0%，mp 306~307℃。

【176】4,4′-(间苯)二醚二酐

4,4′-(1,3-Phenylenedioxy)diphthalic anhydride (4,4′-RSDPA)[145]

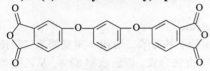

由间苯二酚代替对苯二酚按【174】方法合成，双酰亚胺收率 26.7%，mp 264~266.5℃；二酐收率 89.9%，mp 284.5~286℃。

【177】3,3′-(间苯)二醚二酐

3,3′-(1,3-Phenylenedioxy)diphthalic anhydride (3,3′-RSDPA)[145]

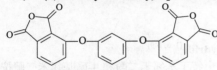

由 N-甲基-3-氯代酞酰亚胺和间苯二酚按【174】方法合成，双酰亚胺收率 84.9%，mp 273.5~274℃；二酐收率 100%，mp 228~229.5℃。

【178】4,4′-(邻苯)二醚二酐

4,4′-(1,2-Phenylenedioxy)diphthalic anhydride (4,4′-CAPDA)[146]

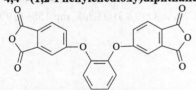

由邻苯二酚和 4-硝基邻苯二腈按【167】方法合成。四腈收率 92.1%，从 MeOH/MeCN (5∶1)重结晶，mp 190.1~190.6℃；二酐收率 80.8%；从乙酐重结晶，mp 187.1~187.6℃。

【179】4,4′-(甲基对苯)二醚二酐 **4,4′-(2,5-Tolylenedioxy)diphthalic anhydride[147]**

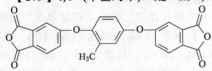

由甲基对苯二酚和 4-硝基邻苯二腈按【167】方法合成。四腈收率 85%，由乙腈/甲醇(4/1)重结晶，mp 205~208℃；四酸收率 85%；二酐收率 77%，mp 212~214℃。

【180】4,4′-(4-甲基邻苯)二醚二酐 **4,4′-(3,4-Tolylenedioxy)diphthalic anhydride[146]**

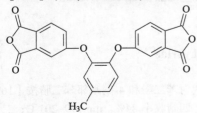

由 4-甲基邻苯二酚和 4-硝基邻苯二腈按【167】方法合成。四腈收率 81.2%，从 MeOH/MeCN (4∶1)重结晶，mp 194~195℃；二酐收率 87.7%，从 MeCN/Ac₂O (3∶1)重结晶，mp 179~180℃。

【181】4,4′-(3-甲基邻苯)二醚二酐 4,4′-(2,3-Tolylenedioxy)diphthalic anhydride[146]

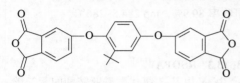

由 3-甲基邻苯二酚和 4-硝基邻苯二腈按【167】方法合成。四腈收率 83.8%，从 MeOH/MeCN (4∶1)重结晶，mp 194.3~195.3℃；二酐收率95.7%,从 MeCN/Ac₂O (1∶1)重结晶，mp 208~209℃。

【182】4,4′-(特丁基对苯)二醚二酐

4,4′-(2,5-*t*-Butylphenylenedioxy)diphthalic anhydride[148]

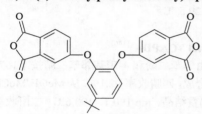

由特丁基对苯二酚和 4-硝基邻苯二腈按【167】方法合成。四腈收率 82%，从乙腈重结晶，mp 231~233℃；四酸收率 98%；二酐收率 80%，mp 211~213℃。

【183】4,4′-(4-特丁基邻苯)二醚二酐

4,4′-(3,4-*t*-Butylphenylenedioxy)diphthalic anhydride[146, 149]

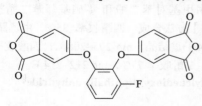

由特丁基邻苯二酚和 4-硝基邻苯二腈按【167】方法合成。四腈收率 76.6%，从甲醇重结晶，mp 161~162℃；二酐收率 86.1%，从 MeCN/Ac₂O (9∶1)重结晶，mp 158~159℃。

【184】4,4′-(3-氟代邻苯)二醚二酐

4,4′-(2,3-Fluorolphenylenedioxy)diphthalic anhydride[146]

由 3-氟代邻苯二酚和 4-硝基邻苯二腈按【167】方法合成。四腈收率 80%，从 MeOH/MeCN (4∶1)重结晶，mp 198.5~199.5℃；二酐收率 85.4%，从 MeCN/Ac₂O (10∶1)重结晶，mp 177~178℃。

【185】4,4′-(氯代对苯)二醚二酐

4,4′-(2-Chloro-1,4-phenylenedioxy)diphthalic anhydride[147]

由氯代对苯二酚和 4-硝基邻苯二腈按【167】方法合成。四腈收率 84%，mp 199~201℃；二酐收率 65%，mp 197~200℃。

【186】4,4′-(苯基对苯)二醚二酐

4,4′-(2,5-Biphenylenedioxy)diphthalic anhydride[147]

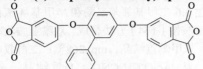

由苯基对苯二酚和 4-硝基邻苯二腈按
【167】方法合成。四腈收率 74.4%，mp
222~225℃；二酐收率 61%；mp 224~226℃。

【187】4,4′-(间甲苯基对苯)二醚二酐

4,4′-[2-(3′-Methylphenyl)-1,4-phenylenedioxy] diphthalic anhydride[150]

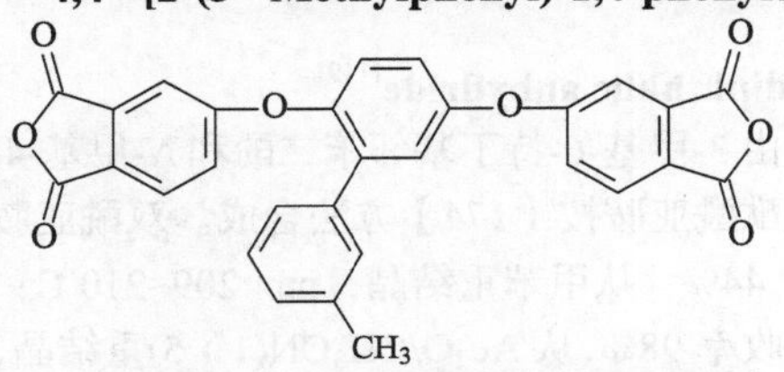

由间甲苯基对苯二酚和 4-硝基邻苯二腈
按【167】方法合成。

【188】4,4′-(间三氟甲苯基对苯)二醚二酐

4,4′-[2-(3′-Trifluoromethylphenyl)-1,4-phenylenedioxy]diphthalic anhydride[150]

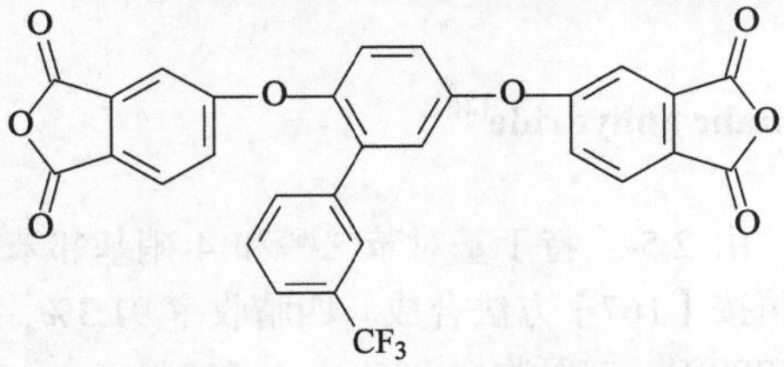

由间三氟甲苯基对苯二酚和 4-硝基邻苯
二腈按【167】方法合成。

【189】4,4′-[3,5-二(三氟甲苯基)对苯]二醚二酐

4,4′-[2-(3′,5′-Ditrifluoromethylphenyl)-1,4-phenylenedioxy]diphthalic anhydride[150]

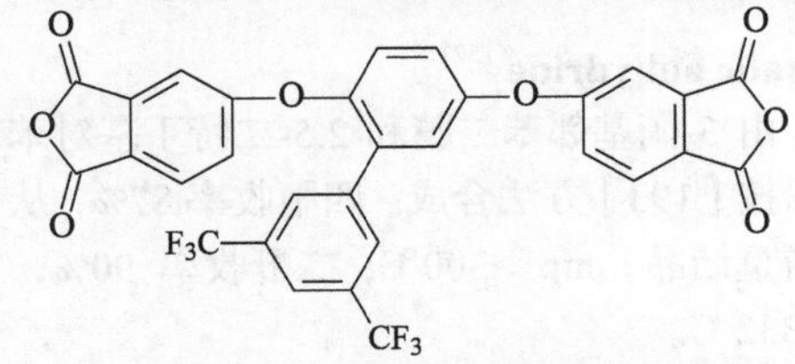

由 3,5-二(三氟甲苯基)对苯二酚和 4-硝
基邻苯二腈按【167】方法合成。

【190】4,4′-(2-二苯基磷酰基-1,4-苯)二醚二酐

4,4′-(2-Diphenylphosphinyl-1, 4-phenylenedioxy)diphthalic anhydride[151]

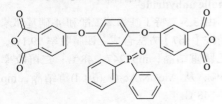

由二苯基磷氧基对苯二酚和 4-硝基邻苯
二腈按【167】方法合成。四腈收率 73%，从
乙腈重结晶，mp 222℃；四酸收率 90%，mp
212~218℃；二酐收率 62%，无确定熔点。

【191】4,4′-(对二甲基邻苯)二醚二酐

4,4′-(3,6-Dimethyl-1,2-phenylenedioxy) diphthalic anhydride[149]

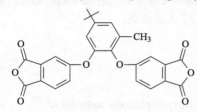

由 3,6-二甲基邻苯二酚和 *N*-甲基-4-氯代酞酰亚胺按【174】方法合成。双酰亚胺收率 41%，从甲苯重结晶，mp 268℃；二酐收率 98%，从 Ac₂O/CH₃CN(1∶1)重结晶，mp 247~248℃。

【192】4,4′-(3-甲基-5-特丁基邻苯)二醚二酐

4,4′-(3-Methyl-5-*t*-butyl-1, 2-phenylenedioxy) diphthalic anhydride[149]

由 3-甲基-6-特丁基邻苯二酚和 *N*-甲基-4-氯代酞酰亚胺按【174】方法合成。双酰亚胺收率 44%，从甲苯重结晶，mp 209~210℃；二酐收率 98%，从 Ac₂O/CH₃CN(1∶5)重结晶，mp 179~181℃。

【193】4,4′-(2,5-二特丁基对苯)二醚二酐

4,4′-(2,5-Di-*t*-butyl-1,4-phenylenedioxy) diphthalic anhydride[2]

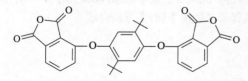

由 2,5-二特丁基对苯二酚和 4-硝基邻苯二腈按【167】方法合成。四腈收率 91.3%，mp 299℃；二酐收率 90%，mp 250℃。

【194】3,3′-(2,5-二特丁基对苯)二醚二酐

3,3′-(2,5-Di-*t*-butyl-1,4-phenylenedioxy) diphthalic anhydride[152]

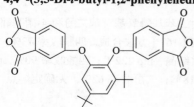

由 3-硝基邻苯二腈和 2,5-二特丁基对苯二酚按【193】方法合成。四腈收率 87%，从乙腈重结晶，mp >300℃；二酐收率 90%，mp 332℃。

【195】4,4′-(3,5-二特丁基邻苯)二醚二酐

4,4′-(3,5-Di-*t*-butyl-1,2-phenylenedioxy) diphthalic anhydride[146,149]

由 3,5-二特丁基邻苯二酚和 4-硝基邻苯二腈按【167】方法合成。四腈收率 99.1%，从乙腈重结晶，mp 247~248℃；二酐收率 89.6%，从 MeCN/Ac₂O (6∶1)重结晶，mp 147~148℃。

【196】3,3′-(3,5-二特丁基邻苯)二醚二酐

3,3′-(3,5-Di-*t*-butyl-1,2-phenylenedioxy) diphthalic anhydride[152]

由 3-硝基邻苯二腈和 3,5-二特丁基邻苯二酚按【195】方法合成。四腈收率 93%，从甲醇重结晶，mp 216.1~217.6℃；二酐收率 80%，mp 208.7~215.0℃。

【197】4,4′-(2,5-二异戊基)对苯二醚二酐

4,4′-(2,5-Diisopentyl-1,4-phenylenedioxy) diphthalic anhydride[2]

由 2,5-二异戊基邻苯二酚和 4-硝基邻苯二腈按【167】方法合成。四腈收率 75%，mp 297.8~298.7℃；二酐收率 83%，mp 199~202℃。

【198】4,4′-(2,3-萘)二醚二酐 4,4′-(2,3-Naphthalenedioxy)diphthalic anhydride[146]

由 2,3-萘二酚和 4-硝基邻苯二腈按【167】方法合成。四腈收率 99.2%，从乙腈重结晶，mp 265~266℃；二酐收率 95.0%，从 AcOH/Ac₂O (1∶1)重结晶，mp 264.6~265.4℃。

【199】3,6-双(3,4-二羧基苯氧基)苯并降冰片烷二酐

3,6-Bis(3,4-dicarboxyphenoxy) benzonorbornane dianhydride[153]

由 1,4-二羟基苯并降冰片烷和 4-硝基邻苯二腈按【167】方法合成。四腈收率 79%，从乙腈/甲醇重结晶，mp 244~248℃；二酐收率 54%，mp 212~215℃。

【200】2,5-三蝶烯-二醚二酐 Bis(3,4-dicarboxyphenoxy)triptycene dianhydride[126]

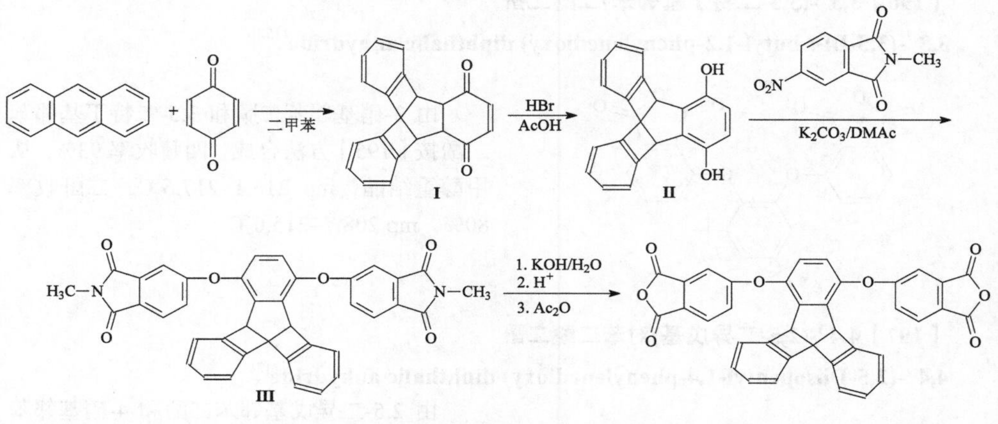

将 108 g 蒽与 73 g 对苯醌在 650 mL 二甲苯中加热回流 2 h。滤出固体，用热水充分洗涤除去苯醌和氢醌。然后从二甲苯重结晶，得 I 143 g (83%)，产物在 207℃为黄色，210℃变红色，再加热则炭化[288]。

将 11.5 g I 在 150 mL 冰乙酸中加热至沸，加入 4 滴 40%氢溴酸，显著放热，溶液变为橙色，然后沉淀出白色细粉。沸腾 30 min 后冷却，过滤，得到 II 10.3 g(90%)，mp 338~340℃ (dec)。

将 II 与 N-甲基-4-硝基酞酰亚胺在碳酸钾存在下反应得到双酰亚胺 III，收率 89.3%，mp >300℃。水解，成酐，收率 90%，mp >300℃。

【201】2′,5′-双(3,4-二羧基苯氧基)-p-三联苯二酐

2′,5′-Bis(3,4-dicarboxyphenoxy)-p-terphenyl dianhydride[154]

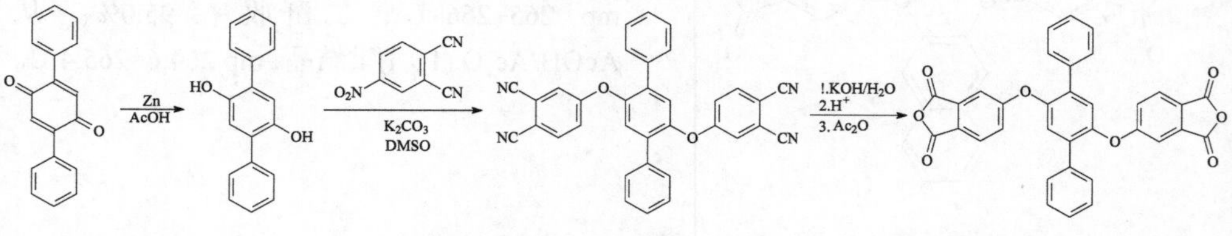

将 25 g (96 mmol)2,5-二苯基对苯二醌加入到含有 12 g 锌粉的 500 mL 乙酸中，混合物回流 6 h，趁热过滤，滤液用 600 mL 热水稀释，冷却到室温，滤出沉淀，真空干燥得 2,5-二苯基对苯二酚淡黄色固体 21.6 g(86%)，mp 224~225℃。

将 9.6 g (36.6 mmol)2,5-二苯基对苯二酚和 10.1 g (73 mmol)无水碳酸钾在 100 mL DMF 和 50 mL 甲苯的混合物中在 140℃搅拌 6 h，除去水分和大部分甲苯后，冷却，加入 12.7 g (73 mmol) 4-硝基邻苯二腈，反应在 80℃进行 12 h。将反应物在 500 mL 冷水中沉淀，滤出淡黄色固体，用甲醇和水洗涤，得四腈 18.3 g(97%)，mp 226~227℃。

将 18 g (35 mmol)四腈和 40 g KOH 在 200 mL 水中回流到不再有氨放出(大约需要 1 天)，热滤后冷却，用浓盐酸调节 pH 2~3，滤出沉淀，用水充分洗涤得四酸 20.3 g。

将 20g 四酸在 100 mL 乙酐和 100 mL 乙酸中回流 3 h，冷却后滤出，在 250℃干燥得二酐

16.5 g(87%), mp 305~308℃。

【202】4,4′-三甲基对苯二醚二酐

4,4′-(Trimethyl-1,4-phenylenedioxy)diphthalic anhydride[149]

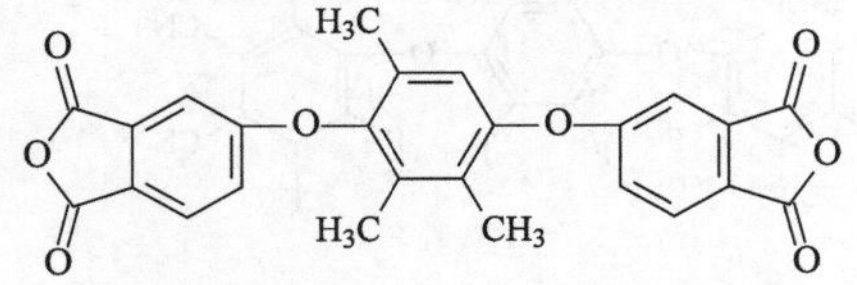

由三甲基对苯二酚按【174】方法合成。
双酰亚胺收率79%，从二氧六环重结晶，
mp 318~319 ℃；二酐收率 93%，从
Ac$_2$O/CH$_3$CN(2∶1)重结晶，mp 243~244℃。

【203】1,4-双(2,3-二羧基-4,5,6-三氟苯氧基)苯二酐

1,4-Bis(2,3-dicarboxy-4,5,6- trifluorophenoxy)benzene dianhydride[155]

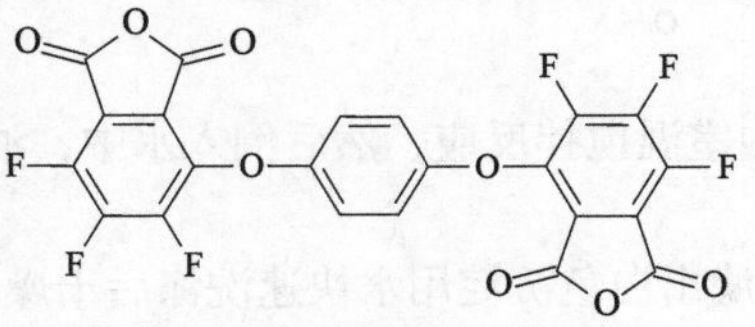

以氢醌代替四氟氢醌，按【204】方法合成。
四腈收率62%；四酸收率70%；二酐收率89%。

【204】1,4-双(2,3-二羧基-4,5,6-三氟苯氧基)-2,3,5,6-四氟苯二酐

1,4-Bis(2,3-dicarboxy- 4,5,6-trifluorophenoxy)-2,3,5,6-tetrafluorobenzene dianhydride[155]

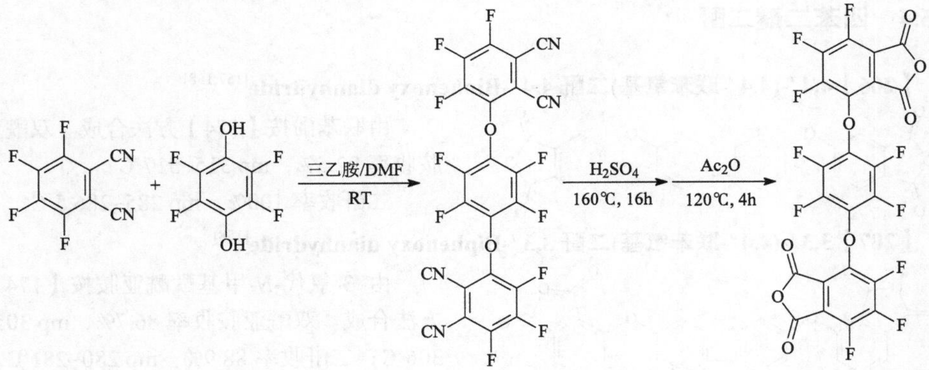

将 1 g(5 mmol)四氟邻苯二腈，0.227 g(1.25 mmol)四氟氢醌和 0.252 g(2.5 mmol)三乙胺在
10 mL DMF 中室温搅拌 1 h 后倒入水中，用氯仿萃取油状下层，有机相用水洗涤，用柱色谱(氯
仿)提纯得四氰基化合物 0.294 g(65%)。

将 0.5 g(0.922 mmol)四氰基化合物在 10 mL 60%硫酸中，在 160℃搅拌，冷却到室温后滤
出白色沉淀，用冷水快速洗涤并干燥，得四酸 0.384 g(67%)。

将 1 g(0.162 mmol)四酸在 20 mL 乙酐中 120℃搅拌 4 h，冷却到室温，滤出产物，升华提
纯，得二酐 0.88 g(93%)。

【205】1,4-双(3,4-二羧基-2,5,6-三氟苯氧基)-2,3,5,6-四氟苯二酐

1,4-Bis(3,4-dicarboxy- 2,5,6-trifluorophenoxy)-2,3,5,6-tetrafluorobenzene dianhydride[156]

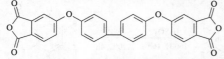

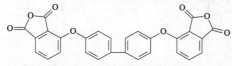

将四氟邻苯二腈和四氟氢醌在含有三乙胺的 DMF 中室温搅拌反应，然后倒入水中，油状下层萃取出来，再用水洗，从甲醇重结晶得到四腈。

将四腈在 80%硫酸中 200℃搅拌水解后冷却到室温，滤出白色沉淀用水快速洗涤后干燥，得到二酐。

说明：这是与【204】几乎相同的方法却得到不同结构的化合物！

1.16.4　四苯二醚二酐

【206】4,4′-(4,4′-联苯氧基)二酐 4,4′-Biphenoxy dianhydride[157,158]

由联苯酚按【174】方法合成。双酰亚胺收率 92.5%，mp 315~317℃；

二酐收率 100%，mp 285~286.5℃。

【207】3,3′-(4,4′-联苯氧基)二酐 3,3′-Biphenoxy dianhydride[158]

由 3-氯代-N-甲基酞酰亚胺按【174】方法合成。双酰亚胺收率 86.7%，mp 305~306℃；二酐收率 88.9%，mp 280~281℃。

【208】4,4′-(2,2′-联苯氧基)二酐

2,2′-Bis(3,4-dicarboxyphenoxy)biphenyl dianhydride[159]

由 2,2′-联苯酚按【174】方法合成。Mp 188~190℃。

【209】4,4′-(2,6-萘氧基)二酐 4,4′-(2,6-Naphthalenedioxy)diphthalic anhydride[2,160]

由 2,6-萘二酚按【167】方法合成。

二酐从 1,2,4-三氯苯重结晶，mp 284~286℃。

【210】4,4′-(1,5-萘氧基)二酐 4,4′-(1,5-Naphthalenedioxy)diphthalic anhydride[2]

由 1,5-萘二酚按【167】方法合成。

四腈收率 91%，mp 264~265℃；

二酐收率 91.8%，mp 255~256℃。

【211】4,4′-(2,2′-二甲基) 联苯氧基二酐

4,4′-(2,2′-Dimethyl)biphenoxy dianhydride[161]

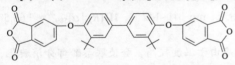

由 2,2′-二甲基联苯酚按【167】方法合成。

四腈：83%，mp 227~228℃；

四酸：92%；二酐：81%，mp 217~218℃。

【212】4,4′-(3,3′-二特丁基) 联苯氧基二酐

[4,4′-(3,3′-Di-*t*-butyl)biphenoxy] diphthalic anhydride[2]

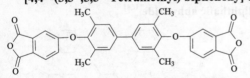

由 3,3′-二特丁基联苯酚按【167】方法合成。四腈收率 89%，mp 206.6~209℃；

二酐收率 78.92%，mp 197.6~199.5℃。

【213】4,4′-(3,3′,5,5′-四甲基) 联苯氧基二酐

[4,4′-(3,3′,5,5′-Tetramethyl) biphenoxy] diphthalic anhydride[162]

由 4-硝基邻苯二腈与相应的双酚得到。

二酐 mp 264~267℃。

【214】3,3′-(3,3′,5,5′-四甲基) 联苯氧基二酐

[3,3′-(3,3′,5,5′-Tetramethyl) biphenoxy] diphthalic anhydride[152]

由 4-硝基邻苯二腈与相应的双酚得到。

四腈收率 95%，从乙腈/甲醇(1/1)重结晶，mp 318.5~320.5℃；二酐收率 69%，mp 317.2~319.5℃。

【215】4,4′-(2,2′-联萘氧基)二酐

4,4′-(2,2′-Binaphthalenedioxy)diphthalic anhydride[99]

氮气下将 2.86 g (10 mmol)旋光纯的(*R*)-(+)-或(*S*)-(-)-1,1′-联萘酚，3.82 g (22 mmol)4-硝基邻苯二腈和 4.74 g(30 mmol)碳酸钾在 30 mL DMF 中室温反应 20 h。将反应物缓慢倒入 50 mL 2 mol/L 冷的盐酸中。滤出固体，用水洗涤至中性，然后从甲醇/乙腈混合溶剂中重结晶 2 次，得四腈 4.55~4.84 g(85%~90%)，mp 177~178℃。**I**(*R*):$[\alpha]^{20}_{589} = -20.0°$，**I**(*S*):$[\alpha]^{20}_{589} = +20.1°$ (c, 0.5, DMAc)。

将 2.70 g(5 mmol)(*R*)-(-)-和(*S*)-(+)-四腈和 4.0 g(71 mmol)KOH 在 20 mL 甲醇和 20 mL 水的混合物中回流 50 h，冷却后用冷的稀盐酸酸化。滤出固体，用水洗涤后在 100℃干燥，得到相应的四酸，**II**(*R*):$[\alpha]^{20}_{589} = +86.3°$，**II**(*S*):$[\alpha]^{20}_{589} = -86.4°$(c, 0.5, DMAc)。

将四酸在 5 mL 乙酐中加热，得到二酐白色粉末，mp 141~142℃，**III**(*R*):$[\alpha]_{589}^{20} = +68.5°$，**III**(*S*):$[\alpha]_{589}^{20} = -68.4°$ (c, 0.5, DMAc)。

说明：4-氯代或硝基酞酰亚胺与联萘酚的反应由于温度较高，会使联萘酚部分消旋化，但采用该法可以合成消旋化的二酐。

【216】4,4′-[4,4′-(3,3′,5,5′-四苯基) 联苯氧基]二酐

4,4′-[(3,3′,5,5′-Tetraphenyl) biphenoxy] diphthalic anhydride[164]

氮气下将 7.5 g (15.2 mmol) 3,3′,5,5′-四苯基联苯酚，9.4 g (45.6 mmol) N-甲基-4-硝基酞酰亚胺和 6.7 g (48.48 mmol)碳酸钾在 50 mL DMAc 和 25 mL 甲苯中回流脱水 3 h。除去甲苯，反应在 165℃进行 10 h。反应物在 150 mL 甲醇和 50 mL 水的混合物中沉淀，过滤，用热甲醇洗涤，得到双酰亚胺 10.6 g (86%)。从乙酸乙酯中重结晶，真空干燥，mp 254~256℃。

将 7.5 g (9.3 mmol)双酰亚胺和 20 g 50% NaOH 在 100mL 甲醇和 50mL 水中回流 7h,用盐酸酸化，得到 7.5 g (98%)四酸，mp 173~176℃。

将 7.0 g(8.5 mmol)四酸在 60 mL 乙酸和 6 mL 乙酐的混合物中回流 5 h，冷却后过滤，干燥，得二酐 5.7 g(85%)，mp 276~279℃。

【217】4,4′-[4,4′-(2,2′-二甲基-3,3′,5,5′-四苯基) 联苯氧基]二酐

4,4′-[(2,2′-Dimethyl-3,3′,5,5′-tetraphenyl)biphenoxy] diphthalic anhydride[164]

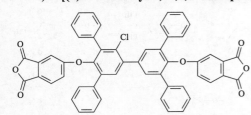

由 2,2′-二甲基-3,3′,5,5′-四苯基联苯酚按【216】方法合成。

双酰亚胺收率 82%,从异丙醇中重结晶，mp 234~236℃；四酸收率 97%, mp 167~169℃；

二酐收率 90%，从甲苯/乙酸重结晶，mp 275~278℃。

【218】4,4′-[4,4′-(2-氯代-3,3′,5,5′-四苯基) 联苯氧基]二酐

4,4′-[(2,2′-Dimethyl-3,3′,5,5′-tetraphenyl)biphenoxy] diphthalic anhydride[164]

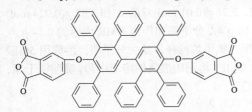

由 2-氯代-3,3′,5,5′-四苯基联苯酚按【216】方法合成。双酰亚胺收率 68%,从乙醇/氯仿中重结晶，mp 215~217℃；四酸收率 95%，mp 175~177℃；二酐收率 95%，从乙酸和氯仿中重结晶,mp 232~236℃。

【219】4,4′-[4,4′-(2,2′,3,3′,5,5′-六苯基) 联苯氧基]二酐

4,4′-[(2,2′,3,3′,5,5′-Hexaphenyl)biphenoxy] diphthalic anhydride[164]

由 2,2′,3,3′,5,5′-六苯基联苯酚按【216】方法合成。双酰亚胺收率 88%,从乙腈和氯仿中重结晶，mp 268~270℃；四酸收率 96%, mp 169~172℃；二酐收率 93%, mp 305~307℃。

【220】4,4′-(3,3′-二苯甲烷)二醚二酐

4,4′-(3,3′-Diphenylmethanedioxy)diphthalic anhydride[165]

将双酚 F 的二钠盐与硝基酞酰亚胺反应，得到二醚二酐，mp 147.5℃。

【221】4,4′-(3,3′,5,5′-四甲基-4,4′-二苯甲烷)二醚二酐
4,4′-(3,3′,5,5′-Tetramethyl- 4,4′-diphenylmethanedioxy)diphthalic anhydride[162]

由相应的双酚按【220】方法合成。

双酰亚胺收率 78%，mp 298℃；二酐收率 97%，mp 223~225℃。

【222】3,3′-(3,3′,5,5′-四甲基-4,4′-二苯甲烷)二醚二酐
3,3′-(3,3′,5,5′-Tetramethyl- 4,4′-diphenylmethanedioxy)diphthalic anhydride[152]

由 3-硝基邻苯二腈与 3,3′,5,5′-四甲基二苯甲烷合成。四腈收率 95%，从乙腈/甲醇(1/3)重结晶，mp 238.3~239.7℃；二酐收率 84%，mp 245.7~247.5℃。

【223】 4.4′-双酚 A 二醚二酐
2,2-Bis[4-(3,4-dicarboxyphenoxy)phenyl]propane dianhydride(BPADA)[158]

①双酰亚胺的合成[167]

将 4.53 g(0.022 mol) N-甲基-4-硝基酞酰亚胺，2.28 g(0.01 mol)双酚 A 和 3.32 g(0.024 mol)粉末状无水碳酸钾加到 30 mL DMF 中，再加入 10 g 4Å 分子筛和作为 NMR 内标的 0.54 g 六甲基苯。氮气下 145℃反应 2 h。冷却到室温，用二氯甲烷稀释，滤去分子筛，溶液用 5%碳酸氢钠洗涤 3 次，1.2 mol/L 盐酸洗涤一次以除去 DMF，再用碳酸氢钠溶液中和，硫酸镁干燥，浓缩，由 ^{13}C-NMR 测得产率为 97%，mp 211~213℃。

说明：可以参考【174】方法合成，处理也可以简化。

②由酰亚胺交换反应得到二酐(见表 1-3)[167]

氮气下将 41 g 双酰亚胺和 67 g 苯酐、91 g 三乙胺及 75 g 水在高压釜中加热到 200℃经 30 min，冷至 130℃，泵入 415 g 甲苯，搅拌 15 min，冷到室温，分出有机层，水层被返回到反应釜中重新加热和萃取。这个过程重复 7 次得到二酐 97%(摩尔分数)(表 1-3)，单酐-单酰亚胺 2.13%(摩尔分数)和未反应物 0.02%(摩尔分数)。

苯酐：三乙胺:双酰亚胺 = 7.1：11.55：1,固含量为 7.3%,在 170℃1 h 内转化率达到 70%，主要产物为二酐。二酐收率 85.0%，mp 189~190℃。

表1-3　由酰亚胺交换反应得到二酐

萃取次数	萃取物组成/摩尔分数%		
	双酰亚胺	半酰亚胺-半酐	二酐
0	7.05	32.64	60.31
1	0.30	29.10	70.60
2	0.03	16.47	83.50
3	0.03	8.14	91.83
4	0.02	5.04	94.93
5	0.02	3.66	96.31
6	0.02	2.13	97.85

【224】3,3′-双酚 A 二醚二酐

2,2-Bis[4-(2,3-dicarboxyphenoxy)phenyl]propane dianhydride(3,3′-BPADA)[152,158]

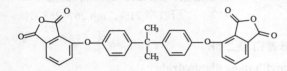

由 3-硝基酞酰亚胺按【223】方法得到，双酰亚胺收率 86.10%，mp 186~188℃；二酐收率 97.0%，mp 186.5~187.5℃。也可由 4-硝基邻苯二腈合成，四腈收率 80%，从乙腈/甲醇(1∶10)重结晶，mp 182.1~182.7℃；二酐收率 76%，mp 187.8~189.2℃。

【225】4,4′-(3,3′,5,5′-四甲基)双酚 A 二醚二酐

2,2-Bis[4-(3,4-dicarboxyphenoxy)-3, 5-dimethylphenyl]propane dianhydride

①由 4-硝基-N-甲基酞酰亚胺与 3,3′,5,5′-四甲基双酚 A 合成[168]

将 121.55 g 3,3′,5,5′-四甲基双酚 A 和 68.64 g 50%NaOH 溶液和 40 mL 水在 133℃反应 1 h。再加入 400 mL 甲苯，共沸除水 12 h，至水分完全除尽。加入 6.92 g(21.4 mmol)四丁基溴化铵和 176.8 g(0.85 mol) N-甲基-4-硝基酞酰亚胺，在 114℃反应 2 h 后冷却到 30℃，加到 500 mL 水中，搅拌，得到金黄色沉淀，过滤，用丙酮洗涤，得双酰亚胺 178 g(69%)，mp 217℃。

将 122 g 双酰亚胺，134.2 g 50% NaOH 和 915 mL 水加热回流，用氮气流带出甲胺，反应总共需要 90 h。在 50℃搅拌，80 min 内滴加 3 L 4 mol/L 盐酸，离心分离乳状物，得到四酸，收率 98.5%。

将 55 g(0.089 mol)四酸，94 g 乙酐和 295 mL 甲苯加热回流 23 h，冷却到室温，滤去少量不溶物，在滤液中加入 600 mL 正庚烷，加热回流，得到无色溶液，冷却变浑并得到结晶，过滤，干燥得到 37.8 g(69%)二酐，mp 201~202℃。

②由 4-硝基邻苯二腈与 3,3′,5,5′-四甲基双酚 A 合成[64]

四腈 mp 197~198℃；四酸 mp 245~246℃；二酐 mp 164~165℃。

【226】4,4′-(3,3′-二甲基-5,5′-二特丁基)双酚 A 二醚二酐

2,2-Bis[4-(3,4- dicarboxyphenoxy)-3- methyl-5-t-butylphenyl]propane dianhydride[2]

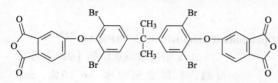

合成方法参考【201】。四腈收率59.3%，mp 104.8~107.6℃。

【227】4,4′-(3,3′,5,5′-四溴)双酚 A 二醚二酐

2,2-Bis[4-(3,4-dicarboxyphenoxy)-3, 5-dibromophenyl]propane dianhydride[169]

由 4-硝基苯二腈和 3,3′,5,5′-四溴双酚 A 合成。四腈收率 56%，从乙腈重结晶，mp 268~269℃；四酸收率94%；二酐收率 71%，mp 267~268℃。

【228】1,1′-双[4-(3,4-二羧基苯氧基)苯基]丁烷二酐

1,1′-Bis[4-(3,4-dicarboxyphenoxy) phenyl]butane dianhydride[2]

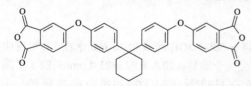

合成方法参考【201】。四腈收率：82.3%，mp 184.8~187℃；二酐收率72.3%，mp 180.5~183.2℃。

【229】1,1-双[4-(3,4-二羧基苯氧基)-苯基]环己烷二酐

1,1-Bis[4-(3,4-dicarboxyphenoxy)- phenyl]cyclohexane dianhydride[170]

合成方法参考【201】。四腈从乙腈重结晶，收率85%，mp 210~211℃。四酸收率99%，mp 166~167℃；二酐收率89%，mp 198~199℃。

【230】2,2-双[4-(3,4-二羧基苯氧基)-苯基]金刚烷二酐

2,2-Bis[4-(3,4-dicarboxyphenoxy)- phenyl]adamantane dianhydride[171]

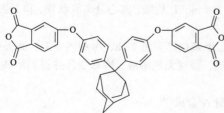

合成方法参考【201】。四腈从乙腈重结晶，收率71%，mp 242℃；二酐收率88.3%，mp 227℃。

【231】4,4′-[(八氢-4,7-甲烷-5H-茚-5-叉)双(1,4-苯撑)二氧]二酐

4,4′-[(Octahydro-4,7-methano-5H-inden-5-ylidene)bis(1,4-phenylene)dioxy] diphthalic dianhydride[172]

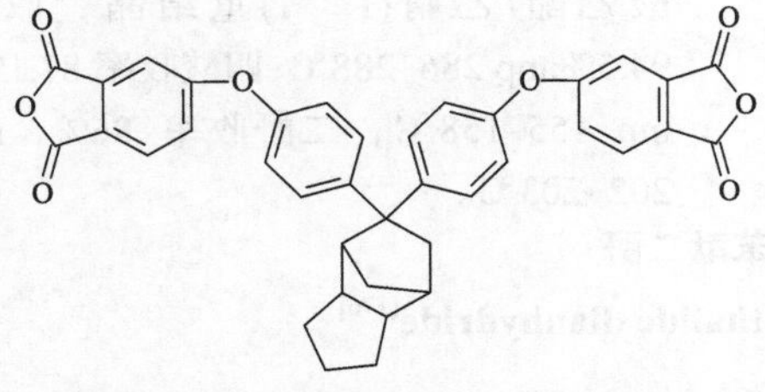

合成方法参考【201】。四腈从乙腈/乙醇(1:1)重结晶，收率 89%，mp 138~140℃；

四酸收率 87%，mp 145~147℃；

二酐收率 78%，mp 165~167℃。

【232】9,9-双[4-(3,4-二羧基苯氧基)苯基]芴二酐

9,9-Bis[4-(3,4-dicarboxyphenoxy)phenyl]fluorene dianhydride[173]

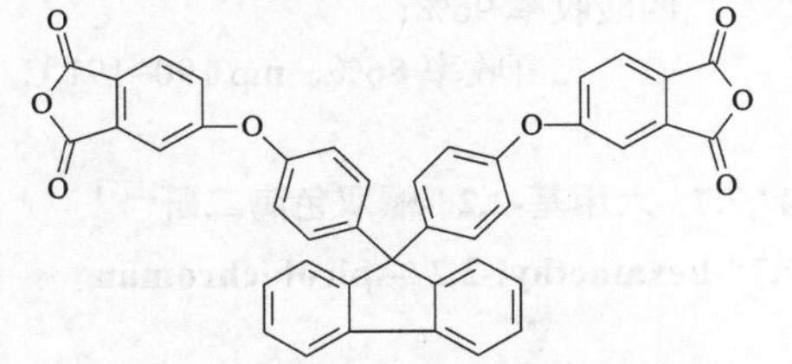

合成方法参考【201】。四腈由二甲基亚砜/甲醇(1:1)重结晶，收率 63%，mp 260~262℃；

二酐收率 45%，mp 239~241℃。

【233】6,6′-双(3,4-二羧基苯氧基)-3,3,3′,3′-四甲基螺双茚二酐

6,6′-Bis(3,4-dicarboxyphenoxy)-3,3,3′,3′-tetramethylspiro(bis)indane dianhydride[174]

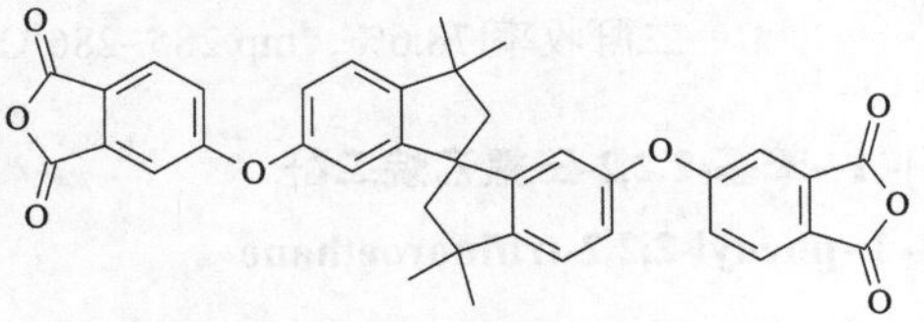

合成方法参考【225】①。双亚胺收率 86.5%，从甲苯重结晶，mp 217.5~218℃；

二酐收率 77%，mp 233~234℃。

【234】4,4′-(四苯甲烷)二醚二酐

4,4′-Bis(3,4-dicarboxyphenoxy)tetraphenylmethane dianhydride[161]

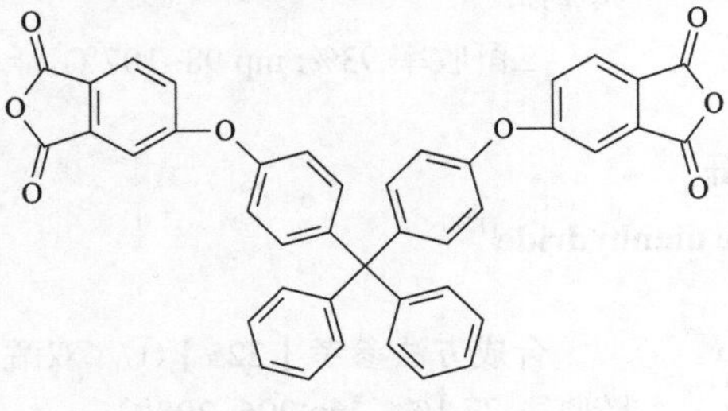

合成方法参考【201】。四腈收率 86%，mp 219~220℃；

四酸收率 91%，mp 168~170℃；

二酐收率 84%，mp 262℃。

【235】2,2′-双(3,4-二羧基苯氧基)-9,9′-螺双芴二酐

2,2′-Bis(3,4-dicarboxyphenoxy)-9,9′-spirobifluorene dianhydride[175]

合成方法参考【201】。四腈从乙
酸乙酯/乙腈(1∶1)重结晶，收率
94.5%，mp 286~288℃；四酸收率 87.1%，
mp 155~158℃；二酐收率 86%，mp
202~203℃。

【236】3,3-双[4-(3,4-二羧基苯氧基)苯基] 苯酞二酐

3,3-Bis[4-(3,4-dicarboxyphenoxy)phenyl]phthalide dianhydride[176]

合成方法参考【201】。四腈收率
89%，从 DMF 重结晶，mp 250~251℃；
四酸收率 96%；

二酐收率 86%，mp 190~191℃。

【237】6,6′-双(3,4-二羧基苯氧基)-4,4,4′,4′,7,7′-六甲基-2,2′-螺双色满二酐[177]

6,6′-Bis(3,4-dicarboxyphenoxy)-4,4,4′,4′,7,7′-hexamethyl-2,2′-spirobichroman dianhydride.

合成方法参考【201】。四腈收率
82%，mp 263~265℃；

四酸收率 93%；

二酐收率 78.6%，mp 285~286℃。

【238】1,1′-双[4-(3,4-二羧基苯氧基)苯基]- 1 –苯基-2,2,2-三氟乙烷二酐

1,1′-Bis[4-(3,4-dicarboxyphenoxy)phenyl]- 1 -phenyl-2,2,2-trifluoroethane dianhydride[178]

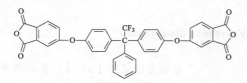

合成方法参考【225】①。双酰亚
胺收率 91%，mp 220~237℃；四酸收率
94%；

二酐收率 93%；mp 98~107℃。

【239】4,4′-(3,4-二羧基苯氧基)二苯酮二酐

4,4′-(3,4-Dicarboxyphenoxy)benzophenone dianhydride[158]

合成方法参考【225】①。双酰亚
胺收率 77.1%，mp 296~298℃；

二酐收率 70.5%，mp 215~216℃。

【240】4,4′-(2,3-二羧基苯氧基)二苯酮二酐

4,4′-(2,3-Dicarboxyphenoxy)benzophenone dianhydride[158]

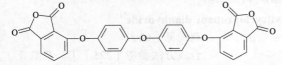

合成方法参考【225】①。双酰亚胺收率 91.9%，mp 237~238℃；二酐收率 59.0%，mp 278~279℃。

【241】4,4′-(3,4-二羧基苯氧基)二苯醚二酐

4,4′-(3,4-Dicarboxyphenoxy)diphenyl ether dianhydride[158]

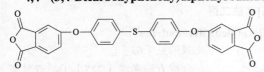

合成方法参考【225】①。双酰亚胺收率 94.9%，mp 303~305℃；二酐收率 100%，mp 238~239℃。

【242】4,4′-(2,3-二羧基苯氧基)二苯醚二酐

4,4′-(2,3-Dicarboxyphenoxy)diphenyl ether dianhydride[158]

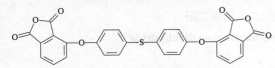

合成方法参考【225】①。双酰亚胺收率 99.0%，mp 239~241℃；二酐收率 98.9%，mp 254~255.5℃。

【243】4,4′-(3,4-二羧基苯氧基)二苯硫醚二酐

4,4′-(3,4-Dicarboxyphenoxy)diphenyl sulfide dianhydride[158,179]

合成方法参考【225】①。双酰亚胺收率 91.5%，
mp 281.5~283℃；
二酐收率 97%，mp 189~190℃。

【244】4,4′-(2,3-二羧基苯氧基)二苯硫醚二酐

4,4′-(2,3-Dicarboxyphenoxy)diphenyl sulfide dianhydride[158]

合成方法参考【225】①。双酰亚胺收率 99.1%，mp 231~232℃；二酐收率 46.6%，mp 257~257.5℃。

【245】4,4′-(3,4-二羧基苯氧基)二苯砜二酐

4,4′-(3,4-Dicarboxyphenoxy)diphenyl sulfone dianhydride[180]

合成方法参考【201】。四腈由乙腈重结晶，收率 78%，mp 229~230℃；二酐收率 87%，mp 287~289℃。

双酰亚胺收率 44.4%，mp 288~289.5℃；二酐收率 99.6%；mp 251.5~252℃[158]。

【246】4,4′-(2,3-二羧基苯氧基)二苯砜二酐

4,4′-(2,3-Dicarboxyphenoxy)diphenyl sulfone dianhydride[158]

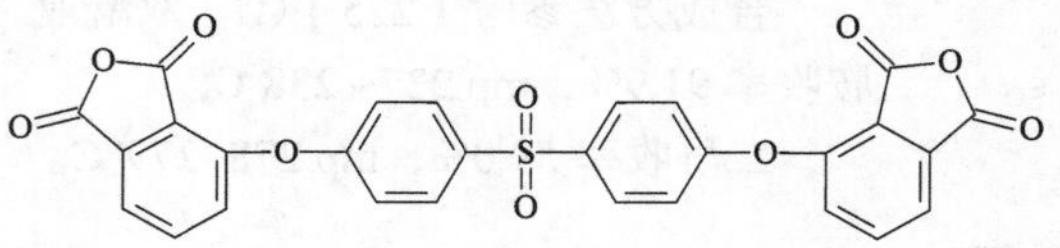

合成方法参考【225】①。双酰亚胺收率 85.7%，mp 200~201.5℃；

二酐收率 57.9%；mp 230.5~231.5℃。

【247】4,4′-(3,4-二羧基苯氧基-2,2′,5,5′-四甲基)二苯砜二酐

4,4′-(3,4-Dicarboxyphenoxy-2,2′,5,5′-tetramethyl)diphenyl sulfone dianhydride[180]

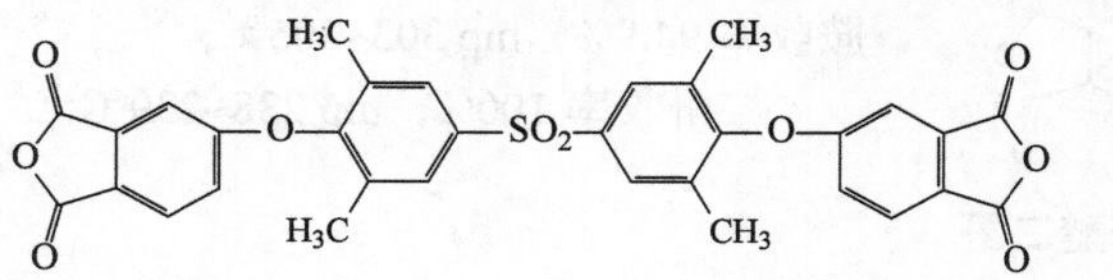

合成方法参考【201】。四腈收率 80%，由乙腈重结晶，mp 251~253℃；二酐收率 87%，mp 287~289℃。

【248】1,2-双[4-(3,4-二羧基苯氧基)苯基]环丙烷二酐

1,2-Bis[4-(3,4-dicarboxyphenoxy) phenyl]cyclopropane dianhydride[181]

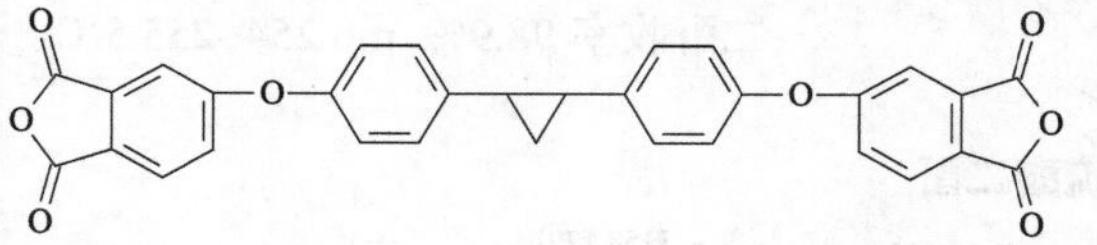

双酚见『62』。

合成方法参考【225】①。双酰亚胺收率 70%，mp 140~142℃；

二酐收率 80%，mp 155~157℃。

【249】1,2-双[4-(3,4-二羧基苯氧基)苯基]乙炔二酐

1,2-Bis[4-(3,4-dicarboxyphenoxy) phenyl]acetylene dianhydride[181]

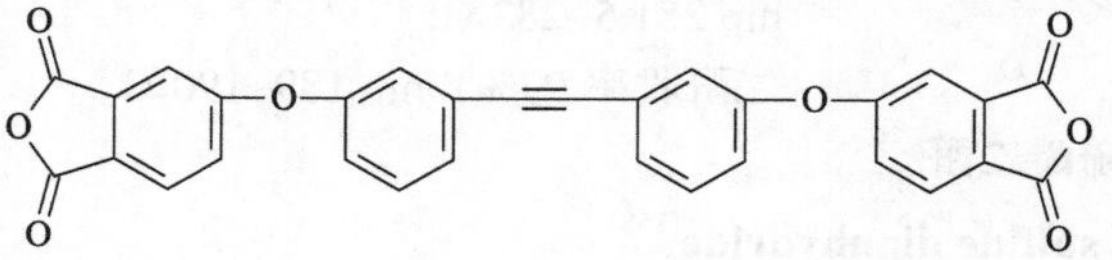

双酚见『63』。

合成方法参考【225】①。双酰亚胺收率 70%，mp 110~113℃；

二酐收率 80%，mp 126~128℃。

【250】4,9-双(4-(3,4-二羧基苯氧基)苯基)二金刚烷二酐

4,9-Bis(4-(3,4- dicarboxyphenoxy)phenyl)diamantane dianhydride[182]

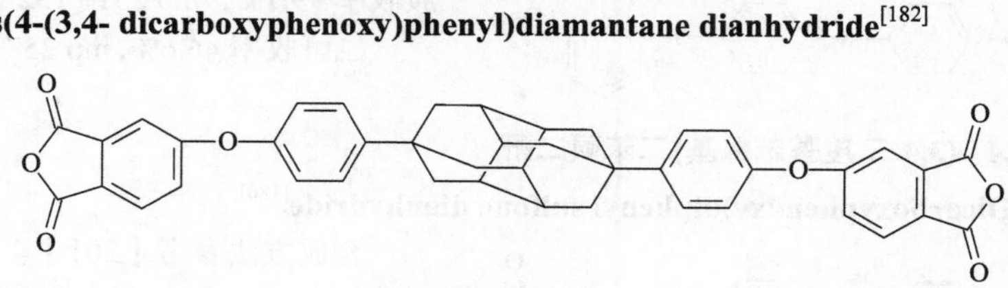

双酚见『570』，合成方法参考【201】。四腈收率 64%，mp 312~315℃；四酸收率 74%；二酐收率 87%，mp 336 ℃。

1.16.5　多环二醚二酐

【251】1,3-双(4-羟基-α,α-二甲基苄基)苯二醚二苯酐

1,3-Bis (4-hydroxy-α, α–dimethylbenzyl)benzene[162]

双酚见『69』。

合成方法参考【225】①。双酰
亚胺收率 86%，mp 241~246℃；

二酐收率 87%，mp 190~192℃。

【252】2,6-双[4-(3,4-二羧基苯氧基)苯甲酰基]吡啶二酐

2,6-Bis[4-(3,4-dicarboxyphenoxy) benzoyl]pyridine dianhydride[183]

搅拌下，将 24.5 g (120 mmol)2,6-吡啶二酰氯缓慢加入冷至 10~12℃的 60mL 苯、30.5 g (250 mmol)乙氧基苯及 64.0 g (480 mmol)无水三氯化铝的混合物中。加完后缓慢升温到 40℃ 搅拌 2 h，冷却到室温，倒入 500 mL 5%盐酸中，得到白色沉淀，滤出，用热甲醇洗涤，得到 **I** 白色粉末 31.0 g (81%)，mp 277℃。

将 16.0 g (120 mmol)**I** 和 16.6 g (120 mmol)无水碳酸钾加到 100 mL DMF 和 40 mL 甲苯的 混合物中，在 140℃回流脱水 4 h，使大多数甲苯被蒸出后，冷却到 60℃，加入 17.3 g (100 mmol)4-硝基邻苯二腈，加热到 90℃，搅拌 5 h 后冷却到室温，倒入 600 mL 冰水中，得到白 色沉淀，过滤，用水洗涤，粗产物从乙腈重结晶，得 **II** 16.6 g(58%)，mp 196℃。

将 11.4 g (20 mmol)**II** 在 130 mL 85%磷酸中回流 2.5 h，冷却到室温，倒入 1200 mL 冷的 10% KOH 溶液中，室温搅拌 6 h，调节 pH 到 11，用 6 mol/L 盐酸中和到 pH 为 3~4，再搅拌 6 h，过 滤，室温下真空干燥，用 30%乙酸/活性炭重结晶，得四酸淡黄色固体 **III** 10.9 g(84%)，mp 226℃。

将 6.5 g(0.01 mol)四酸在 100 mL 乙酐和 200 mL 乙酸中回流 12 h，冷却到室温，滤出白 色固体，在 150℃干燥过夜，再从乙酸中重结晶，得二酐 5.1 g(83%)，mp 229℃。

【253】4-苯基-2,6-双[4-(3,4-二羧基苯氧基)苯基]-吡啶二酐

4-Phenyl-2,6-bis[4-(3,4- dicarboxyphenoxy)phenyl]-pyridine dianhydride[184]

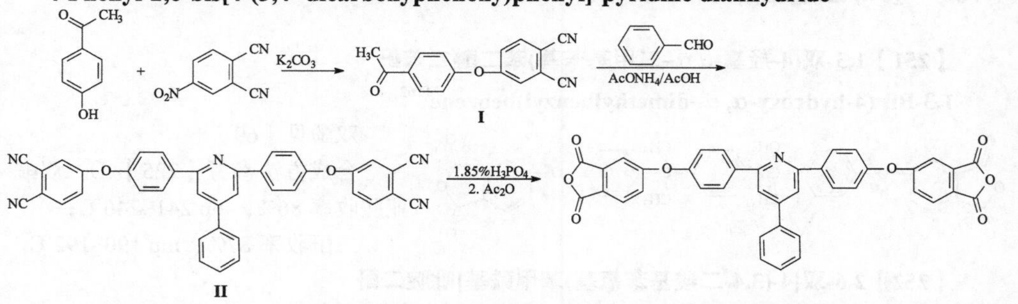

将 13.62 g (0.1 mol) 4-羟基苯乙酮和 29.02 g (0.21 mol) 无水碳酸钾加到 100 mL DMF 和 40 mL 甲苯的混合物中,在 140℃脱水后冷却到 60℃,加入 17.30 g (0.1 mol) 4-硝基邻苯二腈,再加热到 90℃反应 5 h。冷却到室温,倒入 600 mL 冰水中,滤出褐色沉淀,用水洗涤,从乙醇重结晶,得 I 14.81 g(56.5%),mp 161℃。

将 13.11 g (0.05 mol)I, 2.65 g (0.025 mol)苯甲醛和 48.13 g (0.625 mol) 乙酸铵加到 70 mL 冰乙酸中,回流 24 h,滤出沉淀,用冰乙酸和水洗涤,在 60℃真空干燥,得 II 5.62 g(38.0%),mp 273℃。

将 5.91 g (0.01 mol) II 在 130 mL 85% 磷酸中回流 2.5 h。冷却到室温,倒入 600 mL 冷的稀 KOH 溶液中,室温搅拌 6 h,pH 为 11。再用 6 mol/L 盐酸调节到 pH 3~4 后搅拌 6 h。滤出产物,室温真空干燥,从 50%乙酸中重结晶(活性炭),得四酸 5.54 g(83.0%),mp 168℃。

将 6.67 g (0.01 mol)四酸在 100 mL 乙酐和 200 mL 乙酸中回流 12 h,冷却过滤,在 150℃真空干燥,从乙酐中重结晶,得二酐 5.17 g (82%),mp 282℃。

【254】2,3-双(4-(3,4-二羧基苯氧基)苯基)喹啉二酐

2,3-Bis(4-(3,4-dicarboxyphenoxy) phenyl)quinoline dianhydride[185]

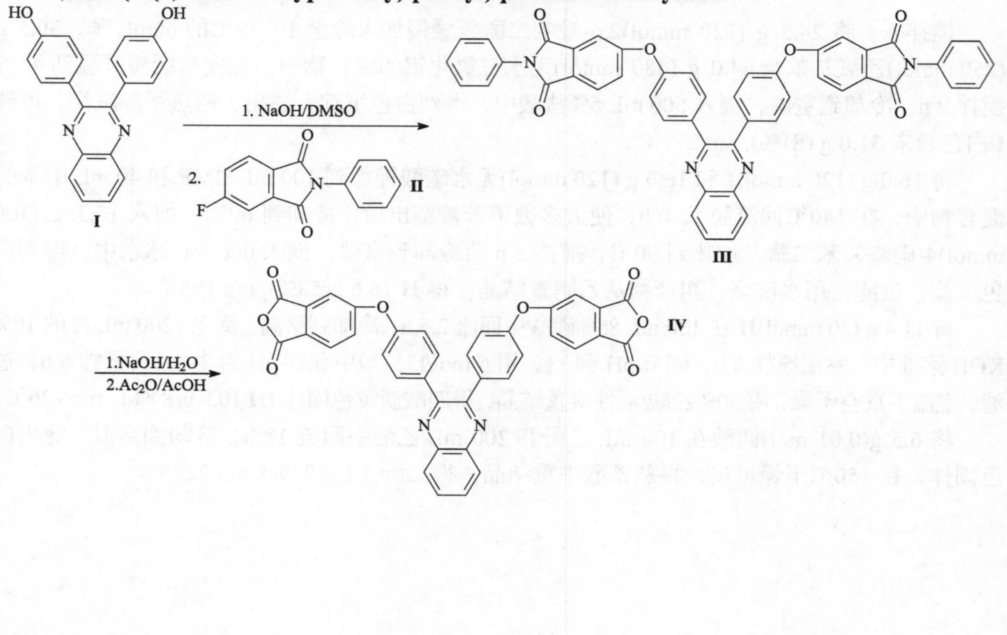

将 8.3 mL (0.10 mol) 48.12% NaOH 水溶液加到 15.72 g (0.050 mol)**I** 在 200 mL DMSO 的溶液中，再加入 60 mL 甲苯，共沸除水后，混合物冷却到室温。氮气下加入 24.12 g (0.10 mol) *N*-苯基-4-氟酞酰亚胺，80℃搅拌过夜 (~16 h)。冷却到室温，滤出固体，用 DMSO 和甲醇洗涤，在 200℃干燥，得 30.1 g 粗产物。从 DMAc 重结晶后在 200℃干燥，得 **III** 白色固体 25.4 g(67%)，mp 287~288℃。

将 26.49 g (0.035 mol)**III** 加到 11.20 g (0.28 mol) NaOH 在 80 mL 水的溶液中，加热回流，苯胺由共沸回收。冷却后过滤，缓慢加入 90 mL 浓盐酸，滤出得到的固体，用水洗涤，100 ℃干燥得到四酸 22.3 g(99%)，mp 219~222℃。

将 12.85 g (0.020 mol)四酸，40 mL 冰乙酸及 20 mL (0.21 mol)乙酐回流 4 h。趁热过滤后冷却，滤出结晶固体，从乙酸/乙酐(3∶1)重结晶，165℃干燥后得二酐 9.6 g (79 %)，mp 184.5~185.5℃。

【255】5,5′-双[4-(2-苯并咪唑基-4′-苯氧基)苯酐]

5,5′-Bis[4-(2-benzimidazolyl-4′- phenoxy) phthalic anhydride][185]

由 5,5′-双[2-(4-羟基苯基)苯并咪唑]和 *N*-苯基-4-氟酞酰亚胺按【254】方法缩合再经水解、脱水得到，mp 359℃。

1.17 二硫醚二酐

【256】9,9-双[4-(3,4-二羧基苯硫基)苯基]芴二酐

9,9-Bis[4-(3,4-dicarboxyphenthio) phenyl]fluorene dianhydride[186]

将 2.01 g (6.27 mmol)9,9-二(4-巯基苯基)芴，3.13 g (13.78 mmol)4-溴苯酐和 1.91 g (13.80 mmol) K₂CO₃ 在氮气下加到 15 mL DMF 中，回流 14 h，冷却后滤出白色固体，160℃真空干燥 25 h，四钾盐收率 85%。将四钾盐在 120 mL 浓盐酸和水(1∶1)的混合物中回流 3.5 h，冷却过滤。将得到白色四酸在 P₂O₅ 上干燥 10 h，收率 64%。将四酸在 120℃ 1 h，180℃1.5 h，190℃ 1 h，200℃ 4 h 脱水，得到淡褐色二酐，收率 97%。再将其溶于乙酸乙酯，在石油醚中重沉淀，得到黄色固体，mp 163.3℃。

【257】4,4′-(3,4-二羧基苯硫基)二苯硫醚二酐

4,4′-(3,4-Dicarboxyphenthio) diphenylsulfide dianhydride[187]

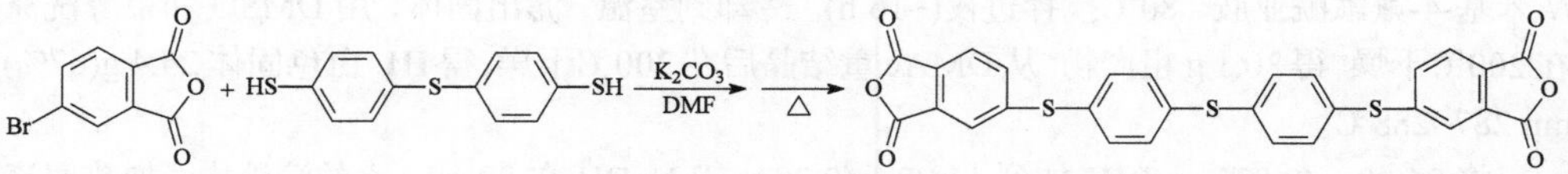

将 5.00 g (0.02 mol)4,4′-二苯硫醚二硫酚，10.00 g (0.044 mol)4-溴代苯酐和 6.08 g (0.044 mol)无水碳酸钾加到 100 mL DMF 中，混合物在氮气中 120℃反应 12 h。冷却到室温，滤出白色固体，在 160℃真空干燥 24 h。然后将得到的白色粉末在 100 mL 水和 100 mL 浓盐酸的混合物中沸腾 3 h，冷至室温后过滤，先在 120℃干燥去水，再在 180~190℃脱水 3 h 得到二酐黄色结晶 7.8 g(71.9%)，mp 175~176℃。

【258】4,4′-(3,4-二羧基苯硫基)二苯砜二酐

4,4′-(3,4-Dicarboxyphenthio)diphenylsulfone dianhydride

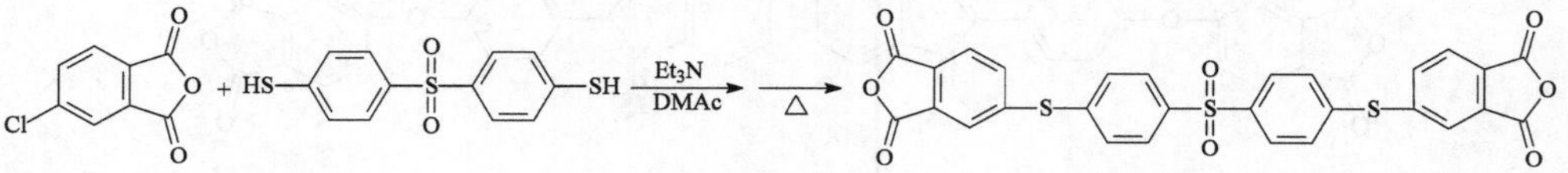

将 20.09 g (0.11 mol)4-氯代苯酐，14.12 g (0.05 mol)4,4′-二巯基二苯砜和 11.31 g(0.11 mol)三乙胺在 150 mL DMAc 中氮气下 60℃搅拌 3 h。冷却后倒入 1 L 稀盐酸中，滤出黄色沉淀，用水洗涤，在乙酐中重结晶，得白色二酐 20.11 g(70%)，230~232℃。

【259】4,4′-(2,3-二羧基苯硫基)二苯砜二酐

4,4′-(2,3-Dicarboxyphenthio) diphenylsulfone dianhydride[188]

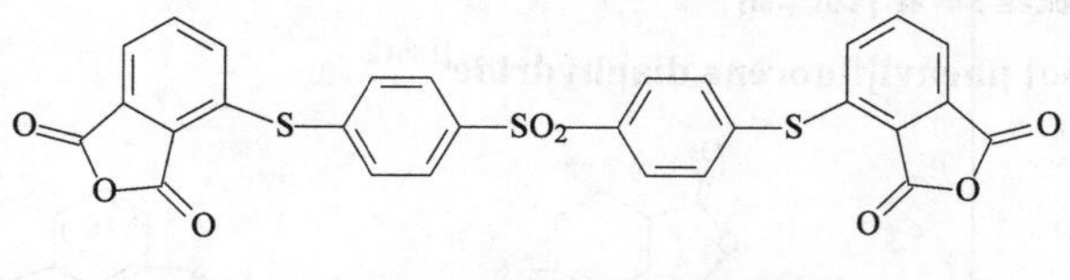

用【258】方法从 3-氯代苯酐得到 3,3′-二酐，收率 68%，mp 289~291℃。

【260】3,3′-(3,4-二羧基苯硫基)二苯砜二酐

3,3′-(3,4-Dicarboxyphenthio) diphenylsulfone dianhydride[189]

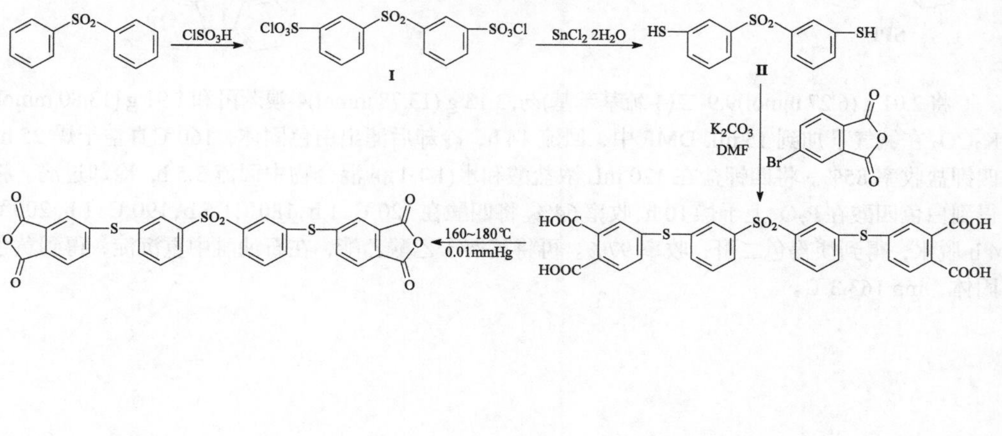

将 23.8 g (0.11 mol)二苯砜和 58 mL (0.87 mol)氯磺酸在 140℃加热反应 4h 后冷却到室温，小心倒入 500 mL 冰水中，滤出白色沉淀，用水充分洗涤，在 80℃真空干燥 24 h。将得到的固体从乙酸中重结晶，得到白色 3,3′-二苯砜二磺酰氯(I) 32.9 g (72.0%)，mp 181.0℃。

将 50 g (0.22 mol)氯化亚锡二水化合物在 100 mL 乙酸和 40 mL 盐酸的混合物中加热到 90℃，加入 4.15 g (0.01 mol)I。反应在 90℃进行 3 h 后冷却到室温，倒入含 20 mL 盐酸的 200 mL 水中，滤出固体，用水充分洗涤，80℃真空干燥 24 h，得到淡黄色 3,3′-二苯砜二硫酚 (II)2.57 g (91.0%)，mp 107.5℃，可以直接用于下步反应。

将 2.82 g (0.01 mol)II，5.00 g (0.022 mol)4-溴苯酐和 3.04 g (0.022 mol)无水碳酸钾在氮气下加到新蒸的 50mL DMF 中，加热到 120℃反应 12h。冷却到室温，滤出白色固体，在 160℃真空干燥 24 h，将得到的白色粉末在 50 mL 浓盐酸中煮沸 3 h，冷却到室温后过滤，用冷水洗涤，在 120℃真空干燥，然后再在 160~180℃真空加热 3h 得到二酐 4.20 g (73.1%)，mp 193.3℃。

1.18　在两个苯酐单元之间含有硅或锗的二酐

1.18.1　在两个苯酐单元之间含有硅链的二酐

【261】3,3′,4,4′-二甲基二苯基硅烷四酸二酐

Bis(3,4-dicarboxyphenyl)dimethylsilane dianhydride(4,4′-SiDPA)

①格氏试剂法[191]

在氮气保护下向含有 4.5 g (185 mmol)镁屑的 110 mL 干燥 THF 中滴加 0.2 mL 碘甲烷和 29.6 g (160 mmol)4-溴邻二甲苯，滴加速度以保持反应物微沸为宜，加完后回流 2 h，冷却。滴加入 6.5 g (50 mmol)二氯二甲基硅烷，室温搅拌过夜，加入水 80 mL，分出有机相，水相用乙醚萃取，合并有机相，用无水硫酸镁干燥，除去溶剂后减压蒸馏，取 145~157℃/0.5 mmHg 馏分，得二(3,4-二甲苯基)二甲基硅烷(I)11.5 g(85.5%)，mp 53~54℃。

　　将 10 g (37 mmol) I 加到 100 mL 水和 100 mL 吡啶的混合物中，加热至回流，分批加入 50 g (316 mmol)KMnO₄ 至紫色不退，加入甲醇 1 mL，搅拌 20 min，紫色退尽，趁热过滤，滤饼用热水洗涤多次，将滤液蒸馏至无吡啶，用浓盐酸酸化至 pH 1，放置冷却，滤出白色沉淀，在浓盐酸中煮沸 10 min，冷却过滤，用水充分洗涤，真空 80℃干燥 10 h 得四酸 11.5 g (79%)。

　　将 9.1 g (25mmol)四酸在 30 mL 乙酐中加热回流 2 h，冷却，过滤得二酐 6.2 g(71%)，mp 180~180.5℃。

　　②丁基锂法[190]

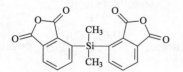

　　在 0℃下向有氮气保护的 185.1 g (1 mol)4-溴代邻二甲苯的 500 mL 无水乙醚溶液滴加 424 mL (1 mol)正丁基锂的 2.36 mol/L 正己烷溶液。室温反应 5 h 后滴加入 60.6 mL (0.5 mol)二氯二甲基硅烷，搅拌过夜后滤出 LiCl，减压除醚，蒸馏得到四甲基物 90.4 g (68%)，bp 120~124 ℃/0.29 mmHg。冷却后固化，mp 51~54℃。由乙酸乙酯重结晶一次，mp 54~56℃。

　　四甲基物的氧化，脱水如①。

【262】2,3,2′,3′-二甲基二苯基硅烷四酸二酐

Bis(2,3-dicarboxyphenyl)dimethylsilane dianhydride(3,3′-SiDPA)[190]

　　按【261】②方法，由 3-溴邻二甲苯合成。

　　四甲基物收率29%，bp 105℃/0.005mmHg；二酐收率19%，mp 181.5~182℃。

【263】3,3′,4,4′-甲基乙基二苯基硅烷四酸二酐

Bis(3,4-dicarboxyphenyl) ethylmethylsilane dianhydride

　　由甲基乙基二氯硅烷按【261】②方法合成。收率71%，mp 179~181℃。

【264】4,4′-四甲基二硅氧烷二苯酐

1,3-Bis(4′-diphthalic anhydride) tetramethyldisiloxane(PADS)

①由偏苯三酸酐酰氯与二氯四甲基乙硅烷合成[192]

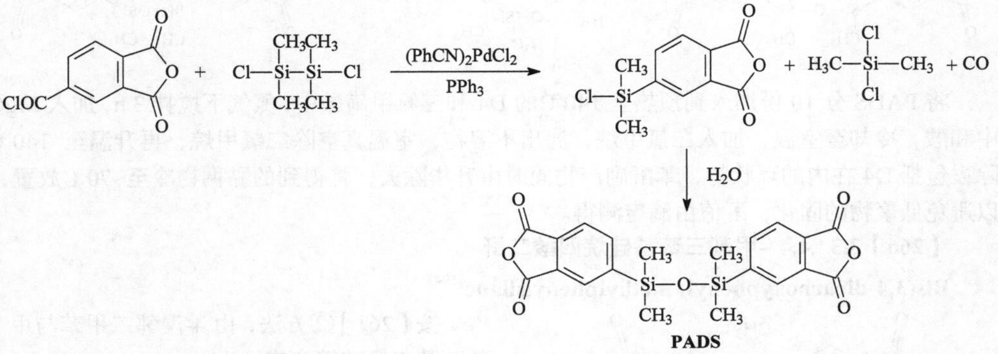

PADS

氮气下将 10 g(0.0476 mol)偏苯三酸酐酰氯和 9 g(0.05 mol)1,2-二氯四甲基乙硅烷在 135℃加热，得到均相溶液。加入 0.091 g (PhCN)₂PdCl₂ 和 0.124 g(1 mol%)三苯膦，得到亮红色溶液并放出 CO。同时除去 5.8 g 二甲基二氯硅烷(bp 70℃)。得到 4-二甲基氯硅基苯酐，收率 97%。

将 4-二甲基氯硅基苯酐加到含有 0.43 mL 水的 THF 中室温减压反应除去产生的 HCl，同时用甲苯/壬烷(1：1)取代 THF，加热形成结晶。分出含有催化剂的带色油状物。重结晶，得到 8.1 g(80%)无色针状二酐 **PADS**，mp 134~135℃。

②由 4-氯代二甲基硅基邻二甲苯合成[190]

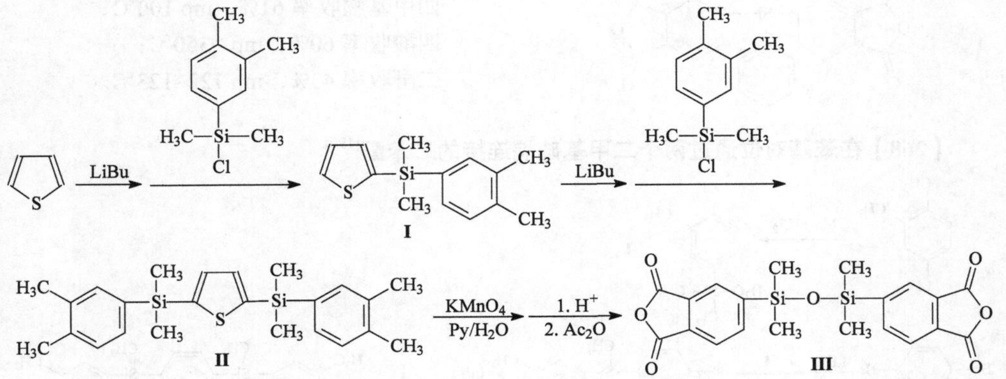

反应条件类似【268】，但四甲基物 **II** 用高锰酸钾氧化后得不到相应的四酸，而得到含硅氧链的四酸，脱水后得到二酐 **III**。**I** 的收率为 36%，bp 107℃/0.04 mmHg。**II** 的收率为 77%，mp 57.5~58℃。**III** 的收率为 21%，mp 137~138℃。

【265】聚甲基硅氧烷二苯酐[193]

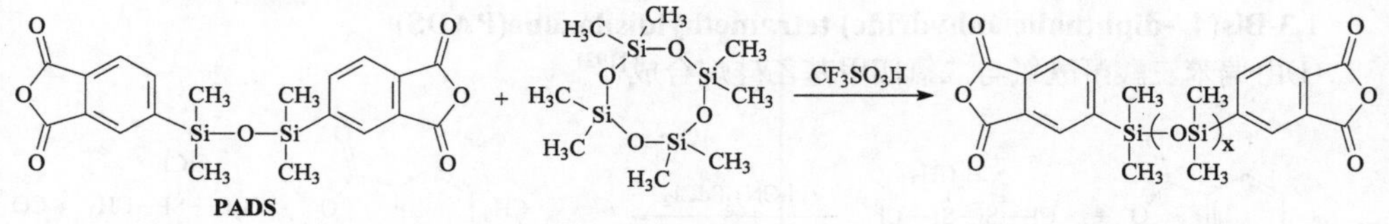

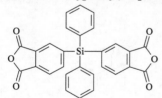

PADS

将 PADS 分 10 份加入到预热至 140℃的 D4 和三氟甲磺酸中，氮气下搅拌 3 h，加入 MgO 中和酸，冷却至室温，加入二氯甲烷，滤出不溶物，室温真空除二氯甲烷，再升温至 140℃ 除去包括 D4 在内的环状物，苯酐副产物同时由升华除去，将得到的黏稠物冷至~70℃放置，以避免低聚物的固化，酐值由滴定测得。

【266】3,3′,4,4′-甲基三苯基硅烷四酸二酐

Bis(3,4-dicarboxyphenyl) methylphenylsilane[194]

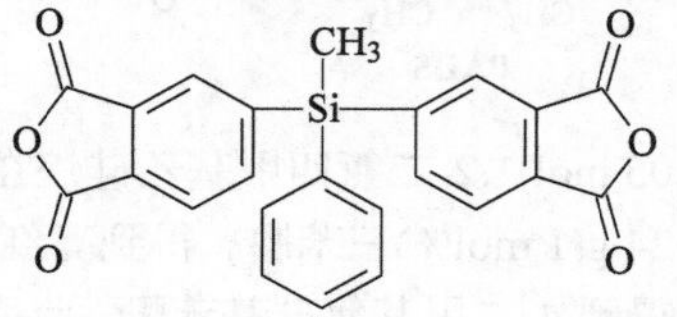

按【261】②方法，由 4-溴邻二甲苯与甲基苯基二氯硅烷合成。

四甲基物收率 55%，mp 66~68℃；

四酸收率 45%，mp >350℃；

二酐收率 42%，mp 137~138℃。

【267】3,3′,4,4′-四苯基硅烷四酸二酐

Bis(3,4-dicarboxyphenyl)-diphenylsilane dianhydride[190,195]

由二苯基二氯硅烷按【261】②方法由二苯基二氯化硅合成。

四甲基物收率 61%，mp 100℃；

四酸收率 60%，mp >350℃；

二酐收率 43%，mp 122~123℃。

【268】在苯基对位通过两个二甲基硅烷连接的二苯酐[190]

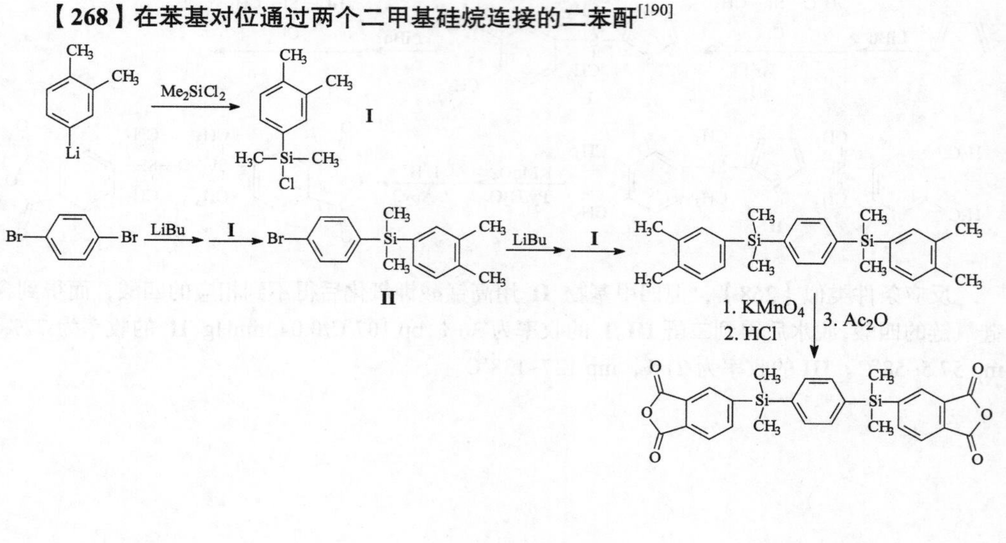

将 80.0 g (0.43 mol)4-溴邻二甲苯在 180 mL 无水乙醚中的溶液在 0℃下滴加入 191 mL (0.43 mol)丁基锂的 2.25 mol/L 己烷溶液中，在接下的 3 h 中温度回升到室温，再搅拌 3 h 后将该溶液滴加到 52.4 mL (0.43 mol)二氯二甲基硅烷中，在无水条件下处理后蒸馏得到 I 47.6 g (56%)，bp 123~130℃/ 31 mmHg。

将 119 g (0.5 mol)对二溴苯在 450 mL 无水乙醚中的溶液滴加入冷却到–70℃的 214 mL (0.5 mol)丁基锂的 2.36 mol/L 己烷溶液中，搅拌 6 h，在–70℃下滴加入 100 g (0.5 mol)I，搅拌过夜，自然回暖到室温，处理后分馏得 128 g(80%)，bp 120~124℃/0.3 mmHg。

将 II 与 I 反应得到四甲基物，收率 61%，mp 88~89℃；氧化、脱水后得到二酐，收率 35%，mp 199~200.5℃。

如果采用由对二溴苯得到的二锂化合物与二甲基二氯硅烷反应，最终的收率只有 9%。

【269】双层甲板状的硅倍半氧烷二酐

Double-deckershaped silsesquioxane dianhydride[196,197]

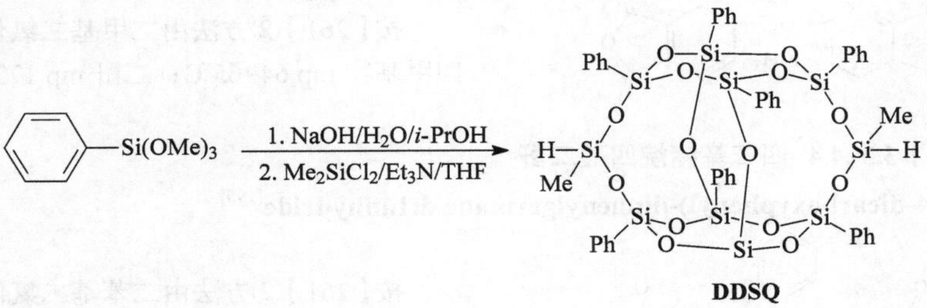

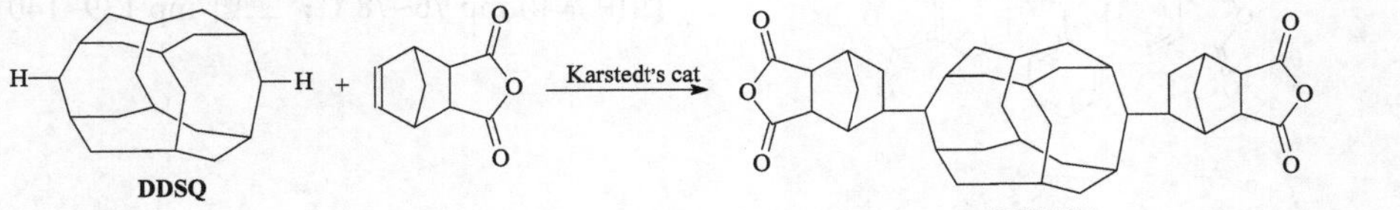

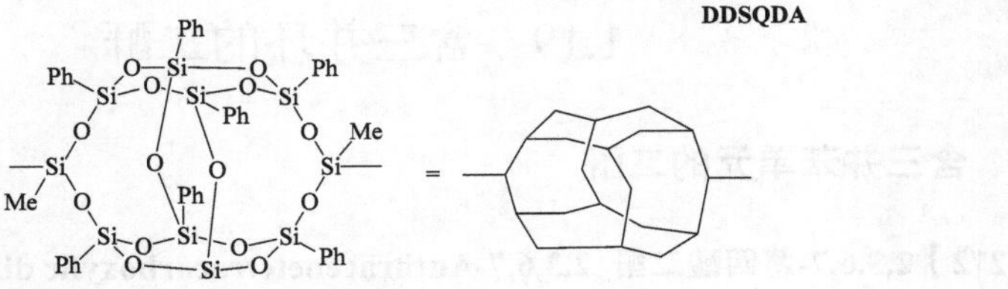

将 48.0 g (242 mmol)苯基三甲氧基硅烷和 6.4 g (160mmol)NaOH 加到 5.0 g (278 mmol)水和 240 mL 异丙醇的混合物中，氮气下回流搅拌 4 h，然后在室温放置 1 天，滤出沉淀，用异丙醇洗涤一次，70℃真空干燥 5 h。

将得到的 11.6 g 产物与 3.0 g(30 mmol)三乙胺加入 100 mL THF 中，在氮气下滴加入 3.4 g (30 mmol)二甲基二氯硅烷，混合物在室温搅拌 1 h，加入 50 mL 水以溶解形成的 NaCl 并水解未反应的二甲基二氯硅烷。分出有机层，用 1 mol/L 盐酸和饱和的碳酸氢钠溶液各洗涤一次，再用水洗涤 3 次。有机层用硫酸镁干燥，浓缩，残留物用甲醇洗涤，真空干燥，得白色双层甲板状的硅倍半氧烷(DDSQ)6.9g(20%)。

将 0.50 g (0.43 mmol)DDSQ 和 0.56 g (3.4 mmol)降冰片烯二酸酐在氩气流下溶于 4 mL 甲苯中。在 0.2 mol % Karstedt's catalyst (Pt(dvs)) 参加下 75℃反应 24 h，得到双层甲板状的硅倍半氧烷二酐 0.61 g(96%)，mp >350℃。

1.18.2　在两个苯酐单元之间含有锗的二酐

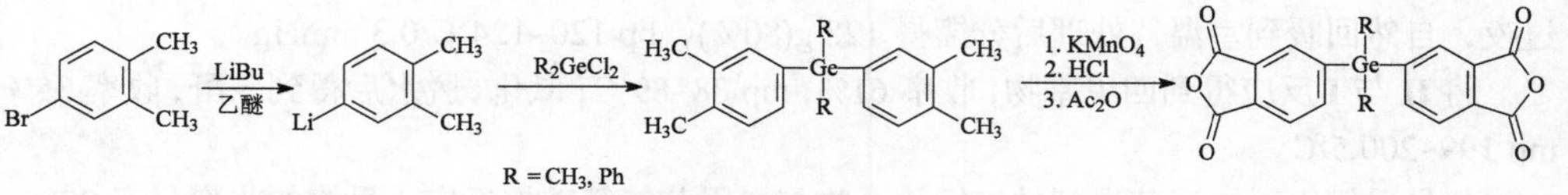

【270】3,3′,4,4′-二甲基二苯基锗烷四酸二酐

Bis(3,4-dicarboxyphenyl)- dimethylgermane dianhydride[195]

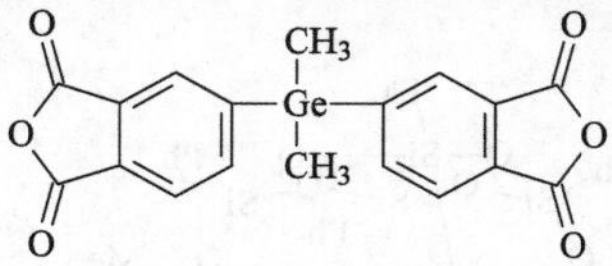

按【261】②方法由二甲基二氯化锗合成。
四甲基物 mp 64~65℃；二酐 mp 172~174℃。

【271】3,3′,4,4′-四苯基锗烷四酸二酐

Bis(3,4-dicarboxyphenyl)-diphenylgermane di1anhydride[195]

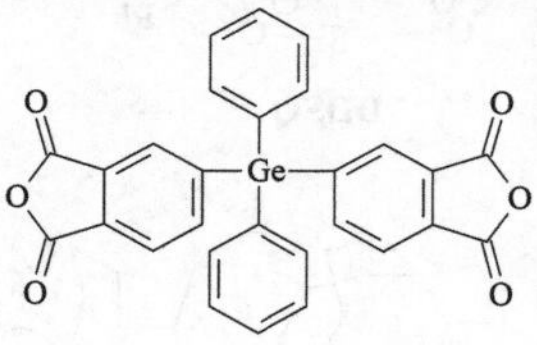

按【261】②方法由二苯基二氯化锗合成。
四甲基物 mp 76~78℃；二酐 mp 139~140℃。

1.19　含三并环的二酐

1.19.1　含三并苯单元的二酐

【272】2,3,6,7-蒽四酸二酐　2,3,6,7-Anthracenetetracarboxylic dianhydride[198,199]

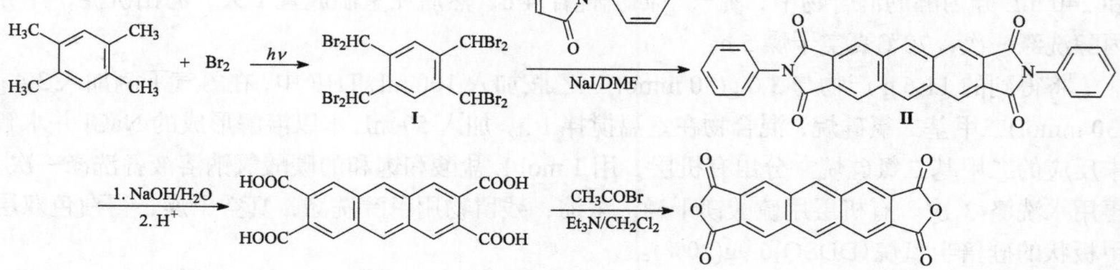

在石英反应器中将 87.5 g (0.653 mol) 均四甲苯溶于 3.5 L 四氯化碳中，加热回流，3000 W 紫外灯辐照下在 6 h 内滴加 280 mL (874 g, 5.46 mol) 溴。2 天后滤出产物，用沸腾氯仿洗涤，得四(二溴甲基)苯(I) 390 g(78%)。该产物无需提纯就可用于下步反应。也可从二氧六环重结晶，mp 305℃(dec)。

将 20 g (0.0261 mol) I, 9.00 g (0.0520 mol)N-苯基马来酰亚胺和 45 g (0.300 mol) NaI 加到 300 mL DMAc 中，加热到 80℃搅拌 10 h 得到黄色沉淀，过滤，用沸水洗涤 1 次，用沸腾的二氧六环洗涤 3 次。干燥后得到 II 亮黄色固体 5.35 g (47%)。

将 2.00 g (4.27 mmol)II 加到 50 mL 20% NaOH 中，回流 12 h，得到的溶液用活性炭脱色后用乙醚萃取，水液酸化，得到四酸黄色沉淀进行离心分离，用水洗涤后真空干燥，mp >300℃。

将 1.0 g (2.83 mmol) 2,3,6,7-蒽四甲酸溶于 1.95 mL(1.42 g, 14.1 mol) 无水三乙胺和 100 mL 二氯甲烷的混合物中，加入 0.627 mL(1.04 g, 8.46 mmol)乙酰溴，立即得到绿色沉淀。反应 15min 后过滤，用二氯甲烷洗涤，真空干燥，得到二酐 0.72 g (79%)，mp >300℃ (dec)。

【273】二苯并[a,h]蒽-5,6,12,13-四酸二酐

Dibenz[a,h]anthracene-5,6,12,13- tetracarboxylic dianhydride[200]

将 29.13 g (0.15 mol)对苯二乙酸与 56.5 g (0.3 mol)苯甲酰基甲酸钾在 200 mL 乙酐中回流 1 h，冷却后滤出固体，从丙酮重结晶，得 1,4-苯撑二苯基马来酸酐(III)发荧光的黄色结晶 56 g(88%), mp 260~262℃。III 在丙酮，THF 及 DMSO 中微溶，在 DMSO 中的溶液为深绿色。

将 8.44 g (0.02 mol)III 和 0.02 g (0.08 mmol)碘在 300 mL 丙酮中以 50 mL/min 鼓入空气，用 450 W 中压汞灯辐照 16 h，得到产物 V 2.17 g(26%), mp 402℃。

【274】[5]螺烯[5] -5,6,9,10-四酸二酐

Helicene-5,6,9,10-tetracarboxylic dianhydride [HLDA][201]

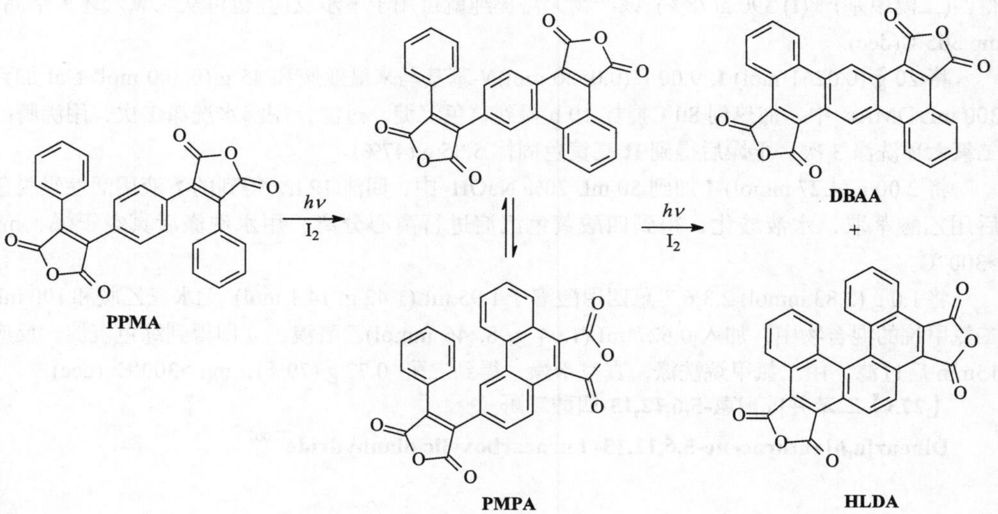

①Fields 方法

反应在带水夹套的圆锥形的光化学反应器中进行,该反应器中间有一个 450 W 中压汞灯。

将 50.64 g (0.12 mol) 1,4-苯撑二苯基马来酸酐(见【273】)和 0.24 g (0.96 mol)碘加到 2.8 L 丙酮中,在汞灯辐照下鼓入氧气,在壁上产生附着的不溶产物,不时用聚四氟乙烯刮铲清除。反应物分别在辐照 21 h, 42 h 和 111 h 后过滤,得到 7.38 g, 4.90 g 及 4.10 g 总量为 16.38g(33%)的产物。每次过滤后都加进新的一份碘(0.24 g)。头 3 份产物是同样的化合物,从 IR 看为 HLDA,但含有少量(~0.3%)DBAA,而且其含量随辐照时间延长越来越高。再辐照 87 h(每 24 h 添加一份碘),得到另一种从光谱看是不同的产物(0.56 g, 1.1%),随后鉴定为 DBAA。由 HLDA 反复甲醇解,可得到纯 DBAA。

②Katz 方法

在光化学反应器中加入 21 g (0.05 mol) PPMA, 26 g (0.1mol)碘,1.4 L 丙酮和 1.4 L 环氧丙烷。冲氮 20 min,在氮气鼓泡下辐照。很快形成产物附着在壁上,每隔 1.5~2 h 清除一次。辐照 10 h 后反应物变成绿色,这时已经没有碘存在,实际上再没有产物形成,由 DSC 数据,这时的产物主要为 PMPA。实际上如果每隔数小时就滤出产物,则可以得到纯的环化未完全的 PMPA。

再加入一份碘(12.8 g),继续辐照 20 h,直到壁上不再有产物。滤出橙黄色产物,用丙酮洗涤数次,在 200℃真空干燥过夜,得 HLDA 18.4 g(88%)。

将 1 g 粗 HLDA (含有少量的 DBAA)溶于 NMP。将该深黑褐绿色的溶液过滤并浓缩到 13 mL。滤液缓慢冷却,过滤得到 0.42 g 绿色结晶,滤液浓缩到 7 mL,又得到 0.19 g 产物。结晶用冷丙酮洗涤,在 200℃干燥过夜,再在 260℃下干燥 3 h 以除尽 NMP。

1.19.2　含氧杂蒽单元的二酐

这类二酐的一个重要中间体是 3,3′,4,4′-四甲基二苯醚(DXE)，其合成方法如下[202]：

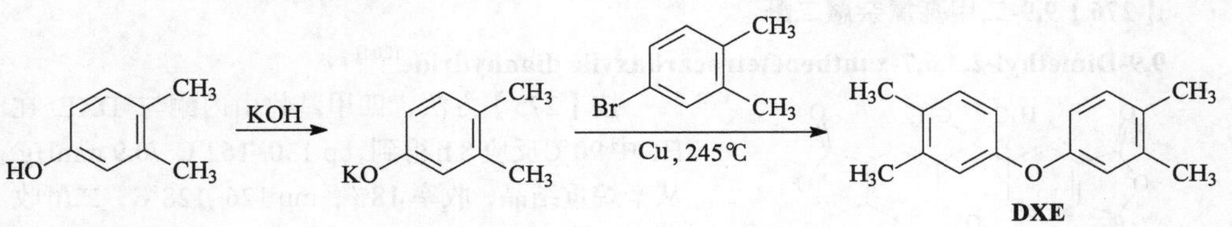

将 75 g (0.6 mol)3,4-二甲基苯酚和 16.5 g(0.35 mol)KOH 在氮气下加热到 160℃，除去水分后，加入 1 g 铜粉和 55.5 g(0.3 mol)4-溴邻二甲苯，在 3h 内将温度升至 245℃，冷却后倒入 300 mL 水中，有机物用乙醚和苯的混合物萃取出来，用 10%NaOH 溶液洗出过量的苯酚。蒸除溶剂后进行减压蒸馏，收集 140℃/3 mmHg 馏分，再通过一根 61 cm 的分馏柱，取 119℃/1 mmHg 馏分，得产物 45g(78%)，mp 55~57℃。

【275】9,9-二苯基氧杂蒽二酐

9,9-Diphenyl-2,3,6,7-xanthenetetracarboxylic dianhydride[203,204]

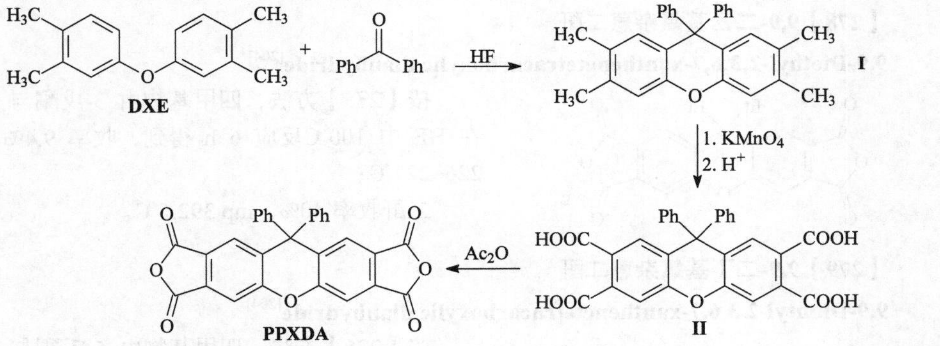

将 90.4 g (0.4 mol)DXE，72.9 g (0.4 mol)二苯酮和 160 g (8 mol)HF 在 90℃加热 8h，冷却并使 HF 挥发后，将反应物转移到 4 L 装有冰和 500 mL 50%NaOH 的半满的聚乙烯容器中，混合物用 3 L 二氯甲烷萃取，萃取液通过氧化铝过滤后蒸去二氯甲烷。将得到的橙色残留物在 500 mL 己烷中搅拌，过滤，用己烷充分洗涤，空气干燥，得 9,9-二苯基-2,3,6,7-四甲基氧杂蒽(I) 淡黄色固体 98 g(62.8%)，升华提纯后从辛烷重结晶，mp 228~229℃。

将 78 g (0.2 mol)I 在 1600 mL 吡啶和 800 mL 水的混合物中回流，分批加入 210 g (1.33 mol)高锰酸钾，加完后再反应 1 h，过滤，滤液浓缩到 300~400 mL。加入 700 mL 水和 250 mL 50%NaOH，加热到回流，再加入 200g 高锰酸钾。第二次氧化后加入异丙醇，破坏未反应的高锰酸钾。过滤，用浓硫酸酸化后滤出白色沉淀，用水充分洗涤，空气干燥过夜，得到四酸 100 g (98%)。

将所得到的四酸在 500 mL 乙酐中沸腾 10 min，真空蒸发至干，将冷却的残留物溶解在 500 mL 二氯甲烷中，加 2 勺助滤剂搅拌后过滤，滤液滴加到 400 mL 沸腾的甲苯中，使大部分的二氯甲烷都被蒸出，滤出结晶，用甲苯洗涤，最后用己烷洗涤后干燥，得二酐 72.5 g (76.5%)，纯度 99.5%，mp 316℃。

【276】9,9-二甲基氧杂蒽二酐

9,9-Dimethyl-2,3,6,7-xanthenetetracarboxylic dianhydride[204]

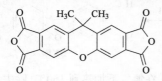

按【275】方法，四甲基物由丙酮与 DXE 在 HF 中 90℃反应 8 h 得到，bp 130~162℃ /0.9 mmHg，从辛烷重结晶，收率 18%，mp 126~128℃；二酐收率 45%，mp 391℃。

【277】9-甲基-9-乙基氧杂蒽二酐

9-Ethyl-9-methyl-2,3,6,7-xanthenetetracarboxylic dianhydride[204]

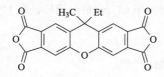

按【275】方法，四甲基物由丁酮与 DXE 在 HF 中 105℃反应 6 h 得到，取 165℃/1.3 mmHg 馏分，收率 23%，mp 144~146℃；二酐收率 60%。

【278】9,9-二乙基氧杂蒽二酐

9,9-Diethyl-2,3,6,7-xanthenetetracarboxylic dianhydride[204]

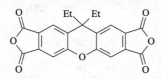

按【275】方法，四甲基物由 3-戊酮与 DXE 在 HF 中 100℃反应 6 h 得到，收率 9.4%，mp 226~227℃；

二酐收率 40%，mp 392.5℃。

【279】9,9-二丁基氧杂蒽二酐

9,9-Dibutyl-2,3,6,7-xanthenetetracarboxylic dianhydride[204]

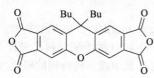

按【275】方法，四甲基物由 5-壬酮与 DXE 在 HF 中 110℃反应 6 h 得到，收率 26.4%，mp 171~172℃；

二酐收率 24%，mp 228~234℃。

【280】9-甲基-9-三氟甲基氧杂蒽二酐

9-Methyl-9-(trifluoromethy1)-2,3,6,7-xanthenetetracarboxylic dianhydride[204]

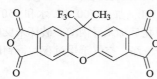

按【275】方法，四甲基物由 1,1,1-三氟丙酮与 DXE 在 HF 中 125℃反应 8 h 得到，收率 63%，由辛烷重结晶，mp 184~185℃；四酸收率 64%；将四酸在丙酮中与氯化亚砜回流 12 h 得到二酐，收率 81%~91%，mp 307.7℃。

【281】9,9-二(三氟甲基)氧杂蒽二酐

9,9-Di(trifluoromethyl)-2,3,6,7- xanthenetetracarboxylic dianhydride[203]

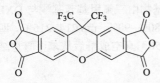

按【275】方法，四甲基物由六氟丙酮与 DXE 在 HF 中 120℃反应 8 h 得到，收率 33%~41%，mp 214~215℃；将四酸在 200℃加热过夜或在乙酐中回流或在氯仿中与氯化亚砜共沸得到二酐，在 250~275℃/0.5 mmHg 升华提纯，mp 354.5℃。

【282】9-三氟甲基-9-五氟乙基氧杂蒽二酐

9-(Pentafluoroethyl)-9-(trifluoromethyl) -2,3,6,7-xanthenetetracarboxylic dianhydride (6FXDA)[204]

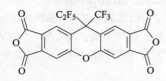

按【275】方法，四甲基物由三氟甲基五氟乙基酮与 DXE 在 140℃反应 8 h 得到，收率 21%，粗产物升华后在庚烷中重结晶，mp 139~140℃；二酐从二甲苯重结晶，收率 83%，在 240℃/1 mmHg 下升华，mp 294℃。

【283】9,9-五次甲基氧杂蒽二酐

9,9-Cyclotetramethylene-2,3,6,7- xanthenetetracarboxylic dianhydride[204]

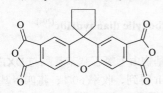

按【275】方法，四甲基物由环戊酮与 DXE 在 100℃反应 6 h 得到，由甲醇和异丙醇(1∶1)混合物重结晶，收率 59.8%，mp 144~146℃；四酸收率 77%；二酐从二苯醚重结晶，用沸甲苯洗涤，mp 396℃。

【284】9,9-六次甲基氧杂蒽二酐

9,9-Cyclopentamethylene-2,3,6,7- xanthenetetracarboxylic dianhydride[204]

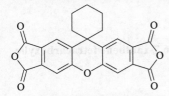

按【275】方法，四甲基物由环己酮与 DXE 在 100℃反应 6 h 得到，收率 40%，为黄色玻璃状物；二酐很难结晶。

【285】9-甲基-9-苯基氧杂蒽二酐

9-Methyl-9-phenyl-2,3,6,7-xanthenetetracarboxylic dianhydride[204]

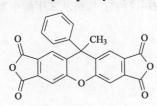

按【275】方法，四甲基物由苯乙酮与 DXE 在 75℃反应得到，异丙醇重结晶，收率 45%，mp 185~187℃；四酸收率 76%；二酐收率 58%，从苯甲醚中重结晶，mp 280℃。将四酸在氯仿中用氯化亚砜处理，二酐的收率为 65.3%。

【286】9-三氟甲基-9-苯基氧杂蒽二酐

9-Phenyl-9-(trifluoromethyl)xanthene-2,3,6,7- dianhydride[203]

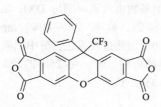

按【275】方法，四甲基物由三氟甲基苯基酮与 DXE 在 HF 中反应得到，收率 80%~90%，mp 214~215℃；四酸收率 76%；将四酸在 250℃真空成酐后从苯甲醚重结晶，mp 276.1℃。

【287】9-五氟乙基-9-苯基氧杂蒽二酐

9-Phenyl-9-(pentafluoroethy1)-2,3,6,7-xanthene tetracarboxylic dianhydride[204]

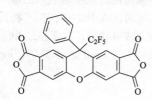

按【275】方法，四甲基物由五氟乙基苯基酮与 DXE 在 HF 中 125℃反应 8h 得到，收率 70%，bp 200~210℃/0.7 mmHg，将熔体倒入癸烷中得到颗粒产物；二酐收率 70%~80%。

【288】9-七氟丙基-9-苯基氧杂蒽二酐

9-Phenyl-9-(heptafluoropropyl)-2,3,6,7- xanthenetetracarboxylic dianhydride[204]

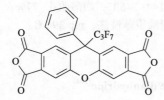

按【275】方法，四甲基物由七氟丁基苯基酮与 DXE 在 HF 中在 130℃反应 8 h 得到，收率 60%；将四甲基物氧化后在乙酐中重结晶得二酐，收率 40%，mp 269~272℃。

【289】9-三氟甲基-9-间(三氟甲基)苯基氧杂蒽二酐

9-[*m*-(Trifluoromethyl)phenyl] -9- (trifluoromethyl)-2,3,6,7-xanthene tetracarboxylic dianhydride[204]

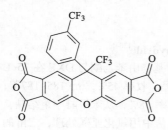

按【275】方法，四甲基物由间三氟甲基苯基三氟甲基酮与 DXE 在 HF 中 130℃反应 8 h 得到，收率 33%，由异丙醇重结晶，mp 169~171℃；二酐从苯甲醚中重结晶，mp 270.5℃。

【290】9-七氟丙基-9-对(全氟基)苯基氧杂蒽二酐

9-(4-perfluorohexylphenyl)-9- heptafluoropropyl-xanthene-2,3,6,7-dianhydride[203]

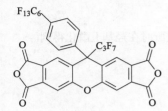

按【275】方法，四甲基物由对十三氟己基苯基七氟丙基酮与 DXE 在 HF 中得到，收率 68%，mp 121~122℃；二酐从甲苯重结晶，mp 230~232℃。

【291】9-羟基-9-苯基氧杂蒽二酐

9-Phenyl-9-hydroxy-2,3,6,7- xanthenetetracarboxylic dianhydride[204]

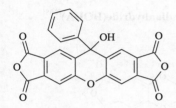

按【275】方法，四甲基物由苯甲醛与 DXE 在 HF 中 120℃反应 8 h 得到，产率 47%，没有明显熔点；四酸收率 90%；在乙酐中回流，得到总收率为 73%的大约 1:1 的羟基和乙酰基化的二酐。

【292】9-乙酰氧基-9-苯基氧杂蒽二酐

9-Phenyl-9-acetoxy-2,3,6,7- xanthenetetracarboxylic dianhydride[204]

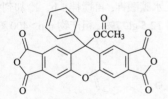

由【291】用乙酐酰化得到。

【293】9-羟基-9-对氯苯基氧杂蒽二酐

9-(p-Chlorophenyl)-9-hydroxy-2,3,6,7- xanthenetetracarboxylic dianhydride[204]

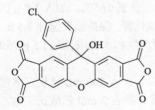

按【275】方法，四甲基物由 DXE 与对氯苯甲酰氯在 HF 中 125℃反应 8 h 得到，收率 64%，在 193℃熔融，199℃分解；四酸收率 99%；四酸在乙酐中成酐，收率 72%，因为发生部分酰化。没有明显熔点，320℃分解。

【294】9-乙酰氧基-9-对氯苯基氧杂蒽二酐

9-(*p*-Chlorophenyl)-9-acetoxy-2,3,6,7- xanthenetetracarboxylic dianhydride

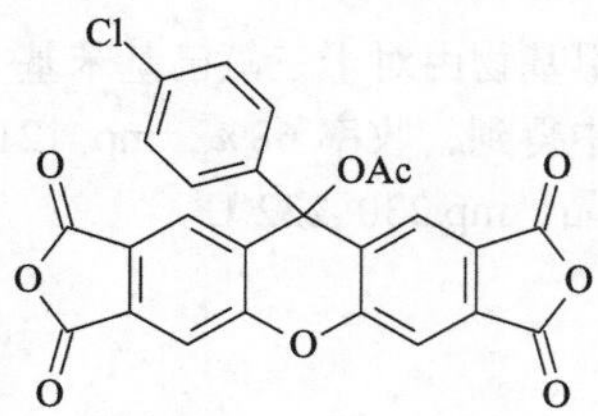

由【293】用乙酐成酐时在羟基上酰化得到。

1.19.3　其他三并环二酐

【295】二苯并二氧六环二酐 **4,4′,5,5′-Dioxydiphthalic dianhydride(DODA)**[205]

①从 4,5-二氯苯酐出发

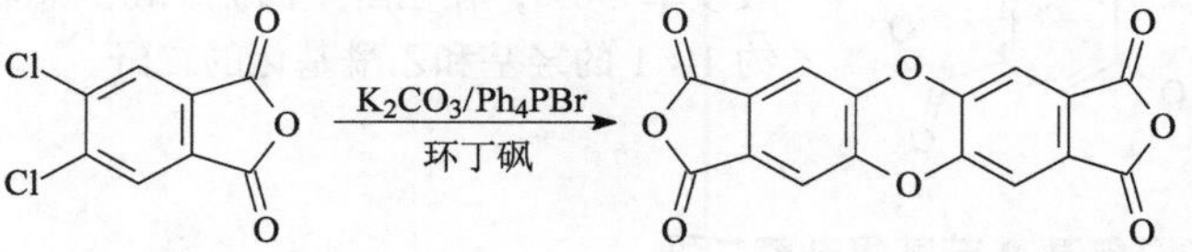

将 21.7 g (0.1 mol)4,5-二氯苯酐在 40 g 无水环丁砜中加热到 210~215℃，加入 0.215 g (4.6 mmol)四苯基溴化鏻，在 4 h 内分批加入 13.82 g (0.1 mol)无水碳酸钾，再搅拌 1 h，冷却到室温，加入 100 mL 丙酮，过滤，依次用丙酮水溶液和丙酮洗涤，得 12.5 g(77%)，粗产物 mp >400 ℃。

②从 4,5-二氟苯酐出发

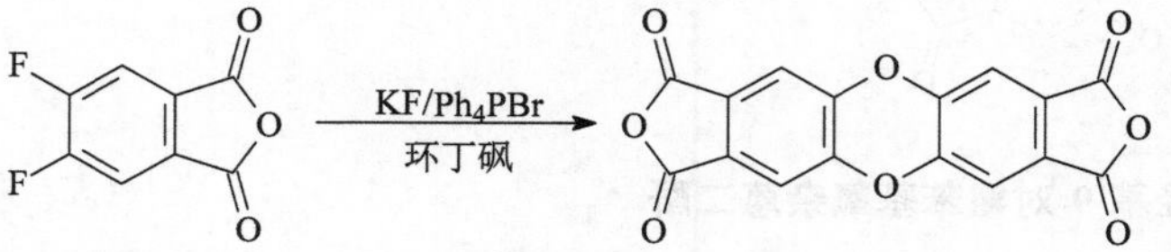

将 18.4 g (0.1 mol)4,5-二氟苯酐溶于 40 g 无水环丁砜中，加热到 165℃，加入 1.8 g 四苯基溴化鏻和 1.8 g 水，升温到 200℃，加入 23.4 g (0.4 mol)无水氟化钾，保持温度搅拌 3.5 h，再加水 0.2 g，继续加热 1 h。冷却到室温，加入 25 mL 丙酮，过滤，用丙酮和水洗涤，得 15.5 g(96%)。

③DODA 的纯化

将 25 g DODA 在 175 g 正丁醇中回流，溶解后浓缩到 80%，加入 200 mL 己烷，冰浴冷却，过滤，得二丁酯 31.0 g(85%)。将二酯在过量的乙酐中回流，除去 2 mol 乙酸正丁酯，冷却到室温过滤，得到二酐 17.3 g。再将二酐在甲苯中蒸馏以乙酐/甲苯共沸物除去痕量乙酐，过滤，用冷丙酮洗涤，真空干燥得 17.1 g 高纯 DODA。

【296】含螺双茚满和二苯并二氧六环结构的二酐[206]

①由四羟基螺双茚满化合物与氯代酞酰亚胺出发

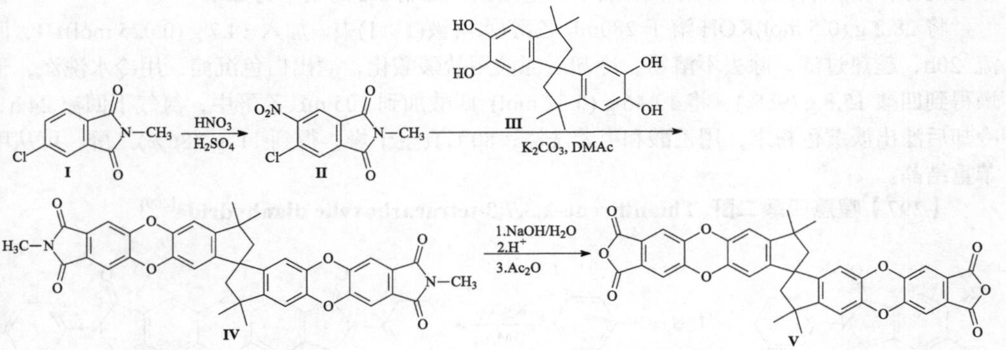

将 19.6 g (0.10 mol)N-甲基-4-氯代酞酰亚胺加到 40 mL 98% H_2SO_4 中,加热到 80℃使固体完全溶解,加入 12 mL 发烟硝酸,加入速度使温度保持在 80~90℃,加完后在 90℃反应 5 h,冷却后小心倒入 200 mL 冰水中,滤出沉淀,用水洗涤,从二甲苯重结晶,得 **II** 15.6 g (65%),mp 194~195℃。

将 3.41 g (0.01 mol)四羟基螺双茚满(**III**)和 3.32 g (0.048 mol)无水碳酸钾加到 35 mL DMAc 和 15 mL 甲苯的混合物中,氮气鼓泡 10 min。混合物在 140℃反应 5h 同时除水。将大部分甲苯除去后,加入 5.3 g (0.022 mol)**II**,在 120℃反应 5 h,倒入 400 mL 水中,滤出沉淀,水洗,从氯仿/甲醇中重结晶,得 **IV** 黄色产物 5.4 g(83%),mp >300℃。

将 6.55 g, (0.01 mol)**IV** 溶于 60 mL NMP 中,加入由 3.2 g NaOH 配成的 20%水溶液,回流 48 h,冷到室温,用 6 mol/L 盐酸酸化到 pH 1,滤出四酸白色沉淀。将四酸在 100℃真空脱水。将得到的四酸在 20 mL 乙酐中回流 6 h,滤出黄色固体,用石油醚洗涤后在 100℃真空干燥,得二酐 5g(80%), mp >300℃。

②由四羟基螺双茚满化合物与 4,5-二氯代邻苯二腈出发[62]

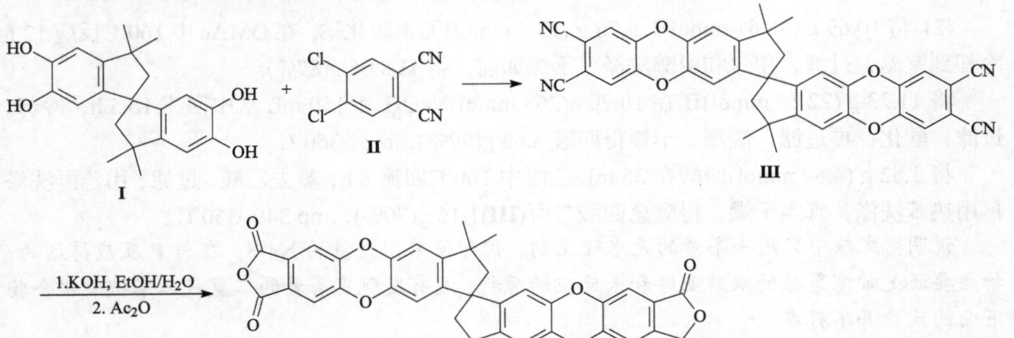

氮气下将 15 g 4,5-二氯代邻苯二腈(II)和 12 g 3,3,3′,3′-四甲基-1,1′-螺双茚满-5,5′,6,6′-四酚(I)在 150 mL DMF 中室温搅拌，缓慢加入 30 g 碳酸钾。然后在 80℃搅拌 3 h。滤出产物，用水洗涤，干燥后依次从甲醇和二氯甲烷重结晶，四腈 III 的收率为 80%[208]。

将 28.2 g (0.5 mol)KOH 溶于 280mL 乙醇/水溶液(1∶1)中，加入 14.7 g (0.025 mol)III，回流 20h，趁热过滤，除去不溶物，冷却后滤液用盐酸酸化，滤出白色沉淀，用冷水洗涤，干燥得到四酸 15.8 g (95%)。将 13.46 g (0.02 mol) 四酸加到 105 mL 乙酐中，氮气下回流 24 h，冷却后滤出淡黄色粉末，用乙酸和甲苯洗涤，80℃真空干燥，得到 11 g (86%)二酐，可从甲苯重结晶。

【297】噻蒽四酸二酐　Thianthrene-2,3,7,8-tetracarboxylic dianhydride[209]

将 21.71 g (1.0 mol)4,5-二氯苯酐溶于 160 mL 冰乙酸和 120 mL DMAc 的混合物中，冷到 10℃，在 25 min 内滴加入 9.34 g (0.1 mol)苯胺在 34 mL DMAc 中的溶液，加热至 150℃反应 8 h，冷却得到片状结晶，过滤，水洗，在 60℃真空干燥，得到 N-苯基-4,5-二氯酞酰亚胺(I)21.98 g (75%)，mp 214~216℃。

(1) 将 14.61 g (50.01 mmol)I，7.55 g (55.0 mmol)硫代苯甲酰胺(也可以采用硫代乙酰胺)和 7.60 g (55.0 mmol)无水碳酸钾加到 100 mL DMAc 中，在 150℃反应 12 h，冷却后倒入 700 mL 水中，过滤，依次用水和甲醇洗涤，在 65℃真空干燥，得带噻蒽核的双酰亚胺(II) 11.2 g(90%)，mp 369~371℃。

(2) 将 10.69 g (36.61 mmol)I，5.76 g (73.8 mmol)无水硫化钠，在 DMAc 中 160℃反应 12 h，冷却到室温，过滤，用水和甲醇洗涤，干燥如前，得 II 8.06 g(87%)。

将 11.23 g (22.17 mmol)II 在 10.70 g(268 mmol)NaOH 和 150 mL 水中回流 16.5 h，冷却，过滤，酸化，再过滤，洗涤，干燥得四酸 8.63 g(99%)，mp >360℃。

将 1.82 g (4.64 mmol)四酸在 35 mL 乙酐中 100℃回流 8 h，蒸去乙酸，过滤，用乙酐洗涤，再用热苯洗涤，真空干燥，得噻蒽四酸二酐(III)1.16 g(70%)，mp 349~350℃。

说明：文献中只用一半量的无水硫化钠。但即使采用欠量的 Na₂S，在与 I 反应得到的产物主要还是带噻蒽核的双酰亚胺和未反应的原料，没有发现显著量的二氯代二苯硫醚化合物。下面的反应并不存在：

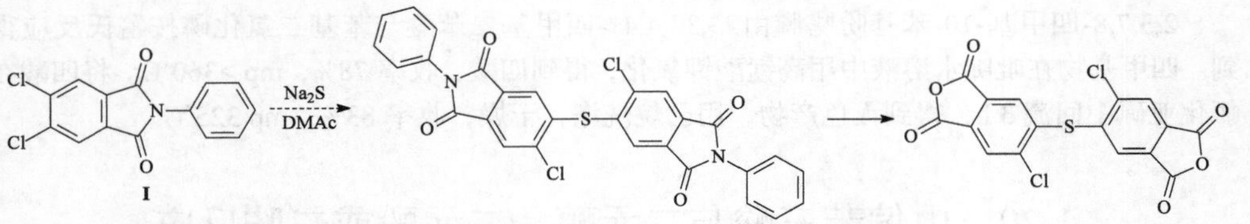

【298】2,3,7,8-氧硫杂蒽二氧化物四酸二酐

Phenoxathiin-2,3,7,8-tetracarboxylic dianhydride-5,5-dioxide[285]

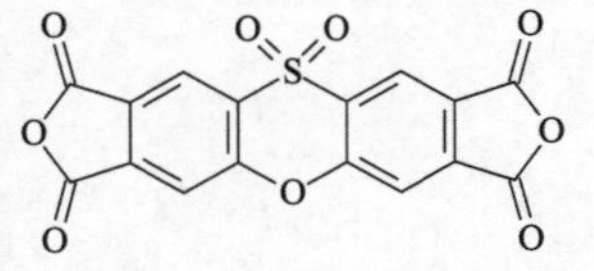

【299】2,3,7,8- 氧二甲基硅杂蒽四酸二酐[285]

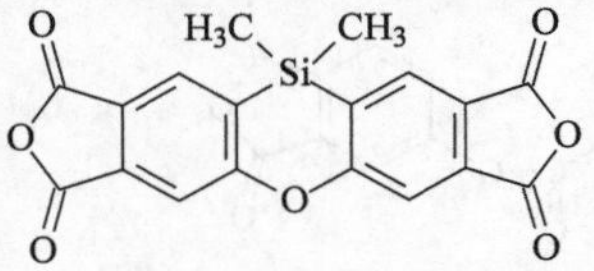

【300】2,3,7,8- 氧二苯基硅杂蒽四酸二酐[285]

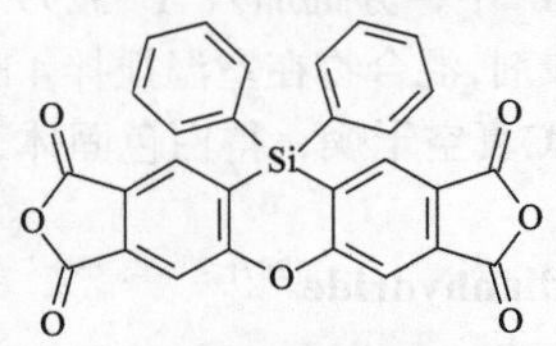

【301】噻蒽四氧化物四酸二酐

Thianthrene-2,3,7,8-tetracarboxylic dianhydride- 5,5,10,10-tetraoxide[210]

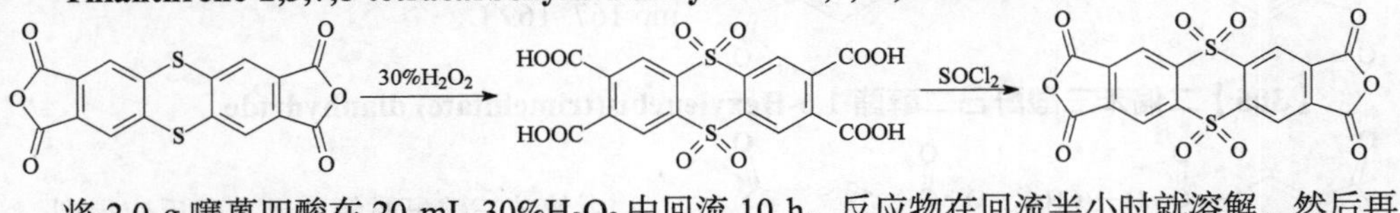

将 2.0 g 噻蒽四酸在 20 mL 30%H$_2$O$_2$ 中回流 10 h，反应物在回流半小时就溶解，然后再沉淀出来。冷却到室温，滤出白色固体，用冷水洗涤后真空干燥，得四酸 1.66 g(71%)。

将 1 g 四酸与 15 mL 氯化亚砜在氮气下加热回流 3 h,整个反应过程都是在非均相下进行。冷却到室温，滤出白色产物，用二氯甲烷洗涤，真空干燥，得二酐 0.92 g(100%), mp >430℃。

【302】10-苯基吩噁膦-2,3,7,8-四酸二酐

10-Phenylphenoxaphosphine-2,3,7,8-tetracarboxylic dianhydride-10-oxide[211]

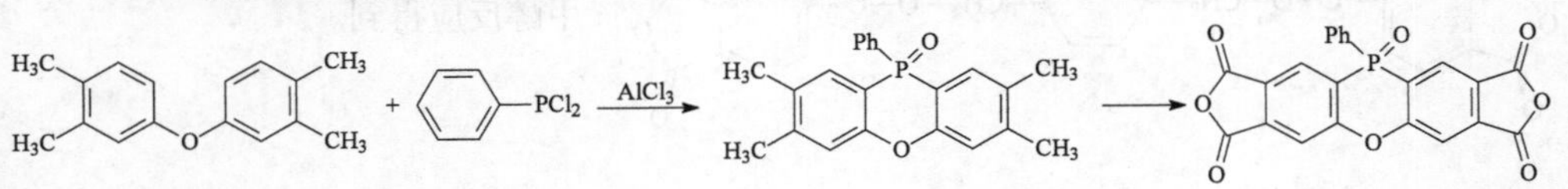

2,3,7,8-四甲基-10-苯基吩噁磷由 3,3′,4,4′-四甲基二苯醚与苯基二氯化磷按富氏反应得到。四甲基物在吡啶水溶液中用高锰酸钾氧化，得到四酸，收率 78%，mp >360℃。将四酸在氯化亚砜中回流 3 h，得到无色产物，用己烷洗涤，干燥，收率 83%，mp 325℃。

1.20 由偏苯三酸与二元醇、二元酚或二胺反应得到的含酯或酰胺单元的二酐

1.20.1 含酯基的二酐

【303】苯甲酸苯酯-3,4,3′,4′-四甲酸二酐
Phenyl benzoate-3,4,3′,4′-tetracarboxylic dianhydride[22]

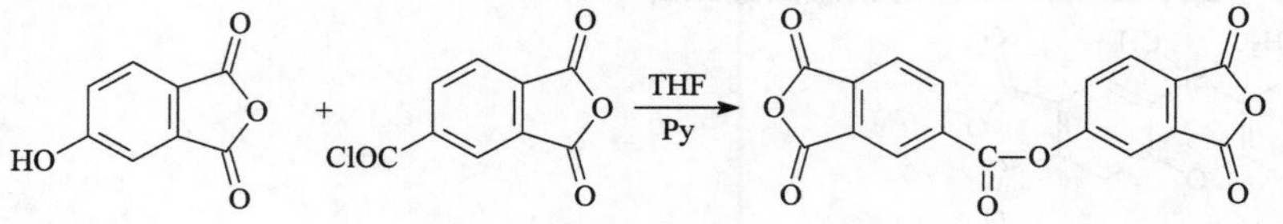

将 13.5101 g (82.3 mmol)4-羟基苯酐溶于 200 mL 无水 THF 中，分批加入 17.3299 g (82.3 mmol)偏苯三酸酐酰氯，再加入 6.7 mL 吡啶作为催化剂和缚酸剂，混合物在室温搅拌 4 h，滤出固体，用水、甲醇及二氯甲烷洗涤后从乙酐重结晶，在 110℃真空干燥，得白色固体，将母液蒸发，可进一步回收产物。收率 85%，mp 213~215℃。

【304】二偏苯三酸酐乙二醇酯 1,2-Ethylenebis(trimellitate) dianhydride[287]

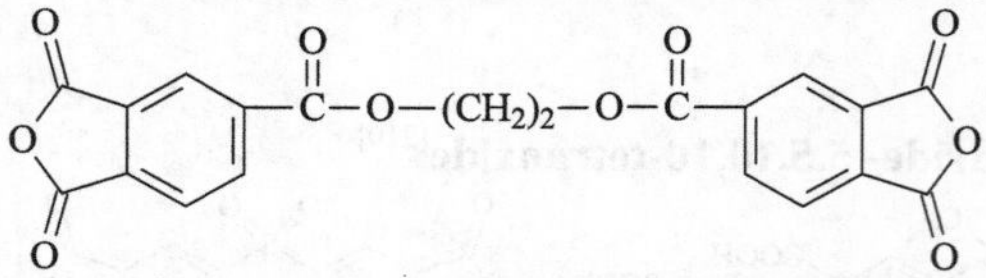

由偏苯三酸酐酰氯与乙二醇反应得到，mp 167~169℃。

【305】二偏苯三酸酐己二醇酯 1,6-Hexylenebis(trimellitate) dianhydride

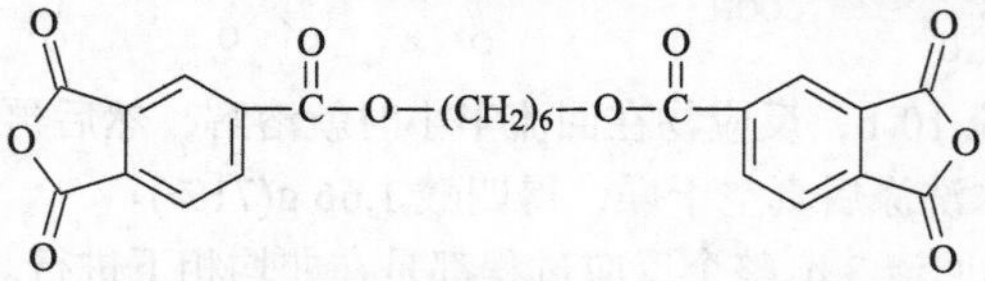

由偏苯三酸酐酰氯与己二醇反应得到，mp 158~160℃。

【306】二偏苯三酸酐-1,4-苯二甲醇酯
1,4-Benzenedimethyl bis(trimellitate) dianhydride[287]

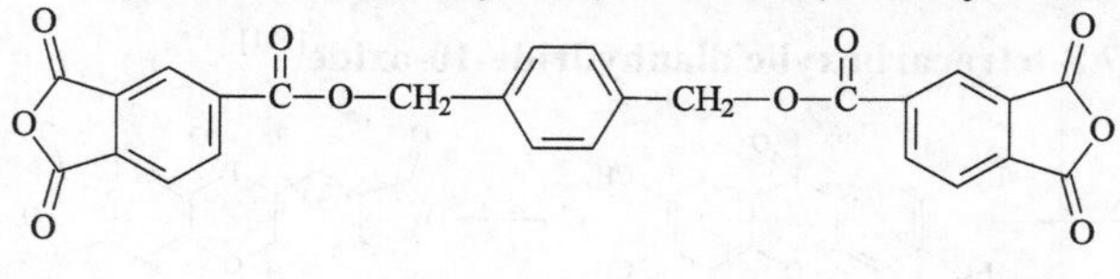

由偏苯三酸酐酰氯与对苯二甲醇反应得到。

【307】二偏苯三酸酐-1,2-乙二硫醇酯

1,2-Ethanedithiol bis(trimellitate) dianhydride[287]

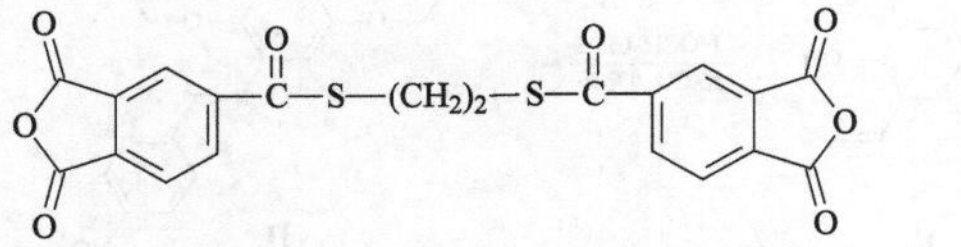

由偏苯三酸酐酰氯与乙二硫醇反应得到。

【308】2,3-双-(3,4-二羧苯基羧乙氧基)-4′-硝基芪二酐

2,3-Bis-(3,4- dicarboxyphenylcarboxyethoxy)-4′-nitrostilbene dianhydride[212]

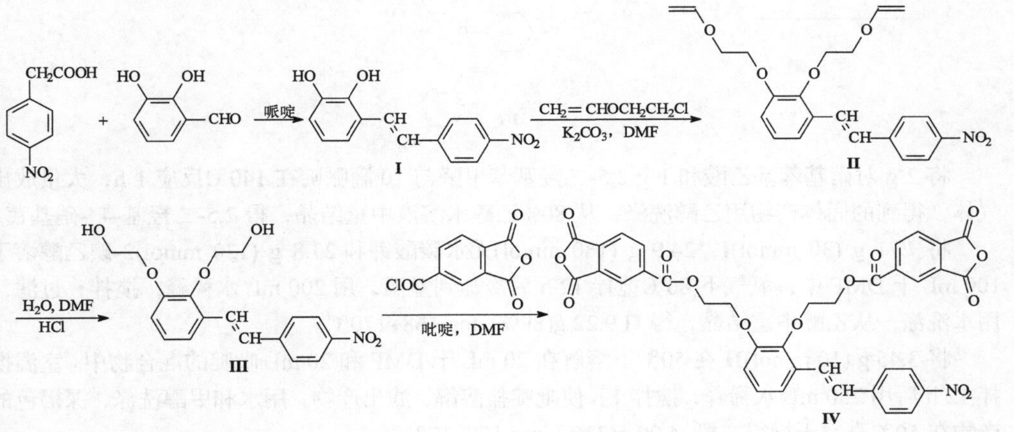

2,3-二羟基-4′-硝基二苯乙烯(**I**)由 2,3-二羟基苯甲醛和 4-硝基苯乙酸制得，从乙醇/水中重结晶，收率 90%，mp 216~218℃。

将 7.71 g (0.03 mol)**I**, 24.9 g (0.18 mol)无水碳酸钾, 8.52 g (0.08 mol)2-氯乙基乙烯基醚在氮气下溶于 100 mL 干 DMF 中。混合物在 80℃反应 15 h 后冷却到室温，用 200 mL 水稀释，搅拌，过滤，用 100 mL 水洗涤，从乙醇重结晶得 **II** 10.73 g(90%), mp 172~174℃。

将 30 mL 1.5 mol/L 盐酸在 0℃下缓慢加入到 9.93 g (0.025 mol)**II** 在 60 mL 干燥 DMF 的溶液中，氮气下 80℃搅拌 8 h，所得到的溶液用 80 mL 乙醚萃取 3 次。有机层用饱和食盐水、碳酸氢钠及水洗涤，硫酸镁干燥，除去乙醚得到粗产物。从乙酸乙酯重结晶得 **III** 37.334 g(85%), mp 123~125℃。

将 3.45 g (0.01 mol)**III** 在氮气下溶于 20 mL 干燥 DMF 和 20 mL 吡啶的混合物中，加入 8.42 g (0.04 mol)偏苯三酸酐酰氯，在 50℃搅拌 12 h 后冷却到室温。溶液用 250 mL 水稀释，搅拌 1 h，溶解吡啶盐酸盐。滤出产物，依次用水和甲醇洗涤。将得到的褐色产物在 50℃真空干燥，得到二酐 5.06 g (73%)，mp 180~182℃。

【309】2,5-双(3,4-二羧苯基羧乙氧基)-4′-硝基芪二酐

2,5-Bis-(3,4- dicarboxyphenylcarboxyethoxy)-4′-nitrostilbene dianhydride[212]

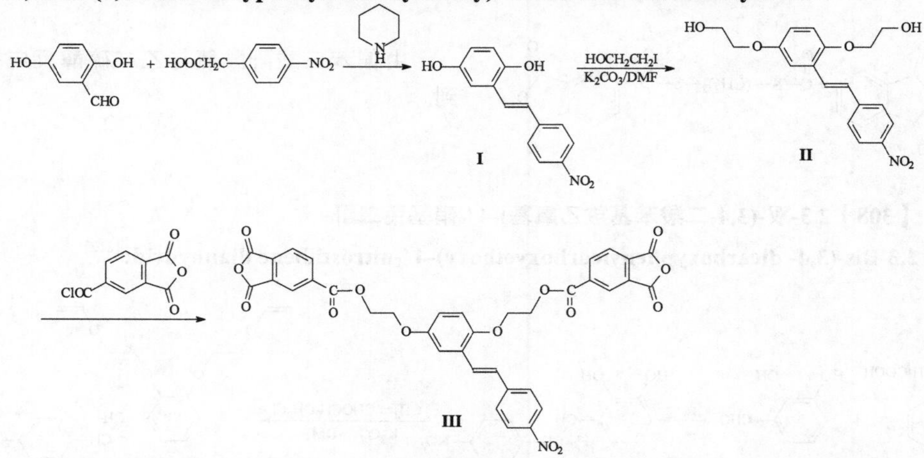

将 2 g 对硝基苯基乙酸和 1 g 2,5-二羟基苯甲醛与 10 滴哌啶在 140℃反应 1 h，大量放出气体，得到的固体产物用乙醇洗涤，从 80%乙醇水溶液中重结晶，得 2,5-二羟基-4′-硝基芪。

将 7.71 g (30 mmol)**I**、24.9 g (180 mmol)无水碳酸钾和 23.8 g (120 mmol)2-碘乙醇溶于 100 mL 干 DMF 中，氮气下 80℃搅拌 12 h 后冷却到室温，用 200 mL 水稀释，搅拌，过滤，用水洗涤，从乙醇中重结晶，得 **II** 9.22 g(89%)，mp 168~170℃。

将 3.45 g (10 mmol)**II** 在 50℃下溶解在 20 mL 干 DMF 和 20 mL 吡啶的混合物中。室温搅拌 12 h 后用 250 mL 水稀释，搅拌 1 h 使吡啶盐溶解，滤出产物，用水和甲醇洗涤，深褐色的产物在 50℃真空干燥得二酐 4.99 g(72%)，mp 170~172℃。

【310】2,4-双(3,4-二羧苯基羧乙氧基)-1-(2,2-二氰基乙烯基)苯二酐

2,4-Bis(3,4- dicarboxyphenylcarboxyethoxy)-1-(2,2-dicyanovinyl)benzene dianhydride[213]

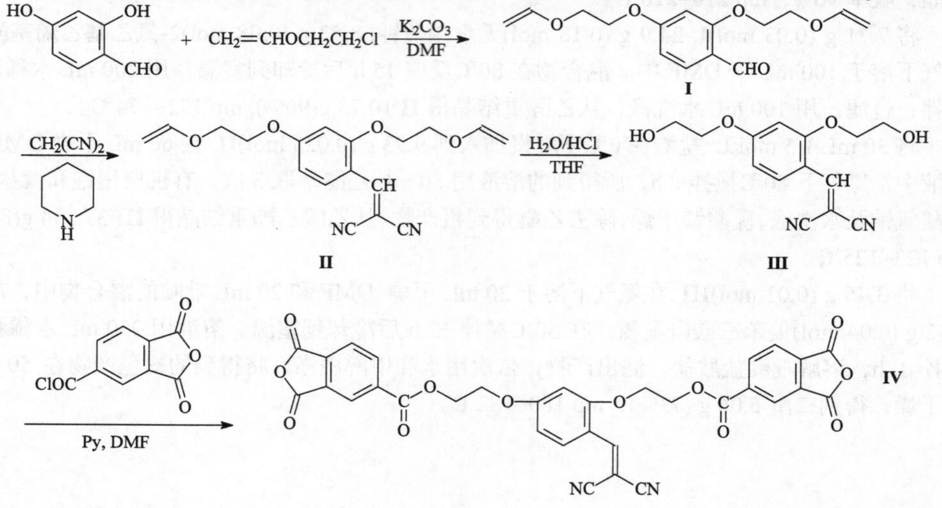

将 13.8 g (0.10 mol)2,4-二羟基苯甲醛, 82.9 g (0.60 mol)无水碳酸钾和 26.6 g (0.25 mol)2-氯乙基乙烯基醚在氮气下溶于 400 mL 干燥 DMF 中, 加热回流 15 h, 冷却到室温, 用 300 mL 水稀释, 用 3×300 mL 乙醚萃取, 有机层合并后用饱和氯化钠溶液洗涤, 硫酸镁干燥后去除乙醚, 得到粗产物, 从丁醇重结晶, 得 **I** 25 g(90%), mp 68~69℃。

将 0.13 g (1.5 mmol)哌啶加到 8.35 g (30 mmol)**I** 和 2.18 g (33 mmol)丙二腈在 170 mL 丁醇的溶液中, 氮气下 0℃搅拌 4 h。冷却到−10℃使其结晶。滤出产物, 依次用 80 mL 冷丁醇、30 mL 水及 20 mL 冷丁醇洗涤。将得到的黄色产物从丁醇重结晶, 得 **II** 8.62 g(88%), mp 70~71℃。

将 150 mL 1.5 mol/L 盐酸缓慢加入到 6.53 g (0.02 mol) **II** 在 50 mL DMF 的溶液中, 氮气下 0℃搅拌 20 h。过滤, 用 50 mL 水洗涤。得到的黄色产物从乙酸乙酯重结晶, 得 **III** 4.55 g(83%), mp 148~149℃。

将 2.74 g (0.01 mol)**III** 溶于 20 mL 干燥 DMF 和 20 mL 吡啶的混合物中, 氮气下加热到 50℃, 加入 8.42 g (0.04 mol)偏苯三酸酐酰氯, 得到的化合物在室温搅拌 12 h, 用 250 mL 水稀释, 再搅拌 1 h 后过滤, 用水和甲醇洗涤, 深褐色产物在 50℃真空干燥, 得 4.54 g(73%)。

【311】3,4-双(3,4-二羧苯基羧乙氧基)-1-(2,2-二氰基乙烯基)苯二酐

3,4-Bis(3,4-dicar boxyphenylcarboxyethoxy)-1-(2,2-dicyanovinyl)benzene dianhydride[214]

由 3,4-二羟基苯甲醛按【310】方法合成, 收率 76%。

【312】2,3-双(3,4-二羧苯基羧乙氧基)-1-(2,2-二氰基乙烯基)苯二酐

2,3-Bis(3,4- dicarboxyphenylcarboxyethoxy)-1-(2,2-dicyanovinyl)benzene dianhydride[215]

由 2,3-二羟基苯甲醛按【310】方法合成, 收率 72%。

【313】二偏苯三酸酐的分散红二酯[216]

由分散红与偏苯三酸酐酰氯反应得到。二酐收率73%，mp 245~247℃。

【314】2,5-双(3,4-二羧苯基羧乙基)胺-4′-吡啶盐基芪二酐[216]

由相应的二醇与偏苯三酸酐酰氯合成。二酐收率62%，mp 125~127 ℃。

【315】C_{61}二酚的酯二酐 Bis(4-hydroxyphenyl) C_{61}bis(trimellitate) dianhydride[217]

由 C_{60} 二酚与偏苯三酸酐酰氯合成，收率94%。

【316】含查耳酮结构的二醚二苯酐[207]

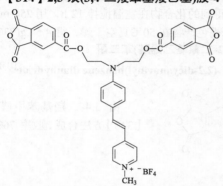

将 12.2 g (0.1 mol)对羟基苯甲醛，13.6 g (0.1 mol)对羟基苯乙酮和 40 mL 哌啶加热到 80 ℃，反应 24 h。倒入 1000 mL 水中，用盐酸调节 pH 为 1 后放置 12 h。过滤，从乙醇和水的混合物重结晶，得查耳酮双酚(I)，收率 50%。

将 5.05 g (0.024 mol)偏苯三酸酐酰氯溶于 20 mL 无水 THF 中，加入 1.9 mL (0.024 mol)吡啶，在冰浴中搅拌。滴加入 2.4 g (0.01 mol)1,3-双(4-羟基苯基)丙烯酮在 20 mL 无水 THF 中的溶液。混合物室温反应 24 h，滤出沉淀，用无水 THF 洗涤数次，真空干燥，再从乙酐重结晶，得二酐黄色针状结晶，收率 51%。

【317】由乙二醇链段分隔开的含查耳酮结构的二醚二苯酐[218]

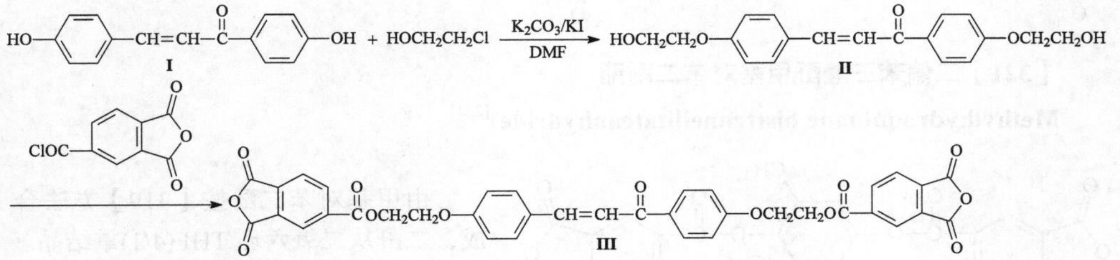

将 4.8 g (0.02 mol) 查耳酮双酚(见【316】), 4.83 g (0.06 mol) 2-氯乙醇, 8.3 g (0.06 mol) K₂CO₃ 和 1 g (6 mmol)KI 加到 30mL DMF 中，在 90~100℃搅拌12h。将反应物倒入 200 mL 水中得到淡黄色沉淀，从乙醇重结晶，得 II，收率 85%。

用【316】的方法合成二酐 III，收率 68%。

【318】含二乙烯酮结构的二醚二苯酐[218]

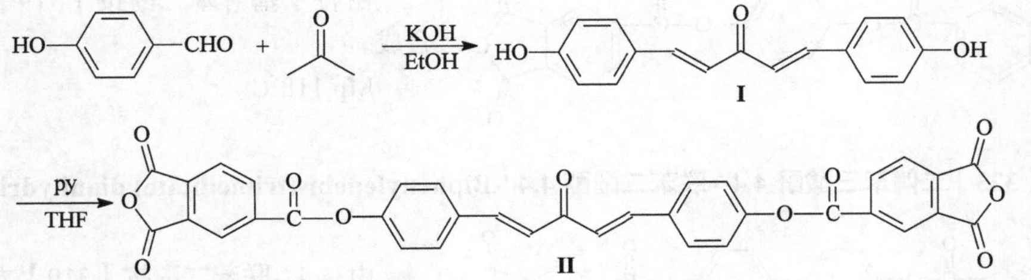

将 4.88 g (0.04 mol) 对羟基苯甲醛和 1.45 mL (0.02 mol)丙酮溶于 20 mL 乙醇中。滴加 20 mL 50 %NaOH 溶液，室温反应 20 h 后倒入 150 mL 水中，缓慢加入盐酸，使 pH 为 1，放置 12 h，过滤，从乙醇/水(4：1)溶液中重结晶，得含二乙烯酮结构的双酚 I 的收率为 56%。

用【316】方法得到深黄色针状二酐 II，收率 53%。

【319】二偏苯三酸酐对苯二酚酯 p-Phenylenebis(trimellitate) dianhydride[219]

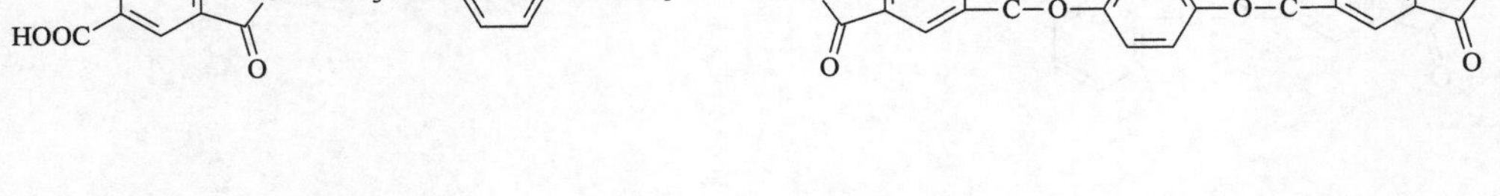

　　将 192 g 偏苯三酸酐和 97 g 对苯二酚二乙酸酯在 500 mL 多氯联苯中在 300℃搅拌,在 3 h 内收得 60 g 乙酸(100%理论值)。将混合物冷却到 80℃,用 2 L 正戊烷稀释,滤出黄褐色粉末,用丙酮洗涤 3 次,真空干燥,得 200 g(89%)粗产物,mp 255~260℃。将粗产物溶于沸乙酐中,活性炭脱色,过滤,冷却得到二酐针状结晶 192 g(82.3%),mp 274℃。

【320】二偏苯三酸酐间苯二酚酯 *m*-Phenylenebis(trimellitate) dianhydride[220]

由间苯二酚按【319】方法合成。
Mp 177~178℃。

【321】二偏苯三酸酐甲基对苯二酚酯
Methylhydroquinone bis(trimellitateanhydride)[221]

由甲基对苯二酚按【319】方法合成,二酐从二氧六环/THF(4/1)重结晶。
Mp 250℃。

【322】二偏苯三酸酐特丁基对苯二酚酯
t-Butyl-*p*-phenylenebis(trimellitate) dianhydride[220]

由特丁基对苯二酚按【319】方法合成。
Mp 118℃。

【323】二偏苯三酸酐 4,4′-联苯二酚酯 4,4′-Biphenylenebis(trimellitate) dianhydride[219]

由 4,4′-联苯二酚按【319】方法合成。
Mp 303~305℃。

【324】二偏苯三酸酐 2,2′-联苯二酚酯 2,2′-Biphenylenebis(trimellitate) dianhydride[219]

由 2,2′-联苯二酚按【319】方法合成。
收率 70%,mp 156℃。

【325】二偏苯三酸酐-2,2′-联萘酚酯 2,2′-Binaphthalenebis(trimellitate) dianhydride[162]

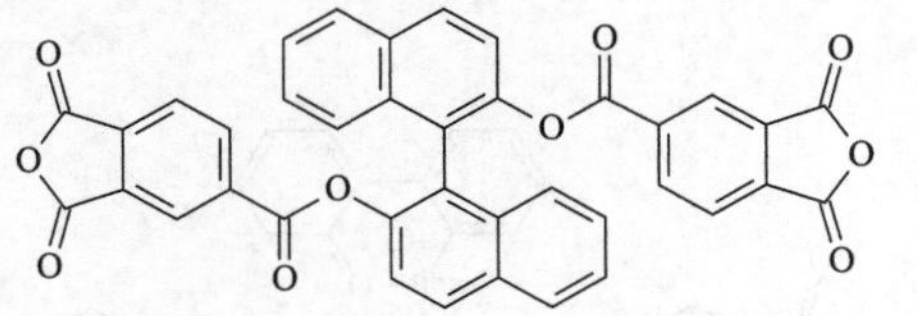

由 2,2′-联萘酚与偏苯三酸酐酰氯
反应得到。收率 55%，mp 221~222℃。

【326】二偏苯三酸酐双酚 A 酯 4,4′-Isopropylidenediphenylbis(trimellitate) dianhydride
① 酰氯法[144]

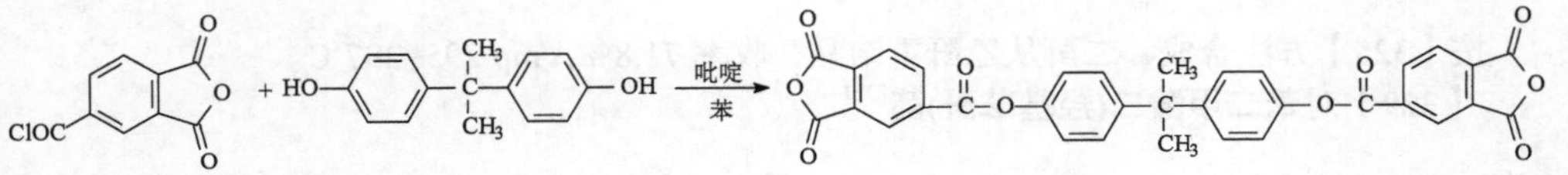

将 421 g 偏苯三酸酐酰氯溶于 225 g 干燥吡啶和 1300 g 干燥苯的混合物中，回流搅拌下
在 30 min 内，分批加入 228 g 双酚 A，加完后再回流搅拌 1 h，冷至室温，滤出吡啶盐酸盐，
在滤液中加入数倍体积的干燥己烷，使产物沉淀析出，产物用干己烷洗涤数次，在 130℃真
空干燥，收率为 94%，mp 165~170℃。将粗产物溶于 400mL 沸乙酐中，冷至 70℃，用 1 L 苯
稀释，回流 1 h，加入数倍体积的己烷，滤出沉淀，在 150℃真空干燥，反复处理，可得具有
敏锐熔点(mp 192℃)的二酐。

② 酯交换法[222]

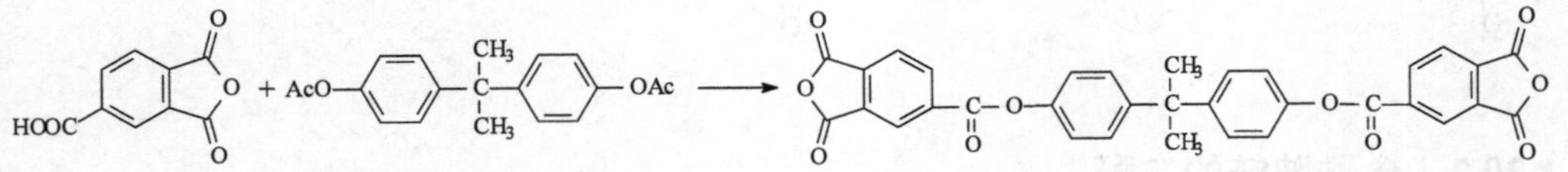

将 15.6 g (0.05 mol)二乙酰基双酚 A, 19.2 g (0.1 mol)偏苯三酸酐和 0.2 g 乙酸钾在氮气下加
热到 180℃，使反应物熔融后减压至 100 mmHg 除去乙酸，反应 1.5 h 后减压至 10 mmHg，升
温至 210℃，使乙酸去尽，冷却得固体物，从乙酐中重结晶，得粗产物二酐 30 g。

【327】二偏苯三酸酐-4,4′-二苯砜二酚酯

4,4′-Diphenylsulfone bis(trimellitate) dianhydride[219]

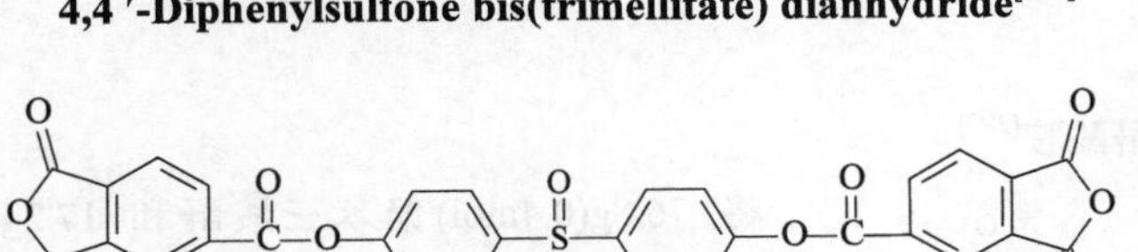

由 4,4′-二羟基二苯砜
按【325】方法合成。收率
80%，mp 256℃。

【328】带 DOPO 的二偏苯三酸酐

1,4-[2-(6-Oxido-6*H*-dibenz\<c,e\>\<1,2\> oxaphosphorin-6-yl)]-naphthalene-bis (trimellitate)- dianhydride[223]

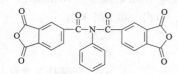

按【325】方法合成，二酐从乙酐重结晶，收率 71.8%，mp 295~297℃。

【329】对苯二甲酸二(羟基苯酐)酯[22]

由 4-羟基苯酐与对苯二酰氯反应得到，收率 81%，mp 273~275℃。

【330】间苯二甲酸二(羟基苯酐)酯[22]

由 4-羟基苯酐与间苯二酰氯反应得到，收率 84%，mp 224~225℃。

1.20.2　含酰胺链的二酐

【331】*N*-苯基-二偏苯三酸酐二酰亚胺[285]

参考【525】方法合成。

【332】哌嗪的二偏苯三酸酐酰胺[287]

将 76.8g(0.4mol)偏苯三酸酐和 17.2g(0.2mol)哌嗪在 200~300℃反应 15min，除去 7.1g 水(理论量为 7.2g)，得到二酐。

【333】对苯二胺的二偏苯三酸酐酰胺[224]

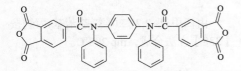

　　由对苯二胺按【338】方法合成，产物用二氯甲烷提纯。

【334】N,N′-二苯基对苯二胺的二偏苯三酸酐酰胺[285]

　　由 N,N′-二苯基对苯二胺与偏苯三酸酐酰氯合成。

【335】四甲基对苯二胺的二偏苯三酸酐酰胺[225]

　　由四甲基对苯二胺按【338】方法合成，mp 398℃。

【336】3,3′-二甲基联苯胺的二偏苯三酸酐酰胺[226]

　　由 3,3′-二甲基联苯胺按【338】方法合成。

【337】3,3′,5,5′-四甲基联苯胺的二偏苯三酸酐酰胺[225]

　　由 3,3′,5,5′-四甲基联苯胺按【338】方法合成，mp 394℃。

【338】4,4′-二苯甲烷的二偏苯三酸酐酰胺[224]

　　将 1.886 g 二氨基二苯甲烷和 2.7 mL 三乙胺溶于 10 mL NMP 中，在 20 min 内滴加到预先冷到−22℃的 5 g 偏苯三酸酐酰氯在 30 mL NMP 的溶液中，加完后保持在−20℃搅拌 4h。然后回暖至室温，滤出三乙胺盐酸盐，将溶剂在 0.5 mmHg 下蒸去，用 100mL 二氯甲烷洗涤，60℃真空干燥 18 h，收率为 95%。

【339】3,3′,5,5′-四甲基-4,4′-二苯甲烷二胺的二偏苯三酸酐酰胺[225,226]

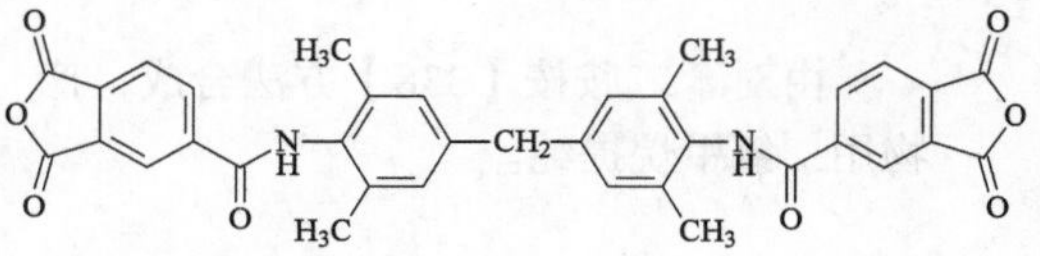

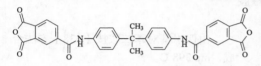

由 3,3′,5,5′-四甲基二氨基二苯甲烷按【338】方法合成，mp 336℃。

【340】3,3′,5,5′-四乙基-4,4′-二苯甲烷二胺的二偏苯三酸酐酰胺[225]

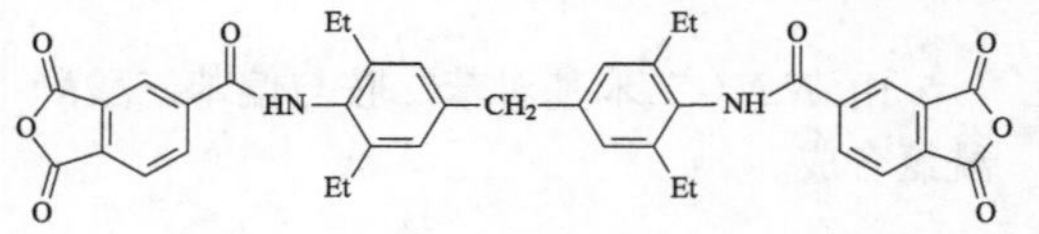

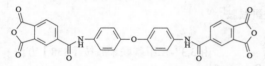

由四甲基 2,2-二(4-氨基苯基)丙烷按【338】方法合成，mp 298℃。

【341】4,4′-二苯基-2,2-丙烷二胺的二偏苯三酸酐酰胺[224]

由 2,2-二(4-氨基苯基)丙烷按【338】方法合成，产物用乙酸乙酯提纯。

【342】4,4′-二苯醚二胺的二偏苯三酸酐酰胺[224]

由二苯醚二胺按【338】方法合成，产物用二氯甲烷提纯。

【343】4,4′-二苯砜二胺的二偏苯三酸酐酰胺[224]

由二苯砜二胺按【338】方法合成，产物用二氯甲烷提纯。

【344】环己基-1,4-二苯胺的二偏苯三酸酐酰胺[224]

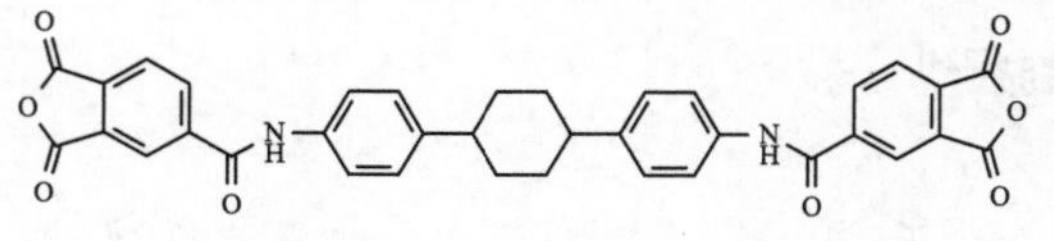

由相应二胺按【338】方法合成，产物用乙酸乙酯提纯。

【345】2,2′-联萘胺的二偏苯三酸酐酰胺

2,2′-Bis(3,4-dicarboxybenzamido)-1,1′-binaphthyl dianhydride(BNDADA)[227]

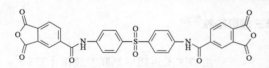

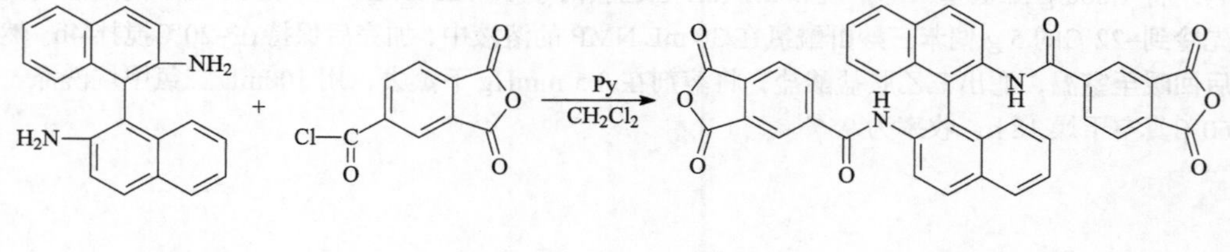

将 5.64 g (20.0 mmol) (±)-1,1′-联萘-2,2′-二胺在 100 mL 二氯甲烷中的溶液 0℃下在 1.5 h 内加到 9.33 g (44.0 mmol)偏苯三酸酐酰氯和 4.2 mL 吡啶在 10 mL CH₂Cl₂ 的溶液中，在 0℃ 搅拌 4 h 后除去溶剂，残留物在 1 mol/L NaOH 中水解，滤出白色沉淀，用水洗涤，并从水中 重结晶 2 次，真空干燥，得四酸[(±)-BNDATA]7.04 g(54.5%), mp 197~200℃。

将 7.04 g 四酸加到 20 mL 乙酐中，加热回流 2 h，得到黄色结晶，过滤，真空干燥，得 二酐(BNDADA)5.72 g(85.9%)，mp 289~290℃。

以旋光性 1,1′-联萘-2,2′-二胺用类似于 (±)-BNDATA 方法合成，收率 45%~55%，
S-BNDATA: mp 122~124℃, $[\alpha]_D^{25}$+38.0° (c 0.5, DMF)；R-BNDATA: mp 124~126℃, $[\alpha]_D^{25}$ −35.3° (c 0.5, DMF)。

将 R-或 S-BNDATA 在乙酐中回流 2h，蒸出大部分乙酐，得到黏稠溶液，加入己烷，在 −20℃放置 48 h，得到黄色粉末,从乙酐重结晶,R-或 S-BNDADA 收率 35%~45%。S-BNDADA: mp 166~168℃, $[\alpha]_D^{25}$ + 14.0° (c 0.5, DMF)；R-BNDADA: mp 166~169℃, $[\alpha]_D^{25}$-13.8° (c 0.5, DMF)。

1.21　含六元或七元萘酐单元的二酐

【346】1,4,5,8-萘四酸二酐 1,4,5,8-Naphthalenetetracarboxylic dianhydride(NTDA)

商品，mp >300℃。

【347】苯酰基萘-3′,4,4′,5- 四酸二酐
1-Benzoylnaphthalene-3′,4,4′,5-tetracarboxylic dianhydride[228]

将 2.50 g(16.21 mmol)苊和 2.73 g (16.21 mmol)3,4-二甲基苯甲酰氯加到 20 mL 二氯甲烷 中，保持 0℃下缓慢加入 2.38 g(17.83 mmol)无水三氯化铝，加完后温度回升到室温，搅拌数 小时，将反应物倒入碎冰中，分出有机层，用水洗涤，在无水硫酸镁上干燥，除去溶剂得到 白色固体 I，从乙腈重结晶，得 4.32 g(93%), mp 122~123℃。

将 1.00 g (3.49 mmol)I 在 10 mL 乙酸中 100℃下与 4.16 g (14.0 mmol) Na$_2$Cr$_2$O$_7$·2H$_2$O 反应 4 h，然后倒入 50 mL 水中，滤出沉淀，用水和乙酸洗涤，在 100℃干燥过夜，从乙酸重结晶得 II 0.94 g(84%)。

将 0.50 g II 溶于 15 mL 乙酸中，加热回流，加入 0.37 g 四水乙酸钴及 0.21 g 溴代乙酸，鼓泡通入氧气，反应 8 h，冷却到室温后倒入 50 mL 水中，过滤，水洗后在 100℃干燥，得产物 0.40 g(68%)。将粗酸 III 溶于 8 mL 乙酐，加热回流，冷却过滤，用干甲苯洗涤，100℃干燥，从邻二氯苯中重结晶或升华，得二酐 0.33 g(85%), mp 272℃。

【348】联萘二酐 4,4′-Binaphthyl-1,1′,8,8′-tetracarboxylic dianhydride[229]

①二酯法

将 100 g 4-氯代萘酐和 5 mL 98%硫酸在 800 mL 正丁醇中回流 24 h，除去丁醇，留下油状物，冷却后用 150 mL 乙醚稀释，加入 150 mL 甲苯和 200 mL 1 N NaOH，剧烈搅拌后放置分层，有机层再用 1 N NaOH 处理，分出的有机层用硫酸钠干燥，真空除溶剂，蒸馏，取 202~206℃/0.5 mmHg，得 4-氯代萘二甲酸二正丁酯 122.5 g(100%)，纯度 85%。

将 0.136 g (0.622 mmol)NiBr$_2$, 1.12 g (4.27 mmol)PPh$_3$ 和 1.150 g (17.60 mmol)Zn 粉加到 4 mL 干燥的 DMAc 中，加热到 90~95℃，生成褐色催化剂。加入 4.50 g(12.40 mmol) 4-氯代萘二甲酸二丁酯在 15 mL DMAc 中的溶液，90℃搅拌 3 h。过滤到 200 mL 水中，滤出沉淀，用丙酮溶解，再在水中沉淀，滤出四酯。用 3.5 g KOH, 40 mL 乙二醇在 200℃下水解 18 h，冷却得到淡黄色固体，过滤，用丙酮洗涤后溶于水中，用盐酸酸化，滤出四酸，用水洗涤，在 150℃真空脱水 18 h，得二酐 1.60 g(65.6%), mp 362℃。

②由氯代萘酐直接偶联得到

将 2 g(8.6 mmol)氯代萘酐, 0.094 g(0.43 mmol)NiBr$_2$, 0.85 g(3.24 mmol)PPh$_3$ 和 0.85 g(13 mmol)锌粉在 DMAc 中反应如前。所得到的产物溶于 1 N KOH 中，在甲醇中沉淀，重复处理，得到白色固体，溶于水，用盐酸酸化，过滤，水洗，在 150℃真空脱水 18 h，二酐收率为 43.8%, mp 362℃。

③由苊合成[230]

将 10.0 g 5-溴化苊在 100 mL THF 中的溶液加入到含有 1.98 g 镁屑的 100 mL THF 中，氮气下回流 16 h。将得到的格氏试剂溶液加到含 10.08 g 5-溴化苊和 9.5 g 氯化钴的 100 mL THF

中，再回流 16 h 后倒入碎冰中，用稀盐酸酸化，以二氯甲烷萃取。将有机层用水洗涤，硫酸镁干燥，除去溶剂，得到褐色半固体，用铝胶层析(己烷)分离未反应的 5-溴化苊，苊及产物，得到 **II** 3.2 g(49%)，从 CH₂Cl₂ 重结晶，得淡黄色针状物，mp 176~178℃。

将 3.3 g **II** 与 27 g 重铬酸钠在 500 mL 冰乙酸中回流过夜，冷却后倒入 600 mL 水中，滤出沉淀，从 DMF 重结晶，得黄色无定形固体二酐 3.2 g(71%)，mp 362℃。

【349】1,4-双(1-萘二酸酐四苯基-4-苯基)苯[231]

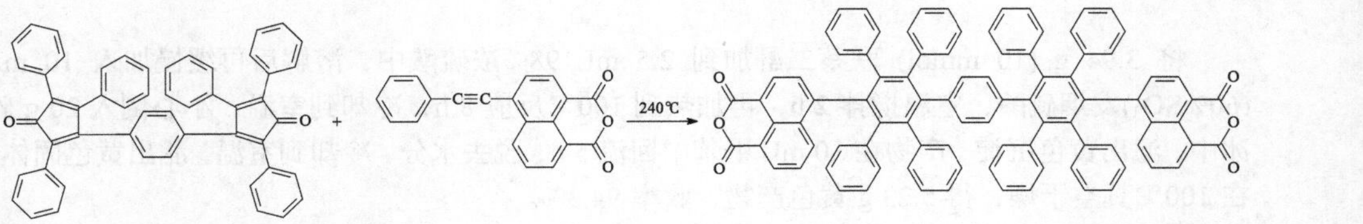

在氩气氛中将双环戊二烯酮『190』和 4-苯炔基萘二酸酐(【30】)在二苯醚中脱气后加热到 240℃反应 7h。用 TLC 检查，体系颜色由深紫变为黄色，将反应物在甲醇中沉淀，过滤，用甲醇洗涤后 80℃真空干燥，收率 83%。为异构体的混合物。

【350】4,4″-二(萘二酸酐四苯基苯基)联苯[231]

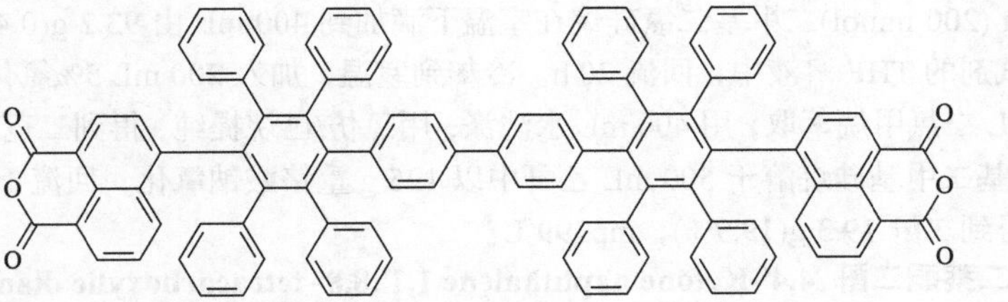

由相应的双环戊二烯酮(『191』)与 4-苯炔基萘二酸酐【30】按【349】的方法合成。收率 74%，mp 380~408℃。

【351】4,4″-二(萘二酸酐四苯基苯基)二苯酮[231]

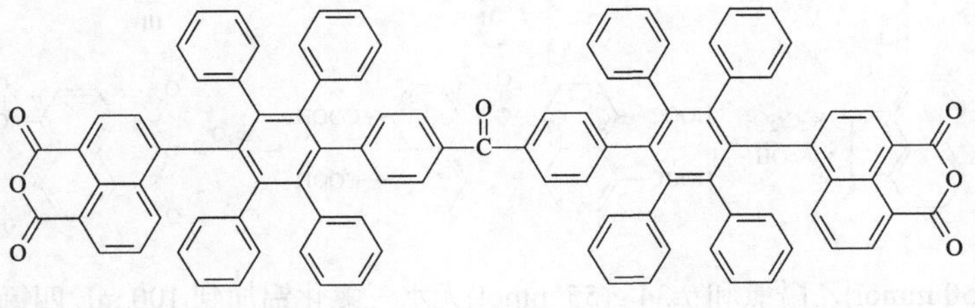

由相应的双环戊二烯酮(『193』)与 4-苯炔基萘二酸酐【30】按【349】的方法合成。收率 91%。

【352】6,6′- 二磺酸联萘二酐

6,6′-Disulfonic-4,4′-binaphthyl- -1,1′,8,8′-tetracarboxylic dianhydride[232]

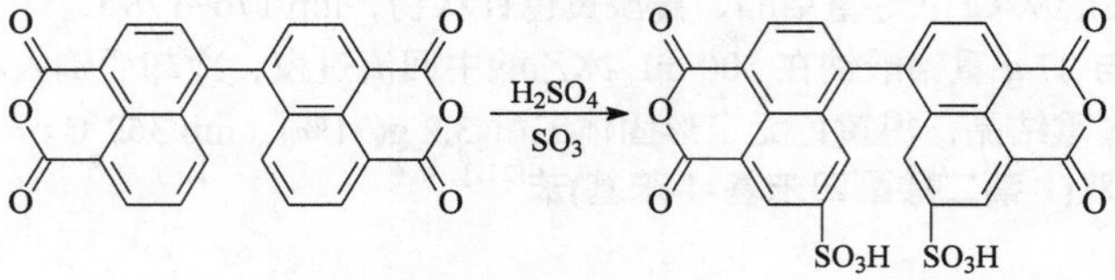

将 3.94 g (10 mmol) 联萘二酐加到 2.5 mL 98%浓硫酸中，溶解后再缓慢加入 10 mL (60%SO₃)发烟硫酸，室温搅拌 2 h，再加热到 100℃反应 8 h，冷却到室温，小心倒入 20 g 碎冰中，滤出黄色沉淀，产物在 30 mL 甲苯中回流 5 h，脱去水分，冷却到室温，滤出黄色固体，在 100℃真空干燥，得 5.23 g 黄色产物，收率 94.3%。

【353】二甲基硅烷二萘酐 Bis(1,8-dicarboxynaphth-4-yl)dimethyl silane dianhydride[233]

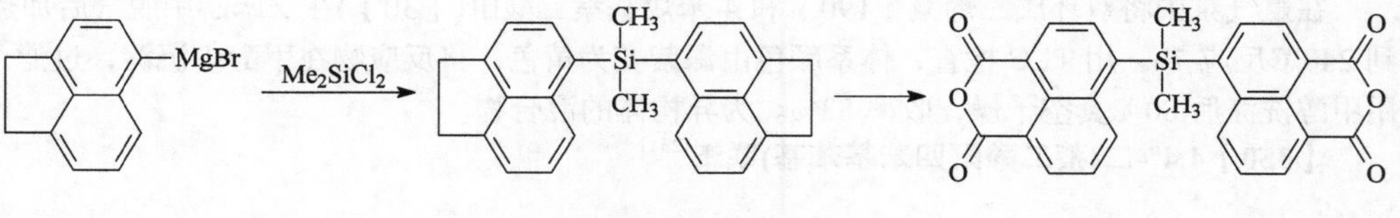

将 25.8 g (200 mmol)二甲基二氯硅烷在室温下滴加到 400 mL 由 93.2 g(0.4 mol) 4-溴代苊制得的格氏试剂的 THF 溶液中，回流 20 h。冷却到室温，加入 200 mL 5%氯化铵溶液中止反应。用 400 mL 二氯甲烷萃取，用 400 mL 水洗涤，用氯仿/己烷提纯，得到二苊基二甲基硅烷。将 20 g 二苊基二甲基硅烷溶于 500 mL 乙酐中以 125 g 重铬酸钠氧化，回流 10 h，按【348】③中的方法得到二酐 19.3 g(19.9%)，mp399℃。

【354】二萘酮二酐 4,4′-Ketone naphthalene 1,1′,8,8′-tetracarboxylic dianhydride[234]

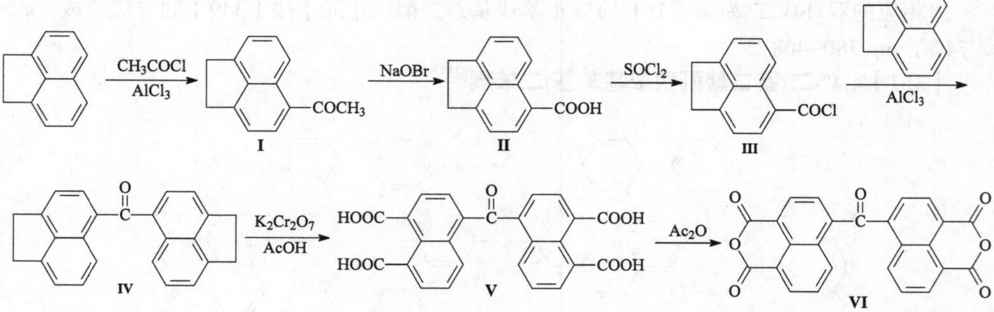

将 3.92 g(50 mmol)乙酰氯和 7.34 g(55 mmol)无水三氯化铝加到 100 mL 四氯乙烷中，保持 5℃下滴加 7.70 g(50 mmol)苊在 100 mL 四氯乙烷中的溶液，加完后继续在 5℃反应 1.5 h，然后逐渐回暖到室温。将混合物倒入碎冰中，分出有机层，水层用四氯乙烷萃取 2 次，合并的有机层用水洗至中性，在硫酸钠上干燥，过滤并浓缩。将粗产物真空蒸馏得黄色 4-乙酰基苊

(I)8.33 g(85%)。

将 4.8 g (60 mmol)溴滴加到冷却到 10℃的 13.33 g (100 mmol)30%NaOH 水溶液中。加完后搅拌 20 min，再加入 2 g (50 mmol)NaOH 和 10 mL 1,4-二氧六环。滴加溶于二氧六环的 **I** (1.96 g，10 mmol)，加完后升温到 75℃ 反应 3 h 后逐渐冷却到室温。暗色的溶液用稀盐酸酸化，滤出沉淀，用水洗至中性，产物在沸水中浸泡 3 h，热滤，70℃真空干燥，得 5-苊甲酸 **(II)**1.58 g (80%)，mp 209℃。

将 5 g (25.25 mmol)**II** 加入到 25 g 氯化亚砜中，逐渐加热，在 75℃回流 5 h，逐渐冷却到室温，减压蒸出过量的氯化亚砜得到 5-苊甲酰氯**(III)**，收率 100%。

将 6.495 g (30 mmol)**III** 和 4.005 g (30 mmol)无水三氯化铝加到 60 mL 四氯乙烷中，5℃下滴加 4.62 g (30 mmol)苊在 60 mL 四氯乙烷中的溶液，反应进行 1.5 h，其间温度上升至室温。反应完成后将混合物倒入碎冰中，分出有机层，水层用 20 mL 四氯乙烷萃取 2 次，有机层用水洗至中性，在硫酸钠上干燥，过滤后浓缩，在甲醇中沉淀，滤出固体，35℃下在甲醇和二氯甲烷中浸泡 5 h，再过滤，在 70℃真空干燥 5 h，得 5-苊酮**(IV)** 5.91g(59%)。

将 5 g (15.0 mmol)**IV** 溶于 150 mL 乙酸中，逐步加入 30.8 g (0.104 mol)K$_2$Cr$_2$O$_7$，回流搅拌 3h 后倒入 150 mL 水中。将暗绿色混合物搅拌 1 h 后过滤，将得到的固体溶于 300 mL 5%NaOH 中，室温搅拌过夜，滤出不溶物，滤液用 10%盐酸酸化，滤出沉淀，在沸水中浸泡 2 h，趁热过滤，黄色固体在 100℃干燥 5h 得到二萘酮四酸**(V)**3.44 g(50%)。产物中含有约 4% 4,3′-取代异构体。

将 3 g (6.55 mmol)**V** 在 6 mL 乙酐中回流 3 h，冷却到室温，过滤，用丙酮洗涤数次，得到的黄色固体，在 DMSO 中重结晶，在 150℃真空干燥 10 h，得到 4,4′-二萘酮四酸二酐 2.65 g (96%)(其中含有 2% 4,3′-二酐异构体)，mp 347 ℃。

【355】对苯二酰基二萘酐[235]

将 20.3 g(0.1 mol)对苯二甲酰氯和 28 g(0.21 mol)AlCl$_3$ 加到 250 mL 四氯乙烷中，0℃下滴加入 30.84 g(0.2 mol)苊在 250 mL 四氯乙烷中的溶液。反应 6 h 后逐渐升至室温，倒入碎冰中，有机层用水洗涤，在甲醇中沉淀，过滤，用甲醇洗涤，再用沸腾的二氯甲烷洗涤，得 **I** 26 g(59%)，mp 240.5~242.5℃。

将 26 g(59 mmol)**I** 加到 520 mL 乙酸中，逐渐加入 111 g Na$_2$Cr$_2$O$_7$，回流 3h 后倒入 500 mL 水中，过滤，依次用水和乙酸洗涤，干燥后与 60 mL 乙酐煮沸 3 h，得二酐 22 g(74%)。

【356】间苯二酰基二萘酐[235]

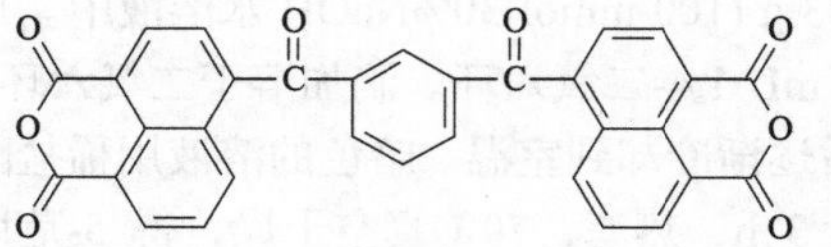

用间苯二酰氯为原料按【355】方法合成。
Ⅰ: 57%, mp 189~190℃; 二酐收率 67%。

【357】对苯二氧基二萘酐

4,4′-(Phenylene-*p*-dioxo)-bis(l,8-naphthalene dicarboxylic) dianhydride[236]

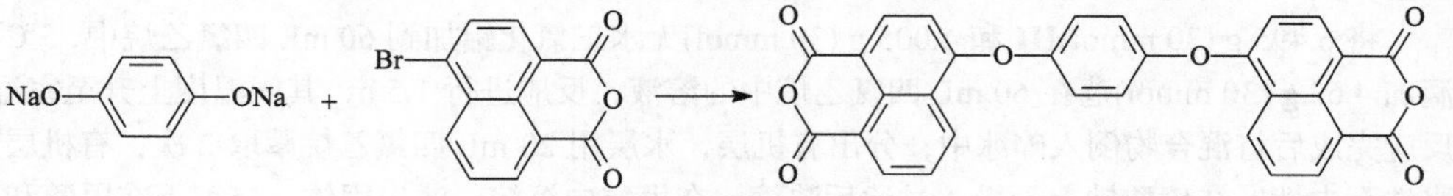

将 1.1 g(0.01 mol)氢醌和 0.46 g(0.02 mol)金属钠溶解于 10 mL 干燥甲醇中，滴加入加热到 120℃的 5.52 g (0.02 mol)4-溴-1,8-萘二酸酐在 150 mL 干燥 DMAc 的溶液中。再加入 50 mL 苯，回流除去甲醇和水后将温度升到 150℃反应 6 h，产物在 150 mL 水中沉淀，过滤，干燥，从硝基苯中重结晶，收率 64%，mp 465℃。

【358】2,5-联苯二氧基二萘酐

4,4′-(Phenylene-phenyl-*p*-dioxo)-bis(l,8-naphthalene dicarboxylic) dianhydride[236]

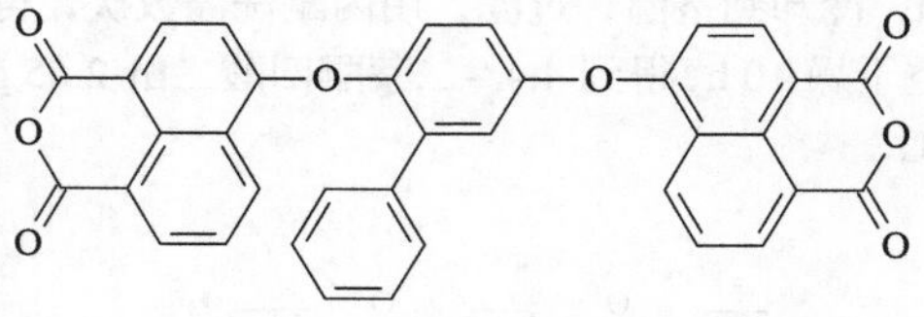

由苯基对苯二酚按【357】方法合成，收率 62%，mp 331℃。

【359】4,4′-(1,4′-二苯醚二氧基)二苯酐

2,2′-Bis(3,4-dicarboxyphenoxy)-1,4′-diphenyl ether dianhydride[237]

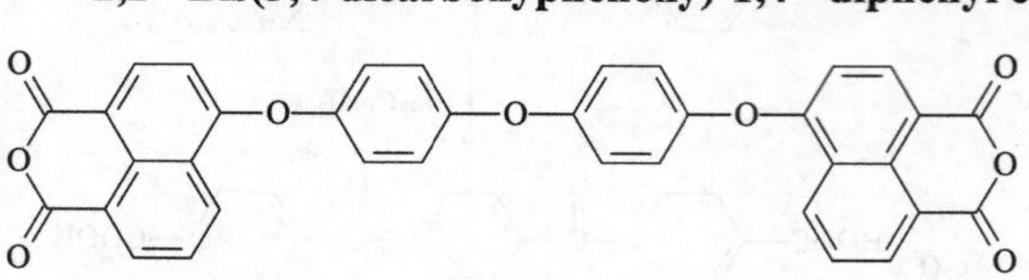

由 1,4′-二苯醚二酚按【357】方法合成。

【360】2,2-二苯基丙叉二硫醚二萘酐

Isopropylidenediphenylene-4,4′-bis (4-thio-1,8-naphthalic anhydride)[238]

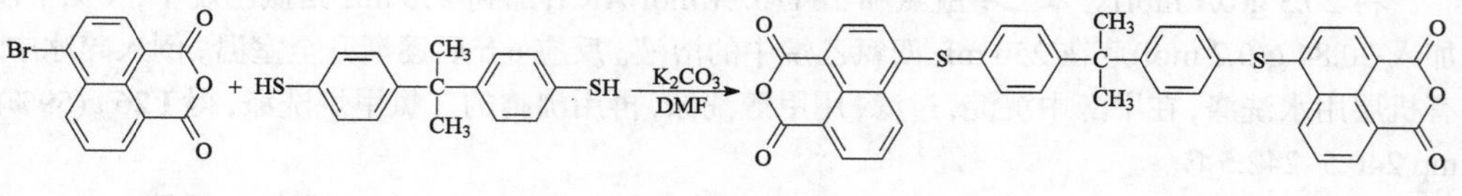

将 0.520 g(2.00 mmol) 2,2-双(4-巯基苯基)丙烷, 1.129 g(4.40 mmol) 4-溴-1,8-萘酐和 0.608 g (4.40 mmol)碳酸钾加到 10 mL DMF 中, 在氮气下 120℃搅拌 8h。冷却到室温, 滤出黄色沉淀, 用乙酐洗涤 2 次, 从氯苯中重结晶得黄色荧光固体 1.23 g(86%), mp 282℃。

【361】芴-9,9′-双 (4-苯撑硫-1,8-萘酐)

Fluorene-9,9′-bis(4-phenylenethio -1,8- naphthalic anhydride)[238]

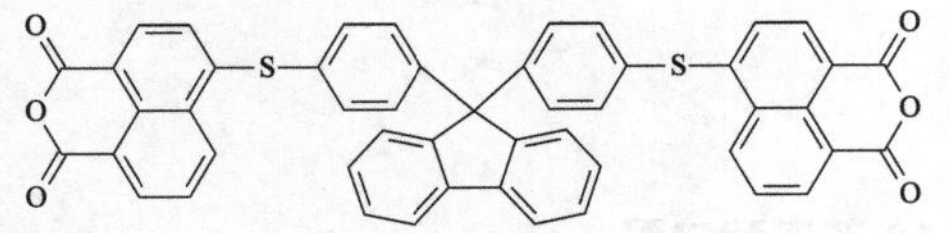

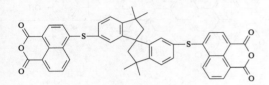

由相应二硫酚按【360】方法合成, 二酐产率 83%, mp 352℃。

【362】3,3,3′,3′-四甲基-1,1′–螺双茚-6,6′-双(4-硫- 1,8-萘酐)

3,3,3′,3′-Tetramethyl- 1,1′-spirobiindane-6,6′-bis(4-thio- 1,8-naphthalic anhydride)[238]

由相应二硫酚按【360】方法合成, 二酐产率 83%, mp 328℃。

【363】二苯酮-4,4′-双(4-硫-1,8- 萘酐)

Benzophenone-4,4′-bis(4-thio-1,8- naphthalic anhydride)[238]

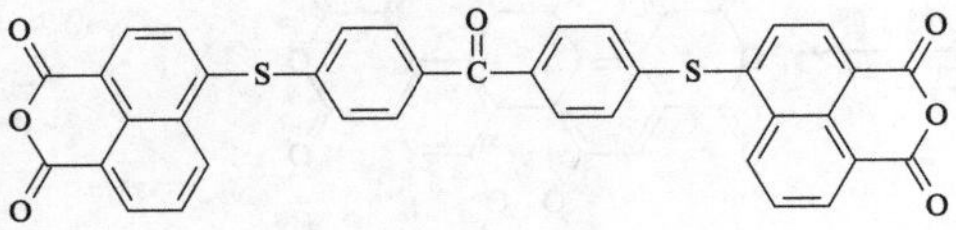

由二巯基二苯酮按【360】方法合成, 二酐产率 81%, mp 233℃。

【364】二苯砜-4,4′-双(4-硫-1,8-萘酐)

Sulfone-4,4′ -bis(4-phenylene thio-1,8-naphthalic anhydride)[238]

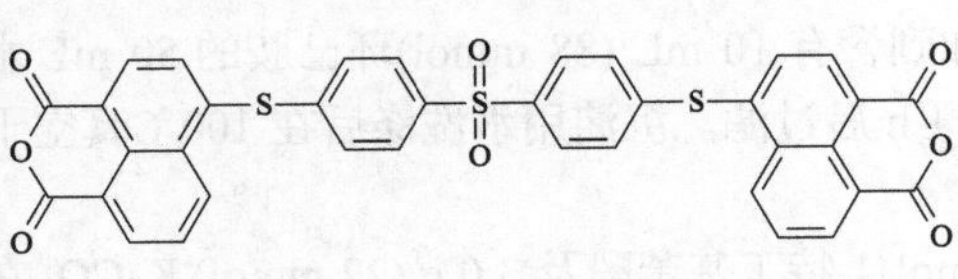

由二巯基二苯砜按【360】方法合成, 二酐产率 83%, mp 319℃。

【365】3,4,9,10-苝四酸二酐　Perylene-3,4,9,10-tetracarboxylic dianhydride

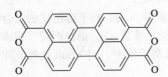

商品, mp >300℃。

【366】1,6,7,12-四氯代-3,4,9,10-苝四酸二酐

1,6,7,12-Tetrachloro-3,4:9,10- perylenetetracarboxylic dianhydride[239]

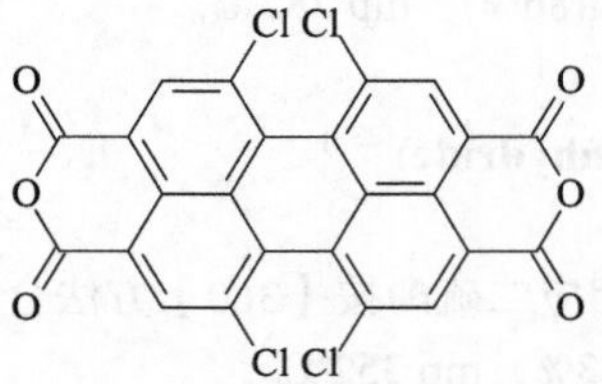

商品。

【367】1,6,7,12- 四(对特丁基苯氧基) -3,4,9,10-苝四酸二酐

1,6,7,12-Tetrakis(4-*tert*- butylphenoxy)-3,4,9,10-perylenedianhydride[239]

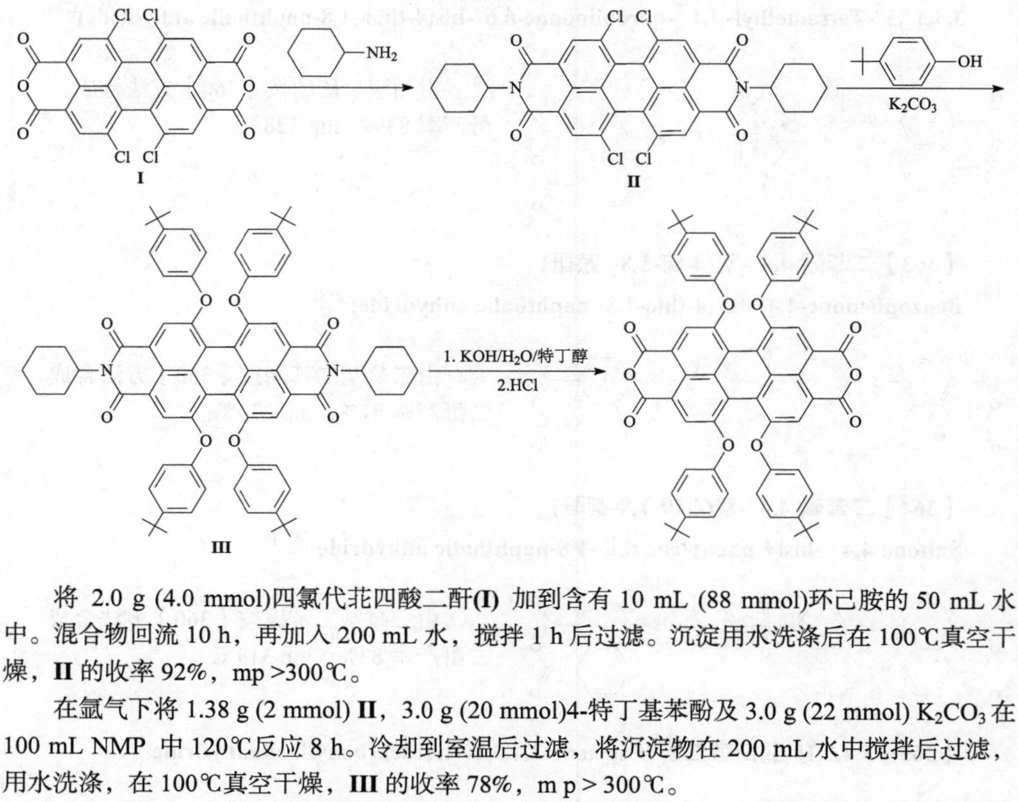

将 2.0 g (4.0 mmol)四氯代苝四酸二酐**(I)** 加到含有 10 mL (88 mmol)环己胺的 50 mL 水中。混合物回流 10 h，再加入 200 mL 水，搅拌 1 h 后过滤。沉淀用水洗涤后在 100℃真空干燥，**II** 的收率 92%，mp >300℃。

在氩气下将 1.38 g (2 mmol) **II**，3.0 g (20 mmol)4-特丁基苯酚及 3.0 g (22 mmol) K₂CO₃ 在 100 mL NMP 中 120℃反应 8 h。冷却到室温后过滤，将沉淀物在 200 mL 水中搅拌后过滤，用水洗涤，在 100℃真空干燥，**III** 的收率 78%，m p > 300℃。

将 0.849 g (0.74 mmol)**III** 加到由 6.0 g KOH, 3 mL 水和 60 mL 特丁醇组成的混合物中。回流 25 h 后冷却到室温，分出有机层，用 2 mol 盐酸酸化，放置 8 h。滤出沉淀，用水洗涤到中性，在 100℃真空干燥。将二酐再溶于 5% NaOH 的乙醇溶液中，用 2 mol 盐酸沉淀，收率 82%，mp >300℃。

【368】1,6,7,12- 四苯氧基-3,4,9,10-苝四酸二酐

1,6,7,12-Tetraphenoxy- 3,4,9,10- perylenetetracarboxylic acid dianhydride[47,239]

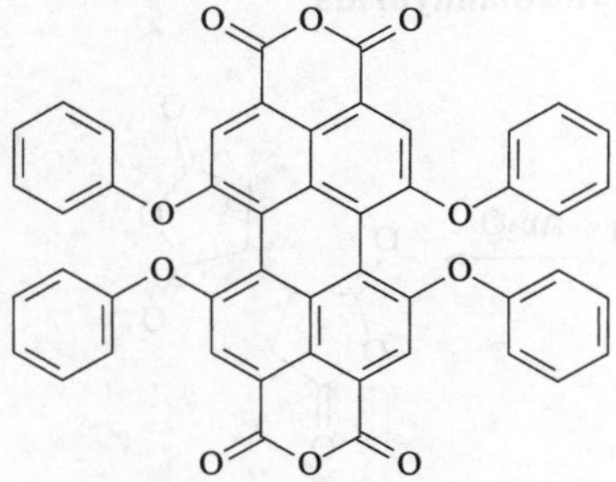

由苯酚按【367】方法合成，收率 88%，mp >300℃。

【369】2,2′,6,6′-萘四酸二酐

2,2′,6,6′-Biphenyltetracarboxylic dianhydride (2,2′,6,6′-BPDA)[240]

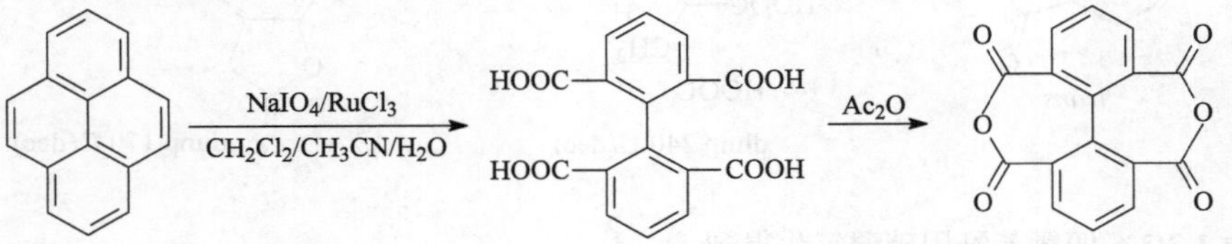

将 15.0 g (74.0 mmol)芘加入到 320 mL 二氯甲烷，320 mL 乙腈和 480 mL 水的混合物中，再加入 150 g (0.7 mmol)过碘酸钠和 650 mg (3.13 mmol) RuCl$_3$。混合物加热到 40℃搅拌 22 h，滤出黄色沉淀，溶解在丙酮中，再搅拌 7 h 后过滤。滤液在减压下浓缩，残留物在 1000 mL 二氯甲烷中回流 1 h，趁热过滤，滤液蒸发后将粗产物溶解于 500 mL 乙醇中，加入 250 mL 己烷，滤出白色沉淀，60℃真空干燥 3 h，得 2,2′,6,6′-联苯四酸 10.2 g(42%)，mp 393.8℃。

将 3.30 g (10.0 mmol)四酸在 20.0 mL 乙酐中回流 3 h，蒸去乙酐，残留物在 0.08 mmHg 下 215℃升华，得二酐白色固体 1.80 g(61.2%)，mp 266℃。

1.22　脂　肪　二　酐

脂肪酸酐是指酐环不在芳香环上的酐类化合物。

【370】乙烷四酸二酐 Ethane-1,1,2,2-tetracarboxylic dianhydride[110]

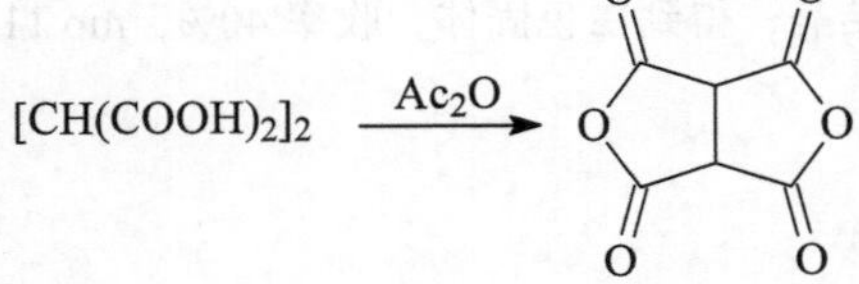

将 0.5 g 联丙二酸在 6 g 乙酐中 70~75℃搅拌 1~2 h，去除乙酸和乙酐后，从丙酮/氯仿中重结晶，得针状产物，mp 150℃(dec)。

【371】丁烷四酸二酐 1,2,3,4-Butane tetracarboxylic dianhydride[241]

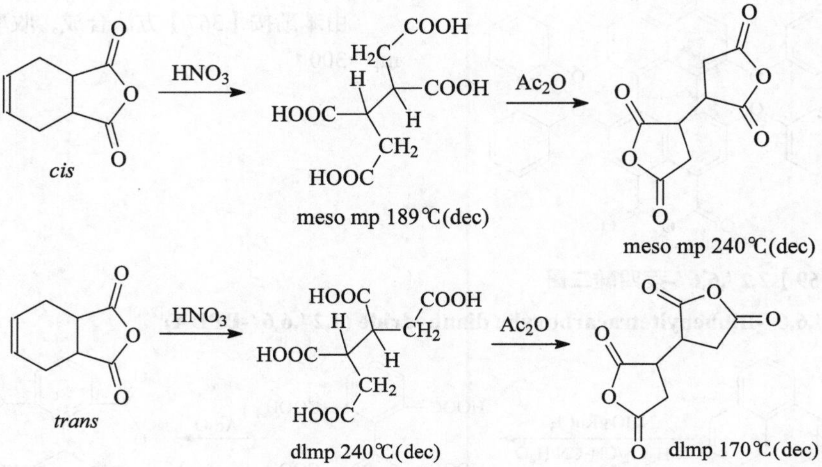

cis　　　　　　meso mp 189℃(dec)　　　　　　meso mp 240℃(dec)

trans　　　　　　dlmp 240℃(dec)　　　　　　dlmp 170℃(dec)

由 1,2,3,6-四氢苯酐用硝酸氧化得到。

四酸与乙酐共沸 30 min 得到 60% *meso*-二酐和 34% *dl*-二酐的混合物。

【372】环丁烷二酐 Cyclobutane tetracarboxylic dianhydride(CBDA)

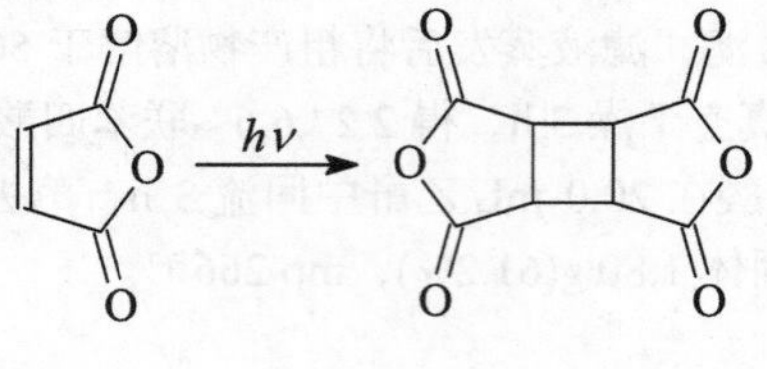

①以乙酸乙酯为溶剂[242]

10 g 马来酸酐在乙酸乙酯中用 100 W 高压汞灯辐照 4 h，CBDA 的收率为 62.5%。环丁烷二酐由乙酐重结晶。

②以氯仿为溶剂[243]

将 100 g (1.02 mol)马来酸酐在 150 mL 氯仿中，室温下用 300 nm 紫外线辐照 2 周。滤出产生的 CBDA，从乙酐重结晶，得到白色固体，收率 40%，mp 112℃。

【373】甲烷四乙酸二酐　Methanetetraacetic dianhydride[244]

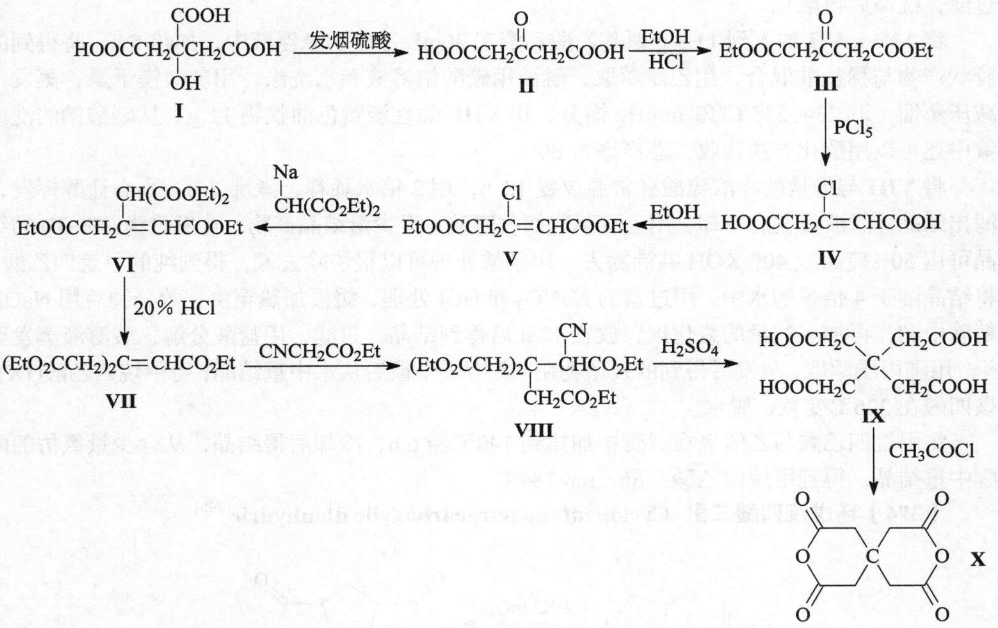

将 2 kg 发烟硫酸(SO₃ 15%)以最快的速度加到 1 kg 粉碎的水化柠檬酸中，快速搅拌，大量放热，并放出 CO，15 min 后，混合用冰浴冷却，并加入 1 kg 碎冰，冷却后过滤，烘干得丙酮二酸(Ⅱ)450 g(80%)。

将用干燥氯化氢饱和的 500 mL 无水乙醇冷至 0℃，加入 300 g 丙酮二酸，室温搅拌 48 h后加入水，用乙醚萃取。除去乙醚后减压蒸馏，取 141~143℃/15 mmHg 馏分，得到丙酮二酸二乙酯(Ⅲ) 240 g(60%)。另外得到 5%~10%乙酰乙酸乙酯。

将 90 g 丙酮二酸二乙酯和 95 g 五氯化磷在 50℃以下很快混合，放出大量氯化氢。反应完成后将反应物倒入大量水中，不时加入碎冰，以防止升温。用乙醚萃取出红色油状物，除去乙醚后，将产物在 20%盐酸中回流水解 2.5 h。将得到的清液挥发至出现结晶，用乙醚萃取，萃取液用硫酸镁干燥，过滤，除去溶剂，得β-氯代戊烯二酸(Ⅳ)51 g(70%)。

将 100 g β-氯代戊烯二酸在 300 g 无水乙醇及 50 mL 浓硫酸中加热回流，蒸出乙醇，同时由另一烧瓶蒸入乙醇，直到蒸出的乙醇达到 1.5 L。然后加入水，用乙醚萃取，萃取液用 Na₂CO₃溶液洗涤，干燥，除去溶剂后得到无色油状物，减压蒸馏，取 135~140℃/11 mmHg 馏分，得β-氯代戊烯二酸二乙酯(Ⅴ) 120 g(90%)。

将 1 mol Ⅴ 加入到 1.2 mol 丙二酸二乙酯钠在无水乙醇的悬浮液中，立即放热，析出 NaCl，沸腾 30 min 后冷却，倒入大量水中，用乙醚萃取，得四酯 Ⅵ 和丙二酸二乙酯，两者很容易蒸馏分离，在 220~222℃/12 mmHg(略有分解)得到四酯(Ⅵ)，收率 65%。

将 Ⅵ 与 20%盐酸共沸 48 h，蒸发后得浆状物(80%)，放置数天固化，从浓盐酸，乙醚，氯仿/丙酮重结晶，得 **VII**，mp 140℃。如果浆状物纯度太低不能固化，可以使其变成钙盐，过滤，洗涤后再酸化。

将 13.6 g **VII** 加入到 11.3 g 氰基乙酸乙酯在 30mL 乙醇的悬浮液中，加热 5 h。将得到的胶状产物与稀盐酸混合，用乙醚萃取，醚液用碳酸钠溶液和水洗涤，用硫酸镁干燥，蒸发，减压蒸馏，取 234~235℃/13 mmHg 馏分，得 **VIII** 黏性淡黄色油状物 11 g。从碳酸钠的洗涤液中还可以用酯化方法回收，总产率为 80%。

将 **VIII** 与等量的冷浓硫酸在常温放置 12 h，用 2 倍水稀释，煮沸 7 h，小心让醇挥发，滤出结晶，滤液蒸发后冷却，用乙醚萃取回收四酸，得少量结晶产物。含氮量为 2%~3% 的结晶可用 50% 硫酸或 40%KOH 共沸除去。用硝酸处理可以很快除去氮，得到纯的甲烷四乙酸。将结晶溶于 4 倍量的水中，用过量的 NaNO₃ 和 HCl 处理，缓慢加热至沸，数分钟后用 NaOH 精确中和，再加入过量的氯化钡，放置 12 h 后得到结晶，过滤，用盐酸分解，酸溶液蒸发至干，用沸丙酮萃取，蒸发后得到的残留物用乙醚洗涤，最后从水中重结晶，得甲烷四乙酸(**IX**)。该四酸在 226℃变软，脱水。

将甲烷四乙酸与乙酰氯在封管中加热到 140℃经 6 h，冷却后得结晶，从含少量氯仿的丙酮中重结晶，得到甲烷四乙酸二酐，mp 284℃。

【374】环戊烷四酸二酐 Cyclopentane tetracarboxylic dianhydrie[245]

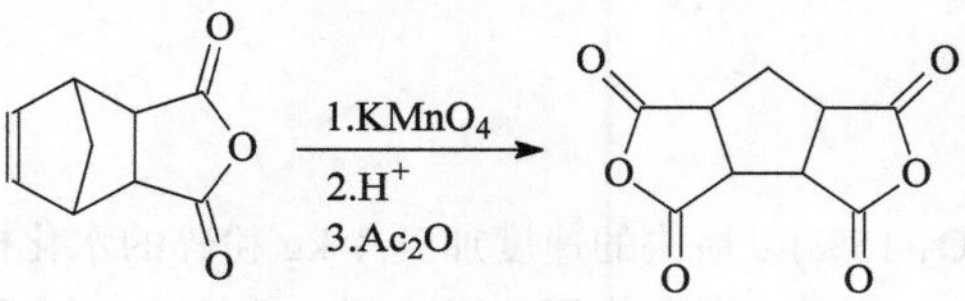

由降冰片烯二酸氧化得到。Mp 195℃(dec)。

【375】四氢呋喃四酸二酐 Tetrahydrofuran tetracarboxylic dianhydride[110]

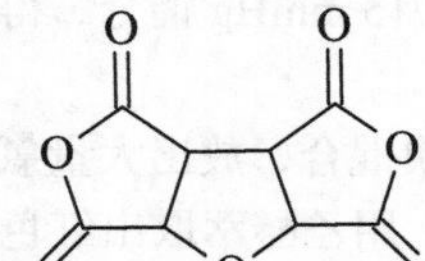

由四氢呋喃四甲酸在乙酐中加热脱水得到。

【376】环己烷四酸二酐 1,2,4,5-Cyclohexane dianhydride[246]

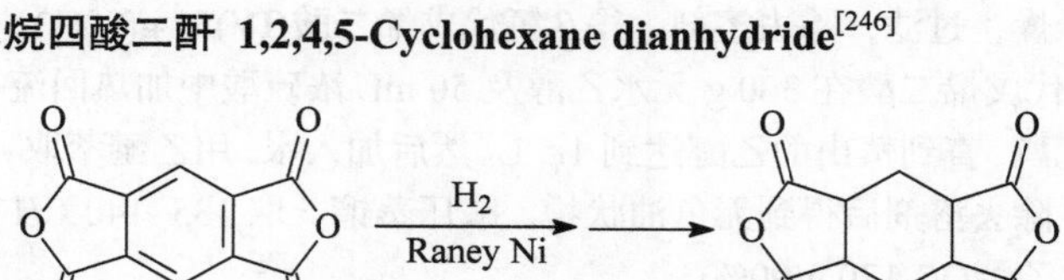

将 PMDA 以 Raney Ni 为催化剂,在乙醇中 200℃和 10~13 MPa 氢压下加氢还原 3~4 h 后冷却，滤出催化剂，酸化到 pH 1~2，在 230~240℃/0.01 mmHg 下脱水成酐，mp 248~250 ℃。

【377】2,8-二氧螺[4.5]癸烷-1,3,7,9-四酮

2,8-Dioxaspiro[4.5]decane-1,3,7,9-tetrone (TCDA)[247]

将 30.0 g(190 mmol)衣康酸二甲酯在 15 mL 干苯中的溶液滴加到剧烈搅拌的含有 25.3 g (190 mmol)三氯化铝在 300 mL 干苯的混合物中，再缓慢加入 40.0 g(587 mmol)异戊二烯，反应 30 min，至 TLC 检测不到衣康酸二甲酯。冷却下加入 50 mL 稀盐酸，用 3×150 mL 乙醚萃取，有机层用 2×300 mL 饱和氯化钠洗涤，硫酸镁干燥，减压除去溶剂后蒸馏，得到无色油状物 I 30.2 g(70%)，bp 102~105℃/5 mmHg。

将 76.1 g(336 mmol)I 在含 50.0 g(1.25 mol)NaOH 的 400 mL 50%乙醇水溶液中 50℃反应 24 h 后冷却，蒸去乙醇，水相用 2×500 mL 乙醚萃取后用盐酸酸化至 pH 3。再用 5×300 mL 乙醚萃取。合并萃取液，用硫酸镁干燥，减压除去溶剂，从丁酮重结晶，得二酸 II 无色结晶 60.8 g (91%)，mp 189~190℃。

将 24.4 g(123 mmol)II 溶于 20 mL 热 Ac₂O 中，在 100℃搅拌 1 h，蒸去乙酐及乙酸，固体在 100℃/1.5 mmHg 升华，得酐 III 16.6 g(75%)。

在加热到 90℃的含有 0.050 g(0.27 mmol)五氧化二钒的 17.2 g(164 mmol)60%硝酸中分批加入 5.0 g(27.7 mmol)III。每加入一份就有 NO₂ 放出，加完后再在 90℃搅拌 12 h。从反应物中除去 2/3 硝酸，溶液在室温过夜，得到沉淀，过滤，真空干燥，从二氧六环/己烷重结晶，得到四酸 IV 白色粉末 3.37 g(52%)，mp 194~196℃。

将 7.15 g(30.5 mmol)IV 在 20 mL 乙酐中 100℃搅拌，数分钟内固体溶解后又析出，反应 1 h，冷却过滤，将固体从乙酐/甲苯重结晶，收率 5.27 g(87%)，mp 183~185℃。

【378】[1S,5R,6S]-3-氧双环 [3.2.1]辛烷-2,4-二酮-6-螺-3′-(四氢呋喃- 2′,5′-二酮)

[1S,5R,6S]-3-Oxabicyclo[3.2.1]octane-2,4-dione-6-spiro-3′-(tetrahydrofuran-2′,5′-dione)

①rel-二酐[248]

将 64 g(0.57 mol)衣康酸酐加入到 80 mL 苯中，一次加入 80 mL(0.98 mol)环戊二烯，在室温搅拌 5 min 后加热回流 5h。过滤，滤液减压浓缩，剩下淡黄色黏液，在冰箱中放置过夜，得到白色固体，粉碎后用 1.5L 己烷洗涤，得到白色粉末，在 30℃真空干燥过夜得到 I 90 g (88%)，mp 52.4℃。

将 1.512 g (10.8 mmol)钒酸铵加到 300 mL 60% 硝酸中，在 60℃搅拌 30 min。剧烈搅拌下将 64.08 g (0.36 mol) I 以每隔 10 min 每份 3 g 的量加入，历时 3.5 h，每份 I 的加入都会伴随 NO₂ 的放出。加完后再在 60℃搅拌 2.5 h，冷却到室温过夜，得到白色粗产物。滤液浓缩到 1/3，放到冰箱中过夜可回收一些产物。固体合并，用少量冷丙酮洗涤，50℃真空干燥过夜，得四酸 II 27.8 g (30%)，mp 210~212.5℃。

将 20.0 g (77 mmol)II 在 100 g 乙酐和 140 g 甲苯中搅拌回流 4 h，溶液在室温放置过夜，得到无色针状结晶，过滤，在浓缩的母液中加入氯仿得到白色粉末，合并固体产物，用氯仿充分洗涤，从乙酐/甲苯重结晶，100℃真空干燥过夜，得二酐 13.8 g(80%)，mp 208.9℃。

② (−)-[1S*,5R*,6S*]-二酐[249]

将 500mg (3.47 mmol)衣康酸单甲酯, 339 mg (2.77 mmol)4-二甲氨基吡啶和 1000 mg (3.47 mmol) S-1,1′-联萘酚溶于 50 mL 二氯甲烷中，在 0℃搅拌 5 min，滴加入 707 mg (3.43 mmol)DCC 在 10 mL 二氯甲烷的溶液，保持 0℃搅拌 10 min，再在室温搅拌 20 h。滤出 DCU，滤液用 2 N 盐酸和饱和碳酸氢钠洗涤，在硫酸钠上干燥后减压除去溶剂，在残留物中加入乙酸乙酯，滤去不溶物，柱层析(硅胶，乙酸乙酯/己烷，1/3)得到 I 608 mg(40%)无色油状物，$[\alpha]_D^{25} = -29.7(c, 0.3, THF)$。

将 72.3 mg (0.175 mmol)I, 15 μL(0.2 mmol)乙腈和 106 mg 4Å 分子筛加到 5 mL 二氯甲烷中，氮气下，冷却到−78℃再加入 0.5 mL (0.1g/mL 二氯甲烷, 0.19 mmol)SnCl₄，搅拌 5 min 后加入 96.3 mg(1.46 mmol)环戊二烯在 2 mL 二氯甲烷中的溶液。混合物在−78℃搅拌 24 h，加入 5 mL 2 N 盐酸中止反应，滤出不溶物，分出有机层，用饱和碳酸氢钠洗涤，在硫酸钠上干燥，除去溶剂，残留物用薄层色谱提纯(丙酮/己烷，1：2),得到 II (67.3 mg)淡黄色油状物。

将 5.47 g (11.4 mmol)II 和 4.5 g (80 mmol)KOH 在 100 mL 乙醇和 10 mL 水的混合物中回

流 14 h 后冷却到室温，再加水 50 mL，减压除去乙醇，水溶液用 2 N 盐酸酸化，用乙醚萃取酸性物质，再用饱和 NaHCO₃ 萃取，水层酸化后再用乙醚萃取，在 MgSO₄ 上干燥，除去溶剂，从乙酸乙酯/己烷重结晶得到片状结晶 III 1.34 g(60%)，mp 145.5~146℃。$[\alpha]_D^{24}=-31.3$(c, 0.3, EtOH)。

将 138 mg(1.18 mmol)钒酸铵在 35 mL60%硝酸中于 60℃搅拌 1 h，30 min 内分批加入 5.10 mg (26 mmol)III，每批加入都会放出 NO₂，最后在 65℃搅拌 6 h，浓缩到 1/3，放置 1 天，滤出固体，用乙酸乙酯洗涤，真空 50℃干燥过夜，得 IV 1.18 g(18%)，$[\alpha]_D^{19}=-13.6$(c, 0.3,THF)。

将 1.083 g (4.17 mmol)IV 在 7 mL 甲苯和 6 mL 乙酐的混合物中加热回流 5 h，冷却到室温，放置 1 天，滤出白色沉淀，用氯仿洗涤，真空 100℃干燥，得(-)-二酐 622 mg(68%)。

【379】5-丁二酸酐-3-甲基环己烯-1,2-二酸酐

5-(2,5-Dioxotetrahydrofuryl)-3-methyl -3-cyclohexene-1,2-dicarboxylic anhydride (B-4400)[250]

在氮气下将 98.1 g 马来酸酐和 49 g 苯加到反应器中，在 40~45℃下 1 h 内加入烃类混合物(主要为反式-1,3-戊二烯、顺式-1,3-戊二烯等)，加完后在 45℃搅拌 4 h，进行蒸馏，得到 165g 3-甲基-4-环己烷-1,2-二酸酐(PMAA)，收率 99%。

将 45.8 g PMAA 和 54.2 g 马来酸酐在 200℃反应 4 h，真空蒸馏去除未反应物，共回收 33.7g PMAA 和 44.8 g 马来酸酐。21.5 g 残留物在 110℃溶于 60 g 甲基异丁酮中，冷到室温，得到 12.3 g 白色结晶，mp 167.5~168.5℃。

【380】5-丁二酸酐-4-甲基-3-环己烯-1,2-二酸酐

5-(2,5-Dioxotetrahydrofuryl)-4-methyl- 3-cyclohexene-1,2-dicarboxylic anhydride[251]

将 196 g 马来酸酐和 398 g 4-甲基 1,2,5,6-四氢苯酐加到高压釜中，氮气下加热到 192℃，等温度稳定后再加热到 205℃维持 5 h。反应结束后冷却，将 319 g 样品在 2~4 mmHg 进行减压蒸馏，在 170℃以下得到 184 g(58%)未反应物，将剩余的产物倒入金属盘中，冷却后粉碎，

得产物 86 g(27%)，mp 88℃。产物为异构体的混合物，主要成分为 **I** 。

【381】四氢萘二酐

3,4-Dicarboxy-1,2,3,4-tetrahydro-1-naphthalenesuccinic acid dianhydride[252]

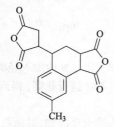

将 294 g 马来酸酐和 2.4 g 氢醌在 340 mL 甲苯中加热到 120℃，以 15 L/h 速度通入空气。逐渐加入 156 g 苯乙烯。加完后再在 120℃反应 5 h。冷却后过滤，从甲苯/丙酮(5:1)重结晶，得到产物 351 g(78%)，mp 202~204℃(dec)。

【382】甲基四氢萘二酐

1,3,3a,4,5,9b-Hexahydro-8-methyl-5- (tetrahydrofuranyl) naphtha [1,2-c]furan-1,3-dione dianhydride[253]

由对甲基苯乙烯和马来酸酐按【373】方法合成。

【383】顺式-1,2,3,4-环己烷二酐

***cis*-1,2,3,4-Cyclohexanetetracarboxylic dianhydride (cis-CHDA)**[254]

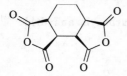

合成见【58】，将 *cis*-1,2,3,4-环己烷四酸在乙酐中回流 0.5 h，冷却过滤，真空干燥，得到 *cis*-1,2,3,4-环己烷二酐，mp 214~216℃。

【384】反式-1,2,3,4-环己烷二酐

***trans*-1,2,3,4-Cyclohexanetetracarboxylic dianhydride (trans-CHDA)**[254]

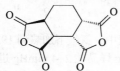

合成见【58】，将 *cis*-1,2,3,4-环己烷四酸在乙酐中回流 12 h，冷却过滤，真空干燥，得到 *trans*-1,2,3,4-环己烷二酐，mp 194~196℃。

【385】3,4,3′,4′-二环己烷四酸二酐

Dicyclohexyl-3,4,3′,4′-tetracarboxylic dianhydride[255]

将 38.6 g (0.1 mol)3,4,3′,4′-联苯四甲酯溶于 193 g THF 中,加入 3.86 g 5% Rh/C, 在 30 atm 氢压下 100℃加氢。3.5 h 后停止吸氢, 达到理论吸氢量的 98.7%。滤出催化剂, 蒸出 THF, 得到 36.87 g(92.5%)联环己烷四甲酯白色蜡状物。

将 29.9 g(0.075 mol)联环己烷四甲酯和 200 g 10% NaOH 在 100℃反应 6 h。除去甲醇, 浓缩到 140 g,加入 48 mL 36%盐酸,使 pH 达到 1。滤出沉淀,用水洗涤,干燥后得 17.8 g (69.3%) 白色四酸。

将 15.0 g(0.044 mol)四酸在 180 g 乙酐中回流 1 h, 趁热过滤, 滤液冷却得到白色结晶, 过滤后, 在 100℃/30 mmHg 下干燥 2 h, 得到 10.8 g(79.5%)二酐, mp 231~234℃。

【386】反式-双环[2.2.l]庚烷-2,3,5,6-四酸二酐

Bicyclo[2.2.l]heptane-2-*endo*,3-*endo*,5-*exo*, 6-*exo*-tetracarboxylic 2,3,5,6-Dianhydride[256]

将 82.10 g (0.50 mol)*endo*-降冰片烯二酸酐和 268.9 g (2.00 mol)CuCl₂加到 760 mL 无水甲醇中, 在冰箱中冷却过夜后, 加入 7.58 g (3.56 mmol)5% Pd/C, 充入 CO 以置换空气, 电磁搅拌, 室温反应到 CO 不再被吸收(~6h)。减压除去溶剂, 残留物在 700 mL 水和 700 mL 氯仿的混合物中搅拌后过滤, 分出有机层, 用 NaHCO₃ 溶液和水洗涤, 无水硫酸镁上干燥, 减压浓缩得到油状物。加入己烷使其固化, 得 III 131 g(80%), mp 82.5~83.5℃。

将 40 mL 浓盐酸在 30 mL 水中得到的溶液加到由 10 g (0.03 mol)III 和 30 mL 甲醇组成的悬浮液中,室温搅拌 2 天,减压浓缩,得到四酸 IV 白色固体 6.2 g (75%), mp 161.5~162.0℃。

将 10 g (0.037 mol)IV, 100 mL 乙酐和 18.7 mL (0.096 mol)SOCl₂的混合物在 100℃加热到

SO$_2$ 和 HCl 停止放出(~3 h)。冷却后将混合物倒入 500 mL 乙醚中，滤出沉淀，从乙酐中重结晶，得二酐 **V** 5.7 g (65%)，mp 248~249℃。

一步法：

将 10 g (0.03 mol)**III** 和催化量的对甲苯磺酸在 150 mL 甲酸中加热到 90℃ 反应 8 h，减压浓缩，残留物溶于 100 mL 甲酸中，在 90℃下滴加入 150 mL 乙酐，反应 5 h，减压蒸发至干，用乙醚洗涤，从乙酐中重结晶，得 **V** 4.7 g (65%)。

【387】顺式-双环[2.2.1]庚烷-2,3,5,6-四酸二酐

Bicyclo[2.2.l]heptane-2-*exo*,3-*exo*,5-*exo*, 6-*exo*–tetracarboxylic dianhydride[256]

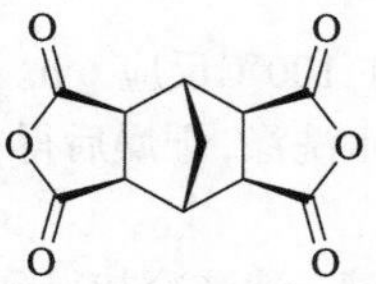

反应式和合成方法见【386】

VI:收率 67%，mp 141.5~142.5℃；

VII:收率为 70%，mp 161~162℃；

VIII: 收率为 60%，mp 254~256℃。

【388】3,5,6-三羧基-2-羧甲基降冰片烷-2,3,5,6-二酐

3,5,6-Tricarboxy-2- carboxymethylnorbornane-2,3,5,6-dianhydride[225]

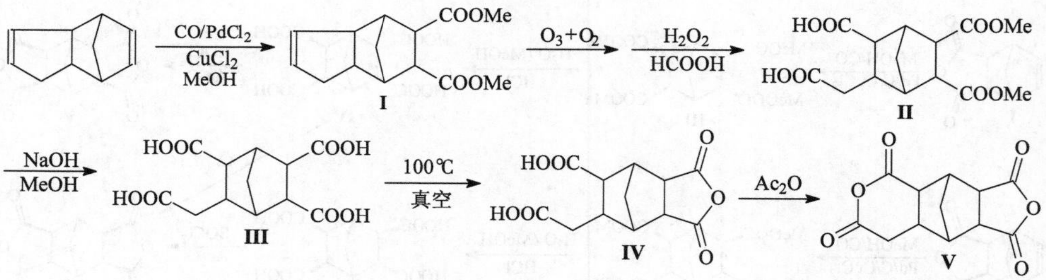

将 212 g 环戊二烯二聚体加到 800 mL 甲醇中，再加入 4.0 g 氯化钯和 465 g 氯化铜，通入一氧化碳得到 **I**。

将含臭氧的氧气以 45 L/h 的速度通入冷却到–78℃的 51 g(0.2 mol) **I** 在 300 mL 甲醇的溶液中，反应 12 h，然后在 50℃以下减压浓缩，得到臭氧化合物。将得到的臭氧化合物溶于 306g 甲酸中，在 50℃加入 25 g 60%过氧化氢，加热回流，再加入 20 g 60%过氧化氢。反应结束后减压除去溶剂，得 **II**。

将 **II** 在 200 g 乙醇，32 g NaOH 和 100 g 水的溶液中回流 3 h 后除去乙醇，用盐酸中和，除去水，残渣用丙酮萃取，除去丙酮，得到 52 g 四酸(**III**)粗产物。

将 **III** 在 100℃减压处理 2 h。得到的产物用丙酮/乙酸乙酯重结晶，得到 39 g 纯单元酐 **IV**。

将 **IV** 在 160 g 乙酐中回流 40 min，浓缩，在 500 mL 干燥丙酮和 2 g 活性炭回流 2 h，过滤，从丙酮溶液中结晶，得到 31 g 纯二酐。

【389】双环[2.2.2]辛烯-7-2-*exo*,3-*exo*,5-*exo*,6-*exo*-四酸-2,3:5,6-二酐

Bicyclo[2.2.2] oct-7-*ene*-2-*exo*, 3-*exo*,5-*exo*,6-*exo*-tetracarboxylic 2,3:5,6-Dianhydride[258]

将 210 g(1.31 mol)溴滴加到冷至 2℃的 200 g (1.31 mol)环己烯二酸酐(**I**)在 600 mL 乙醚的溶液中，加完后再搅拌 4 h。滤出沉淀，用少量乙醚洗涤，从环己烷重结晶，得白色 4,5-二溴环己烷二酸酐(**II**) 348 g(81%)，mp 141~142℃。

将 2.0 g (6.4 mmol)**II** 与 1.26 g (12.8 mmol)马来酸酐在 200℃加热 15 h，冷却后加入 20 mL 丙酮，加热回流 1 h，过滤，固体在乙腈中重结晶，得到白色晶体 1.12 g (70%)，mp 356.0~356.5℃。

【390】双环[2.2.2]辛烷-2,3,5,6-四酸-2,3:5,6-二酐

Bicyclo[2.2.2]octane-2,3,5,6-tetracarboxylic 2,3:5,6-dianhydride[259]

将 25 g (0.1 mol) **I** 【389】在 750 mL 含有 2 mL 硫酸的甲醇中在 60℃搅拌 3 天，去除溶剂，得到的固体从异丙醇重结晶，得白色针状物 **II** 30.5 g (90%)，mp 133~135℃。

将 5 g (15 mmol)**II** 和 0.36 g 10% 钯炭黑加到 100 mL 乙醇中，通入氢气达到 3.5 MPa，加热到 80℃反应 12 h。冷却后卸去氢气，滤出催化剂。滤液减压浓缩，残留物在 170℃/1 mmHg 升华得到白色固体 **III** 5.1 g (97%)，mp 128~130℃。

将 11.1 g (32.2 mmol) **III** 在 155 mL 甲酸溶液中加入 1.85 g(9.7 mmol)对甲苯磺酸单水化物，混合物在 90℃搅拌 12 h。加入 140 mL 甲苯，共沸蒸出产生的甲酸甲酯和甲酸。再将 155 mL 甲酸加入残留物中，加热到 90℃，2h 内滴加 195 mL 乙酐，再搅拌 2 h，减压除去甲酸和乙酐至干。残留物从乙酐重结晶，得白色片状物 6.0 g (84%)，mp 272℃ (dec)。

【391】双环[2.2.2]辛烷-*2-endo,3-endo,5-exo,6-exo*-四酸二酐

Bicyclo[2.2.2]octane-2-*endo*, -*endo*,5-*exo*,6-*exo*-tetracarboxylic 2,3:5,6-Dianhydride[260]

在烧杯中加入 300 mL 5%硫酸和 300 mL 二氧六环，将多孔管插到硫酸的水平，搅拌。将 40.0 g (241 mmol)邻苯二甲酸悬浮在阴极电解液中。通入电流，调节至稳定的 8A，温度计放在阴极电解液中，保持在 70℃，还原反应进行 3 h，阴极电解液浓缩后，滤出沉淀，在水中重结晶得 39.0 g(96%)反式 1,2-二氢邻苯二甲酸白色结晶, mp 212~213℃。

将 50.0 g(0.297 mol)反式 1,2-二氢邻苯二甲酸，400 mL 甲醇和 8mL 浓硫酸的混合物搅拌回流 18 h，蒸去溶剂，用饱和碳酸氢钠水溶液中和，以 300 mL 乙醚萃取 3 次，萃取液用硫酸镁干燥，除去溶剂，减压蒸馏取 87~88℃/1.5 mmHg 馏分，得反式 1,2-二氢邻苯二甲酯(II)45.0 g(77%)。

将 113.6 g (0.579 mol)II 和 79.4 g(0.579 mol)马来酸二甲酯的混合物在搅拌下缓慢通入氮气，加热到 190℃反应 9 h，分馏取 159~160℃/0.5 mmHg 馏分，得 III 无色黏液，收率 70%。

将 24.4 g (71.8 mmol)III 溶于 50 mL 无水乙醇中，加入 0.244 g 5% Pd/C，在 50 kg/cm² 氢压下室温反应 12 h，滤去催化剂，减压浓缩得到油状物 IV，蒸馏取 162~163℃/1.5 mmHg 无色液体，产率 99%。

将 43.7 g (0.128 mol) IV 和 30.6 g (0.75 mol)NaOH 在 220 mL 水和 440 mL 乙醇的混合物中搅拌回流 6 h，减压浓缩，未反应物用乙酸乙酯萃取出来，水层用盐酸酸化，产物用乙酸乙酯萃取，萃取液用硫酸镁干燥，除去溶剂，得白色固体，该产物无需提纯即溶于 300 mL 蒸馏的乙酐和 200 mL 十氢萘中，缓慢通入氮气，加热回流 16 h，减压浓缩至干，从乙酐重结晶得白色二酐结晶(V)16.8 g(53%), mp 231℃。

【392】双环[2.2.2]辛烷-*2-exo,3-exo,5-exo,6-exo*-四酸-2,3:5,6-二酐

Bicyclo[2.2.2]octane-2-*exo*, -*exo*,5-*exo*,6-*exo*-tetracarboxylic 2,3:5,6-dianhydride[260]

反应式见【391】。

向 20mL 浓盐酸和 100 mL 水的溶液中加入 24.5 g (0.0716 mol)IV(见【391】)，搅拌回流，以 1 h 间隔加入 10mL 浓盐酸 3 次，9 h 后溶液变得清亮，减压浓缩，得到白色固体，用乙酐和十氢萘脱水如 V，得 VI 3.4 g(19%), mp 389℃(dec)。

【393】1-甲基-双环[2.2.2]辛-7-烯-2-exo,3-exo,5-exo,6-exo-四酸-2,3:5,6-二酐

1-Methyl-bicyclo [2.2.2] oct-7-ene -2-exo,3-exo,5-exo,6-exo-tetracarboxylic 2,3:5,6-dianhydride[258]

由 3-甲基-1,2,3,6-四氢苯酐按【389】方法合成。4,5-二溴-3-甲基环己烷二酸酐收率 66%，mp137~138℃；二酐收率 73%，mp 273~274℃。

【394】双环[2.2.2]辛-7-烯-2,3,5,6,7-五酸-2,3:5,6-二酐-7-酸

Bicyclo[2.2.2]oct-7-ene- 2,3,5,6,7-pentacarboxylic-2,3:5,6-dianhydride-7-acid[261]

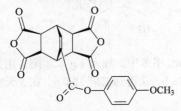

由阔马酸与马来酸酐在 170~200℃进行 Diels-Alder 反应 3h 得到。

【395】双环[2.2.2]辛-7-烯-2,3,5,6,7-五酸-2,3:5,6-二酐-7-甲酯

7-Methylester of icyclo [2.2.2]oct-7-ene-2,3,5,6,7-pentacarboxylic-2,3:5,6-dianhydride[261]

由阔马酸甲酯与马来酸酐按 Diels-Alder 反应得到。

【396】双环[2.2.2]辛-7-烯-2,3,5,6,7-五酸-2,3:5,6-二酐-7-甲酯-7-(4′-甲氧基苯酯

7-(4′- Methoxyphenylene)ester of bicyclo[2.2.2]oct-7-ene-2,3,5,6,7-pentacarboxylic-2,3:5,6-dianhydride[261]

由 阔 马 酸 对 甲 氧 基 苯 酯 与 马 来 酸 酐 按 Diels-Alder 反应得到。

【397】8-二甲基双环[2.2.2] 辛-7-烯-2,3,5,6-四酸二酐

8-Dimethylbicyclo [2.2.2] oct-7-ene-2,3,5,6-tetracarboxylic dianhydride[262]

　　将 100 g 异丙叉丙酮和 230 g 马来酸酐在含有 50 mg 对甲苯磺酸的 175 mL 乙酸异丙酯中回流 17 h，如果回流太激烈，则需要冷却。冷却后，减压去除部分溶剂，冷却到–20℃得到 144 g(52%) I 粗产物，从乙腈重结晶，mp 270~272℃。

【398】1,5-环辛二烯-1,2,5,6-四酸二酐

1,5-Cyclooctadiene-1,2,5,6-tetracarboxylic dianhydride(CODA)[263]

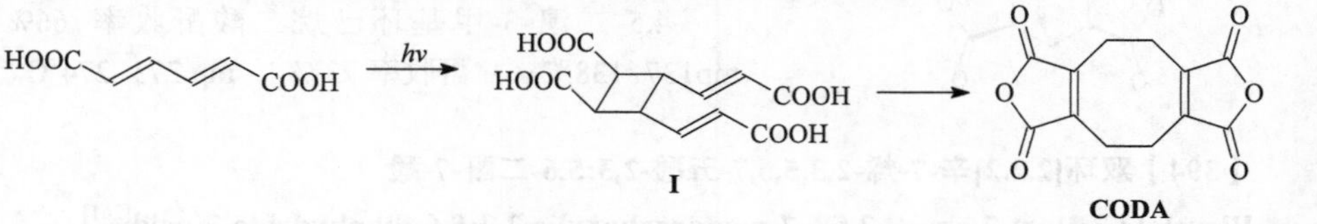

　　将 30 g 黏康酸在 700 mL 水中用 UV 辐照 15 h，将得到的中间四酸(I)在二甲苯中回流数小时，环化为二酐。将产物溶于 5%NaOH 中，用活性炭在室温脱色过夜，过滤，用盐酸酸化到 pH 2。将得到的白色固体从冰乙酸中重结晶，得针状产物，收率 60%，mp 266~268℃。

【399】马来酸酐与苯的加成物[264]

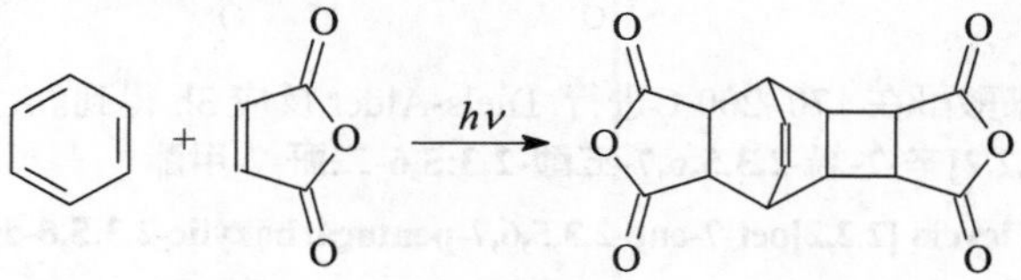

　　将 10.0 g (0.102 mol) 马来酸酐溶于 300 mL 苯中，在水浴冷却下用 1000 W 汞弧灯辐照 16 h，在器壁出现白色结晶，过滤，用 25 mL 沸苯洗涤，得 1.90 g(13.6%)，mp 355~357℃(dec)。

【400】三环[6,4,0,0^{2,7}]十二烷-1,8,4,5-四酸二酐

Tricyclo[6,4,0,0^{2,7}]dodecane-1,8,4,5- tetracarboxylic dianhydride[265]

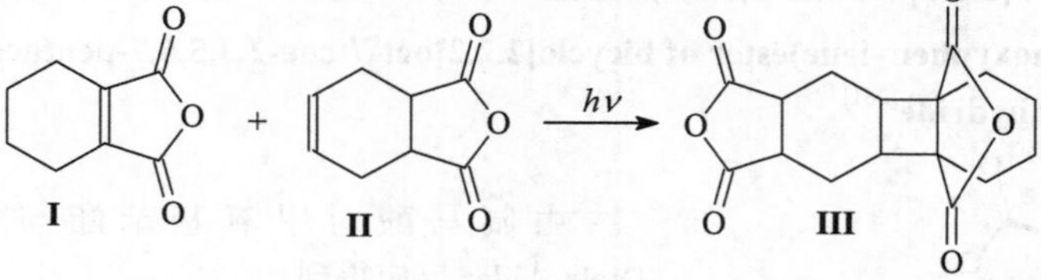

　　将 30.0 g(0.197 mol)I 和 30.0 g(0.197 mol)II 溶于 350 mL 甲苯中，加入 1 g 二苯酮，用太阳灯辐照 18 h，得到第一批产物 III15.2 g。将滤液再辐照 18 h，又得到二酐 12.0 g，在 5 天中共计收率为 60%，mp 271~274℃。

【401】(4arH,8acH)-十氢-lt,4t, 5c,8c-二甲撑萘-2t,3t,6c,7c –四酸-2,3:6,7-二酐

(4arH,8acH)- Decahydro-lt,4t, 5c,8c-dimethanonaphthalene-2t,3t,6c,7c -tetracarboxylic 2,3:6,7- Dianhydride[266]

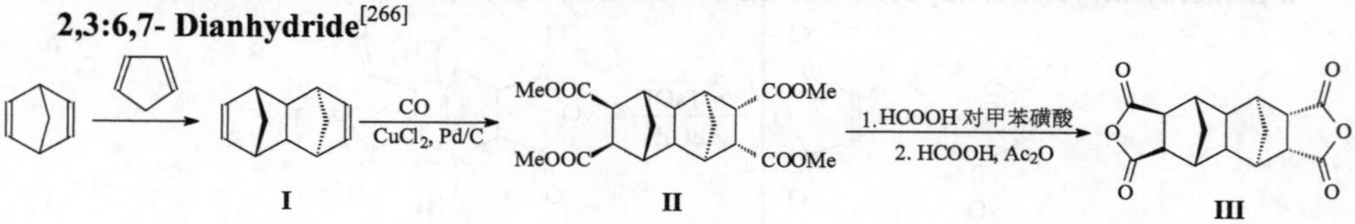

将 40 g (0.43 mol)2,5-降冰片二烯和 28.8 g (0.44 mol)环戊二烯在高压釜中 195℃反应 6 h。然后蒸馏，得到无色馏分 I，bp 60℃/2 mmHg，收率 31%。

将 16.2 g (0.10 mol)I，110.4 g (0.82 mol)CuCl₂ 和 3.1 g (0.29 mmol Pd)5% Pd/C 加到 300 mL 无水乙醇中，用 CO 置换空气后在室温进行反应，至不再消耗 CO(大约 3 h)。过滤，蒸发至干，加入 100 mL 氯仿和 100 mL 水，有机层用碳酸氢钠溶液和水洗涤，除去溶剂，在乙醇中重结晶得白色固体 II 23.8 g(63%)，mp 169~170℃。

将 10 g (0.025 mol)II，120 mL 甲酸和催化剂量的对甲苯磺酸在 95℃搅拌 5h，加入 100 mL 苯，产生的甲酸甲酯和甲酸作为苯的共沸物除去，在残留物中加入 120 mL 甲酸，加热到 90 ℃，在 6 h 内滴加 150 mL 乙酐，加完后再反应 2 h，反应物在减压下蒸发至干，产物用乙醚洗涤，从乙酐中重结晶，得无色结晶 III 6.6g(86%)，mp 312℃。

【402】(4arH,8acH)-十氢-1t,4t:5c,8c-二甲撑萘-2c,3c,6c,7c-四酸-2,3:6,7-二酐

(4arH,8acH)- Decahydro-1t,4t:5c,8c-dimethanonaphthalene-2c,3c,6c,7c- tetracarboxylic

2,3:6,7-Dianhydride (DNDAdx)[267]

将 126 g(0.6 mol) I(由【48】在甲醇中酯化得到)和 26.4 g (0.4 mol)环戊二烯加热到 180℃ 反应 6 h，分馏得到 II 22.1g(20%，基于环戊二烯)，bp 130~135℃/4 mmHg。

将 13.8 g (0.05 mol)II，13.5 g (0.10mol)CuCl₂ 和 1.6 g (0.15 mmol Pd)5% Pd/C 在 300mL 甲醇中氮气下室温搅拌，通入 CO，直到 CO 中止吸收(大约 3 h)后停止反应。过滤，蒸发至干，加入氯仿和水各 100 mL，分出有机层，用碳酸氢钠水溶液及水充分洗涤，减压除去溶剂，固体用乙醇重结晶得白色晶体 III 11.8 g(60%), mp 172~173℃。

将 10 g (0.025 mol)III，120 mL 甲酸和对甲苯磺酸(催化剂量)在 90℃搅拌 5 h，加入 100 mL 苯，以与苯的共沸物除去生成的甲酸甲酯和甲酸。向残留物加入 120 mL 甲酸，升温到 90℃，大约 6 h 内滴加 150 mL 乙酐，反应 2h，蒸发至干，固体用乙醚洗涤，在乙酐中重结晶得 IV 无色结晶 6.1 g(80%)。

【403】3-苯基-三环[1,2,2,0²,⁷]十二-2,11-烯-5,6,9,10-四酸二酐

3-Phenyl-tricyclo [1,2,2,0²,⁷]dodeca-2,11-ene-5,6,9,10-tetracarboxylic dianhydride

①1,1-二苯基乙烯[268]

将 27 g 镁屑和 30 g 溴苯在 70 mL 干燥乙醚中温热，反应开始后再以保持反应物微沸的速度加入 151 g 溴苯和 380 mL 干燥乙醚(大约 1 h)，加完后再搅拌 10 min，冰浴冷却下在 12 min

内加入 44 g 乙酸乙酯在等量干燥乙醚中的溶液。加完后除去冷浴，搅拌 10 min 后再用冰浴冷却。在 10 min 内加入由 50 g 氯化铵和 150 mL 水组成的溶液，得到浆状物。分出醚层，再用 50 mL 乙醚萃取。将得到的乙醚溶液滴加到加热到 210~250℃ 的烧瓶中，蒸出乙醚后将烧瓶冷却，加入 100 mL 20% 硫酸，回流 1 h，除去水层，残留的有机物在 30 mmHg 下蒸馏，得到的低沸物为未反应的溴苯(12~14 g)。将得到的 1,1-二苯乙烯粗产物再蒸馏，取 113℃/2 mmHg，得 60~66g(67%~70%)。

②Diels-Alder 加成[269]

将 40 g (41 mmol)马来酸酐在含有 0.34 g(1.3 mmol)N,N'-二苯基对苯二胺的 30 mL 甲苯中加热回流，滴加 36 g(0.2 mol)1,1-二苯乙烯，加完后回流 1 h，冷却得到沉淀，过滤，用苯洗 2 次。将得到的白色粉末在 200℃ 加热 8 h 得到二酐 45 g(61%)，mp 286℃。

【404】乙二胺四乙酸二酐 Ethylenediaminetetraacetic dianhydride[270]

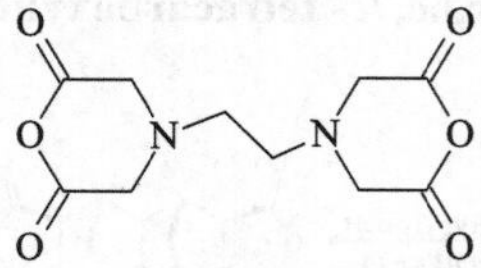

商品，mp 190℃(dec)。

【405】4,8-二苯基-1,1,5-二氮杂双环[3,3,0]辛烷-2,3,6,7-四酸二酐
4,8-Diphenyl-1,1,5- diazabicyclo[3,3,0]octane-2,3,6,7-tetracarboxylic dianhydride[271]

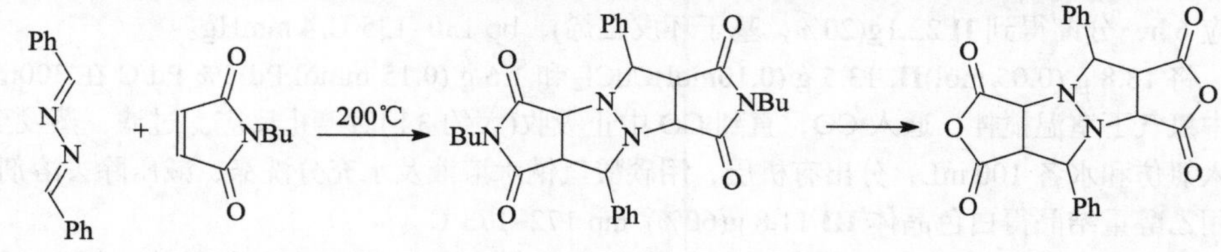

Benzalazine

将 10 g 马来酸酐和 7.5 g 苄连氮在 100℃ 加热数小时，其间发生熔融后再固化。产物用沸苯和乙醚多次萃取，得到的残留物中含有 2 种组分，一种溶于沸乙醇，另一种为双吡咯烷的衍生物白色粉末，在 298℃ 分解，不溶于一般有机溶剂，但可溶于乙酸和乙酐，得到酐。该酐溶于碱，用乙酸酸化得不到沉淀，但用稍过量的强酸酸化，可以得到四酸结晶，mp 253℃(dec)。

【406】对苯撑双(丁二酸酐) p-Phenylene bis(succinic anhydride)[272]

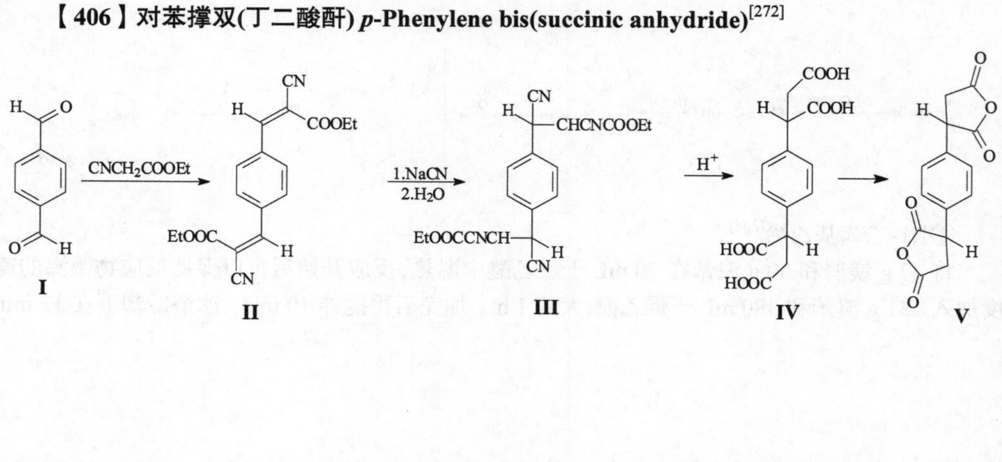

将对苯二甲醛与氰基乙酸乙酯在室温反应，定量得到 **II**。

将 32.4 g (0.1 mol)**II** 和 19.6 g (0.4 mol)NaCN 在 400 mL 50%乙醇中搅拌 1.5 h 得到红褐色溶液，用浓盐酸酸化，得 **III** 油状物。加入 200 mL 浓盐酸和 10 mL 乙酸，回流 10 h，得白色沉淀，冷却过滤，用冰水洗涤，干燥得 **IV** 30.1 g(97%)。

将 9.3 g (30 mL)**IV** 在 20 mL 乙酐中回流 2 h，减压蒸发后从甲乙酮重结晶,得二酐 7.1 g(88%)。

【407】间苯撑双(丁二酸酐) m-Phenylene bis(succinic anhydride)[273]

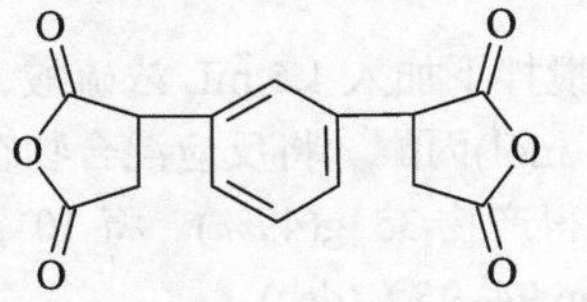

由间苯二醛按【406】方法合成。

Mp 197~198℃。

【408】对苯撑双(甲基丁二酸酐) p-Phenylene bis(methylsuccinic anhydride)[272]

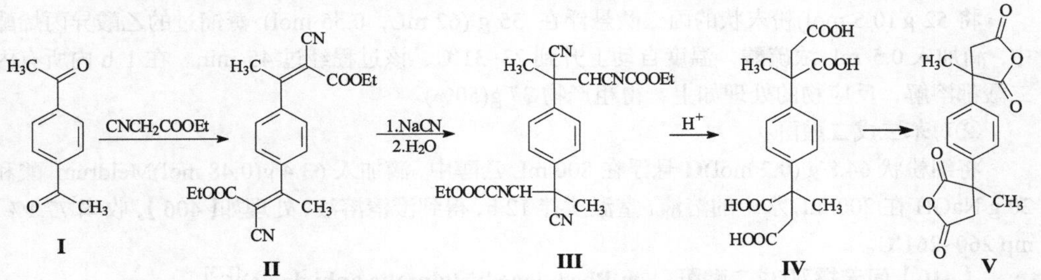

将 20.25 g (0.125 mol)对二乙酰基苯(**I**)，28.3 g (0.25 mol)氰基乙酸乙酯，3.85 g NH₄OAc 和 10 g 乙酸在 150 mL 甲苯中回流 12 h，蒸出水分，蒸发溶剂，将残留物减压蒸馏，取 177~195℃/0.6 mmHg 馏分，得 20.6 g 1：1 的缩合产物(可以循环使用)。第二组分(200℃)为主产物，得 18.2 g。全部产物为定量产率。

将 9.2 g (0.026 mol)**II** 与 5.12 g (0.104 mol)NaCN 在 50 mL 水中 85℃反应 2 h，室温搅拌 3 h，得到黄色溶液，用浓盐酸酸化，氯仿萃取，得 **III**。用盐酸水解后再在乙酐中 70℃脱水 2 h，得二酐，mp 195~208℃。

【409】对苯撑双(戊二酸酐) p-Phenylene bis(glutalic anhydride)[273]

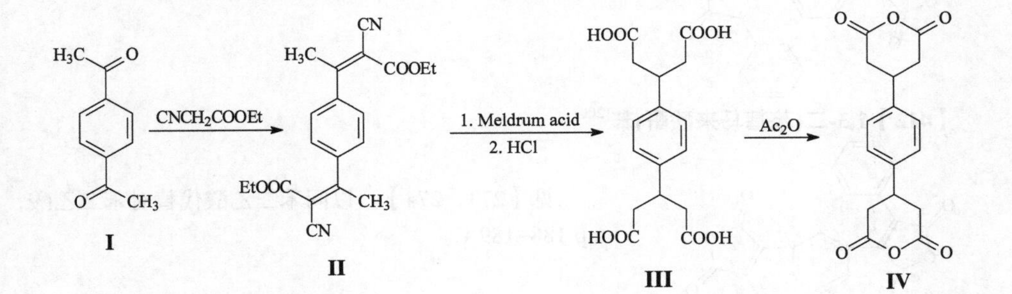

①2,2-二甲基-1,3-二氧六环-4,6-二酮(Meldrum's acid)[274]

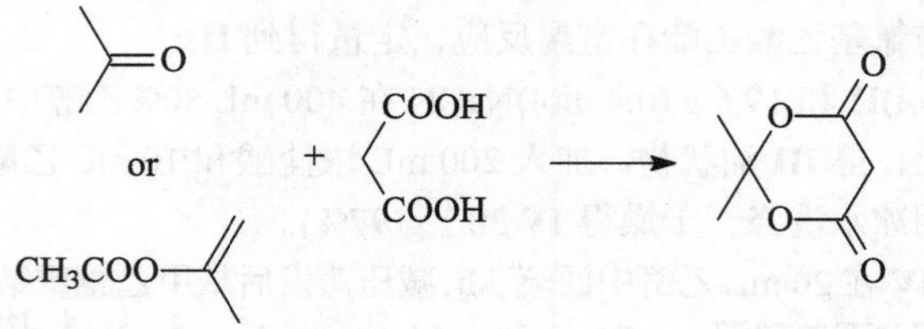

(1) 改进的 Meldrum 方法

将 52 g (0.5 mol)丙二酸悬浮在 60 mL (0.6 mol)乙酐中，搅拌下加入 1.5 mL 浓硫酸，自然冷却，大部分丙二酸都溶解。在 20~25℃下加入 40 mL(0.55 mol)丙酮。将反应混合物在冰箱中放置过夜，滤出结晶，用冰冷的水洗涤 3 次，空气干燥，得产物 35 g(49%)。将 10 g 产物溶于 20 mL 丙酮中，过滤后加入 40 mL 水，回收率 70%，mp 94~95℃(dec)。

(2) 乙酸异丙酯法

将 52 g (0.5 mol)粉末状的丙二酸悬浮在 55 g (62 mL，0.55 mol) 蒸馏过的乙酸异丙烯酯中，滴加入 0.5 mL 浓硫酸，温度自动上升到 23~31℃，该过程经过 45 min。在 1 h 内所有丙二酸都溶解，反应物的处理如上，得粗产物 37 g(50%)。

②对苯二戊二酸酐

将细粉状 64.8 g (0.2 mol)II 悬浮在 800 mL 乙醇中，滴加入 63.4 g(0.48 mol)Meldrum 酸和 20 g NaOH 在 200 mL 水中的溶液，室温搅拌 12 h，得到澄清溶液，处理如【406】，收率 77.1%，mp 260~261℃。

【410】间苯撑双(戊二酸酐)　*m*-Phenylene bis(glutalic anhydride)[273]

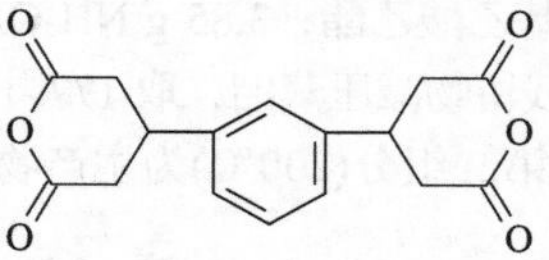

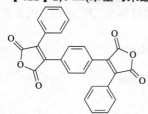

　　　　　　　由间二乙酰基苯按【409】方法合成，mp 173~
　　　　　　　174℃。

【411】1,4-二(苯基马来酸酐)苯[200]

　　　　　　　见【273，274】，mp 264~266℃。

【412】1,3-二(苯基马来酸酐)苯[200]

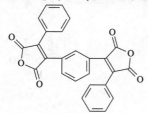

　　　　　　　见【273，274】，以间苯二乙酸代替对苯二乙酸，
　　　　　　　mp 188~189℃。

【413】1,4-二(甲基马来酸酐)苯[200]

见【273，274】，以乙酰乙酸钾代替苯甲酰基甲酸钾，mp 247~249℃。

【414】1,4-二(4-丁基苯基马来酸酐)苯[200]

见【273，274】，以对正丁基苯甲酰基甲酸钾代替苯甲酰基甲酸钾，mp 295~296℃。

【415】1,4-二(苯基马来酸酐)-2,5-二甲苯[200]

以 2,5-二甲基对苯二乙酸为原料，按【273，274】方法合成，mp 289~290℃。

【416】2,6-二(苯基马来酸酐)萘[200]

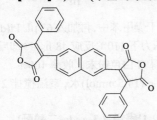

以 2,6-萘二乙酸为原料，按【273，274】方法合成，mp 304~305℃。

【417】4,4′-二(苯基马来酸酐)二苯醚[200]

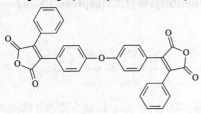

以 4,4′-二苯醚二乙酸为原料，按【273，274】方法合成，mp 198~200℃。

【418】4,4′-二(苯基马来酸酐)偶氮苯[200]

以 4,4′-偶氮苯二乙酸为原料，按【273,274】方法合成，mp 319~321℃

【419】2,2′-均苯四酰二亚胺基二丁二酸酐

2,2′-Pyromellitdiimidodisuccinic anhydride[275]

将 4.36 g(20 mmol)PMDA 和 5.32 g (40 mmol)L-天冬氨酸加到 150 mL 吡啶与乙酸(2：3)的混合物中，室温搅拌过夜，然后回流 5 h，减压除去过量的溶剂，加入 10 mL 浓盐酸，搅拌得到白色沉淀，过滤，用热水洗涤，在 70℃真空干燥，得 I 8.24 g(92%)。

将 8.1 g (18 mmol)I，15 mL 新蒸的氯化亚砜和 10 mL 氯仿加热回流 5 h，减压除去氯化亚砜和氯仿，滤出 II，用干苯洗涤，100℃真空干燥 5 h，得 II 7.12 g(96%)。

【420】*exo*-5,5′-(1,1,3,3-四甲基二硅氧烷)-双{双环[2.2.1]庚烷-2,3-二酸酐}

exo-5,5′- (1,1,3,3-Tetramethyldisiloxane-1,3-diyl)-bis{bicyclo[2.2.1]heptane-2,3-dicarboxylic anhydride}[276]

将 12.99 g (79 mmol)I 和 29.75 g 二甲基氯硅烷溶于 198 mL 干燥甲苯中，再加入 63 μL Pt(dvs)溶液(800 μL /mol 双键 Karstedt 催化剂)，混合物在 5 atm 氮气压力下 110℃反应 48 h。冷却后除去过量的二甲基氯硅烷和甲苯，产物在 0.4 mmHg 下干燥 6 h，得 II 白色粉末，收率 100%。

将 3.23 g (12.5 mmol)II 在 25 mL THF 中，0℃下加入 0.26 g (14.5 mmol)水，室温搅拌 2 h，去除溶剂，产物在 160℃，0.4mmHg 下干燥 3h，mp 159℃。

【421】5,5′-*exo*-(1,1,3,3,5,5-六甲基三硅氧烷)双{双环 [2,2,1]庚烯-2,3-*endo*-二酸酐}

5,5′-*exo*-(1,1,3,3,5,5-Hexamethyl-trisiloxane-1,5-diyl)bisbicyclo [2,2,1]heptene-2,3-*endo*-dicarboxylic anhydride[277]

氩气下将 5.0 g (24 mmol)1,1,3,3,5,5-六甲基三硅氧烷, 10.0 g (60 mmol)*cis*-5-降冰片烯-2,3-

二酸酐加到 40 mL 甲苯中，以 0.2 mol%Pt(dvs)为催化剂，在 75℃加热 24 h。产物在己烷中重结晶，得 11.9 g(92%)，mp 133.4~133.9℃。

【422】由聚硅氧烷分隔的二将冰片烷二酸酐[276]

将 2.76 g (10.8 mmol)**I**(见【420】)和 2.5 g (5.2 mmol, M_n=480)α,ω-二羟基聚硅烷混合物溶于 4.5 mL 干 THF 中，氩气下在室温滴加入 2.2 g (22 mmol)三乙胺在 19.1 mL THF 中的溶液，冷却后，过滤除去铵盐，蒸出 THF 后加入乙醚，用 10%盐酸洗涤，再用水洗涤，在硫酸钠上过滤，除去醚得到很黏的油状物，收率 94%。

【423】9,10-二甲氧基-1,2,3,4,5,6,7,8-八氢-2,3,6,7-蒽四酸二酐

9,10-Dimethoxy- 1,2,3,4,5,6,7,8-octahydro-2,3,6,7-anthracenetetracarboxylic[278]

将 4.04 g (24.3 mmol)四甲基对苯二酚和 20 mL (210 mmol)硫酸二甲酯加到 20 mL MeOH 中，氮气下滴加 KOH 在甲醇中的饱和溶液到显碱性(~1.5 h)，其间稍微加热。溶液用硫酸酸化，除去甲醇后，将反应物加到 100 mL 水中，用 3×100 mL 乙醚萃取。醚液合并，用 100 mL 水洗涤，有机相在硫酸镁上干燥，真空蒸发后从甲醇重结晶，得白色针状物 3.56 g (76%)，mp 112~114℃。

将 4.54 g (23.4 mmol)1,4-二甲氧基均四甲苯, 32.9 g (184.8 mol)NBS 和少许过氧化二苯甲酰加到 300 mL 干燥四氯化碳中，氮气下回流 3 h，冷却到室温，滤出白色沉淀，从丙酮中重结晶，共得 10.84 g, mp 218~220℃[279]。

将 1,4-二烷氧基-2,3,5,6-四溴甲基苯(10 mmol)，马来酸酐(35 mmol)和干燥碘化钠(100 mmol)加到 70 mL 干燥的 DMF 中，在氮气流下 85℃加热 36h。冷却到室温，倒入 10%碳酸氢钠水溶液中，滤出沉淀，粗产物用 100 mL 水洗涤 2 次，真空干燥。将所得到的粗产物与 30 mL 乙酐回流 12 h，在冰箱中放置 12 h，滤出产物，用乙醚洗涤，用二氯甲烷/石油醚重结晶。

【424】9,10-二丁氧基-1,2,3,4,5,6,7,8-八氢-2,3,6,7-蒽四酸二酐

9,10-Dibutyloxy- 1,2,3,4,5,6,7,8-octahydro-2,3,6,7-anthracenetetracarboxylic[278]

由 1,4-二丁氧基-2,3,5,6-四溴甲基苯按【423】方法合成。收率：32%，测不到熔点。

【425】9,10-二辛氧基-1,2,3,4,5,6,7,8-八氢-2,3,6,7-蒽四酸二酐

9,10-Dioctyloxy- 1,2,3,4,5,6,7,8- octahydro-2,3,6,7-anthracenetetracarboxylic 2,3,6,7-dianhydride[278]

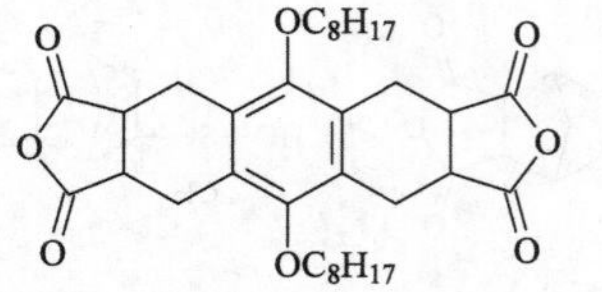

由 1,4-二辛氧基-2,3,5,6-四溴甲基苯按【423】方法合成，收率：38%，mp 309℃。

【426】9,10-二(十二烷氧基)-1,2,3,4,5,6,7,8-八氢-2,3,6,7-蒽四酸二酐

9,10-Didodecyloxy- 1,2,3,4,5,6,7,8-octahydro-2,3,6,7-anthracenetetracarboxylic 2,3,6,7-dianhydride[278]

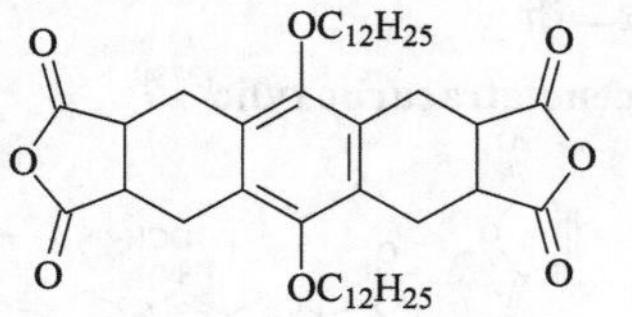

由 1,4-二(十二烷氧基)-2,3,5,6-四溴甲基苯按【423】方法合成，收率：41%，mp 274℃。

1.23 硫 代 二 酐

【427】均苯二硫酐 Pyromellitic dithioanhydride[280,281]

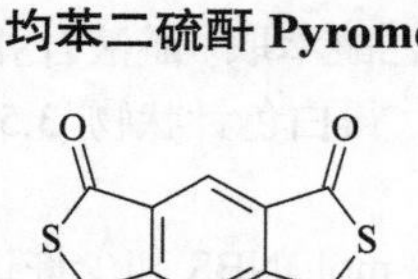

由均苯二酐按【429】方法合成，收率18%，从甲乙酮重结晶，mp 243℃。

【428】联苯二硫酐 Biphenyl dithioanhydride[280]

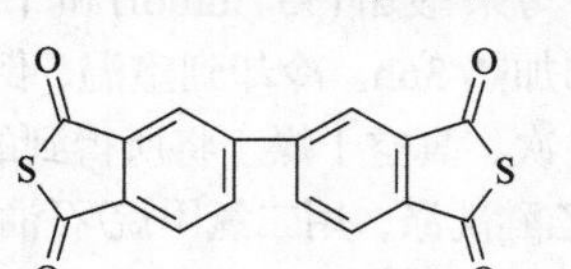

由联苯二酐按【429】方法合成，收率30%，从二氧六环重结晶，mp 300℃。

【429】二苯酮二硫酐 Benzophenone dithioanhydride[280]

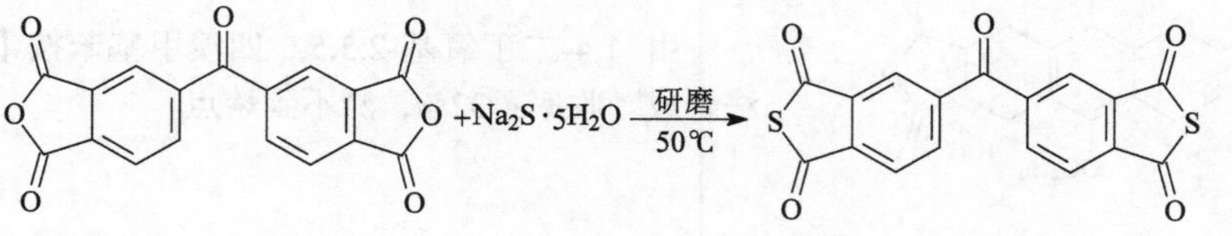

将 16.2 g (50 mmol)BTDA, 20.5 g (120 mmol)Na$_2$S·5H$_2$O 在 50℃研磨 2 h 成浆状物, 然后将其溶于 400 mL 水中, 滴加浓盐酸 100 mL, 滤出沉淀。用 5%碳酸氢钠溶解四酸, 再用少量 5%盐酸中和, 然后用水洗去除盐酸, 最后用 CS$_2$ 洗去除副产物。产物干燥后从二氧六环中重结晶 2 次, 得到白色粉末 5.3 g(30%), mp 260℃。

【430】二苯砜二硫酐 Diphenyl sulfone dithioanhydride[280]

由二苯砜二酐按【429】方法合成, 收率 30%, 从甲乙酮/DMAc 重结晶, mp 239℃。

1.24 具有其他结构的二酐

【431】吡嗪四酸二酐 Pyrazinetetracarboxylic dianhydride[282,283]

将 54 g 邻苯二胺溶于 83.3 mL 浓盐酸和 2.5 L 水中, 缓慢加入滤过的由 400 g 三氯化铁和 750 mL 水组成的溶液, 搅拌后室温放置过夜。滤出红褐色结晶, 用冷的 0.3 N 盐酸洗涤至滤液无 Fe^{3+}。将固体再溶于 2.5 L 热水中, 加入浓 KOH 溶液使 II 沉淀, 过滤, 水洗, 在 100~110℃干燥, 得 II 26.5 g。

将碱性滤液加热, 用乙酸酸化至 pH 4.5, 冷却后滤出 I, 水洗, 在 100~110℃烘干, 得 26 g。

将 7.5 g I 或 II 在由 5 g KOH 和 1.5 L 水组成的溶液中加热回流, 将 70 g KMnO$_4$ 以 2~5 g 的小份加入。反应 4 h 后滤出二氧化锰, 用沸水洗涤至滤液无硫酸亚铁显色反应, 滤液合并, 浓缩至 200~250 mL, 用大约 20 mL 浓硝酸小心酸化到 pH 4~5, 溶液煮沸至完全去尽 CO$_2$。加入 125 mL 10%硝酸银溶液, 得到四酸的银盐, 过滤, 水洗, 将银盐悬浮在 20~50 mL 2 N 盐酸中, 再过滤, 洗涤至滤液为无色。将滤液用 1~2 g 活性炭脱色, 减压将淡黄色溶液蒸发至干, 残留物从丙酮/苯中重结晶, 得白色晶体 6.8 g, mp 205℃(dec)。

将 16 g 吡嗪四酸在 400 mL 乙酐中缓慢加热到 80~85℃(温度不能太高!)搅拌溶解, 溶完后保持 30 min, 然后在水流泵减压下浓缩至半溶状态(如在大气压下加热浓缩后会得到褐色固体, 由此得不到 PTDA 升华物), 然后在扩散泵抽空下过夜, 得定量四酸。在真空下升华, 弃去馏头后得到高纯度的浅绿色结晶，该物质无熔点，但在 180℃逐渐分解为黑色。

【432】2-(3,4-二羧基苯基)-4-(3′,4′-二羧基苯氧基-4-苯基)-2,3- 酞嗪酮二酐

2-(3,4- Dicarboxyphen-4-yl)-4-(3′,4′-dicarboxyphenoxy-4-phenyl)-2,3- phthalazin-1-one dianhydride[284]

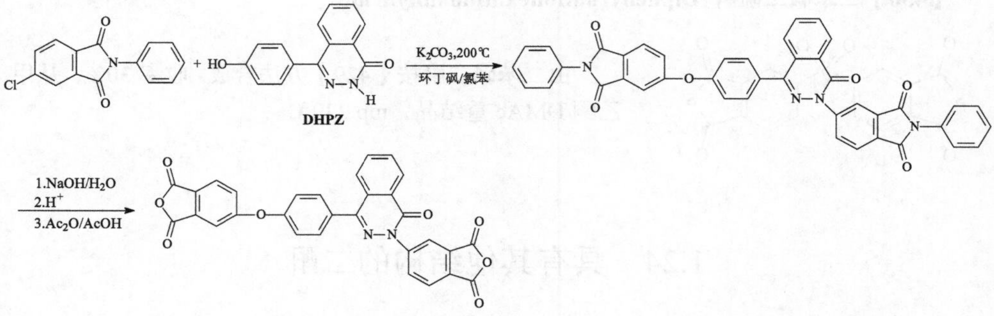

将 5.00 g (0.021 mol)DHPZ (『297』)和 4.69 g (0.034 mol)碳酸钾在氮气下溶于 50 mL 环丁砜和 120 mL 氯苯的混合物中，加热到 150℃保持 3h 以去除水分，蒸去氯苯，加入 13.65 g (0.053 mol) N-苯基-4-氯代酞酰亚胺。反应温度升至 200℃并保持 24h 后冷却。将溶液过滤到含 100 mL 甲醇和 20 mL 乙酸的 500 mL 水中，滤出粗产物，从 DMAc 中重结晶 2 次得到双酰亚胺淡黄色的固体 12.01 g(87%)，mp 323℃。

将 8.00 g (0.012 mol)双酰亚胺和 3.70 g (0.094 mol)NaOH 加到 28 mL 水中，在氮气中加热回流 20 h，产生的苯胺与水共沸回收，趁热过滤后倒入稀盐酸中得到淡黄色树脂状物，与 50% 硫酸共沸 30 min，过滤，用水洗涤 6 次，60℃真空干燥 12 h 得四酸 6.50 g(98%)，mp 247℃。

将 6.50 g (0.012 mol)四酸溶于 80 mL 乙酐和 10 mL 乙酸的混合物中，回流搅拌 6 h，冷却到室温，滤出固体，从二氧六环/乙酐(9/1)中重结晶，120℃真空干燥 24 h，200℃ 30 min，得二酐 6.20 g(98%)，mp 266.3℃。

【433】苯并呋喃[2,3-b]苯并呋喃-2,3,8,9-四酸二酐

Benzofuro[2,3-b]benzofuran-2,3,8,9- tetracarboxylic dianhydride[163]

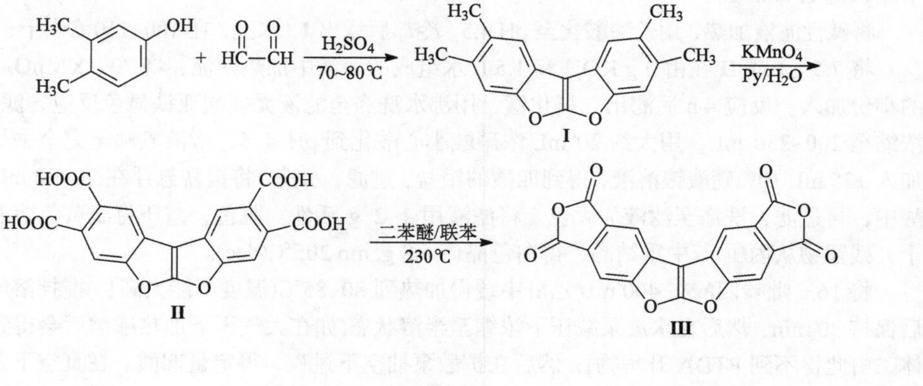

将 14 mL(0.1 mol) 30% 乙二醛及 24.4 g (0.2 mol)3,4-二甲酚在 150 mL 乙酸和 300 mL H_2O 的混合物中搅拌，升温到 80℃，以每秒一滴的速度滴加 98%硫酸，浴温保持在 80~90℃，加入 40mL 硫酸后混合物变得浑浊，继续加入硫酸，得到绿色沉淀，大约 2h 后加完 100mL 硫酸，冷却过滤，用水洗至中性，然后用乙醇洗涤到固体变为亮白色，真空干燥，得 I 15.97 g (60%)，mp 130~197℃。

将 2.66 g (10 mmol)I 在 120 mL 吡啶和 20mL 水中加热到 90℃，分批加入 14.22 g(90mmol) $KMnO_4$，大约 6 h 后紫色变为褐色，趁热滤出 MnO_2，用热水洗涤，滤液减压蒸发至干，将白色固体溶于含 4 g NaOH 的 100 mL 水中，再加热到 90℃，分批加入 6.80 g (43 mmol)$KMnO_4$，反应 8 h 后过量的 $KMnO_4$ 用乙醇破坏掉，趁热过滤，洗涤如前，将滤液浓缩到 40 mL，用浓盐酸酸化到 pH 2，滤出白色沉淀，空气干燥，得四酸 II 3.07 g(80%)。

将 1.92 g (5 mmol)II 溶于 14 mL 由二苯醚(73.5%)和联苯(26.5%)组成的溶剂中，氮气下在 230℃加热 8 h，得到深褐色溶液，冷却到室温，滤出沉淀，用氯仿洗涤，再用 15 mL 乙酐重结晶，得到二酐 1.56 g(90%)。

【434】3,3′-二氧-[1,1′]-螺二苯酞-5,5′,6,6′-四酸二酐

3,3′-dioxo-[1,1′]-spirodiphthalan- 5,5′,6,6′-tetracarboxylic dianhydride[44]

将 3.0 g (0.1 mol)三聚甲醛，3.0 g 对甲苯磺酸和 30 g 1,2,4-三甲苯在 95℃搅拌 2.5 h 后转移到分液漏斗中，分出油层，减压蒸馏，取 174~176℃/6mmHg，在乙醇/二氯甲烷(2∶1)重结晶，I 的收率 66.3%，mp 97~98℃。

将 10.0 g (0.04 mol) I 加到 330 mL 20%硝酸中回流 50 h，冷却到室温，滤出黄色沉淀，用冷水充分洗涤。将此粉末在 280 mL 5%NaOH 中加热回流，10 h 内以小份加入 17.0 g $KMnO_4$，加完后再回流 4 h，滤出二氧化锰，用热水充分洗涤，将滤液蒸发到大约 100 mL，用浓盐酸酸化到 pH 为 1 并回流 1 h，滤出白色沉淀，再在 50%硫酸中沸腾 1 h，滤出，用水充分洗涤，得四酸，收率 86%。

将 10 g 四酸在 25 mL 环丁砜和 40 mL 乙酐中回流 3 h，滤去少量不溶杂质，向滤液缓慢加入无水乙醚到出现浑浊，在冰箱冷却 48 h，过滤，用乙醚洗涤，250℃真空干燥 4 h，得二酐，收率 89%，mp 421℃。

【435】双(3,4-二羧基苯基)苯基膦氧化物二酐

Bis(3,4-dicarboxyphenyl)phenylphosphine oxide dianhydride

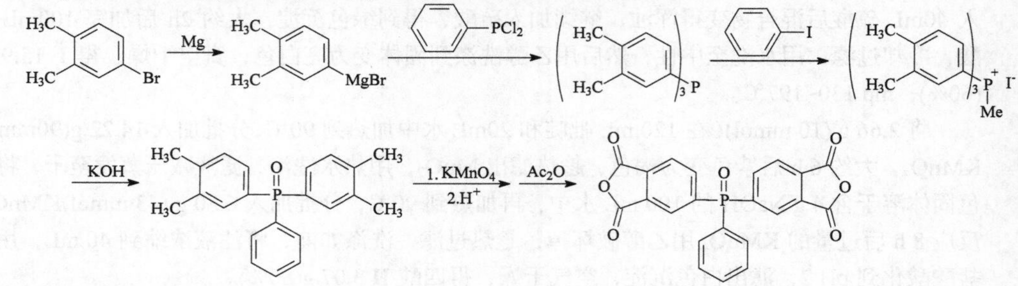

合成方法参考文献[286]。

【436】2,4-双(3,4-二羧基苯基)对称三嗪二酐

2,4-Bis(3,4-dicarboxyphenyl)-s-triazine dianhydride[285]

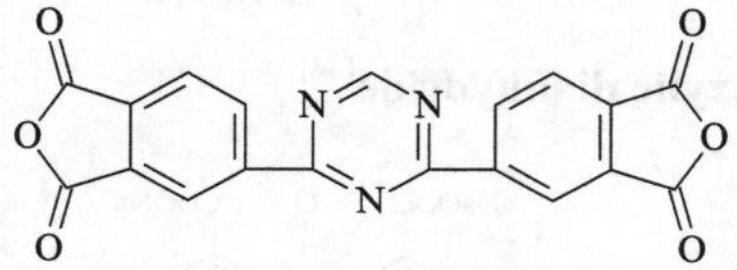

【437】2-羧基-4,6-双(3,4-二羧基苯基)对称三嗪二酐

2-Carboxy-4,6-bis (3,4-dicarboxyphenyl)-s-triazine dianhydride[285]

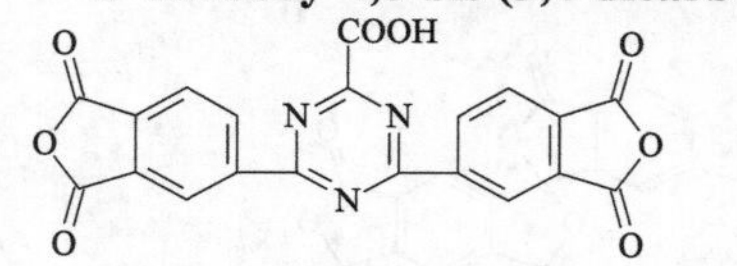

【438】2-苯基-4,6-双(3,4-二羧基苯基)对称三嗪二酐

2-Phenyl-4,6-bis(3,4-dicarboxyphenyl) -s-triazine dianhydride[289]

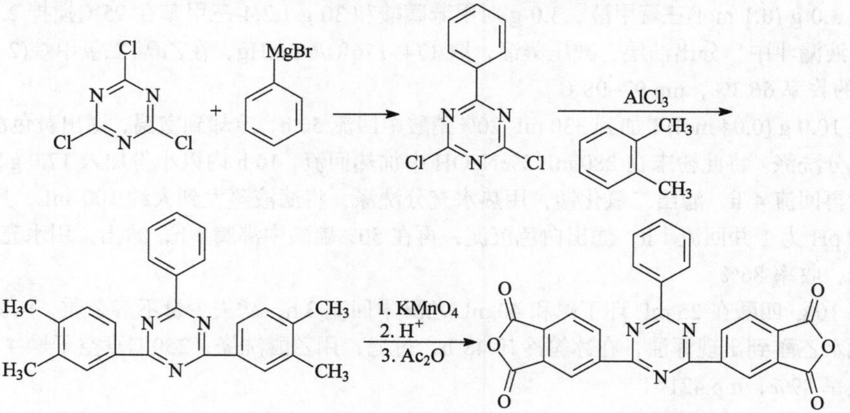

将7.8 g(0.32 mol)用碘活化的镁屑在20 mL无水THF中加热到60℃,30min内滴加入47.1g

(0.30 mol)溴苯和 80 mL THF，混合物在 65℃反应 1.5 h。冷却后，在 1 h 内将该格氏试剂加到 51.6 g(0.28 mol)三聚氰酰氯在 140 mL THF 的溶液中，温度保持在 10~20℃。加完后，在 25 ℃ 搅拌 3 h。混合物用 280 mL 甲苯稀释，得到的悬浮液倒入 300 g 12%盐酸中，分出有机相，用水洗涤后浓缩，从己烷重结晶，得 2-苯基-4,6-二氢对称三嗪，收率 61%，mp 117~120℃[290]。

(1) 将 26.6 g(0.20 mol)AlCl₃加到 22.6 g(0.10 mol)2-苯基 4,6-二氯对称三嗪和 200 mL 邻二甲苯的混合物中，缓慢加热回流 24 h。冷却后，反应物倒入碎冰中，水蒸气蒸馏。将水从热的残留物上除去，固体用丙酮洗涤，得到 30.4 g 产物，mp 208~210℃。

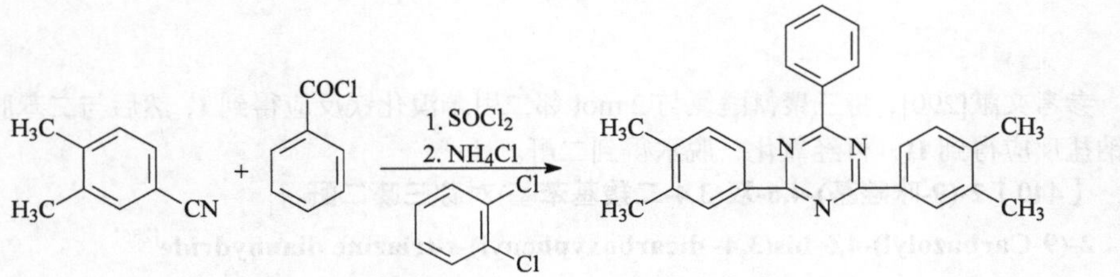

(2) 将 8.35 g(0.063 mol)AlCl₃加到 20.0 g(0.16 mol)3,4-二甲基苄腈，8.75 g(0.063 mol)苯甲酰氯，5 mL 氯化亚砜和 100 mL 邻二氯苯的混合物中。30 min 内加热至 95℃，保温 2 h。加入 4.30 g(0.08 mol)氯化铵。将温度升至 130℃反应 17 h。冷却后倒入碎冰中，滤出固体，用水和丙酮洗涤，得到 10.4 g 产物，mp 203~207℃。

将四甲基物用高锰酸钾氧化，酸化再脱水，得到二酐。

【439】2-二苯胺基-4,6-双(3,4-二羧基苯基)对称三嗪二酐

2-Diphenylamino-4,6-bis(3,4- dicarboxyphenyl)-s-triazine dianhydride[285]

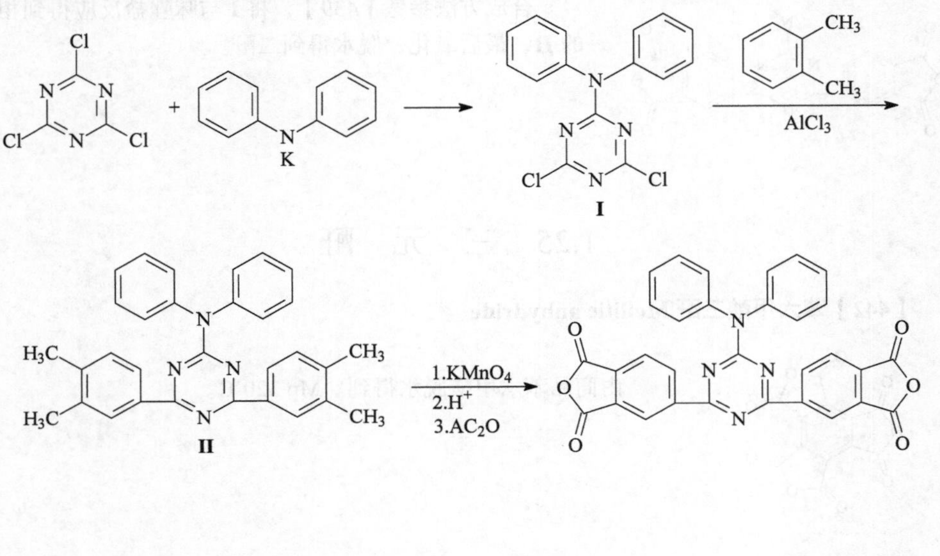

由三聚氰酰氯与二苯胺盐反应得到 I。将 1.58 g(0.05 mol) I 在 250 mL 邻二甲苯中与 22.0 g(0.16 mol)AlCl₃ 回流 20 h，冷却后倒入冰中，水蒸气蒸馏。去掉水，得到的残留物用水和丙酮洗涤，干燥后得到产物 15.8 g，mp 219~224℃，可以从乙腈重结晶[289]。

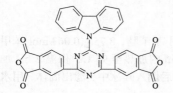

参考文献[290]，将三聚氰酰氯与 2 mol 邻二甲苯溴化镁反应得到 I，然后与二苯胺的钾盐或钠盐反应得到 II，再经氧化，脱水得到二酐。

【440】2-(9-咔唑基)-4,6-双(3,4-二羧基苯基)对称三嗪二酐

2-(9-Carbazolyl)-4,6-bis(3,4- dicarboxyphenyl)-s-triazine dianhydride[285]

合成方法参考【439】，将 I 与咔唑盐反应得到相应的 II，最后氧化，脱水得到二酐。

【441】2-咪唑基-4,6-双(3,4-二羧基苯基)对称三嗪二酐

2-(1-Imidazolyl)-4,6-bis(3,4- dicarboxyphenyl)-s-triazine dianhydride[285]

合成方法参考【439】，将 I 与咪唑盐反应得到相应的 II，最后氧化，脱水得到二酐。

1.25 三 元 酐

【442】苯六甲酸三酐 Mellitic anhydride

由商品苯六甲酸脱水得到。Mp 320℃。

【443】三偏苯三酸酐-1,3,5-苯三酯[65]

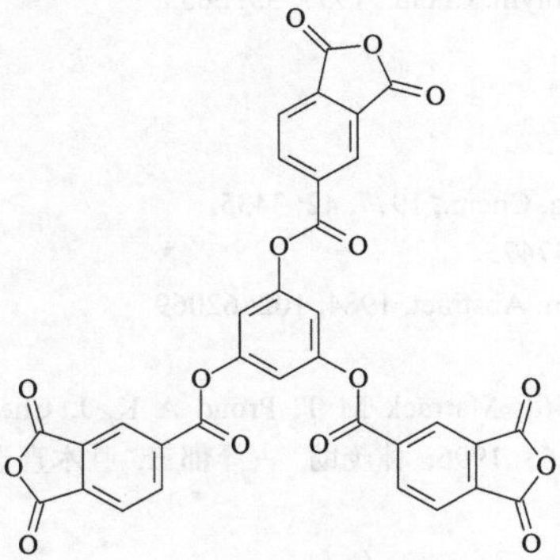

由偏苯三酸酐酰氯与均苯三酚反应得到，从乙酐重结晶，收率 94%。

【444】1,3,5-三氧-三(4-苯酐)苯

1,3,5-Tri(1,3-dioxo-1,3-dihydroisobenzofuran-5-yloxy) benzene[257]

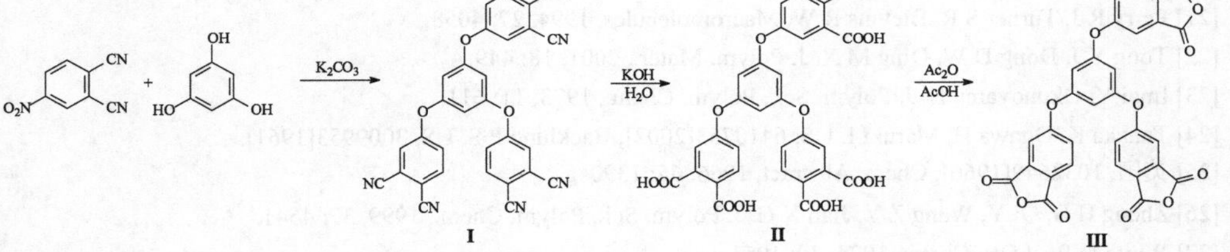

将 1.26 g (0.01 mol)1,3,5-苯三酚和 5.19 g (0.03 mol)4-硝基邻苯二腈溶于 60 mL DMF 中，然后加入 8.28 g (0.06 mol)碳酸钾，混合物在室温搅拌 48 h 后倒入 1 L 水中，滤出粗产物，用水洗涤，真空干燥。在甲醇中回流 2 次，过滤，用冷甲醇洗涤 3 次，真空干燥得 **I** 白色粉末 4.08 g (76%)。

将 6.56 g (0.013 mol) **I** 和 13.83 g (0.25 mol) KOH 溶于 120 mL 水/乙二醇(1∶1) 中，加热回流 4h 到不再有氨放出。将黄色溶液倒入 300 mL 水中，pH 调节到 3~4。滤出白色沉淀，用稀盐酸和水洗涤，从乙酸水溶液重结晶，得四酸 **II** 白色晶体 8.0 g (90%)。

将 0.5 g **II** 溶于 2 mL 乙酐和 20 mL 乙酸中，氮气下回流 1 h，形成白色结晶，过滤，得到三酐 0.42 g (92.0%)。

参 考 文 献

[1] Schwartz W T. High Perf. Polym., 1990, 2: 189.

[2] Eastmond G C, Page P C B, Paprotny J, Richards R E, Shaunak R. Polymer, 1994, 35: 4215.

[3] Williams F J, Donahue P E. J. Org. Chem., 1977, 42: 3414.

[4] 丁孟贤. 聚酰亚胺——化学、结构与性能的关系及材料. 北京: 科学出版社, 2006: 129.

[5] White D M, Takekoshi T, Williams F J, et al. J. Polym. Sci., Polym. Chem., 1981, 19: 1635.

[6] 高昌录. 由氯代苯酐合成聚酰亚胺方法的研究. 长春: 中国科学院长春应用化学研究所, 2003.

[7] Imai Y, Ishiawa H, Park K-H, Kakimoto M-A. J. Polym. Sci., Polym. Chem., 1997, 35: 2055.

[8] Culhane P J, Woodward G E. Org. Syn., 1951, Coll. Vol. 1, 408.

[9] Furrer P, Beyeler H. US 4284797[1981].

[10] Markezich R L. US 3956321[1976].

[11] Markezich R L, Zamek O S, Donahue P E, Williams F J. J. Org. Chem., 1977, 42: 3435.

[12] 海江田修, 广田幸逸, 依东秀记, 中村智明. 日本专利, 86-47475.

[13] Hamprecht G, Varwig J, Rohr W. 德国, 3303378[1984]; Chem. Abstract, 1984, 102: 62069.

[14] Manukian H H, Helv. Chim. Acta. 1960, 43: 941.

[15] Alyling E E. J. Chem. Soc., 1929: 253; 英国, 628401[1946]; Marrack M T, Proud A K. J. Chem. Soc., 1921,119: 1788; 番匠吉卫, 黄光烈、藏野俊则. 工化, 1960, 63: 1996; 林茂助, 古泽郁三, 胜木直干. 工化, 1941, 44: 981.

[16] Пономаренко А А, Ж. О. Х., 1950, 20: 469.

[17] 谢威扬, 薛大伟, 高连勋, 丁孟贤. 化工进展, 2001,20(10): 5.

[18] Stephens H N. J. Am. Chem. Soc., 43, 1950(1921).

[19] Liston T R, Spatz S M, Mazur RA, Glick F J. US, 2558862[1951].

[20] von Braun J, Ber., 1923, 56: 2332; Fenton S W, DeWald A E, Arnold R T. J. Am. Chem. Soc., 1955, 59: 2331.

[21] Perry R J, Turner S R, Blevins R W. Macromolecules, 1994, 27: 4058.

[22] Tong Y J, Dong D W, Ding M X. J. Polym. Mater., 2001, 18: 449.

[23] Imai Y, Okunoyama H. J. Polym. Sci., Polym. Chem., 1973, 11: 611.

[24] Tanaka K, Ogawa H, Maruki I. US, 6410753[2002]; Backlund P S. US, 3009953[1961].

[25] 英国, 1032649[1966]; Chem. Abstract, 1966, 65: 13904g.

[26] Zheng H B, Qi Y, Wang Z Y, Jian X G. J. Polym. Sci., Polym. Chem., 1999, 37: 4541.

[27] White D W. J Org Chem., 1974, 39: 1951.

[28] Maglio G, Palumbo R, Schioppa A, Tesauro D. Polymer, 1997, 38: 5849.

[29] Sato M, Tada Y, Yokoyama M. J. Polym. Sci., Polym. Chem., 1981, 19: 1037.

[30] Meyer G W, Tan B, McGrath J E. High Perf. Polym., 1994, 6: 423.

[31] 王震, 高连勋, 丁孟贤. 4-苯乙炔苯酐的制备方法: 中国, 10115829.8. [2003].

[32] Liu Y, Wang Z, Yang H, Gao L, Li G, Ding M. J. Polym. Sci., Polym. Chem., 2008, 46: 4227.

[33] Johnston J A, Li F M, Harris F W, Takekoshi T. Polymer, 1994, 35: 4865.

[34] Hergenrother P M, Smith J G Jr. Polymer, 1994, 35: 4857.

[35] Wright M E, Schorzman D A. Macromolecules, 2000, 33: 8611.

[36] Wright M E, Schorzman D A, Berman A M. Macromolecules, 2002, 35: 6550.

[37] Wright M E, Schorzman D A. Macromolecules, 2001, 34: 4768.

[38] Thompson C M, Hergenrother P M. Macromolecules, 2002, 35: 5835.

[39] Panigot M J, Waters J F, Varde U, Sutter J K, Sukenik C N. Macromolecules, 1992, 25: 530.

[40] Yuan G Q, Jiang H F, Liu C. Tetrahedron, 2008, 64: 5866.

[41] Simonov V D, Gazizov R T, Simonov V V, Voronenko B I, Karpov V V. US,. US, 4067887[1978].

[42] Meador M A B, Frimer A A, Johnston J C. Macromolecules, 2004, 37: 1289.

[43] David E, Rajsfus D E, Meador M A B, Frimer A A. Macromolecules, 2010, 43: 5971.

[44] Han F, Ding M, Gao L. Polymer, 1999, 40: 3809.

[45] Renner A, Kramer A. J. Polym. Sci., Polym. Chem., 1989, 27: 1301.

[46] Renner A. US,. US, 3105839[1963].

[47] Thelakkat M, Pösch P, Schmidt H-W. Macromolecules, 2001, 34: 7441.

[48] Kusama M, Matsumoto T, Kurosaki T. Macromolecules, 1994, 27: 1117.

[49] Swint S A, Buese M A. J. Organomet. Chem., 1991, 402: 145.

[50] Kim S J, Kim B J, Jang D W, Kim S H, Park S Y, Lee J H, Lee S-D, Choi, D H. J. Appl. Polym. Sci., 2001, 79: 687.

[51] Ray S S, Kundu A K, Maiti S. J. Appl. Polym. Sci., 1988, 36: 1283.

[52] Ray S S, Kundu A K, Ghosh M, Maiti M, Maiti S. Angew Makromol. Chem., 1984, 122: 153.

[53] Seo K B, Jeong J K, Choi S J, Hong Y-T, Suh D H, Angew. Makromol. Chem., 1999, 264: 30.

[54] Enomoto N, Naruse Y. US, 4925957[1990].

[55] Fang X Z, Yang Z H, Zhang S B, Gao L X, Ding M X. Macromolecules, 2002, 35: 8708.

[56] 赵开鹏，韩松. 石油化工. 2000, 29:214.

[57] Matsuura T, Ishizawa M, Hasuda Y, Nishi S. Macromolecules, 1992, 25: 3540.

[58] Suzuki H. Org. Syn., 1971, 51: 94.

[59] Lee J K, Lee S J, Jung J C, Zin W-C, Chang T, Ree M. Polym. Adv. Technol., 2006, 17: 444.

[60] Smith L I, Moyle C L. J. Am. Chem. Soc., 1933, 55: 1676.

[61] Myung B Y, Ahn C J, Yoon T H. Polymer, 2004, 45: 3185.

[62] Giesa R, Keller U, Eiselt P, Schmidt H-W. J. Polym. Sci., Polym. Chem., 1993, 31: 141.

[63] Myung B Y, Kim J J, Yoon T H. J. Polym. Sci., Polym. Chem., 2002, 40: 4217.

[64] Liaw D-J, Chen I-W, Chen W-H, Lin S-L. J. Polym. Sci., Polym. Chem., 2002, 40: 2556.

[65] Shabbir S, Zulfiqar S, Ahmad Z, Sarwar M I. Polym. Degrad. Stab., 2010, 95: 1251.

[66] Rhee T H, Choi T, Chung E Y, Suh D H. Macromol. Chem. Phys., 2001, 202: 906.

[67] Kim Y-H, Ahn S-K, Kim H S, Kwon S-K. J. Polym. Sci., Polym. Chem., 2002, 40: 4288.

[68] Suzuki H, Nakamura K, Goto R. Bull. Chem. Soc. Jpn., 1966, 39: 128.

[69] Harris F W, Hsu S L-C. High Perf. Polym., 1989, 1: 3.

[70] Schmitz L, Rehahn M. Macromolecules, 1993, 26: 4413.

[71] hlacaione D P, Wentworth S E. Synthesis, 1974, 716.

[72] Tomikawa M, Harris F W, Cheng S Z D, Galentier E. React. Funct. Polym., 1996, 30: 101.

[73] Wang Z Y, Qi Y. Macromolecules, 1994, 27: 625.

[74] Wagner S, Dai H, Stapleton R A, Siochi E J, Illingsworth M L. High Perform Polym., 2006: 18: 399.

[75] Lee S J, Jung J C, Lee S W, Ree M. J. Polym. Sci., Polym. Chem., 2004, 42: 3130.

[76] Brandelik D, Feld W A, Arnold F E. Polym. Prepr., 1987, 28(1): 88.

[77] Lee K H, Jung J C. Polym. Bull., 1998, 40: 407.

[78] Lee S B, Shin G J, Chi J H, et al. Polymer, 2006, 47: 6606.

[79] 丁孟贤，王绪强，杨正华，张劲. 3,3′,4,4′-联苯四甲酸及其衍生物的合成: 中国，88107107[1988]; US, 5081281[1990].

[80] Itatani H, Kashima M, Matsuda M, Yoshimoto H, Yamamoto H. US,. US, 3940426[1976].

[81] Iataaki H, Yoshimoto H. J. Org. Chem., 1973, 38: 76.

[82] 吴雪娥. 电化学还原偶联反应和功能化离子液体的合成及应用. 长春: 中国科学院长春应用化学研究所, 2005. 中国, 03105026.3[2003]

[83] Adrova N A, Koton M M, Moskvina EM, Dokl. Nauka Acad. SSSR, 1965, 165: 1069.

[84] Kenner J, Mathews M. J. Chem. Soc, 1914, 105: 2471.

[85] Qiu Z, Chen G, Zhang Q, Zhang S. Eur. Polym. J., 2007, 43: 194.

[86] Lin S-H, Li F, Cheng S Z D, Harris F W. Macromolecules, 1998, 31: 2080.

[87] Harris F W, Sheng-Hsien L, Fuming L, Cheng S Z D. Polymer, 1996, 37: 5049.

[88] Kim H-S, Kim Y-H, Ahn S-K, Kwon S-K. Macromolecules, 2003, 36: 2327.

[89] Li F, Cheng S Z D, Harris F W, et al. Polymer, 1999, 40: 4987.

[90] Qiu Z, Chen G, Zhang Q, Zhang S. Eur. Polym. J., 2007, 43: 194.

[91] Kim H-S, Kim Y-H, Ahn S-K, Kwon S-K. Macromolecules, 2003, 36: 2327.

[92] Qiu Z, Zhang S. Polymer, 2005, 46: 1693.

[93] Walsh C J, Mandal B K. Chem. Mater, 2001, 13: 2472.

[94] de la Campa J G, Tauler C, Lozano A E, de Abajo J. Macromol. Rapid Commun. 1994, 15: 417.

[95] García C, Lozano A E, de la Campa J G, de Abajo J. Macromol. Rapid Commun., 2003, 24: 686.

[96] Harris F W, Feld W A, Lanier L H. Appl. Polym. Symp., 1975, 26: 421.

[97] Rusanov A L, Bulycheva E G, Shifrina Z B, Averina M S, Fogel Y I, Maltsev E I. Polym. Sci, 2003, A45: 826.

[98] Morikawa A, Ono K. High Perf. Polym., 2001, 13: S73.

[99] Mi Q D, Gao L X, Ding M X. Macromolecules, 1996, 29: 5758.

[100] Morikawa A. Polymer J., 2000, 32: 275.

[101] Morikawa A, Hosoya Y. Polym. J., 2002, 34: 544.

[102] Morikawa A, Ono K. Polymer J., 2000, 32: 948.

[103] Dao B, Hawthorne D G, Hodgkin J H, Jackson M B, Morton T C. High Perf. Polym., 1996, 8: 243.

[104] Gresham W F, Naylor M A Jr. US, 2712543[1955].

[105] Rogers F E. 荷兰, 6406896[1964].

[106] Yang S Y, Ge Z Y, Yin D X, Liu J G, Li Y F, Fan L. J. Polym. Sci., Polym. Chem., 2004, 42: 4143.

[107] Li H, Liu J, Wang K, Fan L, Yang S. Polymer, 2006, 47: 144.

[108] Charbonneau L F. J. Polym. Sci., Polym. Chem., 1978, 16: 197.

[109] Critchley J P, Grattan P A, White M A, Pippett J S. J. Polym. Sci., Polym. Chem., 1972, 10: 1789.

[110] Strepparola E, Caporlcclo G, Monza E. Ind. Eng. Chem. Prod. Res. Dev., 1984, 23: 600; Phippi E, Hanusch J, Ber. 1920, 53B: 1300; Chem. Abstr. 1920, 14: 3672.

[111] Nye S A. J. Polym. Sci., Polym. Chem., 1990, 28: 2633.

[112] Lightowler S, Hird M. Chem. Mater., 2004, 16: 3963.

[113] Chi J H, Park S H, Lee C L, Kim J J, Jung J C. Macromol. Mater. Eng., 2007, 292: 844.

[114] McCracken J H, Brough M, Schultz J G D. US, 3078279[1963].

[115] Fang X-Z, Li Q-X, Wang Z, Yang Z-H, Gao L-X, Ding M-X. J. Polym. Sci., Polym. Chem., 2004, 42: 2130.

[116] Falcigno P A, Jasne S, King M. J. Polym. Sci., Polym. Chem., 1992, 30: 1433.

[117] Banihashemi A, Tamami B, Abdolmaleki A. Polym. Int., 2004, 53: 1099.

[118] Shin G J, Jung J C, Chi J H, Oh T H, Kim J B. J. Polym. Sci., Polym. Chem., 2007, 45: 776.

[119] Ayala D, Lozano A E, Abajo J D, Campa J D L. J. Polym. Sci., Polym. Chem., 1999, 37: 805.

[120] Hou T H, Siochi E J, Johnston N J, St.Clair T L. Polymer, 1994, 35: 4956.

[121] Maya E M, Lozano A E, de Abajo J, de la Campa J G.. Polymer, 2005, 46: 11247.

[122] Ayala D, Lozano A E, Abajo J D, Campa J D L. J. Polym. Sci., Polym. Chem., 1999, 37: 3377.

[123] Liaw D-J, Liaw B Y, Li L J, Sillion B, Mercier R, Thiria R, Sekiguchi H. Chem. Mater., 1998, 10: 734.

[124] Berrada M, Carriere F, Coutin B, Monjol P, Sekiguchi H, Mercier R. Chem. Mater., 1996, 8: 1029.

[125] Zhang Q, Li W, Wang J, Zhang S. Polymer, 2008, 49: 1191.

[126] 张全元. 聚酰亚胺分离膜材料的制备及性质. 长春: 中国科学院长春应用化学研究所, 2008.

[127] Li W, Li S, Zhang Q, Zhang S. Macromolecules, 2007, 40: 8205.

[128] Gao Y, Hlil A, Wang J, Chen K, Hay A S. Macromolecules, 2007, 40: 4744(); Siove A, David R, Roux D C,

Leclerc M. J. Chim. Phys., 199592: 787.

[129] Padma S, Mahadevan V, Srinivasan M. J. Polym. Sci., Polym. Chem., 1986, 24: 793.

[130] Schwarts W T. US, 4837404[1989].

[131] Molinaro J R, Pawlak J A, Schwartz W T. US, 5021168[1991].

[132] Brunelle D J, Ye Q. US, 6706897[2004].

[133] Brunelle D J, Ye Q. US, 6727370[2004].

[134] Brunelle D J. US, 6028203[2000].

[135] Li Q X, Fang X Z, Wang Z, Gao L X, Ding M X. J. Polym. Sci., Polym. Chem., 2003: 41: 3249.

[136] Ding M, Li H., Yang Z, Li Y, Zhang J, Wang X. J. Appl. Polym. Sci., 1996, 59: 923.

[137] Williams F J. US, 3989712[1976].

[138] 中国科学院长春应用化学研究所, 聚酰亚胺研究组. 化学学报, 1976, 35: 321.

[139] 杨正华, 丁孟贤. 中国, 92108735.7[1992].

[140] 杨正华, 丁孟贤. 中国, 921108735.7[1992].

[141] 张敏. 由氯代苯酐合成异构聚酰亚胺. 长春: 中国科学院长春应用化学研究所, 2004.

[142] 丁孟贤, 杨正华. 二苯砜四甲酸及其衍生物的合成: 中国, 90109003.4[1990].

[143] Eastmond J, Paprotny G C. Polymer, 2002, 43: 3455.

[144] Woo H Y, Shim H K, Lee K S, Jeong M Y, Lim T K. Chem. Mater., 1999, 11: 218.

[145] St. Clair A K, St. Clair T L, Winfree W P. Polym. Mater. Sci. Eng., 1988, 59: 28.

[146] Eastmond G C, Paprotny J. Macromolecules, 1995, 28: 2140.

[147] Hsiao S-H, Dai L-R. J. Polym. Sci., Polym. Chem., 1999, 37: 665.

[148] Yang C P, Hsiao S H, Yang H W. Macromol. Chem. Phys., 2000, 201: 409.

[149] Al-Masri M, Fritsch D, Kricheldorf H R. Macromolecules, 2000, 33: 7127.

[150] Zhang Y, Liu Y, Guan S, Jiang Z. Proc. China-Japan Seminar on Adv. Arom. Polym., 20-23, Oct. 2010, Suzhou China. p 101.

[151] Thompson C M, Smith J G Jr., Watson K A, Connell J W. NASA-2002-34sampe.

[152] Eastmond G C, Paprotny J, Pethrick R A, Santamaria-Mendia F. Macromolecules, 2006, 39: 7534.

[153] Hsiao S-H, Huang T-L. J. Polym. Sci., Polym. Chem., 2002, 40: 1712.

[154] Hsiao S-H, Chung C-L, Lee M-L. J. Polym. Sci., Polym. Chem., 2004, 42: 1008.

[155] Park J K, Lee D H, Song B J, Oh J B, Kim H K. J. Polym. Sci., Polym. Chem., 2006, 44: 1326.

[156] Ando S, Matsuura T, Sasaki S. Macromolecules, 1992, 25: 5858.

[157] Watson K A, Palmieri F L, Connell J W. Macromolecules, 2002, 35: 4968.

[158] Takekoshi T, Kochanowski J E, Manello J S, Webber M J. J. Polym. Sci., Polym. Chem., 1985, 23: 1759.

[159] Liou G-S, Maruyama M, Kakimoto M-A, Imai Y. J. Polym. Sci., Polym. Chem., 1998, 36: 2021.

[160] Hsiao S-H, Liou G-S, Chen S-H. J. Polym. Sci., Polym. Chem., 1998, 36: 1657.

[161] Liaw D-J, Liaw B-Y, Hsu P-N, Hwang C-Y. Chem. Mater., 2001, 13: 1811.

[162] 宋乃恒, 高连勋, 邱雪鹏, 齐巍, 丁孟贤. 应用化学, 1999, 16(5): 13.

[163] Banihashemi A, Abdolmaleki A. Eur. Polym. J., 2004, 40: 1629.

[164] Kim W G, Hay A S. Macromolecules, 1993, 26: 5275.

[165] Boston H G, St. Clair, A K, Pratt J R. J. Appl. Polym. Sci., 1992, 47: 243.

[166] Relles H M, Johnson D S. US, 45477[1977].

[167] Webb J L, Mehta B M. US, 4340545[1982].

[168] Howson P E, Latham N Y. US, 4650850[1987].

[169] Liou G-S, Wang J-S B, Tseng S-T, Tsiang R C-C. J. Polym. Sci., Polym. Chem., 1999, 37: 1673.

[170] Yang C-P, Yu C-W. J. Polym. Sci., Polym. Chem., 2001, 39: 788.

[171] Hsiao S-H, Lee C-T, Chern Y-T. J. Polym. Sci., Polym. Chem., 1999, 37: 1619.

[172] Yang C-P, Chen J-A. J. Appl. Polym. Sci., 1999, 73: 987.

[173] Hsiao S-H, Li C-T. J. Polym. Sci., Polym. Chem., 1999, 37: 1403.

[174] Cella J A, Faler G R. US, 4864034[1989].

[175] Reddy D S, Shu C-F, Wu F-I. J. Polym. Sci., Polym. Chem., 2002, 40: 262.

[176] Yang C-P, Su Y-Y. J. Polym. Sci., Polym. Chem., 2006, 44: 3140.

[177] Hsiao S-H, Yang C-Y. J. Polym. Sci., Polym. Chem., 1997, 35: 2801.

[178] Koo S-Y, Lee D-H, Choi H-J, Choi K-Y. J. Appl. Polym. Sci., 1996, 61: 1197.

[179] Porta G M, Rancourt J D, Taylor L T. Chem. Mater., 1989, 1: 269.

[180] Hsiao S-H, Huang P-C. J. Polym. Sci., Polym. Chem., 1998, 36: 1649.

[181] Gao C, Paventi M, Hay A S. J. Polym. Sci., Polym. Chem., 1996, 34: 413.

[182] Chern Y-T, Wang J-J. J. Polym. Sci., Polym. Chem., 2009, 47: 1673.

[183] Wang X, Li Y-F, Ma T, Zhang S, Gong C. Polymer, 2006, 47: 3774.

[184] Wang X, Li Y-F, Zhang S, Ma T, Shao Y, Zhao X. Eur. Polym. J., 2006, 42: 1229.

[185] Hergenrother P M, Havens S J. Macromolecules, 1994, 27: 4659.

[186] Terraza C A, Liu J-G, Nakamura Y, Shibasaki Y, Ando S, Ueda M. J. Polym. Sci., Polym. Chem., 2008, 46: 1510.

[187] Liu J-G, Nakamura Y, Shibasaki Y, Ando S, Ueda M. J. Polym. Sci.,Polym. Chem., 2007, 45: 5606.

[188] Yan J, Wang Z, Gao L, Ding M. Polymer, 2005, 46: 7678.

[189] Liu J-g, Nakamura Y, Suzuki Y, Shibasaki Y, Ando S, Ueda M. Macromolecules, 2007, 40: 7902.

[190] Pratt J R., Thames S F. J. Org. Chem., 1973, 38: 4271.

[191] 张超. 热塑性聚酰亚胺的研究. 长春: 中国科学院长春应用化学研究所, 1991.

[192] Rich J D, US, 4709054[1987].

[193] Nye S A, Swint S A. J. Appl. Polym. Sci., 1991, 43: 1539.

[194] Tagle L H, Terraza C A, Leiva A, Devilat F. J. Appl. Polym. Sci., 2008, 110: 2424.

[195] Tagle L H, Terraza C A, Leiva A, Valenzuela P. J. Appl. Polym. Sci., 2006, 102: 2768.

[196] Wu S, Hayakawa T, Kikuchi R, Grunzinger S J, Kakimoto M-a. Macromolecules, 2007, 40: 5698.

[197] Seino M, Hayakawa T, Ishida Y, Kakimoto M-a. Macromolecules, 2006, 39: 3473.

[198] Morris J L, McLaughlin M L, Daly W H. Macromolecules, 1995, 28: 3973.

[199] Morris J L, Becker C L, Fronczek F R, Daly W H, McLaughlin M L. J. Org. Chem., 1994, 59: 6484.

[200] Fields E K, Behrend S J. J. Org. Chem., 1990, 55: 5165.

[201] Frimer A A., Kinder J D, Youngs W J, Meador M A B. J. Org. Chem., 1995, 60: 1658.

[202] Gresham W F, Naylor M A. Jr.. US, 2731447[1956].

[203] Trofimenko S// Feger C, Khojasteh M, Htoo M. Advances in Polyimide Science and Technology. Lancaster, PA: Technomic Publishing, 1993, pp. 3-14.

[204] Trofimenko S, Auman B C. Macromolecules, 1994, 27: 1136.

[205] Schwartz W T, Cocoman M K, Stults J S, Dinan F J. High Perf. Polym., 1994, 6: 155.

[206] Zhang Q, Chen G, Zhang S. Polymer, 2007, 48: 2250.

[207] Guo M, Wang X. Eur. Polym. J., 2009, 45: 888.

[208] Maffei A V, Budd P M, McKeown N B. Langmuir, 2006, 22: 4225.

[209] Yoneyama M, Johnson R A, Mathias L J. J. Polym. Sci., Polym. Chem., 1995, 33: 1891.

[210] Hao J, Tanaka K, Kita H, Okamoto K-I. J. Polym. Sci., Polym. Chem., 1998, 36: 485.

[211] Subramaniam P, Srinivasan M. J. Polym. Sci., Polym. Chem., 1988, 26: 1553.

[212] Lee J-Y, Baek C S, Park E-J. Eur. Polym. J., 2005, 41: 2107.

[213] Lee G-Y, Jang H-N, Lee J-Y. J. Polym. Sci., Polym. Chem., 2008, 46: 3078.

[214] Kim J-H, Jang H-N, Lee J-Y. Polym. Bull., 2008, 60: 181.

[215] Won D-S, Lee G-Y, LeeJ-Y. Polym. Bull., 2008, 61: 43.

[216] Jiang H, Kakkar A K. Macromolecules, 1998, 31: 4170.

[217] Seo Y, Jike, M, Kakimoto M-a, Imai Y. High Perf. Polym., 1997, 9: 205.

[218] Guo M, Wang X. Eur. Polym. J., 2009, 45: 888.

[219] Loncrini D F. J. Polym. Sci., Polym. Chem., 1966, 4: 1531.

[220] Eck T, Gruber H K. Macromol. Chem. Phys., 1994, 195: 3541.

[221] Hasegawa M, Sakamoto Y, Tanaka Y, Kobayashi Y. Eur. Polym. J., 2010, 46: 1510.

[222] Dolui S K, Pal D, Maiti S. J. Appl. Polym. Sci., 1985, 30: 3867.

[223] Hamciuca C, Hamciuca E, Serbezeanua D, Vlad-Bubulac T. Polym. Adv. Technol., 1996, 7: 923.

[224] Jonquieres A, Dole C, Clement R, Lochon, P. J. Polym. Sci., Polym. Chem., 2000, 38: 614.

[225] Schab-Balcerzak E, Sek D. High Perf. Polym., 2001, 13: 45; 铃木秀雄, 大冢宽治, 安达雅已. 日本, 85-104091

[226] Schab-Balcerzak E, Sek D, Jarzabek B, Zakrevskyy Y, Stumpe J. High Perf. Polym., 2004, 16: 585.

[227] Song N H, Gao L X, Ding M X. J. Polym. Sci., Polym. Chem., 1999, 37: 3147.

[228] Zheng H B, Wang Z Y. Macromolecules, 2000, 33: 4310.

[229] Gao J P, Wang Z Y. J. Polym. Sci., Polym. Chem., 1995, 33: 1627.

[230] Jones L A, Watson R. Can. J. Chem., 1973, 51: 1833.

[231] Rusanov A L, Shifrina Z B, Bulycheva EG, Keshtov M L, Averina M S, Fogel Y I, Muellen K, Harris F W. Macromol. Symp., 2003, 199: 97.

[232] Li N, Cui Z, Zhang S, Li S. J. Polym. Sci., Polym. Chem., 2008, 46: 2820.

[233] Yamada Y, Furukawa N. High Perf. Polym., 1997, 9: 135.

[234] Chen X, Yin Y, Tanaka K, Kita H, Okamoto K-I. High Perform. Polym., 2006, 18: 637.

[235] Sek D, Pijet P, Wanic A. Polymer, 1992, 33: 190.

[236] Sek D, Wanic A, Schab-Balcerzak E. J. Polym. Sci., Polym. Chem., 1997, 35: 539.

[237] Li P, Dang G, Zhao X, Zhou H, Chen C. Proc. China-Japan Seminar on Adv. Arom. Polym., 20-23, Oct. 2010, Suzhou China. p 163.

[238] Sugioka T, Hay A S. J. Polym. Sci., Polym. Chem., 2001, 39: 1040.

[239] Dotcheva D, Klapper M, Mullen K. Macromol. Chem. Phys. 1994, 195: 1905.

[240] Sakayori K, Shibasaki Y, Ueda M. J. Polym. Sci., Polym. Chem., 2006, 44: 6385.

[241] Loncrini D F, Witzel J M. J. Polym. Sci., Polym. Chem., 1969, 7: 2185.

[242] Lee J-Y, Bang H-B, Park E-J, Rhee B K, Lee S M, Lee J H. J. Polym. Sci., Polym. Chem., 2004, 42: 3189.

[243] Choi S M, Kim K J, Choi K-Y, Yi M H. J. Appl. Polym. Sci., 2005, 96: 2300.

[244] Lee L T C, Pearce E M, Hirsch S S. J. Polym. Sci., Polym. Chem., 1971, 9: 3169.

[245] Schab-Balcerzak E, Sek D, Volozhin A, Chamenko T, Jarzabek B. Eur. Polym. J., 2002, 38: 423; Alder K, Schneider S. Justus Liebigs Ann. Chim., 1958, 611: 7.

[246] Koton M M, Laius LA, Gluhov N A, Scherbakoba L M, Sazanov Yu M, Luchiko R T. Vysokomol. Soedin., 1981, B23: 850.

[247] Kato J, Seo A, Kiso K, Kudo K, Shiraishi S. Bull. Chem.Soc. Jpn., 1999, *72*: 075.

[248] Li J, Kato J, Kudo K, Shiraishi S. Macromol. Chem. Phys., 2000, 201: 2289.

[249] Kudo K, Nonokawa D, Li J, Shiraishi S. J. Polym. Sci., Polym. Chem., 2002, 40: 4038.

[250] Maeda H, Ariga N, Oikawa H, Tominaga H. US, 4271079[1981].

[251] Moore P D. US, 4371688[1983].

[252] Kim I C, Tak T M. J. Appl. Polym. Sci., 1999, 74: 272; Olbrich J, Dorffel J. US, 4614808[1986].

[253] Kuriyama K, Shimizu S, Eguchi K, Russell T P. Macromolecules, 2003, 36: 4976.

[254] Diels O, Alder K. Liebig Ann. Chem., 1931, 490: 257; Alder K, Molla H H, Reeber R. Liebig Ann. Chem., 1958, 611: 8.

[255] Kikuchi T, Fujita T, Saito T, Kojima M, Sato H, Suzuki H. US, 4958001[1990].

[256] Matsumoto T, Kurosaki T. Macromolecules, 1995, 28: 5684.

[257] Hao J, Jikei M, Kakimoto M-a. Macromolecules, 2002, 35: 5372.

[258] Itamura S, Yamada M, Tamura S, Matsumoto T, Kurosaki T. Macromolecules, 1993, 26: 3490.

[259] Seino H, Sasaki T, Mochizuki A, Ueda M. High Perf. Polym., 1999, 11: 255.

[260] Matsumoto T, Kurosaki T. Macromolecules, 1997, 30: 993.

[261] Tamagna C, Mison P, Pascal T, Petiaud R, Sillion B. Polymer, 1999, 40: 5523.

[262] Wolinskt J, Login R B. J. Org. Chem., 1972, 37: 121.

[263] Dror M, Levy M. J. Polym. Sci., Polym. Chem., 1975, 13: 171.

[264] Grovenstein E, Jr., Rao D V, Taylor J W. J. Amer. Chem .Soc., 1961, 83: 1705.

[265] Nimry T S, Fields E K. US, 4393222[1983].

[266] Kusama M, Matsumoto T, Kurosaki T. Macromolecules, 1994, 27: 1117.

[267] Matsumoto T. Macromolecules, 1999, 32: 4933.

[268] Allen C F H, Converse S. Org. Syn. 1941, Coll., Vol. 1: 22.

[269] Su C-Y, Lee Y-D. J. Polym. Sci., Polym. Chem., 1990, 28: 3347.

[270] Pethrick R A, Wilson M J, Affrossman S, Holmes D, Lee W M. Polymer, 2000, 41: 7111.

[271] Stille J K, Morgan R A. J. Polym. Sci., Polym. Chem., 1965, 3: 2397; Van Alphen J. Rec. Trav. Chim., 1942, 61: 892.

[272] Woo E P. J. Polym. Sci., Polym. Chem., 1986, 24: 2823.

[273] Teshirogi T. J. Polym. Sci., Polym. Chem., 1987, 25: 31.

[274] Avidson D, Benhard S. J. Am. Chem. Soc., 1948, 70: 3426.

[275] Yeganeh H, Shamekhi M A. Polymer, 2004, 45: 359.

[276] Andre S S, Guida-Pietrasanta F, Rousseau A, Boutevin B, Caporiccio G. Polymer, 2001, 42: 5505.

[277] Wu S, Hayakawa T, Kakimoto M-A. High Perf. Polym., 2008, 20: 28.

[278] Kim Y S, Jung J C. J. Polym. Sci., Polym. Chem., 2002, 40: 1764.

[279] Thomas A D, Miller L L. J. Org. Chem., 1986, 51: 4160.

[280] Oishi Y, Ishida M, Kakimoto M-A, Imai Y, Kurosaki T. J. Polym. Sci., Polym. Chem., 1992, 30: 1027.

[281] Ott E, Laugenohl A, Zerweck W. Ber. 1937, 70: 2360.

[282] Mager H I X, Berends W. Rec. Trav. Chim., 1957, 76: 28.

[283] Hirsch S S. J. Polym. Sci., Polym. Chem., 1969, 7: 15.

[284] Wang J Y, Liao G X, Liu C, Jian X G. J. Polym. Sci., Polym. Chem., 2004, 42: 6089.

[285] Vinogradova S V, Vygodskij J S, Korshak V V, Spirina T N. Acta Polymerica, 1979, 30: 3.

[286] Morgan P W, Herr B C. J. Am. Chem. Soc., 1952, 74: 4526.

[287] Holub F F. US, 3435002[1969].

[288] Bartlett P D, Ryan M J, Cohen S G. J. Am. Chem. Soc., 1942, 64: 2649.

[289] Seltzer R, Gordon D A. US, 3846422[1974].

[290] Hennerberger H. US, 5438138(1995).

第 2 章　胺类化合物的合成

2.1　通　论

2.1.1　二胺的合成方法

用于聚酰亚胺的二胺的结构十分多样，主要的合成方法可分下面 15 类，后面的编号是典型的合成例子：

方法 1. 将母体化合物硝化得到二硝基物，然后还原得到二胺。〖31〗〖165〗

方法 2. 由二元醇或二元酚的二钠盐或二元醇或二元酚在无水碳酸钾或碳酸钠存在下与卤代硝基苯缩合得到二硝基化合物，然后还原得到二胺。〖589〗〖608〗〖630〗〖701〗

方法 3. 由二卤代物与硝基苯酚盐反应得到二硝基物再还原得到二胺，二卤代物上的卤素要有足够的活性。〖560〗〖574〗

方法 4. 由间二硝基苯与二元酚在碳酸钾存在下缩合后还原得到二胺。〖659〗

方法 5. 由氨基苯酚与二卤代物反应得到二胺。〖719〗〖733〗

方法 6. 由苯胺与醛或酮缩合得到二胺。〖320〗

方法 7. 由联苯胺反应得到二胺。〖178〗〖180〗②〖206〗

方法 8. 由硝基苯乙酮与苯甲醛在乙酸铵作用下得到含吡啶单元的二硝基化合物，再还原得到二胺。〖935〗

方法 9. 由卤代硝基苯与仲胺或伯胺作用得到二苯胺或三苯胺的二硝基化合物，然后还原得到二胺。〖435〗〖436〗〖514〗

方法 10. 由硝基苯甲酰氯与二羟基化合物或二胺反应得到带酯或酰胺结构的二硝基物再还原得到二胺。〖483〗〖485〗

方法 11. 由二卤代物与乙腈反应得到二酰胺然后水解得到二胺。〖179〗

方法 12. 由卤代物通过偶联反应得到联苯二胺衍生物。〖175〗

方法 13. 噁英鎓盐法。〖258〗

方法 14. 由一种胺反应得到另一种胺。〖1〗〖4〗〖205〗

方法 15. 其他得到二胺的方法。

2.1.2　由硝基还原为氨基的方法

由二硝基物还原为二胺是合成二胺最通用的方法，通常采用方法及典型例子如下：

1. 以钯炭黑为催化剂，用氢气还原。〖59〗
2. 用铁粉在酸性介质中还原。〖69〗〖81〗〖345〗(1)

3. 以钯炭黑为催化剂，用水合肼还原。〖76〗

4. 以氯化亚锡和盐酸还原。〖100〗〖254〗

5. 用亚硫酸氢钠还原。〖156〗(1)

6. 用锌粉和氯化钙还原。〖212〗

7. 以 Raney Ni 催化的加氢还原。〖345〗(2)

8. 以 Raney Ni 为催化剂用水合肼还原。〖346〗

9. 以钯炭黑为催化剂用甲酸铵还原。〖492〗

10. 以钯炭黑为催化剂用环己烯还原。〖514〗

11. 用硫代亚硫酸钠还原。〖552〗

12. 在三氯化铁、活性炭存在下用水合肼还原。〖659〗〖726〗

13. 在钯炭催化下用甲酸铵还原。〖663〗

14. 用盐酸合锡粉还原。〖670〗

15. 用硫化钠还原。〖6〗

2.2　单　元　胺

2.2.1　含炔基的单元胺

〖1〗4-乙炔基苯胺　4-Ethynylaniline[1]

①由三丁基锡乙炔与碘代苯胺合成

$$I-\!\!\!\!\!\!\bigcirc\!\!\!\!\!\!-NH_2 \xrightarrow[Bu_3SnCH\equiv CH]{(Ph_3P)_4Pd} HC\equiv C-\!\!\!\!\!\!\bigcirc\!\!\!\!\!\!-NH_2$$

将 3.06 g (14.0 mmol)4-碘代苯胺和 0.324 g(0.280 mmol)四(三苯基膦)钯加到 150 mL 干 THF 中，氩气下加入 5.29 g(16.8 mmol)三丁基锡乙炔。将混合物加热到 60℃，反应 43 h，除去 THF，加入 200 mL 乙醚，用半饱和的氟化钾溶液洗涤 3 次，过滤，醚层用水洗涤后用硫酸钠干燥，除去醚得粗 4-乙炔基苯胺，经硅胶柱层析(苯/己烷，1∶1)后升华(50~60℃/0.05 mmHg)得产物 1.10 g(67%)，mp 99~102℃。

②由三甲硅基乙炔与碘代苯胺合成

$$I-\!\!\!\!\!\!\bigcirc\!\!\!\!\!\!-NH_2 \xrightarrow[\substack{(Ph_3P)_2PdCl_2/CuI \\ Et_3N}]{Me_3SiC\equiv CH} HC\equiv C-\!\!\!\!\!\!\bigcirc\!\!\!\!\!\!-NH_2$$

将 6.57 g (30.0 mmol)4-碘代苯胺和 5.09 mL(3.54 g, 36.0 mmol)三甲硅基乙炔加到 120 mL 三乙胺中，在氩气下加入 0.420 g(0.600 mmol)二(三苯基膦)二氯化钯和 0.0300 g(0.300 mmol)碘化亚铜，混合物在 40℃反应 4 h，除去三乙胺，残留物用苯萃取，减压除苯。将得到黑色固体溶于甲醇，加入 30 mL 1 N KOH，混合物在 25℃搅拌 1 h，除去甲醇后，产物用 3×100 mL 乙醚萃取，醚液用硫酸钠干燥，除去乙醚，残留物用硅胶柱层析(苯/己烷，1∶1)后升华(50~60℃/

0.05 mmHg)得产物 1.93 g(54.9%), mp 101.5~103℃。

〖2〗3-乙炔基苯胺　3-Ethynylaniline [1,2]

按〖1〗①方法，由 3-碘苯胺合成，经硅胶柱层析(苯/己烷，1:1)得亮黄色油状物，收率 56%。

〖3〗3-苯炔基苯胺　3-(Phenylethynyl)aniline[3]

将 4.27 g(40 mmol) 3-乙炔基苯胺，9.42 g (60 mmol)溴苯，0.5 g(1.4 mmol) (PPh₃)₃CuCl 及 0.52 g (0.73 mmol) (PPh₃)₂PdCl₂ 加到 40 mL 三乙胺中，氮气下 60~70℃反应 24 h。冷却至室温，用 125 mL 乙醚稀释，过滤，固体用乙醚洗涤，醚液依次用 100 mL 水及饱和氯化铵溶液洗涤，过滤，除去乙醚，蒸出过量的溴苯，残留物用高真空闪蒸得 7.0 g(90.7%)褐色油状物，从环己烷重结晶，mp 47~48℃。

〖4〗对炔丙氧基苯胺　3-(4-Aminophenoxy)propane-1-yne[4]

将 44.0 g(0.80 mol)丙炔醇和 64 g (1.6 mol)NaOH 加到 300 mL 水中。冰浴冷却，在 10℃下 30min 内加入 157.6 g(0.84 mol)对甲苯磺酰氯，反应过夜，将混合物倒入冰水中，用乙醚萃取，有机层用 NaCl 溶液洗涤，硫酸镁干燥，减压蒸发，得粗产物 144.7 g。经柱层析(正己烷/乙酸乙酯，1:1)，R_f = 0.64，得对甲苯磺酸炔丙酯(I)143.6 g (91.0%), bp 230℃/10 mmHg。

将 67.0 g(0.43 mol) N-乙酰基-4-氨基苯酚和 21 g (0.5 mol)NaOH 加入 50 mL 水中，加热到 100℃，加入 85 g (0.43 mmol)I 在 30 mL 甲醇中的溶液，搅拌 12 h。混合物用乙酸乙酯萃取，硫酸镁干燥，减压蒸发后粗产物用柱层析(正己烷/乙酸乙酯，1:1)提纯，R_f=0.33，得 N-乙酰基-4-氨基苯基-1-炔丙醚(II) 34.6 g (50%)，从乙醇重结晶，mp 110.1~111.8℃。

将 5.68 g (0.03 mol)II 和 150 g 3 N 盐酸加热回流 4 h。将反应混合物倒入饱和的碳酸钠水溶液中，用二氯甲烷萃取，硫酸镁干燥后除去溶剂，粗产物用柱层析(乙酸乙酯/正己烷，3:1)提纯,R_f = 0.30, 得对氨基炔丙氧基苯 4.18 g (94.7%)，mp 49~50℃。

〖5〗间炔丙氧基苯胺　3-(3-Aminophenoxy)propane-1-yne[5]

①酞酰亚胺法

将苯酐与间氨基苯酚在 NMP 中反应，得到酰胺酸，再以下面程序脱水环化：80℃/2 h，120℃/1 h，160℃/1 h，200℃/2 h，得到 N-间羟苯基酞酰亚胺，收率 90%。将 I 与炔丙基溴在碳酸钾存在下 DMF 中 70℃反应 5 h，冷却后滤出沉淀，用水洗涤后干燥，II 的收率 75%。将 II 在 NaOH 溶液中回流水解，得到间炔丙氧基苯胺。

②间硝基苯酚法

将间硝基苯酚与溴丙炔反应得到炔丙基间硝基苯基醚，收率 75%。再将其用氯化亚锡和盐酸还原，得到间炔丙氧基苯胺。

〖6〗3-氨基-4′-苯乙炔基二苯酮 3-Amino-4′-phenylethynylbenzophenone[6]

将 92.79 g (0.50 mol)3-硝基苯甲酰氯在 527 mL(5.0 mol)溴苯的溶液中冷却到 10~15℃，搅拌下 10 min 内加入 83.3 g(0.65 mol)无水三氯化铝。搅拌 1 h 后升温至 70~80℃反应 3 h，室温过夜，然后倒入 3 L 含 200 mL 盐酸的冰水中。有机层用水洗涤数次，将溴苯和水蒸出。残留物用水洗涤，干燥，从乙醇重结晶得 4-溴-3′-硝基二苯酮(I)淡黄色针状结晶 101.3g(66%)，mp 107~108.5℃。

将 30.61 g (0.10mol)I，11.2 g(0.11 mol)苯乙炔，0.1 g (PPh₃)₂ PdCl₂ 和 0.2 g 三苯膦加到 260 mL 三乙胺中，加热到 60℃，再加入 0.10 g CuI，加热回流 2 h。冷却到室温，滤出固体，用三乙胺洗涤，在含 100 mL 盐酸的水中搅拌，过滤，水洗，干燥，在正丁醇中重结晶，得 3-硝基-4′-苯乙炔基二苯酮(II)白色结晶 28.14 g(86%)，mp 185~186℃。

将 16.37 g (50 mmol)II 和 10.70 g(0.20 mol) NH₄Cl 溶于 120 mL 乙醇中，加热回流，在 1 h 内加入 48.04 g(0.62 mol)无水硫化钠在 120 mL 水中的溶液，搅拌 2 h，再加入水 240 mL，冷却过滤，水洗，干燥，从乙醇中重结晶，得 3-氨基-4′-苯乙炔基二苯酮黄色结晶 11.26 g(76%)，mp 139~141℃。

〖7〗4-氨基-4′-苯乙炔基二苯酮 4-Amino-4′-phenylethynylbenzophenone[6]

由 4-硝基苯甲酰氯按〖6〗的方法合成。4-溴-4′-硝基二苯酮的收率为 80%，mp 122~123℃；4-硝基-4′-苯乙炔基二苯酮的收率 82%，mp192.5~193.5℃；4-氨基-4′-苯乙炔基二苯酮的收率为 77%，从正丁醇重结晶，mp 195~196.5℃。

〖8〗4-(3-氨基苯氧基)-4′-苯乙炔基二苯酮

4-(3-Aminophenoxy)-4′- phenylethynylbenzophenone[7,8]

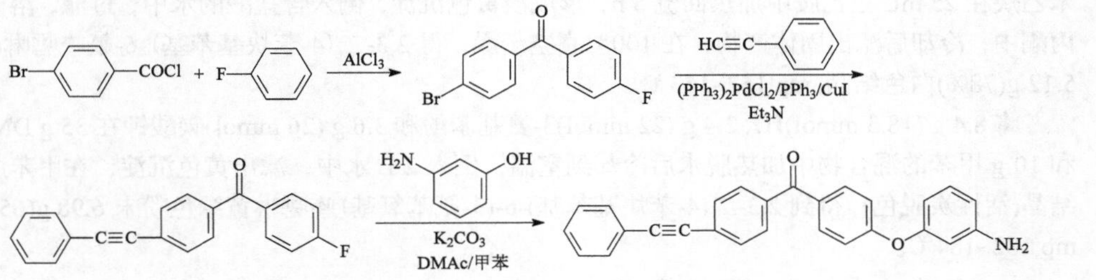

将 177 g (1.2 mol)氟苯和 38.8 g (0.180 mol)4-溴苯甲酰氯的混合物冷却到 0℃，加入 27 g
(0.2 mol)无水三氯化铝，混合物在 23℃搅拌 15 min，回流 4 h，再在 23℃搅拌 16 h 后倒入含
盐酸的 2 L 水中，用二氯甲烷萃取，硫酸镁干燥，过滤，减压除去二氯甲烷及过量的氟苯，
残留物用乙醇重结晶，得 4-溴-4′-氟二苯酮 43.4 g(86%)，mp 106~107℃。

将 30.0 g (110 mmol)4-溴-4′-氟二苯酮，11.0 g (110 mmol)苯乙炔，0.2 g 三苯基膦，0.1 g
碘化亚铜和 0.1 g Cl₂Pd(PPh₃)₂ 在 450 mL 三乙胺中加热回流 4 h 后冷却到室温，再搅拌 16 h，
倒入含盐酸的 2 L 水中。用二氯甲烷萃取，硫酸镁干燥，过滤后减压浓缩，残留物在丙酮中
重结晶，得 4-氟-4′-苯乙炔基二苯酮 23 g(75%)，mp 150~151℃。

将 15.7 g (140 mmol)3-氨基苯酚，43.2 g (140 mmol)4-苯炔基-4′-氟二苯酮和 22 g (160 mmol)
碳酸钾加到 30 mL 甲苯和 200 mL DMAc 的混合物中加热带水 8 h，冷到室温，倒入水中，得
到黄色沉淀。过滤，干燥，用含有 1 g 连二亚硫酸钠的等体积的丙酮和水重结晶，得到 4-(3-
氨苯氧基)-4′-苯乙炔基二苯酮 59.9 g(91%)黄色粉末，mp 137~139℃。

〖9〗2,3-二(4-苯炔基苯基) -6-(3-氨基苯氧基)喹噁啉

2,3-Di(4-phenylethynylphenyl)-6- (3-aminophenoxy)quinoxaline[9]

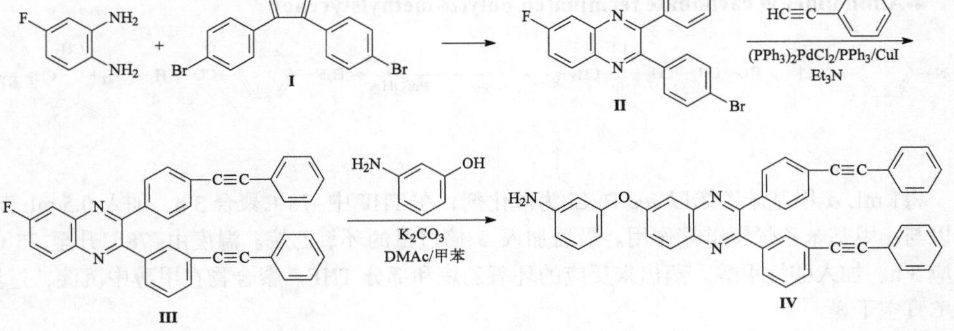

将 21.5 g(170 mmol)1,2-二氨基-4-氟化苯，62.7 g (170 mmol)4,4′-二溴二苯基乙二酮在
200 mL 甲苯和 50 mL 乙醇中加热回流 16 h，冷却到室温，减压除去溶剂，将得到的淡褐色粉
末在甲醇中加热搅拌，过滤，在 10℃真空干燥得到 2,3-二(4-溴苯基)-6-氟喹噁啉(II)白色粉末

74.7 g (96%), mp 155~156℃。

将 6.0 g (13 mmol)**II**, 0.02 g 碘化亚铜, 0.04 g 三苯膦, 0.02 g (PPh$_3$)$_2$ Pd Cl$_2$ 和 2.7 g (27 mmol) 苯乙炔在 25 mL 三乙胺中加热回流 5 h, 形成淡黄色沉淀, 倒入含盐酸的水中, 过滤, 溶于热丙酮中, 冷却后滤出固体产物, 在 100℃真空干燥, 得 2,3-二(4-苯炔基苯基)-6-氟喹噁啉**(III)** 5.12 g(78%)白色结晶, mp 152~153℃。

将 8.4 g (18.3 mmol)**III**, 2.4 g (22 mmol)3-氨基苯酚和 3.6 g (26 mmol)碳酸钾在 35 g DMSO 和 10 g 甲苯的混合物中加热脱水后冷却到室温, 倒入 2 L 水中, 滤出黄色沉淀, 在甲苯中重结晶(活性炭脱色), 得到 2,3-二(4-苯炔基苯基)-6-(3-氨苯氧基)喹噁啉黄绿色粉末 6.98 g(65%), mp 182~184℃。

2.2.2　含氨端基的高分子

〖 10 〗4-氨基苯甲酸聚氧化丙烯酯

4-Aminophenyl carbonate terminated poly(propylene oxide)[10]

将 5 倍量的硝基苯甲酰氯与羟端基聚氧化丙烯(相对分子质量为 5000 和 10000)在 THF 中反应, 以吡啶为缚酸剂。反应数小时, 滤出吡啶盐酸盐。硝基物在 Pd(OH)$_2$ 催化下加氢还原, 得到相对分子质量为 4000, 5600 及 6500 的产物。

〖 11 〗氨基苯甲酸聚(α-甲基苯乙烯)酯

4-Aminophenyl carbonate terminated poly(α-methylstyrene)[11]

将 1 mL α-甲基苯乙烯以 sec-BuLi 为催化剂, 在 THF 中–78℃聚合 3 h, 加入 0.5 mL 苯乙烯以与 α-甲基苯乙烯锂链端作用。最后加入 5 倍过量的环氧乙烷。温度由–78℃升至 25℃, 反应 3 h, 加入酸性甲醇。蒸出未反应的环氧乙烷和部分 THF。聚合物在甲醇中沉淀, 过滤, 60℃真空干燥。

将 15.0 g(1.25 mmol)20 K 的羟端基聚(α-甲基苯乙烯), 0.38 g(1.875 mmol)对硝基苯甲酰氯和 0.15 g(1.875 mmol)吡啶加到 100 mL 干燥的 THF 中, 室温搅拌过夜。过滤, 减压除去溶剂, 用乙醚处理(需要加入一些 THF 使聚合物溶解)。溶液放置 1 h 后过滤, 挥发得到半固体。然后溶于 150 mLTHF 中, 以 500 mg Pd(OH)$_2$ 为催化剂, 在 0.28 MPa 氢压下室温氢化 48 h。过滤，浓缩后将残留物溶于 500 mL 二氯甲烷，依次用 3×250 mL 碳酸氢钠溶液和 3×250 mL 水洗涤，浓缩后重新溶于 100 mLTHF。将该溶于缓慢倒入甲醇中，得到沉淀，过滤，在 50℃真空干燥，得到 13.9 g 白色粉末。

2.2.3　其他单元胺

〖12〗4-氨基苯甲酸苯酯　Phenyl 4-aminobenzoate[12]

由 4-硝基苯甲酸苯酯还原得到，收率 71%，mp 173~175℃。

〖13〗4-(3-氨基苯氧基)苯甲酸　4-(3-Aminophenoxy)benzoic Acid[13]

将 7.41 g (50.0 mmol)对硝基苄腈，5.46 g (50 mmol)间氨基苯酚和 8.28 g(60.0 mmol)碳酸钾加到 100 mL NMP 和 50 mL 甲苯的混合物中，氮气下加热到 160℃反应 6 h 后冷却到室温，过滤。将滤液倒入水中，滤出白色沉淀，干燥后溶于丙酮，再在水中沉淀，得到 I 8.18 g (78%)，mp 88~90℃。

氮气下将 5.00 g (24.0 mmol) I 在 30.0 g 含83% P_2O_5 的多聚磷酸和 5.30 g (60.0 mmol)水的混合物中 120℃ 搅拌 8 h 后倒入水中，滤出黄色固体，从水/乙醇(50/50)重结晶，得 4-(3-氨基苯氧基)苯甲酸黄色固体 4.50 g (83%)，mp 145~147℃。

〖14〗4-氨基苯并环丁烯　4-Aminobenzocyclobutene

将 500 g $\alpha,\alpha,\alpha',\alpha'$-四溴邻二甲苯与 750 g 碘化钠在 2500 mL 无水乙醇中回流48 h，过程中逐渐放出碘。蒸出1000 mL 乙醇后冷到室温，通入 SO_2 还原碘。加入冰使温度降到 10℃，搅拌 3h 后分出暗褐色沉淀，依次用冰水，5%碳酸氢钠和冰水洗涤，将湿的粗产物溶于石油醚，通过硫酸钠过滤。将 2000 mL 褐色滤液浓缩到 1000 mL，通过 450 g 氧化铝柱，以石油醚(bp 30~60℃)为展开剂，将得到的第一个组分蒸发，得到的油状物进行减压蒸馏，收取 95~100℃/0.6 mmHg 馏分。由石油醚重结晶 3 次，得到产物124 g，mp 46~47℃。再重复蒸馏，取 124.5℃/9.5 mmHg，从石油醚重结晶，得 15 g 无色1,2-二溴苯并环丁烯(I)，mp 54.4~54.8℃[14]。

将 10 g (0.26 mol)LiAlH₄以 0.5 g 一份在 6 h 内加到 70 g (0.22 mol)三正丁基氯化锡及 100 g 二溴或二碘苯并环丁烯在 200 mLTHF 的溶液中，保持温和回流。冷到室温后依次用 10 mL 水，10 mL 15% NaOH 及 30 mL 水处理。过滤，用 2×50 mLTHF 洗涤。滤液减压下快速蒸发到液氮冷却的冷阱中，直到收到 202 mL 挥发物。当瓶中温度达到 60℃时施以高真空，再收集 6 mL 挥发物。NMR 显示残留物中不再有苯并环丁烯。合并冷凝的挥发物，倒入 1250 mL 水中，分出有机层，用水萃取后在硫酸镁上干燥。通过短柱蒸馏，柱顶温度达到 80℃后换成短蒸馏柱，得到苯并环丁烯(II)20 g(50%)，bp 143℃[15]。

将 3.2 g(0.05 mol)发烟硝酸在 5 mL 乙酸中的溶液在 105 min 内加到 5.0 g(0.048 mol)II 在 20 mL 乙酸的溶液中。将得到的淡黄色溶液在冰浴中过夜，然后倒入 350 mL 水中。用氯仿萃取，萃取液用 2 N NaOH 和水洗涤，在硫酸钠上干燥后在 0.3 mmHg 下蒸馏得到下列馏分：a: 87~94℃ 1.26 g；b: 94~102℃ 0.93 g；c: 102~110℃ 0.63 g；d: 110~114℃ 3.10 g；e: 残液 2.41 g。馏分 a~c 为 4-硝基苯并环丁烯，冷却固化，得 1.91 g(27%)，mp 18~19℃[16]。

将 4-硝基苯并环丁烯在甲醇中用载于氧化铝上的钯催化加氢得到 4-氨基苯并环丁烯，收率>90%。胺在刚制得时为浅褐色油状液体，但在 24 h 后变为深色，所以要求以盐的形式保存，在由盐制得游离胺后应该立即使用[17]。

〖15〗2-氨基二苯撑　2-Aminobiphenylene[18]

将 34.2 g(0.25 mol)邻氨基苯甲酸和 48 g(0.41 mol)亚硝酸异戊酯溶于 250 mL THF 中，在 0.3 g 三氯乙酸存在下反应。所得到的重氮盐被小心地加入到沸腾的二氯乙烷中进行分解(注意：干燥的重氮盐可以在碰撞、摩擦及受热时剧烈爆炸！)，处理后得到二苯撑(I)白色结晶，收率 12%~14%，mp 105~109℃[19]。

将 6.3 g(41 mmol) I，4.6 mL(49 mmol)乙酐和 12.7 g 三氯化铝在 97 mL 二氯甲烷中反应，粗产物在含水乙醇中重结晶，得到 2-乙酰基二苯撑(II)亮黄色结晶，mp 131~135℃[19]。

将 4.0 g(21 mmol) II 在 72 g 三氯乙酸中加热到 70℃，分批加入 2.0 g(31 mmol)叠氮化钠，立即放出氮气，搅拌到氮停止放出(~1 h)，再加入 2.0 g 叠氮化钠，在 70℃反应 6 h 后倒入 100 g 冰中，用 2×100 mL 甲苯萃取，甲苯层用 100 mL 10%盐酸，2×100 mL 10%NaOH 及 200 mL 水洗涤，在硫酸钠上干燥，除去甲苯，用 200 mL 石油醚(bp 40~60℃)洗涤，得到粗 2-乙酰胺基二苯撑(III)2.5 g(62%)，从水中重结晶得黄色固体，mp 118~120℃[20]。

将 III 在含有 8 mL 浓盐酸的 200 mL 乙醇中加热回流 24 h，减压蒸去乙醇，得到的固体用干乙醚洗涤。该固体产物部分溶于 300 mL 热水，过滤，用氨水碱化得到浑浊黄色溶液，用乙醚多次萃取，在硫酸镁上干燥，减压除去溶剂，在 0.05 mmHg 下 100℃升华，得到 2-氨基二苯撑亮黄色结晶，收率 55%~57%，mp 118~120℃[21]。

〖16〗4-氨基 [2.2] 对环芳烷　4-Amino [2.2] paracyclophane[22]

将 54 mL (382 mmol)三氟乙酐在 0℃下滴加到 45.6 g (345 mmol) 无水三氯化铝在 1200 mL 二氯甲烷的悬浮物中。搅拌 15 min 后在 5℃以下 15 min 内滴加 40 g (192 mol) [2.2]-对环芳烷(I)。加完后在室温搅拌 30 min。反应物在冰浴中冷却,然后以滴加 35 mL 浓盐酸中止反应(注意会放出大量气体)。得到的混合物依次用 2×500 mL 水,2×500 mL 1 N NaOH 和 500 mL 水洗涤。有机层用硫酸镁干燥,过滤,减压浓缩,得到 4-三氟乙酰基[2.2] 对环芳烷(II) 56 g(95%)。产物用于下步反应无需纯化。从甲醇重结晶后 mp 80~81℃。

将 53.0 g (175 mmol)II 加到 1.25 L 10%KOH 溶液中,回流中熔融成油状物,3.5 h 后完全水解,再回流 1 h,冷却到室温,用氯仿洗涤,用浓盐酸酸化后得到粗产物沉淀,过滤,从乙酸/水重结晶,得白色针状 4-羧基[2.2]对环芳烷(III) 37.5 g(85%),mp 221~224℃。

将 44.1 g (175 mmol)粗 III 加到 300 mL 苯中,冰浴冷却下 30 min 内加入 32.7 mL (375 mmol)草酰氯,加完后回暖到室温。固体溶解后(~2.5 h),再搅拌 1 h。减压浓缩得到酰氯。将酰氯溶于 800 mL 丙酮,缓慢加到冰冷的 45 g (690 mmol)叠氮化钠在 450 mL 水和 300 mL 丙酮的溶液中,室温搅拌 1 h,冰浴冷却后倒入 400 mL 水中,过滤,将粗叠氮化合物溶于甲苯,回流 45 min,使重排为异氰酸酯。加入浓盐酸 800 mL,回流 64 h 水解为胺,冷却,过滤,将得到的胺的盐酸盐加到 300 mL 氯仿中,加入 300 mL 碳酸氢钠溶液,温和加热搅拌 15 min,分出有机层,在硫酸镁上干燥,过滤,减压浓缩得到 4-氨基[2.2]对环芳烷 24 g。甲苯层再用 2×200 mL 1 N 盐酸萃取,酸液冷却后用 NaOH 碱化,回收 4.5 g 胺,总收率为 75%,mp 241~243℃。

也可以用乙酐代替三氟乙酐,或用直接硝化后还原,但收率都较低。

〖17〗2-氨基吡啶 2-Aminopyriding

商品,mp 54~58℃。

〖18〗2-氨基嘧啶 2-Aminopyrimiding(2APm)

商品,mp 122~126℃。

〖19〗(3-氨丙基)三乙氧基硅烷 (3-AminoPropyl)triethoxysilane(APTrMOS)

H₂N(CH₂)₃Si(OC₂H₅)₃   商品。Bp 217℃。

〖20〗对(三乙氧基硅基)苯胺 p-Triethoxysilylaniline[23]

商品。

〖 21 〗带 POSS 的苯胺[24]

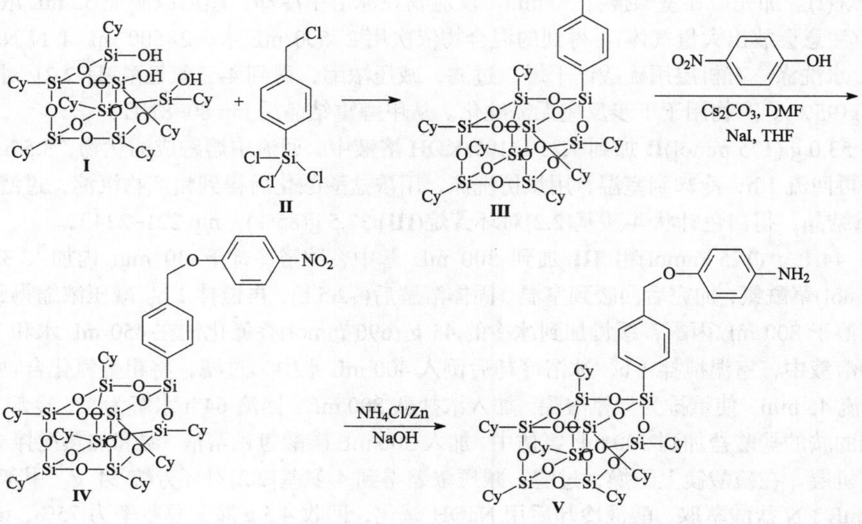

将 5.00 g (5.11 mmol)环己基六硅基-POSS(I)，1.0 mL (5.61 mmol)三氯[4-(氯甲基)-苯基]硅烷(II)和 2.2 mL (15.41 mmol)三乙胺在 30.0 mL THF 中搅拌 2 h，滤出三乙胺盐酸盐，将 THF 溶液滴加到乙腈中，过滤，真空干燥得 III 4.61 g (80%)。

将 0.14 g (1.06 mmol)对硝基苯酚和 0.32 g (0.98 mmol) Cs₂CO₃ 加到 10.0 mL DMF 中，氮气下在 80℃加热 1 h。在 30 min 内滴加入 1.00 g (0.80 mmol) III 在 10.0 mL THF 中的溶液。再加入 0.14 g (0.98 mmol) NaI，反应 4 h。用水稀释后以 3×15 mL 二氯甲烷萃取，有机层用 2×50 mL 水洗涤后减压浓缩，得到 IV 淡黄色粉末 1.01 g (97%)。

将 0.20 g (3.72 mmol) NH₄Cl，1.07g (14.88 mmol) 锌粉和 0.90 g (0.71 mmol) IV 在 30.0 mL MeOH/THF (1/1)中缓和回流 1 h，滤出不溶物，用 THF 洗涤。滤液减压浓缩，残留物用 Al₂O₃ 柱层析(AcOEt/己烷，1/3)，得到带 POSS 的苯胺淡褐色粉末 0.55 g (63%)。

2.3 苯 二 胺

2.3.1 二氨基苯

〖 22 〗对苯二胺 *p*-Phenylene diamine(PPD)

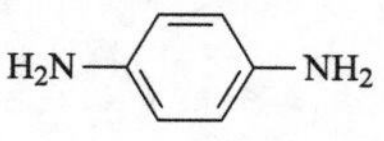

商品，mp 138~143℃, bp 267℃。

〖23〗间苯二胺 *m*-Phenylene diamine (MPD)

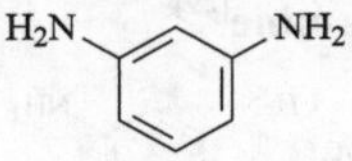

商品，mp 64~66℃, bp 282~284℃。

〖24〗邻苯二胺 *o*-Phenylene diamine (OPD)

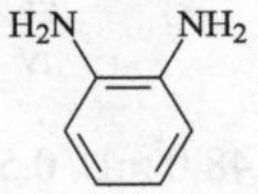

商品，mp 100~102℃，bp 256~258℃。

2.3.2 单取代的苯二胺

〖25〗2,5-二氨基甲苯 2,5-Diaminotoluene(2,5-DAT)[25]

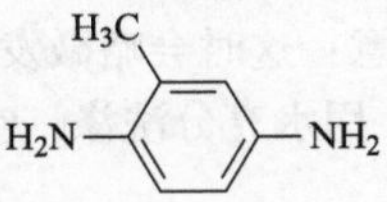

由商品硫酸盐中和得到。

〖26〗2,4-二氨基甲苯 2,4-Diaminotoluene(2,4-DAT)

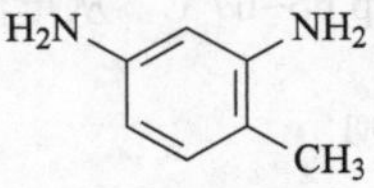

由甲苯硝化得到二硝基甲苯，mp 71℃；还原得到二胺，mp 99℃。

〖27〗2,6-二氨基甲苯 2,6-Diaminotoluene(2,6-DAT)

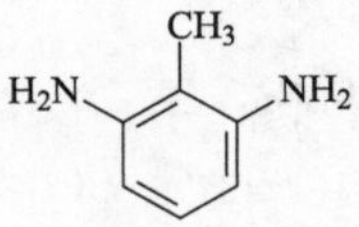

商品，mp 104~106℃。

〖28〗1,4-二氨基三氟甲苯 Trifluoromethyl-*p*-phenylene diamine[26]

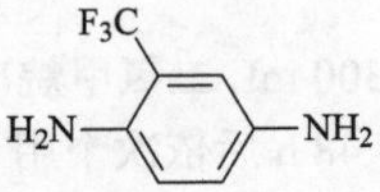

商品，升华提纯，mp 54~58℃。

〖29〗3,5-二氨基三氟甲苯 5-Trifluoromethyl-*m*-phenylene diamine[27,28]

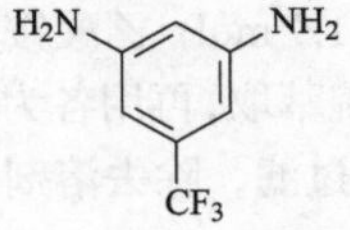

商品，mp 87~89℃。

〖30〗5-[1H,1H-2-二(三氟甲基)七氟戊基]-1,3-二氨基苯

5-[1H,1H-2-Bis(trifluoromethyl) heptafluoropentyl]-1,3-phenylenediamine[29]

将100 g (0.505 mol)3,5-二硝基苄醇溶于1 L氯仿中,3 h内滴加136.7 g (48.0 mL, 0.505 mol)三溴化磷在150 mL氯仿中的溶液,加完后回流2 h,室温放置过夜。将液体从残留的磷化合物上倾出倒入1000 g碎冰中。水层用氯仿萃取,合并有机层,用水和稀碳酸氢钠溶液洗涤,在硫酸镁上干燥,除去溶剂,留下固体3,5-二硝基苄溴 II 126.6 g(96%), mp 91~94℃。在己烷和乙酸乙酯混合物中重结晶, mp 93~94℃。

将45 g (0.78 mol)无水氟化钾, 122.3 g (0.469 mol)3,5-二硝基苄溴和160.3 g (0.534 mol)全氟-2-甲基-2-戊烯加到727 g DMAc中,室温搅拌11天。缓慢加入水[注意:这时会略微发热,过量的全氟甲基戊烯(bp 53~61℃)可能沸腾]。混合物放置2天,过滤,用水充分洗涤,空气干燥,得产物 III 223.5 g(95.4%),从甲醇重结晶, mp 81~82.3℃。

将27.0 g二硝基化合物和2.7 g 5%Pd/C加到200 mL无水乙醇中,在0.415 MPa氢压下室温反应4 h。滤出催化剂,除去溶剂后从己烷重结晶得12.3 g纯产物, mp 66~67℃。从母液中回收产物后,总收率为82%。

〖31〗1,3-二氨基-4-十五烷基苯　4-Pentadecylbenzene-1,3-diamine[30]

将30.0 g (0.098 mol)间十五烷基苯酚, 15.10 mL (.011 mol)三乙胺和300 mL二氯甲烷冷却到0℃,15min内滴加入9.33 mL (0.12 mol)甲磺酰氯。混合物在室温搅拌48 h后依次个用2×100 mL水,饱和氯化钠和水洗涤。分出有机层,用无水硫酸钠干燥,过滤,除去溶剂,将粗产物从甲醇重结晶,得1-甲磺酰氧基-3-十五烷基苯(I)33.1 g (88%), mp 58℃。

将50 g (0.13 mol) I, 5.0 g 10% Pd/C, 3.9 g (0.16 mol)镁屑和147.0 g (1.9 mol)乙酸铵加到500 mL甲醇中,氮气下室温搅拌48 h后过滤,滤液用2×250 mL二氯甲烷萃取,再用各为2×100 mL的水,饱和氯化钠和水洗涤。分出有机层,用无水硫酸钠干燥,过滤,除去溶剂,将粗产物用硅胶柱层析(石油醚),得到黏性液体纯十五烷基苯(II)25.2 g (67%)。

将1.5 mL (0.035 mol)发烟硝酸和1.0 g硅藻土H-b冷却到0℃,在10 min内滴加入4.5 mL (0.048 mol)乙酐,再在45 min内滴加入10.0 g (0.035 mol) II,加完后搅拌30 min。再加入1.0 g

硅藻土 H-b，1.5 mL (0.035 mol) 发烟硝酸和 6.8 mL (0.048 mol)三氟乙酐，搅拌 2 h 后过滤，除去催化剂，用大量丙酮洗涤，再过滤。除去溶剂，得到粗 2,4-二硝基十五烷基苯(III)，用硅胶柱层析(石油醚)，得 10.5 g(80%)，mp 51℃。

将 10.0 g (0.026 mol) III 和 0.3 g10%Pd/C，加到 50 mL 无水乙醇中，加热到 70℃，15 min 内滴加 39.7 mL (0.79 mol)水合肼，回流 6 h，过滤，除去溶剂，粗产物用氧化铝柱层析(二氯甲烷)，得 1,3-二氨基十五烷基苯 6.0 g (71%)，mp 75℃。

〖32〗苯基对苯二胺 **Phenyl-*p*-phenylene diamine**[31]

将 880g SnCl$_2$·2H$_2$O 溶于 1000 mL 乙醇中，通入干燥 HCl 气体，缓慢(1 h)内滴加 200 g 2-硝基联苯，得到 2-氨基联苯盐酸盐。将该盐溶于水，用碱处理，由乙醚萃取，蒸馏，取 135℃/5.5 mmHg 得到 2-氨基联苯(I)。

将 I 用乙酐或乙酰氯处理，得到 *N*-乙酰基-2-氨基联苯(II)，mp 120℃。

将 42.2 gII 溶于 30 mL 乙酐和 35 mL 冰乙酸的混合物中，22℃下加入 20 g 发烟硝酸 (*d*=1.5)15 mL 冰乙酸中的溶液，冰冷结晶，得 3-硝基-2-乙酰氨基联苯(III)，收率 22.6%，mp188~188.5℃。将母液蒸馏，取 245℃/6 mmHg 馏分 29.3 g，该馏分不能结晶。在 90 mL 20% 盐酸中回流 3 h 后用苯萃取，碱化，将有机层浓缩，得到浆状物，蒸馏取 220~225℃/6 mmHg 馏分，从乙醇重结晶，得 2-氨基-5-硝基联苯 10.2 g，母液回收后，收率为 25.7%。

将 2-苯基-5-硝基苯胺还原后蒸馏，取 160~162℃/0.015 mmHg，收率 90%，mp 68~69℃。

〖33〗*E*-9-[*β*-(2,4-二氨基苯基)乙烯基]蒽 *E*-9-[*β*-(2,4-Diaminophenyl)vinyl]anthracene[32]

将 7.21 g (35 mmol) 9-蒽甲醛和 6.37 g (35 mmol) 2,4-二硝基甲苯在含有 15 g (175 mmol) 哌嗪的 150 mL 吡啶中回流 8 h。滤出红色沉淀，用水洗涤后从乙酸重结晶，得 9-[(2,4-二硝基苯基)-反式-乙烯基]蒽，收率 88%，mp 260℃(dec)。

在溶有 7 g (18.9 mmol)二硝基物的乙醇和二氧六环的混合物中加入 4 mL 水合肼，在 1.6 g Raney Ni 存在下回流 48 h。滤出催化剂，减压蒸出溶剂，将残留物在水中沉淀，从正丁醇重结晶，收率 46%，mp 171℃。

〖34〗1-(2,2-二氰基-1-羟基乙烯基)-3,5-二氨基苯钠盐

1-(2,2-Dicyano-1-hydroxyvinyl)- 3,5-diaminobenzene, sodium salt[33]

将 3 g (13 mmol)二硝基苯甲酰氯和 1.7191 g (26.0 mmol)丙二腈溶于 40 mL 氯仿中，加入催化量的四甲基溴化铵和 60 mL 水，冰浴冷却，搅拌，在 2~4 min 内分批加入 3 N NaOH 20 mL，得黄褐色沉淀，过滤，用 91%乙醇洗涤，收率 47%~61%，从 50%乙醇中重结晶，mp >300℃。

二硝基物用 Pd/C，水合肼在 50~60℃还原为二胺。由 95%乙醇重结晶，收率 87%，mp 132~136℃(dec)。

〖35〗氟代对苯二胺 Fluoro-1,4-phenylenediamine[26]

将 2-硝基氟苯用铁粉和盐酸还原为 2-氨基氟苯**(II)**，产率 77%，bp 66~68℃/18 mmHg。

将 20 g **II** 和 20 g 乙酐在 80℃加热 1 h 后倒入 100 g 冰水中，滤出沉淀，水洗，烘干，得 2-乙酰氨基氟苯**(III)** 23.5 g(85%)，mp 79~80℃。

将 25 g **III** 在 3℃以下加入冷至 0℃的 210 mL 发烟硝酸(d=1.5)中，在 0~3℃搅拌 15 min 后倒入 1 L 冰水中，滤出沉淀，水洗，干燥，得 **IV** 29 g(90%)，mp 175~190℃。

将 **IV** 在 29 mL 乙醇，174 mL 水和 29 mL 50%KOH 的混合物中 0℃搅拌 1 h，滤出产物，水洗，干燥，得二胺 **V** 23 g(71%)，从甲醇重结晶，mp 204~205℃。

2.3.3　3,5-二氨基二苯酮及其衍生物

〖36〗3,5-二氨基二苯酮 3,5-Diaminobenzophenone[34]

由 3,5-二硝基苯甲酰氯和苯进行富氏反应得到 3,5-二硝基二苯酮，然后加氢还原得到二胺，升华提纯，mp 148~149℃。

〖37〗3,5-二氨基-4'-正壬基二苯酮　3,5-Diamino-4'-*n*-nonylbenzophenone[35]

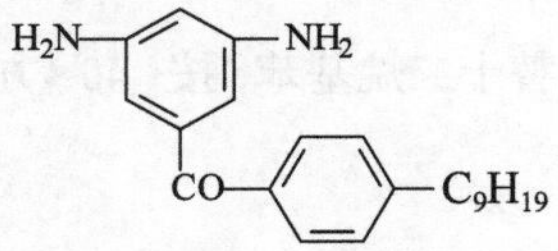

用壬基苯代替十二烷基苯，按〖40〗方法合成。Mp 61.0~62.3℃。

〖38〗3,5-二氨基-4'-正癸基二苯酮　3,5-Diamino-4'-*n*-decylbenzophenone[35]

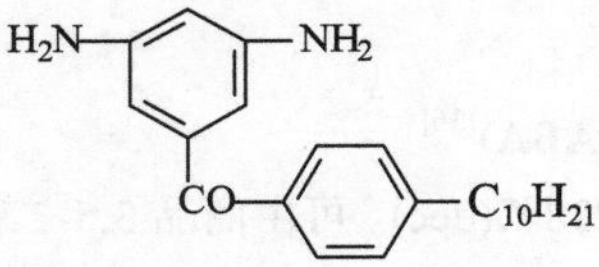

用癸基苯代替十二烷基苯，按〖40〗方法合成。Mp 61.3~62.9℃。

〖39〗3,5-二氨基-4'-正十一烷基二苯酮　3,5-Diamino-4'-*n*-undecylbenzophenone[35]

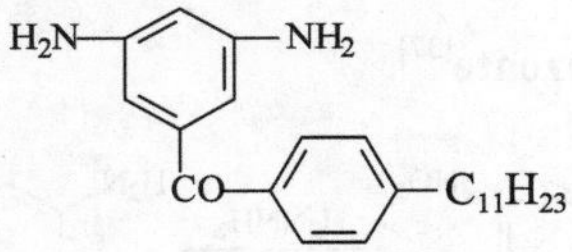

用十一烷基苯代替十二烷基苯，按〖40〗方法合成。Mp 61.3~62.8 ℃。

〖40〗3,5-二氨基-4'-正十二烷基二苯酮　3,5-Diamino-4'-*n*-dodecylbenzophenone[35]

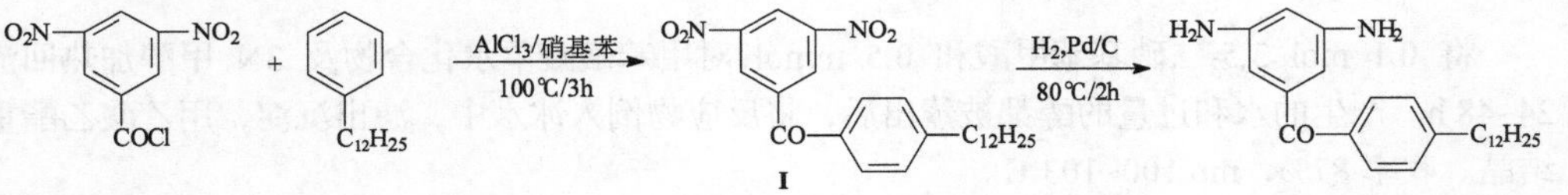

将 7.48 g (32.4 mmol)3,5-二硝基苯甲酰氯和 8 g(32.4 mmol)十二烷基苯溶于 200 mL 硝基苯中，冷却到 10℃，分小份加入 6.49 g(48.7 mmol)无水三氯化铝，反应温度控制在<15℃。加完后撤去冷浴，让温度回升至室温，悬浮液变为澄清溶液，在 80℃再反应 3 h 后倒入 25 mL 浓盐酸和 100 mL 冰水的混合物中，分出有机层，依次用水，10%NaOH 及水洗涤后在无水硫酸钠上干燥，过滤，减压除去硝基苯。将得到的固体从乙醇(活性炭脱色)重结晶，得 I 8.5g(60%)，mp 56.5~57.8℃。

将 8 g(18.16 mmol)I 和 1.82 g 10%Pd/C 加到 200 mL DMF 中，在氢气下 80℃搅拌 12 h 后滤出催化剂，减压除去 DMF，得到的粗产物从乙醇/水(活性炭脱色)中重结晶，得淡褐色二胺 3.50 g(51%)，mp 67.0~68.0℃。

〖41〗3,5-二氨基-4'-正十三烷基二苯酮　3,5-Diamino-4'-*n*-tridecylbenzophenone[35]

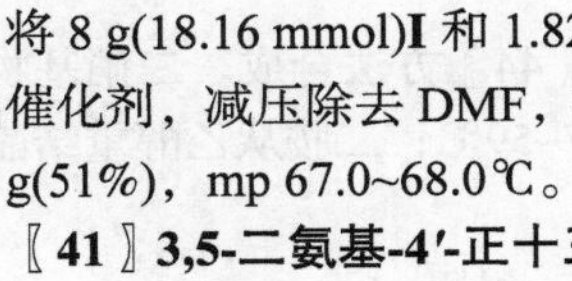

用十三烷基苯代替十二烷基苯，按〖40〗方法合成。Mp 71.5~72.9℃。

〖 42 〗3,5-二氨基-4′-正十四烷基二苯酮　3,5-Diamino-4′-*n*-tetradecylbenzophenone[35]

用十四烷基苯代替十二烷基苯，按〖40〗方法合成。Mp 74.1~75.0℃。

2.3.4　二氨基苯甲酸及其酯

〖 43 〗3,5-二氨基苯甲酸　3,5-Diaminobenzoic acid (DABA)[36]

商品，mp 235~238℃(dec)。可由商品 3,5-二硝基苯甲酸还原得到。

〖 44 〗3,5-二氨基苯甲酸甲酯　Methyl 3,5-diaminobenzoate[37]

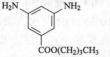

将 0.1 mol 3,5-二硝基苯甲酸和 0.5 mmol 对甲苯磺酸单水化合物及 3N 甲醇加热回流 24~48 h。产生的水和过量的醇都被蒸出后，将反应物倒入冰水中，滤出沉淀，用乙酸乙酯重结晶。收率 87%，mp 100~103℃。

将 100 g 二硝基苯甲酸甲酯溶于 750 mL 无水乙醇中，加入 1 g 5%Pd/C，加热回流，滴加 6N 水合肼，得定量产率二胺，mp 129~131℃。

〖 45 〗3, 5-二氨基苯甲酸丁酯　Butyl 3,5-diaminobenzoate[37]

由丁醇按〖44〗方法合成。二硝基物收率 71%，mp 56~58℃；二胺为黄色油状物，bp 180~184℃/250 mmHg。

〖 46 〗3, 5-二氨基苯甲酸辛酯　Octyl 3,5-diaminobenzoate[37]

由辛醇按〖44〗方法合成。二硝基物收率 76%，mp 57~59℃；二胺从乙醇重结晶，mp 32~33.5℃。

〖 47 〗3, 5-二氨基苯甲酸十二酯　Dodecyl 3,5-diaminobenzoate[37]

由十二醇按〖44〗方法合成。二硝基物收率 77%，mp 57 ~ 59℃；二胺升华得白色粉末，mp 68~70℃。

〖48〗3,5-二氨基苯甲酸十六酯　Hexadecyl 3,5-diaminobenzoate[37]

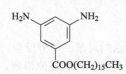

由十六醇按〖44〗方法合成。二硝基物收率 85%，mp 72℃；二硝基物用铁粉和盐酸还原，从异丙醇重结晶，收率 60%，mp 76℃。

〖49〗3,5-二氨基苯甲酸十八酯　Octadecyl 3,5-diaminobenzoate[37]

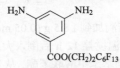

由十八醇按〖44〗方法合成，二硝基物收率 87%，mp 71~72℃；二胺由乙醇重结晶，mp 81~82℃。

〖50〗3,5-二氨基苯甲酸全氟-2-己基乙酯 2-(Perfluorohexyl)ethyl-3,5-diaminobenzoate[38]

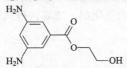

由 3,5-二硝基苯甲酰氯与全氟-2-己基乙醇反应得到二硝基物，由乙酸乙酯/己烷重结晶，收率 73.2%；二硝基物用铁粉/乙酸还原，从乙酸乙酯/己烷重结晶，收率 56.6%。

〖51〗3,5-二氨基苯甲酸乙二醇酯　Hydroxyethyl 3,5-diaminobenzoate[39]

由 3,5-二硝基苯甲酰氯与过量的乙二醇反应，得到 3,5-二硝基苯甲酸乙二醇单酯，然后还原得到。

〖52〗3,5-二氨基苯甲酸酯封端的聚环氧丙烷

3,5-Diaminobenzoate-terminated poly (propylene oxide)[10]

在 20.0 g (8.65 mmol OH)羟端基聚环氧丙烷(相对分子质量 10000) (用甲苯共沸干燥后减压去甲苯)中加入 0.91 g (9 mmol)三乙胺和 2.01 g (8.7 mmol) 蒸馏过的二硝基苯甲酰氯。混合物反应过夜后用 25 mL 乙醚稀释。过滤除去三乙胺盐酸盐，蒸去溶剂，将无定形的残留物溶于 50 mL 乙酸乙酯在 150 mg Pd(OH)₂/C 催化下用 3 atm 氢压氢化 48 h。过滤，减压除溶剂。将得到的二胺与甲苯共沸干燥，高真空去甲苯后得到黏稠的澄清褐色液体，相对分子质量为 7900(用过氯酸进行电位滴定)。

〖53〗3, 5-二氨基苯甲酸苯酯　Phenyl 3,5-diaminobenzoate[41]

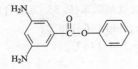

由二硝基苯甲酰氯与苯酚合成，mp 95~96℃。

〖 54 〗3,5-二氨基苯甲酸-1,4-二甲醇苯单酯

1,4-Benzenedimethanol monoester 3,5- diaminobenzoate[39]

由 3,5-二硝基苯甲酰氯与过量的对苯二甲醇反应，得到 3,5-二硝基苯甲酸对苯二甲醇单酯，然后还原得到。

〖 55 〗3,5-二氨基苯甲酸-4-联苯酯　**4-Biphenyl 3,5-diaminobenzoate**[42]

将 12.33 g(0.05 mol)二硝基苯甲酰氯在 40 mL 干 THF 中的溶液滴加到 18.5 g (0.05 mol)4-羟基联苯和 5.6 g(0.055 mol)三乙胺在 80 mL 干 THF 的溶液中，室温搅拌 12 h 后倒入大量水中，滤出淡黄色固体，用稀 NaOH 和水洗涤，真空干燥得到 3,5-二硝基苯甲酸联苯酯，从 THF 中重结晶，收率 92%，mp 224~226℃。0℃下将 7.3 g (0.02 mol)3,5-二硝基苯甲酸联苯酯和催化量 10%Pd/C 加到 150 mL 乙醇中，在 50℃用氢气还原 24 h 后滤出催化剂，浓缩，得到淡黄色二胺，由甲苯/石油醚重结晶，收率 83%，mp 172~173℃。

〖 56 〗3,5-二氨基苯甲酸-4-(4′-丁氧基)联苯酯

4′-(Butooxy)biphenyl-4-yl 3,5- diaminobenzoate[43]

由 4-羟基-4′-丁氧基联苯按〖 55 〗方法合成。
二硝基物收率 83%，mp 150~152℃；
二胺收率 43%，mp 147~149℃。

〖 57 〗3,5-二氨基苯甲酸-4-(4′-己氧基)联苯酯

4′-(Hexyloxy)biphenyl-4-yl 3,5- diaminobenzoate[43]

由 4-羟基-4′-己氧基联苯按〖 55 〗方法合成。
二硝基物收率 81%，mp 156~158℃；
二胺收率 41%，mp 148~150℃。

〖 58 〗3,5-二氨基苯甲酸-4-(4′-十二烷氧基)联苯酯

4′-(Dodecyoxy)biphenyl-4-yl 3,5- diaminobenzoate[43]

由 4-羟基-4′-十二烷氧基联苯按〖 55 〗方法合成。
二硝基物收率 79%，mp 146~148℃；
二胺收率 38%，mp 144~146℃。

〖 59 〗3,5-二氨基苯甲酸-4′-(特丁基二甲基硅氧烷基)联苯酯

4′-(Tert-butyldimethylsiloxy) biphenyl-4-yl 3,5-diaminobenzoate[44]

将 21.2 g (0.1 mol) 3,5-二硝基苯甲酸和 100 mL 氯化亚砜回流，得到酰氯。将得到的液态酰氯用 50 mL THF 稀释，滴加到冷却到 0℃的 24 g (0.13 mol) 4,4′-联苯二酚在含有 8 mL 吡啶的 100 mL THF 的溶液中。滤出沉淀，用水洗涤，80℃真空干燥。从乙醇重结晶，得到 3,5-二硝基苯甲酸-4′-羟基联苯酯**(I)**，收率 52.6%，mp 228.7℃。

将 11.4 g (0.03 mol)**I**, 4.5 g (0.03 mol)特丁基二甲基氯硅烷及 2.5 g (0.036 mol) 催化剂咪唑加到 40 mL DMF 中，室温搅拌到 **I** 全部消耗尽(TLC)，加入 100 mL 甲苯和 100 mL 水。分出有机层，用硫酸镁干燥，减压除去溶剂，得到黄色粗产物，从甲苯/石油醚(1∶1)重结晶，得到 3,5-二硝基苯甲酸-4′-(特丁基二甲基硅氧烷基)联苯酯**(II)**，收率 93.3%，mp 183.5℃。

将 9.6 g (0.02 mol)**II** 和 0.5 g 5%钯炭黑加到 60 mL 甲苯中，在高压釜中加热到 40℃，充以 0.5 MPa 氢气，搅拌 2 h 后过滤。将滤饼在 50 mL THF 中搅拌后滤去催化剂。将滤液倒入水中，滤出沉淀，在 40℃真空干燥，得到白色产物 **III**，收率 71.3%，mp 196.1℃。

〖 60 〗3,5-二氨基苯甲酸(3,4,5-三正戊氧基)苄酯

4-[3,4,5-Tris(*n*-pentan-1-yloxy) benzyl] -3,5-diaminobenzoate[45]

3,4,5-三(正戊氧基)苯甲酸甲酯**(I)**是以溴代正戊烷与 3,4,5-三羟基苯甲酸甲酯及碳酸钾在 DMF 中反应得到。

将 1.20 g (0.0320 mol)LiAlH₄ 在 50 mL 无水乙醚的悬浮液中冷却到 0~5℃，滴加 7.88 g (0.02 mol) **I** 在 50 mL 乙醚中的溶液。混合物在 0~5℃搅拌 1h，再在室温搅拌 2 h 后缓慢滴加 5 mL 水，直到氢气停止放出。加入稀盐酸至分层，分出有机相，用水洗涤 3 次，饱和 NaCl

洗涤 1 次后在硫酸镁上干燥，滤液减压蒸发至干，得 3,4,5-三(正戊氧基)苄醇(**II**)6.6 g(89%)，mp 44~46℃。

将 5.08 g (0.0240 mol)3,5-二硝基苯甲酸，8.80 g (0.0240 mol)**II**，5.0 g (0.024 mol)DCC 和 0.20 g 二甲氨基吡啶在 50 mL 二氯甲烷中室温搅拌 2 天后过滤，滤液减压蒸发至干。将残留物溶于 50 mL 己烷中，过滤，滤液蒸发至干。残留物通过氧化铝柱层析(二氯甲烷)，除去溶剂，残留物从丙酮重结晶，得二硝基物 **III** 黄色结晶 4.63 g(85%)，mp 53~55℃。

将 2.4 g (0.0043 mol)**III** 和 0.40 g 5% Pd/C 加到 100 mL 己烷中，在 0.11MPa 氢气压力下室温搅拌 12 h，滤出催化剂，滤液减压蒸发至干，白色的残留物从乙醇/水中重结晶，得二胺 **IV** 1.6 g (75%)，mp 57.5~59℃。

〖61〗3,5-二氨基苯甲酸 4-(3,4,5-三正己氧基)苄酯

4-[3,4,5-Tris(*n*-hexan-1-yloxy) benzyl] -3,5-diaminobenzoate[45]

由溴己烷出发按〖60〗方法合成。
II：收率 92%，mp 47~48℃；
III：收率 79%，mp 46~48℃；
IV：收率 86%，mp 48~50℃。

〖62〗3,5-二氨基苯甲酸 4-(3,4,5-三正辛氧基)苄酯

4-[3,4,5-Tris(*n*-octan-1-yloxy) benzyl] -3,5-diaminobenzoate[45]

由溴辛烷出发按〖60〗方法合成。
II：收率 94%，mp 47~48℃；
III：收率 82%，mp 56.5~57.5℃；
IV：收率71%，mp 74~75℃。

〖63〗3,5-二氨基苯甲酸 4-(3,4,5-三正十二烷氧基)苄酯

4-[3,4,5-Tris (*n*-dodecan-1- yloxy) benzyl]-3,5-diaminobenzoate[45]

由溴十二烷出发按〖60〗方法合成。
II：收率 97%，mp 49~50℃；
III：收率 85%，mp 76~77℃；
IV：收率 84%，mp 65~68℃。

〖64〗3,5-二氨基苯甲酸-2-(4-苯基苯氧乙酯)

2-(4-Phenylphenoxy)ethyl 3,5- diaminobenzoate[42]

　　将 0.1 mol 4-羟基联苯溶于 150 mL 热乙醇中,搅拌 30 min 后,加入 0.11 mol KOH 在 30 mL 水中的溶液,再搅拌 30 min,加入 0.11 mol 2-氯乙醇。将混合物回流 24 h,用等量的水稀释,蒸出乙醇,滤出沉淀,用热的稀 KOH 溶液和水洗涤,从甲醇重结晶得 2-(4-苯基苯氧基)乙醇 8.2 g (85%), mp 120~121℃。

　　将 4.3 g (0.02 mol)3,5-二硝基苯甲酸, 4.3 g (0.02 mol)2-(4-苯基苯氧基)乙醇, 4.33 g (21 mmol) DCC 和 0.024 g(0.2 mmol)4-二甲氨基吡啶溶于 200 mL 二氯甲烷中,室温搅拌 24 h 后滤出沉淀,将滤液蒸发得到 5.9 g 固体,由丙酮重结晶,3,5-二硝基苯甲酸-2-(4-苯基苯氧乙酯)收率 81%, mp 150~151℃。

　　将二硝基物按〚55〛的方法还原,从甲苯/石油醚中重结晶,得到二胺,收率 80%, mp 158~159℃。

〚65〛3, 5-二氨基苯甲酸-2-(4-苯基苯氧己酯)

6-(4-Phenylphenoxy)hexyl-3,5- diaminobenzoate[42]

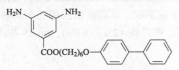

以 6-氯己醇代替 2-氯乙醇, 按〚64〛方法合成。2-(4-苯基苯氧基)己醇从乙醇重结晶, 收率 87%, mp 104~105℃; 二硝基物从丙酮重结晶, 收率 80%, mp 103~105℃; 3,5-二氨基苯甲酸-2-(4-苯基苯氧己酯)从甲苯/石油醚中重结晶, 收率 78%, mp 128~129℃。

〚66〛3,5-二氨基苯甲酸-6-(4-氰基苯基苯氧己酯)

6-(4-Cyano-phenylphenoxy)hexyl 3,5-diaminobenzoate[46]

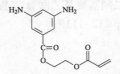

以 4-羟基-4'-氰基联苯代替 4-羟基联苯,按〚64〛方法合成。

〚67〛3, 5-二氨基苯甲酸-2'-(丙烯酰氧乙酯) 2'-(Acyloyloxy)ethyl 3,5-diaminobenzoate[47]

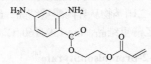

由 3,5-二硝基苯甲酰氯与丙烯酸羟乙酯按〚69〛方法合成。二硝基物从甲醇重结晶, mp 58~59℃; 二胺从异丙醇重结晶, mp 54~55℃。

〚68〛2, 4-二氨基苯甲酸-2'-(丙烯酰氧乙酯)

2,4-Diaminobenzoate 2'-(acyloyloxy)ethyl 3,5-diaminobenzoate[47]

由 2,4-二硝基苯甲酰氯与丙烯酸羟乙酯按〚69〛方法合成。二硝基物 bp 186~189℃/1 mmHg; 二胺从异丙醇重结晶, mp 81~82℃。

〖69〗3, 5-二氨基苯甲酸-2′-(甲基丙烯酰氧乙酯)

2′-(Methacyloyloxy)ethyl 3,5-diaminobenzoate[47]

将 250.0 g (0.108 mol) 3,5-二硝基苯甲酰氯和 8.5 g(0.108 mol) 吡啶溶于 50 mL 丙酮中，冰浴冷却下滴加入 14.1 g (0.108 mol) 2-甲基丙烯酸羟乙酯，然后加热回流 2 h。冷至室温，浓缩，用二氯甲烷萃取。萃取液用氯化钠溶液洗涤，硫酸镁干燥后除去溶剂至干，从甲醇重结晶，得 3,5-二硝基苯甲酸-2′-(甲基丙烯酰氧乙酯) (I) 31.1 g(89%)，mp 69~70℃。

将 31 g (0.10 mol) I 溶于 160 mL 异丙醇和 40 mL 水的混合物中，一次加入 1 mL 盐酸和 55.9 g (1 mol) 100 目铁粉。由于铁粉的加入，温度升至回流。反应 15 min 后，再加入一份盐酸和铁粉。在 70℃反应 30 min，趁热过滤，滤液浓缩后用二氯甲烷萃取，萃取液依次用稀 NaOH 溶液和饱和食盐水洗涤，硫酸镁干燥后蒸发至干，从甲醇重结晶，得二胺 12.6 g (63%)，mp 85~86℃。

〖70〗2, 4-二氨基苯甲酸-2′-(甲基丙烯酰氧乙酯)

2′-(Methacyloyloxy)ethyl 2,4-dinitrobenzoate[47]

由 2,4-二硝基苯甲酰氯与 2-甲基丙烯酸羟乙酯按〖69〗方法合成。二硝基物 mp 38~39℃；二胺从异丙醇重结晶，mp 131~132℃。

〖71〗3, 5-二氨基苯甲酸-2′-(肉桂酰氧乙酯)

2′-(Cinnarnoyloxy)ethyl 3,5-diaminobenzoate[47]

由 3,5-二硝基苯甲酰氯与肉桂酸羟乙酯按〖69〗方法合成，二硝基物从乙醇重结晶，mp 102~103℃；二胺 mp 112~113℃。

〖72〗2, 4-二氨基苯甲酸-2′-(肉桂酰氧乙酯)

2′-(Cinnarnoyloxy)ethyl 2,4-diaminobenzoate[47]

由 2,4-二硝基苯甲酰氯与肉桂酸羟乙酯按〖69〗方法合成。二硝基物从异丙醇重结晶，mp 67~68℃；二胺从乙醇重结晶，mp 159~160 ℃。

〖73〗2-溴代异丁酸-2,4-二氨基苯酯 **2,4-Diaminophenyl-2-bromoisobutyrate**[48]

将 3.0 g (16 mmol)2,4-二硝基苯酚和 2.8 mL (20 mmol)三乙胺溶于 40 mL THF 中，冷却到 0℃。氮气下 1h 内缓慢加入 5.0 mL (41 mmol) 2-溴代异丁酰溴在 10 mL THF 中的溶液，搅拌 24 h。滤出三乙胺氢溴酸盐，除去溶剂，得到橙褐色液体，放置结晶。将固体用 20 mL 乙醇洗涤 3 次，得到 2-溴代异丁酸-2,4-二硝基苯酯(I)淡黄色结晶，收率 48%，mp 79℃。

将 5.0 g (15 mmol)I 和 33.9 g (150 mmol)氯化亚锡二水化合物溶于 200 mL 乙酸乙酯。混合物在 80℃回流 1 h 后冷却，用 5%碳酸氢钠调节 pH 为 8~9，加入 200 mL 水分出乙酸乙酯层，有机相用 3×200 mL 饱和氯化钠和 2×200 mL 水洗涤。硫酸镁干燥，减压除去溶剂，得到二胺淡褐色结晶，用柱层析(乙酸乙酯)提纯，收率 55%，mp > 200℃。

2.3.5　二氨基苯甲酰胺

由 3,5-二硝基苯甲酰氯或在酰化试剂参与下直接由 3,5-二硝基苯甲酸与相应的胺类化合物反应得到二硝基酰胺，然后还原得到二胺。

【74】3,5-二氨基-4′-三氟甲基苯甲酰胺 3,5-Diamino-4′-trifluoromethylbenzanilide[49]

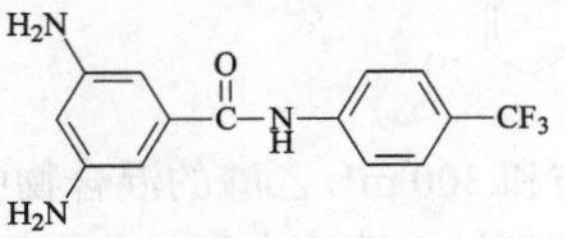

由 3,5-二硝基苯甲酰氯与对氨基三氟甲苯反应，得到 3,5-二硝基苯甲酰三氟甲苯胺，然后还原得到。

【75】3,5-二氨基-3′-三氟甲基苯甲酰胺 3,5-Diamino-3′-fluoromethylbenzanilid[50]

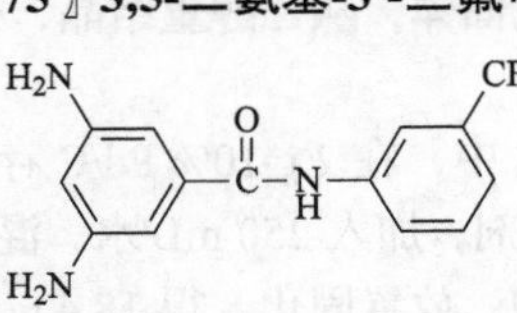

由间氨基三氟甲苯按【74】方法合成，二胺从乙醇和水的混合物中重结晶，mp 195~196℃。

【76】3,5-二氨基-1-[(4′-三氟甲基)苯氧基苯基]苯甲酰胺

3,5-Diamino-1- [(4′-trifluoromethyl) phenoxy phenyl] benzamide[51]

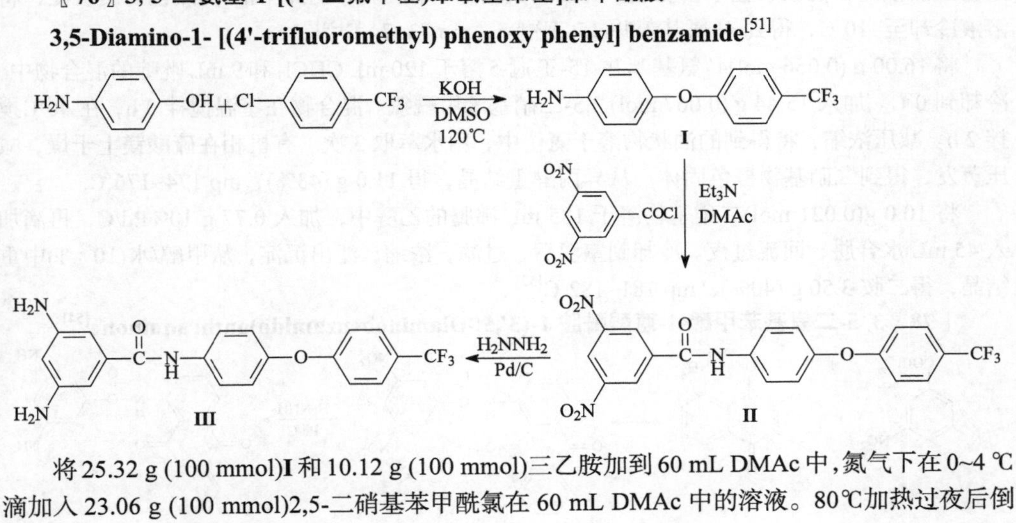

将 25.32 g (100 mmol)I 和 10.12 g (100 mmol)三乙胺加到 60 mL DMAc 中，氮气下在 0~4 ℃滴加入 23.06 g (100 mmol)2,5-二硝基苯甲酰氯在 60 mL DMAc 中的溶液。80℃加热过夜后倒

入冰水中，滤出淡黄色固体，冷水洗涤，乙醇重结晶，得 II 38.44 g(86%)，mp 186.6℃。

将 4.47 g (100 mmol)II 溶于 25 mL 乙醇中，加入催化量的 0.5 g 5%Pd/C，在 75~80℃滴加入 15 mL 水合肼，回流 24 h，滤出催化剂，浓缩后，在滤液中析出白色结晶，过滤，用乙醇洗涤，真空干燥，得二胺 3.17g(82%)， mp 199.2℃。

〖77〗4′-(3″,5″-二氨基苯甲酰胺基苯并-15-王冠-5

4′-(3″,5″-Diaminobenzamido)-benzo- 15-crown-5[52]

将 25 g (0.093 mol) 苯并-15-王冠-5 溶于 350 mL 氯仿和 300 mL 乙酸的混合物中，30 min 内滴加入 85 mL 70%硝酸。混合物在室温搅拌 24 h 后用碳酸钠水溶液中和，分出氯仿层。水层用氯仿萃取，合并氯仿溶液，用硫酸镁干燥。挥发后得黄色固体，从乙醇重结晶，得 4′-硝基苯并-15-王冠-5 22.7 g (77%)，mp 84~85℃。

将 19 g (0.06 mol) 4′-硝基苯基-l5-王冠-5 溶于 200 mLDMF 中，在 2 g 10% Pd/C 存在下以 0.18~0.25 MPa 氢压室温还原。搅拌 1 h，滤出催化剂，除去溶剂，加入 250 mL 水，混合物用氯仿萃取，氯仿层用硫酸镁干燥后蒸去溶剂，得到褐色油状物，放置固化，得 18.4 g(93%)。产物虽然很纯，但在放置中会变黑。可以将其溶于异丙醇中，用石油醚使黑色物质沉淀，将溶液冷却至−10℃，得到 4′-氨基苯并-15-王冠-5，mp 73~74℃[53]。

将 16.00 g (0.056 mol)4′-氨基苯并-15-王冠-5 溶于 120 mL CHCl₃ 和 9 mL 吡啶的混合物中，冷却到 0℃。加入 15.44 g (0.067 mol) 3,5-二硝基苯甲酰氯。混合物在室温搅拌 3 h，在 40℃搅拌 2 h。减压浓缩，将得到的油状物溶于氯仿中，用水萃取 3 次。有机相在硫酸镁上干燥，减压蒸发，得到二硝基物橙色固体。从异丙醇重结晶，得 11.0 g (43%)，mp 174~176℃。

将 10.0 g(0.021 mol)二硝基物溶于 185 mL 沸腾的乙醇中，加入 0.77 g 10%Pd/C，再滴加入 45 mL 水合肼，回流过夜。冷却到室温后，过滤，浓缩，滤出沉淀，从甲醇/水(10∶1)中重结晶，得二胺 3.50 g (40%)，mp 181~182℃[52]。

〖78〗3, 5-二氨基苯甲酸-1-蒽醌酰胺 1-(3′,5′-Diaminobenzamido)anthraquinone[54]

将 26 mmol 1-氨基蒽醌加到 75 mL 干燥的 NMP 中，混合物在 0℃搅拌 30 min，加入大约 21.6 mL 环氧丙烷，搅拌数分钟后加入 30 mmol 3,5-二硝基苯甲酰氯，再在 0℃搅拌 30 min，温度升至室温，再搅拌 6 h 后倒入水中，过滤，用热水洗涤，在 70℃真空干燥过夜，收率 92%。

将 11.5 g 二硝基物和 0.935 g 10% Pd/C 加到 200 mL 乙醇中，85℃下在 1h 内滴加 75 mL 水合肼，加完后再回流 12 h。在该悬浮液中加入 80 mLTHF，使沉淀溶解，再回流 3 h，滤出催化剂，将滤液倒入水中，过滤，热水洗涤，真空干燥，得二胺，收率 92%。

〖79〗3,5-二氨基苯酸-2-蒽醌酰胺 2-(3',5'-Diaminobenzamido)anthraquinone[54]

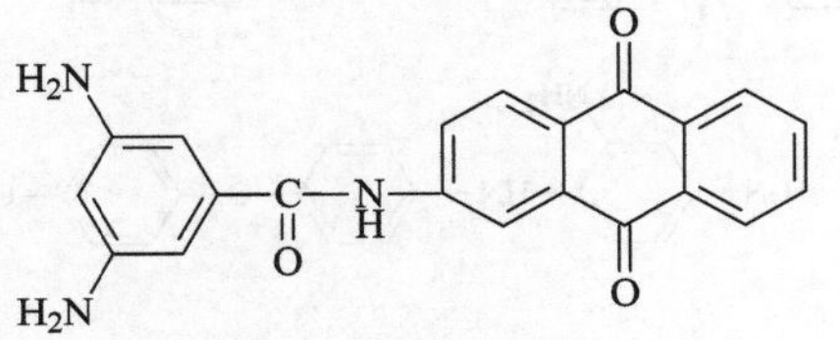

用 2-氨基蒽醌按〖78〗方法合成。二硝基物收率 95%；二胺收率 88%。

〖80〗N-[4-(9H-咔唑基)苯基]-3,5-二氨基苯甲酰胺

N-(4-(9H-Carbazol-9-yl)phenyl) -3,5- diaminobenzamide[55]

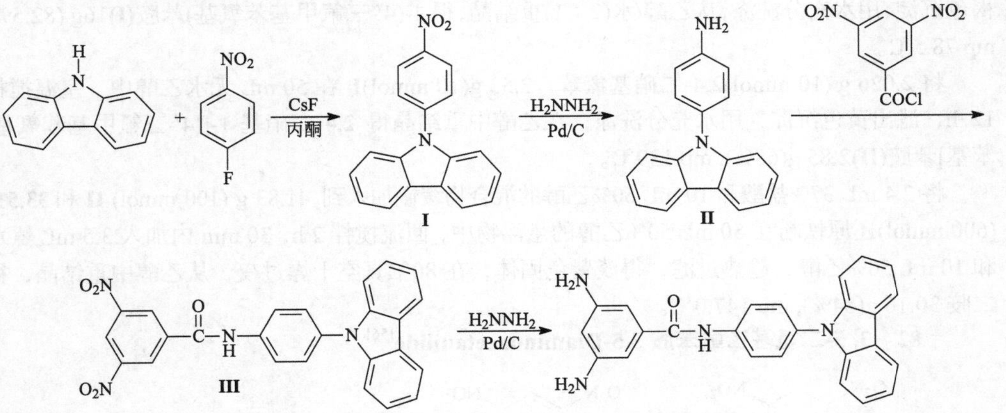

N-(4-氨苯基)咔唑(II)由咔唑与对氟硝基苯在 CsF 催化下得到 N-对硝基苯基咔唑，然后以钯炭黑催化剂用水合肼还原得到。

将 5.16 g (0.02 mol)II 溶于 150 mL 干燥丙酮中，加入 3 mL (0.022 mol)三乙胺。将混合物冷却到 0~5℃，加入 4.61 g (0.02 mol) 3,5-二硝基苯甲酰氯，室温反应 1 h，回流 4h。滤出黄色沉淀，用水和丙酮洗涤，70℃真空干燥，从乙醇重结晶，得二硝基物 III 7.59 g(83%)，mp 333~335 ℃。

将 4.52 g (0.01 mol)III 和 0.1 g 10%Pd/C，加热回流，1 h 内滴加入 5 mL 水合肼，回流 6h，滤出催化剂，滤液冷却结晶，得二胺 3.14 g(80%)，mp 237~238℃。

2.3.6 二氨基苯胺类化合物

〖 81 〗2,4-二氨基-1-[(4′-三氟甲基)苯氧基苯基]苯胺

2,4-Diamino-1-[(4′-trifluoromethyl) phenoxy phenyl] aniline[51]

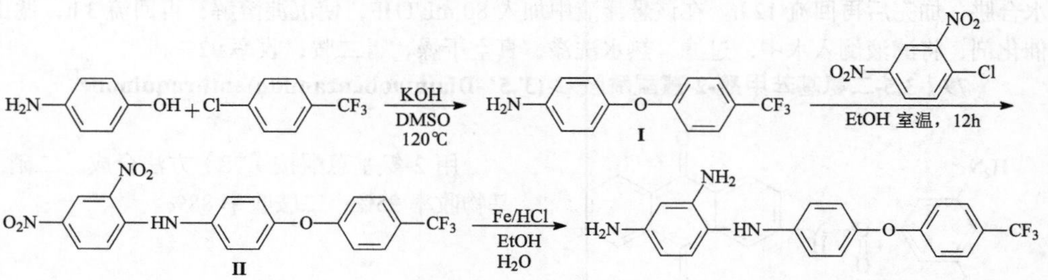

将 12 g(110.0 mmol)对氨基苯酚和 7.0 g (125 mmol)KOH 溶于 100 mL DMSO 和 100 mL 甲苯的混合物中,在 140℃搅拌 4 h,共沸去水后蒸出残留的甲苯,冷却至 120℃,滴加入 14 g (77.5 mmol) 4-氯代三氟甲苯在 20 mL DMSO 中的溶液。在 120℃搅拌 8 h 后倒入 500 mL 冷水中,滤出淡褐色沉淀,用水充分洗涤,从乙醇/水(2∶1)重结晶,得 4-(4′-三氟甲基苯氧基)苯胺(I)16g (82.5%), mp 78.5℃。

将 2.026 g (10 mmol)2,4-二硝基氯苯,2.53 g(10 mmol)**I** 在 50 mL 无水乙醇中,室温搅拌 12 h,滤出黄色沉淀,用水充分洗涤,在乙醇中重结晶得 2,4-二硝基-1-[(4′-三氟甲基苯氧基)苯基]苯胺(**II**)2.85 g(68%), mp 139℃。

将 2.4 mL 37%盐酸和 10 mL 50%乙醇的混合物缓慢加入到 41.83 g (100 mmol) **II** 和 33.51g (600 mmol)还原铁粉在 50 mL 50%乙醇的悬浮物中,回流搅拌 2 h,30 min 内加入 3.5 mL 氨水和 10 mL 50%乙醇,趁热过滤,得淡紫色固体,在 80℃真空干燥过夜,从乙醇中重结晶,得二胺 30.16 g(84%), mp 147.0℃。

〖 82 〗3, 5-二氨基乙酰苯胺 3,5-Diaminoacetanilide[56]

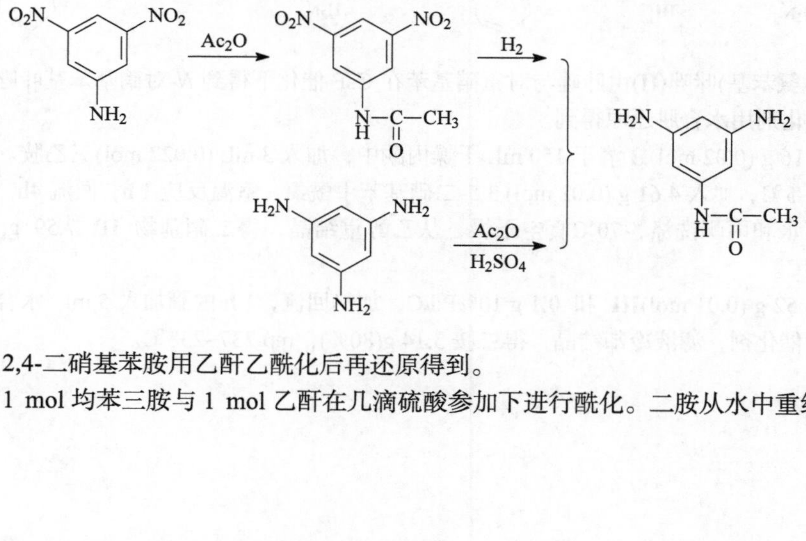

①由 2,4-二硝基苯胺用乙酐乙酰化后再还原得到。

②将 1 mol 均苯三胺与 1 mol 乙酐在几滴硫酸参加下进行酰化。二胺从水中重结晶,mp

161~163℃。

〖83〗3,5-二氨基苯基(氨基甲酸雌酮酯)[57]

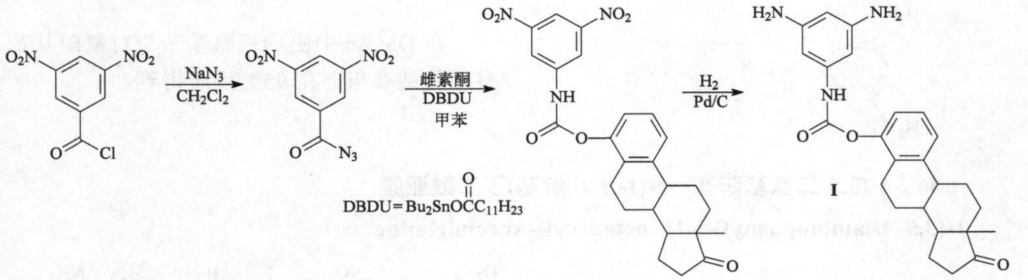

3,5-二硝基苯甲酰氯在二氯甲烷中与在水中的叠氮化钠在0℃反应得到叠氮化物。该叠氮化物在甲苯中的溶液与雌酮及二肉硅酸二丁基锡共沸。由于叠氮化物的热重排所得到的异氰酸酯与雌酮上的酚反应得到氨基甲酸酯。再在 THF 中催化氢化得到二胺。

〖84〗3,5-二氨基苯甲酰叠氮　3,5-Diamino benzoyl azide[58]

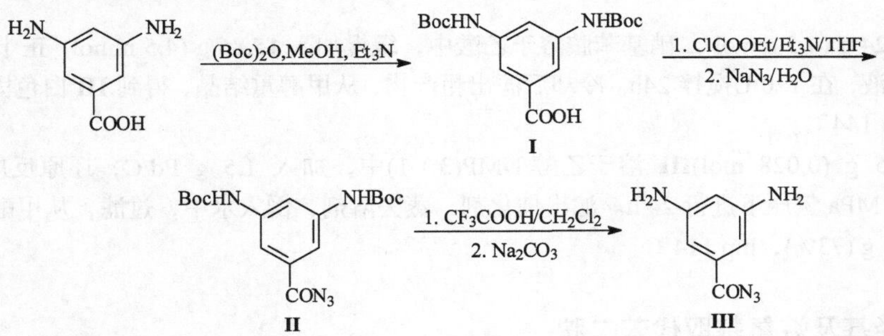

将 5 g (32.9 mmol) 3,5-二氨基苯甲酸溶于 30 mL 甲醇中，加入 33 mL 10% 三乙胺在甲醇中的溶液。搅拌下分批加入 28.77 g (132 mmol) (t-Buc)₂O。混合物在 50℃加热 15 min，再在室温搅拌 30 min。浓缩后加入乙酸乙酯和 1 mol/L KHSO₄。分出有机层，用水洗涤，在硫酸镁上干燥，除去溶剂，得到的固体从乙酸乙酯和己烷重结晶，得 I 白色固体 11 g (96%)，mp 170℃ (dec)。

将 10 g (28.4 mmol)I 溶于 100 mL THF，加入 2.9 g (28.7 mmol) 三乙胺。冷却到 0℃，滴加 3.1 g (28.7 mmol) 氯代甲酸乙酯在 15 mL THF 中的溶液。加完后搅拌 2 h，再滴加 2 g (30.7 mmol) 叠氮化钠的饱和水溶液。混合物在室温搅拌 2 h 后倒入水中。用乙醚萃取，有机层用水洗涤后在硫酸镁上干燥，室温下减压除去乙醚，得到浅黄色固体。在丙酮溶液中加入石油醚重沉淀，得到产物 II 8.6 g (80%)。红外光谱在 2145 cm⁻¹ 处有强的叠氮基团吸收峰。

将 5 g (13.3 mmol) II 和 9 g (79.6 mmol)在三氟乙酸在 100 mL 二氯甲烷中室温搅拌 24h。在瓶底分出黏油状物。倾去二氯甲烷,用二氯甲烷洗涤后加入二氯甲烷和 1 mol/L 碳酸钠溶液。分出有机层，用水洗涤，在硫酸镁上干燥。室温减压除去二氯甲烷，得到黄色固体。从丙酮溶液用石油醚重沉淀，将固体在室温真空干燥，得产物 1.8 g (77%)。

说明：反应操作时应注意安全！该化合物一般不分离出来，而是直接参加下步反应。

〖85〗N-(3,5-二氨基苯基)-对硝基苯胺　N-(3,5-Diaminophenyl)-p-nitroaniline[59]

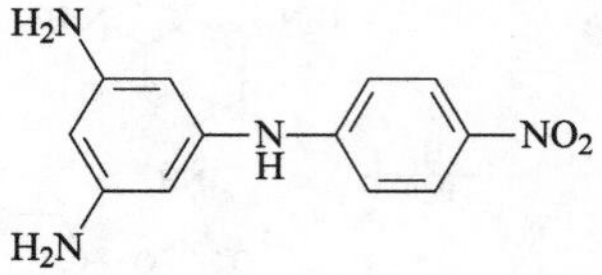

在 DMAc 中由均三氨基苯与对氟硝基苯有碳酸钠参与下在 95℃反应得到。

〖86〗1-(3,5-二氨基苯基)-3-(1-十八烷基)丁二酰亚胺
1-(3,5- Diaminophenyl)-3-(1- octadecyl)- succinicimide[60]

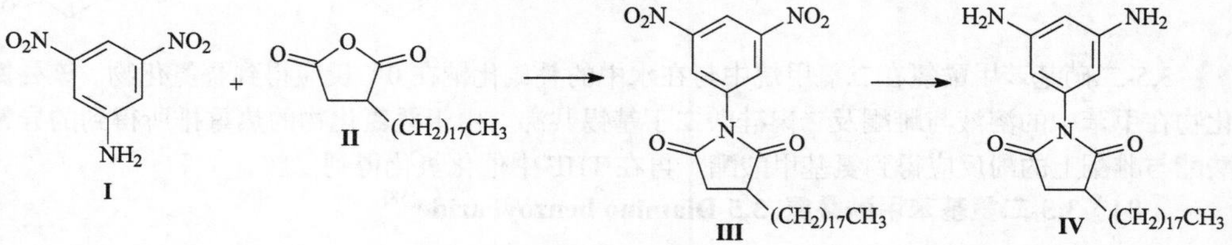

将 8.24 g (4.5 mmol)二硝基苯胺溶于乙酸中，缓慢加入 15.86 g (4.5 mmol) 正十八烷基丁二酸酐溶液，在 120℃搅拌 24h。冷却后滤出粗产物，从甲醇重结晶，得到 III 白色固体 16.3 g (71%)，mp 144℃。

将 15 g (0.028 mol)III 溶于乙醇/NMP(3∶1)中，加入 1.5 g Pd/C，还原反应在 50℃ 0.21~0.35 MPa 氢压下进行 24 h。滤出催化剂，蒸去溶剂，倒入水中，过滤，从甲醇重结晶，得二胺 11 g (73%)，mp 114℃。

2.3.7　羟基及烷氧基取代苯二胺

〖87〗2, 4-二氨基苯酚　2,4-Diaminophenol dihydrochloride[61]

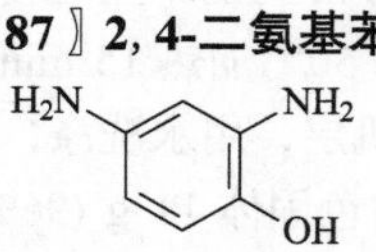

商品，mp 222℃。

〖88〗3,5-二氨基-(2,2,2-三氟乙氧基)苯　3,5-Diamino-(2,2,2-trifluoroethoxy)benzene

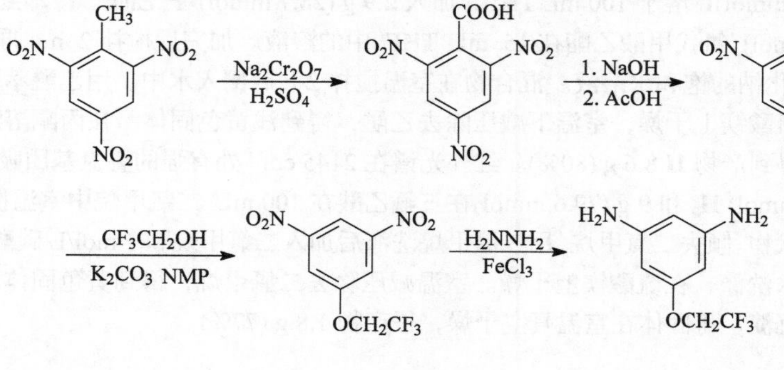

在 360 g(1.6 mol)三硝基甲苯和 3600 g 浓硫酸的混合物中以小份加入重铬酸钠，当温度达到 40℃后开始以加料速度控制反应温度在 45~55℃。2 h 内加完 540 g(1.8 mol) 重铬酸钠，在 45~55℃搅拌 2 h。将得到的稠厚物料倒入 4 kg 碎冰中，搅拌后过滤，用冰水洗涤至无铬离子。干燥后得到 320~340 g 粗产物。将该粗产物与 2 L 35℃水混合，滴加入 15%NaOH 溶液得到红色溶液，滤出未反应的三硝基甲苯。将滤液进行酸化，得到三硝基苯甲酸沉淀。冷却，过滤，用冰水洗涤，空气干燥，得 230~280 g(57~69%)。

将得到的三硝基苯甲酸在 75℃与 2 L 水混合，加入 15%NaOH 溶液，得到红色溶液。滴加 1~2 滴乙酸，红色即褪去。过滤，滤液中加入 70 mL 乙酸。缓慢加热搅拌，有三硝基苯析出。1~1.5 h 后 CO_2 放尽，继续加热搅拌 45 min 后冷却过滤。从乙酸重结晶，得三硝基苯 145~155 g (43~46%)，mp 121~122℃[40]。

将 25 mmol 三硝基苯，25 mmol 氟代醇和 25 mmol 碳酸钾加于 20 mL NMP 中，在 80℃反应至三硝基苯完全消失后(用 TLC 或 HPLC 检测)倒入水中，滤出沉淀，用 3%盐酸和水洗涤，甲醇重结晶。将 10 mmol 二硝基化合物，60 mmol 水合肼，0.1 g 六水三氯化铁和 0.3 g 活性炭在 50 mL 甲醇中回流 3 h，过滤，母液浓缩至 10 mL，滤出结晶，在甲醇中重结晶，得二胺，mp 72~74℃[61]。

〖 89 〗3,5-二氨基-(2,2,3,3-四氟丙氧基)苯

3,5-Diamino-(2,2,3,3-tetrafluoropropoxy) benzene[62]

由 2,2,3,3-四氟丙醇按〖 88 〗方法合成，mp 64~65℃。

〖 90 〗3,5-二氨基-(2,2,3,3,4,4,5,5-八氟戊氧基)苯

3,5-Diamino-(2,2,3,3,4,4,5,5-octafluoro- pentoxy)benzene[62]

由 2,2,3,3,4,4,5,5-八氟戊醇按〖 88 〗方法合成，mp 40~41℃。

〖 91 〗3,5-二氨基-(2,2,3,3,4,4,5,5,6,6,7,7-十二氟庚氧基)苯

3,5-Diamino-(2,2,3,3,4,4,5,5, 6,6,7,7-dodecafluoroheptoxy)benzene[62]

由 2,2,3,3,4,4,5,5,6,6,7,7-十二氟庚醇按〖 88 〗方法合成，mp 68~70 ℃。

〖92〗1,3-二氨基-4-己氧基苯　4-Hexyloxybenzene-1,3-diamine[63]

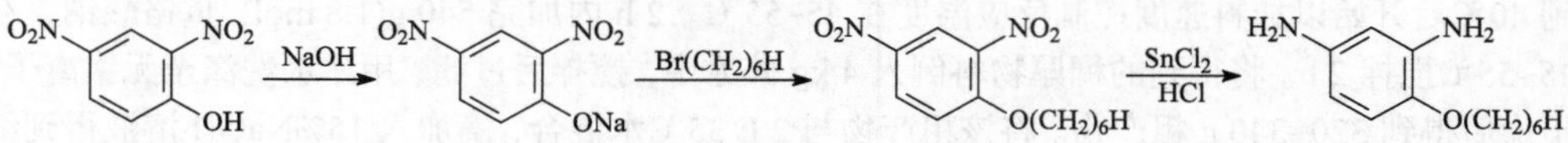

将 0.1 mol 4-羟基间二硝基苯溶于 40 mL DMAc 和 50 mL 甲苯中，加入 0.105 mol 25%NaOH 水溶液，加热除水后滴加入 0.09 mol 溴代己烷在 20 mL DMAc 中的溶液，回流 10 h，倒入大量饱和碳酸氢钠溶液中，分出 4-己氧基间二硝基苯。将 0.02 mol 4-己氧基间二硝基苯在 50 mL 乙醇中加入 0.15 mol SnCl$_2$ 和 40 mL 37%盐酸，回流 4~6 h，用 NaOH 水溶液碱化后用无水乙醇萃取出产物，加水沉淀，得到 4-己氧基间苯二胺，mp 57.2 ℃。

〖93〗1,3-二氨基-4-辛氧基苯　4-Octyloxybenzene-1,3-diamine[63]

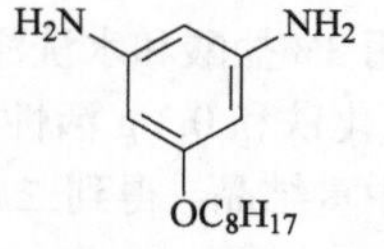

由溴代辛烷与 5-羟基间二硝基苯按〖92〗方法合成，mp 56.6℃。

〖94〗1,3-二氨基-4-癸氧基苯　4-Decyloxybenzene-1,3-diamine[63,64]

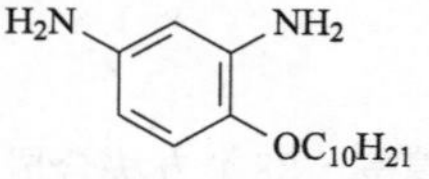

由溴代癸烷按〖92〗方法合成，mp 61.2 ℃。

〖95〗1,3-二氨基-4-十一烷氧基苯　4-Undecyloxybenzene-1,3-diamine[64]

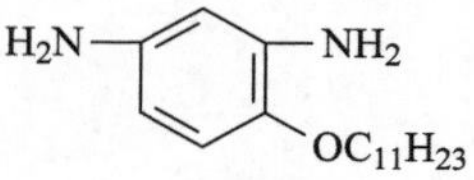

由溴代十一烷按〖92〗方法合成，mp 61.9℃。

〖96〗1,3-二氨基-4-十二烷氧基苯　4-Dodecyloxybenzene-1,3-diamine[63,64]

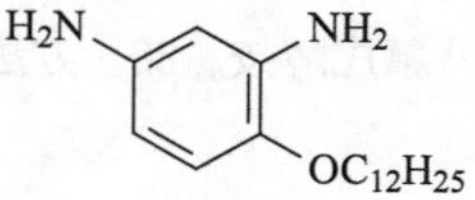

由溴代十二烷按〖92〗方法合成，mp 68.1 ℃。

〖97〗1,3-二氨基-4-十三烷氧基苯　4-Tridecyloxybenzene-1,3-diamine[64]

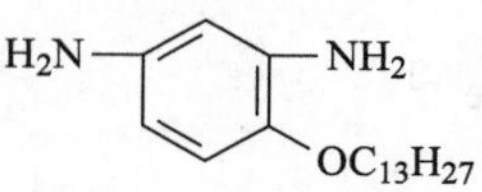

由溴代十三烷按〖92〗方法合成，mp 66.5 ℃。

〖98〗1,3-二氨基-4-十四烷氧基苯　4-Tetradecyloxybenzene-1,3-diamine[63,64]

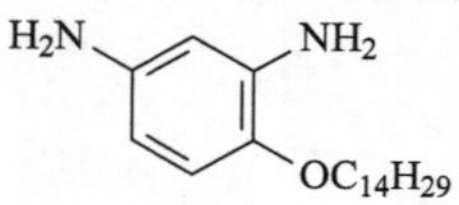

由溴代十四烷按〖92〗方法合成，mp 69.3 ℃。

〖 99 〗1,3-二氨基-4-十六烷氧基苯　4-Hexadecyloxybenzene-1,3-diamine[63]

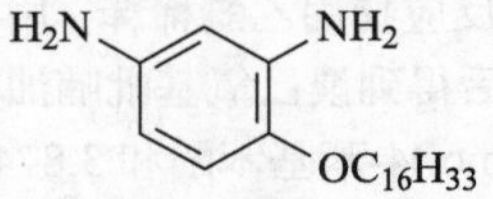

由溴代十六烷按〖 92 〗方法合成，mp 76.9 ℃。

〖 100 〗1,3-二氨基-4-七氟丁氧基苯[65]

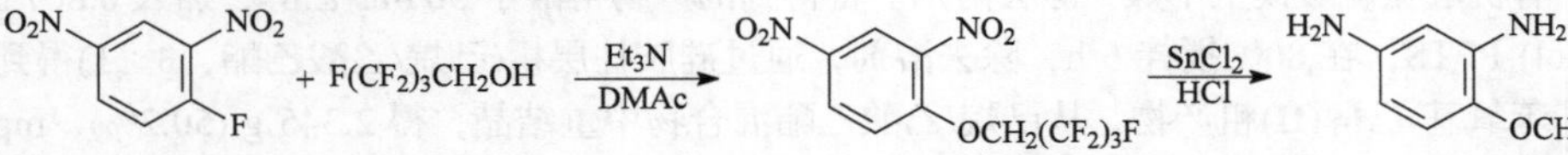

将 40.0 g(0.2 mol)七氟丁醇，22.3 g(0.22 mol)三乙胺和 37.2 g(0.2 mol)间二硝基氟苯在 200 mL DMAc 中搅拌 2 h，水中沉淀，过滤干燥。

将 135 g 氯化亚锡，297 g 36%盐酸，90 g 乙酸和 18.0 g(0.1 mol)二硝基物的混合物在 25℃ 搅拌 2 h，再在 100℃反应 6 h 后冷至室温，用 NaOH 溶液中和，乙酸乙酯萃取，产物用升华，从苯和己烷混合溶剂中重结晶，mp 76.3~76.8 ℃。

〖 101 〗1,3-二氨基-4-十三氟庚氧基苯[65]

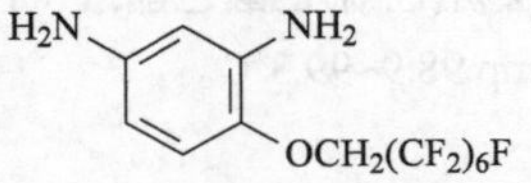

由十三氟庚醇按〖 100 〗方法合成，mp 92.9~93.5℃。

〖 102 〗1,3-二氨基-4-十五氟辛氧基苯[65]

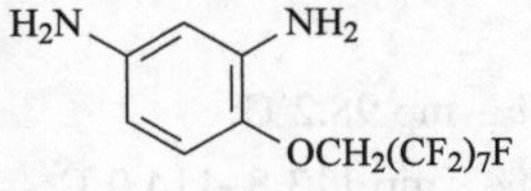

由十五氟辛醇按〖 100 〗方法合成，mp 111.9~112.3℃。

〖 103 〗1,3-二氨基-4-二十氟十一烷氧基苯[65]

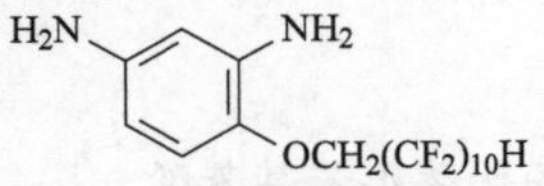

由二十氟十一烷醇按〖 100 〗方法合成，mp 126.3~126.9℃。

〖 104 〗2,4-二氨基-[6-(4-苯基苯氧基)己氧基]苯
2,4-Diamino-(6-(4-phenylphenoxy) hexyloxy)-benzene[65,66]

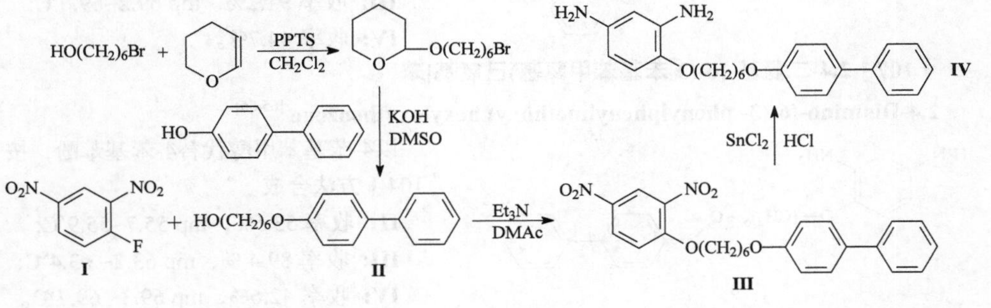

将 3.123 g(17.26 mmol) 6-溴己醇,2.178 g(25.89 mmol)二氢吡喃和 1.301 g (5.178 mmol) 对甲苯磺酸吡啶盐(PPTS)加到 20 mL 干燥二氯甲烷中,室温搅拌 8 h。反应物用乙醚稀释,用半饱和的 NaCl 溶液洗涤以去除 PPTS,然后用硫酸镁干燥。除去溶剂后得到溴己氧基吡喃油状产物 4.778 g。将此产物溶于 50 mL DMSO 中,加入 3.232 g (18.99 mmol)4-苯基苯酚和 3.874 g (69.04 mmol) KOH。混合物在 80℃搅拌 6 h 后倒入冷的 230 mL 0.3 N 盐酸中,用乙酸乙酯萃取 2 次,有机层在硫酸镁上干燥,除去溶剂。将得到的产物再溶于 50 mL 乙醇,加入 0.867 g (3.45mmol) PPTS,在 80℃搅拌 6 h,除去溶剂,通过硅胶柱层析(己烷/乙酸乙酯,3∶1)得到 6-(4-苯基苯氧基)己醇(**II**)粗产物,从己烷/乙酸乙酯混合物中重结晶,得 2.345 g (50.2%),mp 98.0~98.2℃。

将 2.000 g (7.396 mmol)**II** 和 0.823 g(8.14 mmol)三乙胺溶于 30 mL DMAc 中,加入 1.514 g (8.134 mmol) 2,4-二硝基氟苯,在 80℃搅拌 12 h,倒入水中,滤出沉淀,用水洗涤,真空干燥,从己烷/乙酸乙酯混合物中重结晶 3 次得到二硝基物 **III** 2.935 g (90.9%),mp 113.8~114.0 ℃。

将 2.800 g(6.415 mmol) **III** 和 6.081 g (32.08 mmol) SnCl$_2$溶于 40 mL 乙醇和 12 mL 36%盐酸的混合物中,室温搅拌 1 h,再回流 3 h 后倒入冰水中,用 NaOH 溶液调节至 pH 8,用乙酸乙酯萃取 3 次,合并有机溶液用硫酸镁干燥,去除溶剂后粗产物用硅胶柱层析(己烷/乙酸乙酯,1∶1)提纯,再从己烷/乙酸乙酯混合物中重结晶得二胺 **IV** 1.089 g (45.1%), mp 98.9~99.3℃。

〖105〗2,4-二氨基-[6-(2-苯基苯氧基)己氧基]苯

2,4-Diamino-[6-(2-phenylphenoxy) hexyloxy]-benzene[65,66]

以 2-苯基苯酚代替 4-苯基苯酚,按〖104〗方法合成。

II: 收率 50.2%,mp 98.2℃;

III: 收率 90.9%,mp 113.8~114.0℃;

IV: 收率 45.1%,mp 98.9~99.3℃。

〖106〗2,4-二氨基-[6-(3-苯基苯氧基)己氧基]苯

2,4-Diamino-(6-(3-phenylphenoxy) hexyloxy)-benzene[65,66]

以 3-苯基苯酚代替 4-苯基苯酚,按〖104〗方法合成。

II: 收率 45.5%;

III: 收率 91.2%, mp 69.2~69.6℃;

IV: 收率 44.7%。

〖107〗2,4-二氨基-[6-(3-苯基苯甲氧基)己氧基]苯

2,4-Diamino-(6-(3- phenylphenylmethoxy) hexyloxy)benzene[65,66]

以4-苯基苯甲醇代替4-苯基苯酚,按〖104〗方法合成。

II: 收率 53.5%,mp 55.7~55.9℃;

III: 收率 89.4 %,mp 63.2~ 63.4℃;

IV: 收率 42.6%,mp 69.3~ 69.7℃。

【108】5-苯氧基间苯二胺 5-Phenoxy-1,3-diaminobenzene[67]

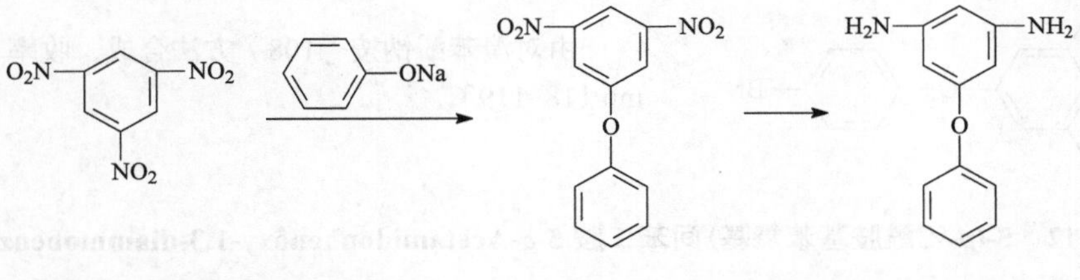

由 1,3,5-三硝基苯与苯酚钠反应，得到二硝基物，再用水合肼在 RaneyNi 催化下还原，得到二胺，收率 63%，mp 119~120.5℃。

【109】2-苯氧基对苯二胺二盐酸盐 2-Phenyl-1,4-phenylenediamine dihydrochloride[68]

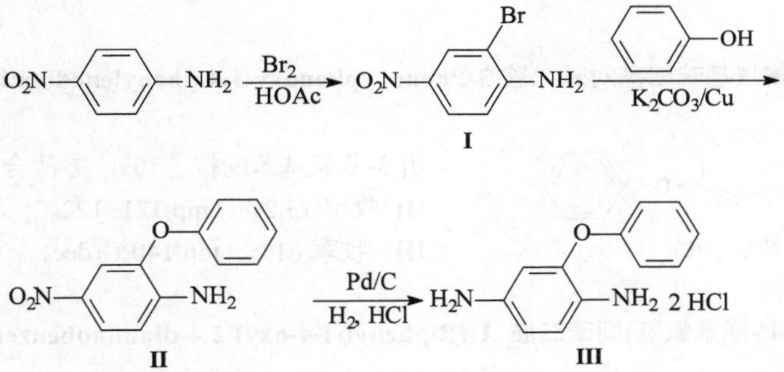

将 100 g(0.724 mol)对硝基苯胺在 40℃下缓慢加入到 1550 mL 冰乙酸中，冷却到 20℃，1 h 内滴加 37.4 mL(116.65 g, 0.730 mol)溴，搅拌 45 min，滤出沉淀，在 2500 mL 10%NaHS 中搅拌 24 h，滤出粗产物，得 139 g。从 65%乙醇重结晶 2 次，得溴代对硝基苯胺(I)黄色结晶 103 g (65.5%)，mp 101~102℃。

将 0.07 mol K₂CO₃ 和 13.2 g(0.14 mol)苯酚加热至 120℃，得到苯酚钾。加入 0.5 g 铜粉，再将 5.0 g (0.25 mol)I 分 2 次加入。升温至 135℃，保持过夜，将热的反应物倒入 600 mL 1N KOH 中搅拌 1 h，过滤，用 150 mL 二氯甲烷萃取，去除溶剂后得到灰色固体 II，经柱层析(CH₂Cl₂/己烷，1：1)，取第二组分，从乙醇/水(4：1)重结晶收率 68.1%，mp 116~117℃。

将 15.2 mmol II 和 0.3 g 10% Pd/C 加入到 75 mL 预先用干燥 HCl 饱和的乙醇中，在 0.35 MPa 氢压下，搅拌 16 h，反应物在氮气下过滤，滤液用 HCl 饱和，加入 50 mL 乙醚，在 0℃ 过夜后滤出白色沉淀，在 60℃真空干燥 48 h 得 III，收率 85%，mp 120℃(dec)。

【110】5-(p-羟基苯氧基) 间苯二胺 5-p-Hydroxyphenoxy-1,3-diaminobenzene[67]

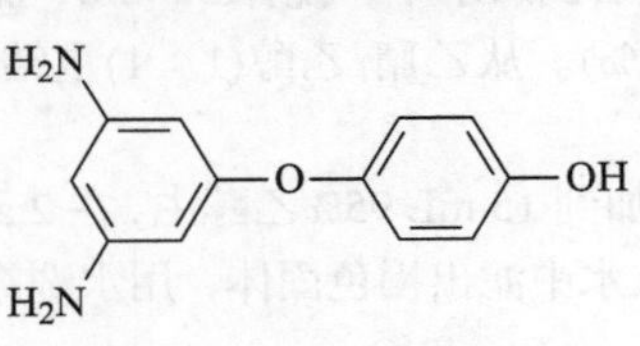

由对羟基苯酚钠按【108】方法合成，收率 60%，mp 235~236℃。

〖111〗5-(*p*-溴代苯氧基)间苯二胺　5-*p*-Bromophenoxy-1,3-diaminobenzene[67]

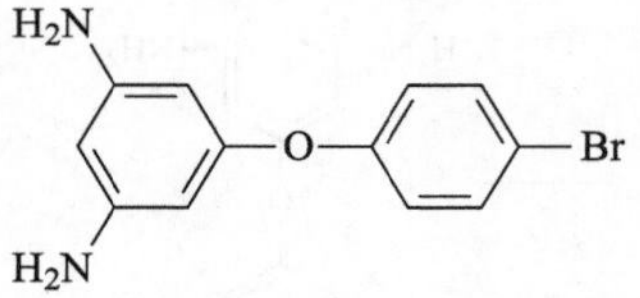

由对溴苯酚钠按〖108〗方法合成，收率57%，mp 118~119℃。

〖112〗5-(*p*-乙酰胺基苯氧基)间苯二胺　5-*p*-Acetamidophenoxy-1,3-diaminobenzene[56]

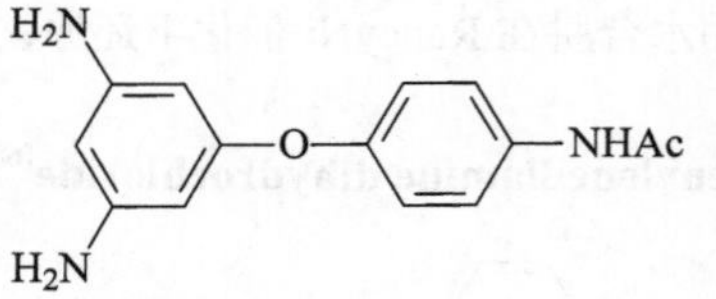

由5-氯间二硝基苯与对乙酰胺基苯酚钠反应得到的二硝基物还原为二胺，mp 144~145℃。

〖113〗3-苯氧基苯氧基对苯二胺　3-Phenoxyphenoxy-1,4-phenylenediamine[68]

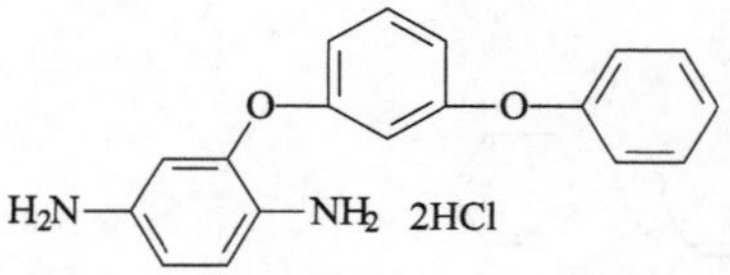

由3-苯氧基苯酚按〖109〗方法合成。
II：收率73.2%，mp 121~122℃;
III：收率81%，mp 140℃(dec)。

〖114〗4-(4′-联苯氧基)间苯二胺　1-(Biphenylyl-4-oxy)-2,4-diaminobenzene[69]

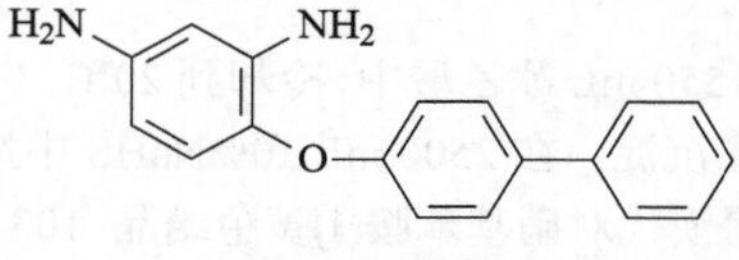

由4-羟基联苯按〖115〗的方法合成，收率94%，从乙醇/水(2∶1)重结晶，mp 135~137℃。

〖115〗1-(1-萘氧基)间苯二胺　1-(1-Naphthoxy)-2,4-diaminobenzene[69]

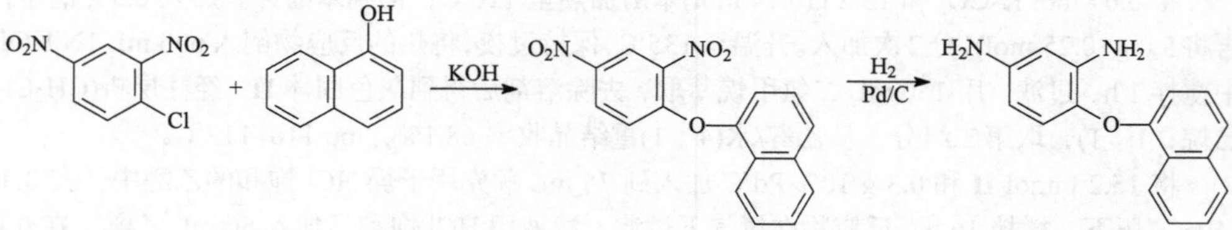

　　将4.4561 g (22.0 mmol)1-氯-2,4-二硝基苯加入到3.7440 g(26.0 mmol)1-萘酚和1.4028 g (25.0 mmol)KOH 在20 mL95%乙醇的溶液中，回流过夜后倒入水中，搅拌30 min，滤出黄色沉淀，用水洗涤干燥后得萘氧基二硝基物 6.69 g (85%)。从乙腈/乙醇(1∶1)重结晶，mp 124~128℃。

　　将2.30 g (7.4 mmol)二硝基物和催化剂量10%Pd/C 加到15 mL 95%乙醇中，在2 atm 氢压下室温反应到不再吸氢(~5 h)，滤出催化剂，浓缩后倒入水中滤出褐色固体，用水洗涤，干燥得二胺1.75 g (95%)。粗产物从甲苯/氯仿(2∶1)重结晶，mp 76~79℃。

〖116〗4-[4-(1-甲基-1-苯基乙基)苯氧基]间苯二胺

4-[4-(1-Methyl-1-phenylethyl) phenoxy]-1,3-diaminobenzene[70]

由 4-(2-苯基异丙基)苯酚按〖115〗的方法合成。

二硝基物产率 93%，mp: 124℃；

还原产率 95%，二胺的 mp 98℃。

〖117〗1-(4-甲基二苯砜-4′-氧基)间苯二胺

4-{4-[(4-Methylphenyl)sulfonyl]phenoxy}- 1,3-diaminobenzene[70]

由 4-羟基-4′-甲基二苯砜按〖115〗的方法合成，二硝基物产率 95%，mp 164℃。还原产率 85%，二胺的 mp 184℃。

2.3.8　杂环取代的苯二胺

〖118〗5-(2-苯并咪唑)-1,3-苯二胺　5-(2-Benzoimidazole)-1,3-phenylenediamine

①从硝基苯甲酰氯与邻苯二胺合成[71]

将 6.4884 g(60.0 mmol)邻苯二胺和 6.0714 g (60.0 mmol)Et₃N 在氮气下溶于 80 mL DMAc 中。在 0℃下滴加入 13.8336 g (60.0 mmol)3,5-二硝基苯甲酰氯在 60 mL DMAc 中的溶液，在 60℃反应过夜后倒入冰水中，滤出沉淀，用水洗涤，干燥后得 I，收率 82%。从二氧六环/水 (2∶1)的混合物中重结晶，mp 196~199℃。

将 12.4100 g(41.1 mmol) I 在 120 g 84%多聚磷酸(PPA)中加热至 180℃，反应 15 h，再加入大约 10 g P₂O₅ 以补充生成的水对其消耗，再在 220℃反应 30 h 后冷却至室温，倒入水中，滤出褐色沉淀。依次用水、稀 NaHCO₃ 和水充分洗涤，得 II 8.90 g(76%)。产物从 DMF/水(1∶2)重结晶，mp >300℃。

将 3.2300 g(11.4 mmol) II，在 80 mL 95%乙醇中，加入催化量的 10%Pd/C，在 60℃滴加溶于 20 mL95%乙醇中的 16 mL 水合肼，回流过夜，反应中固体逐渐溶解。反应结束后，滤出催化剂和不溶的原料 II，将滤液浓缩到 2/3 后用水稀释，滤出褐色固体，水洗，干燥，得 1.25 g (49%)，从 DMF/水(1∶2)重结晶，mp 153~156℃。

②从 3,5-二氨基苯甲酸与邻苯二胺合成[72]

氮气下将 5.9 g (0.055 mol)邻苯二胺和 7.6 g(0.05 mol) 3,5-二氨基苯甲酸在 90 g PPA 中 120℃搅拌 8 h，然后再升温到 190℃反应 15 h。冷却到室温，倒入 300 mL 水中。滤出褐色固体，依次用水，稀碳酸钠溶液及水彻底洗涤，得 8.2 g (73%)，产物从 DMF/水(1：2)重结晶，mp 246~247℃。

〖119〗5-(5-甲基-2-苯并咪唑)-1,3-苯二胺

5-(5-Methyl-2-benzimidazole)-1,3- phenylenediamine[72]

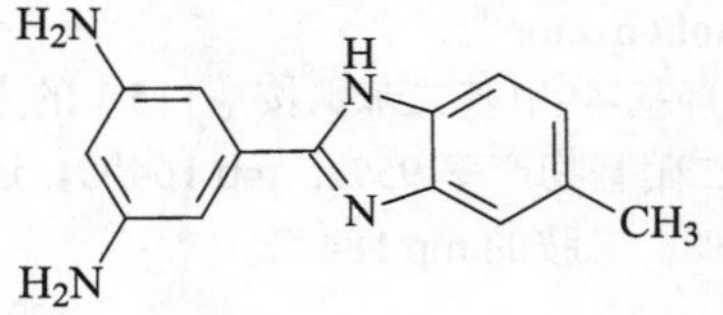

以甲基邻苯二胺按〖118〗②方法合成。收率 68%，mp 191~193℃。

〖120〗4-[4-(4,5-二苯基-1H-咪唑基)苯氧基]间苯二胺

4-[4-(4,5-Diphenyl-1H-imidazol- 2-yl)phenoxy]benzene-1,3-diamine[73]

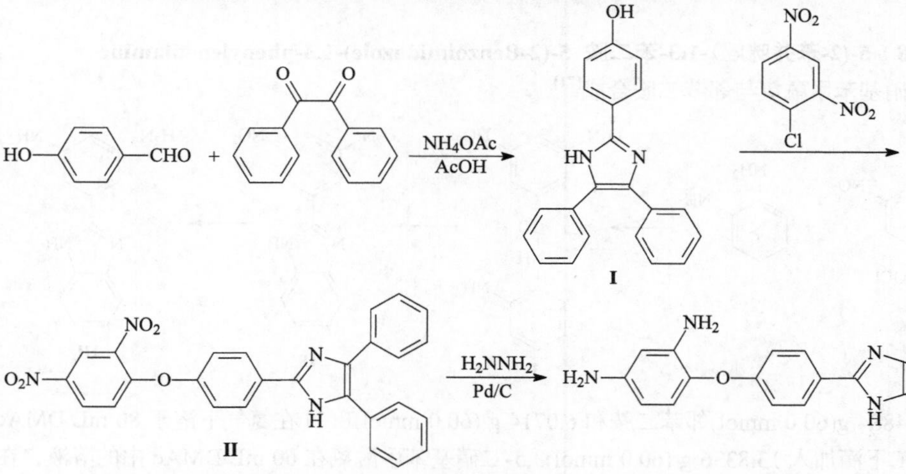

将 12.21 g (0.1 mol) 对羟基苯甲醛，21.02 g (0.1 mol) 二苯基乙二酮和 53.09 g (0.7 mol) 乙酸铵加到 300 mL 冰乙酸中，回流 24 h。冷却后滤出白色沉淀，用乙醇洗涤，得 I 的粗产物 27.42 g (87%)。从乙醇重结晶，mp 278~280℃。

将 6.24 g (0.02mol)I 和 4.05 g (0.02 mol) 1-氯-2,4-二硝基苯溶于 50 mL DMAc 中，再加入 4.14 g (0.03 mol)碳酸钾，室温搅拌 30 min 后，加热到 110℃反应 8 h。将混合物倒入 100 mL 水中，滤出黄色沉淀，用水洗涤，干燥。粗产物从甲醇重结晶，得到 II 8.9 g(93%)，mp 262 ℃。

将 4.78 g (0.01 mol) II 和 0.2 g10%Pd/C 分散在 100 mL 乙醇中，加热回流，缓慢加入 5 mL 水合肼，反应 5 h 后趁热过滤，滤液冷却，滤出结晶，在 80℃真空干燥，得二胺 3.55 g (83%)，mp 243℃。

〖121〗5-(2-苯并噁唑)-1,3-苯二胺　5-(2-Benzoxazole)-1,3-phenylenediamine[74]

将 5.2411 g (48.0 mmol)2-氨基苯酚溶于 30 mL DMAc 中，加入 4.8571 g(48.0 mmol)三乙胺，氮气下在 0℃滴加入溶于 30 mL DMAc 的 11.0669 g (48.0 mmol)3,5-二硝基苯甲酰氯。混合物在 60℃反应过夜后倒入冰水中，滤出淡褐色固体，用水洗涤，干燥得 I 9.75 g(67%)，从乙腈/水(1∶1)重结晶，mp 241~244℃。

在 9.6500 g (31.8 mmol)I 的 70 mL 硝基苯溶液中通入干燥 HCl 作为催化剂，回流 4 h，减压蒸去溶剂和其他挥发物，残留物用乙醚充分洗涤，干燥得到 II 8.54 g(94%)，从二氧六环/水(2∶1)重结晶，mp 204~207℃。

将 8.5400 g(30.0 mmol) II 和催化剂量的 10%Pd/C 加到 70 mL 95%乙醇中，60℃下滴加入用 20 mL 乙醇稀释的 15 mL 水合肼，回流过夜，过滤，减压下除去大约 2/3 溶剂，残留物用水稀释，滤出褐色固体，用水洗涤，干燥得 III 4.40 g (65%)。从 DMF/水(1∶2)重结晶，mp 228~231℃。

〖122〗5-(2-苯并噻唑)-1,3-苯二胺 5-(2-Benzothiazole)-1,3-phenylenediamine[74]

以2-氨基硫酚代替2-氨基苯酚，按〖121〗方法合成。

I：产率85%，从丙酮/水(1∶1)重结晶，mp 163~166℃；

II：收率87%，从DMSO重结晶，mp 214~218℃；

III：产率 58%，从 DMF/水(1∶3)重结晶，mp 169~176℃。

〖123〗5-(2-苯并噁嗪酮)-1,3-苯二胺 5-(2-Benzoxazinone)-1,3-phenylenediamine[71]

氮气下将邻氨基苯甲酸和三乙胺溶于 DMAc 中，在 0℃滴加入 3,5-二硝基苯甲酰氯在 DMAc 中的溶液。加完后加热到 60℃反应过夜。将反应物倒入水中，滤出固体 I，从乙腈重结晶，mp 233~236℃。

将 I 在 150 g 84%PPA 中 150℃反应 30 h，II 的收率87%，从乙腈重结晶，mp 225~228 ℃。

将 2.3200 g (7.4 mmol)II 溶于 30 mL 二氧六环中，加入催化量的 10%Pd/C，在 2 atm 氢气

下室温反应 5 h，除去催化剂后倒入水中，滤得二胺 1.73 g(92%)，从二氧六环/水(1∶2)重结晶，mp 182~185℃。

〖124〗2-(4-氟代苯基) -5-(3,5-二氨基苯基)-1,3,4-噁二唑

2-(4-Fluorophenyl)-5-(3,5- diaminophenyl)-1,3,4-oxadiazole[75]

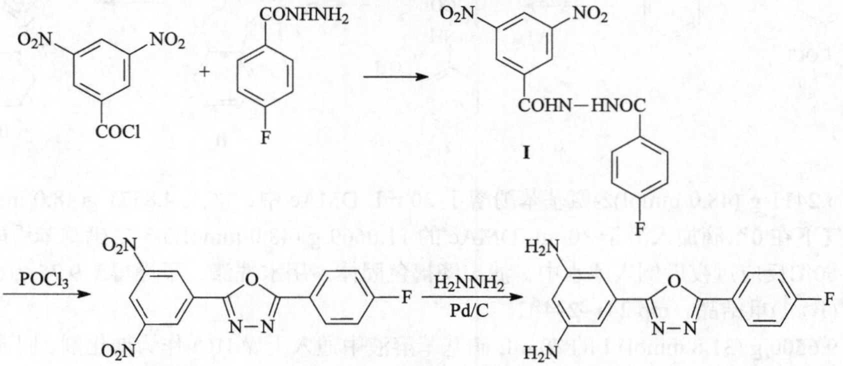

以 3,5-二硝基苯甲酰氯与 4-氟苯甲酰肼在 NMP 中反应得到 *N*-(3,5-二硝基苯甲酰)-*N'*-(4-氟苯甲酰)肼(**I**)。将三氯氧磷作用脱水环化剂得到 2-对氟苯基-5-(3,5-二硝基苯基)噁二唑。最后用钯黑催化以肼还原，得到 2-(4-氟代苯基) -5-(3,5-二氨基苯基)-1,3,4-噁二唑。从乙醇重结晶，mp 245~246℃。

〖125〗2-(4-二甲氨基苯基)-5-(3,5-二氨基苯基)-1,3,4-噁二唑

2-(4-Dimethylamino- phenyl)-5-(3,5-diaminophenyl)-1,3,4-oxadiazole[75]

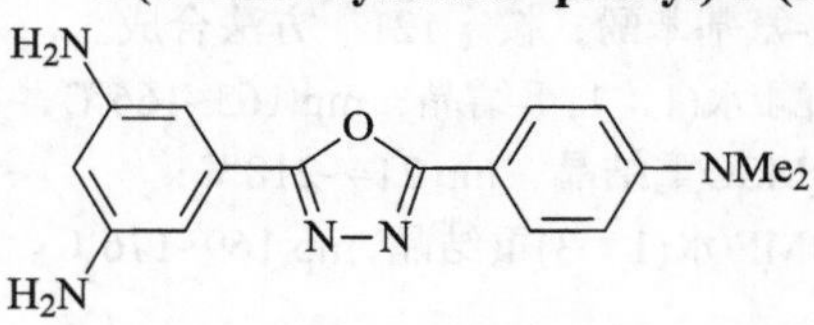

由对二甲氨基苯甲酰肼按〖124〗方法合成。
Mp 203~205℃。

〖126〗5-(5-(4-(二苯胺基)苯基)-1,3,4-噁二唑-2-基)苯-1,3-二胺

5-(5-(4-(Diphenylamino) phenyl)-1,3,4-oxadiazol-2-yl)benzene-1,3-diamine[76]

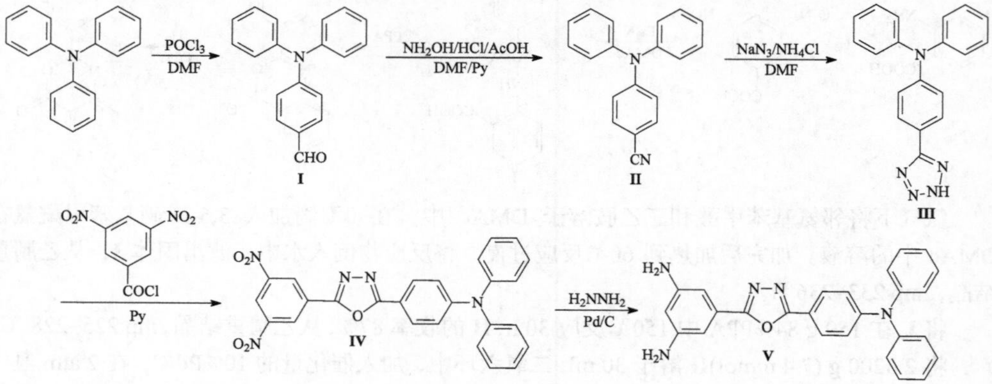

　　将 15.0 g **I**, 4.6 g 羟胺盐酸盐, 11.3 g 乙酸, 40 mLDMF 及 6.51 g 吡啶在 138℃加热 2.5 h。产物用柱色谱(甲苯)提纯, 再从己烷重结晶, 得 **II** 12.66 g(85.2%), mp 125.8~126.5℃。

　　将 1.40 g **II**, 5.40 g 叠氮化钠和 4.44 g 氯化铵在 40 mL DMF 中加热回流 75 h。冷却后加到盐酸中, 滤出沉淀, 用水洗涤, 从甲苯重结晶, 得到 **III** 12.21g(91.5%), mp 216.3~217.3℃[77]。

　　将 2.0 g(6.38 mmol) **III** 和 1.76 g (7.6 mmol) 3,5-二硝基苯甲酰氯在 20 mL 吡啶中 120℃搅拌 48 h。冷却后将混合物倒入 100 mL 二氯甲烷中, 用 3×30 mL 水洗涤, 硫酸镁干燥, 减压除去溶剂, 残留物从氯仿重结晶, 得到橙色产物 **IV**2.0 g (65%), mp 193℃。

　　将 1.0 g (2.08 mmol) **IV**, 0.3 g 10% Pd/C 和 4 mL 水合肼在 40 mL 乙醇中回流 2 h。滤去催化剂, 除去溶剂, 得到二胺 0.74 g (88%), mp 245℃。

2.3.9　带有生色团的苯二胺

〖127〗2-乙基-[4-(4-硝基芪基)氨基乙氧基]对苯二胺

2-(2-Ethyl-[4-(4-nitrostilbenyl)]- aminoethoxy)benzene-1,4-diamine[78]

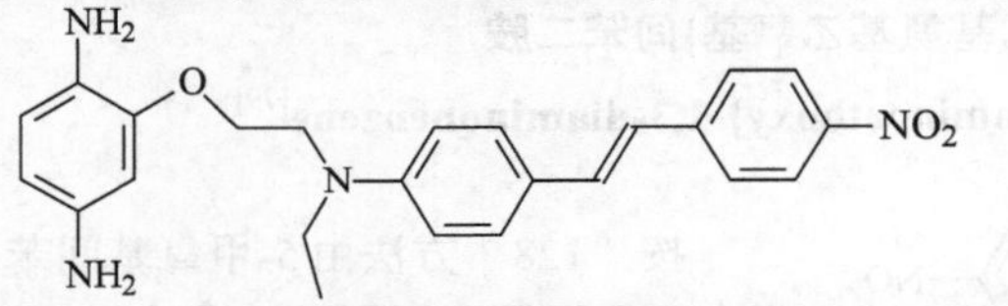

以相应的醇按〖128〗方法合成。
IV：收率 81%, mp 243~244℃;
V：收率 82%, mp 182~184℃。

〖128〗2-{4-[(4-硝基苯基偶氮)苯基]-乙基氨基乙氧基}对苯二胺

2-{4-[(4-Nitrophenyazo) phenyl]- ethyl aminoethoxy}-1,4-diaminobenzene[78]

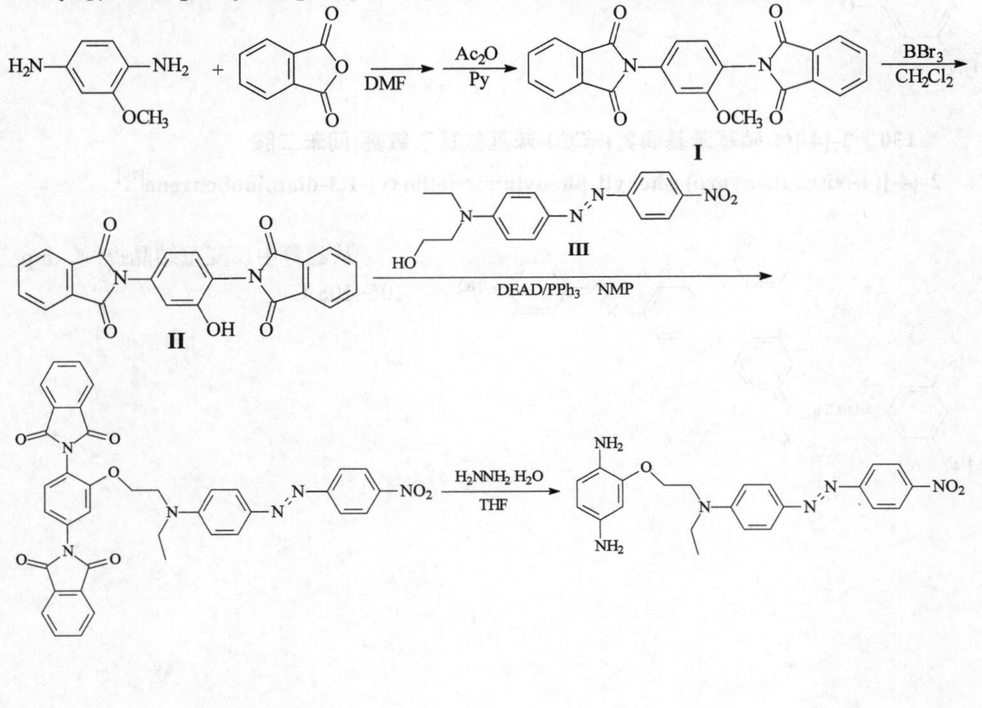

　　将 22.6 g(163. 8 mmol) 2,5-二氨基苯甲醚溶于 50 mL 无水 DMF 中，室温下加进 60 g (405.1 mmol)苯酐。混合物在氮气下 25℃搅拌 1 h 后加入 70 mL 乙酐，35 mL 吡啶和 20 mL DMF，搅拌 1 h 后加热到 90℃反应 4 h，得到白色沉淀，冷却，滤出产物，从 DMF 重结晶，得 I 60.0 g (92%)，mp 273~274℃。

　　将 19.9 mL(52.8 g, 210.9 mmol)三溴化硼滴加到冷至–78℃的 12.0 g (30.1 mmol) I 在 100 mL 二氯甲烷的溶液中。在–78℃搅拌 1 h 后，再在室温搅拌 12 h，滴加水进行水解，滤出白色固体，用水洗涤后从 DMF 重结晶，得 II 1 1.5 g (99%)，mp 323~324℃。

　　将 2.9 mmol II 在氮气下溶于 15 mL 干燥的 NMP 中，加入 1 N III(参考『294』和『295』)和 5.7 mmol 三苯基膦后，滴加入 0.9 mL(5.7 mmol)偶氮二酸二乙酯在 5 mL 干燥 NMP 中的溶液。反应混合物在室温搅拌 8h 后倒入 100 mL 甲醇中，滤出沉淀，从氯仿/甲醇中重结晶，得 IV，收率 76%，mp 269~270 ℃。

　　将 0.4 mmol IV 在 20 mL THF 中加热回流,滴加入 2.7 mL 水合肼在 5 mL THF 中的溶液，加完后溶液澄清，回流 2 h 后冷却，分出有机层，浓缩到最小体积，滤出白色沉淀，从滤液中除去溶剂，得到的红色固体，在氮气下从氯仿/甲醇重结晶，得 V，收率 90%，mp 178~180 ℃。

〖129〗2-{4-[(4-硝基苯基偶氮)苯基]-乙基氨基乙氧基}间苯二胺

2-{4-[(4-Nitrophenyazo) phenyl]- ethyl aminoethoxy}-1,3-diaminobenzene[79]

按〖128〗方法由 5-甲氧基间苯二胺与 III 合成，从丙酮/甲基环己烷重结晶，mp 190~191℃。

〖130〗2-{4-[(4-硝基苯基偶氮)苯基]-苯基氨基乙氧基}间苯二胺

2-{4-[(4-Nitrophenyazo) phenyl]-phenylaminoethoxy}-1,3-diaminobenzene[79]

从乙醇中反复重结晶提纯，mp 106~108℃。

〖 131 〗2-{4-[(4-甲磺基苯基偶氮)苯基]-乙基氨基乙氧基}对苯二胺

2-{4-[(4- Methylsulfonylphenylazo)phenyl]-ethylaminoethoxy}-1,4-diaminobenzene[78,80]

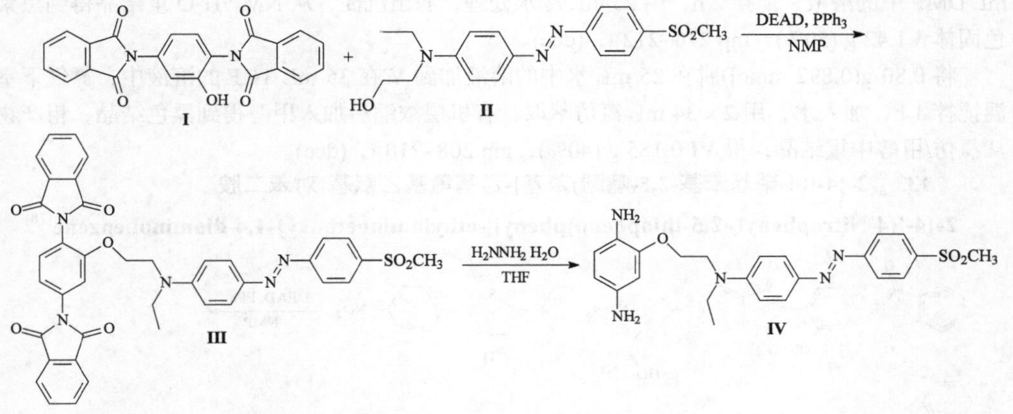

将 1.1 g (3 mmol) **II** (『 294 』)在氮气下完全溶解在 30 mL 无水 NMP 中,加入 1.2 g (3 mmol) **I** (见〖 128 〗**II**), 1.6 g(6 mmol)三苯膦和 1.0 mL(1.04 g, 6 mmol)偶氮二酸二乙酯, 混合物在室温搅拌 10 h 后倒入 400 mL 乙醇/水的混合物中, 滤出沉淀, 从氯仿/甲醇中重结晶, 得 **III** 1.7 g (80%)。

将 1.7 g (2.4 mmol)**III** 溶于 250 mL THF 中, 加热回流, 滴加 15 mL(15.5 g, 300 mmol)水合肼在 25 mL THF 中的溶液, 回流 3 h 后冷却, 分出有机层, 除去溶剂, 加入热乙醇, 过滤, 将滤液中的溶剂除去, 橙色固体在乙醇中重结晶, 得 **IV** 0.5 g(46%)。

〖 132 〗2-{4-[(4-硝基苯基重氮)苯基重氮基苯基]-乙基氨基乙氧基}对苯二胺

2-{4-[(4- Nitrophenyazo)phenylazophenyl]- ethyl aminoethoxy}-1,4-diaminobenzene[81]

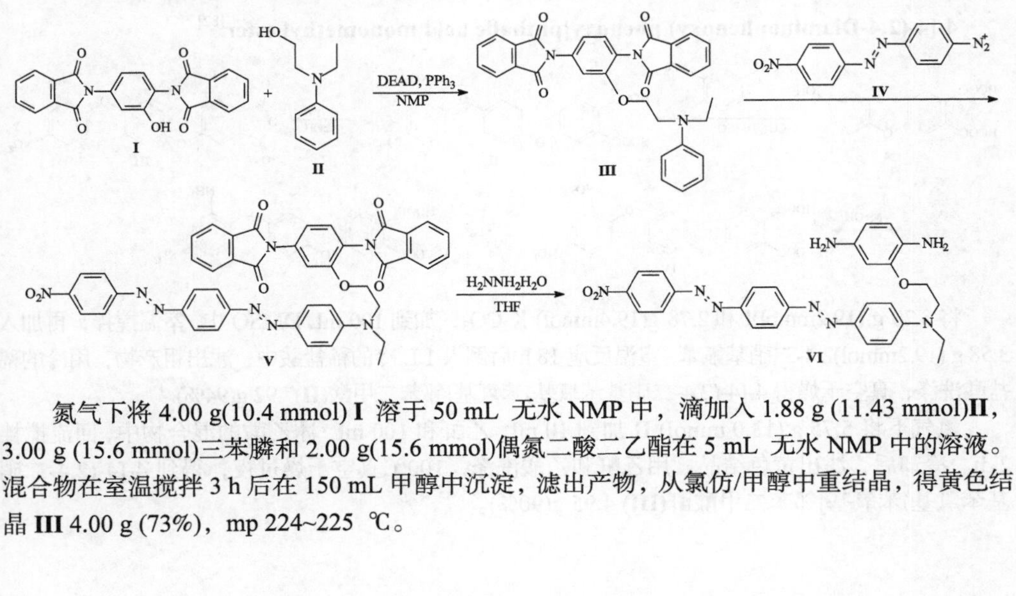

氮气下将 4.00 g(10.4 mmol) **I** 溶于 50 mL 无水 NMP 中, 滴加入 1.88 g (11.43 mmol)**II**, 3.00 g (15.6 mmol)三苯膦和 2.00 g(15.6 mmol)偶氮二酸二乙酯在 5 mL 无水 NMP 中的溶液。混合物在室温搅拌 3 h 后在 150 mL 甲醇中沉淀, 滤出产物, 从氯仿/甲醇中重结晶, 得黄色结晶 **III** 4.00 g (73%), mp 224~225 ℃。

将 1.1 g(4.54 mmol)分散红 **IV** 溶于 40 mL 85% 磷酸中，冷却到 0℃，搅拌下滴加 0.32 g 亚硝酸钠在 5 mL 水中的溶液，加完后搅拌 15 min。然后分批加入 2.40 g (4.50 mmoL)**III** 在 50 mL DMF 中的溶液，搅拌 2 h，用 25 mL 冷水处理，滤出沉淀，从 NMP/H₂O 重结晶得到黑紫色固体 **V**1.42 g (50%)，mp 210~212℃ (dec)。

将 0.80 g(0.892 mmol)肼在 25 mL 水中的溶液加到 **V** 在 35 mL THF 的溶液中，氮气下室温搅拌 1 h，加入水，用 2×34 mL 氯仿萃取，有机层浓缩后加入甲醇得到黑色结晶，粗产物从氯仿/甲醇中重结晶，得 **VI** 0.185 g (40%)，mp 208~210℃ (dec)。

〖133〗2-{4-[(4-硝基苯基-2,5-噻酚)苯基]-乙基氨基乙氧基}对苯二胺

2-{4-[(4-Nitrophenyl- 2,5-thiopheno)phenyl]-ethylaminoethoxy}-1,4-diaminobenzene[78]

按〖128〗的方法由 **I** 与 **II**(〖296〗)得到 **III**，收率 87%；水解后得到 **IV**，收率 83%，mp 165~167℃。

〖134〗4-[4-(2,4-二氨基苯氧基)苯氧基]邻苯二甲酸单甲酯

4-[4-(2,4-Diaminophenoxy) phenoxy]phthalic acid monomethyl ester[82]

将 5.20 g (19.2mmol)I 和 2.78 g(19.4mmol) K₂CO₃，加到 100 mL DMSO 中，室温搅拌，再加入 3.58 g(19.2mmol)2,4-二硝基氟苯，室温反应 18 h 后倒入 1 L 冷的稀盐酸中，滤出粗产物，用冷的稀盐酸洗涤，真空干燥得 4-[4-(2,4-二硝基苯氧基)苯氧基]邻苯二甲酸(**II**)7.92 g(94%)。

氮气下将 5.75 g (13.0 mmol) **II** 加到 10 mL 乙酐和 100 mL 冰乙酸的混合物中，回流搅拌 2 h。冷却后，滤出黄色结晶，用乙酐和乙酸洗涤，100℃真空干燥过夜，得到 4-[4-(2,4-二硝基苯氧基)苯氧基]邻苯二甲酸酐(**III**) 4.95 g(90%)。

将 4.12 g (9.75 mmol) **III** 加到 150 mL 甲醇中，回流 1 h。冷却后倒入 1 L 冰水中，滤出异构体混合物，用冷水洗涤，室温真空干燥，得 4-[4-(2,4-二硝基苯氧基)苯氧基]邻苯二甲酸单甲酯(**IV**)4.20 g (95%)。间/对异构体比例为 75/25。

将 3.75 g (7.87 mmol) **IV** 和 0.8 g 10% 钯炭黑加到 100 mL 甲醇中，氢气下室温搅拌 48 h，滤去催化剂，用 100 mL 甲醇洗涤，滤液减压蒸发，室温真空干燥 48 h，得到 4-[4-(2,4-二氨基苯氧基)苯氧基]邻苯二甲酸单甲酯(**V**) 2.79 g (90%)。

〖135〗2,4-二氨基苯基[4′-(2″,6″-二苯基-4″-吡啶基)苯醚

2,4-Diaminophenyl [4′-(2″,6″- diphenyl-4″-pyridyl)phenyl] ether[83]

I 的合成参考〖935〗。

将 6.43 g(0.02 mol) **I** 和 4.1 g (0.02 mol) 1-氯-2,4-二硝基苯溶于 50 mL DMAc，加入 4.14 g (0.03 mol)碳酸钾，在室温搅拌 30 min 后升温至 110℃反应 8 h。将混合物倒入 100 mL 甲醇中，滤出沉淀，用水洗涤后干燥，从甲醇重结晶，得二硝基物 8.9 g (93%)，mp 215~217℃。

将 9.8 g (0.02 mol)二硝基物和 0.2 g 10%钯炭黑分散在 100 mL 乙醇中，加热回流，滴加 9 mL 水合肼，回流 5 h 后过滤，滤液冷却，滤出结晶，80℃真空干燥，得二胺 6.2 g (72%)，mp 168~170 ℃。

〖136〗2,4-二氨基-2′-甲基偶氮苯　**2,4-Diamino-2′-methylazobenzene**[84]

将 6.9 g (0.1 mol)亚硝酸钠加到 15 mL 水中，在 20 min 内滴加到冷至 0~5℃的 10.7 g(0.1 mol)邻甲苯胺在 27 mL 37% 浓盐酸和 100 mL 水的溶液中。所得到的重氮盐溶液与溶于 80 mL 甲醇中的 10.8 g(0.1 mol)间苯二胺在 0~5℃反应 30 min，然后加入 8.2 g (0.1 mol)乙酸钠，溶液在冰浴温度反应 1 h 后再加入 8.2 g(0.1 mol)乙酸钠。反应进行 30 min，温度升至室温后加入 20%NaOH，调节 pH 为 6，在室温搅拌 1 h。所得到的产物用水洗涤，从乙醇重结晶，收率 84.5%，mp 107~109℃。

〖137〗2,4-二氨基-4′-甲基偶氮苯　**2,4-Diamino-4′-methylazobenzene**[84]

由对甲苯胺按〖136〗的方法合成。

收率 94.2%，mp 145~146℃。

〖 138 〗2,4-二氨基-3′-三氟甲基偶氮苯　2,4-Diamino-3′-trifluoromethylazobenzene[51]

由间三氟甲基苯胺按〖 136 〗的方法合成。
收率 84%，mp 125.8℃。

〖 139 〗2,4-二氨基-4′-氰基偶氮苯　2,4-Diamino-4′-cyanonitroazobenzene[85]

由对氰基苯胺按〖 136 〗的方法合成。

〖 140 〗2,4-二氨基-4′-硝基偶氮苯　2,4-Diamino-4′-nitroazobenzene[86]

由对硝基苯胺按〖 136 〗的方法合成。
二胺用硅胶柱层析(丙酮)提纯，得 1.54g (89%)，
mp 233℃。产物也可用乙醇重结晶[87]。

〖 141 〗2,4-二氨基-4′-三氟甲氧基偶氮苯
2,4-Diamino-4′-(trifluoromethoxy) azobenzene[86]

由对(三氟甲氧基)苯胺按〖 136 〗的方法合成。
收率 89%，mp 131℃。

〖 142 〗2,4-二氨基-4′-氟代偶氮苯　2,4-Diamino-4′-fluoroazobenzene[86]

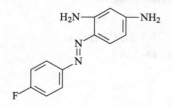

由对氟苯胺按〖 136 〗的方法合成。
收率 90%，mp 154℃。

〖143〗2,4-二氨基-4′-氯代偶氮苯　2,4-Diamino-4′-chloroazobenzene[84]

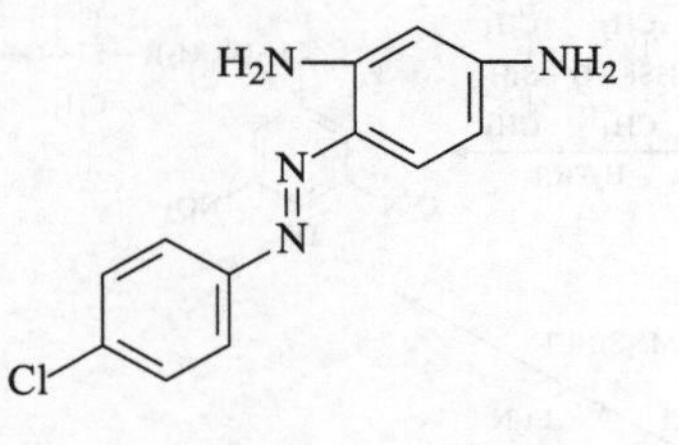

由对氯苯胺按〖136〗的方法合成。
收率91.5%，mp 162~165℃。

〖144〗2,4-二氨基-4′-(4-硝基苯基偶氮基)偶氮苯

2,4-Diamino-4′-(4-nitrophenyldiazenyl) azobenzene[88]

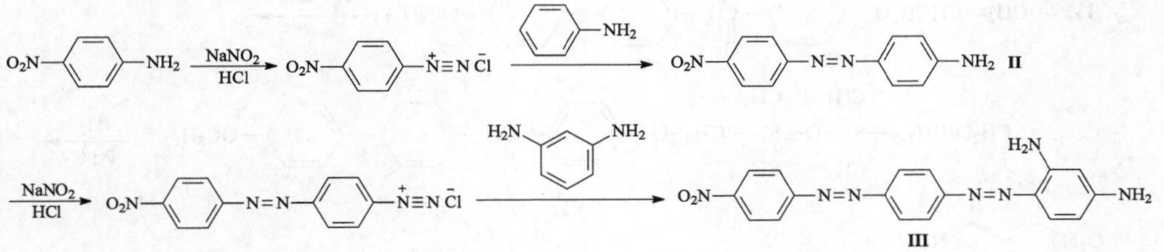

　　将对硝基苯胺(5.5 mmol)，10 mL 水及 5.5 mmol NaNO₂，搅拌得到浆状物，然后倒入加有 1.5 mL 浓盐酸的碎冰中，在冰浴中反应 30 min，在冰浴冷却下，将 5 mmol 新蒸苯胺在 1 N 盐酸中的溶液缓慢加入到等摩尔对硝基苯胺的重氮盐溶液中，剧烈搅拌 1 h，再在氮气下在 50 ℃搅拌 1 h。混合物用氨水中和，搅拌 30 min 后滤出产物，洗涤干燥，得到 4-(4′-硝基苯基偶氮基)苯胺 **II**。将 **II** 再与间苯二胺在 1 mL 浓盐酸和 10 mL 水的混合溶液中搅拌 1 h。用氨水中和后，滤出产物，用水洗涤到中性，硅胶柱层析(丙酮)，得到 **III**。

2.3.10　带有软硬段侧链的苯二胺

〖145〗以甲氧基为端基的带有软硬段侧链的苯二胺[89]

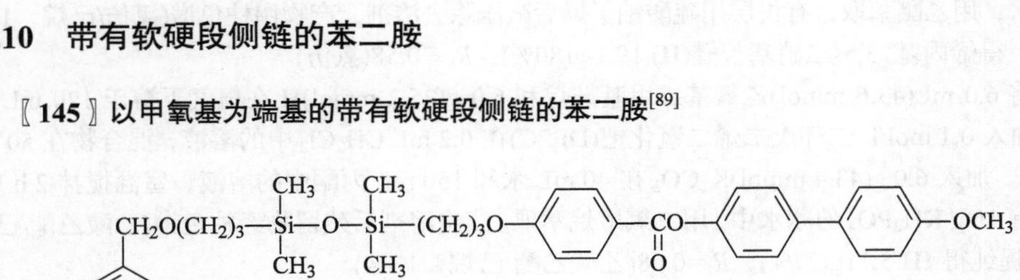

　　按〖146〗方法合成，二硝基物收率 60%；二胺收率 72%。

〖146〗以辛氧基为端基的带有软硬段侧链的苯二胺[89]

将 20.0 g(101 mmol)3,5-二硝基苄醇，22 mL(254 mmol)烯丙基溴及 2.0 g(5.89 mmol)四丁基硫酸氢铵溶于 100 mLTHF 中，加入 8.0 g (200 mmol)NaOH 在 16 mL 水中的溶液，室温搅拌 3 h。加入水，用乙醚萃取，有机层用硫酸钠干燥后减压除去溶剂，产物用柱色谱(氯仿/己烷，1∶3)提纯，得烯丙基 3,5-二硝基苄醚(II) 19.1 g(80%)，$R_f = 0.58$(氯仿)。

将 6.0 mL(43.6 mmol)乙氧基二甲基硅烷和 6.0 g(25.2 mmol)II 在氩气下溶于 120 mLTHF 中，加入 0.1 mol/L 二环戊二烯二氯化钯(DPPC)在 0.2 mL CH_2Cl_2 中的溶液，混合物在 50℃ 搅拌 3 h。加入 6.0 g(43.4 mmol)K_2CO_3 在 40 mL 水和 150 mL 丙酮中的溶液，室温搅拌 2 h 后倒入含有 10 g KH_2PO_4 的冰水中，用二氯甲烷萃取。蒸出溶剂后残留物经柱色谱(乙酸乙酯/己烷，1∶1)提纯得 III 5.11g(77%)，$R_f=0.08$(乙酸乙酯/己烷，1∶4)。

将 5.0 g(15.9 mmol)III 在氩气下溶于 40 mL 干燥的 THF 中，加入 3.0 mL(21.5 mmol)三乙胺和 7.0 mL(65.1 mmol)二甲基氯硅烷，混合物在室温搅拌 24 h。蒸去溶剂，将残留物溶于乙醚，滤出白色盐，滤液浓缩后进行色测色层分离(乙酸乙酯/己烷，1∶15)，得 IV 黄色液体 4.61g (78%)，$R_f=0.53$(乙酸乙酯/己烷，1∶3)。

或者，将 5.13 g(21.5 mmol)II 和 17.5 mL(97.6 mmol)1,1,3,3-四甲基硅氧烷在氩气下溶于 20 mL 干燥 THF 中，加入 0.1 mL，0.1 mol/L H_2PtCl_6，在 60℃ 搅拌 3 h。蒸出溶剂后残留物用

柱色谱提纯(CH$_2$Cl$_2$/己烷，1∶3)，得 **IV** 3.84 g(48%)，R_f=0.30(CH$_2$Cl$_2$/己烷，1∶2)。

将 2.0 g(4.36 mmol)**IV** 及 2.46 g(6.60 mmol)**V** 在氩气下溶于 40 mL 干燥 THF 中,加入 0.2 mL 0.1 mol/L DPPC 在 0.2 mL 二氯甲烷中的溶液。混合物在 50℃搅拌 24 h。去除溶剂后产物用柱色谱提纯(CH$_2$Cl$_2$/己烷，1∶2)，得 **VI** 3.20 g(88%)，R_f=0.55(CH$_2$Cl$_2$/己烷，2∶1)。

将 0.47 g(0.22 mmol)5%Pd/C 悬浮在 30 mL 乙醇中,鼓入氢气 15 min,加入 4.57 g (5.50 mmol) **VI** 在 40 mL 乙醇和 5 mL THF 中的溶液，不断鼓入氢气，室温搅拌 24 h 后滤出催化剂，减压除去溶剂，产物用柱色谱提纯(乙酸乙酯/己烷，1∶1)，得 3.73 g(88)，R_f=0.25(乙酸乙酯/己烷，1∶1)。

〖147〗以氰基为端基的带有软硬段侧链的苯二胺[89]

CH$_2$O(CH$_2$)$_3$—Si—O—Si—(CH$_2$)$_3$O— ... —CO— ... —CN（结构式）

按〖146〗方法合成，二硝基物收率 85%；二胺收率 86%。

2.3.11 苯二酰肼

〖148〗5-丁氧基间苯二酰肼 **5-Butoxyisophthalicacid dihydrazide**[90]

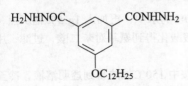

由 5-丁氧基间苯二甲酯按〖151〗方法合成。
收率 85%，mp 160℃。

〖149〗5-辛氧基间苯二酰肼 **5-Octoxyisophthalicacid dihydrazide**[90]

由 5-辛氧基间苯二甲酯按〖151〗方法合成。
收率 78%，mp 150℃。

〖150〗5-十二烷氧基间苯二酰肼 **5-Dodecyloxyisophthalicacid dihydrazide**[90]

由 5-十二烷氧基间苯二甲酯按〖151〗方法合成。
收率 80%，mp 131℃。

〖151〗5-十六烷氧基间苯二酰肼　5-Hexadecyloxyisophthalicacid dihydrazides[90]

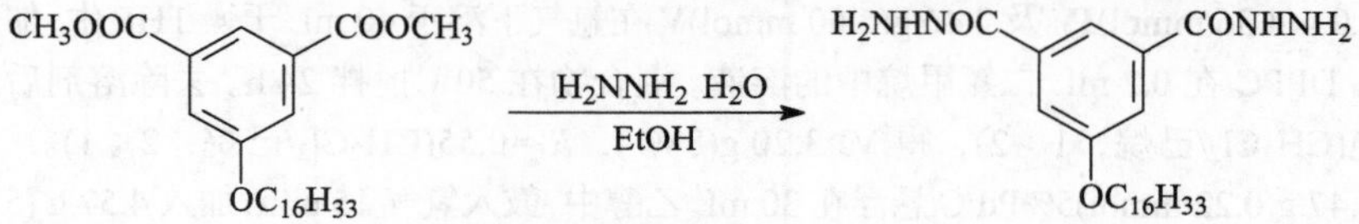

将 4.34 g(0.01 mol)5-十六烷氧基间苯二甲酯溶于 50 mL 乙醇中，15 min 内滴加入 12.8g (0.26 mol)水合肼，回流 10 h，滤出固体，从乙醇重结晶，得二酰肼 3.2 g(75%)，mp 130℃。

2.3.12　二取代苯二胺

〖152〗2,5-二甲基对苯二胺　2,5-Diaminotoluene

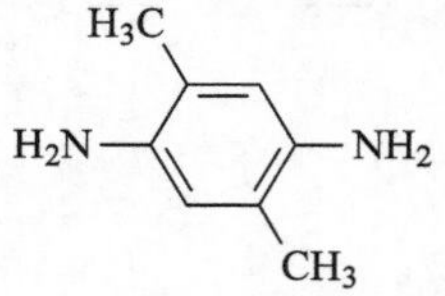

商品，mp 149~150℃。

〖153〗2,4-二甲基间苯二胺　2,4-Dimethyl-1,3-phenylene diamine[91]

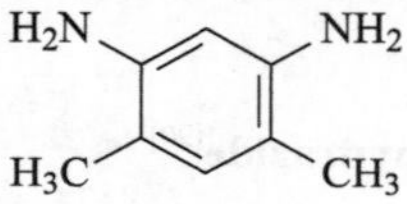

将 9.8 g 4,6-二硝基-1,3-二甲苯溶于 60 mL 沸腾的无水乙醇中，以 0.2 g 氧化铂为催化剂进行加氢还原。二胺从水中重结晶，得 6.2 g(92%)，mp 104~105℃。

〖154〗2,5-二(三氟甲基)对苯二胺 2,5-Di(trifluoromethyl)-1,4-phenylenediamine[25]

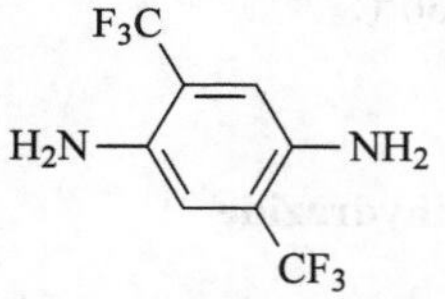

Mp 129℃。

〖155〗2,5-二羧基对苯二胺　1,4-Diaminoterephthalic diacid[92]

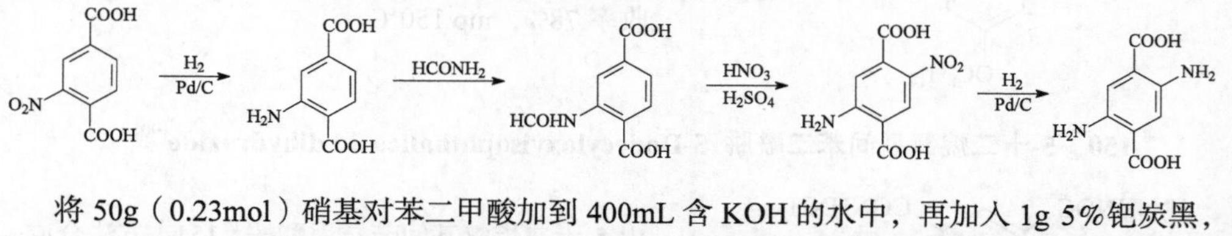

将 50g（0.23mol）硝基对苯二甲酸加到 400mL 含 KOH 的水中，再加入 1g 5%钯炭黑，在 0.35 MPa 氢压下还原至不再吸氢，滤出催化剂，用盐酸酸化得到氨基对苯二酸，过滤，用水洗涤后在 P$_2$O$_5$ 上真空干燥，得 42.4g(~100%)。

将 20 g(0.114 mol)氨基对苯二酸悬浮在 100 mL 甲酰胺中 150℃加热得到透明溶液，冷至室温，得到沉淀，将固体溶于碳酸氢钠溶液中重结晶，用乙酸酸化，得到甲酰胺基对苯二酸 12.8 g(53%), mp >260℃(dec)。

将 5.1g(0.024mol)I 加到 20 mL 发烟硝酸中，冰浴冷却下加入 10 mL 浓硫酸，使温度保持在 5~10℃，将得到的透明溶液加到 100 g 冰中，冰箱放置过夜，得到 2.8 g(51%)2-氨基-5-硝基对苯二酸(**II**)。从热水重结晶，得到淡黄色针状结晶，mp >250℃(dec)。

将 **II** 以钯炭黑催化，加氢还原，得到 2,5-二羧基对苯二胺。

〖156〗2,6-二氨基-4-苯基苯酚 2,6-Diamino-4-phenylphenol[93,94]

将 20.00 g (117.5 mmol)4-苯基苯酚溶于 100 mL 冰乙酸中，搅拌冷却到 0℃，10 min 内滴加 16 mL 15 mol/L HNO₃，所得到的黄色混合物在室温搅拌 2 h，用 100 mL 水稀释，滤出黄色固体，用水洗涤后干燥。将产物溶于沸腾的 400 mL 丙酮中，热滤，得到清亮的橙色溶液，冷却得到橙黄色结晶，滤出晶体，在 80℃真空干燥 4 h，得 2,6-二硝基-4-苯基苯酚 26.01 g(85%)，mp 155~157℃。

①用亚硫酸氢钠还原

将 10.00 g(38.4 mmol)二硝基物在 100 mL 丙酮中 0℃下搅拌，10 min 内缓慢加入 53.53 g (307 mmol)亚硫酸氢钠在 160 mL 水中的溶液，这时反应物变为淡褐色，在室温搅拌 30 min，用 100 mL 水稀释，滤出固体，用水洗涤，在 200℃，<1 mmHg 升华，得白色结晶 3.97 g(51%)，mp 200~204℃ (dec)。

②用钯炭黑催化水合肼还原[93]

将 10.0 g(38.4 mmol)2,6-二硝基-4-苯基苯酚和 0.01 g 10%Pd/C 在 120 mL 乙醇中加热回流，1 h 内滴加入 25 mL 水合肼，随着肼的加入，反应物变为红色，30 min 后又变成黑褐色，加完后在回流搅拌 2 h。滤出催化剂得到紫黑色溶液，冷却到室温，放置过夜，得到白色短针状结晶。滤出，在 60℃真空干燥 4 h，产率 85%，mp 208℃。

〖157〗2,5-二羟基对苯二胺 2,5-Dihydroxy-1,4-phenylene diamine[95]

将二羟基对苯醌在甲醇中通入氯化氢，得到 2,5-二甲氧基苯醌。将 5 g 2,5-二甲氧基苯醌与 20 mL 液氨混合，在 200 mL 乙醇中回流 1 h，冷却得到紫色 2,5-二氨基苯醌结晶 3.3 g，再用氯化亚锡还原得到 2,5-二羟基对苯二胺，从冰乙酸重结晶，mp 328~330℃。

〖158〗4,6-二羟基间苯二胺 4,6-Dihydroxy-*m*-phenylene diamine

①从间苯二酚出发[96]

　　将 11.0 g(0.1 mol)间苯二酚和 35.36g(0.26 mol)氯化锌在 23.46 g(0.23 mol)乙酐中加热到 150~160℃反应 3 h,反应物变为深红色。冷却后加入 15 mL 水和 25 mL 甲醇,加热回流 30 min,过滤,用大量甲醇洗涤,在 60℃干燥,得二乙酰基间苯二酚(I) 13.86 g(71.4%),mp 182.7℃。

　　将 1.94 g(0.01 mol) I, 16 g 48%NaOH 溶液和 1.62 g(0.024 mol)羟胺盐酸盐混合,得到亮黄色溶液。在 55℃反应 30 min 后冷却。加入 1 g 活性炭脱色。过滤,加入 7 mL 浓盐酸,产生大量沉淀,过滤,用水洗涤,在 80℃干燥,得到二肟 II 2.05 g(91.5%)。

　　将 1.5 g(0.007 mol)II 加到 8.1 g PPA 中,在 90℃反应 1.5 h。冷却后加入 0.16 g SnCl₂,3 mL 水和 4.4 mL 浓盐酸,在 95℃反应 4 h。冷却过滤,将粗产物溶于 12 mL 水中,过滤,向滤液滴加浓盐酸,将得到的沉淀过滤,用浓盐酸洗涤,50℃真空干燥,得 III 1.07 g(72.2%)。

②从 2,4-二硝基氯苯出发[97]

　　将 20.2 g (0.1 mol) 2,4-二硝基氯苯和 20 g (80% 0.1 mol) 异丙苯过氧化氢在 50 mL 二氯甲烷中的溶液在 1 h 内滴加到冷到–33℃的 20 g (0.5 mol) 粉末状 NaOH 和 125 mL 液氨的混合物中。加完后,温度升至~–10℃,滴加入含有 1~2 g 次磷酸钠的 75 mL 甲醇,破坏残留的过氧化物。反应物回暖到室温,搅拌 3~4 h。蒸出二氯甲烷和甲醇,同时滴加入水,使酚盐保持在浆状物状态。冷却,加入 250 mL 水,用甲苯萃取,除去对异丙基苯。蒸去甲苯后回收 18.5 g 甲基苯乙烯和对异丙基苄醇。水溶液用盐酸酸化,得到 18.5 g 粗 2,4-二硝基-5-甲氧基苯酚(I)。由 65%甲醇水溶液重结晶,得 15.75 g(80%)。

　　将 21.4 g (0.1 mol)I,1.0 g 10%Pd/C 在氮气下搅拌 3~4 min 后加热到 55℃,氢气鼓泡通入。10 min 后加入 19.8 g (0.2 mol)浓盐酸。氢化继续 4 h。滤出催化剂,将滤液加入由 0.5 g 氯化亚锡二水化合物和 25 mL 盐酸的溶液中,该溶液用氯化氢饱和,并冷却到 25℃。减压除去溶剂,在 40℃干燥,得到 2,4-二氨基-5-甲氧基苯酚二盐酸盐(II)21.0 g, (93%)。

　　将 15.0 g (0.2 mol) II 和 150 mL 浓盐酸在哈氏合金容器中加热到 150℃反应 18 h。冷却后滤出固体,用盐酸洗涤,得 4,6-二氨基间苯二酚二盐酸盐 12.2 g (94%)。

〖159〗2,5-二氯代对苯二胺　2,5-Dichloro-1,4-phenylene diamine[98]

商品,mp 164~166℃(dec)。

〖160〗Ethacure 300(ET 300)

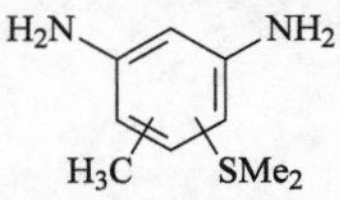

商品。

〖161〗2,5-二巯基-1,4-对苯二胺二盐酸盐
1,4-Diaminobenzene 2,5-dithiol dihydrochloride[99]

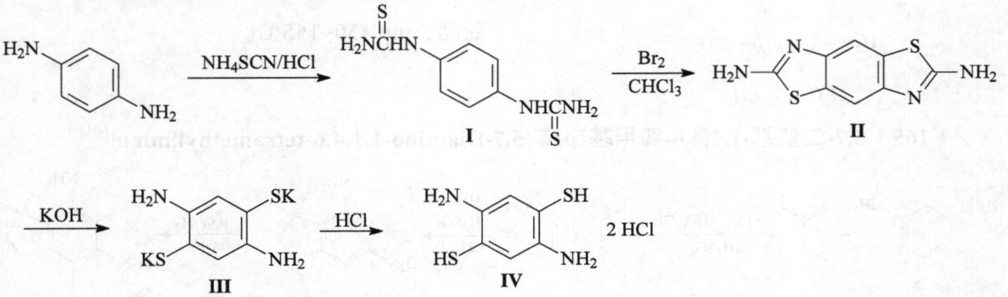

将 1.7 kg (15.7 mol)对苯二胺，14 L 脱气的水，3.07 L 浓盐酸和 110 g 活性炭一起加热到 50℃，过滤，加入 4.84 kg (63.6 mol)硫氰酸铵，在 90~100℃搅拌 20~24 h。冷却过滤，用 8 L 热水洗涤，在 100℃真空干燥。得对苯二硫脲(**I**)3.4 kg(95.6%)淡黄色粒状固体。

将 3.0 kg (13.25 mol)**I** 在 14 L 干燥氯仿中在 50℃以下加入 4.9 kg (30.7 mol)溴在 2 L 氯仿中的溶液。将该橙色浆料在室温搅拌过夜，然后加热回流 24 h 后在缓慢的氩气流中冷却，滤出橙色固体，粗产物用 6 L 氯仿洗涤，空气干燥后加到由 2 kg 亚硫酸氢钠与 15 L 水的溶液中，搅拌，滤出黄色固体,用 5 L 浓氨水洗涤后再用 10 L 水洗涤。2,6-二氨基苯并二噻唑(**II**)从 140 L 冰乙酸中重结晶 2 次，在 85℃真空干燥至恒重，得 1.6 kg(54.3%),mp >350℃。

(1) 在 11.5 L 脱气的水中加入 10.9 kg (167 mol)85.9%KOH，冷却，氩气流下加入 2.70 kg (12.14 mol)**II**，回流 5 h，黄色溶液冷却搅拌过夜，得到黄色针状结晶 **III**。氩气中在手套箱里过滤，尽量压紧。将该对空气十分敏感的钾盐溶于 6 L 脱气的水中，直接过滤到含有 20 L 脱气水和 20 L 浓盐酸的混合物中，很快形成细的无色结晶 **IV**，在氩气下过滤，用 10 L 甲醇洗涤，室温减压干燥至恒重，得 2.53 kg(85%)，在 200~210℃分解。

(2) 将二钾盐(**III**)直接加到 40 L 6 N 盐酸中，得到的固体无需干燥，在稀盐酸(由 30 L 脱气水和 1.8 L 浓盐酸得到)中室温下缓慢加入 10 L 浓盐酸，得到 **IV**。

2.3.13　多取代的苯二胺

〖162〗二氨基均三甲苯 Diaminomesitylene(DAM)[100]

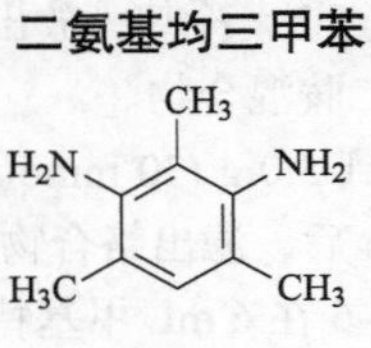

商品，mp 89~91℃。

〖163〗二乙基甲基间苯二胺 Diethyltoluenediamine(DETDA，ET100)[100]

商品。

〖164〗四甲基对苯二胺 Tetramethyl-*p*-phenylenediamine(TMPPD)

商品，mp 150~155℃。

〖165〗5,7-二氨基-1,1,4,6-四甲基茚满 5,7-Diamino-1,1,4,6-tetramethylindan[101]

将 300 g(2.82 mol)间二甲苯冷至−15℃，滴加入 165 g (1.56 mol)93%硫酸，保持−10℃，再在 7 h 内滴加入 68 g(1.00 mol)异戊二烯和 150 g(1.41 mol)间二甲苯的混合物，加完后再在 −10℃搅拌 1 h，静置，等硫酸分层，除去硫酸层。有机层中加入 300 g 20%NaCl 溶液，然后用氨水中和。将混合物加热到 70~80℃，除去产生的水层，减压蒸去过量的间二甲苯，将得到的残留物减压蒸馏得到 1,1,4,6-四甲基茚满无色液体 120 g(69%)，bp 105~106℃/16 mmHg。

将 120 g(0.688 mol) 1,1,4,6-四甲基茚满在 2h 内滴加到已经冷却至−5℃的由 101 g(1.5 mol)硝酸，417 g(4.17 mol) 98%硫酸和 300 g 二氯乙烷组成的混合物中，温度始终维持在-5~0℃。加完后，再搅拌 1 h，在冷却下加入 400 g 水稀释硫酸层，静置分层。分出有机层，加入 500 g 水，共沸蒸去二氯乙烷。滤出沉淀物，用水洗涤，干燥得到 5,7-二硝基物淡黄色结晶 175 g(96%)，mp 91~93℃。

二硝基物在甲醇中用 5%Pd/C 为催化剂，在 50~60℃加氢还原得到二胺 124 g(92%)，mp 77.0~78.5℃。

〖166〗四氟间苯二胺 Tetrafluoro-*m*-phenylenediamine (TFMPD)[102, 103]

将 6.5 g 全氟苯和 35 mL 液氨加到高压釜中，在 200℃反应 6 h，冷却，放出过量的氨。反应物用二氯甲烷萃取，硫酸镁干燥，除去溶剂，得到二氟苯二胺混合物。

将 1.5 g(6 mmol) 18-冠-6 在 10 mL 甲基特丁醚中的溶液加到 5.0 g (30 mmol, ~85:15)全氟苯二胺混合物在 20 mL 甲基特丁醚的溶液中。在 20℃放置 2h 后，滤出络合物 2.1 g，用少量甲基特丁醚洗涤，滤液浓缩至一半，加入 1.0 g(4 mmol) 18-冠-6 在 6 mL 甲基特丁醚中的溶液，滤出 1.4 g 沉淀，合并固体。滤液用 4×15 mL 水洗涤，有机层在硫酸镁上干燥，除去甲基特丁醚，得到间二氨基全氟苯 2.9 g(66%)，纯度 97%，mp 132~134℃。

〖167〗四氟对苯二胺　Tetrafluoro-*p*-phenylenediamine(TFPDA)[25]

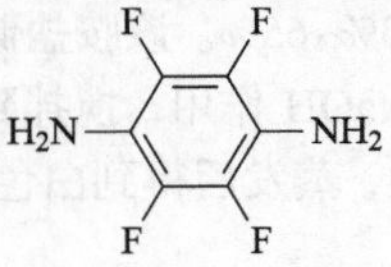

反应式见〖166〗。将得到的 3.5 g 固体络合物在 30 mL 甲基特丁醚和 30 mL 水中搅拌，有机层用 4×15 mL 水洗涤，硫酸镁干燥，除去甲基特丁醚，得到二胺混合物 1.4 g(8 mmol)，间/对异构体的比例为 3∶7。

将 0.7 g (3.5 mmol) 18-冠-6 在 3 mL 甲基特丁醚中的溶液加到混合二胺在 5 mL 甲基特丁醚的溶液中，得到对二氨基全氟苯与 18-冠-6 的络合物 1.3 g，如〖166〗方法将络合物用水分解后得到对二氨基全氟苯 0.5 g(67%)。纯度 99%，mp 145~146℃。

2.4　萘 二 胺

〖168〗1,5-萘二胺　1,5-Naphthalenediamine(1,5-DAN)

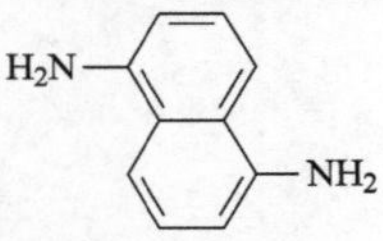

商品，从乙酸乙酯/石油醚重结晶，mp 185~187℃。

〖169〗2,6-萘二胺　2,6- Naphthalenediamine (2,6-DAN)[104]

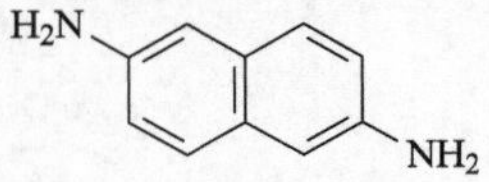

可由 2,6-萘二酚按〖170〗方法得到。

〖170〗2,7-萘二胺　2,7- Naphthalenediamine (2,7-DAN)[104,105]

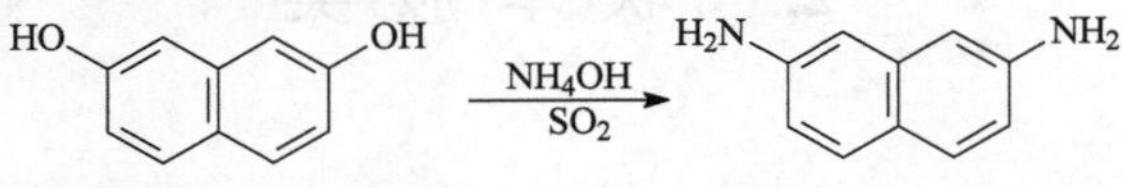

150 mL 浓氨水在冰冷下用二氧化硫饱和，加入 6.00 g(37.5 mmol)2,7-萘二酚。将该悬浮液在高压釜中 150℃搅拌 17 h。冷却后滤出沉淀，用乙酸乙酯洗涤。滤液用 2×50 mL 乙酸乙酯萃取。合并乙酸乙酯溶液，用 3×80 mL 1 N 盐酸萃取。水相用固体 KOH 碱化，再用 4×50 mL 乙酸乙酯萃取，在碳酸钾上干燥后除去溶剂，从水(活性炭脱色)重结晶，得 2,7-萘二胺 5.63g(95%)，mp 158℃。

〖171〗2,2′- 二氨基联萘　2,2′-Diamino-1,1′-binaphthyl[106]

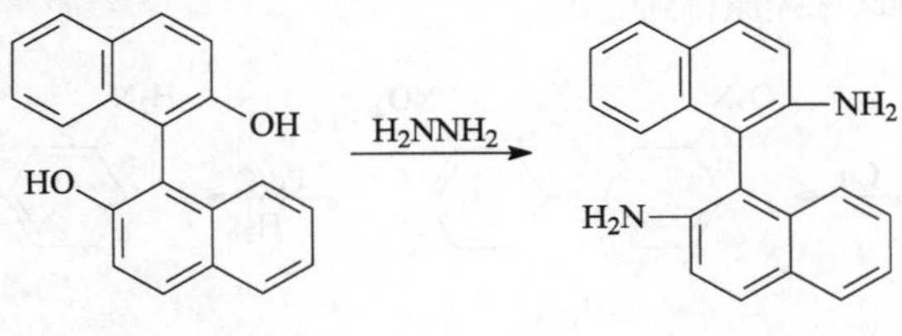

　　将水合肼和联萘酚以 1∶2 的比例混合，在高压釜中加热到 180℃反应 78 h。将反应物溶于甲醇/浓盐酸(80∶20)中，向该深色的溶液中加入大量乙醚(6L 乙醚/1L 溶液)，得到绿褐色的沉淀。过滤，在室温下溶于最少量的甲醇中(加有少量盐酸以保证完全转化为盐酸盐)。用醚使盐沉淀，反复重结晶，得到雪白的粉末。2 次重结晶后收率为 60%~65%。该胺盐储存在-30℃的氩气下。将 43 g 胺盐在 3200 mL 乙醚中与 1000 mL 1 mol/L NaOH 作用，搅拌到完全溶解，分层，水层用 2×200 mL 乙醚萃取，醚液合并后在硫酸钠上干燥，蒸发后得到白色粉末，收率40%~55%，储存在-30℃的氩气下，mp 193.2~194.5℃。

〖172〗4,4′-二氨基-2,2′-二甲基联萘　4,4′- Diamino-2,2′-dimethyl- 1,1′-binaphthyl[107]

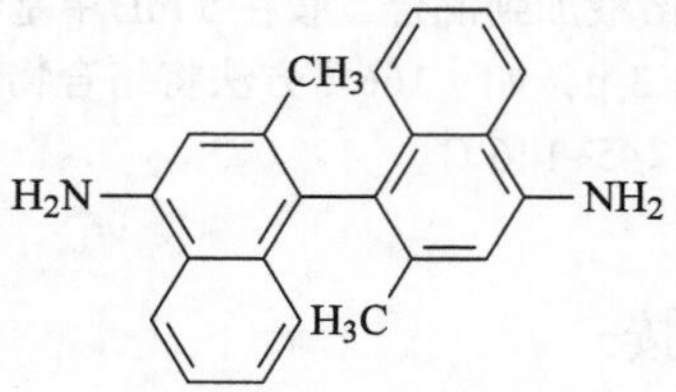

〖173〗4,4′-二氨基-3,3′-二甲基联萘　4,4′- Diamino-3,3′-dimethyl- 1,1′-binaphthyl[108]

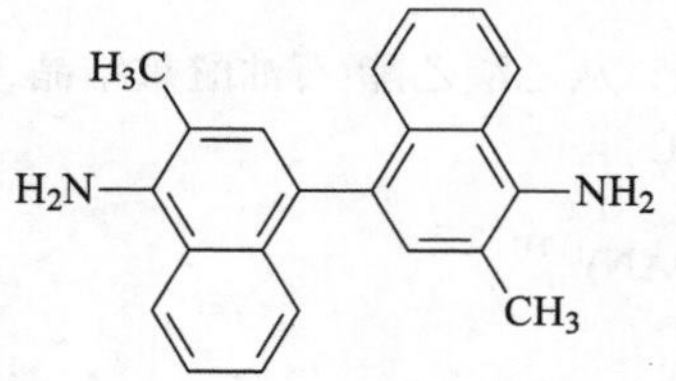

商品。

2.5　联　苯　胺　类

2.5.1　联苯胺

〖174〗联苯胺　Benzidine (Bz)

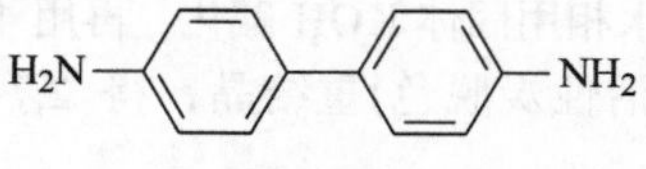

商品，mp 127~128℃。

〖175〗m,m′-二氨基联苯　m,m′-Diaminobiphenyl

①由 m,m′-二硝基联苯还原得到[109]

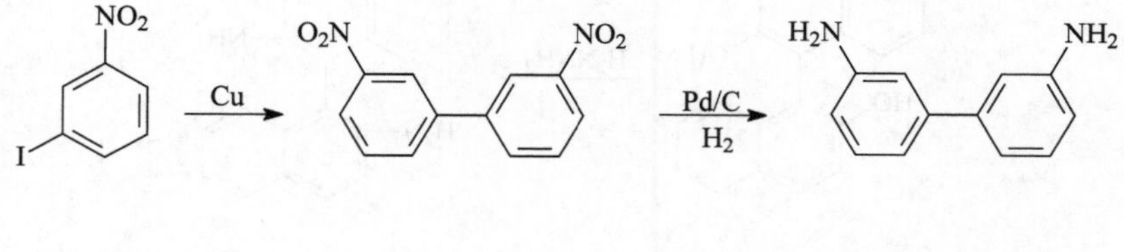

将 150 g(0.602 mol)间碘硝基苯加到 700 mL 干燥的 DMF 中搅拌回流。加入 94.86 g (1.493 mol)铜粉，继续回流 5 h。再加入 94.86 g 铜粉，继续反应 11 h。趁热过滤除去铜粉，冷却后滤出结晶，再从甲苯中重结晶，得亮黄色针状 *m,m′*-二硝基联苯 58.75 g(80%)，mp 203~204℃。

将 50 g *m,m′*-二硝基联苯，5 g 5%Pd/C 在 400 mL 二氧六环中加热到 80℃，在 3.5 MPa 氢压下搅拌 5 h，滤出催化剂，除去溶剂，从甲苯和己烷混合物中重结晶，得 30 g(76%)*m,m′*-二氨基联苯, mp 83℃。

②由 3-氯代乙酰苯胺偶联得到[110]

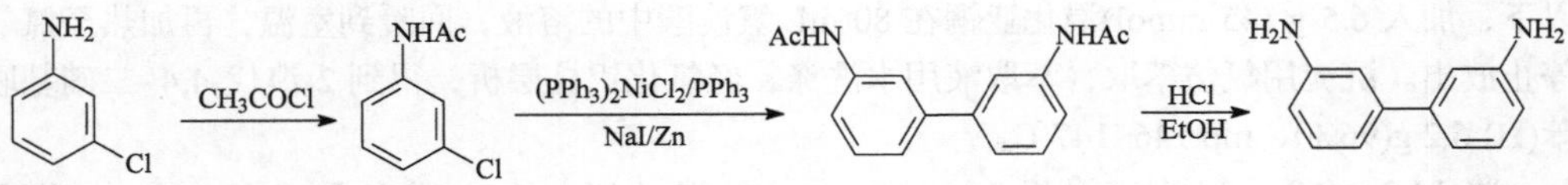

将 90.1 mol 3-氯苯胺和 0.1 mol 三乙胺溶于氯仿中，0℃下加入 0.1 mol 乙酰氯的氯仿溶液，30 min 后让温度自然升至室温，再反应 5 h。除去溶剂，残留物用酸性水(pH 5)及水洗涤，最后用水/乙醇重结晶，3-氯代乙酰苯胺产率 92%，mp 70℃。

将 3.5 g(5.0 mmol) (PPh₃)₂NiCl₂，10 g(38 mmol)PPh₃，7.5 g(50 mmol) NaI 和 10 g(153 mmol)锌粉在氮气下加入 75 mL DMF 中，混合物加热到 80℃，当变成暗红色时，缓慢加入 100 mmol 3-氯代乙酰苯胺在 25 mL DMF 中的溶液。反应进行 12h 后滤出固体，倒入水中，过滤，滤饼用热水洗涤数次，真空干燥，升华提纯，*N,N′*-二乙酰基-3,3′-二氨基联苯产率 78%，mp 245~246℃。

将 13.4 g(50 mmol) 3,3′-二乙酰基联苯胺与 20 mL 浓盐酸及 100 mL 乙醇混合，回流 12 h，蒸发至干，残留物溶于水，在氮气下用 0.1 mol/L KOH 将 pH 调至 10，滤出沉淀，水洗数次，真空干燥，升华 2 次，产率 90%，mp 94~95℃。

2.5.2　单取代联苯胺

〖 176 〗4″-咔唑-9-基-[1,1′,2′,1″]三联苯-4,4′-二胺

4″-Carbazol-9-yl-[1,1′,2′,1″] terphenyl-4, 4′-diamine[111]

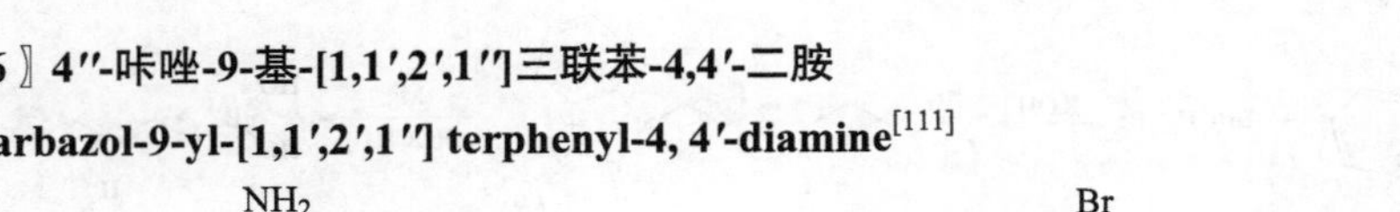

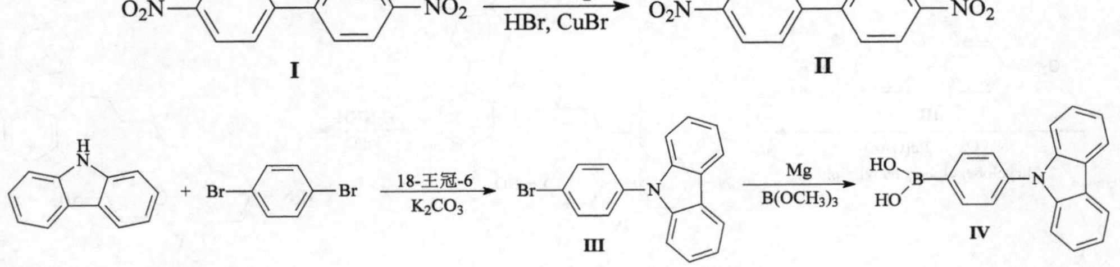

将 5.2 g (20 mmol)4,4′-二硝基-2-氨基联苯溶于热的 20 mL 40%氢溴酸，80 mL 水和 80 mL 乙腈的混合物中，冷却到 0℃，加入 3.6 g (52 mmol)亚硝酸钠在 7 mL 水的溶液中，保持 10℃ 以下，加入 6.5 g (45 mmol)溴化亚铜在 80 mL 氢溴酸中的溶液，回暖到室温，再加热至氮气 停止放出。沉淀用氯仿萃取，萃取液用水洗涤，经氧化铝柱层析，得到 2-溴代-4,4′-二硝基联 苯(II) 6.2 g(96%)，mp 146~147℃。

将 14.2 g (60mmol)对二溴苯, 10 g (60 mmol)咔唑, 1.14 g (6mmol) CuI, 0.53 g (2 mmol)18-冠-6 及 16.6 g (120 mmol) K₂CO₃ 加到 2 mL DMF 中，氮气下将混合物在 170℃加热 11 h 后冷 却到室温，用 1 N 盐酸中止反应。滤出沉淀，依次用氨水和水洗涤。所得到的灰色固体用柱 层析(己烷)，得 9-(4-溴代苯基)咔唑(III)14g(72%)，mp 327~329℃。

将 30 mL (75 mmol) 丁基锂加到冷至−78℃ 的 9.7 g (30 mmol) III 在 100 mL 无水乙醚的 溶液中，室温搅拌 3 h。再冷却到−78℃，加入 21.02 g (144 mmol)硼酸三乙酯。搅拌 8 h 后加 到 2 N 盐酸中，搅拌 1 h，滤出固体产物，用乙醚洗涤数次，从乙酸乙酯重结晶，得 IV 3.9 g(45%)，mp 320~322℃。

将 1.05 g (2.5 mmol)IV 及 1.2 g (2.5 mmol) II 加到 10 mL THF 中，加入 8 mL 2 M 碳酸钾，脱气 后加入 16.8 mg Pd(PPh₃)₄。混合物回流 48 h，冷却到室温，过滤，滤液用乙醚萃取。合并有机相， 用饱和氯化钠洗涤，磷酸镁干燥。减压除去溶剂，残留物进行柱层析，得 V 黄色固体 0.71 g (56%)。

将 0.70 g (1.5 mmol)V 与 0.02 g 10% Pd/C 及 0.5 mL 水合肼在 15 mL 乙醇中回流 10 h。冷 却到室温，加入 15 mL THF 溶解沉淀，滤去催化剂，除去溶剂，粗产物用甲醇洗涤，在甲苯 中重结晶后在 100℃真空干燥，得 VI 0.51 g (80%)。

【177】2-(6-咔唑-9-基-己基)-联苯胺 2-(6-Carbazol-9-yl-hexyl)-biphenyl-4,4′-diamine[111]

0℃下在 10 g (60 mmol)咔唑、3.5 g (60 mmol) KOH 和 200 mL DMF 的混合物中加入 29.2 mL (180 mmol) 1,6-二溴己烷。室温搅拌 48 h 后用 300 mL 水稀释，用 3×150 mL 乙醚萃取，合并有机相，用饱和氯化钠洗涤后在硫酸镁上干燥，粗产物经柱层析(己烷/二氯甲烷，4：1)，得 9-(6-溴代己基)-9H-咔唑(I)16.5 g(83%)，mp 264~265℃。

将 8.7 g (32 mmol)镁屑加到 5 mL 无水乙醚中，加入数颗碘结晶和 0.33 g (1 mmol)I，大约 10 min 后开始回流，再滴加剩余的 7.6 g (24 mmol) I 在 10 mL 乙醚中的溶液，保持温和回流 5 h。在 30 min 内将上述格氏试剂溶液加到冷至–78℃的 2.6 g (3 mL, 25 mmol)硼酸三甲酯在 15 mL 乙醚的溶液中。在加料过程中，温度升高，小心控制在–60℃以下。混合物搅拌过夜，自然回暖到室温。形成的褐黄色沉淀用 20 mL 乙醚稀释，冷到 0℃，滴加 10%稀硫酸至得到褐色溶液。室温搅拌 1 h，分出醚层，水层用乙醚萃取 3 次，合并有机相，依次用水和饱和氯化钠洗涤后硫酸镁干燥，浓缩，得到淡黄色固体 II 5g(68%)，mp 269~270℃。

在氮气下将 2.92 g (10 mmol) II 及 3.2 g (10 mmol) III 加到 20 mL 甲苯中，再加入 15 mL 3 mol/L 磷酸钾溶液，以氮气脱气，最后加入 0.045 g 催化剂 Pd(OAc)₂ 和 0.078 g 2-二环己基膦基联苯作为配位体。混合物在氮气下回流 48 h 后冷却到室温，过滤，滤液用乙醚萃取 3 次，合并有机相，用饱和氯化钠溶液洗涤，硫酸镁干燥，粗产物经柱层析(CH₂Cl₂/石油醚)，得 IV 3.22 g (65%)，mp 3℃。

说明：IV 的 mp 有问题，可能是文献数据不对。

将 0.99 g (2 mmol) IV，0.023 g 10% Pd/C 和 0.55 mL 水合肼在 15 mL 乙醇中回流 12 h。冷却到室温，加入 15 mL THF 使沉淀溶解，滤去催化剂，除去滤液中的溶剂，粗产物用甲醇洗涤，从甲苯重结晶，在 100℃真空干燥，得二胺 V 0.51 g (74%)，mp: 308~310℃。

2.5.3 二取代联苯胺

〖178〗4,4′-二氨基-2,2′-二甲基联苯 4,4′-Diamino-2,2′-dimethylbiphenyl(DMB)[112]

将 40.0 g(0.30 mol)间硝基甲苯和 24 mL 20%NaOH 在 120 mL 乙醇中加热回流，以保持沸腾的速度缓慢加入 69.6 g 锌粉，加完后继续搅拌回流 4 h，趁热过滤，滤出的锌粉，用乙醇洗涤。在滤液中缓慢加入浓盐酸，滤出沉淀，再溶解在热水中，冷却到室温，用 20%NaOH 碱化，将油状的二胺用乙醚萃取出来，除去乙醚，得到油状物 18.3 g(57.4%)，冷却固化，可以从乙醚重结晶，mp 104~106℃。

〖179〗4,4′-二氨基-3,3′-二甲基联苯 4,4′-Diamino-3,3′-dimethylbiphenyl (OTOL)[113]

由邻硝基甲苯按〖178〗进行联苯胺反应得到，mp 131~132℃。

〖 180 〗2,2′-二(三氟甲基)-4,4′-二氨基联苯

2,2′-Bis(trifluoromethyl)-4,4′- diaminobiphenyl (TFDB)

①由 Ullmann 反应得到[114]

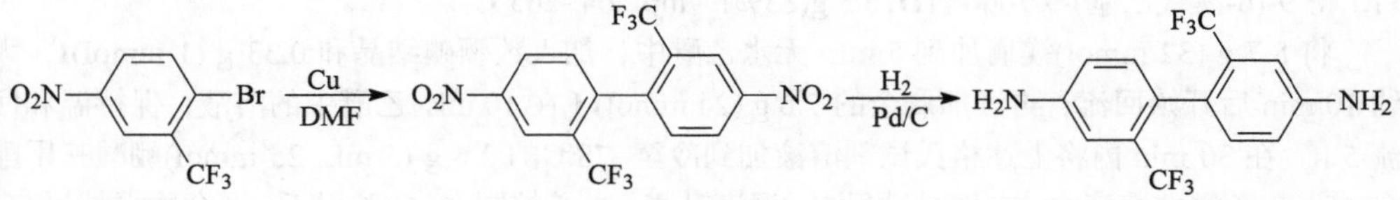

将 50 g (0.185 mol)1-三氟甲基-2-溴-5-硝基苯和 12 g(0.18 mol)活性铜粉在 100 mL DMF 中回流 5 h，用 TLC 检测(己烷/乙醚 1/1)反应完全后，冷却到室温，过滤，滤液倒入 2 L 水中，滤出沉淀，干燥，用乙醚重结晶或进行柱层析纯化(硅胶，己烷/乙醚 1/1)，得二硝基物 25 g(71%)，mp 138~140℃。

将 5.0 g(13.16 mmol)二硝基物和 0.4 g 5%Pd/C 加到 200 mL 甲苯中，在 10 atm 氢气下，80 ℃反应 24 h，冷却过滤，减压蒸去溶剂，在 120℃/0.2 mmHg 升华得纯二胺 3.6 g(85%)，mp 181~182℃。

②由联苯胺反应得到[115]

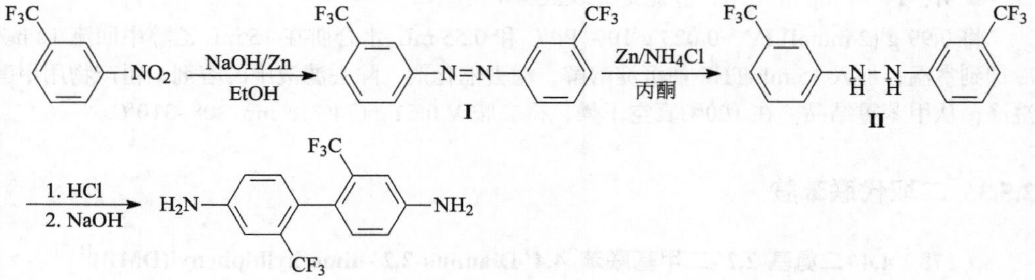

将 1.71 g(8.95 mmol) 3-三氟甲基硝基苯在 100 mL 乙醇中的溶液加到 1.43 g(35.8 mmol) NaOH 在 5 mL 水的溶液中，再加入 1.17 g(17.9 mmol)锌粉，搅拌回流 1 天，趁热过滤，用少量甲醇洗涤，从滤液中蒸去甲醇，用氯仿萃取，蒸发后得橙色固体，从乙醇重结晶，室温真空干燥 1 天，得偶氮化合物(**I**)2.56 g (89.9%)。

将 0.45 g (6.88 mmol)锌粉在氮气下加入 2.16 g(6.79 mmol) **I** 在 20 mL 丙酮的溶液中，再加入 6 mL 饱和的氯化铵溶液，剧烈搅拌至红色消失，倒入去氧的 10%氨水中，滤液用氯仿萃取，得到暗黄色油状化合物(**II**)1.45 g (67%)。

将 1.45 g (4.55 mmol) **II** 在氮气下溶于 20 mL 乙醇中，冷却到 0℃以下，在 30 min 内分批加入 10 mL 浓盐酸/乙醇(1∶1)溶液，在 0℃搅拌 12 h，然后在室温搅拌。加入浓 NaOH 溶液使盐转化为二胺，中和的溶液用氯仿萃取，蒸发掉氯仿后，经柱层析(己烷/乙酸乙酯，3∶2)，得到的二胺在室温真空干燥 1 天，得 0.25 g (17.1%)。

③从邻氯三氟甲苯出发得到[116]

氮气下将 126.6 g(325 目，1.9 mol)锌粉，126.6 g(0.48 mol)三苯膦，19.8 g(0.19 mol)溴化钠和 8.4 g (0.065 mol)氯化镍加到 750 mL DMAc 中，在 60~65℃搅拌 30min，混合物的颜色变为铁锈红色。加入 228 g (1.3 mol)邻氯三氟甲苯在 200 mL DMAc 中的溶液，这时反应物转变为绿灰色。在 80~85℃反应 4 h，其间又转变为铁锈红色。冷却到室温后过滤，滤液用 1.2 L 二氯甲烷稀释后用 4×600 mL 15%盐酸洗涤。有机层在碳酸钾上干燥，减压除溶剂，得到黑绿色油状物，减压蒸馏 2 次。得到 2,2′-二(三氟甲基)联苯无色油状物 174 g (76%)，放置中固化。

将 100 g(0.34 mol) 2,2′-二(三氟甲基)联苯加到 344 g (3.44 mol)98%硫酸中，搅拌，35℃下缓慢滴加 45.8 g (0.51 mol)硝酸。加完后继续搅拌直到形成黄色浆状物。再将反应物加热到 110℃，滴加 45.8 g (0.51 mol)硝酸。加完后继续在 110℃反应 45 min。冷却到室温，缓慢倒入 700 g 碎冰中，回暖到室温后滤出固体，用水洗涤，得到淡黄色固体，从乙醇重结晶数次，得到二硝基物白色结晶 110 g(85%)，mp 138.3~139.3℃。

将 55 g(0.16 mol)二硝基物加到 700 mL 乙酸乙酯中，搅拌溶解，加入 800 mL 乙醇，105 g (1.7 mol)甲酸铵和 10.5 g Pd/C，室温搅拌过夜，过滤，除去溶剂，粗产物从乙醇重结晶，得到白色二胺 39.5 g(85%)，mp 180~182℃。

〖181〗4,4′-二氨基-3,3′-二(三氟甲基)联苯

4,4′-Diamino-3,3′-bis(trifluoromethyl) biphenyl[25]

由邻硝基三氟甲苯进行联苯胺反应得到，mp 116.5~117.5℃。

〖182〗3,3′-二氨基-5,5′-二(三氟甲基)联苯

3,3′-Diamino-5,5′-bis (trifluoromethyl) biphenyl[109]

将 50.07 g(0.3 mol)间硝基苯甲酸和 107.36 g (0.423 mol)碘在 565 mL 发烟硫酸中缓慢加热到 85℃，搅拌 24 h，冷却后倒入冰中，用二氯甲烷萃取，有机层用水洗涤 2 次，稀硫酸氢钠

洗涤 1 次，在硫酸镁上干燥。过滤，除去二氯甲烷，得 I 81.3 g(92.5%)。从甲醇/水中重结晶，得 3-碘-5-硝基苯甲酸(I)浅黄色产物，mp 167~168℃。

将 25 g(0.085 mol)I 在 150 mL 氟化氢中与 36.85 g(0.341 mol)四氟化硫在室温下反应 48 h。除去 HF/SF$_4$。反应物用二氯甲烷洗到塑料容器中，用稀碱溶液中和，用水洗涤三次，饱和食盐水洗涤 1 次，在无水硫酸镁上干燥，除去溶剂，得 1-碘-3-硝基-5-三氟甲苯(II) 25.56 g(95%)。该浅褐色液体，可以在冰浴中固化。

将 75 g(0.237 mol) II 溶解在 45 mL 干燥 DMF 中，加入铜粉 37.58 g(0.592 mol)，回流 4.5 h，过滤，滤饼用热的 DMF 洗涤，滤液冷却到室温，加入水，以保证沉淀完全，过滤，在甲苯/乙醇混合物中重结晶，得二硝基物 III 36.75 g(72%)，mp 169℃。

将 III 用钯黑催化加氢还原得 3,3′-氨基-5,5′-二(三氟甲基)联苯 41.5 g(98%)，mp 189℃。

〖 183 〗2,2′-二氰基-4,4′-二氨基联苯　4,4′-Diamino-2,2′-dicyanobiphenyl[117]

可以由间氰基硝基苯以联苯胺反应得到。

〖 184 〗2,2′-二苯基-1,4-二氨基联苯 2,2′-Diphenylbenzidine[118]

将 1.0 mmol 邻氯苯胺，1.2 mol 苯基硼酸，1.0 mmol 钯催化剂和 2.0 mmol K$_2$CO$_3$ 在 2 mL EtOH/水(1∶1)中 50℃反应 5 h，2-氨基联苯收率 89%[119]。

将 85 g 2-氨基联苯与 100 g 对甲苯磺酰氯在 200 mL 吡啶中反应得到 2-对甲苯磺酰胺基联苯(I) 135 g (84%)，mp 98~99℃。

将 60 g I 溶于 120 mL 冰乙酸中，缓慢加入 15 mL 硝酸(d=1.5)。混合物加热到 90℃，当温度迅速升高时，撤去热浴，继续反应 3 min 后将反应物倒入冷水中，沉淀出来的红色油状物很快固化。从 400 mL 乙醇中重结晶，得 II 55 g(80%)，mp 168~169℃。

将 25 g II 加到 50 mL 浓硫酸中，室温放置 1 h，然后滴加到 200 mL 碎冰中。定量得到 5-硝基-2-氨基联苯(III) 16 g，从乙醇重结晶 2 次，mp 125℃[120]。将 21.4 gIII 溶于 120 mL 浓硫酸中，常温搅拌，冰浴冷却下加入 40 g 冰，剧烈搅拌，一次加入 2.7 g 亚硝酸钠，搅拌数分钟，分 3 份加入 60 g 冰，最后用大量冰稀释。过滤。冷却下用 19 g 碘化钾处理后缓慢酸化，析出油状碘化物，缓慢固化，得 32 g 粗产物。将其乙醚溶液过滤，用 KOH 溶液洗涤，干燥，除去乙醚，残留物减压蒸馏，取 191~192℃/4 mmHg。从甲醇重结晶，得 5-硝基-2-碘代联苯(IV) 淡黄色长针状结晶 26 g，mp 114℃。

将 63 g IV 用 216~225℃油浴加热。在 10 min 内加入 45 g 铜粉，混合物再加热 20 min。冷却后用大量沸苯萃取，残留物进行减压蒸馏，取 290℃/4 mmHg。从苯重结晶，得到 2,2′-二苯基-1,4-二硝基联苯(V)黄色固体 27 g，mp 218~219℃。

在 5.00 g (12.6 mmol) V 在 300 mL 80% 乙醇的溶液中加入 39.6 g (60.5 mmol)锌粉 1.97 g (36.8 mmol) 氯化铵。混合物回流 2 h 后过滤。在滤液中加入 300 mL 水，产物用乙醚萃取出来。有机相用水洗涤，硫酸镁干燥后蒸发至干。残留物从 25 mL 90%乙醇重结晶，得到 2.40 g 无色 2,2′-二苯基-1,4-二氨基联苯。将母液浓缩，回收 0.9 g 产物，总收率78%，mp 152~153℃。

〖185〗4,3′-二氨基-3,5-二苯基联苯　4,3′-Diamino-3,5-diphenylbiphenyl[121]

将 3.00 g(19.9 mmol) 间硝基苯甲醛和 7.17 g(59.7 mmol)苯乙酮在 10 mL 乙酸中回流过夜。在冰浴中冷却后过滤。依次用水，冷的甲醇洗涤，干燥得 3-苄叉乙酰基苯(I)3.97 g(79%)。从乙腈重结晶，mp 142 ~ 144℃。

(1) 室温下在 2.18 g(8.6 mmol)I 和 1.04 g(8.7 mmol)苯乙酮在 10 mL 甲苯的溶液中滴加入

4.24 mL(34.5 mmol)三氟化硼乙醚络合物，混合物变为黄色，在氮气下回流 3 h。将得到的暗红色溶液减压浓缩。在 0℃下将残留物在二氧六环中搅拌，滤出黄色固体，用二氧六环洗涤后干燥，得到 4-(3-硝基苯基)-2,6-二苯基噁英鎓四氟硼酸盐(II) 0.25 g(25%)。在乙酸中重结晶，mp 258~261℃。

(2) 将 8.00 g(52.9 mmol)3-硝基苯甲醛，12.72 g(105.9 mmol)苯乙酮和 15.5 mL(126.0 mmol)三氟化硼乙醚络合物在 45 mL 甲苯中按(1)方法得 II 15.2 g(65%)。

氮气下将 13.00 g (29.5 mmol)II 和 5.97 g (59.0 mmol)三乙胺在 20 mL 硝基甲烷中回流过夜，减压浓缩。将得到的黏油溶于甲醇，在冰水中沉淀，滤出淡褐色固体，用水洗涤，干燥得 4,3′-二硝基-3,5-二苯基-联苯(III)8.51 g(74%)，从甲苯中重结晶，mp 148~150℃。

将 6.50 g (16.4 mmol)III 和催化剂量的 Pd/C 在 15 mL 95%乙醇中加热回流，滴加 5 mL 水合肼，加完后继续反应 20 h。其间固体逐渐溶解，滤出催化剂，滤液倒入冰水中，滤出褐色沉淀，用水洗涤得 IV 5.23 g (87%)，从氯仿/己烷(3∶2)重结晶，mp 96~98℃。

〖186〗2,2′-二(4-甲苯基)-1,4-二氨基联苯 2,2′-Di(4-methylphenyl)benzidine[117]

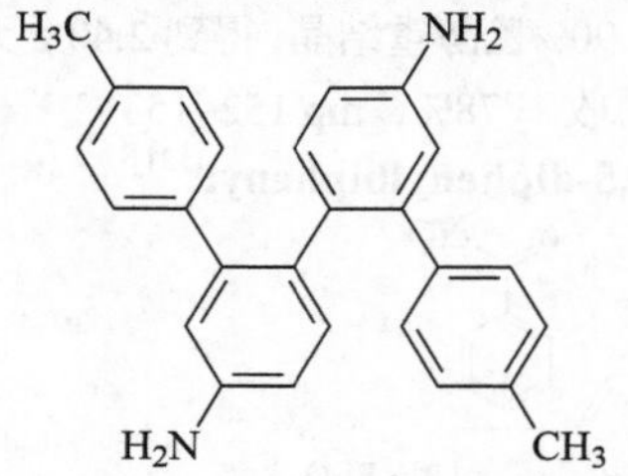

可参考〖190〗方法由 4-溴甲苯与 2,2′-二碘-4,4′-二硝基联苯合成。

〖187〗2,2′-二(4-三氟甲苯基)-1,4-二氨基联苯

2,2′-Di(4-trifluoromethylphenyl) benzidine[117]

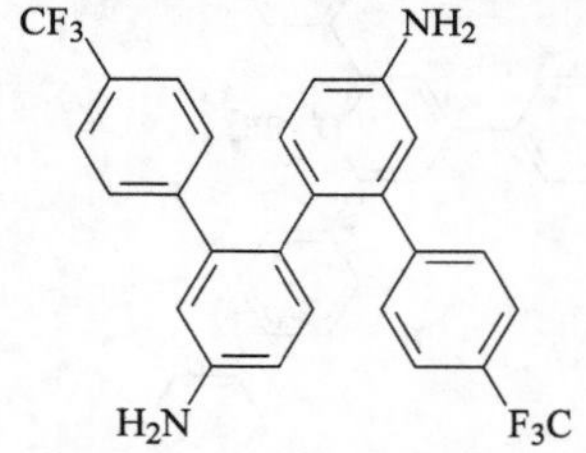

可参考〖190〗方法由 4-溴三氟甲苯与 2,2′-二碘-4,4′-二硝基联苯合成。

〖188〗2,2′-二(3-三氟甲苯基)-1,4-二氨基联苯

2,2′-Di(3-trifluoromethylphenyl) benzidine[117]

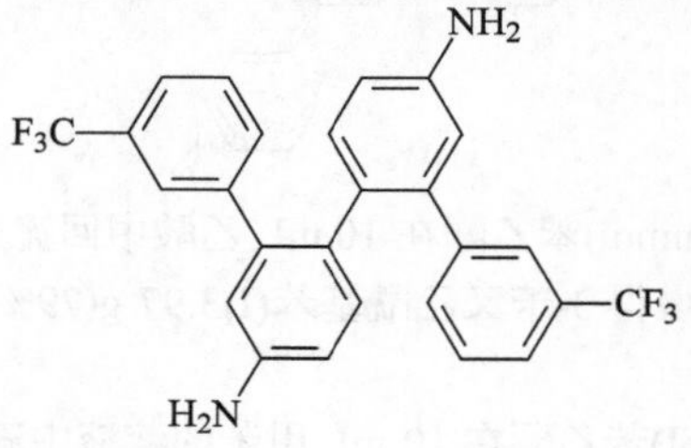

可参考〖190〗方法由 3-溴三氟甲苯与 2,2′-二碘-4,4′-二硝基联苯合成。

〖189〗2,2′-二(2-三氟甲苯基)-1,4-二氨基联苯

2,2′-Di (2-trifluoromethylphenyl) benzidine[117]

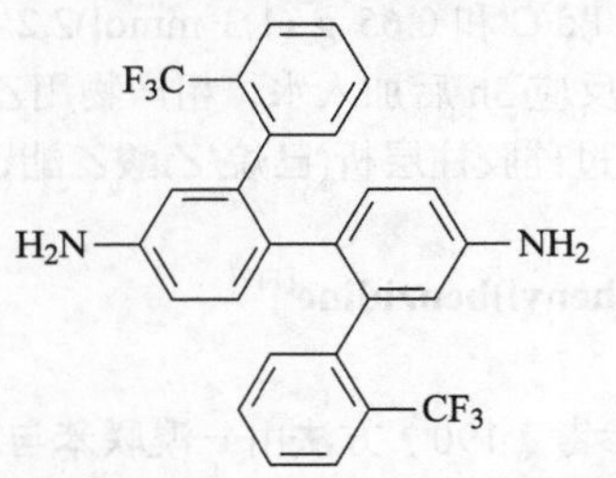

可参考〖190〗方法由 2-溴三氟甲苯与
2,2′-二碘-4,4′-二硝基联苯合成。

〖190〗2,2′-二(1-萘基)联苯胺　**2,2′-Dinaphthylbiphenyl-4,4′-diamine**[122]

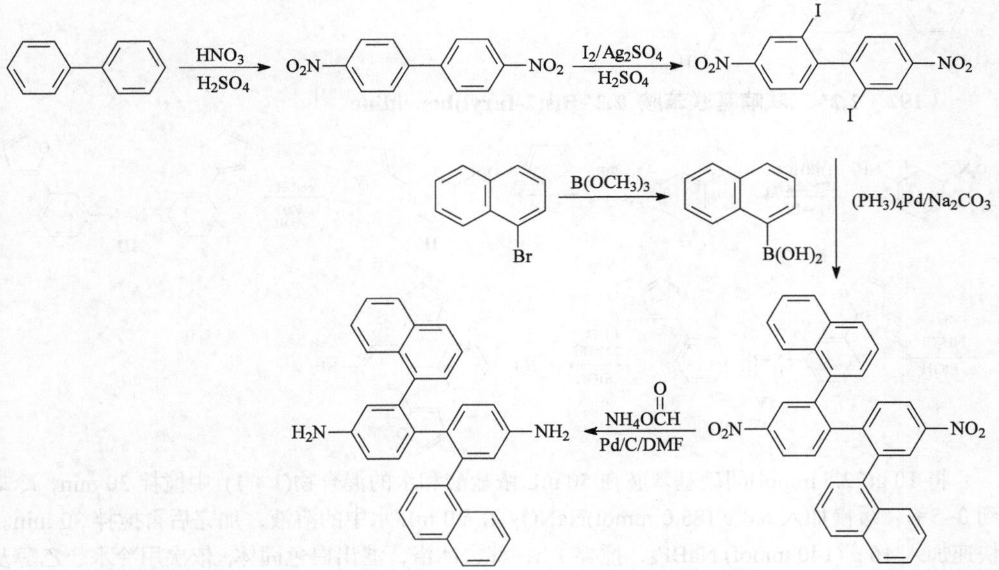

　　将 4.4 mL70%浓硝酸在搅拌下 5min 内加入到 0℃的浓硫酸(98%，5.2 mL)中，滴加入 3 g
(19.5 mmol)联苯在硝基甲烷中的溶液，加完后在 0℃搅拌 1 h，在 25℃搅拌 2h。将反应物倒入冰
水中，滤出沉淀，用水洗涤，从甲醇和甲苯中重结晶，得 4,4′-二硝基联苯淡黄色固体 0.825g (17%)。

　　将 10 g (41 mmol)4,4′-二硝基联苯, 34.3 g(110 mmol) Ag₂SO₄ 和 31.2 g(123 mmol)碘加入到
164 mL 98%硫酸中，加热到 120℃反应 20~48 h。由于硫酸银的活性各批不同，反应过程需用
¹H-NMR 监测，当转化率达到 75%或更高后将反应物倒入 2000 mL 冰水中，滤出沉淀，用水
洗涤，从乙酸乙酯重结晶，得 2,2′-二碘-4,4′-二硝基联苯 13.2 g (65%)，mp 148~149℃。

　　将 10.0 g (20 mmol)2,2′-二碘-4,4′-二硝基联苯，20.8 g (121 mmol)1-萘硼酸, 0.46 g (0.4 mmol)
Pd(PPh₃)₄ 和 6.6 g(62 mmol)碳酸钠加到 30 mL 苯, 15 mL 水及 5 mL 乙醇的混合物中，氮气下
加热到 80℃反应 4 h。反应用水中止，再用氯仿萃取。合并有机层，在硫酸镁上干燥后减压

浓缩，得到玻璃状产物，通过硅胶柱层析(己烷/乙酸乙酯，1∶6)，得到 2,2′-二萘基-4,4′-二硝基联苯 8.7 g(87%)，mp 203~204℃。

将 0.83 g(7.8 mmol)甲酸铵，0.18 g(2.8 mmol) 10% Pd/C 和 0.65 g (1.3 mmol)2,2′-二(1-萘基)-4,4′-二硝基联苯加到 2 mL DMF 中，加热到 80℃，反应 3h 后加入水，粗产物用乙酸乙酯萃取数次，有机层合并后用硫酸镁干燥，减压浓缩，通过硅胶柱层析(己烷/乙酸乙酯，1∶3)，再从甲醇重结晶，得淡粉红色二胺 0.45 g(73%)。

〖191〗2,2′-二(4-联苯基)联苯胺　2,2′-Di(4-phenylphenyl)benzidine[117]

可参考〖190〗方法由4-溴联苯与2,2′-二碘-4,4′-二硝基联苯合成。

〖192〗2,2′-二呋喃基联苯胺　2,2′-Bis(2-furyl)benzidine[123]

将 10 g(72.5 mmol)间硝基苯胺在 50 mL 浓盐酸和水的混合物(1∶1) 中搅拌 30 min，冷却到 0~5℃，缓慢加入 6.0 g (85.0 mmol)NaNO$_2$ 在 20 mL 水中的溶液，加完后再搅拌 30 min。快速加入 16 g (140 mmol) NaBF$_4$，搅拌 1 h，移去冰浴，滤出白色固体，依次用冷水、乙醇及乙醚洗涤，室温真空干燥 1 天，得 I 16.8g(97.8%)，mp 161~167℃。

将 7.5 g(31.6 mmol) I 在干燥氮气下溶于 30 mL 呋喃中，冷却到 0℃，缓慢滴加入 4.5 g (44.6 mmol)三乙胺在 20 mL 呋喃中的溶液,加完后快速倒入 50 mL 己烷,产物通过硅胶柱(己烷/乙酸乙酯，3∶2)。将溶剂去除后，从乙醇/水混合物重结晶，室温真空干燥 1 天，得 II 3.8 g (63.6%), mp 42.8~44.5℃。

将 3.4 g(18 mmol) II 在 50 mL 正丙醇中的溶液加入 2.9 g (72 mmol) NaOH 在 20 mL 水的溶液中，在搅拌下加入 2.3 g(36 mmol)锌粉，回流 1 天，趁热滤出锌酸钠，用少量正丙醇洗涤，合并后蒸去正丙醇，水液用氯仿萃取，得到橙色产物。由乙醇重结晶，室温真空干燥 1 天得偶氮化合物 (III)2.7 g(55.1%)，mp 124~125.5℃。

搅拌下将 12.0 g(184 mmol)锌粉加入到 6.0 g (19.0 mmol)III 在 200 mL 丙酮的溶液中，用注射器加入 20 mL NH$_4$Cl 水溶液，剧烈摇动至红色消失，反应物倒入脱过气的 10%氨水中，滤出褐色固体，用水洗涤 3 次，室温真空干燥 1 天，得 **IV** 5.8 g (98%)，mp 121~122℃。

将 0.6 g (1.9 mmol)**IV** 溶于 30 mL 乙醇中，冷至 0℃，1 h 内分批加入 1.5 mL 浓盐酸在 10 mL 95%乙醇中的溶液，加完后将反应物放置于 4℃的冰箱中 1 天，然后过滤，用 NaOH 水溶液处理，得到二胺，中性的溶液用氯仿萃取，主产物用硅胶柱(己烷/乙酸乙酯/乙醇，6∶3∶1)分离后再从乙醇/水混合物重结晶，室温真空干燥 1 天，得产物 0.12 g(21%)，mp 156~157℃。

〖193〗3,3′-二羧基联苯胺　3,3′-Dicarboxylben1zidine[124]

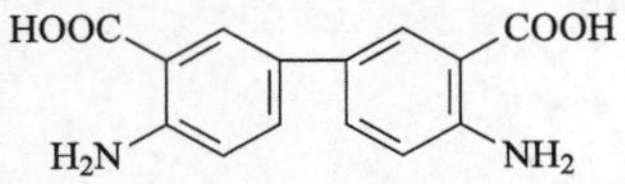

由邻硝基苯甲酸以联苯胺反应得到，从盐酸和乙酸钠中重结晶，得淡黄色固体，产率：82.7%，mp 300℃(dec)。

〖194〗2,2′-双{ω-[4-(4-氰基苯基)苯氧基正庚氧基羰基]}-4,4′-联苯胺

2,2′-Bis {ω-[4-(4-cyanophenyl)phenyoxy-*n*-heptyloxycarbonyl]}-4,4′-biphenyldiamine[125]

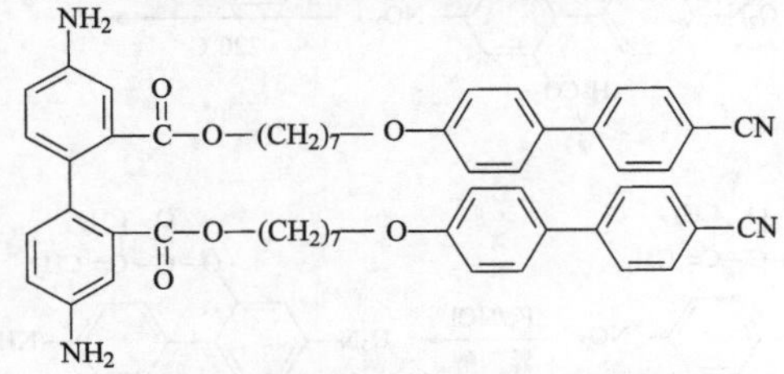

参考〖196〗方法合成。

〖195〗2,2′-双{ω-[4-(4-氰基苯基)苯氧基正壬氧基羰基]}-4,4′-联苯胺

2,2′-Bis {ω-[4-(4-cyanophenyl)phenyoxy-*n*-nonyloxycarbonyl]}-4,4′-biphenyldiamine[125]

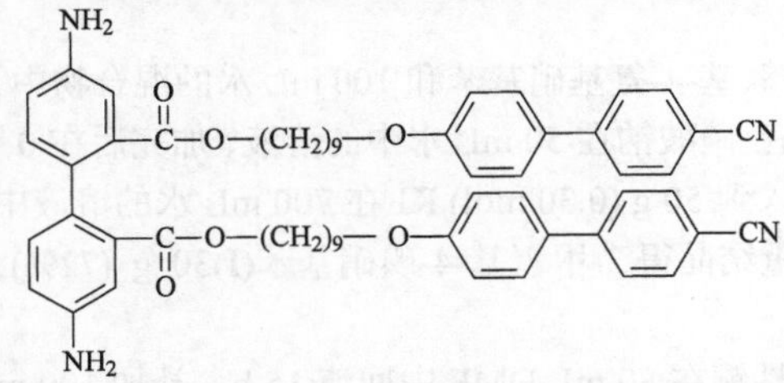

参考〖196〗方法合成。

〖196〗2,2′-双{ω-[4-(4-氰基苯基)苯氧基正十一烷氧基羰基]}-4,4′-联苯胺[125,126]

2,2′-Bis {ω-[4-(4-cyanophenyl)phenyoxy-*n*-undecoxycarbonyl]}-4,4′-biphenyldiamine

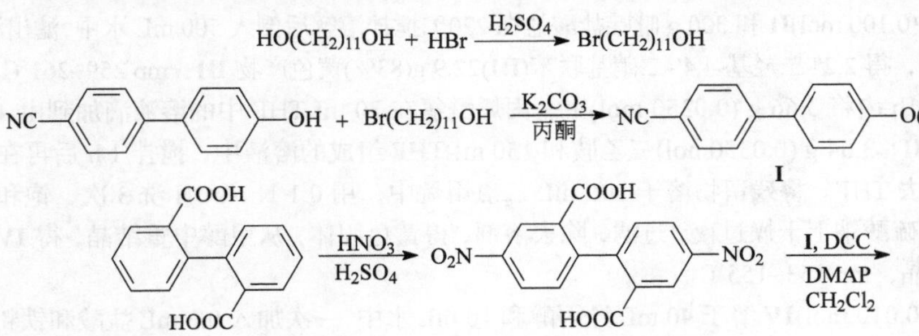

〖197〗2,2′-二(甲基丙烯酰氧基)-4,4′-联苯胺

2,2′-Dimethacryloyloxy-4,4′- diaminobiphenyl[127]

将 60 mL 浓硫酸滴加入 25 g (0.15 mol)3-甲氧基-4-氨基硝基苯和 100 mL 水的混合物中，加热到 200℃后冷至 0℃。滴加 13.0 g (0.18 mol)亚硝酸钠在 50 mL 水中的溶液，加完后在 0℃搅拌 30 min 后过滤，剧烈搅拌下滤液被缓慢加入到 50 g (0.30 mol) KI 在 700 mL 水的溶液中，过滤，用稀亚硫酸氢钠和水洗涤，固体用甲醇重结晶得 3-甲氧基-4-碘硝基苯(**I**)30 g (72%)，mp 133~135℃。

将 30.0 g (0.11 mol)**I** 和 36.0 g(0.60 mol)活性铜在 80 mL DMF 中回流 15 h，补加 100 mL DMF，加热回流，趁热过滤，将滤液冷却到室温，滤出固体，在 180℃减压升华，得 2,2′-二甲氧基-4,4′-二硝基联苯(**II**)11.8 g(69%)黄色结晶，mp 258~260℃。

将 30.4 g (0.100 mol)**II** 和 300 g 吡啶盐酸盐在 220℃搅拌溶解后倒入 500 mL 水中,滤出沉淀,用甲醇重结晶，得 2,2′-二羟基-4,4′-二硝基联苯(**III**)22.9 g(83%)黄色产物 **III**，mp 259~261℃。

0℃下在 1h 内将 3.66 g (0.0350 mol)甲基丙烯酰氯在 30 mLTHF 中的溶液滴加到由 4.83 g (0.0175 mol)**III**，3.54 g (0.0350mol)三乙胺和 150 mLTHF 组成的溶液中，搅拌 1 h 后再在室温搅拌 2 h，除去 THF。将残留物溶于 100 mL 二氯甲烷中，用 0.1 N NaOH 洗 3 次，饱和食盐水洗一次，在硫酸钠上干燥过夜，过滤，除去溶剂，得黄色固体，从甲醇中重结晶，得 **IV** 5.8g (80%)黄色结晶，mp 153~155℃。

将 4.1 g (0.010 mol)**IV** 溶于 40 mL 异丙醇和 10 mL 水中，一次加入 0.3 mL 盐酸和铁粉(325 目)。反应自动放热到回流。30 min 后再加入 0.5 mL 盐酸和 5.59 g (0.100 mol)铁粉，在 70℃

搅拌 3 h，趁热过滤，滤液浓缩，残留物用二氯甲烷萃取，萃取液用 0.1 N NaOH 和饱和食盐水洗涤，在硫酸镁上干燥，减压除去二氯甲烷，得到黄色产物，在异丙醇中重结晶，得 **V** 2.4 g (68%)，mp 153~155℃。

〖198〗2,2′-双[4-(3,4,5-三正戊氧基)苯甲酰氧基]-4,4′-联苯胺

2,2′-Bis{4-[3,4,5-tris (*n*-pentan-1-yloxy)benzoate]}-4,4′-biphenyldiamine[45,128]

将 27.0 g (0.180 mol) 1-溴戊烷溶于 250 mL DMF 中，氮气下加入 51.0 g(0.360 mol)碳酸钾和 11.1 g(0.0600 mol)3,4,5-三羟基苯甲酸甲酯，混合物在 70℃搅拌 12 h 后冷至室温，过滤，滤液用 400 mL 乙醚稀释后转移到分液漏斗中，依次用 500 mL 水洗涤 3 次，稀盐酸洗涤 1 次，200 mL 水洗涤 1 次，再用 50 mL 饱和 NaCl 溶液洗涤 1 次。分出有机相，在硫酸镁上干燥，过滤后减压蒸出溶剂，残留的液体通过短的碱性氧化铝柱，用二氯甲烷作为淋洗剂，得到 3,4,5-三正戊氧基苯甲酸甲酯(**I**)无色液体 18.2 g (77%)。

将 6.1 g (0.015 mol)**I** 和 5.8 g (0.10 mol)KOH 加到 50 mL 95%乙醇中，加热回流搅拌 2 h 后冷却到室温。溶液用稀盐酸酸化后加入到 100 mL 水中，滤出白色固体产物，得 3,4,5-三正戊氧基苯甲酸(**II**)5.4 g (95%)，mp 46~48℃。

将 200 mL 浓硫酸缓慢加入到由 100.8 g (0.30 mol)2-甲氧基-4-硝基苯胺和 400 mL 水组成的混合物中。加热到所有固体溶解后冷却到 0℃，滴加入 49.2 g (0.720 mol)亚硝酸钠在 160 mL 水中的溶液，反应保持在 0~5℃。加完后再在 0℃搅拌 30 min，然后过滤，滤液加入到剧烈搅拌的 199.2 g (1.20 mol)碘化钾在 2000 mL 水中的溶液。过滤，依次用稀的亚硫酸钠水溶液和水洗涤。产物从丙酮/甲醇中重结晶，得 4-碘代-3-甲氧基硝基苯(**III**)褐色固体 128.0 g (77%)，mp 133~135℃。

将 33.4 g(0.120 mol) 4-碘代-3-甲氧基硝基苯和 38.1 g(0.60 mol)活性铜加到 80 mL DMF 中，加热回流 16 h，再加入 DMF 80 mL，加热至回流，趁热过滤，滤液在−10℃存放过夜，

滤出固体，用甲醇洗涤得 2,2'-二甲氧基-4,4'-二硝基联苯(IV)黄色结晶 10.8 g (61%)，mp 255~257℃。

将 10.0 g(0.0333 mol) IV 和 100 g 吡啶盐酸盐在 210℃搅拌 2 h，然后倒入 800 mL 水中，滤出固体，从丙酮/水中重结晶，得 4,4'-二硝基-2,2'-联苯二酚(V)黄色固体 8.24 g (90%)，mp 254~255℃。

将 0.80 g (3.0 mmol)V, 2.28 g (6.0 mmol)II, 1.24 g (6.0 mmol)DCC 和 0.22 g 4-二甲氨基吡啶在 50 mL 二氯甲烷中室温搅拌 24 h。滤出沉淀，将二氯甲烷蒸出，残留物分散在 50 mL 己烷中，过滤，滤液减压蒸发至干，加入 25 mLTHF，将溶液倒入 200 mL 水中，用盐酸酸化，搅拌 24 h，加入二氯甲烷 75 mL，分出有机层，在硫酸镁上干燥，蒸出溶剂，固体从乙醇重结晶，得白色固体 VI 2.3 g (77%)，mp 77~78℃。

将 5.5 g VI(5.5 mmol)和 0.70 g 5%Pd/C 加到 150 g 己烷中，反应瓶冲氢 3 次，在 0.12 MPa 氢压下室温搅拌 12 h，过滤，滤饼用己烷洗涤，滤液减压蒸发至干，所得到的黄色残留物从乙醇/水中重结晶(在冷冻箱放置)，得到 VII 黄色结晶 4.20 g (76%)，mp 90~92℃。

〖199〗2,2'-双[4-(3,4,5-三正辛氧基)苯甲酰氧基] -4,4'-联苯胺

2,2'-Bis{4-[3,4,5-tris (*n*-octan-l-yloxy)benzoate]}-4,4'-biphenyldiamine[128]

以溴辛烷按〖198〗方法合成。

I: 收率 83%，液体；

II: 收率 96%，mp 59~61℃；

VI: 收率 77%，从乙醇重结晶，mp 49~51℃；

VII: 收率 89%，从乙醇/水重结晶，mp 88~89℃。

〖200〗2,2'-双[4-(3,4,5-三正癸氧基)苯甲酰氧基] -4,4'-联苯胺

2,2'-Bis{4-[3,4,5-tris (*n*-decan-l-yloxy)benzoate]}-4,4'-biphenyldiamine[128]

以溴癸烷按〖198〗方法合成。

I: 收率 82%，从乙醇重结晶，mp 28~29℃；

II: 收率 93%，mp 52~53℃；

VI: 收率 90%，从丙酮重结晶，mp 32~34℃；

VII: 收率 91%，从乙醇重结晶，mp 52℃。

〖201〗2,2′-双{4-[3,4,5-三(十二烷氧基)]苯甲酰氧基}-4,4′-联苯胺

2,2′-Bis{4-[3,4,5-tris (*n*-dodecan-l-yloxy)benzoate]}-4,4′-biphenyldiamine[128]

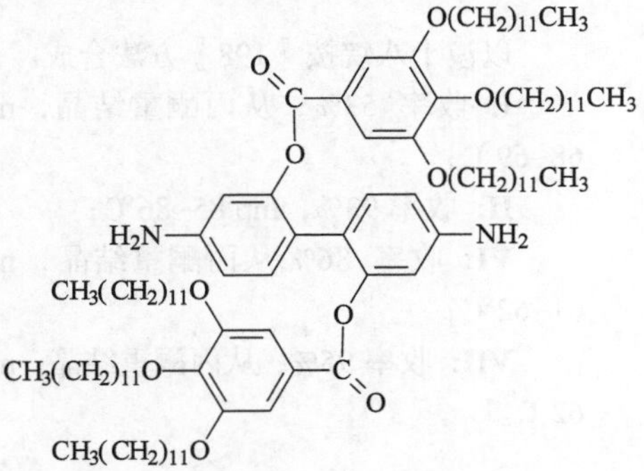

以溴十二烷按〖198〗方法合成。

I: 收率 86%，mp 从丙酮重结晶，mp 42~44℃；

II: 收率90%，mp 59~60℃；

VI: 收率 91%，从丙酮重结晶，mp 58~59℃；

VII: 收率 71%，从丙酮重结晶，mp −14，44℃。

〖202〗2,2′-双{4-[3,4,5-三(十四烷氧基)]苯甲酰氧基}-4,4′-联苯胺

2,2′-Bis{4-[3,4,5-tris (*n*-tetradecan-l-yloxy)benzoate]}-4,4′-biphenyldiamine[128]

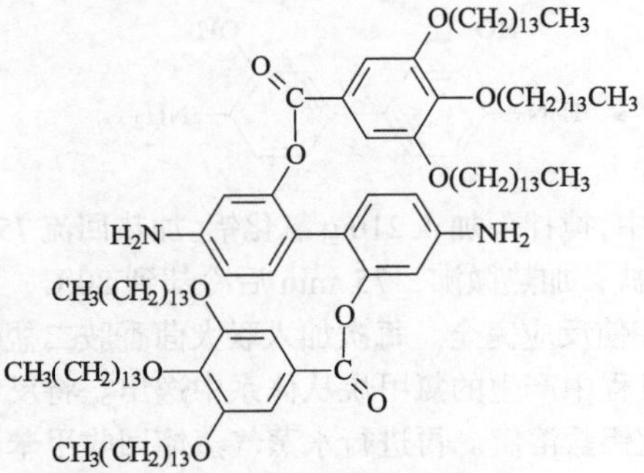

以溴十四烷按〖198〗方法合成。

I: 收率 75%，从丙酮重结晶，mp 54~55℃；

II: 收率96%，mp 74~76℃；

VI: 收率 86%，从丙酮重结晶，mp 66~68℃；

VII: 收率 95%，从丙酮重结晶，mp 35，55℃。

〖203〗2,2′-双{4-[3,4,5-三(十六烷氧基)]苯甲酰氧基}-4,4′-联苯胺

2,2′-Bis{4-[3,4,5-tris (*n*-hexadecan-l-yloxy)benzoate]}-4,4′-biphenyldiamine[128]

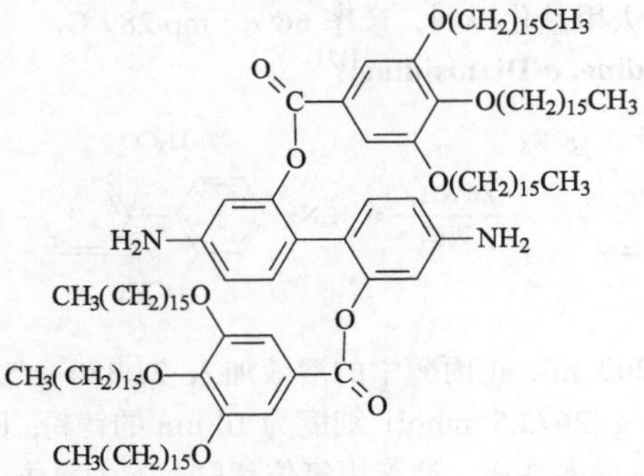

以溴十六烷按〖198〗方法合成。

I: 收率86%,从丙酮重结晶，mp 63~64℃；

II: 收率95%，mp 78~80℃；

VI: 收率 88%，从丙酮重结晶，mp 77~79℃；

VII: 收率 95%，从丙酮重结晶，mp 59℃。

〖204〗2,2′-双{4-[3,4,5-三(十八烷氧基)]苯甲酰氧基} -4,4′-联苯胺

2,2′-Bis{4-[3,4,5-tris (*n*-octadecan-l-yloxy)benzoate]}-4,4′-biphenyldiamine[128]

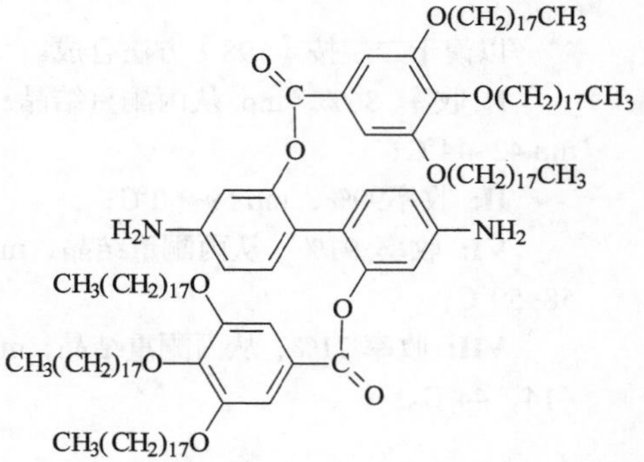

以溴十八烷按〖198〗方法合成。

I: 收率 53%，从丙酮重结晶，mp 68~69℃；

II: 收率 93%，mp 85~86℃；

VI: 收率 86%，从丙酮重结晶，mp 61~62℃；

VII: 收率 95%，从丙酮重结晶，mp 62℃。

〖205〗3,3′-二羟基联苯胺　3,3′-Dihydroxylbenzidine

①氯化铝法[129]

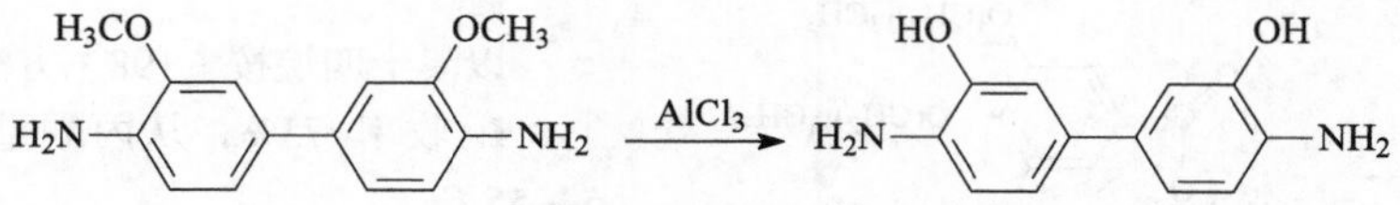

　　将 50 g 联大茴香胺二盐酸盐加到 330 g 甲苯中，搅拌下加入 210 g 氯化铝。加热回流 75 min 后冷却到 80℃。再加入 25 g 联大茴香胺二盐酸盐，加热微沸，75 min 后冷却到 80℃，再加入 25 g 联大茴香胺二盐酸盐，混合物再回流 2h 使反应完全。每次加入联大茴香胺二盐酸盐前的降温是为了使反应不致过于激烈。在反应过程中产生的氯甲烷从体系中逸出。将反应物冷却后倒入水中，将络合物水解。加入盐酸，使铝盐溶解。再进行水蒸气蒸馏回收甲苯。去尽甲苯后，加入硫酸钠，使二羟基联苯胺以硫酸盐形式沉淀。过滤，干燥，产率为 95%，收率为 82%。

②氢碘酸法[130]

　　由联大茴香胺〖206〗在 52%氢碘酸作用下去甲基化得到，产率 66%，mp 289℃。

〖206〗联大茴香胺 2,2′-Bis(methoxy)benzidine, *o*-Dianisidine[131]

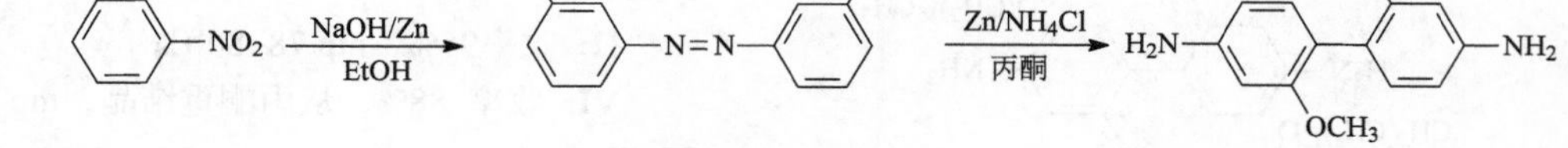

　　将 16.382 g(106.9 mmol)3-硝基苯甲醚在 200 mL 正丙醇中的溶液加入 21.380 g(534.5 mmol)NaOH 在 20 mL 水的溶液中，加入 17.470 g (267.25 mmol) 细度为 10 μm 的锌粉，回流 1 天。热滤(滤瓶中先装有 500 mL 水)，滤饼用正丙醇洗涤，滤液用氯仿萃取，除去氯仿，得到淡黄色油状产物 10.227 g(78%)。将 10.277 g(41.9 mmol)偶氮化合物在干燥氮气保护下溶解

在 200 mL 乙醇中，缓慢加入 65 mL 浓盐酸和 95% 乙醇(1∶1)的混合物，加完后撤去冰浴，在室温搅拌，到得到白色沉淀。滤出沉淀的二胺盐，溶于水中，用浓 NaOH 溶液碱化。将得到的二胺滤出，用水洗涤数次，在 50℃真空干燥。滤液中的二胺用氯仿萃取回收，得到的联大茴香胺可以升华提纯，得 4.3 g(42.0%)，mp 137~138℃。

〚207〛联大回香胺 o-Dianisidine

商品。

〚208〛2,2′-二(三氟甲氧基) 4,4′-联苯胺

4,4′-Diamino-2,2′-bis(trifluoromethoxy) biphenyl[132]

将 150 g (1.08 mol)3-硝基苯酚和 380 g (2.47 mol)CCl₄加到高压釜中，在干冰浴中冷却，抽真空后加入 400 g HF 和 15 g 三氟化硼，在 130℃剧烈搅拌 12 h 后冷却到室温，卸压，将反应物转移到聚乙烯容器中，用二氯甲烷稀释后用粉末状无水 KF 处理以吸收过量的 HF。过滤，滤液浓缩得到黑色油状物，减压蒸馏，取 75℃/1mmHg，得到 3-三氟甲氧基硝基苯淡黄色油状物 217 g (97%)。

氮气下将 1.2 L DMSO 用冰浴冷却，在 18~20℃下缓慢加入 58.6 g (1.55 mol)硼氢化钠。搅拌中在 0.25 h 内加入 161.5 g (0.78 mol)3-(三氟甲氧基)硝基苯。撤去冷浴，让反应物由于放热而升温到 55℃。将混合物加热到 105℃保持 5min 后冷至室温，用 1 L 二氯甲烷和 1.5 L 水稀释，在冰浴中冷却到 10℃，缓慢加入 200 mL 浓盐酸(当心发泡)。分出有机层，用 1 L 水洗涤，在无水硫酸镁上干燥，过滤，浓缩，得到 3,3′-二(三氟甲氧基)二苯基联胺 134.8 g 橙色油状物。

将 40.4 g 油状物在 50 mL 乙醚中的溶液加到 0℃的 400 mL 6N 盐酸、10 g 氯化亚锡水合物和 100 mL 乙醚的混合物中。混合物在 0℃搅拌 30 min 后在 2.5 h 内加入 850 mL 浓盐酸，室温搅拌过夜。将得到的混合物冷却到 10℃过滤，固体用 500 mL 6 N NaOH 和 1 L 乙醚处理，醚液用无水硫酸镁干燥，浓缩后得到 29.8 g 油状产物。减压蒸馏，在 70~140℃/0.3 mmHg 得到 3.5 g 前馏分(大部分为 3-(三氟甲氧基)苯胺)，然后取 140~155℃/ 0.1 mmHg 馏分得到 25.5 g 产物。将该产物与 200 mL 6 N 盐酸加热至沸，再加入 1.5 L 水至开始出现沉淀，加入助滤剂，趁热过滤，滤液冷却到室温，滤出白色固体，用 6 N 盐酸洗涤。该盐用 NaOH 溶液处理，再用乙醚萃取，得到油状物 23.5 g(57%)，该产物用刮勺刮擦并放置，可以诱导结晶，2,2′-二(三氟甲氧基) 4,4′-联苯胺 mp 67.5~68℃。

〖209〗3,3′-二氨基-6,6′-二(三氟甲氧基)联苯

3,3′-Diamino-6,6′-bis (trifluoromethoxy) biphenyl[109]

在含有 80.9 g 碘的 440 mL 发烟硫酸中加入 86.89 g 对硝基三氟甲氧基苯,缓慢加热到 50 ℃ 反应 2 h。处理方法如〖182〗,只是改用乙醚萃取,得浅褐色液体 **I** 129.27 g(92.4%)。

由 128 g(0.38 mol)**I**,80 mL DMF,60.98 g(0.96 mol)活性铜得 3,3′-硝基-6,6′-二(三氟甲氧基)联苯(**II**) 63.65 g(80%),由甲苯/己烷中重结晶,得黄铜色产物,mp 126.5~127.5℃。二硝基物用钯黑催化氢化收率为 99%,褐色粗产物 mp 92~94℃,经"泡对泡"蒸馏得近乎无色液体 3,3′-氨基-6,6′-二(三氟甲氧基)联苯,放置固化,mp 94.5~95.5℃。

〖210〗2,2′-二(1,1,2,2-四氟乙氧基)-4,4′-联苯胺

4,4′-Diamino-2,2′-bis (1,1,2,2-tetrafluoro ethoxy)biphenyl[132]

将 200 g (0.84 mol) 3-(1,1,2,2-四氟乙氧基)硝基苯与 100 g(2.64 mol)硼氢化钠在 1.2 L DMSO 中反应如〖208〗,得到 171.8 g 中间化合物。将该产物在 250 mL 乙醚中的溶液滴加到在冰浴中冷却的 500 mL 浓盐酸、125 g 氯化亚锡、250 mL 乙醚及 250 mL 二氯甲烷的混合物中。再加入 500 mL 浓盐酸,在室温搅拌过夜。从混合物中蒸去有机溶剂,滤出白色固体,在 300 mL 二氯甲烷和 300 mL10%NaOH 中搅拌。分出有机层,在无水硫酸镁上干燥,浓缩,得到深色油状物。减压蒸馏,取 180~185℃/0.5 mmHg 馏分,得 151.4 g 油状物。由 NMR 测定大约 67% 为目标产物联苯胺(**I**),33% 为异构体(**II**)。将混合物溶于 1 L 二氯甲烷中,用氯化氢饱和,滤出沉淀,再在乙醚和 10%NaOH 中搅拌转变为二胺,醚液用硫酸镁干燥,浓缩,如此处理重复 2 次,再进行减压蒸馏,取 150℃/0.2 mmHg,得 **I** 95.8 g(55%)。

〖211〗2,2′-二(2-七氟丙氧基)-1,1,2-三氟乙氧基-4,4′-联苯胺

4,4′-Diamino-2,2′-bis [2-(heptafluoropropoxy) -1,1,2-trifluoroethoxy]biphenyl[132]

将 5 g (0.045 mol)特丁醇钾在 15℃下加到 106 g (0.76 mol) 3-硝基苯酚在 700 mL DMF 的溶液中,室温搅拌 10 min。在 2h 内滴加 242 g (0.91 mol)全氟丙基乙烯基醚,放热升温至 30℃,搅拌过夜,倒入含有 10 mL 浓盐酸的 3 L 冰水中,水层用二氯甲烷萃取,有机层用水洗涤后在无水硫酸镁上干燥,浓缩后进行减压蒸馏,取 83~91℃/0.5 mmHg,得 3-[2-(七氟丙氧基)-1,1,2-三氟乙氧基]硝基苯(I)油状产物 285 g(93%)。

将 225.7 g (0.557 mol) I 与 66.20 g(1.75 mol)硼氢化钠在 DMSO 中反应如〖208〗,得到 191.1 g 中间化合物 II。在–4℃下,将 65.1 g 该产物在 75 mL 二氯甲烷和 50mL 乙醚中的溶液滴加到 400 mL 浓盐酸和 40 g 氯化亚锡的溶液中,再加入 50 mL 二氯甲烷,混合物在室温搅拌过夜。在 35℃浓缩以除去有机溶剂,从胶状物上倾去水溶液。用水淋洗胶状产物,然后在 1 L 乙醚和 500 mL10%KOH 溶液中搅拌,水相用氯化铵饱和,分出醚层,在硫酸镁上干燥,浓缩后得深色油状物 63.15 g。将该油状物减压蒸馏,在 140℃/0.3 mmHg 得馏头 6.0 g 3-[2-(七氟丙氧基)-1,1,2-三氟乙氧基]-苯胺。在 149~163℃/0.3 mmHg 得 53.9 g 产物。从 NMR 测得主馏分为联苯胺异构体的混合物。将该产物进行柱层析(6×34 cm),先用 5.7 L 5%乙酸乙酯在己烷中的溶液为淋洗剂,再用 2.6 L10%乙酸乙酯在己烷中的溶液为淋洗剂,从 5%乙酸乙酯淋洗剂得到 19.8 g 油状产物,从 NMR 鉴定结构为 2,2′-二氨基-4,4′-双[2-(七氟丙氧基)-1,1,2-三氟乙氧基联苯(IV)。从 10%乙酸乙酯淋洗剂得到 15.9 g 产物,将其减压蒸馏取 150~160℃/0.3 mmHg,得产物(III)。

二胺也可以由异构体的混合物以盐酸盐形态从二氯甲烷中重结晶分离。例如将 182.4 g 异构体混合物溶于 500 mL 二氯甲烷中,通入干燥氯化氢,滤出固体,转变为游离胺,再经减压蒸馏,得 33.8 g 纯产物。

〖212〗2,2′-双[4-(3,4,5-三正丁氧基)苯氧基] -4,4′-联苯胺

2,2′-Bis{4-[3,4,5-tris(*n*-butyloxy) phenoxy]}-4,4′-biphenyldiamine[133]

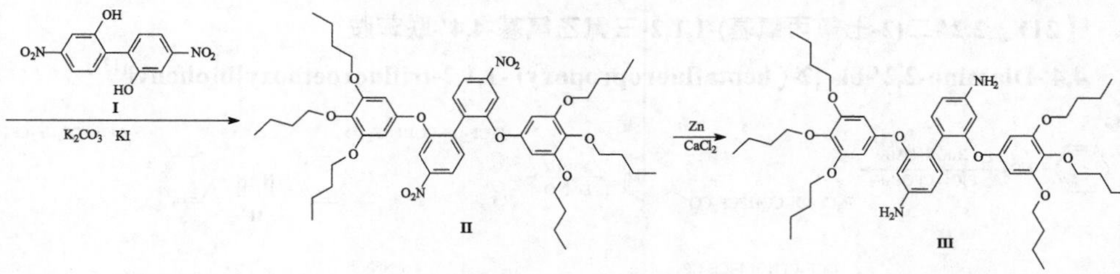

将 2.60 g(8.0 mmol)3,4,5-三丁氧基苄醇[由 3,4,5-三丁氧基苯甲酸甲酯(见〖198〗)用氢化锂铝还原得到]溶于 50 mL 二氯甲烷中,加入 0.82 mL(11.2 mmol)SOCl₂ 和 5 mL DMF,回流 15 min 后去除溶剂。将产物溶于乙醚,用 NaHCO₃ 水溶液和水各洗 2 次,有机层在硫酸镁上干燥,蒸出溶剂后得到油状 G1-CH₂Cl 2.5 g(91%)。

将 1.0 mmol G1-CH₂Cl, 0.5 mmol I(见〖198〗), 10 mmol K₂CO₃ 及催化量的 KI 在 30 mL 丙酮中加热回流 24~48 h, 除去丙酮, 加入水, 用乙醚萃取, 合并后用硫酸镁干燥, 去除溶剂, 粗产物从石油醚重结晶, 得 II 黄色粉末, 收率82%, mp 116~118℃。

将 1.0 mmol II 用 53 mmol 锌粉和 1.26 mmol 氯化钙在 30 mL78%乙醇中回流 2 h, 过滤, 用乙醚洗涤, 硫酸镁干燥, 粗产物经硅胶柱层析(石油醚/乙酸乙酯, 4∶1), 得 III, 收率 45%。

〖213〗2,2′-双[4-(3,4,5-三正丁氧基)苯氧基]-4,4′-联苯胺的第二代化合物[133]

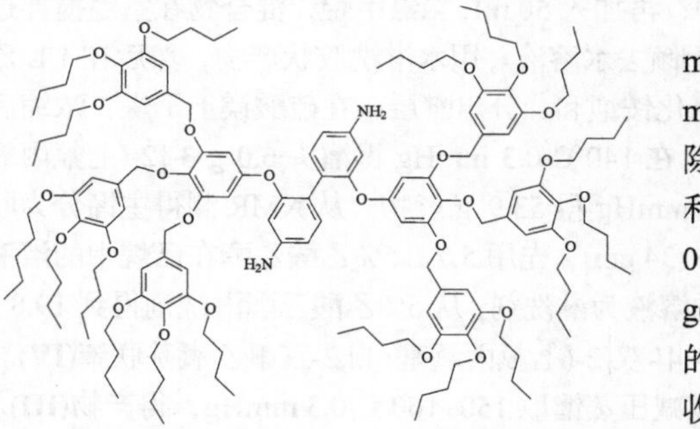

将 9.8 g(29mmol) G1-CH₂Cl, 1.9 g (10 mmol)3,4,5-三羟基甲酸甲酯和 30 g(220 mmol)K₂CO₃ 在 150 mLDMF 中 65℃反应 3 h。除去溶剂, 将粗产物溶于乙醚中, 用稀盐酸和水洗涤, 硫酸镁干燥后除去溶剂, 产物从 0℃丙酮中重结晶, 得蜡状 G2-COOMe 7.4 g(65%), mp 61~63℃。再按〖212〗方法得到的 G2-CH₂Cl 合成。二硝基物从乙醇重结晶, 收率 78%, mp 99~101℃; 二胺收率 20%。

〖214〗3,3′-双(4′-氟-4-芪氧基己氧基)-4,4′-二氨基联苯

3,3′-Bis[4′-fluoro-4-stilbenyl (oxyhexyloxy)biphenyl]-4,4′-diamine[134]

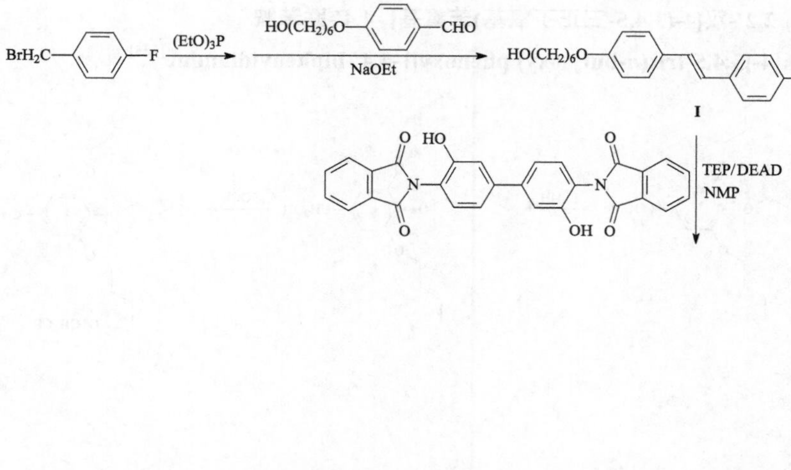

将 1.89 g(10 mmol)4-氟苄基溴和 1.66 g (10 mmol)亚磷酸三乙酯在氮气下加热到 150℃，蒸出产生的溴乙烷。将残余物溶于干燥的 DMF 中，加入 2.22 g (10 mmol)4-(6-羟基己氧基)苯甲醛。将该溶液在 0℃下 40 min 内滴加入溶有 1.36 g (20 mmol)乙醇钠的 50 mL 无水 DMF 中。加完后在室温搅拌 12 h，然后倒入 400 mL 水中，并用 5 mL 浓盐酸酸化，滤出白色沉淀，用水充分洗涤到中性，从乙醇中重结晶，4′-氟-4-(6-羟基己氧基)芪(**I**)的收率 90%，mp 138℃。

将 1.19 g (2.5 mmol)3,3′-二羟基联苯胺的二酞酰亚胺溶解在 50 mL 无水 NMP 中，加入 3.28g (12.5 mmol)亚磷酸三乙酯(TEP)后在 0℃滴加入 1.97 g (12.5 mmol)DEAD 在 5 mL NMP 中的溶液。升温至室温，一次加入溶于 10 mL NMP 中的 1.89 g (6 mmol)**I**。室温搅拌 3 天，在 500 mL 甲醇中沉淀，过滤，用热乙醇洗涤，由氯仿/甲醇(1∶1)中重结晶，**II** 的产率 80%，mp 225℃。

将 2.35 g (2.2 mmol) **II** 溶于 50 mL THF 中，加热回流。滴加入 20 mL 水合肼，回流 2 h。冷却到室温，倒入水中分出有机相，真空蒸发，滤出白色酞酰肼，将滤液蒸发至干，从氯仿/甲醇(1∶1)中重结晶，**III** 的产率 88%，mp 171℃。

【215】3,3′-双(4′-氟-4-芪氧基十一烷氧基)-4,4′-二氨基联苯

3,3′-Bis[4′-fluoro-4- stilbenyl (oxyundecyloxy)biphenyl]-4,4′-diamine[135]

以 4-(6-羟基十一烷氧基)苯甲醛代替 4-(6-羟基己氧基)苯甲醛按【214】的方法合成。

I：产率84%，mp 134℃；

III：产率 86%，mp131℃。

【216】3,3′-二苯氧基联苯胺　**3,3′- Diphenoxybenzidine**[68]

① 由联苯胺反应得到

将 18.0 g(0.19 mol)苯酚与 8.2 g(0.15 mol) KOH 加热至 135℃，形成深色液体。冷却到 100℃,加入一半量的 0.20 g 铜粉和 25.0 g (0.1 mol)间碘硝基苯。剧烈搅拌,迅速升温至 160℃,

这时 KI 开始析出。冷却至 110℃，再加入另一半量的铜粉和间碘硝基苯。加热至 160℃，继续反应 30~40 min 后冷却到 110℃，倒入由 10 g NaOH 和 300 mL 水组成的冰冷溶液中，滤去不溶物，滤液用 5×100 mL 苯萃取，萃取液用硫酸镁干燥，过滤，滤液除去溶剂后真空蒸馏，得到 3-硝基二苯醚(**I**)14.0 (65%)亮黄色黏稠物，bp 138~140℃/0.2 mmHg。

在 9.1 g(0.16 mol) KOH 的 160 mL 无水乙醇溶液中加入 **I**，回流 2 h，除去 50 mL 溶剂，加入 350 mL 水，在冰箱中过夜后滤出褐色沉淀，用水及石油醚洗涤，空气干燥。将得到的粗产物溶于 100 mL 苯中，用硫酸镁干燥，过滤后，除苯至半干，加入 20 mL 甲醇和 30 mL 石油醚。将溶剂蒸发至形成沉淀，过滤，用石油醚洗涤，室温真空干燥 24 h，得 **II** 5.0 g(56%)。

将 23.6 g (0.105 mol) SnCl$_2$·H$_2$O 溶于 75 mL 浓盐酸中，分批加入 5.0 g (0.013 mol)**II** 在 100 mL 乙醚中的溶液，反应物变成黑色，室温搅拌 4 天，反应物变成亮褐色。将乙醚蒸出，黏稠物用 5×60mL 20%乙醇/水溶液萃取，过滤，滤液在 0℃用氢氧化铵处理，得白色沉淀。过滤，用水洗涤后空气干燥 48 h，得 4.1 g 灰色固体。将 3.0 g 粗二胺在 80℃溶于 380 mL 2.5 N HCl 中，过滤，将滤液用冰浴冷却，缓慢加入 50 mL 浓盐酸，滤出白色结晶，用乙醚洗涤，在 55℃真空干燥 24 h，将盐酸盐用氨水处理，得 **III** 0.88 g。

②从 3,3′-二氯联苯胺得到

在 2 h 内将 386 mL 三氟乙酐滴加到由 1500 mL CH$_2$Cl$_2$ 和 90 mL 90%H$_2$O$_2$ 组成的混合物中。温度保持在<10℃，以每份 5 g 量加入 69.0 g (0.273 mol)3,3′-二氯联苯胺〖221〗，搅拌 1 h，滤出黄色沉淀，沉淀用水洗涤。将滤液浓缩至 1/4，滤出产物用水洗涤。将粗产物合并，空气干燥 24 h，从丙酮/水(2∶1)重结晶，得 3,3′-二氯-4,4′-二硝基苯(**II**) 6.10 g(72%)，mp 221~222℃。

氮气下将 36.0 mmol 苯酚和 38.0 mmol 甲醇钾加入到 30 mL DMSO 中，40℃搅拌 1 h。将此溶液在 1 h 内滴加到 11.0 mmol **II** 在 40 mL 干燥 DMSO 的溶液中。在 60℃搅拌 2.5 h，倒入 700 mL 1 N NaOH 中，滤出沉淀，用 200 mL 水洗涤后溶于 200 mL 二氯甲烷中，硫酸镁干燥，去溶剂后放置结晶。再从乙酸乙酯/己烷(1∶5)重结晶，得淡橙色 **III**，收率 70.5%，mp 158~159℃。

将 7.94 mmol **III**，0.3 g 10%Pd/C 和 2.5 g MgSO$_4$ 加到 100 mL 脱气的乙酸乙酯中，在 0.35 MPa 氢气压力下搅拌 18 h 后过滤，将滤液蒸发至一半体积，加入 75 mL 己烷，冷却后在氮气下过滤，得产物 2.72 g。从庚烷/二氯甲烷(10∶1)重结晶，得 **IV**，收率 78.0%，mp 126.0~126.6℃。

〖217〗3,3′-二苯氧基联苯胺　3,3′- Diphenoxybenzidine[136]

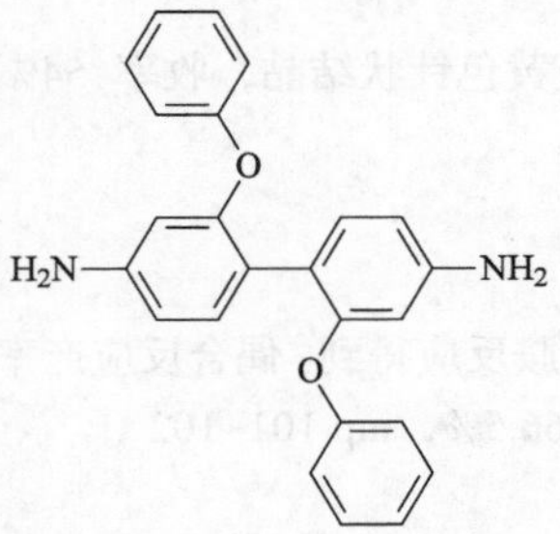

由间硝基二苯醚以联苯胺反应得到。

〖218〗3,3′-二[(3-苯氧基)苯氧基]联苯胺　3,3′- Di[(3-phenoxy)phenoxy]benzidine[68]

① 由联苯胺反应得到

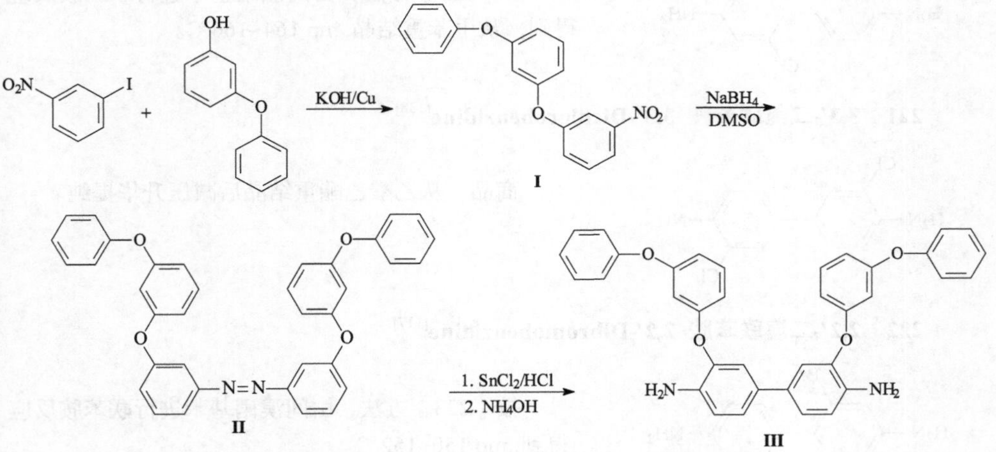

将 5.6 g(0.1 mol)KOH，28.0 g(0.15 mol)间苯氧基苯酚，0.1 g 铜粉和 18.7 g(0.75 mol)间碘代硝基苯按〖216〗方法得到 16.0 g 黄色黏稠物 I，bp 199~201℃/0.2 mmHg，，在室温下放置固化。

在 18.4 g(0.487 mol)NaBH₄ 与 100 mL DMSO 的混合物中加入 25.0 g(0.081 mol) I 在 100 mL DMSO 中的溶液，搅拌 30 min，加料时有放热现象。15 min 后反应物由奶黄色转变为红褐色。加入 500 mL 二氯甲烷，用 200 mL 10%HCl 和 300 mL 水洗涤，在硫酸镁上干燥，去溶剂后得到暗橙色油状物，50℃真空干燥，得 II 22.7 g(98%)。

将 26.85 g(0.142 mol)氯化亚锡，加到 250 mL 浓盐酸中，在 1 h 内滴加入 10.0 g(18.16 mmol) II 在 150 mL 二氯甲烷中的溶液，生成粉红色沉淀，搅拌过夜，除去二氯甲烷，过滤，用 3×100 mL 浓盐酸洗涤，在 40℃真空干燥过夜。粗二胺盐酸盐在 200 mL 1 N KOH 的乙醇溶液中搅拌，得到游离二胺。该碱性水溶液用二氯甲烷萃取，真空浓缩，得 9.0 g 淡褐色油状物。用硅胶柱层析(己烷/乙酸乙酯，9∶1)，从第二组分得 3.3 g(31%)油状物。将该油状物溶于 100 mL 浓盐酸/乙醇(1∶1)混合物中，加入浓盐酸至略显浑浊，加热溶解后缓慢冷却，将得到的沉淀滤出，干燥。盐酸盐用氨水处理，得到二胺 **III** 白色固体 2.98 g(30%)。

②从 3,3′-二氯联苯胺得到

以间苯氧基苯酚代替苯酚，按〖216〗②方法合成。**III**：淡黄色针状结晶，收率 54%，mp 118.5~119.5℃。**IV**：收率 75.9%，mp 136~137℃。

〖219〗2,2′-二氟联苯胺 2,2′-Difluorobenzidine[115]

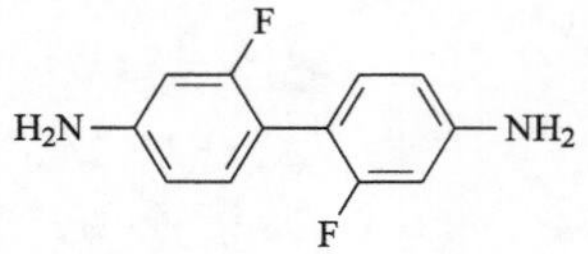

由间氟硝基苯以联苯胺反应得到：偶合反应产率 69.7%，联苯胺重排产率 66.5%，mp 101~102℃。

〖220〗2,2′-二氯联苯胺 2,2′-Dichlorobenzidine[137]

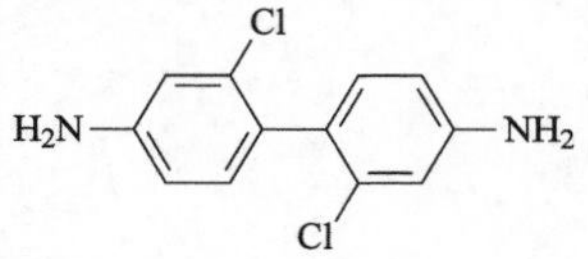

按〖223〗方法，由间氯硝基苯进行联苯胺反应得到，从甲苯重结晶, mp 164~166℃。

〖221〗3,3′-二氯联苯胺 3,3′-Dichlorobenzidine[138]

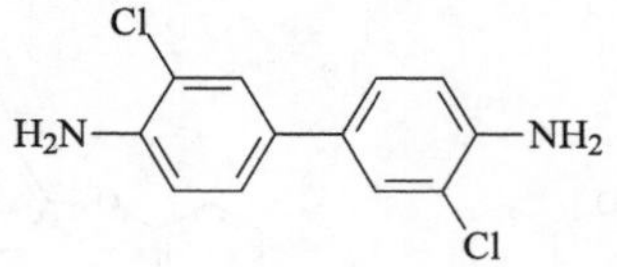

商品，从乙酸乙酯重结晶后减压升华提纯。

〖222〗2,2′-二溴联苯胺 2,2′-Dibromobenzidine[117]

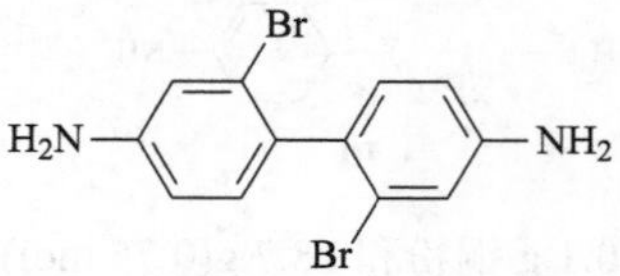

按〖223〗方法，由间溴硝基苯进行联苯胺反应得到, mp 150~152℃。

〖223〗2,2′-二碘联苯胺 2,2′-Diiodobenzidine[139]

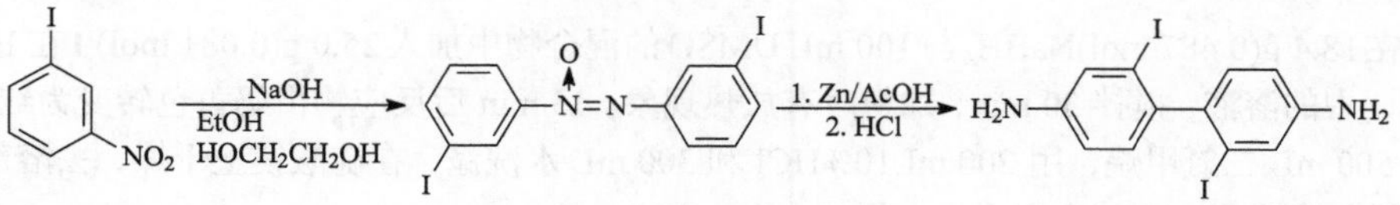

将 172 g NaOH 溶解在 500 mL 乙醇中，70℃下加入 600 mL 乙二醇和 100 g 间碘代硝基苯，回流 2 h 后倒入 4 L 冰水中，搅拌 30 min，滤出褐色固体，水洗，干燥，得氧化偶氮化合物，产率 75%~80%。

将 10 g 氧化偶氮化合物溶于 5 0mLTHF 中，加入 70 mL 冰乙酸。5.1 g 锌粉的加入速度使反应温度控制在 40℃以下。15 min 内再加入 10 mL 85%磷酸，保持温度在 50℃以下，搅拌 30 min，颜色变浅，用 150 mL 水稀释后再用 2×75 mL 二氯甲烷萃取，将有机层过滤，除去锌粉后，在 20 min 内将滤液加入到 30 mL 冷到−5℃的浓盐酸中，温度保持在 0℃以下。然后过滤，将固体溶于 500 mL 热水中，再过滤，用氨水中和，滤出二胺沉淀，干燥后从甲苯重结晶，产率 40%，mp 167~168℃。

〖224〗3,3'-二巯基联苯胺　3,3'-Dimercaptobenzidine[140]

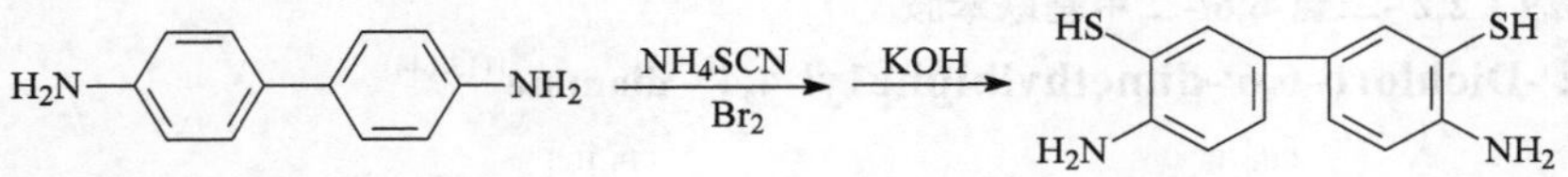

将联苯胺在溴存在下与硫氰酸铵反应，然后用 KOH 进行碱性水解，得到 3,3'-二巯基联苯胺，从盐酸重结晶，收率 72%，mp 287℃。

2.5.4　多取代联苯胺

〖225〗3,5,3',5'-四甲基联苯胺　3,5,3',5'-Tetramehylbenzidine[141]

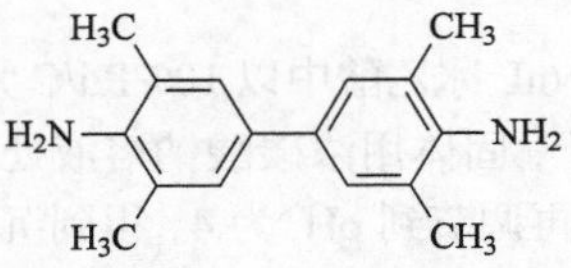

由 2,6-二甲基硝基苯进行联苯胺反应得到。

〖226〗2,6,2',6'-四甲基联苯胺　2,6,2',6'-Tetramehylbenzidine[131]

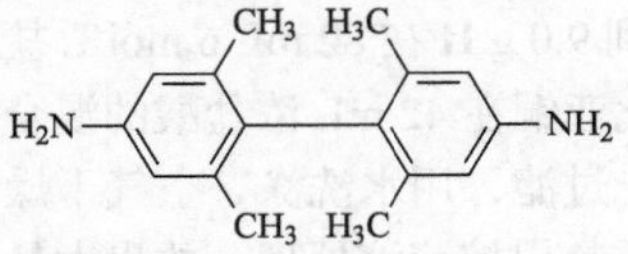

由 3,5-二甲基硝基苯进行联苯胺反应得到，mp 167~168℃。

〖227〗3,3'-二甲基-5,5'-二异丙基联苯胺　3,3'-Dimethyl-5,5'-diisopropylbenzidine[142]

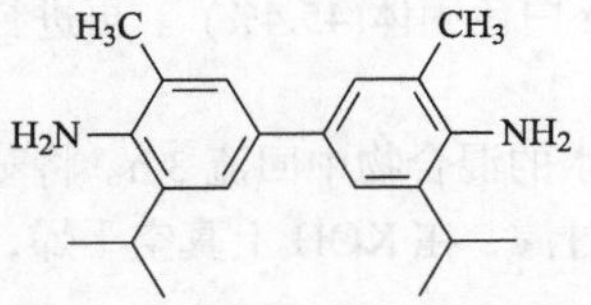

由 2-甲基-6-异丁基硝基苯进行联苯胺反应得到。

〖228〗4,4'-二氨基联萘　4,4'-Diamino-1, 1'-Binaphthyl[31]

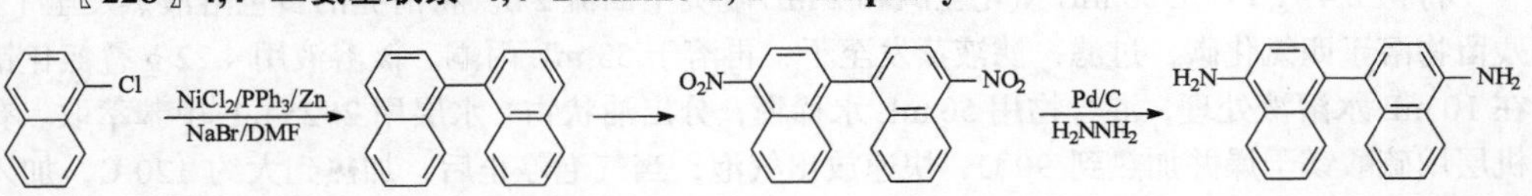

将 48.79 g (0.3 mol)1-氯萘与二(三苯膦)二氯化钯，锌粉在 DMF 中 70℃反应 12 h，从乙酸重结晶，得联萘 32.43 g(85%)，mp 158~159℃。

将 10g 联萘悬浮在 100 mL 乙酸中，加入 5 g 硝酸(d=1.42)，在蒸汽浴上加热得到澄清溶液。再加入 15 g 硝酸(d=1.42)，加热反应 2 h，其间大部分二硝基联萘结晶析出。冷却，过滤，得到 8 g 淡黄色二硝基联萘结晶，收率 60%，从苯重结晶，mp 246℃[143]。

将 10.33 g(30 mmol)二硝基联萘在 300 mL 丁醇中用 1.7 g 5%Pd/C 为催化剂，50℃下滴加 9 mL 水合肼，加完后再加入 1.7 g 催化剂，混合物回流 24 h，除去催化剂，蒸去溶剂，残留物升华 2 次，二胺收率 73%，mp 205~206℃。

〖 229 〗2,2′-二氯-6,6′-二甲基联苯胺

2,2′-Dichloro-6,6′-dimethylbiphe1yl-4,4′- diamine[113,144]

将 14.0 g 2,2′-二甲基-6,6′-二硝基-4,4′-联苯二甲酸(I) 在 150 mL 冰乙酸中以 10%Pd/C 为催化剂用 0.27 MPa 氢压室温氢化。过滤后将黄色的滤液蒸发至干，固体用浓碳酸钠溶液处理，过滤，用盐酸将 pH 调节到<2，得到溶液。小心用浓碳酸钠溶液再调节到 pH 为 4，得到沉淀，滤出沉淀，在 KOH 上真空干燥，得 2,2′-二氨基-6,6′-二甲基-4,4′-联苯二甲酸(II) 9.2 g (79%) 淡黄色粉末，mp 314~315℃(dec)。

在–12℃下，将 4.14 g 亚硝酸钠在 13 mL 水中的溶液滴加到 9.0 g II 在 82 mL 6 mol/L 盐酸的混合物中。冷却下 1 h 内将得到的淡橙色偶氮盐加到 9 g 氯化亚铜在 42 mL 浓盐酸的混合物中，该过程反应温度在-10~15℃间波动，可以看到氮气放出。过滤，用水洗涤，空气干燥。橙色的固体用乙醚萃取，在冷却下将红色的萃取液用乙醚的重氮甲烷溶液处理，放出大量气体，得到清亮的橙色溶液。将乙醚溶液蒸发，残留物在苯中的浓溶液经 120 g 硅胶柱色谱(苯/己烷)，在苯/己烷为 1∶1 和纯苯之间淋洗出来的组分得到 5.0 g 白色固体(45.4%) 。再进行色谱提纯得到 3.85 g III 白色结晶，mp 122~122.5℃。

将 3.85 g III 在 180 mL 无水乙醇，32.5 g KOH 和 120 mL 水的混合物中回流 3 h。将蒸发后得到白色浆状物溶于水中，用浓盐酸酸化，得到白色沉淀，过滤，在 KOH 上真空干燥，用乙醚萃取，得到 IV 白色结晶 2.80 g (79%)，mp 370~374℃。

将粗 2.47 g IV 在 53 mL 氯化亚砜和 2 mL 吡啶中回流 2 h。将清亮的黄色溶液蒸发至干，残留物溶于四氯化碳，过滤，滤液蒸发至干，再溶于 53 mL 丙酮。该溶液用 4.22 g 叠氮化钠在 10 mL 水溶液处理，混合物用 50 mL 水稀释，分出油状物，水层用 2×25 mL 甲苯萃取。有机层用硫酸镁干燥并加热到 90℃，快速放出气泡，当气泡停止后，加热到大约 120℃，加入 50 mL 50%KOH 溶液，回流 3 h。混合物用稀盐酸萃取，在用碳酸钠水溶液中和，得到 0.38 g(18%) 白色粉末。粗二胺用 50%乙醇水溶液重结晶，得产物 V 0.268 g，mp 165~166℃。

〖 230 〗2,2′-二氯-5,5′-二甲氧基联苯胺

4,4′-Diamino-2,2′-dichloro-5,5′-dimethoxybiphenyl[113]

Mp 182~184 ℃。

〖 231 〗4,4′-二氨基-6,6′-二溴-2,2′-联苯二甲酸二正烷酯

Di[*n*-alkyl]-4,4′-diamino-6,6′-dibromo-2,2′-biphenyldicarboxylate[145]

n=3,5,7,9,11,13,15,17。

〖 232 〗2,2′,6,6′-四氟联苯胺 **2,2′-6,6′-Tetrafluorobenzidine**[146]

由 3,5-二氟代硝基苯进行联苯胺反应得到。

〖 233 〗2,2′,6,6′-四氯联苯胺　**2,2′,6,6′-Tetrachlorobenzidine**[147]

由 3,5-二氯代硝基苯进行联苯胺反应得到。

〖 234 〗2,2′,5,5′-四氯联苯胺　**2,2′,5,5′-Tetrachlorobenzidine**[138]

商品，从乙酸乙酯重结晶后减压升华。
Mp 135~140 ℃。

〖 235 〗八氟联苯胺　**Octafluorobenzidine**[25]

商品，mp 175~177 ℃。

2.5.5　三联苯二胺类

〖236〗4,4″-二氨基-p-三联苯　4,4″-Diamino-p-terphenyl

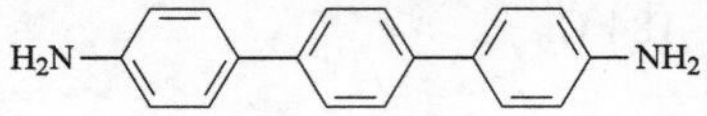

可参考〖247〗方法，由对二溴苯和对溴苯胺合成。

〖237〗4,4″-二氨基-o-三联苯　4,4″-Diamino-o-terphenyl[148, 149]

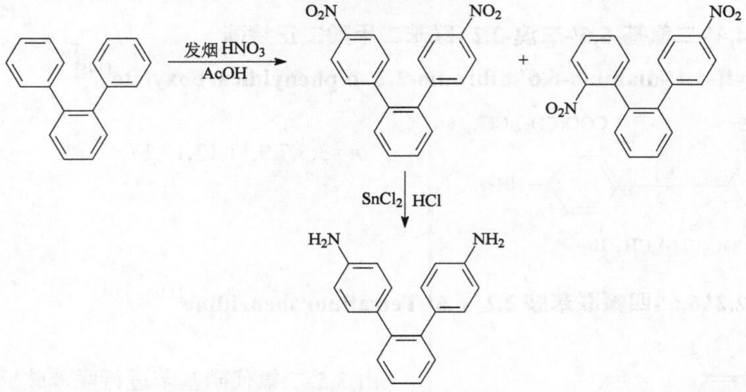

　　将 5 mL 发烟硝酸(d=1.52)在 10℃下滴加到 6.9 g o-三联苯在 50 mL 乙酐的溶液中。反应 2 h 后停止加热，缓慢析出固体，加入冰冷的碳酸钠溶液，中和后用乙醚萃取。滤出固体，醚萃取液中含有大部分的单取代物(可以进一步硝化)和未反应的三联苯。从乙酸中分步结晶，得到 6.49g 大致等量的 4,4″-二硝基三联苯(mp 218℃)和溶解度较大的 2,4″-二硝基三联苯(mp 169℃)。

　　将 72.2 g 二水二氯化锡溶于 143 mL 盐酸中，冷至-18℃，加入 15.0 g 4,4′-二硝基物，在 65℃反应 9 h，冷至室温，过滤得到二胺的盐酸盐，将该盐溶解于 200 mL 水中，倒入 200 mL 50%NaOH 溶液，滤出白色沉淀，用 5%NaOH 洗涤 2 次，水洗涤 3 次，真空干燥。产物从无水乙醇重结晶得到淡褐色针状产物，收率 65.9%，mp 159.5~159.9℃。

〖238〗4,4″-二氨基-5′-苯基-m-三联苯　4,4″-Diamino-5′-phenyl-m-terphenyl[150]

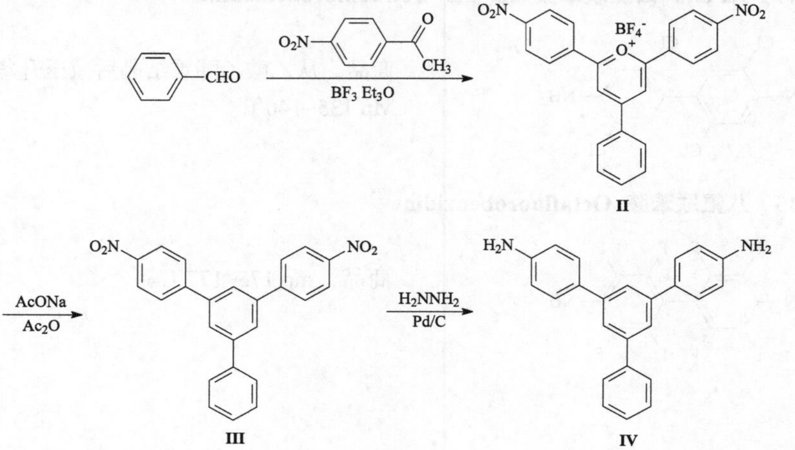

将 5.00 g(47.12 mmol)苯甲醛和 15.56 g (94.23 mmol)4-硝基苯乙酮溶于 30 mL 甲苯中，滴加 14.20 mL(113.09 mmol)三氟化硼乙醚在 5 mL 甲苯中的溶液。氮气下回流 3 h。将得到的深色溶液减压浓缩，残留物在二氧六环中搅拌，滤出绿色固体，用二氧六环和乙醚洗涤，干燥得到四氟硼酸 2,6-二(4-硝基苯基)-4-苯基噁英鎓盐(**II**)13.51g(62%)，mp 297~299℃。

将 11.00 g (23.51 mmol)**II** 和熔融过的 3.86 g(47.02 mmol)乙酸钠在 40 mL 乙酐中回流过夜，冷却到−10℃放置数小时，滤出固体，用甲醇洗涤后干燥。从二氯甲烷重结晶，得淡褐色 4,4″-二硝基-5′-苯基-*m*-三联苯(**III**) 6.71 g(72%)，mp 292~294℃。

将 3.50 g (8.33 mmol)**III** 和催化量的 10%Pd/C 加到 10 mL 95%乙醇中。在回流温度下滴加 4 mL 水合肼，加完后继续回流过夜。过滤，将滤液冷却到 0℃，得到 4,4″-二氨基-5′-苯基-*m*-三联苯淡褐色固体 2.64 g (89%)，从邻二氯苯重结晶，mp 206~207℃。

〖239〗4,4″-二氨基-5′-(4-己氧基苯基)-*m*-三联苯

4,4″-Diamino-5′-[4-(hexyloxy) phenyl]-*m*-terphenyl[150]

由对己氧基苯甲醛与硝基苯乙酮按〖238〗方法制备：

II：收率 61%，从乙酸重结晶，mp 265~268℃；

III：收率 61%，从硝基甲烷重结晶，mp 197~199℃；

IV：收率 95%，从 95%乙醇重结晶，mp 150~152℃。

〖240〗4,4″-二氨基-5′-(4-十二烷氧基苯基)-*m*-三联苯

4,4″-Diamino-5′-[4-(dodecyloxy) phenyl]-*m*-terphenyl[150]

由对十二烷氧基苯甲醛与硝基苯乙酮按〖238〗方法制备：

II：收率 54%，从乙酸重结晶，mp 224~226℃；

III：收率 47%，从二氧六环/硝基甲烷(2∶1)重结晶，mp 166~168℃；

IV：收率 82%，从 75%乙醇重结晶，mp 129~130℃。

〖241〗4,3″-二氨基-2′,6′-二苯基-*p*-三联苯　**4,3″-Diamino-2′,6′-diphenyl-*p*-terphenyl**[151]

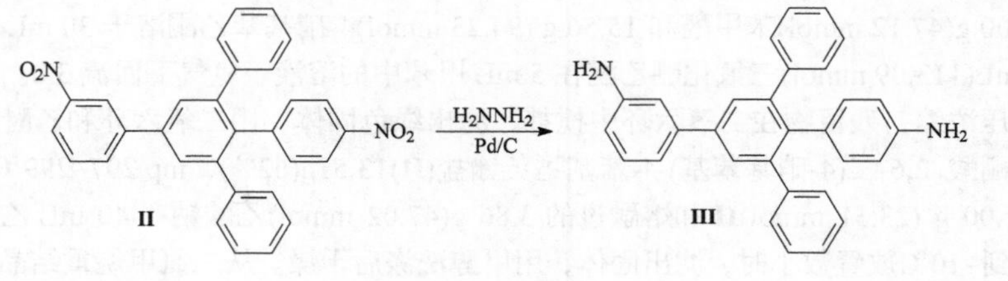

I 的合成见〖185〗。

将 4.57 g (10.36 mmol)**I** 和 1.70 g (20.72 mmol)4-硝基苯基乙酸钠在 10 mL 乙酐中搅拌回流 3 h，冷却到–10℃过夜，滤出黄色固体，用甲醇洗涤，得 4,3″-二硝基-2′,6′-二苯基-p-三联苯 **(II)** 4.40 g(90%)，从乙酸重结晶，mp 144~145℃。

将 5 mL 水合肼滴加到沸腾的 3.50 g (7.42 mmol)**II**, 20 mL 95%乙醇和催化量的 10%Pd/C 的混合物中，回流过夜，过滤，滤液冷到 0℃，滤出白色固体，用水洗涤，干燥得 **III** 2.29g(75%)，从 70%乙醇重结晶，mp 226~227℃。

〖242〗4,3″-二氨基-2′,6′-二(p-联苯基)-p-三联苯

4,3″-Diamino-2′,6′-di(biphenylyl) -p-terphenyl[151]

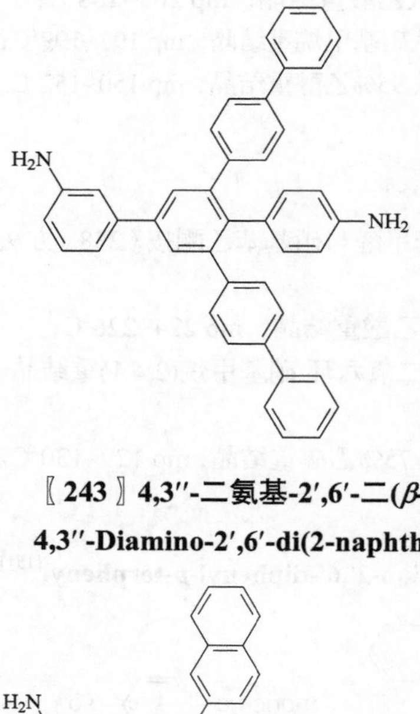

由4-苯基苯乙酮与3-硝基苯甲醛按〖241〗方法合成。

I：产率58%，从乙酸重结晶，mp 299~301℃；

II：产率87%，从乙酸重结晶，mp 172~174℃；

III：产率 81%，从二氯乙烷重结晶，mp 189~191℃。

〖243〗4,3″-二氨基-2′,6′-二(β-萘基)-p-三联苯

4,3″-Diamino-2′,6′-di(2-naphthyl) -p-terphenyl[152]

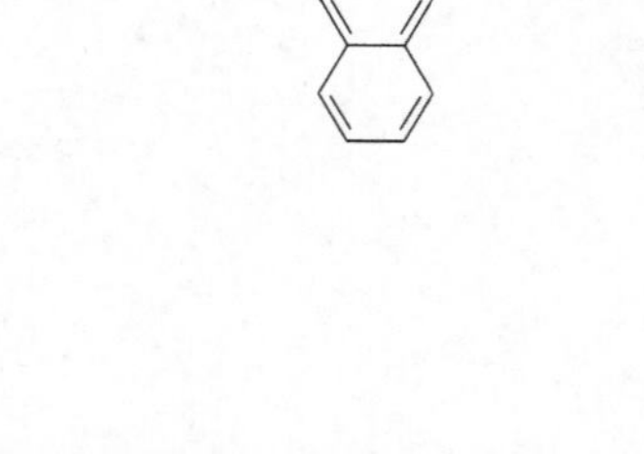

由2-乙酰基萘与3-硝基苯甲醛按〖241〗方法合成。

I：产率 55%,由氯仿/乙醚(1∶1)中结晶，mp 119~121℃；

II：产率52%,从乙腈中结晶，mp 106~108℃；

III：产率 77%，从 THF/石油醚(1∶1)重结晶，mp 169~171℃。

〖244〗4,3″-二氨基-2′,6′-二[4-(3′,5′-二苯基)苯基]-p-三联苯

4,3″-Diamino-2′,6′-bis [1-(4-diphenylmethyl)phenyl]-p-terphenyl[153]

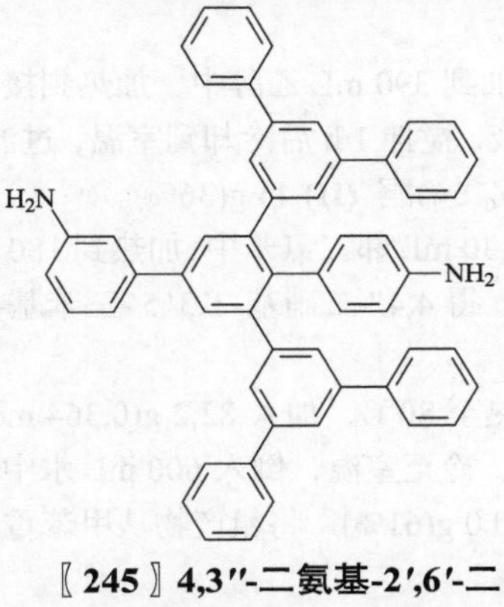

由3,5-二苯基苯乙酮与3-硝基苯甲醛按〖241〗方法合成。

I: 从乙酸乙酯/乙醚(1∶1)重结晶, 收率62%, mp 116~118℃;

II: 由氯仿/乙醚(2∶1)重结晶, 收率86%, mp 120~122℃;

III: 由二氧六环/水(1∶1)重结晶, 收率97%, mp 155~157℃。

〖245〗4,3″-二氨基-2′,6′-二[4-(3′,5′-二苯基)联苯基]-p-三联苯

4,3″-Diamino-2′,6′-bis [4-(3′,5′-diphenyl)biphenylyl]-p-terphenyl[153]

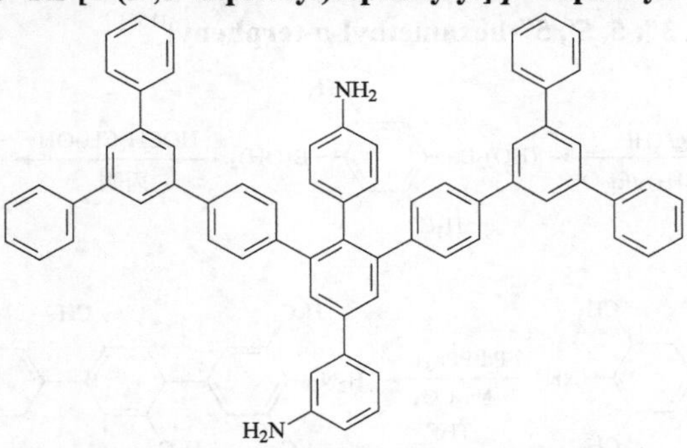

由4-乙酰基-3′,5′-二苯基联苯与3-硝基苯甲醛按〖241〗方法合成。

I: 由二氧六环/水(1∶2)重结晶, 收率75%, mp 184~186℃;

II: 由氯仿/乙醚(1∶1)重结晶, 收率93%, mp 156~158℃;

III: 由二氧六环/水(2∶1)重结晶, 收率85%, mp 193~195℃。

〖246〗4,4″-二氨基-2′,3′,5′-三苯基-p-三联苯

4,4″-Diamino-2′,3′,5′-triphenyl-p- terphenyl[154]

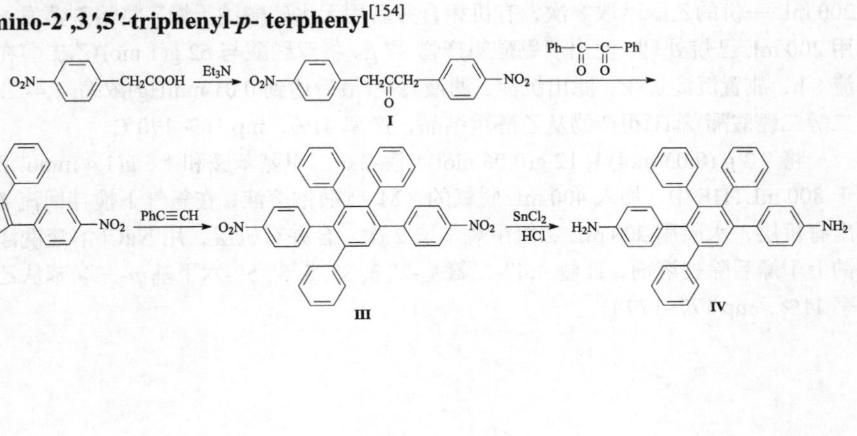

　　将100 g (0.552 mol)4-硝基苯乙酸溶于600 mL乙酐中,加热到80℃,滴加300 mL(2.16 mol)三乙胺,搅拌2h后倒入1 L 10%盐酸中,滤出固体,粉碎后在500 mL浓盐酸中回流8 h,过滤,水洗,干燥,得1,3-二(4-硝基苯基)丙酮(I) 79.8 g(96%)。

　　将54.6 g(0.26 mol)二苯基乙二酮和78.0 g (0.26 mol) I 加到390 mL乙醇中,加热到接近沸点,缓慢加入7.8 g(0.139 mol)KOH在40 mL乙醇中的溶液,搅拌1 h后冷却到室温,过滤,用乙醇洗涤数次,干燥得2,5-二(4-硝基苯基)-3,4-二苯基环戊二烯酮 (II) 44 g(36%)。

　　将19.3 g(0.189 mol)苯乙炔和30.0 g (0.063 mol) II 加到130 mL邻二氯苯中,加热到180 ℃搅拌2 h,冷却至室温,倒入500 mL己烷中,过滤,干燥,得4,4″-二硝基-2′,3′,5′-三苯基-*p*-三联苯(III) 22.9 g (66%)。

　　将20.0 g (0.0365 mol) III 在250 mL 2-甲氧基乙醇中加热至80℃,加入82.2 g(0.364 mol)氯化亚锡在130 mL盐酸中的溶液,混合物在100℃反应5h,冷至室温,倒入600 mL水中,滤出固体,用氨水中和后过滤,用水洗涤,干燥,得二胺10.0 g(61%)。将粗产物从甲苯重结晶,mp 256~258℃。

　　〖247〗4,4″-二氨基-2′, 3, 3″, 5, 5′, 5″-六甲基-*p*-三联苯

　　4,4″-Diamino-2′, 3, 3″, 5, 5′, 5″-hexamethyl-*p*-terphenyl[155]

　　将1 mol镁屑用碘活化,以保持反应物沸腾的速度加入0.45 mol 2,5-二溴对二甲苯在600 mL干燥的THF溶液中,回流24 h后冷却至0℃。将该格氏试剂滴加到冷到–70℃的2.7 mol硼酸三甲酯在干燥乙醚溶液中,加完后再在–70℃搅拌1 h,此后的24 h反应不再需要冷却。然后加入700 mL 2 mol/L 盐酸,搅拌到镁屑完全溶解后滤出沉淀的硼酸,液相分层,水层用200 mL一份的乙醚萃取8次,有机相合并后用无水硫酸钠干燥。将溶剂蒸发,得到的残留物用200 mL己烷处理,滤出双硼酸粗产物97 g。将双硼酸与62 g(1 mol)乙二醇在干燥丙酮中回流8 h,放置沉淀过夜,滤出沉淀,滤液真空(最后达到0.01 mmHg)浓缩,1,4-二甲基-2,5-二(乙二醇二硼酸酯)苯(I)粗产物从乙醇重结晶,产率41%,mp 169~170℃。

　　将7.3 g (0.03 mol) I, 12 g(0.06 mol)4-溴-2,6-二甲基苯胺和1.6 g(1.4 mmol)四(三苯膦)钯溶于800 mLTHF中。加入400 mL脱氧的2 M 碳酸钠溶液,在氩气下搅拌回流48 h,冷却后分出有机层,水层用200 mL二氯甲烷萃取2次。合并有机层,用NaCl溶液洗涤2次,在硫酸钠上干燥后除去溶剂,产物4,4″-二氨基-2′, 3, 3″, 5, 5′, 5″-六甲基-*p*-三联苯从乙醇重结晶。收率11%,mp 177~179℃。

【248】4,4″-二氨基-2,2′, 2″,5′-四甲基-p-三联苯

4,4″-Diamino-2,2′, 2″,5′- tetramethyl -p-terphenyl[155]

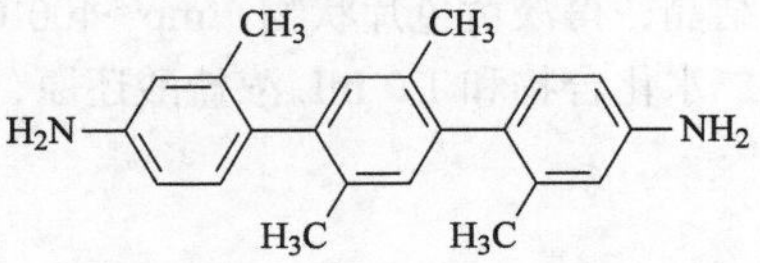

用 2-溴-5-硝基甲苯为原料按【250】方法合成，二硝基物 mp 237~239℃，二胺产率 85%，由硅胶柱层析(氯仿/乙酸乙酯)，mp 267~268℃。

【249】4,4″-二氨基-2′,3,3′,5′-四甲基-p-三联苯

4,4″-Diamino-2′, 3, 3″, 5′-tetramethyl -p-terphenyl[155]

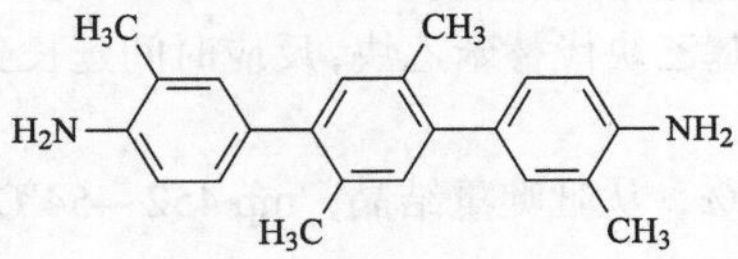

由 4-溴-2-甲基苯胺按【247】方法得到，产率 81%，从氯仿/己烷(1∶4)重结晶，mp 173~175 ℃。

【250】3,3″-二氨基-2′,5′,6,6″-四甲基-p-三联苯

3,3″-Diamino-2′,5′, 6, 6″-tetramethyl-p- terphenyl[155]

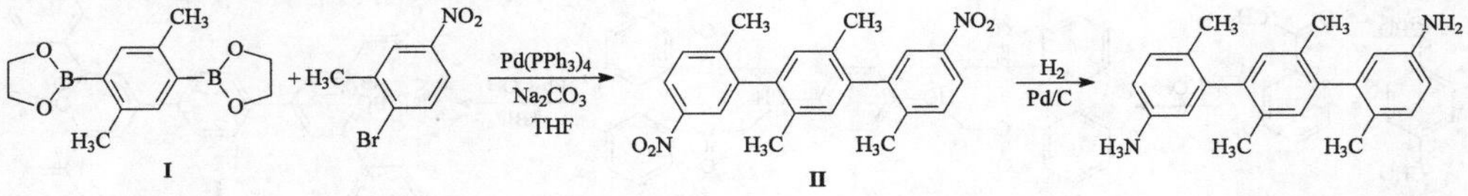

将 7.3 g(0.03 mol)I (见【247】), 13.0 g(0.06 mol)2-溴-4-硝基甲苯和 46.22 g(0.04 mol)四(三苯膦)钯在 800 mLTHF 中反应同【247】，从甲苯/乙醇(4∶1)重结晶，二硝基物 II 的产率为 95%，mp 240~242℃。

将 II 以 10%Pd/C 为催化剂常压 20℃加氢还原，将得到的粗二胺从乙醇重结晶，mp 214~216℃，总产率为 75%。

【251】3,3″-二氨基-2,2′,2″,5′-四甲基-p-三联苯

3,3″-Diamino-2,2′,2″,5′ -tetramethyl-p- terphenyl[155]

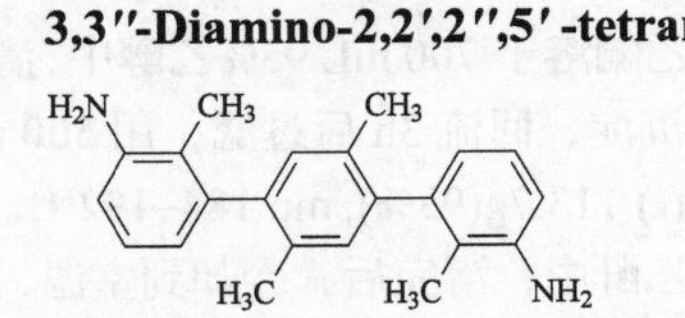

用 2-溴-6-硝基甲苯为原料按【250】方法合成，二硝基物 mp 250~252℃，二胺产率 38%，从乙醇重结晶，mp 254~255℃。

【252】9,10-二(p-二氨基苯基)蒽 **p,p′-Diaminophenyl1anthracene**[156]

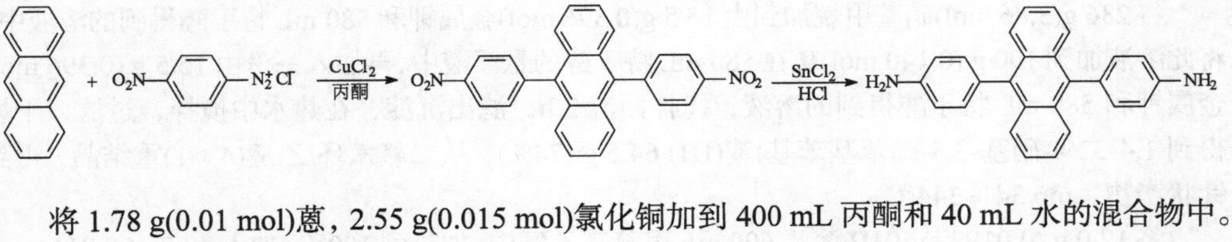

将 1.78 g(0.01 mol)蒽，2.55 g(0.015 mol)氯化铜加到 400 mL 丙酮和 40 mL 水的混合物中。

迅速加入由 0.05 mol 对硝基苯胺和 0.05 mol 亚硝酸钠在 15 mL 水和 25 mL 6N 盐酸得到的重氮盐溶液。迅速放出氮气，反应维持在 35℃至氮气停止放出。将反应物在冰箱中放置过夜，滤出沉淀，干燥，得到二硝基物 2.7 g(62%)，由吡啶重结晶，得淡黄色片状物，mp >400℃。

将 0.21 g(0.005 mol) 二硝基用 0.1582 g 氯化亚锡二水化合物和 1.0 mL 浓盐酸还原，收率 57%。

〖253〗1,4-二(4-氨基苯基)-2,3,5,6-四苯基苯

1,4-Bis(4-aminophenyl)-2,3,5,6- tetraphenylbenzene[154]

用类似〖246〗的方法合成。

III：以二苯基乙炔代替苯乙炔，反应时间延长到 17 h，收率 63%；

IV：收率 45%，从吡啶重结晶，mp 452~454℃。

〖254〗1,4-二(4-氨基-3,5-二苯基苯基)苯　1,4-Bis(4-amino-3,5-diphenylphenyl)benzene[154]

将 28.4 g(0.212 mol)对苯二甲醛和 152.1 g(1.27 mol)苯乙酮溶于 700 mL 95%乙醇中，滴加入 29.6 g (0.528 mol)KOH 在 32 mL 水中的溶液，立即出现沉淀，回流 3h 后过滤，用 500 mL 沸腾的 95%乙醇洗涤，得 1,4-双(1,3-二苯甲酰基-2-丙基)苯(I) 113.7g(93%)，mp 184~192℃。

将 113.4 g (0.436 mol)三苯甲醇在 65℃下溶于 700 mL 乙酐中，溶完后，冷却到室温，滴加入 78.0 g (0.435 mol)49%氟硼酸。维持室温下加入 90.0 g (0.156 mol)I，搅拌 17 h，滤出固体，用 THF 洗涤后干燥，得四氟硼酸 1,4-苯撑-二-γ,γ'-(2',6'-二苯基噁英鎓盐) (II) 106 g(96%)。

将 236 g(3.86 mol)硝基甲烷加到由 15.5 g(0.396 mol)金属钾和 580 mL 特丁醇得到的溶液中，将此溶液加到 100 g (0.140 mol)II 在 580 mL 特丁醇的悬浮液中，再加入一份由 15.5 g (0.396 mol)金属钾和 580 mL 特丁醇得到的溶液，搅拌回流 2 h，滤出沉淀，在热水中搅拌，过滤，干燥得到 1,4-二(4-硝基-3,5-二苯基苯基)苯(III) 64.5 g (74%)，从二氧六环/乙醇(4∶1)重结晶，得到针状产物，mp 341~344℃。

将 12.0 g (0.0192 mol)III 溶于 600 mL 甲氧基乙醇中，加热到 100℃，加入 48.7 g(0.216 mol)

氯化亚锡在 115 mL 盐酸中的溶液，在 100℃搅拌 5 h，再加入同样量的一份氯化亚锡溶液，反应继续 15 h 后倒入 1 L 水中，过滤后固体用氨水中和，滤出固体，用水洗涤，干燥，得 1,4-二(4-氨基-3,5-二苯基苯基)苯 10.6 g(97%)，从二甲苯重结晶数次，mp 310~312℃。

〖255〗1,3-二(4-氨基-3,5-二苯基苯基)苯

1,3-Bis(4-amino-3,5-diphenylphenyl) benzene[154]

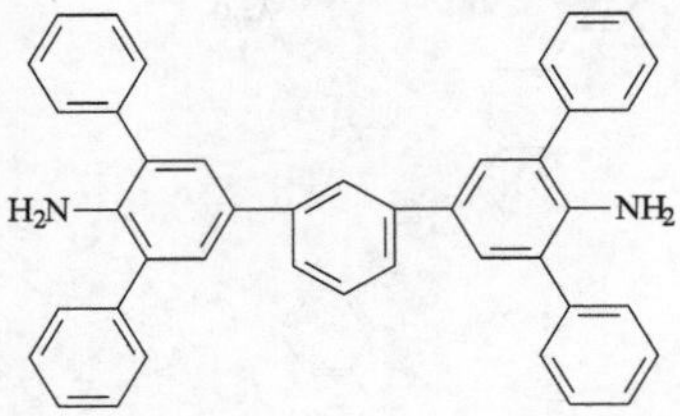

以间苯二醛代替对苯二醛按〖254〗方法合成：

I：收率77%；

II：收率35%；

III：收率92%，mp 250~258℃；

IV：收率 97%，从甲苯/乙醇中重结晶，mp 212~213℃。

2.5.6　多联苯二胺

〖256〗2′,6′,3‴,5‴-四苯基-4,4⁗-二氨基-p-五联苯

2′,6′,3‴,5‴-Tetraphenyl-4,4⁗- diamino- p-quinquephenyl[157]

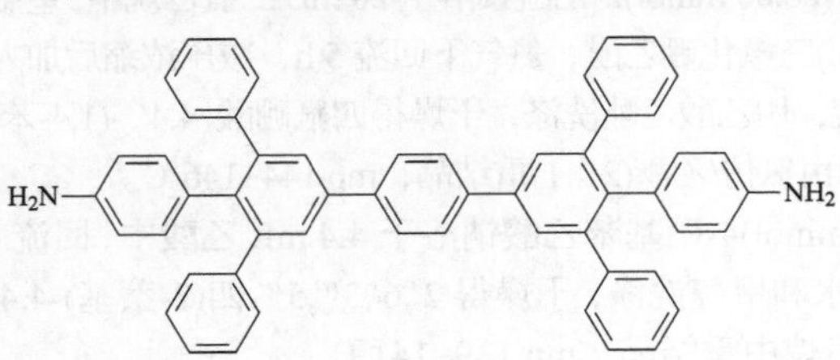

由对苯二甲醛、苯乙酮和对硝基苯乙酸钠按〖258〗方法合成。

I：产率 90%，mp >300℃；

II：产率 56%，从硝基苯重结晶，mp >300℃；

III：产率 78%，从邻二氯苯重结晶，mp >300℃。

〖257〗2′,6′,3‴,5‴-四(4-联苯基)-4,4⁗-二氨基-p-五联苯

2′,6′,3‴,5‴-Tetra (4-biphenyl)-4,4⁗-diamino-p-quinquephenyl[157]

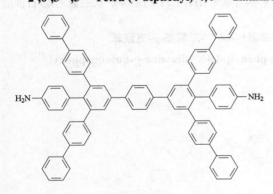

由对苯二甲醛、4-苯基苯乙酮和对硝基苯乙酸钠按〖258〗方法合成。

I：产率 60%，从乙酸重结晶，mp 182~185℃；

II：产率 73%，从乙酸重结晶，mp 191~193℃；

III：产率 79%，从邻二氯苯重结晶，mp 174~176℃。

〖258〗2′,6′,3‴,5‴-四(2-萘基)-4,4⁗-二氨基-p-五联苯

2′,6′,3‴,5‴-Tetra (2-naphthyl)-4, 4⁗-diamino-p-quinquephenyl[152]

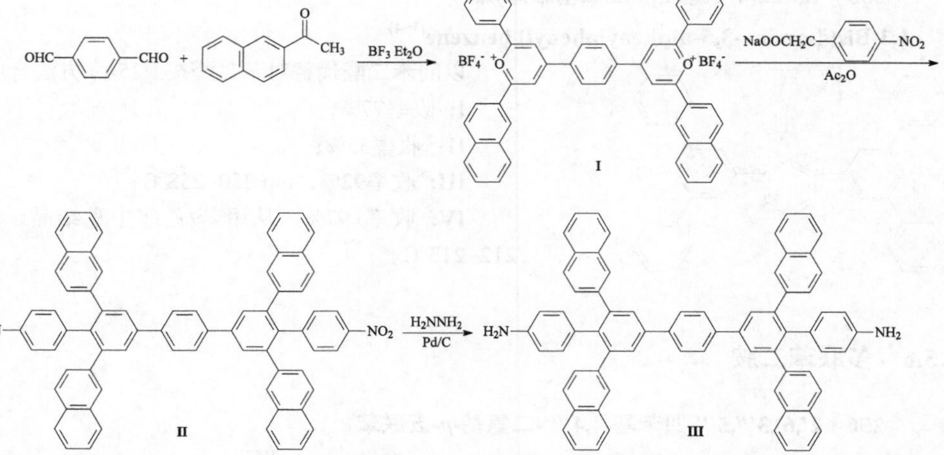

将 0.96 g(7.00 mmol)对苯二甲醛和 4.81 g (28.00 mmol)2-乙酰萘溶于 20 mL 二氯乙烷中，室温下滴加用 5 mL 二氯乙烷稀释的 4.4 mL(35 mmol)三氟化硼乙醚，氮气下回流 5 h，减压浓缩后加入乙酸乙酯，冷到 0℃放置 1 h，滤出棕红色沉淀，用乙酸乙酯洗涤，干燥得四氟硼酸 4,4′-(1,4-苯撑)二[2,6-二(2-萘基) 哑英鎓盐] (I) 4.62 g(72%)，由氯仿/乙醚(2∶1)重结晶，mp 144~146℃。

将 1.99 g (2.18 mmol) I 和 1.77 g (8.72 mmol)4-硝基苯乙酸钠溶于 4.4 mL 乙酸中，回流 6 h 后冷却到–10℃过夜，滤出浅褐色沉淀，用水和甲醇洗涤，干燥得 2′,6′,3‴,5‴-四(2-萘基)-4,4⁗-二硝基-p-五联苯(II) 1.96 g (92%)，从硝基甲烷中重结晶，mp 139~141℃。

将 2.07 g (2.12 mmol)II 及催化量的 10%Pd/C 加入 25 mL 二氧六环中，加热回流，滴加入 8 mL 水合肼。反应 24 h。过滤，滤液减压浓缩。加入水，得浅褐色沉淀，过滤用水洗涤，干燥得到 2′,6′,3‴,5‴-四(2-萘基)-4,4⁗-二氨基-p-五联苯(III) 1.71 g (88%)，从二氯乙烷/石油醚(1∶1)重结晶，mp 176~178℃。

〖259〗2′,6′,3‴,5‴-四[4-(3′,5′-二苯基)苯基]-4,4⁗-二氨基-p-五联苯

2′,6′,3‴,5‴- Tetrakis[4-(3′,5′-diphenyl) phenyl]-4,4⁗-diamino-p-quinquephenyl[153]

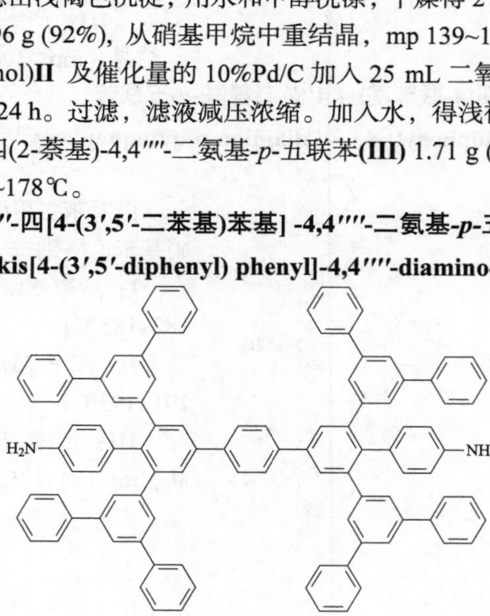

由对苯二甲醛、3,5-二苯基苯乙酮和对硝基苯乙酸钠按〖258〗方法合成。**I:** 由氯仿/乙醚(2∶1)重结晶，收率 67%，mp 241~243℃；**II:** 由氯仿/乙醚(2∶1)重结晶，收率 91%，mp 152~154℃；

III: 由二氧六环/水(2∶1)重结晶，收率 92%，mp 172~174℃。

〖260〗2′,6′,3‴,5‴-四[4-(3′,5′-二苯基)联苯基] -4,4″″-二氨基-*p*-五联苯

2′,6′,3‴,5‴- Tetrakis[4-(3′,5′-diphenyl)biphenylyl]-4,4″″-diamino-*p*-quinquephenyl[153]

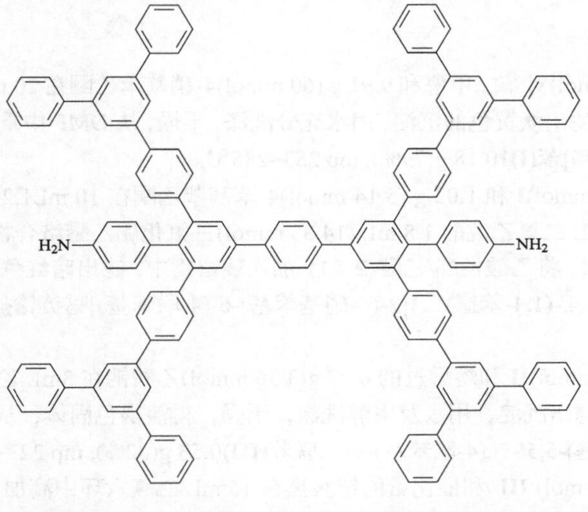

由对苯二甲醛、4-乙酰基-3′,5′-二苯基联苯和对硝基苯乙酸钠按〖258〗方法合成。

I: 由二氧六环/乙醚(1∶2)重结晶，收率 86%，mp 219~221℃；

II: 由氯仿/乙醚(2∶1)重结晶，收率 94%，mp 166~168℃；

III: 由二氧六环/水(2∶1)重结晶，收率 97%，mp 208~210℃。

〖261〗3,3″-二(4-氨基苯基)-5,5″-二(4-联苯基)-*p*-三联苯

3,3″-Di(4-aminophenyl)-5,5″- di(4-biphenylyl)-*p*-terphenyl[158]

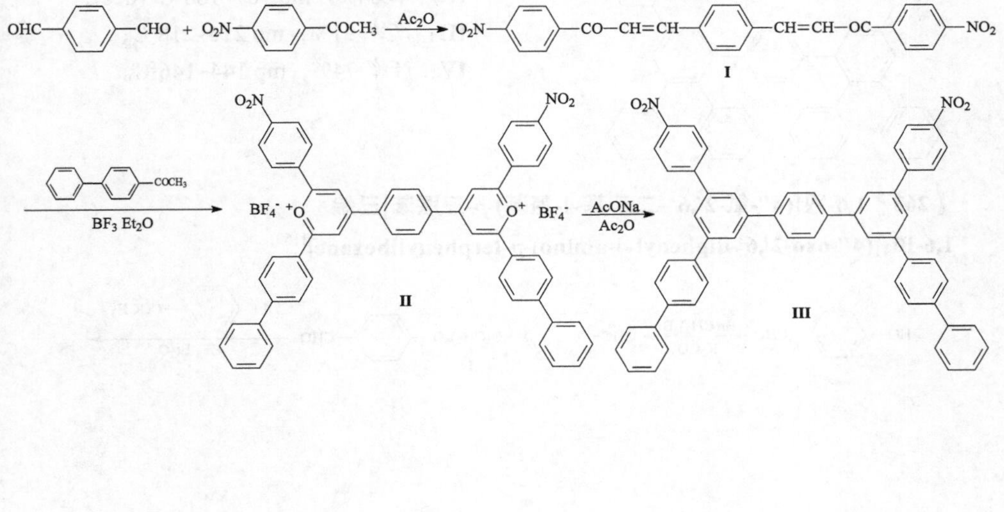

将 4.02 g (30 mmol)对苯二甲醛和 9.91 g (60 mmol)4-硝基苯乙酮在 20 mL 乙酐中回流搅拌 35 h 后冷却到 0℃,滤出淡黄色的沉淀,用水充分洗涤,干燥,从 DMF 中重结晶得 1,4-双[2-(4-硝基苯基羰基)乙烯基]苯(I)10.18 g(79%), mp 283~285℃。

将 1.10 g (2.57 mmol)I 和 1.02 g (5.14 mmol)4-苯基苯乙酮在 10 mL1,2-二氯乙烷中加热到 60℃,滴加溶于 5 mL 二氯乙烷的 1.8 mL (14.33 mmol)三氟化硼乙醚络合物。混合物在氮气下回流过夜后减压浓缩,将乙酸乙酯/乙醚(2∶1) 加入残留物中,滤出暗红色固体,用乙醚洗涤,干燥得到四氟硼酸 4,4′-(1,4-苯撑)二{[2-(4-硝基苯基)-6-(4-联苯基)]噁英鎓盐} (II)1.72g (70%), mp 231~233℃。

将 0.80 g (0.84 mmol)II 和熔融过的 0.27 g(3.36 mmol)乙酸钠在 3mL 乙酐中回流 3 h,冷却到 10℃放置过夜,滤出沉淀,用水及甲醇洗涤,干燥,得淡褐色固体,从邻二氯苯重结晶,得 3,3′-二(4-硝基苯基)-5,5′-二(4-联苯基)-p-三联苯(III)0.53 g(82%), mp 223~225℃。

将 1.12 g(1.44 mmol) III 和催化量的钯炭黑在 15 mL 二氧六环中滴加 7mL 水合肼,混合物在 101℃回流 24 h, 过滤后将滤液倒入水中,滤出沉淀,干燥,从氯苯中重结晶,得 3,3′-二(4-氨基苯基)-5,5′-二(4-联苯基)-p-三联苯(IV)0.94 g(91%), mp 264~266℃。

【262】3,3″-二(4-氨基苯基)-5,5″, 6,6″-四苯基-p-三联苯

3,3″-Di(4-aminophenyl)-5,5″, 6,6″-tetraphenylp-terphenyl[158]

以苯基苄基酮代替 4-苯基苯乙酮按【261】方法合成。

II:产率 64%,mp 167~168℃ (dec);

III: 产率 91%,mp 216~218℃;

IV: 产率 74%,mp 144~146℃。

【263】1,6-双[(4″-氧-2′,6′-二苯基-4-氨基)-p-三联苯]己烷

1,6-Bis[(4″-oxo-2′,6′-diphenyl-4-amino)-p-terphenyl]hexane[159]

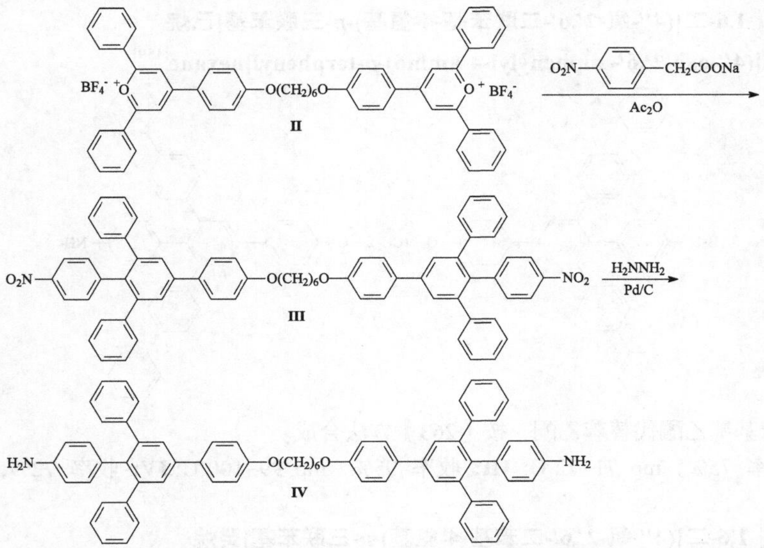

将 2.00 g (16.40 mmol)4-羟基苯甲醛, 2.00 g (8.20 mmol)1,6-二溴己烷和 2.49 g(18.04 mmol) 碳酸钾在 30 mL DMF 中氮气下回流过夜。去除溶剂,加入水,滤出褐色沉淀,用水洗涤,干燥得 1,6-二(4-甲酰基苯氧基)己烷(I) 2.30 g(86%), mp 94~96℃。

将 2.15 g(6.59 mmol) I 和 3.17 g(26.36 mmol)苯乙酮在 20mL 二氯乙烷中室温搅拌,分批加入三氟化硼乙醚络合物,在氮气下回流 5 h,加入乙醚和石油醚(2∶1),滤出红色沉淀,用乙醚洗涤,干燥得到 II。从氯仿/乙醚(2∶1)重结晶,得 1,6-二[四氟硼酸(4″-苯氧基-2′,6′-二苯基)噁英鎓盐]己烷(II)4.42 g (74%), mp 87~89℃。

将 1.00 g (1.10 mmol)II 和 1.12 g (5.50 mmol)4-硝苯基乙酸钠在 2.5 mL 乙酐中搅拌回流 4 h,冷却到 0℃,滤出淡黄色沉淀,依次用水和甲醇洗涤,干燥得到 1,6-二[(4″-氧-2′,6′-二苯基-4-硝基)-p-三联苯基]己烷(III),从氯仿/乙醚(1∶1)重结晶得 0.98 g(92%), mp 108~110℃。

将 1.20 g(1.24 mmol) III 和催化量的 10% Pd/C 加到 20 mL 二氧六环中,滴加入 5 mL 水合肼,回流搅拌 70 h,过滤,滤液减压浓缩。在残留物中加入水,得到淡黄褐色 IV,从二氧六环/水(1∶2)重结晶,得 1,6-二[(4″-氧-2′,6′-二苯基-4-氨基)-p-三联苯基]己烷(IV)0.82 g(73%), mp 151~152℃。

〖264〗1,6-二[(4″-氧-2′,6′-二苯基-4-氨基)-p-三联苯基]癸烷

1,6-Bis[(4″-oxo-2′,6′- diphenyl-4-amino)-p-terphenyl]decane[159]

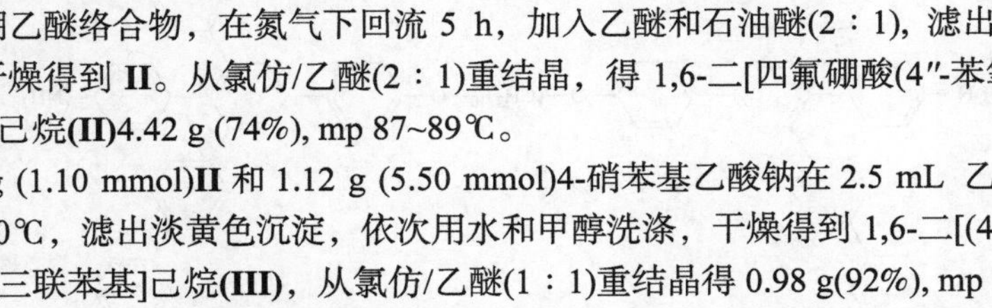

以 1,10-二溴癸烷代替 1,6-二溴己烷,按〖263〗方法合成。

II: 收率 72 %, mp 73~75℃; III: 收率 91%, mp 142~143℃; IV: 收率 78%, mp 179~180℃。

〖265〗1,6-二[(4″-氧-2′,6′-二联苯基-4-氨基)-*p*-三联苯基]己烷

1,6-Bis[(4″-oxo-2′,6′- diphenylyl-4-amino)-*p*-terphenyl]hexane[159]

以 4-苯基苯乙酮代替苯乙酮，按〖263〗方法合成。

II: 收率 75%，mp 71~72℃; **III:** 收率 95%，mp 99~100℃;.**IV:** 收率 72%，mp 128~129 ℃。

〖266〗1,6-二[(4″-氧-2′,6′-二苯基-4-氨基)-*p*-三联苯基]癸烷

1,6-Bis[(4″-oxo-2′,6′- diphenylyl-4-amino)-*p*-terphenyl]decane[159]

以 1,10-二溴癸烷代替 1,6-二溴己烷，按〖263〗方法合成。

II: 收率 69%，mp 79~80℃; **III:** 收率 93%，mp 106~107℃; **IV:** 收率 80%，mp 124~ 126 ℃。

2.6 二氨基二苯甲烷类

2.6.1 二氨基二苯甲烷

〖267〗4,4′-二氨基二苯甲烷 **4,4′-Methylenedianiline(MDA)**

商品，mp 89~91℃。

〖268〗3,4′-二氨基二苯甲烷 3,4′-Methylenedianiline(3,4′-MDA)

①由间硝基苄醇与苯得到 3-硝基二苯甲烷再硝化，还原得到[34]

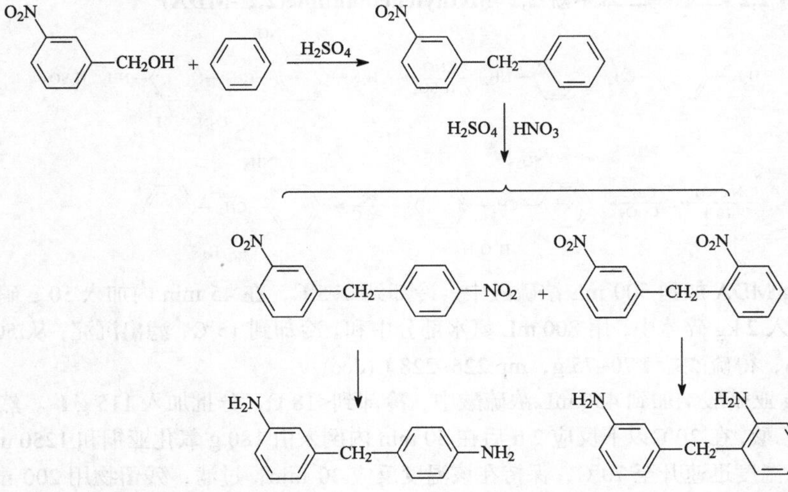

二种异构体可用乙醚重结晶分离，得到低收率。由 3,4′-二硝基化合物还原得到 3,4′-MDA，mp 125℃。

②由对硝基苄醇与硝基苯反应得到二硝基二苯甲烷，再还原得到[160]

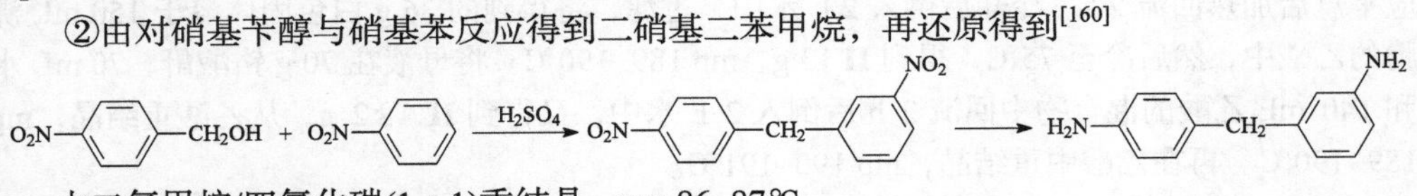

由二氯甲烷/四氯化碳(1∶1)重结晶，mp 86~87℃。

〖269〗3,2′-二氨基二苯甲烷 3,2′-Methylenedianiline(3,2′-MDA)[34]

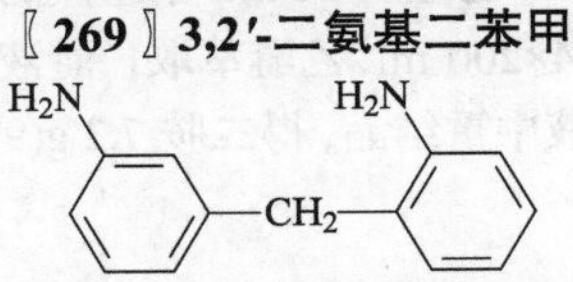

见〖268〗。

从苯/环己烷重结晶，mp 77.5℃。

〖270〗2,4′-二氨基二苯甲烷 2,4′-Methylenedianiline(2,4′-MDA)[34,161]

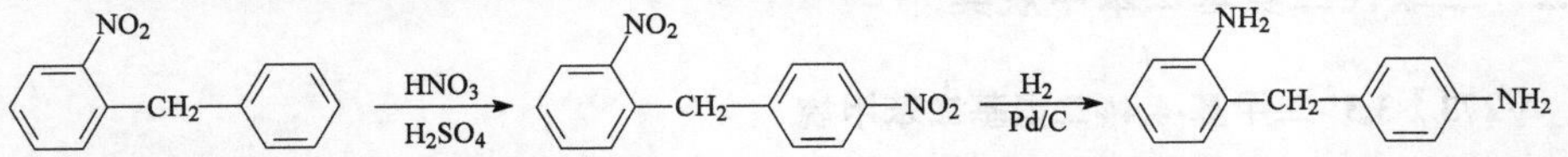

由邻硝基苯甲醇按〖268〗方法合成。还原后二胺减压蒸馏，再从苯/环己烷(1∶1)重结晶，mp 85~86℃。

〖271〗3,3′-二氨基二苯甲烷 m,m′-Methylenedianiline (3,3′-MDA)[34,162]

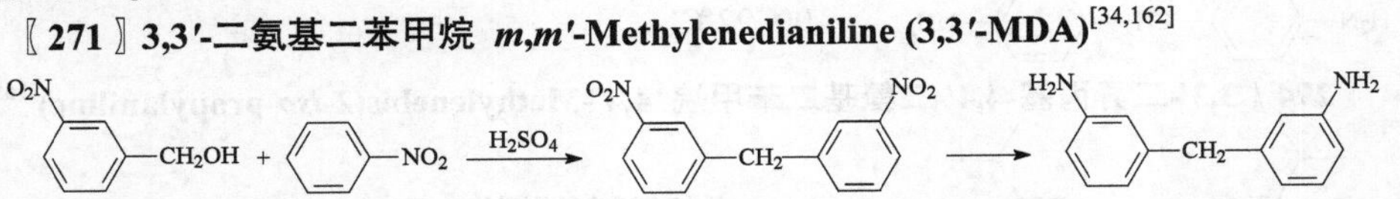

将 10 g 间硝基苄醇与 30 g 硝基苯在 200 mL 浓硫酸中室温反应 72 h 后倒入碎冰中，得到 3,3′-二硝基二苯甲烷，收率 20%。将 14 g 二硝基物，30 g 铁粉和 50 mL 水混合，加入 2 mL

冰乙酸，加热 2 h 使大部分水被蒸出，冷却后用乙醚萃取，醚液在 KOH 上干燥，除去乙醚后减压蒸馏，从水重结晶，mp 82~83℃，在从苯/环己烷(1：1)重结晶，mp 86~87℃。

〚 272 〛2,2′-二氨基二苯甲烷 2,2′-Methylenedianiline(2,2′-MDA)[34,163]

将 50 g MDA 加到 500 mL 浓硫酸中，冷却到 0~5℃，在 45 min 内加入 50 g 硝酸钾，反应 1 h 后倒入 2 kg 碎冰中，用 800 mL 氨水部分中和。冷却到 15℃，滤出沉淀，从 500 mL 2 N 硫酸中结晶，得硫酸盐 I 70~75 g，mp 226~228℃(dec)。

将 46 g 亚硝酸钠加到 450 mL 浓硫酸中，冷却到<18℃，分批加入 115 g I 。然后再加入 620 mL 冰乙酸，在 20℃以下反应 2 h 后在 50 min 内倒入由 180 g 氧化亚铜和 1250 mL 乙醇的悬浮液中，温度迅速升至 70℃，保持在该温度反应 30 min，过滤，残留物用 200 mL 热乙醇洗涤。滤液合并，加入 10 L 水中，得到 51g 黑褐色产物。将该产物在 250 L 冰乙酸中回流过夜，再滴加由 100 g 铬酸酐在 100 mL 水和 200 mL 乙酸中得到的溶液，出现剧烈反应，待反应平息后加热回流 2 h。冷却后倒入 2 L 水中，过滤，将得到的 36 g 白色固体溶于 150 mL 沸腾的乙酸中，然后冷至 75℃，得到 II 13 g，mp 189~190℃。将母液在 70 g 铬酸酐、70 mL 水和 140 mL 乙酸的混合物中回流 2 h 后倒入 2 L 水中，又得到 II 18.2 g，从乙酸重结晶，mp 189~190℃。再在乙酸中重结晶，mp 190~191℃。

将 22 g 铁粉和 30 mL 水在 90 min 内加入由 10 g II，120 mL 乙酸及 30 mL 水组成的混合物中，在 90~95℃反应 30 min，再加入水 300 mL，过滤，用 4×200 mL 乙醚萃取，醚液用碳酸钠溶液洗涤后干燥，蒸发掉乙醚，将残留物从 80%甲醇水溶液中重结晶，得二胺 7.2 g(92%)，mp 134~135℃。

2.6.2　二取代二氨基二苯甲烷类

〚 273 〛3,3′-二甲基-4,4′-二氨基二苯甲烷

3,3′-Dimethyl-4,4′-methylenedianiline (DMMDA)[164]

商品，由邻甲苯胺与甲醛在酸催化下合成。mp 90~92℃。

〚 274 〛3,3′-二异丙基-4,4′-二氨基二苯甲烷　**4,4′-Methylenebis(2-*iso*-propylaniline)**[165]

由邻异丙基苯胺与甲醛在酸催化下合成。

〖 275 〗3,3'-二特丁基-4,4'-二氨基二苯甲烷　4,4'-Methylenebis(2-*tert*-butylaniline)[166]

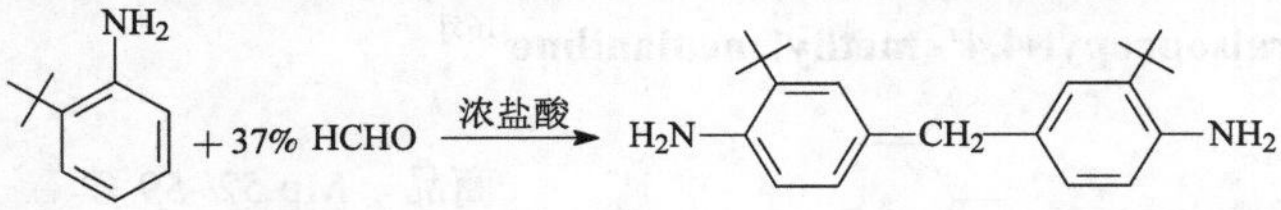

将 50 g(33.5 mmol)2-特丁基苯胺在 300 mL 水和 30 mL 浓盐酸中加热到 50~100℃，2 h 内滴加入 13.24 g (167.5 mmol)37%甲醛水溶液，反应 10 h，加入 29 mL 28~30%氨水，分出油状物，用水洗涤至无氯离子。分离出黏稠的红色油状物，减压蒸馏，取 192~194℃/0.6 mmHg 馏分，在室温下固化，用无水乙醇重结晶得无色针状 32.8 g(60.6%), mp 82.6℃。

〖 276 〗3,3'-二(三氟甲基) -4,4'-二氨基二苯甲烷

Bis[4-amino-3-(trifluoromethyl) phenyl]methane[164]

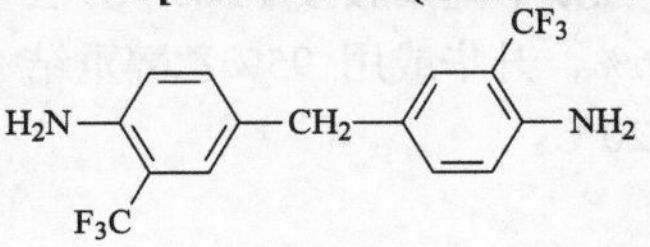

由 2-三氟甲苯胺按〖 285 〗方法得到，油状粗产物不能用重结晶方法提纯，以最小量的苯溶解后进行柱层析，淋洗剂为石油醚/苯(苯为 25%，50%，75%，100%)，再用含 1%，3%，5%乙醇的苯淋洗。产物由含 1%乙醇的苯洗出，要得到纯的产物还需要第二次纯化，产率 48%，从乙醚/乙醇重结晶，mp 88~89℃。

2.6.3　多取代二氨基二苯甲烷类

〖 277 〗3,3',5,5'-四甲基-4,4'-二氨基二苯基甲烷

3,3',5,5'-Tetramethyl-4, 4'- methylenedianiline[141]

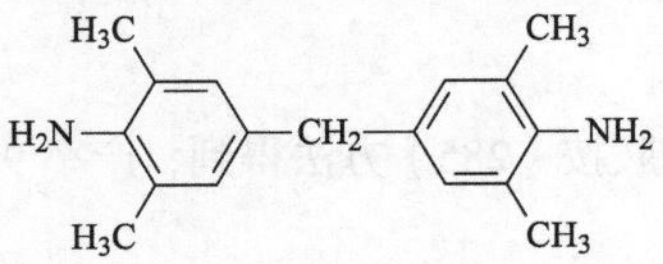

商品。Mp 121~123℃。

可由 2,6-二甲基苯胺与甲醛在酸催化下合成。

〖 278 〗3,3',5,5'-四乙基-4,4'-二氨基二苯基甲烷

3,3',5,5'-Tetraethyl-4, 4'- methylenedianiline[165]

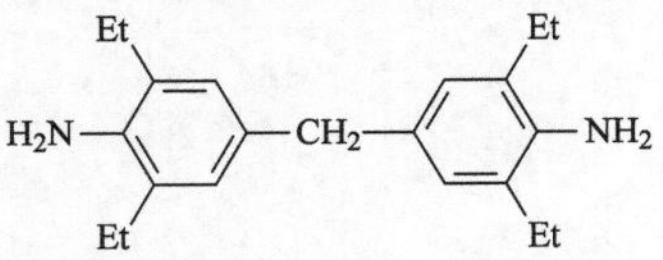

商品。Mp 88~90℃。

〖 279 〗3,3'-二甲基-5,5'-二异丙基-4,4'-二氨基二苯基甲烷

3,3'-Dimethyl-5,5'- diisopropyl-4,4'-methylenedianiline[165]

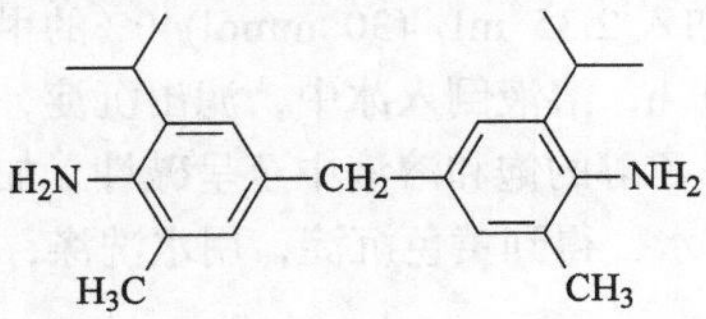

〖280〗3,3′,5,5′-四异丙基-4,4′-二氨基二苯基甲烷

3,3′,5,5′-Tetraisopropyl-4,4′- methylenedianiline[165]

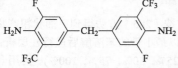

商品。Mp 52~59℃。

〖281〗3,3′-二氟-5,5′-二(三氟甲基)-4,4′-二氨基二苯基甲烷

Bis[4-amino-3-fluoro-5- (trifluoromethyl)phenyl]methane[164]

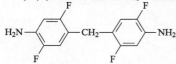

由 2-氟-6-三氟甲基苯胺按〖285〗方法得到，产率 96%，升华或用 95%乙醇重结晶。mp 119~120℃。

〖282〗2,2′,5,5′-四氟-4,4′-二氨基二苯甲烷

2,2′,5,5′-Tetrafluoro-4,4′- methylenedianiline[164]

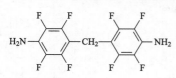

由 2,5-二氟苯胺按〖285〗方法得到，粗产物在乙醇中加热溶解后过滤，在热时缓慢加入水直到变混，冷却放置得到黄色片状结晶，过滤，干燥，产率 48%，mp131~132℃。

〖283〗3,3′,5,5′-四氟-4,4′-二氨基二苯甲烷

3,3′,5,5′-Tetrafluoro-4,4′- methylenedianiline[164]

由 2,6-二氟苯胺按〖285〗方法得到，产率 90%，mp135~136℃。

〖284〗2,2′-氯,3,3′,5,5′-四乙基-4,4′-二氨基二苯基甲烷

4,4′-Methylenebis(3-chloro-2,6- diethylaniline)[100]

〖285〗八氟代-4,4′-二氨基二苯基甲烷　Octafluoro-4,4′-methylenedianiline[164]

将 10.0 g (61 mmol)2,3,5,6-四氟苯胺溶于 40 mL 三氟乙酸中，加入 2.35 mL (30 mmol)40%的甲醛溶液，加热回流 1 h，溶液倒入冰中，滤出沉淀，再溶于 KOH 在 95%乙醇的饱和溶液中至呈碱性，加入大约 200 mL 蒸馏水，得到黄色沉淀，用水洗涤，粗产物在乙醇中重结晶，得 9.33 g(90%), mp 144~145℃。

2.6.4　带硫醚取代基的二苯甲烷二胺[167]

$$CH_3SCH_3 + Cl_2 \longrightarrow CH_3SCH_2Cl \xrightarrow{MDA}$$

I $\quad H_2N-\text{(芳环)}-CH_2-\text{(芳环)}-NH_2$，取代基 H_3CSH_2C

II $\quad H_2N-\text{(芳环)}-CH_2-\text{(芳环)}-NH_2$，取代基 H_3CSH_2C 和 CH_2SCH_3

III $\quad H_2N-\text{(芳环)}-CH_2-\text{(芳环)}-NH_2$，取代基 H_3CSH_2C（两个）和 CH_2SCH_3

IV $\quad H_2N-\text{(芳环)}-CH_2-\text{(芳环)}-NH_2$，取代基 H_3CSH_2C 和 CH_2SCH_3（各两个）

在氮气下将 2.9 g(40 mmol)氯气通入冷却到–70℃的二氯甲烷中，再加入 3.0 g(40 mmol)二甲硫醚，立即得到白色沉淀。加入 2.0 g (10 mmol)4,4′-二氨基二苯基甲烷在 10 mL 干燥二氯甲烷中的溶液，搅拌 30 min，在 2 h 内缓慢加入 11.5 g(80 mmol) Et$_3$N，混合物在–70℃搅拌 2 h，再加入 4.4 g (80 mmol)NaOCH$_3$ 在 10 mL 甲醇中的溶液，撤去冷浴，自然回复到室温过夜(16 h)。加入 100 mL 10%NaOH 中止反应，分层，水层用 2 × 100 mL 二氯甲烷萃取，有机相合并，用硫酸镁干燥，蒸去溶剂后得褐色油状物，由硅胶柱进行层析(CH$_2$Cl$_2$/己烷)，得 0.8 g(32%)**I**，1.14 g (36%)**II**, 0.34 g(9%)**III** 和 0.04 g(1%)**IV**。

〖286〗3-甲基硫甲基-4,4′-二氨基二苯基甲烷

3-Methylthiomethyl-4,4′- diaminodiphenylmethane[167]

$H_2N-\text{(芳环)}-CH_2-\text{(芳环)}-NH_2$，取代基 H_3CSH_2C

由上述反应得到的混合物中占 32%。

由己烷重结晶，mp 82~84℃。

〖287〗3,3′-二甲基硫甲基-4,4′-二氨基二苯基甲烷

3,3′-Dimethylthiomethyl-4,4′- diaminodiphenylmethane[167]

$H_2N-\text{(芳环)}-CH_2-\text{(芳环)}-NH_2$，取代基 H_3CSH_2C 和 CH_2SCH_3

由上述反应得到的混合物中占 36%。

由己烷重结晶，mp 76.5~78℃。

〖288〗3,3′,5-三甲基硫甲基-4,4′-二氨基二苯基甲烷

3,3′,5-Trimethylthiomethyl-4, 4′-diaminodiphenylmethane[167]

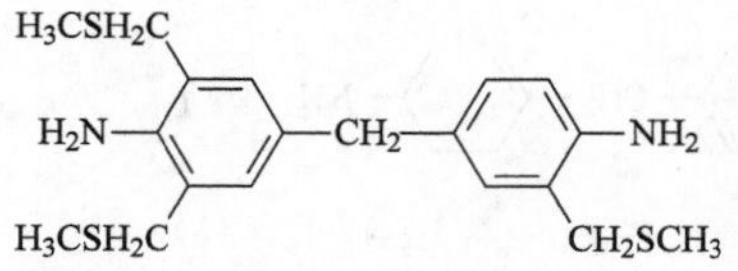

由上述反应得到的混合物中占 9%。

由己烷重结晶, mp 78~79℃。

〖289〗3,3′,5,5′-四甲基硫甲基-4,4′-二氨基二苯基甲烷

3,3′,5,5′-Tetramethylthiomethyl- 4,4′-diaminodiphenylmethane[167]

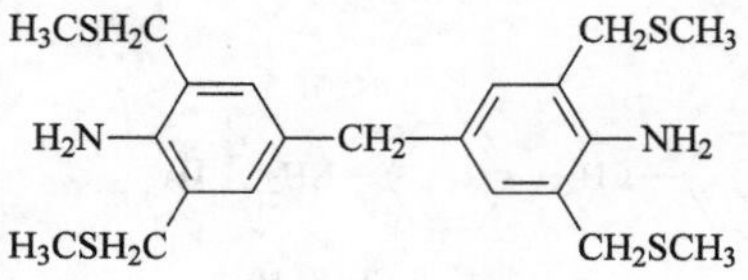

由上述反应得到的混合物中占 1%。

由己烷重结晶, mp 113~114℃。

2.6.5 次甲基上有一个取代基的二氨基二苯甲烷类

〖290〗双(4-氨基苯基)-1,l-丁烷 **Bis(4-aminophenyl)- 1,l-butane**[168]

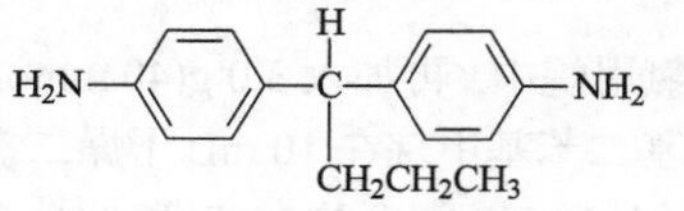

由丁醛-1 与苯胺合成。

〖291〗1,1,1-三氟-2,2-二(4-氨基苯基)乙烷

1,1,1-Trifluoro-2,2-bis(4-aminophenyl) ethane[164]

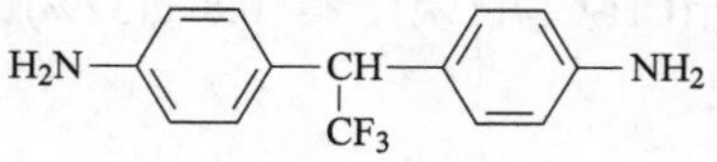

将 12.0 g(83 mmol)三氟乙醛的乙基缩醛, 65.1 g (0.7 mol)苯胺, 16.2 g(125 mmol)苯胺盐酸盐加热回流 24 h, 加入固体 KOH 碱化, 水蒸气蒸馏除去过量的苯胺, 分出有机层, 干燥后溶于沸腾的乙醇(10 mL/g), 用活性炭脱色后, 加入等量的沸水, 置于分液漏斗中, 冷却后分出油状邻-邻位二胺杂质, 冷却过夜得到无色结晶, 过滤, 用水洗涤, 干燥。要得到纯的产物需要二次结晶, 产率 44%, mp137~138℃。

〖292〗4,4′-二氨基三苯甲烷 **4,4′-Diaminotriphenylmethane**[169,170]

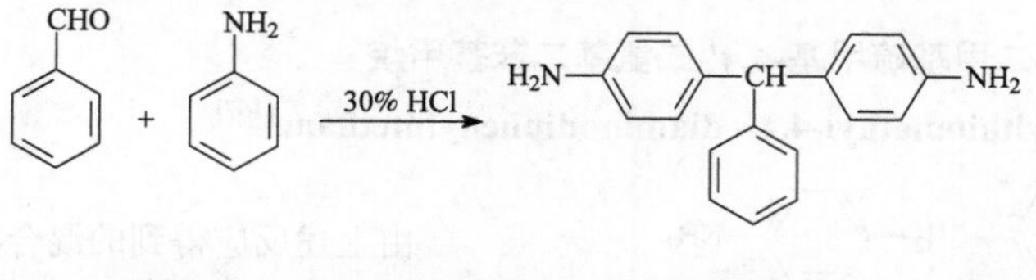

将 6.14 g(57.8 mmol)苯甲醛, 0.037 g(0.289 mmol)苯胺盐酸盐和 5.38 g(57.98 mmol)苯胺在氮气下 110℃搅拌 2 h, 在 145℃搅拌 1.5 h。冷到 60℃后, 减压蒸出过量的苯胺, 加入 2 mol/L

盐酸，过滤，滤液用 2 mol/L NaOH 中和到 pH 7~8 得到灰色固体。用水洗涤，从乙醇/水重结晶 2 次，60℃真空干燥 24 h，收率 53%，mp 124~125℃。

〖293〗4′,4″-二氨基-4″-甲基三苯基甲烷

4-Methyl-4,4′-diamino-4″- methyltriphenylmethane[168]

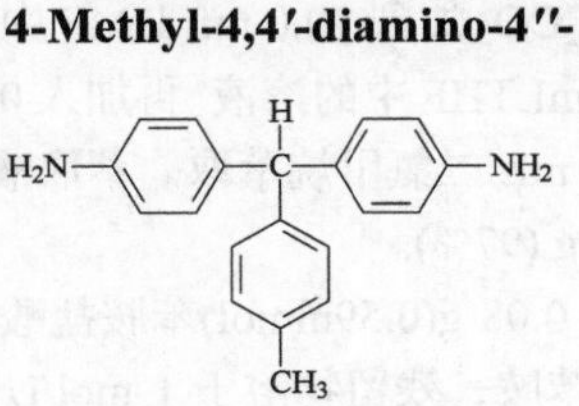

由对甲苯甲醛按〖292〗方法得到。

〖294〗4,4′-二氨基-4″-羟基三苯甲烷　4,4′-Diamino-4″-hydroxtriphenylmethane[171]

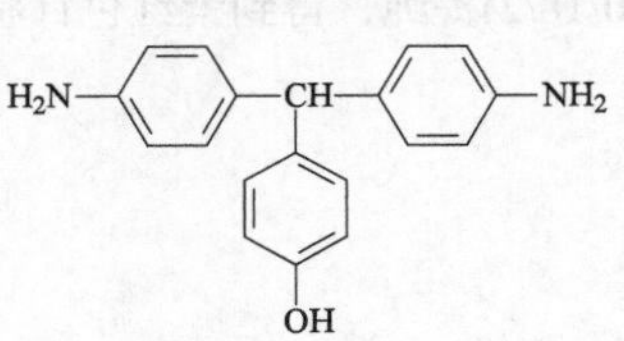

由对羟基苯甲醛按〖292〗方法得到，产物经柱层析(二氯甲烷/乙酸乙酯/甲醇，80：18：2)，再从甲醇重结晶，得紫红色针状结晶1.17 g(40%), mp 200~202℃。

〖295〗4,4′-二氨基-3″-己氧基三苯烷 4,4′-Diamino-3″-hexyloxytriphenylmethane[172]

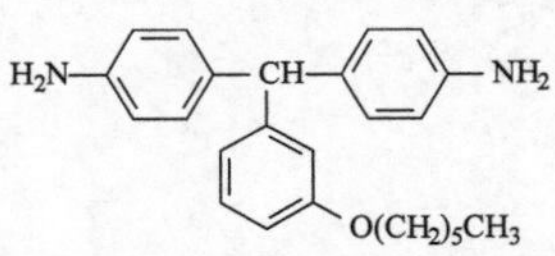

由间己氧基苯甲醛按〖292〗方法在 120℃反应 5 h 得到，收率 48%。

〖296〗带 POSS 的二氨基二苯基甲烷　POSS-diamine[173]

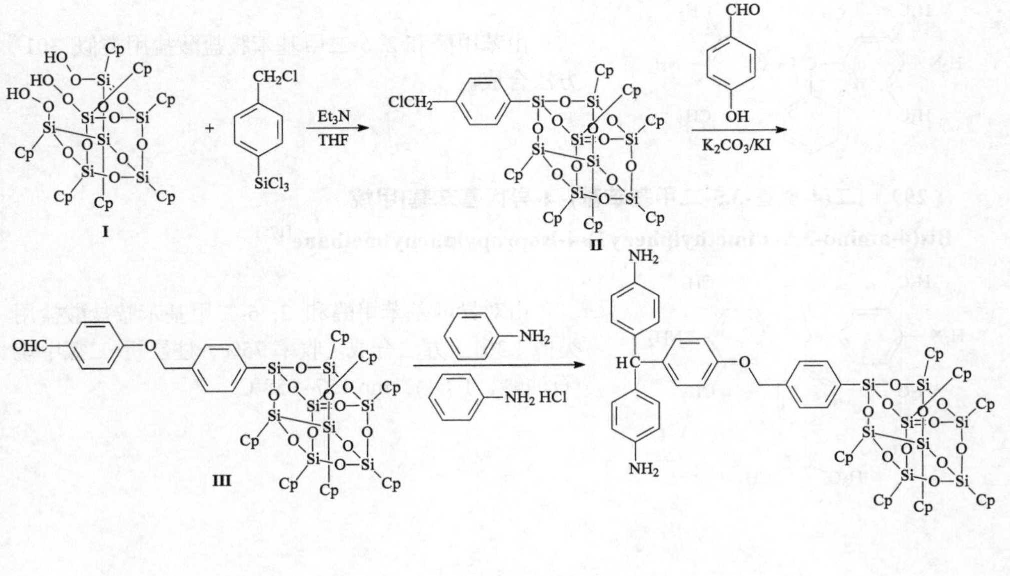

将 1.0 mL (5.61 mmol)4-氯甲基苯基三氯硅烷, 5.00 g (5.11 mmol)环戊基三硅烷醇(I)和 2.2 mL (15.41 mmol)三乙胺在 30.0 mL 干燥的 THF 中氮气下搅拌 2 h, 过滤除去铵盐, 将 THF 清液滴加到乙腈中, 过滤, 真空干燥得 II 4.61 g, (80%)。

将 0.14 g(1.06 mmol) 4-羟基苯甲醛和 0.32 g (0.98 mmol)K$_2$CO$_3$ 加到 10.0 mL DMF 中。氮气下在 80℃加热 1 h。30 min 内滴加 1.00 g (0.80 mmol)II 在 10 mLTHF 中的溶液。再加入 0.14 g (0.98 mmol) NaI, 继续加热 4 h, 溶液用水稀释, 并用 3×15.0 mL 二氯甲烷萃取。萃取液用 2×50.0 mL 水洗涤, 减压浓缩得到白色固体 POSS-醛(III) 1.01 g (97%)。

氮气下将 1.22 g(10.0 mmol) III, 3.14 g(34.5 mmol)苯胺和 0.08 g(0.59mmol)苯胺盐酸盐在 110℃ 溶解, 在 150 ℃ 反应 1.5 h 后冷却到室温, 减压蒸除苯胺, 残留物溶于 1 mol/L 盐酸中, 再用 10%NaOH 处理到沉淀溶解, 用 100 mL 乙醚萃取 3 次, 水相用 1 mol/L 盐酸中和, 滤出沉淀, 干燥。产物用柱色谱(二氯甲烷/乙酸乙酯/甲醇=80/18/2)提纯, 得到紫红色针状结晶, 收率 50%。

〖297〗4′,4″-二氨基-4″-氯三苯基甲烷

4-Methyl-4,4′-diamino-4″- chlorotriphenylmethane[168]

可以用对氯苯甲醛按〖292〗方法合成。

〖298〗3,3′,5,5′-四甲基-4,4′-二氨基三苯甲烷

3,3′,5,5′- Tetramethyl-4,4′- diaminotriphenylamine[174]

由苯甲醛和 2,6-二甲基苯胺盐酸盐用类似〖301〗方法合成。

〖299〗[二(4-氨基-3,5-二甲基苯基)- 4-异丙基苯基]甲烷

Bis(4-amino-3,5- dimethylpheny1)-4-isopropylphenylmethane[175]

由对异丙基苯甲醛和 2,6-二甲基苯胺盐酸盐用类似〖301〗方法合成。收率 75%, 柱层析(二氯甲烷/石油醚, 1:1), mp 157~158℃。

〖300〗3,3′,5,5′-四甲基-4,4′-二氨基二苯基-4″-特丁基甲苯

3,3′,5,5′-Tetramethyl-4,4′- diaminodiphenyl-4″-tert-butyltoluene[176]

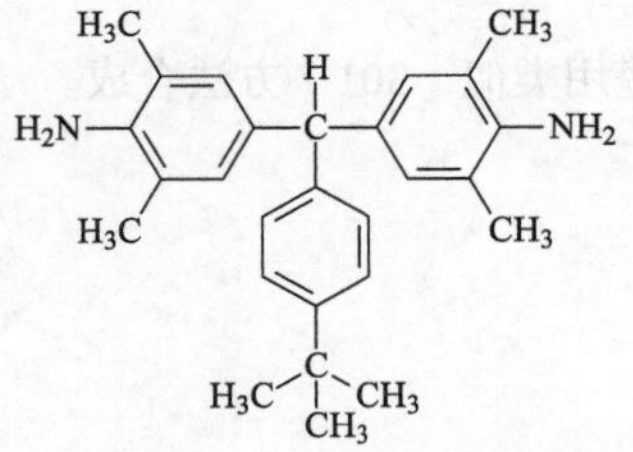

由特丁基苯甲醛和2, 6-二甲基苯胺盐酸盐用类似〖301〗方法合成。收率73%，mp 184~185℃。

〖301〗3,3′,5,5′-四甲基-3″-三氟甲基-4,4′-二氨基三苯甲烷

3,3′,5,5′- Tetramethyl-3″- trifluoromethyl-4,4′- diaminotriphenylmethane[174]

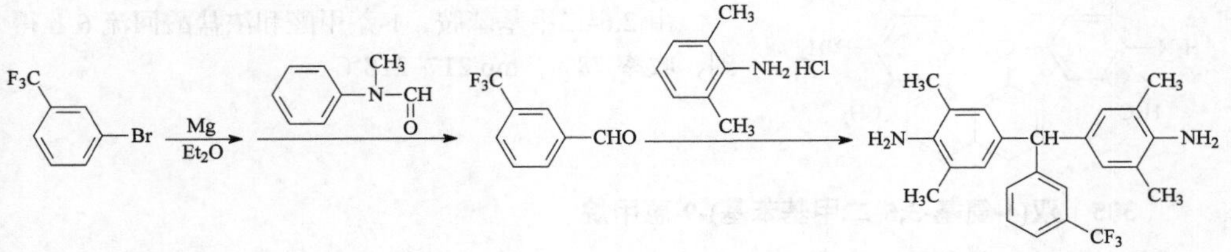

将 40.0 g *m*-三氟甲基溴苯在 50 mL 无水乙醚中的溶液滴加到已加有 10 g 镁屑的 100 mL 无水乙醚中，反应进行 4 h 后加入 24.0 g *N*-甲基甲酰苯胺，搅拌 3 h，滴加 20 mL 10%硫酸，然后加入 100 mL 乙醚，分出水层，有机层用 10%碳酸钠中和，用水洗涤 2 次，在无水硫酸镁上干燥，减压蒸馏得 *m*-三氟甲基苯甲醛 36 g(40%)，bp 110℃/4 mmHg。

将 48.47 g(0.4mol) 2,6-二甲基苯胺在氮气下加热到 130℃,1.5 h 内滴加入溶于 33 mL 12 N 盐酸的 *m*-三氟甲基苯甲醛(21.6 g, 0.18 mol)，混合物回流 18 h。冷却到室温后，加入 7.92 g 20%NaOH。将得到的混合物倒入乙醇中，滤出淡蓝色沉淀，用水充分洗涤后在 60℃干燥过夜。粗产物在乙醇中重结晶 2 次得到结晶 41.7 g(58.2%), mp 169℃。

〖302〗4,4′-二氨基-3,3′,5,5′-四甲基-4″-甲氧基三苯甲烷

Bis(4-amino-3,5- dimethylphenyl) anisylmethane[177]

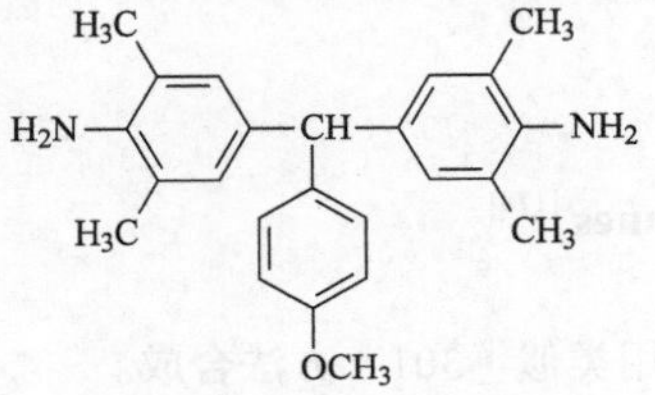

由对甲氧基苯甲醛和 2, 6-二甲基苯胺盐酸盐用类似〖301〗方法合成。收率83%，mp 182℃。

〖303〗4,4′-二氨基-3,3′,5,5′-四甲基-3″-苄氧基三苯甲烷

Bis(4-amino-3,5-dimethyl phenyl)-3′-benzyloxyphenyl methanes[178]

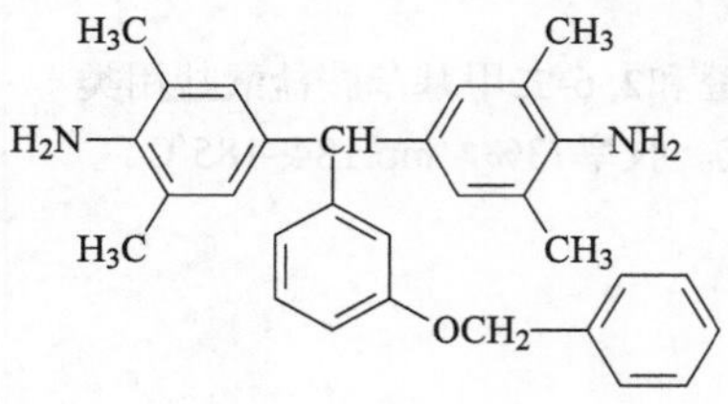

由 3-苄氧基苯甲醛用类似〖301〗方法合成。

〖304〗双(4-氨基-3,5-二甲基苯基)萘甲烷

Bis(4-amino-3,5-dimethylphenyl) naphthylmethane[179]

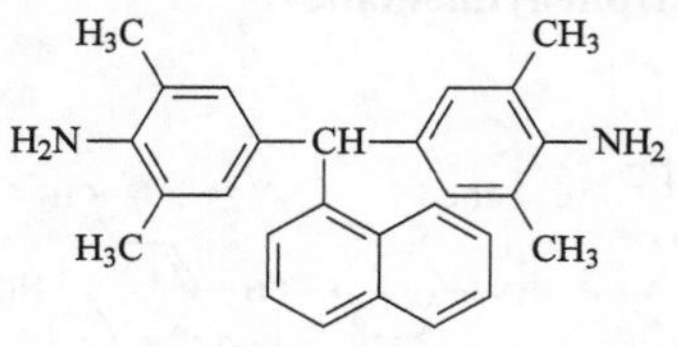

由 2,6-二甲基苯胺，1-萘甲醛和浓盐酸回流 6 h 得到，收率 78%，mp 217~218℃。

〖305〗双(4-氨基-3,5-二甲基苯基)-9-蒽甲烷

Bis (4-amino-3, 5-dimethyl phenyl) anthracenemethane)[180]

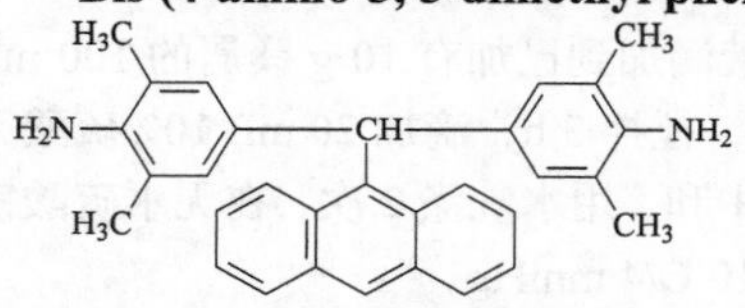

由 2,6-二甲基苯胺盐酸盐与 9-蒽甲醛在 DMF 中 110℃反应 5 h 得到，收率 83%，mp 181~182℃。

〖306〗4,4′-二氨基-3,3′,5,5′-四甲基-4″-氟-三苯甲烷

Bis(4-amino-3,5-dimethyl phenyl)-4′-fluorophenyl methanes[178]

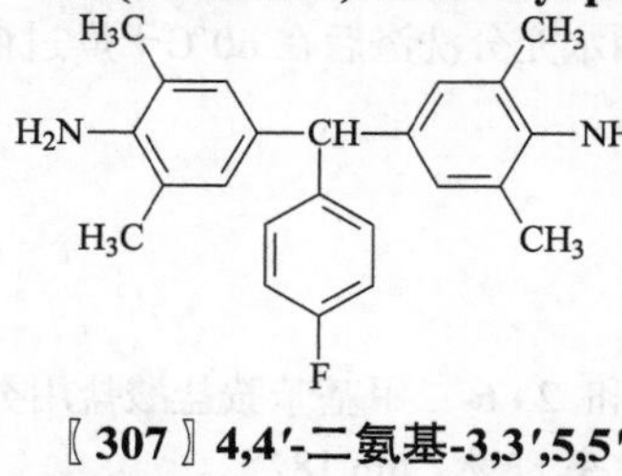

由 4-氟代苯甲醛用类似〖301〗方法合成。

〖307〗4,4′-二氨基-3,3′,5,5′-四甲基-4″-氯代三苯甲烷

Bis(4-amino-3,5-dimethyl phenyl)-4′-chlorophenyl methanes[178]

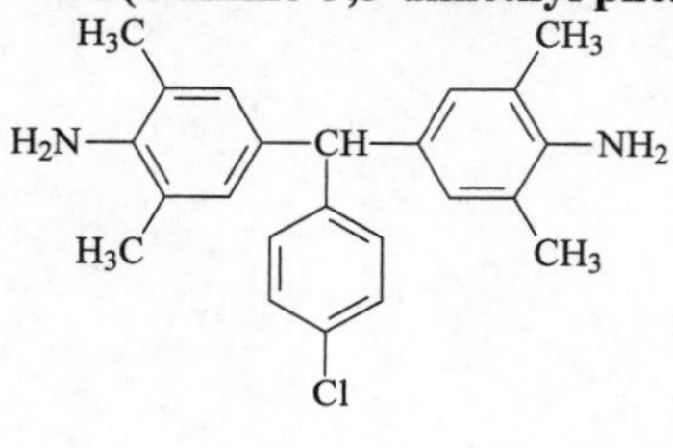

由 4-氯代苯甲醛用类似〖301〗方法合成。

〖308〗4,4′-二氨基-3,3′,5,5′-四甲基-3″-氯代三苯甲烷

Bis(4-amino-3,5-dimethyl phenyl)-3′-chlorophenyl methanes[178]

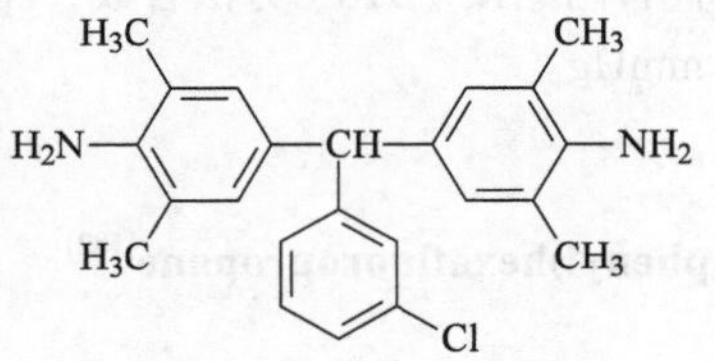

由 3-氯代苯甲醛用类似〖301〗方法合成。

〖309〗4,4′-二氨基-3,3′,5,5′-四甲基-3″-溴代三苯甲烷

Bis(4-amino-3,5-dimethyl phenyl)-3′-bromophenyl methanes[178]

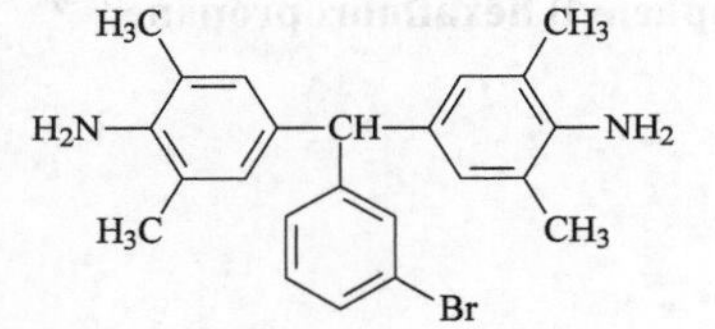

由 3-溴代苯甲醛用类似〖301〗方法合成。

2.6.6　次甲基上有二个取代基的二氨基二苯甲烷类

〖310〗2,2-二(4-氨基苯基)丙烷　**2,2-Di(4-aminophenyl)propane**[181]

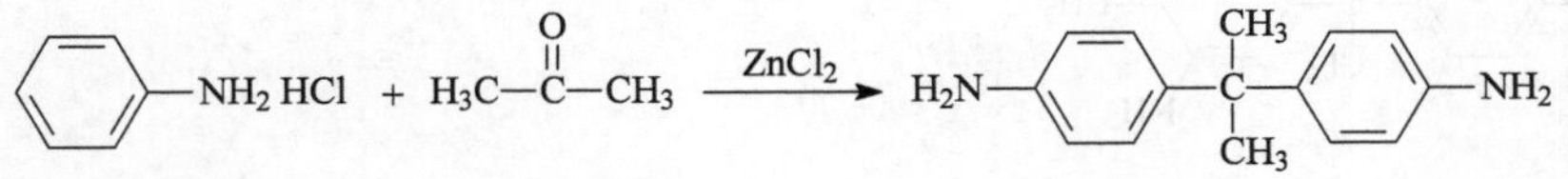

将苯胺盐酸盐与丙酮在硝基苯中以氯化锌为催化剂，氮气下在 165~170℃反应 6~8 h，碱化后水蒸气蒸馏，去除溶剂和未反应的苯胺，用冷水洗涤除去催化剂，残留物减压蒸馏后在乙醇中重结晶提纯，mp 132℃。

〖311〗2,2-二(4-氨基苯基)丁烷　**2,2-Di(4-aminophenyl)butane**[181]

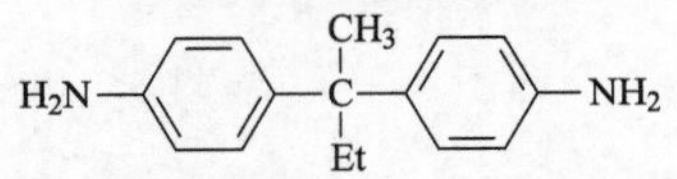

由丁酮代替丙酮按〖310〗方法合成，bp 170~180℃/2 mmHg。

〖312〗2,2-二(4-氨基苯基)戊烷　**2,2-Di(4-aminophenyl)pentane**[181]

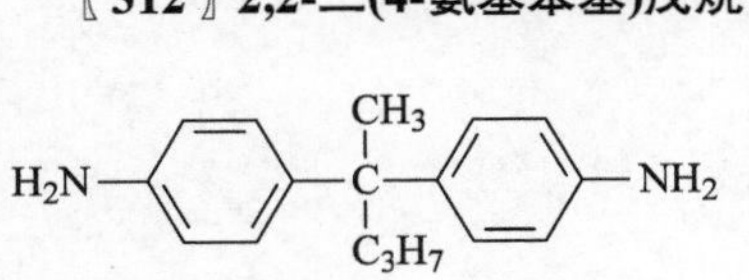

由甲基丙基酮代替丙酮按〖310〗方法合成，bp 190~200℃/1.5~2.0 mmHg。

〖313〗2,2-二(4-氨基苯基)-6-甲基庚烷　2,2-Di(4-aminophenyl)-6-methylheptane[181]

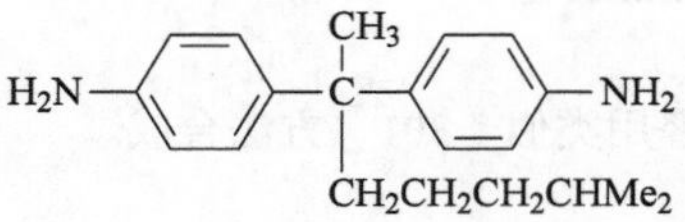

由甲基异己酮代替丙酮按〖310〗方法合成，bp 167~170℃/1.0~1.5 mmHg。

〖314〗2,2-二(4-氨基苯基)六氟丙烷　2,2-Bis (4-aminophenyl)hexafluoropropane[182]

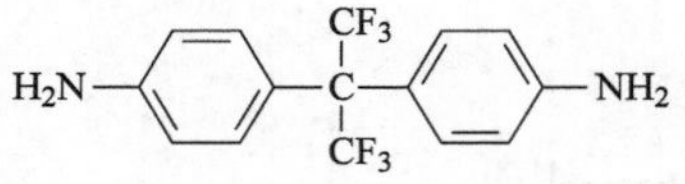

商品，mp 195~198℃。

〖315〗2,2-二(3-氨基苯基)六氟丙烷 2,2'-Bis (3-aminophenyl) hexafluoropropane[182]

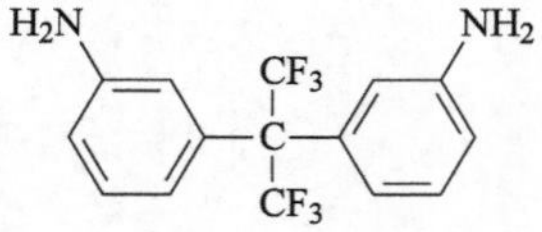

商品。

〖316〗3, 3'-二甲基-2,2-二(4-氨基苯基)六氟丙烷
5,5'-(Hexafluoroisopropylidene) di-o-toluidine[108]

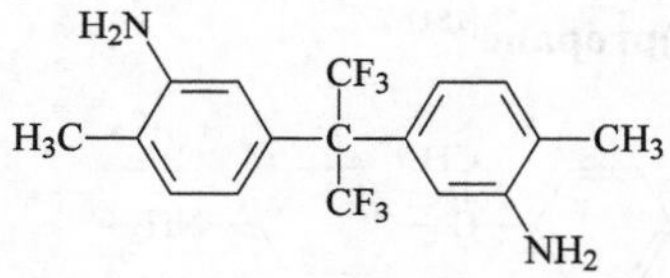

商品，mp 112~115℃。

〖317〗4,4'-(Hexafluoroisopropylidene)di-o-toluidine[183]

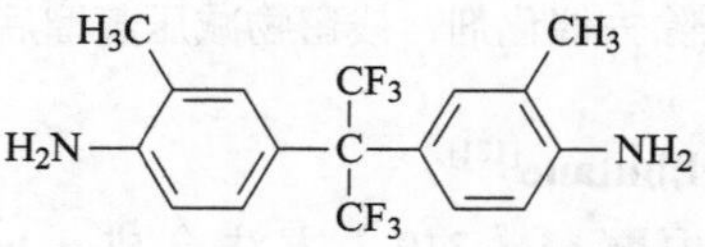

〖318〗3, 3'-二羟基-2,2-二(4-氨基苯基)六氟丙烷
2,2-Bis(4-amino-3-hydroxyphenyl) hexafluoropropane[184]

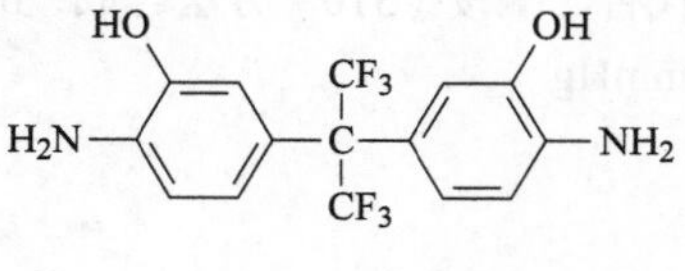

商品。

〖319〗2,2-双-{3-氨基-4-[(4-氧己氧基-4′-丁氧基)-重氮苯]苯撑}六氟丙烷[185]

2,2-Bis- {3-amino-4-[(4-oxyhexyloxy-4′-butoxy)-azobenzene]phenylene}hexafluoropropane,

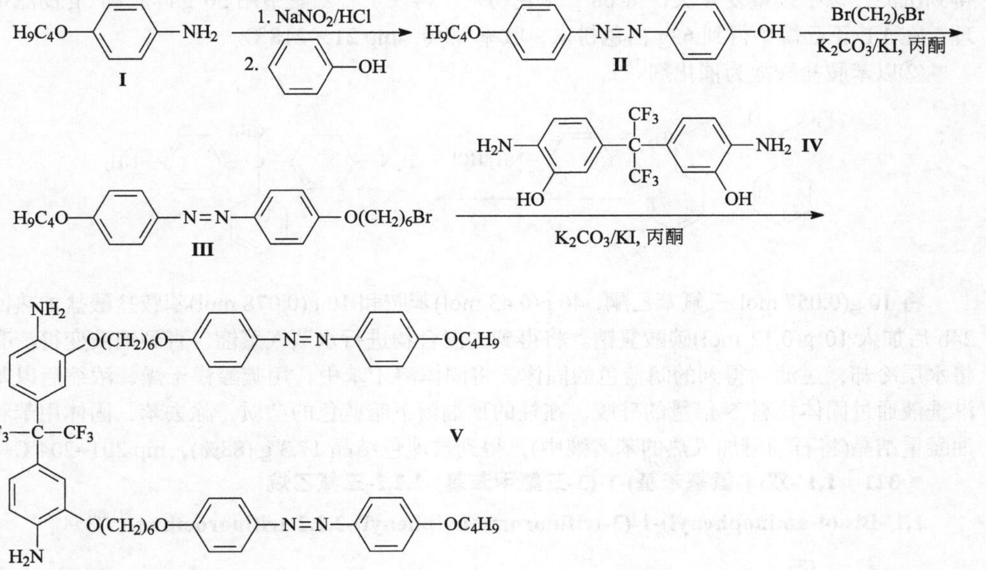

由对羟基-*p*′-丁氧基偶氮苯(**II**)与二溴己烷在丙酮中与 K₂CO₃/KI 反应 10~12 h 得到 4-(6-溴代己氧基)-4′-丁氧基重氮苯(**III**)。

将 **III** 与 **IV** 在丙酮中的溶液与 K₂CO₃/KI 加热到回流，反应 32~45 h。得到二胺 **V**，从甲苯/乙醇(1∶1.3)重结晶，收率 63%，mp 100~114℃(液晶)。

〖320〗1,1-二(4-氨基苯基)-1-苯基-2,2,2-三氟乙烷

1,1-Bis(4-aminopheny1)-1-phenyl-2,2,2- trifluoroethane

①以对甲苯磺酸为催化剂[186]

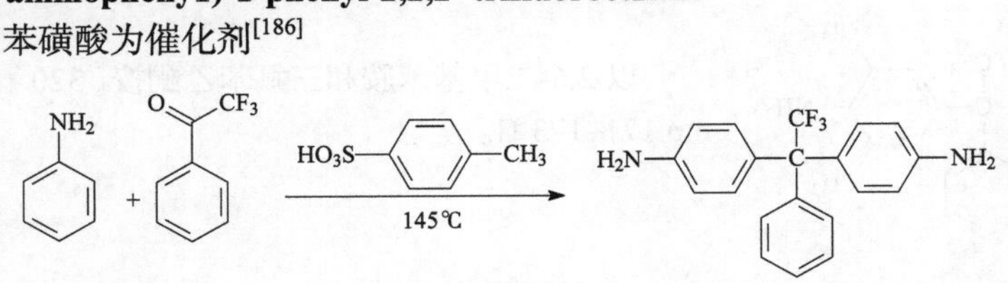

将 54.6 g(0.287 mol)对甲苯磺酸单水化合物和 325 mL 新蒸的苯胺加热回流，蒸馏到馏头温度稳定在 184℃，以确认水分已经除去。将出水器换为回流冷凝器，并使温度降到 130℃，在氩气正压下加入 50.0 g(0.287 mol)三氟苯乙酮，加热到 145℃搅拌 48 h 后冷却到 90℃，剧烈搅拌中一次加入 500 mL 1 N NaOH，冷却到室温，加入 1 L CH₂Cl₂，搅拌、静置分层，水层用 150 mL CH₂Cl₂ 萃取，有机层合并，依次用 4×250 mL 饱和 NaHCO₃、4×250 mL 水及 200 mL 饱和 NaCl 洗涤。暗色的溶液用无水 MgSO₄ 干燥后浓缩至 300 mL，缓慢加到 4 L 正己烷中，分层后倾出正己烷，将半固态的深色物料用 500 mL CH₂Cl₂ 处理，再缓慢倒入 4 L 正己烷

中，搅拌，将悬浮物过滤，得到 78 g 紫红色固体。将该固体溶解在 2 L 乙醚中，与 500 g 硅胶(60~230 目)和 100g 助滤剂搅拌过夜，过滤，滤液浓缩到 125 mL，缓慢倒入 2 L 正己烷中得到沉淀，该手续重复 4 次，得 68 g 米色粉末，再在 1 L 乙醚中用 50 g 硅胶和 5g 助滤剂处理，在 1 L 正己烷中得到 63g 白色粉末，收率 63%，mp 215~218℃。

②以苯胺盐酸盐为催化剂[187]

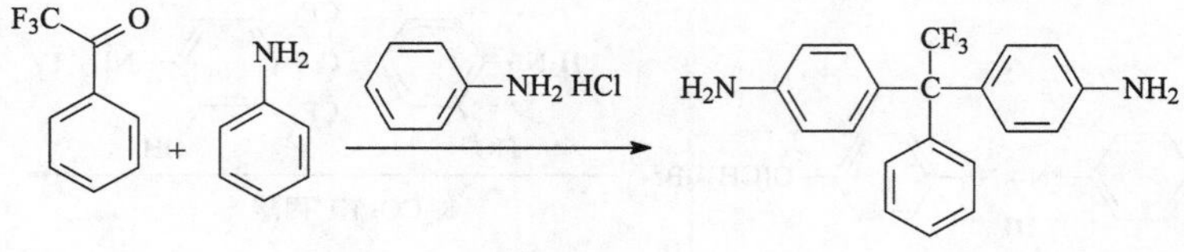

将 10 g(0.057 mol)三氟苯乙酮，40 g(0.43 mol)苯胺和 10 g(0.078 mol)苯胺盐酸盐加热回流 24h 后加入 10 g(0.12 mol)碳酸氢钠。将得到的混合物进行水蒸气蒸馏，直到馏液变得清亮。将水层冷却，过滤，得到的暗蓝色的固体。将固体溶于苯中，用硫酸镁干燥，浓缩后以苯为淋洗液通过固体物料 5 倍量的硅胶，在柱的顶端留下暗蓝色的杂质，除去苯，固体用苯和石油醚重结晶(将石油醚加入热的苯溶液中)，得到玫瑰色结晶 17.3 g (88%)，mp 201~204℃。

〖321〗1,1′-双(4-氨基苯基)-1-(3-三氟甲苯基)-2,2,2-三氟乙烷

1,1′-Bis (4-aminophenyl)-1-(3-trifluoromethylphenyl)-2,2,2-trifluoroethane[188]

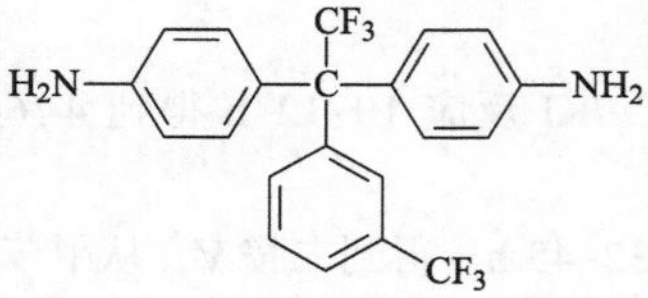

由3-(三氟甲基)三氟苯乙酮与苯胺盐酸盐按〖320〗方法合成。收率85.4%，mp 124.℃。

〖322〗1,1-二(4-氨基-3,5-二甲基苯基)-1-苯基-2,2,2-三氟乙烷

1,1-Bis (4-amino-3,5-dimethylpheny1)-1-phenyl-2,2,2-trifluoroethane[187]

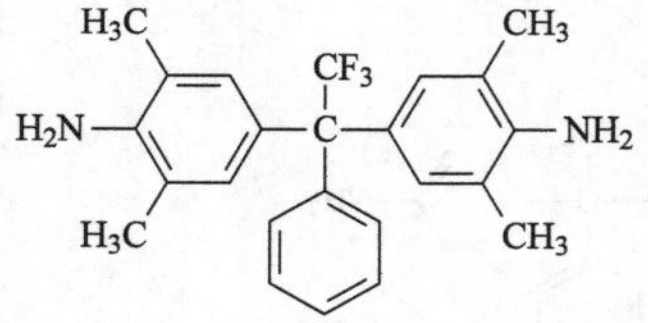

以 2,6-二甲基苯胺和三氟苯乙酮按〖320〗的方法合成，mp 171~173℃。

〖323〗1,1-二(4-氨基-3-二甲基-5-异丙基苯基)-1-苯基-2,2,2-三氟乙烷

1,1-Bis (4-amino-3-methyl-5-isopropylpheny1)-1-phenyl-2,2,2-trifluoroethane[187]

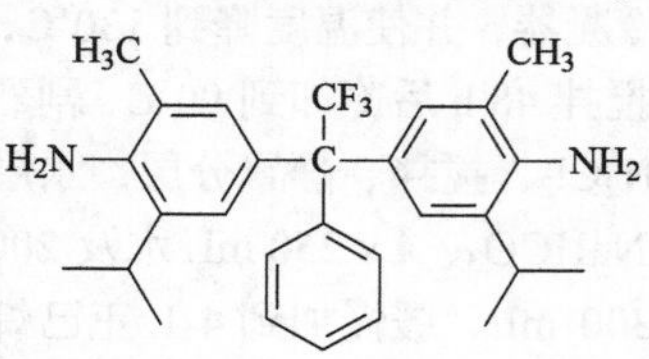

以 2-甲基-6-异丁基苯胺和三氟苯乙酮按〖320〗的方法合成，mp 160~162℃。

〖324〗1,1-二(4-氨基-3,5-二异丙基苯基)-1-苯基-2,2,2-三氟乙烷

1,1-Bis(4-amino-3, 5-tetraisopropylpheny1)-1-phenyl-2,2,2-trifluoroethane[187]

以 2,6-二异丁基苯胺和三氟苯乙酮按〖320〗的方法合成，mp 182~185℃。

〖325〗1,1-二(4-氨基-3,5-二甲基苯基)-1-[3,5-二(三氟甲基)]苯基-2,2,2-三氟乙烷[682]

1,1-Bis (4-amino-3,5-dimethylpheny1)-1-[3,5-di(trifluoromethyl)]phenyl-2,2,2-trifluoroethane

将 31.2 g(0.26 mol)无水三氟乙酸锂, 5.52 g(0.23 mol)镁屑和 0.2 g 碘加到 200 mL 无水 THF 中，再加入 5.9 g(0.02mol)1-溴-3,5-二(三氟甲基)苯在 50 mL 乙醚中的溶液，搅拌，直到无水三氟乙酸锂完全溶解。将该混合物缓慢加热到 60℃，滴加 52.6 g (0.18 mol) 1-溴-3,5-二(三氟甲基)苯在 50 mL 无水 THF 中的溶液，加完后回流 8 h，冷却到室温，缓慢加入 30 mL 浓盐酸和 30 mL 水的混合物，分出水相。有机相用 5%碳酸氢钠溶液和水洗涤后用硫酸镁干燥，蒸去溶剂，得到的粗产物蒸馏提纯，得 3′,5′-二(三氟甲基)三氟苯乙酮(I) 无色液体 46.5 g (75%)，bp 150~151℃。

将 64.7 g(0.53 mol)2,6-二甲基苯胺, 35.3 g (0.22 mol)2,6-二甲基苯胺盐酸盐和 34.3 g (0.11 mol)I 在 130℃搅拌到 2,6-二甲基苯胺盐酸盐完全溶解，然后加热到 180℃回流 10 h，冷却到室温，加入 100 mL 20%碳酸氢钠溶液，水蒸气蒸馏除去过量的 2,6-二甲基苯胺，得到二胺粉末状产物，粗产物用柱色谱(乙醚∶石油醚 = 5∶3)提纯，产率 49%，mp 151~152℃。

〖326〗1,1-二(4-氨基-3,5-二甲基苯基)-1-(3,4,5-三氟苯基)-2,2,2-三氟乙烷

1,1-Bis (4-amino-3,5 -dimethylphenyl)-1-(3,4,5-trifluorophenyl)-2,2,2-trifluoroethane[189]

由 3,4,5-三氟溴苯按〖325〗方法合成，I 的收率为 66.8%，bp 150~152℃。二胺收率 71.9%，由乙醇/水(1∶1)重结晶，mp 181.1℃。

〖327〗5(6)-氨基-1-(4-氨基苯基)-1,3,3-三甲基茚

5(6)-Amino-1-(4-aminophenyl)-1,3,3- trimethylindane[190]

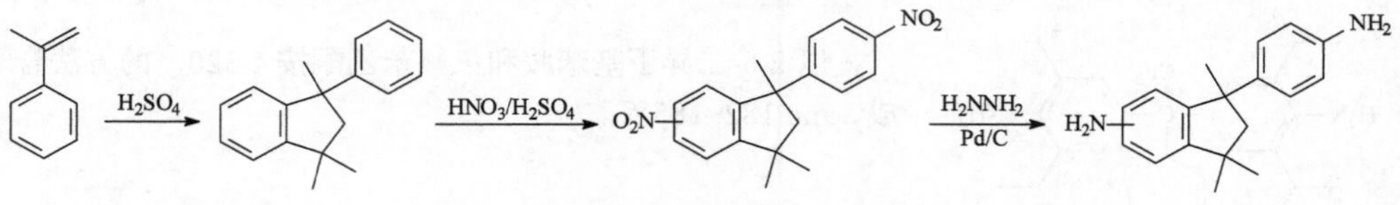

将 150 mL α-甲基苯乙烯通过碱性氧化铝，滤掉作为阻聚剂的邻苯二酚后缓慢加入由 480 mL 硫酸和 600 mL 水配成的溶液。在 120 ℃回流 2 h，加入 300 mL 硫酸，再回流 18 h。冷却到室温，加入 400 mL 水。含有苯基茚的有机层用 5%碳酸氢钠洗涤到中性，有机层进行减压蒸馏，取 110 ℃/1 mmHg。得 1,3,3-三甲基苯基茚白色固体，mp 50~51 ℃。

将 20 g 1,3,3-三甲基苯基茚溶于 60 mL 氯仿中，冷却至 0~5 ℃，在 2 h 内滴加入由 33 mL 硫酸和 14.5 mL 硝酸(欠量 5%)的混合物，保温 4 h 后自然升至室温。分出有机层，酸层用氯仿萃取。有机层用 5%碳酸氢钠洗涤至中性，在 MgSO₄ 上干燥，除去氯仿，将得到的黏性黄色液体在己烷中搅拌，得 5(6)-硝基-1-(4-硝基苯基)-1,3,3-三甲基茚淡黄色粉末，mp 115~126 ℃。

将 3 g 二硝基物溶于 220 mL 乙醇中，加热回流，溶解后加入 0.25 g Pd/C，然后缓慢滴加入 12 mL 肼 (9 mol/L 过量)。加完后继续回流 2 h，再加入 0.1 g Pd/C，回流反应过夜。加入活性炭 0.2 g，回流 10 min，趁热过滤，除去乙醇，将得到的油状物在水中研磨得到白色粉末，5(6)-氨基-1-(4-氨基苯基)-1,3,3-三甲基茚为定量产率，mp 77~104 ℃。

〖328〗3,3′-(二氨基)二苯基二氟甲烷 3,3′-Diaminodi1phenyldi1fluoromethane[191]

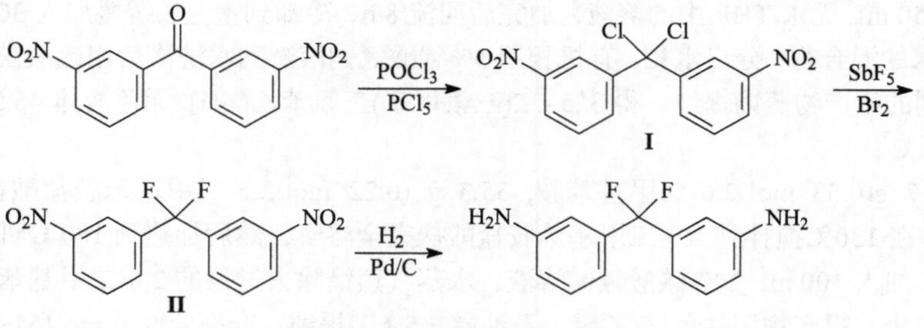

参考 4,4′-(二氨基)二苯基二氟甲烷的合成方法[192]：

将 10 g 4,4′-二硝基二苯酮，9.8 g 五氯化磷及 1 mL 三氯氧磷在 120~130 ℃加热 4 h。蒸出三氯氧磷后产物从苯重结晶，再从乙酸重结晶，得 4,4′-(二硝基)二苯基二氯甲烷 6.3 g(52%)，mp 142~143 ℃。

将 2.67g 4,4′-(二硝基)二苯基二氯甲烷和 1.2g 升华的三氟化锑及 3 滴溴在 140 ℃搅拌 2~3min，放置冷却，液体固化，用 20%盐酸和水洗涤，得 4,4′-(二硝基)二苯基二氟甲烷 2.02g(84.1%)，mp 140~141 ℃。将二硝基物用钯炭黑催化氢化，得到二胺。

2.6.7　多次甲基多苯二胺

〖329〗1,4-双(4-氨基苄基)苯　1,4-Bis(4-aminobenzyl)benzene[193]

H_2N—⟨苯环⟩—CH_2—⟨苯环⟩—CH_2—⟨苯环⟩—NH_2

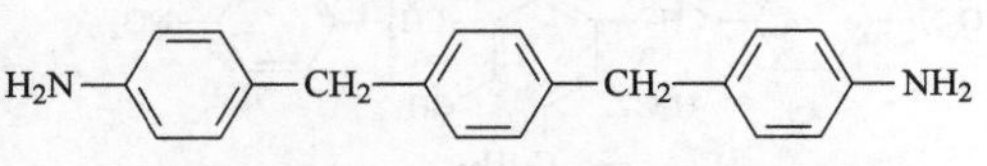

由〖409〗按〖331〗方法还原得到，
收率73%，mp 137~138℃。

〖330〗1-(3-氨基苄基)-4-(4-氨基苄基)苯

1-(3-Aminobenzyl)-4-(4-aminobenzyl) benzene[193]

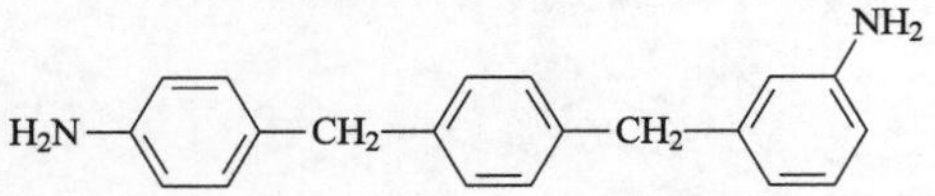

由〖410〗按〖331〗方法还原得到，
收率65%，mp 85.5~86℃。

〖331〗1,4-双(3-氨基苄基)苯　1,4-Bis(3-aminobenzyl)benzene[193]

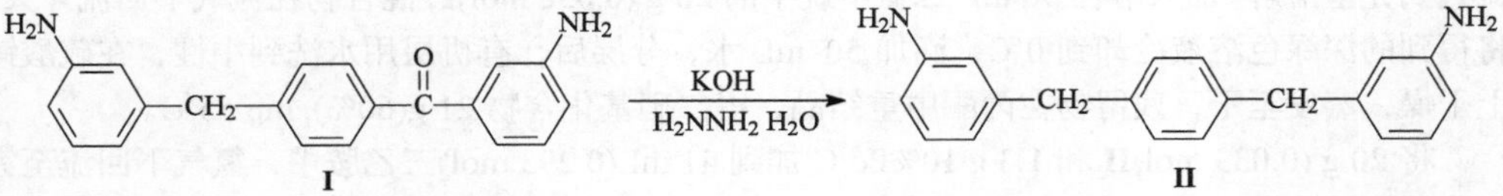

将 50.0 g (166 mmol)**I**〖407〗和 32.0 g (1.00 mol)水合肼在 1 L 2-羟基乙醚和 18 mL 水中加热到 80℃搅拌 1 h。然后一次加入 56.0 g (1.00 mol)KOH，回流下搅拌 6 h，冷却到室温，倒入 2.5 L 水中，放置过夜，滤出固体，用 3×300 mL 水洗涤，干燥得到 36 g 粗产物。将粗产物溶于 2.2 L 沸腾的乙醇，加入 5 g 活性炭，趁热过滤，滤液加热到 70℃，维持在 60℃以上加入水直到出现浑浊，冰箱冷却，滤出产物得 28.0 g(59%)，mp 141~142℃。

〖332〗1,3-双(4-氨基苄基)-2,4,6-三甲基-5-正己基苯

1,4-Bis(4-aminobenzyl) -2,4,6-trimethyl-5-n-hexylbenzene[194]

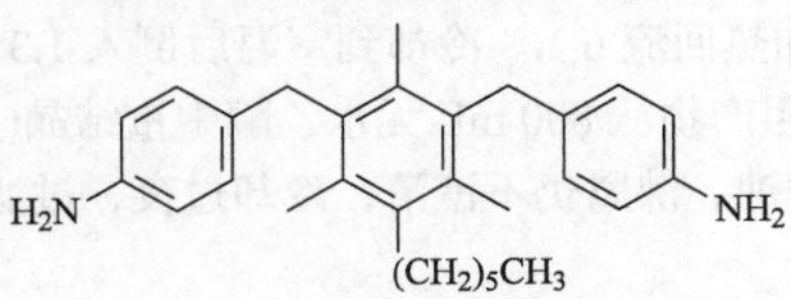

由1,3,5-三甲基-2-己基苯按〖334〗方法合成，
II：mp 62℃，**III**：mp 73℃。

〖333〗1,3-双(4-氨基苄基)-2,4,6-三甲基-5-正辛基苯

1,3-Bis(4-aminobenzyl) -2,4,6-trimethyl-5-n-octylbenzene[194]

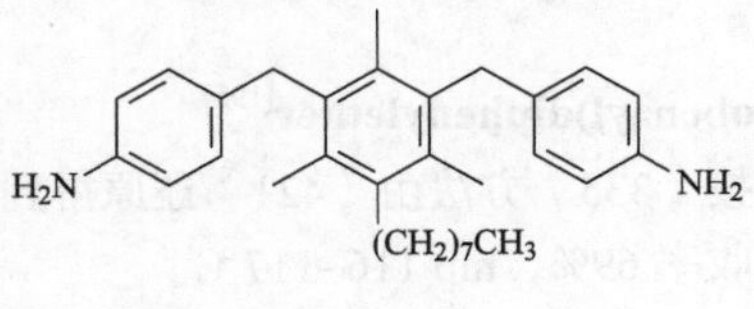

由1,3,5-三甲基-2-辛基苯按〖334〗方法合成，
II：mp 60℃，**III**：mp 70℃。

〖334〗1,3-双(4-氨基苄基)-2,4,6-三甲基-5-正十六烷基苯

1,3-Bis(4-aminobenzyl) -2,4,6-trimethyl-5-*n*-hexadecylbenzene[194]

将 20 g (0.116 mol)对硝基苄氯和 13.5 g (0.102 mol)三氯化铝在 100 mL 无水二氯甲烷中回流直到完全溶解。加入溶在 50 mL 二氯甲烷中的 20 g (0.058 mol)I，混合物在氮气下回流 4 天。将得到的深绿色溶液冷却到 0℃，滴加 50 mL 水，分层后，有机层用水洗到中性，在硫酸镁上干燥，蒸发至干，残留物在丙酮中重结晶，得二硝基化合物 21 g(60%)，mp 55℃。

将 20 g (0.033 mol)II 和 1.3 g 10%Pd/C 加到 41 mL(0.293 mol)三乙胺中，氮气下回流至完全溶解，缓慢加入 10.5 mL (0.280 mol)97%甲酸，由于放热而发生剧烈反应。混合物回流 1 h，冷却后用 50 mL 二氯甲烷稀释，过滤，有机层用水洗涤至中性，去除溶剂后产物从乙醇重结晶，得二胺 16 g(90%)，mp 65℃。

〖335〗4,4′-双(4-氨基苄基)二苯甲烷 **4,4′-Bis(4-aminobenzyl)diphenylmethane**[195]

将 25.0 g(0.066 mol)I〖419〗和 12 g(0.38 mol)无水肼在 500 mL 二乙二醇中加热到 80℃反应 1 h。冷却到室温后加入 21g(0.38 mol)KOH，溶液加热回流 6 h。冷却到室温后倒入 1.3 L 水中，放置过夜。滤出固体，用水洗涤，干燥。将 22 g 粗产物从 800 mL 无水乙醇中重结晶(用 4 g 活性炭脱色)。趁热过滤，滤液加热至沸，加水使浑浊，沸腾仍不澄清，冷却过夜，过滤，干燥，得二胺 18g(79%)，mp 141~142℃。

〖336〗4,4′-双(3-氨基苄基)二苯甲烷 **4,4′-Bis(3-aminobenzyl)diphenylmethane**[195]

按〖335〗方法由〖420〗合成。二胺收率 62%，mp 125~126℃。

〖337〗4,4′-双(4-氨基苄基)二苯醚 **4,4′-Bis(4-aminobenzyl)diphenylether**[195]

按〖335〗方法由〖421〗还原得到，二胺收率 69%，mp 116~117℃。

〖338〗4,4'-双(3-氨基苄基)二苯醚　4,4'-Bis(3-aminobenzyl)diphenylether[195]

按〖335〗方法由〖422〗还原得到，二胺收率75%，mp 105.5~106.5℃。

〖339〗4,4'-双(4-氨基苄基)二苯硫醚 4,4'-Bis(4-aminobenzyl)diphenyl sulphide[195]

按〖335〗方法由〖423〗还原得到，二胺收率71%，mp 131~132℃。

〖340〗4,4'-双(3-氨基苄基)二苯硫醚 4,4'-Bis(3-aminobenzyl)diphenyl sulphide[195]

按〖335〗方法由〖424〗还原得到，二胺收率74%，mp 97~98 ℃。

〖341〗2,5-双(4,4'-二氨基二苯甲烷)-1,4-苯醌

2,5-Bis(4,4'-methylene dianiline)-1,4- benzoquinone[196]

将 11.0 g (55.6 mmol)MDA 溶于 200 mL 无水乙醇中，通入纯氧，滴加 2.0 g (19 mmol)苯醌在 20 mL 乙醇中的溶液，反应物变成暗褐色。三分之一苯醌溶液加入后，褐色沉淀生成，所有苯醌加完后，继续通氧反应 6 h，过滤，用甲醇洗数次，50℃真空干燥，在沸乙醇中重结晶，得 3.84 g(42%)，在 238℃开始分解，DSC 吸热峰在 249℃。

〖342〗1, 4-双[2-(4-氨基苯基)丙撑]苯

1,4-Bis[2-(4-aminophenyl)propylene]benzene (Bis-P)[197,198]

在氮气下将 279 g 苯胺，129 g 苯胺盐酸盐和 158 g 对二异丙基苯加热到 180~200℃，5 min 后 1,4-双[2-(4-氨基苯基)丙撑]苯开始结晶析出。10 min 后反应物几乎固化。在 200℃再加热 30 min 后冷却到 80℃，将反应物与 200 mL 20%NaOH 溶液混合。分出有机相，用水洗涤，干燥。过滤的苯胺用真空蒸馏除去，得到 297 g(86.5%)残留物。从甲苯重结晶或蒸馏提纯，Bis-P 的 mp 163℃，bp 230℃/0.1 mmHg。

〖343〗1,3-双[2-(4-氨基苯基)丙撑]苯

1,3-Bis[2-(4-aminophenyl)propylene]benzene (Bis-M)[197]

按〖342〗方法由苯胺，苯胺盐酸盐与间二异丙基苯在 200℃反应得到，mp 114.5℃。

〖344〗1,4-双[2-(4-氨基-3,5-二甲基苯基)丙撑]苯

1,4-Bis[2-(4-amino-3,5-dimethyl phenyl)propylene]benzene[197]

按〖342〗方法由 2,6-二甲基苯胺及
其盐酸盐代替苯胺及其盐酸盐。

2.6.8　两个苯胺环之间由其他脂肪基团隔开的二胺

〖345〗p,p'-二氨基联苄　p,p'-Diaminobibenzyl[199]

将 100 g 对硝基甲苯在 2 L 30%KOH 甲醇溶液中冷却到 10℃，在剧烈搅拌下通入空气，保持温度为 5~10℃，反应 2 h。撤去冷浴，再通空气 6 h。将红褐色的浆状混合物过滤，用 2 L 沸水洗涤，再用 300 mL 乙醇洗涤，残留物从苯中重结晶，得 p,p'-二硝基联苄**(I)** 黄色针状物 75 g (76%)，mp 179~180℃。

(1) 铁粉法：将 126.2 g **I** 和 200 g 铁粉加到 500 mL 水和 500 mL 乙醇中，混合物搅拌下加热到沸腾，滴加 12 mL 浓乙酸，50 mL 水和 50 mL 乙醇的混合溶液，加完后回流 7 h，再加入足够量的乙醇，使生成的二胺溶解，用 10%NaOH 碱化，趁热过滤，从冷的溶液中析出二胺 92.5 g(93.8%)。从乙醇和水的混合物中脱色，重结晶，得到二胺白色片状物，mp 135~137℃。

(2) 催化氢化：将 100.0 g **I** 和 32 g Raney Ni 在 1 L 无水乙醇中 7.4 MPa 氢压下加氢还原，温度逐渐升至 60℃，大约在 4.5 h 内吸收理论氢量，冷却后卸压，将混合物加热至沸，用 1500 L 水稀释后过滤，冷却后得到定量产率的二胺。重结晶提纯后，mp 135~138.5℃。

〖346〗1,3-二(3'-氨基苯基)丙烷　**1,3-Bis(3'-aminophenyl)propane**[191]

1,3-二苯基丙烷是由溴苯和 1,3-二溴丙烷在金属钠作用下在乙醚中合成，bp 78~80℃/0.1 mmHg。

0℃下缓慢地将 4 mL 浓硫酸和 12 mL 浓硝酸加到 20 mL 乙酐中。30 min 内在该混合物中加入 15 mL 1,3-二苯基丙烷在 20 mL 乙酐中的溶液。0℃反应 30 min 后加入 100 mL 水，室温搅拌 30 min。过滤，用水洗涤，得 4,4'-二硝基二苯基丙烷 19g。从乙醇重结晶，得 4.5 g(22%) 无色针状物，mp 140~141℃。

将 0.5 g Raney Ni 加到 0.55 g 二硝基物和 0.5 mL 95%水合肼在 10 mL 二氧六环的溶液中。在 60℃反应 1 h，其间以小份补加催化剂。过滤，用活性炭处理，再过滤，在滤液中加入 30 mL 水，冷却，得到产物，从 20 mL 己烷重结晶，得二胺 0.2 g(50%)，mp 103~104℃。

〖347〗1,4-二(4'-氨基苯基)丁烷　1,4-Bis(4'-aminophenyl)butane[191]

以 1,4-二溴丁烷代替 1,3-二溴丙烷，按〖346〗方法合成。1,4-二苯基丁烷收率 94%，bp 108~109℃/0.1 mmHg，mp 52℃；二硝基物收率 42%，mp 131~135℃；用钯黑催化氢化，二胺收率(85%)，mp 86.5~88℃。

〖348〗4,4'-二氨基二苯乙烯　4,4'-Diaminostilbene[201]

二硝基物收率 85%，mp 273~282℃，可能含有少量顺式异构体。还原收率 40%，从甲醇/水重结晶，mp 228~230℃。

〖349〗1,3-双(3-氨基苯基)六氟丙烷　1,3-Di(3-aminophenyl)perfluoropropane[202]

以二氟丙二酸二酰氯为原料，按〖350〗的方法合成。

收率 77%，mp 68~72℃。经升华(120~130℃/0.1 mmHg)，环己烷重结晶得到针状物，mp 75~75.5℃，收率 46.2%。盐酸盐：mp 228~260℃(dec)。

〖350〗1,5-双(3-氨基苯基)全氟戊烷　1,5-Di(3-aminophenyl)perfluoropentane[202]

将 24.9 g (90 mmol)六氟戊二酸二酰氯在 100 mL 干燥苯中的溶液加热到 34~35℃，1 h 内滴加 26.0 g (194 mmol)AlCl₃ 在 400 mL 干燥苯中的溶液，在 30~40℃反应 3 h 后倒入含盐酸的碎冰中，分出苯层，用水洗涤，硫酸镁干燥后进行分馏，取 98~102℃/6×10⁻⁴ mmHg，得产物 22.3 g(69%)。从环己烷中重结晶，得到无色片状产物 I，mp 51~52℃。

将 I 与 PCl₅ 在 210~220℃反应 85 h，得到四氯化物 II，收率 87%，mp 87~87.5℃。

将 II 与三氟化锑-五氯化锑在氟利昂 113 中反应，得到 1,5-二苯基十氟戊烷 III，mp 18~19℃，bp 113~114℃/0.05 mmHg。

以 III 与混酸在 85~90℃反应 2 h，得 90% m,m'-二硝基-1,5-二苯基十氟戊烷 IV，mp

102~103 ℃。

将二硝基物与二水氯化亚锡在盐酸，甲醇中回流 5~6 h 得二胺, mp 58~65℃，收率 89%。从环己烷重结晶后再升华 2 次(110~115℃/ 5×10⁻⁵ mmHg)，最后再重结晶，得二胺无色针状物，收率 48.9%，mp 70.5~71℃。

〖 351 〗1,3-双(4-氨基苯基)金刚烷 1,3-Bis(4-aminophenyl)adamantane[203]

将 37 mL (0.770 mol)溴加到 15.0 g (0.11mol)金刚烷中，室温搅拌 10 min，然后在 3 h 内逐渐升温到 105℃，期间放出大量溴化氢。反应物在 105℃再搅拌 2 h 后冷却到室温，倒入 1 L 冰水中，加入 200 mL CCl₄，在快速搅拌和冷却下缓慢加入固体 NaHCO₃ 以破坏过量的溴，直至红色消失。分层后水层用 2×200 mL CCl₄ 萃取。合并有机层，在硫酸镁上干燥，浓缩，黄色残留物从甲醇重结晶得 1-溴代金刚烷(I)白色片状结晶 20.73 g (88%)，mp117~118℃[204]。

将 590 μL (0.0654 mol/L 溴溶液)三溴化铝加入到 50 mL (0.96 mol)干燥的溴和 9.66 mL (38.54 mmol)BBr₃的混合物中。搅拌下一次加入 20.73 g (96.36 mmol) I。混合物逐渐加热到 85℃反应 90 min，期间放出大量溴化氢。冷却到室温，倒入 1 L 冰水中，再加入 200 mL CCl₄，在快速搅拌和冷却下缓慢加入固体 NaHCO₃ 去除过量的溴，直到红色消失。分层，水层用 2×200mL CCl₄ 萃取。合并有机层，在硫酸镁上干燥，浓缩，从甲醇重结晶得 1,3-二溴金刚烷(II)白色片状结晶 24.41 g (87%)，mp110℃[204]。

将 3.00 g (10.2 mmol)II 溶于 60 mL 苯中，加入 0.500 g (3.08 mmol)三氯化铁。混合物加热回流 16 h 后冷却到室温，滤出沉淀，滤液用水洗涤，蒸发至干，粗产物用甲苯重结晶，得 1,3-二苯基金刚烷(III)白色晶体 0.756 g (25.7%)，mp 87~89℃。

将 2.00 g (6.94 mmol)III 悬浮在 40 mL 冰乙酸中，滴加 25 mL 发烟硝酸，得到的黄色溶液搅拌 5 天后倒入碎冰中，滤出沉淀，水洗，干燥得 1,3-双(4-硝基苯基)金刚烷 (IV)0.965 g (36.8%)，mp 176~178℃。

将 1.00 g (2.65 mmol)IV, 10 mL 水合肼及 0.02 g 10% Pd/C 在 50 mL 乙醇中回流 16 h，滤去催化剂，滤液蒸发至干，粗产物用乙醇重结晶，得到二胺白色晶体 0.471 g (56.0%)，mp195~197 ℃。

〖352〗1,6-双(4-氨基苯基)二金刚烷　1,6-Bis(4-aminophenyl)diamantane[205]

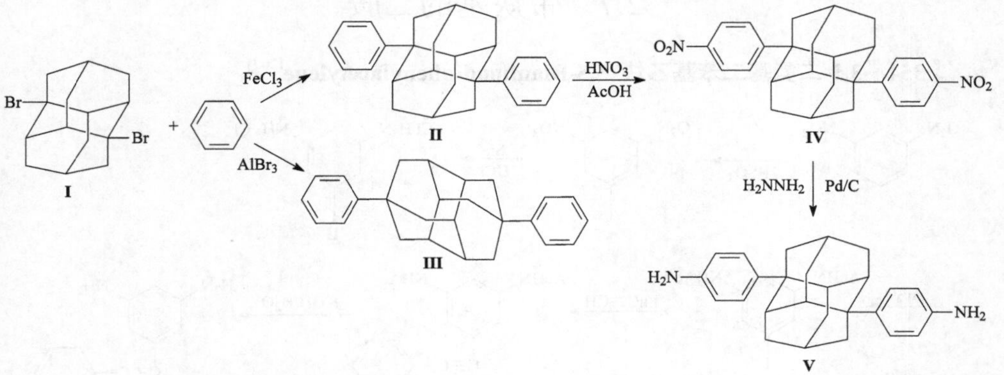

将 3.00 g (8.68 mmol)1,6-二溴二金刚烷(**I**，见『298』)在 80 mL 苯中与 0.500 g (3.08 mmol) 三氯化铁加热回流 12 h，冷到室温，滤出沉淀，滤液用水洗涤后减压蒸发至干，粗产物从甲苯重结晶得到 1,6-二苯基二金刚烷(**II**) 1.35 g(45.8%)，mp 298~300℃。

将 2.00 g (5.88 mmol)**II** 悬浮在 40 mL 冰乙酸中，滴加发烟硝酸 25 mL，搅拌 5 天后倒入碎冰中，滤出沉淀得 1,6-双(4-硝基苯基)二金刚烷(**IV**) 2.03 g(80.3%)，mp >390℃。

将 1.00 g (2.33 mmol)**IV**, 0.02 g 10%Pd/C 及 10 mL 水合肼在 60 mL 乙醇中回流 16 h，过滤，滤液蒸发至干，粗产物在 DMAc 重结晶，得 1,6-双(4-氨基苯基)二金刚烷 0.764 g(88.6%)，mp 372~374℃。

〖353〗4,9-双(4-氨基苯基)二金刚烷　4,9-Bis(4-aminophenyl)diamantane[206]

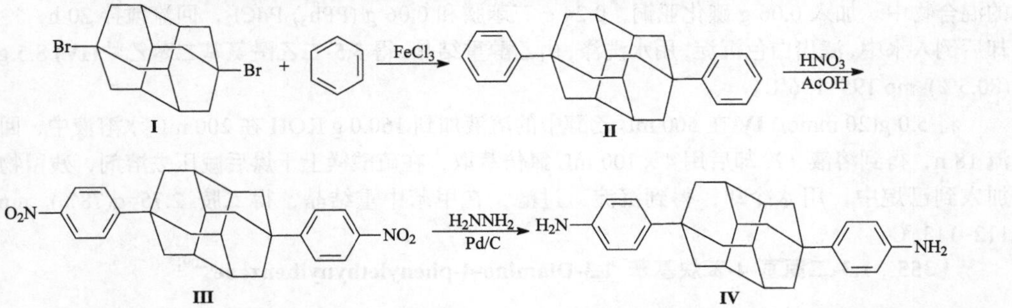

将 3.00 g (8.68 mmol)4,9-二溴二金刚烷(**I**，见『298』)，60 mL 苯，和 0.500 g (3.08 mmol) 氯化铁加热回流 12 h 后冷却到室温，过滤，用水洗涤后减压干燥，粗产物从甲苯重结晶，得 4,9-二苯基二金刚烷(**II**)1.54 g (52.2%)，mp 278~280℃。

将 2.00 g (5.88 mmol)**II** 悬浮在 40 mL 冰乙酸中，滴加加入 25 mL 发烟硝酸，搅拌 5 天后倒入碎冰中，滤出固体，得 4,9-双(4-硝基苯基)二金刚烷 (**III**)2.05 g (81.1%)，mp 318~320℃。

将 1.00 g (2.33 mmol)**I**, 10 mL 水合肼, 0.02 g 10% Pd/C 在 60 mL 乙醇中回流 16 h，过滤，粗产物从 DMAc 重结晶，得 4,9-双(4-氨基苯基)二金刚烷 0.751 g (87.1%)，mp 316~318℃。

2.7　带炔基的二胺

〖354〗3,5-二氨基二苯基乙炔　3,5-Diaminodiphenylacetylene[207]

将 125 g(0.745 mol)间二硝基苯和 97 g (0.382 mol)碘在 500 mL 发烟硫酸(20%~30% SO$_3$)中缓慢加热，1 h 内浴温升到 150℃，回流柱中出现白烟，继续在 150~155℃加热至白烟消失。反应中不时将发烟硫酸从冷凝管加下，洗下升华上来的碘。将反应物冷却到 50℃后倒入大量冰中。然后将混合物转移到乳钵内研成细末，过滤，用水充分洗涤，从 500 mL 无水乙醇重结晶，得 3,5-二硝基碘苯(I) 160 g(73%)，多次重结晶后，mp 99.5~100.5℃[208]。

将 I 用锡，盐酸还原得到 3,5-二氨基碘苯二盐酸盐(II)，mp 311℃(dec)。

将 II 在硫酸催化下用乙酐酰化得到 3,5-二乙酰氨基碘苯(III)，mp 284~285℃。

将 13.0 g (41 mmol)III 和 6.2 g(60 mmol)苯乙炔溶于去氧的 500 mL 吡啶和 6.2 mL 三乙胺的混合物中。加入 0.06 g 碘化亚铜，0.24 g 三苯膦和 0.06 g (PPh$_3$)$_2$PdCl$_2$，回流搅拌 20 h，冷却后倒入水中，滤出白色沉淀，用水洗涤，由乙醇重结晶，得 3,5-二乙酰氨基二苯乙炔(IV) 8.5 g(80.5%)，mp 195~196℃。

将 5.0 g(20 mmol) IV 在 500 mL 乙醇中的溶液加到 160.0 g KOH 在 200 mL 水溶液中，回流 18 h，得到溶液，冷却后用 4×100 mL 氯仿萃取，在硫酸镁上干燥后减压去溶剂，残留物加入到己烷中，用冰冷却，得到沉淀，过滤，在甲苯中重结晶，得二胺 2.75 g(78%)，mp 112~113 ℃。

〖355〗1,3-二氨基-4-苯炔基苯　1,3-Diamino-4-phenylethynylbenzene[209]

将 100.03 g (0.405 mol)1,3-二硝基-4-溴苯，0.8814 g(4.628 mmol)碘化亚铜，4.4962 g (17.142 mmol)三苯膦，0.5369 g(0.7649 mmol)二(三苯膦)二氯化钯和 56.82 g(0.5563 mol)苯乙炔在 500 mL 三乙胺中室温搅拌 16 h，滤出沉淀，依次用酸性水和水充分洗涤，室温空气干燥得 94.2 g

(87%) 暗褐色粉末，从 1400 mL 乙醇重结晶得 1,3-二硝基-4-苯炔基苯褐色粉末 62.3 g (57%)，mp 110℃。

将 26.21 g (0.098 mol)1,3-二硝基-4-苯炔基苯溶于 250 mL 二氧六环中，冷却到 10~15℃。滴加入 175 g(0.77 mol)氯化亚锡二水化合物在 400 mL 浓盐酸中的溶液，温度维持在 10~20℃，加完后，撤去冰浴，在室温搅拌 16 h，滤出沉淀，加到水中，用氨水中和后过滤，空气中室温干燥，得二胺粗产物 15.1 g (74%)。从乙醇水溶液中重结晶，得 14.2 g (70%)，在 138℃有宽的熔融峰。

〖356〗3,5-二氨基-4′-苯基乙炔基二苯酮　3,5-Diamino-4′-phenylethynylbenzophenone[210]

将 101 g(0.288 mol) 3,5-二硝基-4′-溴二苯酮，0.24 g(1.26 mmol)碘化亚铜，1.50 g(5.72 mmol)三苯膦，0.3 g(0.4274 mmol)二(三苯膦)二氯化钯和 32.32 g(0.316 mol)苯乙炔在 1 L 三乙胺中的混合物在 85℃反应~12 h。冷却到室温，过滤，用三乙胺、酸性水及蒸馏水洗涤后在 105℃空气流中干燥~17 h，得到 104 g(97%)黑褐色粉末。由 DSC 测得在 156℃有小峰，中心处于 181℃的宽峰。另在 403℃开始放热，423℃有最大值。从 1 L 甲苯重结晶得到第一批黄橙色结晶 66 g (63%)，在 188℃有鲜明熔点。将滤液蒸发得到第二批结晶 15 g, mp 188℃，共得 3,5-二硝基-4′-苯乙炔基苯乙酮 83.5 g (78%)。

将 19.6 g (53 mmol)3,5-二硝基-4′-苯炔基二苯酮溶于 450 mL 二氧六环，得到橙色溶液，冷却到 10~15℃，滴加入 78.4 g(0.35 mol)氯化亚锡二水化物在 300 mL 浓盐酸中的溶液，加完后撤去冰浴，让温度回升到室温，搅拌 16 h，析出沉淀。将滤出的固体加到水中，用氨水中和，滤出沉淀，用水洗涤后在 65℃流动空气中干燥 1 h，得 16.0 g(98%)粗产物，从甲苯中重结晶，得二胺 13.1 g(80%)黄色粉末，mp 156℃。

〖357〗2,4-二氨基-4′-苯炔基二苯醚　2,4-Diamino-4′-phenylethynyldiphenyl ether[209]

　　将 20.06 g (0.099 mol)1-氯-2,4-二硝基苯, 19.24 g (0.099 mol)4-苯炔基苯酚和 9.56 g (0.165 mol)氟化钾在 101.6 g 环丁砜中(固含量 26.0%)氮气下加热到~110℃，搅拌 24 h，冷却到 40℃，倒入水中得到黄色沉淀，过滤，用水洗涤 2 次，空气中室温干燥得 36.2 g (100%)，mp 131℃。由乙醇重结晶得到 2,4-二硝基-4'-苯乙炔基二苯醚黄色片状物 28.9 g (81%)，mp 140℃。

　　将 6.40 g(0.018 mol) 2,4-二硝基-4'-苯炔基二苯醚在 70 mL 二氧六环中冷却到 10~15℃，维持在 10~20℃下滴加 33.8 g(0.15 mol)氯化亚锡二水化合物在 100 mL 浓盐酸中的溶液，加完后撤去冰浴，在室温搅拌 16 h，其间有沉淀析出。过滤，在水中用氨水中和，滤出粗产物，用水洗涤，室温干燥，得 2.01 g (38%)，从乙醇重结晶得到二胺 1.36 g (80%)，在 162℃附近有宽的熔融峰。

〖358〗2,4-二氨基-1-(1-氟-4-苯炔基苯氧基)苯

2,4-Diamino-1-(1-fluoro-4- phenylethynylphenoxy)benzene[211]

由 1-氯-2,4-二硝基苯和 4-(4'-氟苯乙炔基)苯酚按〖357〗方法合成。二硝基物从乙醇重结晶，收率 76%，mp 150.3℃；二胺从异丙醇中重结晶，mp 148.6℃。

〖359〗2,4-氨基-4'-(4-苯炔基-4'-苯基)二苯醚

2,4-Diamino-4'-(4-phenylethynyl-4'-phenyl) diphenyl ether[209]

　　将 20.41 g(0.101 mol) 1-氯-2,4-二硝基苯, 25.10 g (0.101 mol)4-(4-溴苯基) 苯酚和 9.91 g (0.171 mol)氟化钾加到 131.29 g 环丁砜中(固含量 24.2%)，氮气下加热到 135℃搅拌 24 h 后冷却到 40℃，倒入水中，滤出沉淀，用水洗 2 次，室温空气干燥，得 41.50 g (100%)，在 169 ~176℃有宽熔程。从 165 mL 甲苯重结晶，得 4-(4-溴代苯基)-2',4'-二硝基二苯醚黄色针状产物 27.22 g (65%)，mp 173~177℃。

　　将 35.56 g (0.086 mol)4-(4-溴苯基 l)-2',4'-二硝基二苯醚, 0.0257 g(0.14 mmol)碘化亚铜, 0.8540 g(3.26 mmol)三苯基膦, 0.1290 g(0.1838 mmol)二(三苯膦)二氯化钯以及 11.64 g (0.1140 mol) 苯乙炔加到 340 mL 三乙胺中，搅拌下加热到 85℃，反应 16 h。期间反应物的颜色由黄变为橙褐。冷却到室温，滤出固体，用酸性水充分洗涤，在 125℃真空干燥，得 35.2 g (94%)。从 300 mL 甲苯重结晶，得 2,4-二硝基-4'-(4-苯炔基-4'-苯基)二苯醚淡褐色粉末 21.1 g (56%)，在 141℃和 197℃有宽熔程。

　　将 12.32 g (0.028 mol)2,4-二硝基-4'-(4-苯炔基-4'-苯基)二苯醚在 325 mL 二氧六环中的溶液冷却到 10~15℃，滴加入已经冷到 10℃左右的 50.74 g(0.22 mol)氯化亚锡二水化合物在 175 mL 浓盐酸中的溶液，温度维持在 10~20℃。加完后，撤去冰浴，在室温搅拌 48 h，滤出沉淀，加到水中，用氨水中和后过滤，室温空气干燥，得二胺 5.57 g (52%)，在 231℃有宽熔程。

〖360〗1,1-二(4-氨基苯基)-1-(4-乙炔基苯基)-2,2,2-三氟乙烷

1,1-Bis(4-aminopheny1)-1- (4-ethynylphenyl)-2,2,2-trifluoroethane[212]

将 20.04 g(85 mmol)对二溴苯溶于 150 mL 乙醚中，冷却到−78℃，30 min 内滴加 55 mL (1.6 mol/L 己烷，88 mol)丁基锂。在−78℃搅拌 2 h，再在 0℃搅拌到形成溶液后冷却到−78℃。滴加入 13.47 g(95 mmol)三氟乙酸乙酯，加完后在室温搅拌 12 h。冷至-20~−30℃，滴加入 40 mL 饱和氯化铵中止反应，再加入 1 N HCl，回暖至室温，分出水层，醚液用饱和 NaHCO₃ 洗涤至无酸性，用硫酸镁干燥，过滤，除去乙醚，得黄色液体，真空蒸馏，取 80℃/0.2 mmHg，得到对溴三氟苯乙酮**(I)**19.75 g(88%)无色液体，在冰箱中放置固化。

将 33.53 g(132 mmol)**I** 和 23 g(178 mmol)苯胺盐酸盐在 93 mL 苯胺中氮气下回流 24 h，冷却后分批加入 30 g (357 mmol)NaHCO₃ 以中和盐酸盐，水蒸气蒸馏至馏液澄清，冷却后得到暗色固体。将水倾出，固体溶于氯仿，用硫酸镁干燥，过滤后浓缩得到固体，经硅胶柱层析(以苯，也可以用 CCl₄ 及 20%乙醚-80%CCl₄ 混合物为淋洗剂)，得到 **II** 43.18 g (77%)，从苯多次重结晶，mp 194~196℃。

将 15.17 g(35.95 mmol) **II** 溶于 60 mL 三乙胺和 20 mL NMP 的混合物中，加入 0.16 g(0.84 mmol, 摩尔分数 2.3 %)碘化亚铜，1.0 g (0.86 mmol, 摩尔分数 2.4%) (PPh₃)₄Pd 和 7.0 g (71.43 mmol)三甲硅基乙炔，在 80℃反应 24 h。除去溶剂，残留物用乙醚萃取，醚液用水洗涤，硫酸镁干燥后过滤，除去溶剂，得 20.87 g 粗产物，将其溶于 10 0mL 甲醇中，加入 6.06 g(57 mmol)碳酸钠去硅化，室温搅拌 24 h，过滤，除去甲醇，残留物用乙醚萃取以除去无机物。醚液用水洗涤，硫酸镁干燥，去醚得 **III** 16.12 g，硅胶柱层析，先用苯淋洗去除快组分，然后再用乙醚/苯(1：1)淋洗，得褐色黏油，真空干燥 3 天，得黄色发泡物，再在 80℃抽空 30 min，以去除残留的苯，冷至室温后将泡沫状物粉碎，得二胺 10.37 g(78%)，从氯仿重结晶，mp 161~163℃。

〖361〗1,1-双(4-氨基苯基)-1-(4-丁炔基苯基)-2,2,2-三氟乙烷

1,1-Bis(4-aminopheny1)- 1-(4-butynylphenyl)-2,2,2-trifluoroethane[212]

以丁炔代替三甲基硅乙炔，按〖360〗方法合成。二胺收率 76%，53℃收缩，93℃熔融。

〖362〗1,1-双(4-氨基苯基)-1-(4-苯炔基苯基)-2,2,2-三氟乙烷

1,1-Bis(4-aminopheny1)-1- (4-phenylethynylphenyl)-2,2,2-trifluoroethane[212]

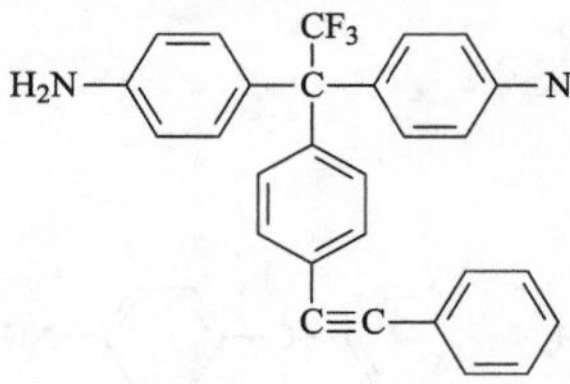

以苯乙炔代替三甲基硅乙炔，按〖360〗方法，在70℃搅拌3天，除去溶剂得到暗红色油状物，用乙醚萃取至无色，醚液用水洗涤，硫酸镁干燥，去溶剂后得到的暗红色油状物，固化后为黄色固体。将产物进行硅胶柱层析，先用苯去快组分，再用乙醚/苯(1：9, v/v)淋洗，除去溶剂后得亮黄色泡沫状物 3.45 g(58%)，在 80℃真空干燥 30 min，以除去残留的苯，最后得橙色玻璃状物，85℃收缩，90~92℃成球状，100~102℃全熔。

〖363〗二(4-氨基苯基)乙炔　Di(4-aminophenyl) acetylene (*p*-intA)[201]

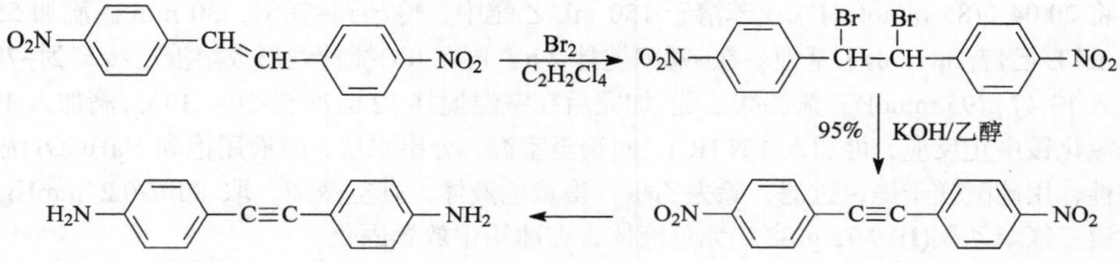

二硝基二苯乙烯见〖348〗，二溴代物收率 66%，mp 264~270℃。二硝基二苯乙炔，mp 213~215℃。还原收率 40%，从乙醇/水重结晶，mp 233~236℃。

〖364〗二(3-氨基苯基)乙炔　Bis(3-aminopheny1)acetylene (*m*-intA)[213]

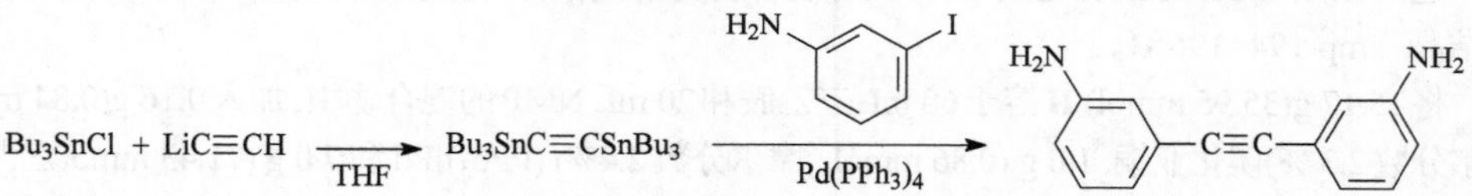

将 2.41g (11.0 mmol)3-碘苯胺和 0.173 g (0.150 mmol) (PPh₃)₄Pd 溶于 100 mL THF 中，在氮气下滴加 3.02 g (5.00 mmol)二(三丁基锡)乙炔(由乙炔基锂-乙二胺络合物和三丁基氯化锡反应得到)。该溶液在 60℃反应 40 h，然后除去 THF，加入 200 mL 乙醚，醚溶液依次用半饱和的氟化钾水溶液和饱和氯化钠洗涤，在硫酸钠上干燥。除去醚得到黄色油状粗产物，放置过夜结晶，用硅胶柱层析提纯(己烷/甲苯，2/1)，得 0.78 g(75%)，mp 104.5~105.5℃。

〖365〗*E*-1,4-双(3-氨己苯基)-1-丁烯炔-3 *E*-1,4-Bis(3-aminophenyl)-1-buten-3-yne[214]

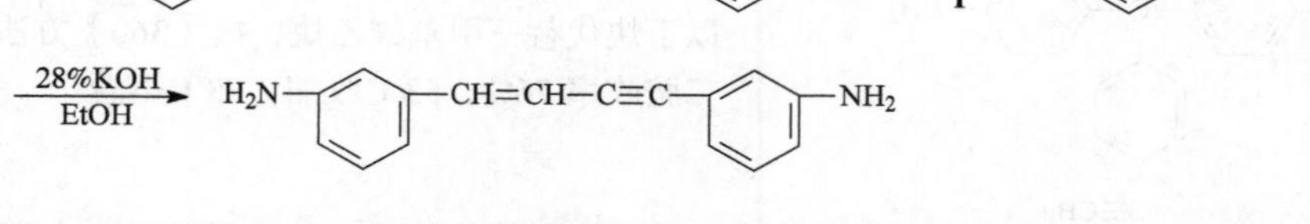

将 150 mL 乙酸和 35 mL 乙酐在氮气下加热回流后冷却，加入 15 g (0.114 mol) 3-氨基苯

乙炔〖2〗，回流过夜。减压除去乙酸后加入 200 mL 水，使油状物结晶，过滤，用水洗涤后干燥，从四氯化碳重结晶(活性炭脱色)，得 3-乙酰氨基苯乙炔 14.4 g (79%) 白色固体，mp 94~96 ℃。

将 2.45 g 乙酸亚铜加到脱气的 350 mL 乙酸中，氮气下回流，加入 14.35 g (0.09 mol) 3-乙酰氨基苯乙炔。回流 12h 后冷却到室温，将反应物加到 2500 mL 水中，滤出沉淀，真空干燥后从异丙醇重结晶，得 I 13.8 g (86.6%)，mp 234~237℃。

将 22 gKOH 溶于 17 mL 水中，再用 60 mL 无水乙醇稀释，加入 2.6 g (0.0084 mol) I，混合物回流 1 h。冷却到室温后倒入 300 mL 水中，用 3×100 mL 二氯甲烷萃取，减压除去二氯甲烷，将得到的淡黄色固体从苯/己烷(1:1)重结晶，得二胺 1 g (50%)，mp 105~106℃。

〖366〗2,2′-二乙炔基联苯胺 2,2′-Diethynylbenzidine [215,216]

将 40.5 g 间硝基溴苯和 30 mL 3,3-二甲基丙炔醇-3 溶于 150 mL 三乙胺及 75 mL 吡啶中，鼓入氮气，再依次加入 0.93 g 三苯膦，0.4 g 碘化亚铜和 0.4 g(PPh₃)₂PdCl₂，在 80℃浴温下反应 1 h。反应终点用气相色谱确认。冷却后滤出三乙胺溴化氢盐，用少量三乙胺洗涤，再用 300 mL 去离子水洗涤后用硫酸镁干燥过夜。减压脱溶剂后得到深色黏液 m-二甲基羟丙炔基硝基苯(I)48 g。

将 48 g I 在 180 mL 甲苯，3 g KOH 和 20mL 甲醇中缓慢除去甲苯，用气相色谱确定反应终点。必要时补加甲苯。反应完成后滤出不溶物，蒸去甲苯，减压蒸馏，得 80~86℃/2 mmHg 馏分 15 g 橙色间硝基苯乙炔(II)油状物。

将 12 g II，16 g 锌粉，80 mL 乙醇及 40 mL 30%NaOH 加热回流 1 h，逐渐蒸去乙醇，过滤，加入 100 mL 甲苯洗涤，过滤，分出甲苯层，蒸出甲苯，得到 8g 橙色固体(III)。

将 5.3 g III, 60 mL 乙醇和 6 mL 乙酸加热回流，分批加入锌粉，橙色退去。将反应物加到 70℃含有 0.1%亚硫酸钠的溶液中，过滤，滤液用乙醇洗涤后倒入水中，由乳状物凝结得到固体，过滤后在 60℃真空干燥，得淡黄色固体 IV 4.5g。

将 4 g IV 加到 60 mL 乙醚中，加入 160 mL37%盐酸和等体积水的混合物，冰浴中搅拌 30 min，析出固体，过滤，用乙醇洗涤后压干，得盐酸盐 2 g。将该盐溶于水中，加入 20%NaOH，得到沉淀，过滤，将固体溶于 5mL 甲醇中，加入 2 mL 水，放置过夜，得到的固体在 60℃真空干燥，得 2,2′-二乙炔基联苯胺 1.1 g。

〖367〗1,4-双[4-(4-乙炔基苯胺)酞酰亚胺基]苯

1,4-Bis[4-(4-ethynylaniline) phthalimido]benzene[217]

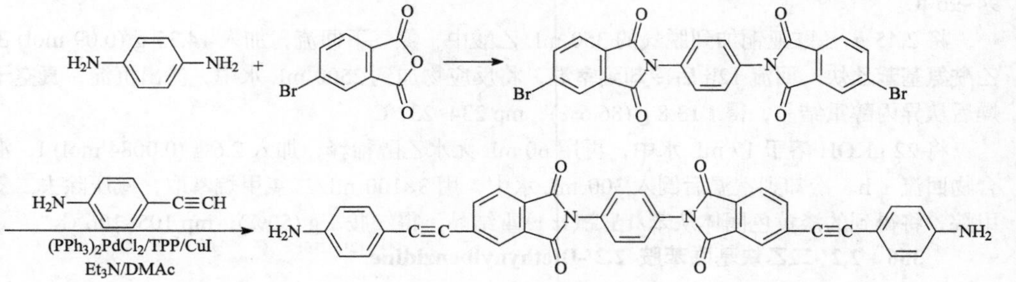

以对苯二胺与 4-溴苯酐得到二溴二酞酰亚胺。再将 4.2 mmol 二溴二酞酰亚胺溶于 3.6019g Et₃N 中，在氮气下加热回流，加入 0.0178 g (0.0679 mmol) 三苯膦，4.6163 mmol 4-乙炔苯胺(见〖1〗)和 0.0064 mmol PdCl₂(PPh₃)₂。溶液加热到 60℃搅拌 1h，再加入 0.1953 mmol CuI 及少量 DMAc。温度升至 80℃反应 2 h。冷却到 60℃，反应完成后倒入水中，滤出粗产物，用水洗涤，在 65℃真空干燥 24 h。

〖368〗1,4-双[4-(3-乙炔基苯胺)酞酰亚胺基]苯

1,4-Bis[4-(3-ethynylaniline) phthalimido]benzene[217]

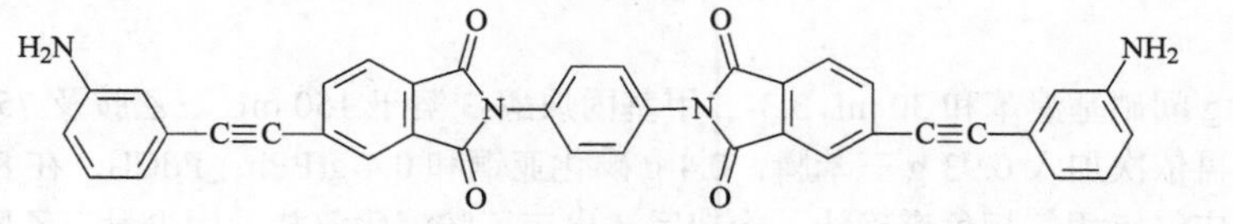

以 3-乙炔苯胺代替 4-乙炔苯胺，按〖367〗方法合成。

〖369〗4,4′-双[4-(4-乙炔基苯胺)酞酰亚胺基]二苯醚

4,4′-Bis[4-(4-ethynylaniline) phthalimido]dilphenyl ether[217]

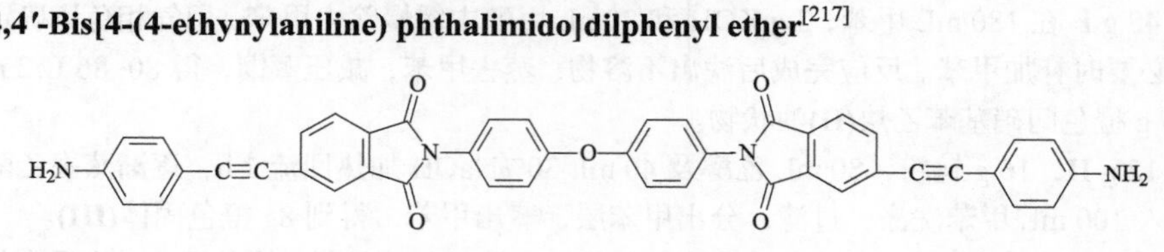

以二苯醚二胺代替对苯二胺，按〖367〗方法合成。

〖370〗4,4′-双[4-(3-乙炔基苯胺)酞酰亚胺基]二苯醚

4,4′-Bis[4-(3-ethynylaniline) phthalimido]dilphenyl ether[217]

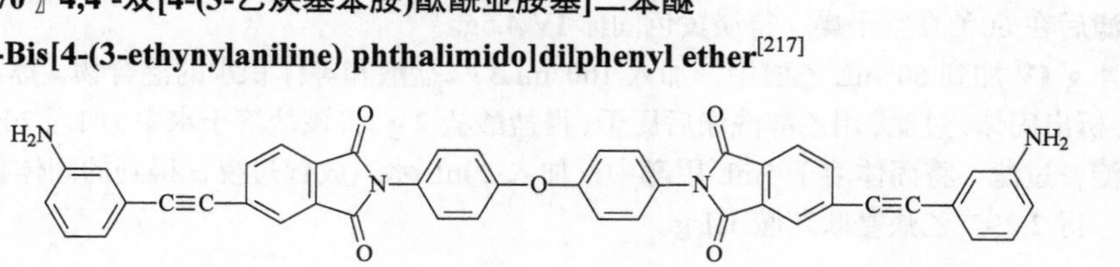

以二苯醚二胺代替对苯二胺，以 3-乙炔苯胺代替 4-乙炔苯胺，按〖367〗方法合成。

2.8　带圈型基团的二胺

带圈型结构的二胺通常由相应的酮与苯胺类化合物在酸催化下反应得到。

〖371〗1,1-二(4-氨基苯基)环己烷　1,1-Bis(4-aminophenyl)cyclohexane[218]

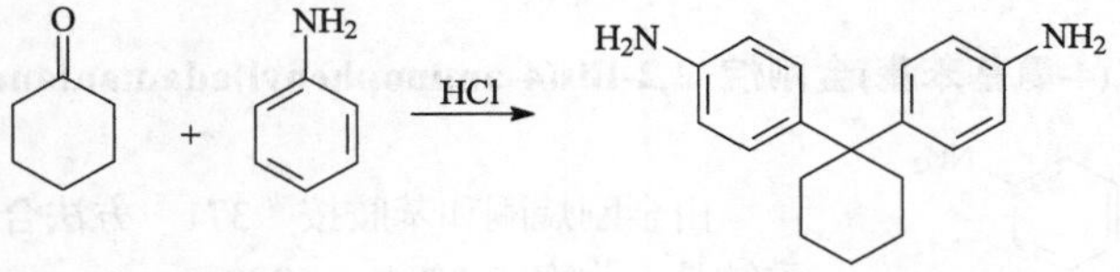

将 40.0 g (0.41 mol)环己酮溶于 145 mL 35%盐酸中，加入 156.3 g (1.68 mol)苯胺，混合物加热到 120℃反应 20 h。冷却后，溶液用 NaOH 碱化到 pH 10，分出油状产物，蒸馏，回收未反应的苯胺，粗产物从苯重结晶，得淡黄色晶体 86.4 g(79%)，mp 112℃。

〖372〗1,1-二(4-氨基苯基)-4-甲基环己烷

1,1-Bis(4-aminophenyl)-4- methylcyclohexane[219]

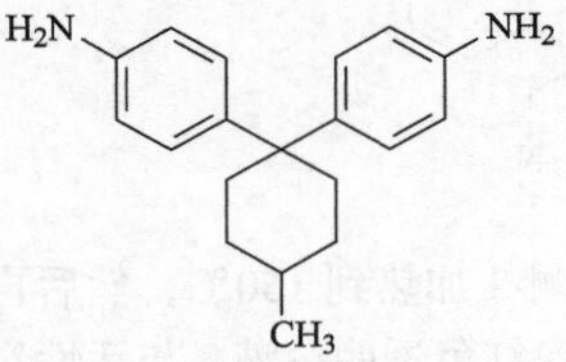

由 4-甲基环己酮和苯胺按〖371〗方法合成，收率 70%，mp 158.8℃。

〖373〗1,1-二(4-氨基-3-甲基苯基)环己烷

1,1-Bis(4-amino-3-methylphenyl) cyclohexane[220]

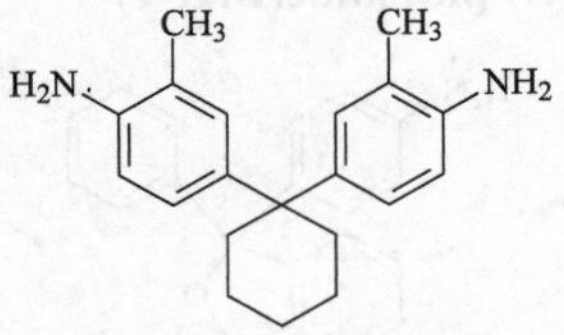

由环己酮和邻甲苯胺按〖371〗方法合成，收率 75%，mp 162～165℃。

〖374〗2,2-二(4-氨基苯基)降冰片烷　2,2-Bis(4-aminophenyl)norbornane[221]

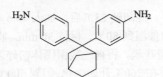

由降冰片烷酮与苯胺按〖371〗方法合成。从乙酸乙酯重结晶，收率35.2%，mp 202℃。

〖375〗1,1-二(4-氨基苯基)-3,3,5-三甲基环己烷

1,1-Bis(4-aminophenyl)-3,3,5- trimethylcyclohexane[218]

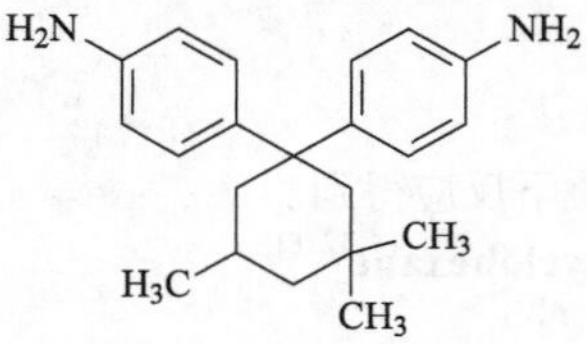

由 3,3,5-三甲基环己酮和苯胺按〖371〗方法合成。从异丙醇重结晶，收率 40%，mp 46℃。

〖376〗2,2-二(4-氨基苯基)金刚烷　**2,2-Bis(4-aminophenyl)adamantane**[221]

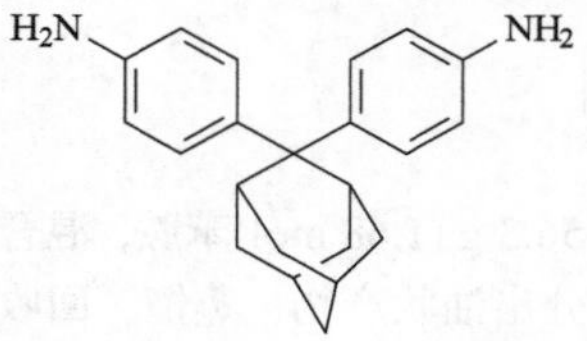

由金刚烷酮和苯胺按〖371〗方法合成。从乙酸乙酯重结晶，收率32.0%，mp 242℃。

〖377〗3,3-二(4-氨基苯基)喹咛环　**3,3-Bis(4-aminophenyl)quinuclidine**[222]

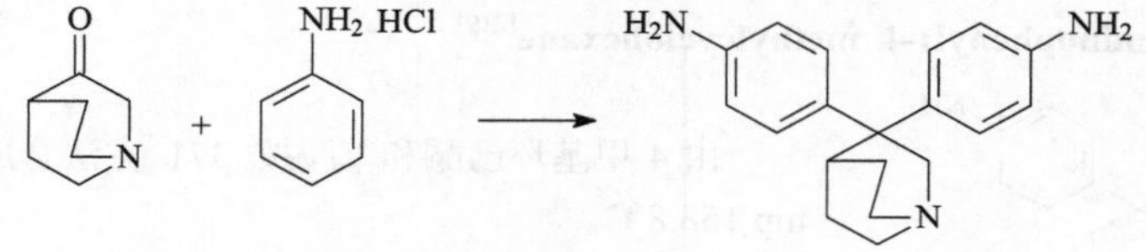

将 22.83 g (0.22 mol) 苯胺盐酸盐和 10.0 g (0.1 mol)喹咛环酮-3 加热到 150℃，然后再升温到 170℃搅拌 3 h。冷却到 140℃，加入 25~30 mL 沸水，得到深红色透明溶液，与活性炭回流脱色后过滤，加入 20%KOH 溶液得到沉淀，用冰水反复洗涤后在 50~60℃干燥，在 200℃/10 mmHg 下升华，收率 43%。

〖378〗苯胺酚酞　**Anilinephthalein or 3,3-bis-(*p*-aminophenyl)-phthalide(DAPT)**[223]

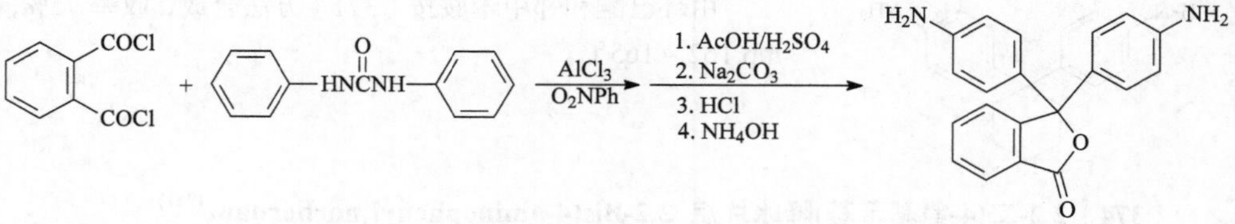

将 100 g (0.75 mol) 无水三氯化铝加到 500 mL 硝基苯中，冷却到 25℃后，加入 40.6 g (0.2 mol)邻苯二甲酰氯和 42.4 g(0.2 mol) 对称二苯基脲。2 h 内加温到 80℃，保持 30 min。将得到的红褐色溶液倒入冰-盐酸的混合物中。水蒸气蒸馏除去硝基苯。将褐色残留固体粉碎，再进行水蒸气蒸馏，除去微量硝基苯，得到产物 60~68 g,该物质在 260℃开始熔化,但到 300℃仍未能全熔。因为不溶于一般溶剂，无法进行重结晶。

将上面得到的 60~68 g 物质与 400 mL 乙酸，5 mL 水及 40 mL 浓硫酸温和回流 4 h。冷却

后加入 70 g 碳酸钠。蒸出大部分乙酸。将得到的胶状物溶于 600 mL 沸腾的 1N 盐酸中，再加入 600 mL 水，冷却到 5℃，滤出黑色黏性物质。将其与氨水作用，得到凝乳状沉淀，逐渐凝固，得到粗产物 38.5~46.5 g，mp 176~186℃。从甲醇重结晶，得 23.8~34.9 g(38%~55%)，mp >193℃。再从甲醇重结晶，mp 202.5~203.2℃。

〖379〗9,9-二(4-氨基苯基)芴　9,9-Di(4-aminophenyl)fluorine(BAPF)[165]

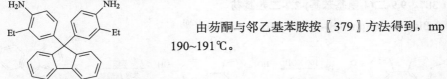

氮气下将 50.00 g(0.333 mol)三氟甲磺酸缓慢加入到 163 g(1.75 mol)苯胺中，再加入 45.00 g (0.250 mol)芴酮，混合物在 155℃反应 17 h。真空蒸馏除去未反应的苯胺及酸。残留物冷至 80℃以下，用 40 g(1.0 mol)NaOH 在 200 mL 水中的溶液中和，滤出粗二胺(或用甲苯萃取出来)。从甲苯重结晶，在 80℃真空干燥 24 h，mp 227~230℃。

〖380〗9,9-二(4-氨基-3-甲基苯基)芴　9,9-Di(4-amino-3-methylphenyl)fluorene[224]

由芴酮与邻甲基苯胺按〖379〗方法得到，mp 232.2~233.2℃。

〖381〗9,9-二(4-氨基-3-乙基苯基)芴　9,9-Di(4-amino-3-ethylphenyl)fluorene[224]

由芴酮与邻乙基苯胺按〖379〗方法得到，mp 190~191℃。

〖382〗9,9-二(4-氨基-3-异丙基苯基)芴　9,9-Di(4-amino-3-isopropylphenyl)fluorene[165]

由芴酮与邻异丙基苯胺按〖379〗方法得到，mp 222~225℃。

〖383〗9,9-二(4-氨基-3-氟苯基)芴　9,9-Di(4-amino-3-fluorophenyl)fluorene[165]

由芴酮与邻氟苯胺按〖379〗方法得到，mp 247~250 ℃。

〖384〗9,9-二(4-氨基-3,5-二甲基苯基)芴

9,9-Di(4-amino-3,5-dimethylphenyl) fluorine[225]

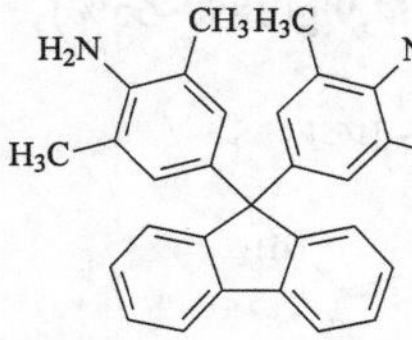

由芴酮与2,6-二甲基苯胺按〖379〗方法得到，mp>250℃。

〖385〗9,9-二(4-氨基-3,5-二乙基苯基)芴　**9,9-Di(4-amino-3,5-diethylphenyl)fluorene**[224]

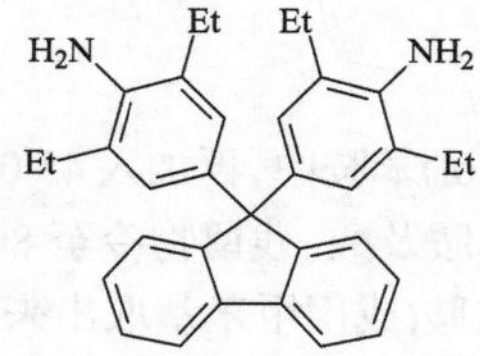

由芴酮与2,6-二乙基苯胺按〖379〗方法得到，mp 255℃。

〖386〗9,9-二(4-氨基-3-甲基-5-异丙基苯基)芴

9,9-Di(4-amino-3-methyl-5-isopropylphenyl) fluorene

由芴酮与 2-甲基-6-异丙基苯胺按〖379〗方法得到，mp 238~241℃。

〖387〗9,9-二(4-氨基苯基)-2,7-二羟基芴

9,9-Bis(4-aminophenyl)-2,7-dihydroxyfluorene[226]

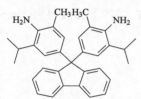

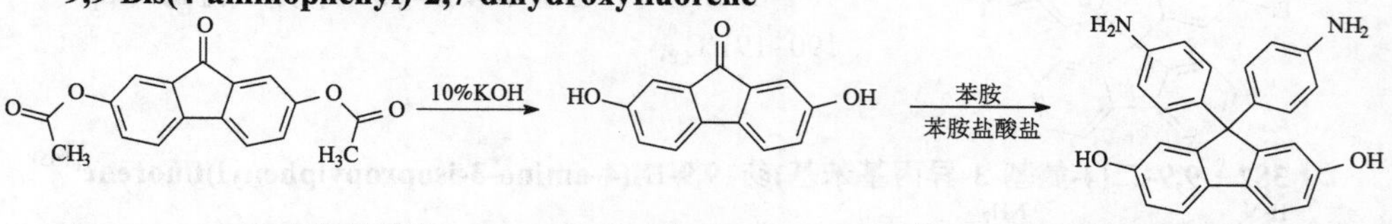

将 2,7-二乙酰氧基芴酮在 10%KOH 中水解为 2,7-二羟基芴酮，最后与苯胺按〖379〗方法得到 9,9-二(4-氨基苯基)-2,7-二羟基芴。

〖388〗2,2′-二氨基-9,9′-螺二芴　**2,2′-Diamino-9,9′-spirobifluorene**[227]

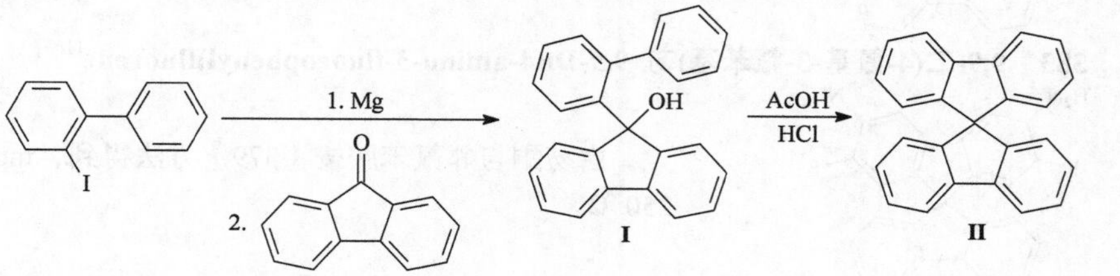

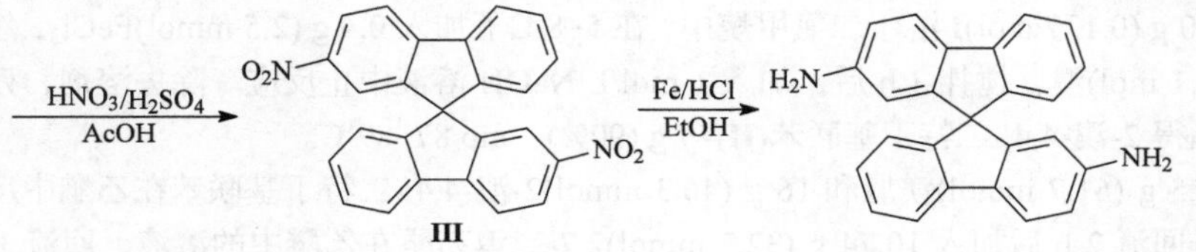

将 6.00 g (0.25 mol)镁屑和 63.0 g (0.23 mol)2-碘联苯在 250 mL 无水乙醚中回流 1 h,30 min 内滴加入 44.6 g (0.25 mol)9-芴酮在乙醚中的溶液。回流反应过夜后冷却到室温,加入 400 mL 10%氨水,水层用 3×50 mL 乙醚萃取,有机溶液合并,用饱和食盐水洗涤,硫酸镁干燥。粗产物用乙醇重结晶,得无色片状 **I** 37.0 g(57%)。将 **I** 在加有 2 滴浓盐酸的 20 mL 冰乙酸中回流 1 h,使其环化,冷却过滤,由乙醇重结晶得 9,9′-螺二芴**(II)** 33.0 g(94%)。

将 8.0 g (25.3 mmol)**II** 溶于 90 mL 乙酸中,加热至沸,在 1 h 内滴加 80 mL 硝酸和 60 mL 硫酸的混合物,加完后,再回流 4 h,冷却后加入 100 mL 冰水,滤出黄色固体,用水充分洗涤,从乙酸重结晶,得 2,2′-二硝基-9,9′-螺二芴**(III)** 黄色晶体 2.17 g(70%)[228]。

将 2.03 g (5 mmol)**III** 和 2.15 g (38.5 mmol)铁粉加入 85 mL 乙醇中,加热至沸,滴加入 5 mL 浓盐酸,加完后再回流 4 h,滤出铁粉,在滤液中加入活性炭 0.51 g,加热,过滤,蒸去溶剂,残留物用硅胶柱色谱分离(乙酸乙酯/己烷,1∶3)得二胺无色结晶 1.11 g(64%)。

〖389〗**2,7-二氨基-2′,7′-二特丁基-9,9′-螺二芴**

2,7-Diamino-2′,7′-di-*tert*-butyl-9,9′- spirobifluorene)[229]

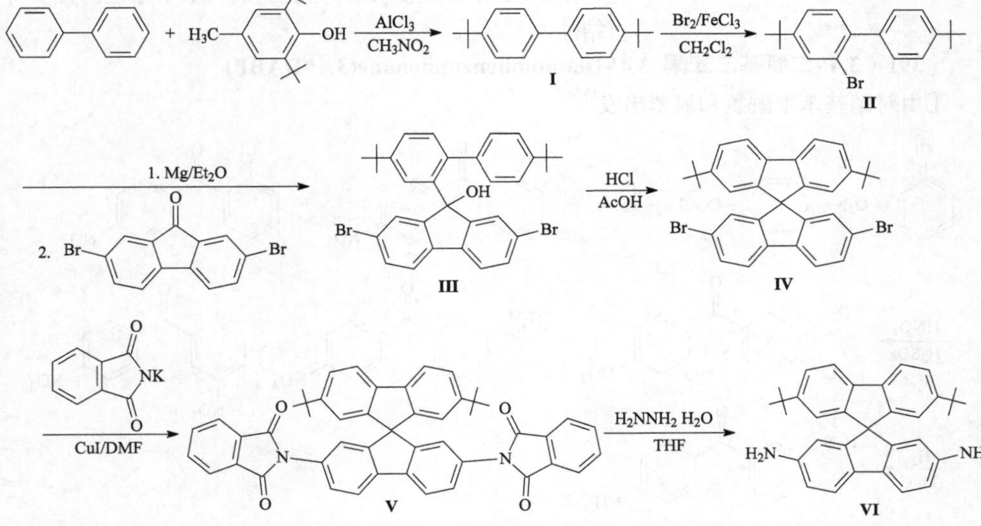

将 50 g (0.32 mol)联苯和 93 g (0.422 mol)2,6-二特丁基-4-甲基苯酚溶于硝基甲烷中,在 15 ℃搅拌 30 min 后滴加到含有 74.3 g (0.557 mol)AlCl₃ 的硝基甲烷的溶液中。反应完成后倒入冰水中,粗产物用己烷萃取。除去溶剂,产物在乙醇中重结晶得 4,4′-二特丁基联苯**(I)**69 g (80%),mp 128~130 ℃。

　　将 40 g (0.177 mol)**I** 溶于二氯甲烷中，在 5~8℃下加入 0.4 g (2.5 mmol)FeCl$_3$，然后再加入 33.9 g (2.1 mol)溴，搅拌 3 h 后，加入 1 mol/L NaOH 溶液中止反应。除去溶剂，残留物从乙醇重结晶得 2-溴-4,4′-二特丁基联苯(**II**)49 g (90%)，mp 87~89℃。

　　将 1.5 g (61.7 mmol)镁屑和 16 g (46.3 mmol)2-溴-4,4′-二特丁基联苯在乙醚中反应得到格氏试剂。回流 2 h 后加入 10.74 g (32.7 mmol)2,7-二溴芴酮在乙醚中的溶液，回流 12 h，加入乙酸，蒸去溶剂，将固体溶于乙酸中，加入 1~2 滴盐酸，混合物加热回流，滤出粗产物，用己烷和乙醇洗涤，得 2,7-溴-2′,7′-二特丁基-9,9′-螺二芴(**IV**)7 g(40%)，mp 281~282℃。

　　将 10 g (0.017 mol) **IV**, 9.5 g (0.051 mol)酞酰亚胺钾和 14.66 g (0.077 mol)CuI 加到 60 mL DMF 中。搅拌加热回流 12 h 后冷却到室温，用氯仿萃取，产物用硅胶柱色谱(氯仿)，得 2′,7′-二特丁基-2,7-二(N-酞酰亚胺基)-9,9′-螺二芴(**V**) 6 g(50%)，mp 333℃。

　　将 5 g (6.7 mmol) **V** 和 1.68 g (0.034 mmol)水合肼溶于 40 mL THF 中，回流 5 h，冷却到室温，滤出粗产物，从无水乙醇/乙醚(1∶1)重结晶，得二胺 2.5 g(80%), mp 276℃。

2.9　带酮基的二胺

〖390〗4,4′-二氨基二苯酮　4,4′-Diaminobenzophenone(4,4′-DABP)[34]

商品，mp 243~24℃。

可以由 MDA 用乙酐乙酰化后再在乙酸里用铬酸酐氧化，最后再用浓盐酸水解得到二胺，从丙酮/乙醇(1∶1)重结晶。

〖391〗3,4′-二氨基二苯酮　3,4′-Diaminobenzophenone(3,4′-DABP)

①由对硝基苯甲酰氯和氯苯出发[230]

　　在 135 g(1.2 mol)氯苯中加入 4 g(30 mmol)无水三氯化铁和 185.5 g(1.0 mol)4-硝基苯甲酰氯，在 140~150℃搅拌 19 h，冷却到 90℃，加入 200 mL 热水，用水蒸气蒸馏除去未反应的氯苯，冷却过滤，得到 246.7 g 褐色 4-氯代-4′-硝基二苯酮和 2-氯代-4′-硝基二苯酮混合物，粗产率为 94.3%。

将所得到的氯代硝基二苯酮用 250 g(2.5 mol)98% 硫酸和 80 g(1.2 mol) 比重 1.5 的硝酸在 50~60℃硝化 3 h。反应完成后，冷却到室温，倒入 2 L 冰水中，滤出产物，水洗，干燥，得淡褐色氯代二硝基二苯酮混合物的粗产物 283.9 g(总收率：92.6%)。用 HPLC 分析，其组成为：4-氯-3,4′-二硝基二苯酮：86.2%; 2-氯-3,4′-二硝基二苯酮和 2-氯-4′,5-二硝基二苯酮：10.7%; 其他：3.1%。如果采用三氯化铝代替三氯化铁，产物的组成就变为：4-氯-3,4′-二硝基二苯酮：96.3%; 2-氯-3,4′-二硝基二苯酮和 2-氯-4′,5-二硝基二苯酮：3.4%; 其他：0.3%。

将 30.7 g(0.1 mol)氯代二硝基二苯酮粗产物和 1 g 钯黑加入到 100 mL 异丙醇中，在 25~30℃搅拌，通入氢气，在 10 h 内吸收氢气 10.2 L(0.455 mol)后再加入 12.2 g(0.12 mol)三乙胺，再通氢，使在 5 h 内吸氢 5.2 L(0.232 mol)。反应完成后加热到 70~80℃趁热过滤，将滤液冷却，滤出产物，用 15 mL 异丙醇和水洗涤，干燥后得 17.7 g(83.5%)，mp 126.5℃。产物从水中重结晶，得 3,4′-氯代二氨基二苯酮黄色针状结晶，mp 126.3~127.9℃。

②由 4-硝基二苯酮出发[34]

由 4-硝基二苯酮用混酸硝化，得到 3,4′-二硝基二苯酮，然后还原得到二胺，从二氯甲烷/苯(1∶1)重结晶，3,4′-二氨基二苯酮 mp 126℃。

〖 392 〗2,4′-二氨基二苯酮　2,4′-Diaminobenzophenone(2,4′-DABP)[34]

由在乙酸中以铬酸酐氧化 2,4′-二硝基二苯甲烷〖 270 〗得到 2,4′-二硝基二苯酮，然后催化氢化得到二胺，从乙醇重结晶，mp 132~132.5℃。

〖 393 〗3,3′-二氨基二苯酮　3,3′-Diaminobenzophenone(3,3′-DABP)

①从间硝基苯甲酰氯和氯苯出发[230]

将2.7 g(0.02 mol)无水三氯化铁加到 185.5 g(1.0 mol)3-硝基苯甲酰氯和 124 g(1.1 mol)氯苯的混合物中。在氮气下 140~150℃反应 19 h。反应完成后将过量的氯苯在相同温度下减压除去。然后将反应物冷到 80℃，加入 500 mL1,2-二氯乙烷稀释成均相溶液，2 h 内在 70~75℃下滴加入 335 g(5 mol)94%(d=1.50)硝酸，加完后继续回流 12 h。蒸去二氯乙烷，得到淡褐色氯代二硝基二苯酮，过滤，用水洗涤，干燥得到粗产物 286 g(93.2%)。由 HPLC 分析其组成为 4-氯-3,3′-二硝基二苯酮 82.5%，2-氯-3,3′-二硝基二苯酮 14.2%，2-氯-3,5′-二硝基二苯酮及其他化合物 5.8%。

将 30.7 g(0.1 mol)氯代二硝基二苯酮粗产物，0.31 g 5%Pd/C 加到 200 mL 乙醇中，加热到 45℃，在剧烈搅拌下导入氢气，在 7 h 内吸收 11.76 L(0.525 mol)氢气。将反应物冷到 30℃，加入 11 g28%氨水，同时导入氢气，5 h 内再吸收 3.84 L(0.17 mol)。反应完成后，升温到 75~80 ℃。趁热滤出催化剂和其他物质。滤液冷却，得到 3,3'-二氨基二苯酮沉淀，过滤，用 50%乙醇洗涤，干燥后得 15.3 g(72.2%)。从水重结晶，得淡黄色针状产物，mp 149~150℃。

②从二苯酮出发[231]

将 220 g 二苯酮溶于 1200 mL 浓硫酸中，25~30℃下，缓慢加入由 112 mL 浓硝酸和 300 mL 浓硫酸组成的混酸，在 75℃反应 30 min，冷却后倒入碎冰中。待产物固化后研碎，用水洗涤至中性。从 1600 mL 甲乙酮重结晶，得 164 g(66.5%)，mp 150~153℃。将二硝基物在钯炭黑催化下加氢还原，得到 3,3'-二氨基二苯酮。

【394】2,3'-二氨基二苯酮 2,3'-Diaminobenzophenone(2,3'-DABP)[34]

由 2-硝基二苯酮用混酸硝化得到 2,3'-二氨基二苯酮，从苯/环己烷重结晶，mp 124~125℃；然后催化氢化得二胺，mp 77~78℃。

【395】2,2'-二氨基二苯酮 2,2'-Diaminobenzophenone(2,2'-DABP)[34]

将 50 gMDA 溶于 550 mL 浓硫酸中。0~5℃下 45 min 内分批加入 50 g KNO₃，加完后再搅拌 1 h，倒入 2 kg 碎冰中，用 800 mL 氨水中和后冷至 15℃，滤出沉淀，从 500 mL 2 N 硫酸重结晶，得到硫酸盐 70~75 g 黄色针状物，mp 226~228℃(dec)。

在低于 18℃下，将 115 g 硫酸盐分批加入到 46 g NaNO₂ 在 450 mLH₂SO₄ 的溶液中，再在 20℃下缓慢加入 620 mL 冰乙酸。反应 2 h 后将混合物在 50 min 内加入由 180 g 氧化亚铜在 1250 mL 乙醇中得到的悬浮液中。温度很快升到 70℃，保持 30 min 后趁热过滤，用 200 mL 乙醇洗涤，合并乙醇液，倒入 10 L 水中。过滤，将得到的产物在 250 mL 冰乙酸中回流过夜。分离出暗褐色固体，滴加 100 g CrO₃ 在 100 mL 水和 200 mL 乙酸中的混合物。回流 2 h，倒入 2 L 水中得到白色固体 36 g。在 150 mL 乙醇中重结晶，得到 2,2'-二硝基二苯酮 13 g，mp 189~191℃。

将母液与 70 g CrO₃ 在 7 0 mL 水和 140 mL 乙酸中回流 2 h 后倒入 2 L 水中，处理后又得到粗产物 18.2 g，从乙醇重结晶，mp 190~191℃。

将 10 g 二硝基物在 22 g 铁粉、30 mL 水、120 mL 冰乙酸的混合物中 90~95℃反应 30 min 后加入 300 mL 水，过滤，滤液用乙醚萃取，醚液用碳酸钠水溶液中和，挥发掉溶剂后从 80% 甲醇溶液重结晶，得 2,2′-二氨基二苯酮 7.2 g(92%)，mp 134~135℃。

〖396〗3,4′-二氨基-4-甲基二苯酮　3,4′-Diamino-4-methylbenzophenone[225]

在 0.08 mol 4-硝基苯甲酰氯和 0.096 mol 甲苯的混合物中分批加入 0.1 mol 无水三氯化铝。在 20℃搅拌 8 h 后倒入水中。滤出沉淀，从异丙醇重结晶，得 4′-硝基-4-甲基二苯酮(I)，收率 94.5%，mp 120~121℃。

在 0.06 mol I 的 150 mL 浓硫酸溶液中分批加入 0.069 mol KNO₃，反应在 20℃进行 5 h 后倒入水中，滤出沉淀，从异丙醇重结晶，得 3,4′-二硝基-4-甲基二苯酮(II)，收率 93.5%，mp 113~114℃。

40℃下在 0.0125 mol II 的 20 mL 异丙醇的溶液中加入 0.15 mol SnCl₂·2H₂O 在 20 mL 18% 盐酸中的溶液。在 60℃反应 1 h，反应物用氯仿萃取，得 3,4′-二氨基-4-甲基二苯酮，收率 94%，mp 177~18℃。

〖397〗3,4′-二氨基-4-甲氧基二苯酮　3,4′-Diamino-4-methoxybenzophenone[225]

由茴香醚出发按〖396〗方法合成。
I：收率：93.7%，mp 119~121℃；
II：收率：91%，mp 168~171℃；
二胺收率：93%，mp 154~155℃。

〖398〗3,4′-二氨基-4-苯氧基二苯酮　3,4′-Diamino-4-phenoxybenzophenone[232]

将 15 g(0.08 mol)4-硝基苯甲酰氯，9.76 g(0.096 mol)氯苯及 13.9 g(0.1 mol)无水三氯化铝在 20℃搅拌 8 h，处理后得到 4-硝基-4′-氯代二苯酮(I)19.5 g(93%)，mp 98~100℃。

将 15 g(0.06 mol)I 溶于 150 mL 浓硫酸中，缓慢加入 6.9 g(0.069 mol)硝酸钾，在 90℃反应 3 h，倒入大量冰水中，滤出沉淀，从异丙醇重结晶，得 3,4′-二硝基-4-氯代二苯酮(II)17 g(92%)，

mp 131~132℃。

　　将 15 g(0.048 mol)**II**，5.3 g(0.05 mol)苯酚及 10.1 g(0.07 mol)碳酸钾在 50 mL DMF 中 70℃反应 8 h，倒入水中，滤出沉淀，从异丙醇重结晶，得 3,4′-二硝基-4-苯氧基二苯酮(**III**)16.9 g (96.7%)，mp 150~152℃。

　　将 5 g(0.0137 mol)**III** 在 20 mL 异丙醇的溶液加热到 40℃溶解。加入 37.2 g(0.16 mol)二水氯化亚锡，10 mL 水及 10 mL36%的盐酸，混合物在 60℃反应 1 h，用氯仿萃取，得二胺 3.2 g (84.6%)，mp 200~201℃。

〖399〗3,3′-二氨基-4-苯氧基二苯酮　3,3′-Diamino-4-phenoxybenzophenone[233]

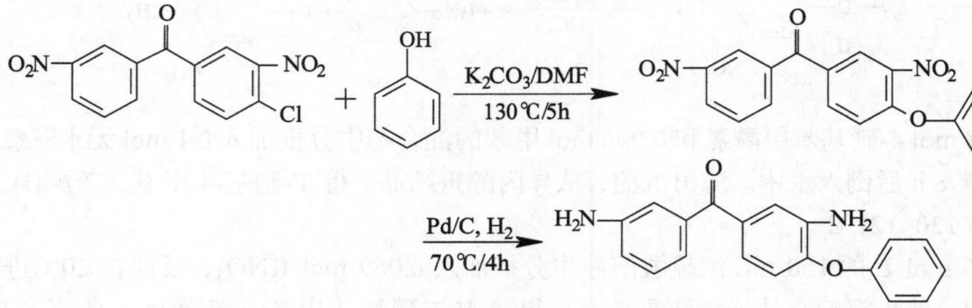

　　由 4-氯-3,3′-二硝基二苯酮(见〖393〗)和苯酚用类似〖398〗的方法合成，收率 71.5%，mp 111.6~113.0℃。

〖400〗3,4′-二氨基-4-(4-氯代苯氧基)二苯酮
3,4′-Diamino-4-(4-chlorophenoxy)benzophenone[225]

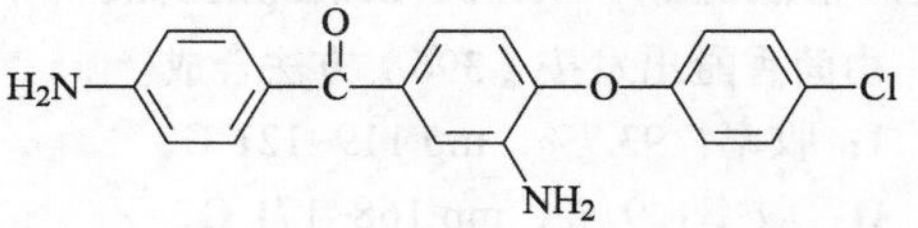

　　由氯代苯酚按〖398〗方法合成。

　　III：收率：92%，mp 142~144℃；

　　二胺收率：91%，mp 189~189.5℃。

〖401〗3,3′-二氨基-4-联苯氧基二苯酮　3,3′-Diamino-4-biphenylyloxybenzophenone[233]

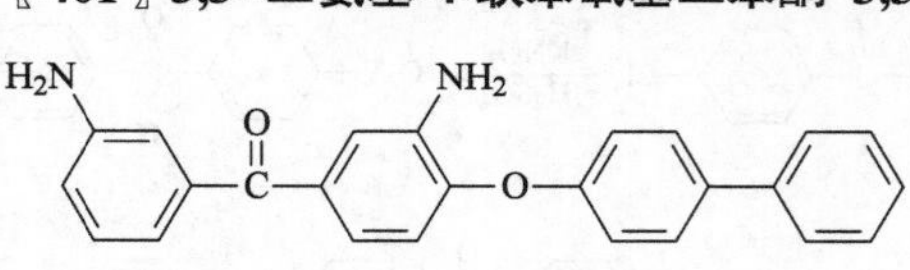

　　由 4-氯-3,3′-二硝基二苯酮(见〖393〗①)和联苯酚用类似〖403〗的方法合成，收率83.6%，mp 167.1~168.1℃。

〖402〗3,3′-二氨基-4,4′-二甲氧基二苯酮　3,3′-Diamino-4,4′-dimethoxybenzophenone[233]

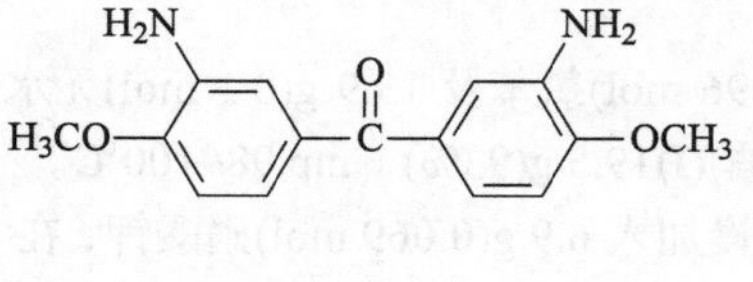

　　由 3,3′-二硝基-4,4′-二氯二苯酮(见〖405〗)与甲醇钠在 THF 中室温反应 4 h，得到 3,3′-二硝基-4,4′-二甲氧基二苯酮，再用钯炭催化氢化得到二胺，收率 34%，mp 128.2~129.2℃。

〖403〗3,3′-二氨基-4,4′-二苯氧基二苯酮　3,3′-Diamino-4,4′-diphenoxybenzophenone[233]

将80 g(0.235 mol)4,4′-二氯-3,3′-二硝基二苯酮 (见〖405〗), 45.5 g(0.483 mol)苯酚和39 g(0.282 mol碳酸钾)在150 mL DMF中加热到130℃, 搅拌5h后冷却到80℃, 趁热滤出无机物, 滤液与 60 g 水混合, 冷却到室温, 滤出沉淀, 用甲醇洗涤, 在 60℃真空干燥得 3,3′-二硝基-4,4′-二苯氧基二苯酮 92 g(86%)。将二硝基物在 70~80℃用 Pd 催化氢化得二胺, 收率 86%, mp 153.3~154℃。

〖404〗3,3′-二氨基-4,4′-二联苯氧基二苯酮
3,3′-Diamino-4,4′-di(4-biphenylyloxy) benzophenone[233]

由联苯酚按〖403〗方法合成, 收率81.2%, mp 214.6~215.3℃。

〖405〗3,3′-二氨基-4,4′-二氯二苯酮　3,3′-Diamino-4,4′-dichlorobenzophenone[234]

将 2.5 g(0.01 mol)4,4′-二氯二苯酮在 10 mL 硫酸中冰浴冷却下搅拌溶解。滴加已经冷到 0~5 ℃的由 8 mL 硝酸和 10 mL 浓硫酸得到的混酸, 搅拌 2 h 后升温到室温, 再搅拌 3 h 后用水浴加热反应 8 h。将混合物倒入碎冰中, 滤出沉淀, 用水洗至中性。由乙醇重结晶, 得到 3,3′-二硝基-4,4′-二氯二苯酮淡黄色固体, 收率92%, mp 85~86℃。

将 3.42 g (0.01 mol)3,3′-二硝基-4,4′-二氯二苯酮溶于 250 mL 无水乙醇中, 氮气下加热至 50℃, 加入 8.46 g (0.045 mol) 无水 SnCl₂, 缓慢加入 25 mL 浓盐酸, 回流 16 h。蒸去乙醇, 将残留物倒入 400 mL 水中, 用 10%NaOH 碱化, 滤出沉淀, 用热水和冷甲醇洗涤, 从乙醇重结晶, 60℃真空干燥, 得到淡黄色产物, 收率89%, mp 109~110℃。

〖406〗2,4,6-三甲基-3-氨基苯基-3′-氨基苯基酮
2,4,6-Trimethyl-3-aminophenyl-3′- aminophenylmethanone[235]

将 20.0 g (0.1078 mol)3-硝基苯甲酰氯和 40.0 g(0.3328 mol)均三甲苯在 25 mL 二氯甲烷中搅拌，冷却到 4℃，以小份加入 30.0 g 三氯化铝，温度保持在 8℃以下，加完后让温度自然升到室温，搅拌 4 h。将反应物倒入冰水/盐酸混合物中，再用 100 mL 乙酸乙酯萃取，分出有机层，用水洗涤到中性，在硫酸钠上干燥，除去溶剂，产物用乙酸乙酯重结晶，得均三甲苯基(3-硝基苯基)酮(I)25.1 g(86%)，mp 105~106℃。

将 12.0 g (44.56 mmol)I 溶于 20 mL 四氯乙烷中，在 40~45℃下滴加由 4 mL 浓硝酸和 5 mL 浓硫酸得到的混合物，在 45~60℃搅拌 30 min 后冷却，分出有机层，用水洗涤到中性，除去溶剂，在乙酸乙酯中重结晶，得 2,4,6-三甲基-3-硝基苯基-3′-硝基苯基酮(II)12.6 g(90%)，mp 124~125℃。

氮气下 0.033 mol 将二硝基物和 1.3 g 钯炭黑在 41 mL 三乙胺中搅拌回流至 II 完全溶解，缓慢加入 10.5 mL (0.280 mol)97%甲酸，发生剧烈的放热反应，回流 1 h，冷却后，加入 50 mL 二氯甲烷，过滤，有机层用水洗涤至中性除去溶剂，从乙醇重结晶，二胺的产率为 88%，mp 145~146℃[194]。

〖407〗1-(3-氨基苯甲酰基)-4-(3-氨基苄基)苯

1-(3-Aminobenzoyl)-4-(3-aminobenzyl) benzene[193]

将 100 g (583 mmol)3-硝基苄氯溶于 320 mL 苯中，冰浴中冷却，15 min 内加入 30 g (255 mmol)无水三氯化铝，在室温搅拌 72 h 后倒入 550 mL 冰水中。有机层用 400 mL 0.3 mol/L NaOH 和 2×500 mL 水洗涤，在氯化钙上干燥，除去苯后减压蒸馏，第一馏分(140℃/4~5 mmHg)大约 10 mL 为未反应的 3-硝基苄氯，3-硝基二苯甲烷(I)在 180~181℃/4 mmHg 蒸出，得 110.5g (89%)。

将 103.41 g (485 mmol)I 和 89.85 g (485 mmol)3-硝基苯甲酰氯溶于 775 mL 二硫化碳中，冰浴冷却，在 20 min 内以小份加入 67.8 g (508 mmol)无水三氯化铝，温度维持在 20℃。加完后移去冰浴，搅拌 6 h，反应物分为二层，将上层 CS₂ 倾去，产物倒入 800 mL 冰水中，依次用水、1 mol/L NaOH 和水洗至中性，再用 2×500 mL 甲醇洗涤。空气干燥后在 1.1 L 冰乙酸中重结晶，滤出无色产物，用甲醇洗涤，干燥得到 1-(3-硝基苯甲酰基)-4-(3-硝基苄基)苯(II)

77.65 g(44%)，mp 143~144℃。

将 30 g (83 mmol)二硝基化合物溶于 400 mL DMF 中，用 3 g 5%Pt/C 为催化剂，在 0.345 MPa 氢压下 75℃反应 1 h，加热到 100℃，趁热过滤。保持 90~95℃，在 15 min 内加入 500 mL 水，热溶液再次过滤，向滤液中加入冰水，使总体积达到 4 L。滤出产物，用 2×500 mL 水洗涤，干燥得到二胺 17.2 g(69%)，mp 127.5~128℃。

〖408〗1-(4-氨基苯甲酰基)-4-(3-氨基苄基)苯

1-(4-Aminobenzoyl)-4-(3-aminobenzyl) benzene[193]

将 58.5 g (0.438 mol)无水三氯化铝在 30 min 内分批加到 73.7 g(0.346 mol) 3-硝基二苯甲烷 (见〖407〗)和 64.19 g (0.346 mol)4-硝基苯甲酰氯在 775 mL 二硫化碳的溶液中，温度保持在 20℃。加完后撤去冰浴，加热回流 45 h。产物处理如〖407〗。空气干燥后从 1.5 L 冰乙酸重结晶，用甲醇洗涤，得 1-(4-硝基苯甲酰基)-4-(3-硝基苄基)苯 68.4 g (55%)，mp 113~114℃。

将 35.0 g(0.0967 mol)二硝基物溶于 300 mL DMF，在 7.0 g 5% Pt/C 催化下用 4.15 MPa 氢压在 110℃加氢 5 h。卸压后在 100℃加入 300 mL 水。趁热过滤。滤液再加热到 100℃，加入大约 1.2 L 水使溶液浑浊，冷却过夜。滤出沉淀，空气干燥得 31.2 g。将粗产物溶于 800 mL 热苯，过滤，加入庚烷，维持温度在 75~80℃直到变为浑浊。冷却过夜，得到二胺 19.0 g (65%)，mp 121.5~122℃。

〖409〗1-(4-氨基苯甲酰基)-4-(4-氨基苄基)苯

1-(4-Aminobenzoyl)-4-(4-aminobenzyl) benzene[193]

以对硝基苄氯和对硝基苯甲酰氯按〖407〗方法合成。对硝基二苯甲烷的收率 91%，bp182~183℃/3.5 mmHg；二硝基物的收率 64%，mp 175~177℃；将二硝基物在 DMF 中 3.75 MPa 氢压下 100℃加氢还原，二胺的收率 89%，mp 151~153℃。

〖410〗1-(3-氨基苯甲酰基)-4-(4-氨基苄基)苯

1-(3-Aminobenzoyl)-4-(4- aminobenzyl) benzene[193]

由对硝基苄氯和间硝基苯甲酰氯按〖407〗方法合成。二硝基物的收率 63%，mp 148~149℃；二硝基物在 Pt/C 催化下以 4.15 MPa 氢气加氢还原，二胺的收率 41%，mp 96~97℃。

〖411〗4,4′-二氨基查耳酮　4,4′-Diaminochalcone[236]

AcHN—⟨C6H4⟩—COCH3 (**I**) + OHC—⟨C6H4⟩—NHAc (**II**) —NaOH→ AcHN—⟨C6H4⟩—COCH=CH—⟨C6H4⟩—NHAc (**III**)

III —HCl→ H2N—⟨C6H4⟩—COCH=CH—⟨C6H4⟩—NH2 (**IV**)

4-乙酰基乙酰苯胺(**I**)由乙酰苯胺和乙酰氯反应制得收率 82%，mp 168℃。

4-乙酰氨基苯甲醛(**II**)由对硝基甲苯经氧化、还原得到 4-氨基苯甲醛，然后乙酰化得到，mp155℃。

将 6.70 g(0.041 mol)4-乙酰氨基苯甲醛溶于 80 mL 甲醇中，冰浴冷却，加入 7.28 g(0.041 mol)4-乙酰基乙酰苯胺在 50 mL 1 mol/L NaOH 和 20 mL 甲醇中的溶液，搅拌 3 h 后放置在冰箱中，得到 4,4′-二乙酰氨基查耳酮(**III**)，收率 95%，mp 269℃。将 4.62 g(0.014 mol)**III** 在 200 mL 7%盐酸中回流 3 h，滤出橙色粗产物。在水中重结晶得 **IV** 3.05 g(85%)，mp 175℃，单水化物的 mp 为 78℃。

〖412〗3,3′-二氨基查耳酮　3,3′-Diaminochalcone[236]

(O2N)⟨C6H4⟩—COCH3 + OHC—⟨C6H4⟩(NO2) —NaOH→ (O2N)⟨C6H4⟩—COCH=CH—⟨C6H4⟩(NO2) —SnCl2/HCl→ (H2N)⟨C6H4⟩—COCH=CH—⟨C6H4⟩(NH2)

用混酸在 0℃以下直接硝化苯乙酮和苯甲醛得到 3-硝基苯乙酮 (mp 81℃)和 3-硝基苯甲醛 (mp 58℃)。然后按〖411〗方法反应得到 3,3′-二硝基查耳酮 (mp 216℃)。将 1.49 g(0.001 mol)二硝基查耳酮在 100 mL 乙酸中用 1.13 g (0.005 mol)SnCl2·2H2O 和 15 mL 浓盐酸在 100℃搅拌 4 h，反应物用 1 mol/L NaOH 在冰水浴中中和，滤出黄色沉淀，用水洗涤。粗产物用甲醇萃取，除去溶剂，在水中重结晶，得 3,3′-二氨基查耳酮 0.45 g(37%)，mp 132℃。

〖413〗1,4-双(4-氨基苯甲酰基)苯　1,4-Bis(4-aminobenzoyl)benzene[193]

H2N—⟨C6H4⟩—CO—⟨C6H4⟩—CO—⟨C6H4⟩—NH2

由 1-(4-硝基苯甲酰基)-4-(4-硝基苄基)苯(见〖409〗)按〖415〗方法得到。

二硝基物收率 92%，mp 288~290℃；在 DMF 中 3.80 MPa 氢气下以 Pt/C 催化还原，二胺收率 73%，mp 294~295℃。

〖414〗1-(3-氨基苯甲酰基)-4-(4-氨基苯甲酰基)苯

1-(3-Aminobenzoyl)-4- (4-aminobenzoyl) benzene[193]

H2N—⟨C6H4⟩—CO—⟨C6H4⟩—CO—⟨C6H4⟩(NH2)

由 1-(3-硝基苯甲酰基)-4-(4-硝基苄基)苯(见〖410〗)按〖415〗方法得到。

二硝基物收率 74%，mp 214~215℃；在 Pt/C 催化下以 4.15MPa 氢气还原，二胺收率 64%，mp 188~189℃。

【415】1,4-双(3-氨基苯甲酰基)苯　1,4-Bis(3-aminobenzoyl)benzene[193]

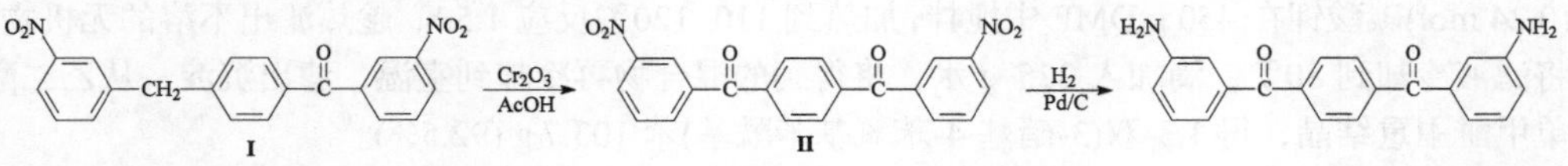

将 26.67 g (0.0737 mol)I (见【407】)和 14.73 g (0.147 mol)三氧化铬在 740 mL 冰乙酸中搅拌回流 3 h 后冷却到室温，滤出白色沉淀。用 300 mL 乙酸和 300 mL 甲醇洗涤，空气干燥，得 II 26.24 g (95%)，mp 262~264℃。

将 24.44 g (0.065 mol)二硝基物 II 溶于 200 mL DMF 中，加入 2.44 g 5% Pt/C，在 0.345 MPa 氢压下 75℃还原 1 h 后过滤，滤液加热到 100℃，加入热水 200 mL，趁热过滤，滤液用 2 L 水稀释后放置 2 h，滤出产物，在 70℃干燥得到二胺 12.33 g(60%)，mp 196.5~198℃。

【416】1,3-双(3-氨基苯甲酰基)苯　1,3-Bis(3-aminobenzoyl)benzene[237]

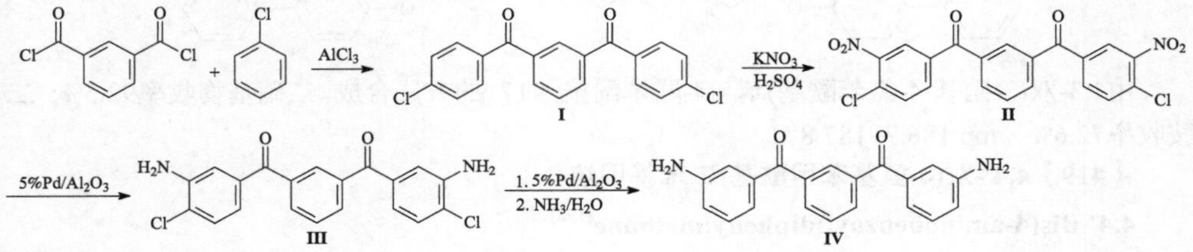

将 145 g 三氯化铝和 79 g 间苯二甲酰氯加到 700 mL 氯苯中，在 130℃反应 6 h，得到 1,3-双(4-氯代苯甲酰基)苯(I)，mp 212℃[238]。

将 I 在 50 g 浓硫酸和 11.1g 硝酸钾的混合物中 100℃反应 1 h，得到二硝基物 II，mp 164℃。

将 50 g (0.11 mol)II 和 2 g 5% Pd/Al₂O₃ 加到 200 mL 异丙醇中，在氢气氛下 30~35℃反应 8 h，得到 III。然后加入 20 g (0.33 mol)28%氨水，在氢气氛下 60℃反应 6 h，至不再有氢气吸收。在 60℃下滤出催化剂，加入 25 g 36%的盐酸，冷却到室温，滤出二胺盐酸盐，溶入 1000 mL 水中，用 28%氨水中和，滤出黄色结晶，用甲醇洗涤，干燥，得 IV 24.2 g(67%)，mp 114.2~116.9℃。

【417】1,3-双(3-氨基-4-苯氧基苯甲酰基)苯
1,3-Bis(3-amino-4-phenoxybenzoyl) benzene[237]

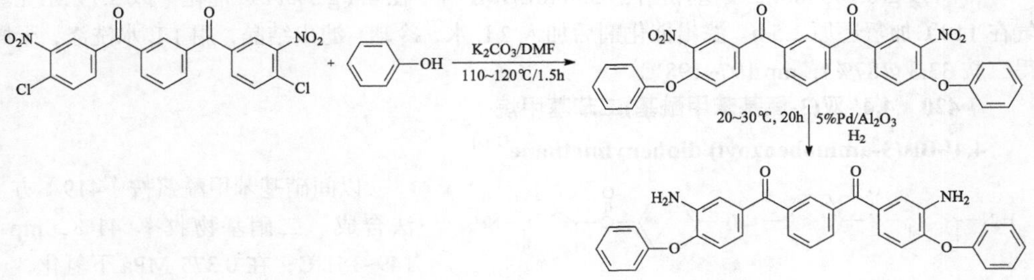

将 89.0 g (0.2 mol)1,3-双(3-硝基-4-氯苯酰基)苯(见〖416〗), 59.3 g (0.63 mol)苯酚及 33.2 g (0.24 mol)碳酸钾在 450 g DMF 中搅拌,加热到 110~120℃反应 1.5 h,趁热滤出不溶的无机物。将滤液冷却到 80℃,滴加入 225 g 水,将得到的混合物再冷却到室温,滤出沉淀,从乙二醇单甲醚中重结晶,得 1,3-双(3-硝基-4-苯氧基苯酰基)苯 103.7 g (92.5%)。

将 103.7 g(0.185 mol)二硝基物和 3.7 g 5%钯/氧化铝在 370 mL DMF 中 25~30℃加氢反应 20 h 至不再有氢气吸收。滤出催化剂,将得到的滤液与 280 g 水混合,滤出淡褐色沉淀,从甲苯中重结晶,得淡黄色二胺 72.3 g (72.2%),mp 128.1~129.0℃。

〖418〗1,3-双(3-氨基-4-联苯氧基苯甲酰基)苯

1,3-Bis(3-amino-4-biphenoxybenzoyl) benzene[237]

由1,3-双(3-硝基-4-氯苯酰基)苯与4-联苯酚按〖417〗的方法合成。二硝基物收率92.5%; 二胺收率72.6%, mp 186.7~187.8℃。

〖419〗4,4′-双(4-氨基苯酰基)二苯基甲烷

4,4′-Bis(4-aminobenzoyl)diphenylmethane[195]

在 1 h 内将 70 g(0.525 mol)无水三氯化铝分小批加入 33 g(0.196 mol)二苯基甲烷和 100 g (0.539 mol)对硝基苯甲酰氯在 900 mL 二硫化碳的溶液中,室温搅拌 3 天。倾去溶剂,以小份加入 2 L 6 N 盐酸。过滤,依次用 3×1 L 水,1 L 10%NaOH 及 3×1 L 水洗涤,空气干燥,得 88.2 g 粗产物。将该粗产物溶于 1.6 L 热冰乙酸中,加入 40 g 活性炭,搅拌后过滤,滤液冷却过夜,得到二硝基物 43.9 g(48%),mp 192~193℃。

将 4.39 g(0.108 mol)二硝基物溶于 350 mLDMF 中,在 4.4 g 5%Pt/C 催化下以 3.79 MPa 氢气在 110℃加氢还原 1.5 h。滤出催化剂后加入 2 L 水,冷却,滤出结晶,用 1 L 水洗涤,干燥得二胺 33.3 g(87%),mp 197~198℃。

〖420〗4,4′-双(3-氨基苯酰基)二苯基甲烷

4,4′-Bis(3-aminobenzoyl) diphenylmethane[195]

以间硝基苯甲酰氯按〖419〗方法合成。二硝基物收率 41%,mp 149~151℃;在 0.375 MPa 下氢化,二胺收率 89%,mp 193~194℃。

〖**421**〗**4,4′-双(4-氨基苯甲酰基)二苯醚　4,4′-Bis(4-aminobenzoyl)diphenylether**[195]

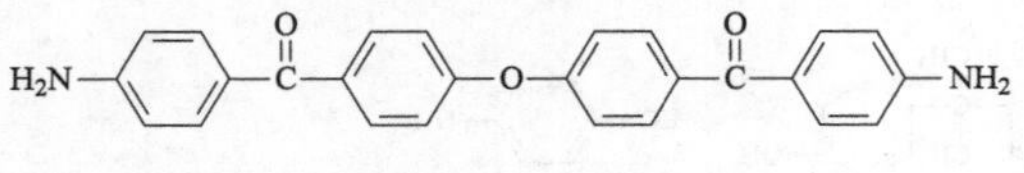

由对硝基苯甲酰氯和二苯醚按〖419〗方法合成。二硝基物收率 51%，mp 228.5~229.5℃；以 Pd/BaSO₄ 为催化剂，在 0.35 MPa 下加氢，二胺收率 79%，mp 177~178 ℃。

〖**422**〗**4,4′-双(3-氨基苯甲酰基)二苯醚　4,4′-Bis(3-aminobenzoyl)diphenylether**[195]

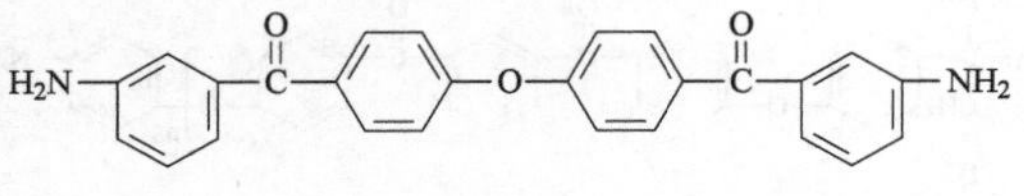

由间硝基苯甲酰氯和二苯醚按〖419〗方法合成。二硝基物收率 59%，mp 172~173.5℃；二胺收率 80%，mp 148~149℃。

〖**423**〗**4,4′-双(4-氨基苯甲酰基)二苯硫醚**

4,4′-Bis(4-aminobenzoyl)diphenyl sulphide[195]

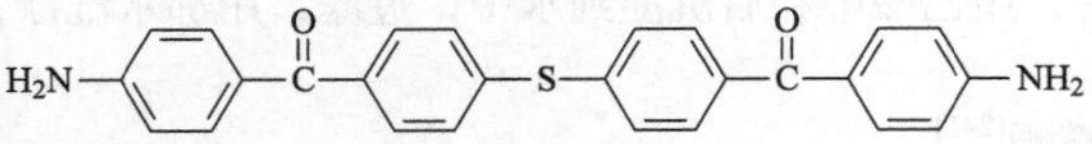

由对硝基苯甲酰氯和二苯硫醚按〖419〗方法合成。二硝基物收率 74%，mp 267℃；以 Pt/C 为催化剂，在 3.8 MPa 氢压下还原，二胺收率 92%，mp 172~173℃。

〖**424**〗**4,4′-双(3-氨基苯甲酰基)二苯硫醚**

4,4′-Bis(3-aminobenzoyl)diphenyl sulphide[195]

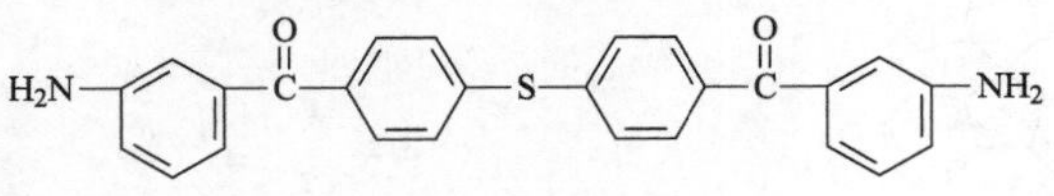

以间硝基苯甲酰氯和二苯硫醚按〖419〗方法合成。二硝基物收率 78%，mp 229~230℃；在 0.375 MPa 下氢化，二胺收率 96%，mp 162~164 ℃。

〖**425**〗**1,4-双(4-氨基苯基异丙基-4′-苯氧基-4″-苯甲酰基)苯**

1,4-Bis(4-aminophenylisopropylidene-4′-phenoxy-4″-benzoyl)benzene[239]

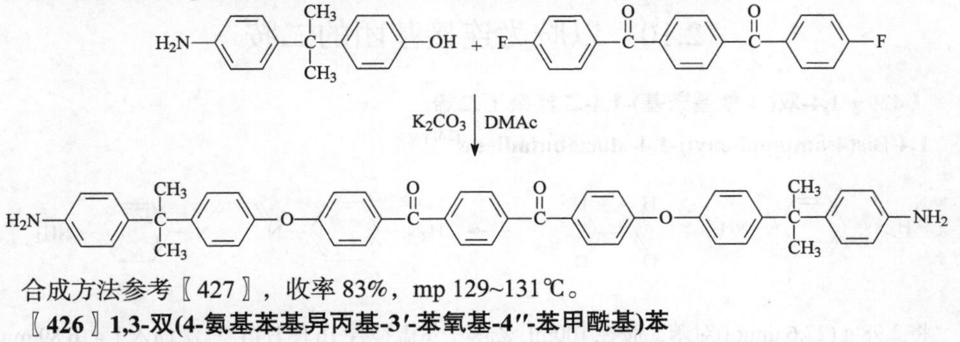

合成方法参考〖427〗，收率 83%，mp 129~131℃。

〖**426**〗**1,3-双(4-氨基苯基异丙基-3′-苯氧基-4″-苯甲酰基)苯**

1,3-Bis(4-aminophenylisopropylidene-3′-phenoxy-4″-benzoyl)benzene[186]

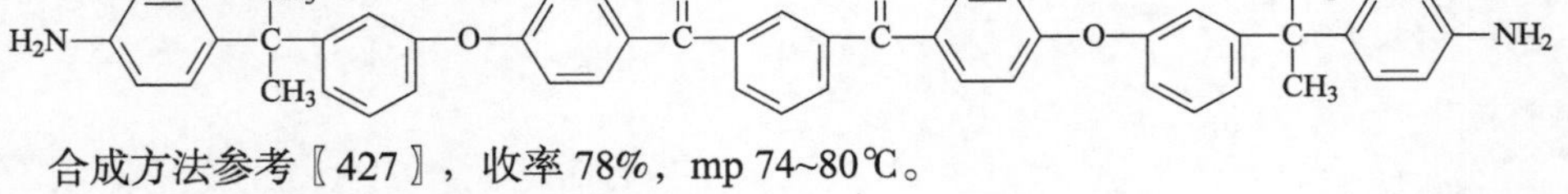

合成方法参考〖427〗，收率 78%，mp 74~80℃。

〖427〗由双酚 A 得到氨基封端的聚醚酮[240]

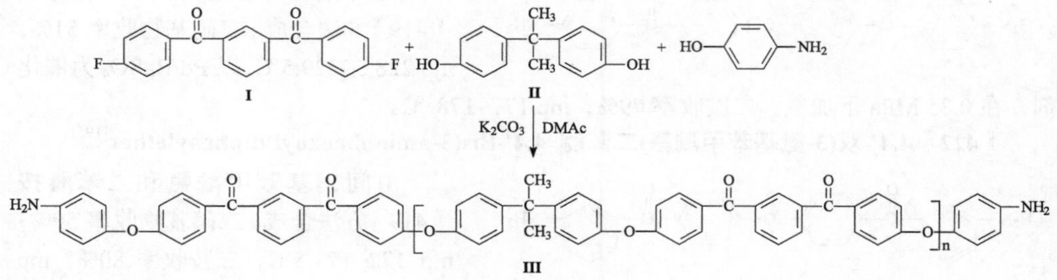

将 22.562 g (70.0mmol)二氟化合物**(I)**，13.583 g (59.5 mmol)双酚 A, 2.292 g (21.0 mmol)对氨基苯酚和 21.28 g (154 mmol)碳酸钾加到 115 mL DMAc 和 40 mL 甲苯的混合物中，氮气下加热共沸去水。在 155℃反应 16 h 后过滤，用乙酸中和后沉淀到水中，过滤，用沸水洗涤，得 **III**(相对分子质量 3110)收率>95%。

〖428〗由芴双酚得到氨基封端的聚醚酮[241]

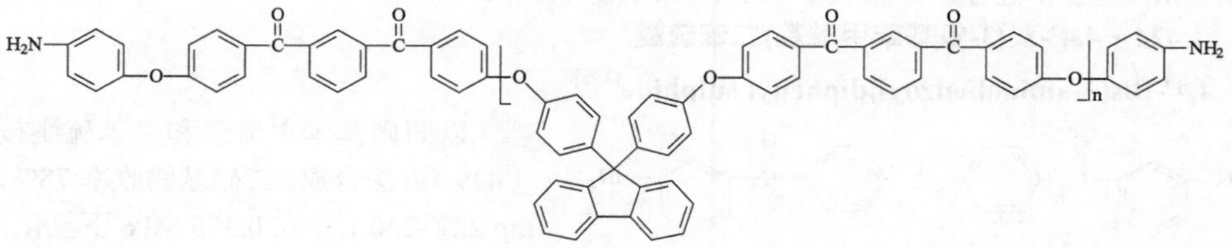

以芴二酚代替双酚 A 按〖427〗方法合成。

2.10 以胺为连接基团的二胺

〖429〗1,4-双(4-氨基苯基)-1,4-二氮杂丁二烯
1,4-Bis(4-aminophenyl)-1,4- diazabutadiene[242]

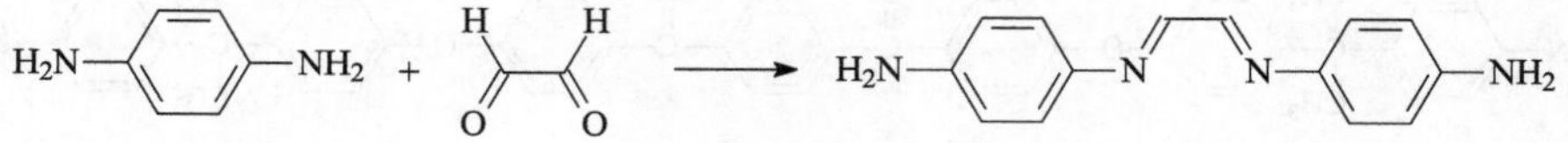

将 2.98 g (27.6 mmol)对苯二胺在 100mL 乙醇中室温搅拌 1h 使其溶解。滴加入 1 g (6.89 mmol)乙二醛，室温搅拌 1 h，滤出黄色沉淀，用 50 mL 乙醇洗涤，室温空气干燥，得二胺 1.42g (86%)。

〖430〗三羰基[1,4-双(4-氨基苯基)-1,4-二氮杂丁二烯]氯化铼

Chlorotricarbonyl[1,4-bis (4-aminophenyl)-1, 4-diazabutadiene]rhenium[242]

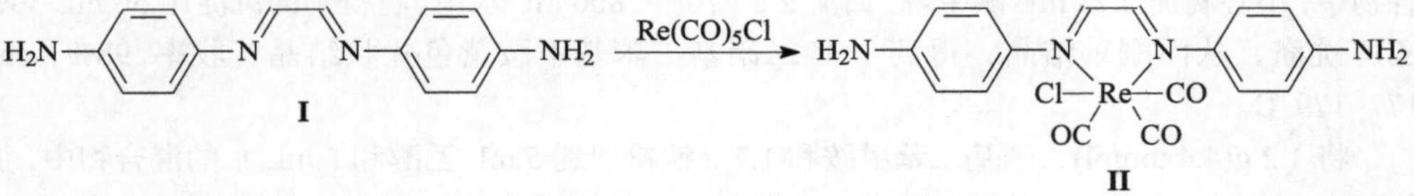

将 0.20 g (0.83 mmol)**I**〖429〗和 0.3 g (0.83 mmol)五羰基氯化铼在 10 mL 甲苯中回流 24 h，滤出暗蓝色固体，用甲苯和乙醚洗涤，得 0.44 g (96%)。

〖431〗2,5-双(4-氨基苯基)-2,5-二氮杂己烷 **2,5-Bis(4-aminophenyl)-2,5-diazahexane**[243]

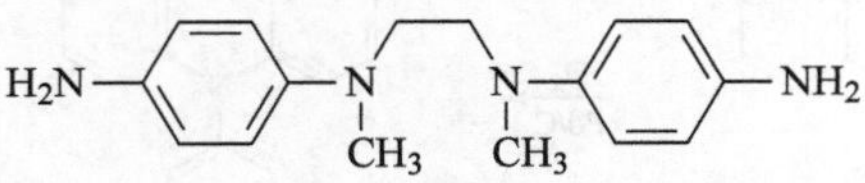

收率 55%，从乙醚重结晶，mp 66~67℃。

〖432〗1,4-双(4-氨基苯基)-1,4-哌嗪 **1,4-Bis(4-aminophenyl)-1,4-diazacyclohexane**[243,244]

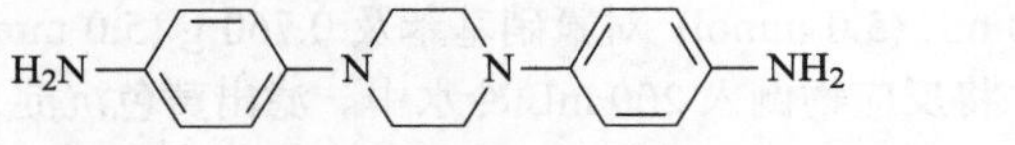

收率 50%，从乙醇重结晶，mp 229~230℃。

〖433〗1,2-双(4-氨基苯胺基)环丁烯-3,4-二酮

1,2-Bis(4-aminoanilino)- cyclobutene-3,4-dione[245]

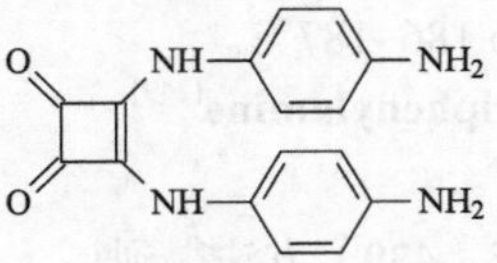

商品，mp 287~288℃。

〖434〗4,4′-二氨基偶氮苯 **4,4′-Diaminoazobenzene**[246]

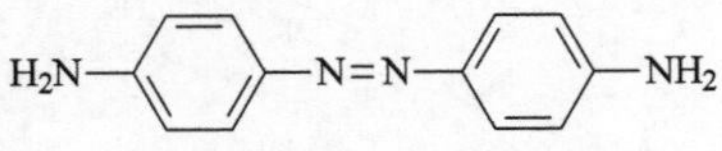

商品。

〖435〗4,4′-二氨基二苯基甲胺 **4,4′-Diaminodiphenylmethylamine**[247]

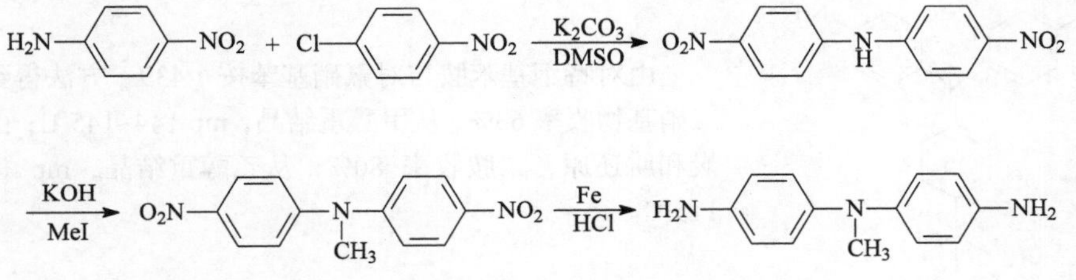

将 34.5 g(0.25 mol)对硝基苯胺，15.8 g(0.1 mol)对硝基氯苯和 55.2 g(0.4 mol)碳酸钾加到 150 mL DMSO 中，混合物在 145~150℃反应 5 h 后将反应物倒入冷水中，滤出沉淀，用盐酸

和水洗涤，得 4,4′-二硝基二苯胺褐色固体，收率 71%，mp 214~217℃。

将 9.00 g(34.7 mmol)二硝基二苯胺和 2.295 gKOH 溶于 2.34 mL 蒸馏水和 90 mL 丙酮的混合物中，小心滴加 2.25 mL 碘甲烷，回流 2 h 后倒入 800 mL 水中。将得到的沉淀用 50 mL 50%乙醇洗涤，从丙酮重结晶，得到 4,4′-二硝基二苯基甲胺黄色片状结晶，收率 98%，mp 177~179℃。

将 1.2 g(4.4 mmol)二硝基二苯甲胺和 1.7 g 铁粉加到 5 mL 乙醇和 5 mL 水的混合物中，加热至沸，滴加 0.5 mL11%盐酸。回流 4 h 后过滤。在滤液中加入 100 mL 冰水，滤出白色沉淀，真空干燥。粗产物从乙醇重结晶，二胺收率 70%，mp 173~175℃。

〖436〗4,4′-二氨基三苯胺　Triphenylamine 4,4′-diaminotriphenylamine[248]

将 0.228 mL (2.5 mmol) 苯胺，0.530 mL (5.0 mmol) 对氟硝基苯及 0.760 g (5.0 mmol) 氟化铯在 10 mL DMSO 中 100℃搅拌 6 h。将反应物倒入 200 mL 冷水中。滤出黄色沉淀，真空干燥。从乙酸重结晶，得 4,4′-二硝基三苯胺 0.620 g (74%)，mp 194~195℃。

在氢气氛下，将 0.671 g (2 mmol) 4,4′-二硝基三苯胺和 0.2 g 10%钯炭黑在 30 mL DMF 中室温搅拌至理论量的氢气被吸收。过滤，将滤液倒入 200 mL 冷水中，滤出沉淀，真空干燥，在 250℃/1 mmHg 升华提纯，得到无色针状结晶 0.319 g (58%)，mp 186~187℃。

〖437〗4,4′-二氨基-4″-甲基三苯胺　4,4′-Diamino-4″-methyltriphenylamine[249]

由对甲基苯胺与对氟硝基苯按〖439〗方法得到。

〖438〗4,4′-二氨基-4″-特丁基三苯胺　4,4′-Diamino-4″-tert-butyltriphenylamine[250]

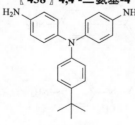

由对特丁基苯胺与对氟硝基苯按〖439〗方法得到。二硝基物收率 63%，从甲醇重结晶，mp 144~145℃；由钯炭和肼还原，二胺收率 80%，从乙醇重结晶，mp 113~115℃。

〖439〗4,4′-二氨基-4″-氰基三苯胺 4-[Bis(4-aminophenyl)amino]benzonitrile[251]

将 0.591 g (5 mmol)4-氨基苯腈和 1.552 g (11 mmol)对氟硝基苯溶于 20 mL DMSO 中，加入 4.146 g (30 mmol)K₂CO₃，在 130℃反应 20 h 后加入水，颜色退去。滤出沉淀，用热甲醇洗涤，从 DMF 重结晶，得到二硝基物黄色结晶，收率 86%，mp 376~378℃。

将 2.017 g (5.6 mmol)二硝基物和 0.3 g 10% Pd/C 在 50 mL DMF 中加氢还原 20 h，滤出催化剂，将滤液倒入水中，滤出淡黄色沉淀，缓慢升华提纯，收率 72%，mp 227~229℃。

〖440〗4,4′-二氨基-4″-[(E)-2-(4-吡啶基)乙烯基三苯胺

4,4′-Diamino-4″-[(4-pyridinyl) ethenyl]triphenylamine[252]

将 4.15 g(0.01 mol)4,4′-二氨基-4″-溴基三苯胺(由对溴苯胺按〖439〗方法合成)与对乙烯基吡啶反应得到，收率 70%，mp 105~106℃。

〖441〗4,4′-二氨基-3″,4′-二甲基三苯胺 **4,4′-Diamino-3″,4′-dimethyltriphenylamine[219]**

由3,4-二甲基苯胺按〖439〗方法合成。二硝基物在冰乙酸中重结晶，收率85%，mp 203~204℃；用肼在钯炭黑催化剂下还原，蓝色二胺从乙醇重结晶后升华，收率89%，mp 184~185℃。

〖442〗4,4′-二氨基-[4″- (E)-2-(4-吡啶基)乙烯基-3″-甲基]三苯胺

4,4′-Diamino-4″- [(4-pyridinyl)ethenyl]-3″-methyltriphenylamine[252]

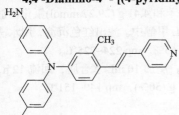

由 4,4′-二氨基-N-[(4″-溴-3″-甲基)苯基]苯基二苯胺按〖440〗方法合成。收率75%，mp 123~125℃。

〖443〗1-[二(4-氨基苯基)氨基]萘　1-[Di(4-aminophenyl)amino]naphthalene[254]

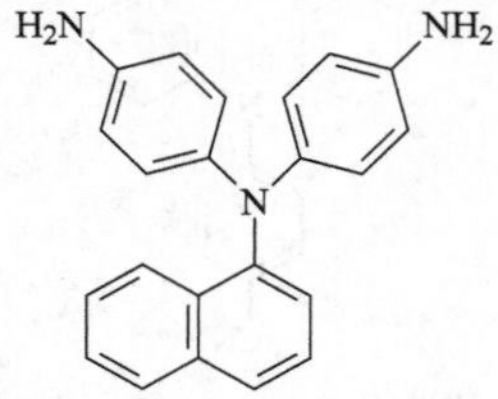

由 1-萘胺与 4-氟硝基苯按〖439〗方法合成。二硝基物在乙酸中重结晶，收率 67%，mp 176~178℃；用氯化亚锡和盐酸还原，二胺减压蒸馏得到，收率 32%，mp 167~169℃。

〖444〗N,N-双(4-氨基苯基)-N′,N′-双[4-(2-苯基-2-异丙基)苯基]-1,4-苯二胺[255]

N,N-Bis(4-aminohenyl)-N′,N′-bis[4-(2-phenyl-2-isopropyl)phenyl]-1,4-phenylene-diamine

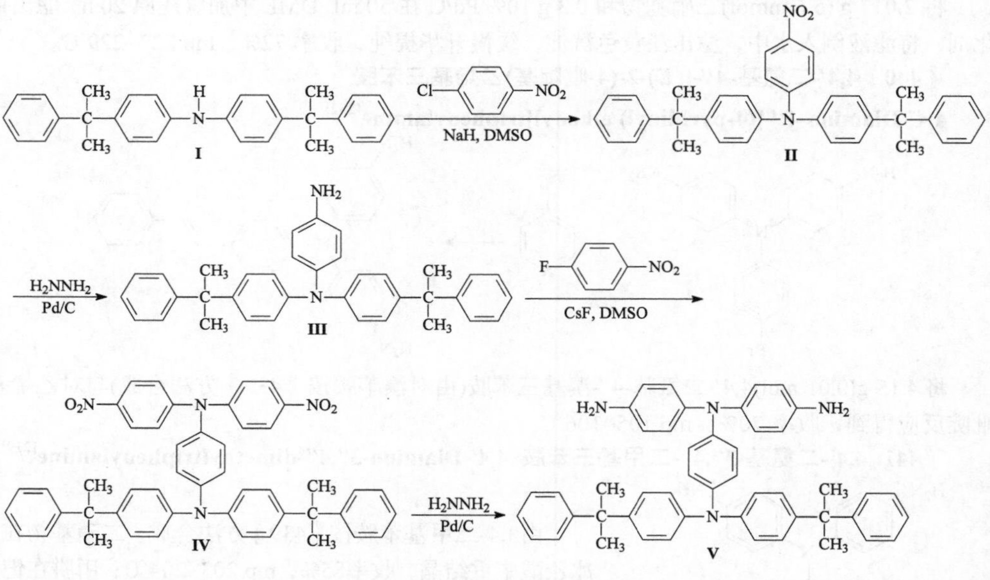

将 20.0 g (49 mmol)**I**, 5.23 g (49 mmol)4-氯硝基苯和 1.18 g (49 mmol)氢化钠加到 120 mL DMSO 中，混合物加热到 120℃反应 24 h，冷却后倒入 1 L 甲醇中。滤出黄色沉淀，用水洗涤，真空干燥。用柱层析(己烷/二氯甲烷, 2/1) 提纯，得 **II** 16.3 g (63%)，mp 150~151℃。

将 20 g (38 mmol)**II**, 0.4 g Pd/C 加到 200 mL 乙醇中，加入 14 mL 水合肼，回流 12 h。从乙醇重结晶，得到 **III** 12.5 g (66%)，mp 110~114℃。

将 7.26 g (14.63 mmol)**III**, 4.13 g (29.27 mmol) 4-氟硝基苯和 4.41 g (29.27 mmol)氟化铯加到 80 mL DMSO 中，在 120℃反应 24 h。冷却后倒入 500 mL 甲醇中。滤出红色沉淀，用水洗涤后干燥。用柱层析(己烷/二氯甲烷, 1/1)，得到 **IV**，收率 65%，mp 224~225℃。

将 5 g (6.77 mmol)**IV** 和 0.2 g Pd/C 加到 150 mL 乙醇中，滴加 10 mL 水合肼，回流 12 h，得到的二胺用柱层析(己烷/二氯甲烷, 2/1)提纯，得二胺 2.3 g (50%)，mp 149~151℃。

〖445〗4-(N,N-二(p-氨基苯基)氨基)-4′-硝基偶氮苯
4-(N,N-Bis(p-aminophenyl)amino)-4′- nitroazobenzene[256]

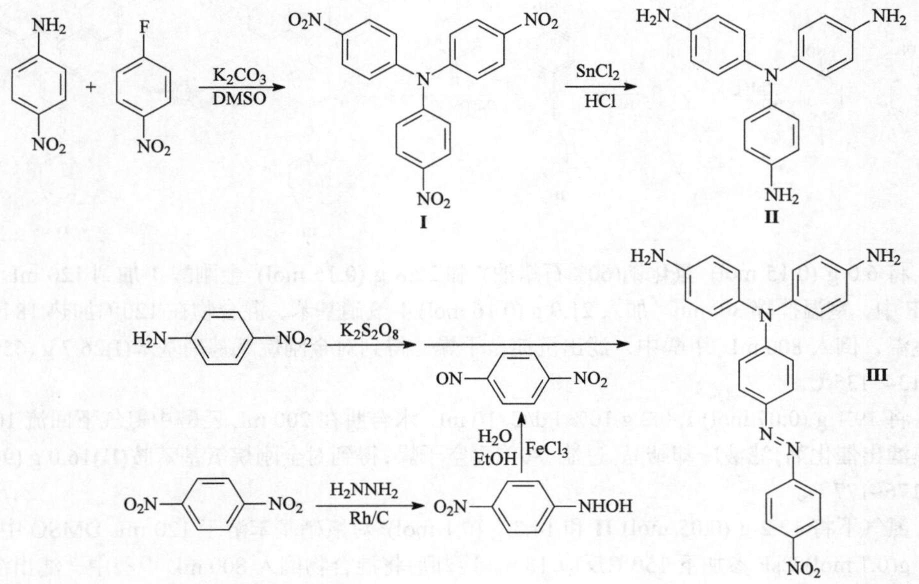

将 5.52 g (40 mmol)对硝基苯胺，6 g (43 mmol)对氟硝基苯和 20 g 无水碳酸钾加到 50 mL DMSO 中，加热至 130~140℃，剧烈搅拌 5.5 h，冷却后加到 100 mL 冷水中，滤出沉淀，用稀盐酸和水洗涤，在硫酸镁上干燥，得对三硝基三苯胺(I)黄色固体 11.8 g (78%)。

将 1.9 g (5 mmol) I 加到 50 mL 冰乙酸中，一次加入 12.5 g(55 mmol)氯化亚锡二水化合物在浓盐酸中的溶液，回流 4 h，冷却下滴加 40%NaOH 水溶液，滤出固体，用甲苯(100 mL×2)萃取，除去甲苯得三氨基三苯胺黄色结晶 II 0.91 g (63%)，mp 240~241℃。

将 1 g 对二硝基苯溶于 10 mLTHF 中，加入 15~20 mg 5%Rh/C，再滴加水合肼，用 TLC 检查到原料消耗尽，反应 90 min 后倒入水中，用乙醚萃取，得到对硝基苯基羟胺，收率 78%，mp 106~107℃。将 9 g FeCl₃ 在 400mL 水中的溶液在 10 min 内加到 2 g 对硝基苯基羟胺在 80 mL 乙醇的溶液中，搅拌 30 min，用乙醚萃取，柱层析(CH₂Cl₂)，得到对亚硝基硝基苯[257]。

室温下向 1.52 g (10 mmol)II 在 50 mL 冰乙酸的溶液中加入 3 g (10 mmol)4-硝基亚硝基苯，搅拌 4 h 后用 20%碳酸钾中和，用 3×50 mL 乙酸乙酯萃取，有机相用水洗涤后在 MgSO₄ 上干燥，除去溶剂，进行柱色谱分离，得二胺紫色粉末 1.1 g (27%)，mp 243~244℃。

〖446〗4-(1-金刚烷氧基)-4',4"-二氨基三苯胺

4-(1-Adamantoxy)-4',4"- diaminotriphenylamine[258]

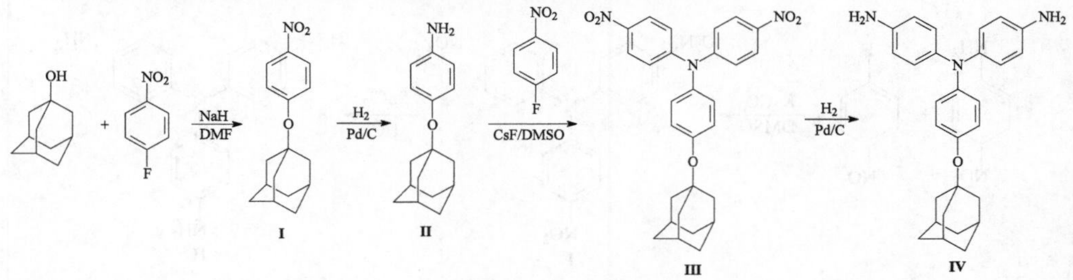

将 6.0 g (0.15 mol) 氢化钠(60%石蜡油) 和 22.8 g (0.15 mol) 金刚醇-1 加到 120 mL 无水 DMF 中，室温搅拌 30 min。加入 21.9 g (0.16 mol) 4-氟硝基苯，混合物在 120℃加热 18 h。冷至室温，倒入 800 mL 甲醇中，滤出沉淀，干燥，得到对金刚烷氧基硝基苯(I)26.7 g (65%)，mp 134~135℃。

将 19.1 g (0.07 mol) I, 0.2 g 10% Pd/C, 10 mL 水合肼在 200 mL 乙醇中氮气下回流 10 h，趁热滤出催化剂，滤液冷却结晶。过滤，80℃真空干燥，得到对金刚烷氧基苯胺(II)16.0 g (94%)，mp 176~177℃。

氮气下将 12.2 g (0.05 mol) II 和 14.3 g (0.1 mol) 对氟硝基苯溶于 120 mL DMSO 中，在 15.3 g(0.1 mol) CsF 参加下 150℃反应 18 h。冷却后将混合物倒入 800 mL 甲醇中，滤出沉淀，用甲醇和水洗涤，从 DMF/甲醇重结晶 2 次，得 4-(1-金刚烷氧基)-4',4"-二硝基三苯胺(III)20.2g (83%) 金色结晶，mp 200~201℃。

将 20.0 g (0.04 mol) III 和 0.2 g 10% Pd/C 加到 250 mL 乙醇中，加热回流，缓慢加入 12 mL 水合肼，继续回流 8h，滤出催化剂，冷却得到褐色结晶，过滤，80℃真空干燥，得二胺 14.2g (81%),mp 177~178℃。

〖447〗4-[4-(1-金刚烷基)苯氧基]-4',4"-二氨基三苯胺

4-[4-(1-Adamantyl)phenoxy]-4',4"- diaminotriphenylamine[259]

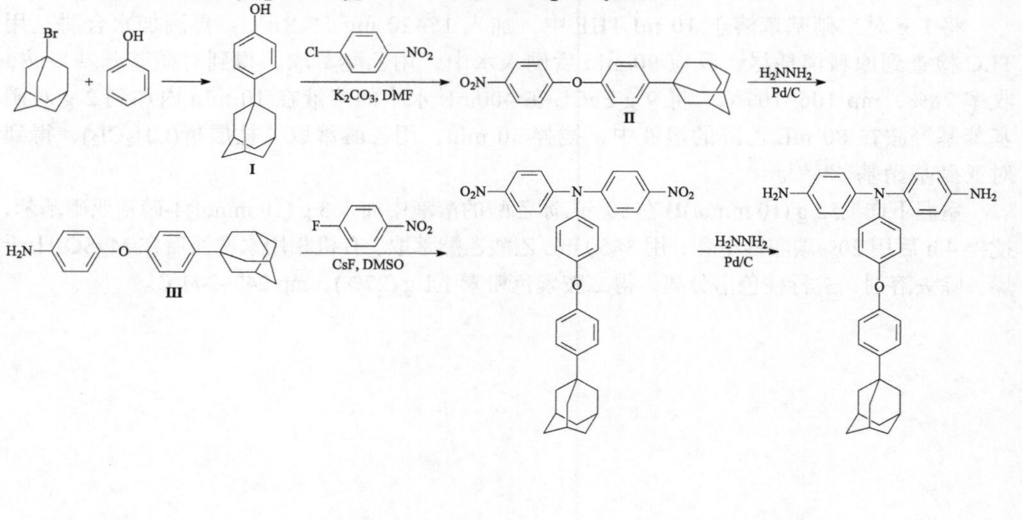

将 32.3 g(0.15 mol) 1-溴金刚烷和 141.2 g (1.5 mol) 苯酚在 80℃搅拌 10 h。将产物在 3 × 500 mL 的热水中搅拌以除去苯酚，得到粗产物 33 g(96%)。从甲醇的水溶液重结晶，得到 4-(1-金刚烷基)苯酚(I)白色针状物，mp 177~178℃。

将 22.8 g (0.10 mol)I, 15.8 g (0.10 mol)对氯硝基苯和 14.0 g (0.10 mol)碳酸钾加到 120 mL DMF 中，加热到 150℃保持 12 h。冷却到室温，倒入 400 mL 水和甲醇(1∶1)的混合物中，滤出黄色沉淀，用水洗涤，干燥得到粗产物 34 g (97%)。从 DMF/乙醇重结晶，得 4-(1-金刚烷基)-4′-硝基二苯醚(II)淡黄色针状物，mp 171~173℃。

将 30 g (0.086 mol)II 和 0.2 g 10% Pd/C 加到 200 mL 乙醇中，加入 15 mL 水合肼，缓慢加热到 90℃反应 4 h。趁热过滤，去除催化剂。将滤液冷却，过滤，得到 4-(1-金刚烷基)-4′-氨基二苯醚(III)针状结晶 22.4 g (82%)，mp 118~119℃。

将 16.0 g (0.05 mol)III, 14.1 g (0.1 mol)对氟硝基苯和 15.2 g (0.1 mol) CsF 加到 100 mL DMSO 中，搅拌加热到 120℃反应 10 h。冷却后倒入 1000 mL 水和甲醇(1∶1)的溶液中，滤出黄色沉淀，用水洗涤，干燥，得到粗二硝基物 26.7 g (95%)。从 DMF/甲醇中重结晶，mp 248~251℃。

将 22.5 g (0.04 mol)二硝基物和 0.2 g 10% Pd/C 加到 200 mL 乙醇中，缓慢加入 16 mL 水合肼，在 80℃反应 2 h。趁热滤去催化剂，滤液在冰箱中储放，得到二胺灰色结晶 15 g (75%)，mp 225~228℃。

〖448〗4,4′-二氨基-4″-(p-三氟甲基苯氧基)三苯胺

4,4′-Diamino-4″-(p- trifluoromethylphenoxy) triphenylamine[27]

将 11.80 g (46.6 mmol)4-氨基-4′-三氟甲基二苯醚, 13.70 g (97.1 mmol)对氟硝基苯和 8.50 g (61.5 mmol)碳酸钾加入到 60 mL 无水 DMSO 中，在 130℃搅拌 8 h，冷却到室温，倒入冰水中，滤出沉淀，用水洗涤，从冰乙酸中重结晶，得二硝基物黄色固体 15.0 g (65%)，mp 138.3 ℃。

将 4.95 g (100 mmol)二硝基物, 0.5 g 5% Pd/C 加到 25 mL 乙醇中，加热到 70~80℃，在 1.5 h 内滴加 15 mL 水合肼。反应物回流 24 h，滤出催化剂，冷却后得到白色固体，过滤，用水洗涤，真空干燥，得二胺 3.71 g (85%)，mp 167.9℃。

〖449〗4,4′-二氨基-4″-甲氧基三苯胺 **4,4′-Diamino-4″-methoxytriphenylamine**[260]

由对甲氧基苯胺盐酸盐与对氟硝基苯按〖450〗方法合成。

Mp 150~152℃。

〖 450 〗4,4'-二氨基-4″-羟基三苯胺 4,4'-Diamino-4″-hydroxytriphenylamine[261]

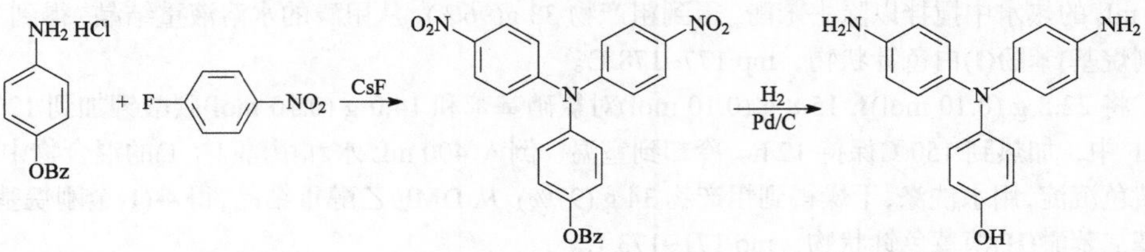

将 1.013 g (4.3 mmol)4-苄氧基苯胺盐酸盐, 0.900 g (8.5 mmol)对氟硝基苯和 2.578 g (17.0 mmol)氟化铯在 10 mL DMSO 中 150℃反应 24 h。将混合物倒入 200 mL 冷水中。滤出橙色沉淀, 真空干燥, 从乙酸重结晶得二硝基物 1.595 g(84%)。将 1.581 g (3.6 mmol)二硝基物和 0.162g 10%Pd/C 在 10 mLDMF 中常压、室温加氢, 反应 24 h, 过滤出催化剂后倒入 200 mL 冷水中, 滤出沉淀, 干燥后在 280℃/1 mmHg 升华, 得无色针状结晶 0.817 g(78%), mp 299~302℃。

〖 451 〗N,N-二(4-氨基苯基)-N',N'-二苯基对苯二胺

N,N-Bis(4-aminophenyl)-N', N'- diphenyl- 1,4-phenylenediamine[262]

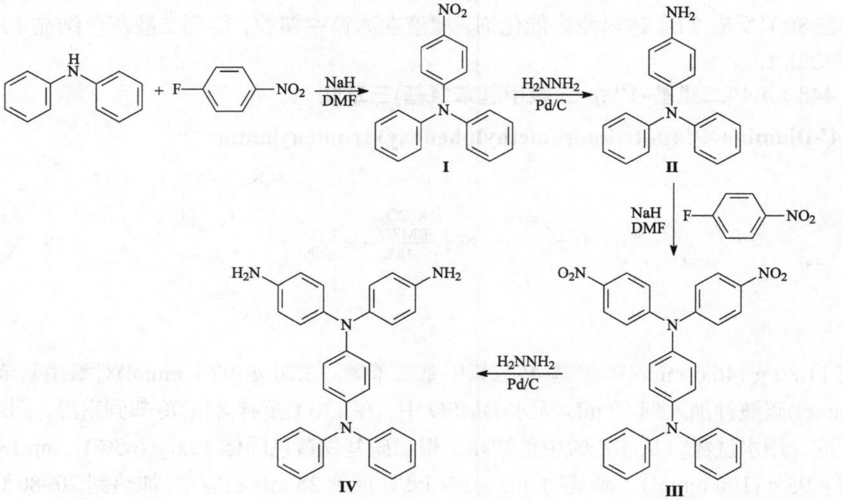

4-硝基三苯胺(I)可由二苯胺与对氟硝基苯在 NaH 作用下得到, 从乙醇重结晶, mp 141.5~142.0℃。

将 I 用 Pd/C-H₂NNH₂ 还原得到 4-氨基三苯胺(II), mp 148~149℃。

将 1.77 g (0.070 mol)氢化钠加入到 100 mL DMF 中, 室温搅拌, 再加入 9.11 g (0.035 mol)II 和 10.12 g (0.071 mol)4-氟硝基苯。在 110℃搅拌 15 h 后沉淀到 700 mL 甲醇中, 滤出沉淀, 从乙腈中重结晶, 得 N,N-二(4-硝基苯基)-N',N'-二苯基对苯二胺(III) 8.46 g(48%), mp 219~220℃。

将 8.88 g (0.018 mol)III, 0.2 g 10% Pd/C 和 5 mL 水合肼在 150 mL 乙醇中搅拌回流 10 h, 冷却到室温。加入 150 mLTHF 溶解沉淀物, 过滤, 将滤液蒸发, 得到的粗产物用甲醇洗涤, 氮气下在甲苯中重结晶, 100℃真空干燥, 得二胺 7.02 g(89%), mp 245~247℃。

〖452〗N,N-二(4-氨基苯基)-N′,N′-二苯基-1,2-苯二胺

N,N-Bis(4-aminophenyl)-N′,N′- diphenyl-1,2-phenylenediamine[263]

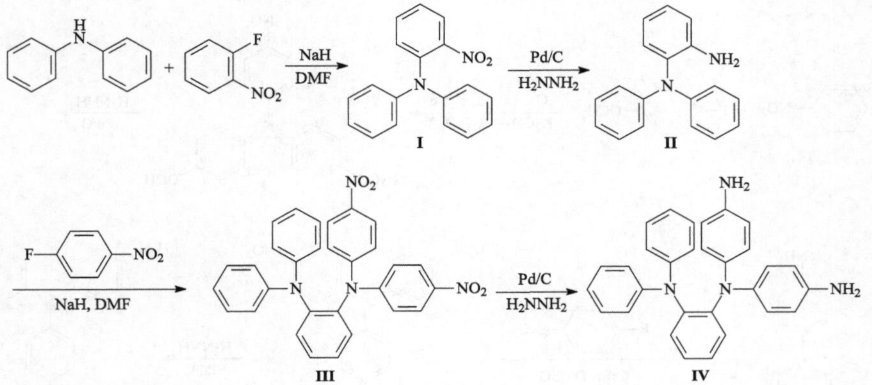

将 5.08 g (0.21 mol)氢化钠在 250 mL DMF 中室温搅拌，加入 32.85 g(0.20 mol)二苯胺和 28.36 g (0.201 mol)2-氟硝基苯，加热到 120℃搅拌 20 h，然后在 2.5 L 饱和 NaCl 中沉淀。产物在甲醇中重结晶 2 次，得 2-硝基三苯胺(I) 38.63 g(67%)，mp 102~104℃。

将 4.00 g (13.78 mmol)I 和 0.1 g 10%Pd/C 加到 60 mL 乙醇中，再加入 2 mL 水合肼，搅拌回流 9 h 后冷却到室温，过滤，减压除去溶剂，残留物用乙醇/水重结晶，95℃真空干燥，得 2-硝基三苯胺(II)浅粉色针状结晶 2.70 g(75%), mp 152~153℃。

将 4.48 g (0.177 mol)氢化钠在 200 mL DMF 中室温搅拌，加入 23.08 g (88.6 mmol)II 和 25.02 g (177 mmol)4-氟硝基苯，混合物在 120℃搅拌 20 h，然后在 2.5 L 饱和 NaCl 中沉淀，从乙腈重结晶，得二硝基化合物(III)橙色结晶 24.60 g(55%)，mp 186~189℃。

将 2.40 g (4.76 mmol)III 和 0.07 g 10%Pd/C 加到 40 mL 乙醇中，再加入 1.2 mL 水合肼，回流 14 h，冷却到室温后加入 40 mL THF 溶解固体产物，过滤除去催化剂，粗产物在甲苯中重结晶得二胺白色结晶 1.56 g(74%)，mp 219~222℃。

〖453〗N,N-二(4-氨基苯基)-N′,N′-二(4-特丁基苯基)-1,4-苯二胺

N,N-Bis(4- aminophenyl)- N′,N′- bis(4-tert-butylphenyl)-1,4-phenylenediamine[264]

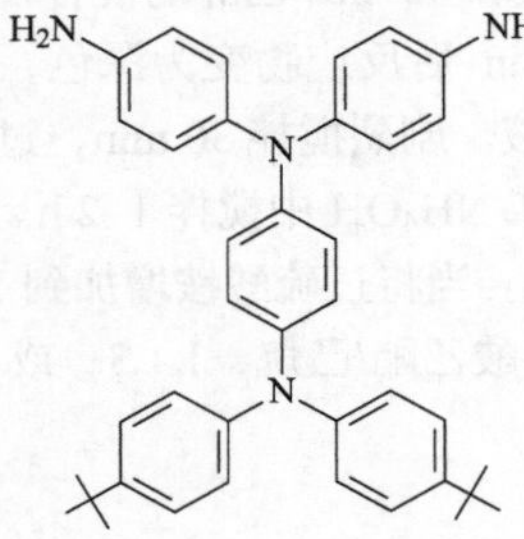

由二(对特丁基苯基)胺出发按〖448〗方法合成。

〖454〗*N*,*N*-双(4-氨基苯基)-*N'*,*N'*-二(4-甲氧基苯基)-1,4-苯二胺

N,*N*-Bis(4- aminophenyl)- *N'*,*N'*-di(4-methoxyphenyl)-1,4-phenylenediamine[265]

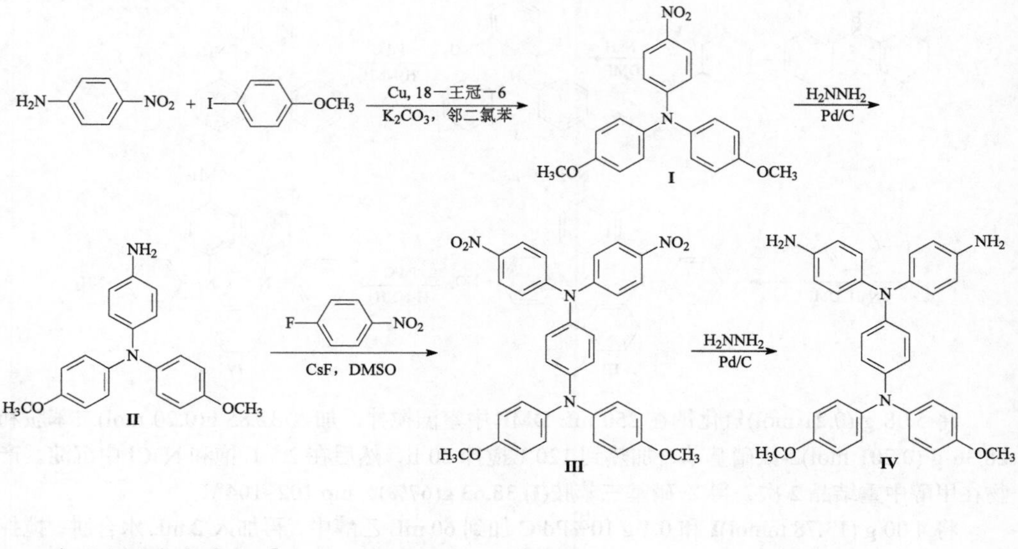

合成方法参考〖451〗。Mp 87~89℃。

〖455〗*N*,*N'*-双(4'-氨基苯基)对苯二胺　*N*,*N'*-Bis(4'-aminophenyl)-1,4-phenylenediamine

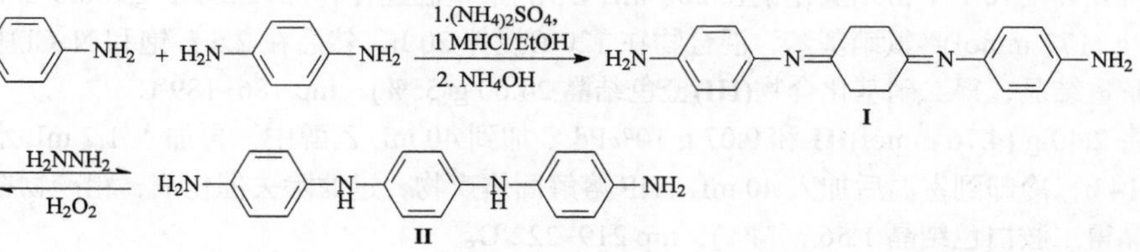

①苯胺与对苯二胺制得[266]

将 0.86 g(8 mmol)对苯二胺溶于 100 mL 1 mol/L 盐酸和 40 mL 乙醇的混合物中，冷至 −5℃，加入 1.8 g(8 mmol)过硫酸铵。在空气中搅拌 5 min 后反应物变为深色，迅速加入 1.5 mL(16 mmol)二次蒸馏的苯胺，数分钟后得到蓝色悬浮液。剧烈搅拌 30 min，过滤，依次用 30 mL 1mol/L 盐酸和 80 mL 水洗涤后再在 40 mL 1 mol/L NH₄OH 中搅拌 1~2 h。过滤，用水洗至中性，在 40℃干燥过夜，得 I 蓝色粉末 0.93 g(40%)。当将过硫酸铵增加到 16 mmol，收率可达到 77%，但产物需在 THF 中提纯，并经柱层析(乙酸乙酯/己烷，1∶3，或乙醚)。用肼还原，可以定量得到 II 白色粉末，mp 198℃。

②由二氨基二苯胺与苯胺制得[267]

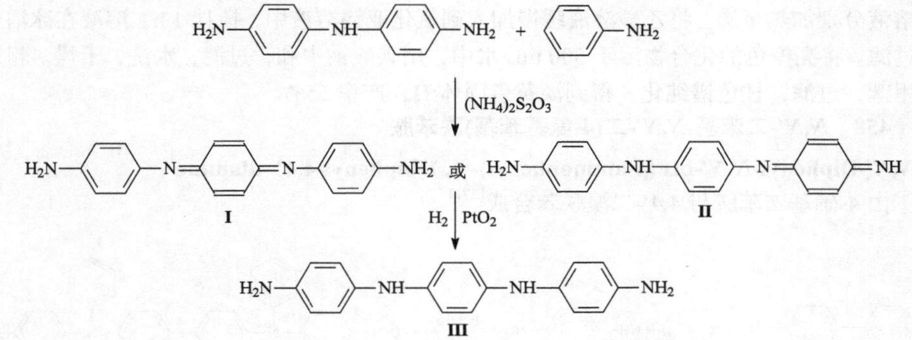

将 23.65 g (0.796 mol)4,4'-二氨基二苯胺硫酸盐[可由 4,4'-二硝基二苯胺(见〖435〗)还原得到]和 7.40 g (0.796 mol)苯胺溶于含有 75 g NaCl 的 800 mL 1.0 mol/L 盐酸中，冷至-5℃，1 h 内滴加入 18.00 g (0.789 mol)过硫酸铵在 200 mL 1.0 mol/L 盐酸中的溶液(大约 60 滴/min)，加完后再在-5℃搅拌 1 h，滤出沉淀，用冷至 0℃的 400 mL 0.1 mol/L 盐酸洗涤，再用 100 mL 10%NH₄OH 和大量水洗涤，在 50℃真空干燥过夜，得到红色三聚体 **I** 11.8 g(51.5%)。

将 1.885 g (6.540 mmol)**I** 在 50 mL NMP 中以 0.12 g PtO₂ 为催化剂，在 0.28 MPa 氢压下反应 2 h，得到二胺 **III**。

〖456〗*N,N'*-二(4-氨基苯基)-*N,N'*-二苯基对苯二胺

***N,N'*-Bis(4-aminophenyl)-*N,N'*- diphenyl-1,4-phenylenediamine**[268,269]

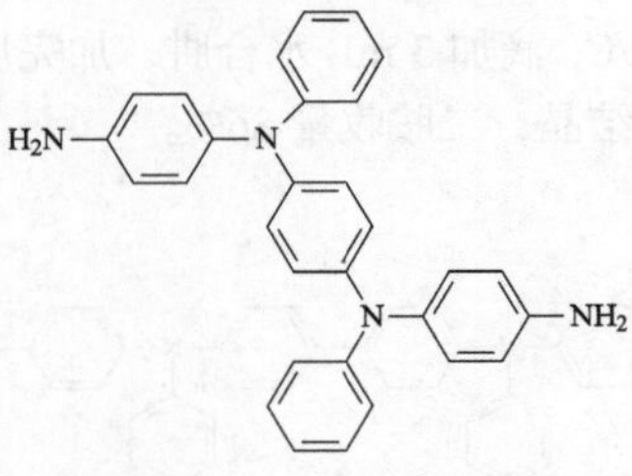

从 *N,N'*-二苯基对苯二胺与对氟硝基苯出发按〖457〗方法合成，mp 261~262℃。

〖457〗*N,N'*-二(4-氨基苯基)-*N,N'*- 二-*β*-萘基对苯二胺

***N,N'*-Bis(4-aminophenyl)-*N,N'*- di-*β*-naphthyl-1,4-phenylenediamine**[270]

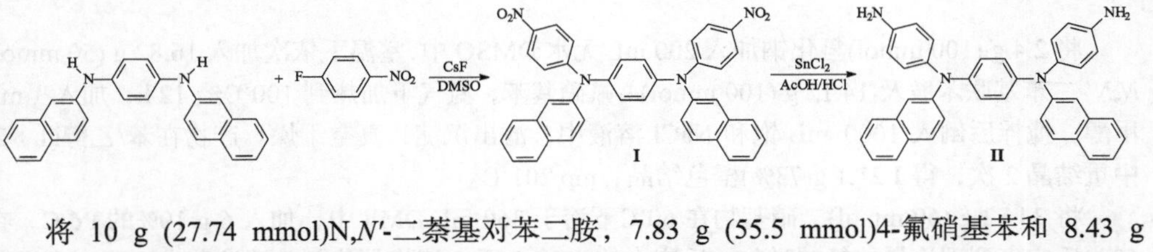

将 10 g (27.74 mmol)N,*N'*-二萘基对苯二胺，7.83 g (55.5 mmol)4-氟硝基苯和 8.43 g (55.5 mmol) 氟化铯在 110 mL DMSO 中氮气下加热至 110℃，反应 6 h 后倒入 2 L 水中，滤出橙红色沉淀，在 50℃真空干燥 24 h，用甲醇洗涤，丙酮萃取，柱色谱纯化，**I** 的收率 68%。

将 3 g(4.98 mmol)**I** 加到 500 mL 冰乙酸中，再将 18.8 g 氯化亚锡溶于 22 mL 浓盐酸中，

两种溶液分别加热至沸。将乙酸溶液缓慢加入到氯化亚锡溶液中，搅拌 1 h，溶液在冰浴中冷却，过滤。将亮橙色的化合物溶于 500 mL 水中，用碳酸钠中和，过滤，水洗，干燥。粗产物溶于甲苯，过滤，柱色谱纯化，得到淡黄色固体 **II**，产率 55%。

〖**458**〗*N,N′*-二苯基-*N,N′*-二(4-氨基苯基)联苯胺

N,N′-**Diphenyl-***N,N′*-**bis (4-aminophenyl)- 1, 1-biphenyl-4,4′-diamine**

①由 4-硝基二苯胺与 4,4′-二溴联苯合成[271]

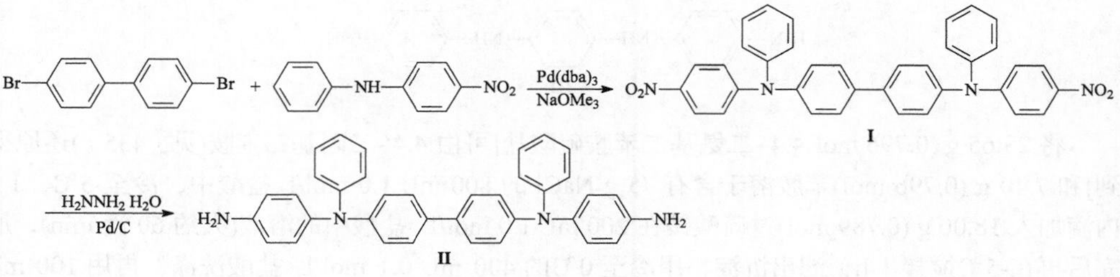

将 2.81 g (13 mmol)4-硝基二苯胺，1.72 g (5.5 mmol)4,4′-二溴联苯，1.87 g (19.5 mmol)特丁醇钠及 0.60 g (0.6 mmol) (PhCHCHCOCHCHPh)₃Pd₂ 加到新蒸的对二甲苯中。氮气下搅拌溶解，加入 1 mL 三特丁基膦，加热到 150℃搅拌 16 h。冷却到室温，加入 50 mL 氯仿，过滤，用去离子水洗涤数次，在无水硫酸镁上干燥，减压除去溶剂，残留物经柱色谱分离(正己烷)得 **I** 3.5 g(50%)。

将 3.5 g (6.1 mmol)二硝基物溶于乙醇中，加入 0.1 g Pd/C，滴加 3 mL 水合肼，加完后，回流 24 h，滤出催化剂，冷至 0℃，滤出沉淀，在乙醇中重结晶，二胺收量 86%。

②由 *N,N′*-二苯基联苯胺与对氟硝基苯合成[272]

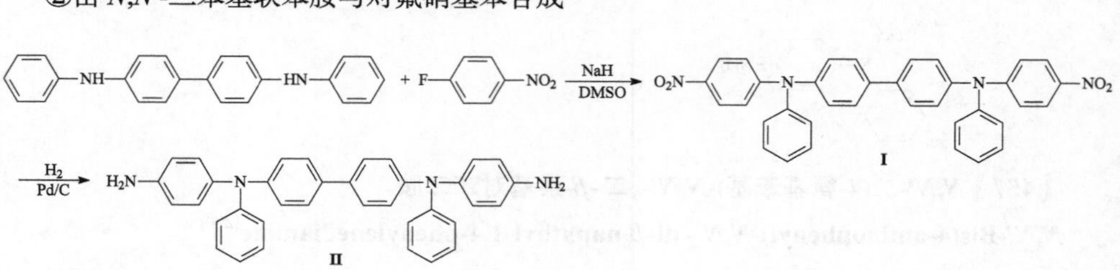

将 2.4 g (100 mmol)氢化钠加入 200 mL 无水 DMSO 中，室温下依次加入 16.82 g (50 mmol)*N,N′*-二苯基联苯胺及 14.12 g (100 mmol)4-氟硝基苯，氮气下加热到 100℃经 12 h，加入 1 mL 甲醇，搅拌后倒入 1000 mL 饱和 NaCl 溶液中，滤出沉淀，真空干燥。产物在苯/乙醇(1：2)中重结晶 2 次，得 **I** 21.1 g(73%)橙色结晶，mp 201℃。

将 34.72 g (60 mmol)二硝基物在 60℃下溶于 360 mL DMF 中，加入 6 g 10%的 Pd/C，在 60℃反应直到理论量的氢被吸收，反应大约为时 2 天。滤出催化剂，滤液蒸发至干，真空蒸馏 2 次，得二胺淡黄色固体 17.4 g(56%)，mp 289℃。

【 459 】*N,N*′-二苯基-*N,N*′-二(4-氨基联苯基)联苯胺
N,N′-Diphenyl-*N,N*′-bis (4-aminobiphenyl)-(1,1′-biphenyl)-4,4′-diamine[273]

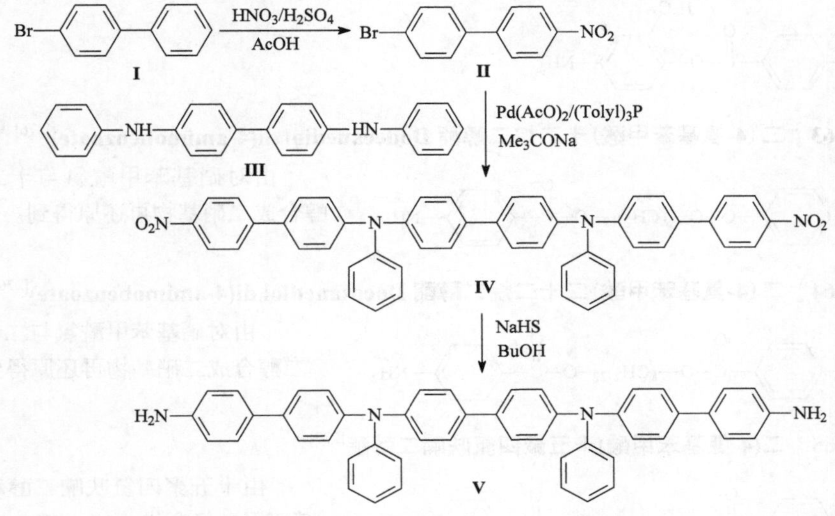

将 4.66 g 4-溴联苯加到 6 g 硫酸和 35 g 乙酸的混合物中。在 25℃滴加 2.21 g 60%硝酸后在 75℃反应 4 h。冷却到室温，滤出沉淀，用水洗涤，60℃干燥 3 天，得 4-溴代-4′-硝基联苯 **(II)**白色固体 4.4 g(80%)，mp 177.2℃。

将 2.92 g **II**，1.68 g *N,N*-二苯基联苯胺，55 mg 乙酸钯和 220 mg 三邻甲苯基膦加到 10 mL 二甲苯中，氮气下搅拌溶解后加入 1.25 g 特丁基钠，加热到 120℃反应 3 h。冷却到室温后加入 50 mL 氯仿，过滤，减压去除溶剂，残留物经柱层析(硅胶，氯仿/己烷，50∶50)得到 **IV** 2.63g (72%)，未测得熔点。

将 1.46 g **IV** 和 0.64 g 70%硫氢化钠加到 25 mL 正丁醇和 2 mL 水的混合物中，加热到 110℃反应 24 h，冷却到室温，减压除溶剂，残留物用 10mL 水洗涤数次，过滤，在 75℃真空干燥 4 天。得二胺 1.16 g(91%)，未测得熔点。

2.11 带酯键的二胺

【 460 】4-氨基苯基苯甲酸-4′-氨基苯酯 4-Aminophenyl-4′-aminophenylbenzoate[274]

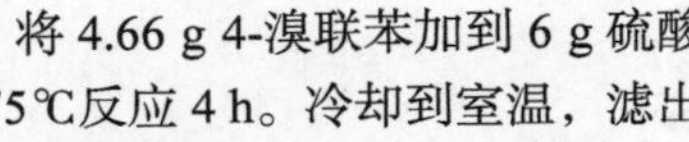

由对硝基苯甲酰氯与对硝基苯酚合成二硝基物再还原得到。

【 461 】4-氨基苯基苯甲酸-3′-氨基苯酯 4-Aminophenyl-3′-aminophenylbenzoate[275]

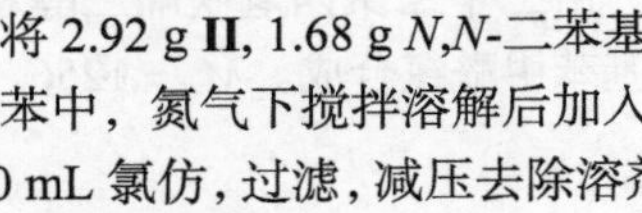

Mp 119℃。

〖462〗4-氨基-3-甲基苯基苯甲酸-4′-氨基苯酯

4-Amino-3-methylphenyl-4′-aminophenylbenzoate[275]

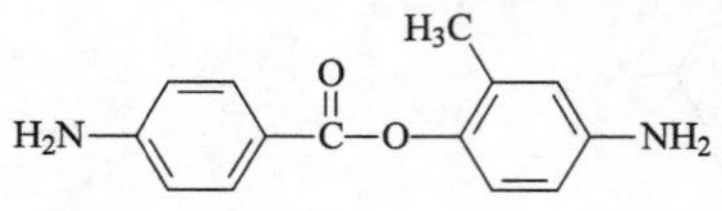

〖463〗二(4-氨基苯甲酸)十二烷二醇酯 Dodecanediol di(4-amimobenzoate)[276]

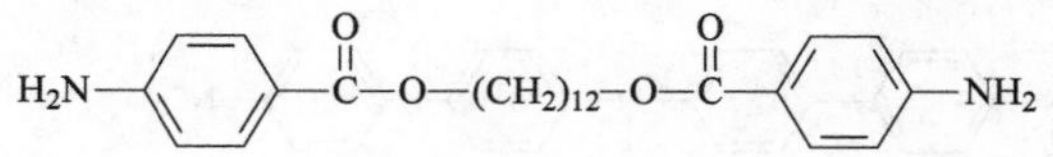

由对硝基苯甲酰氯与十二烷二醇合成二硝基物再还原得到。

〖464〗二(4-氨基苯甲酸)二十二烷二醇酯 Docosanediol di(4-amimobenzoate)[276]

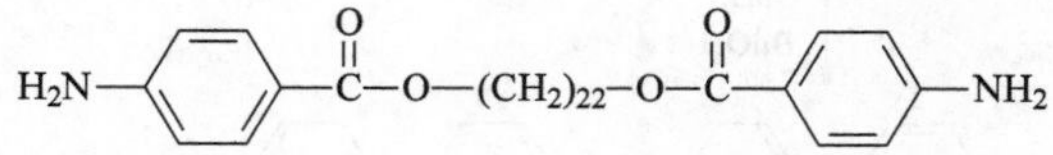

由对硝基苯甲酰氯与二十二烷二醇合成二硝基物再还原得到。

〖465〗二(4-氨基苯甲酸)十五聚四氢呋喃二醇酯[277]

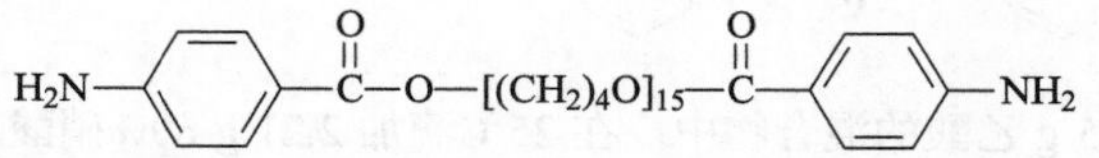

由十五聚四氢呋喃二醇和对硝基苯甲酰氯合成。$M_w = 751$。

〖466〗二(4-氨基苯甲酸)二十二聚四氢呋喃二醇酯[276]

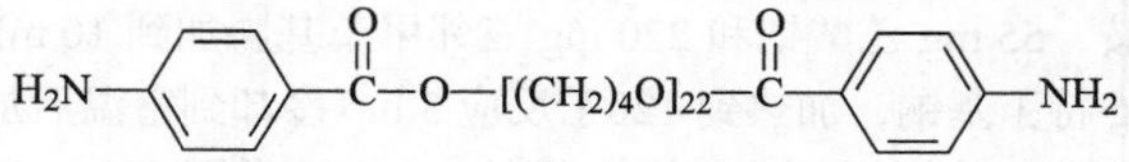

由二十二聚四氢呋喃二醇和对硝基苯甲酰氯合成。$M_w = 1256$。

〖467〗二(4-氨基苯甲酸)三十七聚四氢呋喃二醇酯[276]

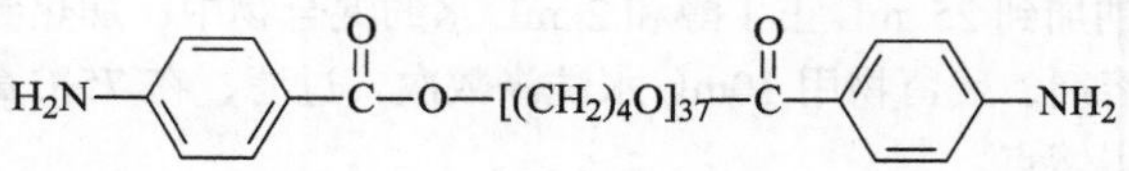

由三十七聚四氢呋喃二醇和对硝基苯甲酰氯合成。$M_w = 1900$。

〖468〗1,4-双 (4-氨基苯甲酰氧基亚甲基)环己烷

1,4-Bis (4-aminobenzoyoloxymethyl) cyclohexane[278]

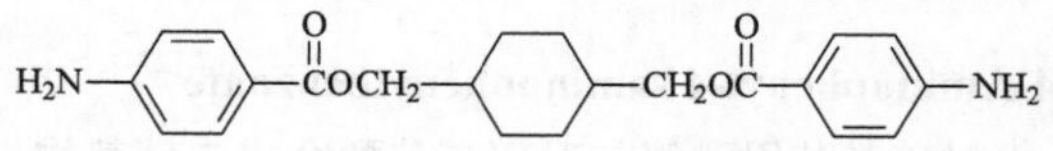

由1,4-二羟甲基环己烷与对硝基苯甲酰氯合成。

〖469〗1,4-双 (3-氨基苯甲酰氧基亚甲基)环己烷

1,4-Bis (3-aminobenzoyoloxymethyl) cyclohexane[278]

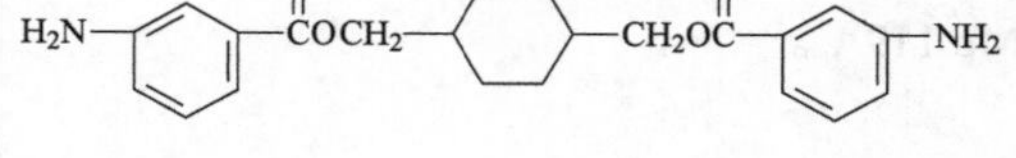

由 1,4-二羟甲基环己烷与间硝基苯甲酰氯合成。

〖470〗对苯二甲酸二(4-氨基苯)酯 Terephthalic acid bis(4-aminophenyl) ester[279]

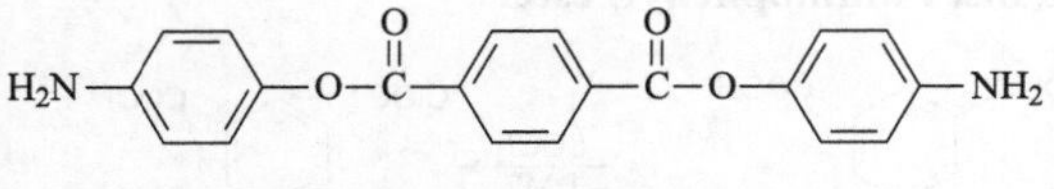

由对苯二酰氯与对硝基苯酚合成，二硝基化合物由冰乙酸重结晶 mp 240~241℃；二胺由甲醇重结晶，mp 232~233℃。

〖471〗间苯二甲酸二(4-氨基苯)酯 Isophthalic acid bis(4-aminophenyl) ester[279]

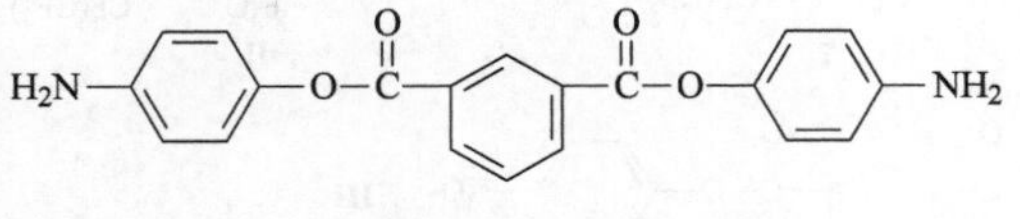

由间苯二酰氯与对硝基苯酚合成，二硝基物由冰乙酸重结晶，mp 226~227℃；二胺由甲醇重结晶，mp 216~217℃。

〖472〗对苯二甲酸二(2-甲基-4-氨基苯酯)

Bis(2-methyl-4-aminophenyl) terephthalate[275]

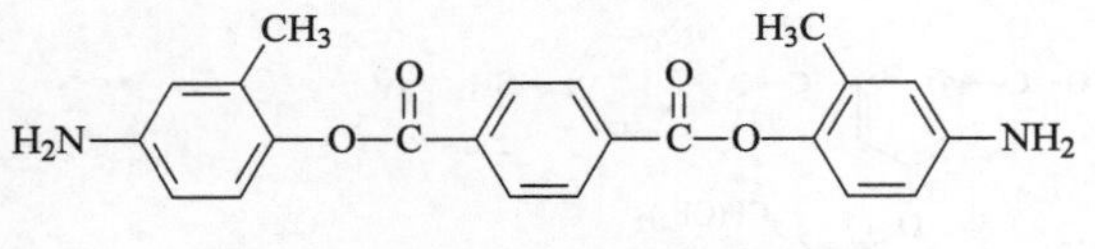

可由对苯二酰氯与甲基对硝基苯酚反应得到二硝基物，然后还原得到。Mp 227℃。

〖473〗对苯二甲酸二(2-甲氧基-4-氨基苯酯)

Bis(2-methoxy-4-aminophenyl) terephthalate[275]

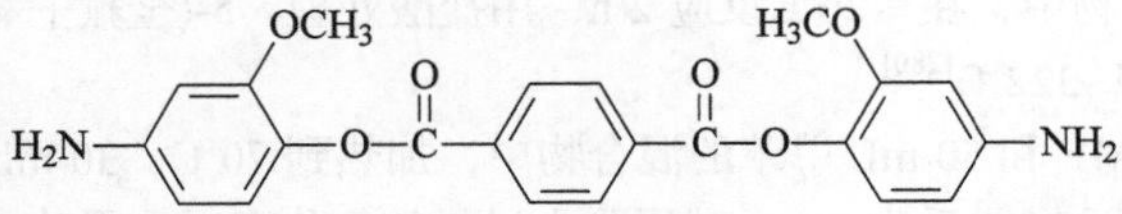

可由对苯二酰氯与甲氧基对硝基苯酚反应得到二硝基物，然后还原得到。Mp 241℃。

〖474〗双(4-氨基苯甲酸)氢醌酯 Hydroquinone bis(4-aminobenzoate)[275]

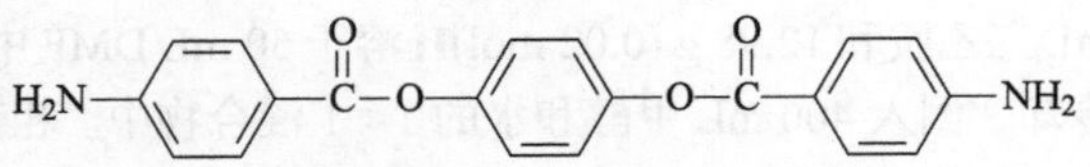

从 γ-丁内酯重结晶，mp 294℃。

〖475〗双(4-氨基苯甲酸) 甲基氢醌酯 Methylhydroquinone bis(4-aminobenzoate)[275]

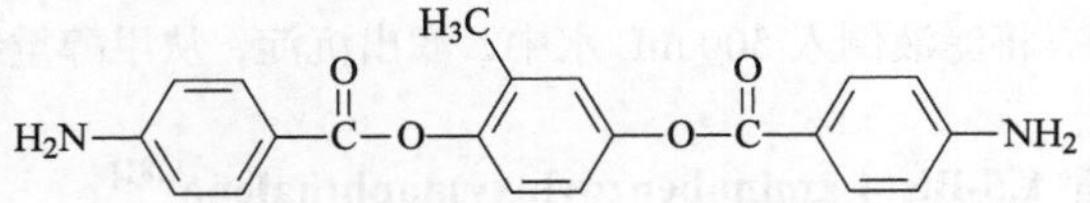

从二氧六环重结晶，mp 275℃。

【476】5-(全氟壬氧基) 间苯二甲酸二(4-氨基苯)酯

5-(Perfluorononenyloxy)isophthalic acid bis(4-aminophenyl) ester[279]

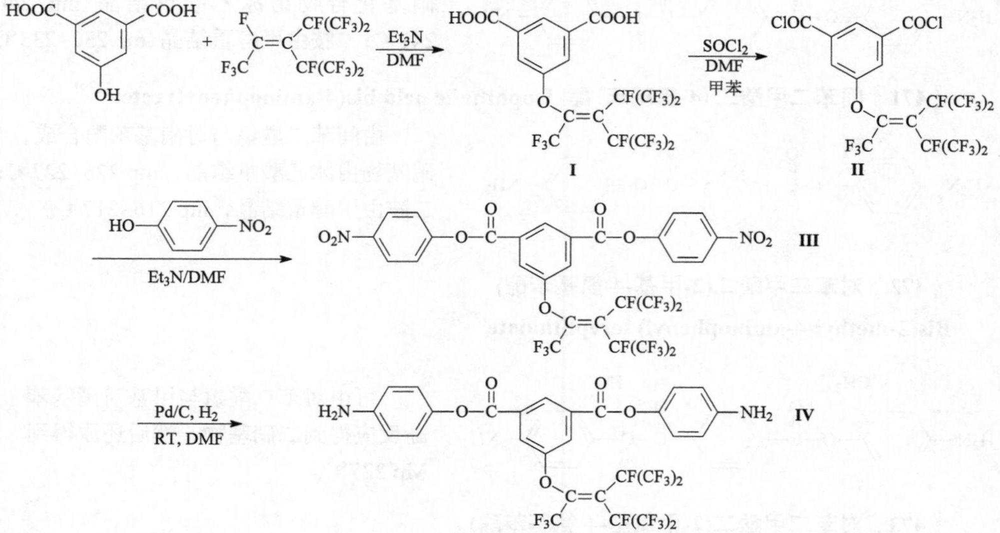

将 15 g(0.1 mol)六氟丙烯的三聚体在 5 min 内滴加到 19.1 g(0.105 mol)5-羟基间苯二甲酸的 DMF 和 32 g(0.315 mol)三乙胺的混合物中，在≤20℃反应 2 h，用盐酸处理，5-(全氟壬氧基) 间苯二甲酸(**I**)的收率 81.7%，mp 321~322℃[280]。

将 12.24 g (0.02 mol)**I** 溶于 4 mL DMF 和 50 mL 甲苯的混合物中，加热到 70℃，30 min 内滴加入 30 mL 氯化亚砜，加完后升温至 80℃反应 8 h，减压除去过量的氯化亚砜和甲苯，粗产物进行真空升华，得 5-(全氟壬氧基) 间苯二甲酰氯(**II**)白色针状结晶 10.8 g (84%)，mp 42~43℃。

将 6.12 g (0.044 mol)4-硝基苯酚，10 mL 三乙胺和 12.98 g (0.02 mol)**II** 溶于 50 mL DMF 中，室温搅拌 2 h，加热到 60℃再反应 2 h。冷却，倒入 400 mL 甲醇和水的 1∶1 混合物中。粗产物从冰乙酸中重结晶得到 5-(全氟壬氧基) 间苯二甲酸二(4-硝基苯)酯(**III**)白色针状物，收率 92.1%，mp 215~216℃。

将 17.09 g (0.02 mol)**III** 和 0.15 g 10% Pd/C 加到 35 mL DMF 中，用氮气置换后通入氢气，保持压力 0.6 MPa，反应 8 h。滤去催化剂，将滤液倒入 500 mL 水中，滤出沉淀，从甲醇重结晶得到二胺白色针状物，mp 204~205℃。

【477】双(对氨基苯甲酸)-1,5-萘二酯 **1,5-Bis(4-aminobenzoyloxy)naphthalene**[281]

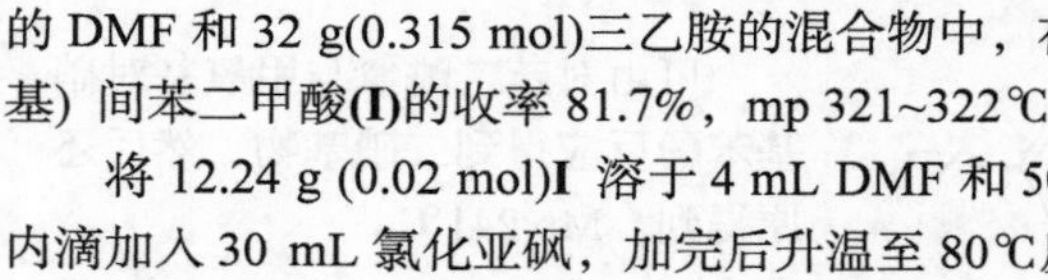

由1,5-萘二酚与对硝基苯甲酰氯合成。Mp 327℃。

〖**478**〗**双(间氨基苯甲酸)-1,5-萘二酯　1,5-Bis(3-aminobenzoyloxy)naphthalene**[281]

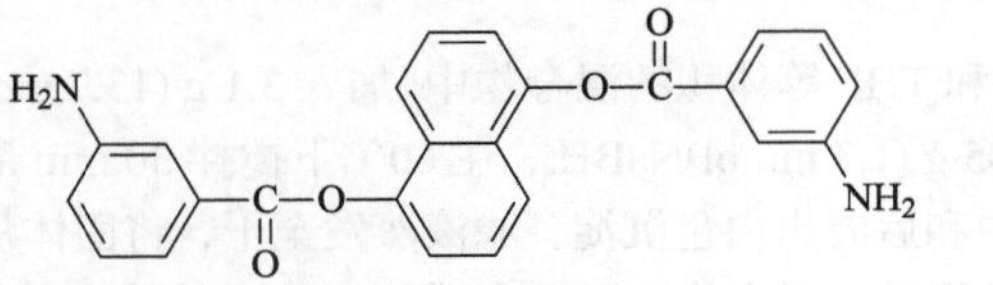

由1,5-萘二酚与间硝基苯甲酰氯合成。Mp 234℃。

〖**479**〗**双(对氨基苯甲酸)-2,7-萘二酯　2,7-Bis(4-aminobenzoyloxy)naphthalene**[282]

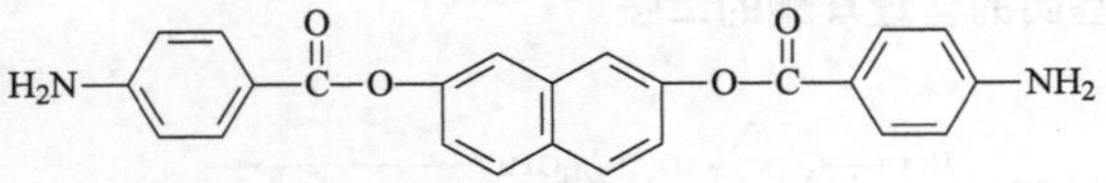

由2,7-萘二酚与对硝基苯甲酰氯合成。Mp 272~273℃。

〖**480**〗**双(间氨基苯甲酸)-2,7-萘二酯　2,7-Bis(3-aminobenzoyloxy)naphthalene**[283]

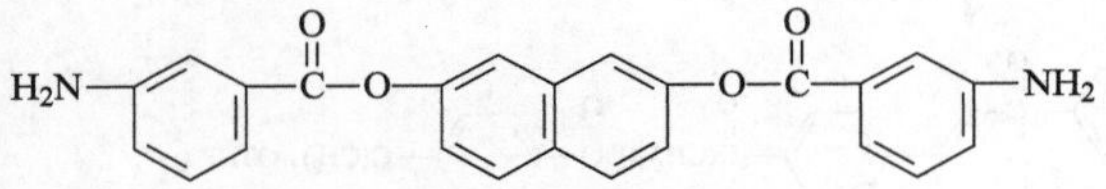

由2,7-萘二酚与间硝基苯甲酰氯合成。Mp 161~162℃。

〖**481**〗**4,4′-二(11-氨基苯甲酰氧十一烷氧基)查耳酮**

4,4′-Di(11- aminobenzoyloxyundecyloxy) chalcone[283]

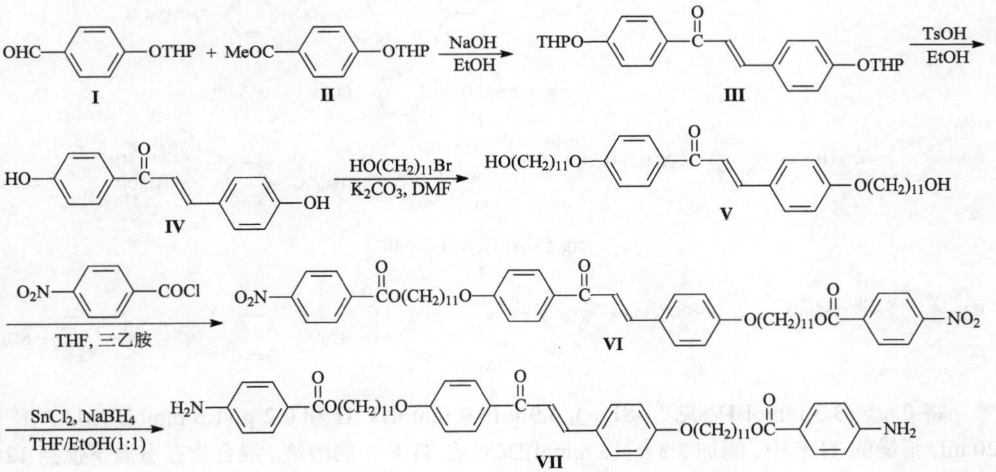

将 3.0 g (12.5 mmol)**IV**(参考〖411〗方法合成)，7.8 g (31 mmol)11-溴代十一醇溶于 30 mL DMF 中，加入 3.5 g (25 mmol)碳酸钾和少量 KI，加热到 45℃反应 3 h，过滤，蒸发至干，固体用己烷洗涤，除去过量的 11-溴代十一醇。再用水洗涤后从丙酮重结晶，得 4,4′-二(羟基十一烷氧基)查耳酮(**V**) 5.0 g(69%), mp 124℃。

将 2.6 g (4.5 mmol)**V** 和 2.8 g (27.5 mmol)三乙胺在 40℃溶于 100 mL THF 中。滴加 5.1 g (27.5 mmol)对硝基苯甲酰氯在 30 mL THF 中的溶液。在室温搅拌 24 h，蒸发至干，固体用水

洗涤后从丙酮重结晶，得 4,4′-二(11-硝基苯甲酰氧十一烷氧基) 查耳酮(**VI**) 2.5g(63%)，mp 103 ℃。

将 1.2 g (1.37 mmol)**VI** 溶于 40 mL 乙醇和 THF 等体积的混合物中,加入 3.1 g (13.7 mmol) 氯化亚锡,加热至 60℃, 在 30 min 内加入 0.05 g (1.3 mmol)NaBH₄, 在 60℃下搅拌 30 min 后冷却到 5~10℃, 加入冷水, 用 NaOH 水溶液中和后滤出白色沉淀, 滤液蒸发至干, 将固体从丙酮重结晶。固体用 THF 萃取, 将 THF 蒸发至干。将产物在甲醇中搅拌, 过滤, 再从丙酮重结晶, 得二胺 0.56 g(50%), mp 129℃。

〖482〗带四个苯甲酰氧十一烷氧基基团的含查耳酮的二胺[283]

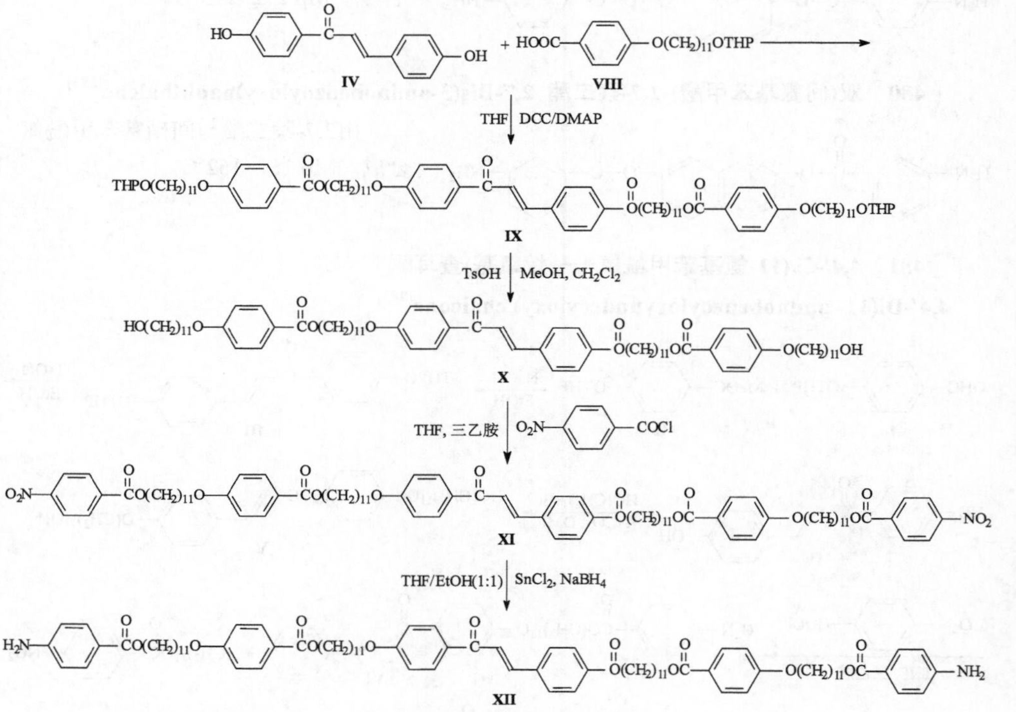

将 0.8 g (3.3 mmol)**IV**(见〖481〗), 3.9 g (9.9 mmol)**VIII** 和 0.2 g (1.6 mmol)DMAP 溶于 20 mL 干燥的 THF 中, 滴加 3.3 g (16 mmol)DCC 在 THF 中的溶液。混合物在室温下搅拌 12 h 后过滤。将滤液蒸发至干, 残留物从丙酮重结晶, 得 **IX** 0.92 g(28%), mp 121℃。

将 1.8 g (1.8 mmol)**IX** 溶于 50 mL 二氯甲烷中, 滴加 0.3 g (1.74 mmol)对甲苯磺酸在甲醇中的溶液,室温搅拌 3 h, 蒸去溶剂, 残留物用水沉淀, 过滤后从丙酮重结晶, 得 **X** 0.98 g(66%), mp 158℃。

将 0.98 g (1.2 mmol)**X** 和 0.48 g (4.8 mmol)三乙胺在 60℃溶于 70 mLTHF 中, 滴加 5.1 g (27.5 mmol)对硝基苯甲酰氯在 THF 中的溶液。混合物在 60℃搅拌 12 h, 蒸发至干, 残留物用水洗涤, 从丙酮/氯仿(1∶1)重结晶, 得 **XI** 0.7 g(52%)。

将 1.2 g (1.07 mmol)**XI** 溶于 40 mL 乙醇/THF(1∶1)中，加入 3.1 g (13.7 mmol)SnCl₂·2H₂O，加热至 60℃，加入 0.5 g (1.3 mmol)NaBH₄。混合物在 60℃搅拌 30 min 后冷却至 5~10℃，加入冷水，用 NaOH 溶液中和，滤去白色固体，将滤液蒸发至干。残留物用丙酮重结晶，固体用 THF 萃取。将萃取液蒸发至干，残留物在甲醇中搅拌，过滤后从丙酮重结晶，得二胺 0.56g (49%), mp 147℃。

〖483〗含砜，醚，酯基团的二胺[284]

将 12.50 g (0.078 mol) 1,5-二羟基萘溶解在 40 mL 含有 3.30 g NaOH 的水溶液中，在 0~5℃下缓慢加入 11.95 g(0.064 mol) 4-硝基苯甲酰氯在 112.5 mL 四氯乙烷中的溶液。室温搅拌 6 h 后加入 980 mL 3 N HCl，搅拌 12 h。过滤，依次用热水和甲醇洗涤，在 60℃真空干燥 12 h，4-硝基苯甲酸-5-羟基-1-萘酯(**I**)收率 85%，mp 228~230℃。

将 17.58 g 铁粉，22 mL 乙醇，22 mL 水和 0.3 mL 浓盐酸混合，加热回流，搅拌 10 min 后在 20 min 内加入 7.90 g **I**，在继续回流搅拌 10 min。冷却到室温，加入 0.3 g 碳酸氢钠。搅拌 3 h 后过滤，滤液减压浓缩，将残留物溶于无水乙醇，按计算量加入 36%盐酸，使形成盐酸盐。该盐在加入大量乙酸乙酯后完全沉淀，过滤，干燥后溶于水中。再加入氨水得到沉淀，过滤，用大量水洗涤，真空干燥，4-氨基苯甲酸-5-羟基-1-萘酯(**II**)收率 63%，mp 187~190℃。

将 0.01 mol 二氯二苯砜，0.021 mol **II**, 25 mL 干燥 NMP 及 15 mL 干燥甲苯混合，加入 0.0315 mol K₂CO₃，加热到 140℃搅拌 6 h，同时除去产生的水分。在除去甲苯过程中反应温度提高到 160℃，甲苯 21 h。反应由 TLC 监测。冷却后倒入水中，加入 100 mL3%NaOH，过滤，用热水洗涤，粗产物依次用 3%NaOH，水及热甲醇洗涤，真空干燥后二胺收率 70%。

〖484〗带吡啶，醚，酯基团的二胺[285]

将 0.01 mol 2,6-二氯吡啶溶于 25 mL 干燥 NMP 和 15 mL 甲苯及 0.021 mol **I** (见〖483〗)的混合物中。加入 0.0315 mol K₂CO₃，加热到 140℃搅拌 6 h。产生的水分与甲苯共沸除去，反应温度升至 160℃搅拌 18 h。冷却后倒入水中，用 3%NaOH 和水洗涤，得到的二胺在 60℃真空干燥，收率 78%。

2.12 带酰胺键的二胺

〖485〗4,4′-二氨基苯甲酰苯胺 4,4′-Diaminobenzanilide[9]

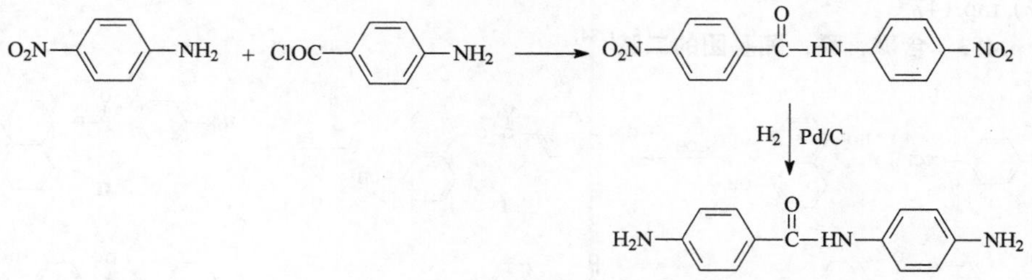

将 3.7295 g (27.0 mmol)4-硝基苯胺, 60 mL DMAc 和 1.9750 g (25.0 mmol) 吡啶混合搅拌, 室温下加入 4.6392 g (25.0 mmol) 4-硝基苯甲酰氯, 得到黄色沉淀, 继续搅拌 4h 后倒入水中, 滤出固体, 用稀盐酸和水洗涤, 干燥得二硝基物 3.95 g (55%), 从冰乙酸重结晶, mp 266~268℃。

将 3.4755 g (12.1 mmol)4,4′-二硝基苯甲酰胺加到 40 mL 无水乙醇中, 再加入催化量的 10%Pd/C, 在 3.5atm 下氢化, 处理后得到二胺 2.10 g (76%), 从水中重结晶, mp 202~204℃。

〖486〗3,3′-二氨基苯甲酰苯胺 3,3′-Diamimbenzanilide[286]

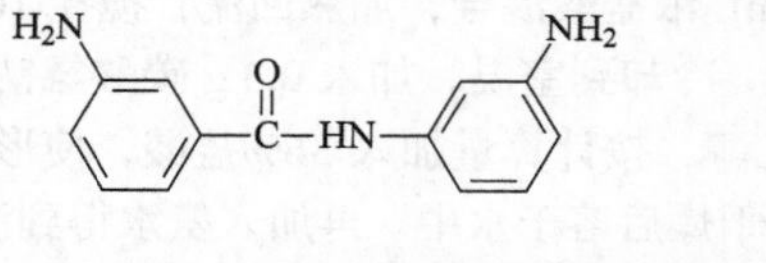

由3-硝基苯胺和3-硝基苯甲酰氯按〖485〗方法合成。二硝基物收率71%, 从乙醇/水中重结晶, mp 183~185℃; 二胺收率80%, 从乙醇/水中重结晶, mp 123~127℃。

〖487〗3,4′-二氨基苯甲酰苯胺 3,4′-Diamimbenzanilide[286]

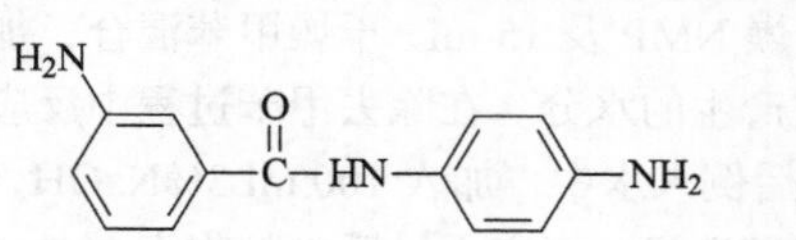

由 3-硝基苯甲酰氯与对硝基苯胺按〖485〗方法合成。二硝基物从 DMF 中重结晶, 收率 79%, mp 250~251℃; 在 DMF 中还原, 二胺收率88%, 从乙醇/水重结晶, mp 149~152℃。

〖488〗4,3′-二氨基苯甲酰苯胺 4,3′-Diamimbenzanilide[286]

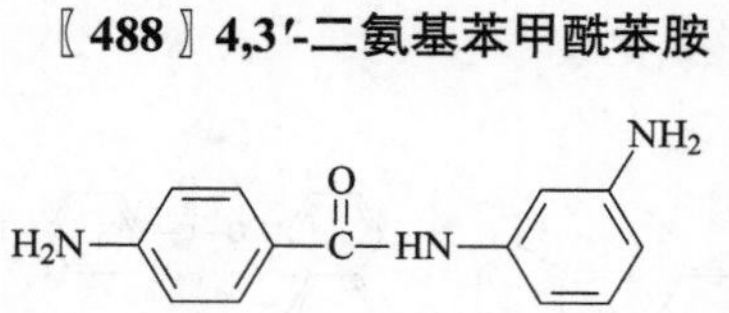

由对硝基苯甲酰氯与间硝基苯胺按〖485〗方法合成。二硝基物从 DMF 中重结晶, 收率 68%, mp 223~224℃; 在 DMF 中还原, 二胺收率88%, 从乙醇/水重结晶, mp 170~172℃。

〖489〗4,4′-氨基-N-甲基苯甲酰苯胺 4,4′-Diamino-N-Methylbenzanilide[286]

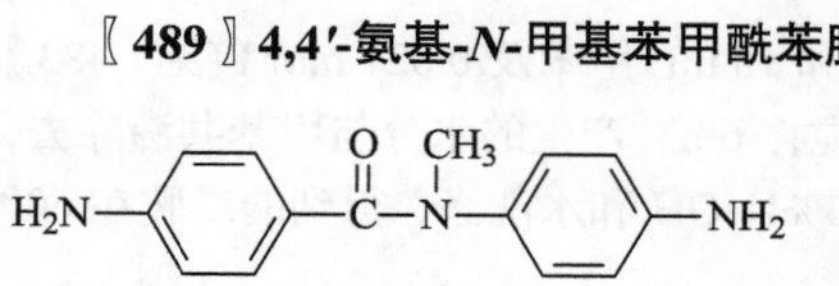

由对硝基苯甲酰氯与对硝基-N-甲基苯胺按〖485〗方法合成。二硝基物从乙醇/水中重结晶, 收率 89%, mp 168~169℃; 在乙酸乙酯中还原, 二胺收率73%, 从乙醇/水重结晶, mp 187~190℃。

〖490〗3,4′-氨基-*N*-甲基苯甲酰苯胺　3,4′-Diamino-*N*-Methylbenzanilide[286]

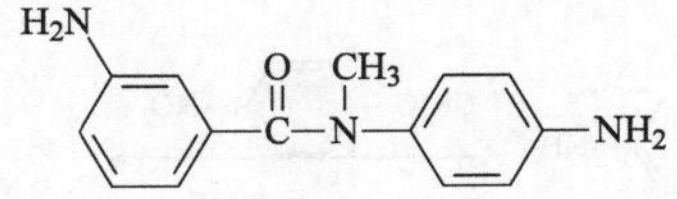

由间硝基苯甲酰氯与对硝基-*N*-甲基苯胺按〖485〗方法合成。二硝基物从乙醇/水中重结晶，收率 91%，mp 137~139℃；在乙酸乙酯中还原，二胺收率 92%，从乙醇/水重结晶，mp 155~157℃。

〖491〗4,4′-二氨基-3′-甲酰胺基苯甲酰苯胺　4,4′-Diamino-3′-carbamoyl-benzanilide[287]

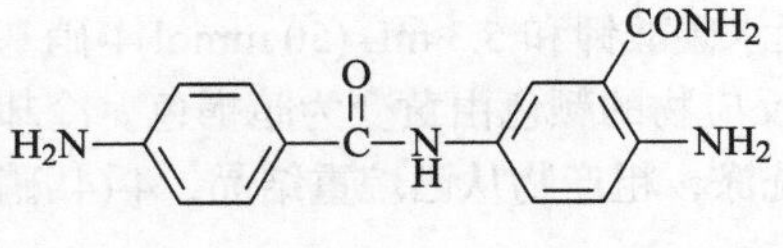

由 2-硝基-5-氨基苯甲酰胺与对硝基苯甲酰氯按〖492〗方法合成。

〖492〗4,4′-二氨基-6-乙氧基羰基苯甲酰苯胺

4,4′-Diamino-6-ethoxycarbonyl benzanilide[288]

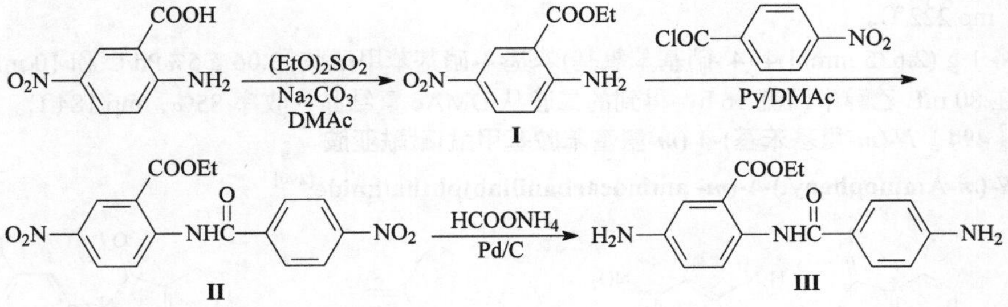

将 9.1065 g (50 mmol)4-硝基邻氨基苯甲酸和 8.5 g (60 mmol)碳酸钠加到 25 mL DMAc 中，加热到 120℃搅拌 30 min。冷却到 30℃，在 30 min 内滴加入 10.050 g (65 mmol)硫酸二乙酯，继续搅拌 2 h，倒入水中，用盐酸中和，得到黄色沉淀，过滤，用水洗涤，由异丙醇重结晶，得 5-硝基邻氨基苯甲酸乙酯(**I**)9.7 g(92%)，mp147~149℃。

将 7.3563 g (35 mmol)**I** 溶于 25 mL DMAc 和 10 mL 吡啶的混合物中，在 5℃下分批加入 6.4925 g (35 mmol)4-硝基苯甲酰氯。加完后在 10℃以下搅拌 5 h，滤出淡黄色沉淀，由异丙醇重结晶，得 4,4′-二硝基-6-乙氧羰基苯甲酰苯胺(**II**)6.5 g(52%)，mp 216~217℃。

将 3.00 g (8.350 mmol)**II** 和 0.5 g 5% Pd/C 加到 15 mL DMF 中，搅拌 10 min。氮气下在室温下加入 5.670 g (90 mmol)甲酸铵，加热至 50℃，用 TLC 检测反应情况，约 1 h 后反应完全，过滤，滤液倒入 600 mL 冰水中，滤出淡黄色沉淀，从异丙醇中重结晶 3 次，得到二胺淡黄色针状结晶，收率 68%，mp 156~157℃。

〖493〗4-(4-氨基苯氧基)苯基-4-氨基苯甲酰胺

4-(4-Aminophenyloxy)phenyl-4- aminobenzamide[289]

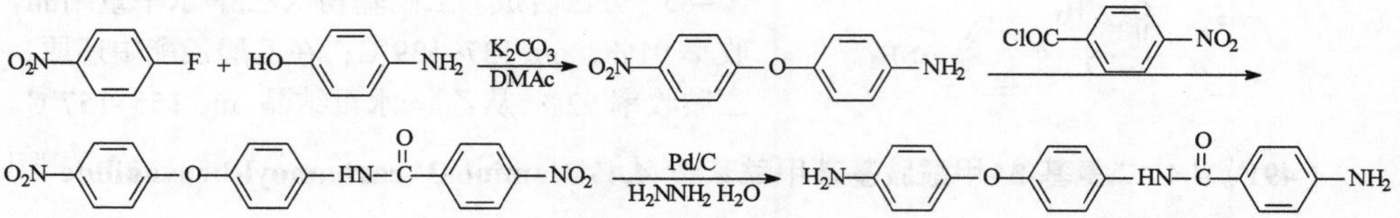

将 5.46 g (50 mmol)4-氨基苯酚，6.91 g(50 mmol)无水碳酸钾和 5.3 mL (50 mmol)4-硝基氟苯加入 70 mL DMAc 中，氮气下在 100℃反应 20 h，反应物的颜色由黄变为暗褐色。冷却到室温后倒入 800 mL 水中，滤出黄色沉淀，用水充分洗涤，粗产物从己烷重结晶，4-(4′-硝基苯氧基)苯胺收率 87%，mp 129℃。

将 2 g (8.69 mmol)4-(4′-硝基苯氧基)苯胺，1.61 g (8.69 mmol)对硝基苯甲酰氯和 0.87 g (8.69 mmol)三乙胺在无水甲苯中搅拌回流 3 h，然后在室温放置 16 h，滤出固体，室温下在水中搅拌 15 h，过滤，从二氯甲烷/甲苯中重结晶，4-(4′-硝基苯氧基)苯基-4-硝基苯甲酰胺收率 86%，mp 222℃。

将 1 g (2.635 mmol)4-(4′-硝基苯氧基)苯基-4-硝基苯甲酰胺，0.06 g 5%Pd/C 和 10 mL 水合肼，在 80 mL 乙醇中回流 16 h，得到的二胺从 DMAc 重结晶，收率 85%，mp 184℃。

〖494〗N-(m-氨基苯基)-4-(m-氨基苯胺基甲酰)酞酰亚胺

N-(m-Aminophenyl)-4-(m- aminocarbanilino)phthalimide[290]

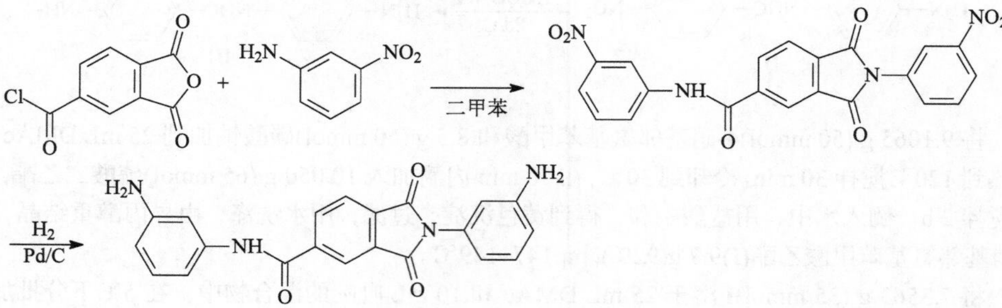

将 138 g (1.0 mol)间硝基苯胺加入 500 mL DMAc 中，溶解后加入 105 g (0.5 mol)偏苯三酸酐酰氯在 250 mL 二甲苯中的溶液，回流 1.5 h，蒸出 11 mL 水，冷至室温，滤出白色沉淀，水洗，干燥得二硝基物 215 g，mp 283℃。从乙醇重结晶后，mp 293℃。

将 5 g (1.5 mmol)二硝基物和 1 g 5% Pd/C 加到 170 mLDMAc 中，在 0.39 MPa 氢气压力下 100℃还原，反应完毕后滤出催化剂，将产物通过铝胶柱，流出物倒入 4 L 水中得到淡黄色沉淀，过滤，干燥，二胺收率 82%，mp 232℃。从 DMAc 重结晶，mp 240℃。

〖495〗 *N*-(*p*-氨基苯基)-4-(*p*-氨基苯胺基甲酰)酞酰亚胺

N-(*p*-Aminophenyl)-4- (*p*-aminocarbanilino)phthalimide[290]

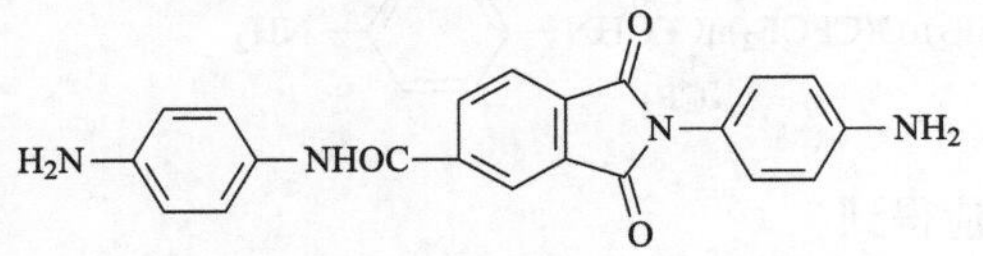

由对硝基苯胺照〖494〗方法合成，mp 293℃。

〖496〗 癸二酰胺-*N*,*N*′-4,4′-二苯胺　**Sebacamide-N,N′-4,4′-dianiline**[291]

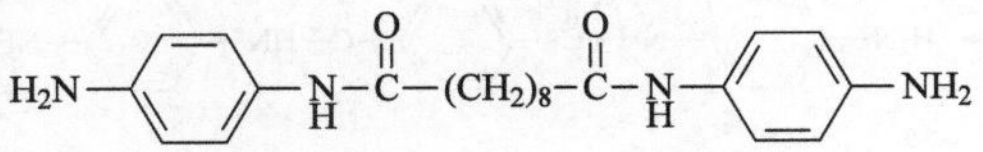

以辛二酸和对苯二胺以亚磷酸三苯酯(TPP)/吡啶为酰化剂合成(见〖503〗)。从DMAc/水中重结晶，产率82%，mp 188~190℃。

〖497〗 *N*,*N*′-双(*p*-氨基苯基)-八氟己二酰胺

N,N′- Bis(*p*-aminopheny1)-octafluorobutane-1,4-dicarboxamide[292]

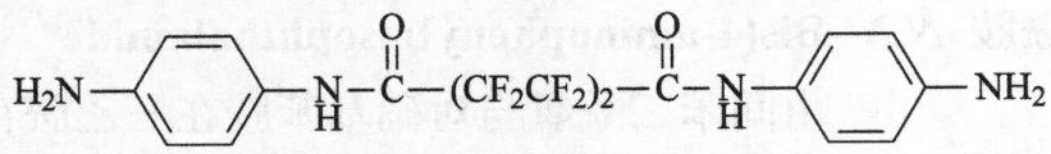

由八氟己二酰氯与对硝基苯胺合成二硝基物，再还原得到。

〖498〗 *N*,*N*′-双(*p*-氨基苯基)-十二氟辛二酰胺

N,N′- Bis(*p*-aminophenyl)-dodecafluorohexane-1,6-dicarboxamide[292]

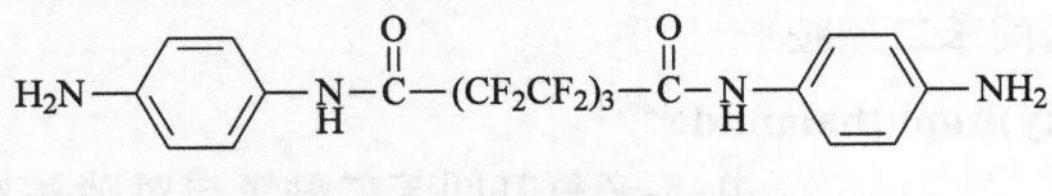

由十二氟辛二酰氯与对硝基苯胺合成二硝基物，再还原得到。

〖499〗 *N*,*N*′-双(*m*-氨基苯基)-四氟丁二酰胺

N,N′-Bis(*m*-aminophenyl)-tetrafluorobutane-1,2-dicarboxamide[292]

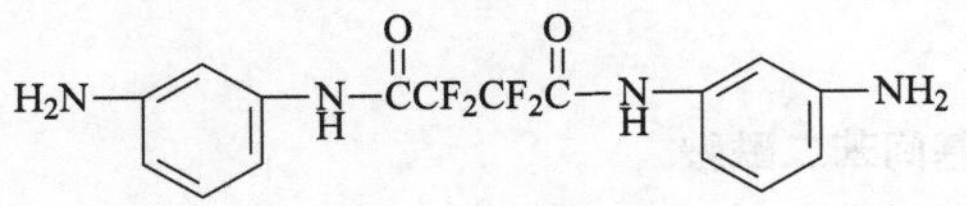

由四氟丁二酰氯与间硝基苯胺合成二硝基物，再还原得到。

〖500〗 *N*,*N*′-双(*m*-氨基苯基)-八氟己二酰胺

N,N′-Bis(*m*-aminophenyl)-octafluorobutane-1,4-dicarboxamide[292]

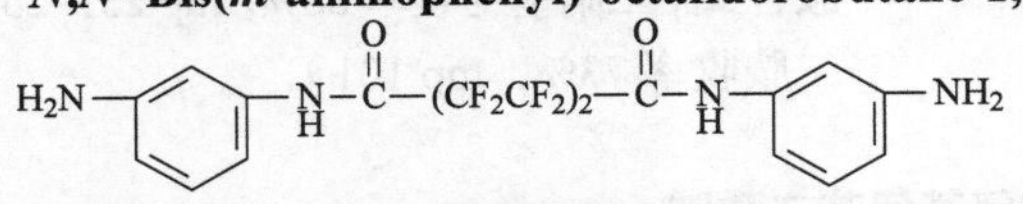

由八氟己二酰氯与间硝基苯胺合成二硝基物，再还原得到。

〖501〗 *N*,*N*′-双(*m*-氨基苯基)-十二氟辛二酰胺

N,N′-Bis(*m*-aminophenyl)-dodecafluorohexane-1,6-dicarboxamide[292]

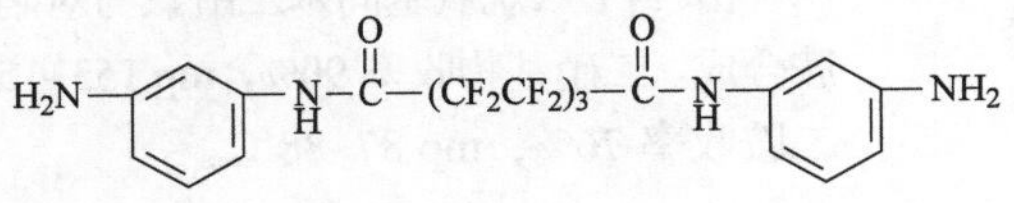

由十二氟辛二酰氯与间硝基苯胺合成二硝基物，再还原得到。

〖502〗以带长链全氟醚二酸得到的二酰胺二胺[293,294]

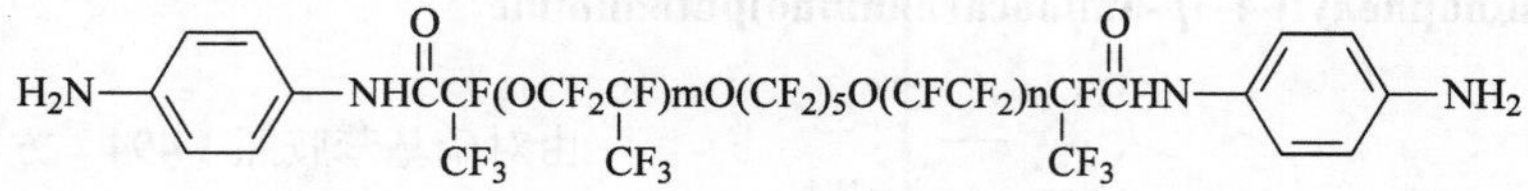

由全氟二酰氟(商品)与过量的对苯二胺反应得到。

〖503〗N,N′-双(4-氨基苯基)对苯二酰胺　Terephthalamide-N,N′-4,4′-dianiline[291]

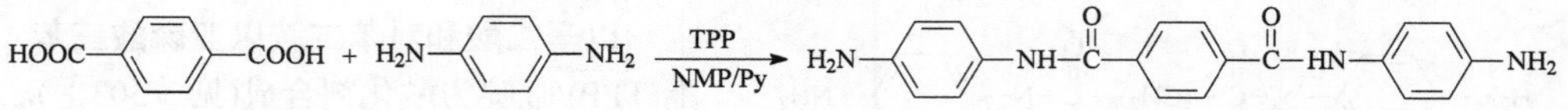

将 1.16 g (10 mmol)对苯二酸和 5.41 g (50 mmol)对苯二胺溶于 40 mL NMP/Py(4/1)中,在氮气下加入 6.21 g (20 mmol)亚磷酸三苯酯(TPP),室温搅拌 2 h,100℃反应 2 h,冷却后倒入甲醇中,滤出沉淀,用甲醇充分洗涤,在 DMAc/水中重结晶,真空干燥。产率81%,mp >300℃。

说明:也可以用对苯二甲酰氯与对硝基苯胺反应,得到二硝基物再还原得到二胺。

〖504〗N,N′-双(4-氨基苯基) 间苯二酰胺　N,N′-Bis(4-aminophenyl) isophthalamide[295]

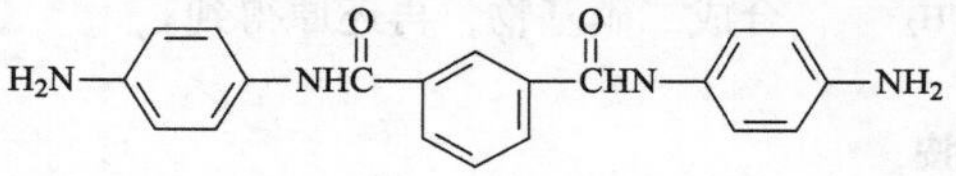

由间苯二酰氯与对硝基苯胺在三乙胺存在下在 DMAc 中室温反应,在甲醇/水中沉淀,从甲醇/DMF 重结晶,二硝基物收率87%,mp 350℃;二硝基物在甲醇中用Pd/C及水合肼还原,二胺在甲醇中重结晶,收率75%,mp 245℃。

〖505〗N,N′-双(4-氨基苯基)-5-辛氧基间苯二酰胺

N,N′-Bis(4-aminophenyl)-5- (n-octyloxy)isophthalamide[295]

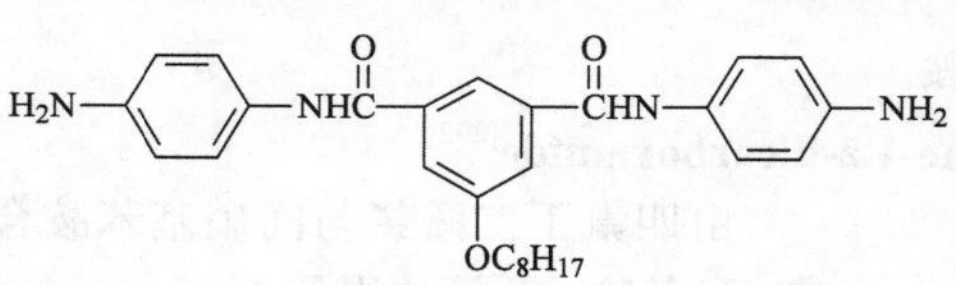

由 5-辛氧基间苯二酰氯与对硝基苯胺合成。二硝基物收率85%,mp 262℃;二胺收率78%,mp 190℃。

〖506〗N,N′-双(4-氨及苯基)-5-十二烷氧基间苯二酰胺

N,N′-Bis(4-aminophenyl)-5- (n-dodecyloxy)isophthalamide[295]

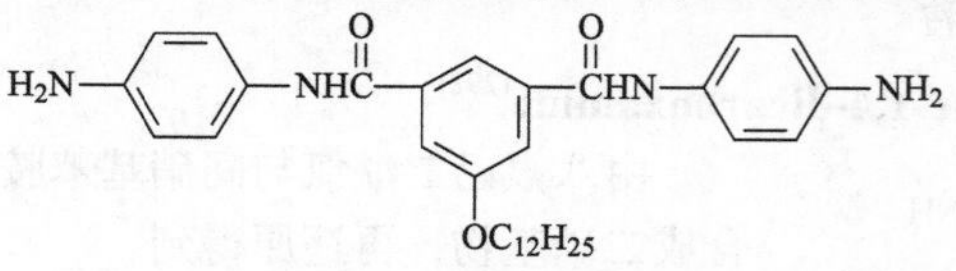

由 5-十二烷氧基间苯二酰氯与对硝基苯胺合成。二硝基物收率88%,mp 251~252℃;二胺收率73%,mp 101℃。

〖507〗N,N′-双(4-氨基苯基)-5-十六烷氧基间苯二酰胺

N,N′-Bis(4-aminophenyl)-5- (n-hexadecyloxy)isophthalamide[295]

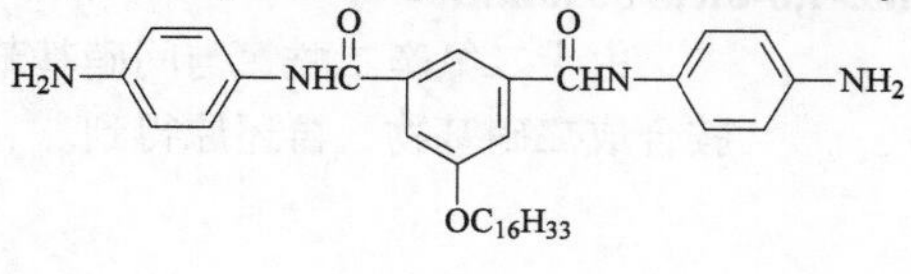

由 5-十六烷氧基间苯二酰氯与对硝基苯胺合成。二硝基物收率90%,mp 153~154℃;二胺收率76%,mp 87~88℃。

【508】带胺端基的聚间苯二酰间苯二胺[296]

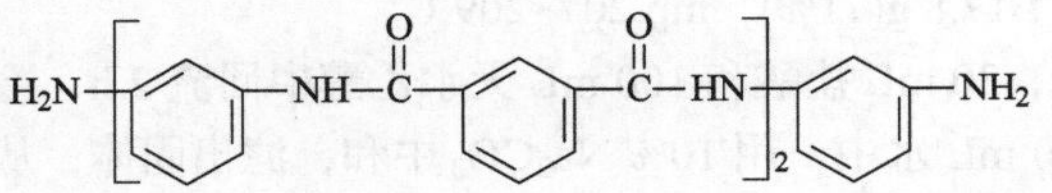

将MPD溶于NMP，冷却到-5～-15℃，加入间苯二酰氯(摩尔比为1/2)，剧烈搅拌2h，得到氨基封端的化合物，倒入水中，过滤后用甲醇洗涤，80℃真空干燥8 h。

【509】N,N′-(4-十五烷基-1,3-苯撑)双(4-氨基苯甲酰胺)

N,N′-(4-Pentadecyl-1,3-phenylene) bis(4-aminobenzamide)[297]

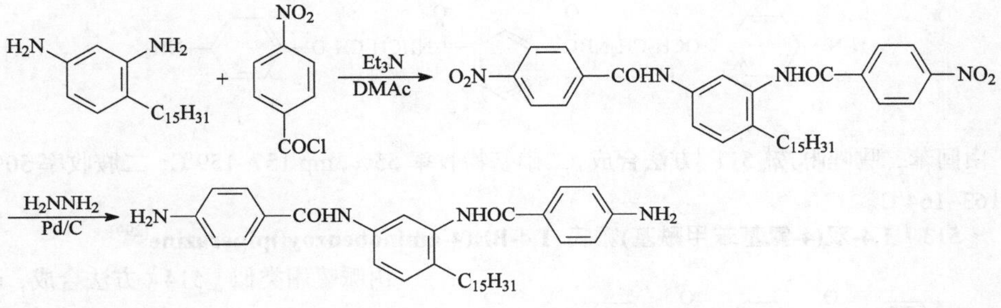

将 5.0 g (16 mmol)4-十五烷基间苯二胺溶于 25 mL DMAc 和 4.4 mL 三乙胺的溶液中，30 min 内滴加入 5.84 g (31 mmol)对硝基苯甲酰氯在 25 mL DMAc 中的溶液。加完后在室温搅拌过夜。产物在 150 mL 甲醇中沉淀，过滤，从 DMAc/乙醇(1∶2)中重结晶，得到二硝基物，收率88%，mp 174℃。

二硝基物用水合肼和钯黑还原，从甲醇重结晶，二胺收率78%，mp 137℃。

【510】N,N′-(4-十五烷基-1,3-苯撑)双(3-氨基苯甲酰胺)

N,N′-(4-Pentadecyl-1,3- phenylene) bis(3-aminobenzamide)[297]

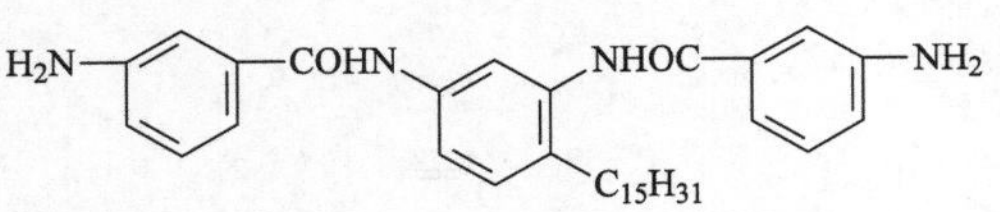

由4-十五烷基间苯二胺与对硝基苯甲酰氯按【509】方法合成。

二硝基物收率70%，mp 181℃；

二胺收率78%，mp 135℃。

【511】N,N′-双[2-(p-氨基苯氧基)乙基]对苯二酰胺

N,N′-Bis[2-(p-aminophenoxy) ethyl]terephthalamide[298]

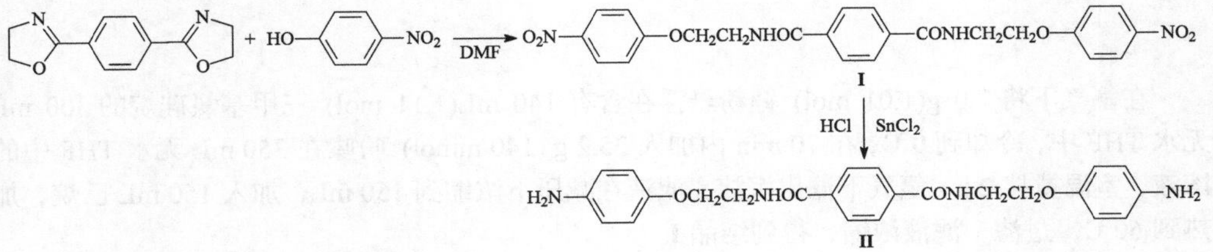

将13.9 g (0.10 mol)对硝基苯酚和10.8 g (0.05 mol)对苯二噁唑啉溶于 30 mL DMF 中，在

130℃反应 48 h 后，蒸出 DMF，黏性物质用甲酸处理，得到的固体用 1 N HCl 和水洗涤后从二氧六环重结晶，得到二硝基黄色针状物质 **I** 17.8 g(71%)，mp 207~209℃。

将 4.94 g (0.01 mol)**I** 在 25 g SnCl$_2$·2H$_2$O，30 mL 盐酸和 100 mL 无水乙醇中回流 2 h，冷至 0℃，过滤，用少量冷乙醇洗涤后溶于 100 mL 水中，用 10% Na$_2$CO$_3$ 中和，滤出固体，从乙醇重结晶，得 **II** 2.52 g(58%)，mp 173~175℃。

〖512〗*N,N'*-双[2-(p-氨基苯氧基)乙基]间苯二酰胺

N,N'-Bis[2-(*p*-aminophenoxy) ethyl]isophthalamide[298]

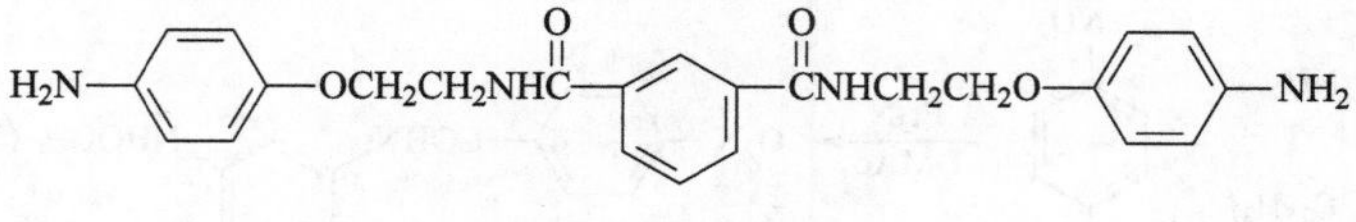

由间苯二噁唑啉按〖511〗方法合成，二硝基物收率 55%，mp 157~159℃；二胺收率 50%，mp 163~164℃。

〖513〗1,4-双(4-氨基苯甲酰基)哌嗪 1,4-Bis(4-aminobenzoyl)piperazine[299]

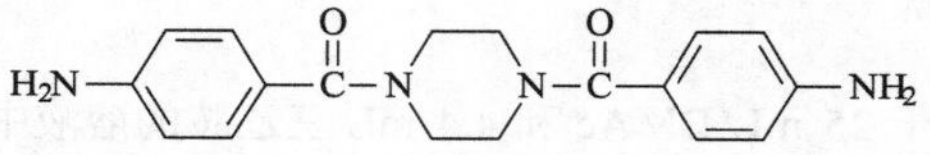

由哌嗪用类似〖514〗方法合成，mp 252~254℃。

〖514〗5,10-双(4-氨基苯甲酰基)-5,10-二氢吩嗪

5,10-Bis(4-aminobenzoyl)-5, 10-dihydrophenazine[299]

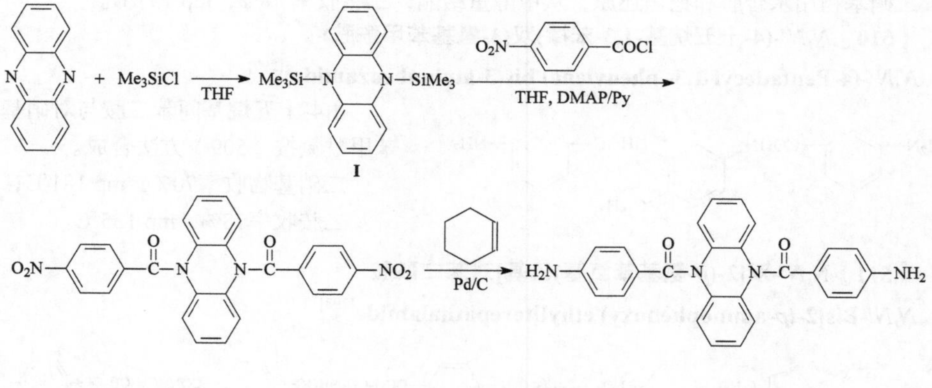

在氩气下将 7.0 g(1.01 mol) 锂粉悬浮在含有 140 mL(1.11 mol) 三甲基氯硅烷的 300 mL 无水 THF 中，冷却到 0℃，在 70 min 内加入 25.2 g (140 mmol) 吩嗪在 350 mL 无水 THF 中的溶液，室温搅拌 2 h，氩气下滤出沉淀，滤液在减压下浓缩到 150 mL，加入 150 mL 己烷，加热到 60℃，过滤，滤液浓缩，得到结晶 **I**。

将 **I** 溶于 200 mL THF 中，滴加到用冰浴冷却的 50 g (269 mmol) 4-硝基苯甲酰氯在 100 mL

THF 的溶液中, 得到暗红色溶液, 室温搅拌过夜, 减压蒸去溶剂。将得到的红色油状物在 80℃溶解于 240 mL 干燥吡啶中, 再加入 700 mg 4-二甲氨基吡啶和 30.0 g (162 mmol) 4-硝基苯甲酰氯在 35 mL 无水 THF 中的溶液。混合物在 80℃搅拌 5 h 后倒入 1.5 L 水中, 加入 300 mL 乙酸乙酯, 滤出固体, 室温下用 300 mL 丙酮萃取, 过滤, 产物从丙酮/甲醇重结晶, 得二硝基物 22.2 g (33%), mp 285~286℃。

将 7.77 g (16.2 mmol) 二硝基物和 500 mg 10 % Pd/C 加到 160 mL 无水 THF 和 48 mL 环己烯的混合物中, 回流 2 天, 滤出催化剂, 溶液在硫酸钠上干燥后除去溶剂, 产物从甲醇/异丙醇中重结晶, 得 6.06 g(89%), mp 274~276℃。用 HClO₄滴定, 胺的官能度为 99.2%。

〖 515 〗5,5′-间苯二酰基-双[10-(4-氨基苯甲酰基)-5,10-二氢吩嗪]

5,5′-Isophthaloylbis [10-(4-aminobenzoyl)-5,10-dihydrophenazine][299]

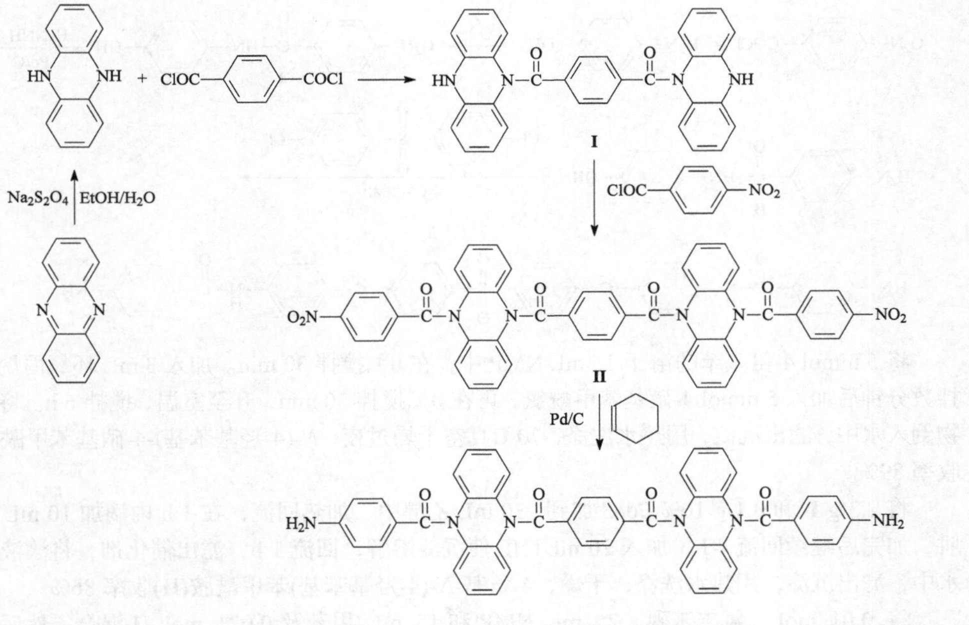

将 14.0 g(77.7 mmol)吩嗪在氩气下溶于 400 mL 沸腾的乙醇中, 在 1 h 内加入 28.0 g (136.6 mmol) Na₂S₂O₄ 在 400 mL 水中的溶液, 室温搅拌 2.5 h, 滤出产物, 在五氧化二磷上真空干燥, 得 5,10-二氢吩嗪 13.88 g(98%),

将 5.50 g(27.1 mmol)对苯二酰氯在 20 mL THF 中的溶液加到 12.90 g(70.8 mmol) 5,10-二氢吩嗪和 100 mg 4-二甲氨基吡啶在 130 mL 吡啶的溶液中。在 80℃加热 5 h 后减压浓缩到 40 mL。将黑色的油状产物加到 300 mL 水中。滤出黄色固体, 从丙酮/甲醇中重结晶, 得到 **I** 11.39 g (85%), mp302~303℃。

I 与对硝基苯甲酰氯的反应及还原见〖 514 〗。

〖516〗5,5′-间苯二酰基-双 [10-(4-氨基苯甲酰基)-5,10-二氢吩嗪]

5,5′-Isophthaloylbis [10-(4-aminobenzoyl)-5,10-dihydrophenazine][299]

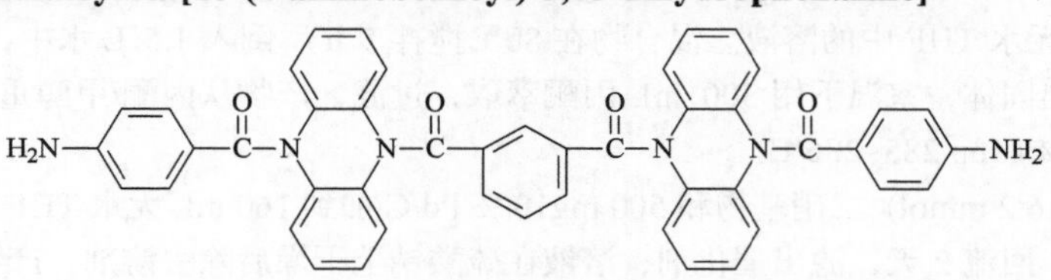

按〖515〗方法由 5,10-二氢吩嗪与间苯二酰氯反应得到 **I**，再与对硝基苯甲酰氯反应得到二硝基物 **II**，最后用类似〖514〗的方法得到二胺，mp 195~196℃。

〖517〗含砜、醚和酰胺基团的二胺[300]

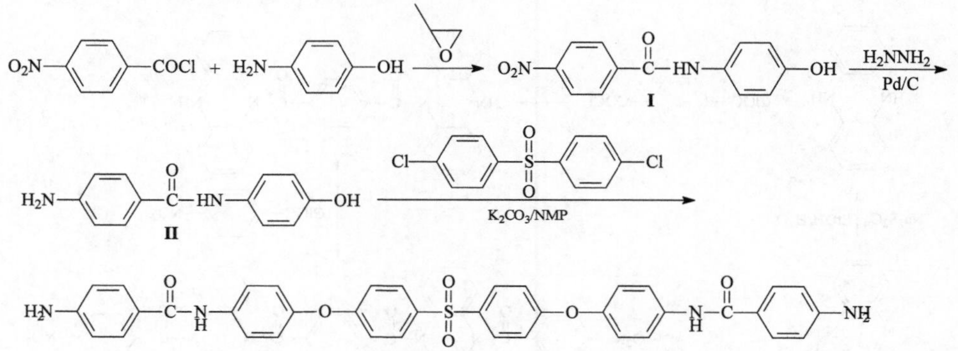

将 5 mmol 4-氨基苯酚溶于 15 mL NMP 中，在 0℃搅拌 30 min。加入 3 mL 环氧丙烷，搅拌数分钟后加入 5 mmol 4-硝基苯甲酰氯，再在 0℃搅拌 30 min，升至室温，搅拌 6 h。将反应物倒入水中，滤出沉淀，用热水洗涤，70℃真空干燥过夜，N-(4-羟基苯基)-4-硝基苯甲酰胺**(I)**收率 89%。

将 2.3 g **I** 和 0.1 g 10% Pd/C 加到 130 mL 乙醇中，加热回流，在 1 h 内滴加 10 mL 水合肼，加完后继续回流 4 h。加入 20 mLTHF 使沉淀溶解，回流 1 h，滤出催化剂，将滤液倒入水中，滤出沉淀，用热水洗涤，干燥，4-氨基-N-(4-羟基苯基)苯甲酰胺**(II)**收率 86%。

将 0.01 mol 二氯二苯砜，25 mL NMP 和 15 mL 甲苯及 0.021 mol **II** 混合。然后加入 0.0315 mol K₂CO₃。混合物在 140℃回流脱水后，温度上升到 165℃反应 18 h。反应过程用 TLC 监测。冷却后倒入水中，加入 100 mL3%NaOH，过滤，用 3%NaOH 和水洗涤。60℃真空干燥，二胺收率 78%。

〖518〗含砜，硫醚，酰胺基团的二胺[301]

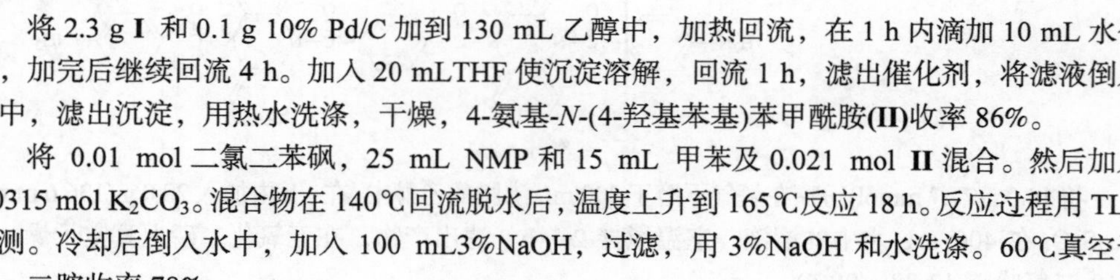

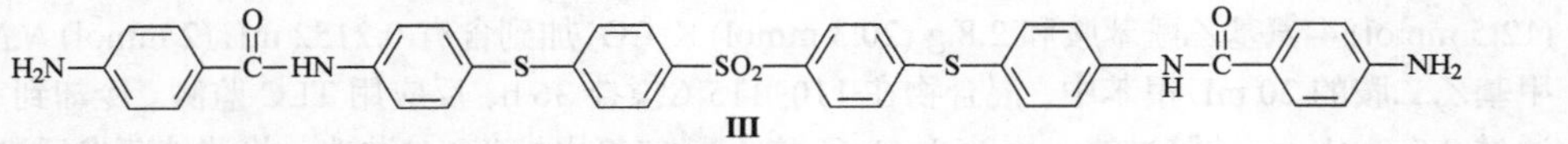

反应如〖517〗，I：收率 82%；II：收率 80%；III：收率 71%。

〖519〗1,4-双[N-(4-氨基苯甲酰基)-N-苯基]对苯二胺

1,4-Bis[N-(4-aminobenzoyl)- N-phenyl]phenylenediamine[302]

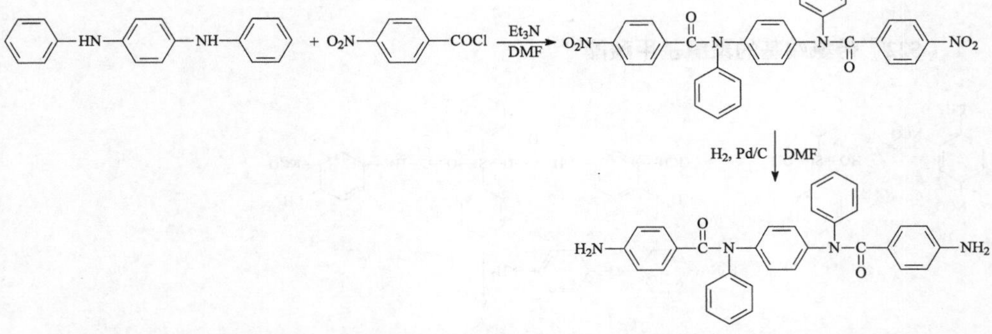

将 26.04 g (0.10 mol)N,N'-二苯基对苯二胺溶于 250 mL DMF 及 0.22 mol 三乙胺中，冷却到 0~5℃，在 1 h 内加入 38.98 g (0.21 mol)对硝基苯甲酰氯，混合物在室温反应 10 h 后倒入 2 L 水中，滤出黄色固体，用水和甲醇洗涤，得产物 51.1g (91%)。粗产物在甲醇/DMF 中重结晶 2 次，得 33.5 g(70%), mp 270~272℃。

将 24.5 g 二硝基物和 1.4 g 10% Pd/C 在 300 mL DMF 中 40℃加氢 2 天，滤出催化剂，倒入 2 L 水中，滤出沉淀，粗产物从 DMF/甲醇重结晶，得 20.5 g(90%), mp 331~333℃。

〖520〗N,N'-双[N-(3-氨基苯甲酰基)]-N,N'-二苯基对苯二胺

N,N'-Bis [(3-aminobenzoyl)]- N,N'- diphenyl-1,4-phenylenediamine[303]

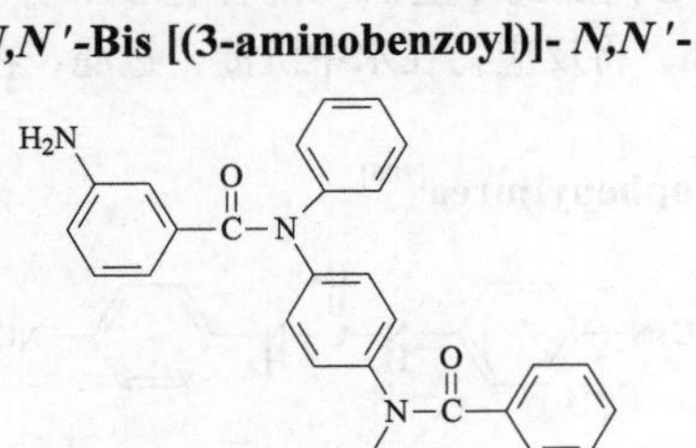

由间硝基苯甲酰氯按〖519〗方法得到二硝基物，收率70%，从DMF重结晶，mp 280~281℃；用钯炭/H$_2$还原得二胺，收率80%，从DMF/甲醇重结晶，mp 265~266℃。

〖521〗2,7-双(4-氨基苯基乙酰胺基)-9,9-二辛基芴

2,7-Bis(4-aminophenylacetylamino)- 9,9-dioctylflourene[304]

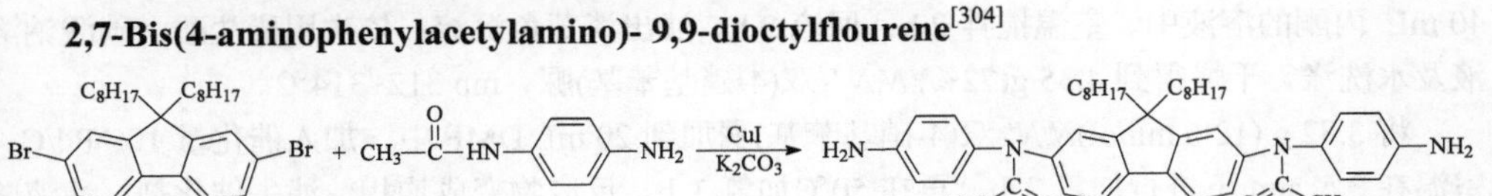

氩气下将 0.192 g (1mmol, 10 mol %)CuI, 2.74 g (5 mmol)9,9-二辛基-2,7-二溴芴, 1.88 g

(12.5 mmol) 4-氨基乙酰苯胺和 2.8 g (20.3 mmol) K_2CO_3 加到含有 0.2152 mL (2 mmol) N,N'-二甲基乙二胺的 20 mL 甲苯中，混合物在 110~115℃搅拌 36 h，反应用 TLC 监测。冷却到室温，通过 0.5cm×1 cm 硅胶过滤，用 100 mL 乙酸乙酯/二氯甲烷(1∶1)淋洗，将滤液蒸发后进行柱层析(乙酸乙酯/二氯甲烷，1∶4)，得到淡褐色结晶 3.8 g (89.6%)，mp 119~121℃。

2.13　带氨基甲酸酯、脲和线型酰亚胺基团的二胺

〖522〗带氨端基的聚氨基甲酸酯[305]

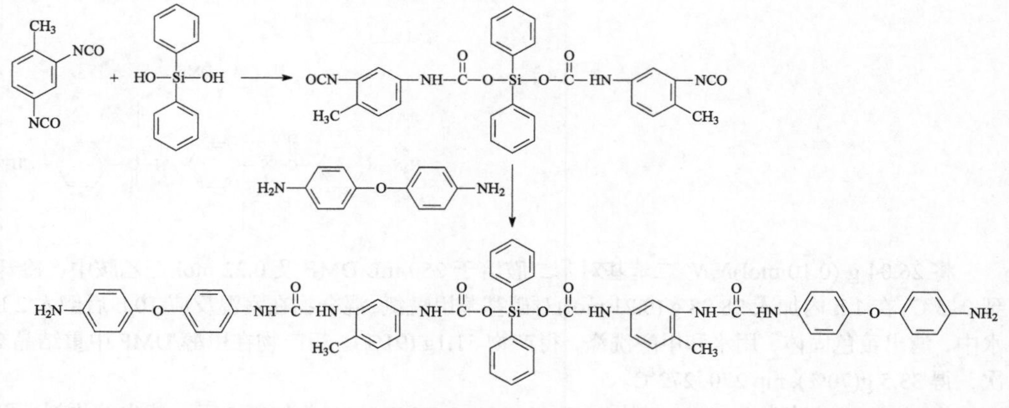

将 0.13 mol TDI 加到 0.065 mol 二苯基硅二醇中，氮气下在 80℃反应 9 h。1 h 后加入 100 mL 甲苯，温度保持在 80℃。反应完成后将反应物倒入石油醚，滤出产物，50℃真空干燥 4 h。

氮气下将 1 N 带异氰酸酯端基的氨基甲酸酯在 1h 内加到冷至 10℃的含有 2 N 芳香二胺的 DMAc 溶液中。加完后温度升至 40℃，再反应 1 h。将反应物在水中沉淀，过滤，在 60℃真空干燥 2 h，得带氨端基的聚氨基甲酸酯。

〖523〗N,N-双(4-氨基苯基)脲　N,N-Bis(4-aminophenyl)urea[306]

氮气下将 2.83 g (21 mmol) 4-硝基苯胺分批加到 3.22 g (20 mmol) 4-硝基苯基异氰酸酯在 40 mL 丙酮的溶液中。室温搅拌 2 h，回流 2 h。滤出淡黄色沉淀，依次用稀盐酸，碳酸钠溶液及水洗涤，干燥得到 4.35 g(72%) N,N'-双(4-硝基苯基)脲，mp 312~314℃。

将 3.82 g (12.6 mmol)N,N'-双(4-硝基苯基)脲加到 20 mL DMF 中，加入催化量 10%Pd/C，室温在 3.5 atm 下进行加氢 2 h，再在 50℃加氢 3 h。反应物变成均相，滤去催化剂，滤液减压浓缩除去一半溶剂后倒入水中，滤出淡褐色固体，用水洗涤，干燥得到 N,N'-双(4-氨基苯基)

脲 2.71 g (88%), mp> 350℃。从 DMF/MeOH 重结晶。

〖524〗甲代苯撑-2,4-和-2,6-双(*N*,*N*-4-氨基苯基脲)

Tolylene-2,4- and-2,6- bis(*N*,*N*-4- aninophenyenylurea)[306]

氮气下将 1.74 g (10 mmol)甲苯二异氰酸酯和 2.83 g (20.5 mmol)4-硝基苯胺在 25mL DMF 中 90℃搅拌 5h 后倒入水中，滤出黄色沉淀，依次用稀盐酸，碳酸钠溶液及水洗涤。干燥得到二硝基物 3.33 g (74%)，从 DMF/甲醇(3/1)重结晶，mp 306~308℃ (dec)。

二硝基物氢化还原，得二胺2.62 g (84%)，从DMF/乙腈(1/1)重结晶，mp >340℃。

〖525〗3,4′-二氨基-*N*,*N*-二苯甲酰基苯胺 3,4′-Diamino-(*N*,*N*-dibenzoylaniline)[307]

将对硝基苯甲酰氯与苯胺反应得到4-硝基苯甲酰苯胺**(I)**，收率89%，mp 204~205℃。

氮气下将 12.15 g (0.05 mol) **I** 逐渐加入 1.2 g (0.05 mol) 氢化钠在 130 mL 无水 DMF 的悬浮液中。混合物转变成红色，说明已经生成酰胺阴离子。室温搅拌 3h，直到氢化钠完全溶解，氢气停止放出后再滴加入 9.28 g (0.05 mol) 3-硝基苯甲酰氯在 50 mL 干燥 DMF 中的溶液。室温搅拌，黑红色的溶液变成淡黄色，搅拌 1h 后倒入 500 mL 冰水中，滤出沉淀，干燥后从乙酸乙酯重结晶，得 3,4′-二硝基-*N*,*N*-二苯甲酰基苯胺**(III)** 16.6 g (79%)，mp 166~168℃。

将 11.73 g (0.03 mol) **III** 和 1.2 g 10% Pd/C 加到 200 mL THF 中，室温搅拌，在氢气氛下反应 24 h。用硫酸镁干燥，过滤，滤液减压蒸发，得到二胺黄色粉末 9.6 g(97%)，产物在 186℃(dec)。

〖526〗4,4′-二氨基-*N*,*N*-二苯甲酰基苯胺 4,4′-Diamino-(*N*,*N*-dibenzoylaniline)[307]

由对硝基苯甲酰氯代替间硝基苯甲酰氯按〖525〗方法合成。

二硝基物收率85%，mp 203~205℃；

二胺收率52%，在196℃(dec)。

2.14 带二酸盐的二胺

〖527〗二(4-氨基苯甲酸)镁 Magnesium di(4-aminobenziate)[311]

$$H_2N\!-\!\!\bigcirc\!\!-\!COOH + MgO \xrightarrow{H_2O} H_2N\!-\!\!\bigcirc\!\!-\!COOMgOOC\!-\!\!\bigcirc\!\!-\!NH_2$$

　　将 68.57 g (0.5 mol)对氨基苯甲酸加入到 225 g 水中，再加入 10.08 g (0.25 mol)MgO，室温搅拌 15 min，80℃搅拌 30 min，溶液变成红色透明，再在 80℃搅拌 30 min，过滤后倒入 200 mL 丙酮中，放置过夜，滤出褐色结晶，用丙酮洗涤 3 次，50℃下烘干，收率 88%。该产物带 7 个结晶水，可在 150℃加热 2h 去水，得到二胺。

〖528〗二(4-氨基苯甲酸)钙 Calcium di(4-aminobenziate)[311]

$$H_2N\!-\!\!\bigcirc\!\!-\!COOCaOOC\!-\!\!\bigcirc\!\!-\!NH_2$$

用与〖527〗同样方法由氧化钙得到，带 2 个结晶水，收率 73%。

〖529〗二(4-氨基苯甲酸)钴 Cobalt di(4-aminobenziate)[312]

$$H_2N\!-\!\!\bigcirc\!\!-\!COOCoOOC\!-\!\!\bigcirc\!\!-\!NH_2$$

用与〖527〗同样方法由氧化钴得到。

〖530〗二(4-氨基苯甲酸)镍 Nickel di(4-aminobenziate)[312]

$$H_2N\!-\!\!\bigcirc\!\!-\!COONiOOC\!-\!\!\bigcirc\!\!-\!NH_2$$

用与〖527〗同样方法由氧化镍得到。

〖531〗二(4-氨基苯甲酸)铅 Lead di(4-aminobenziate)[312]

$$H_2N\!-\!\!\bigcirc\!\!-\!COOPbOOC\!-\!\!\bigcirc\!\!-\!NH_2$$

用与〖527〗同样方法由氧化铅得到。

〖532〗二(4-氨基苯甲酸)锶 Strontium di(4-aminobenziate)[312]

$$H_2N\!-\!\!\bigcirc\!\!-\!COOSrOOC\!-\!\!\bigcirc\!\!-\!NH_2$$

用与〖527〗同样方法由氧化锶得到。

〖533〗二(4-氨基苯甲酸)钡 Barium di(4-aminobenziate)[312]

$$H_2N\!-\!\!\bigcirc\!\!-\!COOBaOOC\!-\!\!\bigcirc\!\!-\!NH_2$$

用与〖527〗同样方法由氧化钡得到。

2.15　二苯醚二胺类

2.15.1　二苯醚二胺

〖534〗4,4′-二氨基二苯醚　4,4′-Oxydianiline(4,4′-ODA)

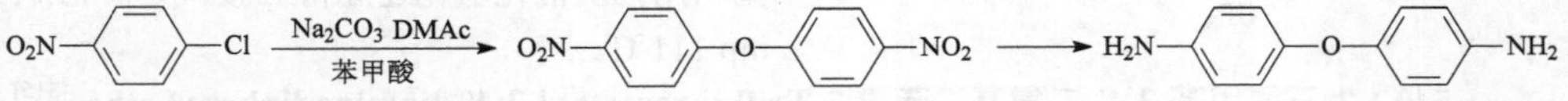

O₂N—⬡—Cl ──Na₂CO₃ DMAc／苯甲酸──→ O₂N—⬡—O—⬡—NO₂ ──→ H₂N—⬡—O—⬡—NH₂

将 330 g(2.09 mol)对硝基氯苯，273 g DMAc，2.6 g(0.02 mol)苯甲酸及 112.2 g(1.06 mol)碳酸钠在 0.2 MPa 氮气下 210℃反应充分搅拌 7 h，然后冷却到 125℃，卸压，减压蒸去 200 g DMAc，将反应物倒入 2 L 热水中，在 95℃搅拌，滤出固体，用 95℃水洗涤，干燥得到纯度为 99.7%的 4,4′-二硝基二苯醚 245 g(90%)[166]。

用通常方法还原为二胺，mp 188~192℃。4,4′-ODA 为商品。

〖535〗3,4′-二氨基二苯醚　3,4′-Oxydianiline(3,4′-ODA)

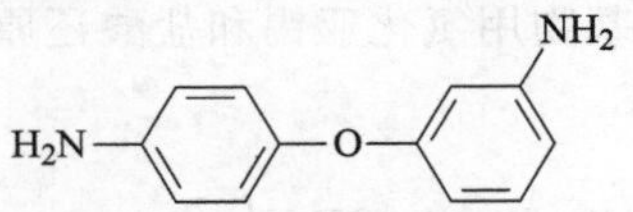

由对氯硝基苯与间氨基苯酚合成二硝基物，然后还原得到，mp 67~71℃，bp 206.5℃/1 mmHg。(mp 74~75℃[253])

〖536〗3,3′-二氨基二苯醚　3,3′-Oxydianiline(3,3′-ODA)[313]

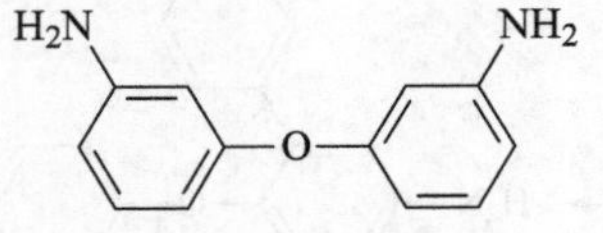

由间硝基氯苯与间氨基苯酚合成二硝基物，然后还原得到，mp 79~80℃。

〖537〗2,4′-二氨基二苯醚　2,4′-Oxydianiline(2,4′-ODA)[34]

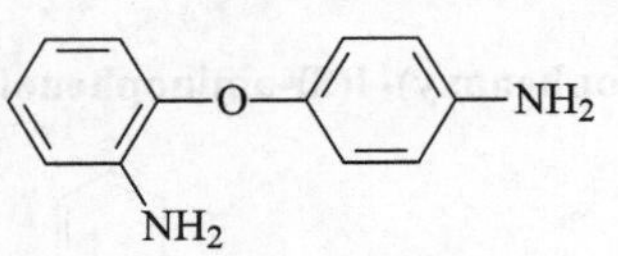

由邻硝基氯苯与对氨基苯酚合成二硝基物，然后还原得到，mp 78~80℃。

〖538〗2,2′-二氨基二苯醚　2,2′-Oxydianiline(2,2′-ODA)

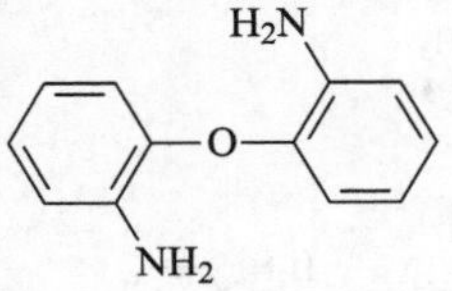

由邻硝基氯苯与邻氨基苯酚合成二硝基物，然后还原得到，mp 61~64℃。

2.15.2　单取代二苯醚二胺

〖539〗2-三氟甲基-4,4′-二氨基二苯醚 2-Trifluoromethyl-4,4′-diaminodiphenyl ether[314]

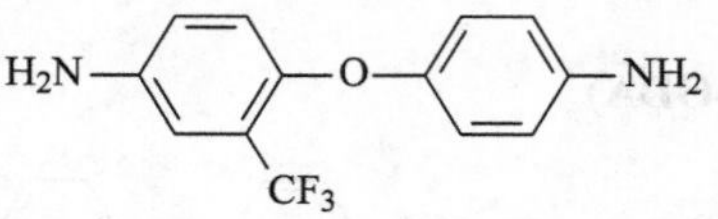

由 3-氟甲基-4-氯硝基苯与对硝基苯酚合成，二硝基物的收率为 95%，mp 83℃。二硝基物用钯炭催化氢化还原得二胺，收率 68%，mp 111℃。

〖540〗2-三氟甲基-3,4′-二氨基二苯醚 2-Trifluoromethyl-3,4′-diaminodiphenyl ether[315]

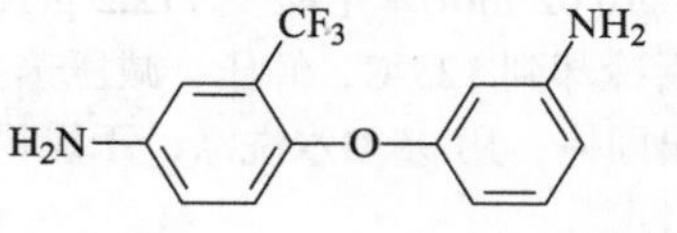

由 2-氯-5-硝基-三氟甲苯与间硝基苯酚或间氨基苯酚合成，二硝基物的收率为 85.7%，mp 110~111℃。二硝基物用钯炭和水合肼还原，收率为 91.5%，mp 66~67℃。

〖541〗2-氰基-4,4′-二氨基二苯醚 2-Cyano-4,4′-diaminodi1phenyl ether[316]

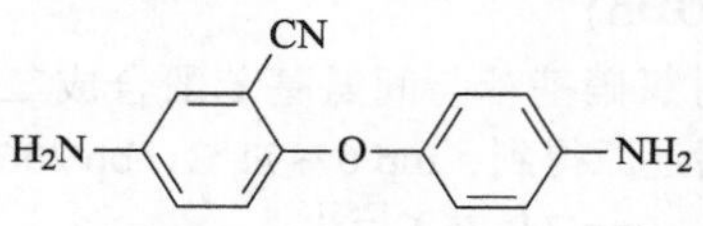

由 3-氰基-4-氯硝基苯与对硝基苯酚合成，二硝基物用氯化亚锡和盐酸还原，mp 125~127℃。

〖542〗2-苯基-4,4′-二氨基二苯醚 2-Phenyl-4,4′-oxydianiline(p-ODA)[317]

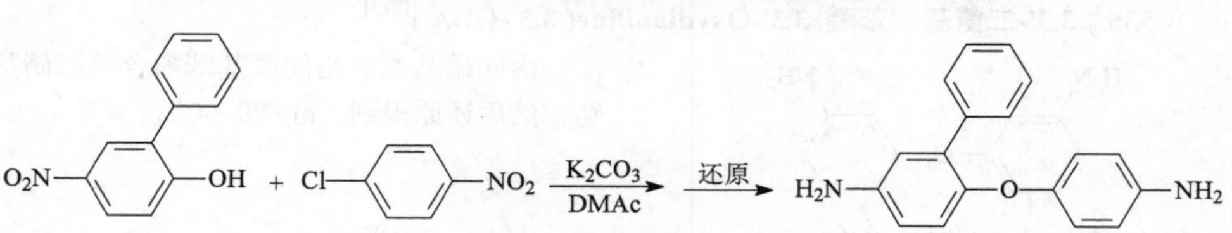

苯基对硝基苯酚的合成方法见〖548〗。

〖543〗2-(4-氨基苯氧基)-4(5)-氨基苯酚 2-(4-Aminophenoxy)-4(5)-aminophenol[318]

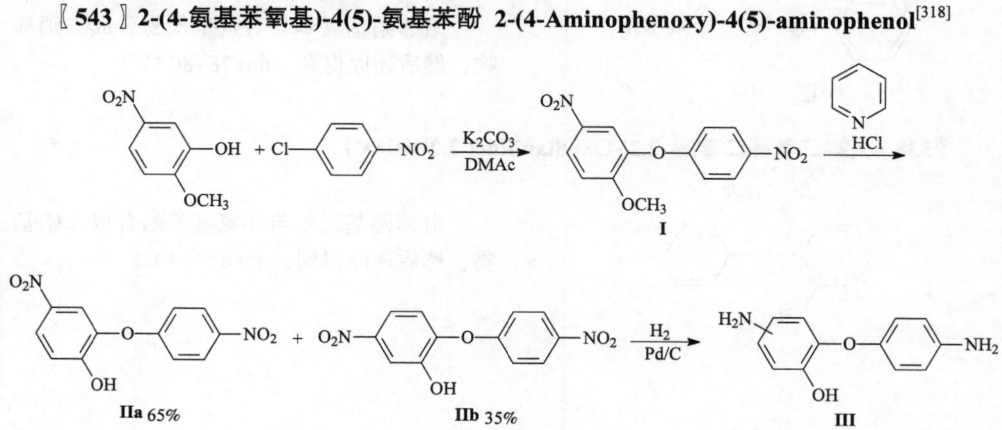

将 15.00 g(88.70 mmol) 2-甲氧基-5-硝基苯酚，12.60 g(79.00 mmol)对氯硝基苯和 12.30 g (89.10 mmol)碳酸钾加入 150 mL DMAc 中，加热到 135℃搅拌 5 h，用 TLC(乙酸乙酯/环己烷，1/1)监测反应，产物用水和乙酸乙酯的混合物萃取，有机层用氯化钙干燥后减压蒸去溶剂，得 1-甲氧基-2-(4-硝基苯氧基)-4-硝基苯(I)黄色粉末 1.78g(78%)。

将 12.50 g (43.00 mmol)I 和 24.80 g(215.00 mmol)吡啶盐酸盐在 200℃加热搅拌 2 h，产物用水和乙酸乙酯的混合物洗涤，有机层用氯化钙干燥后减压蒸去溶剂，得 2-(4-硝基苯氧基)-4(5)-硝基苯酚异构体混合物 11.20 g (94%)。间位和对位异构体的比例为 65:35，IIa 的 mp 136 。

将 8.00 g (29.00 mmol)II 和 0.20 g 5%(质量分数) Pd/C悬浮在 300 mL 甲醇中，导入 1.5 MPa 氢气，室温搅拌 18 h，在硅胶上滤出催化剂，减压蒸去溶剂，得二胺 6.00 g (93%)。

〖544〗1-甲氧基-2-(4-硝基苯氧基)-4-硝基苯

1-Methoxy-2-(4-nitrophenoxy)-4-nitrobenzene[314]

由 1-甲氧基-2-(4-硝基苯氧基)-4-硝基苯 (见〖543〗)还原得到，mp 103℃。

〖545〗1-(3,3,4,4,5,5,6,6,7,7,8,8,8-十三氟辛氧基-2-(4-氨基苯氧基)-4-氨基苯[318]

1-(3,3,4,4,5,5,6,6,7,7,8,8,8-Tridecafluorooctan-1-oxy)-2-(4-aminophenoxy)-4-amino benzene

将 10.00 g (36.23 mmol)I，14.00 g(54.35 mmol)三苯基膦和 20.00 g (54.35 mmol) 1H,1H,2H,2H-十三氟辛醇溶于 200 mL NMP 中，混合物在 80℃搅拌溶解，滴加入 8.55 g (54.35 mmol)偶氮二酸二乙酯，再在 80℃搅拌 18 h 后倒入 2 L 水中，滤出产物，硅胶柱层析(戊烷/氯仿，1：1)得 13.5 g 纯的间位异构体 II，产率 60%，mp 125℃。

将 10.00 g(16.08 mmol) II 和 0.80 g 5 % Pd/C 加到 200 mL 甲苯中，引入 1.0 MPa 氢气，室温下搅拌 18 h，在硅胶上滤出催化剂，减压蒸去溶剂，得二胺 II 7.50 g(83%)，mp 89℃。

〖546〗1-氨基-3-苯氧基-5-(p-氨基苯氧基)苯

1-Amino-3-phenoxy-5-(p-aminophenoxy)benzene[67]

将 15.1 g (0.1 mol)对乙酰氨基苯酚，13.8 g (0.1 mol)碳酸钾及与 26 g (0.1 mol)3,5-二硝基二苯醚在 200 mL NMP 中 150℃反应 6h。冷却到室温后倒入 1 L 冷水中，滤出沉淀，从异丙醇重结晶，得 **I** 25.86 g (71%)，mp 146~147℃。

将 10 g **III** 溶于 150 mL 甲醇中，加入 50 mL 浓盐酸，回流 1.5 h，冷却后胺的盐酸盐沉淀析出，滤出后加到 200 mL 水中，加入 30%NaOH，得到亮黄色胺，过滤，从乙醇重结晶，得 1-硝基-3-苯氧基-5-(*p*-氨基苯氧基)苯(**II**)7.9 g (89.3%)，mp 114~115℃。

将 20 g (0.062 mol)**II**，3 g 活性炭，0.1 g FeCl₃·6H₂O 在 300 mL 甲醇中，加入 12.42 g (0.248 mol)水合肼，回流 5.5 h 后过滤，除溶剂，残留物从甲醇重结晶，得二胺 16.33 g (90%)，mp 79~80 。

2.15.3 多取代二苯醚二胺

〖547〗5-(4-氨基苯氧基)-1-萘胺　5-(4-Aminophenoxy)-1-naphthylamine[319]

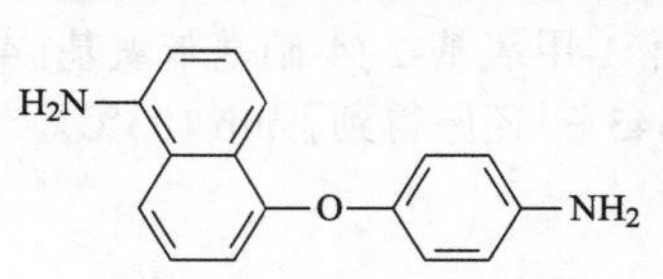

将 10.03 g (0.063 mol)5-氨基-1-萘酚，10 g(0.063 mol)对氯硝基苯和 8.7 g(0.063 mol) K₂CO₃ 在 100 mL DMF 中回流 10 h，冷却后，倒入 400 mL 饱 NaCl 水溶液中，

滤出沉淀。褐色沉淀用水反复洗涤，干燥后得二硝基物 16.4 g(93%)，mp 115~117℃。将 16 g (0.057 mol)二硝基物和 0.2 g 10%Pd/C 加到 150 mL 乙醇中，滴加入 10 mL 水合肼，加热回流 4 h，趁热过滤，除去 Pd/C，滤液倒入饱和 NaCl 溶液中，过滤得到淡褐色沉淀，真空干燥，得 10.2 g (71%)，mp 109~110℃。

〖548〗2,2′-二苯基-4,4′-二氨基二苯醚　2,2′-Diphenyl-4,4′-diaminodiphenyl ether[320]

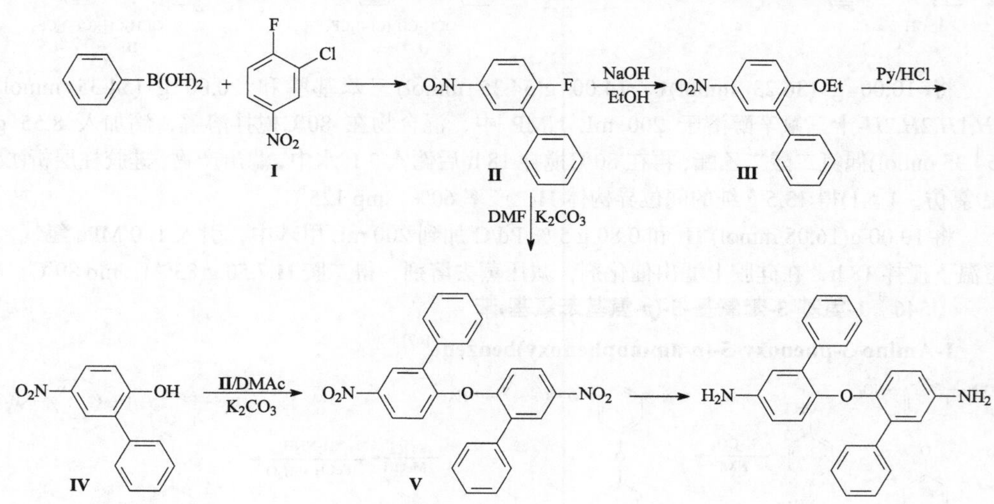

将 17.55 g(100 mmol) **I**，12.19 g(100 mmol)苯基硼酸和 13.82 g(100 mmol)碳酸钾加到

120 mL DMF 中，氮气下加入 0.5 g Pd(PPh₃)₄，加热到 90℃，反应 8 h 后滤出沉淀的盐，减压蒸馏，得 2-苯基-p-硝基氟苯(**II**) 12.92 g(60%)，bp 128~135℃/1 mmHg，mp 47~48℃。

将 7.50 g (34.5 mmol)**II** 溶于 80 mL 乙醇中，室温下滴加入 1.38 g (34.5 mmol)NaOH 在 5 mL 水的溶液中，加完后再回流 12 h。冷却至室温，滤出沉淀 2-苯基-p-硝基乙氧基苯(**III**)，从乙醇重结晶，得 7.95 g (95%)，mp 110~111℃。

将 7.95 g(32.7 mmol) **III** 与 50 g 吡啶盐酸盐一起加热回流，30 min 后变成均相溶液，倒入 450 mL 水中，用 100 mL 二氯甲烷萃取 3 次，合并溶液，用硫酸镁干燥，除去溶剂后减压蒸馏，得 2-苯基-p-硝基苯酚(**IV**) 5.22 g(74%)，bp 210℃/1 mmHg，mp 125~126℃。

(1) 将 5.26 g (24.2 mmol) **II**，5.22 g(24.2 mmol) **IV** 和 3.35 g(24.2 mmol)碳酸钾加到 30 mL 甲苯和 80 mL DMAc 的混合物中，在 130℃除水和甲苯后升温到 160℃反应 3 h，冷却到 80℃，减压除溶剂，残留物用水洗涤后用二氯甲烷萃取，萃取液用硫酸镁干燥，除去溶剂，用硅胶柱层析(二氯甲烷/己烷，6∶4)，再从乙醇重结晶，得二硝基物(**V**) 4.28 g(43%)，mp 143~144℃。

(2) 将 8.69 g(40 mmol) **II** 和 5.53 g (40 mmol)碳酸钾在 50 mLDMF 中 140℃反应 72 h 后冷至 80℃，在 15~25 mmHg 下去溶剂。残留物用 250 mL 水洗涤，用二氯甲烷萃取，硫酸镁干燥后以硅胶柱层析(二氯甲烷/己烷，6∶4)，从乙酸重结晶，得 **V** 5.63 g(68%)，mp 143~144℃。

将 4.28 g(10.4 mmol)**V** 和 0.3 g 10% Pd/C 加到 DMF 中，在氢气中 60℃反应 12 h，得二胺 3.08 g (84%)，从甲苯重结晶，mp 204~205℃。

〖 549 〗4-(p-氨基苯氧基)-3-三氟甲基-4′-氨基联苯

4-(p-Aminophenoxy)-3-trifluoromethyl-4′-aminobiphenyl[321]

将 6 g (28.85 mmol)4-氟-3-三氟甲基苯基硼酸，4.85 g (24.04 mmol)4-硝基溴苯，9.3 g (87.74 mmol) Na₂CO₃ 和 0.416 g (0.36 mmol) (Ph₃P)₄Pd 在 90 mL 甲苯和 90 mL 水的混合物中，在氮气下回流 3 天，分出有机层，水层用甲苯萃取 2 次，有机层合并后用水洗涤，硫酸镁干燥，浓缩，通过直径为 2 cm、长为 20 cm 的 Al₂O₃ 柱以除去 Pd(PPh₃)₄，用 3 mL 甲苯洗涤柱子，得到的 3-三氟甲基-4-氟-4′-硝基联苯(**I**)，用甲苯/己烷(1:10)重结晶。

将 3 g(10.519 mmol) **I**，1.435 g (13.148 mmol)4-氨基苯酚和 2 g K₂CO₃ 加到 20 mL NMP 和 20 mL 甲苯的混合物中，在氮气下 120℃搅拌 4 h 脱去水分，再升温到 160℃，搅拌 2h 后冷却到室温，倒入水中，得 **II** 3.8 g (97.43%)，mp 120.77℃。

将 8 g (14.86 mmol)**II** 和 0.3634 g 10%Pd/C 加到 150 mL 乙醇中，在 85℃下 1 h 内滴加入 145 mL 水合肼，回流 20 h，过滤，除去催化剂，滤液在氮气下浓缩，得到固体产物，从乙醇/

水重结晶，产率 2.74 g (47.26%)，mp 142.45℃。

〖550〗1-(4-氨基苯氧基-4-(4-氨基-2-甲基苯基)-2,6-二特丁基苯

1-(4-Aminophenoxy)-4-(4-amino-2-methylphenyl)-2,6-di-*tert*-butylbenzene[322]

将 4.00 g (19.4 mmol) 2,6-二特丁基苯酚，3.00 g (21.7 mmol)碳酸钾，3.70 g (21.6 mmol) 2-氯-5-硝基甲苯及 26.0 mL 无水 DMSO 氮气下在 110℃加热 22h。冷到室温后倒入水中。滤出黄色沉淀，用水洗涤，干燥后从乙腈重结晶，得 2,6-二特丁基-4-(2-甲基-4-硝基苯基)苯酚(**I**) 4.85g (73.3%)，mp 190~192℃。

将 4.60 g (13.5 mmol) **I**，2.10 g(14.8 mmol) 1-氟-4-硝基苯，2.10 g(15.2 mmol)碳酸钾在 18 mL DMF 中回流 14 h。将反应物倒入水中，滤出沉淀，从乙腈重结晶，得 **II** 5.10 g (81.8%)，mp 214~216℃。

将 6.98 g (15.1 mmol)**II**，35.0 mL 水合肼在 50.0 mL 乙醇中在 0.140 g 10% Pd/C 催化下回流 2 天。反应物处理如前，从甲苯重结晶，得二胺 4.40 g(72.5%)，mp 152~154℃。

〖551〗4-(4-氨基-2-氯苯基)-1-(4-氨基苯氧基) -2,6-二特丁基苯

4-(4-Amino-2-chlorophenyl)-1-(4-aminophenoxy) -2,6-di-*tert*-butylbenzene[323]

以二氯硝基苯代替 2-氯-5-硝基甲苯，按〖550〗方法合成。

I 的收率 75.0%，mp 143~145℃；

二硝基物收率 79.1%，mp 210℃；

二胺收率 71.9%，mp 159~161℃。

〖552〗4-(4-氨基苯氧基)苯基-4-氨基苯基酮

4-(4-Aminophenoxy)phenyl-4-aminophenyketone[324]

将 5.375 g (25.0 mmol)对硝基二苯醚和 4.175 g (25.0 mmol) 对硝基苯甲酸在 32.5 g (23 mL)

Eaton 试剂 (1∶10 P$_2$O$_5$/甲磺酸) 中搅拌下加热到 100℃反应 3 h。然后倒入 500 mL 冷水中，搅拌 30 min，过滤，用水洗涤数次。将粗产物分散在 200 mL 3% Na$_2$CO$_3$ 溶液中剧烈搅拌 20 min 除去未反应的对硝基苯甲酸，过滤，依次用水和 20 mL 甲醇洗涤，除去未反应的对硝基二苯醚。将产物溶于 150 mL 乙酸中，煮沸，用活性炭脱色后过滤，得到二硝基物白色沉淀 3.8g (41%)，mp 212℃。

将 3.5 g (10.0 mmol) 二硝基物分散在 100 mL 乙醇中，滴加 30 g 85% Na$_2$S$_2$O$_4$ 在 40~50 mL 水中的溶液，在 50~60℃搅拌 30 min。再加入硫代亚硫酸钠到变色。加水 50 mL，再搅拌 1 h。将溶液加热至沸，去除乙醇，过滤后倒入 80mL 浓盐酸中，滤出二胺盐，分散在 50 mL 水中，再加入 10 mL 浓盐酸，煮沸 5~10 min 以破坏可能存在的亚硫酸加成物。在冷却下用 NaOH 中和，放置过夜。滤出白色沉淀，从甲醇/吡啶(1∶1)重结晶，干燥后得二胺 2.93 g (86%)，mp 188~191℃。

〖553〗3,5-二甲基-4-(4-氨基-2-三氟甲基苯氧基)-4′-氨基二苯酮

3,5-Dimethyl-4-(4-amino-2-trifluoromethylphenoxy)-4′-aminobenzophenone[325]

将 12.2 g(0.1 mol) 2,6-二甲基苯酚和 46.7 g (0.35 mol) 无水 AlCl$_3$ 在-5~0℃下加到 150 mL 1,2-二氯乙烷中，搅拌 1h 后冷却到-15℃，在 2h 内分批加入 18.6 g (0.1 mol) 4-硝基苯甲酰氯，加完后再在-15℃搅拌 1 h，0℃搅拌 3 h，15℃搅拌 1 0h，然后倒入加冰的 40 mL 浓盐酸中。水蒸气蒸馏，得到淡褐色粉末，过滤，粗产物从乙醇重结晶 2 次，得 4-羟基-3,5-二甲基-4′-硝基二苯酮(I)19.5 g (72%)，mp 185~186℃。

将 16.3 g (0.06 mol)I，13.6 g (0.06 mol)2-氯-5-硝基三氟甲苯和 12.4 g (0.09 mol) K$_2$CO$_3$加到 100 mL DMF 中，混合物在 120℃加热 12 h 后倒入甲醇/水(1/3)中，得到的粗产物从 DMF/乙醇 (4/1)重结晶，得褐色针状物 II 24.0 g (87%)，mp 181~182℃。

将 18.4 g (0.04 mol) II 和 0.4 g 5%Pd/C 加到 200 mL 乙醇中，加热回流。在 30 min 内滴加 15 mL 85% 水合肼，再回流 4 h，趁热滤出催化剂，滤液去溶剂后倒入 100 mL 水中，得到淡黄色产物。粗产物经柱色谱(二氯甲烷)得到白色二胺 11.9 g (74%)，mp 138~139℃。

〖554〗4-氨基-4′-(p-氨基苯氧基)三苯胺

4-Amino-4′-(p-aminophenoxy)triphenylamine[326]

氮气下将 5.05 g (22.9 mmol)碘代苯酚和 3.73 g (27.4 mmol)碳酸钾加到 35 mL DMAc 中，加入 2.30 mL (21.7 mmol)对氟硝基苯。混合物在室温搅拌 24 h，倒入 1 mol/L 盐酸中，滤出沉淀，用水洗涤，在 50℃真空干燥。粗产物从异丙醇/水中重结晶，得 4-碘-4′-硝基二苯醚(I)7.17 g (96 %)。

氮气下将 2.10 mL (19.8 mmol)对氟硝基苯和 5.40 mL (59.3 mmol) 苯胺加到 50 mL 脱水的 DMSO 中。混合物在 120℃搅拌 12 h。将混合物倒入 0.5 mol/L 盐酸中，用乙酸乙酯萃取，萃取液依次用 1 mol/L 盐酸，碳酸氢钠溶液及氯化钠饱和溶液洗涤，硫酸镁上干燥后过滤，浓缩，粗产物从甲苯和己烷的混合物中重结晶，得 4-硝基二苯胺(II)3.22 g (76 %)。

将 4.17 g (19.5 mmol)II, 9.50 g (27.8 mmol)I 和 10.9 g(78.6 mmol)碳酸钾在 50 mL 甲苯中的混合物回流脱水，除去甲苯后冷却到室温，加入 4.96 g 铜粉，1.60 g (6.05 mmol)18-王冠-6 及 30 mL 二氯苯。混合物回流 12 h 后冷却到室温，过滤，用水洗涤，将滤液倒入甲醇中，粗产物从甲氧基乙醇重结晶，得橙色结晶 6.13 g(74%)。

.将 10 mL 水合肼滴加到 2.14 g(5.00 mmol)二硝基物和 0.0224 g 钯炭黑在 15 mL 乙醇的混合物中，回流 24 h，过滤，用 THF 洗涤，滤液浓缩后倒入水中。滤出沉淀，从氯仿和己烷的混合物中重结晶，得二胺 1.26 g (69%)。

〖555〗2-(4-氨基苯基)-4-[(4-氨基苯氧基)-苯基]-酞嗪酮

2-(4-Aminophenyl)-4-(3-R-4-aminophenoxy)-2,3-phthalazinone-1[327]

将 0.089 mol I 『297』，0.178 mol 对氯硝基苯和 0.22 mol 碳酸钾在 DMAc 和甲苯的混合物中回流脱水 4~5 h。冷却到室温后滤出二硝基物黄色固体，收率 96.5%, mp 202℃。

将二硝基物在乙二醇单甲醚中以钯黑催化剂用水合肼还原，回流 16 h，得到二胺，收率

85.6%，mp 250~252℃。

〖 556 〗2,2′-二溴-4,4′-二氨基二苯醚　2,2′-Dibromo-4,4′-diaminodiphenylether[328]

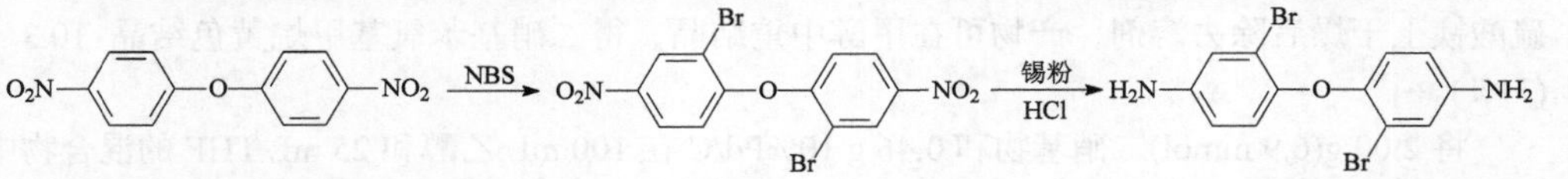

在 100 mL 浓硫酸和 10 mL 水中加入 4.00 g (15.37 mmol) 4,4′-二硝基二苯醚和 5.74 g (32.25 mmol) NBS，在 85℃ 反应 6 h。冷却到室温后倒入冰水中，滤出沉淀，用水洗涤，90℃ 真空干燥，得 2,2′-二溴-4,4′-二硝基二苯醚到粗产物 6.00 g (93%)，可以直接使用。从丙酮/水 重结晶，得 4.11 g(64%)，mp 155~158℃。

将 4.00 g (9.57 mmol) 2,2′-二溴-4,4′-二硝基二苯醚加到 20 mL 浓盐酸和 60 mL 乙醇中， 缓慢加入 4.69 g 锡粉，回流 3 h。冷却到室温，倒入冰水中，用 NaOH 中和到 pH 12。用乙醚 萃取，无水硫酸镁干燥，从乙醇/水中重结晶，得二胺 1.90 g (55%)，mp 147~149℃。

〖 557 〗3,3′-二巯基-4,4-二氨基二苯醚　3,3′-Dimercapto-4,4-diaminodiphenyl ether[140]

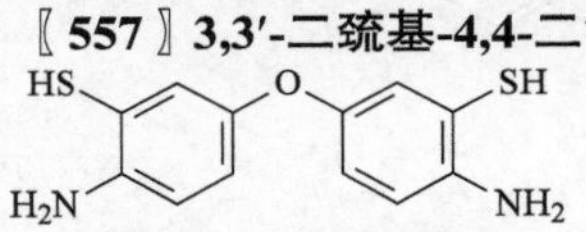

由 ODA 按〖 161 〗方法合成，收率 65%，mp 165 ℃。

〖 558 〗　2,2′,6,6′-四溴-4,4′-二氨基二苯醚

2,2′,6,6′-Tetrabromo-4,4′-dinitrodiphenylether[328]

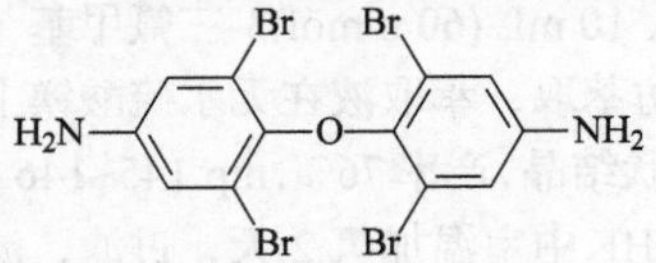

采用一倍的 NBS，按〖 556 〗方法合成。
二硝基物收率 36%，mp 232~234℃；
二胺收率 30%，mp >300℃。

〖 559 〗八氟-4,4-二氨基二苯醚　Octafluoro-4,4′-di1aminodiphenyl ether[102]

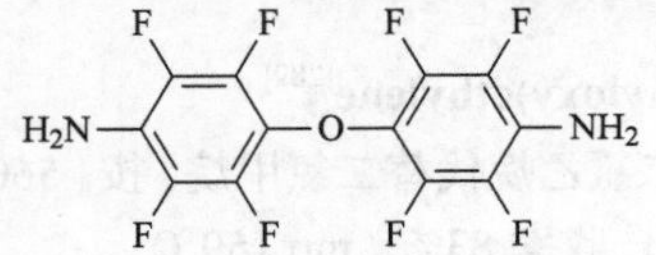

商品。Mp 175~177℃。

2.16　二醚二胺类

2.16.1　带脂肪链的二醚二胺

〖 560 〗双(4-氨基苯氧基)甲烷　Bis(4-aminophenoxy)methane[329]

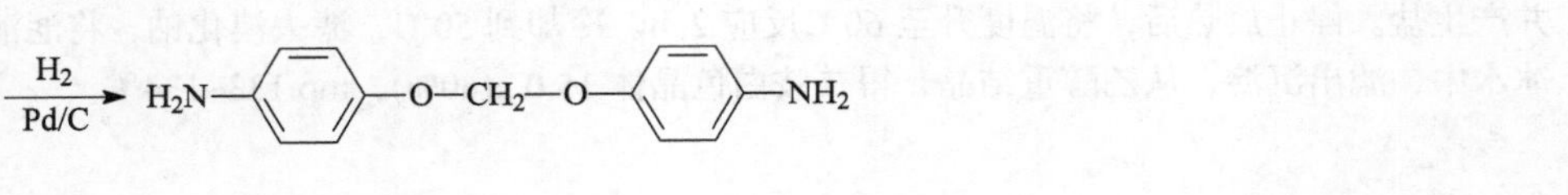

　　将 13.9 g (100 mmol)4-硝基苯酚, 3.2 mL(50 mmol)二氯甲烷和 16.6 g(120 mmol)碳酸钾在 100 mL DMF 中加热到 155℃搅拌 20 h, 除去溶剂, 加入水, 用二氯甲烷萃取, 有机层在无水硫酸镁上干燥后除去溶剂, 产物可在甲醇中重结晶, 得二硝基苯氧基甲烷黄色结晶 10.3 g (71%)。

　　将 2.00 g(6.9 mmol)二硝基物和 0.46 g 10%Pd/C 在 100 mL 乙醇和 25 mL THF 的混合物中常压加氢, 室温搅拌 5 h。滤出催化剂后, 蒸馏得到无色针状结晶 1.52 g(96%), mp 99~100℃。

〖561〗双(4-氨基苯氧基)-2-三氟甲基甲苯

2-Trifluoromethylbenzaldehyde bis(*p*-aminophenyl)acetal[320]

　　将 16.694 g (120 mmol)4-硝基苯酚和 40.000 g(290 mmol)碳酸钾在 60 mL DMSO 和 30 mL 甲苯中 150℃回流搅拌 12 h, 带出水后, 冷却到 100℃, 加入 10 mL (60 mmol)3-三氟甲基苄叉二氯, 反应在 100℃进行 24 h 后将反应物倒入水中, 用氯仿萃取, 萃取液在无水硫酸镁上干燥, 去除氯仿, 产物用甲醇/氯仿(2∶1)重结晶, 得二硝基物针状结晶, 产率76%, mp 145~146 ℃。

　　将 1.762 g (4 mmol)二硝基物和 0.234 g Pd/C 在 10 mLTHF 中室温加氢 2 天, 过滤, 滤液蒸发得褐色黏液, 用 50 mL 氯仿稀释, 无水硫酸镁干燥, 过滤, 蒸发, 在 60℃真空干燥, 得到二胺, 产率 74%。

〖562〗1,2-双(4-氨基苯氧基)乙烷　1,2-Di(*p*-aminophenyloxy)ethylene[289]

以 1,2-二氯乙烷代替二氯甲烷, 按〖560〗方法合成。**I: 收率83%, mp 159℃；**

II: 收率92.2%, mp 179℃。

〖563〗1,2-双(3-氨基苯氧基)乙烷　1,2-Di(3-aminophenyloxy)ethylene[207]

　　将 25.0 g(0.23 mol)间氨基苯酚加到 50 mL DMSO 和 50 mL 甲苯的混合物中, 氮气下加入 9.16 g (0.23 mol)50%NaOH 溶液。将混合物加热到 110℃, 共沸去水后再加入 20 mL 甲苯。升温到 120℃再除水, 然后冷却到 50℃。在 30 min 内加入 21.5 g(0.11 mol)1,2-二溴乙烷, 放热并产生盐。停止放热后, 将温度升至 60℃反应 2 h。冷却到 50℃, 滤去溴化钠, 将滤液倒入冰水中, 滤出沉淀, 从乙醇重结晶, 得二胺白色晶体 15.0 g(60%), mp 133~134℃。

〖564〗2,2'-(乙撑二氧)二苯胺 2,2'-(Ethylenedioxy)dianiline[332]

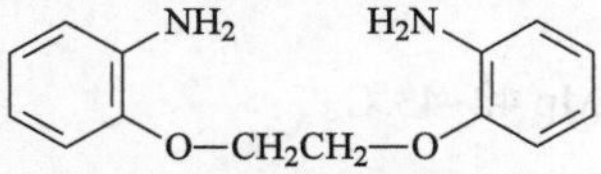

商品。

〖565〗1,2-双(4-氨基苯氧基)丙烷 1,2-Bis(4-aminophenoxy) propane[334]

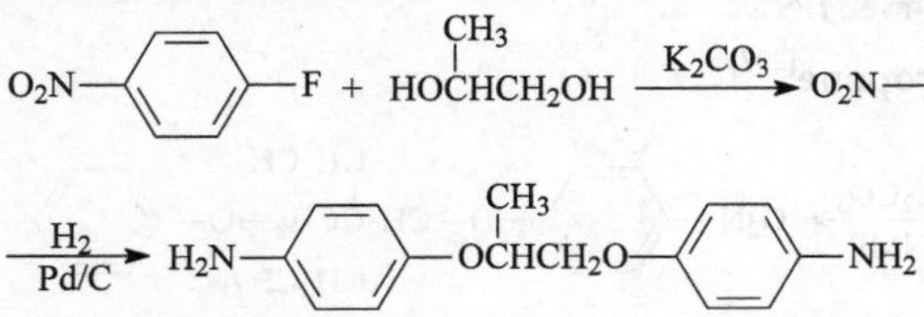

将 76.14 g(0.54 mol)对硝基氟苯, 13.68 g(0.18 mol) 1,2-丙二醇和 17.64 g (0.18 mol)K$_2$CO$_3$ 在氮气下回流 24 h。冷却后过滤, 用乙醚洗涤, 去除未反应的对硝基氟苯, 粗产物从乙醇重结晶, 收率 52%, mp 80~81℃。将二硝基物用 5% Pd/C 在 0.4 MPa 下氢化 24 h, 收率 90%, mp 83~84℃。

〖566〗1,2-双(4-氨基苯氧基)戊烷 1,2-Bis(4-aminophenoxy) pentane[335]

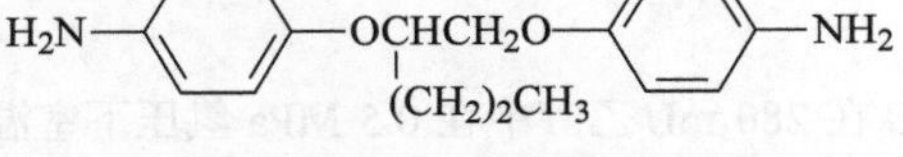

由 1,2-二羟基戊烷与对氯硝基苯按〖565〗方法合成。

〖567〗1,2-双(4-氨基苯氧基)辛烷 1,2-Bis(4-aminophenoxy) octane[335]

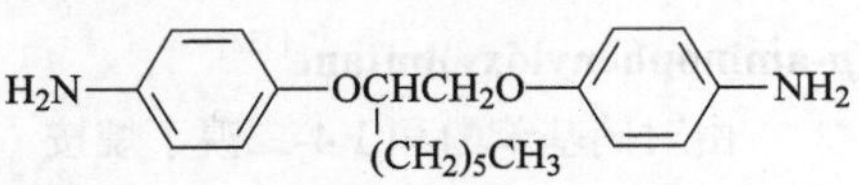

由 1,2-二羟基辛烷与对氯硝基苯按〖565〗方法合成。

〖568〗1,3-二(4-氨基苯氧基)丙烷 1,3-Di(4-aminophenyloxy)propane[333]

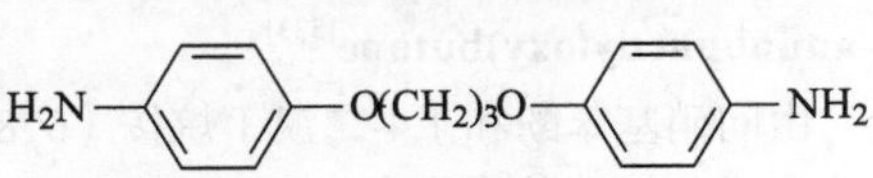

由对硝基苯酚和 1,3-二溴丙烷按〖578〗方法合成。二硝基物收率 72%, mp 131℃; 二胺收率 76%, mp 107℃。

〖569〗1,3-二(3-氨基苯氧基)丙烷 1,3-Di(3-aminophenyloxy)propane[333]

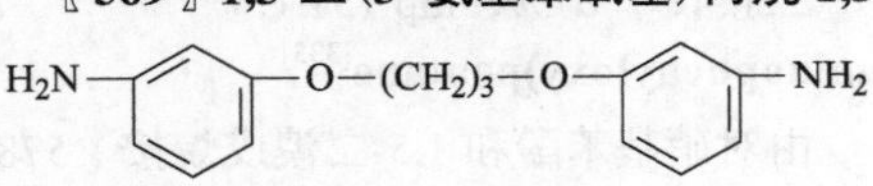

由间硝基苯酚和 1,3-二溴丙烷按〖578〗方法合成。二硝基物收率 41%, mp 123℃; 二胺收率 78%, mp 152℃。

〖570〗2,2-二(4-氨基苯氧基甲撑)丙烷 2,2-Di(4-aminophenoxymethylene)propane[336]

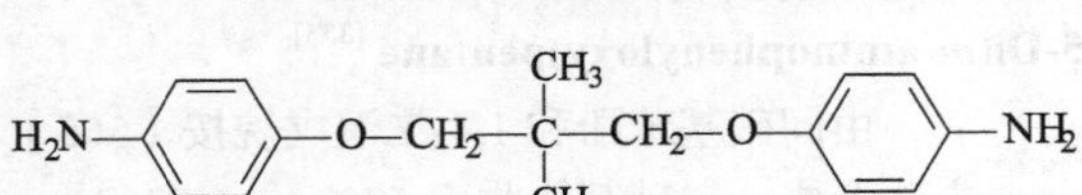

Mp 115~116℃。

〖571〗2,2-二(4-氨基苯氧基甲撑)戊丙烷　2,2-Di(4-aminophenoxymethylene)pentane[336]

$$H_2N-\text{①}-O-CH_2-\overset{\overset{\displaystyle CH_3}{|}}{\underset{\underset{\displaystyle CH_2CH_2CH_3}{|}}{C}}-CH_2O-\text{②}-NH_2 \qquad Mp\ 42\sim43℃。$$

〖572〗2,2-二乙基-1,3-二(4-氨基苯氧基)丙烷

2,2-Diethyl-1,3-(4-aminophenoxy)propane[207]

$$F-\text{①}-NO_2 + HOCH_2\overset{\overset{\displaystyle CH_2CH_3}{|}}{\underset{\underset{\displaystyle CH_2CH_3}{|}}{C}}CH_2OH \xrightarrow[NMP]{K_2CO_3} O_2N-\text{②}-O-CH_2\overset{\overset{\displaystyle CH_2CH_3}{|}}{\underset{\underset{\displaystyle CH_2CH_3}{|}}{C}}CH_2-O-\text{③}-NO_2$$

$$\xrightarrow[Pd/C]{H_2} H_2N-\text{①}-O-CH_2\overset{\overset{\displaystyle CH_2CH_3}{|}}{\underset{\underset{\displaystyle CH_2CH_3}{|}}{C}}CH_2-O-\text{②}-NH_2$$

　　氮气下将 40 g(0.30 mol) 对氟硝基苯，15.86 g(0.1 2mol) 2,2-二乙基-1,3-丙二醇和 16.56 g (0.12 mol)碳酸钾在 250 mL NMP 中加热回流 24 h。冷却后倒入 3 L 水中，滤出固体，用水洗涤后在 1 L 5%乙酸中剧烈搅拌以分解未反应的碳酸钾。过滤，用水洗涤后从乙醇重结晶(活性炭)，得二硝基物 30.0 g(75%), mp 92~93℃。

　　将 15.0 g(0.04 mol)二硝基物和 0.21 g5%Pd/C 在 280 mL 乙醇中在 0.5 MPa 氢压下室温反应 48 h。滤去催化剂，滤液减压浓缩，得到的白色二胺从乙醇重结晶，得 12.0 g(80%), mp 98~100 ℃。

〖573〗1,4-二 (*p*-氨基苯氧基) 丁烷　1,4-Di(*p*-aminophenyloxy)butane[333]

$$H_2N-\text{①}-O-(CH_2)_4-O-\text{②}-NH_2$$

由对硝基苯酚和 1,4-二溴丁烷按〖578〗方法合成。二硝基物收率 69%, mp 146℃；
二胺收率 67%, mp 138℃。

〖574〗1,4-二 (*m*-氨基苯氧基) 丁烷　1,4-Di(*m*-aminophenyloxy)butane[333]

$$H_2N-\text{①}-O-(CH_2)_4-O-\text{②}-NH_2$$

由间硝基苯酚和 1,4-二溴丁烷按〖578〗方法合成。二硝基物收率 38%, mp 136℃；
二胺收率 67%, mp 131℃。

〖575〗1,5-二 (*p*-氨基苯氧基) 戊烷　1,5-Di(*p*-aminophenyloxy)pentane[333]

$$H_2N-\text{①}-O-(CH_2)_5-O-\text{②}-NH_2$$

由对硝基苯酚和 1,5-二溴戊烷按〖578〗方法合成。二硝基物收率 53%, mp 102℃；
二胺收率 94%, mp 79℃。

〖576〗1,5-二 (*m*-氨基苯氧基) 戊烷　1,5-Di(*m*-aminophenyloxy)pentane[333]

$$H_2N-\text{①}-O-(CH_2)_5-O-\text{②}-NH_2$$

由间硝基苯酚和 1,4-二溴戊烷按〖565〗方法合成。二硝基物收率 52%, mp 93℃；
二胺收率 92%, mp 122℃。

〖577〗1,6-二(*p*-氨基苯氧基)己烷　1,6-Di(*p*-aminophenyloxy)hexane[333]

H₂N—⟨苯环⟩—O—(CH₂)₆—O—⟨苯环⟩—NH₂

由对硝基苯酚和 1,6-二溴己烷按〖578〗方法合成。二硝基物收率 73%，mp 108℃；二胺收率 84%，mp 144℃。

〖578〗1,6-二(3-氨基苯氧基)己烷　1,6-Bis(3-aminophenoxy)hexane[333]

O₂N—⟨苯环⟩—OH　$\xrightarrow[\text{2. Br(CH}_2)_6\text{Br}]{\text{1. KOH}}$　O₂N—⟨苯环⟩—O(CH₂)₆O—⟨苯环⟩—NO₂　$\xrightarrow[\text{Pd/C}]{\text{H}_2}$　H₂N—⟨苯环⟩—O(CH₂)₆O—⟨苯环⟩—NH₂

将 31.31 g(0.225 mol)间硝基苯酚和 12.64 g (0.225 mol)KOH 加到 60 mL DMSO 中，再加入 60 mL 甲苯。将混合物加热到 100℃，得到均相溶液。然后在 1 h 内加热到 180℃，保持 15 min，产生的水与甲苯共沸蒸出，最后再将甲苯蒸出。冷却到室温，1 h 内滴加 25.43 g(0.104 mol) 1,6-二溴己烷。加完后将温度升到 60℃，保持 2h，再升到 150℃保持 1 h。冷却到室温，倒入 1 L 水中，滤出沉淀，依次用水洗涤和甲醇洗涤，从 45 mL DMSO 重结晶 2 次(活性炭)，120℃真空干燥 3 h，得黄色针状结晶 22.43 g (60%)，mp 138℃。

在高压釜中加入 20.95 g(55.6 mmol)二硝基物，2.4 g 5% Pd/C 和 50 mL THF，在 70 atm 氢压下 100℃反应 4 h。冷却到室温，滤出催化剂，蒸发至干。将产物从乙醇重结晶，60℃真空干燥，得黄色针状结晶 14.91 g (89%)，mp 97℃。

〖579〗1,8-双(*p*-氨基苯氧基)辛烷　1,8-Di(*p*-aminophenyloxy)octane[333]

H₂N—⟨苯环⟩—O—(CH₂)₈—O—⟨苯环⟩—NH₂

由对硝基苯酚和 1,8-二溴辛烷按〖578〗方法合成。二硝基物收率 59%，mp 122℃；二胺收率 80%，mp 134℃。

〖580〗1,8-双(*m*-氨基苯氧基)辛烷　1,8-Di(*m*-aminophenyloxy)octane[333]

H₂N—⟨苯环⟩—O—(CH₂)₈—O—⟨苯环⟩—NH₂

由间硝基苯酚和 1,8-二溴辛烷按〖578〗方法合成。二硝基物收率 58%，mp 84℃；二胺收率 94%，mp 108℃。

〖581〗1,9-双(*p*-氨基苯氧基)壬烷　1,9-Di(*p*-aminophenyloxy)nonane[333]

H₂N—⟨苯环⟩—O—(CH₂)₉—O—⟨苯环⟩—NH₂

由对硝基苯酚和 1,9-二溴壬烷按〖578〗方法合成。二硝基物收率 64%，mp 94℃；二胺收率 94%，mp 75℃。

〖582〗1,9-双(*m*-氨基苯氧基)壬烷　1,9-Di(*m*-aminophenyloxy)nonane[333]

H₂N—⟨苯环⟩—O—(CH₂)₉—O—⟨苯环⟩—NH₂

由间硝基苯酚和 1,9-二溴壬烷按〖578〗方法合成。二硝基物收率 53%，mp 72℃；二胺收率 82%，mp 112℃。

〖583〗1,10-双(*p*-氨基苯氧基)癸烷　1,10-Di(*p*-aminophenyloxy)decane[333]

H₂N—⟨苯环⟩—O—(CH₂)₁₀—O—⟨苯环⟩—NH₂

由对硝基苯酚和 1,10-二溴癸烷按〖578〗方法合成。二硝基物收率 57%，mp 90℃；二胺收率 83%，mp 121℃。

〖584〗1,10-双(m-氨基苯氧基)癸烷　1,10-Di(m-aminophenyloxy)decane[333]

H_2N——〇——O—(CH_2)_{10}—O——〇——NH_2

由间硝基苯酚和 1,10-二溴癸烷按〖578〗方法合成。二硝基物收率 59%，mp 85℃；二胺收率 94%，mp 105℃。

〖585〗1,12-双(p-氨基苯氧基)十二烷　1,12-Di(p-aminophenyloxy)dodecane[333]

H_2N——〇——O—(CH_2)_{12}—O——〇——NH_2

由对硝基苯酚和 1,12-二溴十二烷按〖578〗方法合成。二硝基物收率 52%，mp 83℃；二胺收率 79%，mp 116℃。

〖586〗1,12-双(m-氨基苯氧基)十二烷　1,12-Di(m-aminophenyloxy)dodecane[333]

H_2N——〇——O—(CH_2)_{12}—O——〇——NH_2

由间硝基苯酚和 1,12-二溴十二烷按〖578〗方法合成。二硝基物收率 62%，mp 86℃；二胺收率 92%，mp 95℃。

〖587〗2,2′-双(p-氨基苯氧基)乙醚　2,2′-Bis(p-aminophenoxy)ethyl ether[337]

H_2N——〇——O(CH_2CH_2O)_2——〇——NH_2

以对氯硝基苯出发，按〖588〗①方法合成。二硝基物收率 72%，mp155~156℃；二胺收率 83%，mp 56~60℃。

〖588〗2,2′-双(m-氨基苯氧基)乙醚　2,2′-Bis(m-aminophenoxy)ethyl ether[207]

①由硝基苯酚出发

O_2N——〇——OH + $\dfrac{KOH}{EtOH}$ O_2N——〇——OK $\xrightarrow{\dfrac{Cl—CH_2CH_2OCH_2CH_2—Cl}{DMF}}$

O_2N——〇——OCH_2CH_2OCH_2CH_2O——〇——NO_2 $\xrightarrow{\dfrac{H_2}{Pd/C}}$ H_2N——〇——OCH_2CH_2OCH_2CH_2O——〇——NH_2

将 10.0 g(0.178 mol)KOH 溶于 100 mL 无水乙醇中，加入 25.0 g(0.1789 mol)间硝基苯酚，加热回流 3 h，减压去除溶剂。氮气下将得到的酚钾和 10.5 mL 2,2′-二氯乙醚在 150 mL DMF 中搅拌回流 20 h，冷却后倒入水中，滤出沉淀，用乙醚洗涤，从乙醇重结晶，得二硝基物 23.0g (76%), mp 126~127℃。

将 15.0 g(0.04 mol)二硝基物，0.21 g 5%Pd/C 在 200 mL 乙醇中在 0.35 MPa 氢压下室温反应 24 h。滤出催化剂，滤液减压浓缩，滤出固体，从乙醇重结晶，得 12.0 g(96%), mp 98~100℃。

②由氨基苯酚出发

H_2N——〇——OH + Cl—CH_2CH_2OCH_2CH_2—Cl $\xrightarrow{\dfrac{NaOH}{DMSO}}$ H_2N——〇——OCH_2CH_2OCH_2CH_2O——〇——NH_2

将 25.0 g (0.23 mol)间氨基苯酚加到 50 mL DMSO 和 50 mL 甲苯中，充氮后加入 9.16 g (0.23mol)50%NaOH 溶液，加热到 110℃除去水分，在 30 min 内缓慢加入 15.73 g(0.11 mol)2,2′-二氯乙醚，将混合物加热到 110~130℃反应 2 h，滤去氯化钠，将滤液冷却，倒入水中，滤出沉淀，从乙醇/水(70/30)(活性炭)重结晶，得到 20 g(80%)白色晶体，mp 98~100℃。

〖589〗1,2-双[(*p*-氨基苯氧基)乙撑氧]乙烷

1,2-Bis[2-(*p*-aminophenoxy)ethylene-oxy]ethane[338]

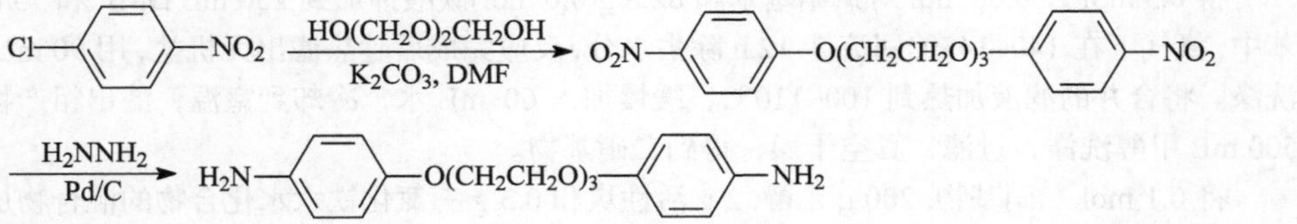

将 13.51 g (0.09 mol)三甘醇，39.39 g(0.25 mol)对氯硝基苯和 19.82 g(0.2 mol)无水碳酸钾在 60 mL 无水 DMF 中加热回流 30 h。冷却后倒入水中。滤出沉淀，从冰乙酸重结晶，得到黄色二硝基物，收率75%，mp 94~97℃。

将 7.846 g(0.02 mol)二硝基物和 0.1 g10%Pd/C 加到乙醇中，80℃下在 45 min 内滴加 30 mL 水合肼。加完后再回流 10 h。滤去催化剂后冷却，过滤，将产物从乙醇重结晶，得到淡黄色晶体，收率78%，mp 93~95℃。

〖590〗双{2-[2-(4-氨基苯氧基)乙氧基]}乙醚

Bis{2-[2-(4-aminophenoxy)ethoxy]}ethyl ether[337]

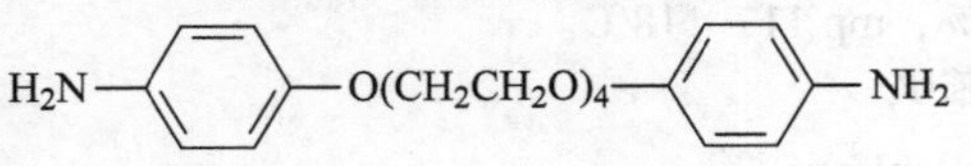

以对氯硝基苯出发，按〖588〗①方法合成。

二硝基物收率 77%，mp 62~64℃；二胺为黏油状物，蒸馏分解。

〖591〗1,2-双{2-[2-(4-氨基苯氧基)乙氧基]乙氧基}乙烷

1,2-Bis{2-[2-(4-aminophenoxy)ethoxy]ethoxy}ethane[339]

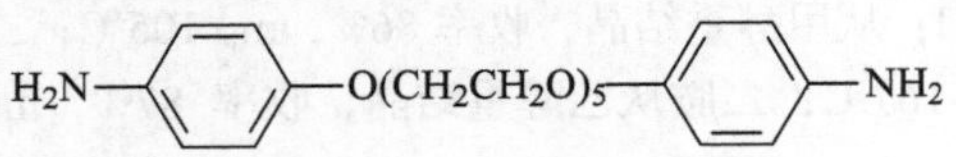

由对氟硝基苯与五甘醇合成，收率94.4%，mp 54~55℃。

〖592〗双(2-{2-[2-(4-氨基苯氧基)乙氧基]乙氧基}乙基)醚

Bis(2-{2-[2-(4-aminophenoxy)ethoxy]ethoxy}ethyl)ether[339]

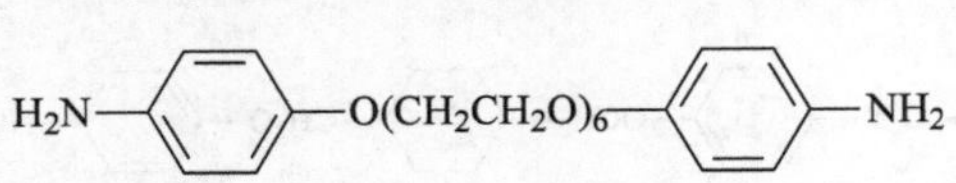

由对氟硝基苯与六甘醇合成，收率98.6%，mp 56~57℃。

〖593〗2,7- 双[2-(4-氨基苯氧基)乙氧基]萘

2,7- Bis[2-(4-aminophenoxy) ethoxy]naphthalene[340]

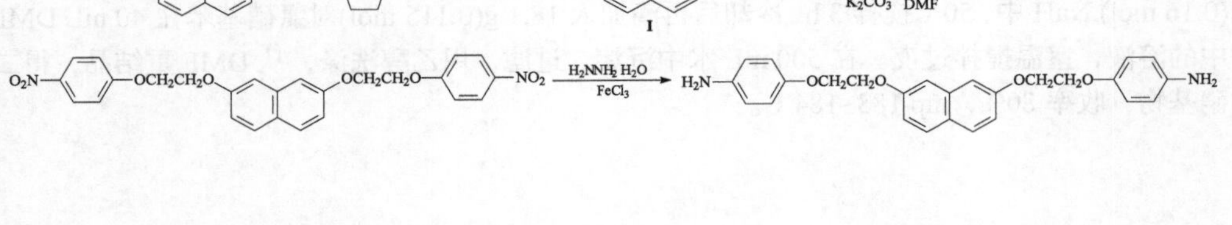

　　将 32 g(0.2 mol) 2,7-二羟基萘，36.96 g(0.42 mol)碳酸乙二醇酯和 0.4 g 碘化钾在氮气下加热到 100℃。熔融后即开始搅拌并放出 CO_2，升温到 160℃维持到不再有 CO_2 放出(~6 h)，冷却后从异丙醇重结晶，得 2,7-二(2-羟乙氧基)萘(I) 38.3 g(77.2%)，mp 142~144℃。

　　将 0.3 mol I, 0.66 mol 对氯硝基苯和 82.8 g(0.6 mol)碳酸钾加到 250 mL DMF 和 75 mL 甲苯中，氮气下在 140~145℃回流 8~12 h 除去水分，反应完成后趁热滤出无机盐，用 90 mL DMF 洗涤。将合并的滤液加热到 100~110℃，缓慢加入 60 mL 水，冷却到室温，滤出粗产物，用 500 mL 甲醇洗涤，过滤，真空干燥，得到二硝基物。

　　将 0.1 mol 二硝基物, 200 g 乙醇, 2 g 活性炭和 0.3 g 三氯化铁六水化合物的混合物加热到 85℃，1 h 内加入 50 mL 85%水合肼，维持温度搅拌 4 h，产物在乙二醇单甲醚或 DMF 中重结晶，产率 95%。

〖594〗2,2-双[4-(3-氨基苯氧基)乙氧基苯基]丙烷

2,2-Bis[4-(3-aminophenoxy) ethoxyphenyl]propane[341]

　　由 2,2-[(4-羟乙氧基)苯基]丙烷和对硝基氯苯合成二硝基物，收率 83%，mp 126~127℃；用钯炭/肼还原为二胺，从乙醇重结晶，收率 86%，mp 117~118℃。

〖595〗4,4′-双[2-(4-氨基苯氧基)乙氧基]二苯砜

2,2-Bis[4-[2-(4-aminophenoxy)ethoxy]phenyl]sulfone[342]

　　由 4,4-二羟基二苯砜按〖593〗方法合成，I：从甲醇重结晶，收率 86%，mp 105℃；二硝基物从冰乙酸重结晶，收率 75%，mp 165~167℃；二胺从乙醇重结晶，收率 87%，mp 169~171℃。

〖596〗1,4-双(4-氨基苯氧基亚甲基)环己烷

1,4-Bis (4-aminophenoxymethylene) cyclohexane[343,344]

　　氮气下将 8.0 g(0.056 mol)1,4-环己烷二甲醇在 130 mL DMF 中的溶液滴加到 6.4 g (0.16 mol) NaH 中，50℃搅拌 3 h，冷却后再滴加入 18.1 g(0.115 mol)对氯硝基苯在 40 mL DMF 中的溶液，室温搅拌过夜。在 500 mL 水中沉淀，过滤，用乙醇洗涤，从 DMF 重结晶，得二硝基物，收率 80%，mp 183~184℃。

将 5.0 g(0.013 mol)二硝基物，1.2 g(0.0044 mol)FeCl₃·6H₂O 和 2 g 活性炭加到 80 mL 无水乙醇中，回流 10 min，冷却到 70℃，缓慢加入 29 mL 85%的水合肼。混合物回流 8 h，趁热过滤，浓缩后滤出二胺，用乙醇洗涤。从乙醇重结晶，mp 150~151℃。

【597】1,4-双 (3-氨基苯氧基亚甲基)环己烷

1,4-Bis (3-aminophenoxymethylene) cyclohexane[278]

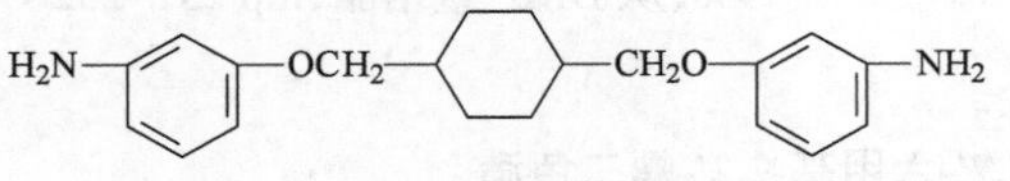

由 1,4-二羟甲基环己烷与间氯硝基苯按【596】方法合成。

【598】4,9-双[4-(4-氨基苯氧基)苯基]二金刚烷

4,9-Bis[4-(4-aminophenoxy)phenyl]diamantane[343]

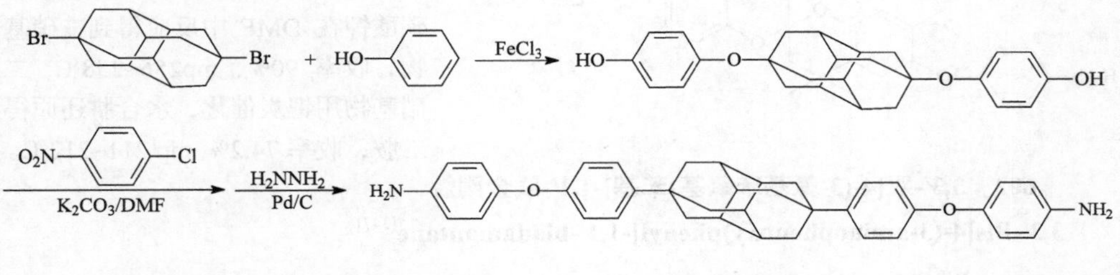

将 3.00 g (8.68 mmol)4,9-二溴二金刚烷(见【298】)，6 g 苯酚及 0.500 g (3.08 mmol)三氯化铁搅拌回流 10 h，过滤，用甲醇洗涤，从 DMF 重结晶，得 4,9-双(4-羟基苯基)二金刚烷 2.51 g (77.7%)，mp 362~364℃。

氮气下，将 1.00 g (2.69 mmol) 双酚，0.938 g(5.95 mmol) 对氯硝基苯和 0.830 g (6.00 mmol) 碳酸钾在 50 mL DMAc 中在 160℃回流 12 h。冷却到室温，倒入水中，滤出沉淀，从 DMAc 中重结晶，得二硝基物 1.23 g (74.5%)，mp 314~316℃。

将 1.00 g (1.63 mmol)二硝基物，10 mL 水合肼和 0.03 g 10%钯炭催化剂在 80 mL 乙醇中回流 16 h，滤出催化剂，粗产物从 DMAc 中重结晶，得白色二胺 0.840 g (93.0%)，mp 314~316℃。

【599】1,6-双[4-(4-氨基苯氧基)苯基]二金刚烷

1,6-Bis[4-(4-aminophenoxy)phenyl]diamantane[344]

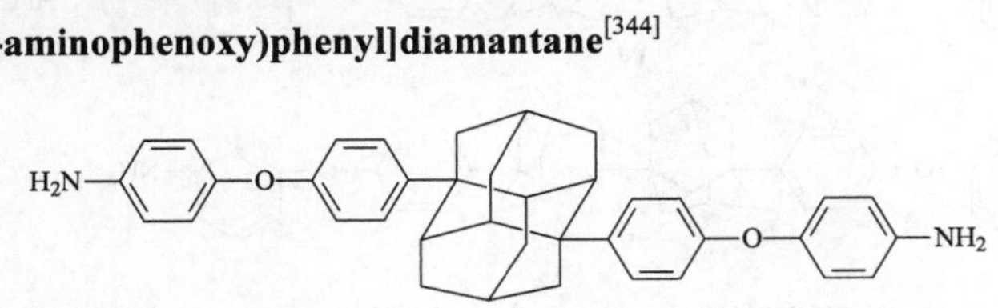

按【598】方法合成。1,6-二溴二金刚烷见【298】。双酚收率 62.2%，mp 358~360℃；二硝基物收率 76.3%，mp 335.5℃；二胺收率 92.2%，mp 302~304℃。

〖600〗7,7′-双(4-氨基苯氧基)-4,4,4′,4′-四甲基-2,2′-螺二色满

7,7′-Bis(4-aminophenoxy)-4,4,4′,4′-tetramethy1-2,2′- spirobichroman[345]

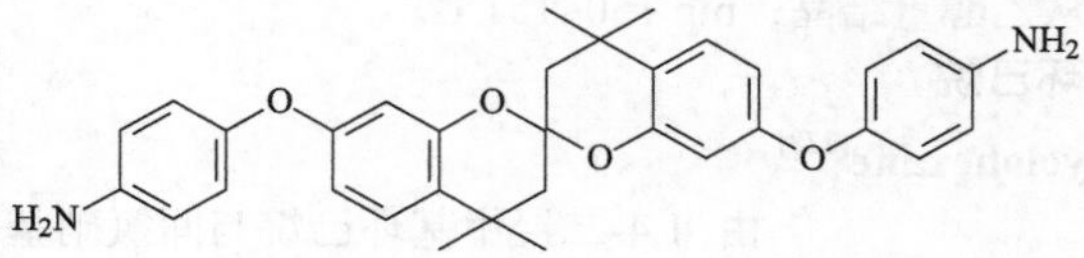

由 7,7′-二羟基-4,4,4′,4′-四甲基-2,2′-螺二色满和对氯硝基苯，碳酸钾在 DMF 中反应得到二硝基物，收率 99%，从 DMF 重结晶，mp 231~232℃；

用 Pd/C-肼还原，收率 84.6%，mp 173~175℃。

〖601〗6,6′-双(4-氨基苯氧基)-4,4,4′,4′,7,7′-六甲基-2,2′-螺二色满

6,6′-Bis(4-aminophenoxy)-4,4,4′,4′,7,7′-hexamethyl-2,2′-spirobichroman[346]

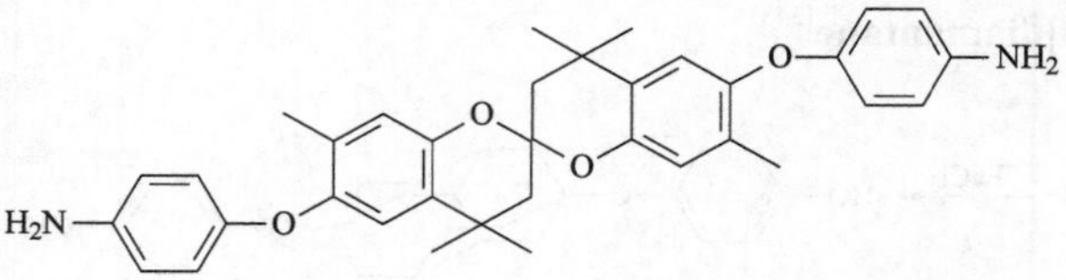

由 6,6′-二羟基- 4,4,4′,4′,7,7′-六甲基-2,2′-螺二色满和对氯硝基苯，碳酸钾在 DMF 中反应得到二硝基物，收率 90%，mp256~258℃；二硝基物用钯炭催化，水合肼还原得二胺，收率 74.2%，mp 211~212℃。

〖602〗3,3′-双[4-(3-氨基苯氧基)苯基]-1,1′-联金刚烷

3,3′-Bis[4-(3-aminophenoxy)phenyl]-1,1′-biadamantane[347]

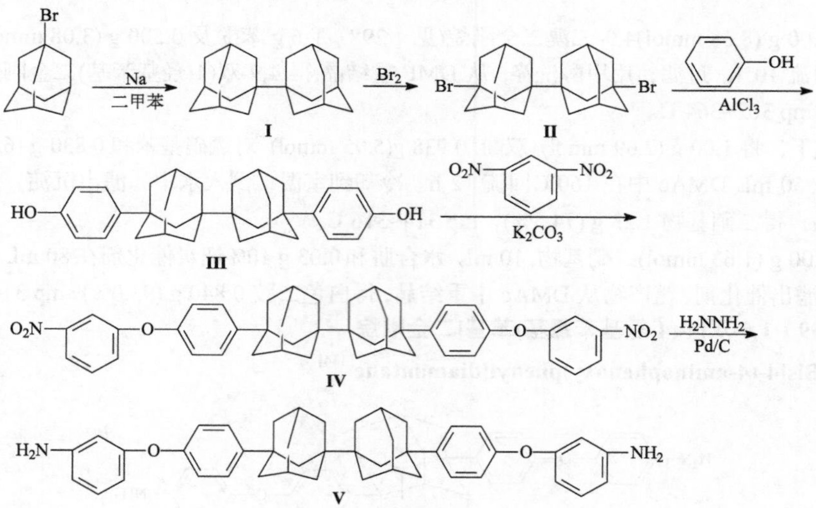

将 25.3 g (117 mmol)1-溴金刚烷在 50 mL 间二甲苯中回流，4 h 内加入 2.72 g(118 mmol)金属钠，加完后回流 12 h，趁热过滤。冷却后滤出联金刚烷，从甲苯中重结晶，得到 1,1′-联金刚烷**(I)**微晶粉末 7.48 g(47%), mp 288~290℃。

将 16.1 mL(313 mmol)溴加入搅拌下的 3.02 g (11.2 mmol)**I** 中，15 min 后不再析出 HBr，反应物在 61℃浴温下反应 2 h，冷却后加入 50 mL 氯仿，并转移到分液漏斗中，分出氯仿层，

用冰水洗涤，加入亚硫酸氢钠以去除未反应的溴，分出氯仿层，水层用 70 mL 氯仿萃取 2 次，合并后在硫酸镁上干燥，产物在二氧六环中重结晶得 3,3′-二溴-1,1′-联金刚烷(II)淡褐色片状产物 3.99 g(83%), mp 237~239℃[348]。

将 2.73 g(6.38 mmol)II, 28.8 g(306 mmol)苯酚和 2.13 g(16.0 mmol)三氯化铝在 80℃搅拌 16 h 后加入 500 mL 热水，洗涤 2 次以去除未反应的苯酚，产物在真空中干燥后从乙酸乙酯重结晶，得到 3,3′-双(4-羟基苯基)- 1,1′-联金刚烷(III)白色片状产物 2.84 g(98%), mp 343~344℃。

将 4.07 g (8.95 mmol)III, 3.29 g(19.6 mmol)间二硝基苯和 2.71 g(19.6 mmol)碳酸钾加入 120 mL DMF 中，氮气下回流 12 h，冷却后倒入水中，滤出沉淀，在 DMAc 中重结晶得二硝基物 IV 5.18 g(83%), mp 240~243℃。

将 5.15 g(7.39 mmol) IV 和 0.103 g10%的 Pd/C 加到 160 mL DMAc/乙醇(3:1)混合物中，回流下滴加 30 mL 水合肼，继续回流 16 h，滤出催化剂，滤液倒入水中，滤出沉淀，从 DMAc 重结晶，得到二胺白色粉末 6 3.28 g(70%), mp 247~249℃。

2.16.2　带二酰肼的二醚二酐

〖 603 〗1,2-双(3-肼基羰基苯氧基) 乙烷

1,2-Bis(3-hydrazinocarbonylphenoxy) ethane[349]

将 13.8 g (0.1 mol)3-羟基苯甲酸和 8.0 g (0.2 mol)NaOH 加到 50 mL 水中加热回流，1 h 内滴加入 9.2 g (0.05 mol)二溴乙烷，保持回流 10 h。再加入 2.0 g (0.05 mol)NaOH，回流 1 h。冷却后溶于水中，过滤，用 10%盐酸酸化得到二酸(I)7.59 g (55%)，mp 289~290℃。

将 3.02 g (0.01 mol)I, 23.8 g (0.2 mol)氯化亚砜及 1 滴吡啶的混合物回流 4 h，减压除去过量的氯化亚砜后从石油醚/苯中重结晶，得到二酰氯(II)2.78 g (92%), mp 100℃。

将 3.39 g (0.01 mol)II 在 100 mL 无水乙醇中回流 2 h，从乙醇重结晶得二乙酯(III) 3.25 g (96%)，mp 79℃。

将 3.58 g (0.01 mol)二乙酯溶于 50 mL 无水乙醇，加入 12.8 g (0.04 mol)水合肼，回流 10 h，得到的固体从乙醇/DMAc 重结晶，得到二酰肼 2.79 g (78%)，mp 210℃。

〖604〗2,2′-双(3-肼基羰基苯氧基) 乙醚

2,2′-Bis(3-hydrazinocarbonylphenoxy)diethyl ether[349]

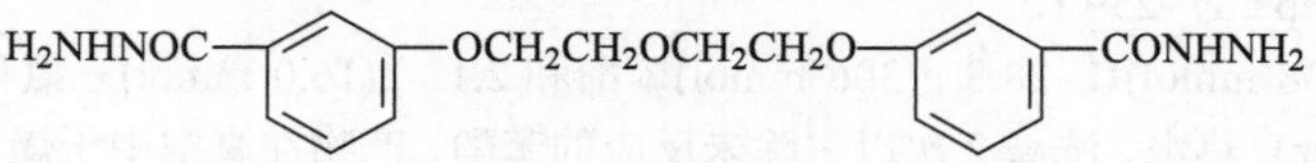

以二氯二乙醚代替二溴乙烷，按〖603〗方法合成。二酸收率 65%，mp 225℃；二酰氯收率 95%，mp 70℃；二乙酯收率 88%，mp 56℃；二酰肼收率 85%，mp 144~145℃。

2.16.3　带圈型结构的二醚二胺

〖605〗4,4-双(*p*–氨基苯氧基甲基)-1-环己烯

4,4-Bis(*p*-aminophenoxymethyl)-1-cyclohexene[350]

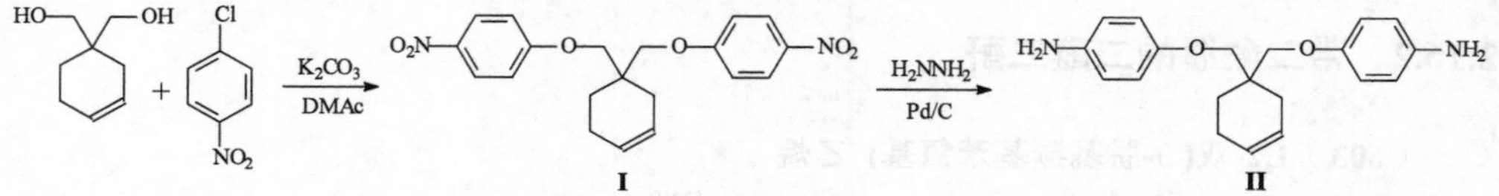

将 5.15 g (35.4 mmol)4,4-二羟甲基-1-环己烯和 12.08 g (75.9 mmol)对氯硝基苯溶于 82 mL DMAc 中，加入 11.30 g (81.3 mmol)无水碳酸钾，加热到 160℃，氮气下搅拌 10 h，冷却到室温,产物在 600 mL 水中沉淀,从冰乙酸中重结晶，得到 **I** 黄色粉末 7.44 g(56%), mp 159~162℃。

将 4.0 g (10.4 mmol)二硝基物和 0.32 g 10%Pd/C 加到 100 mL 无水乙醇中，加热回流，滴加水合肼 20 mL，回流过夜，热滤除去催化剂，冷却，白色针状结晶开始析出，在冰箱中放置一天使结晶完全，滤出，在 40℃真空干燥过夜，得 2.75 g(82%), mp 139~140℃。

〖606〗1,1-双[4-(4-氨基苯氧基)苯基]环己烷

1,1-Bis[4-(4-aminophenoxy)phenyl]cyclohexane[351]

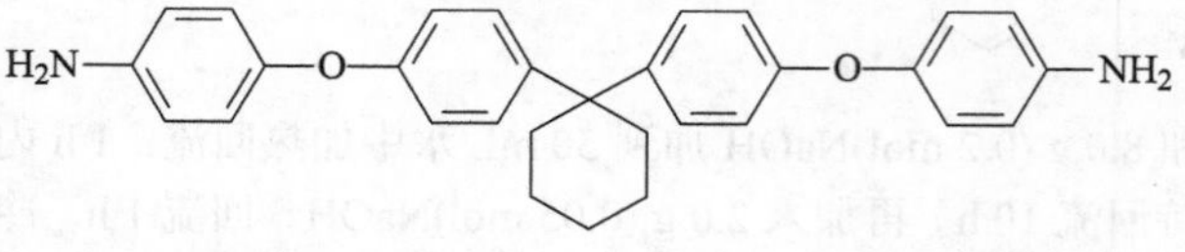

双酚由环己酮和苯酚按『57』方法合成。二硝基物收 94%，mp 127~128℃；二胺收率 99%，mp 156~157℃。

〖607〗1,1-双[4-(4-氨基苯氧基)苯基]-4-特丁基环己烷

1,1-Bis[4-(4-aminophenoxy)phenyl]-4-*tert*-butylcyclohexane[352]

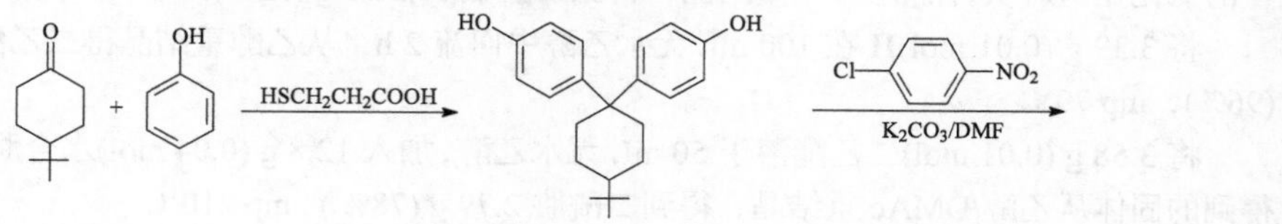

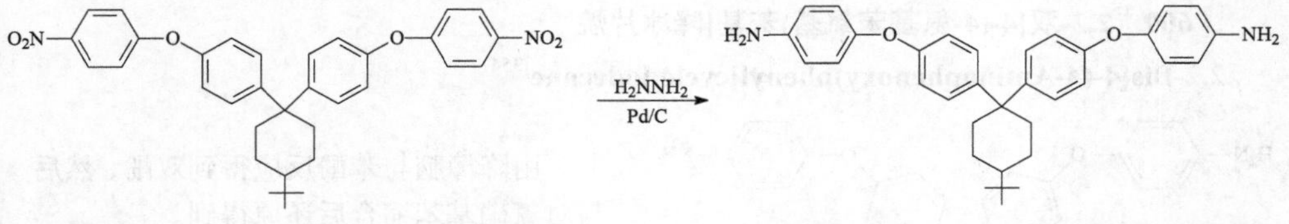

$$H_2NNH_2 \over Pd/C$$

将 10.4 g (0.067 mol) 4-特丁基环己酮, 19 g (0.2 mol) 苯酚和 1 mL 3-巯基丙酸加热到 58℃, 通入无水氯化氢至饱和。在 60℃搅拌 2 h。其间从橙红色的反应物中析出白色固体, 过滤后分散在 1 L 水中, 水蒸气蒸馏, 去除过量的苯酚和 3-巯基丙酸, 留下水悬浮液, 过滤, 从甲苯重结晶 2 次, 1,1-双(4-羟苯基)-4-特丁基环己烷收率 74%, mp 181~182℃。

将双酚与对氯硝基苯在碳酸钾参与下在 DMF 中按常规缩合, 反应后倒入甲醇, 产物从冰乙酸重结晶, 二硝基物收率 94%, mp 190~191℃。

将二硝基物在乙醇中用水合肼在钯炭黑催化下还原, 从乙醇重结晶, 收率 83%, mp 171~172℃。

〖 608 〗 1,1-双[4-(4-氨基苯氧基)苯基]环十二烷

1,1-Bis[4-(4-Aminophenoxy)phenyl]cyclododecane[353]

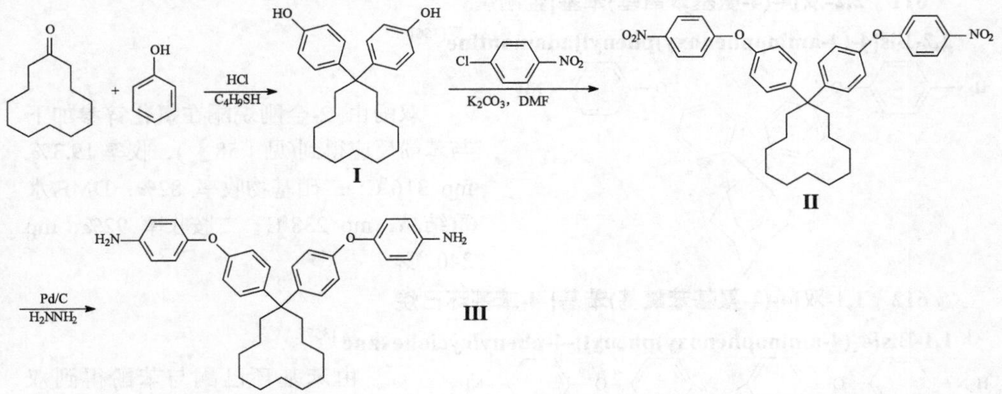

将 4.7 g (26 mmol) 环十二烷酮, 16.4 g (0.17 mol) 苯酚和 0.15 mL 正丁硫醇加热到 58℃成均相溶液, 通入干燥 HCl 至饱和, 在 60℃搅拌数小时, 其间有白色固体从红橙色反应物中析出, 过滤, 用二氯甲烷洗涤, 干燥得到 4,4'-环十二烷双酚(I), 收率 83%, 从甲苯重结晶, mp 207~208℃。

将 3.52 g (0.01 mol)I, 13.8 g (0.022 mol)对硝基氯苯和 3.31g (0.024 mol)碳酸钾在 10 mL DMF 中加热回流 8 h, 冷却后倒入甲醇中, 滤出固体, 粗产物由 DMF 重结晶得黄色针状物, 二硝基物收率 89%, mp 243~245℃。

将 1.19 g (2 mmol)II 及 0.05 g Pd/C 加入到 60 mL 乙醇中, 加热至沸, 滴加入 20 mL 水合肼, 回流 24 h, 有产物沉淀, 滴加乙醇使溶解, 滤出催化剂, 冷却, 过滤, 从邻二氯苯重结晶, 收率 73%, mp 222~224℃。

〖609〗2,2-双[4-(4-氨基苯氧基)苯基]降冰片烷

2,2-Bis[4-(4-Aminophenoxy)phenyl]cyclododecane[354]

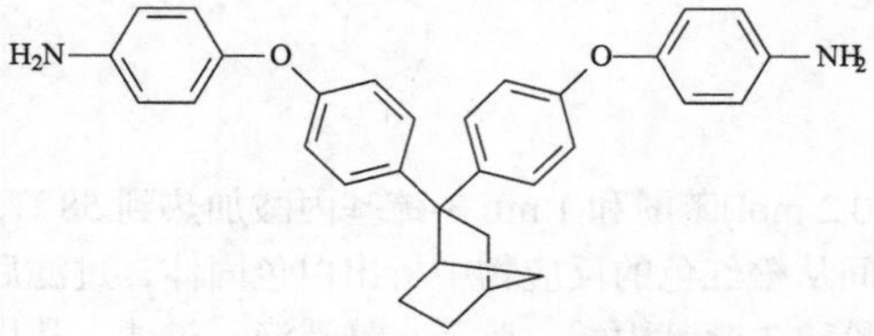

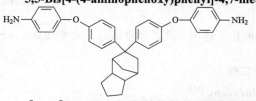

由降樟脑与苯酚反应得到双酚，然后与对氯硝基苯缩合后还原得到。

〖610〗5,5-双[4-(4-氨基苯氧基)苯基]-4,7-甲撑六氢茚

5,5-Bis[4-(4-aminophenoxy)phenyl]-4,7-methano hexahydroindan[355]

由 4,7-甲撑六氢茚-6-酮与苯酚反应得到双酚，再与对氯硝基苯缩合，二硝基物收率 83%；二胺收率 92%，mp 188~190℃。

〖611〗2,2-双[4-(4-氨基苯氧基)苯基]金刚烷

2,2-Bis[4-(4-aminophenoxy)phenyl]adamantine[356]

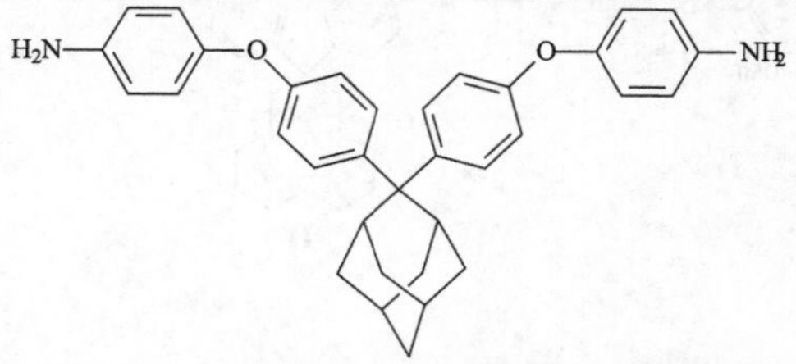

双酚由 2-金刚烷酮在氯化锌参加下与苯酚反应得到(见『58』)，收率 19.3%，mp 316℃；二硝基物收率 82%，DMF/水重结晶，mp 238℃；二胺收率 92%，mp 240 ℃。

〖612〗1,1-双[4-(4-氨基苯氧基)苯基]-4-苯基环己烷

1,1-Bis[4-(4-aminophenoxy)phenyl]-4-phenylcyclohexane[357]

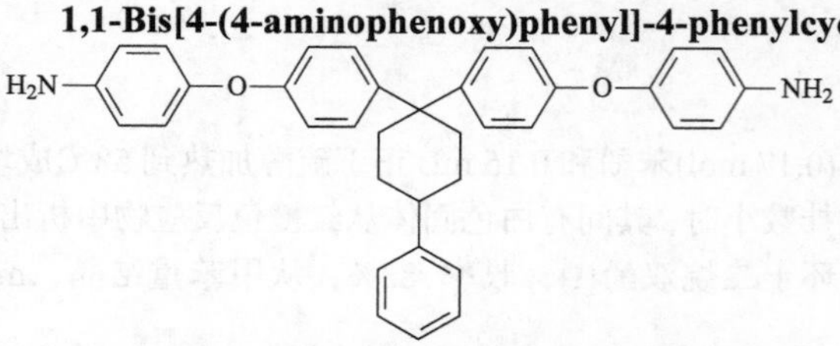

由苯基环己酮与苯酚得到双酚，收率 76%，升华提纯，mp265℃；二硝基物收率 88%，从 DMF 重结晶，mp 218~219℃；二胺收率 85℃，从邻二氯苯重结晶，mp 157~159℃。

〖613〗3,3-双[4-(4-氨基苯氧基)苯基]苯酞

3,3-Bis[4-(4-aminophenoxy)phenyl]phthalide[358]

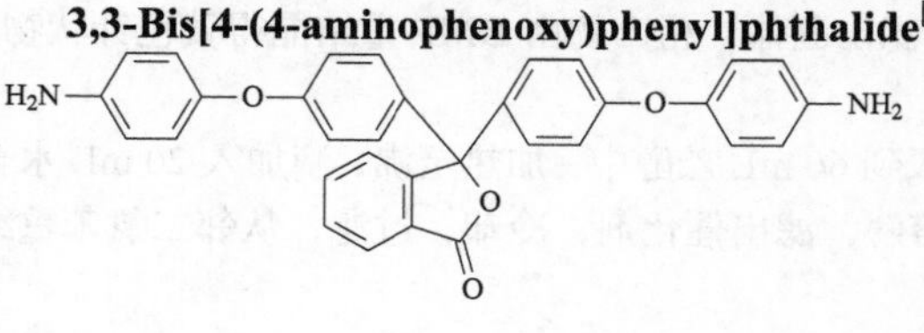

二硝基物由酚酞和对氯硝基苯合成，还原收率 84%，从乙醇/水(9∶1)重结晶，mp 99~100℃。

〖614〗3,3-双[4-(4-氨基苯氧基)苯基]苯酞酰胺

3,3-Bis[4-(4-aminophenoxy)phenyl]phthalimidine[359]

将酚酞与大过量的 NH₄OH 在室温反应 14 天，在甲醇中重结晶，mp 279~280℃；二硝基物的收率 90%，冰乙酸重结晶，mp 241~243℃；由钯炭和肼还原，收率 89%，mp 129~130℃。

〖615〗3,3-双[4-(4-氨基苯氧基)苯基]苯酞酰苯胺

3,3-Bis[4(4-aminophenoxy)phenyl]phthalein-anilide[360]

双酚的合成方法见〖623〗，二硝基物收率，80%；二胺收率72%，从乙醇/水(9∶1)重结晶，mp 248.2~249℃。

〖616〗9,9-双[4-(4-氨基苯氧基)苯基]芴

9,9-Bis[4-(4-aminophenoxy)phenyl]fluorine[361]

双酚见『59』，二硝基物收率85%，从 DMF 重结晶，mp335~336℃；用 Pd/C 和水合肼还原，二胺收率 90%，mp 177~178℃。

〖617〗2,2′-双(4-氨己苯氧基)-9,9′-螺二芴

2,2′-Bis(4-aminophenoxy)-9,9′-spirobifluorene[362]

二硝基物收率 89.3%，mp 191℃；由 H₂-Pd/C 还原为二胺，收率 82.8%，mp 232℃。

〖618〗1,1-双[4-(2-三氟甲基-4-氨基苯氧基)苯基]-4-特丁基环己烷

1,1-Bis[4-(2-trifluoromethyl-4-aminophenoxy)phenyl]-4-*tert*-butylcyclohexane[363]

双酚同〖607〗；与 2-氯 5-硝基三氟甲苯合成二硝基物，收率 70%，从冰乙酸重结晶，mp 144~145℃；二胺收率90%，柱层析(CH₂Cl₂)，mp 73℃。

〖 619 〗5,5-双[4-(2-三氟甲基-4-氨基苯氧基)苯基] -4,7-甲撑六氢茚

5,5-Bis[4-(2-trifluoromethyl-4-aminophenoxy)phenyl]-4,7-methano hexahydroindane[363]

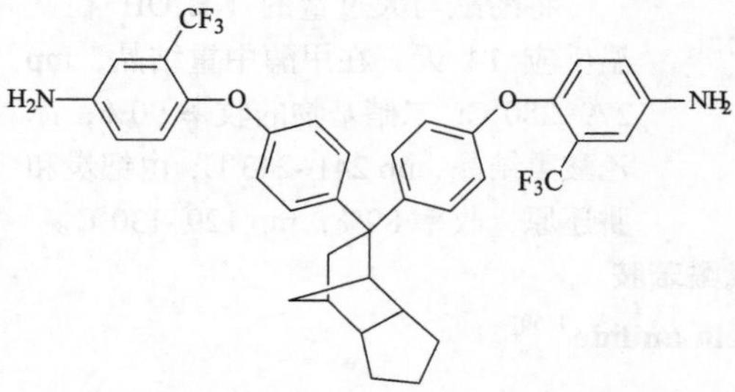

二硝基物收率 75%，从冰乙酸重结晶，mp 181℃；二胺收率 80%，从乙醇重结晶，mp 168℃。

〖 620 〗2,2-双[4-(2-三氟甲基-4-氨基苯氧基)苯基]金刚烷

2,2-Bis[4-(2-trifluoromethyl-4-aminophenoxy)phenyl]-4-adamantane[363]

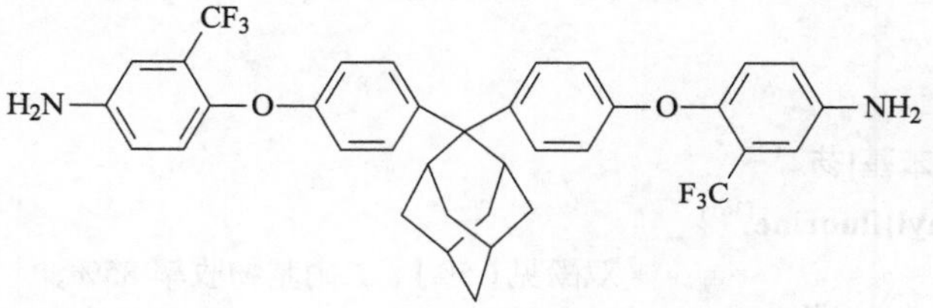

二硝基物收率 70%，从冰乙酸重结晶，mp 269℃；二胺收率 90%，从乙醇重结晶，mp 199℃。

〖 621 〗3,3-双[4-(4-氨基苯氧基)-3-甲基苯基]苯酞

3,3-Bis[4-(4-aminophenoxy)-3-methylphenyl]phthalide[364]

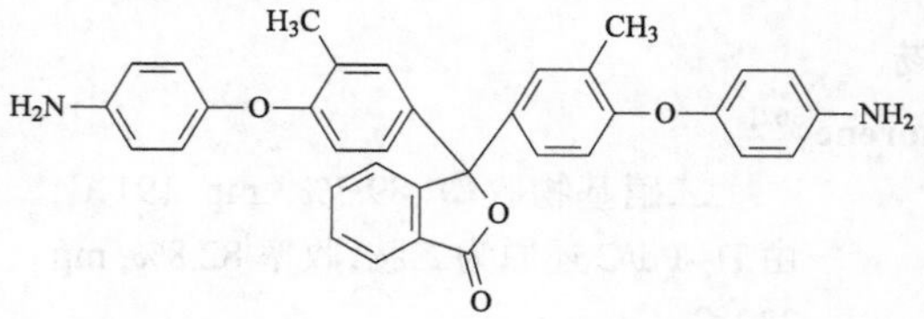

由邻甲酚酞和对氯硝基苯合成二硝基物收率81%，从冰乙酸重结晶，mp 198~199 ℃；二胺收率 87%，mp 105~108℃。

〖 622 〗3,3-双[4-(4-氨基-2-三氟甲基苯氧基)-3-甲基苯基]苯酞

3,3-Bis[4-(4-amino-2-trifluoromethyl phenoxy)-3-methylphenyl]phthalide[365]

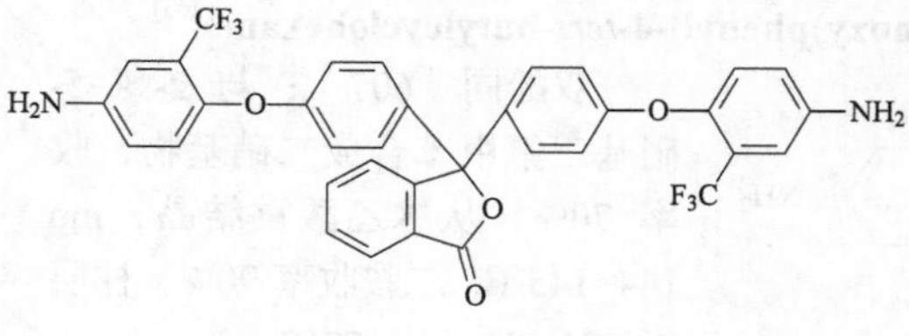

Mp 89~90℃。

〖623〗2,2-双[4-(4-氨基苯氧基)苯基]苯酞酰-3′,5′-二(三氟甲基)苯胺

2,2-Bis[4(4-aminophenoxy)phenyl]phthalein-3′,5′- bis(trifluoromethyl)anilide[360]

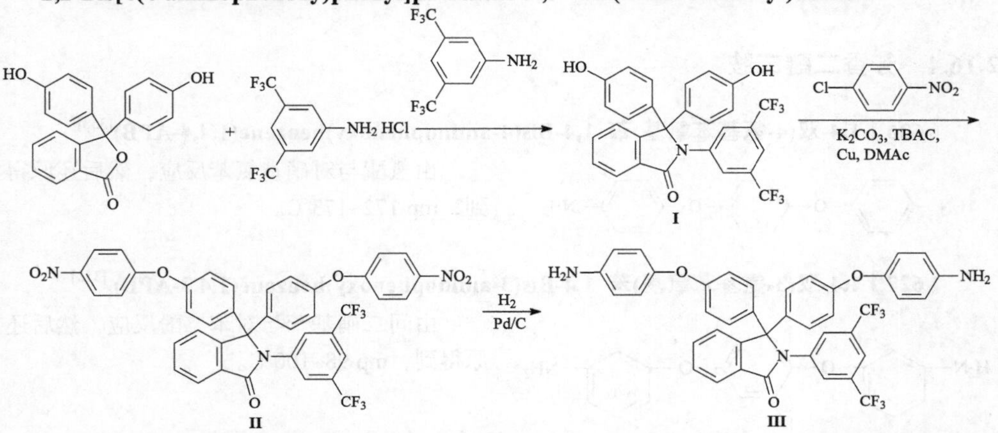

将 40.02 g (174.70 mmol) 3,5-二(三氟甲基)苯胺，10.00 g (31.41 mmol)酚酞和 20.02 g (75.39 mmol) 3,5-双(三氟甲基)苯胺盐酸盐在氮气下加热至 200℃回流 6h 后冷却到 100℃。反应物倒入 75 mL 6 mol/L 盐酸中，搅拌 1 h，得到淡绿色沉淀。过滤，用水洗去未反应的盐酸，在 150℃真空干燥 12 h。将产物溶于 125 mL 10%NaOH 中，滤去固体，得到的滤液冷却到 0~5℃，用 6mol/L 盐酸酸化，得到白色结晶，过滤，用冰水洗涤后在 200℃真空干燥 12 h。产物从甲醇和水的混合物(1∶1)重结晶(活性炭脱色)，得纤维状固体 I，收率 63%，mp 293.0~293.9℃。

将 I 与对氯硝基苯反应得到二硝基物，收率 65%，mp 228.2~229℃；二胺收率 86%，从乙醇/水(9∶1)重结晶，mp 245.2~246.0℃。

〖624〗9,9-双[4-(2-三氟甲基-4-氨基苯氧基)苯基]芴

9,9-Bis[4-(2-trifluoromethyl-4-aminophenoxy)phenyl]fluorene[366]

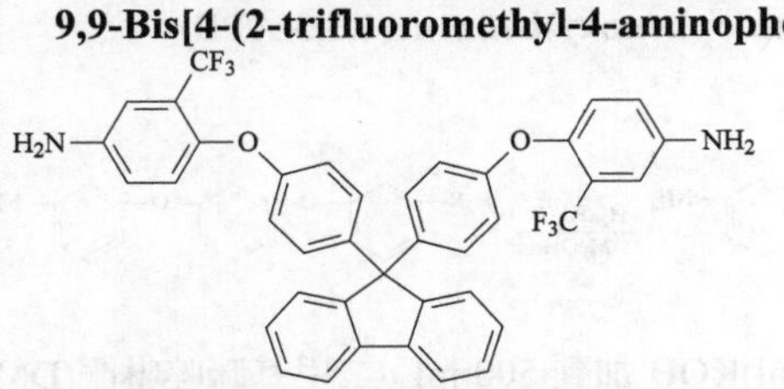

二硝基物收率 95%，mp 221~222℃；二胺收率 91%，mp 239~240℃。

〖625〗3,3-双-[4-{2′-三氟甲基-4′-(4″-氨基苯基)苯氧基} 苯基]-2-苯基-2,3-二氢异吲哚酮

3,3-Bis[4-{2′-trifluoromethyl-4′-(4″-aminophenyl) phenoxy} phenyl]-2-phenyl-2,3-dihydro-isoindole-1-one[367]

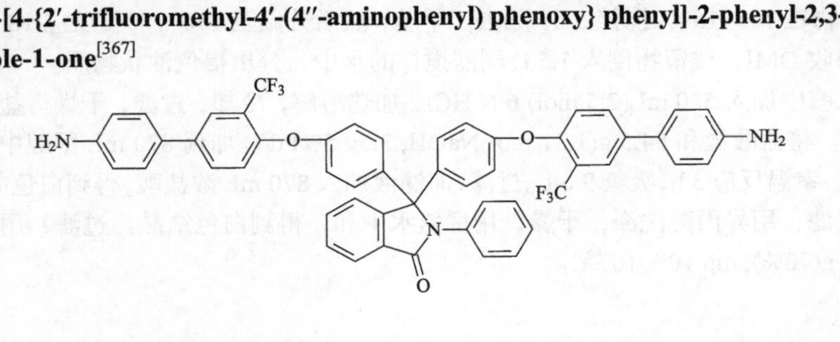

合成方法参考〖623〗。双酚收率76%，mp 297℃；二硝基物收率99%，mp143.3℃；二胺收率91%，mp136℃。

2.16.4　芳香二醚二胺

〖626〗1,4-双(4-氨基苯氧基)苯　1,4-Bis(4-aminophenoxy)benzene(1,4,4-APB)[353]

由氢醌与对硝基氯苯反应，然后还原得到，mp 172~173℃。

〖627〗1,4-双(3-氨基苯氧基)苯　1,4-Bis(3-aminophenoxy)benzene(1,4,3-APB) [353]

由间二硝基苯与对苯二酚反应，然后还原得到，mp 98~100℃。

〖628〗1,4-双(2-氨基苯氧基)苯　1,4-Bis(*o*-aminophenoxy) benzene(1,4,2-APB) [368]

由氢醌与邻氟硝基苯反应得到二硝基物，收率84%，mp 157~158℃；然后用钯炭/肼还原,由乙醇重结晶得到二胺，收率78%，mp 105~106℃。

〖629〗1,3-双(4-氨基苯氧基)苯　1,3-Bis(4-aminophenoxy)benzene(1,3,4-APB) [353]

由间苯二酚与对硝基氯苯反应，然后还原得到,mp 115~117℃。

〖630〗1,3-双(3-氨基苯氧基)苯　1,3-Bis(3-aminophenoxy)benzene(1,3,3-APB) [353]

将120 g (1.1 mol)3-氨基苯酚和75 g (1.15 mol)KOH 加到500 mL 二甲基咪唑啉酮(DMI)和50 mL 二甲苯的混合物中，加热回流除水，在1 h 内加入1,3,5-三氯苯在250 mL DMI 中的溶液，混合物在145~150℃搅拌5 h，除去二甲苯，然后升温至170~180℃反应18 h。在50~70 mmHg 下回收DMI，残留物倒入1.5 L 剧烈搅拌的水中，分出褐色油状物质。

在粗二胺中加入520 mL(2.5 mol) 6 N HCl，加热溶解，冷却，过滤，干燥得盐酸盐 174.4g (0.436 mol)。将盐酸盐和54.5 g(1.31 mol)NaOH，3.5g 5%Pd/C 加到870 mL 甲醇中，剧烈搅拌下通入氢气,室温反应3 h，吸氢9.6 L。过滤，向滤液加入870 mL 浓盐酸，得到白色的1,3,3-APB 盐酸盐。过滤，用异丙醇洗涤，干燥，用稀氨水中和，得到白色结晶。过滤，用水洗涤后干燥，得102 g(70%), mp 105~107℃。

〖631〗1,2-双(4-氨基苯氧基)苯　1,2-Bis(4-aminophenoxy) benzene(1,2,4-APB)[369]

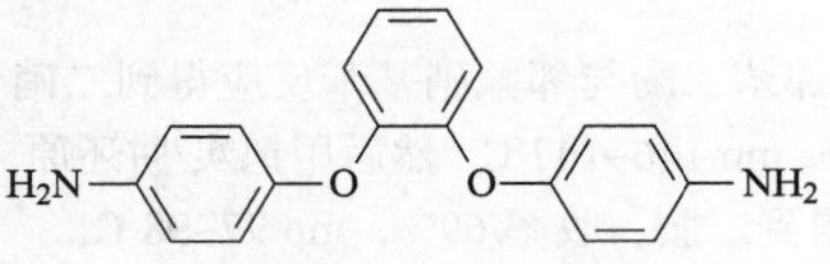

由邻苯二酚与对硝基氯苯反应，然后还原得到, mp 137~138℃。

〖632〗1,2-双(2-氨基苯氧基)苯　1,2-Bis(2-aminophenoxy) benzene(1,2,2-APB)[370]

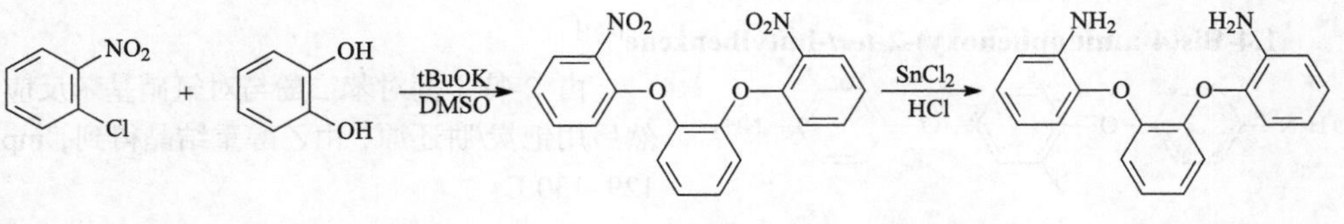

将4.4 g(0.04 mol)邻苯二酚溶于60 mL DMSO中,再加入8.96 g(0.08 mol)特丁醇钾和12.6 g(0.05 mol)邻氯硝基苯，混合物在75℃反应10 h，冷却后加入400 mL氯仿，水洗，硫酸镁干燥后去溶剂，得黑褐色油状物，经柱色谱(氯仿)提纯，首先得到未反应物3.1 g(25%)。其次为二硝基物淡黄色结晶4.4 g(31%), mp 110~112℃。用氯化亚锡还原，收率93%, mp 108~110℃。

〖633〗2-甲基-1,3-双(4-氨基苯氧基)苯　2-Methyl-1,3-bis(4-nitrophenoxy)benzene[371]

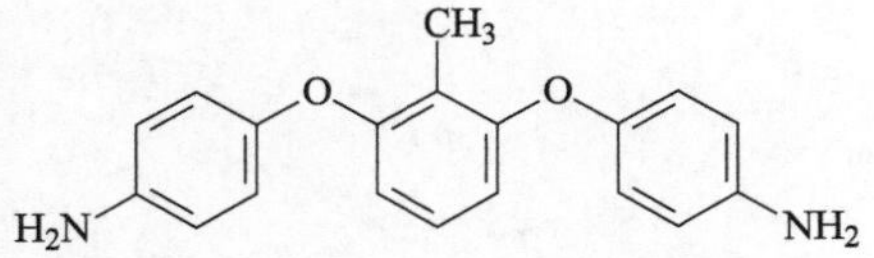

由 2,6-二羟基甲苯与对硝基氯苯得到，二硝基物收率87%, mp 212℃；二胺由钯黑催化水合肼还原得到，收率85%, mp 184℃。

〖634〗2,5-双(2-氨基苯氧基)甲苯　2,5-Bis(o-aminophenoxy) toluene[368]

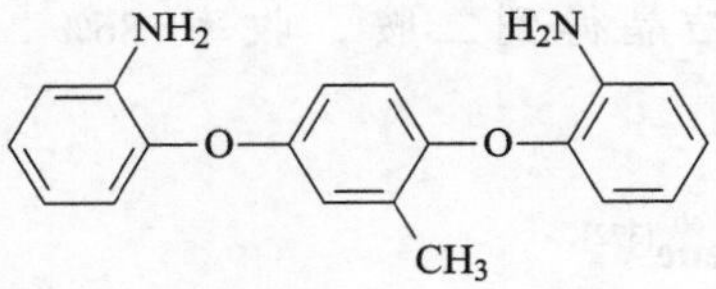

由 2-甲基对苯二酚与邻氟硝基苯反应得到二硝基物，收率74%, mp 124~125℃；然后用肼/钯炭还原，由乙醇重结晶得到二胺，收率 86%, mp 117~118℃。

〖635〗3,4-双(2-氨基苯氧基)甲苯 3,4-Bis(o-aminophenoxy) toluene[368]

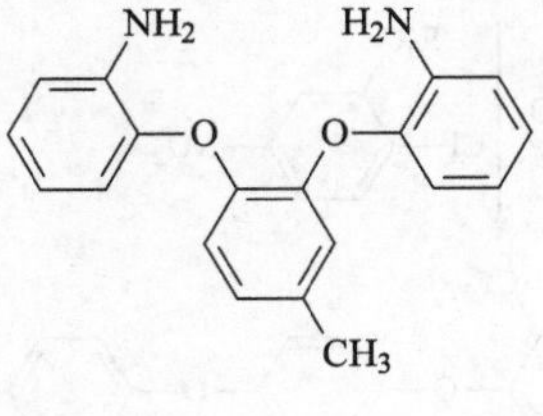

由 4-甲基邻苯二酚与邻氟硝基苯反应得到二硝基物，收率63%, mp 102~104℃；然后用钯炭/肼还原，由乙醇重结晶得到二胺，收率70%, mp 84~85℃。

〖636〗2,3-双(2-氨基苯氧基)甲苯　2,3-Bis(*o*-aminophenoxy) toluen[368]

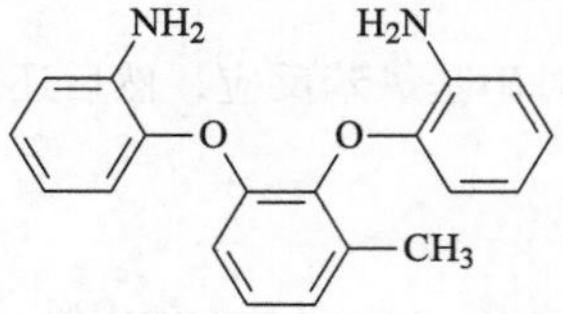

由 3-甲基邻苯二酚与邻氟硝基苯反应得到二硝基物，收率 88%，mp 146~147℃；然后用钯炭/肼还原，由乙醇重结晶得到二胺，收率 69%，mp 97~98℃。

〖637〗1,4-双(4-氨基苯氧基)-2-特丁基苯

1,4-Bis(4-aminophenoxy)-2-*tert*-butylbenzene[361]

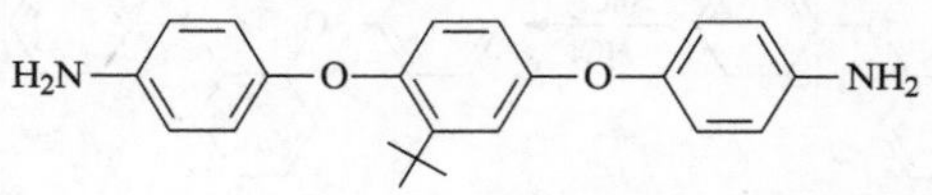

由 2-特丁基对苯二酚与对氟硝基苯反应然后用钯炭/肼还原，由乙醇重结晶得到，mp 129~130℃。

〖638〗1,4-双(2-氨基苯氧基)-2-特丁基苯

1,4-Bis(2-aminophenoxy)-2-*tert*-butylbenzene[368]

由 2-特丁基对苯二酚与邻氟硝基苯反应得到二硝基物，收率 95%，mp 141~142℃；然后用钯炭/肼还原，由乙醇重结晶得到二胺，收率 94%，mp 106~107℃。

〖639〗1,2-双(4-氨基苯氧基)-4-特丁基苯

1,2-Bis(4-aminophenoxy)-4-*tert*-Butylbenzene[369]

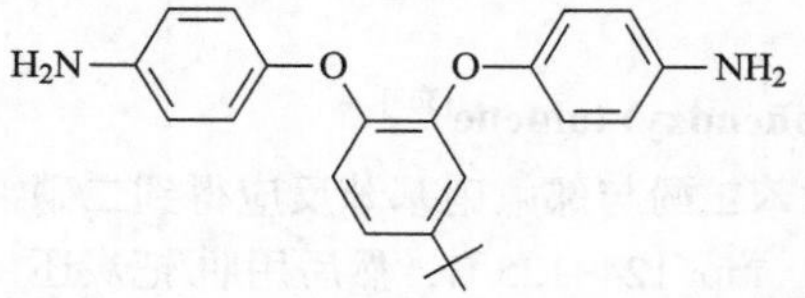

由 4-特丁基邻苯二酚与对氯硝基苯反应得到二硝基物，收率 54%，mp 147~149℃；然后用钯炭/肼还原，由乙醇重结晶得到二胺，收率 86%，mp129~131℃。

〖640〗1,4-(2′-三氟甲基-4′,4″-二氨基二苯氧基)苯

1,4-(2′-Trifluoromethyl-4′,4″-diaminodiphenoxy)benzene[372]

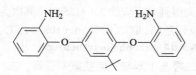

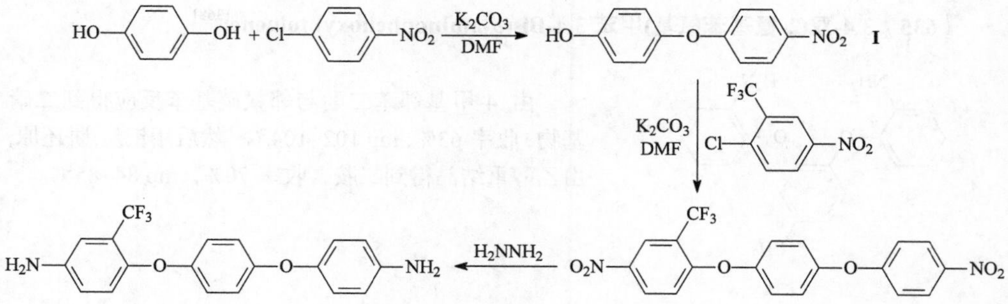

将 12.0 g(0.109 mol)氢醌，12.045 g(0.0765 mol)对氯硝基苯和 15 g(0.109 mol)碳酸钠在 120 mL DMF 中室温搅拌 5 h，然后在 100℃反应 10 h。将反应物倒入冷的稀盐酸中，滤出粗产物，用水洗涤，真空干燥。将所得产物用硅胶柱层析(石油醚/乙酸乙酯，10/1)纯化，在乙醇中重结晶得 4-(4-硝基苯氧基)苯酚(I)9.37 g(53%)，mp 170~173℃。

将 13.87 g (0.06 mol)I，13.51 g(0.06 mol) 2-氯-5-硝基三氟化苯和 8.30 g 碳酸钾在 150 mL DMF 中在 100~110℃反应 6 h，冷却到室温，倒入冰水中。滤出沉淀，用水洗涤，空气干燥，粗产物在乙醇中重结晶得二硝基物(II)黄色产物 23.5 g(93.2%)，mp 188~189℃。

将 4.75 g(0.011 mol)二硝基物和 0.2 g 5% Pd/C 悬浮在 100 mL 乙醇中，加热回流，30 min 内滴加入 10 mL 80%水合肼，回流 4 h，过滤，滤液浓缩后倒入 200 mL 水中，用乙醚萃取出淡黄色产物，粗产物用硅胶柱层析(石油醚/乙酸乙酯，5/1)提纯，得二胺 3.52 g(86.4%)。

〖 641 〗4-(1-金刚烷基)-1,3-双(4-氨基苯氧基)苯

4-(1-Adamantyl)-1,3-bis(4-aminophenoxy)benzene [373]

将 100 g(0.46 mol)溴代金刚烷和 55.1 g(0.50 mol)间苯二酚加入 500 mL 苯中，混合物加热回流 72 h，通以稳定的氮气流，带走产生的溴化氢，冷却到室温，产物 I 由溶液结晶出来，将 I 的甲醇溶液在水中沉淀，滤出 I，再用水洗涤，以除去残留的间苯二酚。粗产物真空干燥后从甲苯重结晶，最后升华提纯，4-(1-金刚烷基)间苯二酚(I)收率 77%，mp 249~250℃[374]。

将 3.20 g(13 mmol) I，4.53 g(28.8 mmol)对氯硝基苯和 4.3 g(31.2 mmol)碳酸钾在 DMF 中回流 8 h，冷却后倒入甲醇/水(1/1)中，粗产物从乙酸重结晶，得橙色针状晶体，二硝基物(II)收率 90%，mp 184~186℃。

将 10 mL 水合肼在回流温度下滴加到的 6.0 g (12.3 mmol)II 在 25 mL 含有 0.05 g 10%Pd/C 的乙醇中，加完后继续回流 24 h，有二胺沉淀析出。将反应物倒入乙醇中使二胺溶解，滤出催化剂，冷却后滤出结晶，从邻二氯苯重结晶，产率 79%，mp 176~178℃。

〖642〗3,5-双(4-氨基苯氧基)-1-羟甲基苯

3,5-Bis(4-aminophenoxy)-1-hydroxymethylbenzene[375]

将 23.0 g(137 mmol) 3,5-二羟基苯甲酸甲酯, 65 g (0.471 mol)K$_2$CO$_3$ 和 32 mL(260 mmol) 4-氟硝基苯加到 200 mL DMF 中，混合物加热到 60℃搅拌 48 h。用 500 mL 二氯甲烷稀释后用 5×300 mL 水洗涤，有机层用 100 mL 饱和 NaCl 洗涤后在硫酸镁上干燥，减压除去溶剂，粗产物在 100 mL 热乙醇中研磨得到二硝基物(I)淡黄色粉末 43.6 g(78%), mp 176~179℃。

将 10.0 g(24.4 mmol) I 和 800 mg 氧化铂在 150 mL THF 中氢气下搅拌反应 6~10 h。在反应结束时可以看到氧化铂聚集在瓶底，说明反应已经完全，滤出催化剂，减压除去 THF，得到纯的 3,5-双(4-氨基苯氧基)苯甲酸甲酯(II)白色粉末 8.40 g(98%), mp 159~161℃。

将 8.40 g(24.0 mmol) II 在 200 mL THF 中的溶液滴加到 200 mLTHF 和 LAH (4.10 g, 108 mmol)的悬浮液中，在加料的过程中保持缓和回流，控制氢气的逸出，加完后再在氮气下回流 18 h。反应依次用 4.1 mL 水, 4.1 mL 15% NaOH 和 12.3 mL 水小心中止反应。在硫酸镁上干燥，过滤，减压除去 THF 得到油状 3,5-双(4-氨基苯氧基)-1-羟甲基苯(III)，静置结晶，得 6.58 g (85%), mp 97~99℃。

〖643〗3,4-双(4-氨基苯氧基)-1-羟甲基苯

3,4-Bis(4-aminophenoxy)-1-hydroxymethylbenzene[375]

用 3,4-二羟基苯甲酸甲酯和对氟硝基苯按〖642〗方法得到。

I：淡黄色玻璃状物，产率 70%。

II：产率 84%。

III：产率 80%，为油状物。

〖644〗2,5-双(4-氨基苯氧基)联苯 **4,4′-(1,4-Phenylenedioxy-2-phenyl) dianiline**[376]

由苯基氢醌与对氟硝基苯反应得到二硝基物，收率 80%, mp 160℃；再用钯炭/肼还原，得到橙色油状物，经硅胶(苯)层析后再从甲苯/乙醚(10：1)重结晶，得淡黄色晶体，收率 55%, mp 88℃。

〖645〗2,5-双(4-氨基苯氧基)-3′-三氟甲基联苯

1,4-Bis(4-aminophenoxy)-2-(3′-trifluoromethylphenyl)benzene[377]

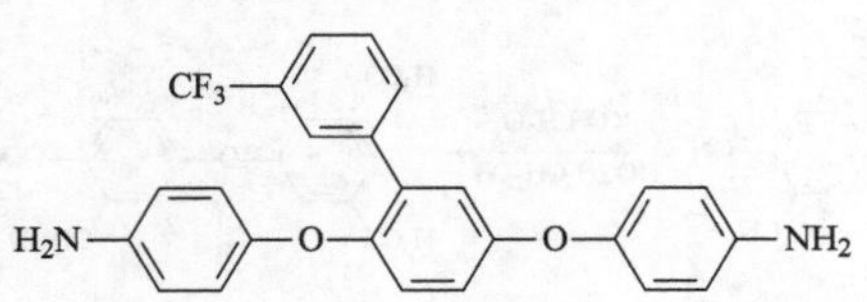

由(3-三氟甲基)苯基氢醌与对氯硝基苯反应得到二硝基物，收率 98.8%，mp 142℃；用铁粉/HCl 还原，二胺收率 80%，mp 84℃。

〖646〗2,5-双(4-氨基苯氧基)-3′,5′-二(三氟甲基)联苯

1,4-Bis(4-aminophenoxy)-2-[3′,5′-di(trifluoromethyl)phenyl]benzene[8]

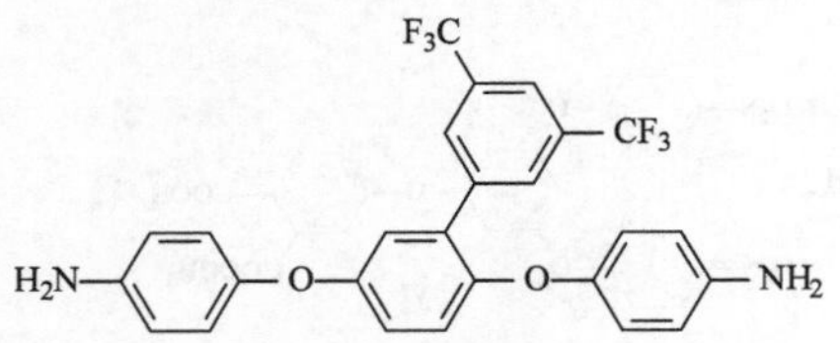

二硝基物的收率 80%，mp162℃；用 PtO$_2$/H$_2$ 还原，柱层析(乙酸乙酯/己烷，1∶1)，收率 80%。

〖647〗2,6-双(4-氨基苯氧基)苄腈　**2,6-Di(4-aminophenoxy)benzonitrile**[378,379]

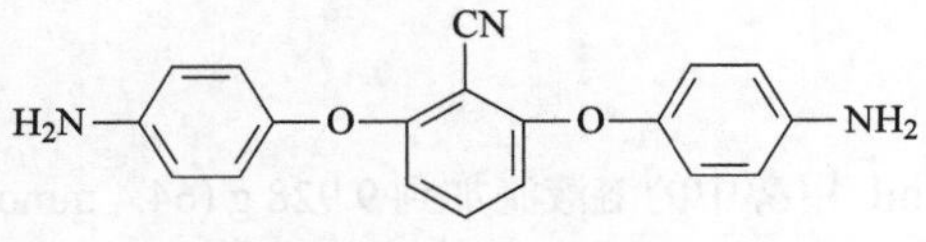

由 2,6-二氯苄腈与对氨基苯酚在 DMAc 中反应得到，收率 70%，从乙二醇单甲醚重结晶，mp 210~212℃。也可以由 2,6-二硝基苄腈与对氨基苯酚在 DMSO 中反应得到。

〖648〗2,6-双(3-氨基苯氧基)苄腈　**2,6-Di(3-aminophenoxy)benzonitrile**[379,380]

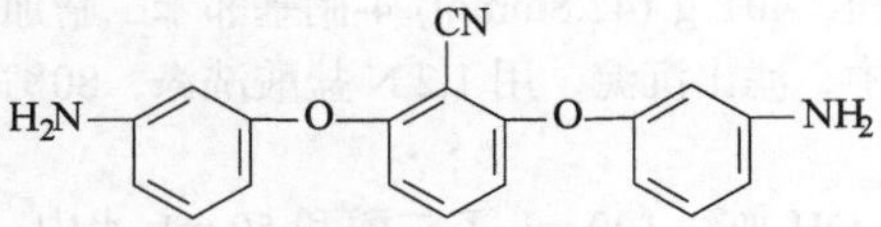

由 2,6-二硝基苯腈与间氨基苯酚在 DMSO 中反应得到，从乙醇/水中重结晶，mp 88~90℃。

〖649〗2,4-双(4-氨基苯氧基)苄腈　**2,4-Di(4-aminophenoxy)benzonitrile**[379,381]

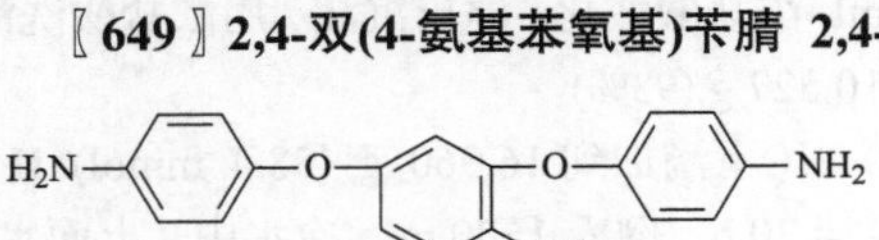

由 2,4-二硝基苯腈与对氨基苯酚在 DMSO 中反应得到，收率 91.5%，mp 193~195℃。

〖650〗2,4-双(3-氨基苯氧基)苄腈　**2,4-Di(3-aminophenoxy)benzonitril**[382]

由 2,4-二氯苯腈与间硝基苯酚在 DMAc 中反应得到。

说明：由这些含氰基的二胺在 KOH 的甲醇/水溶液中水解，可得到相应的含羧基的二胺。如果直接用二硝基苯甲酸与氨基苯酚反应，则得不到目的产物[379]。

〖651〗3,5-双(4-氨基苯基)-3′,4′-二苯醚二酸单甲酯

[3,5-Bis(4-aminophenyl)-3′,4′-dicarboxy]diphenyl ether monoester[383]

在 0~3℃将 3.479 g (64.4 mmol) 甲醇钠在 40 mL 甲醇中的溶液滴加到 9.928 g (64.4 mmol) 3,5-二甲氧基苯酚在 40 mL 甲醇的溶液中，搅拌 20 min 后，升温到室温搅拌 1 h。除去甲醇，在 80℃真空干燥，得二甲氧基苯酚钠 11.287 g(99%)。

氮气下将 7.531 g (42.8 mmol) 二甲氧基苯酚钠和 7.401 g (42.8mmol) 4-硝基邻苯二腈加到 160 mL DMSO 中，室温搅拌 1 h 后倒入 5 N 盐酸中，滤出沉淀，用 1.2 N 盐酸洗涤，80℃真空干燥后得到 **I** 10.870 g (91%)。

将 10.00 g (35.7 mmol) **I** 和 15 g (267.3 mmol) KOH 加到 100 mL 乙二醇和 50 mL 水中。回流 3 h 后冷却到室温。倒入 400 mL 冰水中，用 40 mL 浓盐酸酸化，滤出沉淀，用浓盐酸洗涤，室温干燥，得 3,5-二甲氧基苯氧基邻苯二甲酸**(II)** 10.527 g (93%)。

冰浴冷却下将 75 g (299 mmol) 三溴化硼在 0~3℃下滴加到 16.960 g (58.4 mmol) **II** 在 330 mL 二氯甲烷的溶液中。搅拌 1 h，再在室温搅拌 20 h，倒入 1500 mL 冷水中。上面水层用 2000 mL 乙醚萃取，萃取液用 1800 mL 0.6 N 盐酸洗涤。将 800 mL 乙醚加到下面有机层中，用 2000 mL 0.6 N 盐酸洗涤。合并有机相，用硫酸镁干燥后除去乙醚，室温真空干燥过夜，得到 12.780 g 淡黄色胶状产物 **III**。

将 40.690 g (267.9 mmol) 氟化铯，12.780 g **III** 和 10.10 mL (95.9 mmol) 4-氟硝基苯在氮气下加到 190 mL DMSO 中，在 115℃反应 24 h 后倒入 2000 mL 水中。滤出沉淀，用水洗涤，室温真空干燥，得到 25.02 g 产物 **IV**。

将 25.02 g**IV** 在 20 mL 乙酐和 260 mL 冰乙酸中回流 2 h，滤出橙色粉末，用乙酐和乙酸洗涤，在 130℃真空干燥后得到 **V**16.132 g，以 **II** 为基础，收率 58.9%。

将 10.042 g (19.5 mL) V 和 1.7 g (30.3 mmol)KOH 加到 100 mL 甲醇中，室温搅拌 4 h，过滤，滤液倒入 1500 mL 0.6 N 盐酸中，滤出沉淀，用 0.6 N 盐酸洗涤，室温真空干燥，得单甲酯 VI 9.770 g(92%)。对、间甲酯的比例为 1∶3.8。

将 7.468 g (5.5 mmol) VI 和 0.741 g 10% 钯黑加到 70 mL 干燥甲醇中，在 8 atm 氢气压下搅拌 48 h。过滤，去除甲醇，得到淡褐色粉末，在 45℃真空干燥，得到二胺 6.460 g(97%)。

〖652〗2,7-双(4-氨基苯氧基)萘　2,7-Bis(4-aminophenoxy)naphthalene[384]

二硝基物收率 93%，mp167~168℃；用钯炭/肼还原为二胺，收率 95%，mp 166~167℃。

〖653〗2,6-双(4-氨基苯氧基)萘　2,6-Bis(4-aminophenoxy)naphthalene[385]

由 2,6-二羟基萘与对氟硝基苯合成。

〖654〗1,5-双(4-氨基苯氧基)萘　1,5-Bis(4-aminophenoxy)naphthalene[386]

由 1,5-二羟基萘与对氯硝基苯合成。Mp 170~171℃。

〖655〗2,3-双(4-氨基苯氧基)萘　2,3-Bis(4-aminophenoxy)naphthalene[387]

由 2,3-萘二酚与对氯硝基苯得到，二硝基物的收率 82%，mp199~200℃；用钯炭/肼还原，二胺收率 84%，mp 176~177℃。

〖656〗1,4-双(4-氨基-2-三氟甲基苯氧基)苯

1,4-Bis(4-amino-2-trifluoromethylphenoxy)benzene[388,389]

由邻氯三氟甲苯硝化，得 4-氯-3-三氟甲基硝基苯 bp 103~104℃/ 5~10 mmHg，收率 84%；再与氢醌反应，二硝基物收率 86%，mp 216.7℃；用铁粉/盐酸还原，二胺收率 80%，mp 132~133℃。

〖657〗1,4-双(3-氨基-5-三氟甲基苯氧基)苯

1,4-Bis(3-amino-5-trifluoromethylphenoxy)benzene[390]

由氢醌与 3-硝基-5-三氟甲基苯酚得到二硝基物，从乙醇重结晶，收率 13%，mp 158.5~160℃；然后在氧化铂存在下加氢得到二胺，收率 65%，从甲苯/己烷重结晶，mp 152.5~154.5℃。

〖658〗1,2-双(4-氨基-2-三氟甲基苯氧基)苯

1,2-Bis(4-amino-2-trifluoromethylphenoxy)benzene[366,391]

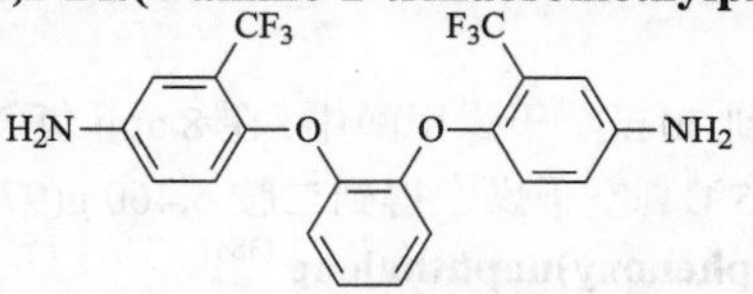

由 4-氯-3-三氟甲基硝基苯与邻苯二酚合成，mp 116~117℃。

〖659〗1,4-双(3-氨基-5-苯氧基)苯　1,4-Bis(3-amino-5-phenoxy)benzene[67]

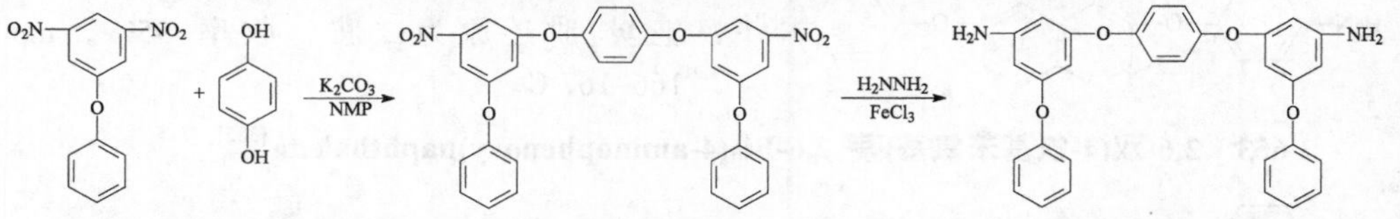

将 6.6 g (0.06 mol)氢醌和 16.56 g (0.12mol) K_2CO_3 在 100 mL NMP 中加热到 150℃，加入 31.2 g (0.12 mol)1-苯氧基-3,5-二硝基苯在 50 mL NMP 中的溶液。在 150℃搅拌 7 h，冷却到室温，倒入 750 mL 水中，滤出沉淀，用水、甲醇洗涤，干燥后从甲苯/庚烷(1∶1)重结晶，得二硝基物 3 1.33 g (98%)，mp 149~150℃。

将 18g (0.034 mol)双(3-硝基-5-苯氧基)二苯醚，8.4 g 活性炭，0.34 g $FeCl_3$ ·$6H_2O$ 和 16 mL 水合肼在 300 mL 甲醇中回流 14 h。过滤，滤液蒸发后冷却，滤出沉淀，从甲醇重结晶得二胺 10.82 g (68%)，mp 141~142℃。

〖660〗1,4-双(4-氨基苯氧基)2,5-二特丁基苯

1,4-Bis(4-aminophenoxy)2,5-di-*tert*-butylbenzene[392]

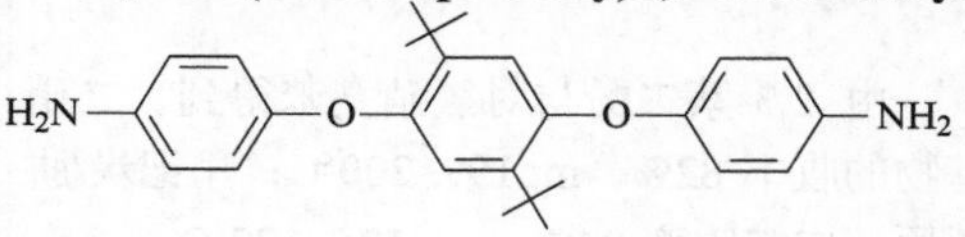

由 2,5-二特丁基氢醌与对氯硝基苯在 DMF 中反应得到二硝基物，收率 84%，从 DMF 重结晶，mp 274℃；二硝基物用肼/钯炭还原，二胺收率 85%，从乙醇重结晶，mp 242℃。

〖661〗1,4-双(4-氨基苯氧基)2,6-二特丁基苯

1,4-Bis(4-aminophenoxy)2,5-di-*tert*-butylbenzene[393]

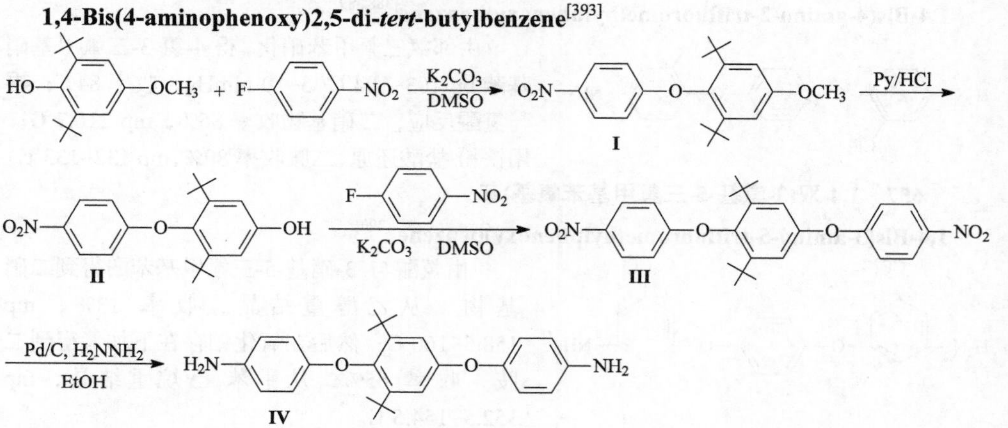

将 10.0 g (42.3 mmol) 2,6-二特丁基-4-甲氧基苯酚, 6.10 g (44.2 mmol)碳酸钾及 6.20 g (43.9 mmol)对氟硝基苯在 54.0 mL 干燥 DMSO 中 110℃反应 22 h, 冷却到室温后, 倒入水中。滤出黄色沉淀, 水洗后干燥, 从戊醇重结晶, 得 3,5-二特丁基-4-(4-硝基苯氧基)苯甲醚(I)11.2g (74.2%), mp 88~90℃。

将 6.00 g (16.8 mmol) I 和 48.0 g 吡啶盐酸盐在 160℃加热 20 h 后倒入水中。滤出沉淀从甲醇重结晶, 得 3,5-二特丁基- 4-(4-硝基苯氧基)苯酚(II)灰色结晶 3.74 g (64.9%), mp 193~195℃。

将 3.50 g (10.2 mmol) II, 2.10 g (14.8 mmol)对氟硝基苯, 2.10 g (15.2 mmol) 碳酸钾在 18 mL DMF 中回流 14 h。将反应戊倒入水中, 过滤, 从戊醇重结晶, 得 1,4-双(4-硝基苯氧基)-2,6-二特丁基苯(III)4.02 g (84.9%), mp 133~135℃。

将 7.00 g (15.1 mmol)III,0.14 g 10%钯炭黑和 35.0 mL 水合肼在 50 mL 乙醇中回流 2 天, 滤出催化剂后倒入水中, 过滤, 粗产物从戊醇重结晶, 得二胺白色结晶 4.45 g (72.9%), mp 158~160℃。

〖662〗1,4-双(2-氰基-4-氨基苯氧基)苯　1,4-Bis(2-cyano-4-aminophenoxy)benzene[394]

将 10.00 g (0.0908 mol)氢醌和 41.45 g (0.2270 mol) 2-氯-5-硝基苄腈加到 75 mL DMSO 中。混合物加热到 110℃, 分批加入 50.21 g (0.3633 mol)碳酸钾, 加完后在 110℃搅拌 1 h。冷却后倒入 500 mL 冰水中, 滤出沉淀, 用水洗涤, 干燥后在 140℃真空升华, 去除未反应的 2-氯-5-硝基苄腈。得到二硝基物白色固体 25.97 g (71%), mp 302~304℃。

将 15.00 g (0.03728 mol)二硝基物和 0.50 g 10% Pd/C 加到 75 mL DMF 中, 在 0.25 MPa 氢气压下搅拌 7 h, 滤出催化剂, 将滤液倒入 300 mL 水中, 滤出白色沉淀, 在丙酮中脱色, 去除溶剂后得到黄色粉末, 在 100℃减压干燥, 得二胺 12.07 g (95%), mp 211~213℃。

〖663〗1,4-双(4-氨基苯氧基) -2,5-二苯基苯

1,4-Bis(4-aminophenoxy)-2,5-diphenylbenzene[46]

将 20 g(76.9 mmol) 2,5-二苯基苯醌加到含有 20 g(31.3 mmol)锌粉及 20 g(14.7 mmol)氯化锌的 200 mL 无水乙醇中, 氮气下回流搅拌 6 h, 趁热过滤, 用 600 mL 热水稀释, 滤液冷却到室温, 滤出沉淀真空干燥得 2,5-二苯基对苯二酚灰色固体 17.5 g(87%)。

将 2,5-二苯基对苯二酚与对溴代硝基苯反应, 二硝基物收率 69%, mp 276~277.5℃。

将 5.00 g(9.92 mmol)二硝基物溶于 50 mL 甲醇和 150 mL 乙酸乙酯的混合物中, 充氮后加

入 1.10 g 10%Pd/C，分批加入 5.5 g(79.3 mmol)甲酸铵，在 35~40℃搅拌 5 h，到 TLC 显示无二硝基物及单胺，倒入大量乙酸乙酯，搅拌使所有产物溶解，滤出催化剂，蒸发至 100 mL，滤出沉淀，得淡黄褐色二胺 3.3 g (75%)，在高真空下升华得到聚合级二胺，mp 251~252℃。

〖664〗1,4-双(4-氨基苯氧基) 三甲基苯　1,4-Bis(4-aminophenoxy)trimethylbenzene[395]

由三甲基氢醌与对氟硝基苯合成二硝基物，收率95%，mp 197~199℃；由钯炭/肼还原为二胺，收率89%，mp 191~192℃。

〖665〗2,5-双(4-氨基-2-三氟甲基苯氧基)-1-特丁基苯

2,5-Bis(4-amino-2-trifluoromethylphenoxy)-tert-butylbenzene[396]

由特丁基氢醌与 2-氯-4-硝基三氟甲苯在 DMF 中合成二硝基物，收率94%，mp 153~154℃；二硝基物由钯炭/肼还原为二胺，收率91%，mp 164~165℃。

〖666〗1,2-双(4-氨基-2-三氟甲基苯氧基)-4-特丁基苯

1,2-Bis(4-amino-2-trifluoromethylphenoxy)-4-tert-butylbenzene[397]

由特丁基邻苯二酚与 2-氯-4-硝基三氟甲苯合成。Mp 171~172℃。

〖667〗2,5-双(4-氨基-2-三氟甲基苯氧基)联苯

2,5-Bis(4-amino-2-trifluoromethylphenoxy)biphenyl[398]

由苯基氢醌与 2-氯-4-硝基三氟甲苯合成。二硝基物收率 89%，mp 61~62℃；二胺收率91%，mp 151~152℃。

〖668〗2,5-双(4-氨基-2-三氟甲基苯氧基)-3′-甲基苯

1,4-Bis(4-amino-2-trifluoromethyl-phenoxy)-2-(3′-methylphenyl) benzene[399]

由间甲基苯基氢醌与 2-氯-4-硝基三氟甲苯合成。二硝基物收率 86%，mp 155℃；二胺，mp 137℃。

〖 669 〗2,5-双(4-氨基-2-三氟甲基苯氧基)-3′-三氟甲基苯

1,4-Bis(4-amino-2-trifluoromethyl-phenoxy)-2-(3′-trifluoromethylphenyl) benzene[399]

由 3-三氟甲基苯基氢醌与 2-氯-4-硝基三氟甲苯合成。二硝基物收率 84%，mp 147℃；二胺收率 70%，从乙醇重结晶，mp 128℃。

〖 670 〗2,5-双(2-氰基-4-氨基苯氧基)苯腈

2,5-Bis(2-cyano-4-aminophenoxy)benzonitrile[394]

将 30.05 g (0.1842 mol) 2,5-二甲氧基苄腈和 53.28 g (0.4611 mol)吡啶盐酸盐加热到 200℃反应 6 h。将暗色的溶液倒入碎冰中，室温放置过夜。溶液用盐酸酸化后以醚萃取。醚层用硫酸镁干燥，得到淡褐色固体。将得到的固体在 140℃升华去除杂质，剩余的固体在丙酮中用活性炭脱色，得到 2-氰基氢醌黄色固体，在 60℃减压干燥得 18.42 g (75%)，mp 168~169℃。

将 1.94 g (0.0143 mol) 2-氰基氢醌，6.55 g (0.0359 mol) 2-氯-5-硝基苄腈及 7.94 g (0.0574 mol)碳酸钾加到 25 mL DMSO 中，混合物在 110℃反应 1 h，冷却后倒入 500 mL 冰水中，得到橙色沉淀。过滤，用水萃取过夜，在 140℃真空升华去除未反应的原料，得到二硝基物 5.32 g (87%)，mp 273~275℃。

将 7.53 g (0.0176 mol) 二硝基物在 125 mL 盐酸中冰浴中搅拌，分批加入 29.28 g (0.2467 mol)锡，加完后继续搅拌 1 h，然后再在室温搅拌 1.5 h。最后在 100℃反应 3 h 后冷却到室温，倒入 400 mL 冰水中，用 NaOH 碱化，滤出固体，在乙腈中回流。将滤液蒸发后得到深黄色固体。在乙腈中用活性炭脱色，120℃真空干燥，得到二胺灰白色固体 4.12 g (64%)，mp 207~209 ℃。

〖 671 〗1,4-双(4-氨基-2-三氟甲基苯氧基)-2,5-二特丁基苯

1,4-Bis(4-amino-2-trifluoromethyl phenoxy)-2,5-di-tertbutylbenzene[400]

由 2,5-二特丁基氢醌与 2-氯-4-硝基三氟甲苯合成二硝基物，收率 75.2%，mp 269~270℃；由钯炭/肼还原为二胺，收率 90%，mp 215~216℃。

〖672〗3,6-双(2-氰基-4-氨基苯氧基)邻苯二腈

3,6-Bis[2-cyano-4-aminophenoxy)phthalonitrile[394]

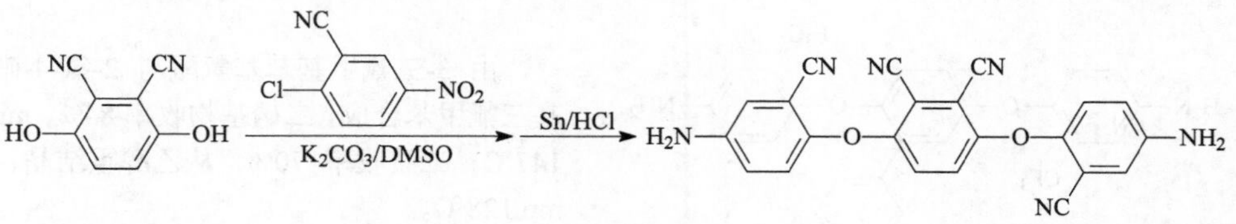

将 13.97 g (0.08724 mol) 2,3-二氰基氢醌和 35.04 g (0.1919 mol) 2-氯-5-硝基苄腈加到 100 mL DMSO 中，加热到 110℃，再分批加入 48.23 g (0.3490 mol) 碳酸钾。加完后在 110℃ 搅拌 1 h，然后冷却到室温，倒入冰水中，滤出固体，用水萃取，得到黄色固体，在 120℃真空干燥，得二硝基物 29.87 g (76%)，mp 255~257℃。

合并水滤液，用盐酸酸化，得到黄色单取代 3-(2-氰基-4-硝基苯氧基)-6-羟基邻苯二腈产物沉淀，mp 265~266℃。该产物可以进一步与 2-氯-5-硝基苄腈反应得到二硝基物。

将 5.00 g (0.0111 mol) 二硝基物加到 50 mL 盐酸中，在冰浴中冷却，分批加入 20.00 g (0.1685 mol) 锡。加完后搅拌 1 h，然后再在室温搅拌 1.5 h。最后在 100℃反应 3 h 后冷却到室温，倒入 400 mL 冰水中，用 NaOH 碱化，滤出固体，在乙腈中回流。过滤，滤液减压蒸发得到深黄色固体。再在乙腈中用活性炭脱色，120℃真空干燥，得二胺亮黄色固体 3.58 g (83%)，mp 257~259℃。

〖673〗1,3-双(4-氨基-2-三氟甲基苯氧基)-4,6-二氯苯

1,3-Bis(4-amino-2-trifluoromethyl phenoxy)-4,6-dichlorobenzene[402]

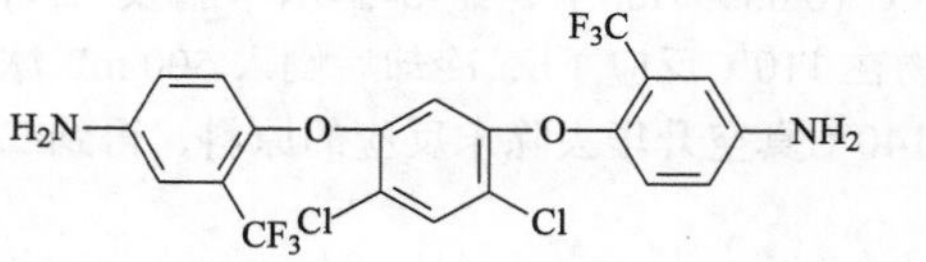

由 4,6-二氯间苯二酚与 2-氯-4-硝基三氟甲苯合成。

〖674〗1,4-双(4-氨基苯氧基)四氟代苯　**1,4-Bis(4-aminopnehoxy)tetrafluorobenzene[403]**

由四氟代氢醌与对氯硝基苯合成。

〖675〗1,4-双(4-氨基-2-三氟甲基苯氧基)四氟代苯

1,4-Bis [4-amino-2-(trifluoromethyl)phenoxy]tetrafluorobenzene[402]

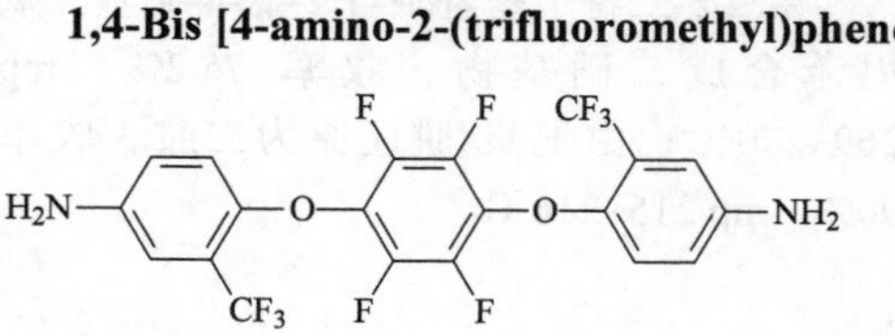

由四氟代氢醌与 2-氯-4-硝基三氟甲苯合成。

二硝基物从冰乙酸重结晶，收率 65%；二胺收率 76.3%。

〖676〗双(4-氨基苯氧基) 四氯代苯 Bis(4-aminophenoxy)tetrachlorobenzene[404]

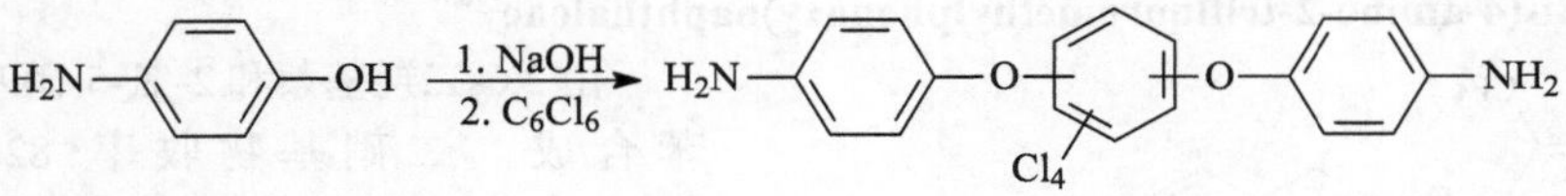

将 21.83 g (0.2 mol)对氨基苯酚和 16.05 g(0.2 mol)49.6%的 NaOH 溶液在 200 mL 甲苯和 75 mL DMSO 中 110~120℃去水后加入 28.5 g (0.1 mol)六氯苯在 150 mL 甲苯中的溶液，在 160℃反应 3.5 h，冷却后滤去 NaCl，倒入含 1%亚硫酸钠的 1%NaOH 溶液中，滤出沉淀，用 1%亚硫酸钠溶液洗涤，在 80℃真空干燥，得 36.2 g(97%)，mp 167~215℃。

〖677〗1,6-双(4-氨基苯氧基)萘 1,6-Bis(4-aminophenoxy)naphthalene[405]

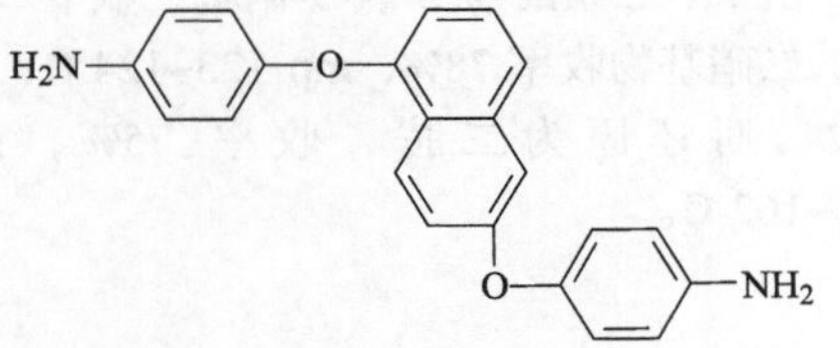

由 2,5-二羟基萘与对氯硝基苯合成。

〖678〗1,3-双(4-氨基苯氧基)萘 1,3-Bis(4-aminophenoxy)naphthalene[406]

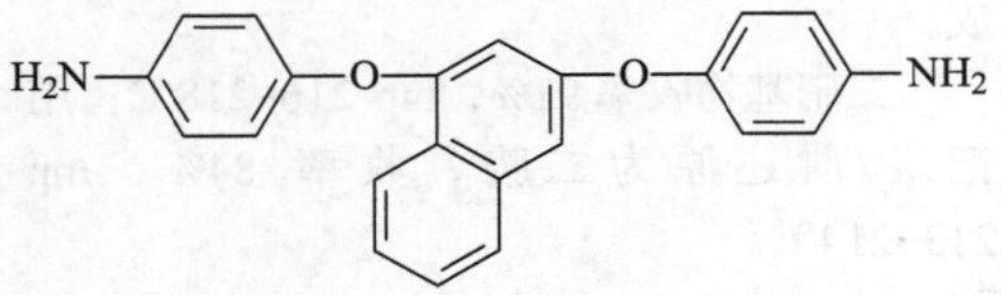

由 1,3-二羟基萘与对氯硝基苯合成。

〖679〗1,4-双(4-氨基-2-三氟甲基苯氧基)萘

1,4-Bis(4-amino-2-trifluoromethylphenoxy)naphthalene[401]

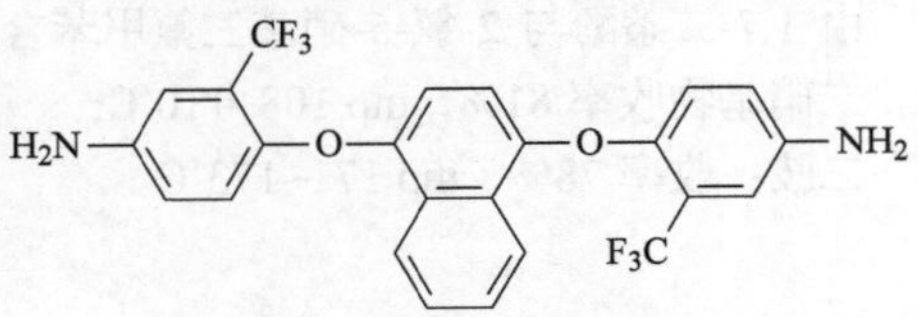

由 1,4-二羟基萘与 2-氯-4-硝基三氟甲苯合成。二硝基物收率 85%，mp 213~214℃；用钯炭/肼还原为二胺，收率 88%，mp 148~149℃。

〖680〗1,3-双(4-氨基-2-三氟甲基苯氧基)萘

1,3-Bis(4-amino-2-trifluoromethylphenoxy)naphthalene[406]

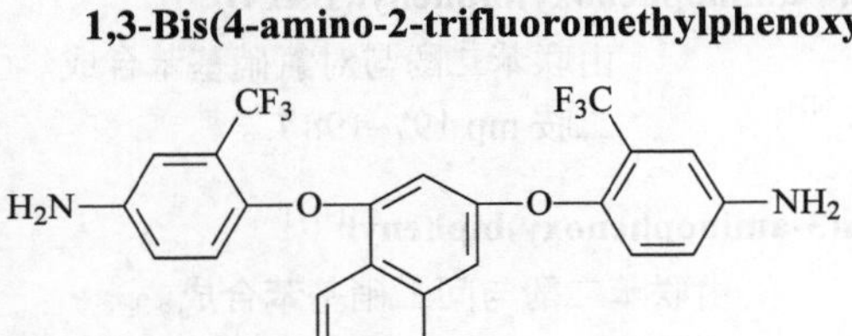

Mp 109~110℃。

〖681〗2,6-双(4-氨基-2-三氟甲基苯氧基)萘

2,6-Bis(4-amino-2-trifluoromethylphenoxy)naphthalene[385]

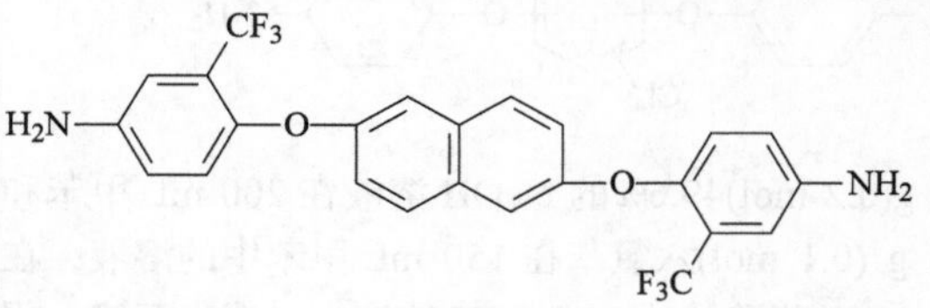

由 2,6-二羟基萘和 2-氯-5-硝基三氟甲苯合成。二硝基物收率 82%，mp 229~231℃；用钯炭/肼还原为二胺，收率82%，mp 188~189℃。

〖682〗2,7-双(4-氨基-2-三氟甲基苯氧基)萘

2,7-Bis(4-amino-2- trifluoromethylphenoxy)naphthalene[407]

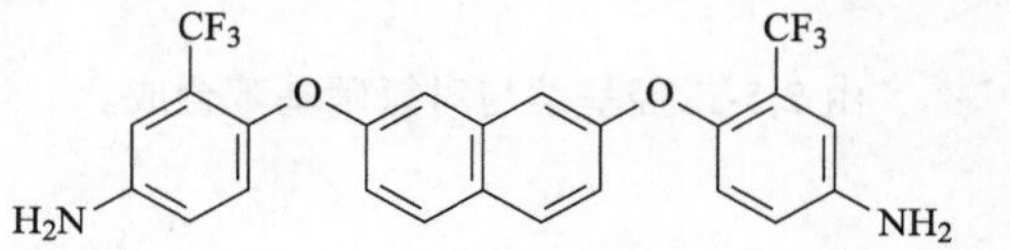

由 2,7-二萘酚与 2-氯-5-硝基三氟甲苯合成。二硝基物收率 78%，mp 123~124℃；用钯炭/肼还原为二胺，收率 75%，mp 161~162℃。

〖683〗1,5-双(4-氨基-2-三氟甲基苯氧基)萘

1,5-Bis(4-amino-2-trifluoromethylphenoxy)naphthalene[408]

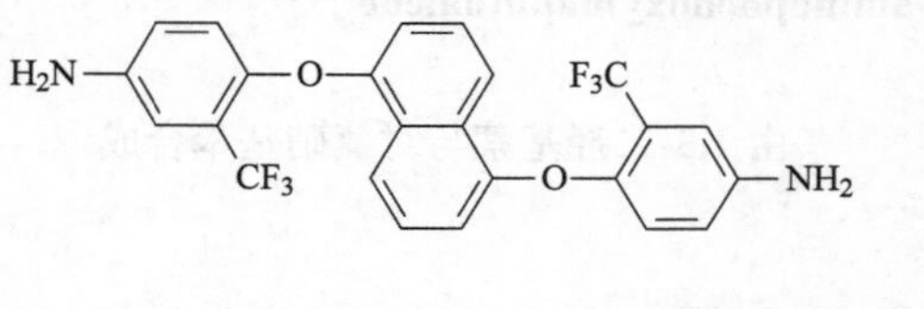

由 1,5-二萘酚与 2-氯-5-硝基三氟甲苯合成。

二硝基物收率 91%，mp 216~218℃；用钯炭/肼还原为二胺，收率 84%，mp 213~214℃。

〖684〗1,6-双(4-氨基-2-三氟甲基苯氧基)萘

1,6-Bis(4-amino-2-trifluoromethylphenoxy)naphthalene[409]

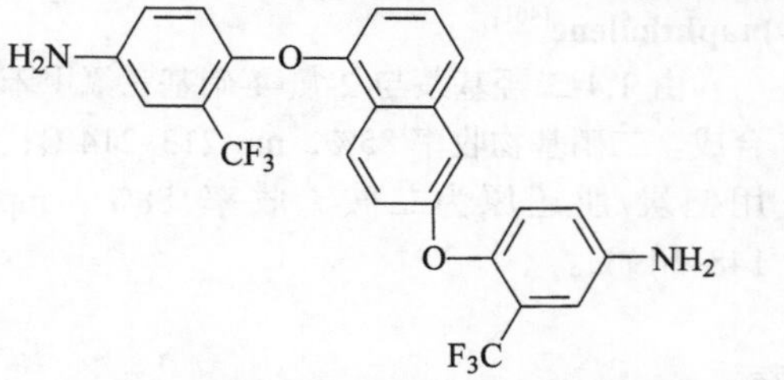

由 1,7-二萘酚与 2-氯-5-硝基三氟甲苯合成。二硝基物收率 81%，mp 108~110℃；

二胺：收率 78%，mp 171~173℃。

〖685〗4,4'-双(4-氨基苯氧基)联苯 4,4'-Bis(4-aminophenoxy)biphenyl(BAPB)[253,410]

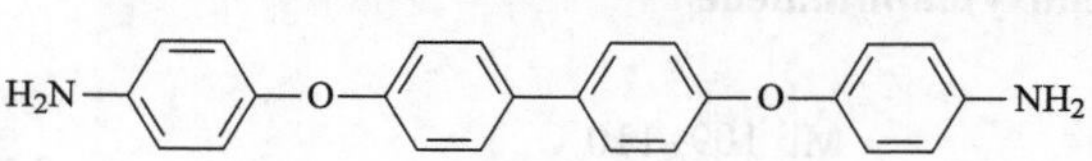

由联苯二酚与对氯硝基苯合成。

二胺 mp 197~198℃。

〖686〗4,4'-双(3-氨基苯氧基)联苯 4,4'-Bis(3-aminophenoxy)biphenyl[411]

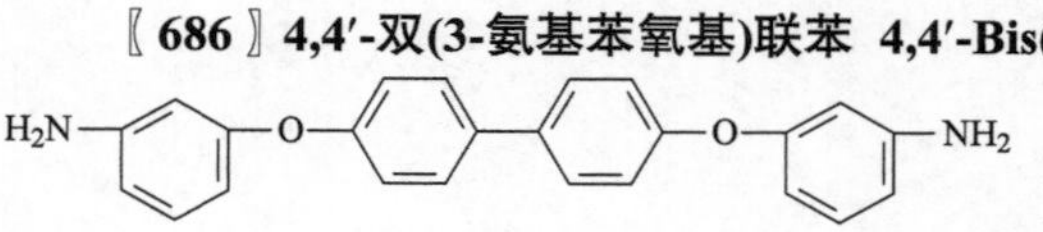

由联苯二酚与间二硝基苯合成。

二硝基物，收率 82%，mp 133.2℃；用钯炭/肼还原为二胺，收率 84%，mp 146.8℃。

〖687〗4,4′-双(2-氨基苯氧基)联苯 4,4′-Bis(2-aminophenoxy)biphenyl [368]

由联苯二酚与邻氯硝基苯合成。

二胺收率 92%，mp 174~175℃。

〖688〗2,2′-双(4-氨基苯氧基)联苯 2,2′-Bis(4-aminophenoxy)biphenyl [412]

由 2,2′-联苯二酚和对氟硝基苯合成。

二硝基物收率 79%，mp 158.4℃；

用钯炭黑催化肼还原得二胺，收率 73%，mp 157.9℃。

〖689〗2,2′-二甲基-4,4′-双(4-氨基苯氧基)联苯

2,2′-Dimethyl-4,4′-bis(4-amino phenoxy)biphenyl [413]

由 2,2′-二甲基联苯二酚与对氯硝基苯合成。二硝基物收率 83%，mp142~144℃；用钯炭/肼还原为二胺，收率 80%，mp 138~139℃。

〖690〗4,4′-双(4-氨基-2-三氟甲基苯氧基)联苯

4,4′-Bis(4-amino-2-trifluoromethylphenoxy)biphenyl [414]

由联苯二酚与 2-氯-5-硝基三氟甲苯合成。二硝基物收率 76%，mp 215~216℃；用钯炭/肼还原为二胺，收率 82%，mp 155~156℃。

〖691〗4,4′-双(3-氨基-5-三氟甲基苯氧基)联苯

4,4′-Bis(3-amino-5-trifluoromethylphenoxy)biphenyl [390]

由 3,5-二硝基三氟甲苯与氢醌合成。二硝基物,收率 13%,mp158.5~160℃；用 PtO$_2$/H$_2$(0.35MPa)还原，二胺收率 56%，mp 134~136℃。

〖692〗2,2′-双(4-氨基苯氧基)-1,1′-联萘 2,2′-Bis(4-aminophenoxy)-1,1′-binaphthyl [415]

由联萘酚与对氟硝基苯在 NaH 作用下得到二硝基物，收率 60%，mp 196~197℃；用钯黑催化氢化，收率 85%，mp 318~320℃。

〖693〗4,4′-双(4-氨基苯氧基)-3,3′,5,5′-四甲基联苯

4,4′-Bis(4-aminophenoxy)-3,3′,5,5′-tetramethylbiphenyl[104]

由 3,3′,5,5′-四甲基联苯酚和对氯硝基苯合成。

〖694〗4,4′-双(4-氨基-2-三氟甲基苯氧基)-3,3′,5,5′-四甲基联苯

4,4′-Bis(4-amino-2-trifluoromethylphenoxy)-3,3′,5,5′-tetramethylbiphenyl[416]

由 3,3′,5,5′-四甲基联苯酚和 2-氯-5-硝基三氟甲苯合成。二硝基物收率 78%，从 DMF/甲醇重结晶，mp 266~267℃；用钯炭黑催化肼还原得二胺，收率 82%，从乙醇重结晶，mp 256~257℃。

〖695〗4,4′-双(3-氨基-5-三氟甲基苯氧基)-3,3′,5,5′-四甲基联苯

4,4′-Bis(3-amino-5-trifluoromethylphenoxy)-3,3′,5,5′-tetramethylbiphenyl[417]

由 3,5-二硝基三氟甲苯与 3,3′,5,5′-四甲基联苯酚在 KF 参加下反应得到。二硝基物收率 86%，mp 228.2℃；用钯炭/肼还原为二胺，收率 84%，mp 148.7℃。

〖696〗2,2′-双(4-氨基-2-三氟甲基苯氧基)-1,1′-联萘

2,2′-Bis(4-amino-2-trifluoromethylphenoxy)-1,1′-binaphthyl

①旋光性二胺[419]

由 R-联萘酚与 2-氯-5-硝基三氟甲苯在碳酸钾参与下在 DMF 中反应得到旋光性二硝基物，收率 93%，mp 109~110℃，$[\alpha]_D^{25} = -15.4°$(c, 0.5, THF)。然后用 Pd/C 催化和肼反应还原为旋光性二胺，收率 80%，mp 282~283℃，$[\alpha]_D^{25} = +198.4°$(c, 0.5, THF)。

②外消旋二胺[418]

由联萘酚与 2-氯-5-硝基三氟甲苯在氢化钠参加下得到二硝基物，收率 75%，mp 164~168℃；用钯炭/肼还原为二胺，收率 84%，mp 271~273℃。

〖697〗4,4′-双(4-氨基苯氧基)八氟联苯 **4,4′-Bis(3-aminophenoxy)octafluorobiphenyl**[420]

将 20.0 g(59.86 mmol)十氟联苯和 16.65 g(119.69 mmol)对硝基苯酚加到 75 mL DMAc 中，加入 7.71 g(72.74 mmol)碳酸钾，混合物在 120℃搅拌 20 h 后倒入 300 mL 水中，滤出沉淀，用 5%碳酸钠和大量水洗涤，40℃真空干燥得 33.46 g(98%), mp 202~206℃。

将 27.23 g(48.45 mmol)二硝基物在 120 mLTHF，40 mL 乙酸乙酯和 20 mL 乙醇的混合物中，加入 2.0 g 5%Pd/C 在 0.42 MPa 氢压下室温搅拌 16 h，过滤除去催化剂，减压下 35℃除去溶剂，残留物溶于 500 mL THF 中，用无水硫酸镁干燥，通入干燥 HCl，得到的盐沉淀析出，过滤，用 200 mL THF 洗涤，真空干燥，得 26.66 g(94%)，mp 296℃。

说明：可以用对氨基苯酚与十氟联苯反应直接得到二胺。

〖698〗双(4-胺基苯氧基-3,5-二甲基苯基)甲烷

Bis(4-aminophenoxy-3,5-dimethylphenyl)methane[421]

由二羟基四甲基二苯甲烷与对氯硝基苯得到二硝基物，收率 85%，mp 193.8℃；用钯炭/肼还原为二胺，收率 77%，mp 178.1℃。

〖699〗1,1-双[(4-胺基苯氧基)苯基]乙烷 **1,1-Bis[(4-aminophenoxy)phenyl]ethane**[422]

由二羟基二苯基乙烷与对氯硝基苯合成。二硝基物收率 84%，mp 145~146℃；二胺收率 93%，mp 154~156℃。

〖700〗双(4-胺基苯氧基-3,5-二甲基苯基)萘基甲烷

Bis(4-aminophenoxy-3,5-dimethylphenyl)naphthylmethane[423]

由二(3,5-二甲基-4-羟基)-1-萘基甲烷与对氯硝基苯合成。

二硝基物收率 81%，mp 207.6℃；用钯炭/肼还原为二胺，收率 74%，mp 214.5℃。

〖701〗2,2-双[4-(4-氨基苯氧基)苯基]丙烷

Bis[4-(aminophenoxy)4-phenyl]isopropylidene(BAPP)[424]

将 20.0 g (88 mmol)双酚 A，27.6 g (170 mmol)对氯硝基苯和 48.4 g (350 mmol)碳酸钾在 60 mL DMAc 中氮气下 140℃脱水 5 h，冷却到室温，滤出不溶物，蒸去 DMAc，得到的黄色固体用甲醇洗涤后 60℃真空干燥，粗产物从异丙醇重结晶，得 40.7 g(98.7%)。

　　将 10.0 g(21 mmol)二硝基物和 0.15 g Pd/C 在 100 mL 乙酸乙酯中在高压釜中加氢还原，分出催化剂后蒸去溶剂，得二胺 8.5 g，mp 127℃。

〖702〗2,2-双[4-(3-氨基苯氧基)苯基]丙烷

Bis[3-(aminophenoxy)-4-phenyl]isopropylidene[253,424]

　　由双酚 A 与间氯硝基苯按〖701〗方法合成。二硝基物收率 68.1%；二胺收率 94.4%，mp 100℃。

〖703〗2,2-双[4-(4-氨基苯氧基)苯基]六氟丙烷

Bis[4-(aminophenoxy)4-phenyl]hexafluoroisopropylidene (BDAF)[424]

　　由六氟双酚 A 与对氯硝基苯合成。二硝基物的收率 95.8%；用钯炭催化加氢得二胺，收率 74.4%，mp 162℃。

〖704〗2,2-双[4-(3-氨基苯氧基)苯基]六氟丙烷

Bis[3-(aminophenoxy)-4-phenyl]hexafluoroisopropylidene[424]

　　由六氟双酚 A 与间氯硝基苯合成。二硝基物的收率 26.9%；用钯炭/肼还原为二胺，收率 69%，mp 127℃。

〖705〗2,2-双[4-(2-氨基苯氧基)苯基]六氟丙烷

2,2-Bis[4-(2-aminophenoxy)phenyl]hexafluoropropane[425]

　　由六氟双酚 A 与间二硝基苯合成。二硝基物收率 84%，mp 144.5~146℃；二胺从异丙醇/水(1∶1)重结晶，收率 90%，mp 135℃。

〖706〗2,2-双[4-(4-氨基-2-三氟甲基苯氧基)苯基]丙烷

2,2-Bis[4-(4-amino-2-trifluoromethylphenoxy)phenyl]propane[426]

　　由双酚A和2-氯-5-硝基三氟甲苯合成。二硝基物收率 93.4%，mp 131~132℃；用钯炭/肼还原为二胺，收率97%，mp131~132℃。

〖707〗2,2-双[4-(3-氨基-5-三氟甲基苯氧基)苯基]丙烷

2,2-Bis[4-(3-amino-5-trifluoromethylphenoxy)phenyl]propane[390]

　　由双酚 A 和 3,5-二硝基三氟甲苯合成。

〖708〗2,2-双[4-(4-氨基-2-三氟甲基苯氧基)苯基]六氟丙烷

2,2-Bis[4-(4-amino-2-trifluoromethylphenoxy)phenyl]hexafluoropropane[427]

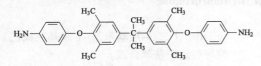

由六氟双酚 A 和 2-氯-5-硝基三氟甲苯合成。二硝基物收率 83%，mp174~175℃；用钯炭/肼还原为二胺，收率 96%。mp 65~66℃。

〖709〗2,2-双[4-(3-氨基-5-三氟甲基苯氧基)苯基]六氟丙烷

2,2-Bis[4-(3-amino-5-trifluoromethylphenoxy)phenyl]hexafluoropropane[390]

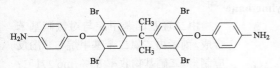

由六氟双酚 A 和间二硝基三氟甲苯合成。

〖710〗2,2-双[4-(4-氨基苯氧基)-3,5-二甲基苯基]丙烷

2,2-Bis[4-(4-aminophenoxy)-3,5-dimethylphenyl]propane[428]

由四甲基双酚 A 与对氯硝基苯合成。二硝基物收率 90%，mp 192~193℃；用钯炭/肼还原为二胺，收率 86%，mp164~165℃。

〖711〗2,2-双[4-(4-氨基苯氧基)-3,5-二溴苯基]丙烷

2,2-Bis[4-(4-aminophenoxy))-3,5-dibromophenyl]propane[429]

由四溴双酚 A 与对氯硝基苯合成。二硝基物收率 80%；用钯炭/肼还原为二胺，收率 75%。

〖712〗2,2-双[4-(4-氨基苯氧基)-3,5-二甲基苯基]六氟丙烷

2,2-Bis[4-(4-aminophenoxy)-3,5-dimethylphenyl]hexafluoropropane[430]

二硝基物收率 85%，mp182~183℃；用钯炭/肼还原为二胺，从己烷重结晶，收率 81%，mp 141~142℃。

〖713〗2,2-双[4-(4-氨基-2,3,5,6-四氟苯氧基)苯基]六氟丙烷

2,2-Bis[4-(4-amino-2,3,5,6-tetrafluorophenoxy) phenyl]hexafluoropropane[293]

由六氟双酚 A 与五氟硝基苯缩合后再还原得到。

〖714〗1,1-双[4-(4-氨基苯氧基)苯基]-1-苯基乙烷

1,1-Bis[4-(4-aminophenoxy)phenyl]-1-phenylethane[361,431]

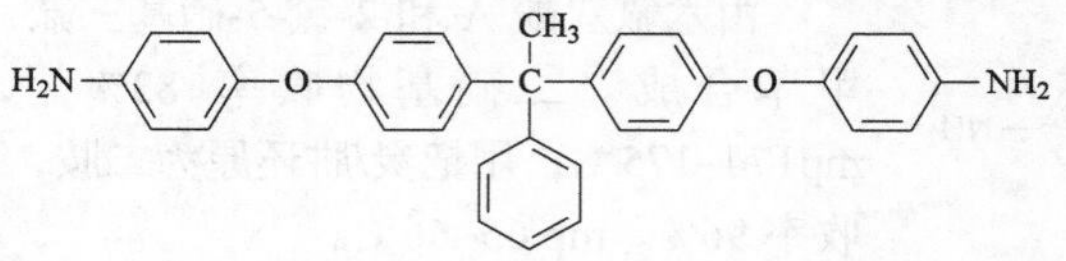

由1,1-二(4-羟基苯基)-1-苯基乙烷与对氯硝基苯合成。二硝基物收率94%，mp 177℃；用钯炭黑/肼还原，得到二胺，收率86%，mp 68℃。

〖715〗1,1-双[4-(4-氨基2-三氟甲基苯氧基)苯基]-1-苯基乙烷

1,1-Bis[4-(4-amino-2-trifluoromethylphenoxy)phenyl]-1-phenylethane[432]

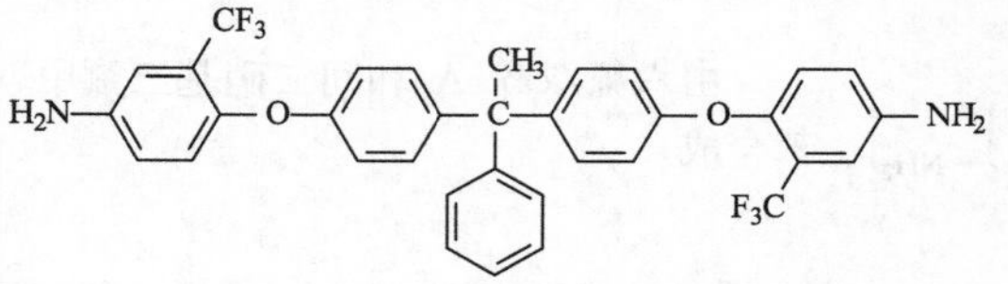

由 1,1-二(4-羟基苯基)-1-苯基乙烷与2-氯-5-硝基三氟甲苯合成。二硝基物收率92%，mp 133~134℃；用钯炭/肼还原为二胺，收率93%，mp 139~140℃。

〖716〗1,1-双[4-(4-氨基苯氧基)苯基]-1-苯基三氟乙烷

1,1-Bis[4-(4-aminophenoxy)phenyl]-1-phenyltrifluoroethane[433]

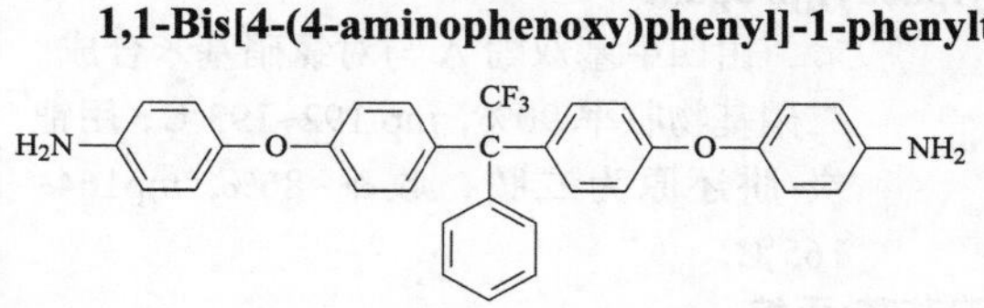

由1,1-二(4-羟基苯基)-1-苯基三氟乙烷与对氯硝基苯合成。

〖717〗双[4-(4-氨基苯氧基)四苯甲烷

Bis[4-(4-aminophenoxy)phenyl]diphenylmethane[434]

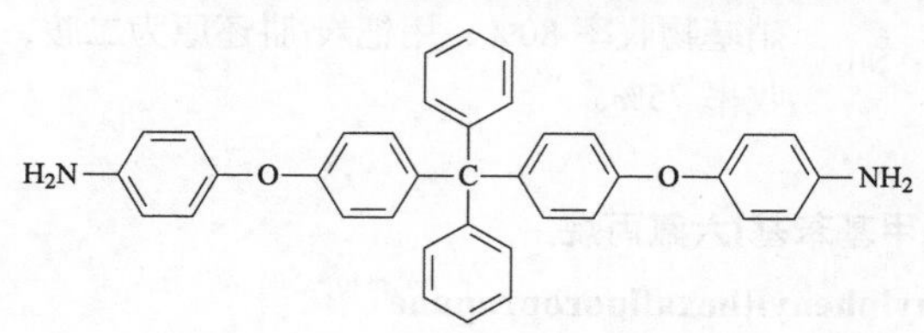

由二羟基四苯甲烷与对氯硝基苯合成。前者由二氯二苯基甲烷与苯酚反应制得。二硝基物收率85%，mp 271℃；用钯炭/肼还原为二胺，收率80%，mp 180~181℃。

〖718〗1,1-双[4-(4-氨基苯氧基)苯基]-1-[3,5-二(三氟甲基)苯基]三氟乙烷[435]

1,1-Bis[4-(4-aminophenoxy)phenyl]-1-[3″,5″-bis(trifluoromethyl)phenyl]-2,2,2-trifluoro ethane

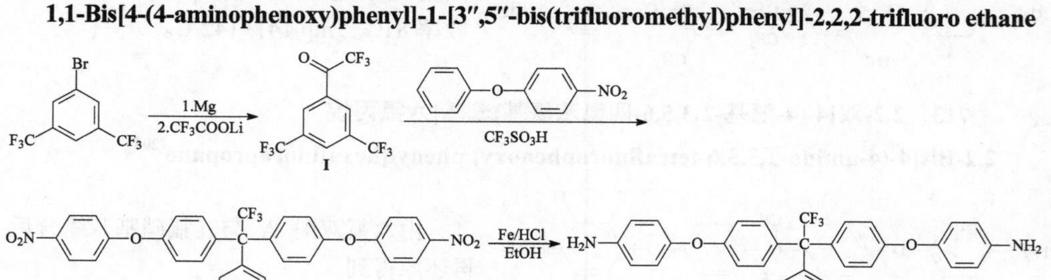

将 5.9 g(20 mmol) 1-溴-3,5-二(三氟甲基)苯在 50 mL 新蒸的无水乙醚的溶液加到 31.2 g (260 mmol)无水三氟乙酸锂，5.52 g (230 mmol)镁屑和 0.2 g 碘在 200 mL THF 的混合物中。缓慢加热到 60℃，使无水三氟乙酸锂完全溶解，开始反应。然后加入 52.6 g (180 mmol) 1-溴-3,5-二(三氟甲基)苯在 50 mL 新蒸 THF 中的溶液，混合物回流 8 h，冷却到室温，缓慢加入 30 mL 36%盐酸在 30 mL 水中的溶液。有机相用 5%碳酸氢钠洗涤后用无水硫酸镁干燥，除去溶剂，粗产物蒸馏提纯得 3′,5′-双(三氟甲基)-2,2,2-三氟苯乙酮(I)无色液体 46.5 g (75%)，bp 150~151℃。

将 31 g(100 mmol) I，47 g(220 mmol)4-硝基二苯醚加到 150mL 无水二氯乙烷中，室温下滴加 16.5 g(110 mmol)三氟甲磺酸，加完后搅拌 72 h，倒入大量水中，滤出沉淀，依次用 5% 碳酸氢钠、水及甲醇洗涤，空气干燥，得二硝基物黄色固体 56 g(78%)，mp 131~132℃。

将含有 1.5 mL 浓盐酸的 10 mL50%乙醇缓慢加入到 43.3 g(65 mmol)二硝基物，20 g(360 mmol)还原铁粉和 30 mL50%乙醇的混合物中，回流 3 h。10 min 内加入 1 mL10%氨水，热滤，除去溶剂，的褐色固体，由乙醇重结晶，得二胺 32 g(80%)，mp 94~96℃。

〖719〗4,4′-双(4-氨基苯氧基)二苯酮　4,4′-Bis(4-aminophenoxy)benzophenone[253]

氮气下将 176.4 g (0.70 mol)4,4-二氯二苯酮，160.2 g(1.46 mol)对氨基苯酚和 84 g KOH (96%)在 1050 g NMP 中加热到 170~175℃，搅拌 3h 后冷却到室温，倒入 5.6 L 水中。滤出沉淀，与 2.7 L 水，150 g 浓盐酸，14 g 活性炭在 1250 mL 异丙醇中加热到 65℃搅拌 30 min。趁热过滤，滤液用稀氨水中和，得白色沉淀，过滤后用水洗涤，干燥得 196 g(68%)，mp 154~156℃。

〖720〗4,4′-双(3-氨基苯氧基)二苯酮　4,4′-Bis(3-aminophenoxy)benzophenone[436]

将 20 g(0.093 mol) 4,4′-二羟基二苯酮，37.5 g(0.22 mol)间苯二酚和 30 g 碳酸钾在 350 mL 环丁砜中加热到 160~170℃搅拌 10 h。冷却后倒入 3 L 水中，搅拌 30 min，滤出沉淀，用水洗涤，干燥得二硝基物 39 g(92%)。

将 39 g(0.094 mol)二硝基物，3.9 g 活性炭，0.39 g 六水三氯化铁加到 200 mL 乙二醇单甲醚中，在 70~80℃搅拌 30 min。2 h 内滴加 19 g(0.37 mol)水合肼，再搅拌 6 h。将反应物冷却过滤，除去催化剂，蒸去溶剂，残留物加热溶于 20 g 浓盐酸和 95 mL 水的混合物中，再加入 9.4 g 氯化钠。冷却得到二胺的盐酸盐，过滤，从 10%NaCl 水溶液中重结晶后加热溶于 140 g 50%异丙醇的水溶液中，加入 1.5 g 活性炭，过滤后用氨水中和，滤出沉淀，用水洗涤，干燥得二胺 29.6 g(80%)，mp 142~144℃。

〖721〗4,4′-双[4-(5-氨基萘氧基)]二苯酮

Bis-[4-(5-amino-naphthalene-1-yloxy)-phenyl]-methanone[437]

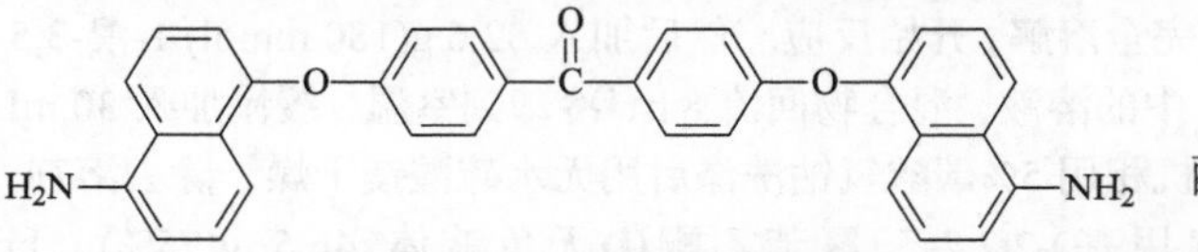

由 5-氨基-1-萘酚与二氯二苯
酮合成，收率88%。

〖722〗4-(4-氨基-2-三氟甲基苯氧基)-4′-(4-氨基苯氧基)二苯酮

4-(4-Amino-2-trifluoromethylphenoxy)-4′-(4-aminophenoxy)benzophenone[438]

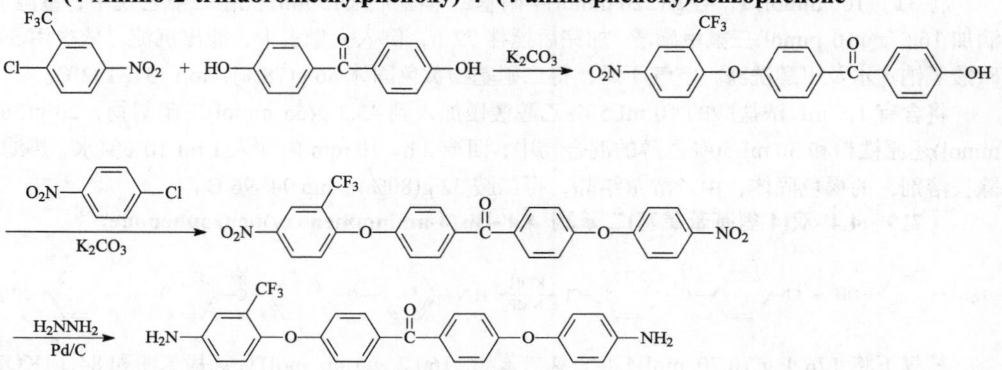

将 21.4 g (0.1 mol) 4,4′-二羟基二苯酮和 13.8 g(0.1 mol) K₂CO₃加到 20 mLDMF 中，滴加入 22.55 g (0.1mol) 2-氯-5-硝基三氟甲苯的 DMF 溶液，混合物在 110℃反应 12h。再加入 13.8 g (0.1 mol) K₂CO₃ 和 15.75 g (0.1 mol) 4-氯硝基苯在 15 mL DMF 中的溶液。混合物在 130℃反应 12 h。倒入甲醇/水(3∶1)的混合物中，过滤，用热甲醇洗涤多次，70℃真空干燥 12 h。收率92%，mp 215~216℃。

将 52.4 g (0.1 mol)二硝基物和 0.2 g 10% Pd/C 加到 250 mL 乙醇中，加热到 65℃，在 50 min 内加入 15 mL 水合肼。加完后回流 12 h，滤出催化剂，去除溶剂，倒入水中，滤出沉淀，室温真空干燥 12 h，收率 92%，mp 180~181℃。

〖723〗4,4′-双(4-氨基-2-三氟甲基苯氧基)二苯酮

4,4′-Bis(4-amino-2-trifluoromethylphenoxy)benzophenone [439]

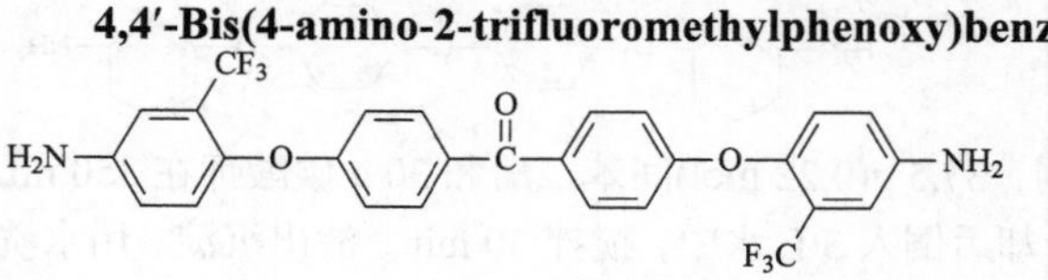

由 4,4′-二羟基二苯酮与 2-氯 5-硝基三氟甲苯得到，二硝基物收率98%，mp 157~158℃；用钯炭/肼还原为二胺，收率87%，mp 152~153℃。

〖724〗4,4′-二(*p*-氨基苯氧基)三苯胺　**4,4′-Bis(*p*-aminophenoxy)triphenylamine** [326]

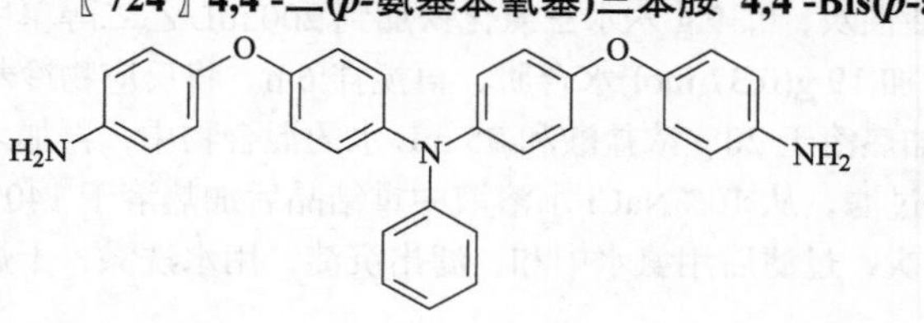

采用类似〖554〗的方法合成，二胺为白色结晶，收率90%。

〖725〗4,4′-双(4-氨基苯氧基)二苯醚 4,4′-Bis(4-aminophenoxy)diphenylether[440]

由 4,4′-二羟基二苯醚和对氯硝基苯合成。二硝基物收率 93%，mp 137~138℃；在钯炭黑催化下 0.5 MPa 氢压下加氢还原，二胺收率 95%，mp108℃。

〖726〗4,4′-双(3-氨基苯氧基)二苯醚 4,4′-Bis(3-aminophenoxy)diphenylether[253]

将 258.9 g(1.54 mol)间二硝基苯, 141.6 g(0.70 mol)4,4′-二羟基二苯醚及 232.2 g(1.68 mol)无水碳酸钾加到 120 mL 甲苯和 1.3 L DMF 的混合物中，氮气下加热到 140℃除去水分和甲苯，再加热到 150℃反应 17 h 后冷却到室温，滤出不溶的无机物，将滤液中的 DMF 大部除去后倒入 700 mL 甲醇中，滤出褐色沉淀，用甲醇洗涤，在 60℃干燥，得二硝基物 241.5 g(77.6%)。

将 241.5 g(0.543 mol)二硝基物，0.433 g(0.0016 mol)三氯化铁和 12.1 g 活性炭加入到 800 mL 乙二醇单甲醚中，加热到 90℃，在 4 h 内滴加 136.0 g(2.17 mol)水合肼。加完后在 110℃加热 2 h，滤出不溶物，从滤液中除去溶剂，油状物从盐酸、水和氯化钠的混合物中重结晶，将得到的固体溶于 665 g 乙二醇单甲醚中，用氨水中和，滤出沉淀，在 14.3 g 活性炭，600 mL 乙二醇单甲醚及 400 mL 水的混合物中加热到 60℃ 30 min，趁热滤出活性炭，将滤液冷却到室温，滤出白色沉淀，用 200 mL 乙二醇单甲醚/水(60/40)洗涤后在 60℃真空干燥，得二胺 111.2g (53.3%), mp 114~115℃。

〖727〗3,3′-双(4-氨基苯氧基)二苯醚 3,3′-Bis (4-aminophenoxy)diphenylether[440]

将 9.46 g (0.175 mol) 甲醇钠加到 200 mL 干燥甲苯中，缓慢加入 16.76 g (0.09 mol) 3-甲氧基苯酚，反应完成后，将反应物加热蒸出甲醇和甲苯，剩余白色酚盐。冷却到室温，加入 200 mL 干燥吡啶，加热回流，在氮气下一次加入 67.3 g (0.36 mol) 3-溴代苯甲醚，接着立刻加入 2.7 g (0.027 mol) CuCl。在氮气下回流 12 h 后冷却到室温。反应以 300 mL18%HCl 中止，用 100 mL 乙醚萃取 3 次。有机层用 250 mL 水洗涤，硫酸镁干燥。将醚液通过短的硅胶柱以除去铜盐。溶剂和过量的 3-甲氧基苯酚被真空蒸出，在 95℃/0.5 mmHg 得到二(3-甲氧基苯基)

醚(I)淡黄色油状物 24.7 g (60%)。

将 11.5 g (0.05 mol) I, 160 mL 冰乙酸和 115 mL 48%HBr 回流 5 h 后冷却到室温。橙色溶液用 200 mL 二氯甲烷萃取，有机层用 150 mL 水洗涤 2 次，硫酸镁干燥。除去溶剂，得 3,3′-二苯醚二酚(II) 6.1 g (60%)，mp 94~95℃。

将二硝基物在钯炭黑催化下以 0.5 MPa 氢压加氢还原，处理后，得到二胺可以缓慢结晶的黄色油状物 7.3 g (90%)，mp 73~75℃。

〖728〗4,4′-双(2-氨基苯氧基)二苯醚　4,4′-Bis (2-aminophenoxy)diphenylether [368]

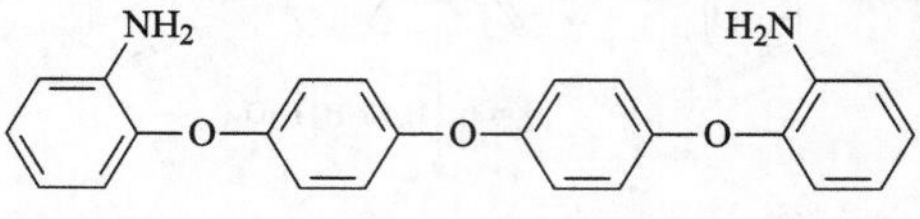

由邻氟硝基苯与二羟基二苯醚合成，二胺收率96%，mp 79~81℃。

〖729〗2,2′-双(4-氨基苯氧基)二苯醚　2,2′-Bis (4-aminophenoxy)diphenylether [440]

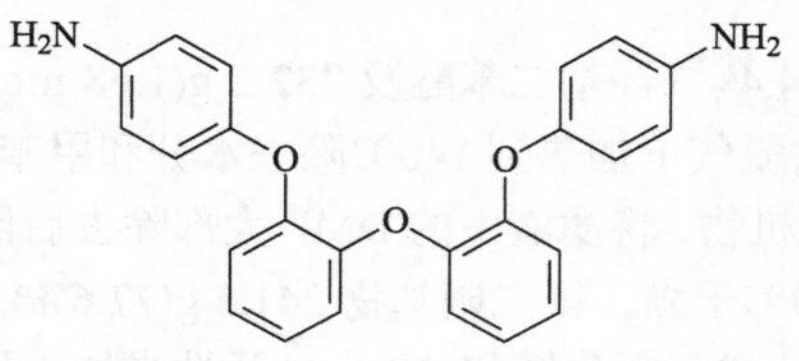

以邻甲氧基苯酚和邻甲氧基溴苯按〖727〗方法合成。二甲氧基物收率61%，mp 76~78℃；双酚收率 60%，mp 123℃；二硝基物收率 98%，mp 125~126 ℃；二胺收率94%，mp 152~154℃。

〖730〗双[3-(2-三氟甲基-4-氨基苯氧基) 苯基]醚
Bis[3-(2-trifluoromethyl-4-aminophenoxy) phenyl]ether [441]

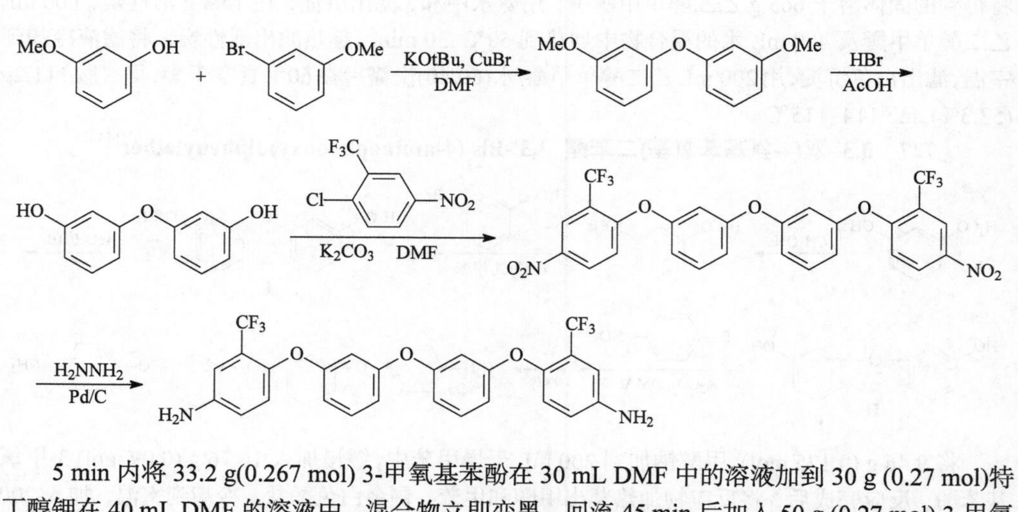

5 min 内将 33.2 g(0.267 mol) 3-甲氧基苯酚在 30 mL DMF 中的溶液加到 30 g (0.27 mol)特丁醇钾在 40 mL DMF 的溶液中，混合物立即变黑。回流 45 min 后加入 50 g (0.27 mol) 3-甲氧基溴苯和 39 g(0.27 mol)溴化亚铜粉末，回流 4 h，浓缩，冰浴冷却，用 100 mL 乙醚稀释，将上层褐色液体倾倒到分液漏斗中。过滤，用 20 mL 一份的乙醚洗涤数次，合并醚层，依次用 0.5 mol/L 盐酸，饱和氯化钠洗涤后用硫酸钠干燥，除去溶剂，残留物用柱层析(石油醚/乙酸乙酯，10∶1)提纯，得二甲氧基二苯醚黄色油状物 27.22 g (40%)。

将 11.5 g (0.05 mol) 二甲氧基二苯醚在 160 mL 冰乙酸和 115 mL 48%HBr 的混合物中回流 10 h，至 TLC 中只看到一个斑点。冷却到室温，橙色溶液用 200 mL 二氯甲烷萃取，有机层用 150 mL 水洗涤后在硫酸镁上干燥。除去溶剂，得到 3,3′-二羟基二苯醚可以直接用于下一步反应。

将 4.65 g (0.023 mol) 3,3′-二羟基二苯醚和 6.99 g (0.051 mol) K$_2$CO$_3$ 加到 80 mL DMAc 和 80 mL 甲苯的混合物中，100℃搅拌 1 h，加入 13.10 g (0.058 mol) 2-氯-5-硝基三氟甲苯，混合物反应 4 h 后冷却到室温，缓慢加入 200 mL 水，用 200 mL 二氯甲烷萃取，有机层用 200 mL 水洗涤后硫酸镁干燥。除去溶剂，得到产物用硅胶柱层析(石油醚/乙酸乙酯，8∶1)提纯，得到二硝基物 8.7 g (86%)。

将 8.7 g (0.019 mol)二硝基物和 0.2 g 10%Pd/C 悬浮在 100 mL 乙醇中。加热回流，30 min 内滴加 20 mL80%的水合肼。回流 4 h，深色的溶液趁热过滤，滤液除去部分溶剂后倒入 200 mL 水中，得到淡黄色产物，用乙醚萃取，粗产物用硅胶柱层析(石油醚/乙酸乙酯，3∶1)，得二胺 7.1 g (85%)。

〖731〗4,4′-双(4-氨基苯氧基)二苯硫醚 4,4′-Bis(4-aminophenoxy)diphenylsulfide[253]

由二羟基二苯硫醚与对氯硝基苯得到，mp 124~125.6℃。

〖732〗4,4′-双(3-氨基苯氧基)二苯硫醚 4,4′-Bis(3-aminophenoxy)diphenylsulfide[253]

由二羟基二苯硫醚与间氯硝基苯得到，mp 112.8~114.4℃。

〖733〗4,4′-双(4-氨基苯氧基)二苯砜 Bis[4-(4-aminophenoxy)phenyl]sulfone(BAPS)[442]

将 44.5 g(0.155 mol)二氯二苯砜和 38.73 g(0.355 mol, 过量 14%)对氨基苯酚溶于 250 mL NMP 中，加入 27.0 g(0.195 mol)无水碳酸钾和 120 ml 甲苯。混合物在氮气下加热回流，除去水分和甲苯后升温到 175℃反应 4 h，冷却到 100℃，倒入 2 L 水中，用盐酸中和，滤出沉淀，用水洗涤和甲醇洗涤后干燥。将粗产物溶于 DMAc，滤去不溶物，冷却，过滤，在 100℃真空干燥，收率 85%，mp 192℃。

〖734〗4,4′-双(3-氨基苯氧基)二苯砜 Bis[4-(3-aminophenoxy)phenyl]sulfone[443]

将 50.0 g(0.17 mol)二氯二苯砜，37.1 g(0.34 mol)间氨基苯酚和 51.1 g (0.37 mol)K$_2$CO$_3$ 在 210 mL DMAc 和 50 mL 邻二氯苯混合物中反应。反应后在水中沉淀，粗产物用乙醇重结晶，

收率 80%，mp 131~133℃。

〖735〗4,4′-双(4-氨基-2-甲基苯氧基)二苯砜

Bis[4-(4-amino-2-methylphenoxy)phenyl]sulfone[444]

由 3-甲基-4-羟基苯胺与二氯二苯砜按〖733〗方法合成。

〖736〗4,4′-双(4-氨基-3-甲基苯氧基)二苯砜

Bis[4-(4-amino-3-methylphenoxy)phenyl]sulfone[444]

由 2-甲基-4-羟基苯胺与二氯二苯砜按〖733〗方法合成。

〖737〗4,4′-双(4-氨基-3-三氟甲基苯氧基)二苯砜

Bis[4-(4-amino-2-trifluoromethylphenoxy)phenyl]sulfone[445]

由 2-三氟甲基-4-羟基苯胺与二氯二苯砜按〖733〗方法合成。

〖738〗4,4′-双(4-氨基-2,5-二甲基苯氧基)二苯砜

Bis[4-(4-amino-2,5-dimethylphenoxy)phenyl]sulfone[444]

由 2,5-二甲基-4-羟基苯胺与二氯二苯砜按〖733〗方法合成。

〖739〗4,4′-双(4-氨基-3,5-二甲基苯氧基)二苯砜

Bis[4-(4-amino-3,5-dimethylphenoxy)phenyl]sulfone[444]

由 2,6-二甲基-4-羟基苯胺与二氯二苯砜按〖733〗方法合成。

〖740〗4,4′-双(4-氨基苯氧基)-3,3′,5,5′-四甲基二苯砜

Bis[4-(4-aminophenoxy)-3,3′,5,5′-tetramethylphenyl]sulfone[354]

由对羟基苯胺与四甲基二氯二苯砜按〖733〗方法合成。

〖741〗1,4-双[4-(4-氨基苯氧基)苯氧基]苯

1,4-Bis[4-(4-aminophenoxy)phenoxy]benzene[440]

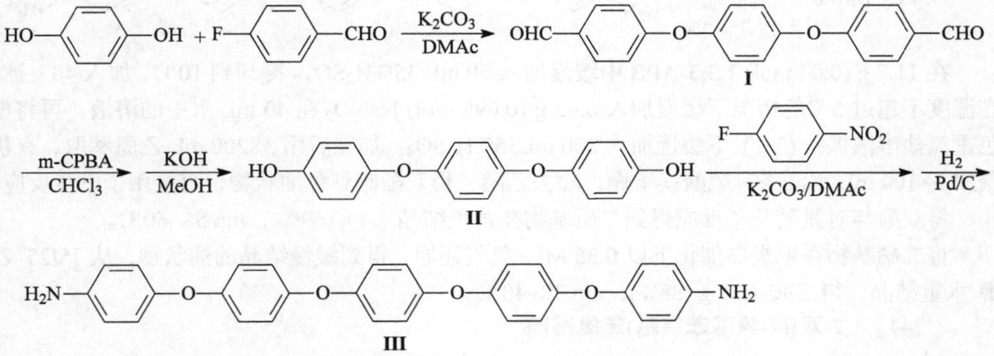

将 11.01 g (0.1 mol) 氢醌, 24.82 g(0.2 mol)4-氟苯甲醛和 27.6 g (0.2 mol) K$_2$CO$_3$ 加到 250 mL DMAc 中。混合物回流 5 h 后冷却到室温, 用水稀释, 滤出产物, 用水洗涤后干燥, 粗产物从异丙醇/DMAc(90/10)重结晶, 得 **I** 23 g(72%), mp 158~159℃。

将 12.7 g (0.04 mol) **I** 溶于 100 mL CHCl$_3$ 中, 加入 21.5 g (0.1 mol) 间氯过氧化苯甲酸 (*m*-CPBA)。混合物在室温搅拌 2 h, 溶液依次用 100 mL NaHSO$_3$ 溶液, 2 × 100 mL NaHCO$_3$ 和 100 mL 水洗涤。除去溶剂, 粗产物从甲醇/水(95/5)重结晶, 得中间物 11.1 g (79%)。将 7 g (0.02 mol)二甲酸酯中间体溶于 100 mL 甲醇中, 加入 10 mL 0.5 mol/L KOH/甲醇, 加热回流 1 h, 除去溶剂, 粗产物用 1 mol/L HCl 处理, 过滤, 干燥后从甲苯/异丙醇(90/10)重结晶, 得 **II** 5 g (85%), mp 187~189℃。

将 **II** 与对氟硝基苯反应, 得二硝基物 7.9 g (74%), mp 142~143℃。

将二硝基物在钯炭黑催化下以 0.35 MPa 氢气还原, 得到二胺, 从丙酮/水(95/5)重结晶, 得 6.2 g (86%), mp 170℃。

〖742〗1,3-双[4-(4-氨基苯氧基)苯氧基]苯

1,3-Bis [4′-(4″-aminophenoxy) phenoxy] benzene[446]

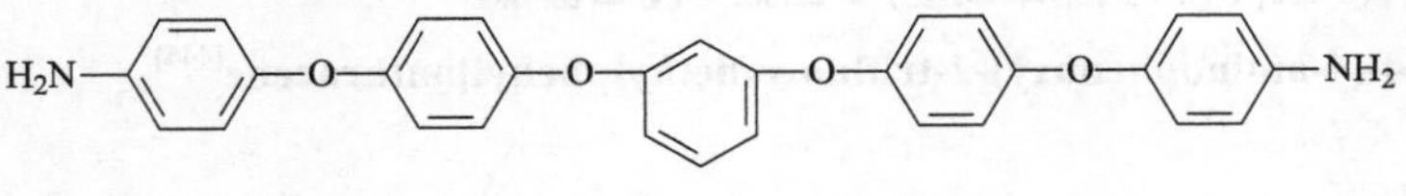

由间苯二酚按〖741〗方法合成。Mp 106~107℃。

〖743〗1,3-双[3-(3-氨基苯氧基)苯氧基]苯

1,3-Bis[3-(3-aminophenoxy)phenoxy]benzene[440]

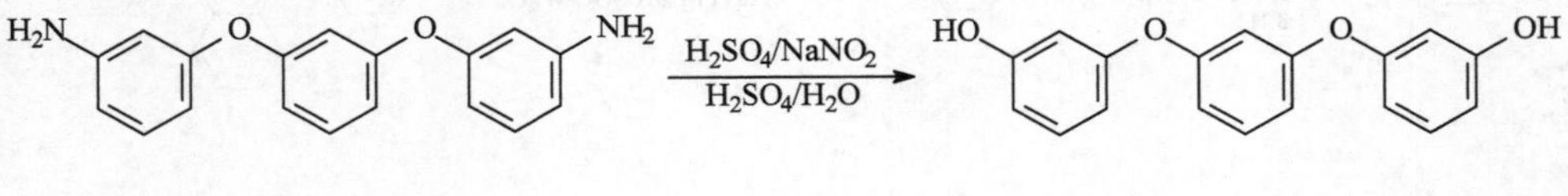

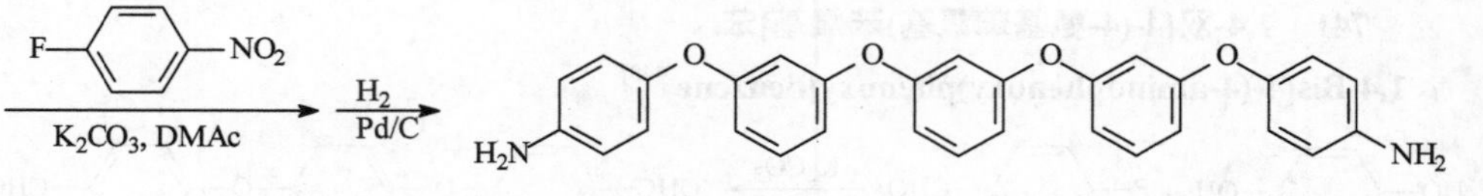

在 11.7 g (0.04 mol) 1,3,3-APB 中缓慢加入 50 mL 35%H₂SO₄。冷却到 10℃，加入 40 g 冰。在温度不超过 5℃的情况下缓慢加入 6.62 g (0.096 mol) NaNO₂ 在 40 mL 水中的溶液。再将橙色重氮盐溶液保持在 0℃下缓慢加入 200 mL35%H₂SO₄。加完后用 3×200 mL 乙醚萃取，有机层用 3×100 mL 水洗涤，硫酸镁干燥，除去乙醚，得双酚暗红色油状物，直接用于下步反应。

将双酚与对氟硝基苯反应得到二硝基物亮黄色结晶 7.4 g (69%)，mp 58~60℃。

将二硝基物在钯炭黑催化下以 0.35 MPa 氢气还原，得到缓慢结晶的油状物，从 75/25 乙醇/水重结晶，得二胺 1.96 g (88%)，mp 38~40℃。

〖744〗1,2-双[(4-氨基苯氧基)苯氧基]苯

1,2-Bis[2-(4-aminophenoxy)phenoxy]benzene[440]

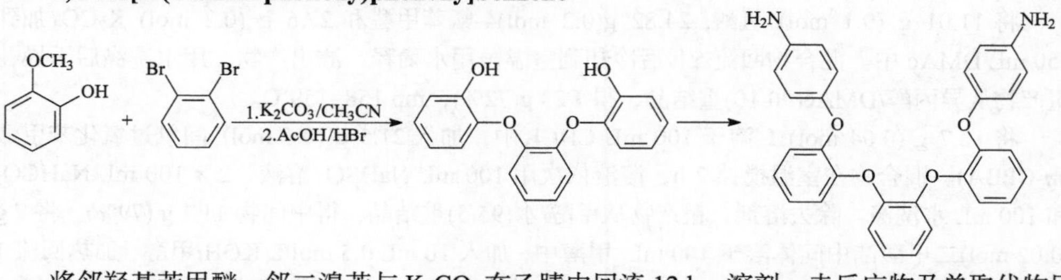

将邻羟基苯甲醚、邻二溴苯与 K₂CO₃ 在乙腈中回流 12 h，溶剂、未反应物及单取代物用真空蒸馏除去，残留的红色油状物用热的丙酮/己烷(95/5)稀释，冷却到-20℃得到纯的二甲氧基化合物，收率22%，mp 103~104℃。

将二甲氧基化合物在乙酸中与 48%氢溴酸反应，得到双酚，收率95%，mp 91~93℃。

将双酚与对氟硝基苯作用，得到二硝基物，从乙醇重结晶收率 50%，mp 93~94℃。

将二硝基物在 THF 中以钯炭黑为催化剂，室温加氢得到二胺，从乙醇重结晶，收率82%，mp 135~136℃。

〖745〗9,10-双[4-(4′-氨基苯氧基)-2-三氟甲基苯基]蒽

9,10-Bis[4-(4-aminophenoxy)-2-trifluoromethylphenyl]anthracene[446]

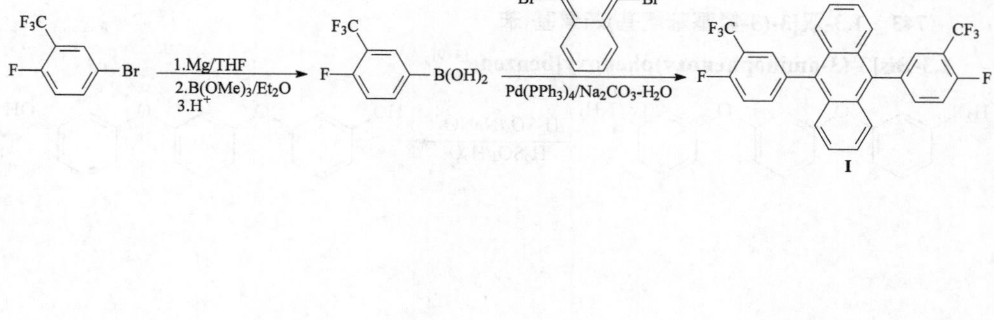

将 4 g (19.23 mmol) 4-氟-3-三氟甲基苯基硼酸，2.68 g (8 mmol)9,10-二溴代蒽，45 mL 甲苯，45 mL 1 mol/L Na₂CO₃ 及 0.208 g(3 mol %二溴蒽) Pd(PPh₃)₄ 的混合物搅拌回流 5 天，分出有机层，水层用 50 mL 甲苯萃取。合并有机相，用水洗涤后硫酸镁干燥。浓缩，通过活性氧化铝过滤以除去催化剂。再用 100 mL 甲苯洗涤，除去甲苯得到产物，从甲苯/己烷(1∶10)重结晶[441]。

将 4 g (7.96 mmol)**I**, 2.172 g (19.90 mmol) 对氨基苯酚和 5.768 g (41.79 mmol) 无水 K₂CO₃ 加到 20 mL NMP 和 100 mL 甲苯中，混合物在 130~140℃搅拌 5 h 以除去水，最后在 150℃除去大部分甲苯，再搅拌 4h 后冷却到室温，在水中沉淀，滤出固体，80℃真空干燥。从乙醇/水(90∶10)重结晶，得二胺 5 g (92%)，mp 316.92℃。

〖746〗1,3-双[2-氰基-3-(3-氨基苯氧基)苯氧基]苯

1,3-Bis[2-cyano-3-(3-aminophenoxy)phenoxy]benzene[447]

将 9.86 g (3.4 mmol)2-氯-6-氟苄腈，3.49 g (31.7 mmol)间苯二酚和 8.75 g (63.4 mmol)碳酸钾加到 150 mL DMAc 中。混合物在 150℃氮气氛下搅拌 17 h。冷却后加入二氯甲烷和水，分离出有机相，用硫酸镁干燥，真空干燥，得到褐色二氯化合物(**I**)10.43 g(87%)。

将 10 g (26.2 mmol) **I**, 5.72 g (52.4 mmol)间氨基苯酚及 14.5 g (104.8 mmol)碳酸钾加到 350 mL DMSO 中。氮气下混合物在 130℃搅拌 40 h。冷却后将反应物倒入水中，分离出来的产物从乙醇/水(1∶1)重结晶，减压干燥，得到褐色产物 10.18 g(74%)。

〖747〗1,4-双[2′-氰基-3′-(4″-氨基苯氧基)苯氧基]-2-[(3′,5′-二三氟甲基)苯基]苯[8]

1,4-Bis[2′-cyano-3′-(4″-aminophenoxy)phenoxy]-2-[(3′,5′-ditrifluoromethyl)phenyl]benzene

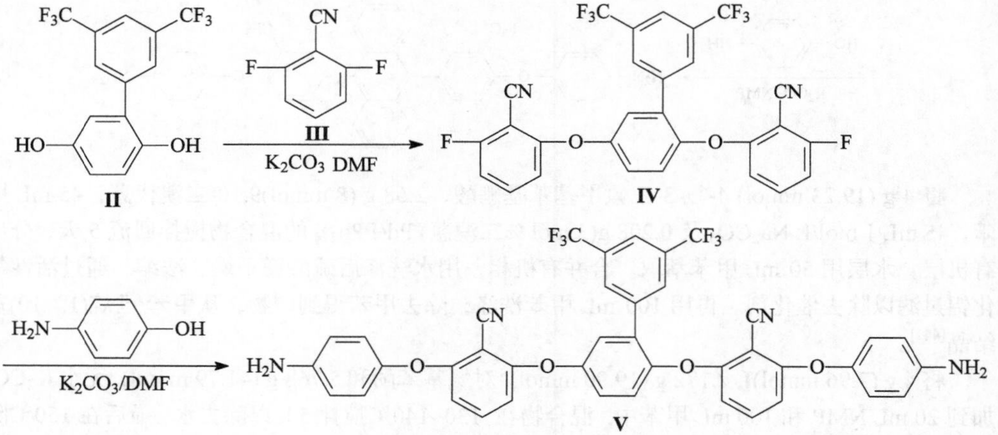

将 229 g(1.0 mol)3,5-二(三氟甲基)苯胺逐步加入 340 mL 盐酸，200 mL 水和 200 g 冰的混合物中。然后滴加 69 g (1.0 mol)亚硝酸钠的浓水溶液。混合物在 0~5℃ 搅拌 2 h，得到透明溶液。过滤后滴加到 108 g (1.0 mol)1,4-苯醌和 252 g (3.0 mol)碳酸氢钠在 500 mL 水的混合物中。在 8~12℃ 搅拌 2 h，再在室温搅拌 2 h。滤出沉淀，用水洗涤，60℃真空干燥，得到 3,5-二(三氟甲基)苯基苯醌(I) [448]。

将 160 g(0.50 mol) I 和 98.1 g (1.50 mol)锌粉加到 400 mL 水中。在 90℃搅拌，再滴加入 120 mL 盐酸，加完后回流 3 h，趁热过滤，滤液冷到室温，倒入大量水中，滤出沉淀，从搅拌重结晶，得到 3,5-二(三氟甲基)苯基氢醌(II)。

将 41.7 g (0.30mol)2,6-二氟苯腈和 13.8 g (0.10 mol)无水碳酸钾加到 150 mL DMF 和 70 mL 甲苯的混合物中，氮气下加热回流，4 h 内滴加由 16.1 g(0.05 mol) II 在 80 mL DMF 中的溶液，反应 8h 后浓缩到 100 mL，倒入 1500 mL 水中，滤出沉淀，用水和乙醇洗涤，从乙醇重结晶后升华，二氟化合物 (IV)收率 60%，mp 146℃。

将 5.60 g (0.01 mol)IV，2.40 g(0.022 mol)对氨基苯酚和 3.04 g (0.022 mol)K₂CO₃ 加到 35 mL NMP 中，再加入 65 mL 甲苯，回流 4 h，蒸出甲苯后在 150℃反应 6 h，冷却到室温，倒入 400 mL 水中，滤出沉淀，用水充分洗涤，在 100℃真空干燥，产物从甲苯重结晶，二胺收率 45%. mp 245℃。

〖 748 〗1,4-双[(4-氨基苯氧基)-3′-三氟甲基苯基]苯

1,4-Bis[(4-aminophenoxy)- 3′-trifluoromethylphenyl]benzene[449]

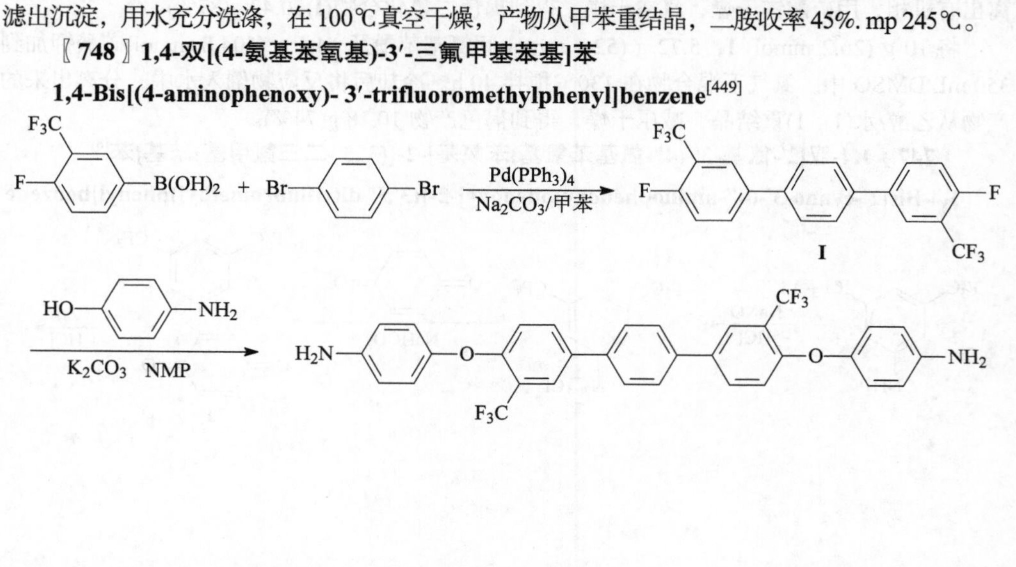

将 6.0 g (28.8 mmol)4-氟-3-三氟甲基苯基硼酸和 2.83 g (12.0 mmol)对二溴苯加到 90 mL 甲苯，90 mL 1 mol/L 碳酸钠水溶液和 0.416 g (3 mol %) Pd(Ph₃P)₄ 的化合物中。在强力搅拌下回流 5 天，分出有机层，水层用 2×100 mL 甲苯萃取。有机相合并后用水洗涤，硫酸镁干燥，浓缩到 100 mL，通过 100~125 目铝胶层(Φ2×20 cm)，除去催化剂。再用 600 mL 甲苯淋洗，去除甲苯后从甲苯/己烷(1∶10)重结晶，得到 4,4′-双[4-二氟-3-三氟甲基]苯(**I**)，收率 83%，mp 164 ℃ [450]。

将 4.17 g(10.3658 mmol) **I**，2.828 g(25.9145 mmol)4-氨基苯酚和 4.2979 g(31.0975 mmol)无水 K₂CO₃ 在 25 mL NMP 和 120 mL 甲苯的混合物中氮气下 130~140℃反应 5 h，除去水和甲苯后在 150℃保持 4 h。冷却到室温，将反应物倒入水中，滤出沉淀，80℃真空干燥过夜，从乙醇/甲苯(90∶10)重结晶数次，得二胺 5.1 g (85%)，mp 242℃。

〖749〗1,3-双[(4-氨基苯氧基)-3′-三氟甲基苯基]苯

1,3-Bis[(4-aminophenoxy)- 3′-trifluoromethylphenyl]benzene[451]

以间二溴苯代替对二溴苯按〖748〗方法合成，收率 70%，mp 173.55℃。

〖750〗1,3-双 [4′- (4″-氨基苯氧基)苄基]苯

1,3-Bis [4′- (4″-aminophenoxy)benzyl] benzene[452]

Mp 114~115℃。

〖751〗1,3-双[4-(4′-氨基苯氧基)异丙苯基]苯

1,3-Bis[4-(4′-aminophenoxy)cumyl]-benzene[452, 453]

Mp 103~115℃。

〖752〗1,3-双[4-(3′-氨基苯氧基)异丙苯基]苯

1,3-Bis[4-(3′-aminophenoxy)cumyl]-benzene[452]

Mp 138~140℃。

〖753〗1,4-双[4-(4′-氨基苯氧基)异丙苯基]苯

1,4-Bis [4′- (4″-aminophenoxy) cumyl] benzene[452]

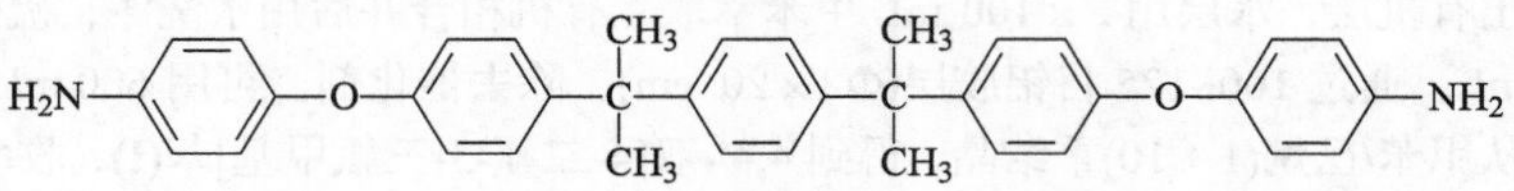

由双酚『69』与对氯硝基苯合成。Mp 189~190℃。

〖754〗1,3-双[4-(4′-氨基-2′-氟苯氧基)异丙苯基]苯

1,3-bis [4′- (2″-fluoro-4″-aminophenoxy)cumyl] benzene[452]

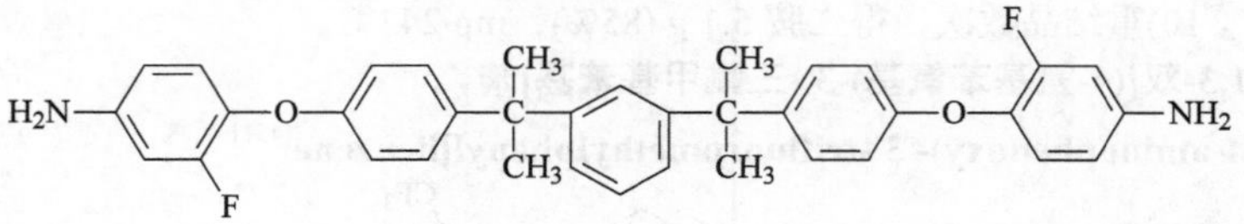

Mp 104~105℃。

〖755〗1,3-双[4-(4′-氨基-2′-三氟甲基苯氧基)异丙苯基]苯

1,3-bis [4′-(2″-trifluoromethyl-4″-aminophenoxy)cumyl] benzene[452]

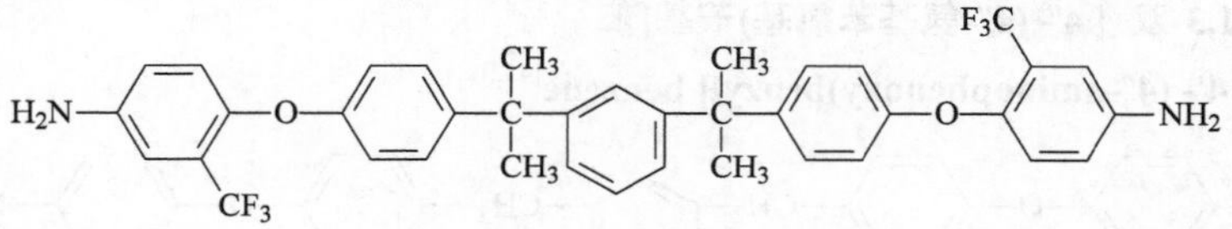

Mp 118~119℃。

〖756〗1,3-双[4-(4′-氨基-2′-氰基苯氧基)异丙苯基]苯

1,3-bis [4′- (2″-cyano-4″-aminophenoxy) cumyl] benzene[452]

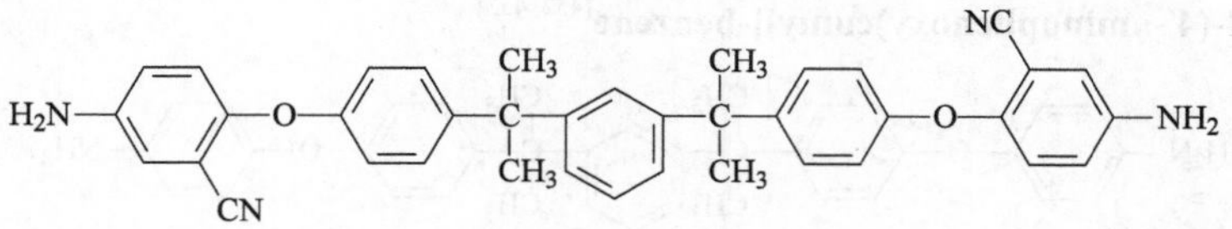

Mp 191~192℃。

〖757〗1,3-双[4-(4′-氨基-2′-甲基苯氧基)异丙苯基]苯

1,3-bis[4′-(2″-methyl-4″-aminophenoxy)-cumyl]benzene[454]

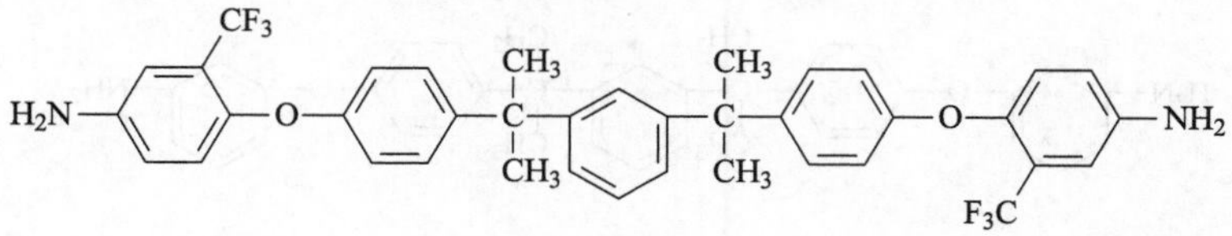

由相应的双酚与 2-氯-4-硝基三氟甲苯合成，二硝基物的收率为 94%，mp 129℃；二胺收率 97.7%，mp 125℃。

〖758〗1,3-双[4-(4′-氨基苯氧基)-3″-甲基异丙苯基]苯

1,3-Bis [4′-(4″-aminophenoxy) (3‴-methylcumyl)]benzene[452]

Mp 无。

〖759〗**1,3-Bis [4′- (2″-methyl-4″-aminophenoxy)(3‴-methylcumyl)]benzene**[452]

Mp 无。

〖760〗α,α′-双[3,5-二甲基-4-(4-氨基苯氧基)苯基]-1,4-二异丙苯基苯

α,α′-Bis[3,5-dimethyl-4-(4-aminophenoxy)phenyl]-1,4-diisopropylbenzene[455]

二硝基物收率 80%，mp 226~227℃；用钯炭/肼还原为二胺，收率 72%，mp 224~226℃。

〖761〗1,6-双[(4-氨基苯氧基)-4′-苯甲酰基]己烷

1,6-Bis[(4-aminophenoxy)benzoyl]hexane[456]

由己二酰氯按〖765〗的方法合成，收率 78%，mp 145~146.5℃。

〖762〗1,4-双(4-氨基苯氧基-4-苯甲酰基)苯

1,4-Bis(4-aminophenoxy-4-benzoyl)benzene[457]

由对苯二甲酰氯、氟苯和对羟基苯胺按〚765〛方法合成，mp 238.5~239.5℃。

〚763〛1,3-双 [4′- (4″-氨基苯氧基)苯甲酰基]苯

1,3-Bis [4′-(4″-aminophenoxy)benzoyl]benzene[452]

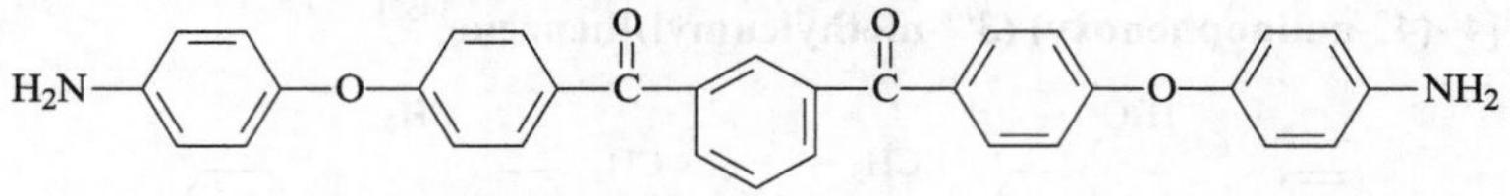

由间苯二甲酰氯、氟苯和对羟基苯胺按〚765〛方法合成。Mp 131~133℃。

〚764〛1,3-双(3-氨基苯氧基-4-苯甲酰基)苯

1,3-Bis(3-aminophemxy-4′-benzoyl)benzene[458]

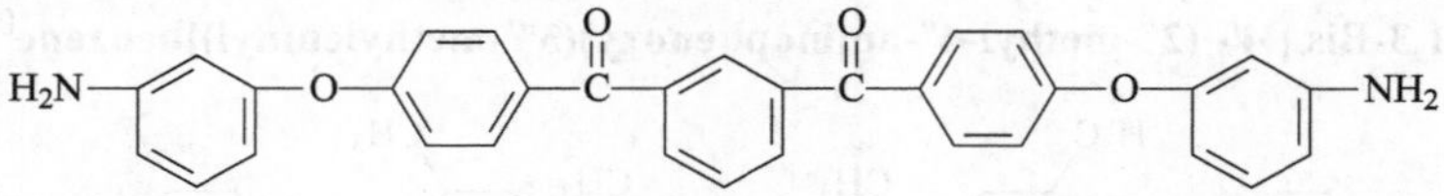

由 1,3-双(4-氟苯甲酰基)苯与间氨基苯酚合成，由甲苯重结晶，收率37%，mp 142~144℃。

〚765〛1,3-双(3-甲基 4-氨基苯氧基-4′-苯甲酰基)苯

1,3-Bis(3-methyl-4-aminophenoxy-4′-benzoyl)benzene[457]

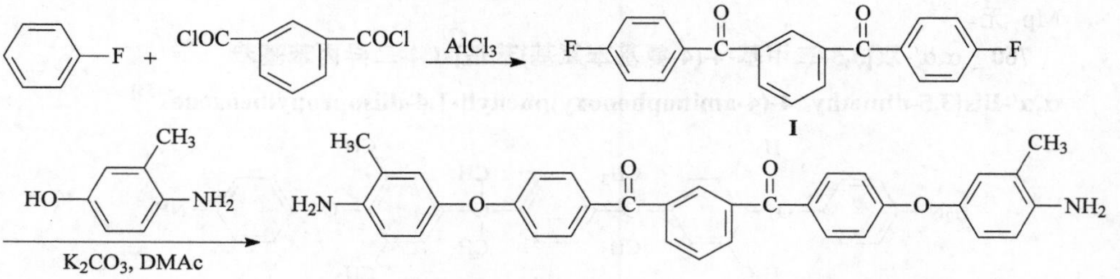

将 164.7 g(1.24 mol)三氯化铝在 5 min 内加入 101.5 g(0.5 mol)间苯二酰氯在 480.5 g (5.0 mol)氟苯的溶液中，反应放热，在75℃搅拌4 h 后倒入冷的稀盐酸中，分出有机层，蒸出氟苯，过滤，从甲苯重结晶，得二氟化合物白色结晶，1,3-(4-氟苯甲酰基)苯(I)收率81%，mp 178~179℃。

将 24.6 g(0.20 mol)2-甲基-4-羟基苯胺溶于 100 mL DMAc 和 50 mL 甲苯中，氮气下加入 34.5 g(0.25 mol)碳酸钾。加热除去水分至 130℃，加入 32.4 g(0.10 mol)I，在 100℃反应过夜。冷却后倒入水中，滤出沉淀，得 50 g(94%)。从乙醇/甲苯重结晶，得二胺 33 g(62%)，mp 131~132℃。

〚766〛1,3-双(3,5-二甲基-4-氨基苯氧基-4′-苯甲酰基)苯

1,3-Bis(3,5-dimethyl-4-aminophenoxy-4′-benzoyl)benzene[457]

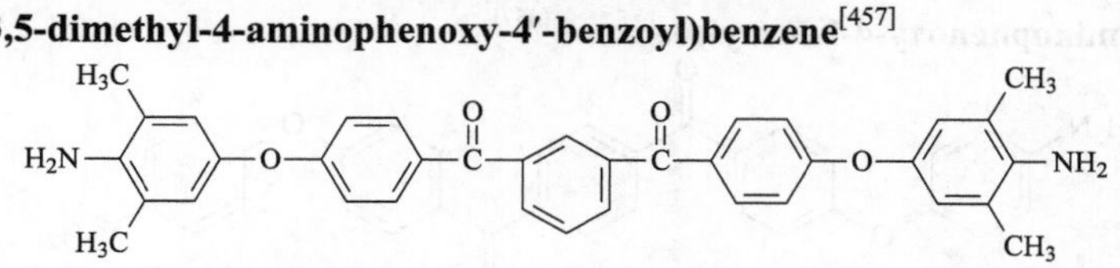

由 3,5-二甲基-4-氨基苯酚按〚765〛方法合成。由乙醇/甲苯(1∶1)重结晶，收率37%，

mp 150~153℃。

〖767〗4,4′-双[3′-三氟甲基-4′-(4-氨基苯氧基)苯基]联苯

4,4′-Bis[3′-trifluoromethyl-4′(4-aminophenoxy) phenyl]biphenyl[451]

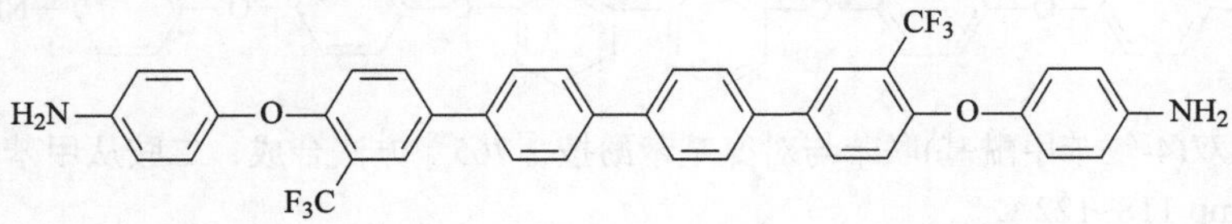

由 4,4′-双(4′-氟-3′-三氟甲基苯基)联苯与对硝基苯酚合成。收率 85%，mp 173.6℃。

〖768〗1,5-双(4-氨基苯氧基-4′-苯甲酰基)萘

1,5-Bis(4-aminophenoxy-4′-benzoyl)naphthalene[239]

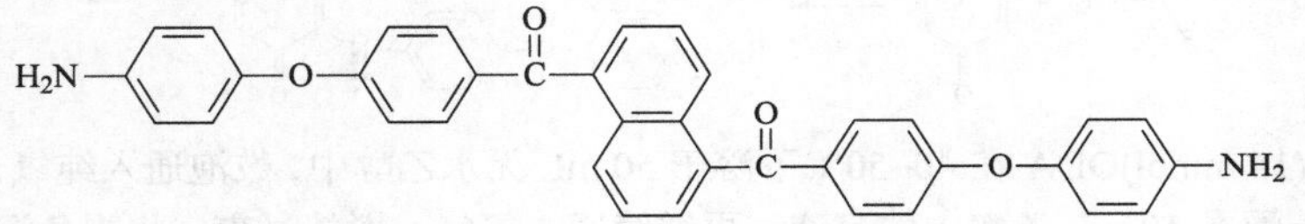

由 1,5-双(4-氟苯酰基)萘与对氨基苯酚按〖765〗方法合成。收率 85%，mp 173.6℃。

〖769〗2,6-双(4-氨基苯氧基-4′-苯甲酰基)萘

2,6-Bis(4-aminophenoxy-4′-benzoyl)naphthalene[239]

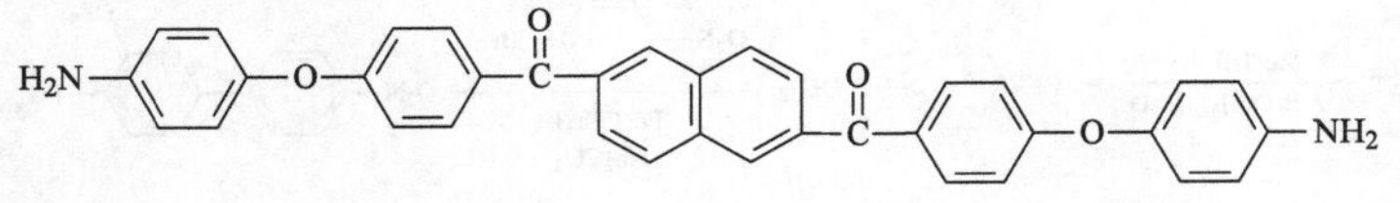

由 2,6-双(4-氟苯酰基)萘与对氨基苯酚按〖765〗方法合成，从二氧六环/甲醇(1∶5)重结晶，收率 69%，mp 178~181℃。

〖770〗4,4′-双(4-氨基苯氧基-4′-苯甲酰基)联苯

4,4′-Bis(4-aminophenoxy-4′-benzoyl)biphenyl[459]

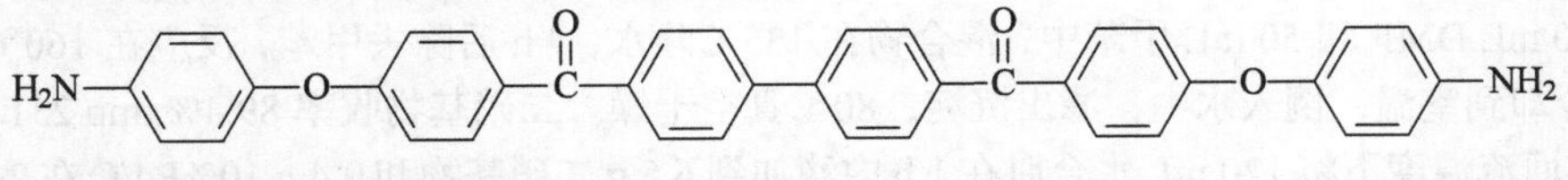

由 4,4′-双(4-氟苯甲酰基)联苯与对氨基苯酚按〖765〗方法合成，二胺从 DMF 重结晶，收率 50%，mp 257~263℃。

〖771〗4,4′-双(3-氨基苯氧基-4′-苯甲酰基)联苯

4,4′-Bis(3-aminophenoxy-4′-benzoyl)biphenyl[459]

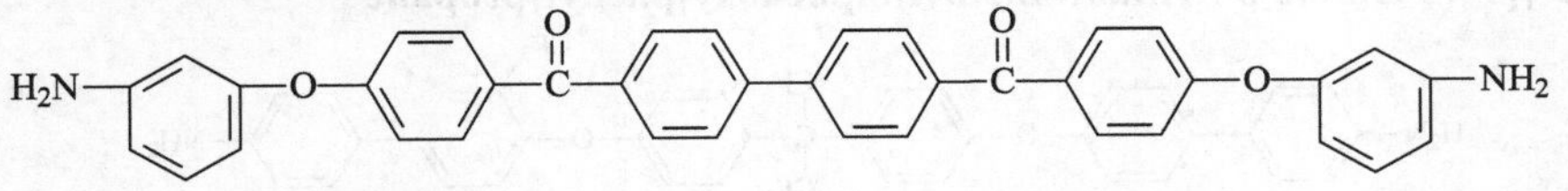

由 4,4′-双(4-氟苯甲酰基)联苯与间氨基苯酚按〖765〗方法合成，由 DMF/乙醇(2∶1)重结晶，二胺收率 70%，mp 229~231℃。

〖772〗3,3′-双(4-氨基苯氧基-4′-苯甲酰基)联苯

3,3′-Bis(4-aminophenoxy-4′-benzoyl)biphenyl[459]

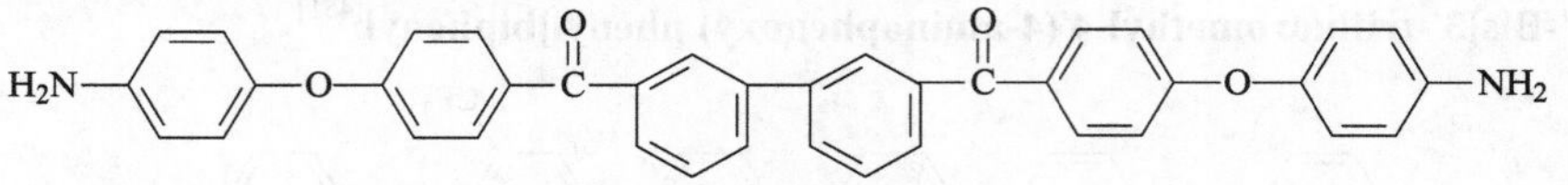

由 3,3′-双(4-氟苯甲酰基)联苯与对氨基苯酚按〖765〗方法合成，二胺从甲苯重结晶，收率 58%，mp 118~122℃。

〖773〗2,5-双[4-(4-氨基苯氧基)苯胺基]-1,4-苯醌

2,5-Bis[4-(4-aminophenoxy)anilino]-1,4-benzoquinone[196]

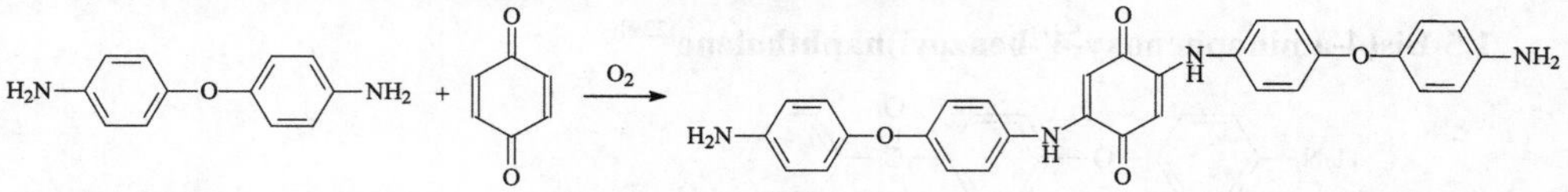

将 2.8 g (14 mmol)ODA 在 40~50℃下溶于 50 mL 无水乙醇中，鼓泡通入纯氧，滴加 0.50 g (4.63 mmol)苯醌在 10 mL 乙醇中的溶液。再继续通入氧气，搅拌过夜，将褐色沉淀滤出，用甲醇洗涤数次，50℃真空干燥，在沸乙醇中重结晶，得 0.85 g(36%), mp 250℃。

〖774〗2,2-{[4′-(4-氨基-3′-三氟甲基)联苯氧基]苯基}丙烷

2,2-{[4′-(4-Amino-3′-trifluoromethyl)biphenoxy]phenyl}propane[75]

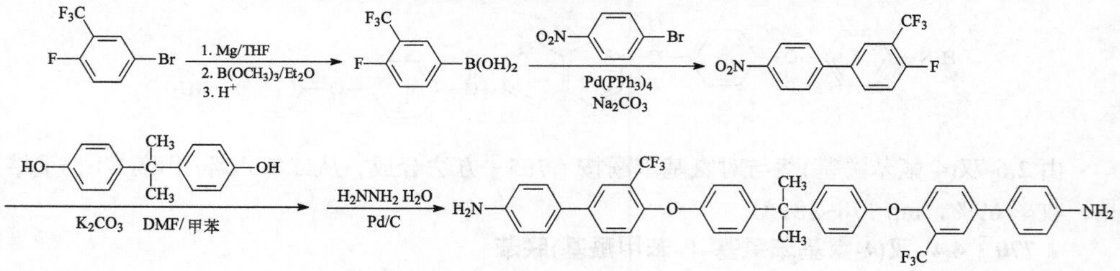

将 5 g (17.532 mmol)3-三氟甲基-4-氟-4′-硝基联苯，2 g (8.760 mmol)双酚 A 和 8 g 碳酸钾加到 50 mL DMF 和 50 mL 甲苯中，混合物在 135℃除水，4 h 后除去甲苯，反应在 160℃进行 2 h。冷却到室温，倒入水中，滤出沉淀，80℃真空干燥。二硝基物收率 89.4%, mp 231℃。

在回流温度下将 120 mL 水合肼在 1 h 内滴加到 6.5 g 二硝基物和 0.4 g 10%Pd/C 在 240 mL 乙醇的混合物中，反应进行 12 h 后滤去催化剂，在氮气下浓缩滤液，得到结晶，过滤，在 80℃真空干燥。二胺收率 93.7%，mp 163℃。

〖775〗2,2-{[4′-(4-氨基-3′-三氟甲基)联苯氧基]苯基}六氟丙烷

2,2-{[4′-(4-Amino-3′-trifluoromethyl)biphenoxy]phenyl}propane[75]

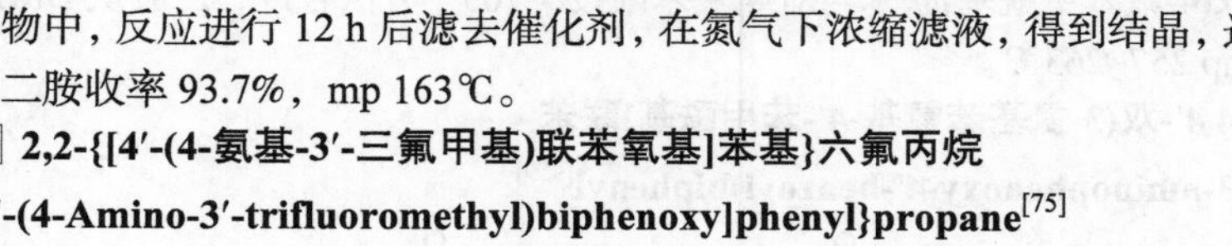

由六氟双酚 A 代替双酚 A，按〖774〗方法合成。二硝基物收率 96.11%, mp173℃；二

胺收率 87%，mp 93℃。

〖776〗9,9-{[4′-(4-氨基-3′-三氟甲基)联苯氧基]苯基}芴

9,9-{[4′-(4-Amino-3′-trifluoromethyl)biphenoxy]phenyl}fluorene[75]

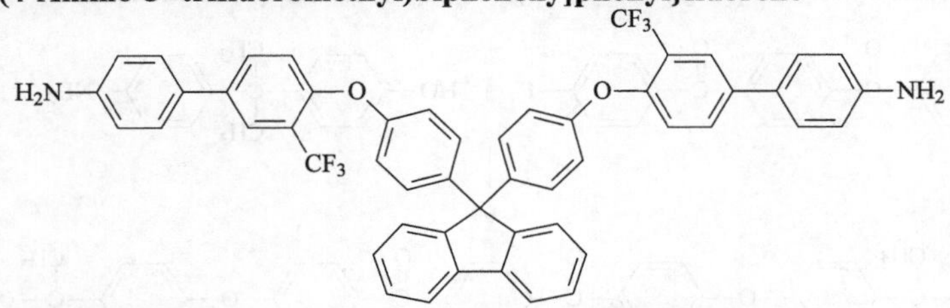

由芴双酚代替双酚 A 按〖774〗方法合成。二硝基物收率 89%，mp211℃；二胺收率
91.9%，mp 182℃。

〖777〗4,4′-双(4-氨基苯氧基-4′-苯甲酰基)二苯酮

4,4′-Bis(4-aminophenoxy-4′-benzoyl)benzophenone[460]

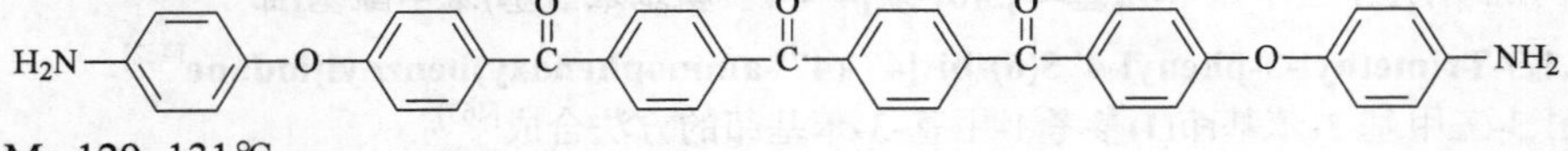

Mp 129~131℃。

〖778〗4,4′-双(4-氨基苯氧基-4′-苯甲酰基)二苯醚

4,4′-Bis(4-aminophenoxy-4′-benzoyl)diphenyl ether[460]

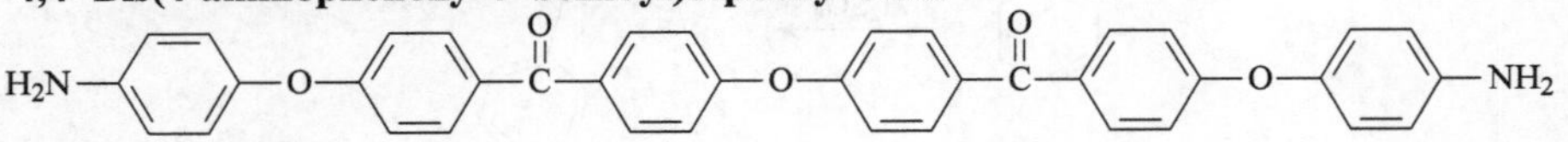

Mp 205~206.5℃。

〖779〗4,4′-双(1-氨基-5′-萘氧基)二苯砜

4,4′-Bis(1-amino-5′-naphthoxy)diphenylsulfone[461]

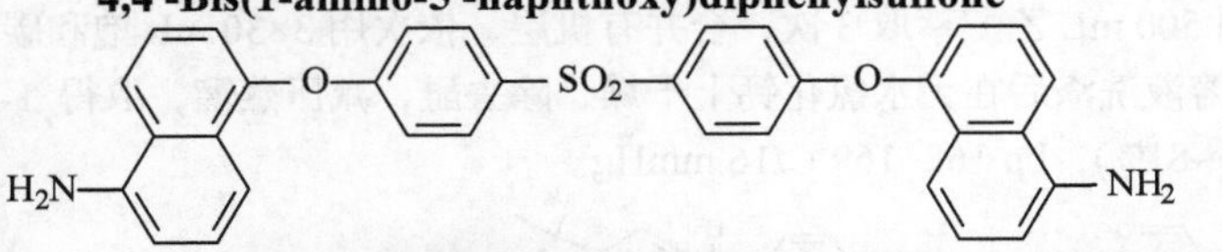

由二氯二苯砜与 5-氨基
-1-萘酚合成，收率 87%。

〖780〗1,3-双(4-氨基苯基-2-丙撑-3′-苯氧基-4′′-苯甲酰基)苯

1,3-Bis(4-aminophenylisopropylidene-3′-phenoxy-4′′-benzoyl)benzene[239]

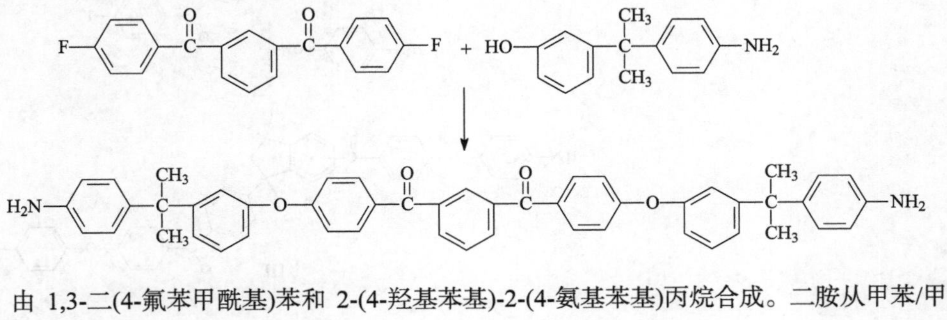

由 1,3-二(4-氟苯甲酰基)苯和 2-(4-羟基苯基)-2-(4-氨基苯基)丙烷合成。二胺从甲苯/甲醇

重结晶，得到无定形固体，收率 78%，mp 74~80℃。

〖781〗1,4-双(4-氨基苯基-2-丙撑-4′-苯氧基-4″-苯甲酰基)苯

1,4-Bis(4-aminophnylisopropylidene-4′-phenoxy-4″-benzoyl)benzene[239]

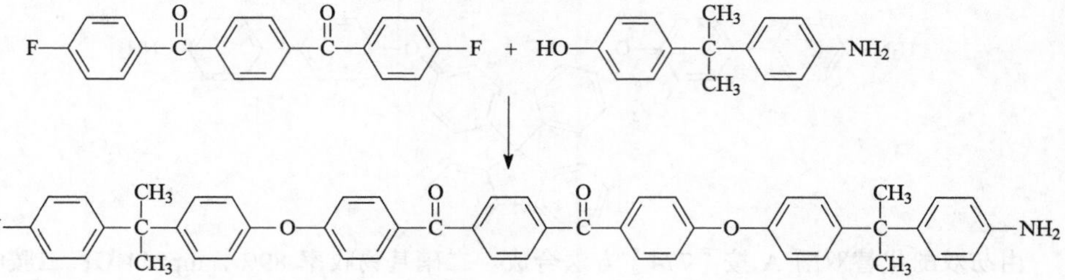

由 1,4-二(4-氟苯甲酰基)苯和 2-(4-羟基苯基)-2-(4-氨基苯基)丙烷合成。二胺从甲苯/乙醇重结晶，收率 83%，mp 129~131℃。

〖782〗1,1,3-三甲基-3-苯基-4′,5(6)-双[4″-(4‴-氨基苯氧基)苯甲酰基]茚

1,1,3-Trimethyl-3-phenyl-4′,5(6)-bis[4″-(4‴-aminophenoxy)benzoyl]indane[462]

1,1,3-三甲基-3-苯基茚(I)参考 1-甲基-3-苯基茚的方法合成[463]：

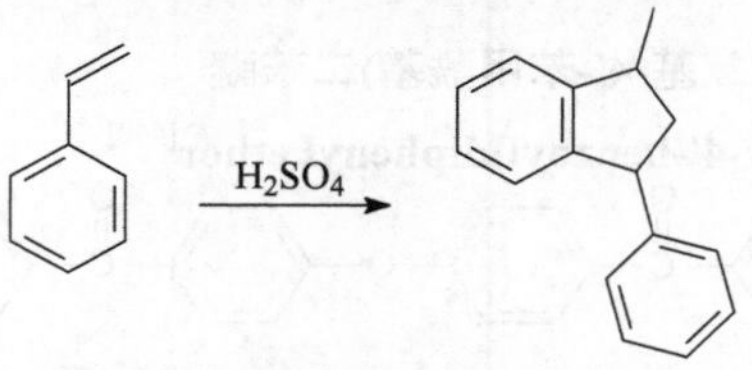

将 50 g(0.48 mol)苯乙烯加到冷却下的由 100 mL 硫酸和 100 mL 水得到的溶液中，剧烈搅拌，加热回流 4 h。再从冷凝器缓慢加入 50 mL 浓硫酸，继续反应 12 h。冷却后小心倒入 250 mL 冷水中，分层，水层用 500 mL 乙醚萃取 3 次，合并有机层，依次用 3×30 mL 饱和碳酸氢钠溶液，水及饱和氯化钙溶液洗涤后在无水氯化钙上干燥，除去醚，减压蒸馏，取得 1-甲基-3-苯基茚 38.5~40.5 g(77%~81%)，bp 168~169℃/16 mmHg。

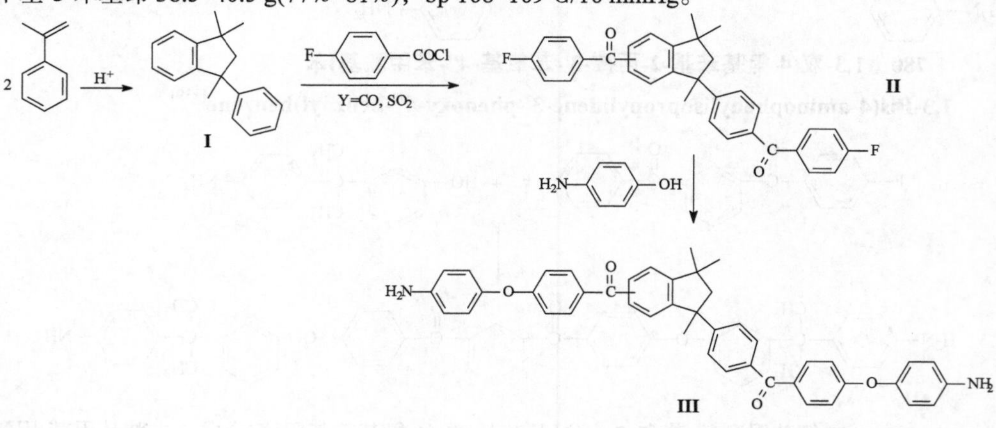

将 30.0 g(0.127 mol) 1,1,3-三甲基-3-苯基茚(I)和 50.0 g(0.257 mol)对氟苯甲酰氯溶于 100 mL 硝基苯中，缓慢加入 20.0 g(0.150 mol)AlCl₃，氮气下回流至氯化氢停止放出(大约 8 h)后倒入水中，加入浓盐酸使氢氧化铝溶解。分出有机相，依次用水、2%NaOH 及水洗涤，粗产物从乙酸乙酯/己烷(2:1)重结晶，得 II 的异构体混合物 42.2 g(60%)，mp 178℃。

将 30 g(62 mmol) II，15 g(139 mmol)4-氨基苯酚和 20 g(145 mmol)碳酸钾在 200 mL NMP 和 100 mL 甲苯的混合物中回流脱水 8 h。冷却到室温，倒入 200 mL 水中，加入 200 mL 氯仿，有机层用碳酸氢钠溶液和水洗涤，减压除去溶剂，加入 10 mL THF，再倒入水/乙醇(1：1)中，滤出沉淀，在 80℃真空干燥，得二胺 3 7g(90%), mp 145℃。

〖783〗1,1,3-三甲基-3-苯基-4′,5(6)-双[4″-(4‴-氨基苯基)苯氧基]茚

1,1,3-Trimethyl-3-phenyl-4′,5(6)-bis[4″-(4‴-aminophenyl)phenoxy]indane[464]

将 50 g 双酚 A 在 25℃加到 300 g 浓硫酸中，搅拌溶解后(大约 20 min)将溶液倒入 1.5 L 冰水中，得到淡橙色黏性固体。温度升至室温，再搅拌 1 h，过滤，用水洗涤，干燥。将产物溶于 150 mL 甲酸中，搅拌 1 h，滤出不溶物。滤液除去甲酸，得到的粗产物进行柱层析(乙酸乙酯/己烷，20：80)，得双酚(I)28.5 g (49%)，mp 197.9℃。

将 11 g (38.57 mmol)3-三氟甲基-4-氟-4′-硝基联苯, 5.171 g (19.28 mmol) I 和 13.29 g (96.43 mmol) K₂CO₃ 在 90 mL 干燥 DMF 和 90 mL 甲苯的混合物中氮气流下 110℃搅拌 3 h，除去水分，温度上升至 150℃，反应 4 h 后冷却到室温，将反应物沉淀到大量水中，得二硝基物 14.83 g (97%)，mp 161℃。

将 13 g 二硝基物和 0.4g 钯炭加到 440 mL 乙醇中回流下 1 h 内滴加入 220 mL 水合肼。继续回流 20 h，滤出催化剂，滤液在氮气下浓缩，得到的固体产物从乙醇/水中重结晶，得淡黄色二胺 10.8 g(90%)，mp 138℃。

〖784〗1,1,3-三甲基-3-苯基-4′,5(6)-双[4″-(4‴-氨基苯氧基)苯砜基]茚

1,1,3-Trimethyl-3-phenyl-4′,5(6)-bis[4″-(4‴-aminophenoxy)phenylsulfonyl]indane[462]

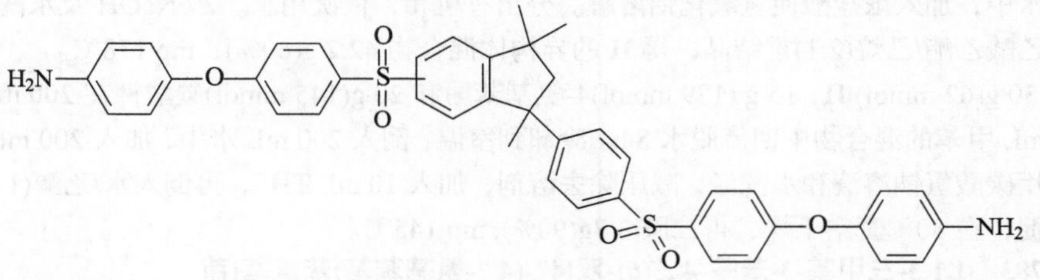

由对氟苯磺酰氯代替对氟苯甲酰氯按〖782〗方法合成。

〖785〗6-[4-(4-氨基苯氧基)苯甲酰基]-3-{4-[4-(4-氨基苯氧基)苯甲酰基]苯基}-1,3−二环己基-1-甲基茚

6-[4-(4-Aminophenoxy)benzoyl]-3-{4-[4-(4-aminophenoxy)benzoyl]phenyl}-1,3-dicyclohexyl-1-methylindane[465]

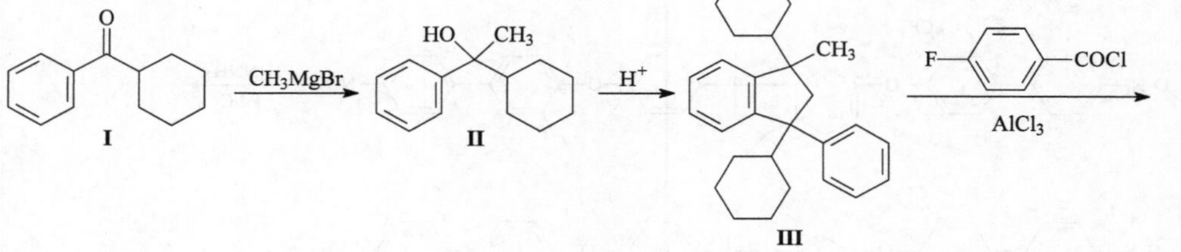

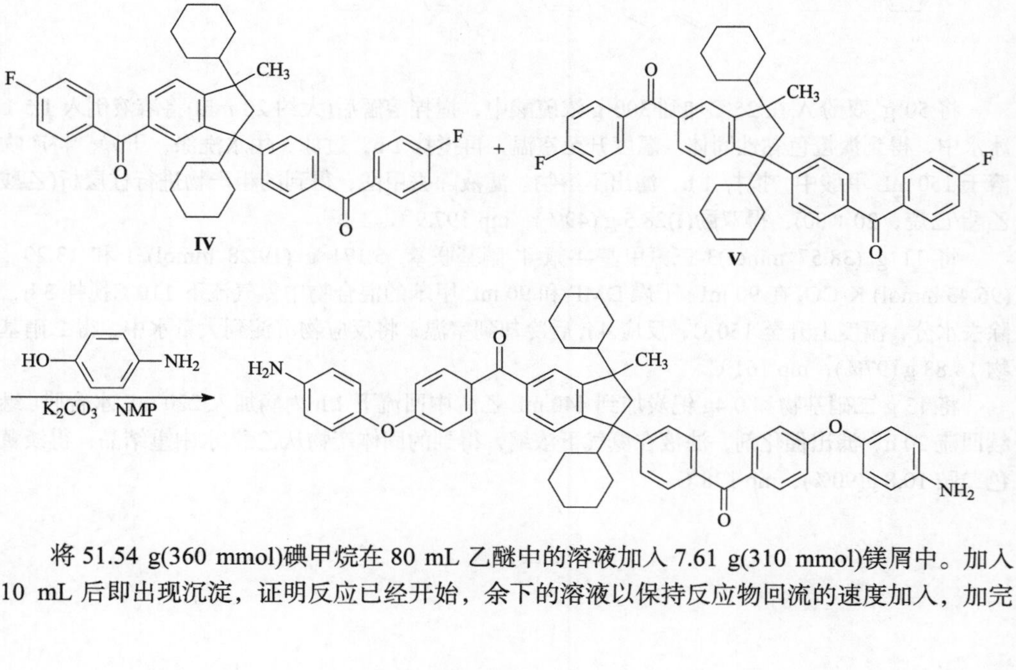

　　将 51.54 g(360 mmol)碘甲烷在 80 mL 乙醚中的溶液加入 7.61 g(310 mmol)镁屑中。加入 10 mL 后即出现沉淀，证明反应已经开始，余下的溶液以保持反应物回流的速度加入，加完

后，加热回流 30 min。将得到的格氏试剂溶液缓慢加入到 49.5 g(260 mmol)苯基环己基酮在 180 mL 干乙醚的溶液中。混合物在室温搅拌后倒入 500 mL 冰水中，水层用 100 mL 乙醚萃取 3 次，合并有机层，用饱和氯化铵溶液洗涤，除去溶剂，减压蒸馏(88~89℃/0.03 mmHg)得 1-环己基-1-苯基乙醇(II) 48.2 g(90.7%)[462]。

将 10 g(48 mmol) 1-环己基-1-苯基乙醇(II) 溶于 20 mL 1,2-二氯乙烷中，加热回流，加入 27.9 g (250 mmol) 三氟乙酸在 20 mL1,2-二氯乙烷中的溶液。保持回流 60h 后冷却，加入 100 mL 水，分出有机层，水相用 100 mL 乙醚萃取 2 次。有机相合并后用碳酸氢钠水溶液洗涤，在硫酸钠上干燥，减压除去乙醚，粗产物用柱色谱(己烷)提纯，得到无色油状物，一些反应副产物在 180℃/0.076 mmHg 下处理 75 min 除去。产物从异丙醇重结晶，得 1,3-二环基-1-甲基-3-苯基茚 (III)2.7g(15%), mp 128℃。

在 1.3 g (3.5 mmol) III, 1.24 g (7.83 mmol) 4-氟苯甲酰氯和 6 mL 无水 1,2-二氯乙烷的混合物中加入 1.24 g(7.67 mmol) 三氯化铝。在 40℃搅拌到不再有 HCl 放出(大约 8 h)，将混合物倒入 100 mL 冰水中。用盐酸调节 pH，使氢氧化铝重新溶解。分出有机层，水层用二氯甲烷萃取。有机相合并后依次用水、10%NaOH 及水洗涤。除去二氯甲烷，粗产物用柱色谱(己烷/二氯甲烷，3：7)提纯。产物在 215℃/7~2 mmHg 升华，得二氟化合物 V 930 mg(43%)，mp 108~109℃。没有发现异构体 IV。

将 760.9 mg (1.233 mmol) V, 301.83 mg (2.766 mmol) 4-氨基苯酚和 398.79 mg (2.885 mmol) 碳酸钾在 6 mL NMP 和 20 mL 甲苯中加热 8 h，除去水分和甲苯后加热到 160℃。冷却到室温，倒入 20 mL 水和 20 mL 氯仿的混合物中。分出有机相，用碳酸氢钾溶液和水洗涤，减压去除溶剂后加入 1 mL THF，溶解后倒入水/乙醇(1：1)中，滤出沉淀，在 80℃真空干燥，得二胺 637 mg (64.8%)，mp 142~143℃。

〖786〗双 [4,4′-氨基-5,5′-三氟甲基苯氧基(六氟异丙撑)苯氧基苯基] 苄腈

Bis [4,4′-amino-5,5′-trifluoromethyl phenoxy-(hexafluoroisopropylidine) phenoxy phenyl] benzonitrile [466]

将 6.7 g(0.02 mol)六氟双酚 A, 1.7 g(0.01 mol) 2,6-二氯代苯腈和 1.4 g(0.01 mol)无水碳酸钾加到 50 mL DMAc 和 60 mL 甲苯的混合物中，加热回流 4 h，除去水和甲苯后再回流 8 h，冷却后倒入 1：1500 mL 甲醇和水的混合物中，得到褐色固体，用水充分洗涤后干燥，粗产物从乙醇重结晶，收率85%，mp 164℃。

将得到的 7.7 g (0.01 mol)二羟基化合物, 3.6 g(0.02 mol) 2-氨基-5-氟三氟甲苯及 1.4 g (0.01 mol)碳酸钾加到 50 mL DMAc 和 60 mL 甲苯的混合物中，在氮气下回流 4 h，除去水和

甲苯后再回流 6 h，冷却，倒入 500 mL 水中，滤出沉淀，用水洗涤，干燥后从乙醇重结晶，二胺收率 87%，mp 182℃。

〖787〗4,4′-{2-[氧双(1-苯氧基-2,6-二甲基苯基)异丙撑](2,6-二甲基苯氧基)}苯胺[467]

4,4′-{2-[Oxybis(1-phenoxy-2,6-dimethylphenyl)isopropylidene](2,6-dimethylphenoxy)}aniline

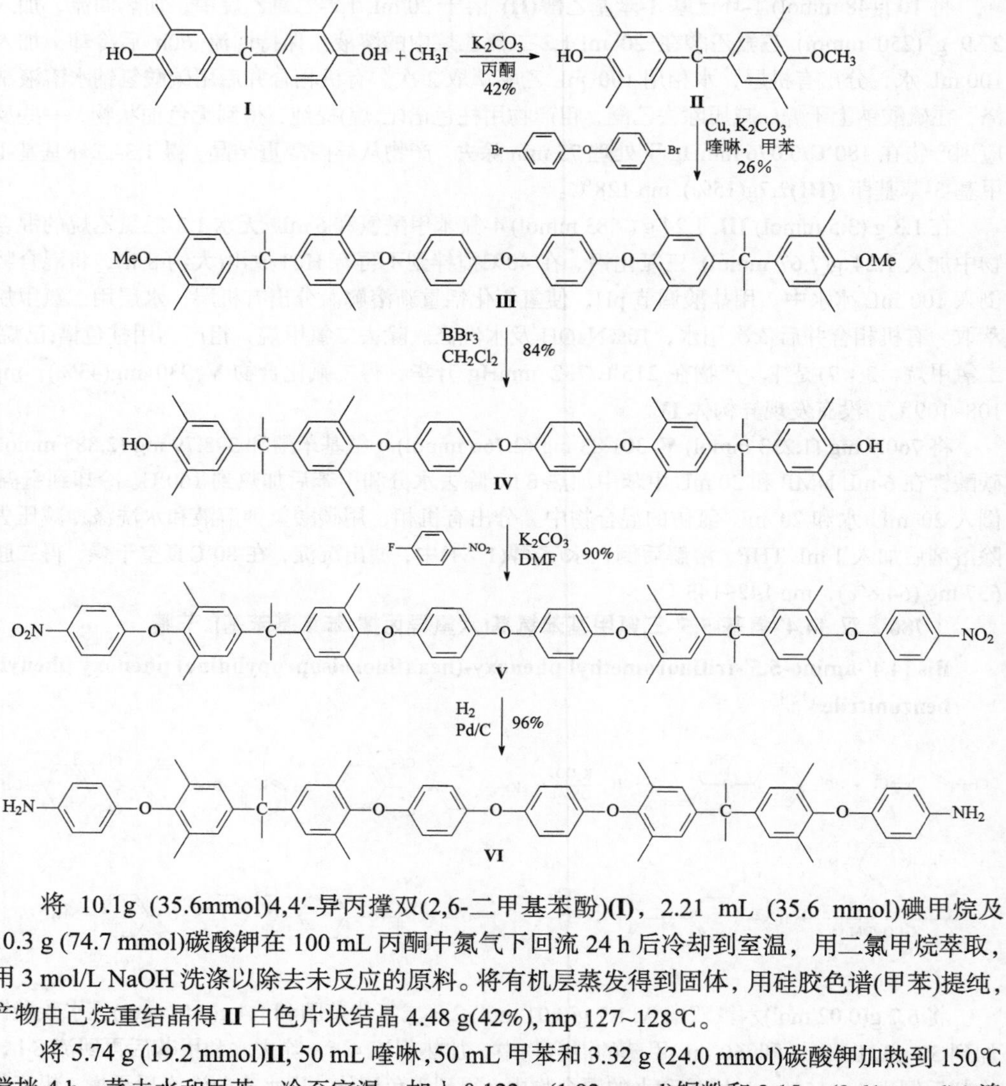

将 10.1g (35.6mmol)4,4′-异丙撑双(2,6-二甲基苯酚)(**I**)，2.21 mL (35.6 mmol)碘甲烷及 10.3 g (74.7 mmol)碳酸钾在 100 mL 丙酮中氮气下回流 24 h 后冷却到室温，用二氯甲烷萃取，用 3 mol/L NaOH 洗涤以除去未反应的原料。将有机层蒸发得到固体，用硅胶色谱(甲苯)提纯，产物由己烷重结晶得 **II** 白色片状结晶 4.48 g(42%), mp 127~128℃。

将 5.74 g (19.2mmol)**II**, 50 mL 喹啉，50 mL 甲苯和 3.32 g (24.0 mmol)碳酸钾加热到 150℃ 搅拌 4 h，蒸去水和甲苯，冷至室温，加入 0.122 g (1.92 mmol)铜粉和 3.15 g (9.61 mmol)4-溴二苯醚，在氮气下加热至 200℃反应 72 h。冷却到室温，用二氯甲烷萃取，以 1 mol/L 盐酸洗涤后除去有机溶剂，油状残留物经硅胶色谱(甲苯)纯化，得到 **III** 油状产物 1.90 g(26%)。

将 1.90 g (2.49 mmol)**III** 在干燥的二氯甲烷中冷至-78℃，加入 9.97 g (9.97 mmol)BBr₃，2 h

内回暖到室温，冰浴冷却，缓慢加入去离子水，分出有机层，水相用 20mL 二氯甲烷萃取 2 次，合并有机层，用 50 mL 水洗涤 1 次，硫酸镁干燥，浓缩，粗产物经硅胶色谱(二氯甲烷/正己烷 = 4/1)纯化，得到固体产物 **IV** 1.53 g(84%)，mp 97~99℃。

将 1.50 g (2.04 mmol)**IV**, 0.47 g (4.47 mmol)4-对氟-1-硝基苯和 0.618 g (4.47 mmol)碳酸钾在 30 mL 干燥的 DMF 中回流 14 h 后冷却到室温，倒入水中滤出沉淀，经硅胶色谱(甲苯)纯化，得 **V** 1.80 g(90%)，mp 126~129℃。

将 1.76 g (1.80 mmol)**V** 和 0.078 g 10%Pd/C 加到 20 mL DMAc/乙醇(3/1)中，在 20℃下加氢反应 16 h 后，滤出催化剂，滤液倒入水中，过滤，得二胺 1.58 g(96%)，mp 123~126℃。

2.17　硫醚二胺类

〖788〗4,4′-二氨基二苯硫醚　Thiodianiline(SDA)

商品，mp 105~107℃。
由对氨基苯硫酚与对氯硝基苯合成。

〖789〗4,4′-二氨基二苯二硫醚　4,4′-Dithiodianiline

商品，mp 77~78℃。

〖790〗1-(4′-氨基苯氧基)-4-(4′-氨基苯硫基)苯

1-(4′-Aminophenoxy)-4-(4′-aminophenylenesulfanyl)benzene[468]

将 34.66 g(0.22 mol)对氯硝基苯, 12.62 g (0.10 mol)对羟基苯硫酚和 31.79 g(0.23 mol)无水碳酸钾加到 200 mL DMF 中。混合物在氮气下加热回流 24 h，真空蒸馏去除溶剂后倒入水中，滤出沉淀，用水洗涤，100℃真空干燥 24 h。将得到的黄色粉末从乙二醇单甲醚中重结晶，得二硝基物 25.2 g(68.3%)，mp 200.9℃。

将 15.92 g(0.043 mol)二硝基物和 1.2g 10%Pd/C 加到 180 mL 无水乙醇中，加热回流，在 1.5 h 内滴加 90 mL 水合肼。加完后继续回流 24h，趁热过滤，滤液冷却后加入去离子水 100 mL，滤出针状结晶，用冷乙醇洗涤后 80℃真空干燥，二胺从乙醇/水(7：3)重结晶，得二胺 10.58 g

(79.4%)，mp 126.8℃。

〖791〗4,4′-双(4-氨基四氟苯基)硫醚　4,4′-Bis(4-aminotetrafluoropnehyl)sulfide[469]

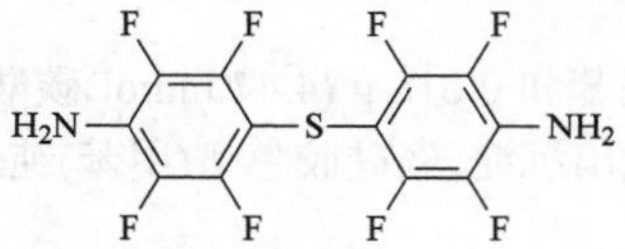

由五氟硝基苯与硫化钠合成。

〖792〗3-(4-氨基苯硫基)-N-氨基酞酰亚胺

3-(4-Aminophenylthio)-N-aminophthalimide[470]

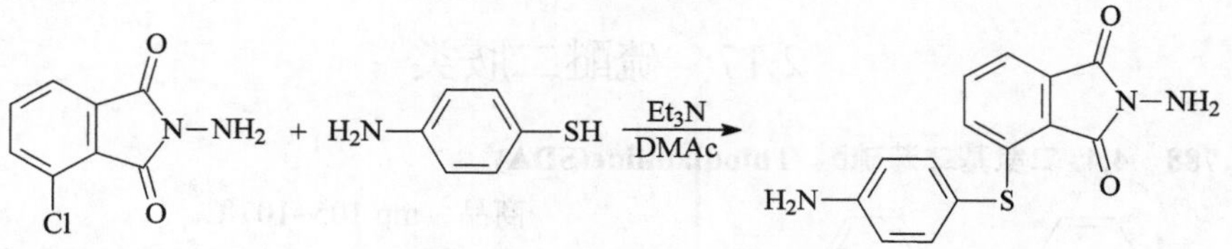

将 19.66 g (0.10 mol) 3-氯-N-氨基酞酰亚胺，12.50 g (0.10 mol)4-氨基苯硫酚和 11.31 g (0.11 mol)三乙胺加到 150 mL DMAc 中，在氮气中 90℃搅拌 12 h。冷却到室温，倒入 1 L 水中，滤出黄色沉淀，用 0.25 mol/L 氨水洗涤 3 次，再用水洗涤。从乙腈重结晶，得二胺淡黄色针状结晶 19.38 g (68%)，mp 231~233℃。

〖793〗p-三苯二硫醚二胺　1,4-Bis(4-aminophenylthio)benzene[471]

由对二溴苯与对氨基苯硫酚合成，也可以用对苯二硫酚与对硝基氯苯合成二硝基物后还原得到。

〖794〗9,10-双(m-氨基苯硫基)蒽　9,10-Bis(m-aminophenylthio)anthracene[472]

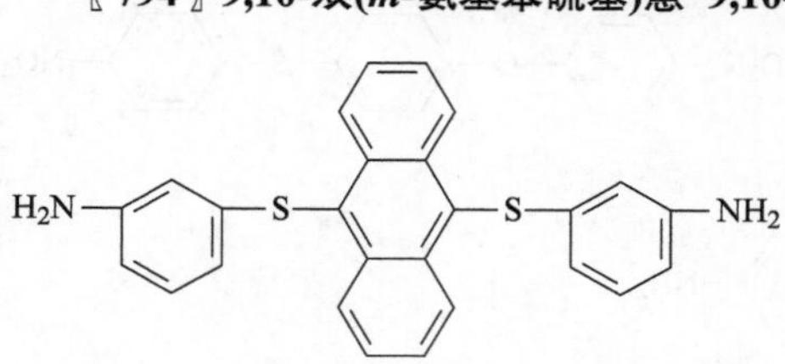

〖795〗4,5-双(4-氨基苯硫基)-N-乙基酞酰亚胺

4,5-Bis(4-aminophenylmercapto)-N-ethylphthalimide[473]

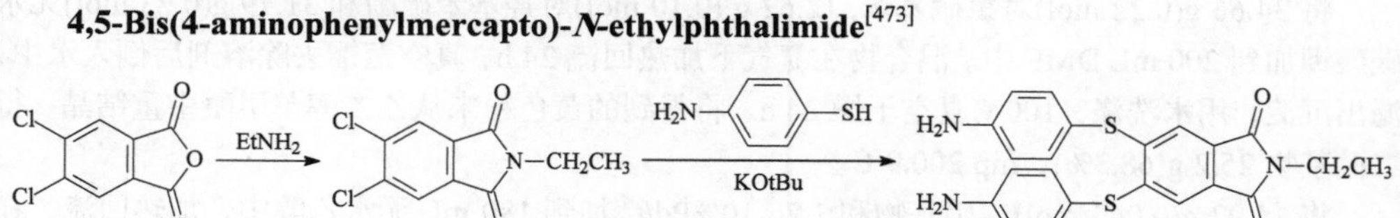

将 100 g(0.8 mol)硫基苯胺溶于 200 mLDMF 中，加入 92 g(0.8 mol)特丁醇钾，完全溶解后加入 9.8 g(40 mmol)N-乙基-4,5-二氯代酞酰亚胺，在 20℃搅拌 20 h，80℃搅拌 2 h，冷却后

倒入水中，滤出二胺。产率 71%，mp >250℃。

〖796〗4,5-双(4-氨基苯硫基)-N-己基酞酰亚胺

4,5-Bis(4-aminophenylmercapto)-N-hexadecylphthalimide[473]

由十六胺按〖795〗方法合成，产率 85.5%，mp 198~207℃。

〖797〗4,5-双(4-氨基苯硫基)-N-(N'-二甲基氨基乙基)酞酰亚胺

4,5-Bis(4-aminophenylmercapto)-N-(N'-dimethylaminoethyl) phthalimide[473]

由 N,N-二甲基乙二胺按〖795〗方法合成，产率 82%，mp 252~254℃。

〖798〗4,5-双(4-氨基苯硫基)-N-苯基乙基酞酰亚胺

4,5-Bis(4-aminophenylmercapto)-N-phenylethylphthalimide[473]

由 N-苯基乙二胺按〖795〗方法合成，产率 75%，mp 260~263℃。

〖799〗p-四苯三硫醚二胺 **4,4'-Thiobis (p-phenylenesulfanyl)aniline**[471,474]

将 13.86 g (0.088 mol)对氯硝基苯，10.02 g (0.04 mol)4,4'-二苯硫醚二硫酚和 12.72 g (0.092 mol)无水碳酸钾加到 100 mL DMF 中，混合物回流 24 h，减压除溶剂后倒入水中，滤出沉淀，用水洗涤，在 100℃真空干燥 24 h，从 2-甲氧基乙醇中重结晶，得淡黄色粉末 16.9 g (86.1%)，mp 137~138℃。

将 13.7 g(0.028 mol)二硝基物加到 100 mL 无水乙醇中，再加入 1.2 g 10%钯炭黑，混合物加热回流，在 1.5 h 内滴加入用 20 mL 乙醇稀释的 60 mL 水合肼，加完后在回流 24 h，趁热过滤，去除催化剂，滤液冷至室温，滤出针状结晶，用冷乙醇洗涤，在 80℃真空干燥过夜，得二胺 10.2 g(84%)，mp 142~143℃。

〖800〗4,4′-双(4-氨基苯硫基)二苯酮 4,4′-Bis[(4-amino)thiophenyl] benzophenone[475]

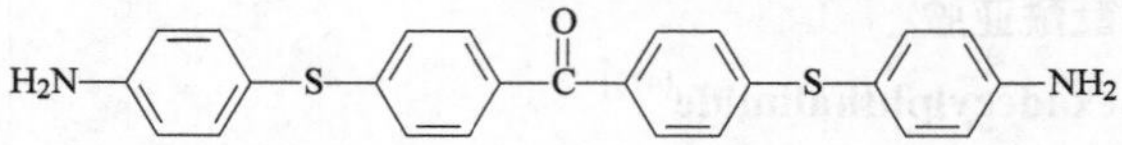

由二氯二苯酮按〖801〗方法合成。

〖801〗4,4′-双(4-氨基苯硫基)二苯砜 4,4′-Bis(p-aminophenylene thio)diphenyl sulfone[476]

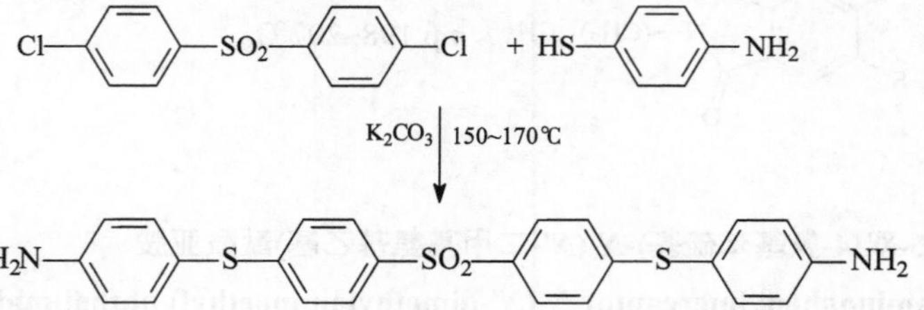

将 7.2 g(25 mmol)二氯二苯砜，7.5 g(60 mmol)对巯基苯胺和 4.2 g(30 mmol)碳酸钾在 150℃搅拌 1 h，170℃搅拌 2 h，冷却后加入 100 mL 乙醇，回流 0.5 h，再冷却后倒入 200 mL 水中，滤出沉淀，水洗，从 70%乙醇中重结晶得 I 8 g(69%)，mp 217~218℃。

〖802〗9,9′-双(4-氨基苯基-硫基苯基)芴

9,9′-Bis[4-(p-aminophenyl)sulfanyl phenyl]fluorene[477]

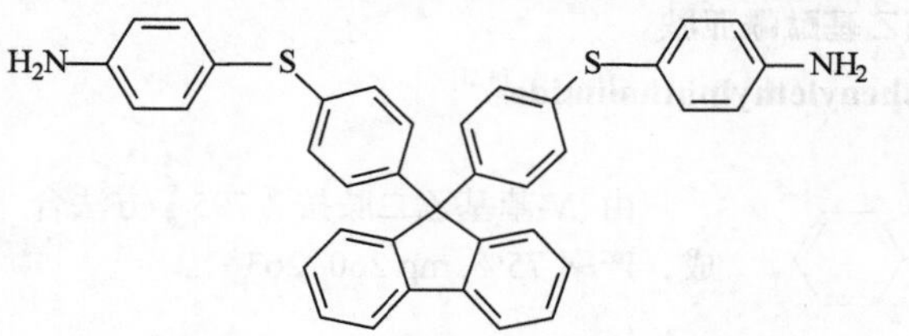

由 9,9-双(4-巯基苯基)芴和对氯硝基苯合成。二硝基物从 DMF/乙醇(1∶1)重结晶，收率 86%，mp 239℃；二硝基物用水合肼钯炭黑还原，收率 67%，mp 216.3℃。

〖803〗2,5-双(4-氨基苯硫基)噻吩 2,5-Bis[(4-aminophenyl) sulfanyl]thiophene[478]

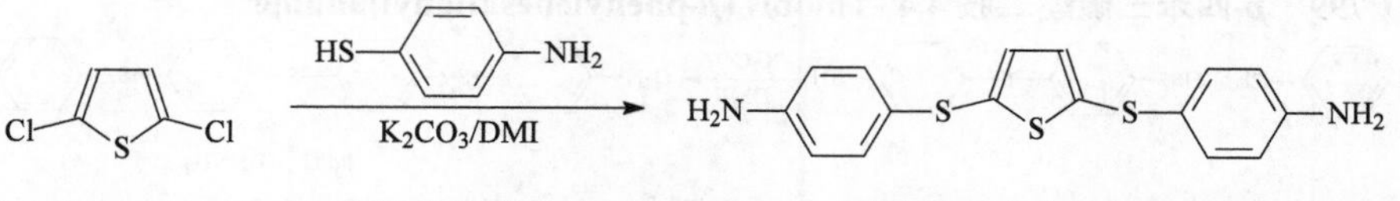

将 9.39 g(0.075 mol)对氨基苯酚，5.39 g(0.039 mol)无水碳酸钾加到 30 mL DMI 和 50 mL 甲苯的混合物中，加热到 140℃搅拌 4 h 除去水和甲苯。然后冷至 120℃，滴加入 4.59 g(0.03 mol) 2,5-二氯噻吩在 10 mL DMI 中的溶液。反应完成后倒入 250 mL 冷水中，得到褐色油状物，数小时后酸化，弃去上面水层，再加入水，将固体粉碎，用水洗涤得到粗产物。从乙醇重结晶(活性炭脱色)，得到白色结晶 7.92 g(80%)，mp 128.8℃。

〖804〗2,8-双(p-氨基苯硫基)二苯并噻吩

2,8-Bis(p-aminophenylenesulfanyl)dibenzothiophene[479]

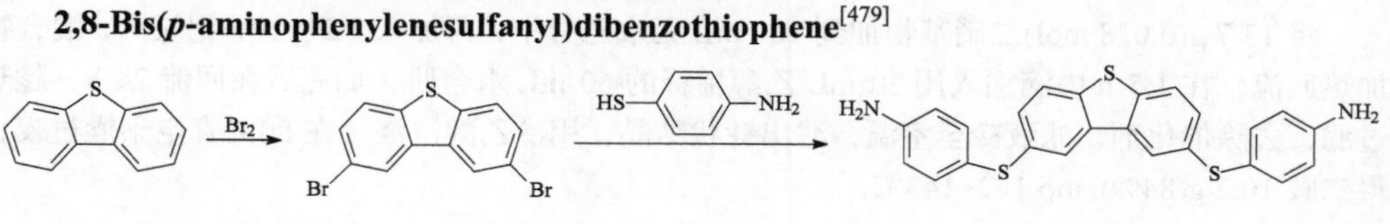

冷却下 15 min 内向 20 g (0.109 mol) 二苯并噻吩在 35 mL 二硫化碳的溶液中加入 22 mL (0.212 mol)溴。室温反应 1 h，滤出固体，用乙醇洗涤，粗产物从乙酐中重结晶得到 2,8-二溴二苯并噻吩白色晶体 20.3 g (54.6%)，mp 224.4℃。

将 9.39 g (0.075 mol)对氨基硫酚，5.39 g (0.039 mol)无水 K_2CO_3，30 mL DMI 和 50 mL 甲苯在氮气下 140℃搅拌 4 h 以脱去水分，再蒸去甲苯，冷却到 120℃，加入 10.26 g (0.03 mol) 2,8-二溴噻吩和 15 mL DMI。混合物在 170℃反应 12 h，冷却后倒入 300 mL 水中，得到淡褐色固体。滤出固体，与 100 mL 乙醇共沸 1 h，得到白色二胺，在 80℃真空干燥过夜，得二胺 11.7 g (90.6%)，mp 208.7℃。

〖805〗2,5-双(4-氨基苯硫基)硒吩 2,5-Bis(4-aminophenylsulfanyl)selenophene[478]

氮气下将 2.61 g (20.4 mmol) 对氨基苯酚，15 mL 喹啉，15 mL 甲苯及 3.47 g (25.1 mmol)碳酸钾加热到 150℃搅拌 4 h，除去水和甲苯后加入 0.066 g (1.04 mmol)铜粉和 2.95 g (10.20 mmol) 2,5-二溴硒吩，加热到 200℃搅拌 24 h。冷却到室温滤去铜粉，滤液用二氯甲烷和水萃取。蒸去溶剂，粗产物用二氯甲烷层析后从乙醇重结晶，得淡黄色结晶 1.94 g (50.5%)，mp104.2℃。

〖806〗2,7-双(4-氨基苯基硫基)噻蒽 2,7-Bis(4-aminophenylenesulfanyl)thianthrene[480]

将 25.16 g (0.196 mol) 4-氟苯硫酚加到 290 mL 20% SO_3 发烟硫酸中，溶液逐渐由蓝变紫，反应 22 h 后倒入 500 mL 冰水中，得到褐色沉淀。用 4×300 mL 二氯甲烷萃取，萃取液合并，用硫酸镁干燥。去除溶剂，得到灰色固体。将粗产物溶于 500 mL 沸乙酸中，加入 11.5 g30 目锌粉，回流 18 h。趁热滤出滤锌粉，加入 500 mL 水，滤出沉淀，用水洗涤，真空干燥 2 天，得白色固体 10.26 g(41.4%)。在 80℃/0.05 mmHg 减压升华得到 2,7-二氟噻蒽白色晶体，mp 153.7～154.0℃[481]。

将 9.39 g (75 mmol)对氨基苯酚和 5.39 g (39 mmol)无水碳酸钾加到 30 mL NMP 和 50 mL 甲苯的混合物中，加热回流 4 h，除去水分和残留的甲苯后冷却到 120℃，加入 7.57g (30 mmol) 2,7-二氟噻蒽在 15 mL NMP 中的溶液，反应物加热到 170℃，搅拌 12 h。冷却到室温，倒入 500 mL 水中，滤出沉淀，用水洗涤。得到的固体在 250 mL 乙醇中回流 1 h，趁热过滤。淡黄色的固体用冷乙醇洗涤后在 80℃真空干燥过夜，得二胺 10.34 g (74.5%)，mp 185.2℃。

〖807〗4,4′-硫双[3-甲基-4-氨基苯硫基]二苯硫醚

4,4′-Thiobis[3″-methyl-4″-(pphenylenesulfanyl)aniline][482]

以 5-氯-2-硝基甲基苯代替 4-溴-2,4-二甲基硝基苯，按〖808〗方法合成，二硝基物从甲氧基乙醇重结晶，收率 75.0%，mp 115℃；二胺收率 74.5%，mp 117℃。

〖808〗4,4′-双(2, 6-dimethyl-4-氨基苯硫基)二苯硫醚

4,4′-Thiobis[2″, 6″-dimethyl-4″-(p-phenylenesulfanyl)aniline][482]

在-15℃下将 4.48 mL(6.8 g, 1 N) 96%硝酸滴加到 20 g (0.108 mol) 1-溴-3,5-二甲苯中,室温搅拌 6 h 后倒入水中,用二氯甲烷萃取, 除去溶剂, 得到 4-溴-2,6-二甲基硝基苯和 6-溴-2,4-二甲基硝基苯, 2 个异构体用柱色谱(乙酸乙酯/己烷, 1:15)分离。从乙醇重结晶, 得到 4-溴-2,6-二甲基硝基苯(I)白色结晶 3.73 g (15%), mp 67℃。

将 3.5 g (15.2 mmol)I, 1.73 g (6.92 mmol)二巯基二苯硫醚和 2.27 g (15.23 mmol) 碳酸铯加到 30 mL DMSO 中。氮气下混合物在 140℃搅拌 12 h 后过滤, 减压蒸去溶剂, 粗产物用柱色谱(二氯甲烷)提纯后从二氯甲烷重结晶, 得 II 2.32 g (61.4%), mp 120℃。

将 2 g (36.4 mmol)II 和 0.20 g 10%Pd/C 加到 15 mL 乙醇中。加热回流,1.5 h 内滴加入 6 mL 水合肼, 混合物回流 24 h, 趁热过滤, 滤液冷却到室温, 滤出沉淀, 用冷乙醇洗涤, 80℃真空干燥, 得二胺 1.25 g (70.6%), mp 73.3℃。

〖809〗p-五苯四硫醚二胺

1,4-Bis[(4-aminophenylenesulfanyl)-4-phenylenesulfanyl]benzene[471]

〖810〗以氨基封端的聚苯硫醚[471]

将 83.8 g(0.45 mol)六水硫化钠在 600 mL NMP 中氮气下加热到 200℃脱水后, 加入 172 g (0.5 mol)4,4′-二溴二苯硫醚, 混合物在 200℃反应 3 h, 冷却后倒入 1.5 L 水中, 过滤, 依次用水和甲醇洗涤, 再用氯仿萃取 24 h, 得 70 g, 溴含量为 11%, 产物相对分子质量为 1454。

将以溴封端的聚苯硫醚, 对氨基硫酚及碳酸钾在 N,N-二甲基苯甲酰胺中加热到 220℃反应 4 h, 冷却后倒入水中, 过滤, 用水和甲醇洗涤, 用甲醇萃取 24 h, 得二胺。

〖811〗1,6-双(*p*-氨基苯硫基)-3,4,8,9-四氢-2,5,7,10-四硫杂蒽[483]

1,6-Bis(*p*-aminophenylsulfanyl)-3,4,8,9-tetrahydro-2,5,7,10-tetrathiaanthracene

将 13.2 g (0.57 mol)金属钠缓慢加到 44.1 g (0.57 mol)2-丙硫醇在 250 mL DMF 的溶液中，室温搅拌 24 h。所有的钠溶解后，加入 24.6 g (0.11 mol)均四氯苯，混合物在 150℃搅拌 5 h 后倒入冰中。滤出白色固体用水洗涤，从甲醇中重结晶，1,2,4,5-四(2-丙硫基)苯(**I**)收率 82.4%，mp 81.5℃。

将 15.0 g (40.0 mmol)**I** 和 5.00 g (200 mmol)金属钠加到 150 mL 吡啶中。混合物在 110℃搅拌 5h 后冷却到-10℃。加入 30.1 g (160 mmol)二溴乙烷，室温搅拌 12 h 后倒入水中。沉淀用水和甲醇洗涤，粗产物用柱层析(二氯甲烷/己烷，5:1)提纯，得到 2,3,7,8-四氢-1,4,6,9-四硫杂蒽(**II**) 白色结晶，收率 30.9%，mp 224.5℃。

室温下，30 min 内在 2.00 g (7.73 mmol)**II** 的 20 mL 二硫化碳的溶液中加入 1.59 mL (30.9 mmol)溴。氮气下混合物在室温搅拌 24 h。滤出固体，用乙醇洗涤，粗产物从甲苯重结晶，得到 1,4-二溴-3,4,8,9-四氢-2,5,7,10-四硫杂蒽(**III**) 绿色产物，收率 71.4%，mp 306℃。

将 1.74 g (12.6 mmol)碳酸钾加到 1.32 g (10.5 mmol) 对氨基苯硫酚在 10 mL 喹啉和 10 mL 甲苯的溶液中。氮气下混合物在 140℃ 搅拌 4 h，除去水分和残留的甲苯。在该悬浮液中加入 0.033 g(0.520 mmol)铜粉和 2.00 g(4.80 mmol)**III**。氮气下混合物在 200℃反应 24 h。冷却后用二氯己烷萃取，并用乙醇洗涤。溶剂挥发后残留固体从吡啶重结晶，得到褐色二胺，收率 49.5%，mp 301℃。

2.18　二苯砜二胺类

〖812〗4,4′-二氨基二苯砜

商品，mp 175~177℃。

参考〖814〗的方法，由 4,4′-二苯硫醚二胺乙酰化后用过氧化氢氧化，再水解得到。

〖813〗3,3′-二氨基二苯砜

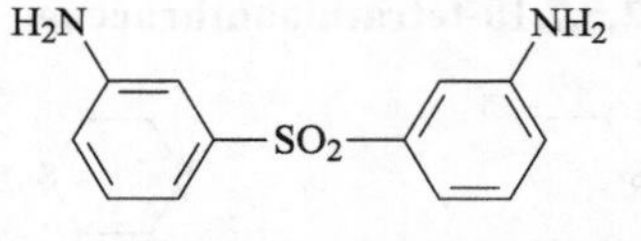

商品，mp 170~173℃。

参考〖814〗的方法，由 3,3′-二苯硫醚二胺乙酰化后用过氧化氢氧化，再水解得到。

〖814〗4,4′-双(p-氨基苯基砜基)二苯砜

4,4′-Bis(p-aminophenylene sulfonyl)diphenyl sulfone[476]

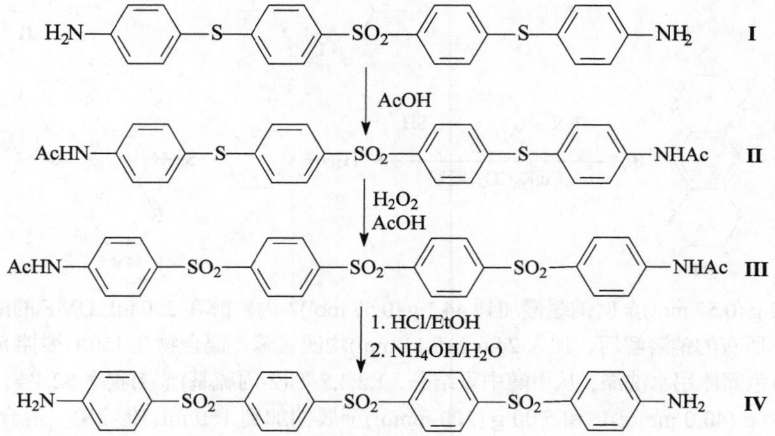

将 4.6 g (10 mmol) **I**(见〖801〗)在 25 mL 乙酐中回流 2 h 后倒入水中，滤出沉淀，干燥，得二乙酰化物 **II** 5 g(91.3%), mp 122~124℃。

将 5.5 g (10 mmol)**II** 在含有 10 g(90 mmol)30%过氧化氢的 25 mL 冰乙酸中在 25℃反应 24 h，倒入 500 mL 水中，滤出沉淀，水洗，干燥得 **III** 4.2 g(68%)，mp >250℃。

将 6.1 g (10 mmol)**III** 在 80 mL 乙醇和 10 mL 浓盐酸中回流 3 h，得二胺盐酸盐，滤出，用冷乙醇洗涤后加入到 400 mL 水中，用氨水调节到 pH 8，得二胺 **IV**，从 70%乙醇重结晶，得 2.5 g(50%)，mp 228~230℃。

〖815〗2,7-双(4′-氨基苯硫基)硫蒽-5,10-四氧化物

2,7-Bis(4′-aminophenylenesulfanyl)thianthrene-5,10-tetraoxide[484]

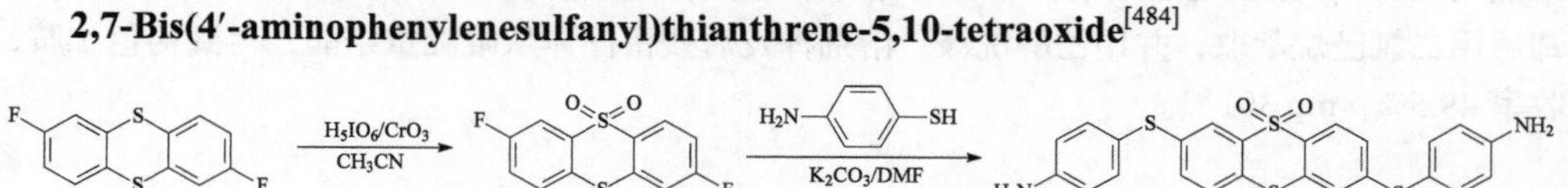

将 7.22 g (31.68 mmol) H_5IO_6 在室温下溶于 120 mL 乙腈中，加入 15 mg (0.16 mmol) CrO_3，混合物搅拌 30 min 后加入 1.00 g (3.96 mmol) 2,7-二氟噻蒽在 20mL 乙腈中的溶液，室温反应 5 h。滤出粗产物，用甲醇洗涤，从 DMF/水(5/1)重结晶，得到 2,7-二氟噻蒽-5,10-四氧化物白色结晶 1.06 g(85%)，mp 270℃。

将 l0.92 g (7.37 mmol)对氨基硫酚和 1.22 g (8.85 mmol) 碳酸钾加到 10 mL DMF 中，再加

入 1.06 g (3.35 mmol) 2,7-二氟噻蒽-5,10-四氧化物，室温反应 5h，倒入水中，滤出沉淀，用甲醇洗涤，从甲氧基乙醇/水(10/1)重结晶，得到二胺淡黄色结晶 1.40 g(79.5%)，mp 261℃。

〖816〗以氨基封端的聚苯醚砜[485]

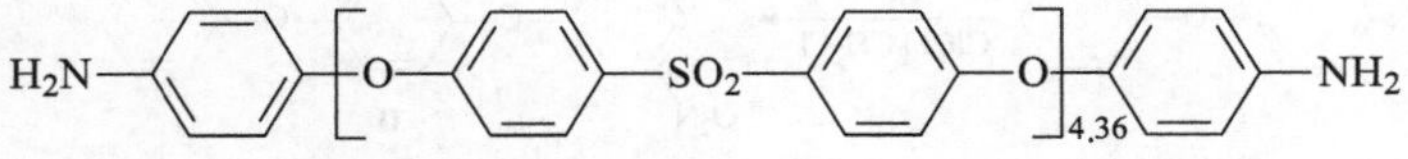

2.19 带磺酸基团的二胺

〖817〗对苯二胺磺酸 2,5-Diaminobenzenesulfonic acid

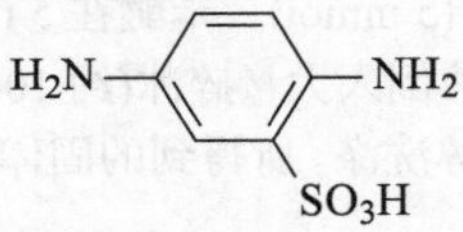

商品，mp 298~300℃(dec)。

〖818〗2,4-二氨基苯磺酸 2,4-Diaminobenzenesulfonic acid

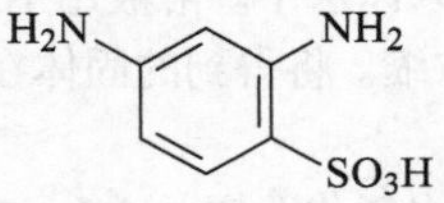

商品。

〖819〗3-(2′,4′-二氨基苯氧基)丙烷磺酸盐酸盐
3-(2′,4′-Diaminophenoxy)propane sulfonic acid hydrochloric acid salt [486]

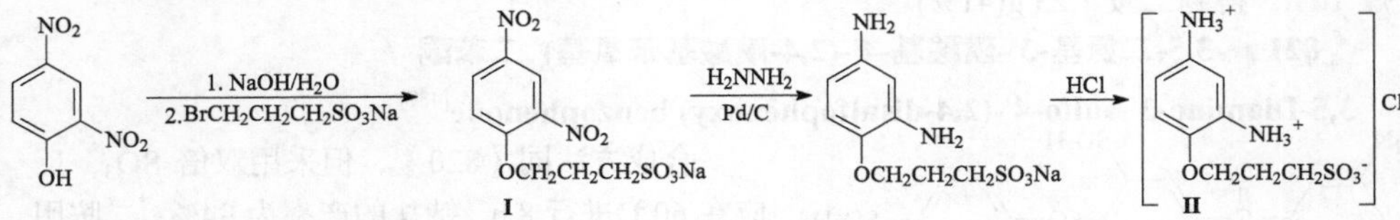

将 1.84 g(10.0 mmol) 2,4-二硝基苯酚溶于 10 mL DMF 中，氮气下搅拌，加入 0.40 g (10.0 mmol) NaOH 在 0.6 mL 水中的溶液。混合物在室温搅拌 30 min 后加入 15 mL 甲苯。加热回流 2 h 除去产生的水分。将反应物冷却到室温，一次加入 2.25 g (10.0 mmol) 3-溴丙烷磺酸钠，混合物在 110℃加热 48 h 后冷却到室温，过滤，滤液减压去溶剂，得到的固体真空干燥。粗产物从乙醇/水(2∶1)重结晶，得 I 1.60g(48%)，mp 171℃。

将 1.64 g(5.0 mmol) I, 6 mL 水和 6 mL 乙醇在氮气下搅拌，加入 0.1 g Pd/C。加热到 90℃，滴加入 4 mL 水合肼，继续反应 20 h。冷却到室温，将反应物滤到 6mL 浓盐酸中，滤液倒入 100 mL 丙酮中，滤出沉淀，用丙酮洗涤，在 60℃真空干燥 20 h，得盐酸盐 1.31 g(92%)，mp 211.6℃。

〖820〗3,5-二氨基-3′-磺酸基-4′-(4-磺酸基苯氧基) 二苯酮

3,5-Diamino-3′-sulfo-4′-(4-sulfophenoxy) benzophenone[487]

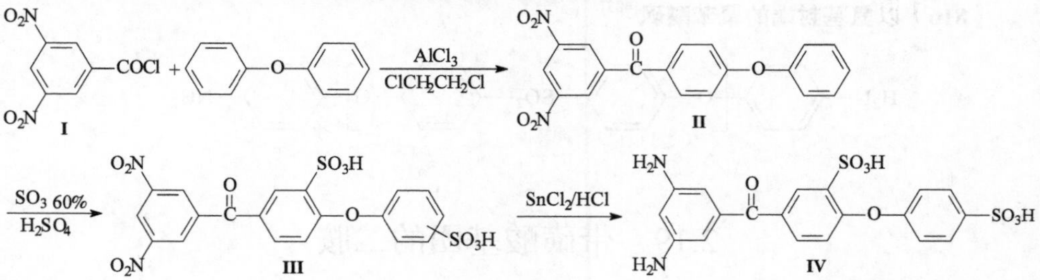

将 7 g (5.25 mmol)AlCl₃ 在 25 mL 二氯乙烷中冷却到-10℃，加入 11.5 g (5 mmol)3,5-二硝基苯甲酰氯。保持在 0℃下，通过滴液漏斗在 1 h 内滴加入 8.5 g (5 mmol)二苯醚在 5 mL 二氯乙烷中的溶液，加完后自然升温到 30℃，搅拌过夜，将红色溶液倒入大量碎冰(约 100 g，加有数滴盐酸)中。滤出沉淀，用水洗涤到中性后再用 100 mL 热乙醇洗涤。所得到的固体在 60℃真空干燥 6 h，得 4-(3,5-二硝基苯甲酰基)二苯醚(II)11.9 g(65%)。

将 7.28 g (20mmol)II 缓慢加入用冰浴冷却的 8 mL 浓硫酸中。当 I 完全溶解后滴加入 4 mL 发烟硫酸(60% SO₃)。在 0℃搅拌 30 min，40℃搅拌 6 h，然后倒入冰水中。溶液用 10%NaOH 中和后浓缩至干，固体用 DMSO 萃取，滤出不溶的固体，滤液浓缩。将得到的固体在 80℃真空干燥 10 h，得到磺酸钠盐 III 4.2 g(90%)。

氮气保护下在 2.47 g (4.34 mmol)III，10.1 g(43.4 mmol)二水氯化亚锡，43.5 mL 乙醇和 8.7 mL 水的混合物中，加入 7.65 mL (43.5 mmol)盐酸，混合物在 30℃搅拌 4 h。滤出沉淀，溶解于 NaOH 溶液中，过滤，滤液用盐酸酸化，滤出沉淀，用水和乙醇洗涤，在 60℃下真空干燥 10 h，得到二胺 1.23 g(41%)。

〖821〗 3,5-二氨基-3′-磺酸基-4′-(2,4-磺酸基苯氧基) 二苯酮

3,5-Diamino-3′-sulfo-4′-(2,4-disulfophenoxy) benzophenone[487]

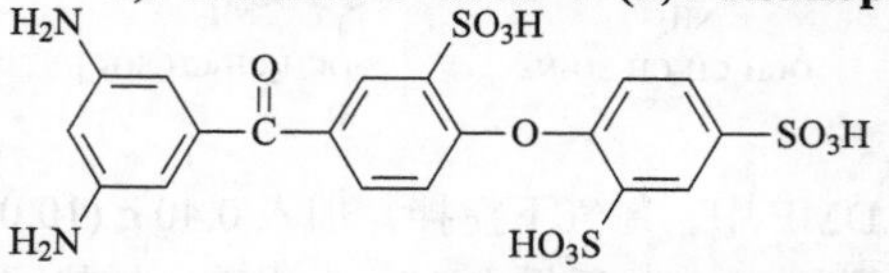

合成方法同〖820〗，但采用双倍 SO₃，反应在 60℃进行 8 h，钠盐的产率为 94%；二胺用水/乙醇(3∶2)重结晶，产率 70%。

〖822〗2-(3,5-二氨基苯基)苯并咪唑-5-磺酸

2-(3,5-Diaminophenyl)benzimidazole-5-sulfonic acid [488]

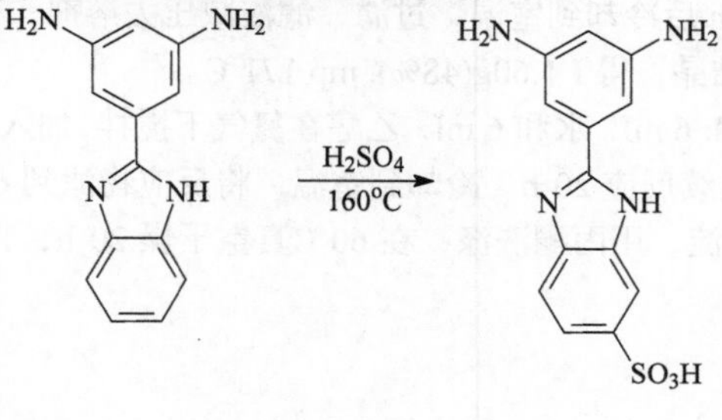

将 8 mL 98%硫酸在室温下与 7.66 g (0.034 mol)二胺〖118〗混合，加热到 160℃反应 8 h 后冷至室温，倒入 100 mL 冰冷的水中，滤出白色沉淀，从大量水中重结晶，得产物 4.31 g(39%)，分解前没有测得熔点。

〖823〗联苯胺-2,2′-二磺酸 Benzidine-2,2′-disulfonic acid

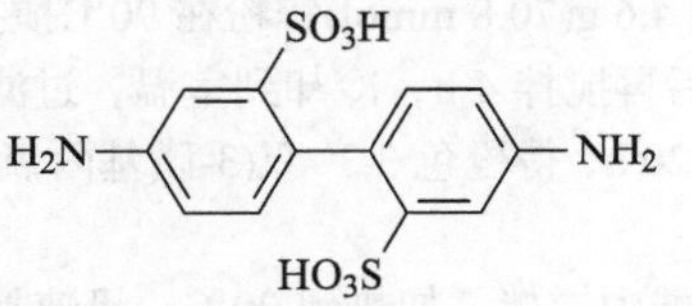

商品。

〖824〗3,3′-双(磺基甲基)联苯胺 3,3′-Bis(sulfomethyl)benzidine[489]

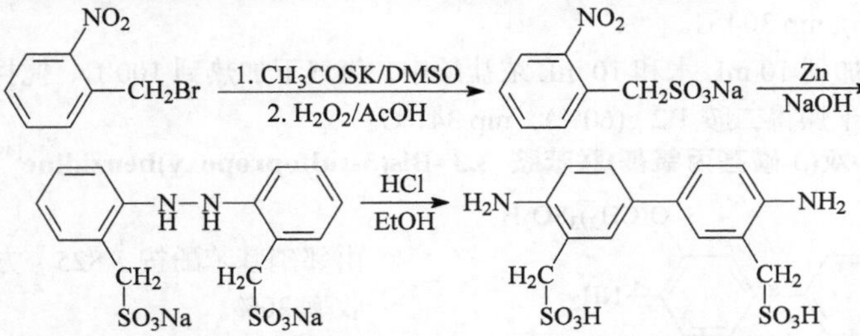

将 5.0 g (23.1 mmol) 2-硝基苄溴和 4.8 g (41.7 mmol)硫代乙酸钾在 28 mL 无水 DMSO 中室温搅拌 24 h。得到的溶液用 150 mL 乙酸乙酯稀释后用水洗涤，在无水硫酸钠上干燥。去除溶剂后，将残留物溶于 30 mL 乙酸中，再加入 15 mL 过氧化氢，混合物搅拌 2 h 后放置过夜后在 20℃以下减压浓缩。将得到的油状物溶于 20 mL 乙醇中，用 NaOH 碱化到 pH 10。在冰箱中冷却得到沉淀，过滤，用乙醇洗涤，真空干燥，得 2-硝基苄基磺酸钠，收率 84%。

将 3.6 g (15 mmol) 2-硝基苄基磺酸钠溶于 15 mL 含有 1.8 g(42 mmol)NaOH 的水中，加热到 60℃。以小份加入 5.1 g (70 mmol) 锌粉。混合物的温度迅速上升到 90℃，反应至在滤纸上的斑点变成无色。冷却到 60℃，滤出锌盐，固体用 80%乙醇洗涤。滤液合并后用冰浴冷却，在 5℃以下滴加冰冷的 3 mol/L 盐酸/乙醇，同时添加 6 mol/L 盐酸，使混合物的 pH 保持为 1。在冰浴中搅拌 3 h 后在冰箱中放置过夜。滤出沉淀，从水中重结晶，得二胺，收率 78%。

〖825〗2,2′-双(3-磺基丙氧基)联苯胺 2,2′-Bis(3-sulfopropoxy)benzidine[490]

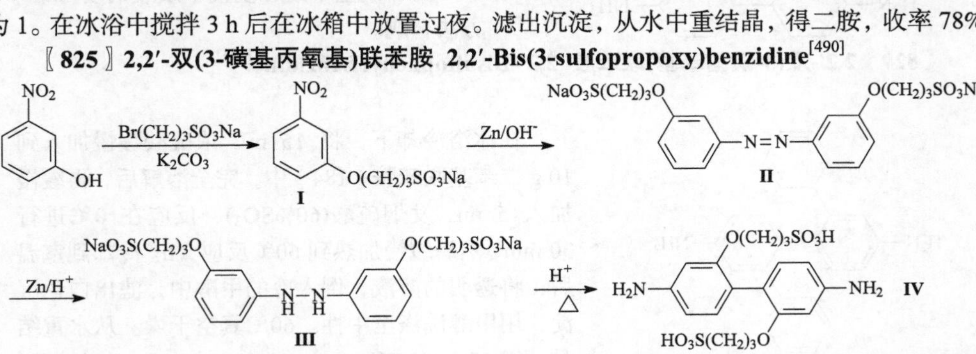

将 13.9 g(100 mmol)间硝基苯酚溶于 120 mL DMF 中，依次加入 20.7 g (150 mmol)碳酸钾和 20 mL 甲苯。混合物在室温搅拌 30 min，加热回流 2 h。冷却到室温，一次加入 22.5 g

(100 mmol)3-溴丙磺酸钠。在110℃加热24 h后冷却到室温，将反应物倒入丙酮中，滤出固体，用丙酮洗涤，60℃真空干燥10 h。将得到的固体溶于100 mL DMSO中，室温搅拌30 min，滤去不溶物，减压除去DMSO，残留物用丙酮洗涤，在60℃真空干燥20 h。从甲醇重结晶，得3-(3′-硝基苯氧基)丙烷磺酸钠**(I)** 25 g(86%)，mp 230℃。

氮气下将5.66 g(20 mmol)**I**，15 mL水，15 mL甲醇和4.6 g(70.8 mmol)锌粉在90℃搅拌，滴加入5 g(62.5 mmol)NaOH在10 mL水中的溶液，加完后再搅拌4 h，冷却到室温，过滤，将滤液减压蒸馏，残留固体用乙醇洗涤，在60℃真空干燥20 h，得橙色3,3′-双(3-磺基丙氧基)重氮苯二钠盐**(II)** 4.4 g(88%)，mp 276℃。

氮气下将4.53 g(9.0 mmol)**II**在45 mL水和4.5 mL乙酸中搅拌，加热到90℃，迅速加入4.5 g锌粉，搅拌1 h。冷至室温后过滤，将滤液减压蒸出，残留固体用乙醇洗涤，真空干燥，得**III** 3.96 g(87%)，mp 304℃。

将2.0 g **III**加到10 mL水和10 mL浓盐酸中，氮气下加热到100℃，搅拌2 h，冷却到室温，滤出沉淀，干燥得二胺1.2 g(60%)，mp 341℃。

〖826〗3,3′-双(3-磺基丙氧基)联苯胺　3,3′-Bis(3-sulfopropoxy)benzidine[490]

由邻硝基苯酚按〖825〗方法合成。
收率30%。

〖827〗2,2′-双(3-磺基丁氧基)联苯胺　2,2′-Bis(3-sulfobutoxy)benzidine[490]

由间硝基苯酚和溴代丁磺酸钠按〖825〗方法合成。

〖828〗3,3′-双(3-磺基丁氧基)联苯胺　3,3′-Bis(3-sulfobutoxy)benzidine[490]

由邻硝基苯酚和溴代丁磺酸钠按〖825〗方法合成。

〖829〗2,2′-双(3-磺基苯基)联苯胺　2,2′-Disulfophenyl benzidine[491]

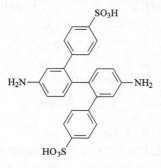

在冰浴冷却下，将15 mL浓硫酸缓慢加入到10 g二苯基联苯胺〖184〗中，完全溶解后，再缓慢加入5 mL发烟硫酸(60%SO₃)，反应在0℃进行30 min，然后缓慢加热到60℃反应2 h。冷却到室温后，将透明的溶液，倒入冷的甲醇中，滤出白色沉淀，用甲醇洗涤至中性。60℃真空干燥。从水重结晶，得12.5 g(80%)。

〖830〗2,2′-双(4-氨基苯氧基)联苯- 5,5′-二磺酸

2,2′-Bis(4-aminophenoxy)biphenyl- 5,5′-disulfonic acid[492]

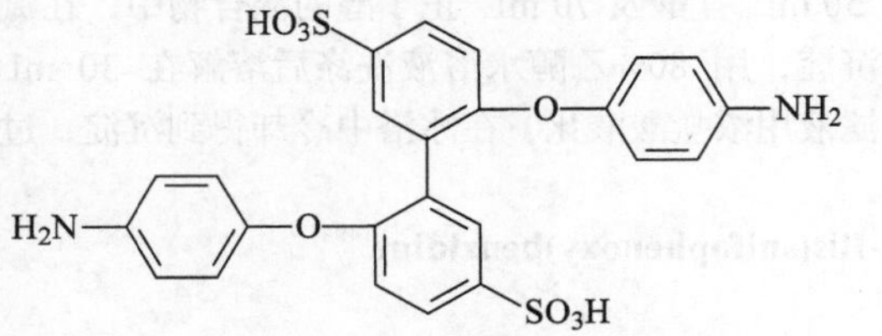

由相应二胺〖688〗按〖829〗方法磺化得到,收率 76%, mp 242.8℃。

〖831〗3,3′-双[3-(4-磺基苯氧基)丙氧基]联苯胺

3,3′-Bis[3-(4-sulfophenoxy)propoxy]benzidine[493]

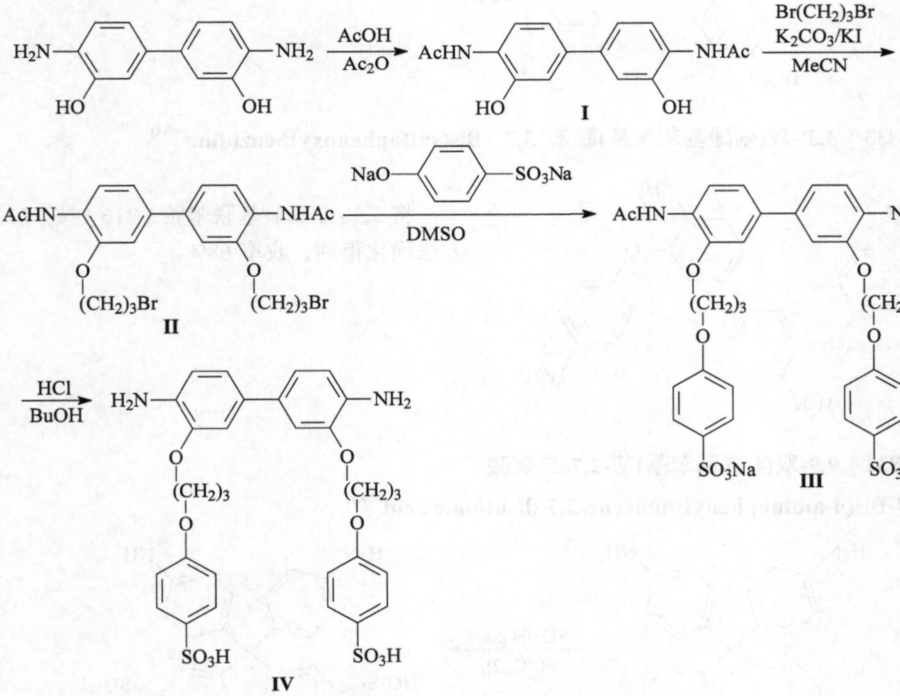

4,4′-二乙酰氨基-3,3′-二羟基联苯 **(I)** 由酰化 3,3′-二羟基联苯胺〖205〗得到。

将 4.8 g (16 mmol)**I** 和 1.40 g (10 mmol)碳酸钾在 80℃下分 8 份在 1 h 内加入由催化量碘化钾和 52.0 g (256 mmol)1,3-二溴丙烷在 250mL 无水乙腈中得到的悬浮液中。反应进行 8 h,过滤,用热乙腈洗涤,滤液合并后在冰箱中冷却,得到白色沉淀,过滤,用冷乙腈洗涤,得到 4,4′-二乙酰胺基-3,3′-双 (3-溴丙氧基)联苯**(II)**,收率 45%。

往脱水的 6.68 g (28.8 mmol)4-羟基苯磺酸钠在 40 mL 乙醇的溶液中缓慢加入 2.06 g (30.3 mmol)乙醇钠,再加入 30 mL 甲苯后蒸发至干。加入 60 mL DMSO 和 30 mL 甲苯, 蒸出

甲苯以除尽乙醇。加入 3.90 g(7.2mmol)**II**, 在 80℃搅拌 1 天后加入 25%NaCl 水溶液, 得到黄色沉淀, 过滤, 从乙腈中重结晶, 得到 **III**, 收率 76%。

将 4.20 g (5.44 mmol)**III** 加到 50 mL 水, 50 mL 盐酸及 70 mL 正丁醇的混合物中, 在氮气下回流搅拌 4 h, 在室温搅拌过夜, 滤出沉淀, 用 80%乙醇水溶液洗涤后溶解在 30 mL 5%NaOH 和 30 mL 乙醇的混合物中, 过滤, 滤液用浓盐酸酸化, 在冰浴中冷却得到沉淀, 过滤, 用水洗涤, 得到二胺, 收率 37%。

〖832〗2,2′-双(磺酸基苯氧基)联苯　2,2′-Bis(sulfophenoxy)benzidine[494]

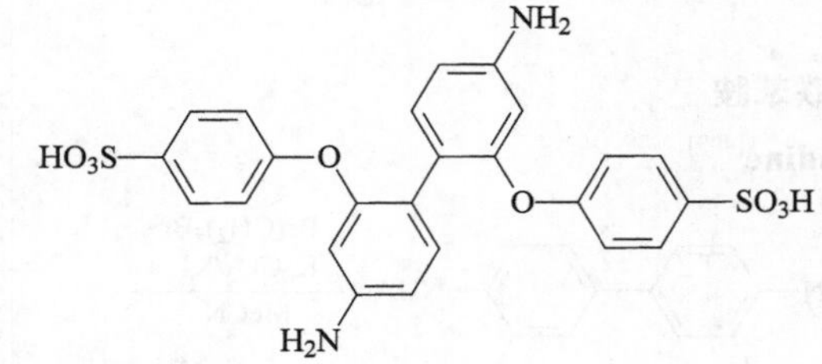

将 2,2′-二苯氧基联苯胺〖217〗按〖829〗方法磺化得到, 收率 70%。

〖833〗3,3′-双(磺酸基苯氧基)联苯　3,3′-Bis(sulfophenoxy)benzidine[494]

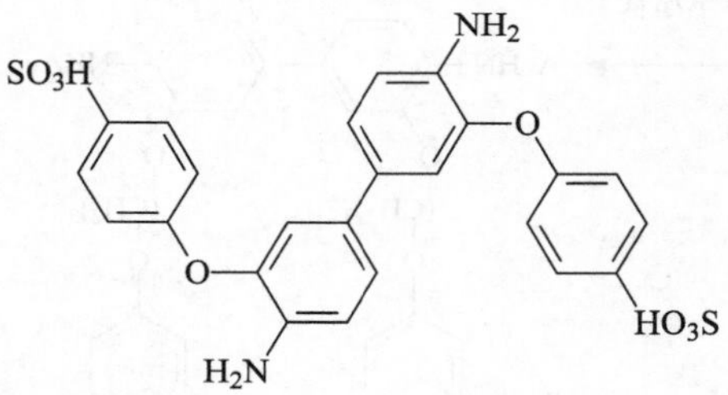

将 3,3′-二苯氧基联苯胺〖216〗按〖829〗方法磺化得到, 收率 68%。

〖834〗9,9-双(4-氨基苯基)芴-2,7-二磺酸
9,9-Bis(4-aminophenyl)fluorene-2,7-disulfonic acid[495]

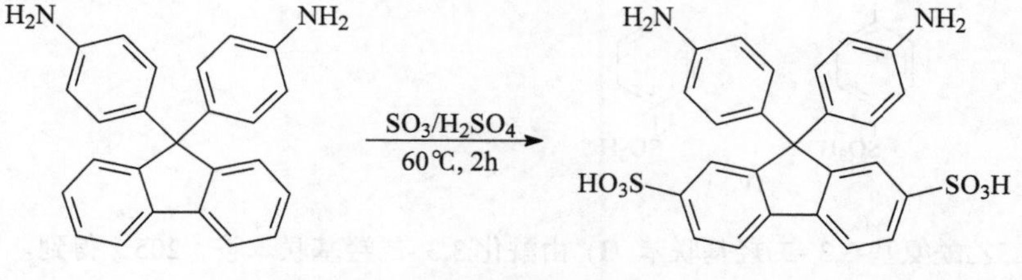

将 1.74 g (5.0 mmol) 9,9-双(4-氨基苯基)芴(BAPF)加到 2 mL 95%浓硫酸中, 缓慢加热到 55℃, 使 BAPF 完全溶解后再冷至 0℃, 滴加入 1 mL 发烟硫酸(SO₃60%), 溶液在 0℃搅拌 30 min, 再缓慢升温到 60℃反应 2 h, 冷却到室温后, 小心倒入碎冰中, 滤出白色沉淀, 再溶于 NaOH 溶液, 过滤, 滤液用浓盐酸酸化, 滤出沉淀, 用水和甲醇洗涤, 80℃真空干燥, 得 2.1 g 带红色的产物, 收率 83%, mp 271℃。

〖 835 〗9,9-双(4-氨基-2,6-二甲基苯基)芴-2,7-二磺酸

9,9-Bis(4-amino-2,6-dimethylphenyl)fluorene-2,7-disulfonic acid[496]

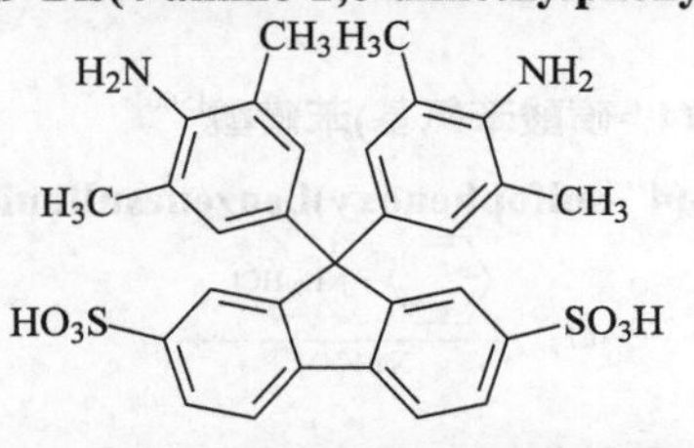

由相应的二胺按〖 834 〗方法磺化得到。

〖 836 〗9,9-双(4-氨基-2-甲氧基苯基)芴-2,7-二磺酸

9,9-Bis(4-amino-2-methoxyphenyl)fluorene-2,7-disulfonic acid[497]

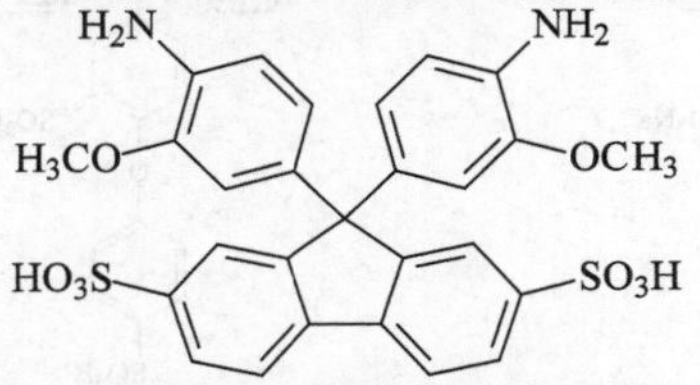

由相应的二胺按〖 834 〗方法磺化得到。

〖 837 〗9,9-双(4-氨基-2-氟苯基)芴-2,7-二磺酸

9,9-Bis(4-amino-2-fluorophenyl)fluorene-2,7-disulfonic acid[496]

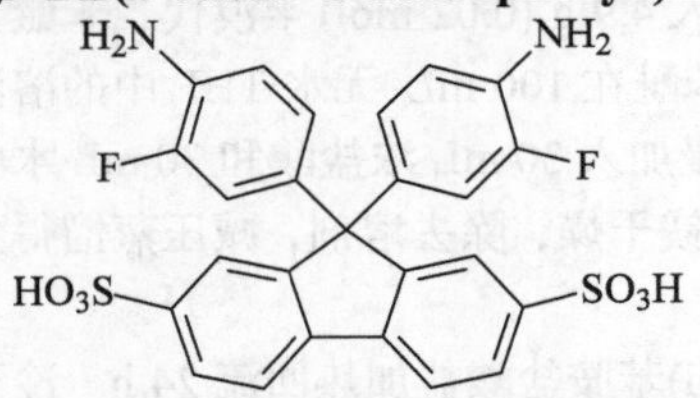

由相应的二胺〖 383 〗按〖 834 〗方法磺化得到。

〖 838 〗4,4′-双[2-(1-氨基-4-萘磺酸钠) 偶氮]联苯

Sodium tetrazodiphenyl naphthionate (STDN)[498]

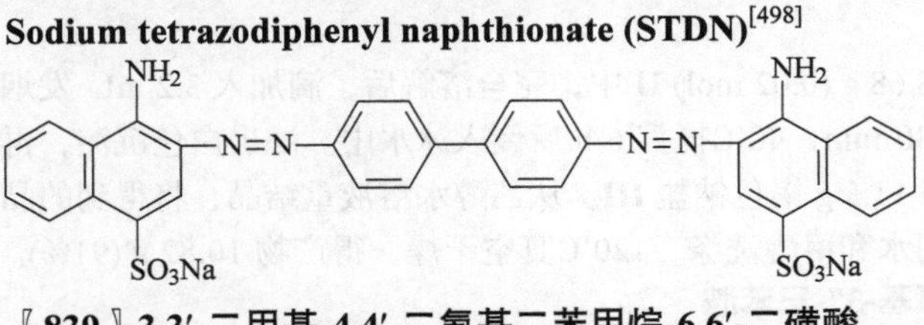

商品。

〖 839 〗3,3′-二甲基-4,4′-二氨基二苯甲烷-6,6′-二磺酸

3,3′-Dimethyl-4,4′-methylenedianiline-6,6′-disulfonic acid[499]

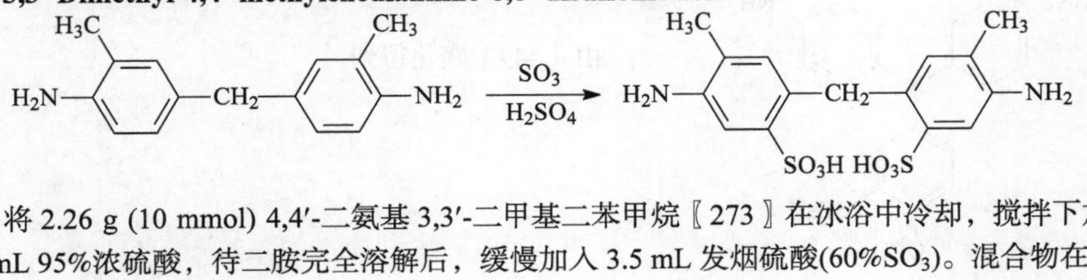

将 2.26 g (10 mmol) 4,4′-二氨基 3,3′-二甲基二苯甲烷〖 273 〗在冰浴中冷却，搅拌下加入
1.7 mL 95%浓硫酸，待二胺完全溶解后，缓慢加入 3.5 mL 发烟硫酸(60%SO₃)。混合物在 0℃

反应 2 h，在加热到 60℃搅拌 2 h。冷却到室温，小心倒入 20 g 碎冰中。滤出白色沉淀，溶解于 NaOH 水溶液，再过滤，滤液用浓盐酸酸化，滤出固体，依次用水和甲醇洗涤，在 80℃真空干燥，得到 3.05g(85%)。

〖 840 〗5-[1,1-双(4′-氨基苯基)-2,2,2-三氟甲基]-2-(4″-磺酸苯氧基)苯磺酸[500]

5-[1,1-Bis(4′-aminophenyl)-2,2,2-trifluoroethyl]-2-(4″-sulfophenoxy)benzenesulfonic acid

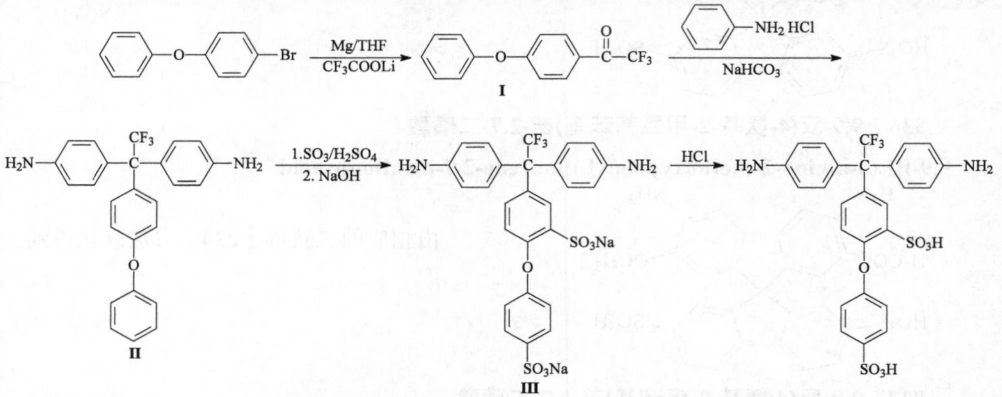

将 24.9 g (0.10 mol)无水三氟乙酸锂，2.76 g (0.115 mol)镁屑和 0.02 g 碘加到 200 mL 无水THF 中。到三氟乙酸锂完全溶解后，搅拌下以小份加入 4.9 g (0.02 mol) 4-溴代二苯醚。缓慢搅拌到反应开始，再滴加入 20 g (0.08 mol) 4-溴代二苯醚在 100 mL 无水 THF 中的溶液。室温搅拌 4 h，升温到 65℃再搅拌 2 h。冷却到室温，缓慢加入 30 mL 浓盐酸和 30 mL 水的混合物。分出有机层，用 5%碳酸氢钠溶液和水洗涤，硫酸镁干燥，除去溶剂，减压蒸馏得到无色产物 I 19.7 g (74%)。

将 20 g (0.075 mol)I，75 mL 苯胺和 14.5 g (0.11 mol)苯胺盐酸盐加热回流 24 h。冷至室温后用 10%碳酸氢钠中和，粗产物真空蒸馏后再水蒸气蒸馏，除去过量苯胺，从乙醇重结晶，得 II 24.4 g(75%)。

将 8 mL 浓硫酸缓慢加到 8.68 g (0.02 mol) II 中，完全溶解后，滴加入 3.2 mL 发烟硫酸(50% SO₃)。混合物在 0℃搅拌 30 min，40℃搅拌 6 h 后倒入冰水中。滤出白色沉淀，再溶在NaOH 溶液中。溶液浓缩，得到 11.5 g 褐色钠盐 III。从乙醇水溶液重结晶，将得到的晶体用浓盐酸酸化，滤出沉淀，依次用水和甲醇洗涤，120℃真空干燥，得产物 10.82 g (91%)。

〖 841 〗4,4′-二氨基-4″-甲氧基-3″-三苯胺

4,4′-Diamino-4″-methoxytriphenylamine-3″-sulfonic acid[501]

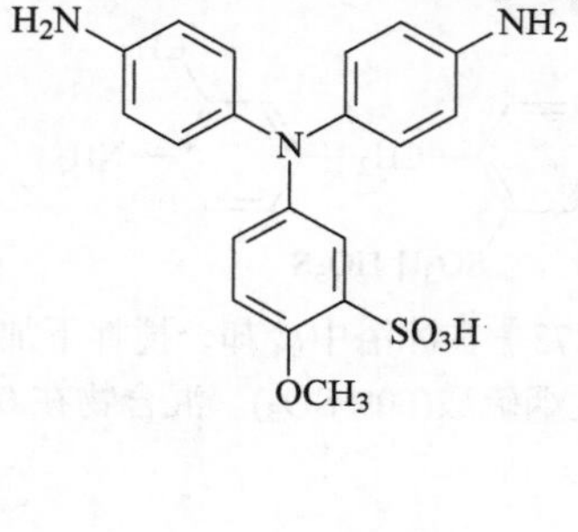

由〖 449 〗磺化得到。

〖842〗4,4′-二氨基二苯醚-2,2′-二磺酸

4,4′-Diaminodiphenyl ether-2,2′-disulfonic Acid (ODADS)[502]

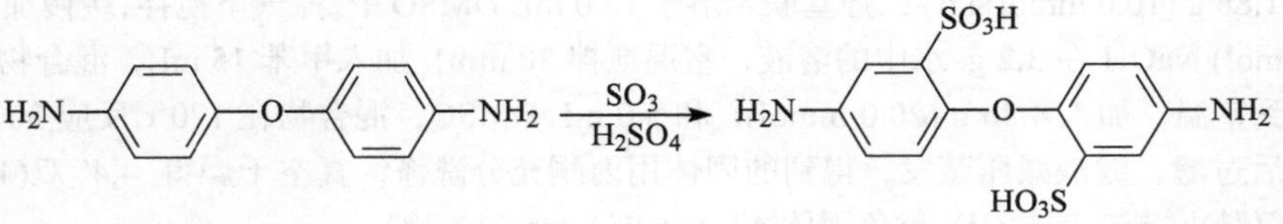

将 2.00 g (10.0mmol) 4,4′-二氨基二苯醚在冰浴冷却下缓慢加入 1.7 mL 95%浓硫酸。待 ODA 完全溶解后再缓慢加入 3.5 mL 发烟硫酸 (SO₃ 60%)。混合物在 0℃搅拌 2 h 后缓慢加热 到 80℃，搅拌 2 h。冷却到室温，将反应物小心倒入 20 g 碎冰中，滤出白色沉淀，再溶于 NaOH 溶液。过滤，滤液用浓盐酸酸化，滤出固体，用水和甲醇洗涤，在 80℃真空干燥，得到 3.05 g (85%)，mp 264.8℃。

〖843〗1,4-双(4-氨基苯氧基)萘-2,7- 二磺酸

1,4-Bis(4-aminophenoxy)-naphthyl-2,7- disulfonic acid[503]

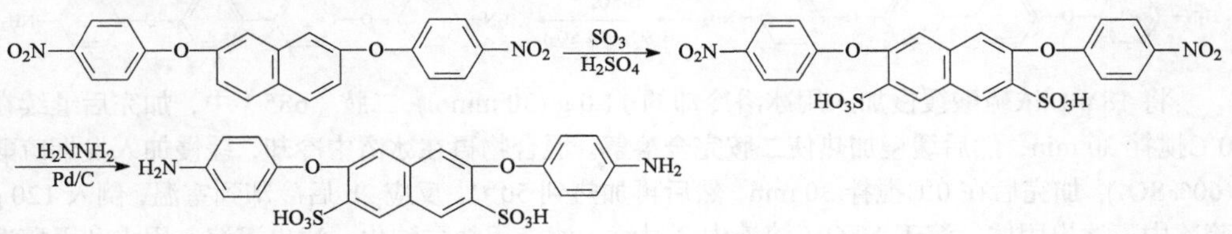

将 40.0 g (0.10 mol) 二硝基物加到 100 mL 浓硫酸中，加热到 90℃搅拌 4 h。冷却到室温，倒入 100 mL 水中，滤出固体，用丙酮洗涤后真空干燥，得磺化产物 74 g(98%)，mp 276℃。

将 56.0 g (0.10 mol) 二硝基物 0.64 g Pd/C 和 34.0 g 水合肼在 500 mL 乙醇中回流 6 h 后趁热过滤，滤液冷却到室温，滤出沉淀，依次用水合甲醇洗涤，80℃真空干燥，得二胺 22.4 g (40%)，mp >300℃。

〖844〗4,4′-双(4-氨基-2-磺基苯氧基)联苯 **4,4′-Bis(4-amino-2-sulfophenoxy)biphenyl**[411]

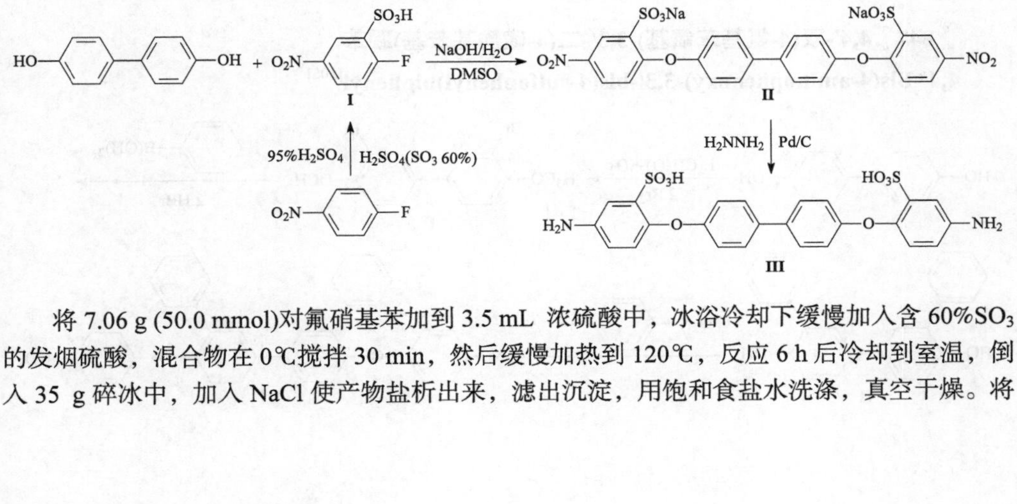

将 7.06 g (50.0 mmol)对氟硝基苯加到 3.5 mL 浓硫酸中，冰浴冷却下缓慢加入含 60%SO₃ 的发烟硫酸，混合物在 0℃搅拌 30 min，然后缓慢加热到 120℃，反应 6 h 后冷却到室温，倒入 35 g 碎冰中，加入 NaCl 使产物盐析出来，滤出沉淀，用饱和食盐水洗涤，真空干燥。将

得到的固体溶于 DMSO，然后过滤，滤液减压去除溶剂。得到的固体用丙酮洗涤，真空干燥得 2-氟-5-硝基苯磺酸钠(**I**)9.88 g(82%)，mp 132.5℃，252.9℃。

将 1.86 g (10.0 mmol)4,4′-二羟基联苯溶于15.0 mL DMSO 中，氮气下搅拌，缓慢加入 0.80 g (20.0 mmol) NaOH 在 3.2 g 水中的溶液，室温搅拌 30 min，加入甲苯 15 mL，混合物回流 3 h 后冷却到室温，加入 4.86 g (20.0 mmol)**I** 和 5.0 mL DMSO，混合物在 170℃反应 36 h，冷却到室温后过滤，滤液减压蒸发，得到的固体用丙酮充分洗涤，真空干燥得 4,4′-双(4-硝基-2-磺基苯氧基)联苯二钠盐(**II**) 黄色固体 4.0 g (63%)，mp 212.7℃。

将 3.16 g (10.0 mmol)**II** 加入 20 mL 乙醇和 5.0 mL 水中，加入 0.30 g 10%Pd/C，加热到 100℃，6 h 内滴加 8.0 mL 水合肼在 10 mL 乙醇中的溶液，加完后在 110℃反应 36 h，冷却到室温，过滤，滤液倒入 100 mL 稀盐酸中，滤出沉淀，用水洗涤，真空干燥，得二胺 1.90 g(72%)淡灰色固体，mp 136.5℃。

〖845〗4,4′-双(4-氨基苯氧基)联苯-3,3′-二磺酸

4,4′-Bis(4-aminophenoxy)biphenyl-3,3′-disulfonic acid[504]

将 18 mL 浓硫酸缓慢加入用冰浴冷却的 11.0 g (30 mmol) 二胺〖685〗中，加完后继续在 0℃搅拌 30 min，然后缓慢加热使二胺完全溶解。混合物再在冰浴中冷却，缓慢加入发烟硫酸 (60%SO₃)，加完后在 0℃搅拌 30 min，然后再加热到 50℃，反应 2h 后冷却到室温，倒入 120 g 碎冰中。滤出固体，溶于 NaOH 溶液中，过滤，滤液用盐酸酸化，滤出沉淀，用水和甲醇洗涤，90℃真空干燥，得 14.7 g(93%)，mp 228.1℃。

〖846〗4,4′-双(3-氨基苯氧基)联苯-3,3′-二磺酸

4,4′-Bis(3-aminophenoxy)biphenyl-3,3′-disulfonic acid[411,504]

由间位二胺〖686〗用〖845〗的方法合成。

〖847〗4,4′-双(4-氨基苯氧基)-3,3′-二(4-磺酸基苯基)联苯

4,4′-Bis(4-aminophenoxy)-3,3′-bis(4-sulfophenyl)biphenyl[505]

将 4,4′-联苯二酚和硫酸二甲酯在乙酸中 40℃反应，得到 4,4′-二甲氧基联苯。将 47.9 g (300 mmol) 溴滴加到 30.0 g (140 mmol) 4,4′-二甲氧基联苯中。混合物在 120℃反应 2 h 后冷却到室温，加入 100 mL 30%NaOH 中和过量的溴。滤出沉淀，用水洗涤到中性。粗产物从乙酸乙酯重结晶，4,4′-二甲氧基-3,3′-二溴联苯(I)收率 75%。

将 9.31 g(25 mmol) I, 7.33 g (60 mmol) 苯基硼酸加到 350 mL 甲苯和 350 mL 乙醇中，50℃下完全溶解，加入 150 mL 10%碳酸钠和 0.58 g (0.50 mmol)Pd(PPh₃)₄。混合物在 80℃搅拌 20 h 后去除溶剂。将得到的固体溶于二氯乙烷/水混合物中，滤出催化剂。有机相用水洗涤到中性。去除溶剂，从甲苯/乙醇中重结晶，再用氢溴酸处理得 4,4′-二羟基-3,3′-二苯基联苯(II)，收率 76%。

将 6.77 g (20 mmol) II, 5.64 g (40 mmol) 对氟硝基苯和 5.53 g (40 mmol)碳酸钾在 88 mL DMF 中室温搅拌 1 h，再在 80℃搅拌 20 h，减压除去溶剂，粗产物用水洗涤到中性，从乙酸乙酯重结晶，4,4′-双(4-硝基苯氧基)-3,3′-二苯基联苯(III)收率 80%。

将 17.42 g (30 mmol) III 在 43.2 mL 浓硫酸中搅拌 1 h，滴加入 4.8 mL 发烟硫酸(SO₃, 60%)，缓慢加热到 40℃反应 8 h。冷却到室温后，倒入 300 mL 冰水中。加入 70 g 氯化钠，滤出固体，用水洗涤到中性。4,4′-双(4-硝基苯氧基)-3,3′-二(4-磺酸基苯基)联苯(IV)的收率 80%。

将 7.41 g(10 mmol) IV, 250 mL 水和 0.4 g Pd/C 加热到 90℃，滴加入 8 mL 水合肼，混合物在 90℃搅拌 20 h 后冷却到室温，滤出催化剂，将 100 mL 浓盐酸加入到滤液中，滤出沉淀，用水洗涤到中性，粗产物从水中重结晶，二胺收率 85%。

〖 848 〗2,2′-双(p-氨基苯氧基)-1,1′-联萘-6,6′-二磺酸

2,2′-Bis(p-aminophenoxy)-1,1′-binaphthyl-6,6′-disulfonic acid[506]

将 18.5 g (39.6 mmol)二胺〖 692 〗缓慢加入 18 mL 浓硫酸中，加热到 80℃反应 3 h，冷却

到室温后，倒入 100 g 碎冰中，滤出固体，溶于热碳酸钠溶液，冷却到室温，过滤，滤液用浓盐酸酸化，滤出沉淀，用水和甲醇洗涤，80℃真空干燥，得 12.5 g(67%)，mp >354℃。

〖849〗双[4-(4-氨基苯氧基)苯基]六氟丙烷-3,3′-二磺酸

Bis[4-(4-aminophenoxy)phenyl] hexafluoro propane 3,3′-disulfonic acid[507]

合成方法参考〖842〗。
由二胺〖703〗直接磺化得到。

〖850〗双[4-(4-氨基苯氧基)苯基]二苯酮-3,3′-二磺酸

4,4′-Bis(4-aminophenoxy)benzophenone-3,3′-disulfonic acid[508]

将 15.00 g (60.0 mmol) 4,4′-二氯二苯酮在 15 mL 20% 发烟硫酸和 10 mL 50% 发烟硫酸的混合物中 80℃加热 20 h。冷却到室温后小心倒入 200 g 碎冰中，加入 NaCl 使产物盐析出来。滤出白色沉淀，用饱和 NaCl 溶液洗涤，在 130℃真空干燥 10 h。将粗产物溶于 DMSO，滤去不溶的无机盐，滤液减压蒸馏，残留物用丙酮充分洗涤后在 140℃真空干燥 20 h，得二氯二磺酸二苯酮 18.0 g 白色产物，收率 65%。

将 4.55 g (10.0 mmol) 二氯二磺酸二苯酮，2.18 g (20.0 mmol) 4-氨基苯酚，4.0 g 无水碳酸钾及 10 mL NMP 在氮气下 140℃搅拌。3 h 内滴加进 15 mL 甲苯，除水后加热到 180℃反应20 h。冷却到室温，加入 80 mL 丙酮，滤出褐色沉淀，用丙酮洗涤后再溶于水中，用浓盐酸酸化，滤出沉淀，依次用水和甲醇洗涤，在 130℃真空干燥，得 3.05 g(63%)，mp >350℃。

〖851〗双[4-(4-氨基苯硫基)苯基]二苯酮-3,3′-二磺酸

4,4′-Bis(4-aminophenylthio)-benzophenone-3,3′-disulfonic acid[508]

以 4-氨基硫酚代替 4-氨基苯酚，按〖850〗方法得到，收率 79%，mp >350℃。

〖852〗双[4-(4-氨基苯硫基)苯基]二苯砜-3,3′-二磺酸

Bis[4-(4-aminophenoxy)phenyl]sulfone-3,3′-Disulfonic acid[509]

由对氨基苯酚按〖853〗方法合成。

〖853〗双[4-(3-氨基苯氧基)]二苯砜-3,3′-二磺酸

3,3′-Disulfonic acid-bis[4-(3-aminophenoxy)phenyl]sulfone[510]

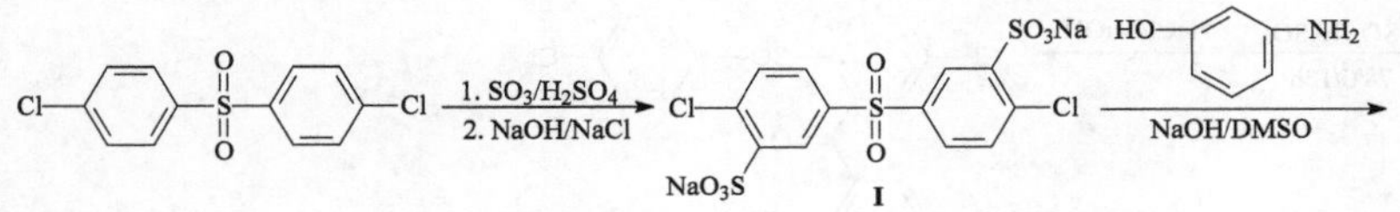

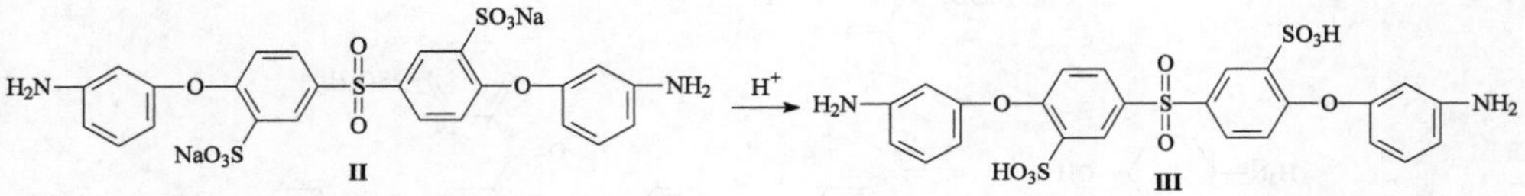

将 28.7g (99 mmol)二氯二苯砜溶于 60 mL (390 mmol SO₃, 27% SO₃) 发烟硫酸中，加热到 110℃搅拌 6 h，得到均相溶液，冷至室温，倒入 400 mL 冰水中，加入 180 g NaCl，得到白色沉淀。过滤，溶于 400 mL 去离子水中，用 2 N NaOH 中和到 pH 6~7。加入 180 g NaCl 使二磺酸钠盐析出来。过滤，从异丙醇和水(6：1)混合物中重结晶，在 120℃真空干燥 24 h，得 I 36.8 g (75%)。

将 21.83 g (0.2 mol) 间氨基苯酚和 8.0 g (0.2 mol) NaOH 加到 300 mL DMSO 和 130 mL 氯苯的混合物中，在 160℃回流除水，8 h 后除去氯苯，加入 47.42 g (0.09 mol) I 和 20 mL DMSO。温度升至 170℃反应 24 h 后冷却到室温，过滤，滤液在大量异丙醇中沉淀，滤出褐色产物，用异丙醇洗涤，在 120℃真空干燥 24 h，二磺酸二钠盐(II)收率 62%。

将 8.29 g 37%浓盐酸滴加到搅拌中的 26.75 g (0.042 mol) II 在 270 mL 水的溶液中，加完后混合物搅拌数分钟，过滤，用 2L 异丙醇稀释，滤出沉淀，用异丙醇和丙酮洗涤后 120℃真空干燥 24 h。氮气下从水中重结晶，二磺酸收率 92%。

〖854〗双[4-(4-氨基苯氧基)-2-(3-磺基苯甲酰基)]二苯砜

Bis[4-(4-aminophenoxy)-2-(3-sulfobenzoyl)]phenyl sulfone[511]

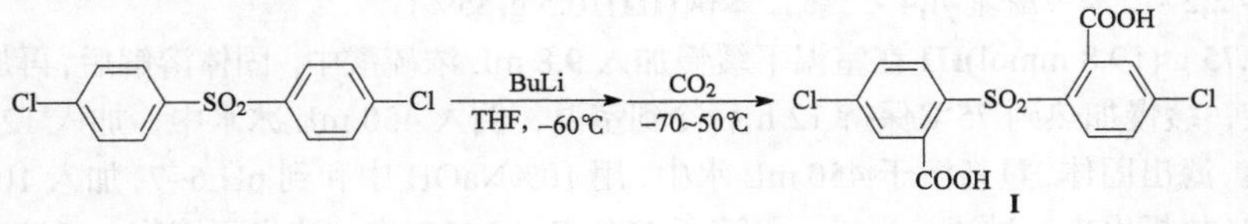

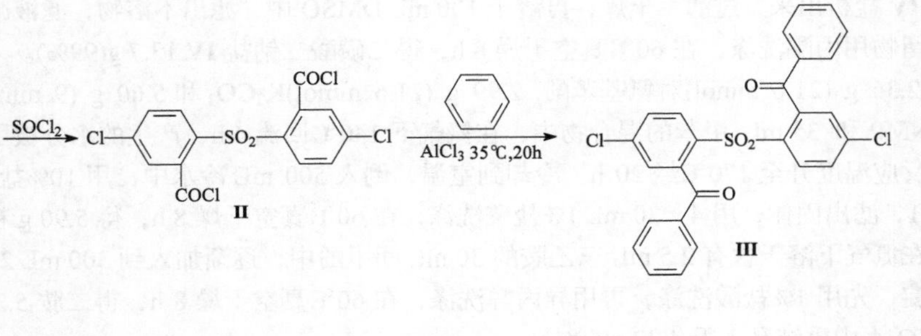

将 11.5 g (40 mmol)4,4′-二氯二苯砜加到 200 mLTHF 中，冷却到−60℃。在保持−55℃下加入 53 mL (84 mmol)BuLi。加完后保温 2 h，冷却到−70℃，通入干燥的 CO_2，控制速度使温度维持在−50℃。当 CO_2 开始逸出时，减慢通入速度，再通 CO_2 3 h 后加入 80 mL 10%NaOH。有机相用 10%NaOH 萃取二次，水相合并，用 20%盐酸酸化，滤出白色固体，干燥，得产物 12.8g。用 100 mL 氯仿洗涤后得 2,2′-二羧基-4,4′-二氯二苯砜(I) 10.7g(71%)。

将 15.0 g (40 mmol)I 在 60 mL SO_2Cl 中加热回流 8 h，除去过量的 SO_2Cl，残留物在二氯乙烷中重结晶，得 4,4′-二氯二苯砜-2,2′-二甲酰氯(II) 14.0 g(85%)。

将 10.3 g (25 mmol)II 在 225 mL 苯中的溶液加热到 35℃。完全溶解后，分批加入 7.34 g (55 mmol)$AlCl_3$。加完后保温 20 h，然后倒入含 10 mL 10%盐酸的大量冰水中。滤出固体，得到大致一半的产物。滤液分层，有机层蒸发，得到另一半产物。两部分产物合并，从乙腈重结晶，得 2,2′-二苯甲酰基-4,4′-二氯二苯砜(III)10.5 g(85%)。

将 9.75 g (19.8 mmol)III 在室温下缓慢加入 9.8 mL 浓硫酸中，固体溶解后，再加入 9.8 mL 发烟硫酸，缓慢加热到 75℃保持 12 h 后冷到室温，倒入 450 mL 冰水中，加入 120 g NaCl，得到沉淀。滤出固体，重新溶于 450 mL 水中，用 10%NaOH 中和到 pH 6~7，加入 100 g NaOH，使产物 IV 盐析出来，过滤，干燥，再溶于 100 mL DMSO 中，滤出不溶物，滤液减压除去溶剂，残留物用丙酮洗涤，在 60℃真空干燥 8 h，得二磺酸二钠盐 IV 13.7 g(99%)。

将 2.36 g (21.6 mmol)对氨基苯酚，2.99 g (21.6 mmol)K_2CO_3 和 5.60 g (9 mmol)IV 溶于 70 mL NMP 和 35 mL 甲苯的混合物中，在氮气下 140℃回流 4 h，产生的水分被甲苯带走，然后将反应温度升至 170℃经 20 h。冷却到室温，倒入 500 mL 冷水中，用 10%盐酸调节 pH 值低于 1，滤出固体，用 4×30 mL 1%盐酸洗涤，在 60℃真空干燥 8 h，得 5.90 g 粗产物。将粗产物在氮气下溶于含有 2.5 mL 三乙胺的 30 mL 间甲酚中，逐渐加入到 300 mL 2%盐酸中，滤出沉淀，先用 1%盐酸洗涤，再用异丙醇洗涤，在 60℃真空干燥 8 h，得二胺 5.34 g。最后从 DMSO/水中重结晶，得 4.27 g(59%)。

〖855〗4,4′-(5-氨基-1-萘氧基)二苯砜二磺酸

4,4′-(5-Amino-1-naphthoxy)diphenylsulfone[488]

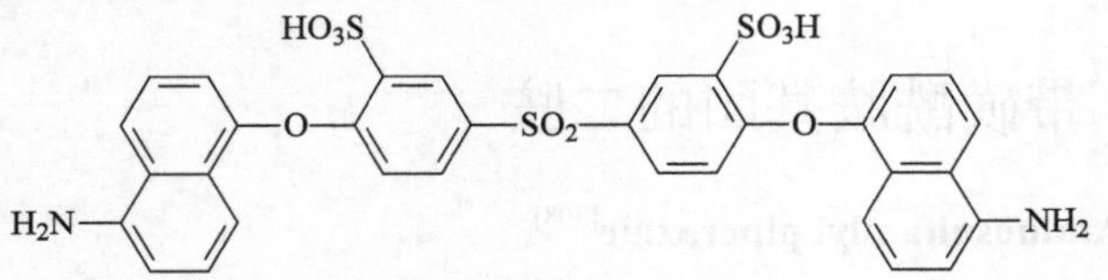

由 4,4′-二氯二苯砜-3,3′-二磺酸二钠盐与 5-氨基-1-萘酚按〖853〗方法合成。产物依次用异丙醇和丙酮洗涤,120℃真空干燥过夜,二磺酸收率 83%。

〖856〗双(3-氨基苯基)-3-磺酸基苯基氧化膦

Bis(3-aminophenyl)-3-sulfophenylphosphine oxide[512]

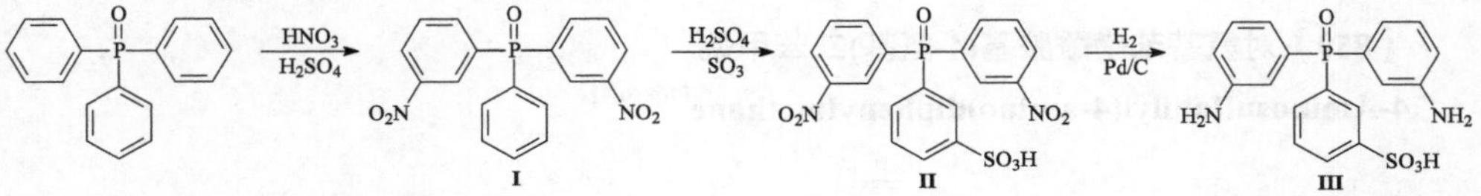

将 150 g (0.539 mol) 氧化三苯膦加入到用冰冷的 350 mL98%浓硫酸中,搅拌到完全溶解。在 5 h 内将 97.03 g(1.078 mol) 70%硝酸和 195 mL 硫酸的混合物滴加到 0~5℃的氧化三苯膦硫酸溶液中。将得到的混合物搅拌 8h 后缓慢倒入碎冰中。过滤,将沉淀溶于二氯甲烷,用稀碳酸钠溶液洗涤到中性。除去二氯甲烷,所得到的产物从乙醇重结晶 3 次,得到淡黄色双(3-硝基苯基)苯基氧化膦(**I**),收率 71%,mp 133℃。

将 104 g(0.282 mol)**I** 和 242 mL 20%的发烟硫酸在室温搅拌 3 h,然后在 90℃搅拌 6 h。冷却到室温后缓慢倒入冰水中。将沉淀溶于水,用 NaCl 饱和,得到沉淀。粗产物从异丙醇/水(2:1)重结晶 3 次,双(3-硝基苯基)-3-磺酸基苯基氧化膦(**II**)收率 63%。

将 20 g (0.0425 mol)**II** 溶于 500 mL 甲醇,加入 0.5 g Pd/C,在 0.7 MPa 氢压下 50℃反应 48 h,滤出催化剂,除去甲醇,得到二胺淡黄色结晶。该产物没有进行进一步提纯。

〖857〗1,2-二氢-2-(3-磺酸-4-氨基苯基)-4-[4-(3-磺酸-4-氨基苯氧基)-苯基]-酞嗪酮

1,2-Dihydro-2-(3-sulfonic-4-aminophenyl)-4-[4-(3-sulfonic-4-aminophenoxy)-phenyl]-phthalazin-1-one[513]

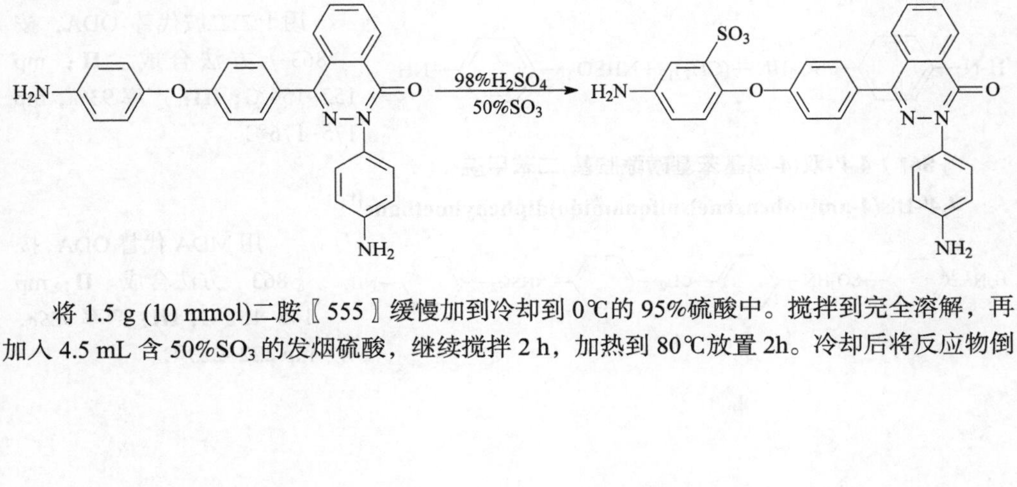

将 1.5 g (10 mmol)二胺〖555〗缓慢加到冷却到 0℃的 95%硫酸中。搅拌到完全溶解,再加入 4.5 mL 含 50%SO₃ 的发烟硫酸,继续搅拌 2 h,加热到 80℃放置 2h。冷却后将反应物倒

入碎冰中，滤出固体，溶于 NaOH 溶液，过滤，滤液用浓盐酸酸化，滤出沉淀，用水和甲醇洗涤，60℃真空干燥，收率 91.3%。

2.20　带磺酰胺基团的二胺

〖858〗对氨基苯磺酰哌嗪　**4-Aminosulfanilyl piperazine**[308]

H_2N——〇——SO_2N〇NH　　　　　　由哌嗪代替 MDA，按〖859〗方法合成。

〖859〗对氨基苯磺酰胺基(4-氨基)二苯甲烷

4-Aminosulfanilyl(4-amino)diphenylmethane[308,309]

AcHN——〇——SO_2Cl + H_2N——〇——CH_2——〇——NH_2 ⟶

AcHN——〇——SO_2HN——〇——CH_2——〇——NH_2 $\xrightarrow{HCl}$ H_2N——〇——SO_2HN——〇——CH_2——〇——NH_2

I

　　将 90 g (0.45 mol) MDA 溶于 2.5 L THF 中，加热回流，滴加入 53.06 g(0.22 mol) N-乙酰胺基苯磺酰氯在 500 mLTHF 中的溶液。搅拌 5 h，冷却后过滤，将滤液浓缩至得到褐色黏稠物质，然后进行柱色谱 (己烷/乙酸乙酯/丙酮，3/2/1) 提纯，在 70℃真空干燥，得到褐色结晶 43 g(48%)，mp 175~176℃。

　　将 9 g (0.02 mol)**I** 在 100 mL 6 mol/L 盐酸中回流 30min，冰水浴冷却后用碳酸氢钠溶液小心中和，得到黄色沉淀，70℃真空干燥，得二胺 5.98 g(74 %)。粗产物经柱色谱(己烷/乙酸乙酯/丙酮，3/2/1)提纯后在从甲醇中重结晶，mp 164~165℃。

〖860〗1,12-双(4-氨基苯基磺酰胺基)十二烷

1,12-Bis(4-aminobenzenesulfonamido)dodecane[187]

H_2N——〇——SO_2HN—$(CH_2)_{12}$—$NHSO_2$——〇——NH_2

用十二二胺代替 ODA，按〖863〗方法合成。**II**：mp 152~154℃；**III**：产率 93%，mp 175~176℃。

〖861〗4,4′-双(4-氨基苯基磺酰胺基)二苯甲烷

4,4′-Bis(4-aminobenzenelsulfonamido)diphenylmethane[187]

H_2N——〇——SO_2HN——〇——CH_2——〇——$NHSO_2$——〇——NH_2

用 MDA 代替 ODA，按〖863〗方法合成。**II**：mp 148~152℃；**III**：产率 93%，mp 222~223℃。

〖862〗4,4′- 双 (4-氨基苯磺酰胺基)二苯十二烷

4,4′-Bis(4-aminobenzenesulfonamido)diphenyl dodecane[310]

$$H_2N-\!\!\!\bigcirc\!\!\!-SO_2-HN-\!\!\!\bigcirc\!\!\!-(CH_2)_{12}-\!\!\!\bigcirc\!\!\!-NH-SO_2-\!\!\!\bigcirc\!\!\!-NH_2$$

由 4,4′-二苯基十二烷二胺按〖863〗方法合成。**I**：收率 88%，mp 152~154℃；**II**：收率 95%，mp 175~176℃。

〖863〗4,4′-双(4-氨基苯磺酰胺基)二苯醚

4,4′-Bis(4-aminobenzenesulfonamido)diphenyl ether[310]

$$AcHN-\!\!\!\bigcirc\!\!\!-SO_2Cl + H_2N-\!\!\!\bigcirc\!\!\!-O-\!\!\!\bigcirc\!\!\!-NH_2 \xrightarrow{Py}$$

$$AcHN-\!\!\!\bigcirc\!\!\!-SO_2-HN-\!\!\!\bigcirc\!\!\!-O-\!\!\!\bigcirc\!\!\!-NH-SO_2-\!\!\!\bigcirc\!\!\!-NHAc$$
I

$$\xrightarrow[2.\ OH^-]{1.\ HCl} H_2N-\!\!\!\bigcirc\!\!\!-SO_2-HN-\!\!\!\bigcirc\!\!\!-O-\!\!\!\bigcirc\!\!\!-NH-SO_2-\!\!\!\bigcirc\!\!\!-NH_2$$
II

将 11.68 g (0.05 mol)ODA 与 25.0 g (0.11 mol) N-乙酰基氨基苯甲酰氯反应,得到二乙酰胺基化合物 **I** 23.76 g(80%),从甲醇/氯仿(3∶7)重结晶,得到白色粉末 mp 238~240℃。

将 10 g (17 mmol) **I** 用 80 mL 6 mol/L 盐酸处理,得二胺 7.60 g (80%),经柱层析提纯,mp 179~180℃。

〖864〗4,4′-双(4-氨基苯基磺酰胺基)二苯砜

4,4′-Bis(4-aminopnebenzenesulfonamido)dilphenylsulfone[187]

$$H_2N-\!\!\!\bigcirc\!\!\!-SO_2HN-\!\!\!\bigcirc\!\!\!-SO_2-\!\!\!\bigcirc\!\!\!-NHSO_2-\!\!\!\bigcirc\!\!\!-NH_2$$

用 DDS 代替 ODA,按〖863〗方法合成。**II**：mp 161~162℃；**III**：产率 93%,mp 171~173 ℃。

2.21 含金属磺酸盐的二胺

〖865〗二（4-氨基苯磺酸）镁 **Magnesium di(4-aminobenzenesulfonate)**[515]

$$H_2N-\!\!\!\bigcirc\!\!\!-SO_3MgO_3S-\!\!\!\bigcirc\!\!\!-NH_2$$
由对氨基苯磺酸和氧化镁用〖527〗方法得到。

〖866〗二（4-氨基苯磺酸）钙 **Calcium di(4-aminobenzenesulfonate)**[515]

$$H_2N-\!\!\!\bigcirc\!\!\!-SO_3CaO_3S-\!\!\!\bigcirc\!\!\!-NH_2$$
由对氨基苯磺酸和氧化钙用〖527〗方法得到。

〖867〗二(4-氨基苯磺酸)锶 Strontium di(4-aminobenzenesulfonate)[515]

由对氨基苯磺酸和氧化锶用〖527〗方法得到。

H₂N—⟨benzene ring⟩—SO₃SrO₃S—⟨benzene ring⟩—NH₂

〖868〗二(4-氨基苯磺酸)钡 Barium di(4-aminobenzenesulfonate)[516]

由对氨基苯磺酸和氧化钡用〖527〗方法得到。

H₂N—⟨benzene ring⟩—SO₃BaO₃S—⟨benzene ring⟩—NH₂

〖869〗二(4-氨基苯磺酸)钴 Cobalt di(4-aminobenzenesulfonate)[516]

由对氨基苯磺酸和氧化钴用〖527〗方法得到。

H₂N—⟨benzene ring⟩—SO₃CoO₃S—⟨benzene ring⟩—NH₂

〖870〗二(4-氨基苯磺酸)镍 Nickel di(4-aminobenzenesulfonate)[515]

由对氨基苯磺酸和氧化镍用〖527〗方法得到。

H₂N—⟨benzene ring⟩—SO₃NiO₃S—⟨benzene ring⟩—NH₂

〖871〗二(4-氨基苯磺酸)铜 Copper di(4-aminobenzenesulfonat)[515]

由对氨基苯磺酸和氧化铜用〖527〗方法得到。

H₂N—⟨benzene ring⟩—SO₃CuO₃S—⟨benzene ring⟩—NH₂

〖872〗二(4-氨基苯磺酸)锌 Zinc di(4-aminobenzenesulfonate)[516]

由对氨基苯磺酸和氧化锌用〖527〗方法得到。

H₂N—⟨benzene ring⟩—SO₃ZnO₃S—⟨benzene ring⟩—NH₂

〖873〗二(4-氨基苯磺酸)镉 Cadmium di(4-aminobenzenesulfonate)[515]

由对氨基苯磺酸和氧化镉用〖527〗方法得到。

H₂N—⟨benzene ring⟩—SO₃CdO₃S—⟨benzene ring⟩—NH₂

〖874〗二(4-氨基苯磺酸)铅 Lead di(4-aminobenzenesulfonate)[516]

由对氨基苯磺酸和氧化铅用〖527〗方法得到。

H₂N—⟨benzene ring⟩—SO₃PbO₃S—⟨benzene ring⟩—NH₂

2.22　含硅和锗的二胺

2.22.1　含硅的二胺

〖875〗1,3-双(3-氨基丙基)-1,1,3,3-四甲基二硅氧烷

1,3-Bis(3-aminopropyl)-1,1,3,3-tetramethyldisiloxane(DSX)

①由三甲基氨丙基硅烷水解缩合得到[517,518]

$$(CH_3)_3SiCH_2Cl + CH_2(COOEt)_2 \xrightarrow[\substack{2.KOH \\ 3.HCl}]{1.NaOEt} (CH_3)_3SiCH_2CH_2COOH \xrightarrow{SOCl_2} (CH_3)_3SiCH_2CH_2COCl \xrightarrow{NH_3}$$

中心位 I 位置 II

$$(CH_3)_3SiCH_2CH_2CONH_2 \xrightarrow{P_2O_5} (CH_3)_3SiCH_2CH_2CN \xrightarrow{LiAlH_4} \xrightarrow{HCl} (CH_3)_3Si(CH_2)_3NH_2 \cdot HCl$$

III IV V

$$\xrightarrow{H_2SO_4} \xrightarrow{NaOH} H_2N(CH_2)_3 \underset{\underset{CH_3}{|}}{\overset{\overset{CH_3}{|}}{Si}} - O - \underset{\underset{CH_3}{|}}{\overset{\overset{CH_3}{|}}{Si}} (CH_2)_3 - NH_2$$

VI

将 857.5 g(7.0 mol)氯甲基三甲基硅用丙二酸二乙酯处理，得到三甲基硅基丙酸乙酯 80.1 g (6.6%)，bp 90℃/35 mmHg 和三甲基硅基丙酸(I)706.3 g(69%)，bp 131℃/34 mmHg[519]。

将 120 g(0.822 mol)I 与 150.4 g(1.27 mol)氯化亚砜在 80℃反应 3 h，再在 95℃浴中反应 3 h。除去过量的氯化亚砜，残留物减压蒸馏，取 92℃/65 mmHg，三甲基硅基丙酰氯(II) 130.6 g (96.6%)。

在干冰浴冷却下在 300 mL 无水乙醚中加入 190 g(11.2 mol)液氨。滴加入 166.4 g (1.01 mol)II 在 150 mL 乙醚中的溶液。随着 II 的加入，产生大量沉淀，加完后，让温度在 12 h 内逐渐升至室温。反应物用乙醚萃取，过滤，将固体溶解于最少量的水中，在用乙醚萃取。醚液合并，蒸发至干，得淡黄色结晶 146 g(99%)。从 900 mL 庚烷重结晶，得三甲基硅基丙酰胺(III) 137.5 g(94.3%)，mp 95~96℃。

将 72.5 g(0.5 mol)III 和 88.7 g(0.625 mol)五氧化二磷的细粉混合，搅拌下逐渐升温，减压到 47 mmHg。当混合物熔融后，减压到 25 mmHg 开始蒸馏，得到 42.9 g 粗腈。将固体残留物用冰分解，再用乙醚萃取，将萃取液蒸馏，得到 2.5 g 产物。总收率为 71.6%。将 84 g 粗产物通过 13 块理论塔板精馏，得三甲基硅基丙腈(IV) 76.8 g(86%)，bp 94℃/49 mmHg。

在 1 L 新蒸的无水乙醚中加入 28.5 g(0.75 mol)LiAlH₄，回流 18 h。在 3 h 内将 63.5 g(0.5 mol)IV 在 500 mL 无水乙醚中的溶液滴加到氢化锂铝的溶液中，加完后加热回流 20 h。1 h 内以很慢的速度滴加入 25 mL 甲醇，充分搅拌后再滴加入 20%酒石酸钾钠溶液，分出上面的醚层，水层用乙醚萃取。合并醚液，用 KOH 和无水碳酸钾干燥，分馏取 145℃/726 mmHg，得三甲基硅基丙胺(V) 53.7 g(82.0%)。盐酸盐 mp 183~184℃。

将 50 g(0.325 mol)**V** 的盐酸盐在 250 mL 浓硫酸中 100℃反应 30 min，冷却后用 NaOH 中和。用水蒸气蒸馏，将得到的产物用盐酸处理，得到二盐酸盐，mp 251℃。在用 KOH 在甲醇中碱化，得到二胺，收率 64%，bp 144~145℃。

②由二甲基氨丙基氯硅烷水解得到[520]

$$Cl\!-\!\underset{\underset{CH_3}{|}}{\overset{\overset{CH_3}{|}}{Si}}\!-\!H + H_2C\!=\!CHCH_2\!-\!N(SiMe_3)_2 \xrightarrow{H_2PtCl_6} Cl\!-\!\underset{\underset{CH_3}{|}}{\overset{\overset{CH_3}{|}}{Si}}\!-\!(CH_2)_3N(SiMe_3)_2$$

$$\xrightarrow{HO^-/H_2O} H_2N(CH_2)_3\!-\!\underset{\underset{CH_3}{|}}{\overset{\overset{CH_3}{|}}{Si}}\!-\!O\!-\!\underset{\underset{CH_3}{|}}{\overset{\overset{CH_3}{|}}{Si}}\!-\!(CH_2)_3NH_2$$

在 0.1 mol *N,N*-二(三甲硅基)烯丙胺，10 mL 己烷及 20 μL H_2PtCl_6 的异丙醇溶液混合物中滴加 9.45 g (0.1 mol)二甲基氯硅烷在 10 mL 己烷中的溶液。混合物在 70℃搅拌 18 h。冷却后除去己烷，真空蒸馏，**I** 的收率 75%。

将 0.02 mol **I**，10 mL 乙醚和 10 mL 0.2 N NaOH 搅拌回流 4 h。冷却后分出两相，有机相用无水硫酸钠干燥后除去乙醚。得到二胺无色液体，收率 85%。

〖876〗α,ω-氨基丙基封端的聚甲基三氟丙烷硅氧烷

α,ω-Aminopropylterminated poly(methyltrifluoropropylsiloxane)[521]

$$\text{（反应式）}$$

1. 40℃, 100mmHg, 1h

Me_4NOH　　2. 90~110℃, 24h

3. 160℃, 30mmHg, 4h

$$H_2N(CH_2)_3\!-\!\underset{\underset{CH_3}{|}}{\overset{\overset{CH_3}{|}}{Si}}\!-\!O\!\left(\!\underset{\underset{CH_2CH_2CF_3}{|}}{\overset{\overset{CH_3}{|}}{Si}}\!-\!O\!\right)_{\!n}\!\underset{\underset{CH_3}{|}}{\overset{\overset{CH_3}{|}}{Si}}\!-\!(CH_2)_3NH_2$$

将 3,3,3-(三氟丙基)甲基环三硅氧烷(D3^{Me,CH_2,CH_2,CF_3})和 1,3-双(3-氨基丙基)-1,1,3,3-四甲基二硅氧烷〖875〗以 6∶1 的摩尔比在 0.02%四甲基氢氧化铵(TMAH)存在下 90℃反应 24 h，然后加热到 160℃分解 TMAH，再在 30 mmHg 减压除去任何环状化合物及 TMAH，α,ω-氨基丙基封端的聚甲基三氟丙烷硅氧烷的收率 67%。

〖877〗含乙烯基和苯基的聚硅氧烷二胺(APPPVS)[522]

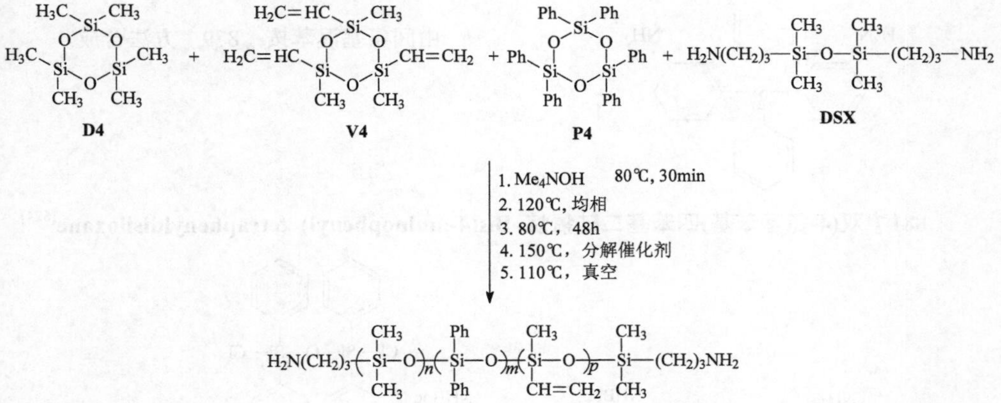

D4　　　　　　　　**V4**　　　　　　　　**P4**　　　　　　　　**DSX**

1. Me₄NOH　　80℃, 30min
2. 120℃, 均相
3. 80℃, 48h
4. 150℃, 分解催化剂
5. 110℃, 真空

以四甲基氢氧化铵五水化合物为催化剂, 以 2.1 g D4, 2.3 g P4 和 2.5 g V4 为共单体, 1,3-双(3-氨基丙基)-1,1,3,3-四甲基二硅氧烷(〖875〗为封端剂合成。由 GPC 和 NMR 测得数均相对分子质量为 850。

〖878〗双(4-氨基苯基)甲基苯基硅烷　Bis(4-aminophenyl)methylphenylsilane[523]

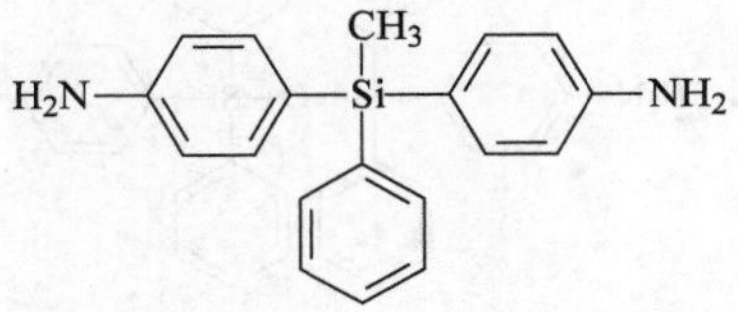

用 PhCH₃SiCl₂ 代替 Ph₂SiCl₂, 按〖891〗方法合成。

〖879〗双(4-氨基苯基)二苯基硅烷　Bis(4-aminophenyl)diphenylsilane[524]

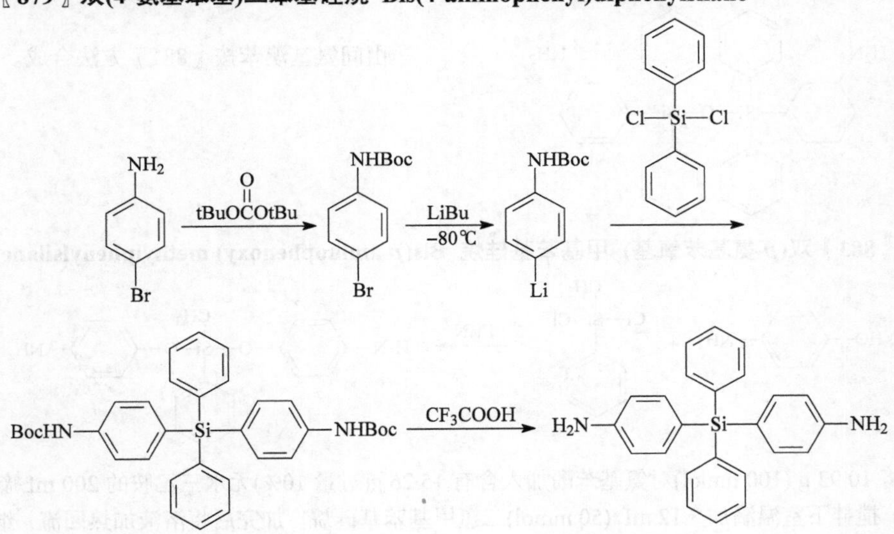

〖 880 〗双(3-氨基苯基)二苯基硅烷　Bis(3-aminophenyl)diphenylsilane[524]

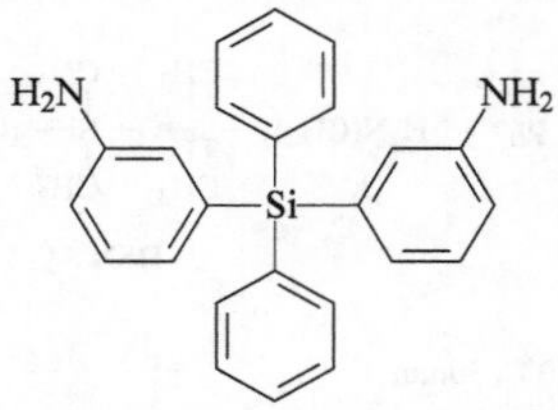

由间氨基溴苯按〖 879 〗方法合成。

〖 881 〗双(4-氨基苯基)四苯基二硅氧烷　Bis(4-aminophenyl) tetraphenyldisiloxane[524]

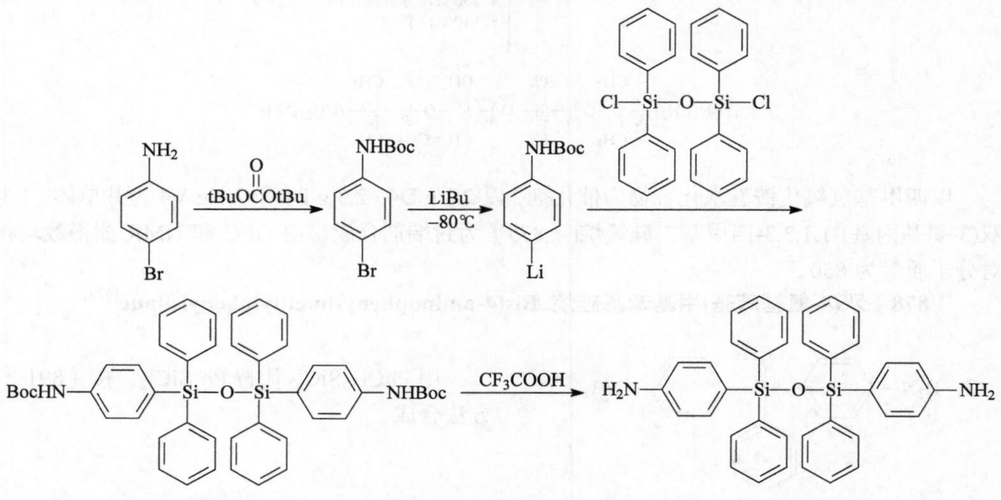

〖 882 〗双(3-氨基苯基)四苯基二硅氧烷　Bis(3-aminophenyl) tetraphenyldisiloxane[524]

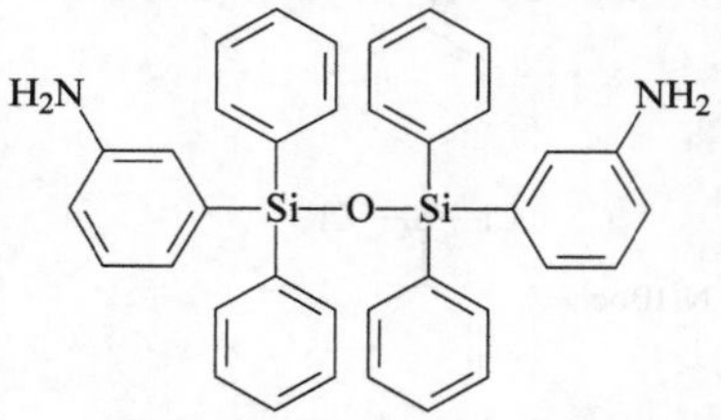

由间氨基溴苯按〖 881 〗方法合成。

〖 883 〗双(p-氨基苯氧基) 甲基苯基硅烷　Bis(p-aminophenoxy) methylphenylsilane[525]

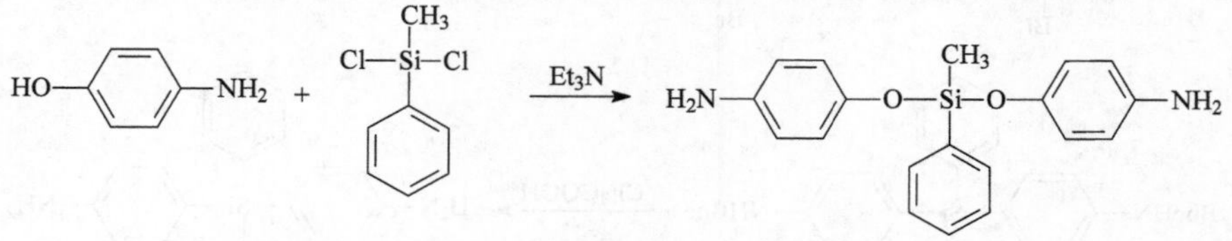

将 10.92 g (100 mmol)对氨基苯酚加入含有 15.26 g(过量 10%)无水三乙胺的 200 mL 新蒸甲苯中，搅拌下室温滴加 8.12 mL (50 mmol)二氯甲基苯基硅烷。加完后将溶液加热回流，继续搅

拌 24 h, 浆状的混合物由淡黄变为深褐色后冷却到室温, 迅速滤出白色三乙胺盐酸盐(以减小由于暴露于湿气下的水解, 而污染了产物)。滤液除去溶剂后得到黏稠的粗产物 16.25 g, 将该产物溶于氯仿并过滤, 除去溶剂, 残留物在 50℃真空下干燥, 得黏稠的褐色产物 15.87 g (94.5%)。

〖884〗二(4-氨基苯基)四甲基二硅烷 Diaminophenyltetramethyldisilane[526]

I

将 29.12 g (1.2 mol)镁屑加到 800 mL 无水乙醚中, 滴加入 113.94 g (12 mol)溴甲烷, 将得到的格氏试剂(143.1 g, 1.2 mol)在室温滴加入 34.2 g 氯甲基乙硅烷混合物中。加完后在室温搅拌 2 h, 再加热回流 2 h, 然后冷却到 0℃。再缓慢加入 200 mL 0.1 mol/L 盐酸, 有机层用水洗涤数次, 以去除未反应的盐酸, 然后在硫酸镁上干燥, 蒸馏, 取 111~113℃馏分, 得六甲基乙硅烷 20 g。

将 43.95 g (0.33 mol)无水三氯化铝加入到 21.9 g,(0.15 mol)六甲基乙硅烷的混合物中, 再缓慢加入 25.7 g (0.33 mol)乙酰氯, 加入的速度以保持反应物的温度低于 40℃。加完后在室温搅拌 12 h, 蒸馏, 取 50℃/15 mmHg 馏分。经三次蒸馏, 得二氯四甲基乙硅烷, bp 146~148 ℃。

在-10~0℃下, 1 h 内向 73 g (0.23 mol)4-[N,N-二(三甲硅基)]溴苯(见〖891〗)在 500 mL 无水乙醚中的溶液中滴加 144.2 mL (0.23 mol, 1.6 mol/L 己烷溶液)丁基锂, 加完后反应 6 h。然后在 0℃下再缓慢加入 20.59 g (0.11 mol)二氯四甲基乙硅烷。在室温搅拌过夜, 分出 LiCl, 蒸馏, 取 153~156℃/1 mmHg 馏分, 三次蒸馏, 得双[二(三甲硅基)氨基苯基]四甲基二硅烷(I)42.1 g (65%), mp 58~59℃。

将硅化衍生物 I 用 200%过量的水在丙酮中水解, 室温搅拌过夜, 用无水硫酸镁除去过量的水, 过滤后蒸发, 得双(4-氨基苯基)四甲基二硅烷粗产物 42.1 g(97%)。蒸馏取 160~165℃/0.1 mmHg 馏分, 从己烷重结晶, mp 108~110℃[527]。

〖885〗二(3-氨基苯基)四甲基二硅烷 Di(3-aminophenyl)tetramethyldisiloxane[528]

将 17 mL 硝酸滴加到 25 mL 乙酐中, 在-20℃搅拌 1 h, 得到清澈的溶液。然后在 2 h 内滴加入 20 g 二苯基四甲基二硅氧烷在 100 mL 二氯甲烷中的溶液, 搅拌 1 h, 得到黄色溶液。加入 100 mL 去离子水, 分出有机相, 用水洗至中性, 干燥后去除溶剂, 得到二硝基物黏性黄色液体。

将 20 g 二硝基物与 100 mL 乙醇和 100 mL 水混合, 加入 40 g 铁粉, 搅拌加热到 80℃。加入 1 mL 盐酸, 回流 4 h。滤出铁粉, 用二氯甲烷萃取, 在硫酸钠上干燥, 减压除去溶剂, 得到褐色油状物。该产物不纯, 含有异构体。

〖886〗二(4-氨基苯氧基)四甲基二硅氧烷　Di(4-aminophenoxy)tetramethyldisiloxane[529]

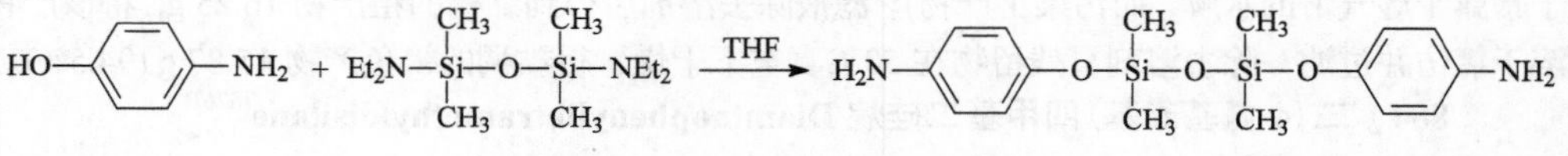

向 1.05 g (5mmol)对氨基苯酚在 25 mL THF 溶液中加入 875 mg (2.5 mmol)1,3-二(*N,N*-二乙氨基)四甲基硅氧烷。氮气下在 70℃搅拌 24 h。减压除去溶剂，残留物用苯萃取，除去苯，得到淡黄色黏液 780 mg(90%)。

〖887〗二(4-氨基苯氧基)六甲基三硅氧烷
Di(4-aminophenoxy)hexamethyltrisiloxane[529]

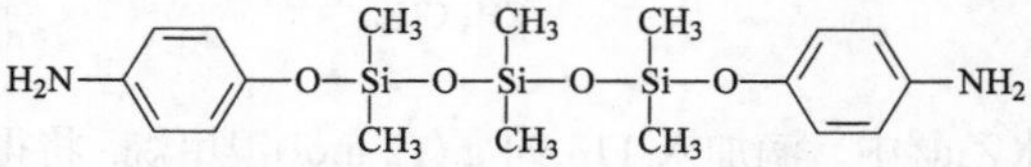

由对氨基苯酚与 1,5-二(*N,N*-二乙氨基)六甲基三硅氧烷按〖886〗方法搅拌 2 天得到黄色黏液，收率 84%。

〖888〗二(2-氨基-5-硝基苯氧基)四甲基二硅氧烷
Di(2-amino-5-nitrophenoxy)tetraamethyldisiloxane[529]

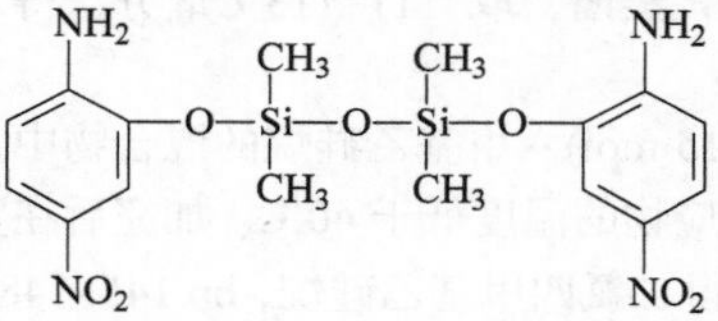

由 2-氨基-5-硝基苯酚与 1,3-二乙氨基四甲基硅氧烷在甲苯中室温搅拌 40h 得到，收率 87%，从氯仿重结晶，mp 274~276℃。

〖889〗1,3-双[4-(4-氨基苯氧基)乙基]-1,1,3,3-四甲基二硅氧烷
1,3-Bis[4-(4-aminophenoxy)ethyl]-1,1,3,3-tetramethyldisiloxane(ATS)

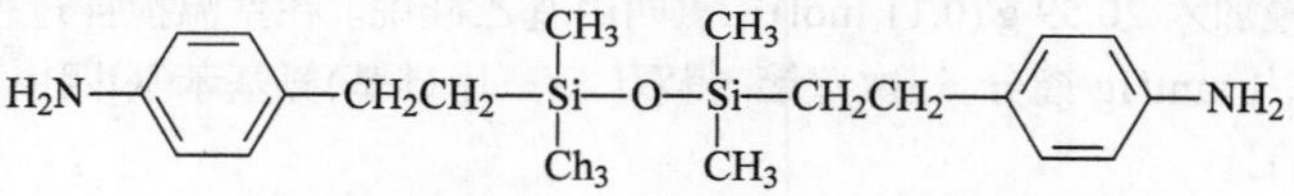

〖890〗1,3-双[4-(4-氨基苯氧基)丁基]-1,1,3,3-四甲基二硅氧烷
1,3-Bis[4-(4-aminophenoxy)butyl]-1,1,3,3-tetramethyldisiloxane[530]

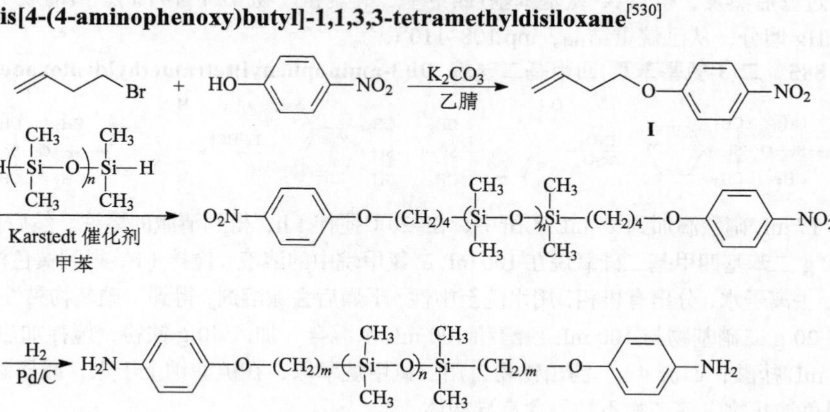

将 0.423 g (3.04 mmol)对硝基苯酚和 1.11 g (8.02 mmol) K$_2$CO$_3$ 加到 20 mL 乙腈中,再加入 0.827 g (6.13 mmol)4-溴-丁烯-1,回流过夜,过滤,滤液减压浓缩。将残留物溶于二氯甲烷中,用水洗涤,硫酸镁干燥,减压除溶剂,得到丁烯氧基硝基苯(I)0.57 g(97%)。

在 0.519 g (2.69 mmol) I 和 0.125 g (0.934 mmol) 1,1,3,3-四甲基二硅氧烷在 3 mL 甲苯的溶液中加入 3 滴 Karstedt 催化剂。混合物在氮气下回流 24 h,减压除去甲苯,残留物用柱色谱(己烷/二氯甲烷,6∶4)提纯,得到黄色油状二硝基物 II 0.321 g (65%)。

将 1.35 g (2.60 mmol)二硝基物和 0.0393 g 10% Pd/C 加到 10 mL 乙酸乙酯中,氢气下室温搅拌 2 天,过滤,浓缩,得到淡褐色油状二胺 1.18 g (98%)。

〖891〗双(3-氨基苯基)二苯基硅烷　Bis(3-aminophenyl)-diphenylsilane[527]

将 418 mL(0.92 mol, 过量 15%)丁基锂的 2.2 mol/L 己烷溶液在 0℃下滴加到 68.8 g (0.40 mol) 间溴苯胺在 400 mL THF 的溶液中,反应 2~3 h。其间温度回升到室温。再滴加 117 mL (0.92 mol, 过量 15%)三甲基氯硅烷,搅拌过夜。在手套箱干燥氮气下滤出 LiCl,蒸馏,取 155.5~158℃/23 mmHg, 得 3-溴-N,N-二(三甲硅基)苯胺(I)77.3 g(61%)。

将 86.6 g (0.275 mol) I 加到 500 mL 无水乙醚中。在 0℃下滴加入 125 mL (0.275 mol) 正丁基锂(2.2 mol/L 己烷溶液)。在 0℃搅拌 2h 后滴加二次蒸馏的 34.6 g (0.135 mol)二氯二苯基硅烷。混合物搅拌过夜,再回流 1h 后滤去氯化锂,减压除去乙醚,蒸馏得到 II 70.4 g (79%),bp 191~193℃/0.025 mmHg。n_D^{25}=1.5518。

将 II 在乙醚中通进 HCl 气 2 min 进行水解,然后在氮气中用 NaOH 水溶液中和。滤出产物,氮气下从丙酮重结晶,二胺收率 70%, mp 279~280.5℃。

〖892〗双(3-氨基苯基)二苯基硅烷　Bis(3-aminophenyl)-diphenylsilane[531]

由对溴苯胺按〖891〗方法得到, mp 205.5~207℃。

〖893〗带胺端基的苯硅氧聚合物[532]

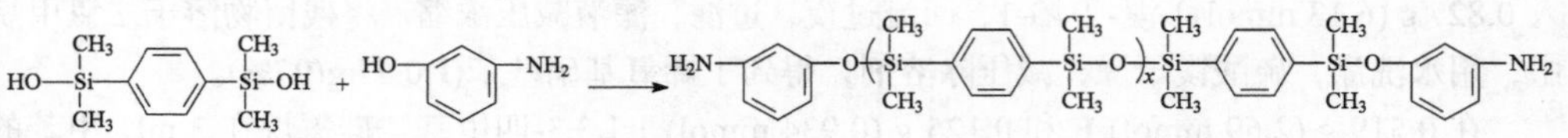

将 10 g(44.17 mmol)1,4-二(羟基二甲基硅基)苯，0.7176 g (6.57 mmol)间氨基苯酚，1%由 2-乙基己酸和 1,1,3,3-四甲基胍合成的催化剂加到 36.8 mL 苯中。混合物在 80℃加热 5 h。将苯蒸出后再在 140℃反应 4 h，150℃真空处理 1 h。将固体产物溶于苯中，在甲醇中沉淀，产物减压干燥。

〖894〗苯基单硅氧基甲基二苯胺

Phenyl-monosiloxymethyldianiline-POSS(Ph₇-da-POSS)[733]

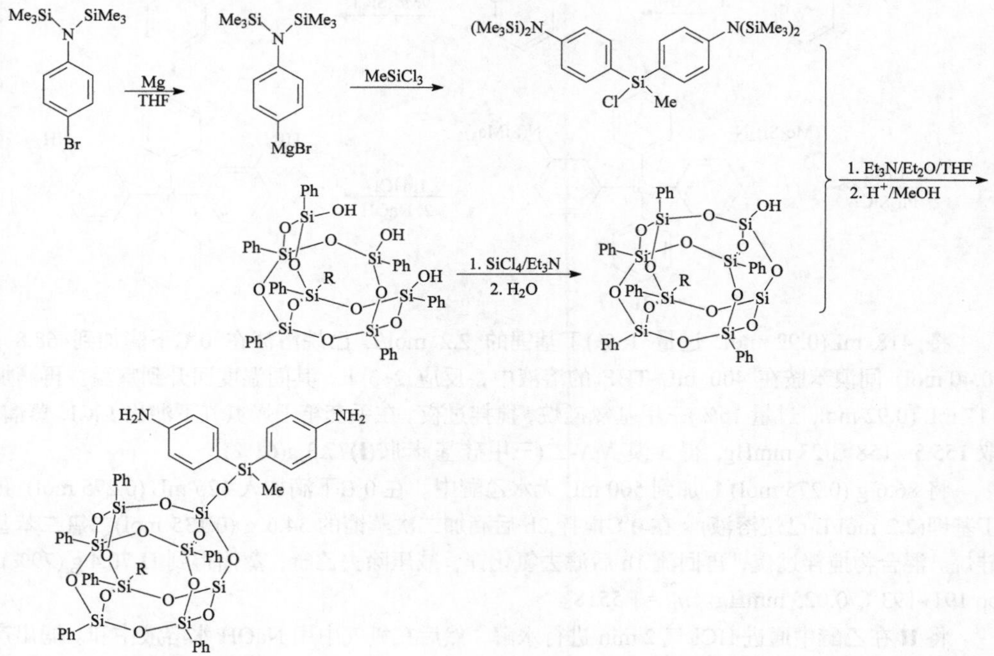

氮气下将 1.903 g (11.2 mmol)四氯化硅和 3.572 g (35.3 mmol)三乙胺在 20 mL THF 中的溶液滴加到 9.965 g (10.7 mmol)七苯基三硅醇-POSS 在 70 mL THF 的溶液中。室温搅拌过夜，将悬浮液过滤，将得到 Ph₇Cl-POSS 和三乙胺盐酸盐的混合固体溶于 5 mL THF 和 15 mL 氯仿的混合物中。用 15 mL 水和 2 mL 盐酸水解 90 min。除去水层，用氯仿萃取 2 次。合并有机层，依次用水、稀盐酸、水和饱和氯化钠萃取，硫酸镁干燥，过滤，除去大部分溶剂，在甲醇中沉淀，过滤，在 40℃真空干燥过夜，得到产物 9.37 g(90%)。

将 1.701 g (3.08 mmol)二(N-三甲基硅基)-2-苯胺-4,4'-氯甲基硅烷和 0.314 g (3.1 mmol)三乙胺在 5 mL 乙醚中的溶液滴加到 2.92 g (3.00 mmol)Ph₇OH-POSS 在 15 mL 乙醚和 2 mLTHF

的混合物中，室温搅拌过夜。滤去三乙胺盐酸盐，除去大部分溶剂后加入 50 mL 酸化的甲醇，搅拌 1 h，过滤，60℃真空干燥得到二胺，收率约为 60%。

〖895〗苯基 8 双苯胺-POSS Phenyl8bisaniline-POSS[733]

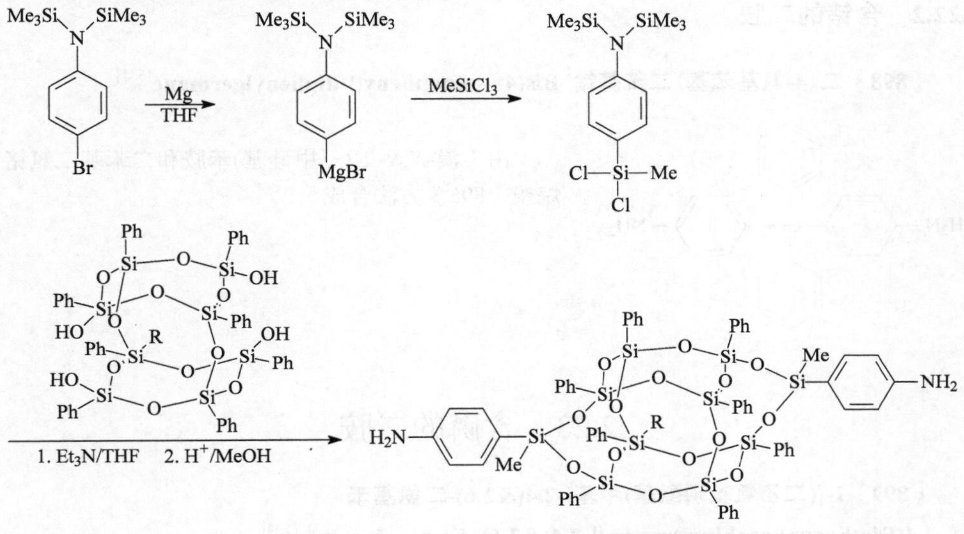

Ph8bisaniline-POSS

在具有氮气氛的干燥箱中，将 2.953 g (8.42 mmol)(N-三甲基硅基)-2-苯胺-4-二氯甲基硅烷和 1.857 g (18.4 mmol) 三乙胺在 10 mL THF 中的溶液滴加到 4.455 g (4.17 mmol)八苯基四羟基-POSS 在 40 mL THF 的溶液中。搅拌 30 min 后，将生成的三乙胺盐酸盐滤出。加入 2 mL 乙醚和 50 mL 酸化的甲醇，得到产物的悬浮液。室温搅拌 1 h，过滤，60℃真空干燥，得到产物 3.90 g(70%)。

〖896〗含 POSS 结构的二胺[434]

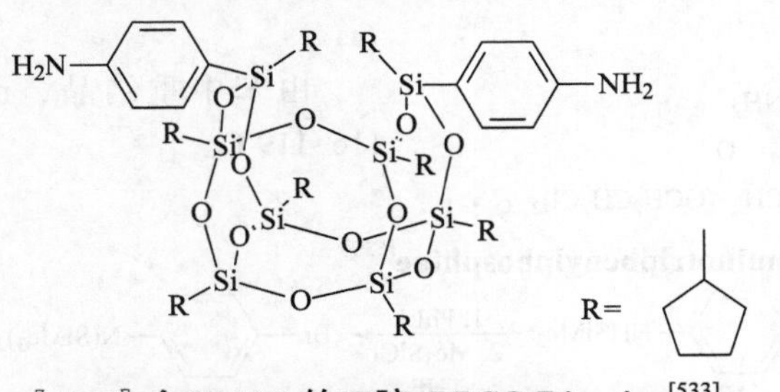

由相应的 POSS 按〖859〗方法合成。

〖897〗含 DDSQ 的二胺 DDSQ Diamine[533]

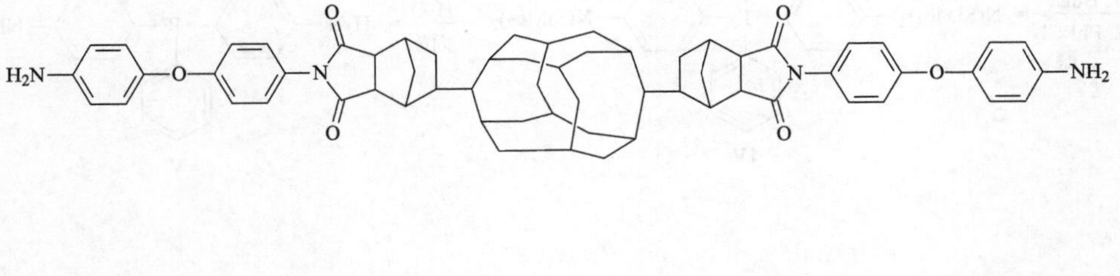

将 0.50 g (0.34 mmol)二酐(见【269】) 和 0.41 g (2.04 mmol) ODA 在甲苯中回流 24h 除去水分，冷却过滤，在 180℃真空干燥，得到二胺，收率 98%，mp >350℃。

2.22.2　含锗的二胺

〖898〗二(4-氨基苯基)二苯基锗 Bis(4-aminophenyl)-diphenylgermane[531]

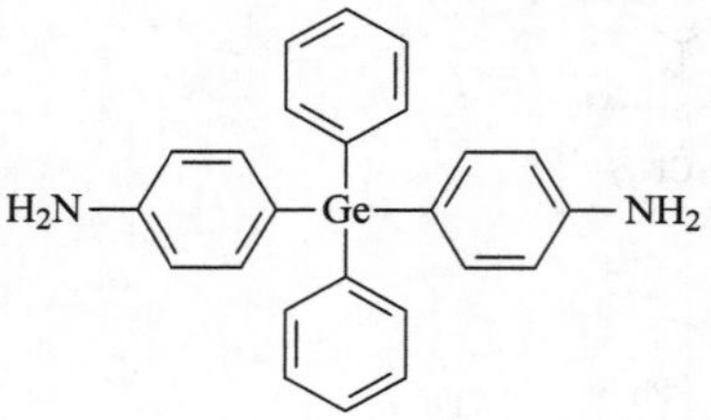

由 3-溴-*N*,*N*-二(三甲硅基)苯胺和二苯基二氯锗烷按〖895〗方法合成。

2.23　含磷的二胺

〖899〗1-[(二乙氧基磷酰基)甲基]-2,4(&2,6)-二氨基苯

1-[(Diethoxyphosphinyl)methyl]-2,4(&2,6)-diaminobenzene[534]

由二硝基物还原得到黏性液体。

9 : 1

〖900〗1-[(二氯乙氧基磷酰基)甲基]-2,4(&2,6)-二氨基苯

1-[(Dichloroethoxyphosphinyl)methyl]-2,4(&2,6)-diaminobenzene[534]

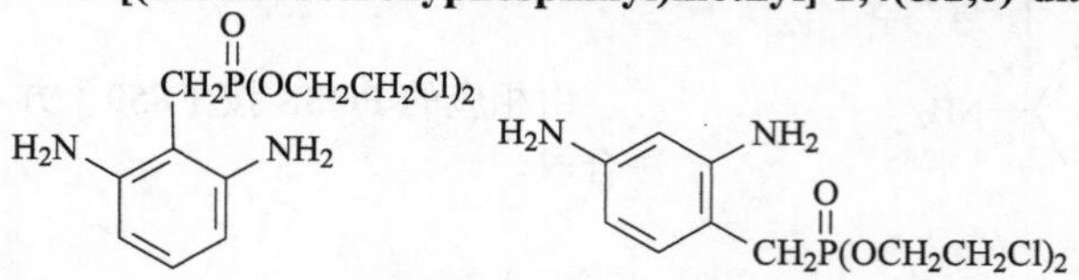

由苯中重结晶，mp 116~119℃。

9 : 1

〖901〗4,4′-二氨基三苯膦 4,4′-Diaminotriphenylphosphine[535]

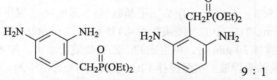

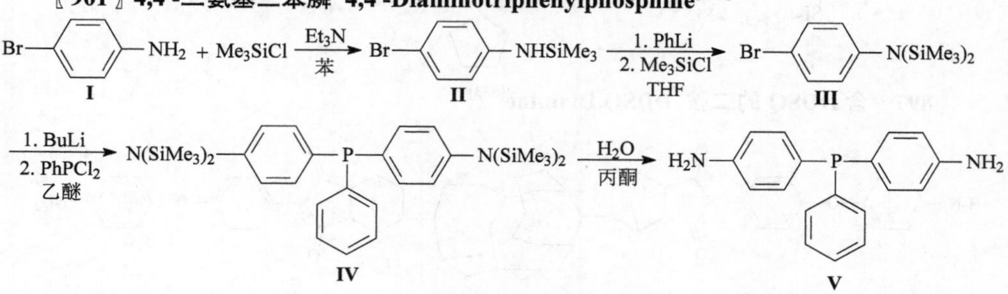

将 51.6 g (0.3 mol)对溴苯胺和 40.8 g (0.4 mol)三乙胺溶于 500 mL 苯中，在 25℃搅拌 1 h，再在 80℃搅拌 12 h。在氮气保护下滤去三乙胺盐酸盐。在 62~64℃/1 mmHg 蒸得 4-溴-N-三甲硅基苯胺(II)，产率：81%。

在 0℃下向 42 g (0.17 mol)II 在 200 mLTHF 中的溶液滴加 0.25 mol 苯基锂，搅拌 3 h，再滴加入 21.7 g (0.2 mol)Me₃SiCl，室温搅拌过夜，以最快的速度滤出氯化锂，滤液直接过滤到蒸馏烧瓶中，在 80~81℃/1 mmHg 蒸得 4-溴-N,N-二(三甲硅基)苯胺(III) 47 g(88%)。

在 -10~0℃下将 90.2 mL (0.144 mol, 1.6 mol/L 己烷溶液)丁基锂滴加入 45.6 g (0.14 mol)III 在 500 mL 乙醚的溶液中，搅拌 6 h 后在 0℃缓慢加入 12.3 g (0.069 mol)苯基二氯化膦。升至室温，搅拌过夜，滤出氯化锂，减压蒸去溶剂。将得到的产物与 200%过量的水在丙酮中室温搅拌过夜，过量的水用无水硫酸镁吸收，过滤后除去溶剂，得粗 V 19.0 g(90%)。再用硅胶柱层析(己烷/乙醚，1:1)，得二胺 15.4 g(81%)。DSC 未见熔点吸热峰，但该玻璃状物质在 53~55℃变成液体。

〖902〗双(3-氨基苯基) 甲基氧化膦 Bis(3-aminophenyl)methylphosphine oxide[536]

将 200 g(0.56 mol, 98%)甲基三苯基溴化磷和 2 L 水加热回流 30 min，得到浑浊悬浮液。加入由 112 g (2.80 mol)NaOH 在 1 L 水中的溶液，立即在上部形成苯的澄清层。反应用 TLC 监测(氯仿/甲醇 = 9:1)，回流 2 h，粗产物用氯仿萃取，用水洗涤数次，硫酸镁干燥，真空干燥 24 h，得二苯基甲基氧化膦(II)定量产率，mp 113~115℃。

将 1.5 L 96%硫酸小心加入 287 g (1.33 mol) II 中，搅拌 30 min 使其溶解。在 0~5℃下滴加由 500 mL 浓硫酸和 252 g 70%硝酸得到的混酸。反应在 0~5℃进行 2 h，室温反应 3 h 后在冰水中沉淀，滤出固体，干燥，从乙醇重结晶 2 次，得双(m-硝基苯基) 甲基氧化膦(III)带绿色的结晶，收率 85%，mp 204~205℃。

将 115 g (0.37 mol) III 加到 400 mL 无水乙醇中，氮气下加热回流。加入 200 mg Pd/C 后，滴加入 175 g(3.50 mol) 水合肼。在 2h 中加入两批催化剂和肼。处理后粗产物从二氯乙烷重结晶，双(m-氨基苯基) 甲基氧化膦(IV)收率 80%，mp 155~156℃。

〖903〗二(4-氨基苯基)-1-金刚烷基氧化膦

Bis(4-aminophenyl)-1-adamantyl phosphine oxide[537]

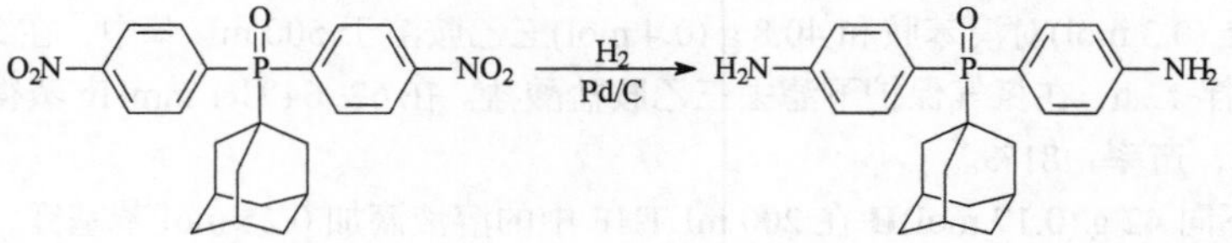

反应参考〖905〗。

说明：硝基取代位置文献为 4,4′-，但似乎应该是 3,3′-位。

〖904〗双(*m*-氨基苯基) 苯基氧化膦

Bis(3-aminophenyl)phenyl phosphine oxide[538]

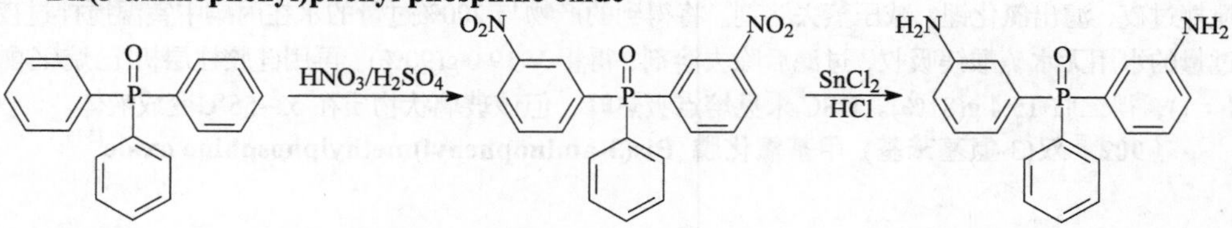

将 27.8 g (0.1 mol)三苯膦氧化物加入 200 mL 96%硫酸中，搅拌溶解后冷却到-5℃。2 h 内滴加入 14.5 g (0.4 mol)发烟硝酸在 100 mL 硫酸中的溶液，加完后在室温反应 8 h 后用 2 L 冰水解。待到冰溶解后，用氯仿萃取，萃取液用碳酸氢钠溶液洗涤至中性。除去溶剂，残留固体用无水乙醇重结晶，得二硝基物收率 70%。

用氯化亚锡和盐酸还原，产物从二氯甲烷重结晶，收率 90%。

〖905〗双(3-氨基苯基)-4-(三氟甲基)苯基氧化膦

Bis(3-aminophenyl)-4-(trifluoromethyl)phenyl phosphine oxide[539]

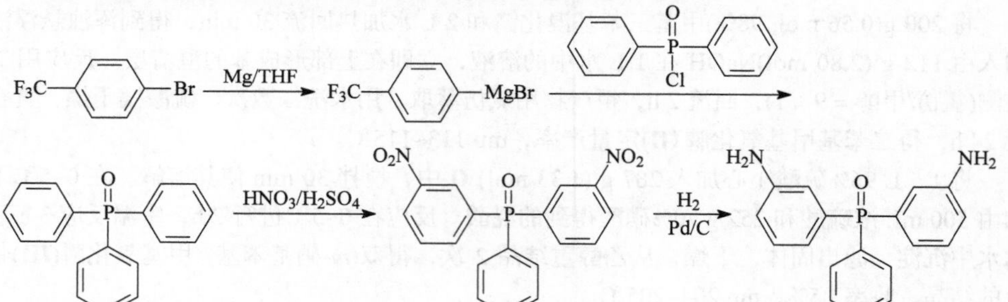

将 1.54 g(63.3 mmol)纯度为 99%的镁屑加入 60 mL THF 中，冰浴中冷却至 5℃，3 h 内滴加入 11.4 g (50.6 mmol)纯度为 98%的 4-(三氟甲基)溴苯，反应过夜，温度则随冰的熔化恢复到室温。再冷到 5℃，3 h 内滴加入 10 g (120.7 mmol)二苯基亚磷酰氯，自然升温下再反应 24 h，得到褐色溶液。加入 10%硫酸，调节 pH 1，再加入 1 L 水和 500 mL 乙醚，搅拌后分出有机层，水层用乙醚萃取 2 次，有机层合并，干燥，蒸发得到淡褐色固体。将产物溶于氯仿，用 10%碳酸氢钠洗涤数次，水洗涤 3 次，浓缩后在 1 L 沸腾的己烷中沉淀，趁热过滤，滤液再浓缩，室温放置 12 h，冷冻 12 h，滤出淡白色固体，在己烷中重结晶得白色晶体，4-(三氟甲基)

苯基二苯氧化膦(I)收率80%，mp 90.5~91.2℃。

将11.7 g (33.8 mmol)I 加入100 mL 浓硫酸中，室温搅拌溶解后，用冰盐水冷却到-5℃，维持该温度，在3 h内滴加5.14 mL 发烟硝酸和15 mL 硫酸的混合物，自然升温，反应8 h。将反应物倒入1 kg 碎冰中，黄色油状物用氯仿萃取出来，用碳酸氢钠溶液和水洗涤到pH 7，除去溶剂，固体在无水乙醇中重结晶2次，得二硝基物 II 淡黄色结晶13.25 g(90%)，mp 202.3~202.9℃。

将13.25 g (30.4 mmol)II 和200 mgPd/C加到200 mL 无水乙醇中，加热到50℃，在0.7 MPa 氢压下氢化，反应完成后，滤出催化剂，蒸发滤液得到黄色晶体，在水/乙醇(90/10)中重结晶，最后升华得到白色二胺，产率90%，mp 145.5~145.7℃。

〖906〗双(3-氨基苯基)-3,5-二(三氟甲基)苯基氧化膦

Bis(3-aminophenyl)-3,5-di(trifluoromethyl)phenylphosphine oxide[540]

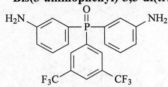

以3,5-二(三氟甲基)溴苯按〖905〗方法合成。I：收率86%，由异丙醇/己烷重结晶，mp 102~104℃；二硝基物收率84%，从丙酮/异丙醇重结晶，mp 173~177℃；二硝基物用钯炭催化甲酸铵还原，收率94%，从异丙醇/甲苯(75∶25)重结晶，mp 228~230℃。

〖907〗双(3-氨基苯基)-2,3,5,6-四氟-4-(三氟甲基)苯基氧化膦

Bis(3-aminophenyl)-2,3,5,6-tetrafluoro-4-trifluoromethyl phenyl phosphine oxide[541]

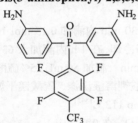

以4-三氟甲基-2,3,5,6-四氟溴苯按〖905〗方法合成。I：收率81%，从己烷重结晶，mp 115.4~116.1℃；二硝基物收率89%，从无水乙醇重结晶，mp 160.2~160.9℃；二硝基物用钯炭催化，0.7 MPa 氢压下还原，收率83%，柱层析(乙酸乙酯/己烷)提纯，mp 187.3~187.6℃。

〖908〗双(4-氨基苯氧基-4′-苯基)苯基氧化膦

Bis(4-aminophenoxy-4′-phenyl)phenylphosphine oxide[2]

由二(4-氟苯基)苯基膦氧化物(见〖912〗①)与对氨基苯酚合成，从甲苯/乙醇混合物重结晶，得白色无定形固体，收率83%，mp 98~102℃。

〖909〗双(3-氨基苯氧基-4′-苯基)苯基氧化膦

Bis(3-aminophenoxy-4′-phenyl)phenylphosphine oxide[2]

以间氨基苯酚按〖908〗方法合成。

〖910〗双[4-(4′-氨基苯氧基)苯基]-3,5-双(三氟甲基)苯基氧化膦

Bis[4-(4′-aminophenoxy)phenyl]-3,5-bis(trifluoromethyl)phenyl phosphine oxide[450,542]

将 0.15 mol 镁屑加到 30 mL 乙醚中，冰浴冷却，氮气下 30 min 内滴加 0.15 mol 1-氟-4-碘化苯在 30 mL 乙醚中的溶液。加完后加热回流 1 h。在用冰浴冷却，在 1 h 内滴加入 63 mmol 亚磷酸二乙酯在 30 mL 中的溶液，加完后，加热回流反应 30 min。滴加 50 mL 25%硫酸中止反应。粗产物用 300 mL 二氯甲烷萃取。有机相用水和 15%碳酸钾溶液洗涤，硫酸镁干燥，从苯/己烷重结晶，得到二(4-氟代苯基)氧化膦(I)，收率 100%，mp 113℃[543]。

将 15.5 g(63 mmol) I 在 100 mL CH₂Cl₂ 中与 60 mL 30% H₂O₂ 在 0℃反应 1 h，在 20℃反应 20 h。以 2.0 N NaOH 碱化，水层用浓盐酸酸化，得到白色沉淀，过滤后用水洗涤，干燥，得到二(4-氟代苯基)次磷酸(II)，收率 44%，mp 118℃[523]。

将 50.8 g (0.2 mol)II 溶解在 200 mL 氯化亚砜中，在 55℃搅拌 2 h。再加热到 80℃，除去过量的氯化亚砜，再减压除去微量的氯化亚砜。得到的二(4-氟代苯基)次磷酰氯(III)直接用于下步反应。

将 6.0 g (0.25 mol)镁屑加到 200 mL 干燥 THF 中，冷却到 5℃。在维持该温度的情况下滴加 72.8 g (0.25 mol)3,5-二(三氟甲基)溴苯(IV)在 100 mLTHF 中的溶液。加完后温度自然回升到室温，搅拌 24 h。将得到的褐色溶液倒入 200 mL 10%硫酸和 300 mL 水的混合物中，分出有机层，依次用水，5%碳酸氢钠及水洗涤，在硫酸镁上干燥。除去溶剂，得到暗红色黏液 82.8 g (92%)。将粗产物进行减压蒸馏，取 170~174℃/20 mmHg 馏分 72 g(80%)。该产物为黄色半固体，从环己烷(脱色)重结晶 2 次，得二氟代物 V 58.5 g(65%), mp 121.7~122.5℃。

将 36 g (0.08 mol)V, 18.5 g (0.17 mol)3-氨基苯酚和 29.0 g (0.21 mol)碳酸钾加入到 150 mL NMP 和 80 mL 甲苯中。混合物在 135℃加热，去除水分，24 h 后除去甲苯，将温度升至 160℃

搅拌 8 h。将反应物冷却到室温，倒入剧烈搅拌的 500 mL 5%乙酸中。得到的胶状物在搅拌中固化。滤出，用水洗涤，在 110℃干燥，得 42.7 g(85%)。从乙醇重结晶 2 次，得二胺白色固体 30.1 g(60%), mp 193.6~194.2℃。

〖911〗双(4-氨基苯氧基)苯基氧化膦 Bis(4-aminophenoxy)phenyl phosphine oxide[545]

将 23.5 g (0.169 mol)对硝基苯酚加到 120 mL THF 中，搅拌下加入 17.1g (0.169 mol)干燥三乙胺，冷却到 0℃，加入 0.3 g 氯化亚铜后在 30 min 内滴加入 15 g (0.077 mol)苯基膦酰氯在 60 mL THF 中的溶液。由于三乙胺盐酸盐的形成，反应物变稠。反应在 0℃进行 2 h，再在室温反应 48 h。滤出沉淀，用 THF 洗涤，滤液浓缩后用冰冷的 2%NaOH 溶液洗涤，最后，用乙酸乙酯萃取 3 次，萃取液在硫酸镁上干燥后浓缩。产物从乙醇中重结晶，收率 80%。

在 25 g 二硝基物和 180 g 二水氯化锡中加入 200 mL 浓盐酸在 400 mL 乙醇中的溶液，混合物在室温搅拌 5 h 后将溶液浓缩，用 25%NaOH 中和。得到的溶液用氯仿萃取，有机相减压浓缩，得到的产物从二氯甲烷重结晶，收率 95%。

〖912〗[2,5-双(4-氨基苯氧基)苯基]二苯基氧化膦

[2,5-Bis(4-aminophenoxy)phenyl]diphenylphosphine oxide[546]

氮气下将 30.16 g (0.2790 mol) 对苯醌溶于 750 mL 甲苯中，室温下 30 min 内滴加 56.42 g (0.279 mol)二苯基氧化膦在 250 mL 甲苯中的溶液。反应物随着胶状物的形成，颜色由褐色变为黄色，进一步搅拌，得到灰色固体。滤出沉淀，用甲苯和乙醚洗涤，在 110℃空气中干燥，得到 74.0 g(85%)。从乙醇重结晶，得白色固体 I 62.86 g(73%), mp 216~218℃。

将 27.62 g (0.0890 mol)I, 28.05 g (0.1780 mol)对氯硝基苯和 28.00 g (0.2026 mol)碳酸钾加到 150 mL DMAc 和 130 mL 甲苯的混合物中，加热回流除去水和甲苯后混合物在 165℃反应 16 h。冷却到室温，倒入水中，滤出褐色沉淀，用热水洗涤后在 110℃空气干燥，得二硝基物 47.6 g(97%)。从 2-乙氧基乙醇重结晶，得 39.21 g(80%), mp 239~242℃。

将 5.4 g (0.0098 mol)二硝基物溶于 100 mL 二氧六环中，加入 0.59 g 10%Pd/C，脱气后在

室温加氢 24 h。滤出催化剂，倒入水中，得到灰白色固体，过滤，用水洗涤，室温干燥，得4.1 g (76%)，从乙醇水混合物中重结晶，得二胺 3.2 g(80%)，mp 205~208℃。

〖913〗[2,4-双(3-氨基苯氧基)苯基]二苯基氧化膦

[2,4-Bis(3-aminophenoxy)phenyl]diphenylphosphine oxide[547]

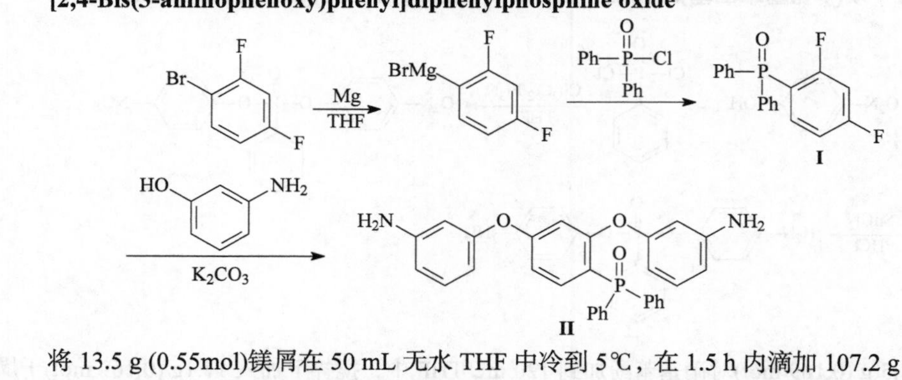

将 13.5 g (0.55mol)镁屑在 50 mL 无水 THF 中冷到 5℃，在 1.5 h 内滴加 107.2 g (0.55 mol，过量 20%)1-溴-2,4-二氟苯在 200 mL THF 中的溶液，加完后回暖到室温搅拌 3 h，再冷到 5℃，在 1 h 内滴加 107.9 g(0.46 mol) 新蒸馏的二苯基氯化膦在 100 mL THF 中的溶液。回暖到室温，搅拌 15 h 后倒入 700 mL 氯化铵的水溶液中，有机层依次用水，5%碳酸氢钠和水洗涤，在硫酸镁上干燥。除去 THF，得红色黏稠液体 142.8 g(98%)。将粗产物真空蒸馏，收取 178~181℃/20 mmHg 淡黄色半固体物质 118.6 g (81%)。将该物质溶于 120 mL 热甲苯中，活性炭脱色，热滤，向冷的滤液中小心加入 120 mL 己烷，冷却搅拌过夜得 2,4-二氟苯基二苯基氧化膦(**I**)白色结晶 100.9 g(69%)，mp 111.1~112.3℃。

将 39.50 g (0.1257 mol)**I**，28.80 g (0.2639 mol)3-氨基苯酚和 45.58 g (0.3298 mol)碳酸钾在 200 mL NMP 和 115 mL 甲苯中 135℃加热去水 16 h 后除去甲苯，加热到 160℃反应 4 h，冷却到室温，倒入 1 L 5%乙酸水溶液，胶状物在搅拌中固化，过滤，用水洗涤，在 110℃真空干燥，得 **II** 59.1 g(95%)，熔融范围为 179.7~187.6℃。由乙醇中重结晶 2 次(活性炭脱色)，二胺收率60%，mp 195.2~196.5℃。

〖914〗2,5-双(4-氨基-2-三氟甲基苯氧基)苯基二苯膦氧化物

2,5-Bis(4-amino-2-trifluoromethylphenoxy)phenyldiphenylphosphine oxide[548]

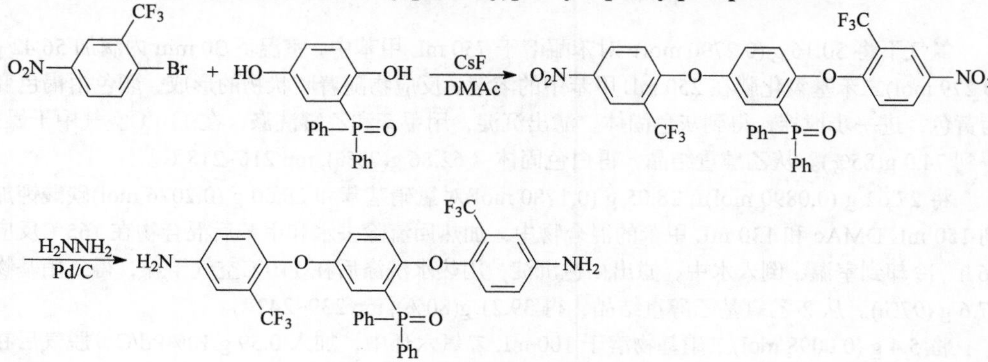

　　将 24.82 g (0.08 mol) 2,5-二羟基二苯基氧化膦, 64.80 g (0.24 mol) 2-溴-5-硝基三氟甲苯, 和 30.38 g (0.20 mol)氟化铯加到 240 mL DMAc 中, 氮气下室温搅拌 30 min 后回流 24h, 趁热过滤, 将滤液倒入水中, 滤出沉淀, 用水洗涤, 60℃真空干燥 24 h。从乙醇重结晶, 得淡黄色二硝基物 24.0 g(43.6%), mp 191.6℃。

　　将 20.65 g (0.03 mol)二硝基物和 0.5 g 5%钯炭黑加到 200 mL 无水乙醇中,加热回流,1.5 h 内滴加 22 mL 水合肼, 回流 24 h。趁热滤出催化剂, 加入水, 得到沉淀, 过滤, 用冷乙醇洗涤, 在 80℃真空干燥, 得二胺 15.40 g (81.9%), mp 199.6℃。

〖915〗取代有 DOPO 的二苯基乙烷二胺[549]

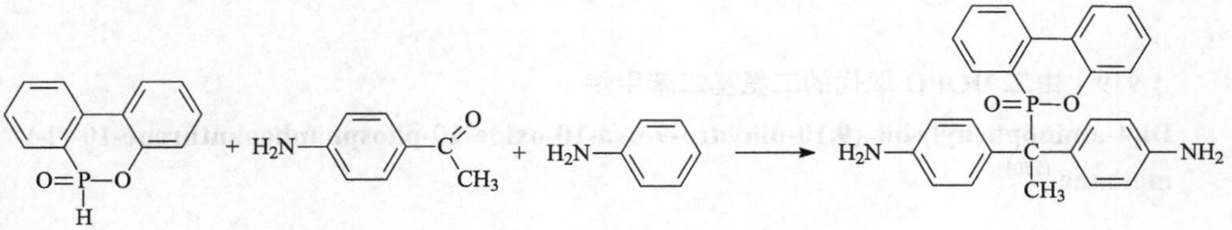

　　将10.81 g (0.05 mol) DOPO, 23.28 g (0.25mol)苯胺, 6.76 g (0.05 mol) 4-氨基苯乙酮及 0.216 g (2% DOPO) 对甲苯磺酸在 130℃搅拌 24 h。滤出沉淀, 从甲醇重结晶, 在 100℃真空干燥, 得到淡黄色产物, 收率 80%, mp 255℃。

〖916〗由二甲基苯胺得到的含 DOPO 的不对称二胺[544]

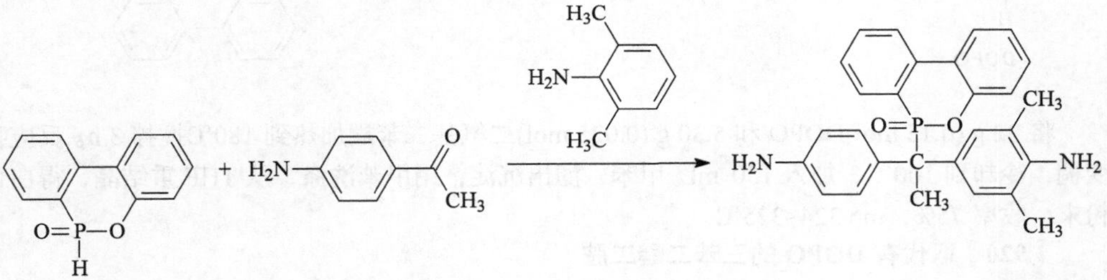

　　将 25.94 g (0.12 mol) DOPO, 46.14 g (0.36 mol) 2,6-二甲基苯胺, 16.46 g (0.12 mol)对氨基苯乙酮和 1.038 g (DOPO 质量的 4%)对甲苯磺酸在 130℃反应 24 h, 冷却后滤出沉淀, 从甲醇重结晶, 在 150℃真空干燥, 得二胺收率 75%, mp 280℃。

〖917〗由二乙基苯胺得到的含 DOPO 的不对称二胺[751]

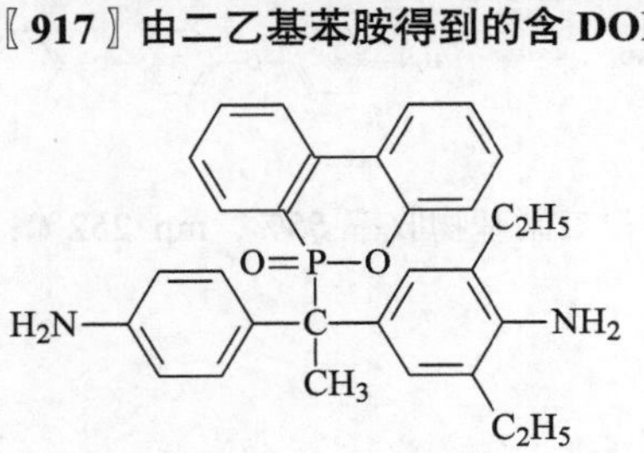

　　由 2,6-二甲基苯胺按〖911〗方法合成, 收率 70%, mp 246℃。

〖918〗取代有 DOPO 的三苯基甲烷二胺[549]

以 4-氨基二苯酮代替 4-氨基苯乙酮按〖917〗方法合成，收率 74%，mp 315℃。

〖919〗由二 DOPO 取代的二氨基二苯甲烷

Di(4-aminophenyl)-bis-(9,10-dihydro-9-oxa-10-oxide-10-phosphaphenanthrene-10-yl-)methane[550]

将 32 g (0.15 mol)DOPO 和 5.30 g (0.025 mol)二氨基二苯酮加热到 180℃搅拌 3 h。反应物变稠，冷却到 100℃，加入 150 mL 甲苯，滤出沉淀，用甲苯洗涤，从 THF 重结晶，得白色粉末，收率 75%，mp 324~325℃。

〖920〗取代有 DOPO 的三苯二醚二胺

1,4-Bis(4-aminophenoxy)-2-(6-oxido-6H-dibenz[c,e] [1,2]oxaphosphorin-6-yl)phenylene[551]

由 I 〖47〗与对氟硝基苯在 CsF 催化下反应得到，二硝基物收率 55%，mp 252℃；再用肼-Pd/C 还原得到浅橙色二胺，收率 74.5%。

〖 921 〗由 2-DOPO-1,4-二羟基萘与对硝基苯甲酰氯得到的二胺

1,4-Bis(4-aminobenzoyloxy)-2-(6-oxido-6H-dibenz⟨c,e⟩⟨1,2⟩oxaphosphorin-6-yl)naphthalene[552]

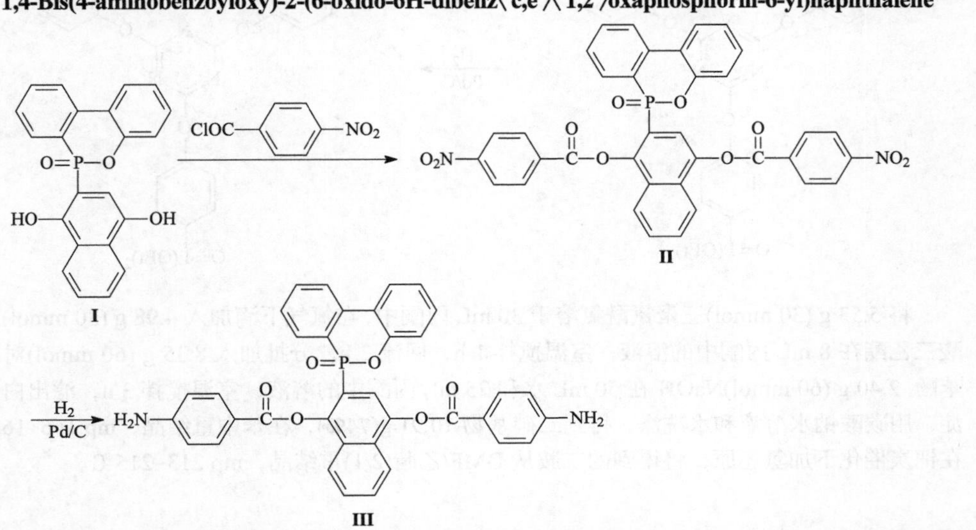

将 0.1 mol I〖47〗溶于 300 mL DMF 中，加入 0.22 mol 三乙胺，冷却到 0~10℃，1 h 内分批加入 0.22 mol 4-硝基苯甲酰氯，在室温反应 4 h，滤出沉淀，从 DMF 中重结晶 2 次，180℃真空干燥 8 h，得到淡白色结晶 II，产率 70%，mp 332~333℃。

将 20.2 g (30 mmol) II 和 1.3 g 10% Pd/C 在 300 mL DMF 中 25℃常压加氢，时间大约需要 2 天，反应完成后滤出催化剂，将滤液倒入 2 L 水中，滤出沉淀，产率为 96%，mp 311~312 ℃。

〖 922 〗由 2-DOPO-1,4-二羟基萘与间硝基苯甲酰氯得到的二胺

1,4-Bis(3-aminobenzoyloxy)- 2-(6-oxido-6H-dibenz ⟨c,e⟩ ⟨1,2⟩ oxaphosphorin-6-yl) naphthalene[552]

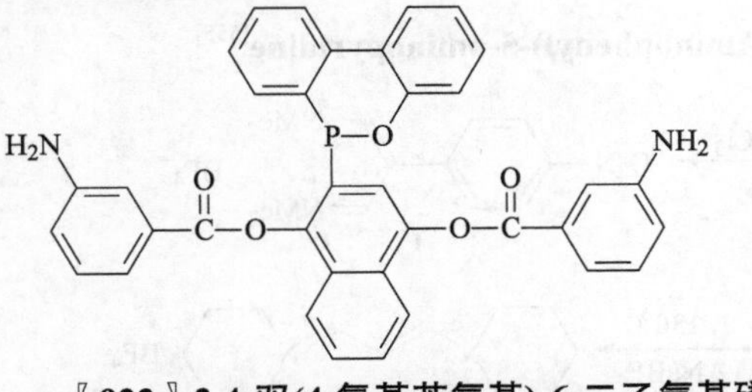

用间硝基苯甲酰氯按〖 921 〗方法合成。
二硝基物，产率 70%，从 DMF 重结晶
2 次，mp 292~293℃；
二胺产率 95%，mp 219~220℃。

〖 923 〗2,4-双(4-氨基苯氧基)-6-二乙氧基磷酰基对称三嗪

Phosphinyl-s-triazine2,4-bis(4-aminophenoxy)-6-diethoxyphosphinyl-s-triazine[553]

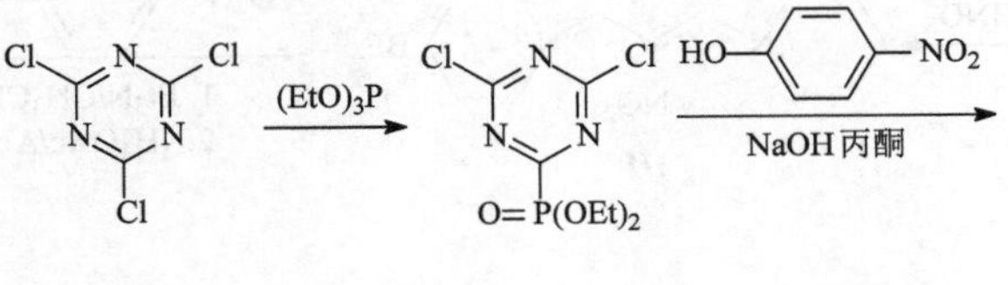

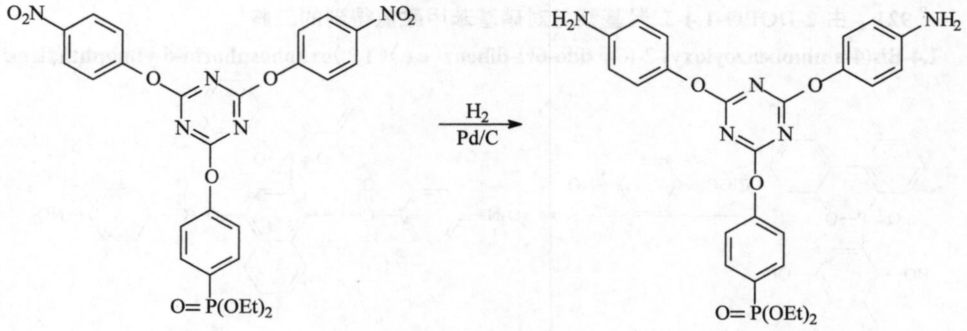

将 5.53 g (30 mmol)三聚氰酰氯溶于 30 mL 丙酮中，在氮气下滴加入 4.98 g (30 mmol)亚磷酸三乙酯在 8 mL 丙酮中的溶液。室温搅拌 1 h，回流 2 h。分批加入 8.35 g (60 mmol)对硝基苯酚，2.40 g (60 mmol)NaOH 在 50 mL 水和 25 mL 丙酮中的溶液，室温搅拌 3 h，滤出白色沉淀，用碳酸钠水溶液和水洗涤，得到二硝基物 10.91 g(74%)，在苯中重结晶，mp 166~168℃。在钯炭催化下加氢还原，将得到的二胺从 DMF/乙腈(2/1)重结晶，mp 213~215℃。

2.24　含吡啶环的二胺

2.24.1　含一个吡啶环的二胺

〖924〗2,6-二氨基吡啶　2,6-Diaminopyridine[554]

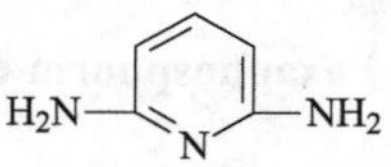

商品，mp 117~122℃，bp 285℃。

〖925〗2-(4-氨基苯基)-5-氨基吡啶　2-(4-Aminophenyl)-5-aminopyridine[555]

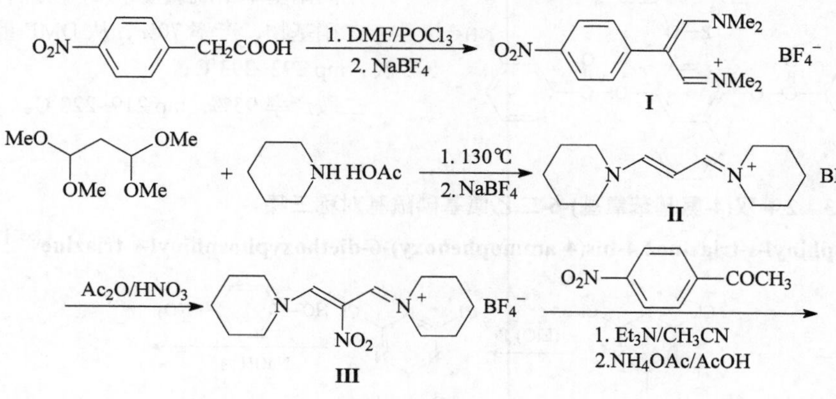

将 80 g(0.44 mol)对硝基苯乙酸和 103 mL(1.32 mol)DMF 搅拌均匀,冰浴冷却下滴加 82 mL(0.88 mol)三氯氧磷,加完后在 80℃搅拌 5 h,反应放热,并有大量气体放出。冷却后滴加入 44 mL 乙醇,以破坏未反应的三氯氧磷。大量放热,再冷却到室温,加入由 145 g(1.32 mol)NaBF₄ 和 450 mL 水得到的溶液,搅拌下析出大量晶体,过滤,用水和乙酸乙酯洗涤后真空干燥,得 I 黄色结晶 143 g(97%)。

在低于 60℃下,将 196 mL(1.99 mol)哌啶滴加到 465 mL(8.13 mol)冰乙酸中。加完后升温到 100℃,加入 150 mL(0.904 mol)1,1,3,3-四甲氧基丙烷,然后在 130℃回流 3h。蒸出 300 mL 溶剂,冷却到室温,滴加由 149 g(1.36 mol)NaBF₄ 组成的 15%溶液,搅拌下逐渐析出固体,过滤,水洗后真空干燥,得 II 浅黄色结晶 214 g(80.5%),mp118~120℃。

将 58.83 g (0.21 mol)II 在 300 mL 乙酐中搅拌均匀。冰水浴冷却下慢慢滴加 40 mL 65%硝酸。滴加过程中有浅黄色固体析出。加完后,在冰水浴冷却下继续搅拌 2 h。向反应体系中加入 600 mL 乙酸乙酯,有大量固体析出。过滤,固体用乙酸乙酯洗涤,真空干燥后得 III 浅黄色晶体 56.0 g(82.5%),mp 140~141℃。

将 33.91 g (0.1 mol) III 和 16.51 g (0.1 mmol) 4-硝基苯乙酮加到 31 g 乙腈中,搅拌均匀。在<10℃下滴加入 20 g (0.2 mol) 三乙胺。滴毕,室温下反应 3 h。然后在低于 30℃下滴加 36 g (0.3 mol)冰乙酸,再加入 46 g(0.3 mol)乙酸铵后,升温到 50℃反应 3 h。冷却至室温,滤出固体,依次用水和无水乙醇洗涤后真空干燥得到二硝基物(IV)浅灰色晶体 19.3 g(80%),mp 236~237℃。

将 24.5 g (0.1 mol)IV 在 900 mL THF 中用 4.0 g 10%钯炭 (含水 50%) 和 100 mL 水合肼还原得到二胺浅黄色晶体 17.59 g(98%),mp 194~196℃。

〖926〗2,5-二(4-氨基苯基)吡啶 2,5-Bis(4-aminophenyl)pyridine[555]

将 34.78 g (0.1mol)II(见〖925〗,以高氯酸钠代替四氟硼酸钠,II 的收率为 98%,mp 229~230℃)加到 150 mL DMF 中,搅拌均匀。在冰水浴冷却下分批加入 11.31g (0.108 mol)特丁醇钾。控制内温低于 15℃,再滴加 16.51 g (0.1 mol) 4-硝基苯乙酮在 95 mL DMF 中的溶液。在 55℃反应 1.5 h 后降温至 30℃,加入 30.8 g (0.4 mol) 乙酸铵,并滴加 24 g(0.4 mol)冰乙酸,然后升温至 90℃反应 3 h。最后冷至室温滤出固体,依次用水和无水乙醇洗涤后空气干燥得到浅棕黄色晶体二硝基物 23.2 g (72.0%)。

将 10 g (31.03 mmol) III 和 2.0 g 10%Pd/C(含 50%水)溶于 900 mL THF 中。氮气保护下,

加热至回流，慢慢滴加 30 mL 水合肼。滴毕，继续回流 5 h，冷却至室温滤去 Pd/C，将滤液减压蒸干，所得固体先后用冷水和冷无水乙醇洗涤，真空干燥得到二胺 7.87 g(97.5%)浅黄色晶体 **IV**，mp 236~237℃。

〖 927 〗4-苯基-2,6-双[4-(4-氨基苯氧基)苯基]吡啶

4-Phenyl-2,6-bis[4-(4-aminophenoxy)-phenyl]-pyridine[556]

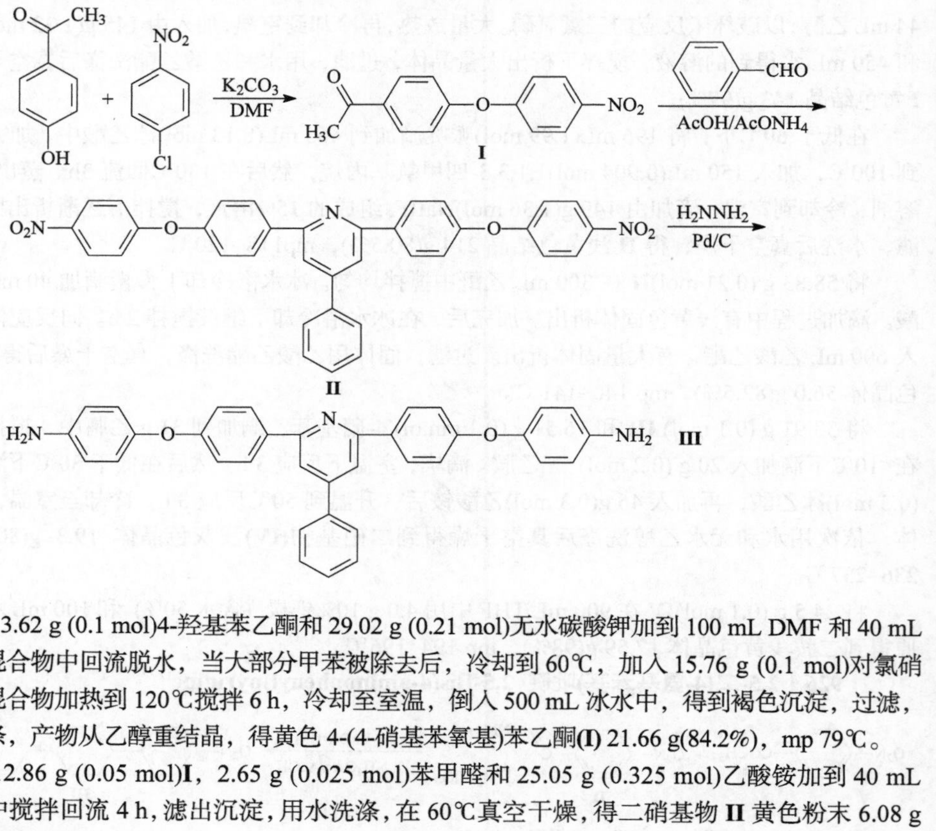

将 13.62 g (0.1 mol)4-羟基苯乙酮和 29.02 g (0.21 mol)无水碳酸钾加到 100 mL DMF 和 40 mL 甲苯的混合物中回流脱水，当大部分甲苯被除去后，冷却到 60℃，加入 15.76 g (0.1 mol)对氯硝基苯，混合物加热到 120℃搅拌 6 h，冷却至室温，倒入 500 mL 冰水中，得到褐色沉淀，过滤，用水洗涤，产物从乙醇重结晶，得黄色 4-(4-硝基苯氧基)苯乙酮(**I**) 21.66 g(84.2%)，mp 79℃。

将 12.86 g (0.05 mol)**I**，2.65 g (0.025 mol)苯甲醛和 25.05 g (0.325 mol)乙酸铵加到 40 mL 冰乙酸中搅拌回流 4 h，滤出沉淀，用水洗涤，在 60℃真空干燥，得二硝基物 **II** 黄色粉末 6.08 g (41.8%)，mp 226℃。

将 5.81 g (0.01 mol)**II** 和 0.2 g 10%Pd/C 加到 100 mL 无水乙醇中，回流下 2 h 内滴加 10 mL 水合肼，加完后再搅拌回流 8 h，过滤，冷却，得到的固体用乙醇萃取，浓缩，得到黄色沉淀，从乙醇重结晶得二胺针状结晶 4.54 g(83.0%)，mp 191℃。

〖 928 〗2,6-双(3-氨基苯甲酰基)吡啶　**2,6-Bis(3-aminobenzoyl)pyridine**[557]

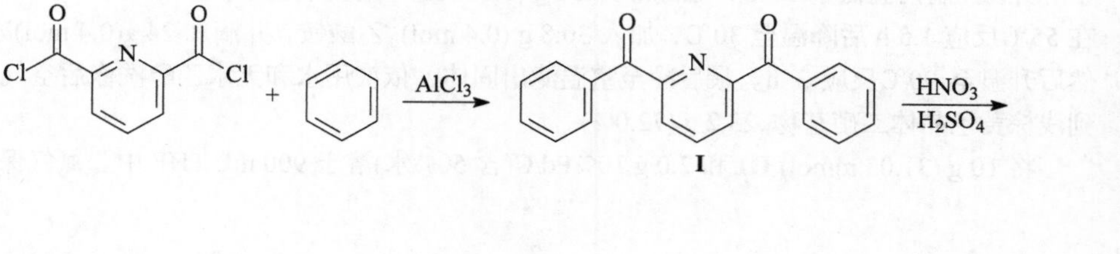

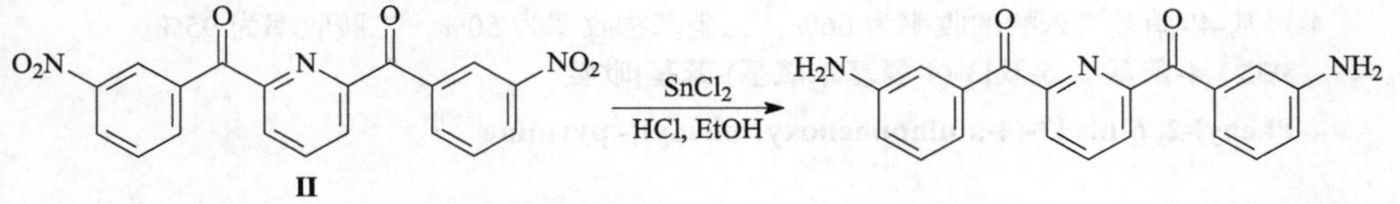

在 2 h 内将 90 g (0.44 mol) 2,6-吡啶二酰氯加入在 12~18℃的 200 mL 苯和 190 g(1.5 mol) 三氯化铝的混合物中，加完后继续在 18℃搅拌 4 h，然后缓慢升温到 40℃搅拌 2 h，冷却后倒入 500 mL 稀盐酸中，滤出固体，用乙醇洗涤粗产物，从石油醚(bp 60~90℃)重结晶，2,6-二苯甲酰基吡啶(I)收率 81%， mp 106~108℃。

将 22 g (77 mmol)I 溶于 40 mL 硫酸中，搅拌下在 15℃滴加 15 mL 99%的硝酸，加完后在 25℃搅拌 4 h，倒入 400 mL 冰水中，滤出白色固体，从丙酮重结晶，二硝基物收率为 76%，mp 296~297℃。

将 7.5 g (20 mmol)二硝基物和 27 g (120 mmol)无水氯化亚锡加到 500 mL 95%乙醇中，缓慢加入 60 mL 浓盐酸，回流 12 h，蒸出乙醇，倒入 400 mL 水中，用 10%NaOH 碱化，滤出沉淀，用水和甲醇洗涤，从甲醇重结晶得黄色产物，二胺收率 62%，mp 156~158℃。

〖929〗2,6-双(3-氨基苯氧基)吡啶　2,6-Bis(4-aminophenoxy) pyridine[558]

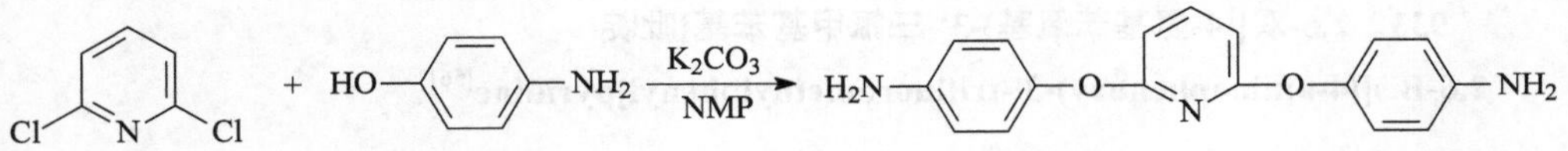

将 0.01 mol 2,6-二氯吡啶, 0.021 mol 4-氨基苯酚和 0.0315 mol 碳酸钾加到 25 mL NMP 和 15 mL 甲苯的混合物中，在 140℃搅拌 6 h，除水后，升温至 165℃除去甲苯，再搅拌 20 h，用 TLC 检测反应终点，冷却后倒入水中，加入 100 mL 3%NaOH，过滤，用 3%NaOH 和水洗涤，得到的二胺在 60℃真空干燥得 2.58 g(88%)。

〖930〗2,6 双(5-氨基-1-萘氧基) 吡啶　2,6-Bis(5-amino-1-naphthoxy) pyridine [558]

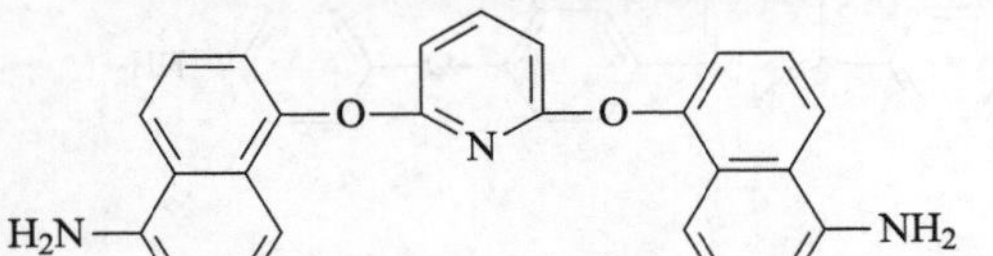

由 2,6-二氯吡啶和 1-羟基-5-萘胺按〖929〗方法得到。收率 96%。

〖931〗2,6-双[4-(4-氨基苯氧基)苯氧基]吡啶

2,6-Bis[4-(4-aminophenoxy)phenoxy]pyridine[559]

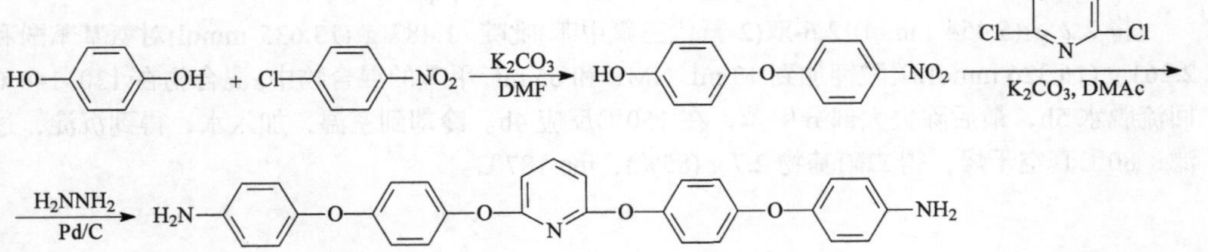

4-羟基-4′-硝基二苯醚的收率为 66%，二硝基物收率为 50%，二胺收率为 95%。

〖932〗4-苯基-2,6-双[3-(4-氨基苯氧基)-苯基]吡啶

4-Phenyl-2, 6-bis [3-(4-aminophenoxy)-phenyl]- pyridine[560]

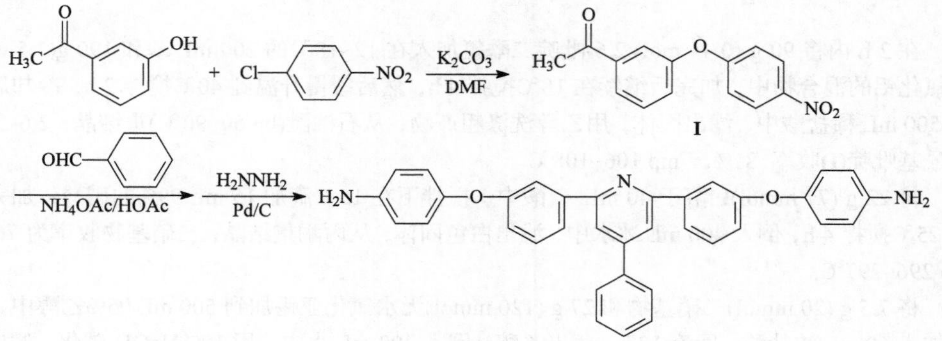

I：收率 95%，mp 98~100℃；二硝基物：收率 49%，mp 68~70℃；二胺：收率 88%，mp 151~154℃。

〖933〗2,6-双[(4-氨基苯氧基)-3′-三氟甲基苯基]吡啶

2,6-Bis[(4-aminophenoxy)-3′-trifluoromethylphenyl]pyridine[561]

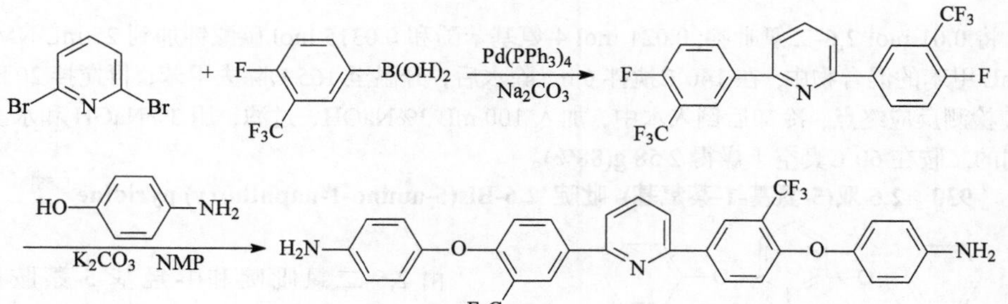

将 6.0 g (28.8 mmol) 4-氟-3-三氟甲基苯基硼酸，2.84 g 2,6-二溴吡啶，90 mL 甲苯，90 mL 1 mol/L 碳酸钠溶液及 0.416 g (摩尔分数 3%) Pd(Ph₃P)₄ 剧烈搅拌回流 5 天。分出有机层，水相用 2×100 mL 甲苯萃取。有机相用硫酸镁干燥后浓缩至 100 mL，通过活性氧化铝过滤，除去催化剂。产物从甲苯/己烷(1∶10)重结晶，收率 94%，mp 149℃。

将 2.2 g (5.454 mmol) 2,6-双(2-氟代三氟甲基)吡啶，1.487 g (13.635 mmol)对氨基苯酚和 2.261 g (16.326 mmol)碳酸钾加到 13 mL NMP 和 65 mL 甲苯的混合物中。混合物在 130~140℃ 回流脱水 5h，最后除去大部分甲苯，在 150℃反应 4h。冷却到室温，加入水，得到沉淀，过滤，80℃真空干燥，得二硝基物 2.7 g (85%)，mp 187℃。

〖934〗2,6-双(4-氨基苯氧基-4′-苯甲酰基)吡啶

2,6-Bis(4-aminophenoxy-4′-benzoyl)pyridine[562]

将 32 g (150 mmol)2,6-吡啶二酰氯在 10~12℃下逐渐加入 60 mL 苯，48 mL (320 mmol)苯基乙基醚，64 g (480 mmol)无水三氯化铝的混合物中。搅拌 4 h，缓慢加热到 40℃，保持 2 h，冷却，倒入 500 mL 5%盐酸中。滤出白色沉淀，用乙醇洗涤，甲醇重结晶，得双酚(**I**)81%，mp 278~280℃。

将 15.9 g (50 mmol)**I** 溶于 80 mL DMAc 中。加入 17 g (108 mmol)对氯硝基苯和 16.6 g (120 mmol)碳酸钾。混合物在 160℃反应 12 h，然后倒入 400 mL 等体积的乙醇和水的混合物中。滤出黄色沉淀，用水和甲醇洗涤，在 100℃干燥 12h 得到二硝基物，收率 85%，mp 196~198℃。

将 25.3 g (45 mmol)二硝基物和 41.0 g (216 mmol)无水 SnCl₂ 在 500 mL 95%乙醇中搅拌，缓慢加入 20 mL 浓盐酸，回流 12 h。蒸出过量的乙醇，将混合物倒入 400 mL 水中，用 15 N NaOH 碱化，滤出沉淀，用水和甲醇洗涤，由甲苯重结晶得到二胺，收率 76%，mp 186~188℃。

2.24.2 2,6-二苯胺取代吡啶的二胺

〖935〗4-苯基-2,6-双(4-氨基苯基) 吡啶 **4-Phenyl-2,6-bis(4-aminophenyl) pyridine**[563,564]

将 3.2 g (0.03 mol)苯甲醛，10 g (0.06 mol)对硝基苯乙酮和 30 g 乙酸铵加入到 75 mL 冰乙酸中回流 2 h。冷却后滤出结晶，依次用 50%乙酸和冷乙醇洗涤。将暗黄色的产物从无水乙醇中重结晶，在 60℃真空干燥，二硝基物收率 60%，mp >250℃。

将 5 g (0.012 mol)二硝基物和 0.4 g 5%钯炭加到 200 mL 乙醇中，加热搅拌，维持 50℃下在 1.5 h 内滴加 10 mL 80%水合肼在 20mL 乙醇中的溶液，加完后回流 2 h，趁热过滤。滤液冷却，得到淡黄色二胺结晶，在从乙醇重结晶后真空干燥。二胺收率 92%，mp 155℃。

〖936〗4-(4′-甲基苯基)-2,6-双(4-氨基苯基)吡啶

4-(4′-Methylphenyl)-2,6-bis(4-aminophenyl) pyridine[563]

由对甲苯甲醛和对硝基苯乙酮按〖935〗方法合成。二硝基物收率64%，mp 312℃；二胺收率92%，mp 195℃。

〖937〗4-(4′-异丙基苯基)-2,6-双(4-氨基苯基)吡啶

4-(4′-Isopropylphenyl)-2,6-bis(4-aminophenyl) pyridine[558]

由对异丙苯甲醛和对硝基苯乙酮按〖935〗方法合成。二硝基物收率63%，mp 305℃；二胺收率91%，mp 190℃。

〖938〗4-(4-三氟甲基苯基)-2,6-二[4-(4-氨基苯氧基)苯基]吡啶

4-(4-Trifluoromethylphenyl)-2,6-bis[4-(4-aminophenoxy)phenyl]pyridine[565]

由对三氟甲基苯甲醛和对硝基苯乙酮按〖935〗方法合成。

〖939〗4-(3′-三氟甲基苯基)-2,6-双(4-氨基苯基)吡啶

4-(3′-Trifluoromethylphenyl)-2,6-bis(3′-aminophenyl)pyridine[566]

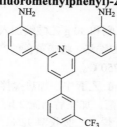

由间三氟甲基苯甲醛和对硝基苯乙酮按〖935〗方法合成。二硝基物收率62%；二胺 mp 182~183℃。

〖 940 〗4-(4′-甲氧基苯基)-2,6-双(4-氨基苯基)吡啶

4-(4′-Methoxyphenyl-2,6-bis(4-aminophenyl) pyridine[563,567]

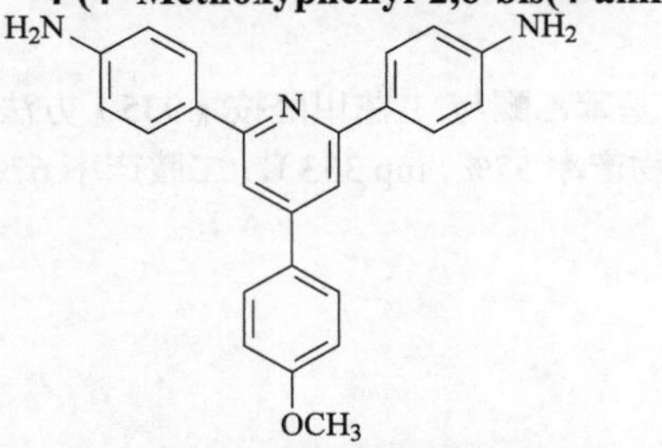

由对甲氧基苯甲醛和对硝基苯乙酮按〖 935 〗方法合成。二硝基物收率 65%，mp 316℃。Mp 197℃；二胺收率 94%，mp 197℃。

〖 941 〗4-(p-甲硫基苯基)-2,6-双(4-氨基苯基)吡啶

4-(p-Methylthiophenyl)-2,6-bis(4-aminophenyl) pyridine[565]

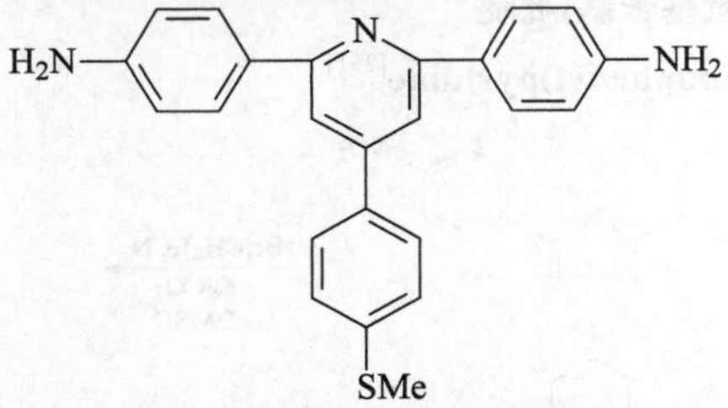

由对甲硫基苯甲醛与对硝基苯乙酮按〖 935 〗方法合成。二硝基物收率 55%，mp>250℃；二胺收率 90%，mp 130~132℃。

〖 942 〗4-(1-萘基苯基)-2,6-双(4-氨基苯基)吡啶

4-(1-Naphthyl-2,6-bis(4-aminophenyl) pyridine[563,567]

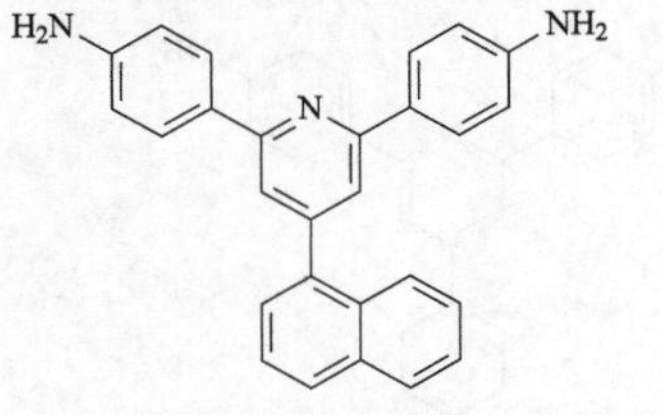

由 1-萘甲醛和对硝基苯乙酮按〖 935 〗方法合成。二硝基物收率 60%，mp 301℃；二胺收率 90%，mp 185℃。

〖 943 〗4-(2-萘基苯基)-2,6-双(4-氨基苯基)吡啶

4-(2-Naphthyl-2,6-bis(4-aminophenyl) pyridine[568]

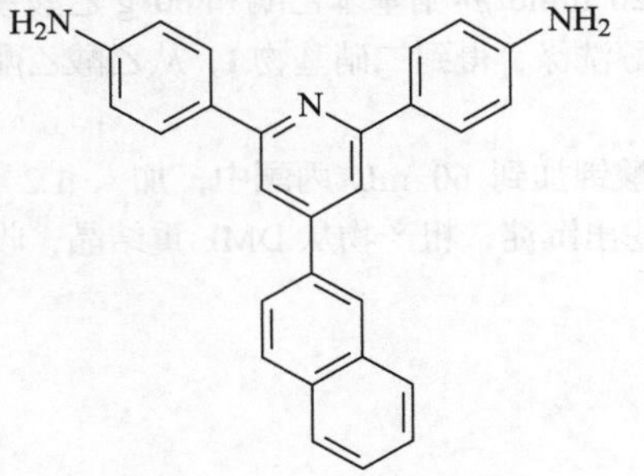

由对硝基苯乙酮与 2-萘甲醛按〖 935 〗方法制得。

〖944〗4-(1-芘基苯基)-2,6-双(4-氨基苯基)吡啶

4-(1-Pyrene)-2,6-bis(4-aminophenyl)pyridine[568]

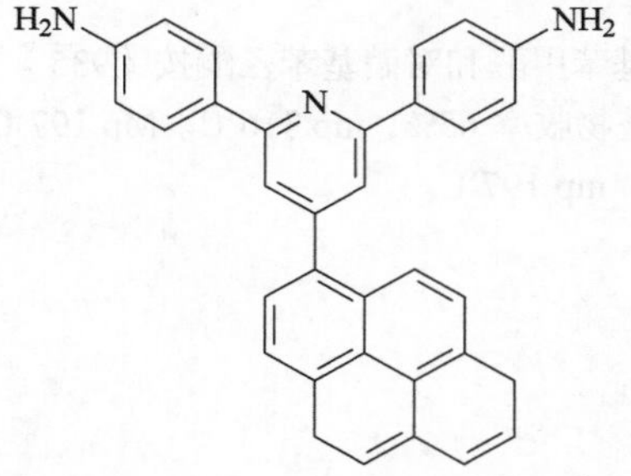

由对硝基苯乙酮与 1-芘甲醛按〖935〗方法制得，二硝基物产率 57%，mp 333℃；二胺产率 67%，mp 266℃。

〖945〗4-[4-(1-氰基丙氧基)苯基]2,6-双(4-氨基苯基)吡啶

4-[4-(1-Cyanopropoxy)phenyl]2,6-bis(4-aminophenyl)pyridine[251]

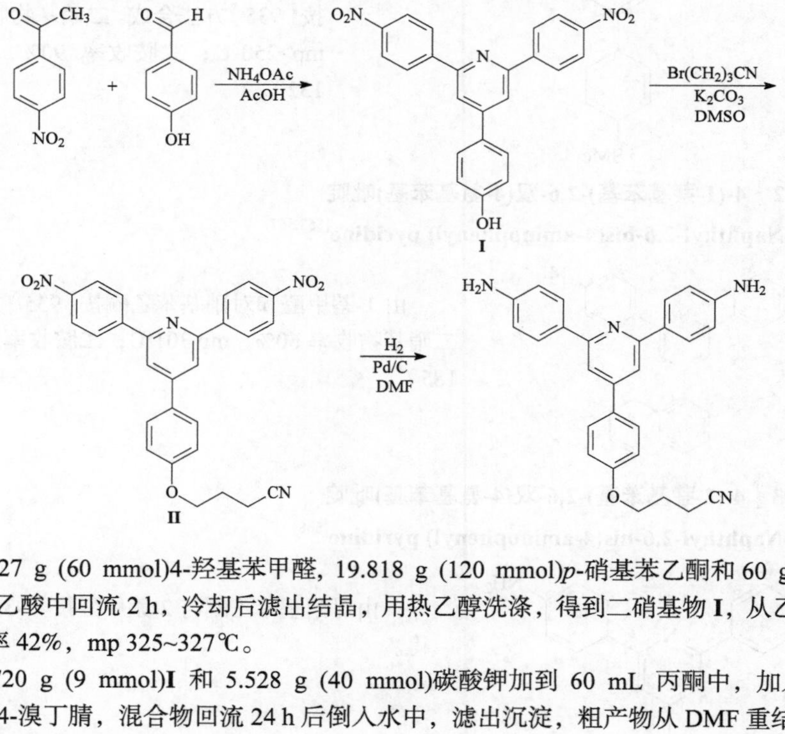

将 7.327 g (60 mmol)4-羟基苯甲醛，19.818 g (120 mmol)p-硝基苯乙酮和 60 g 乙酸铵在 150 mL 冰乙酸中回流 2 h，冷却后滤出结晶，用热乙醇洗涤，得到二硝基物 **I**，从乙酸乙酯重结晶，收率 42%，mp 325~327℃。

将 3.720 g (9 mmol)**I** 和 5.528 g (40 mmol)碳酸钾加到 60 mL 丙酮中，加入 1.2 mL (12 mmol) 4-溴丁腈，混合物回流 24 h 后倒入水中，滤出沉淀，粗产物从 DMF 重结晶，收率 91%，mp 258~261℃。

将 **II** 在钯炭存在下加氢还原得二胺，收率 86%。

【946】4-[(4'-三氟甲基苯氧基)苯基]-2,6-双(4''-氨基苯基)吡啶

4-[(4'-Trifluoromethylphenoxy)phenyl]-2,6-bis(4''-aminophenyl) pyridine[27]

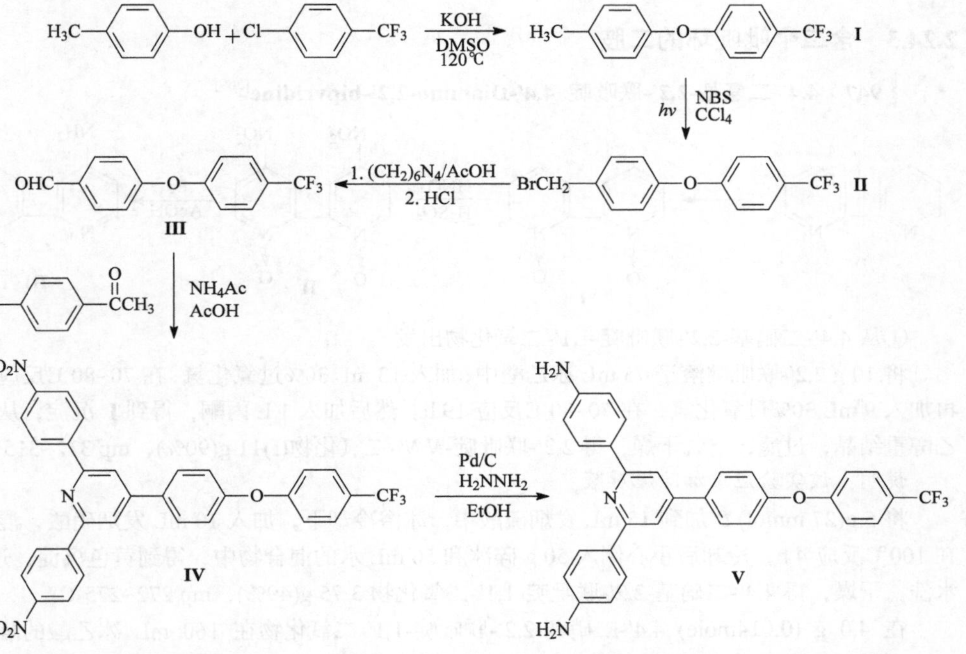

将 47.58 g (440.0 mmol)对甲苯酚和 28.0 g (500.0 mmol)KOH 加到 200 mL DMSO 和 120 mL 甲苯的混合物中，氮气下 140℃加热搅拌 4 h，脱水后冷至 120℃，滴加入 55.97 g (310.0 mmol) 对氯三氟甲苯在 20 mL DMSO 中的溶液，在 120℃反应 8h 后倒入 500 mL 水中，滤出淡褐色 沉淀，5%碳酸钠溶液洗涤，产物由乙醇/水(2:1)重结晶，得 I 45.20 g (58%)，mp 71.2℃。

将 60.0 g (238.1 mmol) I，52.4 g (297.0 mmol)N-溴丁二酰亚胺和 1 g 过氧化二苯甲酰溶于 250 mL 无水 THF 中，在 80~82℃回流 10 h。在开始的 2 h 用荧光灯辐照以引发反应。产物趁 热过滤，滤液蒸发去除溶剂，残留物从乙醚/石油醚(1:1)重结晶，得产物 II 白色结晶 55.0 g (70%)。

将 31.7 g (95 mmol) II 和 26.8 g (190.0 mmol) 六亚甲基四胺加入到 96 mL 50%乙酸中，加 热至 104~108℃ 回流 1 h。冷却到室温，滴加入 38 mL 37% HCl，回流 15 min，冷却到室温， 用乙醚萃取，有机层用 5%碳酸钠溶液洗涤，在无水硫酸钠上干燥，滤液蒸发，残留物用硅胶 柱(石油醚/二氯甲烷，6:1)提纯，得 4-(4'-三氟甲基) 苯氧基苯甲醛(III)无色油状物 21.73 g (86%)。

将 2.6612 g (100.0 mmol)III，3.405 g (200.0 mmol)对硝基苯乙酮和 10 g (130 mmol)乙酸铵 加到 30 mL 冰乙酸中，回流 3 h，滤出黄色固体，用水充分洗涤，粗产物从乙醇重结晶得二 硝基物 IV 3.8 g (68.2%)，mp 248.1℃。

将 5.5744 g (10 mmol)IV 和 0.24 g 5% Pd/C 加到 150 mL 乙醇中，在 75~80℃下 1.5 h 内滴

加 15 mL 水合肼，混合物回流 24 h 后滤出催化剂，冷却后得到灰色固体，过滤，水洗，真空干燥过夜，得二胺 4.43 g (89.0%)，mp: 175.0℃。

2.24.3 含二个吡啶环的二胺

〖947〗4,4′-二氨基-2,2′-联吡啶 4,4′-Diamino-2,2′-bipyridine[569]

①从 4,4′-二硝基-2,2′-联吡啶-1,1′-二氧化物出发

将 10 g 2,2′-联吡啶溶于 75 mL 冰乙酸中，加入 13 mL 30%过氧化氢，在 70~80℃反应 3 h。再加入 9 mL 30%过氧化氢，在 70~80℃反应 19 h。然后加入 1 L 丙酮，得到 I 沉淀，从大量乙醇重结晶，过滤，空气干燥，得 2,2′-联吡啶-N,N′-二氧化物(I)11 g(90%)，mp 312~315℃。

说明：该实验应该加防爆屏蔽。

将 5 g(27 mmol) I 加到 15 mL 发烟硫酸中，冰浴冷却下，加入 10 mL 发烟硝酸，混合物在 100℃反应 4 h，冷却后小心倒入 50 g 碎冰和 50 mL 水的混合物中，得到黄色沉淀，过滤，水洗，干燥，得 4,4′-二硝基-2,2′-联吡啶-1,1′-二氧化物 3.75 g(49%)，mp 272~275℃。

在 4.0 g (0.014mole) 4,4′-二硝基-2,2′-联吡啶-1,1′-二氧化物在 160 mL 冰乙酸的溶液中 100℃下加入 8.8 g 100 目铁粉。混合物在 114℃搅拌 70 min 后冷却到室温，加入 100 mL 水，用 25%NaOH 碱化，加水到 600 mL，过滤得到黑色胶状物，在 65℃干燥后用 95%乙醇萃取至萃取液不显紫色。将萃取液合并过滤，冷却下用浓盐酸酸化。将得到的悬浮液过滤，得到的白色沉淀用 95%乙醇洗涤。乙醇洗涤液与滤液合并，浓缩到 250 mL。放置中得到长针状结晶，过滤，得 4.8 g。滤液进一步浓缩，可回收 0.8 g。将产物合并，从含水乙醇(125 mL95%乙醇加 8 mL 水)重结晶，得 2.4 g 二胺盐酸盐。将该盐酸盐溶于水中，用稀 NaOH 溶液碱化，得到白色二胺 1.1 g(41%)，mp 277~278℃[570]。

②从 2,2′-联吡啶-4,4′-二甲酰胺出发[570]

将 0.9 g (0.0030 mol) 2,2′-联吡啶-4,4′-二酸二乙酯在 0℃溶于 50 L 用无水氨饱和的无水乙醇中，封管后在 90℃反应 11 h。冷却后过滤，固体用无水乙醇洗涤，干燥得二酰胺白色粉末 0.6 g (83.3%)，mp 340℃(dec)。

在-4℃的 20 mL 15%NaOH 溶液中加入 1.2 g(5 mmol) 2,2′-联吡啶-4,4′-二甲酰胺。悬浮液在-4~1℃下搅拌，缓慢加入 55 mL 溴。反应物变成稠厚的浆状物，再加入 10 mL 水，加热到

83℃搅拌 70 min。将得到的溶液冷却过滤，用水洗涤，干燥，得二胺 0.1 g(10.9%)。

〖948〗5,5'-二氨基联吡啶　5,5'-Diamino-2,2'-bipyridyl[571]

将 20 g 2-氯-5-硝基吡啶在 100 mL DMF 中与 15 g 活性铜一起回流 3.5 h 后再加入 10 g 活性铜，再回流 3.5 h 后趁热过滤，用 DMF 洗涤，合并滤液，倒入 400 mL 水中，滤出沉淀，用水洗涤，干燥后用苯萃取 1 周。将溶剂挥发后得到褐色固体，从丙酮重结晶，得 1.4 g (9%)，mp 235~243℃，再重结晶 2 次，mp 247~250℃。

用氯化亚锡和盐酸还原得到二胺，mp 208~210℃。

〖949〗1,2-(5,5'-二氨基-2,2'-二吡啶基)乙烷　1,2-(5,5'-Diamino-2,2'-bipyridyl)ethane[571]

将 6.0 g (43.5 mmol)2-甲基-5-硝基吡啶溶于 150 mL 甲苯中，冰浴冷却，当开始出现沉淀时，加入 6.8 g (55.7 mmol)特丁醇钾。混合物在 0℃下搅拌 15 min，加入 6.9 g (43.5 mmol)2-氯-5-硝基吡啶，室温搅拌 30 min，再回流 10 h，得深色溶液，过滤后，固体用苯萃取 3 天，滤液和萃取液合并，减压浓缩，得到褐色固体。该固体是原料和产物的混合物。在 60℃减压升华，除去原料混合物(大约等量的两种原料)。将褐色的升华残渣(2.4 g)用丙酮/石油醚洗涤，得到 1.1 g 粉末。从苯重结晶，得 0.45 g(8%)，mp 200~211℃。再重结晶 3 次，mp 207~210℃。

用氯化亚锡和盐酸还原得到二胺，mp 202~204 ℃。

〖950〗5,5'-二氨基-2,2'-二吡啶胺　5,5'-Diamino-2,2'-bipyridylamine[571]

将 4.17 g (30 mmol)2-氨基-5-硝基吡啶溶于 25 mL DMSO 中，加入 3.36 g(30 mmol)特丁醇钾，室温搅拌 5 min，得到红褐色溶液。再加入 4.76 g (30 mmol)2-氯-5-硝基吡啶，在 80℃搅拌 6 h 后倒入 500 mL 水中。滤出暗褐色沉淀，用水洗涤，干燥后粗产物用氯仿萃取 2 天，蒸发得褐色固体，用柱色谱(CHCl₃)提纯后，用苯重结晶，得 3.0 g(38%)黄色针状结晶，mp 225~227 ℃。

用氯化亚锡和盐酸还原得到二胺。收率 89%，mp 145~147℃。

〖951〗5,5′-二硝基-2,2′-二吡啶甲胺 **5,5′-Diamino-2,2′-bipyridylmethylamine**[571]

将 1.0 g (3.8 mmol)5,5′-二硝基-2,2′-二吡啶胺(见〖953〗)溶于 10 mL DMSO 中，加入 0.43 g (3.8 mmol)特丁醇钾，室温搅拌 8 min。10 min 后加入 0.29 mL (0.65 g, 4.6 mmol, 1.2 N)碘甲烷，在 80℃搅拌 2 h，冷到室温，得到固体，倒入 100 mL 水中，滤出沉淀，用水洗涤，干燥，经柱色谱(氯仿)提纯，得亮黄色固体，从甲醇重结晶，得 0.75 g(71%)，mp 183~185℃。

用氯化亚锡和盐酸还原得到二胺，mp 159~161℃。

〖952〗5,5′-二氨基-2,2′-二吡啶乙酰胺 **5,5′-Diamino-2,2′-bipyridylacetamide**[571]

将 2.0 g 5,5′-二硝基-2,2′-二吡啶胺(见〖950〗)在 30 mL 乙酐中回流 6 h,冷却后倒入 200 mL 水中，滤出沉淀，水洗，干燥，经柱层析(氯仿)提纯，得 2.0 g(86%)，mp 162~163℃。

用氯化亚锡和盐酸还原得到二胺，mp 260~263℃(dec)。

〖953〗5,5′-二硝基-2,2′-二吡啶硫醚 **5,5′-Diamino-2,2′-dipyridy sulfide**[571]

向 2-氯-5-硝基吡啶在接近饱和的热乙醇溶液中加入略为过量的饱和硫化钠水溶液，混合物变成红色并放热。待起始的反应平息后，加热回流 4 h，过滤，用乙醇洗涤，从乙醇重结晶得黄色针状物，产率 73%(或从丙酮和水重结晶，得小针状物，产率 90%，或从吡啶重结晶，产率 85%)。

冷却下将 3 g I 缓慢加入到由 24 g 氯化亚锡在 30 mL 浓盐酸组成的溶液中，蒸气浴加热 1 h，冷却后滤出盐酸盐。将盐酸盐溶于少量水中，加入 40%NaOH 强碱化，分出褐色油状物，冷却固化，过滤，将粗二胺溶于热水，通过活性炭过滤，得 II 68%。从水中反复重结晶，得白色针状物，mp 178~180℃。

〖954〗4,4′-二硝基-2,2′-二吡啶硫醚 **4,4′-Diamino-2,2′-dipyridyl sulfide**[571]

由 2-氯-4-硝基吡啶按〖953〗方法合成。二硝基物收率 91%，从苯中重结晶，mp 163~165℃；用氯化亚锡和盐酸还原得到二胺，mp 212~215℃。

〖955〗5,5′-二硝基-2,2′-二吡啶亚砜　5,5′-Diamino-2,2′-bipyridyl sulfoxide[571]

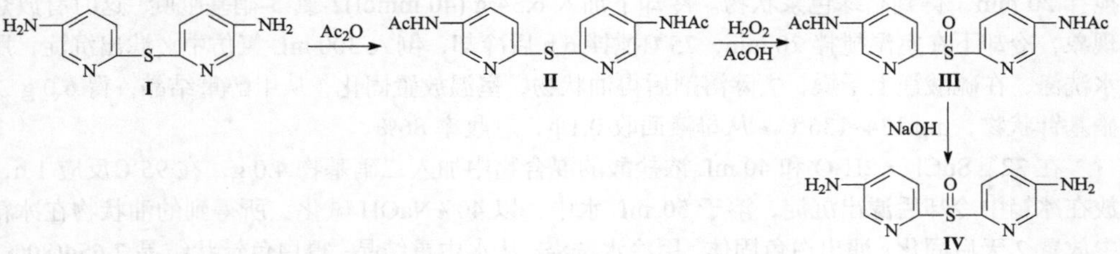

将二氨基二吡啶基硫醚(I)用乙酰酰化为 II。将 2 g II 加到 11 mL 乙酸和 2 mL 30%H$_2$O$_2$ 中，混合物变成淡黄色。室温搅拌 1 h 后出现沉淀，再搅拌 2 天后出现很细的针状结晶，放置冰箱中过夜，滤出沉淀，用冷水洗涤，从水重结晶，得 III 1.4 g(61%), mp 265~267℃。2 次重结晶，mp 266~268℃。

将 5.0 g III 加到 15 mL 40%NaOH 溶液中，室温搅拌 5 min，变成清液。搅拌 2 h 后出现淡黄色沉淀，再搅拌 1 h 后过滤，冷水洗涤，从水重结晶，得二胺 3.1 g(84%)，mp 169~171℃。在保干器中放置 1 周，熔点变为 194~197℃，从水重结晶，mp 195~197℃。

〖956〗5,5′-二硝基-2,2′-二吡啶砜　5,5′-Diamino-2,2′-dipyridy sulfone[571]

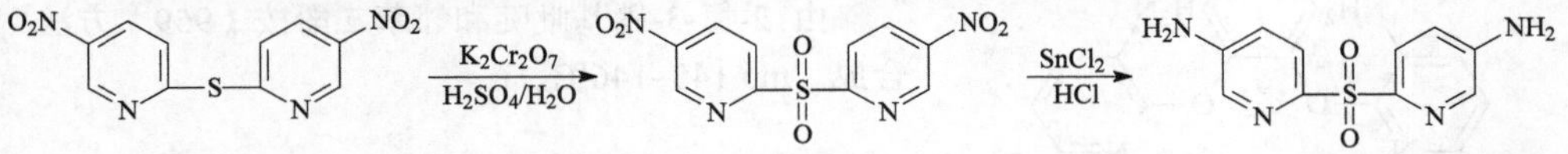

将 6 g 重铬酸钾在 80 mL 水中的溶液逐渐加入到 4.5 g 5,5′-二硝基-2,2′-二吡啶硫醚(见〖953〗)在 80 mL 水和 60 mL 浓硫酸的溶液中，很快出现白色沉淀，加完后放置数分钟，用 4 倍体积的水稀释，滤出沉淀，用水洗涤至滤液澄清，干燥得 4.5 g(90%)。可从异丙醇重结晶，得细小的针状物。

用氯化亚锡和盐酸还原得到二胺，mp 238~239℃。

〖957〗1,4-双(5-氨基吡啶基-2-氧基)苯　1,4-Bis(5-aminopyridyl-2-oxy)benzene[370]

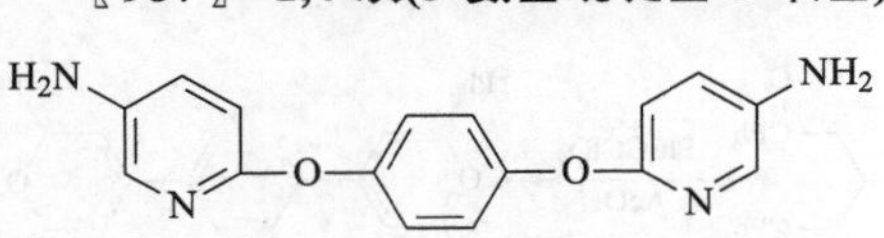

由 2-氯-5-硝基吡啶和对苯二酚按〖959〗方法合成。mp 163~165℃。

〖958〗1,4-双(3-氨基吡啶基-2-氧基)苯　1,4-Bis(3-aminopyridyl-2-oxy)benzene[370]

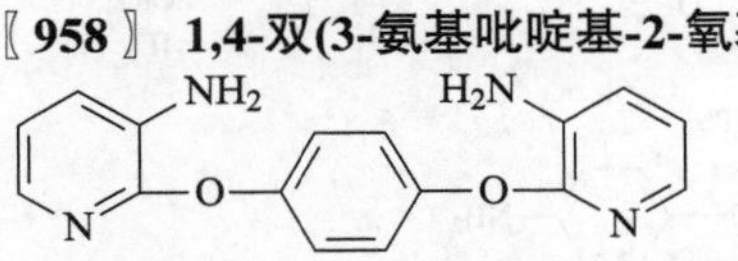

由 2-氯-3-硝基吡啶和对苯二酚按〖959〗方法合成。mp 232~234℃。

〖959〗1,2-双(5-氨基吡啶基-2-氧基)苯　1,2-Bis(5-aminopyridyl-2-oxy)benzene[370]

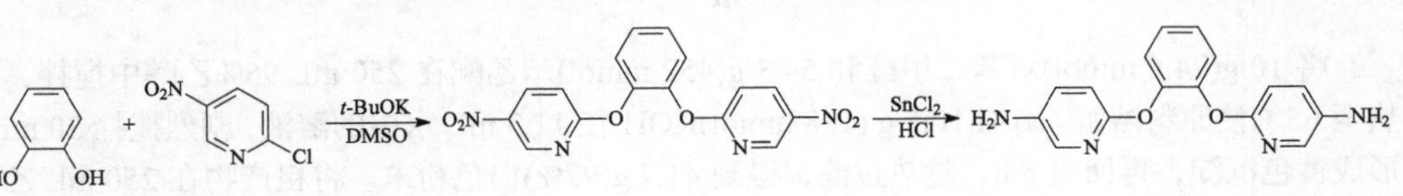

　　将 2.2 g (20 mmol)邻苯二酚溶于 30 mL DMSO 中，与 4.48 g(40 mmol)特丁醇钾在室温下搅拌 20 min，得到暗绿色浆状物。冷却下加入 6.34 g (40 mmol)2-氯-5-硝基吡啶，这时有放热现象，冷却下在室温搅拌 20 min，75℃搅拌 6 h 后冷却，倒入 300 mL 氯仿中。滤出沉淀，用水洗涤，在硫酸镁上干燥，去除溶剂后得油状物，室温放置固化，从甲醇重结晶，得 6.0 g 二硝基针状物，mp 134~136℃。从母液回收 0.1 g，总收率 86%。

　　在 32 g SnCl$_2$·2H$_2$O 和 40 mL 浓盐酸的混合物中加入二硝基物 4.0 g，在 95℃反应 1 h，放在冰箱中冷却后滤出沉淀，溶于 50 mL 水中，以 40%NaOH 碱化，所得到的油状物在冰箱中放置 2 天后固化，滤出白色固体，用冷水洗涤，从水中重结晶，得白色针状结晶 2.65g(80%)，mp 140~142℃。

〖960〗1,3-双(5-氨基吡啶基-2-氧基)苯　1,3-Bis(5-aminopyridyl-2-oxy)benzene[370]

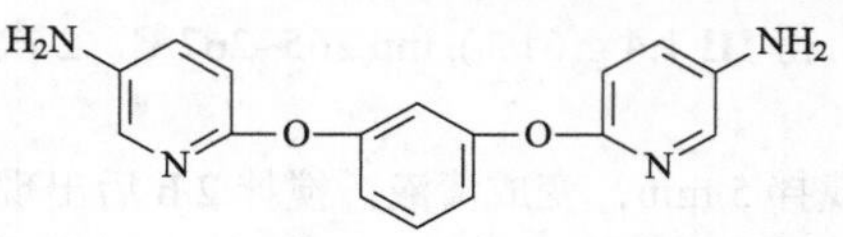

　　　　　　　　　　　　　由 2-氯-5-硝基吡啶和间苯二酚按〖959〗方法合成。mp 84~86℃。

〖961〗1,2-双(3-氨基吡啶基-2-氧基)苯　1,2-Bis(3-aminopyridyl-2-oxy)benzene[370]

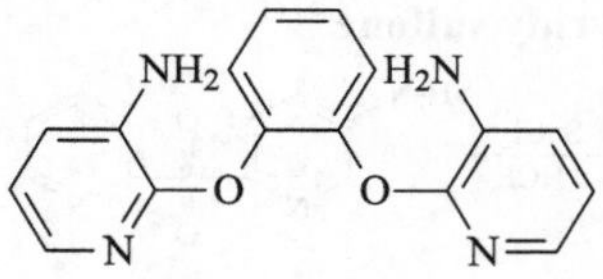

　　　　　　　　　　　　　由 2-氯-3-硝基吡啶和邻苯二酚按〖959〗方法合成。mp 145~146℃。

2.24.4　含吡啶盐的二胺

〖962〗4,4′-(1,4-苯撑)双(1-氨基苯基-2,6-二苯基吡啶高氯酸盐)

4,4′-(1,4-Phenylene)bis(1-aminophenyl-2,6-diphenylpyridinium perchlorate)[572]

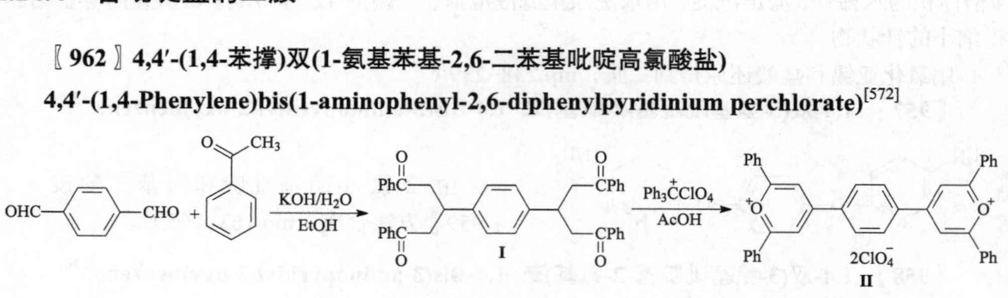

　　将 10 g(74.6 mmol)对苯二甲醛和 54.3 g(452 mmol)苯乙酮在 250 mL 95%乙醇中搅拌，加热至 65℃使原料溶解。滴加 10.5 g (188 mmol)KOH 在 11.3 mL 水中的溶液，剧烈搅拌 30 min，形成黄色沉淀，再回流 5 h，趁热过滤，得到 41.7 g(97%)白色粉末。将粗产物在 250 mL 乙醇中回流后热滤，从甲苯中重结晶得 **I** 31.0 g(74%)，mp 205~207℃。

将 26 g(100 mmol)三苯甲醇加入到 340mL 乙酐中，加热到 50℃得到透明溶液后冷却到室温。滴加入 20 mL(240 mmol)70%高氯酸，立即得到橙色沉淀。反应放热，用水浴冷却保持10~20℃，加完后温度在 5~10℃保持 1 h。滤出橙色产物，用 50 mL 乙醚洗涤 2 次，空气干燥得到高氯酸三苯甲烷盐 29.8 g(87%)。

将 15.28 g (26 mmol)**I** 和 22.64 g(66 mmol)高氯酸三苯甲烷盐加入到 305 mL 乙酸中，加热回流 18 h，冷却到 80℃，滤出沉淀，用乙酸和乙醚洗涤，得粗产物 18.45 g(94%)。粗产物由甲酸重结晶，得黄色 **II** 15.1 g(77%)。

将 0.27 g(2.5 mmol)对苯二胺和 0.74 g (1 mmol)**II** 溶于 25 mL 乙腈和 DMF 混合物中，在65~70℃ 反应 7 h，形成黄色沉淀，冷却到室温后，加入乙醚 300 mL，滤出黄色产物，减压干燥，二胺收率 92%。

〖963〗4,4'-(1,4-苯撑)双{1-[4-(4-氨基苯基甲撑)苯基]-2,6-二苯基吡啶高氯酸盐}

4,4'-(1,4-phenylene)bis{1-[4-(4-aminophenylmethylene)-phenyl]-2,6-diphenyl pyridinium perchlorate}[572]

以二氨基二苯甲烷代替对苯二胺，按〖962〗方法合成。

反应温度为 70~75℃，得到淡黄色粉末，收率 92%。

〖964〗4,4'-(1,4-苯撑)双{1-[4-(4-氨基苯基砜基)苯基]-2,6-二苯基吡啶高氯酸盐}

4,4'-(1,4-phenylene)bis{1-[4-(4-aminophenylsulfonyl)-phenyl]-2,6-diphenyl pyridinium perchlorate}[572]

以二氨基二苯砜代替对苯二胺，按〖962〗方法合成。

反应温度为 100~105℃，得到亮黄色粉末，收率 98%。

〖965〗1,1'-二[4-(4-氨基苯氧基)苯基]-4,4'-(1,4-(苯撑)双(2,6-二苯基吡啶对甲苯磺酸盐)

〔**1,1'-Di[4-(4-aminophenoxy)phenyl]-4,4'-(1,4-(phenylene)bis(2,6-diphenyl pyridinium** ***p*-toluenesulfonate)**〕[573]

反应按〖962〗，用对甲苯磺酸与三苯甲醇在乙酐中室温反应 3h 得到的盐与 I 反应得到 II 的对甲苯磺酸盐，再与二氨基二苯醚反应得到，收率 94%。

〖966〗1,1′-二[4-(4-氨基苯氧基)苯基]-4,4′-(1,4-(苯撑)双(2,6-二苯基吡啶磷酸二氢盐)

1,1′-Di[4-(4-aminophenoxy)phenyl]-4,4′-(1,4-(phenylene)bis(2,6-diphenyl pyridinium dihydrogen phosphate)[573]

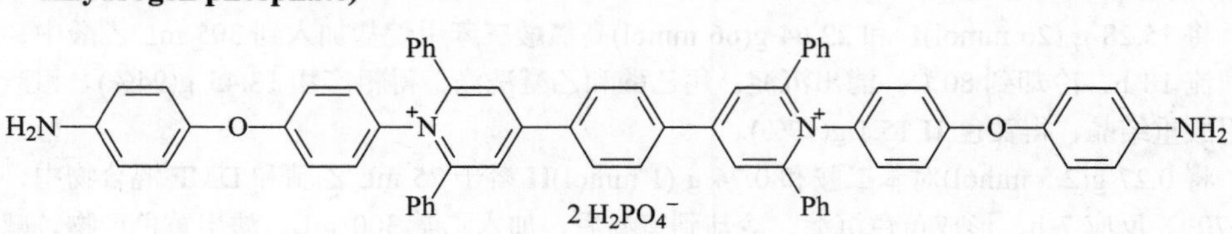

反应按〖962〗，用三苯甲烷的六氟磷酸盐与 I 反应得到 II 的六氟磷酸酸盐，再在甲酸中回流 2h，得到磷酸二氢盐黄色结晶，收率 74%。最后与二氨基二苯醚反应得到二胺，收率 94%。

2.24.5 其他含吡啶环的二胺

〖967〗双[4′-(4-氨基苯基)-2,2′:6′,2″-三联吡啶基]钌(II) 六氟磷酸盐

Bis[4′-(4-aminophenyl)-2,2′:6′,2″-terpyridyl]ruthenium(II) Hexafluorophosphate[574]

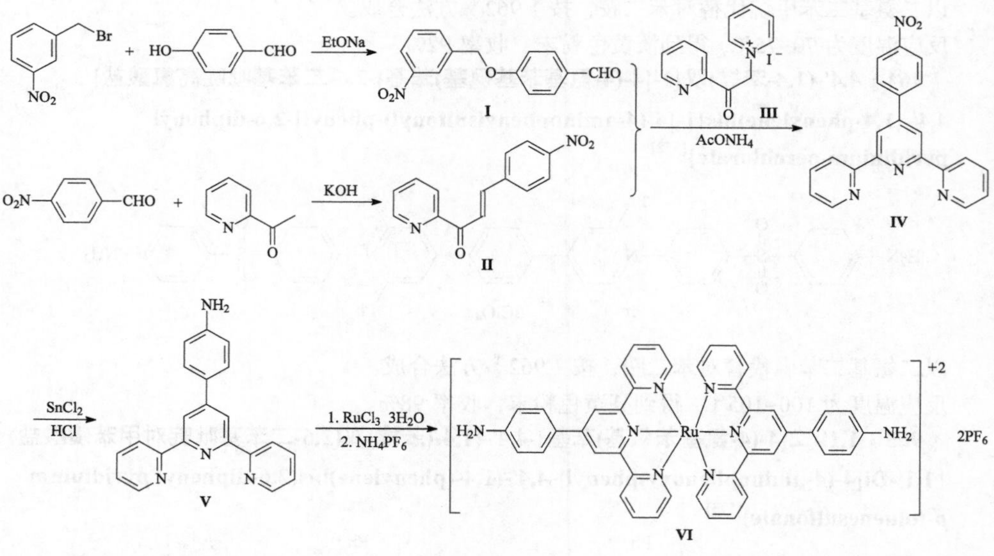

对硝基苯基-4′-三联吡啶(III)[575]

(1) 将 0.46 g(20 mmol)金属钠加到 100 mL 无水乙醇中，加入 2.44 g(20 mmol)对羟基苯甲醛溶解后再加入 4.32 g(20 mmol)3-硝基溴化苄，回流 1 h，蒸发去溶剂，将残留物溶于 100 mL

氯仿中，用 50 mL 1 mol/L NaOH 和 50 mL 水洗涤后挥发至干，得到 **I**，收率 99%。

(2) 将 30.9 g(0.55 mol)KOH 在 1100 mL 甲醇和 220 mL 水的混合溶液用冰浴冷却，加入 83.7 g(0.55 mol)对硝基苯甲醛，搅拌溶解后在 10 min 内再加入 67.1 g(0.55 mol)2-乙酰基吡啶，将混合物在冰浴冷却下搅拌 3h 后过滤，沉淀用冷的甲醇洗涤，粗产物用乙醇重结晶，**II** 的收率 82%。

将 4.62 g(60 mmol)干燥乙酸铵，3.26 g(10 mmol)**III** 在 100 mL 干燥甲醇中回流 24 h，冷却过滤，用甲醇洗涤，得 **IV**，收率 97%。

将 5.0 g (14.2 mmol)**IV** 和 12.8 g (56.7 mmol)氯化锡(II)二水化合物在 75 mL 浓盐酸中 60℃ 加热 6 h，滤出固体，在 30 mL 10% NaOH 溶液中搅拌 1 h，过滤后在甲醇/氯仿化合物中重结晶，得 4′-(4-氨基苯基)-2,2′,6′,2″-三联吡啶**(V)** 3.7g(80%)，mp 250℃。

氮气下将 1.0 g (4.82 mmol)三氯化钌三水化合物和 3.2 g (10.1 mmol)**IV** 在 150 mL 乙醇中回流 24 h 过滤，滤液浓缩后加入到 2.0 g KPF$_6$ 在 10 mL 水的溶液中。过滤，砖红色沉淀用 20 mL 水洗涤，固体用乙腈/乙醚混合物重结晶 2 次，得 **VI** 3.0 g(60%)。

2.25　含咪唑环的二胺

【968】5(6)-氨基-2-(3′-氨基苯基)苯并咪唑

5(6)-Amino-2-(3′-aminophenyl)benzimidazole[577, 597]

①从 1,2,4-苯三胺与间氨基苯甲酸合成

将 0.03mol 1,2,4-苯三胺三盐酸盐和 4.1g(0.03mol)间氨基苯甲酸在 50 g PPA 中缓慢加热到 110℃至停止冒泡。再加热至 210℃反应 2.5 h 后冷却至 100℃，倒入 500 mL 水中，滤出沉淀，用水洗涤。将粗产物在 250 mL 10%Na$_2$CO$_3$ 中浸泡过夜，过滤，水洗后在 65℃真空干燥，得二胺 4 g，升华提纯，得到橙黄色结晶。

②由二硝基物还原得到[598]

反应见【969】。

5,3′-二硝基-2-苯基苯并咪唑收率 73%, mp 293~294℃。

用钯炭黑催化氢化，得二胺，收率 76%，mp 157~159℃。

【969】5(6)-氨基-2-(4′-氨基苯基)苯并咪唑

5(6)-Amino-2-(4′- aminophenyl)benzimidazole(PABZ)[577]

①从 1,2,4-苯三胺与对氨基苯甲酸合成

以对氨基苯甲酸代替间氨基苯甲酸按【968】方法合成，mp 235~236℃。

②由二硝基物还原得到[598]

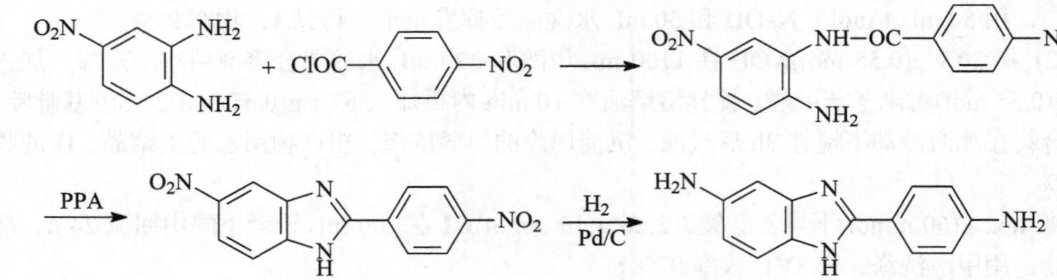

将 125 g (0.82 mol) 4-硝基邻苯二胺溶于 450 mL DMAc，500 mL 甲苯和 83 g 三乙胺的混合物中，搅拌下缓慢加入 152 g (0.82 mol) 对硝基苯甲酰氯在 500 mL 二甲苯中的溶液。逐渐形成大量沉淀，放置过夜后与 2 倍水混合，过滤，固体产物从 DMAc/水中重结晶，得到 223 g(90%) 2′-氨基-4, 4′ (5′)-二硝基苯甲酰胺，mp 247~250℃。用水稀释滤液，可以回收 18 g 产物。

将 241 g 产物研碎缓慢加到 2000 g 多聚磷酸中，加热到 195℃保持 30 min 后冷却到 120 ℃。将黑色的溶液倒入 6 L 水中放置过夜。滤出灰色沉淀，用水洗涤，从 DMAc 重结晶，得 5,4′-二硝基-2-苯基苯并咪唑 216 g (95%)，mp 357~358℃。

用钯炭黑催化加氢还原得二胺，收率 82%，mp 220℃(dec)。

【970】2-(4-氨基苯氧基)亚甲基-5-氨基苯并咪唑

2-(4-Aminophenoxy)methyl-5-aminobenzimidazole[289]

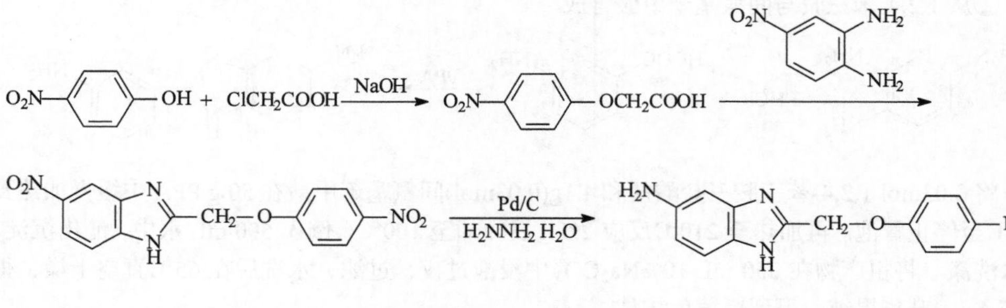

将 20.85 g (150 mmol)对硝基苯酚和 14.175 g (150 mmol)氯乙酸加入溶有 15 g (375 mmol)NaOH 的 100 mL 水中。将混合物加热到大部分液体被蒸发，残留物用 200 mL 水处理，得到透明溶液，用稀盐酸酸化，得到高黏度的油状产物，用乙醚萃取，用水洗涤，硫酸镁干燥，过滤后蒸去乙醚，残留物用乙醇重结晶，得对硝基苯氧基乙酸，收率 80%，mp 196℃。

将 1.53 g (10 mmol)4-硝基邻苯二胺加到 4 mol/L 盐酸中，加热回流 30 min，加入 100 mL 水和 2 g(10 mmol) 对硝基苯氧基乙酸，混合物回流 21 h。冷却后，用碳酸钠中和，得到暗褐色沉淀，过滤，从甲醇重结晶，得 2-(4-硝基苯氧基)亚甲基-5-硝基苯并咪唑收率 80%，mp 262 ℃。

将 1 g (3.18 mmol)二硝基物，10 mL 水合肼和 0.06 g 5%Pd/C 加入 80 mL 乙醇中，回流 16 h，得到的二胺从乙醇重结晶，收率 87%，mp 188℃。

【971】6,4′-二氨基-2′-三氟甲基-2-苯基苯并咪唑

6,4′-Diamino-2′-trifluoromethyl-2-phenylbenzimidazole[599]

氮气下将 27.0 g (100 mmol)2-溴-5-硝基三氟甲苯, 10.0 g (112 mmol)CuCN 在 100 mL DMF 中加热回流 8h。冷却到室温, 倒入由 50 g FeCl$_3$, 30 mL 浓盐酸和 500 mL 水组成的混合物中。混合物用乙酸乙酯萃取, 萃取液用 10%HCl 洗涤, 干燥后去除乙酸乙酯, 得到暗褐色液体。在 80℃减压蒸馏得 2-氰基-5-硝基三氟甲苯(II) 15.8 g(73.1%)。

将 19.0 g (87.9 mmol) II 在 60 mL 50% H$_2$SO$_4$ 中加热到 160℃搅拌 1 h, 得到均相溶液。冷却后倒入冷水中, 用 NaOH 中和, 再用乙酸乙酯萃取, 硫酸镁干燥, 浓缩后得到粗产物, 在 130℃真空升华, 得到 4-硝基-2-三氟甲基苯甲酸(III)黄色固体 18.0 g(87.1%)。

将 16.5 g (70.2 mmol)III 在 80 mL 氯化亚砜中回流 6 h, 冷却到室温, 除去多余的氯化亚砜, 加入 90 mL NMP, 将该溶液滴加冷到 0℃的 10.7 g(69.9 mmol)4-硝基-1,2-苯二胺在 100 mL NMP 的溶液中。室温搅拌过夜, 倒入水中, 过滤, 100℃真空干燥, 得到 2′-氨基-2-三氟甲基-4,5′-二硝基苯甲酰胺(IV)褐色固体 24.1 g(92.7%)。

将 18.5 g (50.0 mmol)IV 在 250 mL 乙酸中回流 12 h。冷却后倒入冷水中, 过滤, 在 100℃真空干燥得到 6,4′-二硝基-2′-三氟甲基-2-苯基苯并咪唑(V)黄色固体 12.9 g (73.3%)。

将 12.5 g (35.5 mmol)二硝基物和 41.0 g (216 mmol)无水 SnCl$_2$ 加到 160 mL 95% 乙醇中, 缓慢加入 80 mL 浓盐酸, 回流 12 h, 除去乙醇后倒入 300 mL 水中, 用 NaOH 碱化, 滤出沉淀, 依次用热水和冷甲醇洗涤, 从乙醇重结晶, 得二胺淡褐色产物 8.49 g(81.7%)。

〖972〗4,5-二(3-氨基苯基)咪唑　4,5-Di(3-aminophenyl)imidazole[600]

将 45.0 g (150 mmol)二硝基二苯基乙二酮(见〖1007〗), 113 g (1.4 mol)硝酸铵和 12.2 g (87 mmol)六亚甲基四胺在 950 mL 乙酸中加热回流 5 h。冷却到室温后, 过滤, 滤液倒入 2 L 水中, 用氨水碱化, 滤出黄色沉淀, 用乙醇洗涤, 从丙酮重结晶, 得到 4,5-二(3-硝基苯基)咪唑黄色针状物, 收率 16%, mp 253~254.5℃。

将 157.7 g (0.70 mol)二氯化锡二水化物在 280 mL 盐酸中加热溶解, 用冰浴冷却, 加入 23.82 g (76.8 mmol)4,5-二(3-硝基苯基)咪唑。氮气下在 70℃搅拌 4 h, 滤出沉淀, 溶于 100 mL

水中，倒入 500 mL 20%NaOH 中得到沉淀，过滤，用 10%NaOH 溶液及水洗涤，氮气下活性炭脱色，从水中重结晶，得到淡褐色针状结晶，收率 67%，mp 200.5~200.8℃。

〖973〗4,5-二(3-氨基苯基)-2-甲基咪唑 4,5-Di(3-aminophenyl)-2-methylimidazole[600]

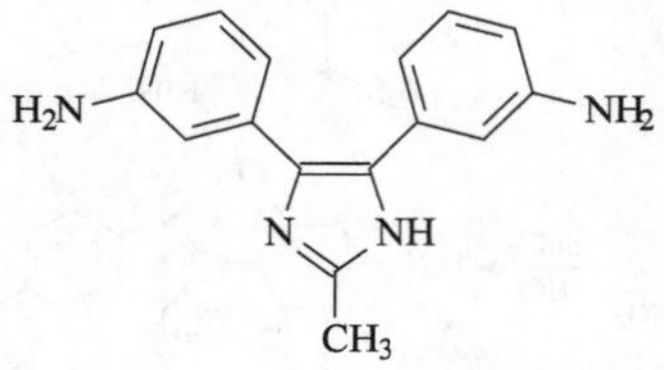

以三聚甲醛代替六亚甲基四胺，按〖972〗方法合成。二硝基物产率 20%，丙酮重结晶，mp 263.0℃；二胺 mp 212.8~213.5℃。

〖974〗4,5-二(3-氨基苯基)-2-苯基咪唑 4,5-Di(3-aminophenyl)-2-phenylimidazole[600]

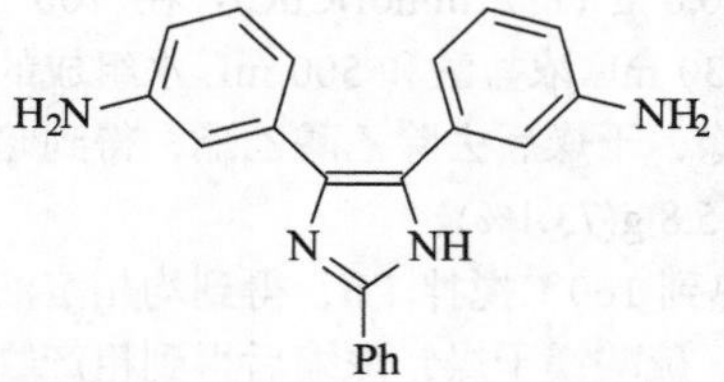

以苯甲醛代替六亚甲基四胺，按〖972〗方法合成。二硝基物产率 21%，mp 290.4~291.3℃；二胺 mp 242.5~243.5℃。

〖975〗4,5-二(4-氨基苯基)-2-苯基咪唑 4,5-Bis(4-aminophenyl)-2-phenylimidazole[601]

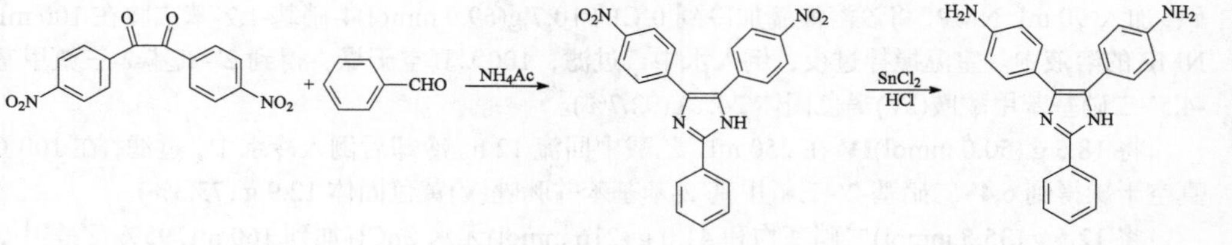

二硝基物收率 72.5%，mp 345℃。二胺收率 43.1%，mp 297℃。

〖976〗4,5-二(4-氨基苯基)-2-(4-甲基苯基)咪唑
4,5-Bis(4-aminophenyl)-2-(4-methylphenyl)imidazole[601]

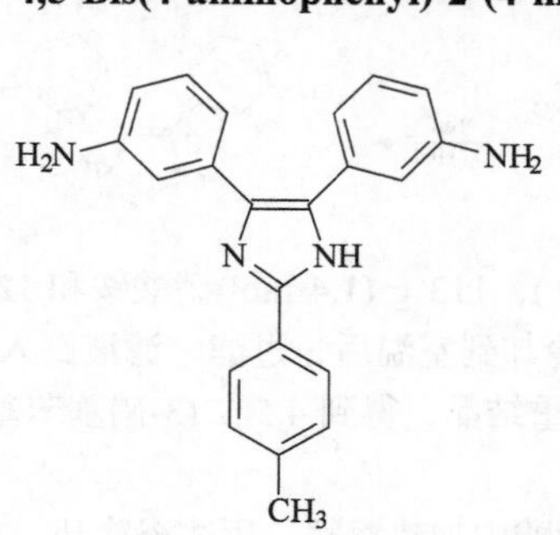

以甲基苯甲醛代替六亚甲基四胺，按〖972〗方法合成。
二硝基物收率 78.7%，mp 311℃；
二胺收率 64.6%，mp 219℃。

〖977〗4,5-二(4-氨基苯基)-2-偶氮(4-硝基苯基)咪唑

4,5-Bis(4-aminophenyl)-2-azo-(4-nitrophenyl)imidazole[602]

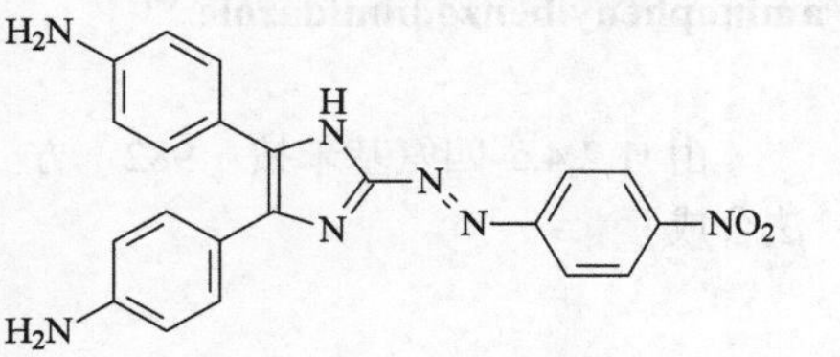

Mp >300℃。

〖978〗4,5-二(4-氨基苯基)-2-(2′-噻吩-5′-乙烯撑-4″-硝基苯基)咪唑

4,5-Bis(4-aminophenyl)-2-(2′-thiophene-5′-vinylene-4″-nitrophenyl)imidazole[602]

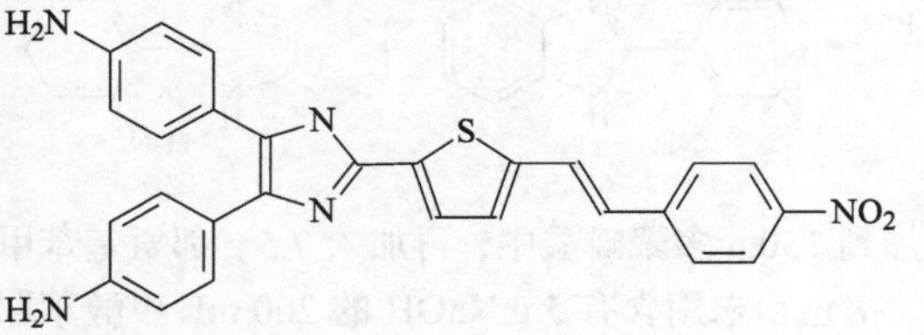

〖979〗2-[4-(4,5-二(4-硝基苯基)咪唑基)苯基]-4,5-二(4-氨基苯基)咪唑

2-[4-(4,5-Di(4-nitrophenyl)imidazolyl)phenyl]-4,5-di(4-aminophenyl)imidazole[602]

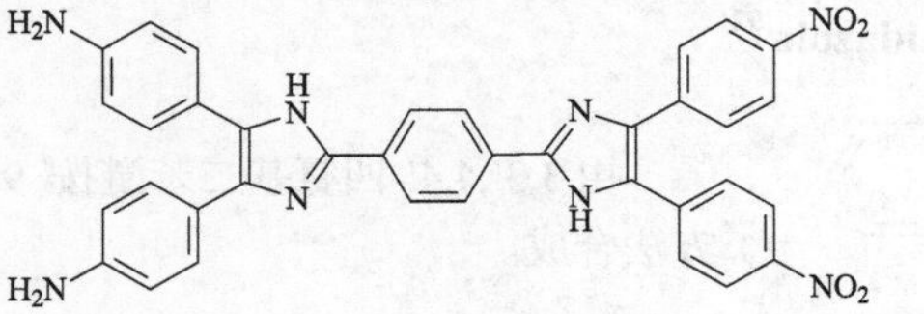

Mp >300℃。

〖980〗2,2′-*m*-苯撑双(5-氨基苯并咪唑) 2,2′-*m*-**Phenylenebis(5-aminobenzimidazole)**[598]

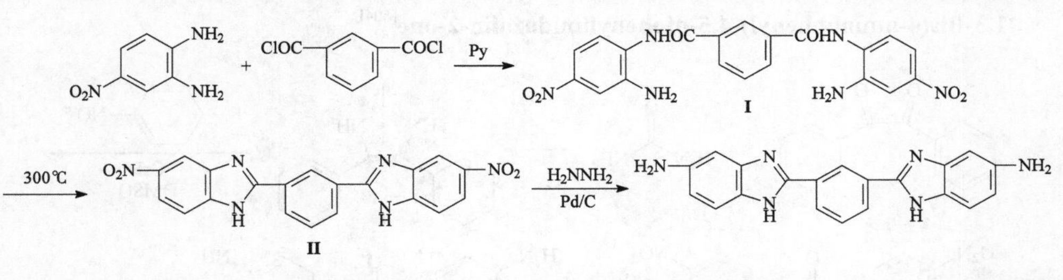

将 101 g (0.5 mol)间苯二甲酰氯在 400 mL 苯中的溶液缓慢加到 168 g(1.1 mol) 4-硝基邻苯二胺在 800 g 吡啶的溶液中，混合物放置过夜后过滤，固体用水充分洗涤，100℃真空干燥，得 **I** 橙色粉末 192 g(89%)。

将 35 g **I** 在 300℃加热 15 min，得到灰色粉末，溶于 150 mL DMAc 中用 10 g 活性炭脱

色 2h 后过滤,滤液与 100 mL 水混合,滤出沉淀,用水洗涤,140℃真空干燥,得 **II** 26.8 g (83%)。

将 **II** 用肼/钯炭还原,得到二胺,收率 29%,mp 217~229℃(dec)。

〖981〗2,2′-二-*o*-氨基苯基苯并二咪唑 2,2′-Di-*o*-aminophenylbenzodiimidazole[43]

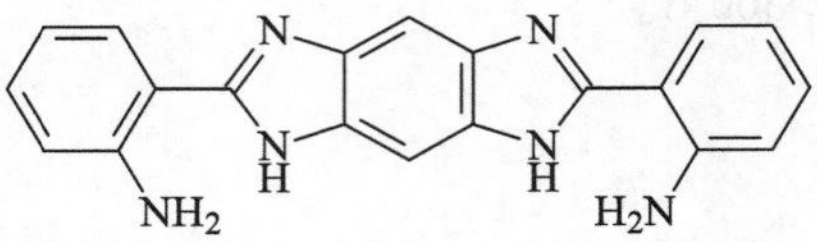

由 1,2,4,5-四氨基苯按〖982〗方法合成。

〖982〗2,2′-二-*o*-氨基苯基-5,5′-联苯并咪唑

2,2′-Di-*o*-aminophenyl-5,5′-bibenzimidazole[603]

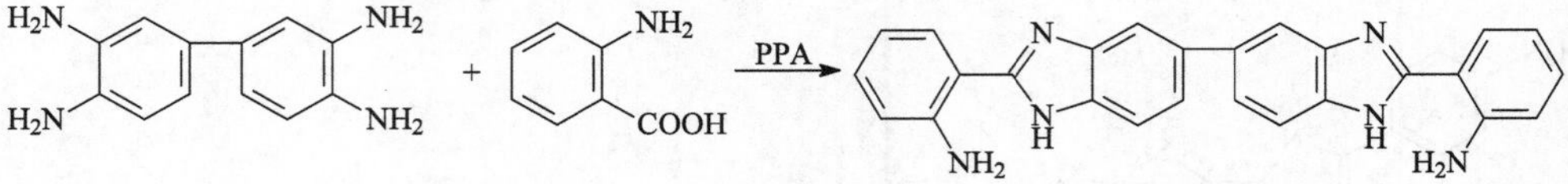

将 10 g 3,3′-二氨基联苯胺四盐酸盐分批加到 150 g 多聚磷酸中,再加入 7.5 g 邻氨基苯甲酸,溶液加热到 150℃搅拌 10 h 后倒入水中。褐色粉末用含有 5 g NaOH 的 200 mL 甲醇萃取后滤出不溶物,在滤液中加入 300 mL 水,滤出沉淀,干燥。将粗产物溶于 200 mL 热甲醇中,加入热水到溶液浑浊,然后与少量活性炭煮沸,过滤,在滤液中加入热水,滤出黄色沉淀,得 7.1 g。

〖983〗2,2′-二-*o*-氨基苯基-5,5′-氧二苯并咪唑

2,2′-Di-*o*-aminophenyl-5,5′-oxydibenzimidazole[92]

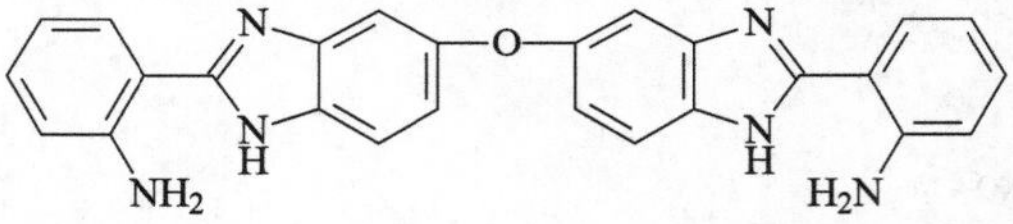

由 3,3′,4,4′-四氨基二苯醚按〖982〗方法合成。

〖984〗1,3-双(4-氨基苯基)-4,5-二苯基咪唑啉-2-酮

1,3-Bis(4-aminophenyl)-4,5-diphenylimidazolin-2-one[604]

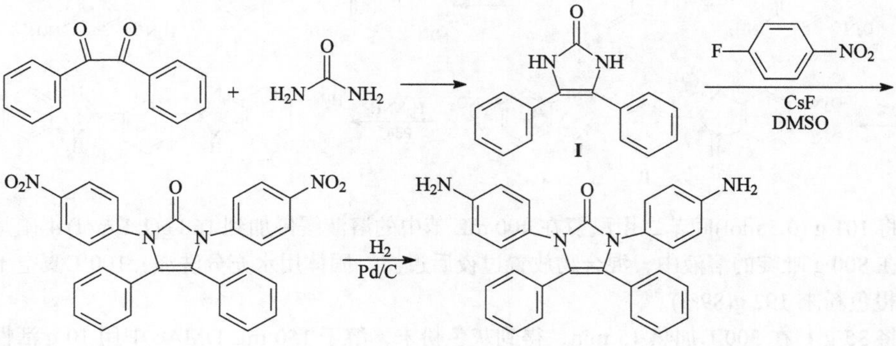

将 42.4 g (0.2 mol)二苯基乙二酮和 22.0 g (0.36 mol)脲素在 150 mL 乙酸中 100℃反应 12 h 后趁热倒入 500 mL 热甲醇中, 室温放置过夜。滤出沉淀, 从乙醇和 DMF 中重结晶, 得到白色针状结晶 I 25.0 g(53%), mp 330~333℃。

将 23.6 g (0.1 mol)I 和 35.3 g (0.25 mol)对氟硝基苯溶于 150 mL DMSO 中, 氮气下加入 30.4 g (0.2 mol)氟化铯, 在 100℃反应 12 h, 用 TLC 检测反应终点。反应完毕后冷却, 减压除去大部分溶剂, 倒入 300 mL 水中, 滤出沉淀, 用水洗涤, 从乙醇重结晶, 得二硝基物黄色棱柱状结晶 31.1 g(65%), mp 266~268℃。

将 9.57 g (0.02 mol)二硝基物溶于 200 mL DMF 中, 加入 1 g 10%Pd/C, 在室温常压加氢 2 天, 滤出催化剂, 浓缩, 得针状结晶 5.94 g(71%), mp 290~293℃。

〖 985 〗双(三氟甲基)磺酰亚胺-1,3-二(3-氨丙基)咪唑化合物

1,3-Di(3-aminopropyl)imidazolium bis[(trifluoromethyl) sulfonyl] imide[605]

将 0.050 mol 二碳酸二特丁酯溶于 50 mL THF, 滴加入 0.046 mol 1-(3-氨基丙基) 咪唑。冰浴冷却下搅拌 30 min 后回暖到室温, 继续搅拌 24 h。减压除去 THF, 将产物溶于 50 mL 乙酸乙酯, 用 5×10 mL 水萃取。减压除去乙酸乙酯, 得到 I。将产物放置在真空炉中。

将 0.110 mol 二碳酸二特丁酯溶于 100 mL THF 和 50 mL 1 mol/L NaOH 的混合物中, 滴加入 0.099 mol 3-溴丙胺氢溴酸盐。冰浴中反应 30 min, 室温反应 24h。然后加入 150 mL 乙酸乙酯和硫酸镁的饱和水溶液, 混合后分层, 水层用乙酸乙酯萃取。有机相合并, 再用 5×50 mL 硫酸镁饱和溶液洗涤后在无水硫酸镁上干燥, 减压除去溶剂后得到黄色油状物 II。

将 0.020 mol I 和 0.019 mol II 溶于 50 mL 异丙醇中回流 24 h 后减压除去异丙醇。将得到的离子液体溶于 15 mL 去离子水中, 用 5×10 mL 乙酸乙酯萃取。将水相在 50℃减压除水, 得到褐色油状物 III。

　　将 **III** 用 15 mL 6 mol/L HBr 洗涤，除去 Boc 保护，得到 **IV**。

　　IV 用碳酸氢钠水溶液中和，加入等摩尔双(三氟甲基)磺酰亚胺(LiNTf₂)进行阴离子交换。沉淀用水洗 2 次，除去任何无机盐。产物在 50℃真空干燥过夜，得到离子液体二胺。

〖986〗双(三氟甲基)磺酰亚胺-1,12-[二(3-(3-氨丙基)咪唑)]十二烷

1,12-[Di(3(3-aminopropyl))imidazolium]dodecane bis[(trifluoromethyl)sulfonyl]imide[605]

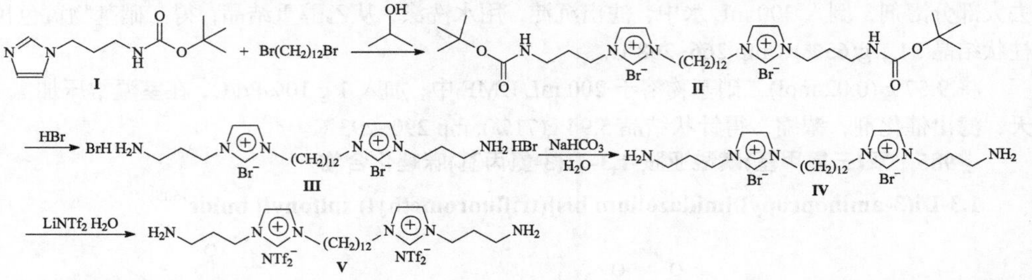

　　在 50 mL 异丙醇中加入 0.0180 mol **I** 和 0.0085 mol 1,12-二溴十二烷，在 70℃溶解后搅拌 5 天。减压除去异丙醇，将得到的离子液体溶于 15 mL 去离子水中，用 5×15 mL 乙酸乙酯萃取，除去溶剂得到褐色油状物 **II**。**II** 用 6 mol/L 氢溴酸洗涤，得到 **III**。**III** 用 NaHCO₃ 中和，得到二胺 **IV**。将 **IV** 与 2mol LiNTf₂ 在去离子水 M 水中进行离子交换，得到 **V**。

2.26　含噁唑环的二胺

〖987〗5-氨基-2-(4-氨基苯基)苯并噁唑　**5-Amino-2-(4-aminophenyl)benzoxazole**[597,606]

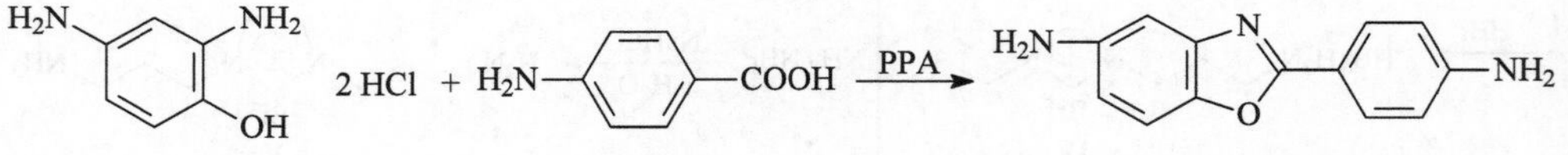

　　将 5.9 g(0.03 mol)2,4-二氨基苯酚二盐酸盐和 4.1 g(0.03 mol)对氨基苯甲酸按〖968〗方法合成和处理，干燥后得粗产物 5.1g，在 135℃/0.1 mmHg 升华，得纯产物，mp 236~238℃。

〖988〗5-氨基-2-(3-氨基苯基)苯并噁唑　**5-Amino-2-(3-aminophenyl)benzoxazole**[577,597]

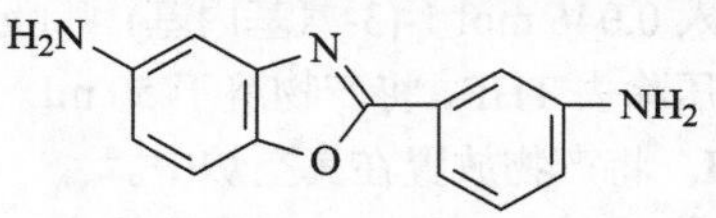

用间氨基苯甲酸按〖968〗方法合成，在 250℃/ 0.1 mmHg 升华提纯，mp 257~259℃。

〖989〗2,2′-p-苯撑-5,5′-二氨基二苯并噁唑

2,2′-p-Phenylene-5,5′-diaminobisbenzoxazole[607]

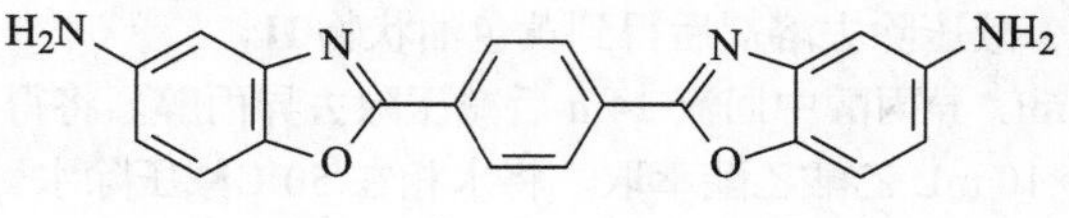

用 4-硝基邻氨基苯酚与对苯二酰氯按〖980〗方法合成。

〖990〗2,2′-o-苯撑-6,6′-二氨基二苯并噁唑

2,2′-o-Phenylene-6,6′-diaminobisbenzoxazole[607]

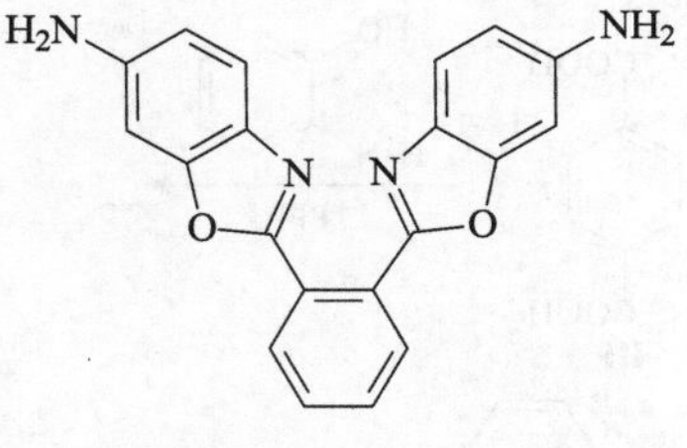

以邻氨基苯酚代替邻氨基硫酚，按〖998〗方法得到，mp 233℃。

〖991〗2,2′-o-苯撑-5,5′-二氨基二苯并噁唑

2,2′-o-Phenylene-5,5′-diaminobisbenzoxazole[608]

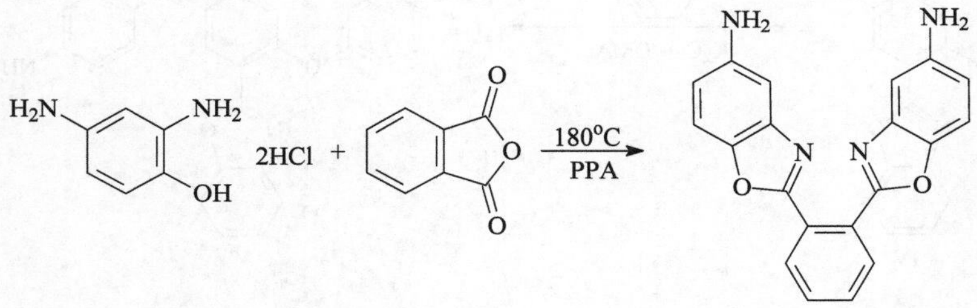

将 19.70 g (0.1 mol)2,4-二氨基苯酚和 7.45 g(0.05 mol)苯酐在 180 g 多聚磷酸中加热到 60℃。再将混合物小心加热到 110℃，使氯化氢气体逸出。当气体停止放出后，升温到 220℃，搅拌 5 h，冷却到 100℃，倒入 2 L 冰水中，室温放置过夜，滤出沉淀，用冷水洗涤，在 P₂O₅ 上真空干燥，得粗产物 15.95 g(93.2%)。粗二胺用热正丙醇萃取 4 h，热的萃取液用活性炭脱色，过量后减压浓缩到 80 mL，冷却得到结晶 13.97 g (81.7%)，mp 181~183℃。从无水乙醇重结晶 2 次，mp 185℃。

〖992〗2,2-双[2- (4-氨基苯氧基)苯并噁唑-6-基]六氟丙烷

2,2-Bis[2-(4-aminophenoxy)benzoxazol-6-yl]hexafluoropropane[609]

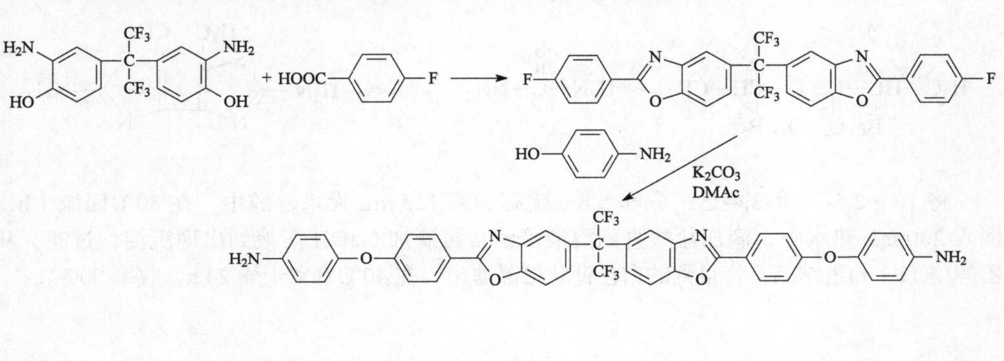

〖993〗1,4-双(4-氨基苯氧基)-2,5-双(2-苯并噁唑基)苯

1,4-Bis(4-aminophenoxy)-2,5-bis(2-benzoxazolyl)benzene[610]

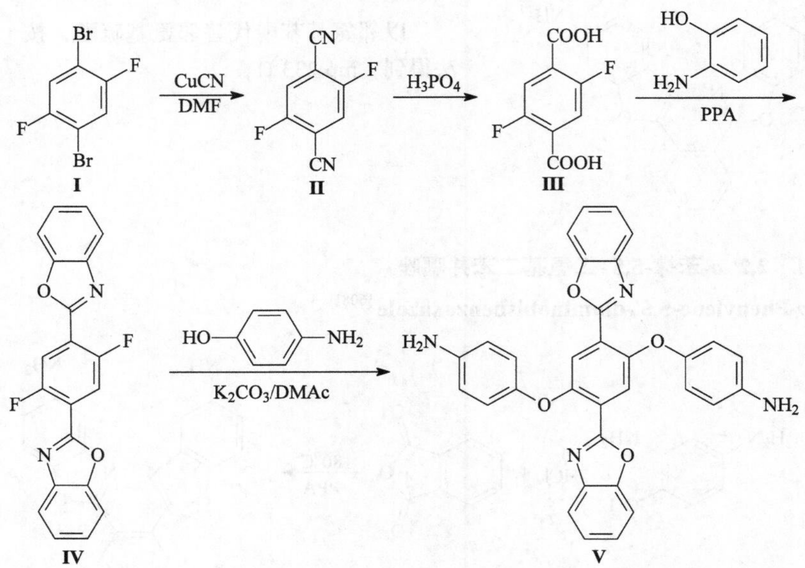

将 0.6423 g (5.886 mmol)对氨基苯酚和等当量的碳酸钾加到 DMAc 中，再加入甲苯，在 140℃搅拌 6 h 脱去水分，冷却到 80℃，加入 1 g(2.871mmol)**IV**，在 150~155℃搅拌 20 h，将得到的溶液倒入水中，滤出沉淀，用水和甲醇洗涤后在 P$_2$O$_5$ 上干燥数天，得二胺 1.4 g(92%)，mp 350.5℃。

2.27　含噻唑环的二胺

〖994〗5,5′-二甲基-2,2′-二氨基-4,4′-联噻唑　**5,5′-Dimethyl-2,2′-diamino-4,4′-bithiazole**[611]

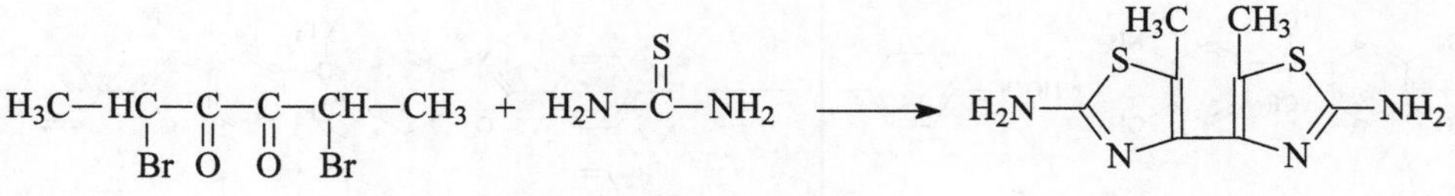

将 10 g 2,5-二溴-3,4-己二酮和 5.6 g 硫脲加到 125 mL 无水乙醇中，在 80℃回流 1 h，倒入 200 mL 热水中，滴加盐酸直到溶液澄清，再滴加 NaOH 溶液到出现沉淀，过滤，从乙醇/水(1∶1)重结晶，将得到的白色针状结晶滤出，在 40℃真空干燥 24 h，收率 90%。

〖995〗5-氨基-2-(3-氨基苯基)苯并噻唑　5-Amino-2-(3-aminophenyl)benzothiazole[577,597]

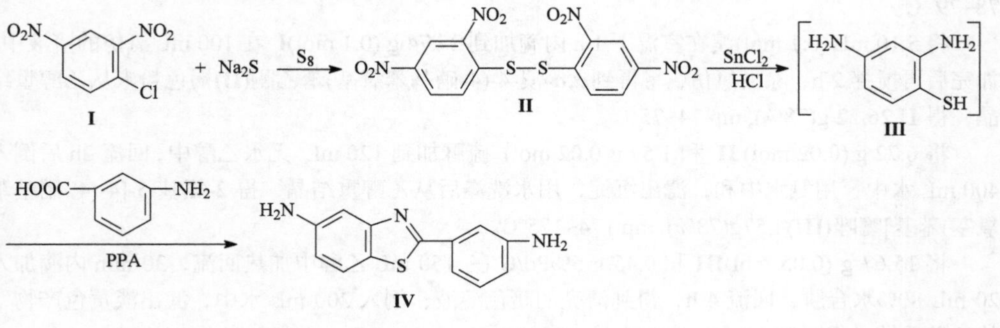

将 13.6 g(0.066 mol)2,4-二硝基氯苯，8 g 无水硫化钠和 1 g 元素硫在 800 mL 乙醇中回流 1 h，物料由褐色变为亮黄色，趁热过滤，得到二硫化物 II 14 g。将 II 在 86 mL 乙醇中用 37.2 g 锡和 90 mL 浓盐酸回流还原，在 70 min 内再加入 90 mL 浓盐酸。将绿色的溶于过滤，冷却到-68℃，冻干得 4-巯基间苯二胺(III)。将 III 与 7.6 g(0.055 mol)间氨基苯甲酸在 200 g PPA 中反应如〖968〗，得粗产物 12.5 g(65%)，mp 225~227℃。经升华提纯，得亮黄色 IV，mp 232~234℃。

〖996〗5-氨基-2-(4-氨基苯基)苯并噻唑　5-Amino-2-(4-aminophenyl)benzothiazole[577,597]

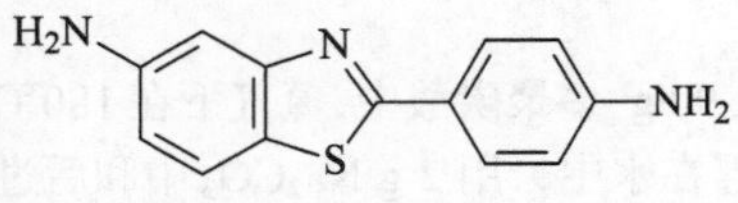

用对氨基苯甲酸按〖995〗方法合成，mp 237~238℃。

〖997〗2-氨基-5-[4-(4′-氨基苯氧基)苯基]噻唑

2-Amino-5-(4-aminophenoxy-4′-phenyl)-thiazole[612]

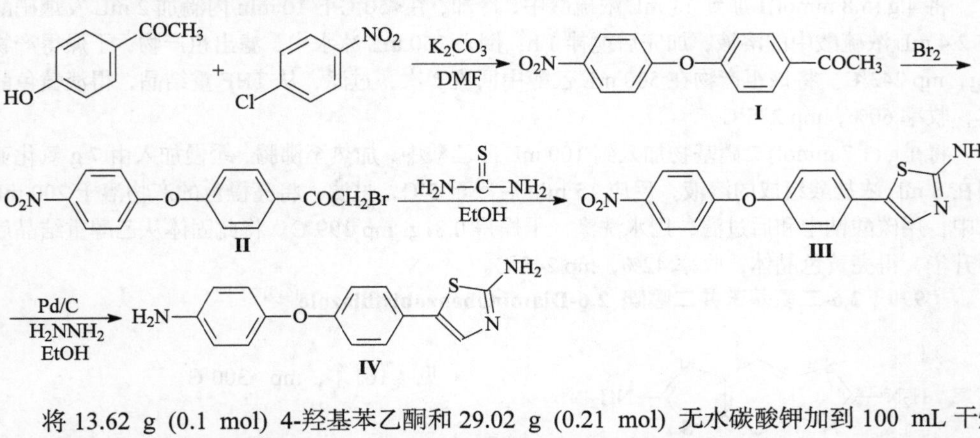

将 13.62 g (0.1 mol) 4-羟基苯乙酮和 29.02 g (0.21 mol) 无水碳酸钾加到 100 mL 干燥 DMF 和 40 mL 甲苯中，回流去水，当大部分甲苯被去除后，冷至 60℃，加入 15.76 g (0.1 mol) 对氯硝基苯，在 120℃反应 6 h。将反应物冷却到室温，倒入 500 mL 冰水中，滤出褐色沉淀，

用水洗涤，从乙醇重结晶得到 4-(4-硝基苯氧基)苯乙酮(**I**)21.66 g(84%)淡黄色结晶，mp 78~79 ℃。

将 5.10 mL (0.1 mol)溴在室温下 1 h 内滴加到 25.74 g (0.1 mol)**I** 在 100 mL 氯仿的溶液中，加完后再搅拌 2 h，除去氯仿，将得到α,α-溴-4-(4-硝基苯氧基)苯乙酮(**II**)褐色粉末从乙醇重结晶，得 **II** 26.22 g(78%)，mp 74~75 ℃。

将 6.72 g (0.02 mol) **II** 和 1.52 g(0.02 mol) 硫脲加到 120 mL 无水乙醇中，回流 2h 后倒入 400 mL 水中，用氨水中和，滤出沉淀，用水洗涤后从乙醇重结晶，得 2-氨基-5-[4-(4'-硝基苯氧基)苯基]噻唑(**III**)4.57g(73%)，mp 174~175 ℃。

将 15.67 g (0.05 mol)**III** 和 0.45 g 5%Pd/C 在 150 mL 乙醇中加热回流，30 min 内滴加入 20 mL 80%水合肼，回流 4 h，得到清亮的暗色溶液，倒入 200 mL 水中，滤出淡黄色产物，从乙醇重结晶得二胺 12.18 g(86%)，mp 180~181℃。

〖998〗2,2'-*o*-苯撑-6,6'-二氨基二苯并噻唑

2,2'-*o*-Phenylene-6,6'-diaminobisbenzothiazole[607]

将 12.5 g (0.1 mol)邻氨基硫酚和 7.4 g(0.5 mol)苯酐加入 90 g 多聚磷酸中，氮气下在 180℃ 反应 3 h，冷却到 100℃后在 600 mL 冰水中沉淀，固体悬浮在水中，用 2 g Na₂CO₃ 中和后过滤，用水洗涤，过滤，干燥的产物溶于无水乙醇，加入 2 g 活性炭，回流 2 h，过滤，干燥，从乙醇重结晶后升华，得 **I** 白色晶体，收率 81%，mp 115℃。

将 4 g (5.8 mmol)**I** 加到 11 mL 浓硫酸中，冷却，在<50℃下 10 min 内滴加 2 mL 发烟硝酸在 2.4 mL 浓硫酸中的溶液，加完后搅拌 1 h，倒入 250 mL 冰水中，滤出粗产物，干燥得产物 5 g，mp 243℃。将该粗产物在 500 mL 乙醇中回流 2 次，过滤，从 THF 重结晶，得淡黄色晶体，收率 60%，mp 275℃。

将 1 g (1.7 mmol)二硝基物加入到 100 mL 冰乙酸中，加热至沸腾，缓慢加入由 7 g 氯化亚锡在 8 mL 浓盐酸组成的溶液，反应 15 min 后冷至 5℃，过滤，将亮橙色的产物溶于 200 mL 水中，用碳酸钠中和后过滤，用水洗涤，干燥得 0.81g, mp 199℃。将此固体从乙醇重结晶后再升华，得亮黄色晶体，收率 42%，mp 248℃。

〖999〗2,6-二氨基苯并二噻唑 2,6-Diaminobenzobisthiazole[613]

见〖161〗，mp >300℃。

〖1000〗2,2′-二氨基-6,6′-联苯并噻唑　2,2′-Diamino-6,6′-bibenzothiazole[613]

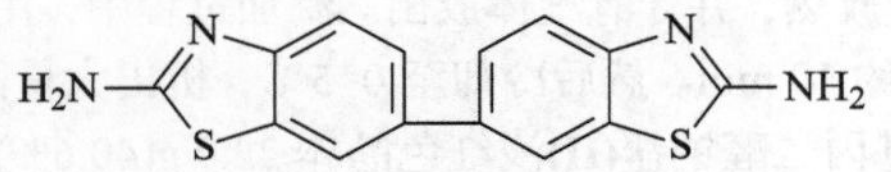

可参考〖161〗方法合成。

2.28　含嘧啶环的二胺

〖1001〗2-氨基-5(4-氨基苯基)-嘧啶　2-Amino-5(4-aminophenyl)pyrimidine[594]

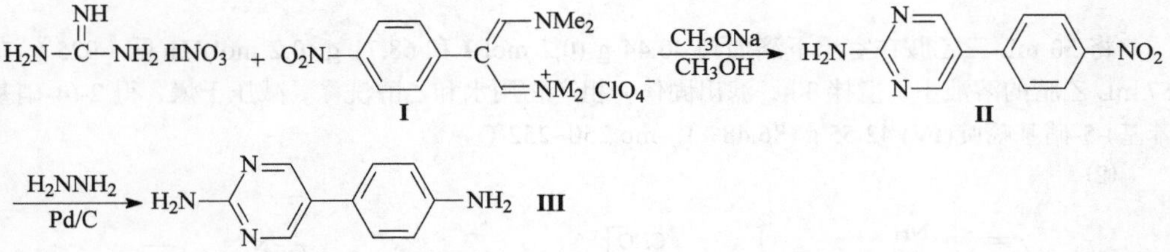

将 12.2 g (0.1 mol)硝酸胍和 34.78 g(0.1 mol) 对硝基苯甲脒(见〖925〗)的高氯酸酸盐(I)在 120 g 无水甲醇中搅拌成悬浮液。室温下慢慢滴加由 6.88 g(0.3 mol)金属钠和 160 g 无水甲醇制备的甲醇钠溶液。滴加完毕将反应器置于 65℃的油浴中搅拌 1.5 h。冷至室温，过滤，固体先后用水和甲醇洗三次，晾干得 19.88 g 黄色二硝基化合物 II，收率 92.0%，mp 209~211℃。

将 21.6 g (0.1 mol)II 在 900 mL THF 中用 2.0 g 10%钯炭 (含水 50%) 和 50 mL 水合肼还原得到 III 浅黄色晶体 17.3 g(93.1%)，mp 194~197℃。

〖1002〗2-(4-氨基苯基)-5-氨基嘧啶　2-(4-Aminophenyl)-5-aminopyrimidine[595]

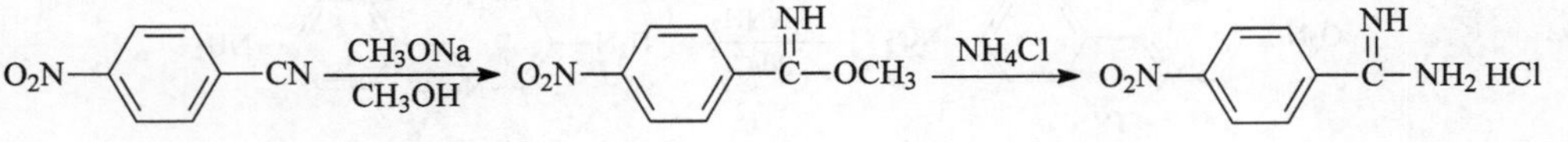

在由 1280 mL 无水甲醇和 1.52 g (0.066 mol) 金属钠制得甲醇钠溶液中一次加入 167.74 g (1.2 mol)对硝基苯甲腈，室温搅拌 10 h，得到透明黄色溶液。再加入 3.96 g (0.066 mol)冰乙酸，搅拌几分钟以中和体系中的碱。然后再加入 64.20 g (1.2 mol)氯化铵，升温至 35~40℃搅拌过夜，反应体系中析出大量固体。过滤，滤液蒸干，合并两部分固体，先后用冷水和丙酮洗涤，真空干燥得对硝基苯甲脒的盐酸盐(I) 浅黄色晶体 196 g (81.0 %)，mp 297~298℃。

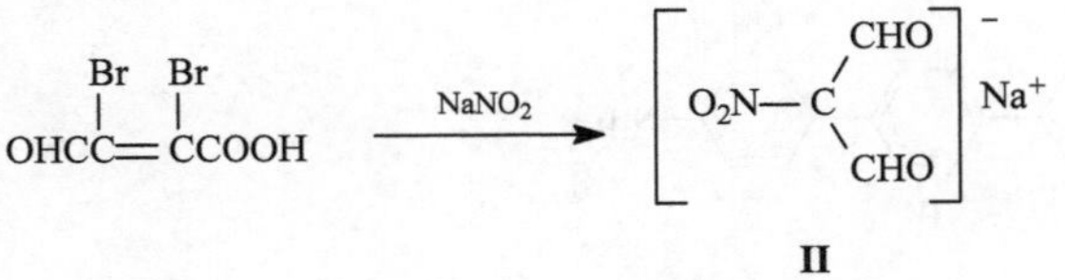

将 100 g (1.45 mol)亚硝酸钠加热溶于 100 mL 水中，缓慢滴加 100 g (0.388 mol)二溴代丁烯醛酸在 100 mL 95%乙醇中的溶液，反应大量放热，并伴有气体放出。滴加过程中，用冰水浴保持体系内温度低于 54℃。滴毕，继续搅拌约 10 min。然后冷却至 0~5℃，析出大量晶体。过滤，粗产品用 95% 乙醇/水(4/1)重结晶得硝基丙二醛钠盐(**II**)浅红色晶体 22.0 g(40.6%)，mp 103~112℃。

(1)

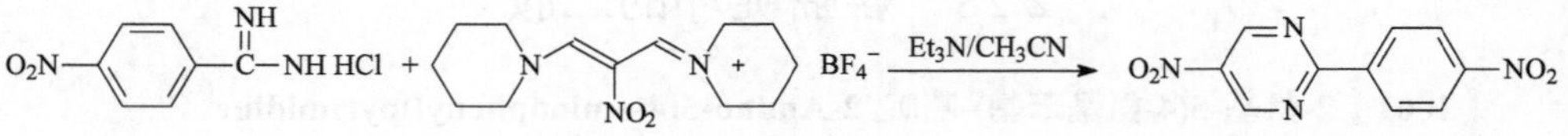

III **IV**

将 50 mL 三乙胺在室温下滴加到 40.44 g (0.2 mol)**I** 和 68.71 g (0.2 mol)**III**(见〖925〗)在 67 mL 乙腈的溶液中，搅拌 3 h，滤出固体，粗产物用水和乙醇洗涤，减压干燥，得 2-(4-硝基苯基)-5-硝基嘧啶(**IV**) 42.55 g (86.48%)，mp 250~252℃。

(2)

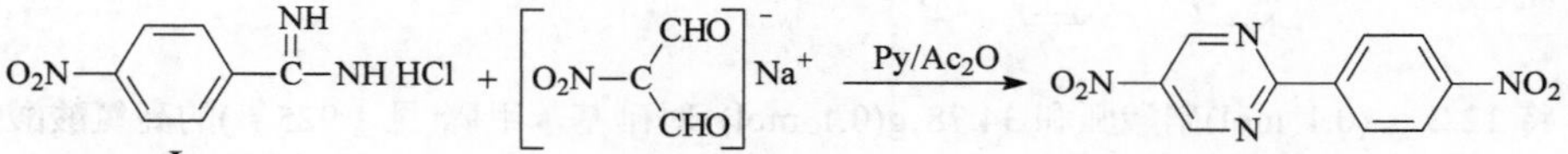

I **II** **IV**

将 17.82 g (0.088 mol) **I** 和 12.29 g (0.088 mol) **II** 加入 88 mL 乙酸酐和 53 mL 无水吡啶的混合物中，搅拌成悬浊液。将反应器置于 90℃的油浴中反应 15 min 后倾入 1500 mL 水中，过滤，滤饼在 100 mL 乙醇中回流 1 h。冷却后，再次过滤。固体依次用水和冷的乙醇洗涤，干燥得 **IV** 9.73 g(44.7%)，mp 250~252℃。

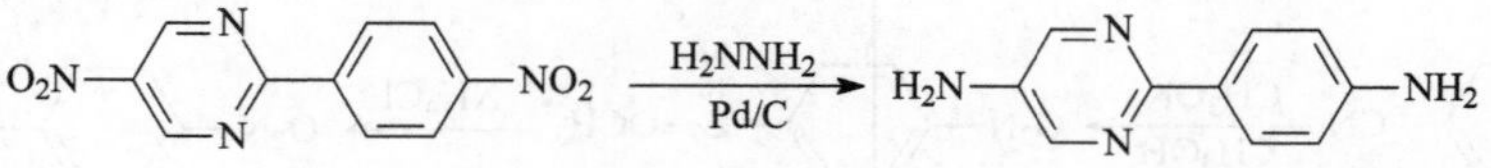

IV **V**

将 24.6 g (0.1 mol) **IV** 在 900 mL THF 中用 4.0 g 10%钯炭 (含水 50%) 和 100 mL 水合肼还原得二胺浅黄色晶体 17.18 g(92.2%), mp 210~211℃。

〖1003〗2,5-二(4-氨基苯基)嘧啶 2,5-Bis(4-aminophenyl)pyrimidine[595]

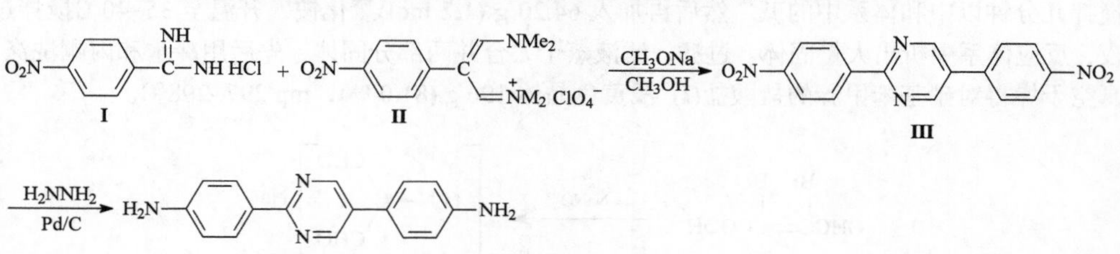

I **II** **III** **IV**

将 34.78 g (0.1 mol)**II**(见〚925〛)和 20.2 g (0.1 mol) **I** (见〚1002〛)加入 120 g 无水甲醇中，室温下慢慢滴加由 6.88 g (0.3 mol)金属钠和 160 g 无水甲醇制备的甲醇钠溶液。滴加完后将反应器置于 65℃的油浴中反应 1.5 h。然后冷至室温，过滤，固体先后用水和甲醇洗三次，真空干燥得二硝基物(**III**)橙黄色固体 28.22 g(87%)，mp 290~292℃。

将 10 g(0.3 mol)**III** 与 2.0 g 10% Pd/C (含水 50%)溶于 900 mL 四氢呋喃中，氮气下加热至回流，慢慢滴加 30 mL 水合肼。滴加完毕继续回流 5 h，冷却至室温滤去 Pd/C，蒸干滤液，所得固体依次用水和无水乙醇洗涤后真空干燥得 **IV** 浅黄色晶体 7.38 g (92%)，mp 261~262℃。

〚1004〛**2-(4-氨基苯基)-6-氨基-4(3H)-喹唑啉酮**

2-(4-Aminophenyl)-6-amino-4(3H)-quinazolinone[596]

将 24.47 g (0.15 mol) 2-氨基-5-硝基苯腈和 27.83 g (0.15 mol) 4-硝基苯甲酰氯在 200 mL 吡啶中加热回流 6 h，冷却后倒入 1.5 L 2% 盐酸中，滤出橙色固体，用水洗涤，从 DMF 水溶液重结晶，得 N-(2-氰基-4-硝基苯基)-4-硝基苯甲酰胺(**I**)黄色粉末 40.15 g (86.5%)，mp 200~203 ℃。

将由 31.22 g (0.10 mol)**I** 在 500 mL 16%NaOH 和 1 L 3%过氧化氢中得到的橙色悬浮液小心加热，到起始的剧烈反应平息下来以后再平稳回流 1 h。混合物由暗橙色溶液变成橙色浆状物，冷却到室温，加入 600 mL 3%过氧化氢，搅拌回流 30 min。滤出黄色固体，再将其悬浮在 5%硫酸中，搅拌数分钟，过滤，干燥，从 DMF 水溶液中重结晶，得 2-(4-硝基苯基)-6-硝基-4(3H)-喹唑啉酮(**II**)黄色粉末 27.79 g (89%)，mp 319.8℃。

将 1.0 g 5%Pd/C 加入到 24.72 g (0.079 mol)**II** 在 600 mL 乙醇的溶液中，在 85℃下 15 min 内滴加入 15.84 g 水合肼，加完后在 85℃搅拌 8 h，滤出催化剂，粗产物从 95%乙醇重结晶，得二胺淡黄色针状结晶 18.16 g (91%)，mp 303.5℃。

2.29　含吡嗪环的二胺

〚1005〛**2,5-双(4-氨基苯乙烯基)吡嗪　2,5-Bis(4-aminostyryl)pyrazine**[576]

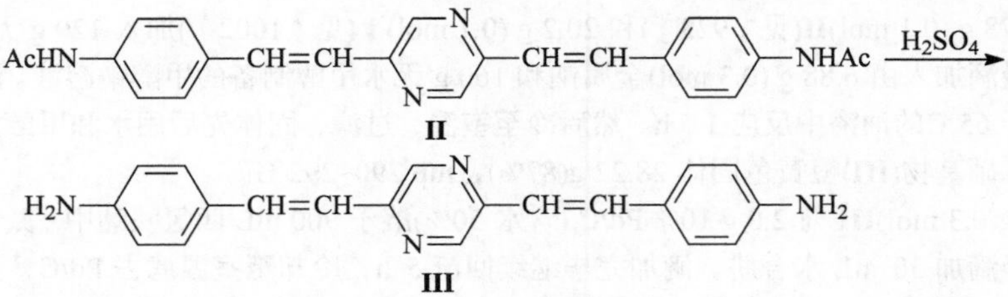

将 10.8 g (0.1 mol)2,5-二甲基吡嗪, 36.0 g (0.1 mol)4-乙酰氨基苯甲醛和 1 g ZnCl₂ 在 180℃反应 4 h, 200℃反应 2 h 后稍冷, 加入 100 mL DMAc, 再回流 10 min。过滤, 用 100 mL DMAc 萃取得到的固体, DMAc 溶液放置过夜。将所得到的二乙酰基物 **II** 从 DMAc 重结晶, 得液晶态物质 24.6 g(59.3%)。

将 10 g **II** 与 100 mL 70%硫酸回流 6 h, 冷至室温, 滤出固体, 溶于 200 mL 水, 加入 NaOH, 滤出沉淀, 由 DMAc 重结晶, 得二胺 5.6g(71%), 为液晶态。

〖1006〗6-氨基-2-(4-氨基苯基)喹噁啉 6-Amino-2-(4-aminophenyl)quinoxaline[577]

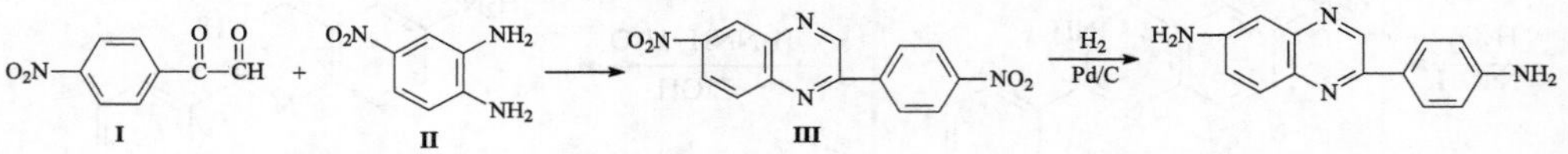

将 22.3 g(0.11 mol)对硝基苯基乙二醛(**I**)溶于 50 mL DMAc 中, 加入 17 g(0.11 mol)1,2-二氨基-4-硝基苯(**II**)在 150 mL DMAc 中的溶液, 混合物加热至 130℃, 反应 3.5 h。冷却后滤出二硝基物 16.4 g。从 DMAc 重结晶, mp 291~293℃。

将 8 g 二硝基物在钯炭黑催化剂加到乙醇中, 在 0.32 MPa 氢压下还原。将粗二胺在 50℃下溶于 60 mL 稀盐酸中, 冷却后用 1 N NaOH 碱化, 得到褐色沉淀 4.5 g, 升华提纯后, mp 213~214℃。

〖1007〗2,3-双(3'-氨基苯基)喹噁啉 2,3-Di(3'-aminophenyl)quinoxaline[578]

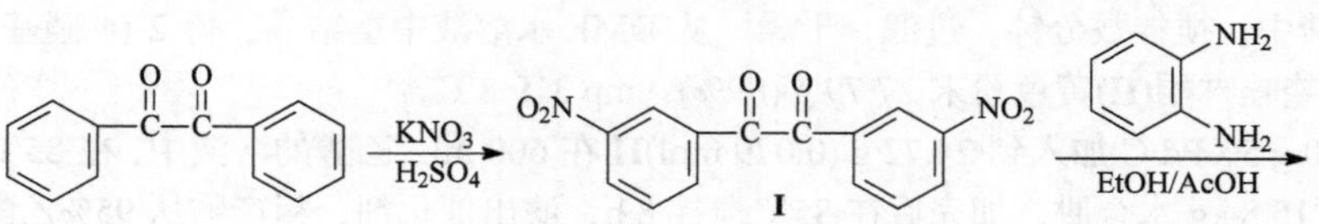

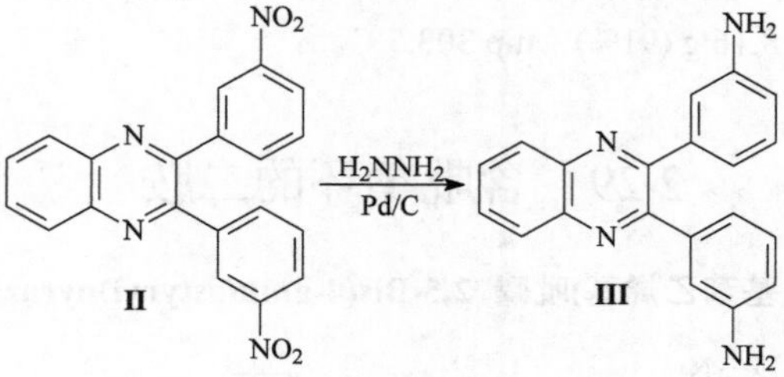

将 100 g(0.476 mol)二苯基乙二酮溶于 500 mL 浓硫酸中。维持 20℃下 1 h 内以小份加入 100 g(0.989 mol)粉末状硝酸钾, 加完后在室温放置 24 h。所得到的稠厚橙黄色浆状物加到 10 L

冰水中，放置到胶状物固化。滤出产物，用大量水洗涤厚干燥。首先将二硝基物在乙醇中结晶，然后溶于 1600 mL 沸腾的冰乙酸中，在冰浴中冷却到 30~35℃，立即过滤，用滤纸压干，最后用乙醚洗涤，得 **I** 50 g(35%)，mp 130~131℃。

将 3.0 g (10 mmol)3,3′-二硝基二苯基乙二酮(**I**)和 1.08 g (10 mmol)邻苯二胺在 25 mL 乙醇和 2 mL 冰乙酸的混合物中回流 4 h，冷却，过滤，用 2×50 mL 冷的乙醇洗涤，固体从氯仿/石油醚中重结晶，得 **II** 3.10 g(85%)，mp 214~215℃。

将 3.0 g (8.1 mmol)**II** 加到含有 13 mL 98%水合肼的 50 mL 乙醇中，在 30 min 内以小份加入 0.6 g 5%Pd/C 在 2 mL 乙醇中的浆状物。混合物缓慢加热到 60~70℃反应 2 h 后趁热过滤，用 2×50 mL 热的乙醇洗涤，滤液减压蒸发至干，残留物溶解于 500 mL 乙酸乙酯中，用水洗涤数次，在硫酸钠上干燥，过滤，减压蒸发至干。将黄色产物溶于 10 mL 乙酸乙酯中，加入石油醚至产生沉淀，得二胺 1.98 g(77%)，mp 231~232℃。

〖1008〗**2,3-双(4′-氨基苯基)喹噁啉 2,3-Di(4′-aminophenyl)quinoxaline**[148]

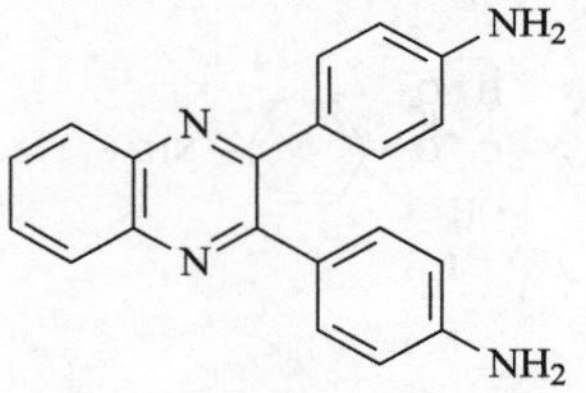

按〖1007〗方法由 4,4′-二硝基二苯基乙二酮合成。

〖1009〗**2,3-双(3′-氨基苯基)吡啶[2,3-b]并吡嗪**

2,3-Di(3′-aminophenyl)pyrido[2,3-b]pyrazine[578]

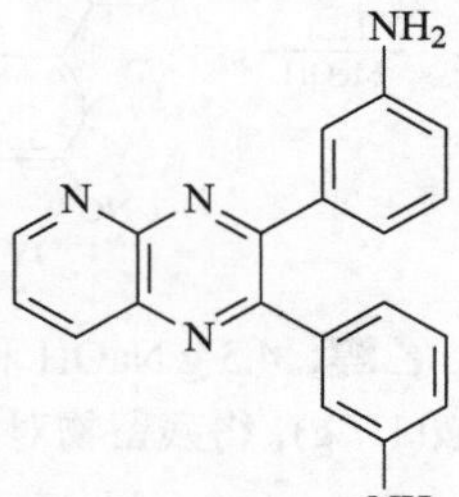

由 2,3-二氨基吡啶按〖1007〗方法合成。
二硝基物产率 85%，mp 233~234℃；
二胺产率 85%，mp 212~213℃。

〖1010〗**2,3-双(3′-氨基苯基)吡啶[3,4-b]并吡嗪**

2,3-Di(3′-aminophenyl)pyrido[3,4-b]pyrazine[578]

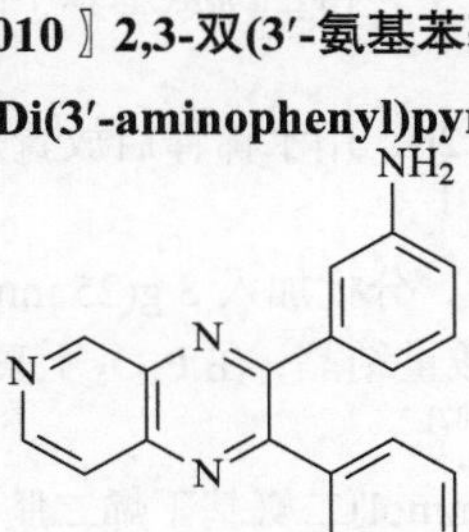

由 3,4-二氨基吡啶按〖1007〗方法合成。
二硝基物产率 85%，mp 191~192℃；
二胺产率 80%，mp 227~228℃。

〖1011〗2,3-双(3′-氨基苯基)苯[g]并喹噁啉
2,3-Di(3′-aminophenyl)benzo[g]quinoxaline[578]

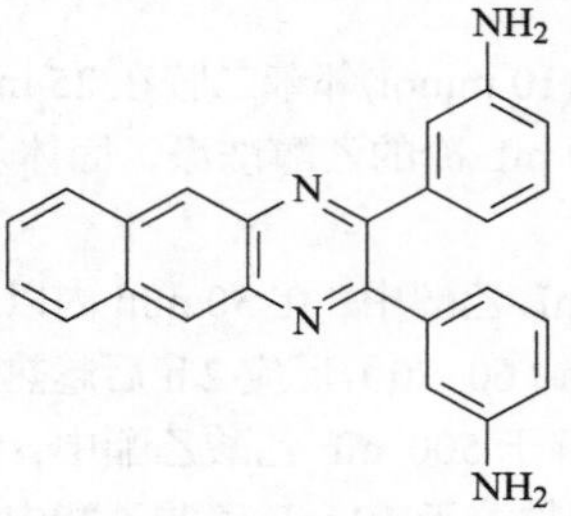

由 2,3-二氨基萘按〖1007〗方法合成。

二硝基物产率 85%，mp 228~231℃；

二胺产率 85%，mp 231~233℃。

〖1012〗2,3-双 (4-氨基苯基)-5,6-二氰基吡嗪
2,3-Bis (4-aminophenyl)-5,6-dicyano-pyrazine[579]

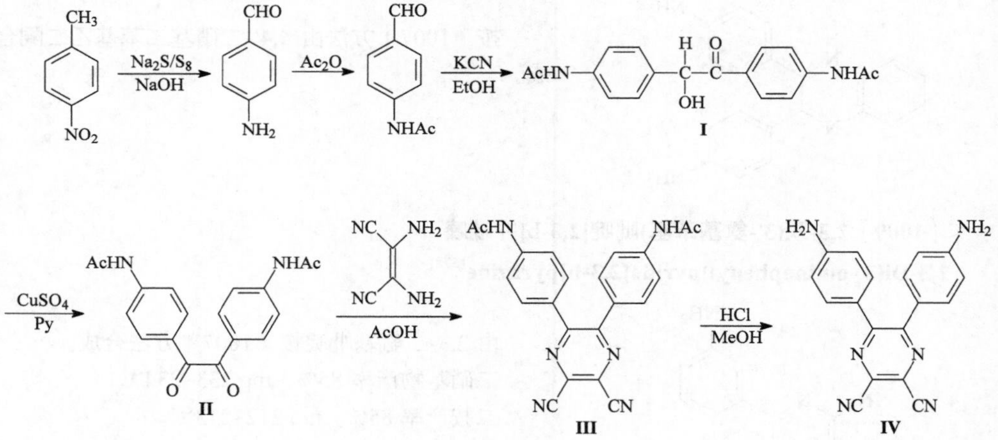

将 10 g 对硝基甲苯，6.0 g 硫化钠水化物，2.5 g 硫在 60 mL 乙醇，4.5 g NaOH 和 120 mL 水的混合物中回流 90 min。水蒸气蒸馏去除醇和副产物对甲苯胺(1.7 g)，得残留物对氨基苯甲醛 6.6 g(74.6%)。也可以用乙醚萃取代替水蒸气蒸馏[580]。

将对氨基苯甲醛在 50 mL 乙酐中反应到放热停止后倒入水中，得乙酰氨基苯甲醛。从乙醇水溶液重结晶，收率 80.5%, mp 157~158℃[581]。

将 10 g 乙酰氨基苯甲醛在 30mL 乙醇中与 1 g KCN 回流 2h，用水稀释后放置过夜，得 4,4′-乙酰氨基苯苯偶因(I) 2.8 g，从乙酸重结晶，mp 244~246℃[581]。

将 20 g 硫酸铜，40 mL 吡啶和 12 mL 水加热得到透明溶液，分批加入 8 g(25 mmol)I，在 100℃反应 3 h 后倒入 1 L 水中，过滤，用水洗涤，从 50%稀乙酸重结晶，在 P₂O₅ 上真空干燥，得 4,4′-双(乙酰氨基苯基)乙二酮(II)5.4g(68%)，mp 242~243℃[582]。

将 3.24 g (10 mmol)II 溶于 150 mL 乙酸中，加入 1.6 g (16 mmol)二氨基丁烯二腈，回流搅拌 1 h，冷却倒入 1 L 水中，滤出黄色沉淀，柱色谱提纯，得 4,4′-双(乙酰氨基苯基)-5,6-二氰基吡嗪(III)3.5 g(88.0%), mp >300℃。

将 0.2 g (0.5 mmol)**III** 溶于 10 mL 甲醇中，再加入 2.5 mL 浓盐酸，回流 30 min，冷却后倒入 100 mL 水中，用氨水调节到 pH 9，滤出橙色沉淀，用水洗涤到中性，从二氧六环中重结晶，再用柱层析纯化，得 2,3-双 (4-氨基苯基)-5,6-二氰基吡嗪 0.13 g(83.8%)，mp >300℃。

〖1013〗**2,3-二苯基-5,8-二氨基吡嗪[2,3-d]并哒嗪**

2,3-Diphenyl-5,8-diaminopyrazino[2,3-d]pyridazine[578]

将 4.2 g (20 mmol)二苯基乙二酮和 2.16 g(20 mmol)二氨基丁烯二腈在 930 mL 乙醇和 30 mL 冰乙酸的混合物中回流 3 h，冷却滤出沉淀，用冷的乙醇洗涤(2 × 50 mL)，产物由氯仿/石油醚重结晶得到 **I** 4.7 g(85%)，mp 253~254℃。

由 **I** 按〖1014〗的方法得到 **II**，产率 60%，mp 258~259℃。

〖1014〗**2,3-双(3′-硝基苯基)-5,8-二氨基吡嗪[2,3-d]并哒嗪**

2,3-Di(3′-nitrophenyl)-5,8-diaminopyrazino[2,3-d]pyridazine[578]

由 **I** (见〖1007〗)与二氨基丁烯二腈(**II**)按〖1007〗方法合成 2,3-二氰基-5,6-双(3′-硝基苯基)吡嗪(**III**)，收率 85%，mp 210~211℃。

将 2.79 g (6.5 mmol)**III** 和 9 g (180 mmol)98%水合肼在 90 mL 乙醇中加热回流 3 h，冷却沉淀出暗红色固体，过滤，用 2 × 50 mL 冷的乙醇洗涤，干燥。粗产物用硅胶柱(石油醚/氯仿，10：90)提纯得 **IV** 400 mg(13%)，mp 337~338℃。

〖1015〗**2,3-二(4′-溴代苯基)-5,8-二氨基吡嗪[2,3-d]并哒嗪**

2,3-Di(4′-bromophenyl)-5,8-diaminopyrazino[2,3-d]pyridazine[578]

由二溴二苯基乙二酮按〖1013〗方法合成。

二腈化合物的产率为 90%，mp 209~211℃；二胺产率 65%，由氯仿/石油醚重结晶，mp 304~305℃。

〖1016〗 2,3-二(4′-甲氧基苯基)-5,8-二氨基吡嗪[2,3-d]并哒嗪

2,3-Di(4′-methoxyphenyl)-5,8-diaminopyrazino[2,3-d]pyridazine[578]

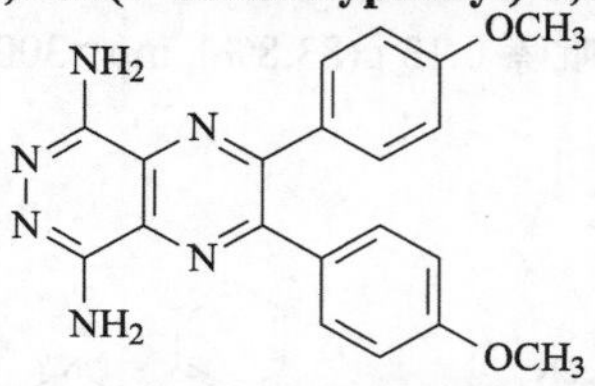

由二甲氧基二苯基乙二酮按〖1013〗方法合成。二腈化合物的产率为 85%，mp 181~183℃；二胺产率 24%，由氯仿/石油醚重结晶，mp 261~262℃。

〖1017〗1,4{3′-[2′-(3″-氨基苯基)吡啶]-3,4-b-并吡嗪}苯

1,4{3′-[2′-(3″-Aminophenyl)pyrido]-3,4-b-pyrazino}benzene[578]

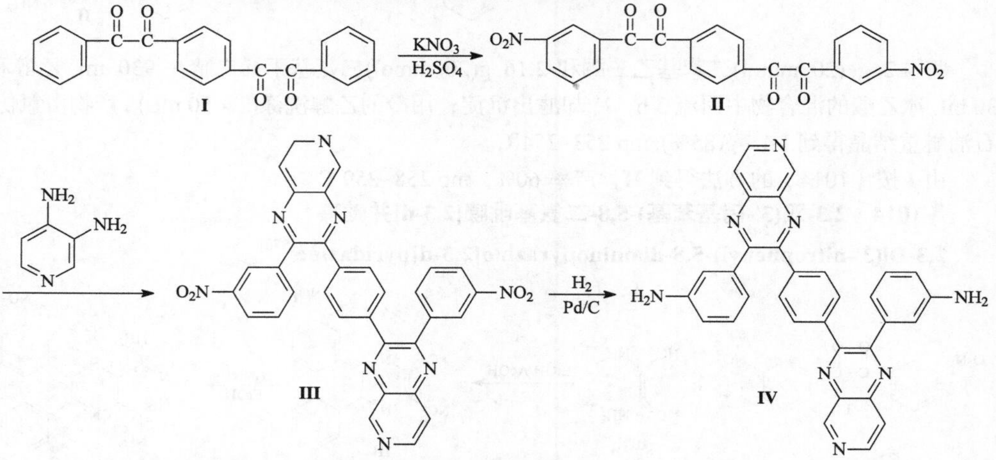

1,4-双(3-硝基苯基乙二酮撑)苯**(II)**由双(二苯基乙二酮)按 3,3′-二硝基二苯基乙二酮〖1007〗的方法得到，粗产物在乙醇中搅拌 1 h，过滤，固化，该过程重复多次直至滤液几乎无色，产率 63%，mp 208~211℃。

1,4{3′-[2′-(3″-氨基苯基)吡啶]-3,4-b-并吡嗪}苯**(IV)**由 **II** 和 3,4-二氨基吡啶按〖1007〗方法得到。硅胶柱层析(甲醇/氯仿，2∶98)，产率 87%，mp 286~294℃。

将 2.85 g (4.9 mmol)**III** 溶于 50 mL DMF 中，加入 50 mg 10%钯炭黑，常压、常温加氢，按通常方法处理，粗产物用硅胶柱层析(甲醇/乙酸乙酯，5∶95)，产率 11%，mp 299~301℃。

〖1018〗1,4-双[7-(p-氨基苯氧基)-3-苯基-2-喹噁啉基]苯

1,4-Bis[7-(p-aminophenoxy)-3-phenyl-2-quinoxalyl]benzene[583]

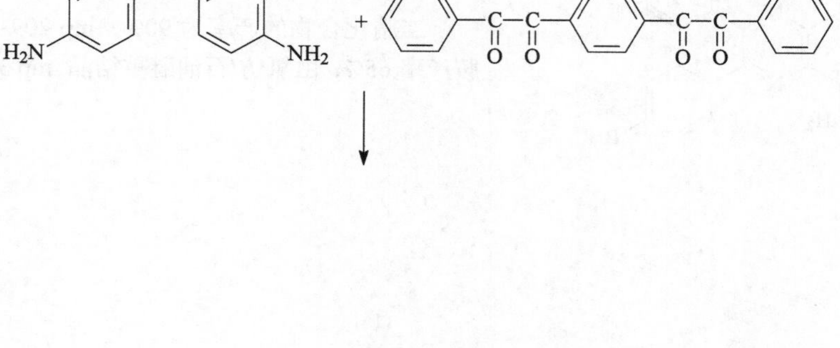

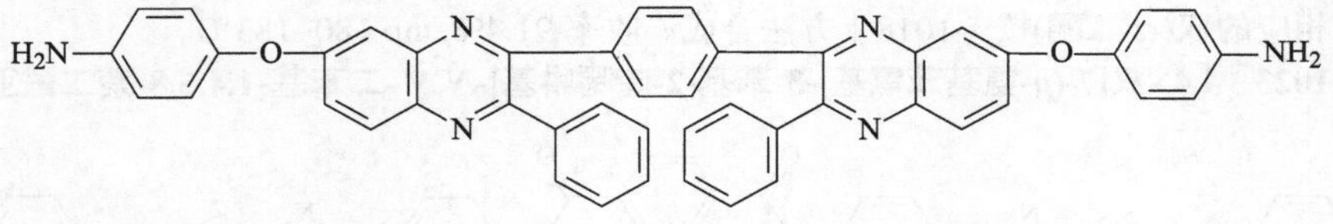

以 2 mol 3,4,4′-三氨基二苯醚与 1 mol 双(α-二酮)在乙醇中回流后滤出二胺，用乙醇和乙醚洗涤，收率 85.5%，mp 343~345℃。

〖1019〗4,4′-双[7-(p-氨基苯氧基)-3-苯基-2-喹噁啉基]联苯

4,4′-Bis[7-(p-aminophenoxy)-3-phenyl-2-quinoxalyl]benzene[583]

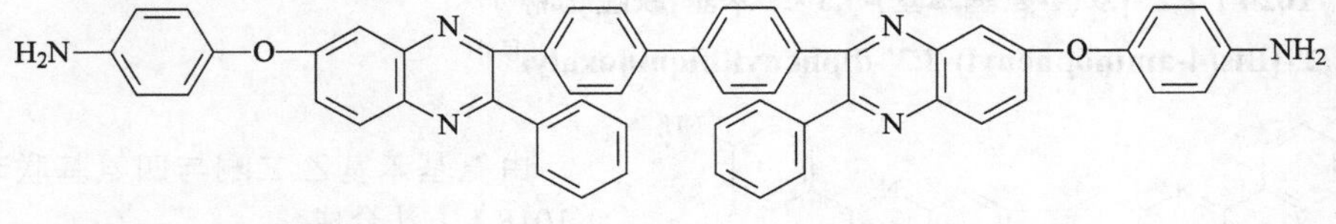

由相应的双(α-二酮) 按〖1018〗方法合成。收率 92.3%，mp 170~173℃。

〖1020〗4,4′-双[7-(p-氨基苯氧基)-3-苯基-2-喹噁啉基]二苯酮

4,4′-Bis[7-(p-aminophenoxy)-3-phenyl-2-quinoxalyl]benzophenone[583]

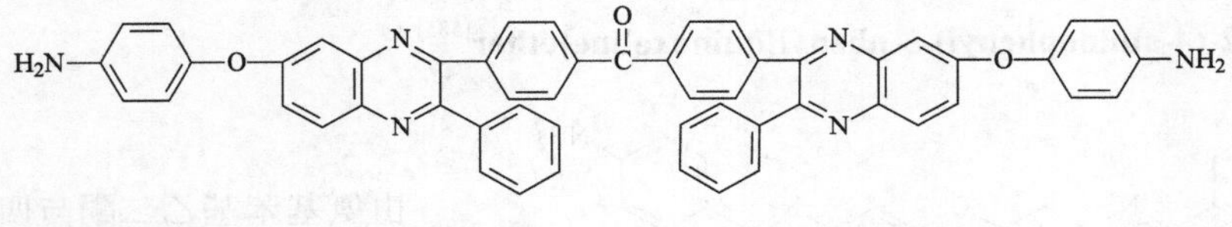

由相应的双(α-二酮) 按〖1018〗方法合成。Mp 162~165℃。

〖1021〗4,4′-双[7-(p-氨基苯氧基)-3-苯基-2-喹噁啉基]二苯醚

4,4′-Bis[7-(p-aminophenoxy)-3-phenyl-2-quinoxalyl]phenyl ether[584]

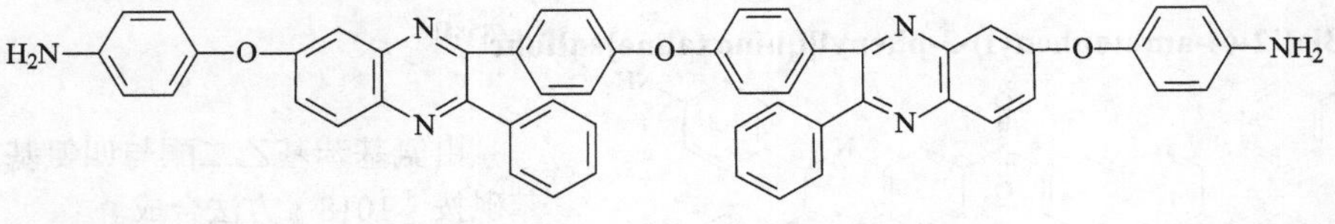

由相应的双(α-二酮) 按〖1018〗方法合成。收率 95%，mp 157~160℃。

〖1022〗2,7-双[7-(p-氨基苯氧基)-3-苯基-2-喹噁啉基]荧蒽

2,7-Bis[7-(p-aminophenoxy)-3-phenyl-2-quinoxalyl]fluorathene[585]

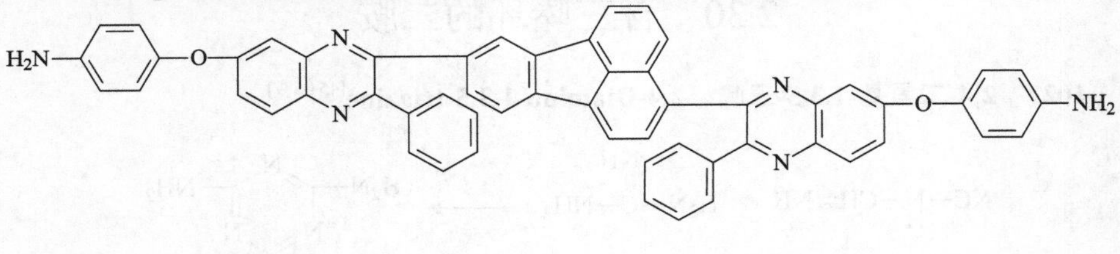

由相应的双(α-二酮)按〖1018〗方法合成。收率 91.4%，mp 180~183℃。

〖1023〗4,4′-双[7-(p-氨基苯氧基)-3-苯基-2-喹噁啉基]-N,N′-二苯基-1,4,5,8-萘二酰亚胺[586]

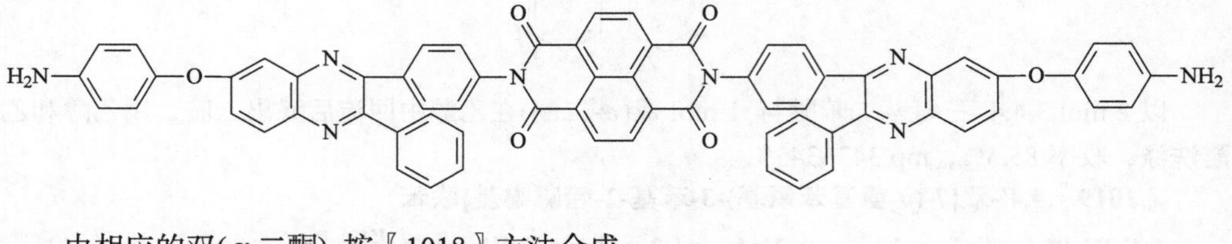

由相应的双(α-二酮) 按〖1018〗方法合成。

〖1024〗2,2′-[双(4-氨基苯基)-3,3′-二苯基]联喹噁啉

2,2′-[Bis(4-aminophenyl)-3,3′-diphenyl]biquinoxalyl[585]

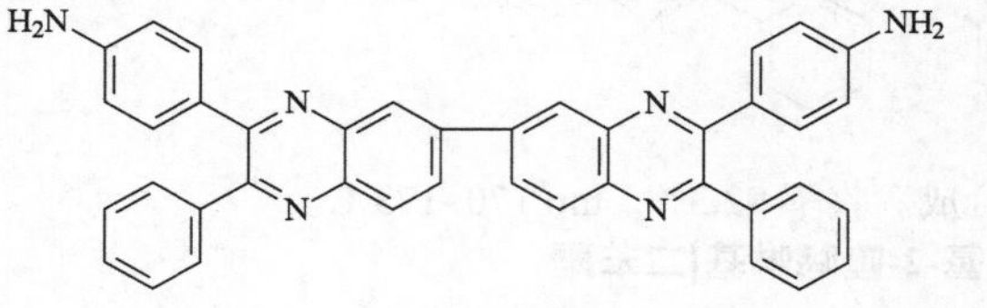

由氨基苯基乙二酮与四氨基联苯按〖1018〗方法合成。

〖1025〗双{[2-(4-氨基苯基)-3-苯基]喹噁啉}醚

Bis{[2-(4-aminophenyl)-3-phenyl]quinoxaline}ether[585]

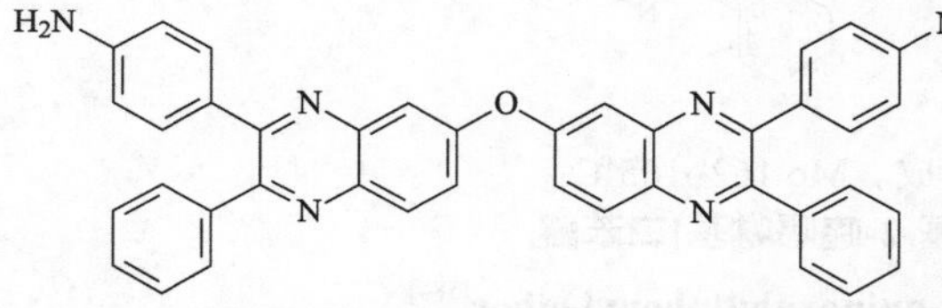

由氨基苯基乙二酮与四氨基二苯醚按〖1018〗方法合成。

〖1026〗双{[2-(4-氨基苯基)-3-苯基]喹噁啉}砜

Bis{[2-(4-aminophenyl)-3-phenyl]quinoxaline}sulfone[585]

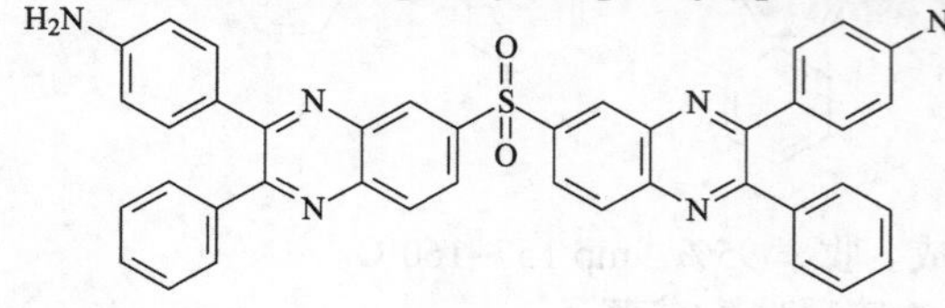

由氨基苯基乙二酮与四氨基二苯砜按〖1018〗方法合成。

2.30　含三嗪环的二胺

〖1027〗2,4-二氨基-1,3,5-三嗪　**2,4-Diamino-1,3,5-triazine**[454,587]

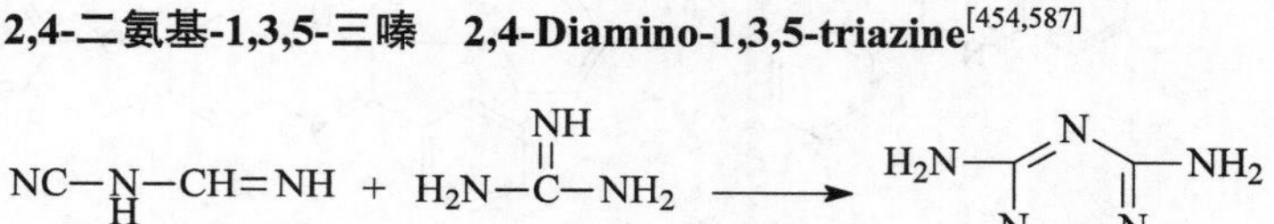

将 4.78 g(0.05 mol)乙酸脒和等当量的乙醇钠在 50 mL 乙醇中反应后,加入 2.07 g(0.03 mol)氰化甲脒,加热至 70℃反应 3.5 h,随着氨气放出,产物逐渐结晶析出。冷却过滤,得到产物 2.39 g(72%),从热水中结晶,mp 317~318℃。

〖1028〗2,4-二氨基-6-苯基-1,3,5-三嗪　2,4-Diamino-6-phenyl-1,3,5-triazine[588]

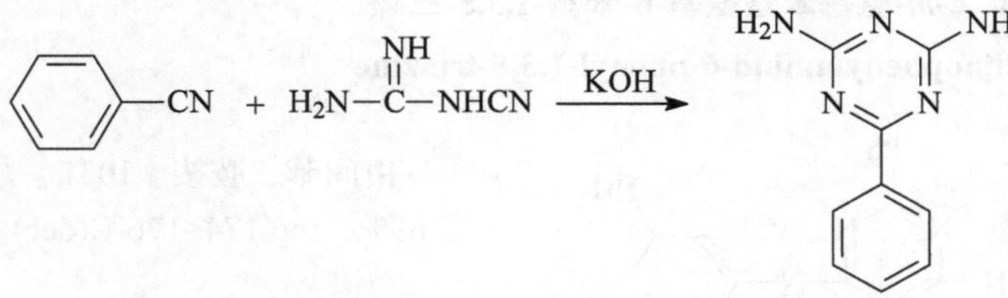

将 5 g KOH(85%)溶于 100 mL 甲氧基乙二醇中,加入 50.4 g(0.6 mol)氰基胍和 50 g (0.48 mol)苄腈,搅拌加热。当达到 90~110℃时,开始放热反应。产物以白色粉末状态析出。放热反应结束后再回流 5 h,以保证反应完全。将反应物冷却,过滤,用热水洗涤,干燥得到 68~79 g (75%~87%),mp 227~228℃。从母液中还可以回收一些产物,总收率可达 90%~95%。

〖1029〗2,4-二-p-氨基苯基氨基-1,3,5-三嗪

2,4-Di-p-aminophenylamino-1,3,5-triazine[589]

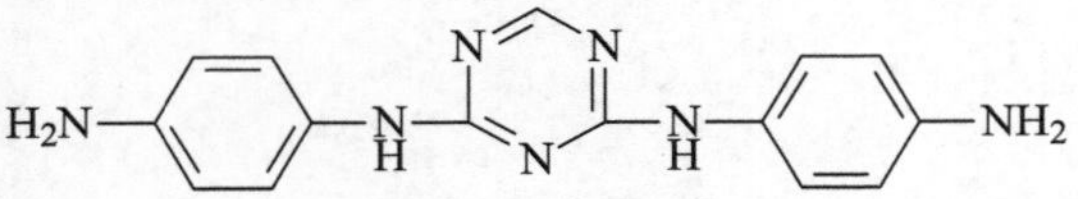

按〖1030〗方法合成。

〖1030〗2,4-二-m-氨基苯基氨基-1,3,5-三嗪

2,4-Di-m-aminophenylamino-1,3,5-triazine[589]

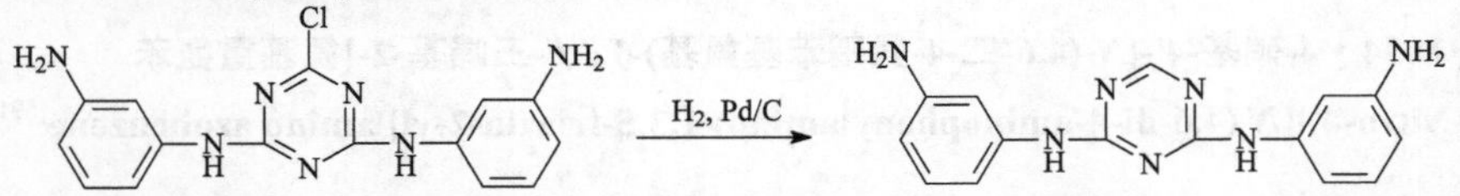

2,4-二-p-氨基苯基氨基-6-氯-1,3,5-三嗪可由三聚氰酰氯与间苯二胺参考〖1031〗方法合成。将该化合物和等当量三乙胺溶于 THF 中,在钯黑催化下用 0.35 MPa 氢气还原过夜,滤出产物,用 THF 和水洗涤至无氯离子,残留物用 DMF 萃取,再在水中沉淀,过滤,用沸丙酮洗涤,mp 269~271℃。

〖1031〗2,4-二-p-氨基苯基氨基-6-苯基-1,3,5-三嗪

2,4-Di-p-aminophenylamino-6-phenyl-1,3,5-triazine[590]

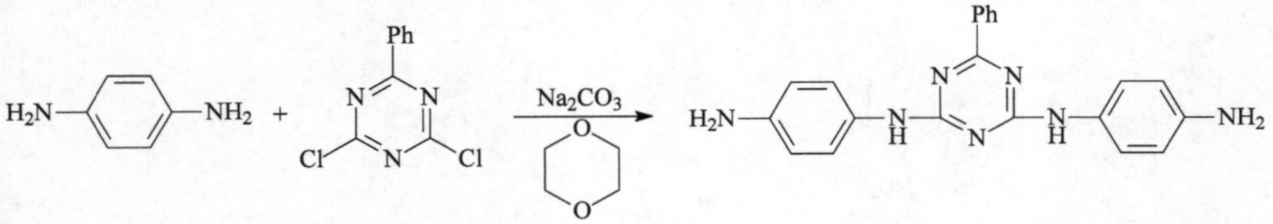

氮气下将 86 g (0.8 mol)对苯二胺和 25 g (0.23 mol) 碳酸钠在 200 mL 二氧六环中回流，在 4 h 内滴加入 18 g (0.23 mol) 2-苯基-4,6-二氯-s-三嗪在 250 mL 二氧六环中的溶液。再回流 6 h 后倒入 100 mL 冰水中。静置后滤出 46 g 固体，从二氧六环重结晶，得二胺 28 g(95%)，mp 244~245℃。

〖1032〗2,4-二-*m*-氨基苯基氨基-6-苯基-1,3,5-三嗪

2,4-Di-*m*-aminophenylamino-6-phenyl-1,3,5-triazine[590]

由间苯二胺按〖1031〗方法合成。收率 69%，mp 174~176℃(dec)。

〖1033〗2,4-二-*p*-氨基苯基氨基-*p*-硝基苯基氨基-1,3,5-三嗪

2,4-Di-*p*-aminophenylamino-*p*-nitrophenylamino-1,3,5-triazine[591]

以对苯二胺代替乙二胺，按〖1185〗方法合成，收率 73.6%。

〖1034〗4-硝基-4′-[*N*-(4,6-二-4-氨基苯基氨基)-1,3,5-三嗪基-2-]氨基重氮苯

4-Nitro-4′-[*N*-(4,6-di-4-aminophenylamino)-1,3,5-triazin-2-yl] amino azobenzene[591]

以 4-氨基-4′-硝基偶氮苯和对苯二胺，按〖1185〗方法合成，收率 69.4%。

〖1035〗2,4-二(*p*-氨基苯基-*N*-十八烷基氨基)-1,3,5-三嗪

2,4-Di(*p*-aminophenyl-*N*-octadecylamino)-1,3,5-triazine[589]

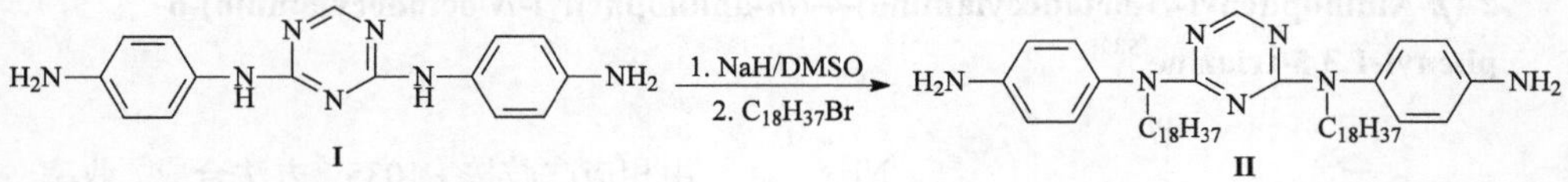

将 15 g (51 mmol)二胺 **I**〖1029〗加入到含有 4.48 g (112 mmol, 60%石蜡油的悬浮液)NaH 的 300 mL DMSO 中。40℃下搅拌 1 h 后加入 34.0 g (102 mmol)溴代十八烷，在 40℃反应 6 h，室温搅拌过夜，滤出沉淀，用水洗涤，从苯/己烷重结晶，得 **II** 28.62 g(70.3%)，mp 126, 133, 140℃。

〖1036〗2,4-二(*m*-氨基苯基-*N*-十八烷基氨基)-1,3,5-三嗪

2,4-Di(*m*-aminophenyl-*N*-octadecylamino)-1,3,5-triazine[589]

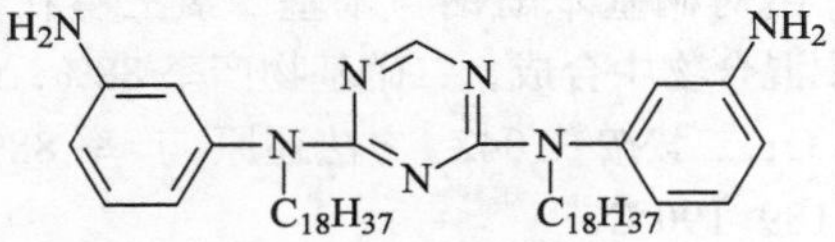

由相应二胺按〖1035〗方法合成，收率 63.0%；mp 112℃。

〖1037〗2,4-二(*p*-氨基苯基-*N*-十八烷基氨基)-6-甲基-1,3,5-三嗪

2,4-Di(*p*-aminophenyl-*N*-octadecylamino)-6-methyl-1,3,5-triazine[589]

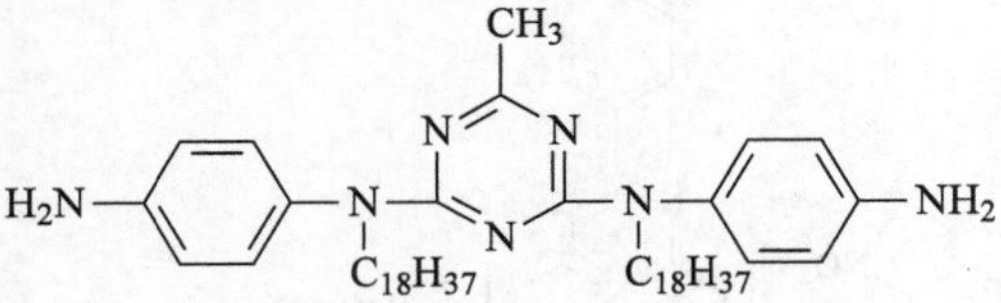

由相应二胺按〖1035〗方法合成，收率 62.5%；mp135℃

〖1038〗2,4-二(*m*-氨基苯基-*N*-十八烷基氨基)-6-甲基-1,3,5-三嗪

2,4-Di(*m*-aminophenyl-*N*-octadecylamino)-6-methyl-1,3,5-triazine[589]

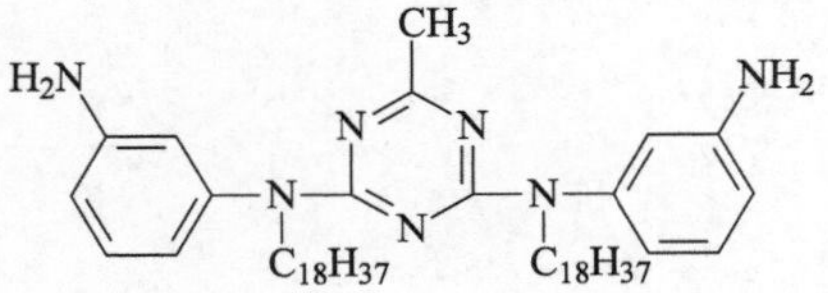

由相应二胺按〖1035〗方法合成，收率 87.8%；mp 110,116℃。

〖1039〗2,4-二(*p*-氨基苯基-*N*-十八烷基氨基)-6-苯基-1,3,5-三嗪

2,4-Di(*p*-aminophenyl-*N*-octadecylamino)-6-phenyl-1,3,5-triazine[589]

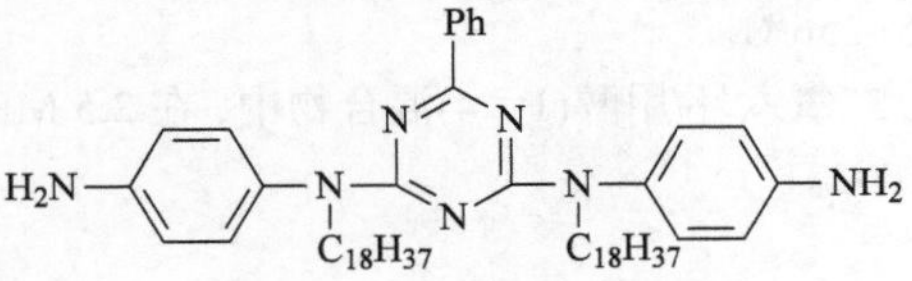

由相应二胺按〖1035〗方法合成，产率 55%，mp 122℃。

〖1040〗2-(*p*-氨基苯基-*N*-十八烷基氨基)-4-(*m*-氨基苯基-*N*-十八烷基氨基)-6-苯基-1,3,5-三嗪

2-(*p*-Aminophenyl-*N*-octadecylamino)-4-(*m*-aminophenyl-*N*-octadecylamino)-6-phenyl-1,3,5-triazine[589]

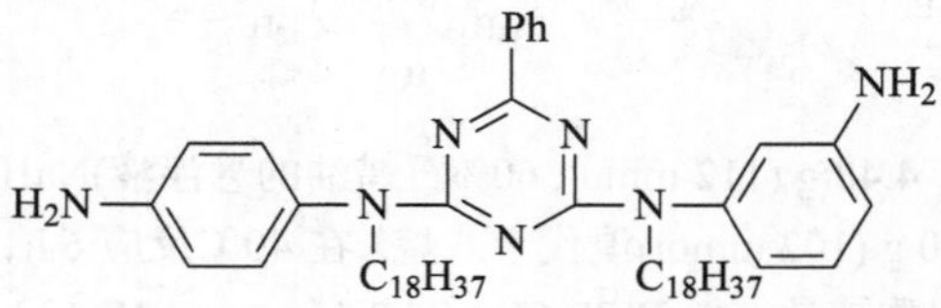

由相应二胺按〖1035〗方法合成，收率75.5%；mp 86℃。

〖1041〗2,4-二(*p*-氨基苯氧基)-6-苯基-1,3,5-三嗪

2,4-Di(*p*-aminophenoxy)-6-phenyl-1,3,5-triazine[590]

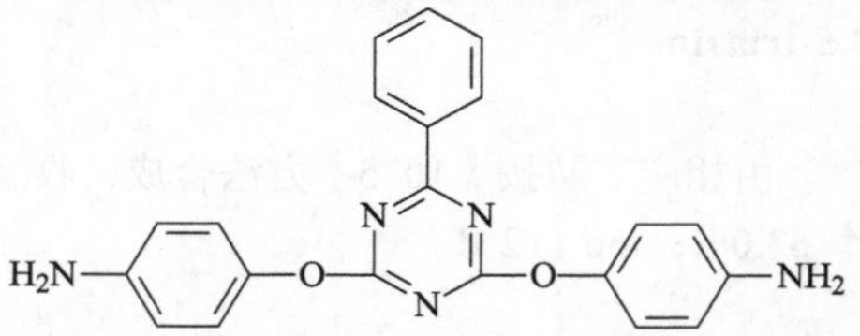

由对硝基苯酚钠与苯基二氯三嗪在苯/丙酮混合物中合成，二硝基物产率88%，mp 250℃；二胺按〖1042〗方法还原，产率88%，mp 189~190℃。

〖1042〗2,4-二(*m*-氨基苯氧基)-6-苯基-1,3,5-三嗪

2,4-Di(*m*-aminophenoxy)-6-phenyl-1,3,5-triazine[590]

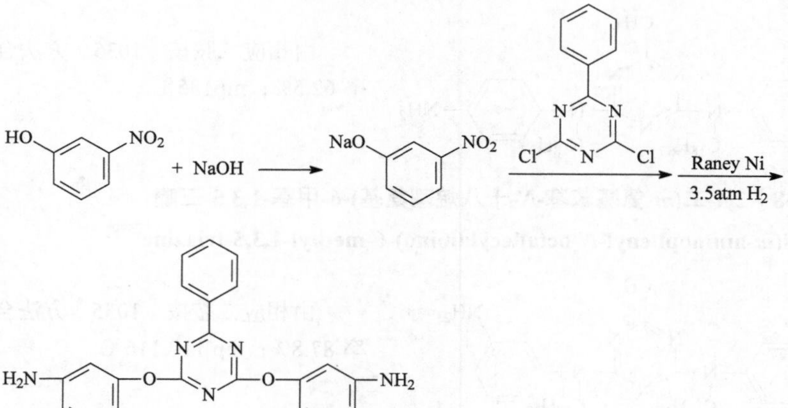

将 13.91 g 间硝基苯酚溶于 4.00 g NaOH 在 50 mL 水的溶液中，在低于 50℃下滴加入 11.3 g 苯基二氯三嗪在 130 mL 二氧六环中的溶液，加完后，回流 8 h，过滤，用水和乙醇洗涤，从二氧六环重结晶，得二硝基物 20.5 g(95%)，mp 255~256℃。

将 10 g 二硝基物，1 g Raney 镍，加到 600 mL 二氧六环/甲醇(1∶4)混合物中，在 3.5 MPa 氢压下 30℃反应 10 h，得 8.1 g(94%)，mp 208~210℃。

2.31　含王冠醚单元的二胺

〖1043〗*N,N'*-双(4-氨基苄基)-4,13-二氮-18-王冠-6

_N,N'_-Bis(4-aminobenzyl)-4,13-diaza-18-crown-6[592]

将 6.13 g (28 mmol)4-硝基苄溴, 3.72 g (14 mmol)4,13-二氮-18-王冠-6 和 18.4 g (0.14 mol) *N,N*-二异丙基乙基胺在 30 mL 乙醇中回流 3 h, 冷却后减压除去溶剂, 残留物用 100 mL 氯仿萃取, 萃取液用 3×10 mL 水洗涤, 硫酸镁上干燥, 除去有机溶剂, 橙色的固体用热甲醇处理, 得 7.29 g(96%), mp 116℃。

将 10.37 g (46 mmol)氯化亚锡二水化合物缓慢地加入 3.05 g (5.7 mmol) **I** 在 75 mL 浓盐酸和 40 mL 乙醇的混合物中, 加热回流 24 h, 冷却后氮气下滴加入 50%NaOH, 中和后滤出白色固体, 用水洗涤, 粗产物从甲醇重结晶, 得 2.3 g(85%), mp 149℃。

〖1044〗*N,N'*-双(4-氨基苄基)-4,13-二氮-18-王冠-6 硫氰酸钡单水化合物

_N,N'_-Bis(4-aminobenzyl)-4,13-diaza-18-crown-6]-barium thiocyanate monohydrate[592]

将 0.4 g (1.3 mmol)硫氰化钡三水合物和 0.51g (1.1 mmol) *N,N*-双(4-氨基苄基)-4,13-二氮-18-王冠-6〖1043〗在 5 mL DMF 中 50℃反应 24 h, 冷却后倒入水中, 过滤, 白色络合物再用热氯仿洗涤, 过滤, 在 80℃真空中干燥 24 h, 得 0.68 g(81%), mp >340℃。

〖1045〗*N,N'*-双(4-氨基苯基)-4,13-二氮-18-王冠-6

_N,N'_-Bis(4-aminophenyl)-4,13-diaza-18-crown-6[592]

将 1.74 g (12 mmol)对氟硝基苯, 1.53 g (5.8 mmol)4,13-二氮-18-王冠-6 和 4.02 g (9 mmol) 无水碳酸钾在 20 mL DMSO 中加热到 90℃反应 4 天, 冷却后倒入水中, 滤出黄色固体, 用热甲醇洗涤得二硝基物 1.46 g(50%), mp 209℃。

将 10.23 g (45 mmol)氯化亚锡二水化合物缓慢地加入 2.86 g (5.7 mmol)二硝基物在 60 mL

浓盐酸和 40 mL 乙醇的混合物中，加热回流 24 h，粗产物用乙醇洗涤得 2.0 g(79%)，mp 108℃。

〖1046〗 *N,N'*-双(4-氨基苯基)-4,13-二氮-18-王冠-6 硫氰酸钡单水化合物

N,N-Bis(4-aminophenyl)-4,13-diaza-18-crown-6]-barium Thiocyanate Monohydrate[592]

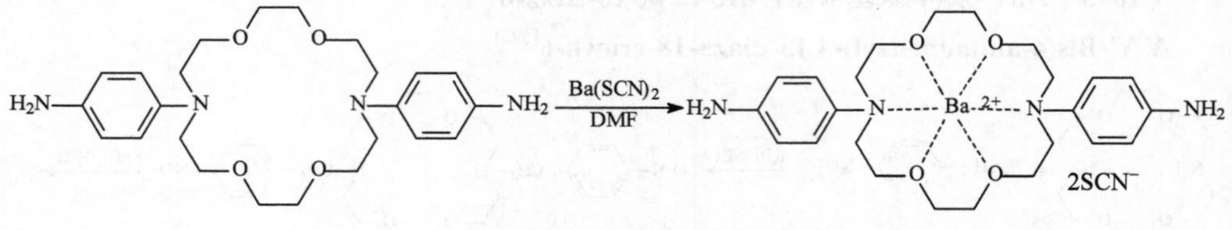

将 0.21 g (0.69 mmol)硫氰化钡三水合物和 0.30 g (0.67 mmol) *N,N'*-双(4-氨基苯基)-4,13-二氮-18-王冠-6〖1045〗在 5 mL DMF 中 50℃反应 24 h，冷却后减压除去溶剂，白色络合物用热氯仿洗涤，过滤，再用水洗涤，在 80℃真空中干燥 24 h，得 0.15 g(75%)，mp >340℃。

〖1047〗 4,4′(5)- 二氨基二苯并 18-王冠-6　4,4′(5)- Diaminodibenzo-18-crown-6[593]

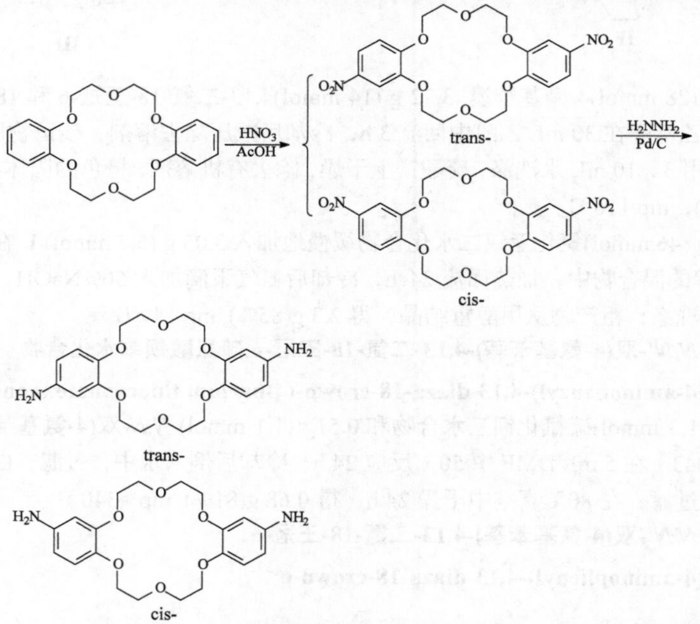

将 50 g (130 mmol)二苯并 18-王冠-6 溶于 1 L 氯仿中，溶解后加入冰乙酸 750 mL。在 30~60 min 内滴加入 35.0 mL(570 mmol, *d* = 1.42)硝酸在 100 mL 乙酸中的溶液，回流 3 h 后过滤，得 25 g *trans*-异构体，从 DMF 中重结晶得 21.7 g(34.7%)黄色结晶，mp 247~252℃。滤液在冰箱中过夜，沉淀出 *cis*-异构体 16.0 g(25.6%)，mp 206~232℃。

将 2g 二硝基异构体分散在 220 mL 乙二醇单甲醚中，加入 0.1 g 10%Pd/C，5 min 后加入 1.3 mL 水合肼，溶液回流 30 min，冷却过滤，除去溶剂得到淡黄色粗产物，由 DMF 中重结晶，得白色异构体混合物 1.47 g(84.6%)。升华提纯，*trans*-二胺 mp 199~203℃；*cis*-二胺 mp 180~184℃。

2.32　含其他杂环的二胺

〖1048〗3,4-双(4-氨基苯基)-2,5-二苯基吡咯

3,4-Bis(4-aminophenyl)-2,5-diphenylpyrrole[614]

将 10 g (435 mmol)金属钠缓慢加到 300 mL 无水乙醇中。反应完毕后，加入 105 g (435 mmol)4′-硝基-脱氧苯乙醇酮，再加入 300 mL 乙醚，在4℃搅拌。2 h 内滴加 55.2 g(218 mmol) 碘在 300 mL 乙醚中的溶液，室温搅拌 1 h，放置过夜。蒸去乙醚，倒入 2 L 水中，滤出沉淀，真空干燥。从氯仿重结晶，得白色针状物 **I** 82.0 g(78%)，mp 232~233℃。

将 48.0 g (0.1 mol)**I** 悬浮于 38.5 g (0.5 mol)乙酸铵在 350 mL 乙酸的溶液中，加热到 120℃ 搅拌 3 天，倒入大量水中，滤出沉淀，真空干燥,从乙酐重结晶,得橙色棱柱结晶 **II** 40.2 g(87%)，mp 332~333℃。

将 40.2 g (0.087 mol)**II** 溶于 350 mL 冰乙酸中，一次加入 230 g (1.02 mol)二水氯化亚锡在 700 mL 浓盐酸中的溶液，100℃反应 5 h，冷却后加入 40%NaOH，调节 pH >12，滤出固体，多次水洗，干燥后从甲苯重结晶，得白色针状结晶 **III** 29.4 g(84%)。

〖1049〗5,5′-双(4-氨基苯基)-2,2′-联呋喃　**5,5′-Bis(4-aminophenyl)-2,2′-bifuryl**[615]

将 10 g (72.5 mmol)4-硝基苯胺加到 50 mL 浓盐酸/水(1∶1)的混合物中，搅拌 30 min，冷到 0~5℃。缓慢加入溶于 20 mL 水中的亚硝酸钠(6.0 g, 85 mmol)，加完后再搅拌 30 min，快速加入 16 g (140 mmol)NaBF$_4$，搅拌 1 h 后撤去冰浴，滤出白色粉末，依次用水、乙醇及乙醚洗涤后室温真空干燥 1 天，得四氟硼酸的 *p*-硝基苯二重氮盐(**I**) 16.8 g(98.2%), mp 161~167℃。

将 7.5 g (31.6 mmol) **I** 在氮气下溶于冷至 0℃的 40 mL 呋喃中，缓慢加入溶于 20 mL 呋喃的 6.3 mL 三乙胺，加完后快速倒入 50 mL 己烷，将产物进行硅胶柱层析(氯仿)，从乙醇/水的混合物中重结晶，提纯的产物在室温真空干燥 1 天，得 2-(4-硝基苯基) 呋喃(**II**)4.9 g(82%), mp 132~132.9℃。

将 21 g (111 mmol)**II** 溶于 150 mL 正丙醇中,加入 17.76 g(444 mmol)NaOH 在 40 mL 水中

的溶液，搅拌下加入 14.5 g (222 mmol)锌粉(10 μm)，回流 1 天，趁热滤出锌酸钠，用少量丙醇洗涤，再从滤液中蒸出溶剂。碱性的水溶液用氯仿萃取，去除氯仿后得到橙色产物，室温真空干燥 1 天，得二(4-(2-呋喃基)苯基)偶氮化合物(III)14.7 g(48.7%)，mp 249~251℃。

将 1.2 g 锌粉在氮气下加到 0.6 g (1.9 mmol)III 在 30 mL 丙酮的溶液中，再加入 2 mL 氯化铵水溶液，剧烈摇动至红色消失，将混合物倒入脱气的 10%氨水中，滤出白色固体，用水洗3 次，室温真空干燥 1 天，得二(4-(2-呋喃基)苯基)氢化偶氮化合物(IV)0.59 g(98%)，mp156~157℃。

氮气下将1.0 g (3.16 mmol)IV 在 50 mL 乙醇中搅拌，冷至 0℃，1 h 内加入 20 mL 浓盐酸/ 95%乙醇(1∶1)，加完后，将溶液在冰箱(4℃)至放置 1 天，然后过滤，用浓的 NaOH 水溶液使盐转化为游离二胺，用乙酸乙酯萃取，产物用硅胶柱层析(乙酸乙酯/二氯甲烷，1∶1)，分离得到的产物进一步用乙醇重结晶，室温真空干燥 1 天，得二胺 0.2 g(20%)，mp 203~205℃。

〖1050〗3,4-双(4-氨基苯基)-2,5-二苯基呋喃

3,4-Bis(4-aminophenyl)-2,5-diphenylfuran[297]

I 的合成见〖1048〗。

将 82 g(170 mmol)I 溶于 600 mL 冰乙酸中，加热到 100℃，通入干燥 HCl 反应 2 h，得到亮黄色溶液，冷却后倒入水中，滤出沉淀，从乙酸重结晶，得 II 67 g(85%)，mp 292~293℃。

将 67 g (145mmol)II 在 500 mL 冰乙酸中，一次加入 SnCl₂·2H₂O 在 383 g(17 mol)浓盐酸中的溶液，混合物在 100℃搅拌 5 h，冷却后加入 40%NaOH 溶液，至 pH 为 12~13，滤出固体，水洗，干燥，从甲苯/甲醇中重结晶，得白色针状二胺 39 g(67%)，mp 222~223℃。

〖1051〗2,5-双(4-氨基苯基)-3,4-二苯基噻吩

2,5-Bis(4-aminophenyl)-3,4-diphenylthiophene[617]

将 63 g (0.5 mol)苄氯和 9.0 g (0.3 mol)硫加热，回流搅拌至温度达到 240℃，再搅拌 3 h后冷却到 60℃，加入 50 mL 乙醇，过滤，用甲醇洗涤，从二氯甲烷/甲醇重结晶，得 I 针状结晶 19.8 g(51%)，mp 185~186℃。

将 10.0 g (25.8 mmol)**I**溶于 200 mL 冰乙酸中，加热至 100℃，1 h 内加入 20 g 浓硝酸(d=1.38)和 20 mL 冰乙酸，再搅拌 30 min，冷却得到沉淀。过滤，从冰乙酸重结晶，得亮黄色针状二硝基物 6.1 g(50%)，mp 216~217℃。

将 2.51 g (5.25 mmol)二硝基物溶于 25 mL 冰乙酸中。一次加入 12.5 g (55.4 mmol)氯化亚锡二水化合物在浓盐酸中的溶液，回流 4 h。加入 67.5 mL 40%NaOH，搅拌 30 min 后倒入冰水中。滤出沉淀，干燥后从甲苯重结晶二次，得二胺白色针状产物 1.16 g(53%)，mp 276~277 ℃。

〖1052〗3,4-双(4-氨基苯基)-2,5-二苯基噻吩

3,4-Bis(4-aminophenyl)-2,5-diphenylthiophene[618]

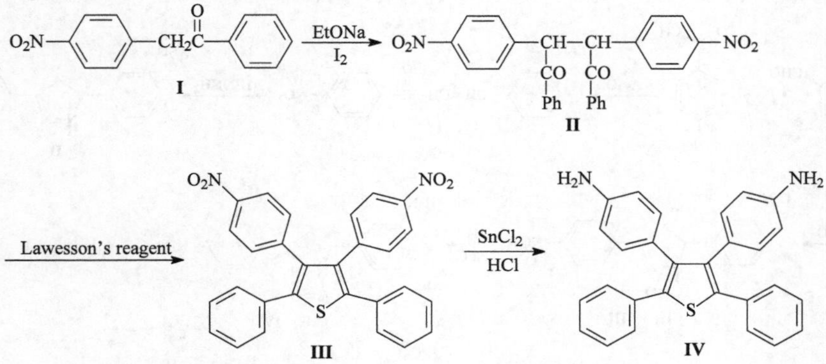

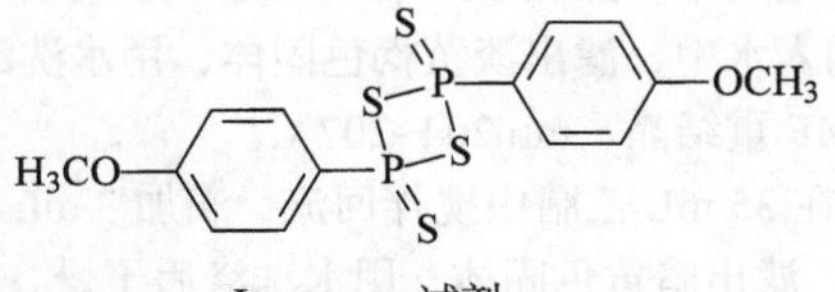

II 的合成见〖1048〗。

将 39.0 g (81 mmol)**II** 和 40.5 g (97 mmol)Lawesson 试剂溶于 200 mL 干燥甲苯中。回流 5 h，冷却，滤出沉淀，将滤液蒸发至干。粗产物从乙酸重结晶，得黄色棱柱状结晶 **III** 32.5 g(83%)，mp 231~232℃。

将 20.0 g (40 mmol)二硝基物溶于 200 mL 冰乙酸中，一次加入氯化亚锡二水化合物(99.5 g，440 mmol)在 100 mL 浓盐酸中的溶液，回流 5 h，冷却后加入 NaOH 溶液，调节 pH 11~12。过滤，用水洗涤，干燥后从甲苯重结晶得白色针状产物 **IV** 12.4 g(71%)，mp 246~247℃。

〖1053〗2,5-双[3′-三氟甲基-4′(4″-氨基苯氧基) 苯基]噻吩

2,5-Bis[3′-trifluoromethyl-4′(4″-amino phenoxy) phenyl]thiophene[451]

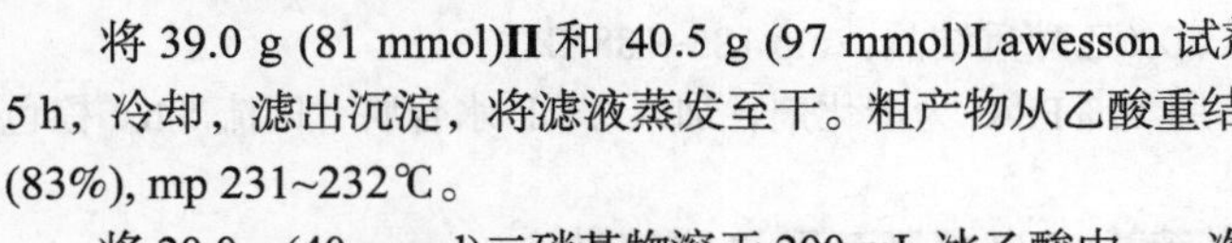

由相应的二氟化合物与对羟基苯胺按〖1066〗方法合成，mp 123.46℃。

【1054】3-(4-氨基苯基)-5-(3-氨基苯基)-2-吡唑啉

3-(4-Aminophenyl)-5-(3-aminophenyl)-2-pyrazoline[619]

由【1055】的 **II** 还原得到二胺，收率 85%，mp 58~61℃。

【1055】1-乙酰基-3-(4-氨基苯基)-5-(3-氨基苯基)-2-吡唑啉

1-Acetyl-3-(4-aminophenyl)-5-(3-aminophenyl)-2-pyrazoline[619]

将 3.02 g(20 mmol)3-硝基苯甲醛和 3.20 g(20 mmol)4-硝基苯乙酮加到 25 mL 乙酐中，搅拌回流过夜。将混合物倒入水中，滤出淡黄褐色固体，用水洗涤后干燥，得 3,4′-二硝基查耳酮(**I**) 5.81 g(97%)。从 DMF 重结晶，mp 204~207℃。

将 3.01 g(10 mmol)**I** 在 35 mL 乙腈中搅拌回流，滴加 3 mL 水合肼，得到褐色溶液。回流 2 h 后减压浓缩，加入水，滤出暗黄色固体，用水洗涤后干燥，得 3-(4-硝基苯基)-5-(3-硝基苯基)-2-吡唑啉(**II**) 3.02 g(97%)。从乙酸乙酯/乙醚(2∶1)中重结晶，mp 175~178℃。

将 1.35 g(4.3 mmol)**II** 在 8 mL 乙酐中回流 3 h，减压浓缩后加入水，滤出黄色沉淀，用水洗涤，干燥得 **III** 1.40 g(91%)。从 50%乙醇重结晶，mp 185~188℃。

将 **III** 在 10 mL 二氧六环中，用 10%Pd/C 为催化剂，加入 2 mL 水合肼，回流 5 h。橙色二胺收率 84%，mp 130~134℃。

【1056】1-苯甲酰基-3-(4-氨基苯基)-5-(3-氨基苯基)-2-吡唑啉

1-Benzoyl -3-(4-aminophenyl)-5-(3-aminophenyl)-2-pyrazoline[619]

将 2.19 g(7.0 mmol)【1055】**II** 溶于 15 mL DMAc 中，加入 0.71 g(7.0 mmol)三乙胺。氮气下 0℃滴加用 10 mL DMAc 稀释的 0.99 g(7.0 mmol)苯甲酰氯。将混合物在室温搅拌 4 h，80℃搅拌 1 h 后倒入水中，滤出黄色沉淀，用水洗涤，得到 1-苯甲酰基-3-(4-硝基苯基)-5-(3-硝基苯基)-2-吡唑啉 2.88 g(98%)，从乙腈/水(2∶1)

重结晶，mp 200~204℃。二胺收率 96%，mp 103~108℃。

〖1057〗双(4-氨基苯基)-3,6-哒嗪 Bis(4-aminophenyl)-3,6-pyridazine[620]

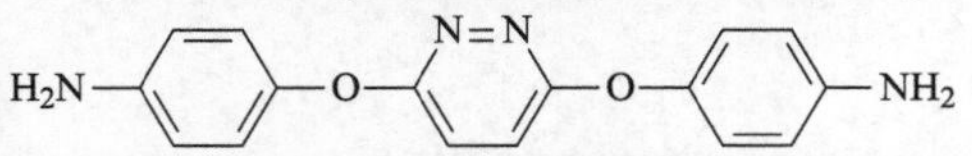

由 3,6-二氯-1,2-哒嗪与对氨基苯酚合成。

〖1058〗双(3-氨基苯基)-3,6-哒嗪 Bis(3-aminophenyl)-3,6-pyridazine[620]

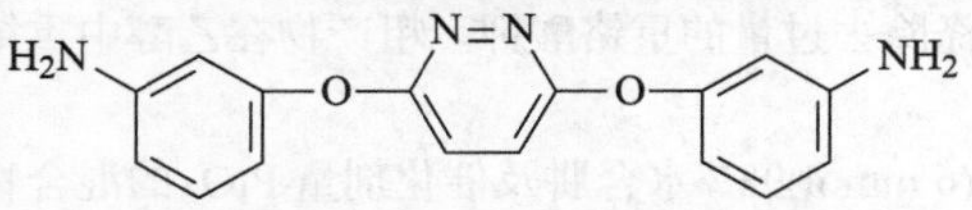

由 3,6-二氯-1,2-哒嗪与间氨基苯酚合成。

〖1059〗3,5-二氨基-1,2,4-三唑 3,5-Diamino-1,2,4-triazole[621]

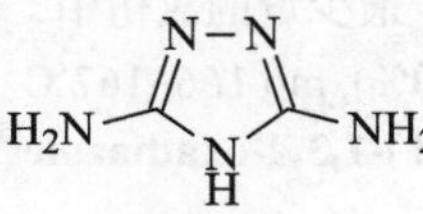

商品，mp 202~205℃。

〖1060〗3,5-双(4-氨基苯基)-1H-1,2,4-三唑 3,5-Bis(4-aminophenyl)-1H-1,2,4-triazole[622]

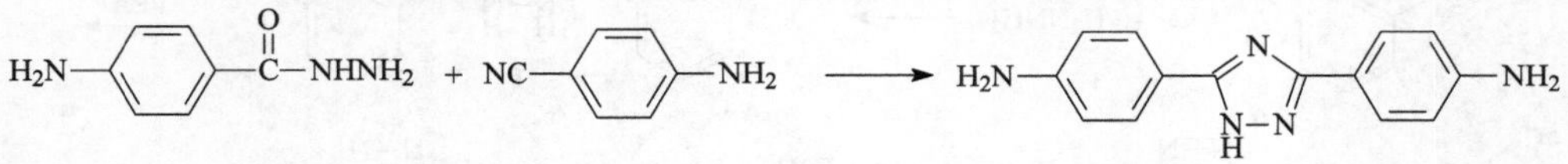

将 3 mmol 对氨基苄腈，1 mmol 对氨基苯甲酰肼和 0.5 mmol 碳酸钾在 2mL 正丁醇中加热到 150℃，以酰肼的消失为反应终点。除去溶剂，用甲醇稀释，色谱提纯[623]。

〖1061〗3-(4-氨基苯基)-5-(3-氨基苯基)-1H-1,2,4-三唑

3-(4-Aminophenyl)-5-(3-aminophenyl)-1H-1,2,4-triazole[623]

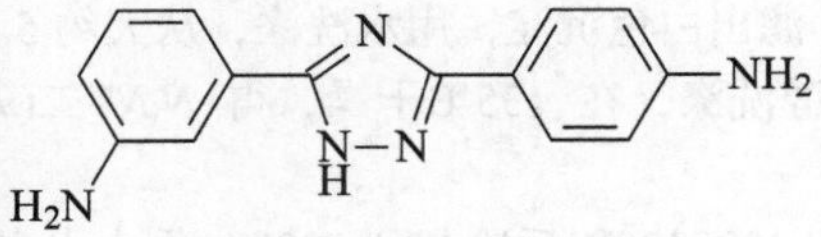

由间氨基苄腈和对氨基苯甲酰肼按〖1060〗方法合成。

〖1062〗2-苯基-4,5-(3,3′-二氨基苯基)-1,2,3-三唑

2-Phenyl-4,5-(3,3′-diaminophenyl)-1,2,3-triazole[578]

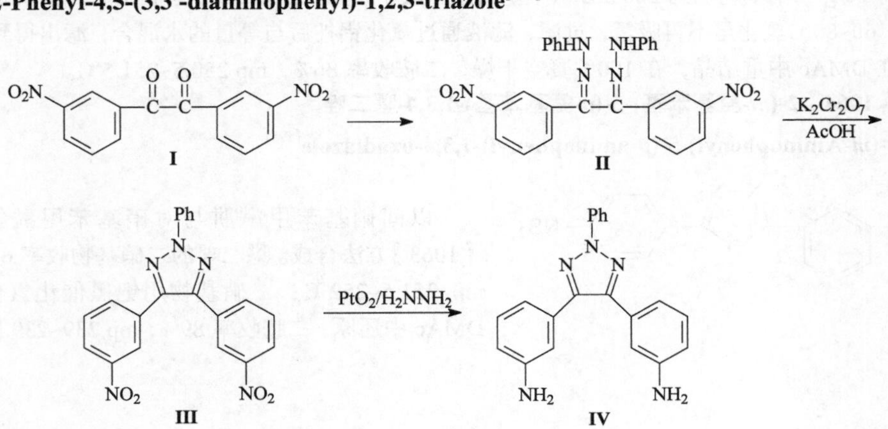

二硝基二苯基乙二酮(**I**)见〖1007〗。

3,3′-二硝基苯偶酰二苯基腙(II)[624]

II 的产率 75%，mp 269℃。

将 4.7 g (9.9 mmol)**II**，250 mL 50%冰乙酸和 36 g (122 mmol)重铬酸钾的混合物加热回流 5 h。冷却得到暗绿色固体。过滤，用水充分洗涤除去过量的重铬酸钾。粗产物在乙醇中重结晶，得 **III** 1.59 g(42%)，mp 188~189℃。

将 0.53 g (1.37 mmol)**III**，20 mL 乙醇，0.3 g(6 mmol)98%水合肼及催化剂量 PtO₂ 的混合物在 40℃反应 15 min，然后加热回流 40 min，趁热过滤。将滤液蒸发至干，残留物溶于 100 mL 氯仿。溶液用水洗涤，在硫酸钠上干燥，除去溶剂得黄色浆状物，溶于最少量的氯仿中，缓慢加入石油醚到出现沉淀，固体从乙醇中重结晶 2 次，得二胺 0.27 g(60%)，mp 166~167℃。

〖1063〗2,5-二 (*m*-氨基苯基)-1,3,4-噁二唑 2,5-Bis (*m*-aminophenyl)-1,3,4-oxadiazole[598]

将 1500 mL 丙酮，212 g (2 mol) 碳酸钠和 59 g (1 mol) 85%水合肼的混合物迅速搅拌，在 2.5 h 内加入 371 g(2 mol) 间硝基苯甲酰氯在 1000 mL 丙酮中的溶液。混合物再搅拌 3 h 后在室温蒸发近干。将残留物与 1000 mL 2.4N 盐酸混合，滤出白色沉淀，用水洗涤，从大约 5 L 冰乙酸重结晶，得到的细小针状晶体依次用乙酸和甲醇洗涤，在 135℃干燥，得 *N,N′*-二(*m*-硝基苯甲酰) 肼(**I**)153 g (46%)，mp 245℃。

将酰肼加到 10 倍量的 85%多聚磷酸中缓慢加热到 200~220℃后冷却到 120℃，倒入水中，滤出固体产物，从 DMAc 重结晶，二硝基物收率 74%，mp 233.5~234℃。

将 20 g 二硝基物加到 200 mL 六甲基磷酰三胺中，用 1 g 5%Pa/C 为催化剂，在 0.35 MPa 氢气，60~80℃氢化至不再吸氢，过滤，滤液通过氧化铝柱后与等量的水混合，滤出得到的结晶，在 DMAc 中重结晶，在 100℃真空干燥，二胺收率 86%，mp 250.5~251.5℃。

〖1064〗2-(*m*-氨基苯基)-5-(*p*-氨基苯基)-1,3,4-噁二唑

2-(*m*-Aminophenyl)-5-(*p*-aminophenyl)-1,3,4-oxadiazole[598]

以间硝基苯甲酰肼与对硝基苯甲酰氯按〖1063〗方法合成。噁二唑的二硝基物收率 62%，mp 251.5~252℃；二硝基物用钯黑催化氢化在 DMAc 中还原，二胺收率 89%，mp 239~239.5℃。

〖 1065 〗2,5-二(4-氨基苯基)-1,3,4-噁二唑

2,5-Bis(4-aminophenyl)-1,2,4- oxadiazole[598,626]

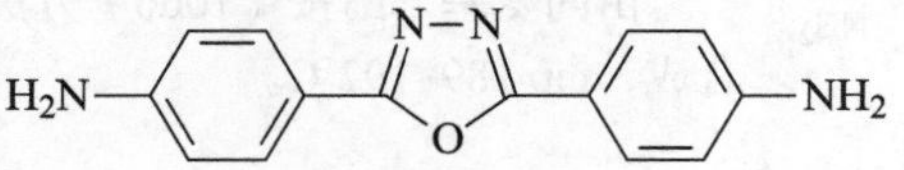

由对硝基苯甲酰氯与水合肼按〖 1063 〗方法合成。二硝基物收率 97%，mp 314.5~315℃;

二胺收率 68%，mp 262.5~263℃。

〖 1066 〗2,5-双[4-(4-氨基苯氧基)苯基]-1,3,4-噁二唑

2,5-Bis[4-(4-aminophenoxy)phenyl]-1,3,4-oxadiazole

①由氟代苯甲酰肼与氟代苯甲酰氯合成噁二唑[627]

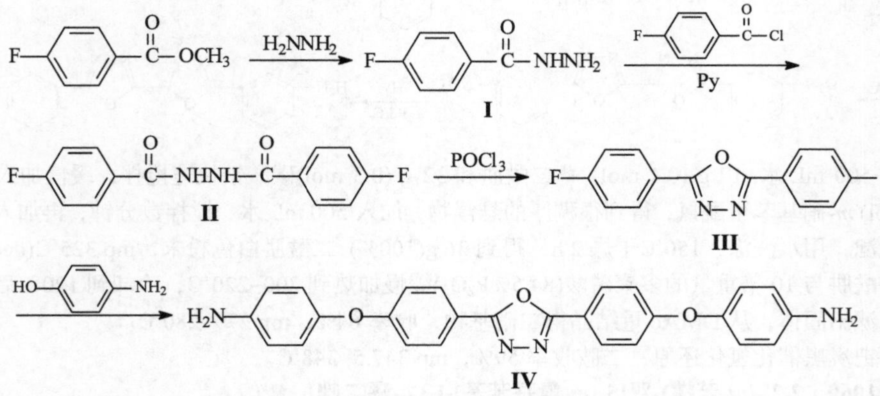

将等摩尔对氟苯甲酰肼和对氟苯甲酰氯加到无水吡啶中，回流 20 min，冷却后用水处理，滤出粗产物(II)，从甲苯重结晶。将 1,4-双(4-氟苯基)酰肼与三氯氧磷一起回流过夜，蒸去多余的三氯氧磷，用水处理，得 2,5-双(4-氟苯基)-1,3,4-噁二唑(III)白色粉末，mp 201~203℃[658]。

将 6.00 g(0.0232 mol)III，5.07 g(0.0464 mol)对氨基苯酚和 9.0 g(0.06512 mol)碳酸钾在 50 mL DMAc 中氮气下加热到 140℃，反应 17 h 后冷却到室温，加入水，滤出沉淀，用水洗涤，干燥得二胺 9.75 g(93%)，mp 225~227℃。

②由氟代苯甲酸和肼在多聚磷酸中合成二氟噁二唑[628]

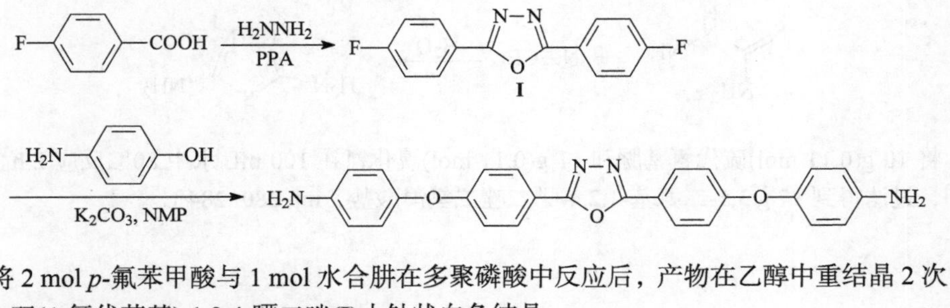

将 2 mol p-氟苯甲酸与 1 mol 水合肼在多聚磷酸中反应后，产物在乙醇中重结晶 2 次，得到 2,5-双(4-氟代苯基)-1,3,4-噁二唑(I)小针状白色结晶。

将 I 与对氨基苯酚和碳酸钾在 NMP 中 150℃反应得到二胺。

〖1067〗2,5-双[4-(3-氨基苯氧基)苯基]-1,3,4-噁二唑

2,5-Bis[4-(3-aminophenoxy)phenyl]-1,3,4-oxadiazole[627]

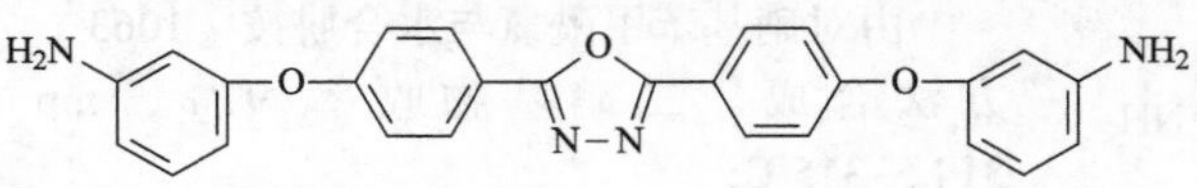

由间氨基苯酚按〖1066〗方法合成，mp 189~192℃。

〖1068〗2,2′-二[5-(*m*-氨基苯基)-1,3,4-噁二唑]

2,2′-Bis [5-(*m*-aminophenyl)-1,3,4-oxa-diazolyl][598]

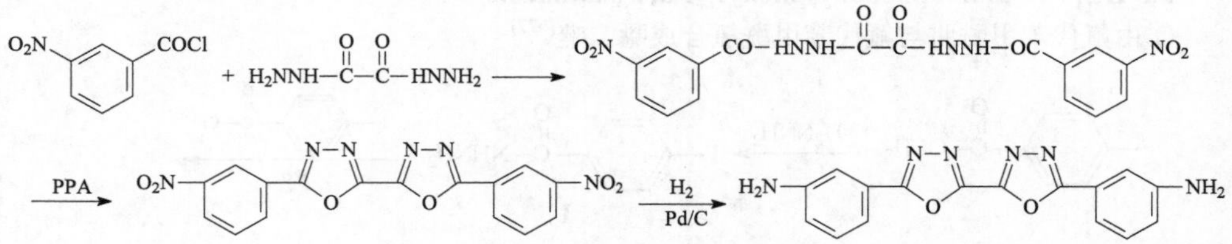

将 500 mL 水, 12 g (0.1 mol) 草二酰肼和 32 g (0.3 mol)碳酸钠快速搅拌，缓慢加入 38 g (0.2 mol) *m*-硝基苯甲酰氯，得到很稠厚的悬浮物，加入 500 mL 水，搅拌数分钟，再加入稀乙酸，过滤，用水洗涤，150℃干燥 2 h，得到 36 g(100%) 二酰肼白色粉末，mp 325℃(dec)。

将酰肼与 10 倍重量的多聚磷酸(84.5%P₂O₅)缓慢加热到 200~220℃，冷却到 120℃后倒入水中，滤出固体，从 DMAc 重结晶得二硝基物，收率 64%，mp 279~280℃。

用钯炭黑催化氢化还原，二胺收率 59%，mp 347.5~348℃。

〖1069〗2,2′-(*m*-苯撑)-双[5-(*m*-氨基苯基)-l,3,4-噁二唑]

2,2′-(*m*-Phenylene)-bis- [5-(*m*-aminophenyl)-l,3,4-oxadiazole][598]

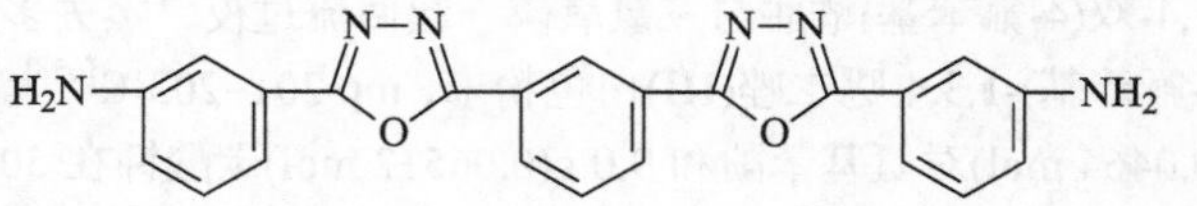

由间苯二酰氯与间硝基苯甲酰肼合成。二硝基物收率 80%，mp 328~331℃；二胺收率 80%，mp 328~331℃。

说明：该文献中二硝基物和二胺的收率和熔点可能有误。

〖1070〗3,5-二氨基-1,2,4-噻二唑 **3,5-Diamino-1,2,4-thiadiazole**[629]

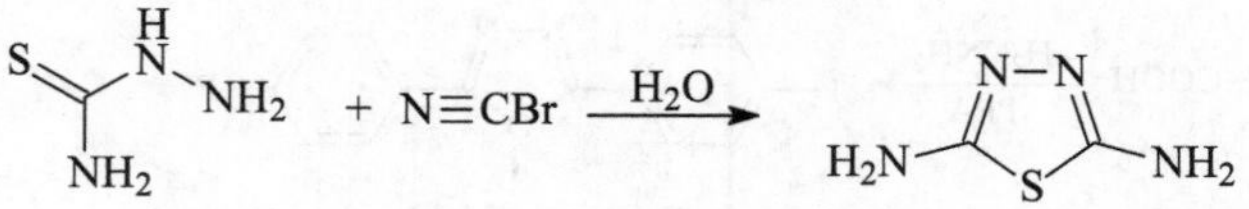

将 10 g(0.11 mol)硫代氨基脲和 11 g(0.11 mol)溴化氰在 100 mL 水中 80℃反应 2 h。用冰冷却，过滤得到 17 g 3,5-二氨基-1,2,4-噻二唑二氢溴酸盐，mp 280~284℃。

〖 1071 〗2,2′-(1,4-苯基二乙烯撑) 二氨基喹啉

2,2′-(1,4-Phenylenedivinylene)bisaminoquinoline[303]

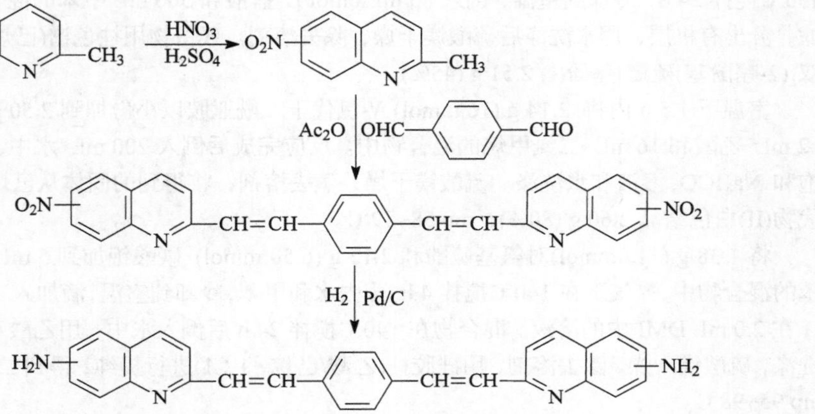

将 17.22 g(120 mmol)2-甲基喹啉在 0℃下滴加到 25 mL 发烟硫酸(20%SO₃)中，随后在 20 min 内再滴加入 10 mL 发烟硝酸，在室温搅拌 30 min，70℃搅拌 2 h 后倒入冰水中，用稀 KOH 中和，滤出固体，用水洗涤至无 SO₄²⁺反应，得到淡褐色硝基甲基喹啉 19.88 g(88%)。从丙酮/水(1∶1)重结晶，mp 59~74℃。

将 15.0552 g (80 mmol) 硝基甲基喹啉和 5.3652 g(40 mmol)对苯二甲醛在 50 mL 乙酐中加热到 70℃搅拌 20 h，再在 120℃反应 48 h 后倒入水中搅拌过夜，滤出褐色固体，水洗，干燥，得二硝基物 18.41 g(97%)，从 DMF/水(2∶1)重结晶，mp 167~175℃。

将 17.67 g (37 mmol)二硝基物溶于 80 mL DMF 中，加入催化量的 10%Pd/C，在 0.3 MPa 氢压下 80℃进行还原(大约 5 h)，按常规处理，得二胺 14.17 g(92%)，从丙酮/水(1∶2)重结晶，mp 77~80℃。

〖 1072 〗2,5-双{2′-[5′-(4″-氨基苯基)硫醚]硫醚}噻吩

2,5-Bis{2′-[5′-(4″-aminophenyl)sulfanyl]thienyl}thiophene[630]

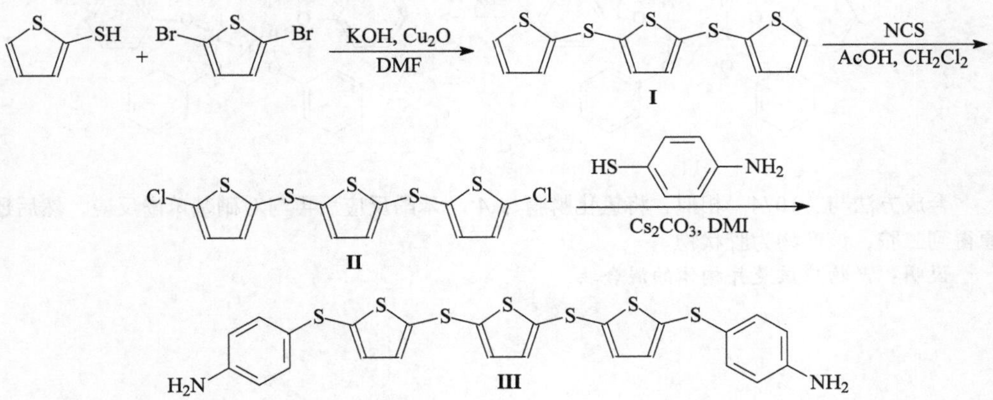

将 4.81 g (44.1 mmol) 2-巯基噻酚在 15 mL DMF 中的溶液加到 2.75 g (18 mmol)2,5-二溴噻酚，2.32 g (41.4 mmol)KOH 和 5.67 g (39.6 mmol)氧化亚铜在 30 mL DMF 的混合物中。加热到 135℃搅拌 24 h，冷却到室温，倒入 80 mL 6mol/L 盐酸和 300 mL 甲苯的混合物中。搅拌后过滤，分出有机层，用水洗涤后硫酸镁干燥，除去溶剂。残留物用柱色谱(己烷)提纯，得到 2,5-双[(2-噻酚基)硫醚]噻酚**(I)** 2.51 g (45%)。

室温下 1.5 h 内将 2.14 g (16 mmol) *N*-氯代丁二酰亚胺以小份加到 2.50 g (8.00 mmol) **I** 在 12 mL 乙酸和 16 mL 二氯甲烷的混合物中。反应完成后倒入 200 mL 水中，分出有机层，用饱和 NaHCO₃ 溶液和水洗涤。硫酸镁干燥，蒸去溶剂，将得到的固体从己烷重结晶，得二氯代物**(II)**白色结晶 2.60 g (80%)，mp 58~59℃。

将 1.38 g (11.0mmol)对氨基硫酚和 2.12 g (6.50 mmol) 碳酸铯加到 5 mL DMI 和 5 mL 甲苯的混合物中，氮气下在 140℃搅拌 4 h。蒸去水和甲苯，冷却到室温，滴加入 1.90 g (5.00 mmol) **II** 在 2.0 mL DMI 中的溶液。混合物在 140℃搅拌 24 h 后倒入水中，用乙酸萃取，有机层用水洗涤，硫酸镁干燥，除去溶剂，用硅胶柱(乙酸/己烷，1∶1)进行提纯，得到二胺 0.714 g (25%)，mp 95~98℃。

〖1073〗 2,2-双(4-氨基苯氧基)-4,4,6,6-二(二苯氧基)三聚膦腈

2,2-Bis(4-aminophenoxy)-4,4,6,6-bis(diphenoxy) cyclotriphosphazene[631]

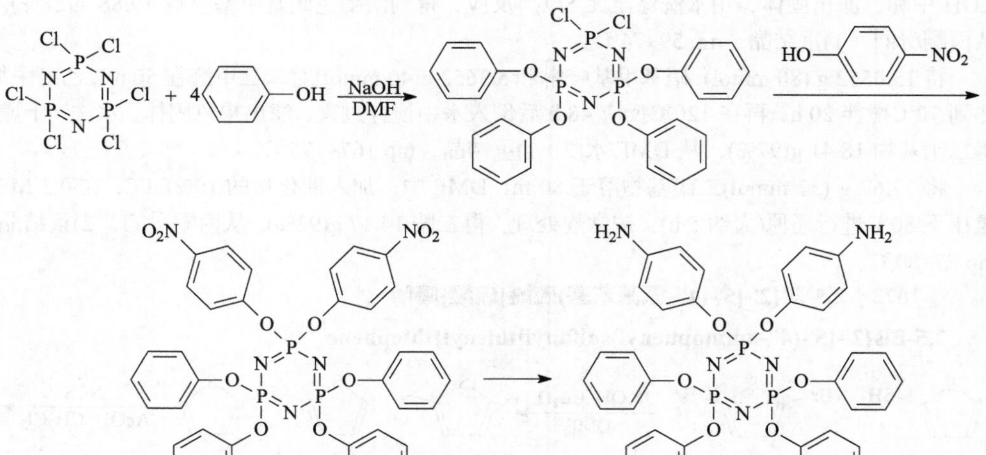

合成方法与〖1074〗相似，将氯化膦腈与 4 个苯酚反应后再与对硝基苯酚反应，然后还原得到二胺，该产物为胶状物。

说明：产物应该是异构体的混合物。

〖1074〗2,2-双(4-氨基苯氧基)-4,4,6,6-双[螺(2′,a″-二氧-1′,1″-联苯基)] 三聚膦腈

2,2-Bis(4-aminophenoxy)-4,4,6,6-bis[spiro(2′,a″-dioxy-1′,1″-biphenylyl)]cyclotriphosphazene[632]

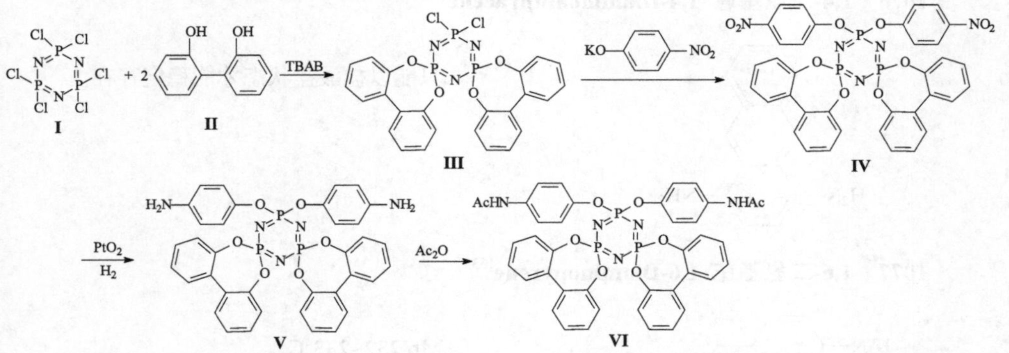

将 6 g (0.0172 mol)氯化膦腈(**I**), 7 g (0.038 mol)2,2′-二羟基联苯(**II**), 2.2 g (0.076 mol) NaOH 和 0.56 g (0.0018 mol)四丁基溴化铵(TBAB)加入 50 mL 氯苯和 100 mL 水的混合物中，室温搅拌 3 h 后加热到 70℃搅拌 3 h, 用 14 mL 浓盐酸中止反应，蒸发反应物得到白色固体，用 5%KOH 和水洗涤，产物由丙酮重结晶得到 **III** 7.9 g(80%), mp 328~330℃。

将 30 g (0.0523 mol)**III** 溶于 700 mL 二甲苯中，加入 19.1 g (0.1078 mol)4-硝基苯酚钾和 2 g TBAB, 混合物搅拌回流除水后，除去二甲苯，倒入碎冰中，滤出固体，悬浮在 10%KOH 溶液中，过滤，用水洗涤，空气干燥，得 **IV** 粗产物 37g(90%), 从二甲苯重结晶, mp 263~264℃。

将 12 g **IV** 溶于 90 mL 苯胺中，加入 0.04 g 氧化铂，在 40~50℃ 0.28 MPa 氢压下搅拌 2 h, 到压力不再下降，滤出催化剂，将滤液减压浓缩，残留物用己烷处理，过滤，干燥得白色固体 8 g(75%), 从氯苯和己烷重结晶，得到 **V**, mp 304~305℃。

2.33　含三稠环的二胺

2.33.1　蒽二胺和芘二胺

〖1075〗2,6-二氨基蒽　**2,6-Diaminoanthracene**

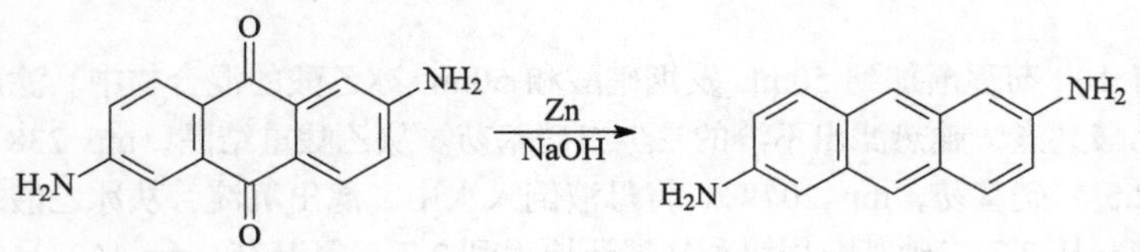

室温下将 3.35 g 锌粉加到 4.36 g (0.018 mol) 2,6-二氨基蒽醌〖1105〗在 42 mL 10%NaOH 的溶液中，加热回流。加入 3.5mL 95%乙醇，以消除发泡。分别在 30min 和 60min 后各再加入 3.35 g 锌粉。混合物在搅拌下回流 24h。滤出固体，用热水洗涤到洗涤液澄清。该含锌的

粗产物用丙酮萃取，将萃取液通过短的硅胶柱，减压去除溶剂，得到的粗产物用丙酮洗涤数次，得 2,6-二氨基蒽 1.5g(40%)。

〖1076〗1,4-二氨基蒽　1,4-Diaminoanthracene[633]

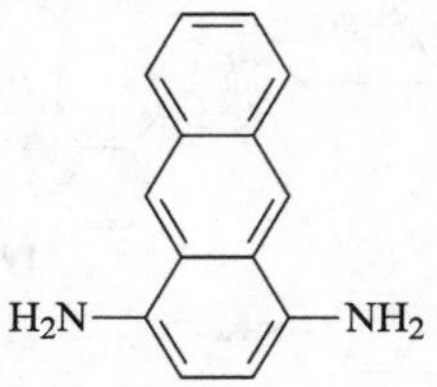

只能以盐酸盐状态才能稳定存在。

〖1077〗1,6-二氨基芘　1,6-Diaminopyrene[633]

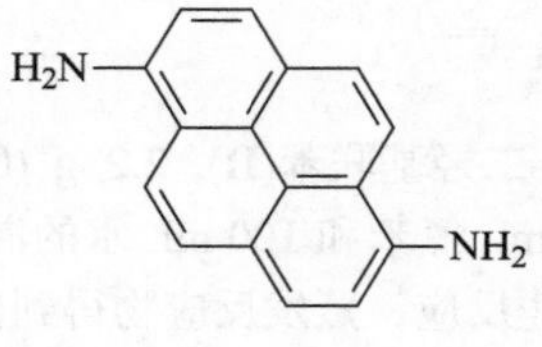

Mp 232~233℃。

2.33.2　含芴及芴酮的二胺

〖1078〗2,7-二氨基芴　2,7- Diaminofluorene[634]

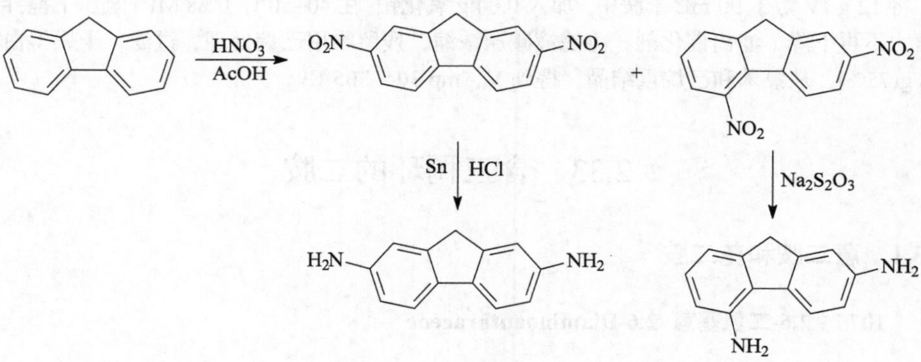

室温下将 10g 芴逐渐加到 50mL 发烟硝酸和 50mL 冰乙酸的混合物中。滤出固体，用冷水洗涤后与乙酸共煮，趁热滤出不溶的 2,7-二硝基芴。从乙酸重结晶，mp 238℃。滤液放置结晶，得到 2,5-二硝基芴，mp 207℃。将母液倒入水中，滤出沉淀，从冰乙酸反复重结晶，回收二硝基物。从 2,7-二硝基芴用锡和盐酸还原得到 2,7-二氨基芴，mp 160~162℃。

〖1079〗2,5-二氨基芴 2,5-Diaminofluorene[634]

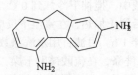

2,5-二硝基芴见〖1078〗。将 2 g 二硝基芴溶于 600 mL 乙醇和 100 mL 水中，缓慢加入 20g 硫代硫酸钠，加热沸腾至红色退去，用苯萃取，得粉红色二胺针状结晶，mp 175℃。

〖1080〗2,7-二氨基-9,9′-二甲基芴 2,7-Diamino-9,9′-dimethylfluorene[635]

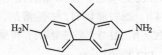

参考〖1082〗方法合成。

〖1081〗2,5-二氨基-9,9′-二甲基芴 2,5-Diamino-9,9′-dimethylfluorene[635]

〖1082〗2,7-二氨基-9,9′-二辛基芴 2,7-Diamino-9,9-dioctylfluorene[636]

在-78℃下将 42.92 mL(107.31 mmol)丁基锂(2.5 mol/L 己烷溶液)滴加到 8.48 g (51.1 mmol)芴在 120 mL THF 的溶液中。混合物在-78℃下搅拌 45 min，再滴加 22.70 g(117.53 mmol)溴辛烷在 25 mL THF 中的溶液。该混合物回暖到室温，搅拌 3 h 后倒入水中，用乙醚萃取，有机层用饱和 NaCl 洗涤后在硫酸镁上干燥。减压除去溶剂，蒸馏除去过量的溴辛烷(44℃/

0.3 mmHg)，得到 19.75 g 9,9-二辛基芴(I)淡褐色粉末，mp 34~37℃[637]。

将 30.53 g (26.56 mmol) 9,9-二辛基芴加到 150 mL 冰乙酸中，搅拌下冷却到 0℃。45 min 内滴加入 150 mL 发烟硝酸。在 2 h 内将温度缓慢升到 55℃后停止加热，在室温下反应过夜，得到黏稠的橙色沉淀。将反应物缓慢倒入 1.2 L 冰水中，搅拌 1 h。过滤，用水洗涤数次。将产物溶于 400 mL 氯仿中，依次各用 200 mL 水，食盐水及水洗涤，在硫酸镁上干燥，过滤后将溶剂蒸发至干，得到黏性橙色液体。将该液体溶于 200 mL 己烷中，在干冰浴中冷却，滤出沉淀，用冷的己烷洗涤，室温干燥，得 2,7-二硝基物 27.84 g (75%)，mp 69~73℃。

将 27.84 g (57.93 mmol) 2,7-二硝基-9,9-二辛基芴溶于 90 mL 无水乙醇和 50 mL THF 的混合物中，加入 0.5 g 5%钯炭，室温下在 0.28 MPa 氢压下加氢 4 h。滤去催化剂，去除溶剂，得到黏性红褐色液体。将粗产物溶于氯仿，室温下用活性炭脱色 1 h，过滤，除去溶剂，得到红色油状物。该产物能够缓慢结晶，得针状产物 22.36 g (92%)，mp 58~63℃。

〖1083〗2,7-二氨基-2′,7′-二特丁基-9,9′-螺二芴

2,7-Bis-amino-2′,7′-di-*tert*-butyl-9,9′-spirobifluorene[734]

将 50 g (0.32 mol)联苯和 93 g (0.422 mol) 2,6-二特丁基-4-甲基苯酚(I)溶于硝基甲烷中，混合物在 30℃搅拌 30 min。滴加入 74.3 g (0.557 mol)AlCl₃ 在硝基甲烷中的溶液。将反应物倒入冰水中，用己烷萃取产物。溶剂挥发后，产物在乙醇中重结晶，得 4,4′-二特丁基联苯(II) 69 g(80%)，mp 128~130℃。

将 40 g (0.177 mol)II 溶于二氯甲烷中，在 5~8℃下加入 0.4 g (2.5 mmol)FeCl₃，然后再滴加 33.9 g (2.1 mol)溴。反应 3 h 后用 1 mol/L NaOH 中止反应，除去溶剂，残留物从乙醇重结晶，得 2-溴-4,4′-二特丁基联苯(III) 49 g (90%)，mp 87~89℃。

由 1.5 g (61.7 mmol)镁屑与 16 g (46.3 mmol)**III** 在乙醚中反应得到格氏试剂。回流 2 h 后加入 10.74 g (32.7 mmol) 2,7-二溴芴酮**(IV)**在乙醚的溶液中。混合物回流 12 h。加入乙酸，除去溶剂。将固体残留物溶于乙酸中，加入 1~2 滴盐酸，加热回流，过滤，用己烷和乙醇洗涤，得 2,7-二溴-2′,7′-二特丁基-9,9′-螺二芴**(VI)** 7 g (40%)，mp 281~282℃。

将 10 g (0.017 mol)**VI**，9.5 g (0.051 mol)酞酰亚胺钾和 14.66 g (0.077 mol) CuI 加到 60 mL DMF 中，加热回流 12 h。冷却到室温，用氯仿萃取，产物用柱层析(氯仿)提纯，得 **VII** 6 g (50%)，mp 333℃。

将 5 g (6.7 mmol) **VII** 和 1.68 g(0.034 mmol) 水合肼溶于 40 mL THF 中，回流 5h，冷却到室温，滤出粗产物，从无水乙醇重结晶，得二胺 2.5 g (80%)，mp 276℃。

〖1084〗2,7-二氨基芴酮 2,7- Diaminofluorenone[635,638]

将 2,7-二氨基芴〖1078〗用乙酐酰化后与 CrO$_3$ 在冰乙酸中反应 1 h，冷却结晶，得 2,7-二乙酰氨基芴酮，再水解得到，mp 290℃。

〖1085〗2,5-二氨基芴酮 2,5- Diaminofluorenone[635]

将 2,5-二氨基芴〖1079〗用乙酐酰化后与 CrO$_3$ 在冰乙酸中反应 1 h，冷却结晶，得 2,5-二乙酰氨基芴酮，再水解得到，mp 241℃。

2.33.3　含咔唑单元的二胺

〖1086〗3,6-二氨基咔唑 3,6-Diaminocarbazole[639]

在室温下将 14 g (60 mmol)Cu(NO$_3$)$_2$·2.5H$_2$O 加入到 25 mL 乙酸和 50 mL 乙酐中。搅拌 10 min，5 min 内分批加入 8.35 g (50 mmol)咔唑，反应放热，温度升至 100℃，再加入 25 mL 乙酸，搅拌 15 min 后倒入 500 mL 水中。滤出沉淀，用 3×300 mL 水洗涤后溶于由 50 g KOH，500 mL 水和 500 mL 乙醇组成的溶液中。溶液变成红色，搅拌 30 min 后过滤，滤液用浓盐酸酸化。滤出黄色沉淀，水洗后在 100℃真空中干燥，得二硝基物 11.0 g(85%)，mp 240℃。

将 2.57 g (10.0 mmol)二硝基物和 19.0 g (100 mmol)SnCl$_2$ 在 60 mL 乙酸和 10 mL 浓盐酸的混合物中氩气下回流 24 h。将反应物倒入 500 mL 20%NaOH 中，滤出沉淀，用水洗涤，在 70℃真空干燥过夜。产物用 THF 萃取，除去萃取液中的溶剂得到粗产物。从乙醇中重结晶，得灰色固体 1.5 g(76%), mp 255℃。

〖1087〗 *N*-甲基-3,6-二氨基咔唑 *N*-Methyl-3,6-diaminocarbazole[640,641]

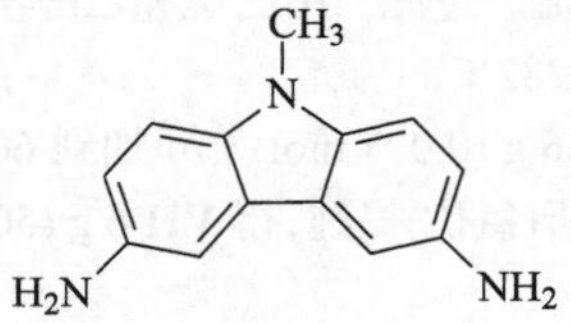

由 *N*-甲基咔唑按〖1086〗方法制得。

〖1088〗 *N*-乙基-3,6-二氨基咔唑 *N*-Ethyl-3,6-diaminocarbazole[642,643]

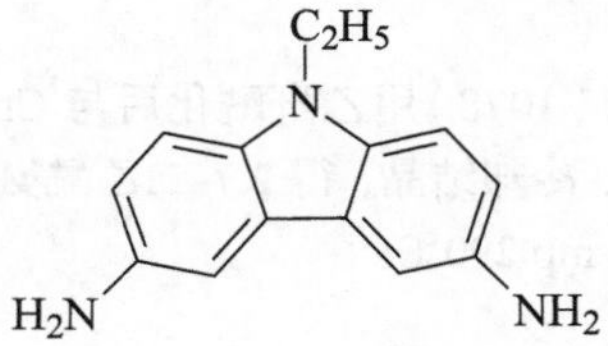

由 *N*-乙基咔唑按〖1086〗方法制得。

〖1089〗 *N*-己基-3,6-二氨基咔唑 *N*-Hexyl-3,6-diaminocarbazole[642]

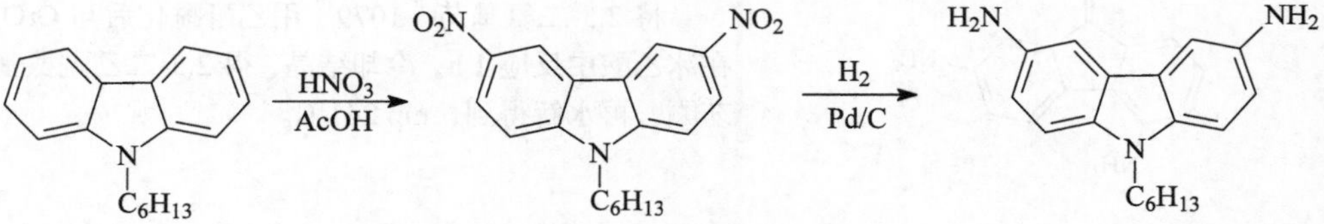

将 7.9 mL 浓硝酸(*d*=1.38)和 30 mL 乙酸的混合物滴加入 9-己基咔唑在 450 mL 乙酸的溶液中，室温搅拌 15 h，再加入 6.7 mL 浓硝酸和 30 mL 乙酸的混合溶液，80℃搅拌 2 h，100℃搅拌 30 min，冷却后滤出黄色结晶真空干燥，的二硝基物 10.1 g(70%)。

将 5.0 g (16 mmol)二硝基物溶于 350 mL DMF 中，加入 2.0 g 10%Pd/C，在氢气下 40℃反应 1 天，滤出催化剂，倒入 2 L 水中，过滤，真空干燥。将二胺溶于甲苯中，活性炭脱色，从甲苯中重结晶 2 次，得 2.72 g(68%), mp 137℃。

〖1090〗 *N*-苄基-3,6-二氨基咔唑 *N*-Benzyl-3,6-diaminocarbazole

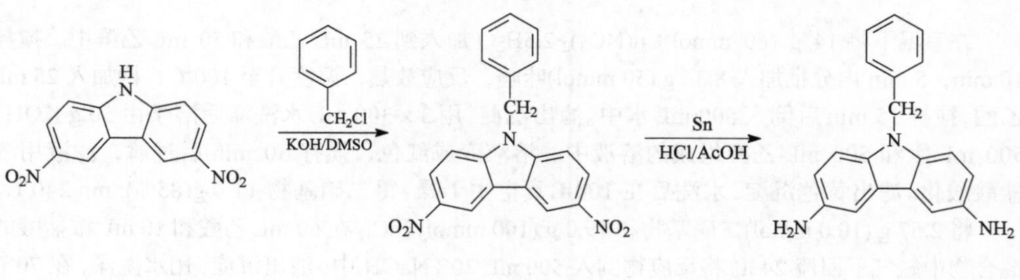

将 2.57 g(0.01 mol)3,6-二硝基咔唑(见〖1086〗)在室温下加入 3.36 g(0.06 mol)KOH 在 20 mL DMSO 的溶液中，室温搅拌 45 min，得到红色溶液。再滴加入 1.2 mL(0.01 mol)苄氯，室温搅拌 3h 后倒入 200 mL 水中，过滤，洗涤，干燥。将粗产物在 100 mL 乙醇中回流 30 min，趁热过滤，用乙醇洗涤，干燥得 N-苄基-3,6-二硝基咔唑橙色结晶，收率 74%，mp >300℃。

将 2.0 g(0.006 mol)二硝基物与 3.46 g(0.029 mol)锡在 30mL 浓盐酸和 20 mL 冰乙酸中回流 4 h，沉淀出白色盐酸盐，冷至室温，倒入 300 mL 水中，用 10%NaOH 碱化后过滤，用水洗涤，干燥。再在氯仿中用活性炭回流脱色，得到针状淡黄色结晶，收率 81%，mp 140~142℃。

〖1091〗 N-苯基-3,6-二氨基咔唑 N-Phenyl-3,6-diaminocarbazole[639]

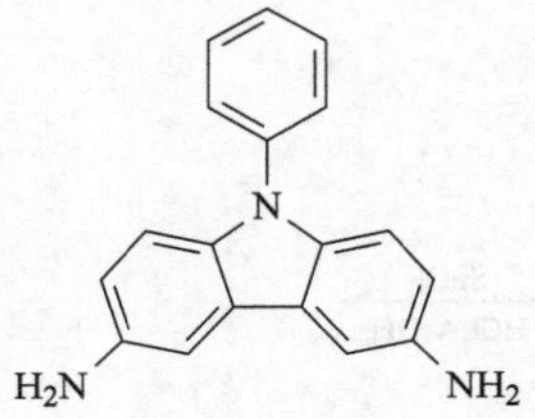

由 N-苯基咔唑按〖1086〗方法合成。二硝基物产率 95%，mp 280℃；二胺产率 76%，mp 157℃。

〖1092〗 N-(4′-氨基苯基)-3-氨基咔唑

N-(4′-Aminophenyl)-3-aminocarbazole[639]

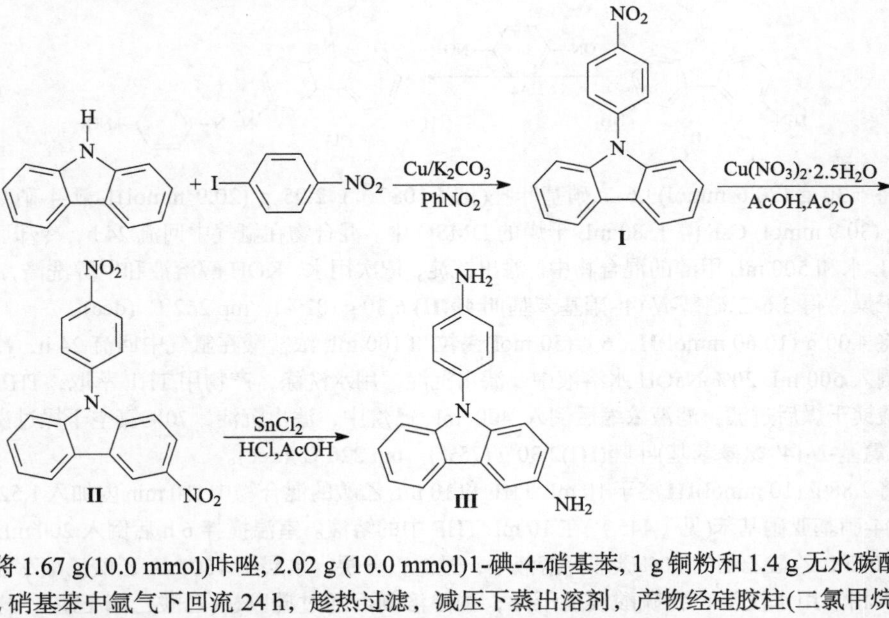

将 1.67 g(10.0 mmol)咔唑，2.02 g (10.0 mmol)1-碘-4-硝基苯，1 g 铜粉和 1.4 g 无水碳酸钾在 25mL 硝基苯中氩气下回流 24 h，趁热过滤，减压下蒸出溶剂，产物经硅胶柱(二氯甲烷)提纯后再从乙酸乙酯重结晶 2 次。得 N-(4′-硝基苯基)咔唑(I)淡黄色结晶 1.72 g(60%)，mp 120~122℃。

将 3.0 g (13 mmol)Cu(NO₃)₂·2.5H₂O 在室温下溶于 7.5 mL 乙酸和 15 mL 乙酐混合物中，分批加入 3.10 g (10.8 mmol)I。反应温度控制在 30℃，搅拌 10 min 后倒入 200 mL 水中，滤出

沉淀，用水洗涤(3×300 mL)，空气干燥，产物从邻二氯苯中重结晶，得 *N*-(4′-硝基苯基) -3-硝基咔唑(**II**)2.86 g (80%): mp 231℃。

　　将 1.80 g (5.40 mmol)**II**，18 g (95 mmol)SnCl₂ 加入到 60 mL 乙酸和 10 mL 浓盐酸中，在氩气下回流 24 h，冷却到室温后倒入 500 mL 20%NaOH 水溶液中，滤出沉淀，用水洗涤，产物用 THF 萃取，萃取液用硫酸镁干燥后过滤，除去溶剂，得到淡黄色固体，用硅胶柱(丙酮/己烷，1∶2)提纯后再在氩气下用水/异丙醇(1∶1)重结晶，得 0.60 g(40%)，mp 181℃。

〖1093〗3-氨基-*N*-氨基苯基-6-硝基苯基重氮咔唑

3-Amino-*N*-aminophenyl-6-nitrophenylazocarbazole[644]

　　将 5.30 g (20.6 mmol)3,6-二硝基咔唑(见〖1087〗)，2.95 g (20.9 mmol)1-氟-4-硝基苯和 4.73 g (30.9 mmol) CsF 溶于 80 mL 干燥的 DMSO 中。混合物在氩气中回流 24 h，冷却后倒入 500 mL 水和 500 mL 甲醇的混合物中。滤出沉淀，依次用水，KOH 醇溶液和甲醇洗涤，150℃ 真空干燥，得 3,6-二硝基-*N*-(4′-硝基苯基)咔唑(**II**) 6.30 g (82%)，mp 262℃ (dec)。

　　将 4.00 g (10.60 mmol)**II**，6 g (50 mol)锡粒和 100 mL 浓盐酸在氩气中回流 24 h，冷至室温后倒入 500 mL 20% NaOH 水溶液中，滤出沉淀，用水洗涤，产物用 THF 萃取，THF 溶液用硫酸镁干燥后过滤，滤液浓缩后倒入 400 mL 己烷中，滤出沉淀，70℃真空干燥过夜，得 3,6-二氨基-*N*-(4′-氨基苯基)咔唑(**III**)2.30 g (75%)，mp 220℃ (dec)。

　　将 2.88 g (10 mmol)**III** 溶于 10 mL THF 和 10 mL 乙酸的混合物中，10 min 内加入 1.52 g (10 mmol)4-硝基亚硝基苯(见〖445〗)在 10 mL THF 中的溶液。室温搅拌 6 h 后倒入 200 mL 冰冷的含 200mL 乙酸乙酯的 20%碳酸钾溶液中，过滤，分层，水层用 150 mL 乙酸乙酯萃取，合并有机相，用水洗涤，在硫酸镁上干燥，去除溶剂后通过硅胶柱(乙酸乙酯/己烷，梯度：30%~60%乙酸乙酯)，从甲苯重结晶，得二胺褐色产物 0.85 g (20%)，mp 240℃ (dec)。

〖1094〗9-乙基-3,6-双(4-(4-氨基苯基砜基)苯乙烯基)-9H-咔唑

9-Ethyl-3,6-bis(4-(4-aminophenylsulfonyl)styryl)-9H-carbazole[645]

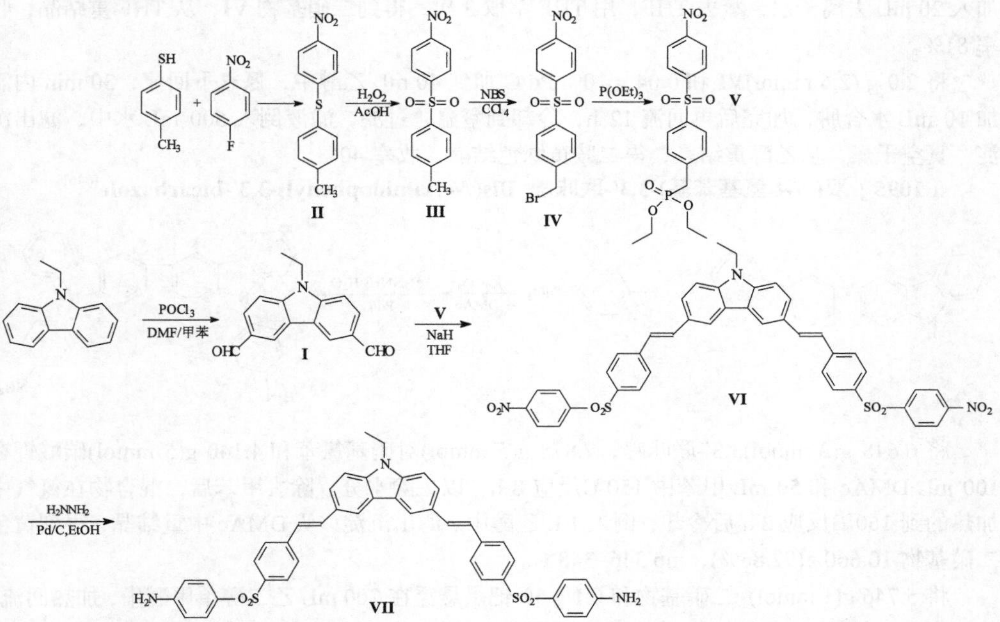

将 14.5 g (199.2 mmol)DMF 在 0℃下滴加到 30.6 g (199 mmol)POCl₃ 中，然后加热到室温，加入 5 g (19.9 mmol)9-乙基咔唑在 50 mL 二氯乙烷中的溶液，混合物加热到 100℃搅拌 24 h 后倒入冷的 5%NaOH 溶液中，用二氯甲烷萃取数次，分出有机层，用水洗涤 3 次，在无水硫酸镁上干燥，浓缩，产物用柱层析(二氯甲烷/己烷，1:3)提纯，得 9-乙基-9H-咔唑-3,6-二甲醛(I) 1.47g(64%)。

将 20 g (200.6 mmol)对甲硫酚溶于 100 mL DMF 中，加入 6.7 g (216.8 mmol)碳酸钾，在 40℃搅拌 30 min 后加入 29.6 g (210 mmol)4-氟硝基苯，将反应物加热到 70℃搅拌 12 h 后倒入水中，滤出沉淀，用乙酸乙酯洗涤 3 次，合并有机层，用水洗涤，干燥后浓缩，从乙酸乙酯重结晶，4-甲基苯基-(4-硝基苯基)硫醚(II)收率 86%。

将 15 g (38 mmol)II 溶于 20 mL 乙酸中，加入 10.8 g 30%过氧化氢，混合物回流 5h，减压浓缩。将产物溶于乙酸乙酯，用水洗涤，在硫酸镁上干燥后浓缩，产物用柱层析(乙酸乙酯/己烷，1：2)提纯，得 4-甲基苯基-(4-硝基苯基) 砜(III)白色固体，收率 92%。

将 2.0 g (6.7 mmol)III，1.3 g (7.4 mmol)N-溴丁二酰亚胺和 0.015 g 过氧化苯甲酰溶于 20 mL CCl₄ 中。氮气下回流 12 h，混合物冷却后用水洗涤，有机层用硫酸镁干燥后浓缩，4-溴代甲基苯基(4-硝基苯基)砜(IV)从乙酸乙酯/己烷中重结晶，收率 73%。

将 2.9 g (7.8 mmol)IV 溶于 15mL 亚磷酸三乙酯中，搅拌回流 6 h，蒸出残留的亚磷酸酯，将产物再溶于乙酸乙酯，用水洗涤，有机层用硫酸镁干燥后浓缩，用柱层析(乙酸乙酯/己烷，3：1)提纯，4-[(4-硝基苯基)砜基]苄基磷酸二乙酯(V)收率 83%。

　　将 0.32 g (13.5 mmol)特丁基钠加入到冰浴冷却下的 5 mL 干燥 THF 中，再冷却到–30℃，向该悬浮液滴加 0.5 g (1.63 mmol)**I** 和 2.34 g (5.4 mmol)**V** 在 5mL 干燥 THF 中的溶液。搅拌 1 h，加入 20 mL 去离子水，蒸去 THF，用 THF 萃取 3 次，得到二硝基物 **VI**，从 THF 重结晶，收率 81%。

　　将 2.0 g (2.6 mmol)**VI** 和 0.04 g 10% Pd/C 加到 40 mL 乙醇中，氮气下回流，30 min 内滴加 10 mL 水合肼，加完后再回流 12 h，冷却到室温，过滤，滤液倒入 500 mL 水中，滤出沉淀，真空干燥，从乙醇重结晶，得二胺黄绿色结晶，收率 40%。

【1095】双(*N*-4-氨基苯基)-3,3′-联咔唑　Bis(*N*-4-aminophenyl)-3,3′-bicarbazole[646]

　　将 6.648 g(2 mmol)3,3′-联咔唑，7.878 g(5 mmol)对硝基氯苯和 4.140 g(5 mmol)碳酸钾在 100 mL DMAc 和 50 mL 甲苯中 150℃反应 8 h，以去除水分。除去甲苯后，混合物在氮气中加热的到 160℃反应 2 h 后冷却，倒入 1 L 乙醇中。滤出沉淀，从 DMAc 中重结晶，得到黄色二硝基物 10.660 g(92.86%)，mp 346~348℃。

　　将 5.746 g(1 mmol) 二硝基物和 0.1 g 5%钯黑悬浮在 200 mL 乙二醇单甲醚中，加热回流，然后在 1 h 内滴加 15 mL 80%水合肼，再回流 4h 后趁热过滤，除去溶剂后倒入 1 L 水中，滤出灰色沉淀，60℃真空干燥 12 h。粗产物从异丙醇/DMF(5:1)中重结晶，得到二胺 3.66 g(71.2%)，mp 172~174℃。

2.33.4　其他含三稠环的二胺

【1096】2,8-二氨基二苯并呋喃　2,8-Diaminodibenzofuran
①由 2,8-二碘代二苯并呋喃氨化得到[647]

　　将 60 mL 浓硝酸加到 33.2 g (0.2 mol) 二苯并呋喃和 48.4 g. (0.4 mol)碘在 150 mL 氯仿的溶液中，回流搅拌 2 h 至碘的颜色消失，得到的二碘化合物从氯仿重结晶得淡黄色针状物，收率 47%，mp 173℃。

　　将 42 g(0.1 mol)2,8-二碘二苯并呋喃与 0.3 mol 氨化钠在 600 mL 液氨中搅拌 4 h，得到 2,8-二氨基二苯并呋喃 1.2 g(6%)。经甲苯重结晶，mp 212℃。

②由二苯并呋喃硝化得到[648]

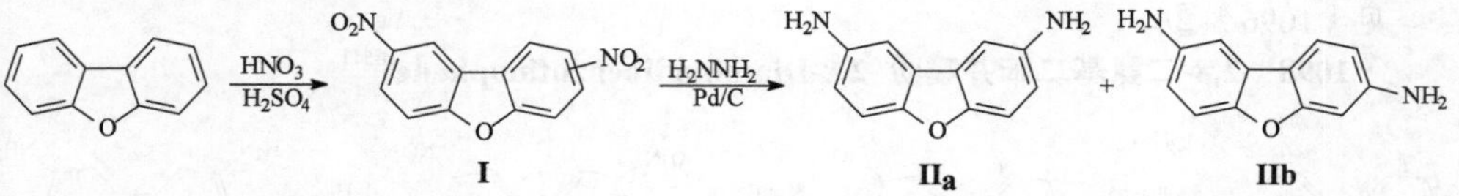

将 30.2 g (0.18 mol)二苯并呋喃溶于 500 mL 乙酐中，在冰浴中冷却，30 min 内滴加含有少量浓硫酸的 50 mL 发烟硝酸，反应完成后倒入 2 L 冰水中，滤出沉淀，用水充分洗涤，减压干燥得到 2,8-和 2,7-二硝基物异构体的混合物(I)30.9 g(67%)。

将 19.1 g (76 mmol)I 和 0.4 g Pd/C 加到 250 mL 乙醇中，搅拌下滴加 30 mL 水合肼，在室温搅拌 30 min，然后回流 2 h，滤出催化剂，滤液倒入 500 mL 水中，放置过夜，滤出沉淀，真空干燥，两个异构体用柱色谱分离(乙酸乙酯)。

〖1097〗2,7-二氨基二苯并呋喃　2,7-Diaminodibenzofuran

①从 2-氨基-7-硝基二苯并呋喃出发[649]

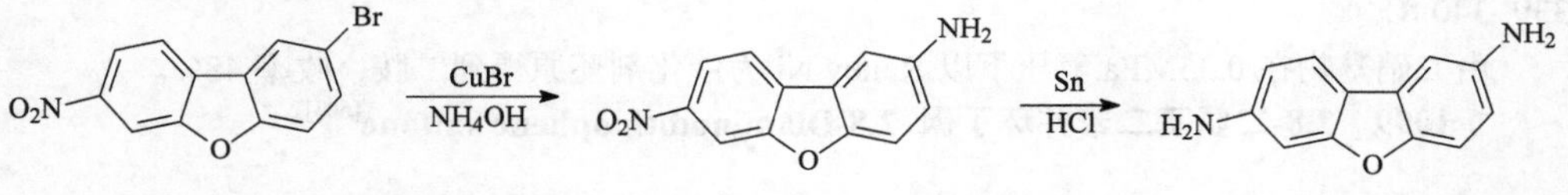

将 1.5 g 2-溴-7-硝基二苯并呋喃(由 2-溴二苯并呋喃硝化得到)与 1 g 溴化亚铜和 25mL 氢氧化铵在封管中加热到 208~210℃反应 10 h，然后在 150~160℃反应 5 h，得到 2-氨基-7-硝基二苯并呋喃，收率 10.8%，从少量乙醇的氢氧化铵溶液中得到 mp 为 143℃的产物。将该产物用锡和盐酸还原，得到 2,7-二氨基二苯并呋喃，从甲苯重结晶,收率 76%， mp 150℃。

②从 2-溴-7-氨基二苯并呋喃出发[649]

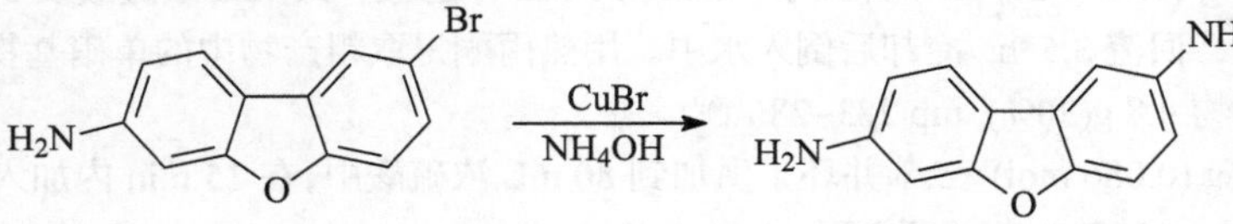

将 0.5 g 2-溴-7-氨基二苯并呋喃与 1 g 溴化亚铜及 20 mL 氢氧化铵在封管中加热到 205℃反应 17 h，得到 2,7-二氨基二苯并呋喃，收率 27%。

③由 2-硝基二苯并呋喃出发[650]

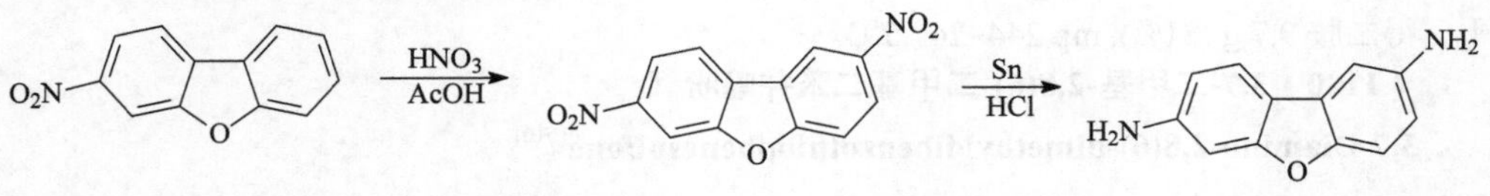

将 10 g 2-硝基二苯并呋喃溶于 100 mL 冰乙酸中，分批加入 50 mL 硝酸(d=1.5)，室温反应 1~1.5 h 后过滤，用水洗涤，得到 2,5-二硝基二苯并呋喃黄色针状结晶 10 g(83%)，从丙酮重结晶，mp 245℃。

将二硝基物用锡/盐酸还原，得二胺，收率 80%，从乙醇重结晶,得无色片状物,mp 152 ℃。

④由二苯并呋喃硝化得到[648]

见〖1096〗②。

〖1098〗2,8-二氨基二苯并噻吩　2,8-Diaminodibenzothiophene[651]

在 30 min 内将 10 mL 发烟硝酸(d=1.51)加到 10 g(0.054 mol)二苯并噻酚在 80 mL 冰乙酸的溶液中。加完后在室温搅拌 1 h，过滤，将得到的黄色固体在 100 mL 95%乙醇中回流数小时，滤出不溶的 2-硝基二苯并噻酚，得到 2-硝基二苯并噻吩 3.5 g(28%)，mp 186~187℃。

将 7.2 g (0.031 mole)2-硝基二苯并噻吩以小份加到 18 mL 发烟硝酸(d=1.51)中，加完后，再滴加发烟硝酸 10 mL。混合物搅拌 1 h 后倒入水中，滤出沉淀，从冰乙酸重结晶，得产物 4 g (47%)，mp 320~330℃。从二氧六环重结晶，得 2,8-二硝基二苯并噻吩 3.2 g(38%)，mp 339~340 ℃。

由二硝基物在 0.35MPa 氢压下以 Raney Ni 为催化剂还原得到二胺，收率 48%。

〖1099〗2,8-二氨基二苯并环丁砜　2,8-Diaminodithiophene sulfone[603]

(1) 将 10 g (0.05 mol) 二苯并环丁砜加到 50 mL 冰乙酸，20 mL 浓硫酸及 30 mL 发烟硝酸的混合物中，回流 3.5 h，冷却后倒入水中。用热丙酮提取粗产物中的单硝基物，得到不溶的二硝基化合物 4.8 g(30%)，mp 283~286℃。

(2) 将 20 g (0.086 mol) 二苯并环丁砜加到 80 mL 浓硫酸中，在 15 min 内加入 30 mL 发烟硝酸，得到 2,8-二硝基二苯并环丁砜 11 g(41%)。

将 17 g(0.052 mol) 2,8-二硝基二苯并环丁砜加到 200 mL 乙醇和 225 mL 浓盐酸中，再在 1.5 h 内分批加入 80 g 锌粉，加热回流 2 h 后再加入 50 mL 浓盐酸和 25 g 锌粉，继续回流 1 h 后静置过夜，滤出沉淀，将其悬浮在水中，用 NaOH 中和。二胺用热丙酮萃取出来，蒸发至干，得二胺 9.7 g (81%)，mp 244~247.5℃。

〖1100〗3,7-二甲基-2,8(6)-二甲基二苯并噻吩砜

3,7-Diamino-2,8(6)-dimethyldibenzothiophenesulfone[616]

商品，为异构体的混合物，二甲基的位置：2,8-=63%，2,6-=33%，4,6-=4%。

〖1101〗2,5-二氨基三蝶烯　**2,5-Diaminotriptycene**[625]

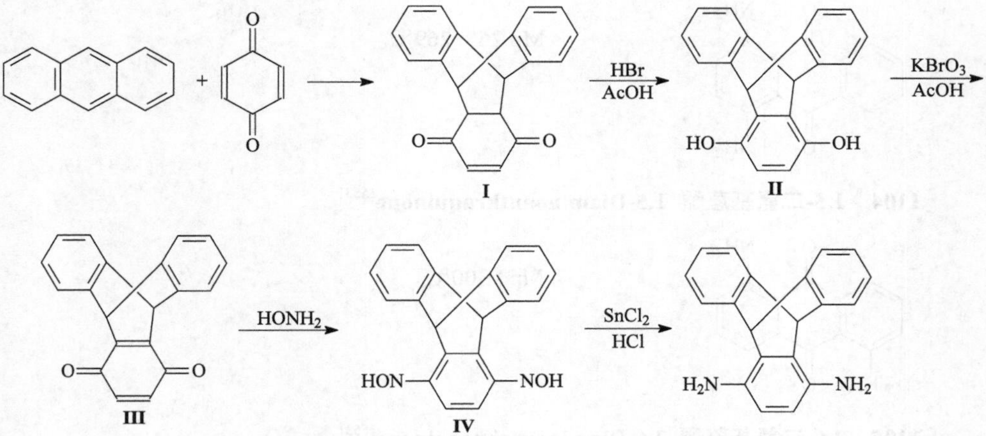

将 108 g 蒽和 73 g 苯醌在 650 mL 二甲苯中回流 2 h，滤出固体，用热水充分洗涤以除去苯醌和氢醌，然后从二甲苯重结晶，得 **I** 143 g(83%)，207℃变成黄色，210℃变成红色。

将 11.5 g **I** 在 150 mL 冰乙酸中回流，加进 4 滴 45%的氢溴酸，剧烈放热，溶液变成橙色。然后随着白色沉淀的产生颜色逐渐褪去，再回流半小时后冷却过滤，得到 **II** 10.3 g(90%)，mp 338~340℃(dec)。

将 19 g **II** 溶于大约 1100 mL 热的冰乙酸中，加入 4 g 溴酸钾在 300 mL 热水中的溶液，立刻变为深橙色。溶液沸腾 1~2 min 后加入 200 mL 热水，继续沸腾数分钟。冷却，过滤，得到橙色固体，用乙酸及水洗涤，得 **III**17.5 g(93%)，mp 292~298℃。

将 0.25 g **III** 和 1 g 羟胺盐酸盐加到 25 mL 乙醇中，反应后倒入水中，分出二肟，从乙酸重结晶，收率 78%，在 100℃真空干燥 24 h，得 **IV**，mp 246℃(dec)。

将 25 g 二肟溶于 750 mL 乙醇中，60℃下加入 88 g 氯化亚锡在 200mL 浓盐酸中的溶液。溶液加热数分钟后冷却，过滤，固体用含盐酸的乙醇和乙醚洗涤。将产物溶于热水再加入浓盐酸沉淀来提纯。得二胺盐酸盐 19.8 g(86%)，盐酸盐在 210℃逐渐分解。

将盐酸盐溶于热水，逐渐加入 10%NaOH，得到游离二胺，在空气中变为灰紫色，mp 307 ℃。

〖1102〗2,7-二氨基三蝶烯　**2,7-Diamino triptycene**[852]

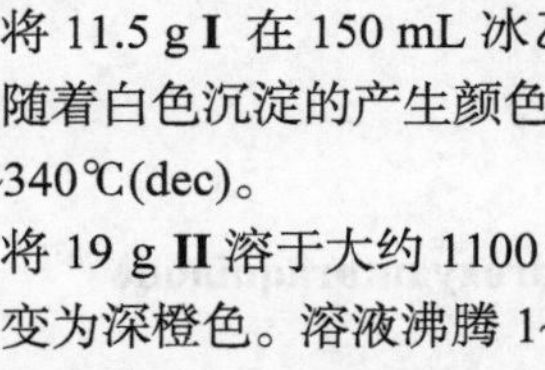

Mp 310℃。

〖1103〗1,4-二氨基蒽醌　1,4-Diaminoanthraquinone[653]

Mp 265~269℃。

〖1104〗1,5-二氨基蒽醌　1,5-Diaminoanthraquinone[653]

Mp >300℃。

〖1105〗2,6-二氨基蒽醌　2,6-Diaminoanthraquinone[653]

Mp >325℃。

〖1106〗1,5-二氨基-4,8-二羟基蒽醌　1,5-Diamino-4,8-dihydroxyanthraquinone[653]

〖1107〗1,8-二氨基-4,5-二羟基蒽醌　1,8-Diamino-4,5-dihydroxyanthraquinone[653]

〖1108〗2,6-二氨基-9,10-二氢-9,10-桥乙撑-11,12-反式-二甲酸二乙酯

Diethyl 2,6-diamino-9,10-dihydro-9,10-ethanoanthracene-11,12-*trans*-dicarboxylate[238]

R= CHMe₂ , Et

由 2,6-二氨基蒽〖1075〗与富马酸二乙酯反应得到，收率 78%。

〖1109〗3,6-二氨基氮杂蒽　3,6-Diaminoacridine

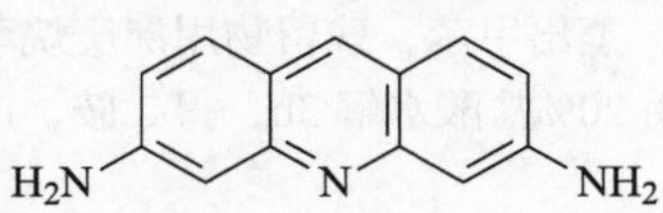

〖1110〗吖啶黄　Acridine Yellow[654]

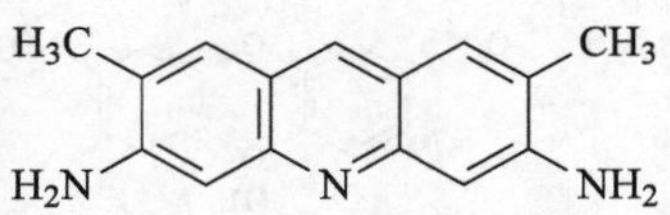

商品。将 1g 吖啶黄单盐酸盐溶于 100 mL 沸水中，冷却到室温，滴加 1 mol/L NaOH 到中和完全，过滤，用 100 mL 水洗涤，室温真空干燥，从 DMF 重结晶得长针状物，收率 60%，mp >350℃。

〖1111〗劳氏紫盐酸盐　Thionine hydrochloride[655]

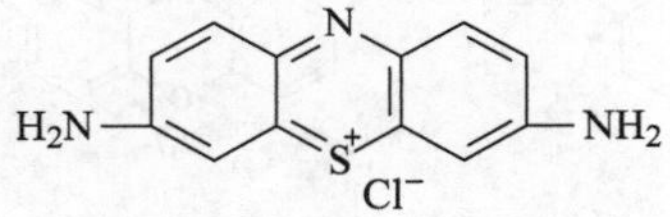

商品。

〖1112〗9,9-二(三氟甲基)-2,7-二氨基氧杂蒽
9,9-Bis(trifluoromethyl)-2,7-diaminoxanthene[656]

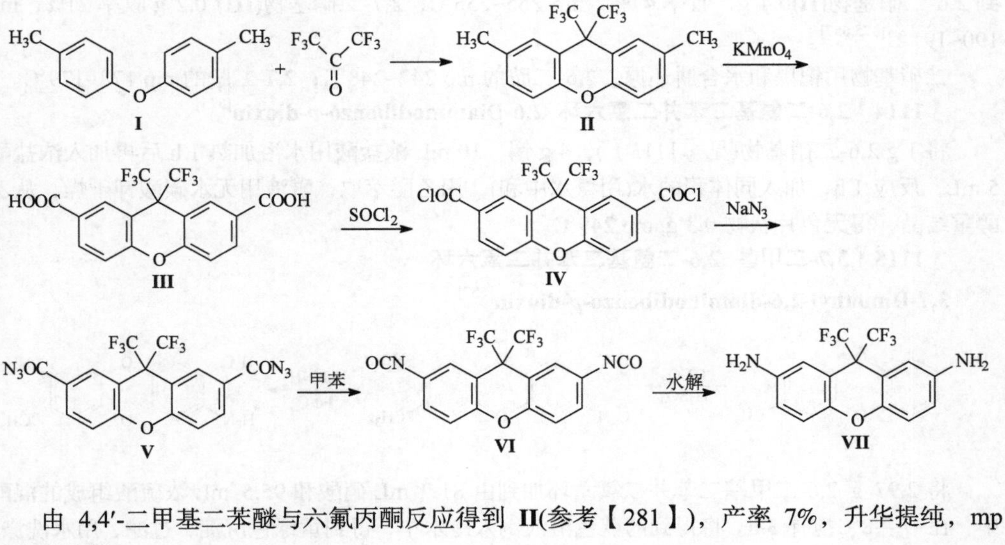

由 4,4'-二甲基二苯醚与六氟丙酮反应得到 II(参考〖281〗)，产率 7%，升华提纯，mp 136~137℃。

II 用高锰酸钾氧化得 III，升华产率 80%~90%，mp 353℃。

III 与氯化亚砜反应，得 IV，产率 85%，bp ~200℃/0.8 mmHg，从庚烷重结晶，mp 128~130℃。

　　将 **IV** 在二氯甲烷中与含有少量四丁基溴化铵的叠氮化钠的浓水溶液反应 2h，有机层通过氧化铝层过滤，蒸发后得到二叠氮化合物 **V**(在 133℃爆炸分解)。将 **V** 的二氯甲烷溶液在甲苯中加热蒸发掉二氯甲烷，继续加热至沸，到氮气停止放出，蒸出甲苯，残留物用沸庚烷萃取，冷却得 **VI** 结晶，产率 65%，mp 94~95℃。二异氰酸酯用 20%盐酸水解 3h，得二胺，产率 52%，从庚烷重结晶，mp 137~138℃。

【1113】2,6(7)-二氨基二苯并二氧六环　2,6(7)-Diaminodibenzo-*p*-dioxin

　　将 3.0 g 铜粉在 6.4 g 邻氯苯酚中回流 5 h，冷却后将固体溶于乙醇，用 10%NaOH 洗涤，将乙醇蒸发后得白色固体，从己烷重结晶得二苯并二氧六环**(I)**1.19g(26%)，mp 119~120℃[657]。

　　将 0.5 g **I** 在 5mL (*d*=1.38)硝酸中加热，得到透明溶液，加热水得到沉淀，从热丙酮中得到 2,6-二硝基物**(II)**0.4 g，收率 47%，mp 255~256℃；2,7-二硝基物**(III)** 0.2 g 收率 21%，mp 190~191℃[375,657]。

　　二硝基物用钯黑和水合肼还原，2,6-二胺的 mp 247~248℃；2,7-二胺的 mp 178~179℃。

【1114】2,6-二氨基二苯并二氧六环　2,6-Diaminodibenzo-*p*-dioxin[375]

　　将 1 g 2,6-二硝基物(见【1113】)，4 g 锡，10 mL 浓盐酸用水浴加热 1 h 后再加入浓盐酸 5 mL，反应 1 h，加入同体积的水(用氨水中和)，用乙醚萃取，醚液用无水碳酸钾干燥，从乙醇重结晶，得无色片状物 0.3 g，mp 249℃。

【1115】3,7-二甲基-2,6-二氨基二苯并二氧六环

3,7-Dimethyl-2,6-diaminodibenzo-*p*-dioxin[657]

　　将 2.97 g 2,6-二甲基二苯并二氧六环加到由 81.7 mL 硝酸和 95.5 mL 浓硫酸组成的混酸中，在−7~−8℃搅拌 3 h。将得到的蓝色溶液倒入冷水中，得到黄绿色沉淀，过滤，用水洗涤，干燥。由丙酮重结晶，得二硝基物 4.7 g 针状结晶，mp 242~243℃。

　　在 1.7 g 二硝基物的 90 mL 乙醇溶液中加入 0.2 g 钯炭黑，30 min 内滴加入 5 mL 水合肼。在 50~55℃搅拌 1 h 后冷却，倒入 300 mL 丙酮中。过滤，浓缩，得到 1.2 g 结晶，从乙醇重结晶，得 1.1 g 淡黄色针状物，mp 283~284℃。

〖1116〗2,8-二氨基氧硫杂蒽　2,8-Diaminophenoxathiin[603,659]

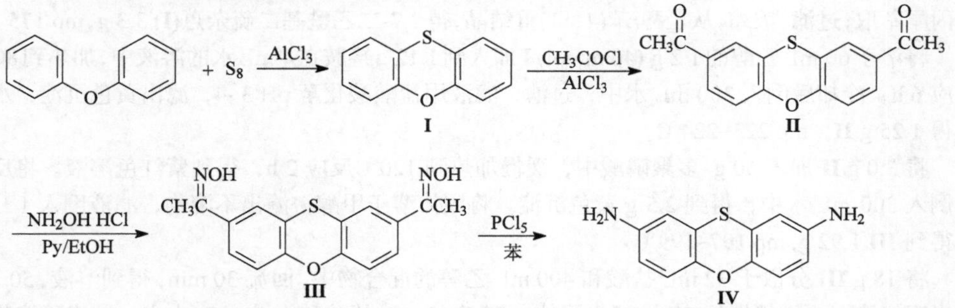

将1886 g(3.8 mol)二苯醚与256 g(8mol)硫及510 g(3.8 mol)无水氯化铝用蒸汽浴加热搅拌1.5 h后硫化氢的放出变慢。反应4 h后缓慢倒入2 L碎冰和250mL盐酸的混合物中,分层后弃去水层,有机层用氯化钙干燥后进行减压蒸馏,取150~152℃/5 mmHg产物,得700 g(87%)。将粗产物从甲醇重结晶,迅速冷却,搅拌以避免变成油状物,得产物氧硫杂蒽(I),mp 56~57℃[660]。

将300 g (2.3 mol)无水三氯化铝在3 h内分批加入150 g(0.75 mol)氧硫杂蒽和194 g (2.45 mol)乙酰氯在1250 mL CS2的溶液中,加完后,回流3 h,倒入冰和盐酸的混合物中以分解三氯化铝络合物,粗产物用热丙酮萃取3天,残留物用二氧六环重结晶,得2,8-二乙酰基氧硫杂蒽(II) 113 g(53%),mp 184~186℃。

将15 g (0.05 mol)2,8-二乙酰基氧硫杂蒽和14.5 g (0.2 mol)羟胺盐酸盐溶于60 mL吡啶和225 mL无水乙醇中,回流2.5 h。放置过夜,得到14.2 g不溶物,滤液用水稀释,又得到4.7 g产物,将粗产物在乙醇中沸腾,趁热过滤,得2,8-二乙酰基氧硫杂蒽二肟(III) 15.8 g(95%),mp 220~221℃。

将15.8 g(0.05 mol) 2,8-二乙酰基氧硫杂蒽二肟在350 mL干燥苯中与33.3 g(0.16 mol)五氯化磷在40℃反应。将得到的二胺盐酸盐用碱处理,得二胺9 g (75%),mp 171~173℃,可从甲醇水溶液中重结晶提纯。

〖1117〗2,8-二氨基二硫杂蒽　2,8-Diaminothianthrene[661,662]

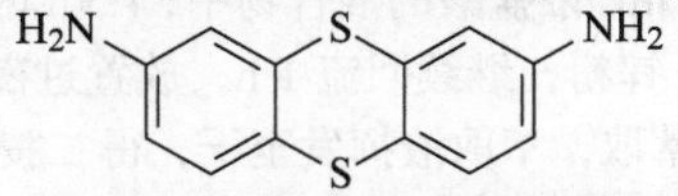

Mp 187~189℃。

〖1118〗2,7-二氨基二硫杂蒽　2,7-Diaminothianthrene[657]

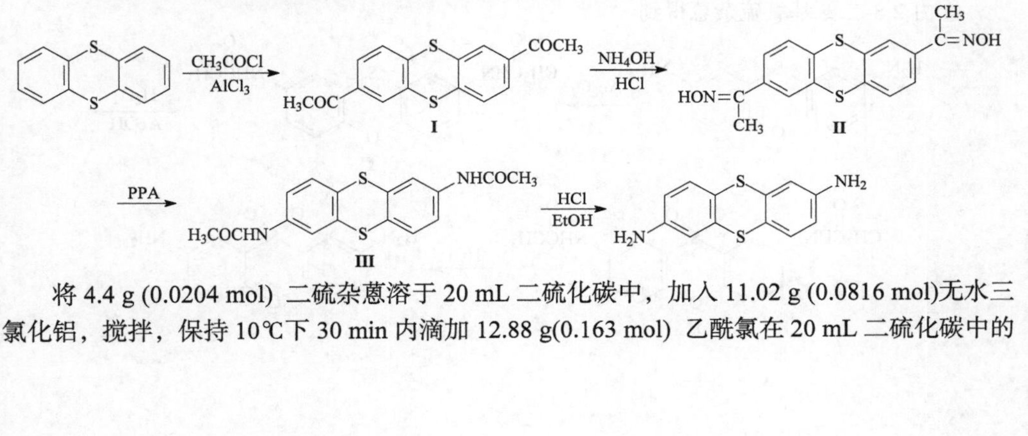

将4.4 g (0.0204 mol) 二硫杂蒽溶于20 mL二硫化碳中,加入11.02 g (0.0816 mol)无水三氯化铝,搅拌,保持10℃下30 min内滴加12.88 g(0.163 mol) 乙酰氯在20 mL二硫化碳中的

溶液。混合物在室温搅拌 24 h 后倒入含有盐酸的碎冰中。滤出暗褐色沉淀，用水洗涤后干燥。用丙酮萃取，过滤，浓缩，从乙醇/苯(4∶1)重结晶，得 2,7-二乙酰基二硫杂蒽(I) 3.3 g，mp 175 ℃。

　　将溶于 60 mL 乙醇的 1.2 g (40 mmol) I 加入到 1.12 g 羟胺在 4 mL 水的溶液中，加热到 80 ℃反应 6 h，冷却后倒入 300 mL 水中，过滤，滤液用盐酸酸化至 pH 3~4，滤出黄色沉淀，水洗后得 1.25 g II，mp 223~224℃。

　　将 3.0 g II 加入 50 g 多聚磷酸中，缓慢加热到 120℃反应 2 h，得到紫红色溶液。将反应物倒入 300 mL 水中，得到 2.5 g 黄色沉淀。将固体溶于甲醇，滤出不溶物，滤液倒入 1 L 水中得到 III 1.92 g，mp 197~199℃。

　　将 18 g III 分散于 32 mL 盐酸和 400 mL 乙醇的混合物中，回流 30 min，得到溶液，50 min后出现沉淀，再继续搅拌 5 h，滤出固体，溶于 42 mL 盐酸和 1100 mL 水中，滤出不溶物，将滤液倒入 NaOH 溶液中，调节至 pH 10~11，得淡黄色二胺 9.7 g，mp 187~189℃。

〖 1119 〗2,8-二氨基氧硫杂蒽-10-二氧化物　2,8-Diaminophenoxathiinin-10-dioxide[603]

① 由 2,8-二硝基氧硫杂蒽-10-二氧化物还原得到

　　(1) 将 10 g (0.05 mol)氧硫杂蒽加到 50 mL 冰乙酸，20 mL 浓硫酸及 30 mL 发烟硝酸的混合物中，加热回流 3.5 h，冷却后倒入水中，粗产物用热丙酮萃取出单硝基产物，得到不溶的二硝基物 4.8 g (30%)，mp 283~286℃。

　　(2) 将 20 g (0.086 mol)氧硫杂蒽-10-二氧化物加入到 80 mL 浓硫酸中，再在 15 min 内加入发烟硝酸 30 mL，得到 2,8-二硝基氧硫杂蒽-10-二氧化物 11 g(41 %)，mp 277~280℃。

　　将 17 g (0.052 mol)二硝基物溶于 200 mL 乙醇和 225 mL 浓盐酸的混合物中，1.5 h 内分批加入 80 g 锌粉，回流 2 h 后再加入 50 mL 浓盐酸和 25 g 锌粉，继续回流 1 h，放置过夜。过滤，将滤饼悬浮在水中，用 NaOH 中和，二胺用热丙酮萃取，萃取液挥发至干，得二胺 9.7 g (81%)，mp 244~247.5℃。

② 由 2,8-二氨基氧硫杂蒽得到

将 2 g (0.009 mol)2,8-二氨基氧硫杂蒽〚1116〛溶于 20 mL 干苯中，加入 2 mL 乙酐，回流 3 h，趁热过滤，粗产物从乙醇水溶液重结晶，得 **I** 2.4 g(88%)，mp 253~254℃。

将 3.3 g (0.1mol)**I** 在 30 mL 冰乙酸中与 6.6 mL 30% 过氧化氢在 90℃反应 2.5 h，冷却过滤，用热二氧六环萃取，得不溶物 2.2 g(61%)，mp 349~353℃。

将 **II** 与盐酸共煮，水解得到二胺。手续见〚1118〛。

〚1120〛**2,3-二氰基吡嗪基[5,6-9,10]二氨基菲**

2,3-Dicyanopyrazino[5,6-9,10]diaminophenanthrene[663]

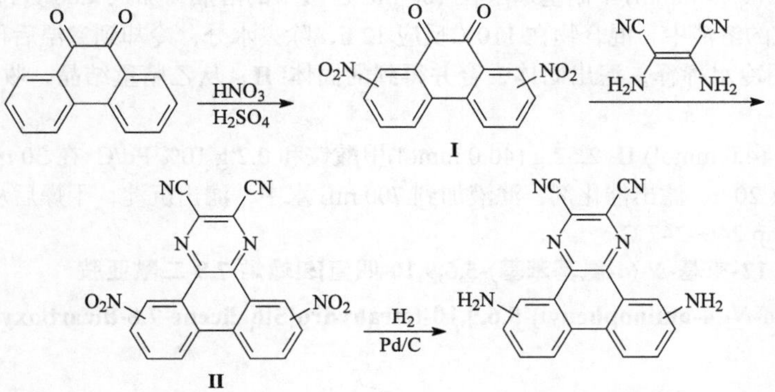

将 2.0 g(9.6 mmol)9,10-菲醌加到 20 mL 98%硫酸和 5 mL 65%发烟硝酸中，在 60℃搅拌 1 h，室温搅拌 2 h。滤出黄色固体，用水充分洗涤后干燥得到二硝基物异构体混合物 2.26 g (79%)，从乙腈重结晶，mp 205~222℃。

将 1.15 g (3.9 mmol) **I** 溶于沸腾的 15 mL 乙腈和 8 mL 二氧六环的混合物中，加入 0.4568 g (4.2 mmol)二氨基丁烯二腈和 2 滴浓盐酸，搅拌回流 3 h 后冷却到 0℃，滤出淡褐色固体，用水洗涤后干燥，得 **II** 0.61 g(43%)。从 DMF 重结晶，mp >300℃。

将 0.27g(0.7mmol)**II** 在 10mL DMF 中在 10% Pd/C 催化下室温氢化 10h，滤出催化剂后将滤液倒入水中得到淡橙色固体，水洗后在 40℃真空干燥，得到二胺 0.18 g(80%)，mp >300℃。

2.34　带酰亚胺环的二胺

〚1121〛**N-[4-(4-氨基苯氧基)苯基]-4-氨基酞酰亚胺**

N-[4-(4-Aminophenyloxy)phenyl]-4-aminophthalimide[664]

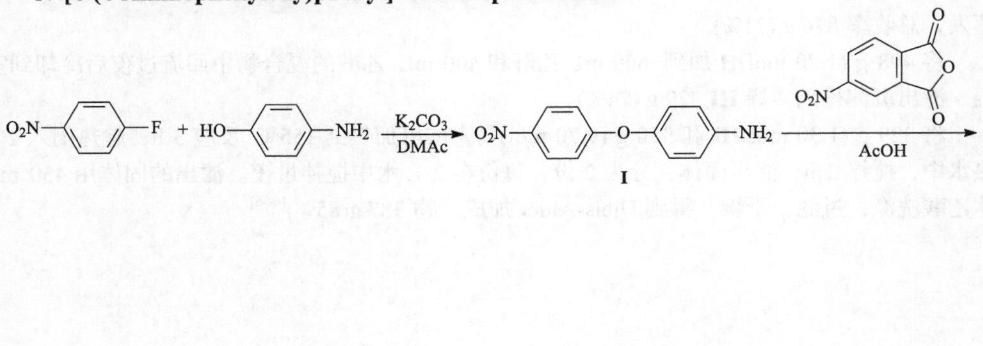

将 5.46 g (0.05 mol) 4-氨基苯酚，6.91 g(0.05 mol) K$_2$CO$_3$ 和 5.3 mL (0.05 mol) 4-硝基氟苯在 70 mL DMAc 中氮气下 100℃反应 20 h，冷却到室温，倒入 800 mL 水中，滤出黄色固体，用水洗涤，从庚烷重结晶 I，收率 86.9%，mp 129℃。

将 3.40 g (17.3 mmol) 4-硝基苯酐在 100 mL 乙酸中的溶液，加入 4.00 g(17.3 mmol) I 在 20 mL 环己烷的溶液中，混合物在 110℃反应 12 h，除去水分，冷却到室温后得到黄色固体，过滤，滤液用冷水稀释，滤出固体，合并得到的固体 II，从乙腈重结晶，收率 93.6%，mp 205~206 ℃。

将 1.62 g (4.0 mmol) II，2.52 g (40.0 mmol)甲酸铵和 0.2 g 10% Pd/C 在 30 mL DMAc 中室温氮气下反应 20 h。滤出催化剂，滤液加到 700 mL 水中，滤出沉淀，干燥后从甲醇重结晶，收率 74.6%，mp 246~247℃。

〖 1122 〗12-氨基-*N*-(4-氨基苯基)-5,6,9,10-四氢[5]螺烯-7,8-二酰亚胺

12-Amino-*N*-(4-aminophenyl)-5,6,9,10-tetrahydro[5]helicene-7,8-dicarboxylimide[665]

将 1200 g (8.20 mol) 萘满酮溶于 3.5 L 甲苯和 2.0 L 无水乙醇的混合物中，加入 227 g (8.40 mol)铝箔和 7.00 g (25.0 mmol) HgCl$_2$。混合物剧烈搅拌，缓慢加热，反应放热发生回流。4 h 后，一次加入由 800 mL 浓盐酸和 4 L 水组成的溶液，得到的非均相混合物搅拌过夜。分出有机层，在硫酸镁上干燥，得到淡黄色邻二叔醇(II)。水相用 3×3 L 乙醚萃取，醚液干燥后蒸发，总收率 876 g (71%)。

将 498 g (1.70 mol)II 加到 600 mL 乙酐和 400 mL 乙酸的混合物中回流过夜后冷却到室温，滤出沉淀得到二烯 III 329 g (74%)。

将 329 g (1.30 mol)III 和 950 g (9.70 mol)马来酸酐加热到 155℃ 反应 3 h，趁热倒入 2 L 热水中，搅拌 2 h，滤出固体，分为 2 份，每份在 2 L 水中搅拌过夜。滤出的固体用 450 mL 冰乙酸洗涤，过滤，干燥。得到 Diels-Alder 加成产物 387 g (85%)[666]。

将 385 g (1.10 mol) Diels-Alder 加成产物溶于 2.1 L 氯仿中,室温搅拌,1.5 h 内滴加 440 g (2.80 mol)溴在 200 mL 乙酸中的溶液,混合物室温搅拌过夜,滤出沉淀,用 2×1 L 甲醇洗涤,在 60~80℃/5 mmHg 下干燥得 5,6,9,10-四氢[5]螺烯-7,8-二酸酐(IV) 317 g (82%),以萘满酮计算,总收率为 37%,mp 286~287℃。

将 20.0 g (56.8 mmol)IV 和 11.8 g (85.2 mmol)对硝基苯胺在 100 mL DMF 及 50 mL 乙酐的混合物中加热回流。将得到的均相溶液加入到 300 mL 剧烈搅拌的稀盐酸中,滤出沉淀,用 200 mL 稀盐酸和水洗涤到中性,最后用 2×100 mL 甲醇洗涤,空气干燥后再在 50℃真空 (5 mmHg)干燥,得 12-氨基-N-(4-氨基苯基)-5,6,9,10-四氢[5]螺烯-7,8-二酰亚胺(V) 收率 55%,mp 215~219℃。

将 10.0 g (21.0 mmol)V 加到 160 mL 氯仿中,加入 32 mL 乙酸,搅拌下冷却到 10℃。在 1 h 内滴加冷到 0℃的 12.7 g 70%硝酸,16.2 g 96%硫酸和 12.5 mL 乙酸的混合物,反应物回暖到室温,剧烈搅拌,用 TLC(10%丙酮的己烷溶液)检验至无原料酰亚胺(3~6 h)。反应物用 3× 150 mL 水洗涤,有机相用硫酸钠干燥,减压浓缩得黄色固体(在 TLC 上有 2 个斑点),粗产物的热氯仿溶液在 95%乙醇中沉淀 2 次,得到二硝基物(80%)VI,mp>300℃。

将 21.0 g (40.0 mmol)VI 和 94.5 g (0.40 mol)SnCl₂·2H₂O 在 300 mL THF 中回流 5 h,最初的黄色非均相变为血红色均相溶液,缓慢倒入含 50 g 碳酸钠的水溶液中。滤出白色沉淀,红色滤液用 200 mL 氯仿萃取,水相用 200 mL 氯仿萃取。白色沉淀在 200 mLTHF 中搅拌,过滤。将 THF 洗涤液和氯仿萃取液合并,减压浓缩至 100 mL,通过硅胶层去除无机盐。滤液减压浓缩得到红色固体,再溶于最少量的四氯乙烷中进行柱层析(6 cm×20 cm),先用 4 L 二氯甲烷,后用 8 L 氯仿为淋洗剂,将氯仿溶液减压浓缩得到二胺红色固体 VII 9.1 g (50%),mp 290 ℃。

〖 1123 〗12-氨基-N-(3-氨基苯基)-5,6,9,10-四氢[5]螺烯-7,8-二酰亚胺

12-Amino-N-(3-aminophenyl)-5,6,9,10-tetrahydro[5]helicene-7,8-dicarboxylimide[665]

以间硝基苯胺代替对硝基苯胺,合成方法见〖 1122 〗:

V: 收率 78%,mp 244~248℃;

VI: 收率 80%,mp>300℃;

VII: 收率 55%,mp 290℃ (dec)。

〖 1124 〗12-氨基-N-(4-氨基苯基)-[5]螺烯-7,8-二酰亚胺

12-Amino-N-(4-aminophenyl)-[5]helicene-7,8-dicarboxylimide[667]

以对硝基苯胺代替间硝基苯胺,按〖 1125 〗方法合成。

〖1125〗12-氨基-*N*-(3-氨基苯基)-[5]螺烯-7,8-二酰亚胺
12-Amino-*N*-(3-aminophenyl)- [5]helicene-7,8-dicarboximide[666]

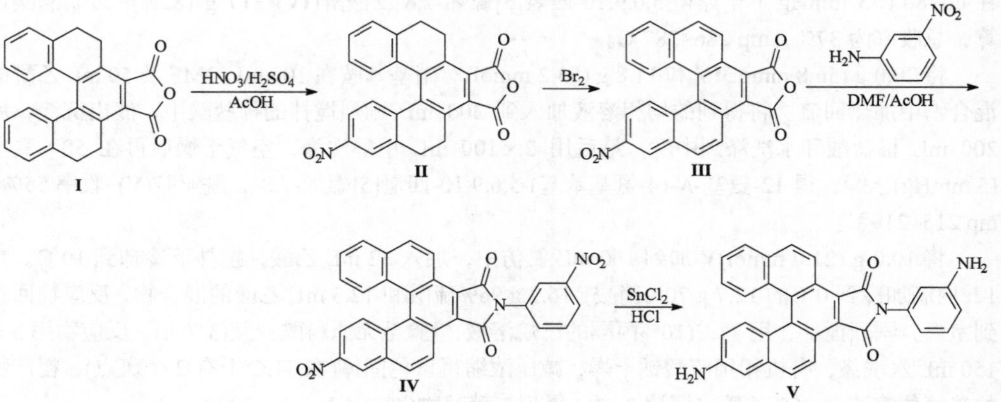

将 30.0 g **I**(见〖1122〗)溶于 1.0 L 氯仿中,加入 300 mL 乙酸,室温下滴加由 300 g 70% 硝酸和 250 g 浓硫酸在 500 mL 乙酸中组成的硝化试剂。反应进行 4 h,用 TLC 监测反应终点。反应结束后,倒入 500 g 碎冰中,滤出黄色沉淀,用甲醇洗涤 2 次,60℃/5 mmHg 干燥,得3-硝基-5,6,9,10-四氢[5]螺烯-7,8-二酸酐(**II**) 26.0 g(76%)。将滤液挥发,得到 6.6 g (20%)1-和 3-硝基物的混合物,比例大约为 1:1。**II** 可以从乙腈和氯仿的混合物中重结晶,mp 267.3℃。

将 5.00 g **II** 溶于 35 mL 邻二氯苯中,加热回流,加入 4.40 g 溴,溴的颜色立即消退,反应继续 2h,冷却到室温,倒入 100 mL 甲醇中,滤出黄色沉淀,在 60~80℃真空干燥,得 3-硝基-[5]螺烯-7,8-二酸酐(**III**) 4.72 g(96%),mp 300.7℃。

将 412 mg (1.04 mmol)**III** 和 233 mg (1.68 mmol)间硝基苯胺溶于 20 mL DMF 和 5 mL 乙酸的混合物中,回流过夜,冷到室温,滤出沉淀,依次用 2×20 mL 乙酸及 2×40 mL 甲醇洗涤,干燥,得二硝基物 **IV** 400 mg(62%), mp 254~257℃。

将所得到的二硝基物(5.215 g, 10.16 mmol)和二水氯化亚锡(23.26 g, 103.1 mmol)在500 mL THF 中回流过夜,倒入含有 20 g 碳酸钠的水中,滤出红色沉淀,在 150 mL THF 中沸腾 1 h,滤出不溶物,用 100 mL THF 洗涤,合并 THF 溶液,用硫酸镁干燥,减压浓缩得到二胺 **V** 红色粉末 3.85 g (84%),mp 278℃。

〖1126〗*N,N*'-二(4-氨基苯基)均苯四酰亚胺　*N,N*'-Bis(4-aminophenyl)pyromellitimide[668]
①由均苯二酐与对硝基苯胺合成

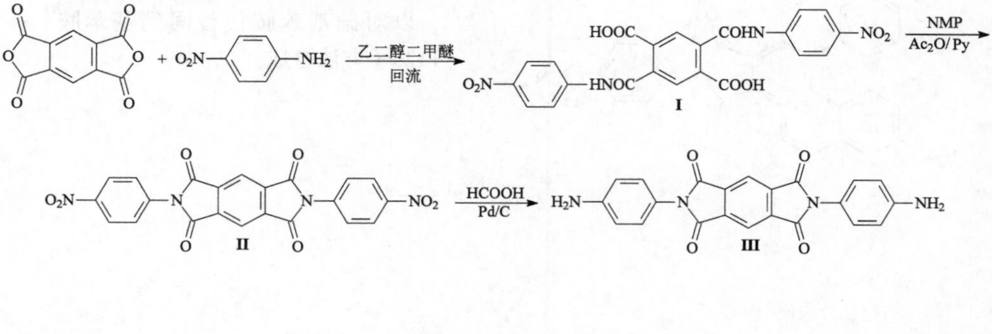

将 8.9 g (64.5 mmol)4-硝基苯胺溶于 100 mL 乙二醇二甲醚中，加热回流，15 min 内加入 7.0 g (32 mmol)PMDA，加完后用 20mL 乙二醇二甲醚冲洗漏斗，再回流 90 min，得到乳白色悬浮液，冷却到室温，滤出白色固体，用乙醚洗涤，在 100℃真空干燥过夜，得酰胺酸 I 14 g (90%)。

将 14 g (29 mmol) I 溶于 250 mL NMP 中，加入 21 mL 吡啶和 25mL 乙酐，得到均相溶液，搅拌 5 min，溶液变得浑浊，再加入 NMP 750 mL，搅拌 2 h，滤出固体，悬浮在甲醇/乙醚混合物中，搅拌数小时，过滤，真空干燥过夜，得二硝基物 II 11 g (85%)，mp > 400℃(dec)。

将 0.50 g (11mmol)II 和 0.15 g Pd/C 加到 8.1 mL DMF 和 1.2 g (12 mmol)三乙胺的混合物中，冰浴冷却，15 min 内加入 0.42 g (9.1 mmol)甲酸和 2.9 mL DMF，在 70℃反应 1 h。将溶液浓缩，得到浆状物，加入 20 mL CH₂Cl₂，过滤，用 75 mL DMF 洗涤，蒸发至干，得橙色产物，重复洗涤、过滤 2 次，得到黄色固体，以 20℃/min 加热到 200℃，得到红/褐色固体 0.30 g (68%)，mp 400℃ (dec)。

②由均苯二酸二酯合成

将 4.5 g PMDA 的二异丙酯和 3.5 g PPD 在含有 1 g Dabco 的 50 mL DMAc 中加热到 140℃反应过夜，冷却后再加入 50 mL DMAc，将溶液倒入大量乙醇中，滤出产物，干燥，纯度>95%。

〖 1127 〗 **N,N′-二(3-氨基苯基)均苯四酰亚胺** **N,N′-Bis(3-aminophenyl)pyromellitimide**[668]

以间硝基苯胺代替对硝基苯胺，按〖 1126 〗方法合成，mp 435℃。

〖 1128 〗 **N,N′-二(3-氨基-甲基二乙基苯基)均苯四酰亚胺**

N,N′-Bis(3-amino- methyldiethyl phenyl)pyromellitimide[668]

氮气下将 Ethacure 100(见〖 163 〗)和 PMDA 在室温搅拌，然后缓慢升温到 160℃反应 2h，收率为 90%。溶液法得到的产物，mp 304℃。

〖 1129 〗 **N,N′-(3-氨基-三甲基苯基)均苯四酰亚胺**

N,N′-Bis(3-amino-trimethylphenyl)pyromellitimide[668]

由三甲基间苯二胺按〖 1126 〗②方法合成，收率 92%, mp >330℃。

〖1130〗 *N,N*′-二(4-氨基-四甲基苯基)均苯四酰亚胺

N,N′-(4-Amino-tetramethylphenyl)pyromellitimide[668]

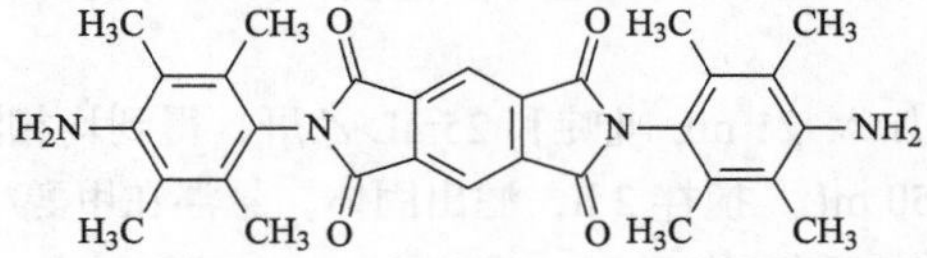

由四甲基对苯二胺按〖1126〗②方法合成，mp >400℃。

〖1131〗 *N,N*′-二(4-氨基苯氧基苯基)均苯四酰亚胺

N,N′-Bis(4-aminophenoxy-4′-phenyl)pyromellitimide[668]

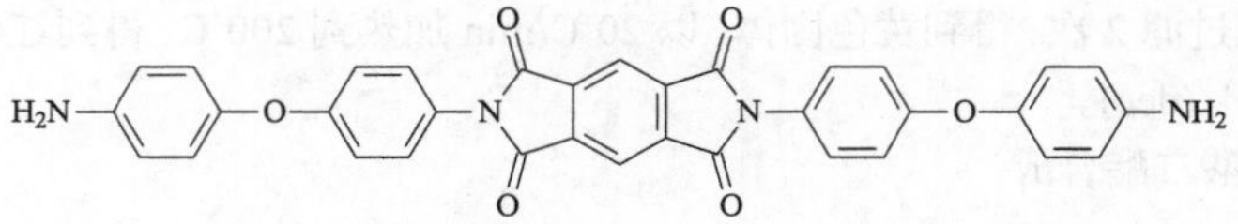

由 ODA 按〖1126〗②方法合成，

〖1132〗 *N,N*′-二(4-氨基苯基)二苯基连苯四酰亚胺

N,N′-Bis(4-aminophenyl)diphenylmellophanimide[669]

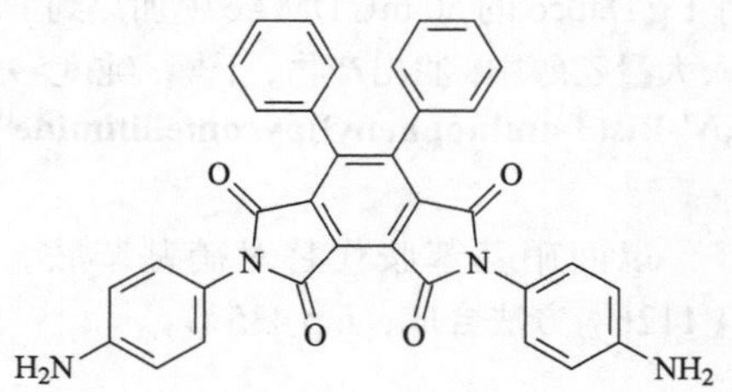

将二酐(〖74〗)与对硝基苯胺在间甲酚中以异喹啉为催化剂，在 170℃反应 6h 后倒入乙醇，滤出二硝基物，在 THF 和 95%乙醇混合物中以氧化铂为催化剂，在 0.35 MPa 氢压下室温反应 8h，从乙腈重结晶，得二胺，收率80%，mp 375 ℃。

〖1133〗 3,6-二(苯氧基)-*N,N*′-二氨基苯基均苯四酰亚胺

3,6-Bis(phenyloxy)-*N,N*′-diaminophenyl pyromellimide[146]

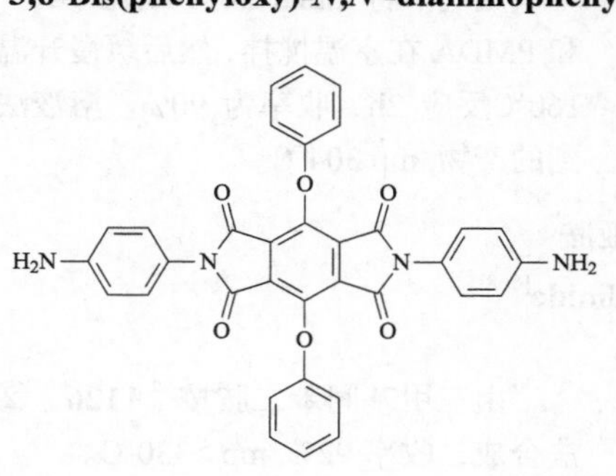

以苯酚代替五氟苯酚，按〖1134〗方法合成，收率 51%。

〖 1134 〗3,6-二(五氟苯氧基)-*N*,*N*′-二氨基苯基均苯四酰亚胺

3,6-Bis(pentafluorophenyloxy)-*N*,*N*′- diaminophenyl pyromellimide[670]

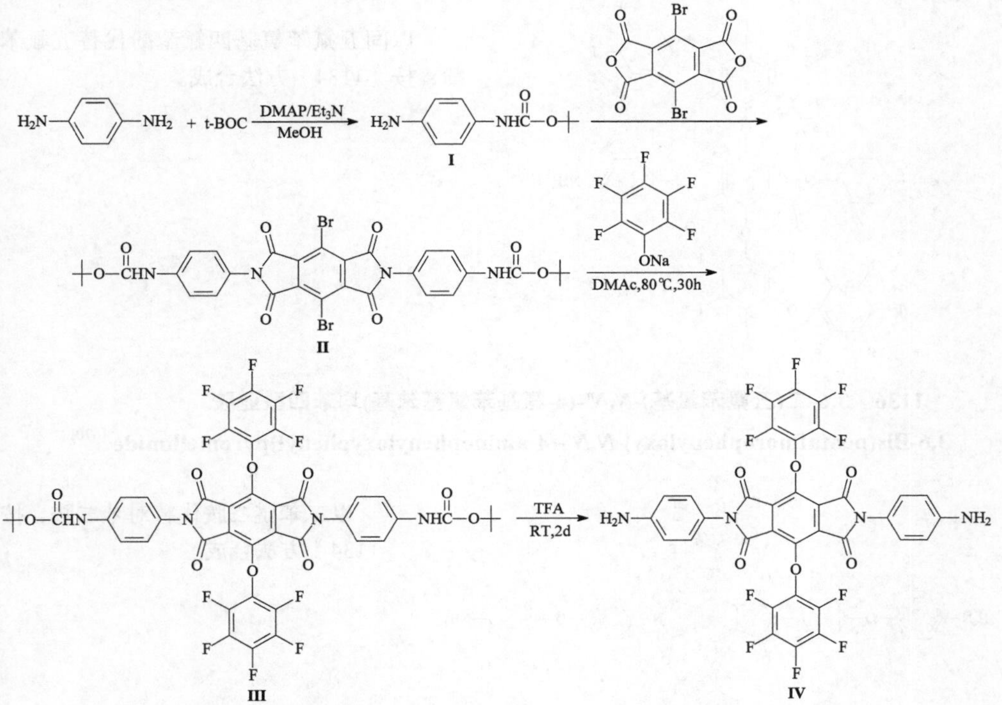

将 2 g (18.45 mmol)对苯二胺在氮气下溶于 30 mL 甲醇中，加入 0.94 g(9.25 mmol)三乙胺和 0.4 g DMAP，在室温下缓慢加入 2.02 g (9.25 mmol)t-BOC，搅拌 12 h。除去所有溶剂，将产物干燥，用柱层析(己烷：乙酸乙酯，2∶1)提纯，得 4-氨基苯基氨基甲酸特丁酯**(I)** 1.53 g (53%)。

将 1.33 g (3.55mmol)二溴均苯二酐【66】和 1.55 g (7.46 mmol)**I** 溶于 20 mL DMAc 中，室温反应 12 h。加入 2.17 mL 乙酐和 1.21 mL 吡啶，在 50℃反应 6 h，在甲醇中沉淀，真空干燥后得 **II** 2.64 g(98%)。

将 0.188 g (8.18 mmol)金属钠溶于甲醇后，加入 1.51 g(8.18 mmol)五氟苯酚，室温反应 1 h，将甲醇完全除去，将得到的钠盐溶于 5 mL DMAc 中，在 80℃下缓慢滴加入 **II**(2.48 g, 3.27 mmol)在 DMAc 中的溶液，反应 24 h。将反应物倒入过量的甲醇中，滤出沉淀，用甲醇洗涤，干燥后得 **III** 3.1 g(98%)。

将 1.0 g (2.07 mmol)**III** 溶于 20 mL 三氟乙酸中，封管后室温搅拌 48 h，除去溶剂，混合物溶于 200 mL 乙酸乙酯，用碳酸氢钠中和，产物在硫酸镁上干燥，真空除去溶剂，得二胺 0.42 g (51%)。

说明：如果以二溴均苯二酐与对硝基苯胺反应后再与酚钠反应，最后用各种方法还原，由于存在副反应而得不到产物二胺。

〖1135〗3,6-二(3-五氟苯氧基四氟苯氧基)-*N,N'*-二氨基苯基均苯四酰亚胺[670]

3,6-Bis(3-pentafluorophenoxy-tetrafluorophenoxy)-*N,N'*- diaminophenyl pyromellimide

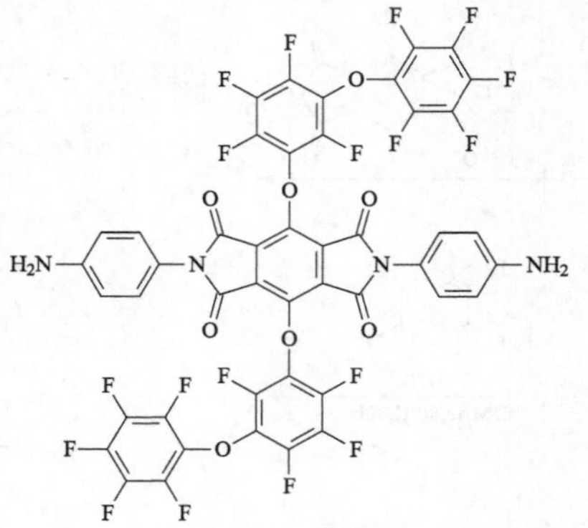

以间五氟苯氧基四氟苯酚代替五氟苯酚，按〖1134〗方法合成。

〖1136〗3,6-二(五氟苯氧基)-*N,N'*-(4-氨基苯氧基苯基)均苯四酰亚胺

3,6-Bis(pentafluorophenyloxy)-*N,N'*-(4-aminophenyloxyphenyl)pyromellimide [670]

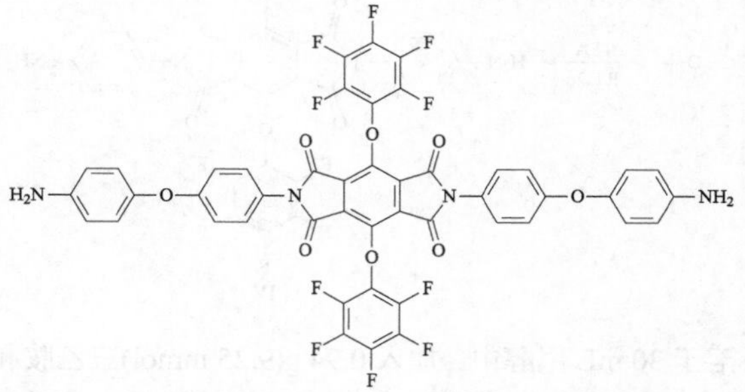

以二苯醚二胺代替对苯二胺，按〖1134〗方法合成。

〖1137〗3,6-二(3-五氟苯氧基四氟苯氧基)-*N,N'*-(4-氨基苯氧基苯基)均苯四酰亚胺

3,6-Bis(3-pentafluorophenoxy-tetrafluorophenoxy)-*N,N'*-(4-aminophenyloxyphenyl)pyro-mellimide [670]

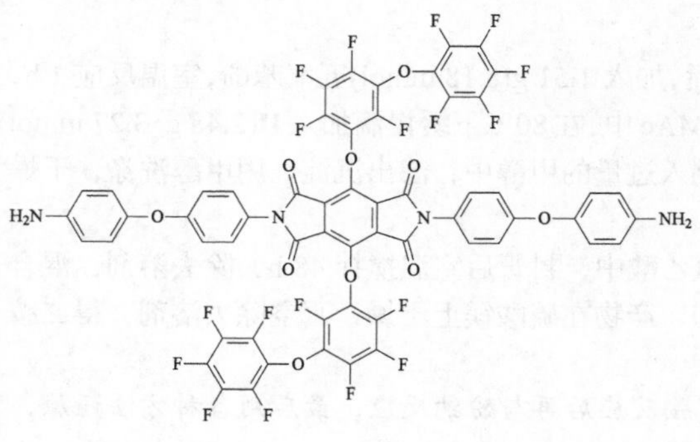

以二苯醚二胺代替对苯二胺，以间五氟苯氧基四氟苯酚代替五氟苯酚，按〖1134〗方法合成。收率57%。

〖 1138 〗3,3′-联(*N*-氨基酞酰亚胺) 3,3′-Bi(*N*-aminophthalimide) (BAPI)[671]

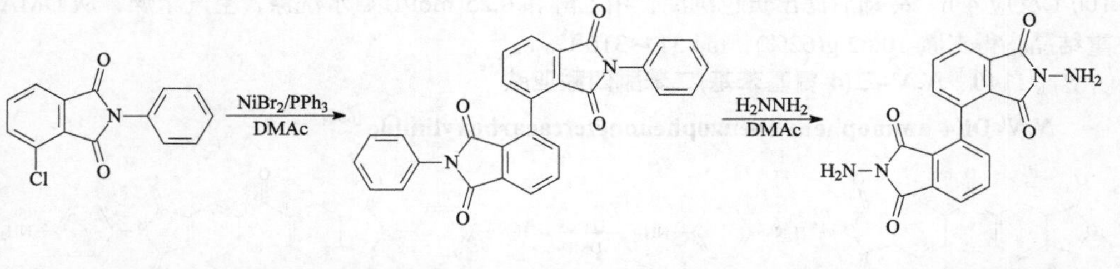

将 51.53 g (0.20 mol)3-氯-*N*-苯基酞酰亚胺, 19.62 g (0.30 mol)锌粉, 2.19 g 溴化镍和20.16 g (0.076 mol)三苯基膦加到 300 mL DMAc 中，在氮气下 70℃反应 12 h。冷却到室温，倒入 2 L 乙醇中，滤出黄色沉淀，用乙醇洗涤 3 次，升华得到无色产物 35.55 g (80%)，mp 275~278℃。

将 22.22 g (0.05 mol)3,3′-双(*N*-苯基酞酰亚胺), 6.25 g (0.10 mol)80%水合肼在 150 mL DMAc 中加热到 100℃ 搅拌 6 h。3,3′-双(*N*-苯基酞酰亚胺)先溶解在 DMAc 中，10 min 后得到黄色沉淀，冷却，滤出沉淀，用 DMAc 和氨水(0.25 mol/L),洗涤，空气干燥，得 3,3′-双(*N*- 氨基酞酰亚胺) 11.28 g (70%)，从 DMF 重结晶，mp 293~295℃。

〖 1139 〗1, 4-双[3-氧-(*N*-氨基酞酰亚胺基)]苯

1, 4-Bis [3-oxy-(*N*-aminophthalimide)]benzene[672]

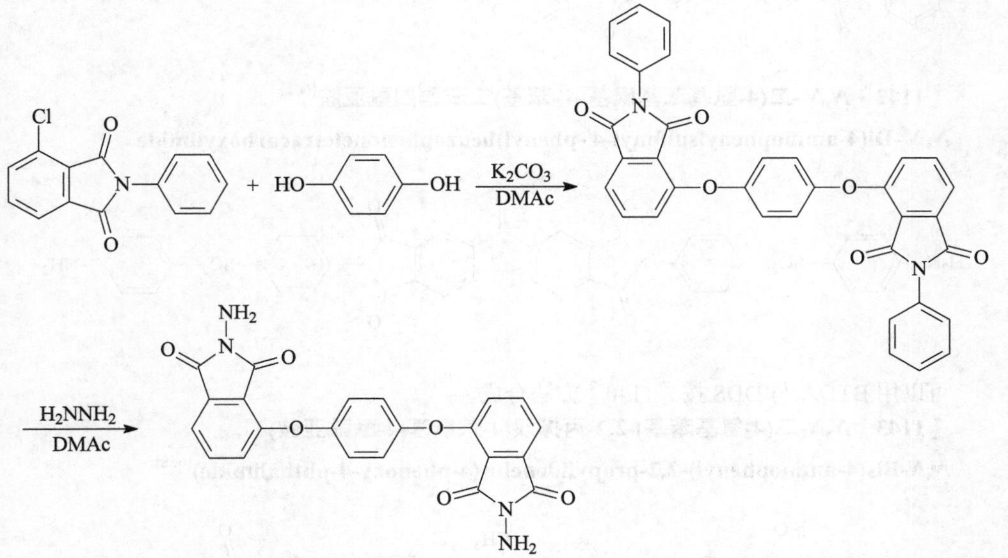

将 32.21 g (0.125 mol) *N*-苯基-3-氯代酞酰亚胺, 6.87 g (0.0625 mol)氢醌和 17.25 g (0.125 mol)无水 K₂CO₃加到 150 mL DMAc 中，加热到 120℃氮气下反应 15 h 后冷至室温，倒入 1000 mL 乙醇中，搅拌 1 h，滤出沉淀，用水洗涤，得二酰亚胺 24.51 g(71%)。可以进行升华提纯，mp 312~313℃。

将 22.10 g (0.04 mol)双酰亚胺，10 g (0.08 mol) 水合肼(80%)加到 200 mL DMAc 中，在 100℃反应 4 h。冷却后滤出黄色沉淀，用乙醇和 0.25 mol/L 氨水洗涤，空气干燥，从 DMAc 重结晶，得二胺 10.62 g(62%)，mp 314~316℃。

〖1140〗*N,N′*-二(4-氨基苯基)二苯酮四酰亚胺

N,N′-**Di(4-aminophenyl)benzophenonetetracarboxylimide**[668]

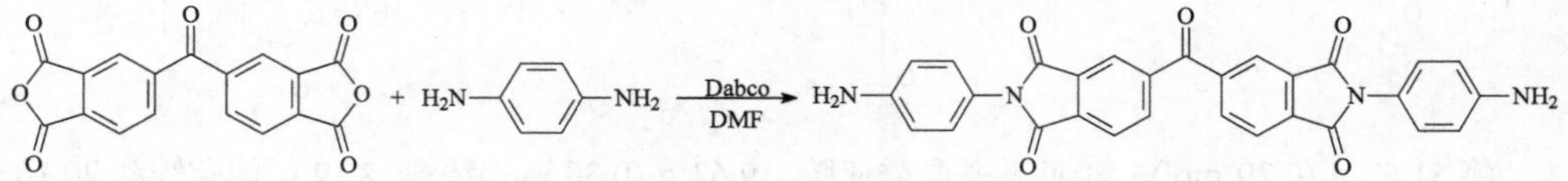

将 2.16 g 对苯二胺和 1.0 g Dabco 溶于 50 mL DMF 中，在 130℃搅拌下 1 h 内加入 3.22 g BTDA 在 50 mL DMF 中的溶液，加完后加热到回流，1 h 后出现沉淀，在空气中继续回流 6~8 h。滤出沉淀，用乙醇洗涤，在 P₂O₅ 上室温真空干燥，得到淡黄色固体，mp >400℃。

〖1141〗*N,N′*-二(3-氨基苯基)二苯酮四酰亚胺

N,N′-**Di(3-aminophenyl)benzophenonetetracarboxylimide**[290]

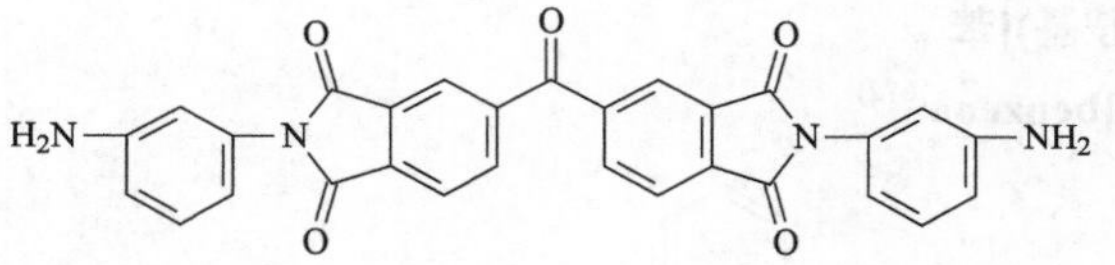

由间硝基苯胺与 BTDA 合成，mp 265℃。

〖1142〗*N,N′*-二(4-氨基苯基砜基-4′-苯基)二苯酮四酰亚胺[668]

N,N′-**Di(4-aminophenylsulfonyl-4′-phenyl)benzophenonetetracarboxylimide**

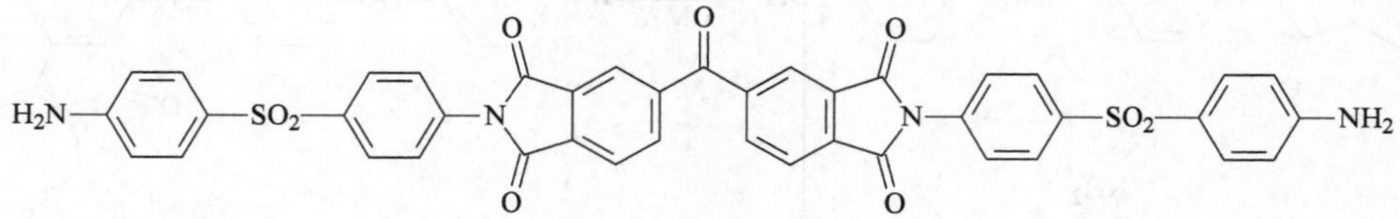

可以用 BTDA 与 DDS 按〖1140〗方法合成。

〖1143〗*N,N*-二(4-氨基苯基)-2,2-丙撑双(4-苯氧基-4-酞酰亚胺)

N,N-**Bis(4-aminophenyl)-2,2-propylidenebis(4-phenoxy-4-phthalimide)**[668]

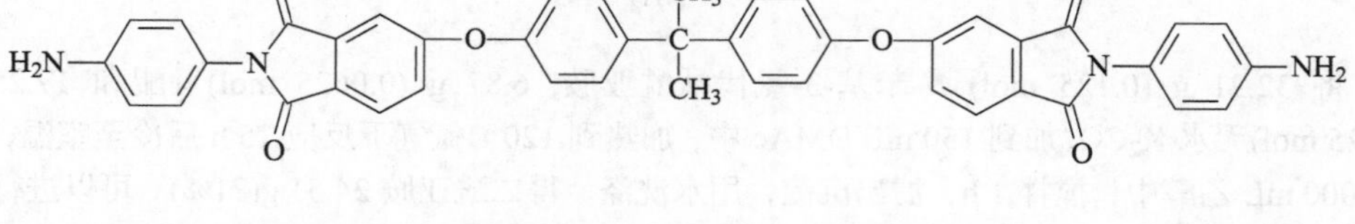

由 BPADA 与 PPD 按〖1140〗方法合成。收率 65%，mp 275℃。

〖1144〗*N,N*-二(3-氨基-2,4,6-三甲基苯基)-2,2-丙撑双(4-苯氧基-4-酞酰亚胺)

N,N-Bis(3-amino-2,4,6-trimethylphenyl)-2,2-propylidenebis(4-phenoxy-4-phthalimide)[668]

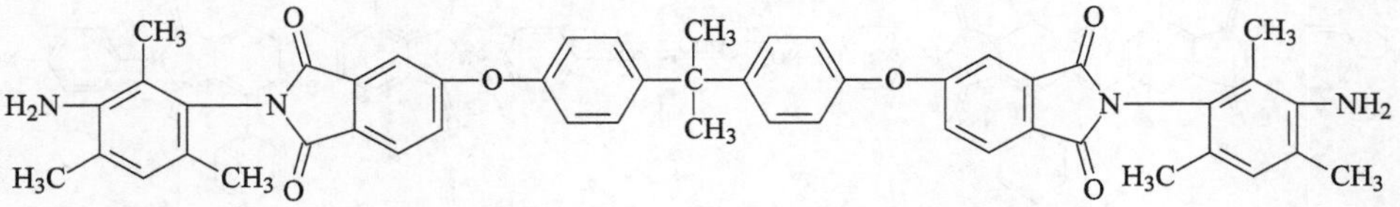

由 BPADA 与 2,4,6-三甲基间苯二胺按〖1140〗方法合成。

〖1145〗*N,N*-二(4-氨基四甲基苯基)-2,2-丙撑双(4-苯氧基-4-酞酰亚胺)

N,N-Bis(4-aminotetramethylphenyl)-2,2-propylidenebis(4-phenoxy-4-phthalimide)[668]

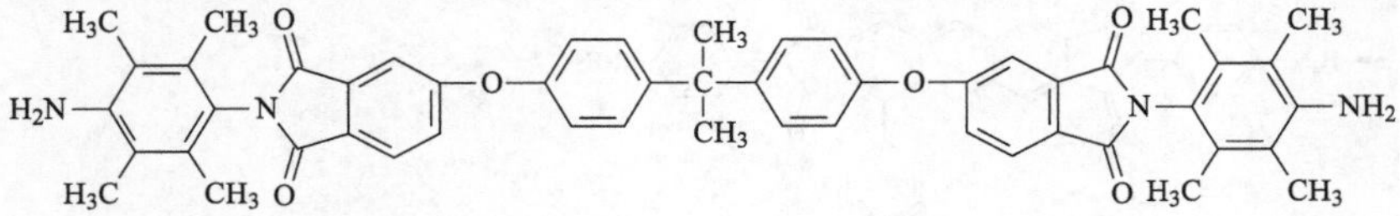

由 BPADA 与四甲基对苯二胺按〖1140〗方法合成。

〖1146〗*N,N'*-双(*p*-氨基苯基)-1,5-双[(*p*-三甘醇单甲醚)苯基]蒽-2,3,6,7-四酰二亚胺

N,N'-Bis(*p*-aminophenyl)-1,5-bis(*p*-(tetraethyleneglycoloxy)phenyl)anthracene-2,3,6,7-tetracarboxyl bisimide[673]

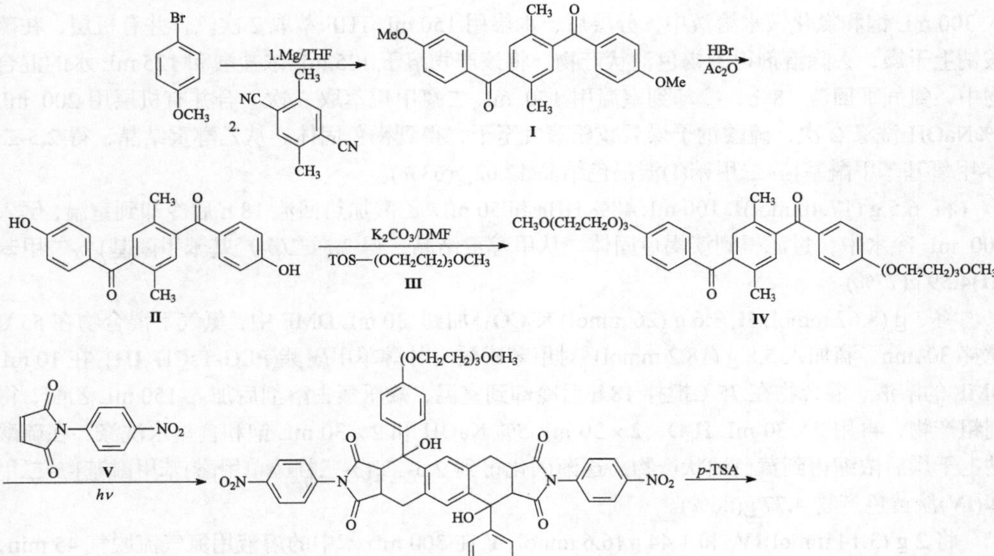

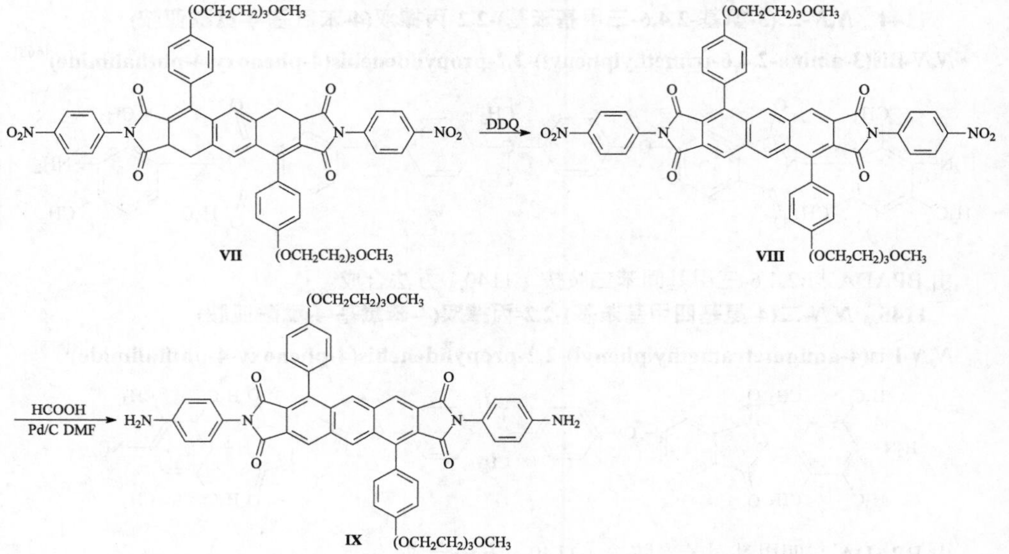

(OCH₂CH₂)₃OCH₃ → $(OCH_2CH_2)_3OCH_3$

图中化合物 **VII** 经 DDQ 反应生成 **VIII**；**VIII** 经 HCOOH、Pd/C DMF 反应生成 **IX**。

反应物及产物标记：O_2N—、NO_2、$(OCH_2CH_2)_3OCH_3$、H_2N—、—NH_2

VII　　**VIII**　　**IX**

将 21.7 g (0.116 mol)4-溴苯甲醚滴加到含有 4 g (0.17 mol)镁屑的 50 mL THF 中，回流 2 h 后冷至室温。将反应物转移到加料漏斗中。在室温下将格氏试剂滴加到溶有 8 g (0.051 mol) 2,5-二甲基-1,4-二氰基苯的 200 mL 新蒸的 THF 中。混合物在氮气下回流 18 h 后冷却到室温，倒入 300 mL 饱和氯化铵水溶液中，分层后，水层用 150 mL THF 萃取 2 次。合并有机层，在硫酸钠上干燥，去除溶剂得到褐色油状产物。将该产物溶于 125 mL 浓盐酸和 125 mL 水的混合物中，氮气下回流 18 h，冷却到室温用 150 mL 二氯甲烷萃取 3 次。合并有机层用 200 mL 5%NaOH 洗涤 2 次，硫酸钠干燥后减压蒸发至干，得到褐色固体，从乙醇重结晶，得 2,5-二 (*p*-甲氧基苯甲酰基)-*p*-二甲苯(**I**)淡褐色结晶 12.02 g(63%)。

将 6.5 g (17.4 mmol)**I**, 100 mL 48% HBr 和 50 mL 乙酸加热回流 18 h 后冷却到室温，倒入 200 mL 冷水中，过滤得到淡褐色固体。从甲醇重结晶，得 2,5-二(*p*-羟基苯甲酰基)-*p*-二甲苯(**II**)4.59 g(77%)。

将 3 g (8.67 mmol) **II**, 3.6 g (26 mmol) K_2CO_3 加到 30 mL DMF 中，氮气下混合物在 55℃ 搅拌 30 min，滴加入 5.8 g (18.2 mmol) 对甲苯磺酸三甘醇单甲醚酯(PEG-TsCl，**III**) 在 10 mL DMF 的溶液，混合物在 75℃搅拌 18 h 后冷却到室温，减压蒸去溶剂后加入 150 mL 乙醚，得到粗产物，再用 2×30 mL H_2O, 2×30 mL 5% NaOH 和 2×30 mL 饱和食盐水洗涤，在硫酸钠上干燥后浓缩得到黄色油状产物，逐渐固化得到 2,5-二[(*p*-三甘醇单甲醚)苯甲酰基]-*p*-二甲苯(**IV**)淡黄色产物 4.77 g(86%)。

将 2 g (3.14 mmol)**IV** 和 1.44 g (6.6 mmol) **V** 在 300 mL 苯中的溶液用氮气流脱气 45 min，氮气下搅拌，用 450W 中压汞灯辐照 18 h。减压除苯，在 50 mL 甲醇中研细，过滤得到 **VI** 淡黄色固体 3.31 g (98%)，为两种立体异构体的混合物。该产物可以直接用于下步反应。

将 2.7 g (2.51 mmol) **VI** 和 0.3 g(1.57 mmol)对甲苯磺酸单水化合物溶于 250 mL 甲苯中，回流 18 h，冷却到室温后用 50 mL 5%NaOH 洗涤 2 次，水洗涤 1 次，有机相在硫酸钠上干燥后减压蒸发至干得暗黄色产物 **VII** 1.5 g(58%)。

将 1.7 g (1.64 mmol) **VII** 和 0.75 g (3.3 mmol)DDQ 加到 130 mL 氯苯中，氮气下回流 18 h。冷到室温，用 50 mL 5%NaOH 洗涤 2 次，水洗涤 1 次，有机相在硫酸钠上干燥后减压 蒸发至干得暗黄色产物 **VIII** 1.0 g(60%)。

将 0.7 g (0.68 mmol) **VIII** 溶于 5 mL DMF 中，超声处理得到非均相的溶液，加入 1 mL 三乙胺和 0.095 g 5%钯炭黑，冷至 0℃。15 min 内滴加入 0.26 g 甲酸在 2 mL DMF 中的溶液， 混合物在 70℃搅拌 2 h，减压下去除 DMF，加入 50 mL 二氯甲烷，通过 3 μm 孔径的滤纸， 固体用 2×50 mL DMF 洗涤，真空干燥得到二胺暗黄色固体 0.58 g(88%)。

〖1147〗4-(4-氨基苯基硫)-*N*-氨基-1,8-萘二酰亚胺

4-(4-Aminophenylthio)-*N*-amino-1,8-naphthalimide

氩气下将 2.77 g(10 mmol)4-溴-1,8-萘二酸酐，1.5 g(30 mmol)水合肼在 50 mL 乙醇中 80℃ 搅拌 4 h。冷却到室温，滤出黄色沉淀，用乙醇洗涤后 80℃真空干燥，得产物 **I** 2.76 g(95%)。

氮气下将 14.55 g(50 mmol) **I**，6.89 g(55 mmol)4-氨基苯硫酚和 5.57 g(55 mmol)三乙胺在 200 mL DMF 中 90℃搅拌 12 h。冷却到室温，倒入 1 L 水中，过滤，从吡啶/水(5/2)重结晶三 次，得到红褐色粉末 11.68 g(69.68%)。

〖1148〗*N,N*′-二氨基萘-1,4,5,8-四酰二亚胺

***N,N*′-Diaminonaphthalene-1,4,5,8-tetracarboxy-diimide**[674]

将 4.0 g 萘二酐加入到 2.0 g 水合肼在 40 mL 丙酮的溶液中，放热形成深色沉淀，过滤用 丙酮洗涤，空气干燥，在 150℃抽空 2 h，以保证完全环化，得到 4.2 g,mp 440~450℃。

〖1149〗*N,N*′-二氨基-3,4,9,10-苝四酰二亚胺

***N,N*′-Dismino-3,4,9,10-perylenetetracarboxylic acid bisimide**[469]

由苝二酐与水合肼按〖1148〗方法合 成。

〖1150〗4,4′-双(N-氨基-4-硫-1,8-萘酰亚胺基)-2,2-二苯基丙烷

Isopropylidenediphenylene-4,4′-bis(N-amino-4-thio-1,8-naphthalimide)[675]

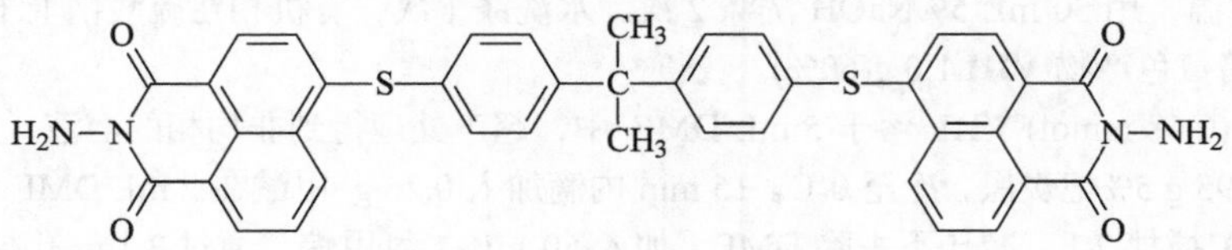

由二酐【360】与肼在乙醇中 40℃反应 5 h 得到，收率 99%，mp 283℃。

〖1151〗4,4′-双(N-氨基-4-硫-1,8-萘酰亚胺基) 二苯酮

Benzophenone-4,4′-bis(N-amino-4-thio-1,8-naphthalimide)[675]

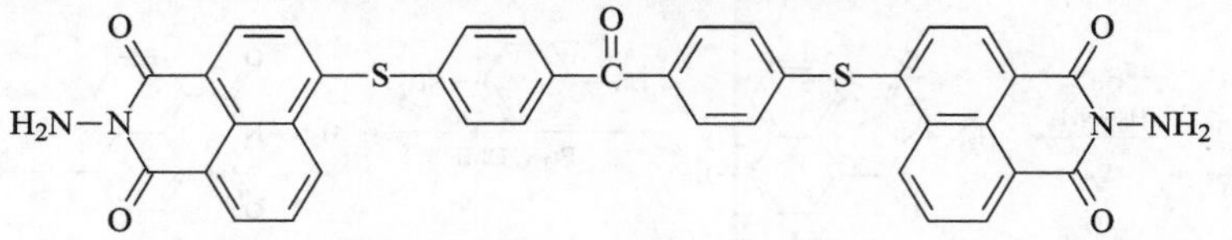

由二酐【363】与肼在乙醇中 40℃反应 5 h 得到，收率 97%，mp 202℃。

〖1152〗4,4′-双(N-氨基-4-硫-1,8-萘酰亚胺基) 二苯砜

Sulfone-4,4′-bis(N-amino-4-phenylenethio-1,8-naphthalimide)[675]

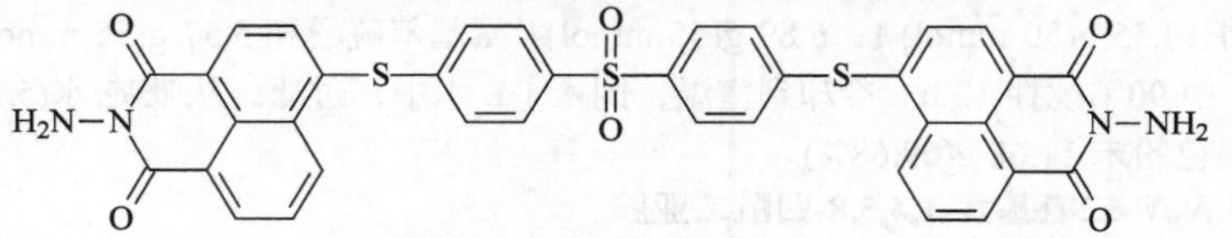

由二酐【364】与肼在乙醇中 40℃反应 5 h 得到，收率 98%，mp 319℃。

〖1153〗9,9-双(N-氨基-4-苯撑硫-1,8-萘酰亚胺基) 芴

Fluorene-9,9′-bis(N-amino-4-phenylenethio-1,8-naphthalimide)[675]

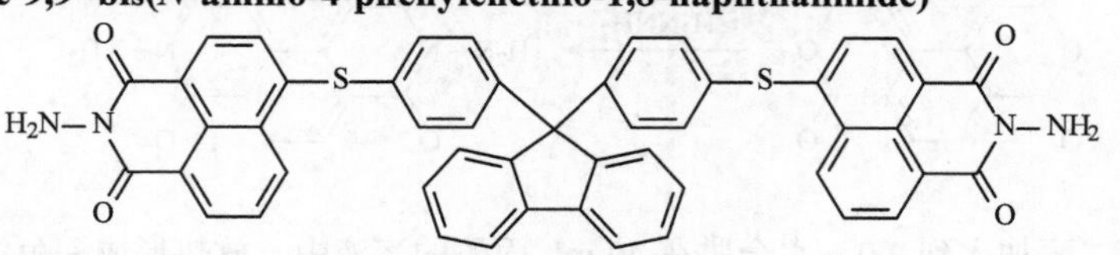

由二酐【361】与肼在乙醇中 40℃反应 5 h 得到，收率 98%，mp 341℃。

〖1154〗6,6′-双(N-氨基-4-硫-1,8-萘酰亚胺基)-3,3,3′,3′-四甲基-1,1′螺二茚

3,3,3′,3′-Tetramethyl-1,1′-spirobiindane-6,6′-bis(Namino-4-thio-1,8-naphthalimide)[675]

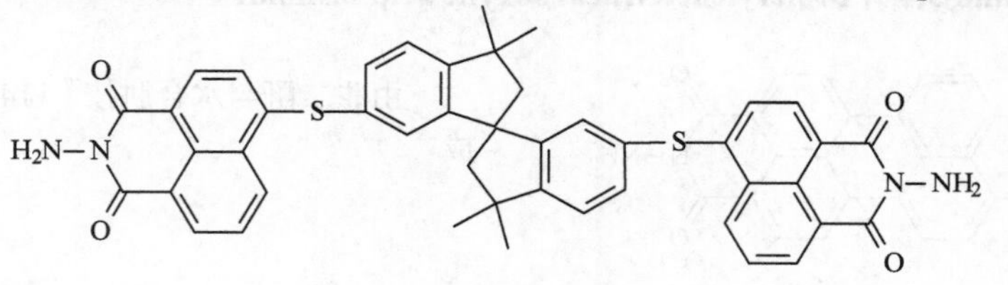

由二酐【362】与肼在乙醇中 40℃反应 5 h 得到，收率 98%，mp 336℃。

2.35　脂　肪　二　胺

脂肪二胺是指氨基连接在脂肪碳上的二胺。

〖1155〗己二胺　**Hexamethylene diamine(HDA)**

$$H_2N—(CH_2)_6—NH_2$$

商品，mp 42~45℃。

〖1156〗1,5-二氨基-2-甲基戊烷　**1,5-Diamino-2-methylpentane**

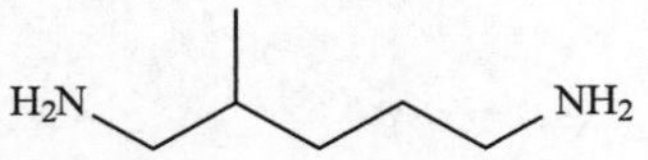

商品，bp 193℃。

〖1157〗壬二胺　**Nonamethylene diamine**[502]

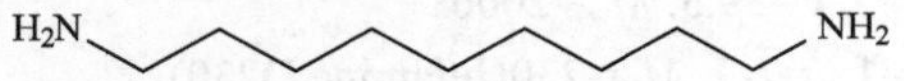

商品。将壬二酸与催化剂量的多聚磷酸在 300℃加热 8 h，同时通入过量的氨，得到的壬二腈用钴催化剂还原为壬二胺。mp 35~37℃。

〖1158〗3-甲基庚二胺　**3-Methylheptamethylene diamine**[676]

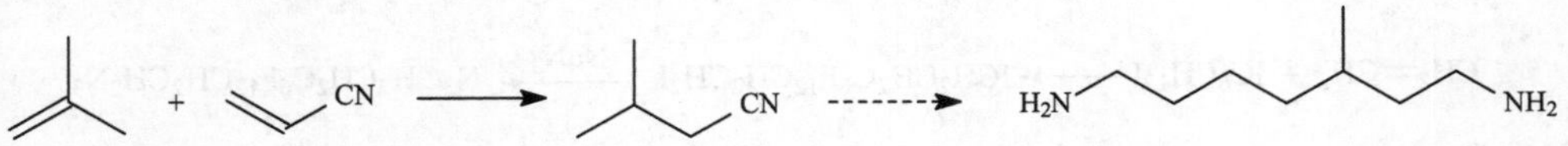

〖1159〗4,4-二甲基庚二胺　**4,4-Dimethylheptamethylenediamine**[677]

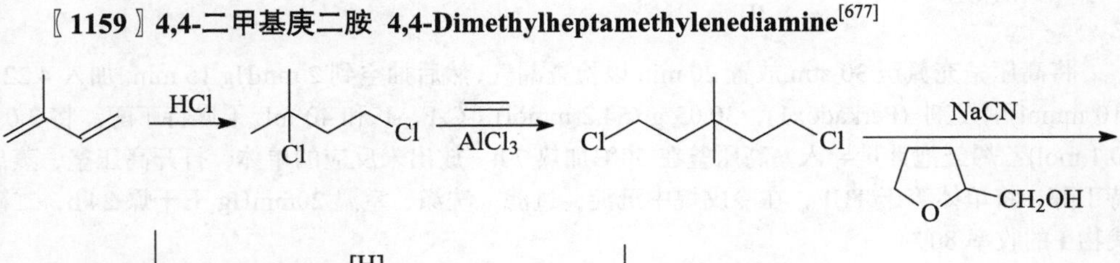

异戊二烯在 0~10℃与氯化氢作用，得到 2-甲基-2,4-二氯丁烷，然后在 -20℃下与乙烯在三氯化铝作用下得到 3,3-二甲基-1,5-二氯戊烷，再在四氢糠醇中与无水氰化钠反应得到 4,4-二甲基庚二腈，再经催化还原得到 4,4-二甲基庚二胺。

〖1160〗癸二胺　**1,10-Diaminodecane**

$$H_2N—(CH_2)_{10}—NH_2$$

商品，mp 59~61℃。

〖1161〗2,2′-(乙撑二氧基)二乙胺　2,2′-(Ethylenedioxy)diethylamine

H_2N ～～O～O～ NH_2

商品。Bp 105~109℃/6mmHg。

〖1162〗聚氧化乙烯二胺　Polyoxyethylene bis(amine)

H_2N ～[～O～]$_n$ NH_2

商品。
M_w=10000
M_w=20000

〖1163〗氟醚二胺　α,ω-Bis(aminomethy1)polyoxyperfluoroalkylenes[678]

$H_2NCH_2CF_2(OC_2H_4)_n(OCF_2)_mOCF_2CH_2NH_2$

〖1164〗聚醚二胺　Jefamine TXJ-502[678]

H_2N [～O～]$_x$ [～O～]$_y$ NH_2（带 CH_3 取代）

商品。
x=5, y=39.5, M_w=2000；
x=1, y=2-3, M_w=230(Jefamine D230)。

〖1165〗1,10-二氨基-1H,1H,2H,2H,9H,9H,10H,10H-十二氟癸烷
1,10-Diamino-1H,1H,2H,2H,9H,9H,10H,10H-perfluorodecane[679]

$$CH_2{=}CH_2 + IC_6C_{12}I \longrightarrow ICH_2CH_2C_6F_{12}CH_2CH_2I \xrightarrow{NaN_3} N_3CH_2CH_2C_6F_{12}CH_2CH_2N_3$$
　　　　　　　　　　　　　　　　I　　　　　　　　　　　　　　　　　　II

$$\xrightarrow[NH_4OH]{PPh_3} H_2NCH_2CH_2C_6F_{12}CH_2CH_2NH_2$$
　　　　　　　　　III

　　将高压釜充氮至 30 atm 放置 20 min 以检查漏气,然后抽空到 2 mmHg 15 min。加入 4.22 g (10 mmol)引发剂 (Perkadox1), 30.05 g (54.2 mmol) I-C$_6$F$_{12}$-I 和 40 mL 干燥特丁醇。将 3.0 g (0.1 mol)乙烯鼓泡计量导入。高压釜在 50℃加热 7 h。放出未反应的单体,打开高压釜,蒸出特丁醇,将单体溶于 THF,在冷戊烷中沉淀,过滤,洗涤,室温 20mmHg 下干燥 24 h,二碘代物 I 的收率 80%。

　　3.9 g (6.4 mmol)I 和 1.1 g (15.4 mmol) 叠氮化钠溶于 25 mL DMSO 和 0.5 mL 水的混合物中, 在 50℃搅拌 48 h。倒入水中, 用乙醚萃取, 有机层依次用水、10%亚硫酸钠溶液、水饱和 NaCl, 洗涤, 硫酸镁干燥, 减压除去溶剂得到 2.5 g 淡绿色油状物 II, 二叠氮化物(II)的收率 90%。

　　将 4.6 g (18.0 mmol) 三苯膦溶于 II 在 20.0 mL NMP 的溶液中,室温搅拌 4 h 后加入 4 mL 氨水,再搅拌 12 h,加入盐酸,立即出现结晶,放置过夜,滤出盐,用 NMP 洗涤,20 mmHg 下室温干燥 24 h。将白色胺盐溶于 20 mL 水中,加入 10 mL 氨水,搅拌 12 h,二胺用乙醚萃取,有机层依次用水、10%亚硫酸钠、水及饱和 NaCl 洗涤,硫酸镁干燥,减压蒸去溶剂,得

二胺黄色油状物 1.8 g(80%)。

〖1166〗双(3-氨丙基)胺　Bis(3-aminopropyl)-amine[680]

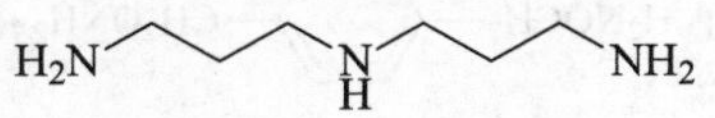

H₂N～～N～～NH₂
　　　H

商品。Bp 151℃/50 mmHg；mp−14℃。

〖1167〗1,4-双(3-氨丙基)哌嗪　1,4-Bis(3-aminopropyl)piperazine[681]

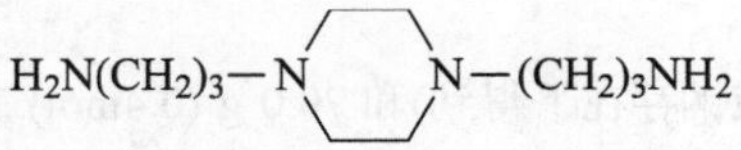

$H_2N(CH_2)_3-N\big\langle\ \big\rangle N-(CH_2)_3NH_2$

商品，bp 150~152℃/2 mmHg。

〖1168〗二氨基丁烯二腈　Diaminomaleonitrile[497]

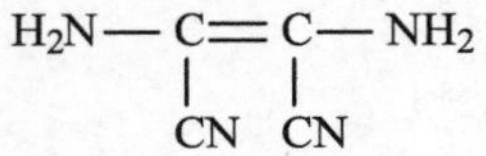

H₂N—C=C—NH₂
　　　|　|
　　　CN　CN

商品，mp 178~179℃。

〖1169〗对二甲苯二胺　p-Xylylenediamine[683]

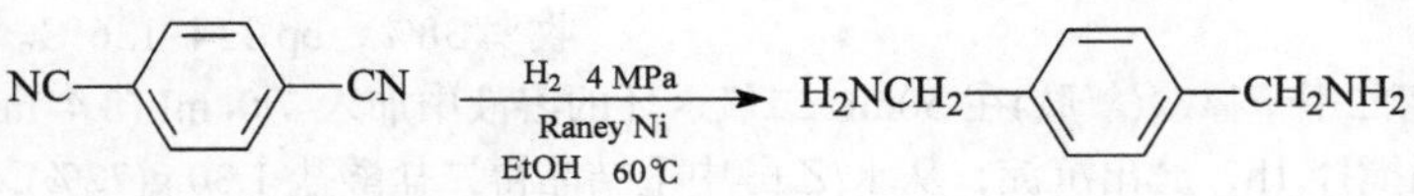

NC—〈 〉—CN $\xrightarrow[\substack{\text{Raney Ni}\\ \text{EtOH}\quad 60℃}]{\text{H}_2\quad 4\ \text{MPa}}$ H₂NCH₂—〈 〉—CH₂NH₂

由对苯二腈在 Raney Ni 催化下加氢得到，mp 34.5~35℃。

〖1170〗对二甲苯撑双(氧胺)　p-Xylylenebis(oxyamine)

①由二氯对二甲苯和 N-羟基酞酰亚胺合成[684]

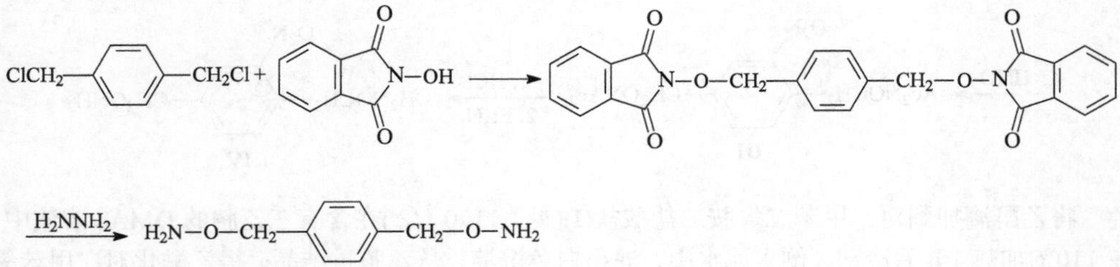

ClCH₂—〈 〉—CH₂Cl + （酞酰亚胺 N—OH） ⟶ （酞酰亚胺 N—O—CH₂—〈 〉—CH₂—O—N 酞酰亚胺）

$\xrightarrow{\text{H}_2\text{NNH}_2}$ H₂N—O—CH₂—〈 〉—CH₂—O—NH₂

　　将 8.60 g (0.02 mol)对二甲苯撑双(p-氧酞酰亚胺)(由二氯对二甲苯与 2 N N-羟基酞酰亚胺在三乙胺存在下制得[16])。在 60 mL 二氧六环中加入 2.20 g (0.04 mol)水合肼，回流 3 h，滤出酞酰肼，滤液在减压下蒸发，残留浆状物溶于 40 mL 2 mol/L NaOH 中，用 8×50 mL 氯仿萃取，萃取液用硫酸镁干燥，减压浓缩，从二氯甲烷/石油醚重结晶，得无色片状物 2.39 g (71%)，mp 56~58℃。

②从丙酮肟和二氯对二甲苯合成[685]

$$Me_2C=NOH + ClCH_2-\bigoplus-CH_2Cl \xrightarrow[\text{2. HCl}]{\text{1. NaOEt}} HCl\cdot H_2NOCH_2-\bigoplus-CH_2ONH_2\cdot HCl$$

$$\xrightarrow{Et_3N} H_2NOCH_2-\bigoplus-CH_2ONH_2$$

将 58.4 g (0.8 mol)丙酮肟(由丙酮与盐酸羟胺在碳酸钠存在下得到)和 70.0 g (0.4mol)二氯化对二甲苯溶于 600 mL 含有 0.8 mol 乙醇钠的乙醇中,加热回流 4 h。浓缩后用盐酸水解。减压除去溶剂,用乙醇洗涤,干燥得到对二甲苯二氧胺二盐酸盐。将该盐酸盐溶于水中,用三乙胺处理,搅拌 6 h,溶液用二氯甲烷萃取,除去溶剂,在 65℃减压干燥,得到二胺,收率 41%,mp 52~53℃。

〖1171〗间二甲苯撑双(氧胺) *m*-Xylylenebis(oxyamine)[684]

$$H_2N-O-CH_2-\bigoplus-CH_2-O-NH_2$$

以二氯间二甲苯代替二氯对二甲苯按〖1171〗方法合成。

用肼处理如前,得无色液体产物,收率 38%,bp 134~136℃。向由 1.26 g (7.5 mmol) 间二甲苯撑双(氧胺)在 50mL 二氧六环的溶液中加入 7.0 mL(8.4 mmol)浓盐酸,混合物在室温搅拌 1h,滤出沉淀,从水/乙醇中重结晶得二盐酸盐 1.30 g(72%), mp 265℃。

〖1172〗2-硝基对二甲苯氧胺 2-Nitro-*p*-xylyleneoxyamine[685,686]

$$HCl\cdot H_2NOCH_2-\bigoplus-CH_2ONH_2\cdot HCl \xrightarrow{Ac_2O} Ac_2NOCH_2-\bigoplus-CH_2ONAc_2$$
$$\textbf{I} \qquad\qquad\qquad\qquad \textbf{II}$$

$$\xrightarrow{HNO_3} Ac_2NOCH_2-\overset{O_2N}{\bigoplus}-CH_2ONAc_2 \xrightarrow[\text{2. Et}_3N]{\text{1. HCl}} H_2NOCH_2-\overset{O_2N}{\bigoplus}-CH_2ONH_2$$
$$\textbf{III} \qquad\qquad\qquad\qquad \textbf{IV}$$

将乙酐滴加到对二甲苯二氧胺二盐酸盐(**I**)(见〖1170〗②)在含有三乙胺的 DMAc 溶液中,在 110℃加热 1 h 后冷却,倒入冰水中,滤出白色沉淀,从乙腈重结晶,得乙酰化对二甲苯氧胺 **II** 87.5 g (65%), mp 186~188℃。

冰浴冷却下将 200 mL 61% 硝酸加到 26.8 g (0.08 mol)**II** 在 800 mL 乙酐的溶液中,混合物在室温搅拌 10 h 后倒入冰水中,滤出黄色沉淀,用冷水和乙醇洗涤,粗产物从乙醇重结晶,得乙酰化 2-硝基对二甲苯氧胺(**III**) 23.2 g (76%),mp 144~145℃。

将 3.8 g (0.01 mol) **III** 在 500 mL 5% HCl 中的溶液在 90℃加热到完全溶解,冷却后在室温搅拌 2 h。浓缩,得到固体,用乙醚洗涤后干燥。固体在 35 mL 水中用 0.06 mol 三乙胺在室温中和,搅拌 6h,溶液用二氯甲烷萃取,除去溶剂,在 65℃减压干燥,得黄色液体 2-硝基对二甲苯氧胺**(IV)** 1.51 g (71%)。

〖1173〗4-双(氨基乙基)氨基-4′-硝基芪　4-Bis(aminoethyl)amino-4′-nitrostilbene[687]

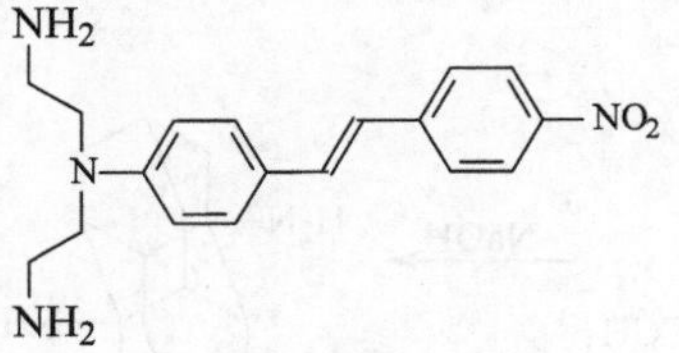

〖1174〗1,4-环己烷二胺　1,4-Diaminocyclohexane（CHDA）[688]

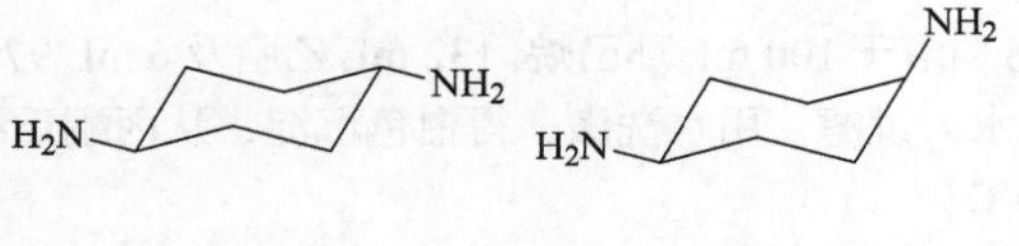

cis/*trans*=75/25。

trans　　　　*cis*

〖1175〗二(氨基甲基)双环[2.2.1]庚烷　Bis(aminomethyl)bicyclo[2.2.1]heptane(BBH) [689]

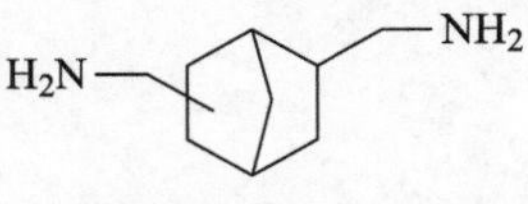

为异构体的混合物：2-*exo*,5-*exo*-(30%)，2-*endo*, 5-*exo*-(35%)，2-*exo*,6-*exo*-(20%)，2-*endo*,6-*exo*-(15 %)。

〖1176〗5-氨基-1,3,3-三甲基环己烷甲胺

5-Amino-1,3,3-trimethyl-cyclohexane- methylamine[690]

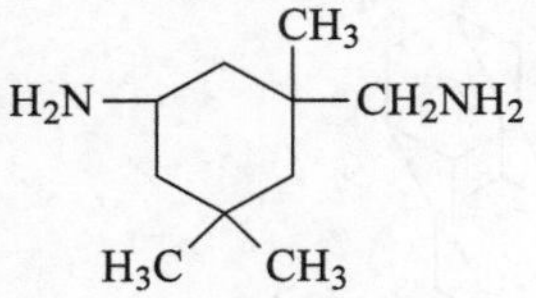

〖1177〗1,3-二氨基金刚烷二盐酸盐　**1,3-Diaminoadamantane dihydrochloride**[691]

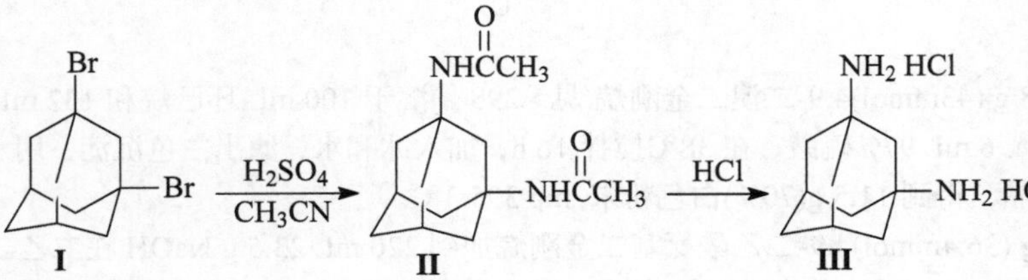

将 30 mL 硫酸滴加入 15.6 g(53mmol)**I**(见〖351〗)在 180 mL 乙腈的溶液中，回流 24 h，然后倒入 500 mL 冰水中，滤出沉淀，滤液用碳酸氢钠溶液中和，用 500 mL 乙酸乙酯萃取。有机层在减压下浓缩，残留物从乙酸乙酯中重结晶，得 1,3-二乙酰氨基金刚烷**(II)**8.0 g(61%)白色片状结晶, mp 231℃。

将 3.0 g (12 mmol)**II** 加到 108 mL 2 N 盐酸中，在 100℃搅拌 60 h，减压去溶剂，得 2.76 g (96%)，mp 213℃(dec)。游离二胺在空气中很快会变成无色液体，然后转化为白色固体。

〖1178〗**1,6-二氨基二金刚烷 1,6-Diaminodiamantane**[692]

③二溴代物的氨化[693]

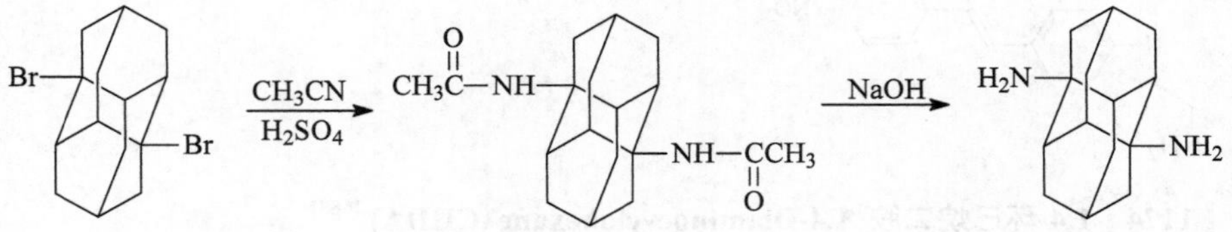

将 0.043 mol 1,6-二溴代金刚烷(**I**, 见『298』)溶于 100 mL 环己烷, 132 mL 乙腈及 6 mL 97%硫酸的混合物中，在 38℃反应 16 h，加入冰水，过滤，用水洗涤，得白色沉淀，从丙酮重结晶得 11.1 g(72%)二乙酰胺基化合物，mp 400℃。

将 36.4 mmol 二乙酰氨基化合物在 220 mL 二乙二醇和 23.5 g NaOH 中回流 24 h，得白色沉淀物，用 750 mL 水稀释，过滤，水洗，干燥，升华，得 1,6-二氨基二金刚烷，收率 50%，mp 324℃。

〖1179〗**4,9-二氨基二金刚烷 4,9-Diaminodiamantane**

①从 4,9-二溴二金刚烷出发[694]

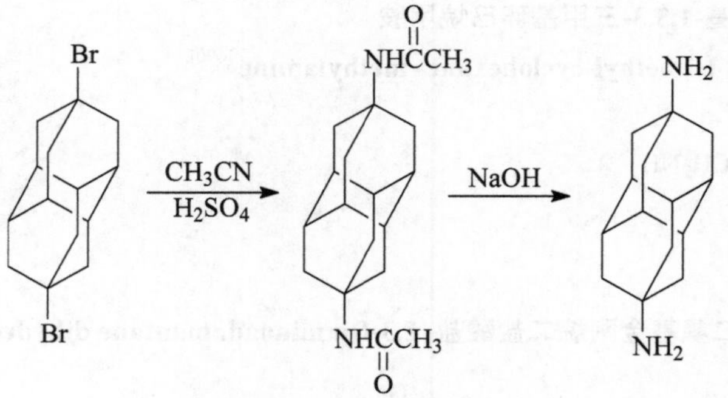

将 14.88 g (43mmol)4,9-二溴二金刚烷(见『298』)溶于 100 mL 环己烷和 132 mL 乙腈的混合物中，加入 6 mL 97%硫酸，在 38℃搅拌 16 h，加入冰和水，滤出白色沉淀，用水洗涤，从 DMAc 重结晶，得到 11.5 g(70%)白色粉末, mp 395.3℃。

将 11.0g (36.4mmol)4,9-二乙酰氨基二金刚烷加到 220 mL 23.5 g NaOH 在二乙二醇的溶液中，加热回流 24 h，反应物由黄变橙-褐色，用氯仿萃取，得二胺白色结晶，真空升华后收率 45%，mp 220.4℃。

②从 Binor-S 出发[695]

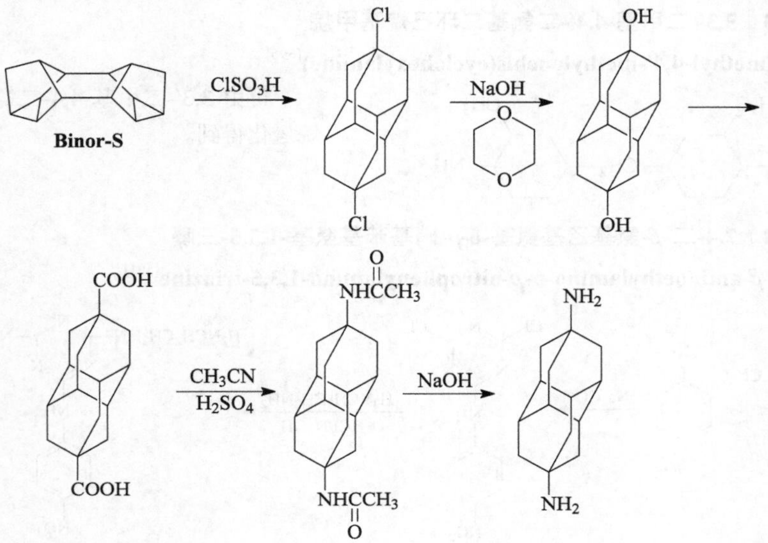

将 Binor-S(见〖298〗)与氯磺酸(1∶5.7)在–15℃搅拌 9 h,得 4,9-二氯二金刚烷,产率 80%。将二氯代物与 NaOH 在二氧六环水溶液中 160℃水解,高收率得到二醇。以 Koch-Haaf 羧基化,由二醇得到二酸,mp 456℃。将二酸与乙腈在乙醇中依 Ritter 反应得到二乙酰氨基二金刚烷,mp 399 ℃。用盐酸在甲醇中水解得到二胺,mp 238~240℃。

说明:长时间与氯磺酸反应会得到 1,4,9-三氯代物,收率 80%~90%,mp 184~186℃。

〖1180〗3,3′–二氨基-1,1′–联金刚烷 3,3′-Diamino-1,1′-biadamantyl[691]

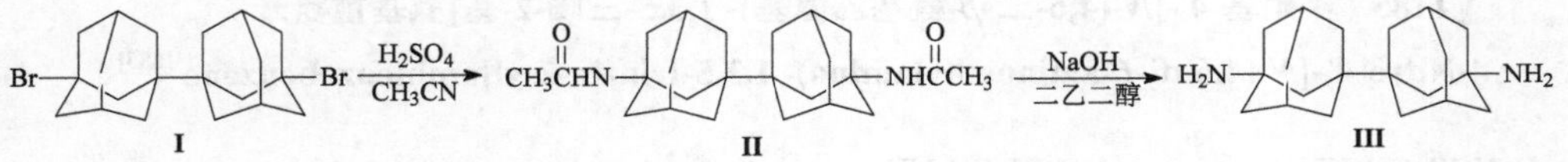

将 10.0 g (23.4 mmol) 3,3′-二溴-1,1′-联金刚烷(见〖602〗)加到 160 mL 乙腈中,滴加入 4.8 mL 硫酸,回流 24 h,倒入 300 mL 冰水中,滤出沉淀,用水洗涤,干燥。将 1.90 g (5.0 mmol) 得到的固体和 8.25 g (80 mmol)NaOH 溶解在 30 mL 二乙二醇中,在 180℃搅拌 24 h,倒入 20 mL 冷水中,滤出沉淀,干燥,升华得 3,3′-二氨基-1,1′-联金刚烷(IV) 0.75 g(50%), mp 178~182℃。

〖1181〗4-(4-氨基苄基)环己胺 4-(4-Aminobenzyl)cyclohexylamine[182]

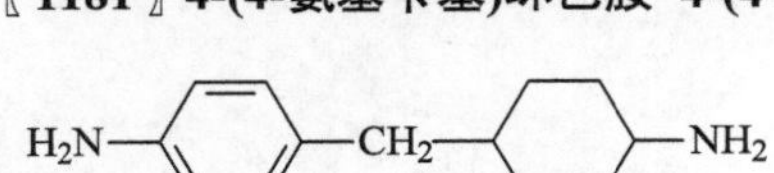

商品。

〖1182〗4,4′-二氨基二环己烷基甲烷 4,4′-Methylenebis(cyclohexylamine)[688]

可由二氨基二苯甲烷氢化得到,为异构体的混合物: *trans-trans*: 51%, *trans-cis*: 40%, *cis-cis*: 7%。

〖1183〗3,3′-二甲基-4,4′-二氨基二环己烷基甲烷

3,3′-Dimethyl-4,4′-methylenebis(cyclohexylamine)[696]

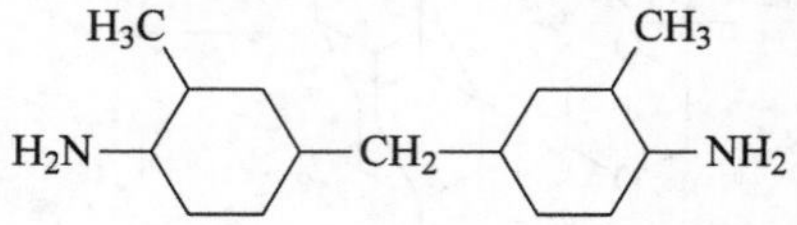

可由 3,3′-二甲基-4,4-二氨基二苯甲烷氢化得到。

〖1184〗2,4-二-*β*-氨基乙基氨基-6-*p*-硝基苯基氨基-1,3,5-三嗪

2,4-Di-*β*-aminoethylamino-6-*p*-nitrophenylamino-1,3,5-triazine[591]

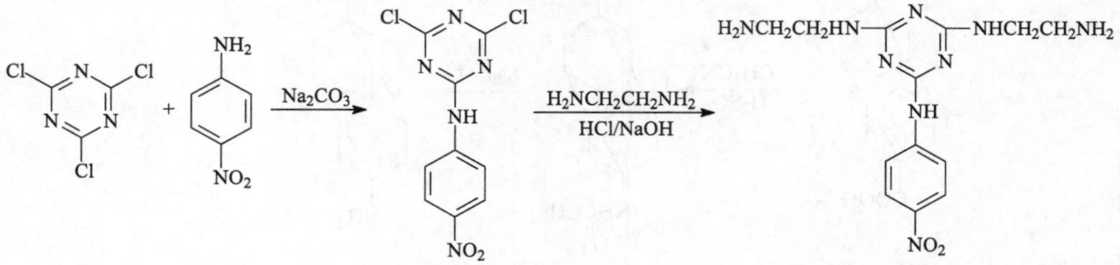

　　将 3.69 g (20 mmol)2,4,6-三氯-1,3,5-三嗪加入冷却到<5℃的 2.76 g (20 mmol)对硝基苯胺在 30 mL 无水乙醇的溶液中，用 40%的碳酸钠中和后，搅拌 6 h，然后加入到 2.4 g (40 mmol)乙二胺，30 mL 水及 3.7 mL(43 mmol)36%的盐酸的混合物中。在 40℃搅拌 5 h，然后加热到 80℃去除乙醇，再加热到 100℃回流 4 h。冷却后碱化到 pH 10，滤出固体，用水洗涤。将产物溶解在 pH 5 的 100 mL 水中，在氮气下 50℃搅拌 30 min，过滤，滤液碱化到 pH 10，用乙醚萃取 3 次。除去乙醚，得到黄绿色晶体，产率 71.2%。

〖1185〗4-硝基-4′-[*N*-(4,6-二-*β*-氨基乙氨基)- 1,3,5-三嗪-2-基]氨基重氮苯

4-Nitro-4′-[*N*-(4,6-di-*β*-aminoethylamino)- 1,3,5-triazin-2-yl]aminoazobenzene[585]

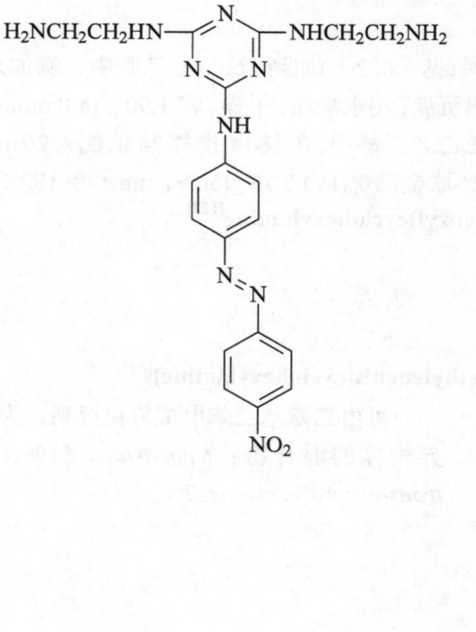

按〖1184〗方法由 4-氨基-4′-硝基偶氮苯代替对硝基苯胺合成，收率 69.2%。

2.36　其他结构的二胺

〖 1186 〗1,1-二(4-氨基苯基)-2,2-二苯基乙烯

1,1- Bis (4-aminophenyl)-2,2-diphenylethylene[697]

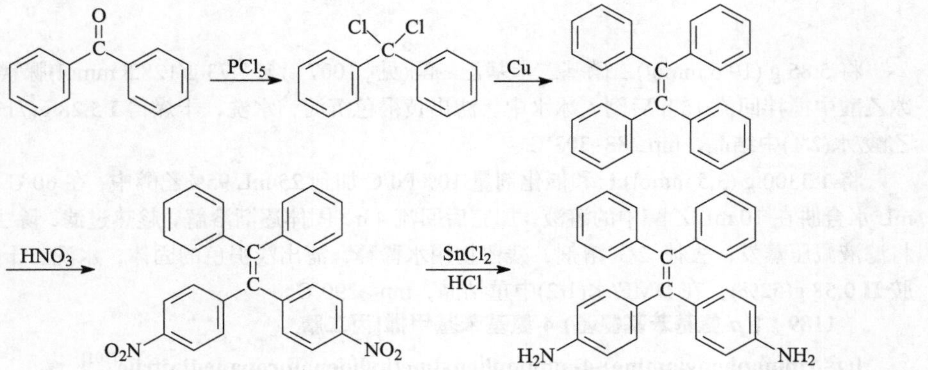

将二苯酮与等摩尔五氯化磷在 145~150℃加热 2 h，然后减压蒸馏，取 201~201℃/ 35 mmHg 馏分，得到二氯二苯基甲烷。

将 75 g(0.32 mol)二氯二苯基甲烷在 250 mL 无水苯中与 50 g(0.78mol)铜粉共沸 3 h，趁热过滤，在滤液中加入 250 mL 无水乙醇，冷却，得到 25~31 g(47%~60%)淡黄色结晶，mp 222~224℃。母液浓缩到 200 mL，冷却得固体 6~12 g。由乙醇/苯(1:1)重结晶，得 2.5~10 g 四苯基乙烯，mp 223~224℃。总收率 55%~70%[698]。

将 21 g (0.06 mol) 四苯基乙烯在 415 mL 冰乙酸中的溶液加到 31 mL 浓硝酸(d=1.38 g/mL) 和 100 mL 冰乙酸的混合物中。1 h 内升温到 100℃搅拌 1 h。冷却到室温，得到结晶产物，过滤，用水和少量乙醇洗涤，粗产物 18.8 g (74%)，从环己烷或苯/乙醇(1：4)重结晶，得到 1,1-二 (4-氨基苯基)-2,2-二苯基乙烯 9.4g (37%)，mp 195~197℃。产物中没有发现其他异构体。

室温下 10 min 内将 38 g (0.17 mol) 氯化亚锡在 46 mL 浓盐酸中的溶液加入 7.3 g (0.017 mol) 二硝基物在 80 mL 冰乙酸的溶液中。混合物缓慢加热到 100℃搅拌 4h 得到均相溶液，用 10 mol/L NaOH 溶液在 5℃下中和，搅拌 30 min 后倒入冰水中，滤出沉淀，干燥后从甲苯重结晶，得到二胺淡黄色片状结晶 3.7 g (60%)，mp 259~260℃。

〖 1187 〗1,2-二(4-氨基苯基)-1,2-二苯基乙烯

1,2- Bis (4- aminophenyl)-1,2- diphenylethylene[699]

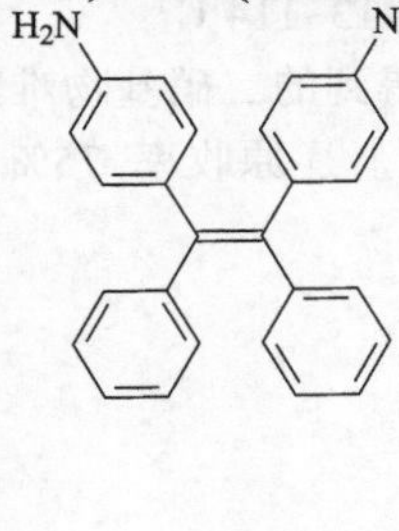

〖1188〗4,5-二(氨基苯基)并二咪唑啉酮 4,5-Di(aminopheny1)acetylenediurea[700]

将 5.85 g (19.5 mmol)二硝基二苯基乙二酮(见〖1007〗)与 7.73 g(128.8 mmol)脲素在 20 mL 冰乙酸中搅拌回流 15 h 后倒入冰水中。滤出黄褐色沉淀，水洗，干燥得 I 5.28 g(71%)，再在 乙酸/水(2/1)中结晶，mp 288~303℃。

将 1.3300 g (3.5 mmol) I 和催化剂量 10%Pd/C 加到 25 mL 95%乙醇中，在 60℃下滴加 13 mL 水合肼在 10 mL 乙醇中的溶液，加完后回流 4 h，固体逐渐溶解，趁热过滤，除去催化剂，将滤液减压蒸发，去掉 2/3 溶剂，残留物用水稀释，滤出浅褐色的固体，水洗、干燥得到二胺 II 0.58 g(52%)，在 DMF/水(1/2)中重结晶，mp >290℃。

〖1189〗[(p-氨基苯基氨基)-4-氨基苯基甲撑]丙二腈

[(p-Aminophenylamino)-4-aminophenylmethylidene]propanedinitrile[701]

将 27.8 g (0.15 mol)对硝基苯甲酰氯和 9.91 g (0.15 mol)丙二腈加到 300 mL 二氯甲烷中，在 0℃剧烈搅拌，加入 1.71 g (7.51 mmol)苄基三乙基氯化铵在 5 mL 水中的溶液，8 h 内滴加 50 mL 6 N NaOH，在室温搅拌 3 h，滤出黄色沉淀，用二氯甲烷洗涤，在 70℃真空干燥 24 h，得(羟基-4-硝基苯基甲撑)丙二腈钠盐(I) 29.2 g (82%)[702]。

将 12.0 g (50.6 mmol) I 加到 80 mL 二氯甲烷中，1 h 内滴加 31.0 g (202 mmol)POCl₃，回流 10 h，冷至室温，减压蒸出二氯甲烷和过量的 POCl₃，残留物用二氯甲烷萃取数次。将暗色的萃取液过滤，浓缩，通过短硅胶柱(CH₂Cl₂)。淋洗液浓缩后得到黄色固体，从氯仿/己烷重结晶，得(氯-4-硝基苯基甲撑)丙二腈(II)亮黄色晶体 7.91 g(66.9%), mp 113~114℃。

由 II 与硝基苯胺在 Dabco 参与下反应，得到二硝基化合物，所得到的二硝基物难以用钯催化还原，可能是由于形成络合物，但可以用氯化亚锡顺利还原。还原收率 75%，mp 292℃。

〖1190〗[(*m*-氨基苯基氨基)-4-氨基苯基甲撑]丙二腈

[(*m*-Aminophenylamino)-4-aminophenylmethylidene]propanedinitrile[701]

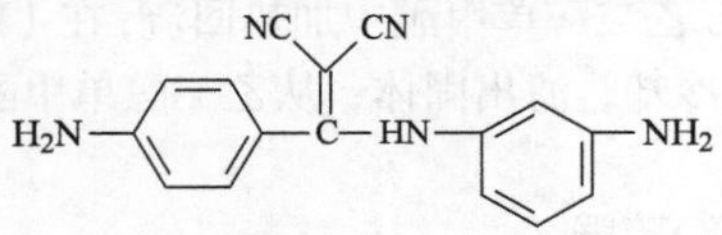

以间硝基苯胺代替对硝基苯胺，按〖1189〗方法合成，还原收率 84%，mp 238℃。

〖1191〗2-(4-氨基苯基)-4-[4′-氨基苯基氧基-4″-(3″-苯基)苯基]酞嗪酮

2-(4-Aminophenyl)-4-[4′-aminophenoxy-4″-(3″-phenyl)phenyl]phthalazinone[703]

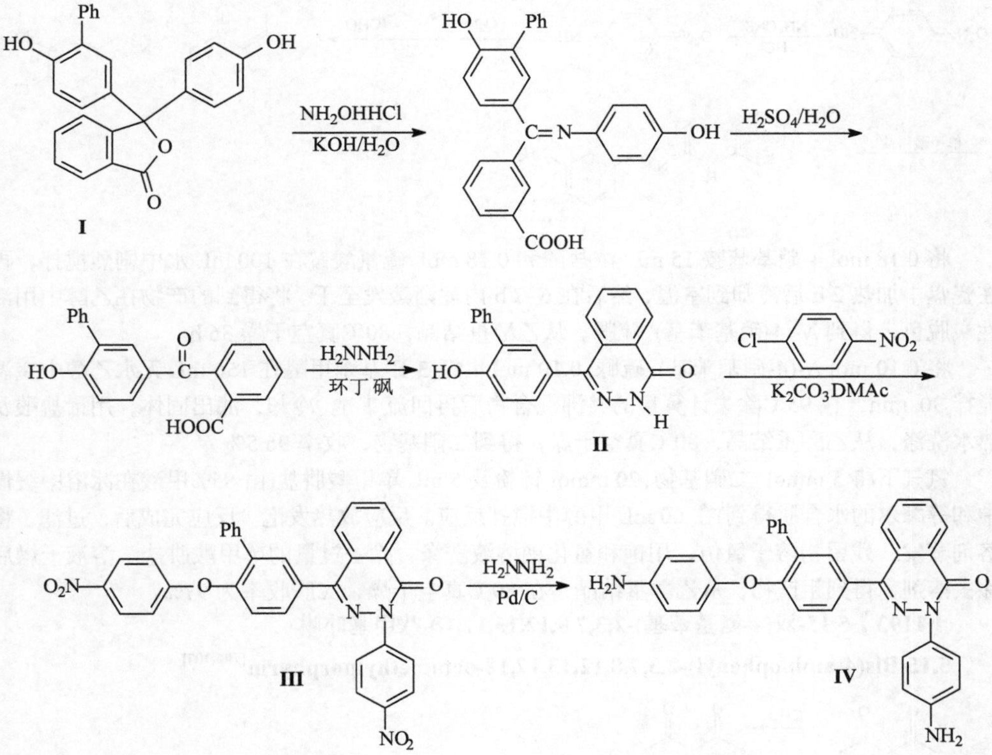

将 2.0 g(4.25 mmol)**I**，0.34 g(4.9 mmol)羟胺盐酸盐和 1.428 g(2.55 mmol)KOH 在 50 mL 水中的溶液加热到 100℃，蓝色的混合物变成均相，颜色变为褐色。回流 4 h 后再加入 1.15 N 羟胺盐酸盐和 6 N KOH。再反应 1 h，TLC(20%乙酸乙酯在己烷中的溶液并加有 3 滴乙酸)显示不再有原料存在。将反应物冷却到室温，滴加浓硫酸使其酸化，得到黄色沉淀，回流过夜使水解完全。过滤，用热的稀硫酸和水洗涤，从乙酸乙酯(活性炭)重结晶，得白色产物 1,2-二氢-4-(3-苯基-4-羟基苯基)(2*H*) 酞嗪酮(**II**) 0.8 g(58.4%)，mp 273℃[704]。

将 31.4 g (0.1 mol))**II**，34.6 g (0.22 mol)对硝基氯苯和 33 g (0.24 mol)碳酸钾加到 200 mL DMAc 和 70 mL 甲苯中，加热到 140℃，除水 5~6 h，再加热到 150℃除去甲苯，冷却。倒入

300 mL 乙醇和水的等量混合物中，过滤，从 DMF 重结晶，得黄色固体 **III** 50.6 g(91%)，mp 204~205℃。

将 38.92 g (0.07 mol)**III**, 0.8 g 5%Pd/C 在 500 mL 乙二醇单甲醚中加热回流，在 1 h 内滴加水合肼 175 mL，加完后继续回流 10 h，趁热过滤，冷却，滤出固体，从乙二醇单甲醚中重结晶得二胺 **IV** 33 g(95%), mp 252~253℃。

〖 1192 〗*N*-(4-氯-3-aminobenzal)-*N*-(4-氨基苯基)硫脲

N-(4-Chloro-3-aminobenzal)-N-(4-aminophenyl)thiourea[705]

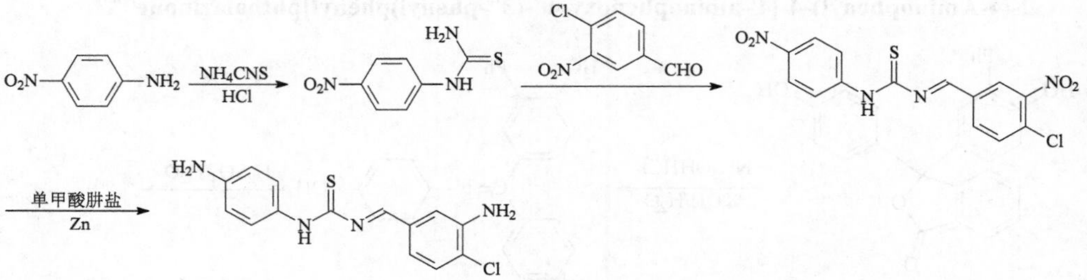

将 0.18 mol 4-硝基苯胺 15 mL 浓盐酸和 0.18 mol 硫氰酸铵在 100 mL 水中剧烈搅拌，再在瓷盘中加热 2 h 后冷却到室温，然后在 6~7 h 内逐渐蒸发至干。将得到的产物在乙醇中用活性炭脱色，得到 *N*-(4-硝基苯基) 硫脲。从乙醇重结晶，80℃真空干燥 36 h。

将 0.10 mol *N*-(4-硝基苯基) 硫脲，0.10 mol 4-氯-3-硝基苯甲醛在 150 mL 无水乙醇中室温搅拌 30 min，在 95℃除去计算量的共沸混合物后再回流 2 h。冷却，滤出固体，用稀盐酸及热水洗涤，从乙醇重结晶，80℃真空干燥，得到二硝基物，收率 96.5%。

氮气下将 5 mmol 二硝基物,20 mmol 锌粉及 5 mL 单甲酸肼盐(由 85%甲酸在冰浴中缓慢中和等摩尔的水合肼得到)在 60 mL 甲醇中搅拌反应。反应放热发泡。反应完成后，过滤，将溶剂蒸发，残留物溶于氯仿，用饱和氯化钠溶液洗涤，除去过量的单甲酸肼盐。溶液干燥后除去溶剂，得到粗产物，从乙醇重结晶，在 80℃真空干燥，二胺收率为 97%。

〖 1193 〗5,15-双(4-氨基苯基)-2,3,7,8,12,13,17,18-八甲基卟啉

5,15-Bis(4-aminophenyl)-2,3,7,8,12,13,17,18-octamethylporphyrin[706,707]

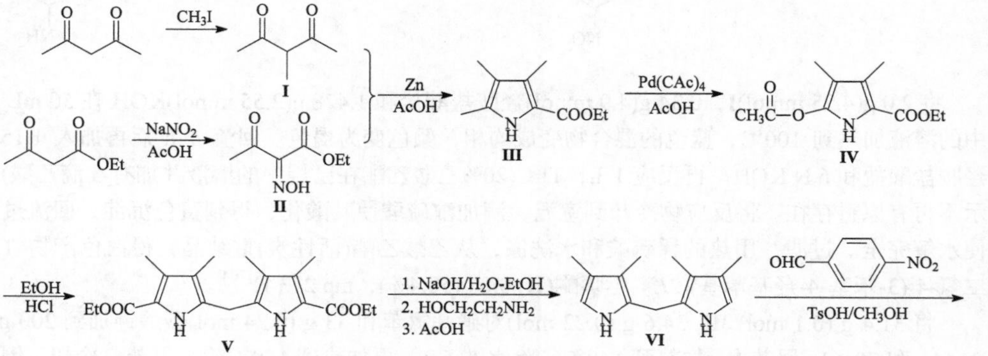

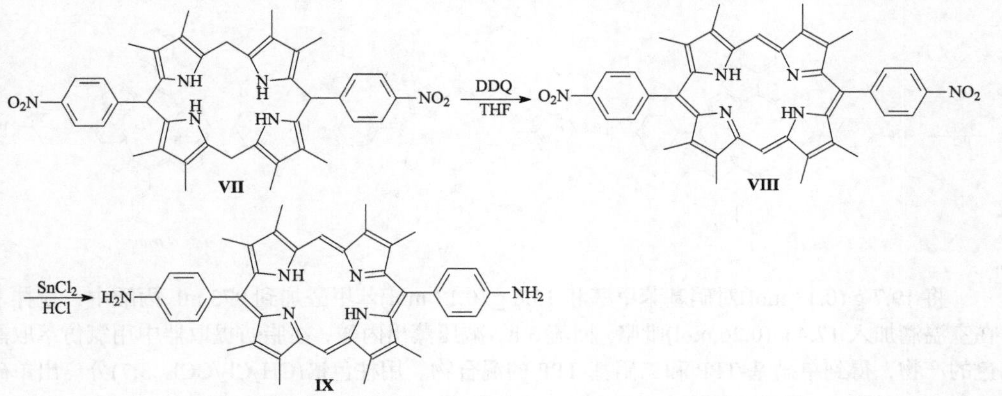

将 11.0 g(275 mmol)NaOH，80 g 水和 510 mL 无水乙醇回流脱氧后加入 19.5 g(55 mmol)**V**，回流 4.5 h 后减压去溶剂。用 200 mL 水溶解残留物，过滤，滤液用乙酸酸化，再过滤，水洗后干燥，得到二酸。将二酸溶于脱氧的乙醇胺，回流 5 h 后倒入 1L 冰水中，过滤，水洗，40℃真空干燥，得 **VI**。

将 9.61g(47.57 mmol)**VI**，7.19 g(47.57 mmol)对硝基苯甲醛溶于 620 mL 无水甲醇中，加入 2.67 g (14.1 mmol)对甲苯磺酸，搅拌 15 min，室温避光放置 5 h，在冰箱中放置 10 h，滤出固体，用冷甲醇洗涤，室温真空干燥，得淡黄色 **VII** 14.30 g(94.9%)。由于卟啉稳定性差，产物不经纯化直接使用于下步反应。

将 13.05 g(19.7 mmol)**VII** 溶于 1 L 脱氧的 THF 中，室温下 15 min 内加入 15.45 g(68.1 mmol) DDQ 在 100 mL THF 中的溶液，搅拌 30 min，静置 1 h 后过滤，滤饼用冷的 THF 洗涤，室温真空干燥，得 **VIII** 11.20 g(85.3%)。

将 7.80 g(11.7 mmol)**VIII** 溶于 300 mL 浓 HCl 中，室温下加入 19.9 g (88.2 mmol) SnCl$_2$·2H$_2$O，避光反应 20 h，加入去离子水 250 mL，冰浴冷却下用氨水中和到 pH 7.5，滤出沉淀，在 60℃真空干燥，得紫色固体。将此固体研细，在浓盐酸/氯仿(1:100)中氮气下搅拌回流。用 6×600 mL 浓盐酸/氯仿(1:100)萃取。将萃取液合并，用水洗涤至中性。将溶液挥发至 150 mL，滤出固体，在 40℃真空干燥，得二胺 5.31 g(75.1%)。

〖1194〗5,15-双(4-氨基苯基)-10,20-二苯基-21*H*,23*H*-卟吩

5,15- Bis(4-aminophenyl)-10,20-diphenyl-21*H*,23*H*-porphine(*trans*-DATPP)[708]

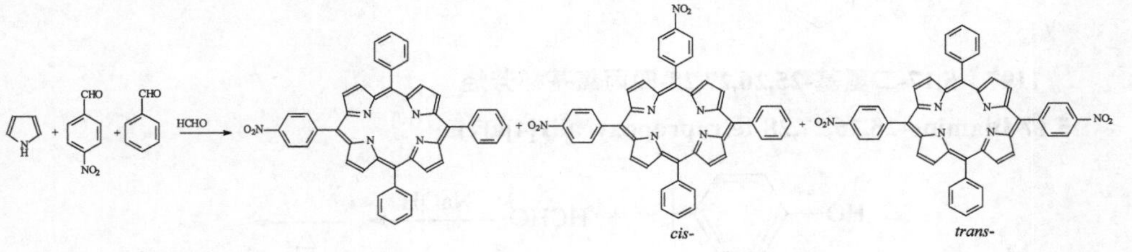

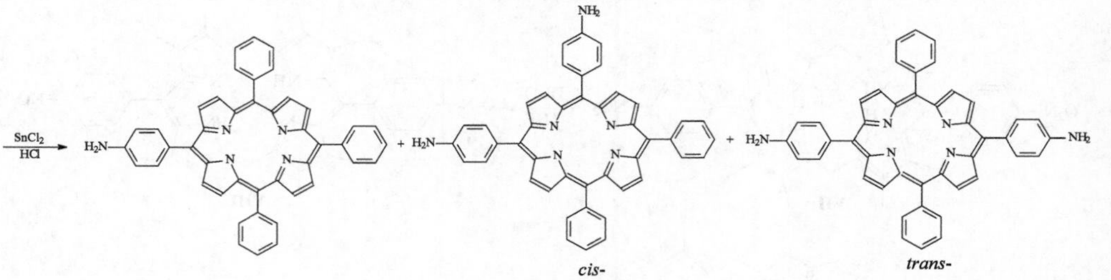

cis-　　　　　　　　trans-

　　将 19.7 g (0.13 mol)对硝基苯甲醛和 13.8 g (0.13 mol)苯甲醛加到 975 mL 丙酸中，搅拌下在室温滴加入 17.4 g (0.26 mol)吡咯，回流 3 h，减压蒸出丙酸，在脂肪提取器中用氯仿萃取黑色的产物，得到单硝基-TPP 和二硝基-TPP 的混合物。用柱色谱(CH₂Cl₂/CCl₄, 3:7)分离出单硝基物 2.88 g(5.8%)和二硝基物 1.02 g(2.2%)，也得到一些三硝基物和四硝基物。

　　将 4.13 g (5.85 mmol)二硝基物的混合物溶于 500 mL 乙酸乙酯中，室温下加入 26.4 g (0.117 mol)氯化亚锡在 6 mol/L 盐酸中的溶液，氮气下加热到 80℃搅拌 3 h，用饱和碳酸钠中和，用乙酸乙酯萃取，再经硅胶柱层析(CH₂Cl₂/乙酸乙酯, 19:1)分离出 cis-DATPP 2.06 g(55%)和 trans-DATPP 1.40g(37%)。

【1195】5,10-双(4-氨基苯基)-15,20-二苯基-21H,23H-卟吩

5,10-Bis(4-aminophenyl)-15,20-diphenyl-21H,23H-porphine(cis-DATPP)[708]

见【1194】。

【1196】双(4-氨基苯基)二苯基卟啉锌

Zinc diaminotetraphenylporphrin(ZnDATPP) [709]

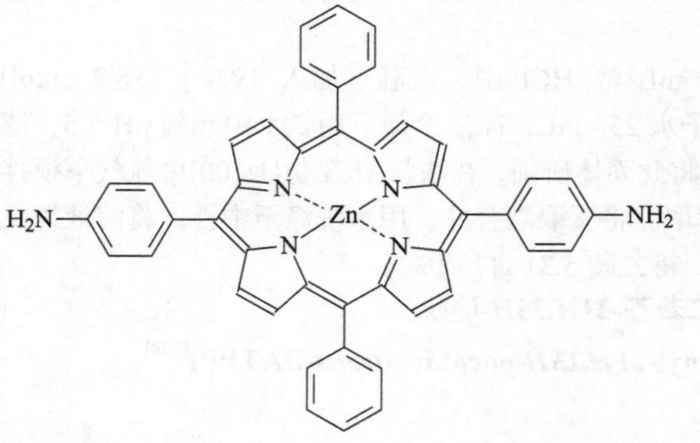

　　在 30 mL THF 中加入 101.3 mg DATPP(见【1194】，【1195】)和 202.7 mg 乙酰基丙酮锌的水合物，回流 4 h 后冷却到室温，除去溶剂，沉淀部分溶于热甲醇，在 0℃放置过夜，得到紫色结晶，用甲醇洗涤后干燥，得 ZnDATPP。

【1197】5,17-二氨基-25,26,27,28-四丙氧基杯芳烃

5,17-Diamino-25,26,27,28-tetrapropoxycalix[4]arene[710]

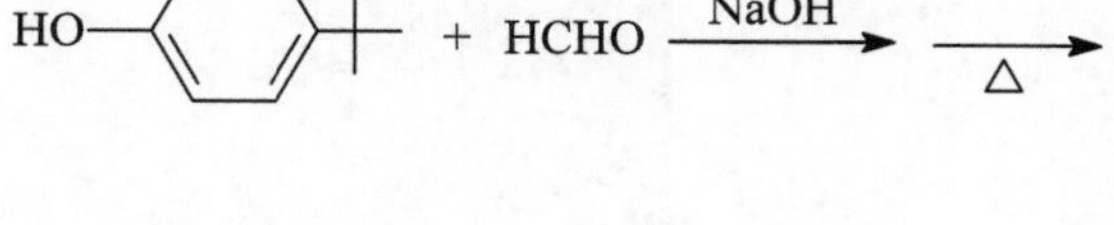

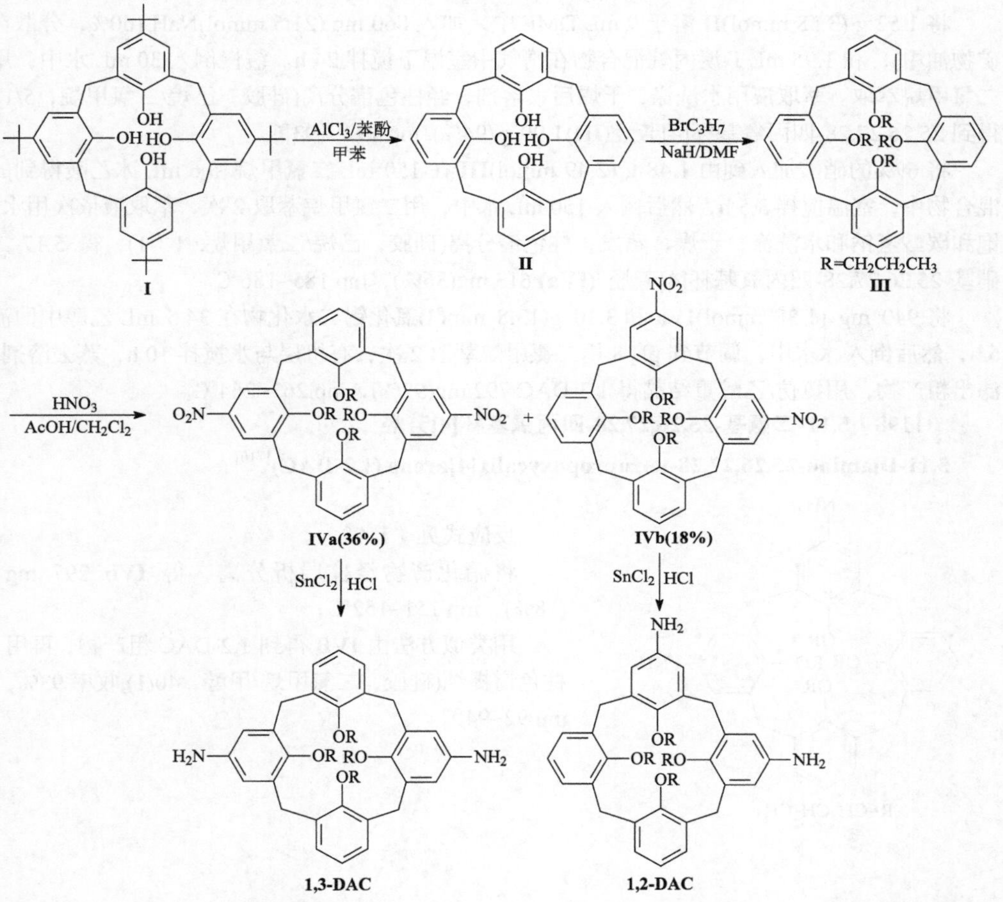

将 10 g 对特丁基苯酚与 10 mL 3 N NaOH 和 9.7 g 37%甲醛溶液混合。混合物加热到 50~55℃, 反应 45 h, 然后在 110~120℃反应 2 h, 得到黄色固体。将该固体在 100 mL 1 N HCl 中搅拌 1 h 进行中和, 滤出固体, 用水洗涤, 在 110~120℃干燥 30 min。氮气下将得到的固体与 70 g 二苯醚在 210~220℃ 加热 2 h, 在 130℃左右开始剧烈发泡。冷却后用 150 mL 乙酸乙酯处理, 过滤, 得到 5.47 g 白色固体。TLC 显示除环状四聚体外还有少量环状八聚体, 可能还有环状六聚体。产物在 75 mL 甲苯中回流 30 mL, 趁热过滤, 得到 1.48 g(85%)环状八聚体, 从氯仿重结晶后, mp 407~409℃。滤液在冷却后结晶。将产物从甲苯重结晶, 得特丁基杯[4] 芳烃(I)2.75 g (25%), mp 344~346℃[711]。

将 20.7 g (31.9 mmol)I, 14.6 g (155 mmol)苯酚和 22.5 g (169 mmol)三氯化铝加到 150 mL 甲苯中。惰气中室温下搅拌 1h 后将反应物倒入 300 mL 冷的 2 N 盐酸中, 分出甲苯层, 用水洗涤 2 次, 在无水硫酸镁上干燥。将甲苯去除后得到的橙色产物, 用甲醇处理得到 13.4 g 蜡状固体, 从氯仿/甲醇中重结晶 2 次, 得 25,26,27,28-四羟基杯[4]芳烃 (II)11.6 g(86%)无色晶体, mp 315~317℃。

将 1.52 g (3.58 mmol)II 溶于 9 mL DMF 中，加入 860 mg (21.5 mmol)NaH (60%，分散在矿物油中)，和 1.95 mL 1-溴丙烷混合物在惰气中室温下搅拌 24 h。缓慢倒入 30 mL 水中，用二氯甲烷萃取。萃取液用水洗涤，干燥后去溶剂，经柱色谱分离(硅胶，己烷/二氯甲烷，5/1)，得到 25,26,27,28-四丙氧基杯[4]芳烃(III)1.99 g (94%)，mp 192~193℃。

将 69%的硝酸加入到由 1.48 g (2.49 mmol)III 在 150 mL 二氯甲烷和 6 mL 冰乙酸得到的混合物中，室温搅拌 3.5 h，然后倒入 150 mL 水中，用二氯甲烷萃取 2 次，萃取液依次用水、饱和碳酸氢钠和水洗涤，干燥，蒸发，柱色谱分离(硅胶，己烷/二氯甲烷，1∶1)，得 5,17-二硝基-25,26,27,28-四丙氧基杯[4]芳烃 (IVa) 613 mg(36%)，mp 185~186℃。

将 940 mg (1.38 mmol)IVa 和 3.10 g(13.8 mmol)氯化锡二水化物在 34.5 mL 乙醇中回流 6 h，然后倒入冰水中，调节到 pH 8 用二氯甲烷萃取 2 次，有机层与水搅拌 10 h，蒸去溶剂，滤出粗产物，用氯仿/乙醇重结晶得 1,3-DAC 792 mg(92%)，mp 263~264℃。

〖1198〗5,11-二氨基-25,26,27,28-四丙氧基杯[4]芳烃

5,11-Diamino-25,26,27,28-tetrapropoxycalix[4]arene (1,2-DAC)[710]

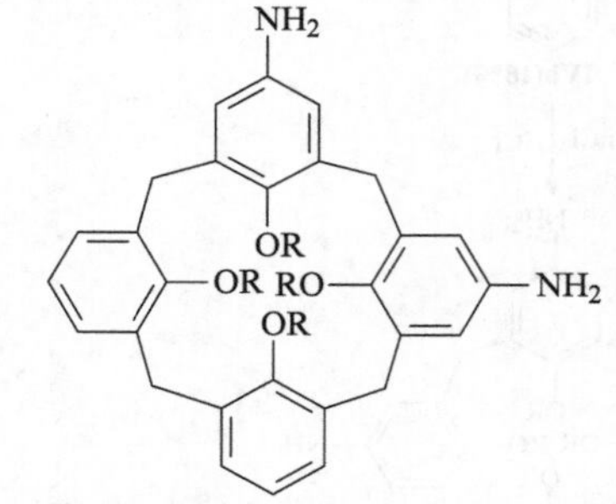

R=CH₂CH₂CH₃

反应式见〖1198〗。

将硝化产物经柱层析分离，得 **IVb** 297 mg (18%)，mp 151~152℃；

用类似方法由 **IVB** 得到 1,2-DAC 粗产物，再用柱色谱提纯(硅胶，二氯甲烷/甲醇，40/1)，收率 93%，mp 92~94℃。

2.37 多 元 胺

〖1199〗2,4,6-三氨基嘧啶 2,4,6-Triaminopyrimidine[712]

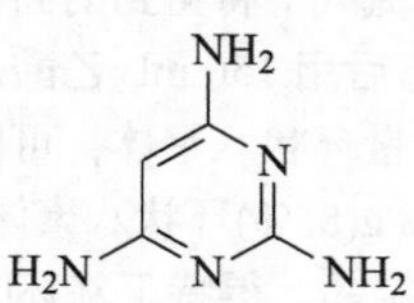

商品，mp 249~251℃。

〖1200〗三聚氰胺(密胺)Melamine[713]

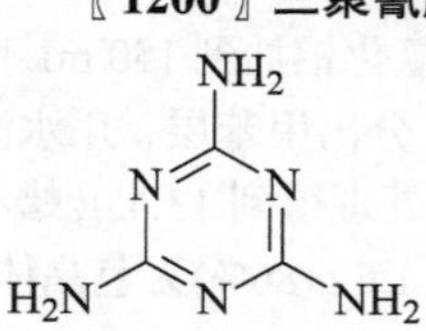

商品，mp >300℃。

〖1201〗三(4-氨基苯基)甲烷　4,4′,4″-Triaminotriphenylmethane[714]

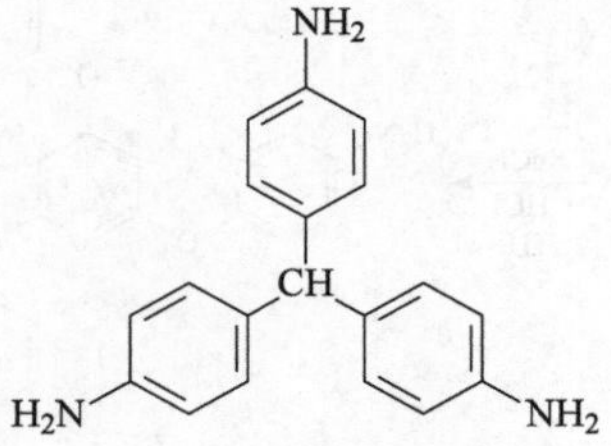

商品。

〖1202〗三(p-氨基苯基)胺　Tris(p-aminophenyl)amine (TAPA)[256]

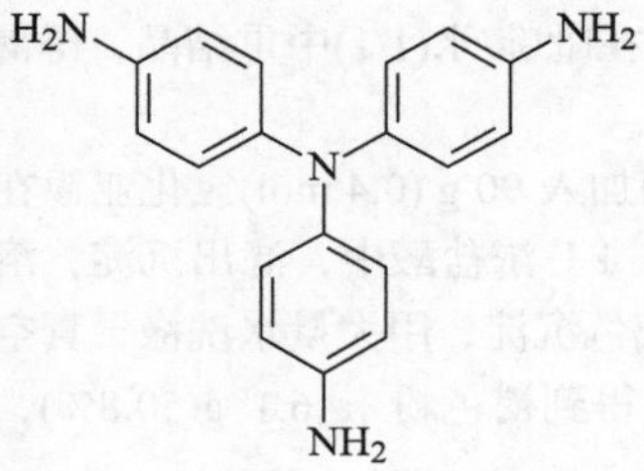

见〖445〗，mp 240~241℃。

〖1203〗1,3,5-三(4-氨基苯基)苯　1,3,5-Tris(4-aminophenyl)benzene (TAPB)[715]

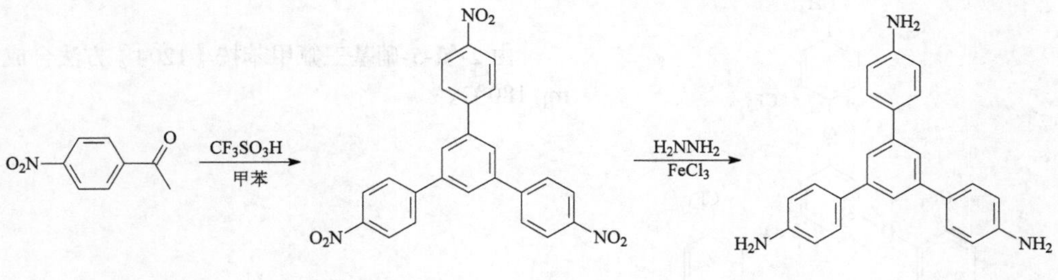

将 50 g 4-硝基苯乙酮在 1 mL 三氟甲磺酸存在下在 200 mL 甲苯中回流 48 h，所形成的水与甲苯共沸带走，冷却过滤得到黑色的产物。用热 DMF 洗涤，得到 25 g 1,3,5-三硝基苯基苯，不溶于所有有机溶剂，具有很高的熔点。

将 10 g 三硝基物在 50 mL 甲醇中与 10 g 活性炭和 2 g 水化的氯化铁回流 1 h，30 min 内滴加入 10 mL 水合肼，回流搅拌 5~6 h，趁热过滤，得到黄色甲醇滤液和固体，合并后加热至沸，热滤，该手续重复数次，使产物以甲醇溶液形式从固体混合物中分离。将甲醇溶液合并浓缩得到淡黄色粉末，用水洗涤，真空干燥，从 NMP 重结晶得到 1,3,5-三(4-氨基苯基)苯 2 g，mp 263℃。

〖1204〗1,3,5-三(4-氨基苯氧基)苯　1,3,5-Tris(4-aminophenoxy)benzene(TAPOB) [716]

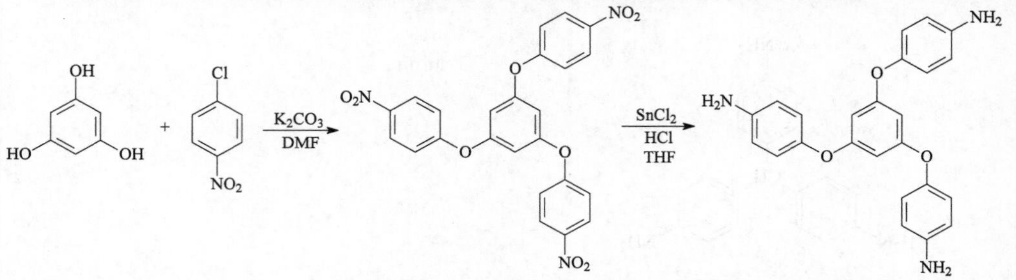

　　将 20.2 g (0.16 mol)均苯三酚溶于含有 40 mL 水的 800 mL DMAc 中,加入 80 g 碳酸钾, 在 130℃加热 4 h, 冷却到 70℃, 加入 75.6 g (0.48 mol)4-氯硝基苯,混合物回流 12 h, 浓缩成黏稠物, 倒入 5%NaOH 溶液中, 滤出褐色沉淀, 真空干燥, 粗产物在吡啶/水(1/1)中重结晶, 得褐色片状晶体 32.2 g(41%), mp 194℃。

　　将 14.67 g (30 mmol)三硝基物溶于 40 mL THF 中, 1 h 内滴加入 90 g (0.4 mol)氯化亚锡在 90 mL 浓盐酸中的溶液, 加完后, 回流 8 h, 冷却到室温, 倒入 1 L 浓盐酸中, 滤出沉淀, 溶于 100 mL 水。将该溶液缓慢倒入 500 mL 5%NaOH 中, 滤出灰色沉淀, 用大量水洗涤, 真空干燥, 柱色谱提纯(硅胶, 石油醚/乙酸乙酯/三乙胺, 50/50/1), 得到褐色粉末 6.1 g(50.8%), mp 94℃。

〖1205〗1,3,5-三(4-氨基-2-三氟甲基苯氧基)苯

1,3,5-Tris(4-amino-2-trifluoromethylphenoxy)benzene[717]

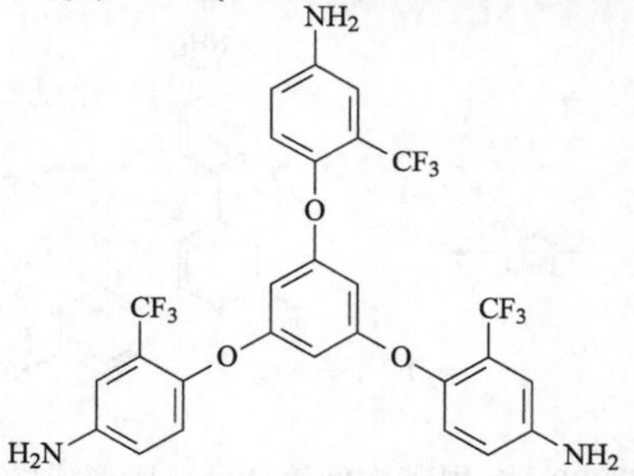

由 2-氯-5-硝基三氟甲苯按〖1204〗方法合成。mp 180℃。

〖1206〗1,1,1-三[4-(4-氨基苯氧基)苯基]乙烷

1,1,1-Tris [4-(4-aminophenoxy) phenyl]ethane[718,719]

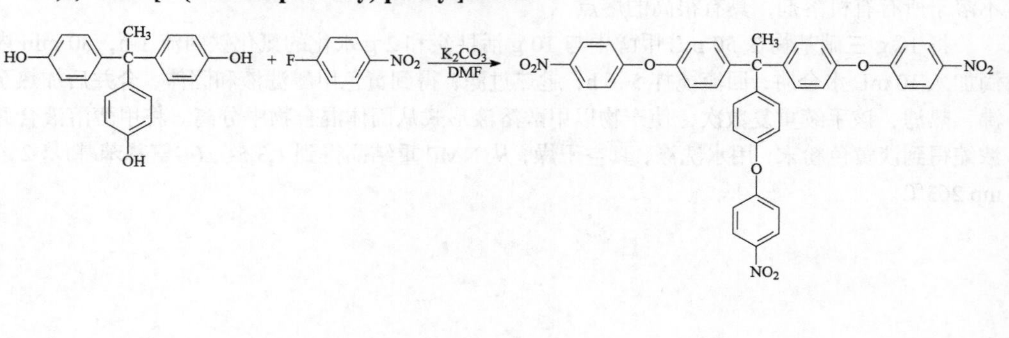

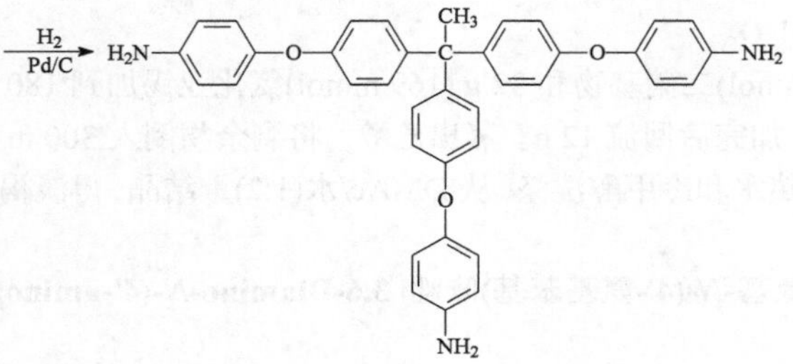

将 10.0 g(33 mmol)1,1,1-三(4-羟苯基)乙烷，15.4 g(109 mmol)4-氟代硝基苯，15.4 g (109 mmol)碳酸钾及 100 mL DMF 在室温搅拌 24 h。滤出无机盐，有机相用乙酸乙酯和水洗涤后，用无水硫酸镁干燥，蒸出溶剂，将 1,1,1-三[4-(4-硝基苯氧基)苯基]乙烷黄色粗产物从乙酸乙酯中结晶。

将 8.0 g(12.0 mmol)三硝基物，1.0 g 活性炭，0.07 g (0.26 mmol)六水三氯化铁及 60 mL 二氧六环在 80℃搅拌 8 h。加入 2.0 mL 水合肼，反应中每 2 h 加入 2.0 mL 单水合肼。反应完成后将产生的无机物滤出，有机物用乙酸乙酯及水洗涤。有机相用无水硫酸镁干燥过夜，除去溶剂。白色的粗产物用沸腾的乙腈洗涤，得三胺 4.9 g(收率 71%)。

〖1207〗2,4,6-三(4-氨基苯基)吡啶　2,4,6-Tris(4-aminophenyl)pyridine[720]

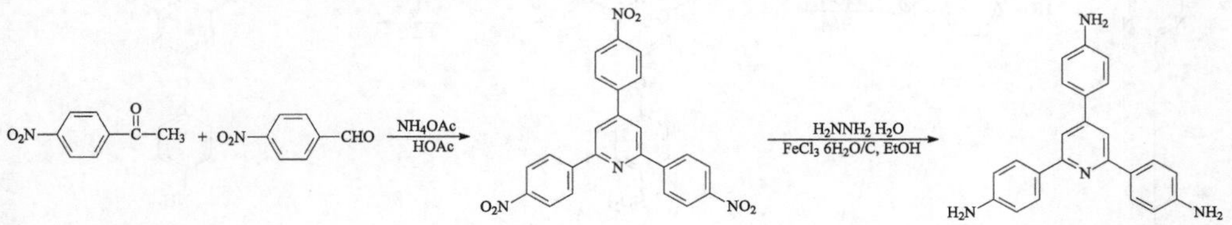

将 4.53 g (0.03 mol)4-硝基苯甲醛, 9.91 g (0.06 mol)4-硝基苯乙酮和 30 g 乙酸铵在 75 mL 冰乙酸中回流 3 h。冷却后滤出沉淀，依次用 50%乙酸和冷乙醇洗涤，粗产物从 DMF 重结晶，80℃真空干燥，得三硝基物 7.7 g(58%)。

将 7.50 g 三硝基物，0.30 g 六水三氯化铁和 1.00 g 活性炭粉在 100 mL 乙醇中加热回流。2 h 内滴加入 20 mL 水合肼在 20 mL 乙醇中的溶液。加完后再回流 12 h。趁热过滤，将滤液倒入水中，滤出沉淀，从乙醇重结晶，在 60℃真空干燥，得三胺 4.4 g (72)，mp 249℃。

〖1208〗1,3-双(p-氨基苯基)-4-氰基-5-氨基吡唑

1,3-Bis-(p-aminophenyl)-4-cyano-5-aminopyrazole[702]

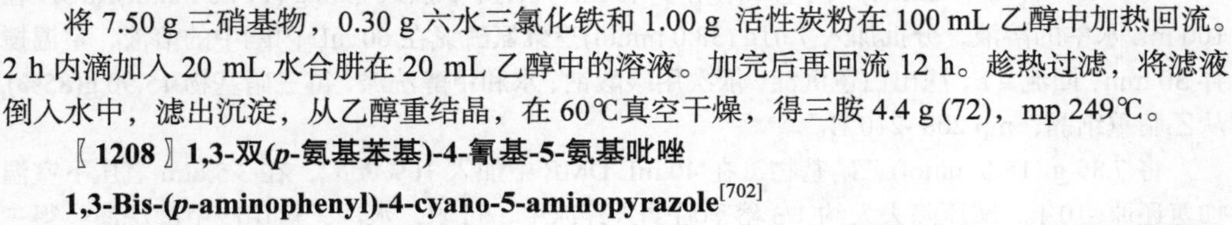

氮气下将 4.20 g (27.4 mmol)对硝基苯肼和 1.54 g (13.7 mmol)Dabco 溶于 50 mL NMP 中，冷却到 0℃，滴加 6.40 g (27.4 mmol)I(见〖1189〗)在 60 mL NMP 中的溶液，搅拌 1 h，再加热到 70℃搅拌 12 h 后冷却到室温，倒入冰水中，滤出沉淀，用水洗涤，真空干燥得 8.83 g

(92.0%)，mp 320~321℃。

将 8.30 g (23.7 mmol)二硝基物和 32 g (169 mmol)氯化亚锡加到 180 mL 95%乙醇中。缓慢加入 80 mL 浓盐酸，加完后回流 12 h。蒸出乙醇，将剩余物倒入 300 mL 水中。用 10%NaOH 碱化后滤出沉淀，用热水和冷甲醇洗涤。从 DMAc/水(1:2)重结晶，得淡褐色产物 5.38 g(78.2%)，mp 246~247℃。

〖1209〗3,6-二氨基-*N*-(4′-氨基苯基)咔唑 3,6-Diamino-*N*-(4′-aminophenyl)carbazole[644]

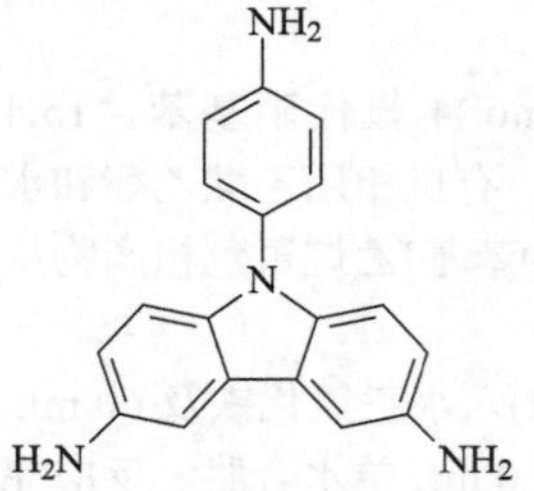

见〖1094〗。

〖1210〗2,4,6-三(*p*-氨基苯氧基)-1,3,5-三嗪 2,4,6-Tris(*p*-aminophenoxy)-1,3,5-triazine[553]

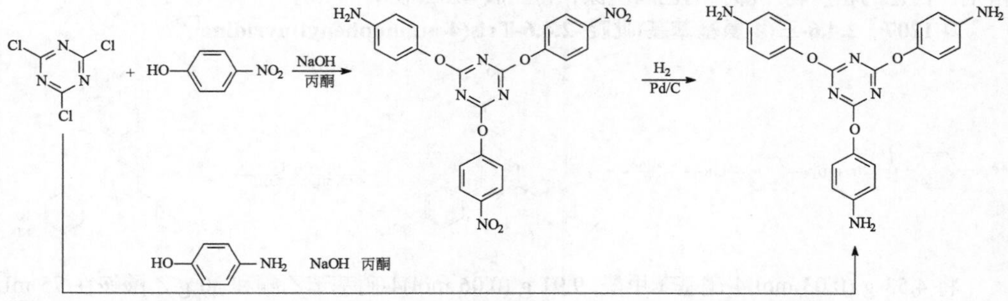

①由对硝基苯酚合成

将 15.86 g (114.0 mmol)4-硝基苯酚溶于 40 mL 丙酮中，加入 4.56 g (114.0 mmol)NaOH 在 100 mL 水中的溶液，分批加入 7.01g (38.0 mmol)三聚氰酰氯在 60 mL 丙酮中的溶液，室温搅拌 30 min，回流 4 h，滤出白色沉淀，依次用碳酸钠、水和甲醇洗涤，得三硝基物 15.90 g(85%)，从乙腈重结晶，mp 208~210℃。

将 7.39 g (15.0 mmol)三硝基物，在 40 mL DMF 中加入 10%Pd/C，在 3.5 atm 氢压下室温加氢还原~10 h。减压除去大约 1/3 溶剂后倒入碎冰中，过滤，水洗，再用冷甲醇洗涤，得三胺 3.74 g(62%)，从 THF/乙醚(2∶1)重结晶，mp 227~229℃。

②由对氨基苯酚合成

在 14.1869 g (130.0 mmol)4-氨基苯酚和 5.2006 g (130.0 mmol)NaOH 在 100 mL 水的混合物中加入 7.9911 g (43.3 mmol) 三氯代对称三嗪在 60 mL 丙酮中的溶液，氮气下室温搅拌 1 h，再在 70℃反应 4 h，滤出黏性沉淀，用碳酸钠水溶液、水及冷甲醇洗涤，干燥得三胺 9.24 g(53%)，从 THF/乙醚(2∶1)重结晶，mp 227~230℃。

〖1211〗2-氨基-4-苯胺基-6-(3,5-二氨基苯基)-1,3,5-三嗪

2-Amino-4-anilino-6-(3,5-diaminophenyl)-1,3,5-triazine[721]

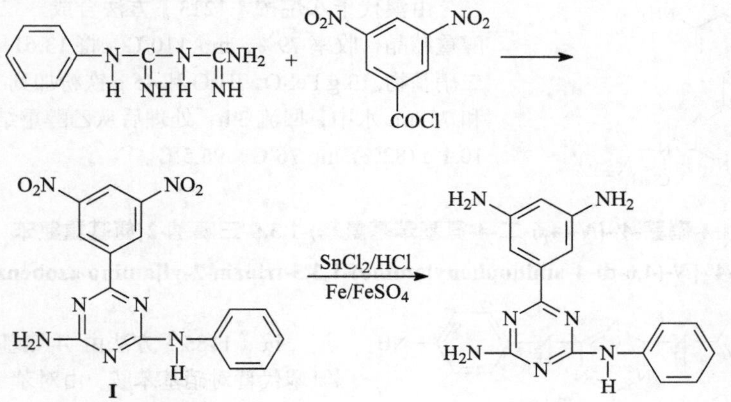

由苯基缩二胍和 3,5-二硝基苯甲酰氯反应得 **I**，从 DMF/水中重结晶，mp 299℃。**I** 用氯化亚锡/盐酸还原，收率 64%，从乙醇/水中重结晶，mp 125℃。

〖1212〗2-氨基-4-[*N*-甲基苯胺基-6-(3,5-二氨基苯基)-1,3,5-三嗪

2-Amino-4-[*N*-methylanilino-6-(3,5-diaminophenyl)]-1,3,5-triazine[451]

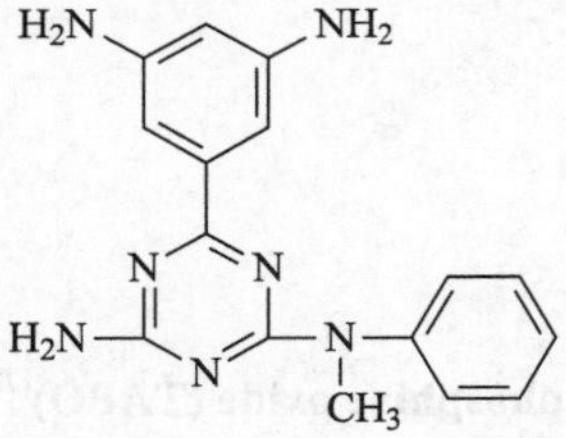

由 1-甲基-1-苯基缩二胍和 3,5-二硝基苯甲酰氯按〖1211〗方法合成。二硝基物从 DMF/水重结晶，收率 42%，mp 299℃；二硝基物用氯化亚锡/盐酸还原，收率 64%，从乙醇/水中重结晶，mp 195℃。

〖1213〗2-氨基-4-[*N*-己基苯胺基-6-(3,5-二氨基苯基)-1,3,5-三嗪

2-Amino-4-[*N*-hexylanilino-6-(3,5-diaminophenyl)]-1,3,5-triazine[721]

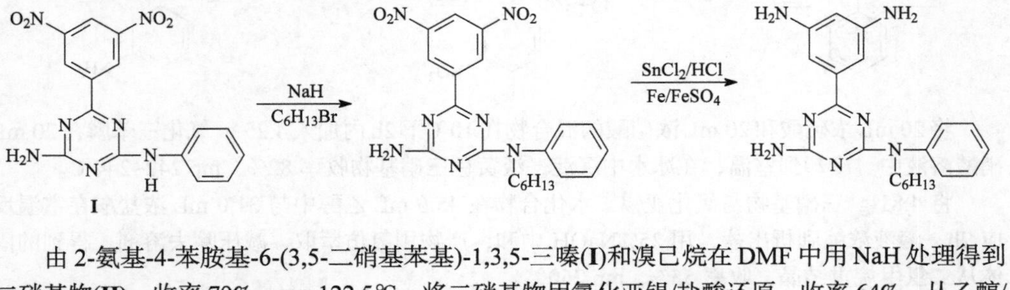

由 2-氨基-4-苯胺基-6-(3,5-二硝基苯基)-1,3,5-三嗪(**I**)和溴己烷在 DMF 中用 NaH 处理得到二硝基物(**II**)，收率 79%，mp 122.5℃。将二硝基物用氯化亚锡/盐酸还原，收率 64%，从乙醇/水中重结晶，mp 142℃。

〖1214〗2-氨基-4-[N-十八烷基苯胺基-6-(3,5-二氨基苯基)-1,3,5-三嗪

2-Amino-4-[N-octadecylanilino-6-(3,5-diaminophenyl)]-1,3,5-triazine(A18T)[721]

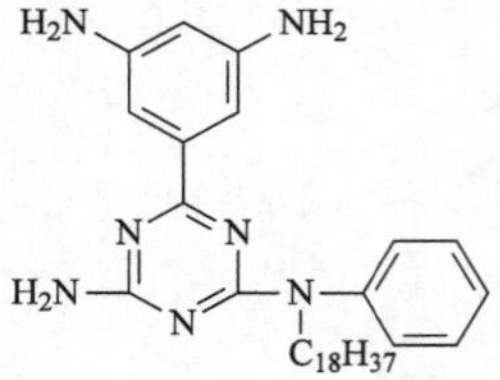

由溴代十八烷按〖1213〗方法合成。二硝基物从乙醇重结晶，收率79%，mp 110℃。将 13.61 g (22 mmol) 二硝基物，13 g FeSO$_4$·7H$_2$O 和 45 g 铁粉加到 250 mL 乙醇和 75 mL 水中，回流 3 h，处理后从乙醇重结晶，得三胺 10.1 g (82%)，mp 76℃，96.5℃。

〖1215〗4-硝基-4′-[N-(4,6-二-4-氨基苯基氨基)-1,3,5-三嗪基-2]氨基重氮苯

4-Nitro-4′-[N-(4,6-di-4-aminophenylamino)-1,3,5-triazin-2-yl]amino azobenzene[591]

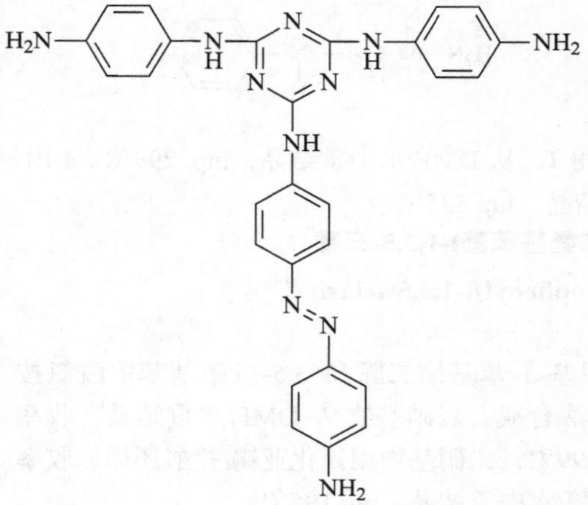

按〖1185〗方法由 4-氨基-4′-硝基偶氮苯代替对硝基苯胺，由对苯二胺代替乙二胺合成，收率 69.4%。

〖1216〗三(3-氨基苯基) 氧化三苯膦　Tris(3-aminophenyl) phosphine oxide (TAPO)[722]

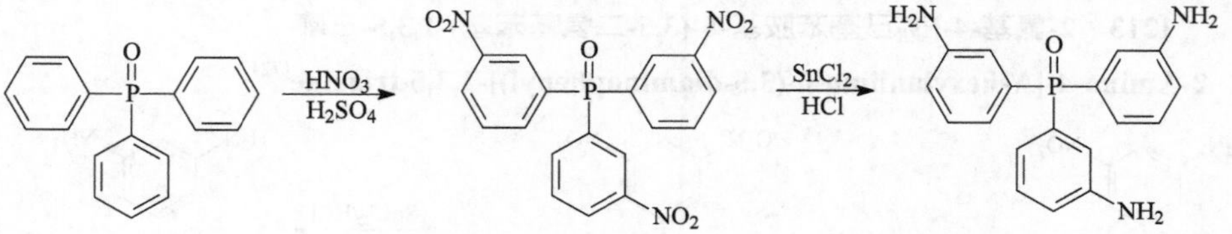

将 20 mL 浓硫酸和 20 mL 浓硝酸的混合物在 10℃下 2h 内加入 4.25 g 氧化三苯膦在 20 mL 硝酸溶液中。冷却到室温，在冰水中沉淀，淡黄色三硝基物收率 82%，mp 242~244℃。

将 4.81 g 三硝基物与氯化亚锡二水化合物在 45.6 mL 乙醇中与 31.0 mL 浓盐酸在室温反应 2h。溶液浓缩到析出盐，用 25%NaOH 中和，产物用氯仿萃取，减压除去溶剂，得到的固体从二氯甲烷重结晶，收率 55%，mp 260℃。

〖1217〗三(4-氨基苯氧基)三(苯氧基)三聚膦腈

Tris(4-aminophenoxy) tris(phenoxy)cyclotriphosphazene[723]

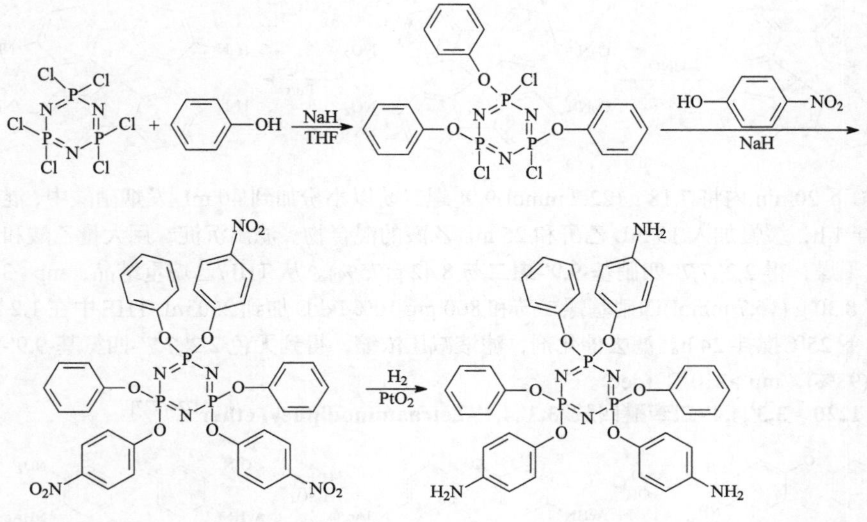

将 13.904 g (0.04 mol) 氯化膦腈溶于 80 mL THF 中，室温下滴加入由 11.293 g (0.12 mol) 苯酚和 5.24 g NaH 在 50 mL THF 中得到的苯酚钠溶液，回流 48 h，再滴加入由 16.693 g (0.12 mol)对硝基苯酚和 5.25 g NaH 在 80 mL THF 中得到的溶液。氮气下将橙色的溶液回流 65 h，滤出氯化钠，用少量热 THF 洗涤，浓缩 THF 溶液，倒入碎冰中，将得到的胶状物放置过夜，再用碎冰和 10%KOH 浸取后用水洗涤。再用甲醇浸取，得到固体，空气干燥，从乙腈/甲醇重结晶，在 90℃真空干燥，得 28 g 三硝基物，mp 104~106℃。

将 16.0 g 三硝基物溶于 40 mL 苯胺中，在(0.075 g 氧化铂催化下用 0.4 MPa 氢气在 50℃ 还原 3~4 h，滤出催化剂，减压浓缩到 10 mL 后倒入己烷中，得到的胶状物用热己烷萃取后在 冰中冷却得到淡黄色固体，从邻二氯苯重结晶，得到白色固体。再在己烷中重煮沸，过滤，干燥，得到 10 g 三胺，mp 115~145℃。

〖1218〗3,3′,4,4′-联苯四胺　**3,3′,4,4′-Diaminobenzidine**[724]

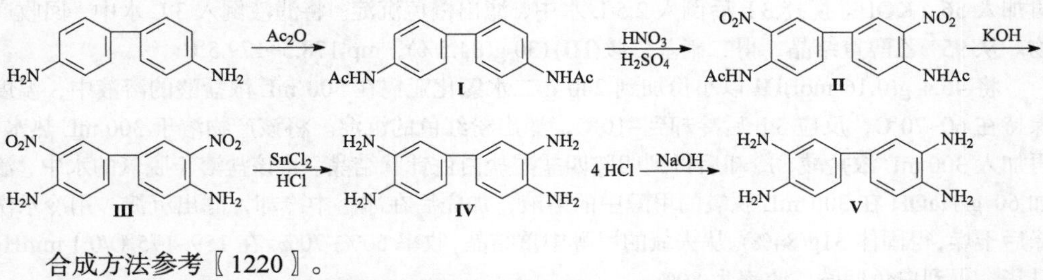

合成方法参考〖1220〗。

将 36g(0.1 mol) 二氨基联苯胺四盐酸盐溶于 200 mL 脱氧的水中，倒入 400 mL 4%NaOH 溶液，在氮气覆盖下过滤，立即从 1500 mL 甲醇中重结晶 2 次，得到略呈粉红色的二氨基联苯胺 12.5 g(58%)，mp 179~180℃。以联苯胺计算，总产率为 32%。

〖1219〗2,2′,7,7′-四氨基-9,9′-螺二芴　2,2′,7,7′-Tetraamino-9,9′-spirobifluorene[725]

0℃下 20min 内将 7.18 g (22.7 mmol)9,9′-螺二芴以小份加到 40 mL 发烟硝酸中，混合物在 0℃搅拌 1 h，缓慢加入 15 mL 乙酐和 25 mL 乙酸的混合物。滤出沉淀，用大量乙酸和水洗涤后真空干燥，得 2,2′,7,7′-四硝基-9,9′-螺二芴 8.42 g(75%)。从 THF/己烷重结晶，mp >300℃。

将 8.30 g (16.7 mmol)四硝基螺二芴和 800 mg 10% Pd/C 加到 250 mL THF 中在 1.2 MPa 氢气压力下 25℃搅拌 24 h。滤去催化剂，滤液减压浓缩，得到无色 2,2′,7,7′-四氨基-9,9′-螺二芴 6.16 g (98%)，mp >210℃ (dec)。

〖1220〗3,3′,4,4′-二苯醚四胺　3,3′,4,4′-Tetraaminodipneyl ether[726, 727]

将 140g(0.7mol)ODA 溶于 500mL 冰乙酸中，滴加 173 g(1.6 mol)乙酐，其速度为保持反应温度在 50~60℃。加完后在 90~100℃搅拌 1 h，放置过夜，滤出沉淀，干燥得二胺的二乙酰化物 147 g，mp 227~228.5℃。将滤液倒入 1 kg 碎冰中，滤出沉淀 12 g，总收率 80.5%。

在 700 mL 冰乙酸中加入 95 mL 70%的硝酸，加入速度使反应温度维持在 25℃。然后以小份加入 75 g(0.265 mol)I，温度保持在 15~20℃。加完后在室温搅拌 30 min，倒入 3 L 冰水中，定量得到 3,3′-二硝基物(II)，mp 210~213℃。

将 199 g(0.53 mol)II 溶于 1.3 L 甲醇中，滴加 84 g KOH 在 300 mL 甲醇中的溶液，加完后再加入 56 g KOH。搅拌 3 h 后倒入 2.5 L 水中，滤出橙色沉淀。将滤液倒入 3 L 水中，回收产物。从 95%乙醇重结晶，得二硝基二胺(III)130 g(84.5%)，mp 178.5~179.5℃。

将 46.4 g(0.16 mol)III 以小份加到 240 g 二水氯化亚锡在 500 mL 浓盐酸的溶液中，温度保持在 60~70℃，反应 3 h 后冷却到-10℃，滤出粉红色的沉淀。将该产物溶于 300 mL 热水，再加入 300 mL 浓盐酸，冷却后得到四胺四盐酸盐白色针状结晶。将该盐溶于脱氧的水中，滴加 60 g NaOH 在 300 mL 脱氧的甲醇中的溶液，加完后在冰浴中冷却，滤出沉淀，用冷水洗涤后干燥，得固体 31g(84%)。从去氧的甲醇中重结晶，收率 60%~70%。在 159~175℃/0.1 mmHg 升华，得到白色四胺，收率为 80%。

〖1221〗双[3-氨基-4-(*p*-氨基苯氧基)]二苯酮

Bis[3-amino-4-(*p*-aminophenoxy)]benzophenone[728]

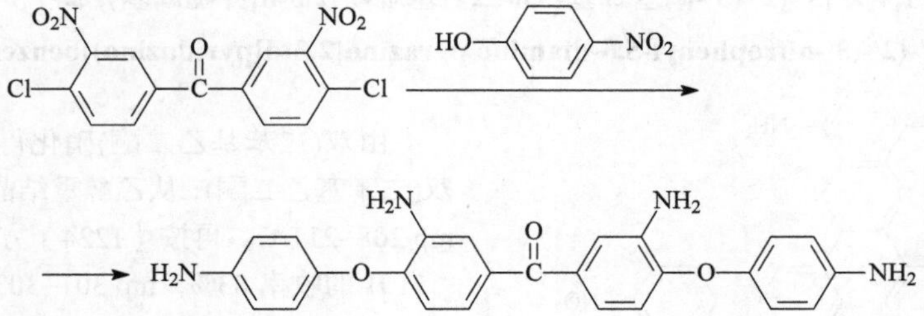

四硝基物，收率 32.6%，mp 171~173℃；四胺：收率 22%，mp 193.5~194℃。

〖1222〗双[3-氨基-4-(*p*-氨基苯氧基)]二苯砜

Bis[3-amino-4-(*p*-aminophenoxy)]diphenyl sulphone[728]

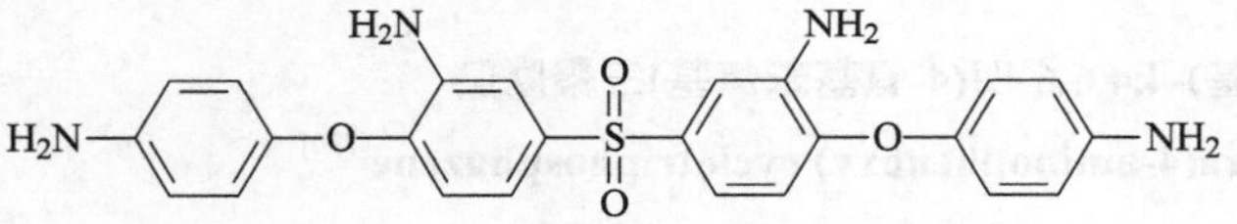

四硝基物，收率 62%，mp 219~220℃；

四胺：收率 70%，mp 195~197℃。

〖1223〗四(4-氨基苯基)甲烷 **Tetrakis(4-aminophenyl)methane**[729]

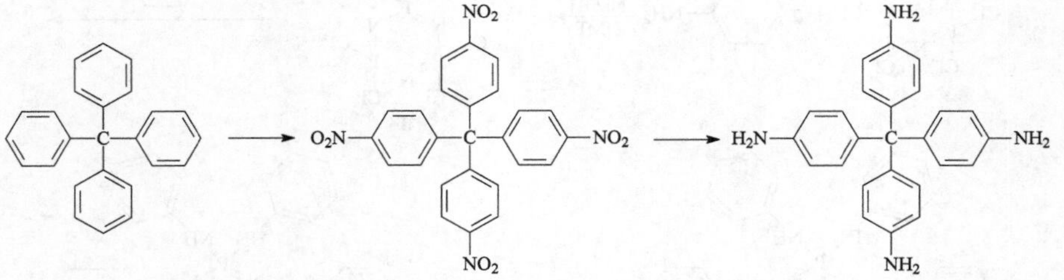

〖1224〗1,4-双[3′-(2′-苯基-5,8-二氨基吡嗪[2,3-d]并哒嗪基)]苯

1,4-Bis[3′-(2′-phenyl-5,8-diaminopyrazino[2,3-d]pyridazino)]benzene[578]

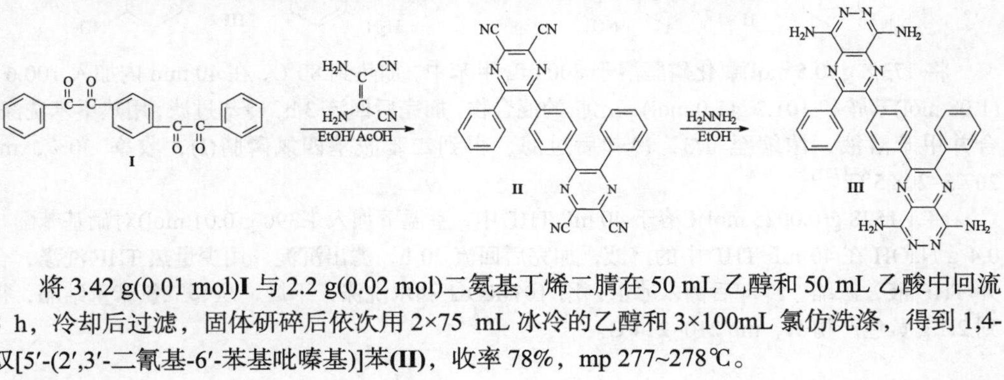

将 3.42 g(0.01 mol)**I** 与 2.2 g(0.02 mol)二氨基丁烯二腈在 50 mL 乙醇和 50 mL 乙酸中回流 3 h，冷却后过滤，固体研碎后依次用 2×75 mL 冰冷的乙醇和 3×100mL 氯仿洗涤，得到 1,4-双[5′-(2′,3′-二氰基-6′-苯基吡嗪基)]苯**(II)**，收率 78%，mp 277~278℃。

　　将 2.43 g(5 mmol)**II** 和 7.7 g (98%, 0.24 mol)水合肼在 45 mL 乙醇中加热回流，产物用与 **II** 相同的方法分离提纯，四胺收率 71%，mp >350℃。

〖1225〗1,4-双[3′-(2′-(3′-硝基苯基-5,8-二氨基吡嗪[2,3-d]并哒嗪基))苯

1,4-Bis[3′-(2′-(3′-nitrophenyl-5,8-diamino pyrazino[2,3-d]pyridazino))benzene[578]

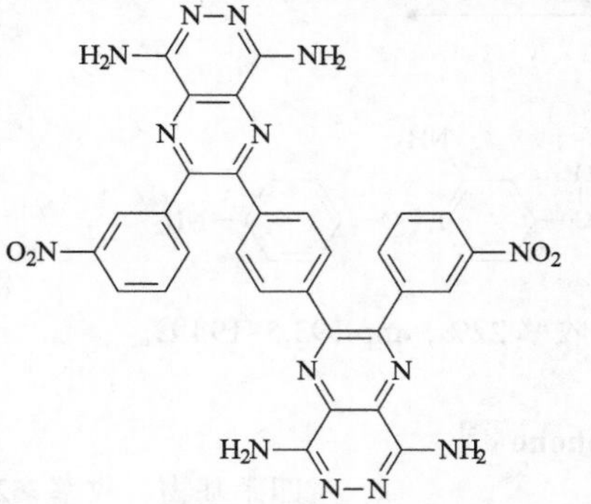

　　由双(二苯基乙二酮)硝化得 3,3″-二硝基双(二苯基乙二酮)，从乙醇重结晶，收率 63%，mp 208~211℃。再按〖1224〗方法进行合成。

　　II 的收率 83%，mp 301~303℃；

　　III 的收率 72%，mp >350℃。

〖1226〗2,2-双(4-氨基苯氧基)-4,4,6,6-四(4-氨基苯氧基)三聚膦腈

2,2-Bis(4-anilino)-4,4,6,6-tetra(4-aminophenoxy) cyclotriphosphazene[730]

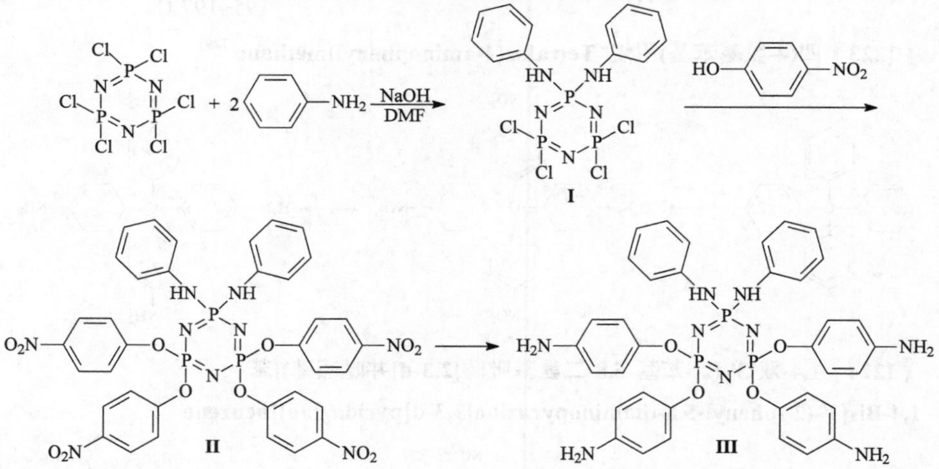

　　将 173.8 g (0.5 mol)氯化磷腈溶于 800 mL 甲苯中，加热到 80℃，在 40 min 内加入 100.6 g (1.08 mol)苯胺和 101.2 g(1.0 mol)三乙胺的混合物。加完后回流 3 h，冷却过滤，用热甲苯洗涤，合并甲苯溶液，浓缩至 1/3，冷却后过滤，得到二苯胺基四氯磷腈**(I)**，收率 30%，mp 207.5~208.5℃[731]。

　　将 1.1528 g(0.0025 mol)**I** 溶于 40 mL THF 中，室温下加入 1.390 g (0.01 mol)对硝基苯酚与 0.4 g NaOH 在 40 mL THF 中的溶液，加完后回流 70 h，滤出沉淀，用少量热 THF 洗涤，合并 THF 液，浓缩，冷却后倒入冰水，用 10%KOH 和水洗涤，干燥，从邻二氯苯重结晶，得到 2.1 g 黄色产物 **II**，mp 210~214℃。

将 1.2 g **II** 溶于 10 mL 苯胺中，加入 1.2 mg 氧化铂，在 50℃下 0.4~0.5 MPa 氢压下还原 3~4 h，滤出催化剂，浓缩得到固体，从邻二氯苯重结晶后在正己烷中沸腾，过滤，干燥，得到四胺 0.6 g，mp 200~205℃。

说明：该化合物的结构没有得到精确的表征。

〖1227〗4,4′,4″,4‴-四氨基酞菁铜

Copper 4,4′,4″,4‴-phthalocyanine tetraamine[563,732]

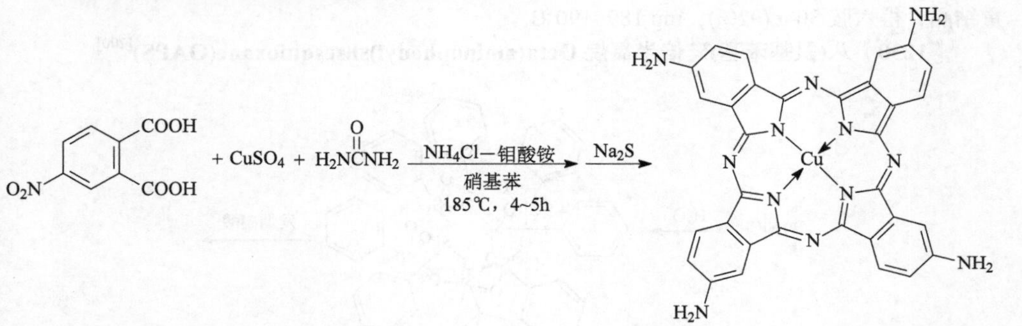

将硫酸铜，4-硝基邻苯二甲酸和过量的脲素在氯化铵，钼酸铵催化下以硝基苯为溶剂在 185℃反应 4.5h，得到四硝基酞菁铜。依次用乙醇，NaOH 溶液及盐酸洗涤后用硫化钠还原为四氨基酞菁铜。

〖1228〗4,4′,4″,4‴-四氨基酞菁钴

Cobalt 4,4′,4″,4‴-phthalocyanine tetraamine[563]

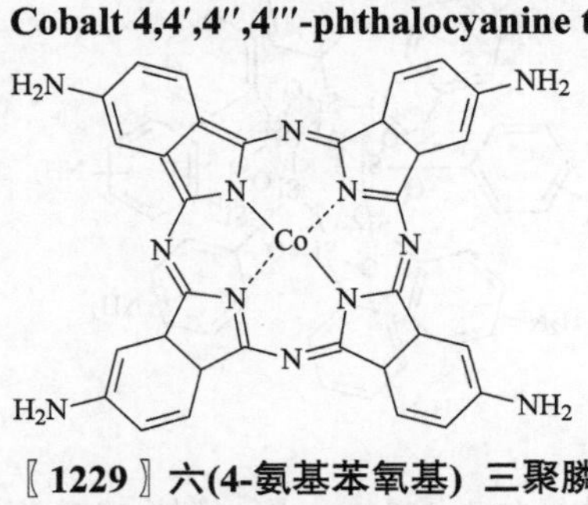

用硫酸钴代替硫酸铜，按〖1227〗方法合成。

〖1229〗六(4-氨基苯氧基) 三聚膦腈

Hexakis(4-aminophenoxy)cyclotriphosphazene[331]

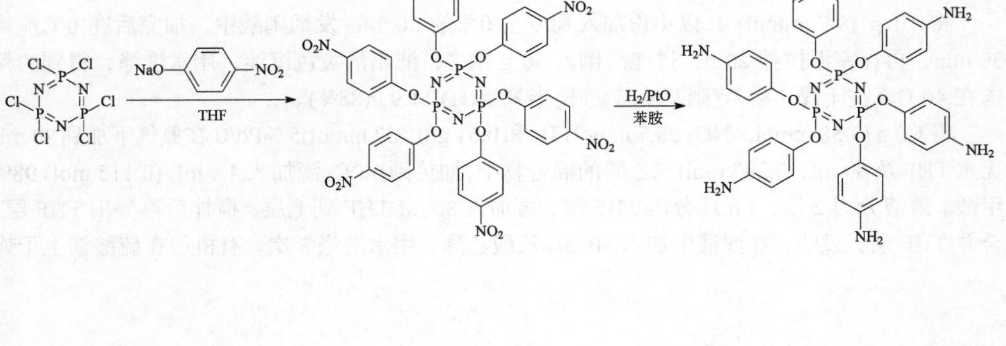

　　将 172.2 g (1.07 mol) 对硝基苯酚钠在 300 mL THF 中的溶液在氮气下 1 h 内加到 60 g (0.172 mol)氯化膦腈在 200 mL THF 的溶液中，混合物回流 72 h，滤出不溶物，滤饼依次用 2000 mL 水，2000 mL 乙醇和 1000 mL 戊烷洗涤，从邻二氯苯重结晶，得 134 g(81%)，mp 261~264℃。

　　将 40.0 g (0.041 mol) 六硝基物，75 mL 苯胺及 0.1 g PtO 在 0.35 MPa 氢气压力下 50℃加氢大约 30 h。滤出催化剂，将滤液缓慢倒入 1000 mL 甲苯中，滤出粗产物，从邻二氯苯和 THF 重结晶，得六胺 30 g (92%)，mp 189~190℃。

〖1230〗八(氨基苯基)硅倍半氧烷 Octa(aminophenyl)silsesquioxane(OAPS)[200]

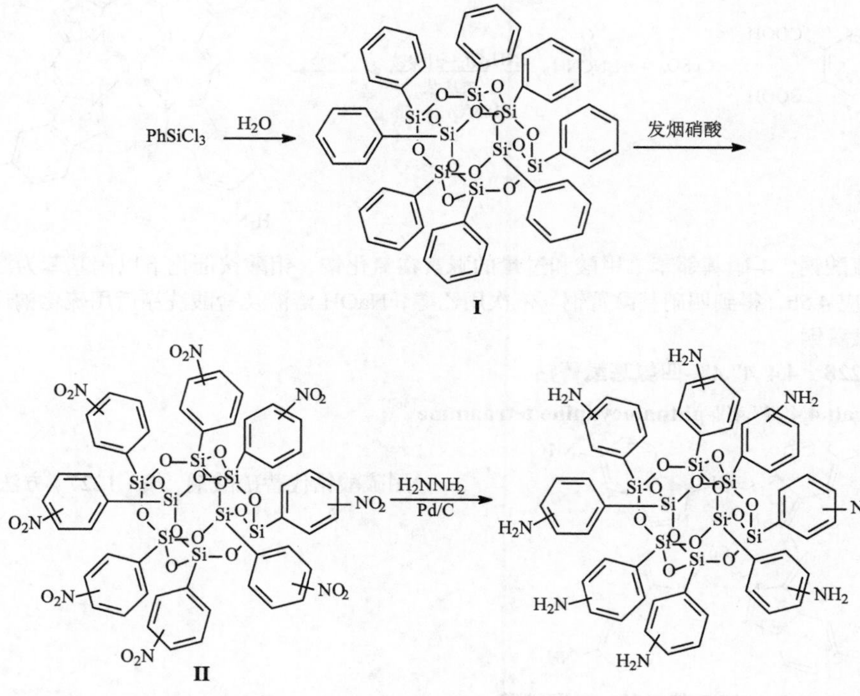

　　将 10.9 g (0.05 mol)苯基三氯硅烷溶于 50 mL 苯中，加入 100 mL 水，搅拌 5 h，除去酸层，苯层用水洗涤，再加入 1.2 mL(3 mmol) 40%氢氧化苄基三甲铵/甲醇溶液，混合物回流 4 h 后放置 4 天，再回流 24 h 后冷却，过滤，得八苯基硅倍半氧烷(I)白色固体粉末 6.1 g(93%)。

　　将 10 g (9.7 mmol) I 以小份加入到冷至 0℃的 50 mL 发烟硝酸中，加完后在 0℃搅拌 30 min，再在室温搅拌 20 h，过滤后倒入 50 g 冰中，滤出淡黄色沉淀，用水洗涤，得到的粉末在 40℃真空干燥，得八(硝基苯基)硅倍半氧烷(II) 11.9 g(88%)。

　　将 5.0 g (3.58 mmol, –NO₂ 28.7 mmol) II 和 0.61 g(0.287 mmol)5 %Pd/C 在氮气下加到 40 mL 无水 THF 及 40 mL (0.287 mol)三乙胺的混合物中，加热到 60℃，滴加入 4.4 mL (0.115 mol) 98% 甲酸。溶液分为 2 层，5 h 后分出 THF 层，再加入 30 mLTHF 到上层，搅拌后再分出 THF 层。合并 THF 层，过滤，在滤液中加入 40 mL 乙酸乙酯，用水洗涤 3 次。有机层在硫酸镁上干燥

后倒入 1 L 己烷中，滤出白色沉淀，再溶于 THF/乙酸乙酯的混合物(30/50)中，在 600 mL 己烷中重沉淀，得到的粉末真空干燥，得八(氨基苯基)硅倍半氧烷 2.5 g (61%)[143]。

参 考 文 献

[1] Takeichi T, Stille J K. Macromolecules, 1986, 19: 2093.

[2] Meyer G W, Pak S J, Lee Y J, McGrath J E. Polymer, 1995, 36: 2303.

[3] Takekoshi T, Terry J M. Polymer, 1994, 35: 4874.

[4] Furutani H, Ida J, Nagano H. High Perf. Polym., 2000, 12: 471.

[5] Grenier-Loustalot M F, Sanglar C. High Perform. Polym., 1996, 8: 555.

[6] Jeonc H J, Kakimoto M A J. Polym. Sci., Polym. Chem., 1991, 29: 767; Hergenrother P M, Bryant R G, Jensen B J, Havens S J. J. Polym. Sci., Polym. Chem., 1994, 32: 3061.

[7] Bryant R G, Jensen B J, Hergenrother P M. J. Appl. Polym. Sci., 1996, 59: 1249.

[8] Liu B, Hu W, Matsumoto T, Jiang Z, Ando S. J. Polym. Sci., Polym. Chem., 2005, 43: 3018.

[9] Bryant R G, Hergenrother P M. High Perf. Polym., 1995, 7: 125.

[10] Carter K R, DiPietro R A, Sanchez M I, Russell T P, Lakshmanan P, McGrath J E. Chem. Mater., 1997, 9: 105.

[11] Hedrick J L, DiPietro R, Charlier Y, Jerome R. High Perform. Polym., 1995, 7: 133.

[12] Pae Y, Harris F W. J. Polym. Sci., Polym. Chem., 2000, 38: 4247.

[13] Wang D H, Arlen M J, Baek J-B, Vaia R A, Tan L-S. Macromolecules, 2007, 40: 6100.

[14] Cava M P, Napier D R. J. Amer. Chem. Soc., 1957, 79: 1701.

[15] Sanders A, Giering W D. J. Org. Chem., 1973, 38: 3055.

[16] Lloyd J B F, Ongley P A. Tetrahedron, 1964, 20: 2185.

[17] Tan L-S, Arnold F E. J. Polym. Sci., Polym. Chem., 1988, 26: 1819.

[18] Georgiades A, Hamerton I, Hay J N, Shaw S J. Polymer, 2002, 43: 1717.

[19] Logullo F M, Seitz A M, Friedman L. Org. Syn., 1973, Coll. Vol. 5: 53.

[20] Droske J P, Stille J K. Macromolecules, 1984, 17: 1.

[21] Droske J P, Stille J K, Alston W B. Macromolecules, 1984, 17: 14.

[22] Waters J F, Sutter, J K, Meador M A B, Baldwin L J, Meador M A. J. Polym. Sci., Polym. Chem., 1991, 29: 1917.

[23] Al-Kandary S, Ali A A M, Ahmad Z. J. Appl. Polym. Sci., 2005, 98: 2521.

[24] Leu C M, Reddy G M, Wei K H, Shu C F. Chem. Mater., 2003, 15: 2261.

[25] Hougham G, Tesoro G, Shaw J. Macromolecules, 1994, 27: 3642.

[26] 石川延男，田边敏夫. 工化, 1967, 70,1530

[27] Liu J G, Li Z X, Wu J T, Zhou H W, Wang F S, Yang S Y. J. Polym. Sci., Polym. Chem., 2002, 40: 1583.

[28] Gerber M K, Pratt J R, St. Clair A K, St. Clair T L. Polym Prepr., 1990, 31: 340.

[29] Auman BC, Higley DP, Scherer K V Jr., McCord E F, Shaw W H Jr. Polymer, 1995, 36: 651.

[30] Sadavarte N V, Halhalli M R, Avadhani C V, Wadgaonkar P P. Eur. Polym. J., 2009, 45: 582.

[31] Giesa R, Keller U, Eiselt P, Schmidt H-W. J. Polym. Sci., Polym. Chem., 1993, 31: 141; Sako S. Bull. Chem. Soc. Jpn., 1934, 9: 55.

[32] Fomine S, Sanchez C, Fomina L, Alonso J C, Ogawa T. Macromol. Chem. Phys., 1996, 197: 3667.

[33] Mikroyannidis J A. J. Polym. Sci., Polym. Chem., 1995, 33: 381.

[34] Bell V L, Stump B L, Gager H. J. Polym. Sci.,Polym. Chem., 1976, 14: 2275.

[35] Tsuda Y, Kawauchi T, Hiyosh N, Mataka S. Polym. J., 2000, 32: 594.

[36] Tsuzumi H, Toi K, Ito T, Kasai T. J. Appl. Polym. Sci., 1997, 64: 389.

[37] Sasthav J R, Harris F W. Polymer, 1995, 36: 4911.

[38] Kim J-H, Lee S-B, Kim S Y. J. Appl. Polym. Sci., 2000, 77: 2756.

[39] Kratochvil A M, Koros W J. Macromolecules, 2010, 43: 4679.

[40] Clarke H T, Hartman W W. Org. Synth., 1945, Coll.Vol. I, 543.

[41] Pae Y. J. Appl. Polym. Sci., 2006, 99: 309.

[42] Liu X, Xiang H, Yang J, Gu Y. J. Appl. Polym Sci., 2003, 90: 3291.

[43] Liu Z, Yu F, Zhang Q, Zeng Y, Wang Y. Eur. Polym. J., 2008, 44: 2718.

[44] Lai H, Qin L, Liu X, Gu Y. Eur. Polym. J., 2008, 44: 3724.

[45] Wang D H, Shen Z, Cheng S Z D, Harris F W. Polymer, 2007, 48: 2572.

[46] Liu X, Tang J, Wang J, Gu Y. J. Appl. Polym. Sci., 2006, 101: 2255.

[47] Choi S M, Kim K J, Choi K-Y, Yi M H. J. Appl. Polym. Sci., 2005, 96: 2300; Kikkawa H, Shoji F, Tanaka J, Kataoka F, Satou H. Polym. Adv. Technol., 1993, 4: 268.

[48] Fu G D, Kang E T, Neoh K G, Lin C C, Liaw D J. Macromolecules, 2005, 38: 7593.

[49] Nishikawa M. Polym. Adv. Technol., 2000, 11: 404.

[50] Tsuda Y, Tanaka Y, Kamata K, et al. Polym. J., 1997, 29: 574.

[51] Liu J G, He M H, Li Z X, Qian Z G, Wang F S, Yang S Y. J. Polym. Sci., Polym. Chem., 2002, 40: 1572.

[52] Maya E M, Lozano A E, de la Campa J G, de Abajo J. Macromol. Rapid Commun., 2004, 25: 592.

[53] Ungaro R, Haj, B E, Smid J. J. Am. Chem. Soc., 1976, 98: 5198.

[54] Mehdipour-Ataei S, Arabi H, Bahri-Laleh N. Eur. Polym. J., 2006, 42: 234.

[55] Ghaemy M, Alizadeh R, Behmadi H. Eur. Polym. J., 2009, 45: 3108.

[56] Bower G M, Freeman J H, Traynor L, Frost W, Burgman H A, Ruffing C R. J. Polym. Sci., Polym. Chem., 1968, 6: 877.

[57] Lim C H, Ki C D, Kim T H, Chang J Y. Macromolecules, 2004, 37: 6.

[58] Ambade A V, Kulmar A. J. Polym. Sci., Polym. Chem., 2001, 39: 1295.

[59] Lin J T, Hubbard M A, Marks T J. Chem. Mater., 1992, 4: 1148.

[60] Lee Y J, Kim Y W, Ha J D, Oh J M, Yi M H. Polym. Adv. Technol., 2007, 18: 226.

[61] Schab-Balcerzak E, Sek D. High Perf. Polym., 2001, 13: 45.

[62] Rusanov A L, Komarova L G, Prigozhina M P, et al. High Perf. Polym., 1999, 11: 395.

[63] Li L, Yin J, Sui Y, Xu H-J, Fang J-H, Zhu Z-K, Wang Z-G. J. Polym. Sci., Polym. Chem., 2000, 38: 1943.

[64] Tsuda Y, Kanegae K, Yasukouchi S. Polym. J., 2000, 32: 941.

[65] Ichino T, Sasaki S, Matsuura T, Nishi S. J. Polym. Sci., Polym. Chem., 1990, 28: 323.

[66] Kim S I, Ree M, Shin T J, Jung J C. J. Polym. Sci., Polym. Chem., 1999, 37: 2909.

[67] Rusanov A L, Komarova L G, Sheveleva T S, et al. React. Func. Polym., 1996, 30: 279.

[68] Wallace J S, Tan L-S, Arnold F E. Polymer, 1990, 31: 2411.

[69] Spiliopoulos I K, Mikroyannidis J A. Polymer, 1996, 37: 3331.

[70] Pal R R, Patil P S, Dere R T, Salunkhe M M. J. Appl. Polym. Sci., 2005, 97: 1377.

[71] Mikroyannidis J A. Polymer, 1996, 37: 2715.

[72] Toiserkani H, Saidi K, Sheibani H. J. Appl. Polym. Sci., 2009, 114: 185.

[73] Ghaemy M, Alizadeh R. Eur. Polym. J., 2009, 45: 1681.

[74] Mikroyannidis J A. Macromolecules, 1995, 28: 5177.

[75] Hamciuc E, Hamciuc C, Bruma M, Schulz B. Eur. Polym. J., 2005, 41: 2989.

[76] Wang K-L, LiuY-L, Lee J-W, Neoh K-G, Kang E-T. Macromolecules, 2010, 43: 7159.

[77] Tamoto N, Adachi C, Nagai K. Chem. Mater. 1997, 9: 1077.

[78] Yu D, Gharavi A, Yu L. J. Am. Chem. Soc., 1995, 117: 11680.

[79] Verbiest T, Burland D M, Jurich M C, et al. Macromolecules, 1995, 28: 3005.

[80] Kim S J, Kim B J, Jang D W, et al. J. Appl. Polym. Sci., 2001, 79: 687.

[81] Saadeh H, Gharavi A, Yu D, Yu L. Macromolecules, 1997, 30: 5403.

[82] Wang K-L, Jikei M, Kakimoto M-a. J. Polym. Sci., Polym. Chem., 2004, 42: 3200.

[83] Ghaemy M, Alizadeh R, Nasr F H. J. App. Polym. Sci., 2010, 118: 3407.

[84] Sava I, Resmerita A-M, Lisa G, Damian V, Hurduc N. Polymer, 2008, 49: 1475.

[85] Schab-Balcerzak E, Grobelny L, Sobolewska A, Miniewicz A. Eur. Polym. J., 2006, 42: 285.

[86] Schab-Balcerzak E, Sapich B, Stumpe J. Polymer, 2005, 46: 49.

[87] Tsutsumi N, Morishima M, Sakai W. Macromolecules, 1998, 31: 7764.

[88] Zhou Y, Leng W, Liu X, Xu Q, Feng J, Liu J. J. Polym. Sci., Polym. Chem., 2002, 40: 2478.

[89] Nagase Y, Takamura Y, Akiyama E. High Perf. Polym., 1995, 7: 255.

[90] Sarkar A, Honkhambe P N, Avadhani C V, Wadgaonkar P P. Eur. Polym. J., 2007, 43: 3646.

[91] Chang C, Adams R. J. Am. Chem. Soc., 1934, 56: 2089.

[92] Niume K, Toda F, Uno K, Hasegawa M, Iwakura Y. J. Polym. Sci., Polym. Chem., 1981, 19: 1745；Skibo E B, Gilchrist J H. J. Org. Chem., 1988, 53: 4209.

[93] Chen B K, Tsai Y J, Tsay S Y. Polym. Int., 2006, 55: 93.

[94] Tullos G L, Powers J M, Jeskey S J, Mathias L J. Macromolecules, 1999, 32: 3598.

[95] Szita J, Marvel C S. J. Polym. Sci., Polym. Chem., 1969, 7: 3203；1968, 6: 1503.

[96] 张春燕, 史子兴, 朱子康, 徐纪平. 高等学校化学学报, 2004, 25: 556.

[97] Pews R G, Lysenko Z, Vosejpka P C. J. Org. Chem., 1997, 62: 8255.

[98] Yang C-P, Liou G-S, Chang S-Y, Chen S-H. J. Appl. Polym. Sci., 1999, 73: 271.

[99] Wolfe J F, Loo B H, Arnold F E. Macromolecules, 1986, 19: 915.

[100] Grubb T L, Mathias L J, Ulery V L, et al. Polymer, 1999, 40: 4279.

[101] Tamai S, Kamada J, Ono T, Kuroki T, Goto K, Yamaguchi A. J. Polym. Sci., Polym. Chem., 2002, 40: 423.

[102] Ando S, Matsuura T, Sasaki S. Macromolecules, 1992, 25: 5858.

[103] Vaganova T A, Kusov S Z, Rodionov V I, Shundrina I K, Malykhina E V. Russ. Chem. Bull., Intern.Ed., 2007, 56: 2239.

[104] Yang C P, Su Y Y, Hsiao S H. J. Polym. Sci., Polym. Chem., 2006, 44: 5909.

[105] Staab H A, Elbl-Weiser K, Krieger C. Eur. J. Org. Chem., 2000, 3272.

[106] Brown K J, Berry M S, Murdoch J R. J. Org .Chem., 1985, 50: 4345.

[107] Hofmann D, Fritz L, Ulbrich J, Paul D. Polymer, 1997, 38: 6145.

[108] Ghanem B S, McKeown N B, Budd P M, et al. Macromolecules, 2009, 42: 7881.

[109] Auman B C, Myers T L, Higley D P. J. Polym. Sci., Polym. Chem., 1997, 35: 2441.

[110] Lozano A E, de La Campa J, de Abajo J. J. Polym. Sci., Polym. Chem., 1999, 37: 4646.

[111] Mathews A S, Kim D, Kim Y K, Kim I, Ha C-S. J. Polym. Sci., Polym. Chem., 2008, 46: 8117.

[112] Harris F W, Cheng S Z D, US, 5378420[1995].

[113] Lin S-H, Li F, Cheng S Z D, Harris F W. Macromolecules, 1998, 31: 2080.

[114] Bes L, Rousseau A, Boutevin B, Mercier R. J. Polym. Sci., Polym. Chem., 2001, 39: 2602.

[115] Pyo S M, Kim S I, Shin T J, Park Y H, Ree M. J. Polym. Sci., Polym. Chem., 1999, 37: 937.

[116] Shiang W R, Woo E P. J. Polym. Sci., Polym. Chem., 1993, 31: 2081.

[117] Li F, Fang S, Ge J J, Honigfort P S, Chen J C, Harris F W, Cheng S Z D. Polymer, 1999, 40: 4571.

[118] Harris F W, Sakaguchi Y, Shibata M, Cheng S Z D. High Perf. Polym., 1997, 9: 251; Sako S. Bull. Chem. Soc. Jpn, 1935, 10: 593.

[119] Lee D-H, Choi M, Yu B-W, et al. Adv. Synth. Catal., 2009, 351: 2912 .

[120] Ray E R, Barrick J G. J. Am. Chem. Soc., 1948, 70: 1492.

[121] Spiliopoulos I K, Mikroyannidis J A. Polymer, 1997, 38: 2733.

[122] Liaw D-J, Chang F-C, Leung M-K, Chou M-Y, Muellen K. Macromolecules, 2005, 38: 4024.

[123] Pyo S M, Kim S I, Shin T J, Ree M, Park K H, Kang J S. Polymer, 1999, 40: 125.

[124] Kurihara M, Yoda N. Bull. Chem. Soc., Jpn., 1967, 40: 2429.

[125] Ruan J-J, Jin S, Ge, J J, et al. Polymer, 2006, 47: 4182.

[126] Wang SY. Ph D. Dissertation. Department of Polymer Science, The University of Akron, Akron, OH 44325-3909, 1995.

[127] Kim K-H, Jang S, Harris F W. Macromolecules, 2001, 34: 8925.

[128] Wang D H, Shen Z, Guo M, Cheng S Z D, Harris F W. Macromolecules, 2007, 40: 889.

[129] Vogt CG, Marshell F, US, 2497248[1950].

[130] Burkhardt G N, Wood H. J. Chem. Soc., 1929, 151.

[131] Chuang K C. High Per. High Perf. Polym., 1995, 7: 81.

[132] Feiring A E, Auman B C, Wonchoba E R. Macromolecules, 1993, 26: 2779.

[133] Ji T, Zhang J, Cui G, Li Y. Polym. Bull., 1999, 42: 379.

[134] Park J H, Jung J C, Sohn B-H, Lee S W, Ree M. J. Polym. Sci., Polym. Chem., 2001, 39: 3622.

[135] Park J H, Sohn B-H, Jung J C, Lee S W, Ree M. J. Polym. Sci., Polym. Chem., 2001, 39: 1800.

[136] Rikiishi N, Wang H, Kawasato H, JP, 2006193434; JP, 2007106859.

[137] Han K, Lee H-J, Rhee T H. J. Appl. Polym. Sci., 1999, 74: 107.

[138] Choi M-C, Wakita J, Ha C-S, Ando S. Macromolecules, 2009, 42: 5112.

[139] Lindrey P M, Reinhardt B A. J. Polym. Sci., Polym. Chem., 1991, 29: 1061.

[140] Dokosh N, Tohyama S, Fujita S, Kurihara M, Yoda N. J. Polym. Sci., Polym. Chem., 1970, 8: 2197.

[141] Eastmond G C, Daly J H, Mckinnon A S, Pethrick R A. Polymer, 1999, 40: 3605.

[142] Khar'kov S N, Chegolya AS, Baranov AN, Volokna Sint. Polim., 1970, 19.

[143] Tanaki R, Tanaka Y, Asuncion, M. Z., Choi, J, Laine, R. M. J. Am. Chem. Soc., 2002, 123: 12416.

[144] Slocum D W, Mislow K. J. Org. Chem., 1965, 30: 2152.

[145] Yim H, Foster M D, McCreight K, Jin X, Cheng S Z D, Harris F W. Polymer, 1998, 39: 4675; McCreight K W, Ge J J, Guo M, et al. J. Polym. Sci., Polym. Phys., 1999, 37: 1633.

[146] Xu H-J, Yin J, He Y, Fang J-H, Zhu Z-K, Wang Z-G. J. Appl. Polym. Sci., 1998, 70: 1605.

[147] Han K, You K, Jang W-H, Rhee T H. Macromol. Chem. Phys., 2000, 201: 747.

[148] Kasashima Y, Kumada H, Yamamoto K, Akutsu F, Naruchi K, Miura M. Polymer, 1995, 36: 645.

[149] Allen C F H, Pingert F P. J. Am. Chem. Soc., 1942, 64: 2643.

[150] Spiliopoulos I K, Mikroyannidis J A. Macromolecules, 1998, 31: 1236.

[151] Spiliopoulos I K, Mikroyannidis J A, Tsivgoulis G M. Macromolecules, 1998, 31: 522.

[152] Mikroyannidis J A. J. Polym. Sci., Polym. Chem., 1999, 37: 15.

[153] Mikroyannidis J A. Macromol. Chem. Phys., 1999, 200: 2327.

[154] Sakaguchi Y, Harris F W. Polym. J., 1992, 24: 1147.

[155] Al-Masri M, Kricheldorf H R, Fritsch D. Macromolecules, 1999, 32: 7853.

[156] Kotov B V, Kapustin G V, Chvalun S N, et al. Vysokomol. Soedin., 1994, A36: 1972; Dickerman SC, Felix A M, Levy LB. J. Org. Chem., 1964, 29: 26.

[157] Spiliopoulos I K, Mikroyannidis J A. Macromolecules, 1998, 31: 515.

[158] Mikroyannidis J A. Polymer, 1999, 40: 3107.

[159] Mikroyannidis J A, Tsivgoulis, G M. J. Polym. Sci., Polym. Chem., 1999, 37: 3646.

[160] Gatterman L, Rudt H. Chem. Ber., 1894, 27: 2293.

[161] Staedel W. Ann., 1894, 283: 149.

[162] Thorp L, Wildman E A. J. Am. Chem. Soc., 1915, 37: 372.

[163] Partridge M W, Vipond H J. J. Chem. Soc., 1962, 632.

[164] Delvigs P, Klopotek D L, Hardy-Green D. High Perf. Polym., 2001, 13: 301.

[165] Langsam M, Burgoyne W F. J. Polym. Sci., Polym. Chem., 1993, 31: 909.

[166] Jones W J, Gannett T P, US, 4558164[1985].

[167] Chiang W-Y, Mei W-P. J. Polym. Sci., Polym. Chem., 1993, 31: 1195.

[168] Ghatge N D, Khune G D. Angew. Makromol. Chem., 1979, 79: 93.

[169] Martinez-Richa A, Vera-Graziano R, Likhatchev D, Alexanrova L, Tlenkopatchev M. J. Appl. Polym. Sci., 1996, 61: 815.

[170] Yan M, Jiang F, Zhao X, Liu N. J. Appl. Polym. Sci., 2008, 109: 2460.

[171] Sakai Y, Ueda M, Yahagi A, Tanno N. Polymer, 2002, 43: 3497.

[172] Fomine S, Fomina L, Arreola R, Alonso J C. Polymer, 1999, 40: 2051.

[173] Leu C-M, Chang Y-T, Wei K-H. Macromolecules, 2003, 36: 9122.

[174] Qian Z G, Ge Z Y, Li Z X, et al. Polymer, 2002, 43: 6057.

[175] Wang C-Y, Li G, Zhao X-Y, Jiang J-M. J. Polym. Sci., Polym. Chem., 2009, 47: 3309.

[176] Wang C, Zhao X, Li G, Jiang J. Polym. Degrad. Stab., 2009, 94: 1526.

[177] Ramalingam H, Sowrirajalu B, Ganesan A, Muthusamy S. Polym. Int., 2004, 53: 1442.

[178] Hariharan R, Sarojadevi M. J. Appl. Polym. Sci., 2006, 102: 4127.

[179] Wang C, Leu T, Hsu K. Polymer, 1998, 39: 2921.

[180] Hariharan R, Bhuvana S, Amutha N, Sarojadevi M. High Perf. Polym., 2006, 18: 893.

[181]Ghatge N D, Shinde B M, Mulik U P. J. Polym. Sci., Polym. Chem., 1984, 22: 3359.

[182] Koo S-Y, Lee D-H, Choi H-J, Choi K-Y. J. Appl. Polym. Sci., 1996, 61: 1197.

[183] Robert J, Perry B, Wilson D, Turner S R, Blevins R W. Macromolecules, 1995, 28: 3509.

[184] Jin X Z, Ishii H. J. Appl. Polym. Sci., 2005, 98: 15.

[185] Hamciuc E, Sava I, Bruma M, et al. Polym. Adv. Technol., 2006, 17: 641.

[186] Hedrick J L, Charlier Y, DiPietro R, Jayaraman S, McGrath J E. J. Polym. Sci., Polym. Chem., 1996, 34: 2867.

[187] Kray W M, Rosser R W. J. Org. Chem., 1977, 42: 1186.

[188] Ge Z, Fan L,Yang S. Eur. Polym. J., 2008, 44: 1252.

[189] Zhao X-J, Liu J-G, Li H-S, Fan L, Yang S-Y. J. Appl. Polym. Sci., 2009, 111: 2210.

[190] Farr I V, Kratzner D, Glass T E, Dunson D, Ji Q, Mcgrath J E. J. Polym. Sci., Polym. Chem., 2000, 38: 2840.

[191] Preston PN, Soutar I, Woodfine B, Hay J N, Stewart N J . High Perf. Polym., 1990, 2: 47.

[192] Ягупольский Л М, Троицкая, В М, Маличенко Б Ф. ЖОХ, 1952, 32: 1832.

[193] Delvigs P, Klopotek D L, Cavano P J.High Perf. Polym., 1997, 9: 161；Bell V L, Kilzer L, Hett E. M, Stokes G M. J. Appl. Polym. Sci., 1981, 26: 3805.

[194] Dumont F, Visseaux M, Barbier-Baudry D, Dormond A. Polymer, 2000, 41: 6043.

[195] Delvigs P, Klopotek D L, Cavano P J. High Perf. Polym., 1994, 6: 209.

[196] Han M, Nikles D E. J. Polym. Sci., Polym. Chem., 2001, 39: 4044.

[197] Ruppert H, Schnell H, US, 3200152[1965].

[198] Kricheldorf H R, Schwarz G, Fan S-C. High Perf. Polym., 2004, 16: 543.

[199] Fuson R C, House H O. J. Appl. Polym. Sci., 1953, 75: 1325.

[200] Huang J-C, He C-B, Xiao Y, Mya K Y, Dai J, Siow Y P. Polymer, 2003, 44: 4491.

[201] Inoue K, Imai Y. J. Polym. Sci., Polym. Chem., 1976, 14: 1599.

[202] Critchley J P, Grattan P A, White M A, Pippett J S. J. Polym. Sci., Polym. Chem., 1972, 10: 1789；Critchley J P, White M A. J. Polym. Sci., Polym. Chem., 1972, 10: 1809.

[203] Chern Y-T, Shiue H-C. Macromol. Chem. Phys., 1998, 199: 963.

[204] Denmark S E, Henke B R. J. Am. Chem. Soc., 1991, 113: 2177.

[205] Chern Y-T. Macromolecules, 1998, 31: 1898.

[206] Chern Y-T, Shiue H-C. Chem. Mater., 1998, 10: 210.

[207] Beltz M W, Harris F W. High Perf. Polym., 1995, 7: 23.

[208] Fletcher T L, Namkung M J, Wetzel W H, Pan H-L. J. Org. Chem., 1960, 25: 1342.

[209] Smith Jr. J G, Connell J W. High Perf. Polym., 2000, 12: 213.

[210] Connell J W, Smith Jr. J G, Hergenrother P M. High Perf. Polym., 1997, 9: 309.

[211] Sasaki T, Yokota R. High Perf. Polym., 2006, 18: 199.

[212] Jensen B J, Hergenrother P M, Nwokogu G. Polymer, 1993, 34: 630.

[213] Takeichi T, Stille J K. Macromolecules, 1986, 19: 2103.

[214] Reinhardt B A, Arnold F E. J. Appl. Polym. Sci., 1981, 26: 2679.

[215] Fang J, Tanaka K, Kita H, Okamoto K. Polymer, 1999, 40: 3051.

[216] Mukai S, Tanaka H, Tayama T. JP. 03, 123761[2003].

[217] Han S S, Im S S, Won J C. Eur. Polym. J., 2007, 43: 154.

[218] Yi M H, Huang W, Jin M Y, Choi K-Y. Macromolecules, 1997, 30: 5606.

[219] Liaw D-J, Hsu P-N, Chen W-H, Lin S-L. Macromolecules, 2002, 35: 4669.

[220] Gao C, Zhang S, Gao L, Ding M. Macromolecules, 2003, 36: 5559.

[221] Yi M H, Huang W, Lee B J, Choi K-Y. J. Polym. Sci., Polym. Chem., 1999, 37: 3449.

[222] Vygodskii Y S, Churochkina N A, Panova T A, Fedotov Y A. React. Funct. Polym., 1996, 30: 241.

[223] Hubacher M H. J. Am. Chem. Soc., 1951, 73: 5885.

[224] 胡志强. 博士论文. 上海: 复旦大学, 2007.

[225] Rusanov A L, Komarova L G, Prigozhina M P, Begunov R S, Yakovleva Y S. High Per. High Perf. Polym., 2009, 21: 729.

[226] Luo J, Haller M, Li H, et al. Macromolecules, 2004, 37: 248.

[227] Chou C-H, Reddy D S, Shu C-F. J. Polym. Sci., Polym. Chem., 2002, 40: 3615.

[228] Clarkson R G, Gomberg M. J. Am. Chem. Soc., 1930, 52: 2881; Weisburger J H, Weisburger E K, Ray F E. J. Am. Chem. Soc., 1950, 72: 4253.

[229] Kim Y-H, Kim H-S, Kwon S-K. Macromolecules, 2005, 38: 7950.

[230] Kawashima S, Yamaguchi A, US, 4556738[1985]; Yamaguchi K, Sugimoto K, Tanabe Y, Kawashima S, Yamaguchi A, US, 4618714[1986].

[231] Barnett E B, Marthews M A. J. Chem. Soc., 1924, 767.

[232] Русинов А Л, Комарова Л Т, Пригожина М П, Аскадский А А, Бегунов Р С, Бродский И И, Лейкин А Ю, Лихачев Д Ю, Высокомал. Соед., 2007, В49: 144.

[233] Tamai S Yamashita W, Yamaguchi A. J. Polym. Sci., Polym. Chem., 1998, 36: 971.

[234] Hariharan R, Bhuvana S, Sarojadevi M. High Per. High Perf. Polym., 2006, 18: 163.

[235] Li Z X, Lin L Q, Zhang W M, Wu T, Pu J L. J. Polym. Sci., Polym. Chem., 2006, 44: 1291.

[236] Feng K, Tsushima M, Matsumoto T, Kurosaki T. J. Polym. Sci., Polym. Chem., 1998, 36: 685.

[237] Tamai S, Yamashita W, Yamaguchi A. High Per. High Perf. Polym., 1998, 10: 1.

[238] Shah S, Tian R, Shi Z, Liao Y. J. Appl. Polym. Sci., 2009, 112: 2953; Hodge P; Rabjohns M A, Lovell P A, Polym Bull 1997, 38: 3395.

[239] Hergenrother P M, Havens S J. J. Polym. Sci., Polym. Chem., 1989, 27: 1161.

[240] Jensen B J, Hergenrother P M, Bass R G. High Per. High Perf. Polym., 1991, 3: 3.

[241] Jensen B J, Hergenrother P M, Bass R G. High Per. High Perf. Polym., 1991, 3: 13.

[242] Lam L S M, Chan S H, Chan W K. Macromol. Rapid Commun., 2000, 21: 1081.

[243] Feld W A, Le T-B. J. Polym. Sci., Polym. Chem., 1992, 30: 1099.

[244] Seligman A M, Wasserhrug H L, Plapinger R E, Histochemie, 1970, 23: 63; Plapinger R E, Linus S L, Kawashima T, Deb C, Seligman A M, Histochemie, 1968, 14: 1.

[245] Fay C C, St. Clair A K. J. Appl. Polym. Sci., 1998, 69: 2383.

[246] Mathisen R J, Yoo J K, Sung C S P. Macromolecules, 1987, 20: 1414.

[247] Zhang X, Jin Y-H, Diao H-X, Du F-S, Li Z-C, Li F-M. Macromolecules, 2003, 36: 3115.

[248] Oishi Y, Ishida M, Kakimoto M-A, Imai Y, Kurosaki T. J. Polym. Sci., Polym. Chem., 1992, 30: 1027; Oishi Y, Takado H, Yoneyama M, Kakimoto M-A, Imai Y. J.Polym. Sci., Polym. Chem., 1990, 28: 1763.

[249] Chen C F, Qin W M, Huang X. J. Macromol. Sci., Phys., 2008, 47: 783.

[250] Hsiao S-H, Chang Y-M, Chen Hi-W, Liou G-S. J. Polym. Sci., Polym. Chem., 2006, 44: 4579.

[251] Li L, Kikuchi R, Kakimoto M-A, Jikei M, Takahashi A. High Per. High Perf. Polym., 2005, 17: 135.

[252] Peesapati V, Rao U N, Pethrick R A, Polym. Int., 1997, 43: 8.

[253] Tamai S, Yamaguchi A, Ohta M. Polymer, 1996, 37: 3683.

[254] Imai Y, Ishida M, Kakimoto M-A, Nishimura K, Kurosaki T. High Per. High Perf. Polym., 2002, 14: 243.

[255] Chang C-H, Wang K-L, Jiang J-C, et al. Polymer, 2010, 51: 4493.

[256] Wu W, Wang D, Zhu P, Wang P, Ye C. J. Polym. Sci., Polym. Chem., 1999, 37: 3598.

[257] Entwistle I D, Gikerson T, Johnstone R A,Telford R P, Tetrahedron, 1978, 34: 213.

[258] Kung Y-C, Liou G-S, Hsiao S-H. J. Polym. Sci., Polym. Chem., 2009, 47: 1740.

[259] Hsiao S-H, Liou G-S, Kung Y-C, Pan H-Y, Kuo C-H. Eur. Polym. J., 2009, 45: 2234.

[260] Chang C-W, Yen H-J, Huang K-Y, Yeh J-M, Liou G-S. J. Polym. Sci., Polym.Chem., 2008, 46: 7937.

[261] Akimoto S, Jikei M, Kakimoto M-a. High Per. High Perf. Polym., 2000, 12: 197.

[262] Cheng S-H, Hsiao S-H, Su T-H, Liou G-S. Macromolecules, 2005, 38: 307.

[263] Liou G-S, Yang Y-L, Su Y O. J. Polym. Sci., Polym. Chem., 2006, 44: 2587.

[264] Wang H-M, Hsiao S-H. Polymer, 2009, 50: 1692.

[265] Liou G S, Chang C W. Macromolecules, 2008, 41: 1667.

[266] Wei Y, Yang C, Ding T, Tetrah. Lett., 1996, 37: 731.

[267] Wang Yang C, Gao J P, Lin J, Meng X S, Wei Y, Li S. Macromolecules, 1998, 31: 2702.

[268] Liou G-S, Hsiao S-H, Ishida M, Kakimoto M, Imai Y. J. Polym. Sci., Polym. Chem., 2002, 40: 3815.

[269] Liou G S, Hsiao S H, Ishida M, Kakimoto M, Imai Y. J. Polym. Sci., Polym. Chem., 2002, 40: 2810.

[270] Wang Y-F, Chen T-M, Okada K, et al. J. Polym. Sci., Polym. Chem., 2000, 38: 2032.

[271] Jung M-S, Lee T-W, Hyeon-Lee J, Sohn B H, Jung I-S. Polymer, 2006, 47: 2670.

[272] Imai Y, Ishida M, Kakimoto M-A. High Per. High Perf. Polym., 2003, 15: 281.

[273] Kim Y, Han K, Ha C-S. Macromolecules, 2002, 35: 8759.

[274] Hasegawa M, Koseki K. High Perf. Polym., 2006, 18: 697.

[275] Hasegawa M, Sakamoto Y, Tanaka Y, Kobayashi Y. Eur. Polym. J., 2010, 46: 1510.

[276] Kwon Y K, Pyda M, Chen W, Wunderlich B. J. Polym. Sci., Polym. Phys., 2000, 38: 319.

[277] Yu X, Song C, Li C, Cooper S L. J. Appl. Polym. Sci., 1992, 43: 409.

[278] Chen C-F, Qin W-M, Huang X-A, Polym. Eng. Sci., 2008, 48: 1151.

[279] Yang R W, Wang C S. Polymer, 1999, 40: 1411.

[280] Jpn. Kokai Tokkyo Koho JP 6,051,146 (to Neos Co., Ltd.) Chem. Abstr., 103, 37206t(1985).

[281] Leu W-T, Hsiao S-H. Eur. Polym. J., 2006, 42: 328.

[282] Hsiao S-H, Leu W-T. High Perf. Polym., 2004, 16: 461.

[283] Mihara T, Nakao Y, Koide N, Polym. J., 2004, 36: 899.

[284] Mehdipour-Ataei S. Eur. Polym. J., 2005, 41: 91.

[285] Mehdipour-Ataei S, Maleki-Moghaddam R, Nami M. Eur. Polym. J., 2005, 41: 1024.

[286] Dezern J F. J. Polym. Sci., Polym. Chem., 1988, 26: 2157.

[287] Kang S J, Hong S I, Park C R. J. Appl. Polym. Sci., 2000, 78: 118.

[288] Agag T, Takeichi T. J. Polym. Sci., Polym. Chem., 2000, 38: 1647.

[289] Butt M S, Akhtar Z, Zafar-uz-Zaman M, Munir A. Eur. Polym. J., 2005, 41: 1638.

[290] Alvino W M, Frost L W. J. Polym. Sci., Polym. Chem., 1971, 9: 2209.

[291] Choi K H, Lee K H, Jung J C. J. Polym. Sci., Polym. Chem., 32001, 9: 3818.

[292] Steinhauser N, Mülhaupt R, Hohmann M, Springer J, Polym. Adv.Technol., 1994, 5: 438.

[293] Misra A C, Tesoro G, Hougham G, Pendharkar S M. Polymer, 1992, 33: 1078.

[294] Nadji S, Tesoro G C, Pendharker S. J. Fluor. Chem., 1991, 53: 327.

[295] Sarkar A, More A S, Wadgaonkar P P, Shin G J, Jung J C. J. Appl. Polym. Sci., 2007, 105: 1793.

[296] Wang H-H, Lin G-C. J. Appl. Polym. Sci., 1999, 73: 2671.

[297] Sadavarte N V, Avadhani CV, Naik P V, Wadgaonkar P P. Eur. Polym. J., 2010, 46: 1307.

[298] Chau N, Muramatsu T, Iwakura Y. J. Polym. Sci., Polym. Chem., 1982, 20: 137.

[299] Preston J. J. Polym. Sci., Polym. Chem., 1972, 10: 3373.

[300] Mikulla M, Mulhaupt R. Macromol. Chem. Phys., 1998, 199: 795.

[301] Mehdipour-Ataei S, Hatami M, Polym. Adv. Technol., 2007, 18: 292.

[302] Hsiao S-H, Liou G-S. High Perf. Polym., 2004, 16: 525.

[303] Liou G-S, Hsiao S-H. J. Polym. Sci., Polym. Chem., 2002, 40: 2564.

[304] Ghaemy M, Barghamadi M. J. Appl. Polym.Sci., 2009, 112: 815.

[305] Deligöz H, Yalcınyuva T, Özgümüs S. Eur. Polym. J., 2005, 41: 771.

[306] Melissaris A P, Mikroyannidis J A. J. Appl. Polym. Sci., 1987, 34: 2657.

[307] Park K H, Watanabe S, Kakimoto M-a. Macromol. Chem. Phys., 1998, 199: 409.

[308] Adduci J M, Liptak S C. J. Polym. Sci., Polym. Chem., 1995, 33: 1917.

[309] Adduci J M, Rochanapruk T. J. Polym. Sci., Polym. Chem., 1991, 29: 453.

[310] Adduci J M, Kuckoff E J. J. Appl. Polym. Sci., 1990, 41: 129.

[311] Matsuda H, Takechi S. J. Polym. Sci., Polym. Chem., 1990, 28: 1895.

[312] Qiu W, Yang Y, Yang X, Lu L, Wang X. J. Appl. Polym. Sci., 1996, 59: 1437.

[313] Simpson J O, St.Clair A K, NASA-97-icmctf-jos.

[314] Pinel E, Bas C, Neyertz S, et al. Polymer, 2002, 43: 1983.

[315] Yang C P, Su Y Y. Polymer, 2003, 44: 6311.

[316] Kang A, Chung I S,. Kakimoto M-a, Kim S Y, Polym. J., 2001, 33: 284.

[317] Miyauchi M, Ishida Y, Ogasawara T, Yokota R, 14th European Conf. on Composit Mater., 7-10 June 2010,

Budapest, Hungary.

[318] Bes L, Rousseau A, Boutevin B, Mercier R, Kerboua R. Macromol. Chem. Phys., 2001, 202: 2954.

[319] Hsiao S-H, Lin K-H. J. Polym. Sci., Polym. Chem., 2005, 43: 331.

[320] Morikawa A, Furukawa T, Moriyama Y, Polym. J., 2005, 37: 759.

[321] Kute V, Banerjee S. Macromol. Chem. Phys., 2003, 204: 2105.

[322] Chern Y-T, Tsai J-Y, Wang J-J. J. Polym. Sci., Polym. Chem., 2009, 47: 2443.

[323] Chern Y-T, Twua J-T, Chen J-C. Eur. Polym. J., 2009, 45: 1127.

[324] Biçak N, Koza G, Angew. Makromol. Chem., 1994, 217: 71.

[325] Wang C-Y, Li G, Jiang J-M. Polymer, 2009, 50: 1709.

[326] Kuorosawa T, Chueh C-C, Liu C-L, Higashihara T, Ueda M, Chen W-C. Macromolecules, 2010, 43: 1236.

[327] Zhu X L, Jian XG. J. Polym. Sci., Polym. Chem., 2004, 42: 2026.

[328] Chen J-C, Liu Y-T, Leu C-M, Liao H-Y, Lee W-C, Lee T-M. J.Appl.Polym. Sci., 2010, 117: 1144.

[329] Akimoto S, Kato D, Jikei M, Kakimoto M-a. High Perf. Polym., 2000, 12: 185.

[330] Li L, Sun A, Jikei M, Kakimoto M-a. High Perf. Polym., 2003, 15: 65.

[331] Allcock H R, Austin P E, Rakowsky T F. Macromolecules, 1981, 14: 1622.

[332] Jin L, Zhang Q, Xu Y, Xia Q, Chen D. Eur. Polym. J., 2009, 45: 2805.

[333] Shiotani A, Kohda M. J. Appl. Polym. Sci., 1999, 74: 2404.

[334] Tjugito S, Feld W A J. Polym. Sci., Polym. Chem., 1989, 27: 963.

[335] Stern S A, Liu Y, Feld W A. J. Polym. Sci., Polym. Phys., 1993, 31: 939.

[336] Acevedo M, Harris F W. Polymer, 1994, 35: 4456.

[337] Feld W A, Ramalingam B, Harris F W. J. Polym. Sci., Polym. Chem., 1983, 21: 319.

[338] Cozan V, Sava M, Marin L, Bruma M. High Perf. Polym., 2003, 15: 301.

[339] Eastmond G C, Paprotny J. Polymer, 2002, 43: 3455.

[340] Wang C-S, Hwang H-J. J. Appl. Polym. Sci., 1996, 60: 857.

[341] Liaw D-J, Liaw B-Y, Tsai M-Y. Eur. Polym. J., 1997, 33: 997.

[342] Liaw D-J, Liaw B-Y, Su K-L, Polym. Adv. Technol., 1999, 10: 13.

[343] Chern Y-T, Shiue H-C. Macromolecules, 1997, 30: 5766.

[344] Chern Y-T. Macromolecules, 1998, 31: 5837.

[345] Hsiao S-H, Yang C-Y. Macromol. Chem. Phys. 1997, 198: 2181.

[346] Hsiao S-H, Yang C-P, Yang C-Y. J. Polym. Sci., Polym. Chem., 1997, 35: 1487.

[347] Watanabe Y, Shibasaki Y, Ando S, Ueda M. J. Polym. Sci., Polym. Chem., 2004, 42: 144.

[348] Reinhardt H F. J. Org, Chem, 1962, 27: 3258.

[349] Avadhani C V, Wadgaonkar P P, Vernekar S P. J. Appl. Polym. Sci., 1990, 40: 1325.

[350] Yagci H, Ostrowski C, Mathias L J. J. Polym. Sci., Polym. Chem., 1999, 37: 1189.

[351] Yang C-P, Chen R-S, Yu C-W. J. Appl. Polym. Sci., 2001, 82: 2750; Yang C P, Hsiao S H, Yang H W, Polym. J., 1999, 31: 359.

[352] Liaw D-J, Liaw B-Y, Chung C-Y. Macromol. Chem. Phys., 2000, 201: 1887.

[353] Liaw D-J, Liaw B-Y. Polymer, 1999, 40: 3183.

[354] Liaw D-J, Liaw B-Y, Chen J-J. Polymer, 2001, 42: 867.

[355] Yang C-P, Chen J-A. J. Polym. Sci., Polym. Chem., 1999, 37: 1681.

[356] Hsiao S-H, Li C-T. Macromolecules, 1998, 31: 7213.

[357] Liaw D-J, Liaw B-Y, Lai S-H. Macromol. Chem. Phys., 2001, 202: 807.

[358] Yang C P, Lin J H. Polymer, 1995, 36: 2835.

[359] Yang C P, Lin J H. Polymer, 1995, 36: 2607.

[360] Myung B Y, Kim J S, Kim J J, Yoon T H. J. Polym. Sci., Polym. Chem., 2003, 41: 3361.

[361] Yang C P, Su Y-Y, Wang J-M. J. Polym. Sci., Polym. Chem., 2006, 44: 940；Yang C P,Lin J H. J. Polym. Sci.,Polym. Chem, 1993, 31: 2153.

[362] Reddy D S, Chou C-H, Shu C-F, Lee G-H. Polymer, 2003, 44: 557.

[363] Liaw D-J, Huang C-C, Chen W-H. Macromol. Chem. Phys., 2006, 207: 434.

[364] Yang C P, Tang S-Y. J. Polym. Sci., Polym. Chem., 1999, 37: 455.

[365] Yang C P, Chiang H C, Su Y Y, Polym. J., 2004, 36: 979.

[366] Chen Y-Y, Yanga C-P, Hsiao S-H. Macromol. Chem. Phys., 2006, 207: 1888；Yang C P, Chiang H C, Colloid Polym. Sci., 2004, 282: 1347.

[367] Sen S K, Maji S, Dasgupta B B, Chatterjee S, Banerjee S. J. Appl. Polym. Sci., 2009, 113: 1550; Majia S, Sena S K, Dasguptaa B, Chatterjeea S, Banerjee S, Polym. Adv. Technol., 2009, 20: 384.

[368] Adia S, Butler R, Eastmond G C. Polymer, 2006, 47: 2612.

[369] Hsiao S-H, Yang C-P, Chen S-H. J. Polym. Sci., Polym. Chem., 2000, 38: 1551.

[370] Kurita K, Williams R L. J. Polym. Sci., Polym. Chem., 1974, 12: 1809.

[371] Butt M S, Akhter Z, Bolte M, et al. J. Appl. Polym. Sci., 2009, 114: 2101.

[372] Shao Y, Li Y-F, Zhao X, et al. J. Polym. Sci., Polym. Chem., 2006, 44: 6836.

[373] Liaw D-J, Liaw B-Y. Polymer, 2001, 42: 839.

[374] Mathias L J, Lewis C M, Wiegel K N. Macromolecules, 1997, 30: 5970.

[375] 富田真雄, 药学杂志, 54, 893(1934); 药学杂志, 1935, 55: 1060.

[376] Maglio G, Palumbo R, Tortora M, Vignola M C, Polym. Adv. Technol., 1996, 7: 385.

[377] Zhou H, Liu J, Qian Z, Zhang S, Yang S. J. Polym. Sci., Polym. Chem., 2001, 39: 2404.

[378] Fang Q, Ding X, Wu X, Jiang L. J. Appl. Polym. Sci., 2002, 85: 1317.

[379] Heath DR, Wirth JG, US, 3763211[1973].

[380] Ounaies Z, Young J A, Harrison J S, NASA-99-tm-209359.

[381] Bruma M, Mercer F, Schulz B, Dietel R, Fitch J, Cassidy P. High Perf. Polym., 1994, 6: 183.

[382] Ounaies Z, Park C, Harrison J S, Smith J G, Hinkley J, icase-1999-32, NASA/CR-1999- 209516.

[383] Yamanaka K, Jikei M, Kakimoto M-a. Macromolecules, 2000, 33: 1111, 6937.

[384] Leu T-S, Wang C-S. Polymer, 2002, 43: 7069.

[385] Yang C-P, Hsiao S-H, Chung C-L, Polym. Int., 2005, 54: 716.

[386] Yang C-P, Chen W-T. J. Polym. Sci., Polym. Chem., 1993, 31: 2799.

[387] Yang C-P, Chen W T. Macromolecules, 1993, 26: 4865.

[388] Xie K, Zhang S Y, Liu J G, He M H, Yang S Y. J. Polym. Sci., Polym. Chem., 2001, 39: 2581.

[389] Yang C-P, Chen Y-P, Woo E M. J. Polym. Sci., Polym. Chem., 2004, 42: 3116.

[390] Havens S J, Hergenrother P M. High Perf. Polym., 1993, 5: 15.

[391] Yang C-P, Chen R-S, Chiang H-C, Polym. J., 2003, 35: 662.

[392] Hsiao S-H, Yang C-P, Yang C-Y. J. Polym. Sci., Polym. Chem., 1997, 35: 1527.

[393] Chern Y-T, Tsai J-Y. Macromolecules, 2008, 41: 9556.

[394] Klein D J, Topping C C, Bryant R G, Polym. Bull., 2007, 59: 1.

[395] Yagci H, Mathias L J. Polymer, 1998, 39: 3779.

[396] Yang C-P, Su Y-Y, Wu K-L. J. Polym. Sci., Polym. Chem., 2004, 42: 5424.

[397] Yang C-P, Su Y-Y, Chiang H-C, React. Funct. Polym., 2006, 66: 689.

[398] Yang C-P, Su Y-Y, Chen Y-C. J. Appl. Polym. Sci., 2006, 102: 4101.

[399] Liu Y, Zhang Y, Guan S, Li L, Jiang Z. Polymer, 2008, 49: 5439.

[400] Yang C-P, Hsiao F-Z. J. Polym. Sci., Polym. Chem., 2004, 42: 2272.

[401] Hsiao S-H, Yang C-P, Huang S-C. J. Polym. Sci., Polym. Chem., 2004, 42: 2377.

[402] Han K, Jang W-H, Rhee T H. J. Appl. Polym. Sci., 2000, 77: 2172.

[403] Misra A C, Tesoro G. Polymer, 1992, 33: 108.

[404] Kwiatkowski G T, Brode G L, Bedwin A W. J. Polym. Sci., Polym. Chem., 1976, 14: 2649.

[405] Yang C-P, Lin J-H. J. Polym. Sci., Polym. Chem., 1995, 33: 2183.

[406] Guo W, Chung C-L, Chen W-T. Eur. Polym. J., 2010, 46: 1878.

[407] Hsiao S-H, Yang C-P, Chung C-L. J. Polym. Sci., Polym. Chem., 2003, 41: 2001.

[408] Hsiao S-H, Yang C-P, Huang S-C. Eur. Polym. J., 2004, 40: 1063.

[409] Chung C-L, Hsiao S-H. Polymer, 2008, 49: 2476.

[410] Hsiao S-H, Chung C-L, Lee M-L. J. Polym. Sci., Polym. Chem., 2004, 42: 1008.

[411] Yin Y, Chen S, Guo X, Fang J, Tanaka K, Kita H, Okamoto K-I. High Perf. Polym., 2006, 18: 617.

[412] Guo X, Fang J, Tanaka K, Kita H, Okamoto K-i. J. Polym. Sci., Polym. Chem., 2004, 42: 1432.

[413] Liaw D J, Liaw B Y, Jeng M Q. Polymer, 1998, 39: 1597.

[414] Yang C P, Hsiao S H, Hsu M F. J. Polym. Sci., Part A: Polym. Chem., 2002, 40: 524.

[415] Gopferich A, Lancer R. J. Polym. Sci., Polym. Chem., 1993, 31: 2449.

[416] Yang C P, Hsiao S H, Chen K H. Polymer, 2002, 43: 5095.

[417] Liu J-G, Zhao X-J, Fan L, et al. High Perf. Polym. 2006., 18: 145.

[418] Yang C P, Hsiao S H, Tsai C-Y, Liou G-S. J. Polym. Sci., Polym. Chem., 2004, 42: 2416.

[419] Mi Q D, Ma Y, Gao L X, Ding M X, Chin. J. Polym. Sci., 1999, 17: 87.

[420] Lau A N K, Moore S S, Vo L P. J. Polym. Sci., Polym. Chem., 1993, 31: 1093.

[421] Wang C-S, Leu T-S. Polymer, 2000, 41: 358.

[422] Leu T-S, Wang C-S. J. Appl. Polym. Sci., 2003, 87: 945.

[423] Leu T-S, Wang C-S. J. Polym. Sci., Polym. Chem., 2001, 39: 4139.

[424] Genies C, Mercier R, Sillion B, et al. Polymer, 2001, 42: 359.

[425] Zoia G, Stern S A, St. Clair A K, Pratt J R. J. Polym. Sci., Polym. Phys., 1994, 32: 53.

[426] Yang C-P, Chen R-S, Chen K-H. J. Appl. Polym. Sci., 2005, 95: 922.

[427] Yang C-P, Chen R-S, Chen K-H. J. Polym. Sci., Polym. Chem., 2003, 41: 922.

[428] Liaw D J, Liaw B Y. Macromol Chem Phys. 1998, 199: 1473.

[429] Hung K-Y, Tsiang R C-C. J. Polym. Sci., Polym. Chem., 2001, 39: 1662.

[430] Liaw D J, Liaw B Y, Cheng Y-C. Macromol. Chem. Phys., 2001, 202: 1625.

[431] Yang C-P, Chen Y-P, Woo E M. J. Appl. Polym. Sci., 2006, 101: 2854.

[432] Yang C-P, Chen Y-C. J. Appl. Polym. Sci., 2005, 96: 2399.

[433] Brink M H, Brandom D K, Wilkes G L, McGrath J E. Polymer, 1994, 35: 5018.

[434] Brunsvold A L, Minton T K, Gouzman I, Grossman E, Gonzalez R. High Perf. Polym., 2004, 16: 303.

[435] Yin D X, Li Y F, Yang H X, Yang S Y, Fan L, Liu J G. Polymer, 2005, 46: 3119.

[436] Tamai S, Yamashita W, Yamaguchi A. J. Polym. Sci., Polym. Chem., 1998, 36: 1717.

[437] Mehdipour-Ataei S, Saidi S, Polym. Adv. Technol., 2008, 19: 889.

[438] Hariharan R, Sarojadevi M, Polym. Int., 2007, 56: 22.

[439] Yang C-P, Su Y-Y. J. Polym. Sci., Polym. Chem., 2004, 42: 222.

[440] Dingemans T J, Mendes E, Hinkley J J, Weiser E S, St Clair T L. Macromolecules, 2008, 41: 2474.

[441] Yang F, Zhao J, Li Y, et al. Eur. Polym. J., 2009, 45: 2053.

[442] Zhang L, Jiang Q, Jiang L, Cai X, Polym. Int., 1996, 39: 289.

[443] Selampinar F, Akbulut U, Yilmaz T, Gungor A, Toppare L. J. Polym. Sci., Polym. Chem., 1997, 35: 3009.

[444] Patil D R, Kops J. J. Polym. Sci., Polym. Chem., 1990., 28: 443.

[445] Yang C-P, Su Y-Y, Guo W, Hsiao S-H. Eur. Polym. J., 2009, 45: 721.

[446] Ghosh A, Banerjee S. High Perform. Polym., 2009, 21: 173.

[447] Gonzalo B, Vilas J L, Breczewski T, et al. J. Polym. Sci., Polym. Chem., 2009, 47: 722.

[448] Liu B J, Wang G B, Hu W, et al. J. Polym. Sci., Polym. Chem., 2002, 40: 3392.

[449] Banerjee S, Madhra M K, Salunke A K, Maier G. J. Polym. Sci., Polym. Chem., 2002, 40: 1016.

[450] Banerjee S, Maier G, Burger M. Macromolecules 1999, 32: 4279.

[451] Madhra M K, Salunke A K, Jaiswal D K. Polymer, 2003, 44: 613.

[452] Asanuma T, Oikawa H, Ookawa Y, et al. J. Polym. Sci., Polym. Chem., 1994, 32: 2111.

[453] Liu S L, Chung T S, Geng J X, Zhou E L, Tamai S. Macromolecules, 2001, 34: 8710.

[454] Bredereck H, Smerz O, Gompper R. Chem. Chem. Ber. 1961, 94: 1883; Shirai K, Odo K, Gujino K. J. Org. Chem., 1958, 23: 100.

[455] Liaw D-J, Liaw B-Y, Yu C-W. Polymer, 2001, 42: 5175.

[456] Havens S J, Hergenrother P M. J. Polym. Sci., Polym. Chem., 1990, 28: 2427.

[457] Hergenrother P M, Beltz M W, Havens S J. J. Polym. Sci., Polym. Chem., 1991, 29: 1483; Hergenrother P M, Jensen B J, Havens S J. Polymer, 1988, 29: 358.

[458] Salunke A K, Ghosh A, Banerjee S. J. Appl. Polym. Sci., 2007, 106: 664.

[459] Yang C-P, YenY-Y. J. Polym. Sci., Polym. Chem., 1992, 30: 1855.

[460] Havens S J, Hergenrother P M. J. Polym. Sci., Polym. Chem., 1990, 28: 2327.

[461] Barikani M, Mehdipour-Ataei S. J. Polym. Sci., Polym. Chem., 2000, 38: 1487.

[462] Maier G, Yang D, Wolf M, Nuyken O. High Perf. Polym., 1994, 6: 335.

[463] Rosen M J, Org. Synth., 1963, Coll. Vol IV: 665.

[464] Dasgupta B, Sen S K, Maji S, Chatterjee S, Banerjee S. J. Appl. Polym. Sci., 2009, 112: 3640.

[465] Maier G, Martin Wolf M. Macromol. Chem. Phys., 1996, 191: 781.

[466] Raju M P, Alam S. J. Appl. Polym. Sci., 2006, 101: 3455.

[467] Watanabe Y, Shibasaki Y, Ando S, Ueda M. Polymer, 2005, 46: 5903.

[468] Liu J-G, Shibasaki Y, Ando S, Ueda M. High Perf. Polym., 2008, 20: 221.

[469] Ghassemi H, Hay A S. Macromolecules, 1994, 27: 4410.

[470] Yan J, Wang Z, Lv C, Yang H, Shang Z, Gao L, Ding M. J. Appl. Polym.Sci., 2008, 110: 706.

[471] Glatz F P, Mulhaupt R. High Perf. Polym., 1993, 5: 213.

[472] Mal'tsev E I, Berendyaev V I, Brusentseva M A, et al., Polym. Int., 1997, 42: 404.

[473] Kricheldorf H R, Fan S-C, Vakhtangishvili L, Schwarz G, Fritsch D. J. Polym. Sci., Polym. Chem., 2005, 43: 6272.

[474] Liu J-G, Nakamura Y, Shibasaki Y, Ando S, Ueda M. J. Polym.Sci., Polym. Chem., 2007, 45: 5606.

[475] Jiang X, Li H, Wang H, Shi Z, Yin J. Polymer, 2006, 47: 2942.

[476] Chien J C W, Cheng Z S. J. Polym. Sci., Polym. Chem., 1989, 27: 915.

[477] Terraza C A, Liu J-G, Nakamura Y, Shibasaki Y, Ando S, Ueda M. J. Polym. Sci., Polym. Chem., 2008, 46:1510.

[478] You N-H, Fukuzaki N, Suzuki Y, et al. J. Polym. Sci., Polym. Chem., 2009, 47: 4428.

[479] Liu J G, Nakamura Y, Shibasaki Y, Ando S, Ueda M. Macromol. Chem. Phys., 2008, 209: 195.

[480] Liu J G, Nakamura Y, Shibasaki Y, Ando S, Ueda M. Macromolecules, 2007, 40: 4614.

[481] Edson J B, Knauss D M. J. Polym. Sci., Polym. Chem., 2004, 42: 6353.

[482] You N-H, Suzuki Y, Higashihara T, Ando S, Ueda M. J. Polym. Sci., Polym. Chem., 2010, 48: 656.

[483] You N-H, Suzuki Y, Yorifuji D, Ando S, Ueda M. Macromolecules, 2008, 41: 6361.

[484] You N-H, Suzuki Y, Higashihara T, Ando S, Ueda M. Polymer, 2009, 50: 789.

[485] Oishi Y, Nakata S, Kakimoto M-A, Imai Y. J. Polym. Sci., Polym. Chem., 1993, 31: 933.

[486] Yin Y, Fang J, Cui Y, Tanaka K, Kita H, Okamoto K-i. Polymer, 2003, 44: 4509.

[487] Hu Z, Yin Y, Chen S, et al. J. Polym. Sci., Polym. Chem., 2006, 44: 2862.

[488] Álvarez-Gallego Y, Nunes S P, Lozano A E, de la Campa J G, de Abajo J. Macromol. Rapid Commun., 2007, 28: 616.

[489] Yasuda T, Li Y, Miyatake K, Hirai M, Nanasawa M, Watanabe M. J. Polym. Sci., Polym. Chem., 2006, 44: 3995.

[490] Yin Y, Fang J, Watari T, Tanaka K, Kita H, Okamoto K. J.Mater Chem, 2004, 14: 1062.

[491] Hu Z, Yin Y, Kita H, Okamoto K-i, et al. Polymer, 2007, 48: 1962.

[492] Guo X, Fang J, Tanaka K, Kita H, Okamoto K-i. J. Polym. Sci., Polym. Chem., 2004, 42: 1432.

[493] Miyatake K, Yasuda T, Hirai M, Nanasawa M, Watanabe M. J. Polym. Sci., Polym. Chem., 2007, 45: 157.

[494] Sutou Y, Yin Y, Hu Z, et al. J. Polym. Sci., Polym.Chem., 2009, 47: 146.

[495] Guo X, Fang J, Watari T, Tanaka K, Kita H, Okamoto K-i. Macromolecules, 2002, 35: 6707.

[496] Miyatake K, Yasuda T, Watanabe M. J. Polym. Sci., Polym. Chem., 2008, 46: 4469.

[497] Ahn J-H, Sherrington D C. Macromolecules, 1996, 29: 4164.

[498] Tang X, Lu J, Zhang Z, Zhu X, Wang L, Li N, Sun Z. J. Appl. Polym. Sci., 2003, 88: 1121.

[499] Li N, Liu J, Cui Z, Zhang S, Xing W. Polymer, 2009, 50: 4505.

[500] Sun F, Wang T, Yang S, Fan L. Polymer, 2010, 51: 3887.

[501] Lei R, Gao L, Proc. China-Japan Seminar on Adv. Arom. Polym., 20-23, Oct. 2010, Suzhou China. p.180.

[502] Fang J, Guo X, Harada S, Watari T, Tanaka K, Kita H, Okamoto K-i. Macromolecules, 2002, 35: 9022.

[503] Li Y, Jin R, Cui Z, Wang Z, Xing W, Qiu X, Ji X, Gao, L. Polymer, 2007, 48: 2280.

[504] Watari T, Fang J, Tanaka K, Kita H, Okamoto K. J. Membr. Sci. 2004, 230: 111.

[505] Chen K, Chen X, Yaguchi K, Endo N, Higa M, Okamoto K-i. Polymer, 2009, 50: 510.

[506] Li Y, Jin R, Wang Z, Cui Z, Xing W, Gao L. J. Polym. Sci., Polym. Chem., 2007, 45: 222.

[507] Tanaka K, Islam M N, Kido M, Kita H, Okamoto K-i. Polymer, 2006, 47: 4370.

[508] Zhai F, Guo X, Fang J, Xu H. J. Membr. Sci., 2007, 296: 102.

[509] Yin Y, Suto Y, Sakabe T, et al. Macromolecules, 2006, 39: 1189.

[510] Einsla B R, Hong Y-T, Kim Y S, et al. J. Polym. Sci., Polym. Chem., 2004, 42: 862.

[511] Chen S, Yin Y, Tanaka K, Kita H, Okamoto K-i. Polymer, 2006, 47: 2660.

[512] Cakir M, Karatas S, Menceloglu Y, Kayaman-Apohan N, Gungor A. Macromol. Chem. Phys., 2008, 209: 919.

[513] Zhu X, Pan H, Liang Y, Jian X. Eur. Polym. J., 2008, 44: 3782.

[514] Qiu W, Li C, Zeng W, Liu J, Lu L, Wang X. J. Appl. Polym. Sci., 1995, 56: 1295.

[515] Yang X-J, Wang X, Chen D-Y, et al. J. Appl. Polym. Sci., 2000, 77: 2363.

[516] Zeng W, Qiu W, Liu J, Yang X, Lu L, Wang X, Dai Q. Polymer, 1995, 36: 3761.

[517] von Kuckertz H, Makromol. Chem., 1966, 98: 101.

[518] Sommer L H, Rockett J. J. Am. Chem. Soc., 1951, 73: 5130.

[519] Sommer L H, Gold J R, Goldberg G M, Marans N S. J. Am. Chem. Soc., 1949, 71: 1509.

[520] Boutevin B, Guida-Pietrasanta F, Robin J-J, Makromol. Chem., 1989, 190: 2437.

[521] Kang D W, Kim Y M. J. Appl. Polym. Sci., 2002, 85: 2867.

[522] Liaw W-C, Chen K-P. Eur. Polym. J., 2007, 43: 2265.

[523] Tagle L H, Terraza C A, Leiva A, Devilat F. J. Appl. Polym. Sci., 2008, 110: 2424.

[524] Chavez R, Ionescu E, Fasel C, Riedel R. Chem. Chem. Mater., 2010, 22: 3823.

[525] Liaw D-J, Ou Yang, W-C, Li L-J, Yang M-H. J. Appl. Polym. Sci., 1997, 63: 369.

[526] Padmanaban M, Kakimoto M-A, Imai Y. J. Polym. Sci., Polym. Chem., 1990, 28: 1569.

[527] Pratt J R, Massey W D, Pinkerton F H, Thames S F. J. Org. Chem., 1975, 40: 1090.

[528] Schrotter J C, Smaihi M, Guizard C. J. Appl. Polym. Sci., 1996, 61: 2137.

[529] Jiang H, Kakkar A K. Macromolecules, 1998, 31: 4170.

[530] Shoji Y, Ishige R, Higashihara T, Watanabe J, Ue M. Macromolecules, 2010, 43: 805.

[531] Tagle L H, Terraza C A, Leiva A, Valenzuela P. J. Appl. Polym. Sci., 2006, 102: 2768.

[532] Sysel P, Oupický D, Polym. Int., 1996, 40: 275.

[533] Wu S, Hayakawa T, Kikuchi R, Grunzinger S J, Kakimoto M-a. Macromolecules, 2007, 40: 5698.

[534] Mikroyannidis J A. J. Polym. Sci., Polym. Chem., 1984, 22: 1065.

[535] Yamashita M, Kakimoto M-A, Imai Y. J. Polym. Sci., Polym. Chem., 1993, 31: 1513.

[536] Chin W-K, Shau M-D, Tsai W-C. J. Polym. Sci., Polym. Chem., 1995, 33: 373; Tan B, Tchatachoua C N, Dong L, McGrath J E, Polym. Adv. Technol., 1998, 9: 84.

[537] Yoo D K, Lim S K, Yoon T H, Kim D, Polym. J., 2003, 35: 697.

[538] Lakshmanan P, Srinivasan S, Moy T, McGrath G E, Polym. Prepr., 1993, 34(1): 707.

[539] Jeong K U, Jo Y-J, Yoon T-H. J. Polym. Sci., Polym. Chem., 2001, 39: 3335.

[540] Connell J W, Watson K A. High Perf. Polym., 2001, 13: 23.

[541] Lee C W, Kwak S M, Yoon T H. Polymer, 2006, 47: 4140.

[542] Madhra M K, Salunke A K, Banerjee S, Prabha S. Macromol. Chem. Phys., 2002, 203: 1238.

[543] Zhu Y, Zhao P, Cai X, Meng W-D, Qing F-L. Polymer, 2007, 48: 3116.

[544] Lin C H, Chang S L, Peng L A, et al. Polymer, 2010, 51: 3899.

[545] Liu Y-L, Hsiue G-H, Lee R-H, Chiu Y-S. J. Appl. Polym. Sci., 1997, 63: 895.

[546] Hergenrother P M, Watson K A, Smith J G Connell J W, Yokota R. Polymer, 2002, 43: 5077.

[547] Watson K A, Palmieri F L, Connell J W. Macromolecules, 2002, 35: 4968.

[548] Li Z, Liu J, Gao Z, Yin Z, Fan L, Yang S. Eur. Polym. J., 2009, 45: 1139.

[549] Chang C W, Lin C H, Cheng P W, Hwang H J, Dai S A. J. Polym. Sci., Polym. Chem., 2009, 47: 2486.

[550] Liu YL. J. Polym. Sci., Polym. Chem., 2001, 40: 359.

[551] Lin C H, Lin C H. J. Polym. Sci., Polym. Chem., 2007, 45: 2897.

[552] Liou G-S, Hsiao S-H. J. Polym. Sci., Polym. Chem., 2001, 39: 1786.

[553] Melissaris A P, Mikroyannidis J A. J. Polym. Sci., Polym. Chem., 1988, 26: 1885.

[554] Hariharan R, Bhuvana S, Malbi M A, Sarojadevi M. J. Appl. Polym Sci., 2004, 93: 1846.

[555] Xia A, Guo H, Qiu X, Ding M, Gao L. J. Appl. Polym. Sci., 2006, 102: 1844.

[556] Wang X, Li Y, Gong C, Zhang S, Ma T. J. Appl. Polym. Sci., 2007, 104: 212.

[557] Zhang S, Li Y, Yin D, Wang X, Zhao X, Shao Y, Yang S. Eur. Polym. J., 2005, 41: 1097.

[558] Mehdipour-Ataei S, Heidari H. J. Appl. Polym Sci., 2004, 91: 22.

[559] Zhao J J, Gong C L, Zhang S J, Shao Y, Li Y F, Chin. Chem. Lett., 2010, 21: 277.

[560] Ma T, Zhang S, Li Y, Yang F, Gong C, Zhao J, Polym. Degr. Stab., 2010, 95: 1244.

[561] Banerjee S, Maier G, Burger M. Macromolecules, 1999, 32: 4279; Madhra M K, Salunke A K, Banerjee S, Prabha S. Macromol. Chem. Phys., 2002, 203: 1238.

[562] Zhang S, Li Y, Wang X, Zhao X, Shao Y, Yin D, Yang S. Polymer, 2005, 46: 11986.

[563] Jung S H, Ha C-S. High Perf. Polym., 2006, 18: 679.

[564] Hajipour A R, Zahmatkesh S, Banihashemi A, Ruoho A E, Polym. Bull., 2007, 59:145.

[565] Wang X, Li Y, Gong C, Ma T, Zhang S. J. Appl. Polym. Sci., 2009, 113: 1438.

[566] Li Z X, Fan L, Ge Z Y, Wu J T, Yang S Y. J. Polym. Sci., Polym. Chem., 2003, 41: 1831.

[567] Tamami B, Yeganeh H. J. Polym. Sci., Polym. Chem., 2001, 39: 3826.

[568] Liaw D-J, Wang K-L, Chang F-C. Macromolecules, 2007, 40: 3568.

[569] Anderson S, Constable E C, Seddon K R, Turp J E. J. Chem. Soc., Dalton Trans., 1985, 2247.

[570] Maerker G, Case F H. J. Am. Chem. Soc., 1958, 80: 2745.

[571] Kurita K, Williams R L. J. Polym. Sci., Polym. Chem., 1973, 11: 3125.

[572] Sun X, Yang Y-K, Lu F. Polymer, 1997, 38: 4737.

[573] Sun X, Yang Y-K, Lu F. Polymer, 1999, 40: 429.

[574] Ng W Y, Gong X, Chan W K. Chem. Chem. Mater., 1999, 11: 1165.

[575] Mukkala V-M, Helenius M, Hemmila H, Kankare J, Takalo H, Helv. Chim. Acta, 1993, 76: 1361.

[576] Tesirogi T. J. Polym. Sci., Polym. Chem., 1993, 31: 585.

[577] Preston J, Dewinter W, Black W B, Hofferbert W L. J. Polym. Sci., Polym. Chem., 1969, 7: 3027.

[578] Jigajinni V B, Preston P N, Shah V K, et al. High Perf. Polym., 1993, 5: 239.

[579] Qin A, Yang Z, Bai F, Ye C. J. Polym. Sci., Polym. Chem., 2003, 41: 2846.

[580]Beard HG, Hodgson H H. J. Chem. Soc., 1944, 4.

[581] Gee H L, Mason J H. J. Chem. Soc., 1947, 251.

[582] Bayer E, Grathwohl P A, Grckeler K, Makromol Chem 1983, 184: 969.

[583] Hamciuc E, Schulz B, Kopnick T, Kaminorz Y, Bruma M. High Perf. Polym., 2002, 14: 63.

[584] Thelakkat M, Pösch P, Schmidt H-W. Macromolecules, 2001, 34: 7441.

[585] Korshak V V, Krongauz E S, Belomoina N M, Raubach H, Hein D, Acta Polym., 1983, 34: 213; Korshak V V, Krongauz E S, Kofman N M, et al. 苏联, 540461[1977]; Chem. Abstr. 1978, 88: 153223s.

[586] Sava I, Bruma M, Belomoina N, Mercer F W, Angew. Makromol. Chem., 1993, 211: 113.

[587] Hawthorne D G, Hodgkin J H. High Perf. Polym., 1999, 11: 315.

[588] Simons J K, Saxton M R, Org. Syn., 1963, Coll. IV: 78.

[589] Lin J-K, Yuki Y, Kunisada H, Kondo M, Kondo S, Polym. J., 1990, 22: 47.

[590] Butuc E, Gherasim G M. J. Polym. Sci., Polym. Chem., 1984, 22: 503.

[591] Sui Y, Liu Y-G, Yin J, et al. J. Polym. Sci., Polym. Chem., 1999, 37: 4330.

[592]Chan S H, Wong W T, Chan W K. Chem. Chem. Mater., 2001, 13: 4635.

[593] Pethrick R A, Wilson M J, Affrossman S, Holmes D, Lee W M. Polymer, 2000, 41: 7111；Michel R H, Fiegenbaum W M. J. Polym. Sci., Polym. Chem., 1971, 9: 817.

[594] 夏爱香. 主链含六元氮杂环聚酰亚胺的合成和性能. 博士论文. 长春: 中国科学院长春应用化学研究所, 2005.

[595] Xia A, Lv G, Qiu X, Guo H, Zhao J, Ding M, Gao L. J. Appl. Polym. Sci., 2006, 102: 5871.

[596] Yoshida S, Hay A S. Macromolecules, 1997, 30: 5979.

[597] Preston J, DeWinter W F, Hofferbert Jr. W L. J. Hetrocyclic Chem., 1969, 6: 119.

[598] Frost L W, Bower G M, Freeman Burgman H A, Traynor E J, Ruffing C R. J. Polym. Sci. 1968, A-1, 6: 215.

[599] Choi H, Chung I S, Hong K, Park C E, Kim S Y. Polymer, 2008, 49: 2644.

[600] Akutsu F, Inoki M, Sawano M, et al. Polymer, 1998, 39: 6093.

[601] Akutsu F, Kataoka T, Shimizu H, Naruchi K, Miura M. Macromol. Rapid Commun., 1994, 15: 411.

[602] Li S, Yang Z, Wang P, et al. Macromolecules, 2002, 35: 4314.

[603] Nobis J F, Bladinelli A J, Blaney D J. J. Am. Chem. Soc., 1953, 75: 3384.

[604] Park K H, Kakimoto M, Imai Y. J. Polym. Sci., Polym. Chem., 1995, 33: 1031.

[605] Li P, Zhao Q, Anderson J L, Varanasi S, Coleman M R. J. Polym. Sci., Polym. Chem., 2010, 48: 4036.

[606] Sebastian T V, Nair C P R, Nema S K, Rao K V C. J. Polym. Sci., Polym. Chem., 1986, 24: 3559.

[607] Preston J, Carson Jr, J W. Polymer, 1993, 34: 830.

[608] Nyilas E, Pinter I L, US, 3314894[1967].

[609] Mercer F W, McKenzie M T, Polym. Prepr., 1993, 34: 395.

[610] Kim J-H, Kim Y H, Kim Y J, Won J C, Choi K-Y. J. Appl. Polym Sci., 2004, 92: 178.

[611] Liu S, Sun W, He B, Shen Z. Eur. Polym. J., 2004, 40: 2043.

[612] Zhao X, Li Y-F, Zhang S-J, Shao Y, Wang X-L. Polymer, 2007, 48: 5241.

[613] Padma S, Mahadevan V, Srinivasan M. J. Polym. Sci., Polym. Chem., 1989, 27: 733.

[614] Jeong H-J, Oishi Y, Kakimoto M-A, Imai Y. J. Polym. Sci., Polym. Chem., 1990, 28: 3293.

[615] Pyo S M, Kim S I, Shin T J, et al. Macromolecules, 1998, 31: 4777.

[616] Fang J, Tanaka K, Kita H, Okamoto K-I. J. Polym. Sci., Polym. Chem., 2000, 38: 895.

[617] Imai Y, Maldar N N, Kakimoto M-A. J. Polym. Sci., Polym. Chem., 1984, 22: 2189.

[618] Jeong H J, Kobayashi A, Kakimoto M-a, Imai Y, Polym. J., 1994, 26: 99.

[619] Mikroyannidis J A. J. Polym. Sci., Polym. Chem., 1997, 35: 1353.

[620] Schramm J, Radlman E, Lohwasser H, Nischk G, Liebigs, Ann. Chem., 1970, 740: 169.

[621] Ahn J-H, Kim J-C, Ihm S-K, Oh C-G, Sherrington D C, Ind. Eng. Chem. Res., 2005, 44: 8560.

[622] Saito J, Miyatake K, Watanabe M. Macromolecules, 2008, 41: 2415.

[623] Yeung K-S, Farkas M E, Kadow J F, Meanwell M A,. Tetrah. Lett., 2005, 46: 3429.

[624] Chattaway F D, Coulson E A. J. Chem. Soc., 1927, 577.

[625] Bartlett P D, Ryan M J, Cohen S G. J. Am. Chem. Soc., 1942, 64: 2649.

[626] Chiang P-C, Whang W-T. Polymer, 2003, 44: 2249.

[627] Mercer F W. High Perf. Polym., 1992, 4: 73.

[628] Liu Y-L, Wang K-L, Huang G-S, et al. Chem. Chem. Mater., 2009, 21: 3391.

[629] Hirsch S S. J. Polym. Sci., Polym. Chem., 1969, 7: 15; Puckett W E, US, 5068347[1991].

[630] Fukuzaki N, Higashihara T, Ando S, Ueda M. Macromolecules, 2010, 43: 1839.

[631] Kumar D. J. Polym. Sci., Polym. Chem., 1985, 23: 1661.

[632] Kumar D, Gupta A D. Macromolecules, 1995, 28: 6323.

[633] Dine-Hart R A, Wright W W. Macromol. Chem., 1972, 153: 237.

[634] Morgan G T, Thomason R W. J. Chem. Soc., 1926, 2691.

[635] Bell V L. J. Polym. Sci., Polym. Chem., 1976, 14: 225.

[636] Delozier D M, Tigelaar D M, Watson K A, et al. Polymer, 2005, 46: 2506.

[637] Ranger M, Rondeau D, Leclerc M. Macromolecules, 1997, 30: 7686.

[638] Dinan F J, Wolfe R A, Hojnicki D S, et al. High Perf. Polym., 1992, 4: 131.

[639] Chen J P, Natansohn A. Macromolecules, 1999, 32: 3171.

[640] Mitra P, Biswas M. J. Polym. Sci., Polym. Chem., 1990, 28: 3795.

[641] Biswas M, Das S K. Eur. Polym. J., 1981, 17: 1245; Biswas M, Das S K. **Eur.** Polym. J., 1982, 18: 945.

[642] Watanabe S, Yamamoto T, Murata M, Masuda Y. High Perf. Polym., 2001, 13: 281.

[643] Hayashi Y, Tazuke S, Makromol. Chem., 1973, 171: 57.

[644] Chen J P, Labarthet F L, Natansohn A, Rochon P. Macromolecules, 1999, 32: 8572.

[645] Tsai H-C, Kuo W-J, Hsiue G-H. Macromol. Rapid Commun., 2005, 26: 986.

[646] Wang J, Su G, Liu C, Jiang X, Proc. China-Japan Seminar on Adv. Arom. Polym., 20-23, Oct. 2010, Suzhou China. p 63.

[647] Gilman H. J. Am. Chem. Soc., 1945, 67: 349.

[648] Matsumoto T, Nishimura K, Kurosaki T. Eur. Polym. J., 1999, 35: 1529.

[649] Gilman H. J. Am. Chem. Soc., 1934, 56: 2473.

[650] Cullinane N M. J. Chem. Soc., 1932, 2366.

[651] Gilman H, Nobis J F. J. Am. Chem. Soc., 1949, 71: 274.

[652] Kasashima Y, Kaneda T, Akutsu F, Naruchi K, Miura M, Polym. J., 1994, 26: 1179; Friedman L, Logullo F M. J. Am. Chem. Soc., 1963, 85: 1549.

[653] Soutar I, Woodfine B, Preston P N, et al. Polymer, 1993, 34: 5048.

[654] Patil R D, Gajiwala H M. Polymer, 1997, 38: 4557.

[655] Gajiwala H M, Zand R. Macromolecules, 1993, 26: 5976.

[656] Trofimenko S, in Advances in Polyimide Science and Technology, C. Feger, M. Khojasteh, and M. Htoo, Eds., Technomic Publishing, Lancaster, PA, 1993, pp. 3-14; Auman, B. C.

[657] Niume K, Nakamichi K, Takatuka R, Toda F, Uno K, Iwakura Y. J. Polym. Sci., Polym. Chem., 1979, 17: 2371.

[658] Hayes F N, Rogers BS, Ott DG. J. Am. Chem. Soc., 1955, 77: 1850.

[659] Ueda M, Aizawa T, Imai Y. J. Polym. Sci., Polym. Chem., 1977, 15: 2739.

[660] Suter C M, Maxwell C E, Org. Syn., 1943, Coll. Vol. II, 485.

[661] Subramaniam P, Srinivasan M. J. Polym. Sci., Polym. Chem., 1988, 26: 1553.

[662] Niume K, Hirohashi R, Toda F, Hasegawa M, Iwakura Y. Polymer, 1981, 22: 649.

[663] Mikroyannidis J A. J. Polym. Sci., Polym. Chem., 1997, 35: 1303.

[664] Im J K, Jung J C. Polymer, 2000, 41: 8709.

[665] Bender T P, Qi Y, Gao J P, Wang Z Y. Macromolecules, 1997, 30: 6001.

[666] Wang Z Y, Qi Y, Bender T P, Gao J P. Macromolecules, 1997, 30: 764.

[667] Bender T P, Wang Z Y. J. Polym. Sci., Polym. Chem., 1998, 36: 1349.

[668] Hawthorne D G, Hodgkin J H, Jackson M B, Loder J W, Morton T C. High Perf. Polym., 1994, 6: 287.

[669] Qi Y, Wang Z Y. Macromolecules, 1996, 29: 792.

[670] Park J K, Lee D H, Song B J, Oh J B, Kim H K. J. Polym. Sci., Polym. Chem., 2006, 44: 1326.

[671] Yan J, Wang Z, Gao L, Ding M. Macromolecules, 2006, 39: 7555.

[672] Li T, Yan J, Yang H, Li D, Wang Z, Ding M. J. Appl. Polym. Sci., 2009, 114: 1226.

[673] Ilhan F, Tyson D S, Meador M A. Chem. Chem. Mater., 2004, 16: 2978.

[674] Dine-Hart R A. J. Polym. Sci., Polym. Chem., 1968, 6: 2755.

[675] Sugioka T, Hay A S. J. Polym. Sci., Polym. Chem., 2001, 39: 1040.

[676] Schreyer R C, US, 2640082[1953].

[677]Edwards W M, Robinson I M, US, 2710853[1955].

[678] Meador M A B, Cubon V A, Scheiman D A, Bennett W R. Chem. Chem. Mater., 2003, 15: 3018.

[679] Soules A, Vázquez C P, Améduri B, et al. J. Polym. Sci., Polym. Chem., 2008, 46: 3214.

[680] Saito J, Tanaka M, Miyatake K, Watanabe M. J. Polym. Sci., Polym.Chem., 2010, 48: 2846.

[681] Song N, Wang Z Y. Macromolecules, 2003, 36: 5885.

[682] Li H-S, Liu J-G, Rui J-M, Fan L, Yang S-Y. J. Polym. Sci., Polym. Chem., 2006, 44: 2665.

[683] Zhubanov K A, Abil'din T S, Bizhanova N B, Zhubanov B A, Kravtsova V D. Russ. J. Appl. Chem., 2003, 76: 1341.

[684] Kurita K, Suzuki Y, Enari T, Ishii S, Nishimura S-I. Macromolecules, 1995, 28: 1801.

[685] Kurita K, Suzuki Y, Enari T, et al. J. Polym. Sci., Polym. Chem., 1994, 32: 393.

[686] Feng K, Matsumoto T, Kurosaki T. Chem. Chem. Mater., 1997, 9: 1362.

[687] Woo H Y, Shim H-K, Lee K-S, Jeong M-Y, Lim T-K. Chem. Mater., 1999, 11: 218.

[688] Hasegawa M, Koyanaka M. High Perf. Polym., 2003, 15: 47.

[689] Matsumoto T. High Perf. Polym., 1999, 11: 367.

[690] Watanabe Y, Sakai Y, Shibasaki Y, et al. Macromolecules, 2002, 35: 2277.

[691] Seino H, Mochizuki A, Ueda M. J. Polym. Sci., Polym. Chem., 1999, 37: 3584.

[692] Chern Y-T. J. Polym. Sci., Polym. Chem., 1996, 34: 125.

[693] Chern Y T, Wang J J, Tetrah. Lett., 1995, 36: 5805.

[694] Chern Y, Huang C. Polymer, 1998, 39: 6643.

[695] Johnston B F, Mckervey D E, Rooney M A, Tetrah. Lett., 1975, 99.

[696] Jin Q, Yamashita T, Horie K. J. Polym. Sci., Polym. Chem., 1994, 32: 503.

[697] Xie M-L, Oishi Y, Kakimoto M-A, Imai Y. J. Polym. Sci., Polym. Chem., 1991, 29: 55.

[698] Staudinger H, Freudenberger H, Org. Synth., 1943, Coll.Vol. 2: 573; Buckles R E,Matlack G M, Org. Synth., 1963, Coll.Vol. 4: 914.

[699] ImaiY. High Perf. Polym., 1995, 7: 337.

[700] Mikroyannidis J A. J. Polym. Sci., Polym. Chem., 1996, 34: 3389.

[701] Kim M K, Kim S Y. Macromolecules, 2002, 35: 4553.

[702] Chung I S, Kim S Y. Polym. Bull., 1997, 38: 635.

[703] Cheng L, Jian X G. J. Appl. Polym Sci., 2004, 92: 1516.

[704] Hay A S, US, 5254663[1993].

[705] Kausar A, Zulfiqar S, Ahmad Z, Sarwar M I. Polym. Degrad. and Stab., 2010, 95: 1826.

[706] Zhu B K, Xu Y Y, Wei X Z, Xu Z K. Polym. Int., 2004, 53: 708.

[707] 朱宝库, 魏秀珍, 徐又一, 徐志康. 高等学校化学学报, 2003, 24: 1945.

[708] Nishikata Y, Morikawa A, Kakimoto M-a, Imai Y, Nishiyama K, Fujihira M. Polym. J., 1990, 22: 593.

[709] Ohkita H, Ogi T, Kinoshita R, Ito S, Yamamoto M. Polymer, 2002, 43: 3571.

[710] Kim S I, Shin T J, Ree M, et al. J. Polym. Sci., Polym. Chem., 1999, 37: 2013.

[711] Gutsche C D, Dhawan B, No K H, Muthukrishnan R. J. Am. Chem. Soc., 1981, 103: 3782; Gutsche C D, Lin L-G. Tetrahedron, 1986, 42: 1633.

[712] Köytepe S, Paşahan A, Ekinci E, Seçkin T. Eur. Polym. J., 2005, 41: 121.

[713] Lai M-C, Jang G-W, Chang K-C, et al. J. Appl. Polym. Sci., 2008, 109: 1730.

[714] Minko E, Sysel P, Hauf M, Brus J, Kobera L. Macromol. Symp., 2010, 295: 88.

[715] He J, Machida S, Kishi H, Horie K, Furukawa H, Yokota R. J. Polym. Sci., Polym. Chem., 2002, 40: 2501.

[716] Chen H, Yin J. J. Polym. Sci., Polym. Chem., 2002, 40: 3804.

[717] Gao H, Wang D, Guan S W, et al. Macromol. Rapid Commum., 2007, 28: 252.

[718] Jiang L-Y, Leu C-M, Wei K-H. Adv. Mater., 2002, 14: 426.

[719] Makita S, Kudo H, Nishikubo T. J. Polym. Sci., Polym. Chem., 2004, 42: 3697.

[720] Chen W, Yan W, Wu S, Xu Z Yeung K W K, Yi C. Macromol. Chem. Phys., 2010, 211: 1803.

[721] Yuki Y, Tunca Ü, Kunisada H. Polym. J., 1990, 22: 945.

[722] Wang T-S, Yeh J-F, Shau M-D. J. Appl. Polym. Sci., 1996, 59: 215.

[723] Kumar D, Fohlen G M, Parker J A. J. Polym. Sci., Polym. Chem., 1984, 22: 927.

[724] Vogel H, Marvel C S. J. Polym. Sci., 1961, 50: 511.

[725] Weber J, Antonietti M, Thomas A. Macromolecules, 2008, 41: 2880; Fournier J H, Maris T, Wuest J D. J. Org. Chem., 2004, 69: 1762.

[726] Gao X, Lu F. Polymer, 1995, 36: 1035.

[727] Stille J K, Williamson J R, Anorld F E. J. Polym. Sci., Polym. Chem., 1965, 3: 1013.

[728] Rusanov A L, Shifrina Z B. High Perf. Polym., 1993, 5: 107.

[729] Farha O K, Spokoyny A M, Hauser BG, et al. Chem. Mater., 2009, 21: 3033.

[730] Kumar D, Fohlen G M, Parker J A. J. Polym. Sci., Polym. Chem., 1984, 22: 1141.

[731] Lenderle H, Ottmann G, Kober E. Inorg. Chem., 1966, 5: 1819.

[732] Achar B N, Fohlen G M, Parker J A. J. Polym. Sci., Polym. Chem., 1983, 21: 1025.

[733] Seurer B, Vij V, Haddad T, Mabry J M, Lee A. Macromolecules 2010, 43: 9337.

[734] Kim Y H, Kim H S, Kwon S K. Macromolecules, 2005, 38: 7950.

第3章 马来酰亚胺类化合物

3.1 单马来酰亚胺

〈1〉*N*-烯丙基马来酰亚胺 *N*-Allyl maleimide[1]

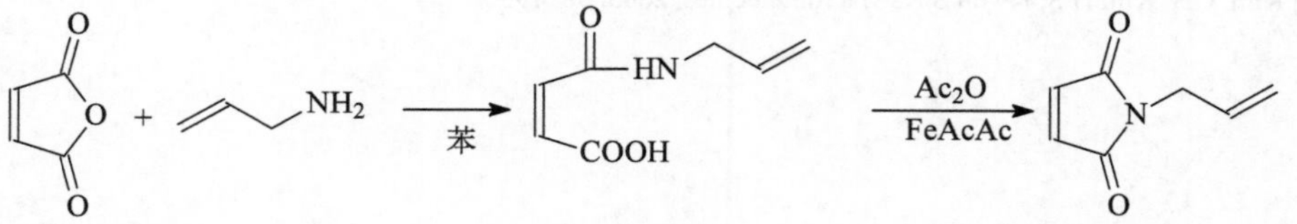

将 9.8 g (0.1 mol) 马来酸酐溶于 50 mL 苯中，在 50℃滴加 5.7 g(0.1 mol)烯丙胺在 10 mL 苯中的溶液。加入时放热，并产生白色沉淀，加完后将悬浮物搅拌 2 h。过滤，用苯洗涤，酰胺酸的收率为 97%。将 14.4 g(105 mmol) 酰胺酸和 7.1 g (20 mmol)Fe(AcAc)加到 100 mL 乙酐中。在 85℃反应 3 h 后加入 100 mL 冰水，在 65℃减压除去乙酸，用硅胶柱层析(己烷/乙酸乙酯，90/10)得无色结晶，收率 85%。

〈2〉*N*-苯基马来酰亚胺 *N*-Phenylmaleimide [2]

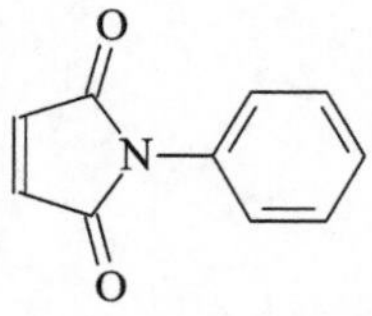

将 39.6 g (0.4 mol)马来酸酐溶于丙酮中，搅拌下滴加 37.2 g (0.4 mol)苯胺，在室温下反应 4 h，滤出沉淀，干燥。将产物溶于 DMF，与乙酐及乙酸钠在 60℃反应 3 h 后倒入水中，滤出固体，用水洗涤后干燥，收率 78%，mp 85~87 ℃，bp 162~163℃/12 mmHg。

〈3〉马来酰亚胺基苯甲酸 *N*-(*p*-Carboxyphenylene)maleimide(MBA)[3]

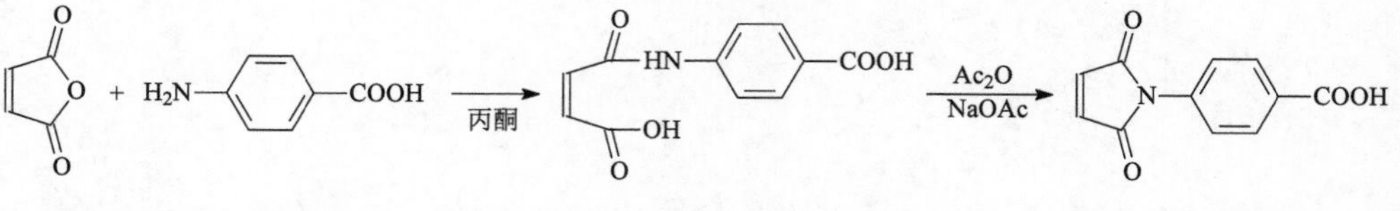

将 45.2 g(46 mol) 马来酸酐溶于 300~400 mL 丙酮中，快速搅拌下加入等摩尔的对氨基苯甲酸(63.2 g)。反应物在数秒钟之内固化。除去溶剂，得到马来酰胺酸，在 65℃真空干燥过夜。

将干燥的酰胺酸溶于 200 mL DMF 并加热到 45℃。搅拌下加入 66.5 g (0.65 mol)乙酐和 3.6 g (0.044 mol)无水乙酸钠。反应在 45℃进行 2h 后倒入用盐酸酸化的微酸性的水中。滤出黄色产物，用水洗涤，80℃真空干燥，得 **MBA** 74.4 g(74.4%), mp 227~230℃。

〈4〉马来酰亚胺基苯甲酰氯　*N*-(*p*-Chlorocarbonylphenylene)maleimide(MBAC)

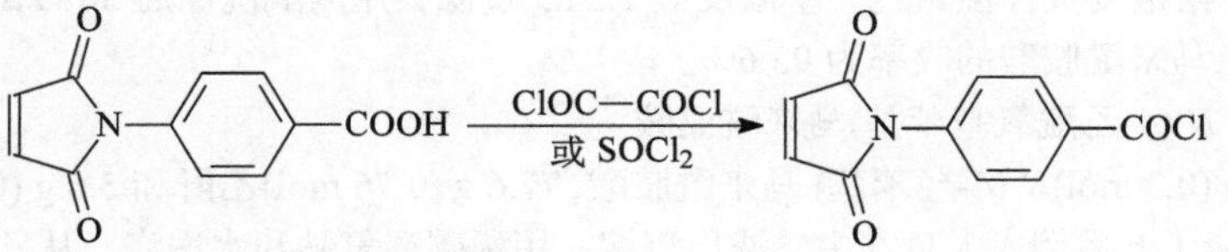

①由 MBA 与草酰氯反应得到[3]

将 15 g (0.07 mol)马来酰亚胺基苯甲酸(**MBA**)悬浮在 80 mL 苯中,搅拌下小心加入 21.83 g (0.172 mol)草二酰氯,立即放出氯化氢。混合物缓慢加热回流 2h,除去过量的草二酰氯,冷却后滤出黄色产物。在滤液中加入己烷,回收产物。合并产物,用己烷洗涤,室温真空干燥,得 **MBAC** 14.57 g (89.5%),mp 169~171℃。反应也可以在甲苯中进行,但收率大大降低。

②由 MBA 与氯化亚砜反应得到[4]

将 21.7 g (0.1 mol) **MBA**, 20 mL 氯化亚砜在 150 mL 干燥苯中加入数滴吡啶,加热回流,趁热过滤,减压蒸出过量的氯化亚砜和苯,收率 93%,mp 155~157℃。

〈5〉马来酰亚胺基苯甲酸的叠氮盐　4-Maleimido benzoic acid azide[4]

在 0~5℃下将 5 g (0.075 mol)叠氮化钠在 50 mL 水中的溶液加到 9 g (0.037 mol) **MBAC** 在 100 mL 二氯甲烷的溶液中。搅拌 30 min,分出水层,有机层用水洗涤,硫酸钠上干燥后减压下去除二氯甲烷,得到叠氮盐,收率 82%,mp 131~132℃。

(注意安全!)

〈6〉异氰酸 4-马来酰亚胺基苯酯　4-Maleimido phenyl isocyanate[4]

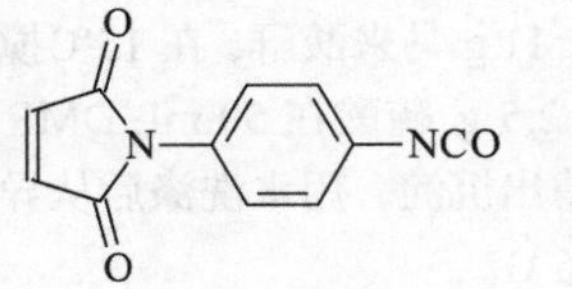

将 4-马来酰亚胺基苯甲酸的叠氮盐〈5〉溶于干燥甲苯,回流 12 h,得到异氰酸酯,收率 94%,mp 115~117℃。

〈7〉*N*-(*p*-羟基苯基)马来酰亚胺　*N*-(*p*-Hydroxyphenyl)maleimide

①经过 *N*-(4-羟苯基) 马来酰胺酸二步合成[5]

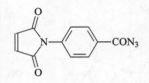

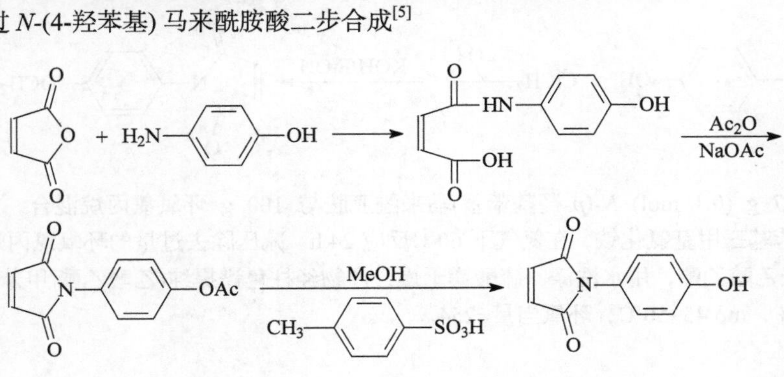

将 21.6 g (0.22mol)马来酸酐溶于 200 mL 丙酮中,室温下 30 min 内分批加入 21.8 g (0.2 mol)对氨基苯酚,溶液变成浑浊黄色,室温反应 1.5 h,过滤,用丙酮洗涤后 50℃真空干燥,得到 N-(4-羟苯基)马来酰胺酸的收率为 93.6%。

(1) 经过 N-(4-乙酰氧基苯基)马来酰亚胺

将 41.4 g (0.2 mol)N-(4-羟苯基)马来酰胺酸,77.6 g (0.76 mol)乙酐和 5.6 g (0.068 mol)乙酸钠在 87℃反应 1 h 后倒入大量水中,滤出沉淀,用稀碳酸氢钠和水洗涤,从乙醇重结晶,得 N-(4-乙酰氧苯基)马来酰亚胺淡黄色针状结晶,收率 87.2%,mp 164~165℃。

将 42.6 g (0.2 mol)N-(4-乙酰氧苯基)马来酰亚胺和 0.01 g (0.058 mmol)对甲苯磺酸在 200 mL 甲醇中加热回流直至温度达到 65℃,说明甲醇/乙酸甲酯共沸物已经蒸尽。再蒸出甲醇,粗产物的熔程为 135~175℃。将产物从异丙醇重结晶,得到 N-(4-羟苯基)马来酰亚胺黄色针状结晶,收率 56.3%,mp 181~182℃。

(2) 由 N-(4-羟苯基)马来酰胺酸直接环化

将 41.4 g (0.2 mol)N-(4-羟苯基)马来酰胺酸和 2.8 g (0.016 mol)对甲苯磺酸在 21 mL DMF和 300mL 甲苯中回流 6 h,去尽水分得到透明的橙色溶液。蒸去甲苯,将残留的黑色液体倒入大量水中,滤出沉淀,依次用 5%碳酸氢钠溶液和水洗涤。从水/异丙醇(1:1)重结晶,得橙黄色针状固体,收率 62.6%,mp 181~182℃。

②由马来酸酐与对氨基苯酚直接合成[6]

在 10 g (0.0917 mol)对氨基苯酚在 15 mL DMF 的溶液中加入 11 g 马来酸酐,在 15℃搅拌2 h,得到透明的酰胺酸溶液。1 h 内滴加 5.5 g 五氧化二磷和 2.5 g 硫酸在 50 mL DMF 中的溶液。混合物在 80℃搅拌 6h 后冷却,倒入 500 mL 冰水中。滤出沉淀,用水洗涤后从异丙醇重结晶,真空干燥,得橙色针状结晶,收率 71%,mp 185~186℃。

〈8〉4-(N-马来酰亚胺基苯基)缩水甘油醚 4-(N-maleimidophenyl)glycidylether[7]

将 18.7 g (0.1 mol) N-(p-羟基苯基)马来酰亚胺与 100 g 环氧氯丙烷混合,加入 1.8 g (0.01 mol)苄基三甲基氯化铵,在氮气下 60℃反应 24 h。减压除去过量的环氧氯丙烷,将固体残留物溶于乙酸乙酯,用水洗涤,硫酸镁干燥,产物经柱色谱提纯(乙酸乙酯/甲苯,1/1),产物收率 55%,mp 45~50℃,环氧当量=254。

〈9〉5-马来酰亚胺基苯甲酸(2-烯丙基苯)酯

5-Maleimidobenzoic acid 2-allylphenyl ester [8]

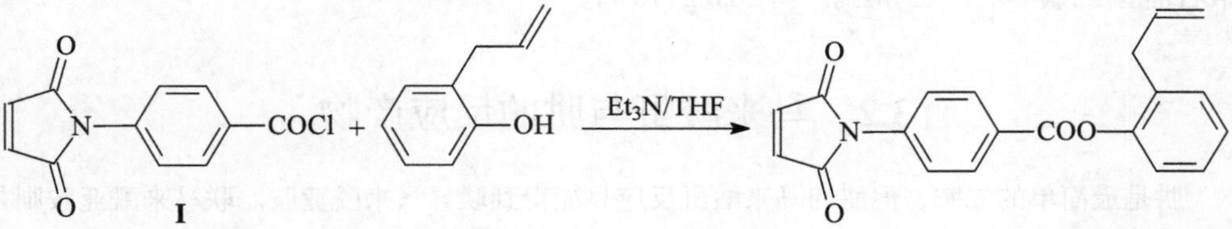

将 35.5 g (0.10 mol)**I** 溶于 200 mLTHF 中，滴加入 13.4 g (0.10 mol) 2-烯丙基苯酚和 14.5 mL (0.10 mol) 三乙胺在 200 mL THF 中的溶液,室温反应 8 h 后倒入 200 mL 二氯甲烷中, 在分液漏斗中用 3×100 mL 水洗涤，硫酸镁干燥，去除溶剂，将产物经柱层析(石油醚/二氯甲烷, 1/3)得到 28.0 g (84%)。

〈10〉5-马来酰亚胺基间苯二酸二(2-烯丙基苯)酯

5-Maleimido-isophthalic acid bis(2-allylphenyl)ester [8]

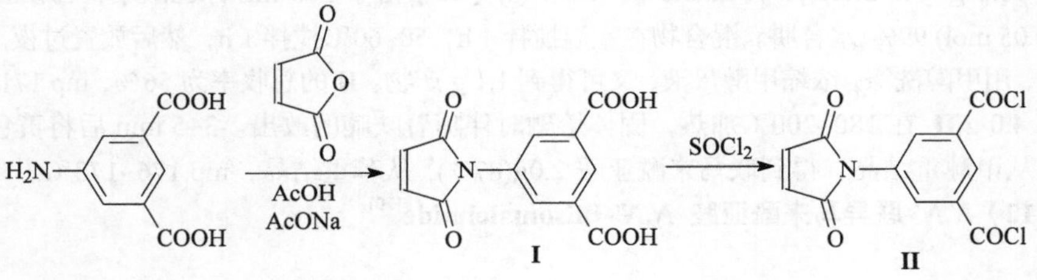

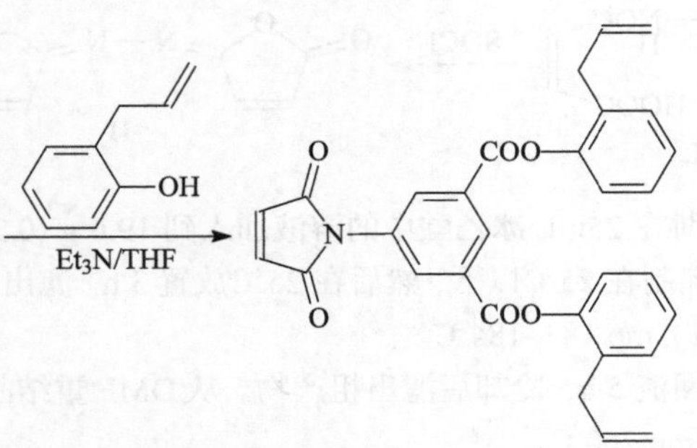

将 0.1 mol 5-氨基间苯二酸溶于 150 mL 新蒸的 DMF 中,搅拌下 15 min 内加入 0.22 mol 马来酸酐。氮气下将混合物在室温搅拌 1 h。加入 2.5 g 乙酸钠和 35 mL 乙酐,温度升至 45 ℃, 搅拌 2 h。倒入水中，滤出粗产物，用水洗涤，然后从乙醇和水(80/2))的混合物中重结晶，得 到 5-马来酰亚胺基苯二甲酸(**I**)白色固体，收率 40%[9]。

将 26.1 g (0.10 mol)**I** 加到 300 mL 氯化亚砜中，缓慢加热到 80 ℃搅拌 4 h。冷却到室温 后去除过量的氯化亚砜，得酰氯(**II**)29.7 g(100%)。

将 29.7 g (0.10 mol)**II** 溶于 400 mL THF，滴加入冰冷的 26.8 g (0.20 mol) 2-烯丙基苯酚和

29 mL (0.20 mol) 三乙胺在 200 mLTHF 中的溶液。反应温度自然升至室温，搅拌 8 h。将反应物倒入 200 mL 二氯甲烷中，用水(3×100 mL)洗涤，硫酸镁干燥，去除溶剂，将产物经柱层析(石油醚/二氯甲烷，1/3)得到产物 26.6 g (70%)。

3.2　马来酸酐与肼的反应产物

肼是最简单的二胺，但肼与马来酸酐反应只能得到联异马来酰亚胺。联马来酰亚胺则是先由肼与 3,6-氧-1,2,3,6-四氢苯酐反应得到双酰亚胺，最后分解得到。

〈11〉**N,N'-联马来酰亚胺　N,N'-Bimaleimide**[10]

将 16.6 g (0.1 mol)3,6-氧-1,2,3,6-四氢苯酐(I)【55】溶于 100 mL 冰乙酸中，15 min 内加入 2.5 g (0.05 mol) 99% 水合肼。混合物在室温搅拌 1 h，50~60℃搅拌 1 h，然后放置过夜。滤出白色沉淀，用甲醇洗涤，浓缩甲醇母液，又可得到 1.1 g 产物。II 的总收率为 56%，mp 171~173℃。

将 4.0 g II 在 180~200℃加热，固体熔融时伴随着呋喃的放出。3~5 min 后将黄色的熔体冷却，从甲醇重结晶，得到联马来酰亚胺 2.0g(87%)，从苯重结晶，mp 176~178℃。

〈12〉**N,N'-联异马来酰亚胺　N,N'-Biisomaleimide**[10]

将 5.00 g (0.1 mole) 99%~100%水合肼在 25mL 冰乙酸中的溶液加入到 19.6 g (0.2 mol)马来酸酐在 100mL 冰乙酸的溶液中，温度控制在 25℃以下，然后在 25℃放置 3 h。滤出粗酰肼，用乙醇洗涤后真空干燥，得 I 19.9 g (85%), mp 183~184℃。

将 2.0 g (0.008 mol) I 在三氟乙酐中回流 5 h，冷却后滤出粗产物。从 DMF 重结晶，得联异马来酰亚胺(II) 黄色结晶 1.0 g(60%), mp 260℃。

也可以将 I 在氯化亚砜中回流 7h 得到同样的收率。

3.3　由二胺与马来酸酐合成双马来酰亚胺(BMI)

由二胺与马来酸酐合成 BMI 通常分两步，首先将二胺溶解在丙酮、THF 或非质子极性溶剂中，然后加入马来酸酐在同样的溶剂中或其他溶剂(如二氧六环)中的溶液。或者将马来酸酐加到二胺的溶液中，在 60℃以下反应，得到双马来酰胺酸。经过滤，洗涤，重结晶提纯后再用乙酐和乙酸钠在非质子极性溶剂中酰亚胺化，得到 BMI。应用最广泛的 BMI 是由 4,4′-二氨基二苯甲烷与马来酸酐得到的 BMI(MDA-BMI)。

BMI 的合成方法很多，以下列出各个 BMI 的合成方法可以互相参考使用。

〈13〉二苯甲烷-4,4′-双马来酰亚胺　4,4′-Bismaleimido diphenyl methane(MDA-BMI)[11]

将 14.78 g 马来酸酐溶于 80 mL 丙酮中，冷却到 20℃以下，加入 15 g MDA 在 80 mL 丙酮中的溶液。反应始终在 20℃以下进行。将得到的酰胺酸 I 滤出，用丙酮洗涤后在 60~70℃干燥。将 18 g I, 16 g 乙酐, 0.09 g 乙酸镍和 3.43 g 2,4,6-三(二甲胺甲基)苯酚加热到 65℃并搅拌 1 h。蒸出产生的水分后将反应物加到 30 mL 甲醇中。滤出沉淀，用 50%和 20%甲醇水溶液及水洗涤。产物用甲醇重结晶，在 70~100℃下空气干燥，mp 155~157℃。

〈14〉N,N′-双马来酰亚胺基-3,4′-二苯甲烷　N,N′-Bismaleimido-3,4′-diphenylmethane[12]

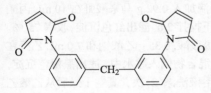

将 29.7 g(0.15 mol) 3,4′-MDA 溶解于 300 mL 二氧六环,冷却下加到 29.4 g (0.30 mol) 马来酸酐在 200 mL 二氧六环的混合物中，很快出现黄色沉淀，过滤，真空干燥。室温下将 30 mL (0.284 mol)乙酐和 1 g 乙酸钠加入 46 g(0.117 mol)双马来酰胺酸在 150 mL DMF 的溶液中。混合物在 75℃搅拌 4 h 后倒入水中，褐色胶状沉淀在水中放置过夜，得到淡褐色固体，研碎后用水洗涤，粗产物收率 73%，从丙酮重结晶得金色固体，mp 164~165℃。

〈15〉N,N′-双马来酰亚胺基-3,3′-二苯甲烷　N,N′-Bismaleimido-3,3′-diphenylmethane[12]

将 15.8 g (0.08 mol) 3,3′-MDA 在 48 mL DMF 中的溶液加入到 15.7 g (0.16 mol)马来酸酐在 243 mL DMF 的溶液中，搅拌 30 min，冷却到室温，加入 20.4 g (0.20 mol)乙酐和 1.6 g(0.02 mol) 乙酸钠，混合物在 50℃反应 3h。倒入水中，滤出沉淀，用水洗涤，干燥后粗产物的收率为 97%。从丙酮重结晶 2 次，得金色结晶收率 71%，mp 195~196℃。

〈16〉3,3'-双马来酰亚胺基二苯酮 3,3'-Bismaleimidobenzophenone[13]

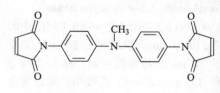

　　将 21.2 g(0.1 mol)3,3'-二氨基二苯酮在 85 mL DMF 中的溶液在室温下氮气中 1 h 内滴加到 19.61 g (0.2 mol)马来酸酐在 60 mLDMF 的溶液中，35℃下搅拌 2 h。室温下加入 4.08 g 无水碳酸钠和溶于 20 mL DMF 中的 32.64 g 乙酐。混合物在 40℃搅拌 3 h 后冷至 25℃，缓慢加入到 300 mL 冰水中。滤出沉淀，用 500 mL 水和 100 mL 乙醚洗涤，最后空气干燥得到 30.5 g(82%), mp 206~208℃。

〈17〉双(3-马来酰亚胺基-4-氯)二苯酮 Bis (3-maleimido-4-chloro) benzophenone[14]

　　将 28.11 g (0.1 mol) 3,3'-二氨基-4,4'-二氯二苯酮溶于 100 mL THF 中，氮气下滴加入 21.58 g (0.22 mol)马来酸酐在 50 mL THF 中的溶液。反应放热需要冷却。反应在室温进行 4 h，再在 60℃ 进行 1 h。滤出黄色沉淀，用 THF 洗涤，除去过量的马来酸酐，然后真空干燥。将得到的 23.85 g (0.05 mol)双马来酰胺酸溶于 100 mL DMF 中，在 60~65℃ 搅拌，加入 30 mL 乙酐和 2.75 g 乙酸钠。温度升至 80~90℃，搅拌 6 h。冷却到室温后倒入冰水中，滤出沉淀，依次用碳酸钠的稀溶液、水和甲醇洗涤，BMI 的收率为 90%。

〈18〉*N,N'*-双马来酰亚胺基-4,4'-二苯醚

N,N'-Bismaleimido-4,4'-diphenyl ether(ODA-BMI)[15]

　　室温下 10 min 内将 2.1 mol 马来酸酐在 DMF 中的溶液滴加到 1.0 mol ODA 的 DMF 溶液中。该溶液在 50℃搅拌反应 2 h。加入过量的熔融过的乙酸钠和乙酐，得到黄色溶液。在 50℃反应 2h 后倒入碎冰中，滤出沉淀，用冷水洗涤，60℃真空干燥，从甲醇/氯仿 (1:1)中重结晶。

〈19〉*N,N'*-(4-双马来酰亚胺基苯基)甲烷 *N,N'*-Bis(4-maleimidophenyl)methylamine[16]

　　将 1.0 g (2.7 mmol)4,4'-二氨基二苯基甲胺溶于 30 mL 丙酮中，滴加入 0.92 g 马来酸酐在 10 mL 丙酮中的溶液，50℃下搅拌 2 h。滤出红色沉淀，收率 75%。将 1.5 g 双马来酰胺酸，0.35 g 乙酸钠和 7.0 mL 乙酐在 80℃反应 10 h。混合物倒入冰水中，滤出黑褐色沉淀，用 10%碳酸钠溶液洗涤 2 次，真空干燥后从乙酸乙酯重结晶，得红色结晶 BMI，收率 36.6%，mp 220~222℃。

〈20〉9,9-双(4-双马来酰亚胺基苯基)芴　9,9-Bis(4-maleimidophenyl)fluorine[17]

将 17.4 g (0.05 mol) BAPF 溶于 DMAc 中，冰浴冷却，搅拌下滴加入 9.8 g (0.1 mol) 马来酸酐在 DMAc 中的溶液。反应 3 h，加入乙酐和乙酸钾，在室温反应 1 h，60℃反应 4 h 后倒入大量水中，滤出产物，真空干燥，得到 BAPF-BMI。

〈21〉1,3-双(4-马来酰亚胺基苯氧基)-2-苄腈

1,3-Bis (3-maleimidophenoxy) -2-benzonitrile [18]

将 39.2 g (0.4 mol)马来酸酐溶于 200 mL THF 中，室温下在 30 min 内分批加入 31.7 g (0.1 mol)二胺。室温反应 5 h，滤出固体，用丙酮洗涤，50℃真空干燥。淡黄色的酰胺酸的收率为 90%。

将 24 g (0.05 mol)双马来酰胺酸加到 100 mL 二氧六环，0.82 g (0.01 mol)乙酸钠和 20.4 g (0.2 mol)乙酐的混合物中。室温搅拌 30 min，在 60℃反应 20 h。冷却后将溶液倒入 250 mL 冷水中，滤出沉淀，用稀碳酸氢钠和水洗涤，最后从甲醇/氯仿(3/1)重结晶，收率 81.2%，mp 230~231 ℃。

〈22〉*N,N'*-双马来酰亚胺基-4,4'-二苯硫醚　*N,N'*-Bismaleimido-4,4'-diphenyl sulfide[19]

将 17.64 g(180 mmol)马来酸酐在 60 mL 丙酮中的溶液室温下滴加到 17.70 g(82 mmol)4,4'-二氨基二苯硫醚在 60 mL 丙酮的溶液中，室温搅拌 1 h，加入 20.40 g (200 mmol)乙酐，5.05 g(50 mmol) 三乙胺和 0.25 g (1 mmol)乙酸镍，混合物回流 4 h。滤出沉淀，干燥后从二氯甲烷/甲醇(1/1)重结晶，得 23.70 g(78%)，mp 187℃。

〈23〉*N,N'*-双马来酰亚胺基-4,4'-(1,2-二苯基)乙烷

4,4'-Bismaleimido(1,2-diphenyl)ethane[13]

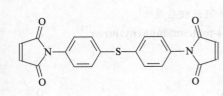

将 10.6 g (50 mmol)4,4'-二氨基二苯乙烷在 130 mL DMF 中的溶液在室温下 1 h 内滴加入 9.81 g (0.1 mol)马来酸酐在 30 mL 丙酮的溶液中，大约 15 min 后出现双马来酰胺酸沉淀，在 35℃下搅拌 2 h。室温下 30min 内分批加入 2.04 g (20 mmol) 无水碳酸钠。

沉淀溶解，得到橙色溶液，在 40℃搅拌 3 h，冷至 25℃，倒入 300 mL 冰水中。滤出沉淀，用 800 mL 水和 100 mL 冷乙醚洗涤，最后空气干燥得到 18.6 g(82%), mp 234~235℃。

〈24〉N,N′-双马来酰亚胺基-1,6-己烷 1,6-Hexamethylenebismaleamide[20]

将 11.6 g (0.1 mol)己二胺溶于 70 mL 冰乙酸中，滴加 19.6 g (0.2 mol) 马来酸酐在 50 mL 冰乙酸中的溶液。滤出酰胺酸沉淀，用水和 3%碳酸钠溶液洗涤，在 60℃真空干燥 6 h，收率 87%，mp 175℃。将酰胺酸用 DCC 酰化，从苯和乙醚混合物中重结晶，收率 65%，mp 95~96℃。

〈25〉N,N′-双马来酰亚胺基-1,10-(1H,1H,2H,2H,9H,9H,10H,10H-十二氟癸烷) 1H,1H,2H,2H,9H,9H,10H,10H-Perfluorodecane-1,10-bismaleimide[21]

室温下将 1.72 g (14 mmol)马来酸酐在 10 mL THF 中的溶液滴加入 1.8 g (4.6 mmol) 十二氟癸二胺〖1165〗在干燥 THF 中的溶液，反应放热，得到白色沉淀，加完后再搅拌 4 h，过滤，得 1.2g (2.1 mmol)双马来酰胺酸，收率 45%。

向 1.2 g (2.1 mmol) 双马来酰胺酸在 20 mL 干燥 THF 的溶液中分批加入 852 mg (5.7 mmol) ZnBr$_2$。60℃下 1h 内缓慢加入 0.94 g (5.8 mmol)二(三甲基硅基)胺在 10 mL 干燥 THF 中的溶液，混合物回流 48 h 后倒入 40 mLDMSO 中，过滤，减压干燥，得 0.9 g 双马来酰亚胺褐色固体，收率 78%。

说明：用一般的高温酸性介质的方法会得到少量异酰亚胺杂质[22]。

〈26〉N,N′-二((4-马来酰亚胺基苯基)脲 N,N′-Di((4-maleimidophenyl)urea[23]

氮气下将 1.96 g (20 mmol)马来酸酐在 7 mL DMF 中的溶液滴加到 2.42 g (10 mmol)N,N′-双(4-氨基苯基)脲〖523〗在 15 mL DMF 的溶液中，略微放热，在室温搅拌 4 h。淡褐色双马来酰胺酸在加热时可以溶解在反应溶液中。冷却过滤，用水洗涤。以 300 mL(3.17 mol)乙酐及 27 g(0.33 mol)熔融过的乙酸钠为脱水剂进行脱水环化，在 90℃反应 2.5 h 后倒入碎冰中，得到双马来酰亚胺褐色固体，过滤，依次用碳酸氢钠稀溶液，水和甲醇洗涤，干燥得 3.66 g (91%)。

〈27〉甲代苯撑-2,4- 和-2,6- 双(*N*,*N*-4-氨基苯基脲) 的双马来酰亚胺

Tolylene-2,4- and -2,6- bis(*N*,*N*-4-aninophenylurea)-BMI[23]

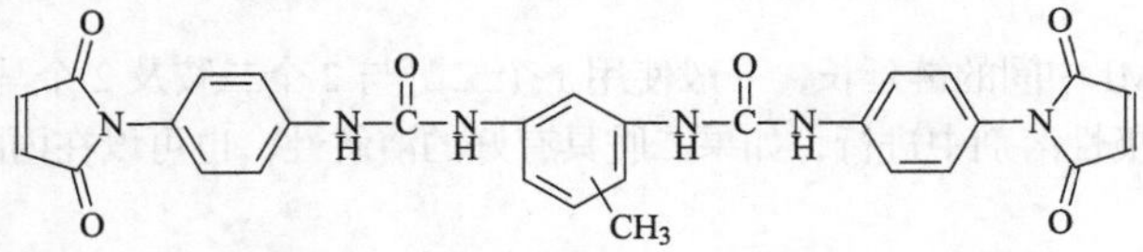

由甲代苯撑-2,4-和-2,6- 双(*N*,*N*-4-氨基苯基脲)〖524〗与马来酸酐反应按〈26〉方法得到，收率 88%。

〈28〉甲苯-2,4-双(*N*,*N*-4-氨基苯氧基 4-苯基脲) 的双马来酰亚胺[24]

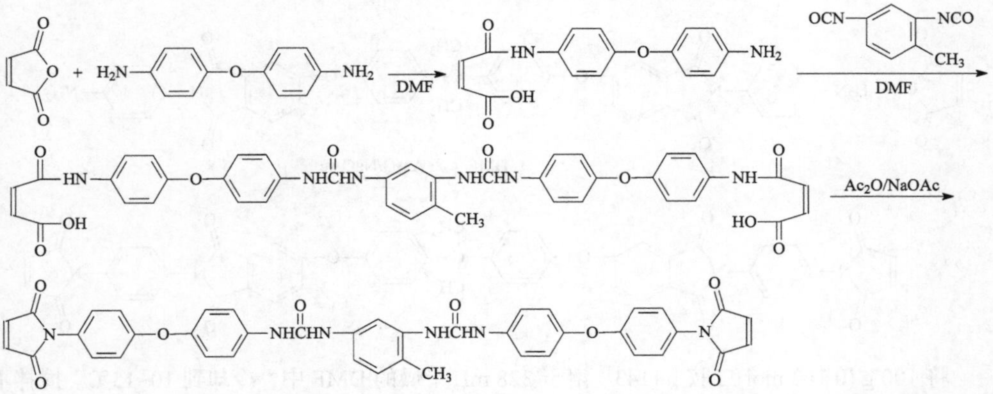

将 ODA 在 DMF 中的溶液滴加到剧烈搅拌的等当量的马来酸酐在 DMF 的溶液中，室温搅拌 4 h，加入 0.5mol 的溶于 DMF 中的甲苯二异氰酸酯溶液。混合物在 60℃反应 3 h。加入乙酐和乙酸钠，在 90℃回流 3 h 后倒入大量水中，滤出褐色固体，用稀碳酸氢钠溶液和水洗涤后干燥，BMI 的收率为 80%。

〈29〉双马来异酰亚胺[20,25]

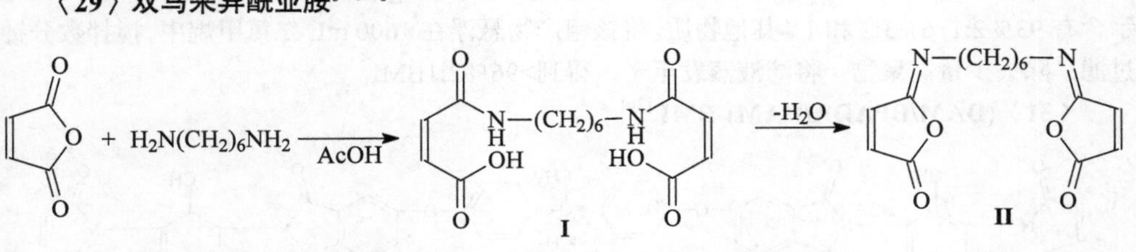

将 19.6 g (0.2 mol)马来酸酐在 50 mL 冰乙酸中的溶液滴加到 11.6 g (0.1 mol)己二胺在 70mL 冰乙酸的溶液中，搅拌 10 h。滤出双马来酰胺酸，用水和 3%碳酸钠溶液洗涤，60℃真空干燥 6 h 得 1,6-六次甲基双马来酰胺酸(I)，收率 87%，mp 175℃。

在 0.05 mol 双马来酰胺酸 I 的 50 mL 二氯甲烷悬浮液中，20 min 内滴加入 0.05 mol DCC 在 50 mL 二氯甲烷中的溶液，室温搅拌 3 h，滤出沉淀 DCU，滤液浓缩得到的双异马来酰亚胺从苯中重结晶，收率 65%，mp 95~96℃。

3.4　有二酐参与反应所得到的 BMI

利用二酐将 BMI 中间的链延长，一般使用 1 个二酐与 2 个二胺及 2 个马来酸酐反应。这种反应大多在非质子极性溶剂中进行，如果二胺具有好的溶解性，也可以在丙酮等溶剂中反应。

3.4.1　由现成的带酰亚胺单元的二胺与马来酸酐合成[26]

由于这种二胺往往具有多聚物杂质，所以得到的 BMI 也会有多聚物结构存在。

〈30〉(PPD/BPADA/PPD)-BMI[26]

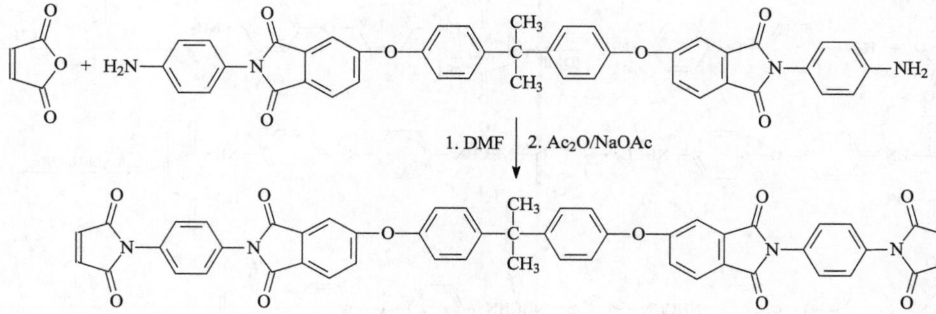

将 100 g (0.143 mol)二胺〖1143〗溶于 328 mL 干燥的 DMF 中，冷却到 10~15℃。搅拌下鼓入氮气泡得到悬浮液，30 min 后，在 15℃以下，15 min 内加入 30.8 g (0.314 mol)马来酸酐在 50 mL 干燥脱气的 DMF 溶液，搅拌 4h。然后再加入 9.4 g (0.114 mol)无水乙酸钠和 32 mL (0.34 mol)乙酐。在 20~30 min 内加热到 60℃，反应 2 h，冷到室温，倒入 1500 mL 乙醇/水(1/1)混合物中。搅拌 15 min，滤出沉淀，再悬浮在水中，搅拌，过滤。该过程重复进行，依次用 5%碳酸氢钠和水洗涤，至水为中性。得到淡黄色 BMI 111 g (90%)，mp 172~177℃。GPC 显示含有 93%2:1, 6%3:2 和 1%其他物质。将该粗产物悬浮在 1600 mL 二氯甲烷中，搅拌数分钟，过滤，除去少量高聚物。将滤液蒸发至干，得到>96%2:1BMI。

〈31〉(DAM/BPADA/DAM)-BMI[26]

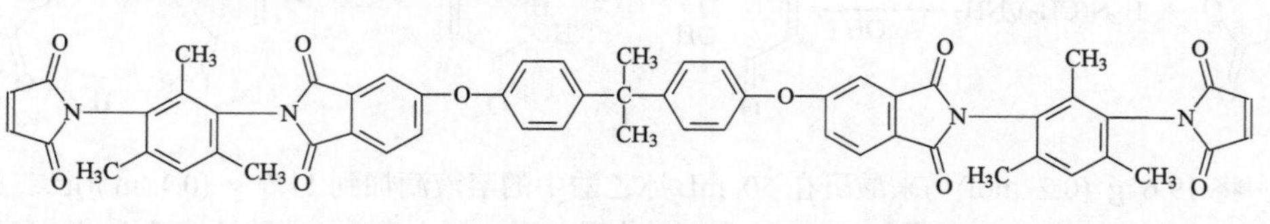

按〈30〉方法合成。二胺中含有 54% 2:1，29% 3:2 及 17%高级齐聚物。BMI 收率 83%，mp223~233℃。其中有 56% 2:1，30% 3:2 及 14% 高级齐聚物。将 BMI 用硅胶柱层析(甲苯/氯仿/甲醇=5/5/1)，得到 6 个组分，组分 I 从二氯甲烷/甲醇重结晶，为 3:2 的加成物，mp 262~265 ℃。

〈32〉(ET100/PMDA/ET100)-BMI [26]

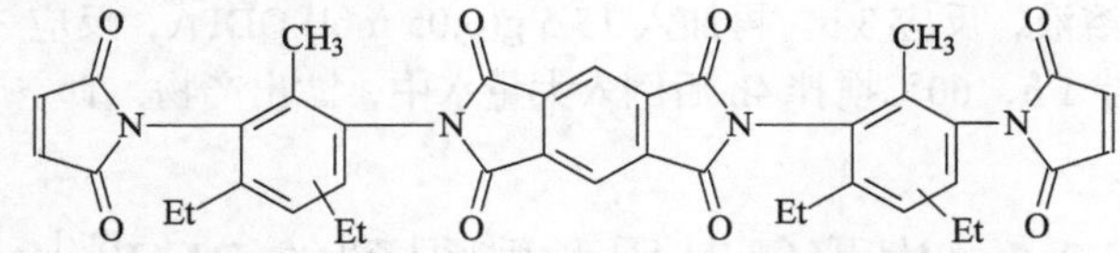

将 5.38 g (0.01 mol)二胺〖1128〗溶于 20 mL 丙酮中。过滤后室温下缓慢加到 1.97 g (0.02 mol)马来酸酐在 5 mL 丙酮的溶液中，再加入数滴三乙胺，混合物室温搅拌过夜，滤去少量不溶物，滤液蒸发至干，得到粗酰胺酸 7.53 g。将 7.40 g (0.01 mol)粗双马来酰胺酸与 2.84 mL (0.03 mol)乙酐及 0.246 g (0.003 mol)无水乙酸钠混合，在 90℃搅拌 15 min。加入冰水，搅拌 15 min，用碳酸氢钠中和到 pH 5~6。产物用 2×50mL 二氯甲烷萃取，萃取液合并后用稀氯化钠溶液洗涤，在硫酸钠上干燥，过滤后蒸发至干，得粗 BMI 6.85 g (98%)。经硅胶柱层析，得纯 BMI 0.46 g(30%), mp 231~242℃。

〈33〉(DDS/BTDA/DDS)-BMI [26]

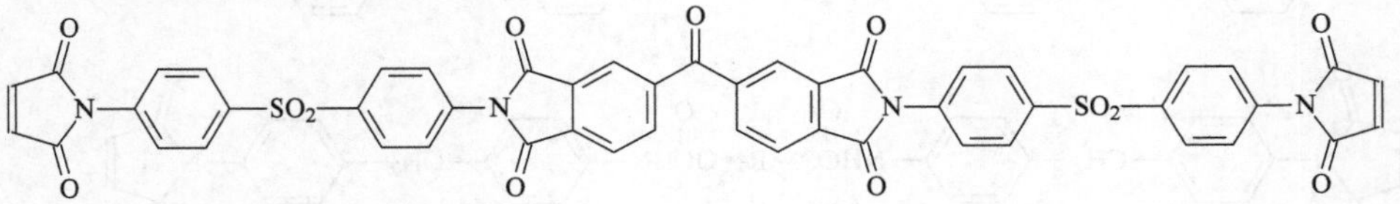

该方法用于溶解性很差的二胺。

将 20.49 g (0.209 mol)马来酸酐在 90℃加热熔融，搅拌中分批加入 16.34 g (0.0209 mol)二胺〖1142〗，开始形成浆状物，随着反应的进行(大约 2 h)，所有物质固化，冷却后用二氯甲烷充分洗涤，去除马来酸酐。干燥得到双马来酰胺酸黄色固体。再用〈32〉方法酰亚胺化，得 BMI 12 g (44%)。由于产物的不溶性而没有进行进一步的纯化。

3.4.2 由二胺与等摩尔的马来酸酐反应后再与二酐反应

由这种方法合成的 BMI 不可避免会存在带一个二胺单元的 BMI 杂质。

〈34〉(BAPF/ODPA/BAPF)-BMI [17]

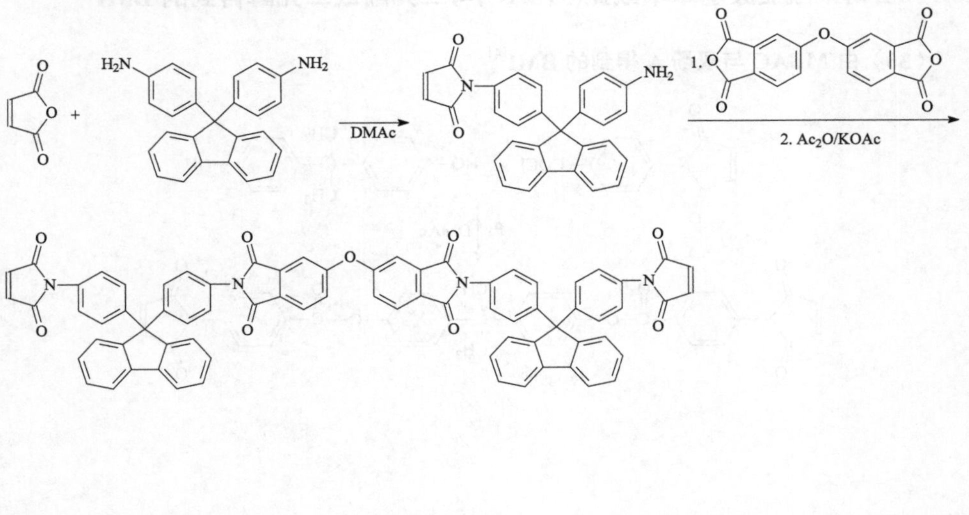

将 17.4 g (0.05 mol) BAPF 溶于 DMAc 中。冰浴冷却，搅拌下滴加入 4.9 g (0.05 mol) 马来酸酐在 DMAc 中的溶液，反应 3 h。再加入 15.5 g(0.05 mol) ODPA，反应 3 h。最后加入乙酐和乙酸钾，室温搅拌 1 h，60℃搅拌 4h 后倒入大量水中，滤出产物，真空干燥。

3.5　由聚氨基甲酸酯得到的 BMI[27]

这种合成方法得到的产物中会存在齐聚 BMI。

〈35〉含聚氨酯链的 BMI [27]

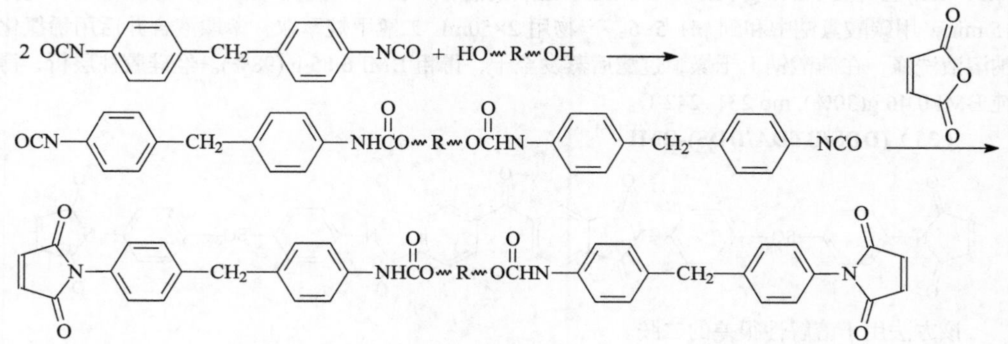

将 2mol MDI 在 55℃熔融，加入聚醇。在 68℃反应得到带异氰酸酯端基的聚氨酯。将带异氰酸酯端基的聚氨酯在 DMF 中的溶液加入马来酸酐在含有三乙胺的 DMF 溶液中。反应在 68℃进行到红外光谱中 2270 cm^{-1}(NCO)和 1848 cm^{-1}(酐的 C=O)吸收峰消失。除去 DMF 后倒入甲醇中。沉淀用丙酮洗涤，真空去除溶剂后得到带聚氨酯的 BMI 淡黄色黏液。

3.6　由马来酰亚胺基苯甲酸或其衍生物得到的 BMI

3.6.1　由马来酰亚胺基苯甲酰氯(MBAC)与二元酚或二元醇得到的 BMI

〈36〉由 MBAC 与双酚 A 得到的 BMI[4]

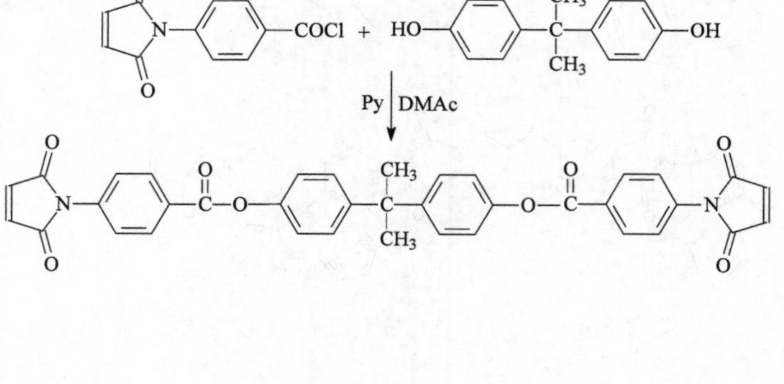

将 4.7 g (0.02 mol) MBAC 在 15 mL DMF 中的溶液用冰浴冷却，加入 2.28 g (0.01 mol)双酚 A，再滴加 0.02 mol 吡啶在 5 mL DMF 中的溶液，搅拌 30 min 后过滤，在水中沉淀，用碳酸氢钠溶液处理，水洗，干燥，收率 67%，mp 211~213℃。

3.6.2　由马来酰亚胺基苯甲酰氯(MBAC)与二元胺得到的 BMI[29]

〈37〉3,3′-双(4-马来酰亚胺基苯甲酰胺基)二苯酮

3,3′-Bis(4-maleimidobenzamido)benzophenone[4]

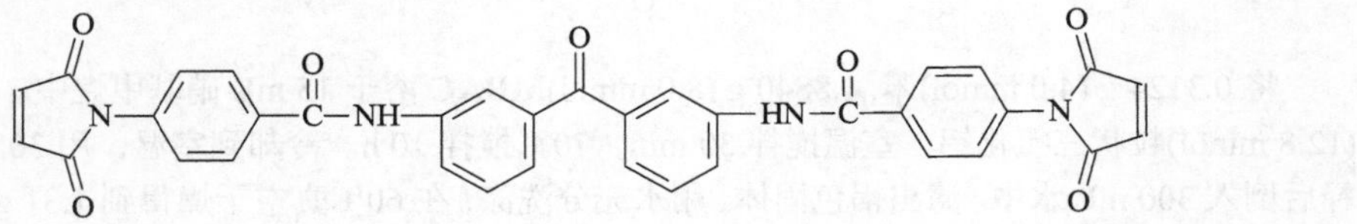

将 4.7 g (0.02 mol) MBAC 溶于 15 mL DMAc 中，加入 2.48 g (0.01 mol) 3,3′-二氨基二苯酮在 10 mL DMAc 中的溶液，再加入 2 g 三乙胺，水浴加热反应 2 h 后倒入水中，滤出产物，用碳酸氢钠溶液处理，水洗，在 70℃真空干燥，收率 74%，无明确熔点。

〈38〉含噁二唑的 BMI[30]

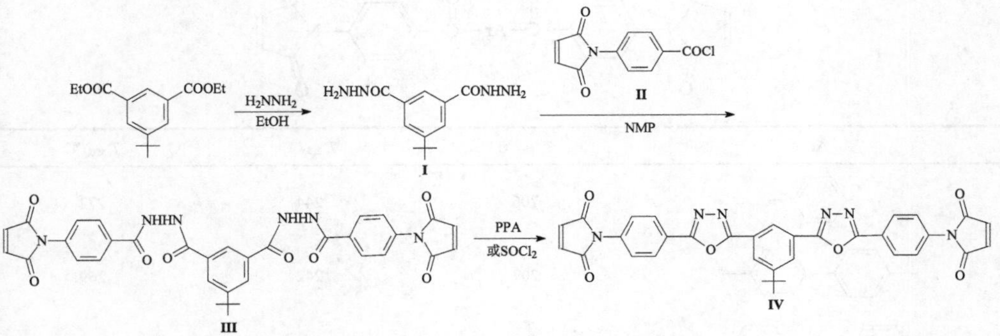

将 200 mL 85%的水合肼加到 12.0 g (43.2 mmol) 5-特丁基间苯二乙酯在 350 mL 乙醇的溶液中，回流 17 h 后冷却到室温。除去乙醇，白色固体从乙醇重结晶，得 5-特丁基间苯二酰肼 **(I)** 7.9g (75%)。

将含有 10.0 g LiCl 和 12.5 g (50.0 mmol)**I** 的 100 mL NMP 在冰浴中冷却,加入 25.8 g (110 mmol) MBAC 在 100 mL NMP 中的溶液。 混合物在 0℃搅拌 2 h 后回暖到室温搅拌过夜。倒入 2 L 水中，滤出沉淀，用水洗涤后 80℃干燥，得到 **III**。

将 10.0 g (15.4 mmol) **III** 加到 200mL PPA 中，搅拌下加热到 150℃溶解后冷却到 120℃，搅拌 8h。冷却到室温，倒入 2 L 水中，滤出黄色沉淀，用水充分洗涤，干燥后进行柱层析 (EtOAc/CHCl₃, 1/4)得到 **IV** 4.6 g(50%)。

3.6.3　由马来酰亚胺基苯甲酰氯进行富氏反应得到的 BMI

〈39〉含二酮的 BMI [31]

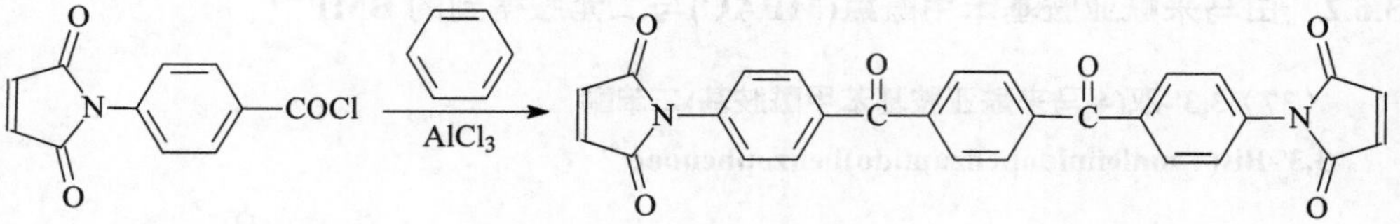

将 0.3124 g (4.0 mmol)苯, 1.8840 g (8.0 mmol)**MBAC** 溶于 15 mL 硝基甲烷中。加入 1.71 g (12.8 mmol)粒状三氯化铝, 室温搅拌 30 min, 70℃搅拌 10 h。冷却到室温, 用 30 mL 甲醇稀释后倒入 300 mL 水中。滤出褐色固体, 用水充分洗涤, 在 60℃真空干燥得到 1.31 g (69%), mp 163~165℃。

其他含二酮的 BMI 见表 3-1。

表 3-1　含二酮的 BMI

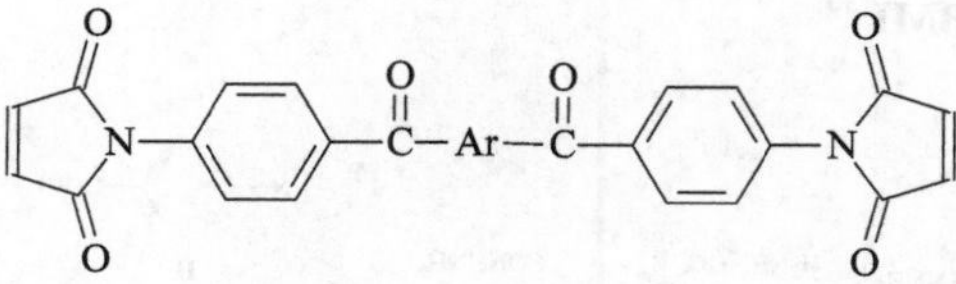

Ar	$T_{开始}$/℃	$T_{最大}$/℃	$T_{完成}$/℃
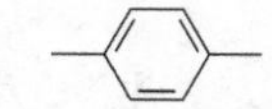	206	244	272
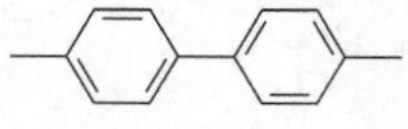	207	242	269
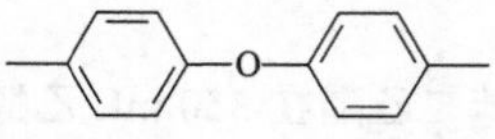	212	259	288
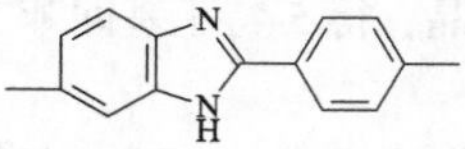	198	223	252
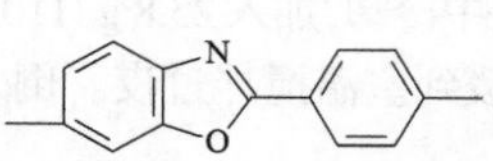	206	235	254
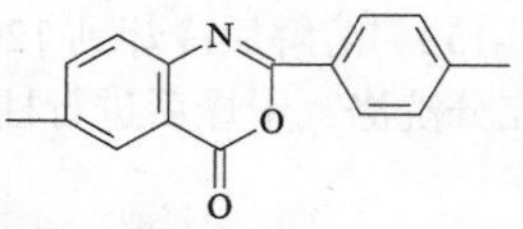	195	225	258

3.7　由异氰酸马来酰亚胺基苯酯(MPI)得到的 BMI

〈**40**〉**MPI 与双酚 A 的反应**[4]

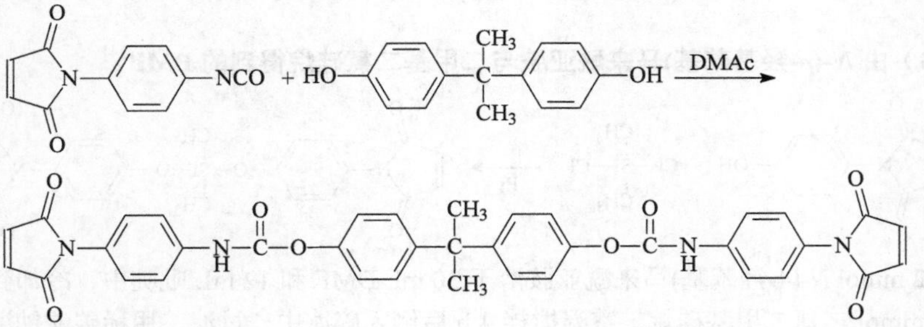

将 2.14 g (0.01 mol)MPI 和 1.14 g (0.005 mol)双酚 A 分别溶于二氯甲烷。混合后加入 1 滴二丁基二月桂酸(十二烷酸)锡。在 35℃加热 15min，形成黄色沉淀，过滤，用二氯甲烷洗涤，收率 95%，mp 140~142℃。

〈**41**〉**MPI 与二苯酮二酐的反应**[4]

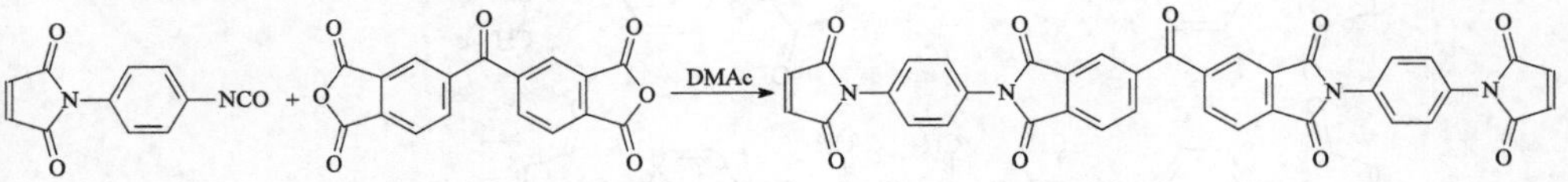

室温下将 1.61 g (0.005 mol) BTDA 加入 2.14 g (0.01 mol) MPI 的 DMAc 溶液中，搅拌 1 h 后加热到 140℃，反应 3h，冷却，倒入水中，滤出黄色沉淀，用水洗涤，干燥，收率 88%，无明确熔点。

〈**42**〉**N,N′-双(马来酰亚胺基-4-苯基)二乙酰脲**

N,N′-Bis(maleimido-4-phenyl)parabanic acid[32,33]

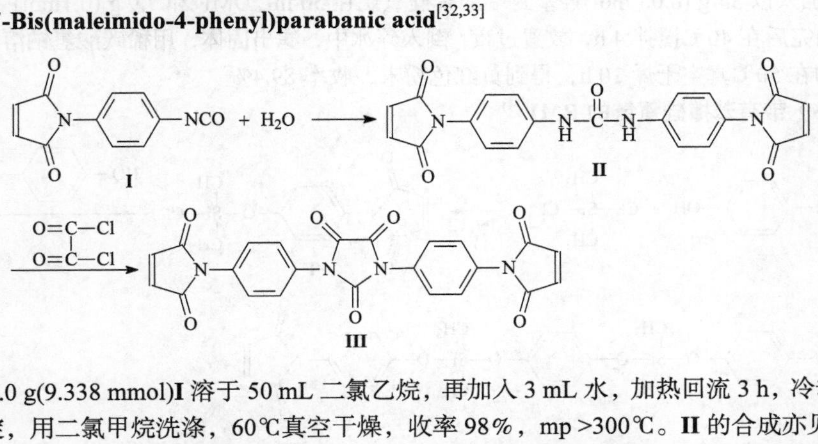

将 2.0 g(9.338 mmol)**I** 溶于 50 mL 二氯乙烷，再加入 3 mL 水，加热回流 3 h，冷却后滤出黄色沉淀，用二氯甲烷洗涤，60℃真空干燥，收率 98%，mp >300℃。**II** 的合成亦见〈26〉。

将2.0 g(9.38 mmol)**II**溶于30mL二氯乙烷和0.6 mL吡啶的混合物中，冰浴冷却，15 min内加入0.63 g草酰氯在10 mL二氯乙烷中的溶液。然后逐渐升温，回流3 h后冷却，滤出褐色固体，用二氯甲烷洗涤，60℃干燥，收率90%，mp >300℃。

3.8　由 N-(p-羟基苯基)马来酰亚胺得到的 BMI

〈43〉由 N-(p-羟基苯基)马来酰亚胺与二甲基二氯硅烷得到的 BMI[34]

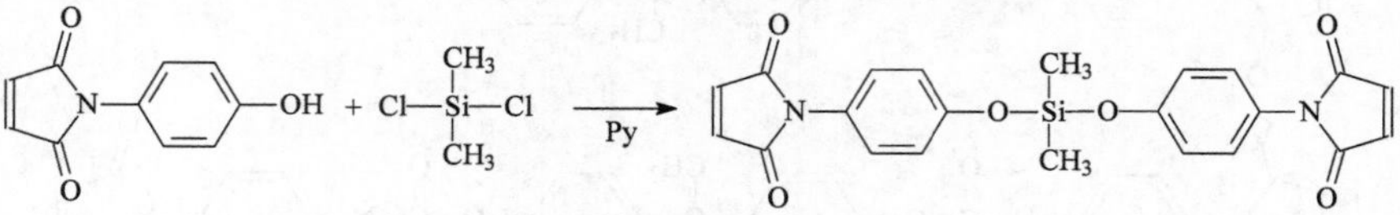

将 12 mmol N-(4-羟苯基)马来酰亚胺溶于 30 mL DMF 和 12 mL 吡啶中，冷却到-5℃，滴加入 6.0 mmol 二氯二甲基硅烷，室温搅拌 4 h后倒入碎冰中，过滤，用稀碳酸钠溶液和水洗涤，70℃真空干燥，收率97%。

〈44〉带有聚硅氧烷链的 BMI[5]

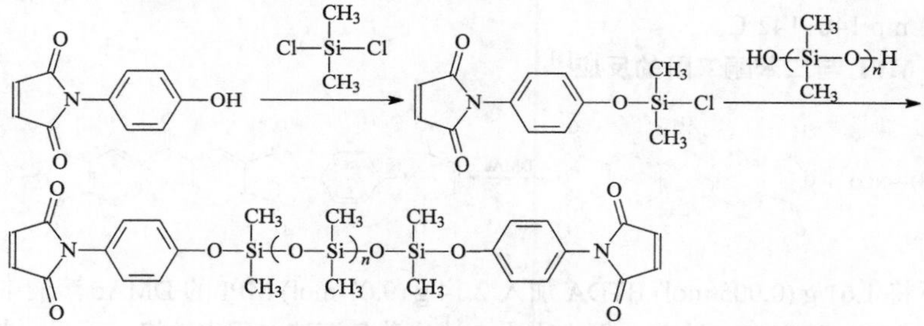

将 12.9 g (0.1 mol)二氯二甲基硅烷加到 50 mL DMF 中，0℃下滴加 18.9 g (0.1mol) N-(4-羟苯基)马来酰亚胺在 50 mL DMF 和 7.9 g (0.1 mol)吡啶的混合物中的溶液。室温搅拌 4 h。在 0℃下滴加入以 34 g (0.05 mol)羟基封端的聚硅氧烷在 50 mL DMF 和 7.9 g (0.1mol) 吡啶的溶液中。加完后在 40℃搅拌 4 h，放置过夜，倒入碎冰中，滤出固体，用稀碳酸氢钠溶液及水洗涤，产物在 50℃真空干燥 10 h，得到黄红色粉末，收率 89.4%。

〈45〉带有苯撑硅氧链的 BMI[34]

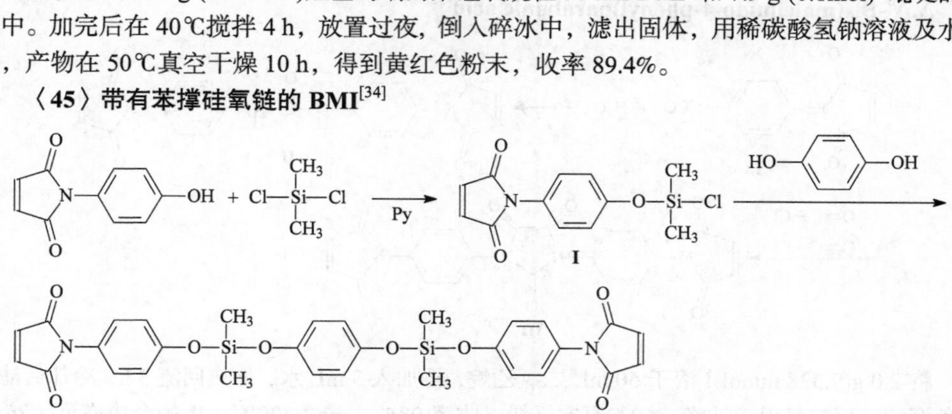

将 10 mmol 二氯二甲基硅烷溶于 10 mL DMF 中，在-5℃下滴加由 10 mmol N-(4-羟基苯基)

马来酰亚胺在 25 mL DMF 和 10 mL 吡啶中的溶液，氮气下室温搅拌 3 h，再滴加入对苯二酚在 15 mL DMF 和 10 mL 吡啶中的溶液，室温反应 4 h，得到 BMI，收率 85%~97%。

〈46〉带有苯二酰胺硅氧链的 BMI[34]

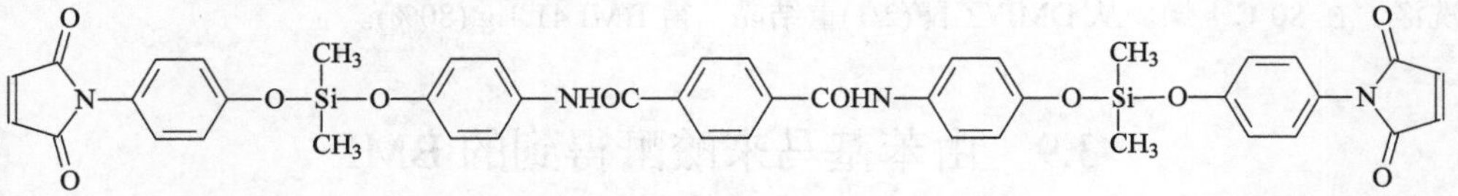

合成方法同〈45〉。将 I 与含苯二酰胺链的双酚反应得到。

〈47〉带有苯二脲硅氧链的 BMI[34]

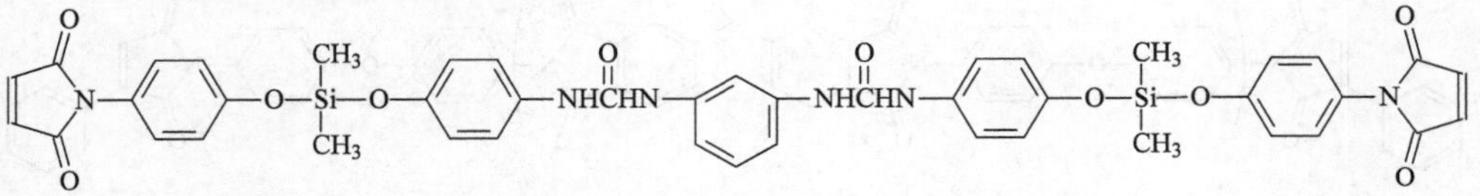

合成方法同〈45〉。将 I 与含苯二脲链的双酚反应得到。

〈48〉苯基膦酸-4,4′-双马来酰亚胺基苯酯

Phenyl(4,4′-bismaleimido phenyl)phosphonate[6]

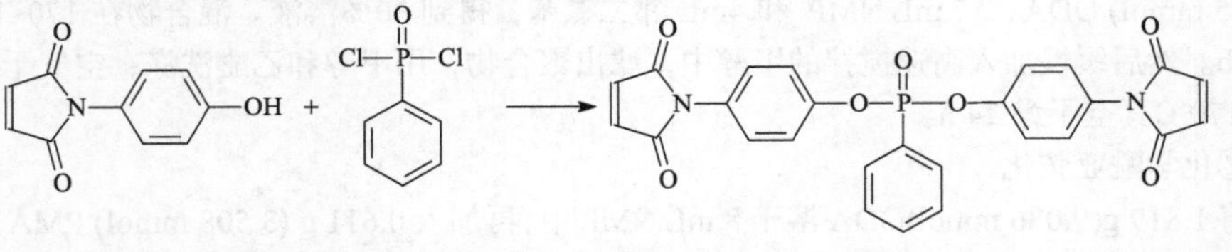

将 4.73g(0.025 mol)羟基苯基马来酰亚胺溶于 3 mL 三乙胺中，加入 0.012 g Cu$_2$Cl$_2$ 在 100 mL THF 中的溶液，冰浴冷却氮气保护。2h 内加入 1.95 g(0.01 mol)苯基膦二酰氯在 50 mLTHF 中的溶液，在 40℃反应 12 h。过滤除去三乙胺盐，蒸去 THF。将得到的产物溶于 100 mL 乙酸乙酯，用 1%NaOH 洗涤，有机层用硫酸镁干燥，减压蒸馏得到沉淀，从己烷重结晶数次，真空干燥得到含磷 BMI。

〈49〉双[4-(4-马来酰亚胺基苯氧基羰基)苯基]二甲基硅烷

Bis[4-(4-maleimidophenyloxycarbonyl)phenyl]dimethylsilane[35]

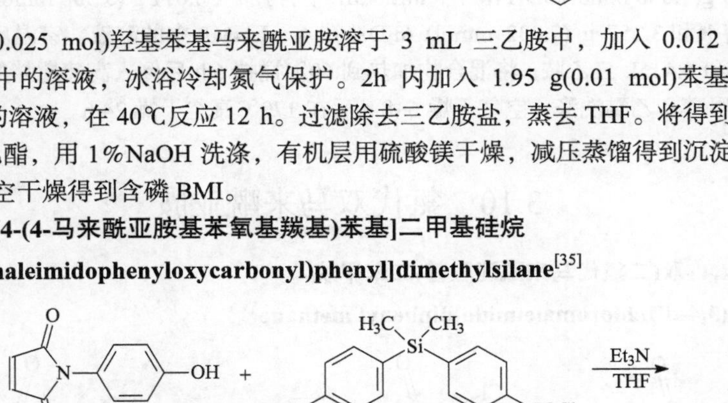

在 26.9 g (80 mmol) 4,4'-二甲基二苯基硅烷二酰氯的 200 mL THF 溶液中冰浴冷却下滴加 34.0 g (0.18 mol) N-(4-羟基苯基)马来酰亚胺在 200 mL THF 中的溶液和 26 mL (0.18 mol)三乙胺在 400 mL THF 中的溶液。加完后在室温搅拌 8 h，倒入 2000 mL 水中，滤出黄色沉淀，用水洗涤，在 80℃干燥。从 DMF/乙醇(2/1)重结晶，得 BMI 41.1 g (80%)。

3.9　由苯基马来酸酐得到的 BMI

〈50〉由苯基马来酸酐，6FDA 及 ODA 得到的 BMI [36]

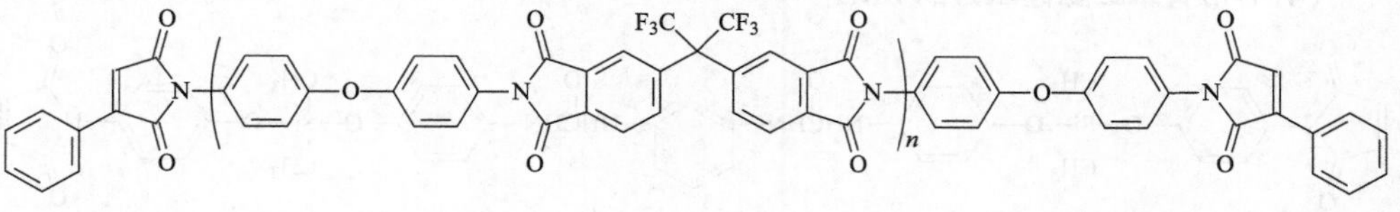

①高温溶液聚合

将 4.956 g (11.156 mmol)6FDA 加到 20 mL 乙醇中，再加入 0.9296 g (5.3378 mmol) 苯基马来酸酐 (PMA，【36】)，20 mL 乙醇及 3 mL 三乙胺。加热回流去除乙醇。然后加入 2.7683 g (13.825 mmol) ODA，17 mL NMP 和 4mL 邻二氯苯，得到 30％溶液。混合物在 170~185℃搅拌 20 h。然后缓慢加入高速搅拌的甲醇中，滤出聚合物，用甲醇和乙醚洗涤，空气干燥 6~8h 后在 170℃真空干燥 24 h。

②化学酰亚胺化

将 1.819 g(9.086 mmol)ODA 溶于 8 mL NMP 中，再加入 0.611 g (3.508 mmol) PMA 在 5 mL NMP 中的溶液和 3.257 g (7.332 mmol) 6FDA 在 4 mLNMP 中的溶液。室温反应 3 h 后加入 3.4 mL 乙酐和 4.4 mL 三乙胺。将混合物加热到 60℃搅拌 6 h 后倒入高速搅拌的甲醇中，滤出聚合物，用甲醇和乙醚洗涤，空气干燥 6~8 h 后在 170℃真空干燥 24 h。

3.10　氯代双马来酰亚胺

〈51〉4,4'-双(二氯代马来酰亚胺基)二苯甲烷

4,4'-Bis(3,4-di1chloromaleimido)diphenyl methane

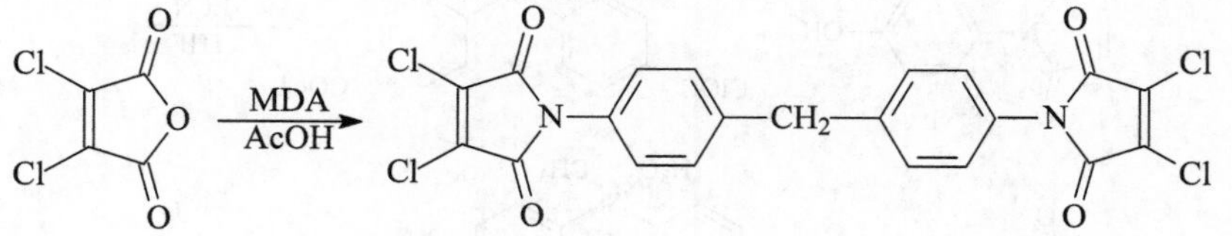

将 200 g(1.2 mol)二氯代马来酸酐【37】在 1200 mL 乙酸中的溶液加到 60 g(0.30 mol)MDA 在 600 mL 乙酸的溶液中。25℃搅拌 1.5 h 得到均相溶液，再搅拌过夜。加热回流，得到均相

溶液。反应 1 h 后冷到室温，过滤，用甲醇洗涤，在 75℃真空干燥。从氯仿重结晶，得到 139 g 氯代 BMI，mp 226~228℃。

〈52〉1,3-双(二氯代马来酰亚胺基)苯　*m*-Phenylenediaminebisdichloromaleimide[37,38]

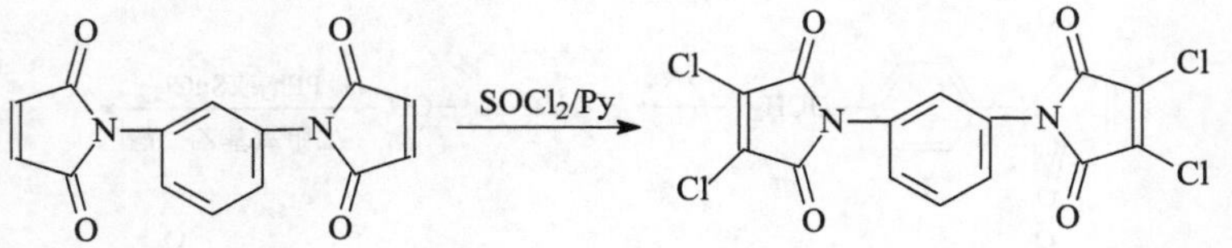

将 1.34 g (5.0 mmol) MPD-BMI 加到 20 mL 氯化亚砜中，在水浴冷却下搅拌。加入 1.66 g (2.10 mmol) 吡啶，在 20~25℃搅拌 1 h，再回流 1h 后冷却。除去过量的氯化亚砜，用氯仿/水处理，从苯/环己烷重结晶，得到 1.01 g 氯代 MPD-BMI，收率 50%，mp 172.5~173.1℃。

3.11　合成双马来酰亚胺的其他方法

〈53〉5-烯丙氧基间苯二酸二 (4-马来酰亚胺基苯酯)

5-Allyloxy-isophthalic acid bis(4-maleimidophenyl) ester[8]

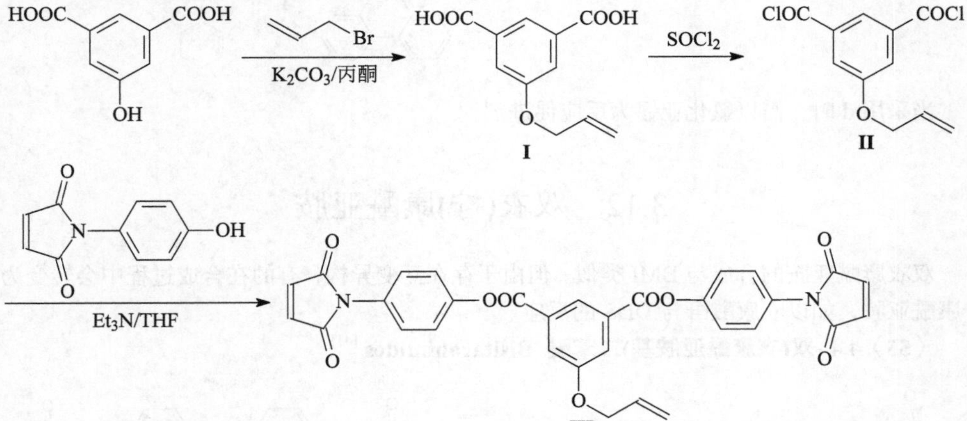

将 18.2 g (0.10 mol) 5-羟基间苯二甲酸，36.6 g (0.30 mol)3-溴丙烯和 165.6 g (1.20 mol) K₂CO₃ 加到 500 mL 丙酮中。在 56℃回流过夜。过滤，去除溶剂，将得到的液态残留物加到 10%NaOH 中。回流 4 h 后冷却到室温，酸化到 pH 2，得到白色沉淀。过滤，用水洗涤到中性，得 5-烯丙氧基间苯二酸**(I)** 20.0 g (90%)。

将 22.2 g (0.10 mol)**I** 与 300 mL 氯化亚砜在 80℃反应 4 h，去除过量的氯化亚砜，得烯丙氧基间苯二酰氯 **(II)** 25.9 g (100%)。

将 25.9 g (0.10 mol)**II** 溶于 300 mLTHF 中，滴加入冰冷的 37.8 g (0.20 mol) *N*-(4-羟基苯基)马来酰亚胺和 29 mL (0.20 mol) 三乙胺在 400 mL THF 中的溶液。混合物自然升温到室温，反

应 8h 后倒入 2000 mL 水中, 滤出黄色沉淀, 用水洗涤, 80℃干燥后从 THF 重结晶, 得 BMI 42.3 g (75%)。

〈54〉由 *N*-缩水甘油醚基苯基马来酰亚胺与二元酚得到的 BMI [40]

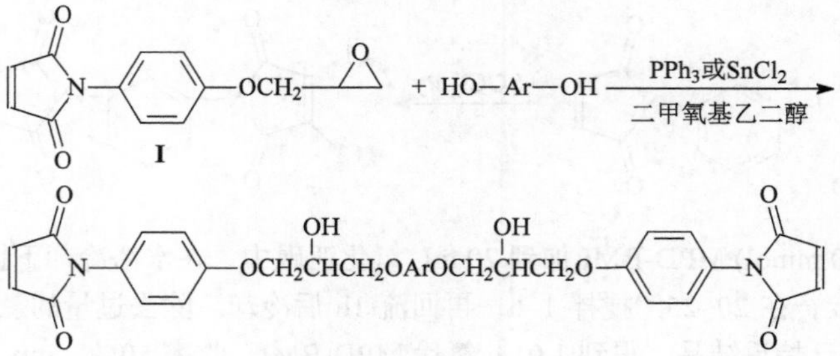

将 0.02 mol I〈8〉和 0.04 mol 二元酚溶于 15 mL 二甲氧基乙二醇中, 加入 0.05 g 三苯膦作为反应促进剂。反应在 140℃进行 5 h 后冷却到室温, 除去溶剂, 在 100℃真空干燥, 收率 100%。

Ar = a: 双酚A, b: 间苯二酚, c: ..., d: ...

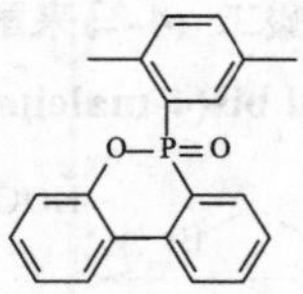

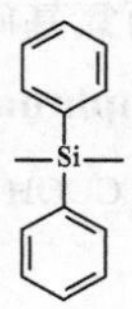

当采用 d 时, 需以氯化亚锡为反应促进剂。

3.12 双衣(柠)康酰亚胺

双衣康酰亚胺的合成与 BMI 类似。但由于存在互变异构, 有的在合成过程中会转变为双柠康酰亚胺, 如以衣康酐与 DDS 的反应。

〈55〉4,4′-双(衣康酰亚胺基)二苯醚 Bisitaconimides [41]

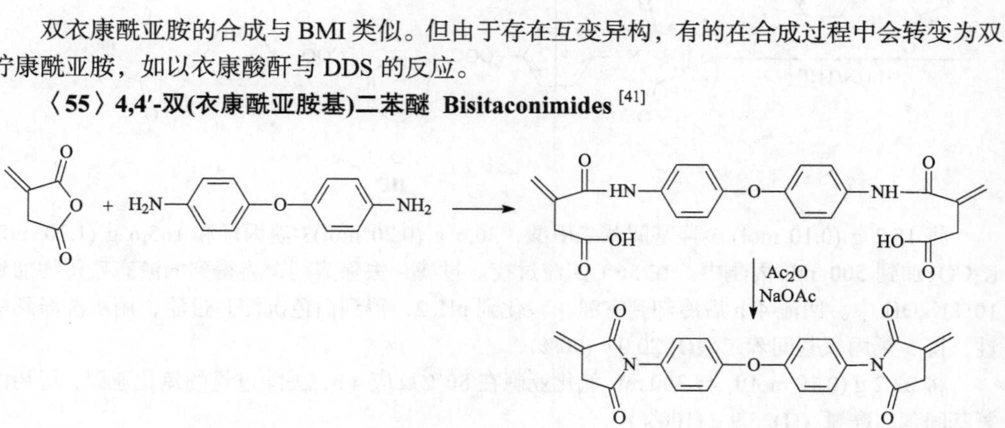

将 1 g(5 mmol)ODA 溶于 20 mL 丙酮中, 缓慢加入 1.23 g(11 mmol)衣康酸酐【34】, 回流数小时, 加入乙酐和熔融过的乙酸钠, 再回流搅拌 4~5 h, 反应物在冰水中沉淀, 过滤, 依次

用水，碳酸氢钠溶液及水洗涤，50℃真空干燥。将产物溶于氯仿，通过硅胶柱，减压除去氯仿得双衣康酰亚胺，收率 44%，mp 210~211℃。

〈56〉由衣康酸酐、偏苯三酸酐酰氯和 MDA 得到的 BMI [42]

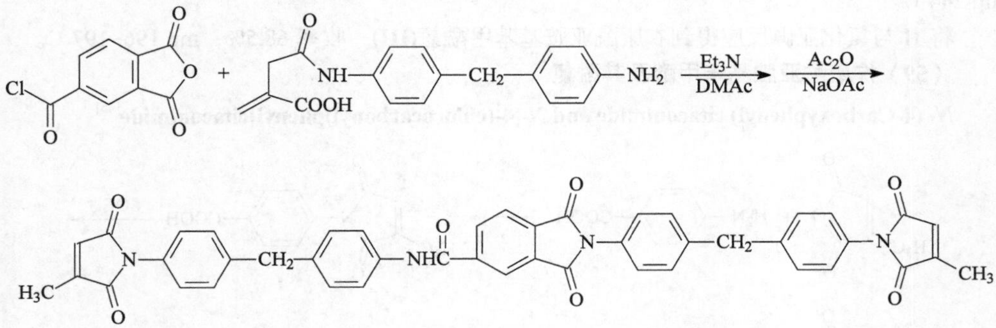

在 0~3℃下，将 3.36 g (0.03 mol) 衣康酸酐在 50 mL 甲基异丙基酮(MIBK)中的溶液 1h 内加到 7.08 g (0.036 mol) MDA 在 100 mL MIBK 的溶液中。温度缓慢升至 30℃，滤出黄色沉淀，用 MIBK 洗涤以除去未反应的二胺，在 50~55℃真空干燥 5 h，收率 89%，mp 178~180℃，酸值为 180.42 mg KOH/g (计算为 180.88 mg KOH/g)。

将 6.2 g (0.02 mol) 单衣康酰胺酸和 1.12 g (0.011 mol) 三乙胺加到 75 mL DMAc 中，冷却到 −20~−15℃，再加入 2.15 g (0.01 mol) 偏苯三酸酐酰氯，搅拌 90 min 后升温到 30℃，反应 3 h。加入 12 g 乙酐和 0.3 g 无水乙酸钠，混合物在 65~70℃搅拌 10 h。将深色的溶液倒入水中，滤出沉淀，用水洗涤至中性，在 50~55℃真空干燥，收率 90%。

〈57〉N,N′-双(4′-柠康酰亚胺基苯基) 砜 N,N′-Bis(4′-citraconimidophenyl)sulfone[43]

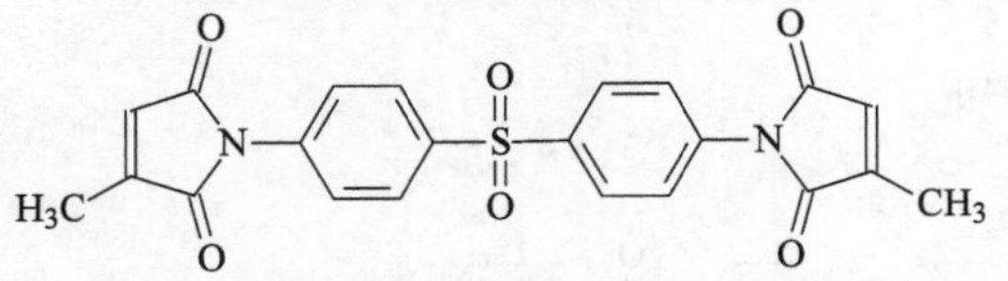

由衣康酸酐与 DDS 按〈52〉方法合成，但得到的是双柠康酰亚胺，收率 10%，mp 214~215℃。

〈58〉衣康酰亚胺基苯甲酸及其酰氯

N- (4-Carboxyphenyl) itaconimide and N-[4-(chlorocarbonyl)phenyl]itaconimide[44]

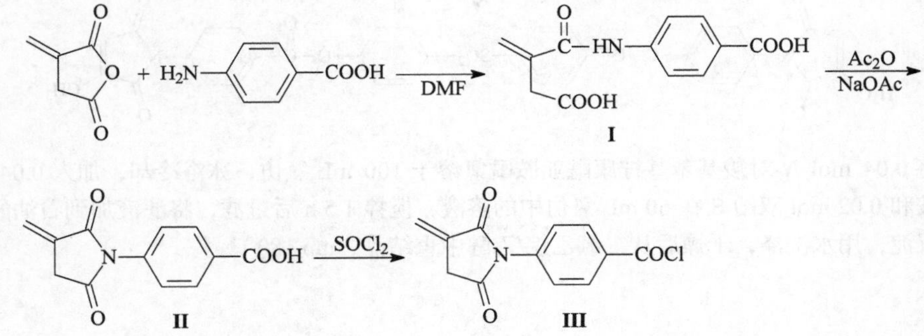

将衣康酸酐与对氨基苯甲酸在 DMF 中室温反应得到衣康酰胺酸(I)，收率 86.8%，mp 233~235℃。

将衣康酰胺酸与乙酐及乙酸钠在 55~60℃反应，得到衣康酰亚胺基苯甲酸(II)，收率 85%，mp 244℃。

将 II 与氯化亚砜反应得到衣康酰亚胺基苯甲酰氯(III)，收率 68.5%，mp 196~197℃。

〈59〉柠康酰亚胺基苯甲酸及其酰氯

N- (4-Carboxyphenyl) citaconimide and *N*-[4-(chlorocarbonyl)phenyl]citaconimide[45]

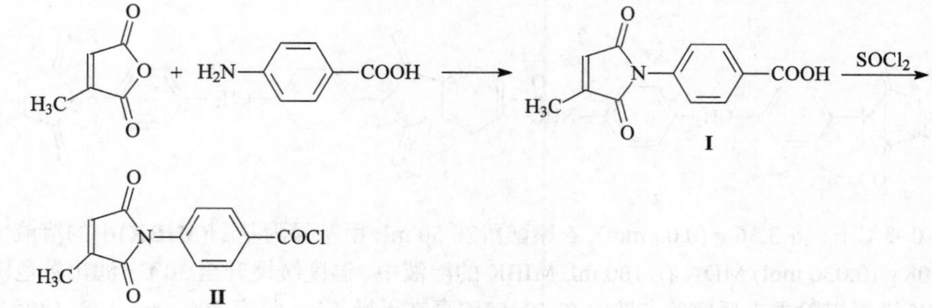

将 0.1 mol 对氨基苯甲酸溶于 100 mL 丙酮中，在 25℃下 15 min 内加入 0.11 mol 柠康酸酐在 80 mL 丙酮中的溶液。得到的酰胺酸用 0.05 g 乙酸镁，0.03 mol 三乙胺和 0.15 mol 乙酐回流 1.5 h 脱水环化。过滤后冷却到室温，倒入水中，滤出固体，用水洗涤后 80℃真空干燥，得 *N*-对羧基苯基柠康酰亚胺(I)。

将 0.05 mol I 悬浮在 100 mL 二氯乙烷中，小心加入 20 mL 新蒸的氯化亚砜。缓慢加热回流 4 h，趁热过滤，减压去除过量的氯化亚砜和溶剂，从甲苯重结晶，得酰氯 II，收率 74 %，mp 154~158℃。

〈60〉双柠康酰亚胺 Biscitraconimides[45]

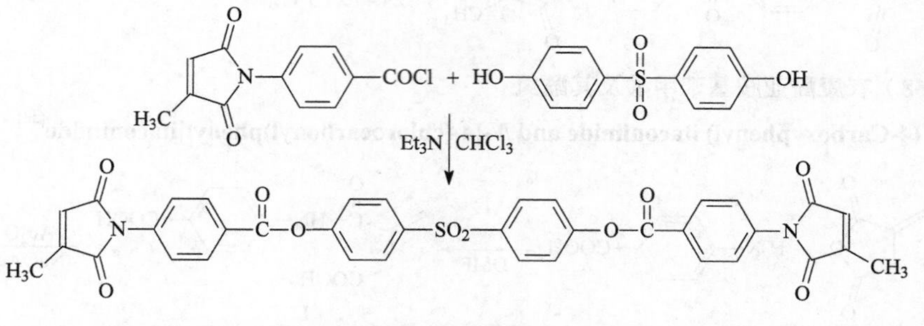

将 0.04 mol *N*-对羧基苯基柠康酰亚胺酰氯溶于 100 mL 氯仿，冰浴冷却，加入 0.04 mol 三乙胺和 0.02 mol 双酚 S 在 60 mL 氯仿中的溶液，搅拌 1.5 h 后过滤，将滤液加到石油醚中，滤出沉淀，用水洗涤，干燥后从二氯乙烷/乙醇中重结晶，mp 180℃。

3.13　多马来酰亚胺

〈61〉三马来酰亚胺基三苯胺　Trimaleimidophenylamine[46]

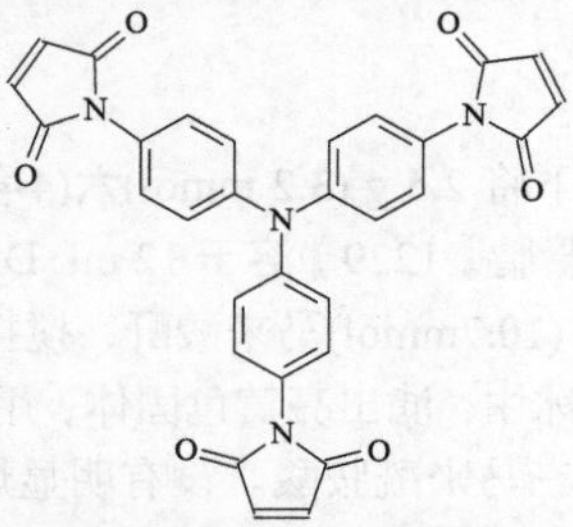

由马来酸酐与三(*p*-氨基苯基)胺〖1203〗合成。

〈62〉三马来酰亚胺基苯氧基对称三嗪[39]

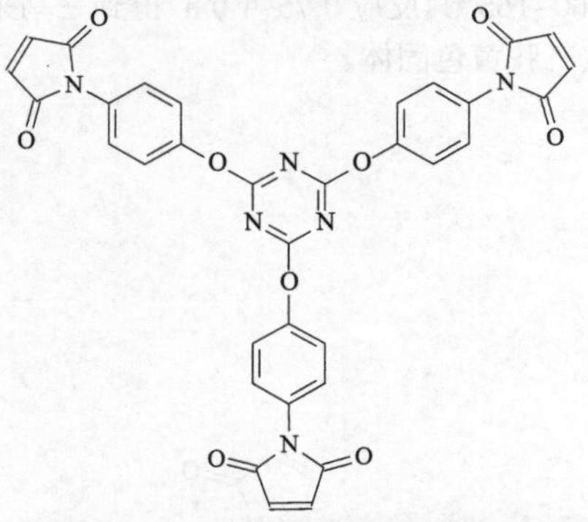

将 2.94 g (30 mmol)马来酸酐在 18 mL 丙酮中的溶液加入到 4.02 g (10.0 mmol)三胺〖1210〗在 35 mL 丙酮的溶液中。氮气下室温搅拌 4 h，滤出酰胺酸，用水洗涤。在滤液中加入 300 mL 乙酐和 27 g 乙酸钠，加热回流 6 h，将褐色溶液倒入碎冰中，过滤，用水洗涤，干燥后得三马来酰亚胺 5.52 g(86%)。

〈63〉2,4,6-三(4-马来酰亚胺基苯胺基),1,3,5-三嗪
2,4,6-Tris(4-maleimidoanilino),1,3,5-triazine[39]

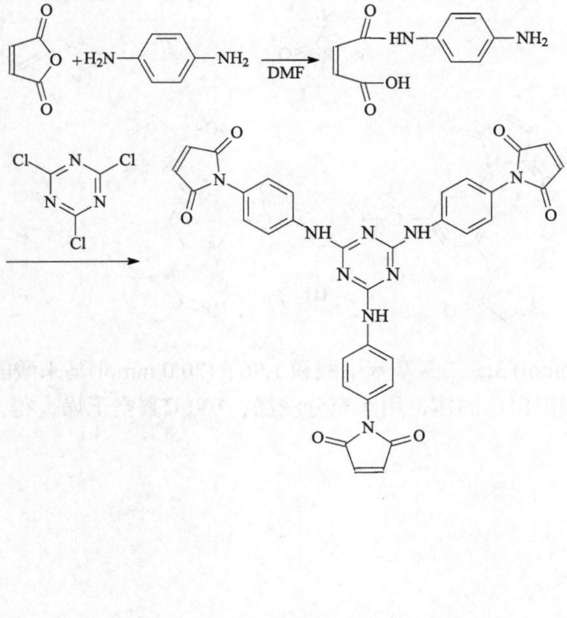

氮气下将 2.27 g (21.0 mmol)PPD 加入 2.06 g (21.0 mmol)马来酸酐在 18 mL DMF 的溶液中。室温搅拌 4 h, 分批加入 1.29 g (7.0 mmol)三聚氰酰氯, 再搅拌 1 h, 加入 1.66 g (21.0 mmol)吡啶。在 80℃搅拌 2 h 后以每摩尔反应物 300 mL 乙酐及 27 g 熔融过的乙酸钠的量加入脱水剂进行脱水环化, 在 90℃搅拌 3 h。将反应物倒入碎冰中, 过滤, 水洗, 得 3.63 g(81%)。

〈64〉三马来酰亚胺基苯基三氨基苯基三聚膦腈[28]

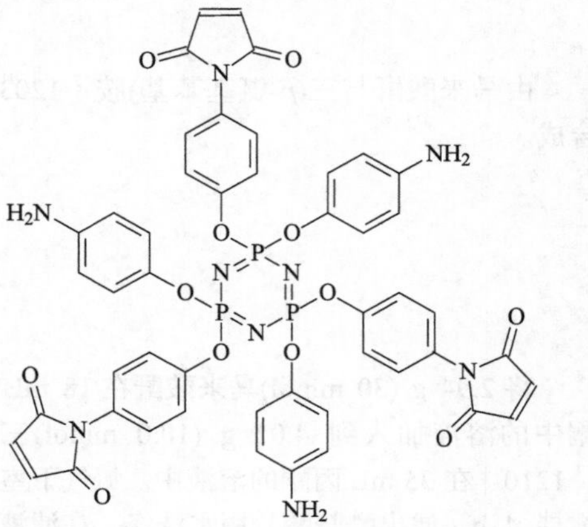

氮气下将 2.5 g (3.2 mmol)六(4-氨基苯氧基) 三聚膦腈〖1229〗溶于 12 mL DMAc, 加入 1.05 g (10.7mmol)马来酸酐, 搅拌 8~10 h 后倒入碎冰中, 滤出亮黄色固体, 用水洗涤, 得到三胺三马来酰胺酸。没有明显熔点, 在 300℃收缩。将该三酰胺酸在 DMAc 中氮气下 160~165℃ 反应 0.75~1.0 h 得到三马来酰亚胺三胺黄色固体。

〈65〉1,4-双(3,5-二马来酰亚胺基苯甲酰基)苯
1,4-Bis(3,5-bismaleimidobenzoyl)benzene [31]

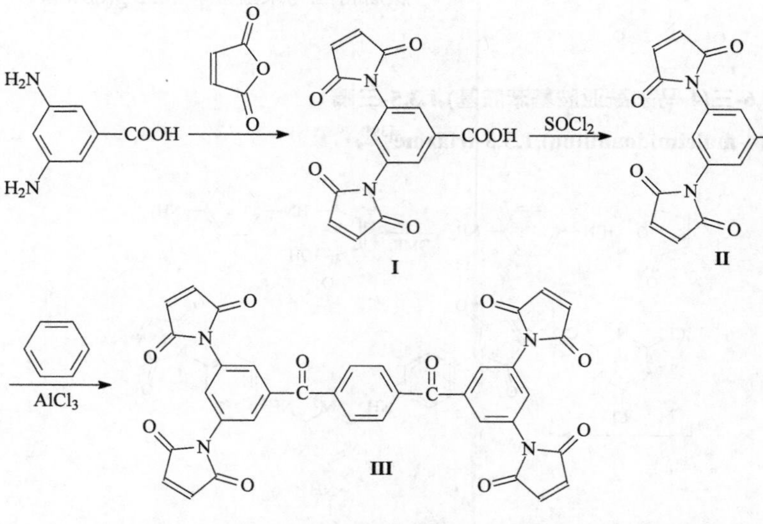

将 1.52 g (10.0 mmol) 3,5-二氨基苯甲酸和 1.96 g (20.0 mmol)马来酸酐加到 40 mL 60% 乙酸中, 回流 5 h, 滤出白色固体, 用水充分洗涤, 100℃真空干燥, 得 I 2.69 g (86%), mp 233~235 ℃。

将 1.25 g (4.0 mmol)**I**, 0.76 g (6.4 mmol)氯化亚砜及 0.5 mL DMF 加到 20 mL 乙腈中。40 ℃搅拌 30 min，然后回流 2 h，得到均相溶液。减压除去过量的氯化亚砜和溶剂，真空干燥后得到褐色固体 **II** 1.26 g(95%), m p 96~98℃(dec)。

由 0.2343 g (3.0mmol)苯与 1.9841 g (6.0 mmol) **II** 在 1.28 g (9.6 mmol)三氯化铝存在下反应，得到 **III** 1.58 g (79％), mp 189~191℃。

其他类似化合物见表 3-2。

表 3-2　双(3,5-二马来酰亚胺基苯甲酰基)类化合物

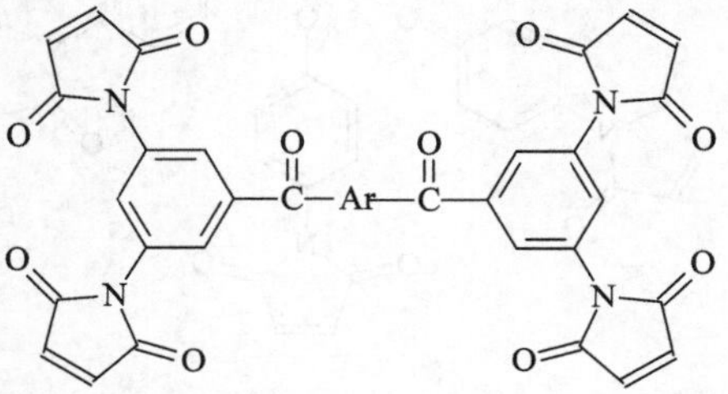

Ar	$T_{开始}$/℃	$T_{最大}$/℃	$T_{完成}$/℃
	203	238	277
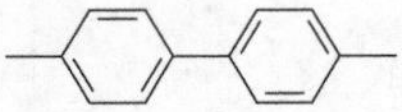	205	235	270
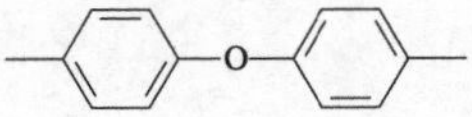	198	231	272
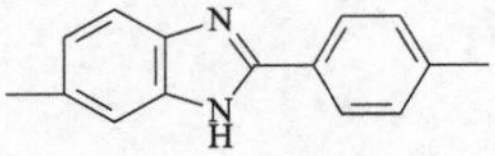	173	212	235
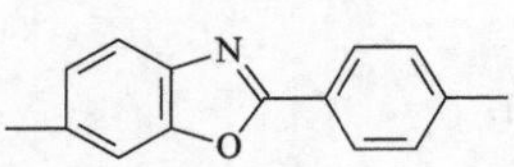	205	227	258
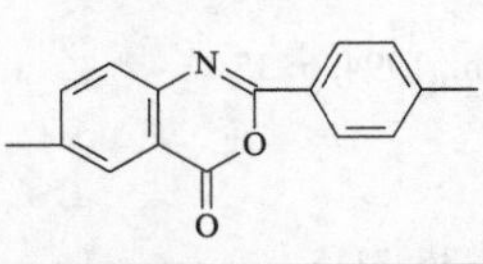	175	208	232

〈66〉六(4-马来酰亚胺基苯氧基)三聚膦腈

Hexakis(4-ma1eamidophenoxy)cyclotriphosphazene[28]

将 3.91 g (5.0mmol)六(4-氨基苯氧基) 三聚膦腈〖1229〗加到 100 mL 丙酮中，氮气下加入 2.94 g (30mmol)马来酸酐，立即析出黄色固体，再在室温搅拌 2 h，滤出固体，用丙酮洗涤得到酰胺酸 6.0 g, mp 159~160℃。将酰胺酸溶于 DMAc，加热回流 2.5 h 冷却后倒入碎冰中，得到六马来酰亚胺黄色固体。

参 考 文 献

[1] Pan W, Liu H, Wu S, Wilen C E. J. Appl. Polym. Sci., 2006, 101: 1848.

[2] Wang X, Chen D, Ma W, Yang X, Lu L. J. Appl. Polym. Sci., 1999, 71: 665.

[3] Hoyt A E, Benicewicz B C. J. Polym. Sci., Polym. Chem., 1990, 28: 3403.

[4] Rao B S. J. Polym. Sci., Polym. Chem., 1989, 27: 2509.

[5] Jianjun H, Jiang L, Cai X. Polymer, 1996, 37: 3721.

[6] Shu W J, Perng L H, Chin W K. J. Appl. Polym. Sci., 2002, 83: 1919.

[7] Liu Y L, Chen Y J, Wei W L. Polymer, 2003, 44: 6465.

[8] Tang H, Li W, Fan X, Chen X, Shen Z, Zhou Q. Polymer, 2009, 50: 1414.

[9] Liu Y L, Wang Y H. J. Polym. Sci., Polym Chem, 2004, 42: 3178.

[10] Hedaya E, Hinman R I, Theodoropulos S. J. Org Chem, 1966, 31: 1311.

[11] Matynia T, Gawdzik B, Chmielewska E. J. Appl. Polym. Sci., 1996, 60: 1971.

[12] Bell V L, Young P R. J. Polym. Sci., Polym. Chem., 1986, 24: 2647.

[13] Preston P N, Shah V K, Simpson S W, Soutar I, Stewart N J. High Perf. Polym., 1994, 6: 35.

[14] Hariharan R, Bhuvana S, Sarojadevi M. High Perf. Polym., 2006, 18: 163.

[15] Yerlikaya Z, Oktem Z, Bayramli E. J. Appl. Polym. Sci., 1996, 59: 165.

[16] Zhang X, Jin Y H, Diao H X, Du F S, Li Z C, Li F M. Macromolecules, 2003, 36: 3115.

[17] Hu Z Q, Li, S J, Zhang C H. J. Appl. Polym. Sci., 2008, 107: 1288.

[18] Fang Q, Ding X M, Wu X Y, Jiang L X. J. Appl. Polym. Sci., 2002, 85: 1317.

[19] Glatz F P, Mulhaupt R. High Perf. Polym., 1993, 5: 213.

[20] Ivanov D, Gaina C, Grigoras C. J. Appl. Polym Sci., 2004, 91: 779.

[21] Soules A, Vázquez C P, Améduri B, Joly-Duhamel C, Essahli M, Boutevin B. J. Polym. Sci., Polym. Chem., 2008, 46: 3214.

[22] Vorbruggen H. Acc. Chem. Res., 1995, 28: 509; Reddy Y P, Kondo S, Toru T, Ueno Y. J. Org Chem, 1997, 62: 2652.

[23] Anastasios P, Melissaris J, Mikroyannidis A. J. Appl. Polym. Sci., 1987, 34: 2657.

[24] Qiu W, Zeng F, Lu L, Wang X. J. Appl. Polym. Sci., 1996, 59: 1551.

[25] Cotter R J, Sauers C K, Whelan J M. J Org Chem, 1961, 26: 10.

[26] Dao B, Hawthorne D G, Hodgkin J H, Jackson M B, Morton T C. High Perf. Polym., 1996, 8: 243.

[27] Liao D C, Hsieh K H. J. Polym. Sci., Polym. Chem., 1994, 32: 1665.

[28] Kumar D, Fohlen G M, Parker J A. Macromolecules, 1983, 16: 1250.

[29] Sava M. J. Appl. Polym. Sci., 2006, 101: 567.

[30] Tang H, Song N, Gao Z, Chen X, Fan X, Xiang Q, Zhou Q. Polymer, 2007, 48: 129.

[31] Mikroyannidis J A. J. Polym. Sci., Polym. Chem., 1990, 28: 679.

[32] Gaina C, Gaina V, Sava M, Chirac C. High Perf. Polym., 1999, 11: 185.

[33] Gaina C, Gaina V, Stolerin A, Sava M, Chiriac C, Cozan V. J. Macromol. Sci., Pure Appl. Chem., 1997, A34: 191.

[34] Mikroyannidis J A, Melissaris A P. Br. Polym. J., 1990, 23: 309.

[35] Tang H, Song N, Chen X, Fan X, Zhou Q. J. Appl. Polym. Sci., 2009, 109: 190.

[36] Meyer G W, Heidbrink J L, McGrath J E, et al. Polymer, 1996, 37, 5077.

[37] Gaina C, Gaina V, Airinei A, Avram E. J. Appl. Polym. Sci., 2004, 94: 2091.

[38] Relles H M. J Org Chem., 1972, 37: 3630.

[39] Melissaris A P, Mikroyannidis J A. J. Polym. Sci., Polym. Chem., 1988, 26: 1885.

[40] Liu Y L, Chen Y J. Polymer, 2004, 45: 1797.

[41] Solanki A, Choudhary V, Varma I K. J. Appl. Polym. Sci., 2002, 84: 2277.

[42] Packirisamy S, Gupta M. J. Polym. Sci., Polym. Chem., 1990, 28: 935.

[43] Hartford S L, Subramanian S, Parker J A. J. Polym. Sci., Polym. Chem., 1978, 16: 137.

[44] Oishi T, Nagai K, Kawamoto T, Tsutsumi H. Polymer, 1996, 37: 3131.

[45] Sava M. J. Appl. Polym. Sci., 2004, 91: 3806.

[46] Zhang X, Li Z C, Wang Z M, et al. J. Polym. Sci., Polym. Chem., 2006, 44: 304.

第4章 其他化合物的合成

其他化合物是指除了酐类、胺类和马来酰亚胺类外，用于聚酰亚胺合成的重要化合物。

4.1 酰酰亚胺类化合物

酰酰亚胺类化合物通常用相应的苯酐类化合物与伯胺反应同时脱水得到。比较早的方法是在冰乙酸中反应，但也可以在甲苯、二甲苯等溶剂中回流脱水，然后冷却得到产物。还有报道可以用熔融方法制备，省却了有机溶剂的处理，但这种方法常受酰酰亚胺类化合物的高熔点的限制而难以普遍使用。

4.1.1 单酰酰亚胺

『1』酞酰亚胺 Phthalimide

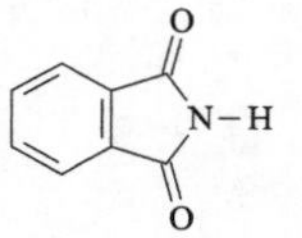

商品。由苯酐与氨(氨水)反应得到，mp 232~235℃。

『2』N-羟基酞酰亚胺 N-Hydroxyphthalimide

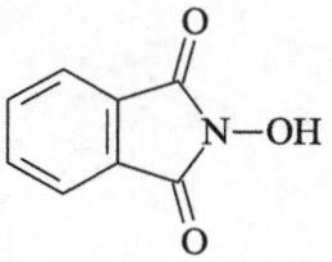

商品。由苯酐与羟胺反应得到，mp 233℃(dec)。

『3』N-甲基-4-氯代酞酰亚胺 N-Methyl-4-chlorophthalimide

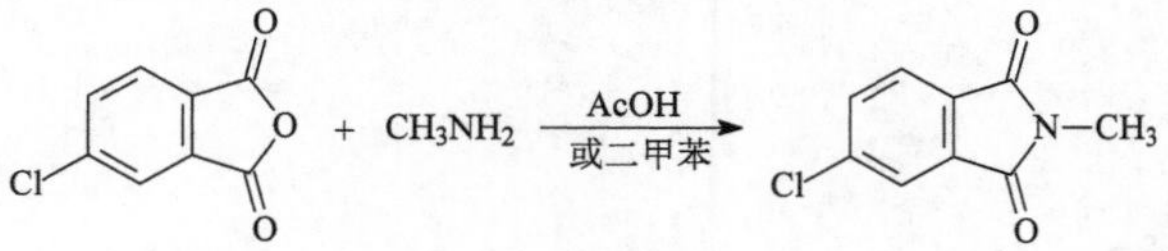

①乙酸法[1]

0℃下将 0.56 g(0.018 mol)甲胺加到 3.00 g (0.016 mol) 4-氯代苯酐在 5.0 mL 冰乙酸的溶液中，氮气下加热回流 2~3 h 后冷却到室温，过滤，干燥，得到 2.85 g (89%)，从乙醇重结晶 mp 134~135.5℃。

②二甲苯法

将 4-氯代苯酐与略为过量的甲胺(可以是其水溶液)在二甲苯中加热除水，当馏出温度达到恒定，说明水已经除尽，再回流 1 h 后冷却，滤出结晶，用二甲苯洗涤后干燥。

『4』*N*-甲基-3-氯代酞酰亚胺 *N*-Methyl-3-chlorophthalimide[2]

$$\text{(结构式) + CH}_3\text{NH}_2 \xrightarrow{\text{AcOH}} \text{(结构式) N—CH}_3$$

将 42.31 g (0.2318 mol)3-氯代苯酐在 200 mL 冰乙酸中加热至 50℃约 20 min 使其溶解。然后加入等摩尔的甲胺水溶液(或等摩尔苯胺)及 50 mL 冰乙酸，加热保持回流 5 h 后，使溶液缓慢冷却，静置一夜得白色晶体，过滤后用乙醇洗涤滤饼四到五次，烘干得 *N*-甲基-3-氯代酞酰亚胺，收率 89%，mp 101~103℃。

『5』4-氯代-*N*-苯基酞酰亚胺 4-Chloro-*N*-phenylphthalimide

$$\text{(结构式) + (苯胺)—NH}_2 \xrightarrow[\text{或二甲苯}]{\text{AcOH}} \text{(结构式) N—苯基}$$

①乙酸法[3]

将 0.1 mol 4-氯代苯酐溶于 250 mL 冰乙酸中，加入 0.105 mol 苯胺，回流 3h 后用冰冷却，滤出沉淀，真空干燥，从甲苯重结晶，收率 89%，mp 189~191℃。

②二甲苯法

将氯代苯酐与等当量的苯胺在二甲苯中回流脱水后得到透明溶液，冷却过滤。

『6』3-氯-*N*-苯基酞酰亚胺 3-Chloro-*N*-phenylphthalimide[1]

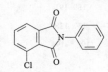

氮气下将 20.0 g (0.109 mol) 3-氯代苯酐在 250 mL 冰乙酸中室温搅拌，加入 10.38 g (0.112 mol)苯胺，缓慢加热回流。开始时形成白色沉淀，随着加热而溶解，回流 3 h 后冷却到室温，滤出白色沉淀，干燥得到 26.4 g (94%)。从无水乙醇重结晶，mp 191~192.5℃。

『7』4-硝基-*N*-甲基酞酰亚胺 4-Nitro-*N*-methylphthalimide[4]

$$\text{(结构式) N—CH}_3 \xrightarrow[\text{H}_2\text{SO}_4]{\text{HNO}_3} \text{O}_2\text{N—(结构式) N—CH}_3$$

将 161 g (1.0 mol)*N*-甲基酞酰亚胺在 353 g 100%硫酸中加热到 70℃，搅拌下在 20~25 min内加入 76.8 g (1.2 mol)98.1%硝酸。加完后再在 70℃搅拌 1 h，冷却到室温，用 1 L 二氯甲烷以 3 L/h 的速度连续萃取 3.5 h 后分出萃取液，另外用 1 L 二氯甲烷萃取 5 h。将萃取液通过硅胶柱，以除去残留的酸，再除去溶剂，得 *N*-甲基硝基酞酰亚胺 184 g (89.3%)。用气相色谱分析，4-和 3-硝基-*N*-甲基酞酰亚胺的含量相应为 94%和 5%，另有 1%未反应的 *N*-甲基酞酰亚胺。4-硝基-*N*-甲基酞酰亚胺：mp 94~98℃；3-硝基-*N*-甲基酞酰亚胺：mp 175~177℃。

『8』4-硝基-*N*-苯基酞酰亚胺 4-Nitro-*N*-phenylphthalimide[3]

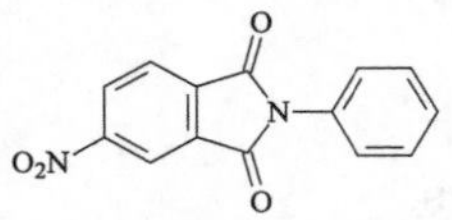

由 4-硝基苯酐与苯胺按『5』方法合成。收率 82%，mp 193~194℃。

『9』3-硝基-*N*-苯基-酞酰亚胺 3-Nitro-*N*-phenylphthalimide[5]

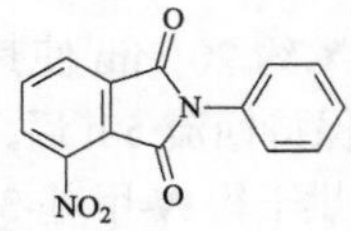

将 3.86 g (0.02 mol) 3-硝基苯酐溶于 24 mL 冰乙酸中，加入 1.86 g (0.02 mol) 苯胺，回流 2 h，蒸出 12 mL 乙酸后冷却到室温，滤出固体，用 40 mL 环己烷洗涤，真空干燥，得 3-硝基-*N*-苯基-酞酰亚胺 4.60 g (86%)，mp 111~112℃。从滤液中得到的产物有：3-硝基-*N*-苯基-酞酰亚胺:乙酰苯胺:3-硝基邻苯二甲酸 = 60：18：22。

单取代酞酰亚胺的熔点见表 4-1。

表 4-1 单取代酞酰亚胺的熔点

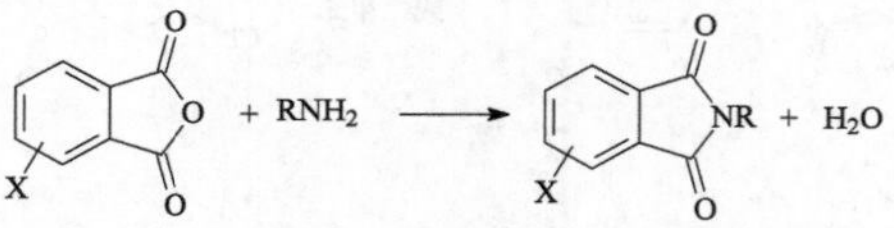

X	R	mp/℃
3-F	C₆H₅	148~150
4-F	C₆H₅	183~184
3-Cl	C₆H₅	191~192.5
4-Cl	C₆H₅	189~191
3-NO₂	C₆H₅	137~138
4-NO₂	C₆H₅	192.5~194
3-F	CH₃	
4-F	CH₃	99~100
3-Cl	CH₃	101~103
4-Cl	CH₃	134~135.5
3-NO₂	CH₃	111~112
4-NO₂	CH₃	175~177

『10』N-乙烯基-4-硝基酞酰亚胺　N-Vinyl-4-nitrophthalimide[6]

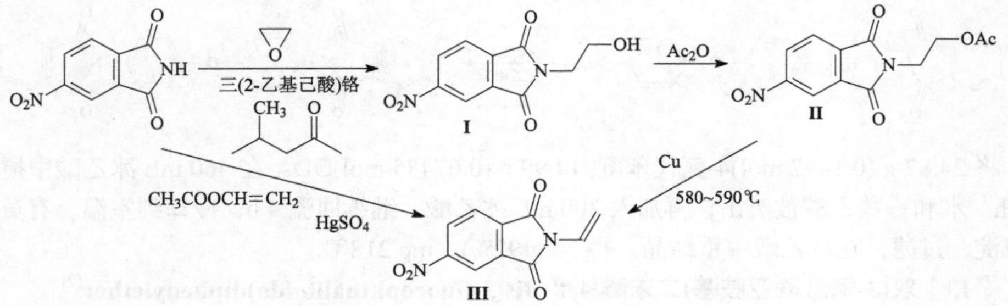

将 95.5 g (0.5 mol) 4-硝基酞酰亚胺, 300 mL 4-甲基-2-戊酮及 1.0 g 三(2-乙基己酸)铬在高压釜中用干冰冷却。加入 26.5 g (0.6 mol)环氧乙烷, 然后加热到 160~165℃反应 2 h。冷却到室温过夜, 放出过量的环氧乙烷, 减压除去溶剂。将得到的黄色残留物从乙醇/丙酮中重结晶, 得到 N-(2-羟乙基)-4-硝基酞酰亚胺(I)淡黄色结晶 112.0 g (95%), mp 112~114℃。

将 200 mL 乙酐滴加到 90 g (0.38 mol) I 和 1.0 g 对甲苯磺酸的混合物中, 回流 30 min, 除去溶剂, 残留物从乙醇重结晶, 得到 N-(2-乙酰氧基乙基)-4-硝基酞酰亚胺(II)90 g (85%), mp 86~87℃。

①热解法

将 20 g (72 mmol) II 溶于 100 mL 乙酸中, 以纯氮为载气以 1 mL/min 通过预热到 580~590℃填充有铜屑的不锈钢管, 热解产物冷却, 减压除去乙酸, 将残留物溶于乙酸乙酯进行层析以去除分解产物。除去溶剂得到结晶, 从乙酸乙酯/己烷重结晶, 得到 N-乙烯基-4-硝基酞酰亚胺(III)黄色结晶 1.9 g(12%)。

②以硝基酞酰亚胺与乙酸乙烯酯反应

将 96 g (0.5 mol) 4-硝基酞酰亚胺, 193 g (2 mol)乙酸乙烯酯, 0.1 g 氢醌和 6 g HgSO₄ 在高压釜中 160℃反应 2.5 h, 压力大约为 6 atm。在 12 h 内冷却到室温, 将产物与乙醇混合, 过滤, 滤液中包括乙酸, 乙醛, 乙酸乙酯及产物, 减压去除挥发物, 用活性炭脱色, 从异丙醇重结晶, 得到 III 20.5 g (19%), mp 125~127℃。异丙醇不溶部分为 4-硝基酞酰亚胺, 可从乙醇重结晶, 得 55 g (57%), mp 197~198℃。

4.1.2　双酞酰亚胺

『11』1,6-双(3-氟代酞酰亚胺基)己烷　1,6-Bis(3-fluorophthalimido)hexane[7]

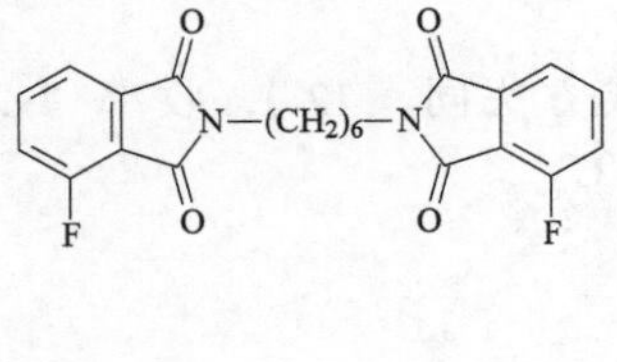

以 3-氟苯酐和己二胺按『12』方法合成, 收率 90%, mp 169~170℃。

『12』双(氟酞酰亚胺基)二苯醚 4,4′-Bis(4-fluorophthalimido)diphenylether[8]

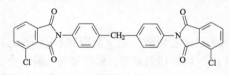

将 24.87 g (0.1497 mol)4-氟代苯酐, 14.99 g (0.07485 mol)ODA 在 460 mL 冰乙酸中搅拌回流 2h。水和一些乙酸被蒸出，再加入 300 mL 冰乙酸，继续回流 4 h，冷却到室温，有黄色固体沉淀，过滤，在冰乙酸中重结晶，得 34 g(92%)，mp 218℃。

『13』双(3-氟酞酰亚胺基)二苯醚 4,4′-Bis(3-fluorophthalimido)diphenylether[7]

以 3-氟苯酐按『12』方法合成，收率 98%，mp 228.5~229.5℃。

『14』双(3-氟酞酰亚胺基)二苯甲烷 4,4′-Bis(3-fluorophthalimido)diphenylmethane[7]

合成方法同『12』，收率 92%，mp 233.5~234.5℃。

『15』4,4′-双(3-氯酞酰亚胺基)二苯基甲烷
4,4′-Bis(3-chlorophthalimido)diphenylmethane[9]

将 18.25 g(0.1 mol)3-氯代苯酐，9.9 g (0.05 mol)MDA 在 200 mL 冰乙酸中回流 17 h。冷却后过滤，用乙醚洗涤，从氯苯/庚烷重结晶，在 110℃真空干燥，得 24.0 g (91%)，mp 239~241℃。

『16』1,6-双(4-氯酞酰亚胺基)己烷 1,6-Bis(4-chlorophthalimido)hexane[9]

合成方法同『12』，收率 84%，mp 206~209℃。

『17』1,6-双(3-氯酞酰亚胺基)己烷 1,6-Bis(3-chlorophthalimido)hexane[9]

合成方法同『12』，收率 79.4%，mp 187~188℃。

『18』4,4′-双(4-氯酞酰亚胺基)二苯甲烷 4,4′-Bis(4-chlorophthalimido)diphenylmethane[9]

合成方法同『12』，收率 96%，mp 253~255℃。

『19』4,4′-双(4-氯酞酰亚胺基)二苯醚 4,4′-Bis(4-chlorophthalimido)diphenylether[9]

合成方法同『12』，收率 89%，mp 238~240℃。

『20』4,4′-双(3-氯酞酰亚胺基)二苯醚 4,4′-Bis(3-chlorophthalimido)diphenyl ether[10]

合成方法同『12』，收率 90%，mp 259~260℃。

『21』1,3-双(4-氯酞酰亚胺基)苯 1,3-Bis(4-chlorophthalimido)benzene

① 熔融法[11]

将 41.7512 g(228.7 mmol)4-氯代苯酐和 12.3907 g(114.6 mmol)间苯二胺减压-充氮重复 3 次。在 1 atm 氮气压力下搅拌加热到 100℃经 20 min。再加热 10 min 后就可以看到大量水分在反应器冷的部分凝结。以 5℃/min 速度升温到 380℃，在该过程中，压力也逐渐降到 0.5 mmHg。在 380℃保持 5 min 后冷却，收率 98.6%。

② 在邻二氯苯中反应[12]

将 9.990 kg(54.7217 mol)4-氯代苯酐和 2.9411 kg(27.2247 mol)间苯二胺加到 108.9 kg 邻二氯苯中，4 h 内加热到 180℃，并保持在该温度反应 28 h。期间收集蒸馏液。在反应到 24 h 时，补加 40 g(0.219 mol) 4-氯代苯酐来消耗残留的氨端基。再反应 4 h，分析游离氨基已被消耗，说明反应已经完成。该浆状物可以直接用于聚合。

『22』1,3-双(氯酞酰亚胺基)苯 1,3-Bis(chlorophthalimido)benzene[11]

将 7.3024 g(0.04 mol) 4-氯代苯酐和 7.3024 g(0.04 mol) 3-氯代苯酐加到 100 mL THF 中。搅拌溶解，加入 4.3256 g(0.04 mol)间苯二胺，室温搅拌 2 h，浓缩后加入二氯甲烷，得到油状固体，除去溶剂，得到双(酰胺酸)。将 200 mg 双(酰胺酸)减压加热到 150℃过夜，得到双(氯代酞酰亚胺) 异构体混合物。

『 23 』4-(4-氯代酞酰亚胺基) -4′-(3-氯代酞酰亚胺基)二苯醚

4-(4-Chlorophthalimido)phenyl-4′-(3-chlorophthalimido)phenyl ether[13]

在氮气下将 10.01 g (0.05 mol)ODA 加热溶解在 200 mL 二甲苯中。加入 9.13 g (0.05 mol)4-氯代苯酐，在 95℃搅拌 2 h 再加热回流除水后冷却到 100℃。通入干燥 HCl 到用 TLC(己烷：乙酸乙酯 = 2：1)检不到 I。将所得到的悬浮液趁热过滤，用热二甲苯洗涤，100℃真空干燥 10 h。将盐酸盐的混合物在沸水中搅拌 1 h，过滤，用水洗涤。将得到的 I 盐酸盐溶于 10 mL DMAc，缓慢加入 100 mL 15%碳酸钠溶液，过滤，用乙醇洗涤到 pH 为 7。产物从 DMAc 和乙醇(1：1)的混合物重结晶，得 N-[4-(4-氨基苯氧基)苯基]-4-氯代酞酰亚胺(I) 10.30 g (56.5%), mp 172~174 ℃。

将含有 ODA 的盐酸盐的滤液缓慢倒入 50 mL 15%碳酸钠溶液中回收未反应的 ODA，在 200℃真空升华，得 1.8 g(18%), mp 189~191℃。另外将二甲苯溶液冷却可以得到 4,4′-双(4-氯代酞酰亚胺基)二苯醚(II)。从二甲苯重结晶后得 II 4.52 g(17.1%), mp 238~240℃。

将 3.65 g (0.01 mol)I 和 1.83 g (0.01 mol)3-氯代苯酐在 50 mL 二甲苯中回流 24h 除去水分，冷却后滤出黄色沉淀，在二甲苯中重结晶，4-(4-氯代酞酰亚胺基) -4′-(3-氯代酞酰亚胺基)二苯醚(III)收率 4.76 g(90%), mp 230~232℃。

『 24 』1-[4-(3-氯代酞酰亚胺基)苯氧基]-3-[4-(4-氯代酞酰亚胺基) 苯氧基]苯

1-[4-(3-Chlorophthalimido)phenoxy]-3-[4-(4-chlorophthalimido)phenoxy]benzene[13]

用 1,4,3-APB 按『 23 』方法合成。I：从二甲苯重结晶，收率 58.6%, mp 160~162℃；II 的收率为 15.7%, mp 257~259℃。回收的 1,3,4-APB 为 2.4 g。III：收率 86%, mp 235~237℃。

『25』4-(4-氯代酞酰亚胺基)-4′-(3-氯代酞酰亚胺基)二苯甲烷

4-(3-Chlorophthalimido)phenyl-(4-chlorophthalimido)-phenylmethane[13]

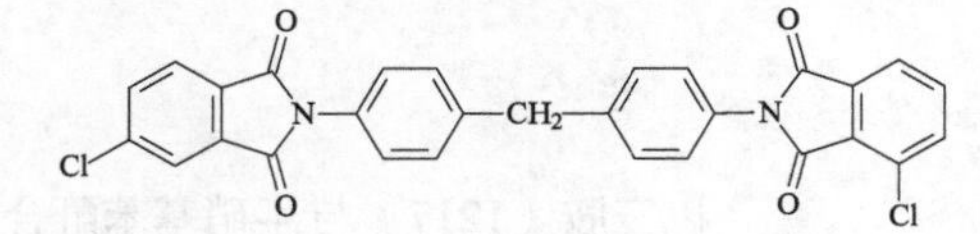

用 MDA 按『23』方法合成。**I**：收率为 53.3%，mp 182~184℃；**II**：收率为 18.1%，mp 239~241℃，回收的 MDA 为 1.9 g。**III**：收率 84%，mp 254~256℃。

『26』4,4′-(4-硝基酞酰亚胺基)二苯醚 4,4′-(4-Nitrophthalimido)diphenyl ether[14]

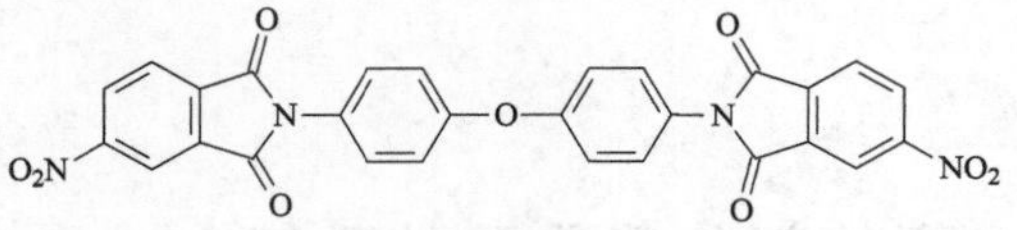

以 4-氯代苯酐和 ODA 按『28』方法合成。

『27』3,3′-(4-硝基酞酰亚胺基)二苯醚 3,3′-(4-Nitrophthalimido)diphenyl ether[15]

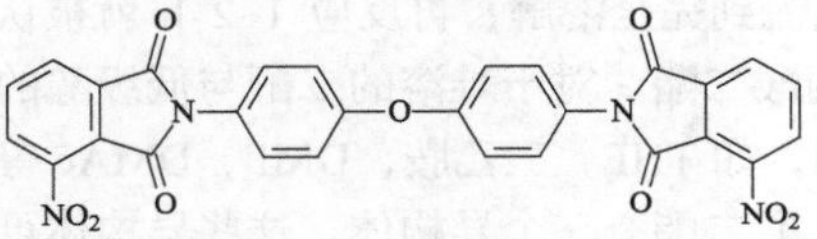

以 3-氯代苯酐和 ODA 按『28』方法合成。Mp 302~304℃。

『28』3,3′-(4-硝基酞酰亚胺基)二苯甲烷 3,3′-(4-Nitrophthalimido)diphenyl methane[15]

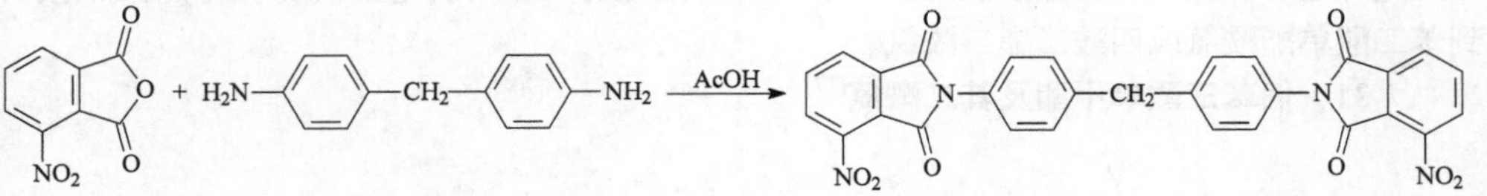

将 99.0g (0.50 mol) MDA 和 195.0 g (1.01 mol) 3-硝基苯酐在 55℃，30 min 内加到 1800 mL 乙酸中，这时固体溶解，同时沉淀出另一种固体。将悬浮液回流 2.5 h，加入 100 mL 环己烷，共沸除去水分，回流 28h 后趁热过滤，固体用乙酸洗涤，空气干燥。将得到的 243 g 产物用热丙酮处理后 80℃真空干燥，得 227 g(83%), mp 270~272℃。

『29』3,3′-(4-硝基酞酰亚胺基)二苯甲烷异构体的混合物[15]

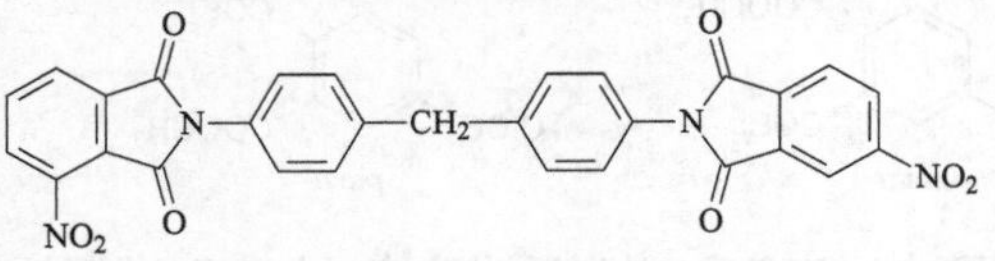

将 99.0g (0.500 mol) MDA, 98.5 g (0.510 mol)3-硝基苯酐和 98.5 g (0.510 mol) 4-硝基苯酐在 60℃逐渐加到 2 L 乙酸中。将透明的黄色溶液加热到 90℃，开始出现沉淀，回流 20 h，蒸出 500 mL 乙酸后趁热过滤，固体用热乙酸，热丙酮洗涤后 80℃真空干燥，得 197.5 g (72%), mp 230~245℃。从滤液回收 21.0 g (7.6%)。

说明：由该方法得到的是 3 种异构体的混合物。

『30』以三胺〖1217〗与 4-硝基苯酐得到的化合物[14]

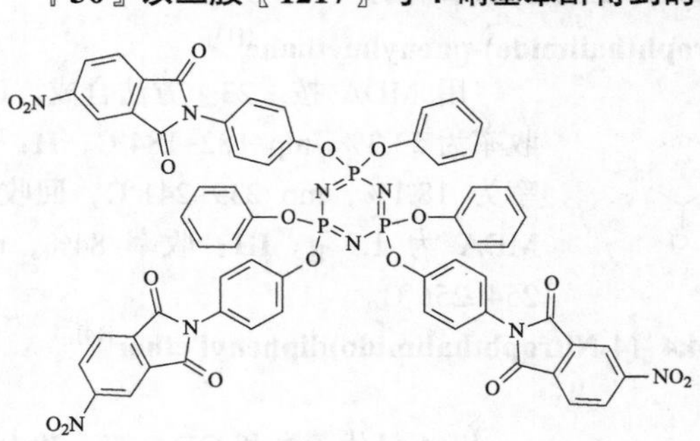

以三胺〖1217〗与 4-硝基苯酐合成。

4.2　偏苯三酸酐和二酐的部分酯化及其酰氯

单元酐和二元酐的部分酯化是将酐在醇中回流到完全溶解，再反应 1~2 h 就被认为酯化完全。减压去除多余的醇，得到苯二酸单酯或四酸二酯。对于难溶的二酐与低级醇的酯化，为了加快反应，可以加入其他增加溶解度的溶剂，如 THF，三乙胺，DMF，DMAc 等。得到的取代苯二酸单酯有两个异构体，桥联二酐的二酸二酯有三个异构体。这些异构体可以用适当的溶剂重结晶来分开。高温反应，或长时间与醇接触，容易进一步酯化，如由二酐，除了二元酯外还可以生成三元酯或四元酯[16]。将部分酯化的产物用氯化亚砜或草酰氯酰氯化，得到苯二酸单酯酰氯或四酸二酯二酰氯。

『31』偏苯三酸单甲酯及其二酰氯[17]

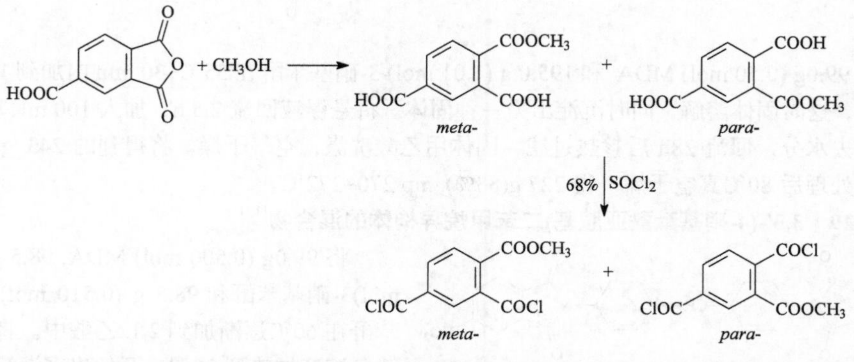

将 19.2 g(0.1mol)偏苯三酸酐在 150 mL 甲醇中回流 5 h，得到透明溶液。在 50℃减压处理 24 h，将甲醇蒸发，得到白色粉末。将产物在甲醇中重结晶，得异构体混合物 17.9 g(80%)。酯二酸由 ^{1}H-NMR 分析，两个异构体的比例接近 1:1。将 11.2 g(0.05 mol)偏苯三酸单甲酯在 50 mL 氯化亚砜中搅拌回流至固体溶解，反应 6 h，在 60℃下真空去除 SOCl$_2$，由减压蒸馏得到酯二酰氯无色液体 8.87 g(收率 68%)。

『32』4-氨基邻苯二甲酸-1-乙酯(Ia)和 4-氨基邻苯二甲酸-2-乙酯(Ib)

1-Ethyl 4-aminophthalate (Ia) and 2-ethyl 4-aminophthalate(Ib)[18]

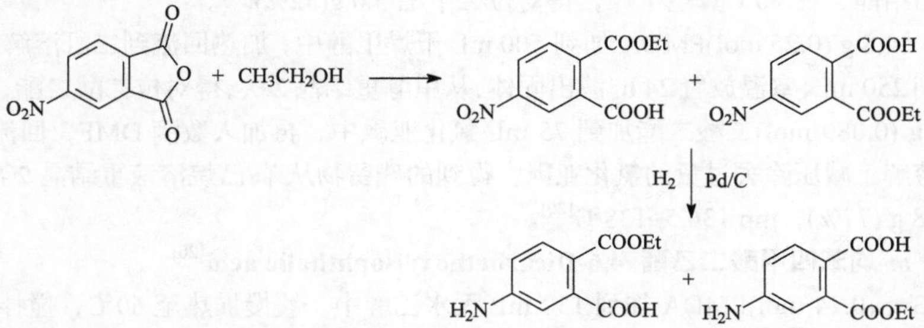

将 10 g (0.052 mol)4-硝基苯酐在 100 mL 无水乙醇中回流 3h。冷却到室温后,加入 0.5 g 5% Pd/C,在氢压下反应 12 h。滤出催化剂,蒸去乙醇,得到淡黄色固体,收率 95.6%。由 NMR 测定,**Ia/Ib**= 57/43。

将该混合物在 25℃溶于乙酸乙酯,搅拌下加入己烷,滤出沉淀,**Ia/Ib**= 93/7。

将 **Ia/Ib** = 57/43 的产物在室温下溶于甲醇,搅拌下加入水,过滤,得到的产物 **Ia/Ib** = 29/71。将这些产物反复重结晶,可以得到纯的 **Ia**,收率 42.1%, mp 157℃。**Ib** 收率 13.0%。

『33』4-氨基邻苯二甲酸-1-己酯(Ia)和 4-氨基邻苯二甲酸-2-己酯(Ib)

1-Hexyl 4-aminophthalate (ia) and 2-hexyl 4-aminophthalate (Ib)[18]

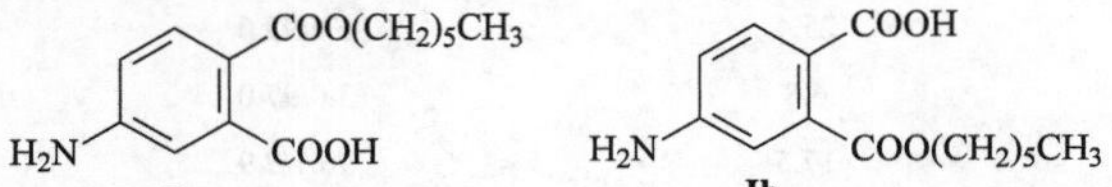

将 10 g (0.052 mol)4-硝基苯酐,1 mL 三乙胺和 30 mL 无水正己醇在 70℃反应 6 h。蒸去己醇后将得到的油状产物溶于 120 mL 甲醇,再加入 0.5 g 5% Pd/C。混合物在氢气中 25℃反应 8h。滤出催化剂后蒸去己烷得到淡黄色固体,收率 76.3%。

由类似『32』的方法分离出 **Ia** 和 **Ib**,其收率相应为 11.3% 和 19.7%,**Ia** 的 mp 117℃。

『34』均苯四酸二甲酯及其二酰氯

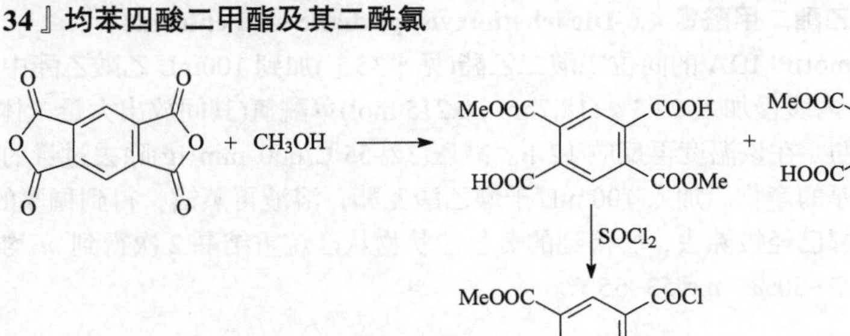

(1) 将 12.16 g (55.7 mmol)PMDA 在氮气下溶于缓慢加热的 60 mL 干燥甲醇中。PMDA 的完全溶解即被认为反应完全。冷却后加入 150 mL 水，减压除甲醇至出现沉淀。在冰箱中放置过夜，滤出结晶，在 40℃真空干燥，得对位二甲酯 5.0 g(32%)[19]。

(2) 将 54.5 g (0.25 mol)PMDA 加到 500 mL 干燥甲醇中，加热回流到二酐溶解。将清亮的溶液浓缩到 250 mL，室温放置 24 h。滤出固体，从甲醇重结晶 2 次，得对位二酸二酯，mp 238 ℃。

将 25 g (0.089 mol)二酸二酯加到 75 mL 氯化亚砜中，再加入数滴 DMF，回流 4.5 h，反应物完全溶解。减压除去过量的氯化亚砜，得到的残留物从苯/己烷溶液重结晶 2 次，得二酯二酰氯 21.8 g(77%)，mp 136.5~138℃[20]。

『35』m-均苯四甲酸二乙酯 4,6-Dicarbethoxyisophthalic acid[20]

将 52.3 g (0.24 mol)PMDA 加到 150 mL 无水乙醇中。缓慢加热至 60℃，搅拌 4 h，混合物变为均相。再加入 50 mL 乙酸乙酯，冷却搅拌过夜。过滤，得到白色结晶，用 15 mL 乙酸乙酯洗涤得到 **I**。将母液和洗涤液合并减压蒸发至出现浑浊。悬浮物加热溶解后在搅拌下再缓慢冷却到室温，滤出白色沉淀，用 15 mL 乙酸乙酯洗涤得到 **II**。母液和洗涤液再处理如前得到沉淀，用 15 mL 乙酸乙酯/己烷(1:1)和 15 mL 己烷洗涤得到 **III**。将母液和洗涤液再处理如前，得到白色产物，用 15 mL 己烷洗涤得到 **IV**。各部分各自在 50℃真空(0.2 mmHg)干燥。HPLC 分析 **I** 和 **II** 基本上是对位二酸二酯；**III** 和 **IV** 基本上是间位二酸二酯。将间位二酯从己烷/乙酸乙酯重结晶可以得到纯产物(表 4-2)。

表 4-2　均苯四甲酸二乙酯异构体

组分	数量/g	m-/p-	收率/%
I	25.4	6.4/93.6	34.1
II	6.8	3.0/97.0	9.1
III	17.5	96.1/3.9	23.5
IV	22.1	84.1/15.9	29.6
总计	71.8		96.3

也可以将两个异构体在氯苯中分步结晶再用热苯洗涤，得到对位二乙酯，收率 45%，mp 216~218℃。间位二乙酯：mp 178℃[22]。

『36』m-均苯二乙酯二甲酰氯 4,6-Dicarbethoxyisophthalic acid chloride[20]

将 23.3 g (0.075 mol)PMDA 的间位二酸二乙酯(见『35』)加到 100mL 乙酸乙酯中，加热到 55~58℃。在 3~4 h 内缓慢加入 27.3 g (18.7 mL, 0.215 mol)草酰氯(其间放出大量气体，成分为 HCl，CO 及草酰氯)，在该温度再反应 12 h。减压(32~55℃/660 mmHg)除去过量的草酰氯和乙酸乙酯，得到稠厚的产物。加入 100 mL 干燥乙酸乙酯，溶液再蒸馏，得到稠厚的产物。这时所有的残留草酸都已经被除去，所得到的黄色油状物从己烷重结晶 2 次得到 m-均苯二乙酯二甲酰氯，收率 70%~80%，mp 53~55℃。

『37』对位均苯四甲酸二乙酯二酰氯　2,5-Dicarbomethoxyterephthaloyl chloride[23]

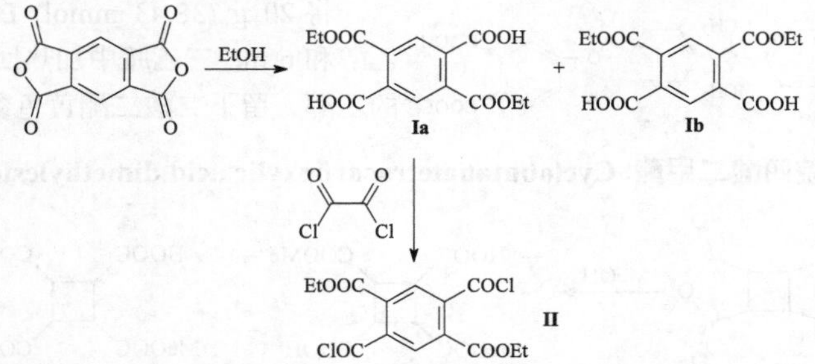

将 500 g (2.3 mol; 99.5%) PMDA 在 1.5 L 无水乙醇中回流至所有固体溶解后再回流 2 h，乙醇被部分蒸发至固体开始析出(大约一半体积)。冷到室温，滤出沉淀，用乙醇洗涤，得到异构体的混合物，大约含 70% 对位(Ia) 和 30% 间位(Ib)。^{1}H NMR: Ia 有两个等同的质子 δ=7.97 ppm; Ib 有两个不同的质子 δ=7.88, 8.07 ppm。以乙酸乙酯/异构体混合物 = 7/3，将此混合物加热到 75℃，趁热过滤，该过程重复 8~10 次，至 NMR 检查不到间位异构体。纯的对位异构体 Ia 在 60℃ 真空下干燥，mp 201~203℃。

将 68 g (0.22 mol)Ia 加到 500 mL 乙酸乙酯中，在冰浴中冷却，滴加 64 g, (0.51 mol)草酰氯，缓慢升温至大约 50℃，有气体(HCl, CO_2 和 CO)放出，保持温度到固体溶解后再反应 1 h，蒸出乙酸乙酯和过量的草酰氯，粗产物在 60℃ 真空下干燥，产物在干燥石油醚中重结晶 3 次，小心干燥到 TGA 显示在 120℃ 以下无失重，均苯四甲酸对位二乙酯二酰氯 mp 103~104℃。

『38』均苯四酸二异丙酯[24]

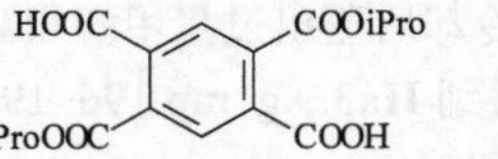

将 100.0 g (0.468 mol)PMDA 在 400 mL 异丙醇中回流 1h 后放置于冰箱中过夜，滤出结晶用己烷洗涤得到对位二酸二酯 69.8 g (45%)。

『39』均苯四酸二正丁酯[19]

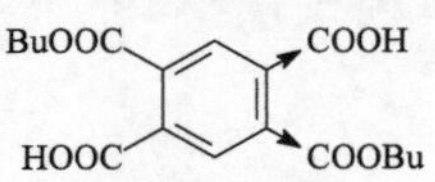

由均苯二酐在无水正丁醇中回流得到，收率 60%。

『40』均苯四酸二特丁酯[19]

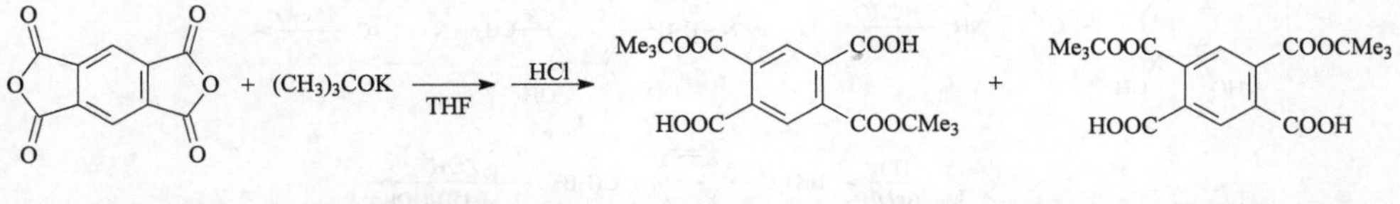

将 20.60 g (184 mmol)特丁醇钾加入到溶有 20.00 g (91.69 mmol)PMDA 的 400 mLTHF 中，搅拌过夜，过滤，用 THF 和乙醚洗涤，干燥后得到二钾盐。盐的水溶液在保持 10℃ 下用稀盐酸中和，滤出产物，用水洗涤后干燥。从乙醇/水混合物重结晶数次，得均苯四酸二特丁酯 22.08 g (66%)，其中包括 10.50 g 纯对位异构体，7.43 g 纯间位异构体, 剩余的是两个异构体 50% 的混合物。

『41』由 BPADA 与乙醇得到的二酸二酯[25]

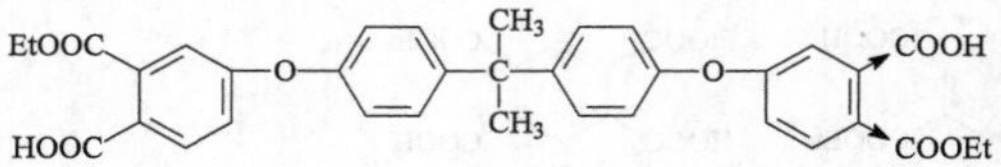

将 20 g (38.43 mmol) BPADA 在 200 mL 乙醇和 6 mL 三乙胺中加热回流 1h，蒸去过量的乙醇，留下二酸二酯黄色黏液。

『42』环丁烷四酸二甲酯 Cyclobutanetetracarboxylic acid dimethylesters (Ia, Ib)[26]

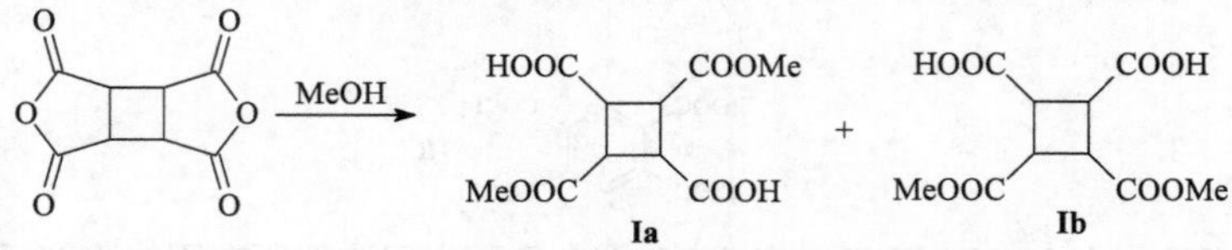

将 8.02 g (40.9 mmol) 环丁烷四酸二酐在 100 mL 甲醇中回流 8 h，去除溶剂，残留物用乙酸乙酯/环己烷(3/1)重结晶，得 3.30 g(31%)中心对称的二酯(Ia)，mp190℃。母液蒸发，将得到的油状物溶于乙醚，向溶液中加入正己烷直到出现沉淀，冷却到-40℃，得 5.53 g 无色粉末，从异丙醚中重结晶得 3.98 g(37%)平面对称二酯(Ib)，mp 110℃。

『43』由 2-甲酯-双环庚烯二酸酐与甲醇得到的产物

l-*endo*-2-(Dimethoxycarbonyl)bicyclo[22.l]hept-5-ene-*endo*-carboxylic acid[27]

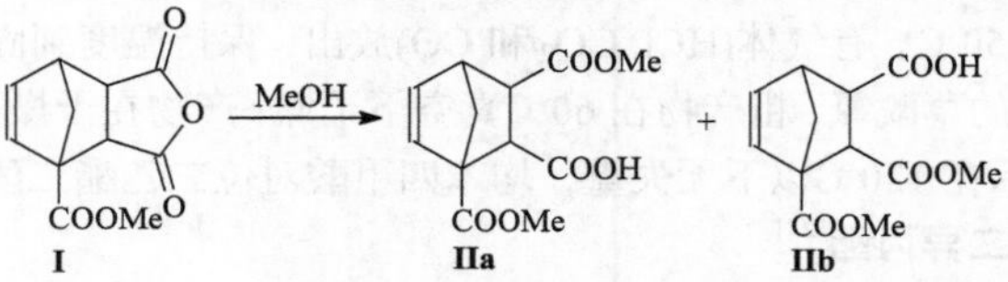

将 10.0 g (45.0 mmol) I(【52】)在 20 mL 甲醇中回流 2h，冷却后蒸出过量甲醇得到 IIa 和 IIb，比例大致为 40:60。将异构体混合物从丙酮/乙醚中重结晶得到 IIa3.9 g，mp 196~198 ℃。IIb 则从滤液中回收，用冷己烷洗涤，得 6.4 g(91%)，mp 99~102℃。

4.3 二 元 酚

『44』3,6-二甲基邻苯二酚 3,6-Dimethylcatechol[28]

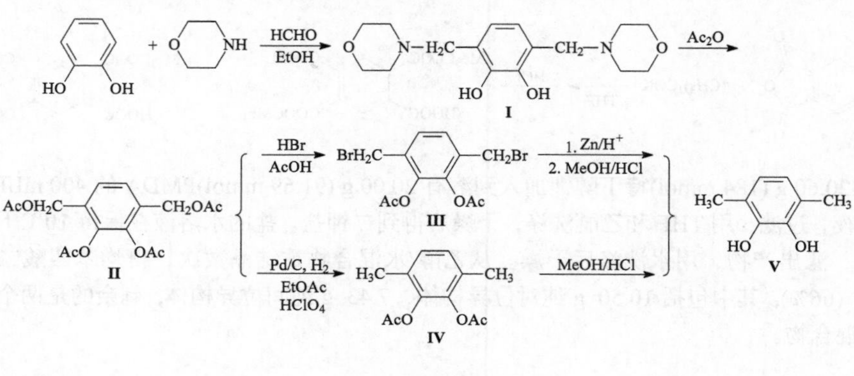

　　将 27.5 g (0.25 mol) 邻苯二酚与 42 g (0.5 mol) 吗啉混合，加入足够量的 95%乙醇使保持在溶液状态。缓慢加入 45 mL (0.5 mole) 甲醛溶液，逐渐出现结晶，放置 5 天后过滤，得到接近定量的产率，从 95%乙醇重结晶，3,6-双(吗啉甲基)邻苯二酚(I)收率 75%，mp 173~174 ℃[29]。

　　将 I 在乙酐中(1 mL/mmol I)回流 18 h，蒸去溶剂，残留物在水中沉淀，在无水乙醇中用活性炭脱色，再从乙酸乙酯重结晶，3,6-双 (乙酰氧甲基)邻苯二酚二乙酸酯 (II)mp 114~115 ℃[29]。

　　将 42.3 g (0.125 mole)II 溶于 100 mL 30%的溴化氢在乙酸的溶液中，室温放置 16 h，形成结晶，浓缩除溶剂，加入 100 mL 二氯甲烷，搅拌后过滤，滤饼用 2×25 mL 二氯甲烷洗涤，干燥得 III 11.0 g(26%), mp 167℃(dec)[30]。

　　将 20.1 g (59.4 mmol)四乙酸酯 II 在高压釜中溶于 280 mL 乙酸乙酯，依次加入 2 mL 70%HClO₄ 和 400 mg 10% Pd/C 在 20 mL 乙酸乙酯中的悬浮液，在 0.35 MPa 氢气压力下室温反应。在理论量氢气被吸收后(大约 1~1.5 h)，滤出催化剂，减压浓缩后溶于 100 mL 甲醇中，再加入 1 mL 70%HClO₄，在氮气下回流 4 h，冷却后用固体 NaHCO₃ 中和，过滤，滤液减压蒸发至干，用 3×100 mL 沸己烷萃取，蒸发至干，从己烷重结晶，得无定形固体 IV 7.62 g(93%), mp 99~101 ℃[28]。

　　将 12.4 g 二乙酸酯 IV 溶于 100 mL 甲醇中，加入 2 mL 浓盐酸，氮气下回流 4 h，冷却后用固体碳酸氢钠中和，过滤，滤液减压蒸发至干，用 3×100 mL 沸己烷萃取，得 V 7.45 g(97%，基于 III；93%，基于 II) 以丙酮/己烷重结晶，mp 130~132℃[28]。

『45』3-甲基-5-特丁基邻苯二酚 3-Methyl-5-*tert*-butylcatechol [31]

　　将 0.5 mol 特丁基邻苯二酚溶于 50 mL 乙醇和 0.5 mol 吗啉的混合物中，滴加入 35%的甲醛水溶液，搅拌 20 h。滤出沉淀，干燥，从异丙醇重结晶，3-吗啉甲基-5-特丁基邻苯二酚(I)收率 91%，mp 153~154℃。

　　将 0.1 mol I 在 100 mL 乙酐中回流 18 h。蒸出 20 mL 反应介质，剩余的溶液在冰箱中冷却。滤出沉淀产物，从甲苯/石油醚(1/1)混合物重结晶，3-乙酰氧甲基-5-特丁基邻苯二酚二乙酸酯(II)收率 71%，mp 93~94℃。

　　将 0.1 mol II 溶于 180 mL 二氯甲烷中，缓慢加入 100 mL 33%HBr 在乙酸中的溶液，在 20℃放置 20 h，滤出沉淀，用少量冷二氯甲烷洗涤，从己烷重结晶，3-溴甲基-5-特丁基邻苯二酚二乙酸酯(III)收率 85%，mp112~114℃。

　　将 50 mmol III 溶于 100 mL THF 和 300 mL 冰乙酸的混合物中，加入 170 mmol 锌粉，氮气中回流 8 h，冷却过滤，蒸发，残留物在 200 mL 甲醇和 4 mL 浓盐酸的混合物中搅拌回流 4 h，冷却后用固体 NaHCO₃ 中和，过滤蒸发。产物用热己烷萃取出来，己烷溶液浓缩到大约 200 mL，

3-甲基-5-特丁基邻苯二酚(IV)在冷却后析出，可直接进行硅甲基化。

『46』(2,5-二羟基苯基)二苯基氧化膦 (2,5-Dihydroxypheny1)diphenylphosphine oxide[32]

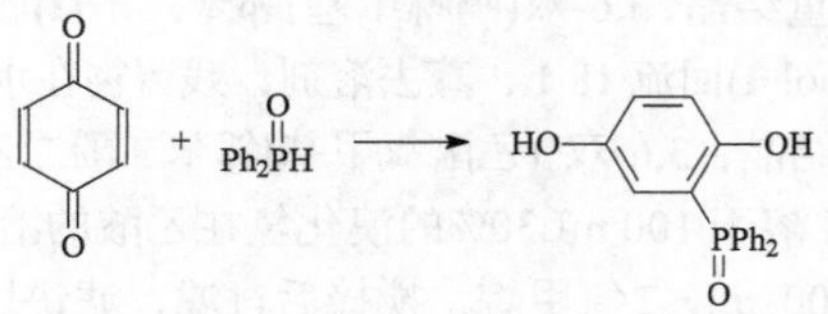

将 22.70 g (0.11 mol) 二苯基氧化膦溶于 250 mL 甲苯中，在 10 min 内加入到 12.15 g (0.11 mol)对苯醌在 250 mL 甲苯的溶液中。搅拌 10 min 后，混合物加热，得到油状沉淀。再搅拌 1.5 h，油状物固化，出现大量白色沉淀，过滤，用 3×100 mL 甲苯和 3×100 mL 轻石油醚洗涤，真空干燥，得 34.10 g(100%)，mp 214~215℃。

『47』带 DOPO 的对苯二酚

2-(6-Oxido-6H-dibenz<c,e><1,2>oxaphosphorin-6-yl)-1,4-dihydroxybenzene[33]

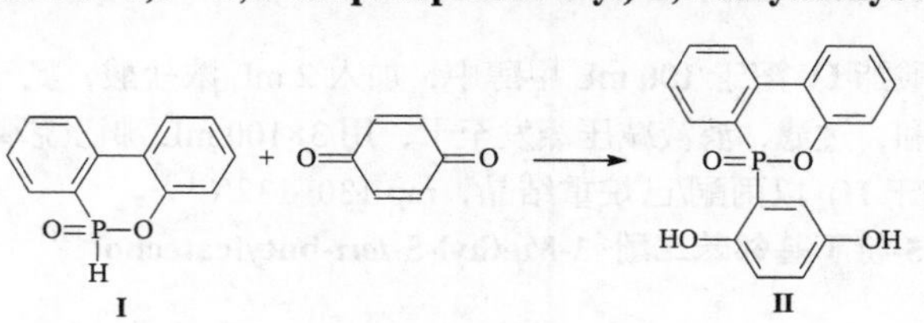

将 1.25 mol DOPO(I)和(1.125 mol)苯醌在 500mL 乙氧基乙醇中 125℃反应 4 h。冷却过滤，用乙氧基乙醇和甲醇洗涤，从乙氧基乙醇重结晶，在 100℃真空干燥，收率 83%，mp 255~256℃。

『48』2,4-二羟基-4′-甲基偶氮苯 2,4-Dihydroxy-4′-methylazobenzene[34]

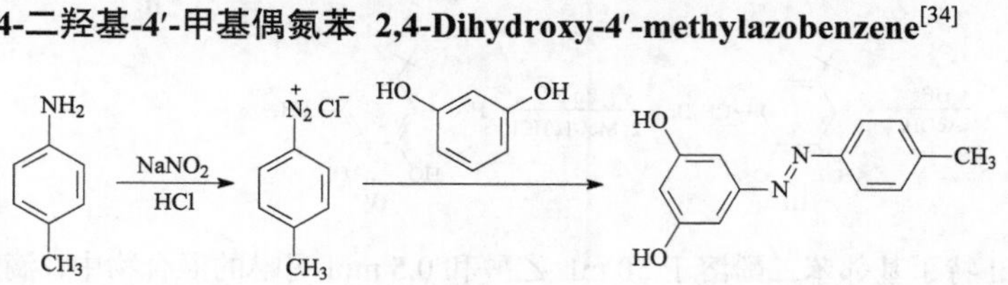

将 20 mmol 对甲苯胺加入 5.4 mL 浓盐酸和 20 mL 水的混合物中，冰浴冷却。0~5℃ 15 min 内滴加 20 mmol 亚硝酸钠在 3 mL 水中的溶液。再滴加 20 mmol 间苯二酚在 11 mL 甲醇中的溶液。反应进行 30 min 后用乙酸钠中和。温度回复到室温后再搅拌 1 h。过滤，用水洗涤，70℃真空干燥，收率 70%，mp 184℃。

『49』3,3′-二羟基二苯基甲烷 3,3′-Dihydroxydiphenylmethane[35]

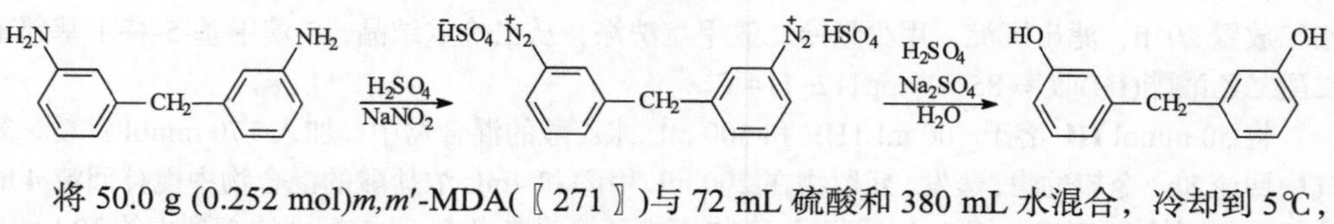

将 50.0 g (0.252 mol)m,m′-MDA(『271』)与 72 mL 硫酸和 380 mL 水混合，冷却到 5℃，

30 min 内加入 34.5 g(0.5 mol)NaNO₂ 在 100mL 水中的溶液，搅拌 1.3 h 后加入冷水 500 mL。将该溶液在 1.5 h 内滴加入加热到 110℃的由 200 mL 浓硫酸，112 g Na₂SO₄ 在 200 mL 水中组成的溶液中。加完后在 110℃反应 0.8 h，冷却后用 6×100 mL 乙醚萃取，萃取液用 20 mL 水洗涤，在硫酸镁上干燥，过滤后蒸去乙醚，蒸馏，取 210~275℃/0.5 mmHg 馏分，从苯中重结晶，得双酚 29.6 g(58.7%)，mp 94.5~100.5℃。

『50』2,2′-二羟基二苯基甲烷(双酚 F) 2,2′-Dihydroxydiphenylmethane[129]

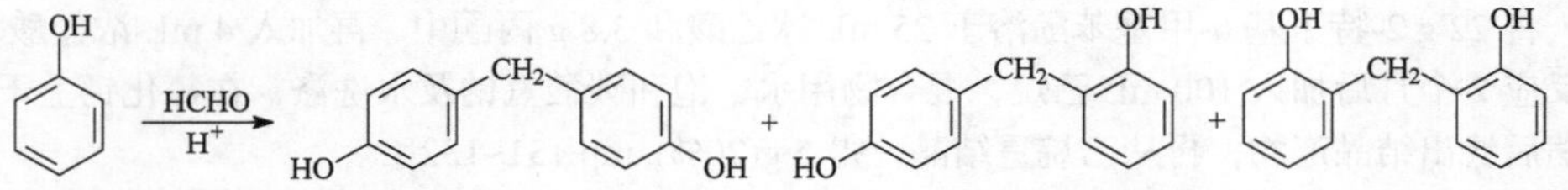

将过量的苯酚在酸催化下与甲醛反应，得到 4,4′-,2,4′-和 2,2′-二羟基二苯基甲烷异构体的混合物，根据催化剂和反应条件的不同，异构体的比例也略有不同，大概的组成为：4,4′-/2,4′-/2,2′-=55：37：8。其中 4,4′-二羟基二苯基甲烷在醇等溶剂中溶解度较低，可以容易地与其他异构体分离。

『51』2,4′-二羟基二苯基甲烷(双酚 F) 2,4′-Dihydroxydiphenylmethane[129]

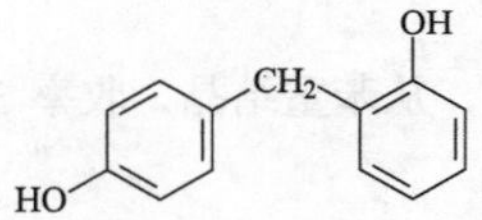

见『50』。Mp 120℃。

『52』4,4′-二羟基二苯基甲烷(双酚 F) 4,4′-Dihydroxydiphenylmethane[129]

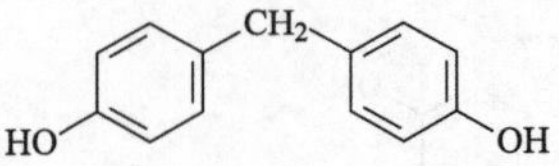

见『50』。Mp 162℃。

『53』4,4′-二羟基二苯基甲烷(双酚 F) 4,4′-Dihydroxydiphenylmethane[129]

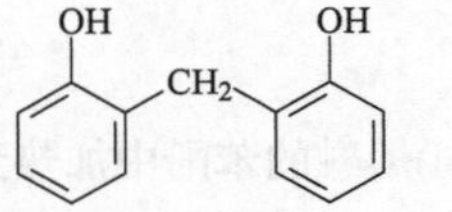

见『50』。Mp 119℃。

『54』二(4-羟基-3-甲基-5-特丁基苯基)甲烷
Bis(4-hydroxy-3-methyl-5-t-butylphenyl)methane[20]

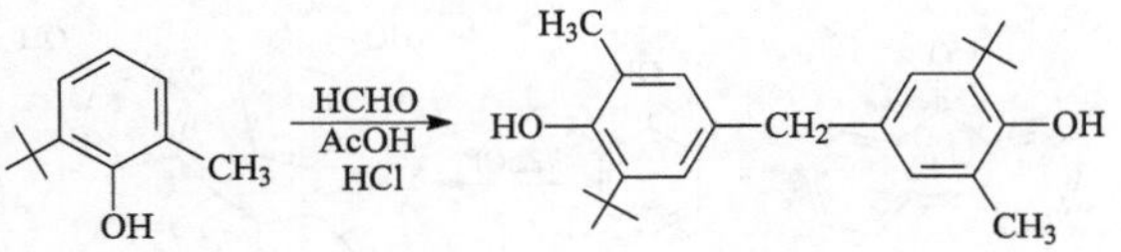

将 82 g(0.5 mol)2-甲基 6-特丁基苯酚加到 82 g 冰乙酸中，再加入 21 mL 37%甲醛溶液，搅拌下加入 15 mL 浓盐酸，在室温反应 96 h 后加入 300 mL 己烷，滤出固体，用 300 mL 己烷洗涤，从 500 mL 己烷中重结晶的 55 g(65%)，mp 101~102℃。

『55』2,2-二(4-羟基-3-甲基-5-特丁基苯基)丙烷
2,2-Bis(4-hydroxy-3-methyl-5-*t*-butylphenyl)propane[37]

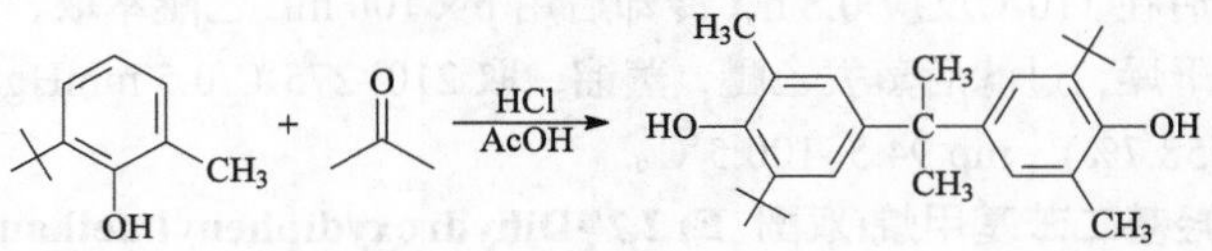

将 22 g 2-特丁基 6-甲基苯酚溶于 25 mL 冰乙酸和 3.8 g 丙酮中，再加入 4 mL 浓盐酸，室温反应 2 个月后加入 100 mL 己烷，混合物用水、饱和碳酸氢钠及水洗涤，在氯化钙上干燥，浓缩后滤出结晶产物，再从己烷重结晶，得 5 g(20%)，mp 131~132℃。

『56』1,1-二(*p*-羟基苯基)环戊烷　**1,1-Bis(*p*-hydroxyphenyl)cyclopentane**[37]

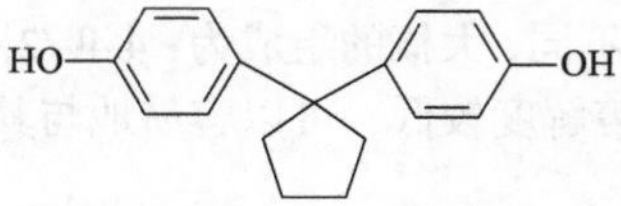

由环戊酮与苯酚反应得到，从稀乙酸中重结晶，收率 45%，mp 153~154℃。

『57』1,1-二(*p*-羟基苯基)环己烷　**1,1-Bis(*p*-hydroxyphenyl)cyclohexane**[37]

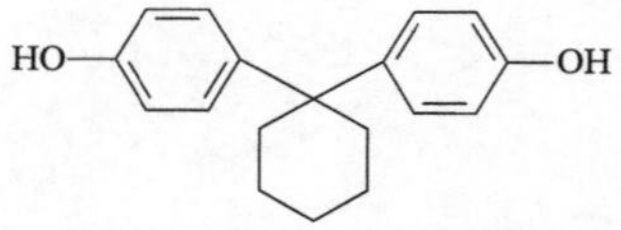

由环己酮与苯酚反应得到，从苯重结晶，收率 39%，mp 185~187℃。

『58』2,2-二(4-羟基苯基)金刚烷　**2,2-Bis(4-hydroxyphenyl)adamantane**[38]

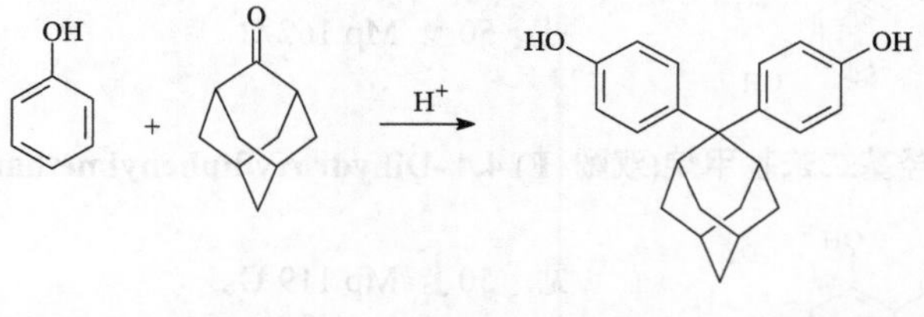

将 50.0 g (0.3328 mol) 2-金刚烷酮和 6 g ZnCl$_2$ 在 94 g(1.0 mol)熔融的苯酚中加热到 60℃，鼓泡通入干燥氯化氢，反应 4 h。反应体系变为深褐色，用 100 mL 乙醇稀释，加入 150 mL 水，沉淀出白色固体。粗产物用乙醇重结晶，得到无色针状双酚 20.6 g(19.3%)，mp 316℃。

『59』9,9-二(4-羟基苯基)芴　**9,9-Bis(4-hydroxyphenyl)fluorine**[39]

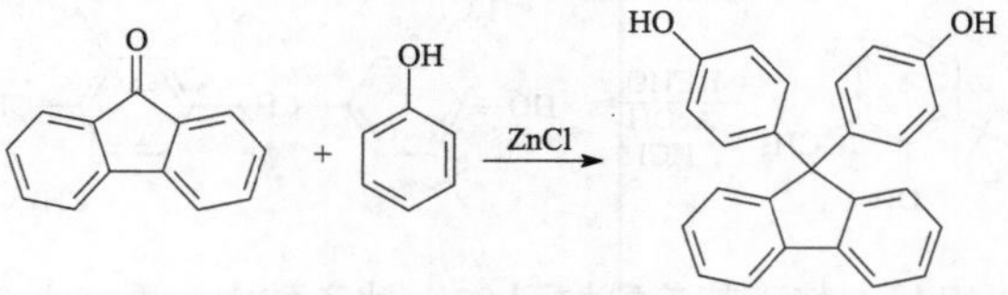

将 28.7 g (0.159 mol) 9-芴酮和 5g ZnCl$_2$ 加到 60.0 g(0.637 mol)熔融的苯酚中，加热到 60 ℃，通入干燥氯化氢，反应 1 h。体系变黑变黏，4 h 后突然固化。将得到的产物溶解在 100 mL

热异丙醇中，用 700 mL 水稀释，得到发黏的淡黄色产物。用热水洗涤，产物逐渐固化，得粗产物 55.1 g(99.1%)。从甲苯重结晶，得 26.6 g。将滤液浓缩到 1/3，可回收 11.7 g，总收率为 69%，mp 220~222℃。

『 60 』1,1-二(3-甲基-4-羟基苯基)环己烷

1,1-Bis(3-methyl-4-hydroxy phenyl)cyclohexane[40]

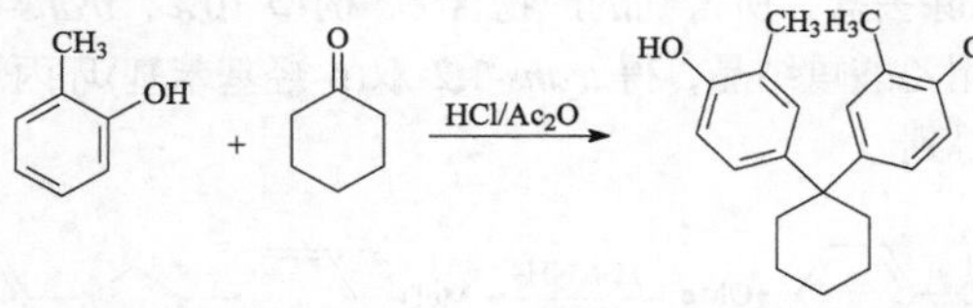

将 0.05 mol 环己酮，0.1 mol 邻甲酚和盐酸和乙酸的混合物(2:1)在 50℃反应，分出粉红色产物，用水洗去酸后溶于 100 mL 2 mol/L NaOH 中。放置过夜，滤出树脂状物。用稀盐酸酸化，滤出无色固体，水洗，在 90~100℃干燥，双酚(I)收率 81%，mp 186℃。

『 61 』4,4'-二羟基联苄　**4,4'-Dihydroxybibenzyl**[41]

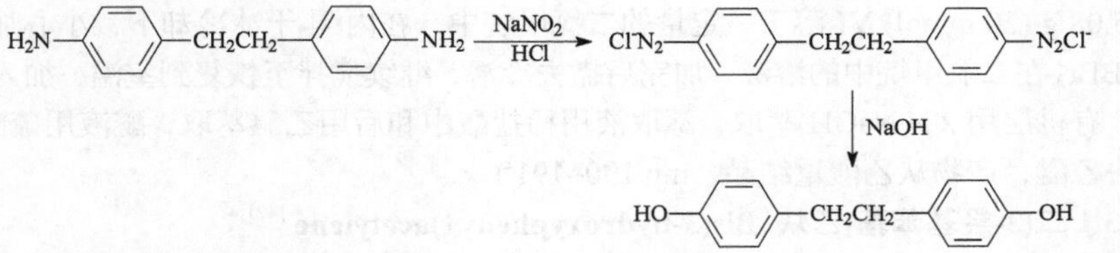

将 21.7 g p,p'-二氨基联苄〖327〗在 75 mL 浓盐酸和 400 mL 水中的溶液冷至 5℃，搅拌下滴加入 14.1 g 亚硝酸钠在 100 mL 水中的溶液。加完后搅拌 20 min，过量的亚硝酸用脲素破坏。将冷的溶液滴加入一根通有蒸汽流的管子的顶端，将在管子的底部收集到的混合物加热到沸腾。冷却后过滤，产物在含有 10 g NaOH 的 1 L 水中脱色处理后再用浓盐酸酸化，得到的固体从乙醇和水的混合物中重结晶，mp 181~195℃。在乙醇/水中再脱色重结晶，得 13.9 g (64%)，mp 193~196℃。重复重结晶，可以得到白色双酚，mp 195~196℃。

『 62 』trans-1,2-双(p-羟基苯基)环丙烷　**trans-1,2-Bis(p-hydroxyphenyl)cyclopropane**[42]

①由对羟基苯甲醛与对羟基苯乙酮得到

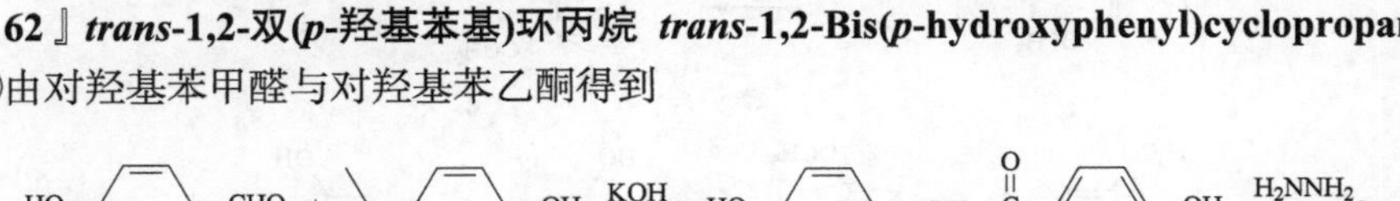

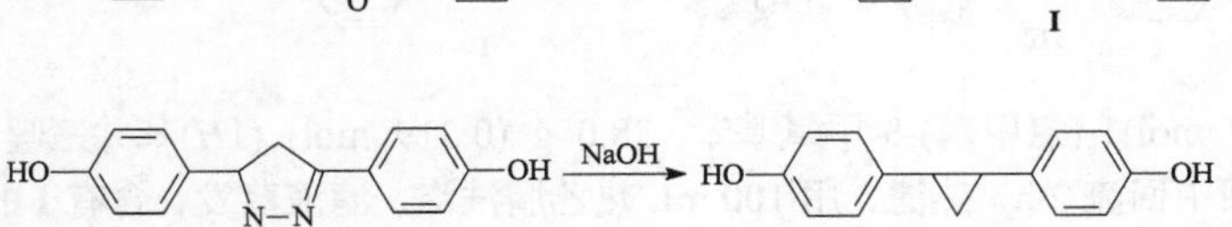

将等当量的对羟基苯甲醛和对羟基苯乙酮溶于最少量的乙醇中，以对羟基苯乙酮质量一倍的 KOH 量加入 50%KOH 溶液。将反应瓶密闭，在 50℃加热 15~20 h 后加入冰，混合物用

6 N 盐酸酸化，处理后重结晶，得 4,4′-二羟基查耳酮**(I)**，mp 203.5~204℃。也可以在室温反应，时间需要 1 周，处理如上[43]。

将 30.7 g (128 mmol) **I** 溶于 300 mL 乙醇中，加入 30 mL (618 mmol)水合肼，回流 1.5 h，加入冰水，滤出沉淀，从乙醇重结晶，4,4′-二羟基苯基-2-吡唑啉**(II)**收率 90%，mp 183~185 ℃。

将 **II** 与粉末状 NaOH 混合，加热到 250℃经 30 min，冷却后溶于水，用盐酸中和，用乙醚萃取，醚层用水洗涤以除去盐，所得到的产物含 *cis*-构型 10%，*trans*-构型 90%，由甲醇重结晶，得纯 *trans*-结构，再用乙酸重结晶，得 *trans*-1,2-双(p-羟基苯基)环丙烷**(III)**，mp 190~191℃。

②经由甲基化的 I 得到

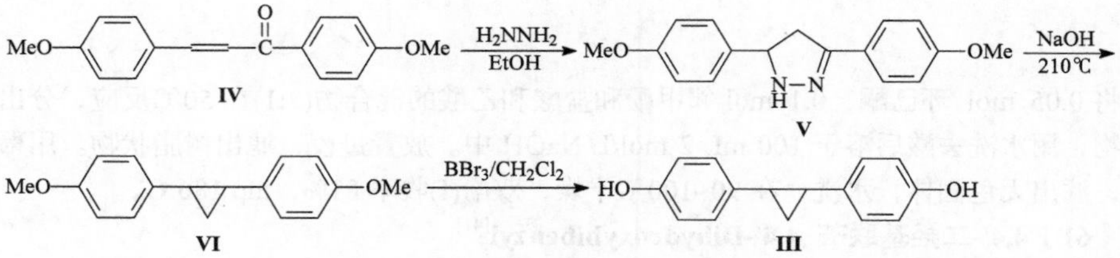

将 5.08 g (20 mmol) **VI** 溶于一定量的二氯甲烷中，在丙酮-干冰冷却下，小心加入 60 mL 1 mol/L BBr₃ 在二氯甲烷中的溶液。加完后撤去冷浴，继续搅拌至恢复到室温，加入水，用乙醚萃取，有机层用 2 N NaOH 萃取，萃取液用稀盐酸中和后用乙醚萃取，醚液用硫酸镁干燥，减压除去乙醚，产物从乙酸重结晶，mp 190~191℃。

『 63 』二(3-羟基苯基)乙炔　Bis(3-hydroxyphenyl)acetyiene [42]

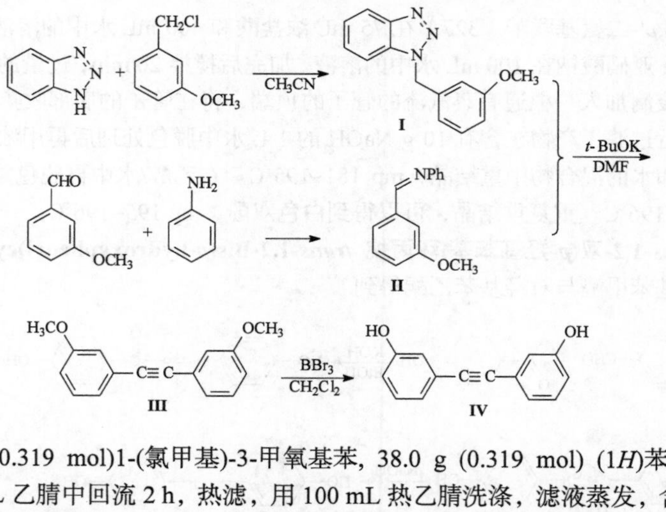

将 50.0 g (0.319 mol)1-(氯甲基)-3-甲氧基苯，38.0 g (0.319 mol) (1*H*)苯并三唑和 50 g K₂CO₃ 在 200 mL 乙腈中回流 2 h，热滤，用 100 mL 热乙腈洗涤，滤液蒸发，含有 **I** 的残留物通过硅胶柱(石油醚/乙酸乙酯=7/3)，产物在第二个组分。除去淋洗剂后，油状产物与环己烷共热，冷却得到针状结晶(3-甲氧基苯基)甲基-(1*H*)苯并三唑**(I)**52.7 g(69%), mp 53~55℃。

将 99.5 g (0.731 mol)3-甲氧基苯甲醛和 68.05 g (0.731 mol)苯胺在 400 mL 苯中回流除水(大约 2 h)，减压蒸苯，残留物用泡对泡蒸馏，取 145~155℃/0.7 mmHg，得 *N*-[(3-甲氧基苯基)

甲叉]苯胺(**II**)146.7 g(95%)。

将 21.1 g (0.10 mol)**II** 和 23.9 g (0.10 mol)**I** 加入到 33.6 g (0.30 mol)特丁基钾在 500 mL DMF 的溶液中，混合物在 75℃加热 10 min 后倒入 2 L 水中，放置过夜，分出油状物，用水洗涤后溶于氯仿中，在无水硫酸镁上干燥，过滤后除去溶剂，通过硅胶柱(石油醚/乙酸乙酯 (97∶3))，收集组分，从甲醇重结晶，得二(3-甲氧基苯基)乙炔(**III**)19.1 g(80%), mp 63~64℃。

将 23.8 g (0.1 mol)**III** 溶于 20 mL 二氯甲烷中。溶液在干冰-丙酮浴中冷却，搅拌下缓慢加入 200 mL 1 M BBr₃ 在二氯甲烷中的溶液。加完后，继续搅拌，使温度自然升至室温，反应物用饱和 NaHCO₃溶液水解。水相用乙醚萃取，有机层用 2 N NaOH 萃取，碱萃取物用稀盐酸中和，再用乙醚萃取，萃取液用无水硫酸镁干燥，除去乙醚后，二(3-羟基苯基)乙炔 (**IV**) 从乙酸重结晶，mp 175~176℃。

『64』3,6-双(4-羟基苯基)苯酐　3,6-Bis(4-hydroxyphenyl)phthalic anhydride[44]

将 5.92g(40mmol)**I** 和 8.44g(40mmol)**II** 在 15 mL DMF 中的溶液在 35℃滴加到金属钠和 DMF 的混合物中。加完后升温到 80℃，在 N₂ 下回流 4 h，冷却到室温，倒入 100 mL 水中，过滤，得油状物。用苯/氯仿(1/1)洗涤，油状物固化。再用冰乙酸洗涤，干燥后得 1,4-双(4-甲氧基苯基)-1,3-丁二烯(**III**)，收率 75%，mp 224~226℃。

将 2.94 g(30 mmol)马来酸酐加到 8.04 g(30 mmol)**III** 在 40 mL 干燥苯中，氮气下回流 10 h，冷却到室温，得无色结晶。从邻二甲苯重结晶，得 3,6-双(4-甲氧基苯基)四氢苯酐(**IV**)，收率 100%，mp 255~257℃。

将 1.6 g(50 mmol)硫加到 9.10 g(25 mmol)**IV** 在 30 mL 二苯醚中，氮气下回流 2.5 h 至不再有硫化氢放出。冷至室温后滤出沉淀，滤液用 50 mL 甲醇处理，过滤，用甲醇洗涤后空气干燥，得黄色产物 3,6-双(4-甲氧基苯基)苯酐(**V**)，收率 93%，mp 216~217℃。

将 7.2 g (20 mmol)**IV** 溶于 15 mL 二氯甲烷中，用干冰/异丙醇浴冷却，加入 80 mL 三溴化硼，除去冷浴，搅拌 2 h 后倒入 100 mL 冰水中，再搅拌 1h。滤出沉淀，用石油醚(35~60℃)洗涤，从甲醇/DMSO(3/1)重结晶，得黄色产物 3,6-双(4-甲氧基苯基)四氢苯酐(**VI**)，收率 90%，mp 328~330℃。

『65』3,6-双(4-羟基苯基)-1,2-邻苯二腈

3,6-Bis(4-hydroxyphenyl)benzene-1,2-dicarbonitrile[44]

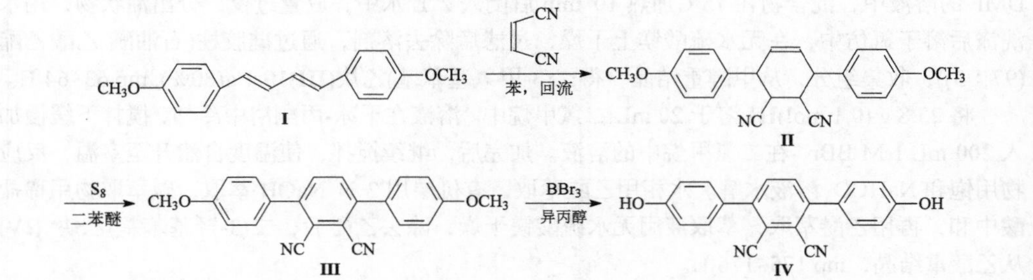

由 I 与丁烯二腈合成方法参考『64』。

『66』双(4-羟基苄叉)环戊酮　**Bis(4-hydroxybenzylidene)cyclopentenone**[45]

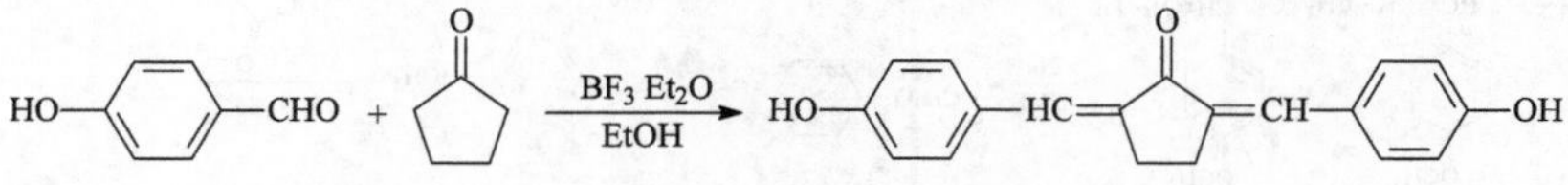

将 4.21 g (0.05 mol) 环戊酮和 12.21 g (0.1 mol) 对羟基苯甲醛溶于 25 mL 无水乙醇中，加入 3 滴三氟化硼乙醚络合物，混合物回流 4h 后冷却到 0℃，滤出结晶产物，用冷乙醇洗涤，从甲醇重结晶，得到黄色产物 12.7 g (87%)，mp 391.6℃。

『67』双(4-羟基苄叉)环己酮　**Bis(4-hydroxybenzylidene)cyclohexanone**[38]

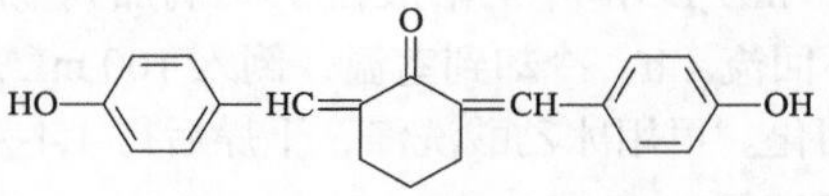

用环己酮按『66』合成，收率 85%，mp 283~285℃。

『68』双(4-羟基苄叉)环庚酮　**Bis(4-hydroxybenzylidene)cycloheptanone**[44]

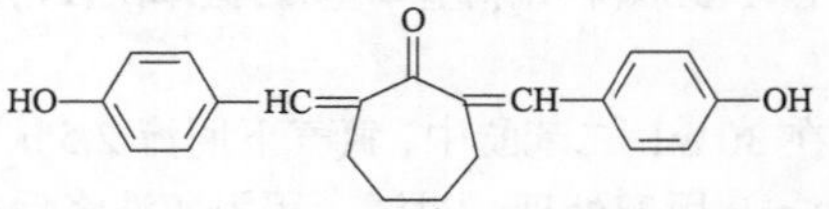

用环庚酮按『66』合成，收率(76%)，mp 245~248℃。

『69』1,3-双(4-羟基-α,α-二甲基苄基)苯

1,3-Bis(4-hydroxy-α,α-dimethylbenzyl)benzene[46]

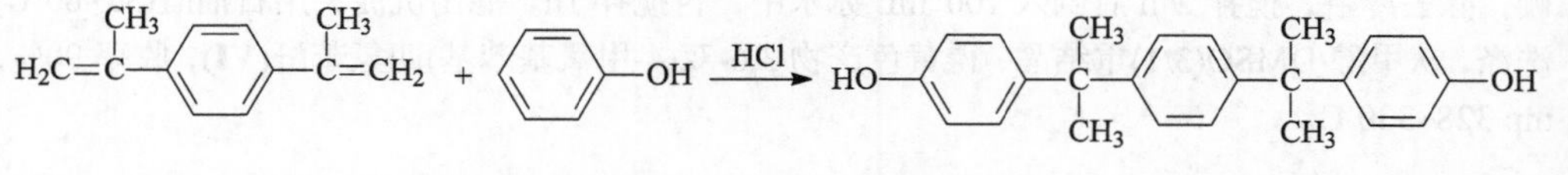

将 158 g 对二异丙烯基苯在 78 mL 苯中的溶液通过含有用氯化氢饱和的 376 g 苯酚的柱，反应温度为 42℃，同时通入干燥 HCl。产物真空去除苯酚、苯和氯化氢后得到双酚结晶 324 g (94%)，mp 192℃，bp 246℃/0.2 mmHg。

『70』1,4-双(4-羟基苯基)-N-甲基-2,3-萘二酰亚胺

1,4-Bis(4-hydroxyphenyl)-N-methyl-2,3-naphthalenedicarboxylimide[47]

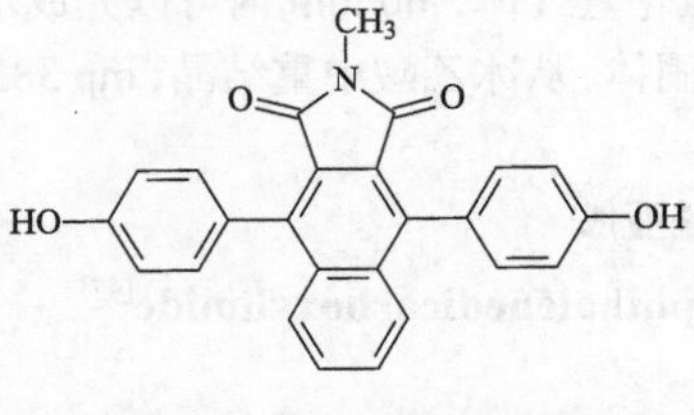

合成方法如『72』，不能直接提纯，要以乙酸酯方式提纯后再水解为双酚，收率 50%~60%，mp 410℃。二乙酸酯 mp 328℃。

『71』1,4-双(4-羟基苯基)-N-十二烷基-2,3-萘二酰亚胺

1,4-Bis(4-hydroxyphenyl)-N-dodecyl-2,3-naphthalenedicarboxylimide[47]

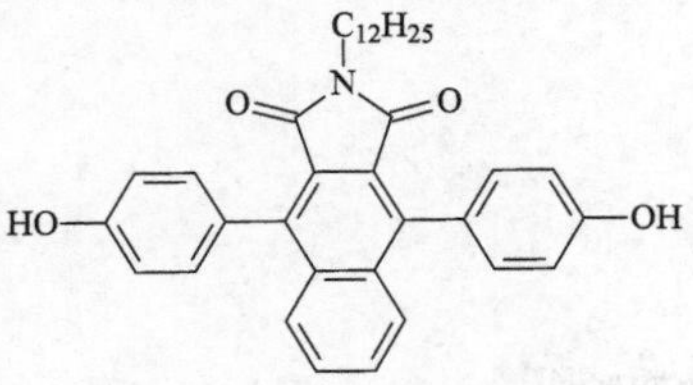

合成方法如『72』，产物从冰乙酸重结晶，收率 50%~60%，mp 253~255℃。二乙酸酯 mp 173℃。

『72』1,4-双(4-羟基苯基)-N-苯基-2,3-萘二酰亚胺

1,4-Bis(4-hydroxyphenyl)-N-phenyl-2,3-naphthalenedicarboxylimide[47]

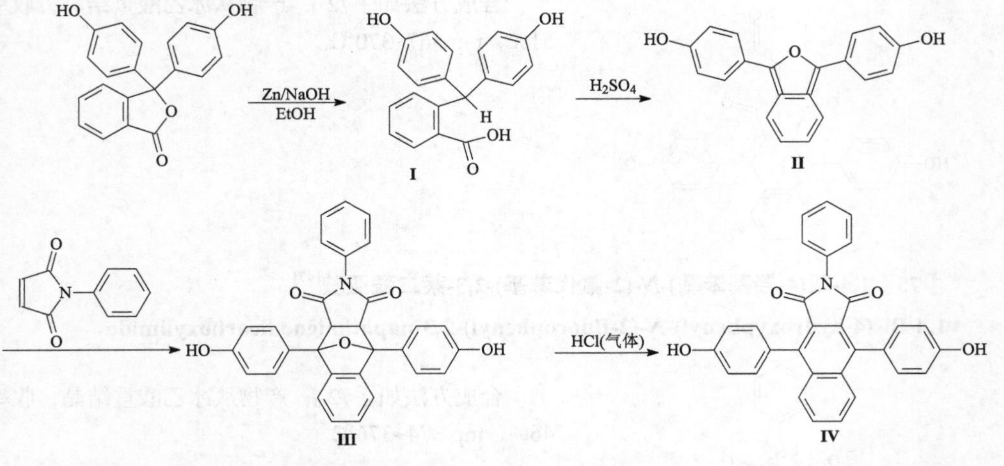

将 20 g (62.4 mmol)粉末状酚酞啉(I)在反应瓶中用冰水冷却，加入 25 mL 冷到 0℃ 的浓硫酸，搅拌 2~3 min。将黄绿色浆状物快速倒入 600 mL 冰水中。滤出绿色固体 2,5-双(4-羟基苯基)异苯并呋喃(II)，用 1~2 L 冷水洗涤，在进行下步 Diels-Alder 反应前干燥 15~20 min。因为异苯并呋喃是不稳定的，即使用 5%碳酸氢钠洗涤也会分解。

将得到的 II 加到 11.9 g (68.7 mmol)N-苯基马来酰亚胺在 200 mL 无水乙醇的混合物中，迅速加热到 60℃，Diels-Alder 反应在 15~20 min 内完成(TLC)，颜色由红变为淡褐色溶液。产

物(III)不经分离进入下步反应。有些 Diels-Alder 加成物由于残留的硫酸会发生酸催化重排成为 IV。

在温度维持在 70~90℃下向上述得到的溶液中通入氯化氢气体，60 min 内可以完成水解。滤出沉淀，干燥得到芳香酰亚胺双酚 IV 14.2 g(52%)黄色固体，从冰乙酸中重结晶，mp 383 ℃，二乙酸酯 mp 293℃。

『73』1,4-双(4-羟基苯基)-N-(4-氯代苯基)-2,3-萘二酰亚胺

1,4-Bis(4-hydroxyphenyl)-N-(4-chlorophenyl)-2,3-naphthalenedicarboxylimide[47]

合成方法如『72』，产物从 95%乙醇重结晶，黄色针状物，收率 47%，mp 157~159℃。

『74』1,4-双(4-羟基苯基)-N-(4-氟代苯基)-2,3-萘二酰亚胺[47]

1,4-Bis(4-hydroxyphenyl)-N-(4-fluorophenyl)-2,3-naphthalenedicarboxylimide

合成方法如『72』，产物从冰乙酸重结晶，收率 51%，mp 367~370℃。

『75』1,4-双(4-羟基苯基)-N-(2-氟代苯基)-2,3-萘二酰亚胺[47]

1,4-Bis(4-hydroxyphenyl)-N-(2-fluorophenyl)-2,3-naphthalenedicarboxylimide

合成方法如『72』，产物从冰乙酸重结晶，收率 46%，mp 374~376℃。

『76』1,4-双(4-羟基苯基)-N-(3-三氟甲基苯基)-2,3-萘二酰亚胺

1,4-Bis(4-hydroxyphenyl)-N-(3-trifluoromethylphenyl)-2,3-naphthalenedicarboxylimide[47]

合成方法如『72』，产物从冰乙酸重结晶，收率
62%，mp 362℃。

『77』1,4-双(4-羟基苯基)-N-(4-三氟甲基苯基)-2,3-萘二酰亚胺

1,4-Bis(4-hydroxyphenyl)-N-(4- trifluoromethylphenyl)-2,3-naphthalenedicarboxylimide[47]

合成方法如『72』，产物从冰乙酸重结晶，收率
43%，mp 385℃。二乙酸酯 mp 216℃。

『78』1,4-双(4-羟基苯基)-N-(2-三氟甲基苯基)-2,3-萘二酰亚胺[47]

1,4-Bis(4-hydroxyphenyl)-N-(2-trifluoromethylphenyl)-2,3-naphthalenedicarboxylimide

合成方法如『72』，产物从冰乙酸重结晶，收率
41%，mp 358℃。二乙酸酯 mp 270~272℃。

『79』1,4-双(4-羟基苯基)-N-(1-联苯基苯基)-2,3-萘二酰亚胺[47]

1,4-Bis(4-hydroxyphenyl)-N-(2-biphenylphenyl)-2,3-naphthalenedicarboxylimide

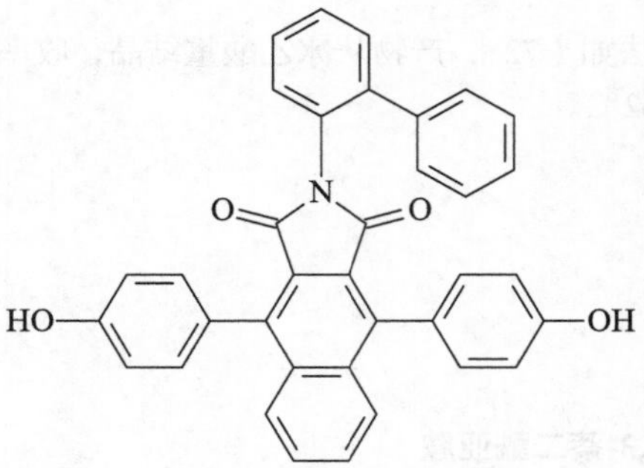

合成方法如『72』，产物从冰乙酸重结晶，收率40%，mp 329~331℃。二乙酸酯 mp 246~249℃。

『80』由萘二酐与2-(4-氨基苯基)-2-(4-羟基苯基) 丙烷得到的双酚[48]

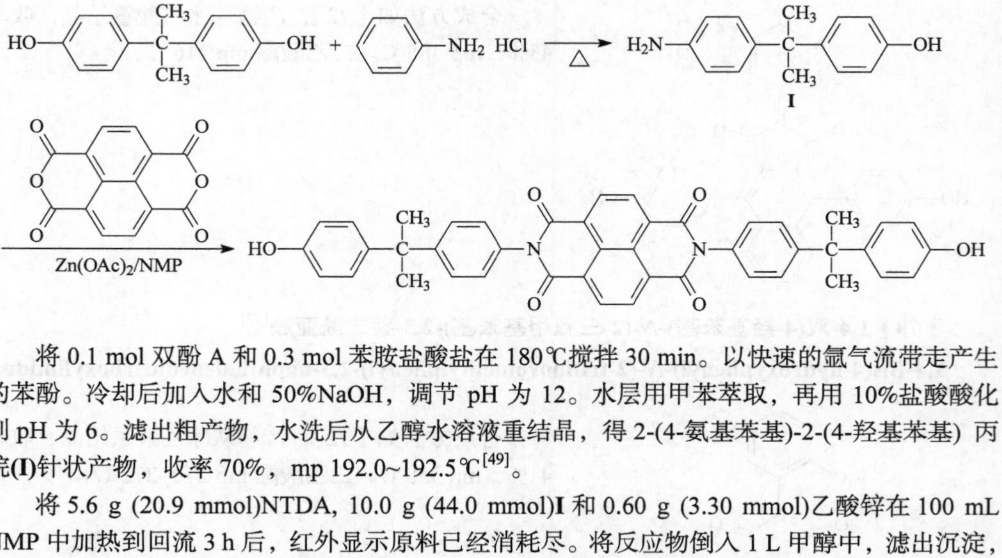

将 0.1 mol 双酚 A 和 0.3 mol 苯胺盐酸盐在 180℃搅拌 30 min。以快速的氩气流带走产生的苯酚。冷却后加入水和 50%NaOH，调节 pH 为 12。水层用甲苯萃取，再用 10%盐酸酸化到 pH 为 6。滤出粗产物，水洗后从乙醇水溶液重结晶，得 2-(4-氨基苯基)-2-(4-羟基苯基) 丙烷(I)针状产物，收率 70%，mp 192.0~192.5℃[49]。

将 5.6 g (20.9 mmol)NTDA，10.0 g (44.0 mmol)I 和 0.60 g (3.30 mmol)乙酸锌在 100 mL NMP 中加热到回流 3 h 后，红外显示原料已经消耗尽。将反应物倒入 1 L 甲醇中，滤出沉淀，用 3×50 mL 甲醇洗涤，得到橙棕色固体，在 60℃真空(5 mmHg)干燥 16 h，得 13.1 g (91%)，mp >300℃。

『81』由苝二酐与2-(4-氨基苯基)-2-(4-羟基苯基) 丙烷得到的双酚[48]

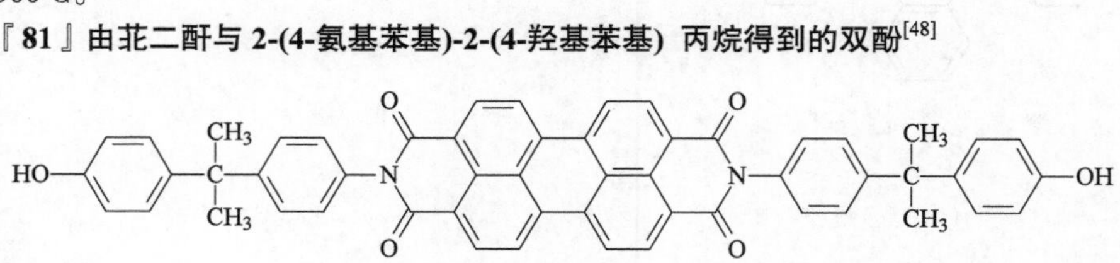

用苝二酐按『80』方法合成，收率 82%，mp >300℃。

『82』N-(4-乙氧基羰基苯基)-4,5-二(4-羟基苯硫基)酞酰亚胺

N-(4-Ethoxycarbonylphenyl)-4,5-bis-(4-hydroxyphenylthio)phthalimide[50]

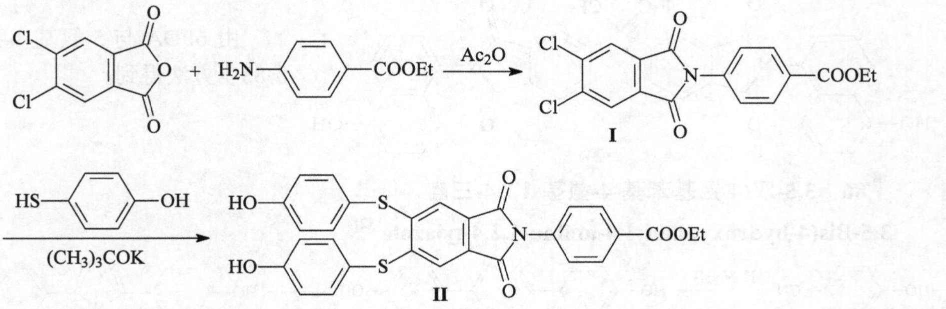

将 0.5 mol 4,5-二氯代苯酐和 0.5 mol 4-氨基苯甲酸乙酯溶于 800 mL 干燥的 DMF 中，加热到 120℃反应 3 h，10 min 内加入 1.0 mol 乙酐，继续加热 3 h。冷却后反应物在冷水中沉淀，过滤，用水洗涤，在 80℃真空干燥，产率 78%，mp 212~213℃。

将 0.21 mol 4-巯基苯酚和 0.21 mol 特丁醇钾溶于 450 mL 去氧的 DMF 中。冷却到 0℃，加入 0.1 mol I，冷却下搅拌 1 h，再在室温反应 20 h，80℃反应 1 h。冷却后倒入水中，过滤，用水洗涤，真空干燥，从二氧六环/石油醚重结晶，产率 92%，mp 291℃。

『83』N,N′-(1-羟基-5-萘基)均苯四酰二亚胺

N,N′-(1-Hydroxy-5-naphthyl)pyromellimide[51]

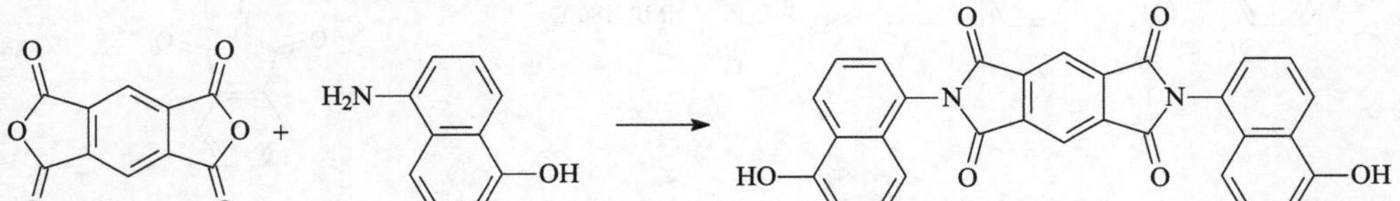

将 3.18 g (0.02 mol) 5-氨基-1-萘酚溶于 6 mL 无水 DMF 中，在 0~5℃下 30 min 内滴加入溶于 10 mL 无水 DMF 中的均苯二酐。混合物搅拌 2 h 后加入 7 mL 甲苯，在 110℃加热 2.5 h，再在 140℃加热 2.5 h，除去产生的水分。然后倒入冰水中，过滤，用水和 DMF 洗涤，100℃真空干燥。

『84』N,N′-(1-羟基-5-萘基)二苯酮四酰二亚胺

N,N′-(1-Hydroxy-5-naphthyl)benzophenonetetracarboxylimide[51]

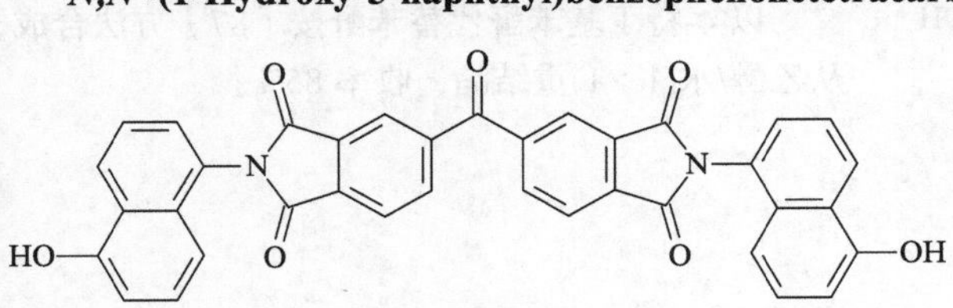

由 BTDA 与 5-氨基-1-萘酚按『83』方法反应后倒入 1N 盐酸中放置 10 h，过滤后用水和丙酮洗涤，100℃真空干燥。

『85』N,N'-(1-羟基-5-萘基)六氟四酰二亚胺

N,N'-(1-Hydroxy-5-naphthyl)hexafluorotetracarboxylimide[51]

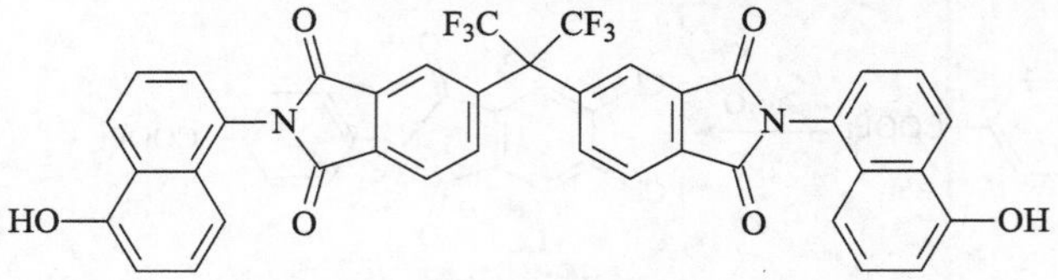

由 6FDA 与 5-氨基-1-萘酚按 『83』方法得到。

『86』3,5-双(4-羟基苯基-4-氨基-1,2,4-三唑

3,5-Bis(4-hydroxyphenyl-4-amino-1,2,4-triazole[52]

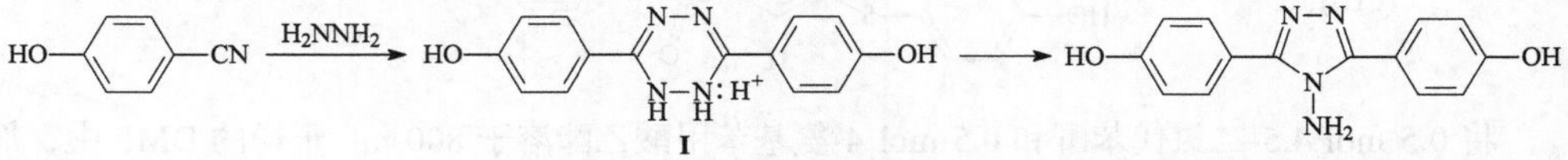

氮气下将 0.1 mol 对羟基苄腈，0.1 mol 肼的盐酸盐及 0.3 mol 水合肼在 50mL 乙二醇中 130℃反应 2~5 h，冷却后用 100 mL 水稀释，滤出沉淀，用水洗涤，干燥，从乙醇重结晶，收率 93%，mp 296℃。

『87』3,5-双(4-羟基苯基)-4-(N-酞酰亚胺基)-1,2,4-三唑

3,5-Bis(4-hydroxyphenyl)-4-(N-phthalimido)-1,2,4-triazole[52]

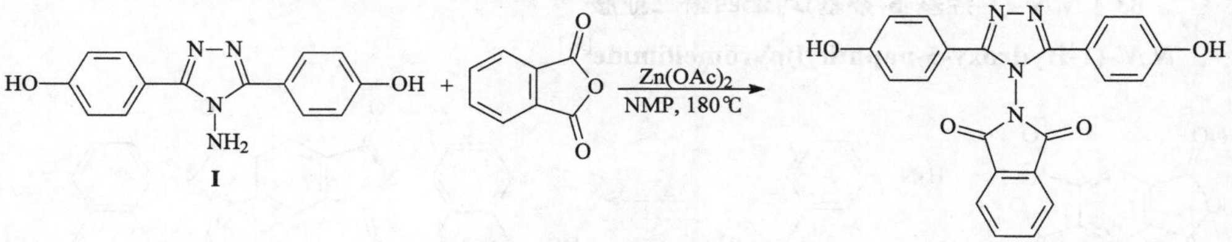

将 4 g (15 mmol)I『86』,2.76 g (18.6 mmol)苯酐和 0.35 g (1.92 mmol)乙酸锌在 40 mL NMP 逐渐加热到 180℃反应 12 h，由 HPLC 指示 I 的消耗。将冷却的混合物倒入 500 mL 冰冷的水中，滤出淡褐色固体，很快干燥后再溶于 75 mL 热乙醇，活性炭脱色，过滤，在滤液中加入 160 mL 水使略微浑浊，加热再变澄清，冷至室温，得到白色固体 5.30 g (90%)。

『88』3,5-双(4-羟基苯基)-4-[N-(4-特丁基)酞酰亚胺基]-1,2,4-三唑

3,5-Bis(4-hydroxyphenyl)-4-[N-(4-tert-butyl)phthalimido]-1,2,4-triazole[52]

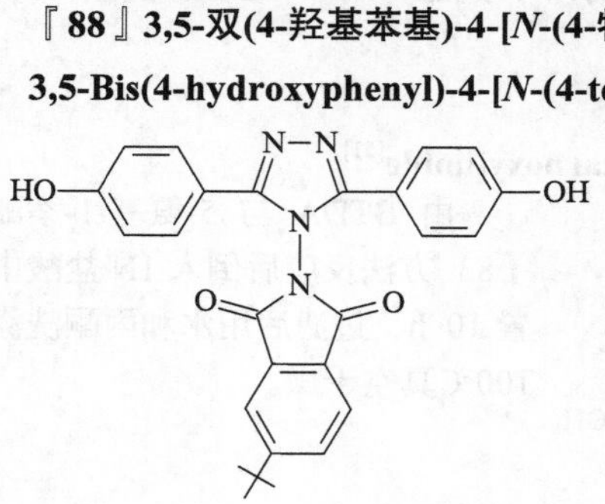

以 4-特丁基苯酐代替苯酐按 『87』方法合成，从乙醇/水(1∶1)重结晶，收率 85%。

『89』3,5-双(4-羟基苯基)-4-(N-四苯基酞酰亚胺基)-1,2,4-三唑

3,5-Bis(4-hydroxyphenyl)-4-(N-tetraphenylphthalimido)-1,2,4-triazole[52]

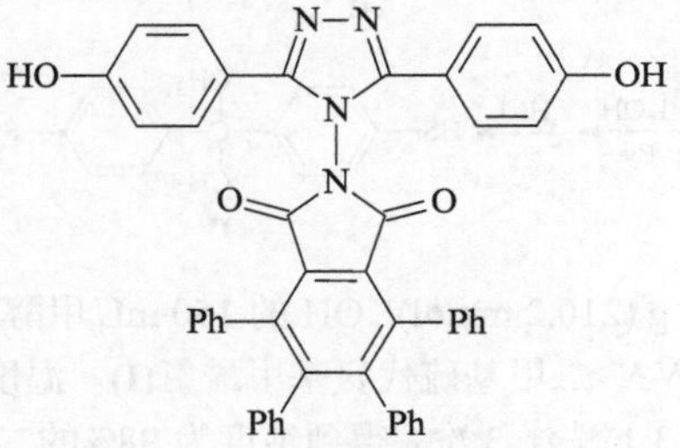

以四苯基苯酐代替苯酐按『87』方法合成，从乙醇重结晶，收率 89%。

『90』3,5-双(4-羟基苯基)-4-(N-1,8-萘二酰亚胺基)-1,2,4-三唑

3,5-Bis(4-hydroxyphenyl)-4-(N-1,8-naphthalimido)-1,2,4-triazole[52]

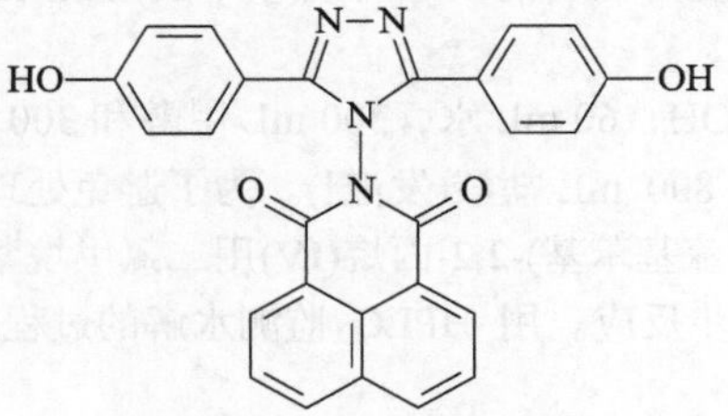

以 1,8-萘二甲酸酐代替苯酐按『87』方法合成，收率 75%。

『91』3,5-双(4-苯基)-4-[N-3,8-双(4-羟基苯基)-1,2-萘二酰亚胺基]-1,2,4-三唑[52]

3,5-Bis(4-hydroxyphenyl)-4-[N-3,8-bis(4-hydroxyphenyl)-1,2-naphthalimido]-1,2,4-triazole

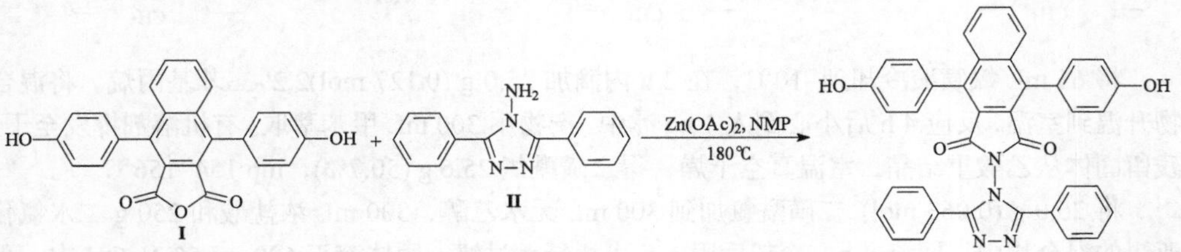

I 可由『72』水解得到。II 由苄腈与肼按『86』方法得到。合成方法同『87』，反应时间 20h，从 DMF/水 (1:1) 重结晶，收率 85%。

4.4 二元硫酚

『92』二(4-巯基苯基)-2,2-丙烷 Bis(4-mercaptophenyl)-2,2-propane
①由双酚与 N,N'-二甲基硫代氨基甲酰氯合成[53]

将 20.0 g (87.6 mmol)双酚 A 加到冰冷的含有 11.8 g (210.2 mmol)KOH 的 150 mL 甲醇中。在 0~5℃搅拌 1.5 h 后分 2 份加入 28.2 g (210.2 mmol)N,N'-二甲基硫代氨基甲酰氯(I)。温度缓慢升至 60℃，搅拌 4 h 后滤出白色沉淀。用冷甲醇/水(3:1)洗涤 3 次，得到纯度为 98%的二(二甲氨基硫代甲酸)双酚 A 酯(II) 32.5 g (92.3%)，mp 194~195℃。

氮气下将 10 g II 和 5 mL 二苯醚在盐浴中加热到 260℃反应 2 h，冷却后将得到的固体用冷的甲醇/水(3/1)洗涤 3 次，从 DMF 中重结晶，得纯度为 99%的二(二甲氨基甲酸)双酚 A 二硫酚酯(III) 8.1 g(81.0%)，mp 141~142℃。

将 68.4 g(0.17 mol)III 加到 100 g(1.52 mol))85%KOH，60 mL 水，300 mL 甲醇和 300 mL 吡啶的溶液中回流 2h 后倒入 2400 mL 冰水中，加入 800 mL 盐酸(发泡!)。为了避免处理含 OSH 基团的化合物，产物并未分离出来。产生的二(4-巯基苯基)-2,2-丙烷(IV)用二氯甲烷萃取 3 次，溶液用硫酸镁干燥，干燥过的溶液直接用于下步反应。用 HPLC 监测水解的过程(III 和 IV 的保留时间相应为 2.73 min 和 8.26 min)[54]。

②由二氯磺酸还原得到[55]

将 65 mL 氯磺酸冷却到-10℃，在 2 h 内滴加 25.0 g (0.127 mol)2,2'-二苯基丙烷。将混合物升温到室温，反应 4 h 后小心倒入 1 kg 冰中，产物用 300 mL 甲苯萃取。有机溶剂挥发至干，残留固体从乙酸重结晶，室温真空干燥，得二磺酰氯 25.6 g (50.7%)，mp 154~156℃。

将 25.0 g (0.063 mol) 二磺酰氯加到 300 mL 无水乙醇，300 mL 浓盐酸和 250 g 二水氯化亚锡的混合物中，回流 8 h。冷却后用 1 L 水稀释，过滤，固体溶于 600 mL5%NaOH 中，再加 10%NaOH 得到沉淀。该过程重复 3 次，产物从乙醇重结晶，得二硫酚 11.2 g (77.6%)，mp 66~67℃。

『93』9,9'-二(4-巯基苯基) 芴 9,9'-Bis(4-Mercaptophenyl) fluorine[56]

以双酚芴代替双酚 A，按『92』①方法合成，收率 94%，mp 168℃。

『94』3,3,3′,3′-四甲基-1,1′-螺二茚-6,6′-二硫酚

3,3,3′,3′-Tetramethyl-1,1′-spirobiindane-6,6′-dithiol[56]

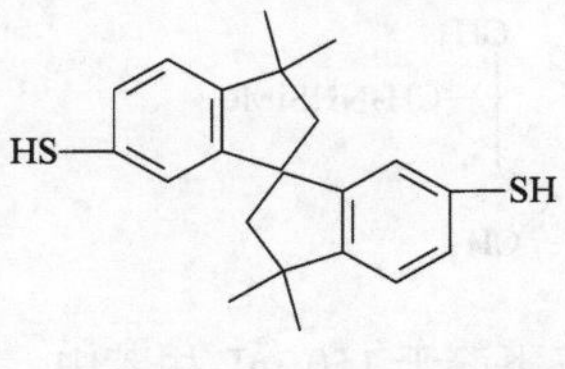

以螺二茚双酚代替双酚 A，按『92』①方法合成，从乙醇重结晶，产率 67%，mp 157℃。

『95』4,4′-二巯基二苯酮　**4,4′-Dimercaptobenzophenone**[55]

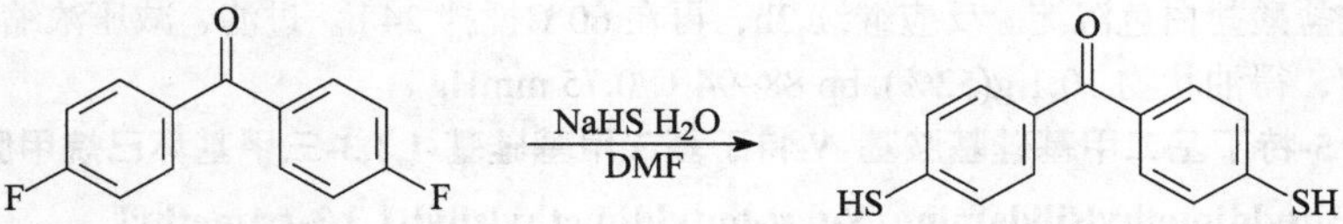

将 22.2 g (0.3 mol) 单水硫氢化钠溶于回流中的 100 mL DMF 中，冷却后小心加入 10.91 g (0.05 mol)4,4′-二氟二苯酮，回流 5 h。冷却到室温，滤出盐，滤液用 200 mL 水稀释，用 5% 盐酸酸化，滤出沉淀。将固体溶于 5%NaOH 中，加入 10%盐酸得到沉淀。该操作重复 3 次，得到的固体在室温真空干燥，得二硫酚 9.20 g (74.7%)，mp 171~174 ℃。

『96』4,4′-二巯基二苯砜　**4,4′-Dimercaptodi1phenylsulfone**[55]

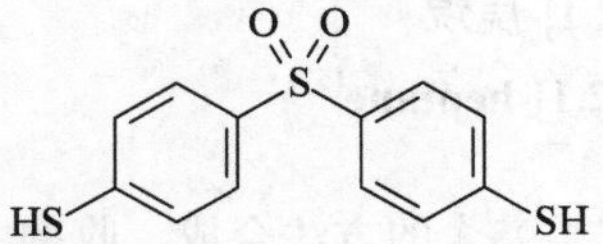

由二氯二苯砜代替二氟二苯酮按『95』方法合成，收率 61%，mp 137~139℃。

4.5　二元胺和二元酚的硅化

4.5.1　脂肪二胺的硅烷化[57]

『97』α, ω-二(三甲基硅基氨基)十二烷　**α, ω-Di(trimethylsilylamino)dodecane**[58]

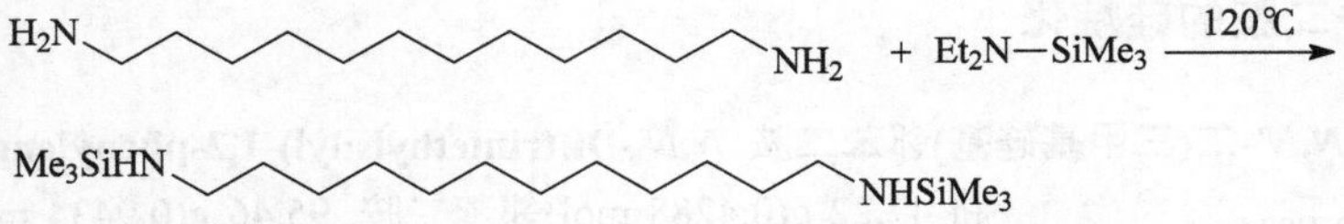

将 20 g α, ω-十二二胺和 50 mL 二乙氨基三甲基硅烷在 120℃搅拌 3h。待二乙胺挥发尽后在 80℃减压下蒸出过量的二乙氨基三甲基硅烷。再在 90~100℃/1~3 mmHg 下加热 4 h，产物从 150~151℃/10^{-2} mmHg 馏分得到，收率 68%。

『98』5-三甲基硅基氨基-*N*-三甲基硅基-1,3,3-三甲基环己烷甲胺

5-Trimethylsilylamino-*N*-trimethylsilyl-1,3,3-trimethylcyclohexanemethylamine[57]

将 10.6 g (60.0 mmol) 5-氨基-1,3,3-三甲基环己烷甲胺在氮气下溶于 150 mL 甲苯中，在 5℃加入 13.5 g (120 mmol)三甲基氯硅烷，搅拌 30 min。滴加 12.1 g (120 mmol)三乙胺，立即出现三乙胺盐酸盐白色沉淀。反应继续 2h，再在 60℃搅拌 24 h。过滤，减压浓缩，粗产物进行减压蒸馏，得油状物 10.1 g(52%), bp 88~94℃/0.75 mmHg。

『99』5-特丁基二甲基硅基胺基-*N*-特丁基二甲基硅基-1,3,3-三甲基环己烷甲胺

5-*tert*-Butyldimethylsilylamino-*N*-*tert*-butyldimethylsilyl-1,3,3-trimethyl cyclohexanemethylamine[57]

以特丁基二甲基氯硅烷代替三甲基氯硅烷，按『98』的方法合成。收率 82%，bp 120~123 ℃/0.15mmHg。

『100』2,5(2,6)-双(*N*-三甲基硅基氨基甲基)双环[2.2.1]-庚烷

2,5(2,6)-Bis(*N*-trimethylsilylaminomethyl)bicyclo[2.2.1]-heptane[57]

由二胺按『98』的方法合成。收率 48%，bp 106~110℃/0.75 mmHg。

『101』4,4′-二(*N,N*′-特丁基二甲基硅基氨基环己基)甲烷

4,4′-Methylenebis(*N,N*′-*tert*-butyldimethylsilylcyclohexylamine)[57]

由二胺按『98』的方法合成。收率 50%，bp 144℃/0.02 mmHg。

4.5.2　芳香二胺的硅烷化

『102』*N,N*′-二(三甲硅基)邻苯二胺　*N,N*′-Di(trimethylsilyl)-1,2-phenylenediamine[59]

将 47.22 g(0.4288 mol)邻苯二胺, 95.46 g(0.9434 mol)三乙胺，700 mL 甲苯在氮气下室温搅拌，1 h 内滴加 102.49 g (0.9434 mol)三甲基氯硅烷，升温到 65℃搅拌 3 h，冷却到室温。将三乙胺盐酸盐在氮气下滤出，除去溶剂，将油状物溶解在 300 mL 环己烷中，搅拌，残留的三乙胺盐沉淀出来。滤出沉淀后进行减压蒸馏，bp 120~122℃/19 mmHg，得 70g(64%)。

『103』*N,N'*-二(三甲基硅基)间苯二胺 *N,N'*-Di(trimethylsilyl)-1,3-phenylenediamine[59]

Me₃SiHN ⟨苯环⟩ NHSiMe₃

由 60.00 g (0.5449 mol)间苯二胺和 124.32 g (1.1449 mol)三甲基氯硅烷按『98』方法合成。减压蒸馏，取 127℃/20 mmHg，得 65 g 纯度 99%，另外有 23 g，纯度 96%。

『104』*N,N'*-二(三甲基硅基)对苯二胺 *N,N'*-Di(trimethylsilyl)-1,4-phenylenediamine[60]

Me₃SiHN ⟨苯环⟩ NHSiMe₃

由对苯二胺按『102』方法制备，从己烷重结晶，mp 103~105℃。

『105』*N,N'*-二(三甲基硅基)-4,4'-二苯醚二胺 *N,N'*-Di(trimethylsilyl)-4,4'-diphenyl ether[60]

Me₃SiHN ⟨苯环⟩ O ⟨苯环⟩ NHSiMe₃

将 164 g ODA 加到 1.5 L 干燥苯和 250 g 三乙胺的混合物中，搅拌下加入 180 g 三甲基氯硅烷，温度升至 60℃，搅拌 2 h 后加热到回流，反应 1 h，滤出三乙胺盐酸盐，滤液蒸馏，取 196~197℃/1.4 mmHg，从己烷重结晶，mp 72~73℃。

『106』*N,N'*-二(三甲基硅基)-4,4'-二苯甲烷二胺

N,N'-Di(trimethylsilyl)-4,4'-diphenyl methane[60]

Me₃SiHN ⟨苯环⟩ CH₂ ⟨苯环⟩ NHSiMe₃

由 MDA 按『105』方法制备，mp 52~54℃。

『107』*N,N'*-二(三甲基硅基) -9,9-二(4-氨基苯基)芴

N,N'-Di(trimethylsilyl) -9,9-di(4-aminophenyl)fluorene[60]

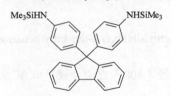

由 BAPF 按『102』方法制备，在经 90~100 ℃/1~3 mmHg 下加热 4h 后滤出沉淀，用己烷洗涤，在 80℃真空干燥，在 10⁻² mmHg 升华，收率 70%，mp 191~192℃。

4.5.3 二元酚的硅烷化

『108』1,2-二(三甲基硅氧基)苯 1,2-Bis(trimethylsilyloxy)benzene[59]

$$\text{⟨苯酚 OH/OH⟩} + Me_3SiCl \xrightarrow[\text{甲苯}]{Et_3N} \text{⟨苯 OSiMe₃/OSiMe₃⟩}$$

将 47.22 g (0.4288 mol)邻苯二酚和 95.46 g (0.9434 mol)三乙胺加入到 700 mL 甲苯中，氮气下室温搅拌，1 h 内滴加入 102.49 g (0.9434 mol)三甲基氯硅烷，加完后升温到 65℃，搅拌 3 h 后冷却到室温。氮气下滤出三乙胺盐酸盐，滤液浓缩，残留油状物溶于 300 mL 环己烷中，搅拌，

使其余的三乙胺盐酸盐沉淀析出，滤出盐，除去溶剂，残留物进行减压蒸馏，取 120~122℃/19 mmHg 馏分，得 70 g(64%)。

『109』1,3-二(三甲基硅氧基)苯　1,3-Bis(trimethylsilyloxy)benzene[59]

Me₃SiO　　　　OSiMe₃

　　　　　　将 60.00 g (0.9449 mol)间苯二酚与 124.32 g (1.1449 mol)三甲基氯硅烷及 115.79 g (1.1443 mol)三乙胺按『108』方法得到产物(127℃/20 mmHg)65 g，纯度 99%，下一个馏分得 23 g，纯度 96%。

『110』2,3-二(三甲基硅氧基)甲苯　2,3-Bis(trimethylsilyloxy) toluene[31]

OSiMe₃
OSiMe₃
CH₃

　　　　　　由 3-甲基邻苯二酚按『108』方法合成，收率 87%，n_D = 1.4745。

『111』3,4-二(三甲基硅氧基)甲苯　3,4-Bis(trimethylsilyloxy) toluene[31]

OSiMe₃
H₃C　　　　OSiMe₃

　　　　　　由 4-甲基邻苯二酚按『108』方法合成，收率 90%，n_D=1.4642。

『112』2,3-二(三甲基硅氧基)-1,4-二甲苯　2,3-Bis(trimethylsilyloxy)- 1,4-xylene[31]

CH₃
OSiMe₃
OSiMe₃
CH₃

　　　　　　由 3,6-二甲基邻苯二酚按『108』方法合成，收率 70%，n_D=1.4805。

『113』1,2-二(三甲基硅氧基)-4-特丁基苯　1,2-Bis(trimethylsilyloxy)-4-*tert*-butylbenzene[31]

OSiMe₃
(CH₃)₃C　　　　OSiMe₃

　　　　　　由 4-特丁基邻苯二酚按『108』方法合成，收率 93%，n_D=1.4686。

『114』1,2-二(三甲基硅氧基)-5-特丁基-3-甲基苯
1,2-Bis(trimethylsilyloxy)-5-*tert*-butyl-3-methylbenzene[31]

(CH₃)₃C　　　　OSiMe₃
OSiMe₃
CH₃

　　　　　　由 3-甲基-5-特丁基邻苯二酚按『108』方法合成，收率 91%，n_D=1.4765。

『115』1,2-二(三甲基硅氧基)-3,5-二特丁基苯

1,2-Bis(trimethylsilyloxy)-3,5-bis(*tert*-butyl)catechol[31]

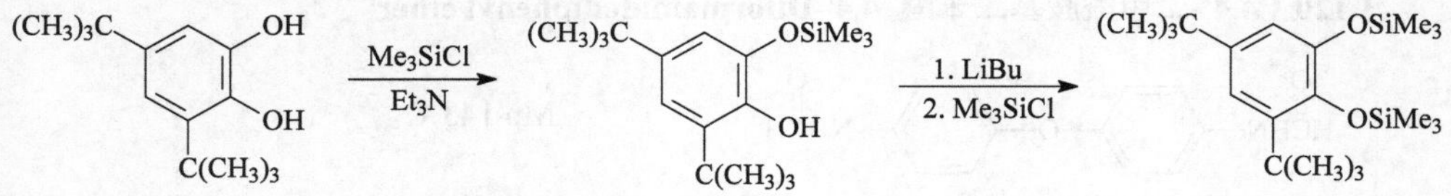

将 0.15 mol 3,5-双(特丁基)邻苯二酚按『108』方法合成，但由于空间位阻，只得到单硅化衍生物。收率 96%，$n_D^{20} = 1.4877$。

将 0.1 mol 单硅化衍生物在 80℃溶于 300 mL 干甲苯，滴加入 0.1 mol 正丁基锂在 100 mL 干甲苯中搅拌 30 min，再滴加入 0.16 mol 三甲基氯硅烷，回流 4 h，冷却后隔湿过滤，滤液减压浓缩后减压蒸馏，得到二硅甲基化的 3,5-双(特丁基)邻苯二酚，收率 98%，mp 70~71℃。

『116』2,3-二(三甲基硅氧基)萘　**2,3-Bis(trimethylsilyloxy)naphthalene**[31]

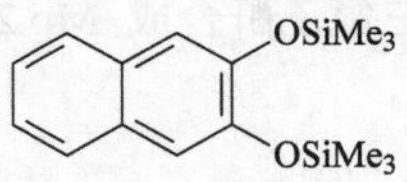

由 2,3-萘二酚按『108』方法合成，收率 95%，mp 56~57 ℃。

『117』1,4-二(三甲基硅氧基)三甲苯　**1,4-Bis(trimethylsilyloxy)trimethylbenzene**[31]

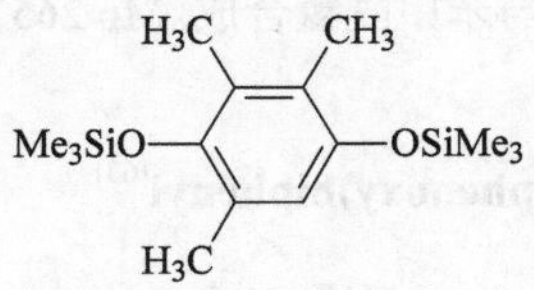

由三甲基对苯二酚按『108』方法合成，收率 50%，$n_D=1.4828$。

『118』3-(三甲基硅氧基)-4-[(三甲硅基)氨基]联苯

3-(Trimethylsiloxy)-4-[(trimethylsily1)amino]bipheny1[61]

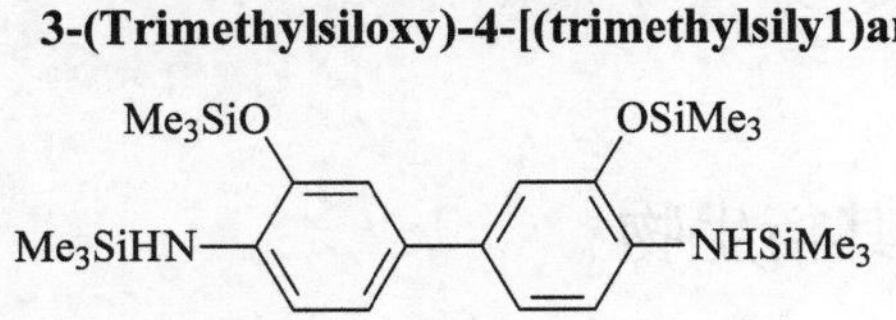

在 4.32 g (20 mmol)3,3′-二羟基联苯胺『205』和 8.50 g (84 mmol)三乙胺在 80 mLTHF 的溶液中滴加入 9.12 g (84 mmol)三甲基氯硅烷，混合物在 20℃搅拌 1 h，60℃搅拌 4 h。滤出三乙胺盐酸盐，减压除去 THF 后，粗产物在 200~230℃/0.5 mmHg 下蒸出，再从石油醚重结晶，得无色晶体 5.45 g (54%)，mp 157~159 ℃。

4.6　二胺的酰化

『119』*N,N′*-二乙酰基己二胺　*N,N′*-Diacetyl hexamethylene diamine[62]

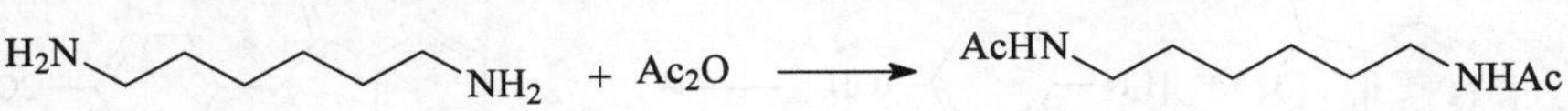

将 485 g 己二胺在 500 mL 氯仿中的溶液在 55 min 内滴加到 1000 g 乙酐中，加完后，将

反应物倒入 3 L 乙酸乙酯中放置过夜。滤出二乙酰己二胺，用 1.5 L 乙酸乙酯洗涤，在 50℃真空干燥，得到 704 g(84%)产物，mp 128~129.5℃。

『120』4,4'-二甲酰胺基二苯醚 4,4'-Diformamidodiphenyl ether[63]

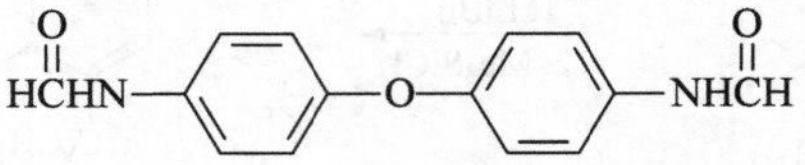

Mp 143℃。

『121』4,4'-二乙酰胺基二苯醚 4,4'-Diacetamidodiphenyl ether[63]

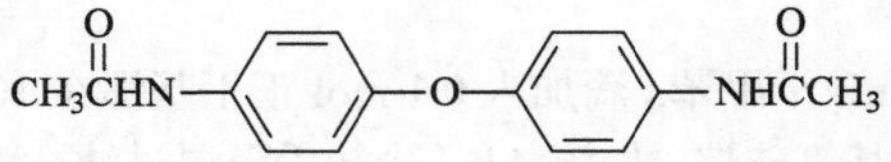

由 ODA 与乙酐合成。Mp 231℃。

『122』4,4'-二(三氟乙酰胺基)二苯醚 4,4'-Di(trifluoroacetamido)diphenyl ether[63]

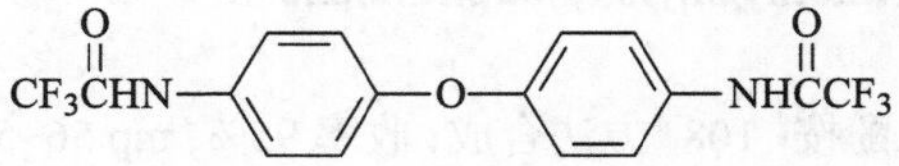

由 ODA 与三氟乙酐合成。Mp 239℃。

『123』4,4'-二苯甲酰胺基二苯醚 4,4'-Dibenzamidodiphenyl ether[63]

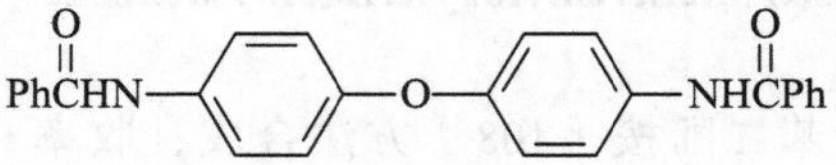

由 ODA 与苯甲酰氯合成。Mp 265℃。

『124』4,4'-双(3-乙酰胺基苯氧基)联苯 4,4'-Bis(3-acetamodophenoxy)biphenyl[63]

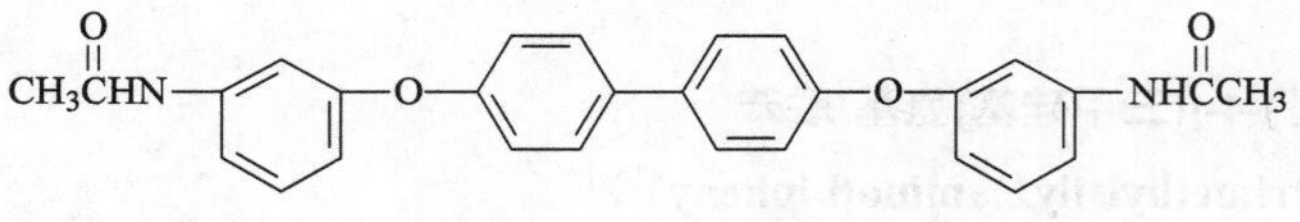

Mp 198℃。

4.7　二酸及其衍生物

4.7.1　带酰亚胺结构的二酸

带羧端基的酰亚胺可以由偏苯三酸酐与带羧基的氨基化合物或二胺得到，也可以与带羧基的氨基化合物与二酐反应得到。

『125』N-(4-羧基苯基) 偏苯三酰亚胺 N-(4-Carboxyphenyl)trimellitimide[64]

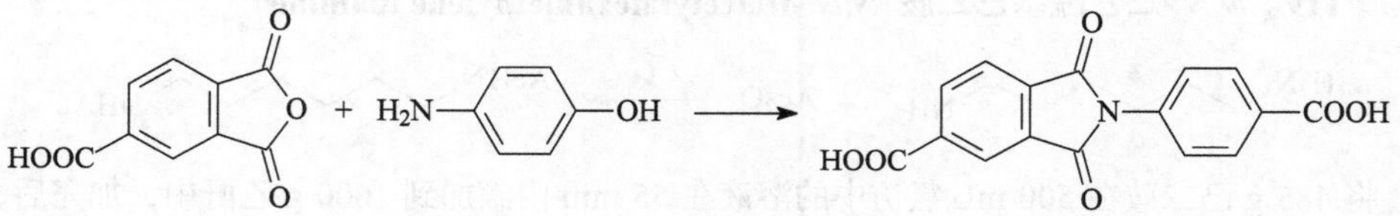

将TMA和对氨基苯甲酸在200 mLDMF中回流2 h,冷到50℃,加入乙酐, 再加热到140 ℃经2 h,倒入1 L水中,滤出沉淀。粗产物用甲醇萃取,85℃真空干燥过夜。收率70%,mp 379 ℃。

『126』 N-(3-羧基苯基) 偏苯三酰亚胺　N-(3-Carboxyphenyl) trimellitimide[64]

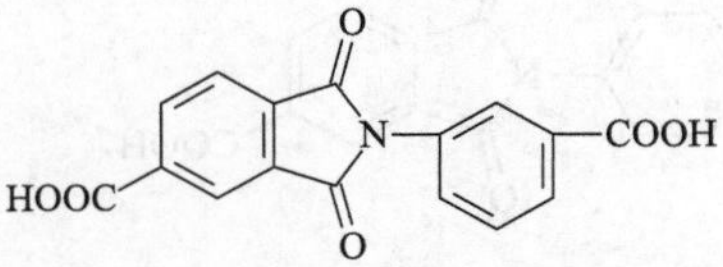

由间氨基苯甲酸按『125』方法合成,收率75%, mp 415℃。

『127』 2,2′–双(4-偏苯三酰亚胺基苯氧基)联苯
2,2′-Bis(4-trimellitimidophenoxy)biphenyl[65]

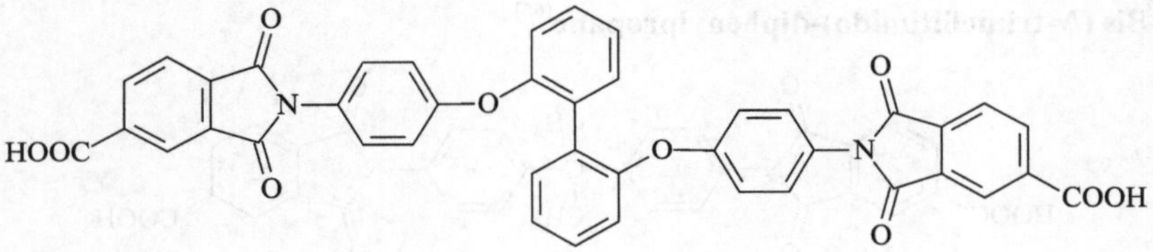

将 7.37 g (20 mmol)2,2′-双(4-氨基苯氧基)-1,1′-联萘『688』和 7.69g (40 mmol)TMA 在 50 mL DMF 中 60℃搅拌 1 h, 加入 30 mL 甲苯, 回流 3 h, 蒸出 0.8 mL 水, 继续蒸出甲苯。冷却后加入 30 mL 甲醇。得到二酸黄色沉淀, 过滤用甲醇洗涤, 真空干燥, 得 14.34 g (100%), mp 360~361℃。

『128』 1,4–双(4-偏苯三酰亚胺基)苯　1,4-Phenylene-bis(N-trimellitimide)[66]

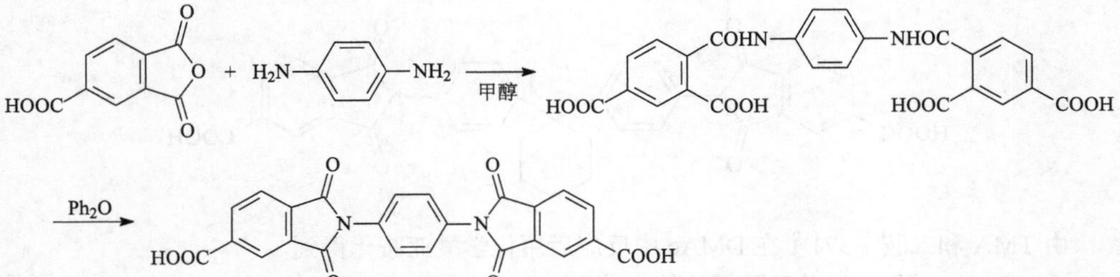

将20 g (0.1 mol) TMA 溶于200 mL 干燥的甲醇中,室温下滴加5 g(0.05 mol)对苯二胺在25 mL甲醇中的溶液, 立即产生大量黄色沉淀。过滤, 用甲醇重复洗涤后室温真空干燥, 收率94%。

将该产物悬浮在二苯醚中, 加热至沸经2 h, 得到黄色二酸产物, mp 370℃。

『129』4,4′-双(*N*-偏苯三酰亚胺基) 二苯基甲烷

4,4′-Bis (*N*-trimellitimido)-diphenylmethane[66]

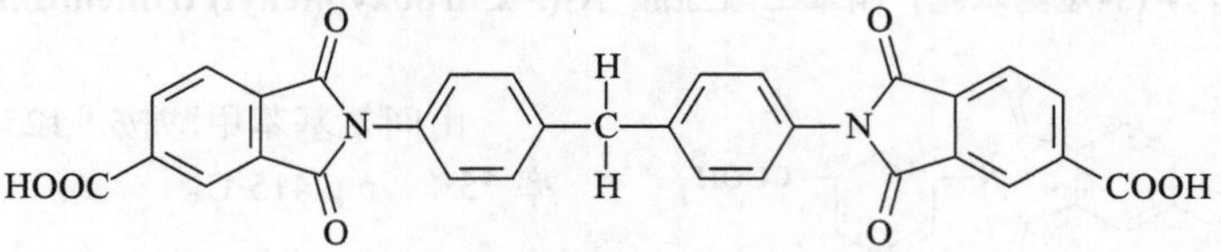

将 MDA 溶于间甲酚中, 在 80~90℃下加入 TMA, 然后在 160~170℃反应 3 h, 滤出沉淀, 用甲醇和苯洗涤后在 25℃真空干燥。收率81%, mp 362℃。

『130』4,4′ –双(*N*-偏苯三酰亚胺基) 二苯基丙烷

4,4′-Bis (*N*-trimellitimido)-diphenylpropane[66]

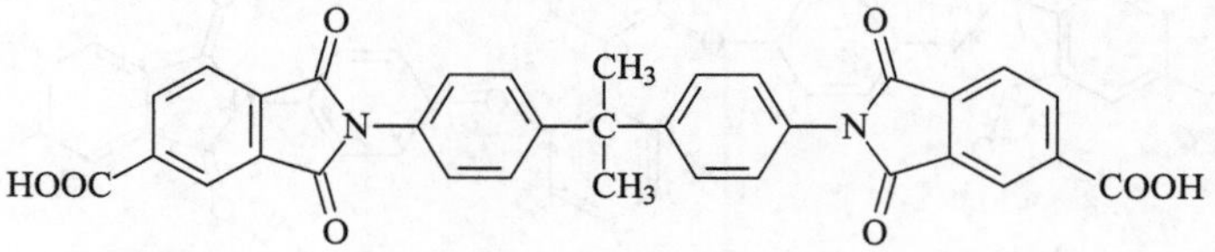

将 10.6 g (2.5N)偏苯三酸酐和 5 g (1N) IPDA『310』在 22 mL 干 DMF 中回流搅拌 2h。加入 10.4 mL (0.5N)乙酐, 继续回流 2 h 后冷却到 20℃, 倒入冰水中, 沉淀过滤, 在 60℃真空干燥, 可用沸丙酮洗涤以纯化, 收率84%。

『131』4,4′-双(*N*-偏苯三酰亚胺基)-二苯基-1,1′-环己烷

4,4′-Bis (*N*-trimellitimido)-diphenyl-1,1′-cyclohexane[66]

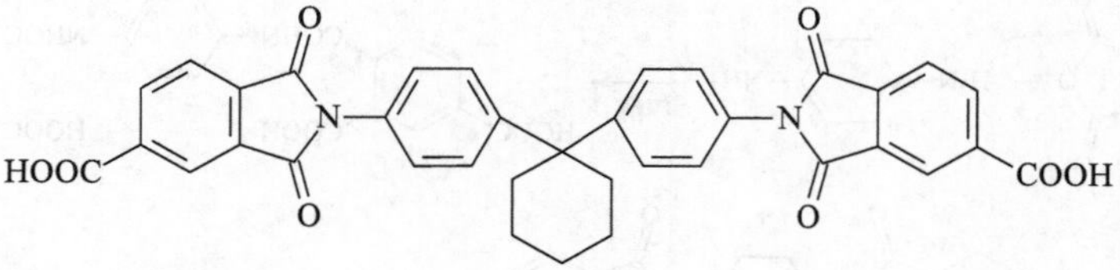

由 TMA 和二胺『371』在 DMAc 中反应后用化学酰亚胺化得到。

『132』4,4′-双(*N*-偏苯三酰亚胺基)二苯醚　**4,4′-Bis (*N*-trimellitimido)-diphenylether**[66,67]

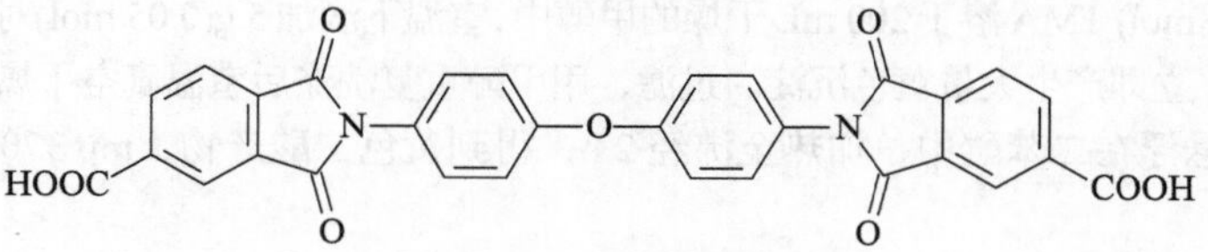

由 TMA 和 ODA 在 DMAc 中反应后用化学酰亚胺化得到。收率74%, mp 374℃。二酰氯 mp 238~239℃。

『133』4,4′-双(N-偏苯三酰亚胺基)二苯砜

4,4′-Bis (N-trimellitimido)-diphenylsulfone[66,67]

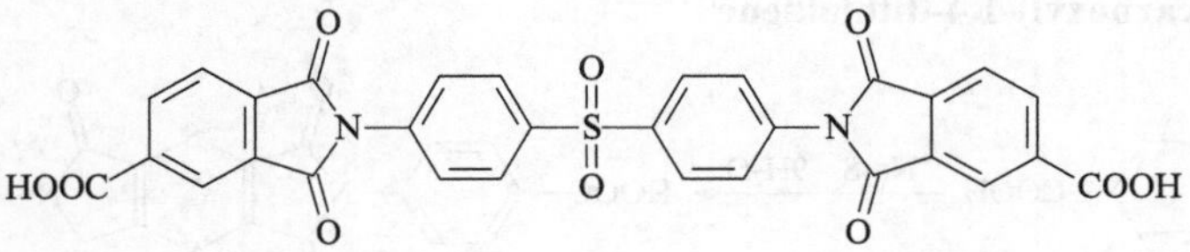

由 TMA 和 DDS 在 DMAc 中反应后用化学酰亚胺化得到。二酰氯收率 71%，mp 301~302℃。

『134』2,2-双[N-(4-羧基苯基)酞酰亚胺基]六氟丙烷

2,2-Bis[N-(4-carboxyphenyl)-phthalimidyl]hexafluoropropane[68]

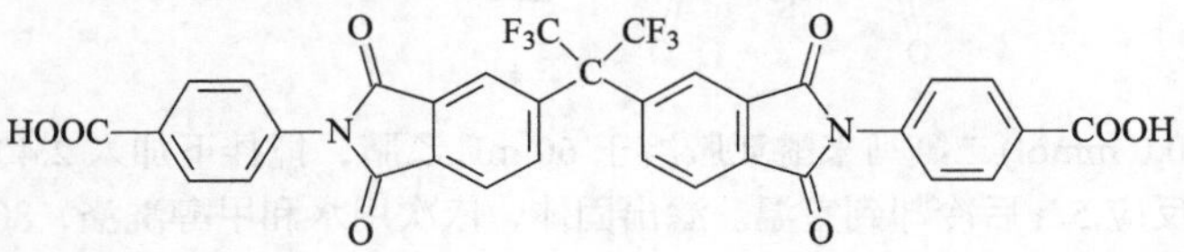

将 5.0 g (11.25 mmol)6FDA 和 3.06 g (22.5 mmol)对氨基苯甲酸在 10 mL DMAc 中氮气下室温搅拌 5 h，再加入 4 mL 乙酐和 2.5 mL 吡啶，室温搅拌 1 h，回流 4 h。冷却后析出淡黄色沉淀，滤出，用乙醇洗涤数次，100℃真空干燥 24 h。收率 92%，mp 380℃。

『135』1,1-双[4-(4-偏苯三酰亚胺基苯氧基)苯基]-1-苯基乙烷

1,1-Bis[4-(4-trimellitimidophenoxy)phenyl]-1-phenylethane[69]

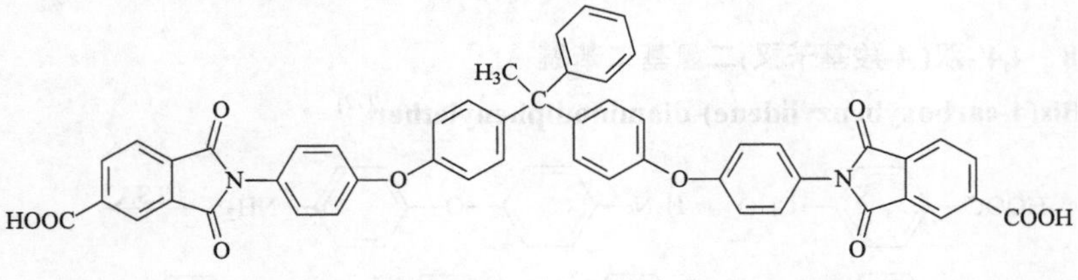

将相应的二胺和 TMA 在 DMF 中 60℃搅拌 1 h，加入甲苯，加热回流 3h，蒸出甲苯后冷却，加入甲醇，过滤，由 DMAc 重结晶，收率 94%，mp 299~301℃。

『136』**1,2-Bis[4-(4-trimellitimidoethoxy)ethane**[70]

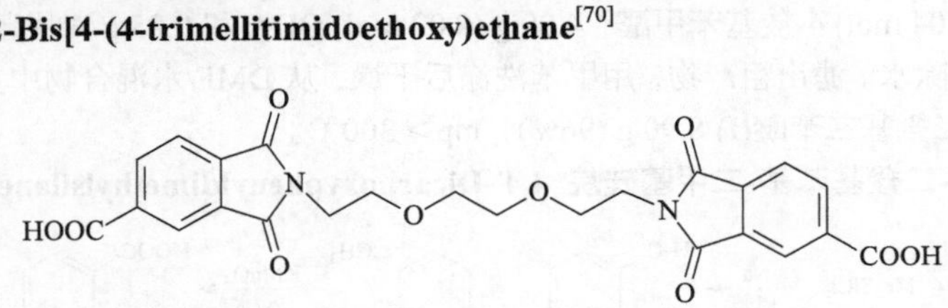

将 TMA 在乙酸中 50~60℃加热得到溶液后冷却到室温，缓慢加入二胺『1163』使温度不超过 25℃。搅拌 1 h 后升温至 120℃回流 4 h，倒入冰水中，沉淀用二氧六环/己烷(2:1)重结晶。产率 65%，mp 209~210℃。将二酸与氯化亚砜反应，得到的二酰氯在苯/二氧六环(2:1)

中重结晶。产率 90%，mp 88~90℃。

『137』N,N'-二(对羧基苯基)-1,4-二噻二烯四酰亚胺

N,N'-Di(p-carboxyl)-1,4-dithiadiene[71]

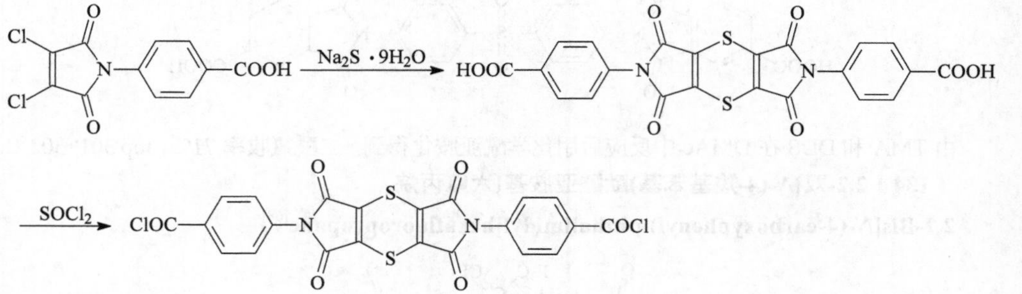

将 2.86 g (10.0 mmol)二氯马来酰亚胺溶于 60 mL 乙腈，搅拌下加入 2.40 g 九水硫化钠。混合物在 100℃反应 5 h 后冷却到室温。滤出固体，依次用水和甲醇洗涤，80℃真空干燥，得二酸 2.5 g (90%), mp 398℃ (dec)。

将 4.95 g (10 mmol)二酸在 150 mL 二氯乙烷中，加入 4 mL 氯化亚砜，搅拌回流 6h，加入 5 滴 DMF，继续回流 1 h。除去过量的氯化亚砜，冷却到室温，滤出固体，用 100 mL 乙醚洗涤后 60℃真空干燥。从二氯乙烷重结晶，得二酰氯 4.55 g (85%),mp >350℃。

4.7.2 其他二酸

『138』4,4'-双(4-羧基苄叉)二氨基二苯醚

4,4'-Bis(4-carboxybenzylidene)-diaminodiphenylether[72]

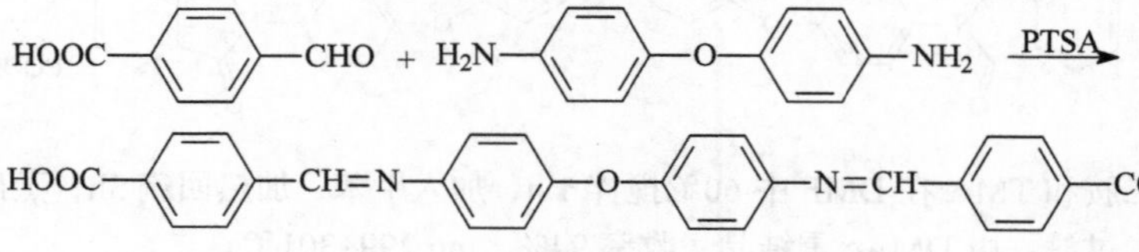

将 6.00 g (0.04 mol) 4-羧基苯甲醛，4.00 g (0.02 mol) ODA 和 0.05 g 对甲苯磺酸在 150 mL 甲苯中加热回流除水。滤出粗产物，用甲苯洗涤后干燥，从 DMF/水混合物中重结晶，得 4,4'-双(4-羧基苄叉)二氨基二苯醚(I) 8.90 g (96%)，mp > 300℃。

『139』4,4'-二羧基苯基-二甲基硅烷 4,4'-Dicarboxyphenyldimethylsilane[73]

将 4.6 g (0.20 mol)金属钠加到 100 mL 无水甲苯中，在回流下剧烈搅拌，再冷却到 80℃得

到钠粉。在 40 min 内滴加入由 12.7 g (100 mmol) 对氯甲苯和 6.0 mL (50.0 mmol) 二氯二甲基硅烷在 20 mL 无水甲苯中的溶液。混合物回流 4 h，冷却到室温后缓慢加入 10 mL 甲醇，以消除未反应的钠。溶液用 3×100 mL 水洗涤，在无水硫酸镁上干燥，蒸去溶剂后得 I 11.5 g(95%) 淡黄色液体。

将 5.0 g (20.8 mmol) I，20 mL 吡啶和 20 mL 水加热回流，分批加入 13.3 g (84.2 mmol) KMnO₄，回流 10 h 后冷却到室温，过滤，滤液用盐酸酸化到 pH 2，滤出沉淀，用水洗涤到中性，干燥得二酸 II 6.0 g (95%)。

4.8　带双键的化合物

4.8.1　双酚 A 的二烯丙基化合物

『140』2,2′-二烯丙基双酚 A　2,2′-Diallylbisphenol A

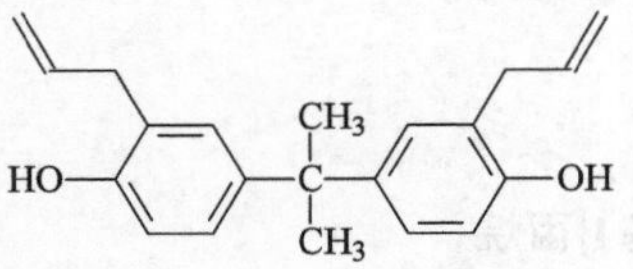

商品。

『141』双酚 A 的二烯丙基醚[36]

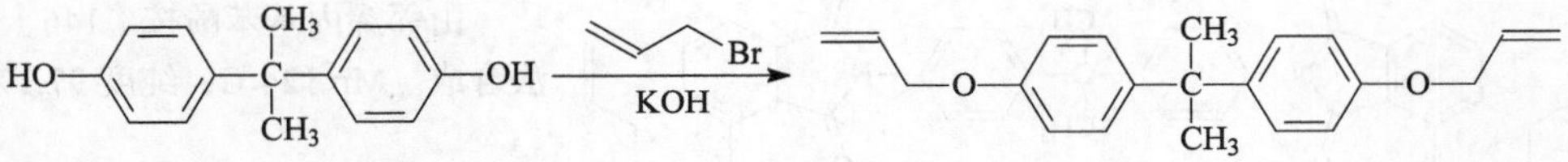

将 22.8 g (0.1 mol) 双酚 A 和 11.2 g (0.2 mol)KOH 溶于乙醇后在室温下滴加 26.2 g (0.22 mol) 炔丙基溴，然后加热到 75~80℃反应 4 h。滤出盐，滤液蒸发，得到白色固体，从异丙醇重结晶，得双酚 A 的二烯丙基醚，收率 80%。

4.8.2　带烯丙基的酰亚胺化合物

『142』2,4-双[3-(2-烯丙基苯氧基)酞酰亚胺基]甲苯

2,4-Bis[3-(2-allylphenoxy)phthalimido]toluene[73]

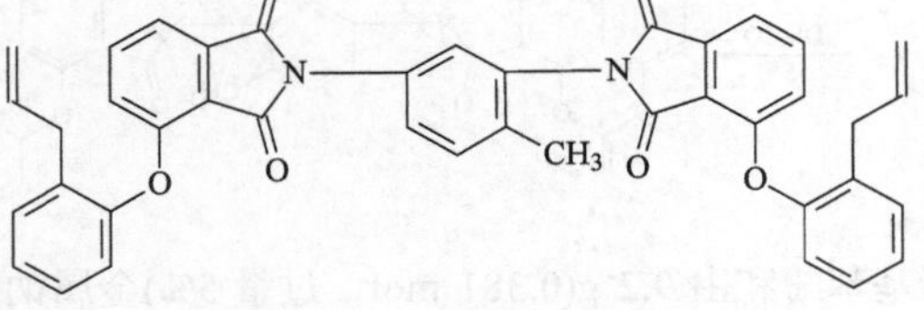

由邻烯丙基苯酚按『146』方法合成。Mp 85~91℃，纯度 95.4%。

『143』4,4′-双[3-(2-烯丙基苯氧基)酞酰亚胺基]二苯基甲烷

4,4′- Bis[3-(2-allylphenoxy)phthalimido]diphenylmethane[73]

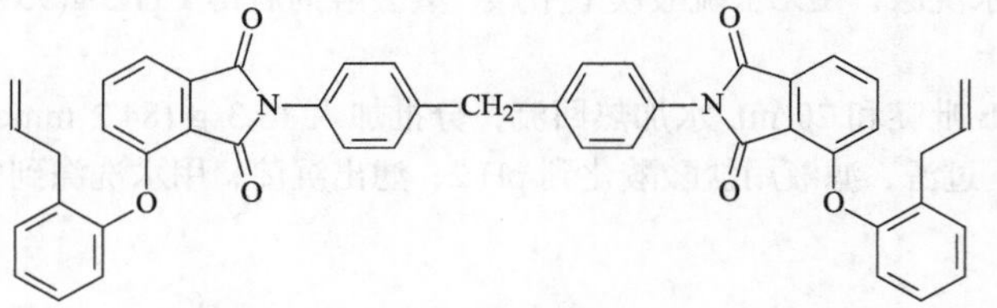

由邻烯丙基苯酚按『146』方法合成。Mp 174~178℃，纯度98.2%。

『144』3,3′-双[3-(2-烯丙基苯氧基)酞酰亚胺基]二苯砜

3,3′- Bis[3-(2-allylphenoxy)phthalimido]diphenylsulfone[73]

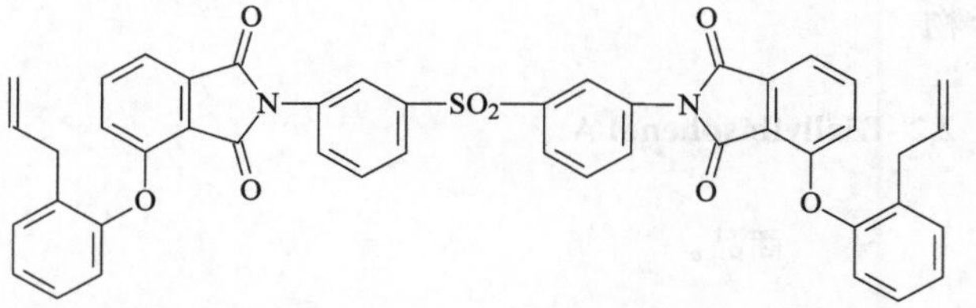

由邻烯丙基苯酚按『146』方法合成。Mp 171~178℃，纯度95.1%。

『145』2,2-双{4-[3-(2-烯丙基苯氧基)酞酰亚胺基]苯基 l}丙烷

2,2-Bis{4-[3-(2-allylphenoxy)phthalimido]phenyl}propane[73]

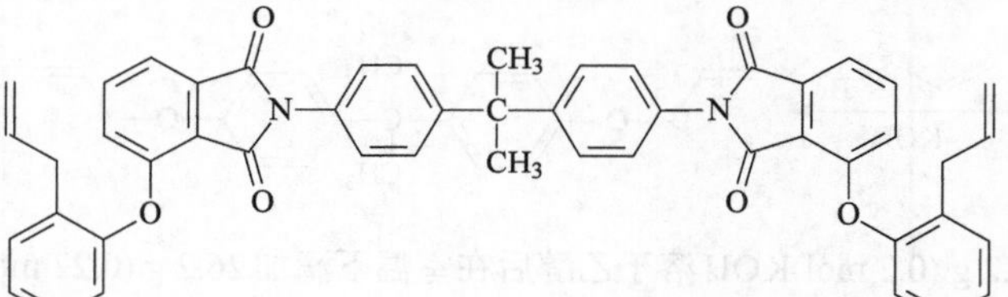

由邻烯丙基苯酚按『146』方法合成。Mp 124℃，纯度97.1%。

4.8.3　带丙烯-2 的酰亚胺化合物

『146』2,4-双[3-(2-丙烯基苯氧基)酞酰亚胺基]甲苯

2,4-Bis[3-(2-propenylphenoxy)phthalimido]toluene[74]

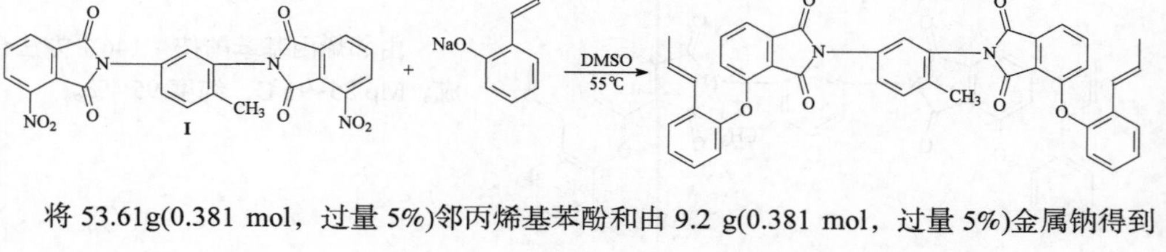

将 53.61g(0.381 mol，过量 5%)邻丙烯基苯酚和由 9.2 g(0.381 mol，过量 5%)金属钠得到

甲醇钠的甲醇溶液加热到 65℃反应 30 min。减压去除甲醇后将残留物溶于 360 mL DMSO 中。滴加入 90 g(0.1905 mol)I 在 180 mL 甲苯中的混合物，随后加热到 55℃反应 4 h。加入 300 mL 甲苯和 300 mL 水，搅拌 15 min，滤出沉淀，用水充分洗涤后再用 500 mL 甲醇洗涤，在空气流中 100℃干燥，得 85.77 g(69.7%)，mp 254℃，纯度 96.6%。

说明：由于在反应中发生异构化，产物中会含有一些烯丙基化合物。

『147』1,6-双[3-(2-丙烯基苯氧基)酞酰亚胺基]己烷

1,6-Bis[3-(2-propenylphenoxy)phthalimido]hexane[74]

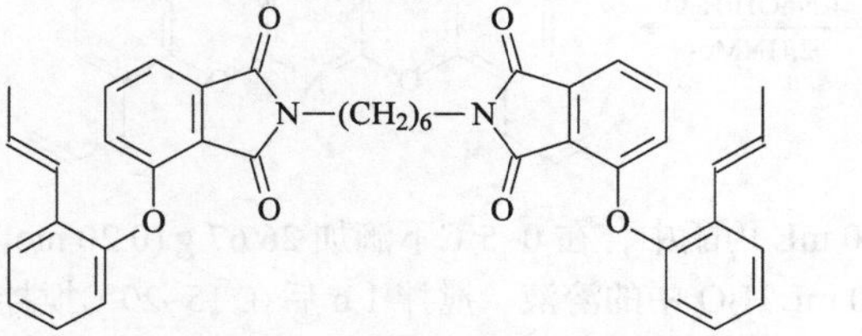

合成方法同『146』，收率 95.14%，mp 54℃，纯度 76.6%。

『148』4,4′-双[3-(2-丙烯基苯氧基)酞酰亚胺基]二苯甲烷

4,4′- Bis[3-(2-propenylphenoxy)phthalimido]diphenylmethane[74]

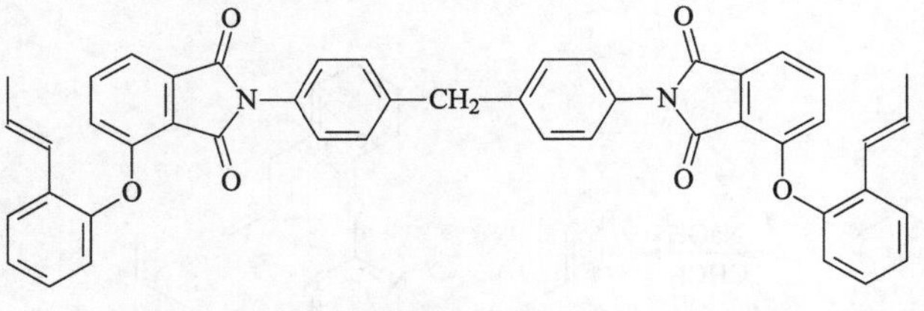

合成方法同『146』，收率 86.2%，由甲乙酮重结晶，mp 209~211℃，纯度 94.5%。

『149』3,3′-双[3-(2-丙烯基苯氧基)酞酰亚胺基]二苯砜

3,3′- Bis[3-(2-propenylphenoxy)phthalimido]diphenylsulfone[74]

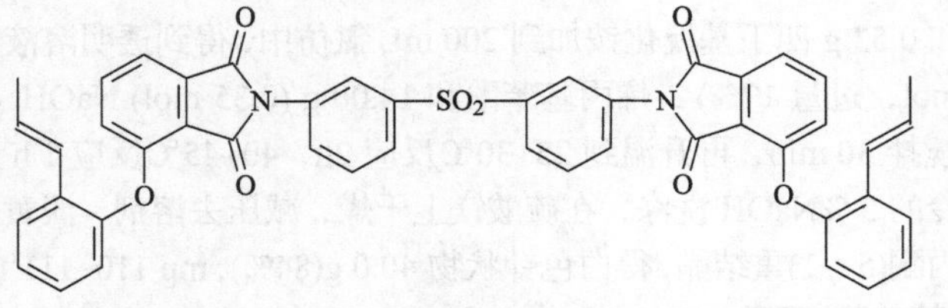

合成方法同『146』，收率 82.8%，由甲醇重结晶，mp 204℃，纯度 92.1%。

『150』**2,2-Bis{4-[3-(2-propenylphenoxy)phthalimido]phenyl}propane**[74]

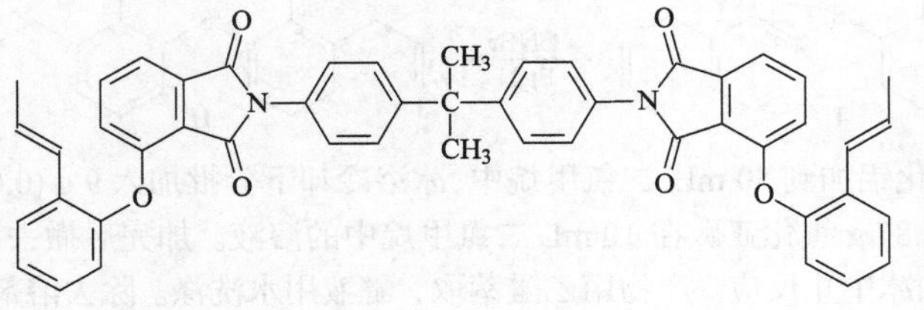

合成方法同『146』，收率 94.7%，由乙酸乙酯重结晶，mp 206℃，纯度 93.9%。

4.8.4　其他带双键的化合物

『151』2,4-二 (2-烯丙基苯氧基)-6-N,N-二甲氨基-1,3,5-三嗪

2,4-Di (2-allylphenoxy)-6-N,N-dimethylamino-1,3,5-triazine[75]

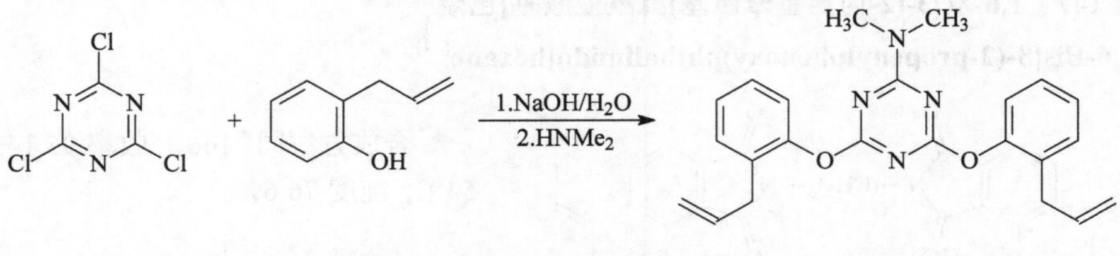

将 18.45 g (0.1 mol)氰尿酰氯溶于 200 mL 丙酮中，在 0~5℃下滴加 26.67 g (0.20 mol)2-烯丙基苯酚和 8.00 g (0.20 mol)NaOH 在 100 mL H₂O 中的溶液。搅拌 1 h 后在 15~20℃搅拌 2 h，25~30℃搅拌 1 h。滴加 15.00 g (0.10 mol)33%二甲胺水溶液使温度不超过 30℃。加完后升温到 35~40℃反应 2 h 后冷却到 0℃，滤出白色沉淀，用冷水和甲醇洗涤，从乙醇重结晶，收率 76%，mp 91~92℃。

『152』三烯丙基化合物[76]

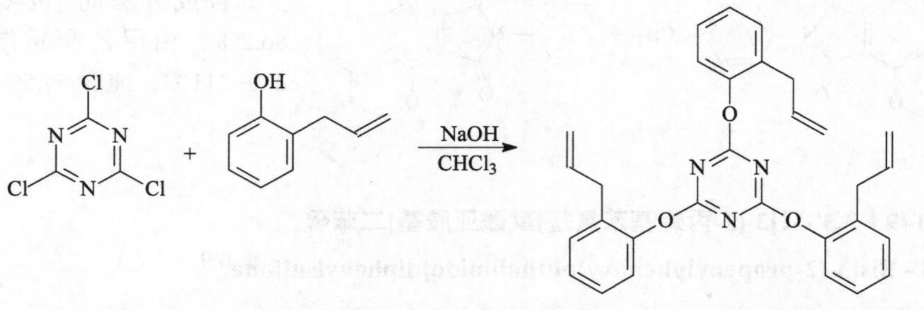

将 18.45 g (0.1 mol) 氰尿酰氯和 0.53 g 四丁基溴化铵加到 200 mL 氯仿中，得到透明溶液后在 15~20℃迅速加入 46.90 g (0.35 mol，过量 17%) 2-烯丙基苯酚和 14.00 g (0.35 mol) NaOH 在 50 mL 用氮气饱和的水，在氮气下搅拌 30 min，再升温到 25~30℃反应 2h，40~45℃反应 1 h 后冷却到室温。除去水层，氯仿层用冷的 5%NaOH 洗涤，在硫酸镁上干燥，减压去溶剂，淡黄色粗产物在室温下很快固化，从甲醇/丙酮(5∶1)重结晶，得白色针状物 40.0 g(84%)，mp 110~111℃。

『153』双(3-烯丙基-2-氰酸酯基苯基) 亚砜 **Bis(3-allyl-2-cyanatophenyl)sulfoxide**[77]

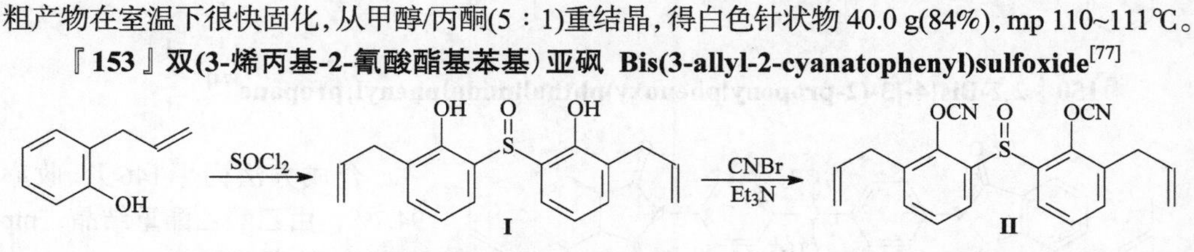

将 4.86 g (0.03 mol) 无水三氯化铝加到 50 mL 二氯甲烷中，冰浴冷却下分批加入 9 g (0.06 mol) 2-烯丙基苯酚，1h 内再滴加 5.87 g 氯化亚砜在 10 mL 二氯甲烷中的溶液。加完后撤去冰浴，搅拌 4 h，混合物放置过夜，加冰中止反应。产物用乙醚萃取，醚液用水洗涤。除去溶剂，

得褐色液体(**I**)，收率 90%。

将 75 mL 用 4Å 分子筛干燥 1 天的丙酮冷却到–10℃，加入 5 g (0.04 mol) 溴化氰，混合物进一步冷却到–15℃。滴加 7.33 g (0.02 mol) **I** 和 3.23 mL (0.02 mol)三乙胺在 25 mL 丙酮中的溶液，在–15℃下搅拌 30 min。当混合物回暖到–2℃时迅速过滤，除去三乙胺的氢溴酸盐，滤饼用 25 mL 丙酮洗涤。滤液和洗涤液合并，用冰冷的二氯甲烷稀释到 100 mL，用 100 mL 冷水迅速萃取一次，100 mL 1%NaCl 洗涤 2 次，在无水碳酸钠上干燥，除去二氯甲烷，得到褐色固体(**II**)，收率 87%。

『154』硼酸三（邻烯丙基苯酯）Tris(*o*-allylphenyl)borate[78]

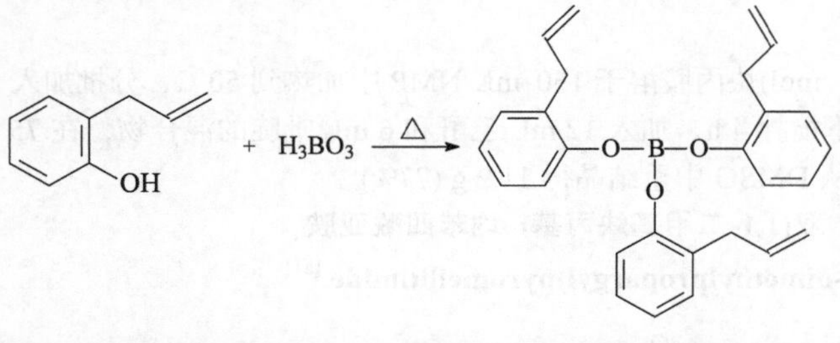

在氮气保护下将 0.1 mol 硼酸在室温下逐渐加到 0.6 mol 烯丙基苯酚在 70 mL 甲苯的溶液中，混合物在 100℃回流 1h 去水，在 130℃加热 3 h，160℃ 5 h。再在真空 130℃处理直到没有水放出，得到黑褐色黏液。

『155』 带苯乙烯基团的酰亚胺化合物[79]

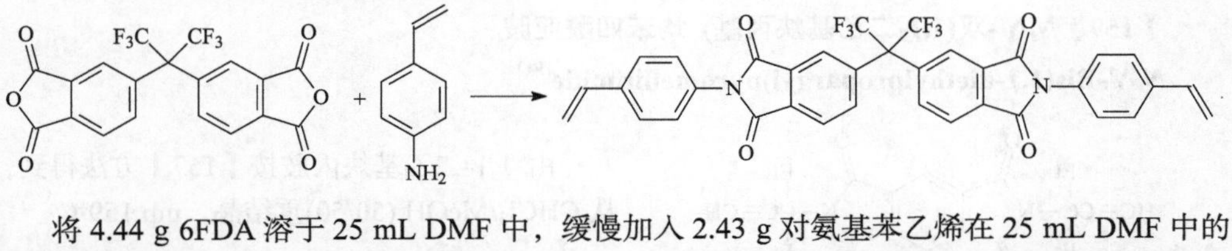

将 4.44 g 6FDA 溶于 25 mL DMF 中，缓慢加入 2.43 g 对氨基苯乙烯在 25 mL DMF 中的溶液。室温搅拌 3 h 后，加入 50 mL 丙酮，10 mL 乙酐及 1.3 g 熔融过的乙酸钠，混合物在 80 ℃加热 5 h，然后倒入 500 mL 水中，滤出沉淀，用饱和 NaHCO₃ 溶液洗涤后从 300 mL 甲醇重结晶，真空干燥，收率 54%。

4.9　二炔基化合物

4.9.1　乙炔基化合物

『156』双（丙炔基）双酚 A 二醚　Bispropargyl ether bisphenol A[80]

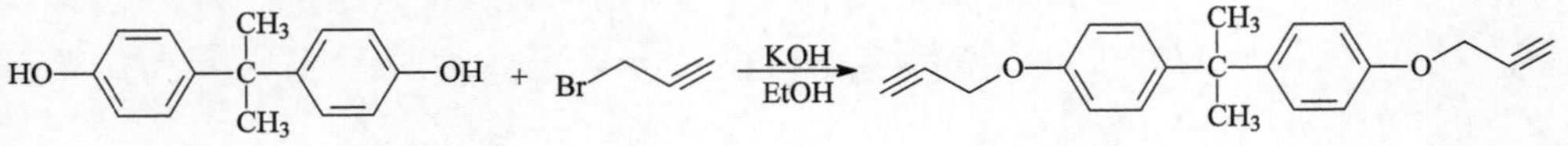

将 22.8 g (0.1 mol)双酚 A 和 11.2 g (0.2 mol)KOH 溶于乙醇后在室温下滴加 26.2 g (0.22 mol)炔丙溴，然后加热到 75~80℃反应 4 h。滤出盐，滤液蒸发，得到白色固体，从异丙醇重结晶，收率 80%。

『157』N,N′-二炔丙基均苯四酰亚胺　N,N′-Dipropargylpyromellitimide[81]

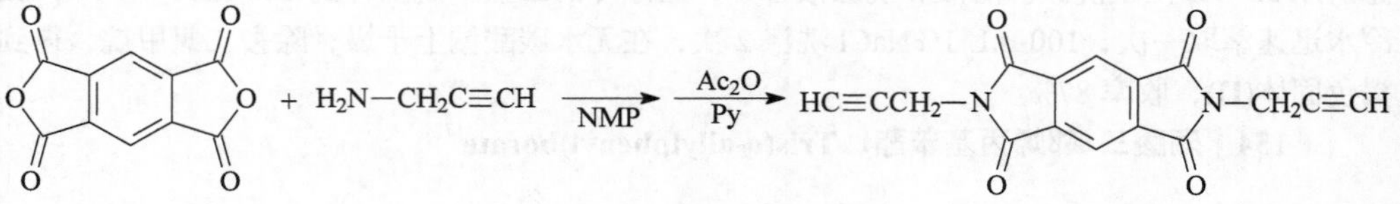

将 5.5 g (0.1 mol)炔丙胺溶于 150 mL NMP 中加热到 50℃，分批加入 10.9 g (0.05 mol) PMDA，在氮气下搅拌 4 h，加入 12 mL 乙酐和 6 mL 吡啶的混合物，在 75℃搅拌 6 h 后冷却到室温，过滤，从 DMSO 中重结晶得 11.2 g (77%)。

『158』N,N′-双(1,1-二甲基炔丙基) 均苯四酰亚胺

N,N′-Bis(1,1-dimethylpropargyl)pyromellitimide [81]

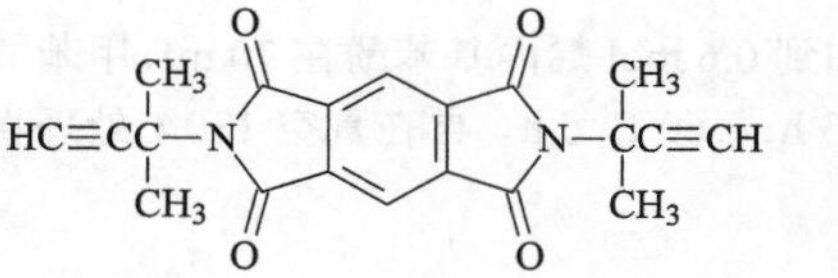

将 9.2 g (0.1 mol) 90% 1,1-二甲基炔丙胺与 10.9 g (0.05 mol) PMDA 反应得到，收率 71%，从 MeOH/CHCl₃ (35/65)重结晶，mp 230℃。

『159』N,N′-双(1,1-二乙基炔丙基) 均苯四酰亚胺

N,N′-Bis(1,1-diethylpropargyl)pyromellitimide[81]

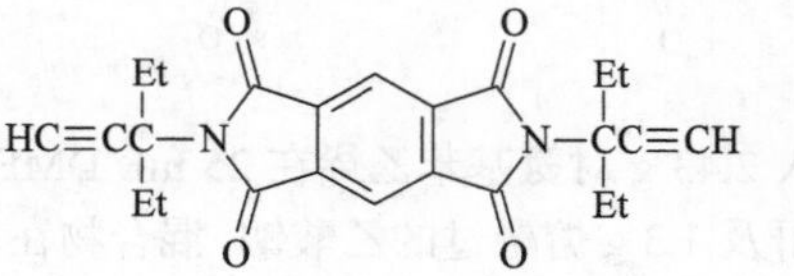

由 1,1-二乙基炔丙胺按『157』方法得到，从 CHCl₃/MeOH (50/50)重结晶，mp 159℃。

『160』N,N′-二-4-炔戊基均苯四酰亚胺　N,N′-Di-4-pentynylpyromellitimide[81]

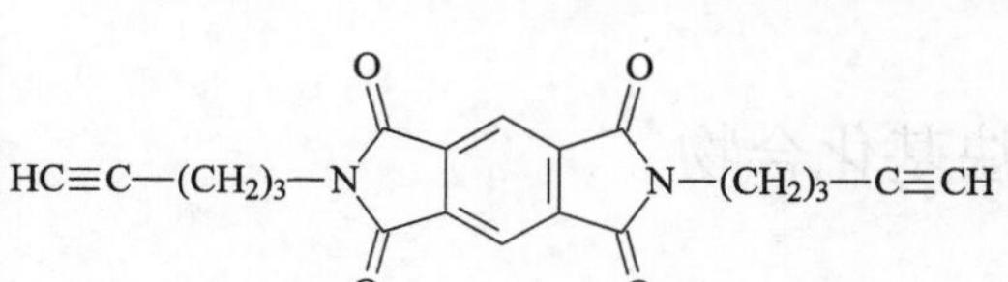

由炔戊胺按『157』方法得到，从 CHCl₃/MeOH (90/10)重结晶 3 次，mp 195℃。

『161』N,N′-二炔戊基均苯四酰亚胺 **N,N′-Di-4-pentynylpyromellitimide**[81]

将 20.5 g (0.2 mol) 5-氯-1-戊炔和 37 g (0.2 mol)酞酰亚胺钾加到 200 mL DMSO 中，在 125 ℃搅拌 2 h，冷却后加入 400 mL 水，滤出沉淀，从甲醇重结晶，得 N-戊炔基酞酰亚胺 39.5 g (92%)，mp 88~90℃。

将 31.95 g (0.15 mol)N-戊炔基酞酰亚胺溶于 600 mL 乙醇中，在 70℃搅拌下加入 10.5 mL (0.2 mol) 水合肼，继续在 70℃搅拌 4 h 后冷却到室温，加入 88 mL 3 mol/L 盐酸，混合物在 75℃加热 30 min，冷却，过滤，用乙醇洗涤，乙醇层合并，浓缩，过滤，得到的溶液用 200 mL 2 N NaOH 稀释，溶液用 4×100 mL 二氯甲烷萃取，有机层用硫酸镁干燥，得 5-氨基-1-戊炔 8.78 g (70%)黄色油状物。

将 4.15 g (0.05 mol)炔戊胺与 5.45 g (0.025 mol)PMDA 按『157』方法得到 N,N′-二炔戊基均苯四酰亚胺 6.22 g(72%)，从 CHCl₃/MeOH (90∶10)重结晶 3 次，mp 195℃。

『162』N,N′-双(p-乙炔基苯基)均苯四酰亚胺

N,N′-Bis(p-ethynylpheny1)pyromellitimide[82]

将 55.11 g (471 mmol)对氨基苯乙炔 (『1』)溶于 400 mL NMP 中，在 5℃下分批加入 51.36 g (235.5 mmol)PMDA，搅拌下回暖到室温，30 min 内 PMDA 溶解，在 75℃搅拌 1h，将反应物进行化学环化。在 60℃真空中干燥，得到黄色固体(98%)。

『163』N,N′-二炔丙基(4,4′-六氟异丙撑)二酞酰亚胺

N,N′-Dipropargyl(4,4′-hexafluoroisopropylidene)bisphthalimide[81]

将 5.5 g (0.1 mol)炔丙胺室温下溶于 100 mL NMP，分批加入 22.2 g (0.05 mol) 6FDA，在室温搅拌 16 h 后加入 12 mL 乙酐和 6mL 吡啶，混合物在 75℃搅拌 6 h，冷却后倒入甲醇/水混合物中，过滤后从甲醇重结晶3次，得24.4 g (94%)，mp 150℃。

『164』N,N'-二炔戊基(4,4'-六氟异丙撑)二酞酰亚胺

N,N'-Di-4-pentynyl(4,4'-hexafluoroisopropylidene)bisphthalimide[81]

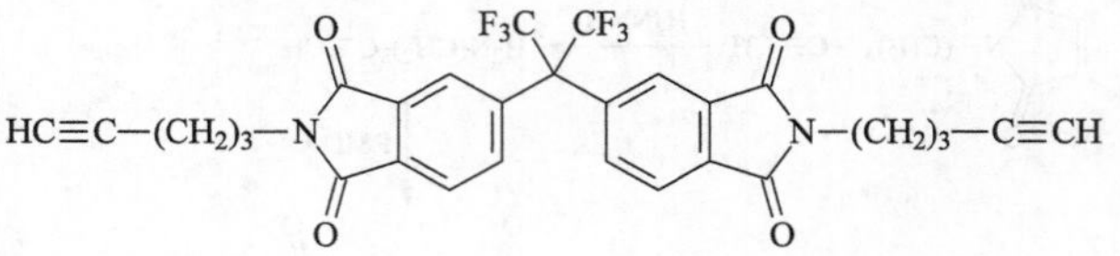

由炔戊胺按『161』方法得到，收率69%，从甲醇重结晶3次，mp 125℃。

『165』N,N'-双(p-乙炔基苯基)萘四酰亚胺[83]

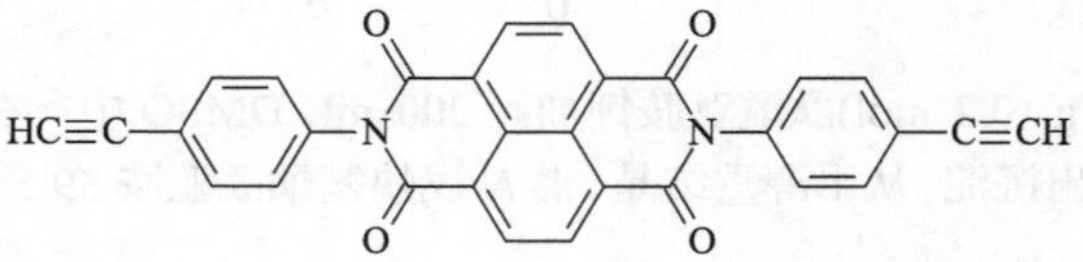

将 18.98 g (70.79 mmol)NTDA 在 90~100℃溶于 1.1 L NMP 中，得到褐色溶液，冷却至 50℃，加入 17.02 g (145.47 mmol)对乙炔基苯胺在 100 mL NMP 中的溶液，搅拌 30 min，再在 75℃搅拌 50 min，冷却后倒入甲醇/水混合物中，过滤，得到产物。

4.9.2　苯炔基化合物

『166』由 N-(4-溴苯基)马来酰亚胺和 6-溴-2-萘酚加成得到的二溴化合物与苯乙炔反应得到的二苯炔基化合物[84]

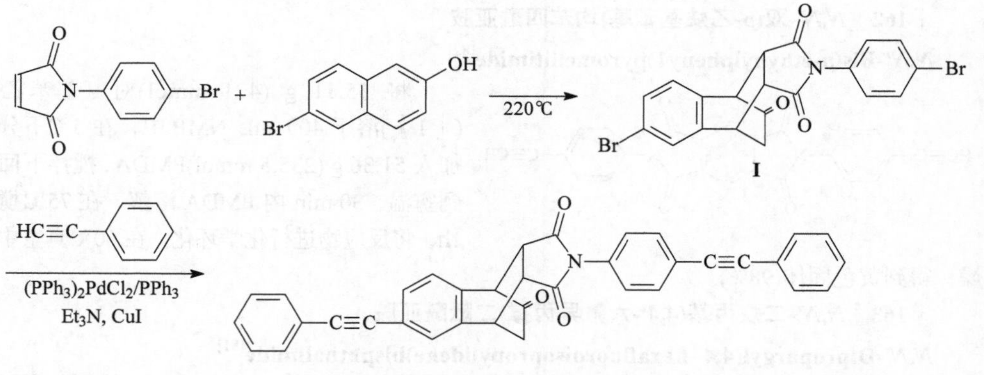

氩气下将 20.16 g (0.08 mol) N-(4-溴苯基)马来酰亚胺和 19.62 g (0.088 mol) 6-溴-2-萘酚混合，加热到 220℃反应 25 min，冷到室温后加入 300 mL 二氯甲烷，滤出不溶物，干燥后得到白色固体 6.24 g。二氯甲烷滤液挥发至干，将残留的固体悬浮在 100 mL 甲醇中，过滤，干燥，得到白色二溴代异构体(I)的混合物 19.95 g(69%)。

将 19.0 g (0.04 mol)I 悬浮在 200 mL 干燥甲苯中，然后依次加入 8.172 g (0.08 mol)苯乙炔在 100 mL 干燥三乙胺中的溶液，0.169 g (0.000644 mol)三苯基膦和 80 mg 二(三苯膦)二氯化钯，混合物在氩气下缓慢加热到 60℃，再加入 40 mg 碘化亚铜，加热回流 85 h。回流 24 h 后再加入 1.76 mL 苯乙炔。冷却后部分产物沉淀出来，过滤，用 100 mL 乙醚，100 mL 水及

2×100 mL 甲醇洗涤，干燥得到溶解度较低的异构体 4.3 g。滤液挥发至干，再溶于二氯甲烷和甲醇的混合物中，得到少量认为是聚合产物的固体。浓缩到体积的 25%，冷却，得到 endo 和 exo 异构体的混合物 8.52 g (62%)。HPLC 显示含有 83%二取代物，其余为单取代的加成物。用硅胶柱色谱可以分离两个异构体。

『167』由对苯二胺与 PEPA【20】反应得到的二苯炔基化合物

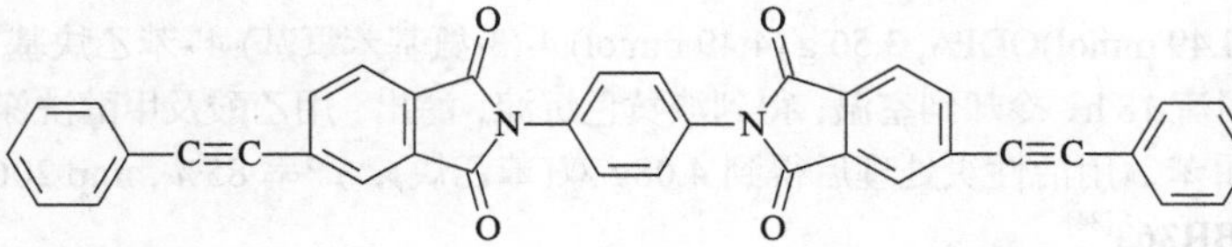

『168』由 4,4'-ODA 与 PEPA【20】反应得到的二苯炔基化合物

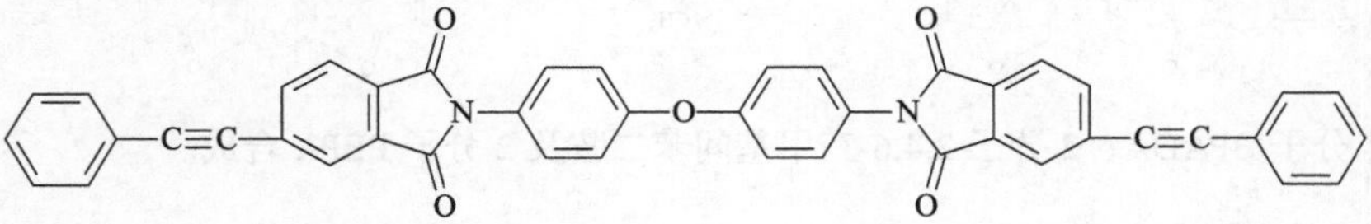

『169』由 3,4'-ODA 与 PEPA【20】反应得到的二苯炔基化合物

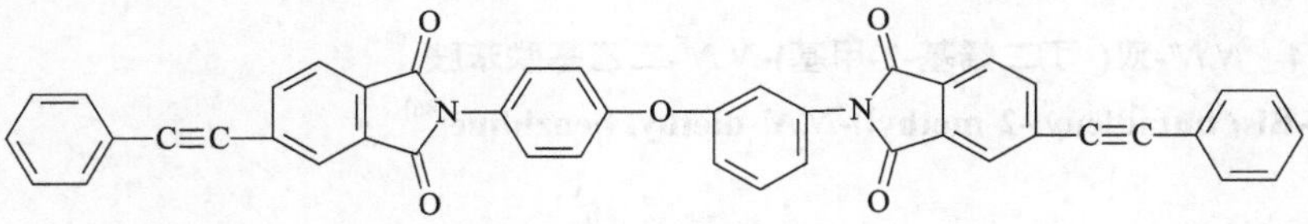

『170』由二胺〖8〗与 PMDA 反应得到的二苯炔基化合物[85]

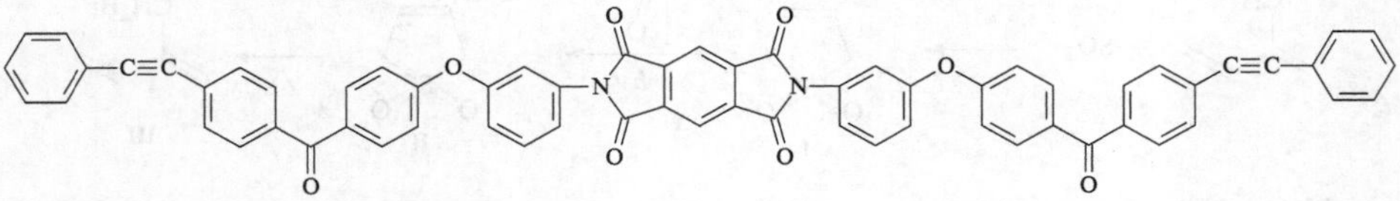

以 PMDA 代替 ODPA 按『172』方法合成。产率 83%，mp 303.1~308.6℃。

『171』由二胺〖8〗与 BPDA 反应得到的二苯炔基化合物[85]

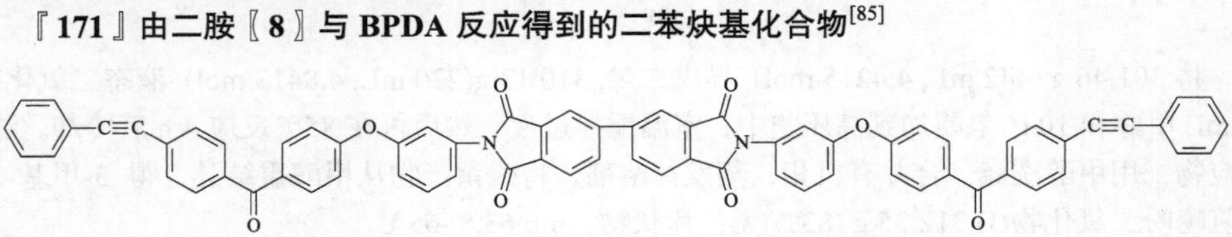

以BPDA代替ODPA按『172』方法合成。产率89%，mp 190.1~194.8℃。

『172』由二胺『8』与 ODPA 反应得到的二苯炔基化合物[85]

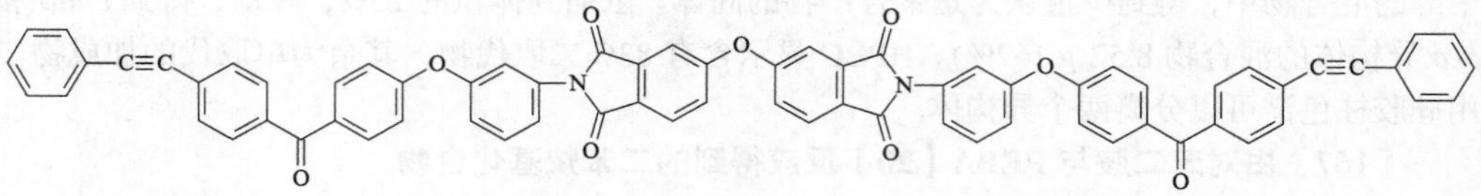

将 1.39 g (4.49 mmol)ODPA, 3.50 g (4.49 mmol) 4-(3-氨基苯氧基)-4'-苯乙炔基二苯酮『8』在 75 g 冰乙酸中回流 18 h，冷却到室温，得到淡黄色沉淀，滤出，用乙酸及甲醇洗涤，110℃干燥，粗产物溶于热甲苯，用活性炭处理后得到 4.08g 双(苯乙炔)，产率 85%，mp 206.2~209.6℃。

『173』CBR363[84]

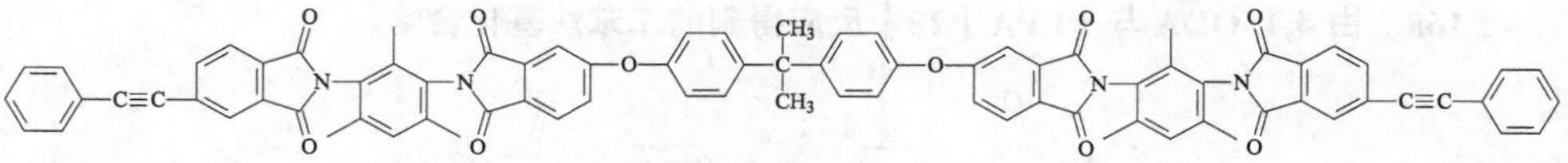

由 1 分子 BPADA、2 分子 2,4,6-三甲基间苯二胺及 2 分子 PEPA 合成。

4.10　双二烯化合物

『174』*N,N′*-双(丁二烯基-2-甲基)-*N,N′*-二乙基联苯胺
N,N′-Bis(butadienyl-2-methyl)-*N,N′*-diethyl benzidine[86]

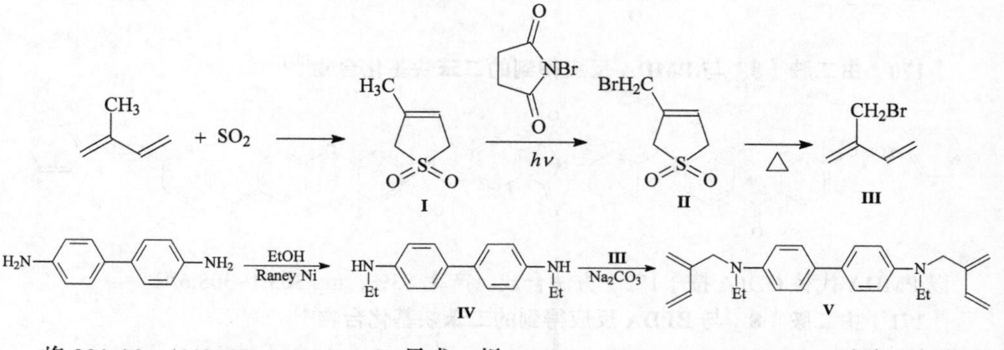

将 301.46 g (442 mL, 4.4215 mol) 异戊二烯，310.13 g(220 mL, 4.8413 mol) 液态二氧化硫，20 mL 甲醇和 10 g 氢醌加到高压釜中，室温搅拌过夜。然后再在 85℃反应 4 h 后冷却。滤出反应物，用甲醇洗涤。合并有机相，蒸发掉溶剂，将残留产物从甲醇重结晶，得 3-甲基-2,5-二氢噻吩二氧化物(I) 312.35 g (83%)无色片状物，mp 63.8~65℃。

将 138.35 g (1.0476 mol)I 溶于 750 mL 二氯甲烷中，加入 186.47 g (1.0476 mol)*N*-溴代丁二酰亚胺和 0.25 g 偶氮二异丁腈，用 275 W 太阳灯辐照。一旦反应开始(出现回流)将太阳灯调整到能够保持回流的距离。最后回流停止，丁二酰亚胺沉淀，说明反应已经完成。将反应物冷却到 0~5℃放置过夜。滤出丁二酰亚胺，浓缩滤液至 1/6 体积，加等量的 95%乙醇，搅拌

10 min，滤出沉淀，从 95%乙醇中重结晶，得 3-溴甲基-2,5-二氢噻吩二氧化物(**II**) 75.17 g (34%)，mp 88.9~90.3℃。

将 26.2150 g(0.1243 mol)**II** 在 80~90 mmHg 下缓慢加热到 130~150℃，放出二氧化硫，得到 2-溴甲基丁二烯(**III**)红色液体产物 15.7906 g(87%)。

在反应瓶中依次加入 42.49 g (230.7 mmol)联苯胺，116 mL 无水乙醇，大约 50 g Raney 镍和 116 mL 无水乙醇。混合物加热回流 15 h。加入 95%乙醇和 38 g 助滤剂，使体积达到 650 mL。将混合物加热回流，尽快过滤，用热的 95%乙醇洗涤。将滤液浓缩到 300 mL，缓慢冷却到室温，再在 0~5℃过夜，滤出沉淀，溶于 250 mL 热的 95%乙醇，迅速过滤，用 250 mL 95%乙醇稀释，加热，使固体溶解后缓慢冷到室温，然后在 0~5℃过夜，过滤，干燥，得到淡褐色 *N,N'*-二乙基联苯胺(**IV**) 39.97 g (72%)，mp 112.8~114.5℃。

向 7.3786 g(30.7416 mmol) **IV**，3.2605 g(30.7623 mmol) 碳酸钠和 90 mL 甲醇的混合物中加入 9.0310 g(61.4772 mmol)新蒸的 **III**，氮气下搅拌 2 天。滤出沉淀，用甲醇洗涤，真空干燥。将得到的双丁二烯溶于丙酮/甲醇(4/1)，滴加水使出现沉淀，再加热溶解后缓慢冷却到室温，过滤，真空干燥，得到淡褐色针状结晶 **V**，收率 45%，mp 65.3~68.3℃。

『175』1.4-二[*N,N'*-双(丁二烯-2-甲基)-乙基氨基]-2,3,5,6-四甲基苯

1.4-*N,N'*-Bis[(butadienyl-2-methyl)-ethylamino]-2,3,5,6-tetramethylbenzene[86]

由四甲基对苯二胺与 2-溴甲基丁二烯按『174』方法合成，收率 40%，mp 81.3~83.5℃。

『176』2,2'-双[4-(*N*-(丁二烯基-2-甲基)-乙基氨基苯基)-*p*-二异丙基苯

2,2'-Bis[4-(*N*-(butadienyl-2-methyl)-ethylaminophenyl]-*p*-diisopropylbenzene[86]

由二胺(『342』)与 2-溴甲基丁二烯按『174』方法合成，*N,N'*-二乙基二胺收率 30%~40%，mp 132~138℃；双二烯收率 90%，从丙酮/甲醇(5/1)重结晶，mp 137~139℃。

『177』2,2'-Bis{4-[*N*-(丁二烯-2-甲基)-乙基氨基] -3,5-二甲基苯基}-*p*-二异丙基苯

2,2'-Bis[4-(*N*-(butadienyl-2-methyl)-ethylaminol-3,5-dimethylphenyll-*p*-diisopropyl benzene[86]

由二胺(『344』)与2-溴甲基丁二烯按『174』方法合成，收率12%，mp 70.4~77.3℃。

『178』1,4-[*N*,*N*'-二(丁二烯基-2-甲基)二乙酰胺基]-2,3,5,6-四甲基苯

1,4-[*N*,*N*'-Bis(butadienyl-2-methyl)diacetamido]-2,3,5,6-tetramethylbenzene[87]

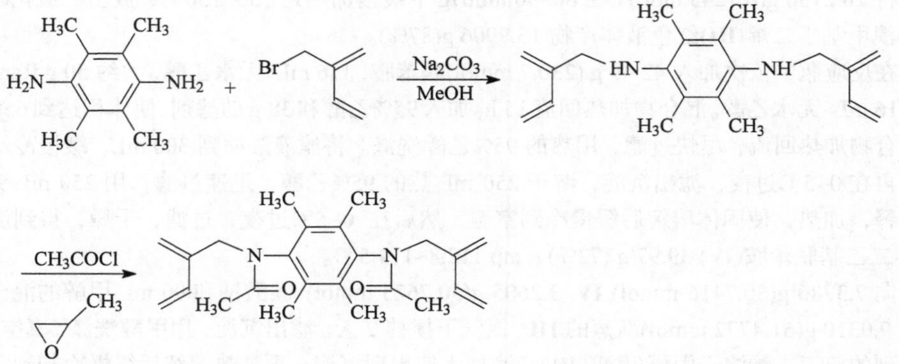

将四甲基对苯二胺与碳酸钠在甲醇中搅拌，再加入 2-溴甲基-1,3-丁二烯，混合物在氮气下搅拌 2 天。将双-1,3-丁二烯产物滤出，用甲醇洗涤，真空干燥。再将产物溶于丙酮/甲醇(4/1)中，滴加水使出现沉淀，再小心加热，重新溶解。逐渐冷却到室温，过滤，真空干燥，1,4-[*N*,*N*'-双(丁二烯基-2-甲基)-二氨基]-2,3,5,6-四甲苯收率 40%，mp 81.3~83.5℃[85]。

将 2.44 g (8.23 mmol) 1,4-[*N*,*N*'-二(丁二烯基-2-甲基)二氨基]-2,3,5,6-四甲基苯和 1.5 mL 环氧丙烷溶于干苯中，加入 3.8 mL(53.44 mmol)乙酰氯，在室温搅拌 4 天，其间生成白色 45 mL沉淀。加入 25 mL95%乙醇以破坏过量的乙酰氯，并使沉淀溶解，除去溶剂得到黄色油状物，溶于 95%乙醇，滴加水，使产物沉淀析出，过滤，室温真空干燥。从 40%~50%的乙醇水溶液重结晶，得到二乙酰胺基产物 2.10 g(67%)，mp >270℃。

『179』1,4-[*N*,*N*'-二(丁二烯基-2-甲基)二苯甲酰胺基]-2,3,5,6-四甲基苯

1,4-[*N*,*N*'-Bis(butadienyl-2-methyl)dibenzamido]-2,3,5,6-tetramethylbenzene[87]

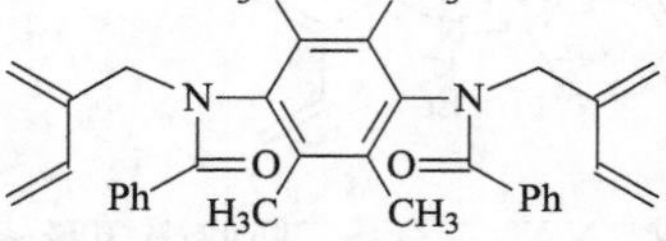

用『178』方法由苯甲酰氯制得，从40%~50%的乙醇水溶液重结晶，得到白色针状结晶，产率58%，mp >270℃。

『180』1,4-[*N*,*N*'-二(丁二烯基-2-甲基)二(2-萘甲酰胺基)]-2,3,5,6-四甲基苯

1,4-[*N*,*N*'-Bis(butadienyl-2-methyl)bis(2-naphthamido)]-2,3,5,6-tetramethyl benzene[87]

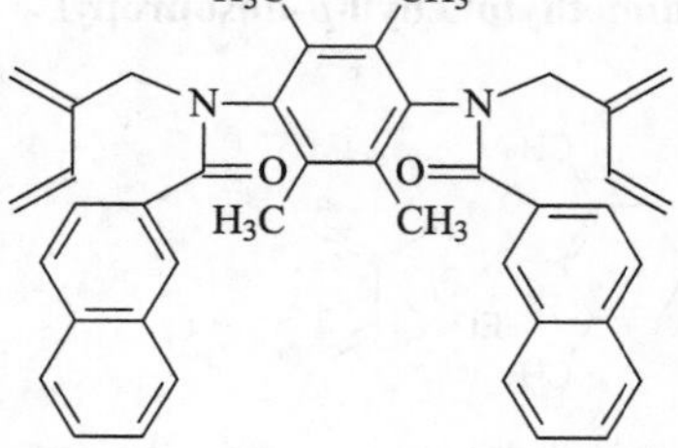

用『178』方法由 2-萘甲酰氯制得，反应 2 天，从 95%乙醇/氯仿(8/1)重结晶，得到白色粉末，产率80%，mp >270℃。

『181』1,4-[N,N'-二(丁二烯基-2-甲基)二(4-苯基苯甲酰胺基)]-2,3,5,6-四甲基苯

1,4-[N,N'-Bis(butadienyl-2-methyl)bis(4-phenylbenzamido)]-2,3,5,6-tetramethylbenzene[87]

用『178』方法由 4-苯基苯甲酰氯制得，从 95% 乙醇/氯仿(2/1)重结晶，得到白色片状结晶，产率 55%，mp >270℃。

『182』1,4-[N,N'-二(丁二烯基-2-甲基)二(4-硝基苯甲酰胺基)]-2,3,5,6-四甲基苯

1,4-[N,N'-Bis(butadienyl-2-methyl)bis(4-nitrobenzamido)-2,3,5,6-tetramethylbenzene[87]

用『178』方法由 4-硝基苯甲酰氯制得，从 95% 乙醇/氯仿(1.5/1)重结晶，得到黄色针状结晶，产率 70%，mp >270℃。

『183』1,4-[N,N'-二(丁二烯基-2-甲基)二(4-苯氧基苯甲酰胺基)]-2,3,5,6-四甲基苯

1,4-[N,N'-Bis(butadienyl-2-methyl)bis(4-phenoxybenzamido)]-2,3,5,6-tetramethylbenzene[87]

用『178』方法由 4-苯氧基苯甲酰氯制得，从乙醇/水/氯仿(4/1/0.3)重结晶，得到白色粉末，产率 31%，mp 186.5~189.0℃。

『184』1,4-[N,N'-二(丁二烯基-2-甲基)二(4-氨基苯甲酰胺基)]-2,3,5,6-四甲基苯

1,4-[N,N'-Bis(butadienyl-2-methyl)bis(4-aminobenzamido)]-2,3,5,6-tetramethylbenzene[87]

将 0.36 g (0.61 mmol)『182』，75 mL 无水乙醇，15 mL 水，0.17 g 氯化钙和 2.79 g 锌粉的混合物回流 2 天，趁热过滤，加水沉淀，过滤，室温真空干燥，由 40%~50% 乙醇水溶液重结晶，得白色粉末 0.31g (95%)，mp>270℃。

『185』4,4′-双(3,4-二甲叉吡咯基)联苯 4,4′-Bis(3,4-dimethylenepyrrolidyl)biphenyl[89]

由联苯胺按『186』方法合成。

『186』4,4′-双(3,4-二甲叉吡咯基)二苯甲烷

4,4′-Bis(3,4-dimethylenepyrrolidyl)diphenyl methane[89]

将 41.0 g (0.5 mol) 2,3-二甲基-1,3-丁二烯，32.0 g (0.5 mol) 液态二氧化硫和 25 mL 甲醇及 1 g 氢醌在高压釜中室温搅拌过夜，然后再在 85℃反应 4 h。冷却后将产物真空干燥，从甲醇重结晶，得 3,4-二甲基-2,5-二氢噻吩-1,1-二氧化物(I)63.7 g (87%)，mp 136℃。

将 58.4 g (0.4mol) I 在 350 mL 二氯甲烷中的溶液与 142.4 g (0.8 mol) NBS 和 0.25 g 偶氮二异丁腈反应。反应瓶用 275 W 太阳灯辐照，一旦反应开始(出现回流)，将灯调整到使反应保持回流的距离。反应完成后，在 0～5℃冷却过夜，滤出丁二酰亚胺沉淀，滤液蒸发后在等体积的 95%乙醇中搅拌，得 3,4-二溴甲基-2,5-二氢噻吩 1,1-二氧化物(II)，收率 36%，mp 125℃。

将 8.0 g (26 mmol)II 在 0.5 mmHg 下加热到 160~170℃ 经 1~2 h，将得到的升华产物从己烷重结晶，得 2,3-二溴甲基-1,3-丁二烯(III)，收率 70%~82%，mp 57℃。

将 5.6 g (23 mmol) 2,3-二溴甲基-1,3-丁二烯，2.31 g (12.6 mmol) MDA 和 2.47 g (23 mmol) 碳酸钠在 75 mL 甲醇中室温搅拌。反应器用铝箔包裹避光。产物随着碳酸钠的消耗而沉淀，过滤，依次用甲醇、水和丙酮洗涤，室温真空干燥，得产物 3.79 g (92%)，mp 100℃(dec)。由于产物的高活性，还没有找到纯化的方法。

『187』4,4′-双(3,4-二甲叉吡咯基)二苯醚 4,4′-Bis(3,4-dimethylenepyrrolidyl)diphenyl ether[89]

由 ODA 按『186』方法合成，收率 85%，mp 110℃(dec)。

『188』2,2′-双[4(3,4-二甲叉吡咯基)苯基]-p-二异丙基苯

2,2′-Bis[4(3,4-dimethylenepyrrolidyl)phenyl]-p-diisopropyl benzene[89]

由二胺(『342』)按『186』方法合成，收率 88%，未测得熔点。

『189』*m*-双(五甲基环戊二烯)苯二甲基

***m*-Bis(1,2,3,4,5-pentamethylcyclopenta-2,4-diene)xylylene**[90]

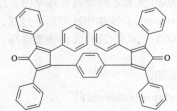

由 50 mL(24.7 mmol)五甲基环戊二烯钠(CpMe₅Na)和 2.97 g(11.2 mmol)α,α′-二溴间二甲苯在 15 mL THF 中在 0℃搅拌 1 h，室温搅拌 3 h。加入 50 mL 乙醚，溶液用 30 mL 饱和 NH₄Cl 洗涤。有机层再用水洗涤到中性，硫酸钠干燥，除去溶剂得到仍然含有 1,2,3,4,5-五甲基环戊二烯(由过量的 CpMe₅⁻水解得到)的黄色油状物。用柱色层(己烷)从甲醇重结晶，得双双烯 2.734 g (70%)，mp 64.5℃。

4.11　双[(三苯基)环戊二烯酮]

『190』3,3′- (1,4-苯撑)双[2,4,5-三苯基环戊二烯酮]

3,3′- (1,4-Phenylene) bis [2,4,5-triphenylcyclopentadienone][92]

由对苯二胺按『191』方法合成。收率 78%，mp 302~304℃。

『191』3,3′-(4,4′-联苯撑) 双 [2,4,5-三苯基环戊二烯酮]

3,3′-(4,4′-Biphenylene) bis [2,4,5-triphenylcyclopentadienone][92]

将 65 g(0.25 mol)联苯胺二盐酸盐溶于 100 mL 浓盐酸中,加入 400 g 冰,缓慢加入 110 mL 30%亚硝酸钠溶液。溶液用饱和碳酸钠水溶液中和后,在 90℃缓慢加入氰化亚铜络合物[45 g (0.5 mol)氰化亚铜和 65 g(1.0 mol)氰化钾在 1060 mL 水中的溶液)]。冷却到室温,滤出黄褐色固体,在 100℃干燥 12 h,得到 110.5 g 产物。用 600 mL 氯仿萃取,蒸出氯仿,得到 50 g 单黄褐色产物,在 150℃/20 mmHg 升华,得到 4,4′-二氰基联苯(I)24.5 g(48%),mp 237~238℃。

将由 2.4 g(0.10 g atom)镁屑和 10.1 g(10.0 mL,0.08 mol)苄氯在 160 mL 乙醚中得到的苄基氯化镁滴加到 2.04 g(10 mmol) 4,4′-二氰基联苯在 100 mLTHF 的溶液中。加热回流 1 h,再搅拌 24 h 后加入 200 mL 苯,蒸出 THF 和乙醚,将苯溶液倒入 500 g 冰和 300 mL 浓盐酸的混合物中,再回流 24 h,这时苯层变为深黄绿色。在冰浴中冷却后滤出粗产物,空气干燥,得 3.2 g,mp 226~230℃。从 250 mL 二氯甲烷重结晶(活性炭脱色),得 4,4′-二苄酰基联苯(II) 2.45 g (62.7%),mp 225.5~226.5℃。

将 3.9 g(10 mmol) 4,4′-二苄酰基联苯和 3.9 g(0.035 mol) 灰色二氧化硒加到 100 mL 乙酐中,回流 5 h。冷却后滤出硒,用乙酐洗涤,合并乙酐溶液,与 100 mL 水共热。冷却后分出固体,溶于 500 mL 苯中,进行柱层析(氧化铝,苯)。将流出液浓缩至 100 mL,在冰中冷却,加入 100 mL 戊烷,滤出黄色沉淀,干燥后得 3.25 g 粗产物,mp 180~190℃。从 100 mL 乙酸乙酯重结晶,得 4,4′-二苯基乙二酮基联苯(III) 2.70 g(59.7%)黄色结晶,mp 203~204℃。

将 4.2 g(20 mmol) 苄基酮和 3.9 g(9.5 mmol) III 在 100 mL 无水乙醇溶液加热至沸,加入 0.30 g(5.0 mmol) KOH 在 10 mL 水中分溶液,混合物回流 30 min。在冰浴中冷却后,过滤,滤饼用 30 mL 冷乙醇洗涤,得到 8.5 g 紫黑色粉末,mp 289~290℃。从苯/乙醇混合物重结晶,得到产物 6.5 g(89.1%)紫黑色结晶,mp 293.8~294.5℃。

『192』4,4′-二苯基甲烷撑双(2,4,5-三苯基-3-环戊二烯酮)

4,4′-Methylenedi-p-phenylenebis (2,4,5-triphenyl-3-cyclopentadienone)[92]

由二氨基二苯甲烷按『191』方法合成。
II:收率 48.2%,mp 144~145℃;
III:收率 70%,mp 144~144.5℃;
V:收率 40.4%,mp 248.2~249.7℃。

『193』4,4′-二苯酮撑双(2,4,5-三苯基-3-环戊二烯酮)

4,4′-Benzophenonebis (2,4,5-triphenyl-3-cyclopentadienone)[92]

由二氨基二苯酮按『191』方法合成。
收率 89%,mp 301℃。

『194』4,4′-二苯醚撑双(2,4,5-三苯基-3-环戊二烯酮)

3,3′-(Oxydi-*p*-phenylene) bis (2,4,5-triphenylcyclopentadienone)[92]

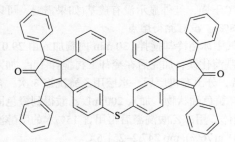

由二氨基二苯醚按『191』方法合成。
II：收率77%，mp 169~170℃；
III：收率83%，mp 106.4~107.4℃；
V：收率80%，mp 256~258℃。

『195』4,4′-二苯硫醚撑双(2,4,5-三苯基-3-环戊二烯酮)

3,3′-(Thiodi-*p*-phenylene)bis [2,4,5-triphenylcyclopentadienone][92]

由二氨基二苯硫醚按『191』方法合成。
II：收率47.5%，mp 198.5~199.5℃；
III：收率52.3%，mp 90.0~91.6℃；
V：收率80%，mp 277~279℃。

4.12 二异苯并呋喃

『196』1,1′,3,3′-四苯基-5,5′-二异苯并呋喃 **1,1′,3,3′-Tetraphenyl-5,5′-biisobenzofuran**[95]

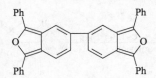

由联苯二酐按『197』方法合成。II：产物从氯苯重结晶，产率73%，mp 280.2~284.8℃；III：产物从氯苯重结晶，产率84%，mp 308.9~313.3℃。

『197』5,5′-氧二(1,3-二苯基二异苯并呋喃) **5,5′-Oxybis(1,3-diphenylisobenzofuran)**[95]

将 6.20 g (0.02 mol) ODPA 悬浮于 500 mL 用钠处理过的苯中，室温下缓慢加入 13.33 g (0.10 mol) 无水三氯化铝。混合物加热回流 24h，最后得到暗色的半固体物质。倾出苯后倒入 1L 冰水中，过滤，得 4,5′-氧二(2-苯甲酰基苯甲酸) **(I)** 白色粉末 18.2 g，真空室温干燥，不溶于有机溶剂[21]。

将 13.0 g (28 mmol)**I** 在 100 mL 5%NaOH 中搅拌溶解后以小份加入 5.0 g (130 mmol)硼氢化钠，室温搅拌 5 天，滴加 5%HCl 将 pH 调到 7.2 左右，再小心加入 1.5 g (40 mmol)硼氢化钠，混合物加热到 80℃经 15 h，冷却到 10℃，滤出白色固体，在 110℃干燥后研成粉末，在 10%NaOH 中搅拌 1 h，过滤，用水洗涤后在 110℃干燥，红外显示没有羧基(如果需要，可以重复碱洗)，得 5,6′-氧二(3-苯基苯酞) **(II)** 8.27g(68%)。没有测得熔点。

将 20.00 g (46 mmol)**II** 溶于 250 mL THF 氮气中冰浴冷却搅拌。30 min 内滴加入由 29.0 g 溴苯、8.0 g 镁屑在 150 mL 无水乙醚中制得的苯基溴化镁，加完后在冷却下再搅拌 1 h。加入 175 mL 饱和氯化铵溶液，反应物由暗红变为淡黄，分出有机层后，水层用乙醚洗涤 3 次，合并有机层，用 4Å 分子筛干燥，除去溶解，得到亮黄色油状物，加入 200 mL 乙酸得到橙色固体，加热搅拌 30 min，冷却到室温，滤出橙色固体，用冰乙酸洗涤后再用含 15%水的甲醇洗涤，产物在 110℃干燥，从甲苯重结晶得 **III** 19.41 g(76%), mp 247.2~251.6℃。

4.13 乙内酰脲

『198』5,5-二苯基乙内酰脲 5,5-Diphenylhydantoin[96]

将 0.23 mol 苯甲醛溶于 35 mL 96%乙醇中，加入 2.5 g 氰化钾在 25 mL 水中的溶液。混合物加热回流 30 min，冷却后倒入冰水中，滤出产物苯偶因**(I)**，用水洗涤。Mp 134~138℃；bp 194℃/12 mmHg。

将粗二苯乙醇酮与 50 mL 浓硝酸加热回流 2 h 后倒入 300 mL 冷水中，搅拌到油状物完全结晶为黄色固体。将产物滤出，用水充分洗涤除去硝酸，从乙醇重结晶，得二苯基乙二酮**(II)**，收率 96%，mp 94~95℃。

将 0.025 mol 二苯乙二酮，0.05 mol 脲，15 mL 30% NaOH 水溶液和 75 mL 乙醇的混合

物回流 2 h，冷却到室温后倒入 125 mL 水中，放置 15 min 后过滤，除去不溶物，将滤液用盐酸酸化，滤出沉淀，用水洗涤，得乙内酰脲(III)，从乙醇重结晶，mp 297~298℃。

『199』5,5-二甲基乙内酰脲 5,5-Dimethylhydantoin[93]

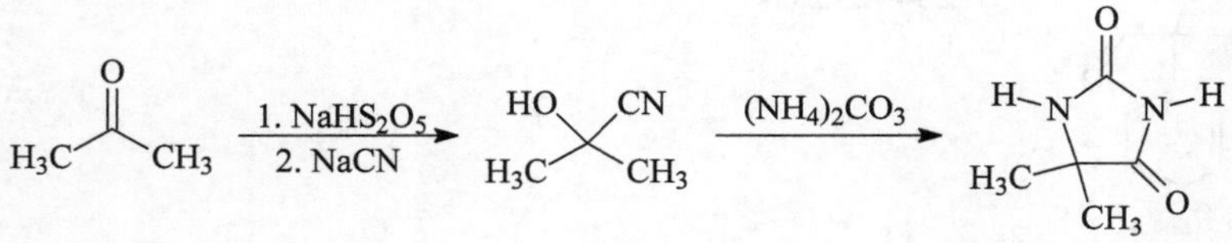

将 11 g NaHS$_2$O$_5$ 溶于 20 mL 冷水中，缓慢加入 5.8 g 丙酮，再加入 6 g 氰化钠 20 mL 水中的溶液，在加料过程中形成的氰醇出现在上层，分出下层后，在上层溶液中加入无水硫酸钠，得到丙酮氰醇 6 g (70%)。

将 4.25 g (0.05 mol) 丙酮氰醇与 7.5 g (0.078 mol)新粉碎的碳酸铵加热到 50℃反应 30 min，然后在 70~80℃反应 3 h。再在 90℃反应到混合物不再放出气体(CO$_2$)，冷却固化，粗产物从热水重结晶，收率45%，mp 177~178℃。

『200』5-甲基-5-乙基乙内酰脲 5-Methyl-5-ethylhydantoin[93]

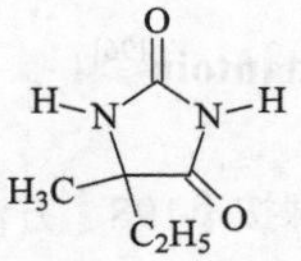

用甲乙酮代替丙酮按『199』方法得到。

『201』5,5-二(p-乙基苯基)乙内酰脲 5,5-Di(p-ethylphenyl) hydantoin[93]

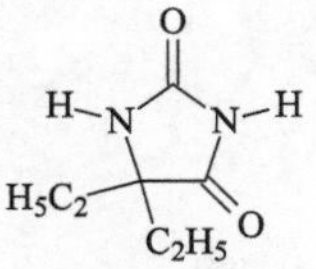

用戊酮代替丙酮按『199』方法得到。

『202』5-螺环戊基乙内酰脲 5-Spirocyclopentanehydantoin[93]

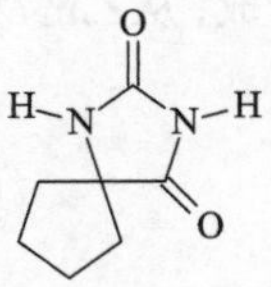

用环戊酮代替丙酮按『199』方法得到。

『203』5-螺环己基乙内酰脲 5-Spirocyclohexanehydantoin[93]

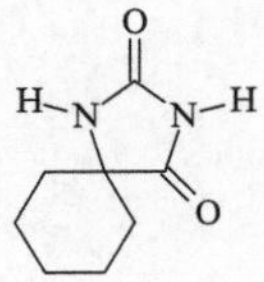

用环己酮代替丙酮按『199』方法得到。

『204』5,5-二苯基乙内酰硫脲 5,5-Diphenylthiohydantoin[93]

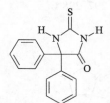

用硫脲代替脲按『198』方法得到。从乙醇/水(1/1)重结晶，mp 234~235℃。

『205』5,5-二(p-氯苯基) 乙内酰脲　5,5-Di(p-chlorophenyl)hydantoin[96]

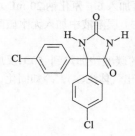

以对氯苯甲醛代替苯甲醛按『198』方法合成，从乙醇重结晶，mp 314~316℃。

『206』5,5-二(p-氯苯基) 乙内酰硫脲 5,5-Di(p-chlorophenyl)thiohydantoin[96]

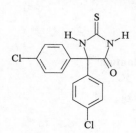

以对氯苯甲醛代替苯甲醛，硫脲代替脲按『198』方法合成，从乙醇重结晶，mp 298~230℃。

『207』5,5-二(p-甲苯基) 乙内酰脲　5,5-Di(p-methylphenyl) hydantoin[96]

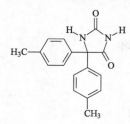

以对甲苯甲醛代替苯甲醛按『198』方法合成，从乙醇/水(3/2)重结晶，mp 136~137℃。

4.14　N-羟烷基二酰亚胺

『208』N,N'-二甲醇基均苯四酰亚胺 N,N'-Dimethylolpyromellitimide[97]

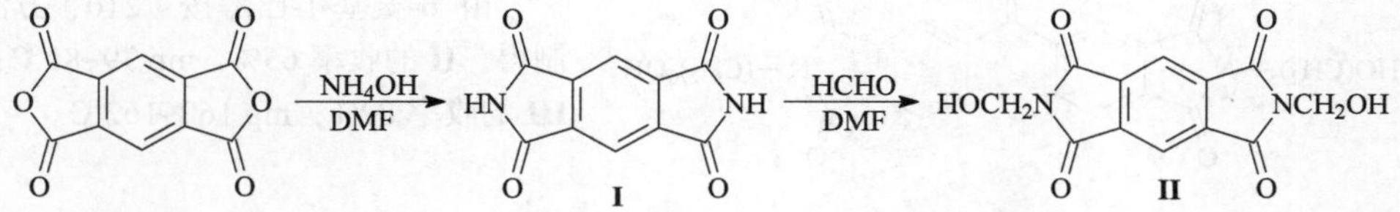

将 10 g PMDA，50 mL DMF 和 19 mL 28%氨水在室温搅拌过夜，得到白色沉淀，过滤(洗涤后)在 200℃加热 3 h，得 9.98 g 双酰亚胺，从 DMF 重结晶，得 I 9.2 g(91%)淡黄色平片状结晶。

将 0.65 g (3 mmol)I，2 mL DMF 和 0.49 mL 37%甲醛溶液，在 130~140℃反应 20 min 得到溶液。再反应 15 min 后倒入 500 mL 水中得到沉淀，滤出白色固体 0.78 g，从二氧六环重结晶，得 II 0.71 g(85%)，mp 146℃(dec)。

『209』N,N'-二甲醇基二苯酮四酰亚胺

N,N'-Dimethylol benzophenonetetracarboxylimidepyromellitimide[97]

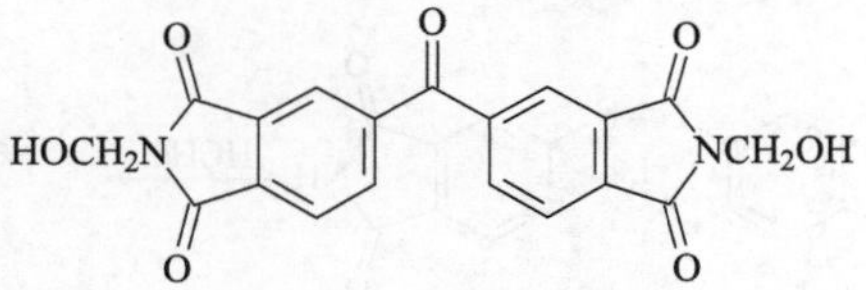

由 BTDA 按『208』方法合成，收率 77%。

『210』N,N'-双(3-羟基丙基)二苯酮四酰亚胺

N,N'-Bis(3-hydroxypropyl)benzophenonetetracarboxylic diimide[98]

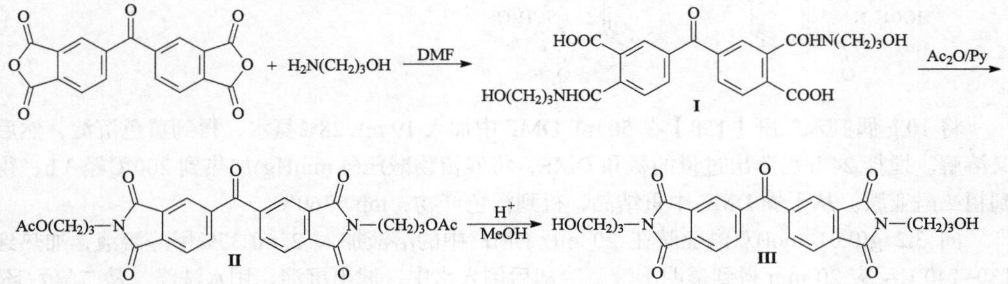

将 6.44 g (0.02 mol) BTDA 与 3.15 g (0.042 mol) 3-氨基丙醇在 15 mL DMF 中室温反应 24 h，加入 20 mL 乙酐和 4 mL 吡啶，回流 4.5 h，冷却后倒入水中，滤出沉淀，用水洗涤，用氯仿萃取，从甲醇中重结晶 2 次，60℃真空干燥过夜，II 的收率 36%，mp 98~100℃。

将 5.0 g (0.01 mol) II 在含有 0.5 g 对甲苯磺酸的甲醇中回流 5 h，冷却后滤出二羟基物，从二氧六环/水(3∶1)重结晶 3 次，III 的收率 65%，mp165~167℃。

说明：热酰亚胺化得不到二羟基酰亚胺。

『211』 *N,N*′-双(6-羟基己基)二苯酮四酰亚胺

N,N′-Bis(6-hydroxyhexyl)benzophenonetetracarboxylic diimide[98]

由 6-氨基-1-己醇按『210』方法制得，**II** 的收率 65%，mp 79~81℃；**III** 的收率 82%，mp 160~162℃。

『212』 *N,N*′-双(6-羟基己基)二苯砜四酰亚胺

N,N′-Bis(6-hydroxyhexyl)diphenylsulfonetetracarboxylic diimide[98]

由 6-氨基-1-己醇和二苯砜二酐按『210』方法制得。

『213』 *N,N*′-二甲醇基偶氮苯四酰二亚胺

N,N′-Bismethylolazobenzenetetracarboxylic diimide[99]

将 10 g 偶氮苯二酐【158】在 50 mL DMF 中加入 19 mL 28%氨水，得到黄色沉淀，然后又溶解。搅拌 24 h 后蒸出过量的氨和 DMF，将残留物减压(4 mmHg)加热到 200℃经 3 h，得到粗二酰亚胺。从干燥 DMF 中重结晶，得到褐色产物，mp >360℃。

向 3.2 g(0.01 mol)双酰亚胺在 20 mL DMF 中的溶液加入 2 mL37%甲醛溶液，加热到 130~140℃反应 20 min 得到透明溶液，冷却后倒入水中，滤出沉淀，用水洗涤，从二氧六环/水重结晶，得橙色晶体 3.2 g(84%)，mp 240℃(dec)。

『214』双(*N*-羟乙基酞酰亚胺基)-双(9,10-二氢-9-氧-10-氧-10-磷菲-10-基)甲烷

Bis(*N*-hydroxyethyl-phthalimidyl)-bis(9,10-dihydro-9-oxa-10-oxide-10-phosphaphenanthrene-10-yl)methane[100]

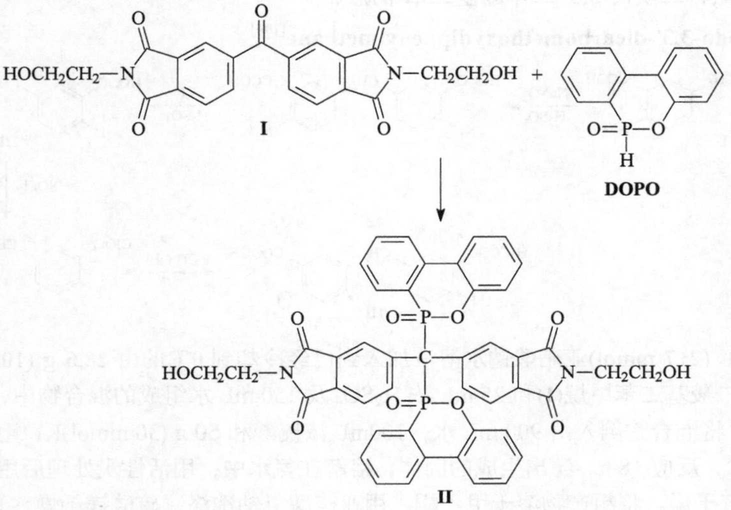

氮气下将 0.049 mol **I** 和 0.29 mol DOPO 在 180℃加热 3 h，冷却到 100℃后加入 300 mL 甲苯，滤出沉淀，用热甲苯洗涤，从 THF 重结晶，得到金色粉末 **II**，收率 80%，mp 175℃。

『215』*N,N'*-二(羟甲基)三环[4.2.2.02,5]癸-9-烯-3,4-*exo*-7,8-*endo*-双(二酰亚胺)[101]

N,N'-Bis(hydroxymethyl)tricyclo[4.2.2.02,5]dec-9-ene-3,4-*exo*-7,8-*endo*-bisdicarboximide

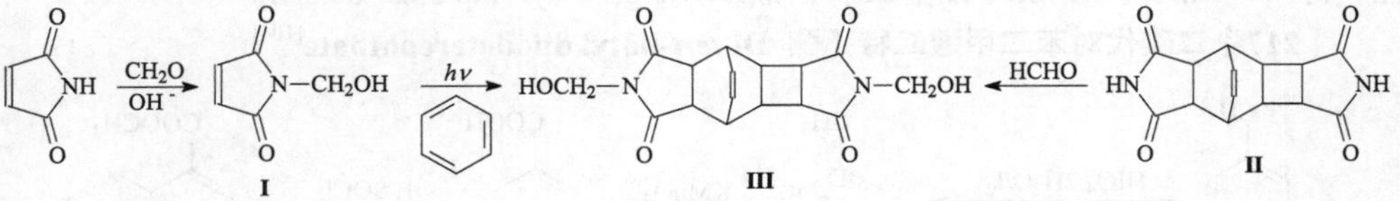

①由 *N*-甲醇基马来酰亚胺出发

30℃下将 3 mL 5% NaOH 加入到 98 g (1 mol)马来酰亚胺在 81 mL 37%甲醛的混合物中。10 min 内马来酰亚胺溶解，略微放热，温度升至 35℃。在室温反应 2.5 h 后过滤，得到 *N*-甲醇基马来酰亚胺(**I**)96 g(75%)。从乙酸乙酯重结晶，mp 104~106℃[102]。

将 1.27 g (10 mmol)**I** 加到含有 20 mL 苯乙酮，25 mL 丙酮和 75 mL 苯的混合物的锥形瓶中，转速 5 r/min，用 270~370 μm 波长的紫外光辐照，22 h 后得到 **III** 淡黄色沉淀 1.32 g(80%)。如用 500 W 太阳灯辐照 20 h 只能得到少量结晶和胶状物。

②由 **II** 出发[103]

也可以由 **II** 得到 **III**。

4.15　二碘化合物

『216』4,4′-二碘代-3,3′-二甲酯基二苯甲烷

4,4′-Diiodo-3,3′-dicarbomethoxydiphenylmethane[104]

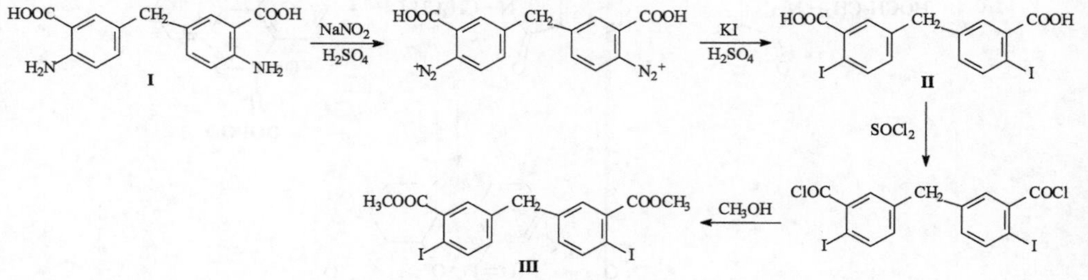

将 70 mL (217 mmol)亚硝酸钠水溶液加入到已经冷却到 0℃的由 28.6 g (100 mmol) 4,4′-二氨基-3,3′-二羧基二苯甲烷(I)和 25 mL 浓 H₂SO₄ 及 150 mL 水组成的混合物中，搅拌 1 h，加入 2 g 脲素，将混合物倒入由 900 mL 水，100mL 浓硫酸和 50 g (30 mmol)KI 组成的溶液中，加热到 100℃，反应 18 h。滤出生成的固体，溶解在氨水中，用活性炭处理后用浓盐酸酸化，再过滤，空气干燥。将粗产物溶于甲乙酮，用亚硫酸氢钠洗涤，硫酸镁干燥，真空蒸发到一半体积，用甲苯稀释，蒸去甲乙酮，冷至 0℃，滤出固体，空气干燥得 4,4′-二碘代-3,3′-二羧基二苯甲烷(II) 10 g(20%), mp 248℃。

将 9 g (17.8 mmol) II 在加有 2 滴 DMF 的 100 mL SOCl₂ 中回流 3 h., 蒸去过量的 SOCl₂，将得到的油状物与甲醇回流 3 h，冷到室温，放置 18 h，滤出结晶，空气干燥，在甲醇中重结晶，得 4,4′-二碘代-3,3′-二甲酯基二苯甲烷(III)7.0 g(73%)，mp 83.5~84.5℃。

『217』二碘代对苯二甲酸二特丁酯　**Di-*tert*-butyl diiodoterephthate**[104]

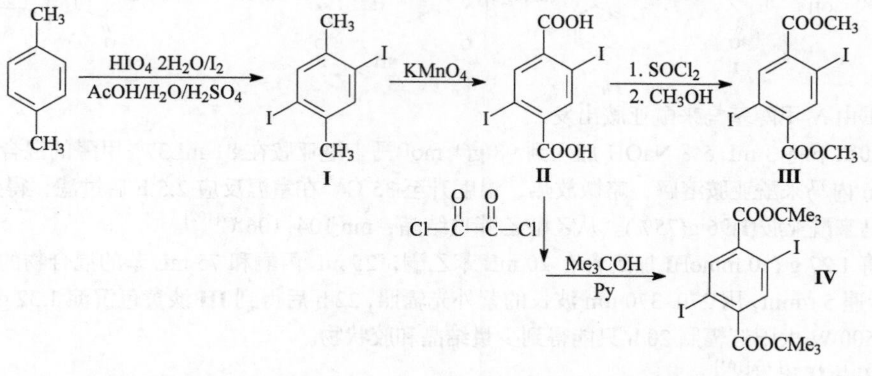

将 35.4 g (334 mmol)对二甲苯, 30.4 g (133mmol)高碘酸二水化合物和 68.0 g (268 mmol)碘溶于 160 mL 乙酸, 32 mL 水和 5 mL 浓 H₂SO₄的混合物中，加热到 65℃，出现放热反应。在 70℃搅拌 4 h 后将反应物倒入 50 g 亚硫酸氢钠在 1 L 水的溶液中。滤出紫褐色的固体，用

200 mL 水洗涤，在 250 mL 甲醇中搅拌，过滤，用甲醇洗涤，产物在庚烷中重结晶，得 2,5-二碘代-*p*-二甲苯(**I**)53.9 g(56%)，mp 101~103℃。由母液可以回收 17 g(18%)。

将 45.9 g (128 mmol)**I** 溶于 1.65 L 水和 920 mL 特丁醇的混合物中，用 4×60.7 g (384 mmol) KMnO$_4$ 处理。第一份在反应开始时加入，第二份在 3 h 后加入，第三份在 6 h 后加入，最后一份再过 2 h 后加入。回流温度下反应 18 h 后将无色反应物热滤。滤液浓缩到 600 mL，用 600 mL 水稀释，用 200 mL 乙醚萃取，用浓盐酸酸化。沉淀的固体加热到 70℃，热滤，用热水洗涤，干燥后得粗产物 25.0 g(53%)。在乙醚中搅拌后过滤，用乙醚洗涤，再在 150 mL 乙醚中用 5%碳酸钠洗涤，水层用 2×100 mL 乙醚萃取，然后酸化，得到的固体用水洗涤后将其溶于 THF，在硅胶柱中层析(THF)得到 2,5-二碘代对苯二甲酸(**II**)5.5 g (10%)。从 95%乙醇中重结晶，mp 140~144℃。

将 30.0 g (72 mmol)**II** 在 100 mL SOCl$_2$ 中加热回流到气体停止放出，浓缩后溶于二氯甲烷，再浓缩后溶于甲醇，在室温搅拌 18 h，滤出沉淀，用甲醇洗涤，干燥得二碘代对苯二甲酸二甲酯(**III**)23 g(72%)。

将 20.0 g (48mmol)**III** 在加有 3 滴 DMF 的 200 mL 草酰氯中在室温搅拌 30 min，然后回流 2 h。反应物真空浓缩，将固体再溶于 300 mL 二氯甲烷，再浓缩后在 28.0 g (250 mmol)特丁醇和 300 mL MeCN 中搅拌 30 min，15 min 内滴加入 20.0 g (250 mmol)吡啶，得到的溶液在室温搅拌 1 h，然后回流 1 h。将反应物加入到 1.5 L 水中，滤出沉淀，溶于二氯甲烷，用水洗涤，干燥后浓缩，用硅胶柱层析(庚烷/二氯甲烷，1/1)，在甲醇中重结晶，得二碘代对苯二甲酸二特丁酯(**IV**)11.2 g(44%)，mp 142~146℃。

『218』2,5-二碘代-*N,N,N',N'*-四异丙基对苯二酰胺

2,5-Diiodo-*N,N,N',N'*-tetraisopropylterephthalamide[105]

在 225 mL (1.6 mol)二异丙胺的 1500 mL THF 溶液中加入 73 g (360 mmol)对苯二酰氯在 THF/MeCN (500 mL/100 mL)中的溶液。室温搅拌 1 h，回流 2 h，滤出固体产物，在乙醇中搅拌后过滤，用水和乙醇充分洗涤，得到 *N,N,N',N'*-四异丙基对苯二酰胺 85 g(71%)，mp 283~284℃。

将 5.3 mL (6.9 mmol)异丁基锂的 1.3 mol/L 环己烷溶液在 35 min 内加到冷至−78℃的 TMEDA (1.0 mL, 6.6 mmol)在 10 mLTHF 的溶液中，搅拌 0.3 h，然后在 10 min 内滴加 997 mg (3.00 mmol) *N,N,N',N'*-四异丙基对苯二酰胺在 50 mLTHF 中的溶液。搅拌 3.25 h，在 6 min 内加入 3.05 g (12 mmol)碘在 30 mL THF 中的溶液，反应温度回暖到室温。在水中沉淀，过滤，用甲醇水溶液洗涤，干燥得 **III** 1.593 g(91%)，从硝基甲烷中重结晶得到仍然含 1.6%单碘化物的产物，mp 327℃。

『219』3,3′-二碘代-4,4′-双[(二异丙胺基)羰基]二苯醚

3,3′-Diiodo-4,4′-bis[(diisopropylamino)carbonyl] diphenyl ether[105]

将4,4′-二苯醚二甲酸的 THF 溶液用氯化亚砜处理，然后与二异丙胺反应，二酰胺由石油醚重结晶，mp 104.5~105.5℃。

将二酰胺溶于 THF 加入到冷却的 TMEDA 和异丁基锂在 THF 中的溶液，用碘处理得到含 15%单碘化物的产物，用硅胶柱层析(己烷/二氯甲烷，1/1)得到仍然含 5.6%单碘化物的产物。经制备 HPLC 提纯，得到产物的纯度>99.9%，mp 208~210℃。

『220』2,2-双[3-碘代-4-(二异丙胺基)羰基)苯基]六氟丙烷

2,2-Bis[3-iodo-4-((diisopropylamino)carbonyl)phenyl]hexafluoropropane[105]

由二苯基六氟丙烷二甲酸得到二酰胺，mp 227~230℃。按『218』方法碘化，经HPLC得到含2.2%未碘化和5.9%单碘化物的二碘化合物，mp 161~164℃。

『221』4-氨基-4′-碘代二苯醚　4-Amino-4′-iododiphenyl ether[106]

将 300 g (1.36 mol)4-碘苯酚和 18 g (0.13 mol)4-氟硝基苯加到 1.5 L DMF 和 120 g (1.5 mol)50% NaOH 的混合物中，在 0℃搅拌 15 min，再加入 200 g (1.42 mol)4-氟硝基苯，室温搅拌 18 h，滤出沉淀，用 DMF 洗涤，从异丙醇重结晶，得 392 g(84%)4-碘-4′-硝基二苯醚。

将 185 g (0.542 mol)4-碘-4′-硝基二苯醚在 THF 中以 Ni/Co 催化剂进行氢化，反应物浓缩后溶解在 CH_2Cl_2 中。以硅胶柱进行色层分离(以 CH_2Cl_2 为淋洗剂)，得到的粗产物从石油醚重结晶，得 143 g(85%)，mp 91~92℃。

『222』N-(4-碘代苯基)-4-碘代酞酰亚胺　N-(4-Iodophenyl)-4-iodophthalimide[106]

将 13.7 g (0.05 mol) 4-碘苯酐【10】，10.95 g (0.05 mol)4-碘苯胺和 19.9 mL (0.25 mol)吡啶加到 35 mL DMAc 中加热到 100℃，反应 4 h 后加入 10.3 mL (0.11 mol)乙酐，再反应 16 h 后倒入水中，滤出沉淀，用甲醇洗涤，60℃真空干燥得 22.1 g(93%)，mp 235℃。

『223』4-碘代-N-(4-(4-碘代苯氧基)苯基)酞酰亚胺

4-Iodo-N-(4-(4-iodophenoxy)phenyl)phthalimide[106]

由 4-碘苯酐【10】和 4-氨基-4′-碘代二苯醚反应得到。Mp 244~246℃。

『224』N,N'双(4-碘代苯基)均苯四酰二亚胺　N,N'-Bis(4-iodophenyl)pyromellitimide[106]

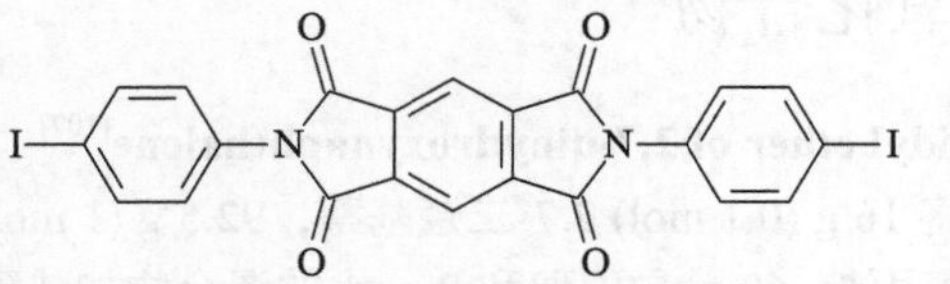

由 PMDA 和 4-碘苯胺合成，mp >350℃。

『225』2,2-二[4-(N-(4-碘代苯基)酞酰亚胺基)]六氟丙烷

2,2-Bis{4-[N-(4-iodophenyl)phthalimido]}hexafluoropropane[106]

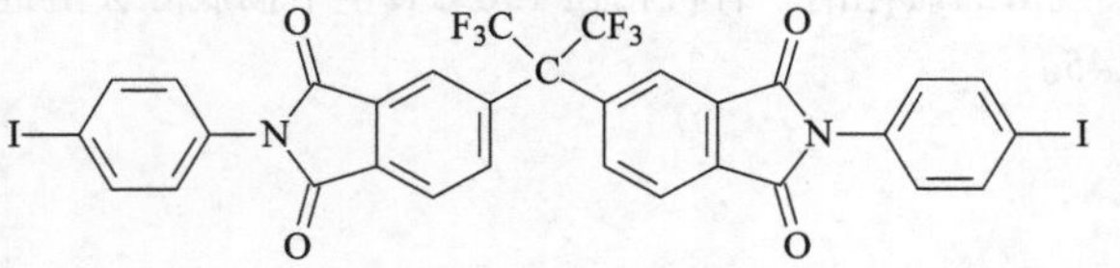

将 199.91 g (0.45 mol) 6FDA，197.13 g (0.900 mol)4-碘苯胺和 255 mL (3.15mol)吡啶加到 500 mL DMAc 中，在 100℃搅拌 4h，加入 340 mL(3.60 mol)乙酐，在 80℃搅拌 16 h 后冷却到 10℃，滤出沉淀，用甲醇洗涤，空气干燥，得 305.4 g(80%)，mp 308~310℃。

『226』2,2-二[4-(N-(3-碘代苯基)酞酰亚胺基)]六氟丙烷

2,2-Bis[4-(N- (3-iodophenyl)phthalimidyl)]hexafluoropropane[106]

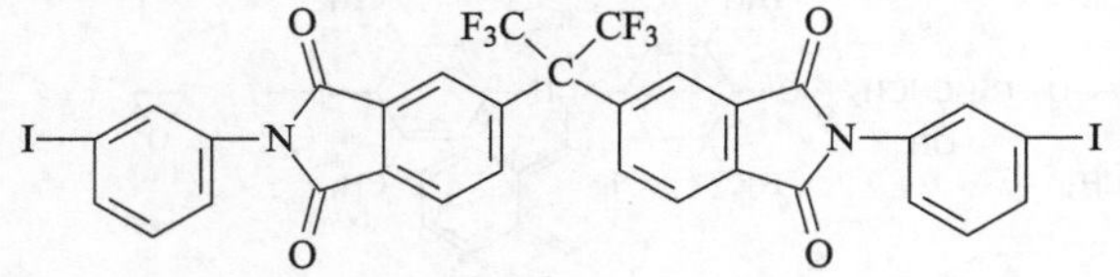

由 6FDA 和 3-碘苯胺按『225』方法合成，mp 242℃。

『227』双[4-(N-(4-碘代苯基)酞酰亚胺基)醚 Bis[4-(N-(4-iodophenyl)phthalimidyl) ether[106]

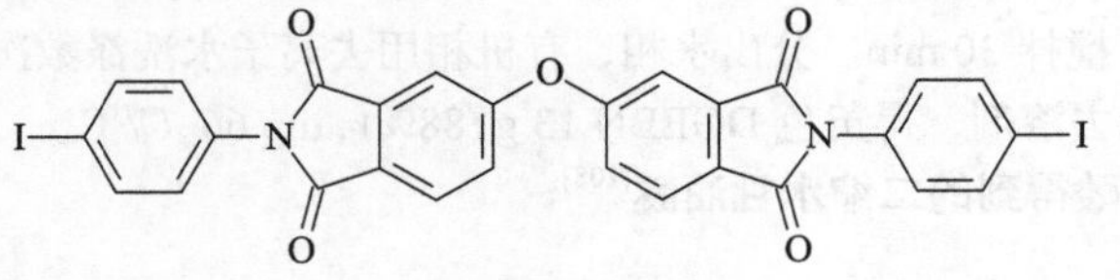

由 ODPA 和 4-碘苯胺【10】按『225』方法合成，mp 332℃。

『228』4,4'-双[N-(4,4'-碘代酞酰亚胺基)]二苯醚

4,4'-Bis[N-(4,4'-iodophthalimidyl)]diphenylether[106]

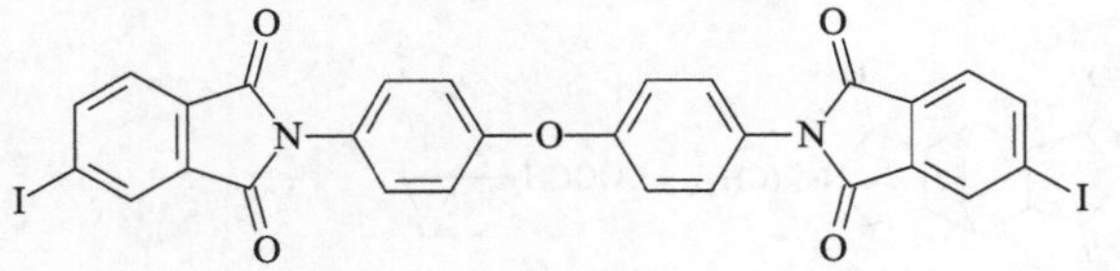

由 ODA 和 4-碘苯酐【10】按『225』方法合成。Mp 247℃。

4.16 二环氧化合物

『229』2,7-二羟基萘二缩水甘油醚 **Diglycidyl ether of 2,7-dihydroxynaphthalene**[107]

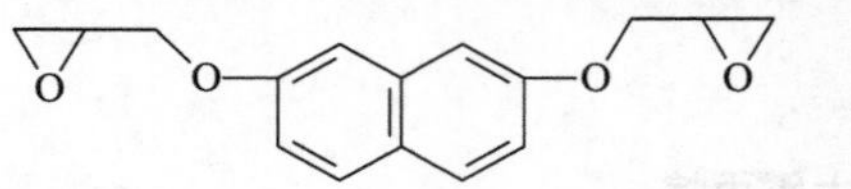

将 16 g (0.1 mol) 2,7-二羟基萘，92.5 g (1 mol) 环氧氯丙烷，60 g 异丙醇和 8 g 水的混合物加热到 65℃。在 30 min 内滴加 40 g (0.2 mol) 20%NaOH 水溶液，在 65℃搅拌 30 min，分出有机相，再与 22 g(0.11 mol) 20%NaOH 水溶液在 65℃搅拌 30 min。有机相用水洗涤数次，以除去残留的氯化钠。有机相在 150℃真空下彻底除去溶剂，得到暗绿色半固体 24.5 g，环氧值为 145。

『230』DGEBN[87]

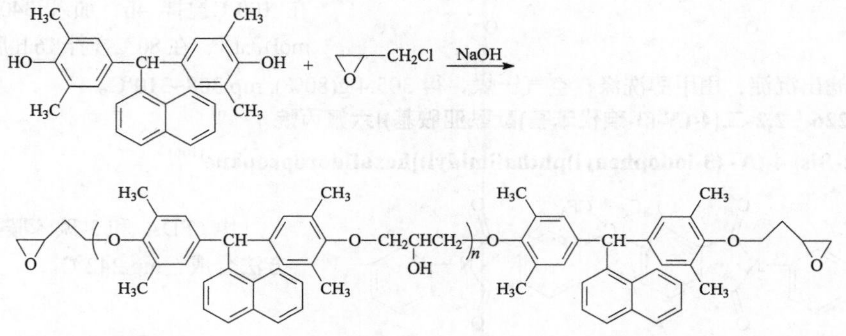

将 11.46 g (0.03 mol)BHDN 和 27.75 g (0.3 mol)环氧氯丙烷加到 18.03 g 异丙醇中，加热到 65℃ 在 45 min 内滴加 12 g 20% NaOH 水溶液，加完后继续在 65℃反应 30 min。分出有机层，再与 4.8 g 20% NaOH 水溶液在 65℃ 搅拌 30 min。分出水相，有机相用去离子水洗涤数次，以去除残留的 NaCl。然后在 150℃除去溶剂，得黄色 DGEBN 13 g (88%)，mp 66~67℃。

『231』由二酐【380】和氨基丁酸得到的二缩水甘油醚[108]

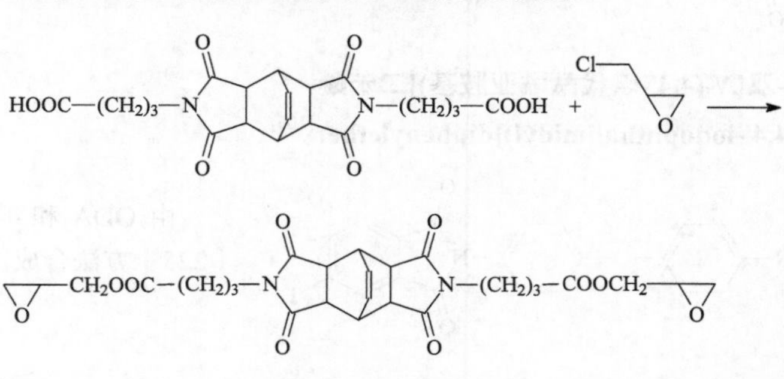

将 6 mol 环氧氯丙烷和 0.1 mol 二酰亚胺二酸加热至 110℃，加入 0.01 mol 固体苄基三甲基溴化铵，加热回流。用 TLC(甲苯/丙酮)检测反应程度，至原料二酸消失，冷却至室温，过滤，产物用水洗涤。收率 93%。

『232』由二酐【389】和氨基己酸得到的二缩水甘油醚[108]

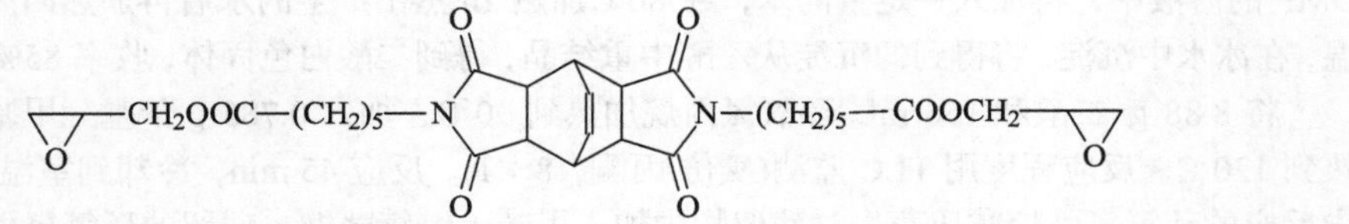

由相应二酸与环氧氯丙烷按『231』方法合成，收率 88%。

『233』由二酐【389】和氨基十一烷酸得到的二缩水甘油醚[108]

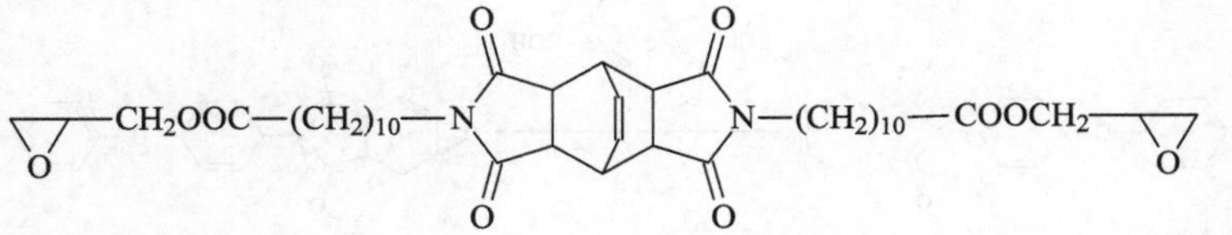

由相应二酸与环氧氯丙烷按『231』方法合成，收率 91%，mp 98~99℃。

『234』由二酐【389】和对氨基苯甲酸得到的二缩水甘油醚[108]

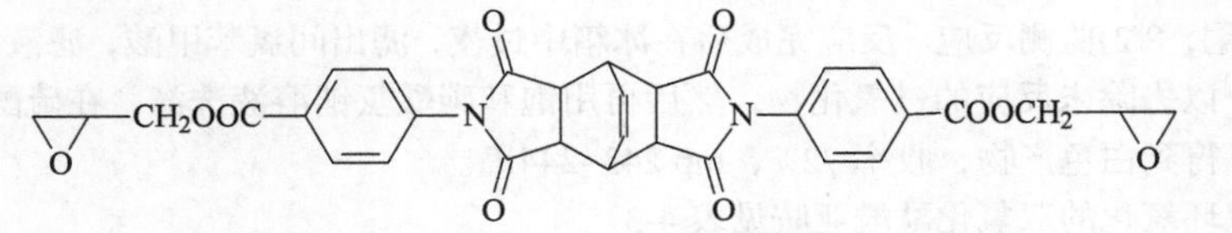

由相应二酸与环氧氯丙烷按『231』方法合成，收率 98%，mp 246~247℃。

『235』由二酐【389】和间氨基苯甲酸得到的二缩水甘油醚[108]

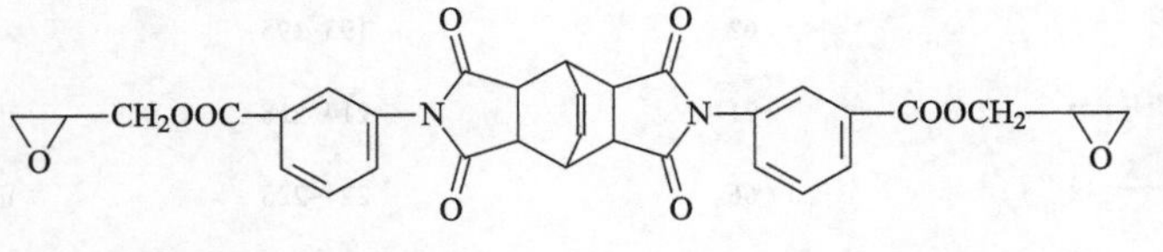

由相应二酸与环氧氯丙烷按『231』方法合成，收率 88%，mp 238~239℃。

『236』由 PMDA 和氨基己酸得到的二缩水甘油醚[109]

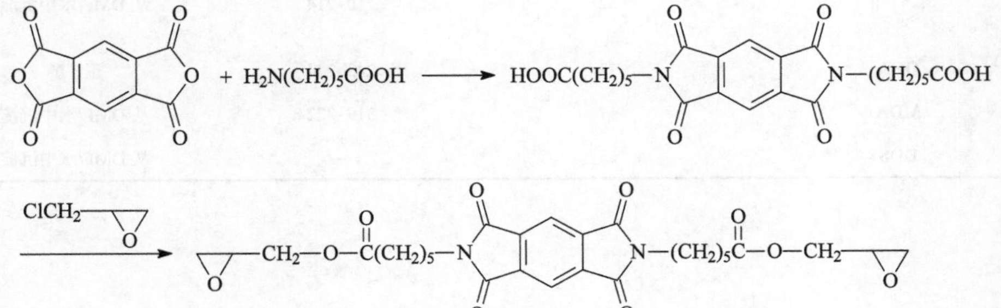

将 21.82 g PMDA 在 80mL 无水 DMF 中的溶液逐渐加到 26.26 g 6-氨基己酸在 120 mL DMF 的溶液中，再加入一定量的苯，在 80℃加热 2h 蒸出产生的水后再加热回流。冷却到室温，在冰水中沉淀，将得到的沉淀从乙醇中重结晶，得到二酸白色固体，收率 85%，mp 244℃。

将 8.88 g 二酸和 156 mL 环氧氯丙烷加热到 90℃，加入 0.785 g 苄基三甲基氯化铵，加热到 120℃。反应程度用 TLC 监测(氯仿/丙酮，8∶1)。反应 45 min，冷却到室温，用水洗涤，未反应的环氧氯丙烷减压蒸出。残留物中加入甲苯，继续蒸馏，残留的环氧氯丙烷与甲苯共沸除去。残留物从乙醇重结晶，mp 121℃，环氧值 282/N(计算值为 278/N)。

『237』双环氧化的氢化双酞酰亚胺[110]

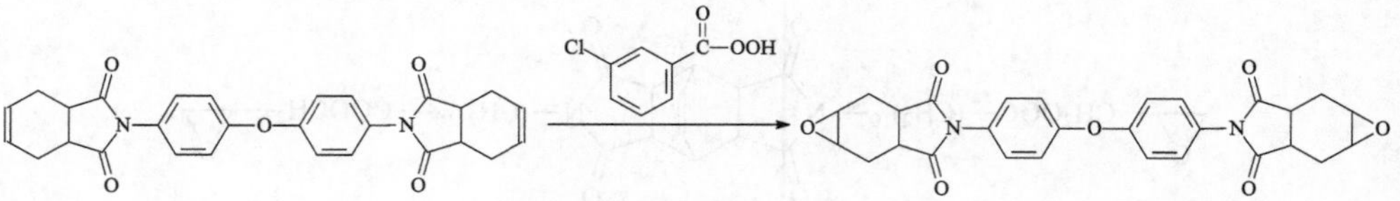

将 20.5 g (0,134 mol)cis-1,2,3,6-四氢苯酐和 12.9 g (0.067 mmol) ODA 溶于 150 mL DMF 和 60 mL 甲苯中，加热回流去水后沉淀到水中，过滤，用水洗涤，真空干燥。

将 0.042 mol 双酰亚胺和 0.087 mol 间氯过氧化苯甲酸在 250 mL 二氯甲烷中回流，用 TLC(苯/丙酮，8/2)监测反应。反应完成后在冰箱中过夜，滤出间氯苯甲酸，滤液用 5%硫代硫酸钠处理，以去除未反应的过氧化物，然后再用饱和碳酸氢钠溶液洗涤，在硫酸镁上干燥后蒸出溶剂，得到白色产物，收率 72%，mp 243~244℃。

其他双环氧化的双氢化酞酰亚胺见表 4-3。

表 4-3 双环氧化的双氢化酞酰亚胺[110]

二胺	收率/%	熔点/℃	重结晶溶剂
—CH₂CH₂—	62	193~195	正丁醇
—CH₂CH₂CH₂—	71	214~218	正丁醇/甲醇 = 1∶1
—(CH₂)₆—	66	224~225	正丁醇/甲醇 = 1∶1
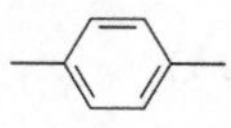	49	—	DMF
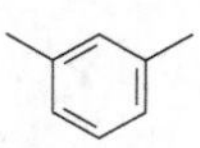	52	210~214	从 DMF/水中沉淀
ODA	72	243~244	正丁醇
MDA	67	319~322	从 DMF/水中沉淀
DDS	65	–	从 DMF/水中沉淀

4.17　二　氰　酸　酯

合成二氰酸酯的一般方法：

$$HO-Ar-OH + CNBr \xrightarrow{Et_3N} NCO-Ar-OCN$$

将 50 mmol 二元酚，110 mmol 三乙胺溶于 30mL 丙酮或 THF 中，在−5℃搅拌，氮气下 1 h 内在 0~5℃滴加入 110 mmol 溴化氰在 20 mL 丙酮中的溶液，加完后温度自然升至室温。将该反应混合物滴加到冰水中，滤出沉淀，用水洗涤，干燥得到白色固体。

『238』对苯二酚的二氰酸酯[111]

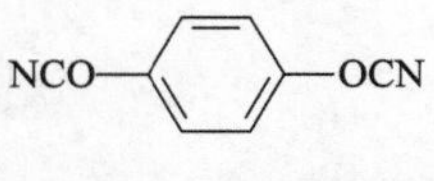

Mp 118℃，T_i 187 ℃，T_{max} 221 ℃。

『239』4,4′-联苯二酚的二氰酸酯[111]

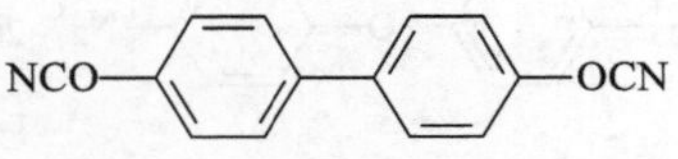

Mp 141℃，T_i 205℃，T_{max} 240 ℃。

『240』4,4′-二羟基二苯甲烷的二氰酸酯[111]

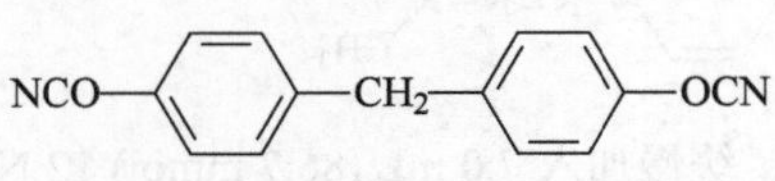

Mp 113℃，T_i 208 ℃，T_{max} 260℃。

『241』4,4′-二羟基二苯醚的二氰酸酯[111]

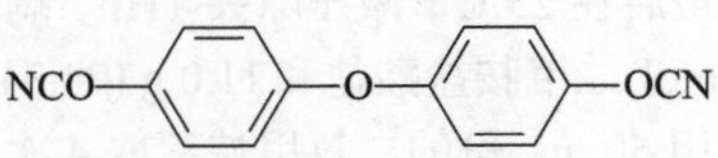

Mp 92℃，T_i 203℃，T_{max} 258℃。

『242』双酚 A 的二氰酸酯[111]

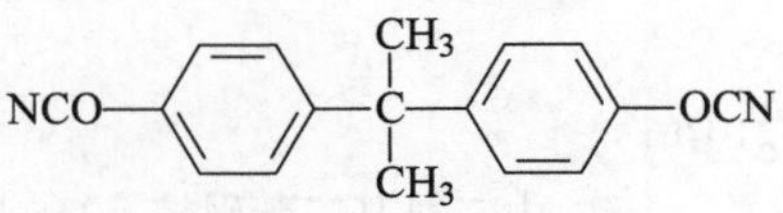

Mp 83℃，T_i 216℃，T_{max} 268℃。

『243』四甲基双酚 F 的二氰酸酯[111]

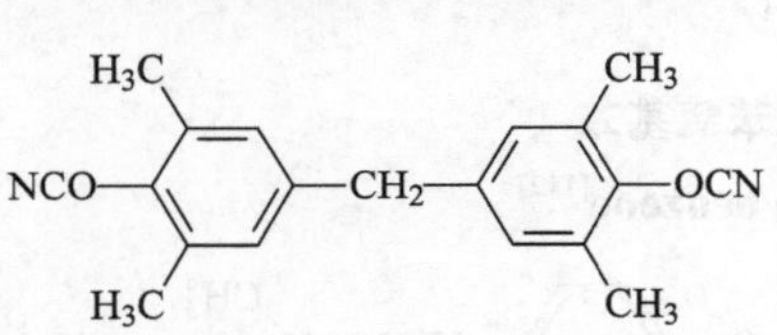

Mp 107℃，T_i 218℃，T_{max} 272℃。

『244』1,1-二(3-甲基-4-羟基苯基)环己烷的二氰酸酯

Dicyanate of 1,1-bis(3-methyl-4-hydroxy phenyl)cyclohexane[40]

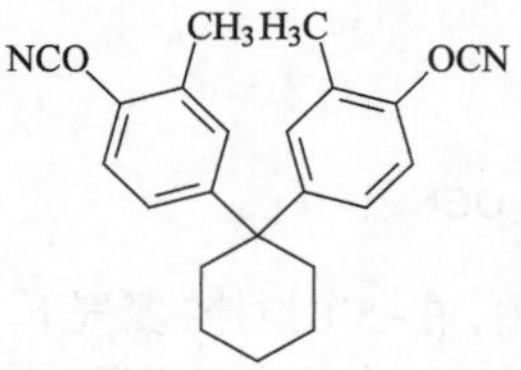

将 1 mol 1,1-二(3-甲基-4-羟基苯基)环己烷(『60』)溶于 600 mL 丙酮中滴加入 2 mol BrCN 在 100 mL 丙酮中的溶液，接着再滴加 2.2 mol 三乙胺。反应在−15 进行 1 h，反应物变成黄色。滤出溴化三乙铵。滤液中加入冰水，过滤，从水/甲醇(1∶1)在冰冷条件下重结晶，收率 76%，mp 82.9℃。

4.18　三　氮　烯

『245』4,4′-双(3,3-二甲基-1-三氮烯基)二苯醚

4,4′-Bis(3,3-dimethyl-1-triazene)dilphenyl ether[112]

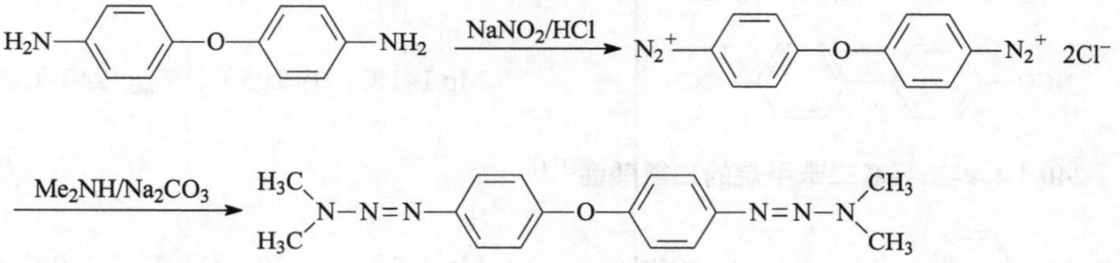

将 3.60 g (12.4 mmol) ODA 溶于 160 mLTHF 中，缓慢加入 7.0 mL (86.7 mmol) 12 N 盐酸在 80 mL 水中的溶液，冷却到−5℃，在剧烈搅拌下 30 min 内滴加入 3.50 g(50.8 mmol)亚硝酸钠在 50 mL 水中的溶液，反应在−5~0℃继续 60 min，最后在 25℃下减压除去 THF，剩下的水溶液冷至 0℃，立即倒入 1 L 含有新制备的 5.0 g(61.3 mmol)二甲胺盐酸盐和 11.0 g (94.34 mmol)碳酸钠在 150 mL 冰水中的溶液，剧烈搅拌 10 min 后用 50 mL 份的二氯甲烷萃取 4 次，萃取液合并，用水洗涤 2 次，无水硫酸镁干燥，活性炭脱色，过滤后，35℃减压除去溶剂，油状物从丙酮重结晶得 2.93 g(59%), mp 53~55℃。

『246』4,4′-双(3,3-二甲基-1-三氮烯基)二苯砜

4,4′-Bis(3,3-dimethyl-1-triazene)diphenyl sulfone[112]

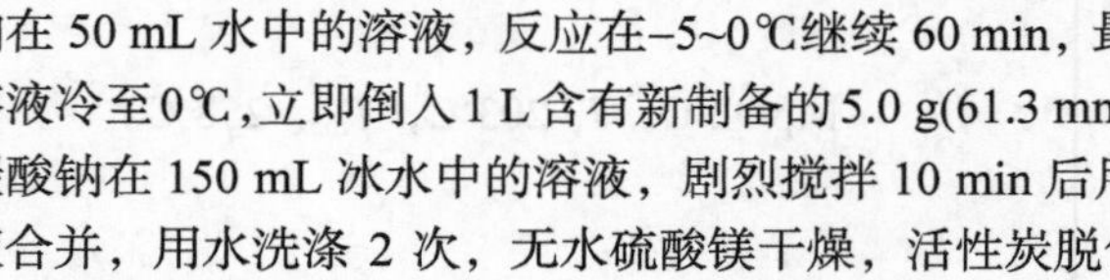

由二氨基二苯砜按『245』方法合成，收率 48%，mp 209~211℃。

『247』4,4″-双(3,3-二甲基-1-三氮烯基)-1′,4′-二苯氧基苯

4,4′-Bis(3,3-dimethyl-1-triazene)-1′,4′-diphenoxybenzene[112]

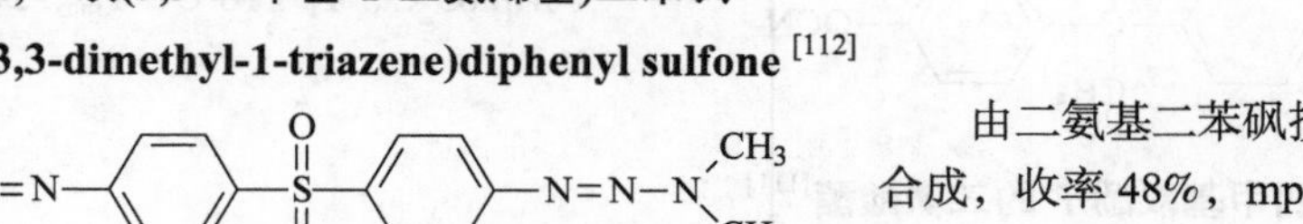

由 1,4,4-APB 按『245』方法合成，收率 91%，mp 140~143℃。

『248』4,4′-双(3,3-二甲基-1-三氮烯基)-4,4′-二苯氧基联苯

4,4′-Bis(3,3-dimethyl-1-triazene)-4,4′-diphenoxybiphenyl[112]

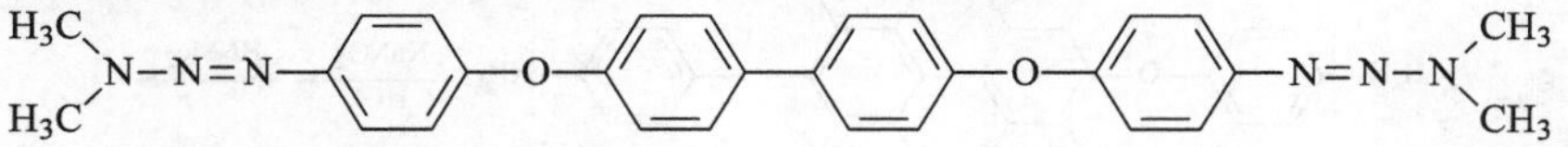

由二胺〖685〗按『245』方法合成，收率 77%，mp 167~169℃。

『249』4,4′-双(3,3-二甲基-1-三氮烯基)-4,4′-二苯氧基二苯砜

4,4′-Bis(3,3-dimethyl-1-triazene)-4,4′-diphenoxydiphenyl sulfone[112]

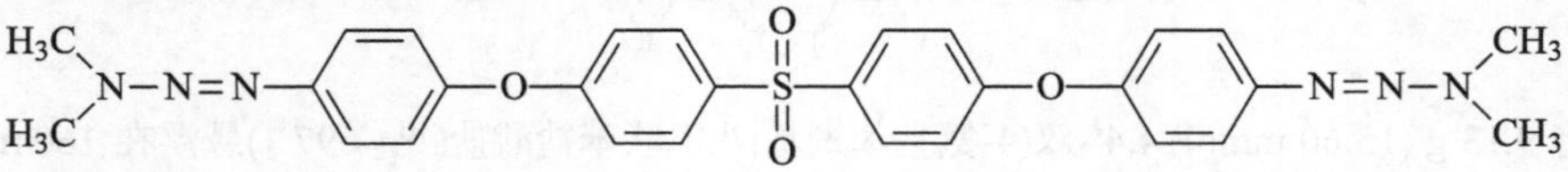

由二胺〖733〗按『245』方法合成，收率 57%，mp 159~160℃。

『250』4,4′-双(3,3-二甲基-1-三氮烯基)-4,4′-二苯氧基-2,2-二苯基丙烷

4,4′-Bis(3,3-dimethyl-1-triazene)-4,4′-diphenoxy-(2,2-diphenyl)propane[112]

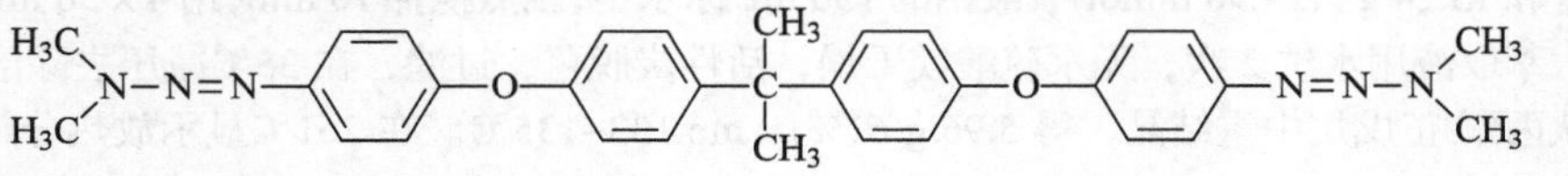

由二胺〖701〗按『245』方法合成，收率 63%，mp 74~76℃。

『251』4,4′-双(3,3-二甲基-1-三氮烯基)-4,4′-二苯氧基-2,2-二苯基六氟丙烷

4,4′-Bis(3,3-dimethyl-1-triazene)-4,4′-diphenoxy-(2,2-diphenyl)hexafluoropropane[112]

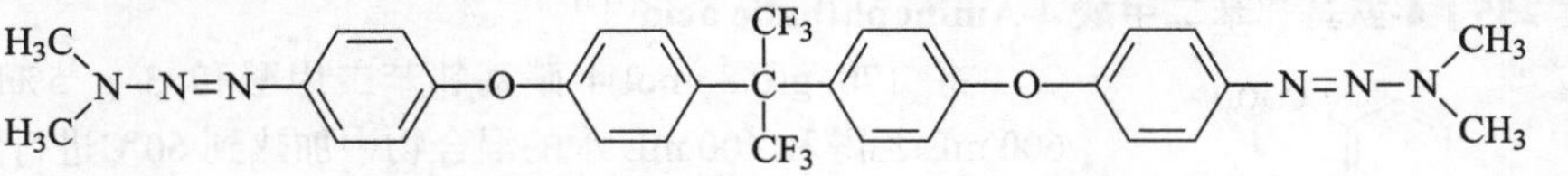

由二胺〖703〗按『245』方法合成，收率 68%，mp 125~128℃。

『252』4,4′-双(3,3-二乙基-1-三氮烯基)-4,4′-二苯氧基联苯

4,4′-Bis(3,3-diethyl-1-triazene)-4,4′-diphenoxybiphenyl[112]

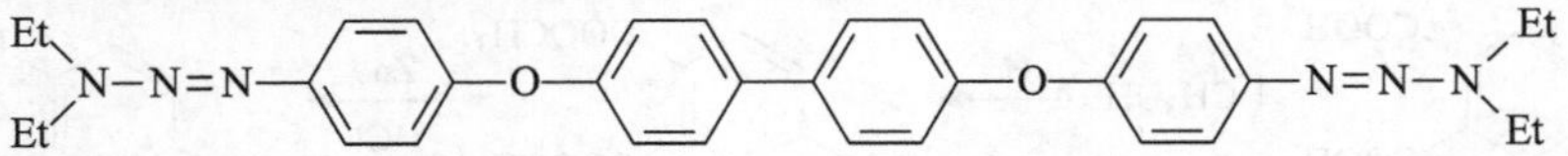

由二胺〖685〗及二乙胺按『245』方法合成，收率 67%，mp 105~108℃。

『253』4,4′-双(3-phenyl-1-三氮烯基)-4,4′-二苯氧基联苯

4,4′-Bis(3-phenyl-1-triazene)-4,4′-diphenoxybiphenyl[112]

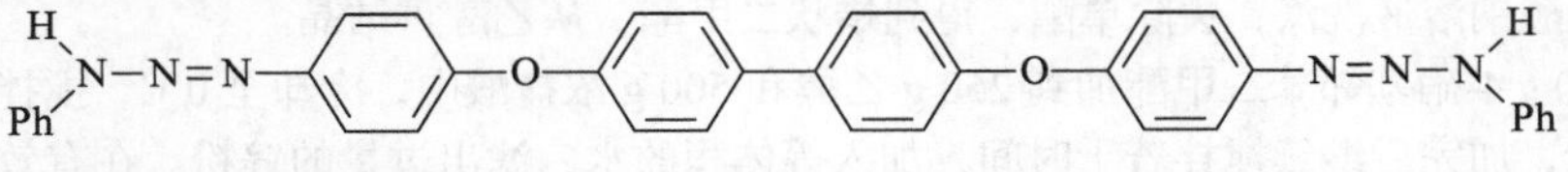

由二胺〖685〗及苯胺按『245』方法合成，收率 61%，mp 155~157℃

『254』4,4′-双(3,3-二甲基-1-三氮烯基)-4,4′-二苯氧基八氟联苯

4,4′-Bis(3,3-dimethyl-1-triazene)-4,4′-diphenoxyoctafluorobiphenyl [112]

将 9.13 g (15.60 mmol) 4,4′-双(4-氨基苯氧基)八氟联苯盐酸盐(见『697』)悬浮在 160 mLTHF 中，缓慢加入 100 mL 1 N 盐酸。搅拌下冷却到−5℃，在 30 min 内加入 4.31 g (62.40 mmol) 亚硝酸钠在 50 mL 水中的溶液，保持零下温度搅拌 1 h，在 25℃减压除去 THF，将水溶液冷却到 0℃，用冰冷的饱和碳酸钠溶液中和到 pH 6~7，立即倒入含有 6.37 g (78.10 mmol)二甲胺盐酸盐和 13.24 g (124.90 mmol)碳酸钠的 150 mL 冰水中，剧烈搅拌 10 min，用 4×50 mLCH₂Cl₂萃取，萃取液用水洗 2 次，无水硫酸镁干燥，活性炭脱色，过滤，在 35℃减压去除溶剂，粗产物从丙酮/正戊烷中重结晶，得 5.96 g(61%)，mp 133~135℃。在 261℃显示放热分解峰。

4.19　AB　单　体

『255』4-氨基邻苯二甲酸 4-Aminophthalic acid[113]

将 170 g(0.8 mol)4-硝基邻苯二甲酸和 3 g 5%Pd/C 在 600 mL 乙醇和 400 mL 水的混合物中加热到 60℃进行氢化，4-氨基邻苯二甲酸的收率为 86%。从乙醇/水重结晶，得到淡黄色粉末，mp 200℃(宽熔程)。

『256』4-氨基邻苯二甲酯 Dimethyl 4-aminophthalate[114]

将 200 g 4-硝基邻苯二甲酸在 320 g 甲醇中在 60 g 浓硫酸存在下酯化，得到 4-硝基邻苯二甲酯，原料中少量的 3-硝基邻苯二甲酸在该条件下转变为单甲酯。除去过量的甲醇后倒入水中，用碳酸钠溶液洗涤，去除单酯，得到蜡状二甲酯，从乙醇重结晶。

将 50 g 4-硝基邻苯二甲酯加到 250 g 乙醇和 500 g 浓盐酸中，冷却至 0℃，搅拌下分小批加入锌粉，加完后继续搅拌若干时间，加入等体积的水，滤出过量的锌粉。在有效冷却下用 NaOH 小心中和。当开始出现沉淀，并在搅拌下重新溶解时，改以碳酸钠溶液中和。然后加入饱和乙酸钠溶液，混合物在冰箱中放置数小时后过滤，从乙醇或苯中重结晶，收率 88%，

mp 84℃。

『257』4-(2-氨基苯甲酰基)苯酐　4-(2-Aminobenzoyl)phthalic acid[115]

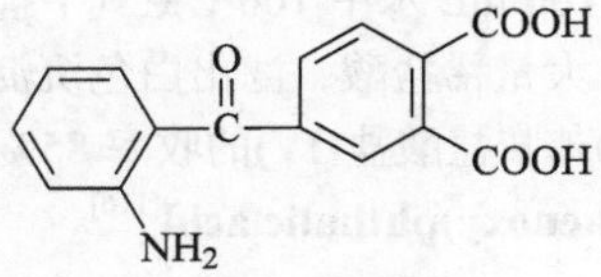

Mp 223℃。

『258』4-(3-氨基苯甲酰基)苯酐　4-(3-Aminobenzoyl)phthalic acid[115]

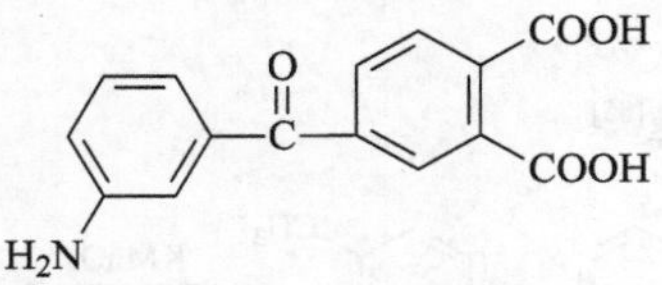

Mp 197℃。

『259』4-(4-氨基苯氧基)邻苯二甲酸　4-(4-Aminophenoxy)phthalic acid[116]

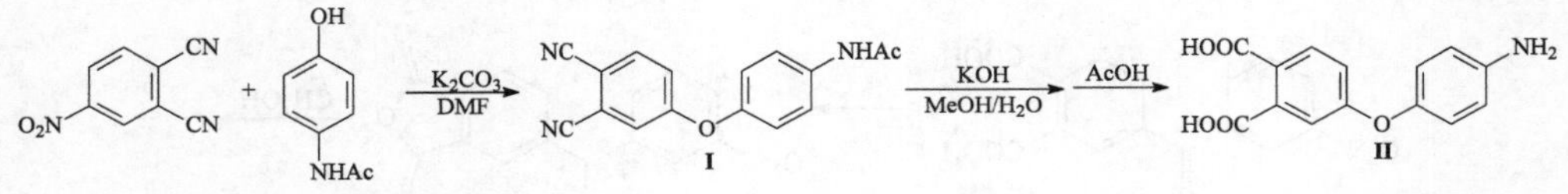

①由 4-硝基邻苯二腈出发

将 3.46 g(0.020 mol) 硝基邻苯二腈, 3.18 g(0.021 mol)4-(N-乙酰氨基苯酚)和 15.0 mL DMF 加入含有 4.15 g(0.03 mol)K₂CO₃ 的 50 mL 水中, 加热到 90℃, 搅拌 1 h 后冷到 10℃, 滤出得到的 I, 用乙醇和水洗涤后干燥。

将 4.16 g(0.015 mol) I 和 5.05 g(0.09 mol)KOH 加到 40 mL 甲醇和水(1∶1)的混合物中, 氮气下回流 4 h, 蒸出甲醇, 将残留溶液倒入 100 mL 乙酸和 200 mL 水中, 滤出沉淀, 用水洗涤, 真空干燥, 收率 85%, mp >300℃。

②由 N-苯基-4-硝基酞酰亚胺出发

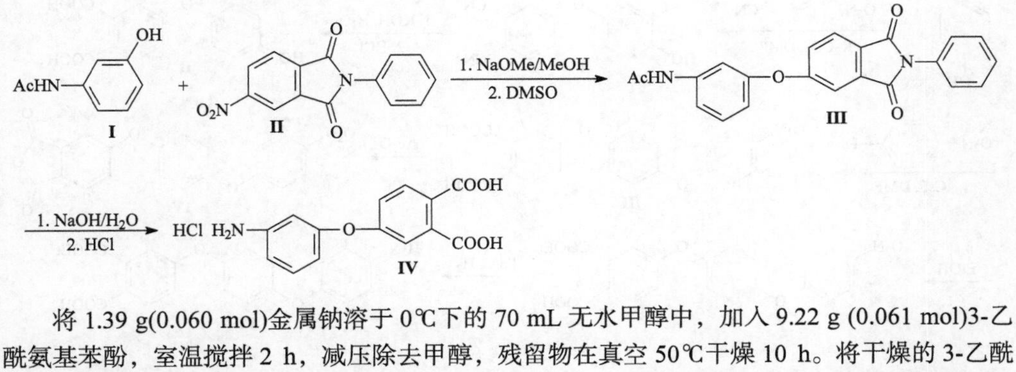

将 1.39 g(0.060 mol)金属钠溶于 0℃下的 70 mL 无水甲醇中, 加入 9.22 g (0.061 mol)3-乙酰氨基苯酚, 室温搅拌 2 h, 减压除去甲醇, 残留物在真空 50℃干燥 10 h。将干燥的 3-乙酰氨基苯酚钠盐溶解在 130 mL DMSO 中, 再加入 13.4 g (0.05 mol)N-苯基-4-硝基酞酰亚胺,加热

到 80℃反应 48 h，冷却到室温，倒入 2 L 水中，滤出固体，用水洗涤，空气干燥，从甲醇中重结晶，得到 N-苯基-4-(3-乙酰胺基苯氧基)酞酰亚胺(III)，收率 65%，mp 185~186℃。

将 3.72 g (0.01 mol)III 和 4.0 g (0.1 mol)NaOH，在 100 mL 水中 100℃氮气下搅拌 24 h，产生的苯胺由共沸蒸出收集。反应物冷却到室温后倒入大量稀盐酸，滤出白色沉淀用水充分洗涤，空气干燥，从水中重结晶，3-(3,4-二羧基苯氧基)苯胺盐酸盐(IV)的收率 85%。

『260』4-(3-氨基苯氧基)邻苯二甲酸 4-(3-Aminophenoxy)phthalic acid[116]

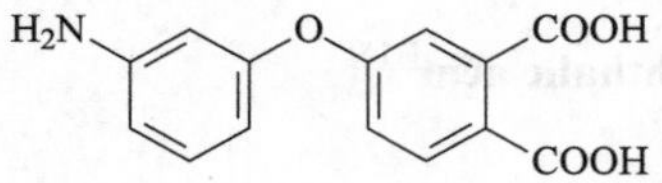

由间乙酰胺基苯酚按『259』方法合成，收率 80%，mp >300℃。

『261』3-氨基苯基-(3′-羧基-4′-甲氧羰基苯基)甲醇[85]

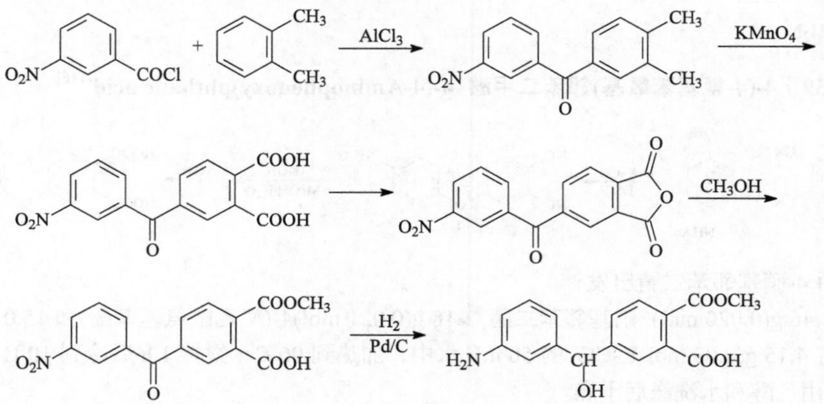

『262』4-(4-氨基苯氧基)二苯醚-3′,4′-二甲酸单乙酯
4-(4-Aminophenoxy)diphenyl ether-3′,4′-dicarboxylic acid monoethyl ester[117]

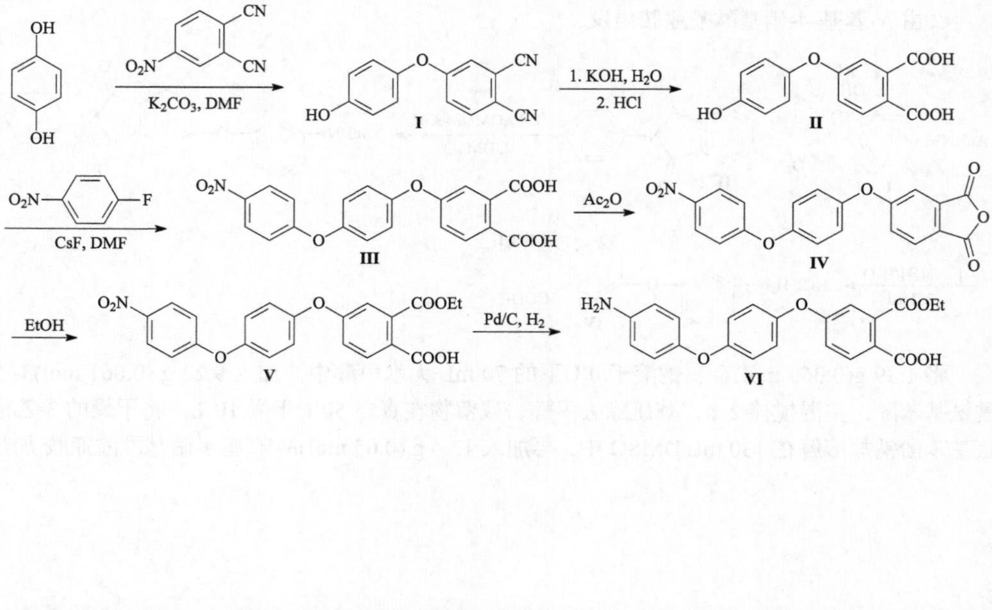

将 5.50 g (0.05 mol)氢醌在氮气下溶于 50 mL 干燥甲醇中，加入 2.70 g (0.05 mol)甲醇钠，室温搅拌 1 h。除去甲醇，加入 50 mL DMF 和 6.90 g (0.04 mol)4-硝基邻苯二腈，室温搅拌 24 h，倒入 1 L 冷的稀盐酸中，过滤，用水洗涤，真空干燥，从乙醇/水混合物中重结晶(活性炭)得 4-(4-羟基苯氧基) 邻苯二腈(I) 5.0 g(53%)，mp 150~151℃。

将 5.0 g (0.021 mol)I 和 7.5 g KOH 在 60 mL 水中回流 24 h，冷却后倒入 300 mL 冷稀盐酸中，滤出粗产物，真空干燥，从乙醇/水混合物中重结晶(活性炭)得 4-(4-羟基苯氧基) 邻苯二甲酸(II) 5.3 g(92%)，mp 193~195℃。

将 5.80 g (0.021 mol)II，3.0 g (0.021 mol)4-硝基氟苯和 15 g (0.1 mol)氟化铯在 60 mL DMF 中 100℃反应 24 h，冷却到室温，倒入 1 L 冷的稀盐酸中，真空干燥，从乙酸/水重结晶，得 4-(4-硝基苯氧基)二苯醚-3′,4′-邻苯二甲酸(III) 6.8 g(81%)，mp 218~220℃。

将 5.66 g (0.0143 mol)III 在 13 mL (0.13 mol)乙酐和 20 mL 甲苯中回流 1 h，减压下将乙酐和乙酸完全除去，从甲苯重结晶，得 4-(4-硝基苯氧基)二苯醚-3′,4′-邻苯二甲酸酐(IV) 4.75 g (88%)，mp 162~163℃。

将 4.75 g (0.0126mol)IV 在 60 mL 乙醇中回流 1 h，冷到室温，倒入 300 mL 冰水中，过滤，用水洗涤，室温真空干燥得 4-(4-硝基苯氧基)二苯醚-3′,4′-邻苯二甲酸单乙酯(V) 93%。

将 3.80 g (0.009 mol)V，0.38 g 10%Pd/C 在 50 mL 无水乙醇中在氢气下室温搅拌 48 h，滤出催化剂，用 100 mL 乙醇洗涤，滤液减压蒸发，产物在 35℃下真空干燥 5 天，得 VI 3.4 g(96%)。

『 263 』3-(4-氨基苯氧基)二苯醚-3′,4′-二甲酸单乙酯

3-(4-Aminophenoxy)diphenyl ether-3′,4′-dicarboxylic acid monoethylester[117]

由间苯二酚按『262』方法合成。

I：从乙醇/水混合物中重结晶，收率 52%，mp 161~162℃；II：收率 88.5%；IV：收率 60%；V：收率 95%；VI：收率 97%。

『 264 』2-(4-氨基苯氧基)二苯醚-3′,4′-二甲酸单乙酯

2-(4-Aminophenoxy)diphenyl ether-3′,4′-dicarboxylic acid monoethyl ester[117]

由邻苯二酚按『262』方法合成。

I：收率 55%，mp 148~149℃；

II：收率 93.7%；

IV：收率 68%，mp 154~155℃；

V：收率 95%；

VI：收率 96%。

『 265 』4-[(3,4-二羧基苯氧基) -1,4-苯撑甲撑-1,4-苯氧基]苯胺盐酸盐

4-[(3,4-Dicarboxyphenyl)oxy-1,4-phenylenemethylene-1,4-phenylene]oxyaniline hydrochloride[118]

由二羟基二苯甲烷代替双酚 A 按『267』方法合成。**III**: 产率: 60.3%, mp 206℃; **IV**: 收率 85.8%。

『266』4-[(3,4-二羧基苯氧基)-1,4-苯撑乙撑-1,4-苯氧基]苯胺盐酸盐

4-[(3,4-Dicarboxyphenyl)oxy-1,4-phenyleneethylidene-1,4-phenylene]oxyaniline hydrochloride[118]

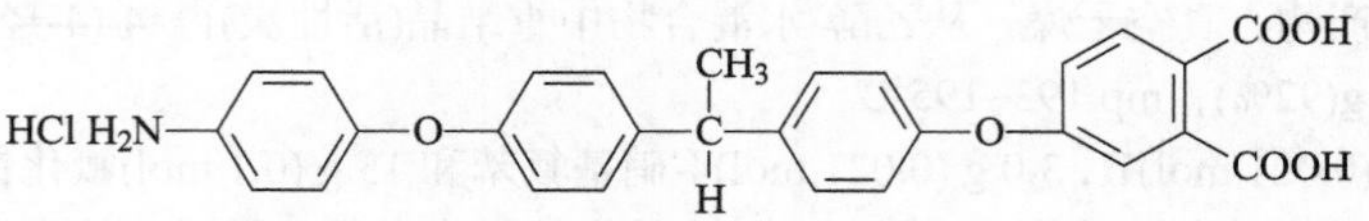

由二羟基二苯乙烷代替双酚 A 按『267』方法合成。**III**: 产率: 64.2%, mp 150℃; **IV**: 收率 90.3%。

『267』4-[(3,4-二羧基苯氧基)-1,4-苯撑丙撑-1,4-苯氧基]苯胺盐酸盐

4-[(3,4-Dicarboxyphenyl)oxy-1,4-phenyleneisopropylidene-1,4-phenylene]oxyaniline hydrochloride[118]

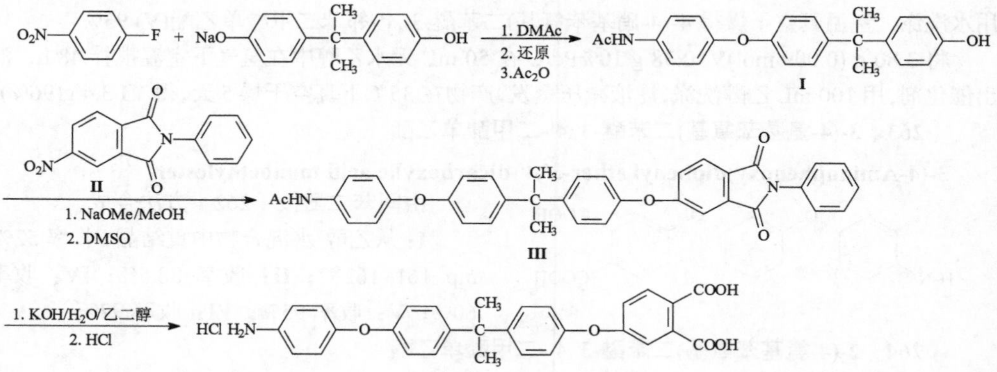

I 是由对硝基氟苯与双酚 A 单钠盐反应, 然后还原、乙酰化得到。

将 1.88 g (5.2 mmol) **I** 与 0.28 g (5.2 mmol) NaOCH$_3$ 在 30 mL 无水甲醇中室温搅拌 2 h, 甲醇蒸尽后将残留物溶于含有 1.39 g (5.2 mmol) 4-硝基-N-苯基酞酰亚胺的 40 mL DMSO 中, 在 80℃ 搅拌 48 h。冷却倒入 600 mL 水中, 过滤, 用水/丙酮重结晶。**III** 的收率: 74.5%, mp 133℃。

将 1.13 g (1.94 mmol) **III**, 40 mL 乙二醇, 10 mL 水和 2.4 g KOH 的混合物在氮气下回流 24 h, 恒沸除苯胺, 冷却酸化得到白色沉淀, 过滤从乙醇/水中重结晶, 收率 87.4%。

『268』4-[(3,4-二羧基苯氧基)-1,4-苯撑六氟异丙撑-1,4-苯氧基] 苯胺盐酸盐

4-[(3,4-Dicarboxyphenyl)oxy-1,4-phenylenehexafluoroisopropylidene-1,4-phenylene] oxyaniline hydrochloride[118]

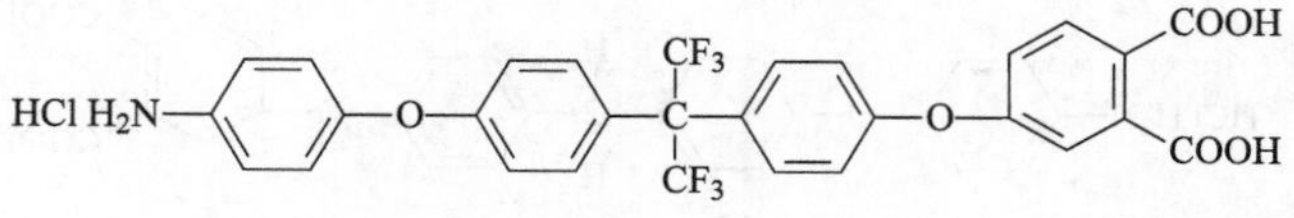

由二羟基二苯基六氟丙烷代替双酚 A 按『267』方法合成。**III**: 产率：61.2%, mp 123℃；**IV**: 收率 94.6%。

『269』4-(4-(*p*-氨基苯氧基)苯基)-3,5,6-三苯基苯二甲酸二甲酯

Dimethyl 4- (4- (*p*-aminophenoxy)phenyl)-3,5,6-triphenylphthalate[119]

将 6 mmol 4-硝基二苯醚溶于 20 mL CS$_2$ 中，室温加入 13 mmol AlCl$_3$，搅拌下滴加入 8 mmol 苯乙酰氯，回流 15 min，除去溶剂，残留物加热 30 min，加入冷水，搅拌过夜，过滤，从乙酸重结晶，得 **I**，收率 60%，mp 112~114℃。

将 0.6 mmol **I** 溶于 DMSO 中，加入溴化亚铜粉末，产物用硅胶柱(CHCl$_3$)层析提纯，得到苯偶酰 **II**，61%，mp 91~93℃。

将 0.9 mmol 苯偶酰 **II** 和 0.9 mmol 1,3-二苯基丙酮在 30 mL 乙醇中加热，加入 0.5 mmol KOH 在 6 mL 乙醇中的溶液，回流 20 min，过滤，固体用氧化铝柱(甲苯/乙醚, 9/1)层析提纯，得到 **III**，收率 76%，mp 168~169℃。

将 0.6 mmol 环戊二烯酮 **III** 和 0.8 mmol 乙炔二酸二甲酯加热至紫色完全退尽，冷却，得到黄色固体用乙醇洗涤，从乙酸重结晶 3 次，得 **IV**，收率 91%，mp 225~226℃。

将 0.14 mmol **IV** 溶于 5 mL 苯中，加入 12 mmol 铁粉和 0.3 mL 水,回流 6 h，过滤，蒸发，用苯/乙醇重结晶，得 **V**，收率 84%，mp 209~210℃。

『270』4- [4- (4- (*p*-氨基苯氧基)苯氧基)苯基]-3,5,6-三苯基苯二甲酸二甲酯

Dimethyl 4-[4-(4-(*p*-aminophenoxy)phenoxy)phenyl]-3,5,6-triphenylphthalate[119]

由硝基三苯二醚代替硝基二苯醚按『269』方法合成。I：66%，mp 146~148℃；II：75%，mp 110~111℃；III：63%，mp 99~101℃；IV：55%，mp 171~172℃；V：82%，mp 208~209℃。

『271』4-(4-氨基苯甲酰苯胺基)苯酐 4-(4-Aminobenzanilido)phthalic acid[115]

将 9.05 g(0.05 mol) 4-氨基邻苯二甲酸溶于 50 mL DMAc 中，加入 9.25 g(0.05 mol)对硝基苯甲酰氯在 50 mL 苯中的溶液，在 60℃反应 5 min，冷却后加入 100 mL 乙醇和 500 mL 水，滤出沉淀，用乙醇和水洗涤，80℃真空干燥 15 h，得产物 I，mp 243℃。

将 9.86 g(0.03 mol)I 在 70 mL 乙醇，100 mL 水和 20 mLDMAc 的混合物中，以 0.4 g 5%Pd/C 为催化剂，在 70℃，0.35 MPa 氢压下加氢还原，得到产物 II，mp 229℃。

『272』2-氨基-1-甲基-4,5-咪唑二酸 2-Amino-1-methyl-4,5-imidazoledicarboxylic acid[121]

合成方法同『273』。由 I 与硫酸二甲酯在三乙胺存在下进行甲基化，然后水解得到，mp 190~192℃。

『273』2-氨基-1-己基-4,5-咪唑二酸 2-Amino- 1 -hexyl-4,5-imidazoledicarboxylic acid[122]

将 7.10 g (52.7 mmol)I 和 5.33 g (52.7 mmol)Et$_3$N 在 40 mL DMF 中搅拌溶解。冰浴冷却下 20 min 内滴加进 11.18 g (52.7 mmol)碘己烷，搅拌 12 h，倒入水中得白色沉淀，滤出，用石油醚洗涤后溶于乙酸乙酯中。溶液用 10%NaHCO$_3$ 洗涤后，浓缩至干，固体从乙酸乙酯重结晶，得 II 7.2 g(61%)，mp 176~178℃。

将 1.6 g (7.37 mmol)II 在 17 mL70%硫酸中回流 48 h，冷却后倒入 100 g 冰中，过滤，用水洗涤，从乙醇中重结晶，得 III 0.9 g(48%)。由于咪唑胺的低碱性，未能得到盐，mp 216~218℃。

『274』2-氨基-1-(2,4-二硝基苯基)-4,5-咪唑二酸

2-Amino-1-(2,4-dinitrophenyl)-4,5-imidazoledicarboxylic Acid[122]

合成方法参考『273』。将 2.94 g (22.1 mmol)I，3.23 g (23.2 mmol)Et$_3$N 在 20 mL THF 中搅拌溶解，20 min 内滴加 4.32 g (23.2 mmol)2,4-二硝基氟苯，室温搅拌 10 min，回流 1 h，倒入水中，得淡红色沉淀，过滤，洗涤后溶于丙酮，再在水中沉淀，过滤用乙酸乙至洗涤，干燥得 II 6.63 g(85%)，mp 222~224 ℃。将 20 g (66.9 mmol)II 和 375 mL73%硫酸在 120℃

加热，固体在 12 h 后溶解，再反应 12 h 后倒入 500 mL 水中，滤出固体，用丙酮洗涤，干燥得 **III** 18 g(80.3%), mp 238℃。

4.20　AB₂ 单　体

带有氨基和酐基的 AB₂ 单体见第 1 章和第 2 章的相应部分。

『275』*N*-(3,5-二羟基苯基)-4-氟酞酰亚胺　3,5-Dihydroxyphenyl-4-fluorophthalimide

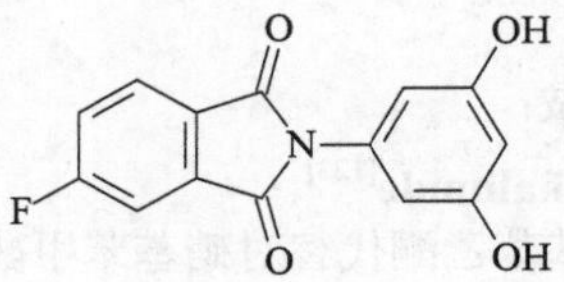

将 19.8 g (121 mmol) 3,5-二羟基苯胺盐酸盐和 22.2 g (134 mmol) 4-氟苯酐在 50 mL 冰乙酸中回流 4h。冷却后倒入 1L 水中，滤出沉淀，100℃真空干燥得到产物 14.71 g (87%)。

『276』*N*-[4-二(4-乙酰氧基苯基)苄基]-4-羧基酞酰亚胺

N-[4-Bis(4-acetoxyphenyl)benzyl]-4-carboxylphthalimide[123]

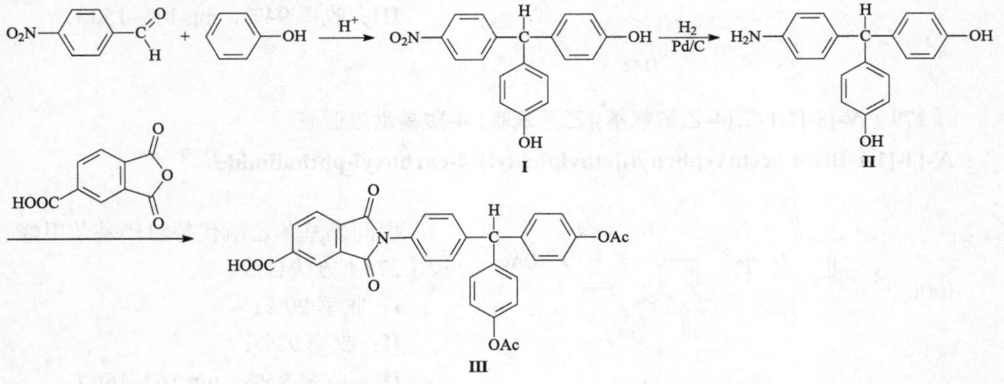

将 30.40 g (200 mmol)对硝基苯甲醛和 37.6 g (400 mmol)苯酚在 100 mL 乙酸中冷却到 11~12℃，滴加 40 mL 硫酸和 60 mL 乙酸的混合物。在该温度下反应 18 h 后在水中沉淀，过滤，用水洗涤，粗产物在苯中重结晶，从苯中分离出树脂状物及大的淡黄色结晶，后者为苯的加成物(29.5 g, 30%), mp 52~57℃，随着温度缓慢上升进一步固化，得到 4,4′-二羟基-4″-硝基三苯甲烷(**I**), mp 212~214℃。

将 **I** 在乙醇中在 Pd/C 催化下在 35℃加氢还原得 4,4′-二羟基-4″-氨基三苯甲烷(**II**)，收率 93%。

将 2.01 g (6.90 mmol)**II** 和 1.35 g (7.03 mmol)偏苯三酸酐溶于 20 mL 无水、脱氧的 DMAc 中，室温搅拌 24 h，加入 2.82 g(28 mmol)乙酐和 0.75 g (7.0 mmol)三乙胺，在 40℃搅拌 48 h。冷却后倒入 500 mL 水中，过滤，从水/乙醇(10/1)混合物中重结晶，真空干燥，得到 *N*-[4-二(4-乙酰氧基苯基)苄基]-4-羧基酞酰亚胺(**III**) 3.61 g (95%), mp 140~145℃。

『277』N-[3-二(4-乙酰氧基苯基)苄基]-4-羧基酞酰亚胺

N-[3-Bis(4-acetoxyphenyl)benzyl]-4-carboxylphthalimide[123]

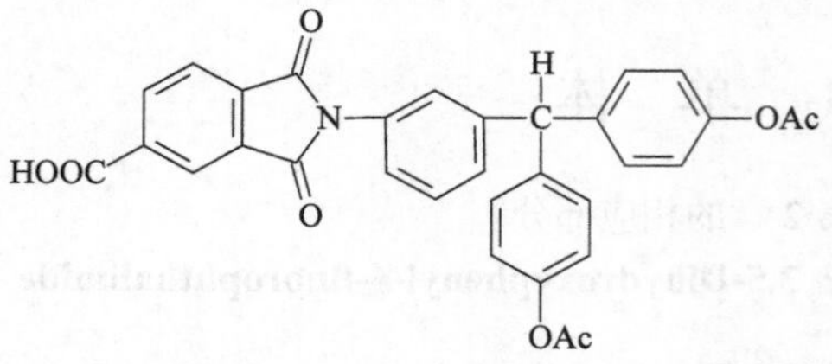

由间硝基苯甲醛代替对硝基苯甲醛按『276』方法合成。

I：收率37%，mp 156~157℃；

II：收率93%；

III：收率96%，mp 146~150℃。

『278』N-{4-[1,1-二(4-乙酰氧基)]乙基苯基}-4-羧基酞酰亚胺

N-{4-[1,1-Bis(4-acetoxyphenyl)]ethylphenyl}-4-carboxyl-phthalimide[123]

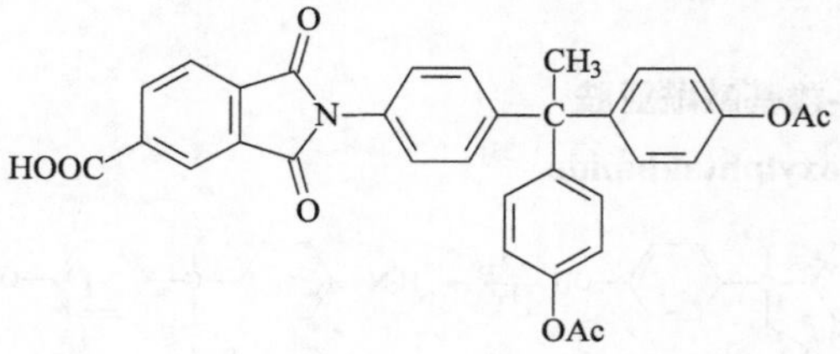

由对硝基苯乙酮代替对硝基苯甲醛，按『276』方法合成。

I：收率88%；

II：收率93%；

III：收率94%，mp 146~150℃。

『279』N-{3-[1,1-二(4-乙酰氧基)乙基苯基}-4-羧基酞酰亚胺

N-{3-[1,1-Bis(4-acetoxyphenyl)]ethylphenyl}-4-carboxyl-phthalimide[123]

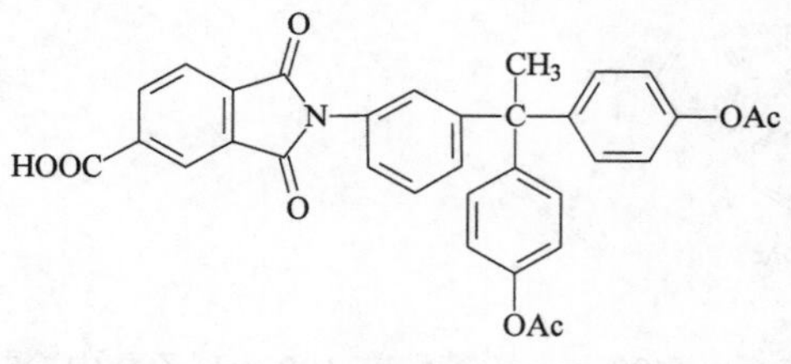

由间硝基苯乙酮代替对硝基苯甲醛，按『276』方法合成。

I：收率90%；

II：收率93%；

III：收率95%，mp 162~166℃。

『280』N-[4-双(4-羟基苯基)甲苯基]-4-氯代酞酰亚胺

N-[4-Bis(4-hydroxyphenyl)toluoyl]-4-chlorophthalimide

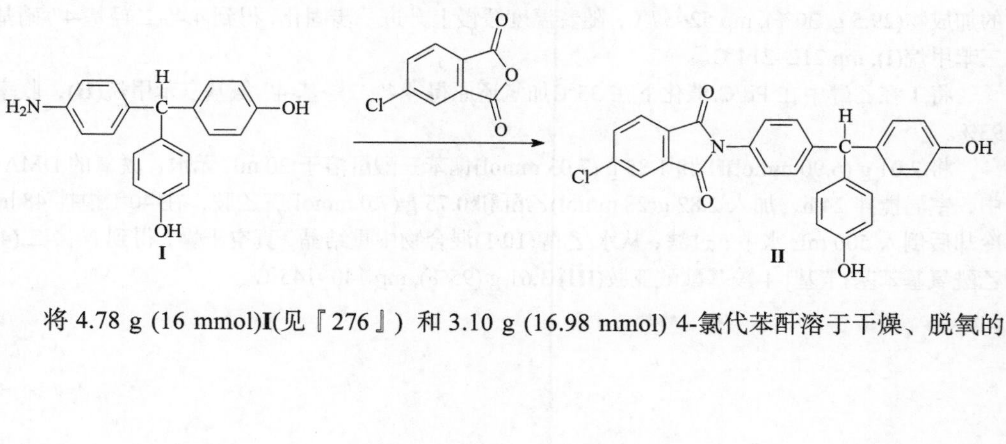

将 4.78 g (16 mmol)**I**(见『276』) 和 3.10 g (16.98 mmol) 4-氯代苯酐溶于干燥、脱氧的

40 mL DMAc 中，室温反应 24 h。加入 20 mL 二甲苯，回流脱水 10 h。冷却后倒入 100 mL
乙醇中，滤出沉淀，用己烷/乙醇(6/4)洗涤，真空干燥，得 **II** 7.49 g(95%)。

『281』1-(4-氨基苯基)-1,1-二(4-羟基苯基)乙烷

1-(4-Aminophenyl)-1,1-bis(4-hydroxyphenyl)ethane[124]

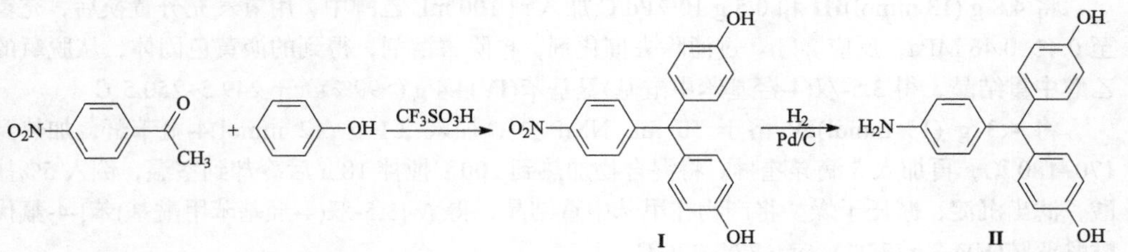

将 21.0 g (127 mmol)对硝基苯乙酮，150 mL 苯酚及 0.4 mL 三氟甲磺酸在 185℃加热 24 h。
再加入 0.2 mL 三氟甲磺酸，反应在 185℃继续 24 h。过量的苯酚在 80℃减压除去。将残余物
倒入 300 mL 水中，用 3×200 mL 乙酸乙酯萃取，合并萃取液，用硫酸镁干燥，减压除去溶
剂，粗产物用硅胶柱层析(己烷/EtOAc 2/1)，再在 EtOAc/己烷中重结晶，得 1,1-二(4-羟基苯
基)-1-(4-硝基苯基)乙烷(**I**) 17.1 g (40.2%)。

将 11.5 g (34.2 mmol)**I** 在 50 mL EtOH 的溶液中加入 575 mg10% Pd/C，用氢气充分置换后
在 25℃搅拌 24 h，将反应物过滤，滤液蒸发得到 **II** 10.2 g (97.5%)。

『282』*N*-[3,5-双(4-羟基苯甲酰基)苯]-4-氟代酞酰亚胺

***N*-[3,5-Bis(4-hydroxybenzoyl)benzene]-4-fluorophthalimide**[125]

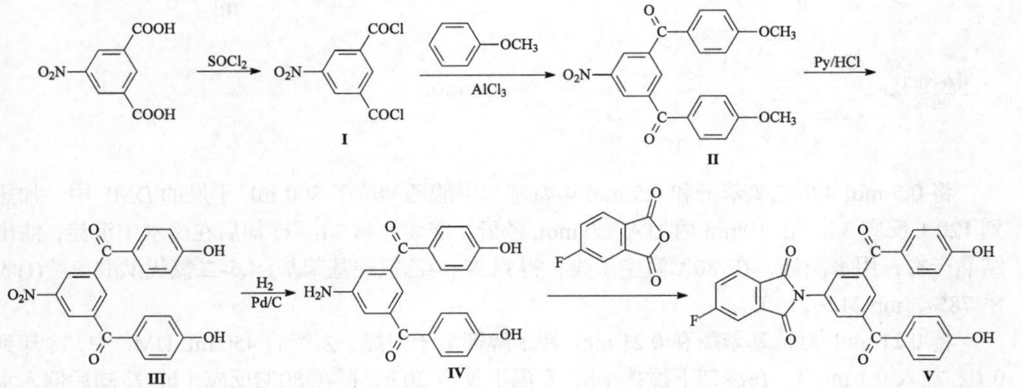

将 25.0 g (0.12 mol)5-硝基间苯二酸加到含有 3 滴 DMF 的 80mL 氯化亚砜中，室温搅拌
2h，逐步加热到回流，反应 6 h，蒸出过量的氯化亚砜后在冰浴中冷却，加入己烷，剧烈搅拌
得到白色针状结晶，过滤，减压干燥，得 5-硝基间苯二酰氯(**I**)29.1 g (99.1%)，mp 59~61.5℃。

将 25.4 g (0.19 mol)三氯化铝加入 60 mL 无水苯甲醚中，冷至 15℃，20 min 内滴加入 15.0 g
(60 mmol)5-硝基间苯二酰氯在无水苯甲醚中的溶液，混合物回暖到室温，搅拌 8h 后倒入 5%
盐酸中，有机层用二氯甲烷稀释，分离后蒸发至干，残留物溶于热乙醇，冷却后得 3,5-双(4-

甲氧基苯甲酰基)硝基苯(**II**) 11.2 g(47.7%)，mp 181~182℃。

将 6.2 g (15.8 mmol)**II** 和 100 g 吡啶盐酸盐加热 4h，到溶液成为均相后冷却到 120℃，倒入水中，滤出沉淀，干燥。将得到的黄色固体分散在沸腾的甲苯中过滤，得 3,5-双(4-羟基苯甲酰基)硝基苯(**III**) 5.5 g (96%)，mp 230~231.8℃。

将 4.8 g (13 mmol)**III** 和 0.5 g 10%Pd/C 加入到 100 mL 乙醇中，用氢气充分置换后，充氢至 0.42~0.46 MPa，反应 24 h。过滤除去催化剂，再除去溶剂，得到的淡黄色固体，从脱氧的乙醇中重结晶，得 3,5-双(4-羟基苯甲酰基)氨基苯(**IV**)4.4 g (>99%); mp 249.5~250.5℃。

将 4.3 g (13 mmol)**IV** 溶于 50 mL NMP 中，加入 2.1 g (12 mmol)4-氟苯酐，加热到 170~180 ℃，再加入 5 滴异喹啉。将混合物加热到 200℃搅拌 18 h 后冷却到室温，倒入 5%盐酸，滤出沉淀，减压干燥。将产物在甲苯中重结晶，得 N-[3,5-双(4-羟基苯甲酰基)苯]-4-氟代酞酰亚胺(**V**)4.3 g (72%)，mp 274~276℃。

『283』硅化的 N-(4-羧基苯基)-4,5-二(4-乙酰氧基硫基)酞酰亚胺

Silylated N-(4-carbonylphenyl)-4,5-bis-(4-acetoxyphenylthio)phthalimide[126]

将 0.5 mol 4,5-二氯苯酐和 0.5 mol 4-氨基苯甲酸乙酯溶于 800 mL 干燥的 DMF 中，加热到 120℃反应 3 h。在 10min 内加入 1.0 mol 乙酐，继续加热 3 h。冷却后在冷水中沉淀，滤出结晶产物，用水洗涤，在 80℃真空干燥，得到 N-(4-乙氧羰基苯基)-4,5-二氯代酞酰亚胺(**I**)收率 78%，mp 212~213℃。

将 0.21 mol 对巯基苯酚和 0.21 mol 特丁醇钾溶于干燥、去氧的 450 mL DMF 中，冷却到 0℃，加入 0.1 mol **I**，在冷却下搅拌 1 h，室温下反应 20 h，再在 80℃反应 1 h。冷却后倒入水中，滤出沉淀，用水洗涤，真空干燥后从二氧六环/石油醚中重结晶，得到 N-(4-乙氧羰基苯基)-4,5-二(4-羟基苯基硫基)酞酰亚胺(**II**)收率 92%，mp 291℃。

将 0.1 mol **II** 在由 0.25 mol NaOH 在 120 mL 水的溶液中回流 4h。冷却后倒入 1 L 水中，用盐酸酸化到 pH 为 1。滤出沉淀，用水洗涤，80℃真空干燥。将干燥的物料悬浮在 250 mL 甲苯，100 mL 乙酐和 2mL 吡啶的混合物中，回流 6 h 后减压浓缩，加入 250 mL 甲苯，再次浓缩到大约 100 mL，剧烈搅拌中分批加入 500 mL 石油醚。滤出产物，用石油醚洗涤后 80℃真空

干燥，得到 N-(4-羧基苯基)-4,5-二(4-乙酰氧基苯基硫基) 酞酰亚胺(**III**)收率 91%，mp 289℃。

将 50 mmol **III** 悬浮在 30 mmol 六甲基二硅氨烷和 300 mL 干燥二甲苯的溶液中，回流 12 h。冷却到 0℃，在隔湿的条件下滤出沉淀，用石油醚洗涤后 65℃真空干燥，得到硅烷化的 **III(IV)**，收率 89%，mp 216℃。

4.21　其他化合物

『284』3,7-双(2,2-二氰基亚甲叉)均苯二酐

3,7-Bis(2,2-dicyanomethylidene)pyromellitide[127]

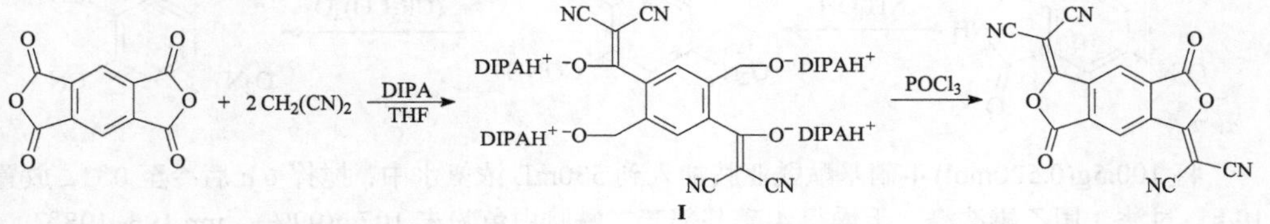

将 5.35 g (24.5 mmol)PMDA 和 3.24 g (49.0 mmol)丙二腈溶于 300 mLTHF 中，在 1 h 内滴加入 14 mL (99.9 mmol)二异丙胺。室温搅拌 20 h 得到黄色沉淀，过滤，用 THF 洗涤，100℃真空干燥 2 天。得到异构体由对位和间位组成的 **I** 17.5 g (95%)。从甲醇/水中重结晶，得 8.5 g 以对位为主的产物，在 170℃以上分解。

将 2.54 g (3.36 mmol)**I**(对位为主)与 1.2 mL POCl₃ 在 50 mL 二氯甲烷中氮气下室温搅拌 20h，溶液变成黑褐色，滤出淡褐色沉淀，用干燥的二氯甲烷洗涤以除去氯化氧磷，干燥后得粗产物 0.8 g(77%)，在乙酐中重结晶，得淡黄色固体 0.55 g(53%)，mp 396℃。

说明：因为产物对水解不稳定，所以操作必须在干燥气氛中尽快地进行。

『285』2,5-二((n -烷氧基)甲基)- N, N′-双(1-咪唑羰基)对苯二胺

2,5-Di((n-alkyloxy)methy)-N,N′-bis(1 -imidazolylcarbony1)- l,4-benzene diamines[88]

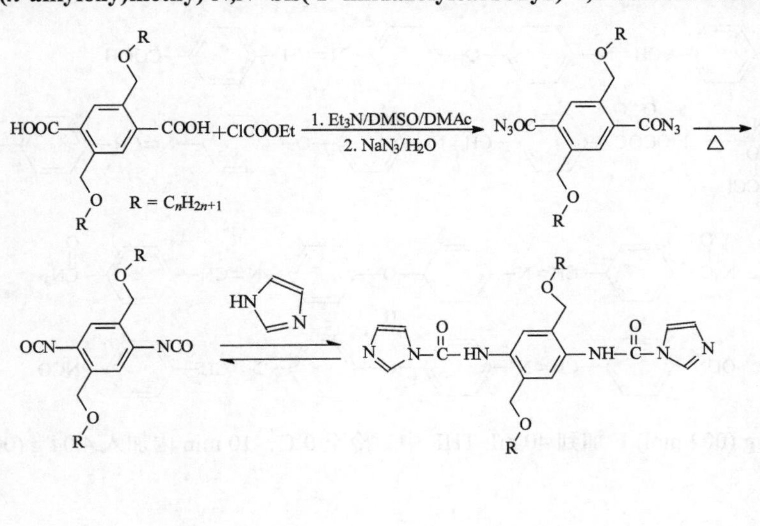

在 700 mL DMAc/DMSO (7/2)混合物中加入 0.04 mol 二酸和 0.10 mol 三乙胺,保持 0℃以下加入 0.15 mol 氯甲酸乙酯,搅拌 30min 后滴加入叠氮化钠的水溶液(0.20 mol/90 mL H₂O),继续在 0℃搅拌 2 h 后倒入冰水中。有机层用乙醚萃取,冰水洗涤,硫酸镁上干燥,室温浓缩至 150 mL,加入 500 mL 干燥甲苯,在 85℃蒸出残留的乙醚,最后放出氮气,得到二异氰酸酯。将热的二异氰酸酯加入含有等当量咪唑的 250 mL 甲苯中,冷却后得到白色沉淀,过滤,用冷的丙酮洗涤,40℃真空干燥 2 天。R= C$_n$H$_{2n+1}$,n = 4: 收率 47%,mp 161~163℃;n=6: 收率 43%,mp 151~153℃;n=8: 收率 44%,mp 146~147.5℃。

『286』硝基邻苯二腈 4-Nitropthalonitrile[128]

将 100.5g(0.520mol) 4-硝基酞酰亚胺加入到 530mL 浓氨水中,搅拌 6 h 后冷至 0℃,放置 19 h,过滤,用乙醚洗涤,干燥得 4-硝基邻苯二酰胺白色粉末 107 g(99%),mp 196~198℃。

将 12.27 g(58.71 mmol)邻苯二甲酰胺悬浮在 125 mL 二氧六环/吡啶(4/1)的混合物中在 0℃下滴加入 20.6 mL 三氟乙酐。加完后用 2.5 倍体积的水稀释。产物用 4×75 mL 乙酸乙酯萃取。有机相依次用水,稀盐酸,水及 NaCl 溶液洗涤。硫酸镁干燥,得乳白色硝基邻苯二腈 9.26 g(91%)。

『287』二苯酮四酸与己二胺的尼龙盐[45]

将 7.6g(20 mmol)二苯酮四酸溶于 1000 mL 乙醇中,在 60℃下滴加入 2.32 g(20 mmol)己二胺在 600 mL 乙醇中的溶液,4 h 加完,滤出沉淀,在 80℃真空干燥得尼龙盐 9.0g(95%)。DSC(10 ℃/min)的吸热峰在 187℃。

『288』4,4′-双(4-异氰酸酯苄叉)-二氨基二苯醚
4,4′-Bis(4-isocyanatobenzylidene)-diaminodiphenyl ether[72]

将 9.28 g (002 mol) I 加到 40 mL THF 中,冷至 0℃,10 min 内加入 4.04 g (004 mol)三乙

胺在 15 mL THF 中的溶液，然后再在 10 min 内加入 4.34 g (0.04 mol) 氯代甲酸乙酯在 15 mL THF 中的溶液。混合物在 0℃搅拌 1 h 后滴加入 2.60 g (0.04 mol) 叠氮化钠，在 0℃搅拌 4 h 后倒入 200 mL 冰冷的水中。滤出固体，溶于二氯甲烷，在硫酸钠上干燥，除去溶剂后得到 4,4′-双(4-叠氮羰基苄叉)二氨基二苯醚(II) 7.42 g (80%)，mp 168~170℃ (dec)。

将 5.14 g (0.01 mol) II 在 50 mL 干苯的溶液中回流 6 h，减压除去苯，残留物从干苯中重结晶，得二异氰酸酯 4.62 g (90%)，mp 245~247℃。

『289』双(4-二异氰酸酯酞酰亚胺基)乙撑二氧二乙基[70]

将 TMA 和二胺 I 在乙酸中 50~60℃加热溶解，回流 4 h 后倒入水中，沉淀用二氧六环/己烷(2∶1)重结晶。二酸 II 产率 65%，mp 209~210℃。将 II 与氯化亚砜反应，得到的二酰氯在苯/二氧六环 (2∶1)中重结晶。产率 90%，mp 88~90℃。

在冰浴冷却下将 0.01 mol 二酰氯在 20 mL 二氯甲烷中的溶液滴加到 0.025 mol 叠氮化钠的 20 mL 水溶液中，在 0℃剧烈搅拌 2 h，分出有机层，依次用水、10%碳酸钠及水洗涤，用 Na₂SO₄ 干燥，室温减压除去溶剂得到二酰叠氮 III，产率 92%，mp 90~92℃。

将 III 溶于干苯中加热回流 16 h，除去溶剂，得到纯二异氰酸酯。产率 87%，mp 143~145℃。

『290』2,2-双[4-(N-4-苯并环丁烯基酞酰亚胺基)]六氟丙烷

2,2-Bis[4-(N-4-Benzocyclobutenyl Phthulimido)]hexafluoropropane[94]

将 3.80 g (31.9 mmol) 4-氨基苯并环丁烯溶于 30 mL DMAc 中加入 6.92 g (15.6 mmol) 6FDA 和 30 mL DMAc。混合物在室温搅拌 1 h，45℃搅拌 3 h 后，加入 6.51 g (63.8 mmol) 乙酐和 5.05 g (63.8 mmol) 吡啶的混合物，在 45℃搅拌 17 h。冷却到室温，倒入含 1000 mL 1 N 盐酸中。室温搅拌 1 h 后过滤，用水及 300 mL 己烷洗涤，空气干燥，得 9.40 g 粗产物。将粗产物溶于 100 mL 二氯甲烷，通过硅胶过滤到 200 mL 己烷中，硅胶用 4×25 mL 二氯甲烷洗涤，去除溶剂，得到产物 8.95 g (88.9%)针状晶体，mp 219℃。

『291』4,4'-[(1,4-丁撑)双(氧)[双[6-甲基-2*H*-吡喃-2-酮]

4,4'-[(1,4- Butandiyl)bis(oxy)[bis-[6-methyl-2*H*-pyran-2-one] [67]

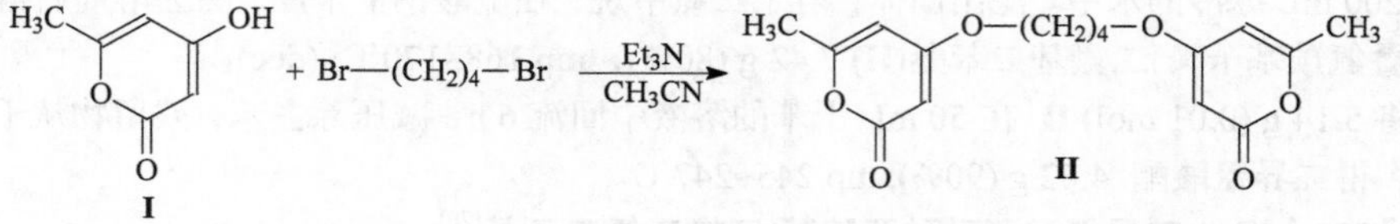

将 24.88 g (198 mmol)4-羟基-6-甲基吡喃-2-酮(**I**)和 30 mL 三乙胺溶于 50 mL 新蒸的乙腈中，在 40℃滴加溶于 20 mL 乙腈中的 1,4-二溴丁烷，搅拌 18 h，滤出固体产物，用水洗涤多次，产物从 DMF 重结晶，得无色 **II** 21.8 g(72%), mp 242℃。

『292』4,4'-[(1,10-癸撑)双(氧)]双[6-甲基-2*H*-吡喃-2-酮]

4,4'-[(1,10-Decandiyl)bis(oxy)]bis[6-methyl-2*H*-pyran-2-one] [67]

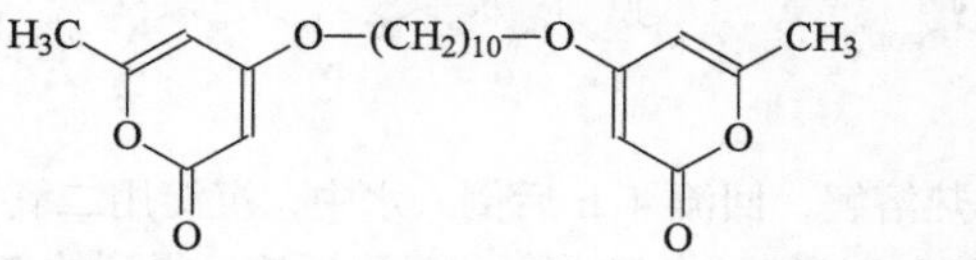

由 1,10-二溴癸烷按『291』方法合成。由硅胶柱(甲苯/乙酸乙酯，4/1)提纯，收率 60%，mp 136℃。

『293』3,3'-乙叉-双[4-羟基-6-甲基-2*H*-吡喃-2-酮]

3,3'-Ethylidene-bis[4-hydroxy-6-methyl-2*H*-pyran-2-one] [67]

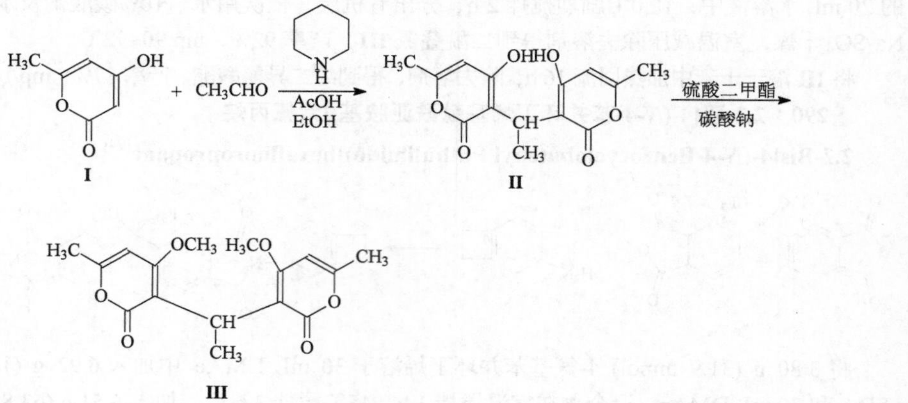

将 25.77 g (204 mmol)**I**，4.5 g (102 mmol)乙醛，1.7 mL 乙酸和 0.1 mL 哌啶在 300 mL 乙醇中室温反应 24 h，溶剂蒸发后残留物用氯仿和稀盐酸处理，分出有机层，在无水硫酸钠上干燥，蒸发后得到 **II** 21.3 g(75%), mp 143℃。

将 25 g (89 mmol)**II**, 28.3 g (224 mmol) 硫酸二甲酯和45 g碳酸钠在230 mL异丁醇中搅拌回流 16 h，冷却，滤出碳酸盐，将溶剂挥发，残留物从硅酸盐凝胶柱(甲苯/乙酸乙酯，9/1)提纯，再从甲醇重结晶得 **III** 19.5 g(71%), mp 157℃。

『 294 』4-[(4-甲磺基苯基偶氮)苯基]-乙基氨基乙醇

4-[(4-Methylsulfonylphenylazo)phenyl]-ethylaminoethanol[91]

向 2.5 mL(2.78 g, 20 mmol) 4-甲巯基苯胺在 20 mL DMF 溶液中加入 4 g(27 mmol)苯酐，室温搅拌 1 h，加入 16 mL 乙酐和 8 mL 吡啶，室温搅拌 2 h，90℃搅拌 4 h。冷却后滤出白色沉淀，由乙醇重结晶，得 **I** 4.6 g(87%)。

向 3.8 g(14.1 mmol) **I** 在 250 mL 乙酸中的溶液加入 25 mL (258 mmol)35%过氧化氢，回流 4 h。冷却后倒入水中，滤出沉淀，从乙醇重结晶，得 **II** 3.7 g(86%)。

向 4.5 g(12 mmol) **II** 在 THF 中的溶液加入 10 mL(10.3 g, 200 mmol)水合肼，回流 3 h，冷却后分出有机层，浓缩到最小量，倒入水中，用乙酸乙酯萃取，水洗 2 次，在硫酸镁上干燥，除去溶剂，产物从乙醇重结晶，得 4-甲磺酰基苯胺(**III**) 1.3 g(63%)。

向2.7 g (16 mmol)**III**，30 mL(35%, 375 mmol)浓盐酸，10 mL 蒸馏水和 3.45 g(50 mmol)亚硝酸钠的混合物中滴加 8.3 g(50 mmol) 2-(N-乙基苯胺基)乙醇(**IV**)在 20 mL 乙醇中的溶液，混合物在 0℃搅拌 2 h，室温搅拌 20 h 后倒入 100 mL 水中，用 NaOH 溶液中和，滤出橙色固体，从乙醇重结晶，得 **V** 2.4 g (42%)。

『 295 』4-(4′-硝基苯基重氮基)-N,N-二(2-羟乙基苯胺)

4-(4′-Nitrophenylazo)-N,N-bis(2-hydroxyethyl)aniline

将 761 mg (5.51 mmol) 对硝基苯胺部分溶于热的 8 mL 水和 2 mL 盐酸的混合物中。倒入 18 mL 冰水中，再用冰浴冷却，加入溶于 5 mL 水的 378 mg (5.48 mmol)亚硝酸钠，混合物变为均相。1 h 后，在 20 min 内滴加入冰冷的 997 mg (5.51 mmol)N-苯基二乙醇胺在 25 mL 水和 2 mL 盐酸中的溶液。反应 2 h 后，加入 1 mol/L KOH，终止反应。过滤，用 250 mL 水和 25 mL 丙酮洗涤，得到的红色粉末在 30℃真空干燥，得产物 552 mg(31%)，mp 204~205℃。

『296』4-[(4-硝基苯基-2,5-噻酚)苯基]-乙基氨基乙醇

4-[(4-Nitrophenyl-2,5-thiopheno)phenyl]-ethylaminoethanol[91]

将 4.85 g(152 mmol)甲醇, 0.98 g(3 mmol)四丁基溴化铵和15.6 mL(48.43 g, 303 mmol)溴加入到 50 g (303 mmol)N-乙基-N-(β-羟乙基)苯胺在 100 mL 二氯甲烷的溶液中。搅拌过夜, 然后倒入饱和乙酸钠溶液中。混合物用 40 mL 二氯甲烷萃取 2 次, 有机层在硫酸钠中干燥, 除去溶剂后, 通过硅胶柱, 得到 II 65 g (88%)。

将 34.35 g(141 mmol) II 在 20 mL DMF 中的溶液在氮气下滴加到 25.45 g(169 mmol)特丁基二甲基氯硅烷和 23.95 g(352 mmol)咪唑在 40 mL DMF 的溶液中, 反应 12 h 后将混合物倒入水中, 用 30 mL 乙醚萃取 2 次, 有机层在无水硫酸钠上干燥。除去溶剂, 通过硅胶柱层析(己烷/乙酸乙酯, 10：1), 得到 III 45.4 g (90%)。

氮气下将 13.65 g (83.7 mmol)2-溴噻吩和 2.24 g(92 mmol)镁屑加到 30 mLTHF 中, 室温搅拌 2 h 后冷却到 0℃, 加入 12.55 g(92 mmol)无水氯化锌。混合物搅拌 1 h, 得到噻吩基氯化锌, 滴加入 20 g (55.8 mmol) III 在 20 mL THF 中的溶液。再加入 1.67 g(1.4 mmol)四(三苯基膦)钯络合物。将混合物回流过夜。滤出固体, 浓缩, 经柱层析(己烷), 得到 IV 12.6 g (63%)。

在−78℃下将 16.4 mL(1.6 mol/L 己烷溶液, 26.3 mmol)丁基锂加到 9.5 g (26.3 mmol)IV 在100 mL THF 的溶液中。加完后回暖到室温搅拌 2 h。将反应物转移到 3.94 g (28.9 mmol)无水氯化锌在 50 mL THF 的溶液中。再加入 5.31 g (26.3 mmol)对溴硝基苯和 1.0 g (0.9 mmol)Pd (Ph₃P)₄, 得到绿色溶液。搅拌过夜后倒入水中。将得到的红色固体滤出, 从氯仿/甲醇中重结晶, 得到 VI 8.0 g (63%), mp 131~134℃。

将 21 mL(21 mmol) 1.0 mol/L 四丁基氟化铵的 THF 溶液滴加到 VI 在 50 mL THF 的溶液中, 搅拌 4 h 后将溶液倒入水中, 滤出红色固体, 从氯仿/甲醇中重结晶, 得 VII 5.1 g (98%), mp

190~193℃。

『297』4-(4-羟基苯基)-1(2*H*)-呔嗪酮 4-(4-Hydrophenyl)-1(2*H*)-phthalazone[120]

II　　　　　　　　　　　III

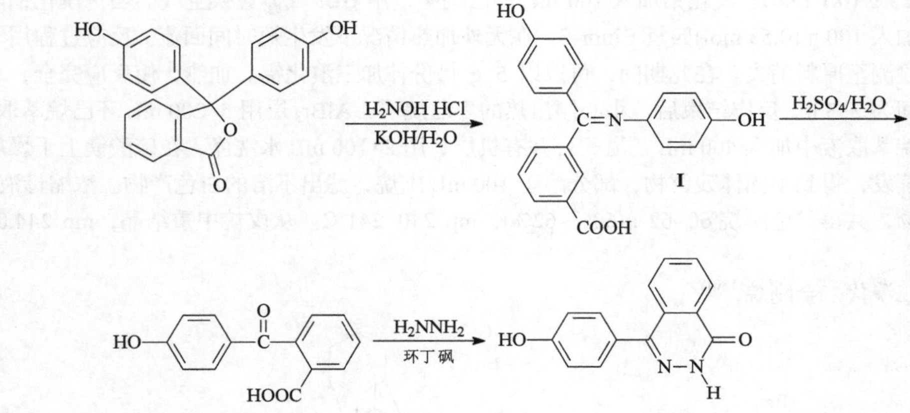

将 4.25 mmol 酚酞，0.34 g (4.9 mmol)羟胺盐酸盐和 1.428 g (25.5 mmol)KOH 在 50 mL 水中 100℃搅拌，半小时内反应物由蓝色变为褐色。4 h 后再加入 1.15 当量羟胺盐酸盐和 6 当量 KOH，继续反应 1 h，TLC(20%乙酸乙酯在加有 3 滴乙酸的己烷溶液)显示已经没有原料化合物。冷却到室温，滴加硫酸进行酸化，得到黄色沉淀。在 100℃搅拌过夜使水解完全。过滤，用热稀硫酸和水洗涤后从乙酸乙酯(活性炭)重结晶，得 4-羟基苯甲酰基-2-苯甲酸(**II**)。

将 1 当量的 4-羟基苯甲酰基-2-苯甲酸与 1.5 当量的单水合肼在环丁砜中加热到 100℃，得到无色溶液，30 min 后白色呔嗪衍生物从溶液中沉淀出来，冷却到室温，再搅拌 1 h，过滤，从乙醇重结晶，收率 87%，mp 310℃。

『298』二溴代二金刚烷 Dibromodiamantane

①二金刚烷[130]

Binor-S　　四氢Binor-S　　**Diamantane**

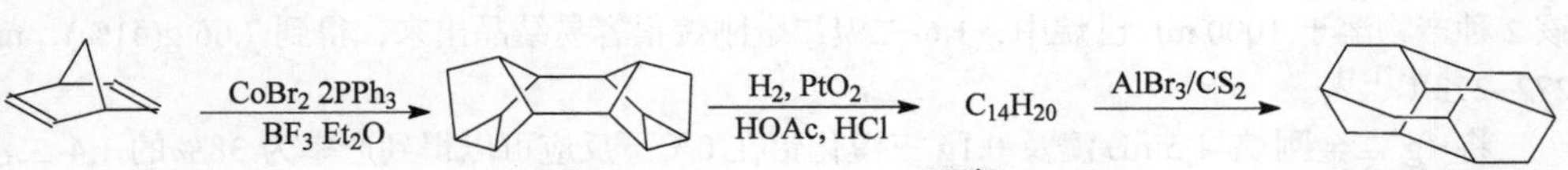

将 200 g (2.1 mol)新蒸的降冰片二烯溶于干甲苯中，加入 7.8 g 二(三苯膦)溴化钴，室温搅拌。滴加入三氟化硼乙醚络合物 2.1 mL，缓慢加热到 105℃，撤下热浴，反应由于放热使温度保持在 105~110℃。大约 15min 后温度开始下降，再行加热，保持回流 12 h。冷却后用 650 mL 二氯甲烷稀释，用 3×650 mL 水洗涤，有机层用硫酸镁干燥，减压去溶剂后进行蒸馏，取 106~107℃/1.5 mmHg，得 165~170 g(82%~85%)Binor-S，冷却固化，mp 59~63℃。

将 135 g(0.73 mol)Binor-S 溶于 670 mL 含 5.7 mL 浓盐酸的冰乙酸中，加入 1.0 g 氧化铂，在 1.4 MPa 氢压下 70℃反应 3 h。冷却至室温，滤出催化剂，加入 1.5 L 水，分层，底层含四氢 Binor-S，上层为醋酸和水，分别用 400 mL 和 2×100 mL 二氯甲烷萃取，合并二氯甲烷溶液，用 2×100 mL 水洗涤，在硫酸镁上干燥，减压蒸发后进行蒸馏，取 105~110℃/1.5 mmHg,得四氢 Binor-S 125~130 g(90%~94%)无色液体。

将 28 g (0.1 mol)三溴化铝加入 100 mL 环己烷中，用 HBr 气体置换空气。当三溴化铝溶解后滴加入 100 g (0.53 mol)四氢 Binor-S。在无外加热情况下发生短时间回流。反应过程用气相色谱检测至原料消失。在此期间，可以以 5 g 每份补加三溴化铝。加热，使反应完全，总反应时间为 2~3 h。反应结束后，小心倾出热的环己烷层，AlBr₃ 层用 5×200 mL 环己烷萃取。在环己烷萃取液中加入 400 mL 乙醚，合并有机层，用 2×100 mL 水洗涤，在硫酸镁上干燥后将溶剂蒸发，得到半固体残留物，部分溶于 100 mL 戊烷，滤出不溶的白色产物。浓缩母液，回收产物，共得二金刚烷 60~62 g(60%~62%)，mp 240~241℃。从戊烷中重结晶，mp 244.0~245.4℃。

②二溴代二金刚烷[130]

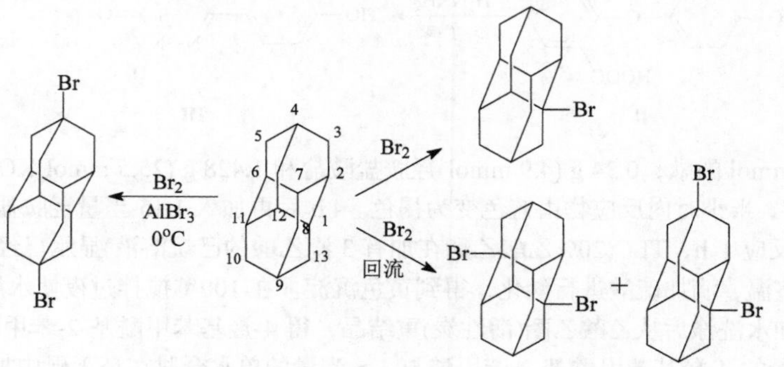

将 2.0 g 二金刚烷与 10 mL 溴在 25℃反应 2 h 得 1-溴二金刚烷，收率 80%。

将 10 g (54 mmol)二金刚烷在室温下加到 50 mL 液溴中，搅拌 3 h 后再在 63℃搅拌 16 h。减压除去过量的溴，将残留物溶于 CCl₄。溶液用 10%亚硫酸氢钠洗涤。水相用 CCl₄ 萃取 3 次。合并 CCl₄ 溶液，除去溶剂后减压干燥。得到 17.5 g 粗产物，其中含有 2 种黏性物质。将该 2 种产物溶于 1000 mL 己烷中，1,6-二溴二金刚烷很容易结晶出来，得到 7.66 g(41%)，mp 272~273℃[131]。

将 1g 二金刚烷与 5mL 溴及 0.1g 三溴化铝在 0℃下反应可以得到产率为 38%的 1,4-二溴代物和 48%的 4,9-二溴代物[132]。

1-溴二金刚烷, mp 222~224℃。

4-溴二金刚烷, mp 127~128.2℃。

1,4-二溴代物, mp 107.4~109.1℃。

1,6-二溴代物, mp 272~273℃。

4,9-二溴代物, mp 324~326℃。

参 考 文 献

[1] Williams F J, Donahua P E. J. Org. Chem., 1977, 42: 3414.

[2] Li Q X, Fang X Z, Wang Z, Gao L X, Ding M X. J. Polym. Sci., Polym. Chem., 2003, 41: 3249.

[3] Al-Masri M, Fritsch D, Kricheldorf H R. Macromolecules, 2000, 33: 7127.

[4] Cook N C. US, 3933852[1976].

[5] White D M, Takekoshi T, Williams F J, et al. J. Polym. Sci., Polym. Chem., 1981, 19: 1635.

[6] Overberger C G, Shalati M D. J. Polym. Sci., Polym. Chem., 1983, 21: 3403.

[7] Williams III F J. US, 3847869[1974].

[8] Takekoshi T, Terry J M. J. Polym. Sci., Polym. Chem., 1997, 35: 759.

[9] Wirth J G, Hearth D R. US, 3787364[1974].

[10] Gao C, Zhang S, Gao L, Ding M. J. Appl. Polym Sci., 2004, 92: 2415.

[11] Nick R J, Nelson M E, Caringi J J, Williams D E. US, 6066743[2000].

[12] Khouri F F, Kailasam G, Caringi J J, Phelps P D, Howson P E. US, 6235866[2001].

[13] Gao C, Wu X, Lv G, Ding M, Gao L. Macromolecules, 2004, 37: 2754.

[14] Kumar D, Khullar M, Gupta A D. Polymer, 1993, 34: 3025.

[15] White D M, Takekoshi T, Schluenz R W, et al. J. Polym. Sci., Polym. Chem., 1981, 19: 1635.

[16] 丁孟贤. 聚酰亚胺——化学、结构与性能的关系及材料. 北京: 科学出版社，2006.

[17] Chern Y-T. J. Polym. Sci., Polym. Chem., 1996, 34: 133.

[18] Wakabayashi K, Uchida T, Yamazaki S, Kimura K. Macromolecules, 2008, 41: 4607.

[19] Houlihan F M, Bachman B J, Wilkins C W, Pryde C A. Macromolecules, 1989, 22: 4477.

[20] Carter K R, DiPietro R A, Sanchez M I, Russell T P, Lakshmanan P, McGrath J E. Chem. Mater., 1997, 9: 105.

[21] Yoshida A, Hay A S. Macromolecules, 1997, 30: 2254.

[22] Kumagai Y, Itoya K, Kakimoto M A, Imai Y. J. Polym. Sci., Polym. Chem., 2000, 38: 1391.

[23] Becker K H, Schmidt H W. Macromolecules, 1992, 25: 6784.

[24] Rhee S B, Park J W, Moon B S, Chang J Y. Macromolecules, 1993, 26: 404.

[25] Eichstadt A E, Ward T C, Bagwell M D, Farr I V, Dunson D L, McGrath J E. Macromolecules, 2002, 35: 7561.

[26] Hasegawa M, Miura H, Haga N, Hayakawa A, Saito K. High Perf. Polym., 1998, 10: 11.

[27] Waters J F, Sukenik C N, Kennedy V O, et al. Macromolecules, 1992, 25: 3868.

[28] Sinhababu A K, Chardt R T. Synth. Commun. 1982, 12: 983.

[29] Caldwell W T, Thompson T. J. Am. Chem. Soc., 1982, 61: 2354.

[30] Fields D L, Miller J B, Reynolds D D. J. Org. Chem., 1964, 29: 2640.

[31] Masri M -A, Fritsch D, Kricheldorf H R. Macromolecules, 2000, 33: 7127.

[32] Brown J M, Woodward S. J. Org. Chem., 1991, 56: 6803.

[33] Wang C S, Lin C H. Polymer, 1999, 40: 4387.

[34] Schab-Balcerzak E, Janeczek H, Kucharski P. J. Appl. Polym. Sci., 2010, 118: 2624.

[35] Boston H G, St. Clair A K, Pratt J R. J. Appl. Polym. Sci., 1992, 47: 243.

[36] Aranyos V, Castano A M, Grennberg H. Acta Chem. Scand., 1999, 714: 720.

[37] Eastmond G C, Page P C B, Paprotny J, Richards R E, Shaunak R. Polymer, 1994, 35: 4215.

[38] Cozan V, Sava M, Marin L, Bruma M. High Perf. Polym., 2003, 15: 301.

[39] Hsiao S-H, Lee C-T, Chern Y-T. J. Polym. Sci., Polym. Chem., 1999, 37: 1619.

[40] Dinakaran K, Alagar M, Ravichandran N M. High Perf. Polym., 2004, 16: 359.

[41] Fuson R C, House H O. J. Am. Chem. Soc., 1953, 75: 1325.

[42] Gao C, Paventi M, Hay A S. J. Polym. Sci., Polym. Chem., 1996, 34: 413；Gao C, Hay A S, Syn. Commun., 1995, 25: 1877.

[43] Geissman T A, Clinton R O. J. Am. Chem. Soc., 1946, 68: 697.

[44] Hlil A R, Meng Y, Hay A S, Abu-Yousef I A. J. Polym. Sci., Polym. Chem., 2000, 38: 1318; Abu-Yousef I A, Hay A S. Macromolecules, 1993, 26: 2995.

[45] Goyal M, Inoue T, Kakimoto M-A, Imai Y. J. Polym. Sci., Polym. Chem., 1998, 36: 39.

[46] Ruppert H, Schnell H, 比利时，614663[1962]; Chem. Abstr. 1962, 58: 4471b.

[47] Kim D S, Park H B, Jang J Y, Lee Y M. J. Polym. Sci., Polym. Chem., 2005, 43: 5620; Strukelj M, Hay A S. Macromolecules, 1992, 25: 4721.

[48] Mackinnon S M, Wang Z Y. J. Polym. Sci., Polym. Chem., 2000, 38: 3467.

[49] Jurek M J, McGrath J E. Polymer, 1989, 30: 1552.

[50] Kricheldorf H R Bolender O, Wollheim T. High Perf. Polym., 1998, 10: 217.

[51] Mehdipour-Ataei S, Keshavarz S. J. Appl. Polym. Sci., 2003, 88: 2168.

[52] Shaikh A A G, Hlil A R, Shaikh P A, Hay A S. Macromolecules, 2002, 35: 8728.

[53] Meng Y Z, Hay A S. J Appl Polym Sci, 1999, 74: 3069.

[54] Raasch M S. J. Org. Chem., 1979, 44: 2629.

[55] Ding Y, Hay A S. Macromolecules, 1996, 29: 6386.

[56] Sugioka T, Hay A S. J. Polym. Sci., Polym. Chem., 2001, 39: 1040.

[57] Watanabe Y, Sakai Y, Shibasaki Y, Ando S, Ueda M, Oishi Y, Mori K. Macromolecules, 2002, 35: 2277.

[58] Korshak V V, Vinogradova S V, Vygodskii Ya S, Nagiev Z M, Urman Ya G, Alekseeua S G, Slonium I Ya. Makromol. Chem., 1983, 184: 235.

[59] Takekoshi T, Terry J M. J. Polym. Sci., Polym. Chem., 1997, 35: 759.

[60] Boldebuck E M, Klebe J F. US, 3303157[1964].

[61] Maruyama Y, Oishi Y, Kakimoto M, Imai Y. Macromolecules, 1988, 21: 2305.

[62] Keske R G, Stephens J R. US, 4321357[1982].

[63] Kreuz J A. Polymer, 1995, 36: 2089.

[64] Hung T C, Chang T C. J. Polym. Sci., Polym. Chem., 1996, 34: 2455.

[65] Yang C P, Jeng S H, Liou G S. J. Polym. Sci., Polym. Chem., 1998, 36: 1169.

[66] Jonquires A, Vicherat A, Lochon P. J. Polym. Sci., Polym. Chem., 1999, 37: 2873; Babe S G, De Abajo J, Fontan J. Angew. Makromol. Chem., 1971, 19: 121.

[67] Alhakimi G, Klemm E, Goris H. J. Polym. Sci., Polym. Chem., 1995, 33: 1133.

[68] Liaw D-J, Liaw B-Y, Tseng J-M. J. Polym. Sci., Polym. Chem., 1999, 37: 2629.

[69] Yang C-P, Chen R-S, Chen C-D. J. Polym. Sci., Polym. Chem., 2001, 39: 775.

[70] Yeganeh H, Mehdipour-Ataei S. J. Polym. Sci., Polym. Chem., 2000, 38: 1528.

[71] Gaina C, Gaina V, Ivanov D. Macromol. Rapid Commun., 2001, 22: 25.

[72] Idage S B, ldage B B, Vernekarx S P. Polym. Int., 1992, 28: 105.

[73] Stenzenberger H D, Konig P. High Perf. Polym., 1989, 1: 133.

[74] Stenzenberger H D, Konig P. High Perf. Polym., 1991, 3: 41.

[75] Fang Q, Jiang B, Yu Y H, Zhang X B Jiang L X. J. Appl. Polym. Sci., 2002, 86: 2279.

[76] Fang Q, Jiang L. J. Appl. Polym. Sci., 2001, 81: 1248.

[77] Anuradha G, Sarojadevi M, Sundararajan P R. J. Appl. Polym. Sci., 2008, 110: 517.

[78] Liang G, Fan J. J. Appl. Polym. Sci., 1999, 73: 1623.

[79] Grenier-Loustalot M, Billon L. Polymer, 1998, 39: 1815.

[80] Liu F, Li W, Wei L, Zhao T. J. Appl. Polym. Sci., 2006, 102: 3610.

[81] Karangu N T, Rezac M E, Beckham H W. Chem. Mater., 1998, 10: 567.

[82] Melissaris A, Litt M H. Macromolecules, 1993, 26: 6734.

[83] Melissaris A P, Litt M H. Polymer, 1994, 35: 3305.

[84] Dao B, Hodgkin J H, Morton T C. High Perf. Polym., 1997, 9: 413.

[85] Malinge J, Garapon J, Sillion B. Bri. Polym. J., 1988, 20: 431.

[86] Smith J G Jr., Ottenbrite R M. Polym. Adv. Tech., 1992, 3: 373.

[87] Smith J G Jr., Sun F, Ottenbrite R M. Macromolecules, 1996, 29: 1123.

[88] Jung J C, Park S-B. J. Polym. Sci., Polym. Chem., 1996, 34: 357.

[89] Ottenbrite R M, Smith J G Jr. Polym. Adv. Technol., 199, 01: 117.

[90] Romdhane H B, Baklouti M, Chaâbouni M R, Grenier-Loustalot M F, Delolme F, Sillion B. Polymer, 2002, 43: 255.

[91] Kim S J, Kim B J, Jang D W, et al. J. Appl. Polym. Sci., 2001, 79: 687.

[92] Ogliaruso M A, Shadoff L A, Becker E I. J. Org. Chem., 1963, 28: 2725.

[93] Faghihi K, Hajibeygi M. J. Appl. Polym Sci., 2004, 92: 3447; Faghihi K, Zamani K, Mirsamie A, Sangi M R. Eur. Polym. J., 2003, 39: 247.

[94] Tan L-S, Arnold F E, Solqski E J. J. Polym. Sci., Polym. Chem., 1988, 26: 3103.

[95] Watson K A, Bass R G. High Perf. Polym., 2000, 12: 299.

[96] Faghihi K, Zamani K, Mirsamie A, Sangi M R. Eur. Polym. J., 2003, 39: 247.

[97] Kurita K, Itoh H, IwakuraY. J. Polym. Sci., Polym. Chem., 1978, 16: 779.

[98] Sato M, Hirata T, Kamita T, Makaida K I. Eur. Polym. J., 1996, 32: 639.

[99] Thanuja J, Srinivasan M. J. Polym. Sci., Polym. Chem., 1988, 26: 1697.

[100] Petreus O, Vlad-Bubulac T, Hamciuc C, High Perform. Polym., 2008, 20: 588.

[101] Nguyen B N, Shattuck J C, Stevens M P. J. Polym. Sci., Polym. Chem., 2000, 38: 2645.

[102] Tawney P O, Snyder R H, Conger R P, Leibbrand K A, Stiteler C H, Williams A R. J. Org. Chem., 1961, 26: 15.

[103] Bradshaw J S. Tetrahedron Lett, 1966, 2039.

[104] Perry R J, Wilson B D, Turner, S R, Blevins R W. Macromolecules, 1995, 28: 3509.

[105] Perry R J, Tunney S E, Wilson B D. Macromolecules, 1996, 29: 1014.

[106] Perry R J, Turner S R, Blevins R W. Macromolecules, 1994, 27: 4058.

[107] Wang C-S, Hwang H-J. J. Polym. Sci., Polym. Chem., 1996, 34: 1493.

[108] Galia M, Serra A, Mantecon A, Cadiz V. J. Appl. Polym. Sci., 1995, 56: 193.

[109] Wang T-S, Yeh J-F, Shau M-D. J. Appl. Polym. Sci., 1996, 59: 215.

[110] Monte D, Galia M, Cbdiz V, Mantecbn A, Serra A. Macromol. Chem. Phys., 1995, 196: 1051.

[111] Hwang H-J, Wang C-S. J. Appl. Polym. Sci., 1998, 68: 1199.

[112] Lau A N K, Moore S S, Vo L P. J. Polym. Sci., Polym. Chem., 1993, 31: 1093; Lau A N K, Vo L P. Macromolecules, 1992, 25: 7294.

[113] Phillips D C, Spewock S, Alvino W M. J. Polym. Sci., Polym. Chem., 1976, 14: 1137.

[114] Bogert M T, Renshaw R R. J. Am. Chem. Soc., 1906, 28: 617.

[115] Phillips D C, Alvino W M. J. Polym. Sci., Polym. Chem., 1976, 14: 1151.

[116] Buzin P V, Yablokova M Yu, Kuznetsov A A, Smirnov A V, Abramov I G. High Perf. Polym., 2004, 16: 505.

[117] Liu X Q, Jikei M, Kakimoto M. Macromolecules, 2001, 34: 3146.

[118] Im J K, Jung J C. J. Polym. Sci., Polym. Chem., 1999, 37: 3530.

[119] Feld W A, Serico L, Genez B G, Friar L L. J. Polym. Sci., Polym. Chem., 1983, 21: 883.

[120] Hay A S. US, 5254663[1993].

[121] Kim Y K, Rasmussen P G. Macromolecules, 1991, 24: 6357.

[122] Kim Y-K, Rasmussen P G. J. Polym. Sci., Polym. Chem., 1993, 31: 2583.

[123] Li X R, Li Y S. Polymer, 2003, 44: 3855.

[124] Leu C M, Chang Y T, Shu C F, Teng C F, Shiea J. Macromolecules, 2000, 33: 2855.

[125] Baek J B, Qin H, Mather P T, Tan L S. Macromolecules, 2002, 35: 4951.

[126] Kricheldorf H R, Bolender O, Wollheim T. High Perf. Polym., 1998, 10: 217.

[127] Kim J H, Moore J A. Macromolecules, 1993, 26: 3510.

[128] Aranyos V, Castano A M. Greunberg H. Acta Chem. Scand., 1999, 53: 724.

[129] 张在利，刘守贵，王家贵. 化工新型材料，2004，32(5): 44; 盘毅，胡芸，宋威. 国防科技大学学报，2005, 27(2): 15.

[130] Gund T M, Thielecke W, Schleyer P v R. Org. Synth., 1973, 53: 30; Schrauzer G N, Bastian B N, Fosselius G A. J. Am. Chem. Soc., 1966, 88: 489.

[131] Chern Y T, Wang W L. Macromolecules, 1995, 28: 5554.

[132] Gund T M, Schleye, P v R, Unruh G D, Gleiche G J. J. Org. Chem., 1974, 39: 2995.

第 II 编　聚 合 方 法

第5章　在过程中形成酰亚胺环的聚合

5.1　二酐与二胺的缩聚

这是合成聚酰亚胺最普遍采用的方法。由二酐与二胺在非质子极性溶剂中低温缩聚得到聚酰亚胺的前体聚酰胺酸，然后用热或化学的方法进行酰亚胺化，得到聚酰亚胺。

最典型的例子是由均苯二酐与二苯醚二胺在 DMAc 或 DMF 或 NMP 中的缩聚：

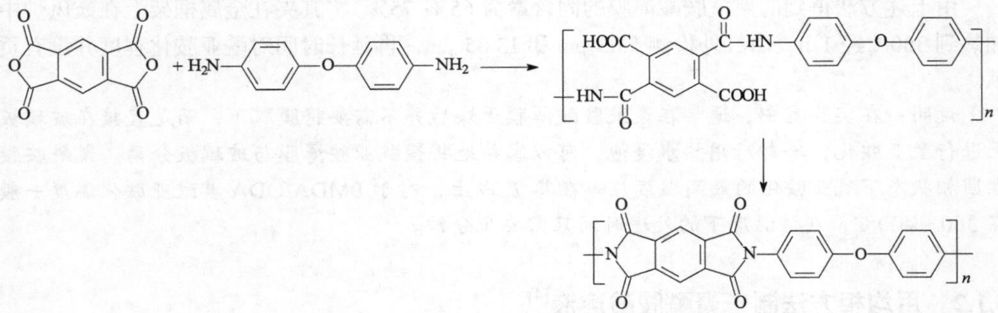

5.1.1　最早期的报道

由均苯二酐(PMDA)与二苯醚二胺(ODA)在二甲基乙酰胺(DMAc)中低温溶液缩聚得到聚酰胺酸的方法最早由 Sroog 等发表在 1965 年[1]。由于这是有关聚酰亚胺研究的经典工作，这篇文章在 1996 年又被重新发表了一次[2]。

1. 聚酰胺酸的典型制备方法[1]

将一个装有汞封、氮气通入管、干燥管及瓶塞的 500 mL 烧瓶用火焰烘烤以去除痕量湿气，并在氮气流下冷却后，在干燥箱中通过粉末漏斗加入 10.0 g (0.05 mol)4,4′-二氨基二苯醚，并用 160g 二甲基乙酰胺冲洗漏斗。然后在剧烈搅拌下通过另一个干燥的粉末漏斗在 2~3 min 内加入 10.90 g (0.05 mol)均苯二酐，残留的二酐用 28 g 干燥的二甲基乙酰胺冲洗后将粉末漏斗换为塞子，混合物搅拌 1 h。当加入首批二酐时温度会上升到 40℃，但很快回落到室温。这样得到的浓度为 10%的溶液搅拌并不太困难。在某些情况下溶液变得十分黏稠，为了有效的搅拌，可以将固含量稀释至 5%~7%。这样得到的聚酰胺酸其对数黏度为 1.5~3.0 dL/g (0.5%DMAc 溶液，测试温度为 30℃)。所得到的聚酰胺酸溶液应该储存在干燥、封闭的瓶中，放置于–15℃备用。

说明：在实际的操作中，如果聚酰胺酸的黏度太高(例如高于 300000 cp)则因为不能有效搅拌，难以得到均匀的溶液，也不宜于后续的加工，例如流延法成膜。因此对于溶剂和反应器无需严格干燥，溶剂一般要求含水在 1000ppm 以下，反应器没有可见的表面水就可。某些情况下甚至可以在溶剂中加入一定量的水，使聚酰胺酸的黏度进一步降低[3]。由于处于端位的邻位二个羧基在后续的热处理中可以脱水成酐继续和氨基反应，使分子量增大，所以只要二酐和二胺是等摩尔比，在容许范围内适当降低聚酰胺酸的分子量，并不会影响聚酰亚胺的性能。

2. 聚酰胺酸薄膜的制备

用聚酰胺酸溶液在干燥的玻璃板上铺成 250~650 μm 厚的液膜，在干燥氮气流下 80℃干燥 20 min，这种部分干燥的薄膜可以从玻璃板上揭下，夹在框架上，进一步在真空下室温干燥。

说明：一般情况下，实际操作中并不需要将聚酰胺酸薄膜在氮气中或真空下干燥。

3. 酰亚胺化

由上述方法得到的聚酰胺酸薄膜的固含量为 65%~75%。将其夹在金属框架上在鼓风炉中加热到 300℃经 1 h，由红外检测 5.63 μm 和 13.85 μm，再延长时间对酰亚胺化程度并没有贡献。

说明：在实验室中，通常在聚酰胺酸薄膜干燥后并不需要将膜取下，而是直接在玻璃板上进行酰亚胺化，冷却后用热水浸泡，可以容易地将聚酰亚胺薄膜与玻璃板分离。聚酰胺酸在固相状态下酰亚胺化的最高温度应当在其 T_g 以上，对于 PMDA/ODA 其酰亚胺化温度一般在 360~400℃，在该温度下的处理时间只需要几分钟。

5.1.2　用均相方法制备聚酰胺酸溶液[4]

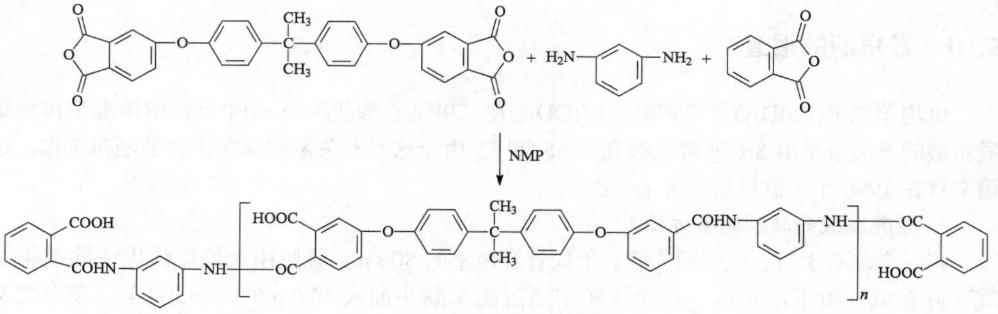

将 6.4889 g (0.012467 mol) 双酚 A 的二醚二酐(BPADA)称入经过充氩-抽空二次的烧瓶中，再加入 80 mL NMP，搅拌，使二酐溶解。将 1.3913 g (12.865 mmol)间苯二胺(MPD)和 0.1198 g (0.8089 mmol)苯酐称入第二个干燥的烧瓶中，加入 25 mL NMP 并搅拌溶解后一次加入到二酐的溶液中，再用 10 mL NMP 冲洗烧瓶，聚合得到聚酰胺酸溶液。

根据单体和聚合物的溶解性能也可以采用其他溶剂，如 THF。

说明：均相法聚合对于要求溶液均匀性很高的情况，例如用聚酰胺酸溶液纺丝是有意义的。因为二酐的固相加料，尤其在后期体系黏度迅速增高的情况下，由于传质变得困难，容易产生胶团。但该法由于二酐的容易水解，而所用的非质子极性溶剂又极难完全去水，从而会使部分二酐水解，难以得到高黏度的溶液。BPADA 由于容易溶解，对水解又较稳定，在某些黏度要求不太高的场合可以采用此法。如果能够找到对二酐有较好溶解度，同时又容易得到无水状态(水含量在 100 ppm 以下)的溶剂，则均相聚合法就有较大的实用意义。

5.1.3　芳香二酐与脂肪二胺的聚合[5]

将 0.114 g (1.00 mmol)环己烷二胺在 70℃溶解于 DMAc，控制固含量为 15%。溶液冷至室温后缓慢加入 0.132 g (2.20 mmol)乙酸，搅拌 10 min 后加入 1.00 mmol 固体二酐，室温搅拌一定时间，得到的聚酰胺酸对数黏度为 0.5 dL/g(DMAc，30℃)。

说明：由芳香二酐与脂肪或脂环二胺聚合时由于二胺的强碱性(pK_a 为 10.7，芳香二胺的 pK_a 为 4.6)会生成盐或凝胶[4]，从而难以得到高分子量。虽然曾有高温聚合[6]或硅化方法[7]来避免盐和凝胶的生成。但高温聚合并不普适，因为会发生酰亚胺化而沉淀。硅化方法会有硅残留在聚合物中，对于某些应用并不合适。

5.1.4　以二胺与 TMA 在乙酸/乙酐中合成聚酰胺酰亚胺[8]

1. 在乙酸和乙酐体系中聚合

将 540 g MPD 加到 900 mL 乙酸中，以 300 mL/min 通入氮气，5 min 内加入 765 mL 乙酐，再加入 415 g 间苯二甲酸和 480 g 偏苯三酸酐(TMA)。将电炉逐渐加热到 370℃，105 min 内蒸出 1730 mL 液体，聚合物变得非常黏稠，在氮气下冷却。在苯酚/四氯乙烷(60/40)中测定的对数黏度为 0.14 dL/g。

2. 在 NMP、乙酐中有亚磷酸三(壬基苯)酯存在下聚合

将 280 g ODA 和 64.8 g MPD 溶于 500 mL NMP 中，氮气下 5 min 内加入 204 g 乙酐，由于放热，温度升至 80~93℃。迅速加入 384 g TMA，溶解后，温度升到 121℃。最后加入 2 g 亚磷酸三(壬基苯)酯，加热蒸出 730 mL 液体，得到极黏的聚合物。该聚合物可以溶于苯酚/四氯乙烷(60/40)，NMP 或 100%硫酸中。在 60/40 苯酚/四氯乙烷中测得的对数黏度为 0.23 dL/g。将聚合物再在 270℃真空处理过夜，聚合物在 100%硫酸中测得的对数黏度为 1.36 dL/g，在 NMP 中测定的对数黏度为 0.8 dL/g。聚合物在 370℃可以模压成型，抗张强度为 45.8 MPa。在 232℃退火 16 h，260℃处理 100 h，抗张强度为 98.6 MPa。

5.1.5　聚酰胺酸的三乙胺盐

聚酰胺酸的盐因为可以避免酸催化的逆反应[9]，其水解稳定性可能比聚酰胺酸高，同时还可以增加酰亚胺化的速度(4~10 倍)[10]。聚酰胺酸的三乙胺盐在 150℃就可以转化为聚酰亚胺。

1. 聚酰胺酸的铵盐[11]

6FDA 和 ODA 在 NMP 中聚合后加入三乙胺的 NMP 溶液，搅拌均匀，在甲乙酮中沉淀，50℃真空干燥 2 天，对数黏度 0.93 dL/g。

聚酰胺酸与四甲基氢氧化铵反应得到盐，在丙酮中沉淀，50℃真空干燥 2 天。将该聚酰胺酸盐在 80℃处理 8 h，150℃处理 24 h，得聚酰亚胺。其红外光谱与由聚酰胺酸经化学环化得到的聚合物相同。

2. 可溶于甲醇的聚酰胺酸三乙胺盐[12]

在由 4.36 g(20 mmol)PMDA 和 4.00 g(20 mmol)ODA 在 80 mL DMAc 中得到的聚酰胺酸中加入 6.06 g (60 mmol)三乙胺，室温搅拌 4 h，得到均相溶液，在 1.5 L THF 中沉淀，过滤，减压干燥后溶于甲醇，得到 9.2%的溶液。

5.1.6 由二胺的盐酸盐以三乙胺作用后与二酐反应得到聚酰胺酸[13]

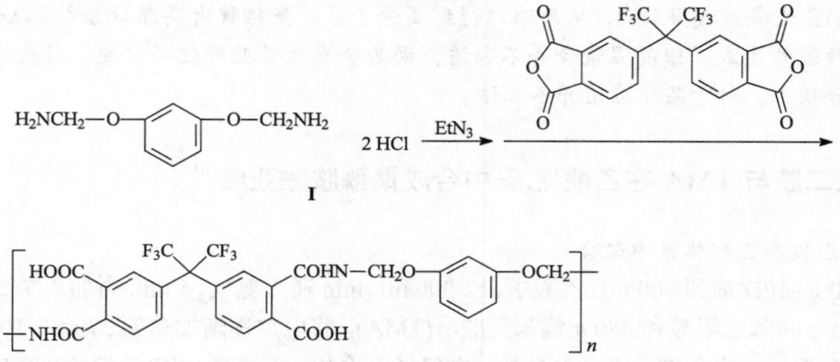

将 0.241 g (1 mmol)二胺盐酸盐(I)溶于 3 mL NMP 中，加入 0.202 g (2 mmol) 三乙胺，搅拌下加入 0.444 g (1 mmol)6FDA，0℃反应 2h，室温反应 22 h。将得到的黏液倒入 300 mL 丙酮中，滤出沉淀，用氯仿洗涤，去除三乙胺盐酸盐，得 0.349 g (57%) 聚酰胺酸白色纤维状物，对数黏度为 0.25 g/dL(25℃)。

5.1.7 在其他溶剂中合成聚酰胺酸

原则上只要不与单体发生反应，同时又能够溶解所生成的聚合物的溶剂都可以作为合成聚酰胺酸或聚酰亚胺的溶剂。

1. 以四氢呋喃/甲醇为溶剂[6]

所用的溶剂为 THF/MeOH=9/1~4/6。

①聚酰胺酸溶液[6]

将 28.57 g (0.143 mol)ODA 在 272.0 g THF 和 68.0 g MeOH (THF/MeOH=8/2)中搅拌，使 ODA 溶解后在 40min 内逐渐加入 31.43 g (0.144 mol)PMDA，温度保持在 20~25℃，24 h 后得到黏度为 206 P 的溶液，特性黏数为 2.51dL/g。

②THF/MeOH 为溶剂的聚酰胺酸盐溶液[14]

将 20.02 g (0.1 mol)ODA 溶于 144.4 g THF 和 61.9 g MeOH (7/3)的混合物中，再在室温下 40 min 内加入 22.24 g (0.102 mol)PMDA，继续反应 12 h，搅拌下在 3 h 内滴加入 25.55 g

(0.252 mol)EtN$_3$ 在 174 g 甲醇中的溶液，再在室温下搅拌 12 h，得到均相溶液，固含量为 9.5%，M_w 为 91000。

③聚酰胺酸盐粉末的制备[14]

在如②方法制得的聚酰胺酸溶液中 3 h 内滴加入由 0.102 mol EtN$_3$ 在甲醇中的溶液，在室温搅拌 24 h 得到悬浮液，将粉末滤出，80℃干燥 2 h，得聚酰胺酸盐粉末。

2. 以苯甲酸为溶剂

①均聚[15]

将 0.5825 g (1.42 mmol)BAPP，0.4175 g (1.42 mmol)BPDA 和 9.0 g 苯甲酸在 140℃的油浴中加热，待苯甲酸熔融后，开动搅拌，反应在氩气中进行 1 h 后冷却。将产物粉碎，用丙酮萃取，去除苯甲酸。

该方法也可以采用四酸代替二酐进行反应。

说明：苯甲酸是聚酰胺酸成环脱水的催化剂，是许多芳香聚醚酰亚胺的良好溶剂。与甲酚类及多氯代苯溶剂比较，苯甲酸对人体无毒，可以在聚合后与高分子发生微相分离，很容易用丙酮洗涤出来。由于苯甲酸介质的酸性，即使是活性较低的二胺，例如 DDS 及 2,6-二氨基吡啶(DAP)也能够顺利得到高分子量的聚酰亚胺，而用 BPADA 和 DAP 在间甲酚中 170℃反应 1 h 也得不到聚合物。

②交替聚合[16,17]

以苯甲酸为溶剂，以不同的加料方式可以得到各种交替共聚酰亚胺。

将 2.0 mmol PPD，4.0 mmol BPADA 和 30 g 苯甲酸加热到 150℃，反应 1.5 h 得到以酐封端的齐聚物。然后将 2.0 mmol BAPP 加入到反应体系中，继续在 150℃搅拌 2 h。生产的水用真空抽走。反应完毕后，将反应物倒出，冷却到室温，反应物固化，发生微相分离。苯甲酸用丙酮连续萃取出来，真空干燥得到聚合物。

3. 以水为溶剂[18,19]

以水为溶剂可以合成各种聚酰亚胺。

①P84

将 16.15 g (0.05 mol)BTDA 加入脱气的 150 mL 水中，回流 1 h，使水解完全。冷至室温后加入 4.885 g (0.04 mol)2,4-甲苯二胺和 1.98 g (0.01 mol)MDA，搅拌后从溶液中沉淀出固体盐。用氮气置换空气后充压至 0.14 MPa，将混合物加热到 135℃保持 1 h，再加热到 180℃保持 2 h，然后冷却到室温，过滤得到橙色固体。用水洗涤，粉碎，再各用 100 mL 热水和甲醇洗涤，40℃真空干燥过夜，得到橙色粉末 19.9 g(93.5%)。比浓黏度为 0.32。如在 250℃反应，比浓黏度为 0.57。

②Ultem 1000

将 15.6 g (0.03 mol) BPADA 加到脱气的 100 mL 水中，在高压釜中 135℃搅拌 1 h，使二酐完全转变为四酸。冷却到室温，加入粉碎的 3.24 g (0.03 mol)MPD，再加入 20 mL 水，用氮气置换空气后充至 0.14 MPa。混合物在 135℃搅拌 1 h，180℃搅拌 2 h 处理如①。得聚合物 16.0 g(90%)，比浓黏度 0.49，T_g = 222℃。

③PETI-5

将 18.39 g (63 mmol)BPDA 和 3.07 g (12 mmol)PEPA 在 100 mL 脱气蒸馏水中回流 1 h，

以保证酐的完全水解。搅拌下冷却至室温，缓慢加入粉碎的 11.69 g (58.5 mmol)3,4'-ODA 和 3.02 g (10.3 mmol)1,3,3-APB。快速搅拌下回流 5 min，逐步至室温，再在冰盐水中冷至 5℃，滤出固体，粉碎，和 20 mL 水在 0.14 MPa 氮气压力下搅拌，加热至 135℃经 1 h，180℃ 2 h，然后冷却到室温，滤出黄色固体，用水洗涤后研成粉末，再用各为 100 mL 热水和甲醇洗涤后真空 40℃干燥过夜，得米色粉末 29.8 g(89%)，还原黏度 0.30。

④PMDA/ODA 聚酰亚胺

将 21.8 g (0.1 mol)PMDA 在 220 mL 水中回流 1 h 使水解完全，剧烈搅拌下 5 min 内加入 21.13 g (0.105 mol)ODA，在 0.14 MPa 氮气压力下搅拌加热至 135℃经 1 h，180℃ 2 h，然后冷却到室温，滤出橙色固体，用水洗涤后研成粉末，再用各为 100 mL 的热水、甲醇和丙酮洗涤后在 50℃真空干燥过夜，得浅橙色粉末 35.0 g(87.5%)。

⑤PMR-15

将 4.05 g (12.6 mmol)BTDA，2.0 g (12.0 mmol)NA 和 3.68 g (18.6 mmol)MDA 在 100 mL 水中回流 5 min，逐渐冷却到室温，定量地转移到高压釜中，在 0.14 MPa 氮气压力下加热到 160℃，搅拌 2h 后冷却到室温，以同上方法处理，得到黄褐色粉末 8.3 g(92%)。纯树脂在 320 ℃ 3.5 MPa 下经 2 h 成型，测得 T_g 为 365.8℃(DSC)和 397.2℃(DMA)。

4. 以水杨酸为溶剂[20]

将 3.67 g (26 mmol)水杨酸置于外径为 35 mm 长度为 250 mm 的玻璃管中，在 200℃熔融 10 min。加入 0.62 g (2.00 mmol) ODPA 和 0.40 g (2.00 mmol)ODA，固含量为 40%。再加入 8 滴异喹啉然后封管。将装有反应物的部分浸于 200℃油浴中反应 1.5 h。冷到 150℃，将淡黄色黏液倒入 200 mL 甲醇中，过滤，用热甲醇洗涤，120℃真空干燥过夜。

5. 以多聚磷酸为溶剂[21]

BAPE

在氮气下将 2.92 g (0.012 mol) BAPE 加到 30 mL PPA(为 80%多聚磷酸和 P₂O₅ 的混合物)中。加热到 140℃，使二胺溶解后冷却到 120℃，加入 3.86 g (0.012 mol) BTDA，混合物在 220 ℃ 反应 4 h。将溶液倒入水中，滤出沉淀，用水洗涤数次，在 110℃真空干燥，得到聚酰亚胺。

也可用类似方法合成 BTDA/DDS 和 BTDA/ODA 聚酰亚胺。

5.1.8 一步法合成聚酰亚胺

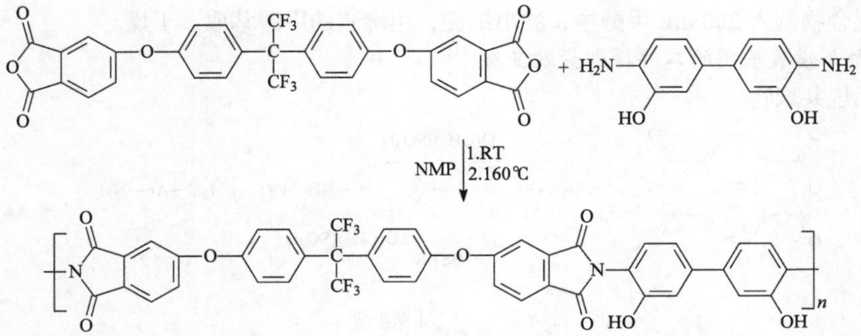

将 3.4 g (16 mmol)二羟基联苯胺溶于 90 mL NMP 中，加入 10 g (16 mmol)含氟二酐，室温搅拌 24 h 后加入干燥二甲苯 90 mL。混合物在 160℃ 搅拌 3 h 除去由于酰亚胺化形成的水。将溶液倒入大量甲醇中，得到聚合物。将聚合物溶于 THF 中，再倒入大量甲醇，滤出沉淀，室温真空干燥，得 10.6 g (82%)。

5.1.9 由二酐与二酰肼得到聚酰亚胺[17]

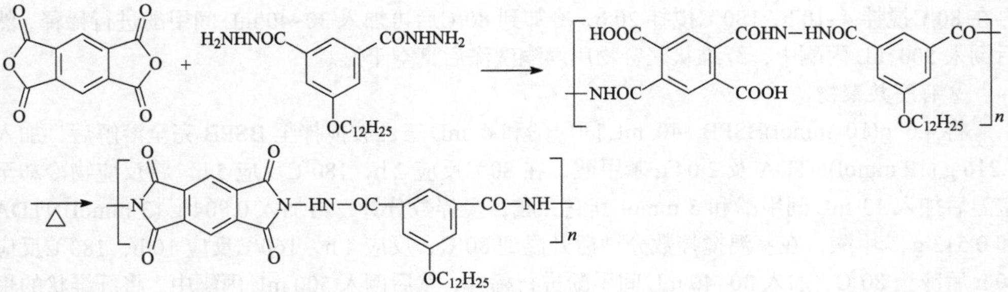

将 0.76 g (2 mmol) 5-十二烷氧基间苯二酰肼溶于 10 mL DMAc 中，分批加入 0.44 g (2.0 mmol) PMDA，室温搅拌 18 h，在甲醇中沉淀。过滤，用甲醇洗涤后在 40℃真空干燥。热酰亚胺化得到聚酰胺酰亚胺。

5.1.10 由含有六元环酐单元的萘二酐与二胺反应得到聚酰亚胺

1. 由 1,4,5,8-萘二酐得到聚酰亚胺[22]

将 5.36 g (20 mmol)NTDA, 3.16 g (10 mmol)DAPT, 2.0 g (10 mmol)十二烷二胺和 0.732 g 苯甲酸加到 25 mL 间甲酚中，氩气下加热到 180℃，蒸出水分，再在 190℃反应 10 h，冷却到室温。用四氯乙烷稀释后倒入丙酮中，滤出沉淀，用丙酮萃取，在 80℃真空干燥，收率 100%，对数黏度 0.70 dL/g(0.5 g/dL，四氯乙烷，30℃)。

2. 由其他含有六元环酐单元的二萘酐得到聚酰亚胺[23]

将 1 mmol 二酐(见【354】【355】【356】)和 1 mmol 二胺加入 10 mL 间甲酚中，氮气下在 180℃搅拌，加入 2 mmol 苯甲酸，搅拌 9 h，再加入 2 mmol 异喹啉继续在 180℃搅拌 9 h，冷却后将混合物倒入 200 mL 甲醇中，滤出沉淀，用沸腾的甲醇萃取，干燥。

3. 由含磺酸基团的二胺得到聚酰亚胺[24]

①无规共聚物

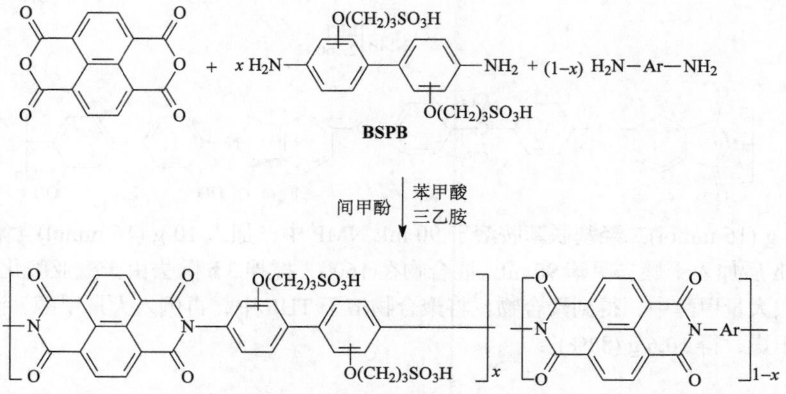

BSPB

间甲酚 | 苯甲酸 三乙胺

将 4.60 g(10 mmol)BSPB，50 mL 间甲酚和 4 mL 三乙胺在氮气下搅拌，当 BSPB 完全溶解后，加入 5.0 mmol 非磺化二胺，4.05 g(15 mmol)NTDA 及 2.60 g 苯甲酸。在室温搅拌数分钟，再在 80℃搅拌 4~10 h，180℃搅拌 20 h，冷却到 80℃后再加入 30~40 mL 间甲酚进行稀释，然后倒入 500 mL 丙酮中，纤维状聚合物用丙酮洗涤后真空干燥。

②有序共聚物

将 4.6 g(10 mmol)BSPB，40 mL 间甲酚和 4 mL 三乙胺搅拌至 BSPB 完全溶解后，加入 3.216 g (12 mmol)NTDA 及 2.04 g 苯甲酸，在 80℃反应 2 h，180℃反应 5 h。将反应物冷却至室温后加入 13 mL 间甲酚和 5 mmol 其它二胺，搅拌数分钟，再加入 0.804 g (3 mmol)NTDA 和 0.513 g 苯甲酸，在室温搅拌数分钟后升温到 80℃，反应 4 h，160℃反应 10 h，180℃反应 10 h 后冷至 80℃，加入 30~40 mL 间甲酚进行稀释，然后倒入 500 mL 丙酮中，将纤维状的聚合物滤出，用丙酮洗涤后真空干燥。

③由联萘二酐得到的含磺酸基团的聚酰亚胺[25]

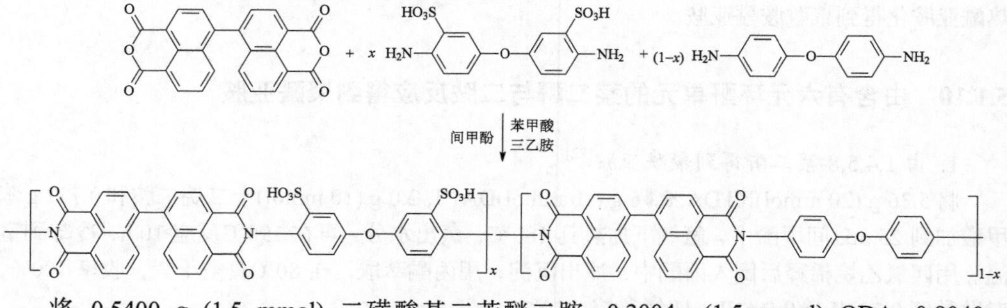

间甲酚 | 苯甲酸 三乙胺

将 0.5400 g (1.5 mmol) 二磺酸基二苯醚二胺，0.3004 g(1.5 mmol) ODA，0.8040 g

(3.0 mmol)联萘二酐，0.51 g(4.2 mmol)苯甲酸和 0.36 g (3.6 mmol) 三乙胺加到 15 mL 间甲酚中，室温搅拌 10 min，80℃反应 2 h，再在 180℃反应 10 h。冷却到 100℃，加入 10 mL 间甲酚进行稀释后将溶液倒入 100 mL 乙醇中，滤出聚合物，用乙醇萃取 24 h，真空干燥，收率 95%。

4. 在离子液体中的聚合[26]

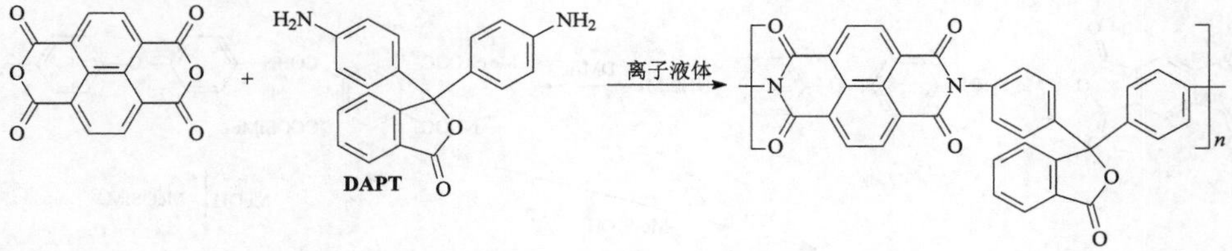

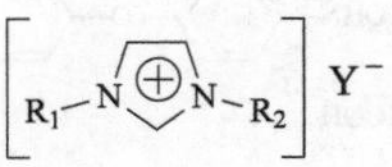

$$R_1=CH_3, \ R_2=C_2H_5, \ C_3H_7, \ C_4H_9$$
$$R_1= R_2= C_2H_5, \ C_3H_7, \ i\text{-}C_3H_7, \ C_4H_9, \ C_5H_{11}, \ C_6H_{13}, \ C_{12}H_{25}$$
$$Y=Br, \ BF_4, \ PF_6, \ (CF_3SO_2)_2N$$

离子液体

将 0.632 g(0.002 mol)DAPT 和 0.536 g(0.002 mol)NTDA 加到 4.36 g 离子液体中，氮气下在 180℃搅拌反应 10 h，在丙酮中沉淀，用丙酮洗涤，70℃干燥 20 h，得定量聚合物。

5.2　二酐与二胺衍生物的缩聚

5.2.1　二酐与硅烷化二胺的缩聚

将二胺用三烷基氯硅烷硅烷化(见 4.5 节)，与二胺比较对空气的稳定增加，同时在酰亚胺化过程中并不会产生可以使酰亚胺环水解的水分而是容易挥发的三烷基硅烷。硅烷化脂肪二胺在与二酐反应时不易由于二胺太强的碱性而产生盐的沉淀。最常用的三烷基氯硅烷是三甲基氯硅烷，也可采用特丁基二甲基氯硅烷等。二酐与三烷基氯硅烷硅化的二胺在非质子极性溶剂中反应得到聚酰胺酸三烷基硅酯，然后经热酰亚胺化，失去 2 个三烷基硅醇，得到聚酰亚胺。

1. 由脂肪二酐与硅化脂肪二胺的缩聚[7]

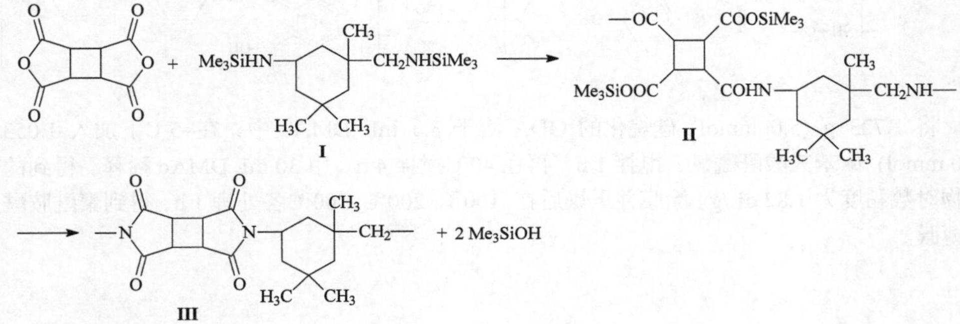

将 0.899 g (2.86 mmol)硅烷化的 **I** 溶于 3.41 g DMAc 中，加入 0.560 g (2.86 mmol)环丁烷二酐，氮气下室温搅拌 1 h，得到聚酰胺酸三甲硅酯 **II**。所得到的聚合物的对数黏度为 0.99 dL/g。将该溶液涂膜，处理到 300℃，得到聚酰亚胺薄膜。

2. 由芳香二酐与硅化芳香二胺缩聚[27]

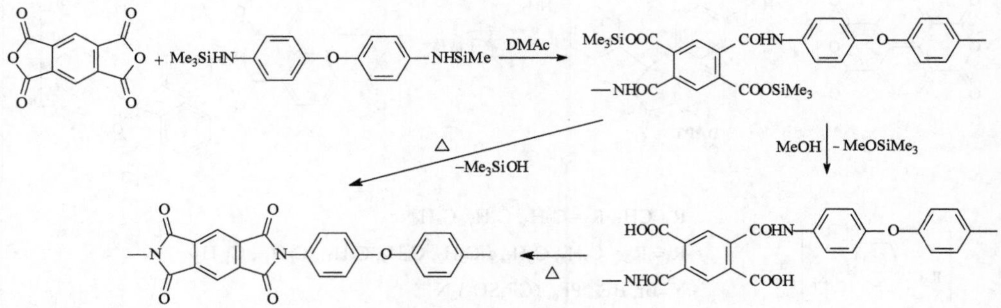

将 1.723 g (5.0 mmol)硅烷化的 ODA 溶于 12.5 mL DMAc 中，加入 1.091 g (5.0 mmol) PMDA，氮气下在 10~15℃搅拌 1 h，40℃搅拌 6 h，对数黏度为 1.65 dL/g。由该溶液直接涂膜，真空室温干燥 2 天，得到无色透明聚酰胺酸的三甲基硅酯薄膜。

室温下将聚酰胺酸的三甲基硅酯薄膜在甲醇中浸泡 12 h，然后在真空下室温干燥 24 h，得到对数黏度为 0.96 dL/g 的聚酰胺酸薄膜。

将聚酰胺酸的三甲基硅酯薄膜在氮气下于 60℃ 12 h，100℃ 1 h，200℃ 1 h 及 300℃ 2 h 处理，得到聚酰亚胺薄膜。

说明：除了 DMAc 外还可以用 THF 等能够溶解单体和聚合物的溶剂中进行聚合[28]。

3. 硅烷化二胺与偏苯三酸酐酰氯缩聚[29]

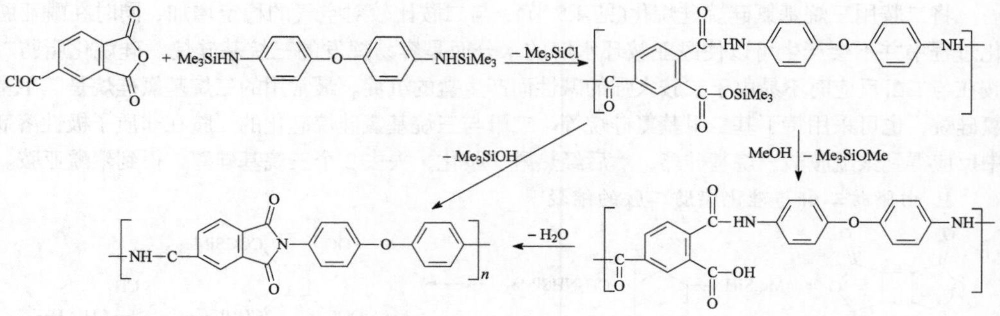

将 1.723 g (5.0 mmol) 硅烷化的 ODA 溶于 8.3 mL DMAc 中，在−5℃下加入 1.053 g (5.0 mmol) 偏苯三酸酐酰氯，搅拌 1 h，再在 40℃搅拌 4 h。用 30 mL DMAc 稀释。得到的聚合物对数黏度为 1.82 dL/g。涂膜并干燥后于 100℃, 200℃, 300℃各处理 1 h，得到聚酰胺酰亚胺薄膜。

4. 二酐与四硅烷化二胺的缩聚[30]

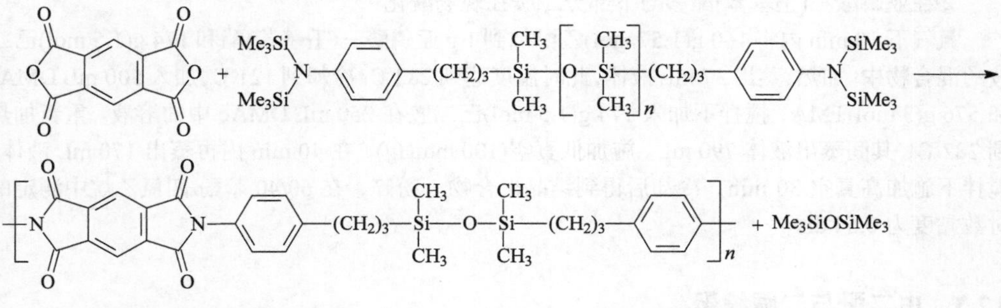

由于反应时放出的是六甲基二硅氧烷，所以不会发生聚合物的水解。

5.2.2　二酐与酰化二胺缩聚

1. 熔融缩聚[31]

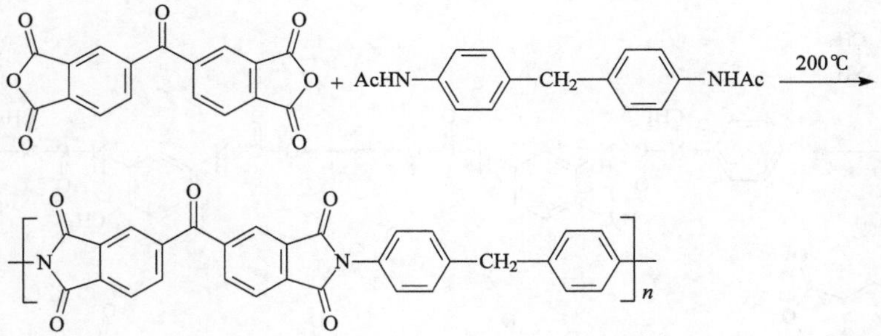

将 103 g (0.32 mol)BTDA 和 109.4 g (0.32 mol)N,N'-二乙酰胺基二苯基甲烷在乳钵中研磨，并在氮气下熔融。熔体温度升至 200℃保持 5 min 后将液体倒出冷却，得到脆的褐色树脂 191.5 g，很容易溶于丙酮、THF 及 NMP，得到30%的溶液。

2. 溶液缩聚[32]

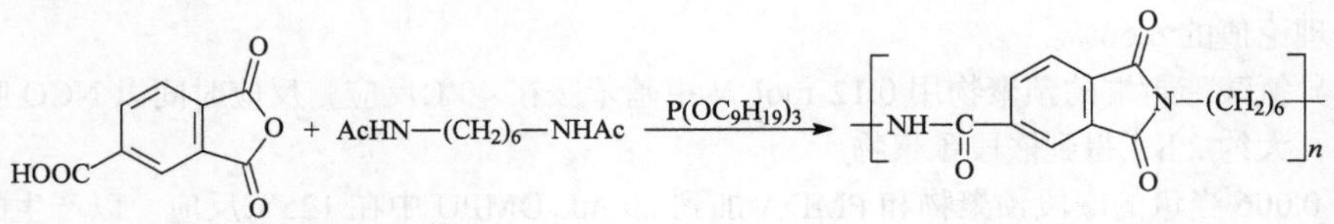

①在亚磷酸三(壬基苯)酯参与下由二乙酰基己二胺和己二胺与二酐缩聚

将 384.2 g(2.0 mol)TMA 加到 500 mL DMAc 中，再加入 1 g 亚磷酸三(壬基苯)酯和 200 g (1.0 mol)N,N'-二乙酰基己二胺。在氮气下加热搅拌，5 min 内再加入 116 g(1.0 mol)己二胺在 150 mL DMAc 中的溶液，蒸出 500 mL 液体，30 min 后减压至 20 mmHg，再蒸出 225 mL 液体，继续反应 20 min 后在 1 mmHg 反应 30 min，得到聚合物熔体。冷却得到结晶的脆性树脂，在 60/40 苯酚/四氯乙烷中测定的对数黏度为 0.81 dL/g。

②在亚磷酸三(壬基苯)酯参与下部分二胺在现场酰化

氮气下 10 min 内将 160 g(1.57 mol)乙酐加到 1 g 亚磷酸三(壬基苯)酯和 174 g(1.5 mol)己二胺的混合物中。加热，蒸出 37 mL 液体，此时温度达到 282℃。冷却到 121℃，加入 500 mL DMAc 和 576 g(3 mol)TMA，搅拌下加入 174 g(1.5 mol)己二胺在 250 mL DMAc 中的溶液。重新加热到 282℃，其间蒸出液体 790 mL。施加低真空(100 mmHg)，在 40 min 内再蒸出 170 mL 液体。搅拌下施加高真空 30 min，冷却后得到结晶聚合物。粉碎，在 60/40 苯酚/四氯乙烷中测定的对数黏度为 0.64 dL/g。

5.2.3　由二酐与二脲缩聚

1. 聚氨酯-酰亚胺[33]

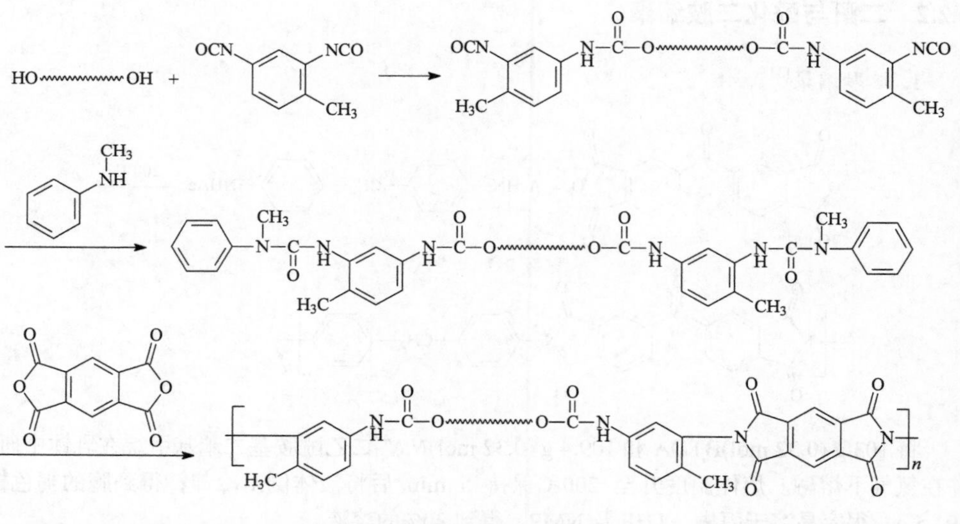

将 0.06 mol 聚醇(PPG 2000) 在 1 h 内滴加到 0.18 mol 甲苯二异氰酸酯中，反应 4 h。开始 2 h 在 50℃，后 2 h 在 70℃。反应后降温到 40℃。异氰酸酯含量为 6.5%(用二丁胺测定[34])，接近于理论值的 6.66%。

以异氰酸酯封端的预聚物用 0.12 mol N-甲基苯胺在 40℃反应，反应时间以 NCO 吸收消失为准，大约 2 h，得到嵌段预聚物。

将 0.006 当量的嵌段预聚物和 PMDA 加到 20 mL DMPU 中在 125℃反应。以产生的 CO_2 在饱和 $Ca(OH)_2$ 溶液得到的沉淀来确定反应进行的程度。反应完成后，将得到的溶液浓缩，溶于甲苯，再在石油醚中沉淀后真空干燥，得到聚氨酯-酰亚胺。

2. 溶液缩聚[35]

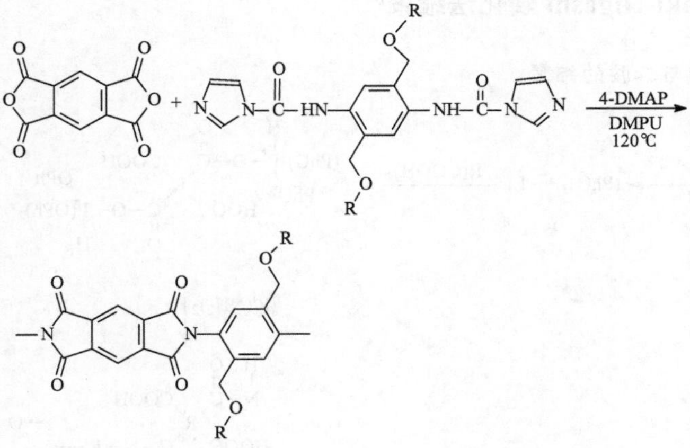

$R = C_nH_{2n+1}$　　$n = 4, 6, 8$

将 6 mmol 的 PMDA 和二脲『285』及 7 %(摩尔分数)催化剂 4-DMAP 加到 20 mL DMPU 中，120℃搅拌 2 天，直到 CO_2 停止放出。在反应过程中黏度增高到趋向固化，所以要将 20 mL DMPU 随机滴入进行稀释。反应完成后冷却，将反应物倒入乙醇中，滤出聚合物，用乙醇充分洗涤后再用丙酮萃取，在 70℃真空干燥 2 天以定量收率得到聚合物。

3. 固相缩聚[32]

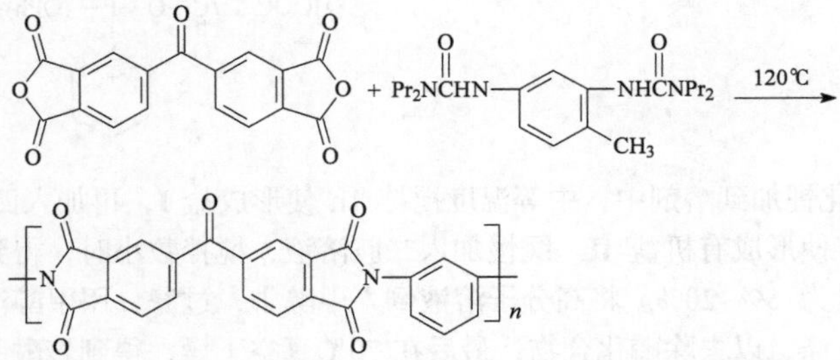

将 107 g (0.33 mol)BTDA 和 102 g(0.33 mol)2,4-二(N,N'-二丙基氨基脲基)甲苯在乳钵中研细，然后在氮气下加热到 120℃，得到聚酰亚胺。

5.3　四酸或偏苯三酸与二胺的缩聚

四酸或三酸可以由二酐或偏苯三酸水解得到，也可以在合成时不经过成酐步骤直接得到四酸或三酸。不管用何种方法得到的四酸或三酸在使用前都需要烘至恒重，以脱去吸附的水分。如果温度过高，则可能会部分脱水成酐。合适的烘干温度应当以不超过 100℃为宜。

5.3.1 Yamazaki-Higashi 磷化法缩聚[37]

1. 丁烷四酸与二胺的缩聚

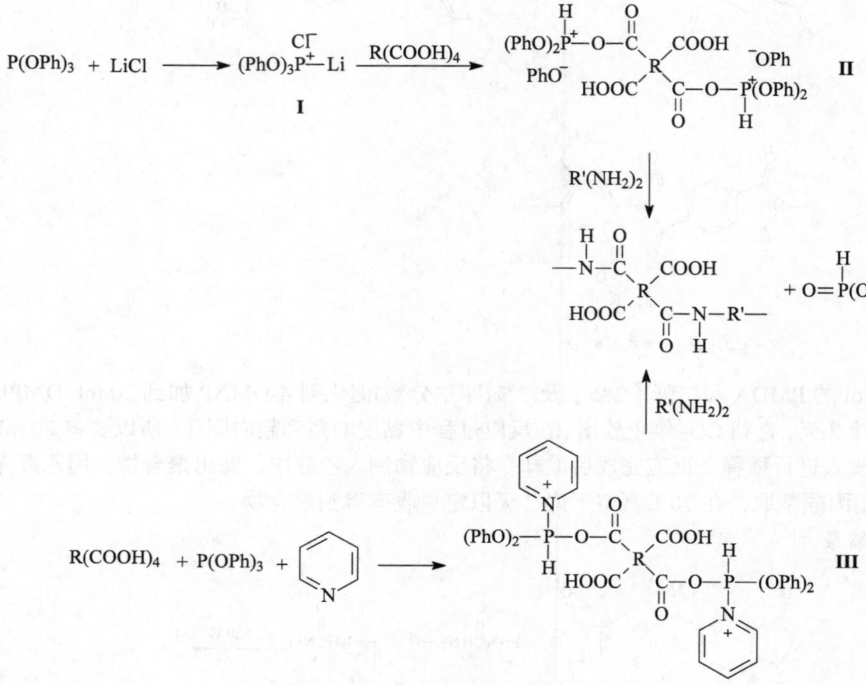

将 TPP 和氯化锂加到溶剂中，中等温度搅拌 1h 使形成盐 **I**，再加入四酸(如丁烷四酸，BTCA)，继续搅拌使形成有机盐 **II**。缓慢加入二胺溶液，搅拌数小时，得到高分子量的聚酰胺酸溶液，固含量为 5%~20%。将高分子溶液倒入甲醇中，过滤，用甲醇洗涤数次以去除金属盐，再用乙醇洗涤，以去除磷化合物，最后在 70℃真空干燥，得到聚酰胺酸。

在众多的盐中以氯化锂和氯化钙最合适。叔胺中以吡啶最佳，用量为溶剂的 0~25%。

2. TADATO (I)-DDBT (II)的均聚[38]

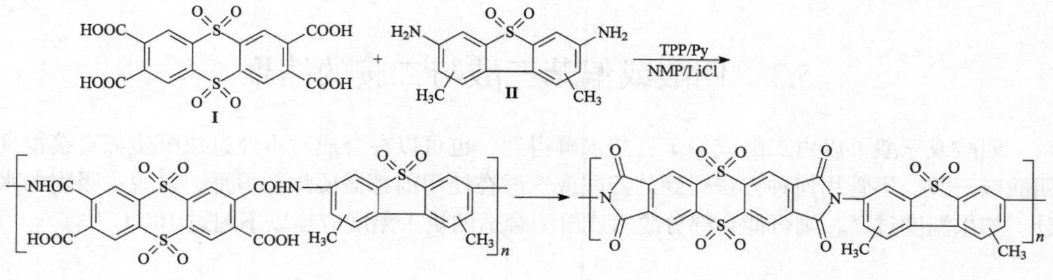

将 1.254 g (2.75 mmol) **I**, 0.754 g (2.75 mmol) **II**, 1.5 mL (5.5 mmol)TPP 及 0.4 g LiCl 加入 2.0 mL 吡啶和 20.0 mL 无水 NMP 的混合物中, 通氮, 在 70℃搅拌 20 min, 冷却到室温, 用 NMP 将高黏度的溶液稀释到固含量为 5%, 用 4.0 g 乙酐和 2.0 g 三乙胺进行化学酰亚胺化。如果黏度太高, 再用 NMP 进行稀释。最后的固含量为 2%。将得到的暗绿色溶液倒入甲醇, 滤出沉淀, 用甲醇和水充分洗涤, 真空干燥。

3. 聚酰胺酰亚胺[39]

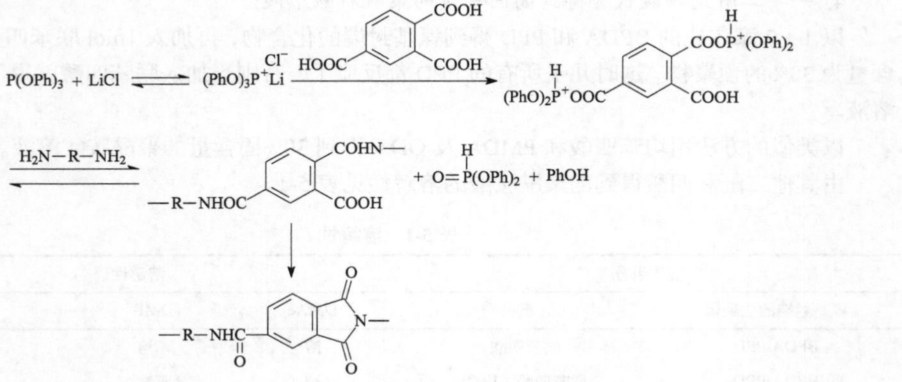

将氯化锂加到 NMP 中, 然后加入 TPP, 搅拌 1 h, 加入偏苯三酸形成鏻盐, 再加入二胺, 固含量为 5%~30%。反应完成后将黏液倒入甲醇, 滤出沉淀, 用甲醇洗涤除去盐, 用乙醇洗涤除去残留的磷化合物。聚合物在 70℃真空干燥 2 h。再在 NMP 中溶解得到 25%固含量的溶液, 氮气下加热回流至没有水放出(用 NaH 检验), 得聚酰胺酰亚胺。

5.3.2　由脂肪二胺与四酸得到盐, 再热酰亚胺化得到聚酰亚胺

1. 二苯醚四酸与辛二胺生成的盐[40]

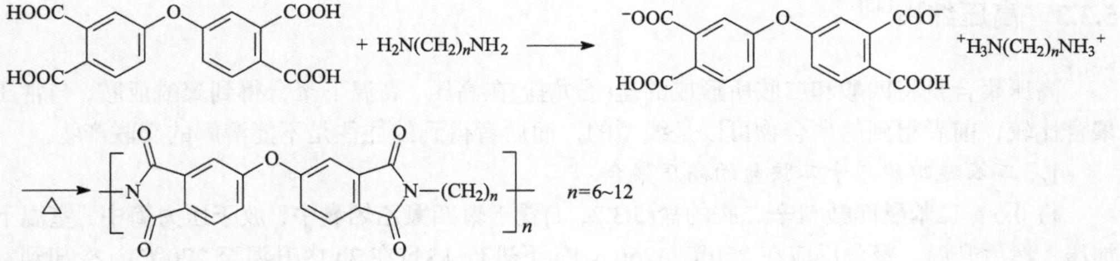

将 15.15 g (50 mmol) ODPA 在 600 mL 水中加热到 100℃经 15 h 得到四酸溶液。在 60℃下滴加入 7.21 g (50 mmol)辛二胺, 得到透明溶液, 冷却至室温, 搅拌 5 h, 滤出沉淀, 室温下真空干燥得盐 23.5 g(96%), mp 170, 177℃。

2. 均苯四酸与辛二胺生成盐[41]

将 1.443 g (10 mmol)辛二胺溶于 500 mL 乙醇中, 在 60℃下 5 h 内滴加 2.542 g (10 mmol)

均苯四酸在 200 mL 乙醇中的溶液, 其间有沉淀析出, 加完后再搅拌 3 h。滤出沉淀, 干燥, 得盐 3.70 g (93%)。盐在水中重结晶后在 100℃真空干燥过夜。吸热峰为 274℃(TDA,10℃/min)。

3. 均苯四酸与二苯醚二胺生成盐[42]

将 2.00 g (10.0 mmol)ODA 和 2.62 g (10.3 mmol)均苯四酸加到 100 mL 甲醇中, 氮气下室温搅拌 24 h。单体先溶解然后产生沉淀, 过滤, 在 100℃真空干燥, 得盐 4.13 g(91%)。该盐的吸热峰为 220℃(DSC, 10℃/min)。

4. 一半二酐用四酸代替得到高固含量的聚酰胺酸溶液[43]

以 1 : 2 摩尔比的 BPDA 和 PPD 得到氨基封端的化合物, 再加入 1mol 联苯四酸, 得到固含量为 30%的预聚物。这时几乎所有的 PPD 都反应了, 否则当加入联苯四酸就得不到均相的溶液。

以类似的方法用均苯四酸和 PMDA 及 ODA 得到 30%固含量的聚酰胺酸溶液。

由其他二酐和四酸得到的聚酰胺酸的溶解性见表 5-1。

表 5-1　溶解性

前体组分		溶解性		
氨基封端的二聚体	酸	DMAc	DMF	NMP
BPDA/PPD	联苯四酸	溶	不溶	不溶
BPDA/PPD	联苯四酸二甲酯	溶	不溶	溶
PMDA/ODA	均苯四酸	不溶	溶	不溶
PMDA/ODA	均苯四酸二甲酯	溶	不溶	溶

注: "溶" 表示固含量>30%。

5. 以四酸和二胺的混合物在溶剂中得到高固含量的溶液[44]

将二苯醚四酸溶解在 DMF 中得到均相溶液, 加入等摩尔的 3,4′-ODA, 室温搅拌 2h, 得到暗棕色的溶液, 固含量为 50%。涂膜后在 50℃干燥 1 h, 然后在 80℃ 5 h, 300℃ 3 h 处理, 得到透明的薄膜, 厚度 20 μm。

5.3.3　高压缩聚[45]

高压聚合是将四酸和二胺所形成的盐(尼龙盐)在高压、高温下聚合得到聚酰亚胺, 与常压聚合比较, 前者得到的聚合物可以是线型的, 而后者得到的往往是不能溶解的交联产物。

1. 二苯醚四酸与辛二胺盐的高压聚合

将 0.5 g 二苯醚四酸与辛二胺的盐(5.3.2, 1)置于聚四氟乙烯囊中, 放于压力筒中, 室温下加压, 然后升温。聚合反应在 270℃, 250 MPa 下进行 15 h(在 2h 内升温至 270℃), 冷却到室温后卸压, 得到直径 15 mm, 厚度为 3 mm 的片子。该片子在真空中室温干燥 3 天, 以完全除去聚合产生的水分, 对数黏度 0.78 dL/g (0.5 g/dL, 浓硫酸, 30℃)。

2. 联苯四酸的十二胺盐的高压聚合[41]

将 0.5 g 联苯四酸的十二胺盐放于直径为 15 mm 的聚四氟乙烯胶囊中, 将胶囊放在金属活塞筒中, 将金属筒放入炉子, 在室温加压, 然后加热, 聚合反应在 220 MPa 下进行, 1 h

内升温到 320℃，反应进行 5 h。冷却到室温，卸压，得到 3 mm 厚的聚合物片子。将片子在 100℃真空干燥过夜，使完全除去聚合产生的水。对数黏度 1.94 dL/g(0.5 g/dL 浓硫酸，30℃)。

3. 在离子液体中的聚合[46]

将 0.2924 g (1.0 mmol) 1,3,4-APB 和 0.3943 g (1.0mmol)二苯砜四酸加到 5 mL [bmim][Br] 中加热到 150℃反应 12 h，冷却后倒入 400 mL 甲醇中，过滤，用热甲醇洗涤，室温真空干燥过夜，得聚合物 0.5111 g(81%)，对数黏度 0.05 dL/g(硫酸，0.5 g /dL，30℃)。

由二苯砜四酸和 1,3,4-APB 在各种离子液体中聚合的情况见表 5-2。

表 5-2　在离子液体中得到的聚酰亚胺

离子液体	收率/%	η_{inh}/(dL/g)
[bimi][Cl]	35	0.02
[bimi][Br]	84	0.08
[bimi][PF$_6$]	111	0.06
[bimi][BF$_4$]	92	0.06

注：0.5 g/dL，H$_2$SO$_4$，30℃。

5.4　二酸二酯与二胺的缩聚

5.4.1　由二酸二酯与二胺直接混合得到高固含量的溶液[47]

1. 热塑性聚酰亚胺

将 3.49 g 3,4′-ODA 和 6.08 g 二苯醚四酸二甲酯溶于 10 mL NMP 中，搅拌 1 h 得到清亮的淡褐色溶液。将该溶液在玻璃板上涂膜，在 80℃干燥 5 h，氮气中 300℃加热 5 h，得聚酰亚胺薄膜。

还可以用乙二醇单甲醚、二甲氨基乙醇、THF/MeOH(8/2)、乙二醇二甲醚/甲醇(8/2)、乙二醇二甲醚/乙醇(8/2) 为溶剂。

由二酸二酯与二胺直接混合得到的溶液和薄膜见表 5-3。

表 5-3　由二酸二酯与二胺直接混合得到的溶液和薄膜

组分	溶液		溶剂	薄膜		T_g/℃
	固含量/%	黏度/ P		厚度/μm	强度/MPa	
ODDE/3,4′-ODA	50	2.3	NMP	17	131	242
ODTA/3,4′-ODA	50	2.6	DMF	16	130	245
ODTA/3,4′-ODA	50	51.5	乙二醇单甲醚	16	130	245
ODDE/3,4′-ODA	50	0.8	DMAc	17	137	240
ODDE/3,4′-ODA：PPD(9：1)	50	2.8	NMP	17	131	241
ODTA/3,4′-ODA：PPD(9：1)	50	3.2	DMF	17	128	237
BPTA/3,4′-ODA：1,3,3-APB(85：15)	50	1.6	DMF	8	130	251

续表

组分	溶液		溶剂	薄膜		T_g/℃
	固含量/%	黏度/P		厚度/μm	强度/MPa	
BPTA/3,4′-ODA∶1,3,3-APB(85∶15)	40	20	二甲氨基乙醇	8	125	255
PMDE/m,m'-BAPB	40	0.2	DMF	12	105	249
BPATA/MPD	40	0.4	DMF	20	135	215
BPDE/ODA	18	3.0	NMP	8	130	270
BTDE/ODA	50	10	NMP	13	128	280
BTTA/1,3,4-APB　26	50	2.2	DMF	12	134	240
DSTA/1,3,4-APB　27	30	0.75	DMF	15	107	265

2. PMR

　　将二苯酮四酸二甲酯、MDA 及降冰片烯二甲酸单甲酯以设计的比例在甲醇中混合，得到 PMR 树脂溶液。当设计相对分子质量为 1500，得到的树脂称为 PMR-15。

　　说明：该方法也可以用于其他二酸二酯和二胺，采用活性封端剂时固化后为热固性树脂，采用惰性封端剂，则得到非热固性树脂(包括热塑性和无明显软化温度的树脂)。用于成酯的醇可以是甲醇，也可以是乙醇，再高级的醇类较少使用。溶剂可以采用相应的醇，但对于一些二酸二酯，如 3,3′,4,4′-联苯二酸二酯，由于发生沉淀，醇类就不能用作溶剂。这时可以采用醚类溶剂，如二氧六环[48]。

3. PETI-5

　　将 264.95 g(0.91 mol)联苯四酸二甲酯和 41 g 4-苯炔基邻苯二甲酸单甲酯溶于 320 mL NMP 中，加入 138.35 g(0.85 mol)3,4′-ODA 及 35.64 g(0.15 mol)1,3,3-APB，混合物搅拌 3 h，得到红褐色透明溶液。固含量 60%，黏度为 19.9 P。将该溶液在玻璃板上涂膜后氮气下 80℃干燥 5 h，然后在 100℃，225℃，300℃各处理 1 h 完成酰亚胺化。这样得到的薄膜太脆，不能从玻璃板上剥离。再在 350℃处理 1 h，使苯炔基交联，就可以从玻璃板上取下，薄膜厚度为 17 μm，强度为 125 MPa，T_g = 260℃。

5.4.2 熔融缩聚

熔融聚合实际上是最早的聚酰亚胺制备方法。采用脂肪二胺与四酸二酯为单体的聚合大都都采用熔融聚合[49]。后来由于采用了芳香二胺，所得到的聚合物的熔融温度太高，或根本不能熔融，所以就不能再采用熔融聚合方法了。

1. 以二酐，二胺的乙醇溶液加热去乙醇后熔融聚合[50]

将 10.8296 g 4,4-二甲基庚二胺和 14.9260 g 均苯二酐加入到 25~50 g 乙醇水溶液(2∶1)中，在氮气流下加热，去除乙醇，再加热至 138℃去水，然后升温到 282℃保持 30 min，所得到的聚合物的对数黏度为 1.8 dL/g。该聚合物在 340℃可以得到韧而透明的薄膜。

也可以用均苯四甲酸的二乙酯按同样方法聚合。

2. 以二酐在醇中酯化后加入二胺去溶剂后进行熔融聚合[51]

将 2,2-双(3,4-羧苯基)丙烷二酐【118】加入无水乙醇中，加入几滴吡啶以加快酯化速度，回流至二酐完全溶解，再加入等当量的丁二胺或己二胺，减压除去溶剂，并加热到 138℃得到预聚物，然后适当减压，逐渐加热到 325℃完成聚合反应。

二酐也可以直接与具有 4 个炭原子以上的脂肪二胺进行熔融聚合。

3. 由四酸的乙醇溶液与二胺共沸，除去乙醇后进行熔融聚合[52]

将 3.2153 g 二苯醚四酸溶解于乙醇中，加入 1.2026 g 己二胺，加热到 110℃除去乙醇，残留物在氮气下加热到 138℃经 1 h，197℃ 1 h，282℃ 1 h 及 325℃ 30 min 得到褐色聚合物，在更高温度下聚合物可熔融。

5.4.3 由二酸二酯与二胺直接加热合成聚酰亚胺[53]

以二酸二酯与二胺在高沸点溶剂中高温反应，得到聚酰亚胺。该方法可以避免由脂肪二胺与二酐反应时生成凝胶状的盐。

1. 得到线型聚酰亚胺[54]

将 10 g (19.2 mmol)BPADA 加入到 100 mL 乙醇和 3 mL 三乙胺的混合物中，回流下生成二酸二酯，反应 1 h 后蒸出乙醇，留下黏性物质。加入 1.923 g (9.605 mmol)十二烷二胺和 1.924 g (9.605 mmol)ODA，再加入 NMP 和邻二氯苯，使固含量达到 10%。溶液在 180℃回流 24 h，得到完全环化的聚酰亚胺，冷却后倒入甲醇中，得到纤维状聚合物，用甲醇洗涤后，在 150 ℃真空干燥 24 h。

2. 得到有活性基团封端的齐聚物[55]

将 17.8824 g (34.36 mmol)BPADA 和 4.1624 g (16.77 mmol)PEPA 加到无水乙醇(7~10 g/g 二酐)和 3 mL 三乙胺的混合物中，加热回流得到清亮的溶液，蒸出乙醇，加入 3.2355 g (29.92 mmol) PPD 和 1.3866 g (12.82 mmol)MPD，再加入 50.0 mL NMP 和 12.5 mL 邻二氯苯，使固含量达到 30%。混合物在 170~185℃反应 20 h 后倒入到高速搅拌的甲醇中，滤出聚合物，用甲醇和乙醚洗涤，晾干后在 160℃真空干燥 24 h。

3. 聚酰胺酰亚胺[56]

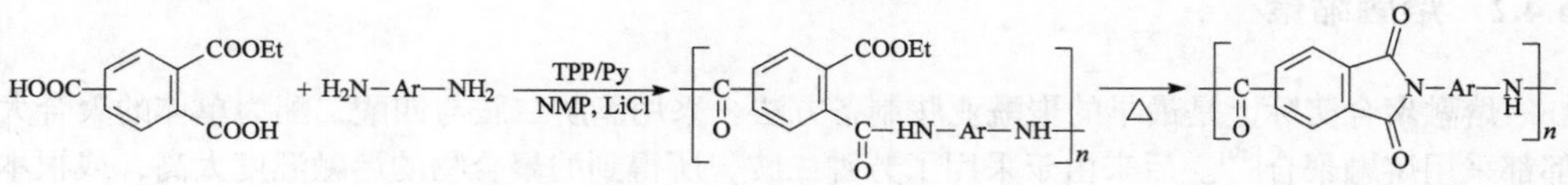

氮气下将 2.74 g (8.82 mmol) TPP 在 4 mL 吡啶中的溶液 30 min 内加入在 80℃搅拌的由 1.00 g (4.20 mmol)偏苯三酸单乙酯，2.18 g (4.20 mmol)BDAF 及 5.07 g 氯化锂在 4.4 mL 吡啶和 33.6 mL NMP 组成的溶液中。温度升至 120℃反应 4 h 后冷却到室温，倒入 500 mL 甲醇中，滤出黄色沉淀，用水充分洗涤后再用甲醇洗涤，150℃真空干燥 3 h，得聚合物 2.83 g(100%)。对数黏度 0.83 dL/g，环化度 71%。

同样的反应物在氮气下 120℃反应 1.5 h，再加入 14 mL 吡啶后温度升至 135℃反应 4.5 h。后处理如前，得聚合物 12.83 g (100%)，对数黏度 0.70 dL/g，环化度> 95%。

5.5 聚酰胺酯

本节介绍由单体合成聚酰胺酯，由聚酰胺酸得到聚酰胺酯的方法见 8.1 节。

5.5.1 由二酯二酰氯与二胺反应

1. 溶液聚合
①在 NMP 中聚合[57]

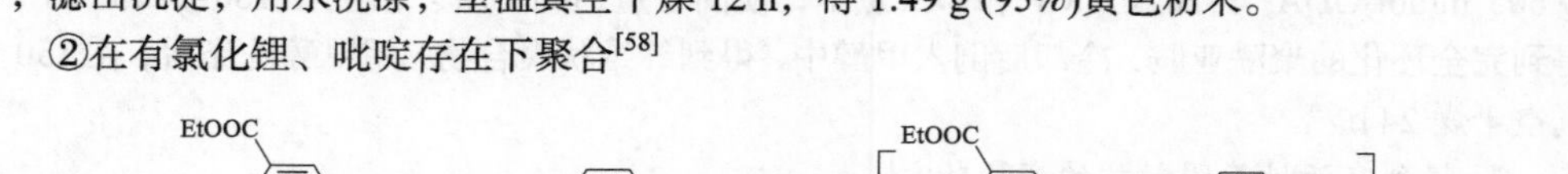

将 0.4324 g (3.998 mmol)PPD 在氮气下溶于 17.09 g NMP 中，在-10℃下加入 1.2769 g (4.002 mmol) 2,5-均苯二甲酯二酰氯，反应在室温进行 12 h，得到黄色溶液，倒入 500 mL 水中，滤出沉淀，用水洗涤，室温真空干燥 12 h，得 1.49 g (95%)黄色粉末。

②在有氯化锂、吡啶存在下聚合[58]

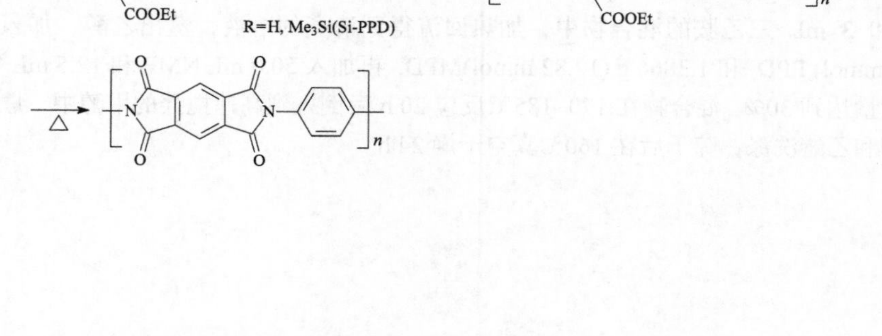

在氮气下将 2.41 g (22 mmol)PPD 加入到含有 2.23 g (63 mmol)氯化锂的 3.1 mL 吡啶和 50 mL DMAc 的溶液中。搅拌下在 25℃加入 7.74 g (22 mmol)二乙酯二酰氯，溶液由红转变为褐色，并变得黏稠。在溶液变成凝胶前，在 15 min 内将搅拌速度增加到 1400 r/min，再搅拌 25 min。停止搅拌，凝胶在 25℃放置 12 h。将凝胶切成小块取出，在甲醇中浸泡去除 DMAc 后在 80 ℃真空干燥，然后在氮气流下 300℃ 2 h，400℃ 2 h 完成酰亚胺化。

可用硅烷化 PPD 代替 PPD，反应同上。

2. 界面聚合

①环丁烷二酯二酰氯与己二胺的界面缩聚[59]

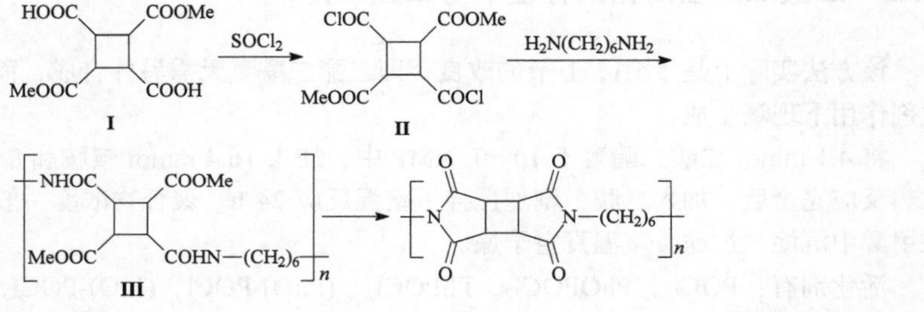

将 2.50 g(9.61 mmol)环丁烷四酸二甲酯(**I**)在 50 mL 氯化亚砜中回流 5 h，除去过量的氯化亚砜，残留物在正己烷中重结晶得到 2.10 g(74%)二酰氯 **II**，mp 87℃。

将 0.586 g(5.04 mmol)己二胺和 0.65 g KOH 在 100 mL 水中的溶液加入到 1.497 g (5.04 mmol) **II** 在 30 mL 二甲苯的溶液中，在 10~20℃剧烈搅拌 30 min，滤出沉淀，在 35℃真空干燥 24 h，得聚合物 **III** 1.497 g (82%)。从六氟丙醇-2 溶液可以得到薄膜。

②均苯二酯二酰氯与二胺的界面缩聚[60]

将均苯四甲酸的对位二甲酯的二酰氯溶于二氯甲烷中，得到浓度为 0.009 mol/L 的溶液。将 ODA 或 MDA 溶于 10% DMAc 和 90% H₂O 的混合物中。取二酰氯溶液 40 mL 放于直径为 9 cm 的烧杯的底部。再取 40 mL 二胺溶液沿烧杯内壁注射到二酰氯溶液的表面进行聚合。由界面聚合得到的薄膜用 0.001 N NaOH 水溶液和二氯甲烷淋洗至没有可溶的物质后真空干燥，在氮气下加热到 240℃得到聚酰亚胺。由于二胺在水中的溶解度很低，所以添加 10%DMAc。该溶液与二氯甲烷不能互溶而成为水相从而得到两相体系。

③聚酰胺酰亚胺[61]

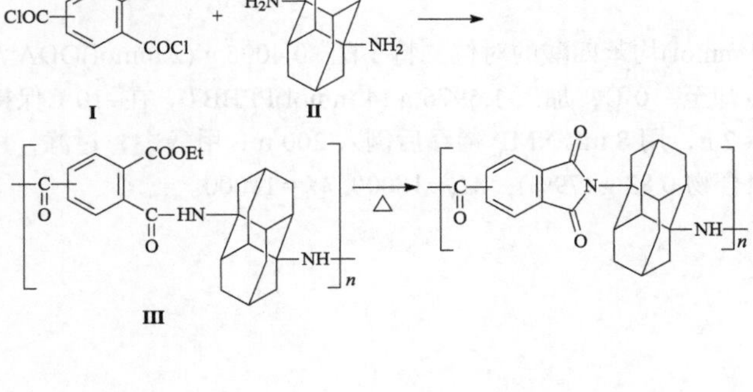

由 0.01 mol/L 偏苯三酸单甲酯二酰氯(**I**) 在二氯甲烷中的溶液与 0.01 mol/L 1,6-二氨基二金刚烷(**II**)〖1178〗)在含有 0.002 mol/L Na$_2$CO$_3$ 的 10%DMAc 水溶液可以得到明确的二相体系。将 4 mL **I** 的溶液放置于直径为 9 cm 的烧杯中，用 50 mL 的注射器取 40 mL **II** 的溶液在不搅拌的情况下沿着烧杯壁加到 **I** 溶液的表面，反应在 5℃进行 30 min。将界面缩聚得到的 **III** 的薄膜用 0.001 N NaOH 和二氯甲烷淋洗，然后真空干燥。该聚酰胺酯的对数黏度为 0.29 dL/g (在含有 5%LiCl 的 DMAc 中测定)。

将聚酰胺酯在 100℃处理 1 h，250℃ 5 h 及 300℃ 2 h 转变为聚酰胺酰亚胺。

5.5.2 二酸二酯在活化剂存在下与二胺聚合[62]

该方法实际上是 5.5.1，1 节的改良，即二酯二酰氯无需另外合成，而是由二酸二酯在活化剂作用下现场生成。

将 4.1 mmol 二酸二酯溶于 10 mL NMP 中，加入 16.4 mmol 叔胺和 8.2 mmol 活化剂，待放热反应完全后，加入二胺，剧烈搅拌下室温反应 24 h，聚合物浓度一般在 20%。将该溶液在甲醇中沉淀，过滤，室温真空干燥。

活化剂有：POCl$_3$，PhOPOCl$_2$，PhPOCl$_2$，(PhO)$_2$POCl，(EtO)$_2$POCl，DBOP，PPBBT，PPBBO 等。

1. 由均苯四甲酸的对位二特丁酯与 ODA 在 NMP 中以 PPBBT 为活化剂得到聚酰胺酯[63]

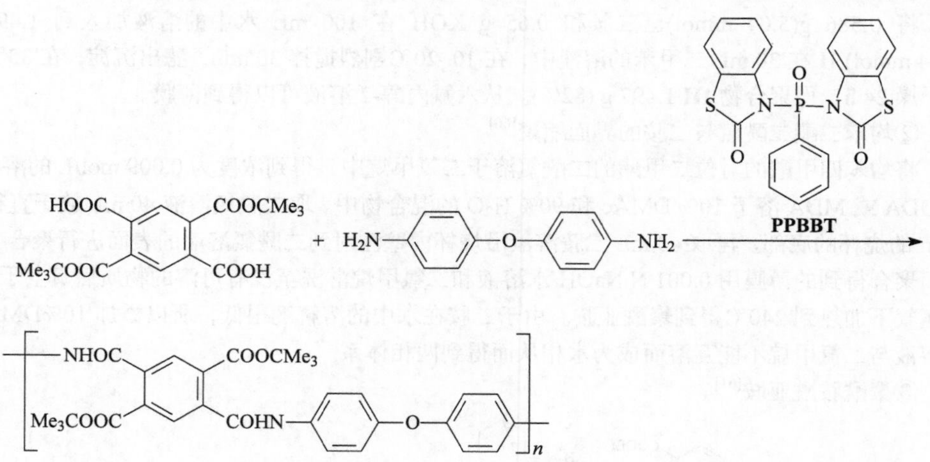

将 0.7327 g (2 mmol)均苯四酸的对位二特丁酯，0.4005 g (2 mmol)ODA 和 0.56 mL 三乙胺在 2 mL NMP 中冷却至-10℃，加入 1.6976 g (4 mmol)PPBBT。在-10℃保持 12 min，随后回暖到室温，再搅拌 2 h，用 8 mL NMP 稀释后倒入 200 mL 甲醇中，过滤，用甲醇洗涤，真空干燥数天，得到聚合物 0.83 g (79%)，M_w=18000，M_n=11000。

2. 以 PhPOCl₂ 为活化剂[64]

将均苯二酸二甲酯溶于 NMP，加入 4 mol 吡啶和 2 mol PhPOCl₂，当放热反应结束后加入二胺，室温搅拌 24 h，得到聚合物。

5.6　以二酸或 TMA 的酰氯与二胺反应得到聚酰胺酰亚胺[65]

1. 将 TMA 和二胺同时加入

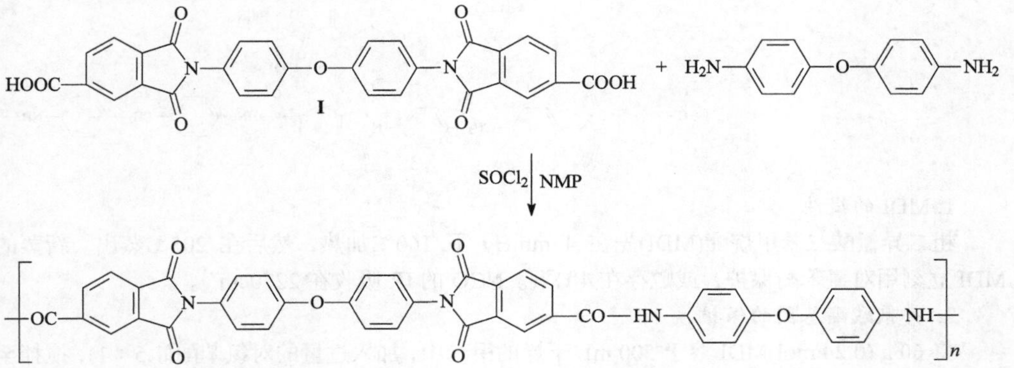

将 9.76 g (0.082 mol) 冷的氯化亚砜与 80 mL NMP 混合，加入 23.4 g (0.04 mol)TMA/ODA 的二酰亚胺二酸(**I**)在 80 mL NMP 中的溶液，室温搅拌 30 min。再加入 8.0 g (0.04 mol) ODA 在 80 mL NMP 中的溶液，反应放热，室温反应 2 h 后倒入大量水中，过滤，洗涤，在 120℃ 减压干燥 24 h。

2. 将 TMA 酰氯化后再参加反应

将 9.76 g(0.082 mol)冷的氯化亚砜与 40 mL NMP 混合，搅拌 10 min。加入 15.4 g (0.08 mol) TMA 在 40 mL NMP 中的溶液，在室温反应 30 min。再缓慢加入 11.2 g (0.056 mol) ODA，60 g (0.024 mol) MPD 及 12.7 g (0.16 mol) 三乙胺在 80 mL NMP 中的溶液。以 5℃/min 加热到 70 ℃ 反应 2 h。在该聚酰胺酸溶液中滴加入 TPP，反应温度升至 100℃，反应 3 h。将得到的 PAI 溶液倒入大量水中，滤出沉淀，用水及甲醇洗涤，最后在 120℃减压干燥 24 h。

3. 共沸脱水

将 9.76 g(0.082 mol)冷的氯化亚砜与 40 mL NMP 混合，搅拌 10 min。加入 15.4 g (0.08 mol) TMA 在 40 mL NMP 中的溶液，在室温反应 30 min。再缓慢加入 11.2 g (0.056 mol) ODA，2.60 g (0.024 mol) MPD 及 12.7 g (0.16 mol) 三乙胺在 80 mL NMP 中的溶液，室温反应 2 h，以去除副产物 HCl 及 SO₂。再加入 0.16 mol 环氧丙烷，室温减压反应 2 h。加入 50 mL 甲苯，回流 3 h，共沸去水后倒入 500 mL 水中，过滤，洗涤，干燥如前。

5.7　二酐与二异氰酸酯的聚合

5.7.1　由被保护的二异氰酸酯与 TMA 反应得到聚酰胺酰亚胺[66]

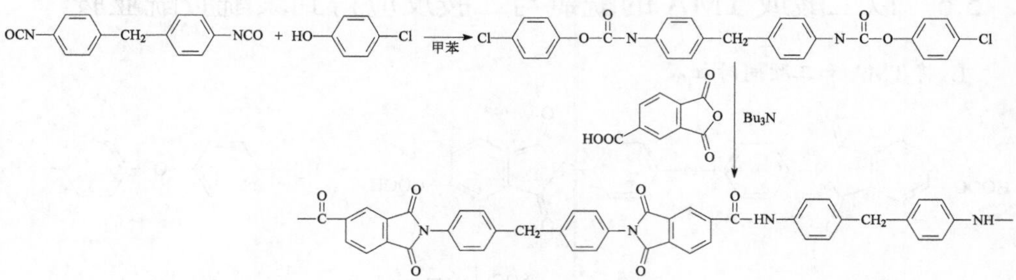

1. MDI 的提纯

粗二异氰酸二苯甲烷酯(MDI)先在 4 mmHg 下 160℃加热，然后在 205℃蒸出。新蒸的 MDI 立刻用对氯苯酚保护，或贮存在 4℃下。NCO 的 IR 吸收在 2270cm^{-1}。

2. 异氰酸酯基团的保护

将 60 g (0.24 mol)MDI 溶于 500 mL 干燥的甲苯中，加入过量的对氯苯酚(1.5∶1)，搅拌至完全溶解，加入几滴三丁胺后形成的氨基甲酸酯沉淀析出，温度升高到 40℃，反应过夜，滤出氨基甲酸酯，在 120℃干燥 8 h。将干燥的氨基甲酸酯粉碎。被保护的 MDI 在三丁胺存在下会解保护。

3. 聚酰胺酰亚胺

将 3.8426 g(0.02 mol)偏苯三酸酐加到 100 mL 溶剂(NMP，DMAc 或 DMF)中，搅拌溶解后加入 10.1475 g(0.02 mol)被保护的 DMI，再加入相应的三丁胺。氮气出口被连接到固体 NaOH "U" 形管上以吸收放出的 CO$_2$。反应温度在开始时为 80℃，这时 CO$_2$ 大量放出，然后升温到 120℃ 3 h 以保持 CO$_2$ 平稳放出。相对分子质量最高为 29800，对数黏度为 0.177 dL/g。反应物的颜色随所用溶剂而不同，NMP 为暗红色，DMF 为黄色，DMAc 为暗黄色。

5.7.2　由二酐(或加部分二酸二酯)与二异氰酸酯的聚合[67]

1. 低温聚合

(1) 将 10.0 g(46 mmol)PMDA 和 11.4 g(46 mmol)DMI 在 152 mL DMAc 中 23℃搅拌 24 h。将得到的凝胶加到丙酮中，得到黄色粉末，对数黏度为 1.82 dL/g。

(2) 将二酐和二酸二酯的 NMP 溶液加热到 50~60℃，加入二异氰酸酯，使固含量在 18% 左右。反应可以在室温或加热进行直到得到最高黏度。当全部采用二酐时，与二异氰酸酯反应最后往往得到的是凝胶。在恰当的二酸二酯比例(40%~70%)下，可以得到高分子量的聚合物溶液[68]。

2. 高温聚合

将 25.0 g(0.1 mol)DMI 和 21.8 g(0.1 mol)PMDA 在 370 mL 干燥 DMF 中得到黄绿色的溶液。在 40℃搅拌 2~5 h，在 2 h 内升温到 130℃，再保温 2 h。在 64℃可以看到大量 CO_2 放出，77℃有沉淀出现。将该混合物在室温放置 16 h 后过滤，用丙酮洗涤，80℃真空干燥，得到聚酰亚胺 29.7 g。将滤液在 1.5 L 水中搅拌 2 h，滤出沉淀，用甲醇洗涤后 100℃真空干燥，得聚合物 5.5 g。

3. P84[69]

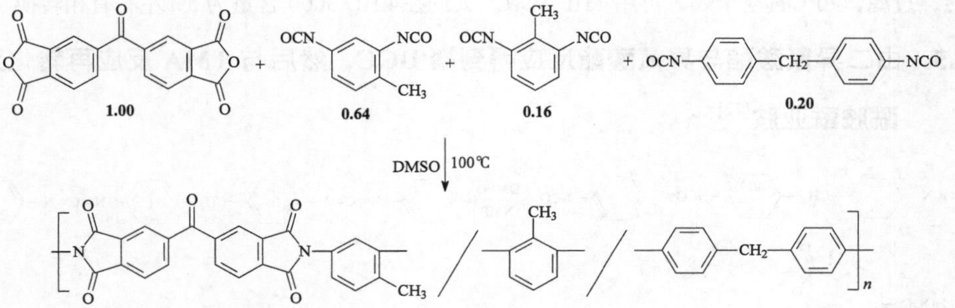

在氮气下将 80 g(0.25 mol)BTDA 溶于 400 mL 蒸馏过的 DMSO 中，加入 34.8 g(0.2 mol)甲苯二异氰酸酯(含 80% 2,4-异构体和 20% 2,6-异构体，蒸馏后使用)。将混合物加热到 100℃，到 4.4 μm 吸收峰消失，冷却到 25℃，再加入 12.5 g(0.05 mol)二苯甲烷二异氰酸酯在 50 mL DMSO 中的溶液，在 35℃继续搅拌 90 min。在 3 L 丙酮中沉淀，过滤，用丙酮洗涤。滤液浓缩到 200 mL，再在大量丙酮中沉淀，合并后在 1 L 丙酮中 50℃搅拌 2 h。过滤，在 40~50℃空气炉中干燥后再在 195℃真空干燥 6 h 以去除残留 DMSO，得聚合物 97.4 g(92%)。

5.7.3　由二酐和四酸与二异氰酸酯聚合[70]

将 6.54 g (30 mmol)PMDA，5.08 g (20 mmol)均苯四酸在 75 mL DMAc 中加热到 50~60℃，加入 5 滴苄基二甲胺，分批加入 12.6 g (50 mmol)二苯醚二异氰酸酯，放出大量 CO_2。继续搅拌到得到最高的黏度，CO_2 停止放出。冷却到室温，必要时用溶剂稀释。对数黏度为 1.2 dL/g。

5.7.4　有带异氰酸酯端基的聚合物参加的聚合[71]

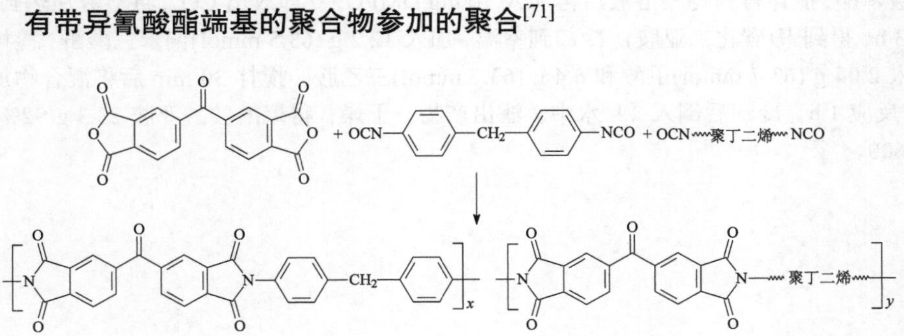

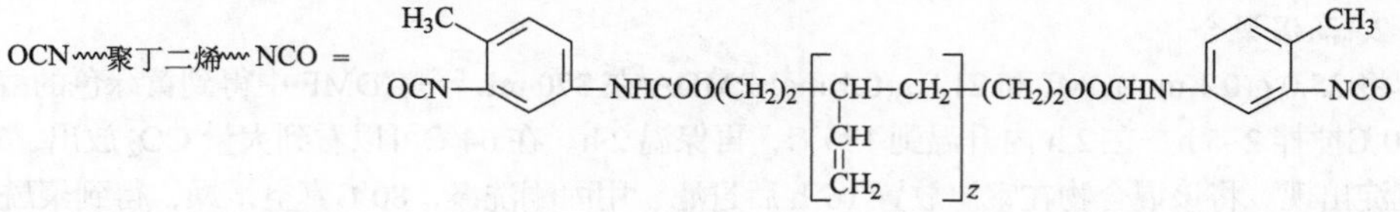

OCN～～聚丁二烯～～NCO =

H_3C

OCN—〈　〉—NHCOO(CH₂)₂—[CH—CH₂]—(CH₂)₂OOCHN—〈　〉—NCO

将 MDI 及异氰酸酯封端的聚丁二烯(LBD 3000)与等摩尔的 BTDA 在 NMP 中(固含量 15%)70 ℃反应 90 min。以 0.03 g/L 加入三乙胺，温度升到 90 ℃，60 min 后 CO₂ 停止放出，将反应物沉淀，过滤，70 ℃真空干燥，再用 THF 萃取。大约在 LBD 3000 含量为 5%左右有相转换。

5.7.5 由二异氰酸酯与异氰酸酯反应得到聚 DCC，然后与 TMA 反应再转化为聚酰胺酰亚胺[72]

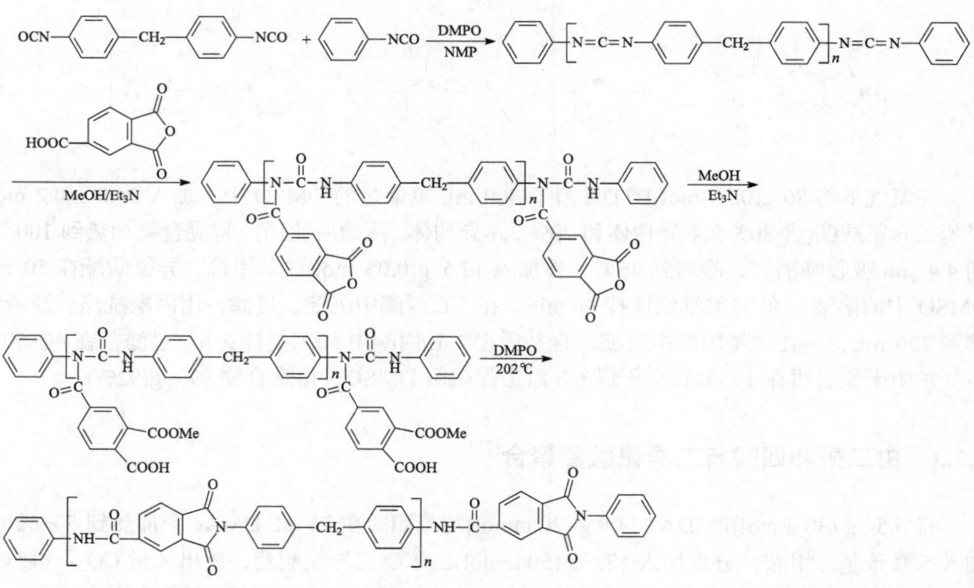

将 15 g (59.9 mmol)MDI 溶于 200 mL 干燥的 NMP 中，加热到 90 ℃，加入 0.89 g (7.47 mmol)异氰酸苯酯，搅拌得到均相溶液后再加入 70 mg DMPO，立即放出 CO₂，将溶液加热到 90 ℃反应 3 h，得到聚(碳化二亚胺)。冷却到室温，加入 12.2 g (63.5 mmol)偏苯三酸酐，搅拌 1 h，再加入 2.04 g (63.7 mmol)甲醇和 6.4 g (63.7 mmol)三乙胺，搅拌 30 min 后将混合物加热到 202 ℃反应 1 h，冷却后倒入 2 L 水中，滤出产物，干燥，得聚酰胺酰亚胺 23.3 g(92%)，M_n 为 20600。

5.8　邻位二碘代芳香化合物和一氧化碳在钯催化下与二胺反应转化为聚酰亚胺[73]

基于 Heck 反应的合成方法，特点是收率高，副反应少。为了得到高分子质量，应使产生的聚合物保持在溶液中以使分子量继续得到增长。

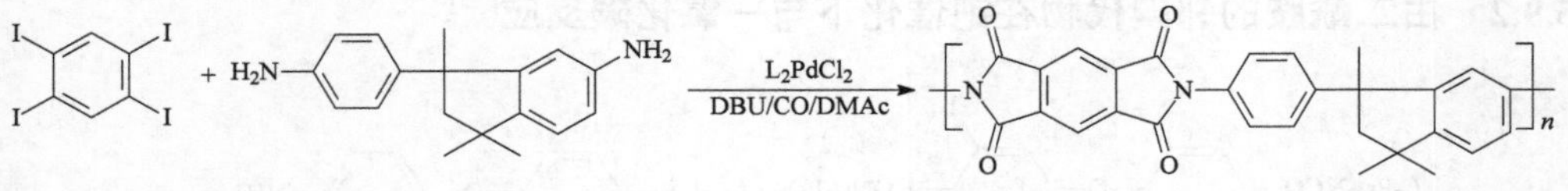

在 0.67 MPa 的 CO 压力下，115℃反应，收率可达到 95%，η_{inh}=0.56 dL/g，M_w=281 000，M_n=17 000。

5.9　由酯基或酰胺基的邻位碘代芳香化合物在钯催化下与一氧化碳反应得到聚酰亚胺

5.9.1　由二酯的邻碘代物在钯催化下与一氧化碳反应[74]

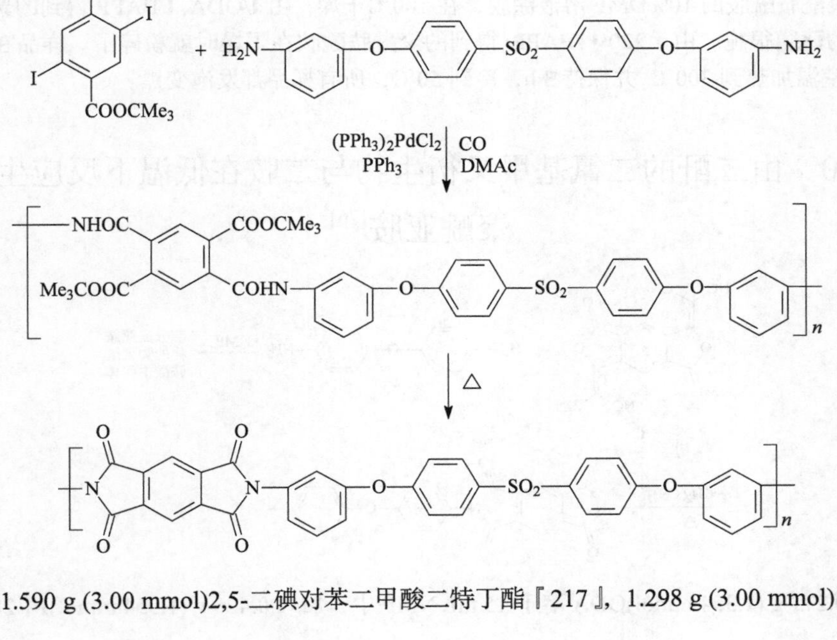

将 1.590 g (3.00 mmol)2,5-二碘对苯二甲酸二特丁酯『217』，1.298 g (3.00 mmol) mBAPS，

47 mg (0.18 mmol)PPh₃ 和 63 mg (0.09 mmol)(PPh₃)₂PdCl₂加入 18 mL DMAc 中，充以 CO 使溶液达到饱和，在 120℃搅拌到固体溶解，卸压，加入 1.08 mL (7.2 mmol, 2.4 当量)DBU，再充 CO 到 0.63 MPa，反应 24 h 后过滤。将滤液浓缩到 10 mL，过滤到甲醇/水(4/1)的混合物中，沉淀出聚合物，用甲醇洗涤，真空干燥得 1.88 g(82%)。将得到的聚酯酰亚胺按常规方法经热处理，得到聚酰亚胺。

5.9.2　由二酰胺的邻碘代物在钯催化下与一氧化碳反应[75]

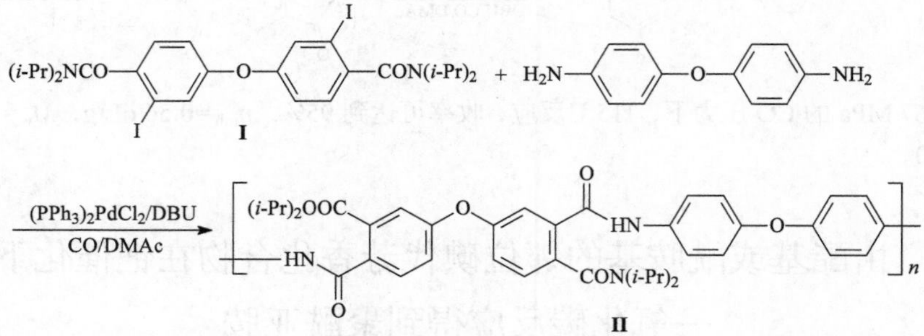

将 2.109 g (3.00 mmol)**I** 『 219 』, 2.008 g (3.00 mmol)ODA 和 63.2 mg (0.09 mmol) L₂PdCl₂加入含有 1.08 mL (7.2 mmol)DBU 的 18 mL DMAc 中，充以 0.67 MPa 的 CO，加热到 115℃，反应 27 h，卸压后用 DMAc 稀释，过滤，浓缩，在甲醇中沉淀。滤出聚合物，用甲醇洗涤，得 1.456 g(72%)聚酰胺酰胺白色粉末。

将聚酰胺酰胺的 10%DMF 溶液涂膜，在 100℃干燥，由 I/ODA, I/BAPP 得到的聚酰胺酰胺得到的薄膜很脆。由 『 220 』/BAPP 得到的聚酰胺酰胺在干燥时就粉碎了。样品在真空中 2h 内由室温加热到 300℃ 并保持 3 h，冷到 50℃，所有样品都发泡变黑。

5.10　由二酐的二氰基甲叉衍生物与二胺在低温下反应生成聚酰亚胺[76]

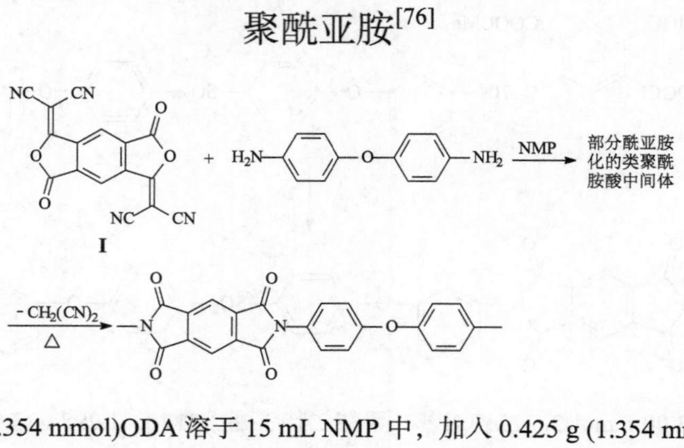

将 0.271 g (1.354 mmol)ODA 溶于 15 mL NMP 中，加入 0.425 g (1.354 mmol)**I**『 284 』，立

即出现砖红色，但随着反应的进行，逐渐变成橙黄色的黏液。在室温搅拌 24 h 后涂膜，在真空中(60℃/0.1 mmHg)干燥得到自支持薄膜。

5.11　由聚氰基酰胺合成聚亚胺酰亚胺[77]

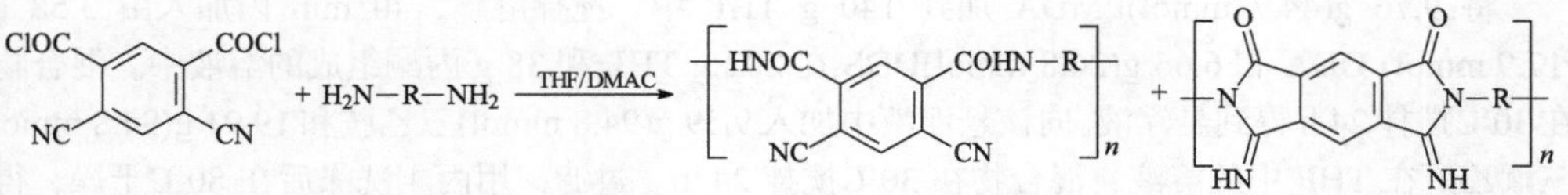

由邻氰基酰氯与胺反应可以得到聚邻氰基酰胺和聚亚胺酰亚胺。该反应在固态 250℃,或溶液中 100~120℃下进行，可以得到高分子量的聚合物，例如与 ODA 得到的聚合物对数黏度为 1.16 dL/g。

5.12　由二硫酐与二胺合成聚酰亚胺[78]

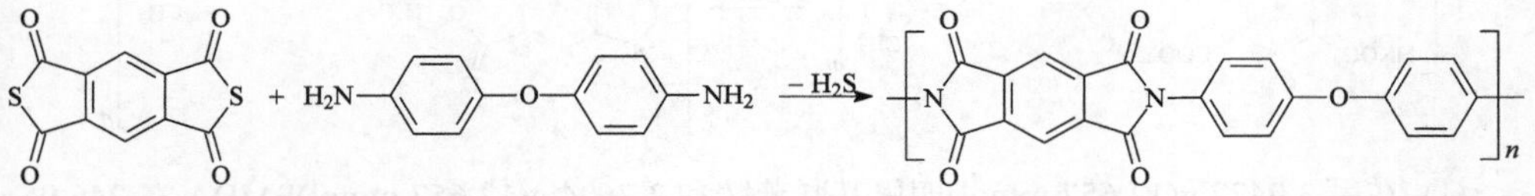

将 ODA 和均苯二硫酐在 160℃，10^{-5} mmHg 下蒸发，在 20℃的铝板上以 0.4 nm/s 的速度沉积，然后在 250℃氮气中 1 h 得到聚酰亚胺膜，对数黏度为 0.23 dL/g(H_2SO_4)。

用 ODA 和 PMDA 以同样的方法得到的薄膜其对数黏度为 0.32 dL/g。

5.13　聚异酰亚胺的合成及转化为聚酰亚胺

5.13.1　由聚酰胺酸与三氟乙酐及三乙胺作用得到

1. 以 NMP 为溶剂[79]

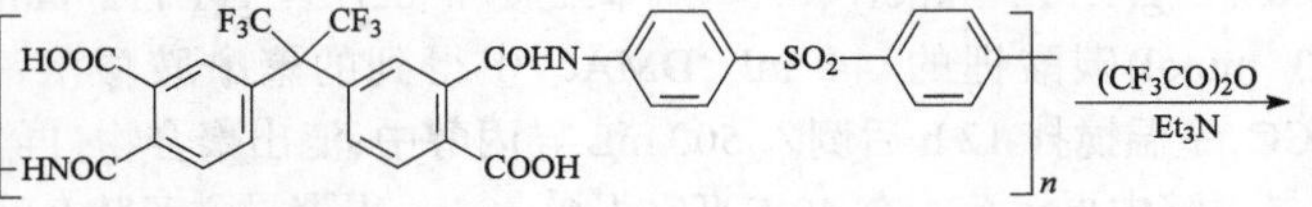

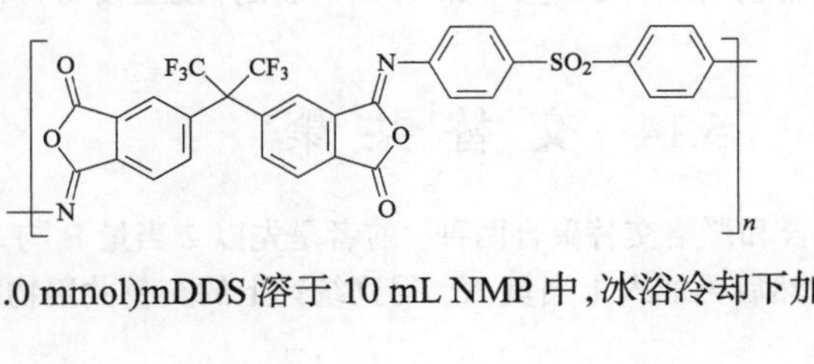

将 1.24 g (5.0 mmol)mDDS 溶于 10 mL NMP 中,冰浴冷却下加入 2.22 g (5.0 mmol) 6FDA,

室温搅拌 6 h。搅拌下滴加入 1.4 mL (10.0 mmol) 三乙胺在 32 mL NMP 中的溶液。混合物用冰浴冷却，滴加入 2.1 mL (15.0 mmol) 三氟乙酸酐，室温搅拌 4h。倒入 800 mL 异丙醇中，得到的聚异酰亚胺用异丙醇洗涤，40℃真空干燥，得聚异酰亚胺 3.34 g(96%)。将聚异酰亚胺在 100℃, 2 h; 150℃, 2 h; 200℃, 0.5 h; 250℃, 0.5 h 和 300℃, 2 h 转化为聚酰亚胺。

　　2. 以 THF 为溶剂[80]

　　将 9.76 g(44.7 mmol)PMDA 加到 140 g THF 中，搅拌溶解，40 min 内加入由 3.58 g (17.9 mmol) ODA 和 6.66 g(26.8 mmol)DDS 在 202 g THF 和 38 g 丙酮组成的溶液中。混合物在 30℃搅拌 24 h 得到悬浮液。向该悬浮液中加入 9.59 g(94.8 mmol)三乙胺和 19.91 g(94.8 mmol) 三氟乙酐在 THF 中的溶液，混合物在 30℃搅拌 24 h。过滤，用丙酮洗涤后在 80℃干燥，得到 17.6 g (96%)聚异酰亚胺粉末。该聚异酰亚胺在 300℃加热 2 h 可以转变为聚酰亚胺粉末。

5.13.2　由聚酰胺酸与 DCC 作用得到[81]

　　(1) 在由 3.0422 g(12.657 mmol)四甲基联苯胺和 2.7604 g(12.657 mmol)PMDA 在 246.95 g DMAc 中得到的聚酰胺酸溶液中加入 4.933 g(23.91 mmol)DCC，室温反应 12 h 后倒入 2400 mL 异丙醇中，得到红橙色沉淀。各用 3×200 mL 异丙醇和苯洗涤，在 0.1 mmHg 下冻干 72 h，得纤维状聚异酰亚胺 5.82 g。

　　(2) 在由 0.6252 g(1.712 mmol)苯氧基对苯二胺和 0.3734 g(1.712 mmol)PMDA 在溶有 0.1130 g (1.883 mmol)碳酸锂的 44 mL DMAc 中得到的聚酰胺酸溶液中加入 0.720 g (3.492 mmol) DCC，室温搅拌 12 h 后倒入 500 mL 异丙醇中，滤出聚合物，再溶解在 50 mL THF 中，在 500 mL 异丙醇中再沉淀，在 40℃真空干燥 48 h，得聚异酰亚胺 0.86 g (98%)。

5.14　交　替　共　聚

　　交替聚合分统计交替聚合和严格交替聚合两种。前者是先以 2 当量 B 与 1 当量 A 反应得到 B 功能团封端的分子段，然后再加入 1 当量 A，得到统计上的交替共聚物。实际上由于 A

功能团与 B 功能团反应的统计性及酰胺酸存在的交换反应, 不可能得到理想结构的交替共聚物。后者是从单体结构上设计或利用单体中两个基团反应活性的不同可以得到严格的交替共聚物。

5.14.1　统计交替聚合

1. 以 DMAc 为溶剂, 由 1 mol 二酐 A 与 2 mol 二胺反应后再与 1 mol 二酐 B 反应得到统计交替共聚物[82]

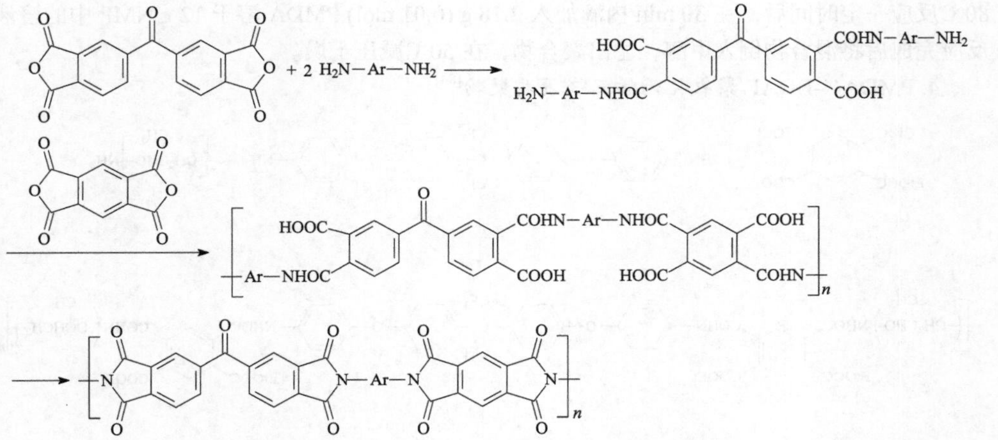

将 0.02 mol 二胺溶于 15 mL DMF, 剧烈搅拌下 2 h 内滴加入溶于 25 mL DMF 的 0.01 mol BTDA, 继续搅拌 3 h。然后在 30 min 内分 4 份加入 0.0102 mol PMDA 粉末, 得到交替共聚物。将溶液涂膜, 干燥后热酰亚胺化, 得到共聚酰亚胺。

2. 由异氰酸酯封端的酰亚胺预聚物与二元醇或二元酚得到[83]

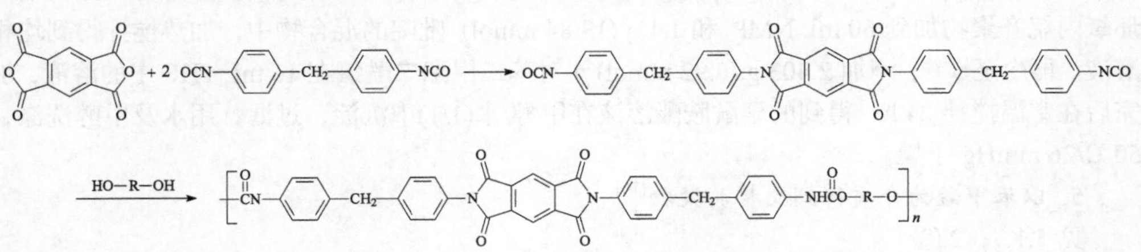

将 2.18 g PMDA (0.01 mol) 溶于 12 g NMP, 加入 5 g (0.02 mol) MDI 溶于 28 g NMP 中的溶液, 在 100℃进行反应。开始时放出 CO_2, 一定时间后降温到 80℃, 30 min 内滴加入 0.01 mol 二元醇(酚) 在 NMP 中的溶液。反应完成后将混合物倒入甲醇, 滤出聚合物, 在 50℃减压干燥。

3. 由异氰酸酯封端的聚氨酯预聚物与二酐反应得到

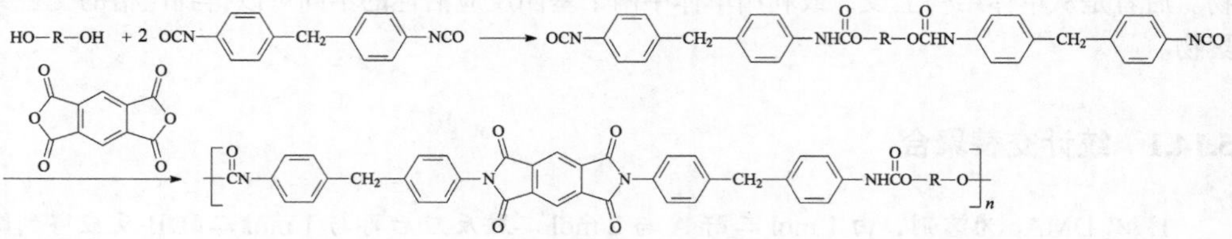

将 5 g (0.02 mol) MDI 在 28 g NMP 中的溶液和 0.01 mol 二元醇(酚)在 NMP 中的溶液在 80℃反应一定时间后，在 30 min 内滴加入 2.18 g (0.01 mol) PMDA 溶于 12 g NMP 中的溶液，反应完成后将混合物倒入甲醇，滤出聚合物，在 50℃减压干燥。

4. PMDA/4-BDAF/聚氧化丙烯三嵌段共聚物[84]

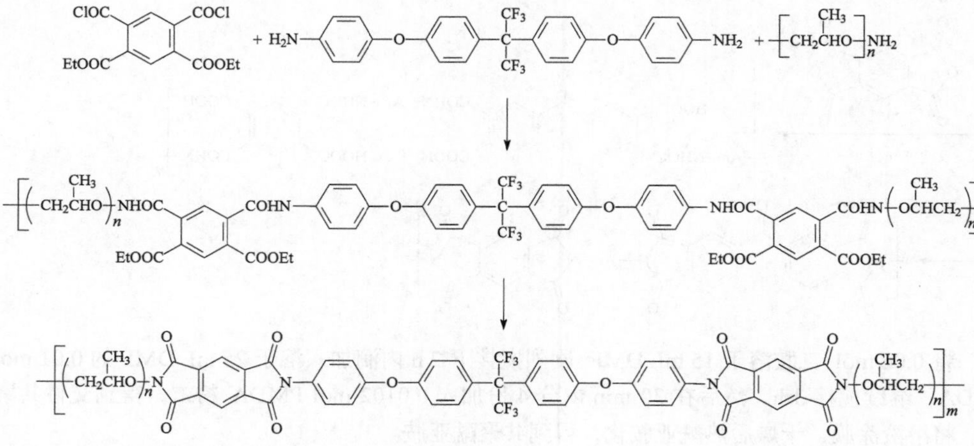

将 3.547 g (6.84 mmol) 4-BDAF，1.05 g (0.16 mmol，M_w 6.5 k)的用 4-氨基苯甲酸酯封端的环氧丙烷齐聚物加到 60 mL NMP 和 1.1 g (13.84 mmol) 吡啶的混合物中，加热搅拌得到均相溶液。再冷至 5℃，滴加 2.403 g (6.92 mmol) p-对苯二甲酯二酰氯在 15 mL THF 中的溶液，加完后在室温搅拌 24 h，得到的聚酰胺酯溶液在甲醇/水(1/1)中沉淀，过滤，用水及甲醇洗涤，50℃/26 mmHg 干燥。

5. 以苯甲酸为介质得到交替共聚物[16]

见 5.1.7，2.②。

6. 由 1mol 二酸二酯与 2mol 二胺反应得到带氨端基的单元，然后与二酐反应得到[86]

这是由二酸二酯经过酰氯或在酰化剂作用下与 2mol 二胺反应得到胺端基的化合物，将该化合物与另一种二酐反应，得到交替聚酰亚胺。

HOOC—...—COOiPro / iProOOC—...—COOH **I**

1. ClCH₂COOEt/Et₃n THF
2. H₂N—Ar—NH₂

→ H₂N—Ar—NHOC—...—COOiPro / iProOOC—...—COHN—Ar—NH₂ **II**

[—HN—Ar—NHOC—...—COOiPro / iProOOC—...—COHN—Ar—NHOC—...—CO / ...—COOH—]ₙ

Ar: **III** **IV**

将 10.0 g (0.030 mol) **I**『38』在 100 mL THF 中溶液冷却到–10℃, 加入 8.3 mL (0.060 mol) 三乙胺和 5.7 mL (0.060 mol)氯甲酸乙酯, 搅拌 30 min, 然后滴加到 10.0 g (0.092 mol)对苯二胺在 50 mL THF 的溶液中, 室温搅拌 1 天, 加入 50 mL 乙醚, 滤出沉淀, 用 3×50 mL 70℃ 热水洗涤, 产物用 NMP 重结晶得 7.9 g (51.5%)。

将 1.0 g (1.9 mmol)**II** 溶于 18 mLNMP 中。在 0℃下加入 0.62 g (1.9 mmol) BTDA, 室温搅拌 2 h。在玻璃板上涂膜, 氮气流下以 10℃/min 在 80℃, 150℃, 250℃及 350℃各加热 1 h 取下薄膜, 用水和甲醇洗涤, 100℃ 1~2 mmHg 干燥 10 h。

5.14.2　严格交替聚合

由偏苯三酸酐与二胺得到的二酰亚胺二酸出发与另一个二胺或与二元醇或二元酚反应得到的聚酰胺酰亚胺或聚酯酰亚胺都可以看作为严格的交替共聚物, 这方面可参考 6.7 节。

1. 由带酰亚氨单元的二胺与二酐得到[87]

H₂N—...—**I**—...—NH₂ + ... → [—...—A—...—]ₙ

氩气流下将 0.14 g (0.36 mmol) **I**『1126』加入到 28 mL DMSO 中, 滴加 0.16 g (0.36 mmol) 6-FDA 在 2 mL DMSO 中的溶液, 至少反应 5h 后进行过滤。该方法也可以用于其他二酐。典型的对数黏度为 1~1.5 dL/g。用热或化学方法可以将聚酰胺酸二酰亚胺转化为聚酰亚胺。

2. 利用二酐中两个酐基的不同反应活性得到嵌段共聚物

① 一侧为双环酐的二酐与二胺的聚合[88]

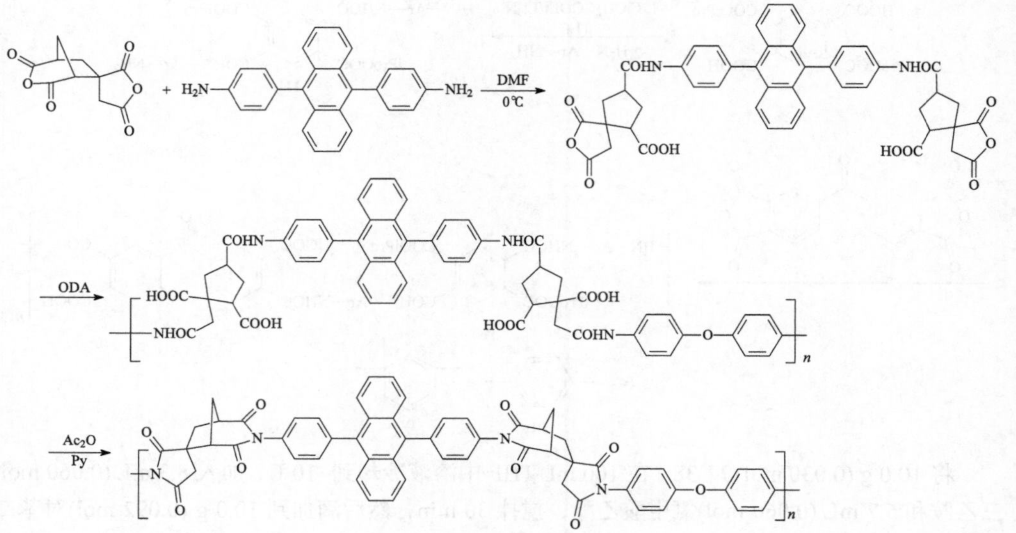

氩气氛下 10 min 内将 0.161 g (0.447 mmol) 9,10-二(p-二氨基苯基)蒽〖252〗在 3 mL DMF 的溶液滴加到 0℃下的 0.200 g (0.892 mmol)二酐(见【378】) 在 2 mL DMF 的溶液中。室温搅拌 2 h 后加入 0.0897 g (0.448 mmol)ODA 在 1 mL DMF 中的溶液。混合物搅拌 48 h 后用 4 mL DMF 稀释，倒入 100 mL 水中得到淡蓝色沉淀，过滤，用甲醇洗涤，真空干燥，得到聚酰胺酸 0.31 g (69%)。

将 1.5 g 乙酐和 1.0 g 吡啶加入上述聚酰胺酸在 5 mLDMF 的溶液中，80℃搅拌 8 h 后倒入 200 mL 乙酸乙酯中，滤出沉淀，在 120℃真空干燥，得到交替共聚酰亚胺 0.17 g(59%)。

②由六元环酐与五元环酐形成的螺环二酐与二胺的聚合[89]

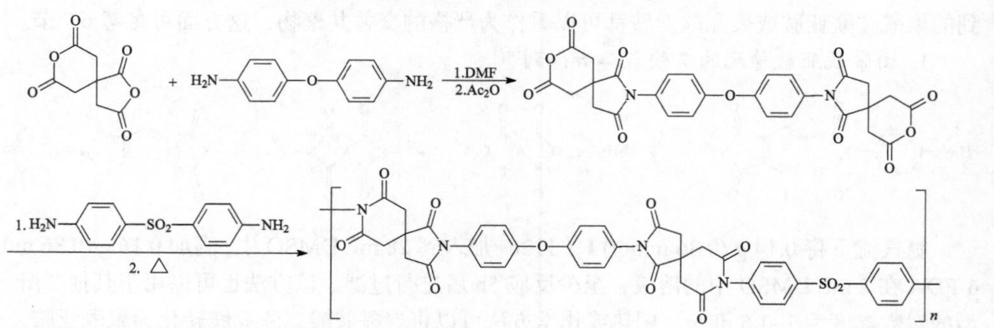

将 5.350 g (27.0 mmol) 二酐【377】溶于 30 mL 干燥 DMF 中，室温下加入 2.712 g (13.5 mmol) ODA，由于放热，温度升至 40℃，反应 1 h。将反应物减压浓缩后溶于 50 mL 丙酮中。将溶液倒入 600 mL 氯仿和 300 mL 己烷的混合物中，得到白色二酰亚胺-四酸。过滤，真空干燥后与 40 mL 乙酐加热到 100℃，混合物逐渐溶解，随后又沉淀析出，再在 100℃加热 1 h，冷却，滤出白色沉淀，用乙酐和甲苯洗涤，100℃真空干燥，得到二酰亚胺二酐 7.388 g

(98%)，mp >315℃。

　　将 0.8407 g (1.500 mmol) 二酰亚胺二酐加到 5 mL 干燥 DMAc 中，室温下加入 0.2974 g (1.500 mmol) DDS 和 3 mL DMAc。全部溶解后，加热到 100℃反应 24 h。冷却，将黏液缓慢倒入 500 mL 甲醇中，滤出沉淀，用甲醇洗涤，室温真空干燥过夜，几乎定量收率。

　　将聚酰亚胺-酰胺酸在 DMAc 中得到 10%溶液，涂膜后在 80℃，150℃，250℃各处理 2 h，再在 300℃处理 1 h，得到聚酰亚胺-酰亚胺薄膜。

　　3. 利用分子内反应得到不同结构单元交替的聚合物[90]

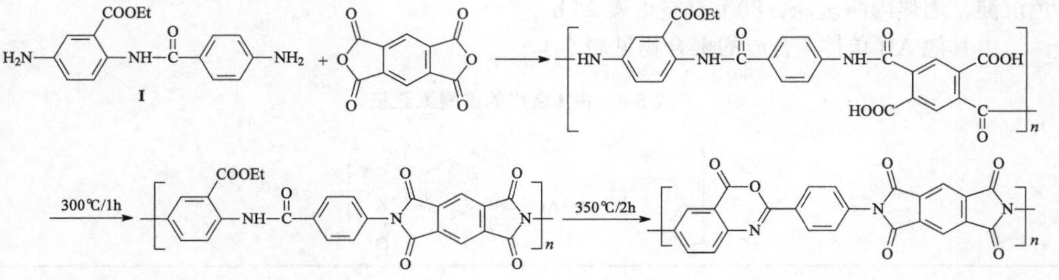

　　将 0.5986 g (2.000 mmol)二胺 I 〖492〗，加到 10 g NMP 中，搅拌溶解后加入 0.4362 g (2.000 mmol)PMDA，室温搅拌 10 h，得到透明黏液，对数黏度 1.28 dL/g。涂膜后在 70℃/5 h，在真空下 150℃，200℃，250℃，300℃各处理 1 h，得黄色透明薄膜，进一步在空气中 350℃处理 2 h，得到深红色的聚苯并噁嗪酮-酰亚胺透明薄膜。

5.15　AB 型单体的聚合

5.15.1　由带氨基和二酸的 AB 单体聚合

1. 4-(3,4-二羧基苯氧基)苯胺盐酸盐的聚合[91]

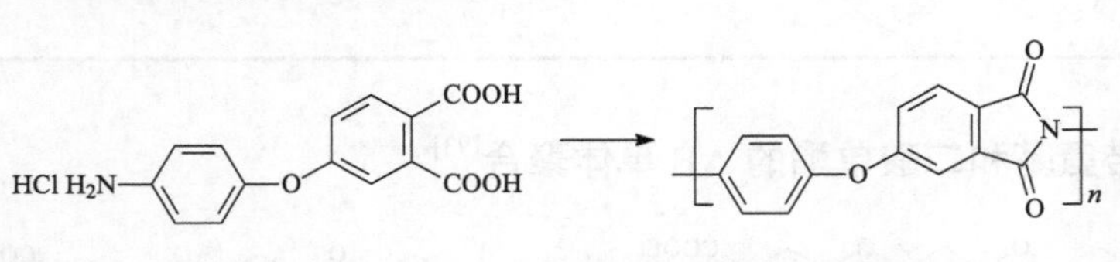

　　氮气下将 2.3536 g (7.6 mmol) 4-(3,4-二羧基苯氧基)苯胺盐酸盐(见〖259〗)，30 mL 干 DMAc 和 0.7792 g (7.7 mmol)Et₃N 在室温搅拌至完全溶解成红色溶液，再加热到 160℃，5 h 内滴加入溶于 20 mL DMAc 中的 2.3582 g (7.6 mmol)TPP，在滴加过程中反应物变成不透明，形成的水随少量 DMAc 被氮气带出。反应物冷却后倒入大量甲醇中，滤出沉淀，用冷 DMSO 和丙酮洗涤，在 50℃真空干燥。

2. 由带二醚结构的氨基-二酸 AB 单体的聚合[92]

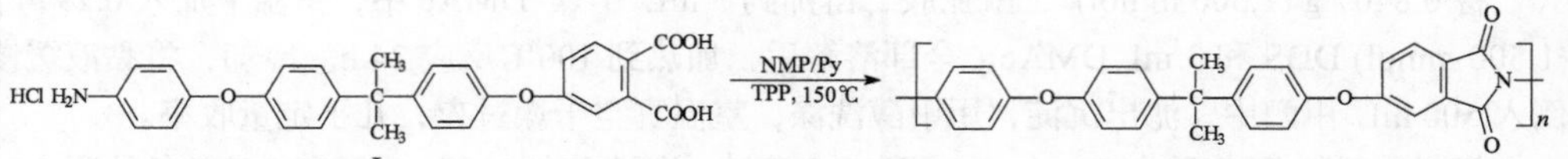

将 2.03 mmol I『267』溶于 10 mL NMP/吡啶(4/1)中，加入 2.03 mmol TPP，反应物的颜色由黄色变为亮红色。混合物在 150℃加热 12 h，冷却至室温，倒入 400 mL 甲醇中，滤出黄色沉淀，用热丙酮洗涤，80℃真空干燥 24 h。

由其他 AB 单体 I 合成的聚合物见表 5-4。

表 5-4　由 I 合成的聚醚酰亚胺

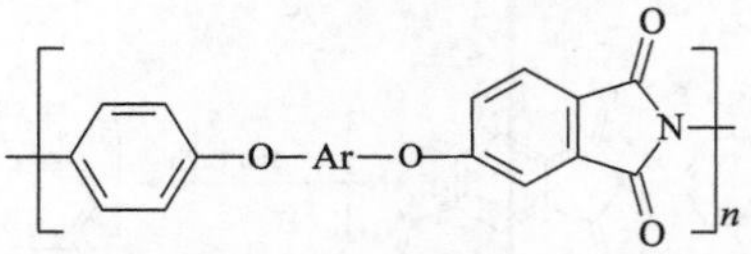

Ar	$\eta_{inh}/(dL/g)$	$T_g/℃$	$T_{5\%}/℃$
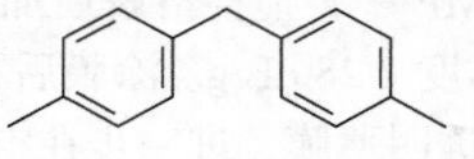	0.46	235	532
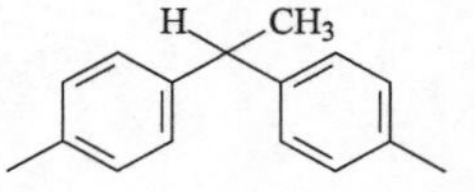	0.31	205	521
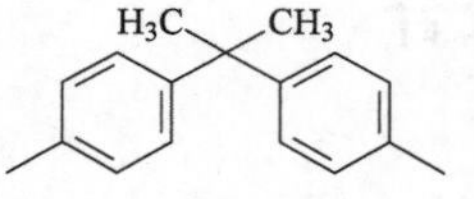	0.27	228	511
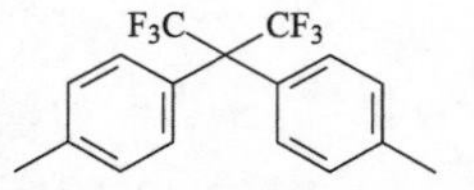	0.49	217	523

5.15.2　由带氨基和二酸单酯的 AB 单体聚合[93]

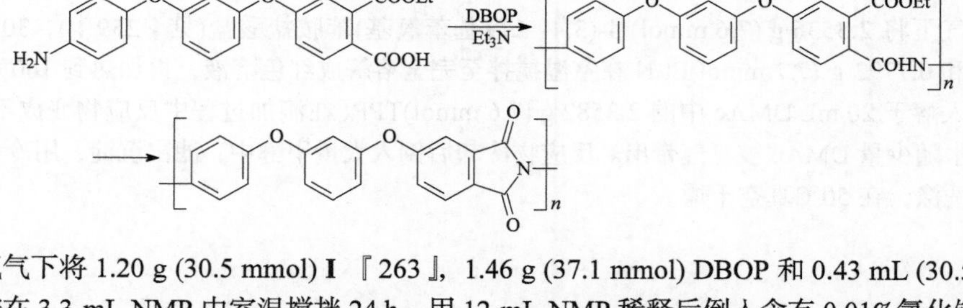

氮气下将 1.20 g (30.5 mmol) I『263』，1.46 g (37.1 mmol) DBOP 和 0.43 mL (30.5 mmol) 三乙胺在 3.3 mL NMP 中室温搅拌 24 h。用 12 mL NMP 稀释后倒入含有 0.01%氯化锂的 2 L

甲醇中，滤出聚酰胺酯，在 30℃真空干燥 24 h。

氮气下将 0.315 g 聚酰胺酯,0.30 g 苯酐和 0.75 g 吡啶在 6.0 mL NMP 中 100℃搅拌 24 h。冷却到室温后倒入 600 mL 甲醇中，滤出产物，用甲醇洗涤，250℃真空干燥后再在 300℃处理 1 h，以保证完全酰亚胺化。

将 0.5 g 聚酰胺酯在 2.0 mL NMP 中搅拌溶解后在玻璃板上涂膜，室温下真空干燥，再在 100℃，200℃和 300℃各处理 1 h 得到聚酰亚胺薄膜。

5.15.3　由带氨基甲酸酯和酐基的 AB 单体聚合[94]

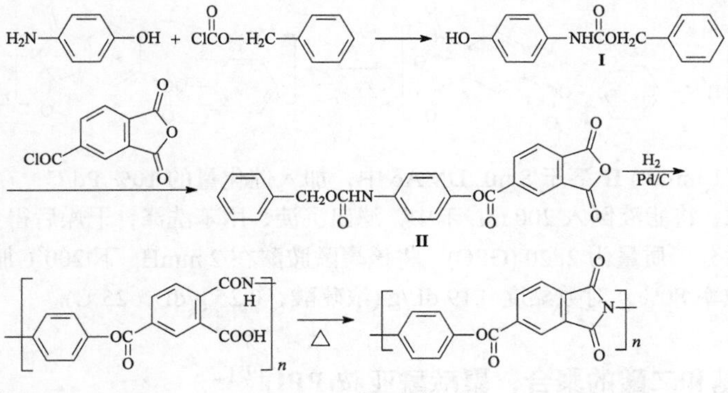

1. 单体合成

将 26.16 g(0.24 mol)对氨基苯酚在 150 mL THF 中的混合物在冰浴中冷却，20 min 内滴加入 22.9 g (0.12 mmol 纯度 90%) 氯甲酸苄酯在 40 mLTHF 中的溶液。室温搅拌 2h，滤出对氨基苯酚盐酸盐，将滤液减压蒸发，残留的固体用苯/甲醇重结晶，得 I 18.76 g (64 %) 无色针状结晶，mp 156~157 ℃。

0℃下 5 min 内在 3.44 g (0.015 mol) I 和 3.16 g (0.015 mmol) 偏苯三酸酐酰氯在 75 mL THF 的溶液中滴加入 1.52 g (0.015mol) 三乙胺。混合物在 0℃反应 30 min，室温反应 2 h。滤出盐酸盐，滤液减压蒸发，得到淡黄色固体，在 THF/己烷重结晶，得到 II 5.22 g(86%) 无色针状结晶，mp 220~222℃。

2. 水解聚合

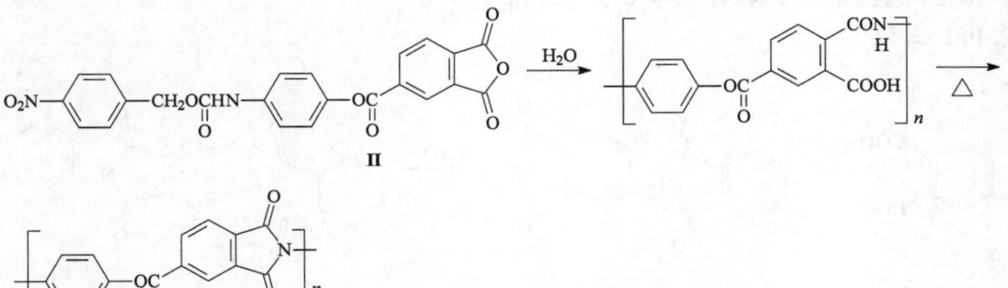

向 0.224 g(0.5 mmol) II 在 2.5 mL THF 的溶液中加入 1 mL 含 0.5 mmol 水和 0.07 mmol

三乙胺的 THF。该溶液在 40℃搅拌 24 h 后倒入 200 mL 苯中，滤出沉淀，用苯洗涤，干燥得到 0.075 g (53%)聚酰胺酸，相对分子质量为 870(GPC)。将聚酰胺酸在 2 mmHg 下加热到 200℃经 2 h 得到聚酰亚胺酯粉末，收率 60%，对数黏度 0.25 dL/g（浓硫酸，0.25g/dL, 25℃）。

3. 氢化聚合

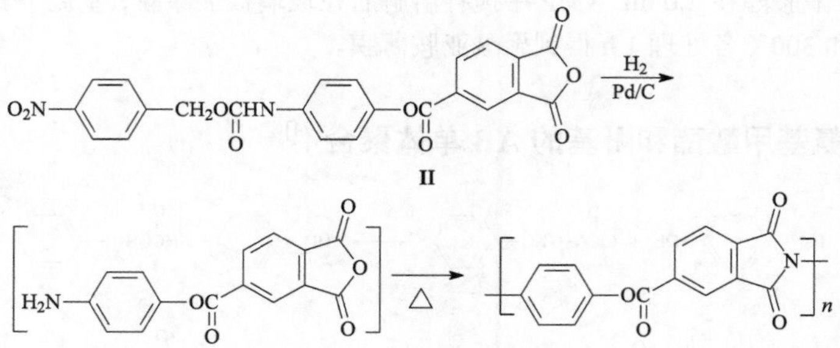

将 0.417 g (1 mmol) **II** 溶于 8 mL DMAc 中，加入催化量的 10% Pd/C，在 14 atm 下 50℃加氢 15 h。过滤，将滤液倒入 200 mL 苯中，滤出沉淀，用苯洗涤，干燥后得到 0.091 g (32%)聚酰胺酸，相对分子质量为 2820 (GPC)。将该聚酰胺酸在 2 mmHg 下 200℃加热 2 h，得到褐色聚酰亚胺，收率 80%，对数黏度 0.19 dL/g（浓硫酸，0.25 g/dL，25℃）。

5.15.4　由氨基和二酸的聚合，聚酞酰亚胺(PPI)[95]

1. PPI 二聚体

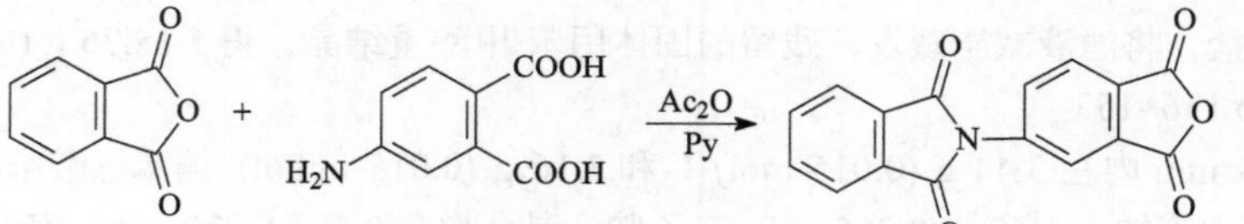

将 0.91 g (5 mmol)4-氨基邻苯二甲酸溶于 13 mL DMF，再加入 0.89 g (6 mmol)苯酐。混合物在 25℃搅拌 1.5 h，加入 0.6 mL 吡啶和 1 mL 乙酐，再在室温搅拌 1.5 h 后倒入水中，滤出沉淀，从乙酐重结晶，二聚体收率 81.2%，mp 266 ℃。

2. PPI 三聚体

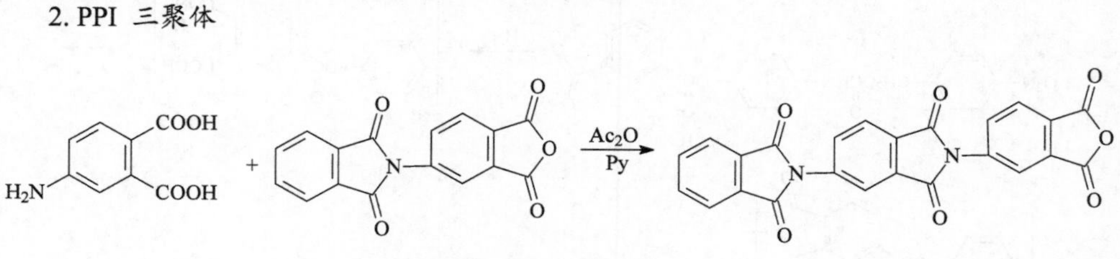

将 0.54 g (3 mmol)4-氨基邻苯二甲酸溶于 15 mL NMP，加入 1.06 g (3.6 mmol)PPI 二聚体。混合物在室温搅拌 24 h 后加入 0.6 mL 吡啶和 1 mL 乙酐，在 25℃反应 24 h 后倒入冷水中，

滤出沉淀，真空干燥。将所得到的固体在 20 mL 乙酐中回流后过滤，得到三聚体，收率 71.0%，mp 401℃。

　　3. PPI 带状结晶

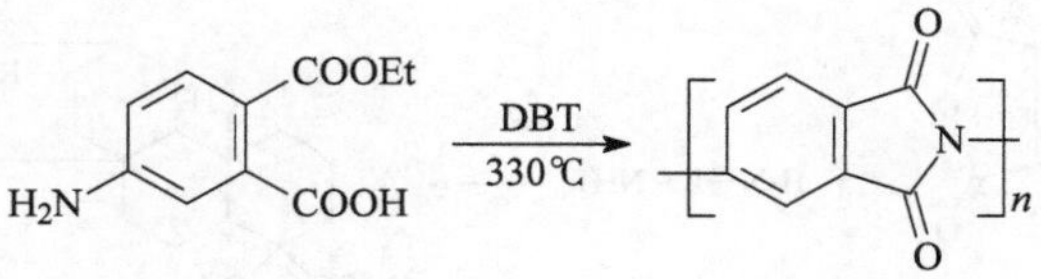

　　将 20 mL 二苄基甲苯(DBT) 在氮气下加热到 330℃，加入 0.58 g (2.8 mmol)4-氨基邻苯二甲酸单乙酯『32 』，搅拌溶解，反应进行 6 h。因为形成了淡黄色带状的结晶，溶液变得不透明。趁热过滤，依次用己烷，丙酮和甲醇洗涤，在 50℃真空干燥。将滤液倒入冷的己烷中，滤出沉淀，用己烷洗涤。

5.15.5　由带磺酰氯和酐基的 AB 单体聚合[96]

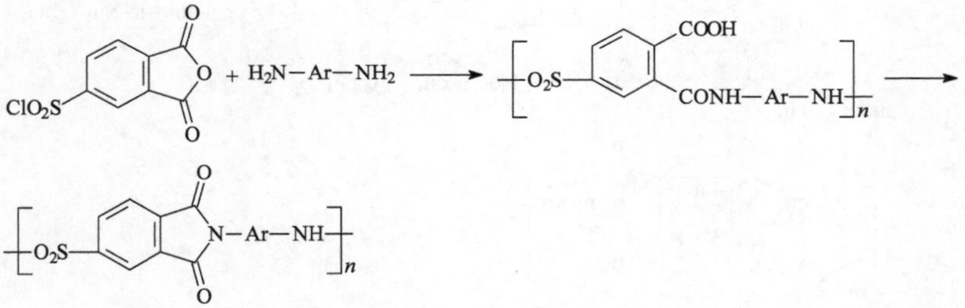

　　将 1.00 g(0.5 mmol)ODA 和 0.51 g(5 mmol) N-甲基吗啉在 7 mL DMAc 中冷却到–18~–15℃，加入 1.24 g(5 mmol)氯磺化苯酐(见【12 】)，搅拌 1 h 后自然回升到室温搅拌 2 h。将反应物倒入 300 mL 水中，滤出沉淀，得到聚酰胺酸 2.20 g(99%)。

　　将 2.0 g 聚酰胺酸和 5 mL 乙酐及 5 mL 吡啶在室温搅拌过夜，在 300 mL 水中沉淀，过滤，干燥，得到聚合物 1.88 g(98%)。对数黏度 0.55 dL/g，分解温度~300℃。

5.15.6　天门冬氨酸(ASP)的酸催化聚合[97]

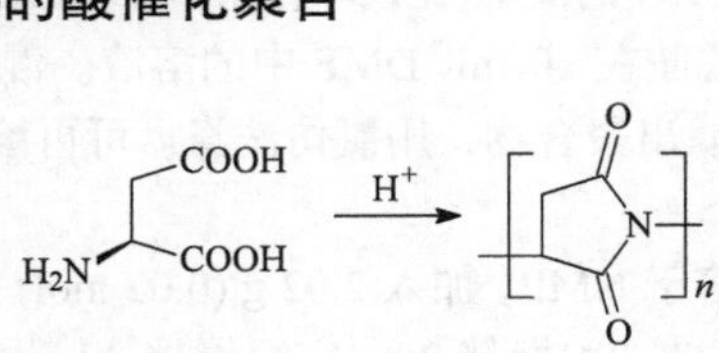

　　将 100 g(0.752 mol) 天门冬酸，10 g (86.7 mmol)85%磷酸在室温搅拌 15 min，然后转移到反应瓶中，氮气下 200℃反应 30 min，变成淡黄色团块和粉末的混合物，在粉碎器中打碎，再在 200℃加热 6.5 h 转化率为 99%，产物用水洗至中性，再用甲醇洗涤，在 85℃真空干燥。

5.15.7　以松香为原料合成的聚合物[98]

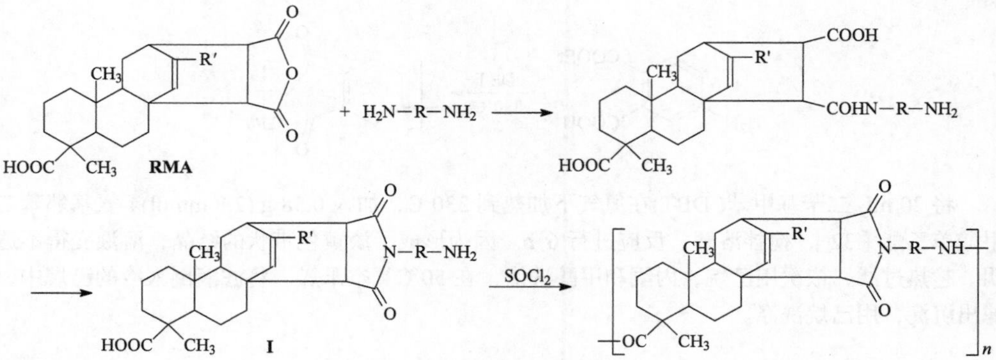

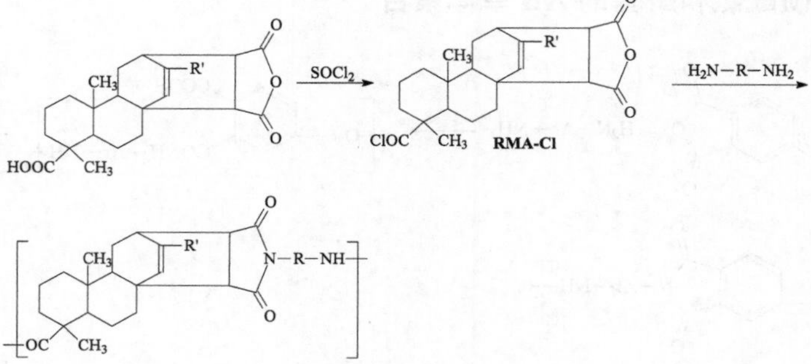

$$R' = -CH(CH_3)_2$$

将 10.0 g (0.025 mol) RMA【54】溶于 15 mL DMF 中的溶液在室温下滴加到由 3.6 g (0.031 mol) 己二胺溶于 10 mL DMF 的溶液中，升温到 135℃，搅拌 2.5 h，倒入大量水中，滤出沉淀，用水和乙醚洗涤，除去未反应的 RMA，在 40℃真空干燥，收率 88.3%。

(1) 将 10 g(0.025 mol) I 氮气下加热到 210℃反应 4 h，反应物变得很黏。在甲醇中沉淀，用甲醇洗涤。该聚合物不溶于 DMF，但在 DMF 和间甲酚中溶胀。可用 DMF 洗涤进行纯化。

(2) 将 4.175 g (0.01 mol) RMA 的酰氯(见【54】)溶于 20 mL DMF，加入由 1.16 g (0.01 mol) 己二胺和 1.01 g (0.01mol) 三乙胺在 10 mL DMF 中的溶液。混合物在室温搅拌 3 h，然后在 135℃反应 5h 后倒入冰水中。滤出聚合物，用氯仿洗涤。可再溶于 DMF，在甲醇中沉淀后真空干燥。

(3) 将 4.98 g (0.01 mol) I 溶于 NMP，加入 2.02 g (0.02 mol) 三乙胺。将溶液冷却到 0℃加入 1.18 g (0.01 mol) 氯化亚砜。在 0℃搅拌 2 h，室温搅拌 4 h，最后在 100℃ 搅拌 2 h 后倒入冰水中，处理如(2)。

由其他二胺与 RMA 得到的聚合物见表 5-5。

表 5-5　由松香得到的聚酰胺酰亚胺

R	聚合方法	收率/%	η_{inh}/(dL/g)	T_g/℃
—(CH₂)₂—	A B	85 92(76)	0.28 0.33(0.25)	265
—(CH₂)₆—	A B	85 92(78)	0.30 0.35(0.27)	260
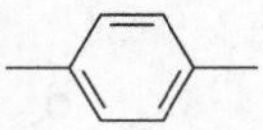 —〈benzene〉—	A B	80 91(74)	0.15 0.31(0.15)	285
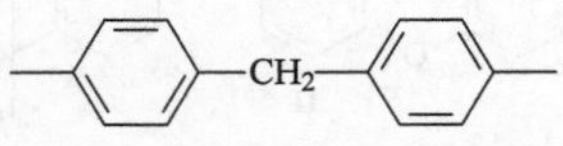 —〈benzene〉CH₂〈benzene〉—	A B	78 91(74)	0.15 0.31(0.14)	280
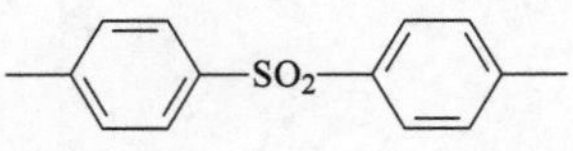 —〈benzene〉SO₂〈benzene〉—	A B	77 90(70)	0.15 0.28(0.15)	275
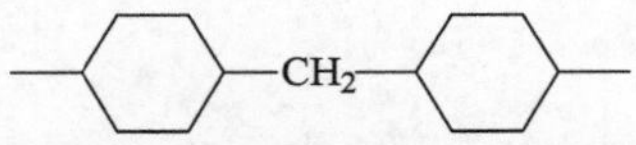 —〈cyclohexane〉CH₂〈cyclohexane〉—	A B	82 93(70)	0.32 0.37(0.28)	280

注：A：以 NMP 为溶剂。

B：以 DMF/NMP=3/1，4%LiCl 为溶剂。括弧中为以 DMF 为溶剂。

T_g 由 DTA 测得。

5.16　超枝化聚酰亚胺的合成

5.16.1　由二氨基邻位二酸单酯型 AB₂ 单体合成的超枝化芳香聚酰亚胺

1. 从 3,5-双(4-氨基苯基)-3′,4′-二苯醚二酸单甲酯出发[99]

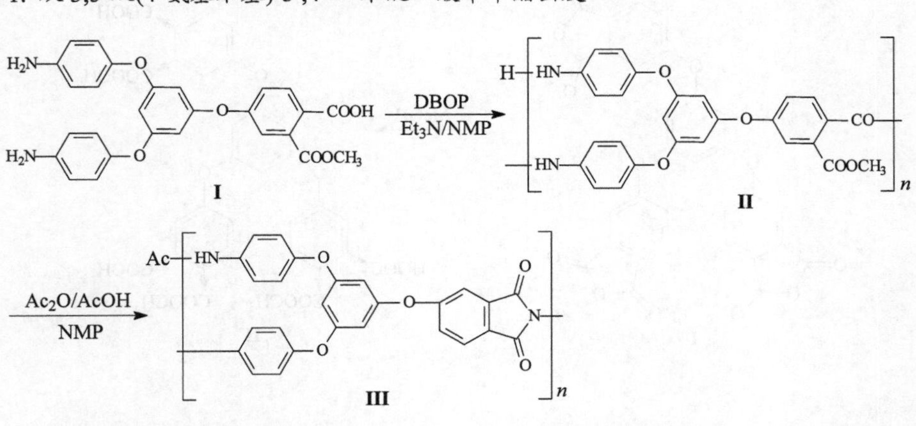

将 0.603 g (1.24 mmol)**I**〖651〗，0.568 g (1.48 mmol)DBOP 和 0.17 mL (1.24 mmol)三乙胺加到 3 mL NMP 中，混合物在氮气下室温搅拌 3 h，再加入 6 mL NMP，将混合物倒入含有 0.1% 氯化锂的 350 mL 甲醇中，滤出沉淀，产物在室温真空干燥过夜，得 **II** 0.504 g (86%)。

将 0.453 g **II**, 1.10 mL (11.7 mmol) 乙酐, 0.70 mL (8.7 mmol) 吡啶及 7 mL DMSO 在 100 ℃ 搅拌 24 h, 再用 20 mL DMSO 稀释后倒入 1800 mL 含有 0.1％氯化锂的甲醇中, 滤出沉淀, 用 DMF 溶解后重沉淀, 滤出产物。用含 0.1 ％ LiCl/CH₃OH 溶液洗涤后于 120℃真空干燥, 得 **III** 0.398 g (86%)。

2. 从 4-[4-(2,4-二氨基苯氧基)苯氧基]邻苯二甲酸单甲酯出发[100]

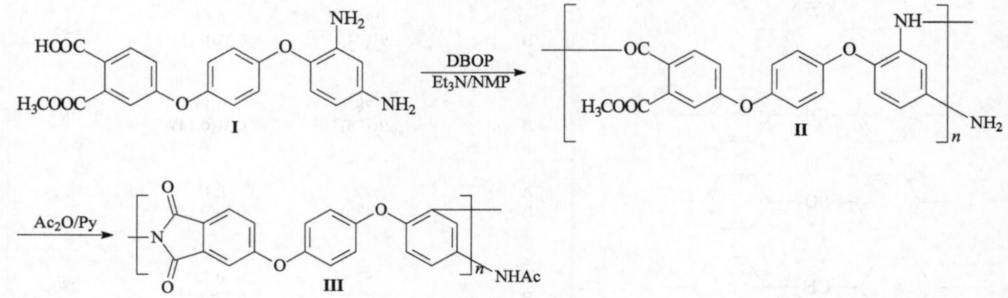

将 0.48 g (1.22 mmol) **I**〖134〗, 0.56 g (1.48 mmol) DBOP, 0.17 mL (1.24 mmol) 三乙胺和 3.2 mL NMP 的混合物在室温搅拌 4 h 后倒入含 0.1% LiCl 的 350 mL 甲醇中, 滤出沉淀, 产物在室温真空干燥过夜, 得 0.44 g (95%)。

将 0.3 g **II**, 0.3 mL 乙酐, 0.5 mL 吡啶及 6 mL NMP 在氮气下在 100℃搅拌 24 h, 冷却到室温, 倒入含 0.1% LiCl 的 350 mL 甲醇中, 滤出沉淀, 在 120℃真空干燥过夜得 **III**。

5.16.2　由三元酐或其三酯与二胺合成超枝化聚酰亚胺[101]

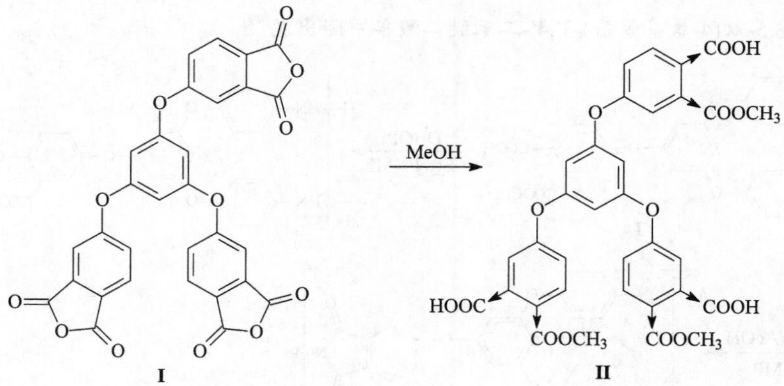

将 2.5 g **I**(【444】)加到 50 mL 甲醇中，回流 24 h，至固体完全溶解。将溶液倒入冰水中，滤出白色沉淀，得三酸三甲酯(**II**)收率 92%。

将 0.253 g(0.448mmol) **I** 在 10 mL 干 DMAc 中，保持 0℃下 30 min 内滴加入 0.048 g (0.444 mmol) 对苯二胺在 7.5 mL DMAc 中的溶液。加完后室温搅拌 2 h，再加入 0.048 g 对甲苯胺，继续反应 6 h，将得到清亮溶液倒入含 1% LiCl 的甲醇中，滤出沉淀，用甲醇洗涤数次，减压室温干燥，得 4-对甲苯胺封端的聚酰胺酸(TE-PAA)淡黄色粉末，收率 95%。

将 0.253 g **I** 在 10mL 干 DMAc 中 0℃下 30 min 内滴加入由 0.048 g 对苯二胺在 7.5 mL DMAc 中的溶液，加完后在室温搅拌 2 h。加入 6 mL 乙酐和 4 mL 吡啶，室温搅拌 5 h 后再加热到 115℃保持过夜，在甲苯中沉淀，过滤，真空干燥，得以酐封端的聚酰亚胺(ATPI)收率 97%。

向 0.1 g TE-PAA 在 20 mL DMAc 的溶液中加入 3 mL 乙酐和 2 mL 吡啶，加热到 100℃反应过夜，冷却到室温，倒入甲醇，滤出黄色沉淀，真空干燥得以 4-甲苯胺封端的聚酰亚胺(TEPI)，收率 100%。

氮气下将 0.5 g(0.72mmol) **II**, 0.082 g (0.76 mmol)对苯二胺及 0.2 mL 三乙胺溶于 NMP，得到不同的浓度。加入 0.697 g DBOP，在室温搅拌 2 h 后倒入含 1% LiCl 的甲醇中，滤出沉淀，甲醇洗涤数次得聚酰胺酸甲酯(PAAME)白色粉末：PAAME-B3.97%，PAAME-B4 90%，PAAME-B5 86%，PAAME-B6 78%。

向 0.1 g PAAME 在 3 mL NMP 的溶液加入 1 mL 乙酐和 0.5 mL 吡啶。混合物在 115℃反应过夜，在甲苯中沉淀，过滤，100℃真空干燥过夜，得以酐封端的聚酰亚胺：ATPI-B3 100%，ATPI-B4 98%，ATPI-B5 100%，ATPI-B6 96%。

氮气下将 0.3 g PT-PAAME 和 0.082 g 对甲苯胺溶于 10 mL NMP 中加入 0.697g DBOP 和 0.21 mL 三乙胺，室温搅拌过夜，倒入甲醇，滤出沉淀，用甲醇洗涤数次，真空干燥，得用 4-甲苯胺封端的聚酰亚胺黄色粉末：TE-PAAME-B3 99%，TE-PAAME-B4 95%，TE-PAAME-B5 95%，TE-PAAME-B6 93%。

　　向 0.1 g TE-PAAME 的 3 mL NMP 溶液中加入 1 mL 乙酐和 0.5 mL 吡啶,混合物在 115 ℃ 搅拌过夜,然后倒入水中,滤出沉淀,用水洗涤,40℃真空干燥,得用 4-甲苯胺封端的聚酰亚胺黄色粉末:TEPI-B3 100%,TEPI-B4 96%,TEPI-B5 98%,TEPI-B6 95%。

5.16.3　由三元胺与二酐合成超枝化聚酰亚胺

1. 由 TAPA/6FDA-TMA 得到的超枝化聚酰亚胺[102]

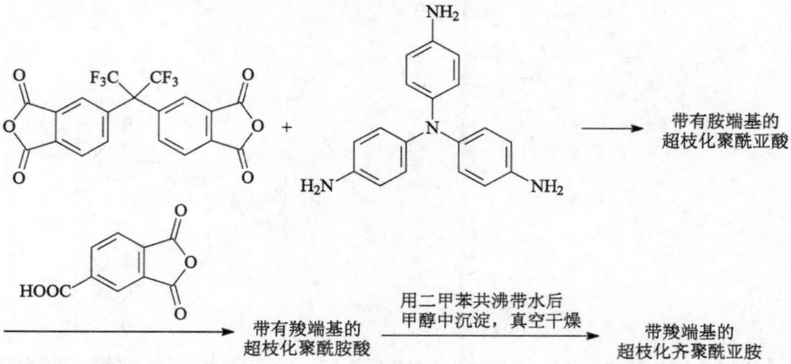

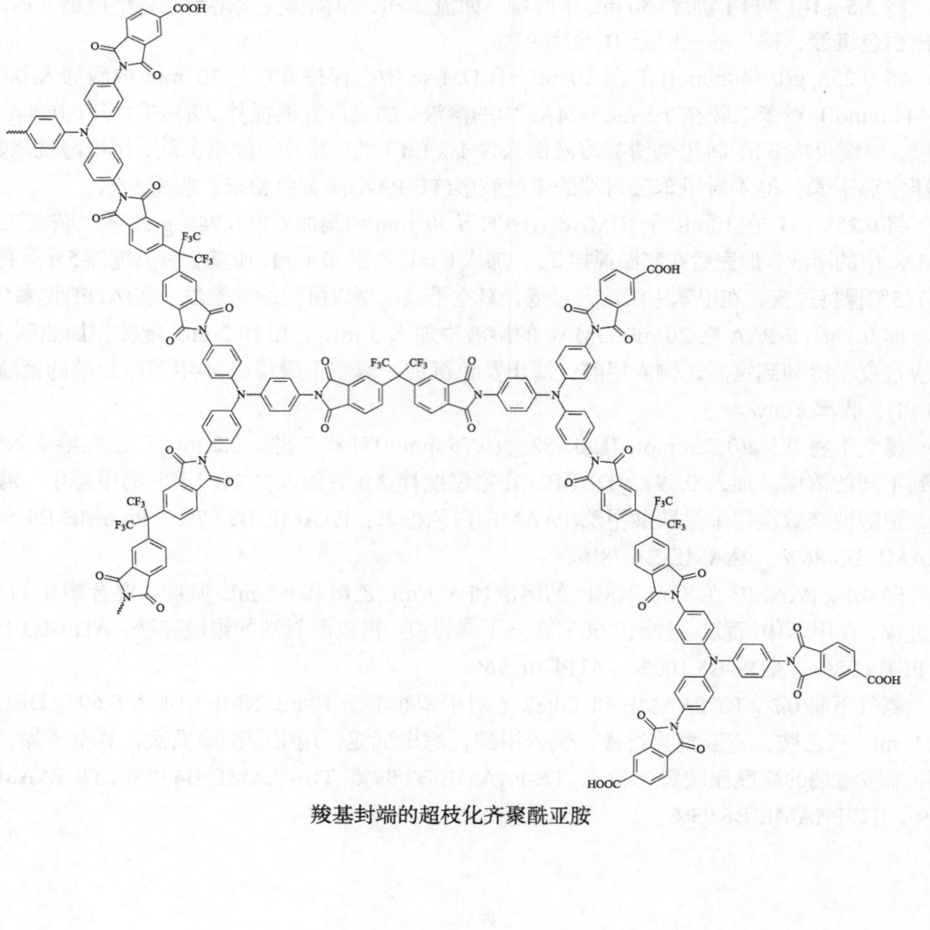

羧基封端的超枝化齐聚酰亚胺

　　氮气下将 5.22 g (18 mmol) TAPA〖1202〗溶于 240 mL DMAc 中，12 h 内滴加入 8 g (18 mmol) 6FDA 在 120 mL DMAc 中的溶液。颜色由紫色变为褐色。加完后反应在室温进行 10 h。再在 6 h 内滴加入 3.46 g (18 mmol) 偏苯三酸酐在 60 mL DMAc 中的溶液。搅拌 1 h 后加入 180 mL 间二甲苯，将混合物加热到 150℃经 18 h。溶液颜色变为橙色，说明酰亚胺反应已经开始。冷却到室温，倒入 3 L 甲醇中，得到黄色沉淀，滤出粗产物，用 500 mL 甲醇洗涤，在 110℃真空干燥，得到由羧酸封端的超枝化齐聚酰亚胺 14.78 g(94.1%)黄色粉末。

　　将粗产物溶于 128.78 mL NMP 中，得到 10%溶液，在 0.14 MPa 下通过孔径为 0.2 μm 的 PTFE 膜过滤后倒入 1000 mL 甲醇中，滤出沉淀。再用甲醇萃取，以除去 NMP。超枝化聚合物产物在 150℃真空干燥，得 13.15 g (83.7%)。

　　2. 由 2,4,6-三氨基嘧啶与 6FDA 得到的超枝化聚酰亚胺[36]

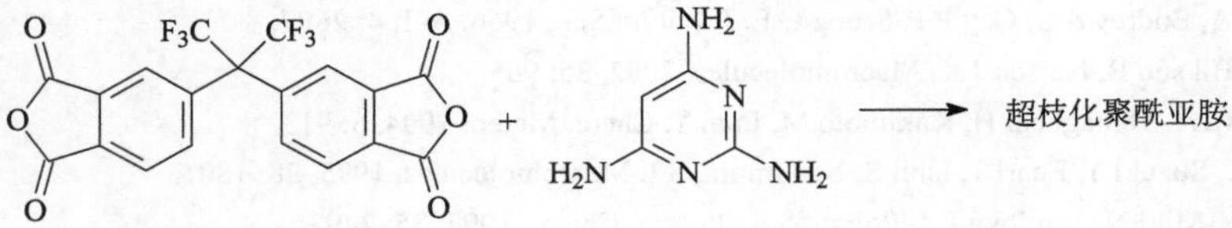

　　将 2.666 g 6FDA 和 0.500 g 2,4,6-三氨基嘧啶〖1199〗加到 18 mL NMP 中，氩气中室温搅拌 72 h，加入 10 mL 间二甲苯，在 180℃加热 8 h，除去水分。冷却到室温，倒入水中，滤出沉淀，在 230℃真空干燥 24 h，得超枝化聚合物。

　　3. 由 1,3,5-三(4-氨基苯氧基)苯和 6FDA 得到的超枝化聚酰亚胺[104]

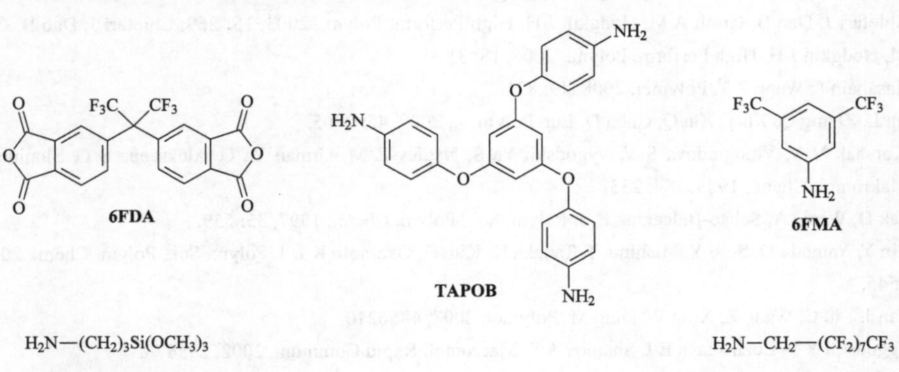

　　将 3 mmol 6FDA 溶于 40 mL DMAc 中，滴加入 1.6 mmol TAPOB〖1204〗在 20mL DMAc 中的溶液，搅拌 3 h。再加入 0.4 mmol APTrMOS，搅拌 1 h，得到 6FDA-TAPOB 超枝化聚酰胺酸。随后加入 0.8 mmol 封端剂 6FMA 和 17FN 与残留的酐端基反应，再搅拌 1h，得到以二(三氟基)苯封端的超枝化聚合物。

参 考 文 献

[1] Sroog C E, Endrey A L, Abramo S V, Berr C E, Edwards W M, Olivier K L. J.Polym. Sci., A, 1965, 3: 1373.

[2] Sroog C E, Endrey A L, Abramo S V, Berr C E, Edwards W M, Olivier K L. J. Polym. Sci., Polym. Chem., 1996, 34: 2069.

[3] Tong Y J, Li Y, Ding M X. Polym. Bull., 1999, 42: 47.

[4] Facinelli J V, Gardner S L, Dong L, Sensenich C L, Davis R M, Riffle J S. Macromolecules, 1996, 29: 7342.

[5] Ogura T, Ueda M. Macromolecules, 2007, 40: 3527.

[6] Echigo Y, Iwaya Y, Tomioka I, Furukawa M, Okamoto S. Macromolecules, 1995, 28: 3000.

[7] Watanabe Y, Sakai Y, Shibasaki Y, Ando S, Ueda M, Oishi Y, Mori K. Macromolecules, 2002, 35: 2277.

[8] Keske RG, Stephens G R. US, 4 309 528[1982].

[9] Reynolds R J W, Seddon J D. J. Polym. Sci., Part C, 1968, 23: 45.

[10] Kreuz J A, Endrey A L, Gay F P, Sroog C E. J. Polym.Sci., 1966, A-1, 4: 2607.

[11] Ding Y, Bikson B, Nelson J K. Macromolecules, 2002, 35: 905.

[12] Morikawa A, Yamaguchi H, Kakimoto M, Imai Y. Chem. Mater., 1994, 6: 913.

[13] Kurita K, Suzuki Y, Enari T, Ishii S, Nishimura, S I. Macromolecules, 1995, 28: 1801.

[14] Echigo Y, Miki N, Tomioka I. J. Polym. Sci., Polym. Chem., 1997, 35: 2493.

[15] Kuznetsov A A. High Perf. Polym., 2000, 12: 445.

[16] Kuznetsov A A, Yablokova M Yu, Buzin P V, Tsegelskaya AYu, Kaminskii V A. High Perf. Polym., 2004, 16: 89.

[17] Sarkar A, Honkhambe P N, Avadhani CV, Wadgaonkar P P. Eur. Polym. J., 2007, 43: 3646.

[18] Dao B, Hodgkin J, Morton T C. High Perf. Polym., 1999, 11: 205.

[19] Chiefari J, Dao B, Groth A M, Hodgkin J H. High Perform. Polym., 2003, 15: 269; Chiefari J, Dao B, Groth A M, Hodgkin J H. High Perform. Polym., 2006, 18: 31.

[20] Hasanain F, Wang Z Y. Polymer, 2008, 49: 831.

[21] Jin L, Zhang Q, Xu Y, Xia Q, Chen D. Eur. Polym. J., 2009, 45: 2805.

[22] Korshak V V, Vinogradova S V, Vygodskii Ya S, Nagiev Z M, Urman Ya G, Alekseeua S G, Slonium I Ya. Makromol. Chem., 1983, 184: 235.

[23] Sek D, Wanic A, Schab-Balcerzak E. J. Polym. Sci., Polym. Chem., 1997, 35: 539.

[24] Yin Y, Yamada O, Suto Y, Mishima T, Tanaka K, Kita H, Okamoto K I. J. Polym. Sci., Polym. Chem., 2005, 43: 1545.

[25] Yan J, Liu C, Wang Z, Xing W, Ding M. Polymer, 2007, 48: 6210.

[26] Vygodskii Y S, Lozinskaya E I, Shaplov A S. Macromol. Rapid Commun., 2002, 23: 676.

[27] Oishi Y, Kakimoto M, Imai Y. Macromolecules, 1991, 24：3475.

[28] Yamada M, Kusama M, Matsumoto T, Kurosaki T. Macromolecules, 1993, 26: 4961.

[29] Oishi Y, Kakimoto M, Imai Y. J. Polym. Sci., Polym. Chem., 1991, 29: 1925.

[30] Greber G. Angew. Chem. Int., 1969, 8: 899.

[31] Dixon D R, Rose J B, Turton C N. US, 3832330[1974].

[32] Keske RG, Stephens G R. US, 4321357[1982].

[33] Gnanarajan T P, Nasar A S, Iyer N P, Radhakrishnan G. J. Polym. Sci., Polym. Chem., 2000, 38: 4032.

[34] David D J. Analytical Chemistry of the Polyurethanes. New York: Wiley, 1969.

[35] Jung J C, Park S-B. J. Polym. Sci., Polym. Chem., 1996, 34: 357.

[36] Liu Y, Chung T-S. J. Polym. Sci., Polym. Chem., 2002, 40: 4563.

[37] Jeon J Y, Tak T M, J Appl Polym Sci 1996, 60: 2353; Yamazaki N, Higashi F. Adv. Polym. Sci., 1981, 18: 1.

[38] Fang J, Tanaka K, Kita H, Okamoto K I. J. Polym. Sci., Polym. Chem., 2000, 38: 895.

[39] Jeon J Y. J. Appl. Polym. Sci., 2002, 85: 1399.

[40] Itoya K, Kumagai Y, Kakimoto M-a, Imai Y. Macromolecules, 1994, 27: 4101.

[41] Inoue T, Kumagai Y, Kakimoto M-a, Imai Y, Watanabe J. Macromolecules, 1997, 30: 1921.

[42] Imai Y, Fueki T, Inoue T, Kakimoto M. J. Polym. Sci., Polym. Chem., 1998, 36: 1341.

[43] Echigo Y, Seto K. J. Polym. Sci., Polym. Chem., 1998, 36: 1961.

[44] Echigo Y, Kaneshiro H. J. Polym. Sci., Polym. Chem., 1999, 37: 11.

[45] Cano R J, Hou T H, Weiser E S, St Clair T L. High Perf. Polym., 2001, 13: 235.

[46] Yoneyama M, Matsui Y. High Perform. Polym., 2006, 18: 817.

[47] Kaneshiro H, Eguchi J, Echigo Y, Ono T. US, 6133 407[2000].

[48] 丁孟贤，张劲. 聚酰亚胺前体溶液的制备. 中国，95100239·2[1995].

[49] 英国，570858. Chem. Abstr., 1946, 40: 67506；Frosch C J. US, 2 421024[1947].

[50] Edwards W M, Robinson I M. US, 2710853[1955].

[51] Gresham W F, Naylor M A Jr. US, 2712543[1955].

[52] Gresham W F, Naylor M A Jr. US, 2731447[1956].

[53] Eichstadt A E, Ward TC, Bagwell M D, Farr I V, Dunson D L, McGrath J E. Macromolecules, 2002, 35: 7561.

[54] Eichstadt A E, Ward T C, Bagwell M D, Farr I V, Dunson D L, McGrath J E. J. Polym. Sci., Polym. Phys, 2002, 40: 1503.

[55] Tan B, Vasudevan V, Lee Y J, Gardner S, Davis R M, Bullions T, Loos A C, Parvatareddy H, Dillard D A, McGrath J E, Cella J. J. Polym. Sci., Polym. Chem., 1997, 35: 2943.

[56] Avella N, Maglio G, Palumbo R. J. Polym. Sci., Polym. Chem., 1996, 34: 1219.

[57] Takeichi T, Endo Y, Kaburagi Y, Hishiyama Y, Inagaki M. J. Appl. Polym. Sci., 1996, 61: 1571.

[58] Zhuang J H, Kimura K, Xia C E, Yamashita Y. High Perf. Polym., 2005, 17: 35.

[59] Hasegawa M, Miura H, Haga N, HayakawaA, Saito K. High Perf. Polym., 1998, 10: 11.

[60] Chern Y-T, Wu B-S. J. Appl. Polym. Sci., 1996, 61: 1853.

[61] Chern Y-T. J. Polym. Sci., Polym. Chem., 1996, 34: 133.

[62] Seung K P, Wan S H, Chul J L. Polymer, 1997, 38: 5001.

[63] Houlihan F M, Bachman B J, Wilkins C W, Pryde C A. Macromolecules, 1989, 22: 4477.

[64] Park S K, Park S Y, Lee C J. Eur. Polym. J., 2000, 36: 2621.

[65] Hong Y T, Jin M Y, Suh D H, Lee J H, Cho K Y. Angew. Makromol. Chem., 1997, 248: 105.

[66] Chen L W, Ho K S. J. Polym. Sci., Polym. Chem., 1997, 35: 1711.

[67] Carleton P S, Farrissey W J Jr., Rose J S. J. Appl. Polym. Sci., 1972, 16: 2983.

[68] Alvino W M, Edelman L E. J. Appl. Polym. Sci., 1978, 22: 1983.

[69] Alberino L M, Farrissey W J Jr., Rose J S. US, 3708458[1973].

[70] Alvino W M, Edelman L E. J. Appl. Polym. Sci., 1975, 19: 2961.

[71] Marek M Jr, Holler P, Schmidt P, Schneider B, Kovářová J, Kelnar I, Pytela J, Sufčák M. Polym. Int., 1999, 48: 495.

[72] Wei K-L, Wu C-H, Huang W-H, Lin J-J, Dai S A. Macromolecules, 2006, 39: 12.

[73] Perry R J, Tunner S R. J. Makromol. Chem., 1991, A8: 1213.

[74] Perry R J, Wilson B D, Turner S R, Blevins R W. Macromolecules, 1995, 28: 3509.

[75] Perry R J, Tunney S E, Wilson B D. Macromolecules, 1996, 29: 1014.

[76] Kim J-H, Moore JA. Macromolecules, 1993, 26: 3510.

[77] von Deibig H, Plachky M, Sander M. Angew. Makromol. Chem., 1973, 32: 131.

[78] Iijima M, Takahashi Y, Oishi Y, Kakimoto M-A, Imai Y. J. Polym. Sci., Polym. Chem., 1991, 29: 1717.

[79] Seino H, Haba O, Mochizuki A, Yoshioka M, Ueda M. High Perf. Polym., 1997, 9: 333.

[80] Echigo Y, Okamoto S, Miki N. J Polym Sci Part A Polym Chem., 1997, 35: 3335.

[81] Wallace J S, Tan L S, Arnold F E. Polymer, 1990, 31: 2411.

[82] Yang Y, Yang X, Zhi Z, Lu L, Wang X. J. Appl. Polym. Sci., 1997, 64: 1585.

[83] Jiang B, Hao J, Wang W, Jiang L, Cai X. J. Appl. Polym. Sci., 2001, 81: 773.

[84] Carter K R, DiPietro R A, Sanchez M I, Russell T P, Lakshmanan P, McGrath J E. Chem. Mater., 1997, 9: 105.

[85] Suzuki T, Yamada Y. High Perform. Polym., 2007, 19: 553.

[86] Rhee S B, Park J W, Moon B S, Chang J Y. Macromolecules, 1993, 26: 404.

[87] McKerrow A J, Fox M A, Leu J, Ho P S. J. Polym. Sci., Polym. Chem., 1997, 35: 319.

[88] Kudo K, Imai T, Hamada T, Sakamoto S. High Perform. Polym., 2006, 18: 749.

[89] Kato J, Seo A, Shiraishi S. Macromolecules, 1999, 32: 6400.

[90] Agag T, Takeichi T. J. Polym. Sci., Polym. Chem., 2000, 38: 1647.

[91] Im J K, Jung J C. J. Polym. Sci., Polym. Chem., 2000, 38: 402.

[92] Ueda M, Mori H, Makromol. Chem., 1993, 194: 511.

[93] Liu X-Q, Jikei M, Kakimoto M-a. Macromolecules, 2001, 34: 3146.

[94] Kurita K, Mikawa N, Ishii S, Nishimura S. Macromolecules, 1991, 24: 6853.

[95] Wakabayashi K, Uchida T, Yamazaki S, Kimura K. Macromolecules, 2008, 41: 4607.

[96] Imai Y, Okunoyama H. J. Polym. Sci., Polym. Chem., 1973, 11: 611.

[97] Moy T M, DePorter C D, McGrath J E. Polymer, 1993, 34: 819.

[98] Ray S S, Kundu A K, Maiti S. J. Appl. Polym. Sci., 1988, 36: 1283；Ray S S, Kundu A K, Ghosh M, Maiti M, Maiti S. Angew Makromol. Chem., 1984, 122: 153.

[99] Yamanaka K, Jikei M, Kakimoto M-a. Macromolecules, 2000, 33: 1111.

[100] Wang K-L, Jikei M, Kakimoto M-a. J. Polym. Sci., Polym. Chem., 2004, 42: 3200.

[101] Hao J, Jikei M, Kakimoto M-a. Macromolecules, 2002, 35: 5372.

[102] Xu, K, Economy J. Macromolecules, 2004, 37: 4146.

第 6 章　由带酰亚胺环的单体的聚合

6.1　以双(卤代酞酰亚胺)或双(硝基酞酰亚胺)与二元(硫)酚
二钠盐合成聚酰亚胺

以双(卤代酞酰亚胺)或双(硝基酞酰亚胺)合成聚酰亚胺是具有重要工业意义的聚酰亚胺合成方法。与硝基苯酐比较，氯代苯酐具有容易合成，两个异构体,3-和 4-氯代苯酐都可以得到高纯度，此外还在其他方面的优点(见《聚酰亚胺——化学、结构与性能的关系及材料》中的第 4 章, 4.6)。从氯代苯酐合成的双(氯代酞酰亚胺)出发合成的聚醚酰亚胺及聚硫醚酰亚胺，除了具有优越的性能，还可以大幅度地降低聚合物的成本。这些聚合物在工程塑料领域尤其具有广阔的工业前景。

本合成路线的关键单体双(卤代酞酰亚胺)或双(硝基酞酰亚胺)的合成方法见 4.1.2。

亲核取代反应的主要影响因素见 1.1.2。

6.1.1　由双(卤代酞酰亚胺)与二元酚盐的缩聚

1. 双(3-氯代酞酰亚胺)与双酚 A 二钠盐的聚合[1]

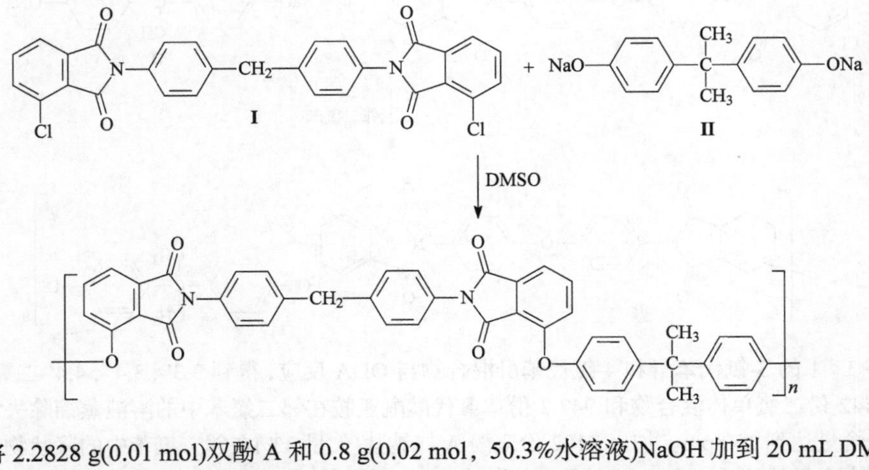

将 2.2828 g(0.01 mol)双酚 A 和 0.8 g(0.02 mol, 50.3%水溶液)NaOH 加到 20 mL DMSO 和 5 mL 苯的混合物中，氮气下搅拌回流 4 h，体系中存在的和反应产生的水分由与苯共沸带出。冷却到 40℃，加入 5.2736 g(0.01mol) I 和 30 mL 干燥的 DMSO。反应物在 40℃搅拌 10 min，再在 85℃反应 18 h 后冷却到 60℃，加入 1 mL 乙酐，将混合物倒入甲醇中。滤出产物，用甲醇洗涤，在110℃真空干燥，得聚合物 6.2 g(91%)。将聚合物溶于二氯甲烷，再在甲醇中沉淀，得到白色粉末，特性黏数 0.08 dL/g(二氯甲烷)，T_g 174℃。

2. 由双(4-氯代酞酰亚胺)与双酚 A 二钠盐的聚合[1]

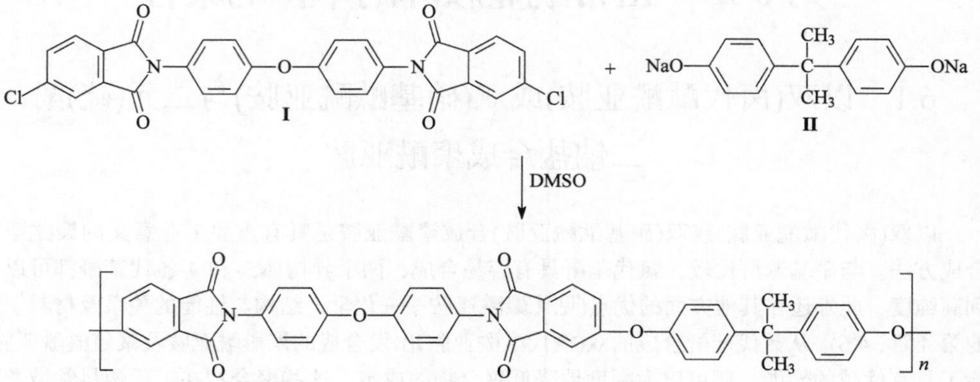

以 1.702 g(7.457 mmol)双酚 A 与 1.186 g(14.914 mmol，50.3%水溶液)NaOH 在 25 mL DMSO 中与苯共沸成盐。冷却到 100℃，加入 3.947 g(7.457 mmol) I，加热到 100~105℃搅拌过夜。加入几滴乙酸，反应物冷却到室温，倒入甲醇中，滤出聚合物，用甲醇洗涤，在 60℃/15~20 mmHg 下干燥，得聚合物 4.57 g(91%)，特性黏数 0.21dL/g(DMF)。

3. 由混合的双(氯代酞酰亚胺)与双酚 A 的聚合[2]

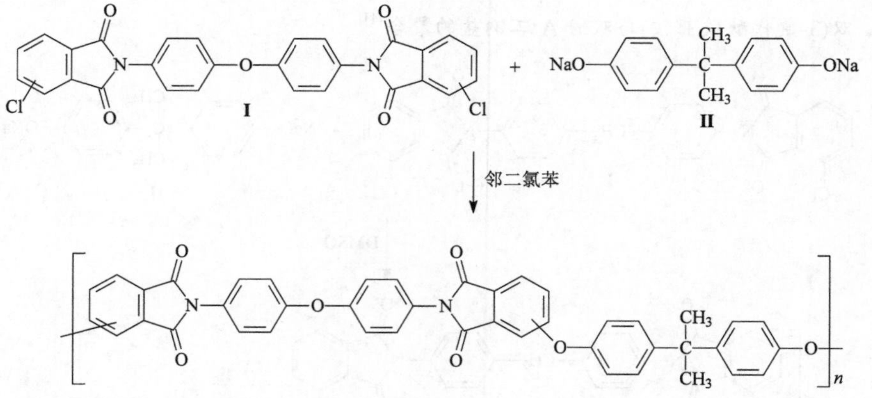

将 3:1 的 3-氯代苯酐和 4-氯代苯酐混合物与 ODA 反应，得到 3,3′-，3,4′-，4,4′-二氯单体。将 13 442 份二氯单体混合物和 947.2 份单氯代酞酰亚胺在邻二氯苯中的溶液蒸馏除去水分，使水分含量达到 15 ppm。加入 7102 份双酚 A 二钠盐(欠量3%)在邻二氯苯中的浆状物，继续蒸馏到水含量达到 10 ppm。这时邻二氯苯为 41680 份，相应固含量为 30%。分批加入六乙基氯化胍在 314 份邻二氯苯中的 20%溶液：开始加入 50%，剩余分 2 份在 15 min 和 30 min 后加入。放热反应使得混合物达到回流温度。继续回流，以小份加入双酚 A 二钠盐的浆料，直

到 M_w 达到 46700。反应用磷酸中止后冷却，用邻二氯苯稀释到固含量为 10%，用水洗涤，在非溶剂中沉淀，所得到的共聚物 $M_w = 45500$，$M_n = 18500$，T_g 为 232℃。

　　4. 由双(3-氟代酞酰亚胺)与双酚 A 二钠盐的聚合[3]

　　将已经制备的双酚 A 二钠盐与 I 在 DMSO 中 70℃反应 6 h，所得到产物的特性黏数为 0.277 dL/g。

6.1.2　由双(硝基酞酰亚胺)与二元酚盐的缩聚

　　1. 由双(3-硝基酞酰亚胺)与双酚 A 二钠盐的聚合[4]

　　双酚 A 的成盐如 6.1.1，2 所述。在冷却到 40℃后加入 I，搅拌 40 min 后用乙酸中止反应，将反应物倒入甲醇中，聚合物的收率为 100%。特性黏数 0.28 dL/g(二氯甲烷)，$T_g = 230$℃。

2. 由双(3-硝基酞酰亚胺)与二羟基二苯醚二钠盐的聚合[4]

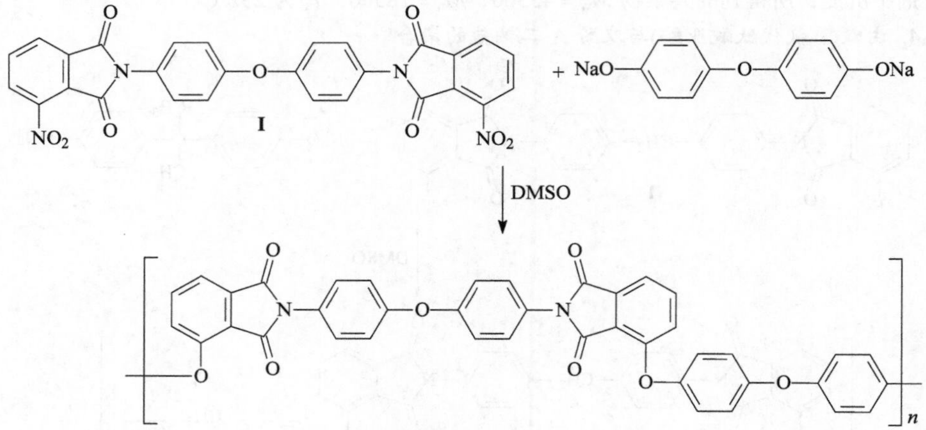

以二苯醚二酚代替双酚 A 得到聚合物，收率 99%，特性黏数 0.36 dL/g(二氯甲烷)。

由双(氯代酞酰亚胺)或双(硝基酞酰亚胺)与二元酚的聚合见表 6-1。

表 6-1　由双(氯代酞酰亚胺)或双(硝基酞酰亚胺)与二元酚的聚合

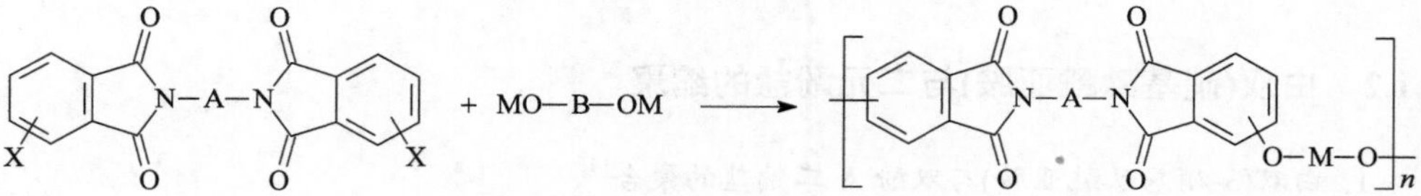

X	取代位置	A	B	M	溶剂	反应温度/℃	反应时间	收率/%	特性黏数/(dL/g)	文献
F	3,3′-	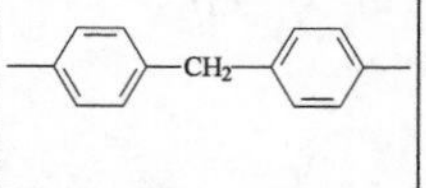 —〈〉—CH₂—〈〉—	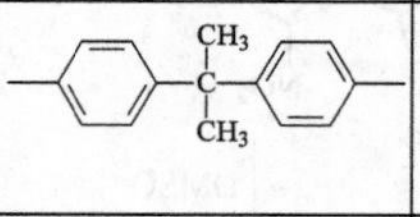 〈〉—C(CH₃)₂—〈〉	Na	DMSO	70	6 h		0.277	18
Cl	3,3′-						6 h		0.099	18
Cl	3,3′-						16 h		0.154	18
F	3,3′-	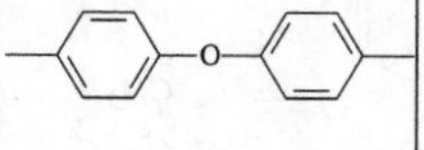 —〈〉—O—〈〉—	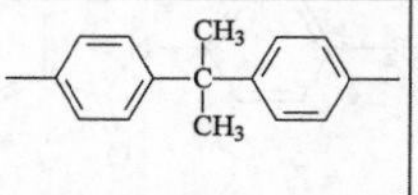 〈〉—C(CH₃)₂—〈〉	Na	DMSO	70	6 h		0.270	18
F	3,3′-	—(CH₂)₆—	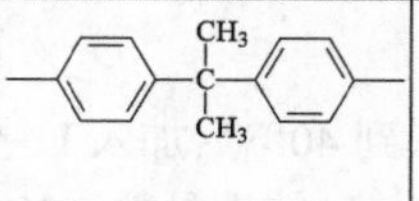 〈〉—C(CH₃)₂—〈〉	Na	DMSO	70	6 h		0.176	18
F	4,4′-	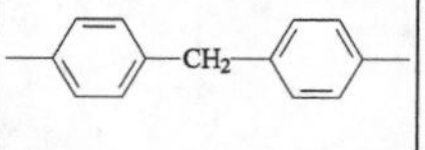 —〈〉—CH₂—〈〉—	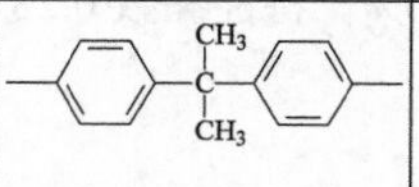 〈〉—C(CH₃)₂—〈〉	Na	DMSO	80	10 h		0.23	18

续表

X	取代位置	A	B	M	溶剂	反应温度/℃	反应时间	收率/%	特性黏数/(dL/g)	文献
NO₂	3,3'-	—⟨⟩—CH₂—⟨⟩—	—⟨⟩—C(CH₃)₂—⟨⟩—	Na	DMSO	40	40 min	100	0.28	17
NO₂	3,3'-	—⟨⟩—O—⟨⟩—	—⟨⟩—O—⟨⟩—	Na	DMSO	40	15 h	99	0.36	17
NO₂	3,3'-	—⟨⟩—O—⟨⟩—	—⟨⟩—C(CH₃)₂—⟨⟩—	Na	DMSO	80	30 min	99.5	0.26	17
NO₂	3,3'-	—(CH₂)₆—	—⟨⟩—C(CH₃)₂—⟨⟩—	Na	DMSO	50	30 min	88.4	0.40	17
NO₂	3,3'-	—CH₂CH₂—	—⟨⟩—C(CH₃)₂—⟨⟩—	Na	DMSO	100	15 min	88.5	0.10	17
NO₂	3,3'-	—⟨⟩—SO₂—⟨⟩—	—⟨⟩—C(CH₃)₂—⟨⟩—	Na	DMSO	40	30 min	79.5	0.13	17
NO₂	3,3'-	—(CH₂)₆—	—⟨⟩—O—⟨⟩—	Na	DMSO	40	45 min	97.7	0.29	17
NO₂	3,3'-	—⟨⟩—CH₂—⟨⟩—	—⟨⟩—⟨⟩—	Na	DMSO	40	30 min	98.4	0.36	17
NO₂	3,3'-	—⟨⟩—O—⟨⟩—	—⟨⟩—⟨⟩—	Na	DMSO	50	50 min	95	0.6	17
NO₂	3,3'-	—⟨⟩—O—⟨⟩—	—⟨⟩—	Na	DMSO	40 / 60	20 min / 10 min	76	0.45	17
NO₂	3,3'-	—⟨⟩—CH₂—⟨⟩—			DMF	35~40	1 周		0.14	17
NO₂	4,4'-	—⟨⟩—O—⟨⟩—	—⟨⟩—C(CH₃)₂—⟨⟩—	Na	DMSO	70	30 min	98	0.23	17
NO₂	3,3'-/4,4'-=1/1	—⟨⟩—O—⟨⟩—	—⟨⟩—C(CH₃)₂—⟨⟩—	Na	DMSO	RT / 60 / RT	1 h / 2 min / 30 h	100	0.17	17
NO₂	3,3'-	—(CH₂)₆—	—⟨⟩—C(CH₃)₂—⟨⟩—	Na	DMSO	RT	17 h	91.6	0.28	17
NO₂	混合	—⟨⟩—O—⟨⟩—	—⟨⟩—⟨⟩—	Na	DMSO	55~60	4 h	98	0.21	17

X	取代位置	A	B	M	溶剂	反应温度/℃	反应时间	收率/%	特性黏数/(dL/g)	文献
NO₂	3,3'-	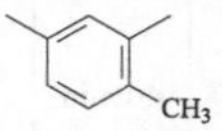	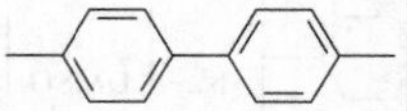	Na	DMSO	55~60	1.5 h	92	0.17	17
NO₂	3,3'-	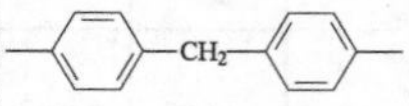	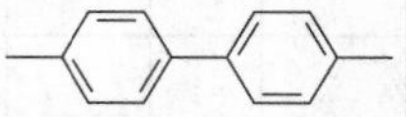	Na	DMSO	RT	15 h	95	0.20	17
NO₂	3,3'-	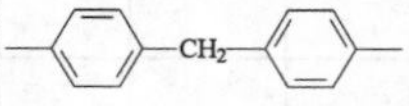	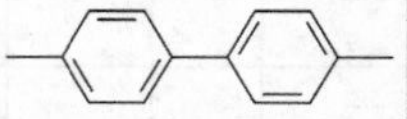	Na	DMSO	50	过夜	103	0.28	17

3. 由 N-二(4-硝基苯基)均苯四酰亚胺与二元酚二钠盐反应[5]

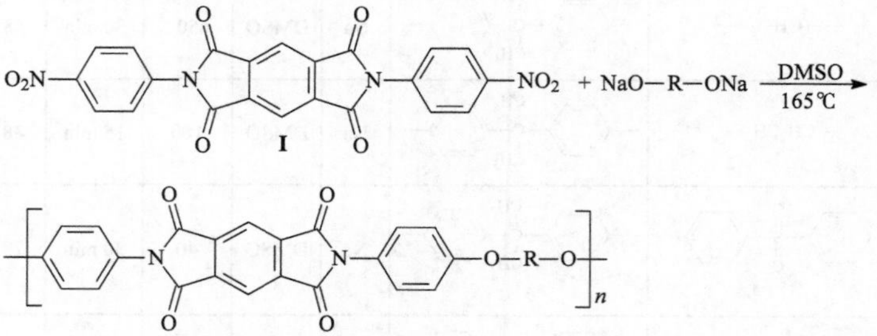

在氮气下冰浴冷却，将 10 mmol 金属钠溶于 100 mL 无水甲醇中，加入 5 mmol 对苯二酚，室温搅拌 1 h，得到澄清的溶液，减压除去甲醇，干燥得到粉末，收率 98%。用类似方法得到其他双酚二钠盐。

将 1 mmol **I** 加到 100 mL 干燥的 DMSO 中，氮气下加热到 165℃，加入对苯二酚二钠盐在 50 mL 干燥 DMSO 中的溶液，数分钟内反应物颜色变成血红又消失，反应持续 5 min。冷却后倒入 1N 盐酸中，滤出沉淀，用水和甲醇洗涤后 80℃真空干燥，产率 92%。

由 N-二(4-硝基苯基)均苯四酰亚胺与二元酚二钠盐的反应见表 6-2。

表 6-2　由 N-二(4-硝基苯基)均苯四酰亚胺与二元酚二钠盐反应

二元酚	收率/%	特性黏数/(dL/g)	T_g/℃	T_m/℃
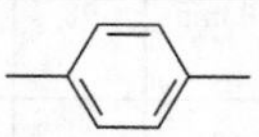	92	0.33	202	356
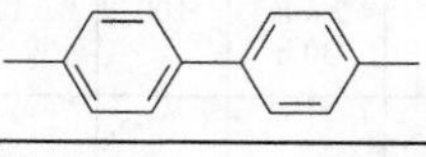	90	0.36	217	375
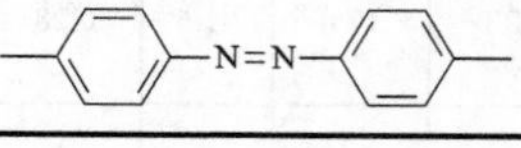	95	0.34	215	358

续表

二元酚	收率/%	特性黏数/(dL/g)	T_g/℃	T_m/℃
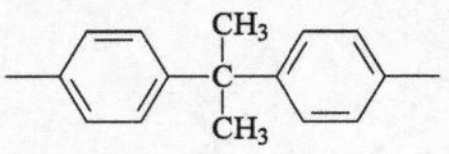	01	0.41	195	346
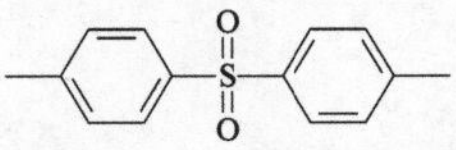	93	0.32	210	356
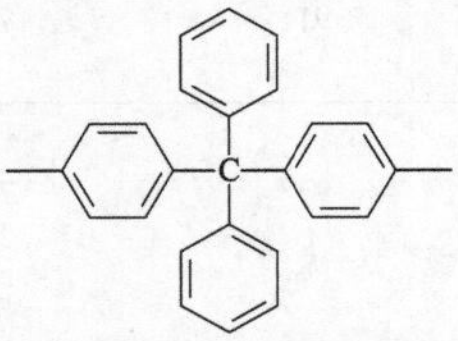	95	0.33	—	365

6.1.3　环状齐聚物的制备[6]

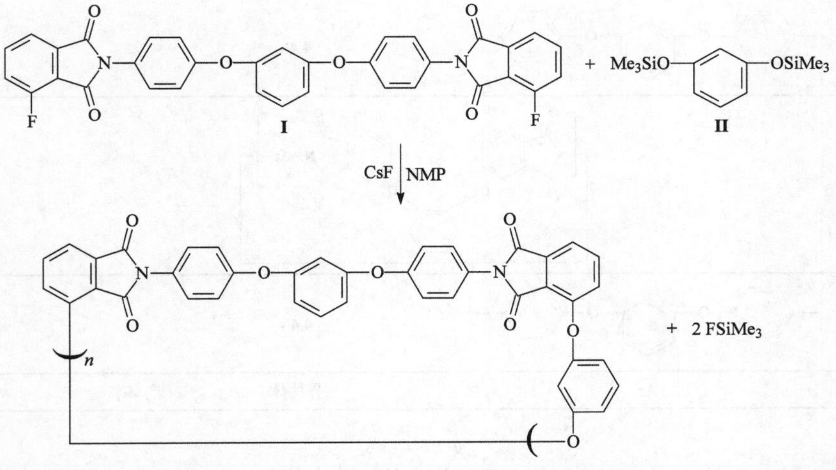

将 4.4287 g (7.5251 mmol)1,3-双[4-(3-氟代酞酰亚胺基)苯氧基]苯 **(I)** 和 1.9150 g (7.5251 mmol) 1,3-双(三甲基硅氧基)苯**(II)**在 85 mL NMP 中加热到 90℃，反应 50 min。将所得到的溶液转移到带油浴夹套并加热到 100℃的加料漏斗中，3 h 内滴加入加热到 215~220℃含有 54.2 mg (0.357 mmol)氟化铯的 10 mL NMP 中，加完后再搅拌 30 min，冷却后在 0.05 mmHg 下除去 NMP。加入 100 mL 甲醇，室温搅拌 3 h，滤出淡褐色固体，用甲醇洗涤，干燥得 4.98 g(88%)，环状物含量为 80%。

环状齐聚酰亚胺的合成见表 6-3。

表 6-3　环状齐聚酰亚胺

Ar	异构体	粗产率/%	成环率/%
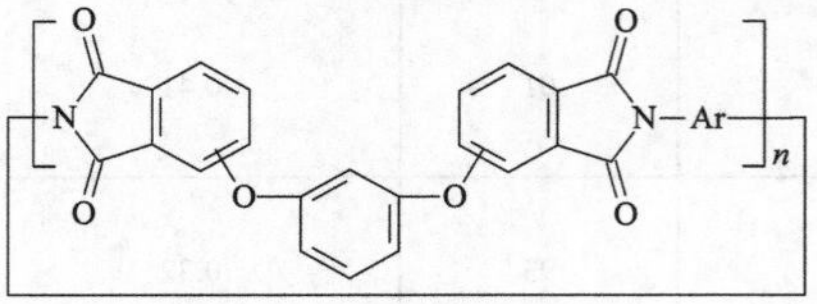			
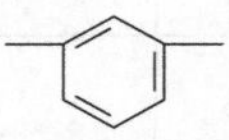	3,3′-	91	75
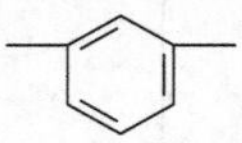	4,4′-	97	70
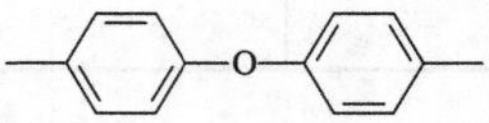	4,4′-	98	>30
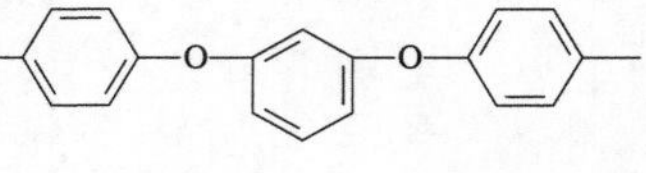	3,3′-	88	80
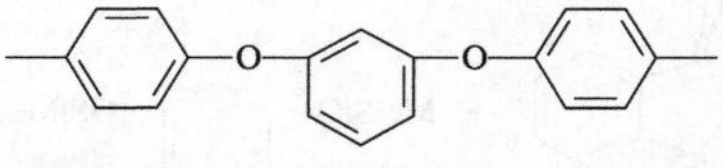	4,4′-	95	70
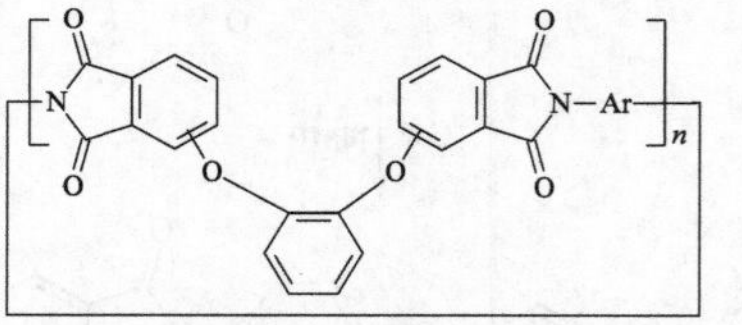			
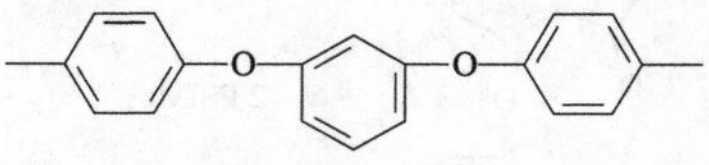	4,4′-	98	-

Ar	异构体	产率/%	Mp/℃
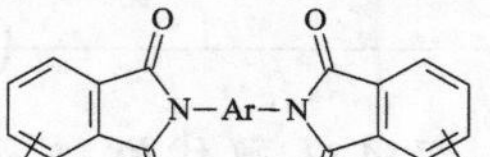			
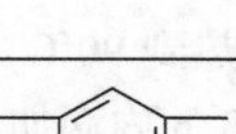	3,3′- 4,4′-	85 93	323 304
	3,3′- 4,4′-	94 92	224 218
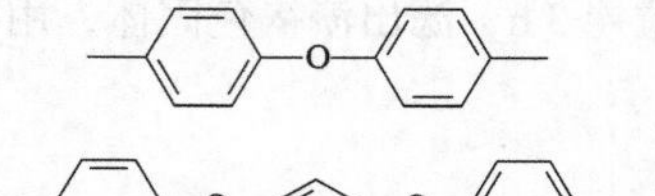	3,3′- 4,4′-	94 85	194 210

6.1.4　以还原偶联反应合成聚酰亚胺

1. 由双(氯酞酰亚胺)偶联得到聚酰亚胺[7]

氮气下将 0.0182 g (0.140 mmol) NiCl$_2$, 0.2566 g (0.980 mmol) PPh$_3$, 0.52 g (8.0 mmol)锌粉及 2 mmol 单体加到 10 mL DMAc 中，20 min 内混合物变成红褐色，在 95℃搅拌 24 h。所得到的黏液用 10 mL 间甲酚稀释，过滤后倒入 100 mL 甲醇中，滤出聚合物，用甲醇洗涤，在 200℃真空干燥，收率 98%。

由双(氯代酞酰亚胺)以还原偶联合成聚酰亚胺见表 6-4。

表 6-4　以还原偶联合成聚酰亚胺

氯的位置	A	反应时间/h	收率/%	η_{inh}/(dL/g)	T_g/℃	$T_{5\%}$/℃
3,3'-	ODA	8	97	0.25	296	500
4,4'-	ODA	8	97	0.20	306	498
3,3'-	BAPP	8	98	0.36	260	450
4,4'-	BAPP	8	96	0.24	245	480
3,3'-	DMMDA	8	96	0.21	300	460
4,4'-	DMMDA	8	98	0.98	299	458
3,3'-	TMMDA	8	97	0.23	—	440
4,4'-	TMMDA	8	98	0.77	297	442
3,3'-	〖373〗	8	96	0.18	300	445
4,4'-	〖373〗	8	98	0.40	305	450
3,3'-	BAPF	8	96	0.13	315	500
4,4'-	BAPF	8	98	0.30	311	480
4,4'-b	ODA	8	99	0.70	301	462
3,4'-c	ODA	8	95	0.51	313	534
3,4'-c	1,3,4-APB	8	96	0.40	258	532
3,4'-c	MDA	8	94	0.38	302	530

注：a: 由 1 mmol 双(氯酞酰亚胺)，0.07 mmol 氯化镍，0.49 mmol 三苯膦和 4 mmol 锌粉在 DMAc 中 95℃反应 8 h 得到。

b: 由二酐和二胺按常规方法得到。

c: 见文献[8]。

2. 含磺酸基的共聚物[9]

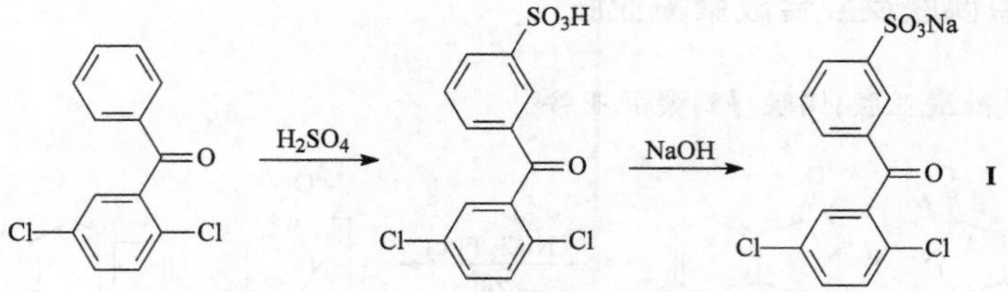

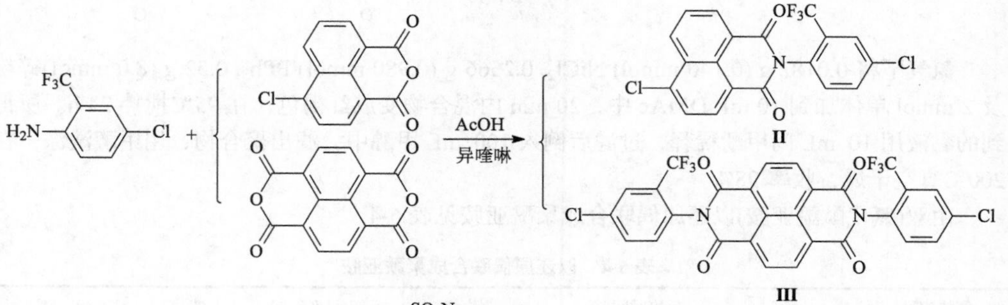

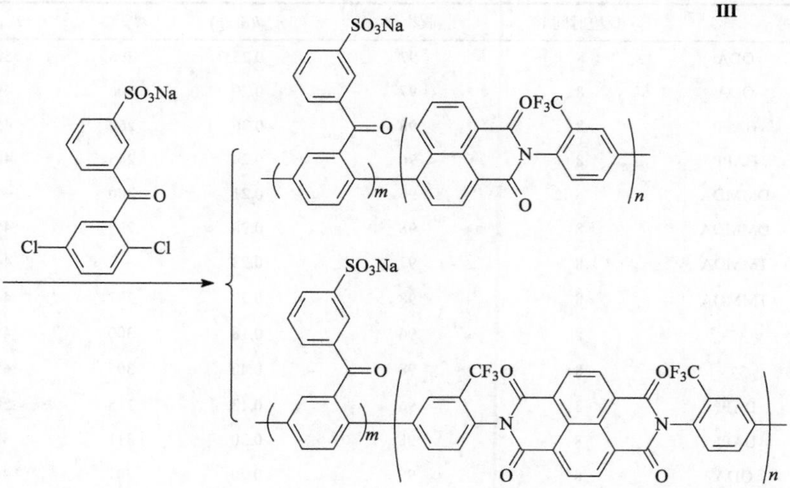

将 10 mmol 2,5-二氯二苯酮加入冷却下的 1.5 mL 95%浓硫酸中并搅拌，2,5-二氯二苯酮溶解后缓慢加入 3 mL 发烟硫酸(SO₃ 60%)，室温搅拌 2 h，80℃搅拌 2h 后冷却到室温，小心倒入 100 mL 冷的 30% NaOH 溶液，滤出白色沉淀，将其溶解于 30 mL 水中，用 0.5 mol/L HCl 调节到 pH 7，加入 8 g 固体 NaCl，得到白色沉淀，过滤，用饱和 NaCl 洗涤，80℃真空干燥，得到 3-(2,5-二氯苯甲酰基)苯磺酸钠(I)，收率 97%。

将 41.02 g (0.10 mol) 5-氯-1,8-萘酐，19.56 g (0.10mol) 4-氯-2-(三氟甲基)苯胺和 7.2 mmol 异喹啉加入 300 mL 乙酸中，回流 24 h。倒入 500 mL 乙醇中，滤出沉淀，用乙醇洗涤，真空干燥，在 200℃真空升华，得 N-(4-氯-2-三氟甲基苯基)-5-氯-1,8-萘酰亚胺(II) 31.52g (76.8%)，

mp 278~279℃。

　　由 1,4,5,8-萘二酐和 4-氯-2-(三氟甲基)苯胺用与 II 同样方法反应。产物在 250℃真空升华，得到双(N-(4-氯-2-三氟甲基苯基)-1,4,5,8-萘酰亚胺) (III)，收率 87%，mp > 300℃。

　　将 0.32 g (1.42 mmol)NiBr₂，2.60 g (9.98 mmol)PPh₃ 和 5.20 g (80.00 mmol)锌粉加入干燥的 20 mL DMAc 中，搅拌 20 min，混合物变成褐色。加入 I (10 mmol) 和 II 或 III (10 mmol)，在 90℃搅拌 4 h。得到的黏液用 50 mL DMAc 稀释，过滤后倒入 200 mL 10 % HCl/丙酮混合物中，滤出聚合物，用丙酮洗涤，200℃真空干燥 24 h，得到含磺酸基的共聚物。

　　3. 含苝的聚酰亚胺[10]

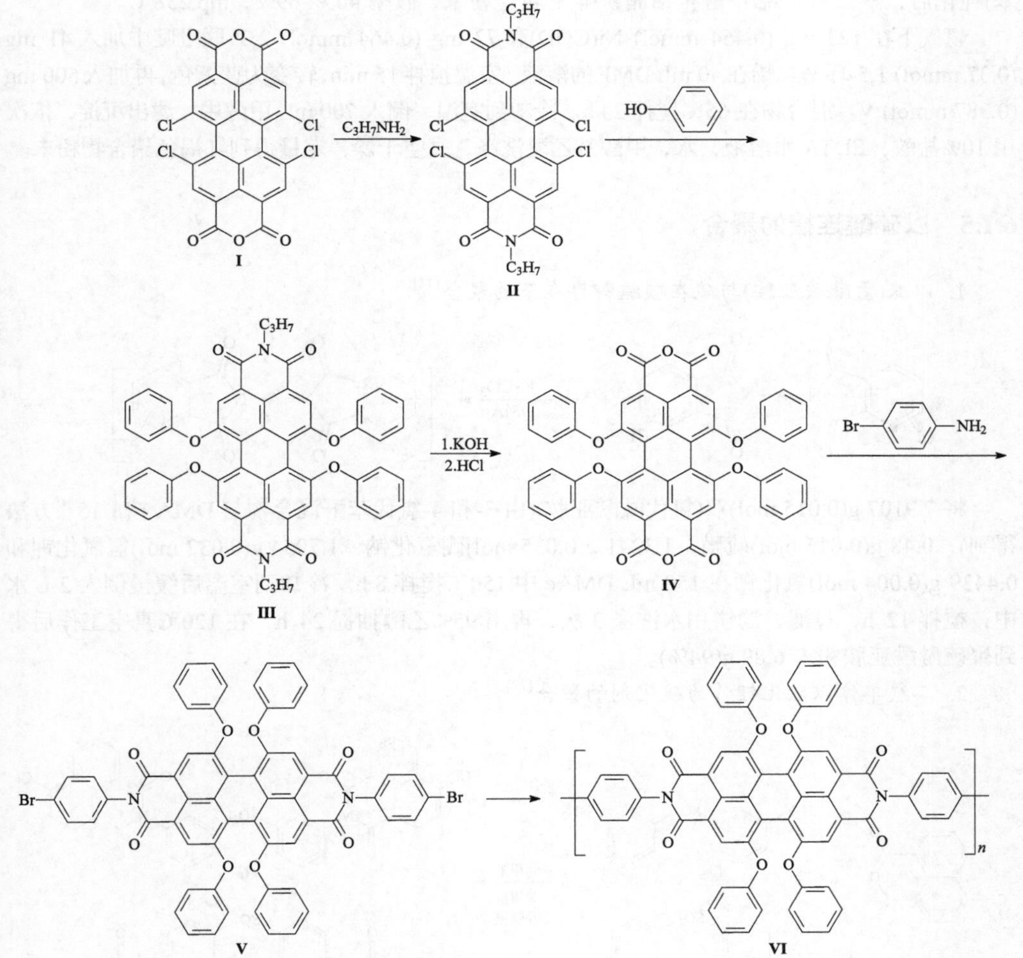

　　在 25 g (47 mmol) I 在 1200 mL 水/丙醇(1:1)的悬浮液中加入 70 g (1.2 mol) 丙胺。混合物在 60~65℃反应 8 h。冷却到室温，滴加入 150 mL 浓盐酸，离心分离出沉淀，用大量水洗涤，80℃真空干燥，得到 II 27.05 g (98%)，mp >300℃。

　　将 30 g (49 mmol) **II**, 23.5 g (0.25 mol) 苯酚和 34.5 g K$_2$CO$_3$ 加到 600 mL NMP 中。氩气氛下混合物在 120℃反应 8h。冷却到室温后，倒入 3 L 8%盐酸中。滤出沉淀，用水洗涤，真空干燥。用柱色谱(二氯甲烷) 纯化后从二氯甲烷/甲醇重结晶，得 **III**，收率 86%~90%，mp >300℃。

　　将 100 mL 水和 150 g KOH 加到 5.9 g (7 mmol) **III** 在 1 L 异丙醇的悬浮液中，氩气下回流 12 h，反应物的颜色由红变为绿色。冷却到室温后倒入 2.5 L 10%盐酸中。滤出沉淀，用水洗涤，从二氯甲烷/甲醇重结晶，得 **IV** 红色粉末，收率 97%，mp >300℃。

　　将 10 mmol **IV,** 10 g Cu$_2$O 和 1 g Cu 粉加到 700 mL 喹啉中，在 220℃反应 8 h，真空蒸去喹啉。冷却到室温后倒入 2.5 L 10%盐酸中。滤出沉淀，用水洗涤，真空干燥。用柱色谱(甲苯)纯化后，从二氯甲烷/甲醇重结晶，得 **V** 黄色粉末，收率 46%~69%，mp 238℃。

　　氩气下在 123 mg (0.464 mmol) Ni(COD)和 72 mg (0.464 mmol) 2,2'-联吡啶中加入 41 mg (0.37 mmol) 1,5-环辛二烯在 40 mL DMF 的溶液，室温搅拌 15 min，转变为蓝紫色，再加入 500 mg (0.387 mmol) **V**。混合物在 65℃搅拌 24 h。冷却到室温，倒入 700 mL 甲醇中，滤出沉淀，依次用 10%盐酸，EDTA 水溶液，水，甲醇基乙醚洗涤，真空干燥，定量得到红褐色聚合物粉末。

6.1.5　以硫醚连接的聚合

1. 以双(氯酞酰亚胺)与硫在碳酸钾存在下的聚合[11]

　　将 7.9107 g(0.015 mol)双(氯代酞酰亚胺)(由 3-和 4-氯代苯酐混合物与 DMA 按『15』方法得到)，0.48 g (0.015 mol)硫磺，1.3241 g (0.035 mol)硼氢化钠，1.7954 g (0.032 mol)氢氧化钾和 0.4439 g (0.004 mol)氯化钙在 150 mL DMAc 中 150℃搅拌 8 h。冷却到室温后缓慢倒入 2 L 水中，搅拌 12 h，过滤，滤饼用水洗涤 3 次，再用 95%乙醇抽提 24 h，在 120℃真空工作后得到聚硫醚酰亚胺粉末 6.89 g(94%)。

2. 二氯单体以硫化锂作为硫化剂的聚合[12]

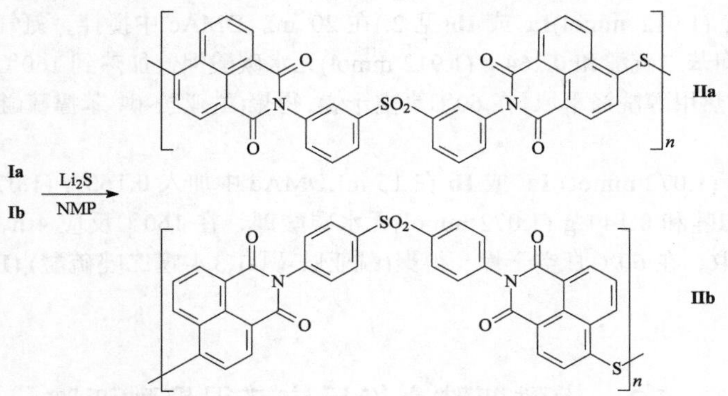

将 1.28 g (5.5mmol)4-氯-1,8-萘二酸酐溶于 50 mL 间甲酚中，然后加入 0.62 g (2.5 mmol) 3,3′-二氨基二苯砜和 0.61 g (5 mmol)催化剂苯甲酸。混合物在氩气下回流 12 h。冷却到室温，加入 0.66 g (5mmol)异喹啉，再加热回流 12 h。在甲醇中沉淀，滤出黄色固体，用热甲醇洗涤数次，60℃真空干燥，3,3′-双(4-氯-1,8-萘酰亚胺基)二苯砜(**Ia**)收率 80%，mp 376℃。

以 4,4′-二氨基二苯砜代替 3,3′-异构体，以类似方法合成。产物从 NMP 重结晶，用甲醇洗涤，在 60℃真空干燥，4,4′-双(4-氯-1,8-萘酰亚胺基)二苯砜(**Ib**)收率 57%，mp 387℃。

将 0.966 g (1.425 mmol) **Ia** 或 **Ib** 和 0.0653 g (1.425 mmol)硫化锂加到 10 mL NMP 中，在 180℃反应 4 h，冷却后在水中沉淀，滤出聚合物，用热甲醇洗涤并萃取后在 60℃真空干燥，聚(硫醚-酰亚胺-砜) (**IIa,IIb**)收率 95%。

3. 由二巯基化合物与二氯化合物的反应[12]

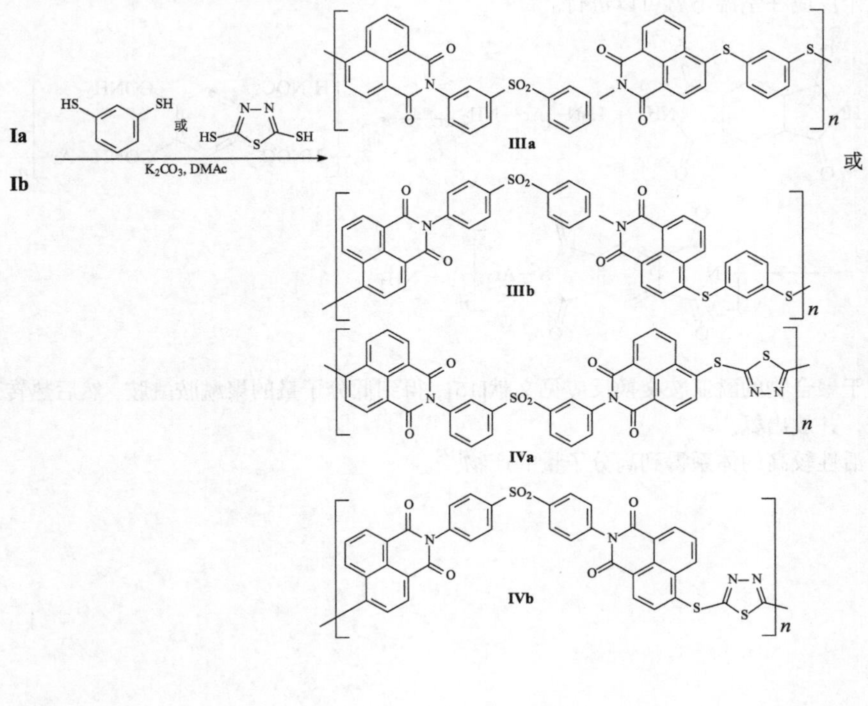

　　将 1.295 g (1.912 mmol)**Ia** 或 **Ib**(见 2.)在 20 mL DMAc 中搅拌，氮气下加入 0.272 g (1.912 mmol) 间苯二硫酚和 0.264 g (1.912 mmol)无水碳酸钾，加热到 160℃反应 4 h，冷却后倒入水中，用热甲醇洗涤萃取，在 60℃真空干燥，得聚(酰亚胺-砜-苯撑硫醚) **(IIIa 或 IIIb)**，收率 95%。

　　将 0.726 g (1.072 mmol) **Ia** 或 **Ib** 在 15 mLDMAc 中加入 0.163 g (1.072 mmol) 2,5-二巯基-1,3,4-噻二唑和 0.149 g (1.072 mmol)无水碳酸钾，在 160℃反应 4 h，倒入水中，用热甲醇洗涤萃取，在 60℃真空干燥，得聚(酰亚胺-砜-1,3,4-噻二唑硫醚) **(IVa 或 IVb)**收率 95%。

6.2　由酰亚胺交换反应获得聚酰亚胺

6.2.1　由酞酰亚胺与胺的交换反应[13]

　　酞酰亚胺与胺的交换反应首先报道于 1945 年[14]。

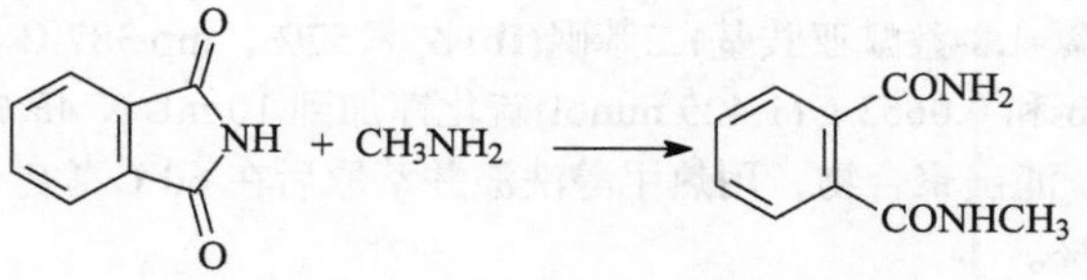

　　这个反应在室温下就可以进行。

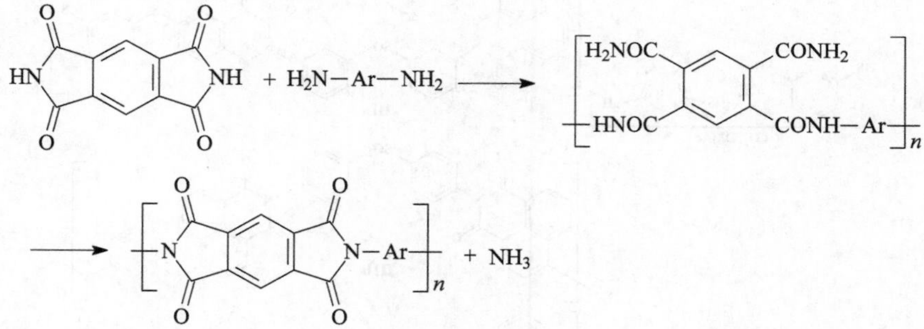

　　用于聚合物的酰亚胺交换反应见文献[15]，得到低分子量的聚酰胺酰胺，然后热转化为聚酰亚胺，并放出氨。

　　由活性较高的体系得到高分子量的产物[16]。

6.2.2　由 N-苯基酞酰亚胺与各种胺的交换反应[17]

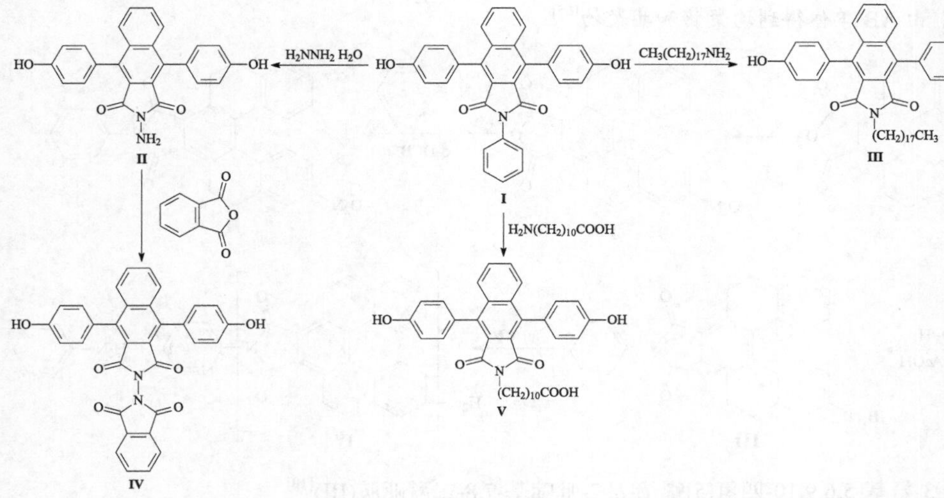

将 0.395 g (1 mmol)I 和 10 mL 水合肼在室温搅拌 2 h，减压除去过量的肼，将浅黄色的固体在 80℃真空干燥 24 h，得 II 0.36 g(100%)，由 HPLC 测得纯度>99%。从二氧六环中结晶得白色粉末，mp >400℃。

说明：五元环的 N-氨基酰亚胺只有在邻位有取代基的情况才稳定，不然会转变为邻苯二甲酰肼。

将 0.39 g (1mmol)II 和 0.20 g(1.3 mmol)苯酐在 50 mL 乙酸中搅拌回流 2 h，蒸出溶剂，得到黄色固体。从乙醇/水(1/1)中结晶，得 IV 0.46 g(90%)针状结晶，mp 330~335℃。

将 6.00 g (13.1 mmol)I 和 10 g(21.86 mmol)十八胺在 200℃搅拌 1 h，冷却后倒入 300 mL 己烷中，得到黄色沉淀。将己烷悬浮液在沸腾下搅拌 30 min，趁热过滤，并用热己烷洗涤，再用己烷萃取 2 h 以除去残留的十八胺。固体从甲醇中重结晶，得亮黄色粉末 III，纯度>95%，mp 234~237℃。

将 5.387 g(11.78 mmol)I 和 3.56 g(17.66 mmol)11-氨基十一酸加到 10 mL DMSO 中，在 135~140℃搅拌 4 h 后冷却到室温，倒入 100 mL 水中。将含有固体的水溶液煮沸 2 h 后趁热过滤，用热水洗涤，80℃真空干燥 18 h。将得到的黄色粗产物与甲醇共沸，趁热过滤，除去剩余的氨基酸。产物从甲醇重结晶，浓缩溶液，得到 V 5.0 g(75%)亮黄色粉末，mp 240~243℃。

6.2.3　以 2-氨基吡啶作为交换剂

1. 由 AB 单体得到均聚物和共聚物[65]

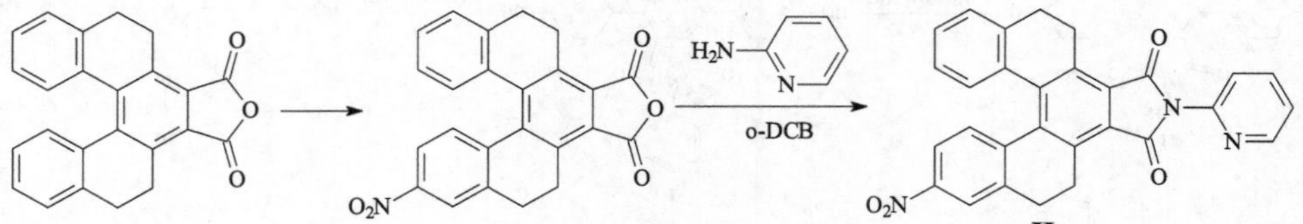

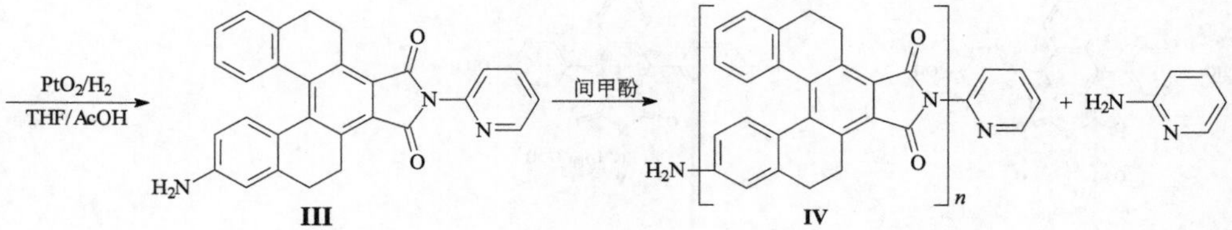

①3-氨基-5,6,9,10-四氢[5]螺烯-*N*-2-吡啶基-7,8-二酰亚胺(III)[18]

将 5.005 g (12.60 mmol)**I** 和 1.200 g (12.76 mmol)2-氨基吡啶加到 50 mL 邻二氯苯中,再加入 5 滴异喹啉,搅拌 1 h 后回流过夜。将该溶液冷却后倒入 600 mL 戊烷中,滤出黄色沉淀,100℃真空干燥过夜,得 **II** 5.25 g (88%),mp 234~236℃。

将 1.30 g (2.74 mol) **II** 溶于 50 mL THF 和 0.5 mL 乙酸中,加入 100 mg PtO$_2$ 在 0.42 MPa 氢压下氢化 45 min,溶液用硫酸镁干燥,得到红色固体,在 100℃真空干燥过夜,得 **III** 1.21 g (99%),mp 175℃。

②由酰亚胺交换反应得到聚合物

(1) 均聚物

将 **III** 在间甲酚中加热到 200℃进行酰亚胺交换反应,得到聚酰亚胺 **IV**,同时放出 2-氨基吡啶。不需要将 2-氨基吡啶除去,因为该反应的平衡倾向形成聚酰亚胺。催化剂和浓度能够影响得到聚合物的分子量。最好的催化剂是 Zn(OAc)$_2$·2H$_2$O。反应物浓度为 5%。该反应也可采用异喹啉为催化剂。没有催化剂也可以得到相当高的分子量。当以 *N*-环己基吡咯烷酮为溶剂时,反应不能进行。

(2) 共聚物

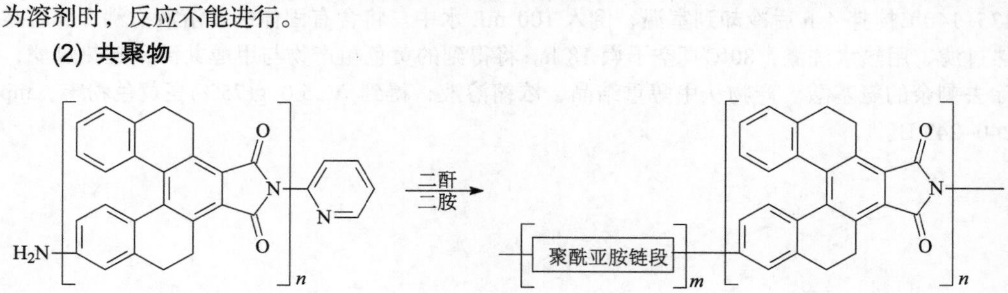

利用聚合物 **IV** 上存在的活性基团，可以先得到 **AB**-型齐聚物，然后再插入其他聚酰亚胺链段，得到嵌段共聚物。

2. 用酰亚胺交换方法制备酰亚胺-硅氧烷嵌段共聚物[19,20]

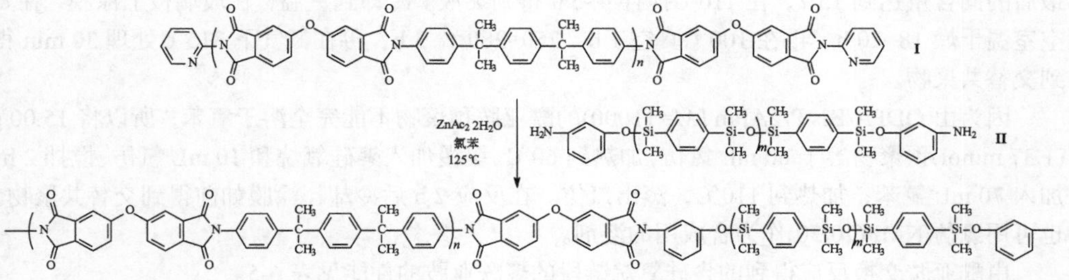

将 7g 齐聚酰亚胺**(I)**在 120℃溶于 70mL 氯苯中，加入 3.5103 g 3-氨苯氧基封端的硅氧烷**(II)**及 100 ppm 乙酸锌二水化物，反应在 125℃进行 3 h，冷至室温，在甲醇中沉淀，在真空中 150℃干燥。

6.2.4　以 2-氨基嘧啶为交换剂

1. 由 2-氨基嘧啶封端的酰亚胺预聚物与氨丙基端基的聚硅氧烷之间的交换反应[21]

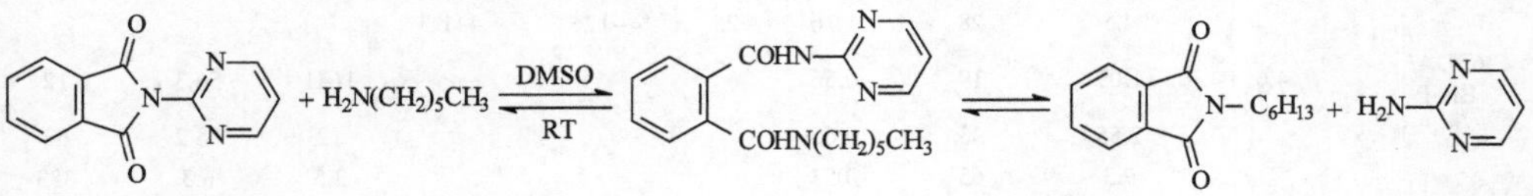

用嘧啶封端的齐聚物与硅二胺反应可以得到完善的交替共聚物。

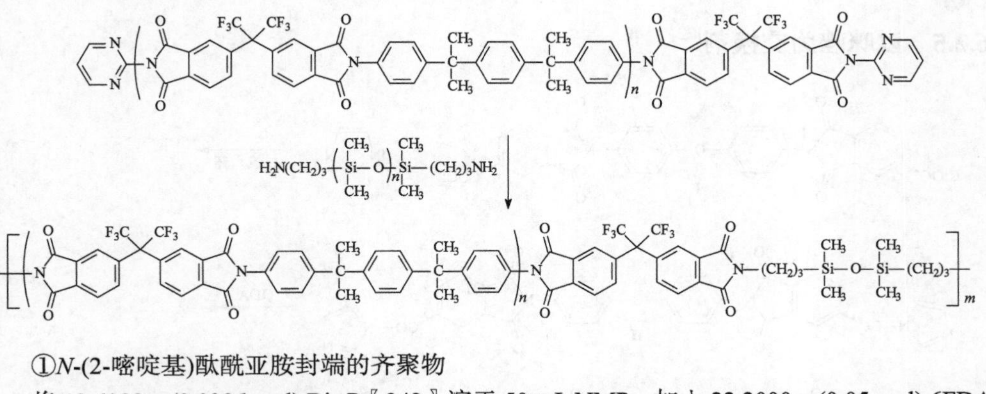

①*N*-(2-嘧啶基)酞酰亚胺封端的齐聚物

将 13.6099 g (0.0396 mol) Bis P〖342〗溶于 50 mL NMP，加入 22.2000 g (0.05 mol) 6FDA 和 50 mL NMP。加入 26 mL 环己基吡咯酮使固含量达到 30%。搅拌 1h 后加热到 175℃，再搅拌 12 h，加入 6.0 g (0.06 mol)2-氨基嘧啶(2APm)。再在 175℃搅拌 12 h，冷却后在甲醇中沉淀，在 230℃真空干燥 15 h。

②酰亚胺-硅氧烷严格交替共聚物

将 10 000 g (M = 4.6 kg/mol, 2.16 mmol) 6FDA/Bis-P/2APm 酰亚胺预聚物溶于氯苯中，加热到 110℃。缓慢加入 2.3121 g (M=1.09 kg/mol, 2.12 mmol)氨丙基封端的聚二甲基硅氧烷，使最后的固含量达到 15%，在 110℃搅拌 4~5 h 得到黏液。冷却到室温，在玻璃板上涂膜，在真空室温干燥 18~20 h，再在 100℃真空 1 h，250~280℃ 3 h，再在氮气下 315℃处理 30 min 得到交替共聚物。

因为由 ODPA/Bis P/2APm (M=11000)的酰亚胺预聚物不能完全溶于氯苯，所以将 15.00 g (1.37 mmol)预聚物溶于 60 mL 氯仿，加热到 60℃。缓慢加入聚硅氧烷和 10 mL 氯仿，搅拌 2 h，加入 70 mL 氯苯，加热到 110℃，蒸出氯仿。在反应 2 h 后冷却，涂膜如前得到交替共聚物。也可用氯仿/NMP(70/30)作为合成用的溶剂。

由酰亚胺交换反应得到的含硅氧烷链段的聚酰亚胺的性能见表 6-5。

表 6-5　由酰亚胺交换反应得到的含硅氧烷链段的聚酰亚胺的性能

| 酰亚胺段 | | 硅氧烷段 | | $[\eta]$ | T_g/℃ DMA | | $T_{5\%}$/℃ | 抗张模量 | 抗张强度 | 伸长率 |
二酐/二胺	kg/mol	kg/mol	Wt%	/(dL/g)	高	低		/MPa	/MPa	/%
ODPA/Bis-P	4.1	1.09	21	0.62	203	−123	461	1641	60.6	20
		2.55	37	1.08	212	−127	467	697	36.6	25
		4.5	52	0.41	195	−122	428	176	16.2	41
	11.0	1.09	9	1.07	248	−109	499	2106	86.6	22
		2.55	18	1.03	249	−131	491	1535	65.5	17
		4.5	28	1.16	253	−126	441			
6FDA/Bis-P	4.6	1.09	19	0.56				1641	56.3	12
		2.55	35	0.60				12	35.2	63
		9.3	65	0.53				3.5	6.3	333
ODPA/m-DDS	4.3	1.09	20	0.95				1683	73.9	38

6.2.5　以咪唑为交换剂[22]

将 11.71 g(0.03 mol)二酰氯 I 溶于 200 mL 二氧六环中,加入 5.446 g(0.08 mol)咪唑在 50 mL 二氧六环中的溶液,室温搅拌 2 h 后滤出沉淀,用甲醇洗涤除去咪唑盐酸盐,真空干燥,得到 II 12.79 g(99%)。从 40 mL DMAc 重结晶, mp 240℃。

将 3.243 g(5 mmol)II 加到 1.001g(5 mmol)ODA 在 20 mL DMAc 的溶液中,加热到 130℃ 搅拌 5 min,再加入 20 mL DMAc,再搅拌 5 min,用 40 mL DMAc 稀释后倒入 500 mL 水和 250 mL 甲醇的混合物中,滤出沉淀,得 3.75 g(105%),对数黏度为 0.21 dL/g。

采用 ODA 的二盐酸盐在 40℃ 反应,得到的聚合物的对数黏度为 0.74dL/g。

对于聚合物 NMP 是较好的溶剂,不容易形成凝胶。

6.2.6 在熔融状态下的酰亚胺交换反应

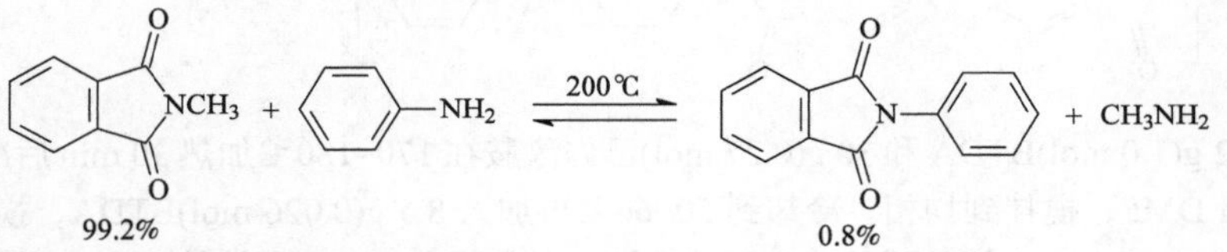

交换用的二胺其亲核性要与单胺相等或更高。对于可熔聚酰亚胺,该交换反应可以在熔融状态下进行,单胺被蒸出,使平衡向生成聚合物的方向移动。

铅、锌和镉能够有效地催化该交换反应[23]。

由双(N-苯基酞酰亚胺)与二胺的交换反应[24]

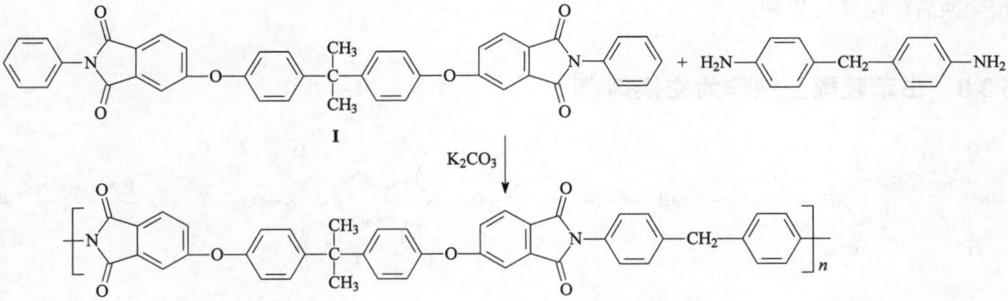

氮气下将 3.4199 g I 和 1.3678 g MDA 及 0.4 mg 碳酸钾在 60 mmHg 下加热到 220℃ 反应 1 h。开始时 MDA 熔融,然后混合物熔融。在 30 min 内 10 mmHg 下加热到 260~270℃,反应 2.5 h 后反应物变得很黏,这时已经除去苯胺。反应再在 0.3 mmHg 下 270~280℃ 进行 30 min,最后在 300℃ 反应 2.5 h。冷却后得到琥珀色玻璃状产物,特性黏数为 0.28 dL/g。

将 I 与 ODA 在乙酸锌参与下在 230℃ 和 60 mmHg 下搅拌 45 min,260℃/0.15 mmHg 反应 60 min,290℃/0.15 mmHg 反应 160 min,得到聚合物的对数黏度为 0.58 dL/g。

催化剂还可以有氢化钙、苯甲酸镁、氨基钠和金属锂等。

酰亚胺交换反应的局限是聚合物必须是可溶或可熔,得到的聚合物分子量一般不太高。

6.2.7　由氨基酸作为交换剂[25]

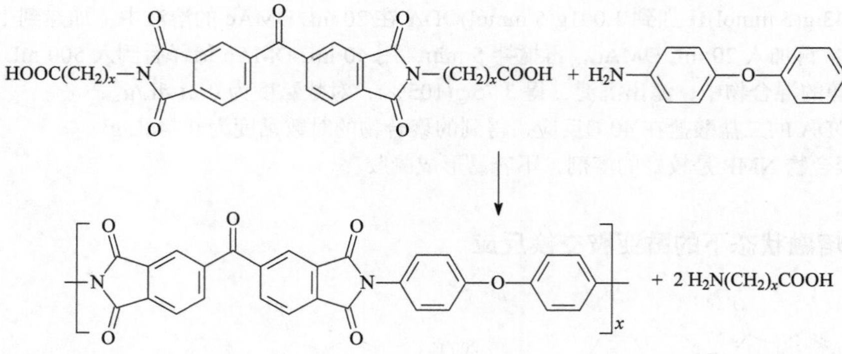

将 322 g(1.0 mol)BTDA 和 30 g(0.27 mol)己内酰胺在 170~180℃加热 30 min 后冷至 140℃，加入 500 g DMF，搅拌到均相。冷却到 50~60℃再加入 8.5 g(0.026 mol)BTDA，搅拌 5 min。加入 15.45 g(0.07 mol)氨基丙基三乙氧基硅烷，混合物在 50~60℃搅拌 10 min。加入 200 g(1.0 mol)ODA，再在 50~60℃搅拌 10 min，得到黏性物质。加入 800 g 等质量的丙酮、甲异丙酮、乙醇及 DMAc 的混合物，在 20~60℃搅拌 1 h，得到均相溶液。该溶液具有无限长的储存期。

将该溶液铺于基板上，在 121℃干燥 10 min，得到韧的涂层。在 316℃ 30 min 进行酰亚胺交换后涂层变得更硬。

6.2.8　由苯磺酰亚胺作为交换剂[26]

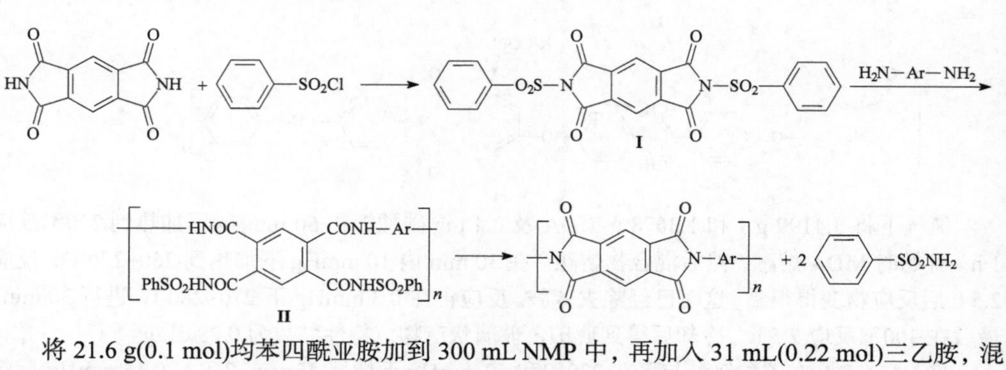

将 21.6 g(0.1 mol)均苯四酰亚胺加到 300 mL NMP 中，再加入 31 mL(0.22 mol)三乙胺，混合物在 5℃搅拌下加入 28 mL(0.22 mol)苯磺酰氯，在 4~6℃搅拌 2 h，室温搅拌 4 h 后倒入 1.5 L 水中，滤出沉淀，用水洗涤，真空干燥，得粗产物 47.6 g(96%)。用甲乙酮萃取后得 **I** 32 g(61%)，mp 322℃。

将 0.50 g (2.5 mmol) ODA 溶于 10 mL NMP 中，加入 1.24 g (2.5 mmol)**I**，室温搅拌 4 h，

得到聚合物 **II**，对数黏度为 0.62 dL/g，反应 24 h 后为 0.74 dL/g。将该聚合物溶液涂膜后在苯中浸泡过夜，从玻璃板上取下，再在丙酮中浸泡过夜，晾干，在 160℃处理 10 min，转变为聚酰亚胺，再在甲醇中洗去苯磺酰胺。

6.3　由醚的交换反应得到聚酰亚胺[27]

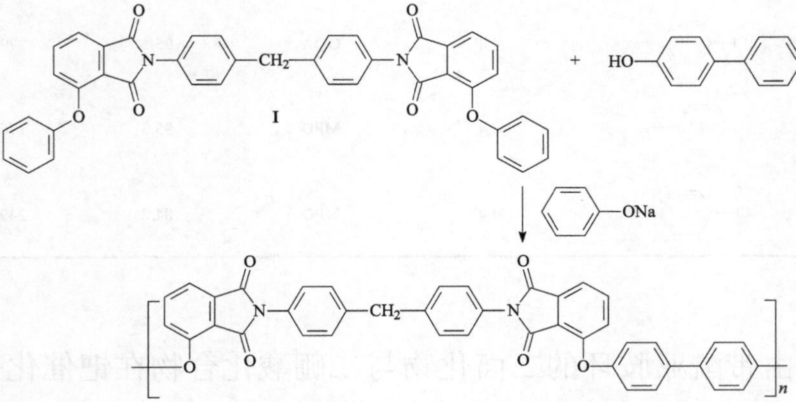

（1）将 4.69 g **I**，1.36 g 4,4′-二羟基联苯及 8 mg 苯酚钠在氮气下加热到 250℃，得到淡琥珀色熔体。减压到 50 mmHg，在 300℃反应 30 min，蒸出苯酚，得到 4.1 g 聚醚酰亚胺，特性黏数为 0.2 dL/g(20℃)。

（2）将 2.855 g **3** (表 6-6)，1.180 g 双酚 A 及 0.081 g 邻苯基苯酚钠在 20 g NMP 中氮气下加热回流反应 1 h，蒸出 10 g 液体。反应物冷却后倒入 300 mL 甲醇中得到白色沉淀，过滤，洗涤，真空干燥，得到 2 g 聚合物，特性黏数为 0.1 dL/g。

以醚交换反应得到的聚酰亚胺见表 6-6。

表 6-6　以醚交换反应得到聚酰亚胺

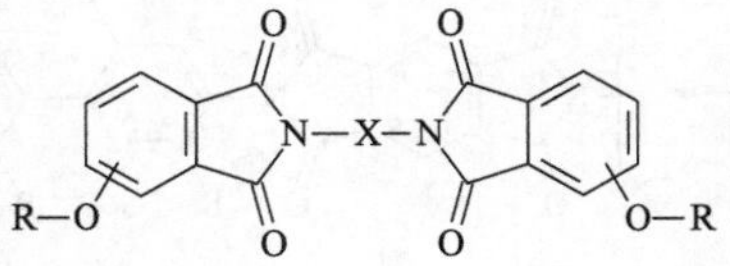

编号	R	位置	X	收率/%	mp/℃
1	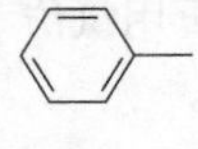 (苯基)	3,3′-	MDA	93.6	229.5~231
2	(苯基)	3,3′-	ODA	92.0	186~187

续表

编号	R	位置	X	收率/%	mp/℃
3	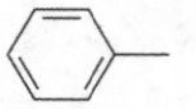	3,3′-	MPD	97.8	220~221
4	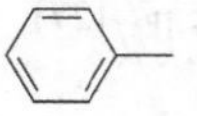	4,4′-	ODA	93.0	244~245
5	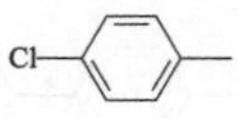 Cl—	4,4′-	ODA	95.1	279~280
6	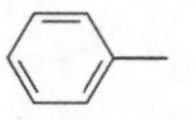	4,4′-	MPD	95.6	176~177
7	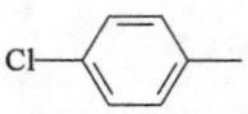 Cl—	4,4′-	MPD	84.2	249~250

6.4　由带酰亚胺环的二卤化物与二硼酸化合物在钯催化剂作用下缩聚得到聚酰亚胺

这是一个由交叉偶联反应形成不对称联苯单元的反应。取代基 R 为烷基，它的引入只是为了增加聚合物的溶解度。聚合反应在 Pd(PPh₃)₄ 催化下在甲苯/碳酸钠水溶液中回流 48h 完成[28]。

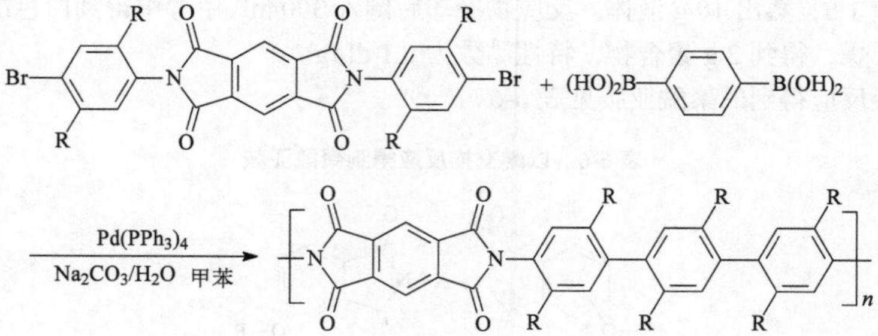

将 2.7 g (2.0 mmol)二溴化合物和 1.0 g(2.0 mmol)二硼酸化合物在 60 mL 甲苯和 30 mL 1 mol/L 碳酸钠溶液中与 60 mg(0.05 mmol)Pd(PPh₃)₄ 回流搅拌 5 天后倒入 300 mL 丙酮中，滤出沉淀，依次用各 100 mL 的稀盐酸，水和丙酮洗涤后真空干燥。再用氯仿萃取，将萃取液浓缩至 50 mL，加入 500 mL 丙酮，得到沉淀，干燥后得 3.2g(100%)。

6.5 由带酰亚胺环的二卤化物与二胺在钯催化剂作用下与 CO 反应得到聚酰胺酰亚胺[29]

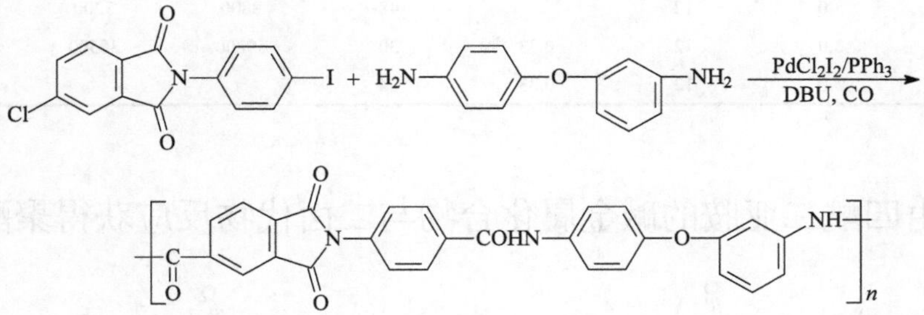

将 1.89 g (4.93 mmol)4-氯-N-(4-碘代苯基)酞酰亚胺，1.00 g (4.99 mmol)3,4′-ODA，20 mg (0.03 mmol)PdCl$_2$I$_2$，50 mg (0.19 mmol)PPh$_3$ 和 1.80 mL (12.0 mmol)DBU 加到 25 g NMP 中，充以 0.63 MPa CO，在 100℃搅拌 6 h，减压到 0.14 MPa，反应进行 48 h。得到的黏液用 DMAc 稀释，过滤后在甲醇中沉淀，再过滤，用甲醇洗涤，真空干燥，得聚合物：M_w=89600，M_n=47800(表 6-7)。

表 6-7 由带酰亚胺环的二卤化物与二苯醚二胺在钯催化剂作用下与 CO 反应得到聚酰胺酰亚胺

二胺	PdCl$_2$I$_2$/%	PPh$_3$/%	溶剂(固含量/%)	M_w	M_n
3,4′-ODA	5.6	12	DMAc(12)	126000	65200
3,4′-ODA	0.6	4	NMP(12)	89000	47800
3,4′-ODA	0.3	2	NMP(12)	66500	33000
4,4′-ODA	0.3	2	NMP(12)	49300	27000
4,4′-ODA	0.7	6	DMAc(18)	37000	20000

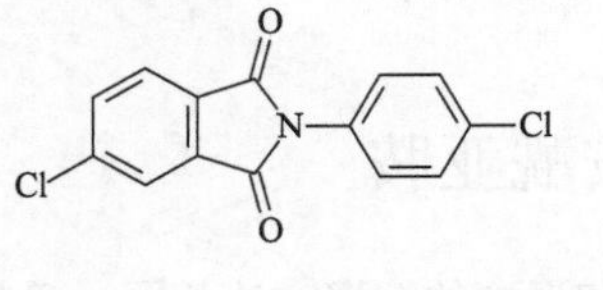

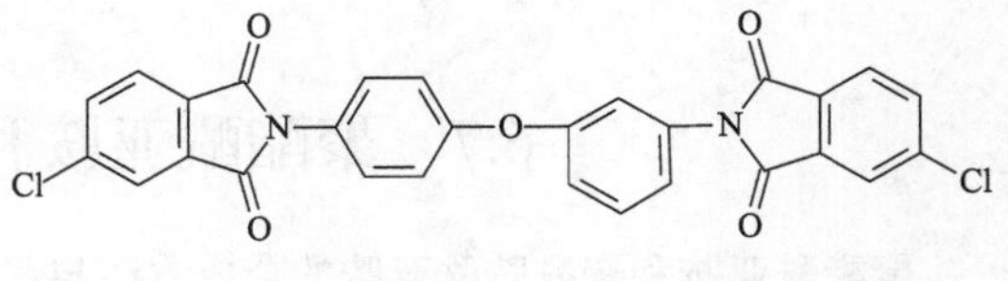

对于 **I**，只有酞酰亚胺上的氯参与反应；**II** 上的两个氯都可以参与反应，但需加入 NaI 进行活化(表 6-8)。

表 6-8　由 II 与二胺进行聚合

二胺	PdCl$_2$I$_2$/%	PPh$_3$/%	NaI	时间/h	M_w	M_n	CO/MPa
4,4'-ODA	6.0	12	0.5	7	8800	6300	0.14
4,4'-ODA	6.0	12	0.5	28	33400	19000	0.14
BAPP	3.0	12		48	8800	5200	0.63
BAPP	3.0	12	0.33	30	59800	30500	0.14
BAPP	3.0	12	0.33	24			0.63

6.6　由四酰二亚胺的碱金属化合物与二卤代物反应获得聚酰亚胺

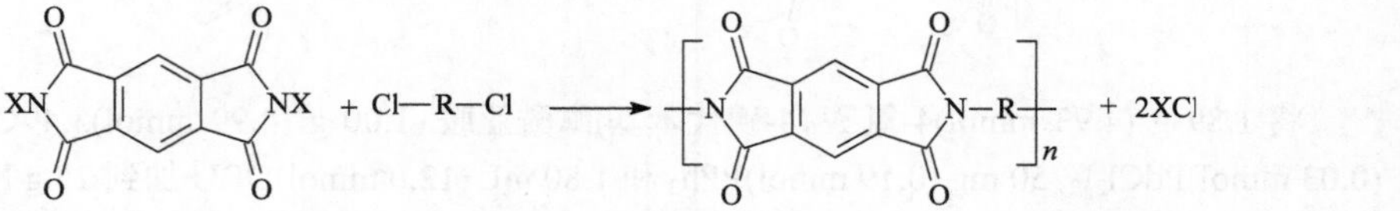

X =H, K；R=各种芳香和脂肪基团

当 X 为 H 时,反应在碳酸钾和叔胺催化下进行，催化剂对收率的影响有下列关系：三乙胺>三正丁胺>吡啶>碳酸钾。当 X 为钾时反应速度和收率都得到提高[30]。

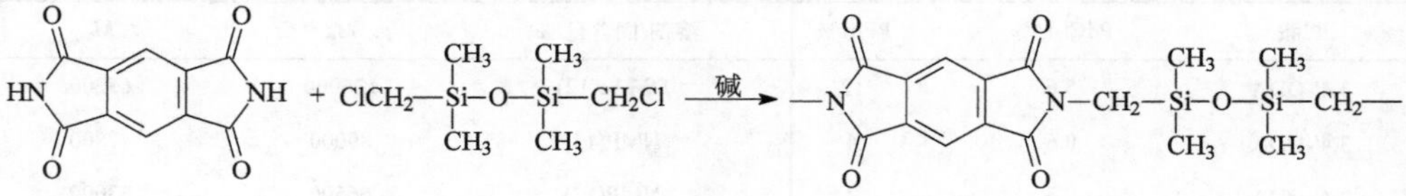

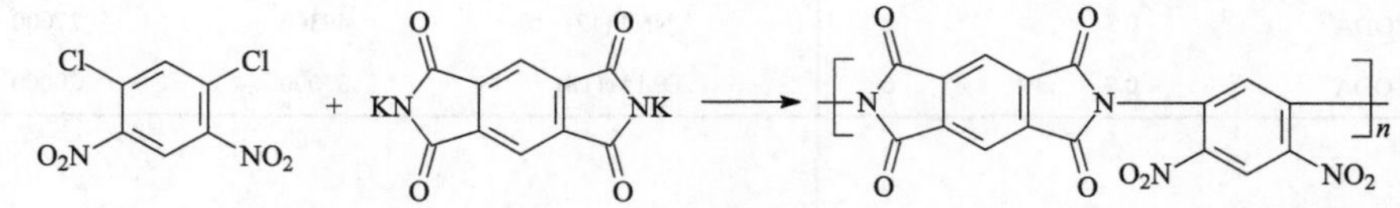

6.7　聚酯酰亚胺和聚酰胺酰亚胺

聚酯酰亚胺和聚酰胺酰亚胺的合成方法与普通聚酰胺和聚酯的缩聚方法相同，只是所用的带羧基、氨基或羟基的单体中至少有一种带有酰亚胺环。聚合的成功决定于原料单体和产物的溶解度或熔点。这里所用的最主要的原料是偏苯三酸酐，通常都是用它与二胺先得到两端为羧基的双酰亚胺然后再与其他二胺或二元酚或二元醇反应得到相应的聚酰胺酰亚胺或聚酯酰亚胺。

6.7.1　由带羧端基的含酰亚胺单元的单体与二元醇的缩聚

①由 4,4′-二羧基(双酰亚胺)与乙二醇得到聚酯酰亚胺[31]

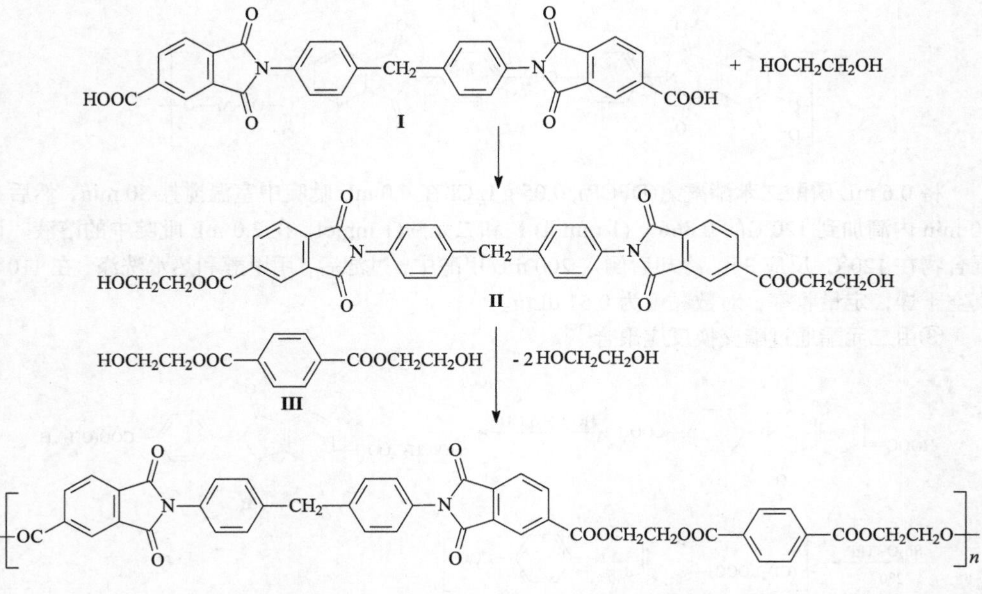

将 0.08 mol **I** 与 3.2 mol 乙二醇在 198 ℃反应 3 h，得到透明熔体。再反应 1 h，冷却后倒入甲醇，滤出白色产物，用甲醇洗涤，除去过量的乙二醇。最后从四氯乙烷重结晶得到 **II**。

还有用二甲酯与乙二醇进行酯交换反应，得到 **II** 类化合物。

$$MeOOC—Ar—COOMe \ + \ HOCH_2CH_2OH \longrightarrow HOCH_2CH_2OOC—Ar—COOCH_2CH_2OH$$

二甲酯与乙二醇的摩尔比为 1∶2.2，以二水乙酸锌为催化剂，用量为 100 ppm。反应在 190 ℃进行，反应物熔融以后，逐渐升温到 230 ℃，甲醇用液氮冷凝，当收集到 95% 甲醇后，将产物倒在铝盘中凝固。

以 **III** 和 **II**(摩尔比为 98/2 到 90/10)用酯转移反应聚合。将得到的齐聚物粉碎后加 Sb_2O_3(200 ppm)，磷酸三甲酯(300 ppm)作为热稳定剂。升温到 240 ℃，熔融后开始搅拌，进一步升温到 280 ℃，略抽真空大约 40 min(全真为 1 mmHg)，随着体系黏度的增高，搅拌速度由 150 rpm 下降到 40 rpm，在氮气压力下将熔融的聚合物排到水中，粉碎、洗涤、干燥后得到聚合物。

②由 4,4′-二羧基(双酰亚胺)与乙二醇得到聚酯酰亚胺[36]

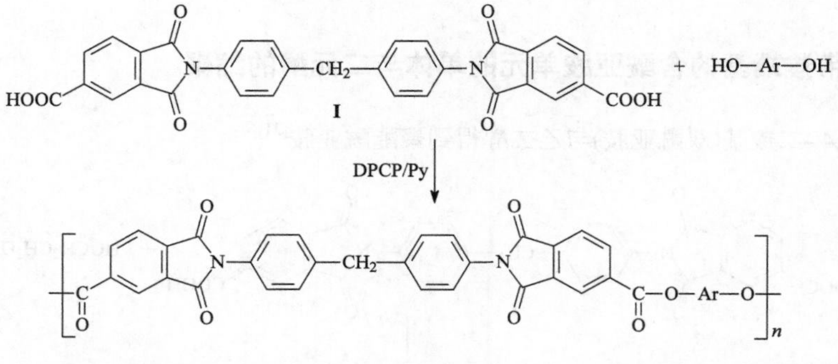

将 0.6 mL 磷酸二苯酯酰氯(DPCP), 0.05 g LiCl 在 4.0 mL 吡啶中室温搅拌 30 min, 然后在 20 min 内滴加到 120℃的 0.866 g (1 mmol) I 和二元酚(1 mmol) 在 2.0 mL 吡啶中的溶液。该混合物在 120℃ 反应 3 h, 冷却后倒入 200 mL 甲醇中, 过滤后, 用甲醇和热水洗涤, 在 110℃ 真空干燥, 定量收率, 对数黏度为 0.51 dL/g。

③由二元酯通过酯交换反应聚合[37]

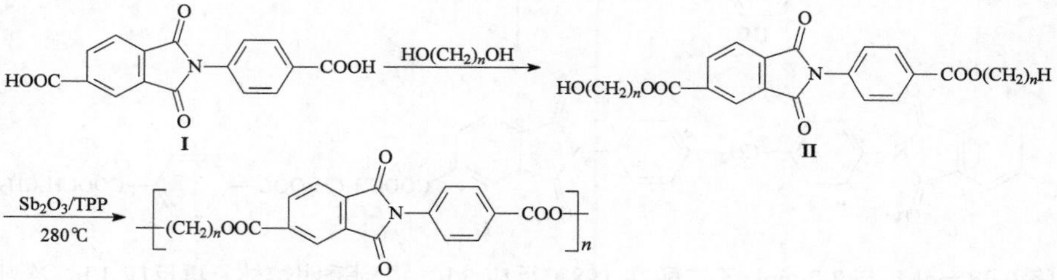

将 1 mol 二酸 I 与 2.5 mol 己二醇以 100 ppm 二水乙酸锌为催化剂加热到 240℃反应, 5 h 后混合物变为透明, 再反应 1 h。其间, 收集到理论量 95%的水, 将熔体倒入铝盘固化得到 II。

将 II 粉碎以 300 ppm Sb$_2$O$_3$ 为催化剂及 200 ppm 磷酸三苯酯为热稳定剂, 熔融后加热到 230℃, 搅拌, 在 40 min 内再升温到 285℃, 抽真空至 1 mmHg, 反应 1~2 h, 除去反应副产物。反应完成后用氮气将产物压到水中, 聚合物用甲苯萃取, 再用丙酮洗涤后真空干燥。

6.7.2 由带羧端基的含酰亚胺单元的单体与双酚的二乙酸酯的缩聚

①由 4,4′-二羧基(双酰亚胺)与双酚的二乙酸酯反应[32]

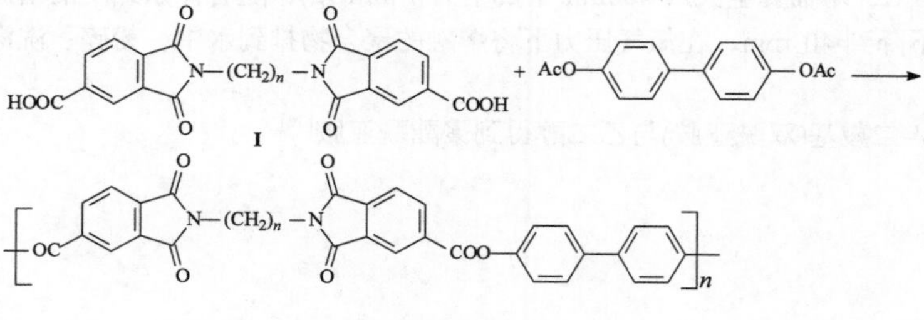

(1) 将 50 mmol **I** 和 50 mmol 4,4′-二乙酰基联苯二酚在缓慢的氮气流下 250℃加热 15 min, 280℃15 min, 320℃ 60 min。其间, 除去大部分乙酸, 当 *n* 大于 8 时在 320℃反应时抽真空, 对于较短的脂肪链, 反应温度在 1 h 内逐渐升到 340℃最后在真空下保持 30 min。冷却后聚酯酰亚胺用机械方法分离出来, 因为它们大都不溶于所有普通溶剂。

(2) 将偏苯三酸酐(100 mmol), 脂肪二酸或其盐酸盐(50 mmol)在搅拌下熔融反应, 45 min 后抽真空 15 min 以完全除水, 再加入 4,4′-二乙酰基联苯二酚(50 mmol), 依(1)方法缩聚。

② 由 *N*-(4-羧基苯基)-4-羧基酞酰亚胺与二元酚的二乙酸酯反应[33]

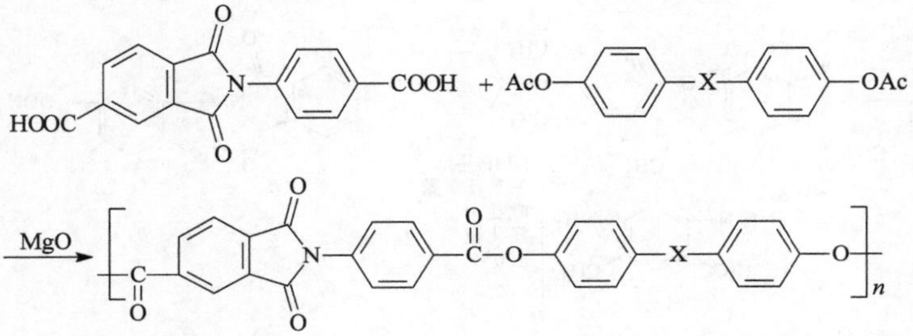

将 50 mmol 二酸『125』, 50 mmol 二元酚的二乙酸酯和 10 mg 氧化镁的混合物加热到 260℃, 反应逐渐开始, 再加热到 330℃, 产生的乙酸被缓慢的氮气流带走。反应 20 h 后抽真空, 再继续反应 30 min。冷却后将产物溶于二氯甲烷/三氯乙酸(4:1), 在甲醇中沉淀, 最后在 110℃真空干燥 24 h。

6.7.3 由带胺端基的齐聚物与二酸的缩聚[34]

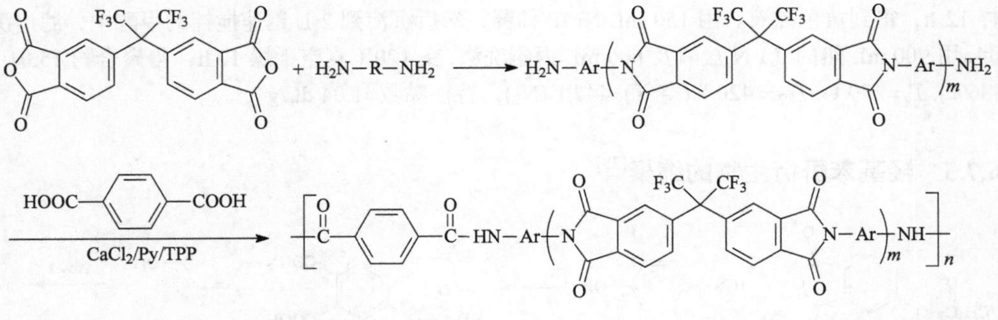

将 0.083 g(0.5 mmol)对苯二酸, 0.3 g CaCl₂, 1.2 mL 吡啶和 0.6 mL TPP 加入到含有 0.5 mmol 带胺端基的酰亚胺齐聚物在 4.5 mL NMP 的溶液中, 升温至 100℃搅拌 3 h, 当黏度增加后再加入 2 mL NMP。反应完成后, 冷却, 倒入甲醇中, 用热水和甲醇洗涤, 干燥, 产率 99%。对数黏度 1.06 dL/g。

6.7.4　由带羧端基的酰亚胺化合物与二胺的聚合[35]

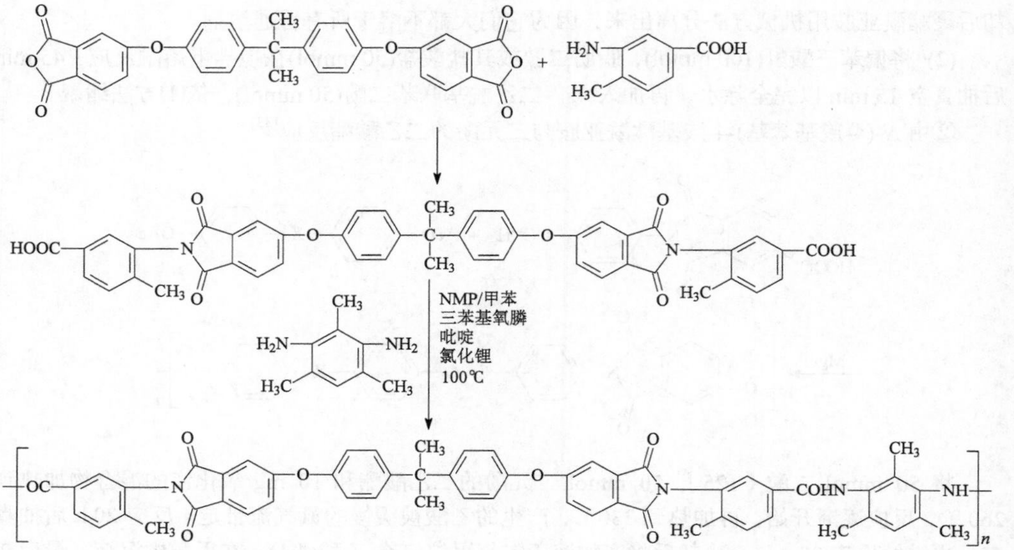

　　将 10.0 g (19.21 mmol)BPADA 和 5.81 g (38.43 mmol)3-氨基-4-甲基苯甲酸加到 87 mL NMP 和 20 mL 甲苯的混合物中，回流 4 h。产生的水分由甲苯带出，形成带羧端基的二酰亚胺单体。冷却到室温后改用冰水浴冷却。加入 3.26 g(76.80 mmol)LiCl, 2.89 g (19.21 mmol)1,3,5-三甲基间苯二胺, 13.12 g(11.10 mL, 42.30 mmol)三苯氧磷和 20 mL 吡啶。加热到 100℃，搅拌 12 h，得到黄色黏液。用 150 mL NMP 稀释，然后沉淀到 2 L 迅速搅拌的甲醇中，滤出沉淀,用 900 mL 热的 0.1 N 盐酸及 600 mL 丙酮洗涤，在 120℃真空干燥 12 h，得聚合物 15.01 g (86%), T_g=279℃, $T_{5\%}$= 420℃(空气), 447℃(N$_2$), 特性黏数=1.04 dL/g。

6.7.5　羟基苯酐衍生物的缩聚[38]

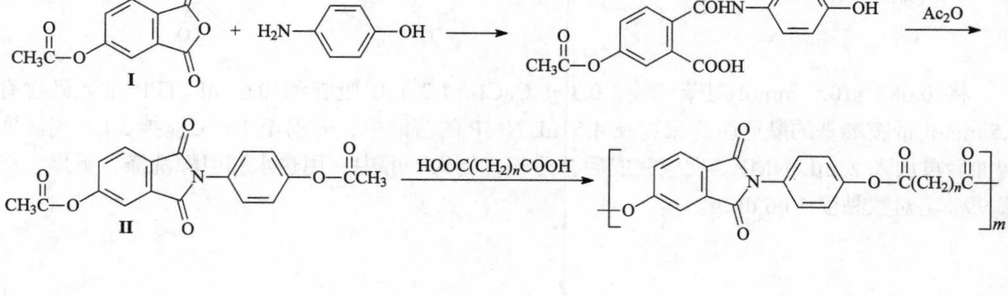

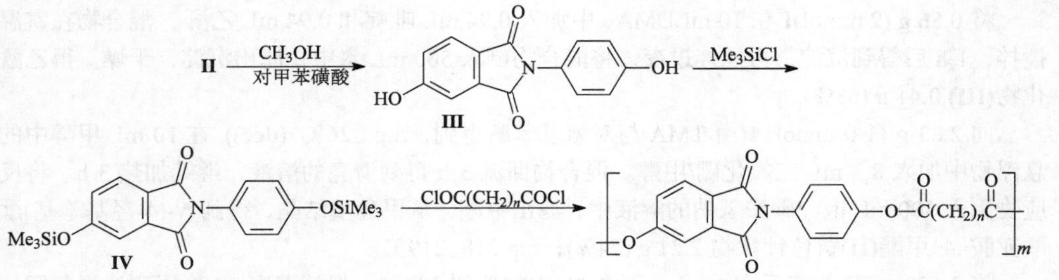

将 0.2 mol **I**(由 4-羟基苯酐乙酰化得到)和 0.2 mol 4-氨基苯酚在 400 mL 干燥 DMF 中 80 ℃ 反应 2 h, 加入 0.5 mol 乙酐, 在 100 ℃反应 2 h。冷却后倒入 2 L 冰水中, 滤出结晶, 从甲苯重结晶, 得 4-乙酰氧基-*N*-(4-乙酰氧基苯基)酞酰亚胺(**II**)收率 80%, mp 206 ℃。

将 0.8 mol **II** 在 800 mL 甲醇中在对甲苯磺酸参与下回流 24 h, 蒸出乙酸甲酯。冷却, 滤出双酚, 在 60 ℃真空干燥, 得 4-羟基-*N*-(4-羟基苯基)酞酰亚胺(**III**)。滤液浓缩后回收产物, 收率 91%, mp 300~302 ℃。

将 0.4 mol **III** 和 0.9 mol 三甲基氯硅烷在 1 L 干燥二氧六环中加热, 搅拌下滴加入 0.9 mol 三乙胺, 回流 1 h 后冷却到 5 ℃。过滤, 滤液浓缩后用干燥甲苯稀释, 再浓缩。最后分批加入石油醚, 使结晶析出, 得 4-三甲基硅氧基-*N*-(4-三甲基硅氧基苯基)酞酰亚胺(**IV**), 收率 83%, mp 88 ℃。

聚合

(1) 氮气下将 30 mmol **II**, 30 mmol 脂肪二酸及 30 mg 干燥氯化锌在 50 mL 干燥二苄基甲苯导热油中加热, 260 ℃反应 6 h, 蒸出理论量的乙酸。冷却后沉淀出聚酯, 过滤, 溶解在 NMP 中, 再在乙醚中沉淀, 过滤, 在 60 ℃真空干燥, 得到聚合物。

(2) 将 50 mmol **II**, 51 mmol 脂肪二酸及 10 mg MgO 加热到 240 ℃。反应开始后在 2 h 内缓慢升温到 280 ℃, 在真空下保持温度反应 30 min。将得到的聚酯溶解到二氯甲烷和三氟乙酸(4:1)的混合物中, 在乙醚中沉淀, 60 ℃真空干燥, 得聚合物。

(3) 将 50 mmol **IV**, 51 mmol 脂肪二酰氯及 10 mg 三乙基氯化铵加热到 140~150 ℃, 开始反应后在 2~2.5 h 内将温度升至 280 ℃并在真空中维持 30 min。聚合物处理如前。

6.7.6　由 *N*-(4-乙酰氧基苯基)酞酰亚胺-4-甲酸缩聚[39]

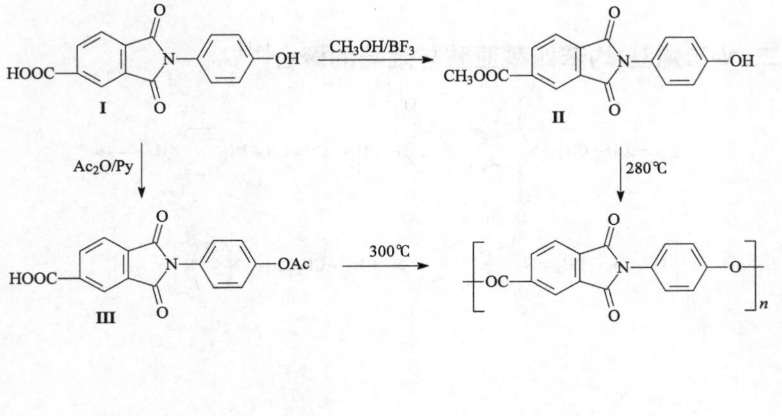

　　将 0.56 g (2 mmol)**I** 在 10 mLDMAc 中加入 0.94 mL 吡啶和 0.94 mL 乙酐。混合物在室温搅拌，1 h 后得到沉淀，再搅拌过夜，将混合物倒入 500 mL 水中，滤出沉淀，干燥。得乙酰化物**(III)** 0.41 g (63%)。

　　向 2.83 g (1 0 mmol) **I**(由 TMA 与对氨基苯酚得到，mp 326℃ (dec)) 在 10 mL 甲醇中的悬浮物中加入 8.3 mL 三氟化硼/甲醇。混合物回流 3 h 得到清亮的溶液，继续加热 3 h。将反应物倒入 500 mL 饱和碳酸氢钠的溶液中，滤出甲酯，从甲醇重结晶，得到 *N*-(4-羟基苯基)酞酰亚胺-4-甲酯**(II)**黄色针状物 2.21 g (74%)，mp 218~219℃。

　　将 0.650 g **III** 粉碎后在 1 mbar 下在 1h 内加热到 300℃，保持温度 2 h，得到淡褐色固体 0.416 g (78%)，固有黏度 0.14 dL/g(H₂SO₄)。

　　将 0.297 g **II** 和 1 滴正钛酸丁酯在氮气下加热到 220℃。熔融成透明液体后立即固化。再将淡黄色固体在 27 mbar，220℃反应 2h。将得到的固体粉碎，在 1 mbar 下 280℃加热 3 h，得 0.143 g (54%)，对数黏度 0.12 dL/g(H₂SO₄，25℃)。

6.8　由氢离子转移反应得到聚酰亚胺

6.8.1　由均苯四酰亚胺与二乙烯基砜的聚合[40]

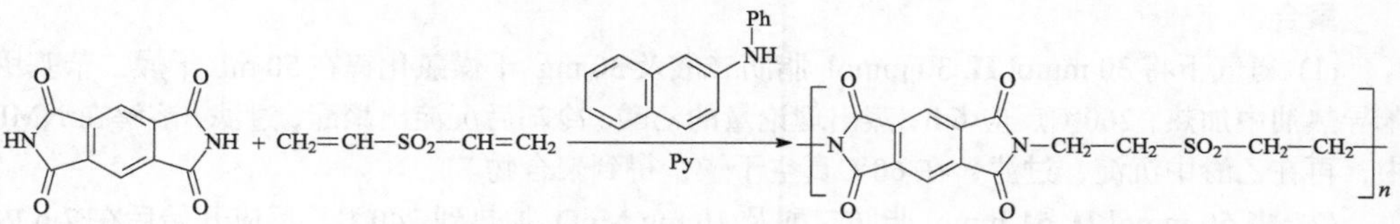

　　将 5.0 g (23.1mmol)均苯二酰亚胺和 0.012 g *N*-苯基-*β*-萘胺(游离基阻止剂)在 200 mL 吡啶中氮气下加热到 100℃，加入 2.72 g (23.1 mmol)二乙烯基砜，再加入由 0.1 g 钠在 7.75 g 特丁醇中得到的特丁醇钠溶液，立即生成沉淀。在 100℃反应 49 h，趁热过滤，用热水洗涤，在 70℃下真空干燥，得褐色粉末 5.7 g。将产物溶于浓硫酸，在水中沉淀以提纯，该产物不溶于有机溶剂，仅溶于硫酸。

　　由环戊烷二酰亚胺与二乙烯基砜在 DMSO 中 18℃反应 24 h 后倒入丙酮，沉淀用热水洗涤，在 70℃干燥。产物可溶于 DMSO，NMP，DMAc，甲酸和硫酸。

6.8.2　由二(*N*-乙烯基)均苯四酰亚胺与吡嗪的聚合[41]

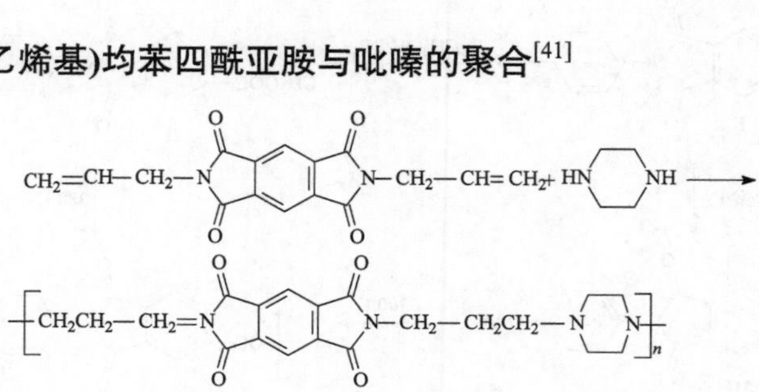

将 2.96 g (10 mmol)*N*,*N'*-二烯丙基均苯四酰亚胺和 0.86 g (10.0 mmol)哌啶溶于 10 g DMF 中，室温搅拌 48 h，滤出沉淀，用水，乙醇及乙醚洗涤，50℃真空干燥，得聚合物 3.2 g(83%)。

6.8.3 氢硅烷反应[42]

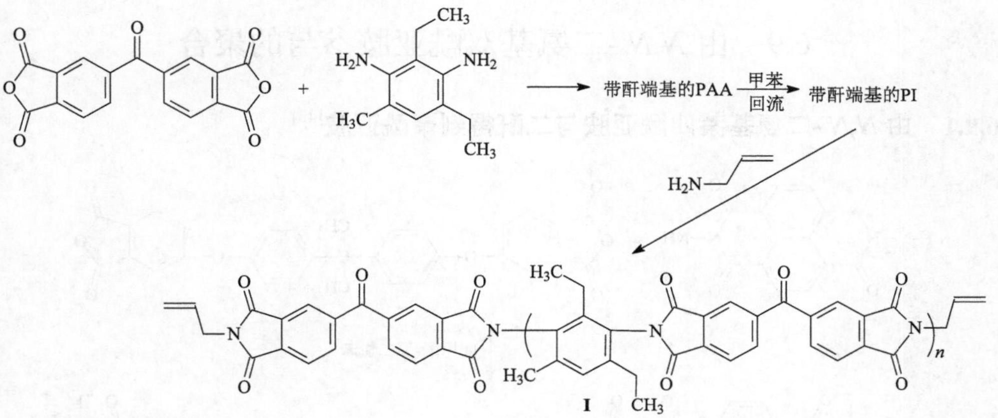

将 5.0 g (15.5 mmol) BTDA 溶于 40.0 mL NMP 中，加入 2.21 g (12.4 mmol)二乙基二氨基甲苯，混合物搅拌过夜。加入 17 mL 甲苯，回流 24 h，得到酐基封端的齐聚物。冷却到室温，加入 0.35 g (6.21 mmol) 烯丙胺，回流到酐基消失。反应物在甲醇中沉淀，过滤，真空干燥，得到橙黄色固体 **I** 3.26 g (46.5%)。为保证酰亚胺化的完全，可以在 300℃在处理 2~4 h。

1a: *n*=4，收率 46.5%	1b: *n*=9，收率 64.7%	1c: *n*=39，收率 68.0%	1d: *n*=119，收率 41.0%
2a: *n*=4，收率 26.3%	2b: *n*=9，收率 58.4%	2c: *n*=39，收率 64.7%	2d: n=119，收率 89.7%

1:BTDA; 2:PMDA

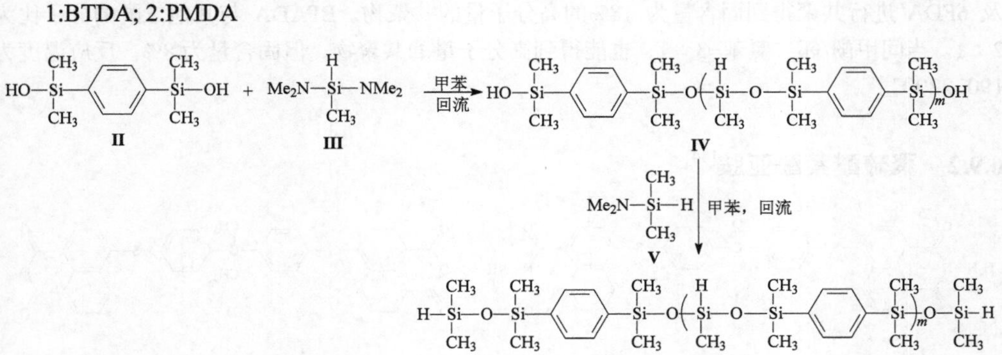

VIa: *m*=1；收率 90%   **VIb**: *m*=3；收率 43.7%   **VIc**: *m*=59；收率 95.5%   **VId**: *m*=119；收率 66.8%

将 2.0 g (8.92 mmol)1,4-双(羟基二甲基硅基)苯(**II**)在 100.0 mL 甲苯中加热到 60℃搅拌 10 min。待 **II** 完全溶解后滴加入 0.59 g (4.46 mmol)**III**。将溶液加热回流同时鼓入氩气直到二甲胺停止放出(用石蕊试纸测试逸出的氩气)，再回流 2 h，加入 0.92 g (8.92 mmol)**V**，再回流到没有二甲胺放出。减压除去溶剂，得到 **VIa** 黄色黏稠液体 2.45 g (90%)。

将 0.1 g (0.164 mmol)**VIa** 在 20.0 mL DMF 中搅拌 10 min，加入 7.3 mg (0.018 mmol)氯铂酸，加热到 60℃，分批加入 26.4 g(0.012 mmol) 和 10.5 g (0.0047 mmol)**I** 的 DMF 溶液，反应到 Si－H 完全消失(IR)，在 100℃减压除去溶剂，定量得到聚合物。

6.9　由 *N,N'*-二氨基双酰亚胺参与的聚合

6.9.1　由 *N,N'*-二氨基萘四酰亚胺与二酐得到聚酰亚胺[43]

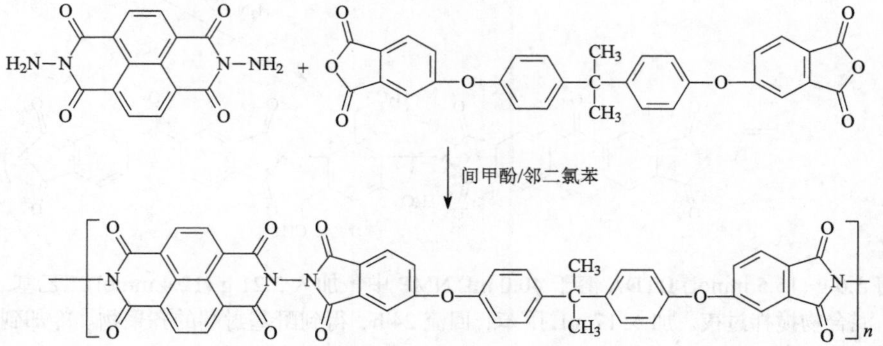

将 *N,N'*-二氨基萘酰亚胺〖 1148 〗与 BPADA 在间甲酚中缩聚。该缩聚成功与否决定于聚合物的溶解性能。以 NMP 为溶剂进行低温缩聚没有成功，原因是 *N,N'*-二氨基萘酰亚胺在室温不溶于 NMP。当以间甲酚/邻二氯苯(1/1)为溶剂，可以用 BPADA 与 ODPA、BTDA、DSDA 及 6FDA 进行共聚得到固含量为 18%的高分子量的共聚物。BPADA 与其他二酐的分子比为 2：1。当间甲酚/邻二氯苯=3：1，也能得到高分子量的共聚物，但固含量为 8%。反应温度为 190~220℃。

6.9.2　聚硫醚萘酰亚胺[44]

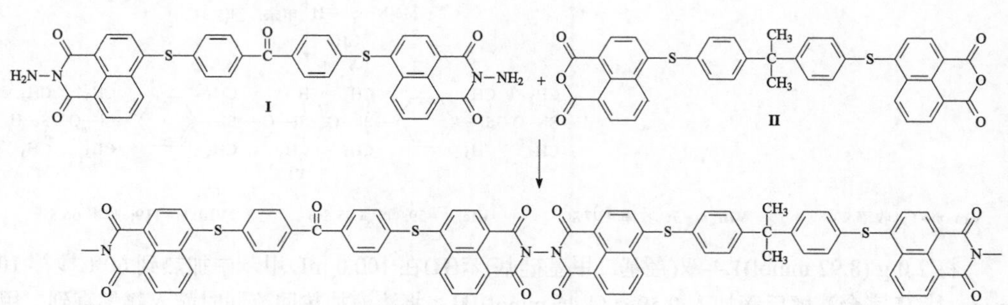

　　氮气下将 0.300 mmol 二酐(**II**,〖1150〗)和 0.297 mmol 双(*N*-氨基酰亚胺)(**I**,〖1151〗)在 3.0 mL 间甲酚中 100℃搅拌 8 h 得到黄色透明黏液,然后在 190℃回流 24 h,所形成的水由氮气流带走,冷却,在 100 mL 甲醇中沉淀,过滤,用丙酮洗 2 次,氯苯洗 3 次,真空下 130℃干燥过夜,得到黄色发荧光纤维状固体。各种结构都能得到高分子量。

6.9.3　由 3,3′-联(*N*-氨基酞酰亚胺) 合成聚酰亚胺[45]

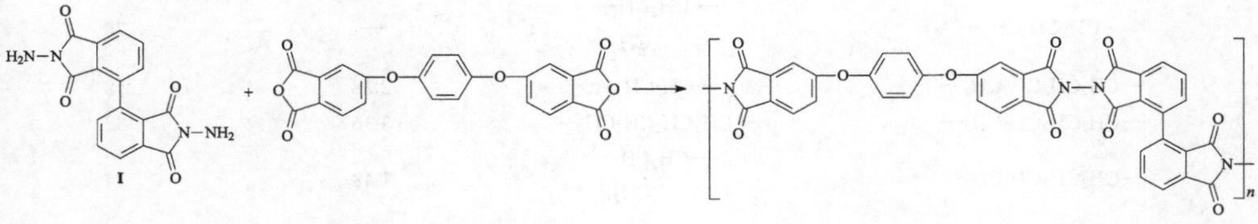

　　将 0.6445 g(0.002 mol) **I**〖1138〗, 0.8046 g(0.002 mol)4,4′-HQPDA, 2.5 g 对氯苯酚及催化量的苯甲酸在氮气下搅拌,在 100℃反应 4h,然后再加热到 190℃反应 24h,聚合反应中产生的水通过氮气流带走。反应完毕后冷却到 50℃,将黏稠的溶液倒入含有 100 mL 乙醇的溶液中,得到白色絮状的聚合物,过滤,以乙醇抽提 24 h,然后在 200℃真空干燥 4 h,得到聚酰亚胺粉末 1.3358 g,收率 97%。将所得聚酰亚胺粉末溶于 DMAc 中得到 10%的溶液,过滤,涂膜,在 60℃干燥 4 h 后,再在 250℃真空干燥 4 h,得到无色透明的聚酰亚胺薄膜。

6.10　其他聚合方法

6.10.1　由带双环氧基团的酰亚胺与二酸的聚合[46]

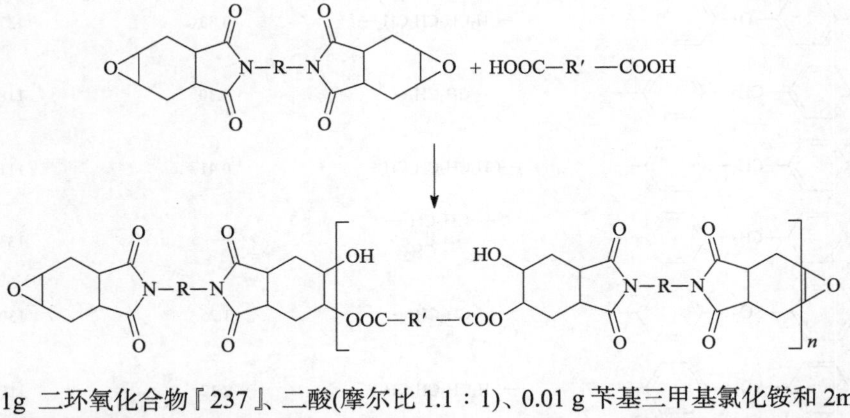

　　将 1g 二环氧化合物〖237〗、二酸(摩尔比 1.1∶1)、0.01 g 苄基三甲基氯化铵和 2mL DMF 在氩气下 110℃加热 3 天后倒入冰水,过滤,40℃真空干燥 24 h,得到聚合物(表 6-9)。

表 6-9　由带酰亚胺的双环氧化合物与二酸的聚合物

R	R'	η_{inh}/ (dL/g)	T_g/℃
—CH₂CH₂—	—CH₂CH₂—	1.07	104
—CH₂CH₂—	—CH₂CH₂CH₂CH₂—	2.59	71
—CH₂CH₂—	—CH₂CH= (CH₂)	3.84	121
—CH₂CH₂CH₂—	—CH₂CH₂—	—	92
—CH₂CH₂CH₂—	—CH₂CH₂CH₂CH₂—	—	61
—CH₂CH₂CH₂—	—CH₂CH= (CH₂)	—	78
—CH₂CH₂CH₂CH₂—	—CH₂CH₂—	2.28	58
—CH₂CH₂CH₂CH₂—	—CH₂CH₂CH₂CH₂—	3.36	52
—CH₂CH₂CH₂CH₂—	—CH₂CH= (CH₂)	1.48	74
(对亚苯基)	—CH₂CH₂—	0.81	—
(对亚苯基)	—CH₂CH₂CH₂CH₂—	1.58	—
—CH₂—(对亚苯基)—CH₂—	—CH₂CH₂—	0.43	95
—CH₂—(对亚苯基)—CH₂—	—CH₂CH₂CH₂CH₂—	1.46	77
—CH₂—(间亚苯基)—CH₂—	—CH₂CH= (CH₂)	1.48	106
(二苯醚)	—CH₂CH₂—	2.33	148
(二苯醚)	—CH₂CH₂CH₂CH₂—	3.33	137
(二苯甲烷)	—CH₂CH₂—	0.30	118
(二苯甲烷)	—CH₂CH₂CH₂CH₂—	0.41	111
(二苯甲烷)	—CH₂CH= (CH₂)	—	133
(二苯砜 SO₂)	—CH₂CH₂—	1.25	130
(二苯砜 SO₂)	—CH₂CH₂CH₂CH₂—	2.12	117
(二苯砜 SO₂)	—CH₂CH= (CH₂)	—	140

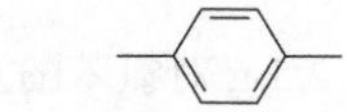

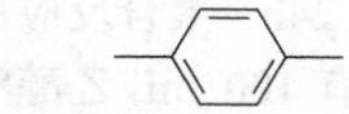

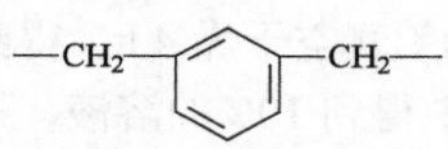

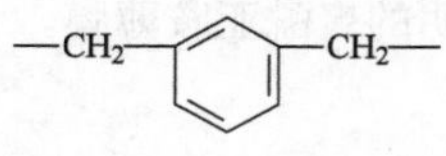

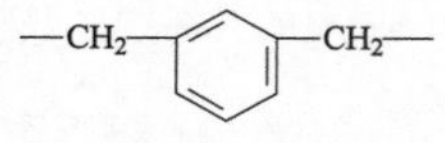

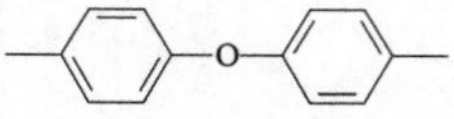

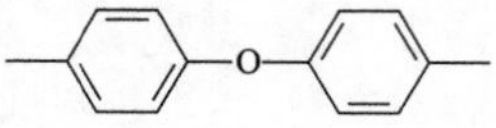

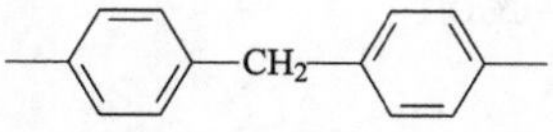

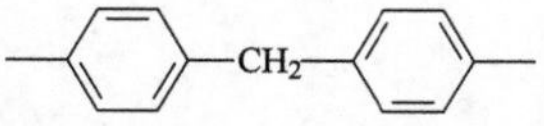

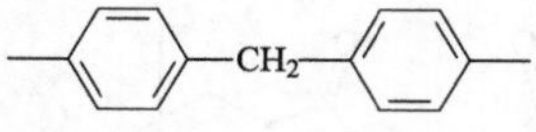

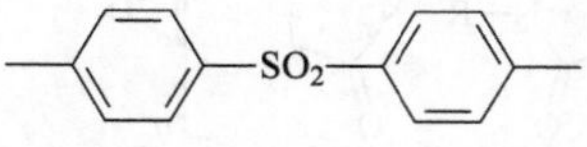

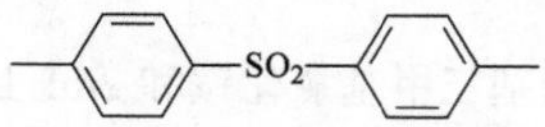

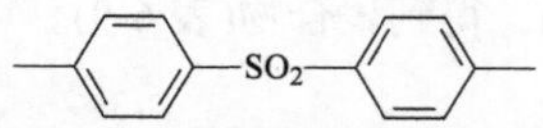

6.10.2　由带二炔基的酰亚胺单体氧化偶合[47,48]

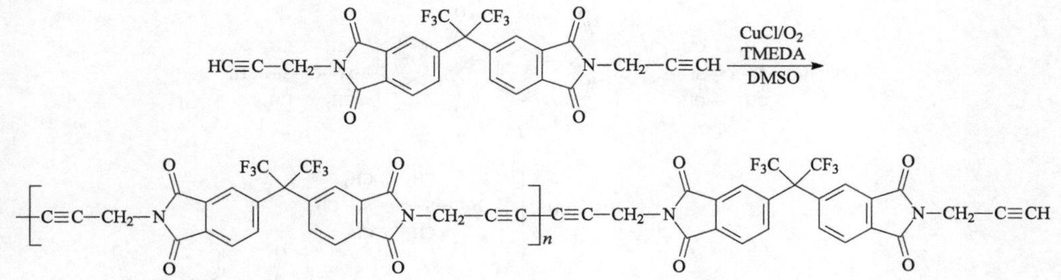

将 5.18 g (0.01 mol)二炔基单体『163』加到 40 mL 无水 DMSO 中。向溶液中鼓入空气约 10 min 后再加入氯化亚铜和 TMEDA 在 20 mL DMSO 中的溶液引发反应。反应在搅拌和鼓泡中进行 5 h，每 30 min 取样 5 mL，倒入 15 mL 酸化的甲醇中(1%浓盐酸，24%甲醇，75%水)，滤出沉淀，用酸化甲醇洗涤数次。用甲醇萃取 48h，在 60℃真空干燥 48 h。

由带二炔基的酰亚胺单体氧化偶合得到的聚合物见表 6-10。

说明：

1. TMEDA：CuCl=1.3：1，溶剂应选择可以与聚合物产生足够长的溶剂化时间，使得到较高的分子量。PMDA 基的单体在高稀释溶剂中 75℃聚合。重要的是要找到可以与聚合物和 CuCl/TMEDA 在 75℃都能够溶剂化的溶剂，以避免聚合物的沉淀。6FDA 基的单体可在室温聚合，在较高温度下只能得到黑色不溶物质。

2. 所有聚合物都应该在处理和储存中避免见光。为了除去铜，聚合物在酸性甲醇中重新溶解和沉淀。用甲醇萃取后在 60℃真空干燥 48 h。

表 6-10　由带二炔基的酰亚胺单体氧化偶合得到的聚合物

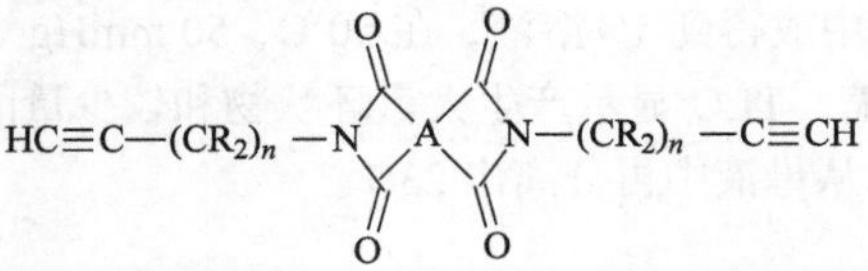

二酐	R	n	溶剂	聚合时间/h	聚合温度/℃
PMDA	H	1	DMSO	0.5	90
PMDA	H	3	DMSO	5	75
PMDA	CH$_3$	1	邻二氯苯	18	75
PMDA	CH$_3$CH$_2$	1	邻二氯苯	18	75
6FDA	H	1	DMSO	18	25
6FDA	H	3	DMSO	18	25

6.10.3　含酰亚胺结构的硅氧烷的成环及开环聚合[49]

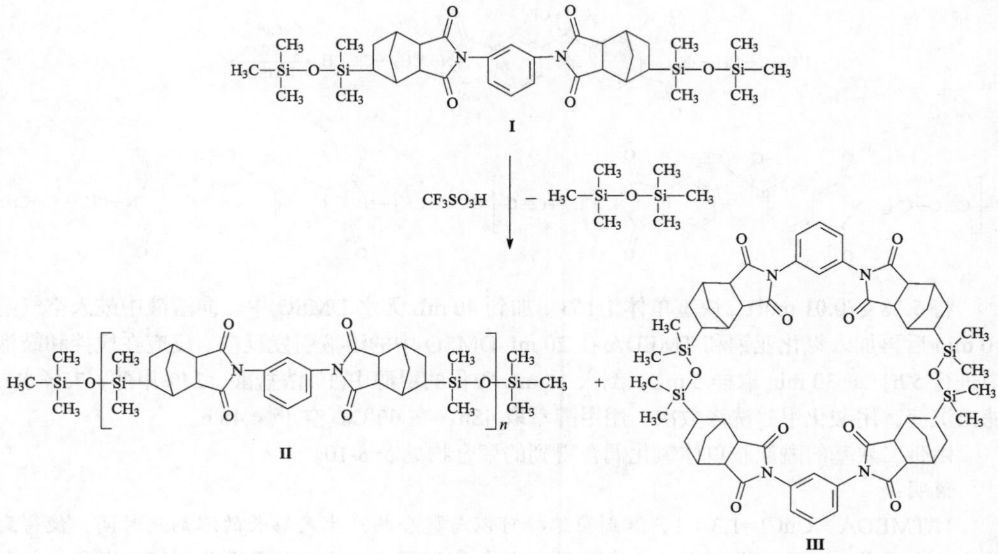

1. 聚酰亚胺硅氧烷的解构

将 2.5 g 聚酰亚胺硅氧烷(I)在二氯甲烷中的溶液用 CaH$_2$ 干燥，过滤。加入三氟甲磺酸，使浓度达到 0.01%，反应在室温进行 3 天，消去六甲基二硅氧烷后加入 MgO，中止反应，过滤，浓缩，由 TLC 分析大部分聚合物已经转变为齐聚物(主要为 3 种)。将产物的丙酮浓溶液放置 4 h 后得到少数大的无色结晶和大量小的结晶，过滤得环状齐聚物，收率 72%。

2. I 的成环聚合

将 4.0 g I 在邻二氯苯中成得到 1%溶液，在 50℃，50 mmHg 下达到酸平衡，24 h 后催化剂被猝灭，溶液过滤，浓缩，TLC 显示产生大量环状物和较少量的其他齐聚物。大的结晶在浓缩丙酮液时产生(41%)，从母液中再分离出 23%。

3. 开环聚合

将 3.0 g 环状晶体溶于二氯甲烷中得到 10%的溶液，将该溶液用 CaH$_2$ 干燥，过滤浓缩到40%，加入三氟甲磺酸(0.05%，质量分数)，封管，在 2 h 内溶液的黏度显著增加但仍有大量结晶析出。放置过夜，大多数晶体溶解，加热到 50℃保持 2h 得到很黏的溶液。用 MgO 猝灭催化剂后溶液用二氯甲烷稀释，过滤，取部分溶液在己烷中沉淀，另一部分在旋转蒸发器中浓缩，在瓶壁得到几乎无色的薄膜。

6.10.4 带三氟乙烯醚酰亚胺化合物的聚合

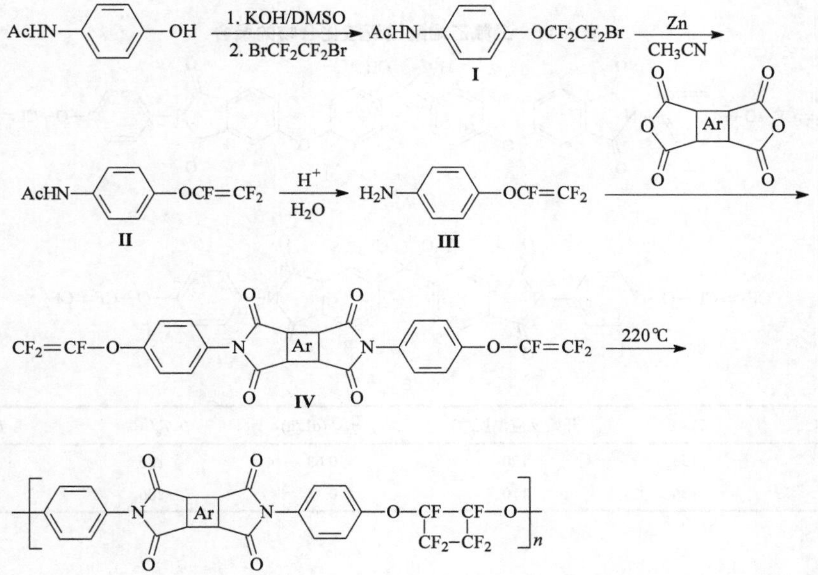

将 75.6 g (0.50 mol)4-乙酰氨基苯酚和 28.1 g (0.50 mol)KOH 加到 300 mL DMSO 和 100 mL 间二甲苯的混合物中，充氮 30 min 后减压到 200 mmHg，升温到 100℃，经 48 h 除水。冷却 到 30℃，在 1.5 h 内滴加 129.9 g (0.55 mol)1,2-二溴四氟乙烷。加完后在室温搅拌 12 h，然后 加热到 35℃搅拌 10 h。将反应物倒入 1 L 水中，用二氯甲烷萃取，活性炭脱色，除去溶剂， 滤出淡褐色固体，由己烷和乙醇的混合物中重结晶，得 4-(2-溴四氟乙氧基)乙酰氨基苯(I)白色 结晶 82.5 g (50%)，mp 99~101℃。

将 30.3 g (0.092 mol)I 在 80℃缓慢加入含有 6.6 g (0.10 mol)活化锌粉的 300 mL 乙腈中， 回流 12 h，滤出盐，滤液用 200 mL 己烷萃取数次，萃取液蒸发至干，残留物从己烷和乙醇混 合物中重结晶，得白色产物 12.76 g (60%)。再在碱性铝胶柱以己烷和乙酸乙酯为淋洗剂，得 纯白 4-(三氟乙烯氧基)乙酰氨基苯(II)粉末，mp 72~73℃。

将 12.76 g (0.055 mol) II 加入到 10% 盐酸中，搅拌回流 2 h，冷却到室温，用 10%NaOH 中和到 pH 为 7。溶液用二氯甲烷萃取数次，合并后用水洗涤 2 次，除去溶剂得 10.98 g(95%) 淡黄色液体，再在碱性铝胶柱以己烷和乙酸乙酯为淋洗剂，得 4-(三氟乙烯氧基)苯胺(III) 5.20 g (45%)清亮液体，bp 80~85℃/1.0 mmHg。

将 1 mmol 二酐加到 2.2 mmol 4-三氟乙烯氧基苯胺在 NMP 的溶液中，得到固含量为 15% 的溶液，氮气下室温搅拌 12 h，加入 3 mmol 吡啶和 3 mmol 乙酐室温搅拌过夜，在甲醇中沉 淀，过滤，用甲醇洗涤，90℃真空干燥 6 h，得 IV。

将 2.0 g **IV** 在直径为 25 mm，深为 20 mm 的模具中减压熔融。完全熔融后加热到 180℃经 2 h 以除去挥发物，充氮，加热到 220℃经 12 h，得到淡黄色聚合物。

由三氟乙烯醚酰亚胺化合物的聚合见表 6-11。

表 6-11　三氟乙烯醚酰亚胺化合物的聚合

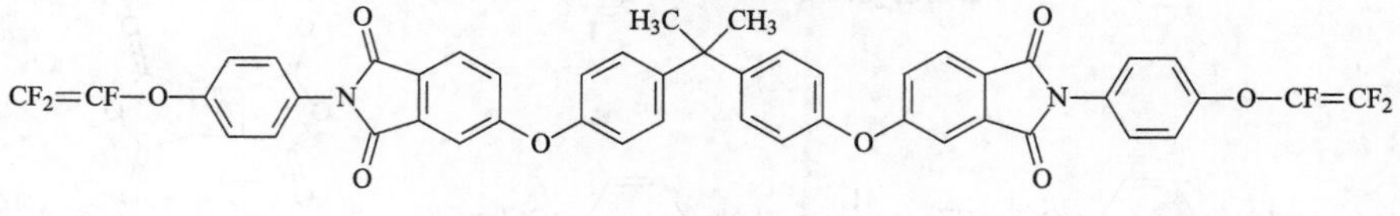

A

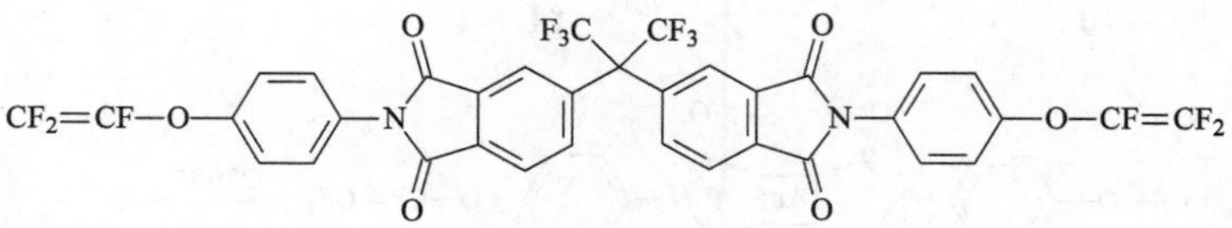

B

单体	T_m/℃	开始反应温度/℃	η_{inh}/(dL/g)	T_g/℃	$T_{5\%}$/℃
A	153	170	0.63	186	553
B	136	170	0.31	206	505

6.10.5　由 Diels-Alder 反应得到的聚酰亚胺

有 BMI 参与的 Diels-Alder 反应见第 7 章。

1. 由 1,4,5,8-四氢-1,4,5,8-二环氧蒽与带蒽结构的酰亚胺化合物间的 Diels-Alder 反应[51]

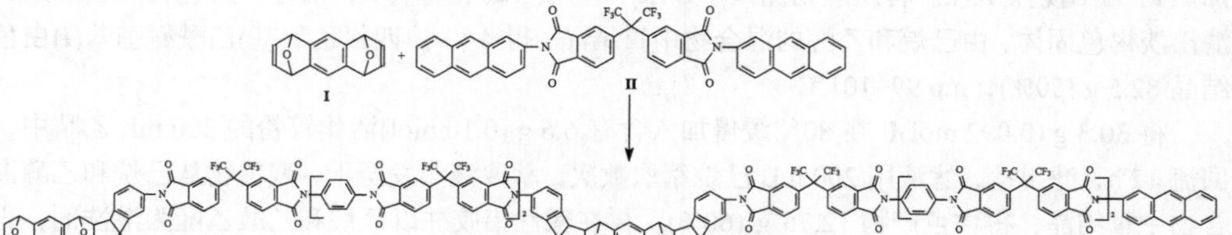

将 2.10 g (10 mmol) 1,4,5,8-四氢-1,4;5,8-二环氧蒽**(I)** 和 18.27 g (10 mmol)**II** 加到 100 mL DMF 中，充以 2.1 MPa 氮气，加热到 155℃，这时压力为 4.2 MPa，反应 36 h 后冷却，除去溶剂，褐色固体在 200℃干燥 4 h，288℃ 1 h，得到 20.35 g(定量)聚合物，软化温度(TMA)为 359℃。

2. 由二异苯并呋喃与苯炔基的聚合[52]

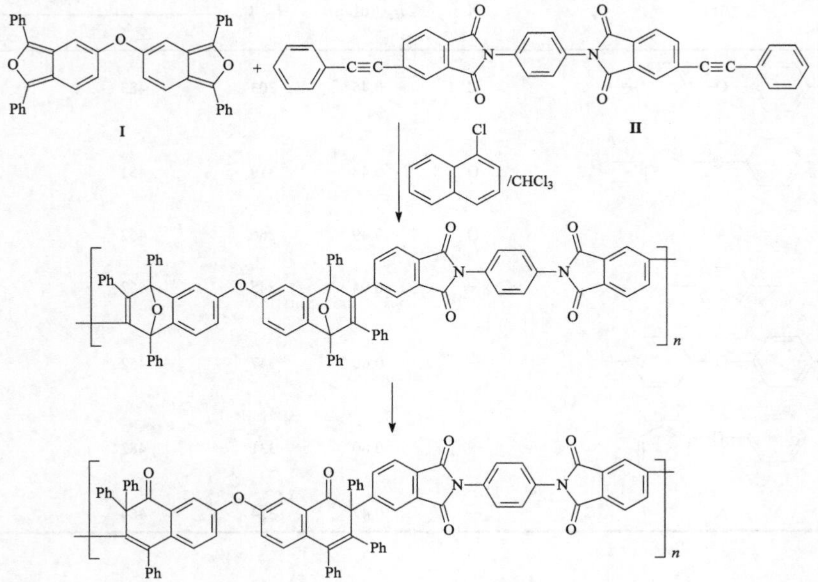

将 0.2345 g (0.4124 mmol) I『197』和 0.2287 g (0.4124 mmol)II『167』与 1.5 g 1-氯萘和 20 mL 氯仿混合，加热回流至单体溶解，除去氯仿，升温到 250℃。当黏度增高(8 h 后)时再加入 1-氯萘，使固含量达到 15%。混合物在 250℃反应 48 h。然后冷却到室温，用氯仿稀释，在甲醇中沉淀。过滤后用热甲醇洗涤。将聚合物溶解在氯仿中，重新在甲醇中沉淀，得到深色纤维状物质，在 110℃真空干燥，得 0.4358 g (94%)，对数黏度为 0.43 dL/g。可由氯仿溶液得到柔韧的薄膜，Tg 359℃。

由二异苯并呋喃和双(苯基乙炔)得到的聚合物见表 6-12。

由二异苯并呋喃和双(苯基乙炔)二酰亚胺得到的聚合物见表 6-13。

表 6-12　由二异苯并呋喃和双(苯基乙炔)得到的聚合物

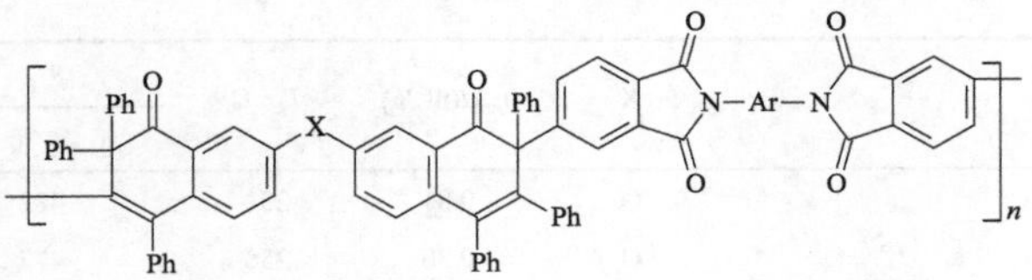

Ar	X	$\eta_{inh}/(dL/g)$	$T_g/℃$	$T_{10\%}/℃$	
				空气	氮气
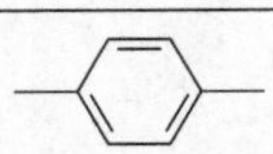 （对亚苯基）	O	0.43	359	482	520

续表

Ar	X	η_{inh}/(dL/g)	T_g/℃	$T_{10\%}$/℃	
				空气	氮气
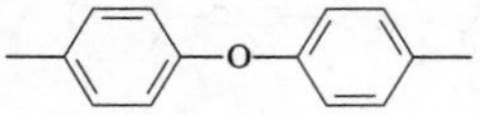	O	0.45	303	483	517
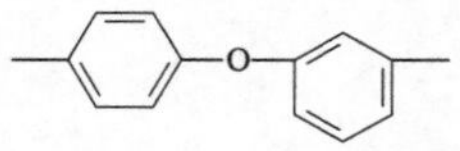	O	0.48	319	451	482
A	O	0.49	266	462	509
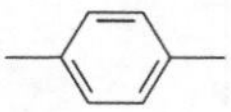	—	0.94	345	452	497
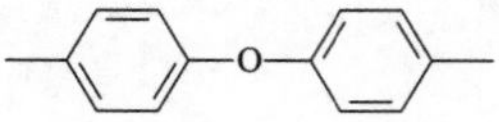	—	0.60	347	452	485
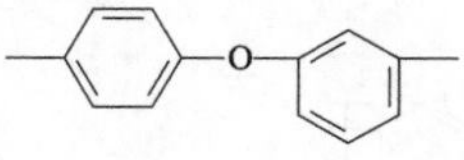	—	0.80	331	482	501
A	—	0.47	314	464	475

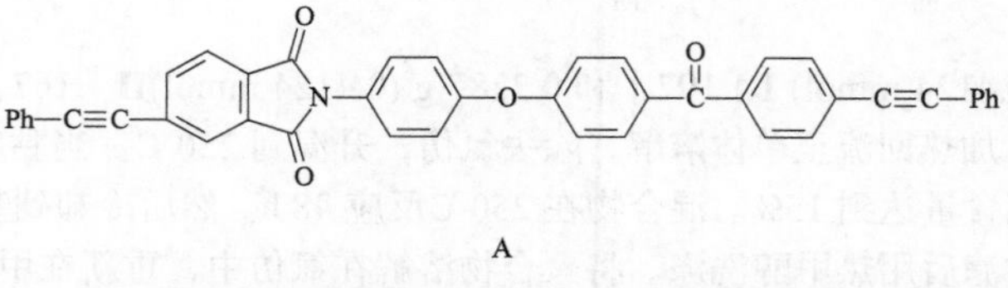

A

表 6-13　由二异苯并呋喃和双(苯基乙炔)二酰亚胺得到的聚合物

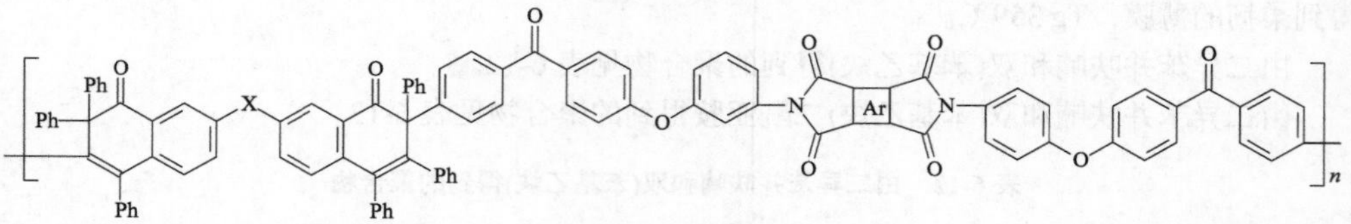

Ar	X	η_{inh}/(dL/g)	T_g/℃	$T_{10\%}$/℃	
				空气	氮气
ODPA	O	0.81	251	482	516
BPDA	O	0.30	256	477	514
PMDA	O	0.34	268	480	520
ODPA	—	0.86	279	486	486

3. 由六氟丙酮腙与双降冰片酰亚胺的聚合[53]

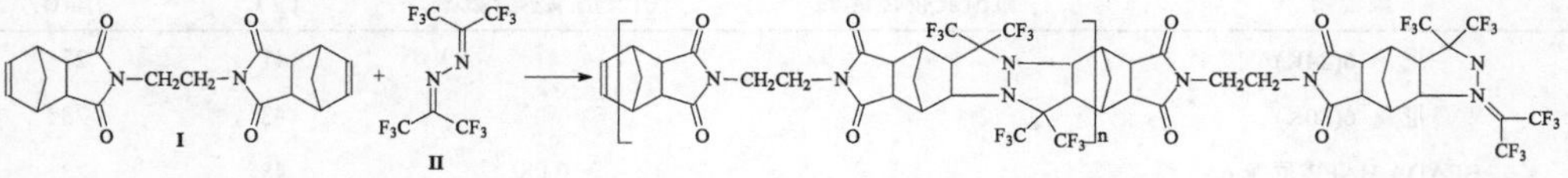

将 846 mg (2.4 mmol) **I** 和 783 mg (2.4 mmol)六氟丙酮腙 **II** 溶于 10 mL 甲苯中,在压力下 90℃反应 20 h。冷却后在甲醇中沉淀,得到聚合物。

6.10.6　聚酰亚胺与尼龙 6 的共聚合[54]

1. 接枝共聚物

①接枝在酰胺上

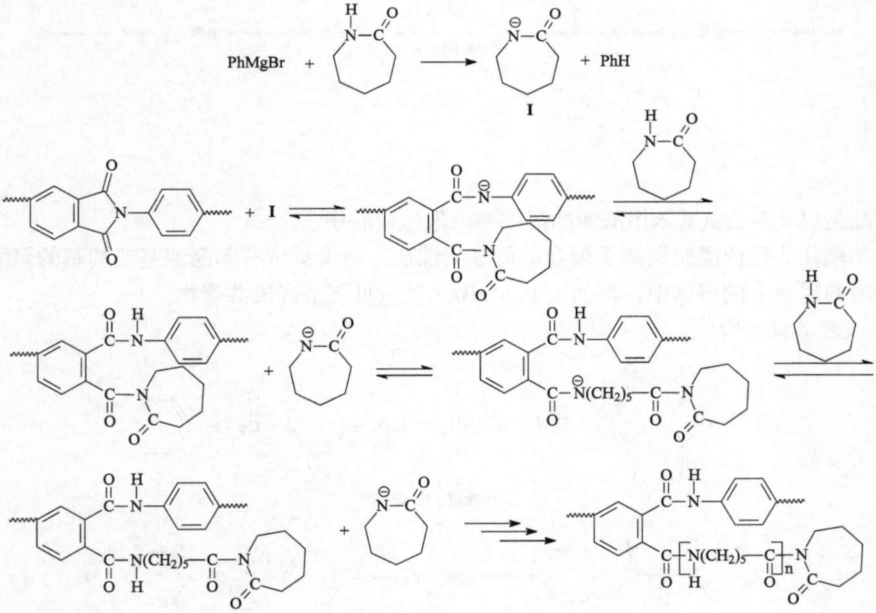

氩气下将 2.37 g 聚酰亚胺和 45.0 g (0.398 mol,固含量~5%)己内酰胺在 140~150℃搅拌 4~5 h 得到均相溶液。冷却到 120℃,加入 3.0 mol/L PhMgBr 在乙醚中的溶液,其量各为相对于己内酰胺的 0.08 %(摩尔分数)。溶液的黏度逐渐增加,大约在 1h 后固化。固体混合物仍在 120℃保持 5 h,以保证反应完全,得到均匀韧性的黄色聚合物。将聚合物切成小块,用热甲醇萃取 16 h,在 160℃真空干燥。

聚酰亚胺与尼龙 6 的接枝共聚物见表 6-14。

表 6-14　聚酰亚胺与尼龙 6 的接枝共聚物

聚合物	聚酰亚胺含量/%	引发剂摩尔分数/%	T_g/℃	T_m/℃
尼龙 6(24K)			41	27
尼龙 6(80K)			43	23
BPADA/BAPP-尼龙 6	5	0.08	48	23
Ultem-尼龙 6	5	0.08	48	23
BPADA/OTOL-尼龙 6	5	0.08	46	21

②接枝在聚酰亚胺上

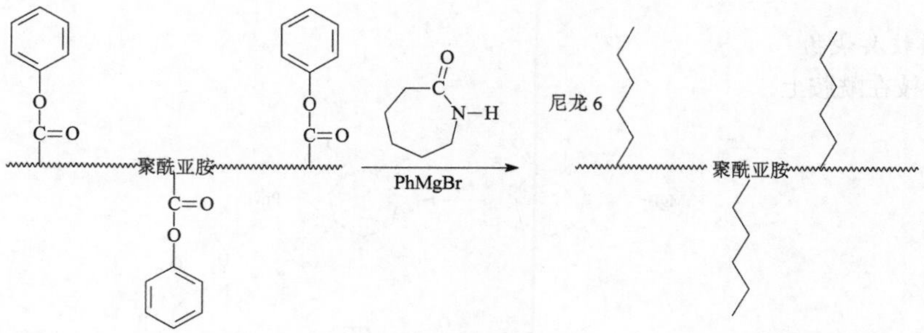

苯酯是以 3,5-二氨基苯甲酸苯酯形式插入聚酰亚胺中。

以苯酯作为己内酰胺阴离子聚合的侧基活性剂。将少量带有苯酯侧基或端基的聚酰亚胺溶于熔融的尼龙 6 的熔体中，再加入 PhMgBr。反应见下节嵌段共聚物。

2. 嵌段共聚物[55]

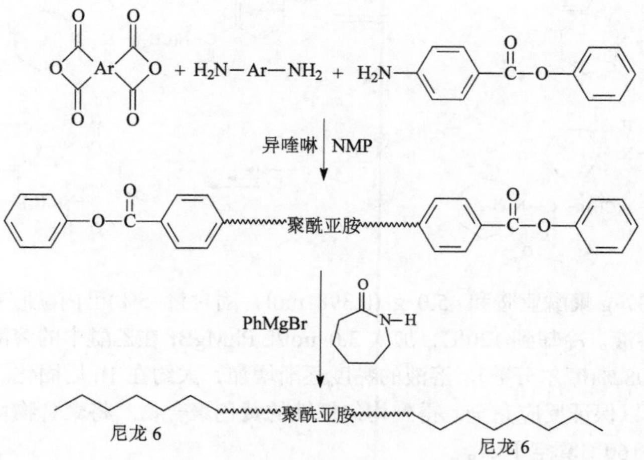

将二胺(0.905~0.944mol)和 4-氨基苯甲酸苯酯(0.190~0.112 mol)溶于 300 mL NMP 中，加入 1.0 mol 二酐，使固含量达到 20%。混合物逐步加热，在 170℃时加入 10 滴异喹啉。在 200 ℃反应 12 h，蒸出产生的水分。将反应物在甲醇中沉淀，过滤，再用甲醇洗涤后在 260℃减压干燥 1 h，得到封端的酰亚胺齐聚物[56]。

将 2.37~7.94 g (5%~15%)以苯甲酸苯酯封端的齐聚酰亚胺和 45.0 g (0.398 mol)己内酰胺加热到 140~150℃，搅拌 4~5 h 得到均相熔体。冷到 120℃加入 3.0 mol/L PhMgBr 在乙醚中的溶液，使 PhMgBr：酯为 1.2：1。反应物黏度迅速增加，5~10 min 后固化。将该固体混合物在 120℃保持 5 h，使反应完全，得到均匀、柔韧的黄色树脂。切成小片后用热甲醇萃取 16 h，在 160℃减压干燥 12 h，得到嵌段共聚物。

6.10.7　由四腈合成含酞腈的聚酰亚胺[57]

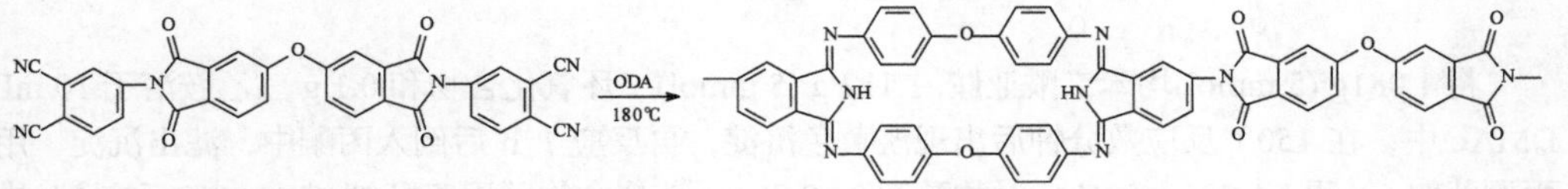

四腈由二酐与 4-氨基邻苯二腈得到。

在 0.3 g (0.5352 mmol)四腈和 0.22 g (1.0702 mmol) ODA 中加入 7 mL 苯酚和 0.022 g (0.5331 mmol)LiCl，混合物在 180℃搅拌 24 h，冷却后倒入冷甲醇中，滤出聚合物，用甲醇萃取过夜，干燥后得到红褐色产物，收率 94%。

也可以在 275℃熔融聚合后再在 310℃后固化 10 h 得到聚合物。

6.10.8　聚酰亚胺磷酸酯[58]

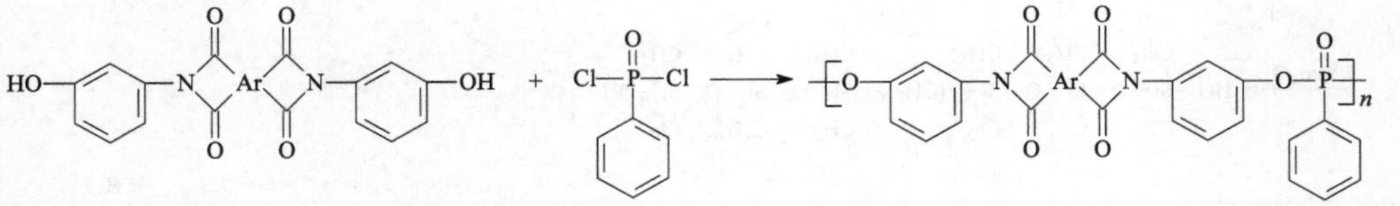

将 5 mmol 二羟基二酰亚胺溶于 150 mL KOH(0.565 g, 10.1 mmol)的水溶液中，5 min 内在 –6℃加入 0.320 g (1 mmol) 十六烷基三甲基氯化铵及 75 mL 0.975 g (5 mmol)二氯苯基膦氧化物在二氯甲烷中的溶液。混合物在 –3℃搅拌 2 h。得到的聚合物沉淀析出，倾出上层水和二氯甲烷，聚合物用水和丙酮洗涤，并由 DMF 溶液沉淀到丙酮中来提纯聚合物，最后在 50℃真空干燥(表 6-15)。

表 6-15　聚酰亚胺磷酸酯

二酐	T_g/℃		$T_{10\%}$/℃	
	DTA	TMA	N_2	空气
PMDA	192	190	465	415
BTDA	172	178	445	400

6.10.9　双酰亚胺与环氧的聚合[59]

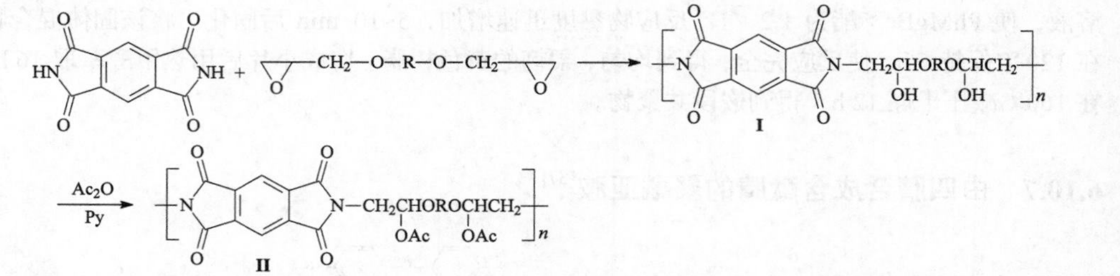

将 1.081g (5 mmol)均苯二酰亚胺, 1.112 g (5 mmol)二环氧化合物和 0.1 g 三乙胺溶于 10 mL DMAc 中, 在 150℃反应数分钟后出现淡黄色沉淀, 再反应 1 h 后倒入丙酮中, 滤出沉淀, 用丙酮萃取 6 h 得 I 1.796 g(82%), 对数黏度 0.19 dL/g。该聚合物可用乙酐/吡啶在 80℃反应 1 h 进行酰化, 将过量试剂减压除去后倒入甲醇中, 过滤, II 的收率为 76%, 对数黏度: 0.16 dL/g。

6.10.10　由带羟端基的聚硅氧烷和带氯硅烷端基的聚酰亚胺得到的嵌段热塑弹性体[60]

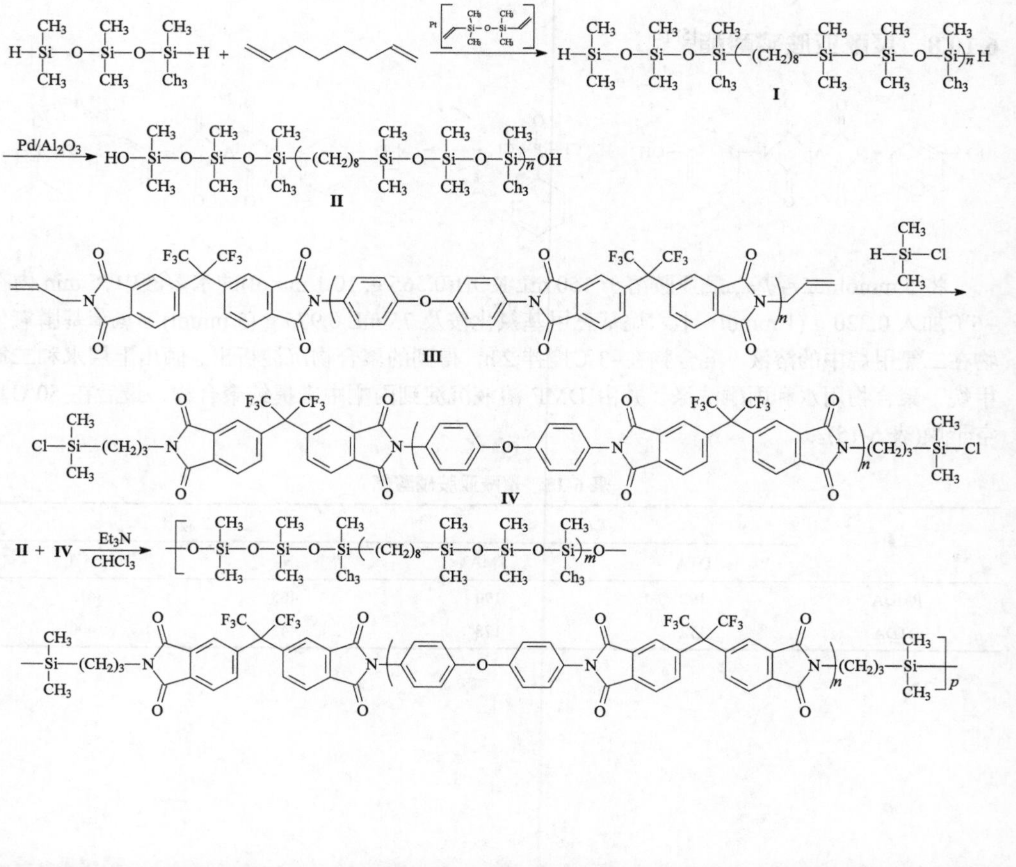

将 5.3216 g (48.4 mmol) 1,7-辛二烯和 12.00 g (68.1 mmol)六甲基三硅氧烷在 17.3 g 甲苯中冷至 0℃，加入 19.4 μL Karstedt 催化剂 (相当于每摩尔双键 200 μL，半小时后强烈放热)。冷却到室温，搅拌 2 h，蒸出溶剂和过量的六甲基三硅氧烷，得到淡黄色黏性油状物，在 120℃真空干燥，得到聚硅氧烷(I)收率 100%。

将 0.2 g 干燥的 5%Pd/Al$_2$O$_3$，20 mL THF 及 1 mL 缓冲溶液 NaH$_2$PO$_4$/H$_2$O 和 14.5 g I 在等量的 THF 中室温搅拌 3 天，通过无水硫酸钠过滤，蒸发去溶剂，将得到的油状物在 120℃真空干燥，得到 α,ω-二羟基聚硅氧烷(II)，收率 100%。

将 42.3 g α,ω-二烯丙基聚酰亚胺(III)(M_n =5140) 和 170 g 氯苯在 110℃加热，得到透明的溶液。冷却到室温后，加入 33 μL Karstedt 催化剂，再滴加 9.9 g (41 mmol) 二甲基二氯硅烷。混合物在 50℃反应 4 h。冷却到室温后，除去过量的二甲基二氯硅烷和溶剂，产物在 120 ℃真空干燥 4 h，得到以氯硅烷封端的聚酰亚胺(IV) 43.9 g(100%)。

室温下将等摩尔的 α,ω-二硅醇和三乙胺滴加到 α,ω-二氯硅烷的氯仿溶液中(α,ω-二氯硅烷: α,ω-二硅醇为 1:1)，混合物回流搅拌 4 h，冷却后经硫酸钠过滤，蒸出溶剂。将粗产物溶于 30 mL 乙醚中，用 10%盐酸洗涤一次，水洗 2 次。蒸出溶剂，干燥，红外有 3300 cm^{-1} Si—OH吸收峰。将聚合物溶于氯仿中加入 1 滴四甲基三氟乙酸胍，回流 12 h，蒸出溶剂后，产物在 120℃真空干燥，得到聚酰亚胺-b-硅氧烷淡黄色粉末，收率 96%。

6.10.11　由 N,N′-二羟端基的酰亚胺与二腈、二胺或二仲胺的聚合[61]

由 N,N′-二羟甲基四酰二亚胺与二腈、二胺或二仲胺可以得到聚酰胺酰亚胺或不同的聚胺酰亚胺，但所得聚合物均为低分子量，低热稳定性。

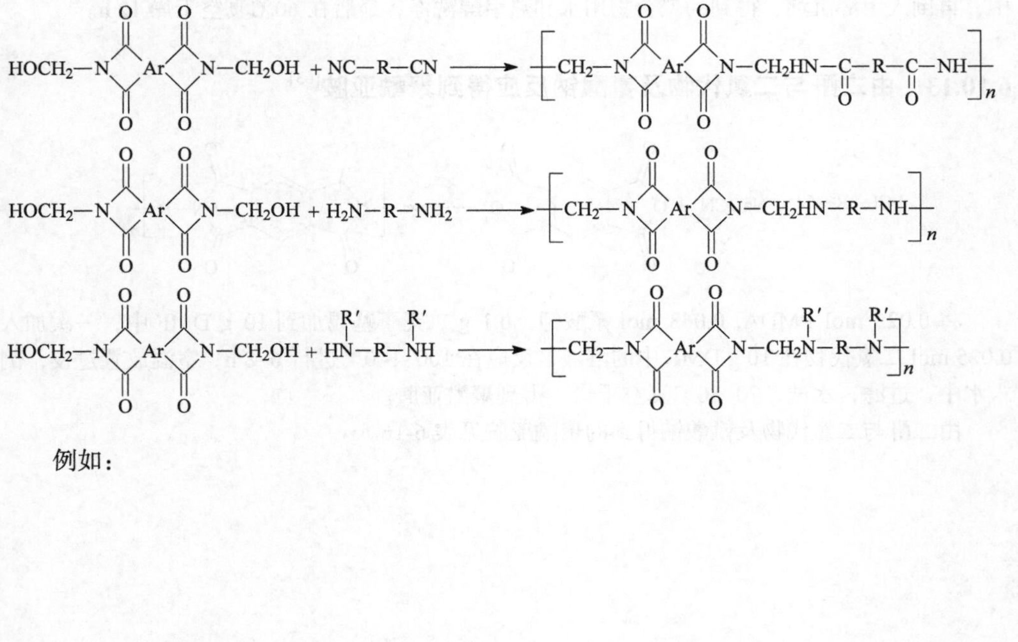

例如：

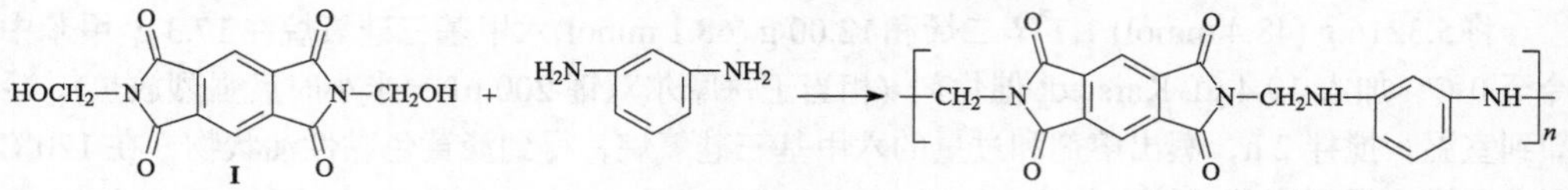

将 0.276 g(1 mmol)I 溶于 4.75 mL DMAc 中，加入 0.108 g(1 mmol)间苯二胺，在 70℃搅拌 20 min 后加入 0.05 mL 水，发生沉淀，再在 70℃搅拌 100 min 后倒入水中，滤出沉淀，用水洗涤，干燥，收率 87%，对数黏度 0.37 dL/g。

6.10.12　*N,N′*-羟烷基四酰二亚胺与碳酸酯的交换聚合[62]

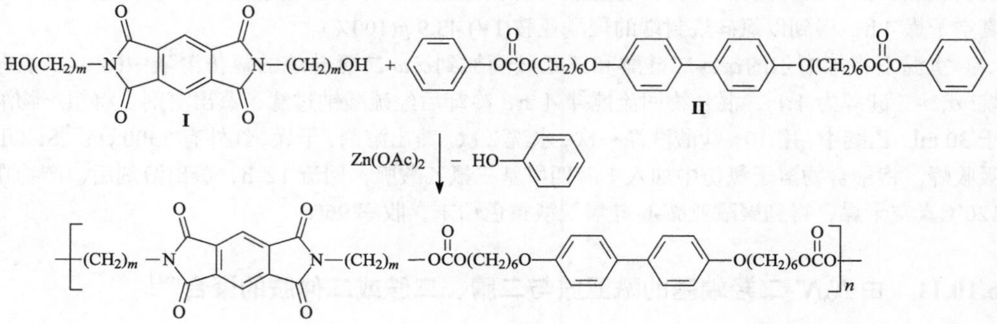

在氮气下将 0.5 mmol I，0.5 mmol II 和 5 mg 乙酸锌在 190~200℃搅拌 2 h。然后再在 11~12 mmHg 下 200~210℃反应 1 h，2 mmHg 下 210~220℃反应 30 min。将反应产物溶于氯仿中，再倒入甲醇沉淀，得到的聚合物用水和热甲醇洗涤，最后在 60℃真空干燥 12 h。

6.10.13　由二酐与二氯代物及氰酸钠反应得到聚酰亚胺[63]

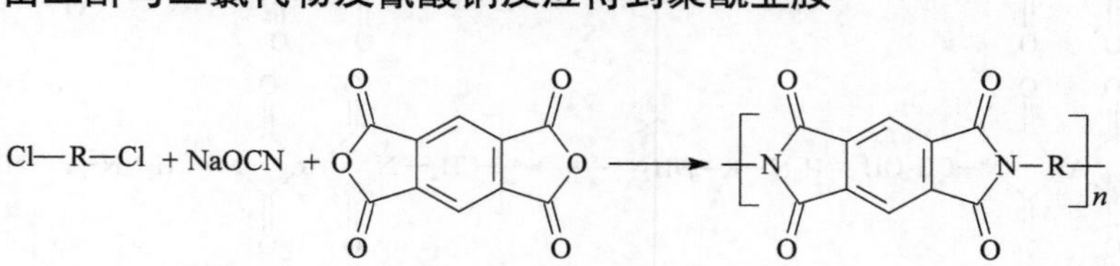

将 0.025 mol PMDA, 0.063 mol 氰酸钾，0.1 g 二正丁基锡加到 10 g DMF 中，一次加入 0.025 mol 二氯代物在 10 g DMF 中的溶液，反应在 100~140℃进行 6~8 h，室温放置过夜，倒入水中，过滤，水洗，70~80℃真空干燥，得到聚酰亚胺。

由二酐与二氯代物及氰酸钠得到的聚酰亚胺见表 6-16。

表 6-16　由二酐与二氯代物及氰酸钠得到的聚酰亚胺

聚酰亚胺	R	η_{inh}/(dL/g)	$T_{10\%}$/℃
PI-1	—CH₂CH₂CH₂CH₂—	0.13	280
PI-2	—CH₂—CH＝CH—CH₂—	0.10	288
PI-3	—CH₂—C≡C—CH₂—	0.25	244

PI-1 R = —$CH_2CH_2CH_2CH_2$—

PI-2 R = —CH_2—CH＝CH—CH_2—

PI-3 R = —CH_2—C≡C—CH_2—

6.11　树枝状聚醚酰亚胺

6.11.1　由氨基二酚与硝基酞酰亚胺出发

由 1-(4-氨基苯基)-1,1-二(4-羟基苯基)乙烷和 N-苯基-3-硝基酞酰亚胺出发[80]。

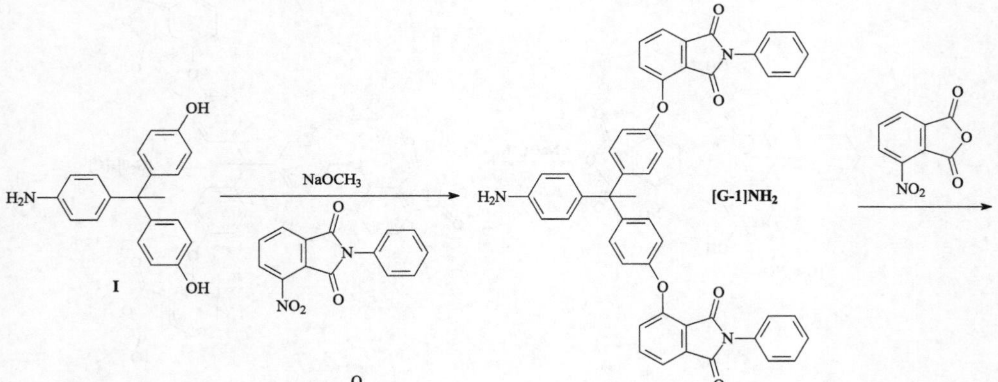

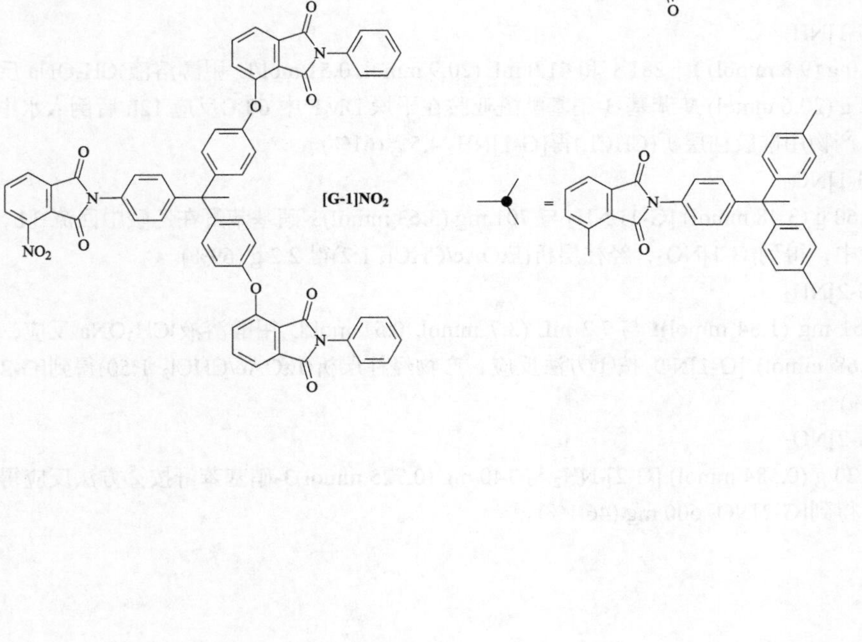

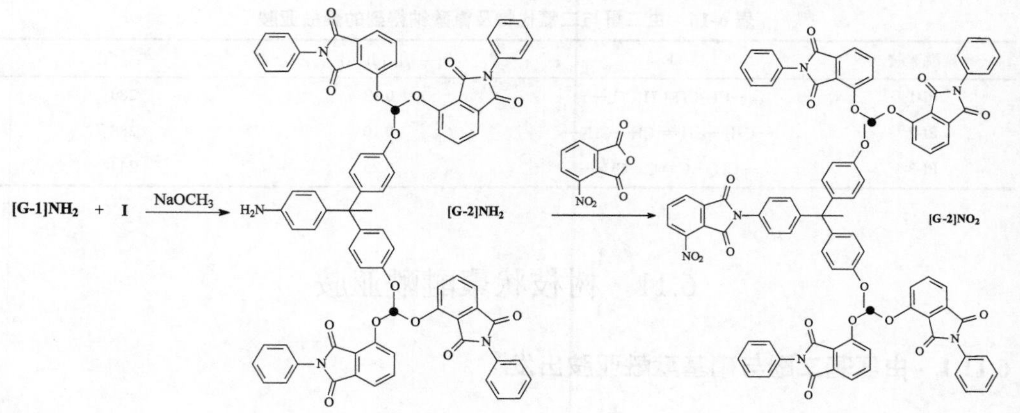

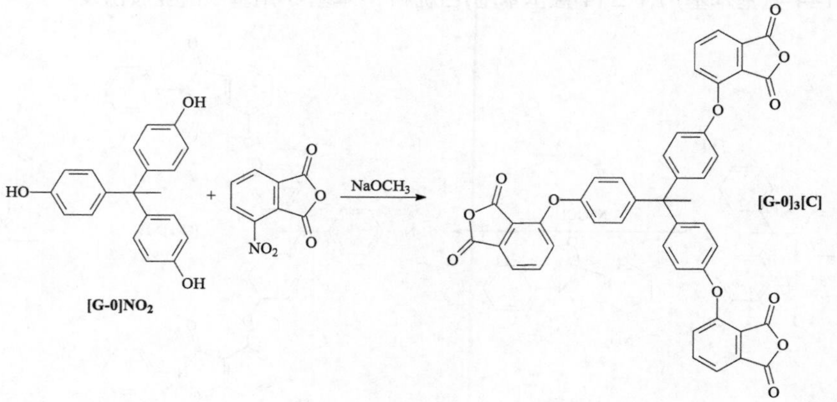

① [G-1]NH₂

由 3.0 g (9.8 mmol) **I**『281』和 41.0 mL (20.9 mmol, 0.51 mol/L 甲醇溶液)CH₃ONa 反应，再与 5.52 g (20.6 mmol) N-苯基-3-硝基酞酰亚胺在干燥 DMF 中 60℃反应 12h 后倒入水中，滤出固体，产物用硅胶柱层析(CHCl₃)得[G-1]NH₂ 4.5 g (61%)。

② [G-1]NO₂

由 2.60 g (3.48 mmol) [G-1]-NH₂ 与 701 mg (3.63 mmol)3-硝基苯酐在乙酸中回流 3 h，冷却后倒入水中，得到[G-1]NO₂，经柱层析(EtOAc/CHCl₃ 1:2)得 2.2 g (69%)。

③ [G-2]NH₂

将 561 mg (1.84 mmol)**I** 与 7.2 mL (3.7 mmol, 0.51 mol/L 甲醇溶液)CH₃ONa 反应，再与 3.40 g (3.68 mmol) [G-1]NO₂ 按①方法反应，产物经柱层析(EtOAc/CHCl₃ 1:50)得到[G-2]NH₂ 1.6 g (42%)。

④ [G-2]NO₂

由 1.20 g (0.584 mmol) [G-2]-NH₂ 与 140 mg (0.725 mmol)3-硝基苯酐按②方法反应得到，经柱层析得到[G-2]NO₂ 600 mg (46.1%)。

⑤[G-0]3[C]

将 200 mg (0.653 mol)1,1,1-三(4-羟苯基)乙烷与 4.1 mL (2.1 mmol, 0.51 mol/L 甲醇溶液) CH₃ONa 按①方法反应后再与 620 mg (2.31 mmol) [G-0]-NO₂ 反应，产物经柱层析 (EtOAc/CHCl₃ 1∶2)得到[G-0]₃[C] 402 mg (63.5%)。

⑥[G-1]₃[C]

将 40.0 mg (0.131 mmol)1,1,1-三(4-羟苯基)乙烷与 0.77 mL (0.39 mmol, 0.51 mol/L 甲醇溶液) CH₃ONa 按①方法反应，然后再与 370 mg (0.400 mmol) [G-1]NO₂ 反应，产物经柱层析 (EtOAc/CHCl₃ 1:4) 得[G-1]₃[C] 120 mg (31.3%)。

⑦[G-2]₃[C]

将 25 mg (0.082 mmol) 1,1,1-三(4-羟苯基)乙烷与 0.50 mL (0.26 mmol, 0.51 mol/L 甲醇溶液) CH₃ONa 按上述方法反应，得到的酚氧衍生物再与 546 mg (0.245 mmol) [G-2]NO₂ 反应，产物经柱层析(EtOAc/CH₂Cl₂，1:40) 得[G-2]₃[C] 131 mg (23.2%)。

6.11.2 从 N-[3,5-双(4-羟基苯甲酰基)苯]-4-氟代酞酰亚胺出发[81]

将 1.5 g (3.1 mmol)**I**『282』和 1.0 g (7.2 mmol)碳酸钾，加入到 30 mL NMP 和甲苯的混合物中，加热到 140~150℃ 反应 4 h. 形成的水与甲苯共沸除去，增加氮气流使甲苯被除尽后将橙色溶液加热到 160℃ 反应 3 h，溶液变成褐色，冷却变黏，并看到一些沉淀。冷却后倒入 300 mL5%盐酸中，滤出沉淀，空气干燥后再溶于 NMP 过滤，除去不溶的盐，滤液倒入 300 mL5%盐酸，在 60~70℃ 加热 2 h.，滤出沉淀，在五氧化二磷上 100℃干燥 48 h，得定量收率。[η]= 0.13 dL/g; T_g = 224℃。

6.11.3 由 4,4′-二羟基-4″-氨基三苯甲烷与氯代苯酐出发[82]

将 13 mmol **I** 和 2.90 g 碳酸钾加到 20 mL NMP 和 15 mL 甲苯中，混合物在氮气下加热回流 10 h。随着水的蒸出，温度达到 180℃，再搅拌 3h 后倒入 1.6 L 水中，滤出沉淀，溶于 THF，再在甲醇中沉淀，得到白色的超枝化聚醚酰亚胺。

6.11.4　由氨基二酚与偏苯三酸酐出发[83]

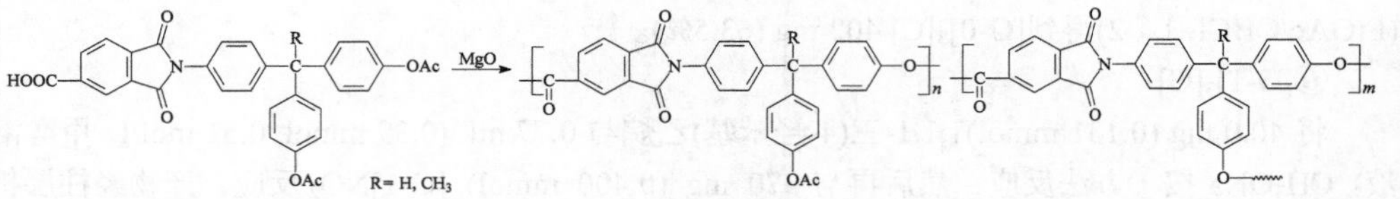

将装有单体(见『276』或『278』)的反应瓶加到已经预热到150℃的油浴中，一旦熔融得到均相熔体，加入单体量5%的催化剂MgO，温度在2 h内升至240~300℃，放出的乙酸用缓慢的氮气流带走。最后抽真空1 h。将产物溶于回流的DMAc中，在冷乙醇中沉淀，过滤，在120℃真空干燥，收率85%~91%。

6.11.5　由 N-3,5-二特丁基二甲基硅氧基苯基-4-氟代酞酰亚胺出发[88]

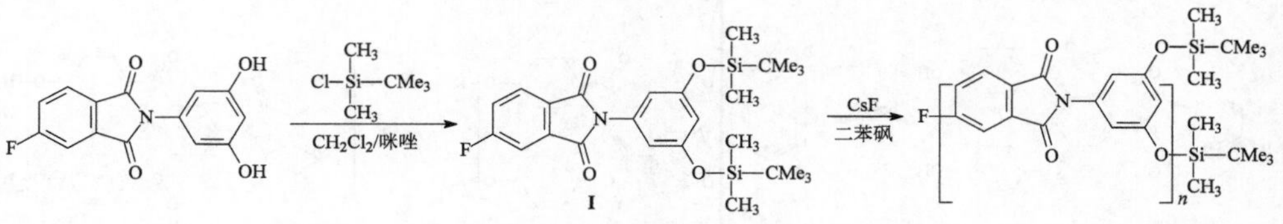

将24.1 g(88.2 mmol)N-(3,5-二羟基苯基)-4-氟酞酰亚胺『275』, 27.95 g (185 mmol) 特丁基二甲基氯硅烷和12.6 g(185 mmol)咪唑加到250 mL 二氯甲烷中，室温搅拌12 h。滤出咪唑盐，减压除去溶剂，将白色的固体从庚烷重结晶，得 I 38.7 g(88%)。

将 I 和催化剂在二苯砜中迅速加热到240℃，单体很快熔融并放出特丁基二甲基氟硅烷气泡。搅拌到气泡不再放出(2.5 min)后冷却，在熔体固化前，依次用热甲苯和丙酮处理，除去溶剂，得到白色粉末。将该粉末分散在乙醇中，除去二苯砜，得到白色无定形超枝化树脂。

6.11.6　由带有树枝状结构的侧基的单体聚合得到[89]

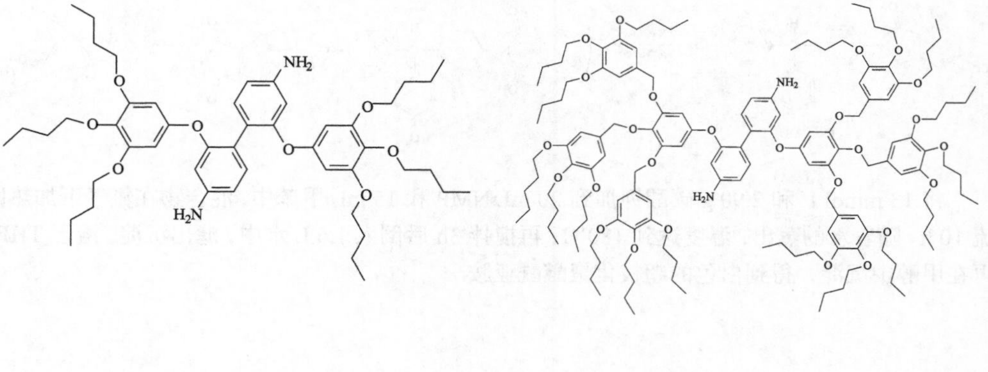

　　将 0.4 mmol 二胺(〖212〗和〖213〗)溶于 1.8 mL NMP 中，在 2~3 min 内加入二酐，室温搅拌 6 h 后倒入甲醇，得到聚酰胺酸白色固体。也可以涂膜，在 100℃干燥 1 h，120℃ 1 h，180℃ 30 min，250℃ 3 h 处理，得到聚酰亚胺薄膜。

6.11.7　由硅化的 *N*-(4-羧基苯基)-4,5-二(4-乙酰氧基硫基)酞酰亚胺聚合得到[64]

　　将 **I** 在 250℃加热，用缓慢的氮气流带走产生的乙酸三甲硅酯。反应 6 h 后冷却，将产物溶于二氯甲烷/三氟乙酸(4/1)中，在甲醇中沉淀，过滤，在 120℃真空干燥，收率89%，T_g=210 ℃。

　　将(5 mmol)**I** 和(10 mmol)**II** 加热到 230℃，由缓慢的氮气流带走产生的乙酸和乙酸三甲硅酯反应 6 h 后冷却，将产物溶于二氯甲烷/三氟乙酸(4/1)中，在甲醇中沉淀，过滤，在 120℃真空干燥。

参 考 文 献

[1] Wirth J G, Heath D R. US, 3787364[1974].

[2] Brunelle D J, Acar H Y, Khouri F F, Richards W D, US, 6849706[2005].

[3] Williams III F J. US, 3847869[1974].

[4] Wirth J G, Heath D R. US, 3838097[1974].

[5] Kannan P, Sudhakar S, Swaminathan C S, Murugavel S C. J. Polym. Sci., Polym. Chem., 1996, 34: 3559.

[6] Takekoshi T, Terry J M. J. Polym. Sci., Polym. Chem., 1997, 35: 759.

[7] Gao C, Zhang S, Gao L, Ding M. Macromolecules, 2003, 36: 5559.

[8] Gao C, Wu X, Lv G, Ding M, Gao L. Macromolecules, 2004, 37: 2754.

[9] Qiu Z, Wu S, Li Z, Zhang S, Xing W, Liu C. Macromolecules, 2006, 39: 6425.

[10] Quante H, Schlichting P, Rohl U, Geerts Y, Miillen K. Macromol. Chem. Phys., 1996, 197: 4029 .

[11] 方省众，胡本林，严庆，丁孟贤. 中国，200810060189.9

[12] Sonpatki M M, Fradet A, Skaria S, Ponrathnam S, Rajan C R. Polymer，1999, 40: 4377.

[13] Takekoshi T. in Polyimides, Wilson D, Hertential P M, Stenzenberger H D. New York: Chapman and Hall, 1990, p. 38.

[14] Spring F S, Woods J C. J. Chem. Soc., 1945, 625; Spring F S, Woods J C. Natrue, 1946, 158: 754；Barber H J, Wragg W R. Nature, 1946, 158: 514.

[15] 荷兰. Application 6413552[1965].

[16] Imai Y. J. Polym. Sci., 1970, B8: 555.

[17] Herbert C G, Ghassemi H, Hay A S, Takekoshi T, Terry J M. J. Polym. Sci., Polym. Chem., 1997, 35: 1095.

[18] Wang Z Y, Qi Y, Bender T P, Gao J P. Macromolecules, 1997, 30: 764.

[19] Sysel P, Oupický D. Polym. Int., 1996, 40: 275.

[20] Sysel P, Baby J R, Konas M, Riffle J S, McGrath J E. Polym. Prepr., 1992, 33(2): 218.

[21] Rogers M E, Glass T E, Mecham S J, Rodrigues D, Wilkes G L, McGrath J E. J. Polym. Sci., Polym. Chem., 1994, 32: 2663.

[22] Hayano F, Komoto H. J. Polym. Sci., Polym. Chem., 1972, 10: 1263.

[23] Takekoshi T, Kochanowski J E. US, 3850885[1974].

[24] Takekoshi T. US, 3847870[1974].

[25] Long J V, Gagliani J. US, 4161477[1980]; Gagliani J, Long J V. US, 4407980[1983].

[26] Imai Y, Ishimori M. J. Polym. Sci., Polym. Chem., 1975, 13: 365.

[27] Takokashi T. US, 4024110[1977].

[28] Helmer-Metzmann F, Rehahn M, Schmitz L, Ballauff M, Wegner G. Makromol. Chem., 1992, 193: 1847.

[29] Robert J, Perry S, Turner R, Blevins R W. Macromolecules, 1995, 28: 2607.

[30] 西崎俊一郎, 不可三晃. 工化: 1965, 68: 383; Sideridou-Karayannidou I, Karayannidis G P. J. Macromol Sci, 1987, A24: 689.

[31] Park L S, Do J H, Lee D C. J. Appl. Polym. Sci., 1996, 60: 2059.

[32] Kricheldorf H R, Pakull R. Macromolecules, 1988, 21: 551.

[33] Kricheldorf H R, Domschke A, Schwarz G. Macromolecules, 1991, 24: 1011.

[34] Yang C-P, Chen R-S, Chen S-H. J. Polym. Sci., Polym. Chem., 2001, 39: 93.

[35] Tullos G L, Mathias L J, Langsam M. J. Polym. Sci., Polym. Chem., 1999, 37: 1183.

[36] Yang C-P, Chiang H-C, Chen R-S. J. Appl. Polym. Sci., 2003, 89: 3818.

[37] Park L-S, Lee D-C, Kil Y-S, Ahn T-O. J. Appl. Polym. Sci., 1998, 69: 1517.

[38] de Abaja J, de la Campa J, Kricheldorf H R, Schwarz G. Makromol. Chem. 1990, 191: 537.

[39] Kurita K, Matsuda S. Makromol. Chem. 184, 1223 (1983).

[40] Russo M, Motillaro L. J. Polym. Sci., 1969, A7: 3337.

[41] Montaudo G, Orzeszko C P B. Polymer, 1989, 30: 2237.

[42] Homrighausen C L, Kennedy B J, Schutte E J. J. Polym. Sci., Polym. Chem., 2005, 43: 4922.

[43] Ghassemi, H, Hay A S. Macromolecules, 27, 3116(1994).

[44] Sugioka T, Hay A S. J. Polym. Sci., Polym. Chem., 2001, 39: 1040.

[45] Yan J, Wang Z, Gao L, Ding M. Macromolecules, 2006, 39: 7555.

[46] Monte D, Galia M, Serra A. J. Appl. Polym. Sci., 1996, 61: 2179.

[47] Karangu N T, Rezac M E, Beckham H W. Chem. Mater. 1998, 10: 567.

[48] Karangu N T, Girardeau T E, Sturgill G K, Rezac M E, Beckham H W. Polymer, 2001, 42: 2031.

[49] Buese M A. Macromolecules, 1990, 23: 4341; Swint S A, Buese M A. Macromolecules, 1990, 23: 4514.

[50] Choi W-S, Harris F W. Polymer, 2000, 41: 6213.

[51] Meador M A, Meador M A, Ahn M K, Olshavsky M A. Macromolecules, 1989, 22: 4385.

[52] Watson K A, Bass R G. High Perf. Polym., 2000, 12: 299.

[53] Nuyken O, Maier G, Burger K, Albet A S. Makromol. Chem. 1989, 190: 1953.

[54] Pae Y. J. Appl. Polym. Sci., 2006, 99: 292.

[55] Pae Y. J. Appl. Polym. Sci., 2006, 99: 300.

[56] Pae Y, Harris F W. J Polym Sci Part A: Polym Chem, 2000, 38: 4247.

[57] Kumar D, Razdan U, Gupta A D. J. Polym. Sci., Polym. Chem., 1993, 31: 797.

[58] Banerjee S, Palit S K, Maiti S. J. Polym. Sci., Polym. Chem., 1994, 32: 219.

[59] Iwakura Y, Hayano F. J. Polym. Sci., Polym. Chem., 1969, 7: 597.

[60] Andre S, Guida-Pietrasanta F, Rousseau A, Boutevin B, Caporiccio G. Macromol. Chem. Phys., 2004, 205: 2420.

[61] Kurita K, Itoh H, Iwakura Y. J. Polym. Sci., Polym. Chem., 1979, 17: 1187.

[62] Hirata T, Sate M, Mukaida K-i. Makromol. Chem. 1993, 194: 2861.

[63] Durairaj B, Venkatarao K. J. Polym. Sci., Polym. Chem., 1981, 19: 2105.

[64] Kricheldorf H R, Bolender O, Wollheim T. High Perf. Polym., 1998, 10: 217.

[65] Bender T P, Wang Z Y. J. Polym. Sci., Polym. Chem., 2000, 38: 3991.

第7章 双马来酰亚胺(BMI)的聚合

7.1 BMI 的聚合

使用得最普遍的双马来酰亚胺是由 4,4′-二氨基二苯甲烷与马来酸酐得到的 MDA-BMI。MDA-BMI 的均聚或与其他 BMI 的共聚所得到的聚合物大都较脆，使用价值不大，报道的实例也较少。通常都由 BMI 与其他带活性基团的化合物进行共聚，以得到可用的材料。

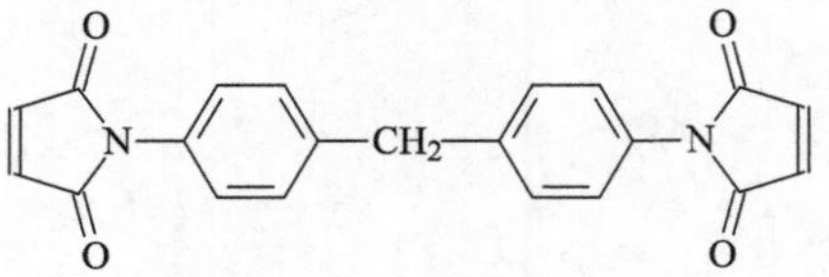

MDA-BMI

7.1.1 热聚合

由于 MDA-BMI 的熔点与交联温度太接近，所得到的材料又太脆，所以其本身的热聚合没有太大的实用意义。热聚合往往是采用两种或更多的 BMI 进行共聚。因为这些混合物的熔点较低，便于加工。下面是几个热聚合的例子：

1. 均聚

MDA-BMI 可以 180℃/1 h，200℃/2 h，250℃/6 h 进行聚合[1]。

2. 共聚

①MDA-BMI 与 I 的共聚[2]

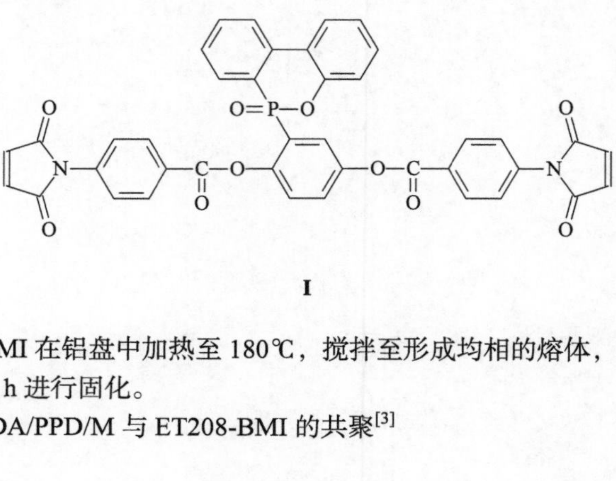

I

将 I 与 MDA-BMI 在铝盘中加热至 180℃，搅拌至形成均相的熔体，然后在 200℃/4 h，250℃/2 h，280℃/0.5 h 进行固化。

②M/PPD/BPADA/PPD/M 与 ET208-BMI 的共聚[3]

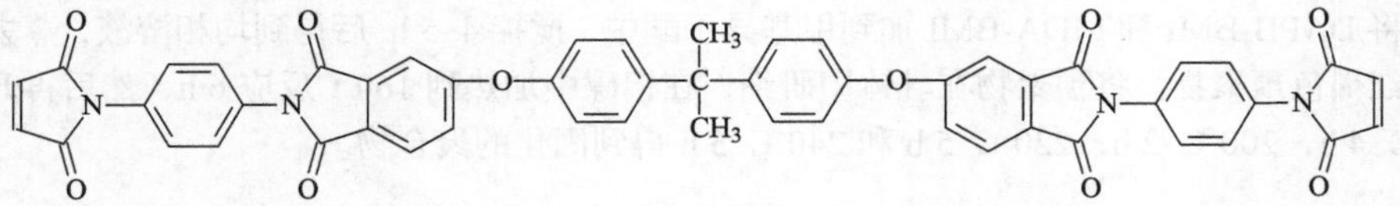

M/PPD/BPADA/PPD/M

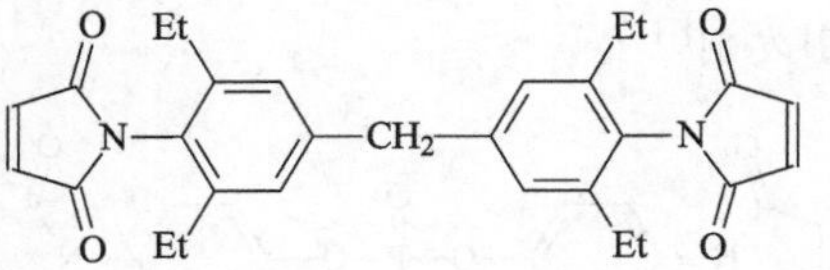

ET208-BMI

将 27 g M/PPD/BPADA/PPD/M 和 18.2 g ET208-BMI 一起研碎, 在真空下加热到 200℃以去除残留溶剂。冷却后加入 21.7 g (1∶1 当量)Matrimid 5292B(一种可溶性聚酰亚胺), 加热到 190℃, 搅拌到变成均一的液体(大约 20 min)。在 1~2 mmHg 下脱气 3 min, 快速加入 1.24 g 氢醌, 再脱气 3 min, 将树脂熔体倒入预热的模具中。固化条件: 200℃/3 h, 250℃/5 h, 得到无孔隙的样品。

③含橡胶的 BMI Kerimid/ITBN[4]

在 BMI 中加进橡胶成分也是为了降低 BMI 的熔点, 提高树脂的韧性。

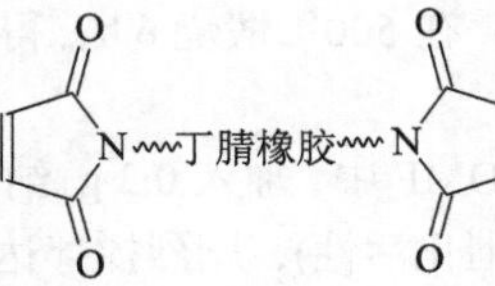

Kerimid/ITBN

氨端基的丁腈橡胶, M_n = 3600, 丙烯腈含量为 18%。与马来酰酸酐反应得到 **ITBN**。

在 120~130℃将 ITBN 溶于 Kerimid 树脂(Kerimid FE 70026 是 MDA-BMI 和 2,4-DAT-BMI 的 60/40 混合物)中, 真空脱气 30 min。得到均相熔体, 倒入模具, 在 180℃ 5 h, 220℃ 2 h 固化。ITBN 的用量为 4%~15%。

④MDA-BMI 与 DAPB-BMI 的共聚[5]

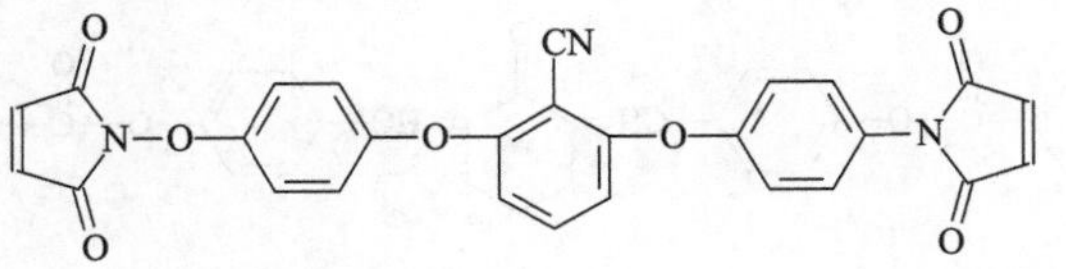

DAPB-BMI

　　将 DAPB-BMI 和 MDA-BMI 加到甲基异丁酮中，搅拌 4~5 h 后得到均相溶液，蒸去溶剂得到红褐色预聚物。将预聚物在乳钵中研细，在铝碟中加热到 160℃ 反应 6 h，然后再升温到 180℃ 4 h，200℃ 2 h，220℃ 5 h 和 240℃ 5 h 得到固化的聚合物。

7.1.2　在引发剂参加下聚合[6]

　　1. 以偶氮二异丁腈为引发剂[7]

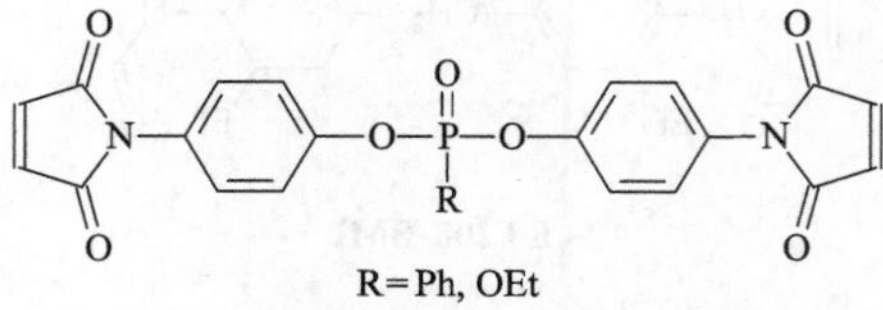

R=Ph，OEt

　　以偶氮二异丁腈(10 mmol/L)为引发剂，甲苯为溶剂，将 BMI 在 70℃ 反应 10 h 后减压去除甲苯，再溶于二氯甲烷，在甲醇中沉淀数次得到可溶的 BMI 预聚物，真空干燥后收率 50%~54%。将该产物在氮气下 250℃ 2 h 固化。

　　2. BMI 以纳晶氧化钛催化聚合[8]

　　(1) 纳晶二氧化钛

　　在硫酸钛的水溶液中滴加 NaOH 水溶液至 pH 7~9，离心分离出絮状沉淀，用去离子水洗涤。加入浓硝酸至 pH 为 1~2，使沉淀溶解。加入乙二醇(为二氧化钛的 2~3 倍)，加热到 90~100 ℃ 蒸发至絮状物重新产生。滤出沉淀，在 500℃ 煅烧 6 h，得到纳晶二氧化钛(平均粒径 15 nm)。

　　(2) 催化聚合

　　将 15 g MDA-BMI 溶于 48 mL DMF 中，加入 0.3 g 纳晶二氧化钛(严格无水处理，因为微量水分会破坏纳晶二氧化钛表面的催化活性)，剧烈搅拌达到回流，混合物的颜色由黄变红。15 min 内发生凝胶化。由红外光谱 830 cm^{-1} BMI 上双键吸收完全消失，说明反应已经完全。减压除去溶剂，得到聚合物。

7.2　BMI 与二胺的聚合

7.2.1　在 NMP 中有乙酸参与下聚合[9]

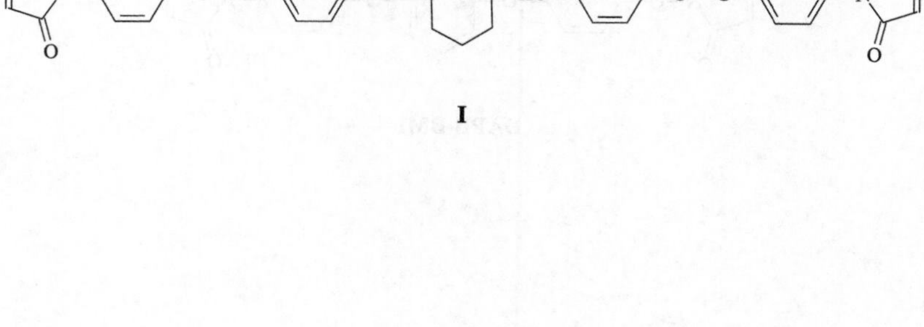

I

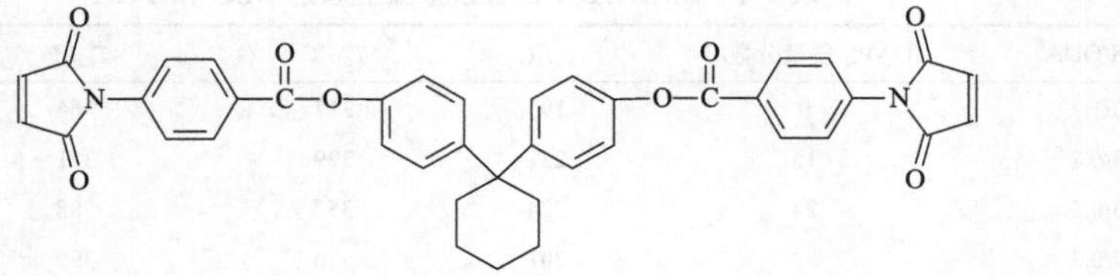

II

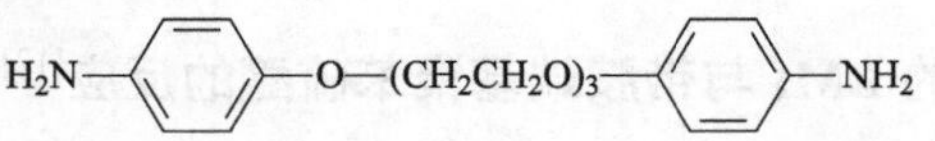

III

将 BMI(**I** 3.55 g, 或 **II** 3.35 g, 5 mmol)和 1.66 g(5 mmol) **III** 加到 60 mL NMP 中，再加入少量乙酸，混合物在 90℃搅拌，时间视所用 BMI 而定。反应完成后倒入 90 mL 甲醇中，用数滴乙酸酸化。过滤，用甲醇洗涤，将聚合物溶于 30 mL 氯仿中，再在酸化的甲醇中沉淀，过滤，用甲醇洗涤 3 次，在 70℃真空干燥，收率：75%(**I/III**)，79%(**II/III**)。

7.2.2　在间甲酚中有乙酸参与下聚合[10]

室温下将 2.0 mol 二胺的间甲酚溶液滴加到 3.0 mol BMI 的含有催化量冰乙酸的间甲酚溶液中。混合物在 100~105℃反应至得到黏液。将该黏液倒入乙醇中，滤出沉淀，用乙醇洗涤后在 60℃真空干燥。

7.2.3　由多元胺与 BMI 的聚合[11]

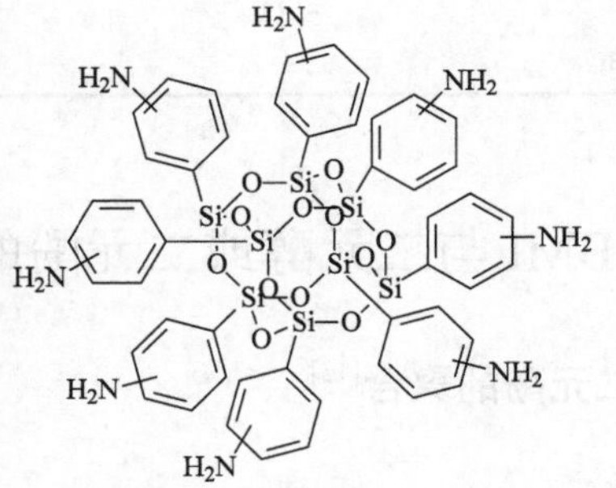

OAPS

MDA-BMI—ODA/OAPS 纳米复合材料

将 OAPS〖1230〗和 ODA 的粉末加到 30 mL 无水丙酮中，搅拌溶解后加入 BMI，氮气下搅拌回流 6 h。冷却后除去丙酮，所得到的褐色产物在真空下进一步干燥后研细。将得到的粉末在模具中逐渐升温到 150℃ 2 h，200℃ 2 h，250℃ 2 h，280℃ 30 min 进行固化(表 7-1)。

表 7-1　BMI-ODA/OAPS 聚酰亚胺的 DSC 和 TGA

OAPS/ODA[a]	OAPS 质量分数/%	T_g/℃	T_{d1}/℃	T_{d2}/℃	剩炭率/%
0/1	0	195	317	364	35
0.3/0.7	15	231	329	381	42
0.5/0.5	24	224	357	388	45
0.7/0.3	33	201	376	399	53

a：氨基的摩尔比。

7.2.4　含聚苯硫醚的 BMI 与带胺端基聚苯硫醚的反应[12]

将 PPS-BMI/PPS-DA 的混合物在 180℃ 4 atm 2 h，210℃ 4 atm 2 h 及 240℃14 h 聚合。不同 PPS-DA 对固化树脂 T_g 的影响见表 7-2。

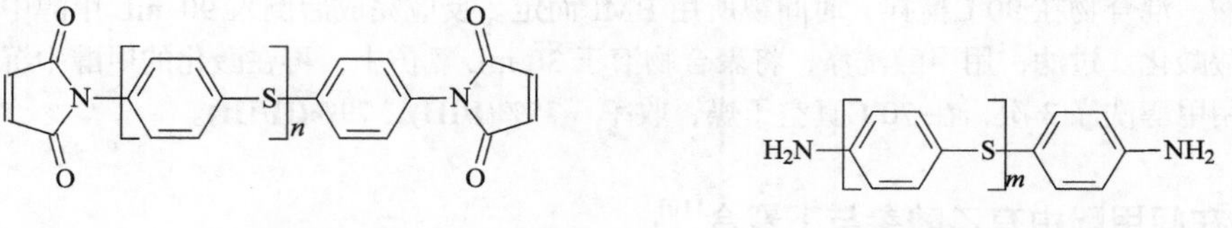

PPS-BMI　　　　　　　　　　　　　　　　　　　　**PPS-DA**

表 7-2　MDA-BMI 与 PPS-DA 固化树脂的 T_g

PPS-DA 摩尔分数/%	$n=1$	$n=2$	$n=3$	$n=4$
33	332	292	253	218
40	298	243	223	193
43	270	231	203	184
45	263	215	—	—
47	253	—	—	—

7.3　BMI 与二元醇或二元酚的聚合

7.3.1　BMI 与二元醇或二元酚的聚合[13]

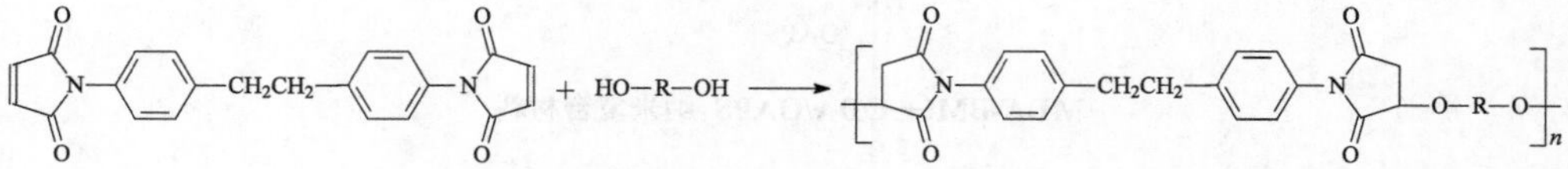

二元醇或二元酚：BMI = 1∶2，加成反应在干燥的 NMP 或 DMF 中进行，固含量为 40%，以三乙胺或 2-巯基苯并噻唑为催化剂，氮气下 105℃，12 h 完成，反应后倒入水中，过滤，

用水和甲醇洗涤，60℃真空干燥 5/h。

BMI 与二元醇或二元酚的聚合见表 7-3。

表 7-3　BMI 与二元醇或二元酚的聚合

R	温度/℃	时间/h	T_g/℃	T_d/ ℃
—(CH₂)₂—	95	8	197~200	312
—(CH₂)₄—	95	8	189~192	310
—(CH₂)₆—	95	8	167~169	297
—(CH₂)₂—O—(CH₂)₂—	95	8	230~233	323
—[(CH₂)₄—O]ₙ—	95	8	222~225	328
—(CH₂)₂—OOC(CH₂)₄COO—	95	8	207~210	317
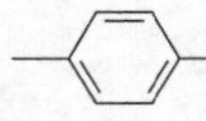 (对亚苯基)	105	12	—	383
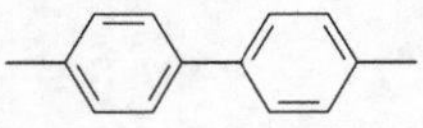 (联苯基)	105	12	—	377
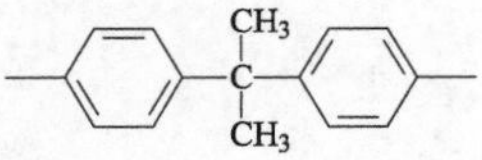 (异丙叉二苯基)	105	12	—	345
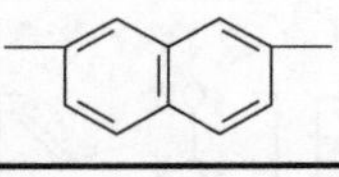 (萘基)	105	12	—	352

7.3.2　BMI 与二胺在环氧树脂中聚合[14]

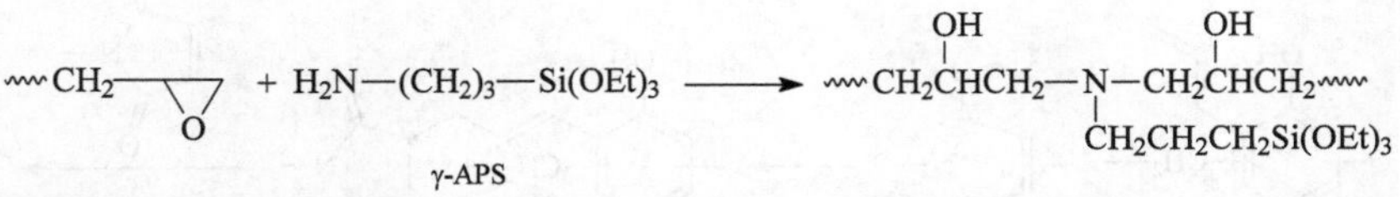

γ-APS

将环氧端基聚硅氧烷、当量的γ-APS 和二丁基二肉桂酸锡催化剂在 90℃混合 10 min，然后脱气除去反应产生的乙醇，得到硅化的环氧树脂预聚物。

将化学当量的 MDA 在 90℃溶于硅化的环氧树脂中，加入计算量的 MDA-BMI，升温到 100℃，得到均相熔体，真空脱气，注模后在 120℃固化 1h，180℃后固化 2 h。

7.3.3　双(二氯代马来酰亚胺)与双酚的取代反应[15]

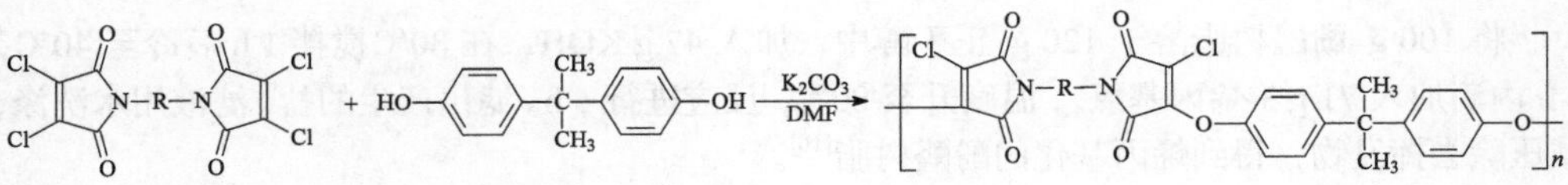

1. 采用氧化钙的反应

将 4.9616 g(0.01 mol) 氯代 BMI(见 3.10)和 2.2829 g(0.01 mol)双酚 A 在 75 mL DMF 中室温搅拌,再加入 5.6 g(0.1 mol)氧化钙和 0.005 g 三乙胺。反应 6.5 h 后将得到的黏液倒入 150 mL 1 N 盐酸和 350 mL 甲醇的混合物中,滤出沉淀,用甲醇洗涤,在 90℃真空干燥。得聚合物 6.2 g(95%),对数黏度 0.49 dL/g。

2. 采用碳酸钾的反应

将 74.4240 g(0.15 mol) 氯代 BMI 和 34.2435 g(0.15 mol)双酚 A 在 800 mL DMF 中,加入 207 g(1.5 mol)K₂CO₃ 和 0.3 g Et₃N,在 25℃反应 3.5 h 后滤出过量的碳酸钾,用 250 mL 氯仿洗涤,合并滤液,倒入 450 mL 1 N 盐酸和 4L 甲醇的混合物中,再用 4.5 L 甲醇稀释后过滤,在 95℃真空干燥,收率 92%,对数黏度 0.44 dL/g。

在更强烈的条件下,可以将另一氯也取代。

7.4　BMI 与烯丙基化合物的聚合

7.4.1　BMI 与烯丙基化的酚醛树脂的反应

1. BMI 与烯丙基化的酚醛树脂的反应

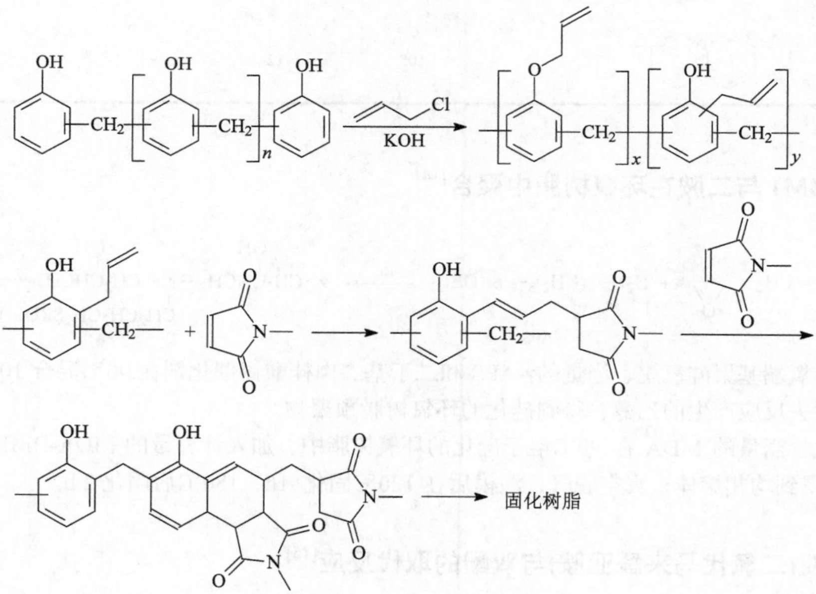

将 100 g 酚醛树脂溶于 120 g 正丁醇中,加入 47 g KOH,在 80℃搅拌 1 h 后冷至 40℃,1 h 内滴加入 71 g 3-烯丙基氯 ,温度升至 80℃,反应进行 6 h。滤出产生的盐,滤液用水洗涤,减压除去挥发物,得到烯丙基化的酚醛树脂[16]。

将烯丙基化的酚醛树脂加热到 130℃，加入 MDA-BMI，搅拌至得到透明溶液，再搅拌 30 min，得到清亮的熔体。脱气后浇注。固化条件：150℃/1 h，180℃/1 h，200℃/2 h。卸模后，依次在 230℃和 250℃后固化 5 h[17]。

2. BMI 与 MBMPP 反应[18]

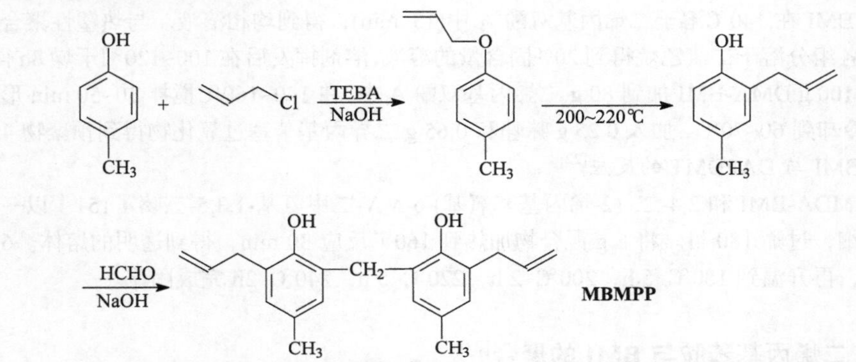

2,2′-甲叉-二 [4-甲基-6-(2 -烯丙基)]苯酚(MBMPP)按上式合成，收率 35%，由庚烷得黄色针状结晶，mp 83.9~84℃。

将 MDA-BMI 和 MBMPP 按一定比例在二氯甲烷中搅拌混合后加热到 130~160℃得到均相熔体，脱气 20~30min 后倒入预热到 180℃的模具中，固化条件：150℃/1 h， 200℃/2 h， 250℃/4h。

3. 由 BMI，二烯丙基双酚 A 和酚醛环氧的共聚[19]

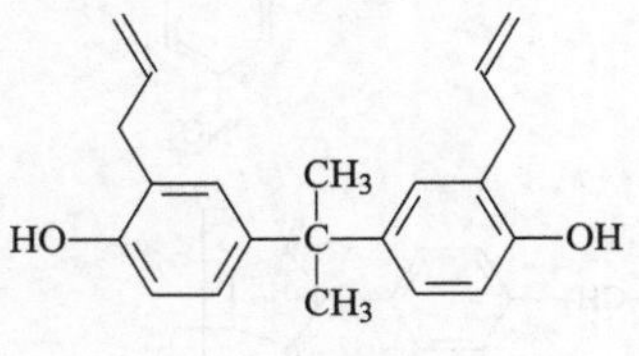

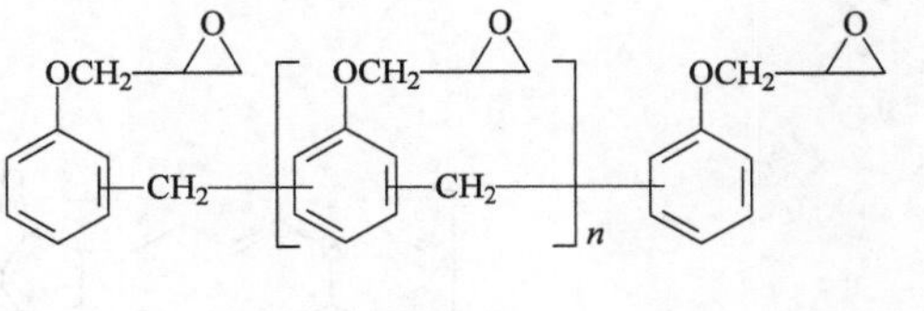

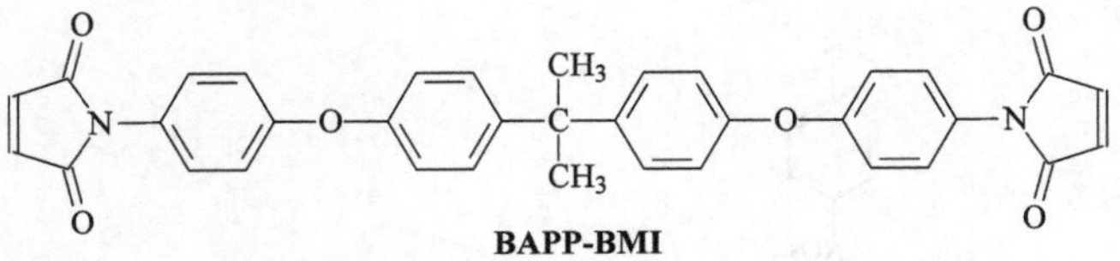

将环氧酚醛树脂(EPN), 3,3′-二烯丙基双酚 A (DABA) 和 2,2-双 4-(马来酰亚胺基)苯基丙烷(BAPP-BMI) 以 1：1：1 混合。EPN 和 DABA 还带有 0.5%三苯膦，再加入化学计量的 BAPP-BMI。将此三元混合物溶于丙酮后再将丙酮在 60℃真空下去除，得到预聚物。

将 EPB 树脂和一定量的玻璃微球(K-37, K-25)在丙酮中小心混合(避免微球破裂)，在室温过夜以去除丙酮，然后进行模压：100℃/30 min, 150℃/30 min, 175℃/30 min, 200℃/30 min, 250℃/5 h。微球含量可以达到 50%。

7.4.2　由 BMI 与二烯丙基化合物的反应

1. BMI 与二烯丙基双酚 A 的反应

将 BMI 在 140℃溶于二烯丙基双酚 A 中(15 min)，得到均相溶液。与热塑性聚合物的共混是将各组分溶于二氯乙烷得到 20%固含量的溶液,溶剂挥发后在 100~120℃干燥 8h 得到[20]。

将 100 g DMA-BMI 加到 80 g 二烯丙基双酚 A 中,在 140~160℃搅拌 30~50 min 形成均相溶液。冷却到 60~70℃,加入 0.25 g 咪唑和 0.65 g 二异丙基苄基过氧化物得到预聚物 4504[21]。

2. BMI 与 DAPDMT 的反应[22]

将 MDA-BMI 和 2,4-二 (2-烯丙基苯氧基)-6-N,N-二甲氨基-1,3,5-三嗪『151』以一定比例混合研细，过筛 180 目。将 6 g 混合物加热到 160℃反应 30 min，得到透明的熔体。6 h 后熔体固化，再升温到 180℃ 5 h，200℃ 2 h，220℃ 5 h，240℃ 2h 完成固化。

7.4.3　二烯丙基苯胺与 BMI 的聚合[23]

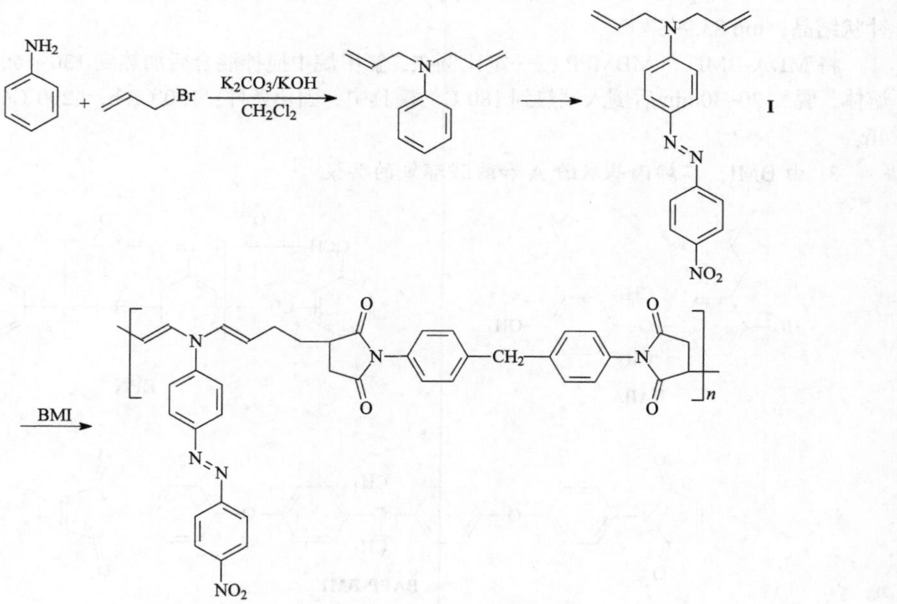

将 9.3 g (0.1 mol)苯胺和 12.1 g (0.1 mol)烯丙基溴在室温下溶于 100 mL 二氯甲烷中，加入 41.4 g (0.3 mol)无水碳酸钾和少量 KOH，混合物在 40℃搅拌 4 h。冷却后滤出固体，在滤液中再加入 12.1 g (0.1 mol)烯丙基溴和 41.4 g (0.3 mol)碳酸钾，回流 4 h，过滤后除去溶剂，粗产物蒸馏，得到 N,N-二烯丙基苯胺 12.3 g (71.6%)，bp 96~98℃/5 mmHg[24]。

将冰冷的 2.76 g (0.02 mol)对硝基苯胺加到 12 mL 50% 盐酸中，加入 80 g 碎冰和 1.6 g (0.023 mol)亚硝酸钠，数分钟后得到溶液，然后在 3~5℃下滴加到 3.46 g (0.02 mol) 二烯丙基苯胺在 20 mL 乙醇的溶液中，室温反应 1 h，滤出沉淀，用冷水洗涤，真空干燥，得 4-(*N,N*-二烯丙胺基)-4′-硝基偶氮苯(**I**)红色固体 5.92 g (92%)，由乙醇重结晶，mp 100℃。

将 **I** 熔融成红色液体，氮气下加入 BMI，混合物在 110~120℃搅拌 10 min，在氮气下将红色液体倒入浅盘中，冷却到室温后将固体粉碎，得到预聚物。

将预聚物的 15%THF 溶液涂膜，在 60℃干燥过夜。按以下方法固化：150℃　2 h，200℃　2 h，250℃　2 h，得到薄膜。

7.4.4　二烯丙基醚与 BMI 的共聚[25]

将双酚 A 的二烯丙基醚『141』与 MDA-BMI 在 150℃混合，得到褐色透明液体树脂，然后在 170℃/4 h ＋ 200℃/4 h ＋250℃/6 h 固化。

由于双酚 A 的二烯丙基醚的引入，树脂的热稳定性比 BMI 明显降低。

7.4.5　烯丙胺与 BMI 的加成[26]

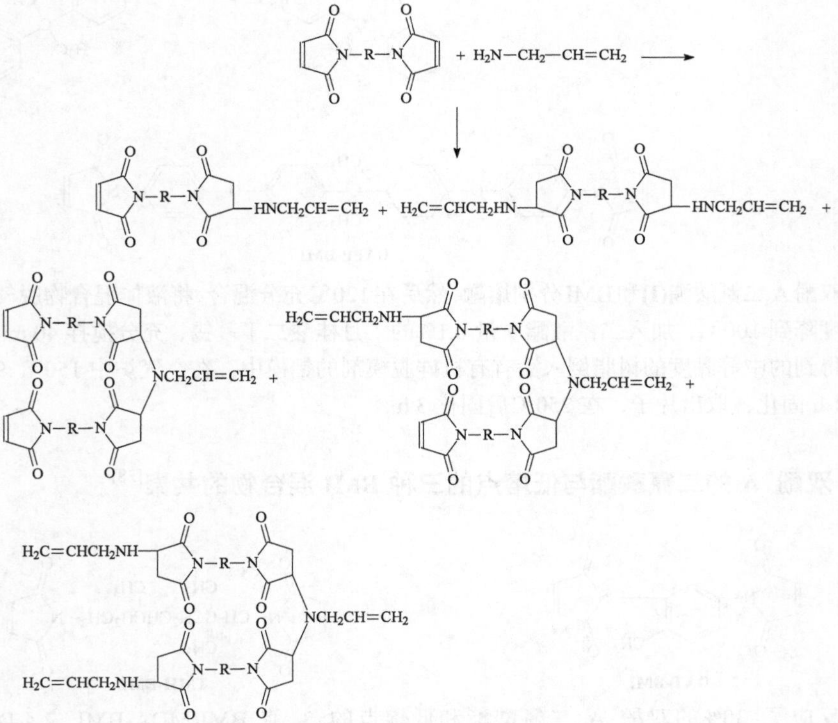

将各种含量的烯丙胺在氯仿中的溶液滴加到 BMI 在氯仿的溶液中，反应在 40℃进行 5 h，使 BMI 完全溶解，混合物用水洗涤后在 90℃减压除去氯仿，得到产物。加工成型：180℃热压 2 h，220℃，5 h，压力为 13.8 MPa。

7.5 BMI 与氰酸酯的共聚合

7.5.1 BMI 与氰酸酯的共聚[27]

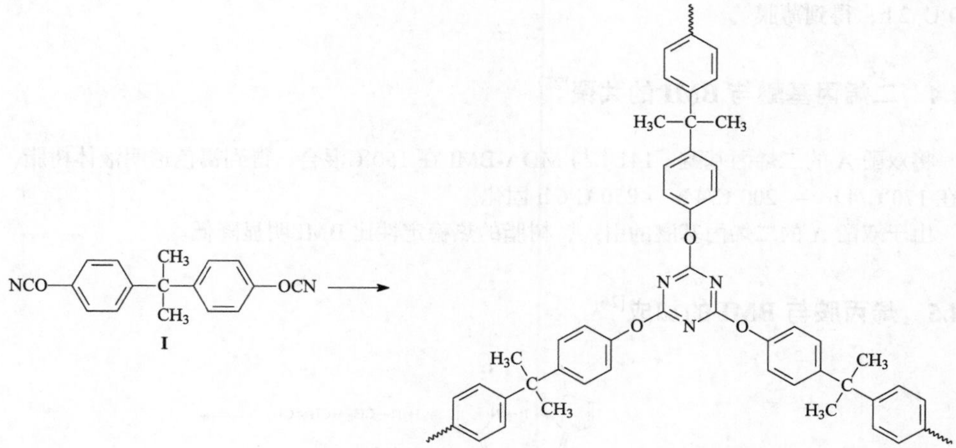

I

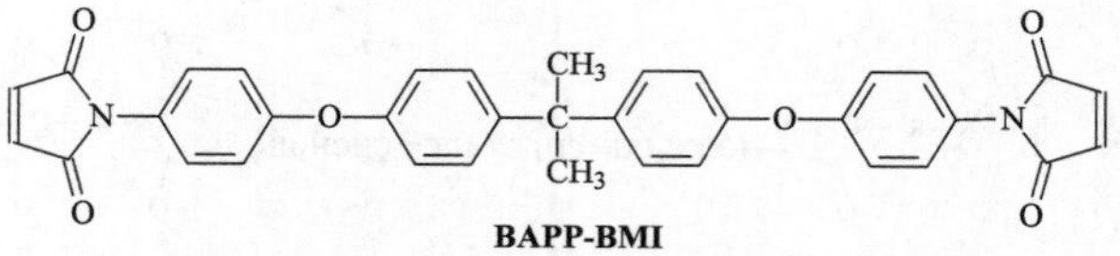

BAPP-BMI

将双酚 A 二氰酸酯(**I**)和 BMI 分别熔融,然后在 120℃充分混合,将液体混合物脱气 45 min,这时温度降到 100℃,加入二氰酸酯质量 0.1%的二月桂酸二丁基锡,充分搅拌 40 min 进行预聚。将得到的中等黏度的树脂倒入涂有有机硅脱模剂的铝模中,在空气炉中 150℃ 90 min,220℃ 1 h 固化,取出片子,在 250℃后固化 3 h。

7.5.2 双酚 A 的二氰酸酯与低熔点的三种 BMI 混合物的共聚[28]

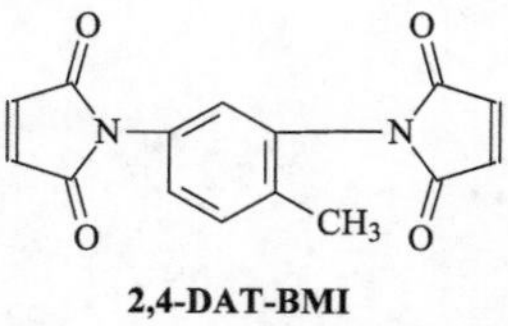

2,4-DAT-BMI 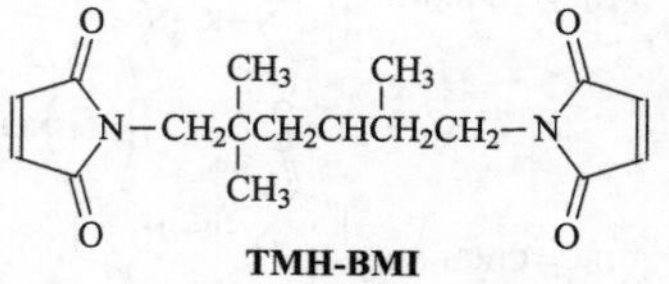   **TMH-BMI**

将反应了 30%的双酚 A 二氰酸酯和低熔点的 3 种 BMI(MDA-BMI, 2,4-DAT-BMI, TMH-BMI)的混合物(55∶30∶15),用环烷酸铜(300 ppmCu²⁺)及 4%的壬基苯酚为催化剂。先将单体在 80℃熔融共混,再加入催化剂,在 80℃真空脱气。

将树脂倒入预热到 100℃的模具中,升温到 130℃保持 30 min,再升到 170℃保持 2 h 后冷却到室温。卸模后在 220~250℃后固化 4 h。

7.5.3　BMI 与氰酸酯及烯丙基双酚的聚合[29]

将以摩尔比为 2 : 1 的 MDA-BMI 和二烯丙基双酚 A (见『140 』)在 120~150℃　搅拌 25 min 得到均相溶液，在 120℃下加入一定量的双酚 A 二氰酸酯，(BMI/DBA：氰酸酯=75：25，质量比)，混合物在 140℃保持 10 min，然后脱气，得到透明的预聚物，冷冻储存备用。

7.5.4　BMI 与氰酸酯及环氧树脂的共聚

1. 后加 MDA[30]

将 8 g MDA-BMI 溶于环氧树脂和二氰酸酯(100:4)的混合物中，在 120℃剧烈搅拌，BMI 完全溶解后加入 27 g MDA，减压去除空气后浇注，在 140℃固化 3h，再在 200℃后固化 2 h。

2. 先加 MDA[31]

将环氧树脂，二氰酸酯及对环氧计算量的 MDA 在 100℃混合 10 min，脱气后倒入预热的模型中，140℃保持 3 h，再在 200℃后固化 2 h。

7.6　BMI 与不饱和聚酯的共聚

7.6.1　BMI 与不饱和聚酯的共聚[32]

将 3.0 g BMI 在室温下溶于 60 g 不饱和聚酯中，氮气下加热到 90℃，得到均相透明的溶液。冷却到 25℃，剧烈搅拌下依次加入环烷酸钴(0.5 %)和 1%游离基引发剂甲乙酮过氧化物，将溶液注模，固化。

7.6.2　BMI 与不饱和聚酯及苯乙烯共聚[33]

不饱和聚酯

将 5 g MDA-BMI 在 190℃溶于 55 g 不饱和聚酯中，保持温度，反应 30 min。将热的熔体倒入模具，在过氧化二苯甲酰存在下 BMI 与不饱和聚酯会立即发生反应。当用辛酸钴和过氧化物引发时反应要温和得多。这两种方法都得到不溶于苯乙烯的交联聚合物。所以第一步先得到 MDA-BMI 在不饱和聚酯中溶液，然后再将其溶于苯乙烯。这样可以得到浓度为 5%，10%，15% 的 BMI 在不饱和聚酯中的溶液。因为在 190℃即发生凝胶化，所以得不到 20%的溶液。

将得到的固体溶于苯乙烯，得到 60%的苯乙烯溶液。在 2% 过氧化物 0.1%辛酸钴引发下室温 18 h，100℃4 h 固化。用 BMI 改性的树脂再在 150℃后固化 4 h。

7.7　BMI 与聚氨酯及环氧的共聚

7.7.1　BMI 与聚氨酯-环氧树脂的反应[34]

将聚氨酯-环氧树脂(以异氰酸酯封端的聚氨基甲酸酯与环氧树脂中的羟基作用得到的交联聚合物)和各种含量的 BMI 与 3 % (以环氧树脂质量为基础)固化剂[2,4,6-三(二甲基氨乙基)-苯酚]、0.5 % (以 BMI 质量为基础)引发剂二异丙苯过氧化物剧烈搅拌并去泡。注模后在 120℃加热 1 h，在 180℃后固化 2 h，最后取出样品放在保干器中保持相对湿度为 50%，放置 3 天后测试。

7.7.2　聚氨酯，环氧及 BMI 共聚[35]

氮气下将 2 mol 甲苯二异氰酸酯和 1 mol 聚丙二醇以二丁基二肉桂酸锡为催化剂，在 70℃搅拌 3 h。在氮气下将不同比例的聚氨基甲酸酯预聚物与环氧树脂以二丁基二肉桂酸锡为催化剂在 80℃搅拌 30 min，再进行脱气。

将 4.7 g (0.02 mol)马来酰亚胺基苯甲酰氯溶于 15 mL DMF 中，冰浴冷却，加入 1.1 g (0.01 mol) 间苯二酚和 0.02 mol 吡啶在 5 mL DMF 中的溶液，搅拌 30 min。过滤后倒入水中，沉淀用碳酸氢钠溶液和水洗涤后干燥。

将 BMI 溶于在 120℃下的聚氨基甲酸酯-环氧树脂预聚物中，溶完后冷至 90℃，加入化学计量的 MDA，减压除泡，在 120℃ 1 h，180℃ 2 h 固化。

7.8　通过 Diels-Alder 反应得到聚酰亚胺

7.8.1　BMI 与双呋喃化合物的反应

1. BMI 与二硫二呋喃化合物反应[36]

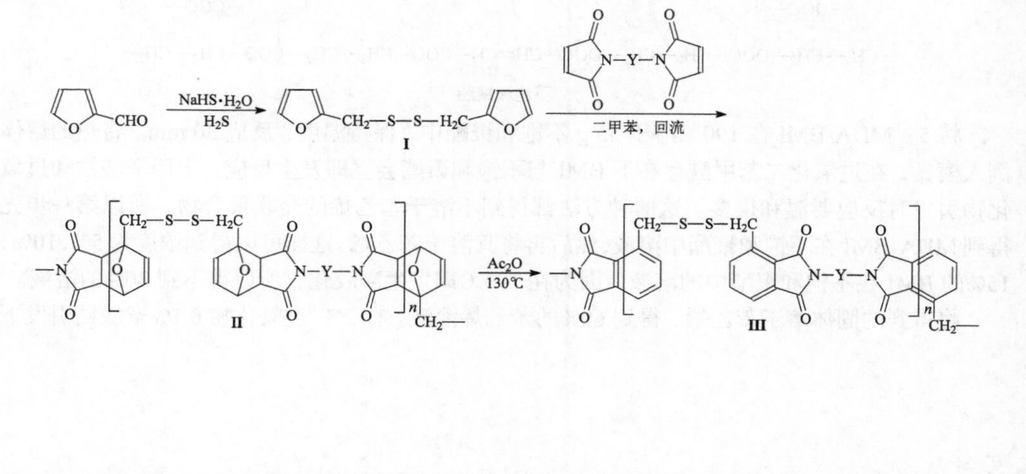

①二硫化物

将干燥的硫化氢快速通入在冰浴中冷却的 28.8 g (0.3 mol)糠醛和 25.0 g (0.32 mol)硫氢化钠在 250 mL 乙醇的溶液中,反应 2 h,室温放置过夜,滤出不溶的硫氢化钠,回流 2 h,在水浴中除去乙醇。残留物倒入 400 mL 水中,用 200 mL 乙醚萃取,醚液用硫酸钠干燥,除去醚,蒸馏得到二硫化物(I),收率 58%,bp 112~115℃/0.5 mmHg。

②溶液聚合

将 2.26 g (10 mmol)I 溶于 100 mL 干燥二甲苯中,与 2.24 g (10 mmol)乙二胺-BMI 混合后加入 0.1 g 氢醌,加热回流搅拌 24 h。冷却后倒入大量乙醚中,滤出产物 II,干燥,用干燥 DMF 处理 2 次以除去未反应物。

将 2 g II 在 2 mL 乙酐中回流 15 h 进行芳香化,反应物倒入水中,滤出 III,用水和甲醇洗涤。

③熔融聚合

将 1.13 g (5 mmol)I 和 1.12 g (5 mmol) 乙二胺-BMI 分散在 THF 中,将分散液在室温挥发至干。将干燥的混合物加热到 135℃反应 8 h,再与 1 mL 乙酐在 150℃剧烈搅拌 8 h,得到的固化产物。

2. BMI 与含对称三嗪的二呋喃化合物反应[37]

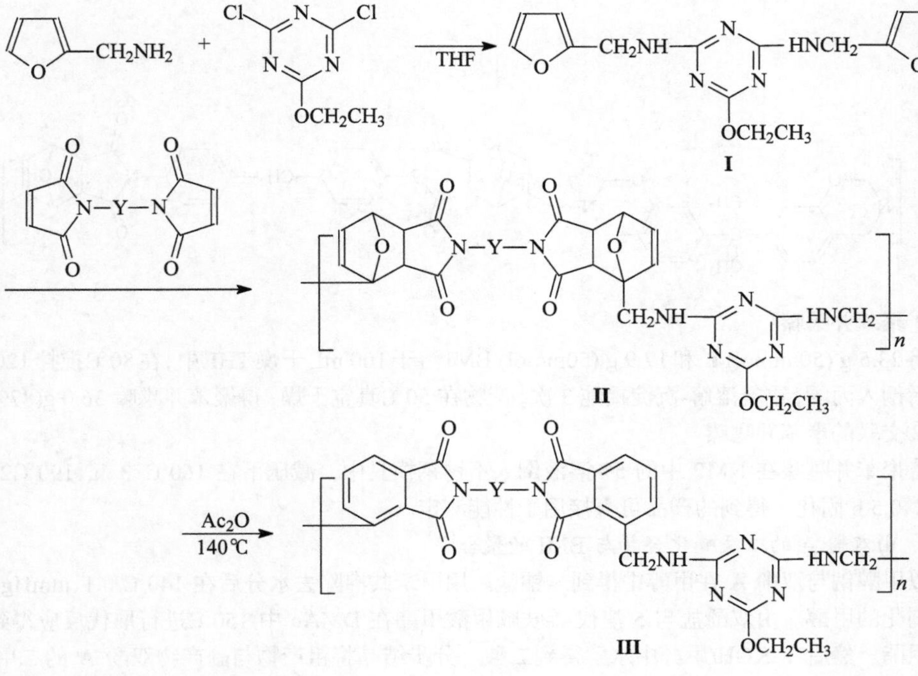

①2,6-双(2-呋喃基甲基亚胺基)-4-乙氧基-1,3,5-三嗪(I) [18]

将 0.05 mol 2,6-二氯-4-乙氧基-1,3,5-三嗪和 10.6 g (0.1 mol) 碳酸氢钠在 THF 中混合，滴加 0.10 mol (*d* = 1.099)糠胺，混合物回流 2 h 后倒入碎冰中，滤出沉淀，用冰水洗涤，得到淡黄色结晶(I)，收率 60%~70%，mp 82~83℃。

②溶液聚合

将 0.01 mol I 与 0.01 mol BMI 在 100 mL 干 THF 中 70℃下反应 8 h,冷却后倒入大量水中，滤出 II，干燥后用 15 mL DMF 处理 2 次以去除未反应物。将 1 g 干燥的 II 在 1 mL 乙酐中回流 4 h，将得到的溶液倒入水中，滤出沉淀，用水和甲醇洗涤得到 III。

③本体聚合

将 0.005 mol I, 0.005 mol BMI 和 2 mL 乙酐在 125~135℃剧烈搅拌 10 h，得到的固体产物处理如前。

3. BMI 与带苯并噁嗪的双呋喃化合物的聚合[38]

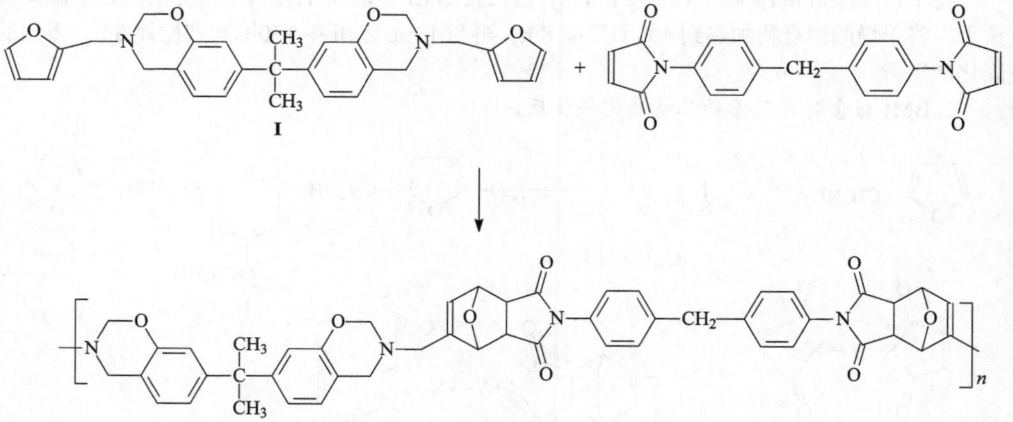

①聚苯并噁嗪

将23.5 g (50 mmol) I 和17.9 g (50mmol) BMI溶于100 mL 干燥 THF中，在80℃搅拌120h。冷却后倒入丙酮，重复溶解-沉淀提纯 3 次，产物在 50℃真空干燥，得聚苯并噁嗪 36.0 g(87%)。

②交联的聚苯并噁嗪

将聚苯并噁嗪在 NMP 中的 5%溶液倒入不锈钢模具中，减压下在 160℃ 3 h, 190℃2 h, 230 ℃ 0.5 h 固化，得到的样品可直接用于性能测定。

4. 由双酚 A 的二呋喃化合物与 BMI 的聚合[39]

以甲醇钠与双酚 A 在甲醇中得到二钠盐。用甲苯共沸除去水分后在 140℃/0.1 mmHg 除去溶剂化的甲醇。由双酚盐与 5-溴代-2-呋喃甲酸甲酯在 DMAc 中 150℃进行取代反应得到 I 的二甲酯。然后在 KOH/甲醇中水解得到二酸。分步结晶将粗产物与副产物双酚 A 的二甲醚分开，再进行色谱分离去掉主要杂质单加成物的甲醚，从甲醇重结晶得到 I，收率大于 95%，mp 200~203℃。再在 210~230℃脱羧。

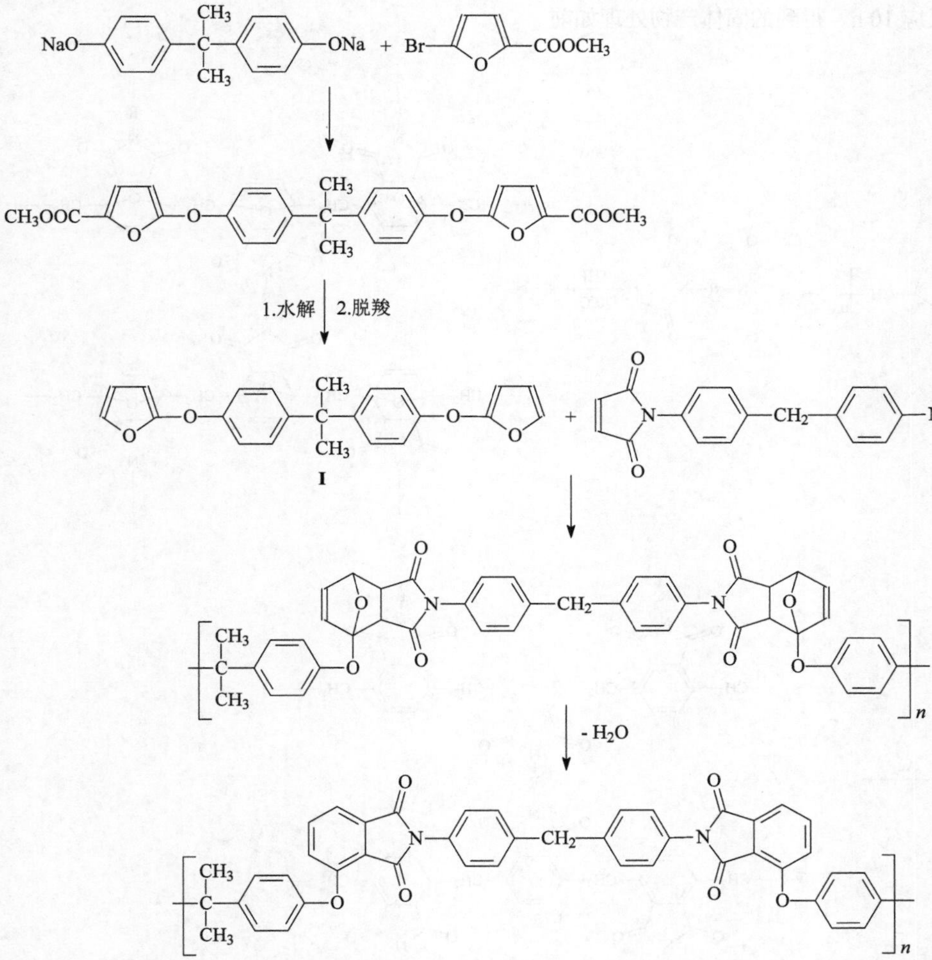

将双呋喃与 BMI 以等摩尔溶解在甲醇/二氯甲烷中涂到炭布上(1∶1)做成预浸料，在真空袋中成型：150℃真空，加压 1.72 MPa 加热到 200℃。后固化在 320℃进行 2 h。

5. 由聚呋喃甲撑与 BMI 聚合[40]

①溶液聚合

将 4.0 g(0.05 mol 单体单元)聚呋喃甲撑 和 6.9 g (0.025 mol)己二胺-BMI 在 100 mL 干燥 THF 中在 70℃回流 8 h，冷却后倒入水/甲醇(25:75)混合物中，滤出沉淀，干燥后用 15 mL DMF 处理 2 次，以去除未反应的化合物。将 2 g 聚合物在 2mL 乙酐中回流 4 h 后倒入水中，滤出芳香化的聚酰亚胺，用水和甲醇洗涤。

②本体聚合

将 1.6 g (0.02 mol 单体单元)聚呋喃甲撑和 2.75 g (0.01mol) 己二胺-BMI 悬浮在 25 mL 干燥 THF 中，然后铺在碟中让 THF 在室温下挥发。得到的干燥混合物与 2 mL 乙酐在 120~130℃

搅拌反应 10 h。得到的固体产物处理如前。

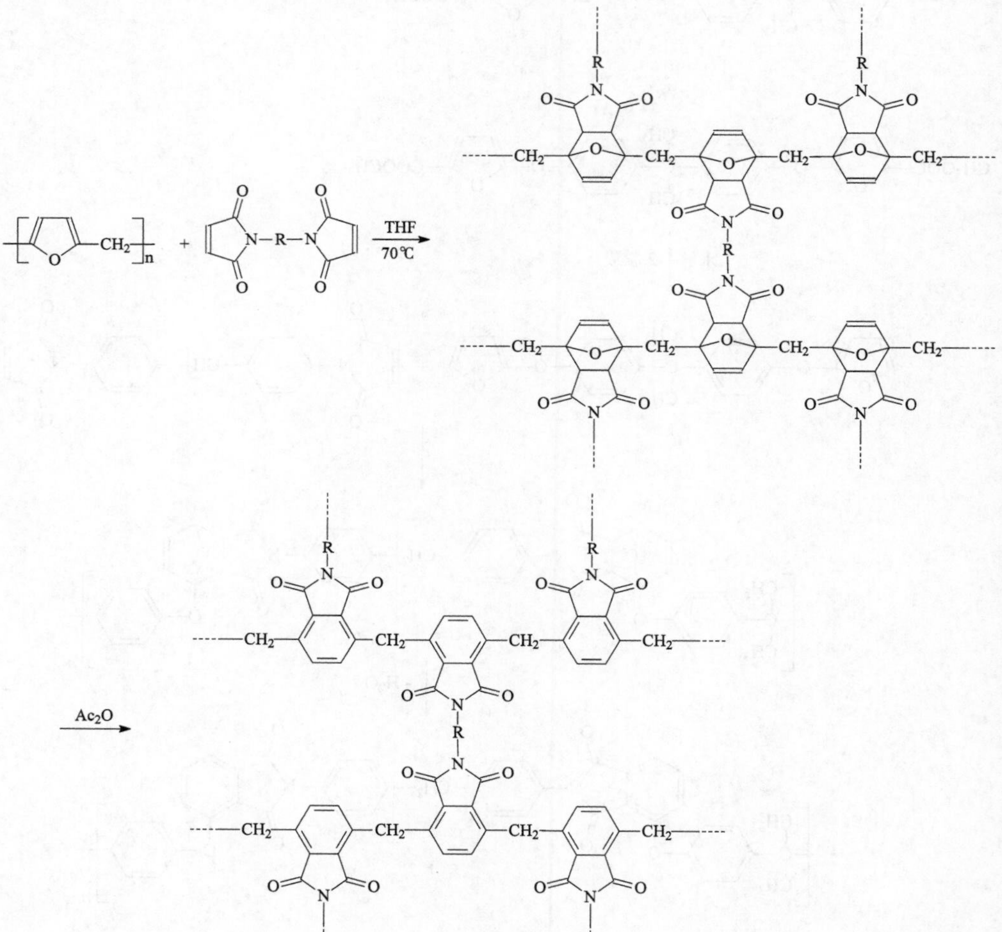

7.8.2 由双(二烯)与 BMI 反应

1. 由带胺链节的双(二烯)与 BMI 反应[41]

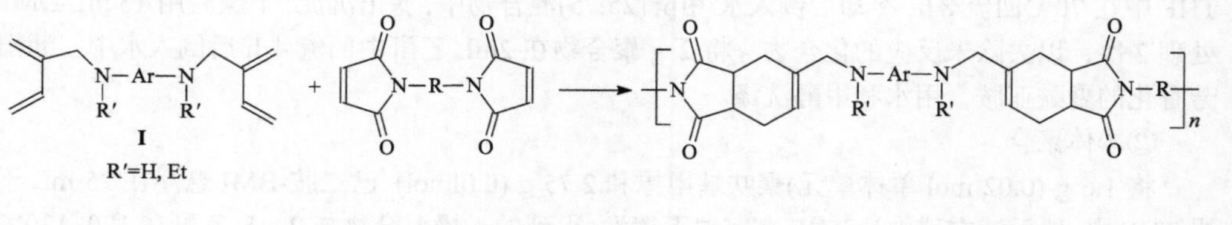

R′=H, Et

　　用等当量的双二烯(见4.10)和BMI与作为游离基清除剂的氢醌和四氯乙烷得到30%溶液，在室温氮气下反应24h后升温到60~80℃反应4天。冷到室温，加入氯仿稀释成10%溶液。将其滴加到300 mL乙醚中得到沉淀，过滤，真空干燥。从氯仿溶液再沉淀得到聚合物。

　　2. 由带酰胺链节的双(二烯)与BMI反应[42]

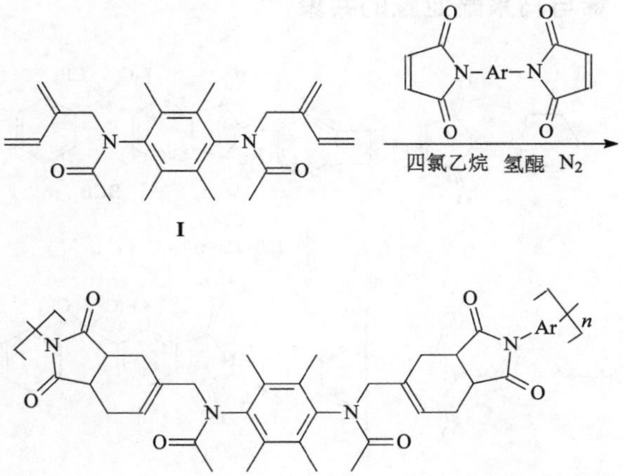

　　将双二烯I『178』和BMI，以四氯乙烷为溶剂得到25%的溶液，加入氢醌作为游离基的清除剂，氮气下室温搅拌24h，加热到100~130℃反应30 h，冷至室温，用氯仿稀释到10%，滴加到乙醚中得到聚合物沉淀，过滤，真空干燥，由氯仿溶液重沉淀到乙醚中，得到聚酰胺酰亚胺。

　　3. 由双(3,4-二甲叉吡咯烷基)芳香化合物与BMI的聚合[43]

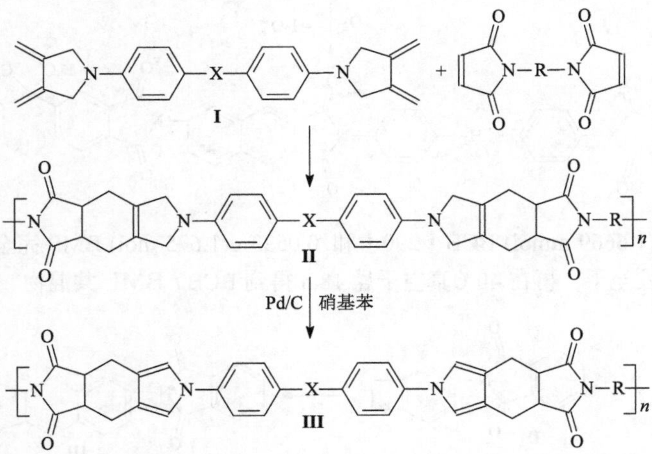

　　将3.0 g I『186』溶于30 mL四氯乙烷中，以3500 r/min离心15 min，分离出来的清液，用吸管小心取出，用NMR测定溶液的浓度，加入MDA-BMI。将混合物在室温搅拌15 min，得到黏性的预聚物溶液。涂膜，室温干燥过夜，薄膜在120℃处理12h，取下薄膜，在150℃

真空处理 12 h，得 **II**。

　　将 50 mg 薄膜 **II** 加到含有 5 mg 5% Pd/C 的 30 mL 硝基苯中，加热到 180℃搅拌 3 min。薄膜并不溶解，氮颜色变深，取出，用丙酮洗涤后在 150℃真空干燥 2 天得 **III**。

7.8.3　由苯并环丁烯与马来酰亚胺的共聚[44]

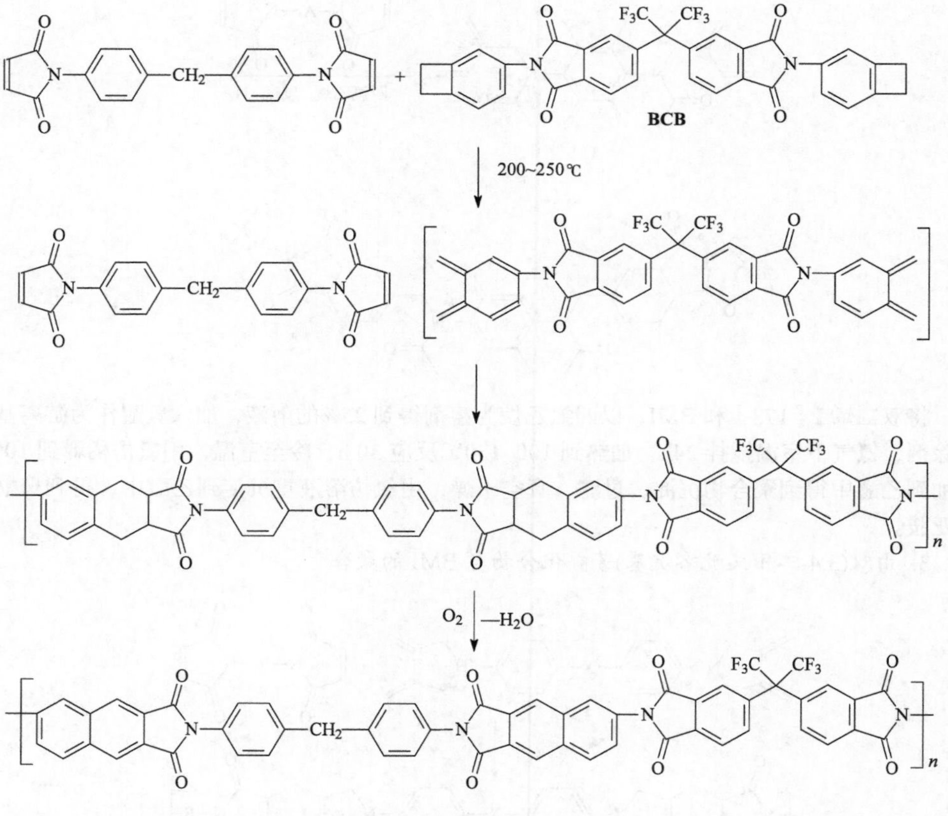

　　将 0.1709 g (1.6669 mmol) BCB『290』和 0.0523 g(1.675 mol) BMI 完全溶于 8 mL 二氯甲烷中，缓慢挥发至干，再在 40℃真空干燥 18 h 得到 BCB／BMI 共混物。

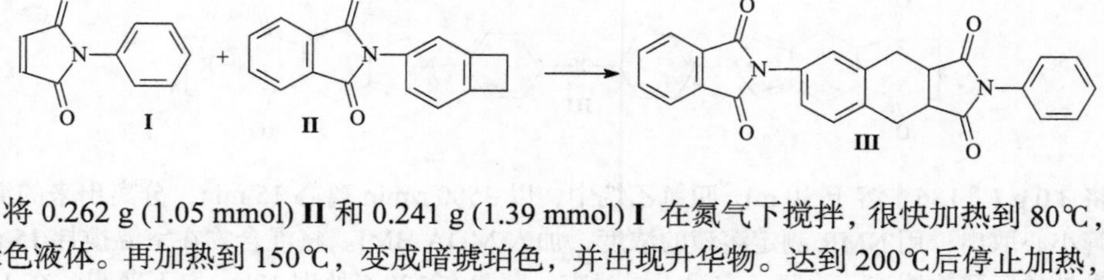

　　将 0.262 g (1.05 mmol) **II** 和 0.241 g (1.39 mmol) **I** 在氮气下搅拌，很快加热到 80℃，得到黄绿色液体。再加热到 150℃，变成暗琥珀色，并出现升华物。达到 200℃后停止加热，内温升至 220℃后冷却至室温。将得到的固体用二氯甲烷萃取，将萃取液过滤后加到己烷中，得到白色沉淀，用己烷洗涤后干燥，得产物 0.37 g，再经溶解和沉淀，得到 **III** 0.28 g(63%)。

7.8.4　由环戊二烯酮与 BMI 的聚合[45,46]

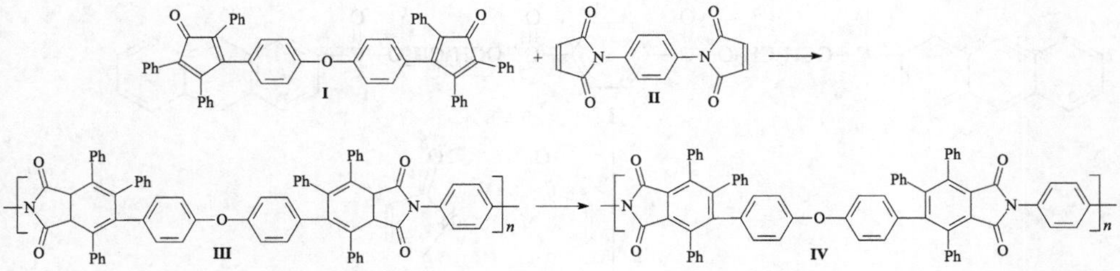

将双[(三苯基)环戊二烯酮]『194』和 BMI 在 1-氯萘中回流 1~3 h，或在 1,2,4-三氯苯中回流 18~24 h，减压除去一半溶剂后倒入乙醇中，滤出沉淀，从氯仿溶液中重结晶，定量得到淡黄色聚合物(**III**)。

将 0.5 g 聚合物在 10 mL 硝基苯中氮气下回流 12 h，除去 2/3 溶剂后倒入乙醇中，从 DMF 溶液重沉淀，得到聚酰亚胺(**IV**)。

7.8.5　由双(四甲基环戊二烯)与 BMI 的聚合[47]

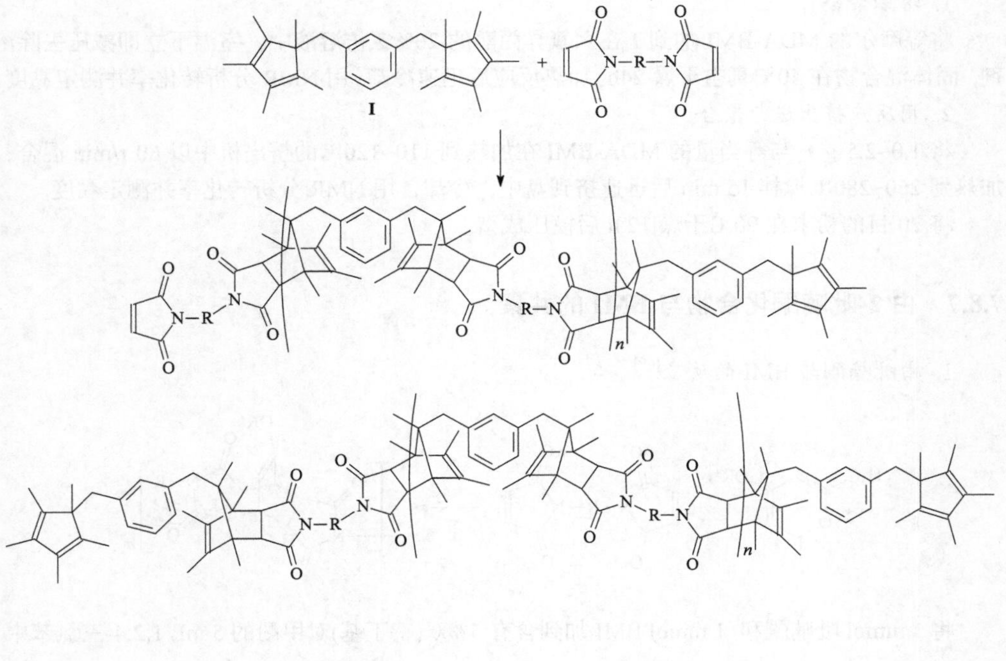

将等摩尔 **I**『189』和 BMI 溶于含有氢醌的 DMF 中，氮气下室温搅拌 2 h，逐渐加热到 140℃搅拌 24 h。冷却到室温，在甲醇中沉淀，得到褐色粉末，过滤，真空干燥。

7.8.6　蒽端基的聚酯与 BMI 的反应[48]

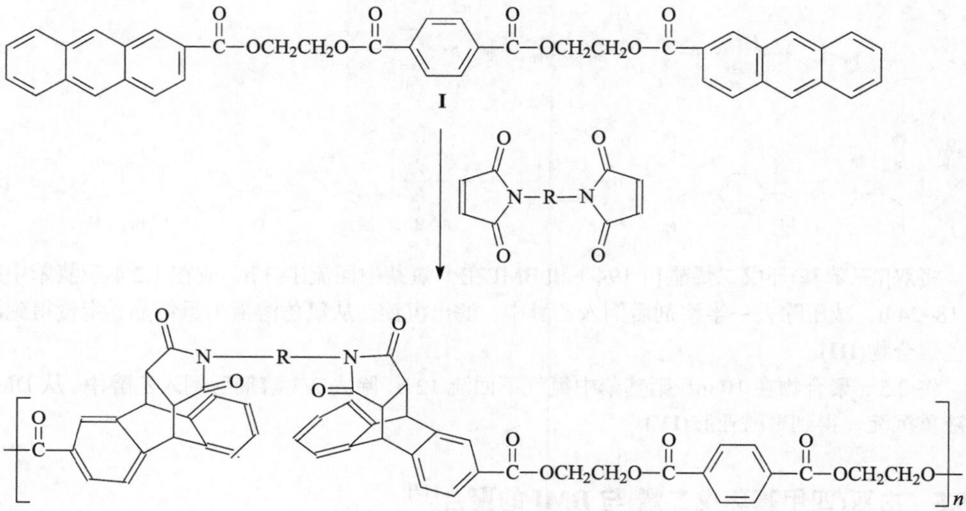

I

1. 熔融聚合

将等摩尔的 MDA-BMI 加到 **I** 在六氟异丙醇的 20%氯仿溶液中，室温下立即减压去除溶剂，固体混合物在 40℃真空干燥 24h。加热反应后迅速冷却，用 NMR 分析转化率并测定黏度。

2. 用反应挤出进行聚合

将 1.0~2.5 g **I** 与等当量的 MDA-BMI 在加热到 110~120℃的挤出机中以 60 r/min 混合，加热到 260~280℃搅拌 15 min 后迅速挤到盘中，冷却，用 NMR 分析转化率并测定黏度。

将 20 目的粉末在 90℃干燥 12 h 后模压成型。

7.8.7　由 2-吡喃酮化合物与 BMI 的共聚

1. 由吡喃酮与 BMI 的反应[49]

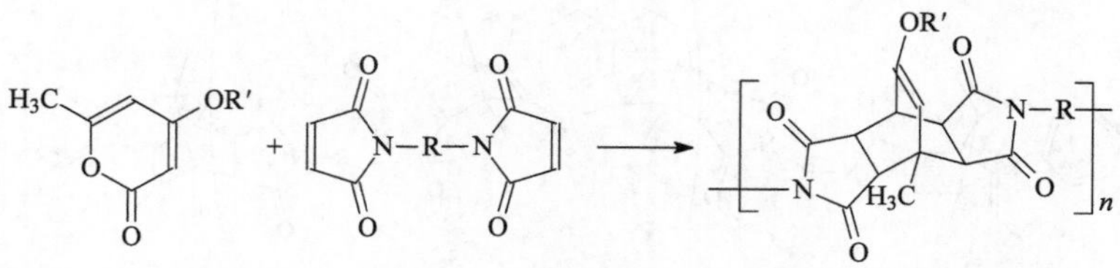

将 1 mmol 吡喃酮和 1 mmol BMI 加到含有 5%双(特丁基)对甲酚的 5 mL 1,2,4-三氯苯中，

在 213℃加热 8 h，冷却后在甲醇中沉淀，用二氯甲烷/甲醇纯化，80℃真空干燥，得聚合物。
吡喃酮与 BMI 的聚合见表 7-4。

表 7-4　吡喃酮与 BMI 的聚合

R′	R	收率/%	M_n
$n\text{-}C_4H_9$		73	34000
$n\text{-}C_4H_9$		60	16000
$n\text{-}C_4H_9$	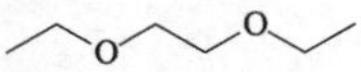	61	14000
$n\text{-}C_7H_{15}$		69	25000
$n\text{-}C_7H_{15}$		81	10000
$CH_2CH_2CH(CH_3)_2$		73	15000
$CH_2CH_2CH(CH_3)_2$		83	11000

2. 由双(2-吡喃酮)与 BMI 的共聚[50,51]

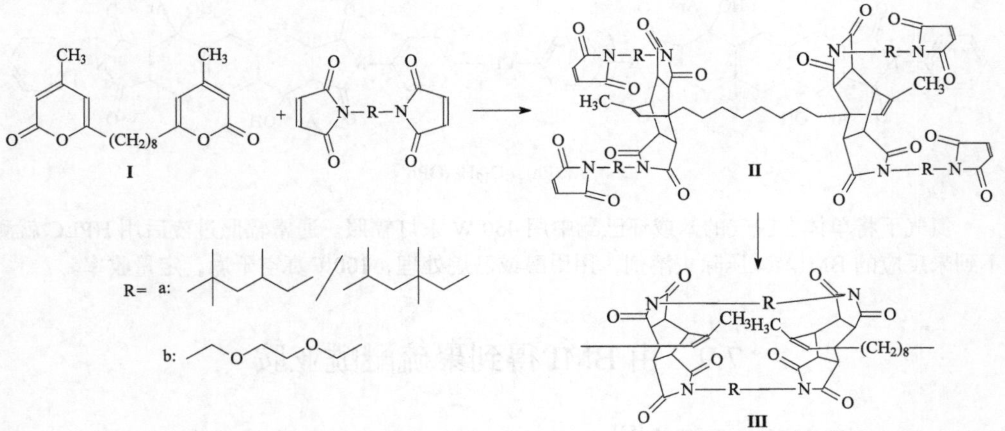

①将 0.58 g (1.73mmol)I『291』，1.12 g (3.51 mmol)BMI(R＝a)和 0.015 g 稳定剂双特丁基
对甲苯酚在 70 mL 甲苯中回流 33 h，冷却后聚合物在甲醇中沉淀，再用氯仿/甲醇(1/40)提纯，
真空干燥，得 1 g(65%)，M_n=18000 (VPO)，T_g=250℃。在 1,2,4-三氯苯中 213℃反应，所得到
的同样聚合物的 M_n = 19000 (VPO)。

②将 0.3 g (0.908 mmol) I，0.561 g (1.82 mmol) BMI(R＝b)和 0.01g 稳定剂双特丁基对甲苯
酚在 26 mL 1,2,4-三氯苯中 213℃反应 24 h。蒸发掉一半溶剂，残留物滴加到 40 mL 甲醇中，
再用氯仿/甲醇(1/40)提纯，真空干燥，得 0.5 g(64%)，M_n=15000(VPO)，T_g=180℃。

7.8.8　由二酰基苯与 BMI 的反应[52]

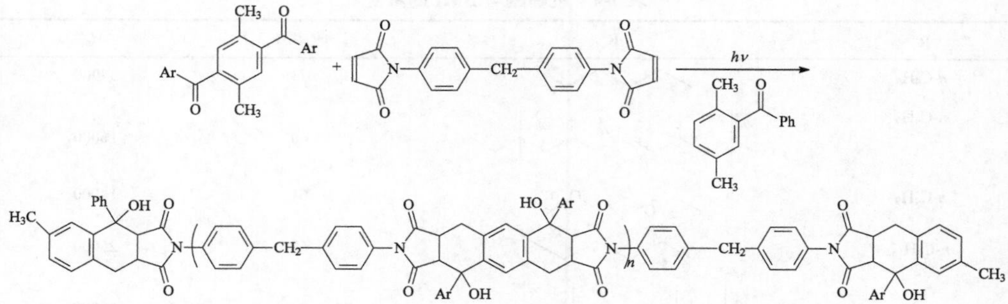

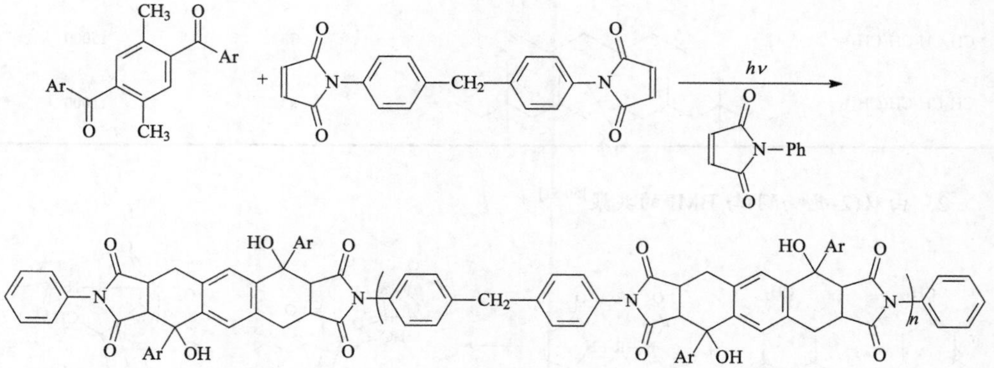

Ar: Ph, *p*-C$_{12}$H$_{25}$OPh

　　氮气下将单体在脱气的苯或环己酮中用 450 W 汞灯辐照。通常辐照过夜后用 HPLC 就测不到未反应的 BMI。减压除去溶剂，用甲醇或己烷处理，100℃真空干燥，定量收率。

7.9　由 BMI 得到聚硫醚酰亚胺

7.9.1　由 BMI 与硫化氢反应[53]

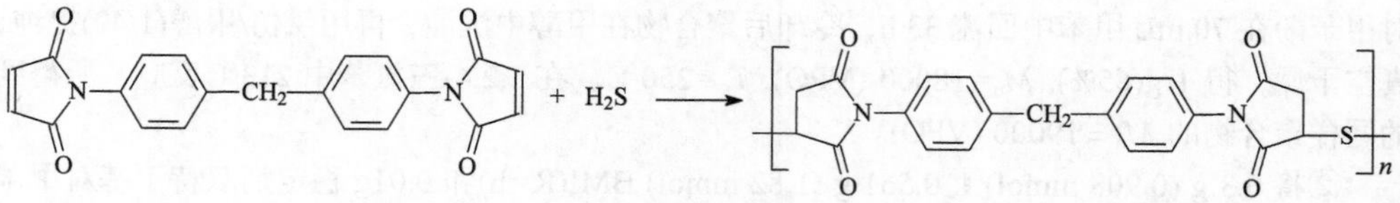

　　1. 在 DMF 和乙酐中聚合

　　将 10 g(27.9 mmol)MDA-BMI 溶于 90 mL DMF 和 15 mL 乙酸的混合物中，通入硫化氢，

10 min 内温度由 25℃升至 30℃，反应 1 h 后缓慢倒入用盐酸酸化的甲醇中，滤出沉淀，用甲醇洗涤，60℃真空干燥，得 10.6 g，特性黏数为 0.53 dL/g。

2. 在甲酚中聚合

将 10 g MDA-BMI 溶于 50 mL 甲酚中，溶液用硫化氢饱和，加入 2 滴 *N,N,N',N'*-四甲基乙二胺，继续缓慢通入硫化氢。随着反应温度从 25℃升至 37℃，反应物黏度迅速增高。1 h 后黏度增加到难以搅拌的程度。将反应物缓慢倒入用盐酸酸化的甲醇中，洗涤，干燥后，得到定量收率的聚合物，特性黏数为 0.40 dL/g。

7.9.2　由 BMI 与二硫醇反应[53]

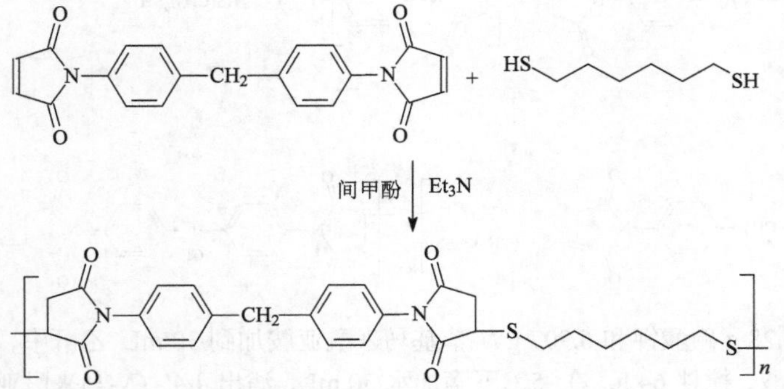

将 7.6 g(20 mmol)MDA-BMI 溶于 50 mL 甲酚中，加入 3.0 g(20 mmol)己二硫醇和 2 滴三乙胺，反应 4 h，温度升至 35℃，黏度显著增高。将反应物倒入用乙酸酸化的甲醇中，洗涤，干燥。将产物溶于氯仿，在甲醇中沉淀，重复三次。用氯仿溶液涂膜，氮气保护干燥 48 h，真空 25℃ 24 h，60℃ 24 h 得到韧而透明的薄膜。

7.9.3　由 BMI 与二硫酚反应[54]

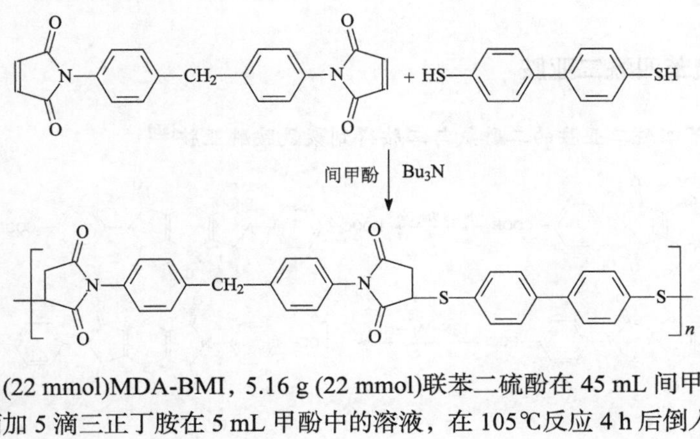

将 8.00 g (22 mmol)MDA-BMI，5.16 g (22 mmol)联苯二硫酚在 45 mL 间甲酚中加热溶解，冷至室温后滴加 5 滴三正丁胺在 5 mL 甲酚中的溶液，在 105℃反应 4 h 后倒入含 20 mL 乙酸

的 700 mL 甲醇中得到纤维状聚合物，在新鲜的甲醇中搅拌 24 h，过滤，在 75℃真空干燥，得聚合物 12.60 g(96%)，对数黏度=1.45dL/g。

7.9.4 聚酰亚胺硫醚[55]

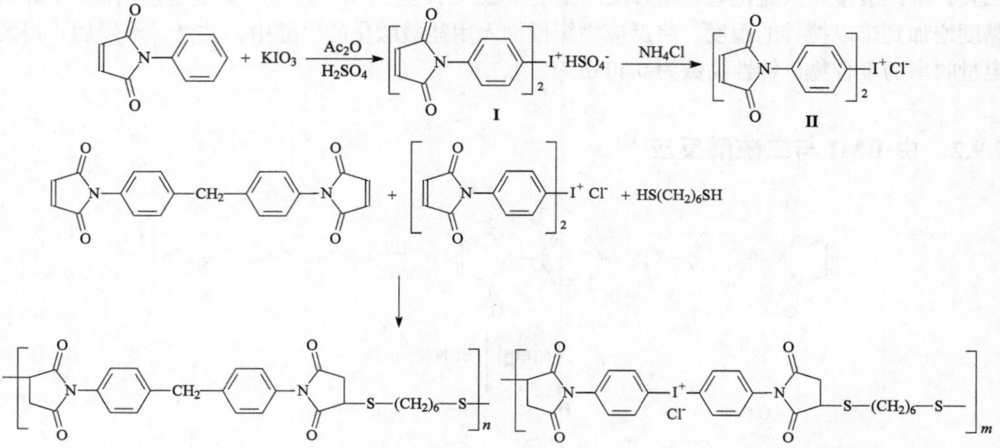

室温下将 4.28 g 碘酸钾和 6.907 g N-苯基马来酰亚胺加到 30 mL 乙酐中，冷却到−12℃，滴加入 9 mL 硫酸，搅拌 64 h。在−5℃下滴加水 30 mL，滤出 4,4′- (N-马来酰亚胺基)二苯基硫酸氢碘(I)。再将沉淀溶于 250mL 甲醇中，过滤，在滤液中加入由 6~7 g 氯化铵得到的饱和溶液，冷却到−12℃促进沉淀。过滤，用甲醇洗涤以除去硫酸。将产物 4,4′- (N-马来酰亚胺基)二苯基氯化碘 (II)干燥过夜，收率46%。

将 3.22 g MDA-BMI 和 0.506 gII 溶于 10 mL 甲酚中，加入 1.491 g 己二硫醇，搅拌 10 min。得到透明褐色溶液，加入 4 滴三乙胺作为催化剂，20 min 后温度逐渐上升，黏度增高，搅拌 5h 后将聚合物在 1 L 用 4 mL 盐酸酸化的甲醇中沉淀。得到纤维状物质。用甲醇萃取 8 h，真空干燥，聚合物收率 95%。

7.9.5 聚二硫苯四酰二亚胺

1. 由二硫苯四酰二亚胺的二酰氯与二胺得到聚酰胺酰亚胺[56]

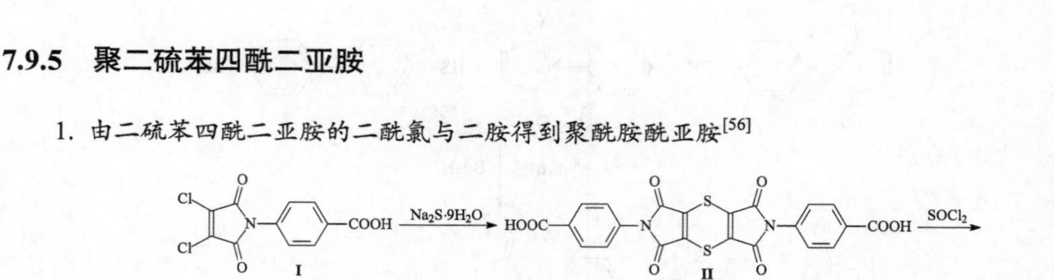

在 2.86 g (10.0 mmol) I 的 60 mL 乙腈的溶液中加入 2.40 g 九水硫化钠,混合物在 100℃ 反应 5 h 后冷却到室温,滤出淡褐色固体,用水和甲醇洗涤,在 80℃ 真空干燥 12 h,得二酸 II 2.5 g(90%),mp 398℃(dec)。

将 4.95 g (10 mmol) II 溶于 150 mL 二氯乙烷中,加入 4 mL 氯化亚砜,回流 6 h,加入 5 滴 DMF 再回流 1 h。除去过量的氯化亚砜后冷却到室温,滤出固体,用 100 mL 乙醚洗涤, 60℃ 真空干燥 12 h,从二氯乙烷重结晶后得二酰氯 III 4.55 g(85%),mp >350℃。

将 0.801 g (4 mmol)ODA 加到 20 mL NMP 和 0.65 mL 吡啶中,搅拌至完全溶解。冷却到 0℃。加入 2.125 g (4 mmol) III。搅拌 1h 后除去冷浴,室温搅拌 6 h 后倒入 100 mL 水中。滤 出聚合物,用水及甲醇洗涤,在 100℃ 真空干燥 6 h,收率 95%。

2. 由四氯 BMI 与硫化钠反应[57]

将 2.09 g (5.0 mmol) MDA 的双(二氯马来酰亚胺)溶于 20 mL NMP 中,加入 2.52 g (10.5 mmol) 无水硫化钠,混合物在 100℃ 搅拌 10 h,冷却到室温后倒入 100 mL 稀盐酸溶液,滤出固体, 依次用水和甲醇洗涤,在 100℃ 真空干燥 12 h,得到 II。

真空下 II 在 300℃ 反应 3 h 脱去一个硫得到聚四氢噻酚四酰二亚胺(III)。

7.10　双马来异酰亚胺的聚合

7.10.1　溶液聚合[58]

将 0.1 mol 二胺溶于 20 mL DMSO 中,迅速加入 0.01 mol 联异马来酸酐(I) 〈12〉,出现 放热反应。反应完成后倒入丙酮/乙醚中得到沉淀,在 75℃ 真空中干燥。

双马来异酰亚胺的溶液聚合见表 7-5。

表 7-5　双马来异酰亚胺的溶液聚合

二胺	方法	聚合时间/h	转化率/%	还原黏度/(dL/g)
肼	A	18.5	99	不溶
乙二胺	B	20	80	不溶
HNCH$_2$CH$_2$NH CH$_3$　　　CH$_3$	A	21	89	0.46

二胺	方法	聚合时间/h	转化率/%	还原黏度/(dL/g)
丁二胺	A	4	95	0.97
	B	18	90	0.40
己二胺	A	72	87	0.35
	B	15	67	0.29
辛二胺	A	21	84	0.32
癸二胺	A	21	83	0.36
	A	2.5	99	0.47
PPD	A	15	99	0.23
MPD	A	19	94	0.19
OPD	A	19	34	0.07
TMPPD	B	17	54	0.11
MDA	A	19	99	0.36
ODA	A	17	95	0.19
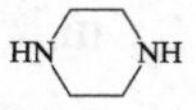 HN〔 〕NH	B	7	76	0.11
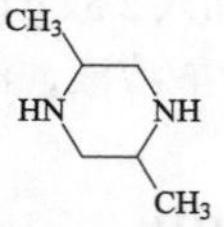 HN〔CH₃ 〕NH CH₃	B	20	61	0.18

7.10.2 熔融聚合

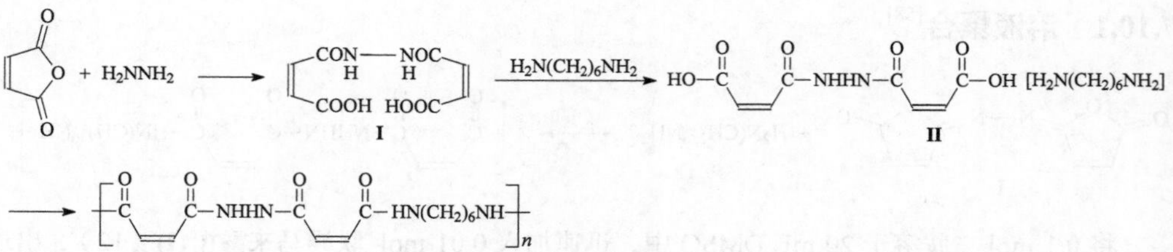

将 1,2-二(3-羧基丙烯酰肼)(**I**)和己二胺以等摩尔量溶解在 DMSO 中，放热，搅拌过夜，在丙酮中沉淀，过滤，用丙酮洗涤，在 70℃真空中干燥，定量转化为盐 **II**，mp 165℃。

将 **II** 在氮气下加热到 165℃，搅拌 2 h，其间温度逐渐升至 175℃，冷却到室温，滤出产物，用丙酮洗涤，70℃真空干燥，得到黑褐色固体，转化率 95%以上，不溶于 DMSO，甲酸或间甲酚，310℃不熔。

熔融聚合的产物中存在由酰肼的热环化得到的 1,3,4-噁二唑单元。

7.10.3　由双异马来酰亚胺与二胺反应得到 PMA，再与 BMI 反应[59]

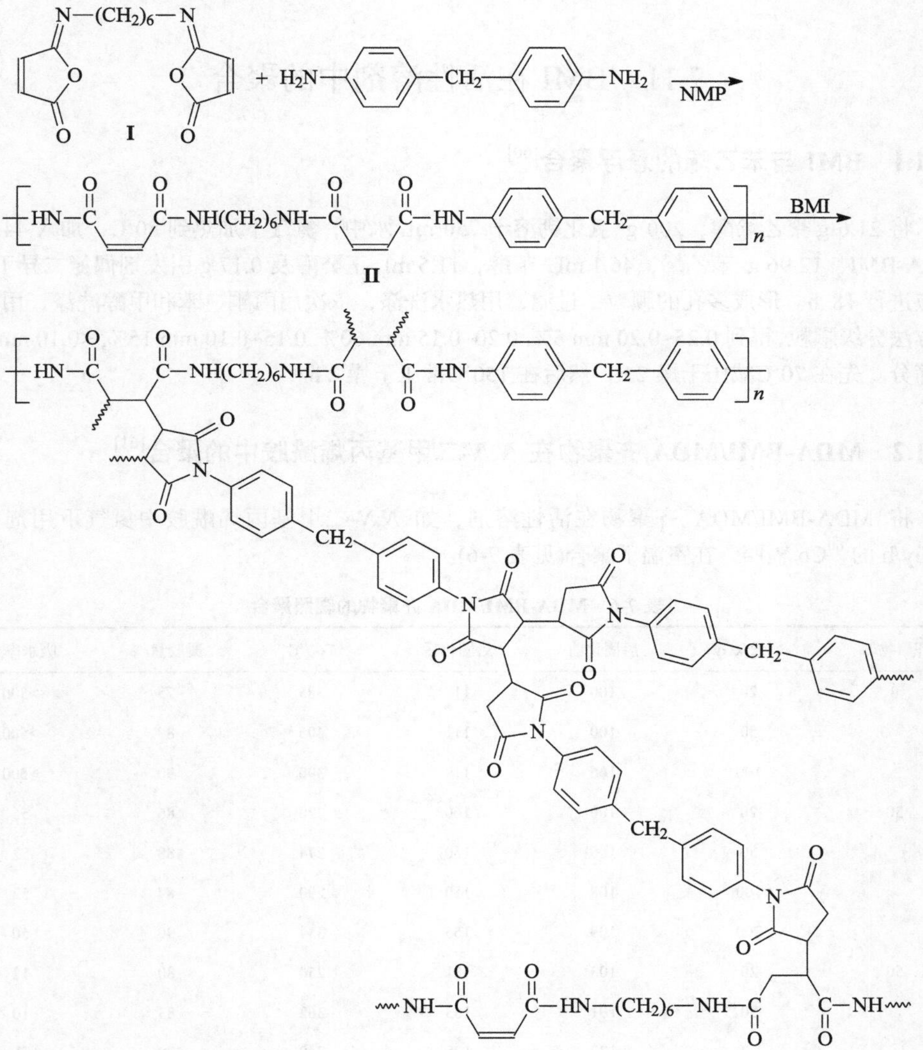

将 6 g (0.03 mol)MDA 加到 8.3 g(0.03 mol) 双异马来酰亚胺〈29〉在 12 mL NMP 的溶液中，搅拌 5 h。倒入 50 mL 水中，分出黏稠层，溶于甲醇，在水中沉淀，过滤，用水洗涤，得到 PMA，收率 90%。

将得到的 PMA 加热，溶于含有 4% LiCl 的酰胺类溶剂中，固有黏度：0.291dL/g。

将 BMI 和 PMA 溶于 NMP 中，将该溶液涂敷在预热到 120℃的玻璃板上，在 150℃空气中加热 1 h，以去除溶剂，再在 220℃处理 2 h。冷却后在水浴中取下薄膜，100℃真空干燥，在甲醇中浸泡 24 h，以去除 NMP，最后在 100℃干燥。

7.11　BMI 在活性溶剂中的聚合

7.11.1　BMI 与苯乙烯的悬浮聚合[60]

将 21.6 g 聚乙烯醇，200 g 氯化钙溶于 750 mL 水中，氮气下加热到 80℃，加入 44.64 g MDA-BMI，12.96 g 苯乙烯，46.1 mL 苄醇，11.5 mL 正癸醇及 0.17 g 引发剂偶氮二异丁腈。反应进行 18 h。形成多孔的颗粒，过滤，用热水洗涤，依次用丙酮、苯和甲醇洗涤，用湿筛的方法分级颗粒，得到 0.25~0.20 mm 5%，0.20~0.15 mm 60%，0.15~0.10 mm 15%，<0.10 mm 5% 的筛分。先在 70℃减压干燥 2 h，然后在 150℃常压干燥 2 h。

7.11.2　MDA-BMI/MDA 齐聚物在 N,N-二甲基丙烯酰胺中的聚合[61]

将 MDA-BMI/MDA 齐聚物在活性溶剂，如 N,N-二甲基丙烯酰胺中氮气下用剂率为 6 kGy/h 的 ^{60}Co 辐照，在室温下聚合(见表 7-6)。

表 7-6　MDA-BMI/MDA 齐聚物的辐照聚合

齐聚物/%	剂量/kGy	后固化前	后固化后	$T_{5\%}$/℃	凝胶量/%	吸水率/%
0	20	100	117	385	75	>500
	50	100	111	405	89	>500
	100	106	119	390	90	>500
30	20	100	160	220	86	55
	50	100	150	274	88	52
	100	108	150	290	87	52
	200	109	155	334	90	50
50	20	103	181	250	80	12
	50	101	183	362	83	10
	100	122	175	340	88	7
	350	120	176	343	90	6
70	100	124	170	385	80	-

7.11.3　MDA-BMI/DMMDA 齐聚物在 N-乙烯基吡咯烷酮中的聚合[62]

氮气下将齐聚物在 N-乙烯基吡咯烷酮中 40℃搅拌 2 h，得到均相溶液，真空脱气后倒入预热的 6 cm×10 cm×0.4cm 玻璃板制成的板状模具中，真空封入聚乙烯口袋中在剂率为 8.31 kGy/h 的 60Co 源中进行辐照，辐照温度为 35~40℃。然后将样品在 110℃/1 h，130℃/2 h，150 ℃/2 h，130℃/2 h，110℃/1 h 空气中后固化，得到共聚物。

7.12　光　固　化

7.12.1　BMI 与苯的光加成反应[63]

在 0.02 mol BMI 和 2.5 mL 苯乙酮的混合物中加入足够的丙酮使其溶解，再加入 100 mL 苯(或烷基苯)，用 450 W 紫外灯辐照 18 h，得到聚合物沉淀(见表 7-7)。

聚合物还有头-头，尾-尾结构。分解温度 410~420℃。

表 7-7　各种 BMI 与苯的光加成反应

R	收率/%	R	收率/%
-(CH₂)₂-	95	OTOL	65
-(CH₂)₃-	80	MDA	15
-(CH₂)₆-	70	ODA	30
		DDS	85

7.12.2　BMI 的光环化聚合[64]

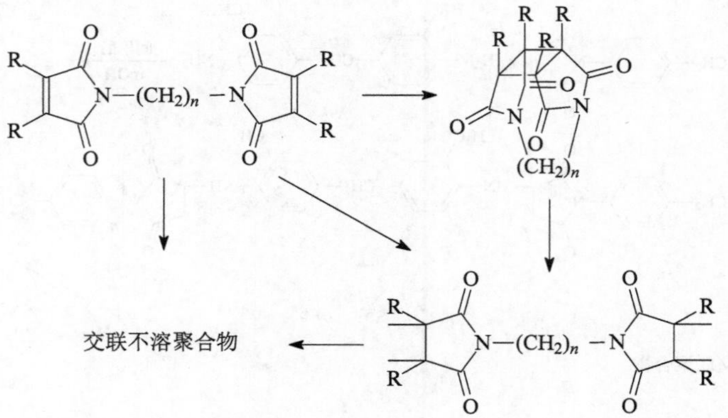

将 BMI 溶于二氯甲烷中，将氩气鼓泡通入 30 min，用磨口塞封闭，在 30~40℃下用波长为 350 nm 的紫外线辐照后空气流下冷却。产物在甲醇中沉淀，过滤，真空干燥，得到聚合物（见表 7-8）。

表 7-8　各种 BMI 光环化聚合

双马来酰亚胺	M_w	mp/℃
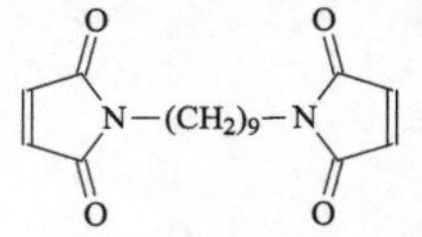	426	57
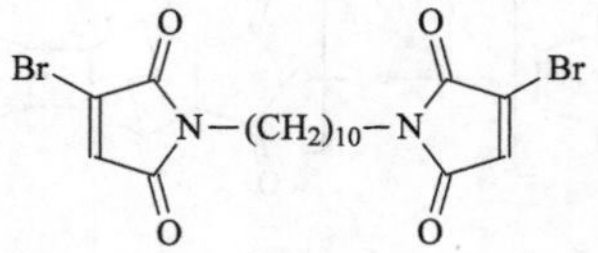	490	110
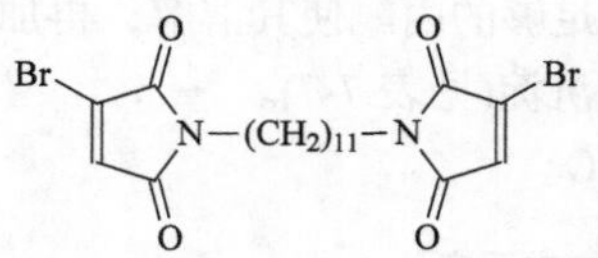	504	86.9
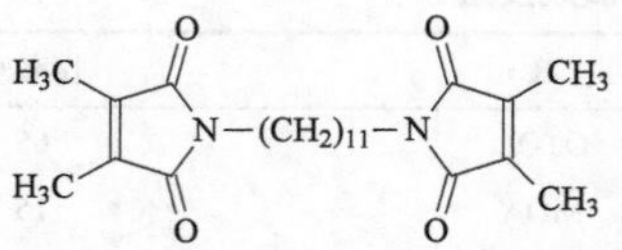	402	49

双马来酰亚胺	M_w	mp/℃
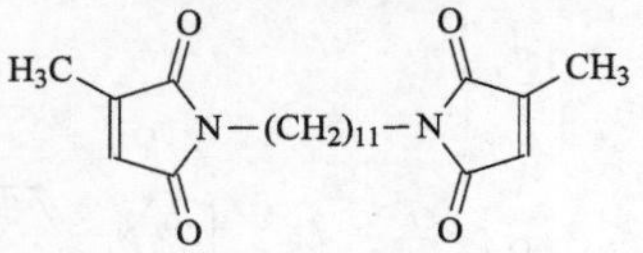	374	55.5
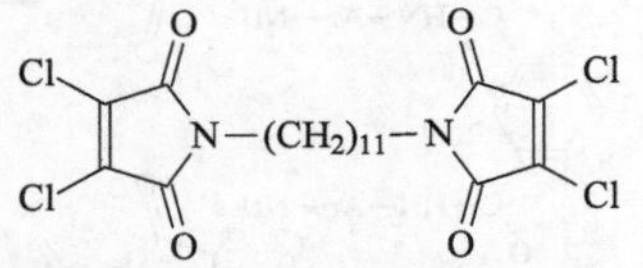	484	84.5

7.13 超枝化聚马来酰亚胺

7.13.1 N-丙基马来酰亚胺与 N-烯丙基马来酰亚胺的反应[65]

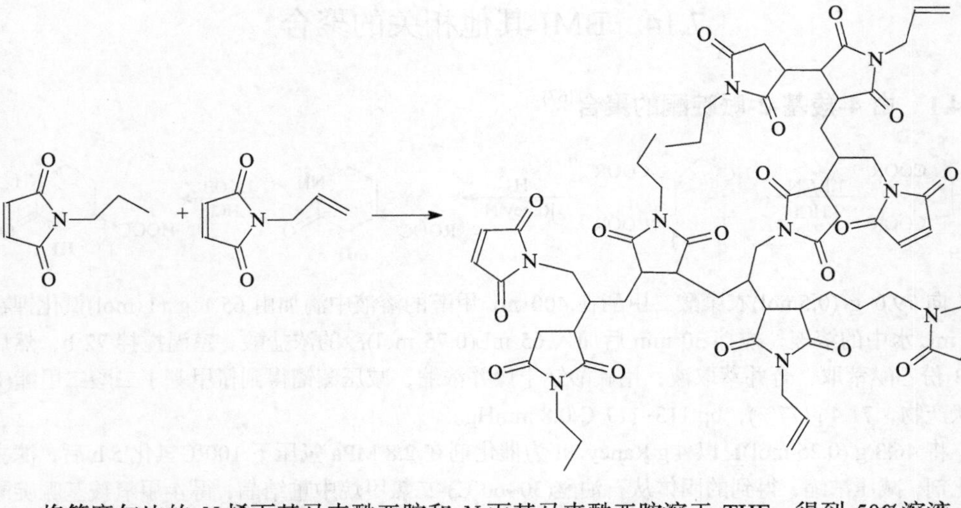

　　将等摩尔比的 N-烯丙基马来酰亚胺和 N-丙基马来酰亚胺溶于 THF，得到 50%溶液。以 2.5%(摩尔分数)苄基过氧化物为引发剂在 50℃聚合，小心控制反应时间可以得到高分子量的聚合物。聚马来酰亚胺以其 THF 溶液在甲醇中沉淀 3 次反复提纯。

7.13.2 由 *N*-二羧基苯基马来酰亚胺与二胺反应[66]

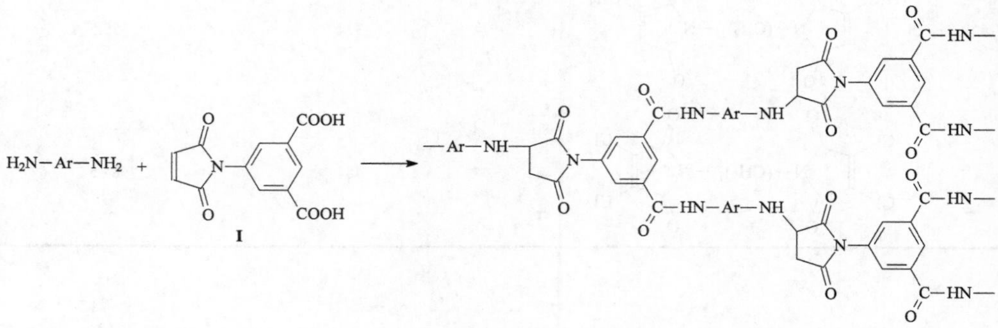

将 0.99 g (5 mmol)MDA 溶于 10 mL DMAc 中，氮气下加热到 100℃，2 h 内滴加入 1.35 g (5 mmol) **I** 在 10 mL DMAc 中的溶液，混合物在 100℃搅拌 100 h，冷却到室温，倒入水中，滤出产物，用热甲醇和热水洗涤，60℃真空干燥，收率 30%。

7.14　BMI 其他相关的聚合

7.14.1 由 4-羧基-2-哌啶酮的聚合[67]

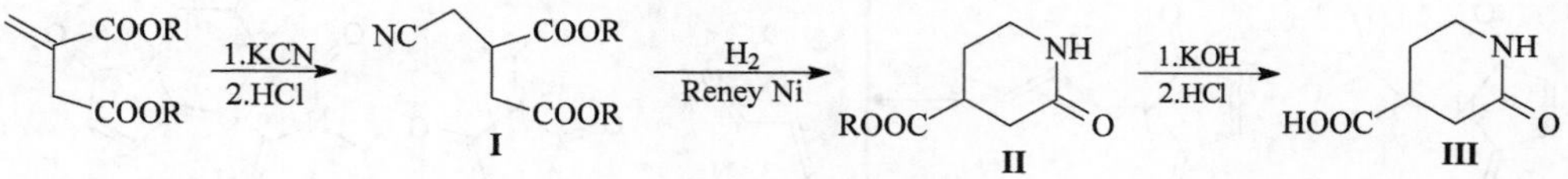

向 79.0 g (0.5mol)衣康酸二甲酯在 400 mL 甲醇的溶液中滴加由 65.1 g (1 mol)氰化钾在 400 mL 水中的溶液，搅拌 30 min 后加入 65 mL(0.75 mol)冷的浓盐酸。室温搅拌 72 h，然后用 3 份乙醚萃取，合并萃取液，用硫酸镁干燥并浓缩，减压蒸馏得到氰甲基丁二酸二甲酯**(I)**油状产物，71.4 g(77%)，bp 113~117℃/0.8 mmHg。

将 46.3 g (0.25 mol)**I** 以 4 g Raney Ni 为催化剂在 2.8 MPa 氢压下 100℃氢化 5 h 后，滤去催化剂，减压浓缩，得到的固体从石油醚(30~60℃)-二氯甲烷中重结晶，得 4-甲氧羰基哌啶酮**(II)** 33.8 g(85%)，mp 126.5~127℃。

搅拌下向 12.3 g (0.22 mol)KOH 在 150 mL 甲醇中的溶液加入 31.4 g (0.2 mol)**II** 在 150 mL 甲醇中的溶液，回流 6 h，室温搅拌 16 h，减压除去溶剂，得到的固体溶于 50 mL 水中，冷至 0℃以下，用浓盐酸酸化，所得到的固体在乙醇-水中重结晶 3 次，得 4-羧基-2-哌啶酮**(III)**25.5 g (89%)，mp 174.5~175.5℃。

4-羧基-2-哌啶酮聚合的可能过程：

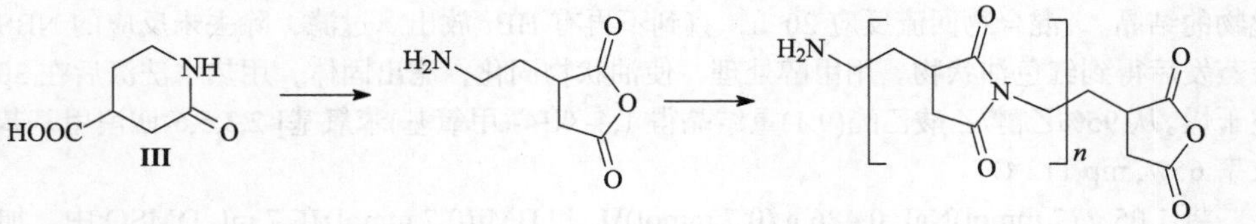

1. 将 5 g **III** 和 4 滴水在氮气下 220℃的油浴中加热 24 h，氮气下冷至室温，聚合物粉碎后用沸腾的乙醇萃取，然后在 100℃干燥 30 min，聚合物的还原黏度为 0.8 dL/g(间甲酚 5%，25℃)。

2. 在同上的条件下，在 200℃和 250℃各加热 20 h，再减压(2 mmHg)20h，得到的还原黏度分别为 1.0 dL/g 和 1.4 dL/g。

3. 在二氯苯中回流 48 h，得还原黏度 0.5 dL/g。

4. 在三氯苯中回流 48 h，得还原黏度 1.5 dL/g。

聚合物的 T_g 为 127℃，氮气下 $T_{1\%}$ 为 300℃(10℃/min)。

7.14.2　由四溴甲基化合物与 BMI 的反应[68]

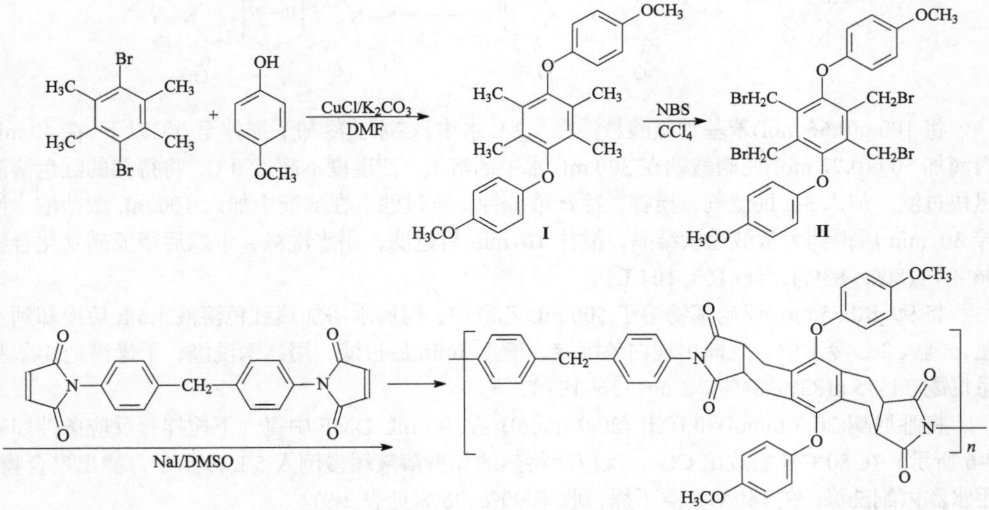

将 8.76 g (30 mmol)1,4-二溴-2,3,5,6-四甲苯和 4.96 g (40 mmol)4-甲氧基苯酚溶于 120 mL 干燥 DMF 中，再加入 4 g (40 mmol) CuCl 和 5.52 g (40 mmol)K₂CO₃。混合物在氮气中室温下搅拌 30 min，然后加热到 150 dL/g 反应 20 h。再加入 2.6 g (26 mmol)CuCl，3.22 g (26 mmol)4-甲氧基苯酚和 5.52 g (40 mmol) K₂CO₃，在 150℃搅拌 15h。趁热滤去 CuCl，滤液冷却后滴加到甲醇/水(1:1)混合物中，得到淡黄色沉淀。过滤后室温真空干燥，从 95%乙醇中重结晶，得到 1,4-双[4-(甲氧基)苯氧基]-2,3,5,6-四甲苯黄色粉末(**I**)，收率 55%，mp 201℃。

将 13.8 g (78 mmol)NBS 溶于 150 mL CCl₄中，加入 4.3 g (11.4 mmol)**I** 和几颗苯甲酰过氧

化物的结晶。 混合物回流反应 20 h，直到不再有 HBr 放出。过滤，除去未反应的 NBS，滤液蒸发后得到红色油状物。用甲醇处理，使油状物固化，滤出固体，用热水洗涤后在 30℃真空干燥。从 95%乙醇/乙酸乙酯(9:1)重结晶得 1,4-双[4-(甲氧基)苯氧基]-2,3,5,6-四溴甲基苯(II)，收率 65%，mp 112℃。

将 1.05 g (7 mmol)NaI, 0.486 g (0.7 mmol)II 和 BMI(0.7 mmol)在 7 mL DMSO 中，加热到 80℃使悬浮物成为均相，氮气下反应 36 h。冷却后用 3 mL DMSO 稀释，缓慢滴加到 70 mL 10% 碳酸氢钠溶液中，滤出沉淀，依次用水、甲醇及丙酮洗涤，50℃真空干燥至恒重。

7.14.3 悉尼酮(sydnone)与 BMI 的反应[69]

将 100 g(0.66 mol)苯基甘氨酸悬浮在 1.2 L 水中，在冰盐冷却下搅拌至 0℃以下。在 40 min 内滴加 50 g(0.72 mol)亚硝酸钠在 300 mL 水中的溶液，使温度不超过 0℃。将得到的红色溶液尽快过滤。加入 3 g 助滤剂，搅拌，冷却数分钟，再过滤。在滤液中加入 100 mL 浓盐酸，搅拌 30 min 后得到大量绒毛状结晶，搅拌 10 min 后过滤，用水洗涤，干燥后得亚硝基化合物 96~99 g(80%~83%)，mp 103~104℃。

将 99 g(0.55 mol)亚硝基物溶于 500 mL 乙酐中，用沸水浴加热红色溶液 1.5 h 后冷却到室温，倒入 3 L 冷水中，立即出现白色沉淀，搅拌 5min 后过滤，用冰水洗涤，干燥得到 3-苯基悉尼酮 74~75 g(83%~84%) ，mp 136~137℃[70]。

将悉尼酮(20.0 mmol)和 BMI (20.0 mmol) 在 90 mL DMF 中氮气下搅拌，反应条件如表 7-6 所示。在 80℃开始放出 CO_2，反应后将热的黏稠溶液缓慢倒入 5 L 冷水中，滤出聚合物，用水和丙酮洗涤，在 140℃真空干燥，收率 90%~96%(见表 7-9)。

表 7-9 悉尼酮与 BMI 的反应

	R	R′	H_2N-Y-NH_2	反应条件: ℃(h)	溶剂	η_{inh}/(dL/g)
A	Ph	H	ODA	95(24)+115(3.5)	环丁砜	1.47
B	Ph	H	MDA	95(20)+115(4)	环丁砜	0.83
C	Ph	H	乙二胺	95(20)+115(4)	环丁砜	0.25
D	n-Pro	Et	MDA	90(18)+105(7)	DMF/乙酸(9:1)	0.91
E	Ph	Ph	MDA	115(26)	间甲酚	1.93

7.14.4　由双偶氮甲碱与 BMI 共聚[71]

将 26.8 g (0.2 mol)对苯二醛在 60℃下溶于 50 mL 乙醇。加入 37.2 g (0.4 mol)苯胺，立即出现黄色结晶，在室温放置过夜后过滤，得到双偶氮甲亚胺**(I)**28.7 g (56.8%)。

将 42.1 g BMI 和 14.2 g **I** 混合，加热到 150℃，搅拌得到均相熔体，浇注，30 min 内加热到 246℃，反应 2 h。冷却到室温，得到聚合物。

参 考 文 献

[1] Preston P N, Shah V K, Simpson S W, Soutar I, Stewart N J. High Perf. Polym., 1994, 6: 35.

[2] Wang C S, Lin C H. Polymer, 1999, 40: 5665.

[3] Dao B, Hawthorne D G, Hodgkin J H, Jackson M B, Morton T C. High Perf. Polym., 1996, 8: 243.

[4] Abbate M, Martuscelli E. Musto P, Ragosta G. J. Appl. Polym. Sci., 1997, 65: 979.

[5] Fang Q, Ding X, Wu X, Jiang L. J. Appl. Polym. Sci., 2002, 85: 1317.

[6] Shu W J, Perng L H, Chin W K. J. Appl. Polym. Sci., 2002, 83: 1919.

[7] Hwang H J, Wang C S. J. Appl. Polym. Sci., 1998, 68: 1199.

[8] Wang X, Chen D, Ma W, Yang X, Lu L. J. Appl. Polym. Sci., 1999, 71: 665.

[9] Cozan V, Sava M, Marin L, Bruma M. High Perf. Polym., 2003, 15: 301.

[10] Hariharan R, Bhuvana S, Sarojadevi M. High Perform. Polym., 2006, 18: 163; Yerlikaya Z, Oktem Z, Bayramli E. J. Appl. Polym. Sci., 1996, 59: 165.

[11] Zhang J, Xu R W, Yu D S. J. Appl. Polym. Sci., 2006, 103: 1004.

[12] Glatz F P, Mulhaupt R. High Perf. Polym., 1993, 5: 213; Glatz F P, Mulhaupt R. High Perf. Polym., 1993, 5: 297.

[13] Hulubei C, Cozan V. High Perf. Polym., 2004, 16: 149.

[14] Kumar A A, Alagar M, Rao R M V G K. J. Appl. Polym. Sci., 2001, 81: 38.

[15] Relles H M, Schluenz R W. J. Polym. Sci., Polym. Chem., 1973, 11: 561.

[16] Yao Y, Zhao T, Yu Y. J. Appl. Polym. Sci., 2005, 97: 443.

[17] Gu A, Liang G, Lan L. J. Appl. Polym. Sci., 1996, 59: 975.

[18] Yuan Q, Huang F, Jiao Y. J. Appl. Polym. Sci., 1996, 62: 459.

[19] Devi K A, John B, Nair C P R, Ninan K N. J. Appl. Polym. Sci., 2007, 105: 3715.

[20] Mai K, Huang J, Zeng H. J. Appl. Polym. Sci., 1997, 66: 1965.

[21] Gu A, Liang G, Lan L. J. Appl. Polym. Sci., 1996, 62: 799.

[22] Fang Q, Jiang B, Yu Y H, Zhang X B, Jiang L X. J. Appl. Polym. Sci., 2002, 86: 2279.

[23] Wu W, Wang D, Wang P, Zhu P, Ye C. J. Appl. Polym. Sci., 2000, 77: 2939.

[24] Carnahan F L, Hurd C D. J Am Chem Soc 1930, 52:4586.

[25] Liu F, Li W, Wei L, Zhao T. J. Appl. Polym. Sci., 2006, 102: 3610.

[26] Lin K F, Lin J S. J. Appl. Polym. Sci., 1993, 50: 1601.

[27] Nair C P R, Francis T, Vijayan T M, Krishnan K. J. Appl. Polym. Sci., 1999, 74: 2737.

[28] Chaplin A, Hamerton I, Herman H, Mudhar A K, Shaw S J. Polymer, 2000, 41: 3945.

[29] Hu X, Fan J, Yue C Y. J. Appl. Polym. Sci., 2001, 80: 2437.

[30] Dinakaran K, Alagar M, Ravichandran N M. High Perf. Polym., 2004, 16: 359.

[31] Dinakaran K, Kumar R S, Alagar M. J. Appl. Polym Sci., 2003, 90: 1596.

[32] Li Y, Feng L, Zhang L C. J. Appl. Polym. Sci., 2006, 100: 593.

[33] Gawdzik B, Matynia T,Chmielewska E. J. Appl. Polym. Sci., 2001, 82: 2003.

[34] Han J L, Chern Y C, Li K Y, Hsieh K H. J. Appl. Polym. Sci., 1998, 70: 529.

[35] Mahesh K P O, Alagar M. J. Appl. Polym. Sci., 2003, 87: 1562.

[36] Patel H D, Patel H S. High Perf. Polym., 1992, 4: 237.

[37] Patel H S, Patel V C. High Perf. Polym., 2000, 12: 225.

[38] Chou C I, Liu Y L. J. Polym. Sci., Polym. Chem., 2008, 46: 6509.

[39] Hawthorne D G, Hodgkin J H, Jackson M B, Morton T C. High Perf. Polym., 1994, 6: 249.

[40] Patel H S, Lad B D. Makromol. Chem. 1989, 190: 2055.

[41] Smith J G Jr., Ottenbrite R M. Polym. Adv. Tech., 1992, 3: 373.

[42] Smith J G Jr., Sun F, Ottenbrite R M. Macromolecules, 1996, 29: 1123.

[43] Ottenbrite R M, Yoshimatsu A, Smith J G Jr. Polym. Adv. Tech., 1990, 1: 117.

[44] Tan L S, Arnold F E, Solqski E J. J. Polym. Sci., Polym. Chem., 1988, 26: 3103.

[45] Harris F W, Stille J K. Macromolecules, 1968, 1: 463.

[46] Harris F W, Norris S O. J. Polym. Sci., Polym. Chem., 1973, 11: 2143 .

[47] Romdhane H B, Baklouti M, Chaâbouni MR, Grenier Loustalot M.F, Delolme F, Sillion B. Polymer, 2002, 43: 255.

[48] Kriegel R M, Saliba K L, Jones G, Schiraldi D A, Collard D M. Macromol. Chem. Phys., 2005, 206: 1479.

[49] Alhakirni G, Gorlsa H, Klernrn E. Macromol. Chem. Phys. 1994, 195: 1569.

[50] Alhakimi G, Klemm E, Goris H. J. Polym. Sci., Polym. Chem., 1995, 33: 1133.

[51] Klemm E, Alhakimi G, Schiitz H. Makromol. Chem., 1993, 194: 353.

[52] Meador M A B, Meador M A, Williams L L, Scheiman D A. Macromolecules, 1996, 29: 8983.

[53] Crivello J V. J. Polym. Sci., Polym. Chem., 1976, 14: 159.

[54] White J E, Scaia M D. Polymer, 1984, 25: 850.

[55] Koelling A, Surendran G, James W J. J. Appl. Polym. Sci., 1992, 45: 669.

[56] Gaina C, Gaina V, Ivanov D. Macromol. Rapid Commun., 2001, 22: 25.

[57] Ronova I A, Vasilyuk A N, Gaina C, Gaina V. High Perf. Polym., 2002, 14: 195; Gaina C, Gaina V, Sava M, Chirac C. High Perf. Polym., 1999, 11: 185.

[58] Fan Y L. Macromolecules, 1976, 9: 7.

[59] Ivanov D, Găină C, Grigoraş C. J. Appl. Polym Sci., 2004, 91: 779.

[60] Matynia T, Gawdzik B, Chmielewska E. J. Appl. Polym. Sci., 1996, 60: 1971.

[61] Wang Z, Deng P Y, Gao L X, Ding M X. J. Appl. Polym. Sci., 2004, 93: 2879.

[62] Liu F, Wang Z, Lv C, Gao L, Ding M. Macromol. Mater. Eng., 2005, 290: 726.

[63] Musa Y, Stevens M P. J. Polym. Sci., Polym. Chem., 1972, 10: 319.

[64] De Schryver F C, Boens N, Smets G. J. Polym. Sci., Polym. Chem., 1972, 10: 1687.

[65] Pan W, Liu H, Wu S, Wilen C E. J. Appl. Polym. Sci., 2006, 101: 1848.

[66] Wu C S, Tsai S H, Liu Y L. J. Polym. Sci., Polym. Chem., 2005, 43: 1923.

[67] Reimschuessel H K, Klein K P, Schmitt G J. Macromolecules, 1969, 2: 567.

[68] Chi J H, Shin G J, Kim Y S, Jung J C. J. Appl. Polym. Sci., 2007, 106: 3823.

[69] Sun K K. Macromolecules, 1987, 20: 726.

[70] Thoman C J, Voaden D J. Org. Syn., 1965, 45: 96.

[71] Chattha M S, Siegl W O. J. Appl. Polym. Sci., 1990, 39: 1613.

第 8 章　大分子反应

8.1　聚酰胺酸的酯化[1,2]

酯化剂大部分采用碘代物，也可用溴代物，如烯丙溴进行酯化。

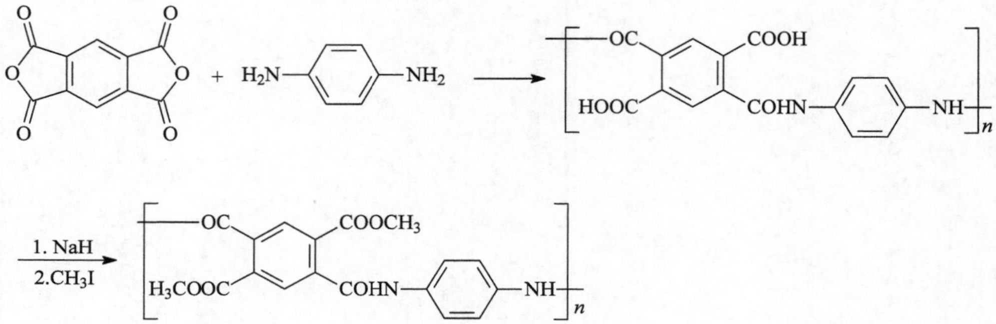

将 2.1629 g (20.00 mmol)对苯二胺和 4.3624 g (20.00 mmol)均苯二酐在 86.69 g NMP 中反应 12 h 得到很黏的聚酰胺酸黄色溶液，还原黏度为 2.0 dL/g。将 13.98 g 的溶液(固含量为 7 %)用 34.96 g NMP 稀释为 2 % 的溶液。以小份加入 173 mg (7.20 mmol) 氢化钠，搅拌 12 h，再滴加 0.90 mL (14.4 mmol) 碘甲烷，搅拌 48 h。将得到的溶液倒入 1 L 1%盐酸中，搅拌 30 min，滤出黄色沉淀，用水洗涤得到聚酰胺酸甲酯黄色粉末 1.05 g (100%)。由 NMR 测定酯化度为 78%(甲基质子：3.8 ppm，苯基质子：7.6~8.3 ppm)。在 0.5%浓度的 NMP 溶液中测得还原黏度为 1.70 dL/g。由聚酰胺酸得到的聚酰胺酯见表 8-1。

表 8-1　由聚酰胺酸得到的聚酰胺酯

编号	PAA /mmol	NaH /mmol	卤代烃 /mmol	收率 /%	η_{red} /(dL/g)	酯化度 /%
PAMe	2.00	0.144(6.00)	24.0	95	2.48	96
PAPr	2.00	0.144(6.00)	24.0	96	2.42	97
PAPn	1.50	0.108(4.50)	18.0	74	2.56	98
PAOc	1.50	0.108(4.50)	18.0	79	1.73	86
PAOd	1.50	0.108(4.50)	18.0	95	0.92	不溶

注：反应在 15~20℃进行 24 h。

8.2　聚酰亚胺的氯甲基化

8.2.1　用多聚甲醛/氯化磷/氯化锌体系进行氯甲基化[3]

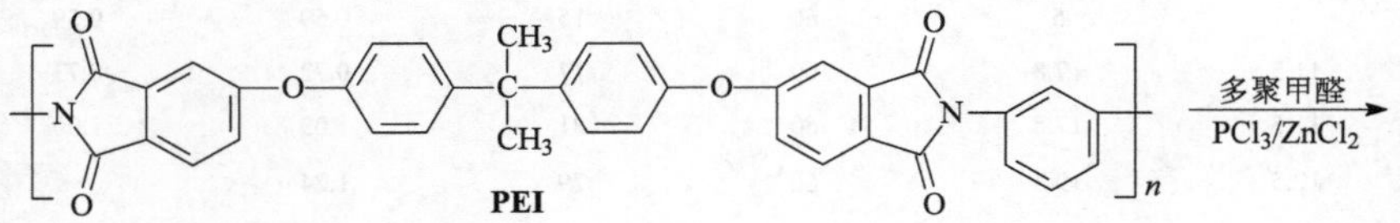

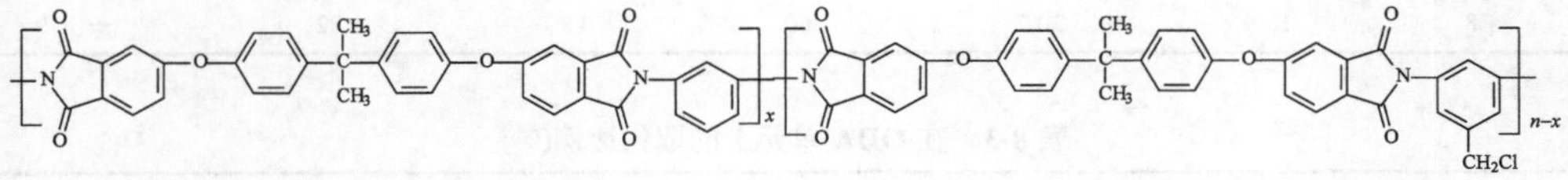

将 5 g (8.4 mmol) PEI 溶于 40 mL 二氯甲烷中，在 60℃搅拌，氩气下缓慢加入 1.5 g 多聚甲醛，10 g 三氯化磷和 5 g 氯化锌。混合物在 60℃搅拌 48 h 后倒入 400 mL 甲醇中，滤出沉淀，再溶解，在水/甲醇(50/50)中沉淀，80℃真空干燥 24 h 至恒重。这样得到的氯甲基化 PEI 可以再溶于 DMF 后在甲醇中沉淀提纯。

8.2.2　用氯甲基甲醚在四氯化锡存在下氯甲基化[4,5]

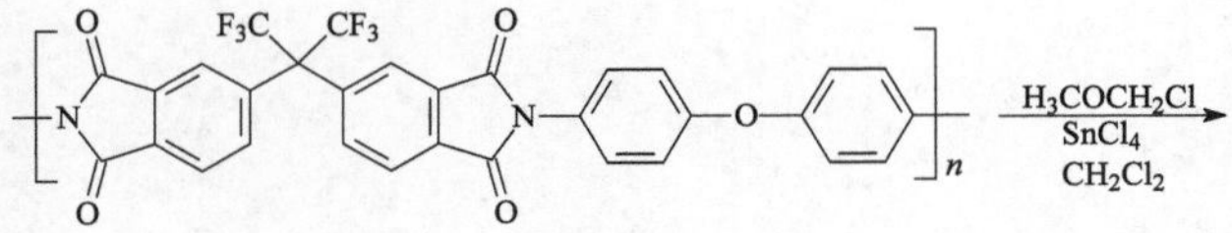

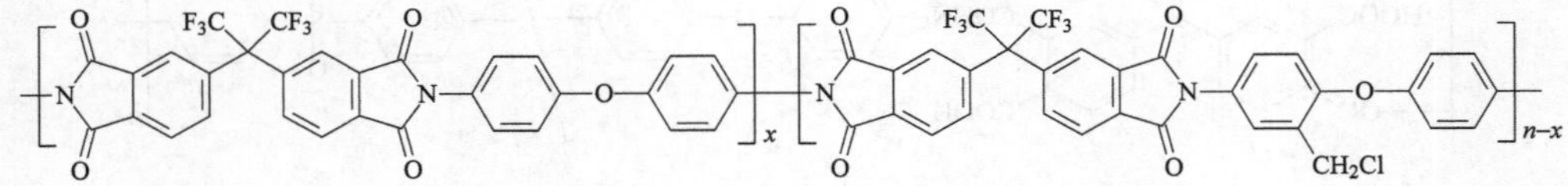

将 0.290 g (0.5 mmol)6FDA/ODA 的聚酰亚胺溶于 15 mL 氯仿中加热至 60℃，氮气下缓慢加入 0.20 mL (1.5 mmol)氯甲基甲醚和 0.18 mL (1.5 mmol)四氯化锡，搅拌一定时间，然后倒入 300 mL 甲醇，滤出沉淀，在水/甲醇(50/50)中再沉淀，60℃真空干燥 2 天。根据不同的投料比和反应时间可以得到不同程度氯甲基化的样品。

氯甲基化率(以 ODA 单元为基础)用化学位移为 8.19 ppm/4.89 ppm 积分之比来计算。这 2 个峰相应于 6FDA 中的处于 6 氟取代基间位的苯环上的 2 个质子和氯甲基上 2 个质子的化学位移。氯甲基化程度与反应条件的关系及在 ODA 单元上的取代比例见表 8-2，表 8-3。

表 8-2　氯甲基化程度与反应条件的关系

编号	SnCl$_4$ /mmol	氯甲基甲醚 /mmol	反应温度 /℃	反应时间 /h	重复单元氯甲基化程度	
					NMR	TGA
1	3	5	室温	24	0.11	—
2	3	5	60	3	0.25	0.27
3	3	5	60	15	0.59	0.59
4	11.5	17.8	60	17	0.72	0.73
5	11.5	17.8	60	21	1.03	1.00
6	12.5	19.3	60	29	1.24	—
7	12.5	19.3	60	31	1.63	1.46
8	19.9	30.7	60	18	1.82	—

表 8-3　在 ODA 单元上的取代比例(%)

编号	2	3	4	5	6	7	8
单取代	23.7	45.3	51.3	42.3	32.5	11.0	1.4
双取代	1.1	9.4	13.5	36.5	53.1	80.3	90.9
未取代	75.2	45.3	35.2	21.2	14.4	8.7	7.7

8.3　聚酰亚胺的磺化

8.3.1　聚酰胺酸用硫酸磺化[6]

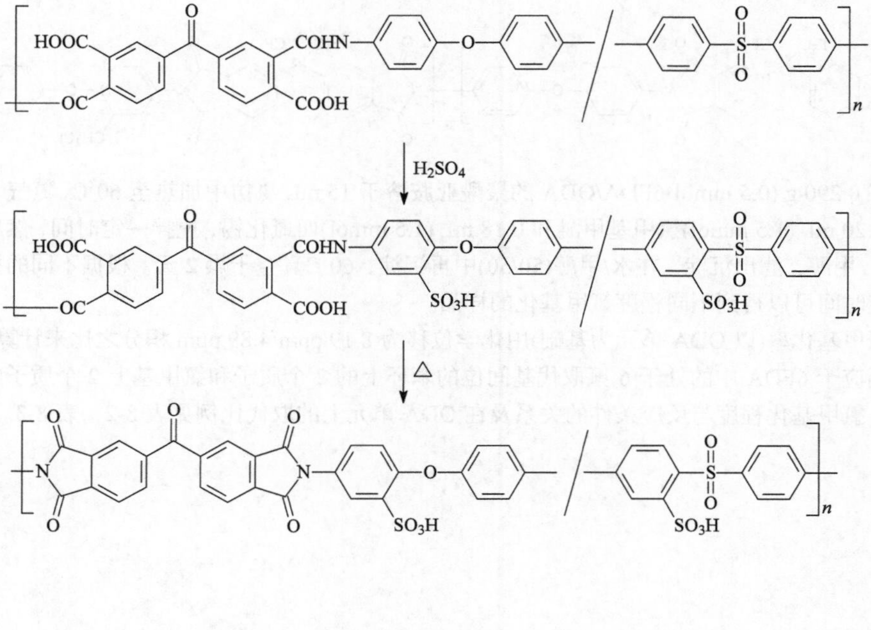

将 BTDA/ODA-DDS(1:1)的聚酰胺酸在 NMP 中的溶液(15%)在甲醇中沉淀，用甲醇洗涤，60℃真空干燥。

将 1.0 g 聚酰胺酸和 10 mL 95%~98% 硫酸在室温搅拌 2 h，将均相的溶液缓慢倒入冰水中沉淀，用去离子水洗涤去除所有的游离酸，最后在 80℃真空干燥。

将磺化的聚酰胺酸溶于 NMP 或 DMAc，得到固含量为 10%的溶液，涂膜后，在 80℃，100℃，120℃和 140℃各加热 1 h，然后在 160℃加热 5 h，得到磺化聚酰亚胺薄膜。

说明：由于该聚合物的 T_g 应该在 160℃以上，所以所采用的酰亚胺化温度可能太低。

8.3.2 聚酰亚胺用氯磺酸磺化[7,8]

磺化应该发生在富电子的苯环上，当在一个苯环上引入一个磺酸基后，该苯环被钝化，不容易引入第二个磺酸基。

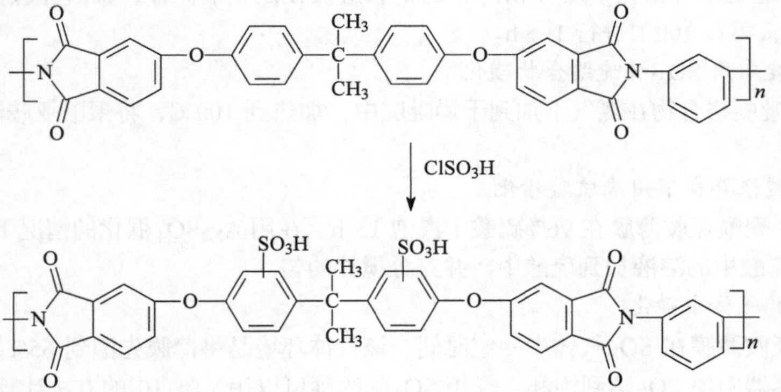

将 4 g PEI 溶于 25 mL 二氯乙烷中，搅拌下缓慢滴加一定量用二氯乙烷稀释的氯磺酸，反应条件见表 8-4。反应后倒入水/甲醇中，得到淡褐色沉淀，用水或甲醇充分洗涤，在空气中 70℃真空干燥过夜，样品保存在保干器中。

表 8-4 由 4gPEI 在 25mL 二氯乙烷中磺化

氯磺酸用量/mL	时间/h	温度/℃	含硫量/%
9	5	60	9.76
8	3	60	8.1
8	5	50	9.05
8	3	50	—
8	3	40	7.47
5	5	40	7.49
5	3	40	7.41
5	16	30	7.72
5	3	30	6.48
5	1	0	—
3	3	0	4.55
2	3	0	4.01

最后一个反应是用 2 g PEI 在 25 mL 二氯乙烷中进行。

8.3.3 聚酰亚胺用发烟硫酸或 SO₃ 磺化[9]

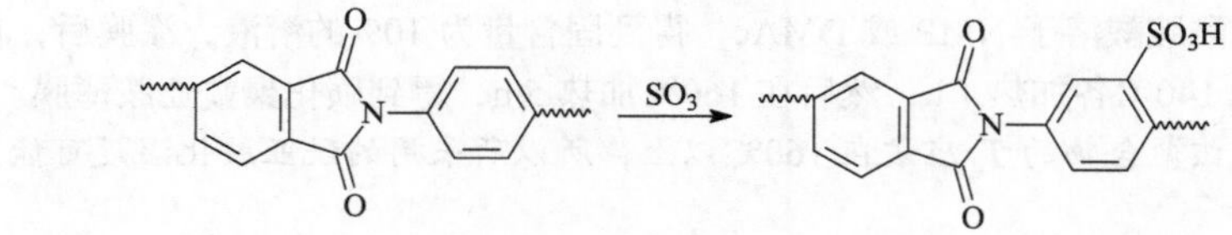

1. 用发烟硫酸磺化

将聚酰亚胺薄膜在 0℃ 或 20℃ 的 65% 发烟硫酸中浸泡 20~60 s。

2. 在 DMF 中用 SO₃-吡啶络合物磺化

将 SO₃–吡啶络合物在干燥 DMF 中的饱和溶液在氮气下保存，聚酰亚胺薄膜的改性在 80℃ 进行 1 h，再在 100℃ 进行 1~5 h。

3. 在吡啶中用 SO₃-吡啶络合物磺化

将 SO₃–吡啶络合物在氮气下加到干燥吡啶中，加热到 100℃，将聚酰亚胺薄膜浸泡其中 15 h。

4. 在硫酸银存在下用浓硫酸磺化

室温下将聚酰亚胺薄膜在 96% 硫酸中浸泡 15 h。在用 Ag_2SO_4 催化的情况下，将 400 mg 盐在 40 mL 硫酸中的溶液加到硫酸中，并充分搅拌均匀。

5. 在 SO₃ 气体中磺化

将聚酰亚胺薄膜在 SO₃ 气体中一定时间。该气体环境是将薄膜先泡到 65% 发烟硫酸中然后在密闭的容器中使 SO₃ 达到饱和。气相 SO₃ 的浓度可以用文献[10]的方法计算。

对于 65% 的发烟硫酸在 20℃，外推的蒸汽压为 0.066 atm，在气相的浓度为 2.75 mmol/L。

6. 用三甲硅基磺酰氯磺化[11]

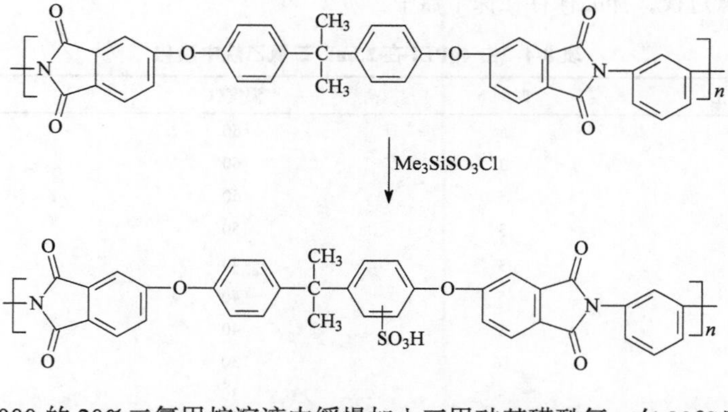

在 Ultem1000 的 20% 二氯甲烷溶液中缓慢加入三甲硅基磺酰氯，在 30℃ 反应后加入丙酮得到聚合物沉淀，真空干燥。磺化度为 22%~62%。

8.4 聚酰亚胺的磷化[12]

8.4.1 由苯基二氯化磷以富氏反应与二苯醚单元形成环状结构

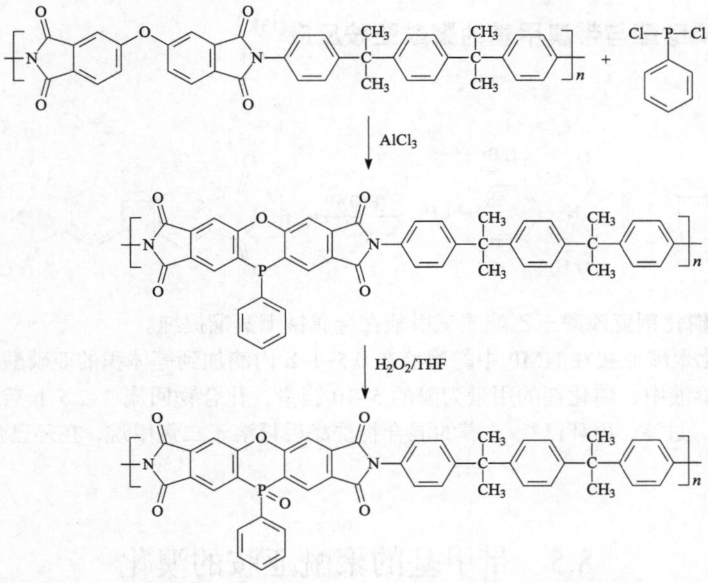

将 1 g 聚酰亚胺，10 g 苯基二氯化膦和 1 g 三氯化铝在 130℃搅拌 6 h，冷却后倒入 400 g 碎冰中，滤出固体，用 10%NaOH 及水洗涤，真空干燥。将磷化聚合物溶于 THF 中，用 H₂O₂ 水溶液处理，在甲醇中沉淀，得到氧化的磷化聚合物。

有可能在分子间反应，形成交联键。

8.4.2 以磷酰氯与带羟基的聚酰亚胺反应

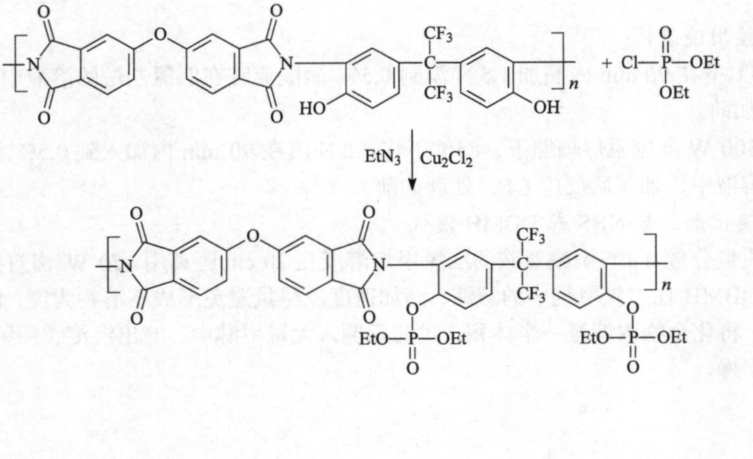

将 1 g 带羟基的聚酰亚胺溶于 30 mLTHF 中，加入 3 mL 干燥的三乙胺，冷却到 0℃，加入 0.1 g Cu$_2$Cl$_2$ 后在 20 min 内滴加入 3 g 氯代磷酸二乙酯在 20mL THF 中的溶液，在 0℃反应 2 h，室温反应过夜。滤出沉淀，用 THF 洗涤。滤液用 2%NaOH 洗涤，浓缩后在甲醇中沉淀，真空干燥。

8.4.3　以亚磷酸酯与带溴甲基的聚酰亚胺反应[13]

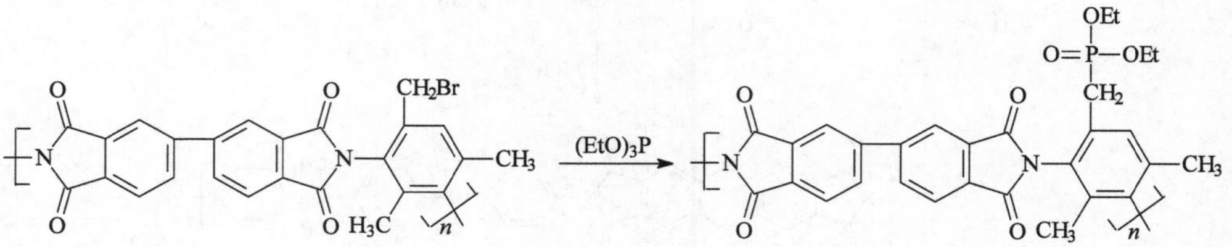

使用前将磷化剂亚磷酸三乙酯或三甲酯在金属钠上蒸馏提纯。

将 5%溴化聚酰亚胺在 NMP 中的溶液在 0.5~1 h 内滴加到等体积的亚磷酸三乙酯或三甲酯在 NMP 的溶液中，磷化剂的用量为溴的 5~10 当量，化合物回流 2~2.5 h 后冷却到室温，倒入环己烷中，过滤，用环己烷/乙醇的混合物洗涤后再溶于二氯甲烷，在环己烷/乙醇中再沉淀 2 次。

8.5　带甲基的聚酰亚胺的溴化

8.5.1　在侧甲基上的溴化[13]

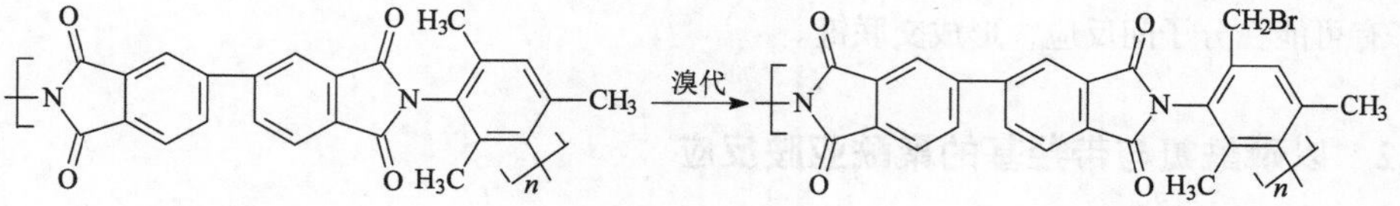

1. 直接用溴溴代

①150℃下在 90 min 内滴加 1.5 N 溴到 0.5% 聚酰亚胺在四氯乙烷的溶液中，加完后回流 6 h，处理如前。

②在 500 W 高压汞灯辐照下，85℃下将 2.8 N 溴在 90 min 内加入到 0.5% 聚酰亚胺在四氯乙烷的溶液中，加完后反应 6 h，处理如前。

2. 用溴化剂，如 NBS 或 DBMH 溴代

①将质量分数 0.3 %聚酰亚胺的二氯甲烷溶液在 20 cm 距离用 150 W 卤灯照射，回流温度下滴加 DBMH 在二氯甲烷中的溶液，滴加速度以尽量避免形成不溶物为度，滴加至出现少量沉淀后，将化合物浓缩至一半体积，过滤后倒入大量甲醇中，滤出沉淀，用甲醇洗涤数次，室温真空干燥。

②将 0.5~2.0 g 聚酰亚胺和 1.3~6 N NBS 或 DBMH 溶于二氯甲烷中，在光照下回流反应 3~12 h。该反应在大多数情况下都有沉淀出现，浓缩后倒入甲醇中，过滤，用甲醇洗涤数次，室温真空干燥。

8.5.2　在核上的溴化[14]

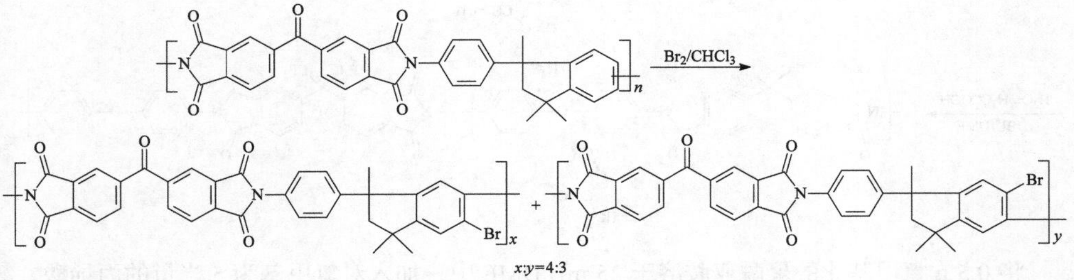

将 6 mL (18.72 g, 117.13 mmol)溴加到 2.00 g (3.62 mmol) 聚酰亚胺在 13.3 mL (15%)的氯仿溶液中，将暗红色的溶液剧烈搅拌 6 h，这时有黑色胶状物沉淀析出，加入 70 mL 甲醇，得到黄色溴化的聚合物，过滤，在新鲜的甲醇中剧烈搅拌，该操作重复到不再有溴被萃取而得到无色甲醇为止。最后将聚合物溶于氯仿，在 95%乙醇中沉淀，真空干燥，得 2.06 g(90%)。

8.6　氯甲基化的聚酰亚胺的酯化

8.6.1　氯甲基化聚酰亚胺用肉桂酸酯化[4]

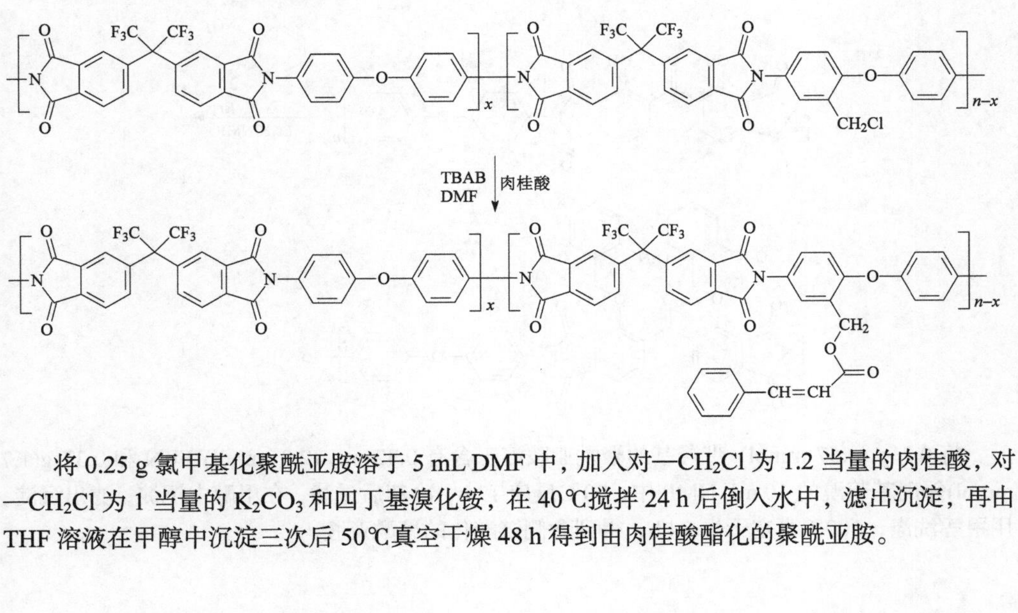

将 0.25 g 氯甲基化聚酰亚胺溶于 5 mL DMF 中，加入对—CH₂Cl 为 1.2 当量的肉桂酸，对—CH₂Cl 为 1 当量的 K₂CO₃ 和四丁基溴化铵，在 40℃搅拌 24 h 后倒入水中，滤出沉淀，再由 THF 溶液在甲醇中沉淀三次后 50℃真空干燥 48 h 得到由肉桂酸酯化的聚酰亚胺。

8.6.2　氯甲基化聚酰亚胺用丙烯酸酯化[5]

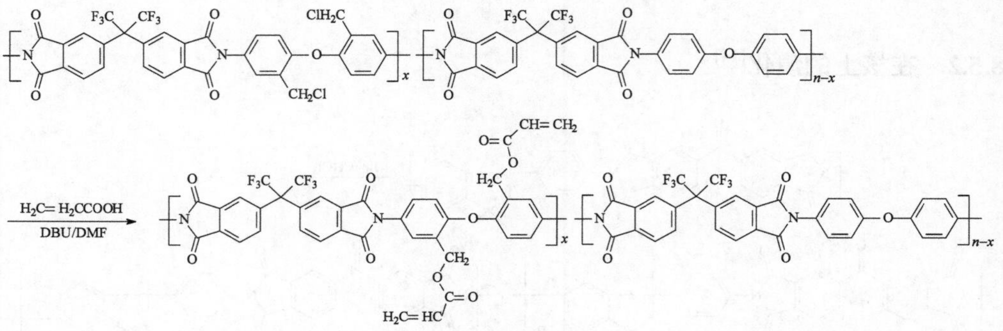

将 0.5 g 氯甲基化的聚酰亚胺溶于 25 mL DMF 中，加入对氯甲基为 5 当量的丙烯酸，氮气下在 40℃反应 24 h 得到白色纤维状物，收率 98%。

将由丙烯酸酯化的聚酰亚胺溶于 DMAc，涂膜干燥后加热到 230℃，30 min，薄膜变成不溶，说明发生了热交联。由于高透明度，黏结性能在交联后有很大提高，可以用于 TFT-LCD 彩色滤光膜的覆盖膜。

8.7　在含羟基的聚酰亚胺上醚化

8.7.1　由溴代物与聚酰亚胺上的羟基反应[15]

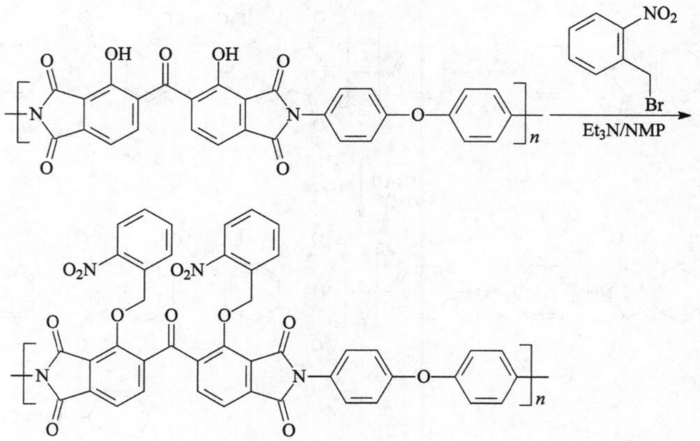

将 0.3 g (0.57 mmol) 带羟基的聚酰亚胺溶于含有 0.32 mL (2.3 mmol) Et₃N 和 0.37 g(1.7 mmol)邻硝基苄溴的 10 mL NMP 中，80℃反应 12 h，冷却后过滤，在甲醇中沉淀，滤出沉淀，用甲醇洗涤，100℃真空干燥 24 h，得到含侧链醚化的聚酰亚胺。

8.7.2　用 DEAD 将含羟基的聚酰亚胺与另一羟基化合物作用醚化[16]

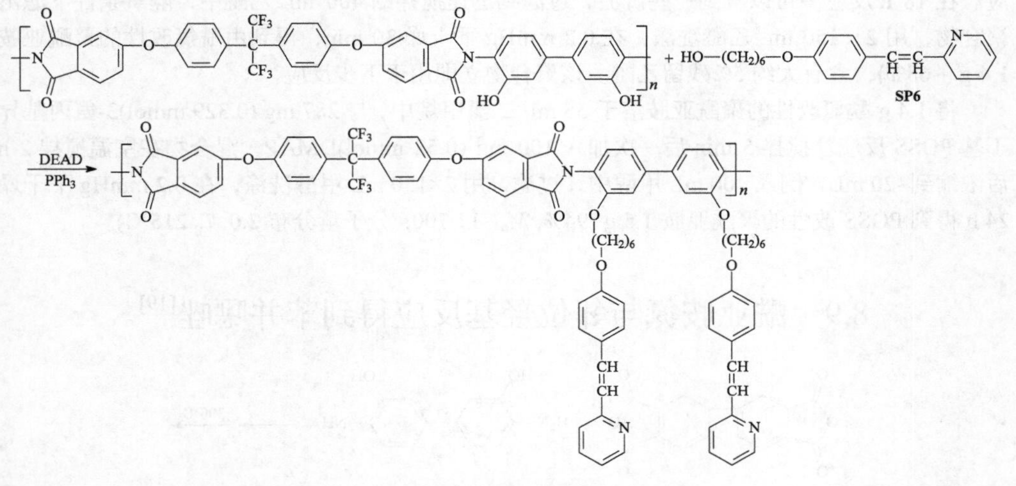

光敏 6FBPA-HAB-SP6

将 0.58 g (0.70 mmol)聚酰亚胺, 0.83 g (2.8 mmol) SP6, 1.28 g (4.90 mmol) PPh₃ 溶于 60 mL THF 中, 在 0℃缓慢加入 0.86 g (4.90 mmol) DEAD, 室温搅拌 72 h 后缓慢倒入过量的甲醇中, 滤出沉淀, 室温干燥, 得 0.86 g (87%)。

SP6 的合成见[29], mp 74~75℃。

8.8　以带羟基的聚酰亚胺与二酰氯作用得到含酰氯的聚合物[18]

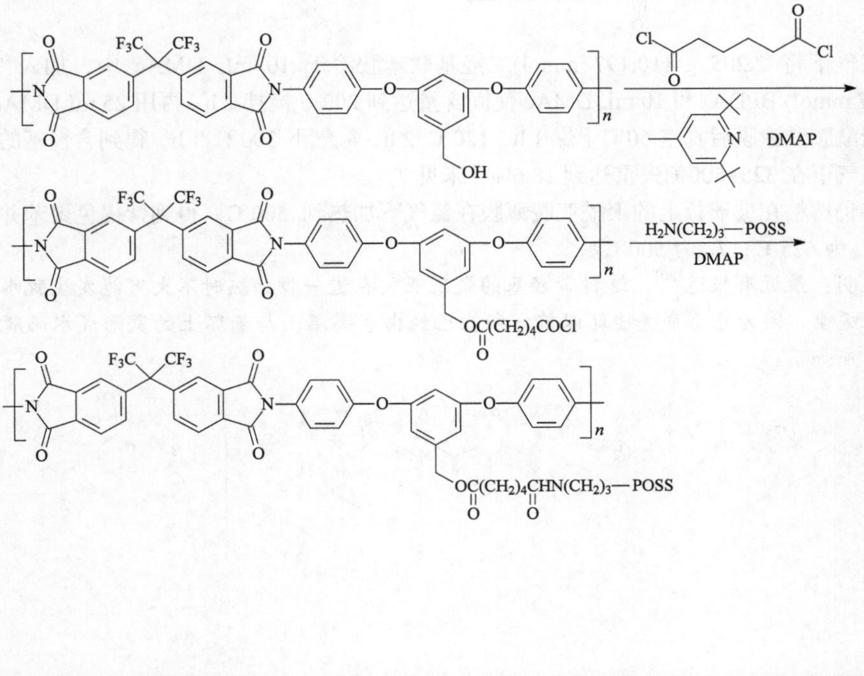

　　将 2.0 g (0.457 mN OH/g)含羟基的聚酰亚胺，400 mg (1.94 mmol)2,6-二特丁基-4-甲基吡啶，40 mg (0.33 mmol)4-二甲氨基吡啶溶于 20 mL THF 中与 2.5 mL (17.14 mmol)己二酰氯反应。在 18 h 反应中可以看到一些沉淀，过滤到迅速搅拌的 400 mL 乙醚中，隔氧条件下滤出聚合物，用 2×150 mL 乙醚洗涤，在 0.2 mmHg 下干燥 30 min，得到由酰氯改性的聚酰亚胺 1.4 g (~68%)，含有大约 5%残留乙醚。该聚合物立即用于下步反应。

　　将 1.4 g 酰氯改性的聚酰亚胺溶于 35 mL 二氯甲烷中，与 287 mg (0.329 mmol)3-氨丙基异丁基 POSS 反应。搅拌 5 min 后一次加入 100 mg (0.52 mmol)DMAP，混合物在室温搅拌 2 h 后浓缩到~20 mL，倒入 400 mL 甲醇中，过滤，用 2×150 mL 甲醇洗涤，在 0.2 mmHg 下干燥 24 h 得到 POSS 改性的聚酰亚胺 1.5 g (94%, M_n ~11 700，分子量分布 2.0，T_g 215℃)。

8.9　酰亚胺氮与邻位羟基反应得到苯并噁唑[19]

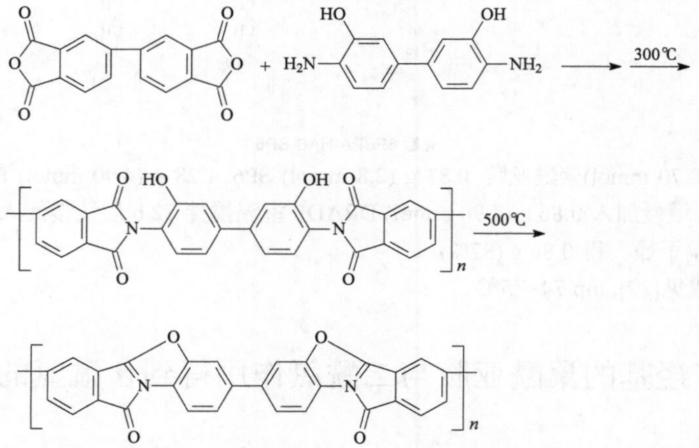

　　氮气下将 2.205 g (10.197 mmol)二羟基联苯胺溶于 10 mL DMAc 中，加入 3.000 g (10.197 mmol) BPDA 和 10 mL DMAc 使固含量达到 20%。搅拌 2 h，再用 25 mLDMAc 稀释。

　　聚酰胺酸涂膜后真空 60℃干燥 1 h，120℃ 2 h，氮气下 300℃ 1 h，得到含羟基的聚酰亚胺。氮气下在 325~600℃失重达到 18.6%，未见 T_g。

　　将仍然粘在玻璃板上的聚酰亚胺薄膜在氮气下加热到 500℃，得到紫褐色聚苯并噁唑薄膜，$T_{5\%}$为 625℃，T_m 为 500℃。

　　说明：最近有报道[20]，这种带羟基的聚酰亚胺在进一步加热时不大可能发生脱水转化为聚苯并噁唑。因为在形成噁唑环以前，羟基已经由于高温而与苯环上的氢形成水而脱去。可能的反应如下：

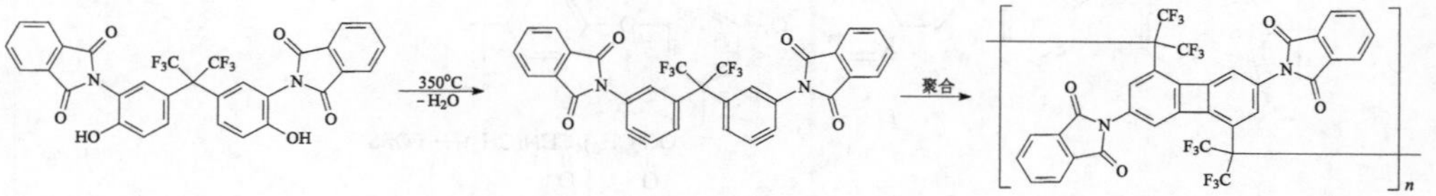

8.10 由溴甲基化的聚酰亚胺与羧酸盐的酯化[21]

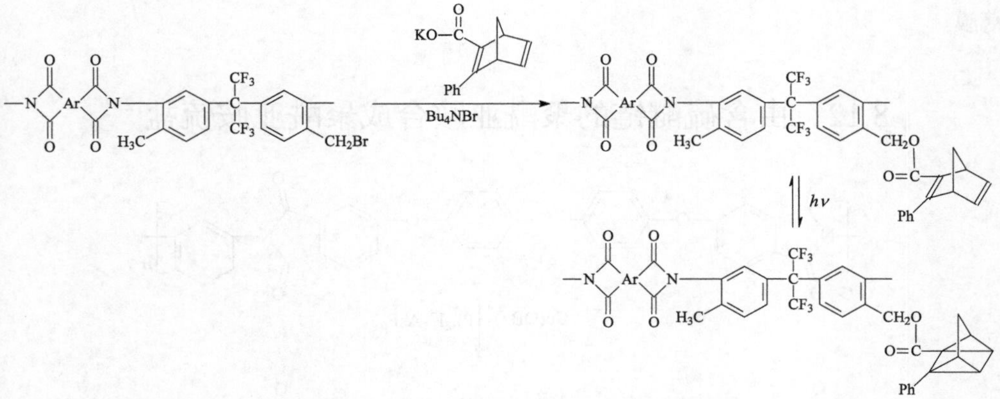

将 1.16 g (溴化度: 7 1.4%, –CH$_2$-Br 基为 1.0 mmol)溴化聚酰亚胺，0.3 1 g (1.2 mmol) 2-苯基降冰片二烯甲酸的钾盐和 48 mg(0.1 mmol)四丁基溴化铵在 10 mL DMF 中室温反应 24 h。将混合物倒入 100 mL 甲醇中，以 THF 溶液在甲醇中重沉淀 2 次，在 80℃真空干燥 2 天，得 1.03 g 聚合物。由对溴的元素分析和 NMR 计算得到取代度为 100 %(摩尔分数)，还原黏度为 0.29 dL/g。

8.11 在聚酰胺酸上偶氮化[22]

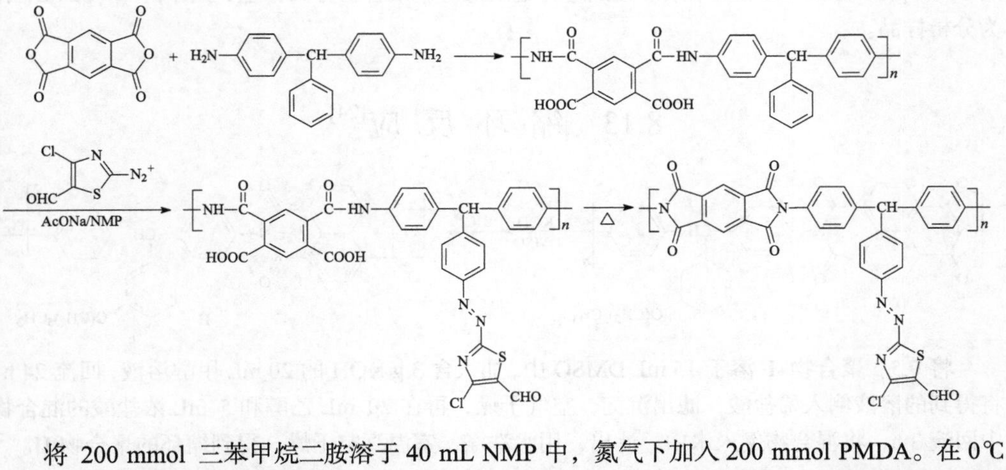

将 200 mmol 三苯甲烷二胺溶于 40 mL NMP 中，氮气下加入 200 mmol PMDA。在 0℃ 反应 2 h，室温反应 48 h。同时加入 250 mmol 重氮盐和 400 mmol 乙酸钠。溶液颜色立刻变红。反应 24 h，得到接有偶氮颜料生色团的聚酰胺酸，在水中沉淀，过滤后用水洗涤，室温真空干燥 48 h，得到红褐色带偶氮颜料生色团的聚酰胺粉末。

将带偶氮颜料生色团的聚酰胺粉末溶于 NMP，过滤，以 100 r/min 旋涂 10 s，1000 r/min 旋涂 30 s。在 150℃干燥 10 h，15 min 内加热到 200℃，保持 30 min，冷至室温，得到聚酰亚胺薄膜。

8.12 由含硫醚链的聚酰亚胺合成聚酰亚胺锍盐[23]

将 10.64 g(12.83 mmol)含硫醚链的聚酰亚胺加热溶于 50 mL 氯苯中，氮气下与 0.03 g (0.1 mmol)苯甲酸铜及 1.278 g (3 mmol) 二苯基六氟砷酸碘在 130℃反应 3 h，冷却后将反应溶液倒入甲醇中得到聚酰亚胺锍盐沉淀，过滤，用甲醇洗涤，真空干燥。由元素分析表明每 16 个重复单元含一个锍盐，芳基化的效率为 50%。如要得到每个重复单元都被芳基化，则需再用 17.12 g(40 mmol)二苯基六氟砷酸碘进行上述反应，聚合物分离如上，用甲醇萃取 24 h，作为分析样品。

8.13 缩 环 反 应[24]

将 0.5 g 聚合物 I 溶于 15 mL DMSO 中，加入含 3 g KOH 的 20 mL 甲醇溶液，回流 24 h，将得到的溶液倒入稀盐酸，滤出沉淀，空气干燥，再在 20 mL 乙醇和 5 mL 浓盐酸的混合物中回流 3 h，将混合物倒入水中，滤出，用水洗涤，室温真空干燥，得到缩环的聚合物 II。

8.14　带脂肪胺单元的聚酰亚胺与叠氮苯的反应[25]

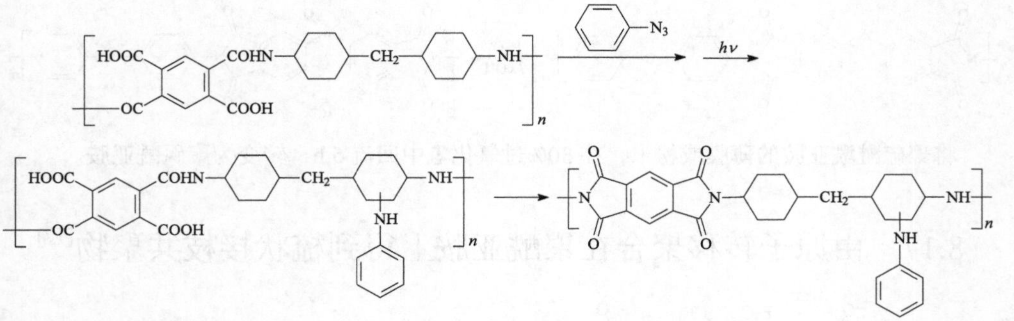

将叠氮苯加到由 PMDA 与二氨基二环己基甲烷得到的聚酰胺酸的 DMF 溶液中，涂成 4 μm 厚的薄膜，用高压汞灯辐照 30 min。然后在真空下 80℃ 1.5 h，150℃ 1.5 h，240℃ 5 h 进行酰亚胺化。

未经辐照的体系在热酰亚胺化过程中叠氮苯可以完全除去。

8.15　水可溶的聚酰胺酸三乙醇胺盐[26]

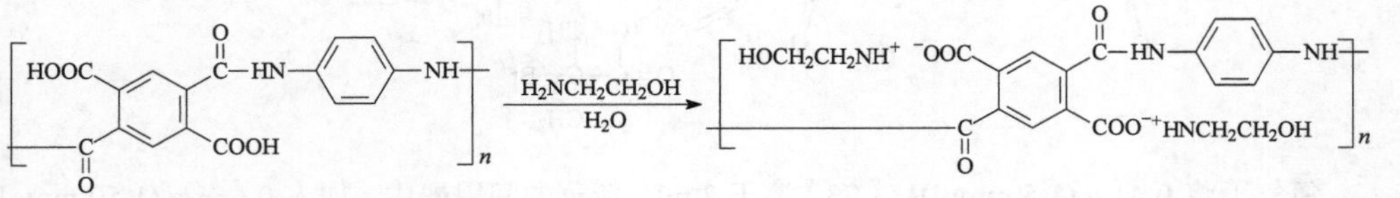

将 PMDA/PPD 的聚酰胺酸与等当量的三乙醇胺在水中室温搅拌到形成透明的均相溶液 (三乙醇胺的 bp 190~193℃/5 mmHg)。

8.16　将聚硫醚酰亚胺用过氧化氢氧化为聚砜酰亚胺

8.16.1　聚硫醚天冬酰亚胺的氧化

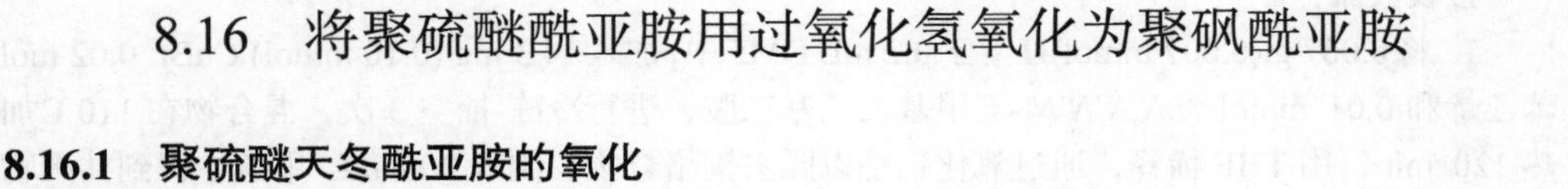

将由 BMI 与硫化氢反应得到的聚硫醚酰亚胺溶于 30 mL 冰乙酸中，加入 10 mL 30%过氧化氢，化合物在 60℃反应 3 h 后倒入 150 mL 水中，得到聚砜酰亚胺。

8.16.2 芳香聚硫醚酰亚胺的氧化

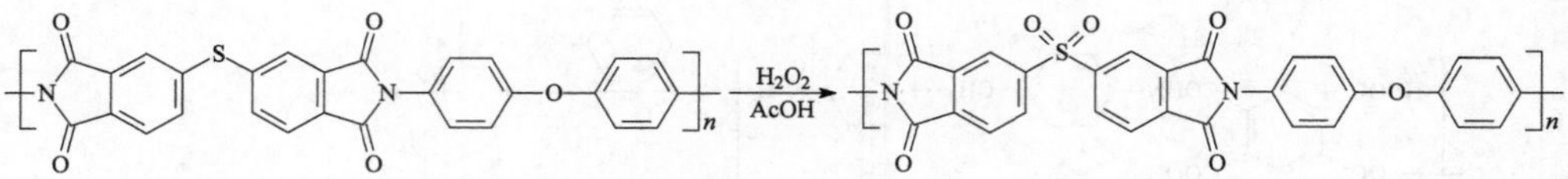

将聚硫醚酰亚胺的薄膜或粉末，在30%过氧化氢中回流5 h，转变为聚砜酰亚胺。

8.17 由原子转移聚合在聚酰亚胺上得到梳状接枝共聚物[17]

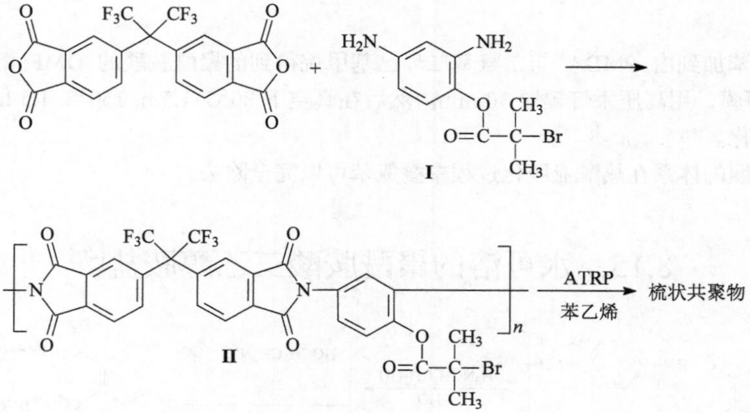

氮气下将 0.41 g (1.5 mmol)**I**〖73〗溶于 3 mL 新蒸的间甲酚中，加入 0.666 g (1.50 mmol) 6FDA 和 0.4 mL 异喹啉，室温搅拌 1 h，缓慢升温到 160℃，回流 18 h。将得到的黏液加到 100 mL 甲醇中，滤出沉淀，用甲醇和己烷洗涤，100℃真空干燥，得到氟代聚酰亚胺大分子引发剂 **II**，收率 42%。

接枝共聚：

1. 将 0.067 g (0.007 mmol)**II** 溶于 0.2 mL DMF 中，加入 14.3 mg (0.10 mmol) CuBr，0.02 mol 苯乙烯和 0.01 mmol $N,N,N'N'N'$-五甲基二乙基三胺，进行冷冻-抽空 3 次，混合物在 110℃加热 120 min，用 THF 稀释，通过氧化铝柱以除去铜络合物。倒入 200 mL 甲醇中得到共聚物沉淀。以聚酰亚胺为主链的梳状共聚物 $M_n = 6.6 \times 10^4$，分子量分布为 1.41。

2. 将 0.067 g **II** 溶于 0.2 mL DMF。加入 14.3 mg (0.1 mmol) CuBr，0.02 mol 五氟苯乙烯及 0.01 mmol $N,N,N'N'N'$-五甲基二乙基三胺，反应条件和处理如上，得到带聚五氟苯乙烯侧链的聚酰亚胺，$M_n = 7.8 \times 10^4$，分子量分布为 1.46。

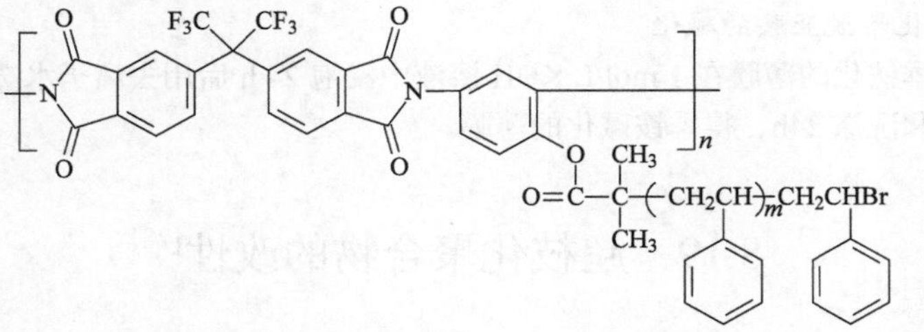

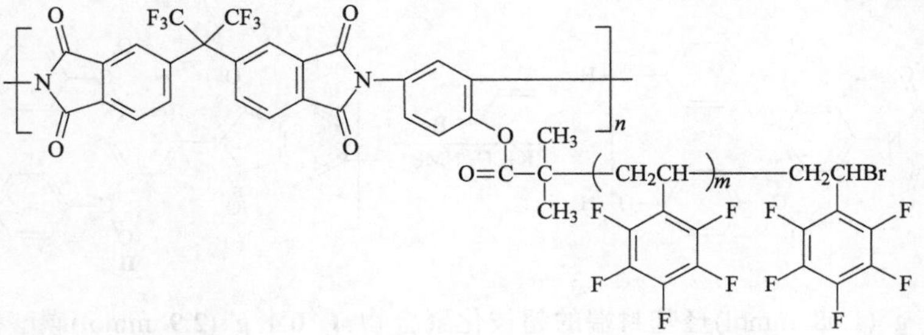

8.18　氯甲基化的聚酰亚胺的季铵化[27]

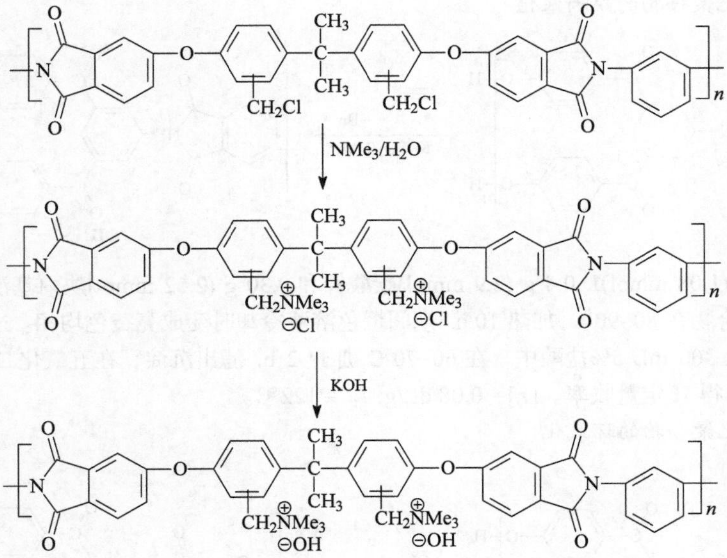

1. 氯甲基化的聚酰亚胺的季铵盐化

将氯甲基化的聚合物溶于 DMF 中，倒入蒸发皿中在 70℃干燥过夜，再在 150℃干燥 2 h。得到的薄膜用 30%三甲胺溶液处理过夜，然后用去离子水洗涤数次，所得到的季铵盐化的薄膜厚度为 25~30 mm。

2. 季铵盐化聚酰亚胺的碱化

室温下将季铵化的薄膜在 1 mol/L KOH 溶液中浸泡 24 h 后用去离子水洗涤数次，再在去离子水中浸泡和洗涤 24h，得季铵碱化的薄膜。

8.19　超枝化聚合物的改性[28]

1. 超枝化聚合物的烯丙基化

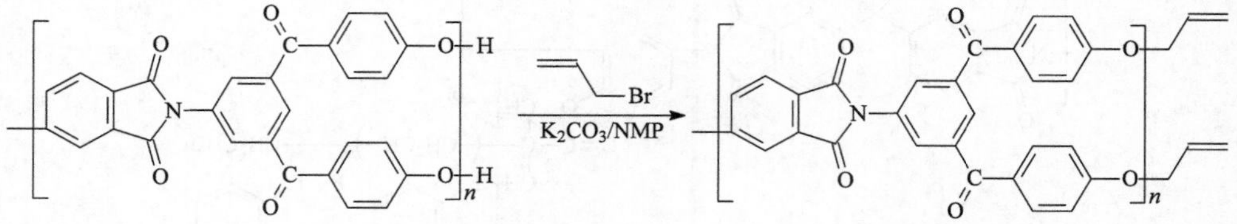

将 0.5 g (1.08 mmol)羟基封端的超枝化聚合物 **I**，0.4 g (2.9 mmol)碳酸钾和 0.30 g (2.48 mmol)烯丙基溴溶于 10 mL NMP 中，在 80~90℃ 加热 10 h。期间橙色溶液冷却时变成亮黄色均相。过滤除去无机盐，滤液倒入 300 mL 5%盐酸中，在 60~70℃ 加热 2 h。滤出沉淀，在五氧化二磷上减压 50℃干燥 48 h，得 **II** 定量收率。$[\eta]$= 0.08 dL/g; T_g = 134℃。

2. 超枝化聚合物的炔丙基化

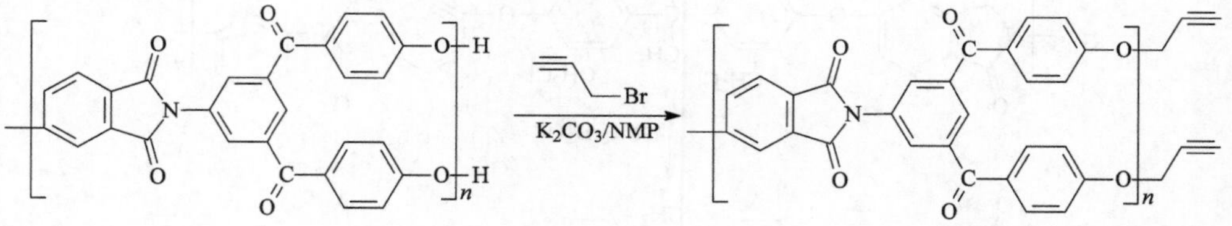

将 0.5 g (1.08 mmol)**I**, 0.4 g (2.9 mmol)碳酸钾和 0.30 g (2.52 mmol)炔丙基溴溶于 10 mL NMP 中。混合物在 80~90℃ 加热 10 h. 期间橙色溶液冷却时变成亮黄色均相。过滤除去无机盐，滤液倒入 300 mL 5%盐酸中，在 60~70℃ 加热 2 h. 滤出沉淀，在五氧化二磷上 50℃减压干燥 48 h，得 **II** 定量收率。$[\eta]$= 0.08 dL/g; T_g = 122℃。

3. 超枝化聚合物的环氧化

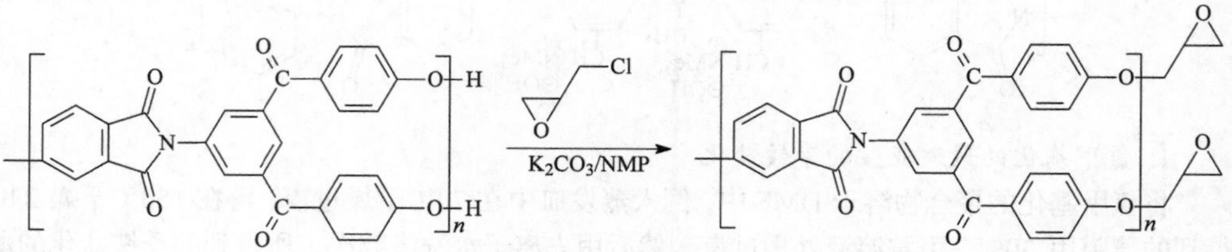

　　将 0.1 g (0.22 mmol)**I**, 0.2 g (14.5 mmol)碳酸钾和(0.30 g, 2.52mmol)环氧氯丙烷溶于 10 mL NMP，混合物在 80~90℃ 加热 10 h. 期间橙色溶液冷却时变成亮黄色均相。过滤除去无机盐，滤液倒入 300 mL 5%盐酸中，在 60~70℃ 加热 2 h. 滤出沉淀，在五氧化二磷上 50℃减压干燥 48 h，得 **II** 定量收率。$[\eta]$=0.08 dL/g; T_g = 174℃。

参 考 文 献

[1] Takeichi T, Endo Y, Kaburagi Y, Hishiyama Y, Inagaki M. J. Appl. Polym. Sci., 1996, 61: 1571.

[2] Takeichi T, Eguchi Y, Kaburagi Y, Hishiyama Y, Inagaki M. Carbon, 1998, 36: 117.

[3] Cheng Z, Zhu X, Kang E T, Neoh K G. Macromolecules, 2006, 39: 1660.

[4] Zhang A, Li X, Nah C, Hwang K, Lee M H. J. Polym. Sci., Polym. Chem., 2003, 41: 22.

[5] Zhong Z X, Han S H, Lee S H, Lee M H. Polym. Int., 2005, 54: 406.

[6] Deligöz H, Vatansever S, Öksüzömer F, et al. Polym. Adv. Tech., 2008, 19: 1126.

[7] Shen L Q, Xu Z K, Yang Q, Sun H L, Wang S Y, Xu Y Y. J. Appl. Polym Sci., 2004, 92: 1709.

[8] Lakshmi R T P S M, Bhattacharya S, Varma I K. High Perform. Polym., 2006, 18: 115.

[9] Ranucci E, Sandgren A, Andronova N, Albertsson A C. J. Appl. Polym. Sci., 2001, 82: 1971.

[10] Wilson M N. Trans. Faraday Soc., 1940, 36: 350.

[11] Guhathakurta S, Min K. J. Polym. Sci., Polym. Phys., 2009, 47: 2178.

[12] Liu Y L, Hsiue G H, Lan C W, Kuo J K, Jeng R J, Chiu Y S. J. Appl. Polym. Sci., 1997, 63: 875.

[13] Okamoto K-i, Ijyuin T, Fujiwara S, Wang H, Tanaka K, Kita H. Polym. J., 1998, 30: 492.

[14] Guiver M D, Robertson G P, Dai Y, et al. J. Polym. Sci., Polym. Chem., 2002, 40: 4193.

[15] Shin G J, Jung J C, Chi J H, OH T H, Kim J B. J. Polym. Sci., Polym. Chem., 2007, 45: 776.

[16] Kim W S, Ahn D K, Kim M W. Macromol. Chem. Phys., 2004, 205: 1932.

[17] Fu G D, Kang E T, Neoh K G, Lin C C, Liaw D J. Macromolecules, 2005, 38: 7593.

[18] Wright M E, Petteys B J, Guenthner A J, et al. Macromolecules, 2006, 39: 4710.

[19] Tullos G L. Mathias L J, Polymer, 1999, 40: 3463.

[20] Hodgkin J. H, Dao B N. Eur. Polym. J., 2009, 45: 3081; Hodgkin J H, Liu M S, Dao B N, Mardel J, Hill A J. Eur. Polym. J., 2011, 47: 394.

[21] Iizawa T, Ono H, Matsuda F. Reac. Func. Polym., 1996, 30: 17.

[22] Yan M, Jiang F, Zhao X, Liu N. J. Appl. Polym. Sci., 2008, 109: 2460.

[23] Crivello J V, Lee J L, Conlon D A. J. Polym. Sci., Polym. Chem., 1987, 25: 3293.

[24] Fomine S, Fomina L, Arreola R, Alonso J C. Polymer, 1999, 40: 2051.

[25] Kashiyama Y, He J, Machida S, Horie K. Macromol. Rapid Commun., 2001, 22: 185.

[26] Li Q, Yamashita T, Horie K, Yoshimoto H, Miwa T, Maekawa Y. J. Polym. Sci., Polym. Chem., 1998, 36: 1329.

[27] Wang G, Weng Y, Zhao J, Chen R, Xie D. J. Appl. Polym. Sci., 2009, 112: 721.

[28] Baek J B, Qin H, Mather P T, Tan L S. Macromolecules, 2002, 35: 4951.

[29] Yamaki S, Nakagawa M, Ichimura K. Macromol. Chem. Phys., 2001, 202: 354.

第 III 编　材 料 制 备

第9章 膜 状 材 料

膜状材料分薄膜和表面改性两部分。

9.1 薄　　膜

聚酰亚胺薄膜是聚酰亚胺中商品化最早的材料之一，除了用于电气绝缘的"电工膜"之外，主要用于柔性线路板，世界产量已经达到近万吨，其增长的趋势还在继续中。薄膜的制造技术也已经成熟，除了电工膜可以用流延法制得，用于柔性线路板的薄膜通常用部分酰亚胺化的溶液，采用双向拉伸的方法制备，最后还需经过高温热定型得到。这些薄膜都已经产业化，其过程不在本节叙述范围。这里仅就气相沉积，多孔薄膜，薄膜材料的炭化作一简单介绍。

9.1.1 气相沉积

1. PMDA/ODA 的气相沉积[1]

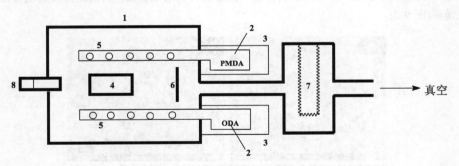

图 9-1　气相沉积装置示意图

1：真空箱；2：单体池；3：加热器；4：底物台；5：蒸汽导入管；6：挡板；7：单体蒸汽捕集器；8：厚度测定仪

气相沉积装置如图 9-1 所示：单体池 2 中的 PMDA 和 ODA 被加热器 3 相应加热到 200 ℃和 181 ℃，系统压力为 0.1 Pa。底物台 4 以 1 r/min 转动，保证沉积均匀。挡板 6 是为了使单体在真空箱 1 中保留更长时间。沉积速度为 54 nm/min。厚度由单体量来控制，例如 10 g 单体可以得到 4 μm 的薄膜。速度和厚度都可以用光学仪器 8 来检测。这种方法得到的薄膜为 VDP-H；在低温沉积得到的薄膜为 VDP-L[2-4]。将所得到的仍然是聚酰胺酸的薄膜，在 300 ℃处理 60 min，转化为聚酰亚胺薄膜。

Day 等[5]研究了 PMDA/ODA 气相沉积，发现得到的聚酰胺酸大都是二聚体和三聚体，在热酰亚胺化后分子量才略有提高(表 9-1)。

表 9-1　PMDA/ODA 的气相沉积[5]

样品	T_{ODA}/℃	T_{PMDA}/℃	$\rho_1 = N_{PMDA}/N_{ODA}$	涂覆速度/(μm/h)
1	180	192	0.68	52.8
2	167	174	0.75	28.6
3	176	192	0.98	39.0
4	165	174	1.16	23.1
5	172	192	1.31	28.3

注：ρ_1：单体流速比。

2. TMAC/ODA 的气相沉积[6]

将 ODA 和偏苯三酸酐酰氯相应在 165℃和 70℃，10^{-5}mmHg 下蒸发，在 20℃下的铝基底上以 0.4 nm/s 形成薄膜，然后将薄膜在 300℃真空处理 1 h，得到聚酰胺酰亚胺薄膜。

9.1.2　多孔膜

1. 由 6FDA/MDA 的氯仿溶液制得多孔薄膜[7]

将 6FDA/MDA 聚酰亚胺在氯仿中溶解，然后将聚合物溶液放在不同的静态或动态潮湿环境中。静态是将聚合物溶液直接涂膜后放在湿度可调的箱中。动态是将相对湿度为 70%~95%的空气流以 20~60 m/min 在室温下流过聚合物溶液表面。待溶剂挥发后就可以得到多孔薄膜(图 9-2)。

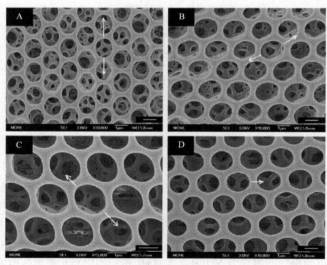

图 9-2　多孔膜

2. 由 BPADA/DMMDA 聚酰胺酸制得多孔膜[8]

将 BPADA/DMMDA 聚酰胺酸溶于挥发性的溶剂中，涂膜后置于相对湿度为 80%~95% 的空间，溶剂开始挥发，浓缩的水滴集聚在溶液表面，聚合物溶液变得不透明，溶剂和水挥发后得到具有多孔的聚酰胺酸薄膜。将该薄膜用化学方法酰亚胺化，得到多孔的聚酰亚胺薄膜。

9.1.3　薄膜的炭化和石墨化

1. BPDA/ODA 聚酰亚胺薄膜的炭化[4]

将 10mm × 20 mm，厚度为 50 μm 的 BPDA/ODA 聚酰亚胺薄膜夹在两块石墨板中间，在纯氮气流下用红外辐照以 120℃/min 加热到 900℃ 并保温 1 h。这种炭化薄膜具有金属光泽。将该薄膜再夹于两块石墨板之间，在纯氩气下在炉中 3000℃ 处理 30 min 得到石墨化薄膜。

2. 由聚酰胺酯得到的聚酰亚胺薄膜的炭化[9]

将酯化度为 78% 的聚酰胺酯薄膜切成 10mm × 30 mm 大小，夹在两块抛光的人造石墨板中间，在氮气流下用红外辐射，以 1℃/min 加热到 900℃ 保持 1 h，得到有金属光泽的炭膜。

将炭化聚酰亚胺薄膜夹在两块抛光的人造石墨板中间，在氩气下以 2000℃/h 加热到 2100℃，保持 1h，然后以相同升温速度再加热到 2800℃，保持 30 min，得到石墨化薄膜。由 PMDA/PPD 聚酰胺甲酯薄膜得到的的炭化膜和石墨化膜见表 9-2。

表 9-2　PMDA/PPD 聚酰胺甲酯薄膜的炭化和石墨化

编号	酯化度/%	聚酰亚胺薄膜				炭化膜			石墨化膜	
		厚度/μm	厚度/μm	宽度/mm	长度/mm	厚度/μm	宽度/mm	长度/mm	宽度/mm	长度/mm
1	0	19.8	12.9(65)	8.5(89)	26.6(89)	—	—	—	9.5	29.8
2	0	20.8	—	9.0(90)	26.7(90)	7.9	9.1(101)	27.5(103)	10.0	29.8
3	0	22.4	—	9.0(89)	26.6(89)	6.9	9.3(103)	27.5(103)	10.1	29.8
4	28	18.4	11.1(60)	8.6(86)	26.3(89)	—	—	—	10.0	29.5
5	28	13.8	—	9.0(88)	26.1(87)	4.6	9.3(103)	27.1(104)	10.2	29.9
6	28	21.8	—	9.0(90)	26.2(89)	5.9	9.3(103)	27.2(104)	10.0	29.8
7	38	15.2	9.2(61)	8.7(90)	26.3(89)	—	—	—	9.7	29.5
8	38	22.4	—	9.0(90)	26.3(89)	6.4	9.2(102)	27.4(104)	10.0	29.6
9	54	24.8	11.5(46)	8.8(89)	26.3(88)	—	—	—	9.9	29.8
10	54	21.0	—	8.9(90)	26.5(89)	5.5	9.3(105)	27.6(104)	9.9	29.8
11	78	24.4	12.2(50)	8.8(89)	26.6(90)	—	—	—	9.9	29.7
12	78	23.2	—	8.8(89)	26.6(89)	7.0	9.1(103)	27.6(104)	9.9	29.9
13	83	18.0	12.2(68)	9.0(90)	26.7(89)	—	—	—	10.0	29.9
14	83	18.2	—	8.7(89)	26.6(89)	6.5	9.0(103)	27.8(105)	9.8	29.9

注：括弧中为对上一个样品的收缩比例。

9.1.4　由空心纳米微粒组成的超低介电常数膜[29]

1. 多孔的聚酰亚胺纳米微粒

将 1%(质量分数)造孔剂[聚甲基丙烯酸甲酯(PMMA，$M_w = 15000$)或聚乙烯基吡咯烷酮(PVP，$M_w = 10000$)]的 NMP 稀溶液加到聚酰胺酸(6FDA/ODA 或 CBDA/TFMB)的稀溶液中，使聚酰胺酸的最后浓度为 1%。造孔剂与聚酰胺酸的比例为 0.05~0.8。将 100 mL 聚酰胺酸和造孔剂的溶液注射到 10 mL 环己烷中，化学酰亚胺化，离心分离，真空干燥，270℃处理 1 h 使完全转化为聚酰亚胺，得到多孔的聚酰亚胺微粒。

2. 多孔的聚酰亚胺纳米微粒多层薄膜

将直流电压(50~2000 V/cm)施加到面对面浸在纳米聚酰亚胺微粒悬浮液中的 ITO 电极上，固含量为 0.3%，0.5%，0.8%，1.5%或 2.0%。纳米聚酰亚胺微粒在阴极上多层沉积成膜，空气干燥，在 270℃处理 1 h 使造孔剂热解。电沉积过程重复以填满由于纳米粒子聚积时溶剂蒸发所形成的缝隙。将相应的聚酰胺酸的 1%溶液旋涂到由纳米粒子形成的薄膜上，热环化后得到光滑的多层纳米聚酰亚胺微粒薄膜。由此法制得的薄膜的介电常数可以低到 1.9。

9.2　表　面　改　性

9.2.1　聚酰亚胺表面的改性

1. 聚酰亚胺薄膜用碱处理后再酸化为聚酰胺酸

①Upilex-S 用 KOH 处理[10]

将厚度为 25 μm 的 UPILEX-S 薄膜在室温水中浸泡 10 min，用 5 N KOH 在 80℃各处理 5，10，30 min 后再用超纯水洗涤后空气干燥。薄膜表面处理层厚度与碱处理时间的关系见图 9-3。

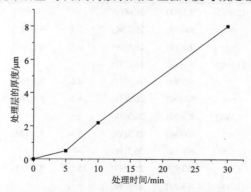

图 9-3　BPDA/PPD 薄膜用 5N KOH 处理时间与处理层厚度的关系

②PMDA/ODA 聚酰亚胺的碱处理[11]

将 PMDA/ODA 聚酰亚胺薄膜用 1 mol/L KOH 在 22℃处理 1~90 min，得到聚酰胺酸的钾盐，用水冲洗，除去过量的 KOH 后再用 0.2 mol/L 盐酸在 22℃处理 5 min 进行质子化(也可以用 0.1 mol/L 乙酸处理)，得到酰胺酸。依次用水和异丙醇洗涤后在室温真空干燥 12 h。将该薄膜再次酰亚胺化后其厚度的变化与用 KOH 处理时间的关系见表 9-3。

表 9-3　碱处理时间与酰胺化后聚酰亚胺薄膜厚度的关系

碱处理时间/min	0	10	30	60	240
薄膜厚度/μm	4.87	4.87	4.82	4.77	4.76

③以 KOH/K_2CO_3 的水溶液为腐蚀剂[2]

将 50μm 厚的 PMDA/ODA 聚酰亚胺薄膜在 95℃去离子水中预浸 2.5 min，再在 95℃腐蚀浴中浸泡一定时间。取出薄膜，在 95℃去离子水中浸泡 2.5 min 后在室温的去离子水中浸泡 15 min。碱的浓度与刻蚀速度的关系见图 9-4 和图 9-5。

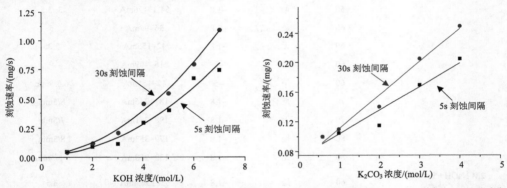

图 9-4　当 K_2CO_3 的浓度为 2.2 mol/L 时 KOH 的浓度与刻蚀速率的关系

图 9-5　当 KOH 浓度为 2.7 mol/L 时 K_2CO_3 的浓度与刻蚀速率的关系

④用 NaOH 和胺作为腐蚀剂[12]

最早采用乙二胺和碱的水溶液进行湿法腐蚀。腐蚀速度达到 12.7 μm/h。长时间的碱腐蚀会带来对黏合不利的分解及形成腐蚀残留物。采用 NaOH 与乙二胺的混合物作为腐蚀剂的腐蚀速度见表 9-4。以 NaOH 与乙二胺的混合物作为腐蚀剂外加电压的腐蚀情况见表 9-5。

表 9-4　PMDA/ODA 聚酰亚胺薄膜在各种乙二胺浓度下的腐蚀厚度[3]

乙二胺在腐蚀液中的质量分数/%	薄膜腐蚀厚度/μm
0	2.5
2.1	5.8
4.3	12.7
7.6	17.8
9.1	20.3
16.8	25.4

注：薄膜厚度：50 μm，NaOH 浓度：10 N，腐蚀温度：25℃，腐蚀时间：10 min。
　　薄膜在 100%乙二胺中 25℃，10 min，没有发现腐蚀。

表 9-5　BPDA/PPD-ODA/BMI 在 350℃处理 1h 后的薄膜的腐蚀情况[12]

腐蚀液	温度/℃	超声处理	外加电压/V	电流	腐蚀速度/(μm/10 min)
乙二胺	60	是	−1.8	24~60 μA	1
	60	无	−1.8	19~48 μA	1
2M NaOH+28% NH₃	25	是	−1.8	100~250mA	1.5
	60	是	−1.8	131~513mA	1
2M NaOH+50% 乙二胺	30	是	−1.8	15.5~28.1mA	1
	30	是	—	—	0.5
	40	是	−1.8	34.7~81.2mA	2
	40	无	−1.8	35.1~87.9mA	2.5
	50	是	−1.8	61~137mA	3.5
	50	是	−1.8	54.3~126mA	3~3.5
	60	是	−1.8	36~97mA	5
	60	无	−1.8	42~155mA	5.25
	60	是	−3	216~409mA	9
	60	是	−5	42~155mA	6.5/5min
	70	是	−1.8	183~246mA	8/5min
	70	无	−1.8	198~261mA	7/5min
	80	是	−1.8	179~353mA	8/3min
	80	无	−1.8	132~218mA	>6/5min
2M NaOH+50% 乙二胺 对/Cu	60	是	−1.8	62~157.4mA	3.5
		是	−1.94	79~224mA	3.5

2. 聚酰亚胺薄膜的等离子表面改性

①用氟等离子改性[13]

将两个相隔 3cm 的平行电极用射频发生器充电(13.56 MHz)。全氟辛烯以操作压力控制的速度蒸发到反应器中。等离子处理前，底物先进行真空干燥，然后进行氩气等离子预处理(50 W, 40 Pa, 4.7 sccm, sccm 为体积流量单位，即标准状态下的毫升每分。) 2 min 以清理表面。反应室抽真空 5 min，以去除分解产物，全氟辛烯蒸汽流以 40 Pa 压力导入，以 50 W 射频功率产生等离子辉光放电 10~480 s。

②用氩等离子改性[14]

氩气流速为 10 sccm，功率为 200 W，室压为 60 mtorr，时间为 0.5~5 min。当室压稳定后，以射频施加氩等离子对 Kapton E(N)和 Upilex S 进行处理。

3. 在 PMR-15 表面涂氧化钛[15]

先将 PMR-15 表面用磺化的方法活化，然后在 H₃BO₃ 和 (NH₄)₂TiF₆ 水溶液中涂上氧化钛。

①磺化

(1) 将 PMR-15 样片浸泡在发烟硫酸中经 30 min，取出用水淋洗到中性，样品存放在蒸馏水中备用。

(2) 将 PMR-15 样片用 Teflon 镊子夹着在用氮气鼓泡的发烟硫酸瓶上熏 45~120 s，洗涤、存放如上。

(3) 将 PMR-15 样片在新制备的 30%氯磺酸在浓硫酸溶液中浸泡 30~60 s 后用水淋洗，并在水中浸泡 48 h，以使氯磺酸水解为磺酸，然后洗涤、存放如前。

②涂氧化钛

(1) 将样品在室温垂直地浸入 0.3 mol/L H_3BO_3 和 0.1 mol/L $(NH_4)_2TiF_6$ 溶液中 4~48 h 后用水洗涤后用过滤的氮气吹干。

(2) 将样品(硅片或 PMR-15)在室温垂直地浸入 0.15 mol/L H_3BO_3 和 0.05 mol/L $(NH_4)_2TiF_6$ 溶液中，加入盐酸，调节 pH 到 2.88，溶液保持在 50℃，浸泡 4~22 h，处理如前。

用这种方法可以得到厚度为 0.1~1.0 μm 的具有黏结性的氧化钛薄膜。

4. 聚酰亚胺薄膜的表面季铵盐化及随后的接枝[16]

$Me_6Tren=N(CH_2CH_2NMe_2)_3$

将氯甲基化的聚酰亚胺薄膜(见 8.2)与对乙烯基吡啶/CuCl/CuCl$_2$/Me$_6$Tren = 100：2：0.2：4 的处理剂在 5 mL 异丙醇中进行接枝聚合。事先用氩气脱氧 20 min。反应后，取出乙烯基吡啶接枝的薄膜用乙醇萃取 10 h，彻底去除物理吸附的反应物。真空干燥后，用 5 mL 1-溴己烷进行季铵化。在 70℃反应 48 h，薄膜依次用 THF，水和甲醇洗涤后真空干燥。为了确定在表面的聚合物的分子量，以苄氯在同样条件下聚合得到类似结构的游离的聚合物用以进行表征。

这种表面季铵化处理的表面具有抗菌能力。

5. 聚酰亚胺薄膜等离子处理后接枝丙烯酰胺[17]

将 PMDA/ODA 聚酰亚胺薄膜用甲醇萃取 6h 后备用。

将薄膜用氩和氧等离子处理：直流电压 325 V，电极距离为 7.8 cm，气体压力为 0.07 mmHg，处理时间：氩气为 10 min，氧气为 5 min。在紫外区域用臭氧清理 10 min。等离子处理程度决定于不让聚合物过度交联或分解。进行接枝聚合前，用氩等离子处理过的样品要在空气中放置 1~2 h。用氧等离子处理或臭氧处理 10 min 后的样品可以立即进行接枝聚合。

将处理过的薄膜与丙烯酰胺 10%水溶液。在 25~30℃用近紫外线(150 W 氙弧灯，≥290 nm)辐照 30 min。接枝聚合后将薄膜取出，用水洗去均聚物。类似方法也用于丙烯酸和 4-苯乙烯磺酸。

6. 在接枝上嵌段聚合[18]

氯甲基化聚酰亚胺：

(1) 制膜

将氯甲基化的聚酰亚胺(见 8.2)在 80℃溶于 NMP 得到浓度为 18%的溶液，在玻璃板上涂膜后立即浸入二次蒸馏水中。待到薄膜从玻璃板分离后用二次蒸馏水在 70℃萃取 30 min。这样得到的微孔膜的厚度为 50 μm，室温减压干燥后在保干器中保存。

(2) 表面引发聚甲基丙烯酸聚乙二醇酯(PEGMA)的原子转移聚合

将 2 cm×2 cm 大小的氯甲基化薄膜浸入由 1.0 g (0.9 mmol) PEGMA, 6.5 mg(0.04 mmol) CuBr, 1.0 mg (0.004 mmol) $CuBr_2$, 43 μL (0.13 mmol) Me_6Tren 和 10 mL 异丙醇组成的反应液中。反应液用氩气置换~20 min 以除去溶解的氧，封管，聚合反应在 40℃进行 5 天。得到的 PEGMA 接枝共聚薄膜，用水和甲醇彻底洗涤和萃取后室温减压干燥至少 24h，达到恒重。

(3) 在 P(PEGMA)枝链上进行 TFEMA 的嵌段共聚

利用链端的氯代烷作为原子转移聚合的大分子引发剂，对 PEI-*g*-P(PEGMA)膜进行表面 TFEMA 嵌段共聚合。方法与上节类似。将 1 cm×1 cm 膜浸于由 1.0 mL (7.0 mmol) TFEMA, 7.0 mg (0.07 mmol) CuCl, 90.0 mg(0.22 mmol) dNbpy(4,4′-二壬基,2,2′-联吡啶)和 1.0 mL 丙酮组成的反应液中，用氩气置换~20 min 以除去溶解的氧，封管，聚合反应在 85℃进行 15 h。反应完成后膜用丙酮彻底洗涤，室温减压干燥至少 24 h，达到恒重。

9.2.2 用聚酰亚胺对其他底物的表面进行改性

1. 炭纳米纤维的表面改性

①将炭纳米纤维进行氧化，酰氯化再与二胺反应得到具有胺端基的活性表面，将此表面

与带酐端基的齐聚酰亚胺反应，得到表面接枝聚酰亚胺的炭纳米纤维(见式 9-1)[19]。

式 9-1　炭纳米纤维表面接枝聚酰亚胺

(1) 炭纳米纤维的氧化

将炭纳米纤维在 2 mol/L 硝酸中回流 2 天，得到表面具有羧基的氧化炭纳米纤维(OCNF)。

(2) 由 PPD 与处于纤维表面的羧基在 DMAc 中直接酰胺化

氩气下将 0.5 g PPD 和 0.5 g OCNF 在 20 mL DMAc 中回流 1~5 天。反应物用 20 mL 丙酮稀释，搅拌 5 min，用孔径为 0.5 μm 的聚四氟乙烯滤纸真空过滤。将滤出的纤维在 40 mL 丙酮中搅拌 10 min，再超声处理 5 min 后过滤，在 200℃真空干燥 24 h。

(3) 氧化炭纳米纤维的酰氯化及其酰胺化

将 1.0 g OCNF 与 50 mL 氯化亚砜在氩气中回流 24 h，形成酰氯化的纳米炭纤维(F-COCl)。蒸出过量的氯化亚砜后将 F-COCl 在 170~190℃真空干燥 24 h。将 0.8 g F-COCl, 0.8 g PPD 和 32 mL DMAc 在氩气下回流 1~5 天，得到表面接有 PPD 的纤维。处理方法如上。

(4) 酰氯化炭纳米纤维与 PPD 熔体的直接反应

以 PPD 熔体与 F-COCl 的反应中 PPD 对纤维的比例要大大高于在溶剂中反应的，这是因为熔融的 PPD 只有很小的体积，而低密度的纤维则有很大的体积。

将 0.407 g 酰氯化炭纤维和 4.020 g PPD 在氩气下加热到 165℃，反应进行 5 天。大部分 PPD 在反应的第一天就升华并附着在反应瓶的内壁，所以只有少量 PPD 在瓶底与酰氯化炭纳米纤维反应。

将 8.218 g PPD 与 0.437 g 酰氯化炭纳米纤维在 165℃反应，一些 PPD 升华，在瓶底生成黑色球状物，反应 5 天后冷却到室温，得到的球状物无论用超声或加热都不溶于 DMAc、丙酮和二氯甲烷。

(5) 炭纳米纤维表面接枝

将 1.038 g PPD 和 0.260 g MPD 溶于 90 mL DMAc 中，缓慢加入 8.0 g 6FDA，反应在 50~70℃进行 3 h，得到聚酰胺酸。加入 10mL 三乙胺和 7 mL 乙酐，反应 1h 后升温到 100℃再反应 20 min。减压将溶剂蒸出。将带酐端基的聚酰亚胺齐聚物在 190℃真空干燥 24 h。齐聚物的相对分子质量为<10000。

将 2.5 g 带氨基炭纳米纤维和过量的 5.0 g 带酐端基的齐聚物在 150 mL DMAc 中反应 5 天，得到表面接枝聚酰亚胺的炭纳米纤维。

②将纳米炭纤维与 3-氨基苯氧基-4-苯甲酸在 PPA 中反应，接上带胺端基的链段再与二酐和二胺反应[20]

式 9-2　炭纳米纤维在 PPA 中接枝聚酰亚胺

将 0.50 g(2.18 mmol) 3-氨基苯氧基-4-苯甲酸及 0.50 g 炭纳米纤维，20 g PPA (83% P$_2$O$_5$) 和 5.0 g P$_2$O$_5$ 在氮气下 130℃反应 72 h。冷却到室温后加入水，滤出沉淀，用稀氨水洗涤，用水萃取 3 天，甲醇萃取 3 天。在 100℃五氧化二磷上干燥 72 h，得到黑褐色固体 **I** 0.80 g (83%)。

将 45.0 mg **I** (相当于 28.3 mg 未功能化的炭纳米纤维)加到 20 mL 无水 DMAc 中，超声处理 30 min 至 **I** 均匀分散。加入 1.777 g (4.0 mmol) 6FDA，室温搅拌 30 min。再加入 1.158 g (3.96 mmol) 1,3,3-APB，混合物在室温搅拌 24 h 得到聚酰胺酸。用 20 mL DMAc 稀释后涂膜，真空蒸发，除去溶剂，再在 100℃/24 h; 150℃/4 h; 200℃/2 h and 250℃/1 h 处理，薄膜厚度为 0.1 mm。

2. 炭纳米管用聚酰亚胺改性[28]

①带羟基的聚酰亚胺(PI$_{OH}$)

PI$_{OH}$

将 529 mg (1.74 mmol)1,3,3-APB 和 94.5 mg (0.43 mmol) 3,5-二氨基苄醇二盐酸盐加到 10 mL 干燥的 NMP 中，在氮气下冰浴中反应 15 min 得到溶液。加入 1 g (2.23 mmol) 6FDA，混合物在 0℃搅拌 6 h。加入 10 mg (0.11 mmol) 苯胺，回暖到室温，搅拌 30 min，加入 5 mL 甲苯，加热至 150℃去水后冷至室温，除去甲苯和部分 NMP。将混合物滴加到甲醇中，滤出固体，用甲醇萃取 6 h，在 60℃真空干燥，得到淡黄色粉末 **PI$_{OH}$** 1.29 g(87%)。

②炭纳米管的功能化

将 400 mg (1.2 mmol) DCC, 66 mg (0.3 mmol) 4-二甲氨基吡啶和 130 mg (0.6 mmol)1-羟基苯并三唑(BtOH)溶于 25 mL DMF 中。加入提纯过的 166 mg SWNT，混合物超声处理 2 h。加入 1.6 g PI$_{OH}$ 在 10 mL DMF 中的溶液，超声处理 48 h。除去 DMF 后粗产物溶于 15 mL THF 中，简单超声后在截留相对分子质量为 250000 的聚偏氟乙烯膜管中用 THF 渗析 3 天。混合物进行离心分离，从不溶的残留物(为功能化或欠功能化的纳米管)中分离出黑色的含有功能化

PI$_{OH}$的 SWNT(PI$_{OH}$-SWNT)，用同样方法可以得到 PI$_{OH}$-^{13}C-SWNT 和 PI$_{OH}$-MWNT。

③化学去功能化

将 37 mg PI$_{OH}$-SWNT 溶于 6 mLTHF 中得到均相的黑色溶液，加入 80 mg (3.33 mmol) NaH，在氮气下回流 12 h 后冷至室温。小心加入~1.5 mL 水以中止反应，再加热到回流 1 h，离心分离出黑色沉淀，用己烷和水充分洗涤。

3. 表面接枝聚酰亚胺[20]

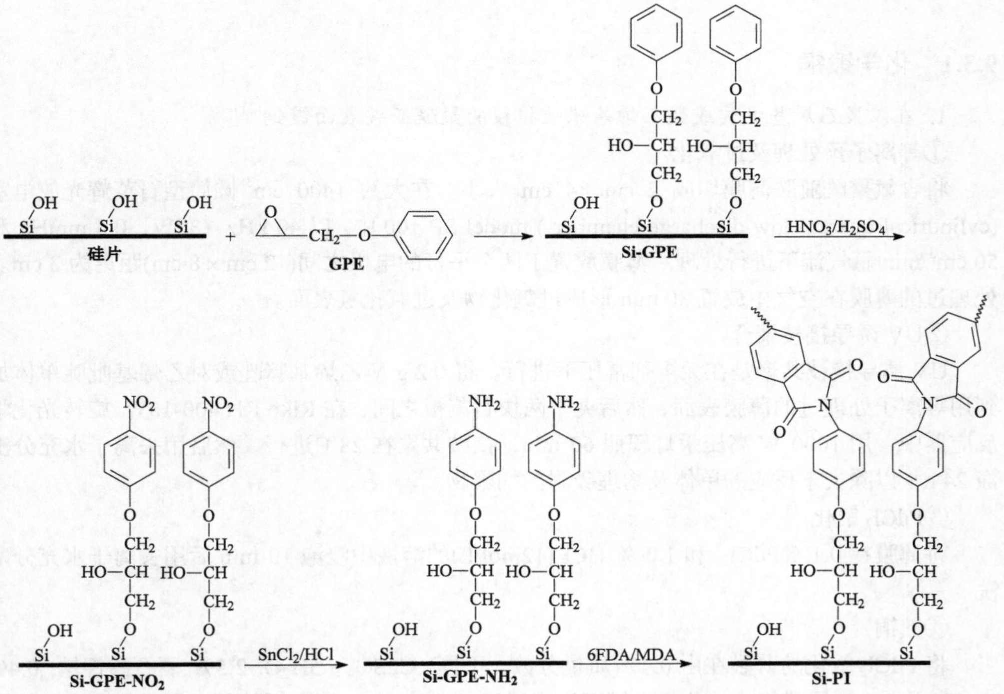

式 9-3　在硅片上接枝聚酰亚胺

(1) 硅片用 GPE 改性

将氧化硅基板浸泡在 0.5 g 缩水甘油苯醚(GPE)在 5 mL 含有 1000 ppm SnCl$_2$ 2H$_2$O 反应促进剂的甲乙酮溶液中。在 100℃反应 12 h 后，取出硅片，用丙酮和蒸馏水洗涤，真空干燥，得到 GPE 改性的硅片 Si-GPE。

(2) Si-GPE 的硝化

将 10 mL 发烟硫酸缓慢加到 20 mL 发烟硝酸中。将 Si-GPE 在该混酸中浸泡 8 h，然后取出用丙酮和蒸馏水洗涤后真空干燥得 Si-GPE-NO$_2$。

(3) Si-GPE-NO$_2$ 的还原

将 Si-GPE-NO$_2$ 在 10 mL 无水乙醇, 2.875 g 氯化亚锡水化物及 5 mL 发烟盐酸的混合物中浸泡 4 h。取出用丙酮和水洗涤后真空干燥，得 Si-GPE-NH$_2$。

(4) 聚酰亚胺接枝

将 Si-GPE-NH$_2$ 和 1.6 mmol MDA 加到 7.5 mL 干燥 NMP 中，MDA 溶解后加入 1.6 mmol 6FDA。反应在室温进行 20 h，取出硅片，在超声浴中用丙酮和水洗涤，真空干燥，得聚酰胺酸改性的硅片。然后在 120，150，180 及 210℃各处理 1.5 h，得到聚酰亚胺改性的硅片 Si-PI。

9.3　聚酰亚胺表面的金属化

9.3.1　化学镀铜

1. 在以聚乙烯基吡啶或聚乙烯基咪唑接枝的聚酰亚胺表面镀铜[21]

①等离子预处理及过氧化

将含氟聚酰亚胺薄膜切成 2 cm ×4 cm 大小。在大约 1400 cm^3 圆筒型石英辉光放电室 (cylindrical quartz glow discharge chamber) model SP 100 中，以 40 kHz，32W，0.5 mmHg 和 50 cm^3/min 氩气流下进行处理。薄膜放置于两个平行的电极之间(12 cm × 8 cm)距离为 3 cm。处理过的薄膜在空气中放置 30 min 形成过氧化物及过氧化氢表面。

②UV 诱导接枝聚合

UV 诱导接枝共聚是在无溶剂常压下进行。将 0.2 g N-乙烯基咪唑或对乙烯基吡啶单体加到用等离子处理过的薄膜表面，然后夹于两块石英板之间，在 Riko RH 400-10W 旋转光化学反应器中，用 1000 W 高压汞灯辐照 60 min，接枝共聚在 28℃进行。然后用去离子水充分洗涤 24 h，以除去未反应的单体及物理吸附的均聚物。

③PdCl$_2$ 敏化

将薄膜在 0.1 %PdCl$_2$ 和 1.0 % HCl (12mol/L)的溶液中浸泡 10 min 后用去离子水充分淋洗。

④镀铜

将 PdCl$_2$ 敏化的薄膜在由 0.7%(质量分数，下同) CuSO$_4$·5H$_2$O, 2.5% 酒石酸钾钠, 0.4% NaOH 及 0.4% 甲醛组成的化学电镀铜浴中浸泡 15~20 min，沉积铜的厚度用质量测定。铜层大约 1 μm 厚。镀铜薄膜用大量去离子水淋洗后在真空炉中 140℃处理 2 h，使铜与接枝的链进一步结合，改进结合力。热处理的样品在真空炉中 4h 内缓慢冷却到室温，以减少金属-聚合物界面上的热应力。将镀铜薄膜用环氧胶黏结在 0.1 mm 厚的铜箔上进行剥离试验。试验前在 140℃真空处理 3 h。

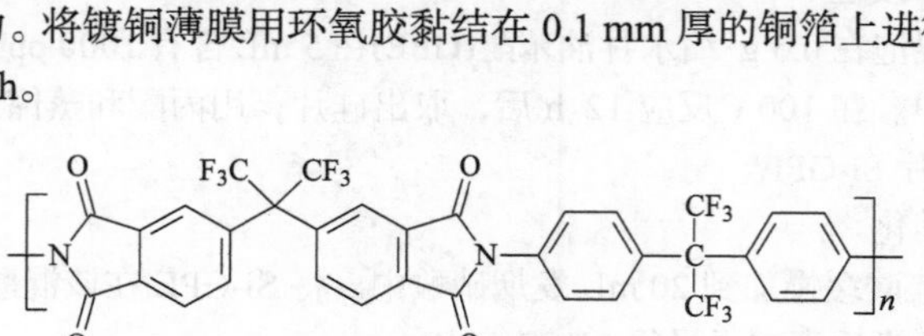

含氟聚酰亚胺

2. 在以碱处理的聚酰亚胺表面镀铜[22]

将 4.00 g (0.008 mol)草酸钾铁三水化合物 $K_3Fe(C_2O_4)_3 \cdot 3H_2O$ 溶于 100 mL 去离子水中。将 0.20 g(0.076 mmol) $Pd(NH_3)_4Cl_2$ 水合物溶于草酸钾铁的水溶液中得到催化剂铁/钯溶液。

将裁成 50 mm×50 mm 厚度为 50 μm 的 Kapton 薄膜用含有 100 g (2.50 mol) NaOH 和 20.0 g (0.0685 mol) N,N,N',N'-四(2-羟基-n-丙基)乙二胺的 1.0 L 水溶液水解，在碱性乙二胺溶液中浸泡 5~10 min，然后用水冲洗 30 s，再在铁钯溶液中浸泡 10 min，最后以 2000 r/min 旋转干燥 60 s。

将铁/钯处理过的 Kapton 薄膜在掩膜下用紫外光辐照(相应于 8 和 28 mW/cm^2，254 和 365 nm)，得到所需的图样。

UV 曝光后，薄膜在铜溶液(Dynachem，835 medium copper solution)中进行化学镀。在室温 pH 为 12，用甲醛为还原剂，经 3~10 min 得到厚度为 0.5 μm 的铜膜。金属化的薄膜用水淋洗，然后氮气下在 125~400℃烘烤以增加铜对聚酰亚胺薄膜的黏结性。剥离强度的测试是用镀铜厚度为 15~25 μm 的样品以 90°，6 mm/min 速度剥离。

3. 湿法镀金属 [23]

采用 BPDA/PPD, BPDA/ODA 聚酰亚胺薄膜。

①脱脂：Nuvat LT(一种高效能热脱脂剂) 17.5 g，体积 250mL，时间 3 min。

②刻蚀：37.4%KOH+10%甲醇 + 7%乙二胺，20 min。

③预浸：PD 472 60 g，浓盐酸 8.75 mL，体积 250 mL，时间 2 min。

④活化：Electro-Brite catalyst C-473 10 mL，PD 472 60 g，浓盐酸 8.75 mL，体积 250 mL，时间 6.5 min。

⑤促进：Electro-Brite accelerator A-474 17.5 mL，体积 250 mL，时间 4 min。

⑥化学镀镍：11.25 g 柠檬酸钠，6 g 次磷酸钠，5.25 g 氯化镍及 7.5 g 氯化铵在 250 mL 水的溶液 pH 8~9，温度为 30~40℃。

⑦烘焙：室温，1.5 h，100℃/6 h。

⑧电镀铜：82.5 g 焦磷酸铜，338 g 焦磷酸钾，4 mL 氨水，22.5 g 草酸钾，12 g 硝酸钾在 1000 mL 水中的溶液。pH 8.2~8.8，温度为 52~58℃，电流密度：100~200 A/m^2，140 min，铜层厚度 35 μm。

9.3.2 镀银

1. 化学镀银[24]

将聚酰亚胺薄膜在乙醇中超声处理 30 min，80℃真空干燥。然后进行氩等离子处理，以

UV 诱导对乙烯基吡啶接枝聚合和 PdCl$_2$ 活化如 9.3.1，1 节。

镀银液的组成(质量分数)为：0.7%AgNO$_3$，0.5% NaOH，13% 葡萄糖，11%酒石酸及 0.02% 乙醇。

将用 PdCl$_2$ 活化的聚酰亚胺薄膜在化学镀银的浴中浸泡 15~20 min。银层的厚度用质量法测定。该厚度可以达到 1 μm。镀银后薄膜用大量二次蒸馏水淋洗，最后真空干燥。

2. 离子交换法镀银[25]

将聚酰胺酸薄膜在干燥气流或真空中干燥，得到溶剂含量为 18%的薄膜，然后从玻璃板上取下，浸入硝酸银的水溶液中进行离子交换。该过程需要避光，用水淋洗后在 1 h 内升温到 135℃保持 1 h，再在 2 h 内升温到 300℃进行热固化，最后在 300℃保持一段时间。

由 BTDA/ODA- (1,1,1-三氟乙酰基丙酮) 银(I) (BTDA/ODA-AgTFA)得到的银化薄膜在空气侧的反射率达到 90%，表面电阻达到 0.1 Ω/sq (sq 通常以 cm^2 为单位)，玻璃侧就没有这种性能。

3. 用真空蒸涂方法镀银[26]

①薄膜的预处理

将 30mm × 40 mm 的 Upilex-S 薄膜预先用丙酮清理，再用去离子水淋洗 3 min，异丙醇淋洗 3 min，再在室温干燥 90 min 后进行接触角的测定，在进行溅射前在室温干燥 6 h。

②磺化

见 8.3。

③KOH 刻蚀

将薄膜在不同浓度(0.1 或 1.0 mol/L)KOH 溶液中以不同温度(30，50，80℃)浸泡不同时间(1，10，30 min)。

④银的沉积

银用真空蒸镀方法沉积在表面，银层的厚度用沉积后的重量和面积来计算，平均值为 50nm。

9.3.3 电镀[27]

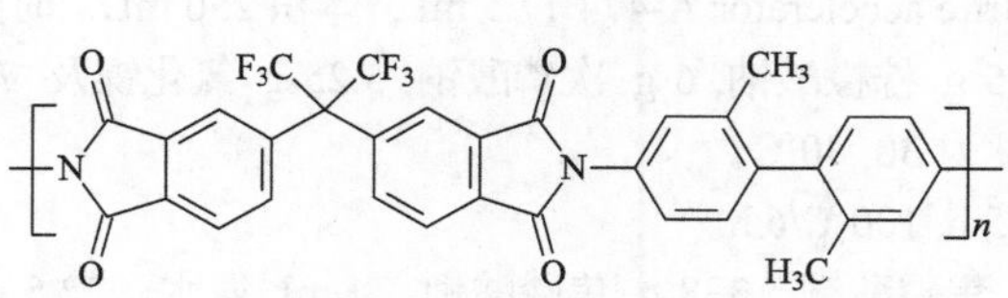

可溶性聚酰亚胺

1. 厚膜的制作

用于电镀目的，可溶性聚酰亚胺层应该附于金属基板上。

将聚酰亚胺溶于 NMP 得到固含量为 40%的溶液。在铜箔上放以厚度为 2 mm 的金属框架，将聚酰亚胺溶液倒入框架内。将其在热板上加热使溶剂挥发，即在 100℃ 24 h 在基板上得到 320 μm 聚酰亚胺层。用这种方法可以得到厚度为 500 μm 的聚酰亚胺层。

2. 图案刻蚀

将聚酰亚胺膜用激光刻蚀成图案。

3. 电镀

以 420 g/L 磷酸镍为电解液，加入少量浸润剂及 40 g/L 硼酸作为缓冲剂，电解液的温度为 40℃，pH 为 3.7，电流密度为 0.5 A/dm^2。电镀后，聚酰亚胺用丙酮洗去，得到具有微结构的镍层。

参 考 文 献

[1] Iijima M, Takahashi Y. High Perf. Polym., 1993, 5: 229.

[2] Pawlowski W P, Coolbaugh D D, Johnson C J.J. Appl.Polym. Sci., 1991, 43: 1379.

[3] De Angeio M A, US, 3821016 ,1974.

[4] Hishiyama Y, Yoshida A, Inagaki M. Carbon, 1998, 36: 1113.

[5] Day K, Cook R C, Gies A P, Hamilton T P, Nonidez W K. J. Polym. Sci., Polym. Chem., 2005, 42: 5999.

[6] Takahashi Y, Iijima M, Oishi Y, Kakimoto M, Imai Y. Macromolecules, 1991, 24: 3543.

[7] Tian Y, Liu S, Ding H, Wang L, Liu B, Shi Y. Polymer, 2007, 48: 2338.

[8] Han X, Tian Y, Wang L, Xiao C. J. Appl. Polym. Sci., 2008, 107: 618.

[9] Takeichi T, Endo Y, Kaburagi Y, Hishiyama Y, Inagaki M. J. Appl. Polym. Sci., 1996, 61: 1571; Konno H, Oka H, Shiba K, Tachikawa H, Inagaki M. Carbon, 1999, 37: 8875.

[10] Okumura H, Takahagi T, Nagai N, Shingubara S. J. Polym. Sci., Polym. Phys., 2003, 41: 2071.

[11] Lee C K, Kowalczyk S P, Shaw J M., Macromolecules, 1990, 23: 2097.

[12] Lian S M, Chen K M, Lee R J, Pan J P, Hung A. J. Appl. Polym. Sci., 1995, 58: 1577.

[13] Kaba M, Essamri A, Wood B J, et al. J. Appl. Polym. Sci., 2006, 99: 3579.

[14] Lin Y S, Liu H M, Chen H T. J. Appl. Polym. Sci., 2006, 99: 744.

[15] Pizem H, Gershevitz O, Goffer Y, et al. Chem. Mater., 2005, 17: 3205.

[16] Li L, Ke Z, Yan G, Wu J. Polym. Int., 2008, 57: 1275.

[17] Loh F C, Lau C B, Tan K L, Kang E T. J. Appl. Polym. Sci., 1995, 56: 1707.

[18] Cheng Z, Zhu X, Kang E T, Neoh K G. Macromolecules, 2006, 39: 1660.

[19] Li X, Coleman M R. Carbon, 2008, 46: 1125.

[20] Liu Y L, Chen S C, Liu C S. J. Polym. Sci., Polym. Chem., 2007, 45: 4161.

[21] Wang W C, Vora R H, Kang E T, Neoh K G. Polym. Eng. Sci., 2004, 44: 362.

[22] Baum T H, Miller D C, O'Toole T R. Chem. Mater., 1991, 3: 714.

[23] Ho S M, Wang T H, Chen H L, Chen K M, Lian S M, Hung A. J. Appl. Polym. Sci., 1994, 51: 1373.

[24] Wu D, Zhang T, Wang W C, Zhang L, Jin R. Polym. Adv. Tech., 2008, 19: 335.

[25] Qi S, Wu D, Bai Z, Wu Z, Yang W, Jin R. Macromol. Rapid Commun., 2006, 27: 372.

[26] Ranucci E, Sandgren A, Andronova N, Albertsson A C. J. Appl. Polym. Sci., 2001, 82: 1971.

[27] Hsieh Y S, Yang C R, Hwang G Y, Lee Y D. Macromol. Chem. Phys., 2001, 202: 2394.

[28] Hill D, Lin Y, Qu L, Kitaygorodskiy A, Connell J W, Allard L F, Sun Y P. Macromolecules, 2005, 38: 7670.

[29] Zhao G, Ishizaka T, Kasai H, Hasegawa M, Furukawa T, Nakanishi H, Oikawa H. Chem. Mater., 2009, 21: 419.

第 10 章 粒 状 材 料

10.1 聚酰亚胺粉末

在采用模压或挤出成型时都需要聚酰亚胺粉末状树脂，特别是模压成型时往往加入一些无机填充料，所以要求粉末的粒度要细而且均匀，这对于软化温度很高的品种尤其重要。此外在彻底去除聚合时所用的溶剂及化学酰亚胺化加入的乙酐和叔胺时，也要求粒子细而且均匀，以便容易去除。由于高分子量的聚酰亚胺往往非常坚韧，难以用机械方法粉碎成细小的粉末，因此寻找制备聚酰亚胺粉末的方法就具有很大的实用意义。

10.1.1 由聚酰胺酸溶液加热制得

1. 将聚酰胺酸的溶液加热得到粉末[1]

将 PMDA/ODA 聚酰胺酸的 NMP 溶液稀释至 8%，在没有搅拌的情况下加热到 200℃反应 4h，冷却至室温，滤出黄色粉末，用丙酮洗涤 3 次，在 150℃真空干燥 24 h。该聚合物在硫酸中测定对数黏度为 0.75 dL/g。由 IR 测定，在 200℃加热 4 h 后酰亚胺化程度为 100%。

说明：对于 PMDA/ODA，固相酰亚胺化的温度应该在 360℃以上。在溶液中 200℃可以完成酰亚胺化，说明在聚合物沉淀以前已经完成酰亚胺化过程。

2. 在聚酰胺酸溶液中加入三乙胺，然后用热酰亚胺化得到粉末[2]

在氮气下将 1001 g ODA 在 6.5 kg DMAc 中的溶液迅速加入新制备的由 1085 g PMDA 与 12.1 kg DMAc 得到的混合物中，温度控制在 30℃，搅拌 1 h，得到对数黏度为 2.0 dL/g 的黏液。在 200 g(0.048 mol)聚酰胺酸溶液中加入含有 0.048 mol 三乙胺的 30 mL DMAc，将混合物加热到 145℃，搅拌 17 min，得到沉淀。过滤，用丙酮洗涤后在 60℃真空干燥。然后再在 325℃氮气下处理 16 h，收率 87%。

3. BPDA/ODA 粉末[3]

将 15.92 g (0.054 mol) BPDA 和 10.84 g (0.054mol) ODA 加到 241 g NMP 中，在 30℃搅拌 6 h，所得到溶液的对数黏度为 2.89 dL/g。加入 27.4 g (0.27 mol) 三乙胺，在 30℃搅拌 2.5 h 后逐渐升温到 150℃，得到黄色沉淀。再升温到 NMP 的沸点，蒸出水和三乙胺，温度保持 5 h，过滤，用 NMP 和丙酮洗涤，140℃真空干燥，收率 94%。

4. 以吡啶为溶剂将聚酰胺酸热酰亚胺化得到粉末[4]

将 176.21g(0.880 mol)ODA 在 40℃下溶于 1429 mL 干燥吡啶中，分批加入 174.50 g (0.800mol) PMDA，搅拌 30 min，得到固含量为 20%，表观黏度为 31.3 P，对数黏度为 0.43 dL/g 的聚酰胺酸溶液。

将 1500 mL 吡啶加热回流，在 70 min 内加入 524 g 聚酰胺酸溶液。在加料过程中蒸出大约 500 mL 吡啶,使反应瓶中的容量保持不变,同时也带出因酰亚胺化而产生的水分。回流 3 h 后得到浆状物,冷却过滤,用丙酮洗涤后在 150℃氮气流下干燥,粉碎后得到比表面为 113 m²/g 的粉末。由该粉末可以制得具有抗张强度为 8.1 MPa,伸长率为 0.5%的制件。

以与上面相同的方法在加入 539 g 聚酰胺酸溶液的同时,加入由 5.36 g PMDA 和 49 mL 吡啶组成的浓度为 10%的溶液,使二酐和二胺达到等摩尔比。这样得到的粉末其比表面积为 82 m²/g,所得制件的抗张强度为 74 MPa,伸长率为 8.2%。

5. PMDA/PPD 在高温介质中形成粒子[5]

氮气下将 0.075 mg (0.34 mmol)PMDA 在 20 mL TS10(二苄基甲苯的异构体混合物)中加热到 330℃。PMDA 完全溶解后,在给定的温度,如 240, 280 和 330℃加入 0.037 mg (0.34 mmol) PPD,5 s 后停止搅拌,在 330℃反应 6 h。由于齐聚物的沉淀,溶液变得不透明,同时生成橙色沉淀。滤出沉淀,用己烷和丙酮洗涤,在 25℃干燥 12 h。将滤液倒入己烷中回收留在溶液中的齐聚物。

在 330℃和 280℃加入 PPD 可以得到聚合物的粒子和棱型结晶与针状结晶的星状聚集体。但在 240℃加入 PPD 则只能得到粒子(图 10-1)。在高温下齐聚物主要为酰亚胺的结构,而在较低温度下就有很高的酰胺酸结构。

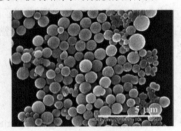 

240℃得到的结构　　　　　　　　　　　　　　　330℃得到的结构

图 10-1　PMDA/PPD 在高温介质中形成微粒

6. 在硅胶孔中聚合[6]

将 PPD 在 DMF 中的 1.0 mol/L 溶液冷到-60℃,加入 1.0 mol/L 二酐在 DMF 中的溶液和介孔硅胶。10 min 后,认为孔已经被单体溶液充满,取出硅胶,将其浸泡在纯 DMF 中 30s 2 次,除去表面吸附的聚合物。将聚合物-硅胶杂化物在 80℃干燥 3 h,使进行聚合,然后加热到 300℃以除去 DMF,形成聚酰亚胺。

室温下用 48%氢氟酸除去硅胶(更有效的是在 HF 处理前将硅胶粉碎),得到聚酰亚胺粉末。

10.1.2　在聚酰胺酸溶液中加入脱水剂成粉

1.将脱水剂加入聚酰胺酸溶液中得到粉末

将 20.0 g (0.1mol)ODA〖534〗溶于 340 mL DMAc 中,加入 40.2g (0.1mol)HQDPA【174】,室温搅拌,得到黏液,用 800 mL DMAc 稀释后加入 22.5 mL 乙酐,搅拌均匀,再滴加 11 mL 三乙胺。溶液逐渐变浑并析出沉淀,搅拌 24 h,过滤,用乙醇多次洗涤后在 150℃烘干,得聚酰亚胺粉末 53.8g (95%)。

2. 将聚酰胺酸溶液加到脱水剂溶液中得到粉末[7]

将 4.0046 g ODA 溶于 40 mL DMAc 中迅速加入 4.3624 g PMDA 在 7 5mL DMAc 中的溶液，得到对数黏度为 2.36 dL/g 的聚合物溶液。将该溶液倒入迅速搅拌中的由 300 mL 甲苯，60 mL 吡啶(事先溶入 0.1 g LiCl)和 25 mL 乙酐的混合物中，氯化锂的加入可以使沉淀均匀。搅拌 15 min，过滤，用丙酮洗涤，干燥后再在乙酐中加热回流过夜。过滤，丙酮洗涤后干燥，然后在氮气中 325℃处理 16 h，对数黏度为 0.79 dL/g。

3. 将聚酰胺酸稀溶液的化学环化制备粉末[1]

将 50 g 20%PMDA/ODA 的聚酰胺酸 NMP 溶液稀释至 1%，加入 9.67 g (0.0956 mol) 三乙胺和 9.76 g (0.0956 mol)乙酐。混合物在氮气下室温搅拌 24 h，过滤，用丙酮洗涤 3 次，在 150 ℃真空干燥 24 h。在 30℃硫酸中测得的对数黏度为 0.75 dL/g。

10.1.3　两步法制备粉末[8]

编著者所在单位对于HQDPA/ODA曾采用两步法成粉工艺：

首先将三苯二醚四酸在酚类溶剂中加热到120~150℃使四酸部分脱水成酐，然后在100℃加入ODA，在120~130℃搅拌半小时，这时的对数黏度在0.1~0.2 dL/g左右，沉淀到乙醇中，经洗涤，干燥，再粉碎，过筛，然后将得到的粉末在真空下处理到280~300℃，利用端基间的反应使分子量进一步增长，得到高分子量的聚酰亚胺粉末。

10.1.4　聚异酰亚胺粉末[9]

将 9.76 g(44.7 mmol) PMDA 溶解在 140 g THF 中，40 min 内加入由 3.58 g(17.9 mmol)ODA 和 6.66 g (26.8 mmol) DDS 在 202 g THF 和 38 g 丙酮组成的溶液。将该混合物在 30℃搅拌 24 h 得到非均相悬浮液(可以将此悬浮液过滤，在 80℃真空干燥得到聚酰胺酸粉末)。缓慢加入 9.59 g (94.8 mmol)EtN₃ 和 19.91g(94.8 mmol)三氟乙酐在 THF 中的溶液，在 30℃搅拌 24 h。这时聚酰胺酸转变为聚异酰亚胺。过滤，用丙酮洗涤，80℃真空干燥得 17.6 g(96%)共聚异酰亚胺粉末。该聚异酰亚胺在 300℃2 h 转变为聚酰亚胺。用同样方法可以得到 PMDA/ODA 等其他聚酰胺酸粉末和聚异酰亚胺粉末。

10.1.5　聚苯乙烯-co-酰亚胺微粒[10]

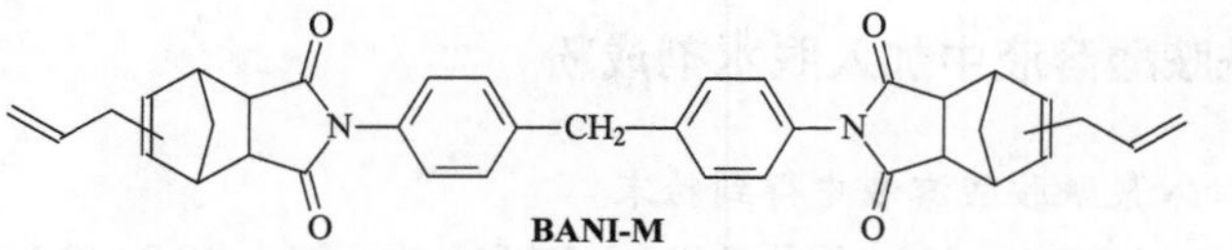

BANI-M

将聚乙烯基吡咯烷酮(Mw=40000)的异丙醇溶液与苯乙烯、AIBN 和 BANI-M 的乙二醇单甲醚溶液混合，加入数粒维生素 C 晶体以限制与空气的接触。异丙醇不能溶解 BANI-M 和维生素 C，所以当异丙醇/乙二醇单甲醚=155/20 或没有乙二醇单甲醚时溶液是浑浊的。在轻微搅拌下缓慢鼓入氮气，2 h 后停止鼓氮，温度升到 70℃，反应 16 h。在开始加热后混合物由浑变清，直到开始成核。维生素 C 对粒子大小的影响见表 10-1。

表 10-1　维生素 C 对粒子大小的影响

编号	异丙醇/mL	甲氧基乙醇/mL	维生素 C/g	单体转化率/%	平均粒径/μm	偏差系数/%
1	140	35	0	69	4.38	69.7
2	140	35	0.2	91.2	1.98	1.91
3	140	35	0.5	87.6	2.03	1.88
4	140	35	0.5	>100	2.71	2.44
5	140	35	1	89.0	2.76	1.83
6	140	35	1.5	>100	4.90	5.26
7	140	35	2.0	95.1	3.94	51.3
8	155	20	0	94.6	4.59	11.4
9	155	20	0.2	78.4	2.39	10.3
10	155	20	0.5	90.5	1.97	2.85
11	155	20	1	90.7	2.31	2.28
12	155	20	1.5	83.7	3.05	3.58
13	155	20	2	98.0	1.59	4.11

10.1.6　溶液沉淀法制备微球[11]

在 70℃ 250 rpm 搅拌下将 PVA (0.02 g/mL)的水溶液中滴加到 1000 mL 聚酰亚胺 (0.02 g/mL 和 PVA(0.02 g/mL)的 DMAc 溶液中，滴加速度是前一滴溶液所产生的沉淀消失后再加入下一滴。大约加入 100 mL 后沉淀不再消失。沉淀剂陆续加入，直加到总量为 2000 mL。悬浮液搅拌过夜，滤出微球，用水洗去 DMAc 和 PVA，然后干燥。微球性能见表 10-2。

表 10-2　聚合物微球的性能

聚合物	浓度/(g/mL)	PVA/(g/mL)	搅拌速度/(r/min)	T/℃	d/μm	ε	收率/%
PI	0.02	0.02	250	70	8.3	0.28	52
PI	0.005	0.02	250	70	6.9	0.50	41
PI	0.02	0.04	250	30	4.9	0.20	52
PI	0.05	0.02	250	70	25.7	0.34	58
PI	0.02	0.06	250	70	8.9	0.16	62
PI	0.02	0.04	250	70	9.5	0.15	67
PI	0.02	0.04	1100	70	4.9	0.16	57
PEI	0.04	0.02	250	90	8.1	0.20	40

注：PI: ODPA/ODA；PEI: BPADA/MPD。

10.1.7　在分散剂参与下得到聚酰胺酸粒子，再在介质中加热得到聚酰亚胺粒子[12]

将分散剂聚乙烯基吡咯烷酮溶于 100 mL 溶剂中，加入 BTDA 和 ODA，用 200 r/min 搅拌

24 h，将产物过滤，洗涤，得到聚酰胺酸粒子，再将其分散在二甲苯中回流 4 h，得到聚酰亚胺粒子。

采用的溶剂有丙酮，甲醇，乙酸乙酯，乙酸甲酯。温度为 0~40℃。聚乙烯基吡咯烷酮的用量为 0.2~1.0 g，单体浓度为 0.001~0.01 mol。

10.2　聚酰亚胺中空粒子

10.2.1　由分散聚合得到以聚酰胺酸包裹的聚苯乙烯，酰亚胺化后溶去聚苯乙烯，得到聚酰亚胺中空微球[13]

1. 分散聚合

将 0.266 g (0.50 mmol)6FDA/ODA 聚酰胺酸和 0.104 g(0.75 mmol)碳酸钾加到 100 mL 乙醇/水(80/20)混合物中，加入 8.0 g(76.8 mmol)苯乙烯，0.202 g (1.0 mmol)4-乙烯基苄基三甲基氯化铵(VBA)和 0.16 g (1.0 mmol)AIBN。混合物在 70℃氮气中搅拌 20 h，过滤，得到外面包有聚酰胺酸的聚苯乙烯粒子。将该粒子在乙醇中以离心分离提纯 3 次。

测定氟含量来确定粒子中的聚酰胺酸的含量[14]。

2. 酰亚胺化及去聚苯乙烯

将 1.0 g 亲油的聚合物粒子 (聚酰胺酸负载量为 80%) 悬浮在含有 2.0 g N,N-二甲氨基吡啶(DMAP) 的 15 mL 乙酐中，室温搅拌 1 天，悬浮液倒入 50 mL 水中，离心分离，乙醇洗 2次，减压干燥，定量转化(98%)为 PS-PI。为了分离 PI 壳，将所得到的粒子悬浮在 30 mL 甲苯中，室温搅拌 3h，用甲苯离心分离 2 次。所得到的中空粒子直径为 1 μm 左右。

10.2.2　用蒸气沉积法制备中空微球[15]

将 6FDA 和 ODA 的蒸气在真空室中附着于机械扰动着的聚甲基苯乙烯微球上形成聚酰胺酸层(直径为~935 μm，壁厚为 7.5~17 μm)，然后加热酰亚胺化，同时聚甲基苯乙烯在高温下分解并逸出，最后得到聚酰亚胺微囊。蒸气沉积条件如下：温度：6FDA 为 181℃，ODA 为135℃；压力：5×10^{-6} mmHg；单体预热时间：30 min；沉积速度：球为~7 μm/h，平面为~15 μm/h；酰亚胺化：氮气下以 0.1℃ /min 升温速度由 25℃加热到 300℃，保持 3 h，再以 5℃/min 冷却。缓慢的升温速度是为了保证聚甲基苯乙烯分解后从微囊中逸出而不至于因分解太快将微囊破坏。在高温下微囊视材料的刚性大小而有所膨胀。所得到的聚酰亚胺微囊的性能见表 10-3。

表 10-3　由 6FDA/ODA 及 PMDA/ODA 得到的微囊的性能

聚酰亚胺	机械性能			透气性能/[mol·m/(m²·Pa·s)]				E_p(He) /(kJ/mol)
	抗张强度/MPa	抗张模量/GPa	伸长率/%	He × 10¹⁶	D₂ × 10¹⁶	O₂ × 10¹⁷	N₂ × 10¹⁸	
6FDA/ODA	221	2.6	0.15	194	165	198	351	12.3
PMDA/ODA	280	3.2	0.27	4.9	3.5	1.7	3.9	20.1

10.2.3　里面含有硅油的聚酰胺酸胶囊[16]

将 1 滴 (0.1 mL) 聚酰胺酸溶液 (2%±3%, d = 0.948 g/cm³) 加入到 700 mL 硅油中(d = 0.965 g/cm³)。形成聚酰胺酸在硅油中的液滴，在一滴聚酰胺酸溶液中注进另一滴硅油，形成复合液滴 O/S。将如此制得 10 滴 O/S，得到里外都有硅油的聚酰胺酸液滴的乳液，然后以 100 r/min 在室温搅拌。3 天后 DMAc 消失，得到干的里面含有硅油的聚酰胺酸胶囊。

10.2.4　纳米多孔微球[17]

将 100 μL 聚酰胺酸的 NMP 溶液和聚乙烯醇(M_w 500)造孔剂混合，用微量注射器注射到剧烈搅拌的 10 mL 环己烷中，然后进行酰亚胺化，即加入 100 μL 1∶1 的吡啶和乙酐，3 h 后离心分离出聚酰亚胺粒子，真空干燥，在 270℃进行热酰亚胺化 1 h，得到聚酰亚胺纳米微粒 (表 10-4)。

可以作为造孔剂还有聚丙烯酸(PAS)，PAS-1：M_w = 2000；PAS-2：M_w = 450000。

表 10-4　纳米多孔微球

造孔剂的含量	PVAL/50%	PAS-2/20%	PAS-1/40%
孔的数目	少量	无孔	大量
孔径	30~50nm	—	—

10.3　功能性聚酰亚胺粒子

10.3.1　含铂聚酰亚胺粒子[18]

将 1.81 g PMDA/MPD 聚酰胺酸溶于 20 mL NMP 中，搅拌下加入 3.06 mmol Pt(acac)₂ 在 20 mL NMP 中的溶液，混合物在 200℃搅拌 3 h 后冷却，离心分离沉淀，用 NMP 和水洗涤后真空干燥。将样品在氩气下加热到 400℃保持 1 h，再在 800℃加热 1 h，得到炭化的载有铂的多孔粒子。

10.3.2　聚酰亚胺钯催化剂[19]

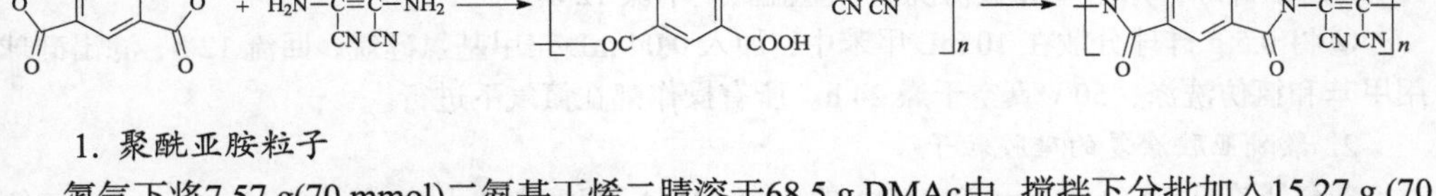

1. 聚酰亚胺粒子

氮气下将7.57 g(70 mmol)二氨基丁烯二腈溶于68.5 g DMAc中，搅拌下分批加入15.27 g (70

mmol)PMDA，室温搅拌20 h得到聚酰胺酸溶液。将该溶液悬浮在含有以1.0 g 聚(马来酸酐-co-辛烯-1)作为稳定剂的200 g石蜡油中，搅拌速度为400 r/min。在60℃搅拌2 h，达到平衡后，滴加入20.3 g(199 mmol)乙酐和13.8 g(174 mmol) 吡啶的混合物。反应20 h后滤出粒子，用二氯甲烷萃取24 h，在80℃真空干燥。得到20.2 g粒子，收率99.4%。粒径的分布为 38~75 μm (5.1%)，75~106 μm(70.3 %)，106~212 μm (21.9 %)，212~425 μm (2.3 %)和 >425 μm (0.4 %)。

2. 聚酰亚胺支撑的 Pd(II)络合物 (PI-CN/PdCl₂)

将氯化钯与聚酰亚胺粒子在甲醇中搅拌24h(在旋转蒸发器中进行)后，用甲醇充分萃取，真空干燥。钯的含量为 1.08 mmol/ g [可用 inductively coupled plasma (ICP) 测定]。该催化剂用于辛烯-2 的 Wacker 氧化反应。

$$R\diagup\!\!\!\diagdown \quad + \quad \text{(P)}\!-\!\text{CNPd(II)} \quad + \quad \text{CuCl}_2 \quad \xrightarrow[\text{溶剂}]{\text{H}_2\text{O}/\text{O}_2} \quad \underset{\text{O}}{\overset{\text{O}}{RCCH_3}}$$

将0.1 g (0.108 mmol Pd)聚酰亚胺钯催化剂和0.1 g (0.745 mmol) CuCl₂加到7.5 mL 乙醇和1.5 mL 水中，温度维持在 60℃，搅拌下鼓泡通入空气(~100 mL/min)经 30 min，加入 0.8 mL (5.10 mmol)辛烯-1 和 0.3 mL 作为内标的溴苯，氧化反应用气相色谱监测。

10.3.3　含雌酮的聚酰亚胺微粒[20]

1. 硅胶粒子的表面改性

①将 0.5 g 硅球(d=10 μm) 悬浮在 10 mL 甲苯中，加入 4 mL 3-氨丙基三乙氧基硅烷回流12 h，滤出硅球，用甲苯和氯仿洗涤，室温真空干燥 12 h。

②将 0.5 g 硅球分散在 10 mL 甲苯中，加入 0.04 mL 三甲基氯硅烷，回流 12 h，滤出硅球用甲苯和氯仿洗涤，50℃真空干燥 24 h。所有操作都在氮气下进行。

2. 聚酰亚胺涂复的硅胶粒子

氮气下在 0.5 g (2.29 mmol)PMDA 的 2 mL DMAc 溶液中加入 0.046 g (0.11 mmol) 3,5-二氨

基苯基甲酸雌酮酯(见〖83〗)在 1 mL DMAc 中的溶液。在 0℃搅拌 30 min，再加入 0.436 g (2.17 mmol) ODA 在 2 mL DMAc 中的溶液，0℃搅拌 30 min，再在室温搅拌 12 h。将 1 g 表面改性的硅球分散在聚酰胺酸的 DMAc 溶液中，混合物室温搅拌 12 h，离心分离出硅球，真空干燥 24 h，涂复聚酰胺酸的硅球在 80℃，130℃，170℃，220℃和 270℃各处理 30 min。

将 1.00 g 得到的粒子加到 40 mL 二氧六环和 5 mL 水的混合物中，回流 24 h，萃取过程用 UV 监测，萃取继续到雌酮的 282 nm 峰达到恒定。滤出粒子，用二氧六环和 THF 洗涤，室温真空干燥 1 周。

文献

[1] Basset F, Lefrant A, Pascal T, Gallot B, Sillion B. Polym. Adv. Tech., 1998, 9: 202.

[2] Gall W G. US, 3249588[1966].

[3] Inoue H, Muramatu T, Sasaki Y, Ogawa T. J. Appl. Polym. Sci., 1996, 61: 929.

[4] Lovejoy E R. US, 3511807[1970].

[5] Wakabayashi K, Uchida T, Yamazaki S, Kimura K, Shimamura K. Macromolecules, 2007, 40: 239.

[6] Groenewolt M, Thomas A, Antonietti M. Macromolecules, 2004, 37: 4360.

[7] Endrey A L. US, 3179631[1965].

[8] 丁孟贤, 洪维, 董立萍. 高分子材料科学与工程, 1990, (3): 97.

[9] Echigo Y, Okamoto S, Miki N. J. Polym. Sci., Polym. Chem., 1997, 35: 3335.

[10] Omi S, Saito M, Hashimoto T, Nagai M, Ma G H. J. Appl. Polym. Sci., 1998, 68: 897

[11] Chai Z, Zheng X, Sun X. J. Polym. Sci., Polym. Phys., 200341: 159.

[12] Ni X-W, Shen H, Chen L, Wu G, Lu R, Miyakoshi T. J. Appl. Polym. Sci., 2009, 113: 3671.

[13] Watanabe S, Ueno K, Kudoh K, Murata M, Masuda Y. Macromol. Rapid Commun., 2000, 21: 1323.

[14] Belcher R, Leonard M A, West T S. J. Chem. Soc., 1958, 2390.

[15] Tsai F Y, Harding D R, Chen S H, Blanton T N. Polymer, 2003, 44: 995.

[16] Nagai K, Takaki T, Norimatsu T, Yamanaka T. Macromol. Rapid Commun., 2001, 22: 1344.

[17] Zhao G, Ishizaka T, Kasai H, Oikawa H, Nakanishi H. Chem. Mater., 2007, 19: 1901.

[18] Tamai H, Nakatshuchi S, Yasuda H. J. Mater. Sci., 2003, 38: 1859.

[19] Ahn J-H, Sherrington D, Wacker C. Macromolecules, 1996, 29: 4164.

[20] Kim T H, Ki C D, Cho H, Chang T, Chang J Y. Macromolecules, 2005, 38: 6423.

第11章 纤 维

聚酰亚胺纤维可由聚酰胺酸溶液或聚酰亚胺溶液作为纺丝液制成，前者的优点是聚合物的结构不受溶解度的限制，可以选择最合适的单体制备纺丝液，但由此得到的聚酰胺酸纤维在干燥过程中容易发生水解，使分子量降低，同时还需要进行酰亚胺化，使其转化为聚酰亚胺。在该过程中，由于聚酰胺酸的脱水成环，所产生的水可能会破坏纤维结构，使纤维中存在过多的缺陷，影响纤维的性能。用聚酰亚胺溶液纺丝可以避免上述的一些问题，但可用的结构有限，更多适合于高性能纤维的结构由于找不到合适的溶剂而难以采用。对于一些热塑性聚酰亚胺，还可以采用熔融法纺丝。中空纤维多用于气体分离技术。近年来电纺丝在聚酰亚胺方面也引起了高度重视，由电纺丝得到的纳米无纺布有可能在绝缘材料、电池隔膜、过滤材料甚至复合材料方面得到应用。

11.1 由聚酰胺酸溶液纺丝

11.1.1 导论

1. 纺丝液的制备

由聚酰胺酸溶液纺丝的优点之一是可以将聚合溶液直接用作纺丝液，从而免除往往是繁琐的对聚合物的洗涤和再溶解过程。但聚合是采用将粉末状的二酐加入二胺溶液中的方法，而且聚合溶液的表观黏度很高 (达到数万~几十万 cP)，因此容易产生胶团，这些胶团的存在，给过滤，纺丝都带来麻烦。因此如何避免在聚合过程中产生胶团及控制分子量就成为纺丝液制备中的关键问题。此外聚酰胺酸溶液在储存过程中会发生降解，尤其在存在水分和较高的温度下。因此不能将纺丝液放置过长的时间。如果必须放置，应该使温度保持在 10~30 ℃以下，以免发生过度的降解。

2. 纺丝

聚酰胺酸溶液可以采用干纺、湿纺或干喷-湿纺。对于后两者就需要采用凝固浴。所有这些过程都需要水洗，以更好去除溶剂。由于聚酰胺酸容易水解，所以必须控制在尽量低的温度(例如≤60℃)，而且要尽快干燥，干燥后的原丝也要尽快进行酰亚胺化。但完全干燥前要对纤维进行塑性牵伸，使纤维中的大分子得到一定的取向，同时也降低其线密度。

3. 酰亚胺化

由于聚酰胺酸在酰亚胺化过程中产生水，这种水分对于纤维可以产生两个作用：一是可能使聚合物(无论是聚酰胺酸或已经环化的聚酰亚胺)降解；另外如果水分滞留在纤维中，则会给纤维结构造成缺陷。因此酰亚胺化的关键是要掌握升温速度，使纤维中的水分有时间扩散出去，同时环境中的水分也要用减压或气流及时带出。对于以等摩尔比的二酐和二胺进行聚合，在凝固和洗涤过程中，聚酰胺酸纤维中的酐端基通常已经水解为处于邻位的二个羧基，这种端二酸可以在高温下脱水成酐，从而还可以与存在的胺端基继续反应。因此在真空或惰性气体中进行酰亚胺化是有利于分子链的再增长的。

4. 高温牵伸

为了得到高强度，高模量的纤维，高温牵伸通常是必要的。牵伸是为了将大分子链进一步拉直，取向，提高纤维的强度和模量。高温牵伸的温度要高于 T_g，对于没有明显软化温度的聚合物，如 PMDA/ODA，其牵伸温度应在 450~600℃。对于具有明显软化点的聚合物，牵伸温度在略高于 T_g，太高的温度会使纤维在张力下断裂。

11.1.2 干法纺丝

1. PMDA/ODA 纤维[1]

将表观黏度为 196000 cP，对数黏度为 1.3 dL/g，固含量为 25%的 PMDA/ODA 聚酰胺酸的 DMAc 溶液。在 62℃下，以 60 孔，孔径为 0.15 mm 的喷丝板进行干纺。塔壁温度 202℃，氮气温度 265℃。得到的原丝经过水洗。这样得到的纤维还含有 8%酰胺键。湿丝含有 38%DMAc 和 95%水。在牵伸前储放在聚乙烯口袋中，应在 2 天内进行牵伸。将纤维通过 3 m 水浴，在 75℃以 1.5 倍进行牵伸，然后通过 140℃炉子干燥，时间为 1 s，这时的纤维含有 18% DMAc。然后再在 100℃处理 3 0 min，275℃ 15 min，最后通过 550℃的热板，牵伸 1.5 倍。所得到的聚酰亚胺纤维的强度为 3.5 g/d，模量为 50 g/d，伸长率为 11.7%；钩结强度 3.1 g/d。改变条件也可以得到强度为 8.6 g/d，模量为 75 g/d，伸长率为 11.9%的纤维。

2. PMDA/3,4-ODA-PPD 纤维[2]

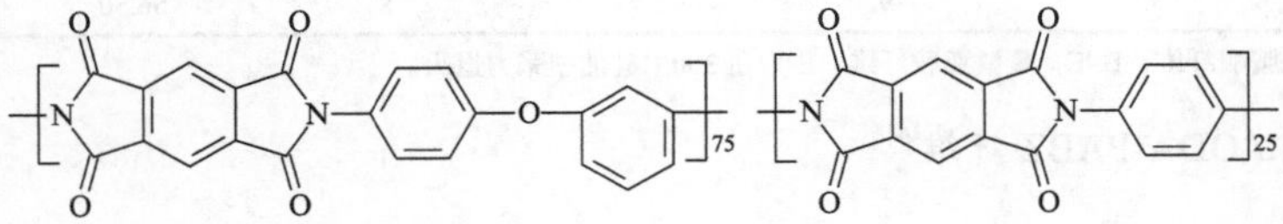

将 48 g(0.24 mol)3,4′-ODA, 8.64 g(0.08 mol)PPD 溶于 39.6 mL 吡啶和 44 mL DMAc 中(采用 DMAc 是为了防止出现凝胶)，室温下一次加入 67.68 g(0.32 mol)PMDA，搅拌溶解后再分批加入 5 g PMDA 在 50 mL DMAc 中的浆料，使黏度达到干纺所需的水平(3000~4000 P)。22% 固含量的溶液以下面条件进行干纺：

纺丝板：10 孔，孔径 0.127 mm，溶液温度 30℃，柱温：135℃，喷丝板温度 60℃，气体温度 110℃。

得到的纤维经 150℃/20 min，200℃/20 min，300℃/30 min 处理。

纤维经牵伸后的性能见表 11-1。

表 11-1 PMDA/3,4′-ODA-PPD 纤维在各种牵伸条件下的性能

温度/℃	牵伸比	强度/(g/d)	伸长率/%	模量/(g/d)
—	未牵伸	2.0	134	28
550	4×	12.6	7.1	354
675	6.1×	15.6	3.3	570
700	10×	15.5	3.4	534
750	5×	3.6	3.7	168

11.1.3 湿法纺丝

1. PMDA/MDA，化学酰亚胺化后牵伸[3]

纺丝液为固含量 20%，$[\eta]$ = 1.40 dL/g 的 PMDA/MDA 聚酰胺酸溶液，以水/DMF＝60/40 为凝固浴，喷拉比为 4。聚酰胺酸纤维用化学酰亚胺化后牵伸，牵伸温度为 300℃。牵伸后密度降低可能是由于结晶结构的变化和在牵伸时孔隙的发展所造成。 纤维性能见表 11-2。

表 11-2 PMDA/ODA 纤维的性能 PMDA

样品	拉伸比	纤度/d	强度/(cN/dtex)	伸长率/%	模量/(cN/dtex)	密度/(g/cm³)
A	0	167	0.53	119	14.10	1.2705
B	0	143	0.80	182	25.60	1.3750
C	2.5	64	2.12	12	36.20	1.3320
D	3.5	38	3.80	10	40.60	1.2245
E	3.5	39	2.73	8	56.50	1.2050

注：A：聚酰胺酸纤维，B~E：聚酰亚胺纤维，E 为在 300℃硅油中张力退火。

2. PMDA/ ODA-PABZ 纤维[4]

将 2 种二胺以一定比例溶于 NMP，然后将 PMDA 分 95% 和 5% 两份加入，混合物在室温搅拌 7 h 得到 10%固含量的溶液，对数黏度为 1.89~2.91 dL/g。

将纺丝液过滤脱泡后进行湿纺。纺丝板为 30 孔，孔径为 0.1 mm。凝固浴为 55/45 的水/乙醇溶液。固化的纤维再通过两个乙醇浴洗涤，然后通过 4 个辊收卷。得到的纤维立即在 50 ℃ 真空干燥 12 h，然后经过 400℃以上热牵伸。聚酰胺酸和聚酰亚胺纤维的性能见表 11-3。

表 11-3 PMDA/PABZ-ODA 纤维的性能

PABZ/ODA	强度/GPa		模量/GPa		伸长率/%	
	PAA	PI	PAA	PI	PAA	PI
3/7	0.24	0.92	8.0	56.6	27.3	6.6
4/6	0.29	1.08	13.6	81.2	24.5	6.2
5/5	0.32	1.26	20.3	130.9	20.6	5.8
6/4	0.39	1.34	27.5	158.3	18.7	4.4
7/3	0.48	1.53	36.9	220.5	15.7	3.2

3. 偶氮聚酰亚胺纤维[5]

Black Azopolyimide

纺丝液的$[\eta] = 1.22$ dL/g，浓度为 10%。凝固浴：水/DMF＝70/30~60/40。含水太高会生成皮层，溶剂不易扩散出来。喷拉比为 20~4。高的喷拉比会使纤维变脆。取向太大，会妨碍脱水剂的进入，使酰亚胺化停留在表面。由于表面的收缩比大，造成龟裂和脆性。因此较合适的喷拉比为 4。

聚酰胺酸纤维在真空 50℃干燥后在乙酐/吡啶(1∶1)的浴中室温浸泡 36 h，再在二氧六环中浸泡，去除脱水剂，然后在真空 100℃干燥，最后在 300℃牵伸得到黄色有光泽的纤维。牵伸比为 2~2.5，由于纤维断裂，牵伸比不能再高。各种纤维的性能见表 11-4。

表 11-4 偶氮聚酰亚胺纤维

样品	喷拉比	纤度/d	强度/(cN/dtex)	伸长率/%	模量/(cN/dtex)
A	20	18	1.15	27	37.10
B	15	26	0.97	37	25.60
C	10	43	0.62	74	22.10
D	4	75	0.53	96	17.70

样品	牵伸比	纤度/d	强度/(cN/dtex)	伸长率/%	模量/(cN/dtex)
D1	0	60	0.88	56	19.40
D2	2.0	37	1.50	10	34.40
D3	2.5	24	2.56	9	36.20
浓度: 20%, 水/DMF=70/30, 喷拉比：4					
D4	0	150	0.71	127	15.00
D5	3.0	48	3.36	14	42.40
D6	3.5	37	3.44	11	53.00

续表

[η] = 0.84 dL/g，喷拉比：4							
样品	浓度/%	凝固浴水/DMF	牵伸比	纤度/d	强度/(cN/dtex)	伸长率/%	模量/(cN/dtex)
E1	20	70:30	0	120	0.53	106	11.50
			2.5	49	2.03	12	48.60
E2	32	70:30	0	96	0.53	71	15.90
			2.5	35	2.21	8	48.60
E3	32	60:40	0	81	0.80	123	12.40
			2.0	34	2.56	14	32.70
			2.5	32	2.91	12	35.30

[η] = 1.40 dL/g，浓度：20%，水/DMF=60/40，喷拉比：4					
样品	牵伸比	纤度/d	强度/(cN/dtex)	伸长率/%	模量/(cN/dtex)
F(PAA)	0	167	53	1.19	14.10
F1	0	143	80	1.82	25.60
F2	2.5	64	212	0.12	36.20
F3	3.0	52	283	0.11	39.70
F4	3.5	38	380	0.10	40.60

4. ODPA/PRM -PPD 纤维[6]

聚酰胺酸的特性黏数为 2.8~3.2 dL/g，固含量为 12%。采用湿纺，凝固浴：水:DMAc=1:1。聚酰胺酸纤维在 50℃水中的牵伸度为 3，然后洗涤，干燥。以 5~6℃/min 升温到 400℃保持 10~15 min。两种二胺以 50/50 的共聚纤维强度为 3.0 GPa，模量为 130 GPa。ODPA/PPD 纤维的强度为 1.0 GPa，模量为 91 GPa；ODPA/2,5-PRM 纤维的强度为 1.5 GPa，模量为 118 GPa。均聚物的伸长率低于共聚物，共聚物的性能明显超过混合规则(按共聚组分比例)。

5. PMDA/ODA 纤维[7]

固含量为 12.8%，动力黏度 42.3 Pa·s 的 PMDA/ODA 聚酰胺酸的 DMAc 溶液在 20℃下，过滤，脱泡。

采用湿法纺丝，凝固浴为 DMAc 水溶液，温度(20±2)℃，纺丝板为 100 孔，孔径 0.08 mm。新纺出的纤维在空气中牵伸 150%。然后用去离子水洗涤，一个样品完全去溶剂，另一个仍含 3.55%有机溶剂。

然后纤维用磷酸溶液处理后在 50~60℃真空干燥。

得到 3 个聚酰胺酸纤维样品：

A. 不含溶剂或催化剂；

B. 含 0.52%磷；

C. 含 0.51%磷和 3.52%溶剂。

用 2 个加热管进行热处理：

第一个：进口 50℃，出口 225℃，介质为空气；

第二个：进口 286℃，出口 550℃，介质为氮气。张力 8cN/tex。

升温速度：20℃/min。

纤维性能见表 11-5。

表 11-5　ODPA/PRM-PPD 纤维

样品	1	2	3	4	5	6A1	6A2	6B
强度/(cN/dtex)	6	6	8	16	17	11	11	14.5
伸长率/%	10	10	10	3.5	2.0	1.66	1.66	1.4
模量/(N/mm²)	1500	1500	2500	12000	23000	13000	13000	16000
氧指数/%	50	52	65	75	55	38	40	60
密度/(g/cm³)	1.43	1.43	1.45	1.54	—	1.41	1.41	1.42
吸水率，65%RH	1.0	1.0	1.5	1.2	1.22	1.2	1.2	1.2
沸水中收缩率/%	0	0	0	0	0.2	0.3	0.3	0.2
300℃空气收缩率/%	0.2	0.2	0.5	0.5	0.6	1.5	1.5	1.0
火中发烟/%	1.0	1.0	1.0	1.0	1.0	1.0	1.0	1.0
300℃空气中 100h 强度保持率/%	80	88	80~85	70~80	90	54	59	88
350℃空气中 100h 强度保持率/%	—	—	—	—	82	—	—	—
液氮中的强度/(cN/dtex)	9	9.3	10	20	20	14	15	15
最高长期使用温度/℃	320	330	350	320	350	250	265	300
纤维含磷率/%	0.5~0.55	0.5~0.55	0.6~0.65	0.9~1.0	0.8~0.85	—	—	0.8~0.85

表 11-6　ODPA/PRM -PPD 纤维磷处理的影响

	机械性能及氧指数				热稳定性/%		耐热性/% 450℃	强度 −196℃/(cN/dtex)
	强度/(cN/dtex)	伸长率/%	模量/(N/mm²)	氧指数/%	300℃/100 h	350℃/100 h		
IA	10.7	1.6	12500	38	65	54	27.5	13.5
IB	11.0	1.5	13500	57	80	78	28.0	14.1
IIA	11.5	1.5	14500	38	68	52	30.5	14.7
IIB	14.5	1.4	16000	60	88	85	29.5	18.4

注：A：无磷，B：含磷 0.52%

6. 高性能纤维[26]

氮气下将 BPDA 和各种二胺以一定比例在 DMAc 或 NMP 中得到固含量为 10%~15%的聚酰胺酸溶液。过滤，脱泡后以乙醇/乙二醇(1/1)为凝固浴进行湿纺。将湿的纤维在 60℃，5mmHg 下干燥后在氮气下以 5~6℃/min 升温至 430℃并保持 10~15 min。

所得到的各种组成的聚酰亚胺纤维的性能见表 11-7 和表 11-8。

表 11-7　纤维在室温下的性能

编号	组成(摩尔分数)/%			强度/GPa	伸长率/%	模量/GPa	$T_{5\%}$/℃
	2,5-PRM	PPD	MPD				
1	50	49	1	5.076	4.0	280	540
2	50	47.5	2.5	5.729	4.1	280	540
3	50	45	5	6.377	4.1	270	540
4	50	43	7	7.164	4.2	260	540
5	50	40	10	6.453	4.2	250	540
6	50	35	15	6.014	4.4	212	540
	2,5-PRM	PPD	2,4-PRM				
7	50	45	5	5.630	3.55	139.5	550
8	50	40	10	6.234	4.68	103.4	550
	2,5-PRM	PPD					
9	50	50		4.9442	4.8	282	540
	2,5-PRM	ODA					
10	40	60		1.4118	5.3	29	470

表 11-8　纤维在高温下的性能

编号	400℃			500℃		
	强度/GPa	伸长率/%	模量/GPa	强度/GPa	伸长率/%	模量/GPa
1	2.117	1.7	126	0.835	1.3	65.0
2	2.389	1.7	126	0.943	1.3	64.4
3	2.659	1.8	126	1.049	1.4	64.0
4	2.987	1.8	117	1.179	1.4	59.0
5	2.690	1.8	112	1.062	1.4	57.5
6	2.500	1.8	95.4	0.990	1.4	48.7
9	2.135	2.1	94.0	0.824	1.6	66.0
8	2.681	2.0	75.0	1.091	1.7	68.0

11.2　由聚酰亚胺溶液纺丝

　　聚酰亚胺纺丝液分为两类：一类是以酚类化合物(例如苯酚，间甲酚或对氯苯酚)为溶剂，该聚合溶液可以直接用作纺丝液；另一类是采用非质子极性溶剂。后者在得到聚酰胺酸溶液后通常采用化学酰亚胺化，这时需要将聚合物在醇类或水中沉淀，洗涤，干燥后再溶于非质子极性溶剂中制得纺丝液。

　　由聚酰亚胺溶液纺丝与由聚酰胺酸溶液纺丝的区别是无需进行酰亚胺化，因此纤维的结构比较完整，容易得到性能较好的纤维，但可用的聚酰亚胺的结构有限。

　　一些聚酰亚胺可以溶于 DMAc 和 NMP 等溶剂中，凝固浴与 11.1 节类似。但更多的聚酰亚胺以酚类，如间甲酚，对氯苯酚等为溶剂，一般采用醇类或醇类的水溶液为凝固浴。由于酚类溶剂在水中的溶解度有限，洗涤也要采用醇类或其水溶液。此外酚类具有高沸点，干燥也需要在较高温度下进行。

高温牵伸与 11.1 节类似。

11.2.1 干法纺丝

P84 纤维[8]

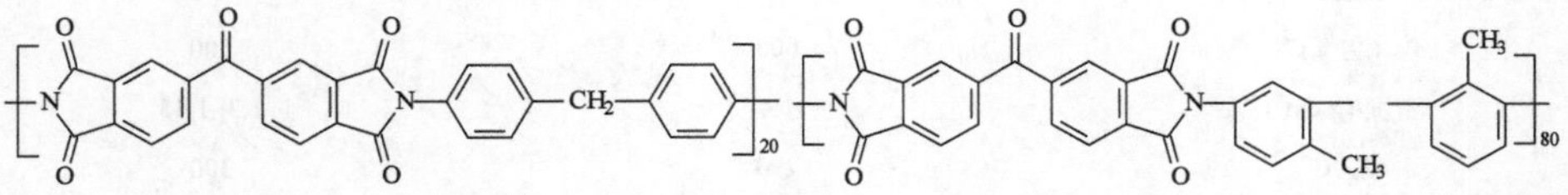

P84

P84 的合成(见 5.7.2 3)，纺丝液以 DMF 为溶剂，固含量：25%~35%，溶解温度：40~80℃，喷丝板孔数：20~800，孔径：0.15~0.2 mm，纺丝液温度：70℃，喷丝板处温度：295℃，塔高：8 m，塔出口温度：115℃，纤维残留溶剂量：5%~25%，用 90℃水洗，180℃干燥。以 1：5 的拉伸比在 380℃热板上拉伸。最后的纤度：2.2 dtex，强度：2.8 cN/dtex，伸长率：34%，钩强：1.5 cN/dtex，结强：2.0 cN/dtex，水煮收缩率：0.4%，在 20%，65%RH 下的吸水率为 2.7%。LOI：37%O_2，在 260℃ 250 h 纤维性能没有变化。

单塔产量可达 150~300 kg/d。

11.2.2 干喷-湿纺

1. 以部分酰亚胺化的聚酰胺酸溶液纺丝[9]

由于溶剂的低扩散性，聚酰胺酸纤维难以进行充分牵伸，以至强度较低。采用部分酰亚胺化的溶液纺丝，可使牵伸率提高。

将来自杜邦公司的固有黏度 1.1 dL/g，固含量 20.3%的 PMDA/ODA 聚酰胺酸稀释成固含量 15%，加入 1 当量乙酐，得到纺丝液，表观黏度 350~400 P。采用干喷-湿纺，喷丝板为单孔，孔径 0.1 mm。空气层间隙为 50 mm，凝固浴深 100 mm，速度 19 m/min，牵伸 1 倍。采用两个凝固浴，组成为含有 10%吡啶的乙醇，温度为 23℃，在第二个凝固浴中放置 30min，然后用水洗涤，干燥。这时得到的纤维为已经有 30%酰亚胺化的聚酰胺酸，强度 0.0638 GPa，模量 2.2 GPa，伸长率 13%。

2. BPDA/DMB 和 BPDA/FMB 纤维[10]

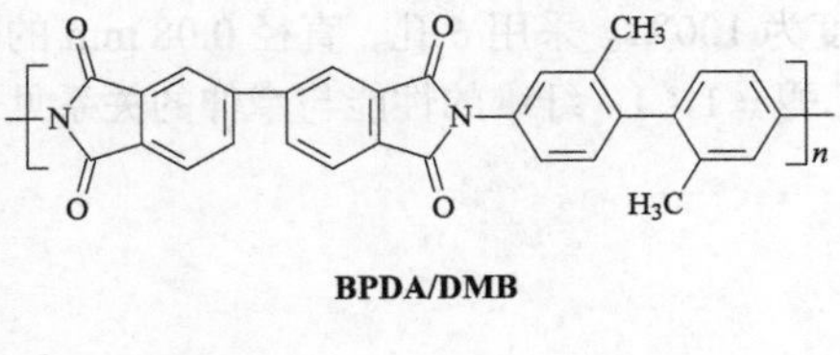

BPDA/DMB 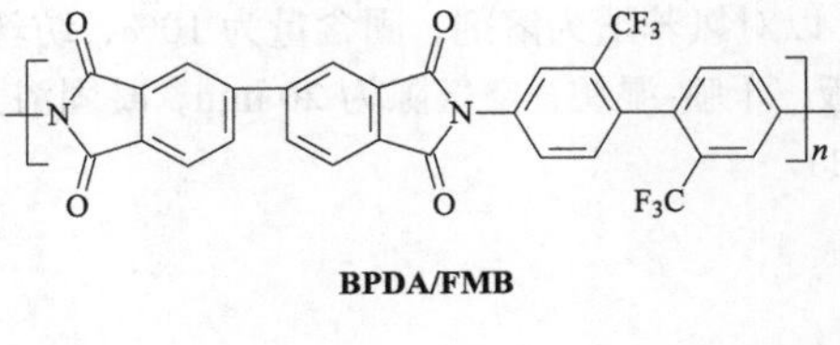　　　　　　　　　　　　　　　**BPDA/FMB**

以对氯苯酚为溶剂，在 216℃聚合得到 8%固含量的纺丝液。采用干喷-湿纺，10 倍牵伸，纤维性能见表 11-9。

表 11-9　　由干喷-湿纺得到的两种纤维的性能

性能	BPDA/FMB	BPDA/DMB
抗张强度/(g/d)	24	26
抗张模量/(g/d)	1000	1300
抗压强度/MPa	450	650
结晶度/%	50	65
$T_{5\%}$(空气)/℃	600	500
密度/(g/cm^3)	1.4	1.3~1.45
T_g/℃	290	300

以对氯苯酚为溶剂，浓度为 10%，60℃下在对氯苯酚中测定的特性黏数为 8~10 dL/g。干喷-湿纺，凝固浴为丙酮的水溶液。得到的原丝在加热下牵伸 10 倍。BPDA/DMB 纤维与其他纤维的比较见表 11-10[11]。

表 11-10　　BPDA/DMB 纤维与其他纤维的比较

	BPDA/DMB	Kevlar-49	PBO	碳纤维 T-40
密度/(g/cm^3)	1.35	1.44	1.58	1.81
强度/GPa	3.3	3.5	3.7	5.6
比强度/GPa	2.44	2.43	2.34	3.09
模量/GPa	130	124	360	289
比模量/GPa	96.3	86.1	228	160
抗压强度/MPa	665	365	200	2756
比抗压强度/MPa	493	253	127	1523
抗压强度/抗拉强度	0.20	0.10	0.05	0.49

3. BPDA/ODA 纤维[12,13]

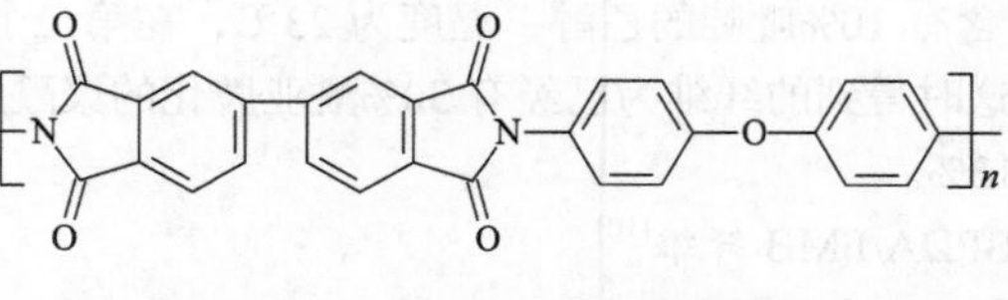

以对氯苯酚为溶剂，固含量为 10%，纺丝液温度为 100℃。采用 6 孔，直径 0.08 mm 的喷丝板。干喷-湿纺，空气隙为 20 mm，凝固浴为水/乙醇 = 1∶1。纤维的性能与牵伸的关系见表 11-11。

表 11-11　BPDA/ODA 纤维的性能与牵伸的关系

夹距/mm	牵伸温度/℃	强度/GPa	模量/GPa	伸长率/%
20	360	0.733	11.9	9.8
	400	0.755	15.0	7.2
	430	0.770	19.5	6.5
50	360	0.695	18.1	8.6
	400	0.716	21.3	6.9
	430	0.728	25.1	5.5
80	360	0.663	20.1	8.0
	400	0.673	22.9	6.2
	430	0.686	27.0	4.9

牵伸是通过两个加热管完成，一个为 220℃，另一个为 340℃。

BPDA/ODA 纤维的性能见表 11-12。

表 11-12　BPDA/ODA 纤维的性能[12]

样品	强度/GPa	模量/GPa	伸长率/%
原丝	0.42	33	30
原丝，在乙醇中浸泡 1 h	0.55	40	21
牵伸 3 倍	1.9	75	2.9
牵伸 5.5 倍	2.4	114	2.1

11.2.3　湿法纺丝

1. 加有黏土的聚酰胺酰亚胺纤维[14]

将 3%左右以氨基十二酸改性的黏土添加到聚酰亚胺酰胺 NMP 溶液中进行湿法纺丝。纺丝液浓度 19.78%，特性黏数 1.63 dL/g，表观动态黏度 309.5 P。纺丝板 240 孔，孔径 0.08 mm。以 55% NMP 水溶液为凝固浴，温度 15~18℃。纤维性能见表 11-13。

表 11-13　加有黏土的聚酰亚胺酰胺纤维

编号	原丝牵伸率/%	总牵伸率/%	孔隙体积/(cm³/g)	100%RH 下吸水率/%	强度/(cN/dtex)	伸长率/%
1	−39.3	148.2	0.195	12.81	1.511	15.92
2	−30.9	122.9	0.147	12.41	1.428	16.38
3	−19.64	123.1	0.210	12.47	1.362	13.75
4	−10.9	115.6	—	12.52	1.282	12.41
5	0	116.1	0.192	13.70	1.236	11.18
6	+10.25	102.7	—	12.51	1.188	11.39
7	+18.2	95.4	0.416	12.40	1.041	11.23
8	+26.2	103.1	0.366	12.83	1.051	9.66
9	+34.8	102.0	0.473	13.01	1.059	8.93
10	+53.1	90.1	0.508	13.18	1.021	8.14

用氨基十二酸改性黏土比未改性的黏土的纳米复合纤维的强度高 0.3 cN/dtex。

11.3　热塑性聚酰亚胺的熔融纺丝

通常可供熔融纺丝的聚酰亚胺其 T_g 应低于 250℃。将聚酰亚胺粉末经过造粒或直接进行纺丝。

11.3.1　PMDA/*m,m′*-BAPB 聚酰亚胺纤维[15]

将 368 g(1.0 mol)二胺溶于 5215 g DMAc 中，室温下分批加入 211.46 g(0.97 mol) PMDA，搅拌 20 h。再加入 22.2 g(0.15 mol)苯酐，搅拌 1 h。滴加 404 g(4 mol)三乙胺和 306 g(3 mol)乙酐。加完后 1 h 内出现黄色聚酰亚胺粉末沉淀，室温搅拌 10 h 后过滤。用甲醇洗涤，180℃干燥，得到聚酰亚胺粉末 536 g。该粉末的 T_g 为 256℃，T_m 为 378℃，结晶温度 T_c 为 306℃。对数黏度 0.53 dL/g。

将聚酰亚胺粉末在 400℃用直径为 25 mm，L/D=24 的真空(10 mmHg)挤出机通过直径为 3 mm 的孔挤出造粒。然后在 400℃用直径为 10 mm，L/D=20 的挤出机通过直径为 0.8 mm 的孔挤出，采用 10 μm 过滤。得到直径为 300 μm 的单丝(A)。也可以得到直径为 100 μm 的单丝(B)。该操作可持续 10 h。

将这两种单丝在 240℃以 2.5 倍的拉伸比，牵伸速度为 60 倍/min 得到 A1 和 B1。然后再在 300℃进行无张力热处理 30 min，得到 A2 和 B2。

另外在 280℃进行拉伸，得到 A3 和 B3。同样再进行 300℃热处理，得到 A4 和 B4。纤维性能见表 11-14。

表 11-14　PMDA/m,m′-BAPB 聚酰亚胺纤维

样品	拉伸比	牵伸温度/℃	热处理	强度/(g/d)	伸长率/%
A1	2.5	240	无处理	6.2	14.5
A2	2.5	240	300℃/30min	18.5	3.5
A3	2.5	280	无处理	4.5	18.3
A4	2.5	280	300℃/30min	11.8	4.8
B1	2.5	240	无处理	8.7	12.0
B2	2.5	240	300℃/30min	24.4	3.2
B3	2.5	280	无处理	5.1	16.5
B4	2.5	280	300℃/30min	15.5	3.9

11.3.2　ODPA/3,4′-ODA 纤维[14]

ODPA/3,4′-ODA 聚酰亚胺的 T_g 为 219℃，T_m 为 325℃。纺丝前聚合物粉末在 100℃真空干燥 24 h。纺丝温度 350℃，纺丝板为 8 孔，直径为 0.34 mm。牵伸温度：250℃，最大拉伸比为 5.8。纤维性能见表 11-15 和表 11-16。

表 11-15　ODPA/3,4-ODA(LaRC-IA)熔融纺丝所得的原丝

样品	纺丝速度/(m/min)	纤度/d	平均直径/μm	强度/(g/d)	伸长率/%
A	6.4	329	190	1.38	224
B	6.4	552	250	1.17	207
C	6.4	162	130	1.32	210
D	8.8	131	110	1.32	172

表 11-16　ODPA/3,4-ODA 纤维的性能[17]

加工温度/℃	纤维直径/μm	强度/(cN/dtex)	模量/(cN/dtex)	伸长率/%
340	238	1.12	20.3	103
350	172	1.14	21.5	102
360	180	1.03	20.5	84
340	260	1.03	20	79
350	257	1.01	22.1	65
360	297	0.87	21.7	34

11.4　电　纺　丝

11.4.1　PMDA/ODA 的聚酰胺酸溶液的电纺丝和石墨化[18]

PMDA/ODA 的聚酰胺酸溶液进行电纺丝：电压 15 kV DC，针孔直径 0.4 mm，距离 6~7 cm，流速 20 g/h。

酰亚胺化：空气流下，40℃干燥 12 h，以 5℃/min 升温至 100℃/ 1 h，250℃/2 h，350℃/1 h。

将得到的无纺布夹于抛光的石墨板中间，在氮气下以 10℃/min 在管式炉中 700℃，800℃，900℃及 1000℃各加热 1 h。再在氮气下以 10℃/min 和 20℃/min 在 1800℃和 2200℃处理 15 min 进行石墨化。

11.4.2 BPDA/PPD 聚酰胺酸的电纺丝[19]

BPDA/PPD 聚酰胺酸具有对数黏度 5.17 dL/g，浓度为 7.77%溶液的表观黏度为 1170 P。电纺丝采用的浓度为 5%，加入 0.1%十二烷基乙基二甲基溴化铵以增加溶液的导电性。电压为 50 kV，距离为 25 cm，转筒直径 28 cm，得到的无纺布在 100℃真空干燥。纤维直径在 50~300 nm，平均直径 180 nm。在不同条件下得到的纳米纤维的性能见表 11-17。

表 11-17 BPDA/PPD 纳米纤维

样品	1	2	3	4	5
处理温度/时间/(℃/min)	100/120	100/120	430/30	430/30	300/60
速度/转速/[(m/s)/(r/min)]	0.59/40	23.45/1600	0.59/40	23.45/1600	23.45/1600
纤维取向状态	未取向	~80%取向	未取向	~80%取向	~80%取向
厚度/μm	11.3	8.2	12.5	8.2	8.5
伸长率/%	9.24	10.3	5.22	4.97	4.68
抗张强度/MPa	40	187	240.6	663.7	367.3
模量/GPa	0.7	2.1	5.8	15.3	9.1

11.4.3 PMDA/PPD 聚酰胺酸的电纺丝[20]

由 PMDA/PPD 在 DMAc 中得到固含量为 10%的聚酰胺酸溶液，比浓对数黏度为 5.38 dL/g。加入 0.118%十二烷基乙基二甲基溴化铵以增加溶液的导电性。电压为 50 kV，喷丝口到受体的距离为 25 cm。受体为一以一定速度旋转的直径 0.28cm 的圆盘。将得到的无纺布与 0.5 mm 厚的铜箔一起在真空中由 100~450℃进行酰亚胺化。电纺丝条件见表 11-18。

表 11-18 电纺丝的条件

特性黏数/(dL/g)	溶液浓度/%	季铵盐浓度/%	表观黏度/Pa·s	导电率/(μS/cm)	表面张力/(N/m)
5.38	5.0	0	4.789	1.1	76.14×10⁻³
5.38	5.0	0.118	4.755	39.0	75.68×10⁻³

注：无纺布的厚度为 1.1 μm，抗拉强度：210 MPa，抗拉模量：2.5 GPa，伸长率：11%。

11.5 中 空 纤 维

中空纤维一般用于膜分离过程，因此要求一面是具有分离功能的很薄"致密层"或功能层，另一面是用以支持功能层的较厚的多孔支撑层。中空纤维大部分为单组分，也有双组分的中空纤维。

11.5.1 中空纤维制备方法概述[21]

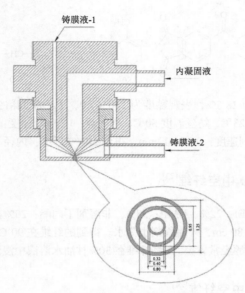

图 11-1 三重孔喷丝板

喷丝孔的结构见图 11-1。

两种预先配好的纺丝液分别置于不同的罐中，纺丝时用氮气或齿轮泵将纺丝液送到喷丝孔处。将纺丝液 **1** 打到内孔中，纺丝液 **2** 打到外孔。将内凝固液导入喷丝头的内管。用两种纺丝液的挤出速度控制纤维两层壁厚。其内孔和外孔的挤出速度一般控制在 1~1.5 mL/min。采用室温自来水作为内外凝固液。内凝固液的注入速度为 0.8~1.3 mL/min。纤维经过距离为 2~10 cm 的空气层后进入外凝固浴。纺丝速度为 3~5 m/min。纤维凝固后再导入洗涤浴，然后收卷。得到的中空纤维在储存罐放置 3 天使结构稳定。

用三重孔的喷丝板以干/湿相转换方法制备环状中空纤维。

用三重孔的喷丝板[9]控制外凝固浴对中空纤维的凝固速度，这时由外孔注入第一外凝固浴。将一个纺丝液注到外孔中，另一个纺丝浴注到内孔中，中间的凝固剂必须同时注到内管中。在纺丝过程中，内纺丝液与中间的凝固剂接触，外纺丝液开始是曝露在空气中，然后与外凝固剂接触。由于凝固过程中两层的收缩的差别而形成中空纤维。

聚合物的浓度，性质，溶剂和添加剂都是重要的影响因素。对于纺丝过程，溶液的厚度随着溶剂与凝固剂的交换而减少。由于高聚物在每个单元体积具有高的聚合物浓度，所以高聚物在凝固时收缩较少。因此可以想象随着聚合物浓度的增加，环的宽度减少。溶剂或溶剂/非溶剂混合物则决定凝固速度，内外纺丝液的两个凝固速度差别足够大就可以形成中空纤维。

11.5.2　P84 中空纤维[22]

在 NMP 中的浓度为 28.5%，表观黏度为 14030 cP，中心凝固浴：NMP/水 = 80/20，外凝固浴：水，凝固浴温度：23℃，纺丝温度 50℃，空气隙：10 cm，速度：8.9 m/min，纺丝液流速：1.98 mL/min，中心凝固剂速度：0.96 mL/min，得到的中空纤维：内径 0.2 mm，外径 0.5 mm。

11.5.3　BPADA/MPD 中空纤维[23]

纺丝液的组成为，PEI：22%，NMP：58%，非溶剂丁内酯：20%。水为内凝固剂，速度为 0.1~0.4 mL/min，空气隙 80 cm，外凝固剂也为水。得到的纤维在 90℃水中处理 1 h，然后浸泡在乙醇中 24 h，用新鲜乙醇经常置换。在将纤维在 30%甘油水溶液中浸泡 24 h 后空气干燥过夜。

11.5.4　6FDA/6FBA 中空纤维[24]

将聚合物溶于冷(0~3℃)的 DMAc 中，得到 30%溶液。低温降低了聚酰亚胺粉末的溶解速度，从而防止了粉末的聚集。将溶液在室温搅拌过夜。纺丝液在 30℃的黏度为 3720 P。采用 DMAc 比甲乙酮使溶液更为稳定。纤维的规格有：外径 0.7 mm、内径 0.4 mm 和外径 0.5mm、内径 0.35 mm 二种。用热水洗涤后在水槽中过夜，以去除残留溶剂。内凝固浴为 80/20 的丙酮/水；外凝固浴为 20/80 的 DMAc/甲醇。

纺丝条件及其对中空纤维性能的影响见表 11-19~表 11-23。

表 11-19　内凝固液对纤维聚集态的影响

ID	喷丝板大小 a	纺丝液流量 /(mL/min)	内凝固液的流量 /(mL/min)	内凝固液	内凝固液的溶解度参数/(cal/mL)	外凝固液	外凝固液的溶解度参数/(cal/mL)
6	A	0.443	1.1	DMAc/甲醇，1/1	12.75[b]	丙酮/水 80/20	12.78
7	A	0.437	1.1		24.3[b]	丙酮/水 80/20	12.78

注：无空气隙，凝固浴温度：3~4℃。
　　a：外径：700 μm，内径：400 μm。
　　b：从 25℃，质量比计算。

表 11-20 芯液流量对中空纤维聚集态的影响

ID	喷丝板大小	纺丝液流量/(mL/min)	纺丝液流速/(cm/min)	芯液流量/(mL/min)	芯液流速/(cm/min)
7	Aᵃ	0.437	132	1.1	687.5
8	Bᵇ	0.170	133	0.13	106.1
比例				8.46	6.47

注: 空气隙: 2.54 cm, 内凝固液: 水, 外凝固液: 丙酮/水(80/20), 凝固浴温度: 3~4℃。
  a: 外径: 700 μm, 内径: 400 μm。
  b: 外径: 500 μm, 内径: 350 μm。

表 11-21 外凝固液对湿纺纤维聚集态的影响

ID	喷丝板大小	凝固浴温度/℃	内凝固液	内凝固液的溶解度参数/(cal/mL)	外凝固液	外凝固液的溶解度参数/(cal/mL)
9	A	4	丙酮/水 80/20	12.78	DMAc/甲醇, 1/1	12.75
10	A	4	丙酮/水 80/20	12.78	甲醇	14.7
11	B	25	水	24.3	丙酮/水 80/20	12.78

表 11-22 空气隙对纤维聚集态的影响

ID	喷丝板大小	凝固浴温度/℃	空气隙距离/cm	内凝固液	外凝固液
12	A	32	0	丙酮/水 80/20	DMAc/甲醇, 20/80
13	A	32	2.54	丙酮/水 80/20	DMAc/甲醇, 20/80
14	B	4	0	水	DMAc/水, 20/80
15	B	4	2.54	水	DMAc/水, 20/80
16	B	4	12.7	水	DMAc/水, 20/80

表 11-23 6FDA/6FBA 中空纤维的空气分离性能

ID	内凝固液	外凝固液	O_2透过率/GPU	N_2透过率/GPU	选择性 O_2/N_2	致密层位置
11	水	丙酮/水 80/20	38.1	8.06	4.73	内层
17	丙酮/水 20/80	丙酮/水 80/20	29	23	1.26	内层
18	丙酮/水 80/20	丙酮/水 80/20	19	14	1.35	明显为两层
6	DMAc/甲醇 50/50	丙酮/水 80/20	4.5	1.4	3.85	外层

11.5.5 双层中空纤维膜[25]

由聚酰亚胺和聚砜制备双层中空纤维膜, 纺丝液的组成见表 11-24。

表 11-24　纺丝液的组成

Matrimid

聚砜

ID	层	聚合物		溶剂
		组成	浓度/%	
OL-1	外层	Matrimid 5218	26	NMP:THF=5:3
OL-2	外层	Matrimid 5218	26	NMP:THF=2:1
IL-1	内层	聚砜	30	NMP

采用双层喷丝板，喷丝板在出口处有一预混部位，以促进功能层与支撑层之间的结合。内纺丝液和外纺丝液分别通过 26 μm 过滤器由两个齿轮泵输送。凝固液由往复泵输送，内部也有 26 μm 过滤器。纺丝液用氮气从储罐压送。喷丝板的温度由加热系统控制。纺出的双层中空原丝通过一定距离的空气层进入凝固浴。这里用的凝固浴为自来水，速度为能使中空纤维自由下降为限。表 11-25 为不对称中空纤维膜的纺丝条件。

所得到的中空纤维原丝在自来水中洗涤 24 h 进行溶剂的交换后再用甲醇洗涤 30 min，该手续重复 3 次，然后再用正己烷洗 3 次，每次 30 min。

由 3%硅氧烷(Sylgard-184)在正己烷中的溶液作为涂覆液，在 25℃浸泡中空纤维组件30 min，再在室温老化 2 天。

表 11-25　不对称中空纤维膜的纺丝条件

编号	内纺丝液流速/(mL/min)	外纺丝液		中心液		喷丝板		空气隙/mm	凝固浴温度/℃
		ID	流速/(mL/min)	NMP/%	流速/(mL/min)	温度/℃	尺寸		
1	0.8	OL-1	0.2	95	0.3	75	A	30	15
2	0.8	OL-2	0.2	95	0.3	75	A	30	15
3	0.5	OL-2	0.13	95	0.2	25	A	10	8
4	0.5	OL-2	0.13	95	0.2	25	A	20	8
5	0.5	OL-2	0.13	95	0.2	25	A	30	8
6	0.5	OL-2	0.13	95	0.2	25	A	40	8
7	0.5	OL-2	0.13	95	0.2	20	A	20	18
8	0.5	OL-2	0.13	95	0.2	30	A	20	18
9	0.5	OL-2	0.13	95	0.2	45	A	20	18
10	0.5	OL-2	0.13	95	0.2	75	A	20	18
11	0.5	OL-2	0.13	95	0.2	30	B	20	18

参 考 文 献

[1] Irwin R S, Smullen CE. US, 3415782[1968].

[2] Irwin R S. US, 4640972[1987].

[3] Goel R N, Hepworth A, Deopura B L, Varma I K, Varma D S. J. Appl. Polym. Sci., 1979, 23: 3541.

[4] Gao G, Dong L, Liu X, Ye G, Gu Y. Polym. Eng. Sci., 2008, 48: 912.

[5] Goel R N, Varma I K, Varma D S. J. Appl. Polym. Sci., 1979, 24: 1061.

[6] Sukhanova T E, Baklagina Y, Kudryavtsev V V, Maricheva T A, Lednicky F. Polymer, 1999, 40: 6265.

[7] Musina T K, Schetinin A M, Andriashin A I, Musin R R. US, 5716567[1998].

[8] Weinrotter K, Jeszenszky T, Schmidt H, Baumann S, Kalleitner J. US, 4801502[1989].

[9] Park S K, Farris R J. Polymer, 2001, 42: 10087.

[10] Harris F W, Cheng S Z D. US, 5378420[1995].

[11] Li W, Wu Z, Jiang H, Eashoo M, Harris F W S, Cheng Z D. J. Mater. Sci., 1996, 31: 4423.

[12] Zhang Q H, Dai M, Ding M X, Chen D J, Gao L X. J. Appl. Polym. Sci., 2004, 93: 669.

[13] Zhang Q H, Dai M, Ding M X, Chen, Gao L X. Eur. Polym. J., 2004, 40: 2487.

[14] Mikolajczyk T, Olejnik M. J. Appl. Polym. Sci., 2006, 101: 1103.

[15] Nagahiro T, Ohta M, Morikawa S, Koga N, Tamai S. US, 4994544[1991].

[16] Dorsey K D, Desai P, Abhiraman A S, Hinkley J A, St. Clair T L. J. Appl. Polym. Sci., 1999, 73: 1215.

[17] St. Clair T L, Fay C C, Working DC. US, 5670256[1997].

[18] Yang K S, Edie D D, Lim D Y, Kim Y M, Choin Y O. Carbon, 2003, 41: 2039.

[19] Huang C, Chen S, Reneker D H, Lai C, Hou H. Adv. Mater., 2006, 18: 668.

[20] Huang C, Wang S, Zhang H, Li T, Chen S, Lai C, Hou H. Eur. Polym. J., 2006, 42: 1099.

[21] Wang D, Li K, Teo W K. J. Membr. Sci., 2000, 166: 31.

[22] Barsema J N, Kapantaidakis G C, van der Vegt N F A, Koops, G H, Wessling M. J. Membr. Sci, 2003, 216: 195.

[23] Feng C Y, Khulbe K C, Chowdhury G, Matsuura T, Sapkal V C. J. Membr. Sci, 2001, 189: 193.

[24] Chung T-s, Kafchinski E R. J. Appl. Polym. Sci., 1997, 65: 1555.

[25] Ding X, Cao, Y, Zhao H, Wang L, Yuan Q. J. Membr. Sci., 2008, 323: 352.

[26] Михайлов Г M. Ru, 2394947 C1[2006].

第12章 泡沫材料

聚酰亚胺泡沫可分为四类：第一类是由四酸的二酸二酯与二胺得到的预聚物前体在高温下分解，析出低级醇作为发泡剂，同时酰亚胺化得到聚酰亚胺泡沫材料。第二类是在聚酰亚胺中用嵌段或接枝的方法加进热稳定性较低的脂肪族链段，利用脂肪族链段在高温下分解而发泡。第三类是侧链含有酰亚胺环的甲基丙烯酸类聚合物，它的发泡过程与现有一般的热塑性聚合物的发泡过程相同，即在聚合物中加入发泡剂，使其分解发泡的温度与聚合物的软化温度一致，从而得到泡沫材料。这类泡沫材料由于其本质是丙烯酸类聚合物，所以使用温度较低。第四类是用不同于前三类的其他方法得到的聚酰亚胺泡沫材料。

12.1 由二酸二酯与二胺得到的预聚物前体制备泡沫材料

将二酐在低级醇中回流酯化，得到二酸二酯(见4.2)，然后在低温下加进二胺，溶解后再加入表面活性剂，减压去除醇类溶剂，经粉碎得到前体粉末。将该粉末加热发泡，再经后固化，使完全酰亚胺化，得到聚酰亚胺泡沫。

12.1.1 由BTDA的二酯与MDA及DAP在表面活性剂存在下得到泡沫

这种泡沫的商品名为Solimid。

1. 由微波加热得到泡沫[1]

将322.2 g(1.0 mol)BTDA在240 mL甲醇和24 mL水的混合物中回流至溶解后再继续回流1 h，以保证完全二酯化。冷至40~50℃，加入32.8 g(0.3 mol)2,6-二氨基吡啶(DAP)和138.7 g(0.7 mol) MDA，在60~65℃搅拌5 min，以0.1%单体质量加入FS-B表面活性剂。

将该溶液减压去除溶剂后粉碎，或进行喷雾干燥(速度为30000~32000 r/min，进口温度100℃，出口温度63~70℃)。喷雾前按每100份树脂再加入20份甲醇稀释。所得到的前体树脂粉末大小为300 μm左右。将该粉末在频率为2450 MHz的5 kW微波炉中处理2~12 min，然后在260~288℃后固化15 min~2 h，得到的泡沫密度为9~17 kg/m³。一些泡沫的性能见表12-1。

表 12-1 微波加热得到的泡沫材料[2]

组成	摩尔比	密度/(g/cm³)	回弹率/%	30 min 后恢复率/%ᵃ	泡沫形式
BTDA/DAP/MDA	1/0.4/0.6	14.7	85	21.0	柔软，细孔
BTDA/DAP/MDA	1/0.3/0.7	8.2	70	28.5	柔软，细孔
BTDA/DAP/MDA	1/0.2/0.8	6.7	60	41.3	柔软，细孔
BTDA/DAP/MDA	1/0.1/0.9	8.5	50	33.7	柔软，细孔

注：FS-B 的用量为 0.05%。

　　a：按照 ASTM D-1564，将泡沫材料在两块平行板间压缩 90% 后解除压力，30 min 后测定恢复率。

2. BTDE/MDA-DAP-BDAF 或 ATS 泡沫[3]

　　将二苯酮四酸二甲酯(BTDE)，MDA，DAP 和 BDAF 或 ATS 按表 12-2 和表 12-3 的比例加热到 60℃，反应 3 h 得到固态预聚物，粉碎后加热到 300℃ 得到聚酰亚胺泡沫。这些泡沫为细孔，均匀，柔软，在高温具有弹性。

表 12-2 有 BDAF 参加的泡沫配方

	BDAF		
编号	BTDE	DAP	MDA	BDAF
A	1.0	0.3	0.65	0.05
B	1.0	0.3	0.6	0.10
C	1.0	0.3	0.5	0.20
D	1.0	0.3	0.4	0.30
E	1.0	0.3	0.3	0.40
F	1.0	0.3	0.2	0.50

表 12-3 有 ATS 参加的泡沫配方[4]

	ATS		
编号	BTDE	DAP	MDA	ATS
A	1.0	0.295	0.695	0.01
B	1.0	0.275	0.675	0.05
C	1.0	0.263	0.663	0.075
D	1.0	0.250	0.650	0.10
E	1.0	0.225	0.625	0.15
F	1.0	0.200	0.600	0.20

3. 同时采用发泡剂[5]

在用二苯酮四酸二乙酯与二胺反应得到预聚物，同时采用发泡剂进行发泡，可以得到有较多开孔结构的泡沫材料。发泡剂用量通常为 2.5%~10%。所用的发泡剂见表 12-4。

表 12-4　发泡剂

发泡剂	化学组成
Celogen TSH	Toluene sulfonyl hydrazide
Celogen OT	*p,p′*-二苯醚二酰肼
Celogen AZ 130	azodicarbonamide
Celogen RA	p-toluenesulfonyl semicarbazide
Celogen HT 500	一种改性的肼衍生物
Celogen HT 550	Hydrazol dicarboxylate
Expandex 5 PT	5-苯基四唑

4. 由 BTDA 二酯和 MPD 得到的泡沫[6]

将二苯酮四酸二乙酯与间苯二胺的乙醇溶液在 50℃下挥发，得到含挥发分 24% 的褐色粉末。该粉末在 100℃ 以下可以自由流动，105℃聚结，105~115℃熔成深色胶状物。

将上述粉末铺于铝碟中，放于预热到 300℃ 的炉中 3 min 后得到面包状，柔韧，黄色，具有海绵弹性的泡沫，密度为 0.01 g/cm³，在煤气火中不燃。

5. 加碳纤维的泡沫[7]

(1) 将 BTDA 在醇中酯化后加入二胺，在较低温度下溶解，去除多余的醇，控制温度使不发生聚合。得到厚浆状物质。可以加入填料，再加入表面活性剂(0.1%~10%)以控制孔的大小和结构。合适的表面活性剂是 Union Carbide L-5420, L-5410 和 L-530 硅酮化合物，还有 Dow Chemical 和 GE 的类似表面活性剂。

在 76~104℃ 去除多余的溶剂，得到的无定形树脂状物质在 230~315℃，0.021~0.14 MPa 下发泡 15~30 min。加压时间决定皮层结构，时间短如 10 min 可以没有皮层。

(2) 将 322.3 g(1.0 mol)BTDA 溶于 330 mL 乙醇中，回流 30~60 min，得到溶液，加入 124.1 g (0.5 mol)DDS 和 54.6 g(0.5 mol)2,6-二氨基吡啶，混合物回流 15~30 min，再加入 11.8 g UnionCarbide L-5420 硅酮表面活性剂，搅拌 1 h。

在 300 g 所得到的浆状物中加入 90 g 长度为 5 mm 的碳纤维和 90 g 乙醇，搅拌使纤维完全湿润。将腻子状的物料铺在铝箔上，在 76~104℃空气流中加热 2~16 h，然后在 315℃后固化 30 min，得到泡沫。将泡沫在 0.05 MPa 下 315℃压制 4 min，得到高密度的泡沫材料。

6. 有水参与下微波发泡[8]

将 322.2 g(1.0 mol)BTDA 在 3200 mL (8.0 mol)甲醇和 24 mL (1.33 mol) 水的混合物中回流至溶解，冷却至 40℃，加入 158.6 g(0.8 mol)MDA，溶解后加入 21.8 g(0.2 mol) 2,6-二氨基吡啶，搅拌溶解后再加入 7.0 g(聚酰亚胺的 1.5%)硅氧烷乙二醇表面活性剂，Dow Corning 193，充分混合得到液态聚酰亚胺预聚物。喷雾干燥为干粉。

将上述粉末与一定量的水混合后加热到 55℃，得到均匀的浆状物。以 2450 MHz 的 200 W 微波炉预热 20 min，然后在 220 W 发泡 20 min，再在 2200 W 260℃后固化 1 h，得到聚酰亚胺泡沫。水分对于泡沫性能的影响见表 12-5。

表 12-5　水分对于泡沫性能的影响

加入的水/%	水分分析结果 [a]/%	密度/(g/cm³)	强度/MPa	热导率/(BTU in/hr ft °F)
0	0.8	0.011	0.087	0.28
3	3.1	0.008	0.078	0.30
5	4.1	0.007	0.046	0.34

注：a: 由 Karl Fisher 方法测定。

将 500 g 由 MDA/DAP=0.715/0.305 得到的前体粉末与不同量的水混合得到浆状物在 50~62℃混合 20 min。再在 68℃空气炉中加热 30 min，然后在 2450 MHz 的微波炉中以 1400 W 加热 20 min，2800 W 加热 40 min，最后浆得到的泡沫在普通炉子中 260℃处理 30 min。泡沫 材料密度与加入水量的关系见图 12-1。

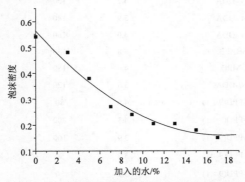

图 12-1　水的用量与所得到的泡沫材料密度的关系

12.1.2　有发泡剂参与的发泡

这类泡沫的牌号为 TEEK。

以二酸二酯与二胺及发泡剂得到泡沫[9]

(1) 将二酐在甲醇中 60℃反应 3h 转变为二甲酯，再加入二胺及发泡剂，搅拌 2 h，得到 均相溶液。将溶剂挥发得到粉末。

将泡沫前体粉末装入金属模具中，上下盖以石墨板，在 140℃加热 60 min，然后很快转 移到已经加热到 300℃的氮气炉中，加热 60 min 后冷却到室温，再在 200℃后固化数小时， 以去除任何挥发物。

商品名 TEEK-HH 和 TEEK-HL 为 ODPA/3,4′-ODA，TEEK-LL 为 BTDA/ODA，TEEK-CL 为 BTDA/4,4′-DDS。

(2) 将 756g(2.4 mol)ODPA 分散在 480 g THF 和 280 g 甲醇分混合物中，在 70℃加热 6 h 使转变为二酸二酯，该二酯与 THF 形成氢键络合物。再加入 488 g(2.4 mol)3,4′-ODA，搅拌 2 h 得到均相溶液，固含量为 70%，20℃下表观黏度为 20 P。将该溶液在不锈钢容器中 70℃处理

14 h 使溶剂挥发。将得到的物料粉碎成 2~500 μm 粉末。将该粉末在 80℃再处理若干时间，使挥发物减少到 1%~10%(视最后所需密度而定)。残存的 THF 用 NMR 测定。

前体组成和泡沫性能见表 12-6 和表 12-7。

表 12-6　聚酰亚胺前体的性能[10]

编号	结构	THF 含量/%	平均孔径/μm	密度/(g/cm³)	可发性/mm
A	ODPA/3,4′-ODA	2.7	155	0.69	32
B	ODPA/3,4′-ODA	3.5	400	0.59	60
C	ODPA/3,4′-ODA	3.2	300	0.59	55
D	ODPA/3,4′-ODA	2.8	200	0.67	45
E	ODPA/3,4′-ODA	1.9	100	0.58	17
F	ODPA/3,4′-ODA	6.1	140	0.66	83
G	BTDA/3,4′-ODA	4.2	150	0.59	82
H	BPDA/3,4′-ODA	3.9	140	0.62	80
I	DSDA/3,4′-ODA	4.0	160	0.64	85
J	PMDA/3BAPB	3.8	150	0.64	82
K	BPADA/MPD	4.0	150	0.66	84
L	ODPA/3,4′-ODA	3.3	120	0.58	81
M	BTDA/ODA-PPD(9∶1)	4.0	80	0.42	95
N	BTDA/ODA-PPD(9∶1)	4.3	300	0.48	105
O	BTDA/ODA-PPD(9∶1)	3.9	100	0.43	80
P	BTDA/ODA-PPD(9∶1)	3.7	50	0.45	40
Q	BTDA/ODA-PPD(9∶1)	3.2	50	0.40	20
R	BTDA/DDS	6.4	150	0.77	84
S	BTDA/DDS	6.7	150	0.78	100
T	BTDA/4,3BAPS	4.6	150	0.66	81
U	BPDA/3,4′-ODA-APB(85:15)	4.3	140	0.58	35
V	BPDA/3,4′-ODA-APB(85:15)	4.7	140	0.59	70
W	BPDA-Na(2.1:2.0)/3,4′-ODA	3.9	150	0.54	50
AA	ODPA/3,4′-ODA	10.2	200	0.48	70
BB	ODPA/3,4′-ODA	10.3	100	0.46	60
CC	BTDA/4,4-BAPS	12.3	150	0.35	100
DD	BTDA/4,4-DDS-3,3′-DDS(8∶2)	10.5	150	0.46	100
EE	BTDA/3,4′-ODA-APB(85∶15)	12.0	140	0.50	120
脆性微球					
FF	ODPA/3,4′-ODA	7.0	300	0.038	74
GG	ODPA/3,4′-ODA	4.5	150	0.069	55
HH	BTDA/4,4-BAPS	9.1	400	0.059	45
II	BTDA/4,4-DDS-3,3′-DDS(8∶2)	7.9	400	0.042	70
JJ	BTDA/3,4′-ODA-APB(85∶15)	9.8	30026	0.062	40

表 12-7 泡沫的性能

前体编号	密度/(g/cm³)	抗压强度/MPa	T_g/℃
A	0.080	0.86	237
B	0.032	0.035	237
C	0.048	0.176	237
D	0.064	0.387	237
E	0.16	1.30	237
F	0.032	0.099	237
G	0.032	0.106	260
H	0.032	0.106	261
I	0.032	0.127	273
J	0.032	0.120	250
K	0.032	0.092	215
L		0.099	242
M	0.032	0.099	297
N	0.016	0.014	297
O	0.048	0.148	297
P	0.128	1.092	297
Q	0.192	1.803	297
R	0.032	0.035	320
S	0.016	0.021	320
T	0.032	0.092	241
U	0.032	0.099	250
V	0.016	0.049	250
W	0.032	0.169	>350

12.1.3 聚酰亚胺中空微球[11]

1. 预聚物的制备

(1) 参见 12.1.2 1.(2)。

(2) 将 227 g (1.1 mol)3,4'-ODA 在室温溶于 1120 g THF 和 280 g 甲醇中，搅拌下 15℃在 40 min 内加入 176 g (0.57 mol)ODPA，继续搅拌 2 h 得到均相溶液。逐渐加入 197 g (0.57 mol) ODPA 的四酸，在 30℃搅拌 24 h 得到均相溶液。该溶液的固含量为 30%，黏度为 0.2 P。按上法得到聚酰亚胺前体粉末。

(3) 将 336 g (0.78 mol) BAPS 在室温溶于 1120 g THF 和 280 g 甲醇中，在 15℃下 40 min 内加入 125 g (0.39 mol) BTDA，搅拌 2 h，得到均相溶液，再在该溶液中加入 139 g (0.39 mol) 二苯酮四酸，在 30℃搅拌 24 h，得到均相溶液，固含量 30%，黏度 0.2 P。按上法得到聚酰亚胺前体粉末。前体组成和性能见表 12-8。

表 12-8 聚酰亚胺前体的性能

编号	组成	THF 含量/%	平均粒径/μm	密度/(g/cm³)
A	ODPA/3,4′-ODA	2.8	200	0.67
B	BTDA/ODA	3.9	100	0.43
C	BTDA/3,3′-BAPS	4.6	150	0.66
D	BPDA/3,4′-ODA-1,3,3-APB(85-15)	4.3	140	0.58
E	ODPA/3,4′-ODA	12.0	200	0.50
F	BTDA/4,4′-BAPS	12.3	150	0.35
G	BTDA/3,3′-BAPS	11.5	150	0.40
H	BTDA/BAPP	12.1	150	0.46
I	BTDA/4,4′-DDS-3,3′-DDS(80-20)	10.5	150	0.46
J	BPDA/3,4′-ODA-1,3,3-APB(85-15)	12.0	140	0.50

2. 发泡

将前体粉末加入开口的不锈钢容器中，在 100℃ 炉中加热 2 h，然后再升温到 200℃，保持 15 h 后降到室温，得到中空聚酰亚胺微球。

3. 片状泡沫

将 50 g 表 12-8 中的前体 B 与 50 g ODPA/3,4′-ODA 粉末均匀混合，然后在开口不锈钢容器中 170℃ 保持 120 min，冷却后得到轻微烧结的由聚酰亚胺粉末及 BTDA/3,4′-ODA 微球组成的片状物，片状物密度为 0.176 g/cm³。

将得到的片状物在模具中 310℃ 在>5 kg/cm² 下加压 30 min，冷却后得到微球泡沫，性能见表 12-9。

表 12-9 片状泡沫的性能

编号	片状物密度/(g/cm³)	微球泡沫	
		密度/(g/cm³)	抗压强度/MPa
B	0.176	0.32	3.96
B	0.144	0.32	4.39

12.1.4 由 ODPA 的二酯与 ODA 得到泡沫[12]

将 310.2 g(1.0 mol)ODPA 在 1600 g 甲醇中 60℃ 进行酯化，然后加入 200.2 g(1.0 mol)ODA，得到透明溶液，减压蒸出甲醇，得到固含量为 80.5% 的物料，真空干燥，得到固含量为 99.5% 的前体粉末。

将 100 g 粉末在空气炉中加热到 100℃ 经 30 min，然后再在 250℃ 处理 30 min，得到密度为 15 g/cm³ 的淡黄色有弹性的泡沫，在 10%NaOH 和 37%盐酸中浸泡 24 h，质量没有发生变化。

12.1.5 泡沫薄膜[13]

将 20.02 g (0.100 mol)ODA 溶于 286.8 g THF 和 71.7 g 甲醇的混合物中，溶解后在 40 min 内逐渐加入 22.24 g (0.102 mol) PMDA，在 20~25℃搅拌 24 h，得到固含量为 10%，M_w = 155000 的聚酰胺酸溶液。然后在 3 h 内再滴加入 118.2 g 水，使 THF/MeOH/H₂O =80/20/33，在加水期间，温度维持在 10~15℃，加完后在 5℃放置 72 h，其时，固含量为 8%，M_w 为 92000。

将此溶液涂于玻璃板上，厚度为 300 μm，室温干燥 30 min，80℃干燥 2 h。将薄膜从玻璃板上揭下，得到不透明的聚酰胺酸薄膜。氮气下以 1℃/min 升温到 300℃并保持 3h 得到厚度为 50 μm 的柔韧聚酰亚胺薄膜，性能见表 12-10。

表 12-10　泡沫薄膜的性能

厚度/μm	密度/(g/cm³)	孔隙率/%	抗张强度/MPa	模量/MPa	伸长率/%	氢的透过系数
50	0.48	66	23	520	28	5.5

12.1.6 柔软的聚酰亚胺泡沫[14]

将 BTDE/MDA-HMDA(97/3)的甲醇溶液，以 0.01mol 异喹啉为催化剂，搅拌 10 min 后加入 0.1%非离子型表面活性剂 Zonyl FSO，再搅拌 2 min，得到前体溶液。50℃下除去甲醇得到固体。粉碎后得到 300 μm 粉末，再在 60℃真空干燥 3 h 以除去残留甲醇。将 10 g 粉末在聚四氟乙烯板上加热到 140℃ 10min，再置于 2450 MHz 微波炉中 10 min 发泡(开关控制为 60 s/30s)，将得到的产物再在 260℃固化 2 h，得到聚酰亚胺泡沫。

非离子型表面活性剂 Zonyl FSO 的结构是 F(CF₂CF₂)ₓCH₂CH₂O(CH₂CH₂O)ᵧH。

BTDE 与 MDA 及第二二胺得到的共聚酰亚胺泡沫见表 12-11。

表 12-11　由 BTDE 与 MDA 及第二二胺得到的共聚酰亚胺泡沫

第二二胺(%, 摩尔分数)/%	异喹啉摩尔分数/%	粒径/μm	黏度/(dL/g)	密度/(g/cm³)	强度/(kg/cm²)	柔性/%	阻燃性 UL-94
己二胺(3)	1	275	0.03	11.1	0.91	65	V-0
己二胺(5)	1	280	0.04	8.5	0.87	65	V-0
己二胺(10)	1	290	0.04	12.1	0.85	68	V-0
己二胺(15)	1	300	0.03	9.6	0.78	70	V-0
己二胺(20)	1	300	0.05	10.5	0.77	72	V-0
己二胺(10)	0.1	270	0.04	12.0	0.84	63	V-0
己二胺(10)	2.5	250	0.03	9.8	0.82	63	V-0
己二胺(10)	10	260	0.05	9.6	0.86	66	V-0
丁二胺(10)	5	270	0.06	12.0	0.68	60	V-0
辛二胺(10)	5	280	0.02	9.6	0.75	65	V-0

续表

第二二胺(%，摩尔分数)	异喹啉摩尔分数/%	粒径/μm	黏度/(dL/g)	密度/(g/cm³)	强度/(kg/cm²)	柔性/%	阻燃性 UL-94
癸二胺(10)	5	280	0.03	8.2	0.74	70	V-0
十二烷二胺(10)	5	230	0.04	10.9	0.64	70	V-0
己二胺(10)	二甲基咪唑 5	260	0.04	13.0	0.61	65	V-0
0	0	290	0.03	—	0.45	35	V-0
己二胺(35)	5	260	0.05	12.8	0.38	60	—
己二胺(40)	5	270	0.02	13.6	0.32	65	—

12.1.7 夹层泡沫材料[15]

将 150 g Monsanto 2601 Skybond 聚酰亚胺前体(一种由 BTDA 和二胺得到的预聚物)与 0.5%硅油(Dow Corning 193)混合，将溶液铺于玻璃板上，在 66℃空气干燥后取下，研碎，在 177℃加热 45 min 发泡，发泡后再在 302℃酰亚胺化 1 h，然后切成厚度为 13 mm 的片。将泡沫浸泡在加有等体积乙醇的前体中，使吸收完全，挤出多余的前体，在 66℃空气流中干燥。将两块玻璃布也在该前体溶液中浸泡并在 66℃干燥后置于泡沫两侧，再夹在涂有脱模剂的两块铝板中，在 177℃加热 1 h，再在 326℃固化 16 h。该制件有很高的耐水解性。如果耐水解性不是特别要求，302℃固化就足够得到高的结合强度。

12.1.8 加脂肪二酐的泡沫[16]

将 311.3 g(0.97 mol)BTDA 和 63.6 g(0.24 mol)脂肪二酐 B-4400【379】，307.1 g(9.6 mol)甲醇和 16.9 g 水加热，搅拌成为乳白色。22 min 后停止加热，再搅拌 15 min。温度升至 68℃，反应物变成透明的暗琥珀色，说明酯化反应完全。冷却到 43~47℃加入 166.6 g(0.84 mol)MDA 和 39.2 g(0.36 mol)DAP，温度升至 48℃，加入 1.0 g 硅油(Dow Corning 193)，用甲醇稀释。

溶液在 66℃干燥 1.5 h，再在真空下干燥 3 h 40min。粉碎得到 637.2 g 粉末。

将粉末置于模具中在 2.75 kW 微波炉中加热 19 min。将发泡的产物在 243℃加热 37 min，254℃ 25 min 后冷却。

12.1.9 聚酰胺酰亚胺泡沫[17]

将 52.5 g(0.42 N)MDI 加热到 155℃，加入 38.4 g(0.4 N)TMA 和 0.11 g DMPO，立即放出 CO_2。大约放出 40%CO_2 后，加入 4 滴表面活性剂 L-5430(Union Carbide)，快速搅拌，以防止过度发泡。当 55%~65%CO_2 放出后，将黄色泡沫物料倒到盘中，冷却后粉碎。

将前体粉末在铝箔上铺成厚度为 1.2 cm 的树脂层，在 225℃加热 5 min 使发泡完全，得到 6~9 cm 厚的细孔泡沫。

表 12-12 聚酰胺酰亚胺泡沫

性能	原样	破碎后
密度/(g/cm³)	0.019	0.019
开孔率/%	94	98
弹回高度(ASTM D3574)/%	50	35
抗张强度/MPa	—	0.225
压缩 75%时的永久压缩量/%	—	38
氧指数	38	36
烟密度(ASTM E 662-79)	11	12
Smith 试验数据		
放热最大速度/(BTU/ft² min)	38	96
发烟最大速率/(粒子数/ft² min)	1050	1110
失重/%	0.8	0.6

注：Smith 试验数据[18]是对于 25.1 cm × 25.1 cm × 5.1 cm 的样品在燃烧 3 min 内所放出的热量、烟雾及失重的百分数。

12.1.10 以二甲基氨基乙醇进行酯化得到前体化合物[19]

将 322.2 g(1.0 mol)BTDA 加到 584.2 g(6.6 mol)2-(二甲基氨基)乙醇中。由于放热反应，温度升至 65℃，再加热到 100℃使反应完全。然后冷却到 40℃，缓慢加入 101.8 g(1.0 mol)MPD，搅拌 2 h，使固体溶解，得到固含量为 60%的溶液。将得到的溶液倒入铝盆中，再置于预热到 315℃的炉中，放置 2 h，得到柔韧的泡沫材料，密度为 10 g/cm³。

12.1.11 有三元胺 TAP 参与的泡沫[20]

将 32.223 g(0.1 mol)BTDA，在 100 mL 甲醇中回流 2 h，得到 BTDA 的二酸二甲酯，加入 18.021 g (0.09 mol)ODA 和 0.833 g (6.7 mmol)2,4,6-三氨基嘧啶〖1199〗，室温搅拌 3 h，得到均相溶液。减压除去过量的甲醇，得到前体 PEAS 粉末。

将 1.430 g PEAS3 加到直径为 5.95 cm、深 0.31 cm 的不锈钢模具中，放置在炉中，以 20 ℃/min 升温到 160℃，并保持 1.5 h(对于 PEAS3)使其发泡，然后升温到 300℃保持 1.5 h 使泡沫固化，冷却到室温，开模得到充满模具的 PIF3 泡沫，质量为 1.180 g(0.135 g/cm³)，失重 17.42%,与脱甲醇和水的质量相符(表 12-13)。

表 12-13 由三元胺 TAP 参与的泡沫

TAP/(ODA+TAP)	0.0	0.34	0.69	0.106
PEAS 编号	PEAS1	PEAS2	PEAS3	PEAS4
PIF 编号	PIF1	PIF2	PIF3	PIF4
密度/(g/cm³)	0.156	0.146	0.137	0.122
孔隙率/%	87	88	88	90
平均孔径/μm	141	149	153	161
抗张强度/MPa	1.03	1.29	1.36	1.39
抗张模量/MPa	5.49	9.23	12.12	13.41
形变 10%的抗压强度/MPa	0.91	1.12	1.28	1.44
抗压模量/MPa	10.76	13.24	15.07	17.62

12.2 由含有热不稳定链段的聚酰亚胺经高温分解得到的纳米泡沫材料

这种纳米泡沫材料通常只是薄膜，这是因为体形的材料不利于大量被分解的链段所产生的气体的逸出。这种纳米薄膜是用以纳米尺寸分散的空气来降低薄膜的介电常数，然而由于加工工艺、脂肪链段分解不完全及薄膜机械性能的降低等因素仍难以在柔性线路板方面获得实际应用。

12.2.1 用聚氧化丙烯嵌段或接枝的聚酰亚胺泡沫

1. PMDA/4-BDAF-*co*-聚环氧丙烷三嵌段共聚物或 PMDA/4-BDAF-*g*-聚环氧丙烷接枝聚合物[21]

将 3.547 g (6.84 mmol) 4-BDAF 和 1.05 g (0.16 mmol) 4-氨基苯甲酸聚氧化丙烯酯(M_w 6500)〖10〗加到 60 mL NMP 和 1.1 g (13.84 mmol)吡啶的混合物中，在氩气下搅拌，得到均相溶液。冷却到 5℃，滴加入 2.403 g (6.92 mmol)对位均苯二乙酯二酰氯，回复到室温，搅拌 24 h。得到聚酰胺乙酯黏液在甲醇/水(1∶1)中沉淀，过滤，用水洗涤 3 次，甲醇/水(1∶1)洗涤 2 次，在 50℃/26mmHg 干燥至恒重。

由 3,5-二氨基苯甲酸酯封端的聚环氧丙烷〖52〗得到的是接枝共聚物。

嵌段和接枝共聚物见表 12-14。

将 PMDA/4-BDAF-*co*-聚环氧丙烷三嵌段共聚物或 PMDA/4-BDAF-*g*-聚环氧丙烷接枝聚合物溶于 NMP 中，得到固含量为 10%~20%的溶液，旋涂成 1~10 μm 或 10~40 μm 薄膜，聚环氧乙烯共聚物在空气中 250℃10 h 分解，在 305℃酰亚胺化，得到 PMDA/4-BDAF 泡沫(表12-15)。

表 12-14　PMDA/4-BDAF-*co*-聚氧化丙烯三嵌段共聚物

编号	均苯二乙酯二酰氯异构体	嵌段形式	PO 段 M_w	反应中 PO/%	由 NMR 测定的 PO/%	由 TGA 测定的 PO/%	聚酰胺酯 M_w
1	PMDA			0			54 000
1a	*p-*			0			
1b	*m-*			0			
2	*m-*	三嵌段	4000	10	9.5	7.3	
3	*m-*	三嵌段	4000	18	17.9	17.2	
4	*m-*	三嵌段	4000	22	21	21	
5	*p-*	三嵌段	5600	15	9.7	6	20 000
6	*p-*	三嵌段	6500	17.9	7	7.4	46 000
7	*p-*	三嵌段	6500	17.9	5.3		33 000
8	*p-*	三嵌段	13 300	22	18.9		29 000
9	*p-*	三嵌段	5600	24.4	18.7	19.25	44 000
10	*p-*	三嵌段	5600	28.9	28	25.3	33 000
11	*p-*	接枝	7900	18	2.9		19 000
12	*p-*	接枝	7900	25.5	18.47		17 000

表 12-15　由嵌段和接枝聚氧化丙烯的聚酰亚胺纳米泡沫

聚合物	PO 体积分数/%	固化温度/℃	发泡温度/℃	密度/(g/cm³)	孔隙率/%
PMDA/BDAF 聚酰胺酸	0	300		1.47	
PMDA/BDAF 聚酰胺酯	0	300		1.47	
PMDA/BDAF,4KPO,*m*	13	300	250	1.37	7
PMDA/BDAF,5.6KPO,*p*	13	300	250	1.3	12
PMDA/BDAF,6.5KPO,*p*	10	300	250	1.31	11
PMDA/BDAF,6.5KPO,*p*	7	300	250	1.32	10
PMDA/BDAF,13.3KPO,*p*	25	300	250	1.21	18
PMDA/BDAF,5.6KPO,*p*	25	300	250	1.13	24
PMDA/BDAF,5.6KPO,*p*	36	300	250	1.26	14
PMDA/BDAF,7.9KPO,*g*	4	300	250	1.36	8
PMDA/BDAF,7.9KPO,*g*	4	300	250	1.3	12

2. 6FXDA/6FBA-*co*-聚环氧丙烷三嵌段共聚物[22]

将 2.367 g (5.16 mmol) 6FXDA【281】，1.679 g (5.023mmol) 6FDA 和 0.96 g (0.28 mmol)4-氨基苯甲酸聚氧化丙烯酯(M_w 3400)〚10〛在 35 mL 环己酮中氩气下搅拌 24 h，混合物变成透

明的黄色溶液。加入 1.11 g(14 mmol)吡啶和 1.46 g (14 mmol)乙酐，混合物在 80℃反应 12 h 使酰亚胺化。将得到的黏液冷却到室温，在 800 mL 己烷中沉淀，用水/甲醇洗涤 2 次，过滤，在 50℃/26 mmHg 下干燥到恒重，得 4.8 g 聚合物(表 12-16)。

　　将表 12-16 中的 2~8 溶于环己酮得到 10%~20%固含量的溶液，用旋涂法得到薄膜(1~10 μm) 或刮涂得到薄膜(10~40 μm)。然后在惰气或高真空下加热到 310℃，除去溶剂，使共聚物增加密度。第二步是在氧存在下 250℃加热 10~12 h 热解，去除不稳定的环氧丙烷聚合物得到多孔的聚酰亚胺薄膜(表 12-17，表 12-18)。

表 12-16　6FXDA/6FBA-*co*-聚环氧丙烷三嵌段共聚物

编号	PO 段 M_n	反应中 PPO/%	由 NMR 测得的 PPO/%	由 TGA 测得的 PPO/%	M_w	薄膜质量
1	均聚物				67000	韧，透明
2	3400	17	16	16	40000	韧，透明
3	3400	19	19	19	72000	韧，透明
4	3400	25	24	22	53000	韧，透明
5	13 200	13	11	6	108000	韧，不透明
6	13 200	18	16	16	63000	韧，不透明
7	13 200	26	25	23	33000	韧，不透明
8	13 200	28	25	24	51000	韧，不透明

表 12-17　由 6FXDA/6FBA-*co*-聚环氧丙烷三嵌段共聚物得到的泡沫

编号	PO 段 M_n	PO 体积分数/%	发泡温度/℃	密度/(g/cm³)	孔隙率/%	成孔效率/%
1	均聚物	0		1.49		
2	3400	22	250	1.23	18	80
3	3400	25	250	1.21	19	78
4	3400	31	250	1.19	20	66
5	13 200	16	250	1.31	11	69
6	13 200	22	250	1.32	10	45
7	13 200	32	250	1.21	18	56
8	13 200	35	250	1.13	24	68

表 12-18　纳米泡沫薄膜的性能

样品	面内折光指数 η_{TE}	面外折光指数 η_{TM}	$\Delta\eta$	计算介电常数(面外)	实测介电常数(面外)
1	1.56	1.50	0.06	2.55	2.56
4	1.43	1.40	0.03	2.27	2.27

12.2.2 由聚酰胺酸和聚氨基甲酸酯的共混物发泡[23]

以 PMDA/ODA 在 NMP 中的聚酰胺酸溶液和由 2,4-甲苯二异氰酸酯与聚己二酸乙二醇酯得到聚氨基甲酸酯,用苯酚封端。将两者室温混合,涂膜,50℃真空干燥 16h。在玻璃板上热处理:真空 100℃,200℃各 1h,得到共混薄膜。将薄膜从玻璃板上取下,再夹在预先用 5%二氯二甲基硅烷甲苯溶液处理的两块玻璃板之间,然后在 300℃,350℃或 400℃各处理 1h,得到多孔薄膜(表 12-19)。

表 12-19 由聚酰胺酸和聚氨基甲酸酯的共混物得到的纳米泡沫薄膜

PI/PU	分解温度/℃	平均孔径/μm	强度/MPa	模量/GPa	伸长率/%
100/0	300		137.3	2.64	65.7
100/0	350		117.1	2.53	48.3
100/0	400		128.6	2.94	30.6
80/20	300	1.4	94.1	2.90	37.0
80/20	350	1.5	98.6	3.21	20.1
80/20	400	1.5	113.8	3.00	15.5
50/50	300	1.4	56.3	2.30	9.1
50/50	350	1.4	45.3	2.64	4.6
50/50	400	1.3	24.5	2.24	3.5
20/80	300	1.6	10.3	0.45	8.1
20/80	350	1.7	13.6	1.40	3.2
20/80	400	1.6			

12.2.3 由聚酰亚胺嵌段聚甲基苯乙烯发泡[24]

将 1.0 g(0.0588 mmol) 氨基苯甲酸聚(α-甲基苯乙烯)酯〖11〗和 1.090 g(0.544 mmol)ODA 溶于 20 mL NMP 中,氮气下冷却到−5℃,加入 1.0 g(11 mmol)吡啶。2 h 内加入溶于 20 mL 二氯甲烷的均苯二乙酯二酰氯。搅拌过夜,将反应物在甲醇/水混合物沉淀,过滤,用水洗涤除去盐,再用环己烷洗涤,除去可能存在的均聚物,真空干燥,得到三嵌段共聚物。

将共聚物溶于 NMP 中,得到固含量为 9%~15%的溶液,涂成 10~25 μm 的膜,干燥后在氮气中以 5℃/min 升温到 265℃并保持 1.5 h 进行酰亚胺化。然后在 4 h 内升温到 325℃保持 2 h,使α-甲基苯乙烯嵌段分解,得到泡沫薄膜(表 12-20)。

表 12-20　　由聚酰亚胺嵌段聚甲基苯乙烯得到的纳米泡沫薄膜

样品	聚甲基苯乙烯组分		密度 /(g/cm^3)
	质量分数/%	体积分数/%	
共聚物	25	30	1.16
共混物	32	37	1.15
共混物	36	42	1.15
共混物	47	53	1.01
共混物	55	62	1.0

12.2.4　在含氟聚酰亚胺上接枝聚丙烯酸然后发泡[25]

FPI

FPI 的接枝[26]

　　将 FPI 粉末溶于 NMP，浓度为 75 g/L。在 25℃通入由臭氧发生器产生的 O_3/O_2 混合物，臭氧浓度为 0.027 g/L，时间大约 5 min，以得到需要的过氧化物。冰浴冷却。将丙烯酸加入过氧化 FPI 的溶液中，使单体浓度达到 0.03~0.21 g/mL，搅拌下通入氩气约 30 min，然后在 60 ℃引发聚合，保持通氩约 3h 后在冰浴中冷却，然后在乙醇中沉淀。过滤，用乙醇萃取除去未反应的单体，真空干燥，得到接枝聚合物。

　　将接枝有聚丙烯酸的 FPI 的 20%溶液旋涂在硅片上。将得到的薄膜以 10℃/min 加热到225 ℃除去溶剂，再在 250℃中使侧链分解，得到纳米泡沫聚酰亚胺薄膜(表 12-21)。

表 12-21　　含氟聚酰亚胺上接枝聚丙烯酸得到的纳米泡沫薄膜

聚合物	投料比 AAc/FPI	接枝浓度 AAc/FPI	T_g/℃	密度/(g/cm^3)	孔隙率/%	介电常数(1 MHz)
FPI	—	—	293	1.47	—	3.1
AAc-g-FPI	12	0.68	290	1.43	3	2.8
AAc-g-FPI	35	0.99	287	1.40	5	2.6
AAc-g-FPI	47	1.58	286	1.38	6	2.2
AAc-g-FPI	58	1.67	284	1.36	8	1.9

注：AAc：丙烯酸。

12.2.5 PMDA/PPD-聚乙二醇共混体系[27]

用 10 g PMDA/PPD 聚酰胺酸在 40 mL DMAc 中的溶液与聚乙二醇(PEG2000)在 30 mL DMAc 中的溶液混合，搅拌 3 h。涂膜后在 60℃抽真空，除去溶剂，薄膜在 200℃处理 3 h 转变为聚酰亚胺。当采用 PEG2000，PEG10000 或 PEG20000 时，PEG/PI=0.85/1 得到的是半透明的薄膜(这些薄膜相应标为 1A，1B 和 1C)。该比例对于 PEG10000 是 PEG 不发生相分离的最大限度。由于在以相同的比例与聚酰胺酸的 DMAc 溶液得不到澄清的溶液，所以不能采用 PEG100000。采用 PEG2000 液可以得到比 0.85/1 更高的比例，例如 PEG/PI ＝ 1.7/1(2A)。这些薄膜在氩气下以 3℃/min 升温到 600℃处理 1h 得到炭化多孔薄膜(表 12-22)。

表 12-22 由 PMDA/PPD-聚乙二醇共混体系得到的泡沫薄膜

样品	炭产率/%	$V_{cap}/(cm^3/g)$	$V_{micro}/(cm^3/g)$	$V_{meso}/(cm^3/g)$	$V_{macro}/(cm^3/g)$
PI	61.3	0.232	0.191	0.041	—
1/2A	43.8	0.313	0.202	0.111	0.01
1A	32.3	0.417	0.195	0.222	<0.01
3/2A	27.5	0.446	0.193	0.253	<0.01
2A	22.6	0.506	0.187	0.319	<0.01
4A	14.5	0.535	0.196	0.339	0.13
8A	8.7	0.534	0.189	0.345	0.85

注：$V_{micro} = V_{cap} - V_{meso}$。

12.2.6 BTDA/MDA-己内酰胺共混体系[28]

将 515.5 g(1.6 mol) BTDA 和大约 45.2 g(0.4 mol)己内酰胺加热到 175℃，反应 30 min 后冷却到 70℃，加入 965 g 异丙醇。混合物加热回流 70 min 到得到澄清溶液。冷却到 70℃，加入 317.12 g(1.6 mol)MDA，再回流 15 min 后冷却到室温，在铝箔上涂膜，在 82℃干燥过夜，取下脆性物料，在 82℃真空处理 30 min。进一步粉碎到平均粒径为 3 mm。以 2.5%体积的粉末加入模具，加热到 110℃经 30 min，在该温度打开模具，取出固化的闭孔泡沫材料。

12.2.7 PMDA/ODA-超枝化化合物共混体系[29]

1. BTRC–PEG

BTRC-PEG

将 46.5 g (62 mmol)聚乙二醇甲醚和 6.28 g (62 mmol)三乙胺溶解在二氯甲烷中，冰浴冷却，滴加入 5 g (18.8 mmol) 1,3,5-苯三甲酸三酰氯，搅拌 24 h。溶液用碳酸氢钠溶液洗涤后在硫酸镁上干燥，挥发溶剂，柱色谱(甲醇/二氯甲烷，1∶15)提纯得到淡黄色液体 BTRC–PEG，收率 60%。

2. BTRC-BE

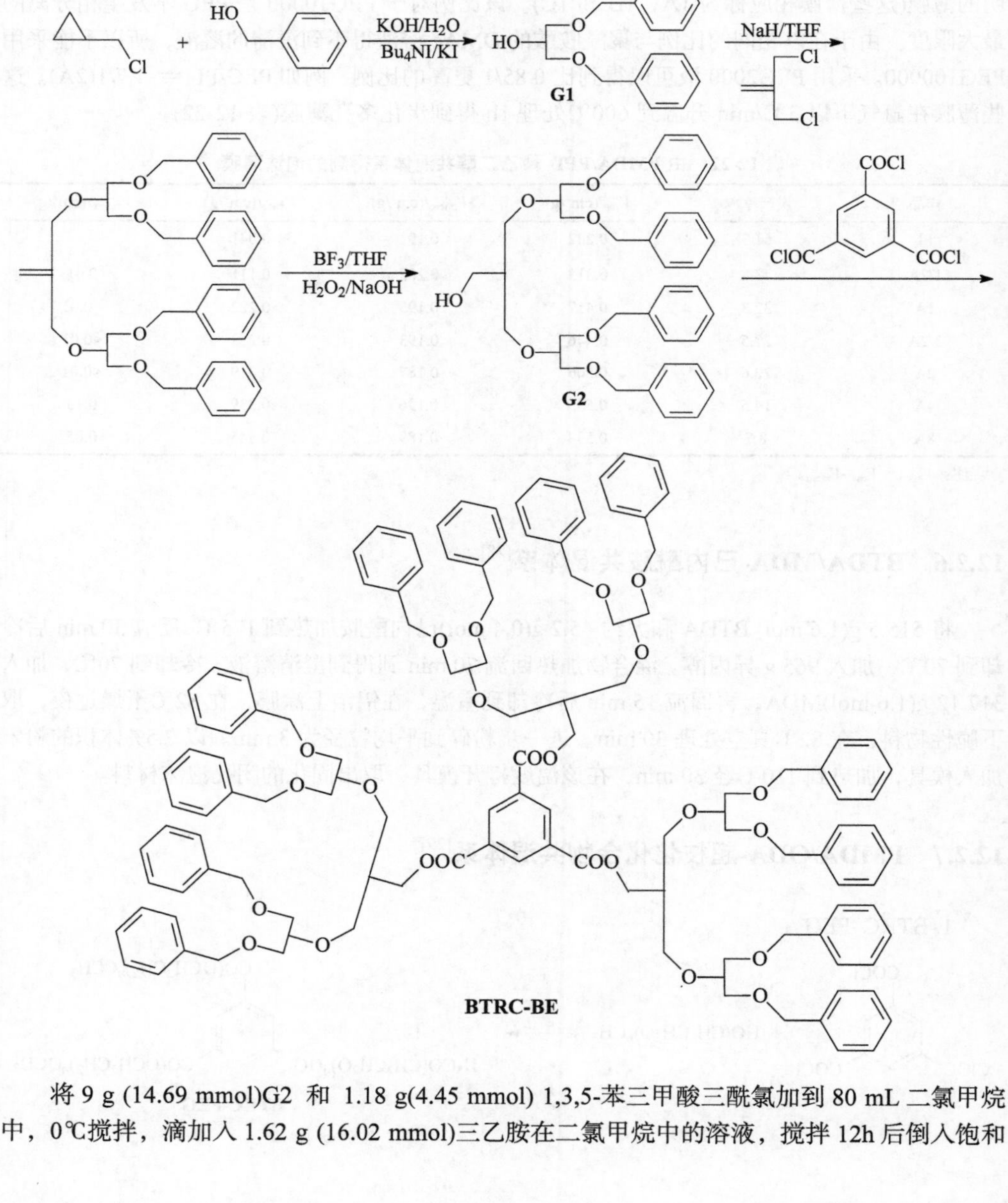

BTRC-BE

将 9 g (14.69 mmol)G2 和 1.18 g(4.45 mmol) 1,3,5-苯三甲酸三酰氯加到 80 mL 二氯甲烷中，0℃搅拌，滴加入 1.62 g (16.02 mmol)三乙胺在二氯甲烷中的溶液，搅拌 12h 后倒入饱和

氯化铵水溶液中，水层用二氯甲烷萃取数次，有机层在硫酸镁上干燥后除去溶剂，残留物经柱色谱(乙酸乙酯/己烷)，BTRC-BE 收率 38%。

3. 多孔薄膜

在 PMDA/ODA 固含量为 5%的 DMAc 溶液中加入 BTRC–PEG 或 BTRC–BE，充分搅拌。将得到的溶液涂膜，在 100℃干燥 1 h，以 10℃/min 升温到 200℃保持 1 h，再升至 300℃保持 3 h，得到厚度为 50 μm 的黄色薄膜。再在氮气下 2 h 内升至 440℃处理 10 h，分解热不稳定组分，得到多孔薄膜。

12.2.8　由接枝聚氧化丙烯得到聚酰亚胺纳米泡沫薄膜[30]

1. 聚酰胺酸和接枝有聚氧化丙烯的酰胺酯 PPG 共混物 (PAAE-g-PPG)

将 5 mmol 二胺[4,4′-双(4-氨基苯氧基)二苯酮〖719〗4,4′-双(3-氨基苯氧基)]二苯酮〖720〗或 4,4′-双[4-(5-氨基萘氧基)]二苯酮〖721〗)溶于 20 mL NMP 中，冷却到 5℃，加入 5 mmol PMDA。在室温搅拌 24h。再加入 0.1 mmol K_2CO_3 和 0.1 mmol PPG-Br。混合物在室温搅拌 48 h 后在甲醇/水(1：1)中沉淀，反复数次，将得到的聚合物在 40℃真空干燥 24 h，收获率 85%。

$$CH_3(CH_2)_3(OCH_2CH)_nOH + BrCCH_2Br \xrightarrow[\text{THF}]{Et_3N} CH_3(CH_2)_3(OCH_2CH)_nOCCH_2Br$$

(侧链 CH_3)

PPG-Br

2. 酰亚胺化及纳米泡沫的制备

将 PAAE-g-PPG 溶于 NMP 或 DMAc 中，得到固含量为 10%的溶液，涂膜，干燥后在氮气下逐渐升温到 200℃经 7 h，空气下 300℃经 9 h，得到多孔的聚酰亚胺薄膜(表 12-23)。

表 12-23　聚酰亚胺和纳米泡沫的性能

聚合物	η_i	η_o	$\Delta\eta$	ε_o	孔隙率/%
4-BAP(h)	1.74	1.71	0.03	3.22	—
4-BAP1000(n)	1.58	1.54	0.04	2.67	12
4-BAP2500(n)	1.60	1.56	0.04	2.73	10
3-BAP(h)	1.72	1.68	0.04	3.12	—
3-BAP1000(n)	1.56	1.51	0.05	2.58	15
3-BAP2500(n)	1.58	1.53	0.05	2.64	13
BAN(h)	1.70	1.65	0.05	3.02	—
BAN1000(n)	1.54	1.47	0.07	2.46	16
BAN2500(n)	1.56	1.50	0.06	2.55	15

注：h: 均聚物；n: 纳米聚合物；η_i: 面内折射指数；η_o: 面外折光指数；ε_o: 面外介电常数。

12.2.9　由 PMDA/ODA-聚氨酯得到多孔薄膜[23]

将 PMDA/ODA 在 NMP 中的聚酰胺酸溶液与由 2,4-甲苯二异氰酸酯与聚己二酸乙二醇酯得到用苯酚封端的聚氨基甲酸酯在室温混合，涂膜，50℃真空干燥 16 h。在玻璃板上热处理：真空 100℃，200℃各 1 h，得到共混薄膜，从玻璃板上取下，再夹在预先用 5%二氯二甲基硅烷甲苯溶液处理的两块玻璃板之间，然后在 300℃，350℃或 400℃各处理 1 h，得到多孔薄膜（表 12-24）。

表 12-24　由 PMDA/ODA-聚氨酯得到多孔薄膜

PI/PU	温度/℃	孔径/μm		机械性能		
		平均	范围	模量/GPa	强度/MPa	伸长率/%
80/20	300	1.4	0.9~1.9	2.90	94.1	37.0
80/20	350	1.5	1.0~1.9	3.21	98.6	20.1
80/20	400	1.5	1.0~2.0	3.00	113.8	15.5
50/50	300	1.4	1.0~1.9	2.30	56.3	9.1
50/50	350	1.5	1.1~1.9	2.64	45.3	4.6
50/50	400	1.3	0.8~1.7	2.24	24.5	3.5
20/80	300	1.6	1.4~1.9	0.45	10.3	8.1
20/80	350	1.7	1.5~1.9	1.40	13.6	3.2
20/80	400	1.6	1.1~2.1	—	—	—

12.3　聚甲基丙烯酰亚胺泡沫材料(PMI)

12.3.1　聚甲基丙烯酰亚胺的合成

1. 由甲基丙烯酸和丙烯腈聚合得到[31]

将 0.05 g 过氧化二苯甲酰和 0.135 g 过氧化特戊酸特丁酯溶于 45 g 甲基丙烯腈和 55 g 甲基丙烯酸的混合物中。再加入 8 g 醇作为发泡剂。也可以用 2 g 水代替。混合物在真空封管中 52℃聚合 24 h，再在 1 h 内升温到 100℃，然后在 100℃聚合 1 h。在 220℃ 2 h 进行发泡。

2. 用 PMMA 与伯胺反应得到聚甲基丙烯酰亚胺[32]

将 120 g(1.2 mol)聚甲基丙烯酸甲酯与 113 g 30.7%氨水(1.7 mol NH₃/酯基)和 890 g 水在 230℃反应 14 h 得到。

3. 由聚甲基丙烯酸与尿素反应得到[39]

将 34 g(0.4 mol)聚甲基丙烯酸和 24 g(0.4 mol)尿素在 150℃油浴中加热搅拌。短时间后，反应物如海绵状聚集在搅拌杆上。这时的产物可以溶解于水，但不溶于甲醇。加入 100 mL 二乙二醇进行稀释，继续保温搅拌 2.5 h，得到黏稠的物质。用沸甲醇萃取 3 次，即每次与甲醇共沸 15~30 min，得到接近白色的多泡固体，不溶于水和甲醇。组成基本上是聚甲基丙酰亚胺(含氮 8.71%，理论含氮为 9.1%)。该树脂可溶于酰胺类溶剂，二乙二醇，稀碱溶液和稀氨水。

12.3.2 用甲基丙烯酸特丁酯和甲基丙烯酰胺在环糊精存在下水溶液中聚合[33]

将 1.25 g (12.0 mmol)甲基丙烯酰氯溶于 10 mL 二氯甲烷中，冷却到 0℃，滴加 1.55 g (12.0 mmol)辛胺和 4.08 g (40.0 mmol) 三乙胺的混合物在 60 mL 二氯甲烷中的溶液，在室温搅拌 20 h。将反应物倒入 250 mL 二氯甲烷中和水的混合物中(1.5∶1)。用 100 mL 2 mol/L 盐酸和 100 mL 水各洗涤 2 次，有机相在硫酸镁上干燥后除去溶剂，得到 N-辛基甲基丙烯酰胺淡黄色黏液 4.69 g(99%)。

将 18.88 g (14.40 mmol) 甲基化的 β-环糊精(Me-β-CD)溶于 63 mL 脱气的水中，加入 0.68 g (4.80 mmol)甲基丙烯酸特丁酯和 0.54 g(4.80 mmol) N-乙基甲基丙烯酰胺，搅拌 20 min 得到无色的单体络合物的溶液。将该溶液加热到 50℃，搅拌下加入新制备的引发剂 $K_2S_2O_8$，$Na_2S_2O_5$ 溶液。在冰浴中冷却并通入空气使聚合终止。滤出沉淀，用 3×20 mL 水洗涤，得到仍然含有少量 Me-β-CD 的无色聚合物(I)。用水萃取除去 Me-β-CD 后真空干燥。共聚物可以溶于 DMSO，DMF，仍然含有<4%(摩尔分数) Me-β-CD。当采用甲基丙烯酸代替酯，所有产物在聚合时都沉淀析出。

将 I 在高温下热解，放出异丁烯和水，得到聚甲基丙烯酰亚胺泡沫。所得到的泡沫孔径不均匀，密度为 300 kg/m³(表 12-25)。

表 12-25 由甲基丙烯酸特丁酯和甲基丙酰胺得到的聚甲基丙烯酰亚胺泡沫

R	热解温度	热解时间	M_w	M_n	酰亚胺	T_g
C$_8$H$_{17}$	300	95	40000	15700	67	74
C$_8$H$_{17}$	260	180	126000	31200	63	73
C$_2$H$_5$	230	222	88000	22000	41	129
C$_2$H$_5$	240	141	67000	18000	88	145
C$_2$H$_5$	240	260	33300	11900	80	146
C$_2$H$_5$	250	122	98000	19000	86	146
C$_2$H$_5$	250	260	77600	18000	91	164
C$_2$H$_5$	250	309	75000	20000	83	165
C$_2$H$_5$	260	80	42100	11900	87	—
C$_2$H$_5$	280	79	67800	21800	—	144
环己基	220	245	41500	10100	28	—
环己基	230	470	66300	12000	32	134
环己基	250	90	88700	15200	33	124
苄基	220	60	30600	8000	68	82
苄基	250	15	63800	14000	91	—
苄基	260	145	150100	14000	83	120
H	220	92	33000	12400	—	163
H	250	56	36800	11700	—	153

这是为以特丁醇为发泡剂的闭孔硬质泡沫。

在单体中加进发泡剂，用 PMMA 的方法在两块玻璃板间聚合，得到板材，然后在 170℃加热，得到密度为 30~300g/cm³ 的泡沫材料。也可采用甲酰胺或 N-甲基甲酰胺与醇的混合物作为发泡剂(表 12-26)。

表 12-26 聚甲基丙烯酰亚胺泡沫典型配方

化合物	质量分数/%
甲基丙烯酸	50
甲基丙烯腈	50
甲酰胺	1
异丙醇	1
甲基丙烯酸镁	1
过氧化三甲基乙酸特丁酯	0.2

如果两种单体是交替聚合，则可以得到 100%酰亚胺，但一般只能得到部分交替聚合物，所以酰亚胺化也是不能达到 100%。

12.3.3 聚丙烯酰亚胺和聚甲基丙烯酰亚胺以醇为发泡剂[31]

(1) 将 0.05 份过氧化二苯甲酰，0.135 份三甲基乙酸特丁酯溶于 45 份甲基丙烯腈和 55 份甲基丙烯酸的混合物中。在表 12-27 的例 1~11 中加入 8 份不同的醇作为发泡剂。在例 12~23 中加入 2 份水。混合物在真空封管中 52℃聚合，24 h 后样品在 60~100℃后聚合 1h，在 100℃聚合 1 h。在 220℃发泡 2h，得到泡沫材料。

表 12-27 聚合及发泡

发泡剂	例	密度/(kg/m³)	例	密度/(kg/m³)
正丙醇	1	45	12	200
异丙醇	2	110	13	25
正丁醇	3	100	14	65
丁醇-2	4	55	15	25
异丁醇	5	80	16	40
正戊醇	6	200	17	50
戊醇-2	7	80	18	40
戊醇-3	8	120	19	40
异戊醇-1	9	135	20	65
正己醇	10	360	21	75
己醇-3	11	120	22	50
2-乙基己醇			23	100

(2) 将 84.4 份(体积)甲基丙烯酸与 66.3 份丙烯腈(摩尔比：1∶1)混合。取 50 份混合物与 4 份醇及 1 份水混合。每种情况加入 0.1 份三甲基乙酸特丁酯及 0.05 份过氧化二苯甲酰。溶液在真空下封管，在 45℃聚合 48 h，然后在 60~100℃后聚合 1 h，100℃ 1 h。样品在 220℃发泡 30 min 或在 200℃发泡 1 h (表 12-28)。

表 12-28 发泡剂及发泡温度

例	发泡剂	发泡温度/时间	泡沫性质
24	异丙醇	220℃/30 min	发泡强劲，粗孔
25	异丙醇	200℃/1 h	发泡强劲，中孔
26	特丁醇	220℃/30 min	发泡强劲，均匀发泡，很细的孔
27	特丁醇	200℃/1 h	发泡强劲，均匀发泡，很细的孔
28	戊醇-2	220℃/30 min	发泡强劲，不均匀的中到细孔结构

(3) 将 45 份(质量)甲基丙烯腈，55 份甲基丙烯酸，0.05 份过氧化二苯甲酰及 0.1 份偶氮二异丁腈混合。各加入 8 份特丁醇和水。溶液在真空封管中 60℃聚合 40 h，60 ~ 100℃ 1 h，100℃ 1 h。最后在 200℃发泡 2 h (表 12-29)。

表 12-29　以特丁醇和水为发泡剂

例	特丁醇/g	水/g	密度/(kg/m³)	泡沫结构
29	8	0	109	很细，均匀
30	7	1	77	很细，均匀
31	6	2	48	细，均匀
32	5	3	58	不细，均匀
33	4	4	240	中等孔，不均匀

12.3.4　以金属盐为促进剂[34]

将 100 mL 等分子的甲基丙烯酸和甲基丙烯腈与 10 mL 异丙醇发泡剂混合，加入 0.003~0.01 mol 金属盐。再加入 0.1%三甲基乙酸特丁酯和 0.05%过氧化二苯甲酰，将混合物在真空封管中 50℃聚合 24 h，再在 1 h 内由 60℃升温到 100℃，再在 100℃聚合 1 h。取出聚合物，在 200℃或 220℃发泡 2 h(表 12-30，表 12-31)。

表 12-30　金属盐对泡沫的影响

例	阳离子	阴离子	浓度/(mol/100g)	200℃ 2 h 发泡的密度/(g/L)	220℃ 2 h 发泡的密度/(g/L)
1	Mg^{2+}	meth	0.011	—	35
2	Al^{3+}	acac	0.009	—	110
3	K+	meth	0.011	—	110
4	TiO^{2+}	acac	0.01	—	160
5	Cr^{3+}	meth	0.011	—	87
6	Mn^{2+}	acetate	0.011	190	—
7	Mn^{3+}	acac	0.011	25	—
8	Co^{2+}	acetate	0.011	80	31
9	Cu^{2+}	acac	0.003	50	25
10	Zn^{2+}	meth	0.007	—	35
11	Zr^{4+}	acac	0.011	620	210
12	Cd^{2+}	meth	0.011	230	28
13	Sn^{4+}	acetate	0.011	35	18
14	Ce^{3+}	meth	0.011	75	75
15	Pb^{2+}	acetate	0.011	170	25
16	Pb^{4+}	acetate	0.009	75	42
17	Bi^{3+}	acetate	0.003	—	20

表 12-31   发泡温度与泡沫密度的关系

发泡温度/℃	密度/(kg/m³)
220	30
180	60
170	80
150	不发泡

12.3.5   以甲酰胺为发泡剂[35]

甲酰胺有 3 个作用：

1. 防止在聚合时发生沉淀，从而防止在发泡时产生不均匀和缺陷；

2. 加热时可以分解放出成泡的气体；

3. 分解产生的氨可以与过量的丙烯酸生成丙酰亚胺。

潮湿的空气使甲酰胺吸收的水汽可以在分解时产生更多的氨，用来形成酰亚胺。

将 50 g 甲基丙烯酸和 50 g 甲基丙烯腈，1 g 甲基丙烯酸镁，0.2 g 过氧化三甲基乙酸特丁酯在两块玻璃板间 40℃聚合 70 h，110℃聚合 20 h，得到厚度为 20 mm 的聚合物板。将该板在 200 ℃发泡 2 h，密度为 120 kg/m³。

也可以用 1.5 g 异丙醇和 0.5 g 甲酰胺，或 0.2 g 异丙醇和 1.8 g 甲酰胺得到满意的结果。

12.4   其他方法得到的聚酰亚胺泡沫材料

12.4.1   由甲酸为发泡剂[36]

在 12%的 PMDA/ODA 聚酰胺酸的 DMAc 溶液中加入含有 1.0 mol 甲酸的 4 mol 乙酐及 0.5 mol 异喹啉，搅拌后涂在传送带上，厚度为 1.5 mm，加热到 400℃，得到 0.6~0.7 mm 厚密度为 0.4 g/cm³ 的泡沫膜，介电强度为 8000 V，可以用作电气绝缘材料。

在 28 g 15%的 PMDA/ODA 的 DMAc 溶液中加入 4.0 mL 乙酐和 0.65 mL 异喹啉，充分搅拌后，再加入 0.1 mL 98%甲酸，剧烈搅拌，开始发泡，5~10 min 后凝胶化。将发泡的混合物倒入直径 50 cm，深度为 30 cm 的容器中，不加限制，在 300℃加热 1h，得到强韧的泡沫材料，密度为 0.04 g/cm³。

12.4.2   由异氰酸酯反应产生的 CO_2 发泡[37]

(1) 将 0.42 N MDI 在氮气下加热到 140℃，加入 0.38 N TMA 和 0.02 N BTDA。再加入 0.70g N,N',N''-三(二甲基氨丙基)对称六氢三嗪。反应开始有 CO_2 放出，以 CO_2 体积测定反应程度。当达到 15%反应后，加入硅氧烷表面活性剂 L5430(Union Carbide)，反应达到 20%后将反应物转移到铝板上冷却。然后再放置于 160℃ 15 min，使反应完成到 50%~60%，再冷却，粉碎。将粉末加到铝盘中，加热到 230℃，粉末熔融，继续放出 CO_2 作为发泡剂，得到泡沫，40 min

后发泡完全，得到柔韧的材料，含有 52% 酰亚胺，48% 酰胺。

(2) 将 157.5 g MDI 在氮气下加热到 140℃，搅拌下加入 110.1 g TMA 和 7.8 g BTDA，冷却到 120℃，加入 0.9 g N,N',N''-三(二甲基氨丙基)对称六氢三嗪，开始放出 CO_2，到放出 5.7 L 后，加入 0.105 g 硅氧烷表面活性剂。到放出 7.8 L CO_2 后，将混合物在 160℃反应 13 min，冷却，粉碎。将粉末在 230℃加热 40 min 发泡。

(3) 将 551.3 g MDI,385.4 g TMA 和 27.3 g BTDA 在 Henschel 混合器中混合 2 min，加入 4.7 g N,N',N''-三(二甲氨基丙基)对称–六氢三嗪和 1.75 g 硅氧烷表面活性剂，再混合 30 min。将混合好的物料在炉子中 160℃反应 15 min。粉碎后在 230℃发泡 40 min。泡沫材料不脆，细孔，收缩率低。

由异氰酸酯反应产生的 CO_2 发泡得到的泡沫见表 12-32。

表 12-32　由异氰酸酯反应产生的 CO_2 发泡得到的泡沫

性能	方法(2)	方法(3)
密度/(g/cm³)	0.009	0.0096
脆性(ASTM C421)/%	0.574	3.97
抗张强度(ASTM D3574)/MPa	0.081	0.032
形变 25%的抗压强度/MPa	0.01	0.011

(4) 将 20 g PMDA, 38 g 每分子平均官能度为 2.3 NCO 的多甲基苯撑多异氰酸酯与 5 g 水充分混合，再加入 0.6 g 1-羟乙基-2-十七烷基咪唑烷和 1.2 g 羟基值为 115 的 L-5410 表面活性剂。将该溶液在 93℃加热 2 h，得到的泡沫进行后固化，密度为 0.08 g/cm³，火焰扩散指数为 25。

12.4.3　由四酸与二胺反应发泡[38]

将 38.8 g 二苯酮四酸和 10.8 g MPD 在一起研磨 1 h 得到含挥发分 15.8%的细粉，铺于盘中放进预热到 300℃的炉中 10 min，得到韧的泡沫，密度为 0.35 g/cm³，该泡沫在火焰中不燃烧。

以 MDA 代替 MPD 得到相同的泡沫。

12.4.4　用酰亚胺交换反应得到的树脂发泡[28]

(1) 将 515.5 g(1.6 mol)BTDA 和大约 45.2 g(0.4 mol)己内酰胺加热到 175℃，反应 30 min 后冷却到 70℃，加入 965 g 异丙醇。混合物加热回流(90℃)70 min 到得到澄清溶液。冷却到 70℃，加入 317.12 g(1.6 mol)MDA，再回流 15 min 后冷却到室温，在铝箔上涂膜，在 82℃干燥过夜，取下脆性物料，在 82℃真空处理 30 min。进一步粉碎到平均粒径为 3 mm。以 2.5% 体积的粉末加入模具，加热到 110℃ 30 min，在该温度打开模具，取出固化的闭孔泡沫材料。

(2) 将 322 g(1.0 mol)BTDA 和 30 g (2.7 mol)己内酰胺在 170~180℃加热 30 min 后冷至 140℃，加入 500 g DMF，搅拌到均相。再冷却到 50~60℃再加入 8.5 g(0.026 mol)BTDA，搅拌 5 min。加入 15.45 g(0.07 mol)氨基丙基三乙氧基硅烷，混合物在 50~60℃搅拌 10 min。加入 200 g(1.0 mol)ODA，混合物在 50~60℃搅拌 10 min，得到黏性物质。加入 800 g 等质量的丙酮、甲异丙酮、乙醇及 DMAc 的混合物，在 20~60℃搅拌 1 h，得到均相溶液。具有无限长的储存期[40]。

将该溶液铺在基板上，在 121℃干燥 10 min，得到韧的涂层。在 316℃ 30 min 进行酰亚胺交换后涂层变得更硬。

(3) 将 322.23 g(1.0 mol)BTDA,22.6 g(0.02 mol)己内酰胺加到 500 g 甲醇中回流 30 min 后冷却到 45℃，加入 168.3 g(0.85 mol)MDA 和 17.4 g(0.15 mol)己二胺。混合物加热到 60℃反应 15 min，再加入 8 g BRIJ 78 表面活性剂(ICI)。在 75℃喷雾干燥。

将 70 g 树脂粉末置于 10 kW 微波炉中，树脂在 3 min 内迅速熔融，发泡，7.5 min 内粉末膨胀 35 倍，得到柔韧的聚酰亚胺泡沫[41]。

12.4.5 由二酐与甘氨酸及异丙醇反应得到的泡沫[42]

将 322 g(1 mol)BTDA 与 354 g(6 mol)异丙醇及 22.5 g 甘氨酸加热 5 h，得到透明溶液，冷却到 62℃，加入 198 g(1 mol)MDA，搅拌 2h，得到透明溶液。将该溶液倒入聚四氟乙烯盘中在 90℃干燥 3 h。将固体产物粉碎、过筛使粒子大小在 0.84~1.18 mm (A)，0.59~0.84 mm (B)，0.42~0.59 mm (C),0.30~0.42 mm (D)，0.25~0.30 mm (D)，<0.25 mm (F)。每个筛份分别在 232 ℃ 发泡，都得到稍有弹性的泡沫。密度和抗压数据见下。将 88 g D 置于闭合的模具中，232℃加热 2 h 后冷却得到 3 mm×305 mm×305 mm 带有光滑表面的泡沫板。

泡沫材料的密度：

A：0.056 g/cm³，C：0.02 g/cm³，D：0.03 g/cm³。C 和 D 可以吸收 28 和 24 倍本身质量

的水。

12.4.6 由二酐与二异氰酸酯得到的开孔泡沫[43]

由二酐与二异氰酸酯得到的开孔泡沫，可以用来填充蜂窝材料。这种泡沫利用 CO_2 发泡，无需在泡沫中去除水分。但是其前体是浆状或半液体状态，使得传输比较困难。

由二酐与二异氰酸酯得到开孔泡沫的配方，见表 12-33。

表 12-33　由二酐与二异氰酸酯得到开孔泡沫的配方

编号	配方	用量
A.	PAPI 580(多次甲基，多苯基的二异氰酸酯)	100 g
	T-9(辛酸亚锡溶液)	0.625 g
B.	BTDA	100 g
	糠醇	37.5 g
	Dow Corning 193	4.76 g

将 A/B 以 1.41 的比例混合，使得放热不超过 66℃，除去挥发物后，粉碎为 200 μm。将该粉末以一定量填充于蜂窝材料中，在 121~232℃发泡。

12.4.7 热塑性聚酰亚胺泡沫[44]

将对数黏度为 0.45 dL/g (以对氯苯酚∶苯酚=90∶10 为溶剂)的 PMDA/m,m'-BAPB 聚酰亚胺树脂进行造粒。混合物含有 0.05 mol 苯酐和 0.7% 滑石粉。料筒温度为 380~410℃，挤出头温度为 355℃，压力 110 kg/cm²。随着压力的减少得到泡沫产物，密度为 0.09 g/cm³，平均孔径 0.5 mm，闭孔含量 78%。

12.4.8 以聚氨酯泡沫为模板得到聚酰亚胺泡沫[45]

聚氨酯泡沫(20 mm×25 mm，5~8 mm 厚)在室温下浸入 PMDA/ODA 的聚酰胺酸溶液中 1 h，浸渍后取出，在 60℃加热 10 h，200℃ 20 h，然后在高纯氩气流下 1000℃加热 1 h (表 12-34，表 12-35)。

表 12-34　作为聚酰亚胺浸渍模板的聚氨酯泡沫

编号	种类	每 4 mm 孔的数目	密度/(g/cm³)	颜色	PI 浸渍性
1	醚	47~53	0.03	黑	劣
2	醚	27~33	0.03	黑	劣
3	酯	60~70	0.06	黄	优
4	酯	11	0.16	白	良
5	酯	16	0.17	白	良
6	酯	13	0.17	白	良

表 12-35　模板、浸渍后及炭化泡沫的密度

模板密度/(g/cm³)	浸渍后的密度/(g/cm³)	炭化后密度/(g/cm³)	炭化收率/%
0.06	0.29	0.18	35
0.16	0.47	0.23	32
0.17	0.36	0.17	28
0.17	0.35	0.16	28

聚醚型聚氨酯由于在 DMAc 中溶解所以不适合作为聚酰胺酸的模板。浸渍后泡沫的大小或缩小 20%，但外观仍然是多孔的。对于密度为 0.06 g/cm³ 的模板，浸渍后密度为 0.29 g/cm³ 可以得到泡沫材料。

12.4.9　以超临界 CO_2 使聚酰胺酸凝胶发泡

(1) 将聚酰胺酸在 5℃储存 5 天使分子量分布变窄。

为了得到三维交联的聚酰亚胺，将 10% 三官能团交联剂(TAPB〖1203〗)的 NMP 热溶液加到聚酰胺酸齐聚物溶液中，其量为酐端基的当量。此时溶液黏度明显增高，在 180℃加热 8h 进行酰亚胺化，得到凝胶(表 12-36)。

为了得到多孔的聚酰亚胺，将该凝胶在 250℃，10^{-4} mmHg 下真空干燥 8h。或者用超临界 CO_2 进行干燥。将凝胶放入高压釜，以 16 MPa 通入 CO_2，升温到 80℃，使凝胶中的溶剂为 CO_2 置换 8 h，然后将 CO_2 缓慢释放并以一定速度冷却，得到干燥的聚酰亚胺凝胶。将干燥的凝胶在 250℃处理 5 h 使完全酰亚胺化[46]。

表 12-36　聚酰亚胺凝胶特性

二酐	二胺	摩尔比	结构	计算 M_n	透明度
PMDA	—	1∶0	硬	220	不透明
		2∶1		540	不透明
PMDA	PPD	3∶2	硬	870	不透明
		4∶3		1200	不透明
		2∶1		640	不透明
PMDA	ODA	3∶2	半硬	1100	不透明
		4∶3		1500	不透明
		2∶1		820	透明
ODPA	ODA	3∶2	软	1300	透明
		4∶3		1800	透明

(2) 将聚酰亚胺薄膜在室温，1~57 bar 下用 CO_2 饱和，然后让 CO_2 迅速释放，取出薄膜，再浸泡在处于发泡温度的乙二醇中 30 s，将发泡的样品用乙醇/水(1∶1 混合物)处理，最后用乙醇至少洗涤 1 h 去除乙二醇，对泡沫的聚集态没有任何影响。在 30℃真空干燥 24 h[47]。

12.4.10　利用单体结构得到含微孔的聚酰亚胺[48]

将 0.200 g (0.577 mmol) 2,2′-二氨基-9,9′-螺双芴溶于 3 mL 新蒸的间甲酚中，加入 3 滴异喹啉和 0.126 g (0.577 mmol) PMDA，氮气下室温搅拌 1 h，80℃搅拌 1 h，再在 200℃搅拌 4~5 h。冷却到室温后将溶液加到搅拌的甲醇中。滤出沉淀，用甲醇洗涤后真空干燥。粗产物可以从DMAc 或氯仿溶液在甲醇中沉淀提纯。

从氯仿中沉淀的聚合物比表面积为 551 m^2/g，孔隙的体积为 0.66 cm^3/g。

12.4.11　掺杂聚苯乙烯磺酸钠然后在水中溶出得到纳米泡沫[49]

将含有 1 % 聚苯乙烯磺酸钠(PSS) 的 NMP 溶液加到聚酰胺酸在 NMP 的稀溶液中，聚酰胺酸的最后浓度为 1 %。造孔剂对聚酰胺酸的比例为 0.05 ~ 0.3。将 100 mL 该溶液室温下用微型注射器加到剧烈搅拌的 10 mL 环己酮中，加入 100 mL 乙酐和三乙胺(1:1)。5 h 后离心分出聚酰亚胺纳米粒子，真空干燥。将其分散在水中，溶出残留的 PSS。离心分离后在 270℃真空干燥。

12.4.12　以陶瓷粉加到聚酰亚胺中然后用 HF 腐蚀掉陶瓷粉得到泡沫薄膜[50]

(1) 将陶瓷粉加到聚酰胺酸中，成膜后陶瓷粉沉淀，酰亚胺化后用 HF 腐蚀去陶瓷粉，得到一面有泡沫结构的薄膜。

(2) 将 45.4 mL 10 % BPDA/ODA 聚酰胺酸溶液和 0.4848 g 中空陶瓷微粒在超声波作用下充分混合。将 4.5 mL 溶液倒入 7.5 cm×6 cm 的槽中盖紧，在 0℃放置 4 天，这期间陶瓷微粒发生沉积。去掉盖子，薄膜在 60℃，80℃和 120℃空气炉中各加热 2 h，然后真空下在 180℃加热 2 h，250℃及 300℃各 1 h。从玻璃上取下，得到聚酰亚胺/陶瓷膜。将该膜在 4%HF 中浸泡 20 天，使陶瓷溶解，得到的大孔薄膜在 80℃空气中干燥过夜(表 12-37)。

表 12-37　由陶瓷粉得到的聚酰亚胺泡沫薄膜

样品	密度/(g/cm³)	介电常数
纯 PI 膜	1.35	3.29
0℃放置 4 天的 PAA 膜	1.49	3.27
经 HF 腐蚀 20 天的膜	1.29	3.20
含 42%陶瓷微球的 5%PAA 溶液沉淀 2 天的膜	1.50	—
该膜用 4%HF 腐蚀 8 天后的膜	1.11	—

参 考 文 献

[1] Gagliani J, Sorathia UA K. US, 4296208[1981]; Gagliani J, Lee R, Wilcoxson A L. US, 4305796[1981].

[2] Gagliani J, Lee R, Sorathia U A K. US, 4369261[1983].

[3] Lee R, Sorathia U A K, Ferro G A. US, 4535101[1985].

[4] Lee R, Okey D W, Ferro G A. US, 4535099[1985].

[5] Gagliani J, Sorathia U A K, Lee R. US, 4506038[1985].

[6] Lavin E, Serlin I. US, 3554939[1971].

[7] Gagliani J. US, 4241114[1980].

[8] Barringer J R, Broemmelsiek H E, Lanier C W, Lee R. US, 5234966[1993].

[9] Weiser E S, Johnson T F, St. Clair TL, Echigo Y. High Perform. Polym., 2000, 12: 1.

[10] Weiser E S, St.Clair T L, Echigo Y, Kaneshiro H. US, 6133330[2000].

[11] Weiser ES, St.Clair T L, Echigo Y, Kaneshiro H. US, 5994418[1999].

[12] Ishikura M, Watanabe N. US, 5298531[1994].

[13] Echigo Y, Iwaya Y, Saito M, Tomioka I. Macromolecules, 1995, 28: 6684.

[14] Choi K Y, Lee J H, Lee S G, Yi M H, Kim SS. US, 6057379[2000].

[15] Hill F V. US, 4780167[1988].

[16] Indyke D M. US, 4952611[1990].

[17] Nelb RG, Saunders K G. US, 4738990[1988].

[18] Smith E E. J. Fire Tech, 1973, (3): 157.

[19] DeBrunner R E. US, 3502712[1970].

[20] Chu H-J, Zhu B-K, Xu Y-Y. J. Appl. Polym. Sci., 2006, 102: 1734.

[21] Carter K R, DiPietro R A, Sanchez M I, Russell T P, Lakshmanan, P, McGrath J E. Chem. Mater., 1997, 9: 105.

[22] Carter K R, DiPietro R A, Sanchez M I, Swanson S A. Chem. Mater., 2001, 13: 213.

[23] Takeichi T, Zuo M, Ito A. High Perf. Polym., 1999, 11: 1.

[24] Hedrick J L, DiPietro R, Charlier Y, Jerome R. High Perform. Polym., 1995, 7: 133.

[25] Wang W-C, Vora R H, Kang E-T, Neoh K-G, Ong C-K, Chen L-F. Adv. Mater., 2004, 16: 54.

[26] Wang W C, Vora R H, Kang E T, Neoh K G. Ind. Eng. Chem. Res., 2003, 42: 784.

[27] Hatori H, Kobayashi T, Hanzawa Y, Yamada Y, Iimura Y, Kimura T, Shiraishi M. J. Appl. Polym. Sci., 2001, 79: 836.

[28] Gagliani J, Long J V. US, 4407980[1983].

[29] Kim D W, Kang Y, Jin M Y, Seok S, Won J C, Lee C, Yi J, Kim J, Kang J, Shin J S. J. Appl. Polym Sci., 2004, 93: 1711.

[30] Mehdipour-Ataei S, Saidi S. Polym. Adv. Tech., 2008, 19: 889.

[31] Schroeder G. US, 4139685[1979].

[32] Schroder G. Makromol. Chem., 1966, 96: 227.

[33] Ritter H, Schwarz-Barac S, Stein P. Macromolecules, 2003, 36: 318.

[34] Schroeder G. US, 4187353[1980].

[35] Bitsch W. US, 4665104[1987].

[36] Hendrix W R. US, 3249561[1966].

[37] Wernsing DG, Feagans R M. US, 4990543[1991].

[38] Longmeadow E L, Serlin I. US, 3483144[1969].

[39] Graves G D W. US, 2146209[1939].

[40] Long J V, Gagliani J. US, 4161477[1980].

[41] Gagliani J, Long J V. US, 4599365[1986].

[42] Shulman G P, Fung C C L. US, 4647597[1987].

[43] Lee K W. US, 4806573[1989].

[44] Ezawa H, Nakakura T, Watanabe T, Tsushima H. US, 4978692[1990].

[45] Inagaki M, Morishita T, Kuno A, Kito T, Hirano M, Suwa T, Kusakawa K. Carbon, 2004, 42: 497.

[46] Kawagishi K, Saito H, Furukawa H, Horie K. Macromol. Rapid Commun., 2007, 28: 96.

[47] Sijbesma K B, Munuklu H J P, van der Vegt P, Wessling N F A, Bicontinuous M. Macromolecules, 2001, 34: 8792.

[48] Weber J, Su Q, Antonietti M, Thomas A. Macromol. Rapid Commun., 2007, 28: 1871.

[49] Zhao G, Ishizakaa T, Kasaia H, Hasegawaa M, Nakanishia H, Oikawa H. Polym. Adv. Technol., 2009, 20: 43.

[50] Deng Y, Zhou H, Dang G, Rao X, Chen C. J. Appl. Polym.Sci., 2007, 104: 261.

第 13 章 杂 化 材 料

13.1 聚酰亚胺-无机杂化材料

13.1.1 黏土杂化的聚酰亚胺

1. 黏土的改性

①用氨基酸改性[1]

将 0.0673 mol 6-氨基己酸或 *p*-对氨基苯甲酸, 5.05 mL 37 %盐酸(0.0584 mol HCl)及 100 mL 水加热到 80℃, 加入黏土(Na-MMT)的水分散液, 剧烈搅拌 1 h。过滤, 用 400 mL 热水洗涤, 以除去残留的铵盐, 然后干燥。

②用单元胺改性[2]

将 8.82 g 十二烷胺, 4.8 mL 浓盐酸和 100 mL 水加热到 80℃。另外在 400 mL 水中分散 20 g 黏土(MMT), 然后加到铵盐的溶液中剧烈搅拌 1 h, 滤出白色沉淀, 在 400 mL 热水中搅拌 1 h。再过滤, 重复 2 次, 以除去过量的十二胺盐酸盐, 过滤, 冻干。

也可采用乙醇胺或十六胺, 对于乙醇胺则采用磷酸代替盐酸。

③用季铵盐为插层剂

(1) 以十六烷基氯化吡啶为插层剂[3]

将 1 g 黏土加到 50 mL 水中, 分散后加入等摩尔的十六烷基氯化吡啶, 化合物剧烈搅拌 24 h。滤出有机黏土, 用去离子水洗涤, 至无氯离子可以被硝酸银检出。

(2) 以三甲基十六烷基氯化铵为插层剂[4]

将 5 g 黏土在 400 mL 水中室温搅拌过夜。另将 2.5 g 插层剂在 30 mL 水中搅拌, 加入 1 mol/L 盐酸使 pH 达到 3~4。搅拌 1 h 后将该铵盐溶液以 10 mL/min 加入到 MMT 悬浮液中, 继续搅拌过夜。用 9000 r/min 离心分离, 用水至少洗涤 3 次, 以去除过量的铵盐。

(3) 将 1.8 mg 硫氮杂蒽溶于 0.1 mol 甲基丙烯酸二甲氨基乙酯中, 搅拌下滴加入 20 mL 乙腈。将混合物加热到 50℃, 3 h 内加入 21.9 g (0.154 mol)碘甲烷在 20 mL 乙腈中的溶液。加完后再搅拌 30 min, 冷却到室温。滤出白色沉淀, 用乙腈洗涤。将得到的 0.026 mol 季胺盐在 100 mL 水中加热到 50℃搅拌下加入 Na-MMT 分散液, 反应 1 h。滤出改性的黏土, 用水洗涤至用硝酸银测不到碘[1]。

④用二胺为插层剂[5]

将 5 g 黏土加到 500 mL 蒸馏水中室温搅拌过夜。将 2.0 g 插层剂 ODA 在 100 mL 水中加入 1.0 mol/L 盐酸, pH 达到 3~4。将该溶液以 10 mL/min 速度加到 MMT 水悬浮液中。室温搅拌过夜。以 9000 r/min 离心 30 min, 过滤, 用水洗涤至少 5 次以去除过量的游离铵盐。

⑤用低分子 PMR 为插层剂[6]

将 1 g PMR-5 (MW 500) (见 5.4.1，5.4.2)和有机黏土加到甲醇中，用超声波处理或结合搅拌 18 h，使 PMR-5 插入黏土。过滤，用甲醇洗涤，除去残留的 PMR-5。将插层的黏土在 75 ℃真空干燥 3 h。

2. 杂化

①改性黏土在聚合前加入

将改性的 MMT 加到 DMAc 中，加热到 90℃，搅拌 3 h。将 MDA 在室温溶于 DMAc 中，加入 MMT/DMAc 溶液。混合物搅拌 30 min 后加入 PMDA，在室温搅拌 6 h。将得到的混合物涂膜，氮气下在 100℃干燥 6 h，150℃ 4 h，270℃ 2 h，得到 MMT/PI 杂化膜。

②将改改性黏土与聚酰胺酸混合[2]

将 1.57 g 用十二胺改性的黏土和 44.94 g DMAc 在 90℃剧烈搅拌 3 h，得到 2.49%黏土分散液。再将 5.24 g ODA 在 51.6 g DMAc 中 30℃搅拌 30 min，加入 5.70 g PMDA，在 30℃搅拌 1 h，得到 16%聚酰胺酸溶液。将 0.82 g 黏土分散液和 6.13 g 聚酰胺酸溶液及 3.8 g DMAc 的混合物在 30℃剧烈搅拌 5 h。将得到的溶液铺于 6×7cm 的盘中，在空气流中放置 2 天以去除 DMAc，然后在氮气下 100℃，150℃各加热 1 h，300℃加热 2 h，得到 60 μm 厚的杂化薄膜。

③用 THF/MeOH 为介质[3]

将 20.02 g (0.1 mol) ODA 加到 420 g THF/MeOH (THF/MeOH＝4∶1)中，等 ODA 完全溶解后室温下在 40 min 内逐渐加入 22.90 g (0.105 mol) PMDA 粉末，搅拌 3h。室温下 3 h 内滴加 25.55 g(0.252 mol)Et₃N 和 168 g MeOH，得到淡黄色黏液。

将 0.1381 g 用十六烷基氯化吡啶改性的黏土(见 1. ③(1))和 5.77 mL THF/MeOH (4:1) 在 90℃ 剧烈搅拌 24 h 得到 THF/MeOH 分散的黏土。然后加入到聚酰胺酸三乙胺盐的溶液中，在 30℃搅拌 6 h，涂膜，干燥，按通常方法处理。

④将有机黏土加到聚异酰亚胺的溶液中[8]

将有机黏土加到聚异酰亚胺的 NMP 溶液中，室温超声处理 10 min 后涂膜，在 100℃，200 ℃各处理 1 h，最后在 280℃处理 30 min。

13.1.2　二氧化硅杂化

1. 由接枝共聚的方法杂化[9]

将 BTDA/PPD 的聚酰胺酸粉末溶于 DMF，得到的浓度为 75 g/L。25℃下以 300 L/h 鼓泡通入 O₃/O₂ 混合气体(臭氧浓度为 0.027 g/L)到 14 mL 溶液中大约 10 min，使聚合物中过氧化物含量为 8×10⁻⁵mol/g。

随着臭氧处理，聚酰胺酸的数均分子量降低、分散性增加，5 min 后相对分子质量由 81 300 降到 65 600。聚酰胺酸的降解可能是由于形成了可以与氧生成过氧化及氧化种的活性点。将含有 1 g 聚酰胺酸的溶液转移到安瓿中，加入 20 mL DMF 和 20 mL 甲基丙烯酸硅倍半氧烷 (MA-POSS)的 THF 溶液，用冷冻抽空方法脱气后封管，在 70℃反应 20 h，冷却后在己烷中沉淀。将沉淀在 DMF 中重溶解，在己烷中重沉淀重复 3 次，用己烷萃取 48 h，以除去 MA-POSS 和均聚物，室温真空干燥过夜。

将接枝共聚物溶于 DMF 得到浓度为 20%的溶液。由该溶液涂制的 PAA-g-PMA-POSS 的薄膜在 90℃真空干燥 1 h，然后在 150℃ 1 h，200℃ 1 h，250℃ 30 min，300℃ 30 min 处理。得到的薄膜厚度为 200 μm。

2. 由聚酰胺酸盐与正硅酸酯杂化[10]

将 1.80 mL 正硅酸甲酯(TMOS)和 1.00 mL 水加到 13.5 g 聚酰胺酸盐的甲醇溶液中(见 5.1.5 2)，混合物很快变为均相，密封放置 24h 后涂膜，干燥后在 100℃, 200℃及 300℃各处理 1 h，得到 PI-SiO_2 杂化膜。

3. 在聚酰胺酸溶液中加入含硅化合物

①将 TMOS 和 APTMOS 先溶于 DMAc，然后再与 PMDA/ODA 的 15%DMAc 溶液混合。混合物在室温搅拌 4 h 后涂膜。在 70℃干燥 18 h，得到聚酰胺酸–硅杂化膜，然后真空热处理得到聚酰亚胺-SiO_2 膜[11]。

②将 1 mL 水加到 10 g 10%PMDA/ODA 的 DMAc 溶液中，搅拌 30 min 变为均相，再加入甲基三乙氧基硅烷，室温搅拌 3~8 h，变成均相溶液。涂膜，60℃干燥 12 h，然后在 100℃，200℃和 300℃各真空处理 1 h，得到聚酰亚胺–氧化硅杂化膜[12]。

③如②，将甲基三乙氧基硅烷改为苯基三乙氧基硅烷[13]。

④如②，除甲基三乙氧基硅烷外还加有二甲基二乙氧基硅烷。

除上述方法外，还可以采用聚酰胺盐的方法：

将 6.06 g(60 mmol)三乙胺加到 80 mL10%PMDA/ODA 的 DMAc 溶液中(20 mmol)，室温搅拌 4 h 后缓慢倒入 1.5 L THF 中，滤出沉淀，室温减压干燥后溶于甲醇，得到 10%的溶液。向该溶液中加入 1.0 mL 水，搅拌后再加入甲基三乙氧基硅烷和/或二甲基二乙氧基硅烷，室温搅拌 30 min 后变为均相，放置 24 h 后涂膜处理如前[14]。

4. 引入含氟多面体齐聚硅倍半氧烷[15]

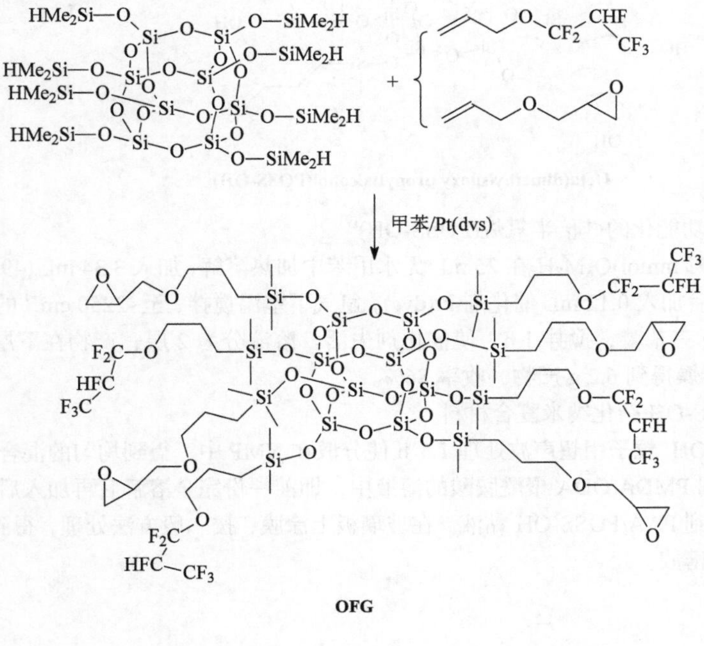

OFG

①八(二甲基硅氧基六氟丙基缩水甘油醚)硅倍半氧烷 (OFG)

将 0.50 g (0.49 mmol) (HMe₂SiOSiO₁.₅)₈ 在 5 mL 甲苯中搅拌 5 min，加入 0.31 mL(1.96 mmol) 烯丙基-1,1,2,3,3,3-六氟丙基醚 (AHFPE)和 10 滴 2.0 mM Pt(dvs)，混合物在 80℃搅拌 8 h，加入 0.23 mL(1.96 mmol)烯丙基缩水甘油醚(AGE)，继续在 80℃搅拌 8 h，冷却干燥后加入活性炭，搅拌 10 min，通过 0.45 μm Teflon 膜过滤，以 10%清液储存。将溶剂除去后得 1.05 g 浑浊液体，收率 90%。

②PI/POSS 纳米复合材料

将不同质量的 OFG 加入 PMDA/MDA 的 11% DMAc 溶液中，室温搅拌 24 h，涂膜后在 40℃干燥 48 h。然后在空气流中 100℃，150℃，200 及 250℃各加热 1 h，然后在 300℃加热 30 min，得 PI/POSS 纳米复合材料。

5. POSS[16]

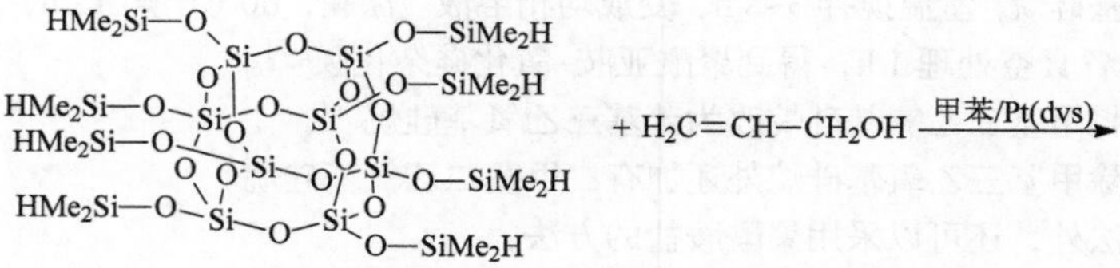

Octasilsesquioxane(Q8M8H)

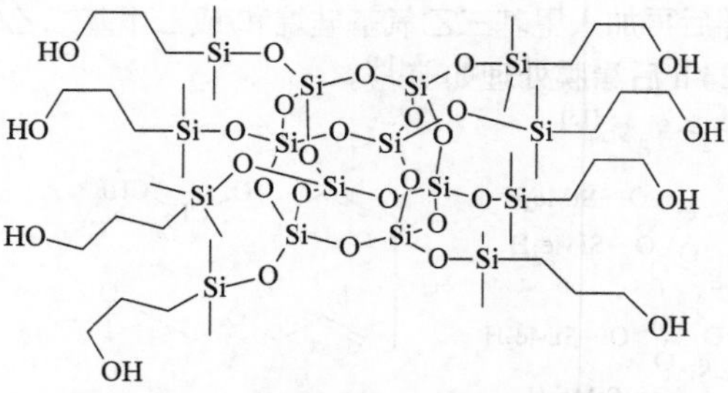

Octa(dimethylsiloxy propyl)alcohol(POSS-OH)

①用羟基功能化的硅倍半氧烷(POSS-OH)[7]

将 5 g (4.91 mmol)Q₈M₈H 在 25 mL 无水甲苯中加热溶解，加入 3.34 mL (49.10 mmol)烯丙醇，完全溶解后加入 0.12 mL 催化剂 Pt(dvs)，氩气下室温搅拌，至~2250 cm⁻¹ 的 Si-H 峰消失。再加入~10 mg 三苯膦，搅拌 1 h，使催化剂失活。溶液分为 2 层，产物在下层，除去溶剂，在 40℃真空干燥得到 6.2 g 产物，收率 86%。

②PI/POSS-OH 杂化纳米复合材料

将 POSS-OH 粒子用超声波处理 1.5 h 使分散在 NMP 中，得到均匀的混合物，小心地将 POSS-OH 加到 PMDA/ODA 聚酰胺酸的溶液中，即前一份完全溶解后再加入后一份。溶液搅拌数小时，得到 PAA/POSS-OH 黏液。在玻璃板上涂膜，按一般方法处理，得到 PI/POSS-OH 杂化纳米复合薄膜。

6. 纳米介孔硅胶/PI[17]

①纳米介孔硅胶

将 7.72 g 四甲基氢氧化铵(TMAOH)和 10.98 g 十六烷基三甲溴化铵加到 74.6 g 去离子水中,室温搅拌,加入 6.7 g 烟硅胶,在 30℃搅拌 1 h,得到活性凝胶。将得到的凝胶在 1000W 微波炉中 180℃加热 5 min,结晶后,滤出纳米介孔硅胶,用水洗涤,80℃空气干燥后在 550℃焙烧 6 h。在最后得到的凝胶中 SiO_2:TMAOH:TABr:H_2O = 1:0.19:0.27:40。

②纳米介孔硅胶氨丙基化(NH₂-NMS)

将 1 g 硅胶和 2 g APTMS 加到 10 mL 甲苯中,混合物在 100℃搅拌 24 h 后过滤,用甲苯反复洗涤,在 90℃空气干燥。得 1.3 g 含有 1.0 g 纳米介孔硅胶和 0.3 g APTMS 的产物。

③杂化

将 1.395 g (4.5 mmol) ODPA 加到干燥的 29.0 g NMP 中,氮气下搅拌 12 h,加入一定量(1%,3%,5%,7%,或 10%,质量分数)的 NH_2-NMS,室温搅拌 24 h。再加入 1.838 g (4.5 mmol) BAPP,室温搅拌 24 h 得到聚酰胺酸黏液。涂膜,在 80℃干燥 1 h,再在 120℃,130℃,150℃,180℃和 210℃各处理 1 h,在 250℃和 280℃各处理 30 min,得到柔韧的薄膜。

7. 含硅纳米管的薄膜[18]

将 0.73 g 正硅酸乙酯加到 5 mL 含有 0.02 g d,l-酒石酸和 0.06 g 水的乙醇中,搅拌 30 min,再加入 28%氨水,放置 30 min,产物用大量水洗涤,通过 0.2 μm 膜过滤后室温干燥。

将硅纳米管和 3-氨基丙基三乙氧基硅烷偶联剂加到 DMAc 中,搅拌 12 h,再超声处理 30 min,得到表面改性的硅纳米管。加入 ODA 搅拌溶解后再加入 PMDA,搅拌 10 h,涂膜。酰亚胺化如常,得到含硅纳米管的薄膜。

8. 由带羟基的聚酰亚胺与正硅酸酯作用[19]

将二酐与带羟基的二胺在 NMP 中聚合后以二甲苯在 170~190℃共沸带水,得到聚酰亚胺溶液。利用聚合物中的羟基与正硅酸作用,有下面三种方法:

①将水解的 TEOS 溶液加到聚酰亚胺溶液中;

②将偶联剂 GPTMOS 加到水解的 TEOS 溶液中,然后再将混合物加入到聚酰亚胺溶液中;

③将 GPTMOS 加到 PI 溶液中在 70℃搅拌 24 h 完成反应,再加入水解的 TEOS 溶液,搅拌 6h。

将得到的溶液涂膜,50℃干燥,在在 170~180℃处理 24 h 得到杂化聚酰亚胺薄膜。

9. 由带三乙氧基硅烷的二脲化合物与聚酰胺酸共混[20]

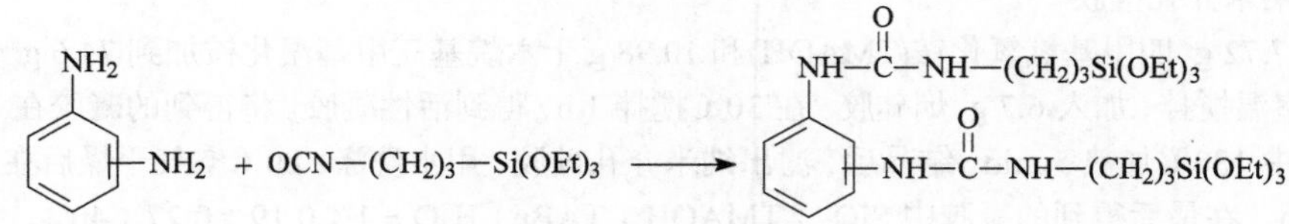

将 1.11 g(0.01 mol)苯二胺和 5 mL(0.02 mol)异氰酸 3-(三乙氧基硅基)丙酯氮气下在 20 mL THF 中回流 1 天，除去溶剂，得到黄色蜡状有机硅预聚体，用 100 mL 己烷洗涤 2 次，在 60 ℃ 真空干燥 1 天，收率 74%。

向 BPDA/ODA 的聚酰胺酸溶液中加入有机硅预聚体，搅拌 1 h 得到均相溶液，滴加去离子水，搅拌 12 h 完成溶胶-凝胶反应，然后将溶液涂膜，在 80℃干燥 3 h。所有预聚溶液的固含量为 10%。薄膜在 130℃，180℃，250℃各 1 h，得到聚酰亚胺杂化膜。

10. 将硅单元引入侧链[21]

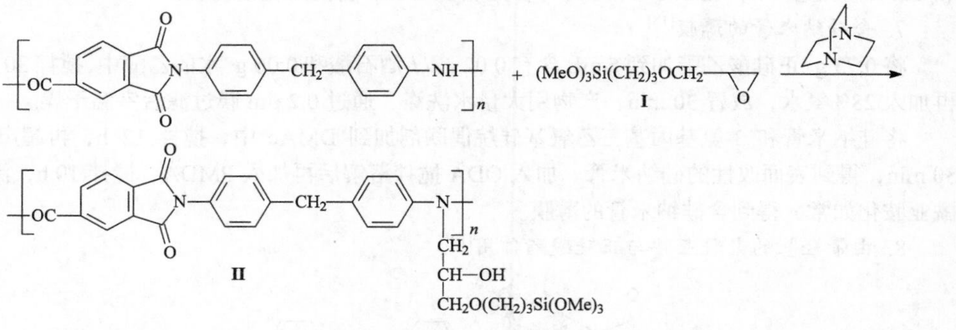

将 20 g PAI 溶液与 0.2 g Dabco 混合后在 60℃真空炉中干燥 24 h，氮气下加入 200 mL 干燥 DMAc，在 50℃反应 4 h，至 PAI 完全溶解。冷却到室温，加入 I，在 60℃搅拌 3 天，得到带偶联剂的 PAI。

在得到的带偶联剂的 PAI 中加入二甲基二乙氧基硅烷和二乙胺的 DMAc 溶液和水，进行水解和缩聚，再加入 5~6 滴 2-乙基己酸锡以加速反应。在 60℃反应 12 h 后冷却，涂膜，在 80℃减压 24 h，得到 PAI–PDMS 复合膜。

11. 用 PMMA-Si(OMe)$_3$ 作为偶联剂得到聚酰亚胺-SiO$_2$ 杂化膜[22]

将 17.78 g 含有 18.72 g MMA，41.56 mg 3-巯基丙基三甲氧基硅烷和 40 mg 偶氮二异丁腈的混合物回流搅拌 6 h 后倒入乙醚中沉淀出粗聚合物。将得到的聚合物溶于丙酮，再在乙醚中沉淀后真空干燥得到 16 g PMMA-Si(OMe)$_3$，M_n = 8000。

将 40 mL 胶体硅胶加到 4 g PMMA-Si(OMe)$_3$ 在 277.44 g 乙二醇二甲醚和 21.34 g THF 的混合物中，悬浮液在 90℃搅拌，共沸除去 277.44 g 溶剂。回流下搅拌 12 h，得到 PMMA 改性的硅胶。在丙酮中离心分离出未反应的聚合物后真空干燥，得到 7 g 产物。将聚合物由 100 ℃加热到 800℃来测定所结合的硅胶量。

将 PMMA/SiO$_2$ 在 NMP 中的溶液与聚酰胺酸在 NMP 中的溶液共混，超声处理 30 min，然后涂膜，干燥，酰亚胺化，得到聚酰亚胺杂化膜。

13.1.3 炭纳米管复合材料

1. 直接加入法[23]

用超声波(40 kHz)将炭纳米管(SWNT)在 NMP 中处理 10 min，得到 0.01% 的稀悬浮液。加入二胺，搅拌 20 min，加入二酐和苯酐，得到固含量为 10%的聚酰胺酸-炭纳米管复合材料。

2. 用 EDA 将炭纳米管功能化[24]

将 400 mg (2.1 mmol) EDA 盐酸盐溶于 10 mL DMF 中，加入 51.1 mg SWNT，超声作用 2 h，再加入氨基封端的聚酰亚胺 DMF 溶液，再超声 48 h，离心分离，除去溶剂。将粗产物溶于 10 mL THF，用聚偏氟乙烯膜进行电渗析 3 天，去除溶剂，得到 PI-NH$_2$-SWNT。

将该功能化的炭纳米管加到聚酰亚胺溶液中，搅匀涂膜，真空室温干燥 24 h，50℃真空处理 48 h。

3. 用硝酸-硫酸氧化炭纳米管再胺化后与 BMI 复合[25]

将 MWNT 用硝酸-硫酸(1∶3，体积比)进行提纯和疏松，这时在 MWNT 表面产生羧基。将 1 mg 疏松过的 MWNT 加到 200 mL SOCl$_2$ 和 10 mL DMF 中，20℃搅拌 24 h。再与乙二胺回流 96 h，冷却到室温，除去过量的乙二胺，用乙醇洗涤数次，室温真空干燥，得到带氨基的 MWNT。

将 0.1 g 胺化 MWNT 室温下加到 4.4 g 3,3′-二烯丙基双酚 A 中，剧烈搅拌 2 h，再超声处理 2 h，得到均匀的悬浮液。然后加到 130℃的 MDA-BMI 中，搅拌 15 min。将得到的混合物倒入预热的模具中，真空脱泡 1 h，在真空炉中 140℃，160℃，180℃和 200℃各处理 2 h。然后在空气中 220℃后固化 12 h，得到 MWNT/BMI 纳米复合材料。

13.1.4 纳米金刚石/PI[26]

由爆炸法得到的纳米金刚石中由于氧化作用表面带有羧基。

将纳米金刚石在 30 mL NMP 中超声处理 1h，加入 0.01 mol ODA，溶解后加入 0.01 mol BTDA，室温搅拌 14 h，得到 PAA-纳米金刚石，脱气后涂膜，干燥，最后处理到 400℃ 10 min。

13.1.5 掺杂磷酸[27]

将聚酰亚胺溶于 DMAc 得到 5 %溶液，加入设定量的 85 % H$_3$PO$_4$ 在 DMAc 中的溶液。涂膜，干燥得到 PI/xH$_3$PO$_4$ 薄膜，x 为相对于每个酰亚胺环的磷酸数目。真空干燥至恒重。

13.2 聚酰亚胺-金属或金属氧化物杂化材料

聚酰亚胺-金属或金属氧化物杂化材料通常是将金属盐或有机物，如乙酰基丙酮，络合物，溶解在聚酰胺酸的溶液中，得到均相的溶液，然后涂膜，干燥，得到含金属或金属氧化物的聚酰胺酸，最后采用热酰亚胺化方法得到金属或金属氧化物掺杂的聚酰亚胺。在热酰亚胺化过程中同时使有机配位体分解或逸出，有时还需要还原，得到含金属的聚酰亚胺。为了增加金属化合物的溶解性，往往加入配位体，如二甲硫醚或三氟乙酰基丙酮等[28,29]。

13.2.1　氧化钛的杂化

1. 聚酰亚胺-硅氧烷(PIS)-TiO$_2$ 杂化纳米复合材料[30]

$$H_2N(CH_2)_3 \overset{CH_3}{\underset{CH_3}{\left(Si-O\right)_n}} \overset{Ph}{\underset{Ph}{\left(Si-O\right)_m}} \overset{CH_3}{\underset{CH=CH_2}{\left(Si-O\right)_p}} \overset{CH_3}{\underset{CH_3}{Si}} (CH_2)_3NH_2$$

APPPVS

以 1 mol Ti(OBu)$_4$ 和 4 mol acac 在氮气下混合，剧烈搅拌到形成钛前体透明均相溶液。设定 Ti(OBu)$_4$ 可以定量转化为 TiO$_2$。

将 0.6091 g(1.41mmol) m-BAPS 和 0.0171 g (0.020 mmol)APPPVS〖877〗溶于 NMP，加入 0.4607 g (1.42mmol) BTDA。室温搅拌 12 h 得到黏液，固含量为 25%。剧烈搅拌下滴加入各种含量的钛前体，混合物在室温搅拌 12 h，得到 PIS/TiO$_2$ 纳米复合物，在聚酯板上涂膜，在 70~80℃干燥 2 h。将薄膜转移到其他底板上，在 100℃，150℃，200℃，250℃和 300℃各处理 1 h，得到含硅和氧化钛的聚酰亚胺薄膜。

2. 用正钛酸酯掺杂[31]

玻璃板用 2%KOH 处理 24 h，然后用含 5%K$_2$Cr$_2$O$_7$ 和 1%水的硫酸洗涤后用蒸馏水淋洗，再在 120℃烘干。将 0.5 g TMA/ODA 的聚酰胺酰亚胺溶解在 DMAc 中，得到 7%溶液。将正钛酸乙酯溶于含有一定量 HCl 和水的 DMAc 中，搅拌 0.5~1 min 后立即加到 PAI 的溶液中，室温搅拌 30~36 h。将得到的均匀透明溶液倒入置于玻璃板上的 Teflon 环内，在一定温度的干燥氮气流下干燥(大约需要 12~48 h)。干燥后薄膜自动脱离，得到厚度为 15~70 μm 的薄膜。将薄膜在真空中 100℃ 24 h,150℃ 12 h，200℃ 12 h 固化。再将薄膜在 300 mL 甲醇中萃取 12~24 h，以去除残余的 DMAc 和 HCl。然后再在真空下室温 24 h，150℃ 24 h，220℃ 24 h 处理。这种薄膜中仍然含有烷氧组分，要完全转化需要经 700℃高温处理。

13.2.2　银的杂化

1. 由三氟乙酸银与 PAA 得到含银的聚酰亚胺[32]

采用 1%过量的二酐，制得 BTDA/DABP 固含量为 15%的聚酰胺酸 DMAc 溶液，对数黏度 0.7~0.9 dL/ g。由于乙酸银不溶于 DMAc，可将乙酸银与三氟乙酸作用得到可溶的三氟乙酸银(AgTFA)。将 15%的聚酰胺酸溶液加到 AgTFA 络合物溶液中得到透明的淡黄色溶液。将该溶液在玻璃板涂膜，在干燥(20%RH)空气中放置 20 h，再在空气炉中热固化：从室温在 20 min 内升至 130℃保持 1 h，再在 4 h 内升至 300℃保持 7 h，最后在 20 min 内升至 320℃保持 4 h。

将玻璃板浸在水中，取下薄膜。

2. 表面银化的 6FDA/4-BDAF 聚酰亚胺薄膜[33]

将 0.0456 g (0.273 mmol) AgOAc 加到 1.0 g DMAc 中，加入 0.0625 g (0.300 mmol)六氟乙酰基丙酮(HFAH)，几秒钟之内就变成六氟乙酰基丙酮银(AgHFA)，HFAH/Ag 的摩尔比为 1.1：1.0。再加入 10.0 g 固含量为 15%的 6FDA/4-BDAF 聚酰胺酸溶液，搅拌 30 min。也可以将 AgHFA 复合物的溶液加入到聚酰胺酸的溶液中。将得到的溶液涂膜，在 RH 为 5%的空气流中干燥 15~18 h，然后在 135℃处理 1 h，再在 4 h 内加热到 300℃保持一定时间，得到高反射、低银浓度、表面金属化、柔韧的聚酰亚胺薄膜。

3. 双面镀银 PMDA/4,4′-ODA 聚酰亚胺薄膜[34]

将含溶剂约 18%的聚酰胺酸薄膜在避光环境下浸泡在 0.2 mol/L 硝酸银水溶液中 20, 40, 60min，进行离子交换。然后用水淋洗，在张力下进行热固化：1 h 内升温到 135℃，保持 1 h，在 2 h 内升温到 300℃并保温 4 h，得到双面镀银 PMDA/4,4′-ODA 聚酰亚胺薄膜。

4. 由含硫醚的聚酰亚胺加强与银的结合[35]

BDSDA/SDA

Ag(COD)(HFA)

在 4 mmol BDSDA/SDA 聚酰胺酸的 DMAc 溶液中加入 2 mmol 固体 Ag(COD)(HFA)，室温搅拌 2 h 得到固含量为 10%~20%的溶液，在钠玻璃板上铺膜，在 80℃干燥 20 min，在干空气流中 100℃，200℃，300℃各处理 1 h，得到含银的聚酰亚胺薄膜。

5. BTDA/ODA 掺杂银[36]

将乙酸银溶于少量六氟乙酰基丙酮(HFAH)的 DMAc 溶液中(每 5 g 12%BTDA/ODA 溶液对 1 g 含 HFAH 的 DMAc)，然后加入 12%的聚酰胺酸溶液得到一定的浓度，搅拌 30 min。这种掺杂的薄膜在至少 24 h 内对光不敏感，所以无需采用避光措施。涂膜后在 10%RH 下干燥 15 h，然后在空气炉中 100℃/1 h，3 h 内加热到 300℃，再保持 1 h，得到掺银的薄膜。

6. 银离子的还原[28]

将银盐溶于 NMP，再与 PAI 混合，将得到的黏液涂膜，在 120℃干燥 30 min。将含有银盐的薄膜在硼氢化钠的水溶液中还原(见表 13-1，表 13-2)。

PAI/AgNO$_3$ 也可用金属粉末如铁，镁和锌在稀质子酸中或金属钠在醇中还原。

I　　　　　　　　II

III　　　　　　　IV

表 13-1　含有硝酸银的 PAI 薄膜用硼氢化钠还原

薄膜	AgNO₃/PAI	AgNO₃/%	柔性	还原条件			表面电阻/Ω
				浓度/%	温度/℃	时间/min	
I-Ag⁺	1.0	35.92	+	1.0~4.0	50~85	3	$>2 \times 10^7$
	1.5	53.88	+	2.5	65	3	2.0×10^2
	2.0	71.84	+	2.5	65	3	1.0×10^1
II-Ag⁺	1.0	35.92	+	1.0~4.0	50~85	3	$>2 \times 10^7$
	1.5	53.88	+	1.0~4.0	50~85	3	$>2 \times 10^7$
	2.0	71.84	+	1.0~4.0	50~85	3	$>2 \times 10^7$
	2.5	89.80	+	3.5	85	3	1.0×10^3
	3.0	107.76	+	3.5	85	3	2.5×10^1
III-Ag⁺	1.0	35.76	+	1.0~4.0	50~85	3	$>2 \times 10^7$
	1.5	53.64	+	3.5	85	3	1.0×10^5
	2.0	71.52	+	3.5	85	3	1.0×10^3
	2.5	89.40	+	3.5	85	3	5.0×10^1
IV-Ag⁺	1.0	35.76	+	1.0~4.0	50~85	3	$>2 \times 10^7$
	1.5	53.64	+	—	—	—	—
	2.0	71.52	—	—	—	—	—

表 13-2　含有硝酸银的 PAI 薄膜用镁粉/稀盐酸还原

薄膜	AgNO₃/PAI	AgNO₃ 质量分数/%	表面电阻/Ω	还原时间/s
I-Ag⁺	1.0	35.92	1.68×10^0	20
	1.5	53.88	2.12×10^0	20
	2.0	71.84	4.50×10^0	20
II-Ag⁺	1.0	35.92	3.40×10^1	60
	1.5	53.88	4.10×10^0	20
	2.0	71.84	5.90×10^0	20
	2.5	89.80	1.40×10^1	20
	3.0	107.76	6.90×10^0	20
III-Ag⁺	1.0	35.76	5.80×10^0	120
	1.5	53.64	6.00×10^0	20
	2.0	71.52	9.00×10^0	20
	2.5	89.40	1.80×10^0	20

13.2.3 掺铜

1. 以 Cu(TFA)₂ 为掺杂剂[38]

以 4mmol 二酐和二胺在 DMAc 中得到固含量为 20%的聚酰胺酸溶液, 加入 1~2 mmol Cu(TFA)₂ (用 1× 和 2× 表示), 搅拌 2 h。以 1500 r/min 旋涂 5min, 薄膜在 80℃预固化 20 min, 再在控制的气氛下在 100℃, 200℃, 300℃各处理 1 h。气氛有干燥流动空气、水饱和空气及干燥氮气三种(表 13-3)。

表 13-3 Cu(TFA)₂掺杂的聚酰亚胺薄膜的聚集态

聚酰亚胺	固化气氛	添加量	覆盖	铜层厚度/Å	贫化区域厚度/μm
BTDA/ODA	干空气	1×	是(60 Å)	45	5.4
	湿空气	1×	是(400 Å)	50	7.1
	氮气	1×	是(350 Å)	60	5.1
	干空气	2×	无	350	2.2
	湿空气	2×	无	400	2.4
	氮气	2×	无	420	2.4
BTDA/1,3,3-APB	干空气	1×	无	620	15.1
	湿空气	1×	无	530	14.5
	干空气	2×	无	700	10.7
	湿空气	2×	无	820	12.2
BDSDA/ODA	干空气	1×	无		18.7
	湿空气	1×	无	200	17.6
	干空气	2×	无		17.6
	湿空气	2×	无	300	12.3

固化后可以得到 2 或 3 层复合膜。BTDA/ODA 和 BTDA/APB 由于铜添加剂的相分离而得到 Cu 或 CuO 小颗粒均匀分布的复合物。这两种情况铜都沉积于曝露在气体的表面或接近表面的一侧。而对于 BDSDA/ODA, 由于基体中的硫与掺杂剂的互相作用产生铜相的高扩散, 这可能是由于掺杂剂在聚合物基体中有高的溶解性。

2. 以硫酸铜为掺杂剂[39]

PMDA/ODA 薄膜经 KOH 溶液处理后再在硫酸铜溶液(50 mmol/L)浸泡, 水洗后干燥, 在氢气流下热处理使酰亚胺化, 同时使铜盐还原, 铜纳米粒子分散在聚酰亚胺中。铜离子的数量正好是钾离子的一半。

13.2.4 氧化铁的杂化

1. 用 Fe(acac)₃ 掺杂[40]

将 0.5~2.0 mmol Fe(acac)₃ 加到 BTDA/ODA 聚酰胺酸溶液中, 搅拌 2 h, 固含量为 14%。

涂膜，在干燥空气中 80℃ 20 min，100℃，200℃和 300℃各 1 h。固化后的表面含铁 5.13%。

2. γ-Fe$_2$O$_3$ /PI [41]

①磁粉的制备

将六水硫酸亚铁铵溶液用等摩尔的丙二酸调节至 pH = 7，搅拌数分钟，形成淡褐色二水丙二酸亚铁，过滤，用水洗涤后干燥。将丙二酸亚铁与聚乙烯醇以 1:5 在氧化硅坩埚中置于电炉中，随着大量气体产生得到半成品，然后在放在微波炉中(2.45 GHz)处理 30 min，得到褐色磁粉γ-Fe$_2$O$_3$。

②γ-Fe$_2$O$_3$ /PI 薄膜

将 1 g ODA 和 1.61 g BTDA 加到 15 mL DMAc 中得到固含量为 17.4% 的聚酰胺酸。将一定量的γ-Fe$_2$O$_3$ (5%，10%及 15%)在 DMAc 中超声化 1h 后加到聚酰胺酸溶液中，悬浮液在氮气中室温搅拌 2 h 后涂膜。

3. 用三(乙酰基丙酮)铁或三氢六氯化铁掺杂聚酰胺酸或聚酰胺酯[42]

在 4 mmol 聚酰胺酸溶液中加入 1~2 mmol Fe(acac)$_3$，搅拌 2 h。将得到的溶液与 HCl 气体反应得到氯化铁溶液。当红色的 Fe(acac)$_3$ 变为黄色的[FeCl$_x$]$^{3-x}$(x=3~6)，说明转化已经完成。将该溶液迅速涂膜，固化，以避免 HCl 使聚酰胺酸分解。按通常的方法使掺杂的聚酰胺酸膜酰亚胺化。

当用二酯二酰氯与二胺得到聚酰胺酯时，可以直接加入 Fe(acac)$_3$，反应产生的 HCl 可以用来与 Fe(acac)$_3$ 反应，但如果加入的是 2 mmol Fe(acac)$_3$，则还需要通入少量 HCl。同样要求迅速涂膜和固化，以避免 HCl 使聚酰胺酯分解。按通常的方法使掺杂的聚酰胺酯膜酰亚胺化。

13.2.5 铝的杂化

1. 掺杂氮化铝[43]

①氮化铝悬浮液

纳米结构的 AlN 是由六水氯化铝、硼酸及脲素在水溶液中得到凝胶，然后在 1100℃超纯无水氨气下热解 10 h，得到由大量纳米粒子组成的大粒子。

将聚集的 AlN 粒子在 NMP(在氧化钡上干燥过夜后蒸馏)中得到 2%(w/v)的悬浮液，室温下，纯氮中以 1000 r/min 搅拌一周后得到乳状悬浮液，停止搅拌后不发生沉淀，用透视电镜检查粒子大小分布和形状。

②含纳米氮化铝的聚酰亚胺

将 0.63 mL 悬浮液加入由 1.52 g ODPA 和 0.99 g MDA 得到的 5 mL NMP 溶液中，室温纯氮下搅拌 10 h 得到含 AlN/PAA 的 0.5%溶液，pH 为 6。在玻璃板上涂膜，在 80℃下干燥后在 175℃/1 h，200℃/2 h，300℃/1 h，得到含纳米氮化铝的聚酰亚胺薄膜。

2. 掺杂氧化铝[44]

将 2.05 g Al$_2$O$_3$ 粉末和 0.10 g 3-氨丙基三乙氧基硅烷加到 160 mL DMAc 中，用超声处理分散 30 min，得到乳状悬浮液。然后加入 17.62 g (88 mmol) ODA，完全溶解后加入 19.20 g (88 mmol) PMDA 和 20 mL DMAc，室温搅拌 6 h，得到均相黏液，涂膜，热处理，得到氧化铝杂化聚酰亚胺。

13.2.6 钯的杂化[45]

1. 由卤化钯的二甲硫醚络合物与 PAA 溶液混合

对于 BTDA/4,4'-ODA 采用 0.127 g PdCl$_2$ 或 0.191 g PdBr$_2$；对于 BPDA/4,4'-ODA 采用 PdCl$_2$ (0.110 g)，然后加入 0.178 g SMe$_2$ 在 1.0 g DMAc 中的溶液(Pd：SMe$_2$=1：4)，5 min 后形成 PdX$_2$(SMe$_2$)$_2$ 络合物，得到清亮溶液。将该溶液加到 10 g 新制备的 10.0 g(固含量为 15%) 聚酰胺酸的 DMAc 溶液中，搅拌 2 h，涂膜，干燥后在 20 min 内升温到 135℃，保持 1 h，4 h 内升温到 300℃，由于氧化分解，得到含钯的薄膜。

2. 以三氟乙酸钯为掺杂剂

将 0.161 g Pd(OAc)$_2$，0.252 g 三氟乙酸在 1.0 g DMAc 中的溶液加入到 10.0 g 15%的聚酰胺酸的 DMAc 溶液中，涂膜后按常规酰亚胺化，得到含钯的聚酰亚胺薄膜。

13.2.7 在超临界 CO$_2$ 中掺杂金属[46]

将 Pt(II)(acac)$_2$，Pd(II)(acac)$_2$.和聚酰亚胺薄膜装在容器中，导入 CO$_2$，加热到 40~100℃ 经 3~24 h，压力为 19.6 MPa。浸渍后，减压，放出 CO$_2$，乙酰基丙酮化物沉淀在薄膜上，用甲醇洗涤。将复合薄膜在空气中 200℃ 处理 12 h，使乙酰基丙酮化物分解为金属粒子。

13.2.8 含锆的聚酰亚胺

1. 掺杂 ZrW$_2$O$_8$[47]

①ZrW$_2$O$_8$用 3-氨基丙基三甲氧基硅烷改性

将 ZrW$_2$O$_8$ 粉末在 DMAc 中超声处理 6 h，离心分离后再悬浮在 THF 中，洗涤 3 次，再在乙醚中洗涤 3 次，真空干燥。将 7.4 g(12.6 mmol) 处理过的 ZrW$_2$O$_8$ 粉末与 37.4 mL 蒸馏过的 3-氨基丙基三甲氧基硅烷混合，在 50℃搅拌 15.5 h，离心分离，得到的沉淀用 THF 洗涤 5 次，乙醚洗涤 3 次，室温真空干燥。

②先以二酐与改性 ZrW$_2$O$_8$ 作用

将 5.555 g BTDA 溶于干燥的 42.284 g NMP 中，氮气下搅拌得到溶液，加入 0.2780 g 改性的 ZrW$_2$O$_8$ 粉末，搅拌 15min，再加入 3.449 g 固体 ODA，搅拌 15 h。得到陶瓷/PAA 悬浮液，储存在 10℃。所得到的树脂为低黏度。陶瓷含量高的树脂很快沉淀，说明粒子与聚合物间的共价键形成很差。得到的纳米复合树脂 ZrW$_2$O$_8$ 含量为 3%~6%。

③先以二胺与改性 ZrW$_2$O$_8$ 作用

将 3.449 g ODA 溶于 42.284 g NMP 中，加入 0.2780 g 改性的 ZrW$_2$O$_8$ 粉末，搅拌 15 min 后再加入 5.555 g BTDA，搅拌 15 h。该体系可以得到较高含量的陶瓷，并可以保持悬浮和分散，但高添加量会使黏度明显降低。得到的复合树脂含有 3%，6%，10%微米粒子。

④先聚合方法

将 3.449 g ODA 溶于 42.292 g NMP 再加入 5.556 g BTDA 搅拌过夜，另外再加入 0.006 g

固态 BTDA 得到 PAA，搅拌 2 h，加入 0.2780 g 改性的 ZrW$_2$O$_8$ 粉末，搅拌 6 h，也可以添加溶剂，使粒子的活动性增加。将粒子在 NMP 中超声处理，以增加分散性后再加到树脂中，再用超声处理。陶瓷/树脂混合物含有 3%，6%，25% 和 50% 陶瓷粒子。

2. 侧基含锆的聚酰亚胺[48,49]

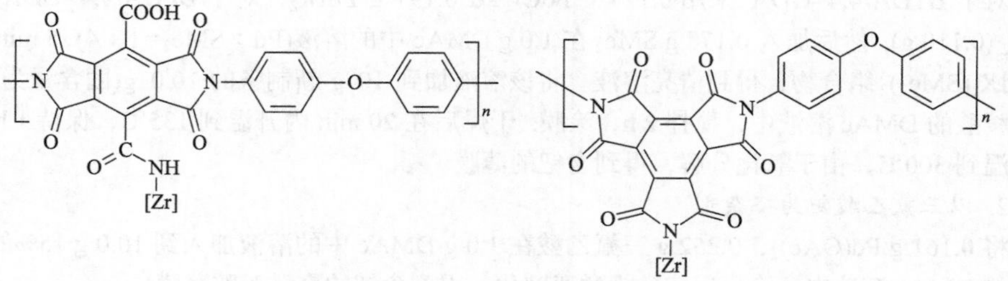

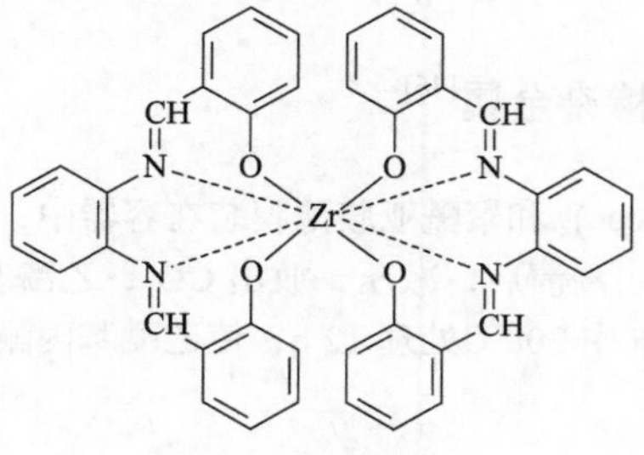

Zr(adsp)(dsp)

将 10.050 g (32.400 mmol)ODPA 和 1.102 g (3.600 mmol)苯六甲酸二酐(MADA【75】)加到干燥的 56.5 mL NMP 中，在 0℃搅拌 30 min，二酐并不全部溶解，数小时内滴加 7.207 g (36.00 mmol) 3,4′-ODA 在 16.5 mL 干燥 NMP 中的溶液，使 3,4′-ODA:ODPA:MADA = 1:0.9:0.1，固含量为 15%。5 h 后得到淡黄色黏液，将溶液在 4℃搅拌过夜。在高速搅拌的乙醚中沉淀，得到聚酰胺酸粉末，过滤，真空室温干燥。

将 0.2205 g(0.3000mmol)黄色 Zr(adsp)(dsp) 粉末溶于 10.903 g 15% 共聚酰胺酸[(ODPA/APB)$_{0.9}$(MADA/APB)$_{0.1}$] 的 NMP 溶液中，得到 1:1 摩尔比的络合物和聚酰胺酸。滴加入 0.0619 g (0.300 mmol)DCC 在 3 mL NMP 中的溶液，用 TLC(二氯甲烷/乙酸乙酯，7:3)检查络合物，通常以过量 10%~20% DCC 可使络合物斑点不再出现。当 DCC 将近加完时容易出现凝胶，总 NMP 量为 7.4 g。混合物在室温搅拌 24 h，得到很黏的橙色溶液。反应完成后溶液冷到 0℃，滤出产生的二环己脲，将滤液在室温加入乙醚中，过滤后室温真空干燥到恒重(至少 2 天)。

将聚酰胺酸溶液涂膜，在空气流下 100℃，200℃及 300℃各加热 1 h，得到侧基带锆的聚酰亚胺。

13.2.9 EuL₃/PI 杂化[50]

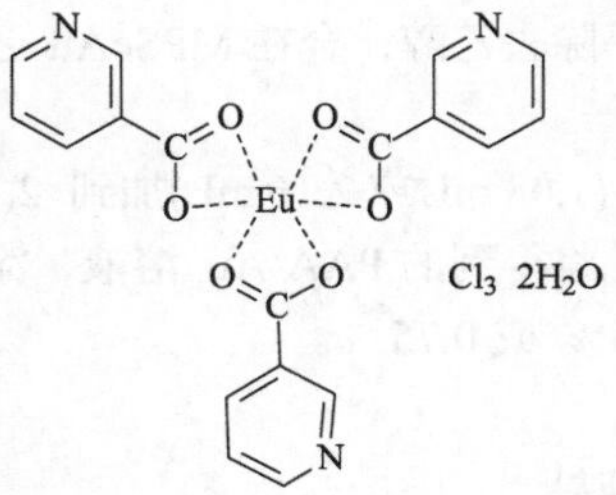

将 3 mmol 吡啶甲酸溶于 20 mL 热水中，加入 4 mol/L NaOH 水溶液到 pH 6。将 1 mmol 氯化铕(由 Eu₂O₃ 与盐酸作用得到)溶于 10 mL 水中，滴加到配位体的溶液中，混合物在 70℃ 搅拌 6 h 后冷却，滤出产物，用乙醇和水洗涤得到 EuL₃·2H₂O，简化为 EuL₃。

在 BTDA/ODA 聚酰胺酸的 DMF 溶液中加入一定量的固体 EuL₃，搅拌 24h 得到均相溶液，在 EuL₃ 溶解过程中，黏度增加，说明已经发生 Eu(III)在酰胺酸上的配位。将清亮的溶液涂膜，60℃放置 16 h 除去溶剂，然后在 100℃, 120℃, 140℃,160℃, 180℃, 220℃和 270℃各加热 2 h，得到铕杂化的聚酰亚胺。

13.2.10 含金的聚酰亚胺

1. 以三乙基膦金丁二酰亚胺为掺杂剂[51]

将三乙基膦金 (I)丁二酰亚胺加到聚酰胺酸溶液中，搅拌到完全溶解，金的浓度在 12%~25%。涂膜后在空气流下 100℃, 200℃, 300℃各处理 1 h。在各种条件下后固化(表 13-4)。

表 13-4 金酸掺杂的聚酰亚胺薄膜

聚合物	含金量/%	外观	柔性	表面电阻/Ω
6FDA/ODA	0	淡黄透明	是	>10⁴
	16	平淡金色	否	>10⁴
	21	有反射的金色	否	0.1
BTDA/ODA	0	黄色透明	是	>10⁴
	16	有反射的褐色	否	>10⁴
	20	有反射的金色	否	0.1
BTDA/4-BDAF	0	黄色透明	是	>10⁴
	17	有反射的金色	是	0.4
	20	平淡褐色	是	边缘 2180

2. 纳米金复合材料[52]

①由 3-巯丙基三甲氧基硅烷(MPS) 稳定的金纳米颗粒(MPSeAu)

将 0.58 mL 45.8 mmol/L HAuCl₄ 的水溶液加到 100 mL 0.54 mmol/L MPS(MPSeAu-1)或 0.135 mmol/L MPS(MPSeAu-2)的乙醇溶液中，搅拌 30 min。一次加入 2.7 mL 0.1 mol/L NaBH₄ (NaBH₄/HAuCl₄＝10)的乙醇溶液。混合物的颜色立刻由浅黄变为浅褐色。1 h 后将 DMF 加到得到的 MPSeAu 的乙醇溶液中，除去乙醇，金在 MPSeAu 乙醇溶液中的浓度为 2.6 mmol/L。

②纳米金复合材料(PIeAu)

将金纳米离子的 DMF 溶液 (1.08 mL 或 2.16 mL)加到 2.12 g 由氨丙基三甲氧基硅烷封端的聚酰胺酸溶液中，搅拌 12 h，将得到的 PAA-Au 溶液，涂膜，干燥，最后在 250℃真空处理 1 h。金纳米离子含量为 0.375% 或 0.75 %。

13.2.11　ZnS 掺杂的聚酰亚胺[53]

1. 硫化锌粒子[54]

将 2.2 mmol 乙酸锌二水化合物和 5.2 mmol 1-硫代甘油溶于 50 mL DMF 中，氩气下滴加入 0.28 mmol) 九水硫化钠在 8 mL 水中的溶液。 加入 2 mL 0.1 mol/L NaOH 使 pH 维持在 8 左右。缓慢加热，然后回流 10~12 h。浓缩，加入丙酮或乙醇得到沉淀，过滤，用甲醇和乙醚充分洗涤后真空干燥。得到的粉末容易溶于水。

2. ZnS/PI 纳米复合物

由乙酸锌，硫脲和巯基乙醇在 DMF 中制得硫化锌粒子。用乙醇沉淀，离心分离，用甲醇充分洗涤后干燥，这种用巯基乙醇封端的 ZnS 很容易分散于 DMAc 中。将该溶液加到聚酰胺酸溶液中，室温搅拌 1 h，涂膜得到 ZnS/PI 纳米复合物。

13.2.12　掺杂 Mg/Al[55]

1. 层状 Mg/Al 氢氧化物的氨基苯甲酸盐[Mg/Al (LDH-AB)]

将 0.8 g (0.02 mol) NaOH 溶于 200 mL 去离子水中，加入 3.74 g(0.02 mol) 4-氨基苯甲酸。将 5.12 g (0.02 mol)硝酸镁和 3.75 g (0.01 mol)硝酸铝溶解在 50 mL 去离子水中，在室温下滴加到氨基苯甲酸/NaOH 溶液中，用 1 mol/L NaOH 将溶液的 pH 值维持在 10。加完后在 75℃搅拌 16 h，过滤，用蒸馏水洗涤 4 次，在 70℃干燥。为了减少空气中 CO₂ 的污染，操作应该在氮气下进行。

2. PMDA/LDH-AB

将 1 g LDH-AB 和 20 g DMAc 在氮气下室温搅拌 6 h。加入 0.5 g PMDA，室温搅拌 3 h。过滤，用 100 mL DMAc 洗涤 3 次，在 100℃干燥，得到微黄色粉末。然后在 100℃/2 h，150 ℃/ 2 h，200℃/2 h，230℃/3 h 处理，得到 PMDA/LDH-AB。

3. LDH-AB/PI 纳米复合材料

将 LDH-AB 粉末在 DMAc 中超声处理 6 h 得到各种浓度的 LDH-AB/DMAc 溶液。将 6 g (0.03 mol) ODA 和 LDH-AB/DMAc溶液加到40 g DMAc 中,氮气下使ODA溶解后加入12.41 g (0.0297 mol) PMDA/LDH-AB，再加入 40 g DMAc，室温搅拌 3 h 得到 LDH-AB/PAA 黏液。涂膜，干燥后在 100℃, 150℃, 200℃, 250℃, 300℃和 350℃各处理 1 h, 得到透明的 LDH-AB/PI

薄膜。

13.2.13 掺杂氧化镧[56]

1. 镧络合物

将戊二酮与 15 mol/L 的氨水混合，溶解得到氨盐。将氧化镧溶解在 6 mol/L 盐酸中，用 NaOH 调节 pH 为 5.0。将戊二酮的氨溶液滴加到氯化镧的溶液中，最后的 pH 为 6，搅拌 24 h 得到无色结晶，过滤，用去离子水洗涤 2 次，空气干燥 4 h，再在 95%乙醇中重结晶，产物在室温空气中干燥。

2. 掺镧聚酰亚胺

将金属络合物溶解在 DMAc 中，加入 6FDA/1,3,3-APB 聚酰亚胺粉末，使成 15%溶液(不算金属添加物)。搅拌 2~4 h，聚合物全部溶解。在玻璃板上涂膜，在 5%相对湿度的空气流下室温放置 15 h。然后在空气流下加热固化后在去离子水中浸泡起膜。固化条件：100℃/1 h，30 min 升温至 200℃/1 h，30 min 升温至 300℃/1 h。在 6FDA/1,3,3-APB 中分散的氧化镧的粒子大小为 2.4 nm，粒间距为 9.7 nm。

13.2.14 掺锡[57]

在聚酰胺酸溶液中加入 $SnCl_2 \cdot 2H_2O$ 或 $(n\text{-Bu})_2SnCl_2$，然后成膜，在空气或氮气中处理，最后的薄膜含锡为 5%~6%，在空气下处理的空气侧电阻率比玻璃侧低数个数量级(表 13-5)。

表 13-5 掺锡聚酰亚胺薄膜

聚合物	掺杂剂	固化气氛	表面电阻/Ω		Sn/%	
			气体侧	玻璃侧	计算	实际
PMDA/ODA	$SnCl_2 \cdot 2H_2O$	空气	2×10^6	6×10^{12}	6.36	6.62
BTDA/ODA	$SnCl_2 \cdot 2H_2O$	空气	1×10^8	6×10^{12}	5.22	4.88
PMDA/ODA	$(n\text{-Bu})_2SnCl_2$	空气	8×10^7	5×10^{14}	5.97	4.06
BTDA/ODA	$(n\text{-Bu})_2SnCl_2$	空气	1×10^5	2×10^{13}	4.92	3.47
PMDA/ODA	$SnCl_2 \cdot 2H_2O$	N_2	1×10^{16}	$>10^{18}$	6.36	2.08
PMDA/ODA	$(n\text{-Bu})_2SnCl_2$	N_2	9×10^{13}	6×10^{13}	5.95	1.64
BTDA/ODA	$(n\text{-Bu})_2SnCl_2$	N_2	5×10^{15}	7×10^{14}	4.94	
PMDA/ODA	$SnCl_2 \cdot 2H_2O$	形成的气体	6×10^{10}	3×10^{16}	6.36	2.20
PMDA/ODA	$SnCl_2 \cdot 2H_2O$	空气	7×10^6	4×10^{13}		
PMDA/ODA	$SnCl_2 \cdot 2H_2O$	空气	3×10^7	7×10^{12}		
BTDA/ODA		空气	$\sim 10^{17}$	$\sim 10^{17}$		
PMDA/ODA		空气	$>10^{18}$	$>10^{18}$		

13.2.15　由带金属盐的二胺得到聚酰亚胺[58,59]

H_2N—◯—COOMOOC—◯—NH_2　　　H_2N—◯—SO_3MO_3S—◯—NH_2

将 9.0 mmol 二胺[包括含金属(见 2.15 和 2.22)和不含金属两种]溶解于 DMF 中，室温下逐渐加入 9.2 mmol PMDA 粉末，搅拌 30 min。反应 4 h 后得到含金属聚酰胺酸盐的溶液。涂膜，在室温干燥 10 h，100℃真空处理 3 h。将得到含金属盐的聚酰胺酸薄膜在真空下 180℃，220℃和 300℃各处理 30 min，然后再在 350℃处理 2.5 h，得到含金属盐的聚酰亚胺薄膜。也可将含金属盐的聚酰胺酸的溶液在乙醇中沉淀，60℃真空干燥得到粉末，再经酰亚胺化得到含金属盐的聚酰亚胺粉末。

13.2.16　掺杂钛酸钡

1. 以正钛酸丁酯，乳酸，碳酸钡得到前体[60]

将 4 mmol Ti(OBu)$_4$ 和 30 mmol 乳酸搅拌 2 h，分批加入 4 mmol BaCO$_3$，室温搅拌 4 h，得到透明溶液。减压除去过量的乳酸和反应中产生的丁醇，得到的固体在室温真空干燥，得到前体。

将前体以各种比例加到聚酰胺酸或聚酰胺酯的溶液中，室温搅拌得到透明溶液，加入一定量的水，再剧烈搅拌 6 h，过滤后涂膜，热处理至 400℃ 2 h，得到掺杂钛酸钡的聚酰亚胺薄膜。

2. 以银纳米粒子作为钛酸钡的分散剂[61]

①银纳米粒子的制备

以巯基丁二酸和月桂酸作为表面活性剂来控制银粒子的大小和分散。将硝酸银溶于 2mL 水中与硫醇及酸配位体的甲醇/水(1:10)溶液混合，巯基丁二酸和月桂酸的比例为 1：4.5，硫醇与银的比例为 2：1。将新鲜制备的硼氢化钠的水溶液滴加到银溶液中，搅拌 10 min，使还原完全，得到银纳米粒子。

②掺杂

将带羧基的钛酸钡的分散剂 BYK-W9010 (BaTiO$_3$ 质量分数 2%) 溶于 NMP，加入 BaTiO$_3$，溶剂对填料的质量比例为 1:2，球磨 15 h。将 BaTiO$_3$ 浆料与 BTDA/ODA 聚酰胺酸溶液混合，搅拌 2 h，超声处理 15 min。将得到的均匀 BaTiO$_3$/PAA 加到银纳米粒子中，搅拌使均匀化，真空脱气 30 min 后涂膜。用通常的热酰亚胺方法得到杂化聚酰亚胺薄膜。

13.2.17　掺杂纳米磁粉[62]

将 0.1 mol/L 十二磺酸钠与 0.1 mol/L 氯化铁或氯化镍或氯化锌在 25℃混合后冷却到 2℃，得到沉淀。过滤，用相应氯化铁，氯化镍或氯化锌的水溶液洗涤数次，从蒸馏水重结晶。相应得到十二磺酸铁[Fe(DS)$_2$]，十二磺酸镍[Ni(DS)$_2$]和十二磺酸锌[Zn(DS)$_2$]。

将Fe(DS)$_2$,Ni(DS)$_2$,Zn(DS)$_2$和十二烷基三甲基氯化铵以2:0.6:0.4:0.75比例溶于去离子水中得到Ni$_{0.6}$Zn$_{0.4}$Fe$_2$O$_4$粒子。以十二烷基三甲基氯化铵用作阳离子表面活性剂得到椭球胶束聚集态。在该溶液中加入0.7 mol/L甲胺,在25℃空气中搅拌6 h,析出磁纳米粒子。离心分离,用水洗涤数次。冻干,得到干粉。该磁粉以少许硝酸水溶液在超声作用下溶于NMP可以得到磁流体。少量硝酸可以使粒子表面带电荷以便均匀分散。

将聚酰胺酸溶液与一定量的磁流体混合,磁粉质量分数为0.1%,0.3%,0.5%,1%,5%,旋涂后处理到400℃经1 h,得到掺杂有纳米磁粉的聚酰亚胺。

13.2.18 掺杂氧化锌

1. 纳米粒子直接加入[63]

将平均粒径为2 nm的Zn(NO$_3$)$_2$·6H$_2$O或ZnO纳米粒子加到6FDA/TFDB的聚酰胺酸溶液中,在玻璃基板上以1000~15000 r/min旋涂15s,在70℃1 h干燥后,在300~350℃1 h固化。

2. ZnO纳米粒子胶体[64]

平均粒径为3.2 nm的ZnO纳米粒子胶体首先由乙酸锌,氢氧化锂单水化合物在无水乙醇中按文献[37]方法得到。将甲基丙烯酸(三甲氧基硅基)丙酯(TPM)用乙醇稀释后滴加到ZnO胶体中,TPM对ZnO的摩尔比为1:10。反应进行12 h。得到的由TPM稳定化的ZnO溶液通过0.1 mm玻璃纤维过滤。用庚烷/乙醇洗涤数次,最后在旋转蒸发器中将乙醇用DMSO置换。

将TPM稳定化的ZnO溶液滴加到BTDA/ODA的聚酰胺酸在DMSO的溶液中,搅拌12 h,然后在100℃,150℃,200℃各处理1 h,最后在300℃处理2 h,得到杂化薄膜。

参 考 文 献

[1] Yang Y, Zhu Z K, Yin J, Wang X Y, Qi Z N. Polymer, 1999, 40: 4407.

[2] Yano K, Usuki A, Okada A, Kurauchi T, Kamigaito O. J. Polym. Sci., Polym.Chem., 1993, 31: 2493.

[3] Gu A, Chang F C. J. Appl. Polym. Sci., 2001, 79: 289.

[4] Yeh J M, Hsieh C F, Jaw J H, Kuo T H, Huang H Y, Lin C L, Hsu M Y. J. Appl. Polym. Sci., 2005, 95: 1082.

[5] Yeh J M, Chen C L, Kuo T H, et al.. J. Appl. Polym. Sci., 2004, 92: 1072.

[6] Gintert M J, Jana S C, Miller S G. Polymer, 2007, 48: 4166.

[7] Zhang C, Laine R M. J. Am. Chem. Soc., 2000, 122: 697.

[8] Oh S B, Kim Y J, Kim J H. J. Appl. Polym. Sci., 2006, 99: 869.

[9] Chen Y, Chen L, Nie H, Kang E T. J. Appl. Polym. Sci., 2006, 99: 2226.

[10] Morikawa A, Yamaguchi H, Kakimoto M, Imai Y. Chem. Mater., 1994, 6: 913.

[11] Wang S, Ahmad Z, Mark J E., Chem. Mater., 1994, 6: 943.

[12] Iyoku Y, Kakimoto M, Imai Y. High Perf. Polym., 1994, 6: 43.

[13] Iyoku Y, Kakimoto M, Imai Y. High Perf. Polym., 1994, 6: 53.

[14] Iyoku Y, Kakimoto M a, Imai Y. High Perf. Polym., 1994, 6: 95.

[15] Ye Y S, Chen W Y, Wang Y Z. J. Polym. Sci., Polym. Chem., 2006, 44: 5391.

[16] Wahab M D A, Mya K Y, He C. J. Polym. Sci., Polym. Chem., 2008, 46: 5887.

[17] Cheng C F, Cheng H H, Cheng P W, Lee Y J. Macromolecules, 2006, 39: 7583.

[18] Zhang Y, Li Y, Li G, Huang H, et1 al.. Chem. Mater., 2007, 19: 1939.

[19] Chen B K, Chiu T M, Tsay S Y. J. Appl. Polym. Sci., 2004, 94: 382.

[20] Choi S, Kim Y, Kim I, Ha C S. J. Appl. Polym. Sci., 2006, 103: 2507.

[21] Park Y W, Lee D S, Kim S H. J. Appl. Polym. Sci., 2004, 91: 1774.

[22] Im J S, Lee J H, An S K, et al. J. Appl. Polym. Sci., 2006, 100: 2053.

[23] Yudin V E, Svetlichnyi V M, Shumakov A N, et al. Macromol. Rapid Commun., 2005, 26: 885.

[24] Qu L, Lin Y, Hill D E, et al. Macromolecules, 1987, 37: 6055.

[25] Liu L, Fang Z, Gu A, Guo Z. J. Appl. Polym. Sci., 2009, 113: 3484.

[26] Zhang Q, Naito K, Tanaka Y, Kagawa Y. Macromol. Rapid Commun., 2007, 28: 2069.

[27] Pu H, Tang L. Polym. Int., 2007, 56: 121.

[28] Huang C J, Yen C C, Chang T C. J. Appl. Polym. Sci., 1991, 42: 2267.

[29] Compton J, Thompson D, Kranbuehl D, et al. Polymer, 2006, 47: 5303.

[30] Liaw W C, Chen K P. Eur. Polym. J., 2007, 43: 2265.

[31] Hu Q, Marand E. Polymer, 1999, 40: 4833.

[32] Wu Z, Wu D, Zhang T, Jiang L, Wang W, Jin R. J. Appl. Polym. Sci., 2006, 102: 2218.

[33] Davis L M, Thompson D S, Dean C J, et al. J. Appl. Polym. Sci., 2006, 103: 2409.

[34] Qi S, Wu D, Bai Z, Wu Z, Yang W, Jin R. Macromol. Rapid Commun., 2006, 27: 372.

[35] Rubira A F, Rancourt J D, Caplan M L, St. Clair A K, Taylor L T. Chem. Mater., 1994, 6: 2351.

[36] Southward R E, Thompson D S, Thompson D W, Caplan M L, St. Clair A K. Chem. Mater., 1995. 7: 2171.

[37] Spanhel L, Anderson M A. J. Am. Chem. Soc., 1991, 113: 2826.

[38] Porta G M, Rancourt J D, Taylor L T. Chem. Mater., 1989, 1: 269.

[39] Akamatsu K, Ikeda S, Nawafune H, Deki S. Chem. Mater., 2003, 15: 2488.

[40] Bergmeister J J, Rancourt J D, Taylor L T. Chem. Mater.,1990, 2: 640.

[41] Vijayanand H V, Arunkumar L, Gurubasawaraj P M, et al. J. Appl. Polym. Sci., 2006, 103: 834.

[42] Bergmeister J J,Taylor L T. Chem. Mater., 1992, 4: 729.

[43] Chen X, Gonsalves K E, Chow G M, Xiao T D. Adv. Mater., 1994, 6: 481.

[44] Wu J, Yang S, Gao S, Hu A, Liu J, Fan L. Eur. Polym. J., 2005, 41: 73.

[45] Davis L M, Compton J M, Kranbuehl D E, Thompson D W, Southward R E. J. Appl. Polym. Sci., 2006, 102: 2708.

[46] Yoda S, Hasegawa A, Suda H, Uchimaru Y, Haraya K, Tsuji T, Otake K. Chem. Mater., 2004, 16: 2363.

[47] Sullivan L M, Lukehart C M. Chem. Mater., 2005, 17: 2136.

[48] Illingworth M L, Dai H, Wang W, et al. J. Polym. Sci., Polym. Chem., 2007, 45: 1641.

[49] Wagner S, Dai H, Stapleton R A, Siochi E J, Illingsworth M L. High Perform Polym, 2006, 18: 399.

[50] Bian L J, Qian X F, Yin J, Zhu Z K, Lu Q H. J. Appl. Polym. Sci., 2002, 86: 2707.

[51] Caplan M L, Stoakley D M, St. Clair A K. J. Appl. Polym. Sci., 1995, 56: 995.

[52] Chang C M, Chang C C. Polym. Degr. and Stab., 2008, 93: 109.

[53] Lü X, Lü N, Gao J, Jin X, Lü C. Polym. Int., 2007, 56: 601.

[54] Nanda J, Sapra S, Sarma D D. Chem. Mater., 2000, 12: 1018.

[55] Hsueh H B, Chen C Y. Polymer, 2003, 44: 1151.

[56] Espuche E, David L, Rochas C, et al. Polymer, 2005, 46: 6657.

[57] Ezzell S A, Taylor L T. Macromolecules, 1984, 17: 1627.

[58] Qiu W, Yang Y, Yang X, Lu L, Wang X. J. Appl. Polym. Sci., 1996, 59: 1437.

[59] Yang X J, Wang X, Chen D Y, et al. J. Appl. Polym. Sci., 2000, 77: 2363.

[60] Tong Y, Li Y, Liu J, Ding M. J. Appl. Polym. Sci., 2002, 83: 1810.

[61] Devaraju N G, Lee B I. J. Appl. Polym. Sci., 2006, 99: 3018.

[62] Kang J H, Kim Y C, Cho K, Park C E. J. Appl. Polym. Sci., 2006, 99: 3433.

[63] Somwangthanaroj A, Phanthawonge C, Ando S, TanthapanichakoonW. J. Appl. Polym. Sci., 2008, 110: 1921.

[64] Hsu S C, Whang W T, Hung C H, Chiang P C, Hsiao Y N. Macromol. Chem. Phys, 2005, 206: 291.

[15] Zhang P, Li Y, Liu F, et al. J Appl Polym Sci, 2002, 83: 2311.

[16] Demirbaş A, Ger, et al. J. Polym. Sci, 2001, 82: 3028.

[17] Kim J H, et al. Vei, Phys Chem CH, J Am. Polym. Sci, 280.

[18] ... ... et al. J Membr sci, ... constitution ... ... Appl. Polym. R pp. 50, 2005, 119: 199.

[19] Liu S C, Wang Y, Ding C H, Ching Y C ... Jilin Yn Internation Chem. Phys. ... ...

附　　录

缩写对照表

缩写	名称	结构
acac	乙酰基丙酮	
ACVA	4,4′-偶氮二(4-氰基戊酸)	HOOCCH₂CH₂C—N=N—CCH₂CH₂COOH
AGE	烯丙基缩水甘油醚	H₂C=CHCH₂OCH₂
AHFPE	烯丙基六氟丙基醚	H₂C=CHCH₂OCF₂CHFCF₃
AIBN	偶氮二异丁腈	NC(CH₃)₂CN=NC(CH₃)₂CN
2APm	2-氨基嘧啶	〖18〗
APTMOS	氨基苯基三甲氧基硅烷	H₂N-C₆H₄-Si(OCH₃)₃
APTMS	氨丙基三甲氧基硅烷	H₂N(CH₂)₃Si(OCH₃)₃
BAPB	4,4′-双(4-氨基苯氧基)联苯	〖685〗
BAPF	9,9-二(4-氨基苯氧基)芴	〖379〗
BAPP	2,2-双[4-(4-氨基苯氧基)苯基]丙烷	〖701〗
BAPS	4,4′-双(4-氨基苯氧基)二苯砜	〖733〗
BBH	二(氨基甲基)双环[2.2.1]庚烷	〖1175〗
BDAF	2,2-双[4-(4-氨基苯氧基)苯基]六氟丙烷	〖703〗
BINAP	2,2′-双(二苯膦基)-1,1′-联萘	
Bis-P	1,4-双[2-(4-氨基苯基)丙撑]苯	〖342〗
t-BOC	叔丁氧羰基	
BPA	双酚 A	

缩写	名称	结构
BPADA	双酚 A 的二醚二酐	【223】
BPDA	联苯二酐	【89】
BSPB		【825】【826】
BTDA	二苯酮二酐	【136】
BTDE	二苯酮四酸二甲酯	
BTMA	苄基三甲基氯化铵	CH_2Me_3NCl 连苯基
CBDA	环丁烷四酸二酐	【372】
CHDA	1,4-二氨基环己烷	【1174】
CHP	环己基吡咯烷酮	环己基-吡咯烷酮结构
ClPA	氯代苯酐	【6】【7】
CMS	碳分子筛	
CNT	炭纳米管	
m-CPBA	间氯过氧化苯甲酸	Cl—苯环—C(=O)—OOH
CSA	樟脑磺酸	
CTABr	十六烷基三甲基溴化铵	
CTMAC	十六烷基三甲基氯化铵	
DABA	二烯丙基双酚 A	「140」
DABA	3,5-二氨基苯甲酸	【43】
Dabco	1,4-diazabicyclo[2.2.2]octane	双环结构
DABP	二氨基二苯酮	【390】~【395】
DAM	二氨基均三甲苯	【162】
DAN	萘二胺	【168】~【170】
DAP	2,6-二氨基吡啶	H_2N—吡啶—NH_2
DAPT	苯胺酚酐	【378】

缩写	名称	结构
DBMH	1,3-二溴-5,5-乙内酰脲	
DBT	Barrel Therm 400; M_w 270, bp 390℃ 170~175℃/ 0.3 mmHg	一种导热油
DBU	1,8-diazabicyclo[5,4,0]undec-7-ene	
o-DCB	邻二氯苯	
DCC	N,N'-dicyclohexylcarbodiimide	$C_6H_{11}N=C=NC_6H_{11}$
DCU	N,N'-dicyclohexylurea	$C_6H_{11}NHCOHNC_6H_{11}$
DDQ	2,3-二氯-5,6-二氰基-1,4-苯醌	
DDS	二苯砜二胺	〚812〛〚813〛
DEAD	偶氮二酸二乙酯	$EtOOC-N=N-COOEt$
dec	分解	
DETDA	二乙基甲基间苯二胺	〚163〛
DMAP	4-二甲胺基吡啶	NMe_2
DMB	4,4'-二氨基-2,2'-二甲基联苯	〚178〛
DMI	1,3-dimethyl-2-imidazolidinone	H_3C 〜 CH_3
DMMDA	二氨基二甲基二苯甲烷	〚273〛
DMPO	1,3-dimethyl-3-phospholene oxide	H_3C 〜 CH_3
DMPU	二甲基丙撑脲	MeN 〜 NMe
DMSO	二甲基亚砜	$H_3C-S-CH_3$

续表

缩写	名称	结构
dNdpy	4,4′-二辛基-2,2′-联吡啶	
DOPO	9,10-dihydro-oxa-10-phosphaphenanthrene-10-oxide	
DPCP	磷酸二苯酯酰氯	PhO—P(=O)(OPh)(Cl)
DPPC	二环戊二烯二氯化钯	Cp$_2$PdCl$_2$
DPS	二苯砜	
DSX	1,3-bis(3-aminopropyl)1,1,3,3-tetra-methyldisiloxane	H$_2$N(CH$_2$)$_3$—Si(CH$_3$)$_2$—O—Si(CH$_3$)$_2$—(CH$_2$)$_3$—NH$_2$
EDA	N-(3-dimethylaminopropyl)-N′-ethylcarbodiimide	Me$_2$N(CH$_2$)$_3$—N=C=NEt
EDAC	EDA 的盐酸盐	
EPB	环氧酚醛树脂	
ET100	二乙基甲基间苯二胺	〖163〗
6FDA	六氟二酐	【119】
GPE	缩水甘油苯醚	
GPTMOS	3-glycidyloxy propyl trimethoxysilane	(MeO)$_3$Si(CH$_2$)$_3$OCH$_2$—(epoxide)
HFAH	六氟乙酰基丙酮	
HMDA	己二胺	
HMDS	二(三甲硅基)胺	Me$_3$SiHNSiMe$_3$
HMPT	磷酰六甲基三胺	O=P[N(CH$_3$)$_2$]$_3$
intA	二(4-氨基苯基)乙炔	〖363〗,〖364〗
IPDA	2,2-二(4-氨基苯基)丙烷	〖310〗
IR	红外光谱	
ITBN	由氨端基的丁腈橡胶，M_n=3600，丙烯腈含量为18%，与马来酸酐反应得到	

续表

缩写	名称	结构
Jefamine TXJ-502	$x=5, y=39.5, M_w=2000$ $x=1, y=2\sim3, M_w=230$(Jefamine D230)	
Kapton E(N)	杜邦公司的一种聚酰亚胺	PMDA/PPD/BPDA/ODA
Karstedt 催化剂		
Kerimid FE 70026	MDA-BMI 和 2,4-DAT-BMI 的 60/40 混合物	
LAH	氢化锂铝	
LaRC IA		ODPA/3,4′-ODA
LaRC IAX		ODPA/3,4′-ODA-PPD=9:1
LaRC 8515		BPDA/3,4′-ODA-1,3,3-APB=8.5:1.5
Lawesson's reagent	2,4-bis(4-methoxyphenyl)-1,3-dithia-2,4-diphosphetane 2,4-disulfide	
LDH	layered double hydroxides	
LPD	液相沉积	
MADA	苯六甲酸二酐	【75】
MBA	马来酰亚胺基苯甲酸	
MBAC	马来酰亚胺基苯甲酰氯	
MDA	二氨基二苯甲烷	〖267〗
MDA-BMI	二氨基二苯基甲烷的双马来酰亚胺	〈13〉
MDI	二异氰酸二苯甲烷酯	OCN—⬡—CH₂—⬡—NCO
Me₆Tren	三(二甲氨基乙基)胺	N(CH₂CH₂NMe₂)₃
MIBK	甲基异丙基酮	
MMA	甲基丙烯酸甲酯	
MMT	黏土，蒙脱土	
MPD	间苯二胺	〖23〗

续表

缩写	名称	结构
MPI	异氰酸 4-马来酰亚胺基苯酯	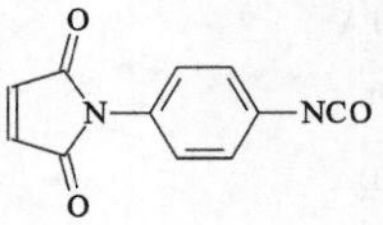
MWNT	多壁炭纳米管	
NA	降冰片二酸酐	【48】，【49】
NBS	N-溴代丁二酰亚胺	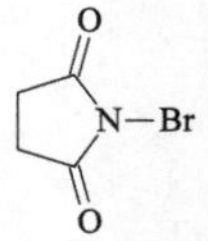
NCS	N-氯代丁二酰亚胺	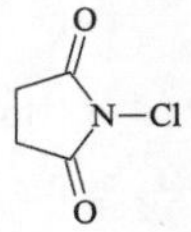
NDI	降冰片酰亚胺	
NTDA	1,4,5,8-萘四酸二酐	【346】
NTf$_2$	bis(trifluoromethyl)sulfonyl imide	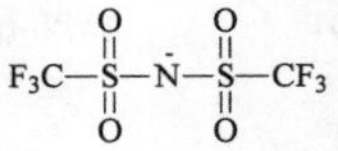
OCB	邻二氯苯	
OCNF	表面具有羧基的氧化炭纳米纤维	
ODA	二苯醚二胺	【534】
ODADS	4,4′-二氨基二苯醚-2,2′-二磺酸	【842】
ODPA	二苯醚二酐	【159】
OFG	octakis (dimethylsioxyhexafluoropropylglycidyl ether) silsesquioxane	
OTOL	4,4′-二氨基-3,3′-二甲基联苯	【179】
P84	BTDA/MDI-TDI(20/80)	
PA	苯酐	
PAA	聚酰胺酸	
PABZ	5(6)-氨基-2-(4′- 氨基苯基)苯并咪唑	【969】
PAI	聚酰胺酰亚胺	
PANI	聚苯胺	
PEGMA	甲基丙烯酸聚乙二醇酯	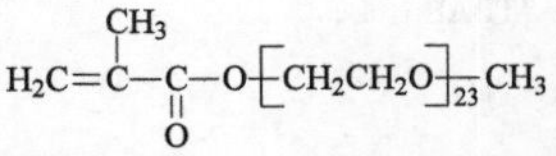

续表

缩写	名称	结构
PEPA	苯炔基苯酐	【20】
PI	聚酰亚胺	
PMDA	均苯二酐	【57】
PMMA	聚甲基丙烯酸甲酯	
PMTA	均苯四甲酸	HOOC—〈〉—COOH (HOOC, COOH)
POSS	硅倍半氧烷	
PPA	多聚磷酸	
PPBBO	{N,N'-(phenylphosphino)bis[2(3H)-benzoxazolone]}	
PPBBT	{N,N'-(phenylphosphino)bis[2(3H)-benzothiazolone]}	
PPD	对苯二胺	【22】
PPTS	对甲苯磺酸吡啶盐	PPTS = HO_3S—〈〉—CH_3
PRM	2-氨基-5(4-氨基苯基)-嘧啶	【1003】
PTFE	聚四氟乙烯	
Pt/DVTMDS	platinum divinyltetramethyldisiloxane complex	Karstedt's catalyst
PVA	聚乙烯醇	
Py	吡啶	
SWNT	single-walled carbon nanotubes	单壁炭纳米管
TAB	1,3,5-三(4-氨基苯氧基) 苯	【1205】
TAPB	1,3,5-三(4-氨基苯基)苯	【1204】
TAPOB	1,3,5-三(4-氨基苯氧基)苯	【1205】
TBAB	四丁基溴化铵	
TDI	甲苯二异氰酸酯	
TEOS	正硅酸乙酯	$Si(OEt)_4$

续表

缩写	名称	结构
TEP	亚磷酸三乙酯	EtO)$_3$P
TFA	三氟乙酰基丙酮，三氟醋酸	
TFDB	2,2′-二(三氟甲基)联苯胺	〖180〗
TFEMA	甲基丙烯酸三氟乙酯	
TFMPD	四氟间苯二胺	〖166〗
TFPDA	四氟对苯二胺	〖167〗
THF	四氢呋喃	
TLC	薄层色谱	
TMA	偏苯三酸酐	〖13〗
TMACl	偏苯三酸酐酰氯	〖14〗
TMAOH	四甲基氢氧化铵	Me$_4$NH$_4$OH
TMEDA	N,N,N',N'-四甲基乙二胺	
TMMDA	四甲基二氨基二苯甲烷	〖277〗
TMOS	正硅酸甲酯	Si(OMe)$_4$
TMPPD	四甲基对苯二胺	〖164〗
TPM	3-(trimethoxysilyl)propyl methacrylate	$\begin{array}{l}\text{CH}_3\\ \text{H}_2\text{C}=\text{CH}\\ \quad \text{C}=\text{O}\\ \text{OCH}_2\text{CH}_2\text{CH}_2\text{Si(OMe)}_3\end{array}$
TPP	亚磷酸三苯酯	(PhO)$_3$P
p-TSA	对甲基苯磺酸	H$_3$C—⟨⟩—SO$_3$H